JN415586

•••ALGEBRAIC OPERATIONS FOR VECTORS AND TENSORS IN CARTESIAN COORDINATES

(s is a scalar; $\mathbf{v}$ and $\mathbf{w}$ are vectors; $\boldsymbol{\tau}$ is a tensor; dot or cross operations enclosed within parentheses are scalars, those enclosed in brackets are vectors)

$$(\mathbf{v} \cdot \mathbf{w}) = v_x w_x + v_y w_y + v_z w_z = (\mathbf{w} \cdot \mathbf{v})$$

$$[\mathbf{v} \times \mathbf{w}]_x = v_y w_z - v_z w_y = -[\mathbf{w} \times \mathbf{v}]_x$$

$$[\mathbf{v} \times \mathbf{w}]_y = v_z w_x - v_x w_z = -[\mathbf{w} \times \mathbf{v}]_y$$

$$[\mathbf{v} \times \mathbf{w}]_z = v_x w_y - v_y w_x = -[\mathbf{w} \times \mathbf{v}]_z$$

$$[\boldsymbol{\tau} \cdot \mathbf{v}]_x = \tau_{xx} v_x + \tau_{xy} v_y + \tau_{xz} v_z \qquad [\mathbf{v} \cdot \boldsymbol{\tau}]_x = v_x \tau_{xx} + v_y \tau_{yx} + v_z \tau_{zx}$$

$$[\boldsymbol{\tau} \cdot \mathbf{v}]_y = \tau_{yx} v_x + \tau_{yy} v_y + \tau_{yz} v_z \qquad [\mathbf{v} \cdot \boldsymbol{\tau}]_y = v_x \tau_{xy} + v_y \tau_{yy} + v_z \tau_{zy}$$

$$[\boldsymbol{\tau} \cdot \mathbf{v}]_z = \tau_{zx} v_x + \tau_{zy} v_y + \tau_{zz} v_z \qquad [\mathbf{v} \cdot \boldsymbol{\tau}]_z = v_x \tau_{xz} + v_y \tau_{yz} + v_z \tau_{zz}$$

Note: The above operations may be generalized to cylindrical coordinates by replacing (x, y, z) by (r, θ, z), and to spherical coordinates by replacing (x, y, z) by (r, θ, ϕ). Descriptions of curvilinear coordinates are given in Figures 1.2-2, A.6-1, A.8-1, and A.8-2.

•••DIFFERENTIAL OPERATIONS FOR SCALARS, VECTORS, AND TENSORS IN CARTESIAN COORDINATES

$$[\nabla s]_x = \frac{\partial s}{\partial x} \qquad [\nabla s]_y = \frac{\partial s}{\partial y} \qquad [\nabla s]_z = \frac{\partial s}{\partial z}$$

$$[\nabla \times \mathbf{v}]_x = \frac{\partial v_z}{\partial y} - \frac{\partial v_y}{\partial z} \qquad [\nabla \times \mathbf{v}]_y = \frac{\partial v_x}{\partial z} - \frac{\partial v_z}{\partial x} \qquad [\nabla \times \mathbf{v}]_z = \frac{\partial v_y}{\partial x} - \frac{\partial v_x}{\partial y}$$

$$(\nabla \cdot \mathbf{v}) = \frac{\partial v_x}{\partial x} + \frac{\partial v_y}{\partial y} + \frac{\partial v_z}{\partial z} \qquad (\mathbf{v} \cdot \nabla s) = v_x \frac{\partial s}{\partial x} + v_y \frac{\partial s}{\partial y} + v_z \frac{\partial s}{\partial z}$$

$$\nabla^2 s \equiv (\nabla \cdot \nabla s) = \frac{\partial^2 s}{\partial x^2} + \frac{\partial^2 s}{\partial y^2} + \frac{\partial^2 s}{\partial z^2}$$

$$[\nabla^2 \mathbf{v}]_x \equiv [\nabla \cdot \nabla \mathbf{v}]_x = \frac{\partial^2 v_x}{\partial x^2} + \frac{\partial^2 v_x}{\partial y^2} + \frac{\partial^2 v_x}{\partial z^2}$$

$$[\nabla^2 \mathbf{v}]_y \equiv [\nabla \cdot \nabla \mathbf{v}]_y = \frac{\partial^2 v_y}{\partial x^2} + \frac{\partial^2 v_y}{\partial y^2} + \frac{\partial^2 v_y}{\partial z^2}$$

$$[\nabla^2 \mathbf{v}]_z \equiv [\nabla \cdot \nabla \mathbf{v}]_z = \frac{\partial^2 v_z}{\partial x^2} + \frac{\partial^2 v_z}{\partial y^2} + \frac{\partial^2 v_z}{\partial z^2}$$

$$[\mathbf{v} \cdot \nabla \mathbf{v}]_x = v_x \frac{\partial v_x}{\partial x} + v_y \frac{\partial v_x}{\partial y} + v_z \frac{\partial v_x}{\partial z}$$

$$[\mathbf{v} \cdot \nabla \mathbf{v}]_y = v_x \frac{\partial v_y}{\partial x} + v_y \frac{\partial v_y}{\partial y} + v_z \frac{\partial v_y}{\partial z}$$

$$[\mathbf{v} \cdot \nabla \mathbf{v}]_z = v_x \frac{\partial v_z}{\partial x} + v_y \frac{\partial v_z}{\partial y} + v_z \frac{\partial v_z}{\partial z}$$

$$[\nabla \cdot \mathbf{v}\mathbf{v}]_x = \frac{\partial (v_x v_x)}{\partial x} + \frac{\partial (v_y v_x)}{\partial y} + \frac{\partial (v_z v_x)}{\partial z}$$

$$[\nabla \cdot \mathbf{v}\mathbf{v}]_y = \frac{\partial (v_x v_y)}{\partial x} + \frac{\partial (v_y v_y)}{\partial y} + \frac{\partial (v_z v_y)}{\partial z}$$

$$[\nabla \cdot \mathbf{v}\mathbf{v}]_z = \frac{\partial (v_x v_z)}{\partial x} + \frac{\partial (v_y v_z)}{\partial y} + \frac{\partial (v_z v_z)}{\partial z}$$

$$[\nabla \cdot \boldsymbol{\tau}]_x = \frac{\partial \tau_{xx}}{\partial x} + \frac{\partial \tau_{yx}}{\partial y} + \frac{\partial \tau_{zx}}{\partial z}$$

$$[\nabla \cdot \boldsymbol{\tau}]_y = \frac{\partial \tau_{xy}}{\partial x} + \frac{\partial \tau_{yy}}{\partial y} + \frac{\partial \tau_{zy}}{\partial z}$$

$$[\nabla \cdot \boldsymbol{\tau}]_z = \frac{\partial \tau_{xz}}{\partial x} + \frac{\partial \tau_{yz}}{\partial y} + \frac{\partial \tau_{zz}}{\partial z}$$

$$\begin{aligned}(\boldsymbol{\tau} : \nabla \mathbf{v}) = \tau_{xx} \frac{\partial v_x}{\partial x} + \tau_{xy} \frac{\partial v_x}{\partial y} + \tau_{xz} \frac{\partial v_x}{\partial z} \\ + \tau_{yx} \frac{\partial v_y}{\partial x} + \tau_{yy} \frac{\partial v_y}{\partial y} + \tau_{yz} \frac{\partial v_y}{\partial z} \\ + \tau_{zx} \frac{\partial v_z}{\partial x} + \tau_{zy} \frac{\partial v_z}{\partial y} + \tau_{zz} \frac{\partial v_z}{\partial z}\end{aligned}$$

Note: the differential operations may *not* be simply generalized to curvilinear coordinates; see Tables A.7-2 and A.7-3.

개정2판

이동현상

이재욱 역

Transport Phenomena

R.Byron Bird
Warren E. Stewart
Edwin N. Lightfoot

역자서문

이동현상은 연속체 역학의 개념에서 계를 미시적으로 해석하여 그 내부에서 일어나는 국부적인 현상을 파악하고, 이를 바탕으로 계의 설계, 평가 및 최적화 등 공정 해석의 기초가 되는 학문 분야로 이를 이용하여 거의 대부분의 공정을 해석할 수 있다는 측면에서 보면 "단위조작"에 이어 화학공학의 제 2의 패러다임으로 위치를 차지하고 있는 것이 분명하다. 또 최근에는 재료공학, 기계공학뿐만 아니라 나노 기술, 미시전자공학, 나노 바이오 공학, 생의공학 등 새롭게 대두되고 있는 분야에서도 그 중요성이 인식되고 있다. 이런 이유로 많은 학생들이 이를 공부하고자 하고 있으나, 30여 년 동안 이동현상을 가르쳐 온 경험에 의하면 상당수의 학생들이 이동현상 공부를 중도에 포기를 하는 것을 종종 볼 수 있었다.

그 이유로는 우선 운동량, 에너지 및 물질전달의 세 가지 주제를 포함하고 있어 공부해야 할 범위가 넓고 양이 방대하다고 느끼기 때문에 책을 읽는 것에 대한 두려움이 앞선다는 것이었다. 그러나 각 전달공정이 갖는 물리적 의미를 알고, 세 주제 사이의 상사성과 차별성을 이해하고자 하는 데 초점을 맞춘다면 개념적으로 반복되는 부분이 많기 때문에 크게 두려워할 문제는 아니라 생각된다.

두 번째로는 물리적 의미를 이해하기보다는 이동현상을 수학으로 보기 때문에 상당히 어려워한다는 점이다. 주어진 문제를 모델링하고 이를 가장 간단히 표현할 수 있는 방법이 수학적 방법이며, 지배방정식과 초기 및 경계조건을 사용하여 해를 구함으로써 문제를 해결할 수 있는 가장 간단한 방법이 수학적 방법(비록 제한적인 문제에 대해서만 이론적 해석이 가능하지만)이라는 점에서 이는 피할 수가 없다. 그러나 이동현상에 나오는 수학적 방법으로는 주로 벡터와 텐서, 상미분방정식, 편미분방정식, 행렬 등이며, 공학 수학에 대한 기초적인 지식만 있다면 크게 어려워 할 일은 아니라고 본다. 특히 이동현상을 공부하는 학생들이 수치모사 해석에 대한 공부를 최소한 병행하거나 적어도 상용화되어 있는 수치 해석 프로그램 패키지들을 사용할 수 있는 능력을 갖추게 된다면 계 내부에서 일어나는 미시적 현상의 수치모사 결과를 가시적으로 볼 수 있게 되어 한층 더 내용과 개념을 잘 파악할 수 있게 될 것이다.

세 번째로는 영어로 된 교재를 읽으면서 그 내용과 용어가 갖는 의미를 제대로 이해하지 못하고 있기 때문에 이동현상의 기초적인 개념을 정확하게 파악하거나 정립하는 것에 매우 어려워했다는 점이었다. 이것이 바로 이 책을 번역하게 된 동기이며, 이동현상을 공부하는 학생들이 보다 용이하게 개념을 정립하는 것에 도움이 되었으면 하는 바람이다. 번역을 위해 필요한 술어는 화학공학 술어집(제 3판, 한국화학공학회 발간)에 기초하여 보편 타당하고 합리적이라고 판단되는 단어 및 용어를 선택하여 기술하였으며, 3부로 나누어진 운동량, 열 및 물질전달 부분에서 나오는 유사한 개념의 용어를 가능한 통일하여 사용함으로써 상사성에 대한 개념에 대한 이해를 돕고자 하였다. 또 술어를 본문 내용 중에 한글과 영어를 혼용하여 수록하면 빠른 이해를 도울 수는 있겠지만 전체적으로 내용이 방대하여 본문에 가급적 영문 사용을 배제하였다. 한편 저자들의 이름과 저널명은 발음의 차이에서 오는 혼동과 번역의 어려움을 피하기 위해 원어 표기 그대로 두었으며, 주제 색인에는 국문과 영문을 함께 수록하여 번역의 차이에서 오는 문제에 대한 이해를 돕고자 하였다.

끝으로 번역에 상당 기간이 소요된 본 역서를 발간할 수 있도록 허락하여 주신 범한서적 주식회사의 사장님을 비롯한 전 직원들에게 심심한 사의를 표하며, 편집과 인쇄에 정성을 쏟아 주신 출판사 담당 직원 여러분들에게도 따뜻한 감사를 드린다. 그리고 무엇보다도 이 책이 나오는 데 결정적인 도움을 준 30여 년간 본인의 이동현상 강의를 거쳐간 제자들에게 감사를 표하고 싶다.

2014년 8월

역자

저자서문

운동량, 열 및 물질전달이 고전 물리학의 한 분야로 오래 전부터 독립적으로 발전되어 오는 동안 이들의 통합 연구가 기초 공학과학의 하나로 자리를 찾게 되었다. 다시 말하면, 반세기가 되지 않는 짧은 기간 동안의 이러한 발전은 지속적으로 성장하여 왔으며, 바이오 기술, 미시전자공학, 나노기술 및 고분자 과학 등과 같은 새로운 분야에서의 응용을 찾아 왔다.

이동현상은 급격히 또 광범위하게 발전되어 왔으므로 모든 범위에 적용하는 것은 불가능하다. 많은 대표적인 예제들을 포함하고는 있지만 필연적으로 이 분야의 기본적인 양상만 주로 강조할 것이다. 더욱이 동료들과의 논의를 통하여 이동현상은 다양한 방법으로 또 여러 가지 다른 수준으로 가르칠 수 있음을 알고 있다. 입문과 고급의 두 과정에 걸쳐 가르칠 만큼 충분한 소재들이 이 책에 포함되어 있다. 다시 말하면 초급 과정은 운동량 전달에 대한 한 과정과 열 및 물질전달에 대한 다른 과정으로 나눌 수 있으며, 실제적인 응용 문제에서 이 소재의 이용을 증명하기 위한 더 많은 기회를 제공하고자 하였다. 또 어떤 절에는 선택과정을 (○)으로 고급과정을 (●)으로 표시하여 학생들과 강사들에 도움을 주고자 하였다.

이동현상은 오랫동안 오히려 수학적 주제로 간주되어 왔으나, 물리적 의미가 가장 중요하다. 이 주제의 핵심은 고려하는 세 전달공정 사이의 차별성과 유사성을 강조하면서 훌럭스식과 함께 보존 원리를 조심스럽게 또 간결하게 표현하는 것이다. 특정한 문제에서 물성과 경계조건의 특수화는 종종 최소한의 노력으로 유용한 직관에 의해 규정될 수 있다. 그럼에도 불구하고 이동현상의 언어는 수학이며, 이 책에서는 상미분방정식과 초급 벡터 해석은 대단히 친숙하다고 가정하였으며, 또 제시된 소재들을 숙달하는 데 흥미를 가지고 있는 학생들에게는 충분한 설명을 곁들여서 편미분방정식의 사용을 소개하고자 한다. 수치기법이 명백히 중요함에도 불구하고 이동현상의 기초적인 이해에 집중하기 위해 뒤로 미루고자 한다.

적절한 역사적 문맥에서 이동현상의 위치를 결정하기 위해 또 기초를 더 확장하여 응용할 수 있도록 독자들을 이끌기 위해 전체에 걸쳐 발표된 문헌의 인용을 강조하였다. 특히 많은 은혜를 입었고 유용한 영감을 여전히 이끌어 낼 수 있는 선각자들을 소개하고 싶었다. 그 분들은 우리와 크게 다르지 않았으며, 이에 고무되어 아마 어떤 독자들은 유사한 공헌을 할 마음이 들게 될 것이다.

40 여년 전 초판이 쓰여진 이래 명백하게도 독자들의 요구와 적용 가능한 도구들이 모두 굉장히 변했다. 우리의 능력과 공간적 제약 속에서도 최신판을 내기 위해 엄청난 노력을 기울였으며, 더욱 발전된 책이 될 것을 예감하였다. 초판에 비해 중요한 변화는 다음이 포함되어 있다.

- 2상계의 전달 물성
- 쉘 수지식과 변화방정식을 수립하기 위한 "결합된 훌럭스"의 사용
- 각운동량 보존식과 그 결과

- 기계적 에너지 수지식의 완전한 유도
- 경계층 이론의 확장 논리
- Taylor 분산
- 난류 전달에 대한 향상된 논의
- 높은 Pr 또는 Sc에서의 난류 전달에 대한 Fourier 해석
- 열 및 물질전달계수에 대한 더 이상의 내용
- 차원 해석 및 스케일링에 대한 확장된 논의
- 다성분 물질전달에 대한 행렬법
- 이온계, 막 분리 및 다공성 매질
- Boltzmann 식과 연속방정식 간의 관계
- 물리 및 물리화학의 선도적 교과서와 일치하는 에너지 논의에서의 "Q+W" 관례 사용

그러나 미래를 가장 깨끗하게 볼 수 있고 불완전한 유산 위에 세워야만 하는 가장 젊은 세대의 전문가가 항상 있다.

해야 할 많은 것들이 남아 있지만, 이동현상의 유용성은 소멸하기 보다는 오히려 증가할 것이라 기대할 수 있다. 우리들 주위에서 꽃 피우고 있는 주위를 환기시킬만한 새로운 기술 각각은 흥미있는 상세한 수준에서 보면 전달계수에 대한 정보와 함께 보존법칙과 홀럭스 식에 의해 지배된다. 이들 새로운 영역에 대해 문제를 명료하게 설명하고 해석 기법을 구할 수 있도록 수정하는 것은 의심할 여지없이 긴 시간 동안 공학자를 바쁘게 할 것이며, 우리는 단지 시작하기 위한 유용한 근간을 제공하였기를 바랄 뿐이다.

개개의 새로운 책은 성공을 위해 제목 페이지에 나타나는 이름의 사람들 보다 더 수많은 개개인에 의존하며, 확실히 가장 명백한 공헌은 우리가 학생들을 가르친 것보다는 더 많은 것을 총체적으로 우리들에게 가르쳐 준 열심히 공부하고 천부적 재능을 가진 학생들에게 있다. 이에 더하여 원고를 검토한 교수들의 수많은 교정과 직관적인 논평에 특별히 감사한다: Yu-Ling Cheng (토론토 대학), Michael D. Graham (위스콘신 대학), Susan J. Muller (캘리포니아 대학 버클리), William B. Ressel (프린스톤 대학), Jay D. Schieber (일리노이 공과대학)과 John F. Wendt (폰 카르만 유체역학 연구소). 그러나 더 깊은 수준에서는 여기 메디슨의 우리 선배들에 의해 만들어진 학과의 구조와 전통의 덕을 보았으며, 그들 중에 첫 번째는 Olaf Andreas Hougen이었다. 그를 기념하여 이 출간을 헌정한다.

메디슨, 위스콘신

R. B. B.
W. E. S.
E. N. L.

개정된 2판에 대한 논평.

2002년 2판이 출간된 이래, 저자들은 수많은 오류(어떤 것은 중요하고 어떤 것은 사소한)를 발견하였으며, 이들을 바로 잡기 위해 노력해 왔다. 더욱이 100명도 훨씬 넘는 독자들이 어떻게 개선하여야 하고 어떻게 오류를 바로 잡아야 하는지에 대한 제안에 합류하였다. 학생들로부터, 교수로부터, 실무자로부터 이에 대한 많은 편지가 왔다. 우리는 그들의 논평을 받는 것에 감사하였으며 그들과 서신 왕래를 하는 것을 즐겼다. 우리의 실수로 유발된 어떤 문제나 혼란을 유감스럽게 생각하며, 이 개정된 2판에 대한 책의 교정 작업을 실행할 수 있는 범위까지 심각하게 수행하였다. 출판사는 이렇게 하는 것을 대단히 너그럽게 허용하였으며, 그들의 인내와 관계있는 모든 분에게 감사를 보낸다. 특히 우리와 서신 왕래를 한 푸에르토 리코 대학 (mayagüez) Calos A. Ramírez 교수의 부지런함과 노력에 감사하고 싶다. 그의 많은 논평은 특별히 가치가 있었으며, 그 결과 책이 대단히 개선되었다.

2006년 9월

RBB, WES,ENL

목차

5장. 난류의 속도분포 189

6장. 등온계의 상계면 전달 219

7장. 등온 유동계에 대한 거시적 수지 247

8장. 고분자 액체 289

2부 에너지 전달

9장. 열전도도와 에너지 전달 메커니즘 329

10장. 쉘 에너지 수지 및 고체와 층류에서의 온도 분포 361

11장. 비등온계에 대한 변화방정식 413

12장. 한 개 이상의 독립변수를 갖는 온도분포 463

3부 물질 전달

부록

Chapter 0

이동현상의 주제

입문하는 이 장에서는 이동현상의 주제에 대한 범위, 목표, 방법 등을 설명하고자 하며, 전체적인 구조를 통찰하지 않고서는 주제에 대한 통일된 원리와 다양한 개개 논제의 상호 관계를 이해하는 것이 불가능하기 때문에 상세한 내용을 접하기 전에 이동현상 분야의 전체적인 구조에 대한 개념을 갖는 것이 중요하다. 이동현상에 대한 정확한 이해는 공학, 농학, 기상학, 생리학, 생물학, 분석화학, 재료과학, 약학 및 여타 영역에서 일어나는 많은 공정을 이해하기 위해 필수적이다. 이동현상은 응용과학의 많은 영역에 고루 영향을 미치는 잘 전개되고 매우 유용한 물리학의 한 분야이다.

0.1 이동현상이란 무엇인가?

이동현상의 주제는 유체역학, 열전달 및 물질전달의 세 개의 밀접한 연관을 갖는 논제를 포함하고 있으며, 유체역학은 **운동량** 전달을 수반하고, 열전달은 **에너지** 전달을 다루며, 물질전달은 다양한 화학 종에 대한 **질량** 전달과 관계가 있다. 입문 수준에서는 이들 세가지 이동현상이 다음과 같은 이유로 함께 공부되어야 한다.

- 산업, 생물학, 농학 및 기상학적인 문제에서 이들 세 가지 이동현상은 종종 동시에 일어난다. 사실 어느 하나의 이동 공정이 홀로 일어나는 것은 규칙이라기보다는 오히려 예외적인 것이다.
- 세 가지 이동현상을 표현하는 기초식들은 밀접한 연관을 가지고 있으므로, 단순 조건하에서의 수식의 유사성은 "상사성"에 의해 문제를 해석하는 기초가 된다.
- 이들 현상을 표현하기 위해 필요한 수학적 도구가 대단히 유사하므로, 비록 수학을 가르치는 것이 이 책의 목표가 아닐지라도 학생들은 다양한 수학적 논제를 펼쳐 전개함으로써 연습하는 것이 필요하며, 이동현상을 공부하면서 부수적으로 수학을 어떻게 사용

할 것인가를 배우는 것은 대단히 가치있는 일이 될 것이다.

- 다양한 이동현상의 기초가 되는 분자 메커니즘들은 대단히 밀접한 관계를 갖고 있다. 모든 물질은 분자로 이루어져 있으며, 점도, 열전도도와 확산은 동일한 분자 운동과 상호 작용 때문에 나타난다.

이 책의 주된 목표는 이동현상 분야에 대한 균형잡힌 전체적인 개관을 제공하는 것이며, 각 주제에 대한 기본식들을 소개하고 문제를 해석하기 위해 이들을 어떻게 사용할 것인가 설명하는 것이다.

유체역학, 열전달, 물질전달에 관한 수많은 우수한 논문들이 있다. 이에 더하여 이들 개개의 주제와 전문화된 보조 분야까지를 포함하는 수많은 관련 연구와 평론 잡지들이 있다. 이 책의 내용을 숙지한 독자들은 논문이나 잡지를 참고하는 것이 가능할 것이며, 이론, 실험적 기법, 경험적 상관식, 설계 방법 및 응용에 대해 다른 각도에서 더 깊게 다가 갈 수 있을 것이다. 즉 이 책은 주제를 완벽하게 표현하는데 주목한 것이 아니라 오히려 한계를 넘어 놓여 있는 지식의 보고에 대한 디딤돌이 되고자 하였다.

0.2 이동현상에서 공부할 수 있는 세 가지 수준

그림 0.2-1에는 거대계, 예를 들면 유체 혼합물이 통과해 흐르는 장치의 큰 조각에 대한 개략적인 그림을 도시하고, 세 가지 수준에서의 물질, 운동량, 에너지 및 각운동량 전달을 표현하였다.

거시적 수준(그림 0.2-*a*)에서는 물질, 운동량, 에너지 및 각운동량이 유입되고 유출되는 흐름을 통해 도입되고 제거될 뿐만 아니라 외부로부터 계로 들어오는 다양한 여타 입력 때문에 계 내에서 이들이 어떻게 변하는지를 표현하는 "거시적 수지"라 불리는 식의 집합을 수립하게 되며, 계의 상세한 모든 것을 이해하려는 시도는 없다. 공학 및 생물학 계를 공부함에 있어서 문제에 대한 총체적 평가를 하기 위해서는 이 거시적 설명에서 시작하는 것이 좋은 생각이다. 어떤 경우는 단지 이 총괄적 관점만이 필요하다.

미시적 수준(그림 0.2-*b*)에서는 장치 내 작은 영역의 유체 혼합물에 무슨 일이 일어났는지를 조사하며, 작은 영역 내에서 물질, 운동량, 에너지 및 각운동량이 어떻게 변하는지를 설명하는 "변화방정식"이라고 불리는 식들의 집합을 수립한다. 여기 목표는 계 내의 속도, 온도, 압력 및 농도분포에 대한 정보를 얻는 것이다. 어떤 공정을 이해하기 위해서는 더 상세한 정보가 필요하게 될 것이다.

분자 수준(그림 0.2-*c*)에서는 분자 구조와 분자간 힘의 관점에서 물질, 운동량, 에너지 및 각운동량 전달 메커니즘의 기초적인 이해를 찾고자 한다. 일반적으로 이것은 이론 물리학자와 물리화학자의 영역이지만 경우에 따라서는 공학자와 응용과학자도 이 수준의 연구를 수

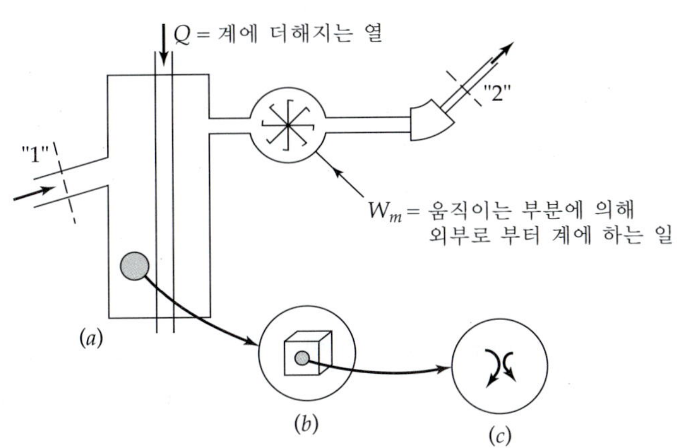

그림 0.2-1 (*a*) N_2와 O_2를 포함하는 거시적 유동계; (*b*) N_2와 O_2를 포함하는 거시계 내의 유동 상태에 있는 미시적 영역; (*c*) N_2 분자와 O_2 분자 사이의 충돌

행하여야 하며, 특히 이는 연구 대상 공정이 복잡한 분자, 극단적인 범위의 온도와 압력, 또는 화학적으로 반응하는 계를 포함하고 있다면 더 더욱 그렇다.

이들 세 가지 수준의 설명에는 서로 다른 "길이 척도"를 포함하고 있음이 명백하다. 예를 들면 전형적인 산업 문제에서 유동계의 치수가 거시적 수준에서는 센티미터나 미터의 차수를 가지며, 미시적 수준은 마이크론에서 센티미터 범위에서 무슨 일이 일어나는지를 포함하고 있고, 분자 수준의 문제는 대략 1에서 1000 나노미터 범위를 포함하고 있다.

이 책은 아래 세 부분으로 나뉘어져 있다.

- 등온 조건에서 순수 유체의 유동(점성과 대류 운동량 전달에 비중을 두면서)- 1-8 장
- 온도가 변하는 조건에서 순수 유체의 유동(전도, 대류와 복사 에너지 전달에 비중을 두면서)-9-16 장
- 조성이 변하는 조건에서 유체 혼합물의 유동 (확산과 대류 물질전달에 비중을 두면서)-17-24장

즉 더 단순한 문제에서부터 더 어려운 문제까지로 구성하였으며, 각 부분이 시작하는 첫 장에는 전달 물성(점도, 열전도도와 확산계수)에 관한 분자 이론의 몇몇 결과들을 다루었고, 미시적 수준으로 옮겨 간 다음 다양한 종류의 계에서 속도, 온도 및 농도분포를 어떻게 구하는지 배울 수 있도록 하였다. 논의는 거시적 수준과 거대계에 대해 설명하면서 결론지었다.

논의를 펼쳐 가면서 독자들은 설명의 수준 사이에 많은 연결이 있음에 감사해야 할 것이다. 분자 이론에 의해 설명되는 전달 물성은 미시적 수준에서 사용되며, 더욱이 거시적 수준에서 푸는 문제에 어떤 입력을 제공하기 위해서는 미시적 수준에서 개발된 식들이 필요하게 된다.

운동량, 에너지 및 물질전달의 세 영역 사이에는 역시 많은 연결이 있으므로, 한 영역의 문제를 어떻게 해석하는지를 배움으로써 다른 분야의 문제를 해석하는 기법을 배우게 되고,

세 영역 내 수식들의 유사성은 많은 경우에 "상사성"에 의해 문제를 해석할 수 있음을 의미한다. 즉, 한 영역에서 직접 해를 구한 다음 수식 내의 기호를 바꾸면 다른 영역 내의 문제에 대한 해를 즉시 쓸 수 있다.

학생들은 배우는 과정에 세 가지 수준 사이에서 또 다양한 이동현상 사이에서 이와 같은 연결이 강조되고 있다는 것을 발견할 것이며, 책의 1부(운동량 전달)부터 시작하여 2부(에너지 전달)으로 넘어가면 3부(물질 전달)에서는 "연주자의 이름"만 바뀔 뿐이지 내용은 대단히 유사하다는 것을 알게 될 것이다.

표 0.2-1에는 3 × 8 "행렬" 형태로 각 장을 배열하여 두었다. 행렬을 개략적으로 살펴보면 이 책을 공부하는 과정 중에 어떤 종류의 상호 연결이 되어 있는지 명백히 알게 될 것이다. 특히 학부 과정에서는 열 방향으로 공부할 것을 추천하지만 대학원생들에게는 이동현상 세 영역 사이의 연결을 강조하면서 행 방향의 논제 별로 공부하는 것을 추천한다.

표 0.2-1 이 책의 주제에 대한 구성

전달 종류	운동량	에너지	물질
분자 운동에 의한 전달	1 점도와 응력(운동량 훌럭스) 텐서	9 열전도도와 열훌럭스 벡터	17 확산계수와 물질 훌럭스 벡터
일차원적 전달 (쉘 수지식 법)	2 쉘 운동량 수지와 속도분포	10 쉘 에너지 수지와 온도분포	18 쉘 물질 수지와 농도분포
임의의 연속체 내에서의 전달 (일반 전달 방정식의 사용)	3 변화방정식과 이들의 적용[등온]	11 변화방정식과 이들의 적용[비등온]	19 변화방정식과 이들의 적용[등온]
두 개의 독립 변수를 갖는 전달(특별한 방법)	4 두 개의 독립 변수를 갖는 운동량 전달	12 두 개의 독립 변수를 갖는 에너지 전달	20 두 개의 독립 변수를 갖는 물질 전달
난류 유동에서의 전달과 에디 전달물성	5 난류 운동량 전달; 에디 점도	13 난류 에너지 전달; 에디 열전도도	21 난류 물질 전달; 에디 확산계수
상계면을 통한전달	6 마찰계수; 경험식의 적용	14 열전달계수; 경험식의 적용	22 물질전달계수; 경험식의 적용
부품이나 장치 등의 조각과 같은 거대계 내의 전달	7거시적 수지[등온]	15 거시적 수지[비등온]	23 거시적 수지[등온]
다른 메커니즘에 의한 전달	8 고분자 액체의 운동량 전달	16 복사에 의한 에너지 전달	24 다성분계에서의 물질 전달; 교차 효과

분자, 미시 및 거시의 세 가지 수준에 대한 설명 모두에서 보존법칙은 중요한 역할을 한다. 분자계에 대해 보존법칙을 유도하는 것은 똑바르고 본받을 점이 많다. 일반물리와 최소한의 수학을 가지고도 이 책을 통해 다루어지는 주된 개념을 설명하고 중요한 물리양들을 표현할 수 있다. 이 논제는 다음 절에서 논하고자 한다.

0.3 보존법칙: 예제

고려하는 계는 충돌하는 두 개의 이원자 분자이다. 간단히 하기 위해 분자들은 화학적으로 상호 작용을 하지 않으며 각 분자는 동종 핵으로 이루어 있다고 가정한다. 즉, 원자 핵이 같다고 한다. 분자들은 낮은 밀도의 기체 속에 있기 때문에 주위에 있는 다른 분자들과의 상호 작용을 고려할 필요가 없다. 그림 0.3-1에는 동종 핵을 갖는 두 개의 이원자 분자 A와 B 사이의 충돌을 도시하였으며, 그림 0.3-2에는 임의의 원점으로부터 그려진 위치 벡터를 사용하여 하나의 분자 내 두 원자의 위치를 지정하기 위한 표기법을 보였다.

실제로 원자와 분자 수준에서의 결과는 양자역학을 사용하여 설명하여야 하나, 50 K보다 더 낮은 온도에서의 가장 가벼운 분자(H_2와 He)를 제외하면, 전통 역학을 사용함으로써 완

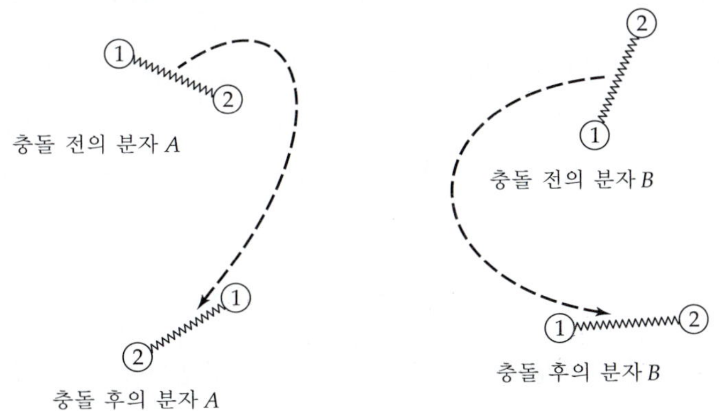

그림 0.3-1 N_2와 O_2 같은 동종 핵을 갖는 이원자 분자 사이의 충돌. 분자 A는 두 원자 $A1$과 $A2$로 이루어져 있으며, 분자 B는 두 원자 $B1$과 $B2$로 이루어져 있다.

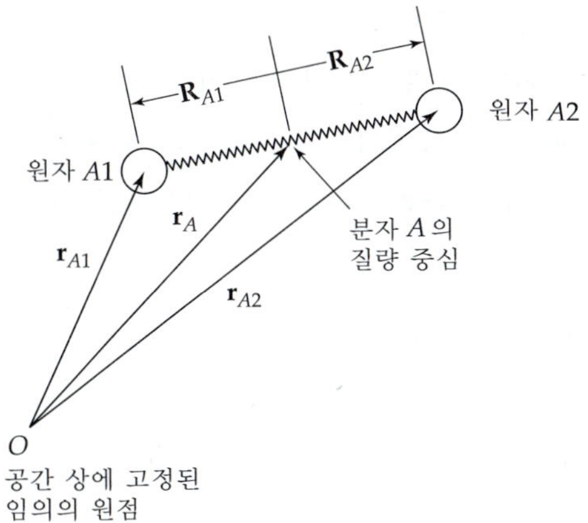

그림 0.3-2 분자 A 내 원자 $A1$과 $A2$에 대한 위치 벡터.

전히 만족할만한 기체 분자운동론을 개발할 수 있다.

충돌 전후의 양 사이에는 여러 가지 관계식이 주어져야 한다. 충돌 전후 모두 분자들은 두 분자 사이에 분자간 힘을 느끼지 못할 만큼 충분히 멀리 떨어져 있다고 가정한다. 분자 지름의 약 5배 거리를 넘어서면 분자간 힘은 무시할 만 하다고 알려져 있다. 충돌 후의 양을 프라임으로 표시하였다.

(a) 질량 보존법칙에 의하면 들어오고 나가면서 충돌하는 분자의 총 질량은 같다.

$$m_A + m_B = m'_A + m'_B \tag{0.3-1}$$

여기서 m_A와 m_B는 분자 A와 B의 질량이다. 화학반응이 없으므로 각 화학 종의 질량 역시 보존될 것이므로

$$m_A = m'_A \quad \text{및} \quad m_B = m'_B \tag{0.3-2}$$

가 된다.

(b) 운동량 보존법칙에 의하면 충돌 전의 모든 원자들의 운동량 합은 충돌 후의 모든 원자들의 운동량 합과 같으므로

$$m_{A1}\dot{\mathbf{r}}_{A1} + m_{A2}\dot{\mathbf{r}}_{A2} + m_{B1}\dot{\mathbf{r}}_{B1} + m_{B2}\dot{\mathbf{r}}_{B2} = m'_{A1}\dot{\mathbf{r}}'_{A1} + m'_{A2}\dot{\mathbf{r}}'_{A2} + m'_{B1}\dot{\mathbf{r}}'_{B1} + m'_{B2}\dot{\mathbf{r}}'_{B2} \tag{0.3-3}$$

이 되며, $\mathbf{r}_{A1}$은 분자 A의 원자 1에 대한 위치 벡터이고, $\dot{\mathbf{r}}_{A1}$는 원자 1의 속도다. $\mathbf{r}_{A1}$은 질량 중심에 대한 위치 벡터와 질량 중심에 관한 원자의 위치 벡터의 합으로 쓸 수 있으므로 $\mathbf{r}_{A1} = \mathbf{r}_A + \mathbf{R}_{A1}$로 쓰고, $\mathbf{R}_{A2} = -\mathbf{R}_{A1}$임을 안다. 속도 벡터에 대해서도 동일한 관계식을 역시 쓸 수 있으므로, 식 0.3-3을

$$m_A\dot{\mathbf{r}}_A + m_B\dot{\mathbf{r}}_B = m_A\dot{\mathbf{r}}'_A + m_B\dot{\mathbf{r}}'_B \tag{0.3-4}$$

와 같이 다시 쓸 수 있다. 즉, 분자 질량과 속도에 대한 보존법칙을 쓸 수 있으며, 대응하는 원자의 양은 소거하였다. 식 0.3-4를 얻기 위해 식 0.3-2와 동종 핵을 갖는 이원자 분자에 대해 $m_{A1} = m_{A2} = \frac{1}{2}m_A$라는 사실을 사용하였다.

(c) 에너지 보존법칙에 의하면 충돌하는 하는 한 쌍의 분자의 에너지는 충돌하기 전후가 같다. 고립된 분자의 에너지는 두 원자의 운동에너지와 분자 A의 두 원자 1과 2를 결합하는 화학 결합력을 나타나고 원자간의 거리 $|\mathbf{r}_{A2} - \mathbf{r}_{A1}|$의 함수인 원자간 위치에너지, ϕ_A의 합이다. 그러므로 에너지 보존식은

$$\begin{aligned}&\left(\tfrac{1}{2}m_{A1}\dot{r}_{A1}^2 + \tfrac{1}{2}m_{A2}\dot{r}_{A2}^2 + \phi_A\right) + \left(\tfrac{1}{2}m_{B1}\dot{r}_{B1}^2 + \tfrac{1}{2}m_{B2}\dot{r}_{B2}^2 + \phi_B\right) = \\ &\left(\tfrac{1}{2}m'_{A1}\dot{r}'^2_{A1} + \tfrac{1}{2}m'_{A2}\dot{r}'^2_{A2} + \phi'_A\right) + \left(\tfrac{1}{2}m'_{B1}\dot{r}'^2_{B1} + \tfrac{1}{2}m'_{B2}\dot{r}'^2_{B2} + \phi'_B\right)\end{aligned} \tag{0.3-5}$$

가 된다. $\mathbf{r}_{A1}^2 = (\dot{\mathbf{r}}_{A1} \cdot \dot{\mathbf{r}}_{A1})$인 표준 약어로 된 표기법을 사용하였음을 주목하시오. 이제 분자 A

의 원자 1 속도를 A의 질량 중심의 속도와 질량 중심에 대한 원자 1 속도의 합으로 쓰면, $\dot{\mathbf{r}}_{A1} = \dot{\mathbf{r}}_A + \dot{\mathbf{R}}_{A1}$이므로 식 0.3-5는

$$(\tfrac{1}{2}m_A\dot{r}_A^2 + u_A) + (\tfrac{1}{2}m_B\dot{r}_B^2 + u_B) = (\tfrac{1}{2}m'_A\dot{r}'^2_A + u'_A) + (\tfrac{1}{2}m'_B\dot{r}'^2_B + u'_B) \qquad (0.3\text{-}6)$$

이 된다. 여기서 $u_A = \frac{1}{2}m_{A1}\dot{R}_{A1}^2 + \frac{1}{2}m_{A2}\dot{R}_{A2}^2 + \phi_A$는 분자 A의 질량 중심과 관련된 운동에너지와 분자 A의 원자간 위치에너지의 합이다. 즉 각 분자의 에너지를 고정된 축에 대한 운동에너지와 분자의 내부에너지(진동, 회전 및 위치에너지를 포함하는)로 나눌 수 있다. 식 0.3-6은 충돌하는 분자의 운동에너지가 내부에너지로 변환될 수 있으며 그 역도 성립한다는 것을 명백히 보여 주고 있다. 운동에너지와 내부에너지 간의 상호 교환에 대한 이 생각은 미시적 수준과 거시적 수준에서 에너지 관계식을 논할 때 다시 보게 될 것이다.

(d) 마지막으로 **각운동량 보존법칙**을 충돌에 적용하면

$$\begin{aligned}&([\mathbf{r}_{A1} \times m_{A1}\dot{\mathbf{r}}_{A1}] + [\mathbf{r}_{A2} \times m_{A2}\dot{\mathbf{r}}_{A2}]) + ([\mathbf{r}_{B1} \times m_{B1}\dot{\mathbf{r}}_{B1}] + [\mathbf{r}_{B2} \times m_{B2}\dot{\mathbf{r}}_{B2}]) = \\ &([\mathbf{r}'_{A1} \times m'_{A1}\dot{\mathbf{r}}'_{A1}] + [\mathbf{r}'_{A2} \times m'_{A2}\dot{\mathbf{r}}'_{A2}]) + ([\mathbf{r}'_{B1} \times m'_{B1}\dot{\mathbf{r}}'_{B1}] + [\mathbf{r}_{B2} \times m'_{B2}\dot{\mathbf{r}}'_{B2}])\end{aligned} \qquad (0.3\text{-}7)$$

이 된다. 여기서 ×는 두 벡터의 교차곱을 나타내기 위해 사용된다. 다음으로 앞에서와 같이 질량 중심과 상대적인 위치 벡터와 속도 벡터를 도입하면

$$\begin{aligned}&([\mathbf{r}_A \times m_A\dot{\mathbf{r}}_A] + \mathbf{l}_A) + ([\mathbf{r}_B \times m_B\dot{\mathbf{r}}_B] + \mathbf{l}_B) = \\ &([\mathbf{r}'_A \times m_A\dot{\mathbf{r}}'_A] + \mathbf{l}'_A) + ([\mathbf{r}'_B \times m_B\dot{\mathbf{r}}'_B] + \mathbf{l}'_B)\end{aligned} \qquad (0.3\text{-}8)$$

을 얻는다. 여기서 $\mathbf{l}_A = [\mathbf{R}_{A1} \times m_{A1}\dot{\mathbf{R}}_{A1}] + [\mathbf{R}_{A2} \times m_{A2}\dot{\mathbf{R}}_{A2}]$는 분자의 질량 중심에 원점을 갖는 축과 관련된 원자의 각운동량의 합, 즉 "내부 각운동량"이다. 분자의 각운동량(축의 원점에 관한)과 그들의 내부 각운동량(분자의 질량 중심에 관한) 사이에 상호 교환 가능성이 있다는 것은 중요하며, 이는 각운동량에 대한 변화방정식과 관련하여 추후에 언급될 것이다.

단원자 분자의 충돌에 적용하면 보존법칙은 위 결과로부터 다음과 같이 얻을 수 있다: 식 0.3-1, 0.3-2와 0.3-4는 직접 적용이 가능하며, 식 0.3-6은 만약 내부에너지에 의한 기여를 배제하면 적용할 수 있고, 식 0.3-8은 내부 각운동량 항을 버리면 사용할 수 있을 것이다.

이 책의 많은 부분에서 미시적 및 거시적 수준의 보존법칙을 수립하고 공학과 과학의 흥미로운 문제들의 해석에 적용하는 것에 대해 언급할 것이다. 위 논의는 이러한 모험을 위한 좋은 배경들을 제공할 것이다. 미시적 및 거시적 수준의 화학 종의 질량, 운동량 및 에너지에 대한 보존법칙을 일견해서 보기 위해서는 표 19.2-1과 23.5-1을 참조하시오.

0.4 결론적 논평

거시적 수지를 이해력이 뛰어나게 사용하기 위해서는 변화방정식으로부터 유도되는 상계면 전달에 대한 정보를 필요로 하고, 변화방정식을 사용하기 위해서는 다양한 분자 이론으로 표현되는 전달 물성을 필요로 한다. 그러므로 가르치는 관점에서 보면 분자 수준에서 시작하여 거대계로 향해 위로 올라가는 것이 최선인 것처럼 보인다.

이론에 대한 모든 논의는 문제를 풀기 위해 이론을 어떻게 적용할 것인가 실례를 들어 설명하는 예제를 수반하고 있다. 그런 다음 각 장의 마지막에는 그 장에서 주어진 아이디어를 사용함으로써 특별한 경험을 하기 위한 문제를 수록하였다. 문제는 4가지 등급으로 나누어져 있다.

등급 A: 교과서 내의 중요한 식을 강조하고 크기의 차수를 느낄 수 있도록 설계된 수치적 문제,

등급 B: 각 장의 주된 아이디어를 사용하여 초급 과정의 유도를 필요로 하는 해석적 문제,

등급 C: 다른 책이나 다른 장으로부터 아이디어를 가져오는 더 고급인 해석적 문제,

등급 D: 중급의 수학적 기교가 필요한 문제

많은 문제들과 실례를 들어 설명하는 예제는 과도하게 단순화된 계이거나 대단히 이상적인 모델을 포함하고 있어 오히려 초급 수준이다. 그러나 이론이 어떻게 작용하는지를 이해하고 그것을 사용하는 데 있어 확신을 갖기 위해서는 이들 초급 문제를 가지고 시작하는 것이 필요하다. 더욱이 이들 초급의 어떤 예제들은 복잡한 문제를 크기의 차수로 평가하는 데 대단히 유용할 수 있다.

여기서 이동현상 주제를 공부하는데 필요한 몇 가지 제안을 하고자 한다.

- 손에 연필과 종이를 가지고 교과서를 항상 읽으시오, 수학적 전개를 상세히 하고 빠뜨려진 단계들을 채우시오.
- 언제든지 필요하면 수학 교과서로 돌아가서 미적분, 미분방정식, 벡터 등의 공부를 다시 하시오. 이미 배웠던 수학을 다시 공부할 수 있는 좋은 기회이다(예전에 배울 때만큼은 주의 깊게가 아니라고 하더라도).
- 중요한 결과의 물리적 해석을 반드시 할 수 있도록 하시오. 즉 방정식과 물리적 아이디어를 연관짓는 습관을 갖도록 하시오.
- 결과가 합리적인지 아닌지 항상 물으시오. 만약 결과가 직관에 부합되지 않는다고 하면 어느 쪽이 틀렸는지 발견하는 것은 중요하다.
- 모든 결과의 치수를 검토하는 습관을 가지시오. 유도하는 과정의 오류 지점을 아는 대단히 좋은 방법의 하나다.

독자들이 이동현상 주제에 대한 우리의 열의를 나눌 수 있기 바란다. 이 책을 공부하기에

는 상당한 노력이 필요하지만 시간과 노력을 투자할만한 가치가 있음을 알게 될 것이다.

논의를 위한 질문

1. 단일 입자에 대한 운동량, 각운동량 및 운동에너지의 정의는 무엇인가? 이들 양의 차원은 무엇인가?
2. 속도, 각속도, 압력, 밀도, 힘, 일 및 돌림힘의 차원은 무엇인가? 이들 양에 대해 통상 사용되는 단위는 무엇인가?
3. 식 0.3-3에서 식 0.3-4를 유도하는 것이 가능한지 증명하시오.
4. 식 0.3-5로부터 식 0.3-6을 얻기 위해 필요한 모든 과정을 상세히 유도하시오.
5. 축의 원점이 새로운 위치로 이전되었다고 가정하면 식 0.3-7에는 어떤 효과가 일어났는가? 이 식은 변하였는가?
6. 각속도와 각운동량을 비교하고 대비하시오.
7. 내부에너지는 무엇을 의미하는가? 위치에너지는?
8. 질량 보존법칙은 항상 타당한가? 제한성은 무엇인가?

1부

운동량 전달

Chapter

01 점도와 운동량 전달 메커니즘

이 책의 첫 부분은 점성 유체의 유동을 다루고자 한다. 분자량이 작은 유체에 대해, 유동에 대한 저항을 특징짓는 물리적 성질을 **점도**라 한다. 자동차 오일을 사 본 사람이라면 어떤 오일이 다른 오일보다 더 점성이 있으며, 점도가 온도의 함수라는 것을 알 것이다.

1.1절에서는 평행한 평판 사이의 단순 전단 유동을 다루고자 하며, 운동량이 점성 작용에 의해 어떻게 전달되는지 논의하고자 한다. 이는 **'분자 운동량 전달'**의 초보적인 한 예이며, 점도 μ의 정의와 함께 "점도에 대한 Newton 법칙"을 소개하는 데 도움이 될 것이다. 다음 1.2절에서는 임의의 유동 양상에 대해 Newton 법칙을 어떻게 일반화할 수 있는지 보일 것이다. 기체와 액체의 점도에 대한 온도와 압력의 영향을 무차원 그림을 사용하여 1.3절에서 요약하고자 한다. 1.4절에서는 기체의 점도가 기체 분자운동론으로부터 어떻게 계산될 수 있는지 설명하고, 1.5절에서는 액체에 대해 유사한 논의를 하고자 하며, 1.6절에서는 현탁계와 유화계의 점도에 관해 몇 가지 언급하고자 한다.

마지막으로 1.7절에서는 운동량은 유체의 총괄 운동에 의해서도 전달될 수 있으며, 이와 같은 **대류 운동량 전달**은 유체의 밀도 ρ에 비례한다는 것을 보이고자 한다.

1.1 점도에 대한 Newton 법칙(분자 운동량 전달)

그림 1.1-1에서 면적이 A이고, 거리가 Y만큼 떨어져 있는 한 쌍의 큰 평행 평판을 볼 수 있으며, 그 사이 공간에는 기체든 액체든 유체가 채워져 있다. 이 계는 초기에는 정지해 있으며, 시간 $t = 0$에서 하부 평판이 일정한 속도 V로 양의 x 방향으로 움직이기 시작한다. 시간이 지날수록 유체는 운동량을 얻게 되고, 궁극적으로는 그림에서 보는 바와 같이 선형의 정상상태 속도분포를 형성하게 된다. 유동은 층류이어야 한다("층류"는 고속 혼합기 내에서 볼 수 있는 불규칙적이고 무질서한 유동인 "난류"와는 반대로 시럽을 부을 때 통상 관찰할 수 있는 정렬된 유형의 유동이다). 정상상태 유동의 최종 상태가 얻어지면 하부 평판의 움직임을 유지하기 위한 일정한 힘 F가 요구되며, 이 힘은 다음과 같이 표현될 수 있음을 상식적으로 알 수 있다.

$$\frac{F}{A} = \mu \frac{V}{Y} \tag{1.1-1}$$

즉, 힘은 면적과 속도에 비례하고, 평판 사이의 거리에 반비례한다. 비례 상수 μ는 **점도**로 정의되는 유체의 물성이다.

이제 책 전체에 걸쳐 사용될 표기법으로 바꾼다. 먼저 $\frac{F}{A}$를 y 방향에 수직인 단위 면적에 작용하는 x 방향의 힘인 기호 τ_{yx}로 대체하고자 한다. 이 힘은 더 낮은 y의 유체에 의해 더

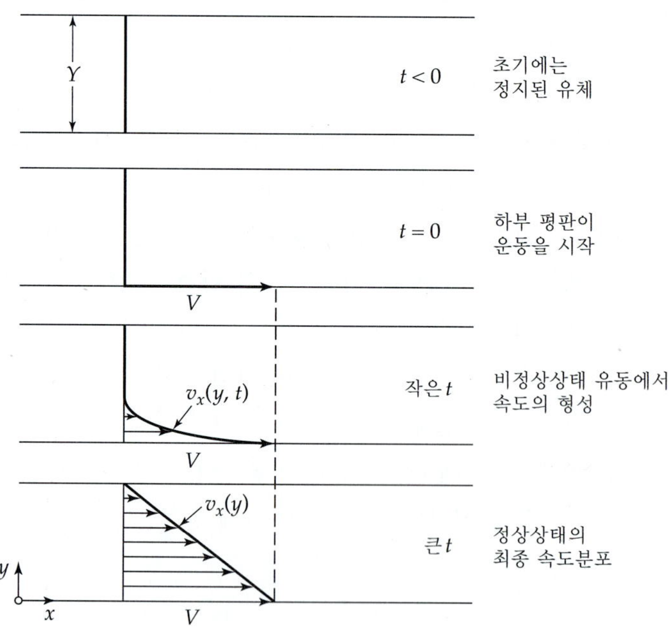

그림 1.1-1 두 평판 사이에 포함된 유체의 정상상태 층류 속도분포의 형성. 유체의 인접한 층 ("얇은 판자들")이 규칙적인 양식으로 다른 층을 지나 미끄러진다.

높은 y의 유체에 가해지는 힘으로 이해된다. 더욱이 $\frac{V}{Y}$를 $-\frac{dv_x}{dy}$로 대체하면, 식 1.1-1은 이들 기호로

$$\tau_{yx} = -\mu \frac{dv_x}{dy} \tag{1.1-2}$$ [1]

가 된다. 단위 면적당의 전단력은 속도 구배의 음의 값에 비례한다는 이 식은 종종 **점도에 대한 Newton 법칙**[2]이라 불린다. 사실 Newton이 이를 경험식[3] – 응력과 속도 구배를 연관짓기 위해 만들어진 가장 간단한 제안–으로 제시하였으므로 식 1.1-2를 법칙이라고 언급할 수는 없다. 그러나 모든 기체와 약 5000보다 작은 분자량을 갖는 액체의 유동에 대한 저항은 식 1.1-2에 의해 설명되며, 이와 같은 유체를 **뉴튼 유체**로 간주한다. 고분자 액체, 현탁계, 페이스트, 슬러리와 여타 복합 유체들은 식 1.1-2로 설명할 수 없으며 **비뉴튼 유체**로 간주된다. 고분자 액체는 8장에서 다루고자 한다.

식 1.1-2는 다르게 해석될 수도 있다. $y = 0$인 움직이는 고체 표면 부근에서 유체는 일정량의 x 운동량을 얻게 된다. 다시 말하면 이 유체는 인접한 액체층에 운동량을 주고, 이에 의해 x 방향으로 계속 움직이게 된다. 그러므로 x 운동량은 유체를 통해 양의 y 방향으로 전달되며, τ_{yx}는 **양의 y 방향의 x 운동량 훌럭스**로 해석될 수 있을 것이다. 여기서 "훌럭스"는 "단위 면적당 유동"을 의미한다. 이 해석은 운동량 전달의 분자적 상황과 기체와 액체의 분자운동론과도 일치하며, 이는 열 및 물질전달에 대해 나중에 다뤄질 상사성 논법과도 조화를 이룬다.

앞 단락의 생각은 고도가 높은 곳에서 낮은 곳으로 마치 썰매가 내려가듯이, 또는 온도가 높은 지역에서 낮은 지역으로 열이 흐르듯이 높은 속도 영역에서부터 낮은 속도 영역으로 운동량이 '내려간다' 는 말로 바꾸어 쓸 수 있을 것이다. 그러므로 속도 구배는 운동량 전달에 대한 '구동력' 으로 생각될 수 있다.

---

[1] 어떤 저자는 식 1.1-2를

$$g_c\tau_{yx} = -\mu \frac{dv_x}{dy} \tag{1.1-2a}$$

의 형태로 쓴다. 여기서 τ_{yx} [=] lb_f/ft^2, v_x[=] ft/s, y [=] ft와 μ [=] $lb_m/ft\cdot s$ 이며, 양 g_c 는 32.174 poundals/lb_f 값을 갖는 중력 변환 인자이다. 이 책에서는 항상 식 1.1-2a보다는 식 1.1-2를 사용할 것이다.

[2] **Issac Newton**경 (1643-1727) 캠브리지 대학 교수이고 후에 민트의 영주, 고전 역학의 창시자이고 다른 물리학 분야에도 많은 공헌을 하였다. 실제 식 1.1-2는 아이작 뉴튼 경의 *Philosophiae Naturalis Principa Mathematica*(1687)에는 나타나지 않고 아이디어의 발상이 거기에 있다. 예증하는 설명에 대해서는 D. J. Acheson, *Elementary Fluid Dynamics*, Oxford University Press, 1990, 6.1절을 참조하시오.

[3] 식 1.1-2 형태의 관계는 간단한 기체 분자운동론으로부터 나온다 (식 1.4-7). 그러나 부록 D에 개략적으로 기술된 기체에 대한 엄밀한 이론은 식 1.1-2가 전개식의 첫 번째 항으로 나타나며, 추가적인 (고차) 항이 기대된다는 것은 명백하다. 또한 액체에 대한 기초 분자운동론일지라도 비뉴튼 거동을 예측할 수 있다 (식 1.5-6).

경우에 따라 식 1.1-2의 뉴튼 법칙을 때로는 힘(물체의 기계적 성질을 강조하는)의 관점에서 언급할 수도 있고, 때로는 운동량 전달(열 및 물질전달에서의 상사성을 강조하는)의 관점에서 언급할 수도 있다. 이 두 관점은 물리적 해석에 있어 상호간에 도움이 된다는 것을 증명할 것이다.

종종 유체역학자들은 점도를 밀도(단위 부피당 질량)로 나눈 것을 나타내기 위해 기호 ν를 사용한다.

$$\nu = \mu/\rho \tag{1.1-3}$$

이 양은 **동점도**라 불린다.

다음 정의한 양들의 단위에 대해 몇 가지 알아보고자 한다. 기호[=]를 '~의 단위를 가짐'으로 사용한다면, SI 시스템에서는 τ_{xy} [=] N/m^2 = Pa, v_x [=] m/s와 y [=] m이며 식 1.1-2의 양쪽 단위가 일치해야 하므로

$$\mu = -\tau_{yx}\left(\frac{dv_x}{dy}\right)^{-1} [=] \text{(Pa)}[(\text{m/s})(\text{m}^{-1})]^{-1} = \text{Pa} \cdot \text{s} \tag{1.1-4}$$

이다. 위를 요약하고 c.g.s 시스템과 영국식 시스템에 대한 단위를 표 1.1-1에 정리하였다. 부록 F의 변환표는 단위가 다양한 계를 포함하는 수치 문제를 풀 때 대단히 유용하다.

유체의 점도는 20℃에서 공기의 점도가 1.8×10^{-5} Pa·s, 글리세롤의 점도는 약 1 Pa·s, 어떤 실리콘 오일은 훨씬 더 점성이 있는 등 많은 크기의 차수에 걸쳐 변한다. 표 1.1-2, 1.1-3과 1.1-4에 1 atm의 압력에서 순수한 유체에 대한 실험 데이터[4]가 주어져 있으며, 낮은 밀도의 기체는 온도가 증가할수록 점도가 **증가**하는 반면, 액체는 온도가 증가하면 점도는 보통 **감소**하는 것을 알 수 있다. 기체는 운동량이 자유롭게 움직이는 분자들의 충돌에 의해 전달되지만, 액체는 분자들이 주변 분자들 사이를 지나갈 때 경험하는 분자간 인력에 의해 주로 전달된다. 점도의 온도 의존성을 설명하기 위해 1.4절과 1.5절에서 몇몇 기초적인 분자운동론을 설명하고자 한다.

[4] 전달 물성을 측정하기 위한 실험 기법의 포괄적인 표현은 W.A. Wakeham, A. Nagashima and J.V. Sengers, *Measurement of the Transport Properties of Fluids*, CRC Press, Boca Raton, Fla. (1991)에서 찾을 수 있다. 실험 데이터에 대한 출처는 Landolt-Börnstein, *Zahlenwerte und Funktionen*, Vol. II, 5, Springer (1968-1969); *International Critical Tables*, McGraw-Hill, New York (1926); Y. S. Touloukian, P. E. Liley, and S. C. Saxena, *Thermophysical Properties of Matter*, Plenum Press, New York (1970)이며, 또 수많은 화학, 물리, 유체역학 및 열전달 핸드북이 있다.

표 1.1-1 식 1.1-2와 관련된 양에 대한 단위의 요약

	SI	c.g.s.	영국식
τ_{yx}	Pa	dyn/cm^2	$poundals/ft^2$
v_x	m/s	cm/s	ft/s
y	m	cm	ft
μ	Pa·s	gm/cm·s = poise	$lb_m/ft \cdot s$
ν	m^2/s	cm^2/s	ft^2/s

주: 파스칼 Pa는 N/m^2과 같으며, 뉴튼 N은 $kg \cdot m/s^2$과 같다. "센티포이즈 (centipoise)"의 약어는 "cp"이다.

표 1.1-2 1 atm의 기압에서 물과 공기의 점도

온도	물(액체)[a]		공기[b]	
T (°C)	점도 μ (mPa·s)	동점도 ν (cm^2/s)	점도 μ (mPa·s)	동점도 ν (cm^2/s)
0	1.787	1.787	0.01716	13.27
20	1.0019	1.0037	0.01813	15.05
40	0.6530	0.6581	0.01908	16.92
60	0.4665	0.4744	0.01999	18.86
80	0.3548	0.3651	0.02087	20.88
100	0.2821	0.2944	0.02173	22.98

[a] R. C. Hardy and R. L. Cottington, *J. Research Nat. Bur. Standards*, **42**, 573-578 (1949)와 J. F. Swidells, J. R. Coe, Jr., and T. B. Godfrey, *J. Research Nat. Bur. Standards*, **48**, 1-31 (1952)의 결과로부터 계산된 값.

[b] "Tables of Thermal Properties of Gases," *National Bureau of Standards Circular* **464** (1955), 2장으로부터 계산된 값.

표 1.1-3 대기압에서 몇몇 기체와 액체의 점도[a]

기체	온도 T (°C)	점도 μ (mPa·s)	액체	온도 T (°C)	점도 μ (mPa·s)
$i\text{-}C_4H_{10}$	23	0.0076[c]	$(C_2H_5)_2O$	0	0.283
SF_6	23	0.0153		25	0.224
CH_4	20	0.0109[b]	C_6H_6	20	0.649
H_2O	100	0.01211[d]	Br_2	25	0.744
CO_2	20	0.0146[b]	Hg	20	1.552
N_2	20	0.0175[b]	C_2H_5OH	0	1.786
O_2	20	0.0204		25	1.074
Hg	380	0.0654[d]		50	0.694
			H_2SO_4	25	25.54
			Glycerol	25	934.

[a] N. A. Lange, *Handbook of Chemistry*, McGraw-Hill, New York, 15th edition (1999), 표 5.16과 5.18로부터 가져온 값.

[b] H. L. Johnston and K. E. McKloskey, *J. Phys. Chem.*, 44, 1038-1058 (1940).

[c] *CRC Handbook of Chemistry and Physics*, CRC Press, Boca Raton, Fla. (1999).

[d] *Landolt-Bornstein Zahlenwerte und Funktionen*, Springer (1969).

표 1.1-4 몇몇 액체 금속의 점도

금속	온도 T(℃)	점도 μ(mPa·s)
Li	183.4	0.5918
	216.0	0.5406
	285.5	0.4548
Na	103.7	0.686
	250	0.381
	700	0.182
K	69.6	0.515
	250	0.258
	700	0.136
Hg	−20	1.85
	20	1.55
	100	1.21
	200	1.01
Pb	441	2.116
	551	1.700
	844	1.185

The Reactor Handbook, Vol. 2, Atomic Energy Commission AECD-3646, U.S. Government Printing Office, Washington, D.C. (May 1955), pp. 258 이하 참조로부터 가져온 데이터.

예제 1.1-1 운동량 플럭스의 계산

그림 1.1-1에서 하부 평판의 속도 V가 양의 x 방향으로 1 ft/s이고, 평판 간격 Y가 0.001 ft이며, 유체의 점도 μ가 0.7 cp일 때, 정상상태의 운동량 플럭스 τ_{yx}를 lb_f/ft^2 단위로 계산하시오.

해 τ_{yx}는 영국식 단위가 요구되므로 점도를 그 단위 시스템으로 변환해야만 한다. 그러므로 부록 F를 사용하면 $\mu = (0.7\text{cp})(2.0886 \times 10^{-5}) = 1.46 \times 10^{-5}\ \text{lb}_f\ \text{s}/\text{ft}^2$임을 알 수 있다. 속도 분포는 선형이므로

$$\frac{dv_x}{dy} = \frac{\Delta v_x}{\Delta y} = \frac{-1.0\ \text{ft/s}}{0.001\ \text{ft}} = -1000\text{s}^{-1} \tag{1.1-5}$$

가 되며, 식 1.1-2에 대입하면

$$\tau_{yx} = -\mu\frac{dv_x}{dy} = -(1.46 \times 10^{-5})(-1000) = 1.46 \times 10^{-2}\ \text{lb}_f/\text{ft}^2 \tag{1.1-6}$$

이 된다.

1.2 점도에 대한 Newton 법칙의 일반화

앞 절에서 v_x는 y 만의 함수이고 v_y와 v_z는 0인 정상상태의 단순 전단유동으로 된 식 1.1-2에 의해 점도가 정의되었다. 보통 세 방향의 속도가 세 좌표 모두와 때로는 시간에 대해 의존하는 더 복잡한 유동에 관심이 있다. 따라서 정상상태의 전단유동에 대해서는 식 1.1-2로 단순화 되어야 하지만 식 1.1-2보다는 훨씬 더 일반적인 식이 필요하다.

이 일반화는 단순하지 않다. 사실 이 문제는 수학자들에게도 한 세기 반이나 걸렸다. 많은 유체역학 책[1]에서 볼 수 있으므로, 이 전개의 상세한 내용을 여기서 모두 설명하는 것은 적절하지 않다. 대신 요구되는 점도에 대한 Newton 법칙의 일반화를 발견하게 한 주된 아이디어만 간략하게 설명하고자 한다

이를 위해 다양한 위치에서 다양한 방향을 가지며 시간 t에 의존하는 대단히 일반적인 양상의 유동을 생각한다. 그러면 속도 성분은

$$v_x = v_x(x, y, z, t); \qquad v_y = v_y(x, y, z, t); \qquad v_z = v_z(x, y, z, t) \tag{1.2-1}$$

로 주어진다.

이와 같은 경우 식 1.1-2의 나타난 τ_{yx} 대신에 9개의 응력 성분 τ_{ij} (i와 j는 x, y, z 명칭을 갖게 될 것이다)가 있을 것이다. 그러므로 이들 응력 성분을 정의함으로써 시작해야 한다.

그림 1.2-1에서 유동장 내의 각 면이 단위 면적을 갖는 육면체 모양의 작은 부피 요소를 볼 수 있으며, 부피 요소의 중심은 x, y, z에 위치해 있다. 어떤 순간에 부피 요소 내 유체의 반을 제거하는 것과 같은 방법으로 부피 요소의 반을 잘라내 버릴 수 있다. 그림에서 보는 바와 같이 차례로 각각 세 좌표 방향에 수직으로 부피를 자르게 되면 제거된 유체에 의해 표면에 작용하였던 힘을 대체하기 위해, 자유(그림자 진) 표면에 얼마의 힘이 작용되어야 하는지 물을 수 있을 것이다. 힘에는 압력과 관련된 힘과 점성력과 관련된 힘의 두 가지 기여가 있다.

압력에 의한 힘은 노출된 표면에 항상 수직하므로 (a)에서 그림자진 표면에 작용하는 단위 면적당 힘은 압력 (스칼라)이 x 방향의 단위 벡터 $\boldsymbol{\delta}_x$와 곱해진 벡터 $p\boldsymbol{\delta}_x$가 될 것이다. 유사하게 (b)에서 그림자진 표면에 작용하는 힘은 $p\boldsymbol{\delta}_y$, (c)에서 힘은 $p\boldsymbol{\delta}_z$일 것이다. 압력에 의한 힘은 움직일 때뿐 아니라 유체가 정지해 있을 때도 작용된다.

점성력은 유체 내에 속도 구배가 있을 때만 역할을 한다. 일반적으로 점성력은 표면 요소에 수직하지도 평행하지도 않고, 오히려 표면에 대해 어떤 각을 갖는다(그림 1.2-1 참조). (a)에서

[1] W. Prager, *Introduction to Mechanics of Continua*, Ginn, Boston (1961), pp. 89-91; R. Aris, *Vectors, Tensors, and the Basic Equations of Fluid Mechanics*, Prentice-Hall Englewoods Cliffs, N.J. (1962), pp.30-34, 99-112; L.Landau and E. M. Lifshitz, *Fluid Mechanics*, Pergamon, Oxford, 2nd edition (1987), pp.44-45. **Lev Davydovich Landau** (1908-1968) 은 액체 헬륨과 초유체 역학에 관한 그의 연구에 대해 1962년에 노벨상을 받았다.

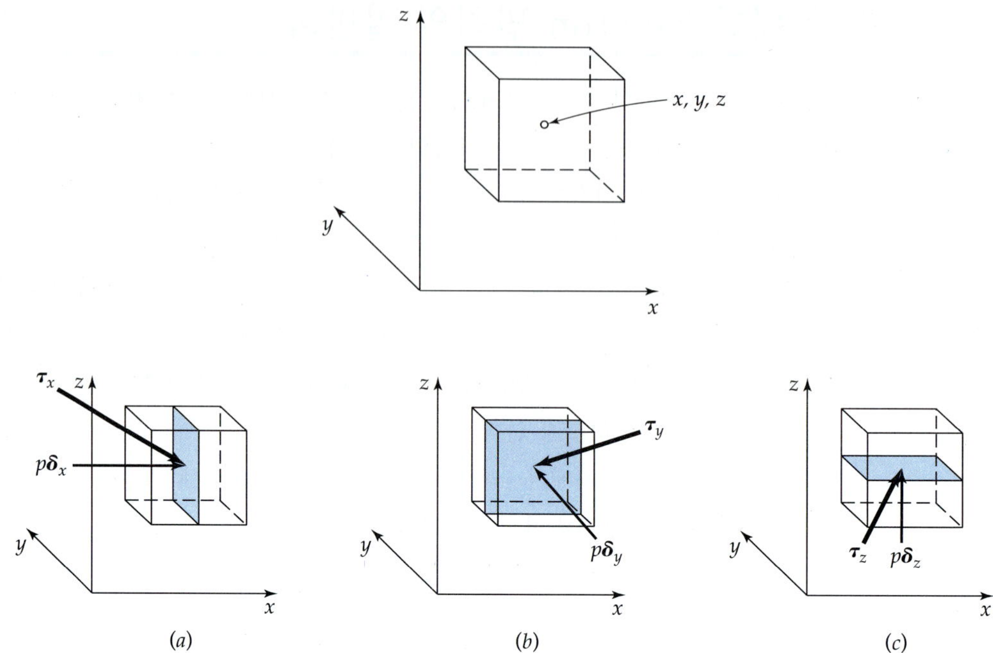

그림 1.2-1 세 좌표에 수직인 유체 평면에 작용하는 압력과 점성력. 그림자진 평면은 단위 면적을 갖는다.

그림자진 면적에 작용되는 단위 면적당 힘 $\boldsymbol{\tau}_x$를 볼 수 있으며, (b)와 (c)에서 단위 면적당 힘 $\boldsymbol{\tau}_y$, $\boldsymbol{\tau}_z$를 볼 수 있다. 이들 힘(벡터)의 각각은 성분(스칼라)을 가지고 있다. 예를 들면 $\boldsymbol{\tau}_x$는 성분 τ_{xx}, τ_{xy}, τ_{xz}를 가지며, 그림 1.2-1의 그림자진 세 면적에 작용하는 힘을 표 1.2-1 에 요약하였다. 이 표에는 열역학적인 압력과 **점성응력**에 의해 유체 내에 작용하는 단위 면적당 힘(**응력**)을 요약하였다. 때로는 두 종류의 응력을 모두 포함하는 하나의 기호를 갖는 것이 편리하다는 것을 알게 될 것이다. 그러므로 다음과 같이 **분자응력**을 정의한다.

$$\pi_{ij} = p\delta_{ij} + \tau_{ij} \quad \text{여기서 } i\text{와 } j\text{는 } x, y \text{ 또는 } z\text{일 것이다.} \tag{1.2-2}$$

여기서 δ_{ij}는 $i = j$ 이면 1이고 $i \neq j$ 이면 0인 **크로넥커 델타**이다.

바로 앞 절에서와 같이 τ_{ij} (또는 π_{ij})는 두 가지 방법으로 해석될 것이다.

$\pi_{ij} = p\delta_{ij} + \tau_{ij} =$ 더 작은 x_i 영역의 유체가 더 큰 x_i 영역의 유체에 힘을 가하고 있다고 해석할 수 있는, i 방향에 수직인 단위 면적에 작용하는 j 방향의 힘

$\pi_{ij} = p\delta_{ij} + \tau_{ij} =$ 더 작은 x_i 영역부터 더 큰 x_i 영역까지 양의 i 방향으로의 j 운동량 훌럭스,

두 해석 모두 이 책에서 사용된다. 첫 번째는 유체에 의해 고체 표면에 작용하는 힘을 설명하는데 특히 유용하다. 응력 $\pi_{xx} = p + \tau_{xx}$, $\pi_{yy} = p + \tau_{yy}$, $\pi_{zz} = p + \tau_{zz}$는 **수직응력**이라 하고 남은 양 $\pi_{xy} = \tau_{xy}$, $\pi_{yz} = \tau_{yz}$.은 **전단응력**이라고 불린다. 좌표 방향과 관련된 한 개의 하첨자를 갖는 양을 '벡터' 라고 부르듯이 좌표 방향과 관련된 두 개의 하첨자를 갖는 이들 양을

표 1.2-1 분자응력 텐서(분자 운동량 흘럭스 텐서)[a]

그림자진 면에 수직한 방향	그림자진 면에 작용하는 단위 면적당 벡터 힘 (그림자진 면을 통한 운동량 흘럭스)	그림자진 면에 작용하는 힘 (단위 면적당)의 성분(그림자진 면을 통한 운동량 흘럭스의 성분)		
		x-성분	y-성분	z-성분
x	$\boldsymbol{\pi}_x = p\boldsymbol{\delta}_x + \boldsymbol{\tau}_x$	$\pi_{xx} = p + \tau_{xx}$	$\pi_{xy} = \tau_{xy}$	$\pi_{xz} = \tau_{xz}$
y	$\boldsymbol{\pi}_y = p\boldsymbol{\delta}_y + \boldsymbol{\tau}_y$	$\pi_{yx} = \tau_{yx}$	$\pi_{yy} = p + \tau_{yy}$	$\pi_{yz} = \tau_{yz}$
z	$\boldsymbol{\pi}_z = p\boldsymbol{\delta}_z + \boldsymbol{\tau}_z$	$\pi_{zx} = \tau_{zx}$	$\pi_{zy} = \tau_{zy}$	$\pi_{zz} = p + \tau_{zz}$

[a] 1.4 절과 부록 D에서 논의된 바와 같이 분자 운동과 결부되어 있기 때문에 이들은 "분자 운동량 흘럭스 텐서"의 성분으로 언급된다. 유체의 총괄 운동과 결부된 추가적인 "대류 운동량 흘럭스 텐서" 성분은 1.7절에서 논의된다.

'텐서'라고 부른다. 따라서 $\boldsymbol{\tau}$를 **점성응력 텐서** (τ_{ij} 성분을 갖는)라 하고 $\boldsymbol{\pi}$를 **분자응력 텐서** (π_{ij} 성분을 갖는)라 하며, 혼동할 일이 없으면 수식어 '점성'과 '분자'는 생략할 수 있다. 벡터와 텐서에 관한 논의는 부록 A에서 볼 수 있다.

이제 질문은 이들 응력 τ_{ij} 가 유체 내의 속도 구배와 어떻게 관련되는가 이며, 식 1.1-2를 일반화함에 있어 응력에 대한 다음과 같은 몇 가지 제한을 두고자 한다.

- 점성응력은 모든 속도 구배와 선형적으로 결합된다고 한다.

$$\tau_{ij} = -\Sigma_k \Sigma_l \mu_{ijkl} \frac{\partial v_k}{\partial x_l} \quad \text{여기서 } i, j, k\text{와 } l\text{은 } 1, 2, 3\text{이다} \tag{1.2-3}$$

  여기서 81개의 양 μ_{ijkl}은 "점도 계수"이며, 도함수 내의 양 x_1, x_2, x_3은 직각 좌표 x, y, z를 나타내고, v_1, v_2, v_3은 v_x, v_y, v_z와 같다.

- 시간 도함수 또는 시간 적분은 식에 나타나지 않는다고 한다 (점탄성 유체의 경우 8장에서 논의된 바와 같이 시간 탄성 응답을 표현할 때 시간 도함수 또는 시간 적분이 필요하다).
- 유체가 순수 회전 상태에 있다면 어떤 점성력도 존재하지 않는다고 한다. 이 요구조건은 τ_{ij}가 속도 구배와 대칭적 결합을 하고 있을 필요성을 이끌어내며, 이는 i와 j를 맞바꾸어도 속도 구배의 결합은 변하지 않는다는 것을 의미한다. 속도 구배의 유일한 대칭적 선형 결합은

$$\left(\frac{\partial v_j}{\partial x_i} + \frac{\partial v_i}{\partial x_j}\right) \quad \text{와} \quad \left(\frac{\partial v_x}{\partial x} + \frac{\partial v_y}{\partial y} + \frac{\partial v_z}{\partial z}\right)\delta_{ij} \tag{1.2-4}$$

  임을 알 수 있다.

- 유체가 등방성이라면, 즉 방향성이 없다면, 식 1.2-4의 두 식 앞의 계수는 스칼라이어야 하므로,

$$\tau_{ij} = A\left(\frac{\partial v_j}{\partial x_i} + \frac{\partial v_i}{\partial x_j}\right) + B\left(\frac{\partial v_x}{\partial x} + \frac{\partial v_y}{\partial y} + \frac{\partial v_z}{\partial z}\right)\delta_{ij} \tag{1.2-5}$$

가 된다. "점도 계수"의 수는 81개에서 2개로 줄어든다.

- 물론 그림 1.1-1의 유동 상황에 대해 식 1.2-5를 식 1.1-2로 단순화하고자 한다. 그런 기초적인 유동에 대해 식 1.2-5가 $\tau_{yx} = A\, dv_x/dy$로 단순화되고, 스칼라 상수 A는 점도 μ의 음의 값과 같아야 한다.
- 마지막으로 유체역학자들 사이의 공통적 의견에 의하면 스칼라 계수 B는 $2/3\mu - \kappa$와 같다고 두며, 여기서 κ는 **팽창 점도**라고 부른다. B를 이렇게 쓰는 이유는 밀도가 낮은 단원자 기체에 대해서는 κ가 0과 같다는 것이 분자운동론으로부터 알려져 있기 때문이다.

그러므로 식 1.1-2에서 요구되는 점도에 대한 Newton 법칙의 일반화는 9개 관계식의 집합이다 (6개는 서로 무관한):

$$\tau_{ij} = -\mu\left(\frac{\partial v_j}{\partial x_i} + \frac{\partial v_i}{\partial x_j}\right) + \left(\tfrac{2}{3}\mu - \kappa\right)\left(\frac{\partial v_x}{\partial x} + \frac{\partial v_y}{\partial y} + \frac{\partial v_z}{\partial z}\right)\delta_{ij} \tag{1.2-6}$$

여기서 $\tau_{ij} = \tau_{ji}$이고 i와 j는 1, 2, 3의 값을 가질 수 있다. 뉴튼 유체에서 응력에 대한 이들 관계식은 Navier, Poisson과 Stokes 등[2]의 이름과 결부된다. 이 관계식들의 집합은 부록 A의 벡터-텐서 표기법으로 더욱 간결하게 쓸 수 있다.

$$\boldsymbol{\tau} = -\mu(\nabla\mathbf{v} + (\nabla\mathbf{v})^{\dagger}) + \left(\tfrac{2}{3}\mu - \kappa\right)(\nabla \cdot \mathbf{v})\boldsymbol{\delta} \tag{1.2-7}$$

여기서 $\boldsymbol{\delta}$는 δ_{ij} 인 성분을 갖는 **단위 텐서**이고, $\nabla\mathbf{v}$는 $(\partial/\partial x_i)v_j$인 성분을 갖는 **속도 구배 텐서**, $(\nabla\mathbf{v})^{+}$는 $(\partial/\partial x_j)v_i$인 성분을 갖는 속도 구배 텐서의 "전치"이고 $(\nabla\cdot\mathbf{v})$는 속도 벡터의 **다이버젼스**이다.

중요한 결론은 식 1.1-2를 일반화하였으며, 이 일반화는 유체를 특징짓는 2개의 계수, 점도 μ와 팽창 점도 κ를 포함한다는 것이다.[3] 보통 유체역학 문제의 해를 구함에 있어서 κ를 알 필요는 없다. 만약 유체가 기체라면 κ가 0이 되는 이상적인 단원자 기체와 같이 활동한다고 종종 가정한다. 유체가 액체라면 비압축성이라고 종종 가정하고, 3장에서 비압축성 액체에 대해 $(\nabla\cdot\mathbf{v}) = 0$임을 보이고자 하며, κ를 포함하는 항은 어떻든 버리게 된다. 팽창 점도는 다원자 기체[4]에서 소리의 흡수를 표현하거나 기포를 포함하는 액체의 유체역학을 표현할 때

---

[2] C.-L.-M.-H. Navier, *Ann. Chimie*, **19**, 244-260 (1821); S.-D. Poisson, *J. École Polytech.*, **13**, Cahier 20, 1-174 (1831); G. G. Stokes, *Trans. Camb. Phil. Soc.*, **8**, 287-305 (1845). **Claude-Louis-Marie-Henri Navier** (1785-1836) (두 번째 음절에 엑센트를 가지며 "Nah-vyay"로 발음되는)는 특기가 도로와 교량 건설인 토목공학자였다. **George Gabriel Stokes** (1819-1903) 캠브리지 대학에서 가르쳤으며, Royal Society의 회장이 되었다. Navier-Stokes 식 때문에 Navier와 Stokes는 잘 알려져 있다(3장 참조). 또한 D. J. Acheson, *Elementary Fluid Mechanics*, Oxford University Press (1990), pp. 209-212, 218을 보시오.

[3] 어떤 저자는 μ를 "전단 점도"라고 언급하지만 μ가 전단 유동뿐만 아니라 비전단 유동에서도 나타나는 한 이는 적절한 술어가 아니다. 또한 "동력학 점도(dynamic viscosity)" 항은 경우에 따라서는 볼 수 있지만, 이 항은 점탄성장에서 대단히 특별한 의미를 가지며, μ 에 대한 적절한 항이 아니다.

[4] L. D. Landau and E. M. Lifshitz, *op. cit.*, Ch. VIII.

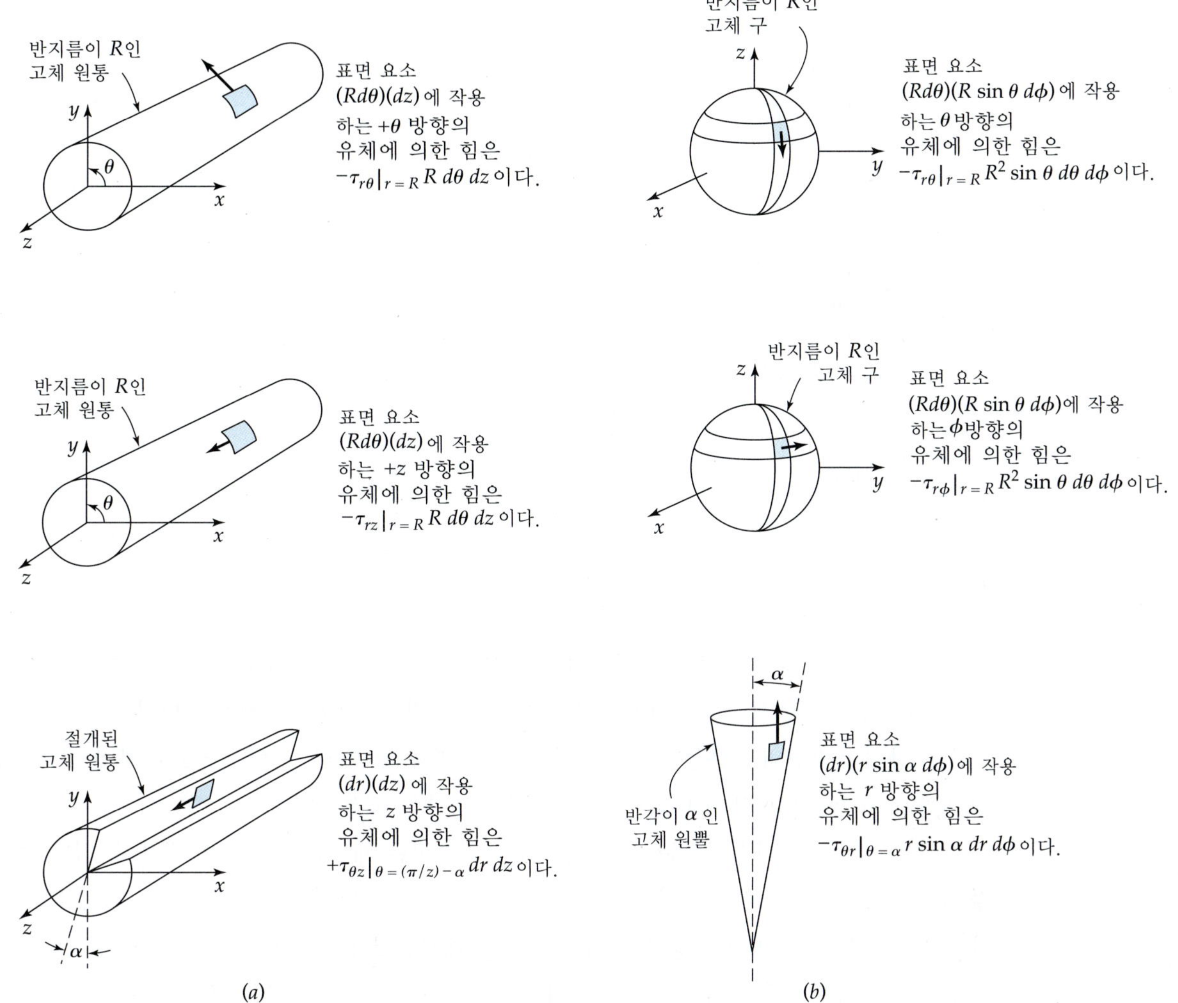

그림 1.2-2 (*a*) 원통형 좌표계의 몇 가지 전형적인 표면 요소와 전단응력, (*b*) 구형 좌표계의 몇몇 전형적인 표면 요소와 전단응력.

중요하다.[5]

식 1.2-7 (또는 1.2-6)은 중요한 식이며 종종 사용될 식이다. 그러므로 표 B.1에 직교 (x, y, z), 원통형 (r, θ, z), 구형 (r, θ, ϕ) 좌표에서 완전한 형태로 쓰여져 있으며, 곡선 좌표에 대한 이 표의 기재 사항은 A.6절과 A.7절에 개략적으로 주어진 방법에 의해 얻어지게 된다. 처음 공부하는 학생들은 이와 같은 유도의 상세한 부분에 신경 쓰지 말고 표에 나온 결과를 사용하는 것에 집중하는 것이 좋으며, 2장과 3장에서 이를 위한 충분한 연습을 하게 될 것이다.

---

[5] G. K. Batchlor, *An Introduction to Fluid Dynamics*, Cambridge University Press (1967), pp. 253-255.

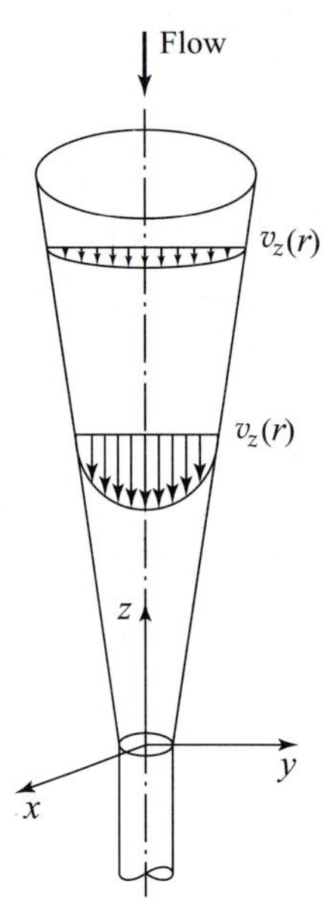

그림 1.2-3 수렴하는 도관 내의 유동은 수직응력이 0이 아닌 경우의 한 예이다. v_z가 r과 z의 함수이므로, 수직응력 성분 $\tau_{zz} = -2\mu(\partial v_z/\partial z)$는 0이 아니다. 또한 v_r이 r과 z의 함수이므로, 수직응력 성분 $\tau_{rr} = -2\mu(\partial v_r/\partial r)$도 0이 아니다. 그러나 식 1.2-7로 표현되는 밀도가 일정한 유체에 대해서는 벽에서 수직응력이 모두 사라진다 (예제 3.1-1과 문제 3C.2 참조).

곡선 좌표에서 응력 성분은 직각 좌표에서와 동일한 의미를 갖는다. 예를 들면 2장에서 다룰 원통형 좌표에서 τ_{rz}는 (i) r 방향에 수직인 단위 면적에 작용하는 z 방향의 점성력, 또는 (ii) 양의 r 방향의 z 운동량 점성 흘럭스로 설명할 수 있다. 그림 1.2-2에 몇몇 전형적인 표면 요소와 유체역학에서 나타나는 응력 텐서 성분을 도시하였다.

전단응력은 보통 가시화하는 것이 쉬우나 수직응력은 개념적 문제가 발생할 수 있다. 예를 들면 τ_{zz}는 z 방향에 수직인 평면에 z 방향으로 작용하는 단위 면적당 힘이다. 그림 1.2-3의 수렴하는 채널 내의 비압축성 유체의 유동에 대해서는 z가 감소함에 따라 v_z가 증가할 것이라는 것을 직관적으로 알 수 있다. 따라서 식 1.2-6에 의하면 영이 아닌 응력 $\tau_{zz}=-2\mu(\partial v_z/\partial z)$가 유체에 작용할 것이다.

응력 텐서 부호의 관습에 대한 주의 식 1.1-2와 관련하여 (그리고 이 절에서 일반화한) τ_{yx}는 y 방향에 수직인 평면에 작용하는 양의 x 방향 힘이며, 더 **작은** y 영역의 유체에 의해 더 **큰** y의 유체에 작용되는 힘이라는 점을 강조하였다. 대부분의 유체역학과 탄성 관련 책에서는 '작은'과 '큰'이라는 단어가 상호 교환되며, 식 1.1-2는 $\tau_{yx} = +\mu(dv_x/d_y)$로 쓰게 된다. 이 책에서 사용된 부호 관습의 잇점은 (a) 점도에 대한 뉴튼 법칙에서 쓰이는 부호 관습이 열전도에서의 Fourier 법칙과 확산에서의 Fick 법칙과 일관성이 있고, (b) τ_{ij}에 대한 부호 관습은 대류 운동량 흘럭스 $\rho\mathbf{vv}$에 대한 것과 같으며 (1.7절과 표 19.2-2 참조), (c) 식 1.2-2에서 $p\delta_{ij}$와 τ_{ij} 항은 첨부된 부호가 같고 p와 τ_{ii}항은 압축 시 모두 양이 되며 (열역학의 일반적인 사용에 의하면), (d) 식 24.1-5의 엔트로피 생성에서의 모든 항은 같은 부호를 갖는다는 것이다. 식 1.1-2와 1.2-6의 부호 관습은 명백히 자의적이므로, 부호 관습에 대한 물리적 의미가 명백히 이해된다면 어떤 부호 관습도 사용될 수 있다.

1.3 점도의 압력 및 온도 의존성

순수한 기체와 액체의 점도에 대한 광범위한 데이터는 다양한 과학과 공학 핸드북[1]에서 이용할 수 있으며, 실험 데이터가 없고 이를 구할 시간이 없다면 주어진 물질에 대한 다른 데이터를 사용하여 경험적 방법으로 점도를 계산할 수 있다. 이와 같은 계산을 용이하게 하고 통상의 유체에 대해 온도와 압력에 따른 점도의 일반적 경향을 나타내는 **대응상태 상관관계**를 여기서 설명하고자 한다. 명확한 과학적 근거[2]를 가진 대응상태원리는 상태방정식과 열역학 데이터를 상관짓기 위해 널리 이용된다. 이 원리에 대한 논의는 물리화학과 열역학 교과서에서 찾아볼 수 있다.

그림 1.3-1은 점도의 압력과 온도 의존성에 대한 전체적인 개념을 보여주고 있다. 다양한 값의 환산압력 $p_r = p/p_c$에 대해 환산점도 $\mu_r = \mu/\mu_c$ 대 환산온도 $T_r = T/T_c$로 도시되어 있다. '환산된' 양은 임계점에 상응하는 양으로 나눔으로써 무차원이 된 양이다. 이 도표는 압력이 더욱 더 작아지면 기체의 점도가 극한(낮은 밀도의 극한)에 접근하는 것을 보여주고 있다. 대부분의 기체에 대해 이 극한은 1 atm의 압력에 거의 이르게 된다. 낮은 밀도에서 기체의 점도는 온도가 증가함에 따라 **증가**하는 반면, 액체의 점도는 온도가 증가함에 따라 **감소**한다.

임계 점도 μ_c의 실험값은 거의 구할 수 없으나, μ_c는 다음 방법 중 한 방법으로 구할 수 있다: (1) 주어진 환산압력과 환산온도에서 점도값이 알려져 있다면, μ_c는 관심있는 환산압력과 환산온도 부근의 조건에서 $\mu_c = \mu/\mu_r$로부터 계산될 수 있다; 또는 (2) 임계 p-V-T 데이터가 있다면, μ_c는 다음 경험적 관계식으로부터 계산할 수 있을 것이다.

$$\mu_c = 61.6(MT_c)^{1/2}(\tilde{V}_c)^{-2/3} \quad \text{및} \quad \mu_c = 7.70M^{1/2}p_c^{2/3}T_c^{-1/6} \qquad (1.3\text{-}1a,b)$$

여기서 μ_c는 micropoise, p_c는 atm, T_c는 K, 그리고 $(\tilde{V}_c)$는 cm^3/g-mole 단위이다. 방법 (1)에 의해 계산된 임계 점도표[3]가 부록 E에 주어져 있다.

---

[1] J. A. Schetz and A. E. Fuhs (eds.), *Handbook of Fluid Dynamics and Fluid Machinery*, Wiley-Interscience, New York (1996), Vol.1, Chapter 2;W.M.Rohsenow, J. P. Hartnett and Y. I. Cho, *Handbook of Heat Transfer*, McGraw-Hill, New York, 3rd edition (1998), Chapter 2. 다른 출처는 1.1의 바닥글 4에 언급되어 있다.

[2] J. Millat, J. H. Dymond, and C. A. Nieto de Castro (eds.), *Transport Properties of Fluids*, Cambridge University Press (1996), Chapter 11, by E. A. Mason and F. J. Uribe, and Chapter 12, by M. L. Huber and H. M. M. Hanley.

[3] O. A. Hougen and K. M. Waston, *Chemical Process Principles*, Part III, Wiley, New York (1947), p. 873. **Olaf Andreas Hougen** ("How-gen"으로 발음되는) (1893-1986)는 40년 동안 화학공학 발전의 선구자였다. K. M. Waston과 R. A. Ragatz와 함께 열역학과 속도론에 대한 영향력 있는 책을 썼다.

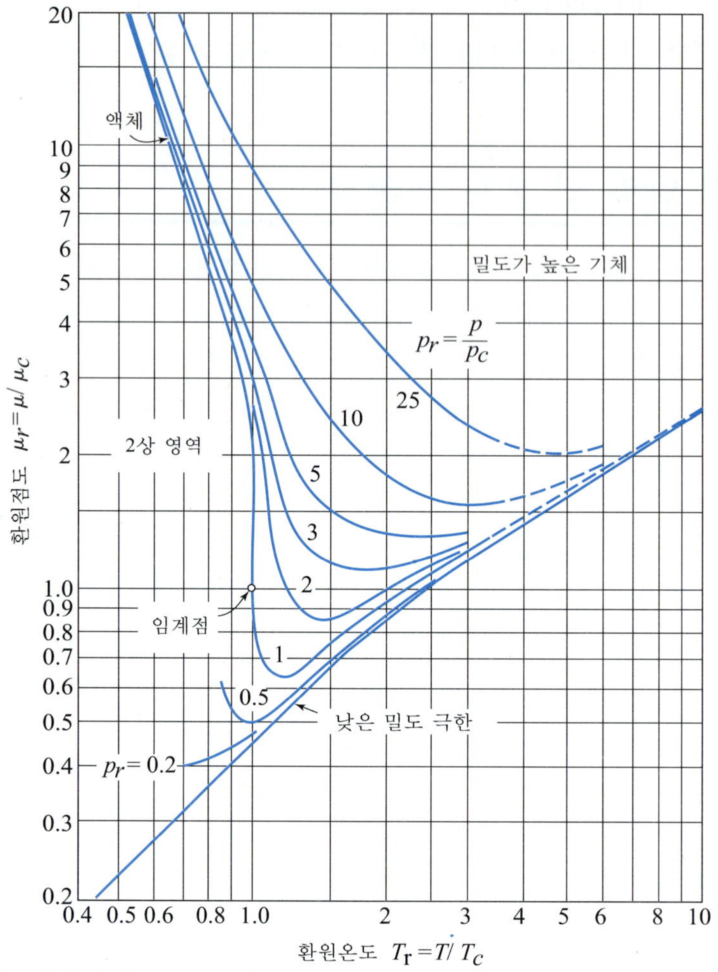

그림 1.3-1 여러 값의 환산압력에 대해 환산온도의 함수로 주어진 환산점도 $\mu_r = \mu/\mu_c$. [O. A. Uyehara and K. M. Waston, *Nat. Petroleum News, Tech. Section*, **36**, 764 (Oct. 4, 1944); K. M. Waston (1960)에 의해 개정되었다. 큰 크기의 이 그래프는 O. A. Hougen, K. M. Waston, and R. A. Ragatz, *C. P. P. Charts*, Wiley, New York, 2nd edition (1960)에 있다.]

그림 1.3-1은 혼합물의 점도를 대략적으로 계산하는 데에도 역시 사용될 수 있다. N 성분 혼합물에 대해

$$p'_c = \sum_{\alpha=1}^{N} x_\alpha p_{c\alpha} \qquad T'_c = \sum_{\alpha=1}^{N} x_\alpha T_{c\alpha} \qquad \mu'_c = \sum_{\alpha=1}^{N} x_\alpha \mu_{c\alpha} \tag{1.3-2a,b,c}$$

로 정의된 '유사 임계' 물성[4]이 사용된다. 즉, 임계 물성 대신에 유사 임계 물성을 가지고 순수 유체에 대해 하였던 것과 마찬가지로 도표를 정확하게 사용한다. 이 경험적 과정은 혼합물 내에 화학적으로 유사하지 않은 물질이 있거나 혹은 성분들의 임계 물성이 크게 다르지

[4] O. A. Hougen and K. M. Waston, *Chemical Process Principles*, Part II, Wiley, New York (1947), p. 604.

않다면 꽤 잘 맞는다.

위 방법에는 다른 수많은 경험식만큼 수많은 변형이 존재한다. 이들은 Reid, Prausnitz와 Poling의 광범위한 편찬물[5]에서 찾아 볼 수 있을 것이다.

예제1.3-1 임계 물성으로부터 점도의 계산

$M = 28.0$ g/g-mole, $P_c = 33.5$ atm, $T_c = 126.2$ K로 주어진 N_2의 50℃, 854 atm에서의 점도를 계산하시오.

해 식 1.3-1b를 사용하여

$$\begin{aligned}\mu_c &= 7.70(2.80)^{1/2}(33.5)^{2/3}(126.2)^{-1/6}\\ &= 189 \text{ micropoises} = 189 \times 10^{-6} \text{ poise}\end{aligned} \tag{1.3-3}$$

을 얻는다. 환산온도와 환산압력은

$$T_r = \frac{273.2 + 50}{126.2} = 2.56; \qquad p_r = \frac{854}{33.5} = 25.5 \tag{1.3-4a, b}$$

이므로, 그림 1.3-1로부터 $\mu_r = \mu/\mu_c = 2.6$를 얻는다. 그러므로 예측된 점도값은

$$\mu = \mu_c(\mu/\mu_c) = (189 \times 10^{-6})(2.6) = 490 \times 10^{-6} \text{ poise} \tag{1.3-5}$$

이고, 측정된 값[6]은 455×10^{-6} poise이며, 이들은 상당히 잘 부합한다.

1.4 낮은 밀도에서 기체 점도의 분자 이론

분자 운동량 전달에 대한 개념을 더 잘 이해하기 위해, 기초적인 기체 분자운동론의 관점에서 이 전달 메커니즘을 조사해 보고자 한다.

지름이 d이고 질량이 m인 서로 끌어 당기지 않는 경질의 구형 분자들로 구성된 순수한 기체를 생각하고, 수 밀도(단위 부피당 분자 수)를 n이라 한다. 분자 간의 평균 거리가 그들의 지름 d보다 몇 배 커서 기체 분자의 농도는 충분히 작다고 가정한다. 이와 같은 기체에서는 평형 상태에서 분자 속도가

$$\bar{u} = \sqrt{\frac{8\kappa T}{\pi m}} \tag{1.4-1}$$

[5] R. C. Reid, J. M. Prausnitz, and B. E. Poling, *The Properties of Gases and Liquids*, McGraw-Hill, New York, 4th edition (1987), Chapter 9.

[6] A. M. J. F. Michels and R. E. Gibson, *Proc. Roy. Soc.* (London), **A134**, 288-307 (1931).

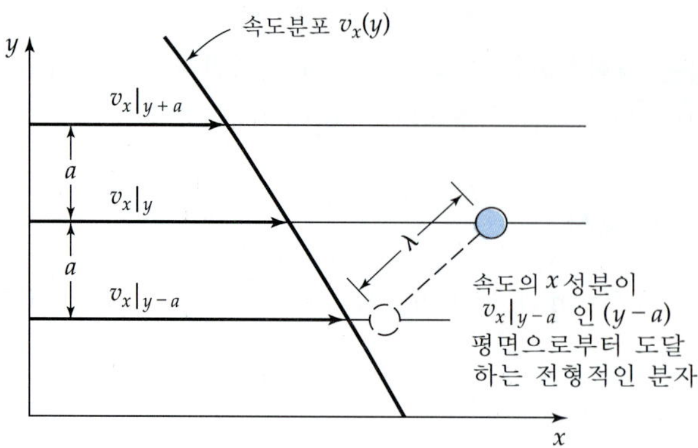

그림 1.4-1 $(y - a)$ 평면으로부터 y 평면으로 x-운동량의 분자 전달

의 평균 크기를 가지며 임의의 방향임이 알려져 있다[1] (문제 1C.1참조). 여기서 κ는 Boltzmann 상수이다(부록 F참조). 기체에 노출된 어떤 정지된 표면 한쪽 면의 단위 면적당 분자의 충격 빈도는

$$Z = \tfrac{1}{4}n\bar{u} \tag{1.4-2}$$

이다. 연속되는 충돌 사이에 분자가 이동하는 평균 거리를 **평균 자유 경로** λ라 하며

$$\lambda = \frac{1}{\sqrt{2}\pi d^2 n} \tag{1.4-3}$$

으로 주어진다. 평균적으로 평판에 도달하는 분자들은 평판으로부터 a만큼 떨어진 거리에서 마지막 충돌을 겪었을 것이다. 매우 대략적으로

$$a = \tfrac{2}{3}\lambda \tag{1.4-4}$$

로 주어지는 평균 자유 경로의 개념은 직관적으로 이해가 가지만, 이는 λ가 분자 상호간의 힘이 작용하는 영역에 비해 클 때만 의미가 있으며, 이 개념은 여기서 고려되는 경질 구 분자 모델에 대해 적합하다.

분자 모델 매개변수 항으로 기체의 점도를 결정하기 위해, 속도 구배가 dv_x/dy이고 xz 평면에 평행하게 흐르는 기체의 거동을 생각한다(그림 1.4-1 참조). 식 1.4-1에서 4까지는 주어진 분자가 마지막 충돌을 하는 영역 내의 평균 속도 **v**에 상대적으로 모든 분자 속도가 계산되는 비평형 상태에서도 타당하다고 가정한다. y가 일정한 어떤 평면을 통과하는 x 운동

[1] 이 절에서 처음 4 개의 식은 증명없이 주어졌다. 상세한 증빙은 운동에너지에 관한 책에 주어져 있다. 예를 들면 E. H. Kennard, *Kinetic Theory of Gases*, McGraw-Hill, New York (1938), Chapter II and III. 또한 E. A. Guggenheim, *Elements of the Kinetic Theory of Gases*, Pergamon Press, New York (1960), 7장에서 점도의 초보적인 이론을 짧게 다루고 있다. 기체의 분자운동론에 대해 읽을만한 요약은 R. J. Silbey and R. A. Alberty, *Physical Chemistry*, Wiley, 3rd edition (2001), 17장 혹은 R. S. Berry, S. A. Rice, and J. Ross, *Physical Chemistry*, Oxford University Press, 2nd edition (2000), 28장을 보시오.

량 훌럭스는 다음과 같이 양의 y 방향으로 통과하는 분자들의 x-운동량들을 가정하고 반대 방향으로 통과하는 분자들의 x-운동량들을 뺌으로써 구할 수 있다:

$$\tau_{yx} = Zmv_x|_{y-a} - Zmv_x|_{y+a} \tag{1.4-5}$$

이 식을 쓸 때, 모든 분자들은 그들이 마지막으로 충돌하는 영역을 대표하는 속도를 가지며, 속도분포 $v_x(y)$는 여러 평균 자유 경로의 거리에 대해 필수적으로 선형이라고 가정하였다. 두 번째 가정의 관점에서 더 나아가면

$$v_x|_{y\pm a} = v_x|_y \pm \tfrac{2}{3}\lambda \frac{dv_x}{dy} \tag{1.4-6}$$

으로 쓸 수 있다. 식 1.4-2, 5와 6을 결합하면 양의 y 방향의 알짜 x−운동량 훌럭스를 얻는다:

$$\tau_{yx} = -\tfrac{1}{3}nm\bar{u}\lambda \frac{dv_x}{dy} \tag{1.4-7}$$

이 식은 식 1.1-2에 주어진 점도에 대한 뉴튼 법칙과 동일한 형태를 갖는다. 두 식을 비교하면 점도에 대한 식

$$\mu = \tfrac{1}{3}nm\bar{u}\lambda = \tfrac{1}{3}\rho\bar{u}\lambda \tag{1.4-8}$$

을 얻거나, 혹은 식 1.4-1, 3과 8을 결합하면

$$\mu = \frac{2}{3}\frac{\sqrt{m\kappa T/\pi}}{\pi d^2} = \frac{2}{3\pi}\frac{\sqrt{\pi m\kappa T}}{\pi d^2} \tag{1.4-9}$$

를 얻는다. 점도에 관한 이 식은 1860년 Maxwell[2]에 의해 얻어졌으며, 양 πd^2은 **충돌 단면**이다 (그림 1.4-2 참조).

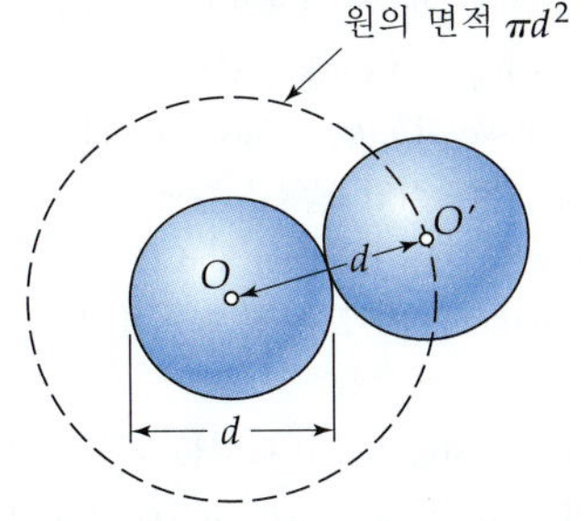

그림 1.4-2 지름이 d인 두 개의 경질 구가 서로 접근할 때 한 구의 중심이 면적 πd^2인 원에서 다른 구의 중심을 "보게 되면" 충돌이 일어날 수 있다. 면적 πd^2는 "충돌 단면"으로 언급된다.

[2] **James Clerk Maxwell** (1831-1879) 전 시대를 통들어 가장 위대한 물리학자 중의 한사람이다. 전자기장에 대한 그의 개발과 기체의 분자운동론에 기여로 특히 유명하다. 후자와 관련하여 J. C. Maxwell, *Phil. Mag.*, **19**, 19, Prop. XIII (1860); S. G. Brush, *Am. J. Phys.*, **30**, 268-281 (1962)를 보시오. 식 1.4-4와 1.4-9에 관한 약간의 논쟁이 있다 (S. Chapman and T. G. Cowling, *The Mathematical Theory of Non-Uniform Gases*, Cambridge University Press, 3rd edition 1970 참조), p. 98; R. E. Cunningham and R. J. Williams, *Diffusion in Gases and Porous Media*, Plenum Press, New York (1980), 6.4.절)

낮은 밀도에서 기체의 운동량 전달에 대한 정성적인 올바른 상황 판단을 하도록 하는 위의 유도는 1.1 절에서 τ_{yx}에 대해 왜 '운동량 훌럭스' 항을 도입하기 원했는지 명백히 해준다.

μ가 압력에는 무관하다는 식 1.4-9의 예측은 임계온도 이상의 온도에서 약 10 atm까지는 실험 데이터와 부합한다(그림 1.3-1 참조). 예측된 온도 의존성은 만족스럽지 못하다. 다양한 기체에 대한 데이터는 μ가 $\sqrt{T}$보다 더 빠르게 증가한다는 것을 나타내고 있으며, μ의 온도 의존성을 더 잘 설명하기 위해서는 경질-구 모델을 인력과 반발력을 더 정확히 설명하는 모델로 바꿀 필요가 있다. 그리고 비평형 계에서 분자 속도분포를 더 정확히 구하기 위해 서는 평균 자유 경로 이론을 버리고 Boltzmann 식을 사용해야 한다. 자세한 사항은 부록 D에서 다루기로 하고 여기서는 주요 결과만을 제시하고자 한다.[3,4,5]

밀도가 낮은 단원자 기체에 대한 정밀한 분자운동론이 영국의 Chapman과 스웨덴의 Enskog에 의해 각각 독립적으로 20세기 초에 개발되었다. Chapman-Enskog 이론은 **분자 상호간 위치에너지** $\varphi(r)$로 전달 물성에 대한 식을 제시하며, 여기서 r은 충돌하는 한 쌍의 분자간 거리이다. 분자 상호간 힘은 $F(r) = -d\varphi/dr$로 주어진다. $\varphi(r)$의 정확한 함수 형태는 알려져 있지 않지만, 비극성 분자에 대해서는

$$\varphi(r) = 4\varepsilon\left[\left(\frac{\sigma}{r}\right)^{12} - \left(\frac{\sigma}{r}\right)^{6}\right] \tag{1.4-10}$$

으로 주어진 Lennard-Jones (6-12) 포텐셜[6]이라는 만족할만한 경험식이 있다. 여기서 σ는 종종 **충돌 지름**이라 불리는 분자의 특성 지름이고, ε은 실제로 한 쌍의 분자 사이의 최대 인력 에너지인 특성 에너지이다. 그림 1.4-3에 도시된 이 함수는 분자 상호간에 작용하는 힘

---

[3] **Sydney Chapman** (1888-1970)은 런던의 임페리얼 대학에서 가르쳤으며, 그 후 콜로라도 보울더의 고공 관측소에 근무하였다. 기체 분자운동론에 대한 그의 독특한 연구에 더하여 그는 플라스마의 분자운동론과 화염과 폭발에 관한 이론에 기여하였다. **David Enskog** (1884-1947) (대략 "Ayn-skohg"로 발음한다) 은 낮은 밀도와 높은 밀도를 갖는 기체의 분자운동론에 대한 연구로 유명하다. 희석 기체의 Chapman-Enskog 분자운동론에 대한 표준 참고문헌은 S. Chapman and T. G. Cowling, *The Mathematical Theory of Non-Uniform Gases*, Cambridge University Press, 3rd edition (1970)이 있다. pp. 407-409에는 분자운동론에 대한 역사적인 요약을 수록하고 있다. 또한 D. Enskog, *Inaugural Dissertation*, Uppsala (1917)을 보시오. 이에 더하여 J. H. Ferziger and H. G. Kaper, *Mathematical Theory of Transport Processes in Gases*, North-Holland, Amsterdam (1972)는 분자 이론에 대해 대단히 읽을만한 내용이 있다.

[4] 계산을 위한 유용한 표를 개발하는 것 뿐만 아니라 Chapman-Enskog 이론의 다성분 기체 혼합물에 대한 Curtiss-Hirschfelder[5]의 확장은 J. O. Hirschfelder, C. F. Curtiss, and R. B. Bird, *Molecular Theory of Gases and Liquids*, Wiley, New York, 2nd corrected printing (1964)에서 볼 수 있다. 또한 부록 E에 주어진 참고문헌뿐만 아니라 C. F. Curtiss, *J. Chem. Phys.*, **49**, 2917-2919 (1968)을 보시오. **Joseph Oakland Hirschfelder** (1911-1990) 분자운동론의 응용과 분자 상호간의 힘에 관한 전문가이며, 위스콘신 대학의 이론 화학 연구소를 설립한 책임자.

[5] C. F. Curtiss and J. O. Hirschfelder, *J. Chem. Phys.*, **17**, 550-555 (1949).

[6] J. E. (Lennard-) Jones, *Proc. Roy. Soc.*, **A106**, 441-462, 463-477 (1924). 또 R. J. Silbey and R. A. Alberty, *Physical Chemistry*, Wiley, New York, 2nd edition (2001), 11.10, 16.14와 17.9절 및 R. S. Berry, S. A. Rice, and J. Ross, *Physical Chemistry*, Oxford University Press, 2nd edition (2000), 10.2절을 보시오.

의 특성 양상을 보여준다. 많이 떨어져 있으면 약한 인력이 작용하고, 가까이 있으면 큰 반발력이 작용한다. 많은 물질들에 대해 매개변수 σ와 ε의 값이 알려져 있다. 목록의 일부분이 표 E.1에 주어져 있으며, 더 많은 목록은 어디에서든 이용 가능하다.[4] σ와 ε 값이 알려져 있지 않다면, 임계점(c)에서 유체의 물성, 정상적인 끓는 점(b)에서의 액체 물성 또는 용융점(m)에서의 고체 물성으로부터 다음 경험적 관계식들을 이용하여 추정할 수 있을 것이다.[4]

$$\varepsilon/\kappa = 0.77T_c \qquad \sigma = 0.841\tilde{V}_c^{1/3} \text{ 또는 } \sigma = 2.44(T_c/p_c)^{1/3} \qquad (1.4\text{-}11a, b, c)$$
$$\varepsilon/\kappa = 1.15T_b \qquad \sigma = 1.166\tilde{V}_{b,\text{liq}}^{1/3} \qquad (1.4\text{-}12a, b)$$
$$\varepsilon/\kappa = 1.92T_m \qquad \sigma = 1.222\tilde{V}_{m,\text{sol}}^{1/3} \qquad (1.4\text{-}13a, b)$$

여기서 ε/K와 T의 단위는 K이고, σ는 Ångström (1Å = 10^{-10} m), $\tilde{V}$는 cm^3/g-mole, 그리고 p_c는 atmosphere 단위이다.

분자량이 M인 순수한 단원자 기체의 점도는 Lennard-Jones 매개변수를 사용하여 다음과 같이 쓸 수 있다.

$$\mu = \frac{5}{16}\frac{\sqrt{\pi m\kappa T}}{\pi\sigma^2\Omega_\mu} \text{ 또는 } \mu = 2.6693\times10^{-5}\frac{\sqrt{MT}}{\sigma^2\Omega_\mu} \qquad (1.4\text{-}14)$$

이 식의 두번째 형태에서, 만약 T의 단위가 K이고, σ의 단위가 Å이라면 μ의 단위는 g/cm·s이다. 표 E.2에 주어진 무차원 양 Ω_μ는 느리게 변하는 크기의 차수가 1인 무차원 온도 $\kappa T/\varepsilon$의 함수이다. 이는 두 분자가 충돌 시 이 분자들이 취하는 경로에 관한 자세한 사항을 설명하기 때문에 "점도에 대한 충돌 적분"이라 불린다. 만약 기체가 지름이 σ인 경질 구로 이루어졌다면(인력과 반발력을 갖는 진짜 분자 대신에) Ω_μ는 정확히 1일 것이다. 따라서 함수 Ω_μ는 경질 구의 거동으로부터 벗어난 정도를 설명하는 함수로 해석될 수 있다

비록 식 1.4-14가 단원자 기체의 분자운동론의 결과이지만, 다원자 기체에서도 매우 잘 맞는 것이 밝혀졌다. 그 이유는 다원자 분자 사이의 충돌에 대한 운동량 보존식에서, 질량

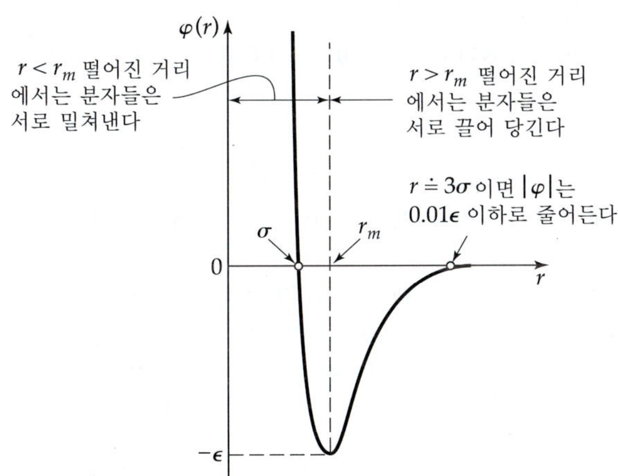

그림 1.4-3 두 개의 구형의 비극성 분자의 상호작용을 표현하는 위치에너지 함수 $\varphi(r)$. 식 1.4-10에 주어진 Lennard-Jones(6-12) 포텐셜은 곡선 맞추기에 대한 많은 경험식 중의 하나이다. $r < r_m$에 대해 분자들은 서로 반발하고, 반면 $r > r_m$에 대해 분자들은 서로 끌어 당긴다.

좌표의 중심이 내부 좌표보다 훨씬 중요하기 때문이다[0.3(b) 절 참조]. 식 1.4-14에서 예측된 온도 의존성은 그림 1.3-1의 경험적 상호 관계에서 낮은 밀도 선으로부터 알 수 있는 온도 의존성과 잘 부합한다. 낮은 밀도에서 기체의 점도는 대략 절대 온도의 0.6에서 1제곱으로 온도에 따라 증가하며, 압력에는 무관하다.

기체 혼합물의 점도를 계산하기 위해서는 Chapman-Enskog이론의 다성분 확장[4,5]이 사용될 수 있으며, 대신에 다음의 매우 만족할 만한 반 경험식을 사용할 수도 있다.[7]

$$\mu_{\text{mix}} = \sum_{\alpha=1}^{N} \frac{x_\alpha \mu_\alpha}{\Sigma_\beta x_\beta \Phi_{\alpha\beta}} \tag{1.4-15}$$

여기서 무차원 양 $\Phi_{\alpha\beta}$는

$$\Phi_{\alpha\beta} = \frac{1}{\sqrt{8}}\left(1 + \frac{M_\alpha}{M_\beta}\right)^{-1/2}\left[1 + \left(\frac{\mu_\alpha}{\mu_\beta}\right)^{1/2}\left(\frac{M_\beta}{M_\alpha}\right)^{1/4}\right]^2 \tag{1.4-16}$$

이며, N은 혼합물 내 화학 종의 개수이고, x_α는 화학 종 α의 몰 분율, μ_α는 계의 온도와 압력에서 순수한 화학 종 α의 점도이고, M_α는 화학 종 α의 분자량이다. 식 1.4-16은 혼합물 점도의 측정값으로부터 약 2% 내의 평균 편차의 재현성을 보여주고 있다. 혼합물 점도의 조성에 대한 의존성은 몇몇 혼합물, 특히 가벼운 기체와 무거운 기체의 혼합물에 대해서는 극도로 비선형적이다(문제 1A.2 참조).

요약하면, 식 1.4-14, 15와 16은 표에 나타난 분자 상호간의 힘 매개변수 σ와 ε/κ의 값으로부터 비극성 기체와 낮은 밀도의 기체 혼합물의 점도를 계산하기 위한 유용한 공식이다. 극성이거나 심하게 신장된 분자들로 이루어진 기체에 대해서는 이와 같은 분자 사이에 존재하는 각에 의존하는 힘의 장 때문에 이 식들은 신뢰할만한 결과를 주지 못할 것이다. H_2O, NH_3, CH_3OH와 NOCl과 같은 극성 기체에 대해서는 식 1.4-10을 각에 의존하는 것으로 수정한 식이 좋은 결과를 나타내었다.[8] 약 100K이하의 H_2와 He 같은 가벼운 기체에 대해서는, 양자 효과가 고려되어야만 한다.[9]

기체와 기체 혼합물의 점도를 계산하기 위해 많은 추가적인 경험식이 사용 가능하며, 대표적으로 참고할 만한 표준 문헌은 Reid, Prausnitz와 Poling의 책이 있다.[10]

---

[7] C. R. Wilke, *J. Chem. Phys.*, **18**, 517-519 (1950); 또 J. W. Buddenberg and C. R. Wilke, *Ind. Eng. Chem.*, **41**, 1345-1347 (1949) 을 보시오.

[8] E. A. Mason and L. Monchick, *J. Chem. Phys.*, **35**, 1676-1697 (1961)과 **36**, 1622-1639, 2746-2757 (1962).

[9] J. O. Hirschfelder, C. F. Curtis, and R. B. Bird, *op. cit.*, Chapter 10; H. T. Wood and C. F. Curtiss, *J. Chem. Phys.*, **41**, 1167-1173 (1964); R. J. Munn, F. J. Smith, and E. A. Mason, *J. Chem. Phys.*, **42**, 537-539 (1965); S. Imam-Rahajoe, C. F. Curtiss, and R. B. Bernstein, *J. Chem. Phys.*, **42**, 530-536 (1965).

[10] R. C. Reid, J. M. Prausnitz, and B. E. Poling, *The Properties of Gases and Liquids*, McGraw-Hill, New York, 4th edition (1987).

예제 1.4-1 낮은 밀도에서 순수 기체의 점도 계산

200, 300 및 800 K와 1 atm에서 CO_2의 점도를 계산하시오.

해 식 1.4-14를 사용하시오. 표 E.1로부터 CO_2에 대한 Lennard-Jones 매개변수는 ε/κ = 190K이고, σ = 3.996 Å 임을 알 수 있다. CO_2의 분자량은 44.01이다. M과 σ를 식 1.4-14에 대입하면

$$\mu = 2.6693 \times 10^{-5} \frac{\sqrt{44.01T}}{(3.996)^2\Omega_\mu} = 1.109 \times 10^{-5} \frac{\sqrt{T}}{\Omega_\mu} \tag{1.4-17}$$

을 얻으며, 여기서 μ [=] g/cm · s이고, T [=] K이다. 나머지 계산은 다음 표에 나타나 있다.

				점도(g/cm · s)	
T (K)	$\kappa T/\varepsilon$	Ω_μ	$\sqrt{T}$	예측값	측정값[11]
200	1.053	1.548	14.14	1.013×10^{-4}	1.015×10^{-4}
300	1.58	1.286	17.32	1.494×10^{-4}	1.495×10^{-4}
800	4.21	0.9595	28.28	3.269×10^{-4}	···

비교를 위한 실험 데이터는 마지막 열에서 볼 수 있다. 표 E.1의 Lennard-Jones 매개변수는 점도 데이터로부터 유도된 것이므로 잘 부합할 것이 기대된다.

예제 1.4-2 낮은 밀도에서 기체 혼합물의 점도 예측

1 atm과 293 K에서의 순수 성분에 대해 주어진 데이터로부터 동일한 압력과 온도에서의 다음 기체 혼합물의 점도를 예측하시오.

화학 종 α	몰 분율 x_α	분자량 M_α	점도 μ_α (g/cm · s)
1. CO_2	0.133	44.01	1462×10^{-7}
2. O_2	0.039	32.00	2031×10^{-7}
3. N_2	0.828	28.02	1754×10^{-7}

해 식 1.4-16과 15를 (순서대로) 사용하시오. 계산은 표의 형태로 분류될 수 있다.

11 H. L. Johnston and K. E. McCloskey, *J. Phys. Chem.*, **44**, 1038-1058 (1940).

α	β	M_α/M_β	μ_α/μ_β	$\Phi_{\alpha\beta}$	$\sum_{\beta=1}^{3} x_\alpha\Phi_{\alpha\beta}$
1.	1	1.000	1.000	1.000	
	2	1.375	0.720	0.730	0.763
	3	1.571	0.834	0.727	
2.	1	0.727	1.389	1.394	
	2	1.000	1.000	1.000	1.057
	3	1.142	1.158	1.006	
3.	1	0.637	1.200	1.370	
	2	0.876	0.864	0.993	1.049
	3	1.000	1.000	1.000	

그러면 식 1.4-15는

$$\begin{aligned}\mu &= \frac{(0.1333)(1462)(10^{-7})}{0.763} + \frac{(0.039)(2031)(10^{-7})}{1.057} + \frac{(0.828)(1754)(10^{-7})}{1.049} \\ &= 1714 \times 10^{-7}\ \mathrm{g/cm \cdot s}\end{aligned}$$

이 되며, 측정된 값[12]은 1793×10^{-7} g/cm · s 이다.

1.5 액체 점도의 분자 이론

단원자 액체의 전달 물성에 관한 엄밀한 분자운동론이 Kirkwood와 그의 동료들[1]에 의해 개발되었다. 그러나 이 이론은 사용하기 쉬운 결과를 이끌어 내지는 못했다. Eyring[2]과 그의 동료들에 의해 개발된 더 오래된 이론은 비록 이론적으로 잘 다듬어지지 않았지만 액체 내의 운동량 전달 메커니즘에 대한 정성적인 그림을 제시하고 있으며, 다른 물리적 성질로부터 점도의 대략적인 계산을 가능하게 한다. 이 이론을 간단히 다루어 보고자 한다.

정지 상태에 있는 순수한 액체 내의 개개의 분자들은 계속해서 움직이고 있다. 그러나 분

[12] F. Herning and L. Zipperer, *Gas- und Wasserfach*, **79**, 49-54, 69-73 (1936).

[1] J. H. Irving and J. G. Kirkwood, *J. Chem. Phys.*, **18**, 817-823 (1950); R. J. Bearman and J. G·Kirkwood, *J. Chem. Phys.*, **28**, 136-146 (1958). 추가적인 논문에 대해서는 John Gamble Kirkwood, *Collected Works*, Gordon and Breach, New York (1967)을 보시오. **John Gamble Kirkwood** (1907-1959)는 액체의 분자운동론, 고분자 용액의 성질, 전해질 이론, 비가역 공정의 열역학에 많은 기여를 하였다.

[2] S. Glasstone, K. L. Laidler, and H. Eyring, *Theory of Rate Processes*, McGraw-Hill, New York, (1941), Chapter 9; H. Eyring, D. Henderson, B. J. Stover, and E. M. Eyring, *Statistical Mechanics*, Wiley, New York (1964), Chapter 16. 또한 R. J. Silbey and R. A. Alberty, *Physical Chemistry*, Wiley, 3rd edition (2001), 20.1절과 R. S. Berry, S. A. Rice, and J. Ross, *Physical Chemistry*, Oxford University Press, 2nd edition (2000), 29장을 보시오. **Henry Eyring** (1901-1981)은 단순한 물리적 모델에 기초를 둔 전달 물성에 대한 이론들을 개발하였다. 또 절대 반응속도에 대한 이론을 개발하였다.

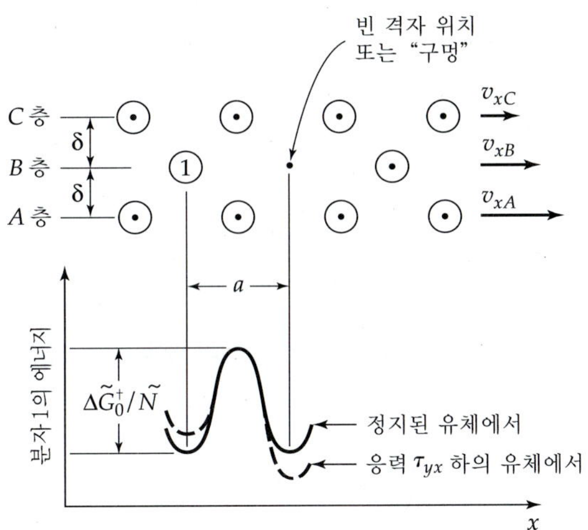

그림 1.5-1 액체의 유동에서 탈출 과정의 그림. 분자 1은 빈 위치에 도달하기 위해 반드시 병목을 통과해 지나가야 한다.

자들이 밀집 충전되어 있기 때문에 이 운동은 가장 가까운 주변 분자들에 의해 형성되는 '우리' 내에서의 개별 분자의 진동으로 크게 제한된다. 이 '우리'는 높이가 $\Delta\tilde{G}_0^{\dagger}/\tilde{N}$인 에너지 장벽으로 표현될 수 있는데, 여기서 $\Delta\tilde{G}_0^{\dagger}$는 정지된 유체의 '우리'로부터 벗어나기 위한 몰 활성화 자유 에너지이다(그림 1.5-1 참조). Eyring에 의하면, 정지 상태에 있는 액체는 어떤 시간에 하나의 분자가 '우리'에서 벗어나 인접한 '구멍'으로 들어가고 따라서 분자들은 분자당 ν 주파수로 길이 a를 뛰어 넘어 각각의 좌표 방향으로 움직이는 재배열을 계속해서 하게 된다. 주파수는 다음 속도식으로부터 구할 수 있다.

$$\nu = \frac{\kappa T}{h}\exp(-\Delta\tilde{G}_0^{\dagger}/RT) \tag{1.5-1}$$

여기서 κ와 h는 각각 Boltzmann 상수와 Planck 상수이며, $\tilde{N}$은 Avogadro 수이고 $R=\tilde{N}\kappa$는 기체 상수이다(부록 F참조).

속도 구배 dv_x/dy로 x 방향으로 흐르고 있는 유체에서, 분자 재배열 주파수는 증가하게 된다. 이 효과는 가해지는 응력 τ_{yx} 하에서 변형될 때의 위치에너지 장벽을 고려함으로써 설명될 수 있으므로(그림 1.5-1 참조) 다음 식을 얻게 된다.

$$-\Delta\tilde{G}^{\dagger} = -\Delta\tilde{G}_0^{\dagger} \pm \left(\frac{a}{\delta}\right)\left(\frac{\tau_{yx}\tilde{V}}{2}\right) \tag{1.5-2}$$

여기서 $\tilde{V}$는 액체 1몰의 부피이고, $\pm(a/\delta)(\tau_{yx}\tilde{V}/2)$는 가해지는 전단응력과 함께 움직이거나(+부호) 혹은 가해지는 전단응력의 반대 방향으로 움직이면서(−부호) 에너지 장벽의 정점으로 이동할 때 분자에 가해지는 일의 근사이다. 이제 v_+를 앞쪽으로 점프하는 주파수로, v_-를 뒤쪽으로 점프하는 주파수로 정의한다. 그러면 식 1.5-1과 1.5-2로부터

$$\nu_{\pm} = \frac{\kappa T}{h} \exp(-\Delta \tilde{G}_0^{+}/RT) \exp(\pm a\tau_{yx}\tilde{V}/2\delta RT) \quad (1.5\text{-}3)$$

임을 안다. A층 내의 분자들이 B층 내의 분자보다 앞서서 미끄러지는 알짜 속도는(그림 1.5-1 참조) 점프 당 움직이는 거리(a)와 앞 쪽으로 하는 점프의 알짜 주파수($v_+ - v_-$)의 곱과 똑 같으므로,

$$v_{xA} - v_{xB} = a(\nu_+ - \nu_-) \quad (1.5\text{-}4)$$

로 주어진다. 속도분포는 층 A와 B 사이의 대단히 작은 거리 δ에 걸쳐 선형이라 생각할 수 있으므로

$$-\frac{dv_x}{dy} = \left(\frac{a}{\delta}\right)(\nu_+ - \nu_-) \quad (1.5\text{-}5)$$

이다. 식 1.5-3과 5를 결합하면 최종적으로

$$-\frac{dv_x}{dy} = \left(\frac{a}{\delta}\right)\left(\frac{\kappa T}{h}\exp(-\Delta\tilde{G}_0^{+}/RT)\right)(\exp(+a\tau_{yx}\tilde{V}/2\delta RT) - \exp(-a\tau_{yx}\tilde{V}/2\delta RT))$$

$$= \left(\frac{a}{\delta}\right)\left(\frac{\kappa T}{h}\exp(-\Delta\tilde{G}_0^{+}/RT)\right)\left(2\sinh\frac{a\tau_{yx}\tilde{V}}{2\delta RT}\right) \quad (1.5\text{-}6)$$

을 얻는다. 이로부터 전단응력(운동량 훌럭스)과 속도 구배 사이의 비선형 관계, 즉 **비뉴튼 유동**을 예측할 수 있다. 이러한 비선형 거동은 8장에서 더 논의하고자 한다.

그러나 보통의 경우는 $a\tau_{yx}\tilde{V}/2\delta RT << 1$이다. 그러면 Taylor 급수(C.2 절 참조) $\sinh x = x + (1/3!)x^3 + (1/5!)x^5 + \cdots$를 사용할 수 있으며 한 개 항만 남겨놓을 수 있으므로, 식 1.5-6은

$$\mu = \left(\frac{\delta}{a}\right)^2 \frac{\tilde{N}h}{\tilde{V}} \exp(\Delta\tilde{G}_0^{+}/RT) \quad (1.5\text{-}7)$$

로 주어지는 점도를 갖는 식 1.1-2의 형태가 된다. δ/a 인자는 1로 취할 수 있다. 이 식이 실험적 점도 데이터와 부합하도록 하기 위해 보통 $\Delta\tilde{G}_0^{+}$를 경험적으로 결정하기 때문에 이렇게 단순화하여도 정확도에는 문제가 생기지 않는다.

식 1.5-7을 점도 대 온도에 대한 실험 데이터에 맞춤으로써 결정되는 활성화 자유 에너지 $\Delta\tilde{G}_0^{+}$는 주어진 유체에 대해 거의 상수이고, 표준 끓는점에서 내부 증발에너지와 다음과 같이 단순히 관계된다는 것을 알 수 있다.[3]

$$\Delta\tilde{G}_0^{+} \approx 0.408\,\Delta\tilde{U}_{\text{vap}} \quad (1.5\text{-}8)$$

이 경험식을 사용하고 δ/a를 1로 두면 식 1.5-7은

[3] J. F. Kincaid, H. Eyring, and A. E. Stearn, *Chem. Revs.*, **28**, 301-365 (1941).

$$\mu = \frac{\tilde{N}h}{\tilde{V}} \exp 0.408\, \Delta\tilde{U}_{vap}/RT) \tag{1.5-9}$$

가 된다. 표준 끓는점에서의 증발에너지는 Trouton의 법칙으로부터 대략적으로 추정할 수 있다.

$$\Delta\tilde{U}_{vap} \approx \Delta\tilde{H}_{vap} - RT_b \cong 9.4RT_b \tag{1.5-10}$$

좀 더 근사된 이 식을 이용하면 식 1.5-9는

$$\mu = \frac{\tilde{N}h}{\tilde{V}} \exp(3.8T_b/T) \tag{1.5-11}$$

이 된다. 식 1.5-9와 11은 오랫동안 쓰여 왔으며 뚜렷하게 성공한 경험식 $\mu = A\exp(B/T)$과 잘 일치한다. 사실상 근사적이긴 해도 이 이론은 온도에 따라 점도가 감소하는 것을 보여주고 있기는 하지만, 식 1.5-9와 11을 사용할 때 30% 정도의 오차는 보통이다. 이 식들은 n-$C_{20}H_{42}$와 같은 대단히 길고 날씬한 분자에 대해서는 사용할 수 없다.

이에 더하여 액체와 액체 혼합물의 점도를 예측하기 위해 사용 가능한 많은 경험식들이 있다. 이 식들을 보려면 물리화학과 화학공학 교과서를 참고하면 된다.[4]

예제 1.5-1 순수 액체의 점도 계산

20℃ (293.2K)에서 액체 벤젠 C_6H_6의 점도를 계산하시오.

해 다음 정보와 함께 식 1.5-11을 사용하시오.

$$\tilde{V} = 89.0\ \text{cm}^3/\text{g-mole}$$
$$T_b = 80.1°\text{C}$$

이 정보가 c.g.s 단위로 주어져 있으므로 Avogadro 수와 Planck 상수값을 같은 단위로 맞추어야 한다. 이들을 식 1.5-11에 대입하면

$$\mu = \frac{(6.023 \times 10^{23})(6.624 \times 10^{-27})}{(89.0)} \exp\left(\frac{3.8 \times (273.2 + 80.1)}{293.2}\right)$$
$$= 4.5 \times 10^{-3}\ \text{g/cm} \cdot \text{s} \text{ 또는 } 4.5 \times 10^{-4}\ \text{Pa} \cdot \text{s} \text{ 또는 } 0.45\ \text{mPa} \cdot \text{s}$$

를 얻는다.

[4] 예를 들면 J. R. Partington, *Treatise on Physical Chemistry*, Longmans, Green (1949); 혹은 R. C. Reid, J. M. Prausnitz, and B. E. Poling, *The Properties of Gases and Liquids*, McGraw-Hill, New York, 4th edition (1987)을 보시오. 또 P. A. Egelstaff, *An Introduction to the Liquid State*, Oxford University Press, 2nd edition (1994), Chapter 13과 J. P. Hansen and I. R. McDonald, *Theory of Simple Liquids*, Academic Press, London (1986), 8장을 참조하시오.

1.6 현탁계 및 유화계의 점도

여기까지는 단일의 균질상으로 이루어진 유체를 논의하였다. 이제는 간략하게 2상 계로 관심을 돌려본다. 이와 같은 계를 완전히 설명하기는 대단히 복잡하지만, 현탁계나 유화계를 다음 두 가지를 수정한 점도에 대한 Newton 법칙(식 1.1-2 또는 1.2-7)으로 설명하는 가상적인 단일상 계로 대체하는 것이 종종 유용하다: (i) 점도 μ를 **유효 점도** μ_{eff}로 대체하고, (ii) 속도와 응력 성분이 입자 상호간의 거리에 비해서는 크고, 유동계의 치수에 비해서는 작은 부피에 걸쳐 평균한 상사한 양으로 다시 정의(기호의 변화는 없이)된다고 한다. 이런 종류의 이론은 유동이 정상상태인 한은 만족스럽다; 시간에 의존하는 유동에서는 점도에 대한 Newton 법칙이 적절하지 않으며, 2상 계는 점탄성 물질로 간주되어야만 함을 알 수 있었다.[1]

구형 현탁계의 점도에 관한 이론에 처음으로 주된 기여를 한 것은 Einstein[2]이다. 그는 매우 묽어서 한 개의 구 움직임이 어떤 다른 구 주변 유체의 유동에 영향을 미치지 않는 경질 구로 이루어진 현탁계를 고려하였다. 그러면 한 개의 단일 구 주변 유체 운동을 해석하는 것 만으로도 충분하며 개개의 구의 영향은 부가적이다. Einstein 식은

$$\frac{\mu_{\text{eff}}}{\mu_0} = 1 + \frac{5}{2}\phi \tag{1.6-1}$$

이며, μ_0는 현탁 매체의 점도이고, ϕ는 구의 부피 분율이다. Einstein의 선구적인 결과는 많은 방법으로 수정되어 왔고, 그 중 일부를 지금 설명하고자 한다.

다양한 모양의 입자를 갖는 희석 현탁계의 경우 상수 $\frac{5}{2}$는 특별한 모양에 따라 다른 계수로 대체되어야 하며, 길쭉하거나 유연한 입자의 현탁계는 비뉴튼 점도를 나타낸다.[3,4,5,6]

---

[1] 경질 구의 희석 현탁계에 대해 선형 점탄성 거동은 H. Fröhlich and R. Sack, *Proc. Roy. Soc.*, **A185**, 415-430 (1946)에 의해 연구되었으며, 희석 유화계에 대해서는 상사한 유도가 J. G. Oldroyd, *Proc. Roy. Soc.*, **A218**, 122-132 (1953)에 의해 이루어졌다. 이들 두 논문에서 유체는 Jeffery 모델(식8.4-4 참조)에 의해 설명되며, 저자들은 Jeffery 모델의 세 개의 매개변수와 2상 계의 구조를 묘사하는 상수 사이의 관계를 발견하였다(현탁된 물질의 부피 분율과 두 상의 점도). 현탁계와 유변학에 대한 더 이상의 설명은 R. B. Bird and J. M. Wiest, Chapter 3 in *Handbook of Fluid Dynamics and Fluid Machinery*, J. A. Schetz and A. E. Fuhs (eds.), Wiley, New York (1996)을 보시오.

[2] **Albert Einstein** (1879-1955) 특수 상대성 이론의 발견에 대한 것이 아니라 광전 효과에 대한 그의 설명으로 노벨상을 받았다. 현탁계에 대한 그의 독창성있는 연구는 A. Einstein, *Ann. Phys. (Leipzig)*, **19**, 289-306 (1906); erratum, *ibid*, **23**, 591-592 (1911)에 나타난다. 출판 원본에서 유도 과정에 오차가 있었으며, $\frac{5}{2}\phi$ 대신에 ϕ를 얻었다. 실험을 한 후 그의 식이 실험 데이터와 잘 부합하지 않는다는 것을 알았으며, 계수를 다시 계산하였다. Einstein의 원래의 유도는 대단히 길다. 더 간결한 전개에 대해서는 L. D. Landau and E. M. Lifshitz, *Fluid Mechanics*, Pergamon Press, Oxford, 2nd edition (1987), pp. 73-75를 보시오. 다상 유체의 거동에 대한 수학 공식은 D. A. Drew and S. L. Passman, *Theory of Multicomponent Fluids*, Springer, Berlin (1999)에서 발견할 수 있다.

[3] H. L. Frisch and R. Simha, Chapter 14 in *Rheology*, Vol. 1, (F. R. Eirich, ed.), Academic Press, New York (1956), Section II and III.

구형 입자의 농축 현탁계의 경우 (즉, ϕ가 약 0.05보다 더 큰 경우) 입자 상호간의 작용이 감지될 수 있을 만큼 커진다. 수많은 경험식들이 개발되었으며, 가장 간단한 식의 하나가 Mooney 식[7]이다.

$$\frac{\mu_{\text{eff}}}{\mu_0} = \exp\left(\frac{\frac{5}{2}\phi}{1-(\phi/\phi_0)}\right) \tag{1.6-2}$$

여기서 ϕ_0는 약 0.74에서 0.52 사이의 경험적 상수이고, 이들 값은 각각 최밀 충전과 입방 충전의 ϕ 값에 상응한다.

구형 입자의 농축 현탁계에 대한 또 다른 접근은 구 사이의 '압착 유동' 에서 소산 에너지를 조사하는 '셀 이론' 이 있다. 이 종류의 이론의 한 예로 'Graham 식' [8]을 인용한다.

$$\frac{\mu_{\text{eff}}}{\mu_0} = 1 + \frac{5}{2}\phi + \frac{9}{4}\left(\frac{1}{\psi(1+\frac{1}{2}\psi)(1+\psi)^2}\right) \tag{1.6-3}$$

여기서 $\psi = 2[(1 - \sqrt[3]{\phi/\phi_{\max}})/\sqrt[3]{\phi/\phi_{\max}}]$이고, $\phi_{\max}$는 실험적으로 결정되는 구의 최밀 충전에 상응하는 부피 분율이다. 이 식은 $\phi \to 0$에 대해 Einstein 식으로 간단히 되고 $\phi \to \phi_{\max}$일 때 Frankel-Acrivos 식[9]으로 간단히 된다.

비 구형의 입자로 이루어진 농축 현탁계의 경우 Krieger-Dougherty식[10]이 사용될 수 있다.

$$\frac{\mu_{\text{eff}}}{\mu_0} = \left(1 - \frac{\phi}{\phi_{\max}}\right)^{-A\phi_{\max}} \tag{1.6-4}$$

이 식에서 사용되는 매개변수 A와 $\phi_{\max}$는 몇몇 물질의 현탁계에 대해 표 1.6-1에 수록하였다.[11]

현탁된 입자가 구형이라 하더라도 농축 현탁계에 대해서는 비뉴튼 거동이 관찰된다.[11] 이는 점도가 속도 구배에 의존하며, 신장 유동에서의 점도와 전단 유동에서의 점도가 다를 수 있다는 것을 의미한다. 따라서 식 1.6-2와 같은 식은 조심스럽게 사용되어야 한다.

---

[4] E. W. Merill, Chapter 4 in *Modern Chemical Engineering*, Vol. 1, (A. Acrivos, ed.), Reinhold, New York (1963), p. 165.

[5] E. J. Hinch and L. G. Leal, J. *Fluid Mech*., **52**, 683-712 (1972); **76**, 187-208 (1976).

[6] W. R. Schowalter, *Mechanics of Non-Newtonian Fluids*, Pergamon, Oxford (1978), Chapter 13.

[7] M. Mooney, *J. Coll. Sci*., **6**, 162-170 (1951).

[8] A. L. Graham, *Appl. Sci. Res*., **37**, 275-286 (1981).

[9] N. A. Frankel and A. Acrivos, *Chem. Engr. Sci*., **22**, 847-853 (1967).

[10] I. M. Krieger and T. J. Dougherty, *Trans. Soc. Rheol*., **3**, 137-152 (1959).

[11] H. A. Barnes, J. F. Hutton, and K. Walters, *An Introduction to Rheology*, Elsevier, Amsterdam (1989), p. 125.

표 1.6-1 식 1.6-4에서 사용되는 무차원 상수

계	A	ϕ_{max}	참고문헌
구 (1μm이하)	2.7	0.71	*a*
구 (40μm)	3.28	0.61	*b*
석고 가루	3.25	0.69	*c*
티타늄 다이옥사이드	5.0	0.55	*c*
홍토	9.0	0.35	*c*
유리 막대(30×700μm)	9.25	0.268	*d*
유리 평판(100×400μm)	9.87	0.382	*d*
석영 알갱이(53–76μm)	5.8	0.371	*d*
유리섬유 (종횡비 7)	3.8	0.374	*b*
유리섬유 (종횡비 14)	5.03	0.26	*b*
유리섬유 (종횡비 21)	6.0	0.233	*b*

[a] C. G. de Kruif, E. M. F. van Irevsel, A. Vrij, and W. B. Russel, in *Viscoelasticity and Rheology* (A. S. Lodge, M. Renardy, J. A. Nohel, eds.), Academic Press, New York (1985).

[b] H. Giesekus, in *Physical Properties of Foods* (J. Jowitt et al., eds.) Applied Science Publishers (1983), Chapter 13.

[c] R. M. Turian and T.-F. Yuan, *AIChE Journal*, **23**, 232-243 (1977).

[d] B. Clarke, *Trans. Inst. Chem. Eng.*, **45**, 251-256 (1966).

현탁된 물질이 내부 순환을 일으키면서 여전히 구형을 유지할 수 있는 작은 액적으로 이루어진 유화계의 경우 유효 점도가 고체 구로 이루어진 현탁계보다 상당히 작을 수 있다. 희석 유화계의 점도는 Taylor 식[12]으로 설명된다.

$$\frac{\mu_{\text{eff}}}{\mu_0} = 1 + \left(\frac{\mu_0 + \frac{5}{2}\mu_1}{\mu_0 + \mu_1}\right)\phi \tag{1.6-5}$$

여기서 μ_1은 분산상의 점도이다. 그러나 매우 잘 정제된 액체에서도 자주 존재하는 표면 활성 오염물질이 내부 순환을 효과적으로 멈추게 할 수 있음에 주목해야 하며[13] 그러면 액적은 경질 구와 같이 거동한다.

전하를 띈 구형 입자의 희석 현탁계의 경우 식 1.6-1은 Smoluchowski 식[14]으로 대체될 것이다.

$$\frac{\mu_{\text{eff}}}{\mu_0} = 1 + \frac{5}{2}\phi\left(1 + \frac{(D\zeta/2\pi R)^2}{\mu_0 k_e}\right) \tag{1.6-6}$$

[12] G. I. Taylor, *Proc. Roy. Soc.*, **A138**, 41-48 (1932). **Geoffrey Ingram Taylor** (1886-1975) 는 테일러 분산, 테일러 와류와 난류의 통계적 이론에 대한 그의 연구로 유명하다. 그는 많은 복잡한 문제를 포함된 물리적 공정을 최대한 사용하는 교묘한 방법으로 풀기 위해 노력하였다.

[13] V. G. Levich, *Physicochemical Hydrodynamics*, Prentice-Hall, Englewood Cliffs, N. J. (1962), 8장. **Veniamin Grigorevich Levich** (1917-1997), 물리학자이며 전기화학자, 확산과 물질전달에 관한 중요한 문제의 해를 구하는데 많은 기여를 하였다.

[14] M. von Smoluchowski, *Kolloid Zeits.*, **18**, 190-195 (1916).

여기서 D는 현탁 유체의 유전 상수이고, k_e는 현탁계의 비전기전도도이며, ξ는 입자의 계면전동 전위이고, R은 입자의 반지름이다. 표면 전하는 안정한 현탁계에서도 보통은 있게 되며, 아직 잘 이해되지 않고 있는 다른 표면 힘들 역시 중요하고 종종 입자들이 약한 응집체를 형성하도록 한다.[4] 여기서 다시 비뉴튼 거동이 관찰된다.[15]

1.7 대류 운동량 전달

여태까지 **분자 운동량 전달**에 대해 논의하였고, 이로부터 i 방향에 수직인 표면을 가로지르는 j-운동량 훌럭스를 구할 수 있는 양 π_{ij} 의 집합을 이끌어 내었다. 그리고 π_{ij}를 속도 구배와 압력에 연관시키고, 이 관계가 두 개의 물질 매개변수 μ와 κ를 포함한다는 것을 알았다. 1.4절과 1.5절에서는 유체 내 분자들의 불규칙 운동, 즉 유체의 총괄 운동에 관해 불규칙한 분자 운동을 생각하는 것으로부터 어떻게 점도가 나왔는지 살펴보았다. 더욱이 문제 1C.3에서는 불규칙한 분자 운동으로부터 압력이 π_{ij}에 어떻게 영향을 미치는지 알아보았다.

이에 더하여 운동량은 유체의 총괄 유동에 의해서도 전달될 수 있으며, 이 과정을 **대류 전달**이라고 한다. 이를 논의하기 위해 그림 1.7-1을 사용하고 유체가 통과해 흐르는 공간 상의 정육면체 모양의 영역에 초점을 맞춘다. 정육면체의 중심에서(x, y, z에 위치한) 유체의 속도 벡터는 $\mathbf{v}$이다. 1.2절과 똑같이 점 x, y, z를 지나는 3개의 서로 수직인 평면(그림자 진 평면)을 생각하고 각각을 통과해 얼마나 많은 운동량이 흐르고 있는지 물어본다. 각각의 평판은 단위 면적을 갖는다고 한다.

(a)의 그림자진 단위 면적을 가로지르는 부피 유량은 v_x이다. 이 유체는 단위 부피당 $\rho\mathbf{v}$의 운동량을 수반하므로, 그림자진 면을 가로지르는 운동량 훌럭스는 $v_x\rho\mathbf{v}$이다; 이는 더 작은 x 영역에서 더 큰 x 영역으로의 운동량 훌럭스라는 것에 주목하시오. 유사하게 (b)의 그림자진 면적을 가로지르는 운동량 훌럭스는 $v_y\rho\mathbf{v}$이고, (c)의 그림자진 면적을 지나는 운동량 훌럭스는 $v_z\rho\mathbf{v}$이다.

이들 세 벡터 $v_x\rho\mathbf{v}$, $v_y\rho\mathbf{v}$와 $v_z\rho\mathbf{v}$는 각각의 축에 수직인 세 면적을 가로지르는 운동량 훌럭스를 묘사하며, 이들 벡터의 각각은 x-, y-, z-성분이다. 이들 성분은 표 1.7-1에 보인 것과 같이 배열할 수 있다. 양 $\rho v_x v_y$는 x 방향에 수직인 표면을 가로지르는 y운동량의 대류 훌럭스이다. 이는 x방향에 수직인 표면을 가로 지르는 y 운동량의 분자 훌럭스 τ_{xy}와 비교되어야 한다. 두 전달 양상에 대한 부호 사용은 같다.

15 W. B. Russel, *The Dynamics of Colloidal Systems*, U. of Wisconsin Press, Madison (1987), Chapter 4; W. B. Russel, D. A. Saville, and W. R. Schowalter, *Colloidal Dispersions*, Cambridge University Press (1989); R. G. Larson, *The Structure and Rheology of Complex Fluids*, Oxford University Press (1998)

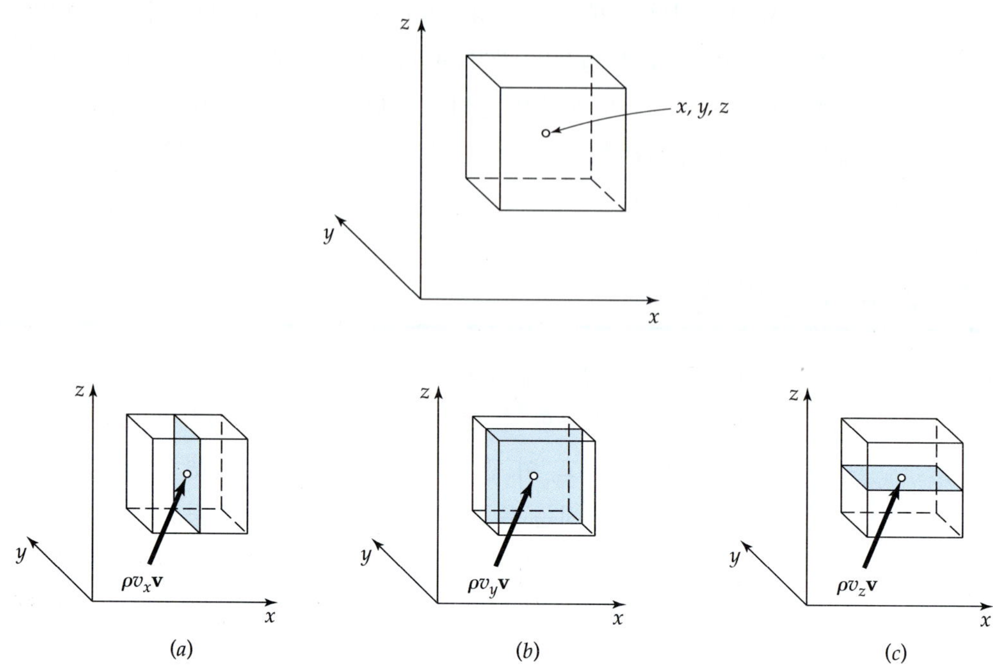

그림 1.7-1 좌표 방향에 수직인 단위 면적의 평면을 통한 대류 운동량 흘럭스.

표 1.7-1에 주어진 아홉 개의 스칼라 성분들을 모으면

$$\begin{aligned} \rho \mathbf{v}\mathbf{v} &= (\Sigma_i \boldsymbol{\delta}_i \rho v_i)\mathbf{v} = (\Sigma_i \boldsymbol{\delta}_i \rho v_i)(\Sigma_j \boldsymbol{\delta}_j v_j) \\ &= \Sigma_i \Sigma_j \boldsymbol{\delta}_i \boldsymbol{\delta}_j \rho v_i v_j \end{aligned} \tag{1.7-1}$$

과 같이 다시 표현할 수 있다. $\rho \mathbf{v}\mathbf{v}$의 각 성분이 각각 좌표 방향과 결부된 관련된 2개의 하첨자를 가지고 있으므로, $\rho \mathbf{v}\mathbf{v}$는 (2차) 텐서이다. 이를 **대류 운동량 흘럭스 텐서**라 부른다. 대류 운동량 흘럭스 텐서 성분에 대한 표 1.7-1은 분자 운동량 흘럭스 텐서 성분에 대한 표 1.2-1과 비교되어야 한다.

표 1.7-1 대류 운동량 흘럭스 성분의 요약

그림자진 표면에 수직인 방향	그림자진 표면을 통한 운동량 흘럭스	대류 운동량 흘럭스 성분		
		x-성분	y-성분	z-성분
x	$\rho v_x \mathbf{v}$	$\rho v_x v_x$	$\rho v_x v_y$	$\rho v_x v_z$
y	$\rho v_y \mathbf{v}$	$\rho v_y v_x$	$\rho v_y v_y$	$\rho v_y v_z$
z	$\rho v_z \mathbf{v}$	$\rho v_z v_x$	$\rho v_z v_y$	$\rho v_z v_z$

다음 단위 수직 벡터 $\mathbf{n}$ 에 의해 주어지는 배향의 표면 요소를 통과하는 대류 운동량 흘럭스가 무엇인지를 묻고자 한다(그림 1.7-2 참조). 유체가 속도 $\mathbf{v}$로 음의 면에서 양의 면으로 표면 dS를 통해 흐르고 있다면, 표면을 통한 부피 유량은 $(\mathbf{n} \cdot \mathbf{v})dS$이다. 따라서 표면을 가로

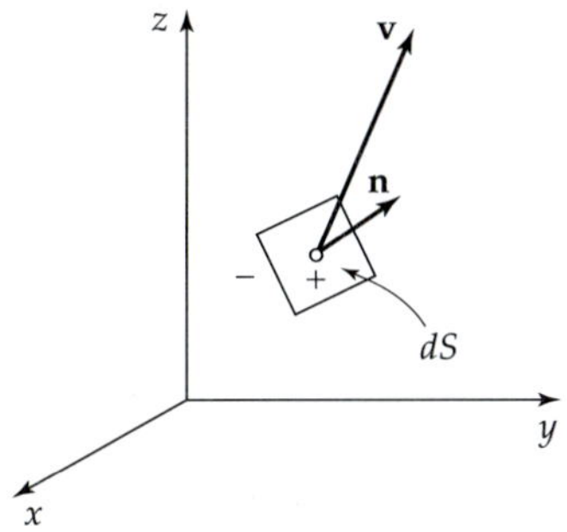

그림 1.7-2 **n** 방향으로 임의로 배향된 평면을 통한 대류 운동량 훌럭스는 $(\mathbf{n}\cdot\mathbf{v})\rho\mathbf{v} = [\mathbf{n}\cdot\rho\mathbf{vv}]$ 이다.

지르는 운동량의 유량은 $(\mathbf{n}\cdot\mathbf{v})\rho\mathbf{v}dS$이고 대류 운동량 훌럭스는 $(\mathbf{n}\cdot\mathbf{v})\rho\mathbf{v}$이다. 부록 A에 주어진 벡터, 텐서의 표기법에 의하면 이는 $[\mathbf{n}\cdot\rho\mathbf{vv}]$로도 쓸 수 있다. 즉, 단위 수직 벡터 **n**와 대류 운동량 훌럭스 텐서 $\rho\mathbf{vv}$의 점곱이다. **n**을 x, y와 z 방향을 계속적으로 가리키는 단위 벡터라고 한다면(즉, $\boldsymbol{\delta}_x$, $\boldsymbol{\delta}_y$와 $\boldsymbol{\delta}_z$), 표 1.7-1의 2번째 열의 기재 사항을 얻는다.

유사하게 **n** 배향의 표면을 통한 **총 분자 운동량 훌럭스**는 $[\mathbf{n}\cdot\boldsymbol{\pi}] = p\mathbf{n} + [\mathbf{n}\cdot\boldsymbol{\tau}]$로 주어진다. 이는 표면의 음의 면에서 양의 면으로의 훌럭스로 이해된다. 또 이 양은 음의 물질에 의한 단위 면적당의 힘이 표면을 가로질러 양의 물질에 가해지는 것으로 해석될 수도 있다. $[\mathbf{n}\cdot\boldsymbol{\pi}]$의 기하적 해석이 문제 1D.2에 주어져 있다.

이 장에서는 **분자 운동량 전달**을 1.2절에서 정의하였고, 이 절에서는 **대류 운동량 전달**을 설명하였다. 2장에서 셸 운동량 수지를 수립하고 3장에서 일반적인 운동량 수지를 수립할 때 분자 운동량 훌럭스와 대류 운동량 훌럭스를 더한 **결합 운동량 훌럭스**를 정의하는 것이 유용하다는 것을 알게 될 것이다.

$$\boldsymbol{\phi} = \boldsymbol{\pi} + \rho\mathbf{vv} = p\boldsymbol{\delta} + \boldsymbol{\tau} + \rho\mathbf{vv} \tag{1.7-2}$$

$p\boldsymbol{\delta}$의 기여는 속도는 포함하지 않고 단지 압력만 포함하며, 결합 $\rho\mathbf{vv}$는 밀도와 속도 성분의 곱을 포함하고, $\boldsymbol{\tau}$의 기여는 점도를 포함하며 뉴튼 유체에 대해서는 속도 구배에 선형이라는 것을 기억하시오. 이들 모든 양은 2차 텐서이다.

대부분의 경우 이들 양의 성분들을 다룰 것이다. 예를 들면 $\boldsymbol{\phi}$의 성분은

$$\phi_{xx} = \pi_{xx} + \rho v_x v_x = p + \tau_{xx} + \rho v_x v_x \tag{1.7-3a}$$

$$\phi_{xy} = \pi_{xy} + \rho v_x v_y = \tau_{xy} + \rho v_x v_y \tag{1.7-3b}$$

등등 이며, 표 1.2-1과 1.7-1의 기재 사항에도 같이 적용된다. 기억해야 할 중요한 것은

ϕ_{xy} = 분자와 대류 매커니즘에 의해 x 방향에 수직인 표면을 가로지르는 y-운동량의 결합 훌럭스

이다. 여기서 두 번째 지수는 전달되는 운동량의 성분을 말하고 첫 번째 지수는 전달 방향을 뜻한다.

운동량 홀럭스에 대해 사용되는 다양한 기호와 명명법은 표 1.7-2에 주어져 있으며, 동일한 부호 사용법이 모든 홀럭스에 대해 사용된다.

표 1.7-2 운동량 홀럭스에 대한 표기법 요약

부호	의미	참고
$\rho\mathbf{vv}$	대류 운동량 홀럭스 텐서	표 1.7-1
$\boldsymbol{\tau}$	점성 운동량 홀럭스 텐서[a]	표 1.2-1
$\boldsymbol{\pi} = p\boldsymbol{\delta} + \boldsymbol{\tau}$	분자 운동량 홀럭스 텐서[b]	표 1.2-1
$\boldsymbol{\phi} = \boldsymbol{\pi} + \rho\mathbf{vv}$	결합 운동량 홀럭스 텐서	식 1.7-2

[a]점탄성 유체에 대해서는(8장 참조) 점탄성 운동량 홀럭스 텐서 혹은 점탄성 응력 텐서라고 불려야 한다.

[b]이는 분자 응력 텐서로 불릴 것이다.

논의를 위한 질문

1. 점도에 대한 Newton 법칙과 탄성에 대한 Hooke 법칙을 비교하시오. 이들 법칙의 근원은 무엇인가?
2. "단위 면적당, 단위 시간당 운동량"이 "단위 면적당 힘"과 같은 차원임을 증명하시오.
3. 운동량 전달에 대한 분자와 대류 메커니즘을 비교하고 대조하시오.
4. Lennard-Jones 매개변수의 물리적 의미가 무엇이며, 점도 데이터로부터 이 매개변수들을 어떻게 결정할 수 있는가? 이 결정이 유일한가?
5. 액체와 낮은 밀도의 기체의 점도는 온도와 압력에 어떻게 의존하는가?
6. Lennard-Jones 포텐셜은 오직 분자 상호간 거리에 의존한다. 어떤 종류의 분자들이 이러한 종류의 포텐셜에 부적절한 것으로 예측되는가?
7. 인력이 없는 경질 구에 대한 포텐셜 에너지함수 $\varphi(r)$를 그리시오.
8. 오직 원자 동위원소에만 차이를 보이는 분자는 같은 값의 Lennard-Jones 포텐셜 매개변수를 갖는다. 동일한 온도와 압력에서 CD_4의 점도가 CH_4의 점도보다 크거나 작은지 예측할 수 있는가?
9. 유체 A의 점도는 유체 B의 점도의 두 배이다. 동일한 압력차가 부과된다면 길이가 L이고, 반지름이 R인 수평관을 통해 어떤 유체가 더 빠르게 흐르겠는가?
10. Lennard-Jones 함수 $\varphi(r)$로부터 얻은 분자간 힘 $F(r)$를 그리시오. 또한 Lennard-Jones 매개변수로 그림 1.4-3의 r_m 값을 결정하시오.
11. 식 1.1-2의 점도에 대한 Newton 법칙으로부터 식 1.2-6의 일반화로 될 때 어떤 주된 아이디어가 사용되는가?
12. 기체와 액체에 대한 분자운동론에 관해 좀더 알기 위해, 또 점도를 계산하기 위한 유용한 경험식을 얻기 위해 어떤 작업을 참조할 수 있겠는가?

문제

1A.1. 밀도가 높은 기체의 점도 계산. 그림 1.3-1과 표 E.1의 임계 점도를 사용하여 68 °F, 1000 psig에서 질소의 점도를 계산하고, 결과를 $lb_m/ft \cdot s$ 단위로 나타내시오. "psig"의 의미에 대해서는 표 F.3-2를 보시오.
답: $1.4 \times 10^{-5}\ lb_m/ft \cdot s$

1A.2. 메칠 플로라이드 (methyl fluoride)의 점도 계산. 그림 1.3-1을 이용하여 370℃, 120 atm 에서의 CH_3F의 점도를 Pa · s 단위로 구하시오. 임계 상수에 대한 다음 값[1]을 사용하시오: $T_c = 4.55$ ℃, $P_c = 58.0$ atm, $\rho_c = 0.300\ g/cm^3$

1A.3. 낮은 밀도에서 기체의 점도 계산. 20℃ 대기압에서 산소, 질소와 메탄 분자의 점도를 예측하고 mPa · s 단위로 나타내시오. 이 장에 주어진 실험 데이터와 결과를 비교하시오.
답: 0.0202, 0.0172, 0.0107 mPa · s

1A.4. 낮은 밀도에서 기체 혼합물의 점도. 다음 데이터[2]는 25℃, 1atm 에서 수소와 프레온-12(디클로로 디플로로오로메탄)의 혼합물에 사용 가능하다.

H_2의 몰 분율:	0.00	0.25	0.50	0.75	1.00
$\mu \times 10^6$ (poise):	124.0	128.1	131.9	135.1	88.4

식 1.4-15와 16을 사용하고 순수 성분에 대한 점도를 이용하여 세 가지 중간 조성의 점도를 구하시오.
답: 0.5에서 $\mu = 0.013517$ cp

1A.5. 낮은 밀도에서 염소-공기 혼합물의 점도. 75°F, 1atm에서 염소-공기 혼합기체에서 염소의 다음 몰 분율에 대한 점도를 구하시오: 0.00, 0.25, 0.50, 0.75, 1.00. 공기는 순수 성분으로 생각하며, 식 1.4-14에서 16을 사용하시오.
답: 0.0183, 0.0164, 0.0150, 0.0139, 0.0131 cp

1A.6. 액체 점도의 계산. (a) 100℃에서 $\Delta\hat{U}_{vap} = 897.5\ Btu/lb_m$를 갖는 식 1.5-9와, (b) 식 1.5-11을 사용하여 0℃와 100℃에서 포화 액체인 물의 점도를 계산하고, 결과를 표 1.1-2의 값과 비교하시오.
답: (b) 4.0 cp, 0.95cp

1A.7. 분자 속도와 평균 자유 경로. 1 atm, 273.2K에서 산소에 대한 평균 분자 속도 $\bar{u}$ (cm/s)와 평균 자유 경로 λ (cm)를 계산하시오. d에 대한 합리적인 값은 3 Å이다. 이 조건 하에서 분자 지름에 대한 평균 자유 경로 비는 무엇인가? 액체 상태에서 상응하는 비의 크기의 차수는 무엇인가?
답: $\bar{u} = 4.25 \times 10^4$ cm/s, $\lambda = 9.3 \times 10^{-6}$ cm

1B.1. 속도분포와 응력 성분 τ_{ij}. 다음 속도분포의 각각에 대해 유동 양상을 보여주는 의미있는 그림을 그리시오. 또 뉴튼 유체에 대한 $\boldsymbol{\tau}$와 $\rho\mathbf{vv}$의 모든 성분을 구하시오. 매개변수 b는 상수이다.

(a) $v_x = by,\ v_y = 0,\ v_z = 0$
(b) $v_x = by,\ v_y = bx,\ v_z = 0$
(c) $v_x = -by,\ v_y = bx,\ v_z = 0$
(d) $v_x = -1/2bx,\ v_y = -1/2by,\ v_z = bz$

[1] K. A. Kobe and R. E. Lynn, Jr., *Chem. Revs.*, **52**, 117-236 (1953), p. 202를 보시오.
[2] J. W. Buddenberg and C. R. Wilke, *Ind. Eng. Chem.*, **41**, 1345-1347 (1949).

1B.2. 강체 회전상태의 유체.

(1) 문제 1B.1의 속도분포 (c)가 순수 회전상태의 유체를 설명한다는 것을, 즉 유체가 마치 경질의 물체와 같이 회전하고 있다는 것을 증명하시오. 회전 각속도는 무엇인가?

(2) 이 유동 양상에 대해 속도 도함수의 대칭 및 비대칭 결합을 계산하시오.

$$\text{(i)}\ (\partial v_y/\partial x) + (\partial v_x/\partial y)$$

$$\text{(ii)}\ (\partial v_y/\partial x) - (\partial v_x/\partial y)$$

(3) (b)의 결과를 1.2 절의 전개와 연관지어 논의하시오.

1B.3. 현탁계의 점도. ZnI_2의 글리세롤 수용액 내의 작은 유리 구 현탁계에 대한 Vand[3]의 데이터는 약 $\phi = 0.5$까지

$$\frac{\mu_{\text{eff}}}{\mu_0} = 1 + 2.5\phi + 7.17\phi^2 + 16.2\phi^3 + \cdots \tag{1B.3-1}$$

의 준 경험식에 의해 표현할 수 있다. 이 결과를 Mooney 식과 비교하시오.

답: 만약 ϕ_0가 0.7의 대단히 합리적인 값으로 주어진다면 Mooney 식은 Vand의 데이터와 잘 부합한다.

1C.1. Maxwell-Boltzmann 분포의 몇 가지 결론. 1.4절의 단순화된 분자운동론에서 기체의 평형 거동과 관련된 몇몇 진술은 증명없이 만들어졌다. 이 문제와 다음에서, 이들 진술 중 몇 가지는 Maxwell-Boltzmann 속도분포의 정확한 결론임을 알 수 있다.

정지해 있는 이상기체에서 분자 속도에 대한 Maxwell-Boltzmann 분포는

$$f(u_x, u_y, u_z) = n(m/2\pi\kappa T)^{3/2} \exp(-mu^2/2\kappa T) \tag{1C.1-1}$$

이다. 여기서, $\mathbf{u}$는 분자 속도이며, n은 수 밀도이고, $f(u_x, u_y, u_z)du_x du_y du_z$는 u_x와 $u_x + du_x$, u_y와 $u_y + du_y$, u_z와 $u_z + du_z$ 사이의 속도를 가질 것이라 기대되는 단위 부피당 분자 수이다. 이 식으로부터 분자 속도 u의 분포는 다음과 같다.

$$f(u) = 4\pi n u^2 (m/2\pi\kappa T)^{3/2} \exp(-mu^2/2\kappa T) \tag{1C.1-2}$$

(a) 다음 식으로부터 평균 속도 $\bar{u}$에 대한 식을 얻음으로써 식 1.4-1을 증명하시오.

$$\bar{u} = \frac{\int_0^\infty uf(u)du}{\int_0^\infty f(u)du} \tag{1C.1-3}$$

(b) 속도 성분의 평균값 $\bar{u}_x$, $\bar{u}_y$와 $\bar{u}_z$를 계산하시오. $\bar{u}_x$는

$$\bar{u}_x = \frac{\int_{-\infty}^{+\infty}\int_{-\infty}^{+\infty}\int_{-\infty}^{+\infty} u_x f(u_x, u_y, u_z)du_x du_y du_z}{\int_{-\infty}^{+\infty}\int_{-\infty}^{+\infty}\int_{-\infty}^{+\infty} f(u_x, u_y, u_z)du_x du_y du_z} \tag{1C.1-4}$$

로부터 얻어진다. 결과로부터 어떤 결론을 내릴 수 있는가?

[3] V. Vand, *J. Phys. Colloid Chem.*, **52**, 277-299, 300-314, 314-321 (1948).

(c) 식

$$\frac{1}{2}m\overline{u^2} = \frac{\int_0^{\infty} \frac{1}{2}mu^2 f(u)du}{\int_0^{\infty} f(u)du} \tag{1C.1-5}$$

에 의해 분자당 평균 운동에너지를 구하시오. 옳은 결과는 $\frac{1}{2}m\overline{u^2} = \frac{3}{2}\kappa T$이다.

1C.2. 벽면 충돌 빈도. 이상기체 내의 분자들이 단지 한쪽 방향에서 벽의 단위 면적에 부딪치는 빈도 Z를 알고자 한다. 기체는 정지해 있고, 온도 T와 평형을 이루고 있으며 분자의 수 밀도는 n이다. 모든 분자들은 질량 m을 가지고 있다. $u_x > 0$을 갖는 $x < 0$인 영역에 있는 모든 분자들은 만약 그들이 $Su_x\Delta t$인 부피 내에 있다면 짧은 시간 Δt 안에 yz-평면의 면적 S에 부딪칠 것이다. 단위 면적당 단위 시간당 벽면 충돌 횟수는

$$\begin{aligned}
Z &= \frac{\int_{-\infty}^{+\infty}\int_{-\infty}^{+\infty}\int_{0}^{+\infty} (Su_x\Delta t)f(u_x, u_y, u_z)du_x du_y du_z}{S\Delta t} \\
&= n\left(\frac{m}{2\pi\kappa T}\right)^{3/2}\left(\int_0^{+\infty} u_x \exp(-mu^2/2\kappa T)\,du_x\right) \\
&\quad \left(\int_{-\infty}^{+\infty} \exp(-mu^2/2\kappa T)\,du_y\right)\left(\int_{-\infty}^{+\infty} \exp(-mu^2/2\kappa T)\,du_z\right) \\
&= n\sqrt{\frac{\kappa T}{2\pi m}} = \frac{1}{4}n\bar{u}
\end{aligned} \tag{1C.2-1}$$

일 것이다. 위의 전개를 증명하시오.

1C.3. 이상기체의 압력.[4] 거울같은 반사를 가정하면서, 분자로부터 벽면으로의 운동량 전달 속도를 고려함으로써 이상기체에 의해 벽에 부과되는 압력을 구하고자 한다.

(a) 속도 $\mathbf{u}$로 이동하는 분자가 벽과 충돌할 때 벽 쪽으로 들어오는 속도 성분은 u_x, u_y, u_z이고, 벽에서 거울과 같이 반사된 후의 속도 성분은 $-u_x$, u_y, u_z이다. 따라서 분자에 의해 벽으로 전달된 알짜 운동량은 $2mu_x$이다. u_x와 같은 x−성분의 속도를 갖고, 짧은 시간 간격 Δt 동안에 벽과 부딪히는 분자는 $Su_x\Delta t$인 부피 내에 있음이 틀림이 없다. u_x, u_y, u_z부터 $u_x + \Delta u_x$, $u_y + \Delta u_y$, $u_z + \Delta u_z$까지 영역 내의 속도 성분을 갖는 분자들이 시간 간격 Δt 동안 속도 u_x로 얼마나 많이 벽의 면적 S에 충돌할까? 이는 $f(u_x, u_y, u_z)du_x du_y du_z$와 $Su_x\Delta t$의 곱이 될 것이다. 그러면 기체에 의해 벽에 부과되는 압력은

$$p = \frac{\int_{-\infty}^{+\infty}\int_{-\infty}^{+\infty}\int_{-\infty}^{+\infty} (Su_x\Delta t)(2mu_x)f(u_x, u_y, u_z)du_x du_y du_z}{S\Delta t} \tag{1C.3-1}$$

이 될 것이다. 어떻게 이 식이 세워졌는지 신중히 설명하시오. 이 관계가 차원적으로 옳음을 증명하시오.

(b) Maxwell-Boltzmann 평형 분포에 관한 식 1C.1-1을 식 1C.3-1에 대입하고 적분하시오. 이 과정에서 이상기체 법칙 $p = n\kappa T$이 나오게 되는 것을 증명하시오.

1D.1. 유체의 균일한 회전.

(a) 순수 회전상태에 있는 (강체와 같이 회전하는) 유체의 속도분포가 $\mathbf{v} = [\mathbf{w} \times \mathbf{r}]$임을 증명하시오. 여

[4] R. J. Silbey and R. A. Alberty, *Physical Chemistry*, Wiley, New York, 3rd edition (2001), pp. 639-640.

기서 **w**는 각속도 (상수)이고 **r**은 x, y, z 성분을 갖는 위치 벡터이다.

(b) (a)의 유동장에 대한 $\nabla\mathbf{v} + (\nabla\mathbf{v})^\dagger$ 와 $(\nabla \cdot \mathbf{v})$는 무엇인가?

(c) (b)의 결과로 식 1.2-7을 해석하시오.

1D.2. 임의로 배향된 표면에 가해지는 힘[5](그림 1D.2). 삼각형 면 $\triangle OBC$, $\triangle OCA$, $\triangle OAB$와 $\triangle ABC$에 작용하는 힘의 합이 반드시 0이 되는 평형 상태에 있는 부피 요소 $OABC$ 내의 물질을 생각하시오. $\triangle ABC$의 면적을 dS라 하고, dS의 음의 면에서 양의 면으로 작용하는 단위 면적당 힘을 벡터 $\boldsymbol{\pi}_n$이라 하자. $\boldsymbol{\pi}_n = [\mathbf{n} \cdot \boldsymbol{\pi}]$임을 보이시오.

(a) $\triangle OBC$의 면적이 $\triangle ABC$를 yz-평면에 투영시킨 면적과 같음을 보이시오. 이는 $(\mathbf{n} \cdot \boldsymbol{\delta}_x)dS$이다. $\triangle OCA$와 $\triangle OAB$의 면적에 대해 유사한 식을 쓰시오.

(b) 표 1.2-1에 의하면 $\triangle OBC$에 작용하는 단위 면적당 힘이 $\boldsymbol{\delta}_x \pi_{xx} + \boldsymbol{\delta}_y \pi_{xy} + \boldsymbol{\delta}_z \pi_{xz}$임을 보이시오. $\triangle OCA$와 $\triangle OAB$에 대해서도 유사한 힘에 대한 식을 쓰시오.

(c) 부피 요소 $OABC$에 대한 힘 수지가

$$\boldsymbol{\pi}_n = \sum_i \sum_j (\mathbf{n} \cdot \boldsymbol{\delta}_i)(\boldsymbol{\delta}_j \pi_{ij}) = [\mathbf{n} \cdot \sum_i \sum_j \boldsymbol{\delta}_i \boldsymbol{\delta}_j \pi_{ij}] \tag{1D.2-1}$$

로 주어짐을 보이시오. 여기서 지수 i, j는 x, y, z 값을 갖는다. 마지막 항의 이중 합은 단위 다이애드와 성분의 곱의 합으로 쓰여진 응력 텐서 $\boldsymbol{\pi}$이다.

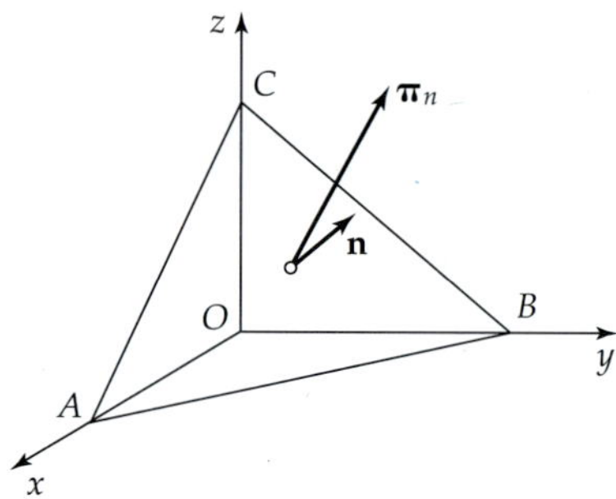

그림 1.D-2 전체에 걸쳐 힘 수지가 만들어지는 부피 요소 $OABC$. 벡터 $\boldsymbol{\pi}_n = [\mathbf{n} \cdot \boldsymbol{\pi}]$는 음의 물질($OABC$ 안쪽의 물질)에 의해 양의 물질 ($OABC$ 바깥쪽의 물질)에 가해지는 단위 면적당의 힘이고, 벡터 **n**은 ABC 면에 바깥쪽 방향의 단위 수직 벡터이다.

[5] M. Abraham and R. Becker, *The Classical Theory of Elasticity and Magnetism*, Backie and Sons, London (1952), pp.44-45.

Chapter

02 쉘 운동량 수지와 층류 내의 속도분포

이 장에서는 단순 유동계에서 유체의 층류에 대한 속도분포를 어떻게 얻는지 보이고자 한다. 이는 점도의 정의와 분자 및 대류 운동량 흘럭스에 관한 식, 운동량 수지의 개념들을 사용하여 유도된다. 일단 속도분포가 얻어지면 최대 속도, 평균 속도 혹은 표면에서의 전단응력과 같은 다른 양들을 얻을 수 있다. 종종 이들 후자의 양은 공학적 문제에서 흥미롭다.

처음 절에서는 미분 운동량 수지를 어떻게 수립하는지에 대한 몇 가지 일반적인 소견을 말하고자 하며, 다음 절들에서는 점성 유동 양상의 몇 가지 전통적인 예제를 상세하게 다루고자 한다. 이들 예제는 후속되는 장에서도 언급되는 경우가 자주 있을 것이므로 완전히 이해하여야 한다. 비록 이들 문제가 다소 간단하고 이상적인 계를 포함한다 하더라도 그럼에도 불구하고 실제 문제를 푸는 데 종종 사용된다.

이 장에서 다루고 있는 계는 독자들에게 점성 유동 문제의 해를 구하는데 있어 나타나는 다양한 요소들이 점진적으로 소개될 수 있도록 배열되어 있다. 2.2절의 강하 경막 문제는 중력의 역할과 직각 좌표의 사용을 설명하며, 또 점도가 위치의 함수인 문제의 해를 어떻게 구하는지 보여주고 있다. 2.3절의 원형관 내의 유동은 압력과 중력의 역할 및 원통형 좌표의 사용을 설명하며, 압축성 유동에 대한 근사적인 확장을 다루고 있다. 2.4절의 원통형 원환 내의 유동은 경계조건에 의한 역할을 강조하며, 2.5절에서는 두 인접한 비혼화성 액체의 유동에 대한 논의에서 경계조건에 대한 질문이 더 추구된다. 마지막으로 2.6절에서는 구형 좌표에서의 문제를 설명하기 위해, 또 접선 힘과 수직 힘 둘 다를 어떻게 다루는지 지적하기 위해 구 주위의 유동을 간략하게 논의한다.

이 장의 방법과 문제는 단지 **정상상태의 유동**에 대해서만 적용된다. "정상상태"란 흐름 내의 모든 점에서 압력, 밀도 그리고 속도 성분들이 시간에 따라 변하지 않는다는 것을 의미한다. 비정상상태의 유동에 대한 일반식은 3장에 주어져 있다.

이 장은 단지 **층류**만 고려된다. "층류"는 예를 들면 관 내로 주입된 아주 작은 입자들이 가는 선을 따라 움직이는 속도가 충분히 낮은 관 유동에서 관찰되는 정렬된 유동이다. 이는 입자들이 뿔뿔이 흩어지고 관의 전체 단면에 걸쳐 분산되는 충분히 높은 속도의 심하게 무질서한 "난류"와는 극명하게 대비된다. 난류는 5장에서 다루게 되며, 그림 2.0-1은 두 유동의 지배 형태 간의 차이를 설명하고 있다.

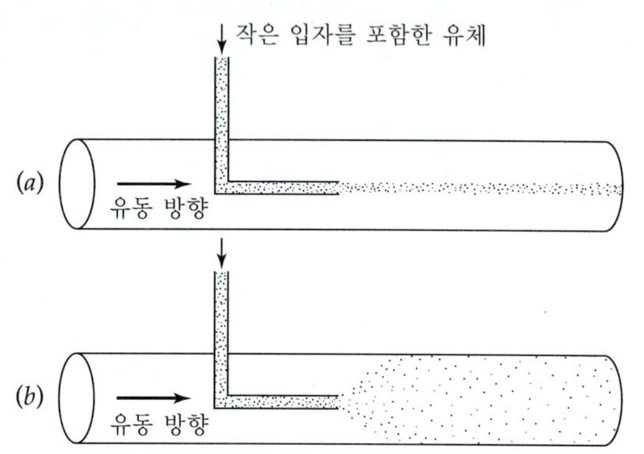

그림 2.0-1 (*a*) 유체 층이 다른 층 위에서 유동 방향으로 매끄럽게 움직이는 층류, (*b*) 유동 양상이 주요 유동 방향에 수직하게 상당한 운동을 갖는 복잡하고 시간 의존적인 난류.

2.1 쉘 운동량 수지와 경계조건

2.2절부터 2.5절에 걸쳐 다뤄질 문제는 유체의 얇은 "쉘"에 걸쳐 운동량 수지를 수립함으로써 접근하게 된다. **정상상태의 유동**에 대해 운동량 수지는

$$\begin{Bmatrix}\text{대류 전달에}\\\text{의해 들어오는}\\\text{운동량 속도}\end{Bmatrix}-\begin{Bmatrix}\text{대류 전달에}\\\text{의해 나가는}\\\text{운동량 속도}\end{Bmatrix}+\begin{Bmatrix}\text{분자 전달에}\\\text{의해 들어오는}\\\text{운동량 속도}\end{Bmatrix}-\begin{Bmatrix}\text{분자 전달에}\\\text{의해 나가는}\\\text{운동량 속도}\end{Bmatrix}+\begin{Bmatrix}\text{계에 작용}\\\text{하는 중력}\end{Bmatrix}=0 \tag{2.1-1}$$

이다. 이는 운동량 보존법칙의 제한된 진술이며, 이 장에서는 이 진술을 단지 운동량의 한 성분 즉, 유동 방향의 성분에만 적용하고자 한다. 운동량 수지를 쓰기 위해 표 1.7-1에 주어진 대류 운동량 훌럭스와 표 1.2-1에 주어진 분자 운동량 훌럭스에 대한 식이 필요하다. 분자 운동량 훌럭스는 압력과 점성 기여 둘 다 포함한다는 것을 명심하시오.

이 장에서 운동량 수지는 단지 하나의 공간 변수에만 의존하는 단 하나의 속도 성분만을 갖는 계에만 적용되며, 이에 더하여 유동은 직각이어야 한다. 다음 장에서는 운동량 수지의 개념을 곡선 운동을 갖고 한 개 이상의 속도 성분을 갖는 비정상상태의 계로 확장하고자 한다.

점성 유동 문제를 수립하고 풀기 위한 이 장에서의 과정은 다음과 같다.

- 영이 아닌 속도 성분과 그것이 의존하는 공간 변수를 확인하시오.
- 적절한 공간 변수에 수직인 얇은 쉘에 걸쳐 식 2.1-1 형태의 운동량 수지를 쓰시오.
- 쉘의 두께가 0에 접근한다고 하고 운동량 훌럭스에 대응하는 미분방정식을 얻기 위해 일차 도함수의 정의를 사용하시오.
- 운동량 훌럭스 분포를 얻기 위해 이 방정식을 적분하시오.
- 점도에 대한 Newton 법칙을 대입하고 속도에 대한 미분방정식을 얻으시오.
- 속도분포를 얻기 위해 이 식을 적분하시오.
- 최대 속도, 평균 속도 혹은 고체 표면에서의 힘과 같은 다른 양을 얻기 위해 속도분포를 사용하시오.

위에 언급된 적분에서 몇 가지 적분상수들이 나타나며, 계의 경계에서의 속도 또는 응력에 관한 진술인 "경계조건"을 사용함으로써 계산할 수 있다. 가장 흔히 사용되는 경계조건은 다음과 같다.

a. **고체-유체**의 계면에서, 유체의 속도는 고체 표면이 움직이는 속도와 같다; 이 진술은 속도 벡터의 접선 성분과 수직 성분 모두에 적용된다. 접선 성분의 항등성은 "안 미끄러짐 조건"으로 언급된다.

b. 일정한 x의 **액체-액체** 계면 평면에서, 분자의 응력-텐서 성분 $p + \tau_{xx}$, τ_{xy}, τ_{xz}가 연속인 것과 마찬가지로, 접선 속도 성분 v_y와 v_z는 계면을 통해 연속이다 ("안 미끄러짐 조건").

c. 일정한 x의 **액체-기체** 계면 평면에서, 기체 측의 속도 구배가 너무 크지 않게 주어진다면 응력-텐서 성분 τ_{xy}와 τ_{xz}는 0으로 둔다. 기체의 점도가 액체의 점도보다 훨씬 작으므로 이는 합리적이다.

이들 경계조건 모두에서 계면을 통해 흐르는 물질은 없다는 가정이 전제된다. 즉, 두 상 사이 표면에서 흡착, 흡수, 용해, 증발, 용융 또는 화학반응이 없다. 이와 같은 현상과 결부된 경계조건은 문제 3C.5와 11C.6 및 18.1절에 나온다.

이 절에서는 단순 점성 유동 문제를 풀기 위한 몇 가지 지침을 설명하였다. 어떤 문제에 대해서는 이들 지침에 대한 약간의 변형이 적절하다는 것을 증명할 것이다.

2.2 강하 경막 유동

논의하고자 하는 첫 번째 예는 그림 2.2-1에서 보는 바와 같이 길이가 L이고 너비가 W인 경사진 평탄한 평판을 따라 흘러 내리는 액체의 유동이다. 이와 같은 경막은 젖은 벽탑, 증

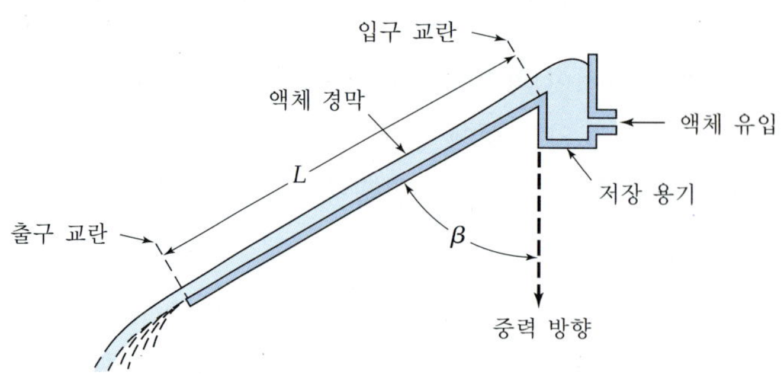

그림 2.2-1 말단 효과를 보이는 강하 경막 실험의 도식적 그림

발과 기체 흡수 실험, 코팅의 응용 등과 관련하여 연구되어 왔다. 유체의 점도와 밀도는 일정하다고 가정한다.

계의 모서리 ($z = 0, z = L, y = 0, y = W$)에서의 교란 때문에 액체 유동을 완벽하게 설명하는 것은 어렵다. 특히 W와 L이 경막 두께 δ에 비해 크다고 하면 이와 같은 교란을 무시하여도 종종 적절하게 설명될 수 있다. 유량이 작은 경우 점성력이 벽을 따라 흘러 내려가는 액체의 계속되는 가속을 방해할 것이 기대되므로, v_z는 평판을 따라 내려가는 짧은 거리 z에는 무관하게 될 것이다. 따라서 $v_z = v_z(x)$, $v_x = 0$와 $v_y = 0$이고, 더욱이 $p = p(x)$라고 가정하는 것은 타당한 것처럼 보인다. 표 B.1으로부터 영이 아닌 $\boldsymbol{\tau}$의 성분들은 단지 $\tau_{xz} = \tau_{zx} = -\mu\,(dv_z/dx)$뿐이라는 것을 알 수 있다.

이제 x 방향에 수직인 얇은 쉘을 "계"로 선정하고(그림 2.2-2 참조), 두께가 Δx이고, $z = 0$과 $z = L$인 평면에 의해 경계지어져 있으며, y 방향으로 W 거리 만큼 확장되는 영역으로 이루어진 쉘에 걸쳐 z-운동량 수지를 수립한다. 그러면 표 1.2-1과 1.7-1의 "z-성분" 열의 양들을 사용하여 운동량 수지에 대한 다양한 기여들을 얻을 수 있으며, 표 1.7-1과 표 1.7-2에 정의된 "결합 운동량−훌럭스 텐서" $\boldsymbol{\phi}$의 성분을 사용함으로써 즉시 운동량 전달에 대한 모든 가능한 메커니즘을 포함할 수 있다.

$z = 0$에서 표면을 통과해 들어오는 z-운동량 속도	$(W\Delta x)\phi_{zz}\|_{z=0}$	(2.2-1)
$z = L$에서 표면을 통과해 나가는 z-운동량 속도	$(W\Delta x)\phi_{zz}\|_{z=L}$	(2.2-2)
x에서 표면을 통과해 들어오는 z-운동량 속도	$(LW)(\phi_{xz})\|_{x}$	(2.2-3)
$x + \Delta x$에서 표면을 통과해 나가는 z-운동량 속도	$(LW)(\phi_{xz})\|_{x+\Delta x}$	(2.2-4)
z 방향으로 유체에 작용하는 중력	$(LW\,\Delta x)(\rho g \cos\beta)$	(2.2-5)

양 ϕ_{xz}와 ϕ_{zz}사용함으로써 대류와 분자 운동량 전달의 모든 메커니즘에 의한 z방향의 운동량 전달을 설명한다. 양의 x-축과 z-축 방향에서 "들어오는"과 "나가는" 방향을 갖는다는 것에 주목하시오(이 문제에서 이들은 z-운동량 전달 방향과 일치하게 일어난다). 표시 $|_{x+\Delta x}$는 "$x + \Delta x$에서의 값"을 의미하고 g는 중력 가속도를 의미한다.

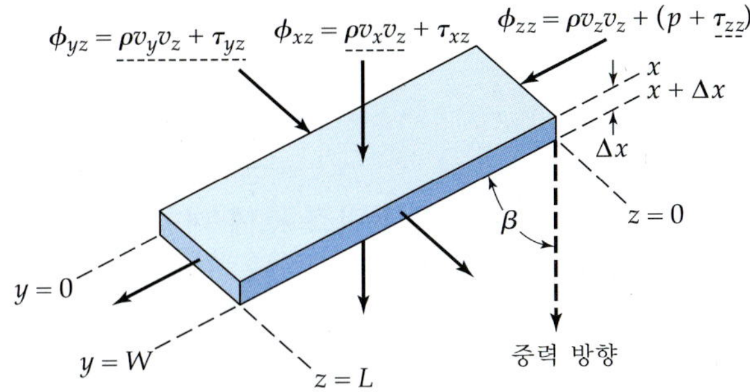

그림 2.2-2 전체에 걸쳐 z 운동량 수지식이 만들어지는 두께가 Δx인 쉘. 화살표는 쉘의 표면과 연관된 운동량 흘럭스를 나타낸다. v_x와 v_y는 둘 다 0이므로 $\rho v_x v_z$와 $\rho v_y v_z$도 0이다. v_z는 y, z에는 무관하므로, 표 B.1로부터 $\tau_{yz} = 0$와 $\tau_{zz} = 0$이다. 그러므로 점선으로 밑줄이 그어진 흘럭스는 고려할 필요가 없다. $z = 0$와 $z = L$에서 p와 $\rho v_z v_z$는 둘 다 같으므로, 식 2.2-10의 z-운동량 수지에 대한 최종식에는 나타나지 않는다.

식 2.1-1의 z-운동량 수지에 이들 항을 대입하면

$$LW(\phi_{xz}|_x - \phi_{xz}|_{x+\Delta x}) + W\Delta x(\phi_{zz}|_{z=0} - \phi_{zz}|_{z=L}) + (LW\,\Delta x)(\rho g \cos\beta) = 0 \tag{2.2-6}$$

을 얻는다.

이 식을 $LW\Delta x$로 나누고, Δx가 0에 접근하는 극한을 취하면

$$\lim_{\Delta x \to 0}\left(\frac{\phi_{xz}|_{x+\Delta x} - \phi_{xz}|_x}{\Delta x}\right) - \frac{\phi_{zz}|_{z=0} - \phi_{zz}|_{z=L}}{L} = \rho g \cos\beta \tag{2.2-7}$$

을 얻는다. 좌변의 첫 번째 항은 정확히 x에 관한 ϕ_{xz}의 도함수 정의이다. 그러므로 식 2.2-7은

$$\frac{\partial \phi_{xz}}{\partial x} - \frac{\phi_{zz}|_{z=0} - \phi_{zz}|_{z=L}}{L} = \rho g \cos\beta \tag{2.2-8}$$

이 된다. 이제 식 1.7-1부터 1.7-3의 $\boldsymbol{\phi}$에 대한 정의와 부록 B.1의 τ_{xz} 와 τ_{zz}에 관한 식을 사용하여 성분 ϕ_{xz} 와 ϕ_{zz}가 무엇인지 명확하게 써야 한다. 그러면 운동량 전달의 어떤 형태도 빠뜨리지 않았음을 장담할 수 있으며, 다음을 얻을 수 있다.

$$\phi_{xz} = \tau_{xz} + \rho v_x v_z = -\mu \frac{\partial v_z}{\partial x} + \rho v_x v_z \tag{2.2-9a}$$

$$\phi_{zz} = p + \tau_{zz} + \rho v_z v_z = p - 2\mu \frac{\partial v_z}{\partial z} + \rho v_z v_z \tag{2.2-9b}$$

v_z=$v_z(x)$, v_x=0, v_y=0와 p=$p(x)$라는 가정에 의하면, (i) v_x= 0이므로 식 2.2-9a 의 $\rho v_x v_z$ 항은 0이다; (ii) v_z= $v_z(x)$이므로, 식 2.2-9b의 $-2\mu(\partial v_z/\partial z)$ 항은 0이다; (iii) v_z=$v_z(x)$이므로 z=0과 z=L에서 $\rho v_z v_z$ 항은 같다 ; (iv) p=$p(x)$이므로 z=0과 z=L에서 p의 기여는 같다. 따라서 τ_{xz}

는 x에만 의존하며, 식 2.2-8은

$$\boxed{\frac{d\tau_{xz}}{dx} = \rho g \cos\beta} \tag{2.2-10}$$

으로 간단히 된다. 이는 운동량 훌럭스 τ_{xz}에 대한 미분방정식이다. 이를 적분하면,

$$\tau_{xz} = (\rho g \cos\beta)x + C_1 \tag{2.2-11}$$

로 주어지고, 적분 상수는 기체–액체 계면에서의 경계조건(2.1절 참조)을 사용하여 계산할 수 있다.

경계조건 1:
$$x = 0 \text{ 에서} \quad \tau_{xz} = 0 \tag{2.2-12}$$

식 2.2-11에 이 경계조건을 대입하면 $C_1 = 0$임을 알 수 있다. 그러므로 운동량 훌럭스 분포는 그림 2.2-3에서 보는 바와 같이

$$\tau_{xz} = (\rho g \cos\beta)x \tag{2.2-13}$$

이다. 다음 점도에 관한 뉴튼 법칙

$$\tau_{xz} = -\mu\frac{dv_z}{dx} \tag{2.2-14}$$

를 대입하면, 식 2.2-13의 좌변에 속도분포에 대한 미분방정식

$$\frac{dv_z}{dx} = -\left(\frac{\rho g \cos\beta}{\mu}\right)x \tag{2.2-15}$$

를 얻으며, 이를 적분하면

$$v_z = -\left(\frac{\rho g \cos\beta}{2\mu}\right)x^2 + C_2 \tag{2.2-16}$$

을 얻는다.

적분 상수는 고체 표면에서 안 미끄러짐 경계조건을 사용하여 구하게 된다.

경계조건 2:
$$x = \delta \text{ 에서} \quad v_z = 0 \tag{2.2-17}$$

이 경계조건을 식 2.2-16에 대입하면 $C_2 = (\rho g \cos\beta/2\mu)\delta^2$임을 알 수 있다. 따라서 속도분포는

$$\boxed{v_z = \frac{\rho g \delta^2 \cos\beta}{2\mu}\left[1 - \left(\frac{x}{\delta}\right)^2\right]} \tag{2.2-18}$$

이다. 이 포물선형 속도분포는 그림 2.2-3에서 볼 수 있다. 이는 초기에 만들어진 가정과 일치하므로 가능한 해임이 틀림이 없다. 다른 해도 가능할 것이며, 다른 유동 양상이 실제로 일어나는지 아닌지를 말하기 위해서는 일반적으로 실험이 요구된다. 이 점은 식 2.2-23 이후에 다시 다루고자 한다.

일단 속도분포를 알게 되면 많은 양들을 계산할 수 있다.

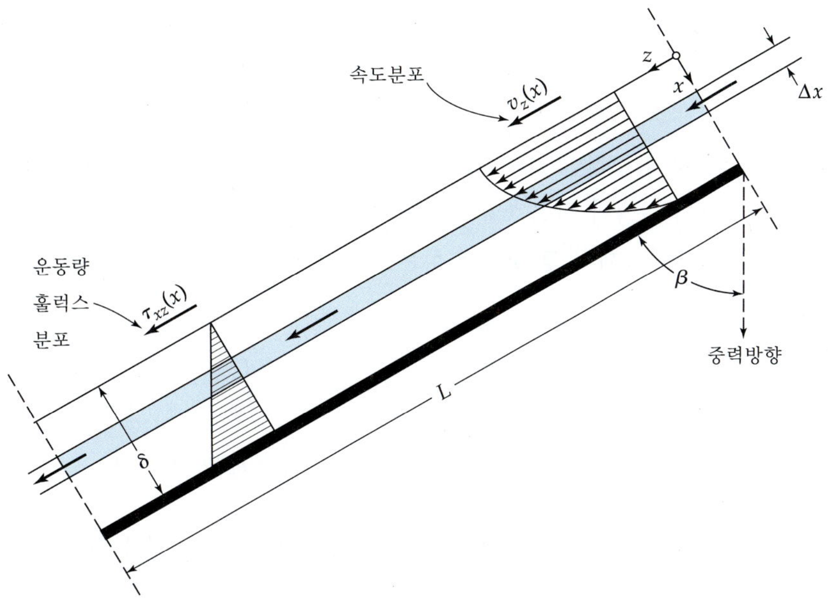

그림 2.2-3 운동량 흘럭스 분포와 속도분포를 보여주는 강하 경막 문제의 최종 결과. 전체에 걸쳐 운동량 수지가 만들어지는 두께가 Δx인 쉘도 역시 볼 수 있다.

(i) **최대 속도** $v_{z,\max}$는 명백히 $x=0$에서의 속도로

$$v_{z,\max} = \frac{\rho g \delta^2 \cos\beta}{2\mu} \tag{2.2-19}$$

이다.

(ii) **평균 속도** $\langle v_z \rangle$는 경막 단면에 걸쳐 다음과 같이 얻어진다.

$$\begin{aligned}
\langle v_z \rangle &= \frac{\int_0^W \int_0^\delta v_z dxdy}{\int_0^W \int_0^\delta dxdy} = \frac{1}{\delta}\int_0^\delta v_z dx \\
&= \frac{\rho g \delta^2 \cos\beta}{2\mu} \int_0^1 \left[1 - \left(\frac{x}{\delta}\right)^2\right] d\left(\frac{x}{\delta}\right) \\
&= \frac{\rho g \delta^2 \cos\beta}{3\mu} = \tfrac{2}{3} v_{z,\max}
\end{aligned} \tag{2.2-20}$$

첫 번째 줄의 분모에 있는 이중 적분은 경막의 단면적이다. 분자의 이중 적분은 단면의 미분 요소를 통한 부피 유량 $v_z dx\, dy$를 전체 단면적에 걸쳐 적분한 것이다.

(iii) **질량 유량** w는 평균 속도로부터 얻어지거나 속도분포를 적분함으로써 얻어진다.

$$w = \int_0^W \int_0^\delta \rho v_z dxdy = \rho W \delta \langle v_z \rangle = \frac{\rho^2 g W \delta^3 \cos\beta}{3\mu} \tag{2.2-21}$$

(iv) 경막 두께 δ는 다음과 같이 평균 속도나 질량 유량의 항으로 주어진다.

$$\delta = \sqrt{\frac{3\mu\langle v_z\rangle}{\rho g \cos\beta}} = \sqrt[3]{\frac{3\mu w}{\rho^2 g W \cos\beta}} \tag{2.2-22}$$

(v) x방향에 수직인 표면 요소에 작용하는 z방향의 단위 면적당 힘은 $x = \delta$에서 계산된 $+\tau_{xz}$이다. 이는 (더 작은 x영역) 유체에 의해 벽(더 큰 x영역)에 가해진 힘이다. **고체 표면에 작용하는 유체의 힘 F**의 z-성분은 유체-고체 계면 전체에 걸쳐 전단응력을 적분함으로써 얻게 된다.

$$\begin{aligned} F_z &= \int_0^L \int_0^W (\tau_{xz}|_{x=\delta}) dy\, dz = \int_0^L \int_0^W \left(-\mu \frac{dv_z}{dx}\bigg|_{x=\delta}\right) dy\, dz \\ &= (LW)(-\mu)\left(-\frac{\rho g \delta \cos\beta}{\mu}\right) = \rho g \delta L W \cos\beta \end{aligned} \tag{2.2-23}$$

이는 기대하였던 바와 같이 전체 경막 내 유체 무게의 z-성분이다.

강하 경막에 대한 실험적 관찰로부터 실제 세 종류의 “유동 지배 형태”가 있으며, 이들은 유동에 대한 Reynolds 수[1], Re에 따라 분류된다는 것을 알 수 있다. 강하 경막에 대한 Reynolds 수는 $\text{Re} = 4\delta\langle v_z\rangle\rho/\mu$로 정의되며, 세 가지 유동 형태는 다음과 같다.

잔물결을 무시할 수 있는 층류	$\text{Re} < 20$
잔물결이 뚜렷한 층류	$20 < \text{Re} < 1500$
난류	$\text{Re} > 1500$

위에서 수행한 해석은 처음에 수립한 가정에 의한 제약이 있으므로 첫 번째 유동 형태에 대해서만 타당하다. 모든 Reynolds 수에서 유체 표면에 잔물결이 나타난다. Reynolds 수가 20보다 적은 경우, 잔물결은 액체 표면을 따라 흘러 내릴 때 매우 긴 주기로 천천히 생기므로, 결과적으로 적당한 길이의 평판에 대해 Re = 20까지는 위에서 유도한 공식이 유용하다. 그 이상의 Reynolds 수에서는 유동이 층류로 유지되어도 잔물결은 매우 빠르게 성장하게 된다. Re = 1500 부근에서는 난류라고 부르는 불규칙하고 무질서한 유동이 된다.[2,3] 이 지점에서는 유동 형태를 묘사하기 위해 Reynolds 수를 왜 사용해야만 하는지가 명백하지 않다. 이는 3.7절에서 더 자세히 설명하고자 한다.

[1] 이 무차원 군은 맨체스터 대학의 공대 교수인 **Osborne Reynolds** (1842-1912)의 이름을 따서 명명되었다. 그는 층류-난류의 전이, 난류 열전달과 윤활 이론에 대해 연구하였다. Reynolds 수는 점성력에 대한 관성력의 비라는 것을 다음 장에서 볼 것이다.

[2] G. D. Fulford, *Adv. Chem. Engr.*, **5**, 151-236 (1964); S. Whitaker, *Ind. Eng. Chem. Fund.*, **3**, 132-142 (1964); V. G. Levich, *Physicochemical Hydrodynamics*, Prentice-Hall, Englewood Cliffs, N.J. (1962), §135.

[3] H.-C. Chang, *Ann. Rev. Fluid Mech.*, **26**, 103-136 (1964); S.-H. Hwang and H.-C. Chang, *Phys. Fluids*, **30**, 1259-1268 (1987).

이 논의는 유동계의 이론적 해석이 문제를 수립할 때 만드는 가정에 의해 제한된다는 대단히 중요한 점을 시사하고 있다. 언제 불안정성(자발적 진동)이 일어나고, 언제 유동이 난류로 되는지를 아는 것과 같은 유동 형태를 정립하기 위해서는 실험을 수행하는 것이 절대적으로 필요하다. 불안정성의 개시와 유동 형태의 경계에 관한 몇몇 정보는 이론적 해석으로 구할 수 있지만, 엄청나게 어려운 주제이다. 이는 3장에서 설명될 유체역학 지배방정식 고유의 비선형적 성질의 결과이다. 이 시점에서는 실험이 유체역학 분야에서 대단히 중요한 역할을 한다는 것만 말해두자.

예제 2.2-1 경막 속도의 계산

동점도가 2×10^{-4} m^2/s이고, 밀도가 0.8×10^3 kg/m^{3}인 오일이 있다. 수직 벽 위 강하 경막의 두께를 2.5mm가 되도록 하고 싶다면 유체의 질량 유량은 얼마이어야 하는가?

해 식 2.2-21에 의하면 유체의 질량 유량은 kg/s 단위로

$$w = \frac{\rho g \delta^3 W}{3\nu} = \frac{(0.8 \times 10^3)(9.80)(2.5 \times 10^{-3})^3 W}{3(2 \times 10^{-4})} = 0.204W \tag{2.2-24}$$

이다. 질량 유량을 구하기 위해서는 벽의 너비에 대한 값을 m 단위로 삽입하여야 한다. 이는 잔물결이 일지 않는 층류라는 조건에서 주어진 원하는 결과이다. 유동 형태를 결정하기 위해 식 2.2-21과 24를 사용하여 Reynolds 수를 계산하면,

$$\text{Re} = \frac{4\delta \langle v_z \rangle \rho}{\mu} = \frac{4w/W}{\nu\rho} = \frac{4(0.204)}{(2 \times 10^{-4})(0.8 \times 10^3)} = 5.1 \tag{2.2-25}$$

를 얻는다. 이 Reynolds 수는 잔물결이 뚜렷해지지 않을 만큼 충분히 작으므로 식 2.2-24의 질량 유량에 대한 식은 합리적이다.

예제2.2-2 가변 점도를 갖는 강하 경막

벽면에서 증기가 응축되는 것과 같이 경막이 비등온일 때 나타나는 위치에 의존하는 점도 $\mu = \mu_0 e^{-\alpha x/\delta}$를 갖는 강하 경막 문제를 다시 풀어 보시오. 여기서 μ_0는 경막 표면에서의 점도이고, α는 x가 증가함에 따라 μ가 얼마나 빠르게 감소하느냐를 표현하는 상수이다. 이와 같은 변화는 경막을 통해 선형적인 온도 구배를 갖는 벽면을 따라 흘러내리는 응축액의 유동에서 일어날 수 있다.

해 전개는 식 2.2-13 전까지는 같이 진행된다. 그런 다음 식 2.2-13에 가변 점도를 갖는 뉴튼 법칙을 대입하면

$$-\mu_0 e^{-\alpha x/\delta} \frac{dv_z}{dx} = \rho g x \cos\beta \tag{2.2-26}$$

으로 주어진다. 이 방정식은 적분할 수 있으며, 식 2.2-17의 경계조건을 사용하여 적분 상수를 구할 수 있다. 그러면 속도분포는

$$v_z = \frac{\rho g \delta^2 \cos\beta}{\mu_0}\left[e^{\alpha}\left(\frac{1}{\alpha}-\frac{1}{\alpha^2}\right) - e^{\alpha x/\delta}\left(\frac{x}{\alpha\delta}-\frac{1}{\alpha^2}\right)\right] \tag{2.2-27}$$

이다. 검산을 위해 일정한 점도를 갖는 문제($\alpha = 0$인 경우)의 속도분포를 계산하였다. 그러나 $\alpha = 0$이라 두면 괄호 안에 두 식에서 $\infty - \infty$이 된다. 이 어려움은 두 지수함수를 다음과 같이 Taylor 급수로 전개하면 극복할 수 있다(C.2절 참조).

$$\begin{aligned}(v_z)_{\alpha=0} &= \frac{\rho g \delta^2 \cos\beta}{\mu_0}\lim_{\alpha\to 0}\left[\left(1+\alpha+\frac{\alpha^2}{2!}+\frac{\alpha^3}{3!}+\cdots\right)\left(\frac{1}{\alpha}-\frac{1}{\alpha^2}\right)\right.\\ &\qquad \left. -\left(1+\frac{\alpha x}{\delta}+\frac{\alpha^2x^2}{2!\delta^2}+\frac{\alpha^3x^3}{3!\delta^3}+\cdots\right)\left(\frac{x}{\alpha\delta}-\frac{1}{\alpha^2}\right)\right]\\ &= \frac{\rho g \delta^2 \cos\beta}{\mu_0}\lim_{\alpha\to 0}\left[\left(\frac{1}{2}+\frac{1}{3}\alpha+\cdots\right)-\left(\frac{1}{2}\frac{x^2}{\delta^2}-\frac{1}{3}\frac{x^3}{\delta^3}\alpha+\cdots\right)\right]\\ &= \frac{\rho g \delta^2 \cos\beta}{2\mu_0}\left[1-\left(\frac{x}{\delta}\right)^2\right]\end{aligned} \tag{2.2-28}$$

이는 식 2.2-18과 잘 부합한다.

식 2.2-27로부터 평균 속도는

$$\langle v_z\rangle = \frac{\rho g \delta^2 \cos\beta}{\mu_0}\left[e^{\alpha}\left(\frac{1}{\alpha}-\frac{2}{\alpha^2}+\frac{2}{\alpha^3}\right)-\frac{2}{\alpha^3}\right] \tag{2.2-29}$$

임을 알 수 있으며, 독자는 α가 0으로 갈 때 이 결과가 식 2.2-20으로 간단히 된다는 것을 증명할 수 있을 것이다.

2.3 원형관을 통한 유동

원형관 내의 유체의 유동은 물리학, 화학, 생물학 및 공학에서 자주 다루어진다. 원형관 내 유체의 층류는 2.1절에서 설명된 운동량 수지로 해석될 것이다. 단지 여기서 새롭게 도입되는 것은 원형 단면을 가진 관 내부의 위치를 자연스럽게 표현하는 좌표인 원통형 좌표의 사용이다.

길이가 L이고 반지름이 R인 수직관 내를 흐르는 일정한 밀도 ρ와 점도 μ를 갖는 유체의 정상상태 층류를 생각한다. 유체는 압력차와 중력에 의해 아래 방향으로 흐르며, 좌표계는 그림 2.3-1에 도시되어 있다. 관의 길이가 반지름에 비해 매우 길다고 하면, 관의 거의 대부분을 통해 "말단 효과"는 중요하지 않으며, 관의 입구와 출구에서 유동은 관의 벽에 평행해

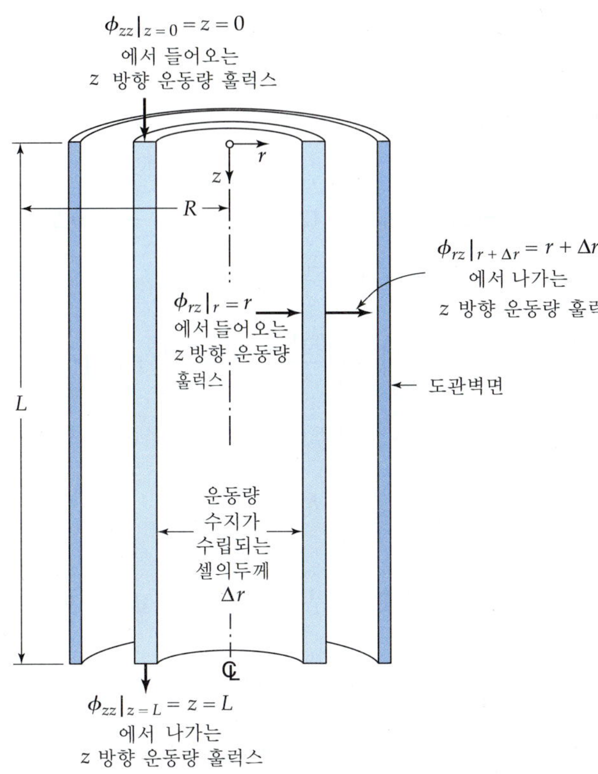

그림 2.3-1 전체에 걸쳐 원형관 내의 축방향 유동에 대한 z 운동량 수지가 수립되는 유체의 원통형 셀(식 2.3-1에서 5 참조). z 운동량 흘럭스 ϕ_{rz}와 ϕ_{zz}는 식 2.3-9a와 9b에서 완전하게 주어진다.

야 할 필요는 없을 것이라는 사실을 무시할 수 있다.

$v_z = v_z(r)$, $v_r = 0$, $v_\theta = 0$이고, $p = p(z)$라 가정한다. 이들 가정을 적용하면 표 B.1로부터 영이 아닌 $\boldsymbol{\tau}$의 성분은 단지 $\tau_{rz} = \tau_{zr} = -\mu(dv_z/dr)$이다.

두께가 Δr이고, 길이가 L인 원통형 셀을 계로 선택하고, z-운동량 수지에 대한 다양한 기여를 열거함으로써 시작한다.

$z = 0$에서 원환 표면을
통과해 들어오는 z-운동량 속도 $\qquad (2\pi r\Delta r)(\phi_{zz})|_{z=0} \qquad$ (2.3-1)

$z = L$에서 원환 표면을
통과해 나가는 z-운동량 속도 $\qquad (2\pi r\Delta r)(\phi_{zz})|_{z=L} \qquad$ (2.3-2)

r에서 원통 표면을
통과해 들어오는 z-운동량 속도 $\qquad (2\pi rL)(\phi_{rz})|_r = (2\pi rL\phi_{rz})|_r \qquad$ (2.3-3)

$r + \Delta r$에서 원통 표면을
통과해 나가는 z-운동량 속도 $\qquad (2\pi(r + \Delta r)L)(\phi_{rz})|_{r+\Delta r} = (2\pi rL\phi_{rz})|_{r+\Delta r} \qquad$ (2.3-4)

z 방향으로 원통형 셀에
작용하는 중력 $\qquad (2\pi r\Delta rL)\rho g \qquad$ (2.2-5)

양 ϕ_{zz}와 ϕ_{rz}는 대류와 분자의 모든 가능한 메커니즘에 의한 운동량 전달에 대해 설명한다. 식 2.3-4에서 $(r+\Delta r)$과 $(r)|_{r+\Delta r}$은 서로 같은 것을 다르게 쓴 것이다. "들어오는"과 "나가는"은 r 축과 z 축에 양의 방향에 대한 것임에 주목하시오.

이제 운동량 수지에 대한 기여를 더하면

$$(2\pi rL\phi_{rz})|_r - (2\pi rL\phi_{rz})|_{r+\Delta r} + (2\pi r\Delta r)(\phi_{zz})|_{z=0} - (2\pi r\Delta r)(\phi_{zz})|_{z=L} + (2\pi r\Delta rL)\rho g = 0 \quad (2.3\text{-}6)$$

이 되고, 식 2.3-6을 $2\pi L\Delta r$로 나누고 $\Delta r \to 0$인 극한을 취하면,

$$\lim_{\Delta r\to 0}\left(\frac{(r\phi_{rz})|_{r+\Delta r} - (r\phi_{rz})|_r}{\Delta r}\right) = \left(\frac{\phi_{zz}|_{z=0} - \phi_{zz}|_{z=L}}{L} + \rho g\right)r \quad (2.3\text{-}7)$$

을 얻는다. 좌변 식은 r에 대한 $r\phi_{rz}$의 일차 도함수의 정의이다. 따라서 식 2.3-7은

$$\frac{\partial}{\partial r}(r\phi_{rz}) = \left(\frac{\phi_{zz}|_{z=0} - \phi_{zz}|_{z=L}}{L} + \rho g\right)r \quad (2.3\text{-}8)$$

과 같이 쓸 수 있다. 이제 식 1.7-1과 부록 B.1로부터 성분 ϕ_{rz}와 ϕ_{zz}를 계산하여야 한다:

$$\phi_{rz} = \tau_{rz} + \rho v_r v_z = -\mu\frac{\partial v_z}{\partial r} + \rho v_r v_z \quad (2.3\text{-}9a)$$

$$\phi_{zz} = p + \tau_{zz} + \rho v_z v_z = p - 2\mu\frac{\partial v_z}{\partial z} + \rho v_z v_z \quad (2.3\text{-}9b)$$

다음 문제의 시작에서 수립한 가정, 즉 $v_z = v_z(r)$, $v_r = 0$, $v_\theta = 0$와 $p = p(z)$인 가정들을 고려한다. 그러면 다음과 같이 단순화할 수 있다: (i) $v_r = 0$이기 때문에 식 2.3-9a에서 $\rho v_r v_z$ 항을 없앨 수 있다; (ii) $v_z = v_z(r)$이기 때문에 관의 양쪽 끝에서 $\rho v_z v_z$ 항은 같을 것이다; (iii) $v_z = v_z(r)$이기 때문에 관의 양쪽 끝에서 $-2\mu\partial v_z/\partial z$항은 같을 것이다. 그러므로 식 2.3-8은

$$\frac{d}{dr}(r\tau_{rz}) = \left(\frac{(p_0 - \rho g0) - (p_L - \rho gL)}{L}\right)r \equiv \left(\frac{\mathcal{P}_0 - \mathcal{P}_L}{L}\right)r \quad (2.3\text{-}10)$$

으로 단순화된다. 여기서 $\mathcal{P} = p - \rho gz$는 압력항과 중력항[1]의 합에 대한 편리한 약자이다. 식 2.3-10을 적분하면

$$\tau_{rz} = \left(\frac{\mathcal{P}_0 - \mathcal{P}_L}{2L}\right)r + \frac{C_1}{r} \quad (2.3\text{-}11)$$

을 얻으며, 상수 C_1은 경계조건을 사용하여 계산할 수 있다.

경계조건 1: $r = 0$ 에서 $\tau_{rz} =$ 유한 (2.3-12)

---

[1] $\mathcal{P}$로 표시된 양은 **수정된 압력**이라 부른다. 일반적으로 $\mathcal{P} = p + \rho gh$로 정의되며 여기서 h는 위로 향한, 즉 미리 선정된 임의의 기준 평면으로부터 중력에 반대 방향의 "거리"이다. 따라서 이 문제에서는 $h = -z$이다.

결론적으로 C_1은 0이어야 한다. 그렇지 않으면 관의 축에서 운동량 흘럭스가 무한대로 될 것이다. 그러므로 운동량 흘럭스 분포는

$$\boxed{\tau_{rz} = \left(\frac{\mathscr{P}_0 - \mathscr{P}_L}{2L}\right)r} \tag{2.3-13}$$

이며, 이 분포는 그림 2.3-2에 도시되어 있다.

이 경우에 대해 점도에 대한 Newton 법칙을 다음과 같이 부록 B.1로부터 얻는다:

$$\tau_{rz} = -\mu \frac{dv_z}{dr} \tag{2.3-14}$$

이 식을 식 2.3-13에 대입하면 속도에 대한 미분방정식

$$\frac{dv_z}{dr} = -\left(\frac{\mathscr{P}_0 - \mathscr{P}_L}{2\mu L}\right)r \tag{2.3-15}$$

가 주어진다.

분리 가능한 1차 미분방정식을 적분하면

$$v_z = -\left(\frac{\mathscr{P}_0 - \mathscr{P}_L}{4\mu L}\right)r^2 + C_2 \tag{2.3-16}$$

이 되고, 상수 C_2는 경계조건

경계조건 1: (2.3-17) $r = R$ 에서 $v_z = 0$

로부터 계산할 수 있다. 이로부터 C_2는 $(\mathscr{P}_0 - \mathscr{P}_L)R^2/4\mu L$ 임을 안다. 따라서 속도분포는

$$\boxed{v_z = \frac{(\mathscr{P}_0 - \mathscr{P}_L)R^2}{4\mu L}\left[1 - \left(\frac{r}{R}\right)^2\right]} \tag{2.3-18}$$

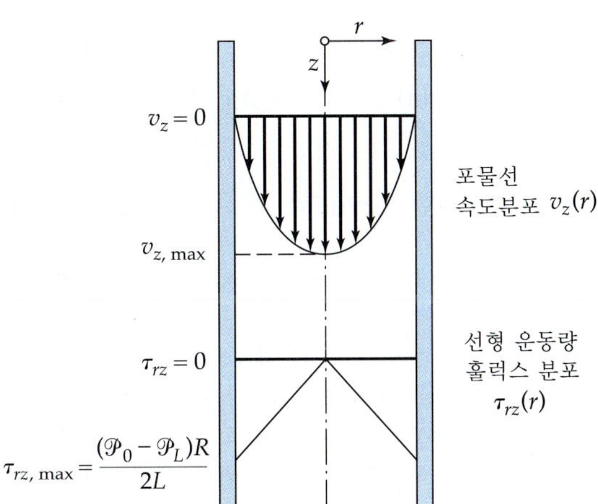

그림 2.3-2 원형관 내 하향 방향의 유동에 대한 운동량 흘럭스 분포와 속도분포.

이다. 긴 관 내의 뉴튼 유체의 층류, 비압축성 유동에 대한 속도분포는 포물선 형이다(그림 2.3-2 참조).

일단 속도분포가 구해지면 다양하게 유도되는 양들을 얻을 수 있다.

(i) **최대 속도** $v_{z,\max}$는 $r=0$에서 나타나며

$$v_{z,\max} = \frac{(\mathcal{P}_0 - \mathcal{P}_L)R^2}{4\mu L} \tag{2.3-19}$$

이다.

(ii) **평균 속도** $\langle v_z \rangle$는 총 부피 유량을 단면적으로 나눔으로써 얻어진다.

$$\langle v_z \rangle = \frac{\int_0^{2\pi}\int_0^R v_z r dr d\theta}{\int_0^{2\pi}\int_0^R r dr d\theta} = \frac{(\mathcal{P}_0 - \mathcal{P}_L)R^2}{8\mu L} = \tfrac{1}{2}v_{z,\max} \tag{2.3-20}$$

(iii) **질량 유량** w는 단면적 πR^2, 밀도 ρ와 평균속도 $\langle v_z \rangle$의 곱이다.

$$w = \frac{\pi(\mathcal{P}_0 - \mathcal{P}_L)R^4\rho}{8\mu L} \tag{2.3-21}$$

상당히 유명한 이 결과는 Hagen-Poiseuille[2]식이라 불린다. "모세관 점도계"에서 유체의 점도(예제 2.3-1 참조)를 구하기 위해 유량과 수정된 압력차에 대한 실험 데이터와 함께 이 식이 사용된다.

(iv) **관의 젖은 표면에 작용하는 유체의 z-성분 힘** F_z는 바로 전단응력 τ_{rz}을 젖은 면적에 걸쳐 적분한 것이다.

$$\begin{aligned} F_z &= (2\pi RL)\left(-\mu\frac{dv_z}{dr}\right)\bigg|_{r=R} = \pi R^2(\mathcal{P}_0 - \mathcal{P}_L) \\ &= \pi R^2(p_0 - p_L) + \pi R^2 L\rho g \end{aligned} \tag{2.3-22}$$

이 결과는 점성력 F_z가 알짜 압력과 중력에 의해 균형을 이룬다는 것을 말한다. 이는 관 내의 유체에 걸쳐 힘의 수지를 수립함으로부터 얻어질 수 있는 바로 그것이다.

이 절의 결과는 이 절의 도입부에 소개하였던 가정, 즉 $v_z = v_z(r)$이고 $p = p(z)$라는 가정을 만족한다. 실험은 사실 이들 가정이 약 2100까지의 Reynolds 수에 대해 인정된다는 것을 보여주고 있으며, 그 값 이상에서는 계 내에 어떤 적절한 교란, 즉 벽면 조도나 진동이 있다면 유동은 난류가 될 것이다.[3] 원형관에 대한 Reynolds 수는 $\text{Re} = D\langle v_z \rangle \rho/\mu$로 정의되고 여

---

[2] G. Hagen, *Ann. Phys. Chem.*, **46**, 423-442 (1839); J. L. Poiseuille, *Comptes. Rendus*, **11**, 961 과 1041 (1841). **Jean Louis Poiseuille** (1799-1869) ("Pwa-zø-yuh", ø는 책에서는 근사적으로는 "oo"로 발음한다) 은 혈액의 유동에 흥미를 가진 물리학자였다. 비록 Hagen과 Poiseuille가 유량이 관 반지름의 4제곱에 의존하다는 것을 밝혔지만 식 2.3-21은 E. Hagenbach, *Pogg. Annalen der Physik u. Chemie*, **108**, 385-426 (1860)에 의해 처음으로 유도되었다.

[3] A. A. Draad [박사학위 논문, 델프트 공과대학 (1966)]는 주의깊게 제어된 실험에서 Re = 60,000까지 층류를 얻었다. 또한 지구의 자전에 기인한 비포물선형의 속도분포도 연구하였다(Coriolis 효과를 통하여). 또 A. A. Draad and F. T. M. Nieuwstadt, *J. Fluid Mech.*, **361**, 207-308 (1998)을 보시오.

기서 $D = 2R$은 관의 지름이다.

이제 Hagen-Poiseuille 식을 얻기 위해 설정된 모든 가정을 요약하고자 한다.

(a) 유동은 층류이다; 즉 Re는 약 2100 보다 작아야 한다.

(b) 밀도가 일정하다("비압축성 유동").

(c) 유동은 정상상태이다(즉, 시간에 따라 변하지 않는다).

(d) 뉴튼 유체이다.

(e) 말단 효과는 무시한다. 실제 포물선형 분포를 형성하기 위해 관 입구 뒤에 $L_e = 0.034D\,\text{Re}$ 차수의 "입구 길이"가 필요하다. 만약 입구 영역을 포함하는 관의 부분에 흥미가 있다면, 보정이 반드시 적용되어야 한다.[4] 만약 $L > L_e$라면 압력차나 질량 유량에서 분율 보정은 L_e/L을 초과하지 않는다.

(f) 유체는 연속체로 거동한다. 대단히 희박한 기체 또는 분자의 평균 자유 경로가 관의 지름과 비교할 만한 매우 가는 모세관("미끄러짐 유동 영역")이거나 관의 지름보다 훨씬 큰("Knudsen 유동" 혹은 "자유 분자 유동" 형태)[5] 경우를 제외하고는 이 가정은 타당하다.

(g) 벽면에서는 미끄러지지 않으므로 경계조건 2는 타당하다. (f)에서 가정한 조건 하에서 순수한 액체에 대한 훌륭한 가정이다.

예제 2.3-1 모세관 유동 데이터로부터 점도의 계산

길이가 1 ft이고 내부 지름이 0.1 in.인 수평관을 통해 글리세린($CH_2OH \cdot CHOH \cdot CH_2OH$)이 흐르고 있다. 40 psi의 압력 강하에 대해 부피 유량 w/ρ이 0.00398 ft^3/min이다. 26.5℃에서 글리세린의 밀도는 1.261 g/cm^3이다. 유동 데이터로부터 글리세린의 점도를 centipoise와 Pa · s 단위로 구하시오.

해 Hagen-Poiseuille 식(식 2.3-21)으로부터

---

[4] J. H. Perry, *Chemical Engineers Hanndbook*, McGraw-Hill, New York, 3rd edition(1950), pp.388-389; W. M. Kays and A. L. London, *Compact Heat Exchangers*, McGraw-Hill, Newyork (1958), p. 49.

[5] **Martin Hans Christian Knudsen** (1871-1949), 코펜하겐 대학의 물리학 교수, 대단히 희박한 기체의 거동에 대한 중요한 실험을 수행하였다. 글라스고 대학에서 그가 한 강의는 M. Knudsen, *The Kinetic Theory of Gases*, Methuen, London (1934)으로 출간되었다. 또한 G.N.Patterson, *Molecular Flow of Gases*,Wiley, New York (1956)과 J.H.Friziger and H.G.Kaper, *Mathematical Theory of Transport Processes in Gases*, North-Holland, Amsterdam (1972), 15장을 보시오.

$$
\begin{aligned}
\mu &= \frac{\pi(p_0 - p_L)R^4}{8(w/\rho)L} \\
&= \frac{\pi\left(40\,\dfrac{\text{lb}_f}{\text{in.}^2}\right)\left(6.8947\times 10^4\,\dfrac{\text{dyn/cm}^2}{\text{lb}_f/\text{in.}^2}\right)\left(0.05\text{ in.}\times\dfrac{1}{12}\,\dfrac{\text{ft}}{\text{in.}}\right)^4}{8\left(0.00398\,\dfrac{\text{ft}^3}{\text{min}}\times\dfrac{1}{60}\,\dfrac{\text{min}}{\text{s}}\right)(1\text{ ft})} \\
&= 4.92\text{ g/cm}\cdot\text{s} = 492\text{ cp} = 0.492\text{ Pa}\cdot\text{s}
\end{aligned}
\tag{2.3-23}
$$

을 얻는다. 유동이 층류인지를 확인하기 위해 Reynolds 수를 계산한다.

$$
\begin{aligned}
\text{Re} &= \frac{D\langle v_z\rangle\rho}{\mu} = \frac{4(w/\rho)\rho}{\pi D\mu} \\
&= \frac{4\left(0.00398\,\dfrac{\text{ft}^3}{\text{min}}\right)\left(2.54\,\dfrac{\text{cm}}{\text{in.}}\times 12\,\dfrac{\text{in.}}{\text{ft}}\right)^3\left(\dfrac{1}{60}\,\dfrac{\text{min}}{\text{s}}\right)\left(1.261\,\dfrac{\text{g}}{\text{cm}^3}\right)}{\pi\left(0.1\text{ in.}\times 2.54\,\dfrac{\text{cm}}{\text{in.}}\right)\left(4.92\,\dfrac{\text{g}}{\text{cm}\cdot\text{s}}\right)} \\
&= 2.41\ (\text{무차원})
\end{aligned}
\tag{2.3-24}
$$

따라서 유동은 정말로 층류이며, 입구 길이는

$$
L_e = 0.035D\,\text{Re} = (0.035)(0.1/12)(2.41) = 0.0007\text{ ft} \tag{2.3-25}
$$

이다. 따라서 입구 효과는 중요하지 않으며, 위에 주어진 점도값은 적절하게 계산되었다.

예제 2.3-2 수평 원형관 내의 압축성 유동[6]

긴 원형관 내를 층류로 흐르는 이상기체에 대해 질량 유량 w에 대한 식을 구하시오. 유동은 등온이라 가정한다. 관을 통한 압력 변화는 대단히 크지 않다고 가정하므로 점도는 전체를 통해 일정하다고 간주할 수 있다.

해 이 문제는 다음과 같이 관의 작은 길이 dz에 걸쳐 Hagen-Poiseuille 식(식 2.3-21)을 적용할 수 있다고 가정함으로써 **근사적으로** 해를 구할 수 있다.

$$
w = \frac{\pi\rho R^4}{8\mu}\left(-\frac{dp}{dz}\right) \tag{2.3-26}
$$

p를 사용하여 ρ를 소거하기 위해 $p/\rho = p_0/\rho_0$ 형태의 이상기체 법칙을 사용한다. 여기서 p_0와 ρ_0는 $z = 0$에서 압력과 밀도이다. 그러면 이는

$$
w = \frac{\pi R^4}{8\mu}\frac{\rho_0}{p_0}\left(-p\frac{dp}{dz}\right) \tag{2.3-27}
$$

로 주어진다. 질량 유량 w는 모든 z에 대해 같다. 따라서 식 2.3-27을 $z = 0$부터 $z = L$까지

---

[6] L. Landau and E. M. Lifshitz, *Fluid Mcehanics*, Pergamon, 2nd edition (1987), 17절, 문제 6. 이 문제의 섭동 해는 R. K. Prud'homme, T. W. Chapman, and J. R. Bowen, *Appl. Sci. Res.*, **43**, 67-74 (1986)에 의해 구해졌다..

적분하면

$$w = \frac{\pi R^4}{16\mu L}\frac{\rho_0}{p_0}(p_0^2 - p_L^2) \tag{2.3-28}$$

을 얻으며, $p_0^2 - p_L^2 = (p_0 + p_L)(p_0 - p_L)$이므로 최종적으로

$$w = \frac{\pi(p_0 - p_L)R^4\rho_{\text{avg}}}{8\mu L} \tag{2.3-29}$$

를 얻는다. 여기서 $\rho_{\text{avg}} = \frac{1}{2}(\rho_0 + \rho_L)$은 평균 압력 $p_{\text{avg}} = \frac{1}{2}(p_0 + p_L)$에서 계산된 평균 밀도이다.

2.4 원환을 통한 유동

이제 원통형 좌표에서 또 다른 점성 유동 문제, 즉 그림 2.4-1에서 보는 바와 같이 반지름이 κR과 R인 두 개의 동축 원통 사이의 원환 영역 내의 비압축성 액체의 정상상태 축 방향 유동 문제를 풀어보고자 한다. 유체는 중력과는 반대 방향인 관 위로 향해 흐르고 있다. 2.3절에서와 같은 가정 $v_z = v_z(r)$, $v_\theta = 0$, $v_r = 0$과 $p = p(z)$를 설정하고, 얇은 원통형 셸 전체에 걸쳐 운동량 수지를 수립하면 다음의 미분방정식을 얻는다.

$$\frac{d}{dr}(r\tau_{rz}) = \left(\frac{(p_0 + \rho g 0) - (p_L + \rho g L)}{L}\right)r \equiv \left(\frac{\mathscr{P}_0 - \mathscr{P}_L}{L}\right)r \tag{2.4-1}$$

좌표 z가 중력에 반대 방향이므로(즉, z는 2.3절 바닥글 1의 h와 같다.), 여기서 $\mathscr{P} = p + \rho g z$라는 점이 식 2.3-10과 유일한 차이가 난다. 식 2.4-1을 적분하면 식 2.3-11과 똑같은

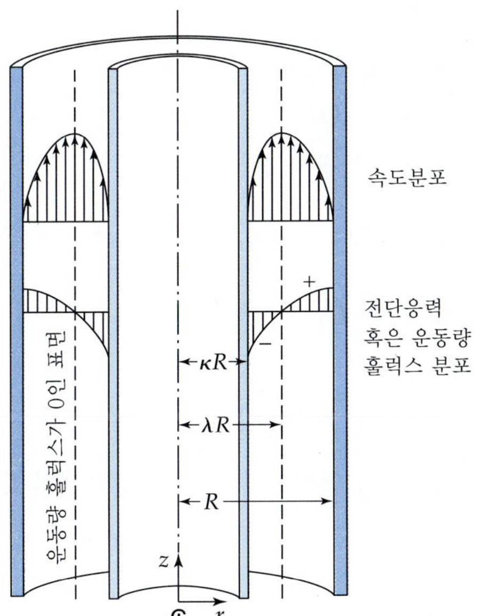

그림 2.4-1 원통형 원환 내에서 위로 향한 유동에 대한 운동량 훌럭스 분포와 속도분포. 운동량 훌럭스는 속도가 최대로 되는 r의 같은 값에서 부호가 변함에 주목하시오.

$$\tau_{rz} = \left(\frac{\mathscr{P}_0 - \mathscr{P}_L}{2L}\right)r + \frac{C_1}{r} \tag{2.4-2}$$

를 얻는다.

$r = \kappa R$과 $r = R$의 고정된 표면에서 운동량 훌럭스에 대한 어떠한 정보도 없으므로 상수 C_1은 바로 결정될 수 없다. 알고 있는 모든 것은 운동량 훌럭스가 0이 될 어떤(아직은 알지 못하지만) 평면 λR에서 속도 곡선이 최대가 된다는 것뿐이다.

$$0 = \left(\frac{\mathscr{P}_0 - \mathscr{P}_L}{2L}\right)\lambda R + \frac{C_1}{\lambda R} \tag{2.4-3}$$

C_1에 대한 이 식을 풀고 식 2.4-2에 대입하면

$$\tau_{rz} = \frac{(\mathscr{P}_0 - \mathscr{P}_L)R}{2L}\left[\left(\frac{r}{R}\right) - \lambda^2\left(\frac{R}{r}\right)\right] \tag{2.4-4}$$

를 얻는다. 이 식과 식 2.4-2 사이의 유일한 차이는 적분 상수 C_1이 다른 상수 λ에 의해 소거되었다는 것이다. 이 식의 장점은 λ의 기하학적 의미를 안다는 것이다.

이제 점도에 대한 Newton 법칙 $\tau_{rz} = -\mu(dv_z/dr)$을 식 2.4-4에 대입하면 v_z에 대한 미분방정식

$$\frac{dv_z}{dr} = -\frac{(\mathscr{P}_0 - \mathscr{P}_L)R}{2\mu L}\left[\left(\frac{r}{R}\right) - \lambda^2\left(\frac{R}{r}\right)\right] \tag{2.4-5}$$

를 얻는다. 분리 가능한 1차 미분방정식을 적분하면

$$v_z = -\frac{(\mathscr{P}_0 - \mathscr{P}_L)R^2}{4\mu L}\left[\left(\frac{r}{R}\right)^2 - 2\lambda^2 \ln\left(\frac{r}{R}\right) + C_2\right] \tag{2.4-6}$$

을 얻는다. 이제 각각의 고체 경계에서 안 미끄러짐 조건을 사용하여 두 개의 적분 상수 λ와 C_2를 계산한다.

경계조건 1: $r = \kappa R$ 에서 $v_z = 0$ (2.4-7)

경계조건 2: $r = R$ 에서 $v_z = 0$ (2.4-8)

이들 경계조건을 식 2.4-6에 대입하면 두 개의 연립 방정식

$$0 = \kappa^2 - 2\lambda^2 \ln \kappa + C_2; \qquad 0 = 1 + C_2 \tag{2.4-9, 10}$$

이 주어진다. 이들로부터 두 개의 적분 상수 λ와 C_2는

$$C_2 = -1; \qquad 2\lambda^2 = \frac{1-\kappa^2}{\ln(1/\kappa)} \tag{2.4-11, 12}$$

임을 알 수 있다. 이들 식을 식 2.4-4와 2.4-6에 대입하면, 다음과 같은 운동량 훌럭스 분포와 속도분포[1]를 얻는다.

[1] H. Lamb, *Hydrodynamics*, Cambridge University Press, 2nd edition (1895), p.522.

$$\boxed{\tau_{rz} = \frac{(\mathscr{P}_0 - \mathscr{P}_L)R}{2L}\left[\left(\frac{r}{R}\right) - \frac{1-\kappa^2}{2\ln(1/\kappa)}\left(\frac{R}{r}\right)\right]} \tag{2.4-13}$$

$$\boxed{v_z = \frac{(\mathscr{P}_0 - \mathscr{P}_L)R^2}{4\mu L}\left[1 - \left(\frac{r}{R}\right)^2 - \frac{1-\kappa^2}{\ln(1/\kappa)}\ln\left(\frac{R}{r}\right)\right]} \tag{2.4-14}$$

원환이 대단히 얇으면(즉 κ가 1보다 단지 약간 작은), 이들 결과는 평면 슬릿에 대한 결과로 단순화된다. 기회가 주어질 때마다 언제나 이와 같은 "극한의 경우"를 확인하는 것은 항상 좋은 생각이다.

$\ln(R/r)/\ln(1/\kappa)$비가 항상 내부 경계에 가까운 영역에서 중요하기 때문에 $\kappa \to 0$의 하부 극한은 그렇게 단순하지 않다. 따라서 식 2.4-14는 포물선 분포로 단순화되지는 않지만, 질량 유량에 대한 식 2.4-17는 Hagen-Poiseuille 식으로 단순화된다.

일단 운동량 흘럭스와 속도분포를 알면 흥미로운 다른 결과들을 바로 얻을 수 있다.

(i) 최대 속도는

$$v_{z,\max} = v_z|_{r=\lambda R} = \frac{(\mathscr{P}_0 - \mathscr{P}_L)R^2}{4\mu L}[1 - \lambda^2(1 - \ln \lambda^2)] \tag{2.4-15}$$

이다. 여기서 λ^2은 식 2.4-12에 주어져 있다.

(ii) 평균 속도는

$$\langle v_z \rangle = \frac{\int_0^{2\pi}\int_{\kappa R}^{R} v_z r\,dr\,d\theta}{\int_0^{2\pi}\int_{\kappa R}^{R} r\,dr\,d\theta} = \frac{(\mathscr{P}_0 - \mathscr{P}_L)R^2}{8\mu L}\left[\frac{1-\kappa^4}{1-\kappa^2} - \frac{1-\kappa^2}{\ln(1/\kappa)}\right] \tag{2.4-16}$$

으로 주어진다.

(iii) 질량 유량은 $w = \pi R^2 (1 - \kappa^2)\rho\langle v_z \rangle$이거나 혹은

$$w = \frac{\pi(\mathscr{P}_0 - \mathscr{P}_L)R^4\rho}{8\mu L}\left[(1 - \kappa^4) - \frac{(1-\kappa^2)^2}{\ln(1/\kappa)}\right] \tag{2.4-17}$$

이다.

(iv) 유체에 의해 고체 표면에 가해진 힘은 다음과 같이 내부와 외부 원통에 작용하는 힘을 합함으로써 얻는다.

$$\begin{aligned} F_z &= (2\pi\kappa RL)(-\tau_{rz}|_{r=\kappa R}) + (2\pi RL)(+\tau_{rz}|_{r=R}) \\ &= \pi R^2(1-\kappa^2)(\mathscr{P}_0 - \mathscr{P}_L) \end{aligned} \tag{2.4-18}$$

독자는 위의 식에서 전단응력 앞에 주어진 부호의 선정을 설명할 수 있어야 하며, 마지막 결과를 해석할 수 있어야 한다.

위에서 유도된 식은 오직 층류에 대해서만 타당하고, 층류-난류의 전이는 Re = 2000 부근에서 일어나며 Reynolds 수는 Re = $2R(1 - \kappa)\langle v_z \rangle \rho/\mu$로 정의된다.

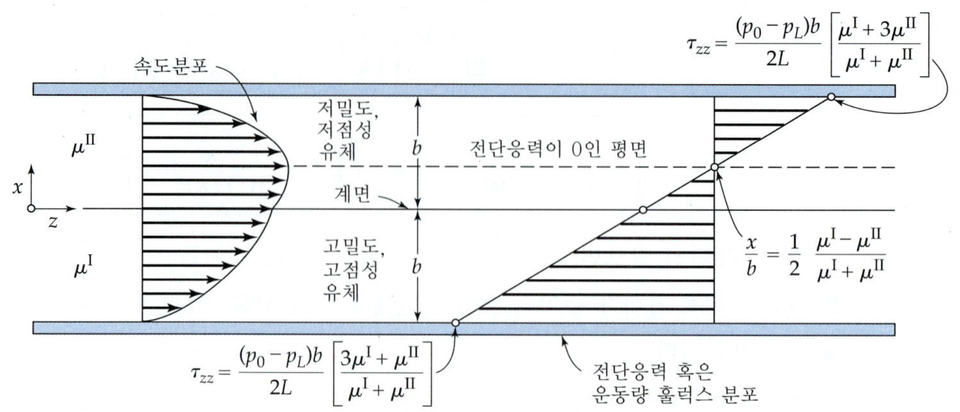

그림 2.5-1 압력 구배 영향 하의 한 쌍의 수평 평판 사이의 두 비혼화성 유체의 유동.

2.5 두 인접한 비혼화성 유체의 유동[1]

여기까지는 고체와 유체, 액체와 기체의 경계를 갖는 유동 상황을 다루었는데, 이제 액체와 액체의 계면을 갖는 유동 문제의 한 예를 다루고자 한다(그림 2.5-1 참조).

비혼화성의 두 비압축성 액체가 수평 압력구배 $(p_0 - p_L)/L$의 영향 하에서 길이가 L이고 너비가 W인 수평의 얇은 슬릿 내를 z 방향으로 흐르고 있다. 유체의 유량을 적절히 조절하여 슬릿의 반은 유체 I(밀도가 높은 상)으로 채워지고 나머지 반은 유체 II(밀도가 낮은 상)로 채워지도록 하였으며, 유체는 매우 천천히 흐르기 때문에 불안정성이 일어나지 않아 유체가 접한 계면이 정확하게 평면을 이룬다고 할 때 운동량 흘럭스와 속도분포를 구하고자 한다.

미분 운동량 수지로부터 운동량 흘럭스에 대한 다음 미분방정식을 유도할 수 있다.

$$\frac{d\tau_{xz}}{dx} = \frac{p_0 - p_L}{L} \tag{2.5-1}$$

이 식은 상 I과 상 II에 모두 적용 가능하며, 두 영역에 대하여 식 2.5-1을 적분하면

$$\tau_{xz}^{I} = \left(\frac{p_0 - p_L}{L}\right)x + C_1^{I} \tag{2.5-2}$$

$$\tau_{xz}^{II} = \left(\frac{p_0 - p_L}{L}\right)x + C_1^{II} \tag{2.5-3}$$

을 얻는다. 여기서 운동량 흘럭스 τ_{xz}는 유체와 유체 사이의 계면을 통해 연속이라는 하나의 경계조건

[1] 도관 내 기체와 액체의 인접한 유동은 *Modern Chemical Engineering*, Vol. 1, "Physical Operation", A. Acrivos (ed.) Reinhold, New York (1963)의 8장에서 A. E. Dukler and M. Wicks, III에 의해 논평되어 있다.

경계조건 : $x = 0$에서 $\tau_{xz}^{\mathrm{I}} = \tau_{xz}^{\mathrm{II}}$ (2.5-4)

를 적용하면 $C_1^{\mathrm{I}} = C_1^{\mathrm{II}}$가 되므로, 상첨자를 없애고 두 적분 상수를 C_1으로 표현하고자 한다.

점도에 대한 Newton 법칙을 식 2.5-2와 2.5-3에 대입하면

$$-\mu^{\mathrm{I}} \frac{dv_z^{\mathrm{I}}}{dx} = \left(\frac{p_0 - p_L}{L}\right)x + C_1 \tag{2.5-5}$$

$$-\mu^{\mathrm{II}} \frac{dv_z^{\mathrm{II}}}{dx} = \left(\frac{p_0 - p_L}{L}\right)x + C_1 \tag{2.5-6}$$

을 얻는다. 이 두 식을 적분하면

$$v_z^{\mathrm{I}} = -\left(\frac{p_0 - p_L}{2\mu^{\mathrm{I}}L}\right)x^2 - \frac{C_1}{\mu^{\mathrm{I}}}x + C_2^{\mathrm{I}} \tag{2.5-7}$$

$$v_z^{\mathrm{II}} = -\left(\frac{p_0 - p_L}{2\mu^{\mathrm{II}}L}\right)x^2 - \frac{C_1}{\mu^{\mathrm{II}}}x + C_2^{\mathrm{II}} \tag{2.5-8}$$

로 주어지며, 세 개의 적분 상수는 다음의 안 미끄러짐 경계조건으로부터 결정할 수 있다.

경계조건 2: $x = 0$에서 $v_z^{\mathrm{I}} = v_z^{\mathrm{II}}$ (2.5-9)

경계조건 3: $x = -\mathrm{b}$에서 $v_z^{\mathrm{I}} = 0$ (2.5-10)

경계조건 4: $x = +\mathrm{b}$에서 $v_z^{\mathrm{II}} = 0$ (2.5-11)

이들 세 개의 경계조건을 적용하면 적분 상수에 대한 세 개의 연립방정식

경계조건 2로부터: $C_2^{\mathrm{I}} = C_2^{\mathrm{II}}$ (2.5-12)

경계조건 3으로부터: $0 = -\left(\frac{p_0 - p_L}{2\mu^{\mathrm{I}}L}\right)b^2 + \frac{C_1}{\mu^{\mathrm{I}}}b + C_2^{\mathrm{I}}$ (2.5-13)

경계조건 4로부터: $0 = -\left(\frac{p_0 - p_L}{2\mu^{\mathrm{II}}L}\right)b^2 - \frac{C_1}{\mu^{\mathrm{II}}}b + C_2^{\mathrm{II}}$ (2.5-14)

를 얻으며, 이들 연립방정식으로부터 적분 상수를 구하면 다음과 같다.

$$C_1 = -\frac{(p_0 - p_L)b}{2L}\left(\frac{\mu^{\mathrm{I}} - \mu^{\mathrm{II}}}{\mu^{\mathrm{I}} + \mu^{\mathrm{II}}}\right) \tag{2.5-15}$$

$$C_2^{\mathrm{I}} = +\frac{(p_0 - p_L)b^2}{2\mu^{\mathrm{I}}L}\left(\frac{2\mu^{\mathrm{I}}}{\mu^{\mathrm{I}} + \mu^{\mathrm{II}}}\right) = C_2^{\mathrm{II}} \tag{2.5-16}$$

따라서 운동량 흘럭스와 속도분포는

$$\boxed{\tau_{xz} = \frac{(p_0 - p_L)b}{L}\left[\left(\frac{x}{b}\right) - \frac{1}{2}\left(\frac{\mu^{\mathrm{I}} - \mu^{\mathrm{II}}}{\mu^{\mathrm{I}} + \mu^{\mathrm{II}}}\right)\right]} \tag{2.5-17}$$

$$\boxed{v_z^{\mathrm{I}} = \frac{(p_0 - p_L)b^2}{2\mu^{\mathrm{I}}L}\left[\left(\frac{2\mu^{\mathrm{I}}}{\mu^{\mathrm{I}} + \mu^{\mathrm{II}}}\right) + \left(\frac{\mu^{\mathrm{I}} - \mu^{\mathrm{II}}}{\mu^{\mathrm{I}} + \mu^{\mathrm{II}}}\right)\left(\frac{x}{b}\right) - \left(\frac{x}{b}\right)^2\right]} \tag{2.5-18}$$

$$v_z^{\mathrm{II}} = \frac{(p_0 - p_L)b^2}{2\mu^{\mathrm{II}}L}\left[\left(\frac{2\mu^{\mathrm{II}}}{\mu^{\mathrm{I}} + \mu^{\mathrm{II}}}\right) + \left(\frac{\mu^{\mathrm{I}} - \mu^{\mathrm{II}}}{\mu^{\mathrm{I}} + \mu^{\mathrm{II}}}\right)\left(\frac{x}{b}\right) - \left(\frac{x}{b}\right)^2\right] \tag{2.5-19}$$

이며, 이들 분포를 그림 2.5-1에 도시하였다. 만약 두 유체의 점도가 같다고 하면 평행한 평판 사이를 흐르는 순수한 유체에 대한 경우와 같이 속도분포는 포물선형이 된다(식 2B.3-2 참조).

각 층에서의 **평균 속도**를 구하면

$$\langle v_z^{\mathrm{I}} \rangle = \frac{1}{b}\int_{-b}^{0} v_z^{\mathrm{I}} dx = \frac{(p_0 - p_L)b^2}{12\mu^{\mathrm{I}}L}\left(\frac{7\mu^{\mathrm{I}} + \mu^{\mathrm{II}}}{\mu^{\mathrm{I}} + \mu^{\mathrm{II}}}\right) \tag{2.5-20}$$

$$\langle v_z^{\mathrm{II}} \rangle = \frac{1}{b}\int_{0}^{b} v_z^{\mathrm{II}} dx = \frac{(p_0 - p_L)b^2}{12\mu^{\mathrm{II}}L}\left(\frac{\mu^{\mathrm{I}} + 7\mu^{\mathrm{II}}}{\mu^{\mathrm{I}} + \mu^{\mathrm{II}}}\right) \tag{2.5-21}$$

이 된다. 위에서 주어진 속도분포와 운동량 훌럭스 분포로부터 최대 속도, 계면에서의 속도, 전단응력이 0이 되는 평면, 슬릿 벽면에서의 항력 등을 역시 구할 수 있다.

2.6 구 주위의 미동 유동[1,2,3,4]

앞 절에서는 점성 유동에 관한 다양한 유형의 기초적인 문제들을 풀어 보았는데, 이들은 모두 단지 하나의 소거할 수 없는 속도 성분만을 갖는 직선 유동을 대상으로 하였다. 그러나 구 주위의 흐르는 유동은 소거할 수 없는 두 방향의 속도 성분 v_r과 v_θ를 갖게 되므로 이 장의 도입부에서 설명하였던 기법으로는 통상적으로 이해될 수 없다. 그럼에도 불구하고 유체에 잠겨 있는 물체 주위 유동의 중요성 때문에 구 주위를 흐르는 유동에 대한 간략한 논의를 여기서 하고자 한다. 4장에서 속도와 압력분포를 어떻게 얻는가 본다. 여기서는 단지 그 결과를 인용하고, 뒤에서 논의할 필요가 있는 몇몇 중요한 관계식들을 유도하기 위해 그것들이 어떻게 사용되는가를 보고자 한다. 여기서와 4장에서 다루고자 하는 문제는 "미동 유동"과 관련이 있다. 즉 대단히 느린 유동이다. 이러한 종류의 유동을 또한 "Stokes 유동"이라고 부르기도 한다.

그림 2.6-1에서 보는 바와 같이 반지름이 R인 고체 구 주위의 비압축성 유체의 유동을 생각한다. 밀도가 ρ이고, 점도가 μ인 유체가 고정된 구에 z-방향으로 수직하게 위로 향해 일정

[1] G. G. Stokes, *Trans. Cambridge Phil. Soc.*, **9**, 8-106 (1851). 임의 형상의 물체 주위의 미동 유동에 대해서는 H. Brenner, *Chem. Engr. Sci.*, **19**, 703-727 (1964)를 보시오.

[2] L. D. Landau and E. M. Lifshitz, *Fluid Mechanics*, 2nd edition, Pergamon, London (1987), §20.

[3] G. Batchelor, *An Introduction to Fluid Dynamics*, Cambridge University Press (1967), §4.9.

[4] S. Kim and S. J. Karrila, *Microhydrodynamics: Principles and Selected Applications*, Butterworth-Heinemann, Boston (1991), §4.2.3; 이 책은 "미동 유동" 문제에 대한 총괄적인 논의를 포함하고 있다.

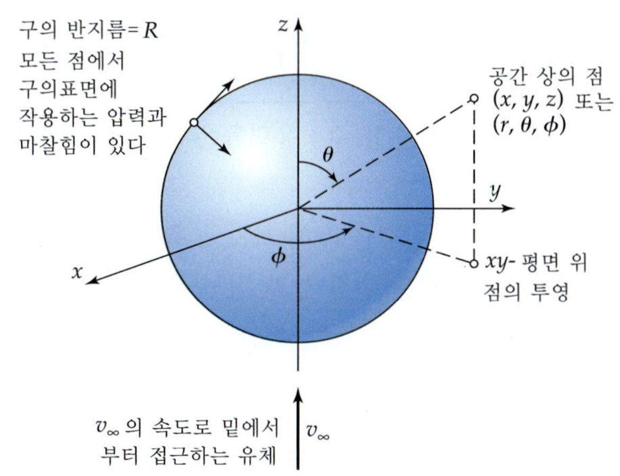

그림 2.6-1 주위를 유체가 흐르는 반지름이 R인 구. 좌표 r,θ와 ϕ가 주어져 있다. 구형좌표에 대한 더 많은 정보에 대해서는 그림 A.8-2참조

한 속도 v_∞로 접근하고 있다. 이 문제에 대해 "미동 유동"은 Reynolds 수 $\text{Re} = Dv_\infty\rho/\mu$가 약 0.1보다 작아야 한다는 것을 의미한다. 이 유동의 지배 형태는 구의 하류에 에디가 형성되지 않는 것으로 특징지어진다.

이 미동 유동에 대한 속도와 압력분포는 4장에서 볼 수 있으며,

$$v_r = v_\infty\left[1 - \frac{3}{2}\left(\frac{R}{r}\right) + \frac{1}{2}\left(\frac{R}{r}\right)^3\right]\cos\theta \tag{2.6-1}$$

$$v_\theta = v_\infty\left[-1 + \frac{3}{4}\left(\frac{R}{r}\right) + \frac{1}{4}\left(\frac{R}{r}\right)^3\right]\sin\theta \tag{2.6-2}$$

$$v_\phi = 0 \tag{2.6-3}$$

$$p = p_0 - \rho g z - \frac{3}{2}\frac{\mu v_\infty}{R}\left(\frac{R}{r}\right)^2\cos\theta \tag{2.6-4}$$

이다. 마지막 식에서 양 p_0는 구로부터 멀리 떨어진 $z = 0$인 평면에서의 압력이며, $-\rho g z$ 항은 유체의 무게에 기인한 정역학 압력이다. 그리고 v_∞를 포함하고 있는 항은 유체 운동의 기여이며, 식 2.6-1, 2와 3으로부터 구의 표면에서 유속은 0이라는 것을 안다. 더욱이 $r \to \infty$인 극한에서 z 방향의 유속은 균일한 크기 v_∞를 가지며, 이는 식 A.6-33을 사용하여 유도할 수 있는 $v_z = v_r\cos\theta - v_\theta\sin\theta$와 식 A.6-31과 32에 따라 $v_x = v_y = 0$이라는 사실로부터 나온다.

구형 좌표에서 응력 텐서 τ의 성분들은 표 B.1을 사용하여 위의 속도분포로부터 구할 수 있을 것이다. 응력 텐서 τ의 성분들은

$$\tau_{rr} = -2\tau_{\theta\theta} = -2\tau_{\phi\phi} = \frac{3\mu v_\infty}{R}\left[-\left(\frac{R}{r}\right)^2 + \left(\frac{R}{r}\right)^4\right] \tag{2.6-5}$$

$$\tau_{r\theta} = \tau_{\theta r} = \frac{3}{2}\frac{\mu v_\infty}{r}\left(\frac{R}{r}\right)^4 \sin\theta \tag{2.6-6}$$

이고 다른 모든 성분은 0이다. 이 유동에 대한 수직응력들은 $r = R$에서의 수직응력을 제외하면 0이 아님에 주목하시오.

이제 흐르는 유체에 의해 구에 가해지는 힘을 구해 보자. z-축 주위로 대칭을 이루기 때문에 결과적인 힘은 z-방향일 것이며, 그 힘은 수직 힘과 접선 힘의 z-성분을 구 표면 전체에 걸쳐 적분함으로써 얻을 수 있다.

수직 힘의 적분

구의 표면 위 각 점에서 유체는 표면에 수직으로 작용하는 단위 면적당 힘$-(p + \tau_{rr})|_{r=R}$을 고체에 가하게 된다. 유체는 더 큰 r의 영역에 있고 구는 더 작은 r의 영역에 있으므로, 1.2절에서 수립하였던 부호 규칙에 의하면 −부호를 붙여야 한다. 힘의 z-성분은 $-(p+\tau_{rr})|_{r=R}(\cos\theta)$이다. 이제 표면 요소에 작용하는 힘을 구하기 위해 이 식에 미분 표면 요소 $R^2\sin\theta\, d\theta\, d\phi$를 곱하고 (그림 A.8-2 참조), 결과로 얻어지는 z-방향의 수직 힘을 구하기 위해 구의 표면 전체에 걸쳐 적분한다.

$$F^{(n)} = \int_0^{2\pi}\int_0^{\pi} (-(p + \tau_{rr})|_{r=R} \cos\theta) R^2 \sin\theta \, d\theta \, d\phi \tag{2.6-7}$$

식 2.6-5에 의하면 $r = R$에서 수직응력은 0이고,[5] 식 2.6-7의 적분에서 생략될 수 있다. 식 2.6-4에 의하면 구의 표면에서 압력분포는

$$p|_{r=R} = p_0 - \rho g R\cos\theta - \frac{3}{2}\frac{\mu v_\infty}{R}\cos\theta \tag{2.6-8}$$

이다. 이 식을 식 2.6-7에 대입하고 적분을 수행하면, p_0를 포함하는 항은 0이 되고 중력 가속도 g를 포함하는 항은 부력이 되며, 접근 속도 v_∞를 포함하는 항은 아래와 같은“형상 항력”이 된다.

$$F^{(n)} = \tfrac{4}{3}\pi R^3 \rho g + 2\pi\mu R v_\infty \tag{2.6-9}$$

부력은 치환된 유체의 질량($\frac{4}{3}\pi R^3\rho$)에 중력 가속도(g)의 곱한 것이다.

접선 힘의 적분

고체 표면 위 각 점에는 또 접선 방향으로 작용하는 전단응력이 있다. 유체(더 큰 r 영역)에 의해 고체(더 작은 r 영역)에 $-\theta$ 방향으로 가해지는 단위 면적당 힘은 $+\tau_{r\theta}|_{r=R}$이고, 단위 면

[5] 예제 3-1에서 비압축성 뉴튼 유체에 대해서는 모든 유동 내 고정된 고체 표면에서 세 개의 수직응력 모두가 0이다.

적당 이 힘의 z-성분은 $(\tau_{r\theta}|_{r=R})\sin\theta$이다. 이제 표면 요소 $R^2\sin\theta\, d\theta d\phi$를 이 식에 곱하고 구 표면 전체에 걸쳐 적분하면, z-방향의 최종 힘은

$$F^{(t)} = \int_0^{2\pi}\int_0^{\pi} (\tau_{r\theta}|_{r=R}\sin\theta)R^2\sin\theta\, d\theta\, d\phi \tag{2.6-10}$$

이 된다. 식 2.6-6으로부터 구 표면에 작용하는 전단응력 분포는

$$\tau_{r\theta}|_{r=R} = \frac{3}{2}\frac{\mu v_\infty}{R}\sin\theta \tag{2.6-11}$$

이다. 이 식을 식 2.6-10의 적분에 대입하면 "마찰 항력"을 얻는다.

$$F^{(t)} = 4\pi\mu R v_\infty \tag{2.6-12}$$

따라서 구에 작용하는 유체의 총 힘 F는 식 2.6-9와 2.6-12의 합으로 얻어진다.

$$F = \underbrace{\tfrac{4}{3}\pi R^3\rho g}_{\text{부력}} + \underbrace{2\pi\mu R v_\infty}_{\text{형상 항력}} + \underbrace{4\pi\mu R v_\infty}_{\text{마찰 항력}} \tag{2.6-13}$$

또는

$$F = F_b + F_k = \underbrace{\tfrac{4}{3}\pi R^3\rho g}_{\text{부력}} + \underbrace{6\pi\mu R v_\infty}_{\text{운동 힘}} \tag{2.6-14}$$

첫 번째 항은 정지 상태로 유체 내에 존재하는 **부력**이다. 부력은 유체로 치환된 질량에 중력 가속도를 곱한 값이다. **운동 힘**인 두 번째 항은 유체의 운동으로부터 유발된다. 관계식

$$F_k = 6\pi\mu R v_\infty \tag{2.6-15}$$

는 Stokes **법칙**[1]으로 알려져 있다. 이것은 전기장 하에서 콜로이드 입자들의 운동을 설명할 때, 침강 이론에서, 그리고 에어로졸 입자의 운동을 연구할 때 사용된다. Stokes 법칙은 Reynolds 수($\text{Re} = Dv_\infty\rho/\mu$)가 약 0.1 이하에서만 유용하다. Re = 1에서는 Stokes 법칙은 약 10% 보다 훨씬 적은 힘을 예측한다. 더 큰 Reynolds 수에 대한 유동 거동은 6장에서 다루고자 한다.

쉘 수지법에 의해 해를 구할 수 없는 이 문제는 유선들이 직선이 아닌 유동 문제에 대처하기 위한 보다 일반적인 방법의 필요성을 강조하고 있다. 이것은 다음 장의 주제이다.

예제 2.6-1 강하 구의 종말속도로부터 점도의 결정

유체 내의 반지름이 R인 작은 구의 종말속도 v_t를 측정함으로써 유체의 점도를 구할 수 있는 관계식을 유도하시오.

해 만일 정지상태에 있는 작은 구가 점성 유체 내로 떨어진다면, 구는 **종말속도**라고 하는 일정한 속도에 도달될 때까지 가속될 것이다. 이 정상상태 조건에 도달하였다면 구에 작용하는 모든 힘의 합은 0이 되어야 한다. 떨어지는 방향으로 고체에 작용하는 중력과, 반대 방향으로 작용하는 부력과 운동 힘의 합은 같다.

$$\tfrac{4}{3}\pi R^3 \rho_s g = \tfrac{4}{3}\pi R^3 \rho g + 6\pi\mu R v_t \tag{2.6-16}$$

여기서 ρ_s와 ρ는 각각 고체 구와 유체의 밀도이다. 점도에 대한 이 식을 풀면

$$\mu = \tfrac{2}{9}R^2(\rho_s - \rho)g/v_t \tag{2.6-17}$$

을 얻는다. 이 결과는 단지 Reynolds 수가 0.1보다 작을 때만 사용될 것이다.

이 실험은 점도를 구하기 위한 겉보기로는 간단한 방법을 제시해 준다. 그러나 하강하는 동안에 회전이 생기므로 균일한 구를 유지하는 것이 어려우며, 만일 구가 회전을 한다면 식 2.6-17을 사용할 수 없게 된다. 때로는 회전을 방지하기 위하여 무거운 구를 사용하기도 한다. 그러면 식 2.6-16의 좌변 항을 구의 질량 m으로 바꾸고 중력 가속도와 곱해야 한다.

논의를 위한 질문

1. 쉘 수지법에 의해 점성 유동 문제의 해를 구하는 과정을 요약하시오. 어떤 종류의 문제가 이 방법으로 해결될 수 있는가 그리고 없는가? 이 방법에서 사용된 일차 도함수는 어떻게 정의하는가?
2. 이 장의 어떤 유동계가 점도계로써 이용될 수 있는가? 각각에서 다루어질 어려움을 목록으로 만드시오.
3. 경막, 관, 구에 대해 Reynolds 수는 어떻게 정의되는가? Re의 차원은 무엇인가?
4. 원통의 내부 벽을 따라 흘러 내리는 얇은 강하 경막을 설명하기 위해 2.2절의 경막 두께 공식을 어떻게 수정할 수 있는가? 어떤 제약조건들이 식의 수정을 위해 필요한가?
5. 액체가 양 끝이 뚫린 수직관을 빠져나갈 때 걸리는 시간을 계산하기 위해 2.3절의 결과가 어떻게 사용될 수 있겠는가?
6. 관과 원환 내의 뉴튼 액체의 층류에 대한 전단응력의 반지름 방향 의존성을 비교하시오. 원환에서는 함수의 부호가 왜 바뀌는가?
7. Hagen-Poiseuille 식이 차원적으로 일치함을 보이시오.
8. 반지름이 R인 원형관 내의 유동과 축을 따라 얇은 와이어가 놓여 있는 동일한 관 내의 유동 사이에는 어떤 차이가 있는가?
9. 2.5절의 해석이 적용 불가능할 것이라고 기대되는 조건들은 무엇인가?
10. 물에 떨어지는 기름 액적에 대해서도 Stokes 법칙이 성립하는가? 벤젠 내에서 기포가 상승하는 경우에도? 만일 입자의 지름이 공기 중의 분자의 평균 자유 경로와 차수가 비슷하다면, 작은 입자가 공기 중에서 떨어지는 경우도 Stokes 법칙이 성립하는가?
11. 비혼화성의 두 액체 A와 B가 평행한 두 평판 사이를 층류로 흐르고 있다. 다음 그림과 같은 모양으로 속도분포가 되는 것이 가능한가? 설명하시오.

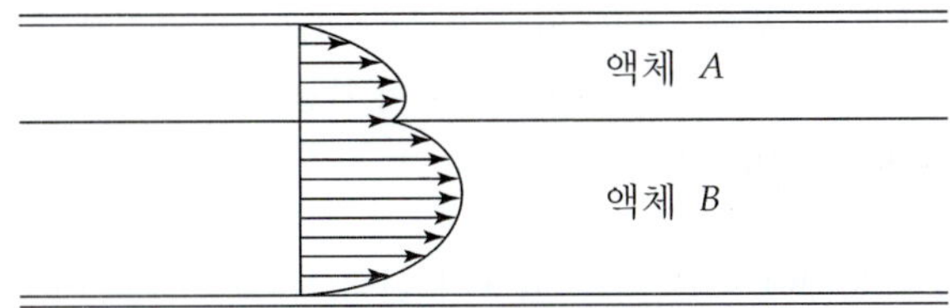

12. 세기가 $\mathscr{E}$인 전기장 내에서 전하가 e인 구형 콜로이드 입자의 종말속도는 어떻게 되는가? Millikan 오일-액적 실험에서는 어떻게 사용될 수 있는가?

문제

2A.1. 강하 경막의 두께. 20℃의 물이 Re = 10으로 수직 벽을 흘러내리고 있다.
(a) 유량을 gal/hr·ft의 단위로, **(b)** 경막 두께를 in. 단위로 계산하시오.
답: **(a)** 0.727 gal/hr·ft, **(b)** 0.00361 in.

2A.2. 유동 측정에 의한 모세관 반지름의 결정. 관을 통해 흐르는 뉴튼 액체의 유량을 측정함으로써 모세관의 반지름을 구할 수 있다. 아래의 유동 자료로부터 모세관 반지름을 구하시오.

모세관의 길이	50.02 cm
액체의 동점도	4.03×10^{-5} m²/s
액체의 밀도	0.9552×103 kg/m³
수평관의 압력 강하	4.829×10^{5} Pa
관을 통한 질량 유량	2.997×10^{-3} kg/s

이 방법에는 어떠한 어려움이 있겠는가? 모세관의 반지름을 구할 수 있는 다른 방법들도 제시해 보시오.

2A.3. 원환을 통한 부피 유량. 길이가 27 ft인 수평 원환의 내부 반지름이 0.495 in.이고, 외부 반지름이 1.1 in.이다. 60%의 자당($C_{12}H_{22}O_{11}$) 수용액이 20℃에서 원환을 통해 퍼 올려지고 있다. 이 온도에서 용액의 밀도는 80.3 lb_m/ft^3이고 점도는 138.8 $lb_m/ft \cdot hr$이다. 5.39 psi의 압력차가 주어지면 부피 유량은 어떻게 되는가?
답: 0.110 ft^3/s

2A.4. 배출 가스 내의 촉매 입자의 손실.
(a) 유체 분해장치의 배출 가스 내에서 손실될 수 있는 구형의 미세 촉매 입자의 최대 지름을 다음 조건 하에서 구하시오.

굴뚝 축에서의 기체 속도	= 1.0 ft/s (수직으로 상승)
기체의 점도	= 0.026 cp
기체의 밀도	= 0.045 lb_m/ft^3
촉매 입자의 밀도	= 1.2 g/cm³

결과를 마이크론 단위(1 micron = 10^{-6}m = 1μm)로 쓰시오

(b) (a)에서 Stokes 법칙을 사용하는 것이 가능한가?

답: (a) 110μm ; Re = 0.93

2B.1. 강하 경막 문제에 대한 다른 좌표의 선택. x를 벽으로부터 멀어지는 쪽으로 측정되는 $\bar{x}$ 좌표로 대체하여 2.2절의 속도분포와 평균 속도를 다시 유도하시오. 즉, 벽의 표면에서 $\bar{x} = 0$이고, $\bar{x} = \delta$는 액체-기체의 계면이다. 속도분포는 다음과 같이 주어짐을 보이시오.

$$v_z = (\rho g \delta^2/\mu)[(\bar{x}/\delta) - \tfrac{1}{2}(\bar{x}/\delta)^2] \cos\beta \qquad (2B.1\text{-}1)$$

이를 이용하여 평균 속도를 구하시오. 변수를 변화시킴으로써 식 2.2-18로부터 식 2B.1-1을 어떻게 얻을 수 있는지 보이시오.

2B.2. 유동 문제의 해를 구하기 위한 다른 풀이 과정. 이 장에서는 다음 과정을 밟아 왔다: (i) 운동량 훌럭스에 대한 식을 유도하고, (ii) 이 식을 적분하고, (iii) 속도에 관한 1차 미분방정식을 얻기 위해 뉴튼 법칙을 대입하고, (iv) 이 미분방정식을 적분하여 속도분포를 구하였다. 또 다른 방법은 (i) 운동량 훌럭스에 대한 식을 유도하고, (ii) 속도에 대한 2차 미분방정식을 얻기 위해 뉴튼 법칙을 대입하고, (iii) 이 미분방정식을 적분하여 속도분포를 구한다. 식 2.2-14를 식 2.2-10에 대입한 다음 속도분포를 구하고 적분 상수를 계산할 때까지 지시된 바와 같이 계속함으로써 강하 경막 문제에 두 번째 방법을 적용하시오.

2B.3. 좁은 슬릿 내의 층류(그림 2B.3 참조).

(a) 2B만큼 떨어진 두 개의 평행한 벽으로 이루어진 좁은 슬릿 내에서 뉴튼 유체가 층류로 흐르고 있다. $B \ll W$이므로 "말단 효과"는 중요하지 않다고 할 수 있다. 미분 운동량 수지를 수립하고, 운동량 훌럭스와 속도분포에 관한 다음 식을 구하시오.

$$\tau_{xz} = \left(\frac{\mathcal{P}_0 - \mathcal{P}_L}{L}\right)x \qquad (2B.3\text{-}1)$$

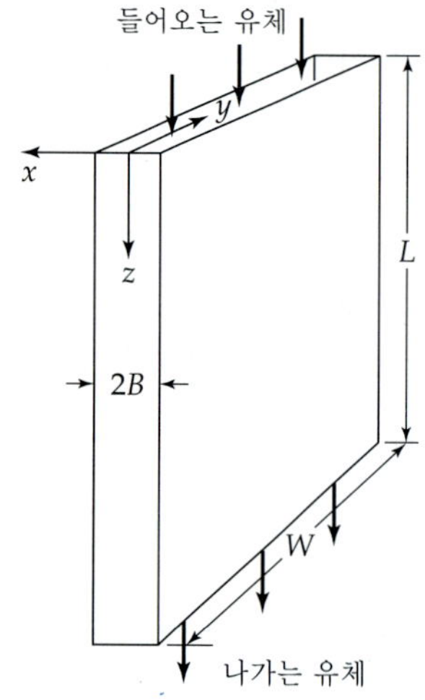

그림 2B.3 $B \ll W \ll L$인 슬릿을 통한 유동.

$$v_z = \frac{(\mathscr{P}_0 - \mathscr{P}_L)B^2}{2\mu L}\left[1 - \left(\frac{x}{B}\right)^2\right] \tag{2B.3-2}$$

이 식에서 $\mathscr{P} = p + \rho gh = p - \rho gz$ 이다.

(b) 이 유동에 대해 최대 속도에 대한 평균 속도의 비는 무엇인가?

(c) Hagen-Poiseuille 식의 슬릿 상사형을 구하시오.

(d) 만약 $B = W$라면 위 해석을 왜 적용할 수 없는지 보이기 위한 의미있는 개략적인 그림을 그리시오.

(e) 2.5절의 결과로부터 (b)의 결과를 어떻게 얻을 수 있는가?

답: **(b)** $\langle v_z \rangle / v_{z,\max} = \frac{2}{3}$

(c) $w = \frac{2}{3}\frac{(\mathscr{P}_0 - \mathscr{P}_L)B^3 W\rho}{\mu L}$

2B.4. 움직이는 벽을 갖는 층류 슬릿 유동 ("평면 Couette 유동"). $x = B$의 벽이 양의 z 방향으로 일정한 속도 v_0로 움직인다고 하고 문제 2B.3을 확장하시오. (*a*) 전단응력 분포와 (*b*) 속도분포를 구하시오. 표에 나타난 이들 함수의 개략적인 그림을 조심스럽게 그리시오.

답: $\tau_{xz} = \left(\frac{\mathscr{P}_0 - \mathscr{P}_L}{L}\right)x - \frac{\mu v_0}{2B}$; $v_z = \frac{(\mathscr{P}_0 - \mathscr{P}_L)B^2}{2\mu L}\left[1 - \left(\frac{x}{B}\right)^2\right] + \frac{v_0}{2}\left(1 + \frac{x}{B}\right)$

2B.5. 원환과 슬릿 공식의 상호관계. 원환이 매우 얇다고 할 때 잘 근사하면 얇은 슬릿으로 생각할 수 있을 것이며, 문제 2B.3의 결과는 적절히 수정될 수 있다. 예를 들면 외부 반지름이 R이고 내부 반지름이 $(1 - \varepsilon)R$인 원환(여기서 ε은 작다) 내의 질량 유량은 $2B$를 εR로, W를 $2\pi(1 - \frac{1}{2}\varepsilon)R$로 대체함으로써 문제 2B.3으로부터 얻을 수 있다. 이 방법으로 다음과 같은 질량 유량을 얻는다.

$$w = \frac{\pi(\mathscr{P}_0 - \mathscr{P}_L)R^4\varepsilon^3\rho}{6\mu L}(1 - \tfrac{1}{2}\varepsilon) \tag{2B.5-1}$$

공식 내의 모든 곳에서 κ를 $1 - \varepsilon$와 같다고 두고, ε의 멱수로 w에 대한 식을 전개함으로써 식 2.4-17로부터 이와 동일한 결과를 얻을 수 있음을 보이시오. 이를 위해 Taylor 급수를 사용하고 긴 나눗셈을 수행할 필요가 있다 (C.2절 참조).

$$\ln(1 - \varepsilon) = -\varepsilon - \tfrac{1}{2}\varepsilon^2 - \tfrac{1}{3}\varepsilon^3 - \tfrac{1}{4}\varepsilon^4 - \cdots \tag{2B.5-2}$$

결과로 얻는 급수의 첫 번째 항이 식 2B.5-1일 것이다. 주의 : 이 유도에서는 식 2B.5-2에서 Taylor 급수의 처음 4개 항을 사용하는 것이 필요하다.

2B.6. 원형관 외부 벽 위의 경막 유동(그림 2B.6 참조). 기체 흡수 실험에서 점성 유체가 작은 원형관을 통해 위쪽으로 흐른 다음에 외부 벽면 위에서 아래쪽으로 층류로 흐르고 있다. 그림 2B.6에서 보는 바와 같이 경막 내의 두께가 Δr인 쉘에 걸쳐 운동량 수지를 수립하시오. 비록 이 문제에서 운동량이 원통 표면을 통해 음의 r 방향으로 흐르지만, "운동량이 들어오고"와 "운동량이 나가는" 화살표는 항상 양의 좌표 방향을 가리킴에 주목하시오.

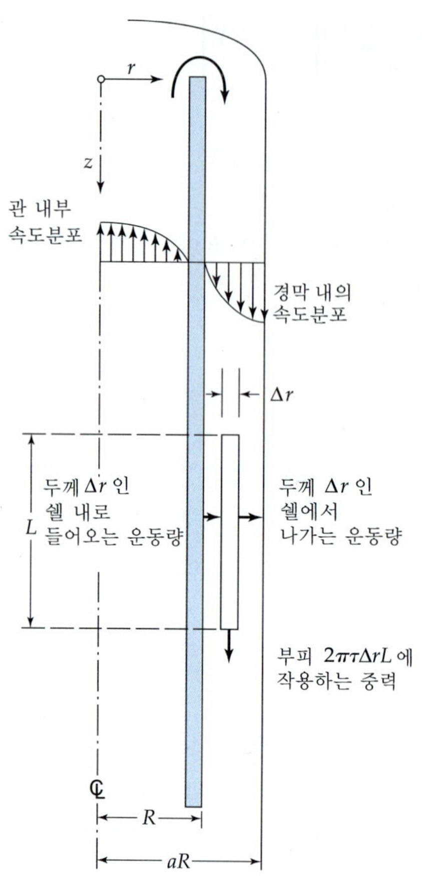

그림 2B.6 원형관 외부 벽면 위를 흐르는 강하 경막 유동에 대한 속도분포와 z-운동량 수지.

(a) 경막 내의 속도분포 (말단 효과는 무시)가

$$v_z = \frac{\rho g R^2}{4\mu}\left[1 - \left(\frac{r}{R}\right)^2 + 2a^2 \ln\left(\frac{r}{R}\right)\right] \tag{2B.6-1}$$

임을 보이시오.

(b) 경막 내의 질량 유량에 대한 식을 구하시오.

(c) 경막 두께가 매우 얇다고 하면, (b)의 결과가 식 2.2-21로 간단히 됨을 보이시오.

2B.7. **내부 원통이 축 방향으로 움직이는 원환 유동**(그림 2B.7). 그림에서 보는 바와 같이 반지름이 κR

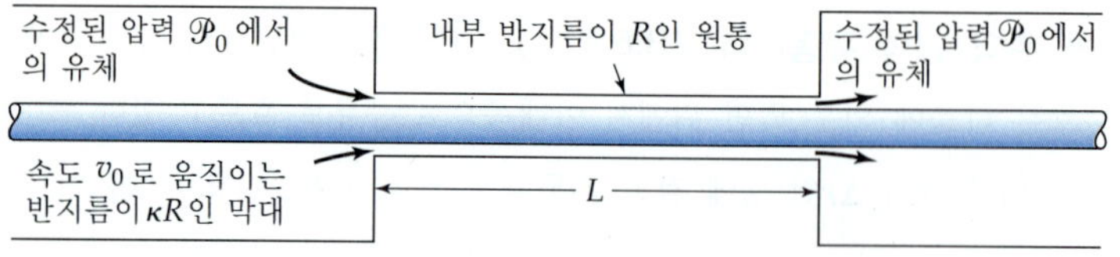

그림 2B.7 내부 원통이 축 방향으로 움직이는 원환 유동.

인 원통형 막대가 반지름 R인 원통형 동공의 축을 따라 축 방향으로 $v_z = v_0$의 속도로 움직인다. 동공의 양 말단의 압력이 같으므로, 막대의 운동 때문에 유체는 오직 원환 영역을 통해서만 움직인다.

(a) 좁은 원환 영역 내의 속도분포를 구하시오.

(b) 원환 영역을 통한 질량 유량을 구하시오.

(c) 길이 L에 걸쳐 막대에 작용하는 점성력을 구하시오.

(d) (c)의 결과를 "평면 슬릿" 공식에 "곡률 보정"을 곱한 것으로 쓸 수 있음을 보이시오. 이런 종류의 문제는 전선-코팅 다이의 성능을 연구할 때 나타난다.[1]

답: **(a)** $$\frac{v_z}{v_0} = \frac{\ln(r/R)}{\ln \kappa}$$

(b) $$w = \frac{\pi R^2 v_0 \rho}{2}\left[\frac{(1-\kappa^2}{\ln(1/\kappa)} - 2\kappa^2\right]$$

(c) $$F = 2\pi L \mu v_0 / \ln(1/\kappa)$$

(d) $$F = \frac{2\pi L \mu v_0}{\varepsilon}\left(1 - \tfrac{1}{2}\varepsilon - \tfrac{1}{12}\varepsilon^2 + \cdots\right)$$ 여기서 $\varepsilon = 1 - \kappa$ (문제 2B.5 참조)

2B.8. 모세관 유량계의 해석(그림 2B.8 참조). 그림에서 보는 모세관 유량계를 통한 유량을 (lb_m/hr의 단위로) 구하시오. 경사진 관을 흐르는 유체는 20℃의 물이고, 마노미터 유체는 밀도가 1.594 g/cm^3인 사염화탄소(CCl_4)이다. 모세관의 지름은 0.010 in.이다. 주: h와 L의 측정만으로도 유속을 계산하기엔 충분하다; θ는 측정할 필요가 없다. 왜 그런가?

2B.9. 압축성 관 유동에서 저밀도 현상[2,3](그림 2B.9). 예제 2.3-2에서 공부한 계에서 압력이 감소할 때, 식 2.3-28과 2.3-29으로부터 편차가 나타난다. 기체는 마치 관의 벽면에서 미끄러지듯이 거동한다.

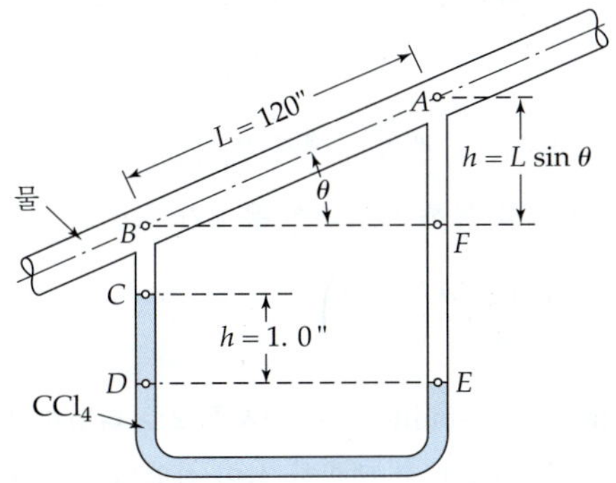

그림 2B.8 모세관 유량계

[1] J. B. Paton, P. H. Squires, W. H. Darnell, F. M. Cash, and J. F, Carely, *Processing of Thermoplastic Materials*, E. C. Bernhardt (ed.), Reinhold, New York (1959), 4장.

[2] E. H. Kennard, *Kinetic Theory of Gases*, McGraw-Hill, New York (1938), pp. 292-295, 300-306.

[3] M. Knudsen, *The Kinetic Theory of Gases*, Methuen, London, 3rd edition (1950). 또한 R. Silbery and R. A. Alberty, *Physical Chemistry*, Wiley, New York, 3rd edition (2001), 17.6절을 참조하시오.

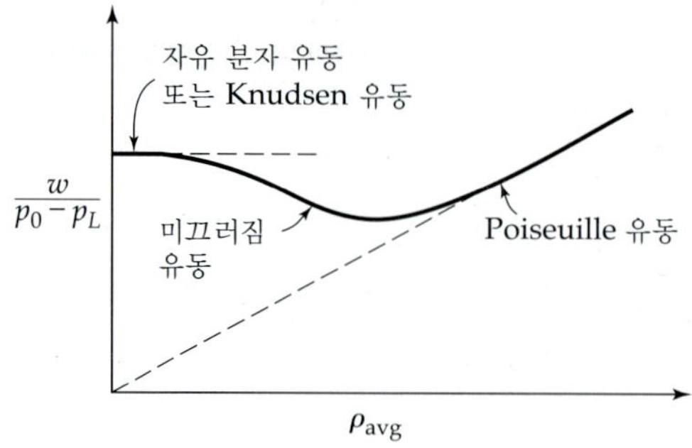

그림 2B.9 관을 통한 기체 유동 내의 유동 형태 비교.

관의 벽면에서 $v_z = 0$인 습관적으로 사용하는 "안 미끄러짐" 경계조건을

$$v_z = -\zeta \frac{dv_z}{dr}, \quad (r = R) \tag{2B.9-1}$$

로 대체하는 것이 통상적[2]이다. 여기서 ζ는 **미끄럼 계수**이다. 경계조건으로 식 2B.9-1을 사용하여 예제 2.3-2의 유도를 다시 하시오. 또한 미끄럼 계수가 압력에 반비례한다는 $\zeta = \zeta_0/p$라는 실험적 사실도 사용하시오. 여기서 ζ_0는 상수이다. 유체의 질량 유량이

$$w = \frac{\pi(p_0 - p_L)R^4\rho_{avg}}{8\mu L}\left(1 + \frac{4\zeta_0}{Rp_{avg}}\right) \tag{2B.9-2}$$

임을 보이시오. 여기서 $p_{avg} = \frac{1}{2}(p_0 + p_L)$이다.

압력이 더 감소하게 되면 기체 분자의 평균 자유 경로가 관의 반지름에 비해 크게 되는 유동 형태에 도달하게 된다(Knudsen 유동). 이 유동 형태[3]에서는

$$w = \sqrt{\frac{2m}{\pi \kappa T}}\left(\tfrac{4}{3}\pi R^3\right)\left(\frac{p_0 - p_L}{L}\right) \tag{2B.9-3}$$

이 된다. 여기서 m은 분자의 질량이며 κ는 Boltzmann 상수이다. 이 결과의 유도에서 고체 표면과의 분자의 모든 충돌은 **반사**가 아닌 **확산**이라 가정되었다. 식 2.3-29, 2B.9-2와 2B.9-3의 결과를 그림 2B.9에 요약하였다.

2B.10. 약간 점감하는 관 내의 비압축성 유동. 반지름이 관 입구에서 R_0이었다가 선형적으로 작아져서 관의 출구에서는 R_L이 되는 원형 단면을 가진 관을 통해 비압축성 유체가 흐르고 있다. 질량 유량이

$$w = \frac{\pi[R(z)]^4\rho}{8\mu}\left(-\frac{d\mathscr{P}}{dz}\right) \tag{2B.10-1}$$

로 주어지도록 관의 미분 길이 dz에 걸쳐 Hagen-Poiseuille 식이 **근사적으로** 타당하다고 가정하시오. 이는 z의 함수인 $\mathscr{P}$에 대한 미분방정식이지만, $R(z)$에 대한 명확한 식이 삽입되면 풀기 어렵다.

(a) z의 함수로 R에 대한 식을 쓰시오.

(b) 위의 식에서 독립변수를 R로 바꾸면

$$w = \frac{\pi R^4\rho}{8\mu}\left(-\frac{d\mathscr{P}}{dR}\right)\left(\frac{R_L - R_0}{L}\right) \tag{2B.10-2}$$

가 됨을 보이시오.

(c) 방정식을 적분하고, 해를 재정리하면

$$w = \frac{\pi(\mathscr{P}_0 - \mathscr{P}_L)R_0^4\rho}{8\mu}\left[1 - \frac{1 + (R_L/R_0) + (R_L/R_0)^2 - 3(R_L/R_0)^3}{1 + (R_L/R_0) + (R_L/R_0)^2}\right] \tag{2B.10-3}$$

으로 얻어짐을 보이고 결과를 해석하시오. 평행하지 않은 표면 사이의 유동을 국지적으로 평행한 표면 사이의 유동으로 간주할 수 있다고 하여, 여기서 사용된 근사는 종종 **"윤활 근사"**라 불리며, 윤활 이론에서 널리 사용되고 있다. 조심스럽게 크기의 차수 해석을 함으로써 이 문제에 대해서는

$$\frac{R_L}{R_0}\left(1 - \left(\frac{R_L}{R_0}\right)^2\right) << 1 \tag{2B.10-4}$$

의 조건을 만족하는 한 윤활 근사가 타당함을 알 수 있다.[4]

2B.11. 원추-평판 점도계(그림 2B.11). 원추-평판 점도계는 고정된 평탄한 평판과 꼭짓점이 평판에 바로 접촉해 있는 뒤집힌 원추로 구성되어 있다. 점도를 측정할 액체를 원추와 평판 사이 간격에 넣고, 원추를 알고 있는 각속도 Ω로 회전시키면서 원추를 돌리는 데 필요한 돌림힘 T_z를 측정한다. 유체의 점도에 대한 식을 Ω, T_z, 원추와 평판 사이의 각 ψ_0의 항으로 구하시오. 상용기기는 ψ_0가 대략 1도이다.

(a) 간격 내의 국부적인 속도분포는 상부 판이 일정한 속도로 움직이는 평행한 평판 사이의 유동에 대

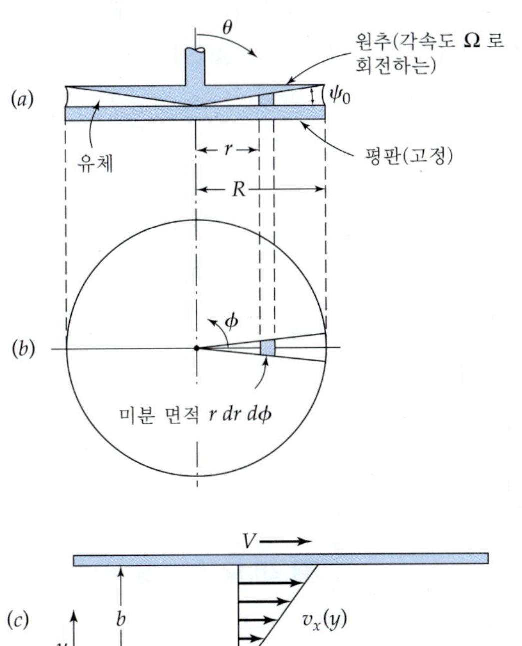

그림 2B.11 원추-평판 점도계: (*a*) 기기의 측면도 (*b*) 미분 성분인 $r\,dr\,d\phi$를 보여주는 원추-평판 점도계의 조감도 (*c*) 미분 영역 내에서의 근사적인 속도분포. (*a*)와 (*c*)에서 계를 같게 두기 위해 다음 등식을 사용한다. $V = \Omega r$ and $b = r \sin\psi_0 \approx r\psi_0$

[4] R. B. Bird, R. C. Armstrong, and O. Hassager, *Dynamic of Polymeric Liquids*, Vol. 1, Wiley-Interscience, New York, 2nd edition (1987), pp. 16-18,

한 속도분포로 매우 가깝게 근사할 수 있다고 가정하시오. 이로부터 근사적인 속도분포가 (구형 좌표에서)

$$\frac{v_\phi}{r} = \Omega\left(\frac{(\pi/2) - \theta}{\psi_0}\right) \tag{2B.11-1}$$

가 유도됨을 증명하시오. ψ_0가 매우 작으므로, 이는 대단히 좋은 근사가 될 것이다.

(b) 식 2B.11-1과 부록 B.1의 속도분포로부터 전단응력에 대해 합당한 식이

$$\tau_{\theta\phi} = \mu(\Omega/\psi_0) \tag{2B.11-2}$$

임을 보이시오. 이 결과는 전단응력이 간격 전체를 통해 균일하다는 것을 보인다. 이 사실이 원추-평판 점도계를 매우 매력적으로 만들어 준다. 이 기기는 특히 고분자 산업에서 널리 사용된다.

(c) 원추를 회전시키기 위해 필요한 돌림힘은

$$T_z = \tfrac{2}{3}\pi\mu\Omega R^3/\psi_0 \tag{2B.11-3}$$

임을 보이시오. 이것은 알고 있는 R과 ψ_0를 갖는 원추-평판 조립품에 대해 돌림힘과 각속도를 측정함으로써 점도를 계산하기 위한 표준 공식이다.

(d) 반지름이 10cm이고, 각 ψ_0가 0.5도인 원추-평판 기기에 대해 만약 유체의 점도가 100 cp라고 하면 원추를 각속도 10 rad/min로 돌리는 데 필요한 돌림힘은 (dyn · cm의 단위로) 얼마인가?

답: (d) 40,000 dyn · cm

2B.12. 망상 구조관 내의 유체의 유동. 그림에 도시된 바와 같이 망상 구조관을 통해 A부터 B까지 유체가 층류로 흐르고 있다. 수정된 압력 강하 $\mathscr{P}_{AB} - \mathscr{P}_B$의 함수로 A에서 들어오는(혹은 B에서 나가는) 유체의 질량 유량 w에 대한 식을 구하시오. 다양한 관의 접합점에서의 교란은 무시한다.

답: $w = \dfrac{3\pi(\mathscr{P}_A - \mathscr{P}_B)R^4\rho}{20\mu L}$

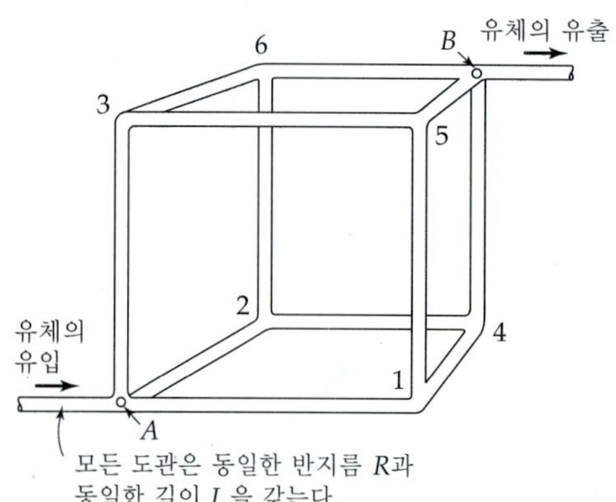

그림 2B.12 가지를 갖는 망상 구조 내의 유체의 유동.

2C.1. 전기 먼지 집진기의 성능(그림 2C.1 참조).[5]

(a) 먼지 침전기는 먼지가 실린 기체가 그 사이로 흐르는 한 쌍의 반대로 하전된 평판으로 구성되어

[5] 이 책 1판에 주어진 답은 서울대학교의 이노갑에 의해 1970년 지적된 바와 같이 틀렸다.

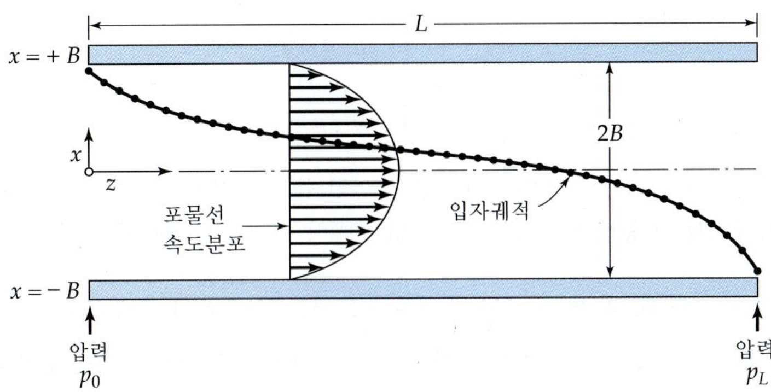

그림 2C.1 전기 먼지 집진기 내 입자의 궤적. $z = 0$과 $x = B$에서 시작하여 $x = -B$에서 끝나는 입자는 z 방향으로 가장 긴 거리를 여행할 필요는 없을 것이다.

있다. 입자의 전하 e, 전기장 세기 $\mathscr{E}$, 압력차 $(p_0 - p_L)$, 입자 질량 m과 기체의 점도 μ항으로 침전기의 최소 길이를 위한 기준을 설정하고자 한다. 어떤 길이 L에서 채널을 털어내기 위한 기회를 갖기 바로 직전에 존재하는 가장 작은 입자가 바닥에 닿는가? 평판 사이의 유동이 층류라고 가정하여 속도분포가 식 2B.3-2에 의해 설명된다고 하시오. 또 z 방향의 입자 속도는 z 방향의 유체의 속도와 같다고 가정하시오. 더욱이 음의 x 방향으로 가속될 때 구에 작용하는 중력과 Stokes 항력은 무시할 수 있다고 가정하시오.

(b) 중력은 무시하되 Stokes 항력은 고려하여 이 문제를 다시 풀어 보시오.

(c) 안정된 에어로졸 입자는 약 1-10 micron의 유효 지름과 1 g/cm^{3}의 밀도를 갖는다고 생각하면서 (a)와 (b)의 해의 유용성을 비교하시오.

답: **(a)** $L_{\min} = [12(p_0 - p_L)^2 B^5 m/25\mu^2 e\mathscr{E}]^{1/4}$

2C.2. 관 유동내의 체류시간 분포. 시간 간격 t 내에 도관을 완전히 통과해 흐르는 도관 내의 흐르는 유체의 분율을 **체류시간 함수** $F(t)$로 정의하시오. 또

$$t_m = \int_0^1 t dF \tag{2C.2-1}$$

의 관계에 의해 **평균 체류시간** t_m을 정의하시오.

(a) 비압축성 뉴튼 액체가 길이가 L이고 반지름인 R인 원형관 내를 평균 속도 $\langle v_z \rangle$로 흐르고 있다.

$$F(t) = 0 \qquad (t \leq (L/2\langle v_z \rangle)) \tag{2C.2-2}$$

$$F(t) = 1 - (L/2\langle v_z \rangle t)^2 \qquad (t \geq (L/2\langle v_z \rangle)) \tag{2C.2-3}$$

임을 보이시오.

(b) $t_m = (L/\langle v_z \rangle)$ 임을 보이시오.

2C.3. 관 내의 속도분포. 기술지를 위해 심사를 해달라는 원고를 받았다. 논문은 관 유동에서의 열전달을 다루고 있다. 저자들은 비등온 유동을 생각하였기 때문에, 유체의 점도가 온도(따라서 위치)의 함수일 때에도 사용할 수 있는 속도분포에 대한 일반식을 가져야만 한다고 말한다. 저자들은 "관 내 유동에 대한 속도분포의 일반식"이

$$\frac{v_z}{\langle v_z \rangle} = \frac{\int_y^1 (\bar{y}/\mu)d\bar{y}}{\int_0^1 (\bar{y}^3/\mu)d\bar{y}} \tag{2C.3-1}$$

이라고 말하였으며, 여기서 $y = r/R$이다. 저자들은 어떤 유도 과정도 주지 않았고 인용 문헌도 알려주지 않았다. 심사자로서 이 공식을 유도하고 숨어있는 제약 조건을 나열하시오.

2C.4. 강하 원통 점도계(그림 2C.4 참조).[6] 강하 원통 점도계는 양쪽 끝이 막혀 있고, 고체의 원통형 슬럭(반지름 κR)을 갖는 수직의 긴 원통형 용기(반지름 R)로 이루어져 있다. 슬럭은 핀으로 장착되어 있으므로 축이 관의 축과 일치한다.

원통형 용기가 유체로 채워질 때, 원통형 용기 내의 슬럭의 하강 속도를 관찰할 수 있다. 그림에 주어진 다양한 기하학적 양과 슬럭의 종말 속도 v_0 항으로 유체의 점도를 구하는 식을 찾으시오.

(a) 원환 슬릿 내의 속도분포가

$$\frac{v_z}{v_0} = -\frac{(1-\xi^2) - (1+\kappa^2)\ln(1/\xi)}{(1-\kappa^2) - (1+\kappa^2)\ln(1/\kappa)} \tag{2C.4-1}$$

로 주어짐을 보이시오. 여기서 $\xi = r/R$은 무차원 반지름 좌표이다.

(b) 원통형 슬럭에 작용하는 힘 수지를 수립하고

$$\mu = \frac{(\rho_0 - \rho)g(\kappa R)^2}{2v_0}\left[\left(\ln\frac{1}{\kappa}\right) - \left(\frac{1-\kappa^2}{1+\kappa^2}\right)\right] \tag{2C.4-2}$$

를 얻으시오. 여기서 ρ와 ρ_0는 각각 유체와 슬럭의 밀도이다.

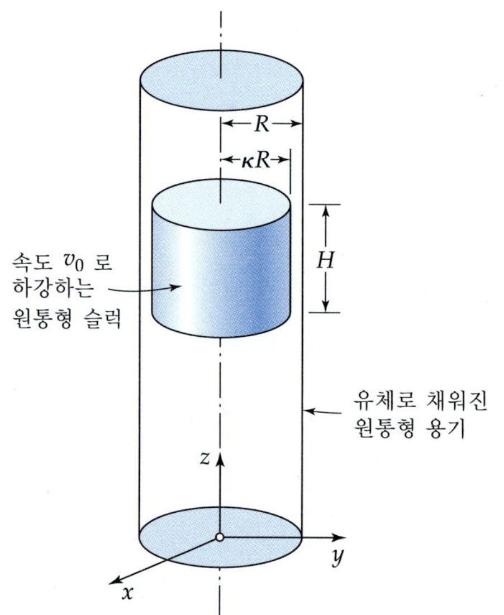

그림 2C.4 수직으로 움직이는 꽉 끼이도록 맞추어진 고체 원통을 갖는 강하 원통형 점도계. 원통은 보통 관 내에서 중심을 유지하기 위해 핀으로 장착되어 있다. 관은 유체로 완전히 채워져 있으며 양쪽 끝은 닫혀있다.

[6] J. Lohrenz, G. W. Swift, and F. Kurata, *AIChE Journal*, **6**, 547-550 (1960)과 **7**, 6S (1961); E. Ashare, R. B. Bird, and J. A. Lescarboura, *AIChE Journal*, **11**, 910-916 (1965) F. J. Eichstadt and G.W.Swift, *AIChE Journal*, **12**, 1179-1183 (1966); M. C. S. Chen, J. A. Lescarboura, *AIChE Journal*, **14**, 123-127 (1968).

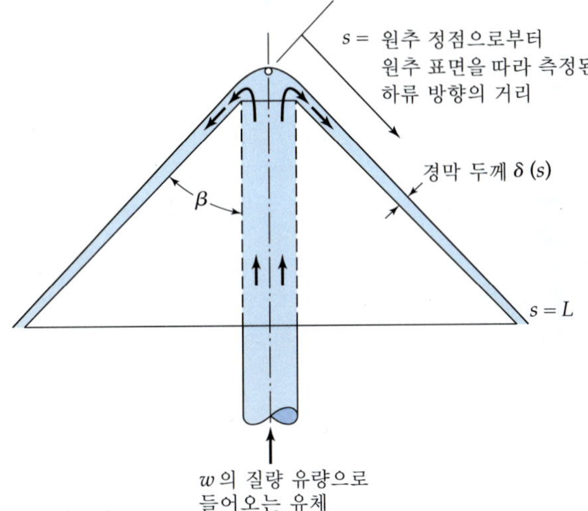

그림 2C.5 원추 표면 위의 강하 경막.

(c) 작은 슬릿 너비에 대해 (b)의 결과를 $\varepsilon = 1 - \kappa$의 멱수로 전개하면

$$\mu = \frac{(\rho_0 - \rho)gR^2\varepsilon^3}{6v_0}(1 - \tfrac{1}{2}\varepsilon - \tfrac{13}{20}\varepsilon^2 + \cdots) \tag{2C.4-3}$$

으로 주어짐을 보이시오. Taylor 급수 전개에 관한 정보에 대해서는 C.2절을 보시오.

2C.5. **원추 표면 위의 강하 경막**(그림 2C.5 참조).[7] 유체가 원형관을 통해 위로 흐른 다음 원추 표면을 타고 아래로 흘러 내린다. 원추 아래로의 거리 s의 함수로 경막 두께를 구하시오.

(a) 원추 표면의 임의의 작은 영역에 걸쳐 2.2절의 결과를 **근사적으로** 적용한다고 가정하시오. s와 $s + \Delta s$ 사이에 포함된 액체 고리에 대한 질량 수지는

$$\frac{d}{ds}(s\delta\langle v\rangle) = 0 \quad \text{또는} \quad \frac{d}{ds}(s\delta^3) = 0 \tag{2C.5-1}$$

로 주어짐을 보이시오.

(b) 이 식을 적분하고 $s = L$에서 원추 표면을 따라 흘러 내리는 질량 유량과 중앙의 관을 통해 위로 올라오는 질량 유량 w이 같다고 둠으로써 적분 상수를 계산하시오. 경막 두께에 대한 다음 식을 구하시오.

$$\delta = \sqrt[3]{\frac{3\mu w}{\pi\rho^2 gL \sin 2\beta}\left(\frac{L}{s}\right)} \tag{2C.5-2}$$

2C.6. **회전하는 원추 펌프**(그림 2C.6 참조). 이 펌프를 통해 흐르는 질량 유량을 중력 가속도, 각인된 압력차, 원추의 각속도, 유체의 점도와 밀도, 원추 각과 그림에 명시된 다른 기하학적 양의 함수로 구하시오.

[7] R. B. Bird, in *Selected Topics in Transport Phenomena*, CEP Symposium Series #58, **61**, 1-15 (1965).

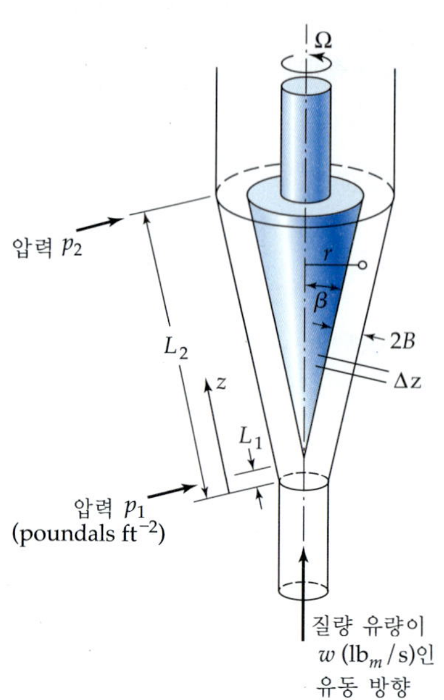

그림 2C.6 회전하는 원추 펌프. 변수 r은 회전 축으로부터 슬릿의 중앙에 이르는 거리이다.

(a) 원추가 회전하지 않는 계를 해석함으로써 시작하시오. 국부적으로 문제 2B.3의 결과를 적용할 수 있다고 가정하시오. 다음을 대체함으로써 그 문제로부터 질량 유량에 대한 해를 수정하시오.

$(\mathscr{P}_0 - \mathscr{P}_L)/L$을 $-d\mathscr{P}/dz$로 대체

W를 $2\pi r = 2\pi z \sin\beta$로 대체

그러면

$$w = \frac{2}{3}\left(-\frac{d\mathscr{P}}{dz}\right)\frac{B^3\rho \cdot 2\pi z \sin\beta}{\mu} \tag{2C.6-1}$$

를 얻는다. 질량 유량 w는 z의 전체 범위에 걸쳐 일정하다. 따라서 이 식을 적분하면

$$(\mathscr{P}_1 - \mathscr{P}_2) = \frac{3}{4\pi}\frac{\mu w}{B^3\rho\sin\beta}\ln\frac{L_2}{L_1} \tag{2C.6-2}$$

을 얻을 수 있다.

(b) 다음, 각속도 Ω로 원추가 회전하고 있다는 사실을 고려할 수 있도록 위의 결과를 수정하시오. 슬릿 내의 유체에 작용하는 단위 부피당 평균 원심력은 근사적으로

$$(F_{\text{centrif.}})_z = K\rho\Omega^2 z \sin^2\beta \tag{2C.6-3}$$

으로 주어지는 z-성분을 가질것이다. K 값은 무엇인가? 채널을 통하여 유체를 흐르게 하는 경향을 가진 추가적인 힘으로 이를 구체화하시오. 이로부터 질량 유량에 대한 다음 식이 유도됨을 보이시오.

$$w = \frac{4\pi B^3\rho\sin\beta}{3\mu}\left[\frac{(\mathscr{P}_1 - \mathscr{P}_2) + (\frac{1}{2}K\rho\Omega^2\sin^2\beta)(L_2^2 - L_1^2)}{\ln(L_2/L_1)}\right] \tag{2C.6-4}$$

여기서 $\mathscr{P}_i = p_i + \rho g L_i \cos\beta$이다.

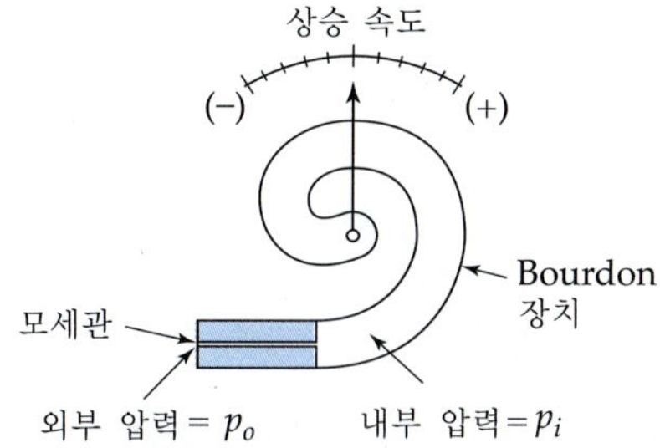

그림 2C.7 상승 속도 지시계

2C.7. 간단한 상승 속도 지시계(그림 2C.7참조). 적절한 환경 하에서 그림에서 보는 간단한 장치가 비행기의 상승 속도를 측정하기 위해 사용될 수 있다. Bourdon 장치 내부의 계기압은 상승 속도와 비례하여 나타난다. 이 문제를 해석하기 위해 장치는 다음 특성을 갖는다고 가정할 것이다. (i) 모세관(반지름이 R이고 길이가 L이며 $R << L$인)은 부피를 무시할만 하지만 유동 저항을 감지할 수 있다. (ii) Bourdon 장치는 일정한 부피 V를 갖고 있으며, 유동에 대한 저항은 무시할 만하다고 한다. (iii) 모세관 내의 유동은 층류이고 비압축성이며, 부피 유량은 단지 모세관의 말단에서의 조건에 의존한다.

(a) 온도 변화는 무시하고 공기를 조성이 일정한 이상기체로 생각하여, 고도에 따른 대기압의 변화에 대한 식을 전개하시오 (힌트: 기체의 중량이 정압과 균형을 이루고 있는 쉘 수지를 쓰시오).

(b) 계기 전체에 걸쳐 질량 수지를 세움으로써 계기압 $p_i - p_o$와 오랫동안 지속되는 일정한 속도의 상승에 대한 상승 속도 v_z 사이의 근사적 관계식을 수립하시오. 공기의 점도 변화는 무시하고, 공기의 밀도 변화는 작다고 가정하시오.

(c) 지시계의 "완화시간" t_{rel}에 대한 근사식을 수립하시오. 즉, 외부압이 0(계기 내부에 상대적으로)에서부터 어떤 다른 일정한 값으로 급격히 변한 다음 이 새로운 값으로 무한히 유지될 때, 계기압이 초기값 $1/e$으로 떨어지기 위한 시간이 요구된다.

(d) 소형 비행기를 위한 이 형식의 지시계의 유용성을 논하시오.

(e) 그림에서 양과 음의 부호들을 판정하시오.

답: **(a)** $dp/dz = -\rho g = -(pM/RT)g$

(b) $p_i - p_o \approx v_z(8\mu L/\pi R^4)(MgV/R_gT)$, 여기서 R_g는 기체상수이고, M은 분자량이다.

(c) $t_{rel} = (128/\pi)(\mu VL/D^4\bar{p})$, $\bar{p} = \frac{1}{2}(p_i + p_o)$

2D.1 구르는 구 점도계. 구르는 구 실험의 근사적인 해석으로 문제 2B.3의 결과가 주어져 있다.[8] 원 논문을 읽고 그 결과를 증명하시오.

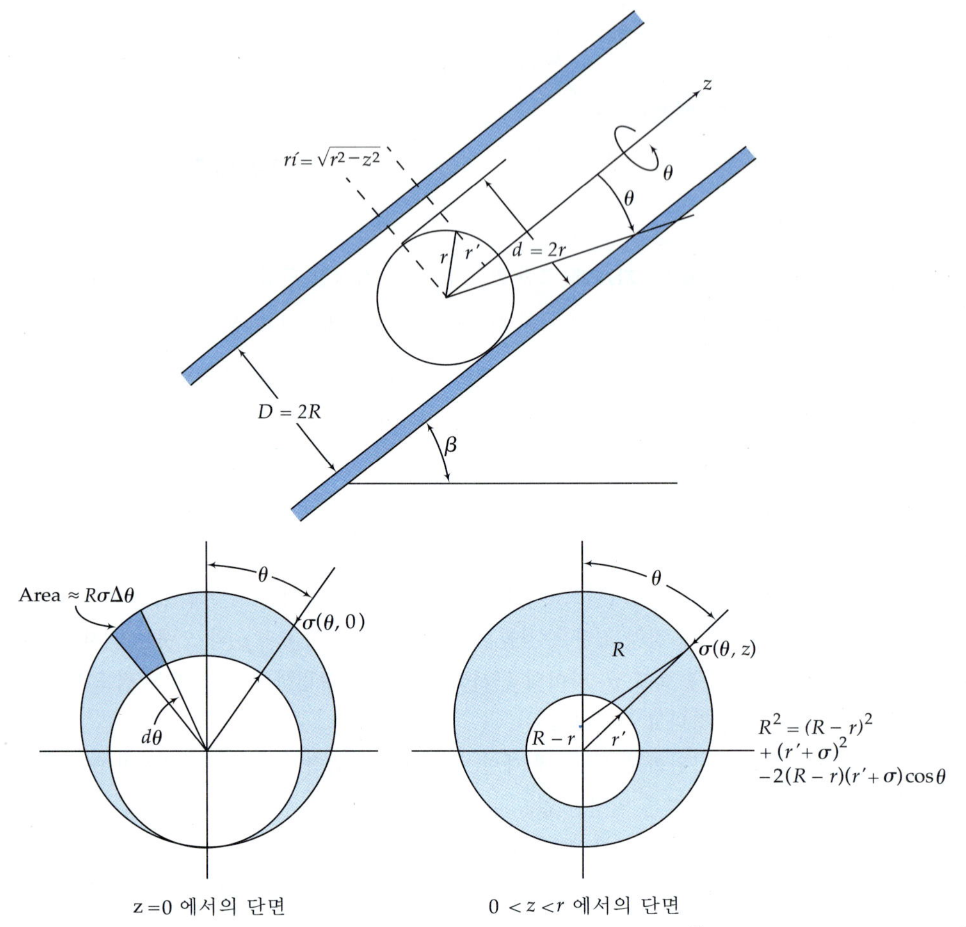

그림 2D.1 구르는 구 점도계의 개략적 그림; 양 $\sigma(\theta, z)$는 $\sigma \approx 2(R-r)\left[\cos^2 \frac{1}{2}\theta + \frac{R-\sqrt{R^2-z^2}}{2(R-r)}\right]$와 같이 근사적으로 주어져있다

2D.2. 액체의 배수[9] (그림 2D.2참조). 거대한 용기 안의 액체가 배수될 때 얼마나 많은 양이 액체가 내측 표면에 점착되는가? 그림에서 보는 바와 같이 용기 내 액체의 수위가 떨어질 때 액체의 얇은 경막이 벽 위에 남는다. 국부적인 경막 두께는 z(초기 액체 높이로부터 아래 방향의 거리)와 t (경과한 시간)의 함수이다.

[8] H. W. Lewis, *Anal. Chem.*, **25**, 507 (1953); R. B. Bird and R. M. Turian, *Ind. Eng. Chem. Fundamentals*, **3**, 87 (1964); J. Šesták and F. Ambros, *Rheol. Acta*, **12**, 70-76 (1973).

[9] J. J. van Rossum, *Appl. Sci. Research*, **A7**, 121-144 (1958); 또 V. G. Levich, *Physicochemical Hydrodynamics*, Prentice-Hall, Englewood Cliffs, N.J. (1962), 12장을 참조하시오.

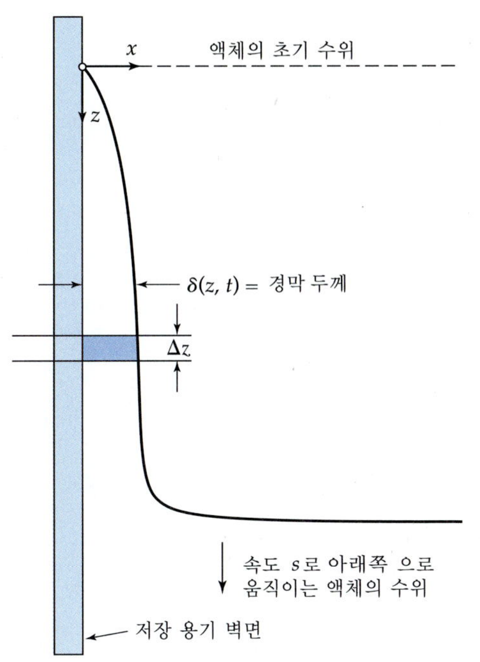

그림 2D.2 배수되는 동안 용기 벽면에 점성 유체의 점착.

(a) z와 $z + \Delta z$ 사이의 경막 부분에 대한 비정상상태의 질량 수지를 수립하여

$$\frac{\partial}{\partial z}\langle v_z \rangle \delta = -\frac{\partial \delta}{\partial t} \tag{2D.2-1}$$

을 얻으시오.

(b) 식 2.2-18과 준 정상상태라는 가정을 사용하여 $\delta(z, t)$에 대한 다음 일차 편미분방정식을 구하시오:

$$\frac{\partial \delta}{\partial t} + \frac{\rho g}{\mu}\delta^2 \frac{\partial \delta}{\partial z} = 0 \tag{2D.2-2}$$

(c) 이 식을 풀어

$$\delta(z, t) = \sqrt{\frac{\mu}{\rho g}\frac{z}{t}} \tag{2D.2-3}$$

을 구하시오. 어떤 제약 조건들이 이 결과에 놓여 있어야 하는가?

2D.3. **고체 벽에서 안미끄러짐 조건.** S.Richardson, *J. Fluid Mech.*, **59**, 707-719 (1973)을 읽고, 안미끄러짐 조건의 물리적 의미를 논의하시오.

Chapter

03 등온계의 변화방정식

2장에서는 쉘 운동량 수지법으로 여러 가지 단순 유동계에 대한 속도분포를 구하였으며, 이렇게 구한 속도분포는 평균 속도와 항력과 같은 다른 양들을 구하는 데 사용하였다. 초보자에게 운동량 수지의 이해를 돕기 위해 쉘 수지 접근법이 사용되었으며, 2장에서 비록 언급하지는 않았지만, 물질 수지의 개념을 여러 군데에서 묵시적으로 사용하였다.

각 문제를 접할 때 마다 쉘 수지를 수립한다는 것은 지루하고 따분한 일이므로, 비직각 운동을 보이는 문제들을 포함한 어떠한 문제에도 적용될 수 있는 일반적인 물질 수지와 운동량 수지가 필요하다. 이것이 이 장의 주된 요점이며, 질량 수지인 연속방정식과 운동량 수지인 운동방정식으로 불리는 두 식을 유도하고자 한다. 이 방정식들은 순수 유체의 등온 흐름을 포함한 모든 문제들을 공부하는 출발점으로 사용될 것이다.

11장에서는 온도에 대한 방정식을 추가하여 비등온의 순수 유체들에 필요한 방정식들을 개발함으로써 문제 해결 능력을 확장할 것이고, 더 나아가 19장에서는 각 성분의 농도에 관한 연속방정식을 추가할 것이다. 그래서 3장에서 11장으로 간 다음 19장으로 연결하는 변화방정식의 전체 집합을 사용함으로써 복잡성이 증가한 계를 해석할 능력을 갖추고자 한다. 3장이 아마도 이 책에서 가장 중요한 장이라는 것은 자명하므로 철저하게 숙달하여야 한다.

3.1절에서는 유체가 통해 흐르는 작은 부피 요소에 걸쳐 질량 수지를 수립함으로써 연속방정식을 개발하였으며, 요소 크기를 영으로 수렴시키면(그럼으로써 유체를 연속체로 다루면), 원하는 편미분방정식을 얻게 된다.

3.2절에서는 작은 부피 요소에 걸쳐 운동량 수지를 수립하고 부피 요소를 무한히 작게 함으로써 운동방정식을 개발하였으며, 여기서 다시 편미분방정식을 얻게 된다. 운동방정식은,

연속방정식의 도움을 받아, 2장에 주어진 모든 문제뿐만 아니라 더 복잡한 문제들을 수립하고 해석하는 데 사용되므로 이동현상에서 가장 중요한 방정식이다.

3.3절과 3.4절에서는 잠깐 주제에서 벗어나 기계적 에너지와 각운동량에 대한 변화방정식들을 간략하게 소개하고자 한다. 이 방정식들은 운동방정식으로부터 얻어지므로 새로운 물리적 정보를 포함하고 있지 않지만, 특히 제 7장의 거시적 수지와 같은 이 책 내 여러 가지 응용에 대한 편리한 출발점을 제시하고 있다.

3.5절에서는 실도함수를 소개하고자 한다. 이는 물체(즉, 유체)의 운동을 따라가는 시간 도함수이며, 유체역학과 이동현상 관련 책에서 널리 사용되고 있기 때문에 다양한 변화방정식들이 실도함수와 관련하여 어떻게 다시 쓰여질 수 있는지 보이고자 한다.

3.6절에서는 연속방정식과 운동방정식을 사용하여 유동 문제의 해를 구하는 데 대해 논의하고자 한다. 이들은 편미분방정식이지만, 해의 형태를 가정하고 이들 식에서 많은 항을 소거함으로써 많은 문제에 대한 해를 구할 수 있다. 이 방법에서는 해를 구하기 위한 방정식들의 더 간단한 집합으로 결말을 맺게 된다. 이 장에서는 일반식들을 하나 또는 그 이상의 상미분방정식으로 변형할 수 있는 문제들만 해를 구하고자 한다. 4장에서는 편미분방정식의 해를 구하기 위해 어떤 능력이 요구되는 좀 더 복잡한 문제들을 다루고자 하며, 5장에서는 난류를 논의하는 시발점으로 연속방정식과 운동방정식이 사용될 것이다. 8장에서는 동일 방정식들을 비뉴튼 유체인 고분자 액체의 유동에 적용하고자 한다.

마지막으로 3.7절은 연속방정식과 운동방정식을 무차원 형태로 쓰는 데 할애하고자 하며, 2장에서 종종 언급된 Reynolds 수, Re의 기원과 유체역학에서 왜 중요한 역할을 하는지 명백히 하고자 한다. 이러한 논의를 통해 대형화를 위한 규모 확대와 모델 연구의 기반을 마련하고자 한다. 또 6장에서는 복잡한 계 내의 항력에 대한 실험적 상관식과 관련하여 무차원수들을 다시 보게 될 것이다.

2.2절의 마지막에 유체역학에서 실험의 중요성을 강조하였다. 여기서 경고의 말을 다시 반복하고자 하며, 이론에 의해서만 가능한 것보다 사진과 다른 형태를 통한 유동 가시화가 유동 문제를 훨씬 더 깊이 이해할 수 있도록 한다는 것을 지적하고자 한다.[1] 변화방정식으로부터 유동장을 유도할 때 물리적으로 허용되는 유일 해를 필요로 하는 것이 아니라는 것을 명심하기 바란다.

긴 식을 간략하게 하기 위하여 경우에 따라서는 벡터와 텐서 표시법이 이 장에서 사용되었다. 초보 학생들이 이 장을 읽고 유동 문제를 해석하기 위해서는 단지 벡터와 텐서 표기법에 대한 초급 지식이 필요하다는 것을 알게 될 것이며, 고급 학생들이 벡터와 텐서 조작을 좀더 잘 이해하기 위해서는 부록 A가 도움이 된다는 것을 알게 될 것이다. 표기법에 관해서

---

[1] 특별히 M. Van Dyke, *An Album of Fluid Motion*, Parabolic Press, Stanford (1982); H. Werlé, Ann. *Rev. Fluid Mech.*, **5**, 361-382 (1973); D. V. Boger and K. Walters, *Rheological Phenomena in Focus*, Elsevier, Amsterdam (1993)을 추천한다.

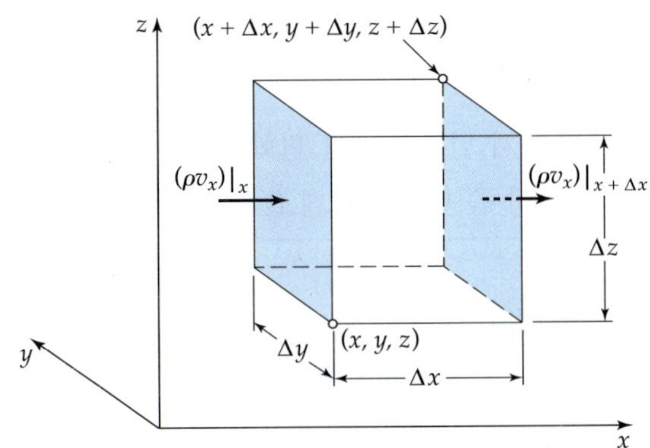

그림 3.1-1 유체가 통해 흐르는 고정된 부피 요소 $\Delta x\ \Delta y\ \Delta z$. 화살표는 x와 $x+\Delta x$에 위치한 두 개의 그림자진 면에서 부피로 들어오고 나가는 질량을 나타낸다.

는 스칼라는 이탤릭의 획이 가는 활자(*lightface Italic*)로, 벡터는 획이 굵은 활자의 로마어 **(boldface Roman)**로, 텐서는 획이 굵은 그리스어 **(boldface Greek)**로 표기하였다. ( )에 싸인 점곱의 연산은 스칼라이며 [ ]에 싸인 점곱의 연산은 벡터이다.

3.1 연속방정식

이 방정식은 유체가 통과해 흐르는, 공간 상에 고정된 부피 요소 $\Delta x\ \Delta y\ \Delta z$에 대한 질량 수지를 수립함으로써 개발되었다(그림 3.1-1):

$$\left\{\begin{matrix}\text{질량}\\ \text{증가 속도}\end{matrix}\right\} = \left\{\begin{matrix}\text{질량}\\ \text{유입 속도}\end{matrix}\right\} - \left\{\begin{matrix}\text{질량}\\ \text{유출 속도}\end{matrix}\right\} \tag{3.1-1}$$

이제 이 간단한 물리적 표현을 수학적 언어로 바꾸어야 한다.

x 축에 수직인 두 개의 그림자진 면을 생각하는 것으로 시작한다. x의 그림자진 면을 통해 부피 요소로 들어오는 질량 유량은 $(\rho v_x)|_x\ \Delta y\ \Delta z$이며, $x+\Delta x$의 그림자진 면을 통해 나가는 질량 유량은 $(\rho v_x)_{x+\Delta x}\Delta y\ \Delta z$이다. 다른 두 쌍의 면에 대해서도 유사한 식이 쓰여질 수 있다. 이 부피 요소 내에서의 질량 증가 속도는 $\Delta x\ \Delta y\ \Delta z(\partial\rho/\partial t)$이다. 따라서 질량 수지는

$$\begin{aligned}\Delta x\ \Delta y\ \Delta z\frac{\partial\rho}{\partial t} &= \Delta y\ \Delta z[(\rho v_x)|_x - (\rho v_x)|_{x+\Delta x}]\\ &\quad + \Delta z\ \Delta x[(\rho v_y)|_y - (\rho v_y)|_{y+\Delta y}]\\ &\quad + \Delta x\ \Delta y[(\rho v_z)|_z - (\rho v_z)|_{z+\Delta z}]\end{aligned} \tag{3.1-2}$$

가 된다. 전체 식을 $\Delta x\ \Delta y\ \Delta z$로 나눈 다음 Δx, Δy, Δz을 영으로 수렴시키고 편도함수의 정의를 사용하면 다음을 얻는다.

$$\frac{\partial \rho}{\partial t} = -\left(\frac{\partial}{\partial x}\rho v_x + \frac{\partial}{\partial y}\rho v_y + \frac{\partial}{\partial z}\rho v_z\right) \tag{3.1-3}$$

이 식이 공간 상의 고정된 점에서 유체 밀도의 시간 변화 속도를 설명하는 연속방정식이며, 벡터 표기법을 사용하면 다음과 같이 좀 더 간결하게 쓸 수 있다:

$$\frac{\partial \rho}{\partial t} = -(\nabla \cdot \rho \mathbf{v}) \tag{3.1-4}$$

$\frac{\partial \rho}{\partial t}$	$= -(\nabla \cdot \rho \mathbf{v})$
단위 부피당 질량 증가 속도	대류에 의한 단위 부피당 질량 증가 알짜 속도

여기서 $(\nabla \cdot \rho \mathbf{v})$는 "$\rho \mathbf{v}$의 다이버전스"로 불리고, 때로는 "div $\rho \mathbf{v}$"로 쓰여지기도 한다. 벡터 $\rho \mathbf{v}$는 질량 훌럭스이며, 이것의 다이버전스는 단위 부피당 질량 유출의 알짜 속도라는 단순한 의미를 갖는다. 문제 3D.1에서는 임의의 형상을 갖는 부피 요소를 사용하여 유도하였으며, 여기서 수행된 바와 같이 직육면체의 부피 요소를 꼭 사용할 필요는 없다.

밀도가 일정한 유체에 대한 연속방정식은 매우 중요한 특별한 형태가 되는데, 식 3.1-4는 다음과 같이 간단한 형태가 된다:

(비압축성 유체)
$$(\nabla \cdot \mathbf{v}) = 0 \tag{3.1-5}$$

물론 어떤 유체도 엄밀한 의미에서는 비압축성일 수 없지만, 공학과 생물학적 응용에서는 밀도가 일정하다는 가정을 자주 사용하여 문제를 상당히 단순화시키며 오차도 매우 적다.[1,2]

예제 3.1-1 비압축성 뉴튼 유체의 고체 표면에서의 수직응력

밀도가 일정한 뉴튼 유체에 대해 어떤 유동 형태에 대해서도 유체-고체 경계면의 수직응력이 영임을 보이시오.

해 평탄하거나 혹은 그렇지 않은 고체 표면 부근의 유체의 유동을 가시화해 본다. 그 유동은 세 개의 좌표와 시간의 함수로 되는 세 개의 속도 성분 모두를 가지고 있는 매우 일반적일 것이다. 표면 위의 어떤 점 P에 원점이 위치하는 직각 좌표계를 세우고, 이제 점 P에서 수직응력 τ_{zz}가 무엇인가 묻고자 한다.

비압축성 유체에 대해서는 $(\nabla \cdot \mathbf{v}) = 0$이므로 표 B.1 이나 식 1.2-6에 의하면 $\tau_{zz} = -2\mu(\partial v_z/\partial z)$가 된다. 그러므로 고체 표면 위의 점 P에서

---

1 L. D. Landau and E. M. Lifshitz, *Fluid Mechanics*, Pergamon Press, Oxford (1987), p. 21 에서는 항공역학에서 통상 다루는 정상상태의 등엔트로피 유동에 대하여 비압축성 가정은 유체의 속도가 음속에 비해 작을 때(즉, 작은 Mach 수) 타당하다는 것을 지적하고 있다.

2 식 3.1-5는 연속방정식의 동력학적 결과에 대해 긴 논의를 한 G. K. Batchelor, *An Introduction to Fluid Dynamics*, Cambridge University Press (1967) 의 제 2장에 대한 기초이다.

$$\tau_{zz}|_{z=0} = -2\mu \frac{\partial v_z}{\partial z}\bigg|_{z=0} = +2\mu\left(\frac{\partial v_x}{\partial x} + \frac{\partial v_y}{\partial y}\right)\bigg|_{z=0} = 0 \qquad (3.1\text{-}6)$$

이 된다. 첫째 일정한 ρ를 갖는 식 3.1-3을 사용하여 도함수 $\partial v_z/\partial z$를 대체하였다. 그러나 $z = 0$의 고체 표면 위에서 안 미끄러짐 조건(2.1절 참조)에 의해 속도 v_x는 영이므로, 표면 위에서의 도함수 $\partial v_x/\partial x$는 영이 되어야 한다. 표면 위에서 $\partial v_y/\partial_y$에도 동일하게 적용되므로 τ_{zz} 는 영이 된다. $z = 0$에서 도함수들이 없어지기 때문에 고체 표면에서 τ_{xx}와 τ_{yy}는 영이 된다는 것 또한 사실이다. (주의: 점탄성인 고분자 유체에는 고체 표면에서 수직응력이 없어지지 않는다. 압축성 유체에 대해서는 문제 3C.2에서 보는 바와 같이 밀도가 시간에 따라 변하지 않는다면 고체 표면에서 수직응력은 영이 된다.)

3.2 운동방정식

운동방정식을 얻기 위해 그림 3.2-1의 부피 요소 $\Delta x\ \Delta y\ \Delta z$에 걸쳐 다음 형태의 운동량 수지를 쓸 수 있다.

$$\begin{bmatrix} \text{운동량} \\ \text{증가 속도} \end{bmatrix} = \begin{bmatrix} \text{들어오는} \\ \text{운동량 속도} \end{bmatrix} - \begin{bmatrix} \text{나가는} \\ \text{운동량 속도} \end{bmatrix} + \begin{bmatrix} \text{유체에 작용} \\ \text{하는 외부 힘} \end{bmatrix} \qquad (3.2\text{-}1)$$

식 3.2-1은 식 2.1-1을 비정상상태 문제에 대해 확장한 것임에 유념하시오. 그러므로 2 장과 거의 같은 방법으로 진행해 나갈 것이지만, 비정상상태의 항을 포함시키는 것뿐만 아니라 부피 요소의 6개 면 모두를 통해서 유체가 운동한다는 것을 고려해야 할 것이다. 식 3.2-1은 x, y, z 세 개의 좌표 방향 각각에서 성분을 갖는 벡터 방정식이라는 것을 상기하고, 식 3.2-1의 각 항의 x-성분만 전개하면, y-와 z-성분들은 닮은 형태로 다룰 수 있을 것이다.[1]

먼저, 그림 3.2-1에 도시된 부피 요소로 들어오고 나가는 x-성분의 운동량에 대한 유동 속도를 생각한다. 운동량은 대류 전달(1.7절 참조)과 분자 전달(1.2절 참조)의 두 가지 메커니즘에 의해 $\Delta x\ \Delta y\ \Delta z$로 들어오고 나가게 된다. x-성분의 운동량이 모든 메커니즘 – 대류와 분자 – 에 의해 x에서 그림자진 면을 통과해서 들어오는 속도는 $(\phi_{xx})|_x\ \Delta y\ \Delta z$이고 $x + \Delta x$에서 그림자진 면을 나가는 운동량 속도는 $(\phi_{xx})|_{x+\Delta x}\ \Delta y\ \Delta z$이다. y와 $y + \Delta y$에서 면을 통해 들어오고 나가는 x-운동량 속도는 각각 $(\phi_{yx})|_y\ \Delta z\ \Delta x$와 $(\phi_{yx})|_{y+\Delta y}\ \Delta z\ \Delta x$ 이다. 같은 방법으로 z와 $z + \Delta z$에서 면을 통해 들어오고 나가는 x-운동량 속도는 각각 $(\phi_{zx})|_z\ \Delta x\ \Delta y$와 $(\phi_{zx})|_{z+\Delta z}\ \Delta x\ \Delta y$ 이다. 이들 기여를 합하면 세 쌍의 면 모두를 통과하는 x-운동량의 알짜 증가 속도를

[1] 이 책의 모든 변화방정식은 공간 상에 고정된 $\Delta x\ \Delta y\ \Delta z$ 영역에 보존법칙을 적용함으로써 유도된다. 공간 상에 고정된 임의의 영역이나 혹은 유체를 따라 움직이는 영역을 사용하여도 동일한 방정식을 얻을 수 있다. 이 유도는 문제 3D.1에서 설명되며, 고급 학생들은 이 유도와 친밀하게 되어야 할 것이다.

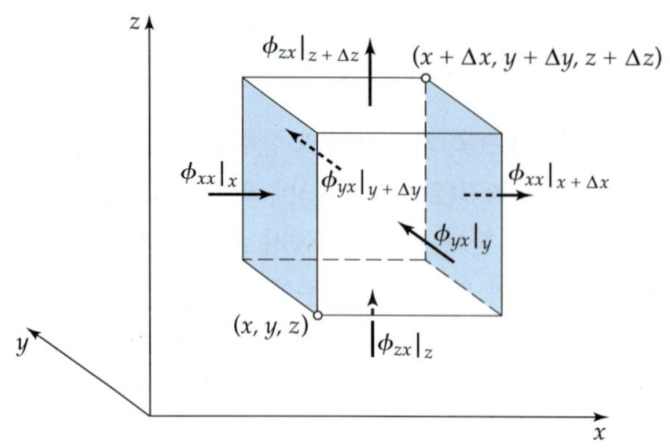

그림 3.2-1. 모든 메커니즘에 의해 표면을 통과하는 x-운동량 흘럭스의 방향을 나타내는 그림자 진 면은 x와 $x+\Delta x$에 위치해 있다. 6개의 화살을 갖는 고정된 부피요소 $\Delta x\ \Delta y\ \Delta z$.

얻는다.

$$\Delta y\ \Delta z(\phi_{xx}|_x - \phi_{xx}|_{x+\Delta x}) + \Delta z\ \Delta x(\phi_{yx}|_y - \phi_{yx}|_{y+\Delta y}) + \Delta x\ \Delta y(\phi_{zx}|_z - \phi_{zx}|_{z+\Delta z}) \tag{3.2-2}$$

다음 부피 요소 내 유체에 작용하는 외부 힘(전형적으로 중력)이 있다. 이 힘의 x- 성분은

$$\rho g_x \Delta x\ \Delta y\ \Delta z \tag{3.2-3}$$

이다.

식 3.2-2와 3.2-3은 식 3.2-1의 우변 세 항의 x-성분이 되며, 이들 항의 합은 부피 요소 내 x-운동량의 증가 속도와 같아야 한다: $\Delta x\ \Delta y\ \Delta z\ \partial(\rho v_x)/\partial t$. 이렇게 하면 운동량 수지의 x-성분을 얻게 된다. 이 식을 $\Delta x\ \Delta y\ \Delta z$로 나누고 Δx, Δy, Δz를 영으로 수렴시키면 다음 식을 얻는다:

$$\frac{\partial}{\partial t}\rho v_x = -\left(\frac{\partial}{\partial x}\phi_{xx} + \frac{\partial}{\partial y}\phi_{yx} + \frac{\partial}{\partial z}\phi_{zx}\right) + \rho g_x \tag{3.2-4}$$

여기서도 편도함수의 정의를 사용하였다. 운동량 수지의 y-와 z-성분에 대해서도 유사한 식을 전개할 수 있다

$$\frac{\partial}{\partial t}\rho v_y = -\left(\frac{\partial}{\partial x}\phi_{xy} + \frac{\partial}{\partial y}\phi_{yy} + \frac{\partial}{\partial z}\phi_{zy}\right) + \rho g_y \tag{3.2-5}$$

$$\frac{\partial}{\partial t}\rho v_z = -\left(\frac{\partial}{\partial x}\phi_{xz} + \frac{\partial}{\partial y}\phi_{yz} + \frac{\partial}{\partial z}\phi_{zz}\right) + \rho g_z \tag{3.2-6}$$

벡터 텐서 표기법을 사용하면 이들 세 개 식을 다음과 같이 쓸 수 있다:

$$\frac{\partial}{\partial t}\rho v_i = -[\nabla \cdot \boldsymbol{\phi}]_i + \rho g_i \qquad i = x, y, z \tag{3.2-7}$$

즉 i를 연속적으로 x, y, z로 두면 식 3.2-4, 5와 6이 다시 얻어질 수 있다. 양 ρv_i는 유체 내의 한 점에서 단위 부피당 운동량인 벡터 $\rho\mathbf{v}$의 직각 성분들이다. 유사하게 양 ρg_i는 단위 부피당 외부 힘인 벡터 $\rho\mathbf{g}$의 성분들이며, $-[\nabla\cdot\boldsymbol{\phi}]_i$ 항은 벡터 $-[\nabla\cdot\boldsymbol{\phi}]$의 i번째 성분이다.

식 3.2-7의 i 번째 성분을 i 번째 방향의 단위 벡터와 곱하고 세 성분을 벡터형으로 함께

더하면 운동량 보존법칙의 미분형인

$$\frac{\partial}{\partial t}\rho\mathbf{v} = -[\nabla\cdot\boldsymbol{\phi}] + \rho\mathbf{g} \tag{3.2-8}$$

을 얻으며, 이는 식 3.2-1을 수학적 기호로 표현한 것이다.

식 1.7-1에서 결합 운동량 훌럭스 텐서 $\boldsymbol{\phi}$는 대류 운동량 훌럭스 텐서 $\rho\mathbf{vv}$와 분자 운동량 훌럭스텐서 $\boldsymbol{\pi}$의 합이며, 후자는 $p\boldsymbol{\delta}$와 $\boldsymbol{\tau}$의 합으로 쓸 수 있음을 알았다. 식 3.2-8에 $\boldsymbol{\phi} = \rho\mathbf{vv} + p\boldsymbol{\delta} + \boldsymbol{\tau}$를 대입하면, 다음 운동방정식을 얻는다:[2]

$$\frac{\partial}{\partial t}\rho\mathbf{v} = -[\nabla\cdot\rho\mathbf{vv}] - \nabla p - [\nabla\cdot\boldsymbol{\tau}] + \rho\mathbf{g} \tag{3.2-9}$$

$\frac{\partial}{\partial t}\rho\mathbf{v}$	$-[\nabla\cdot\rho\mathbf{vv}]$	$-\nabla p \quad -[\nabla\cdot\boldsymbol{\tau}]$	$+\rho\mathbf{g}$
단위 부피당 운동량 증가 속도	단위 부피당 대류에 의한 운동량 증가 속도	단위 부피당 분자 전달에 의한 운동량 증가 속도	단위 부피당 유체에 작용하는 외부 힘

이 식에서 ∇p는 “그래디언트 (스칼라) p”라고 불리는 벡터이며 때로는 “grad p”로 쓰이기도 한다. 기호 $[\nabla\cdot\boldsymbol{\tau}]$는 “다이버전스(텐서) $\boldsymbol{\tau}$”로 불리는 벡터이며 $[\nabla\cdot\rho\mathbf{vv}]$는 “다이버전스(다이애드 곱) $\rho\mathbf{vv}$”로 불리는 벡터이다.

다음 두 절에서는 운동방정식에 기초를 두고 어떤 형식을 갖춘 결과들을 보여 줄 것이다. 기계적 에너지와 각운동량에 대한 변화방정식은 이 장의 문제 풀이에는 사용되지 않지만 7장에서 언급될 것이다. 초보자들은 이 책을 처음 읽을 경우 이들 절을 대강 읽고 지나가고 필요 시 나중에 다시 참고하기 바란다.

3.3 기계적 에너지 방정식

유동계에서 기계적 에너지는 보존되지 않으나, 이 양에 대한 변화방정식을 전개하지 못하는 것은 아니다. 사실 이 책을 배우는 동안 내부에너지, 엔탈피, 엔트로피와 같은 몇 가지 보존되지 않는 양들에 대한 변화방정식을 얻을 것이다. 단지 기계적 항들만을 포함하는 기계적 에너지에 대한 변화방정식은 3.2절의 운동방정식으로부터 유도될 것이며, 결과로 얻는 방정식은 교재에서 여러 곳에서 언급된다.

식 3.2-9의 운동방정식에 속도 벡터 $\mathbf{v}$를 점곱한 다음 식 3.1-4의 연속방정식을 사용하여 꽤 긴 과정의 재정리를 하고, p와 $\boldsymbol{\tau}$를 포함하는 항들을 각각 두 부분으로 나눈다. 최종 결과는 대칭인 $\boldsymbol{\tau}$에 대한 운동에너지에 대한 변화방정식이다(식 1.2-4 참조).

[2] 이 식은 A.-L. Cauchy, *Ex. De math.*, **2**, 108-111 (1827) 덕분이다. **(Baron) Augustin-Louis Cauchy** (1789-1857) (두 번째 음절에 엑센트를 가지면서 코씨라고 발음하는) 원래 공학자로 수련을 받았지만 복소수의 미분을 포함하는 이론 물리학과 수학에 위대한 공헌을 하였다.

$$\frac{\partial}{\partial t}\left(\tfrac{1}{2}\rho v^2\right) = -(\nabla\cdot\tfrac{1}{2}\rho v^2\mathbf{v}) - (\nabla\cdot p\mathbf{v}) - p(-\nabla\cdot\mathbf{v})$$

단위 부피당 운동에너지 증가 속도 / 단위 부피당 대류에 의한 운동에너지 증가 속도 / 유체에 작용하는 외부 압력에 의해 행해지는 일의 속도 / 내부에너지로의 운동에너지의 가역 변환 속도

$$-(\nabla\cdot[\boldsymbol{\tau}\cdot\mathbf{v}]) - (-\boldsymbol{\tau}:\nabla\mathbf{v}) + \rho(\mathbf{v}\cdot\mathbf{g}) \qquad (3.3\text{-}1)^{1}$$

유체에 작용하는 점성력에 의해 행해지는 일의 속도 / 운동에너지로부터 내부에너지로의 비가역 변환 속도 / 유체에 작용하는 외부 힘에 의한 일의 속도

지금 이 순간에는 $p(\nabla\cdot\mathbf{v})$와 $(\boldsymbol{\tau}:\nabla\mathbf{v})$ 항을 지적한 물리적 의미로 왜 추정하는지 명백하지 않고, 11장에서 에너지 수지를 공부할 때 비로소 이 항들의 물리적 의미를 적절히 인식할 수 있을 것이며, 내부에너지에 대한 변화방정식에서 서로 다른 부호를 갖는 동일한 두 항이 어떻게 나타나는지 거기서 보게 될 것이다.

이제 $\mathbf{g} = -\nabla\hat{\Phi}$로 정의되는 **위치에너지**[2] (단위 질량당)를 도입하면, 식 3.3-1의 마지막 항은 $-\rho(\mathbf{v}\cdot\nabla\hat{\Phi}) = -(\nabla\cdot\rho\mathbf{v}\hat{\Phi}) + \hat{\Phi}(\nabla\cdot\rho\mathbf{v})$로 다시 쓸 수 있고, 식 3.1-4의 연속방정식을 사용하면 $+\hat{\Phi}(\nabla\cdot\rho\mathbf{v})$를 $-\hat{\Phi}(\partial\rho/\partial t)$로 대체할 수 있으며 위치에너지는 시간에 무관하므로 후자를 $-\partial(\rho\hat{\Phi})/\partial t$로 쓸 수 있을 것이다. 이는 지구 표면 위에 위치하는 계에 작용하는 중력장에 대해서는 타당하므로, $\hat{\Phi} = gh$이다. 여기서 g는 (일정한) 중력 가속도이고 h는 중력장에서 고도 좌표이다.

위치에너지를 도입하면 식 3.3-1은 다음 형태로 가정된다:

$$\frac{\partial}{\partial t}\left(\tfrac{1}{2}\rho v^2 + \rho\hat{\Phi}\right) = -\left(\nabla\cdot\left(\tfrac{1}{2}\rho v^2 + \rho\hat{\Phi}\right)\mathbf{v}\right)$$
$$-(\nabla\cdot p\mathbf{v}) - p(-\nabla\cdot\mathbf{v}) - (\nabla\cdot[\boldsymbol{\tau}\cdot\mathbf{v}]) - (-\boldsymbol{\tau}:\nabla\mathbf{v}) \qquad (3.3\text{-}2)$$

이는 **운동 및 위치에너지에 대한 변화방정식**이다. 식 3.3-1과 3.3-2는 단지 기계적 항들만 포함하고 있으므로 둘 다 **기계적 에너지에 대한 변화방정식**이라 불린다.

$p(\nabla\cdot\mathbf{v})$ 항은 유체가 **팽창 또는 수축함**에 따라 양이나 음이 될 수 있으며, 그 결과로 나타나는 온도 변화가 압축기, 터빈, 충격파 관 내의 기체들에 대해서는 상당히 클 수 있다.

$(-\boldsymbol{\tau}:\nabla\mathbf{v})$ 항은 제곱 항의 합으로 쓰일 것이기 때문에 **뉴튼** 유체에 대해서는 항상 양이다:[3]

[1] $(\boldsymbol{\tau}:\nabla\mathbf{v})$ 항에 대한 설명은 뉴튼 유체에 대해서만 옳다. 고분자와 같은 점탄성 유체에 대해서는 이 항은 탄성 에너지에 의한 가역 변환을 포함한다.

[2] 만약 $\mathbf{g} = -\boldsymbol{\delta}_z g$가 음의 z 방향으로 g 크기를 갖는 벡터라고 하면 단위 질량당 위치에너지는 $\hat{\Phi} = gz$ 이며, z는 중력장에서의 고도이다.

[3] 공기의 점성 소산에 관한 재미난 결과는 테이블 위에서 돌아가는 동전을 정지시키는 방법으로 H. K. Moffatt [*Nature*, **404**, 833-834 (2000)]에 의해 연구되었다.

$$(-\boldsymbol{\tau}:\nabla\mathbf{v}) = \tfrac{1}{2}\mu \sum_i \sum_j \left[\left(\frac{\partial v_i}{\partial x_j} + \frac{\partial v_j}{\partial x_i}\right) - \tfrac{2}{3}(\nabla \cdot \mathbf{v})\delta_{ij}\right]^2 + \kappa(\nabla \cdot \mathbf{v})^2$$
$$= \mu\Phi_v + \kappa\Psi_v \tag{3.3-3}$$

이 식을 통해 두 양 Φ_v와 Ψ_v를 정의할 수 있다. 지수 i를 1, 2, 3 값으로 취하면 속도 성분 v_i는 v_x, v_y, v_z 로 되고 직각 좌표축 x_i는 x, y, z가 된다. 기호 δ_{ij}는 $i \neq j$이면 0 이고 $i = j$ 이면 1인 크로넥커 델타이다.

$(-\boldsymbol{\tau}:\nabla\mathbf{v})$ 양은 모든 유동계에서 일어나는 열 에너지로의 기계적 에너지의 감손을 나타낸다(때로는 **점성 열 소산**이라 불린다).[4] 이 열은 윤활, 고속 압출, 고속 비행과 같이 높은 점도와 높은 속도 구배를 갖는 계에서 상당한 온도 상승을 야기하게 된다. (기계적 에너지가 열로 변환되는 다른 예는 아마도 보이스카우트에서 많이 했던 것과 같이 불을 피우기 위해 두 개의 막대를 문지르는 것이다.)

"등온계"를 말할 때는 외부에서 부과된 온도 구배가 없고 팽창, 수축, 혹은 점성 소산 등으로 야기되는 인지할만한 온도 변화가 없는 계를 의미한다.

식 3.3-2의 가장 중요한 용도는 7.8절에서 거시적 기계적 에너지 수지(또는 공학적 Bernoulli 식)를 수립하기 위한 것이다.

3.4 각운동량 방정식

또 다른 방정식은 식 3.2-9의 운동방정식에 위치 벡터 $\mathbf{r}$(직각 성분 x, y, z를 갖는)을 교차곱 함으로써 얻을 수 있다. 3.2절에서 유도된 바와 같이 운동방정식은 응력 텐서 $\boldsymbol{\tau}$가 대칭이라는 가정을 포함하지 않는다. (물론 뉴튼 유체에 대해 2.3 절에서 주어진 식은 대칭이다; 즉 $\tau_{ij} = \tau_{ji}$.)

교차곱을 취하고 벡터-텐서 조작을 한 후에 다음의 **각운동량에 대한 변화방정식**

$$\frac{\partial}{\partial t}\rho[\mathbf{r} \times \mathbf{v}] = -[\nabla \cdot \rho\mathbf{v}[\mathbf{r} \times \mathbf{v}]] - [\nabla \cdot \{\mathbf{r} \times p\boldsymbol{\delta}\}^{\dagger}] - [\nabla \cdot \{\mathbf{r} \times \boldsymbol{\tau}^{\dagger}\}^{\dagger}] + [\mathbf{r} \times \rho\mathbf{g}] - [\boldsymbol{\varepsilon}:\boldsymbol{\tau}] \tag{3.4-1}$$

을 얻는다. 여기서 $\boldsymbol{\varepsilon}$은 성분 ε_{ijk}(A.2 절에 정의되어 있는 치환 기호)를 갖는 삼차 텐서이다. 뉴튼 유체에 대해서와 같이 만약 응력 텐서 $\boldsymbol{\tau}$가 대칭이라면 마지막 항은 영이 된다. 희박한 기체, 단원자 액체와 고분자에 대한 분자운동론에 의하면 전기적 및 자기적 돌림힘[1]이 없는 경우 텐서 $\boldsymbol{\tau}$는 대칭이다. 반면에 만약 $\boldsymbol{\tau}$가 비대칭이면 마지막 항은 총괄 각운동량의 내부

---

[4] G. G. Stokes, *Trans. Camb. Phil. Soc.*, **9**, 8-106 (1851), pp. 57-59를 보시오.

[1] J. S. Dahler and L. E. Scriven, *Nature*, **192**, 36-37 (1961); S. de Groot and P. Mazur, *Nonequilibrium Thermodynamics*, North Holland, Amsterdam (1962), XII장. 문헌 총설은 G. D. C. Kuiken, *Ind. Eng. Chem. Res.*, **34**, 3568-3572 (1995)에서 볼 수 있다.

각운동량으로의 전환 속도를 나타낸다.

그러면 대칭적 응력 텐서라는 가정은 총괄 각운동량과 내부 각운동량 사이에 상호 전환이 없고, 두 형태의 각운동량은 분리되어 개별적으로 보존된다고 말하는 것과 동일하다. 이는 식 0.3-8에서 외적 항들과 내부 각운동량 항들을 분리하여 같다고 두는 것에 대응한다.

식 3.4-1은 거시적 각 운동량 수지식이 이 식으로부터 얻어질 수 있다는 것을 나타내는 7장에서만 단지 언급될 것이다.

3.5 실도함수의 항으로 된 변화방정식

앞 절에서 몇 가지 다른 시간 도함수가 이동현상에서 다루어질 것이라고 지적하였다. 미시시피 강의 물고기 농도를 관찰하는 것을 친근한 예로 들어 설명하고자 한다. 물고기는 자유롭게 헤엄쳐 다니기 때문에 물고기 농도는 일반적으로 위치(x, y, z)와 시간(t)의 함수가 된다.

시간 편도함수 $\partial/\partial t$

다리 위에 서서 바로 아래 지점의 물고기 농도를 시간의 함수로 관찰한다고 가정하자. 고정된 위치에서 물고기 농도를 시간에 따른 변화 속도로 기록할 수 있다. 그 결과는 일정한 지점 x, y, z에서 시간에 대한 c의 편도함수 $(\partial c/\partial t)|_{x,y,z}$로 주어진다.

시간 전도함수 d/dt

모터 보트를 타고 때로는 강 상류로, 때로는 하류로, 또 강을 가로질러 이동한다고 가정하자. 모든 시간에 물고기 농도를 관찰할 수 있다. 어떤 순간에 관찰된 물고기 농도의 시간에 따른 변화 속도는

$$\frac{dc}{dt} = \left(\frac{\partial c}{\partial t}\right)_{x,y,z} + \frac{dx}{dt}\left(\frac{\partial c}{\partial x}\right)_{y,z,t} + \frac{dy}{dt}\left(\frac{\partial c}{\partial y}\right)_{z,x,t} + \frac{dz}{dt}\left(\frac{\partial c}{\partial z}\right)_{x,y,t} \tag{3.5-1}$$

이며, dx/dt, dy/dt와 dz/dt는 보트의 속도 성분이다.

시간 실도함수 D/Dt

카누에 타서 노를 젓지 않고 가만히 강물의 흐름에 따라 흐르면서 물고기 농도를 관찰한다. 이 경우 관찰자의 속도는 v_x, v_y와 v_z 성분을 갖는 흐름 속도 $\mathbf{v}$와 같다. 만약 어떤 순간 시간에 따른 물고기 농도의 변화 속도를 관찰하였다면

$$\frac{Dc}{Dt} = \frac{\partial c}{\partial t} + v_x\frac{\partial c}{\partial x} + v_y\frac{\partial c}{\partial y} + v_z\frac{\partial c}{\partial z} \quad \text{또는} \quad \frac{Dc}{Dt} = \frac{\partial c}{\partial t} + (\mathbf{v}\cdot\nabla \mathbf{c}) \tag{3.5-2}$$

표 3.5-1 등온계에 대한 D/Dt 형의 변화방정식[a]

주: $\partial/\partial t$ 형태에 대한 식 번호는 좌측에 주어져 있다.

(3.1-4)	$\dfrac{D\rho}{Dt} = -\rho(\nabla \cdot \mathbf{v})$	(A)
(3.2-9)	$\rho \dfrac{D\mathbf{v}}{Dt} = -\nabla p - [\nabla \cdot \boldsymbol{\tau}] + \rho \mathbf{g}$	(B)
(3.3-1)	$\rho \dfrac{D}{Dt}(\frac{1}{2}v^2) = -(\mathbf{v} \cdot \nabla p) - (\mathbf{v} \cdot [\nabla \cdot \boldsymbol{\tau}]) + \rho(\mathbf{v} \cdot \mathbf{g})$	(C)
(3.4-1)	$\rho \dfrac{D}{Dt}[\mathbf{r} \times \mathbf{v}] = -[\nabla \cdot \{\mathbf{r} \times p\boldsymbol{\delta}\}^\dagger] - [\nabla \cdot \{\mathbf{r} \times \boldsymbol{\tau}\}^\dagger] + [\mathbf{r} \times \rho \mathbf{g}]$	(D)[a]

[a] 식 (A)에서 (B)까지는 가정없이 식 3.1-4, 3.2-9로부터 얻게 된다. 식 (C)와 (D)는 단지 대칭적 $\boldsymbol{\tau}$에 대해서만 쓸 수 있다.

를 얻을 수 있다. 특수 연산자 $D/Dt = \partial/\partial t + \mathbf{v}\cdot\nabla$은 **실도함수**("물체"와 함께 움직이면서 관측한 시간에 따른 변화 속도를 의미함). **물질 도함수**, **유체역학적 도함수**, 그리고 **운동을 따르는 도함수** 등의 용어로도 사용된다.

이제 $\partial/\partial t$로 표현된 식을 어떻게 D/Dt로 쓰여진 식으로 바꾸는가를 알 필요가 있다. 어떤 스칼라 함수 $f(x, y, z, t)$에 대해 다음 조작을 할 수 있다:

$$\begin{aligned}
&\frac{\partial}{\partial t}(\rho f) + \left(\frac{\partial}{\partial x}\rho v_x f\right) + \left(\frac{\partial}{\partial y}\rho v_y f\right) + \left(\frac{\partial}{\partial z}\rho v_z f\right) \\
&= \rho\left(\frac{\partial f}{\partial t} + v_x\frac{\partial f}{\partial x} + v_y\frac{\partial f}{\partial y} + v_z\frac{\partial f}{\partial z}\right) + f\left(\frac{\partial \rho}{\partial t} + \frac{\partial}{\partial x}\rho v_x + \frac{\partial}{\partial y}\rho v_y + \frac{\partial}{\partial z}\rho v_z\right) \\
&= \rho\frac{Df}{Dt}
\end{aligned} \tag{3.5-3}$$

두 번째 줄 두 번째 괄호의 양은 연속방정식에 의해 영이 된다. 따라서 식 3.5-3은 다음과 같은 벡터 형태로 쓸 수 있다.

$$\frac{\partial}{\partial t}(\rho f) + (\nabla \cdot \rho \mathbf{v} f) = \rho\frac{Df}{Dt} \tag{3.5-4}$$

유사하게 어떤 벡터 함수 $\mathbf{f}(x, y, z, t)$에 대해서는

$$\frac{\partial}{\partial t}(\rho \mathbf{f}) + [\nabla \cdot \rho \mathbf{v}\mathbf{f}] = \rho\frac{D\mathbf{f}}{Dt} \tag{3.5-5}$$

가 된다. 이 식들을 사용하여 표 3.5-1에서 볼 수 있는 바와 같이 3.1절에서 3.4절까지 주어진 변화방정식을 실도함수에 관해 다시 쓸 수 있다.

표 3.5-1에서 식 A는 유체를 따라 움직일 때 유체의 수축 $[\nabla\cdot\mathbf{v}<0]$ 또는 팽창 $[\nabla\cdot\mathbf{v}>0]$에 때문에 밀도가 어떻게 증가 또는 감소하는지를 보여주고 있다. 식 B는 (질량) × (가속도)

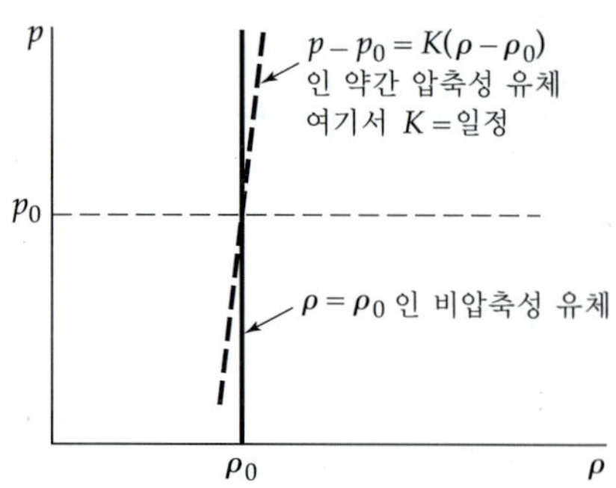

그림 3.5-1 T가 일정할 때 약간 압축성 유체 및 비압축성 유체에 대한 상태방정식.

= 압력, 점성력, 외부 힘의 합으로 해석될 수 있다. 다른 말로 하면 식 3.2-9는 유체 속도 $\mathbf{v}$로 국부적으로 움직이는 외피를 갖는 유체의 작은 방울에 적용된 뉴튼의 제 2운동 법칙과 같다(문제 3D.1 참조).

이제 운동방정식에 대한 세 가지의 가장 일반적인 단순화에 대해 간단히 논의하고자 한다.[1]

(i) 일정한 ρ와 μ에 대해 식 1.2-7의 $\boldsymbol{\tau}$에 대한 뉴튼 식을 운동방정식에 대입하면 Navier에 의해 분자 관점에서 처음으로 수립되고 Stokes에 의해 연속체 관점에서 수립된 매우 유명한 Navier-Stokes 방정식을 얻는다:[2]

$$\rho \frac{D}{Dt}\mathbf{v} = -\nabla p + \mu\nabla^2\mathbf{v} + \rho\mathbf{g} \quad \text{혹은} \quad \rho \frac{D}{Dt}\mathbf{v} = -\nabla\mathscr{P} + \mu\nabla^2\mathbf{v} \tag{3.5-6,7}$$

두 번째 형태에서는 2 장에서 도입된 "수정된 압력" $\mathscr{P} = p + \rho gh$를 사용하였으며, h는 중력장에서의 높이이고 gh는 단위 질량당 중력 위치에너지이다. 식 3.5-6은 기체와 액체의 등온 유동을 표현하는 표준 출발점이다.

ρ가 일정하다고 가정하면 상태방정식(일정한 T에서)은 ρ에 대한 p의 그림에서 수직선이 됨을 상기하시오(그림 3.5-1 참조). 따라서 식 3.5-6이나 식 3.5-7에 의해 비록 압력 구배와 순간적인 차이가 명확하게 남는다고 하더라도 절대 압력은 ρ와 T로부터 결코 결정할 수 없다. 만약 계 내의 어떤 지점에서 p를 알게 된다면 절대 압력은 구할 수 있게 된다.

(ii) Navier-Stokes 방정식에서 가속항이 무시되면, 즉 $\rho(D\mathbf{v}/Dt) = 0$ 일 때 Stokes 유동 방정식으로 불리는

$$0 = -\nabla p + \mu\nabla^2\mathbf{v} + \rho\mathbf{g} \tag{3.5-8}$$

을 얻는다. 속도에 대한 2 차식인 $\rho[\mathbf{v}\cdot\nabla\mathbf{v}]$ 항은 유동이 극단적으로 느릴 때 없어질 수 있기 때문에 종종 **미동 유동 방정식**이라 불리기도 한다. Hagen-Poiseuille 관 유동과 같은 어떤

---

[1] 이들 식과 다른 유명한 유체역학 관계식의 역사에 대한 논의를 위해서는 H. Rouse and S. Ince, *History of Hydraulics*, Iowa Institute of Hydraulics, Iowa City (1959)를 보시오.

[2] L.-M.-H.-Navier, *Memories de l'Academie Royale des Sciences*, **6**, 389-440 (1827); G. G. Stokes, *Proc. Cambridge Phil. Soc.*, **8**, 287-319 (1845). Navier 이름은 "Nah-vyay"로 발음된다.

유동에 대해서는 $\rho[\mathbf{v} \cdot \nabla\mathbf{v}]$ 항이 소거되고 느린 유동이란 제한이 적용되지 않는다. Stokes 유동 방정식은 윤활 이론, 현탁계의 입자 운동에 대한 연구, 다공성 매체를 통한 유동, 미생물의 유영 등에서 중요하다. 이 주제에 관한 방대한 문헌이 있다.[3]

(iii) 점성력이 무시되면, 즉 $[\nabla \cdot \boldsymbol{\tau}] = 0$이면 운동방정식은 "점도가 없는" 유체에 대한 Euler 방정식으로 알려진

$$\rho \frac{D\mathbf{v}}{Dt} = -\nabla p + \rho\mathbf{g} \tag{3.5-9}$$

로 된다.[4] 물론 "점도가 없는" 유체는 존재하지 않지만 점성력이 상대적으로 중요하지 않은 많은 유동들이 있다. 예로써 비행기 날개 주위의 유동(고체 경계 부근을 제외한), 교각 받침대 상류 표면 주위의 강의 유동, 압축성 기체 동력학의 문제들, 해류의 흐름 등이 있다.[5]

예제 3.5-1 점성이 없는 유체의 정상상태 유동에 대한 Bernoulli 방정식

점도가 없는 유체의 정상상태 유동에 대한 Bernoulli 방정식은 고전 유체역학의 가장 유명한 방정식 중 하나이다.[6] Euler 운동방정식으로부터 이 식이 어떻게 얻어지는지 보이시오.

해 식 3.5-9에서 시간 도함수 항을 소거하고 벡터 항등식 $[\nabla \cdot \nabla\mathbf{v}] = 1/2\nabla(\mathbf{v} \cdot \mathbf{v}) - [\mathbf{v} \times [\nabla \times \mathbf{v}]]$ (식 A.4-23)을 사용하면 식을 아래와 같이 다시 쓸 수 있다.

$$\rho \frac{D\mathbf{v}}{Dt} = -\nabla p + \rho\mathbf{g} \tag{3.5-10}$$

마지막 항을 쓸 때 $\mathbf{g}$를 $-\nabla\hat{\Phi} = -g\nabla h$로 표현하였으며, 여기서 h는 중력장에서의 높이이다.

다음 식 3.5-10을 ρ로 나누고 다음 유동 방향의 단위 벡터 $\mathbf{s} = \mathbf{v}/|\mathbf{v}|$와 점곱을 취한다. 점곱하면 속도장의 커얼을 포함하고 있는 항은 소거되는 것을 알 수 있으며(벡터 해석의 깔끔한 문제), $\mathbf{s}\cdot\nabla$은 d/ds로 대체할 수 있다. 여기서 s는 유선을 따른 거리이다. 따라서

$$\frac{d}{ds}\left(\tfrac{1}{2}v^2\right) = -\frac{1}{\rho}\frac{d}{ds}p - g\frac{d}{ds}h \tag{3.5-11}$$

---

[3] J. Happel and J. Brenner, *Low Reynolds Number Hydrodynamics*, Martinus Nijhoff, The Hague (1983); S. Kim and S. J. Karrila, *Microhydrodynamics: Principles and Selected Applications*, Butterworth-Heinemann, Boston (1991).

[4] L. Euler, *Mém. Acad. Sci. Berlin*, **11**, 217-273, 274-315, 316-361 (1755). 스위스에서 태어난 수학자 **Leonhard Euler** (1707-1783) 성 페테르부르크, 바젤, 베를린 등에서 가르쳤으며, 수학 및 물리학의 많은 영역에서 방대한 논문을 발표하였다.

[5] D. J. Acheson, *Elementary Fluid Mechanics*, Clarendon Press, Oxford Press, Oxford (1990), 3-5장과 G. K. Batchelor, *An Introduction to Fluid Dynamics*, Cambridge University Press (1967), 6장의 예제를 보시오.

[6] **Daniel Bernoulli** (1700-1782) 유체역학 및 기체 분자운동론의 초기 연구자 중의 한 사람이다. 그의 유체역학적 아이디어는 D. Bernoulli, *Hydrodynamica sive de viribus et motibus fluidorum commentarii*, Argentorati (1738)에 요약되어 있다. 그러나 그가 식 3.5-12를 실제 유도하지는 않았다. 식 3.5-12의 유도에 대한 공적은 L. Euler, *Histoires de l'Académie de Berlin* (1755)에 있다.

을 얻는다. 점 1에서 점 2까지 흐름을 따라 적분하면 Bernoulli 방정식이라 불리우는

$$\tfrac{1}{2}(v_2^2 - v_1^2) + \int_{p_1}^{p_2} \frac{1}{\rho}\,dp + g(h_2 - h_1) = 0 \tag{3.5-12}$$

를 얻는다. 이는 정상상태의 유동에서 속도, 압력, 유체 내의 유선을 따른 두 점의 높이와 관계가 있다. 이것은 점도가 아주 미미한 역할을 한다고 가정할 수 있는 경우에도 사용된다.

3.6 유동 문제 해석을 위한 변화방정식의 사용

운동방정식 응용의 대부분은 식 1.2-7의 $\boldsymbol{\tau}$에 대한 식을 식 3.2-9에 대입해야 한다(또는 동등하게 식 1.2-6 또는 부록 B.1의 $\boldsymbol{\tau}$ 성분을 식 3.2-5, 3.2-6, 3.2-7에 대입). 그러므로 등온 조건에서 뉴튼 유체의 유동을 기술하기 위해서는 일반적으로

연속방정식	식 3.1-4
운동방정식	식 3.2-9
$\boldsymbol{\tau}$의 성분	식 1.2-6
상태방정식	$p = p(\rho)$
점도식	$\mu = \mu(\rho)$, $\kappa = \kappa(\rho)$

을 필요로 한다. 이 식들은 필요한 경계조건과 초기조건에 따라 유체의 압력, 밀도, 속도분포를 완전하게 결정한다. 유체역학 문제를 해석하기 위해 이 식들이 완전한 형태로는 거의 사용되지 않는다. 이 장에서와 같이 통상적으로는 제한된 형태의 식이 편의를 위해 사용된다.

일정한 밀도와 점도를 갖는다는 가정이 적절하다면 초기조건 및 경계조건과 함께

연속방정식	식 3.1-4와 표 B.4
Navier-Stokes 방정식	식 3.5-6과 표 B.5, 6, 7

을 사용한다. 이들로부터 압력과 속도분포를 구한다.

1장에서는 직각 좌표에서 응력 텐서의 성분들을 얻었고, 이 장에서는 연속방정식과 운동방정식을 직각 좌표에서 유도하였다. 표 B.1, 4, 5, 6, 7에는 많이 사용되는 세 가지 좌표계 – 직각(x, y, z), 원통형(r, θ, z), 구형(r, θ, ϕ) – 에서 이 중요한 방정식들을 요약하였다. 초보 학생들은 이 방정식들의 유도에 관심을 가질 필요는 없지만, 부록 B의 표들과는 친숙해야 한다. 고급 학생들은 부록 A의 세부적인 것들을 섭렵하고 A.6절과 A.7절에서 행해진 것과 같이 다양한 ∇-연산들에 대한 식을 어떻게 전개할 것인가를 배우길 원할 것이다.

이 절에서는 등온이고 정상상태인 뉴튼 유체의 층류를 포함하는 약간의 문제를 어떻게 수립하고 해석하는지 설명하고자 한다. 여기에 주어진 상대적으로 간단한 해석 해들은 그것으로 끝나는 것이 아니라 좀 더 복잡한 문제들의 해석 해 또는 수치해, 다양한 근사 방법들의

사용, 무차원 해석 등으로 옮겨 가기 위한 준비로 간주되어야 한다.

유일 해라는 증명과 안정성에 대한 기준을 포함하는 점성 유동 문제의 완전한 해를 구하는 것은 가공할 만한 과제이다. 정말로 세계 최고의 일부 응용 수학자들이 연속방정식과 운동방정식을 해석하는 도전에 관심을 기울여 왔다. 초보자는 이러한 방정식들을 처음 접할 때 부적절하게 느낄 것이다. 이 절의 설명 예에서 시도하려는 모든 것은 해가 존재한다고 알려진 안정한 유동에 대한 몇 가지 문제를 해석하는 것이다. 각 경우 압력과 속도분포의 형태에 관해 약간의 **가정**을 하면서 시작하고자 한다. 즉, 연구하고자 하는 문제에서 p와 $\mathbf{v}$가 위치에 어떻게 의존하는가를 **추측한다**. 그러면 수립된 가정에 의해 연속방정식과 운동방정식의 불필요한 모든 항들을 없앨 수 있다. 예를 들어 v_x가 y만의 함수라고 가정하면 $\partial v_x/\partial x$와 $\partial^2 v_x/\partial z^2$과 같은 항들은 없앨 수 있다. 불필요한 모든 항들이 소거되면 상대적으로 간단한 작은 갯수의 방정식이 남게 되며, 문제가 충분히 간단해지면 해석 해를 얻을 수 있다.

가정을 나열함에 있어 **직관**을 이용하는 것이 강조되어야 하며, 직관은 유동 현상에 대한 일상의 경험에 기초를 두고 있다. 직관은 종종 유동이 축에 대칭이라고 말하거나 혹은 속도의 어떤 성분은 영이다라고 말해 준다. 이와 같은 가정을 설정하기 위해 직관을 이용하면 최종 해는 이에 상응하게 제한된다는 것을 상기해야 한다. 그러나 변화방정식들로 시작하여 "소거하는 작업"을 마쳤을 때 우리는 최소한 해를 구하는데 사용되는 모든 가정들을 완전히 나열하여야 한다. 어떤 경우에는 뒤로 다시 돌아가서 어떤 가정을 제거하면 더 좋은 해를 얻을 가능성도 있다.

논의할 여러 개의 예에서 유체역학 방정식에 대한 하나의 해를 구할 것이다. 그러나 완전한 방정식은 비선형이므로 문제에 대한 다른 해들이 존재할 것이다. 그러므로 유체역학 문제에 대한 완전한 해를 얻기 위해서는 어떤 불안정한 거동 영역뿐 아니라 안정한 유동 지배 형태에 대한 극한을 열거하는 것이 요구된다. 즉, 다양한 유동이 가능한 영역을 보여주는 "지도"를 개발하여야 한다. 통상적으로 해석 해들은 가장 간단한 유동 지배 형태에서만 얻을 수 있다. 나머지 정보는 일반적으로 실험이나 매우 상세한 수치해에 의해 얻어진다. 다시 말하면, 유체의 운동을 지배하는 미분방정식을 알고 있지만 그것의 해를 어떻게 구하는가에 대해서는 아직 많은 것을 모르고 있다. 이는 입문 교재의 수준을 넘어서는 도전할만한 응용 수학의 영역이다.

어려운 문제들을 접했을 때는 유체역학에 관한 고급 논문들을 통해서 해법을 찾아보아야 한다.[1]

---

[1] R. Berker, *Handbuch der Physik*, Volume VIII-2, Springer, Berlin (1963), pp.1-384; G. K. Batchelor, *An Introduction to Fluid Dynamics*, Cambridge University Press (1967); L. D. Landau and E. M. Lifshitz, *Fluid Mechanics*, Pergamon, Oxford, 2nd edition (1987); J. A. Schetz and A. E. Fuhs (eds.), *Handbook of Fluid Dynamics and Fluid Machinary*, Wiley-Interscience, New York (1966); R. W. Johnson (ed.), *The Handbook of Fluid Dynamics*, CRC Press, Boca Raton, Fla. (1998); C. Y. Wang, *Ann. Rev. Fluid Mech.*, **23**, 159-177 (1991).

이제 설명 예제로 넘어 가고자 한다. 처음 둘은 앞 장에서 논의된 문제이다. 변화방정식의 사용을 설명하기 위해 바로 이들을 다시 풀어 본다. 그러고 난 다음 2장의 쉘 수지법에 의해 수립하기가 어려운 약간 다른 문제들을 논하고자 한다.

예제 3.6-1 긴 원형관 내의 정상상태 유동

예제 2.3-1의 관-유동 문제를 연속방정식과 운동방정식을 사용하여 다시 풀어 보시오. 이는 부록 B에서 주어진 원통형 좌표에서 일정한 점도와 밀도에 대해 도표화된 방정식의 사용을 설명한다.

해 $\mathbf{v} = \boldsymbol{\delta}_z v_z(r, z)$ 라고 가정한다. 이 가정은 반지름 방향의 유동이 없고($v_r = 0$), 접선 방향의 유동도 없으며($v_\theta = 0$), v_z는 θ에는 무관함을 의미한다. 따라서 도표화된 변화방정식으로부터 많은 항들을 소거할 수 있으며, 정리하면

연속방정식 $$\frac{\partial v_z}{\partial z} = 0 \tag{3.6-1}$$

r-운동방정식 $$0 = -\frac{\partial \mathscr{P}}{\partial r} \tag{3.6-2}$$

θ-운동방정식 $$0 = -\frac{\partial \mathscr{P}}{\partial \theta} \tag{3.6-3}$$

z-운동방정식 $$0 = -\frac{\partial \mathscr{P}}{\partial z} + \mu \frac{1}{r}\frac{\partial}{\partial r}\left(r \frac{\partial v_z}{\partial r}\right) \tag{3.6-4}$$

를 얻는다. 첫 번째 방정식은 v_z가 r에만 의존한다는 것을 의미하므로 식 3.6-4 우변 두 번째 항의 편도함수는 상도함수로 대체될 수 있다. 수정된 압력 $\mathscr{P} = p + \rho g h$(여기서 h는 어떤 기준 평면 위의 높이)를 사용함으로써 원통형 좌표에서 $\mathbf{g}$ 성분들을 계산할 필요가 없고, 관의 축이 어떻게 배향되더라도 타당한 해를 구하게 된다.

식 3.6-2와 3.6-3은 $\mathscr{P}$가 z만의 함수임을 보여 주고 있으며, 식 3.6-4의 첫 번째 항의 편도함수는 상도함수로 대체될 수 있을 것이다. r의 함수와 z의 함수를 더하여 영과 같을 유일한 방법은 각 항이 상수 – 말하자면 C_0 – 가 되는 것이므로, 식 3.6-4는

$$\mu \frac{1}{r}\frac{d}{dr}\left(r \frac{dv_z}{dr}\right) = C_0 = \frac{d\mathscr{P}}{dz} \tag{3.6-5}$$

가 된다. $\mathscr{P}$ 방정식은 한번에 적분할 수 있다. v_z 방정식은 좌변의 연산을 하나씩 차례로 "벗겨 내는 듯이" 적분할 수 있다(합성 도함수로 작업하지 마시오). 이는

$$\mathscr{P} = C_0 z + C_1 \tag{3.6-6}$$

$$v_z = \frac{C_0}{4\mu} r^2 + C_2 \ln r + C_3 \tag{3.6-7}$$

이 된다. 경계조건들로부터 네 개의 적분 상수는 구할 수 있다.

경계조건 1 $\quad z = 0$ 에서 $\quad \mathcal{P} = \mathcal{P}_0 \quad$ (3.6-8)

경계조건 2 $\quad z = L$ 에서 $\quad \mathcal{P} = \mathcal{P}_L \quad$ (3.6-9)

경계조건 3 $\quad r = R$ 에서 $\quad v_z = 0 \quad$ (3.6-10)

경계조건 4 $\quad r = 0$ 에서 $\quad v_z =$ 유한 $\quad$ (3.6-11)

결과적으로 얻는 해는

$$\mathcal{P} = \mathcal{P}_0 - (\mathcal{P}_0 - \mathcal{P}_L)(z/L) \tag{3.6-12}$$

$$v_z = \frac{(\mathcal{P}_0 - \mathcal{P}_L)R^2}{4\mu L}\left[1 - \left(\frac{r}{R}\right)^2\right] \tag{3.6-13}$$

이다. 식 3.6-13은 식 2.3-18과 똑 같다. 식 3.6-12의 압력분포가 예제 2.3-1에서는 얻어지지 않았지만 암묵적으로 가정되었다. 여기서 그렇게 할 수 있었으나, 최소한의 가정으로 작업하고자 하였다.

예제 2.3-1에서 지적하였듯이, 식 3.6-13은 관의 입구와 출구에 너무 가깝지 않는 위치에서 그리고 단지 층류 지배 형태에서 타당하다. 약 2100을 넘는 Reynolds 수에 대해서는 유입구 영역의 하류에 난류 지배 형태가 존재하고, 식 3.6-13은 결코 타당하지 않다.

예제 3.6-2 가변 점도를 갖는 강하 경막

부록 B에 있는 방정식을 사용하여 예제 2.2-2의 문제를 수립하시오. 이는 $\boldsymbol{\tau}$항으로된 운동방정식의 사용을 설명한다.

해 예제 2.2-2에서와 같이 밀도는 일정하지만 점도가 x에 따라 변하는 정상상태 유동을 가정하고, 앞서와 같이 속도의 x-와 y-성분이 영이고 $v_z = v_z(x)$라고 가정한다. 이 가정들을 사용하면 연속방정식은 동일하게 만족된다. 표 B.1에 의하면, $\boldsymbol{\tau}$의 영이 아닌 유일한 성분은 $\tau_{xz} = \tau_{zx} = -\mu(dv_z/dx)$이다. $\boldsymbol{\tau}$항으로된 운동방정식의 성분들은 표 B.5로부터

$$0 = -\frac{\partial p}{\partial x} + \rho g \sin\beta \tag{3.6-14}$$

$$0 = -\frac{\partial p}{\partial y} \tag{3.6-15}$$

$$0 = -\frac{\partial p}{\partial z} - \frac{d}{dx}\tau_{xz} + \rho g \cos\beta \tag{3.6-16}$$

이며, 여기서 β는 그림 2.2-2에 나타낸 각이다.

식 3.6-14를 적분하면

$$p = \rho g x \sin\beta + f(y, z) \tag{3.6-17}$$

을 얻으며, 여기서 $f(y, z)$는 임의의 함수이다. 식 3.6-15는 f가 y의 함수가 될 수 없음을 보여

준다. 다음 기체상의 압력은 일반적으로 대기압에서 거의 일정한 것을 알 수 있으며, 기-액 계면 $x = 0$에서도 압력이 p_{atm} 값으로 역시 일정하다. 따라서 f는 p_{atm}과 같다고 둘 수 있으며, 최종적으로

$$p = \rho g x \sin \beta + p_{\text{atm}} \tag{3.6-18}$$

을 얻는다. 그러면 식 3.5-16은

$$\frac{d}{dx}\tau_{xz} = \rho g \cos \beta \tag{3.6-19}$$

가 되며, 식 2.2-10과 같다. 해의 나머지도 2.2절에서와 같다.

예제 3.6-3 Couette 점도계의 작동

앞서 원통관을 통한 압력차 대 질량 유량의 측정은 상업적 모세관 점도계에서 점도 측정의 기본이 된다고 언급하였다. 또한 점도는 유체와 접촉하고 있는 고체 물체를 회전시키는 데 필요한 돌림힘을 측정함으로써 결정할 수 있다. 모든 회전 점도계의 시조는 Couette 장치이며, 그림 3.6-1에 도시하였다.

유체를 컵 안에 넣고 컵을 일정한 각속도 Ω_o (하첨자 "o"는 외부를 나타냄)로 회전시킨다. 회전하는 점성 액체는 유체 내의 운동량 전달에 의해 발생하는 돌림힘이 비틀림 상수 k_t와 진자의 각변위 θ_b의 곱과 같아질 때까지 매달려 있는 진자를 회전하는 원인이 되며, 각변위는 진자에 설치된 거울로부터 반사되는 광선의 굴절을 관찰함으로써 측정할 수 있다. 측정 조건은 그림에서 보는 바와 같이 두 개의 동축 원통 사이의 원환 영역 내에서 정상상태의 접선 방향의 층류가 되도록 제어된다. 사용되는 배열 때문에 추의 높이 L을 포함하는 영역에 걸쳐 말단 효과는 무시한다.

이 측정 결과를 분석하기 위해 일정한 ρ와 μ에 대한 연속방정식과 운동방정식을 추 주위 원환 영역 내의 접선 유동에 적용하며, 궁극적으로는 내부 원통에 작용하는 돌림힘 T_z (z 성분의), 회전하는 컵의 각속도 Ω_o, 추의 높이 L 및 각각 진자와 컵의 반지름 κR과 R의 항으로 표현되는 점도에 관한 식을 구하고자 한다.

해 고려하는 원환 부분에서 유체는 원형의 형상으로 움직인다. 속도와 압력에 대한 합리적인 가정은 $v_\theta = v_\theta(r)$, $v_r = 0$, $v_z = 0$과 $p = p(r, z)$이다. 중력 때문에 p는 z에 의존하고 원심력 때문에 r에 의존할 것이라 기대한다.

이들 가정에 대해 연속방정식의 모든 항은 0이 되며, 운동방정식의 성분은

r-성분
$$-\rho \frac{v_\theta^2}{r} = -\frac{\partial p}{\partial r} \tag{3.6-20}$$

θ-성분
$$0 = \frac{d}{dr}\left(\frac{1}{r}\frac{d}{dr}(r v_\theta)\right) \tag{3.6-21}$$

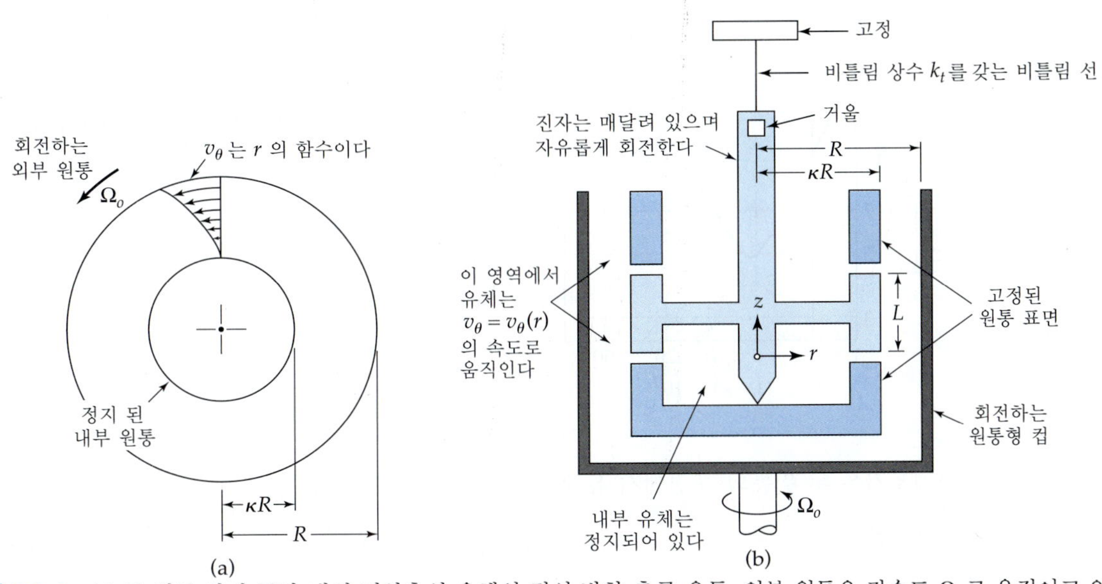

그림 3.6-1 (a) 두 원통 사이 공간 내의 비압축성 유체의 접선 방향 층류 유동. 외부 원통은 각속도 Ω_0로 움직이고 있다. (b) Couette 점도계의 그림. 정상상태 운전에서 컵의 각속도 Ω_0와 진자의 굴절각 θ_b를 측정한다. 식 3.6-31은 Ω_0와 돌림힘 $T_z = k_t\theta_b$의 항으로 점도μ를 나타낸다.

z–성분
$$0 = -\frac{\partial p}{\partial z} - \rho g \tag{3.6-22}$$

로 단순화된다. 두 번째 식으로부터 속도분포를 구할 수 있다. 세 번째 식으로부터 압력에 대한 중력의 영향을 구할 수 있으며(정역학 효과), 첫 번째 식은 원심력이 압력에 어떤 영향을 미치는지 말해 준다. 곁에 두고 있는 문제에 대해서는 단지 운동방정식의 θ–성분만 필요하다.[2]

초보자는 미분방정식의 해를 구하기 전에 식 3.6-21 내의 미분을 수행하는 것에 위압적인 충동을 느끼게 될 것이지만, 이는 하지 않아도 된다. 해야 하는 모든 것은 다음과 같이 "껍질을 벗겨내듯" – 마치 옷을 벗는 것과 같이 – 한번에 하나의 조작을 하는 것이다.

$$v_\theta = \frac{1}{2}C_1 r + \frac{C_2}{r} \tag{3.6-26}$$

$$rv_\theta = \frac{1}{2}C_1 r^2 + C_2 \tag{3.6-25}$$

$$\frac{d}{dr}(rv_\theta) = C_1 r \tag{3.6-24}$$

$$\frac{1}{r}\frac{d}{dr}(rv_\theta) = C_1 \tag{3.6-23}$$

2 이 계에 대한 $p(r, z)$을 얻는 방법에 대해서는 R. B. Bird, C. F. Curtiss, and W. E. Stewart, *Chem. Eng. Sci.*, **11**, 114-117 (1959)를 보시오. 정상상태 분포에 시간 의존성의 수립은 R. B. Bird and C. F. Curtiss, *Chem. Eng. Sci.*, **11**, 108-113 (1959)에 주어져 있다.

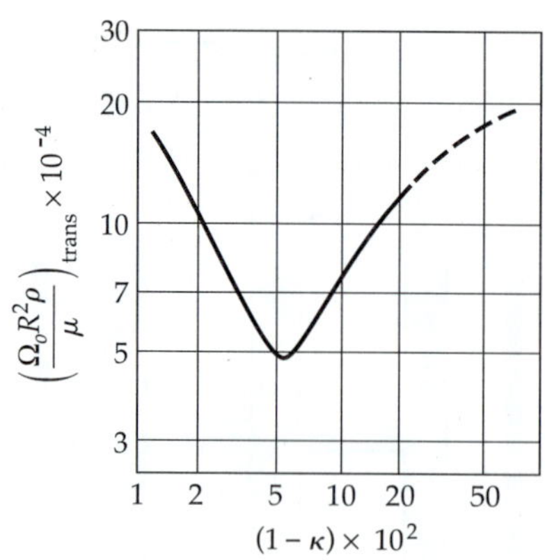

그림 3.6-2 외부 원통이 회전하고 내부 원통이 고정되어 있는 원환 내의 접선 방향 유동에 대한 임계 Reynolds 수 [H. Schlichting, *Boundary Layer Theory*, McGraw-Hill, New York (1955), p.357].

경계조건은 두 원통의 표면에서 유체가 미끄러지지 않는다는 것이다.

경계조건 1 $\qquad r = \kappa R$에서 $\quad v_\theta = 0 \qquad$ (3.6-27)

경계조건 2 $\qquad r = R$ 에서 $\quad v_\theta = \Omega_o R \qquad$ (3.6-28)

이들 경계조건을 식 3.6-26에 대입하여 적분 상수를 얻는 데 사용할 수 있으며, 속도분포는

$$v_\theta = \Omega_o R \frac{\left(\dfrac{r}{\kappa R} - \dfrac{\kappa R}{r}\right)}{\left(\dfrac{1}{\kappa} - \kappa\right)} \qquad (3.6\text{-}29)$$

로 주어진다. 분자와 분모에 유사한 항을 갖는 형태로 결과를 씀으로써 두 경계조건을 만족하며, 식은 차원적으로 모순되지 않는다는 것이 명백해진다.

표 B.1을 사용하여 속도분포로부터 운동량 플럭스를 구할 수 있다.

$$\tau_{r\theta} = -\mu r \frac{d}{dr}\left(\frac{v_\theta}{r}\right) = -2\mu\Omega_o\left(\frac{R}{r}\right)^2\left(\frac{\kappa^2}{1-\kappa^2}\right) \qquad (3.6\text{-}30)$$

그러면 내부 원통에 작용하는 돌림힘은 다음과 같이 내부로 향하는 운동량 플럭스 $(-\tau_{r\theta})$, 원통의 표면적과 지렛대의 팔 길이를 곱하면 된다

$$T_z = (-\tau_{r\theta})|_{r=\kappa R} \cdot 2\pi\kappa RL \cdot \kappa R = 4\pi\mu\Omega_o R^2 L\left(\frac{\kappa^2}{1-\kappa^2}\right) \qquad (3.6\text{-}31)$$

또 돌림힘은 $T_z = k_t\theta_b$로 주어진다. 그러므로 컵의 각속도와 진자의 각편향을 측정하면 점도의 결정이 가능하게 된다. 다른 회전형 점도계에 대해서도 같은 종류의 분석이 가능하다.[3]

어떤 점도계에 대해서도 난류가 언제 일어날 것이라는 것을 아는 것은 필수적이다. 계가

[3] J. R. VanWazer, J. W. Lyons, K. Y. Kim, and R. E. Colwell, *Viscosity and Flow Measurement*, Wiley, New York (1963); K. Walters, *Rheometry*, Chapman and Hall, London (1975).

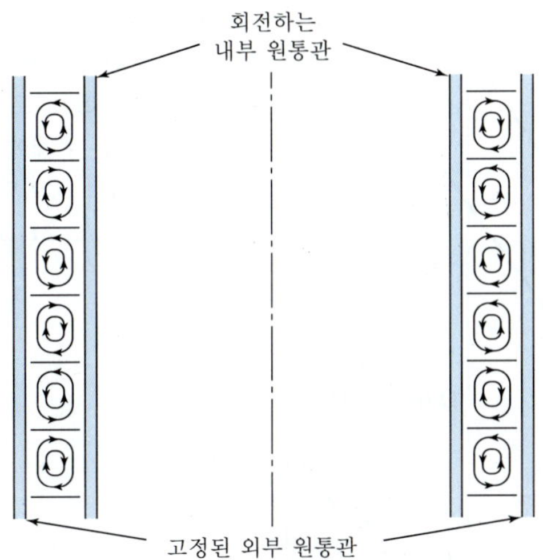

그림 3.6-3 서로 반대 방향으로 회전하는 두 원통 사이 원환 공간에 볼 수 있는 Taylor 와류라 불리는 토로이드형 와류. 유선은 원통의 공통 축 주위를 둘러 싼 축을 갖는 나선형 형태를 갖는다. 이는 그림 3.5-4(b)에 대응한다.

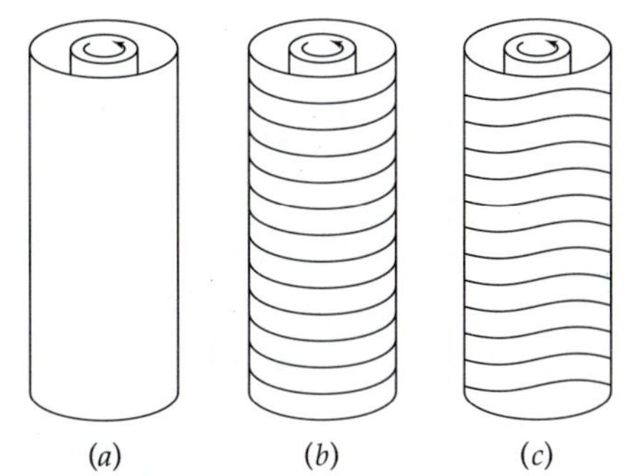

그림 3.6-4 두 원통 사이 원환 공간에서 관찰할 수 있는 현상을 보여주는 그림: (a) 순수한 접선 유동; (b) 주기적 단일 유동(Taylor 와류); (c) 물결치는 운동이 Taylor 와류에 중첩되는 주기적 이중 유동.

그 이상에서는 난류로 되는 임계 Reynolds 수 $(\Omega_0 R^2 \rho/\mu)_{\text{crit}}$는 그림 3.6-2에서 보는 바와 같이 반지름 비 κ의 함수이다.

만약 외부 원통을 고정하고 내부 원통을 각속도 Ω_i (하첨자 i는 내부를 나타낸다)로 회전시킨다면 무슨 일이 일어나는지 물을 것이다. 그러면 속도분포는

$$v_\theta = \Omega_i \kappa R \frac{\left(\dfrac{R}{r} - \dfrac{r}{R}\right)}{\left(\dfrac{1}{\kappa} - \kappa\right)} \tag{3.6-32}$$

로 된다. 이는 동일한 가정을 사용하고 다른 집합의 경계조건을 갖는 동일한 미분방정식을 풀어 얻게 된다.

식 3.6-32는 작은 값의 Ω_i에 대한 유동을 정확하게 표현하고 있다. 그러나 Ω_i가 임계값 ($\kappa \approx 1$에 대해 $\Omega_{i,\text{crit}} \approx 41.3(\mu(R^2(1-\kappa)^{3/2}\rho))$에 도달하게 되면 유체는 1차(접선) 유동에 중첩되고 축 방향으로 주기적인 2차 유동이 발달하게 된다. 그림 3.6-3과 3.6-4(b)에 도시된 바와 같이 Taylor 와류라 불리는 토로이드형 와류의 대단히 깔끔한 계가 형성된다. 이들 와류의 중심 궤적은 원통의 공통 축 위에 중심이 위치한 원이며, 여전히 층류를 보이지만, 문제를 시작할 때 설정한 가정과는 확실히 모순된다. 각속도 Ω_i가 더 증가하게 되면 와류 중심의 궤적은 움직이는 파동이 된다. 즉, 이에 더하여 유동은 접선 방향으로 주기적이 된다[그림

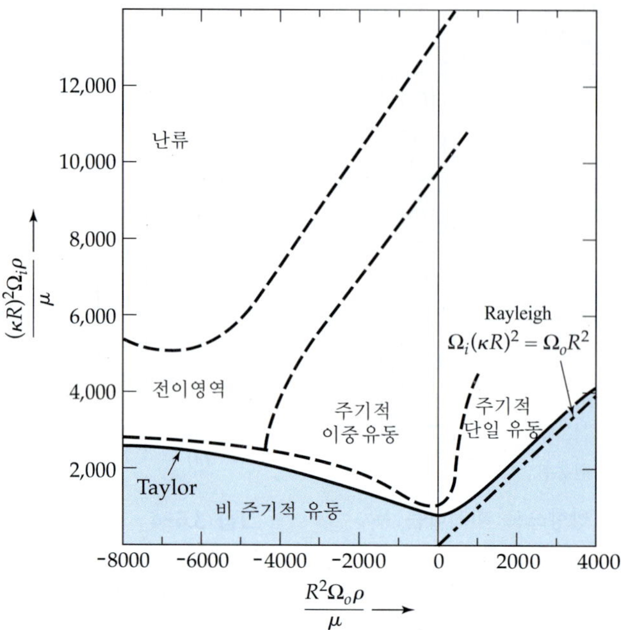

그림 3.6-5 두 개의 동축 원통 사이의 유동에 대한 유동 지배 형태 그림. "Rayleigh"로 표시된 직선은 점성이 없는 유체에 대한 Rayleigh 경의 해석적 해이다.[D. Coles, *J. Fluid Mech.*, **21**, 385-425 (1965) 참조.]

3.6-4(c) 참조]. 더욱이 움직이는 파동의 각속도는 근사적으로 $\frac{1}{3}\Omega_i$이다. 각속도 Ω_i가 더욱 더 증가하게 되면 유동은 난류가 된다. 그림 3.6-5는 내부와 외부 원통이 둘 다 회전하면서 특정 장치와 특정 유체에 대해 결정되는 다양한 유동 형태를 보여주고 있으며, 이 그림은 겉보기로는 단순한 계가 어떻게 복잡하게 되는지 설명하고 있다. 더 상세한 내용은 어디서든지 볼 수 있을 것이다.[4,5]

앞의 논의는 직관적인 가정이 엄청나게 잘못 인도할 것이라는 준엄한 경고를 하고 있다. 우리들 대부분은 바로 앞에서 설명된 한 개나 두 개의 주기적 해를 가정하는 것에 대한 생각은 하지 않았을 것이다. 그럼에도 불구하고 이 해는 Navier-Stokes 방정식에 포함되어 있다. 그러나 불안정성과 여러 유동 형태 사이의 전이를 포함하는 문제는 대단히 복잡하므로, 이

[4] 이 주제에 대한 초기 연구는 나일강 위 지붕이 있는 배에서 집필한 *Theory of Sound*로 음파 분야를 집대성한 **John William Strutt (Rayleigh 경)** (1842-1919)에 의해 수행되었다. Taylor 불안정성에 관한 몇 가지 독창적인 참고문헌은 J. W. Strutt (Lord Rayleigh), *Proc. Roy. Soc.*, **A93**, 148-154 (1916); G. I. Taylor, Phil. Trans., **A223**, 289-343 (1923)과 *Proc. Roy. Soc.*, **A157**, 546-564 (1936); P. Schultz-Grunow and H. Hein, *Zeits. Flugwiss*, **4**, 28-30 (1956); D. Coles, J. *Fluid Mech*., **21**, 385-425 (1965) 등이 있다. 또 R. P. Feynmann, R. B. Leighton, and M. Sands, *The Feynmann Lectures in Physics*, Addison-Wesley, Reading, MA (1964), 41-6절을 보시오.

[5] Taylor 불안정성 뿐만 아니라 다른 유동계 내의 불안정성에 관한 다른 참고문헌은 L. D. Landau and E. M. Lifshitz, *Fluid Mechanics*, Pergamon, Oxford, 2nd edition (9187), pp. 99-106; S. Chandrasekhar, *Hydrodynamic and Hydromagnetic Stability*, Pergamon, Oxford, 2nd edition (1987), pp. 272-342; H. Schlichting and K. Gerstein, *Boundary Layer Theory*, 8th edition (2000), 15장; P. G. Drazin and W. H. Reid, *Hydrodynamic Stability*, Cambridge University Press (1981); M. Van Dyke, *An Album of Fluid Motion*, Parabolic Press, Standford (1982)를 보시오.

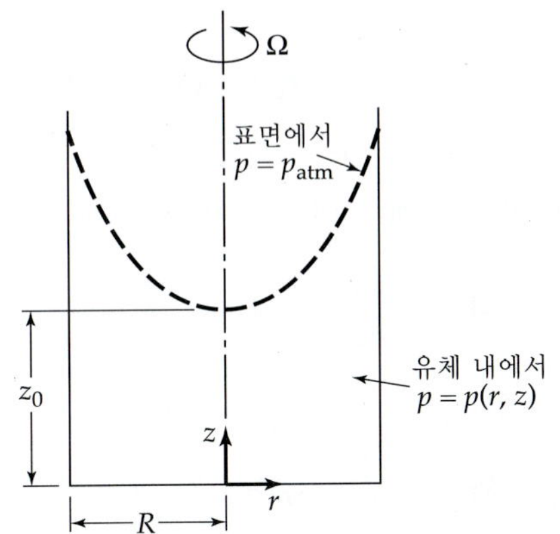

그림 3.6-6 회전 포물면 모양의 자유 표면을 가지며 회전하는 액체

를 설명하기 위해 실험과 이론을 결합하여 해석하는 것이 필요하다. 이론만으로는 아직 모든 답을 줄 수가 없고, 답을 얻기 위해서는 장시간 동안 조심스럽게 제어된 실험이 필요하다.

예제 3.6-4 회전하는 액체의 표면 모양

그림 3.6-6에서 보는 바와 같이 일정한 밀도와 점도를 갖는 액체가 반지름이 R인 원통형 용기 속에 있으며, 용기는 자체 축에 대해 각속도 Ω로 회전하고 있다. 원통 축이 수직이므로 $g_r = 0$, $g_\theta = 0$ 이고 $g_z = -g$이며, g는 중력 가속도의 크기이다. 정상상태에 도달하였을 때 액체의 자유 표면 모양을 구하시오.

해 이 문제에 대해서는 원통형 좌표가 적합하고, 변화방정식은 표 B.4와 B.6에 주어져있다. 정상상태에서 v_r과 v_z는 둘 다 0이고 v_θ는 단지 r에만 의존한다고 가정하며, 또 p는 중력 때문에 z에 의존하고 원심력 때문에 θ에 의존하는 것이 아니고 r에 의존한다고 가정한다.

이들 가정을 적용하면 연속방정식은 0 = 0이 되며, 운동방정식은

r-성분
$$-\rho \frac{v_\theta^2}{r} = -\frac{\partial p}{\partial r} \tag{3.6-33}$$

θ-성분
$$0 = \mu \frac{d}{dr}\left(\frac{1}{r}\frac{d}{dr}(rv_\theta)\right) \tag{3.6-34}$$

z-성분
$$0 = -\frac{\partial p}{\partial z} - \rho g \tag{3.6-35}$$

가 된다. 운동방정식의 θ-성분을 적분하면

$$v_\theta = \frac{1}{2}C_1 r + \frac{C_2}{r} \tag{3.6-36}$$

이 된다. 여기서 C_1과 C_2는 적분 상수이다. $r = 0$에서 v_θ는 무한대가 아니기 때문에 상수 C_2는 반드시 0이 된다. $r = R$에서 속도 v_θ는 $R\Omega$이므로 $C_1 = 2\Omega$이고

$$v_\theta = \Omega r \tag{3.6-37}$$

이 된다. 이것은 회전하는 액체의 각 요소는 강체의 한 요소처럼 움직인다는 것을 보여주고 있다(사실 액체가 강체처럼 회전한다고 가정하고 바로 식 3.6-37을 쓸 수도 있었다). 식 3.6-37의 결과를 식 3.6-33에 대입하면, 압력 구배에 대한 두 개의 식을 얻는다:

$$\frac{\partial p}{\partial r} = \rho\Omega^2 r \quad \text{와} \qquad \frac{\partial p}{\partial z} = -\rho g \tag{3.6-38, 39}$$

이들 식 각각은 다음과 같이 적분할 수 있다.

$$p = \tfrac{1}{2}\rho\Omega^2 r^2 + f_1(\theta, z) \quad \text{와} \qquad p = -\rho g z + f_2(r, \theta) \tag{3.6-40, 41}$$

여기서 f_1과 f_2는 임의의 적분 함수이다. P가 θ에 의존하지 않는다고 가정하였으므로 $f_1 = -\rho g z + \text{C}$ 와 $f_2 = \frac{1}{2}\rho\Omega^2 r^2 + \text{C}$를 선택할 수 있으며, 여기서 C는 상수이고 식 3.6-38과 39를 만족한다. 그러므로 이들 식의 해는

$$p = -\rho g z + \tfrac{1}{2}\rho\Omega^2 r^2 + \text{C} \tag{3.6-42}$$

의 형태를 갖는다. 상수 C는 $r = 0$와 $z = z_0$에서 $p = p_{\text{atm}}$ 라고 놓음으로써 결정할 수 있으며, $z = z_0$ 는 $r = 0$에서 액체의 표면 높이이다. 이 방법으로 C가 구해지면,

$$p - p_{\text{atm}} = -\rho g(z - z_0) + \tfrac{1}{2}\rho\Omega^2 r^2 \tag{3.6-43}$$

을 얻는다. 이 방정식은 액체 내 모든 점에서의 압력을 나타낸다. 바로 액체–기체 표면에서 $p = p_{\text{atm}}$이므로 이를 식 3.6-43에 대입하면 액체–기체 계면의 모양이 얻어진다:

$$z - z_0 = \left(\frac{\Omega^2}{2g}\right) r^2 \tag{3.6-44}$$

이는 포물선 방정식이다. 회전하는 원환 용기 내에 놓여있는 액체의 자유 표면도 비슷한 관계식을 따른다는 것을 증명할 수 있을 것이다.

예제 3.6-5 천천히 회전하는 구 부근의 유동

반지름이 R인 고체 구가 정지된 많은 양의 유체 내에서 일정한 각속도 Ω로 천천히 회전하고 있다(그림 3.6-7 참조). 유체 내의 압력과 속도분포 및 운동을 유지하는 데 필요한 돌림힘 T_z에 대한 식을 수립하시오. 구가 충분히 천천히 회전하므로 식 3.5-8의 운동방정식의 미동 유동형을 사용하는 것이 적절하다고 가정한다. 이 문제는 구형 좌표에서 문제를 수립하고 해석하시오.

해 구형 좌표에서 연속방정식과 운동방정식은 표 B.4 와 B.6에 각각 주어져 있다. 정상상태의 미동 유동에 대한 속도분포는 $\mathbf{v} = \boldsymbol{\delta}_\phi v_\phi(r, \theta)$의 일반적인 형태를 가지며, 수정된 압력은 $\mathscr{P} = \mathscr{P}(r, \theta)$의 형태를 갖는다고 가정한다. 해는 z-축에 대해 대칭이므로, 각 θ에 대해서는 의존하

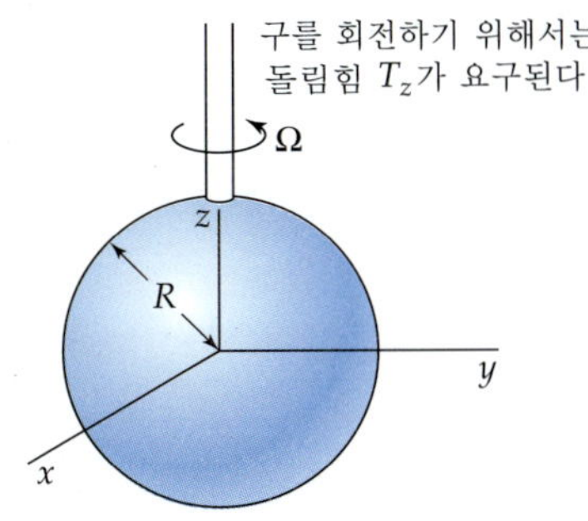

그림 3.6-7 무한히 펼쳐진 유체 내의 천천히 회전하는 구. 일차 유동은 $v_\phi = \Omega R(R/r)^2 \sin\theta$이다.

지 않는다.

이러한 가정들을 적용하면 연속방정식은 정확히 만족되고 미동 유동의 운동방정식 성분들은

r-성분 $$0 = -\frac{\partial \mathscr{P}}{\partial r} \tag{3.6-45}$$

θ-성분 $$0 = -\frac{1}{r}\frac{\partial \mathscr{P}}{\partial \theta} \tag{3.6-46}$$

ϕ-성분 $$0 = \frac{1}{r^2}\frac{\partial}{\partial r}\left(r^2 \frac{\partial v_\phi}{\partial r}\right) + \frac{1}{r^2}\frac{\partial}{\partial \theta}\left(\frac{1}{\sin\theta}\frac{\partial}{\partial \theta}(v_\phi \sin\theta)\right) \tag{3.6-47}$$

이 된다. 경계조건은

경계조건 1: $r = R$ 에서 $v_r = 0, v_\theta = 0, v_\phi = R\Omega \sin\theta$ (3.6-48)

경계조건 2: $r \to \infty$ 일 때 $v_r \to 0, v_\theta \to 0, v_\phi \to 0$ (3.6-49)

경계조건 3: $r \to \infty$ 일 때 $\mathscr{P} \to p_0$ (3.6-50)

과 같이 요약될 수 있고, 여기서 $\mathscr{P} = p + \rho g z$이며, p_0는 $z = 0$에서 구로부터 멀리 떨어진 곳의 유체의 압력이다.

식 3.6-47은 $v_\phi(r, \theta)$에 대한 편미분방정식이다. 이를 풀기 위해 $v_\phi = f(r)\sin\theta$ 형태의 해를 시험해 보고자 한다. 이것은 추정에 불과하지만 식 3.6-48의 경계조건을 만족한다. 속도분포에 대한 이 시행 해를 식 3.6-47에 대입하면 $f(r)$에 대한 다음 상미분방정식을 얻는다:

$$\frac{d}{dr}\left(r^2 \frac{df}{dr}\right) - 2f = 0 \tag{3.6-51}$$

이는 시행 해를 $f = r^n$로 가정함으로써 해를 구할 수 있는 "등차원 방정식"이다(식 C.1-14를 보시오). 이 시행 해를 식 3.6-51에 대입하면 $n = 1, -2$를 얻는다. 그러면 식 3.6-51의 해는

$$f = C_1 r + \frac{C_2}{r^2} \tag{3.6-52}$$

가 되고, 속도분포는

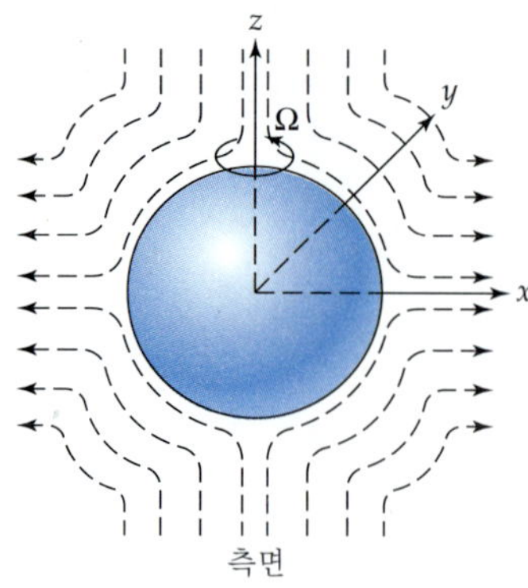

그림 3.6-8 Reynolds 수가 증가할 때 회전하는 구의 주위에 나타나는 이차 유동을 보여주는 개략적 그림.

$$v_\phi(r, \theta) = \left(C_1 r + \frac{C_2}{r^2}\right)\sin\theta \tag{3.6-53}$$

이 된다. 경계조건들을 적용하면 $C_1 = 0$, $C_2 = \Omega R^3$이 되므로 속도분포에 대한 최종식은

$$v_\phi = \Omega R\left(\frac{R}{r}\right)^2 \sin\theta \tag{3.6-54}$$

가 된다. 다음 구의 회전을 유지하는 데 필요한 돌림힘을 구하고자 한다. 이는 고체 표면 요소에 의해 유체에 작용하는 접선 방향의 힘 $(\tau_{r\phi}|_{r=R})R^2 \sin\theta d\theta d\phi$에 그 요소에 대한 지렛대 팔 길이 $R\sin\theta$를 곱한 것을 구 표면에 대해 적분한 것이다:

$$\begin{aligned} T_z &= \int_0^{2\pi}\int_0^{\pi} (\tau_{r\phi})|_{r=R}\,(R\sin\theta)R^2 \sin\theta d\theta d\phi \\ &= \int_0^{2\pi}\int_0^{\pi} (3\mu\Omega\sin\theta)(R\sin\theta)R^2\sin\theta d\theta d\phi \\ &= 6\pi\mu\Omega R^3 \int_0^{\pi} \sin^3\theta d\theta \\ &= 8\pi\mu\Omega R^3 \end{aligned} \tag{3.6-55}$$

첫째 줄에서 두 번째 줄로 전개하는 데 있어서는 표 B.1을 사용하였으며, 두 번째 줄에서 세 번째 줄로의 전개는 ϕ 변수 영역에 걸쳐 적분하였다. 세 번째 줄의 적분은 $\frac{4}{3}$이다.

각속도가 증가함에 따라 식 3.6-54의 "일차 유동"으로부터 편차가 일어나게 된다. 원심력 효과 때문에 그림 3.6-8에서 보는 바와 같이 유체는 구의 극 쪽으로 끌려 들어가게 되고 적도로부터 바깥으로 밀려나게 된다. 이 "이차 유동"을 설명하기 위해서는 운동방정식에 $[\mathbf{v}\cdot\nabla\mathbf{v}]$ 항을 포함시켜야 한다. 이는 흐름함수법을 사용함으로써 풀 수 있다.[6]

6 예를 들면 R. B. Bird, R. C. Armstrong, and O. Hassager, *Dynamics of Polymeric Liquids*, Vol. 1., Wiley-Interscience, New York, 2nd edition (1987), pp. 31-33에서 O. Hassager에 의한 전개를 보시오. 또 L. D. Landau and E. M. Lifshitz, *Fluid Mechanics*, Pergamon, Oxford, 2nd edition (1987), p. 65와 L. G • Leal, *Laminar Flow and Convective Transport Processes*, Butterworth-Heinemann, Boston (1992), pp. 180-181을 보시오.

3.7 변화방정식의 차원 해석

해석적으로 변화방정식을 풀어 해석할 수 없는 어떤 계를 통한 유동은 사진을 찍거나 실험 데이터를 얻거나 하는 방법으로 연구를 수행할 수 있다고 하자. 이와 같은 계의 예로 관 내의 오리피스 유량계를 통과하는 유체의 유동이 있다(이것은 관 내에 위치한 가운데에 구멍이 난 원판과 그 원판의 상류와 하류의 압력계로 구성된다). 정확하게 동일한 유동 양상[그러나 적절하게 대형화(혹은 소형화) 된]이 일어나는 새로운 계를 구성하기 위해 이제 실험계를 대형화(혹은 소형화) 하자면 무엇보다도 먼저 **기하학적 유사성**을 갖는 것이 필요하다. 즉 원래 계와 대형화(혹은 소형화)된 계 내의 관과 오리피스 판의 모든 치수 비가 같아야만 한다. 이에 더하여 **동력학적 유사성**을 가져야 한다. 즉 미분방정식과 경계조건 내의 무차원 군(Reynolds 수와 같은)이 동일하여야 한다. 동력학적 유사성에 대한 연구는 경계조건 및 초기조건과 함께 변화방정식을 무차원 형태[1,2]로 씀으로써 잘 이해된다.

간단히 하기 위해 여기서는 변화방정식이 식 3.1-5와 3.5-7로 주어지는 일정한 밀도와 점도를 갖는 유체에 대한 논의로 제한하고자 한다.

$$(\nabla \cdot \mathbf{v}) = 0 \tag{3.7-1}$$

$$\rho \frac{D}{Dt}\mathbf{v} = -\nabla\mathscr{P} + \mu\nabla^2\mathbf{v} \tag{3.7-2}$$

대부분의 유동계에서는 다음의 척도 인자로 확인할 수 있다: 특성 길이 l_0, 특성 속도 v_0, 수정된 특성 압력 $\mathscr{P}_0 = p_0 + \rho g h_0$ (예를 들면 이들은 관의 지름, 평균 유속과 관 출구에서의 수정된 압력이었을 것이다). 그러면 다음과 같이 무차원 변수와 미분 연산자를 정의할 수 있다.

$$\breve{x} = \frac{x}{l_0} \qquad \breve{y} = \frac{y}{l_0} \qquad \breve{z} = \frac{z}{l_0} \qquad \breve{t} = \frac{v_0 t}{l_0} \tag{3.7-3}$$

$$\breve{\mathbf{v}} = \frac{\mathbf{v}}{v_0} \qquad \breve{\mathscr{P}} = \frac{\mathscr{P} - \mathscr{P}_0}{\rho v_0^2} \text{ 또는 } \breve{\mathscr{P}} = \frac{\mathscr{P} - \mathscr{P}_0}{\mu v_0 / l_0} \tag{3.7-4}$$

$$\breve{\nabla} = l_0\nabla = \boldsymbol{\delta}_x(\partial/\partial\breve{x}) + \boldsymbol{\delta}_y(\partial/\partial\breve{y}) + \boldsymbol{\delta}_z(\partial/\partial\breve{z}) \tag{3.7-5}$$

$$\breve{\nabla}^2 = l_0^2\nabla^2 = (\partial^2/\partial\breve{x}^2) + (\partial^2/\partial\breve{y}^2) + (\partial^2/\partial\breve{z}^2) \tag{3.7-6}$$

$$D/D\breve{t} = (l_0/v_0)(D/Dt) \tag{3.7-7}$$

---

1 G. Birkhoff, *Hydrodynamics*, Dover, New York (1955), IV장. 우리의 차원 해석 절차는 Birkhoff의 "완전한 진단 해석"에 대응한다.

2 R. W. Powell, *An Elementary Text in Hydraulics and Fluid Mechanics*, Macmillan, New York (1951), VIII장; 및 H. Rouse and S. Ince, *History of Hydraulics*, Dover, New York (1963)은 무차원 군과 이름을 붙인 사람들에 관한 흥미로운 역사적 내용을 포함하고 있다.

무차원 압력에 대한 두 가지 선택을 제안하였다. 첫째는 큰 Reynolds 수에서 편리한 것이고 둘째는 작은 Reynolds 수에서 편리한 것이다. 식 3.7-1과 3.7-2의 변화방정식을 무차원 양에 관해 다시 쓰면, 이들은

$$(\breve{\nabla} \cdot \breve{\mathbf{v}}) = 0 \tag{3.7-8}$$

$$\frac{D}{D\breve{t}}\breve{\mathbf{v}} = -\breve{\nabla}\breve{\mathscr{P}} + \left[\!\left[\frac{\mu}{l_0 v_0 \rho}\right]\!\right]\breve{\nabla}^2\breve{\mathbf{v}} \tag{3.7-9a}$$

또는

$$\frac{D}{D\breve{t}}\breve{\mathbf{v}} = -\left[\!\left[\frac{\mu}{l_0 v_0 \rho}\right]\!\right]\breve{\nabla}\breve{\breve{\mathscr{P}}} + \left[\!\left[\frac{\mu}{l_0 v_0 \rho}\right]\!\right]\breve{\nabla}^2\breve{\mathbf{v}} \tag{3.7-9b}$$

로 된다.

이들 무차원 방정식에는 하나의 무차원 군에 l_0, v_0, ρ 및 μ의 4가지 척도 인자가 나타난다. 이 무차원 군의 역수에 유명한 유체역학자[3]의 이름을 따서 붙였다.

$$\mathrm{Re} = \left[\!\left[\frac{l_0 v_0 \rho}{\mu}\right]\!\right] = \text{Reynolds 수} \tag{3.7-10}$$

이 무차원 군의 크기는 유체계 내의 관성력과 점성력의 상대적인 중요도를 나타내고 있다.

식 3.7-9에 주어진 운동방정식의 두 가지 형태로부터 3.5절에서 주어진 Navier-Stokes 방정식의 특수한 형태에 대한 올바른 견해를 갖게 될 것이다. 식 3.7-9a는 $\mathrm{Re} \to \infty$일 때 식 3.5-9의 Euler 식이 되고, 식 3.7-9b는 $\mathrm{Re} \ll 1$일 때 식 3.5-8의 미동 유동식이 된다. 이들의 적용 영역과 운동방정식의 다른 점근적인 형태는 4.3절과 4.4절에서 더 다루게 될 것이다.

추가적인 무차원 군은 경계조건 및 초기조건에서 나타날 것이다. 유체-유체의 계면을 갖는 문제에서 나타나는 두 개의 무차원 군은

$$\mathrm{Fr} = \left[\!\left[\frac{v_0^2}{l_0 g}\right]\!\right] = \text{Froude 수} \tag{3.7-11}$$ [4]

$$\mathrm{We} = \left[\!\left[\frac{l_0 v_0^2 \rho}{\sigma}\right]\!\right] = \text{Weber 수} \tag{3.7-12}$$ [5]

이다. 이들 중 전자는 중력 가속도 g를 포함하고 있으며 후자는 문제 3C.5에서 설명된 바와 같이 경계조건 내에 들어 있는 계면장력 σ를 포함하고 있다. 유동계의 길이비와 같은 다른

---

[3] 2.2절의 각주 1을 보시오.

[4] **William Froude** (1810-1879) ("food"와 운이 맞다) 옥스포드에서 공부하고 철도와 증기선과 관련된 토목 공학자로 일을 하였다. Froude 수는 때로는 식 3.7-11에 주어진 군의 제곱근으로 정의된다.

[5] **Moritz Weber** (1871-1951) ("Vayber"로 발음된다) 베를린의 해군 건축과의 교수였다. 표면장력을 포함하는 다른 무차원 군은 $\mathrm{Ca} = [\![\mu v_0/\sigma]\!]$로 정의되는 모세관 수이다.

[6] 이 예는 R. P. Feynman, R. B. Leighton, and M. Sands, *The Feynman Lectures on Physics*, Vol. II, Addison-Wesley, Reading, Mass. (1964), 41-4절.

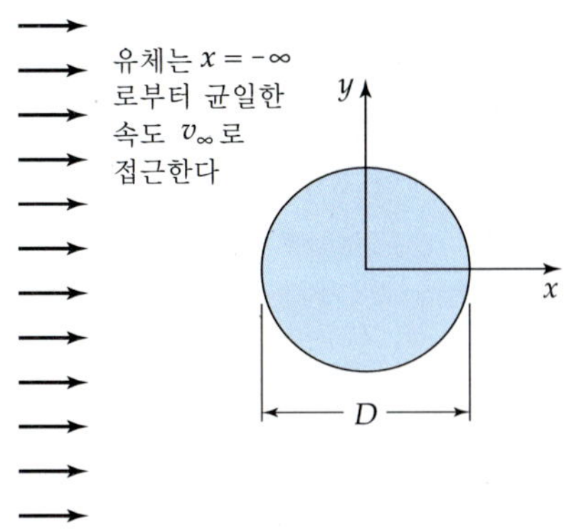

그림 3.7-1 원통 주위를 횡단하는 유동

무차원 군이 여전히 나타날 것이다.

예제 3.7-1 원통 주위를 횡단하는 유동[6]

원통을 지나는 비압축성 뉴튼 유체의 유동이 실험적으로 연구되었다. 유동의 양상과 압력 분포가 원통의 지름, 길이, 접근 속도 및 유체의 밀도와 점도에 어떻게 의존하는지 알고자 한다. 어떻게 하면 필요한 실험의 수가 최소가 될 것인지 보이시오.

해 해석을 위해 이상적인 유동계를 생각한다. 지름이 D, 길이가 L인 원통이 다른 언급이 없으면 일정한 밀도와 점도를 갖는 경계가 없는 무한 유체 내에 잠겨 있다. 초기에 유체와 원통은 둘 다 정지해 있다. 시간 $t = 0$에서 원통이 갑자기 v_∞의 속도로 음의 x 방향으로 움직이기 시작하였다. 그림 3.7-1에 도시된 바와 같이 원통 축에 고정된 좌표를 사용하여 그 결과로 일어나는 유체의 운동을 해석하고자 한다.

유동을 표현하는 미분방정식은 연속방정식(식 3.7-1)과 운동방정식(식 3.7-2)이 있다. 시간 $t = 0$에 대한 초기조건은

초기조건 　 만약 $x^2 + y^2 > \frac{1}{4}D^2$ 이거나 $|z| > \frac{1}{2}L$ 이면 　 $\mathbf{v} = \boldsymbol{\delta}_x v_\infty$ 　 (3.7-13)

이고, $t \geq 0$이고 모든 z에 대한 경계조건은

경계조건 1 　 $x^2 + y^2 + z^2 \to \infty$ 일 때 　 $\mathbf{v} \to \boldsymbol{\delta}_x v_\infty$ 　 (3.7-14)

경계조건 2 　 만약 $x^2 + y^2 \leq \frac{1}{4}D^2$ 이고 $|z| \leq \frac{1}{2}L$ 이면 　 $\mathbf{v} = 0$ 　 (3.7-15)

경계조건 3 　 $y = 0$ 에서 $x \to -\infty$ 일 때 　 $\mathscr{P} \to \mathscr{P}_\infty$ 　 (3.7-16)

이다.

이제 특성 길이 D, 속도 v_∞ 및 수정된 압력 $\mathscr{P}_\infty$로 무차원화된 변수에 관해 문제를 다시 쓴다. 결과적으로 무차원 변화방정식은

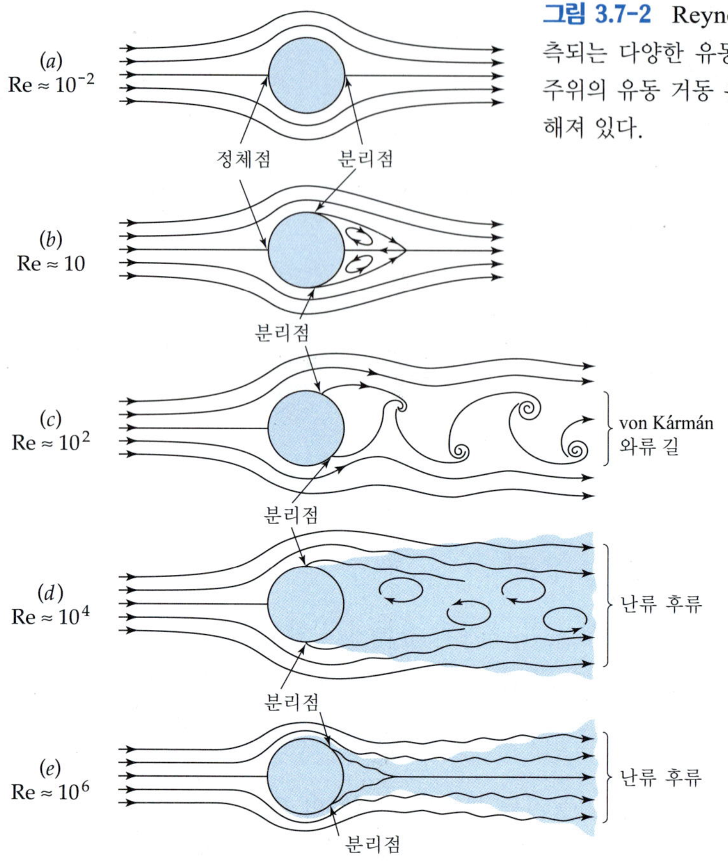

그림 3.7-2 Reynolds 수가 증가함에 따라 관측되는 다양한 유동 지배 형태를 보이는 원통 주위의 유동 거동 유형. 난류는 파란색으로 칠해져 있다.

$$(\breve{\nabla} \cdot \breve{\mathbf{v}}) = 0 \quad \text{및} \quad \frac{\partial \breve{\mathbf{v}}}{\partial \breve{t}} + [\breve{\mathbf{v}} \cdot \breve{\nabla}\breve{\mathbf{v}}] = -\breve{\nabla}\breve{\mathscr{P}} + \frac{1}{\text{Re}}\breve{\nabla}^2\breve{\mathbf{v}} \tag{3.7-17, 18}$$

이고, 여기서 $\text{Re} = Dv_\infty\rho/\mu$이다. 이에 대응하는 초기조건과 경계조건은

초기조건 만약 $\breve{x}^2 + \breve{y}^2 > \frac{1}{4}$ 이거나 $|\breve{z}| > \frac{1}{2}(L/D)$ 이면 $\breve{\mathbf{v}} = \boldsymbol{\delta}_x$ (3.7-19)

경계조건 1 $\breve{x}^2 + \breve{y}^2 + \breve{z}^2 \to \infty$ 일때 $\breve{\mathbf{v}} \to \boldsymbol{\delta}_x$ (3.7-20)

경계조건 2 만약 $\breve{x}^2 + \breve{y}^2 \leq \frac{1}{4}$ 이고 $|\breve{z}| \leq \frac{1}{2}(L/D)$이면 $\breve{\mathbf{v}} = 0$ (3.7-21)

경계조건 3 $\breve{x} \to -\infty$ 일때 $y = 0$ 에서 $\breve{\mathscr{P}} \to 0$ (3.7-22)

이다. 무차원 경계조건과 함께 무차원 변화방정식을 해석할 수 있을 정도로 현명하다면, 해는 다음 형태가 될 수 밖에 없음을 알 수 있을 것이다:

$$\breve{\mathbf{v}} = \breve{\mathbf{v}}(\breve{x}, \breve{y}, \breve{z}, \breve{t}, \text{Re}, L/D) \quad \text{및} \quad \breve{\mathscr{P}} = \breve{\mathscr{P}}(\breve{x}, \breve{y}, \breve{z}, \breve{t}, \text{Re}, L/D) \tag{3.7-23, 24}$$

즉, 무차원 속도와 수정된 무차원 압력은 무차원 매개변수 Re와 L/D 및 무차원 독립변수

$\breve{x}, \breve{y}, \breve{z}, \breve{t}$ 에만 의존한다.

이로써 문제의 차원 해석은 완료된다. 유동 문제를 풀지는 않았지만, 문제를 다시 진술하기 위해 편리한 무차원 변수의 집합을 결정하였으며 해의 형태를 제시하였다. 이 해석은 만약 원통을 지나는 유동에 대해 유동 양상을 우리가 분류하려 한다면 일련의 Reynolds 수 $\text{Re} = Dv_\infty\rho/\mu$와 L/D 값에 대해 기록(즉 사진으로) 하는 것으로써 충분할 것이라는 것을 보여주므로 L, D, v_∞, ρ와 μ의 역할을 분리해서 연구하는 것은 불필요하다. 이와 같은 단순화는 많은 시간과 비용을 절약하며, 문제를 수치해석적으로 해석하고자 할 때 수치해석적 결과를 도표화하는 데 있어 유사한 언급이 적용된다.[7,8]

실험은 위의 해석으로부터 벗어난 필요한 어떤 것을 포함하고 있다: 흐름은 크기에서 유한하며, 속도 요동이 초기 상태와 유체의 상류에 필연적으로 존재한다. 이 요동은 $\text{Re} < 1$ 일 때 원통 부근에서 빠르게 사라진다. Re가 40에 접근함에 따라 교란의 감쇠가 더 느려지며, 이 근사적 극한을 넘어서면 비정상상태의 유동이 항상 관찰된다.

그림 3.7-2에 보인 바와 같이 큰 $\breve{t}$ 에서 관찰되는 유동 양상은 Reynolds 수에 따라 매우 크게 변한다. (a)와 같이 $\text{Re} \ll 1$에서는 유동이 질서가 있고, Re가 10 정도에서는 (b)와 같이 원통 뒤에 한 쌍의 와류가 나타난다. 이런 형태의 유동 양상은 흐름선이 고체 표면으로부터 분리되어 두 개의 "분리점"이 나타날 때인 대략 $\text{Re} = 40$일 때까지 지속된다. 더 이상에서는 유동은 영구히 비정상상태가 된다. 와류들이 원통으로부터 "벗겨져 떨어지기" 시작하고 하류로 움직인다. Re가 더 증가하면 (c)와 같이 와류들은 원통의 서로 엇갈리는 면으로부터 규칙적으로 분리된다. 이와 같은 와류들의 규칙적 배열은 "von Kármán 와류 길"로 알려져 있다. 더 높은 Re 수에서는 (d)에 보는 바와 같이 원통의 후류에 불규칙적인 요동 운동(난류)이 생긴다. 마지막으로 10^6 부근의 Re에서는 난류가 분리점 상류에서 나타나며 (e)와 같이 후류가 갑자기 좁아진다. 분명히 마지막 세 개의 그림에서 보인 비정상상태의 유동은 변화방정식으로부터 계산하기 매우 어렵다. 실험적으로 유동을 관찰하고 그 결과를 식 3.7-23과 24에 관해 상관시키는 것이 훨씬 쉽다.

또 식 3.7-23과 24는 단일 실험으로부터 규모 확대에 사용될 수 있다. 지름이 $D_\text{I} = 5$ ft인 원통 주위를 접근 속도 $(v_\infty)_\text{I} = 30$ ft/s로 공기가 흐르는 유동 형태를 지름이 $D_\text{II} = 1$ ft인 척도 모델에 대한 실험을 통해 예측하기를 원한다고 가정하자. 동적 유사성을 갖기 위해 $\text{Re}_\text{II} = \text{Re}_\text{I}$와 같은 조건들을 선택해야 한다. 큰 계에서와 같은 유체를 작은 규모에서 사

7 Re가 대단히 작고 무한대의 L/D에서 이 문제의 해석 해는 L. Rosenhead (ed.), *Laminar Boundary Layers*, Oxford University Press (1963), IV장에서 검토되었다. 이 2차원 문제의 중요한 특징은 "미동 유동"의 해가 없다는 것이다. 그러므로 비록 $\text{Re} \to 0$ 으로 되는 극한일지라도 운동방정식에서 $[\mathbf{v}\cdot\nabla\mathbf{v}]$항이 포함되어야만 한다(문제 3B.9 참조). 구 주위와 다른 유한한 3차원 물체 주위를 흐르는 느린 유동에 대한 경우와 극명하게 대비된다.

8 긴 원통 주위를 흐르는 유동에 대한 컴퓨터 연구에 대해서는 F. H. Harlow and J. E. From, *Scientific American*, **212**, 104-110 (1965)와 S. J. Sherwin and G. E. Karniadakis, *Comput. Math.*, **123**, 189-229 (1995)를 보시오.

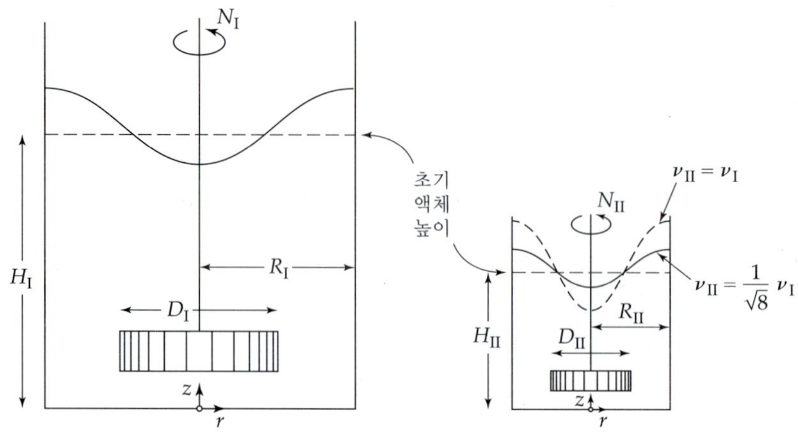

그림 3.7-3 오랜 시간 평균한 $\text{Re}_I = \text{Re}_{II}$ 인 자유 표면 형상.

용하면 $\mu_{II}/\rho_{II} = \mu_I/\rho_I$이 되고, 작은 규모 모델에서 요구되는 공기 속도는 $(v_\infty)_{II} = 150$ ft/s가 됨을 알 수 있다. Reynolds 수를 같게 하면, 모델에서와 실제 규모 계에서의 유동 형태가 같게 보일 것이다. 즉, 그것들은 기하학적 및 동력학적으로 유사하다.

더욱이 Re가 주기적인 와류를 형성하는 범위에 있으면 와류들 사이의 무차원 시간 간격 $t_v v_\infty/D$도 두 계에서 같을 것이다. 그러므로 와류들은 모델에서 실제 규모 계의 25 배 빠르게 떨어질 것이다. 약 10^2에서 10^4까지의 Reynolds 수에서 와류 탈피의 규칙성은 큰 배관계에서 정확한 유동 계량에 상업적으로 이용된다.

예제 3.7-2 교반 탱크 내의 정상상태 유동

그림 3.7-3에 도시된 바와 같은 방해판이 없는 큰 기름 탱크 내의 유동 거동을 임펠러의 회전속도의 함수로 예측하고자 하며, 이를 작고, 기하학적으로 유사한 계에서 모델 실험을 수행함으로써 달성하고자 한다. 직접적으로 예측하기 위해 모델 연구에 필요한 조건들을 결정하시오.

해 총괄 지름이 D인 임펠러가 중심에 위치한 반지름이 R인 탱크를 생각한다. 시간 $t = 0$에서 계는 정지되어 있고 탱크 바닥으로부터 높이 H까지 액체가 채워져 있으며, 시간 $t = 0$ 직후 임펠러는 분 당 N 회전의 일정한 속도로 회전하기 시작한다. 액체 표면에 대한 대기의 항력은 무시하며, 임펠러의 형상과 초기 위치는 함수 $S_{imp}(r, \theta, z) = 0$로 표현된다.

유동은 초기조건

$$t = 0 \text{ 일 때 } 0 \le r < R \text{ 와 } 0 < z < H \text{ 에 대해 } \mathbf{v} = 0 \qquad (3.7\text{-}25)$$

와 액체 영역에 대한 다음의 경계조건:

탱크 바닥	$z = 0$ 일 때 $0 \leq r < R$ 에서 $\mathbf{v} = 0$	(3.7-26)
탱크 벽	$r = R$ 에서 $\mathbf{v} = 0$	(3.7-27)
임펠러 표면	$S_{\text{imp}}(r, \theta - 2\pi Nt, z) = 0$ 에서 $\mathbf{v} = 2\pi Nr\boldsymbol{\delta}_\theta$	(3.7-28)
기체-액체 계면	$S_{\text{int}}(r, \theta, z, t) = 0$ 에서 $(\mathbf{n} \cdot \mathbf{v}) = 0$	(3.7-29)
	및 $\mathbf{n}p + [\mathbf{n} \cdot \boldsymbol{\tau}] = \mathbf{n}p_{\text{atm}}$	(3.7-30)

과 함께 식 3.7-1과 2에 의해 지배된다. 식 3.7-26에서 28까지는 안 미끄러짐과 비투과 조건이다; 표면 $S_{\text{imp}}(r, \theta-2\pi Nt, z) = 0$는 Nt 회전 후 임펠러의 위치를 나타낸다. 식 3.7-29는 $S_{\text{int}}(r, \theta, z, t) = 0$에 의해 표현되며 국부 단위 수직 벡터 $\mathbf{n}$을 갖는 기체-액체 계면을 통과하는 질량 유동이 없다는 조건이다. 식 3.7-30은 기체 측의 점성 기여가 무시되는 계면 요소에 대한 힘 수지(또는 운동량 훌럭스 텐서 $\boldsymbol{\pi}$의 수직 성분의 연속에 대한 표현)이다. 이 계면은 초기에 $z = H$인 평면에서 정지해 있으며, 그 후의 계면 운동은 비록 모든 유체 요소의 초기 조건과 결과로 일어나는 가속 $D\mathbf{v}/Dt$를 표현하는 이 방정식 계의 수치해에 의해 원칙적으로 예측 가능하지만 측정에 의해 가장 잘 얻어진다.

다음 무차원 극 좌표 $\breve{r} = r/D$, θ, 및 $\breve{z} = z/D$와 함께 특성 양 $v_0 = ND$, $l_0 = D$ 및 $\mathscr{P}_0 = p_{\text{atm}}$을 사용하여 방정식들을 무차원화 한다. 그러면 연속방정식과 운동방정식은 $\text{Re} = D^2N\rho/\mu$를 갖는 식 3.7-8과 9와 같이 된다. 초기조건은

$$\breve{t} = 0 \text{에서 } \breve{r} = \left[\!\left[\frac{R}{D}\right]\!\right] \text{와 } 0 < \breve{z} < \left[\!\left[\frac{H}{D}\right]\!\right] \text{에 대해 } \breve{\mathbf{v}} = 0 \tag{3.7-31}$$

의 형태를 갖고, 경계조건은

탱크 바닥	$\breve{z} = 0$ 와 $0 < \breve{r} < \left[\!\left[\frac{R}{D}\right]\!\right]$ 에서	$\breve{\mathbf{v}} = 0$	(3.7-32)
탱크 벽	$\breve{r} = \left[\!\left[\frac{R}{D}\right]\!\right]$ 에서	$\breve{\mathbf{v}} = 0$	(3.7-33)
임펠러 표면	$\breve{S}_{\text{imp}}(\breve{r}, \theta - 2\pi\breve{t}, \breve{z}) = 0$ 에서	$\breve{\mathbf{v}} = 2\pi\breve{r}\boldsymbol{\delta}_\theta$	(3.7-34)
기체-액체 계면	$\breve{S}_{\text{int}}(\breve{r}, \theta, \breve{z}, \breve{t}) = 0$ 에서	$(\mathbf{n} \cdot \breve{\mathbf{v}}) = 0$	(3.7-35)

$$\text{및} \quad \mathbf{n}\breve{\mathscr{P}} - \mathbf{n}\left[\!\left[\frac{g}{DN^2}\right]\!\right]\breve{z} - \left[\!\left[\frac{\mu}{D^2N\rho}\right]\!\right][\mathbf{n} \cdot \breve{\dot{\boldsymbol{\gamma}}}] = 0 \tag{3.7-36}$$

이 된다. 식 3.7-30에서 3.7-36까지는 식 1.2-7 형태의 점도에 대한 Newton 법칙을 사용하였다(비압축성 액체가 적절하므로 마지막 항은 생략하였다). 또 직각 좌표의 무차원 성분이 $\breve{\dot{\gamma}} = (\partial\breve{v}_j/\partial\breve{x}_i) + (\partial\breve{v}_i/\partial\breve{x}_j)$인 변형속도 텐서에 대한 약어 $\dot{\boldsymbol{\gamma}} = \nabla\mathbf{v} + (\nabla\mathbf{v})^+$사용하였다.

이중 괄호 안의 양들은 알려진 무차원 양들이다. 함수 $\breve{S}_{\text{imp}}(\breve{r}, \theta - 2\pi t, \breve{z})$는 주어진 임펠

러 설계를 위해 알려져 있다. 미지의 함수 $\breve{S}_{\text{int}}(\breve{r}, \theta, \breve{z}, t)$은 사진으로 측정되거나 원칙적으로 문제의 서술문으로부터 계산될 수 있다.

무차원 방정식을 살펴보면 속도와 압력분포는 주어진 임펠러의 모양과 위치에 대해

$$\breve{\mathbf{v}} = \breve{\mathbf{v}}\left(\breve{r}, \theta, \breve{z}, \breve{t}; \frac{R}{D}, \frac{H}{D}, \text{Re}, \text{Fr}\right) \tag{3.7-37}$$

$$\breve{\mathcal{P}} = \breve{\mathcal{P}}\left(\breve{r}, \theta, \breve{z}, \breve{t}; \frac{R}{D}, \frac{H}{D}, \text{Re}, \text{Fr}\right) \tag{3.7-38}$$

의 형태가 되어야 한다는 것을 알게 된다. 자유 표면의 대응하는 궤적은

$$\breve{S}_{\text{int}} = \breve{S}_{\text{int}}\left(\breve{r}, \theta, \breve{z}, \breve{t}; \frac{R}{D}, \frac{H}{D}, \text{Re}, \text{Fr}\right) = 0 \tag{3.7-39}$$

로 주어지며, 여기서 $\text{Re} = D^2N\rho/\mu$이고 $\text{Fr} = DN^2/g$이다. 축 대칭인 탱크의 기하학적 구조에 대해서는 θ에 대한 의존성이 나타나지 않는 것과 같이 큰 $\breve{t}$ 에서 시간 평활화된 관찰에 대해서는 t에 대한 의존성이 사라질 것이다.

이들 결과는 제시된 모델 실험에 대한 필요 조건을 제공한다: 두 계는 (i) 기하학적으로 유사하고(동일 값의 R/D와 H/D, 동일한 임펠러 기하학적 구조와 위치), (ii) 동일 값의 Reynolds 수와 Froude 수에서 운전된다. 조건 (ii)는

$$\frac{D_{\text{I}}^2 N_{\text{I}}}{\nu_{\text{I}}} = \frac{D_{\text{II}}^2 N_{\text{II}}}{\nu_{\text{II}}} \tag{3.7-40}$$

$$\frac{D_{\text{I}} N_{\text{I}}^2}{g_{\text{I}}} = \frac{D_{\text{II}} N_{\text{II}}^2}{g_{\text{II}}} \tag{3.7-41}$$

을 요구하며, 여기서는 동점도 $\nu = \mu/\rho$가 사용되었다. 정상적으로 두 탱크 모두 동일 중력장 $g_{\text{I}} = g_{\text{II}}$에서 운전될 것이므로 식 3.7-41은

$$\frac{N_{\text{II}}}{N_{\text{I}}} = \left(\frac{D_{\text{I}}}{D_{\text{II}}}\right)^{1/2} \tag{3.7-42}$$

를 요구한다. 이 식을 식 3.7-40에 대입하면

$$\frac{\nu_{\text{II}}}{\nu_{\text{I}}} = \left(\frac{D_{\text{II}}}{D_{\text{I}}}\right)^{3/2} \tag{3.7-43}$$

이 요구된다. 이것은 중요한 결과이다 – 즉, 동력학적 유사성을 유지하기 위해 더 작은 탱크 (II)는 더 작은 동점도를 갖는 유체를 필요로 한다는 것이다. 예를 들어 $D_{\text{II}} = \frac{1}{2}D_{\text{I}}$인 척도 모델을 사용한다면, 규모 축소 실험에서 동점도가 $\nu_{\text{II}} = \nu_{\text{I}}/\sqrt{8}$인 유체를 사용하는 것이 필요하다. 추가적인 무차원 군 Fr 때문에 분명히 동력학적 유사성에 대한 요구는 앞의 예에서 보다 여기서 더 엄격하다.

실제 많은 경우에서 식 3.7-43은 얻을 수 없는 낮은 값의 ν_{II}을 요구한다. 그러므로 한 번의 모델 실험으로 정확한 규모 확대를 통한 대형화는 가능하지 않다. 그러나 어떤 경우에는 한 개 또는 그 이상의 무차원 군들의 영향이 작은 것으로 알려지거나, 유사한 계에 대한 실험으로부터 예측 가능할 것이다. 이와 같은 경우 단일 실험으로부터 근사적인 대형화는 여전히 타당하다.[9]

이 예는 차원 해석에서 경계조건을 포함시키는 것에 대한 중요성을 보여준다. 여기서 Froude 수는 자유 표면 경계조건 식 3.7-36에서만 단지 나타난다. 이 조건을 잘못 사용하게 되면 식 3.7-42에서의 제한을 생략하게 되며, 부적절하게 $\nu_{II} = \nu_I$을 선택할 수 있다. $Re_{II} = Re_I$와 함께 $\nu_{II} = \nu_I$을 선택하면 작은 탱크의 Froude 수가 너무 커지게 되고, 그림 3.7-3의 점선으로 보이는 바와 같이 와류가 너무 깊어지게 된다.

예제 3.7-3 충전관 내의 미동 유동에 대한 압력 강하

$D_p << R$인 특성 크기의 고체 입자로 길이 $L >> D_p$에 대해 균일하게 충전된 반지름이 R인 관을 통과해 흐르는 일정한 ρ와 μ를 갖는 유체의 미동 유동에 대해 수정된 압력 $\mathscr{P}$의 평균 축 방향 구배가

$$\frac{\Delta\langle\mathscr{P}\rangle}{L} = \frac{\mu\langle v_z\rangle}{D_p^2}K(\text{geom}) \tag{3.7-44}$$

임을 보이시오. 여기서 $<\cdots>$는 충전 길이 L 내의 관의 단면에 걸쳐 평균하였음을 의미하며, 함수 K(geom)은 주어진 층의 기하학적 구조(즉, 입자의 주어진 형상과 배열)에 대해 일정하다.

해 특성 길이로 D_p, 특성 속도로 $<v_z>$를 선택하면, 틈새 유체 운동은 고체 표면에서의 안 미끄러짐 조건과 수정된 압력차 $\Delta<\mathscr{P}> = <\mathscr{P}_0> - <\mathscr{P}_L>$와 함께 $\breve{\mathbf{v}} = \mathbf{v}/<v_z>$와 $\breve{\mathscr{P}} = (\mathscr{P} - \mathscr{P}_0) D_p/\mu<v_z>$를 갖는 식 3.7-8과 식 3.7-9b에 의해 결정된다. 따라서 주어진 입자 배열과 형상에 대해 미동 유동($D_p<v_z>\rho/\mu \to 0$)에서의 $\breve{\mathbf{v}}$와 $\breve{\mathscr{P}}$에 대한 해는 $\breve{r}$, θ와 $\breve{z}$에만 의존한다. 그러면 평균 축 방향의 구배

$$\frac{D_p}{L}\int_0^{L/D_p}\left(-\frac{d\langle\breve{\mathscr{P}}\rangle}{d\breve{z}}\right)d\breve{z} = \frac{D_p}{L}(\breve{\mathscr{P}}_0 - \breve{\mathscr{P}}_L) \tag{3.7-45}$$

는 D_p에 비해 R과 L이 상대적으로 길면 층의 기하학적 구조에만 의존한다. $\breve{\mathscr{P}}$에 대한 앞의 식을 대입하면 즉시 식 3.7-44를 얻는다.

9 불완전한 동적 유사성을 갖는 대형화에 대한 방법의 도입은 R. W. Powell, *An Elementary Text in Hydraulics and Fluid Mechanics*, Macmillan, New York (1951)을 보시오.

논의를 위한 질문

1. 식 3.1-2에서 $\Delta x\ \Delta y(\rho v_z)|_z$ 항의 물리적 의미는 무엇인가? $(\boldsymbol{\nabla}\cdot \mathbf{v})$와 $(\boldsymbol{\nabla}\cdot \rho\mathbf{v})$의 물리적 의미는 무엇인가?
2. 부피 요소 $(\Delta r)(r\Delta\theta)(\Delta z)$에 걸쳐 물질 수지를 수립함으로써 원통형 좌표에서의 연속방정식을 유도하시오.
3. 식 3.2-2에서 $\Delta x\ \Delta y(\rho v_z v_x)|_z$ 항의 물리적 의미는 무엇인가? $[\boldsymbol{\nabla}\cdot \rho\mathbf{vv}]$의 물리적 의미는 무엇인가?
4. 식 3.5-4에서 f가 1과 같다고 두면 어떻게 되는가?
5. ρ가 실도함수의 왼쪽에 있다고 하여도 표 3.5-1의 식 B는 일정한 밀도를 갖는 유체에 제한되지 않는다. 설명하시오.
6. 예제 3.6-3의 접선 원환 유동 문제에서 내부 원통에 상대적인 속도분포는 다음 두 경우일 때 (i) 내부 원통은 고정되어 있고 외부 원통이 각속도 Ω로 회전할 때 (ii) 외부 원통은 고정되어 있고 내부 원통이 각속도 $-\Omega$로 회전할 때 같을 것이라고 예상하는가? 두 유동 모두 층류이고 정상상태라고 가정한다.
7. 예제 3.6-4에서 회전하는 비이커에 두 비혼화성 액체가 있다고 가정하자. 두 액체 사이 계면의 형상은 어떻게 될 것인가?
8. 예제 3.6-5에 논의된 계는 점도계로써 유용한가?
9. 식 3.6-55에서 주의 깊게 그려진 요약도를 이용하여 적분 한계의 선정과 첫 번째 피적분 함수의 각 인자들의 의미를 설명하시오.
10. 지구 위의 유사한 탱크로부터 얻은 자료를 사용하여 달에서 사용하기 위한 혼합 탱크를 설계하는 데 있어서는 어떤 인자들이 고려되어야 하는가?

문제

3A.1. 마찰 베어링을 회전시키기 위해 필요한 돌림힘(그림 3A.1). 그림의 마찰 베어링 축을 회전시키기 위해 필요한 돌림힘을 $\text{lb}_f\cdot\text{ft}$로, 동력 소비량을 마력으로 구하시오. 축의 베어링 표면 길이는 2 인치이고, 축은 200 rpm으로 회전하고 있다. 윤활제의 점도는 200 cp이고, 밀도는 50 lb_m/ft^3이다. 단, 편심 효과는 무시한다.

답: 0.32 $\text{lb}_f\cdot\text{ft}$; 0.012 hp = 0.009 kW

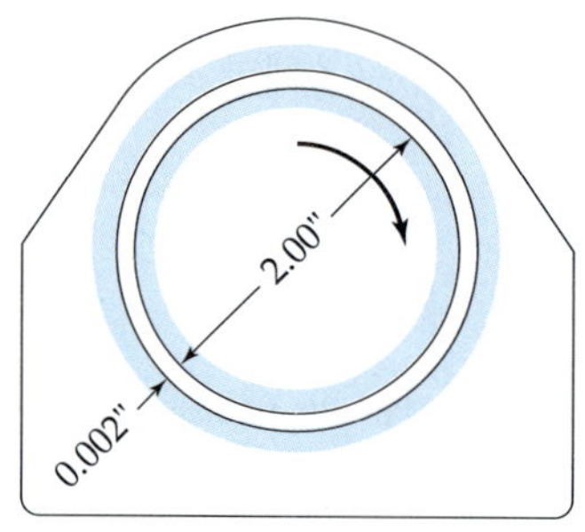

그림 3A.1 마찰 베어링

3A.2. 베어링 내의 마찰 손실.[1] 대형 선박 모터에 연결된 두 개의 스크루는 각각 4000 마력의 엔진에 의해 구동되며, 이들을 연결하는 축은 지름이 16 인치이고 0.005 인치 틈새를 갖는 일련의 슬리브 베어링 사이에 놓여 있다. 축은 50 rpm으로 회전하며 윤활제의 점도는 5000 cp이고, 매 1 ft의 길이마다 20 개의 베어링이 설치되어 있다. 베어링에 싸여 있는 축을 회전시키는데 소비되는 엔진 동력의 분율을 구하시오. 단, 편심 효과는 무시한다.

답: 0.115

3A.3. 기압에 대한 고도의 영향. 평균 해수면보다 602 ft 위에 위치한 슈피리어 호 남쪽 해안의 온토나곤 강 어귀에 서 있을 때, 휴대용 기압계가 750 mm Hg의 압력을 가리키고 있었다. 운동방정식을 사용하여 평균 해수면보다 2,023 ft 위에 위치한 근처의 포쿠파인 산 정상에서의 기압을 구하시오. 호수면의 온도는 70°F이고 고도가 증가함에 따라 온도는 1000 ft 당 3°F의 일정 비율로 감소한다고 가정한다. 또 슈피리어 호 남쪽 해안에서의 중력 가속도는 약 32.19 ft/s^{2}이고, 고도에 따른 변화는 무시한다.

답: 713 mm Hg = 9.49×10^4 N/m^2(만약 $\rho = \rho(p)$)

3A.4. 회전하는 원통 점도계를 이용한 점도 측정. 그림 3.6-1의 회전하는 원통 점도계를 사용하여 약 20℃에서 약 60% 질량 농도를 갖는 자당 용액의 점도를 측정하였다. 이 장치는 지름이 4.000 cm인 내부 원통과 지름이 4.500 cm인 회전하는 동심 원통으로 이루어져 있으며, 길이 L은 4.00 cm이다. 20℃에서 60% 자당 용액의 점도는 약 57 cp이며, 밀도는 약 1.29 g/cm^{3}이다.

과거의 경험에 의하면 말단 효과가 중요하므로 자당 용액과 거의 점도가 같으면서 이미 점도값을 알고 있는 용액을 사용하여 측정함으로써 점도계를 보정하고자 하였다.

돌림힘 값이 100 dyne/cm 범위 내에서는 신뢰성이 있고 0.5% 범위 내에서 각속도의 측정이 가능하다면 보정에 사용하기 위해 적용한 합리적인 돌림힘 값을 구하고, 결과로 주어지는 각속도는 얼마인지 구하시오.

3A.5. 포물면 거울 제작. 천천히 굳는 플라스틱 수지가 담긴 용기를 플라스틱 수지가 굳을 때까지 일정 속도로 회전시켜 포물면 거울의 뒷받침을 만들려고 한다. 촛점 거리 f = 100 cm 의 거울을 만들기 위한 회전속도를 구하시오. 촛점 거리는 축의 곡률 반지름의 절반으로,

$$r_c = \left[1 + \left(\frac{dz}{dr}\right)^2\right]^{3/2}\left(\frac{d^2z}{dr^2}\right)^{-1} \tag{3A.5-1}$$

로 주어진다.

답: 21.1 rpm

3A.6. 교반 탱크의 대형화. 소형 교반 탱크를 사용하여 수행한 실험 결과를 선형 치수가 10배 큰 기하학적으로 유사한 장치를 설계하는데 사용하고자 한다. 대형 교반 탱크는 μ = 13.5 cp 이고, ρ = 0.9 g/cm^{3}인 중유로 채워져 있으며, 대형 탱크 내의 임펠러는 120 rpm의 속도로 회전하고 있다.

(a) 예제 3.7-2에 주어진 대형화를 위한 규모-확대의 기준에 따라, 소형 규모 모델의 임펠러 속도를 구하시오.

[1] 이 문제는 위스콘신 대학의 E. J. Crosby 교수에 의해 제공되었다.

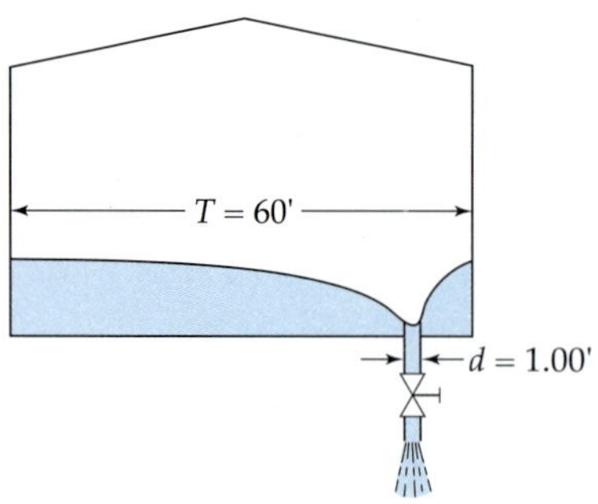

그림 3A.7 당밀 탱크의 배출

(b) 물을 교반 유체로 사용한다면 모델에 대한 운전 온도를 구하시오.

답: (a) 380 rpm, (b) $T = 60°\text{C}$

3A.7. 배출 탱크 내의 비말 동반(그림 3A.7). 지름이 60 ft인 당밀 저장 탱크에 탱크 벽으로부터 4 ft 떨어지고 탱크 바닥으로부터 수직 위쪽으로 1 ft 튀어 나온 상태로 부착된 지름이 1 ft인 배출관이 설치되어 있다. 당밀이 탱크에서 빠져 나올 때 와류가 생성되며, 액체 수면이 하강할 때 결국에는 와류가 배출관에 도달되어 당밀에 공기가 빨려 나오는 것을 경험적으로 알 수 있으므로, 이를 피해야 한다. 소형 탱크를 이용한 모델 연구를 통해 800 gal/min의 배출 속도에서, 비말 동반을 피할 수 있는 최소 액체 높이를 예측하고자 하며, 편의상 모델 연구의 유체로 68℉의 물을 사용하였다. 당밀의 밀도가 1.286 g/cm^{3}이고 점도가 56.7 cp일 때 모델의 가동 조건과 적절한 탱크의 치수를 구하시오. 실제 크기의 탱크에서나 모델에서나 와류는 대단히 빠르게 그 자체를 형성하므로 와류의 형상은 탱크 내 유체의 양과 배출 속도에만 의존한다고 가정한다.

3B.1. 동축 원통 및 동심 구 사이의 흐름.

(a) 두 개의 동축 원통 사이 공간이 등온의 비압축성 유체로 채워져 있다. 내부와 외부 원통의 젖은 표면까지의 반지름은 각각 κR과 R이고, 내부와 외부 원통의 회전 각속도는 각각 Ω_i와 Ω_0이다. 유체의 속도분포를 구하고 이를 유지하기 위해 요구되는 두 원통에 작용하는 돌림힘을 구하시오.

(b) 두 개의 동심 구에 대해 (a)를 반복하시오.

답:

(a) $$v_\theta = \frac{\kappa R}{1-\kappa^2}\left[(\Omega_o - \Omega_i\kappa^2)\left(\frac{r}{\kappa R}\right) + (\Omega_i - \Omega_o)\left(\frac{\kappa R}{r}\right)\right]$$

(b) $$v_\phi = \frac{\kappa R}{1-\kappa^3}\left[(\Omega_o - \Omega_i\kappa^3)\left(\frac{r}{\kappa R}\right) + (\Omega_i - \Omega_o)\left(\frac{\kappa R}{r}\right)^2\right]\sin\theta$$

3B.2. 삼각형 도관 내의 층류(그림 3B.2).[2] 치밀하고 간결한 열교환기의 한 형태가 그림 3B.2(a)에 도시되어 있는데, 열교환기의 성능을 분석하기 위해서는 등변 사각형의 단면을 갖는 도관 내의 유동을 이해할 필요가 있다. 이는 그림 3B.2(b)와 같이 좌표계를 수립함으로써 쉽게 알 수 있다.

[2] 속도분포에 대한 다른 공식은 L. D. Landau and E. M. Lifshitz, *Fluid Mechanics*, Pergamon, Oxford, 2nd edition (1987), p.54에 주어져 있다.

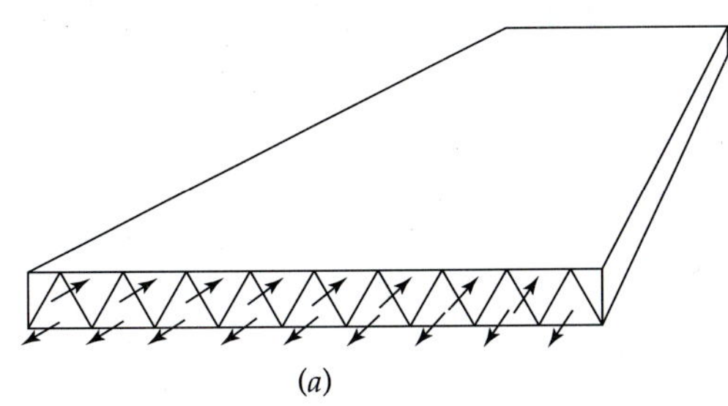

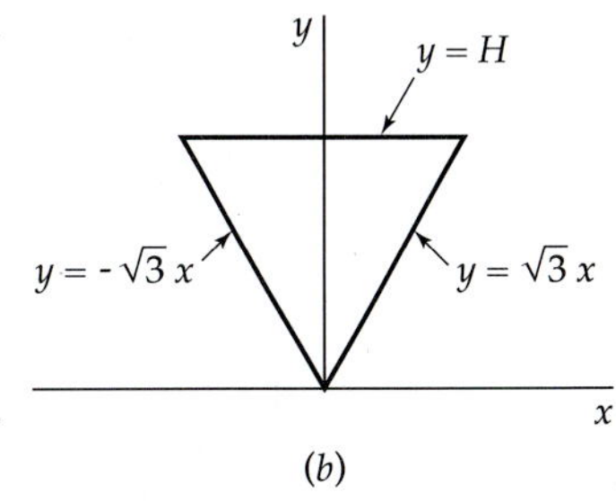

(a)

그림 3B.2 (a) 삼각형 단면 채널을 갖는 치밀하고 간결한 열교환기 요소; (b) 등변 삼각형 도관에 대한 좌표계.

(a) 이 형태의 도관 내를 흐르는 뉴튼 유체의 층류에 대한 속도분포는

$$v_z = \frac{(\mathscr{P}_0 - \mathscr{P}_L)}{4\mu LH}(y - H)(3x^2 - y^2) \tag{3B.2-1}$$

로 주어짐을 증명하시오.

(b) 식 3B.2-1로부터 평균 속도, 최대 속도, 질량 유량을 구하시오.

답: (b) $\langle v_z \rangle = \frac{(\mathscr{P}_0 - \mathscr{P}_L)H^2}{60\mu L} = \frac{9}{20} v_{z,\max};$

$$w = \frac{\sqrt{3}(\mathscr{P}_0 - \mathscr{P}_L)H^4\rho}{180\mu L}$$

3B.3. 사각형 도관 내의 층류.

(a) z 방향의 길이 L로 뻗어 있고 $x = \pm B$와 $y = \pm B$로 경계지어져 있는 사각형 단면의 곧은 도관이 있다. 사각형 도관 내의 속도분포는

$$v_z = \frac{(\mathscr{P}_0 - \mathscr{P}_L)B^2}{4\mu L}\left[1 - \left(\frac{x}{B}\right)^2\right]\left[1 - \left(\frac{y}{B}\right)^2\right] \tag{3B.3-1}$$

로 주어진다고 한 동료가 당신에게 말했다. 이 동료는 과거에 종종 잘못된 충고를 한 적이 있으므로, 당신은 그 결과를 점검할 의무를 느낀다. 이 식이 관련 경계조건과 관련 미분방정식을 만족하는가?

(b) Berker[3]의 총설에 의하면, 사각형 도관 내의 질량 유량은

$$w = \frac{0.563(\mathscr{P}_0 - \mathscr{P}_L)B^4\rho}{\mu L} \tag{3B.3-2}$$

로 주어진다. 이 식의 계수와 식 3B.3-1로부터 얻은 계수를 비교하시오.

3B.4. 두 개의 동심 구 사이의 미동 유동(그림 3B.4). 그림에서 보는 바와 같이 매우 점성이 큰 뉴튼 유체가

[3] R. Berker, *Handbuch der Physik*, Vol. VIII/2, Springer, Berlin (1963); 비원형 단면의 도관 내 층류에 대해서는 pp. 67-77을 보시오. 또 W. E. Stewart, *AIChE Journal*, **8**, 425-428 (1962)를 보시오.

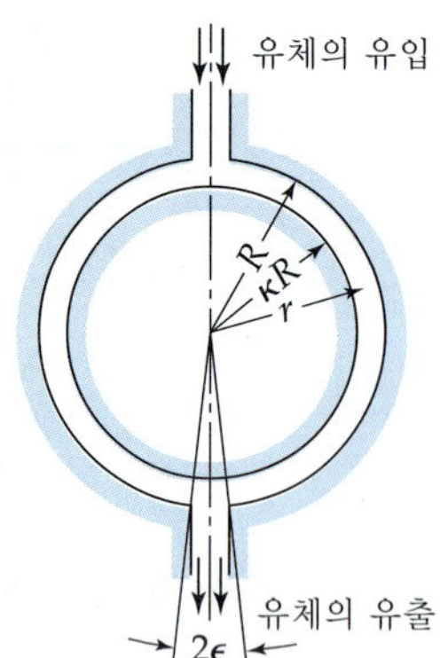

그림 3B.4 두 개의 정지된 동심 구 사이 영역의 미동 유동

두 개의 동심 구 사이 공간을 흐른다. 이 계의 유량을 부과된 압력차의 함수로 나타내고 싶다. 말단 효과는 무시하고 v_θ는 단지 r과 θ의 함수이며, 다른 속도 성분은 영이라고 가정한다.

(a) 연속방정식을 사용하여 $v_\theta \sin\theta = u(r)$ 임을 보이시오. 여기서 $u(r)$은 r의 함수이다.

(b) 이 계에 대한 운동방정식의 θ 성분을 기술하시오. 단, 유동이 매우 느리기 때문에 $[\mathbf{v}\cdot\nabla\mathbf{v}]$ 항을 무시할 수 있다고 가정한다. 이는

$$0 = -\frac{1}{r}\frac{\partial \mathcal{P}}{\partial \theta} + \mu\left[\frac{1}{\sin\theta}\frac{1}{r^2}\frac{d}{dr}\left(r^2\frac{du}{dr}\right)\right] \tag{3B.4-1}$$

과 같이 주어짐을 보이시오.

(c) 이를 두 개의 식으로 나누시오.

$$\sin\theta\frac{d\mathcal{P}}{d\theta} = B; \qquad \frac{\mu}{r}\frac{d}{dr}\left(r^2\frac{du}{dr}\right) = B \tag{3B.4-2, 3}$$

여기서 B는 분리 상수이다. 두 식을 풀면

$$B = \frac{\mathcal{P}_2 - \mathcal{P}_1}{2\ln\ \cot\frac{1}{2}\varepsilon} \tag{3B.4-4}$$

$$u(r) = \frac{(\mathcal{P}_1 - \mathcal{P}_2)R}{4\mu\ln\ \cot(\varepsilon/2)}\left[\left(1-\frac{r}{R}\right) + \kappa\left(1-\frac{R}{r}\right)\right] \tag{3B.4-5}$$

가 됨을 보이시오. 여기서 $\mathcal{P}_1$과 $\mathcal{P}_2$는 각각 $\theta = \varepsilon$와 $\theta = \pi - \varepsilon$에서의 수정된 압력값이다.

(d) 위 결과를 사용하여 질량 유량을 구하면

$$w = \frac{\pi(\mathcal{P}_1 - \mathcal{P}_2)R^3(1-\kappa)^3\rho}{12\mu\ln\ \cot(\varepsilon/2)} \tag{3B.4-6}$$

이 됨을 보이시오.

3B.5. 평행 원판 점도계(그림 3B.5). 점도를 측정하고자 하는 유체가 반지름이 R인 두 개의 원판 사이에 놓

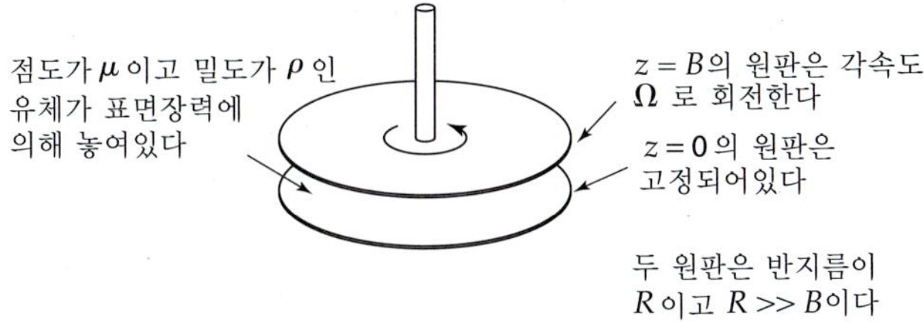

그림 3B.5 평행 원판 점도계

여 있다. 상부 원판을 일정한 각속도 Ω로 회전시키기 위해 필요한 돌림힘 T_z를 측정하고자 한다. 이 측정으로부터 점도를 추론하기 위한 공식을 수립하시오. 미동 유동이라 가정한다.

(a) 작은 Ω 값에 대해 속도분포는 $v_r = 0$, $v_z = 0$, $v_\theta = rf(z)$의 형태를 갖는다고 가정하시오; 접선 방향의 속도에 대해 왜 이 형태가 합리적인가? 또 $\mathcal{P} = \mathcal{P}(r, z)$를 가정하고, 결과적으로 단순화된 연속방정식과 운동방정식을 쓰시오.

(b) 운동방정식의 θ 성분으로부터, $f(z)$에 대한 미분방정식을 구하시오. $f(z)$에 대한 식을 풀고 적분 상수를 구하시오. 이는 결국 $v_\theta = \Omega r(z/B)$의 결과에 이르게 된다. 이 결과를 예측하였는가?

(c) 점도를 추론하기 위해 원하는 실용 방정식은 $\mu = 2BT_z/\pi\Omega R^4$임을 보이시오.

(d) 이 장치의 장점과 단점을 논하시오.

3B.6. 원환 원통관 내의 순환 축 유동(그림 3B.6). 반지름이 κR인 막대가 뉴튼 유체로 채워진 내부 지름이 R인 원통 용기를 관통하여 일정한 속도 v_0로 위로 움직이고 있다. 액체는 움직이는 중심 막대를 따라 위로 움직이고 고정된 용기 벽을 따라 아래로 움직이면서 원통 내에서 순환한다. 말단 교란으로부터 멀리 떨어진 원환 영역 내의 속도분포를 구하시오. 예를 들면 이와 유사한 유동이 피스톤 링 사이의 원환 공간과 같이 밀봉된 일부 왕복 기계에서 일어난다.

(a) 먼저 원환 영역이 매우 좁을 때, 즉 κ가 1 보다 약간 작은 문제를 생각하시오. 이 경우 원환 영역은

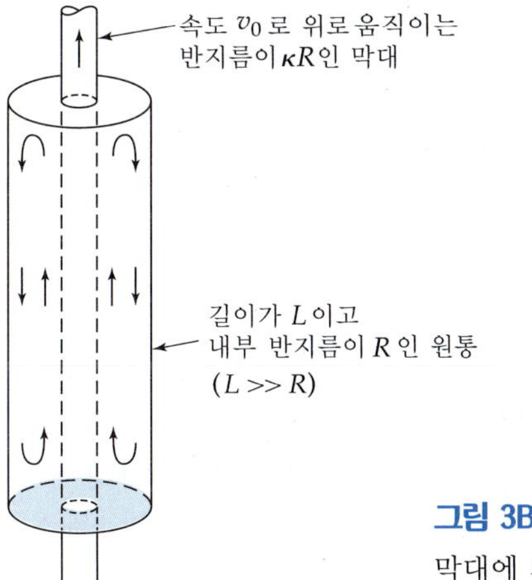

그림 3B.6 밀폐된 원환 영역 내에서 축 방향으로 움직이는 막대에 의해 발생된 순환 유동.

얇은 평면 슬릿으로 근사할 수 있으며 곡률은 무시될 수 있다. 이러한 극한에서 속도분포는

$$\frac{v_z}{v_0} = 3\left(\frac{\xi - \kappa}{1 - \kappa}\right)^2 - 4\left(\frac{\xi - \kappa}{1 - \kappa}\right) + 1 \tag{3B.6-1}$$

로 주어짐을 보이시오. 여기서 $\xi = r/R$이다.

(b) 다음 얇은 슬릿이란 가정없이 이 문제를 푸시오. 속도분포는

$$\frac{v_z}{v_0} = \frac{(1 - \xi^2)\left(1 - \dfrac{2\kappa^2}{1 - \kappa^2}\ln\dfrac{1}{\kappa}\right) - (1 - \kappa^2)\ln\dfrac{1}{\xi}}{(1 - \kappa^2) - (1 + \kappa^2)\ln\dfrac{1}{\kappa}} \tag{3B.6-2}$$

로 주어짐을 보이시오.

3B.7. 슬롯 내의 미동 유동에 대한 운동량 훌럭스(그림 3B.7). 두께가 $2B$(y 방향으로)이고, 너비가 W(z 방향으로)인 얇은 슬롯 내로 비압축성 뉴튼 유체가 매우 천천히 흐르고 있다. 슬롯 내의 질량 유량은 w이다. 문제 2B.3의 결과로부터 입구에서 너무 가깝지 않은 위치에서 슬롯 내의 속도분포는

$$v_x = \frac{3w}{4BW\rho}\left[1 - \left(\frac{y}{B}\right)^2\right] \quad v_y = 0 \quad v_z = 0 \tag{3B.7-1}$$

임을 보이시오. 슬롯 외부 영역에서의 미동 유동에 대한 속도 성분은

$$v_x = -\frac{2w}{\pi W\rho}\frac{x^3}{(x^2 + y^2)^2} \tag{3B.7-2}$$

$$v_y = -\frac{2w}{\pi W\rho}\frac{x^2 y}{(x^2 + y^2)^2} \tag{3B.7-3}$$

$$v_z = 0 \tag{3B.7-4}$$

이다. 식 3B.7-1부터 4는 $x \geq 0$ 과 $x \leq 0$ 인 슬롯 입구 가까운 영역에서만 단지 근사적으로 쓸 수 있다.

(a) 슬롯 내부와 외부의 대류 운동량 훌럭스 $\rho\mathbf{vv}$의 성분들을 구하시오.

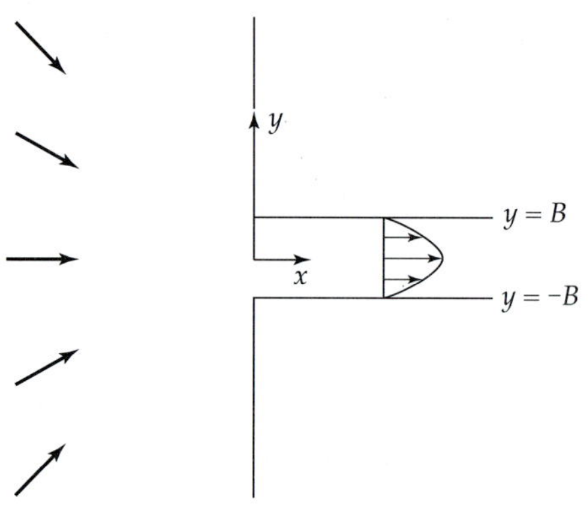

그림 3B.7 $x < 0$ 인 반 무한 영역으로부터 슬롯 내로 들어오는 액체의 유동.

(b) $x = -a$, $y = 0$에서의 $\rho\mathbf{vv}$의 xx 성분을 구하시오.

(c) $x = -a$, $y = +a$에서의 $\rho\mathbf{vv}$의 xy 성분을 구하시오.

(d) $x = -a$인 평면을 통한 운동에너지의 총 유동이 슬롯을 통한 운동에너지의 총 유동과 같은가 ?

(e) 식 3B.7-1에서 4까지 주어진 속도분포는 관계식 $(\nabla\cdot\mathbf{v}) = 0$를 만족하는 것을 증명하시오.

(f) $y = 0$인 평면과 $x = 0$인 고체 표면의 수직응력 τ_{xx}를 구하시오.

(g) $x = 0$인 고체 표면의 전단응력 τ_{yx}를 구하시오. 이 결과가 놀라운가? 임의의 평면 $y = a$에서의 속도분포 v_y를 x에 대해 그려보는 것이 결과를 이해하는 데 도움이 되는가?

3B.8. 슬롯을 향한 미동 유동의 속도분포(그림 3B.7).[4] 앞의 문제에서 상류 영역에 대한 속도분포를 구하고자 한다. $v_\theta = 0$, $v_z = 0$, $v_r = v_r(r, \theta)$, 이고 $\mathscr{P} = \mathscr{P}(r, \theta)$라 가정한다.

(a) 원통형 좌표에서 연속방정식은 $v_r = f(\theta)/r$로 주어짐을 보이시오. 여기서 $f(\theta)$는 $\theta = 0$에서 $df/d\theta = 0$이고 $\theta = \pi/2$에서 $f = 0$인 θ의 함수이다.

(b) 미동 유동에 대한 운동방정식의 r과 θ성분을 쓰고, (a)의 $f(\theta)$에 대한 식을 대입하시오.

(c) 운동방정식의 r 성분을 θ에 대해 미분하고 θ 성분을 r에 대해 미분하시오. 이로부터

$$\frac{d^3f}{d\theta^3} + 4\frac{df}{d\theta} = 0 \tag{3B.8-1}$$

이 됨을 보이시오.

(d) 미분방정식을 풀고 세 개의 적분 상수를 포함하는 $f(\theta)$에 대한 식을 구하시오.

(e) (a)의 두 경계조건과 임의의 원통 표면을 통해 흐르는 총 질량 유량이 w와 같다는 사실을 사용하여 적분 상수를 구하시오.

$$v_r = -\frac{2w}{\pi W\rho r}\cos^2\theta \tag{3B.8-2}$$

가 된다.

(f) 다음 (b)의 운동방정식으로부터,

$$\mathscr{P}(r, \theta) = \mathscr{P}_\infty - \frac{2\mu w}{\pi W\rho r^2}\cos 2\theta \tag{3B.8-3}$$

과 같은 $\mathscr{P}(r, \theta)$을 구하시오. $\mathscr{P}_\infty$의 물리적 의미는 무엇인가?

(g) $\theta = \pi/2$인 고체 표면에 작용하는 총 수직응력이

$$(p + \tau_{\theta\theta})|_{\theta=\pi/2} = p_\infty + \frac{2\mu w}{\pi W\rho r^2} \tag{3B.8-4}$$

임을 보이시오.

(h) 다음 동일한 고체 표면에 대한 $\tau_{\theta r}$을 구하시오.

(i) 식 3B.8-2에서 구해진 속도분포가 식 3B.7-2 및 3과 같음을 보이시오.

---

[4] R. B. Bird, R. C. Armstrong, and O. Hassager, *Dynamics of Polymeric Liquids*, Vol. I, Wiley-Interscience, New York, 2nd edition (1987), pp. 42-43으로부터 인용되었다.

3B.9 원통 주위의 느린 횡단 유동(그림 3.7-1 참조). 비압축성 뉴튼 유체가 양의 x 방향으로 정상상태의 일정한 속도 v_∞로 정지된 원통에 접근하고 있다. 미동 유동에 대한 변화방정식을 풀면 원통에 무한히 가까운 영역에서의 압력과 속도는 다음 식[5]으로 주어짐을 알 수 있다(먼 거리에서는 유효하지 않다):

$$p(r, \theta) = p_\infty - C\mu \frac{v_\infty \cos\theta}{r} - \rho g r \sin\theta \tag{3B.9-1}$$

$$v_r = Cv_\infty \left[\frac{1}{2} \ln\left(\frac{r}{R}\right) - \frac{1}{4} + \frac{1}{4}\left(\frac{R}{r}\right)^2 \right] \cos\theta \tag{3B.9-2}$$

$$v_\theta = -Cv_\infty \left[\frac{1}{2} \ln\left(\frac{r}{R}\right) + \frac{1}{4} - \frac{1}{4}\left(\frac{R}{r}\right)^2 \right] \sin\theta \tag{3B.9-3}$$

여기서 p_∞는 $y = 0$에서 원통으로부터 멀리 떨어진 곳의 압력이고, C는

$$C = \frac{2}{\ln(7.4/\text{Re})} \tag{3B.9-4}$$

와 같이 $\text{Re} = 2Rv_\infty\rho/\mu$로 정의되는 Reynolds 수의 함수이다.

(a) 이 결과들을 사용하여 원통 표면에서의 압력 p, 전단응력 $\tau_{r\theta}$, 수직응력 τ_{rr}을 구하시오.

(b) 액체에 의해 원통에 부과되는 단위 면적당 힘의 x 성분이

$$-p|_{r=R} \cos\theta + \tau_{r\theta}|_{r=R} \sin\theta \tag{3B.9-5}$$

임을 보이시오.

(c) 길이 L인 원통에 x 방향으로 작용하는 힘 $F_x = 2C\pi L\mu v_\infty$를 구하시오.

3B.10. 평행한 원판 사이의 반지름 방향 유동(그림 3B.10). 윤활계의 한 부분이 두 개의 원판 사이에서 윤활제가 반지름 방향으로 흐르는 계로 구성되어 있다. 내부 반지름 r_1과 외부 반지름 r_2 사이의 수정된 압력차 $\mathscr{P}_1 - \mathscr{P}_2$에 의해 유동은 일어난다.

(a) 이 유동계에 대한 연속방정식과 운동방정식을 정상상태, 층류, 비압축성 뉴튼 유동을 가정하여 쓰시오. $r_1 \leq r \leq r_2$ 영역과 반지름 방향의 유동만 생각하시오.

(b) 운동방정식이

$$-\rho \frac{\phi^2}{r^3} = -\frac{d\mathscr{P}}{dr} + \mu \frac{1}{r} \frac{d^2\phi}{dz^2} \tag{3B.10-1}$$

로 되기 위해 연속방정식이 운동방정식을 어떻게 단순화할 수 있는지 보이시오. 여기서 $\phi = rv_r$은 z만의 함수이다. 왜 ϕ는 r에는 무관한가?

(c) ϕ를 포함하는 비선형 항을 생략하지 않고는 식 3B.10-1의 해가 존재하지 않는다는 것을 알 수 있으며, 이 항을 생략하는 것은 "미동 유동 가정"에 대응된다. 미동 유동에 대해 식 3B.10-1을 r에 대해 적분하면

$$0 = (\mathscr{P}_1 - \mathscr{P}_2) + \left(\mu \ln \frac{r_2}{r_1}\right) \frac{d^2\phi}{dz^2} \tag{3B.10-2}$$

[5] G. K. Batchelor, *An Introduction to Fluid Dynamics*, Cambridge University Press (1967), pp. 244-246, 261을 보시오.

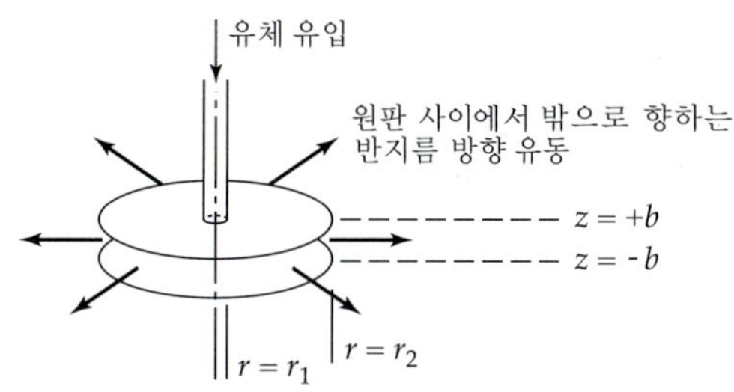

그림 3B.10 평행한 두 원판 사이에서 밖으로 향하는 반지름 방향 유동.

가 됨을 보이시오.

(d) z 에 대해 한번 더 적분하면

$$v_r(r, z) = \frac{(\mathscr{P}_1 - \mathscr{P}_2)b^2}{2\mu r \ln(r_2/r_1)}\left[1 - \left(\frac{z}{b}\right)^2\right] \tag{3B.10-3}$$

이 됨을 보이시오.

(e) 질량 유량은

$$w = \frac{4\pi(\mathscr{P}_1 - \mathscr{P}_2)b^3\rho}{3\mu \ln(r_2/r_1)} \tag{3B.10-4}$$

임을 보이시오.

(f) $\mathscr{P}(r)$과 $v_r(r, z)$ 곡선을 그리시오.

3B.11. **두 동심 원통 사이의 반지름 방향 유동.** 내부 반지름이 κR이고 외부 반지름이 R인 두 개의 다공성 원통 껍질 사이를 반지름 방향으로 흐르는 등온 비압축성 유체를 생각하시오.

(a) 연속방정식에서 $v_r = C/r$이 유도됨을 보이시오. 여기서 C는 상수이다.

(b) 수정된 압력분포에 대한 식

$$\frac{d\mathscr{P}}{dr} = -\rho v_r \frac{dv_r}{dr} \quad \frac{d\mathscr{P}}{d\theta} = 0 \quad \frac{d\mathscr{P}}{dz} = 0 \tag{3B.11-1}$$

을 얻기 위해 운동방정식의 성분들을 단순화하시오.

(c) 위의 $d\mathscr{P}/dr$에 대한 식을 적분하여

$$\mathscr{P}(r) - \mathscr{P}(R) = \tfrac{1}{2}\rho[v_r(R)]^2\left[1 - \left(\frac{R}{r}\right)^2\right] \tag{3B.11-2}$$

를 구하시오.

(d) 이 유동에 대해 영이 아닌 $\boldsymbol{\tau}$의 성분들을 모두 쓰시오.

(e) 동심 구들에 대해 이 문제를 반복하시오.

3B.12. **비압축성 유체의 압력분포.** Penelope는 모든 실질적 목적을 위해 비압축성이라 간주할 수 있는 액체로 채워진 비이커에 별을 장식하고 있다. 액체의 밀도는 ρ_0라 두자. 그녀는 액체의 압력이 깊이에 따라 어떻게 변하는지를 이해하려고 액체로부터 멀어지는 쪽을 양의 z 방향이라 하여 액체–공기 계면에 좌표의 원점을 설정하였다. 그녀가 당신에게 말한다:

"만약 내가 정지하고 있는 비압축성 액체에 대해 운동방정식을 단순화하면, $0 = -dp/dz - \rho_0 g$를 얻으며, 이를 풀면 $p = p_{\text{atm}} - \rho_0 gz$을 얻게 된다. 깊이가 증가함에 따라 압력이 증가하므로 이것은 합리적으로 보인다"

"그러나 다른 한편으로는 어떤 유체에 대한 상태방정식은 $p = p(\rho, T)$이고, 만약 계가 등온이라면, 이는 $p = p(\rho)$로 바로 단순화된다. 그리고 유체가 비압축성이므로 $p = p(\rho_0)$로 되고 p는 유체 전체에 걸쳐 일정하게 된다. 어떻게 이렇게 될 수 있는가?"

명백히 Penelope는 도움이 필요하다. 유용한 설명을 제공해 주시오.

3B.13. 급속 수축관을 통해 흐르는 유체의 유동.

(a) 지름이 D_1 인 관으로부터 지름이 D_2인의 더 작은 관으로 급속히 수축되는 관을 통해 비압축성 유체가 흐른다. 수축관 상류와 하류의 수정된 압력차 $\mathscr{P}_1 - \mathscr{P}_2$에 대해 Bernoulli 방정식은 무엇을 예측할 수 있는가?

(b) 급속 수축관을 통해 흐르는 이상기체의 등온 수평 유동에 대해 유도를 다시 하시오.

3B.14. 탱크로부터 유출에 대한 Torricelli 방정식(그림 3B.14). 뚜껑이 없는 큰 탱크가 높이 h까지 액체로 채워져 있다. 탱크 바닥 근처에 구멍이 나서 유체가 대기 중으로 빠져 나간다. 맨 위의 액체 표면으로부터 용기 바로 밖 흐름의 출구점까지 연장되는 흐름선에 Bernoulli 방정식을 적용하고, 유출 속도가 $v_{\text{efflux}} = \sqrt{2gh}$ 가 됨을 보이시오. 이는 Torricelli 방정식으로 알려져 있다.

이 결과를 얻기 위해 비압축성(대부분의 액체에 대해 보통 합리적인)을 가정하고, 유체 표면의 높이가 시간에 따라 매우 천천히 변하여 Bernoulli 방정식이 어떤 순간의 시간에서도 적용된다고(준 정상상태) 가정하여야 한다.

3B.15. 접선 원환 유동에서 자유 표면 형상.

(a) 반지름이 κR과 R인 두 개의 수직 원통 사이 원환 공간에 액체가 채워져 있으며, 액체는 윗 쪽에서 대기에 노출되어 있다. 내부 원통이 각속도 Ω_i로 회전하고 외부 원통이 고정되어 있을 때 액체의 자유 표면은

$$z_R - z = \frac{1}{2g}\left(\frac{\kappa^2 R\Omega_i}{1-\kappa^2}\right)^2 (\xi^{-2} + 4 \ln \xi - \xi^2) \tag{3B.15-1}$$

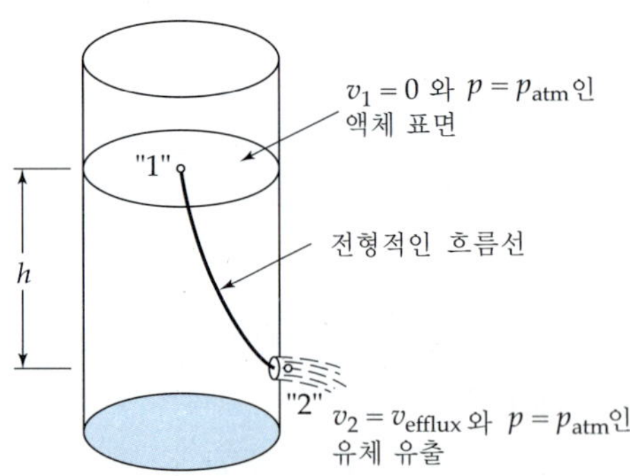

그림 3B.14 탱크로부터 배출되는 유체. 점 "1"과 "2"는 동일한 흐름선 상에 있다..

의 형상을 갖게 됨을 보이시오. 여기서 z_R은 외부 원통 벽에서의 액체의 높이이며, $\xi = r/R$이다.

(b) 내부 원통이 고정되어 있고 외부 원통이 각속도 Ω_0로 회전할 때 (a)를 반복하시오. 액체 표면의 형상이

$$z_R - z = \frac{1}{2g}\left(\frac{\kappa^2 R\Omega_o}{1-\kappa^2}\right)^2[(\xi^{-2}-1) + 4\kappa^{-2}\ln\,\xi - \kappa^{-4}(\xi^2-1)] \qquad (3B.15\text{-}2)$$

가 됨을 보이시오.

(c) 이들 두 액체-표면의 형상을 비교하는 그림을 그리시오.

3B.16 균일한 교차 유동을 갖는 슬릿 내 유동(그림 3B.16). 길이가 L, 너비가 W, 두께가 B인 긴 평판 도관을 통해 양의 x 방향으로 유체가 흐르고 있다. 여기서 $L >> W >> B$이다. 도관은 $y = 0$와 $y = B$에 다공성 벽을 가지고 있어 어디든지 $v_y = v_0$ (상수)의 일정한 교차 유동이 유지된다. 이런 종류의 유동은 일소 확산 효과를 이용하는 분리공정과 연관하여 중요하며, 교차 유동을 주의깊게 제어함으로써 좀 더 큰 구성물 (분자, 먼지 입자 등)을 상부 벽 근처에 농축시킬 수 있다.

(a) 계에 대한 속도분포가

$$v_x = \frac{(\mathscr{P}_0 - \mathscr{P}_L)B^2}{\mu L}\frac{1}{A}\left(\frac{y}{B} - \frac{e^{Ay/B}-1}{e^A - 1}\right) \qquad (3B.16\text{-}1)$$

로 주어짐을 보이시오. 여기서 $A = Bv_0\rho/\mu$이다.

(b) x 방향의 질량 유량은

$$w = \frac{(\mathscr{P}_0 - \mathscr{P}_L)B^3 W\rho}{\mu L}\frac{1}{A}\left(\frac{1}{2} - \frac{1}{A} + \frac{1}{e^A - 1}\right) \qquad (3B.16\text{-}2)$$

임을 보이시오.

(c) 교차 유동이 전혀 없는 극한에서(즉, $A \to 0$) 위 결과들이 문제 2B.3의 결과로 단순화 됨을 증명하시오.

(d) 또 동료가 이 문제를 풀었는데, 슬릿의 가운데 평면인 $y = 0$에 좌표계를 설정하고 다공성 벽들이 $y = \pm b$에 위치하게 하였다. (a)에 대한 그의 답은

$$\frac{v_x}{\langle v_x\rangle} = \frac{e^{\alpha\eta} - \eta\sinh\alpha - \cosh\alpha}{(1/\alpha)\sinh\alpha - \cosh\alpha} \qquad (3B.16\text{-}3)$$

이다. 여기서 $\alpha = bv_0\rho/\mu$이고 $\eta = y/b$이다. 이 결과가 식 3B.16-1과 동일한가?

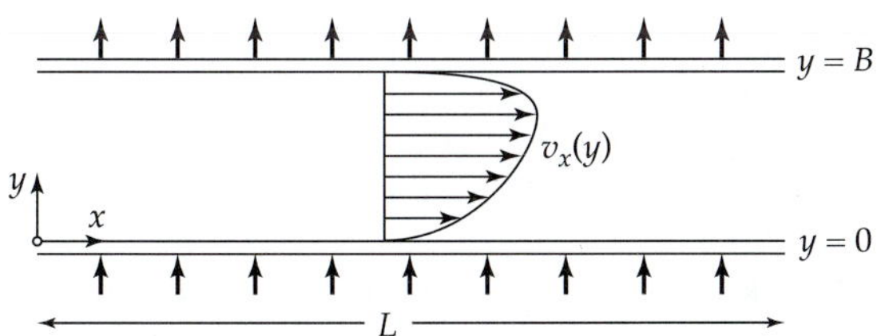

그림 3B.16 길이가 L, 너비가 W, 두께가 B인 슬릿 내 유동. $y = 0$와 $y = B$의 벽이 다공성이므로 균일한 속도 $v_y = v_0$ 로 y 방향으로 흐르는 유체의 유동이 있다.

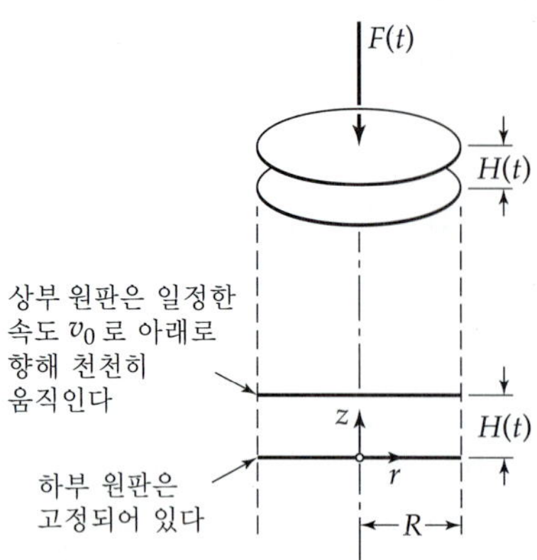

그림 3C.1 평행 원판 압축 점도계 내의 압착 유동.

3C.1. **평행 원판 압축 점도계**[6](그림 3C-1). 반지름 R의 두 원판 사이 영역이 유체로 가득 채워져 있다. 하부 원판은 고정되어 있고, 상부 원판은 높이 H_0 ($H_0 << R$)에서 출발하여 일정한 속도 v_0로 매우 천천히 하부 원판을 향해 접근하고 있다. 상부 원판의 순간 높이는 $H(t)$이다. 속도 v_0를 유지하기 위해 요구되는 힘을 구하시오.

이 문제는 원천적으로 상당히 복잡한 비정상상태의 유동 문제이다. 그러나 변화방정식에 다음의 두 가지 단순화를 적용하면 유용한 근사해를 얻을 수 있다. (i) 속도 v_0가 매우 느려 시간 도함수를 포함하는 모든 항을 생략할 수 있다고 가정한다. 이것이 소위 말하는 "준 정상상태" 가정이다. (ii) 크기의 차수 논의에 의해 변화방정식에서 몇 개의 항을 완전히 무시하고자 $H_0 << R$ 이라는 사실을 이용한다. 원판 사이의 유체의 부피 감소 속도는 $\pi R^2 v_0$이고 원판 사이로부터의 유출 속도 $2\pi RH\langle v_r \rangle|_{r=R}$과 같다는 것에 주목하시오. 그러므로

$$\langle v_r \rangle|_{r=R} = \frac{Rv_0}{2H(t)} \tag{3C.1-1}$$

이 된다. 이제 $v_r(r, z)$이 $\langle v_r \rangle|_{r=R}$의 크기의 차수일 것이고 $v_z(r, z)$가 v_0의 크기의 차수이므로

$$v_r \approx (R/H)v_0; \quad v_z \approx -v_0 \tag{3C.1-2, 3}$$

가 되며, 따라서 $|v_z| << v_r$ 이라 주장한다. 다양한 도함수의 크기의 차수를 다음과 같이 계산하고자 한다: r이 0에서 R로 갈 때 반지름 방향 속도 v_r은 0에서부터 대략 $(R/H)v_0$으로 간다. 이와 같은 추론에 의하면

$$\frac{\partial v_r}{\partial r} \approx \frac{(R/H)v_0 - 0}{R - 0} = \frac{v_0}{H} \tag{3C.1-4}$$

$$\frac{\partial v_z}{\partial z} \approx \frac{(-v_0) - 0}{H - 0} = -\frac{v_0}{H}, \text{ 등} \tag{3C.1-5}$$

[6] J. R. Van Wazer, J. W. Lyons, K. Y. Kim, and R. E. Colwell, *Viscosity and Flow Measurement*, Wiley-Interscience, New York (1963), pp. 292-295.

를 얻는다.

(a) 위에서 개략적으로 소개된 크기의 차수 해석에 의해 연속방정식과 운동방정식의 r 성분은

연속: $$\frac{1}{r}\frac{\partial}{\partial r}(rv_r) + \frac{\partial v_z}{\partial z} = 0 \tag{3C.1-6}$$

운동: $$0 = -\frac{dp}{dr} + \mu\frac{\partial^2 v_r}{\partial z^2} \tag{3C.1-7}$$

이 되고 (g_z는 무시됨), 경계조건은

경계조건 1	$z = 0$ 에서	$v_r = 0,$	$v_z = 0$	(3C.1-8)
경계조건 2	$z = H(t)$ 에서	$v_r = 0,$	$v_z = -v_0$	(3C.1-9)
경계조건 3	$r = R$ 에서	$p = p_{\text{atm}}$		(3C.1-10)

이 됨을 보이시오.

(b) 식 3C.1-7에서 9로부터

$$v_r = \frac{1}{2\mu}\left(\frac{dp}{dr}\right)z(z - H) \tag{3C.1-11}$$

을 구하시오.

(c) 식 3C.1-6을 z에 대해 적분하고 식 3C.1-11의 결과를 대입하여

$$v_0 = -\frac{H^3}{12\mu}\frac{1}{r}\frac{d}{dr}\left(r\frac{dp}{dr}\right) \tag{3C.1-12}$$

를 얻으시오.

(d) 식 3C.1-12를 풀어 압력분포

$$p = p_{\text{atm}} + \frac{3\mu v_0 R^2}{H^3}\left[1 - \left(\frac{r}{R}\right)^2\right] \tag{3C.1-13}$$

을 구하시오.

(e) 움직이는 원판 표면에 걸쳐 $[(p + \tau_{zz}) - p_{\text{atm}}]$을 적분하고 원판 운동을 유지하기 위해 필요한 총 힘

$$F(t) = \frac{3\pi\mu v_0 R^4}{2[H(t)]^3} \tag{3C.1-14}$$

를 구하시오. 이 결과는 힘과 속도를 측정하여 점도를 구하는 데 사용될 수 있다.

(f) 중심에 위치한 원형의 액체 덩어리는 두 평판 사이의 공간을 결코 완전히 채울 수 없다는 것과 같은 방법으로 작동되는 점도계에 대해 해석을 반복하시오. 시료의 부피를 V라 두고

$$F(t) = \frac{3\mu v_0 V^2}{2\pi[H(t)]^5} \tag{3C.1-15}$$

를 구하시오.

(g) 일정하게 부가되는 힘 F_0로 작동하는 점도계에 대해 해석을 반복하시오. 그러면 점도는 H를 시간의 함수로 측정함으로써 결정되며, 상판의 속도는 상수가 아니다

$$\frac{1}{[H(t)]^2} = \frac{1}{H_0^2} + \frac{4F_0 t}{3\pi\mu R^4} \tag{3C.1-16}$$

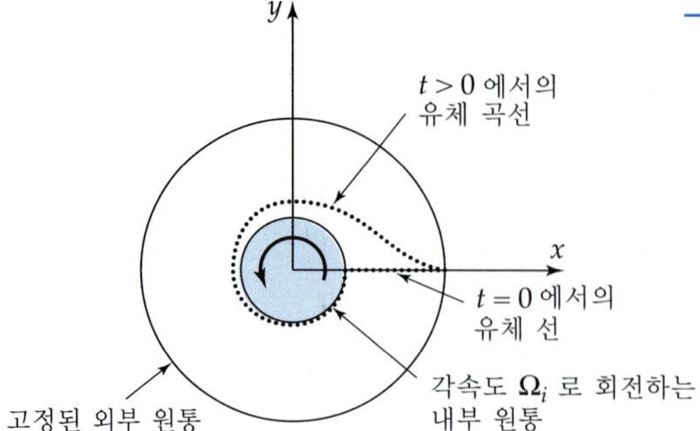

그림 3C.3 Couette 유동에서 유체 선의 변형.

임을 보이시오.

3C.2. 압축성 유체에 대한 고체 표면에서의 수직응력. 예제 3.1-1을 압축성 유체로 확장하여

$$\tau_{zz}|_{z=0} = (\tfrac{4}{3}\mu + \kappa)(\partial \ln \rho/\partial t)|_{z=0} \tag{3C.2-1}$$

임을 보이고, 이 결과의 물리적 의미를 논하시오.

3C.3. 유체 선의 변형(그림 3C.3). 반지름이 κR과 R인 두 개의 원통 사이 원환 공간에 유체가 채워져 있으며, 내부 원통이 일정한 각속도 Ω_i로 회전하도록 하였다. 초기에는 두 표면에 수직인 $\theta = 0$에 위치하고, 내부 원통에서부터 외부 원통까지 확장된 $z = 0$ 평면 내의 유체 입자의 선을 생각하시오. 이 유체 선이 곡선 $\theta(r, t)$를 따라 어떻게 변형하는가? 내부 원통이 N 번 회전한 후에 곡선의 길이 l은 무엇인가? 식 3.6-32를 사용하시오.

답: $$\frac{l}{R} = \int_\kappa^1 \sqrt{1 + \frac{16\pi^2 N^2}{[(1/\kappa)^2 - 1]^2 \xi^4}}\, d\xi$$

3C.4. 각운동량 개념을 사용하여 Couette 점도계 문제를 해석하는 다른 방법들(그림 3.6-1).

(a) 두께 Δr의 얇은 쉘에 대해 **쉘 각운동량 수지**를 세움으로써,

$$\frac{d}{dr}(r^2\tau_{r\theta}) = 0 \tag{3C.4-1}$$

임을 보이시오.

다음, 접선 성분 속도의 구배 항으로 된 $\tau_{r\theta}$에 대한 적절한 식을 대입하시오. 그런 다음 식 3.6-29를 얻기 위해 결과적으로 주어지는 미분방정식을 경계조건들을 사용하여 푸시오.

(b) 식 3C.4-1에 주어진 **각운동량에 대한 변화방정식**으로부터, 식 3.4-1을 어떻게 구하는지 보이시오.

3C.5. 2상 계면 경계조건. 2.1 절에 점성 유동 문제를 해석하기 위한 경계조건들이 주어져 있다. 거기에서는 계면장력의 역할에 대한 언급이 없었다. 두 비혼화성 유체 I과 II 사이의 계면에서는 다음 경계조건이

[7] L. Landau and E. M. Lifshitz, *Fluid Mechanics*, Pergamon, Oxford, 2nd edition (1987), 식 61.13. 잉여 밀도와 점도를 포함하는 좀더 일반적인 공식은 L. E. Scriven, *Chem Eng. Sci.*, **12**, 98-108 (1960)에 의해 개발되었다.

사용되어야 한다:[7]

$$\mathbf{n}^{\mathrm{I}}(p^{\mathrm{I}} - p^{\mathrm{II}}) + [\mathbf{n}^{\mathrm{I}} \cdot (\boldsymbol{\tau}^{\mathrm{I}} - \boldsymbol{\tau}^{\mathrm{II}})] = \mathbf{n}^{\mathrm{I}}\left(\frac{1}{R_1} + \frac{1}{R_2}\right)\sigma \tag{3C.5-1}$$

이는 근본적으로 계면을 통과하는 물질이 없고, 계면 질량이나 점도가 없는 계면 요소 dS에 대해 쓰여진 운동량 수지이며, 여기서 $\mathbf{n}^{\mathrm{I}}$는 상 I를 향한 dS에 수직인 단위 벡터이다. R_1과 R_2 양은 dS에서의 주곡률 반지름이고, 이들의 각각은 중심이 상 I에 놓여 있으면 양이 된다. 합 $(1/R_1) + (1/R_2)$은 또한 $(\nabla \cdot \mathbf{n}^{\mathrm{I}})$로 표현될 수 있다. σ 양은 계면장력이며 일정하다고 가정한다.

(a) 제 2의 매체 II 내에 정지되어 있는 구형의 액적 I에 대해 Laplace 방정식

$$p^{\mathrm{I}} - p^{\mathrm{II}} = \left(\frac{1}{R_1} + \frac{1}{R_2}\right)\sigma \tag{3C.5-2}$$

는 액적 내부와 외부의 압력과 관련이 있음을 보이시오. 상 I의 압력이 상 II의 압력보다 더 큰가 혹은 그 반대인가? 평면 계면에서의 압력들 사이의 어떤 관계가 있는가?

(b) 식 3C.5-1로부터 다음 무차원 경계조건

$$\begin{aligned}
&\mathbf{n}^{\mathrm{I}}(\breve{\mathscr{P}}^{\mathrm{I}} - \breve{\mathscr{P}}^{\mathrm{II}}) + \mathbf{n}^{\mathrm{I}}\left[\!\left[\frac{\rho^{\mathrm{II}} - \rho^{\mathrm{I}}}{\rho^{\mathrm{I}}}\right]\!\right]\left[\!\left[\frac{g l_0}{v_0^2}\right]\!\right]\breve{h} \\
&- \left[\!\left[\frac{\mu^{\mathrm{I}}}{l_0 v_0 \rho^{\mathrm{I}}}\right]\!\right][\mathbf{n}^{\mathrm{I}} \cdot \breve{\dot{\boldsymbol{\gamma}}}^{\mathrm{I}}] + \left[\!\left[\frac{\mu^{\mathrm{II}}}{l_0 v_0 \rho^{\mathrm{II}}}\right]\!\right][\mathbf{n}^{\mathrm{I}} \cdot \breve{\dot{\boldsymbol{\gamma}}}^{\mathrm{II}}]\left[\!\left[\frac{\rho^{\mathrm{II}}}{\rho^{\mathrm{I}}}\right]\!\right] \\
&= \mathbf{n}^{\mathrm{I}}\left(\frac{1}{\breve{R}_1} + \frac{1}{\breve{R}_2}\right)\left[\!\left[\frac{\sigma}{l_0 v_0^2 \rho^{\mathrm{I}}}\right]\!\right]
\end{aligned} \tag{3C.5-3}$$

을 유도할 수 있음을 보이시오. 여기서 $\breve{h} = (h - h_0)/l_0$ 는 dS의 무차원 높이이고, $\breve{\dot{\boldsymbol{\gamma}}}^{\mathrm{I}}$와 $\breve{\dot{\boldsymbol{\gamma}}}^{\mathrm{II}}$는 무차원 변형속도 텐서이며, $\breve{R}_1 = R_1/l_0$와 $\breve{R}_2 = R_2/l_0$는 무차원 곡률 반지름이다. 더욱이 무차원 압력은

$$\breve{\mathscr{P}}^{\mathrm{I}} = \frac{p^{\mathrm{I}} - p_0 + \rho^{\mathrm{I}} g(h - h_0)}{\rho^{\mathrm{I}} v_0^2}; \qquad \breve{\mathscr{P}}^{\mathrm{II}} = \frac{p^{\mathrm{II}} - p_0 + \rho^{\mathrm{II}} g(h - h_0)}{\rho^{\mathrm{I}} v_0^2} \tag{3C.5-4, 5}$$

로 주어진다. 위에서 하첨자가 0인 양들은 두 상 모두에서 타당한 척도 인자들이다. 식 3C.5-3에 주어진 무차원 군을 확인하시오.

(c) 예제 3.7-2에 주어진 가정 하에서 (b)의 결과가 어떻게 식 3.7-36으로 단순화되는지 보이시오.

3D.1. 적분 정리에 의한 변화방정식의 유도(그림 3D.1).

(a) 유체가 3차원 공간의 어떤 영역을 통해 흐르고 있다. 이 유체의 임의의 "방울" – 즉 국부 유체 속도와 함께 움직이는 요소인 부피 $V(t)$를 둘러싸고 있는 어떤 표면 $S(t)$에 의해 경계지어져 있는 영역 – 을 선택하시오. 이 계에 Newton의 제 2 운동법칙을 적용하여

$$\frac{d}{dt}\int_{V(t)} \rho \mathbf{v} dV = -\int_{S(t)} [\mathbf{n} \cdot \boldsymbol{\pi}] dS + \int_{V(t)} \rho \mathbf{g} dV \tag{3D.1-1}$$

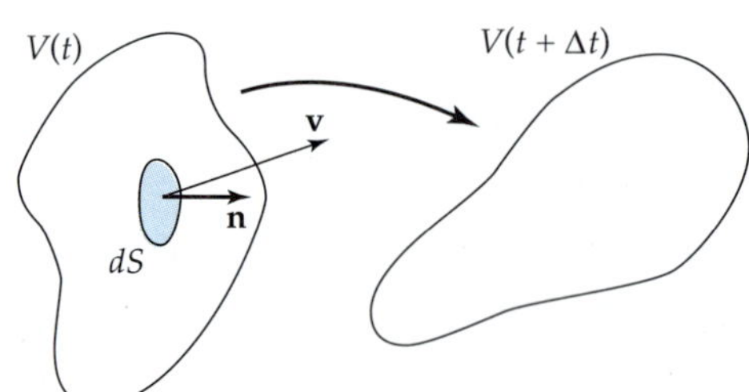

그림 3D.1 Newton의 제 2 운동법칙이 적용되는 움직이는 유체 "방울". 움직이고 변형하는 부피 요소 $V(t)$의 유체 표면 $dS(t)$에 대한 모든 요소는 국부적이고 순간적인 유체 속도 $\mathbf{v}(t)$로 움직인다.

을 구하시오. 여기서 우변 항은 계에 작용하는 표면 힘과 부피 힘으로 간주한다. 방울 표면 위의 모든 점에서 표면 속도가 유체의 속도와 같다는 것을 인정하면서 적분을 미분하기 위해 Leibniz 공식을 적용하시오(A.5절 참조). 다음 텐서에 대한 Gauss 정리를 적용하여(A.5절 참조) 방정식의 각 항들이 부피 적분이 되도록 하시오. "방울"의 선택이 임의적이므로 모든 적분 기호들은 제거될 수 있고, 식 3.2-9의 운동방정식이 얻어진다.

(b) 유체가 통과해 흐르는 부피가 V이고 표면이 S인 공간 상에 고정된 임의의 영역에 걸쳐 운동량 수지를 씀으로써 운동방정식을 유도하시오. 직육면체 유체 요소에 대한 3.2절의 유도와 똑같이 이를 유도하시오. 유도를 완성하기 위해서는 텐서에 대한 Gauss 정리가 필요하다.

이 문제는 움직이는 임의의 "방울"에 Newton의 제 2 운동법칙을 적용하는 것이 유체가 통과해 흐르는 임의의 고정된 공간 영역에 대해 운동량 수지를 수립하는 것과 같다는 것을 보여준다. (a)와 (b) 둘 다 3.2절에서 얻은 결과와 같은 결과를 보여준다.

(c) (a)와 (b)에 개략적으로 지적된 방법에 따라 움직이거나 고정된 임의의 형상의 부피 요소 둘 다 사용하여 연속방정식을 유도하시오.

3D.2. 와류에 대한 변화방정식

(a) Navier-Stokes 식(D/Dt 형태 또는 $\partial/\partial t$ 형태 어느 것이든)에 커얼을 취함으로써 유체의 **와류** $\mathbf{w} = [\nabla \times \mathbf{v}]$에 대한 방정식을 구하시오. 이 식은 두 가지 방법으로 쓰일 것이다.

$$\frac{D}{Dt}\mathbf{w} = \nu\nabla^2\mathbf{w} + [\mathbf{w} \cdot \nabla\mathbf{v}] \tag{3D.2-1}$$

$$\frac{D}{Dt}\mathbf{w} = \nu\nabla^2\mathbf{w} + [\boldsymbol{\varepsilon}:\{(\nabla\mathbf{v}) \cdot (\nabla\mathbf{v})\}] \tag{3D.2-2}$$

여기서 $\boldsymbol{\varepsilon}$는 성분이 치환 기호 ε_{ijk}인 삼차 텐서이며(A.2절 참조), $\nu = \mu/\rho$는 동점도이다.

(b) (a)의 식들이 2차원 유동에서는 어떻게 단순화되는가?

3D.3. 운동방정식의 다른 형태.[8] 일정한 점도를 갖는 비압축성 뉴튼 유체에 대해 운동방정식은

[8] P. G. Saffman, *Vortex Dynamics*, Cambridge University Press, corrected edition (1995).

$$4\nabla^2\mathcal{P} = \rho(\boldsymbol{\omega}:\boldsymbol{\omega}^\dagger - \dot{\boldsymbol{\gamma}}:\dot{\boldsymbol{\gamma}}) \tag{3D.3-1}$$

의 형태로 쓸 수 있음을 보이시오. 여기서

$$\dot{\boldsymbol{\gamma}} = \nabla\mathbf{v} + (\nabla\mathbf{v})^\dagger \text{ 와 } \quad \boldsymbol{\omega} = \nabla\mathbf{v} - (\nabla\mathbf{v})^\dagger \tag{3D.3-2}$$

이다.

이 결과에 대한 어떤 추가적인 제약 조건이 있어야만 하는가?

Chapter 04

한 개 이상의 독립 변수를 갖는 속도분포

2장에서 곧은 흐름선을 갖는 점성 유동 문제는 쉘 운동량 수지에 의해 해를 구할 수 있음을 알았다. 3장에서는 문제를 수립하는 데 더 좋은 방법을 제공하는 연속방정식과 운동방정식을 도입하였다. 그 방법을 3.6절에서 설명하였는데, 단지 상미분방정식의 해를 구해야만 하는 유동 문제로 국한시켰다.

이 장에서는 비정상상태의 유동(4.1절), 한 방향 이상의 점성 유동(4.2절), 점성이 없는 유체의 유동(4.3절)과 경계층에서의 점성 유동(4.4절) 등과 같은 편미분방정식의 해를 포함하는 몇 가지 유형의 문제를 다루고자 한다. 이들 주제는 모두 유체역학 논문에서 광범위하게 다루어져 왔으므로 여기서는 단지 그들에 대한 소개만 하고 문제를 해결하기 위해 널리 사용되는 몇 가지 방법을 설명하고자 한다.

이 장에서 주어진 해석적 방법에 더하여 수치적 방법[1]에 관한 연구가 급격히 확장되고 있으며, 계산 유체역학 분야는 이동현상 분야에서 이미 중요한 역할을 하고 있다. 복잡한 실제 문제에 대해서는 수치적 방법이 없어서는 안 되게 되었지만 수치적 방법과 해석적 방법은 서로 상호 보완적인 역할을 한다.

4.1 뉴튼 유체의 시간 의존 유동

3.6절에서는 단지 정상상태의 문제들만 풀었다. 그러나 많은 경우 속도가 위치와 시간에 따

[1] R. W. Johnson(ed.), *The Handbook of Fluid Dynamics*, CRC Press, Boca Raton, Fla. (1998); C. Pozrikidis, *Introduction to Theoretical and Computational Fluid Dynamics*, Oxford University Press (1997).

라 변하므로, 유동은 편미분방정식으로 표현된다. 이 절에서는 유체역학, 열전도, 확산 등에서 (물리학과 공학의 다른 많은 부문에서 뿐만 아니라) 널리 사용되고 있는 세 가지 기법을 설명하고자 한다. 이들 기법의 각각에는 편미분방정식의 해를 구하는 문제가 한 개 또는 그 이상의 상미분방정식의 해를 구하는 문제로 변환된다.

첫 번째 예는 **변수 조합법**(혹은 **유사 해 방법**)을 설명한다. 이 방법은 초기조건과 무한대의 경계조건이 하나의 새로운 경계조건으로 결합되는 반 무한 영역에 대해서만 단지 유용하다.

두 번째 예는 편미분방정식을 두 개 또는 그 이상의 상미분방정식으로 분리하는 **변수 분리법**을 설명한다. 그러면 해는 상미분방정식 해의 곱의 무한 합으로 된다. 이 상미분방정식들은 중간 수준의 수학 교과서[1]에서 "Strum-Liouville" 문제라는 제목으로 늘 다루어지고 있다.

세 번째 예는 외부의 주기적 교란에 응답하는 계를 표현하는 방법으로 유용한 **싸인 응답법**을 설명한다.

설명하는 예들은 물리적 단순성 때문에 선택되었으므로, 주된 초점은 수학적 방법들에 있다 하겠다. 여기서 논의된 모든 문제들은 속도가 선형적이므로 물론 Laplace 변환이 사용될 수 있으며, 이 주제와 친근한 독자들은 그 기법에 의해 이 절에서 주어진 3 개의 예제를 풀 수 있을 것이다.

예제 4.1-1 갑자기 움직이기 시작하는 벽 부근의 유동

일정한 밀도와 점도를 갖는 반 무한 액체가 수평 표면에 의해 아래로 경계지어져 있다(xz-평면). 초기에 유체와 고체는 정지되어 있으며, 그림 4.1-1에서 보는 바와 같이 시간 $t = 0$에서 고체 표면이 갑자기 v_0의 속도로 양의 x 방향으로 움직이기 시작한다. 속도 v_x를 y와 t의 함수로 구하시오. 압력 구배와 x 방향으로 작용하는 중력은 없으며, 유동은 층류라 가정한다.

해 이 계에 대해서는 $v_x = v_x(y, t)$, $v_y = 0$과 $v_z = 0$이 된다. 그러면 표 B.4로부터 연속방정식은 바로 만족되며, 표 B.6으로부터

$$\frac{\partial v_x}{\partial t} = \nu \frac{\partial^2 v_x}{\partial y^2} \tag{4.1-1}$$

을 얻는다. 여기서 $\nu = \mu/\rho$이며, 초기조건과 경계조건은

초기조건: $t \leq 0$에서 $v_x = 0$ 모든 y에 대해 (4.1-2)

[1] 예를 들면 M. D. Greenberg, *Foundations of Applied Mathematics*, Prentice-Hall, Englewood Cliffs, N. J. (1978), 20.3절을 보시오.

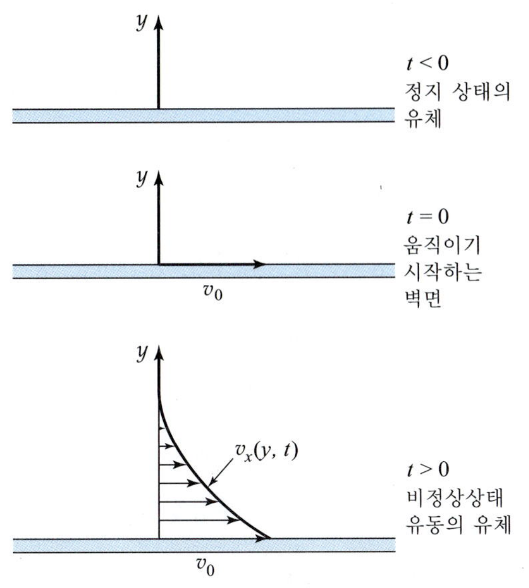

그림 4.1-1 갑자기 움직이기 시작하는 벽 부근의 점성 유동

경계조건 1: $y = 0$에서 $v_x = v_0$ 모든 $t > 0$에 대해 (4.1-3)

경계조건 2: $y = \infty$에서 $v_x = 0$ 모든 $t > 0$에 대해 (4.1-4)

로 주어진다. 다음으로 무차원 속도 $\phi = v_x / v_0$를 도입하면 식 4.1-1은

$$\frac{\partial \phi}{\partial t} = \nu \frac{\partial^2 \phi}{\partial y^2} \tag{4.1-5}$$

가 되며, $\phi(y, 0) = 0$, $\phi(0, t) = 1$과 $\phi(\infty, t) = 0$을 갖는다. 초기조건과 경계조건이 오직 순수한 숫자만 포함하고 있으므로 식 4.1-5의 해는 $\phi = \phi(y, t; \nu) = 0$의 형태로 되어야 한다. 그러나 ϕ는 무차원 함수이므로 양 y, t와 ν는 항상 무차원 결합으로 나타나야 한다. 이들 3개 양의 유일한 무차원 결합은 $y/\sqrt{\nu t}$이거나 혹은 멱수이거나 혹은 그것을 곱한 것이다. 그러므로 다음과 같은 결론을 내린다.

$$\phi = \phi(\eta), \qquad \text{여기서} \qquad \eta = \frac{y}{\sqrt{4\nu t}} \tag{4.1-6}$$

이것이 "(독립) 변수 조합법"이다. "4"는 식 4.1-14의 최종 결과를 깔끔하게 보이도록 하기 위해 포함하였으며, 이 값을 포함하지 않고 문제의 해를 구한 바로 다음에 왜 포함시켜야 하는지를 알게 된다. 물리적인 계 내에 특성 길이나 특성 시간이 없기 때문에 식 4.1-6에 주어진 해의 형태는 본질적으로 가능하다.

이제 식 4.1-5의 도함수를 "조합된 변수" η에 관한 도함수로 다음과 같이 변환한다:

$$\frac{\partial \phi}{\partial t} = \frac{d\phi}{d\eta}\frac{\partial \eta}{\partial t} = -\frac{1}{2}\frac{\eta}{t}\frac{d\phi}{d\eta} \tag{4.1-7}$$

$$\frac{\partial \phi}{\partial y} = \frac{d\phi}{d\eta}\frac{\partial \eta}{\partial y} = \frac{d\phi}{d\eta}\frac{1}{\sqrt{4\nu t}} \quad \text{및} \quad \frac{\partial^2 \phi}{\partial y^2} = \frac{d^2\phi}{d\eta^2}\frac{1}{4\nu t} \tag{4.1-8}$$

이 식들을 식 4.1-5에 대입하면

$$\frac{d^2\phi}{d\eta^2} + 2\eta\frac{d\phi}{d\eta} = 0 \tag{4.1-9}$$

로 된다. 이것은 식 C.1-8에 주어진 종류의 상미분방정식이며, 동반하는 경계조건은

경계조건 1: $\eta = 0$에서 $\phi = 1$ (4.1-10)

경계조건 2: $\eta = \infty$에서 $\phi = 0$ (4.1-11)

이다. 이들 경계조건의 첫 번째는 식 4.1-3과 같으며, 두 번째는 식 4.1-2와 4를 포함하고 있다. 이제 $d\phi/d\eta = \psi$라 두면 ψ에 대해 분리 가능한 1차 미분방정식을 얻게 되고 해를 구하면

$$\psi = \frac{d\phi}{d\eta} = C_1 \exp(-\eta^2) \tag{4.1-12}$$

를 얻는다. 두 번째 적분을 수행하면

$$\phi = C_1 \int_0^{\eta} \exp(-\bar{\eta}^2)\, d\bar{\eta} + C_2 \tag{4.1-13}$$

으로 주어진다. 적분의 하한으로 0을 임의로 선택하였으며, 다른 값을 선택하게 되면 여전히 결정되지 않은 C_2는 다른 값을 얻게 될 것이다. 적분 상한으로 주어진 η와 구별하기 위해 적분 변수($\bar{\eta}$)에 대해서는 상부에 선을 조심스럽게 사용하였음에 주목하시오.

두 개의 경계조건을 적용하면 두 개의 적분 상수를 계산할 수 있으므로 최종적으로

$$\phi(\eta) = 1 - \frac{\int_0^{\eta} \exp(-\bar{\eta}^2)\, d\bar{\eta}}{\int_0^{\eta} \exp(-\bar{\eta}^2)\, d\bar{\eta}} = 1 - \frac{2}{\sqrt{\pi}}\int_0^{\eta} \exp(-\bar{\eta}^2)\, d\bar{\eta} = 1 - \operatorname{erf}\eta \tag{4.1-14}$$

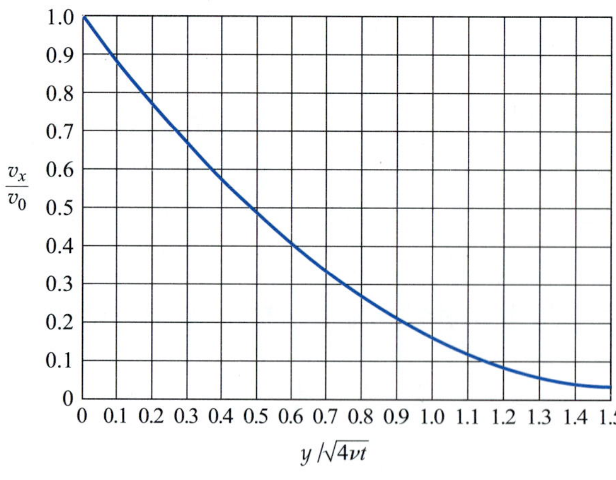

그림 4.1-2 갑자기 움직이기 시작하는 벽면 부근의 유동에 대한 무차원 형태의 속도분포

를 얻는다. 여기에 나타난 적분의 비를 **오차 함수**라 하고 약어로 erf η로 쓴다(C.6절 참조). 오차 함수는 수학 핸드북과 컴퓨터 소프트웨어 프로그램에서 입수가 가능한 잘 알려진 함수이다. 식 4.1-14를 원래의 변수들로 다시 쓰면

$$\frac{v_x(y,t)}{v_0} = 1 - \operatorname{erf}\frac{y}{\sqrt{4\nu t}} = \operatorname{erfc}\frac{y}{\sqrt{4\nu t}} \tag{4.1-15}$$

가 된다. 여기서 erfc η는 **상보 오차 함수**라 한다. 식 4.1-15를 그림 4.1-2에 도시하였다. 무차원 양의 항으로 결과를 도시함으로써 단 한 개의 곡선만 필요하게 된다는 것에 주목하시오.

상보 오차 함수 erfc η는 1에서부터 0으로 감소하는 단조 감소 함수로 η가 약 2.0일 때 0.01까지 떨어지게 된다. "경계층 두께" δ를 v_x가 $0.01v_0$의 값까지 떨어지는 거리 y로 정의하기 위해 이 사실을 이용할 수 있다. 경계층 두께는 운동량 확산에 대한 자연적인 길이 척도로 $\delta = 4\sqrt{\nu t}$로 주어진다. 이 거리는 운동량이 유체의 본체 내로 "침투하는" 정도를 나타내는 척도이다. 이 경계층 두께가 경과한 시간의 제곱근에 비례함에 주목하시오.

예제 4.1-2 두 개의 평행한 평판 사이의 비정상상태 층류

$y = 0$에서 움직이는 벽으로부터 b 거리 떨어진 지점에 고정된 벽을 갖는 것을 제외하고는 앞에서 설명한 예제를 다시 풀어 보고자 한다. 이 유동계는 $t \to \infty$일 때 정상상태의 극한을 갖는 반면에 예제 4.1-1은 그렇지 않다.

해 예제 4.1-1에서와 같이 속도의 x-성분에 대한 식은

$$\frac{\partial v_x}{\partial t} = \nu \frac{\partial^2 v_x}{\partial y^2} \tag{4.1-16}$$

이고, 경계조건은 이제

초기조건.:	$t \leq 0$에서	$v_x = 0$	$0 \leq y \leq b$에 대해	(4.1-17)
경계조건 1:	$y = 0$에서	$v_x = v_0$	모든 $t > 0$에 대해	(4.1-18)
경계조건 2:	$y = b$에서	$v_x = 0$	모든 $t > 0$에 대해	(4.1-19)

이다. 여기서 다음의 무차원 변수를 도입하는 것이 편리하다.

$$\phi = \frac{v_x}{v_0}; \qquad \eta = \frac{y}{b}; \qquad \tau = \frac{\nu t}{b^2} \tag{4.1-20}$$

무차원 속도와 위치는 이 변수들이 0에서부터 1까지 변할 것이라는 것을 보증하도록 선택되며, 무차원 시간은 변환된 편미분방정식에 매개변수가 나타나지 않도록 선택된다.

$$\frac{\partial \phi}{\partial \tau} = \frac{\partial^2 \phi}{\partial \eta^2} \tag{4.1-21}$$

여기서 초기조건은 $\tau = 0$에서 $\phi = 0$이고, 경계조건은 $\eta = 0$에서 $\phi = 1$이며 $\eta = 1$에서 $\phi = 0$이다.

무한 시간에서는 계가 정상상태의 속도분포 $\phi_\infty(\eta)$에 도달된다는 것을 알고 있으므로 $\tau = \infty$에서 식 4.1-21은

$$0 = \frac{d^2\phi_\infty}{d\eta^2} \tag{4.1-22}$$

로 되고, $\eta=0$에서 $\phi_\infty=1$이고 $\eta=1$에서 $\phi_\infty=0$인 조건을 갖게 된다. 그러면 정상상태의 극한 분포에 대해

$$\phi_\infty = 1 - \eta \tag{4.1-23}$$

을 얻는다.

그러면 속도분포는

$$\phi(\eta, \tau) = \phi_\infty(\eta) - \phi_t(\eta, \tau) \tag{4.1-24}$$

로 쓸 수 있으며, 여기서 ϕ_t는 시간이 무한대로 가면 서서히 사라지는 해의 과도상태 부분이다. 이 식을 원래의 미분방정식과 경계조건에 대입하면 $\tau = 0$에서 $\phi_t = \phi_\infty$가 되고, $\eta = 0$과 1에서 $\phi_t = 0$이 되는 조건을 갖는 ϕ_t에 대한 식

$$\frac{\partial \phi_t}{\partial \tau} = \frac{\partial^2 \phi_t}{\partial \eta^2} \tag{4.1-25}$$

를 얻는다.

식 4.1-25를 풀기 위해

$$\phi_t = f(\eta)g(\tau) \tag{4.1-26}$$

인 형태의 해를 가정하는 "(의존하는) 변수 분리법"을 사용하고자 한다. 시행 해를 식 4.1-25에 대입하고 곱 fg로 나누면

$$\frac{1}{g}\frac{dg}{d\tau} = \frac{1}{f}\frac{d^2f}{d\eta^2} \tag{4.1-27}$$

을 얻으며, 좌변은 τ만의 함수이고, 우변은 η만의 함수이다. 이것은 양변이 상수와 같아야만 한다는 것을 의미하며, 상수로 $-c^2$을 선정하고자 한다 (c 혹은 $+c^2$을 똑같이 사용할 수 있지만 이러한 선택이 그 이후의 수학을 좀 더 복잡하게 한다는 것을 경험적으로 안다). 그러면 식 4.1-27을 두 개의 식으로 분리할 수 있다.

$$\frac{dg}{d\tau} = -c^2 g \tag{4.1-28}$$

$$\frac{d^2f}{d\eta^2} + c^2 f = 0 \tag{4.1-29}$$

이 식들은 다음 해를 갖는다(식 C.1-1과 3 참조).

$$g = Ae^{-c^2\tau} \tag{4.1-30}$$

$$f = B \sin c\eta + C \cos c\eta \tag{4.1-31}$$

여기서 A, B와 C는 적분 상수이다.

이제 초기조건과 경계조건을 다음과 같은 방법으로 적용하고자 한다.

경계조건 1: $\eta = 0$에서 $\phi_t = 0$이기 때문에 $\eta = 0$에서 함수 f는 0이 되어야 한다. 그러므로 C는 0이어야만 한다.

경계조건 2: $\eta = 1$에서 $\phi_t = 0$이기 때문에 $\eta = 1$에서 함수 f는 0이 되어야 한다. 만약 $B = 0$이거나 $\sin c$가 0이면 이것은 사실일 것이다. 첫 번째 선택은 모든 η에 대해 $f = 0$이 되어야 할 것이므로 물리적으로 만족스럽지 못하다. 그러므로 $c = 0, \pm\pi, \pm 2\pi, \pm 3\pi, \cdots$라는 필요조건이 되는 두 번째 선택을 하고자 한다. 허용할 수 있는 다양한 이들 c 값("고유값"이라 불리운다)을 c_n으로 분류하고 다음과 같이 쓴다.

$$c_n = n\pi, \qquad n = 0, \pm 1, \pm 2, \pm 3, \cdots \text{ 을 갖는} \tag{4.1-32}$$

그러므로 식 4.1-29와 경계조건을 만족하는 허용할 수 있는 수많은 함수("고유 함수"라 불린다)가 존재하게 된다; 즉

$$f_n = B_n \sin n\pi\eta, \qquad n = 0, \pm 1, \pm 2, \pm 3, \cdots \text{ 을 갖는} \tag{4.1-33}$$

으로 주어지게 된다. 한편 식 4.1-28을 만족하는 대응 함수는 g_n으로 부르고

$$g_n = A_n \exp(-n^2\pi^2\tau), \qquad n = 0, \pm 1, \pm 2, \pm 3, \cdots \text{ 을 갖는} \tag{4.1-34}$$

로 주어진다.

초기조건: $f_n g_n$ 결합은 식 4.1-25의 ϕ_t에 대한 편미분방정식을 만족하며, 이와 같은 곱의 어떤 중첩도 식을 만족하게 될 것이다. 그러므로 식 4.1-25의 해는

$$\phi_t = \sum_{n=-\infty}^{+\infty} D_n \exp(-n^2\pi^2\tau) \sin n\pi\eta \tag{4.1-35}$$

로 쓴다. 여기서 전개 계수 $D_n = A_n B_n$은 아직 결정되어야만 하는 상태로 있다. 합에서 $n = 0$인 항은 전혀 기여를 하지 않으며, 또 $\sin(-n)\pi\eta = -\sin(+n)\pi\eta$이므로 n이 음의 값을 갖는 모든 항을 생략할 것이다. 그러면 식 4.1-35는

$$\phi_t = \sum_{n=1}^{\infty} D_n \exp(-n^2\pi^2\tau) \sin n\pi\eta \tag{4.1-36}$$

이 된다. 초기조건에 의하면 $\tau=0$에서 $\phi_t = 1 - \eta$ 이므로

$$1 - \eta = \sum_{n=1}^{\infty} D_n \sin n\pi\eta \tag{4.1-37}$$

이 된다. 이제 이 하나의 식으로부터 모든 D_n을 결정하여야 한다! 이것은 식이 양변에 $\sin m\pi\eta$를 곱하고 $\eta = 0$에서부터 $\eta = 1$까지 물리적으로 딱 들어맞는 영역에 걸쳐 적분하면 된다.

$$\int_0^1 (1-\eta)\sin m\pi\eta d\eta = \sum_{n=1}^{\infty} D_n \int_0^1 \sin n\pi\eta \sin m\pi\eta d\eta \tag{4.1-38}$$

여기서 m은 정수이다. 좌변은 $1/m\pi$로 주어지고 우변의 적분은 $n \neq m$일 때 0이고 $n = m$일 때 $\frac{1}{2}$이므로 초기조건으로부터

$$D_m = \frac{2}{m\pi} \tag{4.1-39}$$

가 유도된다. 무차원 속도분포에 대한 최종 식은 식 4.1-24, 36과 39로부터 다음과 같이 얻어진다.

$$\phi(\eta, \tau) = (1-\eta) - \sum_{n=1}^{\infty} \left(\frac{2}{n\pi}\right) \exp(-n^2\pi^2\tau) \sin n\pi\eta \tag{4.1-40}$$

해는 정상상태의 극한 항에서 시간이 증가함에 따라 서서히 사라지는 과도상태의 항을 뺀 것으로 구성되어 있다.

변수 분리법을 처음으로 만난 독자들은 위의 일련의 단계가 오히려 길고 복잡하다고 알았을 것이다. 그러나 전개하는 과정의 한 단계 한 단계는 특별히 어려운 것이 없으며, 식 4.1-40의 최종 해가 무한대의 합 때문에 오히려 복잡해 보인다. 실제로 대단히 작은 시간에 대한 경우를 제외하고는 급수의 단지 처음 몇 항만 다소 기여를 한다.

비록 여기서 증명할 수는 없지만, 이 문제의 해와 앞 문제의 해는 상당히 밀접한 관계가 있다.[2] 보이지 않을 만큼 작은 시간의 극한에서 식 4.1-40은 식 4.1-15와 같게 된다. 이 문제에서 대단히 작은 시간에서는 $y = 0$에서의 바로 벽 부근에서만 유체가 움직이게 되고 $y = b$에 벽이 존재한다는 것을 유체가 "느낄" 수 없으므로 이는 합리적이다. 예제 4.1-1의 해와 결과는 이 예제보다 훨씬 더 단순하지만, 단지 작은 시간만 포함된다면 계를 표현하기 위해 종종 사용된다. 물론 이것은 근사지만 대단히 유용하며, 열 및 물질전달 문제에서도 종종 사용된다.

예제 4.1-3 진동하는 평판 부근의 비정상상태 층류

반 무한 액체가 평면 표면에 의해 한 쪽으로 경계지어져 있다(xz-평면). 초기에 유체와 고체는 정지해 있으며, 시간 $t = 0$에서 고체 표면이 x 방향으로 진폭 X_0와 (원형)주파수 ω를 갖는 싸인파로 진동하게 된다. 즉 정지 위치로부터 평면의 변위 X는

$$X(t) = X_0 \sin \omega t \tag{4.1-41}$$

이고, y=0에서 유체의 속도는

$$v_x(0, t) = \frac{dX}{dt} = X_0\,\omega \cos \omega t \tag{4.1-42}$$

[2] 짧은 시간에 대해 특별히 잘 맞는 급수에 대해서는 H. S. Carslaw and J. C. Jaeger, *Conduction of Heat in Solids*, Oxford University Press, 2nd edition (1959), pp. 308-310을 보시오.

이다. 속도 진동의 진폭을 $v_0=X_0w$로 나타내고 식 4.1.42를 다시 쓰면 다음과 같다.

$$v_x(0, t) = v_0 \cos \omega t = v_0 \Re\{e^{i\omega t}\} \tag{4.1-43}$$

여기서 $\Re\{z\}$는 "z의 실수부"를 의미한다.

진동하는 계에 대해서는 일반적으로 완전한 해에 흥미를 갖기 보다는 오히려 초기의 "과도상태"가 사라지고 난 뒤에 존재하는 단지 "주기적 정상상태"에 흥미를 갖는다. 이 상태에서 계 내의 모든 유체 입자는 주파수 ω와 위치만의 함수인 위상과 진폭을 갖는 싸인파 진동을 실행하게 될 것이다. 이 "주기적 정상상태"의 해는 널리 사용되는 기초적인 기법에 의해 얻어지게 될 것이다. 수학적으로 이것은 $t \to \infty$에 대한 점근해이다.

해 다시 한번 운동방정식은

$$\frac{\partial v_x}{\partial t} = \nu \frac{\partial^2 v_x}{\partial y^2} \tag{4.1-44}$$

로 주어지며, 초기조건과 경계조건은

초기조건 :	$t \leq 0$에서	$v_x = 0$	모든 y에 대해	(4.1-45)
경계조건 1:	$y = 0$에서	$v_x = v_0 \Re\{e^{iwt}\}$	모든 $t > 0$에 대해	(4.1-46)
경계조건 2:	$y = \infty$에서	$v_x = 0$	모든 $t > 0$에 대해	(4.1-47)

으로 주어진다. 긴 시간 동안 평판이 진동을 하고 난 뒤의 유체의 응답에만 단지 관여하므로 초기조건은 필요하지 않을 것이다.

진동하는 해의 형태를

$$v_x(y, t) = \Re\{v^\circ(y)e^{i\omega t}\} \tag{4.1-48}$$

로 가정한다. 여기서 v°는 y의 **복소** 함수로 선택되므로 $v_x(y, t)$는 진폭과 위상 둘 다에서 $v_x(0, t)$와 서로 다를 것이다. 이 시행 해를 식 4.1-44에 대입하면

$$\Re\{v^\circ i\omega e^{i\omega t}\} = \nu \Re\left\{\frac{d^2 v^\circ}{dy^2} e^{i\omega t}\right\} \tag{4.1-49}$$

를 얻는다. 다음에 만약 $\Re\{z_1 w\}=\Re\{z_2 w\}$이면 $z_1=z_2$이라는 사실을 이용한다. 여기서 z_1과 z_2는 두 개의 복소량이며, w는 임의의 복소량이다. 그러면 식 4.1-49는

$$\frac{d^2 v^\circ}{dy^2} - \left(\frac{i\omega}{\nu}\right) v^\circ = 0 \tag{4.1-50}$$

이 되며, 다음의 경계조건을 갖는다.

경계조건 1:	$y = 0$에서	$v^\circ = v_0$	(4.1-51)
경계조건 2:	$y = \infty$에서	$v^\circ = 0$	(4.1-52)

식 4.1-50은 식 C.1-4의 유형이며, 다음 해를 갖는다.

$$v^\circ = C_1 e^{\sqrt{i\omega/\nu}y} + C_2 e^{-\sqrt{i\omega/\nu}y} \tag{4.1-53}$$

$\sqrt{i} = \pm(1/\sqrt{2})(1+i)$이므로 이 식은 다음과 같이 다시 쓸 수 있다.

$$v^\circ = C_1 e^{\sqrt{\omega/2\nu}(1+i)y} + C_2 e^{-\sqrt{\omega/2\nu}(1+i)y} \tag{4.1-54}$$

두 번째 경계조건을 적용하면 $C_1 = 0$이 되고, 첫 번째 경계조건으로부터 $C_2 = v_0$가 된다. 그러므로 식 4.1-50에 대한 해는

$$v^\circ = v_0 e^{-\sqrt{\omega/2\nu}(1+i)y} \tag{4.1-55}$$

이다. 이 결과와 식 4.1-48로부터

$$\begin{aligned} v_x(y,t) &= \Re\{v_0 e^{-\sqrt{\omega/2\nu}(1+i)y} e^{i\omega t}\} \\ &= v_0 e^{-\sqrt{\omega/2\nu}y} \Re\{e^{-i(\sqrt{\omega/2\nu}y - \omega t)}\} \end{aligned} \tag{4.1-56}$$

또는 최종적으로

$$v_x(y,t) = v_0 e^{-\sqrt{\omega/2\nu}y} \cos(\omega t - \sqrt{\omega/2\nu}y) \tag{4.1-57}$$

을 얻는다. 이 식에서 지수는 진동 운동의 **감쇄**를 묘사한다 – 즉, 평판으로부터 거리가 증가할수록 유체 진동의 진폭은 감소한다. 코싸인의 논거에서 양 $-\sqrt{\omega/2\nu}y$를 **위상 전이**라 한다; 즉, 그것은 벽으로부터 거리 y에서의 유체 진동이 벽 그 자체의 진동과 얼마나 많이 "조화되지 않고" 있는지를 설명한다.

식 4.1-57은 식 4.1-44부터 47에 걸쳐 진술된 바와 같이 문제에 대한 완전한 해가 아니라, 단지 "주기적 정상상태"의 해 임을 기억하시오. 완전한 해는 문제 4D.1에 주어져 있다.

4.2 흐름 함수를 이용한 유동 문제 해석

지금까지는 유체 속도에 영이 아닌 성분이 단지 하나만 있는 예제와 문제들이 선택되었다. 2차원 또는 3차원 유동에 대한 완전한 Navier-Stokes 방정식의 해는 훨씬 어렵게 얻어진다. 압력분포와 속도분포를 얻기 위해 적절한 초기 및 경계조건과 함께 연속방정식과 운동방정식을 연립하여 푼다는 기본적인 과정은 물론 유사하다.

그러나 다차원의 유동 문제에서 운동방정식의 종속 변수로 속도와 압력 둘을 모두 구하는 것은 앞서 다루었던 단순한 일차원 유동 문제보다 훨씬 더 어렵다. 그러므로 식 A.4-23으로 주어진 벡터 항등식 $[\mathbf{v}\cdot\nabla\mathbf{v}] = \frac{1}{2}\nabla(\mathbf{v}\cdot\mathbf{v}) - [\mathbf{v}\times[\nabla\times\mathbf{v}]]$를 사용한 뒤 운동방정식에 커얼을 취함으로써 압력을 소거하는 것이 종종 편리하다. 점도와 밀도가 일정한 유체에 대해, 이 연산자는

$$\frac{\partial}{\partial t}[\nabla\times\mathbf{v}] - [\nabla\times[\mathbf{v}\times[\nabla\times\mathbf{v}]]] = \nu\nabla^2[\nabla\times\mathbf{v}] \tag{4.2-1}$$

로 주어지며, 이는 **와류** [$\nabla \times \mathbf{v}$]에 **대한 변화방정식**이다. 이것을 기술하는 두 가지 다른 방법이 문제 3D.2에 주어져 있다.

점성 유동 문제에 대한 속도분포를 얻기 위해 적절한 초기 및 경계조건과 연속방정식과 함께 와류방정식(3차의 벡터식)을 풀 수 있으며, 압력분포는 식 3.5-6의 Navier-Stokes 방정식으로부터 얻을 수 있다는 사실이 잘 알려져 있다. 유동 문제를 푸는 이 방법은 앞서 논의한 일차원 유동까지에 대해서도 때로는 편리하다(예를 들면 문제 4B.4 참조).

평면 또는 축 대칭 유동에 대해 와류방정식은 **흐름 함수** ψ를 도입함으로써 재공식화할 수 있다. 이를 위해 소거되지 않는 속도의 두 성분을 연속방정식이 자동적으로 만족되는 것과 같은 방법으로 ψ의 도함수로 표현한다(표 4.2-1 참조). 유동이 일어나지 않는 방향에 대응하는 와류방정식의 성분은 ψ에 대한 4차 스칼라 식이 된다. 그러면 소거되지 않는 속도의 두 성분은 스칼라 ψ에 대한 식을 풀고 난 뒨 뒤에 얻을 수 있다. 이 방법으로 다룰 수 있는 가장 중요한 문제들이 표 4.2-1에 주어져 있다.[1]

흐름 함수 그 자체도 흥미가 없는 것은 아니다. 일정한 ψ 표면은 정상상태의 유동에서 유체요소의 경로인 **흐름선**[2]을 포함한다. 표면 $\psi = \psi_1$과 $\psi = \psi_2$ 사이의 부피 유량은 $\psi_2 - \psi_1$에 비례한다.

이 절에서는 Re << 1에서 타당한 식 3.5-8의 Stokes 식으로 설명되는 정지된 구를 지나는 정상상태의 미동 유동을 예로 다루고자 한다(식 3.7-9 바로 뒤의 논의 참조). 미동 유동에서는 식 4.2-1 좌변의 두 번째 항이 0이 된다. 그러면 식이 선형으로 되므로 문제를 풀기 위해 적용 가능한 많은 방법들이 존재하게 된다.[3] 여기서는 식 4.2-1에 기초를 둔 흐름 함수법을 사용한다.

---

1 더 일반적인 유동에 적용할 수 있는 기법에 대해서는 J. M. Robertson, *Hydrodynamics in Theory and Application*, Prentice-Hall, Englewood Cliffs, N. J. (1965), p. 77를 보시오; 두 개의 흐름 함수를 사용하는 3차원 유동의 예에 대해서는 문제 4D.5와 또 J. P. Sørensen and W. E. Stewart, *Chem. Eng. Sci.*, **29**, 819-825(1974) 참조. A. Lahbabi and H.-C. Chang, *Chem. Eng. Sci.*, **40**, 434-447 (1985)는 정상상태의 해와 난류로의 전이를 포함하는 구의 입방 배열을 통한 높은 Re의 유동을 다루었다. W. E. Stewart and M. A. McClelland, *AIChE Journal*, **29**, 947-956 (1983)은 점성 발열을 갖는 3차원 유동에서 강제 대류에 대한 정합 점근해를 구하였다.

2 예를 들면 G. K. Batchlor, *An Introduction to Fluid Dynamics*, Cambridge University Press (1967), 2.2.절을 보시오. 이 책의 2장은 유체 운동의 동력학에 대한 광범위한 논의가 있다.

3 여기서 주어진 해는 L. M. Milne-Thomson, *Theoretical Hydrodynamics*, Macmillan, New York, 3rd edition, (1955), pp. 555-557에 의해 주어진 결과를 따른다. 다른 접근에 대해서는 H. Lamb, *Hydrodynamics*, Dover, New York(1945), 337과 338절을 보시오. 구 주위를 흐르는 비정상상태의 유동에 대한 논의는 R. Berker, in *Handbuch der Physik*, Volume VIII-2, Springer, Berlin (1963), 69절; 혹은 H. Villat and J. Kravtchenko, *Lecons sur les Fluides Visqueus*, Gauthier-Villars, Paris (1943), VII장을 보시오. 임의의 형상을 갖는 물체에 작용하는 힘과 돌림힘을 구하는 문제는 S. Kim and S. J. Karrila, *Microhydordynamics: Principles and Selected Applications*, Butterworth-Heinemann, Boston (1991), II장에 의해 완전하게 논의된다.

표 4.2-1 흐름 함수에 대한 방정식[a]

운동 종류	좌표계	속도 성분	Navier-Stokes 식과 동등한 ψ에 대한 미분방정식[b]		연산자에 대한 식
2차원 (평면)	$v_z=0$이고 z 의존성이 없는 직교	$v_x = -\frac{\partial\psi}{\partial y}$ $v_y = +\frac{\partial\psi}{\partial x}$	$\frac{\partial}{\partial t}(\nabla^2\psi) + \frac{\partial(\psi, \nabla^2\psi)}{\partial(x, y)} = \nu\nabla^4\psi$	(A)	$\nabla^2 \equiv \frac{\partial^2}{\partial x^2} + \frac{\partial^2}{\partial y^2}$ $\nabla^4\psi \equiv \nabla^2(\nabla^2\psi)$ $\equiv \left(\frac{\partial^4}{\partial x^4} + 2\frac{\partial^4}{\partial x^2\partial y^2} + \frac{\partial^4}{\partial y^4}\right)\psi$
2차원 (평면)	$v_z=0$이고 z 의존성이 없는 원통형	$v_r = -\frac{1}{r}\frac{\partial\psi}{\partial\theta}$ $v_\theta = +\frac{\partial\psi}{\partial r}$	$\frac{\partial}{\partial t}(\nabla^2\psi) + \frac{1}{r}\frac{\partial(\psi, \nabla^2\psi)}{\partial(r, \theta)} = \nu\nabla^4\psi$	(B)	$\nabla^2 \equiv \frac{\partial^2}{\partial r^2} + \frac{1}{r}\frac{\partial}{\partial r} + \frac{1}{r^2}\frac{\partial^2}{\partial\theta^2}$
축대칭	$v_\theta=0$이고 θ 의존성이 없는 원통형	$v_z = -\frac{1}{r}\frac{\partial\psi}{\partial r}$ $v_r = +\frac{1}{r}\frac{\partial\psi}{\partial z}$	$\frac{\partial}{\partial t}(E^2\psi) - \frac{1}{r}\frac{\partial(\psi, E^2\psi)}{\partial(r, z)} - \frac{2}{r^2}\frac{\partial\psi}{\partial z}E^2\psi = \nu E^4\psi$	(C)	$E^2 \equiv \frac{\partial^2}{\partial r^2} - \frac{1}{r}\frac{\partial}{\partial r} + \frac{\partial^2}{\partial z^2}$ $E^4\psi \equiv E^2(E^2\psi)$
축대칭	$\phi_\theta=0$이고 ϕ 의존성이 없는 구형	$v_r = -\frac{1}{r^2\sin\theta}\frac{\partial\psi}{\partial\theta}$ $v_\theta = +\frac{1}{r\sin\theta}\frac{\partial\psi}{\partial r}$	$\frac{\partial}{\partial t}(E^2\psi) + \frac{1}{r^2\sin\theta}\frac{\partial(\psi, E^2\psi)}{\partial(r, \theta)} - \frac{2E^2\psi}{r^2\sin^2\theta}\left(\frac{\partial\psi}{\partial r}\cos\theta - \frac{1}{r}\frac{\partial\psi}{\partial\theta}\sin\theta\right) = \nu E^4\psi$	(D)	$E^2 \equiv \frac{\partial^2}{\partial r^2} + \frac{\sin\theta}{r^2}\frac{\partial}{\partial\theta}\left(\frac{1}{\sin\theta}\frac{\partial}{\partial\theta}\right)$

[a] 일반적인 직교 좌표에서 유사한 관계식은 S. Goldstein, *Modern Developments in Fluid Dynamics*, Dover, N.Y.(1965), pp.114-115에서 발견할 수 있다. 이 참고문헌에는 축 주위에 영이 아닌 속도 성분을 갖는 축 대칭 유동에 대한 공식도 역시 주어져 있다.

[b] 여기서 Jacobian은 $\frac{\partial(f, g)}{\partial(x, y)} = \begin{vmatrix} \partial f/\partial x & \partial f/\partial y \\ \partial g/\partial x & \partial g/\partial y \end{vmatrix}$ 로 주어진다.

예제 4.2-1 구 주위의 미동 유동

표 4.2-1을 사용하여 Re << 1에서 반지름이 R인 정지된 구 주위를 흐르는 뉴튼 유체의 유동에 대한 흐름 함수의 미분방정식을 수립하시오. 그림 2.6-1과 같이 양의 z 방향에서 유체가 구로 접근할 때 속도분포와 압력분포를 구하시오.

해 정상상태의 미동 유동에 대해서는 표 4.2-1 식 D의 좌변 전체가 0이 될 것이며, 축 대칭 유동에 대한 흐름 함수 ψ 식은

$$E^4\psi = 0 \tag{4.2-2}$$

혹은 구형 좌표에서

$$\left[\frac{\partial^2}{\partial r^2} + \frac{\sin\theta}{r^2}\frac{\partial}{\partial\theta}\left(\frac{1}{\sin\theta}\frac{\partial}{\partial\theta}\right)\right]^2\psi = 0 \tag{4.2-3}$$

이 된다. 이 식은 다음 경계조건을 사용하여 풀 수 있다.

경계조건 1: $r = R$에서 $\quad v_r = -\dfrac{1}{r^2\sin\theta}\dfrac{\partial\psi}{\partial\theta} = 0$ (4.2-4)

경계조건 2: $r = R$에서 $\quad v_\theta = +\dfrac{1}{r\sin\theta}\dfrac{\partial\psi}{\partial r} = 0$ (4.2-5)

경계조건 3: $r \to \infty$일 때 $\quad \psi \to -\frac{1}{2}v_\infty r^2\sin^2\theta$ (4.2-6)

처음 두 경계조건은 구의 표면에서 안 미끄러짐 조건을 나타내며, 세 번째의 경계조건은 구로부터 먼 지점에서 $v_z \to v_\infty$임을 의미한다(이것은 구로부터 먼 지점에서 $v_r = v_\infty\cos\theta$이고 $v_\theta = -v_\infty\sin\theta$라는 것을 인지한 것으로 볼 수 있다).

적어도 식 4.2-6의 세 번째 경계조건을 만족하는 형태로 해의 유형을

$$\psi(r,\theta) = f(r)\sin^2\theta \tag{4.2-7}$$

로 가정하고 이를 식 4.2-3에 대입하면

$$\left(\frac{d^2}{dr^2} - \frac{2}{r^2}\right)\left(\frac{d^2}{dr^2} - \frac{2}{r^2}\right)f = 0 \tag{4.2-8}$$

을 얻는다. 이 식에서 변수 θ가 나타나지 않는다는 사실은 식 4.2-7의 가정이 만족할만하다는 것을 암시하고 있다. 식 4.2-8은 “등차원의” 4차식이다(식 C.1-14 참조). $f(r) = Cr^n$ 형태의 시행 해를 이 식에 대입하면 n이 −1, 1, 2, 4의 값을 갖게 됨을 알 수 있다. 그러므로 $f(r)$은

$$f(r) = C_1r^{-1} + C_2r + C_3r^2 + C_4r^4 \tag{4.2-9}$$

의 형태를 갖는다. 세 번째 경계조건을 만족하기 위해 C_4는 0이어야 하며, C_3은 $-\frac{1}{2}v_\infty$가 되어야 한다. 그러므로 흐름 함수는

$$\psi(r, \theta) = (C_1 r^{-1} + C_2 r - \tfrac{1}{2} v_\infty r^2) \sin^2 \theta \tag{4.2-10}$$

이 되며, 표 4.2-1을 사용하여 속도 성분을 구하면 다음과 같다.

$$v_r = -\frac{1}{r^2 \sin \theta} \frac{\partial \psi}{\partial \theta} = \left(v_\infty - 2\frac{C_2}{r} - 2\frac{C_1}{r^3} \right) \cos \theta \tag{4.2-11}$$

$$v_\theta = +\frac{1}{r \sin \theta} \frac{\partial \psi}{\partial r} = \left(-v_\infty + \frac{C_2}{r} - \frac{C_1}{r^3} \right) \sin \theta \tag{4.2-12}$$

처음 두 경계조건으로부터 $C_1 = -\frac{1}{4} v_\infty R^3$이고 $C_2 = \frac{3}{4} v_\infty R$이므로

$$v_r = v_\infty \left(1 - \frac{3}{2}\left(\frac{R}{r}\right) + \frac{1}{2}\left(\frac{R}{r}\right)^3 \right) \cos \theta \tag{4.2-13}$$

$$v_\theta = -v_\infty \left(1 - \frac{3}{4}\left(\frac{R}{r}\right) - \frac{1}{4}\left(\frac{R}{r}\right)^3 \right) \sin \theta \tag{4.2-14}$$

가 된다. 이들은 증명없이 식 2.6-1과 2에 주어진 속도 성분들이다.

압력분포를 구하기 위해 속도 성분을 Navier-Stokes 방정식(표B.6에 주어진)의 r-과 θ-성분에 대입하고, 몇 가지의 장황한 조작을 한 뒤

$$\frac{\partial \mathscr{P}}{\partial r} = 3\left(\frac{\mu v_\infty}{R^2}\right)\left(\frac{R}{r}\right)^3 \cos \theta \tag{4.2-15}$$

$$\frac{\partial \mathscr{P}}{\partial \theta} = \frac{3}{2}\left(\frac{\mu v_\infty}{R}\right)\left(\frac{R}{r}\right)^2 \sin \theta \tag{4.2-16}$$

을 얻는다. 이 식들을 적분하고(식 3.6-38부터 41까지 참조), $r \to \infty$로 될 때 수정된 압력 $\mathscr{P}$는 p_0 (구에서 먼 $z = 0$인 평면에서의 압력)가 되려는 경향이 있다는 경계조건을 만들어 적용하면

$$p = p_0 - \rho g z - \frac{3}{2}\left(\frac{\mu v_\infty}{R}\right)\left(\frac{R}{r}\right)^2 \cos \theta \tag{4.2-17}$$

을 얻으며, 이는 식 2.6-4에서 주어진 압력분포와 같다.

2.6절에서 항력을 구하기 위해 속도분포와 압력분포를 구의 표면에 걸쳐 어떻게 적분하는지 보았다. 고체에 작용하는 유체의 힘을 구하기 위한 그 방법은 일반적이다. 여기서 구에 작용하는 일의 속도(힘 × 속도)와 유체 내에서 점성 소산의 속도가 같다고 둠으로써 "동력학적 힘" F_k를 계산하고자 한다. 따라서

$$F_k v_\infty = -\int_0^{2\pi} \int_0^{\pi} \int_R^{\infty} (\boldsymbol{\tau} : \nabla \mathbf{v}) r^2 dr \sin \theta d\theta d\phi \tag{4.2-18}$$

로 주어지며, 표 B.7로부터 구형 좌표에서의 함수 $(-\boldsymbol{\tau} : \nabla \mathbf{v})$를 대입하면

$$F_k v_\infty = \int_0^{2\pi}\int_0^{\pi}\int_R^{\infty}\left[2\left(\frac{\partial v_r}{\partial r}\right)^2 + 2\left(\frac{1}{r}\frac{\partial v_\theta}{\partial \theta} + \frac{v_r}{r}\right)^2 + 2\left(\frac{v_r}{r} + \frac{v_\theta \cot\theta}{r}\right)^2 + \left(r\frac{\partial}{\partial r}\left(\frac{v_\theta}{r}\right) + \frac{1}{r}\frac{\partial v_r}{\partial \theta}\right)^2\right] r^2 dr \sin\theta d\theta d\phi \tag{4.2-19}$$

로 주어진다. 그런 다음 식 4.2-13과 14의 속도분포를 식 4.2-19에 대입하고 지시된 미분과 적분을 수행하면 (길다!), 최종적으로

$$F_k = 6\pi\mu v_\infty R \tag{4.2-20}$$

으로 주어지는 Stokes **법칙**을 얻게 된다.

2.6절에서 지적하였던 바와 같이 Stokes 법칙은 Re < 0.1 범위로 제한된다. $[\mathbf{v}\cdot\nabla\mathbf{v}]$ 항을 포함시키고 뒤로 돌아가면 항력에 대한 식을 개선할 수 있으며, **정합 점근적 전개**를 사용하면 다음 결과를 유도한다.[4]

$$F_k = 6\pi\mu v_\infty R[1 + \tfrac{3}{16}\mathrm{Re} + \tfrac{9}{160}\mathrm{Re}^2(\ln\tfrac{1}{2}\mathrm{Re} + \gamma + \tfrac{5}{3}\ln 2 - \tfrac{323}{360}) + \tfrac{27}{640}\mathrm{Re}^3\ln\tfrac{1}{2}\mathrm{Re} + O(\mathrm{Re}^3)] \tag{4.2-21}$$

여기서 $\gamma = 0.5772$는 Euler 상수이다. 이 식은 약 1까지의 Re에 대해 잘 맞는다.

4.3 속도 포텐셜을 이용한 점성이 없는 유체의 유동[1]

물론 점성이 없는 유체(즉 점도가 전혀 없는 유체)는 실제로 존재하지 않는다는 것을 안다. 그러나 식 3.5-9의 Euler 운동방정식이 흐름선으로 된 물체 주위의 Re >> 1인 저 점도 유체의 유동을 표현하는데 매우 유용하며, 물체의 바로 부근과 분리선 너머를 제외하고는 속도분포를 합리적으로 잘 표현하고 있음을 알 수 있다.

그러면 식 3D.2-1의 와류방정식은 동점도를 포함하고 있는 항을 생략함으로써 단순화할 수 있을 것이며, 이에 더하여 정상상태의 2차원 유동이라고 하면, $\partial/\partial t$ 항과 $[\mathbf{w}\cdot\nabla\mathbf{v}]$항은 사라지게 된다. 이것은 유선을 따라 와류 $\mathbf{w} = [\nabla \times \mathbf{v}]$가 일정하다는 것을 의미한다. 잠긴 물체로 접근하는 유체가 물체로부터 먼 지점에서 와류를 갖지 않는다면, 전체 유동장에 걸쳐 와류 $\mathbf{w} = [\nabla \times \mathbf{v}]$가 0인 유동이 될 것이다. 즉 유동은 **회전하지 않을** 것이다.

요약하자면, ρ가 일정하고 $[\nabla \times \mathbf{v}] = 0$이라고 가정하면 2차원 유동에서 잠긴 물체 주위를 흐르는 저 점도의 유체의 유동을 합리적으로 잘 표현하는 식을 얻을 수 있을 것으로 기대한다. 이런 종류의 유동을 **포텐셜 유동**이라 한다.

---

[4] I. Proudman and J. R. A. Pearson, *J. Fluid Mech.*, **2**, 237-262(1957); W. Chester and D. R. Breach, *J. Fluid Mech.*, 37, 751-760 (1969). 식 4.2-2의 비정상상태 상사형에 대한 해는 F. Sy, J. W. Taunton, and E. N. Lightfoot, *AIChE Journal*, **16**, 386-391 (1970)에 의해 얻어졌다.

[1] R. H. Kirchoff, *Handbook of Fluid Dyanamics* (R. W. Johnson, ed.), CRC Press, Boca Raton, Fla. (1998)의 7장.

물론 이 유동식이 고체 표면 부근에서는 적절하지 않을 것이라는 것을 안다. 고체 표면 부근에서는 다른 집합의 가정을 사용하여야 하며, 이들은 4.4절에서 논의되는 **경계층 이론**이 된다. 고체 표면으로부터 "먼 유동장"에 대해서는 포텐셜 유동 방정식의 해를, 고체 표면 "부근의 유동장"에 대해서는 경계층 방정식의 해를 구하고, 높은 Re에 대해 이들 해를 점근적으로 맞춤으로써 흐름선으로 된 물체 주위의 전체 유동장에 대한 이해를 발전시키는 것이 가능할 것이다.[2]

포텐셜 유동을 설명하기 위해 비압축성 유체에 대한 연속방정식과 점성이 없는 유체에 대한 Euler 방정식 (식3.5-9)으로 시작하고자 한다:

(연속) $$(\nabla \cdot \mathbf{v}) = 0 \tag{4.3-1}$$

(운동) $$\rho\left(\frac{\partial \mathbf{v}}{\partial t} + \nabla\tfrac{1}{2}v^2 - [\mathbf{v} \times [\nabla \times \mathbf{v}]]\right) = -\nabla\mathscr{P} \tag{4.3-2}$$

운동방정식에는 벡터 항등식 $[\mathbf{v} \cdot \nabla\mathbf{v}] = \nabla\frac{1}{2}v^2 - [\mathbf{v} \times [\nabla \times \mathbf{v}]]$을 사용하였다(식 A.4-23 참조).

2차원 비회전 유동에 대해 $[\nabla \times \mathbf{v}] = 0$이란 진술은

(비회전) $$\frac{\partial v_x}{\partial y} - \frac{\partial v_y}{\partial x} = 0 \tag{4.3-3}$$

이고, 연속방정식은

(연속) $$\frac{\partial v_x}{\partial x} + \frac{\partial v_y}{\partial y} = 0 \tag{4.3-4}$$

이다. 정상상태의 2차원 비회전 유동에 대해 운동방정식을 적분하면

(운동) $$\tfrac{1}{2}\rho(v_x^2 + v_y^2) + \mathscr{P} = \text{상수} \tag{4.3-5}$$

로 주어진다. 즉, 전체 유동장에 걸쳐 압력과 단위 부피당의 운동에너지와 위치에너지의 합은 일정하다. 이것은 비압축성, 포텐셜 유동에 대한 **Bernoulli 방정식**이며, 상수는 모든 유선에 대해 같은 값을 갖는다(이는 임의의 종류의 유동에서 압축성 유체에 대한 Bernoulli 방정식인 식 3.5-12와는 대비하여야 한다; 3가지 기여의 합은 각 흐름선 위에서 다른 상수이다).

v_x, v_y와 $\mathscr{P}$를 x와 y의 함수로 얻기 위해 식 4.3-3부터 5까지의 해를 구하고자 한다. 2차원 유동에서 연속방정식은 **흐름 함수** $\psi(x, y)$의 항으로 속도 성분을 쓰면 만족될 수 있다는 것을 앞 절에서 이미 보았다. 그러나 커얼이 0이 되는 임의의 벡터는 스칼라 함수의 구배로 역시 쓸 수 있으므로 (즉 $[\nabla \times \mathbf{v}] = 0$은 $\mathbf{v} = -\nabla\phi$임을 의미한다), **속도 포텐셜** $\phi(x, y)$을 도입하는 것이 더 편리하다. 속도 성분 v_x와 v_y를 가지고 수행하는 대신에 $\psi(x, y)$와 $\phi(x, y)$를 가지고 수행하는 것을 선택하면, 다음 관계식을 얻게 된다.

---

[2] M. van Dyke, *Perturbation Methods in Fluid Dynamics*, The Parabolic Press, Stanford, Cal. (1975).

(흐름 함수) $$v_x = -\frac{\partial\psi}{\partial y} \qquad v_y = \frac{\partial\psi}{\partial x} \tag{4.3-6, 7}$$

(속도 포텐셜) $$v_x = -\frac{\partial\phi}{\partial x} \qquad v_y = -\frac{\partial\phi}{\partial y} \tag{4.3-8, 9}$$

이제 식 4.3-3과 4.3-4는 자동적으로 만족되게 될 것이다. 속도 성분에 대한 식들을 같다고 두면

$$\frac{\partial\phi}{\partial x} = \frac{\partial\psi}{\partial y} \quad \text{및} \quad \frac{\partial\phi}{\partial y} = -\frac{\partial\psi}{\partial x} \tag{4.3-10, 11}$$

을 얻게 된다. 이들은 임의의 해석 함수[3] $w(z) = \phi(x, y) + i\psi(x, y)$의 실수부와 허수부에 의해 만족되어야만 하는 관계식인 Cauchy–Riemann **방정식**이며, 여기서 $z = x + iy$이다. 양 $w(z)$를 **복소 포텐셜**이라 한다. 식 4.3-10을 x에 대해 미분하고 식 4.3-11를 y에 대해 미분하여 합하면 $\nabla^2\phi = 0$을 얻게 되며, 반대 순서로 변수들에 대해 미분하고 빼면 $\nabla^2\psi = 0$을 얻는다. 즉 $\phi(x, y)$와 $\psi(x, y)$ 둘 다 2차원 Laplace 방정식을 만족한다.[4]

앞의 전개 결과를 따르면 **임의의** 해석 함수 $w(z)$는 **어떤** 유동 문제에 대한 속도 포텐셜과 흐름 함수인 한 쌍의 함수 $\phi(x, y)$와 $\psi(x, y)$를 산출하며, 더욱이 $\phi(x, y)$ = 상수인 곡선과 $\psi(x, y)$ = 상수인 곡선은 주어진 문제에 대한 **등 포텐셜 선**과 **흐름선**이 된다. 그러면 속도 성분은 식 4.3-6과 7 또는 식 4.3-8과 9 또는

$$\frac{dw}{dz} = -v_x + iv_y \tag{4.3-12}$$

로부터 얻게 된다. 여기서 dw/dz를 **복소 속도**라고 한다. 일단 속도 성분을 알게 되면 수정된 압력은 식 4.3-5로부터 구할 수 있다.

반대로 등 포텐셜 곡선과 흐름선은 **역함수** $z(w) = x(\phi, \psi) + iy(\phi, \psi)$로부터 얻을 수 있다. 여기서 $z(w)$는 w의 **임의의** 해석 함수이다. 함수 $x(\phi, \psi)$와 $y(\phi, \psi)$ 사이에서 ψ를 소거하면

$$F(x, y, \phi) = 0 \tag{4.3-13}$$

을 얻으며, 유사한 방법으로 ϕ를 소거하면

[3] 복소 변수의 해석 함수에 대한 몇몇 지식이 여기서 가정되었다. 이 주제에 도움이 되는 입문서는 V. L. Streeter, E. B. Wylie, and K. W. Bedford, *Fluid Mechanics*, McGraw-Hill, New York, 9th ed. (1998), 8장과 M. D. Greenberg, *Foundations of Applied Mathematics*, Prentice-Hall, Englewood Cliffs, N. J. (1978), 11과 12장에서 발견할 수 있다.

[4] 비록 3차원 유동에 대해서도 비회전 유동의 가정은 여전히 속도 포텐셜의 정의를 허용한다. $\mathbf{v} = -\nabla\phi$를 $(\nabla \cdot \mathbf{v}) = 0$에 대입하면 3차원의 Laplace 방정식 $\nabla^2\phi = 0$을 얻는다. 이 식의 해는 수많은 문헌이 있는 "포텐셜 이론"의 주제이다. 예를 들면, P. M. Morse and H. Feshbach, *Methods of Theoretical Physics*, McGraw-Hill, New York, (1953), 11장과 공학적 응용을 강조한 J. M. Robertson, *Hydrodynamics in Theory and Application*, Prentice-Hall, Englewood Cliffs, N. J. (1965)을 보시오. 다공성 매체를 통한 유동, 열전도, 확산 및 전기 전도 등 Laplace 방정식으로 표현되는 수많은 문제들이 있다.

$$G(x, y, \psi) = 0 \tag{4.3-14}$$

로 주어진다. 식 4.3-13에서 ϕ = 상수로 두면 어떤 유동 문제에 대해 등 포텐셜 선에 대한 식이 주어지며, 식 4.3-14에서 ψ = 상수로 두면 흐름선에 대한 식이 주어진다. 속도 성분은

$$-\frac{dz}{dw} = \frac{v_x + iv_y}{v_x^2 + v_y^2} \tag{4.3-15}$$

로부터 얻을 수 있다. 따라서 임의의 해석 함수 $w(z)$ 또는 그 역함수 $z(w)$로부터 ψ = 상수인 흐름선과 ϕ = 상수인 등 포텐셜 선을 갖는 유동망을 수립할 수 있다. 그러나 주어진 유동 문제를 만족하는 $w(z)$ 또는 $z(w)$를 찾는 일은 상당히 어렵다. 몇 가지 특별한 방법이 가능하지만[4,5] 등각 사상표의 도움을 받는 것이 종종 더 좋을 수도 있다.[6]

다음에 설명하는 두 예제에서는 원형 주위를 흐르는 포텐셜 유동을 설명하기 위해 복소 포텐셜 $w(z)$를, 또 유로 내로 흐르는 포텐셜 유동 문제를 풀기 위해 역함수 $z(w)$를 어떻게 사용하는지 알아보고자 한다. 세 번째 예제에서는 경계층 법에 의해 4.4절에서 더 다루게 되는 모서리 부근의 유동에 대한 해를 구하고자 한다. 몇 가지 일반적인 논평은 기억하고 있어야만 한다:

(a) 흐름선은 모든 지점에서 등 포텐셜 선에 수직이다. 이 성질은 식 4.3-10과 11로부터 명백하며, 유동망을 근사적으로 구성하는데 유용하다.

(b) 흐름선과 등 포텐셜 선은 다른 유동 문제의 해를 구하기 위해 서로 교환할 수 있다. 이는 (a)로부터와 ϕ와 ψ 둘 다 2차원 Laplace 방정식의 해라는 사실로부터 얻어진다.

(c) 어떤 흐름선은 고체 표면으로 대체될 수 있다. 이는 유체 속도의 수직 성분은 고체 표면에서 0이라는 경계조건으로부터 얻어진다. 포텐셜 유동에서는 유체가 표면을 따라 자유롭게 미끄러질 수 있다고 가정하므로 접선 성분은 제한이 없다(완전한 미끄러짐 가정).

예제 4.3-1 원통 주위의 포텐셜 유동

(a) 양의 x 방향으로 접근 속도가 v_∞일 때 복소 포텐셜

$$w(z) = -v_\infty R\left(\frac{z}{R} + \frac{R}{z}\right) \tag{4.3-16}$$

이 반지름이 R인 원형의 원통 주위를 흐르는 포텐셜 유동을 설명한다는 것을 보이시오.

(b) 속도 벡터의 성분들을 구하시오.

(c) 원통으로부터 먼 지점의 수정된 압력이 $\mathscr{P}_\infty$일 때 원통 표면에 작용하는 압력분포를 구하시오.

---

[5] J. Fuka, Chapter 21 in K. Rektorys, *Survey of Applicable Mathematics*, MIT Press, Cambridge, Mass. (1969).

[6] H. Kober, *Dictionary of Conformal Representations*, Dover, New York, 2nd edition (1957).

해 **(a)** 흐름 함수와 속도 포텐셜을 구하기 위하여 복소 포텐셜을 $w(z) = \phi(x, y) + i\psi(x, y)$의 형태로 쓴다:

$$w(z) = -v_\infty x\left(1 + \frac{R^2}{x^2 + y^2}\right) - iv_\infty y\left(1 - \frac{R^2}{x^2 + y^2}\right) \tag{4.3-17}$$

따라서 흐름 함수는

$$\psi(x, y) = -v_\infty y\left(1 - \frac{R^2}{x^2 + y^2}\right) \tag{4.3-18}$$

이다. 흐름선을 그리기 위해 식 4.3-18을 무차원 형태로 다시 쓰는 것이 편리하다.

$$\Psi(X, Y) = -Y\left(1 - \frac{1}{X^2 + Y^2}\right) \tag{4.3-19}$$

여기서 $\Psi = \psi/v_\infty R$, $X = x/R$이고 $Y = y/R$이다.

그림 4.3-1에 Ψ = 상수인 곡선으로 흐름선을 도시하였다. $\Psi = 0$인 흐름선은 원통 표면을 나타내는 단위 원으로 주어지며, $\Psi = -\frac{3}{2}$인 흐름선은 $X = 0$, $Y = 2$인 점을 통과해 지난다.

(b) 속도 성분은 식 4.3-6과 7을 사용하여 흐름 함수로부터 얻을 수 있다. 또 식 4.3-12에 의하면 다음과 같은 복소 속도로부터 역시 얻을 수 있다.

$$\begin{aligned}\frac{dw}{dz} &= -v_\infty\left(1 - \frac{R^2}{z^2}\right) = -v_\infty\left(1 - \frac{R^2}{r^2}e^{-2i\theta}\right) \\ &= -v_\infty\left(1 - \frac{R^2}{r^2}(\cos 2\theta - i\sin 2\theta)\right)\end{aligned} \tag{4.3-20}$$

그러므로 위치 함수로 주어지는 속도 성분은

$$v_x = v_\infty\left(1 - \frac{R^2}{r^2}\cos 2\theta\right) \tag{4.3-21}$$

$$v_y = -v_\infty\left(\frac{R^2}{r^2}\sin 2\theta\right) \tag{4.3-22}$$

이다.

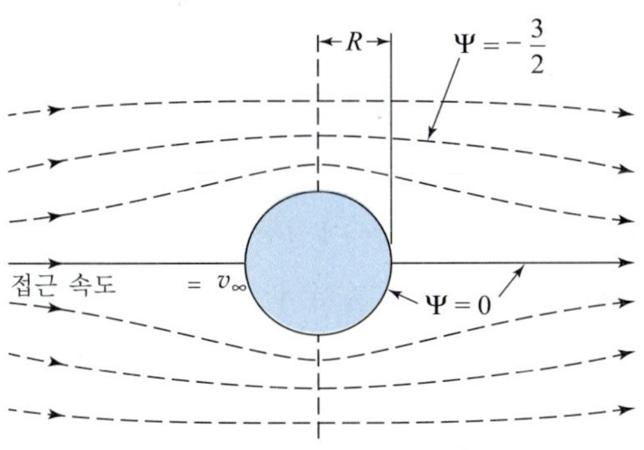

그림 4.3-1 식 4.3-19에 따라 원통 주위를 흐르는 포텐셜 유동에 대한 흐름선

(c) $r = R$인 원통 표면 위에서는

$$\begin{aligned} v^2 &= v_x^2 + v_y^2 \\ &= v_\infty^2[(1 - \cos 2\theta)^2 + (\sin 2\theta)^2] \\ &= 4v_\infty^2 \sin^2 \theta \end{aligned} \tag{4.3-23}$$

으로 된다. θ가 0이거나 π이면 유체의 속도는 0이 되며, 이런 점들은 정체점으로 알려져 있다. 식 4.3-5로부터

$$\tfrac{1}{2}\rho v^2 + \mathcal{P} = \tfrac{1}{2}\rho v_\infty^2 + \mathcal{P}_\infty \tag{4.3-24}$$

가 됨을 안다. 마지막 두 식으로부터 원통의 표면에 작용하는 압력분포를 얻을 수 있다.

$$(\mathcal{P} - \mathcal{P}_\infty) = \tfrac{1}{2}\rho v_\infty^2(1 - 4\sin^2\theta) \tag{4.3-25}$$

수정된 압력분포는 x-축에 대해 대칭임에 주목하시오; 즉 포텐셜 유동에서는 원통에 작용하는 형상 항력이 없다(d'Alembert 역설).[7] 물론 이것은 이제 실질적으로 역설이 아니고 점성이 없는 유체는 계면에서 안 미끄러짐 경계조건을 적용할 수 없다는 사실의 결과라는 것을 간단히 안다.

예제 4.3-2 직사각형 유로 내로 흐르는 유동

역함수

$$z(w) = \frac{w}{v_\infty} + \frac{b}{\pi}\exp(\pi w/bv_\infty) \tag{4.3-26}$$

이 너비의 반이 b인 직사각형 유로 내로 흐르는 포텐셜 유동을 나타냄을 보이시오. 여기서 v_∞는 유로의 입구로부터 먼 하류의 속도 크기이다.

해 첫 번째로 무차원 거리 변수들

$$X = \frac{\pi x}{b} \qquad Y = \frac{\pi y}{b} \qquad Z = X + iY = \frac{\pi z}{b} \tag{4.3-27}$$

과 무차원 양

$$\Phi = \frac{\pi\phi}{bv_\infty} \qquad \Psi = \frac{\pi\psi}{bv_\infty} \qquad W = \Phi + i\Psi = \frac{\pi w}{bv_\infty} \tag{4.3-28}$$

을 도입한다. 식 4.3-26의 역함수는 이제 무차원 양의 항으로 표현될 것이며 실수부와 허수부로 분리하면

$$Z = W + e^W = (\Phi + e^\Phi \cos\Psi) + i(\Psi + e^\Phi \sin\Psi) \tag{4.3-29}$$

로 주어지므로

$$X = \Phi + e^\Phi \cos\Psi \qquad Y = \Psi + e^\Phi \sin\Psi \tag{4.3-30, 31}$$

이 된다. 이제 Ψ는 상수와 같다고 둘 수 있으며, 흐름선 $Y = Y(X)$는 Φ 내에서 매개변수적으

7 유체역학적 역설은 G. Birkhoff, *Hydrodynamics*, Dover, New York (1955)에서 논의된다.

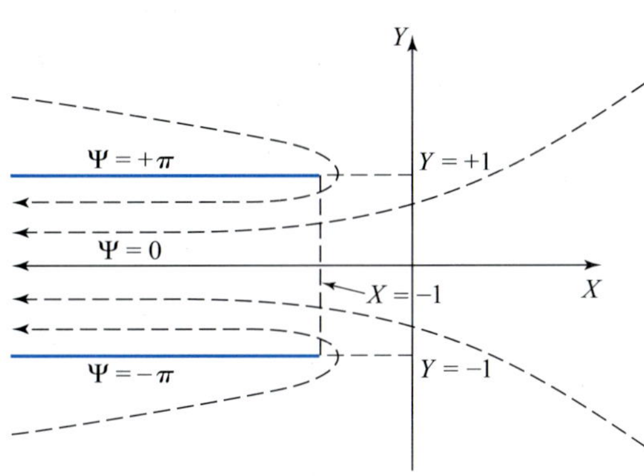

그림 4.3-2 식 4.3-30과 31의 포텐셜 유동 이론으로부터 예측된 직사각형 유로 내로 유입되는 포텐셜 유동에 대한 유선. 더 실제적인 유동 모양은 그림 4.3-5에 주어져 있다.

로 표현된다. 예를 들면 $\Psi = 0$인 흐름선은

$$X = \Phi + e^{\Phi} \qquad Y = 0 \tag{4.3-32, 33}$$

으로 주어지고, Φ가 $-\infty$에서 ∞까지 변할 때 X 역시 $-\infty$부터 ∞까지 변하게 되므로 X–축이 흐름선이 된다. 다음 $\Psi = \pi$인 흐름선은

$$X = \Phi - e^{\Phi} \qquad Y = \pi \tag{4.3-34, 35}$$

로 주어지고, Φ가 $-\infty$에서 ∞까지 변할 때 X는 $-\infty$부터 -1까지 변한 다음 다시 $-\infty$로 돌아오게 된다; 즉 흐름선은 그 자리로 두 번 돌아오게 된다. 이 흐름선을 사각 채널의 고체 벽면 중의 하나로 선정하며, 유사하게 $\Psi = -\pi$는 다른 벽면이 된다. $\Psi = C$인 흐름선은 그림 4.3-2에서 보는 바와 같이 직사각형 유로 내로 흐르는 유동에 대한 유동 모양이 된다. 여기서 $-\pi < C < \pi$이다.

다음으로 식 4.3-29로부터 도함수 $-dz/dw$를 구할 수 있다:

$$-\frac{dz}{dw} = -\frac{1}{v_\infty}\frac{dZ}{dW} = -\frac{1}{v_\infty}(1 + e^{W}) = -\frac{1}{v_\infty}(1 + e^{\Phi}\cos\Psi + ie^{\Phi}\sin\Psi) \tag{4.3-36}$$

이 식과 식 4.3-15를 비교하면 속도 성분들에 대해

$$\frac{v_x v_\infty}{v^2} = -(1 + e^{\Phi}\cos\Psi) \qquad \frac{v_y v_\infty}{v^2} = -(e^{\Phi}\sin\Psi) \tag{4.3-37}$$

이 주어진다. 속도 성분을 위치의 함수로 얻기 위해서는 이 식들을 식 4.3-30 및 31과 결합하여 Φ와 Ψ를 소거하여야 한다.

예제 4.3-3 모서리 부근의 유동[8]

그림 4.3-3은 모서리 O에서 만나는 두 벽면 부근에서의 포텐셜 유동를 보여준다. 이 모서리 부근주위의 유동은 복소 포텐셜

[8] R. L. Panton, *Incompressible Flow*, Wiley, New York, 2nd edition (1996).

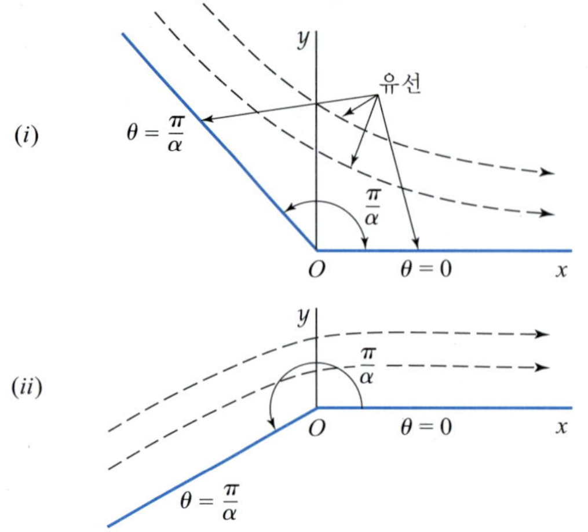

그림 4.3-3 모서리 부근의 포텐셜 유동. 벽면의 좌측 부분에서는 $v_r = -c\alpha r^{\alpha-1}$ 이고 벽면의 우측에서는 $v_r = +c\alpha r^{\alpha-1}$ 이다. (i) $\alpha > 1$인 내부 모서리 유동; (ii) $\alpha < 1$인 외부 모서리 유동.

$$w(z) = -cz^{\alpha} \tag{4.3-38}$$

로 표현할 수 있다. 여기서 c는 상수이다. 이제 (i) $\alpha > 1$인 "내부 모서리 유동"과 (ii) $\alpha < 1$인 "외부 모서리 유동" 두 경우를 생각해 보고자 한다.

(a) 속도 성분을 구하시오.

(b) 벽면 양 쪽에서 접선 속도를 구하시오.

(c) 흐름선을 어떻게 구하는지 설명하시오.

(d) 이 결과를 쐐기 주위의 유동에 어떻게 적용할 수 있는지 설명하시오.

해 **(a)** 속도 성분은 복소 속도로부터 얻게 된다.

$$\frac{dw}{dz} = -c\alpha z^{\alpha-1} = -c\alpha r^{\alpha-1}e^{i(\alpha-1)\theta} \tag{4.3-39}$$

따라서 식 4.3-12로부터

$$v_x = +c\alpha r^{\alpha-1}\cos(\alpha-1)\theta \tag{4.3-40}$$

$$v_y = -c\alpha r^{\alpha-1}\sin(\alpha-1)\theta \tag{4.3-41}$$

을 얻는다.

(b) 벽면에서 접선 속도는

$\theta = 0$에서
$$v_x = v_r = c\alpha r^{\alpha-1} = c\alpha x^{\alpha-1} \tag{4.3-42}$$

$\theta = \pi/\alpha$에서
$$\begin{aligned} v_r &= v_x\cos\theta + v_y\sin\theta \\ &= +c\alpha r^{\alpha-1}\cos(\alpha-1)\theta\cos\theta - c\alpha r^{\alpha-1}\sin(\alpha-1)\theta\sin\theta \\ &= c\alpha r^{\alpha-1}\cos\alpha\theta \\ &= -c\alpha r^{\alpha-1} \end{aligned} \tag{4.3-43}$$

이다. 따라서 (i)의 경우 벽면에서 유입되는 유체는 만남점에 접근함에 따라 감속되며 떠나는 유체는 만남점으로부터 멀어질 때 가속된다. (ii)의 경우는 $\alpha - 1$이 음이 될 때 속도 성분은 모서리에서 무한대로 된다.

(c) 복소 포텐셜은 실수부와 허수부로 분해할 수 있다.

$$w = \phi + i\psi = -cr^{\alpha}(\cos \alpha\theta + i \sin \alpha\theta) \tag{4.3-44}$$

따라서 흐름 함수는

$$\psi = -cr^{\alpha} \sin \alpha\theta \tag{4.3-45}$$

이다. 흐름선을 구하기 위해 흐름 함수에 대해 다양한 값, 즉 $\psi_1, \psi_2, \psi_3 \cdots$을 선정하고 각 값들에 대해 θ의 함수로 r을 그리면 된다.

(d) 이상적인 유동에 대해서는 어떤 임의의 흐름선이 벽면으로 대체될 수 있으며 그 역도 성립되므로, $\alpha > 1$에 대해 여기서 구한 결과는 쐐기 주위에 걸친 점성이 없는 유체의 유동을 설명한다(그림 4.3-4 참조). 예제 4.4-3에서 이를 사용할 것이다.

포텐셜 유동 이론의 실제 계에 대한 응용 가능성에 관해 주의를 요하는 몇 자를 적고자 한다.

a. 원통 주위의 유동에 대해 그림 4.3-1에 도시된 흐름선은 그림 3.7-2에 그려진 어떤 유동 지배 영역과도 부합하지 않는다.

b. 유로 내로 유입되는 유동에 대해 그림 4.3-2의 예측된 유동 모양은 유로 내부와 유로 입구의 바로 상류에서는 비현실적이다. 실제 거동에 대한 더 많은 근사가 그림 4.3-5에 주어져 있다.

기초적인 포텐셜 이론의 이들 실패의 둘 다 흐름선이 경계 표면으로부터 이탈되는 **분리** 현상에 기인한다.

분리는 유로 유동에서와 같이 고체 경계들의 예리한 모서리에서, 그리고 원통 주위의 유동에서와 같이 깎아지른 듯한 벼랑이 있는 물체의 하류 쪽에서 일어나는 경향이 있다. 일반적으로 분리는 유동 방향으로 압력이 증가하는 영역에서 일어나는 것 같다. 포텐셜 유동 해석은 분리되는 영역에서는 유용하지 않다. 그러나 만약 **분리 흐름선**의 위치를 알고 있다면 포텐셜 유동 해석이 그 영역의 상류에서는 사용될 수 있다. 이와 같은 계산 방법은 상당히

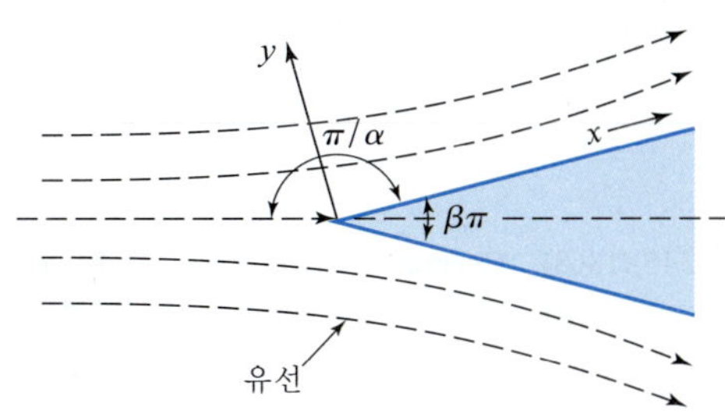

그림 4.3-4 쐐기를 따라 흐르는 포텐셜 유동. 쐐기의 윗 평면에서는 $v_x = c\alpha x^{\alpha-1} = c'x^{\beta/(2-\beta)}$. 여기서 $c' = c\,[2/(2-\beta)]$이다. α와 β 양은 $\beta = (2/\alpha)(\alpha - 1)$의 관계가 있다.

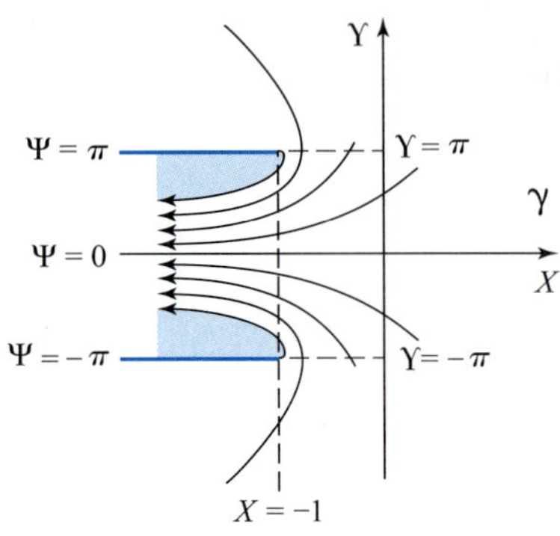

그림 4.3-5 H. von Helmholtz, *Phil. Mag.*, **36**, 337-345 (1868)에 의해 계산된 바와 같이 직사각형 유로 내에서 분리를 갖는 포텐셜 유동. $\Psi = \pm\pi$에 대한 흐름선은 유로 내부의 표면으로부터 분리된다. 속도는 이 분리된 흐름선을 따라 일정하며, 분리된 흐름선과 벽 사이는 빈 영역이 된다.

개발되어 있다. 때로는 포텐셜 유동 이론으로부터 분리 유선의 위치를 성공적으로 계산할 수도 있다. 이것은 유로 내로 흐르는 유동에 대해서는 사실이며, 실제로 그림 4.3-5는 이런 방법으로 얻어졌다.[9] 원통 주위의 유동과 같은 다른 계에 대해서는 분리점과 분리 흐름선은 실험에 의해 위치를 알아 내어야만 한다. 비록 분리 흐름선의 위치를 알지 못할 때라도 포텐셜 유동의 해는 가치가 있을 것이다. 예를 들면 예제 4.3-1의 유동장은 원통 위의 에어로졸 밀착 계수를 계산하는 데 유용한 것으로 알려져 있다.[10] 이 성공은 입자 밀착의 대부분이 유동이 분리 흐름선의 위치에 그렇게 많은 영향을 받지 않는 전방의 정체점 부근에서 일어난다는 사실에 의한 결과이다. 열 및 물질전달 거동과 관련하여 가치있는 반 정량적인 결론도 분리 현상을 무시한 포텐셜 유동 계산에 기초를 두고 역시 얻을 수 있다.

이 절에서 설명한 기법은 속도 벡터를 Laplace 방정식을 만족하는 스칼라 함수의 구배로 쓸 수 있다는 것을 모두 가정한다. 운동방정식은 앞에서 논의한 점성 유동에 대해서 보다 덜 두드러진 역할을 하며, 운동방정식은 속도분포가 알려진 바로 뒤에 압력분포를 결정하는데 처음으로 사용된다.

4.4 경계층 이론에 의한 고체 표면 부근의 유동

앞 절에서 다룬 포텐셜 유동의 예에서 흐름 함수와 속도 포텐셜을 사용하여 유동장을 어떻게 예측하는지 보았다. 얻어진 속도분포에 대한 해는 벽면에서 흔히 사용하는 "안 미끄러짐" 경계조건을 만족하지 않는다. 따라서 포텐셜 유동 해는 벽 바로 부근의 이동현상을 설명할 가치가 없다. 특히 점성 항력을 얻을 수 없으며, 또 고체 표면에서 상계면 열-및 물질-전달

---

9 H. von Helmholtz, *Phil. Mag.* (4), **36**, 337-345 (1868). **Herman Ludwig Ferdinand von Helmholtz** (1821-1894) 의학을 공부하고 군의관이 되었다; 그 뒤 의대 교수로 지냈으며, 후에 베를린에서 물리학 교수로 지냈다.

10 W. E. Ranz, *Principles of Inertial Impaction*, Bulletin #66, Department of Engineering Research, Pennsylvania State University, University Park, Pa. (1956).

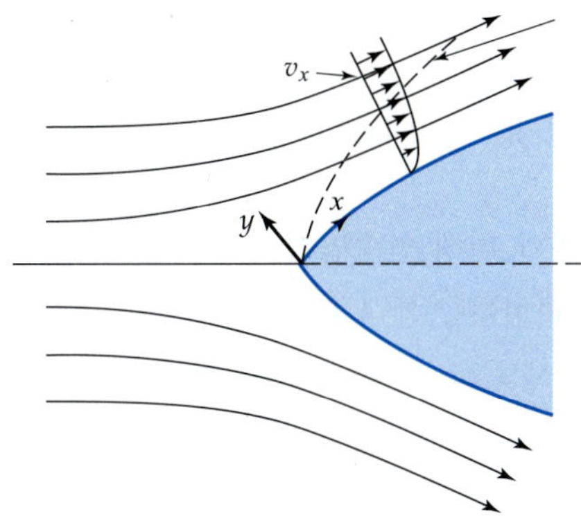

그림 4.4-1 잠긴 물체 주위의 2차원 유동에 대한 좌표계. 설명할 목적으로 경계층 두께는 크게 과장되어 있다. 경계층이 사실 대단히 얇기 때문에 곡선으로 된 표면을 따라 국부적으로 직교 좌표계를 사용하는 것도 허용된다.

을 신뢰할 수 있게 설명하는 것이 가능하지 않다.

벽면 부근의 거동을 설명하기 위해 **경계층 이론**을 사용한다. 점성 유동을 설명하기 위해 점도를 고려하면서 벽면 부근의 대단히 얇은 경계층 내의 속도 성분에 대한 근사적인 해를 얻은 다음 이 해를 경계층 바깥의 유동을 설명하는 포텐셜 유동의 해와 맞춘다. 이 방법의 성공 여부는 높은 Reynolds 수에서 만나게 되는 조건인 경계층의 얇은 정도에 의존하게 된다.

그림 4.4-1에서 보는 바와 같이 잠긴 물체 주위를 흐르는 ρ와 μ가 일정한 유체의 정상상태 2차원 유동을 생각한다. 속도의 주된 변화는 곡률 효과가 중요하지 않는 대단히 얇은 영역인 경계층에서 일어난다고 단언할 수 있으므로, x축이 하류를 지시하고 y축이 고체 표면에 수직인 직각 좌표계를 수립할 수 있다. 그러면 연속방정식과 Navier-Stokes 방정식은

$$\frac{\partial v_x}{\partial x} + \frac{\partial v_y}{\partial y} = 0 \tag{4.4-1}$$

$$\left(v_x \frac{\partial v_x}{\partial x} + v_y \frac{\partial v_x}{\partial y}\right) = -\frac{1}{\rho}\frac{\partial \mathcal{P}}{\partial x} + \nu\left(\frac{\partial^2 v_x}{\partial x^2} + \frac{\partial^2 v_x}{\partial y^2}\right) \tag{4.4-2}$$

$$\left(v_x \frac{\partial v_y}{\partial x} + v_y \frac{\partial v_y}{\partial y}\right) = -\frac{1}{\rho}\frac{\partial \mathcal{P}}{\partial y} + \nu\left(\frac{\partial^2 v_y}{\partial x^2} + \frac{\partial^2 v_y}{\partial y^2}\right) \tag{4.4-3}$$

이 된다. 이들 식의 몇몇 항은 크기의 차수 논거에 의해 버릴 수 있다. 판단의 기준으로 3 개의 양, 즉 접근 속도 v_∞, 잠긴 물체의 어떤 선형적인 치수 l_0와 경계층의 평균 두께 δ_0를 사용하며, $\delta_0 << l_0$이라는 추정이 일련의 개략적인 크기의 차수 계산에 허용된다.

v_x는 벽면의 0에서 경계층 외부 끝 단의 v_∞까지 변하므로

$$\frac{\partial v_x}{\partial y} = \mathrm{O}\left(\frac{v_\infty}{\delta_0}\right) \tag{4.4-4}$$

가 된다고 할 수 있다. 여기서 O는 "크기의 차수"라는 의미이다. 유사하게 표면 길이 l_0에 걸

친 v_x의 최대 변화는 v_∞가 될 것이므로

$$\frac{\partial v_x}{\partial x} = O\left(\frac{v_\infty}{l_0}\right) \text{ 및 } \frac{\partial v_y}{\partial y} = O\left(\frac{v_\infty}{l_0}\right) \tag{4.4-5}$$

가 된다. 여기서 한 개 이상의 도함수를 얻기 위해 연속방정식을 사용하였다(여기서는 양의 부호가 아니라 단지 크기의 차수만을 고려한다). 식 4.4-5의 두 번째 관계의 적분은 $v_y = O((\delta_0 / l_0)v_\infty) << v_x$가 됨을 암시한다. 이제 식 4.4-2의 다른 여러 항은

$$v_x \frac{\partial v_x}{\partial x} = O\left(\frac{v_\infty^2}{l_0}\right); v_y \frac{\partial v_x}{\partial y} = O\left(\frac{v_\infty^2}{l_0}\right) \qquad \frac{\partial^2 v_x}{\partial x^2} = O\left(\frac{v_\infty}{l_0^2}\right) \qquad \frac{\partial^2 v_x}{\partial y^2} = O\left(\frac{v_\infty}{\delta_0^2}\right) \tag{4.4-6}$$

으로 계산될 것이다. 이는 $\partial^2 v_x/\partial x^2 << \partial^2 v_x/\partial y^2$임을 암시하고 있으므로, 전자를 무시하여도 큰 문제가 없을 것이다. 경계층 내에서는 식 4.4-2의 좌변 항들이 우변의 항들과 같은 크기의 차수를 가져야만 하므로

$$\frac{v_\infty^2}{l_0} = O\left(\nu \frac{v_\infty}{\delta_0^2}\right) \text{ 혹은 } \frac{\delta_0}{l_0} = O\left(\sqrt{\frac{\nu}{v_\infty l_0}}\right) = O\left(\frac{1}{\sqrt{\text{Re}}}\right) \tag{4.4-7}$$

이 되며, 두 번째 관계는 경계층 두께가 높은 Reynolds 수의 유동 내의 잠긴 물체의 치수에 비해 대단히 작다는 것을 보여준다.

유사하게 식 4.4-3 내의 3개의 도함수는 식 4.4-7의 도움으로 같은 크기의 차수임을 알 수 있다:

$$v_x \frac{\partial v_y}{\partial x}, v_y \frac{\partial v_y}{\partial y}, \nu \frac{\partial^2 v_y}{\partial y^2} = O\left(\frac{v_\infty^2 \delta_0}{l_0^2}\right) >> \nu \frac{\partial^2 v_y}{\partial x^2} \tag{4.4-8}$$

이 결과를 식 4.4-6과 비교하면 $\partial\mathcal{P}/\partial y << \partial\mathcal{P}/\partial x$가 됨을 알 수 있으며, 이는 운동방정식의 y 성분이 필요하지 않으며, 수정된 압력은 단지 x 만의 함수로 볼 수 있다는 것을 의미한다. 이들 크기의 차수 논거의 결과로서 Prandtl의 **경계층 방정식**[1]을 얻게 된다.

(연속)
$$\frac{\partial v_x}{\partial x} + \frac{\partial v_y}{\partial y} = 0 \tag{4.4-9}$$

(운동)
$$v_x \frac{\partial v_x}{\partial x} + v_y \frac{\partial v_x}{\partial y} = -\frac{1}{\rho}\frac{d\mathcal{P}}{dx} + \nu \frac{\partial^2 v_x}{\partial y^2} \tag{4.4-10}$$

[1] **Ludwig Prandtl**(1875-1953)("Prahn-t'l로 불리운다) 하노버와 괴팅겐에서 가르쳤으며 그 후에는 카이저 빌헤름 유체역학 연구소의 임원으로 종사한 Prandtl은 20세기의 시작 시점에 그의 영역이 앞으로 어떻게 전개될 것인지를 그려본 사람 중의 한 사람이다. 난류 유동과 열전달에 많은 기여를 하였지만 경계층 방정식의 개발이 그의 최고의 업적이다. L. Prandtl, *Verhandlungen des III Internationalen Mathematiker-Kongresses* (Heidelberg, 1904), Leipzig, pp. 484-491; L. Prandtl, *Gesammelte Abhandlungen*, **2**, Springer-Verlag, Berlin (1961), pp. 575-584. 정합 점근식의 서론적 논의에 대해서는 D. J. Acheson, *Elementary Fluid Mechanics*, Oxford University Press (1990), pp. 269-271을 보시오. 이 주제에 대한 철저한 논의는 M. Van Dyke, *Perturbation Methods in Fluid Dynamics*, The Parabolic Press, Stanford, Cal. (1975)에서 볼 수 있다.

수정된 압력 $\mathscr{P}(x)$는 대응되는 포텐셜 유동 문제의 해로부터 혹은 실험적 측정으로부터 이미 알고 있는 것으로 생각한다.

이 식들에 대해 흔히 사용되는 경계조건들은 안 미끄러짐 조건($y = 0$에서 $v_x = 0$), 벽면으로부터 물질전달이 없다는 조건($y = 0$에서 $v_y = 0$)과 속도는 경계층 외부 끝 단에서 외부 (포텐셜 유동) 속도와 같아진다는 진술($v_x(x, y) \to v_e(x)$) 등이 있다. 함수 $v_e(x)$는 식 4.3-5의 포텐셜 유동의 운동방정식에 의하면 $\mathscr{P}(x)$와 관련이 있다. 따라서 정상상태의 유동에 대해서는 식 4.4.10의 $-(1/\rho)(d\mathscr{P}/dx)$ 항을 $v_e(dv_e/dx)$로 대체할 수 있으며, 식 4.4-10은

$$v_x \frac{\partial v_x}{\partial x} + v_y \frac{\partial v_x}{\partial y} = v_e \frac{dv_e}{dx} + \nu \frac{\partial^2 v_x}{\partial y^2} \tag{4.4-11}$$

과 같이 쓸 수 있다. $y = 0$에서 $v_y = 0$이라는 경계조건(즉, 물질전달이 없다)을 사용하여 v_y에 대해 연속방정식을 풀 수 있으며, v_y에 대한 이 식을 식 4.4-11에 대입하면

$$v_x \frac{\partial v_x}{\partial x} - \left(\int_0^y \frac{\partial v_x}{\partial x} d\bar{y} \right) \frac{\partial v_x}{\partial y} = v_e \frac{dv_e}{dx} + \nu \frac{\partial^2 v_x}{\partial y^2} \tag{4.4-12}$$

를 얻는다. 이 식은 한 개의 종속 변수 v_x에 대한 편미분방정식이다

이 식에 ρ를 곱하고 $y = 0$에서부터 $y = \infty$까지 적분하면

$$\mu \left. \frac{\partial v_x}{\partial y} \right|_{y=0} = \frac{d}{dx} \int_0^\infty \rho v_x (v_e - v_x) dy + \frac{dv_e}{dx} \int_0^\infty \rho (v_e - v_x) dy \tag{4.4-13}$$

의 von Kármán 운동량 수지[2]를 얻게 된다. 여기서 $y \to \infty$일 때 $v_x(x, y) \to v_e(x)$라는 조건을 사용하였다. 식 4.4-13의 좌변 양은 유체에 의해 벽면에 작용하는 전단응력 $-\tau_{yx}|_{y=0}$이다.

식 4.4-9와 10의 원래의 Prandtl 경계층 방정식은 식 4.4-11, 식 4.4-12와 식 4.4-13으로 변형되었으며, 이들 중 어떤 것도 2차원 경계층 문제를 풀기 위한 시작점이 될 것이다. 속도 분포에 대해 가정한 식과 함께 식 4.4-13은 많은 "근사적 경계층 해"의 근간이 된다 (예제 4.4-1 참조). 반면에 식 4.4-11 혹은 12의 해석적 또는 수치적 해를 "정확한 경계층 해"라 한다(예제 4.4-2 참조).

여기서는 밀도와 점도가 일정한 유체의 정상상태의 층류 2차원 유동에 대해 논의하고자 한다. 비정상상태의 유동, 난류, 가변 유체 물성과 3차원 경계층에 대해 대응하는 방정식도 물론 가능하다.[3,4,5,6]

---

[2] Th. *von Kármán*, *Zeits. für angew. Math. u. Mech.*, **1**, 232-252 (1921). 헝가리 태생 **Theodor von Karman**은 괴팅겐, 아헨과 캘리포니아 공과대학에서 가르쳤다; 그는 난류와 공기역학 이론에 많은 기여를 하였다.

[3] H. Schlichting and K. Gersten, *Boundary Layer Theory*, Springer-Verlag, Berlin, 8th edition (2000).

[4] L. Rosenhead, *Laminar Boundary Layers*, Oxford University Press, London (1963).

[5] K. Stewartson, *The Theory of Laminar Boundary Layers in Compressible Fluids*, Oxford University Press, London (1964).

[6] W. H. Dorrance, *Viscous Hypersonic Flow*, McGraw-Hill, New York (1962).

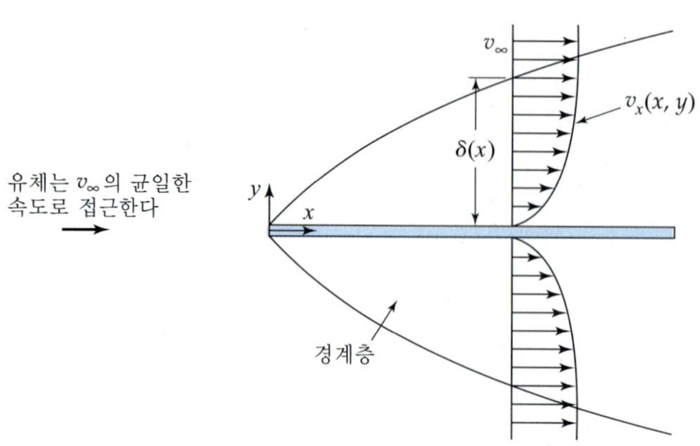

그림 4.4-2 무시할만한 두께를 갖는 평탄한 평판 부근의 경계층의 발달.

비록 많은 정확한 경계층 해와 근사적 경계층 해가 얻어졌으며 흐름선으로 된 물체에 대한 경계층 이론의 응용이 꽤 성공적으로 이루어지고 있지만, 뭉툭한 물체의 하류 쪽에서의 유동과 같이 식 4.4-10에서 압력 구배가 반대로 주어지는(즉 양의 $\partial\mathscr{P}/\partial x$) 유동에 대해서는 수행되어야 할 상당히 많은 일들이 남아 있다. 이와 같은 유동에서는 흐름선이 물체의 뒷면에 도달하기 전의 표면에서 항상 분리된다(그림 3.7-2 참조). 여기서 설명하는 경계층 접근법은 단지 분리점으로부터 상류 영역 내의 유동에만 적합하다.

예제 4.4-1 평탄한 평판을 따라 흐르는 층류(근사 해)

접근 속도 v_∞를 갖는 접선 흐름에서 평탄한 반 무한 평판 부근의 정상상태 속도분포를 von Kármán 운동량 수지를 사용하여 구하시오(그림 4.4-2 참조). 이 계에 대한 포텐셜 유동의 해는 $v_e = v_\infty$이다.

해 속도분포 $v_x(y)$가 무엇하고 같을 것이라는 것을 직관적으로 안다. 그러므로 $v_x(y)$에 대한 형태를 추정하고 그것을 von Kármán 운동량 수지에 직접 대입할 수 있다. 하나의 합리적인 선택은 $v_x(y)$를 y/δ의 함수로 두는 것이다. 여기서 $\delta(x)$는 경계층의 두께이다. 함수는 $y = 0$에서 $v_x = 0$이고 $y = \delta$에서 $v_x = v_e$가 되도록 선택되어야 한다. 이것은 다양한 x 값에 대해 속도분포가 기하학적으로 유사하다고 가정하는 것과 같다. 이렇게 가정한 속도분포를 von Kármán 운동량 수지에 대입하면 경계층 두께 $\delta(x)$에 대한 상미분방정식을 얻게 된다. 이 식을 풀게 됨으로써 얻어진 $\delta(x)$는 속도분포와 흥미있는 다른 양들을 구하는 데 사용될 수 있을 것이다.

현재 주어진 문제에 대해 합리적 모양을 갖는 속도분포에 대한 가능한 추정은

$$\frac{v_x}{v_\infty} = \frac{3}{2}\frac{y}{\delta} - \frac{1}{2}\left(\frac{y}{\delta}\right)^3 \qquad 0 \le y \le \delta(x) \text{ 에 대해} \qquad (\text{경계층 영역}) \tag{4.4-14}$$

$$\frac{v_x}{v_\infty} = 1 \qquad y \ge \delta(x) \text{ 에 대해} \qquad (\text{포텐셜 유동 영역}) \tag{4.4-15}$$

로 주어진다. 이 속도분포는 $y = 0$에서 안 미끄러짐 조건을 만족하고 경계층의 외부 끝 단에

서 $\partial v_x/\partial y = 0$을 만족하기 때문에 합리적이다. 이 속도분포를 식 4.4-13의 von Kármán 적분 수지에 대입하면

$$\frac{3}{2}\frac{\mu v_\infty}{\delta} = \frac{d}{dx}\left(\frac{39}{280}\rho v_\infty^2 \delta\right) \tag{4.4-16}$$

을 얻는다. 이제 분리 가능하고 1차인 이 미분방정식을 적분하면 경계층 두께

$$\delta(x) = \sqrt{\frac{280}{13}\frac{\nu x}{v_\infty}} = 4.64\sqrt{\frac{\nu x}{v_\infty}} \tag{4.4-17}$$

을 얻을 수 있다. 그러므로 경계층 두께는 평판의 상류 끝으로부터의 거리의 제곱근으로 증가한다. 속도분포에 대한 결과적인 근사해는

$$\frac{v_x}{v_\infty} = \frac{3}{2}\left(y\sqrt{\frac{13}{280}\frac{v_\infty}{\nu x}}\right) - \frac{1}{2}\left(y\sqrt{\frac{13}{280}\frac{v_\infty}{\nu x}}\right)^3 \tag{4.4-18}$$

이다. 이 결과로부터 양 쪽이 젖은 유한 크기의 평판에 작용하는 항력을 계산할 수 있다.

너비가 W이고 길이가 L인 평판에 대해 운동량 훌럭스를 두 고체 표면에 걸쳐 적분하면

$$F_x = 2\int_0^W \int_0^L \left(+\mu\frac{\partial v_x}{\partial y}\right)\Bigg|_{y=0} dx\, dz = 1.293\sqrt{\rho\mu L W^2 v_\infty^3} \tag{4.4-19}$$

를 얻는다. 1.328의 수치적 계수를 갖는 것을 제외하고는 다음 예제에 주어진 정확한 해와 동일한 결과를 얻는다. 두 해는 실험 데이터의 산란 범위 내에서 항력을 예측한다. 그러나 정확한 해가 측정된 속도분포[7]와 약간 더 잘 부합한다. 이 추가적인 정확도는 안정성 계산에 대해 필수적이다.

예제 4.4-2 평탄한 평판을 따라 흐르는 층류(정확한 해)[7]

앞 예제에 주어진 문제에 대한 정확한 해를 구하시오.

해 표 4.2-1에 주어진 흐름 함수의 정의를 사용하여 이 문제를 풀 수 있을 것이다. 식 4.4-11의 속도 성분에 대한 식을 기재 사항의 첫 번째 열에 대입하면

$$\frac{\partial \psi}{\partial x} = v_y = 0 \tag{4.4-20}$$

을 얻는다. $\psi(x,y)$에 대한 이 식의 경계조건은

경계조건 1: $y = 0$에서 $x \geq 0$에 대해 $\dfrac{\partial \psi}{\partial x} = v_y = 0$ (4.4-21)

경계조건 2: $y = 0$에서 $x \geq 0$에 대해 $\dfrac{\partial \psi}{\partial y} = -v_x = 0$ (4.4-22)

[7] 이 문제는 원래 H. Blasius, *Zeits. Math. Phys.*, **56**, 1-37 (1908)에 의해 다루어졌다.

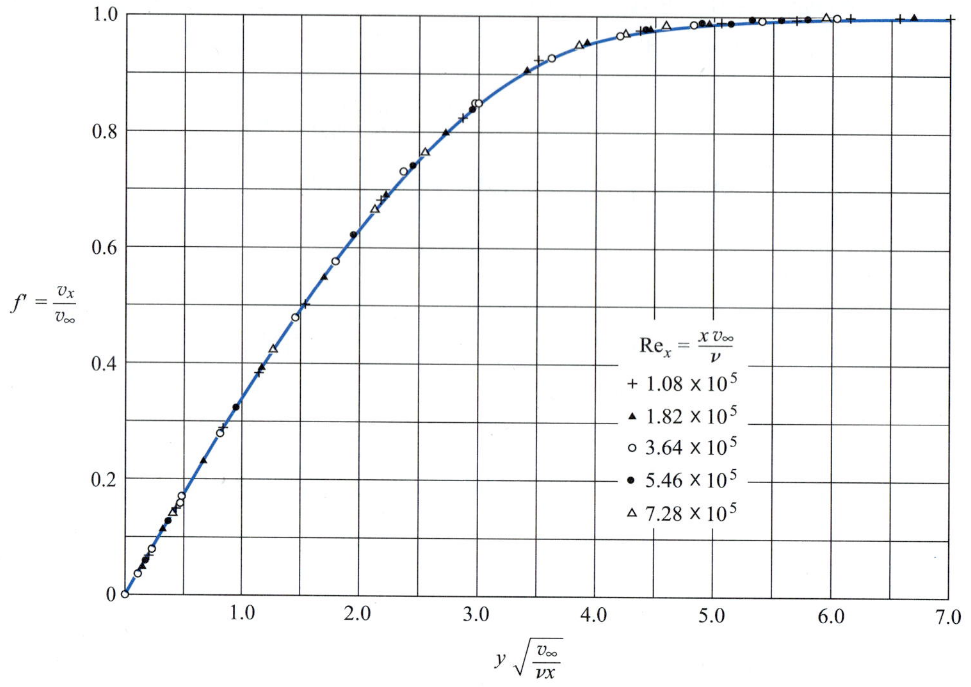

그림 4.4-3 평탄한 평판을 따라 흐르는 접선 층류에 대해 예측된 속도분포와 측정된 속도분포. 실선은 Blasius에 의해 얻어진 식 4.4-20에서 24의 해를 나타낸다 [H. Schlichting, *Boundary Layer Theory*, McGraw-Hill, New York, 7th edtion (1979), p. 137 참조]

경계조건 3: $y \to \infty$에서 $x \geq 0$에 대해 $$\frac{\partial \psi}{\partial y} = -v_x \to -v_\infty \tag{4.4-23}$$

경계조건 4: $x = 0$에서 $y > 0$에 대해 $$\frac{\partial \psi}{\partial y} = -v_x = -v_\infty \tag{4.4-24}$$

이다. 위 관계에서 특성 길이가 나타나지 않는 한 독립 변수 조합법이 적절한 것처럼 보인다. 예제 4.1-1에서 사용된 것과 유사한 차원 논거에 의하면

$$\frac{v_x}{v_\infty} = \Pi(\eta) \quad \text{여기서} \quad \eta = y\sqrt{\frac{1}{2}\frac{v_\infty}{\nu x}} \tag{4.4-25}$$

로 쓴다. 인자 2는 식 4.4-27의 미분방정식 내에 어떤 임의의 수치적 인자가 나타나는 것을 피하기 위하여 포함되었다. 식 4.4-25의 속도분포를 갖는 흐름 함수는

$$\psi(x, y) = -\sqrt{2v_\infty \nu x}\, f(\eta) \quad \text{여기서} \quad f(\eta) = \int_0^\eta \Pi'(\bar{\eta})\,d\bar{\eta} \tag{4.4-26}$$

이다. $v_x = -\partial\psi/\partial y$의 관계(표 4.2-1에 주어진)를 사용하여 볼 수 있는 바와 같이 흐름 함수에 대한 식은 식 4.4-25와 일치된다. 식 4.4-26을 식 4.4-20에 대입하면

$$-ff'' = f''' \tag{4.4-27}$$

를 얻고, 경계조건에 대입하면

경계조건 1과 2: $\eta = 0$에서 $f = 0$과 $f' = 0$ (4.4-28)

경계조건 3과 4: $\eta \to \infty$일 때 $f' \to 1$ (4.4-29)

로 주어진다. 그러므로 유동장의 결정은 하나의 3차 상미분방정식의 해로 줄어들게 된다.

이 방정식은 주어진 경계조건과 함께 수치적 적분에 의해 해를 구할 수 있으며, 해에 대한 정확한 표가 이용 가능하다.[3,4] 문제의 해는 완전히 정확한 것으로 증명된 해석적 근사를 사용하여 원래 Blasius[7]에 의해 구해졌으며, 그림 4.4-3에 차후에 얻어진 실험 결과와 함께 도시하였다. 이론과 실험은 놀랄 만큼 잘 부합한다.

너비가 W이고 길이가 L인 평판에 작용하는 항력은 벽면에서의 무차원 속도 구배 $f''(0)=0.4696\cdots$로부터 다음과 같이 계산될 수 있을 것이다.

$$\begin{aligned} F_x &= 2\int_0^W\int_0^L \left(+\mu\frac{\partial v_x}{\partial y}\right)\bigg|_{y=0} dx\,dz \\ &= 2\int_0^W\int_0^L \left(+\mu v_\infty \frac{df'}{d\eta}\frac{\partial \eta}{\partial y}\right)\bigg|_{y=0} dx\,dz \\ &= 2\int_0^W\int_0^L \mu v_\infty f''(0)\sqrt{\frac{1}{2}\frac{v_\infty}{\nu x}}\,dx\,dz \\ &= 1.328\sqrt{\rho\mu L W^2 v_\infty^3} \end{aligned} \tag{4.4-30}$$

이 결과도 역시 실험적으로 확인되었다.[3,4]

식 4.4-10에서 주어진 가정 때문에 높은 국부 Reynolds 수, 즉 $\mathrm{Re}_x = xv_\infty/\nu >> 1$에서 가장 정확하다. 더 낮은 Reynolds 수의 제외된 영역은 대부분의 항력 계산에서 무시하여도 충분할 만큼 작다. 더 완전한 해석[8]은 식 4.4-30이 $Lv_\infty/\nu \geq 10^4$에 대해 3% 이내로, $Lv_\infty/\nu \geq 10^6$대해서는 0.3% 이내로 정확하다는 것을 보인다.

x의 증가에 따른 경계층의 성장은 결국에는 불안정한 상황이 되고, 난류가 시작된다. 전이는 접근하는 흐름의 균일성에 의존하면서 $\mathrm{Re}_x = xv_\infty/\nu \geq 3\times10^5$에서 3×10^6의 국부 Reynolds 수 범위 내의 어떤 곳에서 시작한다는 것을 안다.[8] 전이 영역의 상류는 유동이 층류이고 하류는 난류이다.

예제 4.4-3 모서리 부근의 유동

이제 예제 4.3-3, 즉 모서리 주위의 유동(그림 4.3-4 참조)과 상사한 경계층 문제를 다루고자 한다. 만약 $\alpha > 1$이면 문제는 포함된 각이 $\beta\pi$인 쐐기를 따라 흐르는 유동으로 역시 해석될 것이다. 여기서 $\alpha = 2/(2-\beta)$이다. 이 계에 대해 외부 유동 v_e는 식 4.3-42와 43으로부터

[8] Y. H. Kuo, *J. Math. Phys.*, **32**, 83-101(1953); I.Imai, *J. Aero. Sci.*, **24**, 155-156 (1957).

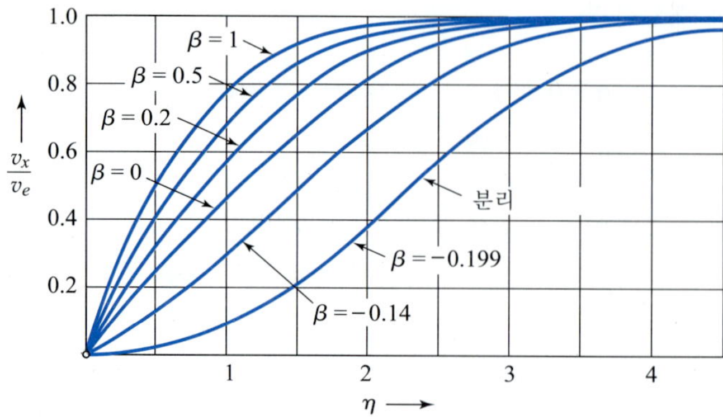

그림 4.4-4 포함된 각이 $\beta\pi$인 쐐기에 대한 속도분포. 음의 β 값은 모서리 상류 벽면에서 미끄러짐 조건을 갖는 외부 모서리 주위를 흐르는 유동에 대응한다 [그림 4.3-4(ii) 참조].

$$v_e(x)=c[2/(2-\beta)]x^{\beta/(2-\beta)}\equiv c' x^{\beta/(2-\beta)} \tag{4.4-31}$$

이라는 것을 알고 있다. 이것은 벽면에서(즉 $y=0$에서) 정확하게 타당한 것으로 알고 있는 식이었다. 경계층이 얇으므로 작은 x값에 대해서는 적어도 이상적인 유동으로부터 얻은 벽면 식을 경계층 해의 외부 극한으로 사용하는 것이 적절하다고 여기서 가정한다.

해 이제 $v_e(x)$에 대한 식 4.4-31을 사용하여 식 4.4-11의 해를 구해야만 한다. 표 4.2-1의 첫 번째 열로부터 흐름 함수 를 도입하면, $v_e(dv_e/dx)$ 항이 더해진 식 4.4-20에 대응하는 ψ에 대한 다음 미분방정식을 얻게 된다.

$$\frac{\partial\psi}{\partial y}\frac{\partial^2\psi}{\partial x\partial y}-\frac{\partial\psi}{\partial x}\frac{\partial^2\psi}{\partial y^2}=\left(\frac{c^2\beta}{2-\beta}\right)\frac{1}{x^{(2-3\beta)/(2-\beta)}}-\nu\frac{\partial^3\psi}{\partial y^3} \tag{4.4-32}$$

이 식을 무차원 흐름 함수 $f(\eta)$를 도입함으로써

$$\psi(x,y)=-\sqrt{c'\nu(2-\beta)}\,x^{1/(2-\beta)}f(\eta) \tag{4.4-33}$$

로 주어지는 하나의 상미분방정식으로 줄일 수 있다는 것이 발견되었다.[9] 여기서 독립 변수는

$$\eta=\sqrt{\frac{c'}{(2-\beta)\nu}}\frac{y}{x^{(1-\beta)/(2-\beta)}} \tag{4.4-34}$$

이다. 그러면 식 4.4-32는 Falkner-Skan 방정식[9]이 된다.

$$f'''-ff''-\beta(1-f'^2)=0 \tag{4.4-35}$$

[9] V. M. Falkner and S. W. Skan, *Phil. Mag.*, **12**, 865-896 (1931); D. R. Hartree, *Proc. Camb. Phil. Soc.*, **33**, Part II, 223-239 (1937); H. Rouse (ed.), *Advanced Mechanics of Fluids*, Wiley, New York (1959), Chapter VII, Sec. C; H. Schlichting and K. Gersten, *Boundary-Layer Theory*, Springer-Verlag, Berlin (2000), pp.169-173 (등온), 220-221 (비등온); W. E. Stewart and R. Prober, *Int. J. Heat Mass Transfer*, **5**, 1149-1163 (1962); **6**, 221-229, 872 (1963)은, 열 및 물질전달을 갖는 쐐기 유동을 포함한다.

이 식은 적절한 경계조건을 사용하여 수치적으로 해를 구하였으며, 그 결과를 그림 4.4-4에 도시하였다.

그림 4.3-3(i)과 그림 4.3-4에 주어진 계에 대응하는 양의 β 값에 대해서는 유체는 가속되고 속도분포는 안정하다. $\beta = -0.199$ 이하의 음의 β 값에 대해서는 유동은 감속되지만 안정하며 분리가 일어나지 않는 데 반해 만약 $\beta > -0.199$이면 벽에서의 속도 구배가 0이 되고 유동 분리가 일어나게 된다. 그러므로 내부 모서리 유동과 쐐기 유동에 대해서는 분리가 일어나지 않지만 외부 모서리 유동에 대해서는 아마 분리가 일어날 것이다.

토론을 위한 질문

1. 어떤 종류에 문제에 변수 조합법이 유용한가? 어떤 종류의 문제에 변수 분리법이 유용한가?

2. 축 방향으로 갑자기 움직이기 시작하는 무한 길이의 원통형 막대 부근의 유동은 예제 4.1-1의 방법으로 설명이 가능한가?

3. 만약 해를 정상상태의 해와 과도 상태의 해의 합으로 쓸 수 있음을 처음에는 인식하지 못하고 변수 분리법에 의해 식 4.1-21의 해를 구하려고 한다면 예제 4.1-2에서 어떤 일이 일어나는가?

4. 만약 식 4.1-27 뒤의 분리 상수를 $-c^2$ 대신에 c 혹은 $+c^2$으로 선정한다면 어떤 일이 일어나는가?

5. 복소량 대신에 삼각함수 양을 사용하여 예제 4.1-3의 문제의 해를 구하시오.

6. 와류방정식은 어떻게 얻으며, 어떻게 사용할 것인가?

7. 흐름 함수는 어떻게 정의하고 왜 유용한가?

8. 포텐셜 유동의 해와 경계층 유동의 해가 어떤 관점에서 상호보완적인가?

9. 이제까지 만난 변화방정식의 모든 근사적 형태를 기술하고 적용 가능한 영역을 나타내시오.

문제

4A.1. 관 유동에서 정상상태에 도달하는 시간.

(a) $3.43 \times 10^{-4}\ m^2/s$의 동점도를 갖는 중유가 반지름이 0.7cm인 긴 수직관 내에 정지 상태로 있다. 중력에 의해 유체가 관 바닥으로부터 갑자기 흐르기 시작한다. 관 중심에서의 속도가 얼마의 시간이 지난 뒤 최종 값의 10% 이내에 있게 되는지 구하시오.

(b) $68^{o}F$의 물이 사용된다면 결과는 무엇인지 구하시오.

주: 그림 4D.2 에 주어진 결과를 사용하시오.

답: **(a)** 6.4×10^{-2} s; **(b)** 22 s

4A.2. 움직이는 구 주위의 속도. 반지름이 R인 구가 종말 속도 v_∞로 점도가 μ인 정지된 유체 내를 미동 유동으로 떨어지고 있다. 유체의 속도가 구의 종말 속도의 1%가 되는 지점은 구로부터 수평 거리로 얼마나 떨어져 있는지 구하시오.

답: 약 지름의 37배

4A.3. 원통 주위의 포텐셜 유동에 대한 흐름선의 구축. 예제 4.3-1의 정보를 사용하여 원통 주위의 유동에 대한 흐름선을 다음 과정에 따라 그리시오.

(a) $\Psi = C$의 값을 선정하시오(즉 흐름선을 선정하시오).

(b) $Y = C + K$(x 축에 평행한 직선)와 $Y = K(X^2 + Y^2)$ (원점에서 x 축을 접선으로 가지면서 반지름이 $\frac{1}{2}K$인 원)을 그리시오.

(c) 같은 K 값을 갖는 원과 선의 교차점을 그리시오.

(d) $\Psi = C$에 대한 흐름선을 얻기 위해 이 점들을 결합하시오.

그런 다음 다른 C 값을 선정하고 흐름선의 모양이 명백해질 때까지 과정을 반복하시오.

4A.4. 평탄한 평판을 따라 흐르는 유동에 대한 정확한 분포와 근사적 분포의 비교. 다음의 $y\sqrt{v_\infty/\nu x}$ 값에서 식 4.4-18로부터 얻은 v_x/v_∞의 값과 식 4.4-3으로부터 얻은 값을 비교하시오: (a) 1.5, (b) 3.0, (c) 4.0. 결과를 정확한 값에 대한 근사값의 비로 나타내시오.

답: (a) 0.96; (b) 0.99; (c) 1.01

4A.5. von Kármán 운동량 수지의 수치적 증명.

(a) 식 4.4-13 내의 적분들을 그림 4.4-3에 주어진 Blasius 속도분포에 대해 수치적으로 계산하시오.

(b) (a)의 결과를 사용하여 벽면 전단응력 $\tau_{yx}|_{y=0}$의 크기를 구하시오.

(c) 양쪽 모두 젖은 너비가 W이고, 길이가 L인 평판에 대해 총 항력 F_x를 계산하고 식 4.4-30에서 얻어진 결과와 비교하시오.

답: **(a)**

$$\int_0^\infty \rho v_x(v_e - v_x)dy = 0.664\sqrt{\rho\mu v_\infty^3 x}$$

$$\int_0^\infty \rho(v_e - v_x)dy = 1.73\sqrt{\rho\mu v_\infty x}$$

4A.6. 경계층 공식의 사용. 1기압, 20°C의 공기가 너비가 $W = 10$ *ft*이고 유동 방향으로 길이가 $L = 3$ *ft*인 평탄한 얇고 매끄러운 평판의 양쪽 위를 접선 방향으로 흐르고 있다. 경계층 외부의 속도는 20 *ft/s*로 일정하다고 한다.

(a) 뒷쪽 끝단에서 국부적인 Reynolds 수 $\text{Re}_x = xv_\infty/\nu$를 계산하시오

(b) 층류라고 가정하고 뒷쪽 끝단에서 근사적인 경계층 두께를 인치 단위로 계산하시오. 예제 4.4-1의 결과를 사용하시오.

(c) 층류라고 가정하고 평판의 총 항력을 lb_f 단위로 계산하시오. 예제 4.4-1과 2의 결과를 사용하시오.

4A.7. 도관 내로 유입되는 유동.

(a) 원형관 내의 층류에 대해 입구 길이를 계산하시오. 경계층 두께 δ는 관 유동 문제의 v_{max}에 대응하는 평탄한 평판 문제에서 v_∞를 갖는 식 4.4-17에 의해 적절하게 주어져 있다고 가정하시오. 입구 길이 L_e는 $\delta = R$에서의 x 값으로 취할 수 있다고 좀더 가정하시오. 2.3절에 수록된 L_e에 대한 식, 즉 $L_e =$

0.035D Re와 결과를 비교하시오.

(b) 전이 Reynolds 수 $xv_\infty/\nu \approx 3.5 \times 10^5$(평판에 대한)를 특성 길이로 x 대신에 식4.4-17의 δ를 대입하여 다시 쓰시오. 얻어진 양 $\delta v_\infty/\nu$를 길고 매끄러운 관을 통해 흐르는 유동에 대한 대응하는 최소 전이 Reynolds 수와 비교하시오.

(c) (a)의 방법을 사용하여 그림 4C.1에서 보는 평탄한 도관 내의 입구 길이를 구하고, 문제 4C.1(d)에 주어진 결과와 비교하시오.

4B.1. 일정한 벽면 응력이 갑자기 작용하는 유체의 유동. 예제 4.1-1에서 공부한 계에서 $t=0$ 이전에는 유체가 정지해 있다고 하자. 시간 $t=0$에서 양의 x 방향으로 일정한 힘이 벽에서 유체에 작용하므로 $t>0$일 때 $y=0$에서 전단응력 τ_{yx}가 새로운 일정한 값 τ_0를 갖는다고 한다.

(a) 식 4.1-1을 y에 관해 미분하고 $-\mu$를 곱하여 $\tau_{yx}(y, t)$에 대한 편미분방정식을 구하시오.

(b) 이 식에 대한 초기조건과 경계조건을 쓰시오.

(c) 예제 4.1-1의 방법을 사용하여 해를 구하면

$$\frac{\tau_{yx}}{\tau_0} = 1 - \text{erf}\,\frac{y}{\sqrt{4\nu t}} \tag{4B.1-1}$$

을 얻게 됨을 보이시오.

(d) (c)의 결과를 사용하여 속도분포를 구하시오. 다음 관계식[1]

$$\int_x^\infty (1 - \text{erf}\,u)du = \frac{1}{\sqrt{\pi}}e^{-x^2} - x(1 - \text{erf}\,x) \tag{4B.1-2}$$

가 도움이 될 것이다.

4B.2. 갑자기 움직이기 시작하는 벽 부근의 유동(근사해)(그림 4B.2). 예제 4.4-1과 같은 과정을 적용하여 예제 4.1-1의 근사해를 구하시오.

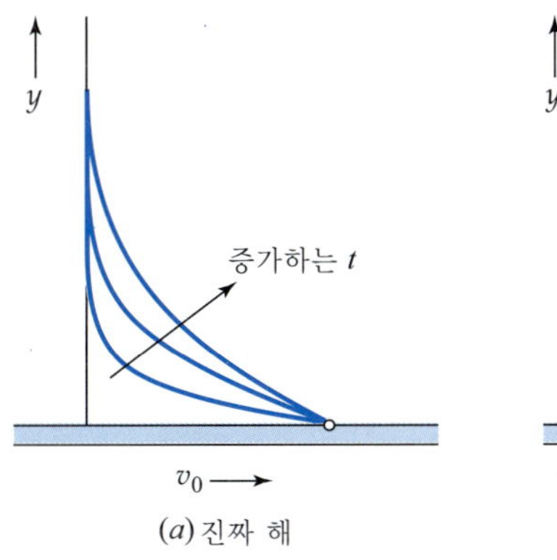

(a) 진짜 해

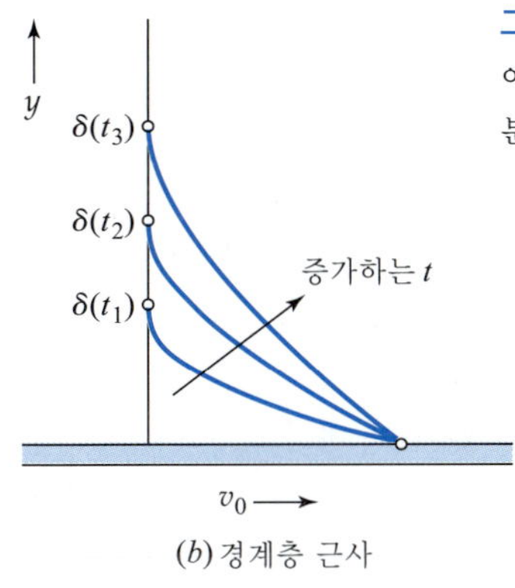

(b) 경계층 근사

그림 4.B-2 v_0 속도로 갑자기 움직이기 시작하는 벽 부근의 진짜 속도분포와 근사적 속도분포의 비교.

[1] 오차 함수 및 이들의 특성에 대한 유용한 요약은 H. S. Carslaw and J. C. Jaeger, *Conduction of Heat in Solids*, Oxford University Press, 2nd edition (1959), 부록 II에서 찾을 수 있다.

(a) y에 걸쳐 식 4.1-1을 적분하여

$$\int_0^\infty \frac{\partial v_x}{\partial t}dy = \nu \frac{\partial v_x}{\partial y}\bigg|_0^\infty \tag{4B.2-1}$$

을 얻으시오. 경계조건과 적분의 미분에 대한 Leibniz 법칙을 사용하여 식 4B.2-1을 다시 쓰면

$$\frac{d}{dt}\int_0^\infty \rho v_x dy = \tau_{yx}|_{y=0} \tag{4B.2-2}$$

의 형태가 됨을 보이시오. 이 결과를 물리적으로 해석하시오.

(b) 속도분포가 무엇과 같을 것이라는 것을 개략적으로 안다. 속도분포에 대한 다음의 합리적인 가정을 할 수 있다.

$$\frac{v_x}{v_\infty} = 1 - \frac{3}{2}\frac{y}{\delta(t)} + \frac{1}{2}\left(\frac{y}{\delta(t)}\right)^3 \quad 0 \le y \le \delta(t)\text{에 대해} \tag{4B.2-3}$$

$$\frac{v_x}{v_\infty} = 1 \qquad y \ge \delta(t)\text{에 대해} \tag{4B.2-4}$$

여기서 $\delta(t)$는 시간에 의존하는 경계층 두께이다. 이 근사식을 식 4B.2-2에 대입하면

$$\delta\frac{d\delta}{dt} = 4\nu \tag{4B.2-5}$$

를 얻게 됨을 보이시오.

(c) 식 4B.2-5를 $\delta(t)$에 대한 적절한 초기값을 사용하여 적분하고 그 결과를 식 4B.2-3에 대입하여 근사적 속도분포를 구하시오.

(d) (c)에서 얻은 v_x/v_0의 값과 식 4.1-15에서 얻은 값을 $y/\sqrt{4\nu t} = 0.2$, 0.5와 1.0에서 비교하시오. 정확한 값에 대한 근사값의 비로 결과를 나타내시오.

답: (d) 1.015, 1.026, 0.738

4B.3. 구형 기포 주위의 미동 유동. 액체가 기포 주위를 흐를 때 기포 내부에 회전이 일어나게 된다. 이 회전은 계면 전단응력을 낮추고 첫 번째 근사로 계면 전단응력이 완전히 소거된다고 가정할 것이다. 구형이라고 가정한 기포에 대해 예제 4.2-1의 전개를 반복하시오.

(a) 문제의 수립에 있어 다른 것은 똑 같고 예제 4.2-1의 경계조건 2가

경계조건 2: $$r = R\text{ 에서} \quad \frac{d}{dr}\left(\frac{1}{r^2}\frac{df}{dr}\right) + 2\frac{f}{r^4} = 0 \tag{4B.3-1}$$

로 대체됨을 보이시오.

(b) 다음의 속도 성분을 구하시오.

$$v_r = v_\infty\left[1 - \left(\frac{R}{r}\right)\right]\cos\theta \tag{4B.3-2}$$

$$v_\theta = -v_\infty\left[1 - \frac{1}{2}\left(\frac{R}{r}\right)\right]\sin\theta \tag{4B.3-3}$$

(c) 다음 운동방정식을 사용하여 압력분포가

$$p = p_0 - \rho g h - \left(\frac{\mu v_\infty}{R}\right)\left(\frac{R}{r}\right)^2 \cos\theta \tag{4B.3-4}$$

됨을 보이시오.

(d) 구에 작용하는 유체의 총 힘을 계산하면

$$F_z = \tfrac{4}{3}\pi R^3 \rho g + 4\pi\mu R v_\infty \tag{4B.3-5}$$

로 됨을 보이시오. 이 결과는 2.6절의 방법에 의해서도 얻을 수 있고, 구의 표면에 걸쳐 $-[\mathbf{n}\cdot\boldsymbol{\pi}]$의 z-성분을 적분함에 의해서도 얻을 수 있다($\mathbf{n}$은 구의 표면에 수직인 바깥 쪽 방향의 단위 벡터이다).

4B.4. 와류방정식의 사용.

(a) 와류방정식(식 3D.2-1)의 y-성분과 $x = \pm B$에서 $v_z = 0$과 $x = 0$에서 $v_z = v_{z,\max}$인 경계조건을 사용하여 문제 2B.3을 풀면 결과가

$$v_z = v_{z,\max}[1 - (x/B)^2] \tag{4B.4-1}$$

로 유도됨을 보이시오. 그런 다음 운동방정식의 z-성분으로부터 압력분포를 구하시오.

(b) 와류방정식과 $r = R$에서 $v_z = 0$이고 $r = \kappa R$에서 $v_z = v_0$인 경계조건을 사용하여 문제 3B.6 (b)를 푸시오. z 방향으로 알짜 유동이 없다고 하는 추가적인 적분 조건이 필요하게 된다. 계의 압력분포를 구하시오.

(c) 와류방정식을 사용하여 다음 문제를 푸시오: 2B.6, 2B.7, 3B.1, 3B.10, 3B.16

4B.5. 정지된 구 주위의 정상상태 포텐셜 유동.[2]

예제 4.2-1에서 구 주위의 미동 유동을 통해 살펴보았다. 이제 구 주위를 비회전 유동으로 흐르는 점성이 없는 비압축성 유체의 유동을 고려해 보고자 한다. 이와 같은 문제에 대해 속도 포텐셜은 Laplace 방정식을 만족해야만 한다는 것을 알고 있다(식 4.3-11 다음의 내용 참조).

(a) 문제에 대한 경계조건을 쓰시오.

(b) 속도 포텐셜 ϕ가 왜 $\phi(r, \theta) = f(r)\cos\theta$의 형태이라고 가정할 수 있는지 이유를 말하시오.

(c) 속도 포텐셜에 대한 (b)의 시행식을 속도 포텐셜에 대한 Lapalce 방정식에 대입하시오.

(d) (c)에서 얻은 식을 적분하고 두 개의 적분 상수를 포함하는 함수 $f(r)$을 구하시오; 경계조건으로부터 이들 상수를 구하고

$$\phi = -v_\infty R\left[\left(\frac{r}{R}\right) + \frac{1}{2}\left(\frac{R}{r}\right)^2\right]\cos\theta \tag{4B.5-1}$$

임을 보이시오.

(e) 다음에

$$v_r = v_\infty\left[1 - \left(\frac{R}{r}\right)^3\right]\cos\theta \tag{4B.5-2}$$

$$v_\theta = -v_\infty\left[1 + \frac{1}{2}\left(\frac{R}{r}\right)^3\right]\sin\theta \tag{4B.5-3}$$

임을 보이시오.

(f) 압력분포를 구하고 구의 표면에서

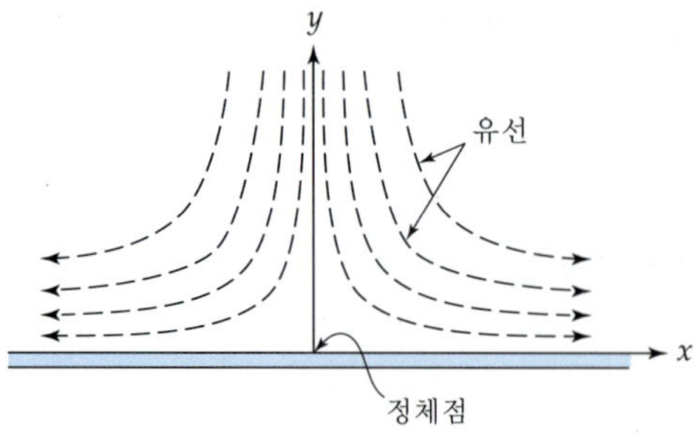

그림 4.B-6 정체점 부근의 이차원 포텐셜 유동.

$$\mathscr{P} - \mathscr{P}_\infty = \tfrac{1}{2}\rho v_\infty^2 (1 - \tfrac{9}{4}\sin^2\theta) \tag{4B.5-4}$$

임을 보이시오.

4B.6. 정체점 부근의 포텐셜 유동(그림 4B.6).

(a) 복소 포텐셜 $w = -v_0 z^2$이 평면 정체점 부근의 유동을 설명하고 있음을 보이시오.

(b) 속도 성분 $v_x(x, y)$와 $v_y(x, y)$를 구하시오.

(c) v_0의 물리적 의미를 설명하시오.

4B.7. 와류 유동.

(a) 복소 포텐셜 $w = (i\Gamma/2\pi)$ ln z가 와류 내의 유동을 설명하고 있음을 보이시오. 접선 속도가 $v_\theta = \Gamma/2\pi r$와 $v_r = 0$으로 주어짐을 증명하시오. 이런 종류의 유동을 때로는 **자유 와류**라고 한다. 이 유동은 비회전인가?

(b) (a)에서 r에 대한 v_θ의 함수적 의존성을 예제 3.6-4에서 나타났던 결과와 비교하시오. 후자의 종류의 유동을 종종 **강제 와류**라 한다. 교반 탱크 내에서 일어나는 와류와 같은 실제 와류는 이들 두 이상적인 거동 사이의 중간적 거동을 갖는다.

4B.8. 선원에 관한 유동장. 원통형 좌표계의 z-축과 일치하는 무한히 길고 균일한 선원에서 바깥 방향으로 흘러 나가는 점성이 없는 비압축성 유체의 반지름 방향의 대칭 유동을 생각하시오. 유체는 선원의 단위 길이 당 부피 유량 Γ로 생성되고 있다..

(a) 이 계에 대한 속도 포텐셜의 Lapalce 방정식이

$$\frac{1}{r}\frac{d}{dr}\left(r\frac{d\phi}{dr}\right) = 0 \tag{4B.8-1}$$

임을 보이시오.

(b) 이 식으로부터 속도 포텐셜, 속도 및 압력을 위치의 함수로 구하시오:

$$\phi = -\frac{\Gamma}{2\pi}\ln r \qquad v_r = \frac{\Gamma}{2\pi r} \qquad \mathscr{P}_\infty - \mathscr{P} = \frac{\rho\Gamma^2}{8\pi^2 r^2} \tag{4B.8-2}$$

---

[2] L. Landau and E. M. Lifshitz, *Fluid Mechanics*, Pergamon, Boston, 2nd edition (1987), pp.21-26은 포텐셜 유동 문제에 대한 좋은 수집물을 포함하고 있다.

[3] Navier-Stokes 방정식을 사용하는 이 문제에 대한 수치해는 Y. L. Wang and P. A. Longwell, *AIChE Journal*, **10**, 323-329 (1964)에 의해 주어졌다.

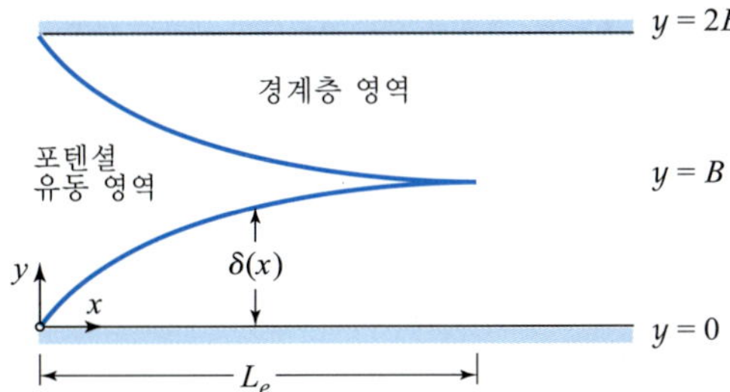

그림 4.C-1 슬릿 내의 입구 유동.

여기서 $\mathscr{P}_\infty$는 선원으로부터 멀리 떨어진 지점의 수정된 압력값이다.

(c) 다공성 바위의 큰 물체 안으로 뚫린 유정 주위의 유동장에 (b)의 결과가 적용 가능한지 논의하시오.

(d) 흐름선과 등 포텐셜 선으로 이루어진 유동망을 그리시오.

4B.9. 비정상상태의 유동 문제에 대한 해의 검사.

(a) 편미분방정식, 초기조건, 경계조건들을 만족하는지를 보임으로써 예제 4.1-1, 2와 3의 문제에 대한 해를 증명하시오. 식 4.1-15가 미분방정식을 만족한다는 것을 보이기 위해서는 C.3절에서 주어진 Leibniz 공식을 사용하여 적분을 어떻게 미분하는지 알아야만 한다.

(b) 예제 4.1-3에서 초기조건이 식 4.1-57에 의해 만족되지 않는다. 그 이유는?

4C.1. 슬릿 내의 층류 입구 유동[3](그림 4C.1). 그림에서 보여진 슬릿 입구 영역의 속도분포를 구하시오. 유체는 $x = 0$에서 $v_y = 0$과 $v_x = \langle v_x \rangle$의 속도로 들어온다. 여기서 $\langle v_x \rangle$는 슬릿 내부의 평균속도이다. 입구 영역 $0 < x < L_e$의 속도분포는

$$\frac{v_x}{v_e} = 2\left(\frac{y}{\delta}\right) - \left(\frac{y}{\delta}\right)^2 \qquad (\text{경계층 영역}, 0 \le y \le \delta) \qquad (4C.1\text{-}1)$$

$$\frac{v_x}{v_e} = 1 \qquad (\text{포텐셜 유동 영역}, \delta \le y \le B) \qquad (4C.1\text{-}2)$$

로 가정하시오. 여기서 δ와 v_e는 아직은 결정되지 않은 x의 함수이다.

(a) 위의 두 식을 사용하여 $0 < x < L_e$의 영역에서 임의의 단면을 통해 흐르는 질량 유량 w를 구하시오. 그런 다음 유입 조건으로부터 w를 계산하고

$$\frac{v_e(x)}{\langle v_x \rangle} = \frac{B}{B - \frac{1}{3}\delta(x)} \qquad (4C.1\text{-}3)$$

을 구하시오.

(b) 다음으로 ∞를 B로 대체한 식 4.4-13, 4C.1-1, 4C1-2를 사용하여 (왜?) 양 $\Delta = \delta/B$에 대한 미분방정식

$$\frac{6\Delta + 7\Delta^2}{(3 - \Delta)^2}\frac{d\Delta}{dx} = 10\left(\frac{\nu}{\langle v_x \rangle B^2}\right) \qquad (4C.1\text{-}4)$$

를 구하시오.

(c) 적절한 초기조건을 사용하여 이 식을 적분하고 경계층 두께와 도관 하류 방향의 거리 사이에 다음 관계식을 구하시오.

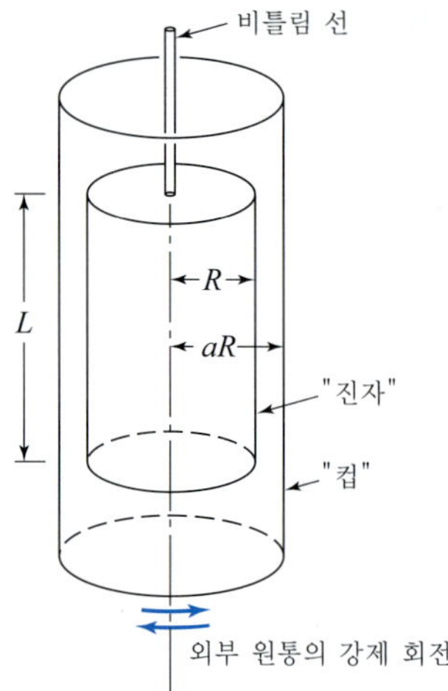

그림 4.C-2 비틀림 진동 점도계의 개략적 그림.

$$\frac{\nu x}{\langle v_x \rangle B^2} = \frac{1}{10}\left[7\Delta + 48\ln(1-\tfrac{1}{3}\Delta) + \frac{27\Delta}{3-\Delta}\right] \tag{4C.1-5}$$

(d) 식 4C.1-5로부터 입구 길이 L_e를 계산하시오. 여기서 L_e는 $\delta(x) = B$에 대한 x 값이다.

(e) 포텐셜 유동 이론을 사용하여 입구 영역의 $\mathscr{P} - \mathscr{P}_0$를 계산하시오. 여기서 $\mathscr{P}_0$는 $x = 0$에서 수정된 압력값이다.

답: (d) $L_e = 0.104\langle v_x \rangle B^2/\nu$; (e) $\mathscr{P} - \mathscr{P}_0 = \frac{1}{2}\rho\langle v_x \rangle^2\left[1 - \left(\frac{3}{3-\Delta}\right)^2\right]$

4C.2. 비틀림 진동 점도계(그림 4C.2). 비틀림 진동 점도계에서는 그림에서 보는 바와 같이 유체는 컵과 진자 사이에 놓여있다. 컵은 접선 방향으로 작은 싸인파 진동을 수행하도록 만들어져 있다. 이 운동이 비틀림 선에 의해 매달려 있는 진자에 동일한 주파수로 그러나 다른 진폭과 위상을 갖는 진동을 하게 영향을 미친다. 진폭 비(입력 함수에 대한 출력 함수의 진폭 비)와 위상 전이 둘 다 유체의 점도에 의존하므로, 유체의 점도를 결정하기 위해 사용될 수 있다. 진동이 작은 진폭을 갖는다고 전체에 걸쳐 가정하면 문제는 선형이며, Laplace 변환이나 이 문제에서 개요를 말한 방법 중에서 어느 것으로든 해를 구할 수 있다.

(a) 첫째, 원환 공간이 완전히 비워진 특별한 경우의 원통형 진자의 운동에 대해 뉴튼 제 2법칙을 적용하시오. 계의 자연 주파수는 $\omega_0 = \sqrt{k/I}$ 임을 보이시오. 여기서 I는 진자의 관성 모멘트이고 k는 비틀림 선의 스프링 상수이다.

(b) 다음으로 원환 공간에 점도가 μ인 유체가 채워져 있을 때 뉴튼 제 2법칙을 적용하시오. θ_R를 시간 t에서 진자의 각 변위라 하고, v_θ를 r과 t의 함수로 주어지는 유체의 접선 속도라 하자. 진자의 운동 방정식이

(진자) $$I\frac{d^2\theta_R}{dt^2} = -k\theta_R + (2\pi RL)(R)\left(\mu r\frac{\partial}{\partial r}\left(\frac{v_\theta}{r}\right)\right)\bigg|_{r=R} \tag{4C.2-1}$$

임을 보이시오. 만약 계가 정지 상태로부터 움직이기 시작한다면 초기조건은

초기조건: $t = 0$에서 $\theta_R = 0$과 $\frac{d\theta_R}{dt} = 0$ (4C.2-2)

로 주어진다.

(c) 다음 적절한 초기조건및 경계조건과 함께 유체에 대한 운동방정식을 쓰시오.

(유체) $$\rho \frac{\partial v_\theta}{\partial t} = \mu \frac{\partial}{\partial r}\left(\frac{1}{r}\frac{\partial}{\partial r}(r v_\theta)\right) \tag{4C.2-3}$$

초기조건: $t = 0$에서 $v_\theta = 0$ (4C.2-4)

경계조건 1: $r = R$에서 $v_\theta = R\frac{d\theta_R}{dt}$ (4C.2-5)

경계조건 2: $r = aR$에서 $v_\theta = aR\frac{d\theta_{aR}}{dt}$ (4C.2-6)

함수 $\theta_{aR}(t)$은 특정 싸인 함수 (입력)로 주어진다. θ_{aR}과 θ_R을 시간의 함수로 나타내는, 또 **진폭** 비와 **위상 전이**를 정의하는 그림을 그리시오.

(d) a는 1보다 단지 약간 크므로 곡률은 무시할 수 있다고(이 가정 없이도 문제의 해를 구할 수 있다[4]) 가정함으로써 식 4C.2-1에서부터 6까지의 시작식들을 단순화하시오. 이는 적절한 무차원 거리 변수가 $x = (r - R)/[(a - 1)R]$ 이라는 것을 암시하고 있다. $1/\omega_0 = \sqrt{I/k}$를 특성 시간으로 사용하여 점도가 단지 하나의 무차원 군에만 나타나도록 하는 것과 같은 방법을 사용함으로써 무차원 양으로 전체 문제를 고쳐 쓰시오. 유일한 선택은

시간: $$\tau = \sqrt{\frac{k}{I}}\,t \tag{4C.2-7}$$

속도: $$\phi = \frac{2\pi R^3 L\rho(a-1)}{\sqrt{kI}} v_\theta \tag{4C.2-8}$$

점도: $$M = \frac{\mu/\rho}{(a-1)^2R^2}\sqrt{\frac{I}{k}} \tag{4C.2-9}$$

관성 모멘트의 역수: $$A = \frac{2\pi R^4 L\rho(a-1)}{I} \tag{4C.2-10}$$

으로 주어진다. 이제 다음과 같이 문제를 다시 쓸 수 있음을 보이시오.

(진자) $$\frac{d^2\theta_R}{d\tau^2} = -\theta_R + M\left(\frac{\partial\phi}{\partial x}\right)\Bigg|_{x=0} \qquad t = 0 \text{ 에서 } \quad \theta_R = 0 \tag{4C.2-11}$$

(유체) $$\frac{\partial\phi}{\partial\tau} = M\frac{\partial^2\phi}{\partial x^2} \qquad \begin{cases} \tau = 0 \text{ 에서} & \phi = 0 \\ x = 0 \text{ 에서} & \phi = A(d\theta_R/dt) \\ x = 1 \text{ 에서} & \phi = A(d\theta_{aR}/dt) \end{cases} \tag{4C.2-12}$$

[4] H. Markovitz, *J. Appl. Phys.*, **23**, 1070-1077 (1952)는 컵과 진자 사이의 작은 간격이라는 가정 없이 문제의 해를 구하였다. 컵과 진자로 된 기기는 플루토늄 합금의 점도를 측정하기 위해 L. J. Wittenberg, D. Ofte, and C. F. Curtiss, *J. Chem. Phys.*, **48**, 3253-3260 (1968)에 의해 사용되었다.

이 두 식으로부터 θ_R과 ϕ를 매개변수로 M과 A를 갖는 x와 τ의 함수로 얻고자 한다.

(e) 입력 함수 θ_{aR} (컵의 변위)을

$$\theta_{aR}(\tau) = \theta_{aR}^{\circ}\Re\{e^{i\bar{\omega}\tau}\} \qquad (\theta_{aR}^{\circ}\text{는 실수}) \tag{4C.2-13}$$

의 형태로 취하여 "싸인파의 정상상태" 해를 구하시오. 여기서 $\bar{\omega} = \omega/\omega_0 = \omega\sqrt{I/k}$는 무차원 주파수이다. 그런 다음 진자와 유체 운동은 진폭과 위상은 서로 다르지만 역시 싸인파일 것이라 가정하시오.

$$\theta_R(\tau) = \Re\{\theta_R^{\circ}e^{i\bar{\omega}\tau}\} \qquad (\theta_R^{\circ}\text{는 복소수}) \tag{4C.2-14}$$

$$\phi(x, \tau) = \Re\{\phi^{\circ}(x)e^{i\bar{\omega}\tau}\} \qquad (\phi^{\circ}(x)\text{는 복소수}) \tag{4C.2-15}$$

진폭 비가 $|\theta_R^{\circ}|/\theta_{aR}^{\circ}$로 주어짐을 증명하시오. 여기서 $|\cdots|$은 복소량의 절대 크기를 나타낸다. 또 위상 각 α가 $\tan\alpha = \Im\{\theta_R^{\circ}\}/\Re\{\theta_R^{\circ}\}$에 의해 주어짐을 보이시오. 여기서 $\Re$와 $\Im$는 각각 실수부와 허수부를 나타낸다.

(f) (e)의 가정된 해를 (d)의 식에 대입하여 복소 진폭 θ_R°와 $\phi^{\circ}(x)$에 대한 식을 구하시오.

(g) $\phi^{\circ}(x)$ 에 대한 식을 풀고

$$\left.\frac{d\phi^{\circ}}{dx}\right|_{x=0} = -\frac{A(i\bar{\omega})^{3/2}}{\sqrt{M}}\left(\frac{\theta_R^{\circ}\cosh\sqrt{i\bar{\omega}/M} - \theta_{aR}^{\circ}}{\sinh\sqrt{i\bar{\omega}/M}}\right) \tag{4C.2-16}$$

임을 증명하시오.

(h) 다음 θ_R° 식을 풀면

$$\frac{\theta_R^{\circ}}{\theta_{aR}^{\circ}} = \frac{AMi\bar{\omega}}{(1-\bar{\omega}^2)\dfrac{\sinh\sqrt{i\bar{\omega}/M}}{\sqrt{i\bar{\omega}/M}} + AMi\bar{\omega}\cosh\sqrt{i\bar{\omega}/M}} \tag{4C.2-17}$$

을 얻게 됨을 보이시오. 이 식으로부터 진폭 비와 위상 전이를 구할 수 있다.

(i) 높은 점도의 유체에 대해서는 $1/M$에 대한 멱급수를 얻기 위해 식 4C.2-17의 쌍곡선 함수를 전개함으로써 멱급수를 찾을 수 있다. 이 결과가

$$\frac{\theta_{aR}^{\circ}}{\theta_R^{\circ}} = 1 + \frac{i}{M}\left(\frac{\bar{\omega}^2-1}{A\bar{\omega}} + \frac{\bar{\omega}}{2}\right) - \frac{1}{M^2}\left(\frac{\bar{\omega}^2-1}{6A} + \frac{\bar{\omega}^2}{24}\right) + O\left(\frac{1}{M^3}\right) \tag{4C.2-18}$$

로 됨을 보이시오. 이로부터 진폭 비와 위상 각을 구하시오.

(j) $\mu/\rho = 10\ \text{cm}^2/\text{s}$, $L = 25$ cm, $R = 5.5$ cm, $I = 2500\ \text{g/cm}^2$, $k = 4 \times 10^6$ dyn cm에 대해 $|\theta_R^{\circ}|/\theta_{aR}^{\circ}$ 대 $\bar{\omega}$ 를 그리시오. 곡선에서 최대가 어디인가?

4C.3. 다공성 매체를 통해 흐르는 유동에 대한 Darcy 식. 다공성 매체를 통해 흐르는 유체의 유동에

[5] **Henry Philibert Gaspard Darcy** (1803-1858)는 파리에서 공부를 하였으며 그가 태어난 도시인 디종 시의 물 공급 체계를 설계함으로써 유명하게 되었다. H. Darcy, *Les Fontaines Publiques de la Ville de Dijon*, Victor Dalmont, Paris (1856). Darcy의 법칙에 대한 더 이상의 논의에 대해서는 J. Happel and H. Brenner, *Low Reynolds Number Hydrodynamics*, Martinus Nihjoff, Dordrecht (1983)과 H. Brenner and D. A. Edwards, *Macrotransport Processes*, Butterworth-Heinemann, Boston (1983)을 보시오.

대한 연속방정식과 운동방정식은

평활화된 연속방정식 $$\varepsilon \frac{\partial \rho}{\partial t} = -(\nabla \cdot \rho \mathbf{v}_0) \tag{4C.3-1}$$

Darcy 식[5] $$\mathbf{v}_0 = -\frac{\kappa}{\mu}(\nabla p - \rho \mathbf{g}) \tag{4C.3-2}$$

로 대체될 것이다. 여기서 **공극율** ε은 총 부피에 대한 공극 부피의 비이고, κ는 다공 매체의 **투과도**이다. 이 식들에서 속도 $\mathbf{v}_0$는 공극 크기에 비해서는 크지만 유동계의 거시적 치수에 비해서는 작은 공간의 작은 영역에 걸쳐서 평균한, 고체와 유체를 더한 단위 단면적을 통한 유동의 부피 유량으로 정의되는 **공탑 속도**이다. 밀도와 압력은 공극 크기에 비해서는 큰, 유동이 가능한 영역에 걸쳐 평균한다. 식 4C.3-2는 과립상 매체를 통한 유체의 느린 침출을 설명하기 위해 경험적으로 제안되었다.

식 4C.3-1과 2를 결합하면 일정한 점도와 투과도에 대해

$$\left(\frac{\varepsilon\mu}{\kappa}\right)\frac{\partial \rho}{\partial t} = (\nabla \cdot \rho(\nabla p - \rho \mathbf{g})) \tag{4C.3-3}$$

을 얻게 된다. 이 식과 상태방정식은 다공성 매체 내의 유체의 운동을 설명한다. 대부분의 목적을 위해 상태방정식을

$$\rho = \rho_0 p^m e^{\beta p} \tag{4C.3-4}$$

로 쓰며, 여기서 ρ_0는 단위 압력에서 유체의 밀도이고 매개변수들은 다음과 같이 주어졌다.[6]

1. 비압축성 액체 $m = 0$ $\beta = 0$

2. 압축성 액체 $m = 0$ $\beta \neq 0$

3. 기체의 등온 팽창 $\beta = 0$ $m = 1$

4. 기체의 단열 팽창 $\beta = 0$ $m = C_V/C_P = 1/\gamma$

식 4C.3-3과 4를 결합하고 이들 4개의 범주에 대해 단순화하면

경우 1. $$\nabla^2 \mathcal{P} = 0 \tag{4C.3-5}$$

경우 2. $$\left(\frac{\varepsilon\mu\beta}{\kappa}\right)\frac{\partial \rho}{\partial t} = \nabla^2 \rho - (\nabla \cdot \rho^2 \beta \mathbf{g}) \tag{4C.3-6}$$

경우 3. $$\left(\frac{2\varepsilon\mu\rho_0}{\kappa}\right)\frac{\partial \rho}{\partial t} = \nabla^2 \rho^2 \tag{4C.3-7}$$

경우 4. $$\left(\frac{(m+1)\varepsilon\mu\rho_0^{1/m}}{\kappa}\right)\frac{\partial \rho}{\partial t} = \nabla^2 \rho^{(1+m)/m} \tag{4C.3-8}$$

이 됨을 보이시오 (기체에 대해서는 압력항에 비해 중력항의 영향이 작으므로 통상적으로 중력항을 무시한다). 경우 1은 **Lapalce 방정식**이 유도되고, 중력항이 없는 경우 2는 **열전달** 또는 **확산 방정식**이 유도되며, 경우 3과 4는 비선형 방정식이 유도된다.[7]

---

[6] M. Muskat, *Flow of Homogeneous Fluids Through Porous Media*, McGraw-Hill (1937).

[7] 움직이는 유체를 경계짓는 다공성 표면에서의 경계조건에 대해서는 G. S. Beavers and D. D. Joseph, *J. Fluid Mech.*, **30**, 197-207 (1967)과 G. S. Beavers, E. M. Sparrow, and B. A. Masha, *AIChE Journal*, 20, 596-597 (1974)를 참조.

4C.4. **다공성 매체를 통한 반지름 방향의 유동**(그림 4C.4). 내부와 외부 반지름이 각각 R_1과 R_2인 다공성 원통 쉘을 통해 유체가 흐르고 있다. 이들 표면에서 압력은 각각 p_1과 p_2로 알려져 있다. 원통 쉘의 길이는 h이다.

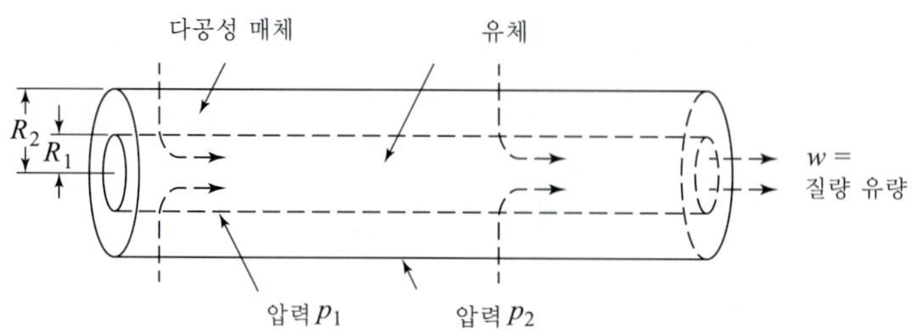

그림 4.C-4 다공성 매체를 통한 반지름 방향 유동.

(a) 비압축성 유체에 대한 압력분포, 반지름 방향 유속 및 질량 유량을 구하시오.

(b) 압축성 액체와 이상기체에 대해 (a)를 다시 수행하시오.

답: (a) $\dfrac{\mathscr{P}-\mathscr{P}_1}{\mathscr{P}_2-\mathscr{P}_1}=\dfrac{\ln(r/R_1)}{\ln(R_2/R_1)}$ $\quad v_{0r}=-\dfrac{\kappa}{\mu r}\dfrac{\mathscr{P}_2-\mathscr{P}_1}{\ln(R_2/R_1)}$ $\quad w=\dfrac{2\pi\kappa h(\mathscr{P}_2-\mathscr{P}_1)\rho}{\mu\ln(R_2/R_1)}$

4D.1. **진동하는 벽 부근의 유동.**[8] Lapalce 변환을 사용하여 식 4.1-44에서 47까지 제시된 문제에 대한 완전 해가

$$\frac{v_x}{v_0}=e^{-\sqrt{\omega/2\nu}\,y}\cos(\omega t-\sqrt{\omega/2\nu}\,y)-\frac{1}{\pi}\int_0^\infty e^{-\bar{\omega}t}(\sin\sqrt{\bar{\omega}/\nu}\,y)\frac{\bar{\omega}}{\omega^2+\bar{\omega}^2}d\bar{\omega} \tag{4D.1-1}$$

임을 보이시오.

4D.2. **원형관 내에서 개시하는 층류**(그림 4D.2). 밀도와 점도가 일정한 유체가 길이가 L이고 반지름이 R인 대단히 긴 관 내에 채워져 있다. 초기에 유체는 정지해 있으며, 시간 $t=0$에서 압력 구배 $(\mathscr{P}_0-\mathscr{P}_L)/L$

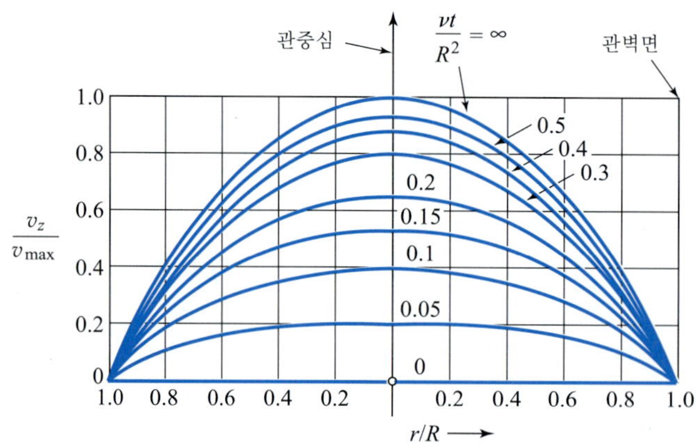

그림 4.D-2 원형관 내에서 갑자기 가해진 압력 구배로 유발된 비정상 상태 유동의 속도분포 [P. Szymanski, *J. Math. Pures Appl.*, Series 9, **11**, 67-107 (1932)].

[8] H. S. Carslow and J. C. Jaeger, *Conduction of Heat in Solids*, Oxford University Press, 2nd edition (1959), p.319, $\varepsilon=\frac{1}{2}\pi$와 $\bar{\omega}=\kappa u^2$을 갖는 식(8).

가 계에 부과된다. 속도분포가 시간에 따라 어떻게 변하는지 구하시오.

(a) 적절한 운동방정식을 다음과 같은 무차원 형태로 쓸 수 있음을 보이시오.

$$\frac{\partial \phi}{\partial \tau} = 4 + \frac{1}{\xi}\frac{\partial}{\partial \xi}\left(\xi \frac{\partial \phi}{\partial \xi}\right) \tag{4D.2-1}$$

여기서 $\xi = r/R$, $\tau = \mu t/\rho R^2$이고 $\phi = [(\mathscr{P}_0 - \mathscr{P}_L)R^2/4\mu L]^{-1} v_z$이다.

(b) 긴 시간에 대한 점근해가 $\phi_\infty = 1 - \xi^2$임을 보이시오. 그런 다음 ϕ_t를 $\phi(\xi, \tau) = \phi_\infty(\xi) - \phi_t(\xi, \tau)$로 정의하고 ϕ_t에 대한 편미분방정식을 변수 분리법을 사용하여 푸시오.

(c) 최종 해가

$$\phi(\xi, \tau) = (1 - \xi^2) - 8 \sum_{n=1}^{\infty} \frac{J_0(\alpha_n \xi)}{\alpha_n^3 J_1(\alpha_n)} \exp(-\alpha_n^2 \tau) \tag{4D.2-2}$$

임을 보이시오. 여기서 $J_n(\xi)$는 ξ의 n 차수 Bessel 함수이고, α_n은 식 $J_0(\alpha_n) = 0$의 근이다. 그 결과는 그림 4D.2에 도시되어 있다.

4D.3. 원판-관 계 내의 유동(그림 4D.3).[9]

(a) $z = 0$인 액체 표면에서 꽉 끼인 회전하는 원판에 의해 원형관 내의 유체가 접선 방향으로 움직이게 되며, 관의 바닥은 $z = L$에 위치해 있다. 원판의 각속도가 Ω일 때, 정상상태의 속도분포 $v_\theta(r, z)$를 구하시오. 전체에 걸쳐 미동 유동이 지배적이어서 2차 유동은 일어나지 않는다고 가정하시오. $L \to \infty$일 때의 극한에 대한 해를 구하시오.

(b) 비정상상태에 대해 문제를 다시 수행하시오. $t = 0$ 이전에는 유체는 정지되어 있고 $t = 0$에서 Ω의 각속도로 원판이 갑자기 회전하기 시작한다. 높이 L인 유체 관에 대한 속도분포 $v_\theta(r, z, t)$를 구하시오. 그런 다음 $L \to \infty$ 일 때의 극한에 대한 해를 구하시오.

(c) 원판이 진폭 Ω_0를 갖고 접선 방향으로 싸인파로 진동한다면 "진동하는 정상상태"에 도달되었을 때 관 내의 속도분포를 구하시오. 무한 길이를 갖는 관에 대한 문제에 대해 다시 수행하시오.

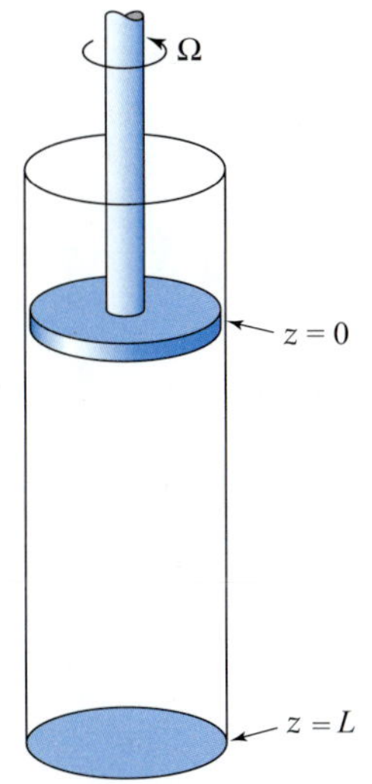

그림 4.D-3 원형관 내에서 회전하는 원판.

[9] W. Hort, *Z. tech. Phys.*, **10**, 213 (1920); C. T. Hill, J. D. Huppler, and R. B. Bird, *Chem. Engr. Sci.*, **21**, 815-817 (1966).

4D.4. 비정상상태의 원환 유동.[10]

(a) 갑자기 가해진 압력 구배에 의한 축 방향 원환 유동의 개시에 대한 Navier-Stokes 방정식의 해를 구하시오.

(b) 원환 내의 접선 방향의 비정상상태 유동에 대한 Navier-Stokes 방정식의 해를 구하시오. 유체는 $t < 0$에 대해서는 정지해 있고, $t = 0$에서 외부 원통이 일정한 각속도로 회전하기 시작하여 $t > 0$에서 층류 가 유발된다고 한다. 구한 결과를 출판되어 있는 해와 비교하시오.[11]

4D.5. 정상상태의 3차원 유동에 대한 흐름 함수.

(a) 정상상태의 압축성 유동에 대해 속도함수 $\rho\mathbf{v} = [\nabla \times \mathbf{A}]$와 $\rho\mathbf{v} = [(\nabla\psi_1) \times (\nabla\psi_2)]$는 둘 다 연속방정식을 동일하게 만족하고 있음을 보이시오. 함수 ψ_1, ψ_2와 $\mathbf{A}$는 $(\nabla \cdot \rho\mathbf{v})$ 항 내에 나타나는 이들의 도함수가 반드시 존재하여야만 한다는 조건을 제외하고는 임의의 함수이다.

(b) 표 4.2-1의 조건에 대해 벡터 $\mathbf{A}/\rho$는 $-\boldsymbol{\delta}_3\psi/h_3$의 크기와 $\mathbf{v}$에 수직인 좌표 방향을 갖는다는 것을 보이시오. 여기서 h_3과 $\boldsymbol{\delta}_3$은 세 번째 좌표에 대한 스칼라 인자이다(A.7절 참조).

(c) 식 4.3-2에 대응하는 흐름선이 $\psi_1 =$ 상수인 표면과 $\psi_2 =$ 상수인 표면의 교점들에 의해 주어진다는 것을 보이시오. 그림 4.3-1의 유동에 대한 이와 같은 한 쌍의 표면들을 그리시오.

(d) Stokes 정리(식 A.5-4)와 (a)에서의 정의를 사용하여 닫혀진 곡선 C에 의해 경계지어진 표면 S를 통한 질량 유량에 대해 $\mathbf{A}$ 항으로 된 식을 구하시오. C 에서 $\mathbf{v}$가 사라진 것이 C 위에서 $\mathbf{A}$가 사라진 것을 의미하지 않음을 보이시오.

[10] W Müller, *Zeits. für angew. Math. u. Mech.*, **16**, 227-228 (1936).

[11] R. B. Bird and C. F. Curtiss, *Chem. Engr. Sci.*, **11**, 108-113 (1959).

Chapter

05 난류의 속도분포

앞 장에서는 층류 문제만 논의하였다. 층류를 설명하는 미분방정식은 잘 이해되며, 몇몇 단순계에 대한 속도분포와 다양하게 유도되는 양들이 간단하게 얻어질 수 있음을 알았다. 변화방정식을 적용하는 데 있어 제한적인 요소는 여러 변수의 함수인 여러 개의 속도 성분이 있는 문제에서 만나게 되는 수학적인 복잡성이다. 비록 그렇다 하더라도, 계산 유체역학의 비약적인 발전으로 이와 같은 문제들에 대한 수치해가 점차 생겨나고 있다.

이 장에서는 난류에 관심을 갖고자 한다. 층류가 정돈되어 있는 반면, 난류는 무질서하다. 난류의 이 무질서한 성질 때문에 모든 종류의 어려움에 빠지게 된다. 사실 3장에서 주어진 변화방정식이 난류에서의 격렬하게 요동치는 운동을 설명할 수 있을지 의문이다. 난류 에디의 크기는 유체 분자의 평균 자유 경로보다 크기의 차수가 몇 배 더 크기 때문에 변화방정식은 적용 가능하다. 이들 방정식의 수치해는 얻을 수 있으며, 난류 구조를 상세하게 연구하는 데 사용할 수 있다. 그러나 요구되는 계산 노력의 관점에서 볼 때 많은 목적을 위해 이와 같은 상세한 정보를 갖는 것에는 흥미가 없다. 그러므로 이 장에서는 주로 시간 평활화된 속도분포와 압력분포를 설명하기 위한 방법을 다룰 것이다.

5.1절에서는 몇몇 유동계에서 층류와 난류에 대한 실험적 결과를 비교함으로써 시작하고자 하며, 이 방법에서 층류와 난류 운동 사이의 주된 차이에 관한 몇몇 정성적인 아이디어를 얻을 수 있다. 이들 실험은 유체역학자들이 겪는 몇 가지의 도전을 정의하는데 도움을 준다.

5.2절에서는 몇가지 **시간 평활화된** 양들을 정의하고, 이들 정의가 짧은 시간 간격에 걸쳐 시간 평균 변화방정식에 어떻게 사용될 수 있는지 알아보고자 한다. 이들 식은 시간 평활된 속도와 압력 거동을 설명한다. 그러나 시간 평활된 운동방정식은 **난류 운동량 훌럭스**를 포함한다. 이 훌럭스는 1장에서 점도에 대한 Newton 법칙에 의해 주어진 운동량 훌럭스 방법

으로 속도 구배와 단순히 관련될 수 없다. 현재는 난류 운동량 훌럭스가 보통 실험적으로 계산되거나 혹은 실험적 측정에 기초를 둔 몇몇 종류의 경험식에 의해 모델화된다.

다행스럽게도 고체 표면 부근의 난류에 대해, 유체역학과 이동현상에서 대단히 도움이 되는 몇 가지의 상당히 일반적인 결과들이 있다 : 벽 부근의 속도에 대한 Taylor 급수 전개, 벽에서 멀리 떨어진 영역에 대한 로그와 멱수법칙 속도분포 등등. 멱수법칙의 속도분포는 차원 추론에 의해 얻어진다. 시간 평활화된 속도분포에 대한 이들 식은 5.3절에 주어져 있다.

5.4절에서는 난류 운동량 훌럭스에 대해 제안되었던 몇 개의 경험식을 알아 보고자 한다. 이들 경험식은 역사적으로 흥미로우며, 공학 계산에도 널리 사용되고 있다. 적절하게 사용됐을 때는 이 경험식들은 유용할 수 있다.

이 장의 나머지 절에서는 두 종류의 난류에 관해 논의하고자 한다. 닫힌 도관 내의 유동(5.5절)과 젯(5.6절) 내의 유동이다. 이들 유동은 **벽면 난류**와 **자유 난류**의 제목 하에 보통 논의되는 두 부류의 유동을 나타낸다.

난류에 관한 간단한 소개에서는 비압축성 유체의 완전히 발달된 난류에 대한 설명을 주로 다루고, 난류의 개시를 예측하는 이론적 방법이나 난류의 구조를 증명하기 위해 고안된 실험적 기법은 고려하지 않는다. 난류에 대한 통계적 이론과 난류 에너지가 다양한 양상의 운동에 걸쳐 분포되는 방식에 대한 논의도 하지 않는다. 이들 주제와 다른 흥미로운 주제에 대해서는 독자들은 난류에 관한 몇 가지의 표준 책을 참고해야 한다.[1–6] 난류의 "일관된 구조"(와류)에 관한 실험적이고 계산적인 증거에 대한 참고문헌들이 증가하고 있다.[7]

난류는 중요한 주제이다. 사실 공학에서 접하는 대부분의 유동은 층류가 아닌 난류이다! 비록 난류에 대한 이해도가 만족할만한 수준은 아니지만 반드시 공부해야 하고 진가를 인정해야 하는 주제이다. 산업적 문제에 대한 해를 위해 산뜻한 해석적 결과를 얻을 수가 없고,

---

[1] S. Corrsin, "Turbulence: Experimental Methods", in *Handbuch der Physik*, Springer, Berlin (1963), Vol. VIII/2. **Stanley Corrsin** (1920-1986) 존스 홉킨스 대학 교수, 훌륭한 실험가이자 선생이었다; 그는 화학 반응과 난류 사이의 상호 작용과 이중 온도 보정의 전파에 대해 연구하였다.

[2] A. A. Townsend, *The Structure of Turbulence Shear Flow*, Cambridge University Press, 2nd edition (1976); 또 *Handbook of Fluid Dynamics* (V. L. Streeter, ed.), McGraw-Hill (1961) 안의 A. Townsend의 읽기 쉬운 개관을 보시오.

[3] J. O. Hinze, *Turbulence*, McGraw-Hill, New York, 2nd edition (1975).

[4] H. Tennekes and J. L. Lumley, *A. First Course in Turbulence*, MIT Press, Cambridge, Mass. (1972); 이 책의 1장과 2장은 난류 현상의 물리적 해석에 대한 입문을 제공한다.

[5] M. Lesieur, *La Turbulence*. Presses Universitaires de Grenoble (1994); 이 책은 난류계의 아름다운 컬러 사진을 포함하고 있다.

[6] 이 책의 범위를 벗어나는 물질을 포함하는 여러 책들이 있다: W. D. McComb, *The Physics of Fluid Turbulence*, Oxford University Press (1990); T. E. Faber, *Fluid Dynamics for Physicist*, Cambridge University Press (1995); U. Frisch, *Turbulence*, Cambridge University Press (1995).

[7] P. Holmes, J. L. Lumley, and G. Berkooz, *Turbulence, Coherent Structures, Dynamical Systems, and Symmetry*, Cambridge University Press (1996); F. Waleffe, *Phys. Rev. Lett.*, **81**, 4140-4148 (1998).

대체적으로 이와 같은 문제들은 차원 해석과 실험 데이터를 결합함으로써 해결된다. 이 방법은 6장에서 논의된다.

5.1 층류와 난류의 비교

난류에 관한 어떤 이론적 아이디어를 논의하기 전에, 몇몇 단순계에서 층류와 난류의 차이를 요약하는 것이 중요하다. 특히 원형과 삼각형 단면 도관 내의 유동, 평탄한 평판 위의 유동, 젯 내의 유동을 생각해 보고자 한다. 이들 중 처음 셋은 2.3절, 문제 3B.2와 4.4절에서 층류에 대해 알아보았다.

원형관

반지름이 R인 원형관 내의 완전히 발달된 정상상태의 층류에 대해, 속도분포와 평균 속도는

$$\frac{v_z}{v_{z,\max}} = 1 - \left(\frac{r}{R}\right)^2 \quad \text{와} \quad \frac{\langle v_z \rangle}{v_{z,\max}} = \frac{1}{2} \qquad (\text{Re} < 2100) \qquad (5.1\text{-}1, 2)$$

로 주어지며, 압력 강하와 질량 유량 w는 선형적인 관계

$$\mathscr{P}_0 - \mathscr{P}_L = \left(\frac{8\mu L}{\pi\rho R^4}\right) w \qquad (\text{Re} < 2100) \qquad (5.1\text{-}3)$$

에 있다는 것을 안다. 반면에 난류에 대해서는 속도가 관 내의 각 점에서 시간에 따라 무질서하게 요동한다. 소위 말하는 피톳관을 가지고는 각 지점에서 "시간 평활화된 속도"를 측정할 수 있다. 이러한 종류의 기기는 빠른 속도 요동에 민감하지는 않지만 수 초에 걸쳐 평균된 속도를 감지한다. 시간 평활화된 속도(다음 절에서 정의되는)는 $\bar{v}_z$로 표현되는 z 성분을 가질 것이며, 이 속도 성분의 모양과 평균값은 대략적으로

$$\frac{\bar{v}_z}{\bar{v}_{z,\max}} \approx \left(1 - \frac{r}{R}\right)^{1/7} \quad \text{및} \quad \frac{\langle \bar{v}_z \rangle}{\bar{v}_{z,\max}} \approx \frac{4}{5} \qquad (10^4 < \text{Re} < 10^5) \qquad (5.1\text{-}4, 5)$$

로 주어질 것이다.[1] 속도분포에 대한 $\frac{1}{7}$ 제곱식은 벽에서 실질적인 속도 도함수를 얻기에는 너무 조잡하다. 층류와 난류의 속도분포를 그림 5.1-1에 비교하였다.

동일한 범위의 Reynolds 수를 넘어서면 질량 유량과 압력 강하는 더 이상 비례하지 않고,

[1] H. Schlichting, *Boundary-Layer Theory*, McGraw-Hill, New York, 7th edition (1979), XX장(관 유동), VII장과 XXI장 (평탄한 평판 유동), IX장과 XXIV장 (젯 유동).

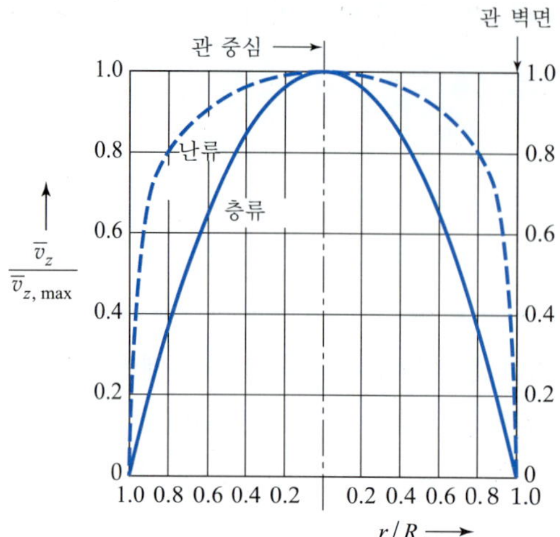

그림 5.1-1 층류와 난류 속도분포의 정성적 비교. 벽면 부근의 난류 속도분포에 대한 더 상세한 설명에 대해서는 그림5.5-3을 보시오.

$$\mathcal{P}_0 - \mathcal{P}_L \approx 0.198\left(\frac{2}{\pi}\right)^{7/4}\left(\frac{\mu^{1/4}L}{\rho R^{19/4}}\right)w^{7/4} \qquad (10^4 < \text{Re} < 10^5) \qquad (5.1\text{-}6)$$

에 의해 근사적으로 연관되어 있다. 난류에서 질량 유량에 대한 압력 강하의 더 강한 의존성은 유체 내의 격렬한 에디 운동을 유지하기 위해 더 많은 에너지가 공급되어야 한다는 사실로부터 유발된다.

원형관 내의 층류-난류 전이는 대략 2100의 임계 Reynolds 수에서 보통 일어나며, 만약 계 내의 진동을 제거하기 위해 극도의 주의를 기울인다면 이 수치는 더 높아질 수도 있다.[2] 층류에서 난류로 전이는 Reynolds에 의해 독창적으로 수행된 간단한 실험에 의해 증명될 수 있다. 관의 축을 따라 흐르는 흐름 내에 소량의 염료를 주입하기 위한 장치가 설치된 길고 투명한 관을 설치한다. 유동이 층류일 때, 염료는 수평의 엉겨 붙어 있는 섬유와 같이 하류로 움직이는 반면, 난류에 대해서는 그림 2.0-1의 입자의 운동과 유사하게 에디 운동(난류 확산) 때문에 염료가 전체 단면에 걸쳐 빠르게 펼쳐진다.

비원형관

그림 3B.2(b)에 보여진 삼각형 도관 내의 발달된 층류에 대해, 유체 입자는 z 방향으로는 직선적으로, 도관의 벽면과는 평행하게 움직인다. 대조적으로 난류에서는 z 방향의 시간 평활화된 유동 (1차 유동)과 xy 평면의 시간 평활화된 유동(2차 유동)이 겹쳐지게 된다. 2차 유동은 1차 유동보다 상당히 약하고, 도관 축 주위에 대칭적 양상으로 배열된 6개의 와류의 집합과 같이 나타난다 (그림 5.1-2 참조). 다른 비원형관들도 2차 유동을 보인다.

---

[2] O. Reynolds, *Phil. Trans. Roy. Soc.*, **174**, Part III, 935-982 (1883), 또 A. A. Draad and F. M. T. Nieuwstadt, *J. Fluid Mech.*, **361**, 297-308 (1998)을 보시오.

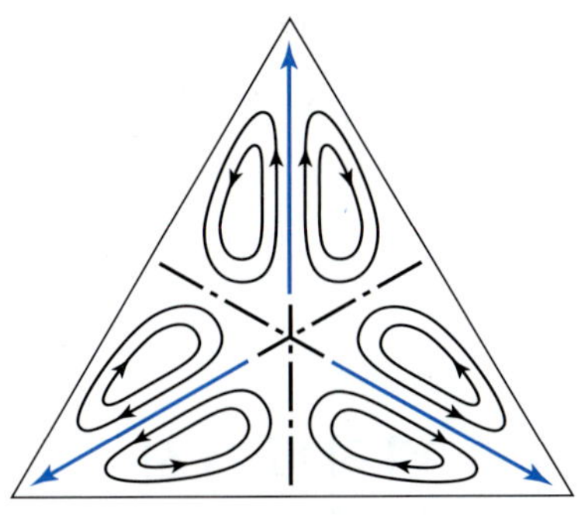

그림 5.1-2 삼각형 단면 관 내의 난류에 대한 2차 유동의 양상을 보이는 간략한 그림. [H. Schlichting, *Boundary Layer Theory*, McGraw-Hill, New York, 7th edition (1979), p. 613].

평탄한 평판

4.4절에서 양면이 젖어 있는 평탄한 평판 주위의 층류에 대해 경계층 방정식의 해로부터 항력식

$$F = 1.328\sqrt{\rho\mu L W^2 v_\infty^3} \qquad (\text{층류}) \qquad 0 < \text{Re}_L < 5 \times 10^5 \tag{5.1-7}$$

을 얻었다. 여기서 $\text{Re}_L = Lv_\infty\rho/\mu$는 길이가 L인 평판에 대한 Reynolds 수이며, 평판의 너비가 W이고, 유체의 접근 속도가 v_∞이다.

반면 난류에 대해서는 기하학적 성질과 물리적 성질에 대한 의존성이 상당히 다르다.

$$F \approx 0.74\sqrt[5]{\rho^4\mu L^4 W^5 v_\infty^9} \qquad (\text{난류}) \qquad (5 \times 10^5 < \text{Re}_L < 10^7) \tag{5.1-8}$$

따라서 힘은 층류에 대해서는 접근 속도의 $\frac{3}{2}$ 제곱에 비례하지만 난류에 대해서는 $\frac{9}{5}$ 제곱에 비례한다. 접근 속도에 대한 의존이 더 강할수록 유체 내의 불규칙한 에디 운동을 유지하기 위해 여분의 에너지가 필요하다는 것을 반영한다.

원형과 평면 젯

다음 xy 평면으로 취하는 평탄한 벽면을 빠져나오는 젯의 거동을 조사하고자 한다(그림 5.6-1 참조). 유체는 원형관이나 혹은 길고 좁은 슬롯으로부터 빠져나와 무한히 큰 동일 유체 내로 흐른다. 젯의 너비, 젯의 중심선 속도와 xy 평면에 평행한 단면을 통한 질량 유량 등 젯에 대한 다양한 관찰이 이루어질 수 있다. 이 모든 성질은 벽면으로부터 z 거리의 함수로 측정할 수 있다. 층류와 난류에 대한 원형과 2차원 젯의 성질을 표 5.1-1에 요약하였

표 5.1-1 벽면으로부터 z 거리에 대한 젯의 매개변수 의존성

	층류			난류		
	젯의 너비	중심선 속도	질량 유량	젯의 너비	중심선 속도	질량 유량
원형 젯	z	z^{-1}	z	z	z^{-1}	z
평면 젯	$z^{2/3}$	$z^{-1/3}$	$z^{1/3}$	z	$z^{-1/2}$	$z^{1/2}$

다.[1] 원형 젯에 대해 젯의 너비, 중심선 속도와 질량 유량이 층류와 난류 둘 다 정확하게 z에 대한 동일한 의존성을 갖는지 의문이 생긴다. 이 점은 후에 5.6절에서 다시 살펴볼 것이다.

위 예제들은 층류와 난류의 전반적인 특징들이 일반적으로 매우 다르다는 것을 분명히 한다. 난류 이론의 많은 난제 중 하나가 이런 차이를 설명하는 것이다.

5.2 비압축성 유체에 대한 시간 평활화된 변화방정식

일정한 압력 구배가 부과되는 관 내의 난류를 생각하면서 시작하고자 한다. 유체 내의 한 점에서 속도의 한 성분을 시간의 함수로 관찰하면 그림 5.2-1(a)에서 보는 바와 같이 무질서한 양상으로 요동하는 것을 볼 수 있다. 요동은 평균값으로부터 불규칙한 편차를 보인다. 실제 속도는 평균값(윗줄로 표시된)과 요동(프라임으로 표시된)의 합으로 간주할 수 있다. 예를 들면 속도의 z 성분에 대해

$$v_z = \bar{v}_z + v_z' \tag{5.2-1}$$

로 쓸 수 있으며, 때로는 **Reynolds 분해**라고 불린다. 평균값은 수 많은 요동에 걸쳐 시간 평균을 취함으로써 $v_z(t)$로부터 얻게 된다.

$$\bar{v}_z = \frac{1}{t_0}\int_{t-\frac{1}{2}t_0}^{t+\frac{1}{2}t_0} v_z(s)\,ds \tag{5.2-2}$$

주기 t_0은 평활화 평균한 함수를 얻기에 충분히 길다. 바로 가까이에 있는 계에서 **시간 평활화된 속도**라 불리는 양 $\bar{v}_z$는 시간에는 무관하지만 위치에는 물론 의존한다. 시간 평활화된 속도가 시간에는 무관할 때 **"정상상태로 구동되는 난류"**라 한다. 속도에 관한 언급이 압력에서도 똑같이 쓰인다.

다음에는 시간에 의존하는 압력 구배를 갖는 관 내의 난류를 살펴보고자 한다. 이와 같은 유동에 대해서도 위와 같이 시간 평활화된 양들을 정의할 수 있다. 하지만 주기 t_0가 압력 구배의 변화에 비해 반드시 작아야 하고, 요동 주기에 비해 확실히 커야 한다는 점을 이해해야 한다. 이와 같은 경우에 대한 시간 평활화된 속도와 실제 속도를 그림 5.2-1(b)에 도시하였다.[1]

식 5.2-2의 정의에 의하면 다음 관계식들이 사실이라는 것을 쉽게 증명할 수 있다.

$$\overline{v_z'} = 0 \qquad \overline{\bar{v}_z} = \bar{v}_z \qquad \overline{\bar{v}_z v_z'} = 0 \qquad \overline{\frac{\partial}{\partial x} v_z} = \frac{\partial}{\partial x}\bar{v}_z \qquad \overline{\frac{\partial}{\partial t} v_z} = \frac{\partial}{\partial t}\bar{v}_z \tag{5.2-3}$$

---

[1] "윗 줄이 그어져 있는" 양을 "앙상블 평균" 항으로 역시 정의할 수 있다. 대부분의 목적을 위해 결과들이 같거나 혹은 같을 것이라고 가정한다. 예를 들면 A. A. Townsend, *The Structure of Turbulent Shear Flow*, Cambridge University Press, 2nd edition (1976)을 보시오. 또 식 5.2-3에 주어진 공식의 마지막을 주목하면서 P. K. Kundu, *Fluid Mechanics*, Academic Press, New York (1990), p. 421을 보시오.

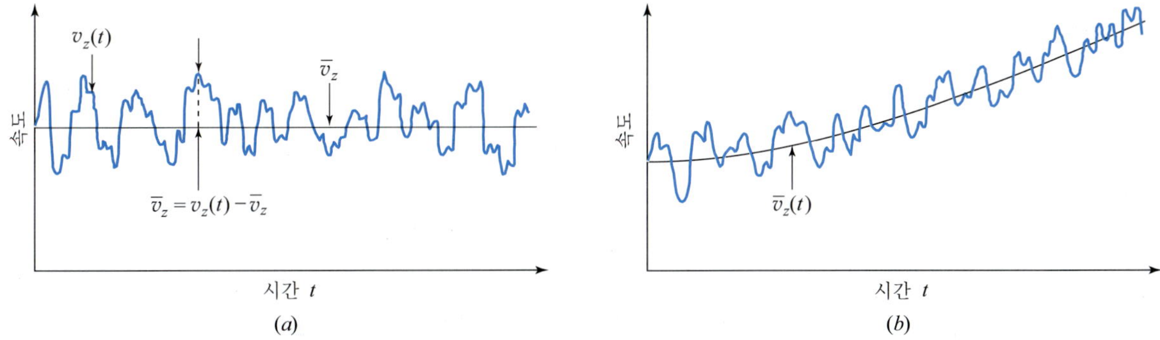

그림 5.2-1 (*a*) $\overline{v}_z$가 시간에는 무관한 "정상상태로 구동되는 난류"에 대한, (*b*) $\overline{v}_z$가 시간에 의존하는 경우에 대한 난류에서 속도 성분 v_z 뿐만 아니라 시간 평활화된 값 $\overline{v}_z$와 요동 v'_z을 보여주는 그림.

그러나 양 $\overline{v_z'^2}$ 는 0이 아닐 것이며, 사실 $\sqrt{\overline{v_z'^2}}\,/\langle\overline{v}_z\rangle$의 비는 난류 요동의 크기의 척도로 취할 수 있다. **난류 강도**라 알려진 이 양은 난류 흐름의 주된 부분에서는 1에서 10%의 값을 고체 벽 인근에서는 25% 혹은 그 이상의 값을 가질 것이다. 그러므로 작은 섭동을 고려할 필요가 없다는 것이 강조되어야 한다. 때로는 요동이 실제 상당히 격렬하고 크다.

$\overline{v_x'\,v_y'}$ 와 같은 양도 역시 0이 아니다. 이 이유는 x와 y 방향의 국부적인 운동이 **상호 관계**되어있기 때문이다. 다시 말하면 x 방향의 요동은 y 방향의 요동과 무관하지 않다. 이들 요동하는 성질의 곱을 시간 평활화한 값이 난류 운동량 전달에서 중요한 역할을 한다는 것을 곧 보게 될 것이다. 나중에 난류 열 및 물질전달에서 유사한 상관관계가 나타나는 것을 볼 것이다.

정의된 시간 평활화된 양과 논의된 요동하는 양의 몇몇 성질을 가지고, 이제 시간 평활화된 변화방정식으로 옮겨 가고자 한다. 전개를 가능한 간단히 하기 위해, 여기서는 일정한 밀도와 점도를 갖는 유체에 대한 방정식에 국한하여 생각하고자 한다. $\mathbf{v}$를 이와 동동한 $\overline{\mathbf{v}} + \mathbf{v}'$으로, p를 이와 동등한 $\overline{p} + p'$으로 대체하고 연속방정식과 운동방정식을 씀으로써 시작하고자 한다. 그러면 연속방정식은 $(\nabla \cdot \mathbf{v}) = 0$이고, 식 3.5-5를 사용하여 $\partial/\partial t$ 형태인 운동방정식, 식 3.5-6의 x 성분은

$$\frac{\partial}{\partial x}(\overline{v}_x + v_x') + \frac{\partial}{\partial y}(\overline{v}_y + v_y') + \frac{\partial}{\partial z}(\overline{v}_z + v_z') = 0 \tag{5.2-4}$$

$$\frac{\partial}{\partial t}\rho(\overline{v}_x + v_x') = -\frac{\partial}{\partial x}(\overline{p} + p') - \left(\frac{\partial}{\partial x}\rho(\overline{v}_x + v_x')(\overline{v}_x + v_x') + \frac{\partial}{\partial y}\rho(\overline{v}_y + v_y')(\overline{v}_x + v_x') + \frac{\partial}{\partial z}\rho(\overline{v}_z + v_z')(\overline{v}_x + v_x')\right) + \mu\nabla^2(\overline{v}_x + v_x') + \rho g_x \tag{5.2-5}$$

이다. 운동방정식의 y와 z 성분도 유사하게 쓸 수 있다. 다음 이들 식을 식 5.2-3에서 주어진 관계식들을 사용하여 시간 평활화하면

$$\frac{\partial}{\partial x}\bar{v}_x + \frac{\partial}{\partial y}\bar{v}_y + \frac{\partial}{\partial z}\bar{v}_z = 0 \tag{5.2-6}$$

$$\begin{aligned}\frac{\partial}{\partial t}\rho\bar{v}_x = -\frac{\partial}{\partial x}\bar{p} &- \left(\frac{\partial}{\partial x}\rho\bar{v}_x\bar{v}_x + \frac{\partial}{\partial y}\rho\bar{v}_y\bar{v}_x + \frac{\partial}{\partial z}\rho\bar{v}_z\bar{v}_x\right) \\ &- \underline{\left(\frac{\partial}{\partial x}\rho\overline{v'_xv'_x} + \frac{\partial}{\partial y}\rho\overline{v'_yv'_x} + \frac{\partial}{\partial z}\rho\overline{v'_zv'_x}\right)} + \mu\nabla^2\bar{v}_x + \rho g_x\end{aligned} \tag{5.2-7}$$

로 주어지며, 운동방정식의 y와 z 성분도 유사한 관계를 갖는다. 그러면 이들 식은 일정한 밀도와 점도를 갖는 유체에 대한 **시간 평활화된 연속방정식과 운동방정식**이며, 이들과 식 3.1-5와 식 3.5-6 (후자는 $\partial/\partial t$의 항으로 다시 쓰여진)의 대응하는 식을 비교함으로써 다음 결론을 내릴 수 있다.

a. 연속방정식은 $\mathbf{v}$가 이제 $\bar{\mathbf{v}}$로 대체된 것을 제외하고는 이전에 사용했던 것과 같다.

b. 운동방정식은 이전에는 $\mathbf{v}$와 p를 사용하였던 곳에 이제 $\bar{\mathbf{v}}$와 $\bar{p}$를 사용한다. 이에 더하여 점선으로 밑줄 그어진 항은 난류 요동과 연관된 운동량 전달을 나타낸다.

식 5.2-7을

$$\bar{\tau}_{xx}^{(t)} = \rho\overline{v'_xv'_x} \qquad \bar{\tau}_{xy}^{(t)} = \rho\overline{v'_xv'_y} \qquad \bar{\tau}_{xz}^{(t)} = \rho\overline{v'_xv'_z} \quad \text{등등} \tag{5.2-8}$$

의 성분을 갖는 **난류 운동량 훌럭스 텐서** $\bar{\tau}^{(t)}$ 를 도입함으로써 다시 쓸 것이다. 이들 양은 보통 "Reynolds 응력"으로 일컬어진다. 이 텐서 성분들은 이들 안에 시간 평활화된 속도 성분이 나타난다는 것을 제외하면 부록 B.1에서 B.3까지 주어진 식과 같은 모양을 갖는다.

$$\bar{\tau}_{xx}^{(v)} = -2\mu\frac{\partial\bar{v}_x}{\partial x} \qquad \bar{\tau}_{xy}^{(v)} = -\mu\left(\frac{\partial\bar{v}_y}{\partial x} + \frac{\partial\bar{v}_x}{\partial y}\right) \quad \text{등등} \tag{5.2-9}$$

이는 변화방정식을 다음과 같이 벡터-텐서의 형태로 쓸 수 있게 한다.

$$(\nabla\cdot\bar{\mathbf{v}}) = 0 \quad \text{와} \qquad (\nabla\cdot\mathbf{v}') = 0 \tag{5.2-10, 11}$$

$$\frac{\partial}{\partial t}\rho\bar{\mathbf{v}} = -\nabla\bar{p} - [\nabla\cdot\rho\bar{\mathbf{v}}\,\bar{\mathbf{v}}] - [\nabla\cdot(\bar{\boldsymbol{\tau}}^{(v)} + \bar{\boldsymbol{\tau}}^{(t)})] + \rho\mathbf{g} \tag{5.2-12}$$

식 5.2-11은 원래의 연속방정식에서 식 5.2-10을 뺌으로써 얻어지는 여분의 식이다.

이 절의 주요 결과는 응력 텐서 항으로 부록 B.5에 요약된 운동방정식이 주어지는 임의의 좌표계에서 모든 v_i를 $\bar{v}_i$로, p를 $\bar{p}$로 뿐만 아니라 τ_{ij}를 $\bar{\tau}_{ij} = \bar{\tau}_{ij}^{(v)} + \bar{\tau}_{ij}^{(t)}$ 로 변화시킴으로써 시간 평활화된 난류에 대해 적용될 수 있다는 것이다.

이제 난류 이론에서 가장 어려운 점에 도달했다. 위의 Reynolds 응력 $\bar{\tau}_{ij}^{(t)}$는 식 5.2-9의 시간 평활화된 점성 응력 $\bar{\tau}_{ij}^{(v)}$과 같이 단순한 방법으로 속도 구배와 연관되어 있지 않고, 대신에 위치와 난류 강도의 복잡한 함수로 되어 있다. 유동 문제를 해석하기 위해 Reynolds 응력에 관한 실험적인 정보를 갖거나 또는 몇 개의 경험식의 도움을 받아야 한다. 5.4절에서 적용 가능한 몇몇 경험식을 논의하고자 한다.

사실 Reynolds 응력에 대한 변화방정식을 얻을 수 있다(문제 5D.1 참조). 그러나 이들 식은 $\overline{v_i' v_j' v_k'}$ 같은 양을 포함하고 있다. 유사하게 $\overline{v_i' v_j' v_k'}$ 에 대한 변화방정식은 다음의 한 차수 더 높은 상관관계 $\overline{v_i' v_j' v_k' v_l'}$ 등등을 포함하고 있다. 즉, 해를 구해야 할 식의 끝나지 않는 단계가 있다. 유동 문제의 해를 구하기 위해서는 경험식을 도입하여 이 단계를 절편하여야 한다. Reynolds 응력에 대한 경험식을 도입한다면 1차 이론을 얻을 수 있고, $\overline{v_i' v_j' v_k'}$ 에 대한 경험식을 도입한다면 2차 이론 등을 얻을 수 있다. 속도와 압력분포를 구할 수 있는 식의 닫힌 집합을 얻기 위해 경험식을 도입하는 문제는 "닫힘 문제"로 언급된다. 5.4절의 논의에서는 1차의 닫힘문제를 다루고자 한다. 2차에서는 'k-ε 경험식'이 계산 유체역학에서 광범위하게 연구되고 널리 사용되어 왔다.[2]

5.3 벽 부근의 시간 평활화된 속도분포

Reynolds 응력에 대해 사용된 다양한 경험식을 살펴보기 전에, 여기서는 어떤 경험식에도 의존하지 않는 몇 개의 전개를 소개하고자 한다. 우선 벽 부근에서 완전히 발달되고 시간 평활화된 속도분포를 다루고자 하며, 벽 부근의 속도에 대한 Taylor 전개, 벽으로부터 조금 더 떨어진 곳에서의 만능 로그 속도분포와 멱수법칙 속도분포와 같은 몇 가지 결과들을 살펴보고자 한다.

평탄한 표면 부근의 유동이 그림 5.3-1에 도시되어 있다. 유동을 네 영역으로 구분하는 것이 편리하다.

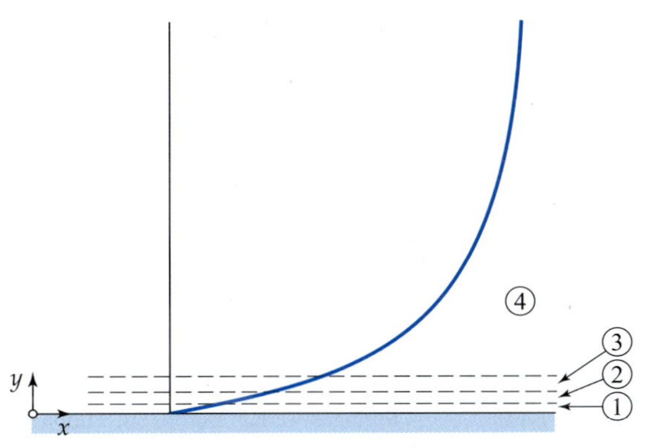

그림 5.3-1 벽 부근의 난류를 나타내기 위한 유동 영역: ① 점성 저층, ② 완충층, ③ 관성 저층, ④ 주 난류 흐름.

[2] J. L. Lumley, *Adv. Appl. Mech.*, **18**, 123-176 (1978); C. G. Speziale, *Ann. Rev. Fluid Mech.*, **23**, 107-157 (1991); H. Schlichting and K. Gersten, *Boundary-Layer Theory*, Springer, Berlin, 8th edition (2000), pp. 560-563.

- **점성 저층**은 벽면에 매우 가까이 있으며, 점도가 중요한 역할을 한다.
- **완충층**에서는 점성 저층과 관성 저층 사이의 전이가 일어난다.
- 주 난류 흐름의 초입의 **관성 저층**은 점도가 거의 미미한 역할을 한다.
- **주 난류 흐름**에서는 시간 평활화된 속도분포가 거의 평탄하며, 점도는 중요하지 않다.

영역을 이렇게 분류하는 것은 다분히 임의적인 것임이 강조되어야 한다.

관성 저층의 로그 속도분포와 멱수법칙 속도분포[1-4]

$y = 0$인 벽에 작용하는 시간 평활화된 전단응력을 τ_0 (이는 $-\bar{\tau}_{yx}|_{y=0}$와 같다)라 하자. 그러면 관성 저층의 전단응력은 τ_0 값과 크게 다르지 않을 것이다. 이제 질문을 해 본다. 시간 평활화된 속도 구배 $d\bar{v}_x/dy$는 어떤 양에 의존하는가? 완충층을 넘어서는 운동량 전달이 주로 속도 요동("에디 운동"으로 느슨하게 언급되는)에 의존하여야 하므로 점도에는 의존하지 않을 것이다. 속도 구배는 밀도 ρ, 벽면 전단응력 τ_0와 벽으로부터의 거리 y에 의존할 것이다. 속도 구배의 차원을 갖는 이들 세 양의 유일한 조합은 $\sqrt{\tau_0/\rho}/y$ 이다. 그러므로

$$\frac{d\bar{v}_x}{dy} = \frac{1}{\kappa}\sqrt{\frac{\tau_0}{\rho}}\frac{1}{y} \tag{5.3-1}$$

로 쓰며, κ는 실험적으로 결정되어야만 하는 임의의 무차원 상수이다. 양 $\sqrt{\tau_0/\rho}$ 는 속도의 차원을 가지며, **마찰 속도**라 불리우고 기호 v_*로 주어진다. 식 5.3-1을 적분하면

$$\bar{v}_x = \frac{v_*}{\kappa}\ln y + \lambda' \tag{5.3-2}$$

를 얻으며, λ'은 적분 상수이다. 무차원 군들을 사용하기 위해 식 5.3-2를

$$\frac{\bar{v}_x}{v_*} = \frac{1}{\kappa}\ln\left(\frac{yv_*}{\nu}\right) + \lambda \tag{5.3-3}$$

으로 다시 쓴다. 여기서 λ는 단순히 λ'과 관련된 상수이다. 동점도 ν는 로그의 무차원 논거를 수립하기 위해 포함되었다. 타당한 상수 값들이 $\kappa = 0.4$ 이고, $\lambda = 5.5$ 임이 실험적으로 구해졌으며,

$$\frac{\bar{v}_x}{v_*} = 2.5\ln\left(\frac{yv_*}{\nu}\right) + 5.5 \qquad \frac{yv_*}{\nu} > 30 \tag{5.3-4}$$

---

[1] L. D. Landau and E. M. Lifshitz, *Fluid Mechanics*, Pergamon, Oxford, 2nd edition (1987), pp.172-178.

[2] H. Schlichting and K. Gersten, *Boundary-Layer Theory*, Springer-Verlag, Berlin, 8th edition (2000), 17.2.3절

[3] T. von Kármánn, *Nachr. Ges. Wiss. Göttingen, Math-Phys. Klasse,* Series 5, 58-76 (1930), pp. 58-76; L. Prandtl, *Ergeb. Aerodyn. Versuch., Göttingen* Series 4,18-29 (1932).

[4] G. I. Barenblatt and A. J. Chorin, *Proc. Nat. Acad. Sci., USA*, **93**, 6749-6752 (1996)와 *SIAM Rev.*, **40**, 265-291 (1981); G. I. Barenblatt, A. J. Chorin, and V. M. Prostokishin, *Proc. Nat. Acad. Sci., USA*, **94**, 773-776 (1997). 또 G. I. Barenblatt, *Scaling, Self-Similarity, and Intermediate Asymptotics*, Cambridge University Press (1992), 10.2절을 보시오.

로 주어진다. 이는 von Kármán–Prandtl **보편 로그 속도분포**[3]라 불리우며, 단지 관성 저층에 적용하기 위해 만들어졌다. 나중에 이 함수는 관성 저층을 얼마간 벗어나는 실험 데이터도 상당히 잘 표현한다는 것을 볼 것이다(그림 5.5-3 참조).

식 5.3-1이 맞다고 하면, 상수 κ와 λ는 당연히 임의의 Reynolds 수에도 적용 가능한 "보편 상수"가 될 것이다. 그러나 Reynolds 수의 범위에 따라 κ 값은 0.40에서 0.44사이에 있고, λ 값은 5.0에서 6.3 사이에 있음을 문헌에서 발견할 수 있다. 이는 식 5.3-1의 우변이 Reynolds 수의 어떤 함수와 곱해져야 되고, y 값이 Reynolds 수를 포함하는 어떤 멱수로 나타날 수 있다는 것을 암시하며, 이론적 논거는 식 5.3-1이

$$\frac{d\bar{v}_x}{dy} = \frac{v_*}{y}\left(B_0 + \frac{B_1}{\ln \mathrm{Re}}\right)\left(\frac{yv_*}{\nu}\right)^{\beta_1/\ln \mathrm{Re}} \tag{5.3-5}$$

로 대체되어야만 하는 것으로 발전되었다.[4] 여기서 $B_0 = \frac{1}{2}\sqrt{3}$, $B_1 = \frac{15}{4}$이고 $\beta_1 = \frac{3}{2}$이다. 식 5.3-5을 y에 대해 적분하면 Barenblatt–Chorin **보편 속도분포**를 얻게 된다.

$$\frac{\bar{v}_x}{v_*} = \left(\frac{1}{\sqrt{3}}\ln \mathrm{Re} + \frac{5}{2}\right)\left(\frac{yv_*}{\nu}\right)^{3/(2\ln \mathrm{Re})} \tag{5.3-6}$$

식 5.3-6은 식 5.3-4보다 그림 5.3-1의 ③과 ④영역을 잘 설명하며,[4] 영역 ①은 식 5.3-13에 의해 더 잘 설명된다.

점성 저층에서의 Taylor 급수 전개

y의 함수인 $\bar{v}_x$에 대한 Taylor 급수를 씀으로써 시작하면,

$$\bar{v}_x(y) = \bar{v}_x(0) + \left.\frac{\partial \bar{v}_x}{\partial y}\right|_{y=0} y + \frac{1}{2!}\left.\frac{\partial^2 \bar{v}_x}{\partial y^2}\right|_{y=0} y^2 + \frac{1}{3!}\left.\frac{\partial^3 \bar{v}_x}{\partial y^3}\right|_{y=0} y^3 + \cdots \tag{5.3-7}$$

이 된다. 이 급수 항들을 평가하기 위해서는 벽 가까운 곳에서 시간 평활화된 전단응력에 대한 식이 필요하다. 두께가 $2B$인 슬릿 내를 정상상태로 구동되는 유동의 특별한 경우에 대해 전단응력은 $\bar{\tau}_{yx} = \bar{\tau}^{(v)}_{yx} + \bar{\tau}^{(t)}_{yx} = -\tau_0\,[1 - (y/B)]$ 의 형태일 것이다. 그러면 식 5.2-8과 9로부터

$$+\mu\frac{\partial \bar{v}_x}{\partial y} - \rho\overline{v'_x v'_y} = \tau_0\left(1 - \frac{y}{B}\right) \tag{5.3-8}$$

을 얻는다. 이제 식 5.3-7에 나타난 항들을 하나씩 살펴본다.[5]

(i) 첫 번째 항은 안–미끄러짐 조건에 의해 0이다.

(ii) 두 번째 항의 계수는 v'_x과 v'_y이 둘 다 벽에서 0이므로

$$\left.\frac{\partial \bar{v}_x}{\partial y}\right|_{y=0} = \frac{\tau_0}{\mu} \tag{5.3-9}$$

임을 인지하면서 식 5.3-8로부터 구할 수 있다.

(iii) v'_x과 v'_y이 둘 다 벽에서 0이므로, 세 번째 항의 계수는 식 5.3-8을 y에 관해 미분하고 $y=0$이라고 둠으로써 얻게 될 2차 도함수

$$\left.\frac{\partial^2 \bar{v}_x}{\partial y^2}\right|_{y=0} = \frac{\rho}{\mu}\left.\overline{\left(v'_x\frac{\partial v'_y}{\partial y} + v'_y\frac{\partial v'_x}{\partial y}\right)}\right|_{y=0} - \frac{\tau_0}{\mu B} = -\frac{\tau_0}{\mu B} \tag{5.3-10}$$

을 포함한다.

(iv) 네 번째 항의 계수는 식 5.3-8로부터 얻게 될 3차 도함수

$$\begin{aligned}\left.\frac{\partial^3 \bar{v}_x}{\partial y^3}\right|_{y=0} &= \frac{\rho}{\mu}\left.\overline{\left(v'_x\frac{\partial^2 v'_y}{\partial y^2} + 2\frac{\partial v'_y}{\partial y}\frac{\partial v'_x}{\partial y} + v'_y\frac{\partial^2 v'_x}{\partial y^2}\right)}\right|_{y=0} \\ &= -\frac{\rho}{\mu}\left.\overline{\left(+2\left(\frac{\partial v'_x}{\partial x} + \frac{\partial v'_z}{\partial z}\right)\frac{\partial v'_x}{\partial y}\right)}\right|_{y=0} = 0\end{aligned} \tag{5.3-11}$$

을 포함하며, 여기서 식 5.2-11이 사용되었다.

다음 계수를 0으로 둘 아무런 이유가 없기 때문에 무차원 양으로의 Taylor 급수는

$$\frac{\bar{v}_x}{v_*} = \frac{yv_*}{\nu} - \frac{1}{2}\left(\frac{\nu}{v_* B}\right)\left(\frac{yv_*}{\nu}\right)^2 + C\left(\frac{yv_*}{\nu}\right)^4 + \cdots \tag{5.3-12}$$

의 형태를 갖는 것을 알 수 있다. 계수 C는 실험적으로 얻게 되었으므로,[6] 최종 결과는

$$\frac{\bar{v}_x}{v_*} = \frac{yv_*}{\nu}\left[1 - \frac{1}{2}\left(\frac{\nu}{v_* B}\right)\left(\frac{yv_*}{\nu}\right) - \frac{1}{4}\left(\frac{yv_*}{14.5\nu}\right)^3 + \cdots\right] \qquad 0 < \frac{yv_*}{\nu} < 5 \tag{5.3-13}$$

이 된다. 괄호 안의 y^3 항은 13, 14, 21, 22장의 난류 열 및 물질전달 상관관계식과 연결하여 매우 중요하게 쓰일 것이다.

$5 < yv_*/\nu < 30$ 영역에 대해서는 해석적 유도가 간단하지 않으며, 경험적 곡선 맞추기가 때로는 사용된다. 원형관에 대해 이들 중 하나를 그림 5.5-3에서 볼 수 있다.

---

[5] A. A. Townsend, *The Structure of Turbulence Shear Flow*, Cambridge University Press, 2nd edition (1976), p. 163.

[6] C. S. Lin, R. W. Moulton, and G. L. Putnam, *Ind. Eng. Chem.*, **45**, 636-640 (1953); 수치적 계수는 원형관 내의 물질전달 실험으로부터 결정되었다. 열 및 물질전달에서 y^4 항의 중요성이 E. V. Murphree, *Ind. Eng. Chem.*, **24**, 726-736 (1932)에 의해 먼저 인식되었다. **Eger Vaughn Murphree** (1898-1962) 는 1920년 켄터키 대학의 미식 축구팀 주장이었으며, 스탠다드 오일 개발회사의 사장이 되었다.

5.4 난류 운동량 훌럭스에 대한 경험식

시간 평활화된 속도 구배와 압력 구배를 얻기 위해 식 5.2-10에서 12의 시간 평활화된 변화 방정식을 사용하는 문제로 이제 돌아간다. 앞 절에서 지적하였던 바와 같이 속도분포에 관한 어떤 정보는 난류 운동량 훌럭스 $\bar{\boldsymbol{\tau}}^{(t)}$에 대한 특정한 식을 갖지 않고도 구할 수 있다. 그렇지만 공학자들에게는 속도 구배를 포함하는 $\bar{\boldsymbol{\tau}}^{(t)}$에 대한 다양한 경험식을 사용하는 것이 일반적이었다. 이들 몇몇을 언급하고자 하며, 더 많은 것은 난류 관련 문헌에서 찾아볼 수 있다.

Boussinesq 에디 점도

점도에 대한 Newton 법칙, 식 1.1-1과의 상사성에 의해, 난류 전단유동[1]에 대해

$$\bar{\tau}_{yx}^{(t)} = -\mu^{(t)} \frac{d\bar{v}_x}{dy} \tag{5.4-1}$$

을 쓸 수 있을 것이다. 여기서 $\mu^{(t)}$는 **난류 점도**(종종 **에디 점도**라 불리며, 기호 ε으로 주어진다.)이다. 표 5.1-1에서 볼 수 있는 바와 같이 표에 주어진 유동 중의 적어도 하나, 원형 젯에 대해서는 식 5.4-1이 유용할 것이라 기대한다. 그렇지만 보통 $\mu^{(t)}$는 위치와 난류 강도에 강하게 영향을 받는 함수이다. 사실 몇몇 계[2]에 대해서는 어떤 영역에서 $\mu^{(t)}$가 심지어 음수일 수도 있다. 점도 μ는 **유체**의 성질인 반면, 에디 점도 $\mu^{(t)}$는 일차적으로 **유동**의 성질임이 강조되어야 한다.

두 종류의 난류에 대해(예를 들면 표면을 따라 흐르는 유동과 젯 및 후류 내의 유동), $\mu^{(t)}$에 대한 특정식이 적용 가능하다.

(i) 벽면 난류

$$\mu^{(t)} = \mu\left(\frac{yv_*}{14.5\nu}\right)^3 \qquad 0 < \frac{yv_*}{\nu} < 5 \tag{5.4-2}$$

식 5.3-13으로부터 유도 가능한 이 식은 오직 벽 대단히 가까운 곳에서만 타당하다. 이는 유체-고체 계면의 난류 열 및 물질전달 이론에서 상당히 중요하다.[3]

(ii) 자유 난류

$$\mu^{(t)} = \rho\kappa_0 b(\bar{v}_{z,\max} - \bar{v}_{z,\min}) \tag{5.4-3}$$

여기서 κ_0는 실험적으로 결정되는 무차원 계수이고, b는 하류 방향의 거리 z에서의 혼합 영

[1] J. Boussinesq, *Mém. prés. par div. savants à l'acad. sci. de Paris*, **23**, #1, 1-680 (1877), **24** #2, 1-64 (1877). **Joseph Valentin . Boussinesq** (1842-1929) 릴리의 대학교수, 열에 관한 2권의 논문을 섰으며, "Boussinesq 근사"와 "에디 점도"에 대한 아이디어로 유명하다.

[2] J. O. Hinze, *Appl. Sci. Res.*, **22**, 163-175 (1970); V. Kruka and S. Eskinazi, *J. Fluid Mech.*, **20**, 555-579 (1964).

[3] C. S. Lin, R. W. Moulton, and G. L. Putnam, *Ind. Eng. Chem.*, **45**, 636-640 (1953).

역의 너비이며, 괄호 안의 양은 z 거리에서 시간 평활화된 z 성분 속도의 최대 차이를 말한다. Prandtl[4]은 식 5.4-3이 젯과 후류에 대한 유용한 경험식임을 밝혔다.

Prandtl 혼합 길이

저 밀도 기체 내에서 분자가 주위를 움직이는 것과 똑같이 에디가 유체 내에서 주위를 움직인다고 가정함으로써(매우 합당한 상사성은 아니지만) Prandtl[5]은 난류 유체의 운동량 전달식을 개발하였다. '혼합 길이' l은 분자운동론에서 평균 자유 경로와 대충 같은 역할을 한다(1.4절 참조). 이 종류의 추론을 통해 Prandtl은 다음 관계를 유도하였다.

$$\overline{\tau}_{yx}^{(t)} = -\rho l^2 \left| \frac{d\overline{v}_x}{dy} \right| \frac{d\overline{v}_x}{dy} \tag{5.4-4}$$

만약 혼합 길이가 보편 상수였다면, 식 5.4-4는 매우 의미있는 식이 될 것이다. 그러나 l은 사실 위치에 대한 함수임이 알려져 있다. Prandtl은 l에 대한 다음 식을 제안하였다.

(i) 벽면 난류: $l = \kappa_1 y$ (y는 벽으로부터의 거리) (5.4-5)

(ii) 자유 난류: $l = \kappa_2 b$ (b는 혼합 영역의 너비) (5.4-6)

여기서 κ_1과 κ_2는 상수이다. Prandtl의 제안에 몇 년 앞서 Taylor[6]는 "와류 전달 이론"을 사용하여 식 5.4-4에 대한 유사한 결과를 얻었다.

수정된 van Driest 식

벽에서부터 주 난류 흐름까지 모든 범위에서 난류 전단응력을 표현할 수 있는 경험식을 고안하기 위한 수많은 시도들이 있었다. 여기서 van Driest 식의 수정[7]을 설명하고자 하며, 이는 식 5.4-4의 혼합 길이에 대한 공식이다.

$$l = 0.4y \frac{1 - \exp(-yv_*/26\nu)}{\sqrt{1 - \exp(-0.26yv_*/\nu)}} \tag{5.4-7}$$

이 관계식은 관 내 유동에서 열 및 물질전달 속도를 예측하는 데 유용한 것으로 알려져 있다. 다음 두 절과 이 장 끝의 몇몇 문제에서 위 경험식의 사용을 설명하고자 한다. Reynolds 응력에 대한 이들 식은 실험 데이터를 표현하거나 상당히 특별한 종류로 구분되어 있는 문제의 해를 구하기 위해 사용할 수 있는 버팀목에 지나지 않는다는 것을 명심하시오.

---

[4] L. Prandtl, *Zeits. f. angew. Math. u. Mech.*, **22**, 241-243 (1942).

[5] L. Prandtl, *Zeits. f. angew. Math. u. Mech.*, **5**, 136-139 (1925).

[6] G. I. Taylor, *Phil. Trans.*, **A215**, 1-26 (1915)와 *Proc. Roy. Soc.* (London), **A135**, 685-701 (1932).

[7] E. R. van Driest, *J. Aero. Sci.*, **23**, 1007-1011과 1036 (1956). van Driest의 원래 식은 분모에 제곱근을 가지고 있지 않았다. 이 수정은 O. T. Hanna, O. C. Sandall, and P. R. Mazet, *AIChE Journal*, **27**, 693-697 (1981)에 의해 이루어졌으며, 식 5.4-2에 의하면 $y \to 0$일 때 난류 점도가 y^3에 비례한다.

예제 5.4-1 벽 부근의 Reynolds 응력식 개발

$\tau_{yx}^{(t)} = \rho\overline{v_x' \, v_y'}$ 에 대한 식을 벽 부근의 y의 함수로 구하시오.

해 **(a)** $\mathbf{v}'$의 세 성분에 대해 Taylor 급수 전개를 함으로써 시작한다:

$$v_x'(y) = \underline{v_x'(0)} + \left.\frac{\partial v_x'}{\partial y}\right|_{y=0} y + \frac{1}{2!}\left.\frac{\partial^2 v_x'}{\partial y^2}\right|_{y=0} y^2 + \cdots \tag{5.4-8}$$

$$v_y'(y) = \underline{v_y'(0)} + \underline{\left.\frac{\partial v_y'}{\partial y}\right|_{y=0}} y + \frac{1}{2!}\left.\frac{\partial^2 v_y'}{\partial y^2}\right|_{y=0} y^2 + \cdots \tag{5.4-9}$$

$$v_z'(y) = \underline{v_z'(0)} + \left.\frac{\partial v_z'}{\partial y}\right|_{y=0} y + \frac{1}{2!}\left.\frac{\partial^2 v_z'}{\partial y^2}\right|_{y=0} y^2 + \cdots \tag{5.4-10}$$

식 5.4-8과 10의 첫 번째 항은 안 미끄러짐 조건 때문에 0이 틀림없다. 식 5.4-9의 첫 번째 항은 물질전달이 없으므로 0이다. 다음 $y = 0$에서 식 5.2-11를 쓸 수 있다.

$$\left.\frac{\partial v_x'}{\partial x}\right|_{y=0} + \left.\frac{\partial v_y'}{\partial y}\right|_{y=0} + \left.\frac{\partial v_z'}{\partial z}\right|_{y=0} = 0 \tag{5.4-11}$$

이 식의 첫 번째와 세 번째 항은 안 미끄러짐 조건 때문에 0이다. 그러므로 두 번째 항 역시 0이라고 결론을 내려야 한다. 따라서 식 5.4-8, 9, 10에서 점선 밑줄 그어진 모든 항들은 0이 되므로,

$$\bar{\tau}_{yx}^{(t)} = \rho\overline{v_x' v_y'} = Ay^3 + By^4 + \cdots \tag{5.4-12}$$

라는 결론을 내릴 수 있을 것이다. 증명하지는 않지만[8] 이는 벽 부근에서 Reynolds 응력의 첫 번째 항은 y^3에 비례하여야 한다고 제안하고 있다. 그러나 닫힌 채널[9] 내의 물질전달 속도에 대한 광범위한 연구는 $A \neq 0$임을 밝혔다.

(b) 평행한 평판 사이의 유동에 대한 난류 운동량 홀럭스

$$\begin{aligned} \bar{\tau}_{yx}^{(t)} = \rho\overline{v_x' v_y'} &= -\tau_0\left(1 - \frac{y}{B}\right) + \mu\frac{d\bar{v}_x}{dy} \\ &= -\tau_0\left(1 - \frac{y}{B}\right) + \left(\tau_0 - \tau_0\frac{y}{B} + Ay^3 + \cdots\right) \end{aligned} \tag{5.4-13}$$

---

[8] H. Reichardt, *Zeits. f. angew. Math. u. Mech.*, **31**, 208-219 (1951). 또 J. O. Hinze, *Turbulence*, McGraw-Hill, New York, 2nd edition (1975), pp. 620-621과 D. T. Wasan, C. L. Tien과 C. R. Wilke, *AIChE Journal*, **9**, 567-569 (1963)을 보시오.

[9] R. H. Notter and C. A. Sleicher, *Chem. Eng. Sci.*, **26**, 161-171 (1971); O. C. Sandall과 O. T. Hanna, *AIChE Journal*, **25**, 190-192 (1979); D. W. Hubbard와 E. N. Lightfoot, *Ind. Eng. Chem. Fundamentals*, **5**, 370-379 (1966).

을 구하기 위해 시간 평활된 속도분포에 대한 식 5.3-12에서 구한 식을 사용할 수 있다. 여기서 $A = 4C(v_* / \nu)^4$ 이며, 이는 식 5.4-12와 일치한다.

5.5 도관 내의 난류

Reynolds 응력에 관한 약간의 감을 잡기 위해 사각 도관 내의 난류에 대한 실험적 측정에 대해 짧게 논의하면서 이 절을 시작하고자 한다. 그림 5.5-1과 2에서 사각 도관 내 z 방향의 유동에 대한 시간 평활화된 양 $\overline{v_x'^2}$, $\overline{v_z'^2}$ 및 $\overline{v_x' v_z'}$의 몇가지 실험적 측정 결과를 볼 수 있다.

그림 5.5-1에서 벽 아주 가까이에서는 $\sqrt{\overline{v_z'^2}}$ 가 시간 평활화된 중심선 속도 $\bar{v}_{z,\max}$의 약 13%인 반면, $\sqrt{\overline{v_x'^2}}$ 은 약 5%임에 주목하시오. 이는 벽면 부근에서 유동 방향의 속도 요동이 횡단면 방향의 속도 요동보다 감지할 수 있을 만큼 더 크다는 것을 의미한다. 도관의 중심 부근에서는 두 요동의 진폭이 거의 같고, 이 곳에서 난류는 거의 등방성이라 한다.

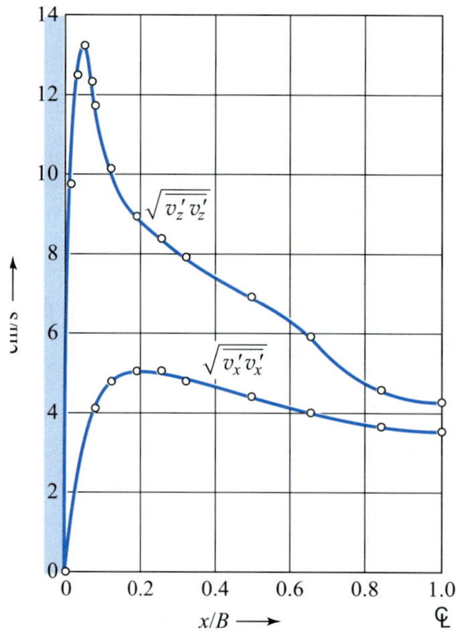

그림 5.5-1 $\bar{v}_{z,\max}$=100 cm/s 를 갖는 사각 도관 내 공기의 난류 유동에 대한 H. Reichardt의 측정 [*Naturwissenschaften*, 404 (1938)], *Zeits. f. angew. Math. u. Mech.*, **13**, 177-180 (1933), **18**, 358-361 (1938)]. 여기서 $\sqrt{\overline{v_x' v_x'}}$ 와 $\sqrt{\overline{v_z' v_z'}}$ 의 양을 볼 수 있다.

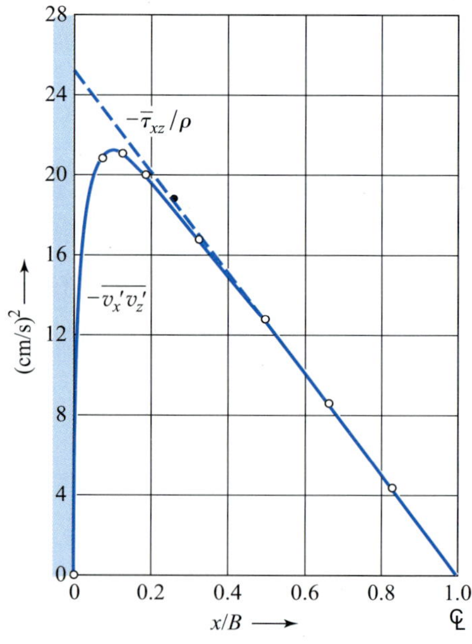

그림 5.5-2 사각 도관 내의 $\overline{v_x' v_z'}$ 양에 대한 H. Reichardt의 측정(그림 5.5-1 참조). 이 양은 도관 벽면 가까이에서는 $\bar{\tau}_{xz}/\rho$와 다르다.

그림 5.5-2에서 난류 전단응력 $\bar{\tau}_{ij}^{(t)} = \rho\overline{v_x' v_z'}$ 이 도관을 가로지르는 총 전단응력 $\bar{\tau}_{xz} = \bar{\tau}_{xz}^{(t)} + \bar{\tau}_{ij}^{(v)}$ 과 비교된다. 난류 기여가 단면 대부분에 걸쳐 더 중요하며, 점성 기여는 단지 벽 부근에서 중요하다는 것이 명백하다. 예제 5.5-3에서 자세히 설명된다. 원형 단면의 관에서도 상사한 거동이 관찰된다.

예제 5.5-1 원형관 내의 평균 속도 계산

5.3절의 결과를 적용하여 원형관 내의 난류에 대한 평균 속도를 구하시오.

해 그림 5.5-3 표제의 속도분포를 사용할 수 있다. 관 내의 평균 속도를 구하기 위해 점성 저층 ($y^+ < 5$), 완충 영역 $5 < y^+ < 30$, 관성 저층, 대략 포물선 모양인 주 난류 흐름의 네 영역에 걸쳐 적분하여야 한다. 이를 확실하게 할 수 있지만, 전체 단면에 걸쳐 식 5.3-4의 로그 분포(혹은 식 5.3-6의 멱수법칙 분포)를 적분하는 것이 대략 옳은 형태의 결과를 얻는다는 것이 알려져 있다. **로그 분포**에 대해

$$\frac{\langle \bar{v}_z \rangle}{v_*} = 2.5 \ln\left(\frac{Rv_*}{\nu}\right) + 1.75 \tag{5.5-1}$$

을 얻는다.

만약 이를 유량 대 압력 강하에 대한 실험 데이터와 비교한다면, 2.5를 2.45로 바꾸고 1.75를 2.0으로 바꾸면 잘 부합하는 결과를 얻을 수 있음이 알려져 있다. 만약 다양한 층의 국부적인 속도식을 사용하여 단면에 걸친 적분을 수행하였다면 이러한 상수의 날조는 아마 불필요했을 것이다. 반면 압력 강하 대 유속을 설명하기 위해 식 5.5-1과 같은 간단한 로그 식을 사용하는 것은 약간의 장점이 있다. 유사한 양상으로 **멱수법칙 분포**는 전체 단면에 걸쳐 적분할 수 있으며,

$$\frac{\langle \bar{v}_z \rangle}{v_*} = \frac{2}{(\alpha+1)(\alpha+2)}\left(\frac{1}{\sqrt{3}} \ln \mathrm{Re} + \frac{5}{2}\right)\left(\frac{Rv_*}{\nu}\right)^{\alpha} \tag{5.5-2}$$

를 얻는다. 여기서 $\alpha = 3/(2 \ln \mathrm{Re})$이다. 이 관계식은 $3.07 \times 10^3 < \mathrm{Re} < 3.23 \times 10^6$인 영역에서 유용하다.

예제 5.5-2 원형관 내 난류에 대한 Prandtl 혼합길이 공식의 응용

원형관 내의 난류를 설명하기 위해 식 5.4-4와 5가 어떻게 사용될 수 있는지 보이시오.

해 식 5.2-12는 원형관 내에서 정상상태로 구동되는 유동에 대해

$$0 = \frac{\mathscr{P}_0 - \mathscr{P}_L}{L} - \frac{1}{r}\frac{d}{dr}(r\bar{\tau}_{rz}) \tag{5.5-3}$$

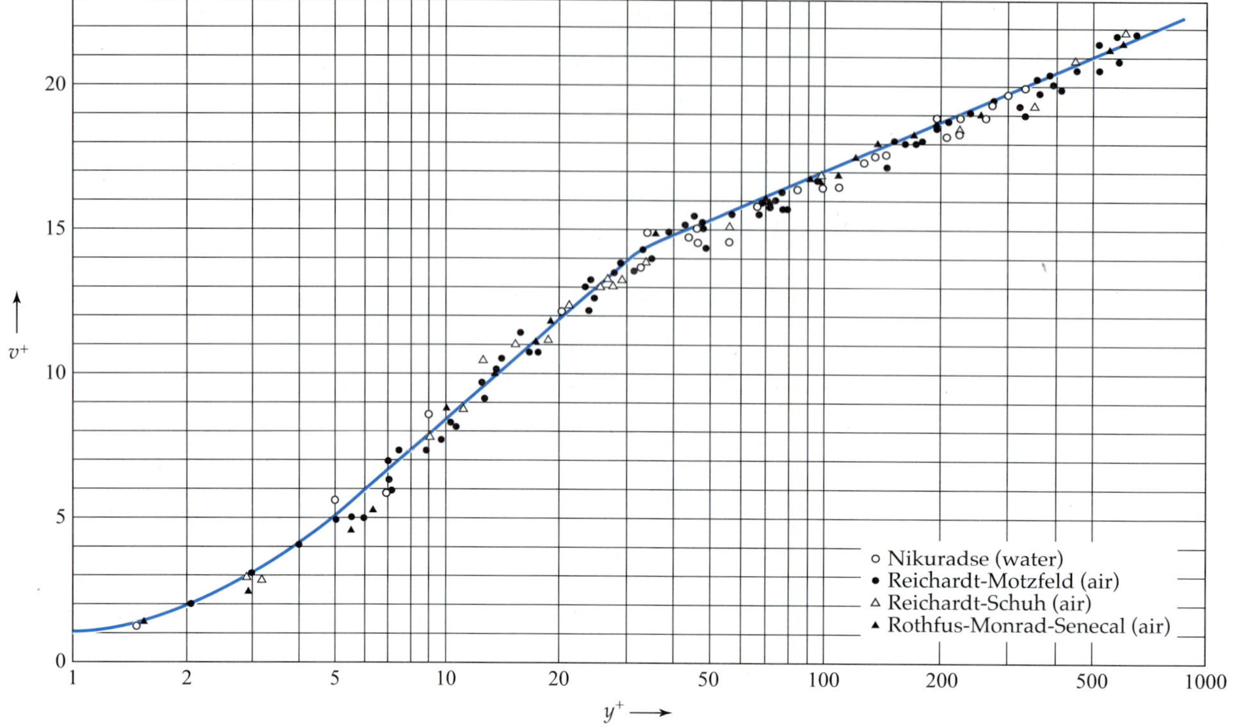

그림 5.5-3. $v^+ = \bar{v}_z/v_*$ 대 $y^+ = yv_*\rho/\mu$ 로 나타낸 원형관 내의 난류에 대한 무차원 속도분포. 여기서 $v_* = \sqrt{\tau_0/\rho}$ 이고, τ_0는 벽면 전단응력이다. 실선 곡선은 Lin, Moulton 및 Putnam [*Ind. Eng. Chem.*, **45**, 636-640 (1953)]에 의해 제안된 결과이다.

$0 < y^+ < 5$: $\quad v^+ = y^+[1 - \frac{1}{4}(y^+/14.5)^3]$

$5 < y^+ < 30$: $\quad v^+ = 5\ln(y^+ + 0.205) - 3.27$

$30 < y^+$: $\quad v^+ = 2.5\ln y^+ + 5.5$

실험 데이터는 물에 대한 J. Nikuradse의 결과 (○) [*VDI Forschungsheft*, **H356** (1932)]; 공기에 대한 Reichardt and Motzfeld의 결과 (●); 공기에 대한 Reichardt and Schuh의 결과 (△) [H. Reichardt, NACA Tech. Mem. 1047 (1943)]; 및 공기에 대한 R. R. Rothfus, C. C. Monrad, and V. E. Senecal의 결과 (■) [*Ind. Eng. Chem.*, **42**, 2511-2520 (1950)]이다.

으로 주어진다. 여기서 $\bar{\tau}_{rz} = \bar{\tau}_{rz}^{(v)} + \bar{\tau}_{rz}^{(t)}$ 이다. 관의 대부분에 걸쳐 점성 기여는 대단히 작다. 여기서는 전체적으로 점성 기여를 무시한다. 식 5.5-3을 적분하면

$$\bar{\tau}_{rz}^{(t)} = \frac{(\mathcal{P}_0 - \mathcal{P}_L)r}{2L} = \tau_0\left(1 - \frac{y}{R}\right) \tag{5.5-4}$$

를 얻으며, τ_0는 벽면 전단응력이고 $y = R - r$ 는 관 벽으로부터의 거리이다.

식 5.4-5의 경험식과 함께 식 5.5-4의 혼합 길이 이론에 의하면 음인 $d\bar{v}_z/dr$에 대해

$$\bar{\tau}_{rz}^{(t)} = -\rho l^2 \left| \frac{d\bar{v}_z}{dr} \right| \frac{d\bar{v}_z}{dr} = +\rho(\kappa_1 y)^2 \left(\frac{d\bar{v}_z}{dy} \right)^2 \tag{5.5-5}$$

를 갖는다. 이를 식 5.5-4에 대입하면 시간 평활화된 속도에 대한 미분방정식을 얻는다. 만약 Prandtl을 따르고 관성 저층을 벽까지 외삽한다면 식 5.5-5에서 $\bar{\tau}_{rz}^{(t)}$를 τ_0로 대체하는 것이 적절하다. 이렇게 하고 식 5.5-5를 적분하면

$$\bar{v}_z = \frac{v_*}{\kappa_1} \ln y + \text{상수} \tag{5.5-6}$$

을 얻을 수 있다. 따라서 로그 분포를 얻게 되고, 예제 5.5-1의 결과를 사용할 수 있다. 즉, 관 내의 전체 단면에 걸친 매우 개략적 근사로서 식 5.5-6을 적용할 수 있다.

예제 5.5-3 점도와 에디 점도의 상대적 크기

다음 조건 하에서 길고 매끄러운 원형관 내를 정상상태 유량으로 흐르고 있는 물에 대해 $y = R/2$에서의 $\mu^{(t)}/\mu$의 비를 구하시오.

R = 관의 반지름 = 3 in. = 7.62 cm
τ_0 = 벽면 전단응력 = 2.36×10^{-5} $\text{lb}_f/\text{in.}^2$ = 0.163 Pa
ρ = 밀도 = 62.4 lb_m/ft^3 = 1000 kg/m^3
ν = 동점도 = 1.1 x 10^{-5} ft^2/s = 1.02×10^{-6} m^2/s

해 시간 평활화된 운동량 홀럭스에 대한 식은

$$\bar{\tau}_{rz}^{(t)} = -\mu \frac{d\bar{v}_z}{dr} - \mu^{(t)} \frac{d\bar{v}_z}{dr} \tag{5.5-7}$$

이다. 이 결과는 $\mu^{(t)}/\mu$에 대해 풀 수 있으며, 무차원 변수의 항으로 표현할 수 있다.

$$\begin{aligned} \frac{\mu^{(t)}}{\mu} &= \frac{1}{\mu} \frac{\bar{\tau}_{rz}}{d\bar{v}_z/dy} - 1 \\ &= \frac{1}{\mu} \frac{\tau_0[1-(y/R)]}{d\bar{v}_z/dy} - 1 \\ &= \frac{[1-(y/R)]}{dv^+/dy^+} - 1 \end{aligned} \tag{5.5-8}$$

여기서 $y^+ = yv_*\rho/\mu$이고 $v^+ = \bar{v}_z/v_*$ 이다. $y = R/2$일 때 y^+의 값은

$$y^+ = \frac{yv_*\rho}{\mu} = \frac{(R/2)\sqrt{\tau_0/\rho}\,\rho}{\mu} = 477 \tag{5.5-9}$$

이다. 이 y^+ 값에 대해 그림 5.5-3 표제의 로그 분포는

$$\frac{dv^+}{dy^+} = \frac{2.5}{477} = 0.00524 \tag{5.5-10}$$

으로 주어진다. 이를 식 5.5-8에 대입하면

$$\frac{\mu^{(t)}}{\mu} = \frac{1/2}{0.00524} - 1 = 94 \tag{5.5-11}$$

이 주어진다. 이 결과는 관 벽면으로부터 멀어지면 분자 운동량 전달은 에디 전달에 비해 무시할 만하다는 것을 강조한다.

5.6 젯 내의 난류

앞 절에서는 원형관과 같은 도관 내의 유동에 대해 논하였다. 이와 같은 유동은 **벽면 난류**의 예이다. 또 다른 주요 등급의 난류 유동은 **자유 난류**이며, 이 유동의 주요한 예는 젯과 후류가 있다. 이런 유형의 유동에서 시간 평활화된 속도는 식 5.4-3의 에디 점도에 대한 Prandtl 식을 사용하거나 식 5.4-6에서 주어진 경험식과 Prandtl의 혼합 길이 이론을 사용함으로써 적절히 표현할 수 있다. 전자의 방법이 더 쉬우므로 다음 예제에서 사용하고자 한다.

예제 5.6-1 원형 벽면 젯 내의 시간 평활화된 속도분포[1-4]

그림 5.6-1에 도시된 바와 같이 유체의 젯이 반 무한 용기의 동일한 유체 내로 원형 구멍으로부터 빠져 나오고 있다. 동일한 그림에서 z 성분의 속도분포가 어떻게 보일 것이라고 기대하는 것을 대략 알 수 있다. 다양한 z 값에 대해 분포는 거리와 속도에 대한 척도 인자만 다를 뿐이지 모양은 비슷할 것이라 기대하고 있다. 또 젯이 바깥 방향으로 움직일 때 약간의 주변 유체가 끌려 들어가는 반지름 방향의 알짜 유입 유동이 만들어질 것이라 상상할 수 있다. 젯 내의 시간 평활화된 속도분포와 일정한 z의 각 평면을 가로지르는 유체의 양을 구하고자 한다. 해를 구하기 전에 표 5.1-1에서 젯에 대한 정보를 재검토하는 것이 유용할 것이다.

해 식 5.4-3을 사용하기 위해서는 원형 젯에 대해 b와 $\bar{v}_{z,\max} - \bar{v}_{z,\min}$이 z에 따라 어떻게 변하는지 알 필요가 있으며, 이미 z 운동량의 총 유량 J가 모든 z 값에 대해 같을 것이라는 것을 안다. 대류 운동량 홀럭스가 점성 운동량 홀럭스보다 훨씬 더 크다고 가정하면, 이로부터 젯 너비 b는 J, 유체의 밀도 ρ와 동점도 ν, 벽면으로부터 하류 방향의 거리 z에 의존한다고 가정

---

[1] H. Schlichting, *Boundary-Layer Theory*, McGraw-Hill, New York, 7th edition (1979), pp. 747-750.
[2] A. A.Townsend, *The Structure of Turbulence Shear Flow*, Cambridge University Press, 2nd edition (1976), 6장.
[3] J. O. Hinze, *Turbulence*, McGraw-Hill, New York, 2nd edition (1975), 6장.
[4] S. Goldstein, *Modern Development in Fluid Dynamics*, Oxford University Press (1938)과 Dover reprint (1965), pp. 592-597.

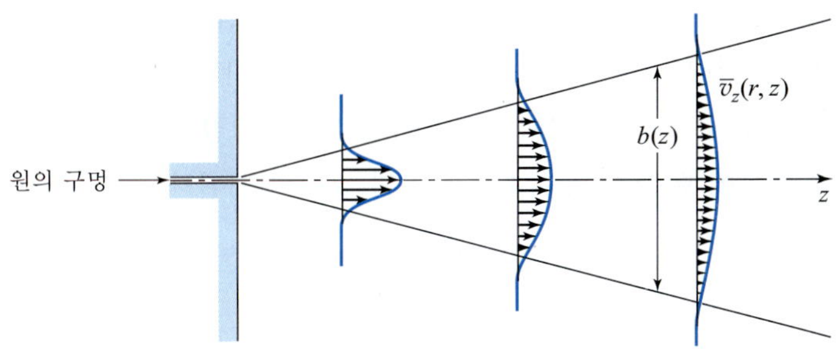

그림 5.6-1 평면 벽으로부터 빠져 나오는 원형 젯

할 수 있다. 길이 차원을 갖는 이들 변수의 유일한 조합은 $b \propto Jz/\rho\nu^2$이므로 젯 너비는 z에 비례한다.

다음 속도분포가 "유사"하다 즉 그럴듯한 제안인 것 같이 보이는

$$\frac{\bar{v}_z}{\bar{v}_{z,\max}} = f(\xi) \quad \text{여기서} \quad \xi = \frac{r}{b(z)} \tag{5.6-1}$$

이라 가정한다. 여기서 $\bar{v}_{z,\max}$는 중심선을 따르는 속도이다. 이를 젯의 운동량 유량에 대한 식

$$J = \int_0^{2\pi}\int_0^{\infty} \rho\bar{v}_z^2 r\,dr\,d\theta \tag{5.6-2}$$

에 대입하면($\bar{\tau}_{zz}$으로부터의 기여를 무시하면)

$$J = 2\pi\rho b^2 \bar{v}_{z,\max}^2 \int_0^{\infty} f^2 \xi d\xi = \quad \text{상수} \quad \times \rho b^2 \bar{v}_{z,\max}^2 \tag{5.6-3}$$

임을 안다. J가 z에 무관하고 b가 z에 비례하므로, $\bar{v}_{z,\max}$는 z에 반비례하여야만 한다.

식 5.4-3의 $\bar{v}_{z,\min}$은 젯 바깥 가장자리에서 나타나며 0이고, $b \propto z$이며 $\bar{v}_{z,\max} \propto z^{-1}$이기 때문에 식 5.4-3로부터 $\mu^{(t)}$가 일정하다는 것을 안다. 따라서 층류에 대한 운동방정식을 사용할 수 있으며, 점도 μ를 에디 점도 $\mu^{(t)}$로, 혹은 ν를 $\nu^{(t)}$로 대체할 수 있다.

젯에서 주된 운동은 z 방향이다. 즉 $|\bar{v}_r| << |\bar{v}_z|$ 이다. 따라서 시간 평활화된 변화방정식에 대한 경계층 근사(4.4절 참조)를 사용할 수 있으며, 이를

연속:
$$\frac{1}{r}\frac{\partial}{\partial r}(r\bar{v}_r) + \frac{\partial \bar{v}_z}{\partial z} = 0 \tag{5.6-4}$$

운동:
$$\bar{v}_r\frac{\partial \bar{v}_z}{\partial r} + \bar{v}_z\frac{\partial \bar{v}_z}{\partial z} = \nu^{(t)}\frac{1}{r}\frac{\partial}{\partial r}\left(r\frac{\partial \bar{v}_z}{\partial r}\right) \tag{5.6-5}$$

로 쓸 수 있다. 이들 식은 다음 경계조건을 사용하여 풀 수 있다.

경계조건 1 : $r = 0$ 에서 $\bar{v}_r = 0$ (5.6-6)

경계조건 2 : $r = 0$ 에서 $\partial\bar{v}_z/\partial r = 0$ (5.6-7)

경계조건 3 : $z \to \infty$ 이면 $\bar{v}_z \to 0$ (5.6-8)

$\bar{v}_{z,\max}$ 가 z에 반비례한다는 것을 알고 있기에 마지막 경계조건은 자동적으로 만족된다. 이제 $b = z$를 갖는 식 5.6-1 형태의 식 5.6-5에 대한 해를 찾고자 한다.

두 개의 종속 변수를 갖고 작업하는 것을 피하기 위해 4.2절에서 논의된 흐름 함수를 도입한다. 축 대칭인 유동에 대한 흐름 함수는 다음과 같이 정의된다.

$$\bar{v}_z = -\frac{1}{r}\frac{\partial \psi}{\partial r} \qquad \bar{v}_r = \frac{1}{r}\frac{\partial \psi}{\partial z} \tag{5.6-9, 10}$$

이 정의는 식 5.6-4의 연속방정식이 만족된다는 것을 보장한다. $\bar{v}_z$가 $z^{-1} \times \xi$의 어떤 함수임을 알고 있으므로 식 5.6-9로부터 ψ가 z에 비례하여야만 한다는 것을 유추할 수 있다. 더욱이 ψ는 (속도) × (길이)^{2}의 차원을 가져야 하므로 흐름 함수는 다음 형태를 가져야만 한다.

$$\psi(r, z) = \nu^{(t)} z F(\xi) \tag{5.6-11}$$

여기서 F는 $\xi = r/z$의 무차원 함수이다. 그러면 식 5.6-9와 10으로부터

$$\bar{v}_z = -\frac{\nu^{(t)}}{z}\frac{F'}{\xi} \qquad \bar{v}_r = \frac{\nu^{(t)}}{z}\left(\frac{F}{\xi} - F'\right) \tag{5.6-12,13}$$

을 얻는다. 처음 두 경계조건은 이제

경계조건 1: $\xi = 0$ 에서 $\quad \dfrac{F}{\xi} - F' = 0$ (5.6-14)

경계조건 2: $\xi = 0$ 에서 $\quad \dfrac{F''}{\xi} - \dfrac{F'}{\xi^2} = 0$ (5.6-15)

와 같이 다시 쓸 수 있을 것이다. $\xi = 0$에 대해 F를 Taylor 급수로 전개하면

$$F(\xi) = a + b\xi + c\xi^2 + d\xi^3 + e\xi^4 + \cdots \tag{5.6-16}$$

이 되고, 첫 번째 경계조건으로부터 $a = 0$가 되며, 두 번째 조건으로부터 $b = d = 0$가 된다. 이제 이 결과를 사용할 것이다.

식 5.6-12와 13의 속도식을 식 5.6-5의 운동방정식에 대입하면 F에 관한 3차 미분방정식을 얻는다.

$$\frac{d}{d\xi}\left(\frac{FF'}{\xi}\right) = \frac{d}{d\xi}\left(F'' - \frac{F'}{\xi}\right) \tag{5.6-17}$$

이를 적분하면

$$\frac{FF'}{\xi} = F'' - \frac{F'}{\xi} + C_1 \tag{5.6-18}$$

을 얻게 될 것이며, 적분 상수는 0이 되어야 한다. 이는 a, b와 d가 모두 0이라는 사실과 함께 식 5.6-16의 Taylor 급수를 사용하면 알 수 있다.

식 5.6-18은 Schlichting[5]에 의해 처음으로 해석되었다. 식을 ξ로 곱한 다음, 좌변을 $\frac{1}{2}(F^2)'$

으로, 우변의 첫 번째 항을 $(\xi F')' - F'$으로 쓸 수 있을 것이다. 그런 다음 식을 항 별로 적분하면

$$\xi F' = 2F + \tfrac{1}{2}F^2 + C_2 \tag{5.6-19}$$

를 얻는다. $\xi = 0$ 부근에서 F의 거동을 알면 두 번째 적분 상수가 0이라는 결론을 다시 한번 내릴 수 있다. 그러면 식 5.6-19는 분리 가능한 1차 미분방정식이 되고, 이를 풀면

$$F(\xi) = -\frac{(C_3\xi)^2}{1 + \frac{1}{4}(C_3\xi)^2} \tag{5.6-20}$$

을 얻는다. 여기서 C_3는 세 번째 적분 상수이다. 이를 식 5.6-12와 13에 대입하면

$$\bar{v}_z = \frac{\nu^{(t)}}{z} \frac{2C_3^2}{[1 + \frac{1}{4}(C_3 r/z)^2]^2} \tag{5.6-21}$$

$$\bar{v}_r = \frac{C_3\nu^{(t)}}{z} \frac{(C_3 r/z) - \frac{1}{4}(C_3 r/z)^3}{[1 + \frac{1}{4}(C_3 r/z)^2]^2} \tag{5.6-22}$$

을 얻는다. $\bar{v}_z$ 에 대한 윗 식을 J에 대한 식 5.6-2에 대입하면, J 항으로 된 세 번째 적분 상수에 대한 식

$$C_3 = \sqrt{\frac{3}{16\pi}} \sqrt{\frac{J}{\rho}} \frac{1}{\nu^{(t)}} \tag{5.6-23}$$

을 얻으며, 마지막 세 식으로부터 시간 평활화된 속도분포를 J, ρ와 $\nu^{(t)}$의 항으로 얻는다.

젯 유동에서 측정 가능한 양은 중심선 값의 반이 되는 축 방향 속도에 대응하는 반지름 방향의 위치이고, 이를 반폭 $b_{1/2}$이라 한다. 그러면 식 5.6-21 로부터

$$\frac{\bar{v}_z(b_{1/2}, z)}{\bar{v}_{z,\max}(z)} = \frac{1}{2} = \frac{1}{[1 + \frac{1}{4}(C_3 b_{1/2}/z)^2]^2} \tag{5.6-24}$$

를 얻는다. 실험에 의하면 $b_{1/2} = 0.0848z$이다.[6] 이를 식 5.6-24에 대입하면 $C_3 = 15.1$임을 안다. 이 값을 사용하여 식 5.6-23으로부터 J와 ρ의 함수로 난류 점도 $\nu^{(t)}$를 구할 수 있다.

그림 5.6-2에는 위의 축 방향 속도분포와 실험 데이터를 비교하였다. Prandtl의 혼합 길이 이론으로부터 얻은 계산된 곡선도 역시 볼 수 있다.[7] 두 방법 모두 실험 분포와 곡선 맞추기를 합리적으로 잘 표현하고 있는 것으로 나타난다. 에디 점도 방법은 최대값 부근에서 다소 잘 맞는 것처럼 보이는 반면, 혼합 길이 결과는 젯의 바깥 부분에서 더 잘 맞는다.

일단 속도분포를 알면 흐름선을 얻을 수 있다. 그림 5.6-3에서 보는 흐름선에서 다량의 주

[5] H. Schlichting, *Zeits. f. angew. Math. u. Mech.*, **13**, 260-263 (1933).

[6] H. Reichardt, *VDI Forschungsheft*, **414** (1942).

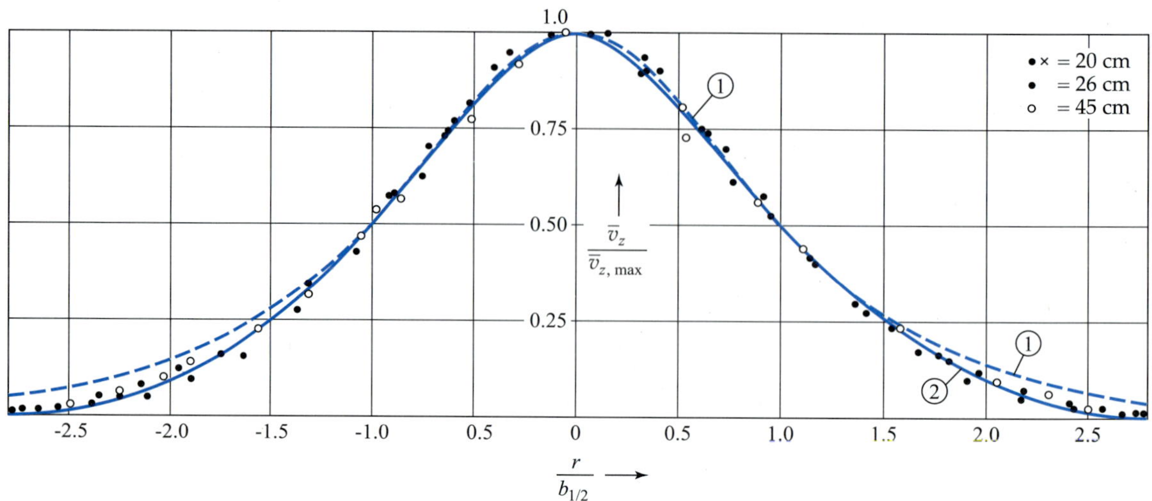

그림 5.6-2 난류의 원형 젯 내의 속도분포 [H. Schlichting, *Boundary-Layer Theory*, McGraw-Hill, New York, 7th edition (1979) 그림 24.9]. 에디 점도 계산(곡선 1)과 Prandtl의 혼합 길이 계산(곡선 2)이 H. Reichardt [VDI *Forschungsheft*, 414 (1942), 2nd edition (1951)]의 측정과 비교된다. 다른 사람에 의한 더 많은 측정은 S. Corrsin ["Turbulence: Experimental Methods", in *Handbuch der Physik*, Vol. VIII/2, Springer, Berlin (1963)]에 의해 인용되어 있다.

위 유체로부터 젯이 유체 내에 어떻게 그려지는지 알 수 있다. 따라서 젯에 의해 수송되는 유체의 질량은 근원으로부터의 거리에 따라 증가하게 된다. 이 질량 유량은

$$w = \int_0^{2\pi}\int_0^{\infty} \rho\bar{v}_z r\,dr\,d\theta = 8\pi\rho\nu^{(t)}z \tag{5.6-25}$$

이다. 이 결과는 표 5.1-1의 기재 사항에 대응한다.

얇은 슬롯으로부터 분출하는 2차원 젯도 유사하게 해석될 것이다. 하지만 이 문제에서는 난류 점도가 위치의 함수이다.

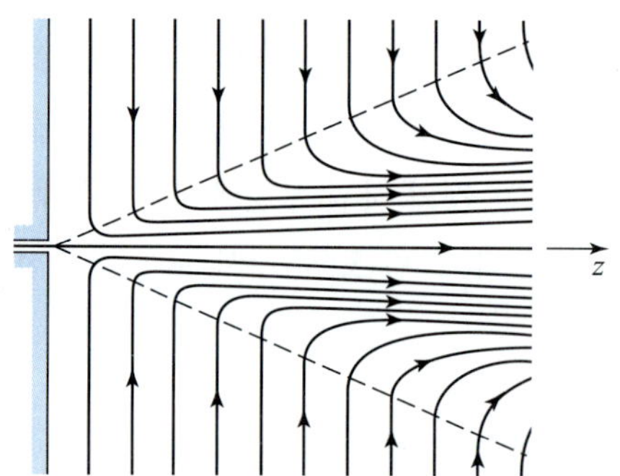

그림 5.6-3 난류의 원형 젯 내의 흐름선 양상[H. Schlichting, *Boundary-Layer Theory*, McGraw-Hill, New York, 7th edition (1979), 그림 24.10].

논의를 위한 질문

1. 층류 문제와 난류 문제를 풀기 위한 과정을 비교하고 대조하시오.

2. 고체 경계에서 속도 구배를 계산하기 위해 식 5.1-4를 왜 사용하지 않아야 하는가?

3. 식 5.3-4의 로그 분포는 벽에서 유체의 속도에 대해 무엇을 주는가? 로그 분포를 관의 단면에 걸쳐 적분할 때, 예제 5.5-1에서 이는 왜 문제를 일으키지 않는가?

4. 식 5.2-12에서 각 항의 물리적 해석을 논의하시오.

5. 식 5.4-4에서 왜 절대값 부호를 사용하는가? 식 5.5-5에서 어떻게 소거하는가?

6. 예제 5.6-1에서 z가 일정한 임의의 평면을 통한 운동량 유동이 일정하다는 것을 어떻게 아는가? 사례에 없는 젯 문제의 수정을 상상할 수 있는가?

7. *Ann, Rev, Fluid Mech.* 을 몇 권 읽고 거기서 발견할 수 있는 난류에 관한 주제를 요약하시오.

8. 왜 식 5.3-1에서 속도 그 자체보다 오히려 속도 구배의 함수적 의존성을 연구하는가?

9. 난류는 왜 어려운 주제인가?

문제

5A.1. 층류-난류 전이에 필요한 압력 강하. 점도가 18.3 cp이고 밀도가 1.32 g/cm^{3}인 유체가 지름이 1.05 in. (2.67 cm)인 긴 수평관 내를 흐르고 있다. 어떤 압력 구배에서 유동은 난류로 되는가?
답: 26 psi/mi (1.1 $\times$ 10^5 pa/km)

5A.2. 도관 내 난류의 속도분포. 길고 곧으며 매끄럽고 수평이 맞추어진 내부 지름이 6.00 in.인 도관 내를 물이 68°F의 온도로 흐르고 있다. 도관의 길이를 따르는 압력 구배는 1.0 psi/mi이다.

(a) 벽면 전단응력 τ_0을 psi (lb$_f$/in.^{2})와 Pa의 단위로 구하시오.

(b) 유동이 난류라 가정하고, $\bar{v}_z / \bar{v}_{z,\max}$ = 0.0, 0.1, 0.2, 0.4, 0.7, 0.85, 1.0인 지점의 도관 벽면으로부터 반지름 방향의 거리를 구하시오.

(c) $\bar{v}_z / \bar{v}_{z,\max}$ 대 $y = R - r$의 완벽한 속도분포를 그리시오.

(d) 난류라는 가정이 맞는가?

(e) 질량 유량은 무엇인가?

5B.1. 도관 내 난류 유동의 평균 유속.

(a) 매끄러운 원형관 내의 난류에 대해, 함수[1]

$$\frac{\bar{v}_z}{\bar{v}_{z,\max}} = \left(1 - \frac{r}{R}\right)^{1/n} \tag{5B.1-1}$$

[7] W. Tollmien, *Zeits. f. angew. Math. u. Mech.*, **6**, 468-478 (1926).

은 때로는 곡선 맞추기 목적으로 유용하게 사용된다. Re = 4 × 10³ 가까이에서는 $n = 6$이고 Re = 1.1 × 10⁵ 가까이에서는 $n = 7$이고, Re = 3.2 × 10⁶ 가까이에서는 $n = 10$이다. 최대 속도에 대한 평균 속도 비가

$$\frac{\langle \bar{v}_z \rangle}{\bar{v}_{z,\max}} = \frac{2n^2}{(n+1)(2n+1)} \tag{5B.1-2}$$

임을 보이고, 식 5.1-5의 결과를 증명하시오.

(b) 반지름이 R인 원형관에 적용할 때 식 5.3-4의 로그 분포를 r의 함수로 그리시오. 그런 다음 식 5.5-1을 얻기 위해 관의 단면에 걸쳐 이 함수를 어떻게 적분할 것인지 보이시오. 이 결과를 얻기 위해 수립하였던 모든 가정들을 열거하시오.

5B.2. 난류 원형 젯 내의 질량 유량.

(a) 식 5.6-21과 22의 속도분포가 미분방정식과 경계조건을 실제 만족하는지 증명하시오.

(b) 식 5.6-25가 식 5.6-21로부터 나옴을 증명하시오.

5B.3. 점성 저층 내의 에디 점도식. 식 5.3-13의 Taylor 급수식으로부터 에디 점도에 대한 식 5.4-2가 직접 유도됨을 증명하시오.

5C.1. 2차원 난류 젯. 유체 젯이 xy 평면에 수직인 구멍으로부터 유출되어 동일한 유체의 반 무한 매체 내로 z 방향으로 빠져 나오고 있다. y 방향의 슬롯 너비는 W이다. 예제 5.6.1의 방식에 따라 이 계의 시간 평활화된 속도분포를 구하시오.

(a) 유사한 분포

$$\bar{v}_z/\bar{v}_{z,\max} = f(\xi) \qquad \text{여기서} \qquad \xi = x/z \text{ 이다} \tag{5C.1-1}$$

를 가정하고, 운동량 보존 법칙으로부터 중심선 속도가 $z^{-1/2}$에 비례하여야만 한다는 사실이 도출됨을 보이시오.

(b) $\bar{v}_z = -\partial\psi/\partial x$와 $\bar{v}_x = +\partial\psi/\partial z$ 같은 흐름 함수 ψ를 도입하시오. 차원을 고려한 (a)의 결과로부터 ψ에 대한 다음 형태의 식이 유도됨을 보이시오.

$$\psi = z^{1/2}\sqrt{J/\rho W}F(\xi) \tag{5C.1-2}$$

여기서 $F(\xi)$는 유체에 대한 운동방정식으로부터 결정될 무차원 흐름 함수이다.

(c) 식 5.4-2와 차원적 고려로부터 난류 동점도가 다음 형태로 유도됨을 보이시오.

$$\nu^{(t)} = \mu^{(t)}/\rho = \lambda\sqrt{J/\rho W}z^{1/2} \tag{5C.1-3}$$

여기서 λ는 실험으로부터 결정되어야만 하는 무차원 상수이다.

(d) (c)의 난류 동점도에 대한 식과 (b)의 흐름 함수를 사용하여 젯에 대한 운동방정식을 다시 쓰시오. 이로부터 다음 미분방정식이 유도됨을 보이시오.

$$\tfrac{1}{2}F'^2 + \tfrac{1}{2}FF'' - \lambda F''' = 0 \tag{5C.1-4}$$

---

[1] H. Schlichting, *Boundary-Layer Theory*, McGraw-Hill, New York, 7th edition (1979), pp. 596-600.

편리하게 하기 위해 새로운 변수

$$\eta = \xi/4\lambda = x/4\lambda z \qquad (5C.1\text{-}5)$$

를 도입하고, 식 5C.1-4를 다시 쓰시오.

(e) 다음 식 5C.1-4에 대한 경계조건이 $F(0) = 0$, $F''(0) = 0$와 $F'(\infty) = 0$임을 증명하시오.

(f) 식 5C.1-4를 적분하면

$$2FF' - F'' = \text{상수} \qquad (5C.1\text{-}6)$$

을 얻을 수 있음을 보이고, 경계조건을 적용하면 상수는 0임을 보이시오.

(g) 다시 적분을 하면

$$F^2 - F' = C^2 \qquad (5C.1\text{-}7)$$

이 됨을 보이시오. 여기서 C는 적분 상수이다.

(h) 또 다시 적분을 하면

$$F = -C \tanh C\eta \qquad (5C.1\text{-}8)$$

이 됨을 보이고, 이로부터 축 방향 속도를 구하면

$$\bar{v}_z = \frac{\sqrt{J/\rho W} C^2}{4\lambda\sqrt{z}} \operatorname{sech}^2 C\eta \qquad (5C.1\text{-}9)$$

가 되는 것을 보이시오.

(i) 젯의 총 운동량에 대한 식에 축 방향 속도를 대입하면 적분 상수에 대해 $C = \sqrt[3]{3\lambda}$ 값이 유도됨을 보이시오. C 보다는 오히려 λ 항으로 식 5C.1-9를 다시 쓰시오. $\lambda = 0.0102$인 값에서 실험 데이터에 잘 부합한다.[2] 이는 Prandtl의 혼합 길이 경험식에 대한 것보다 약간 더 잘 부합한다고 믿을 수 있다.

(j) z = 상수인 임의의 평면을 가로지르는 질량 유량이

$$w = 2\sqrt[3]{3\lambda}\sqrt{JW\rho z} \qquad (5C.1\text{-}10)$$

으로 주어짐을 보이시오.

5C.2. **원환 내의 축 방향 난류.** 원환은 $r = aR$과 $r = R$ (여기서 $a < 1$)인 원통 벽면에 의해 경계지어진다. 난류 속도분포와 질량 유량에 대한 식을 구하시오. 각 벽 부근의 유동에 대해 식 5.5-3의 로그 분포를 적용하시오. 속도가 최대로 되는 위치는 층류 원환 유동에 대해 구한 것과 동일한 원통 표면 $r = bR$에서 나타난다고 가정하시오.

$$b = \sqrt{\frac{1 - a^2}{2 \ln (1/a)}} \qquad (5C.2\text{-}1)$$

측정된 속도분포는 적어도 높은 Reynolds 수[3]에 대해서는 b에 대한 이 가정이 합리적임을 암시한다. 더욱이 식 5.3-3의 κ는 내부와 외부의 벽면에 대해 동일하다고 가정하시오.

(a) 식 5.3-3을 직접 적용하면 $r \le bR$ (< 로 표시된)와 $r \ge bR$ (> 로 표시된)인 영역에서 다음의 속도

[2] H. Schlichting, *Boundary-Layer Theory*, McGraw-Hill, New York, 4th edition (1960), p. 607 과 그림 23.7.

분포[4]가 즉시 유도될 수 있음을 보이시오.

$$v_*^< = v_{**}\sqrt{\frac{b^2 - a^2}{a}} \text{ 에서} \qquad \frac{\bar{v}_z^<}{v_*^<} = \frac{1}{\kappa}\ln\left(\frac{(r - aR)v_*^<}{\nu}\right) + \lambda^< \tag{5C.2-2}$$

$$v_*^> = v_{**}\sqrt{1 - b^2} \text{ 에서} \qquad \frac{\bar{v}_z^>}{v_*^>} = \frac{1}{\kappa}\ln\left(\frac{(R-r)v_*^>}{\nu}\right) + \lambda^> \tag{5C.2-3}$$

여기서 $v_{**} = \sqrt{(\mathscr{P}_0 - \mathscr{P}_L)R/2L\rho}$ 이다.

(b) $r = bR$에서 속도가 연속이라는 조건을 요구함으로써 상수 $\lambda^<$와 $\lambda^>$ 사이의 관계를 구하시오.

(c) (b)의 결과를 사용하여 원환을 통한 질량 유량이

$$w = \pi R^2 \rho v_{**}\left\{\left[(1 - a^2)\sqrt{1 - b^2}\ \right]\left[\frac{1}{\kappa}\ln\frac{R(1 - b)\sqrt{1 - b^2}v_{**}}{\nu} + \lambda^>\ \right] - B\right\} \tag{5C.2-4}$$

임을 보이시오. 여기서 B는

$$B = \frac{(b^2 - a^2)^{3/2}}{\kappa\sqrt{a}}\left(\frac{a}{a + b} + \frac{1}{2}\right) + \frac{(1 - b^2)^{3/2}}{\kappa}\left(\frac{1}{1 + b} + \frac{1}{2}\right) \tag{5C.2-5}$$

이다.

5C.3. 단순한 기계적인 계의 불안정성(그림 5C.3).

(a) 원판이 일정한 각속도 Ω로 회전하고 있다. 원판의 중심 위에 질량이 m인 구가 길이가 L이고 무게가 없는 봉에 매달려 있다. 원판의 회전 때문에 구는 원심력을 받고 봉은 수직과 θ 각을 이루게 된다. 구에 대한 힘 수지를 수립하여

$$\cos\theta = \frac{g}{\Omega^2 L} \tag{5C.3-1}$$

임을 보이시오. Ω가 0이 되면 어떤 일이 발생하는가?

(b) 만약 Ω가 어떤 한계값 Ω_{thr}보다 작다면, 각 θ가 0이 됨을 보이시오. 한계값 이상에서는 θ에 대한 두 개의 용납할 수 있는 값이 존재함을 보이시오. 조심스럽게 그린 θ 대 Ω의 그림을 통해 설명하시오. Ω_{thr} 위에 **안정한** 곡선과 **불안정한** 곡선을 표시하시오.

(c) (a)와 (b)에서는 단지 계의 정상상태 작동을 생각하였다. 다음 질량이 m인 구에 대한 운동방정식이

$$mL\frac{d^2\theta}{dt^2} = m\Omega^2 L\sin\theta\cos\theta - mg\sin\theta \tag{5C.3-2}$$

임을 보이시오. 정상상태의 작동에 대해서는 이 식으로부터 식 5C.3-1이 유도됨을 보이시오. 이제 이 식을 사용하여 작은 진폭의 안정성 해석을 하고자 한다. $\theta = \theta_0 + \theta_1$이라 하자. 여기서 θ_0는 정상상태

---

[3] J. G. Knudsen and D. L. Katz, *Fluid Dynamics and Heat Transfer*, McGraw-Hill, New York (1958); R. R. Rothfus (1948), J. E. Walker (1957)과 G. A. Whan (1956), 박사학위논문, 카네기 공과대학 (현재는 카네기-멜론 대학), 피츠버그, 펜실바니아.

[4] W. Tiedt, *Berechnung des laminaren u. turbulenten Reibungswiderstandes konzentrischer u. exzentrischer Ringspalten*, Technischer Bericht Nr. 4, Inst. f. Hydraulik u. Hydraulogie, Technische Hochschule, Darmstadt (1968); D. M. Meter and R. B. Bird, *AIChE Journal*, **7**, 41-45 (1961)는 Prandtl의 혼합 길이 이론을 사용하여 동일한 해석을 하였다.

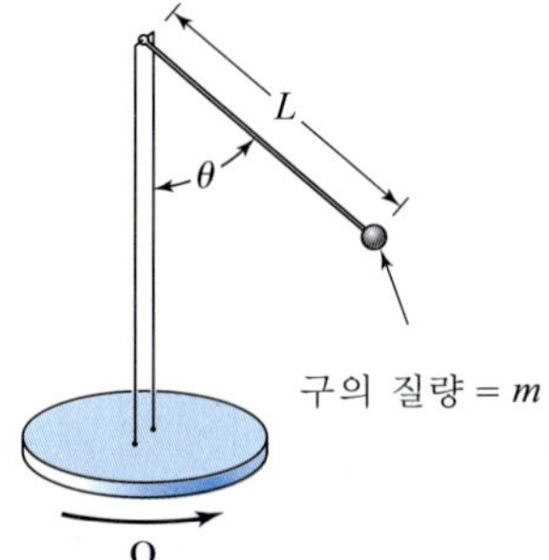

그림 5C-3 안정성의 개념을 설명하기 위한 단순한 기계적인 계.

의 해 (시간에 무관한)이고, θ_1은 매우 작은 섭동(시간에 의존하는)이다.

(d) 먼저 $\theta_0 = 0$인 (b)의 하위 분지를 생각하시오. 그러면 $\sin\theta = \sin\theta_1 \approx \theta_1$ 이고 $\cos\theta = \cos\theta_1 \approx 1$ 이므로 식 5C.3-2는

$$\frac{d^2\theta_1}{dt^2} = \left(\Omega^2 - \frac{g}{L}\right)\theta_1 \tag{5C.3-3}$$

이 된다. 이제 $\theta_1 = A\Re\{e^{-i\omega t}\}$ 형태의 작은 진폭의 진동을 시도하면

$$\omega_\pm = \pm i\sqrt{\Omega^2 - \frac{g}{L}} \tag{5C.3-4}$$

임을 안다. 이제 두 경우를 생각하시오: (i) 만약 $\Omega^2 < g/L$ 이면, ω_+ 와 ω_- 는 모두 실수이고, 따라서 θ_1은 진동한다; 이는 $\Omega^2 < g/L$에 대해 계가 안정하다는 것을 나타낸다. (ii) 만약 $\Omega^2 > g/L$ 이면, 근 ω_+는 양의 허수이고 $e^{-i\omega t}$는 시간에 따라 무한대로 증가할 것이다; 이는 $\Omega^2 > g/L$에 대해서는 계가 극소의 섭동에 대해 불안정하다는 것을 나타낸다.

(e) 다음 (b)의 상위 분지를 생각하시오. (d)의 해석과 유사한 해석을 하시오. θ_1에 대한 식을 수립하고, θ_1의 제곱항은 버리시오 (즉 식을 선형화하시오). 다시 한번 $\theta_1 = A\Re\{e^{-i\omega t}\}$ 형태의 해를 시도하시오. 상위 분지에 대해서는 계는 극소의 섭동에 대해 안정함을 보이시오.

(f) 하나의 자유도를 갖는 계에 대한 위의 해석과 서로 반대 방향으로 회전하는 두 개의 원통 사이의 유동에서 뉴튼 유체의 유동에 대한 층류-난류 전이 문제를 관련지으시오. 이 점에 관한 Landau와 Lifshitz[5]의 논의를 읽으시오.

5D.1. Reynolds 응력에 대한 변화방정식의 유도. 5.2절의 끝에 Reynolds 응력에 대한 변화방정식이 있음을 지적하였다. 이는 (a) 식 5.2-5의 벡터 형태의 i 번째 성분에 v_j'을 곱하여 시간 평활화하며, (b) 식 5.2-5의 벡터 형태의 j번째 성분에 v_i'을 곱하여 시간 평활화하고, (c) (a)와 (b)의 결과를 더하여 유도될 수 있다. 최종적으로

[5] L. Landau and E. M. Lifshitz, *Fluid Mechanics*, Pergamon, Oxford, 2nd edition (1987), 26-27절.

$$\rho \frac{D}{Dt} \overline{\mathbf{v}'\mathbf{v}'} = -\rho\{\overline{\mathbf{v}'\mathbf{v}'} \cdot \nabla \overline{\mathbf{v}}\} - \rho\{\overline{\mathbf{v}'\mathbf{v}'} \cdot \nabla \overline{\mathbf{v}}\}^{\dagger} - \rho\{\nabla \cdot \overline{\mathbf{v}'\mathbf{v}'\mathbf{v}'}\}$$
$$- \{\overline{\mathbf{v}'\nabla p'}\} - \{\overline{\mathbf{v}'\nabla p'}\}^{\dagger} + \mu\left\{\overline{\mathbf{v}'\nabla^2\mathbf{v}'} + \{\overline{\mathbf{v}'\nabla^2\mathbf{v}'}\}^{\dagger}\right\} \tag{5D.1-1}$$

을 얻게 됨을 보이시오. 식 5.2-10과 11이 이 전개에서 필요할 것이다.

5D.2. 난류의 운동에너지. 식 5D.1-1의 출처를 조사함으로써 다음 식을 얻고 이 식[6]을 해석하시오.

$$\frac{D}{Dt}(\tfrac{1}{2}\rho\overline{\mathbf{v}'^2}) = -\rho(\overline{\mathbf{v}'\mathbf{v}'}:\nabla\overline{\mathbf{v}}) - (\nabla \cdot \tfrac{1}{2}\rho\overline{\mathbf{v}'^2\mathbf{v}'}) - (\nabla \cdot \overline{p'\mathbf{v}'}) + \mu(\overline{\mathbf{v}' \cdot \nabla^2\mathbf{v}'}) \tag{5D.2-1}$$

[6] H. Tennekes and J. L. Lumley, *A First Course in Turbulence*, MIT Press, Cambridge, Mass. (1972), 3.2절.

Chapter

06 등온계의 상계면 전달

2–4장에서 층류 문제가 어떻게 공식화되고 풀리는지 보았다. 5장에서는 차원 해석 또는 운동량 훌럭스와 시간 평활화된 속도 구배 사이의 준 경험적 관계에 의해 난류 문제의 해를 구하는 몇몇 방법들을 제시하였다. 이 장에서는 차원 해석과 실험 데이터를 결합함으로써 유동 문제들을 어떻게 풀 수 있는지 보고자 한다. 여기서 제시된 기법들은 화학, 기계, 항공, 도시공학에서 널리 쓰여 왔고, 많은 실질적인 문제들을 푸는 데 유용하다. 잘 배울 가치가 있는 주제들이다.

많은 공학적 유동 문제들은 채널 내의 유동과 잠긴 물체 주위의 유동의 광범위한 두 범주 중에 하나로 분류된다. 채널 유동의 예로는 관을 통한 기름의 펌핑, 열린 채널에서의 물의 유동, 다이를 통한 플라스틱의 압출이 있으며, 잠긴 물체 주위 유동의 예로는 비행기 날개 주위의 공기 움직임, 침강하는 입자들 주위의 유체의 운동, 열교환기에서 관 열을 가로지르는 유동이 있다.

채널 유동에서는 주된 목적이 보통 부피 유량과 압력 강하 또는 높이 변화 사이의 관계를 얻는 것이다. 잠긴 물체 주위의 유동을 포함하는 문제들에서 원하는 정보는 일반적으로 접근하는 유체의 속도와 물체에 작용하는 항력과의 관계이다. 만약 계의 속도와 압력분포를 안다면, 이들 두 경우에 대해 원하는 관계를 얻을 수 있다는 것을 앞 장에서 알았다. 2.3절의 Hagen-Poiseuille 방정식 유도와 2.6절과 4.2절의 Stokes 방정식의 유도를 여기서 논의하고자 하는 두 범주를 예로 들어 설명하고자 한다.

많은 계에 대해 속도와 압력분포는 쉽게 계산되지 않는다. 특히 유동이 난류이거나 기하학적 구조가 복잡하다면 더 그렇다. 이와 같은 계의 하나는 충전탑을 통한 유동이고, 다른 하나는 나선형 코일 모양의 관 내 유동이다. 이와 같은 계에 대해 실험 데이터를 조심스럽게 선택하고, 기하학적으로 유사한 계에서의 유동 거동을 추정하는 데 사용될 수 있는 무차원 변수들의 '상관관계'를 수립할 수 있다. 이 방법은 3.7절에 기초를 두고 있다.

6.1절에서는 '마찰 인자'를 정의하면서 시작하고 6.2절과 6.3절에서는 원형관 내의 유동과 구 주위의 유동에 대한 마찰 인자 도표를 어떻게 만드는지 보이고자 한다. 이들 두 계는 이미 배웠으며, 사실 앞 장의 여러 결과들이 이들 도표 내에 포함된다. 마지막으로 6.4절에서는 기하학적으로 복잡한 계를 다루는 방법을 설명하기 위해 충전탑 내의 유동을 조사하고자 한다. 더 복잡한 유동층 문제는 이 장에 포함되지 않는다.[1]

6.1 마찰 인자의 정의

밀도가 일정한 유체가 정상상태로 구동되는 유동에서 (*a*) 유체가 단면이 균일한 곧은 도관 내를 흐르는 계와 (*b*) 접근하는 유체의 방향에 평행하게 축 대칭을 갖는 (또는 대칭인 두 평면을 갖는) 유체가 잠긴 물체 주위를 흐르는 계의 둘 중 하나를 생각한다.

유체에 의해 고체 표면에 가해지는 힘 $\mathbf{F}_{f\to s}$가 있을 것이다. 이 힘을 정지한 상태라고 하더라도 유체에 의해 가해지는 힘 $\mathbf{F}_s$와 유체의 운동과 결부된 부가적인 힘 $\mathbf{F}_k$의 두 부분으로 나누는 것이 편리하다(2.6절의 구 주위의 유동에 대한 $\mathbf{F}_s$와 $\mathbf{F}_k$의 논의를 보시오). 유형 (*a*)의 계에서 $\mathbf{F}_k$는 도관 내의 평균 속도 $\langle \mathbf{v} \rangle$와 같은 방향을 가리키며, 유형 (*b*)의 계에서 $\mathbf{F}_k$는 접근 속도 $\mathbf{v}_\infty$와 같은 방향을 가리킨다.

두 유형의 계에 대해 힘 $\mathbf{F}_k$의 크기는 특성 면적 A와 단위 부피당 특성 운동에너지 K에 비례한다. 따라서

$$F_k = AKf \tag{6.1-1}$$ [1]

이며, 비례상수 f를 **마찰 인자**라 부른다. 식 6.1-1은 유체역학의 법칙이 아니라 단지 f에 대한 정의임에 주목하시오. 무차원 양 f는 Reynolds 수와 계 형상의 상대적으로 간단한 함수로 주어질 수 있기 때문에 이는 유용한 정의이다.

분명한 건 임의의 주어진 유동계에 대해 f는 A와 K가 명확해질 때까지 정의되지 않는다. 이제 통상적인 정의가 무엇인지 보자:

(a) 도관 내의 유동에 대해 A는 보통 젖은 표면으로 취해지고 K는 $\frac{1}{2}\rho\langle v \rangle^2$로 취해진다. 특별히 반지름이 R이고 길이가 L인 원형관에 대해 f는

$$F_k = (2\pi RL)(\tfrac{1}{2}\rho\langle v \rangle^2)f \tag{6.1-2}$$

[1] R. Jackson, *The Dynamics of Fluidized Beds*, Cambridge University Press (2000).

[1] 대칭성이 없는 계에 대해서는 유체는 힘과 돌림힘 둘 다 고체에 가하게 된다. 이와 같은 계에 대한 논의를 위해서는 J. Happel and H. Brenner, *Low Reynolds Number Hydrodynamics*, Martinus Nijhoff, The Hague (1983), 5장; H. Brenner, in *Adv. Chem. Engr.*, **6**, 287-438 (1966); S. Kim and S. J. Karrila, *Microhydrodynamics: Principles and Selected Applications*, Butterworth-Heinemann, Boston (1991), 5장을 보시오.

로 정의한다. 일반적으로 측정되는 양은 F_k가 아니라 오히려 압력차 $p_0 - p_L$과 높이차 $h_0 - h_L$이다. 유동 방향으로 0과 L 사이의 유체에 작용하는 힘 수지는 완전히 발달된 유동에 대해

$$\begin{aligned} F_k &= [(p_0 - p_L) + \rho g(h_0 - h_L)]\pi R^2 \\ &= (\mathscr{P}_0 - \mathscr{P}_L)\pi R^2 \end{aligned} \tag{6.1-3}$$

으로 주어진다. 마지막 두 식 사이에서 F_k를 소거하면

$$f = \frac{1}{4}\left(\frac{D}{L}\right)\left(\frac{\mathscr{P}_0 - \mathscr{P}_L}{\frac{1}{2}\rho\langle v\rangle^2}\right) \tag{6.1-4}$$

를 얻게 되며, $D = 2R$은 관의 지름이다. 식 6.1-4는 실험 데이터로부터 f를 어떻게 계산할지 보여주고 있다. f를 종종 **Fanning** 마찰 인자라 부른다.[2]

(b) 잠긴 물체 주위의 유동에 대해 특성 면적 A는 접근하는 유체의 속도에 수직인 평면 위에 고체를 투영함으로써 얻어지는 면적으로 보통 취한다. 양 K는 $\frac{1}{2}\rho v_\infty^2$으로 취하며, 여기서 v_∞는 물체로부터 먼 거리에서 유체의 접근 속도이다. 예를 들면 반지름이 R인 구 주위의 유동에 대해 f는

$$F_k = (\pi R^2)(\tfrac{1}{2}\rho v_\infty^2)f \tag{6.1-5}$$[3]

의 식에 의해 정의된다. 만약 F_k를 측정하는 것이 불가능하다면, 구가 유체를 통해 낙하할 때 구의 종말속도를 측정할 수 있다 (이 경우에 v_∞는 구의 종말속도로 해석되어야 한다). 유체 내의 정상상태의 구의 낙하에 대해, 힘 F_k는 부력을 뺀 구에 작용하는 중력과 꼭 반대로 균형이 맞아야 한다(식 2.6-14 참조).

$$F_k = \tfrac{4}{3}\pi R^3\rho_{\text{sph}}g - \tfrac{4}{3}\pi R^3\rho g \tag{6.1-6}$$

---

[2] 이 마찰 인자 정의는 J. T. Fanning, *A Practical Treatise on Hydraulic and Water Supply Engineering*, Van Nostrand, New York, 1st edition (1877), 16th edition (1906)에 의해 주어졌다; 여기서 사용되는 f보다 4배 더 큰 "Moody 마찰 인자"와 혼돈을 피하기 위하여 "Fanning"의 이름이 사용되었다 [L. F. Moody, *Trans. ASME*, **66**, 671-684 (1944)].

만약 5.3 절에서 도입된 "마찰 속도" $v_* = \sqrt{\tau_0/\rho} = \sqrt{(\mathscr{P}_0 - \mathscr{P}_L)R/2L\rho}$ 를 사용한다면, 식 6.1-4는

$$f = 2(v_*/\langle v\rangle)^2 \tag{6.1-4a}$$

의 형태로 가정한다. **John Thomas Fanning** (1837-1911) 건축학 및 토목공학을 연구를 하였으며, 문화전쟁에 장교로 봉사하였다. 전쟁 후에는 수력학의 저명한 사람이 되었으며, 그의 저서 *A Practical Treatise on Hydraulic and Water Supply Engineering*의 14판이 1899년에 발간되었다.

[3] 구의 임의의 3 차원 운동에 대해서는 근사적으로

$$\mathbf{F}_k = (\pi R^2)(\tfrac{1}{2}\rho v_\infty^2)f\mathbf{n} \tag{6.1-5a}$$

로 쓸 수 있으며, 여기서 $\mathbf{n}$은 $\mathbf{v}_\infty$ 방향의 단위 벡터이다. 문제 6C.1을 참조하시오.

식 6.1-5와 6.1-6에서 F_k를 소거하면

$$f = \frac{4}{3}\frac{gD}{v_\infty^2}\left(\frac{\rho_{\text{sph}} - \rho}{\rho}\right) \tag{6.1-7}$$

을 얻는다. 이 식은 종말속도 데이터로부터 f를 구하는데 사용될 수 있다. 식 6.1-5와 7에서 사용된 마찰 인자는 종종 **항력계수**라 불리우며, 기호 C_D로 쓴다.

잠긴 물체에 대한 '항력계수'와 채널 유동에 대한 '마찰 인자'가 동일한 일반적인 방법으로 정의되는 것을 보았다. 이런 이유로 이들 둘에 대해 같은 기호와 이름을 사용해도 좋다.

6.2 관 유동에 대한 마찰 인자

이런 종류의 계에서 f가 무엇에 의존하여야만 하는지 보이기 위해, 이제 식 6.1-2의 f에 대한 정의와 3.7절의 차원 해석을 결합하고자 한다. 그림 6.2-1에서 보는 정상상태의 질량 유량으로 밀도와 점도가 일정한 유체를 수송하는 내부 지름이 R이고 길이가 L인 "시험 구간"을 생각한다. 시험 구간 양쪽 말단에서의 압력 $\mathscr{P}_0$와 $\mathscr{P}_L$은 알고 있다.

계는 정상상태의 층류이거나 혹은 정상상태로 구동되는 난류 중의 하나이다(즉, 정상상태의 총 유출량을 갖는 난류). 어느 경우든 시험 구간의 내부 벽에 작용하는 z 방향의 유체의 힘은

$$F_k(t) = \int_0^L \int_0^{2\pi} \left(-\mu \frac{\partial v_z}{\partial r}\right)\bigg|_{r=R} R\, d\theta\, dz \tag{6.2-1}$$

이다. 난류에서는 난류 요동 뿐만 아니라 긴 시간 척도를 갖는 어떤 교란으로 귀착되는 이따금씩의 벽으로부터 경계층의 비껴나기 때문에 힘은 시간의 함수일 것이다. 층류에서는 힘은 시간에 무관할 것임을 알 수 있다.

식 6.2-1과 식 6.1-2를 같다고 두면 마찰 인자에 대한 다음 식을 얻는다.

$$f(t) = \frac{\displaystyle\int_0^L \int_0^{2\pi} \left(-\mu \frac{\partial v_z}{\partial r}\right)\bigg|_{r=R} R\, d\theta\, dz}{(2\pi RL)(\frac{1}{2}\rho\langle v_z\rangle^2)} \tag{6.2-2}$$

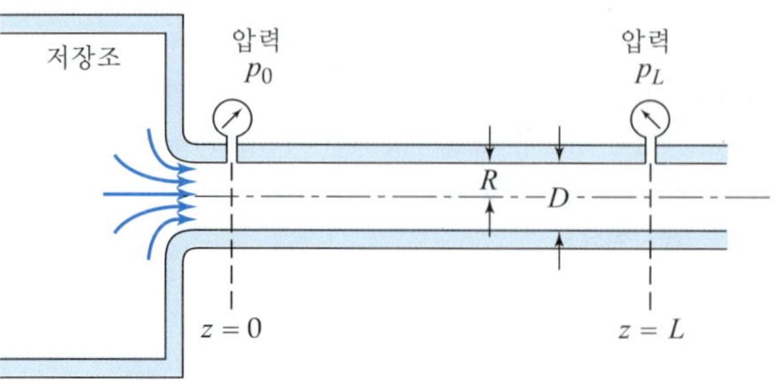

그림 6.2-1 차원 해석의 논의를 위한 $z = 0$에서 $z = L$까지의 원형관 구간.

다음 3.7절의 무차원 양, $\breve{r} = r/D$, $\breve{z} = z/D$, $\breve{v}_z = v_z/\langle v_z\rangle$, $v_z = v_z/\langle v_z\rangle$, $\breve{t} = \langle v_z\rangle t/D$, $\breve{\mathscr{P}} = (\mathscr{P} - \mathscr{P}_0)/\rho\langle v_z\rangle^2$, $\text{Re} = D\langle v_z\rangle\rho/\mu$을 도입한다. 그러면 식 6.2-2는

$$f(\breve{t}) = \frac{1}{\pi}\frac{D}{L}\frac{1}{\text{Re}}\int_0^{L/D}\int_0^{2\pi}\left(-\frac{\partial\breve{v}_z}{\partial\breve{r}}\right)\bigg|_{\breve{r}=1/2} d\theta\, d\breve{z} \tag{6.2-3}$$

으로 다시 쓸 수 있을 것이며, 이 관계는 매끄러운 원형관 내의 층류 또는 난류에 대해 타당하다. 항력이 오로지 점성력에 의존하는(즉 형상 항력은 없다) 계에 대해서는, fRe의 곱은 본질적으로 표면에 걸쳐 평균한 무차원 속도 구배이다.

이제

경계조건 1:	$\breve{r} = \frac{1}{2}$ 에서	$\breve{\mathbf{v}} = 0$	$z > 0$에 대해	(6.2-4)
경계조건 2:	$\breve{z} = 0$ 에서	$\breve{\mathbf{v}} = \boldsymbol{\delta}_z$		(6.2-5)
경계조건 3:	$\breve{r} = 0$ 과 $\breve{z} = 0$ 에서	$\breve{\mathscr{P}} = 0$		(6.2-6)

의 경계조건[1]과 적절한 초기조건과 함께 식 3.7-8과 9로부터 원칙적으로 $\partial\breve{v}_z/\partial\breve{r}$을 계산할 수 있다는 것을 기억하시오.

균일하게 유입되는 식 6.2-5의 속도분포는 벽에 대단히 가까운 곳을 제외하면 잘 설계된 노즐과 상류 계에 대해 정확하다. 만약 $\breve{\mathbf{v}}$와 $\breve{\mathscr{P}}$를 얻기 위해 이들 경계조건과 초기조건들을 사용하여 식 3.7-8과 9를 풀 수 있다면, 해는 필연적으로

$$\breve{\mathbf{v}} = \breve{\mathbf{v}}(\breve{r}, \theta, \breve{z}, \breve{t}; \text{Re}) \tag{6.2-7}$$

$$\breve{\mathscr{P}} = \breve{\mathscr{P}}(\breve{r}, \theta, \breve{z}, \breve{t}; \text{Re}) \tag{6.2-8}$$

의 형태가 될 것이다. 즉 $\breve{\mathbf{v}}$와 $\breve{\mathscr{P}}$의 함수적 의존성은 일반적으로 모든 무차원 변수와 미분방정식에서 나타나는 하나의 무차원 군을 포함하여야 한다. 어떠한 추가적인 무차원 군도 앞의 경계조건을 통해 들어올 수 없다. 결과적으로 $\partial\breve{v}_z/\partial\breve{r}$ 은 마찬가지로 $\breve{r}$, θ, $\breve{z}$, $\breve{t}$와 Re에 의존하여야 한다. $\partial\breve{v}_z/\partial\breve{r}$ 이 $\breve{r} = \frac{1}{2}$ 에서 계산되고 식 6.2-3에서 $\breve{z}$와 θ에 대해 적분되면, 그 결과는 오로지 $\breve{t}$, Re와 L/D에 의존한다(후자는 $\breve{z}$에 걸친 적분의 상한에서 나타낸다.) 그러므로 임의의 긴 시간 난류 교란을 포함할 만큼 충분히 긴 간격에 걸쳐 시간 평균이 수행될 때, $f(\breve{t}) = f(\text{Re}, L/D, \breve{t})$를 시간평균하면

$$f = f(\text{Re}, L/D) \tag{6.2-9}$$

가 된다는 결론에 이르게 되며, 측정된 마찰 인자는 오로지 Reynolds 수와 지름에 대한 길이의 비에 의존한다.

L/D에 대한 f의 의존성은 입구의 평탄한 모양의 속도분포에서부터 하류의 z 값에서 더 둥

---

[1] 여기서 4.4절에서 주어진 크기의 차수의 논거에 기초를 두고 식 3.7-9의 $(\partial^2/\partial\breve{z}^2)\breve{\mathbf{v}}$ 항을 무시하는 습관적인 실시를 따른다. 이들 항을 나타내지 않음으로써 $\breve{\mathbf{v}}$에 대한 유출 경계조건을 필요로 하지 않는다.

그런 속도분포로 바뀌는 시간-평균 속도분포의 발달에서 비롯된다. 이 발달은 층류에 대해서는 $L_e \cong 0.03D$ Re 또는 난류에 대해서는 $L_e \approx 60D$인 길이의 입구 영역 내에서 일어나며, 이를 지나서는 속도분포의 형상이 "완전히 발달된"다. 유체의 수송에서 입구 길이는 보통 전체 의 작은 일부분이므로, 식 6.2-9는 긴 관 형태

$$f = f(\text{Re}) \tag{6.2-10}$$

으로 바뀌게 되고, f는 유입과 유출에서 완전히 발달된 유동에 대해 쓰여진 식 6.1-4로부터 실험적으로 계산할 수 있다.

식 6.2-9와 10은 원형관 내의 층류와 난류에 대해 유량 대 압력차에 대한 데이터의 체계적인 표현을 위한 가이드를 제공하므로 유용한 결과이다. 긴 관에 대해서는 도시된 f의 단일 곡선 대 단일 결합 $D\langle \bar{v}_z \rangle \rho/\mu$만 필요하다. 초보자들이 저지를지도 모르는 D, L, ρ와 μ의 분리된 값에 대한 압력차 대 유량을 도시하는 것보다 이것이 얼마나 더 단순한가를 생각해 보시오.

관 내의 압력 강하 대 유량에 대한 많은 실험적 정보가 있으며, f는 식 6.1-4에 의해 실험 데이터로부터 계산할 수 있다. 그런 다음 매끈한 관에 대해 f를 Re에 대해 도시하면 그림 6.2-2에 보여진 **실선** 곡선을 얻을 수 있다. 이들 실선 곡선은 **길고 매끈한 원형관** 내를 흐르는 유체에 대한 층류 및 난류 거동을 나타낸다.

마찰 인자 도표 상의 **층류** 곡선은 단지 식 2.3-21의 Hagen-Poiseuille 방정식의 도시란 것을 기억하시오. 이는 식 2.3-21의 $\mathscr{P}_0 - \mathscr{P}_L$에 대한 식을 식 6.1-4에 대입하고 $w = \rho\langle \bar{v}_z \rangle \pi R^2$의 관계를 사용하면 얻을 수 있으며,

$$f = \frac{16}{\text{Re}} \begin{Bmatrix} \text{Re} < 2100 & \text{안정} \\ \text{Re} > 2100 & \text{일반적으로 불안정} \end{Bmatrix} \tag{6.2-11}$$

로 주어진다. 여기서 $\text{Re} = D\langle \bar{v}_z \rangle \rho/\mu$이다. 이는 그림 6.2-2에서 정확히 층류선이다.

상사한 **난류** 곡선은 **실험 데이터**를 사용하여 만들어졌으며, 또 몇몇 해석적인 곡선 맞추기 식이 이용 가능하다. 예를 들면 식 5.1-6은 Blasius 공식[2]이라 알려진

$$f = \frac{0.0791}{\text{Re}^{1/4}} \qquad 2.1 \times 10^3 < \text{Re} < 10^5 \tag{6.2-12}$$

형태로 표현할 수 있다. 식 5.5-1(2.5를 2.45로 대체하고, 1.75를 2.0으로 대체한)은 Prandtl 공식[3]이라 알려진

$$\frac{1}{\sqrt{f}} = 4.0 \log_{10} \text{Re}\sqrt{f} - 0.4 \qquad 2.3 \times 10^3 < \text{Re} < 4 \times 10^6 \tag{6.2-13}$$

[2] H. Blasius, *Forschungarbeiten der Ver. Deutsch. Ing.*, no. 131 (1913).

[3] L. Prandtl, *Essential of Fluid Dynamics*, Hafner, New York (1952), p. 165.

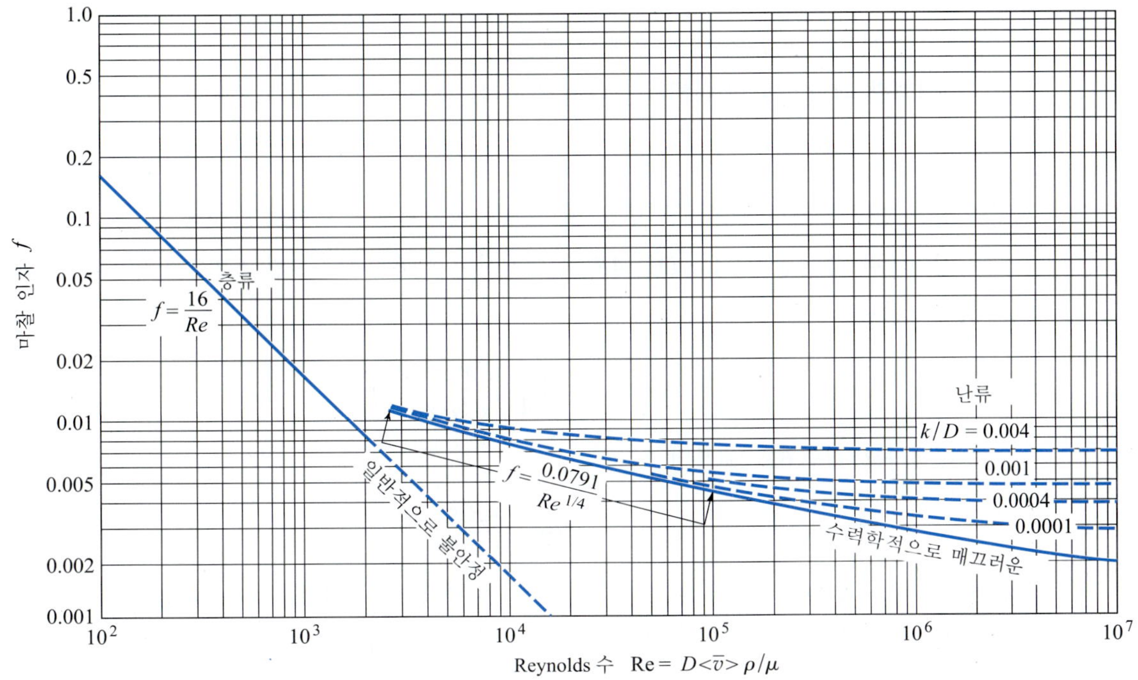

그림 6.2-2 관 유동에 대한 마찰 인자 (식 6.1-2와 6.1-3에서 f의 정의를 보시오). [W. L. McCabe and J. C. Smith, *Unit Operations of Chemical Engineering*, McGraw-Hill, New York (1954)에서 표현된 바와 같은 L. F. Moody, *Trans. ASME*, **66**, 671-684 (1944) 의 곡선.]

과 동등하다. 마지막으로 식 5.5-2에 상응하는

$$f = \frac{2}{\Psi^{2/(\alpha+1)}} \qquad \text{여기서} \qquad \Psi = \frac{e^{3/2}(\sqrt{3} + 5\alpha)}{2^{\alpha}\alpha(\alpha + 1)(\alpha + 2)} \tag{6.2-14}$$

와 $\alpha = 3/(2 \ln \text{Re})$를 얻는다. 이는 $3.07 \times 10^3 < \text{Re} < 3.23 \times 10^6$에 대해 실험 데이터를 잘 표현하는 것으로 알려져 있으며, 식 6.2-14를 Barenblatt 공식[4]이라 부른다.

그림 6.2-2의 거친 관에 대한 점선 곡선을 포함하는 더 이상의 관계로는 Haaland[5] 경험식이 있다.

$$\frac{1}{\sqrt{f}} = -3.6 \log_{10}\left[\frac{6.9}{\text{Re}} + \left(\frac{k/D}{3.7}\right)^{10/9}\right] \qquad \begin{cases} 4 \times 10^4 < \text{Re} < 10^8 \\ 0 < k/D < 0.05 \end{cases} \tag{6.2-15}$$

이 식은 1.5% 내로 정확하다고 알려져 있다.[5] 그림 6.2-2에서 볼 수 있는 바와 같이 유동

---

[4] G. I. Barenblatt, *Scaling, Self-Similarity and Intermediate Asympototics*, Cambridge University Press (1966), 10.2절.

[5] S. E. Haaland, *Trnas. ASME, JFE*, **105**, 89-90 (1983). 다른 경험식에 대해서는 D. J. Zigrang and N. D. Sylvester, *AIChE Journal*, **28**, 514-515 (1982)를 보시오.

에 대한 마찰 저항은 돌기의 높이 k에 따라 증가한다. 물론 k는 무차원 양식으로 상관관계에 들어가야 하므로, k/D의 비를 통해 나타난다.

비원형관 내의 난류에 대해서는 다음 경험식을 사용하는 것이 보통이다. 먼저

$$R_h = S/Z \tag{6.2-16}$$

과 같은 평균 수력학적 반지름 R_h를 정의한다. 여기서 S는 도관의 단면이고, Z는 젖은 벽면의 길이이다. 원형관의 지름 D를 $4R_h$로 대체하면 식 6.1-4와 그림. 6.2-2를 사용할 수 있다. 즉, 식 6.1-4를

$$f = \left(\frac{R_h}{L}\right)\left(\frac{\mathcal{P}_0 - \mathcal{P}_L}{\frac{1}{2}\rho\langle v_z\rangle^2}\right) \tag{6.2-17}$$

로 대체하고, 그림 6.2-2로부터

$$\text{Re}_h = \frac{4R_h\langle v_z\rangle\rho}{\mu} \tag{6.2-18}$$

로 정의되는 Reynolds 수를 갖는 f를 얻음으로써 압력차를 계산할 수 있다.

비원형 유로 내의 층류에 대해서는 이 방법이 만족스럽지 못하다.

예제 6.2-1 주어진 유량에 대해 요구되는 압력 강하

내부 지름이 $D = 3$ cm인 수평이고 매끈한 원형관 내를 디에틸아닐린 $C_6H_5N(C_2H_5)_2$이 20℃에서 1028 g/s의 질량 유량으로 흐르도록 하기 위해 요구되는 압력 구배는 얼마인가? 이 온도에서 디에틸아닐린의 밀도는 0.935 g/cm³이고, 점도는 $\mu = 1.95$ cp이다.

해 유동에 대한 Reynolds 수는

$$\begin{aligned}\text{Re} &= \frac{D\langle \bar{v}_z\rangle\rho}{\mu} = \frac{Dw}{(\pi D^2/4)\mu} = \frac{4w}{\pi D\mu} \\ &= \frac{4(1028\ \text{g/s})}{\pi(3\ \text{cm})(1.95\times 10^{-2}\ \text{g/cm}\cdot\text{s})} = 2.24\times 10^4\end{aligned} \tag{6.2-19}$$

이다. 매끈한 관에 대해 이 Reynolds 수에서 마찰 인자 f가 0.0063의 값을 갖는다는 것을 그림 6.2-2로부터 알 수 있다. 따라서 유동을 유지하기 위해 요구되는 압력 구배는(식 6.1-4에 의하면)

$$\begin{aligned}\frac{p_0 - p_L}{L} &= \left(\frac{4}{D}\right)\left(\frac{1}{2}\rho\langle\bar{v}_z\rangle^2\right)f = \frac{2}{D}\rho\left(\frac{4w}{\pi D^2\rho}\right)^2 f \\ &= \frac{32w^2 f}{\pi^2 D^5\rho} = \frac{(32)(1028)^2(0.0063))}{\pi^2(3.0)^5(0.935)} \\ &= 95(\text{dyne/cm}^2)/\text{cm} = 0.071(\text{mm Hg})/\text{cm}\end{aligned} \tag{6.2-20}$$

이다.

예제 6.2-2 주어진 압력 강하에 대한 유량

3.00 psi의 압력차 하에서 길이가 1000 ft인 8-in. 스케쥴 40의 수평 강철관(내부 지름이 7.981 in.)을 통해 흐르는 68°F의 물의 유량을 lb_m/hr의 단위로 결정하시오. 이와 같은 관에 대해 그림 6.2-2를 사용하고, $k/D = 2.3 \times 10^{-4}$을 가정하시오.

해 $p_0 - p_L$을 알고 있을 때 식 6.1-4와 그림 6.2-2를 사용하여 $\langle v_z \rangle$에 대해 풀고자 한다. 그러나 양 $\langle v_z \rangle$는 식의 우변에서는 명백하게 나타나지만 식의 좌변에서는 $\text{Re} = D\langle v_z \rangle \rho / \mu$에 의존하는 f 내에 함축적으로 나타난다. 시행오차의 해는 명백히 구할 수 있지만, 만약 $\langle v_z \rangle$를 몇 번의 계산보다 더 많은 계산을 하여야 한다면 체계적인 접근법을 개발하는 것이 유리하다. 여기서 두 방법을 제안하고자 한다. 실험 데이터는 종종 그래프 형태로 나타내기 때문에 여기서 설명된 바와 같은 특별한 방법들을 고안하는 독창성을 발휘하는 것이 공학도들에게 중요하다.

방법 A. 그림 6.2-2를 사용하여 Re 대 $\langle v_z \rangle$를 포함하지 않는 군 $\text{Re}\sqrt{f}$

$$\text{Re}\sqrt{f} = \frac{D\langle \overline{v}_z \rangle \rho}{\mu} \sqrt{\frac{(p_0 - p_L)D}{2L\rho \langle \overline{v}_z \rangle^2}} = \frac{D\rho}{\mu} \sqrt{\frac{(p_0 - p_L)D}{2L\rho}} \tag{6.2-21}$$

의 그림[6]을 그릴 수 있을 것이다. 이 문제에 대해 양 $\text{Re}\sqrt{f}$은 계산할 수 있고, Reynolds 수 값은 Re 대 $\text{Re}\sqrt{f}$의 그림으로부터 읽을 수 있으며, Re로부터 평균 속도와 유량을 계산할 수 있다.

방법 B. 또 두 연립방정식의 도식적 해를 구하는 것과 같은 요령을 고안함으로써 어떠한 그림도 다시 그리지 않고 그림 6.2-2를 직접 사용할 것이다. 두 식은

$$f = f(\text{Re}, k/D) \quad \text{그림 6.2-2에 주어진 곡선} \tag{6.2-22}$$

$$f = \frac{(\text{Re}\sqrt{f})^2}{\text{Re}^2} \quad \text{로그-로그 그림에서 기울기가 -2인 직선} \tag{6.2-23}$$

이다. 그 절차는 식 6.2-21에 의해 $\text{Re}\sqrt{f}$를 계산한 다음 그림 6.2-2의 f대 Re의 로그-로그 그림에 식 6.2-23을 그리는 것이다. 교점으로부터 $\langle \overline{v}_z \rangle$를 계산할 수 있는 유동의 Reynolds 수를 구한다. 가까이 있는 문제에 대해

$$\begin{aligned}
p_0 - p_L &= (3.00\ \text{lb}_f/\text{in.}^2)(32.17(\text{lb}_m\text{ft/s}^2)/\text{lb}_f)(144\ \text{in.}^2/\text{ft}^2) \\
&= 1.39 \times 10^4\ \text{lb}_m/\text{ft}\cdot\text{s}^2 \\
D &= (7.981\ \text{in.})(\tfrac{1}{12}\ \text{ft/in.}) = 0.665\ \text{ft} \\
L &= 1000\ \text{ft} \\
\rho &= 62.3\ \text{lb}_m/\text{ft}^3 \\
\mu &= (1.03\ \text{cp})(6.72 \times 10^{-4}(\text{lb}_m/\text{ft}\cdot\text{s})/\text{cp}) \\
&= 6.93 \times 10^{-4}\ \text{lb}_m/\text{ft}\cdot\text{s}
\end{aligned}$$

[6] 연관된 그림은 T. von Kármán, *Nachr. Ges. Wiss. Göttingen*. Series 5, 58-76 (1930)에 의해 제안되었다.

의 값을 가지므로, 식 6.2-21에 의하면

$$\text{Re}\sqrt{f} = \frac{D\rho}{\mu}\sqrt{\frac{(p_0 - p_L)D}{2L\rho}} = \frac{(0.665)(62.3)}{(6.93 \times 10^{-4})}\sqrt{\frac{(1.39 \times 10^4)(0.665)}{2(1000)(62.3)}} = 1.63 \times 10^4 \quad \text{(무차원)} \tag{6.2-24}$$

가 된다. 이 $\text{Re}\sqrt{f}$ 값에 대한 식 6.2-23의 선은 $\text{Re} = 1.63 \times 10^4$에서 $f = 1.0$을 통과해 지나가며, $\text{Re} = 1.63 \times 10^5$에서 $f = 0.01$을 통과해 지나간다. $k/D = 0.00023$에 대한 그림 6.2-2의 곡선에서 이들 점을 통과하는 직선을 연장하면 두 연립방정식의 해를 구할 수 있다.

$$\text{Re} = \frac{D\langle \bar{v}_z \rangle \rho}{\mu} = \frac{4w}{\pi D \mu} = 2.4 \times 10^5 \tag{6.2-25}$$

그런 다음 w에 대해 풀면

$$\begin{aligned} w &= (\pi/4)D\mu \,\text{Re} \\ &= (0.7854)(0.665)(6.93 \times 10^{-4})(3600)(2.4 \times 10^5) \\ &= 3.12 \times 10^5 \text{ lb}_m/\text{hr} = 39 \text{ kg/s} \end{aligned} \tag{6.2-26}$$

로 주어진다.

6.3 구 주위 유동에 대한 마찰 인자

이 절에서는 정상상태의 균일한 속도 v_∞로 접근하는 무한한 유체의 흐름 내에 정지된 구에 대한 f의 거동을 결정하기 위해 3.7절의 차원 해석과 함께 식 6.1-5의 마찰 인자 정의를 사용하고자 한다. 이미 2.6절과 4.2절에서 Re < 0.1("미동 유동" 영역)에 대한 구 주위의 유동을 공부하였다. 약 1보다 큰 Reynolds 수에서는 구의 후류에 현저한 비정상상태의 에디 운동이 있다. 그러므로 이 에디 운동에 관해서는 긴 시간 간격에 걸쳐 시간 평균을 하는 것이 필요할 것이다.

2.6절로부터 z 방향으로 구에 작용하는 총 힘은 수직응력(F_n)에 의한 기여와 접선응력(F_t)에 의한 기여의 합으로 쓸 수 있다는 것을 상기하시오. 수직응력의 기여 중 한 부분은 비록 유체가 정지해 있다고 하더라도 존재하는 힘 F_s가 있다. 그러므로 유체의 유동과 결부된 "동력학적 힘"은

$$F_k = (F_n - F_s) + F_t = F_{\text{form}} + F_{\text{friction}} \tag{6.3-1}$$

이다. 형상 항력과 마찰 항력과 결부된 힘은 다음 두 식으로부터 얻을 수 있다.

$$F_{\text{form}}(t) = \int_0^{2\pi}\int_0^{\pi} (-(p + \rho g z - p_0)|_{r=R} \cos\theta) R^2 \sin\theta \, d\theta \, d\phi \tag{6.3-2}$$

$$F_{\text{friction}}(t) = \int_0^{2\pi}\int_0^{\pi}\left(-\mu\left[r\frac{\partial}{\partial r}\left(\frac{v_\theta}{r}\right)+\frac{1}{r}\frac{\partial v_r}{\partial \theta}\right]\Bigg|_{r=R}\sin\theta\right)R^2\sin\theta\,d\theta\,d\phi \tag{6.3-3}$$

구 표면 위의 모든 곳에서 v_r은 0 이므로 $\partial v_r/\partial\theta$를 포함하는 항은 0이 된다. 만약 f를

$$f = f_{\text{form}} + f_{\text{friction}} \tag{6.3-4}$$

와 같이 두 부분으로 나눈다면, 식 6.1-5과 식 3.7-4의 정의로부터

$$f_{\text{form}}(\breve{t}) = \frac{2}{\pi}\int_0^{2\pi}\int_0^{\pi}(-\breve{\mathscr{P}}|_{\breve{r}=1}\cos\theta)\sin\theta\,d\theta\,d\phi \tag{6.3-5}$$

$$f_{\text{friction}}(\breve{t}) = -\frac{4}{\pi}\frac{1}{\text{Re}}\int_0^{2\pi}\int_0^{\pi}\left[\breve{r}\frac{\partial}{\partial\breve{r}}\left(\frac{\breve{v}_\theta}{\breve{r}}\right)\right]\Bigg|_{\breve{r}=1}\sin^2\theta\,d\theta\,d\phi \tag{6.3-6}$$

을 얻는다. 여기서 마찰 인자는 무차원 변수

$$\breve{\mathscr{P}} = \frac{(p+\rho gz)-(p_0+\rho g0)}{\rho v_\infty^2} = \frac{\mathscr{P}-\mathscr{P}_0}{\rho v_\infty^2} \qquad \breve{v}_\theta = \frac{v_\theta}{v_\infty} \qquad \breve{r} = \frac{r}{R} \qquad \breve{t} = \frac{v_\infty t}{R} \tag{6.3-7}$$

의 항으로 표현되며, Reynolds 수는

$$\text{Re} = \frac{Dv_\infty\rho}{\mu} = \frac{2Rv_\infty\rho}{\mu} \tag{6.3-8}$$

로 정의된다. $f(\breve{t})$를 구하기 위해서는 $\breve{r}$, θ, ϕ와 $\breve{t}$ 의 함수로 $\breve{\mathscr{P}}$와 $\breve{v}_\theta$를 알아야만 할 것이다. 비압축성 유동에 대해 이들 분포는 $\breve{\mathbf{v}}$에 대한 몇몇 적절한 초기조건과 경계조건

경계조건 1: $\breve{r} = 1$ 에서 $\breve{v}_r = 0$ 와 $\breve{v}_\theta = 0$ (6.3-9)

경계조건 2: $\breve{r} \to \infty$ 일 때 $\breve{v}_z \to 1$ (6.3-10)

경계조건 3: $\breve{r} \to \infty$ 일 때 $\breve{\mathscr{P}} \to 0$ (6.3-11)

과 함께 식 3.7-8과 9의 해로부터 **원칙적으로** 구할 수 있다는 것을 안다. 경계조건과 초기조건을 통해서 추가적으로 들어오는 무차원 군이 없기 때문에, 무차원 압력분포와 속도분포는 다음 형태를 가질 것임을 안다.

$$\breve{\mathscr{P}} = \breve{\mathscr{P}}(\breve{r},\theta,\phi,\breve{t};\text{Re}) \qquad \breve{\mathbf{v}} = \breve{\mathbf{v}}(\breve{r},\theta,\phi,\breve{t};\text{Re}) \tag{6.3-12}$$

이들 식을 식 6.3-5와 6에 대입하면, 식 6.3-4의 마찰 인자는 6.2절의 논거와 유사한 논거를 사용하여 난류 요동에 걸쳐 시간 평균하면

$$f = f(\text{Re}) \tag{6.3-13}$$

으로 간단히 되는 $f(\breve{t}) = f(\text{Re}, \breve{t})$의 형태를 가져야 함이 명백하다. 그러므로 마찰 인자의 정의와 변화방정식과 경계조건의 무차원 형태로부터 f는 Re만의 함수임이 틀림없다는 것을 안다.

구에 작용하는 항력에 대한 수많은 실험 측정 결과가 이용 가능하며, 이들을 무차원 형태로 도시하면 그림 6.3-1의 결과를 얻는다. 긴 관에 대해 Reynolds 수가 약 2100(그림 6.2-2 참조)에서 나타나는 불안정한 층류 곡선으로부터 안정한 난류 곡선으로의 급격한 전이가 이 계에 대해서는 나타나지 않는다. 대신에 접근 속도가 증가함에 따라 f는 10^5 차수의 Reynolds 수까지는 평탄하고 적당히 변한다. 약 $\text{Re} = 2 \times 10^5$에서의 곡선의 꼬임은 구의 적도선 전면에서부터 적도선 뒤쪽으로 경계층 분리 영역의 이동과 관련이 있다.[1]

다양한 유동계는 전혀 다르게 거동한다는 사실을 강조하기 위해 관 유동과 구 주위 유동에 대한 논의를 비교하였다. 두 계 사이의 몇몇 차이점은 다음과 같다.

관 내의 유동

- 약 $\text{Re} = 2100$에서 상당히 잘 정의되는 층류–난류 전이
- f에 대한 유일한 기여는 마찰 항력이다 (만약 관이 매끄럽다면).
- 경계층 분리가 없다.

구 주위의 유동

- 잘 정의되지 않는 층류–난류 전이
- 마찰 항력과 형상 항력 둘 다의 f에 대한 기여
- 분리 영역의 이동과 결부된 f 대 Re 곡선에서 꼬임이 존재한다.

그림 6.2-2 와 6.3-1 곡선의 일반적인 형상을 명심해야 할 것이다.

미동 유동 영역에 대해 형상 항력은 연속방정식과 $\rho D\mathbf{v}/Dt$ 항을 갖지 않는 Navier-Stokes 운동방정식을 푼 결과인 **Stokes 법칙**에 의해 주어진다는 것을 이미 안다. Stokes 법칙을 식 6.1-5의 형태로 재정리하면

$$F_k = (\pi R^2)(\tfrac{1}{2}\rho v_\infty^2)\left(\frac{24}{Dv_\infty\rho/\mu}\right) \tag{6.3-14}$$

를 얻는다. 따라서 구 주위의 미동 유동에 대해

$$\text{Re} < 0.1\text{에 대해} \qquad f = \frac{24}{\text{Re}} \tag{6.3-15}$$

이며, 이는 그림 6.3-1 마찰 인자 곡선의 $\text{Re} \to 0$일 때 직선 점근선이다.

더 큰 값의 Reynolds 수에 대해 식 4.2-21은 약 $\text{Re} = 1$까지 f를 정확하게 설명할 수 있다. 그러나 경험식[2]

$$\text{Re} < 6000\text{에 대해} \qquad f = \left(\sqrt{\frac{24}{\text{Re}}} + 0.5407\right)^2 \tag{6.3-16}$$

[1] R. K. Adair, *The Physics of Baseball*, Harper and Row, New York (1990).

[2] F. F. Abraham, *Physics of Fluids*, **13**, 2194 (1970); M. Van Dyke, *Physics of Fluids*, **14**, 1038-1039 (1971).

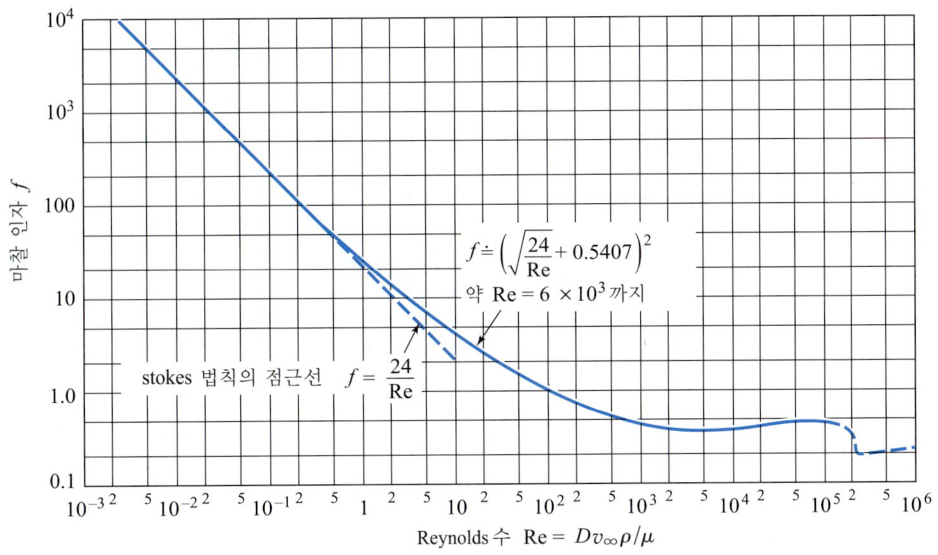

그림 6.3-1 v_∞의 속도를 갖는 유체에 상대적으로 움직이는 구에 대한 마찰 인자 (또는 항력계수). f의 정의는 식 6.1-5에 주어져 있다. [곡선은 C. E. Lapple, "Dust and Mist Collection," in *Chemical Engineers' Handbook*, (J. H. Perry, ed.), McGraw-Hill, New York, 3rd edition (1950), p. 1018로부터 가져 왔다.]

이 간단하면서 유용하다. 주목할만한 Reynolds 수의 범위는

$$5 \times 10^2 < \mathrm{Re} < 1 \times 10^5 \text{ 에 대해} \qquad f \approx 0.44 \qquad (6.3\text{-}17)$$

임을 기억하는 것이 중요하다. 식 6.3-17은 때로는 Newton **저항 법칙**이라 불리며, 육감에 의한 계산이므로 쉽다. 이 식에 의하면 항력은 유체의 접근 속도의 제곱에 비례한다.

그림 6.3-1의 많은 확장이 이루어졌으나, 이에 대한 체계적인 연구는 이 책의 범위를 넘어선다. 연구된 효과들 사이에는 벽 효과[3](문제 6C.2 참조), 내부 순환을 갖는 액적의 강하,[4] 방해 침강(즉, 서로 간섭하는 입자들[5] 클러스터의 낙하), 비정상상태 유동,[6] 그리고 비구형 입자의 강하[7] 등이 있다.

---

3 J. R. Strom and R. C. Kintner, *AIChE Journal*, **4**, 153-156 (1958).

4 L. D. Landau and E. M. Lifshitz, *Fluid Mechanics*, Pergamon, Oxford, 2nd edition (1987), pp. 65-66; S. Hu and R. C. Kintner, *AIChE Journal*, **1**, 42-48 (1955).

5 C. E. Lapple, *Fluid and Particle Mechanics*, University of Delaware Press, Newark, Del. (1951), 13장; R. F. Probstein, *Physicochemical Hydrodynamics*, Wiley, New York, 2nd edition (1994), 5.4절.

6 R. R. Hughes and E. R. Gilliland, *Chem. Eng. Prog.*, **48**, 497-504 (1952); L. Landau and E. M. Lifshitz, *Fluid Mechanics*, Pergamon, Oxford, 2nd edition (1987), pp. 90-91.

7 E. S. Pettyjohn and E. B. Christiansen, *Chem. Eng. Prog.*, **44**, 147 (1948); H. A. Baker, *Can. J. Chem. Eng.*, **37**, 885-891 (1959); S. Kim and S. J. Karrila, *Microhydrodynamics: Principles and Selected Applications*, Butterworth-Heinemann, Boston (1991), 5장.

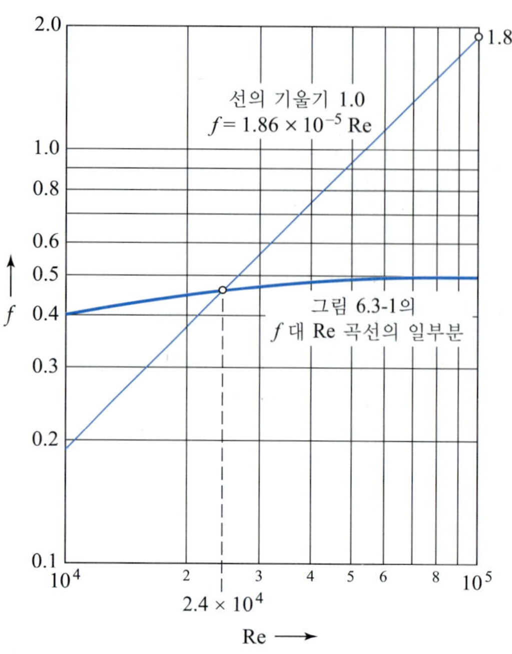

그림 6.3-2 예제 6.3-1에서 사용된 도식적 과정.

예제 6.3-1 강하하는 구 지름의 결정

초시계나 좀 더 정교한 장치를 가지고 시간을 관찰함으로써 사람이 반응하는 시간을 연구하는 실험에서 밀도가 $\rho_{sph} = 2.62\ g/cm^3$인 유리구가 20℃인 CCl_4 액체를 통해 떨어지고 있다. 이 실험 온도에서 CCl_4의 관련된 물성은 $\rho = 1.59\ g/cm^3$이고, $\mu = 9.58$ millipoises이다. 약 65 cm/s의 종말속도를 갖기 위해서는 구의 지름은 얼마가 되어야 하는가?

해 구의 지름을 구하기 위해서는 D에 대해 식 6.1-7을 풀어야 한다. 그러나 이 식에서 f를 얻기 위해 D를 알아야 하며, f는 그림 6.3-1의 실선 곡선으로 주어진다. 첫 번째 예측으로 $f = 0.44$를 취하고 시행오차 과정을 사용할 수 있다.

또는 f에 대해 식 6.1-7을 풀 수 있고 f/Re는 D에 무관한 양임에 주목한다:

$$\frac{f}{\mathrm{Re}} = \frac{4}{3}\frac{g\mu}{\rho v_\infty^3}\left(\frac{\rho_{sph} - \rho}{\rho}\right) \tag{6.3-18}$$

우변의 양은 위 정보를 사용하여 계산할 수 있으며, 이를 C라 한다. 따라서 풀어야 할 두 연립방정식

$$\text{식 6.3-18로부터} \qquad f = C\,\mathrm{Re} \tag{6.3-19}$$

$$\text{그림 6.3-1로부터} \qquad f = f(\mathrm{Re}) \tag{6.3-20}$$

을 갖게 된다. 식 6.3-19는 f 대 Re의 로그-로그 도면에서 기울기가 1인 직선이다.

바로 가까이에 있는 문제에 대해

$$C = \frac{4}{3}\frac{(980)(9.58 \times 10^{-3})}{(1.59)(65)^3}\left(\frac{2.62 - 1.59}{1.59}\right) = 1.86 \times 10^{-5} \tag{6.3-21}$$

을 얻게 되며, 식 6.3-19에 의하면 $\text{Re} = 10^5$에서 $f = 1.86$이다. $\text{Re} = 10^5$에서의 $f = 1.86$을 통과해 지나가는 기울기가 1인 선을 그림 6.3-2 에서 볼 수 있다. 이 선은 $\text{Re} = Dv_\infty\rho/\mu = 2.4 \times 10^4$에서 식 6.3-20의 곡선 (즉, 그림 6.3-1의 곡선)과 만난다. 따라서 구의 지름은

$$D = \frac{\text{Re}\,\mu}{\rho v_\infty} = \frac{(2.4 \times 10^4)(9.58 \times 10^{-3})}{(1.59)(65)} = 2.2\ \text{cm} \tag{6.3-22}$$

임을 안다.

6.4 충전탑에 대한 마찰 인자

앞의 두 절에서는 좀 더 넓게 흥미를 가질 수 있는 두 단순 유동계에 대한 마찰 인자의 상관관계에 대해 살펴보았다. 마찰 인자 도표는 원통을 지나는 횡단 유동, 관 다발을 가로지르는 유동, 방해판 부근의 유동과 회전하는 원판 부근의 유동과 같은 수많은 다른 계에 대해서도 이용 가능하다. 이들과 더 많은 것이 다양한 참고문헌에 요약되어 있다.[1] 화학공학에서 상당히 관심을 갖는 하나의 복잡한 계가 분리공정과 촉매 반응에 광범위하게 사용되는 충전탑이다.

충전탑에 대한 마찰 인자식을 개발하기 위한 두 가지 주된 접근법이 있다. 한 가지 방법은 충전탑을 불가사의한 단면의 엉킨 관 다발로 보는 것이며, 이론은 그러면 하나의 곧은 관에 대한 앞의 결과를 굽은 관의 집합에 적용함으로써 개발된다. 두 번째 방법에서는 충전탑을 잠긴 물체의 집합으로 간주하고, 압력 강하는 잠긴 입자의 저항을 더함으로써 얻게 된다.[2] 관 다발 이론이 약간 더 성공적인 결과를 보이므로 여기서는 이에 대한 논의를 하고자 한다. 그림 6.4-1(a)는 충전탑을 도시하였으며, 6.4-1(b)는 관 다발 모델을 도시하였다.

탑을 충전하기 위해 구, 원통, 버얼 쌔들 등과 같은 다양한 물질이 사용될 것이다. 충전은 통계적으로 균일하여 다음 논의를 하는 동안 채널링은 일어나지 않는다고 계속 가정한다(실

---

1 P. C. Carman, *Flow of Gases through Porous Media*, Butterworths, London (1956); J. G. Richardson, Section 16 in *Handbook of Fluid Dynamics* (V. L. Streeter, ed.), McGraw-Hill, New York (1961); M. Kaviany, Chapter 21 in *The Handbook of Fluid Dynamics* (R. W. Johnson, ed.), CRC Press, Boca Raton, Fla. (1998).

2 W. E. Ranz, *Chem. Eng. Prog.*, **48**, 274-253 (1952); H. C. Brinkman, *Appl. Sci. Research.*, **A1**, 27-34, 81-86, 333-346 (1949). **Henri Coenraad Brinkman** (1908-1961)은 점성 소산 발열, 다공성 매체 내의 유동, 플라스마 물리학에 대한 연구를 수행하였다. 그는 1949년부터 1954년까지 인도네시아 반둥 대학에서 가르쳤으며, 여기서 *The Application of Spinor Invariants to Atomic Physics* 책을 썼다.

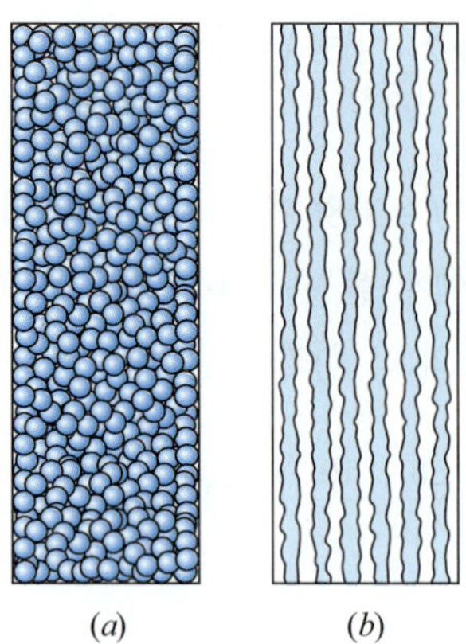

그림 6.4-1 (*a*) 구로 채워진 원통형 관; (*b*) (*a*)의 충전탑에 대한 "관 다발" 모델.

제 시행에서는 채널링이 종종 일어나는데 여기 주어진 전개에서는 적용하지 않는다). 더욱이 충전 입자의 지름은 충전물을 포함하는 탑의 지름보다 훨씬 작으며, 탑의 지름은 균일하다고 가정한다.

충전층에 대한 마찰 인자는 식 6.1-4과 상사하게 정의한다.

$$f = \frac{1}{4}\left(\frac{D_p}{L}\right)\left(\frac{\mathcal{P}_0 - \mathcal{P}_L}{\frac{1}{2}\rho v_0^2}\right) \tag{6.4-1}$$

여기서 L은 충전층의 길이, D_p는 유효 입자 지름(곧 정의되는), v_0는 **공탑 속도**이다. 이는 부피 유량을 빈 탑의 단면으로 나눈 $v_0 = w/\rho S$이다.

관 다발 모델에서 대표하는 관을 통한 압력 강하는 식 6.2-17에 의해 주어진다.

$$\mathcal{P}_0 - \mathcal{P}_L = \tfrac{1}{2}\rho\langle v\rangle^2\left(\frac{L}{R_h}\right)f_{\text{tube}} \tag{6.4-2}$$

여기서 단일 관에 대한 마찰 인자 f_{tube}는 Reynolds 수 $\text{Re}_h = 4R_h\langle v\rangle\rho/\mu$의 함수이다. 이 압력차를 식 6.4-1에 대입하면

$$f = \frac{1}{4}\frac{D_p}{R_h}\frac{\langle v\rangle^2}{v_0^2}f_{\text{tube}} = \frac{1}{4\epsilon^2}\frac{D_p}{R_h}f_{\text{tube}} \tag{6.4-3}$$

을 얻는다. 두 번째 식에는 충전에 의해 채워지지 않는 탑 내의 공간 분율인 **공극율** ε을 도입하였다. 그러면 공탑 속도의 정의로부터 유래되는 $v_0 = \langle v\rangle\varepsilon$이다. 이제 R_h에 대한 식을 필요로 한다.

수력학적 반지름은 공극율 ε과 충전층의 단위 부피당 젖은 면적 a의 항으로 표현할 수 있다.

$$
\begin{aligned}
R_h &= \left(\frac{\text{유동이 가능한 단면}}{\text{젖은 벽면 길이}} \right) \\
&= \left(\frac{\text{유동이 가능한 부피}}{\text{총 젖은 표면}} \right) \\
&= \frac{\left(\dfrac{\text{공극의 부피}}{\text{층의 부피}} \right)}{\left(\dfrac{\text{젖은 표면}}{\text{층의 부피}} \right)} = \frac{\varepsilon}{a}
\end{aligned} \tag{6.4-4}
$$

양 a는

$$a_v = \frac{a}{1 - \varepsilon} \tag{6.4-5}$$

에 의해 "비표면" a_v (입자의 부피당 총 입자 표면적)와 연관되어 있으며, a_v를 평균 입자 지름 D_p로 나타내면 다음과 같다.

$$D_p = \frac{6}{a_v} \tag{6.4-6}$$

위의 정의가 선정된 이유는 균일한 지름의 구에 대해 D_p가 구의 지름과 정확히 같기 때문이다. 마지막 세 식으로부터 수력학적 반지름은 $R_h = D_p\varepsilon / 6(1 - \varepsilon)$임을 안다. 이를 식 6.4-3에 대입하면

$$f = \frac{3}{2}\left(\frac{1 - \varepsilon}{\varepsilon^3}\right) f_{\text{tube}} \tag{6.4-7}$$

을 얻는다. 이제 f_{tube}에 대한 적절한 식을 대입함으로써 이 결과를 층류와 난류에 적용하고자 한다.

(a) 관 내를 흐르는 **층류**에 대해 $f_{\text{tube}} = 16/\text{Re}_h$이며, 이는 원형관에 대해서만 정확하게 적용된다. 비원형이거나 유로가 완전히 구불구불한 관을 통해 유체가 흐르고 있다는 사실을 고려하기 위해, 16을 100/3으로 대체하면 관 다발 모델로 충전층 데이터를 설명할 수 있음을 알았다. 관 마찰 인자에 대해 수정된 이 식을 사용하면, 식 6.4-7은

$$f = \frac{(1 - \varepsilon)^2}{\varepsilon^3} \frac{75}{(D_p G_0 / \mu)} \tag{6.4-8}$$

로 되며, 여기서 $G_0 = \rho v_0$는 계를 통한 질량 흘럭스이다. f에 대한 이 식을 식 6.4-1에 대입하면, Blake-Kozeny 식[3]

$$\frac{\mathcal{P}_0 - \mathcal{P}_L}{L} = 150\left(\frac{\mu v_0}{D_p^2}\right) \frac{(1 - \varepsilon)^2}{\varepsilon^3} \tag{6.4-9}$$

를 얻는다. 식 6.4-8과 6.4-9는 $(D_p G_0 / \mu(1 - \varepsilon)) < 10$에 대해서와 $\varepsilon = 0.5$보다 작은 공극율에 대해 일반적으로 잘 맞는다.

(b) 심한 난류에 대해서도 위에서 주어진 것과 유사하게 다룰 수 있으므로, 원형관 내의 유동에 대한 마찰 인자 정의에 대한 식을 사용하여 다시 시작한다. 하지만 이 시점에서 어떤 감지할만한 거칠기를 갖는 관 내의 심한 난류에 대해서는 마찰 인자는 단지 표면 거칠기 만의 함수이며 Reynolds 수에는 무관하다는 것에 주목해야 한다. 만약 모든 충전탑 내의 관들이 유사한 표면 거칠기 특성을 갖는다고 가정하면 f_{tube}의 값은 모든 계에 대해 같은 상수로 취할 수 있으며, $f_{tube} = 7/12$로 취하는 것이 적절한 선택이라고 증명된다. 이를 식 6.4-7에 대입하면

$$f = \frac{7}{8}\left(\frac{1-\varepsilon}{\varepsilon^3}\right) \tag{6.4-10}$$

을 얻는다. 이 식을 식 6.4-1에 대입하면 Burke–Plummer[4] 식

$$\frac{\mathscr{P}_0 - \mathscr{P}_L}{L} = \frac{7}{4}\left(\frac{\rho v_0^2}{D_p}\right)\frac{1-\varepsilon}{\varepsilon^3} \tag{6.4-11}$$

을 얻으며, 이 식은 $(D_p G_0/\mu(1-\varepsilon)) > 1000$에 대해 타당하다. 공극율 ε의 의존도는 층류 유동의 경우와 다르다는 것에 주목하시오.

(c) 전이 영역에 대해 위의 (a)와 (b)에 대한 압력 강하식을 중첩하면

$$\frac{\mathscr{P}_0 - \mathscr{P}_L}{L} = 150\left(\frac{\mu v_0}{D_p^2}\right)\frac{(1-\varepsilon)^2}{\varepsilon^3} + \frac{7}{4}\left(\frac{\rho v_0^2}{D_p}\right)\frac{1-\varepsilon}{\varepsilon^3} \tag{6.4-12}$$

를 얻는다. v_0가 대단히 작을 경우 이 식은 Blake-Kozeny 식으로 간단히 되며, v_0가 대단히 클 경우 Burke-Plummer 식으로 된다. 이와 같은 점근선의 경험적 중첩은 종종 만족할만한 결과를 도출할 수 있다. 식 6.4-12를 무차원 군의 형태로 재정리하면

$$\left(\frac{(\mathscr{P}_0 - \mathscr{P}_L)\rho}{G_0^2}\right)\left(\frac{D_p}{L}\right)\left(\frac{\varepsilon^3}{1-\varepsilon}\right) = 150\left(\frac{1-\varepsilon}{D_p G_0/\mu}\right) + \frac{7}{4} \tag{6.4-13}$$

을 얻는다. 이 식은 Blake-Kozeny 식, Burke-Plummer 식 및 실험 데이터와 함께 그림 6.4-2에서 볼 수 있는 Ergun 식[5]이다. 양 말단 압력의 산술 평균의 기체 밀도 $\bar{\rho}$를 사용하여 충전탑을 통한 기체의 유동에 성공적으로 적용할 수 있었다. G_0는 탑을 통해 일정하지만, 반면에 압축성 유체에 대해 v_0는 탑을 통해 변할 수 있음에 주목하시오. 그러나 압력 강하가 클 경우 압력 구배를 미분 형태로 표현함으로써 식 6.4-12를 국부적으로 적용하는 것이 더 적절한 것처럼 보인다.

---

[3] F. C, Blake, *Trnas. Amer. Inst. Chem. Engrs.*, **14**, 415-421 (1922); J. Kozney, *Sitzungsber. Akad. Wiss. Wien*, Abt. II*a*, **136**, 271-306 (1927).

[4] S. P. Bruke and W. B. Plummer, *Ind. Eng. Chem.*, **20**, 1196-1200 (1928).

[5] S. Ergun, *Chem. Engr. Prog.*, **48**, 89-94 (1952).

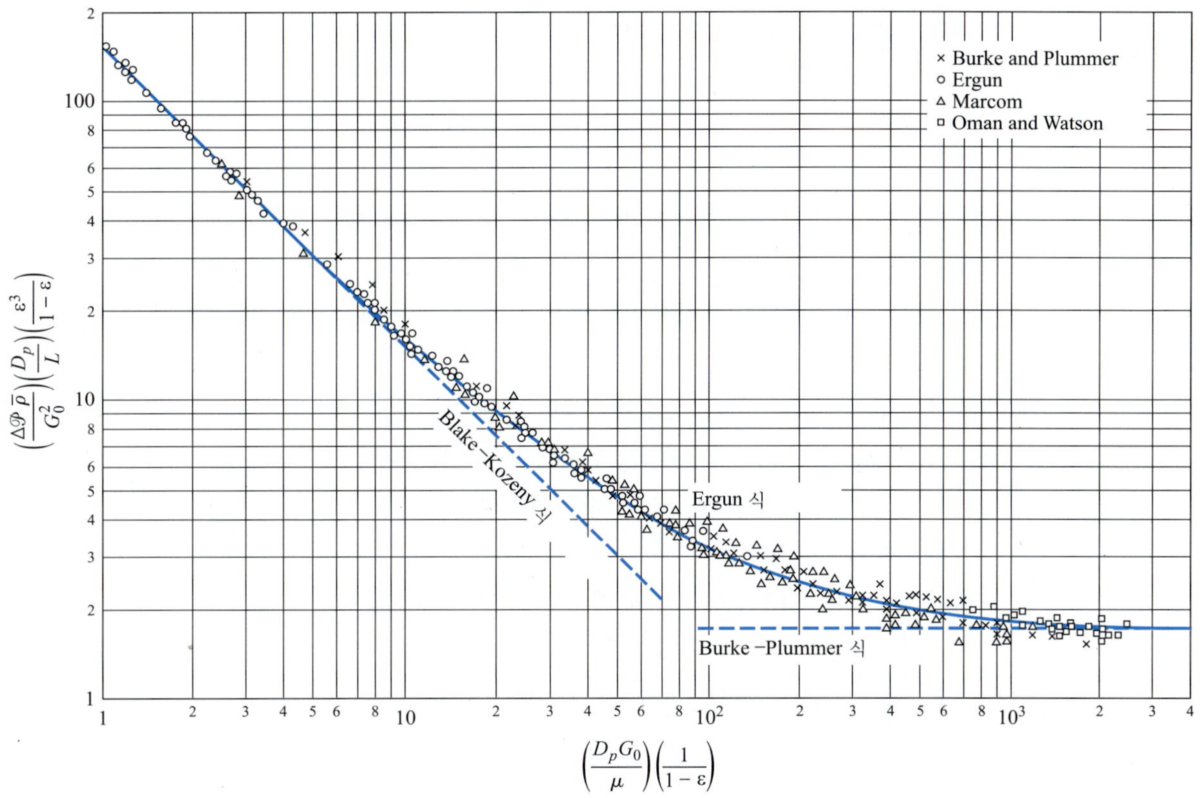

그림 6.4-2 충전층 내의 유동에 대한 Ergun 식과 두 개의 연관된 점근선, Blake-Kozney 식과 Burke-Plummer 식 [S. Ergun, *Chem. Eng. Prog.*, **48**, 89-94 (1952)].

Ergun 식은 충전탑을 설명하기 위해 제안된 많은 식[6]들 중의 하나이다. 예를 들면 Tallmadge 식[7]

$$\left(\frac{(\mathscr{P}_0 - \mathscr{P}_L)\rho}{G_0^2}\right)\left(\frac{D_p}{L}\right)\left(\frac{\varepsilon^3}{1-\varepsilon}\right) = 150\left(\frac{1-\varepsilon}{D_p G_0/\mu}\right) + 4.2\left(\frac{1-\varepsilon}{D_p G_0/\mu}\right)^{1/6} \tag{6.4-14}$$

는 $0.1 < (D_p G_0/\mu(1-\varepsilon)) < 10^5$의 범위에 걸쳐 실험 데이터와 잘 부합하고 있음이 보고되었다.

충전탑에 대한 위의 논의는 복잡한 계에 대한 유용한 모델을 만들어내기 위해 기초적인 문제들의 해를 종종 어떻게 결합할 수 있는지 설명하고 있으며, 모델에 나타나는 상수는 실험 데이터로부터 결정되므로 더 정확한 실험 데이터가 주어지면 모델화는 더 개선될 것이다.

---

[6] I. F. Macdonald, M. S. El-Sayed, K. Mow, and F. A. Dullien, *Ind. Eng. Chem. Fundam.*, **18**, 199-208 (1979).

[7] J. A. Tallmadge, *AIChE Journal*, **16**, 1092-1093 (1970).

논의를 위한 질문

1. 실험 데이터로부터 마찰 인자 대 Reynolds 수의 그래프를 어떻게 만들 수 있으며, 왜 유용한가?
2. 관 유동과 구 주위 유동에 대한 마찰 인자 곡선을 비교하고 대조하시오. 왜 모양이 다른가?
3. 그림 6.2-2에서 난류에 대한 f 대 Re 곡선이 왜 층류 곡선 아래가 아니라 위에 놓여 있는가?
4. 식 6.2-18 뒤의 경고를 논의하시오. 층류에 대해 평균 수력학적 반지름을 사용하여 주어진 유량에 대한 압력 강하가 너무 높은지 혹은 너무 낮은지 예측할 수 있는가?
5. 마찰 인자 상관관계는 비정상상태의 유동에 대해 사용할 수 있는가?
6. Blake-Kozeny 식(식 6.4-9)과 Darcy 법칙(식 4C.3-2) 사이에 연관성이 있다면 무엇인가?
7. 70 psig의 압력이 가능한 집 수도꼭지에 연결되어 있는 1/2 in.인 정원용 고무호스를 통한 물의 유동을 논의하시오.
8. 식 6.4-12를 식 6.4-13의 형태로 왜 다시 쓰는가?
9. 야구를 중계하는 아나운서가 “오늘은 굉장히 습하기 때문에, 야구공이 건조한 날에 비해 무겁고 습한 공기를 통해서는 멀리 날아갈 수 없다”고 말했다. 이 진술에 대해 비평하시오.

문제

6A.1. 이음쇠가 있는 관에서 요구되는 압력 강하. 지름이 25cm이고 길이가 1234m인 관을 통해 20℃의 물을 1.97 m^3/s의 유량으로 수송하기 위해 필요한 압력 강하는 얼마인가? 관은 전체에 걸쳐 같은 높이에 있고 네 개의 표준 반지름 90° 엘보우와 두 개의 45° 엘보우를 포함하고 있다. 표준 반지름 90° 엘보우의 저항은 관의 길이가 32 지름인 것에 주어지는 저항과 대체로 동일하며, 45° 엘보우에 대해서는 15 지름인 것에 주어지는 저항과 동일하다. (이음쇠들에서의 손실을 계산하기 위한 대안적 방법은 7.5절에서 주어져 있다.)

답: 4.7×10^3 psi = 33 MPa

6A.2. 높이 변화가 있는 관 유동에 대해 요구되는 압력차(그림 6A.2). 68°F의 물을 길이가 95 ft인 표준 3 in. 관(내부 지름이 3.068 in.)을 통해 상공의 저장조로 수송하고자 한다.

(a) 18 gal/min인 유량으로 상공의 저장조에 물을 공급하기 위해 펌프의 유출에서 요구되는 압력은 얼마인가? 68°F에서 물의 점도는 1.002 cp이고 밀도는 0.9982 gal/ml 이다.

(b) 관의 마찰을 극복하기 위해 몇 퍼센트의 압력 강하(저장조에 대한 펌프 유출)가 필요한가?

답: **(a)** 15.2 psig

6A.3. 주어진 압력 강하에 대한 유량. 0.25 psi 압력차에서 길이가 1320 ft이고 내부 지름이 6.00 in.인 매끈

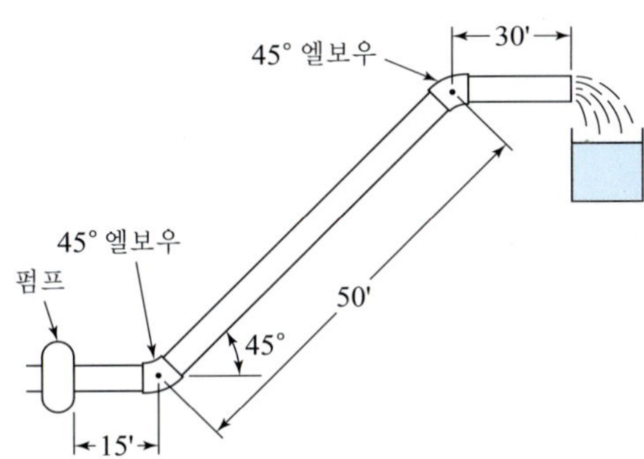

그림 6A.2 관 유동 계.

한 관을 통해 얼마나 많은 gal/hr의 68°F의 물을 수송할 수 있는가? 관은 수력학적으로 매끈하다고 가정하시오.

(a) 예제 6.2-2의 A 방법으로 푸시오.

(b) 예제 6.2-2의 B 방법으로 푸시오.

답: 4.1×10^3 gal/hr

6A.4. 액체 내의 구의 운동. 지름이 5.00 mm이고 질량이 0.0500 g인 속이 텅 빈 구가 액체탑 안에 놓여지고 0.500 cm/s의 종말속도에 도달한다. 액체의 밀도는 0.900 g/cm^{3}이고, 국부적인 중력 가속도는 980.7 cm/s^{2}이다. 구는 포함하고 있는 벽면으로부터 충분히 멀리 떨어져 있어 벽면 효과는 무시될 수 있다.

(a) 구에 대한 항력을 dyne 단위로 계산하시오.

(b) 마찰 인자를 계산하시오.

(c) 액체의 점도를 구하시오.

답: **(a)** 8.7 dynes; **(b)** $f = 396$; **(c)** 3.7g/cm·s

6A.5. 주어진 종말속도에 대한 구의 지름.

(a) 주어진 값 v_∞, ρ, ρ_s, μ와 g에 상응하는 구의 지름 D를 어떻게 구하는지 그림 6.3-1에 직접 그리면서 설명하시오.

(b) 그림 6.3-1을 사용하여 문제 2A.4를 다시 풀어보시오.

(c) 기체 속도가 10 ft/s일 때 (b)를 다시 풀어보시오.

6A.6. 충전탑의 공극율 계산. 단면이 146 sq. in.이고 높이가 73 in.인 관이 지름이 2 mm인 구형 입자들로 채워져 있다. 탑을 가로질러 158 psi의 압력차가 유지되고 있을 때, 20℃ 인 60% 자당 수용액이 244 lb$_m$/min의 유량으로 충전층을 통해 흐른다. 이 온도에서 용액의 점도는 56.5 cp이고, 밀도는 1.2865 g/cm^{3}이다. 충전층의 공극율은 얼마인가? 공극율을 구하는 이 방법의 유용성에 대해 논의하시오.

답: 0.30

6A.7. 원환 유동에서 압력 강하의 계산. D와 $\kappa D(\kappa < 1$인$)$인 지름을 갖는 원통 표면에 의해 형성되는 원환 내의 유동에 대해 층류와 난류의 마찰 인자는

층류
$$f = \frac{16}{\mathrm{Re}_\kappa} \tag{6A.7-1}$$

난류
$$\sqrt{\frac{1}{f}} = G \log_{10}(\mathrm{Re}_\kappa \sqrt{f}) - H \tag{6A.7-2}$$

이고, Reynolds 수는

$$\mathrm{Re}_\kappa = K \frac{D(1-\kappa)\langle \bar{v}_z \rangle \rho}{\mu} \tag{6A.7-3}$$

으로 정의된다. G, H와 K의 값은 다음과 같이 주어진다.[1]

κ	G	H	K
0.00	4.000	0.400	1.000
0.05	3.747	0.293	0.7419
0.10	3.736	0.239	0.7161
0.15	3.738	0.208	0.7021
0.20	3.746	0.186	0.6930
0.30	3.771	0.154	0.6820
0.40	3.801	0.131	0.6759
0.50	3.833	0.111	0.6719
0.60	3.866	0.093	0.6695
0.70	3.900	0.076	0.6681
0.80	3.933	0.060	0.6672
0.90	3.967	0.046	0.6668
1.00	4.000	0.031	0.6667

식 6A.7-2는 문제 5C.2에 기초를 두고 있으며, 20,000까지의 Reynolds 수에서는 약 3% 내로 실험 데이터를 재현한다.

(a) 완전히 발달된 층류에 대해 표에 주어진 K값을 갖는 식 6A.7-1과 3은 식 2.4-16과 같음을 증명하시오.

(b) 원환 도관이 지름이 6 in.와 15 in.인 원통 표면으로 이루어져 있으며, 60°F인 물을 초당 1500 cu ft의 유량으로 퍼내고자 한다. 만약 원환 도관이 수평하게 놓여 있다면 도관의 단위 길이당 얼마의 압력 강하가 요구되는가? 식 6A.7-2를 사용하시오.

(c) "평균 수력학적 지름"의 경험식을 사용하여 (b)를 반복하시오.

6A.8. 강풍이 급수탑에 미치는 힘. 급수탑은 지름이 40 ft인 구형의 저장 탱크를 갖고 있다. 100 mph의 강풍이 불 때 0℃에서 구형 탱크에 작용하는 바람의 힘은 얼마인가? 공기의 밀도는 그림 6.3-1을 외삽하여 1.29 g/liter 또는 0.08 $\mathrm{lb}_m/\mathrm{ft}^3$이고, 점도는 0.017 cp이다.

답: $1.7\times10^4\ \mathrm{lb}_f = 5.4\times10^5$ poundals

6A.9. 충전탑을 통한 기체의 유동. 지름이 4 in.이고 길이가 5.5 ft인 수평관이 지름이 1/16 in.인 유리 구로

[1] D. M. Meter and R. B. Bird, *AIChE Journal*, **7**, 41-45 (1961).

채워져 있고, 공극율은 0.41이다. 300K의 이산화탄소를 관을 통해 주입하고 있으며, 이 온도에서 이산화탄소의 점도는 1.495 × 10^{-4} g/cm · s로 알려져 있다. 유입과 유출 압력이 각각 25 atm과 3 atm이면 탑을 통해 흐르는 질량 유량은 얼마인가?

답: 480 g/s

6A.10. 관 지름의 결정. 제곱 barleycorn 당 압력 강하가 3×10^5 scruple이라면 fortnight 당 250 firkin의 유량으로 생산하기 위한 원형관의 크기는 얼마인가? 관은 수평으로 놓여 있다. (저자는 이들 단위를 소개한 메사추세츠 대학의 R. S. Kirk 교수에게 도움을 받았다.) 여기서 firkin은 용량 단위로 1배럴의 1/4을 나타내며, fortnight은 2주일간을 의미한다. 또 scruple은 약량(藥量)의 단위로 20 grains= 1.296 g 이며, barleycorn은 옛날 길이의 단위로 3분의 1인치를 나타낸다.

6B.1. 마찰 인자 계산에서 오차의 영향. 관 내의 난류에 대해 Blasius 공식을 사용하여 계산함에 있어 사용된 Reynolds 수가 4% 만큼 훨씬 낮았다. 마찰 인자에서 결과로 나타나는 오차를 계산하시오.

답: 최대 1%

6B.2. 평탄한 평판을 따라 흐르는 유동에 대한 마찰 인자.[4]

(a) 양쪽 면이 젖어있는 평탄한 평판에 작용하는 항력에 대한 식은 식 4.4-30으로 주어진다. 이 식은 층류 경계층 이론을 사용하여 유도되었으며, 실험 데이터와 잘 부합하는 것으로 알고 있다. 마찰 인자와 Reynolds 수를 정의하고, f 대 Re의 관계를 구하시오.

(b) 난류에 대해 1/7 제곱 속도분포에 기초를 둔 근사적인 경계층 취급법으로부터

$$F_k = 0.072\rho v_\infty^2 WL(Lv_\infty\rho/\mu)^{-1/5} \tag{6B.2-1}$$

을 얻는다. 0.072를 0.074로 대체하면 이 식은 $5 \times 10^5 < Lv_\infty\rho/\mu < 2 \times 10^7$의 영역에 대해 실험적 오차 범위 내에서 항력을 설명할 수 있다. 상응하는 마찰 인자를 Reynolds 수의 함수로 표현하시오.

6B.3. 슬릿 내를 흐르는 층류에 대한 마찰 인자. 두께가 $2B$인 얇은 슬릿 내의 층류에 대해 Reynolds 수가 $\text{Re} = 2B\langle v_z\rangle\rho/\mu$로 정의된다면 마찰 인자가 $f = 12/\text{Re}$임을 문제 2B.3의 결과를 사용하여 보이시오. f에 대한 이 결과를 평균 수력학적 반지름의 경험식으로부터 얻은 결과와 비교하시오.

6B.4. 회전하는 원판에 대한 마찰 인자.[3] 반지름이 R인 얇은 원판이 밀도가 ρ이고 점도가 μ인 많은 양의 유체 내에 잠겨 있다. 만약 각속도 Ω로 원판이 회전하기 위해 요구되는 돌림힘이 T_z라고 하면, 마찰 인자 f는 식 6.1-1과 상사하게 다음과 같이 정의할 수 있을 것이다.

$$T_z/R = AKf \tag{6B.4-1}$$

여기서 K와 A의 합리적인 정의는 $K = \frac{1}{2}\rho(\Omega R)^2$이고, $A = 2(\pi R^2)$이며, 이 계에 대한 Reynolds 수의 적절한 선택은 $\text{Re} = R^2\Omega\rho/\mu$이다.

층류에 대해 정확한 경계층 전개를 하면

$$T_z = 0.616\pi\rho R^4\sqrt{\mu\Omega^3/\rho} \tag{6B.4-2}$$

[2] H. Schlichting, *Boundary-Layer Theory*, McGraw-Hill, New York, 7th edition (1979), XXI장.

[3] T. von Kármán, *Zeits für angew. Math. u. Mech.*, **1**, 233-252 (1921).

를 얻고, 난류에 대해 1/7 제곱 속도분포에 기초를 둔 근사적인 경계층 취급법을 사용하면

$$T_z = 0.073\rho\Omega^2 R^5 \sqrt[5]{\mu/R^2\Omega\rho} \tag{6B.4-3}$$

을 유도할 수 있다. 이들 결과를 f와 Re의 관계로 표현하시오.

6B.5. 수평관 내의 난류. 길이가 L이고 지름이 D인 매끈한 수평관 내를 압력차 $p_0 - p_L$의 결과로 인해 질량 유량 w로 유체가 흐르고 있다. 유동은 난류로 알려져 있다.

길이는 같고 지름만 $D/2$인 관으로 대체하고, 동일한 유체가 동일한 질량 유량 w로 공급된다면 압력차는 얼마나 필요한가?

(a) 마찰 인자에 대한 적절한 식으로 식 6.2-12를 사용하시오.

(b) 만약 식 6.2-12가 적절치 않다면 그림 6.2-2를 사용하여 이 문제를 어떻게 풀 수 있는가?

답: **(a)** 27배 이상의 압력차가 필요하다.

6B.6. 층류에 대한 평균 수력학적 반지름의 부적당성.

(a) 반지름이 κR과 R인 원환 내의 층류에 대해 식 6.2-17과 18을 사용하여 식 2.4-16에서 주어진 정확한 식과 상사한 평균 속도에 대한 식을 압력차의 항으로 구하시오.

(b) $\kappa = \frac{1}{2}$에 대한 (a)의 결과는 몇 %의 오차가 있는가?

답: 49%

6B.7. Newton 항력 법칙 영역에서 강하하는 구. $z = 0$에서 초기에 정지해 있던 구가 중력의 영향으로 떨어진다. 무시할만한 시간 간격이 지난 뒤에는 속도의 제곱에 비례하여 저항하는 힘을 가지면서 구가 떨어지는 것과 같은 조건을 갖는다.

(a) 구가 떨어지는 거리 z를 t의 함수로 구하시오.

(b) 구의 종말속도는 얼마인가? 유체의 밀도가 구의 밀도보다 매우 작다고 가정하시오.

답: **(a)** 거리는 $z = (1/c^2 g) \ln \cosh cgt$, 여기서 $c^2 = \frac{3}{8}(0.44)(\rho/\rho_{sph})(1/gR)$; **(b)** $1/c$

6B.8. 구에 대한 f 대 Re 도표를 입증하기 위한 실험 설계. 구 주위의 유동에 대한 그림 6.3-1의 마찰 인자 도표를 시험하기 위해 실험을 설계하고자 하며, 특히 Re = 100에서 도시된 값 $f = 1$을 시험하고자 한다. 이는 동으로 된 구($\rho_{sph} = 8$ g/cm^3)를 물($\rho = 1$ g/cm^3, $\mu = 10^{-2}$ g/cm · s)에 떨어뜨림으로써 조사할 수 있다. 사용되는 구의 지름은 얼마이어야 하는가?

(a) 종말속도 조건에 대해 f, Re, g, μ, ρ와 ρ_{sph}의 함수로 요구되는 지름을 구할 수 있는 공식을 유도하시오.

(b) 수치값을 넣고 구의 지름값을 구하시오.

답: **(a)** $D = \sqrt[3]{\dfrac{3f\,\mathrm{Re}^2\mu^2}{4(\rho_{sph} - \rho)\rho g}}$; **(b)** $D = 0.048$ cm

6B.9. 무한한 원통을 지나는 유동에 대한 마찰 인자.[4] 긴 원통을 지나는 유동은 구를 지나는 유동과 매우 다르고, 4.2절에 소개된 방법은 이 계를 설명하는데 사용될 수 없다. v_∞의 속도로 유체가 접근할 때 길이 L인 원통에 작용하는 동력학적 힘은

$$F_k = \frac{4\pi\mu v_\infty L}{\ln(7.4/\text{Re})} \tag{6B.9-1}$$

임을 알게 된다. 여기서 Reynolds 수는 $\text{Re} = Dv_\infty\rho/\mu$로 정의된다. 식 6B.9-1은 약 Re = 1까지만 타당하다. 이 범위의 Re에서 마찰 인자에 대한 공식은 Reynolds 수의 함수로 어떻게 표현되는가?

6C.1. 이차원 입자 궤적. 반지름이 R인 구가 지표면 위의 공기 내로 높은 속도를 갖고 수평 (x 방향으로)으로 발사된다. 구가 분사 장치를 떠날 때, 동일한 구가 지표면 위의 같은 높이 (y 방향으로)에서 땅으로 떨어진다.

(a) 입자의 궤적을 계산할 수 있고 두 구의 거동을 비교할 수 있는 미분방정식을 수립하시오. 유체 마찰의 영향을 포함시키고 정상상태의 마찰 인자가 사용될 수 있다고 가정하시오. (이것은 준 정상상태 가정이다)

(b) 어떤 구가 땅에 먼저 닿는가?

(c) 구의 Reynolds 수가 Stokes 법칙 영역에 있다면 문제 (b)에 대한 답은 같은가?

답: **(a)**

$$\frac{dv_x}{dt} = -\frac{3}{8}\frac{v_x}{R}\sqrt{v_x^2 + v_y^2}\, f\frac{\rho_{\text{air}}}{\rho_{\text{sph}}},$$

$$\frac{dv_y}{dt} = -\frac{3}{8}\frac{v_y}{R}\sqrt{v_x^2 + v_y^2}\, f\frac{\rho_{\text{air}}}{\rho_{\text{sph}}} + \left(1 - \frac{\rho_{\text{air}}}{\rho_{\text{sph}}}\right)g,$$

여기서 $\text{Re} = \dfrac{2R\sqrt{v_x^2 + v_y^2}\,\rho_{\text{air}}}{\mu_{\text{air}}}$를 갖는 그림 6.3-1에 의해 주어지는 $f = f(\text{Re})$이다.

6C.2. 원통 내를 강하하는 구에 대한 벽 효과.[5-7]

(a) 구의 마찰 인자에 대한 실험은 일반적으로 원통관 내에서 이루어진다. 정리를 잘 하면 구에 대한 마찰 인자가 다음 의존성을 가질 것임을 차원 해석을 통해 보이시오.

$$f = f(\text{Re}, R/R_{\text{cyl}}) \tag{6C.2-1}$$

여기서 $\text{Re} = 2Rv_\infty\rho/\mu$이고 R은 구의 반지름, v_∞는 구의 종말속도, R_{cyl}은 원통의 내부 반지름이다. 미동 유동 영역에 대해 R/R_{cyl}에 대한 f의 의존성은 Ladenburg-Faxén 보정[5]에 의해 설명될 수 있음을 경험적으로 알고 있다.

$$f = \frac{24}{\text{Re}}\left(1 + 2.1\frac{R}{R_{\text{cyl}}}\right) \tag{6C.2-2}$$

강하하는 액적에 대한 벽 효과도 역시 연구되었다.[6]

---

[4] G. K. Batchlor, *An Introduction to Fluid Dynamics*, Cambridge University Press (1967), pp. 244-246, 257-261. 유한한 원통을 지나는 유동에 대해서는 J. Happel과 H. Brenner, *Low Reynolds Number Hydrodynamics*, Martinus Nijhoff, The Hague (1983), pp. 227-230을 보시오.

[5] R. Ladenburg, *Ann. Physik* (4), **23**, 447-458 (1907); H. Faxén, dissertation, Uppsala (1921). 벽 효과의 광범위한 논의에 대해서는 J. Happel과 H. Brenner, *Low Reynolds Number Hydrodynamics*, Martinus Nijhoff, The Hague (1983)을 보시오.

[6] J. R. Strom and R. C. Kintner, *AIChE Journal*, **4**, 153-156 (9158).

[7] L. Landau and E. M. Lifshitz, *Fluid Mechanics*, Pergamon, Oxford (1987), pp.182-183.

(b) 그림 6.3-1의 구에 대한 그래프를 조사하기 위한 실험을 설계하시오. 실험을 위한 구의 크기와 원통의 치수 및 적절한 물질을 선택하시오.

6C.3. 교반 탱크에 입력되는 일률. 회전하는 임펠러에 의해 교반 탱크 내의 비압축성 유체에 주어지는 일률 P는 어떤 특정한 탱크와 임펠러 모양에 대해 식

$$\frac{P}{\rho N^3 D^5} = \Phi\left(\frac{D^2 N\rho}{\mu}, \frac{DN^2}{g}, Nt\right) \tag{6C.3-1}$$

로 상관지어짐을 차원 해석을 통해 보이시오. 여기서 N은 임펠러의 회전 속도이고, D는 임펠러의 지름, t는 작동을 시작한 이후의 시간, Φ는 실험적으로 결정되는 함수이다.

그림에서 보는 통상적으로 사용되는 기하학적 구조에 대해 일률은 각각 원통 탱크 몸체의 마찰 항력에 의한 기여와 반지름 방향의 방해판에 의한 형상 항력의 기여로 표현되는 두 개 적분의 합으로 주어진다.

$$P = NT_z = N\left(+\mu\int_S R(\partial v_\theta/\partial n)_{\text{surf}}dS + \int_A Rp_{\text{surf}}dA\right) \tag{6C.3-2}$$

T_z는 임펠러가 돌기 위해 요구되는 돌림힘, S는 탱크 전체의 표면적, A는 방해판의 표면적 ("상류" 쪽은 양으로, "하류" 쪽은 음으로 생각)이며, R은 임펠러의 회전축으로부터 어떤 표면 요소 dS 혹은 dA까지의 반지름 방향의 거리이고, n은 어떤 탱크 표면 요소 dS로부터 유체까지 수직으로 측정된 거리이다.

원하는 해는 이제 무차원 형태의 위 적분을 다시 씀으로써 운동방정식과 연속방정식의 차원 해석을 통해 구할 수 있을 것이다. 여기서 특성 길이, 속도, 압력에 대해 각각 D, DN과 $\rho N^2 D^2$을 사용하는 것이 편리하다.

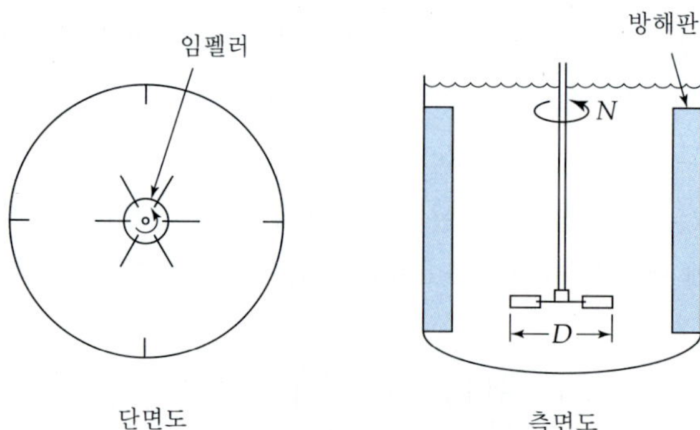

그림 6C.3 6개의 날개깃으로 된 임펠러와 4개의 수직 방해판을 갖는 교반 탱크.

6D.1. 깨끗한 액체 내의 기포에 대한 마찰 인자.[7,8] 액체를 통과해 기포가 움직일 때, 총괄 액체는 마치 포텐셜 유동과 같이 거동한다. 즉 액상의 유동장은 식 4B.5-2와 3에 의해 거의 주어진다.

항력은 액상에서의 에너지 소산과 밀접한 관계가 있다(식 4.2-18 참조)

$$F_k v_\infty = E_v \tag{6D.1-1}$$

비회전 유동에 대해 에너지 소산의 일반식이 다음의 표면 적분으로 변환될 수 있음을 보이시오.

[8] G. K. Batchlor, *An Introduction to Fluid Dynamics*, Cambridge University Press, (1967), pp. 367-370.

$$E_v = \mu \int (\mathbf{n} \cdot \nabla v^2) \, dS \tag{6D.1-2}$$

다음 포텐셜 유동의 속도분포를 식 6D.1-2에 대입하고 식 6D.1-1을 사용하면

$$f = \frac{48}{\text{Re}} \tag{6D.1-3}$$

을 유도할 수 있음을 보이시오. 또 경계층과 난류 후류 내에서의 소산을 고려하는 약간 더 개선된 계산을 하면 다음 결과를 유도할 수 있다.[9]

$$f = \frac{48}{\text{Re}}\left(1 - \frac{2.2}{\sqrt{\text{Re}}}\right) \tag{6D.1-4}$$

이 결과는 약 200까지의 Reynolds 수에서는 잘 맞는다.

[9] D. W. Moore, *J. Fluid Mech.*, **16**, 161-176 (1963).

Chapter

07 등온 유동계에 대한 거시적 수지

3장의 처음 4절에는 등온계에 대한 **변화방정식**을 소개하였으며, 이 방정식은 미시계, 즉 유체가 통과해 흐르는 작은 부피 요소에 걸쳐 보존법칙을 씀으로써 얻게 되었다. 이 과정에서 계의 질량, 운동량, 각운동량 및 기계적 에너지의 변화에 대한 편미분방정식을 얻게 되었다. 미시계는 고체로 경계진 표면을 갖지 않으므로, 특정 유동계에서 유체와 고체 표면과의 상호작용은 미분방정식의 경계조건으로 간주하였다.

이 장에서는 거시계, 즉 기기나 부품의 큰 부분에 대해 유사한 보존법칙을 쓰고자 한다. 거시계에 대한 예는 그림 7.0-1에서 볼 수 있다. 이와 같은 계에 대한 수지를 **거시적 수지**라 하며, 비정상상태의 계에 대해서는 상미분방정식이, 정상상태의 계에 대해서는 대수방정식이 된다. 거시적 수지는 유체와 고체 표면과의 상호작용을 다루는 항을 포함한다. 유체는 계의 표면에 작용하는 힘과 돌림힘을 부가할 수 있으며, 외부는 움직이는 표면에 의해 유체에 일 W_m을 할 수 있다.

거시적 수지는 변화방정식을 유동계의 전체 부피에 걸쳐 적분함으로써 얻을 수 있다.[1,2]

---

[1] R. B. Bird, *Chem. Eng. Sci.*, **6**, 123-131 (1957); *Chem. Eng. Educ.*, **27**(2), 102-109 (Spring 1993).

[2] J. C. Slattery and R. A. Gaggioli, *Chem. Eng. Sci.*, **17**, 893-895 (1962).

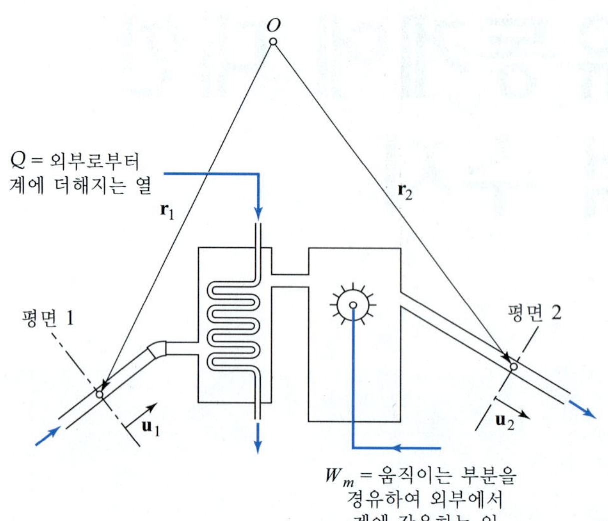

그림 7.0-1 유체가 평면 1에서 들어오고 평면 2에서 나가는 거시적 유동계. 계의 온도를 일정하게 유지하기 위해 Q 속도로 열을 가하는 것이 필요할 것이다. 움직이는 표면에 의해 외부에서 계에 작용하는 일의 속도는 W_m이다. 기호 $\mathbf{u}_1$과 $\mathbf{u}_2$는 평면 1과 2에서 유동 방향의 단위 벡터를 나타내며, 양 $\mathbf{r}_1$과 $\mathbf{r}_2$는 좌표의 어떤 명시된 원점에 관해 유입 평면과 유출 평면의 중심 위치를 나타내는 위치 벡터이다.

$$\int_{V(t)} (\text{연속방정식})\ dV = \text{거시적 질량 수지}$$

$$\int_{V(t)} (\text{운동방정식})\ dV = \text{거시적 운동량 수지}$$

$$\int_{V(t)} (\text{각운동량 방정식})\ dV = \text{거시적 각운동량 수지}$$

$$\int_{V(t)} (\text{기계적 에너지식})\ dV = \text{거시적 기계적 에너지 수지}$$

이들 거시적 수지의 처음 세 식은 거시계에 대해 직접 보존법칙을 쓰거나 혹은 지시된 적분을 수행함으로써 얻을 수 있지만, 거시적 기계적 에너지 수지를 얻기 위해서는 상응하는 변화방정식을 거시계에 걸쳐 적분하여야만 한다.

7.1절에서부터 7.3절까지는 보존법칙을 씀으로써 거시적 질량, 운동량 및 각운동량 수지를 수립하고자 하며, 7.4절에는 거시적 기계적 에너지 수지를 나타내고 상세한 유도과정을 7.8절까지에 걸쳐 설명하고자 한다. 거시적 기계적 에너지 수지에는 "마찰 손실"이라 불리는 항이 있으며, 7.5절을 이 양을 계산하는 방법에 할애하고자 한다. 7.6절과 7.7절에는 유동 문제의 해를 구하기 위해 거시적 수지의 집합이 어떻게 사용되어야 하는지 설명할 것이다.

많은 공학 분야에서 거시적 수지는 널리 사용되어 왔으며, 계 내부의 유체역학에 대한 상세한 언급 없이 거대계를 포괄적으로 설명하고 있다. 또 공학 문제의 초기 평가와 다양한 양들의 크기의 차수를 계산하는 데 거시적 수지는 종종 유용하게 사용되며, 때로는 정보가 충분하지 않거나 혹은 생략된 항에 대한 보정을 실험 데이터의 도움으로 개선할 수 있는 근사적 관계식을 유도하는 데에도 이용된다.

거시적 수지를 사용함에 있어서 어느 항을 생략하고 어느 항을 계산해야 할 것인지 종종 결정하여야 하며, 이는 (i) 유사한 계의 실험에 기초를 둔 직관, (ii) 계에 대한 어떤 실험 데이터, (iii) 유동 가시화 연구, 혹은 (iv) 크기의 차수 계산을 요구한다. 이것은 특정 예를 대상으로 하면 명백해질 것이다.

앞으로 다루어질 거의 모든 주제에서 거시적 수지는 사용될 것이며, 7장은 앞 장들을 다시 돌아볼 수 있는 좋은 기회를 제공할 것이다.

7.1 거시적 질량 수지

그림 7.0-1의 계에서 유체는 단면 S_1을 갖는 평면 1에서 계로 들어오고 단면 S_2를 갖는 평면 2에서 계를 나간다. 입구 평면에서의 평균 속도는 $\langle v_1 \rangle$이고, 출구 평면에서의 평균 속도는 $\langle v_2 \rangle$이다. 이 절과 다음 절에서 (i) 평면 1과 2에서 시간 평활된 속도는 관련된 단면에 수직이며, (ii) 평면 1과 2에서 밀도와 다른 물성은 단면에 걸쳐 균일하다는 대단히 제한적이지는 않는 두 개의 가정을 도입하고자 한다.

그러면 이 계에 대한 질량 보존법칙은

$$\frac{d}{dt} m_{\text{tot}} = \rho_1 \langle v_1 \rangle S_1 - \rho_2 \langle v_2 \rangle S_2 \tag{7.1-1}$$

질량 증가속도 / 평면 1에서 들어오는 질량 속도 / 평면 2에서 나가는 질량 속도

이 된다. 여기서 $m_{\text{tot}} = \int \rho dV$는 평면 1과 2 사이의 계에 포함된 유체의 총 질량이다. 이제 질량 유량에 대한 기호 $w = \rho \langle v \rangle S$와 $\Delta w = w_2 - w_1$(출구값 빼기 입구값)의 표기법을 도입하면, **비정상상태의 거시적 질량 수지**는

$$\boxed{\frac{d}{dt} m_{\text{tot}} = -\Delta w} \tag{7.1-2}$$

가 된다. 만약 유체의 총 질량이 시간에 따라 변하지 않는다면, **정상상태의 거시적 질량 수지**

$$\Delta w = 0 \tag{7.1-3}$$

을 얻으며, 들어오는 질량 유량은 나가는 질량 유량과 같다는 바로 그 진술이다.

거시적 질량 수지에 대해 식 7.1-2 좌변의 시간 도함수가 0이 되는 것을 의미하기 위해 "정상상태" 항을 사용한다. 움직이는 부분, 유동의 불안정성, 난류 등의 가능성 때문에 계 내부에는 비정상상태 유동 영역이 존재할 것이다.

예제 7.1-1 구형 탱크의 배출

반지름이 R인 구형 탱크와 길이가 L이고 지름이 D인 배출관이 중유로 가득 채워져 있으며, 시간 $t=0$에서 배출관 바닥의 밸브를 연다. 탱크 내의 중유를 배출하는 데 시간이 얼마나 걸리는지 구하시오. 구형 탱크의 바로 상부에는 공기를 뽑는 배기구가 있으며, 탱크 내부 표면에 달라 붙는 중유의 양은 무시하고, 배출관 내의 유동은 층류로 가정하시오.

해 그림 7.1-1에서와 같이 3개의 평면을 표시하고, 평면 2 위의 순간적인 액체 높이를 $h(t)$라 하자. 그러면 어떤 시간 t에서 구 내의 액체의 총 질량은 미적분을 사용하여 얻을 수 있으며,

$$m_{\text{tot}} = \pi R h^2 \left(1 - \frac{1}{3}\frac{h}{R}\right)\rho \tag{7.1-4}$$

이다.

평면 1을 가로질러서는 유체가 흐르지 않으므로 $w_1 = 0$임을 알며, 유출되는 질량 유량 w_2는 Hougen-Poiseuille 공식으로부터 결정되는 바와 같이

$$w_2 = \frac{\pi(\mathscr{P}_2 - \mathscr{P}_3)D^4\rho}{128\mu L} = \frac{\pi(\rho g h + \rho g L)D^4\rho}{128\mu L} \tag{7.1-5}$$

이다. Hougen-Poiseuille 공식은 정상상태의 유동에 대해 유도되었으나, 탱크 내 액체의 부피가 시간에 따라 천천히 변하므로 Hougen-Poiseuille 공식을 여기서 사용하였다; 즉 이것은 "준 정상상태"로 근사한 하나의 예이다. m_{tot}과 w_2에 대한 식을 식 7.1-2에 대입하고 재정리하면

$$-\frac{(2R-h)h}{h+L}\frac{dh}{dt} = \frac{\rho g D^4}{128\mu L} \tag{7.1-6}$$

을 얻는다. 식 우변항의 상수를 A로 간략하게 쓰고, 변수를 $H = h + L$로 변화시키면 식을 쉽게 적분할 수 있다.

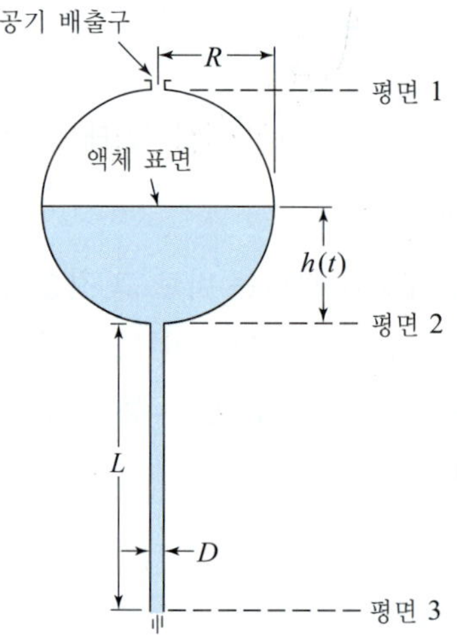

그림 7.1-1 배출관을 갖고 있는 구형 탱크

$$\frac{[H-(2R+L)](H-L)}{H}\frac{dH}{dt}=A \tag{7.1-7}$$

이 식을 $t=0$ ($h=2R$ 혹은 $H=2R+L$ 일 때)과 $t=t_{\text{efflux}}$ ($h=0$ 혹은 $H=L$ 일 때) 사이에서 적분하면 유출 시간에 대한 식

$$t_{\text{efflux}}=\frac{L^2}{A}\left[2\frac{R}{L}\left(1+\frac{R}{L}\right)-\left(1+2\frac{R}{L}\right)\ln\left(1+2\frac{R}{L}\right)\right] \tag{7.1-8}$$

을 얻는다. 여기서 A는 식 7.1-6의 우변 항에 의해 주어진다. 구 내부의 유체 운동에 대한 어떤 상세한 분석도 없이 이 결과를 얻었다는 사실에 주목하시오.

7.2 거시적 운동량 수지

이제 앞 절에서 언급하였던 동일한 두 개의 가정에 두 개의 추가적인 가정, (iii) 응력 텐서 $\boldsymbol{\tau}$와 관련된 힘은 일반적으로 입구 평면과 출구 평면에 작용하는 압력에 비해 작으므로 평면 1과 2에서 무시할 만하다는 가정과 (iv) 압력은 입구와 출구 평면의 단면에 걸쳐 변하지 않는다는 가정을 사용하여 그림 7.0-1의 계에 운동량 보존법칙을 적용하고자 한다.

운동량은 벡터량이므로 수지의 각 항은 벡터가 되어야 한다. 평면 1과 2에서 유동 방향을 나타내기 위한 단위 벡터 $\mathbf{u}_1$과 $\mathbf{u}_2$를 사용하면 운동량 보존법칙은

$$\frac{d}{dt}\mathbf{P}_{\text{tot}}=\rho_1\langle v_1^2\rangle S_1\mathbf{u}_1-\rho_2\langle v_2^2\rangle S_2\mathbf{u}_2+p_1S_1\mathbf{u}_1-p_2S_2\mathbf{u}_2+\mathbf{F}_{s\to f}+m_{\text{tot}}\mathbf{g} \tag{7.2-1}$$

운동량 증가속도	평면 1에서 들어오는 운동량 속도	평면 2에서 나가는 운동량 속도	평면 1에서 유체에 작용하는 압력	평면 2에서 유체에 작용하는 압력	유체에 작용하는 고체 표면의 힘	유체에 작용하는 중력

로 된다. 여기서 $\mathbf{P}_{\text{tot}}=\int\rho\mathbf{v}dV$는 계 내의 총 운동량이다. 이 식은 계를 들어오고 나가는 운동량의 대류와 계에 작용하는 다양한 힘, 즉 계의 말단에 작용하는 압력, 계 내에서 유체에 작용하는 고체 표면의 힘, 계의 벽 내에서 유체에 작용하는 중력때문에 계 내부의 총 운동량은 변한다는 것을 보여주고 있다. 하첨자 "$s\to f$"는 힘의 방향을 의미한다.

질량 유량에 대한 기호와 Δ 기호를 도입하면 최종적으로 비정상상태의 거시적 운동량 수지

$$\boxed{\frac{d}{dt}\mathbf{P}_{\text{tot}}=-\Delta\left(\frac{\langle v^2\rangle}{\langle v\rangle}w+pS\right)\mathbf{u}+\mathbf{F}_{s\to f}+m_{\text{tot}}\mathbf{g}} \tag{7.2-2}$$

를 얻는다. 계 내 운동량의 총량이 시간에 따라 변하지 않는다면, 정상상태의 거시적 운동량 수지

$$\mathbf{F}_{f\to s} = -\Delta\left(\frac{\langle v^2\rangle}{\langle v\rangle} w + pS\right)\mathbf{u} + m_{\text{tot}}\mathbf{g} \tag{7.2-3}$$

을 얻는다. 이 식은 벡터 식이란 것을 다시 한번 강조하고자 하며, 굽어진 관이나 터빈 날개에 작용하는 힘과 같은 고체 표면에 작용하는 유체의 힘 $\mathbf{F}_{f\to s}$를 계산하는 데 유용하다. 실제 윗 식의 단순한 변형을 식 6.1-3에서 이미 사용하였다.

난류에 관한 주: (i) 난류 유동에 대해서는 보통 $\langle v\rangle$를 $\langle \bar{v}\rangle$로, $\langle v_2\rangle$를 $\langle \bar{v}^2\rangle$으로 대체한다. 후자에서 $\langle \overline{v'^2}\rangle$항은 $\langle \bar{v}^2\rangle$에 비하여 일반적으로 작기 때문에 무시하였다. (ii) 또 $\langle \bar{v}^2\rangle/\langle \bar{v}\rangle$를 $\langle \bar{v}\rangle$로 대체한다. 이렇게 함으로써 발생하는 오차는 대단히 작다. 식 5.1-4에 주어진 경험적 $\frac{1}{7}$ 멱수법칙 속도분포에 대해 $\langle \bar{v}^2\rangle/\langle \bar{v}\rangle = \frac{50}{49}\langle \bar{v}\rangle$이므로 오차는 약 2% 정도이다. (iii) 이 가정을 사용하면 표기법을 간단히 하기 위해 보통 각 괄호와 윗 줄을 빼게 된다. 즉 $\langle \bar{v}_1\rangle \equiv v_1$과 $\langle \bar{v}_1^2\rangle \equiv v_1^2$로 두며, 평면 2의 양에 대해서도 동일하게 단순화할 것이다.

예제 7.2-1 젯에 의해 가해지는 힘(부분 a)

그림 7.2-1에서 보는 바와 같이 물의 난류 젯이 반지름이 $R_1 = 2.5$ cm인 관으로부터 속도 $v_1 = 6$ m/s 로 나오고 있으며, 젯은 수직으로 자유롭게 움직이는 질량이 $m = 5.5$ kg인 원판과 막대로 구성된 조립품에 부딪치게 된다. 막대와 슬리브 사이의 마찰은 무시할만 하다고 한다. 젯의 결과로 원판이 "떠 있을" 높이 h를 구하시오.[1] 물은 비압축성이라고 가정한다.

해 이 문제를 풀기 위하여 젯이 어떻게 거동하는지 상상해 보아야 한다. 그림 7.2-1(a)에서 젯은 관의 출구와 원판 사이에서 일정한 반지름 R_1을 갖는다고 가정한 반면에, 그림 7.2-1(b)에서는 젯이 약간씩 펼쳐진다고 가정하였다. 이 예제에서는 첫 번째 가정을 사용하였으며, 예제 7.4-1에서는 펼쳐지는 젯을 다루었다.

평면 1과 2 사이에 정상상태의 운동량 수지의 z-성분을 적용하면, 두 평면 모두에 대기압이 작용하고 있으므로, 압력항은 생략할 수 있다. 또 평면 2에서 유속의 z 성분이 0이므로, 운동량 수지는

$$mg = v_1(\rho v_1 \pi R_1^2) - (\pi R_1^2 h)\rho g \tag{7.2-4}$$

가 된다. 이것을 h에 대해 풀면

$$h = \frac{v_1^2}{g} - \frac{m}{\rho\pi R_1^2} = \frac{(6)^2}{(9.807)} - \frac{5.5}{\pi(0.025)^2(1000)} = 0.87 \text{ m} \tag{7.2-5}$$

를 얻는다(SI 단위로).

[1] K. Federhofer, *Aufgaben aus der Hydromechanik*, Springer-Verlag, Vienna (1954), pp. 36과 172.

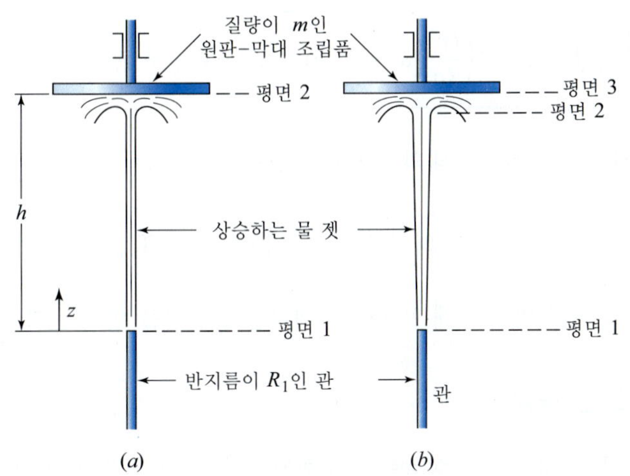

그림 7.2-1 젯-원판 문제의 두 해에 상응하는 그림. (*a*)에서는 물 젯이 균일한 반지름 R_1을 갖는다고 가정하였다. (*b*)에서는 액체 젯이 퍼지는 것을 허용하였다.

7.3 거시적 각운동량 수지

거시적 각운동량 수지의 개발은 앞 절의 (선형) 운동량 수지의 개발과 같다. 해야 할 모든 것은 "운동량"을 "각운동량"으로 대체하고, "힘"을 "돌림힘"으로 대체하는 것이다.

각운동량과 돌림힘을 표현하기 위해 이 양들을 구할 수 있는 좌표의 원점을 선정하여야 한다. 그림 7.0-1의 "O"를 원점으로 선정하며, 이 원점에 관한 평면 1과 2의 중심점까지의 위치는 위치 벡터 $\mathbf{r}_1$과 $\mathbf{r}_2$로 주어진다.

7.1절과 7.2절에서 도입한 가정 (i)-(iv)를 다시 사용하면, 평면에서 $\int[\mathbf{r} \times \rho\mathbf{v}](\mathbf{v}\cdot\mathbf{u})dS$로 계산되는 각운동량은 평면 1에서 유입 속도가 $\rho_1\langle v_1^2\rangle S_1[\mathbf{r}_1 \times \mathbf{u}_1]$으로 되고, 평면 2에서 계를 나가는 각운동량 속도도 유사한 식으로 주어진다.

비정상상태의 거시적 각운동량 수지는

$$\underbrace{\frac{d}{dt}\mathbf{L}_{\text{tot}}}_{\text{각 운동량 증가속도}} = \underbrace{\rho_1\langle v_1^2\rangle S_1[\mathbf{r}_1 \times \mathbf{u}_1]}_{\text{평면 1에서 들어오는 각운동량 속도}} - \underbrace{\rho_2\langle v_2^2\rangle S_2[\mathbf{r}_2 \times \mathbf{u}_2]}_{\text{평면 2에서 나가는 각운동량 속도}}$$

$$+ \underbrace{p_1S_1[\mathbf{r}_1 \times \mathbf{u}_1]}_{\text{평면 1에서 유체에 작용하는 압력에 기인한 돌림힘}} - \underbrace{p_2S_2[\mathbf{r}_2 \times \mathbf{u}_2]}_{\text{평면 2에서 유체에 작용하는 압력에 기인한 돌림힘}} + \underbrace{\mathbf{T}_{s\to f}}_{\text{유체에 작용하는 고체 표면의 돌림힘}} + \underbrace{\mathbf{T}_{\text{ext}}}_{\text{유체에 작용하는 외부 돌림힘}} \tag{7.3-1}$$

로 주어지며, 여기서 $\mathrm{L}_{\text{tot}} = \int\rho[\mathbf{r} \times \mathbf{v}]dV$는 계 내부의 총 각운동량이고, $\mathrm{T}_{\text{ext}} = \int[\mathbf{r} \times \rho\mathbf{g}]dV$는 중력의 결과로 계 내의 유체에 작용하는 돌림힘이다. 이 식 역시

$$\boxed{\frac{d}{dt}\mathbf{L}_{\text{tot}} = -\Delta\left(\frac{\langle v^2\rangle}{\langle v\rangle}w + pS\right)[\mathbf{r}\times\mathbf{u}] + \mathbf{T}_{s\to f} + \mathbf{T}_{\text{ext}}} \tag{7.3-2}$$

로도 쓸 수 있다. 마지막으로, 정상상태의 거시적 각운동량 수지는

$$\mathbf{T}_{f\to s} = -\Delta\left(\frac{\langle v^2\rangle}{\langle v\rangle}w + pS\right)[\mathbf{r}\times\mathbf{u}] + \mathbf{T}_{\text{ext}} \tag{7.3-3}$$

이며, 이 식으로부터 유체에 의해 고체 표면에 가해지는 돌림힘을 얻게 된다.

예제 7.3-1 혼합 용기에 작용하는 돌림힘

그림 7.3-1에 주어진 혼합 용기는 정상상태로 운전되고 있다. 속도가 v_1인 난류의 유체가 평면 1에 접선 방향으로 들어와서 v_2의 속도로 수직인 관을 통해 나가고 있다. 탱크는 방해판을 갖고 있으므로 수직인 유출관 내에서 유체의 소용돌이 운동은 없다고 한다. 혼합 용기에 가해지는 돌림힘을 구하시오.

해 좌표계의 원점을 탱크 상부에 평행하고, 입구 관의 축을 통해 지나가는 평면 내의 탱크 축 위에 설정한다. 그러면 벡터 $[\mathbf{r}_1\times\mathbf{u}_1]$은 z 방향으로 지시하는 크기 R을 갖는 벡터가 된다. 더욱이 두 벡터가 동일 직선 상에 있기 때문에 $[\mathbf{r}_2\times\mathbf{u}_2]=0$이 된다. 따라서 이 문제에 대해 식 7.3-3은

$$\mathbf{T}_{f\to s} = (\rho v_1^2 S_1 + p_1 S_1)R\boldsymbol{\delta}_z \tag{7.3-4}$$

로 주어진다. 따라서 기대하였던 바와 같이 돌림힘은 바로 “힘 × 지렛대 팔 길이”가 된다.

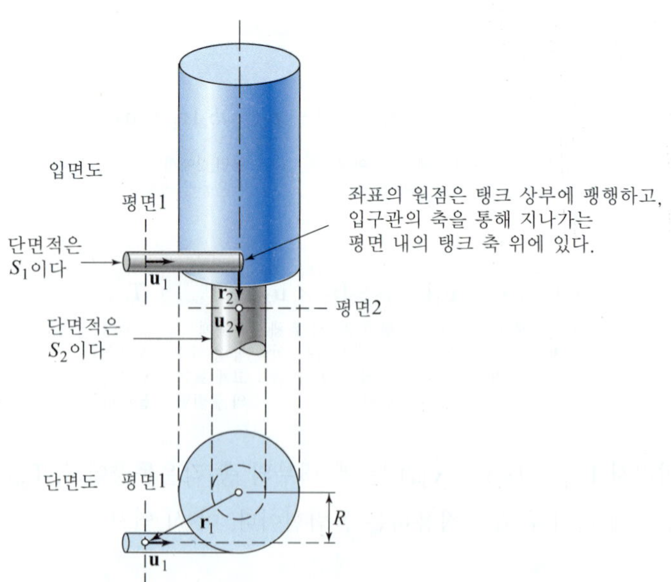

그림 7.3-1 단면도와 입면도를 보여주는 탱크에 작용하는 돌림힘

만약 돌림힘이 충분히 크다면, 유입 압력과 유체의 운동에 의해 발생되는 돌림힘에 저항할 수 있도록 기구를 적절히 고정시켜야 한다.

7.4 거시적 기계적 에너지 수지

식 7.1-2, 7.2-2와 7.3-2는 그림 7.0-1의 거시적 계에 걸쳐 질량, (선형) 운동량과 각운동량 보존법칙을 적용함으로써 수립되었다. 따라서 얻어진 3개의 거시적 수지는 식 3.1-4, 3.2-9와 3.4-1의 변화방정식에 상응하며, 사실 이들은 대단히 유사한 구조를 가지고 있다. 이들 3개의 거시적 수지는 세 개의 변화방정식을 유동계의 부피에 걸쳐 적분함으로써 역시 얻을 수 있다.

다음 식 3.3-2의 기계적 에너지식에 상응하는 거시적 기계적 에너지 수지를 수립하고자 한다. 기계적 에너지에 대한 보존법칙이 없기 때문에 앞의 세 절에서 하였던 것과 같이 직접 이를 얻을 수 있는 방법은 없다. 이 경우는 기계적 에너지의 변화방정식을 유동계의 부피에 대해 적분하여야 한다. 앞에서 사용된 것과 동일한 가정 (i-iv)을 사용하여 얻은 결과는 **비정상상태의 거시적 기계적 에너지 수지**이다 (때로는 **공학적 Bernoulli 식**이라 불린다). 식은 7.8절에서 유도되며, 여기서는 결과를 쓰고 그 의미를 논의하고자 한다.

$$\frac{d}{dt}(K_{\text{tot}} + \Phi_{\text{tot}}) = \left(\tfrac{1}{2}\rho_1\langle v_1^3\rangle + \rho_1\hat{\Phi}_1\langle v_1\rangle\right)S_1 - \left(\tfrac{1}{2}\rho_2\langle v_2^3\rangle + \rho_2\hat{\Phi}_2\langle v_2\rangle\right)S_2$$

계 내의 운동에너지와 위치에너지의 증가 속도 / 평면 1에서 계로 들어오는 운동에너지와 위치에너지의 속도 / 평면 2에서 계를 나가는 운동에너지와 위치에너지의 속도

$$+ (p_1\langle v_1\rangle S_1 - p_2\langle v_2\rangle S_2) + W_m + \int_{V(t)} p(\boldsymbol{\nabla}\cdot\mathbf{v})\,dV + \int_{V(t)} (\boldsymbol{\tau}:\boldsymbol{\nabla}\mathbf{v})\,dV \qquad (7.4\text{-}1)^{1}$$

압력에 의해 평면 1과 2에서 외부가 유체에 대해 하는 일의 알짜 속도 / 움직이는 표면에 의해 유체에 작용하는 일의 속도 / 유체의 팽창과 수축때문에 증가하고 감소하는 기계적 에너지 속도 / 점성 발열 때문에 감소하는 기계적 에너지 속도1

여기서 $K_{\text{tot}} = \int\frac{1}{2}\rho v^2 dV$와 $\Phi_{\text{tot}} = \int\rho\hat{\Phi}dV$는 계 내부의 총 운동 및 위치에너지이다. 식 7.4-1에 따르면, 총 기계적 에너지(즉, 운동에너지와 위치에너지를 더한)는 기계적 에너지가 첨가되고 제거되는 속도 차이 때문에, 외부에 의해 유체에 작용하는 일 때문에, 그리고 압축성 효과와 점성 소산 때문에 변한다. 계의 입구(평면 1)에서는 힘 p_1S_1에 $\langle v_1\rangle$을 곱하면 외부가 유체에 대해 한 일의 속도가 됨에 주목하시오. 더욱이 W_m은 움직이는 표면에 의해 외부에서 유체에 작용하는 일의 속도이다.

[1] 항의 이 해석은 단지 뉴튼 유체에 대해서만 타당하다; 고분자 액체는 탄성을 가지며, 위에 주어진 해석이 결코 타당하지 않다.

거시적 기계적 에너지 수지를 좀 더 간결하게 쓰면

$$\frac{d}{dt}(K_{\text{tot}} + \Phi_{\text{tot}}) = -\Delta\left(\frac{1}{2}\frac{\langle v^3\rangle}{\langle v\rangle} + \hat{\Phi} + \frac{p}{\rho}\right)w + W_m - E_c - E_v \tag{7.4-2}$$

로 되며, 여기서 항 E_c와 E_v는 다음과 같이 정의된다.

$$E_c = -\int_{V(t)} p(\boldsymbol{\nabla}\cdot\mathbf{v})\,dV \quad \text{와} \quad E_v = -\int_{V(t)} (\boldsymbol{\tau}:\boldsymbol{\nabla}\mathbf{v})\,dV \tag{7.4-3, 4}$$

압축항 E_c는 압축되면 양의 값이 되고, 팽창하면 음이 되며, 유체가 비압축성이라고 가정하면 0이 된다. 항 E_v는 식 3.3-3에 볼 수 있는 바와 같이 뉴튼 유체에 대해서는 항상 양이 되는 **점성 소산(혹은 마찰손실)** 항이다. (점탄성인 고분자 유체에 대해서는 E_v는 양일 필요는 없다: 이들 유체는 다음 장에서 다룰 것이다.)

계 내의 총 운동에너지와 위치에너지의 합이 시간에 따라 변하지 않는다면

$$\Delta\left(\frac{1}{2}\frac{\langle v^3\rangle}{\langle v\rangle} + gh + \frac{p}{\rho}\right)w = W_m - E_c - E_v \tag{7.4-5}$$

의 **정상상태의 거시적 기계적 에너지 수지**를 얻는다. 여기서 h는 어떤 임의로 선정된 기저 평면 위의 높이이다.

다음, 계를 통한 대표적인 흐름선을 그릴 수 있다고 가정하고, $\Delta(p/\rho)$와 E_c 항을 결합하면 다음의 **근사적** 관계식을 얻을 것이다 (7.8절 참조).

$$\Delta\left(\frac{p}{\rho}\right)w + E_c \approx w\int_1^2 \frac{1}{\rho}\,dp \tag{7.4-6}$$

그런 다음 식 7.4-5를 $w_1 = w_2 = w$ 로 나누면

$$\Delta\left(\frac{1}{2}\frac{\langle v^3\rangle}{\langle v\rangle}\right) + g\Delta h + \int_1^2 \frac{1}{\rho}\,dp = \hat{W}_m - \hat{E}_v \tag{7.4-7}$$

을 얻는다. 여기서 $\hat{W}_m = W_m/w$이고 $\hat{E}_v = E_v/w$이다. 식 7.4-7은 가장 자주 사용되는 정상상태의 기계적 에너지 수지의 변형식이다. 등온계에 대해서는 압력의 함수로 주어지는 밀도식이 존재하면 적분항은 계산될 수 있다.

이제 식 7.4-7을 점성이 없는 유체에 대한 "전형적인" Bernoulli 식인 식 3.5-12와 비교하고자 한다. 만약 식 3.5-12의 우변에 외부에 의해 작용하는 일 $\hat{W}_m$을 바로 더하고 점성 소산항 $\hat{E}_v$를 빼고 속도를 단면에 걸쳐 적절한 평균으로 다시 해석하여 쓰면 식 7.4-7을 얻는다. 이는 거시적 기계적 에너지 수지가 운동방정식으로부터(즉 운동량 보존법칙으로부터) 유도된다는 기본적인 생각을 여전히 유지하면서 식 7.4-7에 대한 그럴싸한 논거를 제공하고 있

다. 관심이 있는 사람들을 위해 거시적 기계적 에너지 수지의 완전한 유도는 7.8절에 주어져 있다.

난류에 관한 주: (i) 난류에 대해서는 $\langle v^3 \rangle$을 $\langle \bar{v}^3 \rangle$으로 대체하고, 난류 요동에 의한 기여는 무시한다. (ii) $\langle \bar{v}^3 \rangle / \langle \bar{v} \rangle$ 를 $\langle \bar{v} \rangle^2$로 대체하는 것이 보통의 관습이다. 식 5.1-4에 주어진 경험적 $\frac{1}{7}$ 멱수법칙 속도분포에 대해서는 $\langle \bar{v}^3 \rangle / \langle \bar{v} \rangle = \frac{43200}{40817} \langle \bar{v} \rangle^2$임을 알 수 있으므로 오차는 약 6% 정도가 된다. (iii) 또 난류에서의 표기법을 단순화하기 위해 각 괄호와 윗 줄을 생략한다.

예제 7.4-1 젯에 의해 가해지는 힘(부분 b)

젯이 위를 향해 움직일 때 펼쳐진다고 간주하여 예제 7.2-1의 문제를 계속하시오.

해 그림 7.2-1(b)에서 보는 바와 같이 이제 z가 증가함에 따라 젯의 지름이 증가한다고 한다. 3개의 평면을 설정하고 한 쌍의 평면들 사이에 수지를 수립하는 것이 편리하다. 평면 2와 3 사이의 분리된 간격은 대단히 작다고 한다.

평면 1과 2 사이의 질량 수지는

$$w_1 = w_2 \tag{7.4-8}$$

로 주어진다. 다음 동일한 두 평면 사이에 식 7.4-5 또는 7.4-7의 기계적 에너지 수지를 적용한다. 평면 1과 2에서 압력은 둘 다 대기압이고, 움직이는 부분에 의해 작용하는 일 W_m은 없으며, 점성 소산항 E_v는 무시할 수 있다고 가정한다. 만약 z가 관 출구로부터 윗 방향으로 측정된다고 하면 평면 2와 3이 서로 대단히 가깝기 때문에 $g\Delta h = g(h_2 - h_1) \approx g(h - 0)$이 된다. 따라서 기계적 에너지 수지는

$$\tfrac{1}{2}(v_2^2 - v_1^2) + gh = 0 \tag{7.4-9}$$

로 주어진다. 이제 평면 2와 3 사이에 z-운동량 수지를 적용하고자 한다. 영역이 대단히 작으므로 식 7.2-3의 마지막 항은 무시한다. 두 평면은 모두 대기압이 주어져 있으므로 압력항은 기여 하지 않는다. 평면 3에서의 유속은 0이므로 운동량 수지의 좌변 두 항만 단지 존재하게 된다.

$$mg = v_2 w_2 \tag{7.4-10}$$

위 세 식으로부터

$$\begin{aligned} h &= \frac{v_1^2}{2g}\left(1 - \frac{v_2^2}{v_1^2}\right) && \text{식 7.4-9로부터} \\ &= \frac{v_1^2}{2g}\left(1 - \frac{(mg/w_2)^2}{v_1^2}\right) && \text{식 7.4-10으로부터} \\ &= \frac{v_1^2}{2g}\left(1 - \left(\frac{mg}{v_1 w_1}\right)^2\right) && \text{식 7.4-11로부터} \end{aligned} \tag{7.4-11}$$

을 얻으며, 여기서 mg와 $v_1 w_1 = \pi R_1^2 \rho v_1^2$은 알려져 있다. 수치값을 식 7.4-11에 대입하면 $h =$ 0.77 m를 얻는다. 젯이 펼쳐진다고 간주하였으므로 이 결과는 예제 7.2-1에서 구한 0.87 m의 값보다 좀더 합리적인 것으로 생각된다. 그러나 원판–막대 조립품은 어떤 큰 유효 질량을 갖고 있으므로 물이 원판에 달라 붙는 것은 고려하지 않았다. 더욱이 슬리브에서 막대의 마찰저항은 무시하였다. 식 7.4-11의 타당성을 평가하기 위해 실험을 수행하는 것이 필요하다.

7.5 점성 손실 계산

이 절에서는 거시적 기계적 에너지 수지에 나타나는 점성 손실(혹은 마찰 손실), E_v를 계산하는 방법을 설명하고자 한다. E_v에 대한 일반식은 식 7.4-4로 주어진다. 비압축성 뉴튼 유체의 경우 E_v를 식 3.3-3을 사용하여

$$E_v = \int \mu \Phi_v dV \tag{7.5-1}$$

과 같이 전체 유동계의 부피에 걸쳐 점성 소산의 국부적인 속도의 적분으로 다시 쓸 수 있다.

이제 차원 해석의 관점에서 E_v를 조사해 보고자 한다. 양 Φ_v는 속도 구배의 제곱의 합이므로, $(v_0/l_0)^2$의 차원을 갖는다. 여기서 v_0와 l_0는 각각 특성 속도와 길이이다. 그러므로

$$E_v = (\rho v_0^3 l_0^2)(\mu / l_0 v_0 \rho) \int \breve{\Phi}_v \, d\breve{V} \tag{7.5-2}$$

와 같이 쓸 수 있으며, $\breve{\Phi}_v = (l_0/v_0)^2 \Phi_v$와 $d\breve{V} = l_0^{-3} dV$는 무차원 양이다. 만약 3.7절과 6.2절의 차원 논거를 사용한다면, 식 7.5-2의 적분은 단지 변화방정식 내의 다양한 무차원 군들과 경계조건으로 들어가는 다양한 기하학적 인자들에만 의존한다는 것을 안다. 만약 Reynolds 수 $\text{Re} = l_0 v_0 \rho / \mu$ 만이 의미있는 무차원 군이라고 하면, 식 7.5-2는 일반적인 형태

$$E_v = (\rho v_0^3 l_0^2) \times (\text{Re의 무차원 함수와 다양한 기하학적 비}) \tag{7.5-3}$$

을 가져야 한다. **정상상태의 유동**에서는 $\hat{E}_v = E_v / w$ 양을 사용하여 설명하고자 한다. 여기서 $w = \rho \langle v \rangle S$는 유동계의 **임의의** 단면을 통하여 흐르는 질량 유량이다. 기준 속도 v_0를 $\langle v \rangle$로, 기준 길이 l_0을 $\sqrt{S}$로 선정한다면,

$$\hat{E}_v = \tfrac{1}{2} \langle v \rangle^2 e_v \tag{7.5-4}$$

가 된다. 여기서 **마찰 손실 인자** e_v는 Reynolds 수와 관련된 무차원 기하학적 비의 함수이며, 인자 $\frac{1}{2}$은 여러 관련된 식의 형태를 유지하기 위해 도입되었다. 이제 배관계의 여러 부품에 대한 마찰 손실 인자에 관해 무엇을 알 수 있는지 요약하고자 한다.

곧은 도관에 대한 마찰 손실 인자는 마찰인자와 밀접한 연관이 있다. 일정한 임의의 단면

S와 길이 L을 갖는 곧은 도관 내를 일정한 밀도의 유체가 정상상태 유동으로 흐르고 있다고 생각한다. 만약 유체가 압력 구배와 중력의 영향으로 z 방향으로 흐르고 있다고 하면, 식 7.2-2와 7.4-7은

(z 운동량) $$F_{f\to s} = (p_1 - p_2)S + (\rho SL)g_z \tag{7.5-5}$$

(기계적 에너지) $$\hat{E}_v = \frac{1}{\rho}(p_1 - p_2) + Lg_z \tag{7.5-6}$$

이 된다. 두 번째 식에 ρS에 곱하고 빼면

$$\hat{E}_v = \frac{F_{f\to s}}{\rho S} \tag{7.5-7}$$

이 된다. 이에 더하여 유동이 **난류**이면 평균 수력학적 반지름 R_h의 항으로 된 $F_{f\to s}$에 대한 식이 사용될 것이므로 (식 6.2-16에서 18 참조)

$$\hat{E}_v = \tfrac{1}{2}\langle v\rangle^2 \frac{L}{R_h} f \tag{7.5-8}$$

이 된다. 여기서 f는 6장에서 논의된 마찰 인자이다. 이 식은 식 7.5-4의 형태이므로, 균일한 단면을 갖는 곧은 관 부분을 흐르는 난류에 대해서는 마찰 손실 인자와 마찰 인자 간에 간단한 관계식

$$e_v = \frac{L}{R_h} f \tag{7.5-9}$$

를 얻는다. 단면이 변하는 도관에 관한 유사한 해석에 대해서는 문제 7B.2를 보시오.

대부분의 유동계는 관 이음쇠, 지름의 급격한 변화, 밸브 또는 유동 측정기기 등과 같은 다양한 "장애물"을 포함하고 있다. 이들 역시 마찰손실 E_v에 기여한다. 이와 같은 추가적인 저항은 (a) 거시적 수지들의 연립 해 혹은 (b) 실험적 측정의 두 방법 중 어느 하나에 의해 결정되는 e_v와 함께 식 7.5-4의 형태로 쓰게 될 것이다. e_v의 몇몇 대략적인 값을 표 7.5-1에 수록하였으며, 여기서 $\langle v\rangle$는 관행적으로 교란으로부터 **하류**의 평균 속도를 사용하였다. 이들 e_v 값은 Reynolds 수에 대한 의존성이 그렇게 중요하지 않는 **난류**에 대한 값이다.

이제 다양한 종류의 배관과 추가적인 저항물로 구성되어 있는 계의 **난류** 계산을 위해 종종 사용되는 **근사적인** 형태로 식 7.4-7을 다시 정리한다.

$$\tfrac{1}{2}(v_2^2 - v_1^2) + g(h_2 - h_1) + \int_{p_1}^{p_2} \frac{1}{\rho}\,dp = \hat{W}_m - \underbrace{\sum_i \left(\tfrac{1}{2}v^2 \frac{L}{R_h} f\right)_i}_{\text{곧은 도관의 모든 분절의 합}} - \underbrace{\sum_i \left(\tfrac{1}{2}v^2 e_v\right)_i}_{\text{모든 관 이음쇠, 밸브, 미터 등의 합}} \tag{7.5-10}$$

여기서 R_h는 식 6.2-16으로 정의된 평균 유체역학적 반지름이고, f는 식 6.1-4에서 정의된 마찰 인자이며, e_v는 표 7.5-1에서 주어진 마찰 손실 인자이다. 첫 항의 v_1과 v_2는 평면 1과 2에서의 속도를 의미하며, 첫 번째 합 안의 v는 i번째 관의 분절에서의 평균 속도, 두 번째 합

안의 v는 i번째 관 이음쇠, 밸브 혹은 다른 장애물로부터 하류의 평균 속도임에 주목하시오.

표 7.5-1 식 7.5-10과 함께 사용하기 위한 마찰 손실 인자의 간략한 요약 (난류에 대한 근사적 값)[a]

교란	e_v
단면적의 급격한 변화[b]	
관의 원형 입구	0.05
급격한 수축	$0.45(1-\beta)$
급격한 확장[c]	$\left(\dfrac{1}{\beta}-1\right)^2$
오리피스(예리한 모서리를 갖는)	$2.71(1-\beta)(1-\beta^2)\dfrac{1}{\beta^2}$
관 이음쇠와 밸브	
90° 엘보(원형)	0.4–0.9
90° 엘보(사각)	1.3–1.9
45° 엘보	0.3–0.4
글로브 밸브(열린)	6–10
게이트 밸브(열린)	0.2

[a] H. Kramers, *Physische Transportverschijnselen*, Technische Hogeschool Delft, Holland (1958), pp.53-54로부터 가져 왔다.

[b] 여기서 $\beta=$(더 작은 단면적)/(더 큰 단면적)

[c] 예제 7.6-1의 거시적 수지들로부터 유도를 참조하시오. 만약 $\beta=0$이면, $\hat{E}_v=\frac{1}{2}\langle v\rangle^2$이 된다. 여기서 $\langle v\rangle$는 확장되기 전 상류의 속도이다.

예제 7.5-1 배관계 유동에서 요구되는 일률

그림 7.5-1에 보는 계의 정상상태에서 요구되는 펌프의 출력 일률은 무엇인가? 68°F에서 물 ($\rho=62.4\ \text{lb}_m/\text{ft}^3$; $\mu=1.0$ cp)이 12 ft³/min의 유량으로 상부의 탱크로 이송되고 있다. 모든 배관은 내부 지름이 4인치인 매끄러운 원형관으로 이루어져 있다.

해 관 내의 평균 속도는

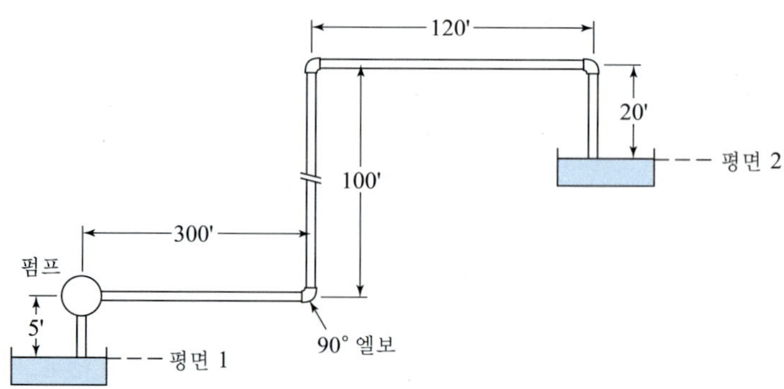

그림 7.5-1 관 이음쇠로 인한 마찰 손실을 갖는 배관계 유동. 평면 1과 2는 액체 표면 바로 아래에 있다.

$$\langle v \rangle = \frac{w/\rho}{\pi R^2} = \frac{(12/60)}{\pi(1/6)^2} = 2.30 \text{ ft/s} \tag{7.5-11}$$

이고, Reynolds 수는

$$\text{Re} = \frac{D\langle v \rangle \rho}{\mu} = \frac{(1/3)(2.30)(62.4)}{(1.0)(6.72 \times 10^{-4})} = 7.11 \times 10^4 \tag{7.5-12}$$

이므로 유동은 난류이다.

다양한 길이를 갖는 관으로부터 $\hat{E}_v$에 대한 기여는

$$\begin{aligned}\sum_i \left(\tfrac{1}{2}v^2 \frac{L}{R_h} f\right)_i &= \frac{2v^2 f}{D} \sum_i L_i \\ &= \frac{2(2.30)^2(0.0049)}{(1/3)}(5 + 300 + 100 + 120 + 20) \\ &= (0.156)(545) = 85 \text{ ft}^2/\text{s}^2 \end{aligned} \tag{7.5-13}$$

일 것이고, 급격한 수축, 3개의 90° 엘보와 급격한 확장으로부터 $\hat{E}_v$에 대한 기여(표 7.5-1 참조)는

$$\sum_i \left(\tfrac{1}{2}v^2 e_v\right)_i = \tfrac{1}{2}(2.30)^2(0.45 + 3(\tfrac{1}{2}) + 1) = 8 \text{ ft}^2/\text{s}^2 \tag{7.5-14}$$

일 것이다. 그러면 식 7.5-10으로부터

$$0 + (32.2)(105 - 20) + 0 = \hat{W}_m - 85 - 8 \tag{7.5-15}$$

을 얻으며, $\hat{W}_m$에 대한 해를 구하면

$$\hat{W}_m = 2740 + 85 + 8 \approx 2830 \text{ ft}^2/\text{s}^2 \tag{7.5-16}$$

을 얻는다. 이는 펌프 내에서 유체에 작용한 일(유체의 단위 질량당)이다. 따라서 계를 통해 흐르는 유체에 대해 펌프는 2830 ft^2/s^2 또는 2830/32.2 = 88 ft lb_f/ lb_m의 일을 한다. 질량 유량이

$$w = (12/60)(62.4) = 12.5 \text{ lb}_m/\text{s} \tag{7.5-17}$$

이므로, 결론적으로 펌프에 의해 전달되는 일률은

$$W_m = w\hat{W}_m = (12.5)(88) = 1100 \text{ ft lb}_f/\text{s} = 2 \text{ hp} = 1.5 \text{ kW} \tag{7.5-18}$$

이다.

7.6 정상상태 문제에 대한 거시적 수지식의 사용

등온 유동계에 대한 속도와 압력분포를 계산하기 위해 변화방정식을 단순화하여 미분방정식을 어떻게 수립할 수 있는가를 3.6절에서 보았다. 이 절에서는 거대계를 표현하기 위한 대수방정식을 얻기 위해 정상상태의 거시적 수지를 어떻게 사용하는지 알아보고자 한다.

각 문제에 대해 4개의 거시적 수지를 가지고 시작하며, 버린 항 또는 근사한 항의 흔적을 그대로 둠으로써 최종 결과에서 본래의 가정에 대한 완벽한 목록을 자동적으로 갖도록 한다. 여기서 주어지는 모든 예제는 등온, 비압축성 유동에 대한 것이며, 비압축성 가정은 유체의 속도가 유체 내의 음속보다 작아야만 하고, 결과적인 밀도 변화를 무시할 수 있을 만큼 압력 변화가 충분히 작아야 한다는 것을 의미한다.

정상상태의 거시적 수지는 다수의 유입 흐름(1a, 1b, 1c...로 불리우는)과 다수의 유출 흐름(2a, 2b, 2c...로 불리우는)을 갖는 계에 대해서도 쉽게 일반화될 수 있을 것이다. 난류에 대한 이들 수지를 표 7.6-1에 요약하였다 (여기서 속도분포는 평탄하다고 간주하였다).

표 7.6-1 등온계 내의 난류에 대한 정상상태의 거시적 수지

물질:	$\Sigma w_1 - \Sigma w_2 = 0$	(A)
운동량:	$\Sigma(v_1 w_1 + p_1 S_1)\mathbf{u}_1 - \Sigma(v_2 w_2 + p_2 S_2)\mathbf{u}_2 + m_{\text{tot}}\mathbf{g} = \mathbf{F}_{f\to s}$	(B)
각운동량:	$\Sigma(v_1 w_1 + p_1 S_1)[\mathbf{r}_1 \times \mathbf{u}_1] - \Sigma(v_2 w_2 + p_2 S_2)[\mathbf{r}_2 \times \mathbf{u}_2] + \mathbf{T}_{\text{ext}} = \mathbf{T}_{f\to s}$	(C)
기계적 에너지:	$\Sigma\left(\frac{1}{2}v_1^2 + gh_1 + \frac{p_1}{\rho_1}\right)w_1 - \Sigma\left(\frac{1}{2}v_2^2 + gh_2 + \frac{p_2}{\rho_2}\right)w_2 = -W_m + E_c + E_v$	(D)

주:

(a) 여기의 모든 공식은 속도분포가 평탄하다고 가정한다.

(b) $\Sigma w_1 = w_{1a} + w_{1b} + w_{1c} + \ldots$, 여기서 $w_{1a} = \rho_{1a} v_{1a} S_{1a}$ 등

(c) h_1과 h_2는 임의의 기저 평면 위의 높이이다.

(d) 모든 식은 압축성 유동에 대해 쓰여졌다; 비압축성 유동에 대해서는 $E_c = 0$이다.

예제 7.6-1 급격한 확장 내의 압력 상승과 마찰손실

그림 7.6-1에서 보는 바와 같이 비압축성 유체가 작은 원형관으로부터 큰 관 내로 난류로 흐르고 있다. 관의 단면적은 S_1과 S_2이다. 평면 1과 2 사이의 압력 변화와 단면의 급격한 확장과 관련된 마찰 손실에 관한 식을 구하시오. 단, $\beta = S_1/S_2$는 1보다 작다고 한다.

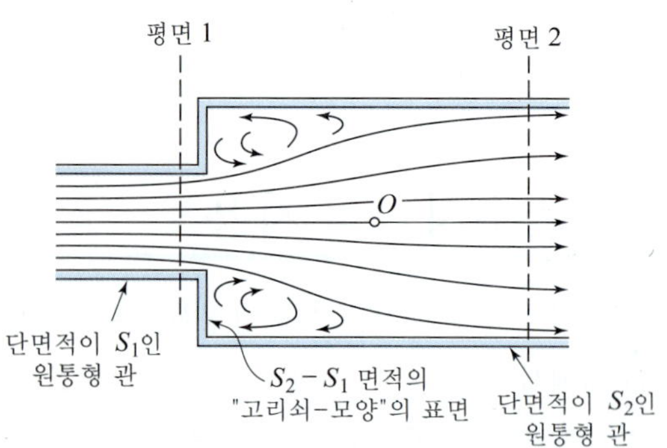

그림 7.6-1 급격한 확장을 통한 유동.

해 **(a) 질량 수지.** 정상상태의 유동에 대해 질량 수지는

$$w_1 = w_2 \text{ 혹은 } \rho_1 v_1 S_1 = \rho_2 v_2 S_2 \tag{7.6-1}$$

로 주어지며, 일정한 밀도를 갖는 유체에 대해서는

$$\frac{v_1}{v_2} = \frac{1}{\beta} \tag{7.6-2}$$

로 주어진다.

(b) 운동량 수지. 운동량 수지의 하류 성분은

$$F_{f\to s} = (v_1 w_1 - v_2 w_2) + (p_1 S_1 - p_2 S_2) \tag{7.6-3}$$

이다. 힘 $F_{f\to s}$는 유동 방향에 평행한 원통형 표면에 작용하는 점성력과 유동 축에 수직이고 평면 1의 바로 오른쪽에 있는 고리쇠 모양의 표면에 작용하는 압력의 두 부분으로 구성되어 있다. 전자의 기여는 무시하고(직관적으로) 후자는 고리쇠 모양의 표면에 작용하는 압력이 평면 1에서 작용하는 압력과 동일하다고 가정하여 $p_1(S_2 - S_1)$으로 둔다. 그러면 식 7.6-1을 사용하여

$$-p_1(S_2 - S_1) = \rho v_2 S_2 (v_1 - v_2) + (p_1 S_1 - p_2 S_2) \tag{7.6-4}$$

를 얻게 되고, 압력차에 대해 풀게 되면

$$p_2 - p_1 = \rho v_2 (v_1 - v_2) \tag{7.6-5}$$

로 주어지거나, 또는 하류 속도의 항으로

$$p_2 - p_1 = \rho v_2^2 \left(\frac{1}{\beta} - 1\right) \tag{7.6-6}$$

이 된다. 운동량 수지가 압력 상승을 예측(정확하게)한다는 사실에 주목하시오.

(c) 각운동량 수지. 이 수지는 필요하지 않다. 만약 평면 1과 2 사이에 위치한 유체의 무게 중심에 있는 계의 축 위에 좌표의 원점을 설정한다면, $[\mathbf{r}_1 \times \mathbf{u}_1]$와 $[\mathbf{r}_2 \times \mathbf{u}_2]$는 모두 0이 되므로 유체계에 작용하는 돌림힘은 없다.

(d) 기계적 에너지 수지. 압축 손실이 없고, 움직이는 부분에 의해 주어지는 일이 없고, 높이 변화가 없으므로

$$\hat{E}_v = \tfrac{1}{2}(v_1^2 - v_2^2) + \frac{1}{\rho}(p_1 - p_2) \tag{7.6-7}$$

로 주어지며, 압력 상승에 대한 식 7.6-6을 대입하고 약간 재정리하면 표 7.5-1에 기재된 바와 같이

$$\hat{E}_v = \tfrac{1}{2} v_2^2 \left(\frac{1}{\beta} - 1\right)^2 \tag{7.6-8}$$

로 주어진다.

이 예제는 유동계의 단순한 장애물에 대한 마찰 손실 인자를 계산하는 데 있어 거시적 수지들이 어떻게 사용되는지 보여주고 있다. 식 7.6-3 뒤에 언급된 가정 때문에 식 7.6-6과 8의 결과는 근사적이다. 만약 더 높은 정확도가 요구된다면 실험 데이터에 기초를 둔 보정계수가 도입되어야 할 것이다.

예제 7.6-2 액체-액체 배출관의 성능

액체-액체 배출관에 대한 그림은 그림 7.6-2에서 볼 수 있다. 거시적 수지들을 사용하여 동일한 유체인 두 흐름의 혼합을 해석하고자 한다. 평면 1에서 두 유체의 흐름은 합류된다. 흐름 1a는 속도 v_0와 단면적 $\frac{1}{3}S_1$을 가지며, 흐름 1b는 $\frac{1}{2}v_0$의 속도와 단면적 $\frac{2}{3}S_1$을 갖는다. 평면 2는 두 흐름이 혼합되어 속도가 거의 균일한 v_2로 되는 충분히 먼 하류로 선정된다. 유동은 난류이고, 평면 1과 2에서의 속도분포는 평탄하다고 가정한다. 다음의 해석에서는 $F_{f\to s}$가 운동량 수지의 다른 항에 비해 덜 중요하다고 느끼기 때문에 무시한다.

해 **(a) 질량 수지.** 정상상태에서 표 7.6-1의 식 (A)는

$$w_{1a} + w_{1b} = w_2 \tag{7.6-9}$$

또는

$$\rho v_0(\tfrac{1}{3}S_1) + \rho(\tfrac{1}{2}v_0)(\tfrac{2}{3}S_1) = \rho v_2 S_2 \tag{7.6-10}$$

으로 주어진다. $S_1 = S_2$이므로 이 식에서 출구 흐름의 속도

$$v_2 = \tfrac{2}{3}v_0 \tag{7.6-11}$$

을 얻게 된다. 앞으로 사용하기 위해 $w_{1a} = w_{1b} = \frac{1}{2}w_2$라는 사실에 역시 주목한다.

(b) 운동량 수지. 표 7.6-1의 식 (B)로부터 운동량 수지의 유동 방향 성분은

$$(v_{1a}w_{1a} + v_{1b}w_{1b} + p_1S_1) - (v_2w_2 + p_2S_2) = 0 \tag{7.6-12}$$

이거나 (a)의 마지막 관계식을 사용하면

$$\begin{aligned}(p_2 - p_1)S_2 &= (\tfrac{1}{2}(v_{1a} + v_{1b}) - v_2)w_2 \\ &= (\tfrac{1}{2}(v_0 + \tfrac{1}{2}v_0) - \tfrac{2}{3}v_0)(\rho(\tfrac{2}{3}v_0)S_2)\end{aligned} \tag{7.6-13}$$

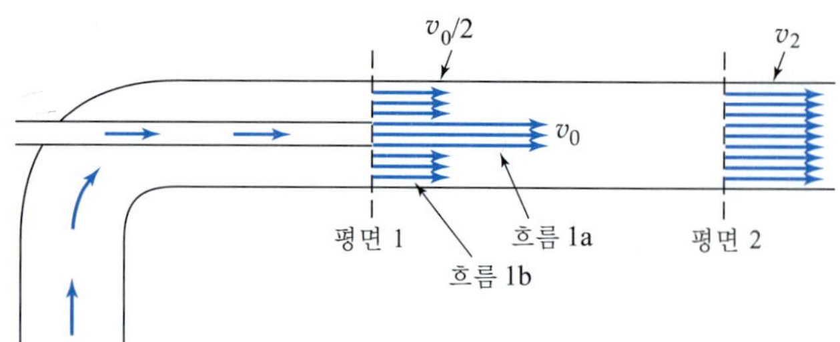

그림 7.6-2 액체-액체 배출관 펌프 내의 유동.

이다. 이로부터

$$p_2 - p_1 = \tfrac{1}{18}\rho v_0^2 \tag{7.6-14}$$

를 얻는다. 이는 두 흐름이 혼합되는 결과로 나타나는 압력 상승에 관한 식이다.

(c) 각운동량 수지. 이 수지는 필요하지 않다.

(d) 기계적 에너지 수지. 표 7.6-1의 식 (D)는

$$(\tfrac{1}{2}v_0^2\, w_{1a} + \tfrac{1}{2}v_{1b}^2 w_{1b}) - \left(\tfrac{1}{2}v_2^2 + \frac{p_2 - p_1}{\rho}\right)w_2 = E_v \tag{7.6-15}$$

로 주어진다. 또는 (a)의 마지막 관계식을 사용하면

$$(\tfrac{1}{2}v_0^2\,(\tfrac{1}{2}w_2) + \tfrac{1}{2}(\tfrac{1}{2}v_0)^2(\tfrac{1}{2}w_2)) - (\tfrac{1}{2}(\tfrac{2}{3}v_0)^2 + \tfrac{1}{18}v_0^2)w_2 = E_v \tag{7.6-16}$$

을 얻는다. 따라서 단위 질량당 에너지 소산은

$$\hat{E}_v = \frac{E_v}{w_2} = \frac{5}{144}\,v_0^2 \tag{7.6-17}$$

이다. 액체-액체 배출관 펌프에 대한 앞의 해석은 상당히 좋은 결과를 보여주고 있지만, 기체-기체 배출관에서는 밀도가 현저히 변하고 이를 해석하는 데 있어서는 상태방정식뿐만 아니라 거시적 총 에너지 수지를 포함하는 것이 필요하다. 이는 예제 15.3-2에서 논의된다.

예제 7.6-3 굽어진 관에 작용하는 추진력

내부 지름이 4인치에서 3인치로 수축하는 60° 굽어진 관을 통해 95℃의 물이 2.0 ft³/s의 속도로 흐르고 있다(그림 7.6-3 참조). 하류 끝에서의 압력이 1.1 기압이라고 한다면, 굽어진 관에 작용하는 힘을 계산하시오. 계의 조건에서의 물의 밀도와 점도는 각각 0.962 g/cm³과 0.299 cp이다.

해 3인치 관 내의 유동에 대한 Reynolds 수는

$$\begin{aligned}\mathrm{Re} &= \frac{D\langle v\rangle\rho}{\mu} = \frac{4w}{\pi D\mu} \\ &= \frac{4(2.0 \times (12 \times 2.54)^3)(0.962)}{\pi(3 \times 2.54)(0.00299)} = 2.3 \times 10^6\end{aligned} \tag{7.6-18}$$

이다. 이 Reynolds 수에서 유동은 대단히 난류이고, 속도분포가 평탄하다는 가정은 합당하다.

(a) 질량 수지. 정상상태의 유동에서 $w_1 = w_2$이다. 만약 전체 계를 통하여 밀도가 일정하다면

$$\frac{v_1}{v_2} = \frac{S_2}{S_1} \equiv \beta \tag{7.6-19}$$

이며, β는 큰 단면에 대한 작은 단면의 비이다.

(b) 기계적 에너지 수지. 정상상태의 비압축성 유동에 대하여, 표 7.6-1의 식 (D)는 이 문제에 대해

$$\tfrac{1}{2}(v_2^2 - v_1^2) + g(h_2 - h_1) + \frac{1}{\rho}(p_2 - p_1) + \hat{E}_v = 0 \tag{7.6-20}$$

이 된다. 표 7.5-1과 식 7.5-4에 의하면, 마찰 손실을 근사적으로 $\frac{2}{5}(\frac{1}{2}v_2^2) = \frac{1}{5}v_2^2$으로 얻을 수 있다. 식 7.6-20에 이를 대입하고 질량 수지를 사용하면

$$p_1 - p_2 = \rho v_2^2(\tfrac{1}{2} - \tfrac{1}{2}\beta^2 + \tfrac{1}{5}) + \rho g(h_2 - h_1) \tag{7.6-21}$$

을 얻으며, 굽어진 관을 통한 압력 강하는 알고 있는 속도 v_2와 알고 있는 기하학적 인자 β의 항으로 표현된다.

(c) 운동량 수지. 이제 운동량 수지의 x- 및 y-성분을 둘 다 고려하여야만 한다. 유입부와 유출부 단위 벡터의 x-와 y-성분은 $u_{1x} = 1$, $u_{1y} = 0$, $u_{2x} = \cos\theta$ 및 $u_{2y} = \sin\theta$로 주어질 것이다. 그러면 운동량 수지의 x-성분은

$$F_x = (v_1 w_1 + p_1 S_1) - (v_2 w_2 + p_2 S_2)\cos\theta \tag{7.6-22}$$

로 주어진다. 여기서 F_x는 $\mathbf{F}_{f\to s}$의 x-성분이다. w_1과 w_2에 대한 특정식을 도입하면

$$\begin{aligned} F_x &= v_1(\rho v_1 S_1) - v_2(\rho v_2 S_2)\cos\theta + p_1 S_1 - p_2 S_2 \cos\theta \\ &= \rho v_2^2 S_2(\beta - \cos\theta) + (p_1 - p_2)S_1 + p_2(S_1 - S_2\cos\theta) \end{aligned} \tag{7.6-23}$$

을 얻는다. 이 식에 식 7.6-21로부터 $p_2 - p_1$에 대한 식을 대입하면

$$\begin{aligned} F_x &= \rho v_2^2 S_2(\beta - \cos\theta) + \rho v_2^2 S_2 \beta^{-1}(\tfrac{7}{10} - \tfrac{1}{2}\beta^2) \\ &\quad + \rho g(h_2 - h_1)S_2\beta^{-1} + p_2 S_2(\beta^{-1} - \cos\theta) \\ &= w^2(\rho S_2)^{-1}(\tfrac{7}{10}\beta^{-1} - \cos\theta + \tfrac{1}{2}\beta) \\ &\quad + \rho g(h_2 - h_1)S_2\beta^{-1} + p_2 S_2(\beta^{-1} - \cos\theta) \end{aligned} \tag{7.6-24}$$

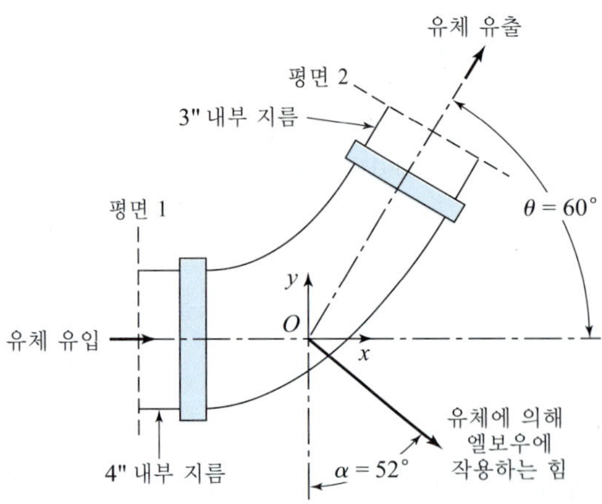

그림 7.6-3 수축하는 굽어진 관에서의 반작용 힘.

를 얻는다.

운동량 수지의 y-성분은

$$F_y = -(v_2 w_2 + p_2 S_2)\sin\theta - m_{\text{tot}} g \tag{7.6-25}$$

혹은

$$F_y = -w^2(\rho S_2)^{-1}\sin\theta - p_2 S_2 \sin\theta - \pi R^2 L \rho g \tag{7.6-26}$$

이며, R과 L은 대략적으로 상당하는 원통의 반지름과 길이이다.

이제 알고 있는 양의 항으로 작용하는 힘의 성분들을 쓰고자 한다. 필요한 수치값들은 다음과 같다.

$\rho = 60\ \text{lb}_m/\text{ft}^3$ $\qquad S_2 = \frac{1}{64}\pi = 0.049\ \text{ft}^2$

$w = (2.0)(60) = 120\ \text{lb}_m/\text{s}$ $\qquad \beta = S_2/S_1 = 3^2/4^2 = 0.562$

$\cos\theta = \frac{1}{2}$ $\qquad R \approx \frac{1}{8}\ \text{ft}$

$\sin\theta = \frac{1}{2}\sqrt{3}$ $\qquad L \approx \frac{5}{6}\ \text{ft}$

$p_2 = 16.2\ \text{lb}_f/\text{in.}^2$ $\qquad h_2 - h_1 \approx \frac{1}{2}\ \text{ft}$

이 값들을 사용하면

$$\begin{aligned} F_x &= \frac{(120)^2}{60(0.049)(32.2)}\left(\frac{7}{10}\frac{1}{0.562} - \frac{1}{2} + \frac{0.562}{2}\right) + (60)(\tfrac{1}{2})(0.049)\left(\frac{1}{0.562}\right) \\ &\quad + (16.2)(0.049)(144)\left(\frac{1}{0.562} - \frac{1}{2}\right)\text{lb}_f \\ &= (152)(1.24 - 0.50 + 0.28) + 2.6 + (144)(1.78 - 0.50) \\ &= 155 + 2.6 + 146 = 304\ \text{lb}_f = 1352\text{N} \end{aligned} \tag{7.6-27}$$

$$\begin{aligned} F_y &= -\frac{(120)^2}{60(0.049)(32.2)}\left(\frac{1}{2}\sqrt{3}\right) - (16.2)(0.049)(144)\left(\frac{1}{2}\sqrt{3}\right) - \pi(\tfrac{1}{8})^2(\tfrac{5}{6})(60)\ \text{lb}_f \\ &= -132 - 99 - 2.5 = -234\ \text{lb}_f = -1041\ \text{N} \end{aligned} \tag{7.6-28}$$

을 얻는다. 그러므로 힘의 크기는

$$|\mathbf{F}_{f\to s}| = \sqrt{F_x^2 + F_y^2} = \sqrt{304^2 + 234^2} = 384\ \text{lb}_f = 1708\ \text{N} \tag{7.6-29}$$

이며, 이 힘이 수직선과 이루는 각은

$$\alpha = \arctan(F_x/F_y) = \arctan 1.30 = 52° \tag{7.6-30}$$

이다. 계산 과정을 다시 돌아보면 F_x에서 2.6 lb_f, F_y에서 2.5 lb_f인 중력항을 상황에 따라 제외할 수 있다면 포함하였던 모든 효과들이 중요한 것을 안다.

예제 7.6-4 충돌하는 젯

그림 7.6-4에서 보는 바와 같이 너비가 c인 슬롯으로부터 두께 b_1인 사각형의 비압축성 유체 젯이 나와 평판에 부딪힌 다음 두께가 b_{2a}와 b_{2b}인 두 흐름으로 나뉘어진다. 나오는 난류

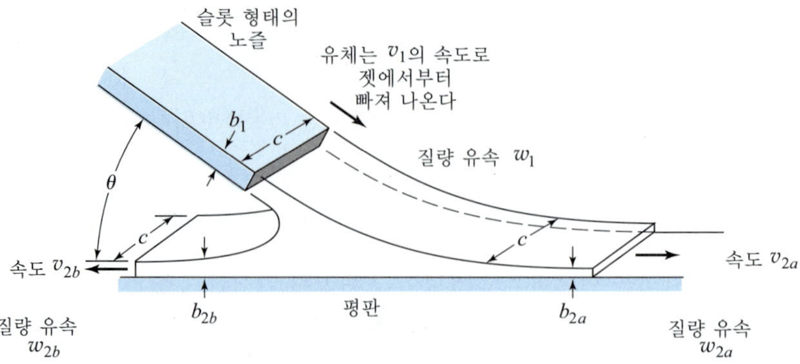

그림 7.6-4 벽에 충돌하여 두 흐름으로 나뉘어지는 젯. 각운동량 수지를 위한 좌표의 원점인 점 O는 나오는 젯의 중심선과 $\frac{1}{2}b_1$의 고도를 갖는 평면의 교점으로 취해진다.

젯 흐름이 v_1의 속도와 w_1의 질량 유량을 갖는다고 할 때, 평판 위의 두 흐름의 속도와 질량 유량을 구하시오.[1]

해 점성 소산과 중력을 무시하고, 3개의 흐름 모두 속도분포가 평탄하고 압력이 본질적으로 같다고 가정하면, 거시적 수지들은 다음과 같다.

질량 수지

$$w_1 = w_{2a} + w_{2b} \tag{7.6-31}$$

운동량 수지(평판에 평행한 방향의)

$$v_1 w_1 \cos\theta = v_{2a} w_{2a} - v_{2b} w_{2b} \tag{7.6-32}$$

기계적 에너지 수지

$$\tfrac{1}{2}v_1^2 w_1 = \tfrac{1}{2}v_{2a}^2 w_{2a} + \tfrac{1}{2}v_{2b}^2 w_{2b} \tag{7.6-33}$$

각운동량 수지 ($\frac{1}{2}b_1$의 고도와 젯의 중심선 위에 좌표의 원점을 놓으시오; 이렇게 하면 나오는 젯의 각운동량은 없을 것이다.)

$$0 = (v_{2a} w_{2a}) \cdot \tfrac{1}{2}(b_1 - b_{2a}) - (v_{2b} w_{2b}) \cdot \tfrac{1}{2}(b_1 - b_{2b}) \tag{7.6-34}$$

이 마지막 식은 b들을 소거하기 위해 w들을 사용하여 다시 쓸 수 있다. $w_1 = \rho v_1 b_1 c$이고 $w_{2a} = \rho v_{2a} b_{2a} c$이므로 $b_1 - b_{2a}$를 $(w_1/\rho v_1 c) - (w_{2a}/\rho v_{2a} c)$로 대체하고 $b_1 - b_{2b}$를 이에 상응하게 대체하면, 각운동량 수지는

[1] 이 문제에 대한 또 다른 해는 G. K. Batchelor, *An Introduction to Fluid Dynamics*, Cambridge University Press (1967), pp. 392-394와 S. Whitaker, *Introduction to Fluid Dynamics*, Prentice-Hall, Englewood Cliffs, N. J. (1968), p. 260을 보시오. 충돌하는 압축성 젯 문제의 응용은 J. V. Foa, U.S. Patent 3,361,336 (Jan. 2, 1968)에 주어져 있다. 만약 그림 7.6-4에서 슬롯 모양의 노즐이 왼쪽으로 움직인다면(즉 평판에 대해 왼쪽), 압축성 유체에 대해 오른쪽 흐름은 젯보다 더 차갑게 될 것이고 왼쪽 흐름은 더 더워질 것이라는 사실이 사용된다.

$$(v_{2a}w_{2a})\left(\frac{w_1}{v_1} - \frac{w_{2a}}{v_{2a}}\right) = (v_{2b}w_{2b})\left(\frac{w_1}{v_1} - \frac{w_{2b}}{v_{2b}}\right) \tag{7.6-35}$$

또는

$$w_{2a}^2 - w_{2b}^2 = \frac{w_1}{v_1}(v_{2a}w_{2a} - v_{2b}w_{2b}) \tag{7.6-36}$$

이 된다.

4개의 미지수를 갖는 식 7.6-31, 32, 33과 36의 4개의 식이 주어지므로 이들을 풀면

$$v_{2a} = v_1 \qquad w_{2a} = \tfrac{1}{2}w_1(1 + \cos\theta) \qquad (7.6\text{-}37, 38)$$

$$v_{2b} = v_1 \qquad w_{2b} = \tfrac{1}{2}w_1(1 - \cos\theta) \qquad (7.6\text{-}39, 40)$$

임을 알 수 있다. 따라서 3개의 흐름 모두 속도가 같게 된다. 점성이 없는 유체의 유동에 대한 전형적인 Bernoulli 식을 적용하여도 동일한 결과를 얻게 된다(예제 3.5-1 참조).

예제 7.6-5 오리피스를 통한 액체의 등온 유동

관을 통해 흐르는 질량 유량을 결정하기 위한 통상적인 방법은 관 내에 설치된 어떤 장애물을 가로지르는 압력 강하를 측정하는 것이다. 가운데 구멍이 뚫려 있는 얇은 판인 오리피스가 이 예의 하나이다. 압력 탭은 오리피스 평판의 상류와 하류인 평면 1과 2에 있다. 그림 7.6-5(a)는 오리피스 미터, 압력 탭들과 실험적으로 관찰된 속도분포의 일반적인 거동을 보여주고 있다. 평면 1에서의 속도분포는 평탄하다고 가정될 것이다. 거시적 수지들의 적용에 사용하는 평면 2에서의 근사적인 속도분포를 그림 7.6-5(b)에서 볼 수 있다. 오리피스 미터에 대한 표준식은 거시적 질량 수지와 기계적 에너지 수지를 적용하여 얻게 된다.

해 **(a) 질량 수지.** $S_1 = S_2 = S$인 계를 갖는 밀도가 일정한 유체에 대해 식 7.1-1의 질량 수지는

$$\langle v_1 \rangle = \langle v_2 \rangle \tag{7.6-41}$$

로 주어진다. 가정한 속도분포를 사용하면

$$v_1 = \frac{S_0}{S} v_0 \tag{7.6-42}$$

가 되고, 질량 유량은 $w = \rho v_1 S$이다.

(b) 기계적 에너지 수지. 높이 변화가 없고, 움직이는 부분이 없는 유동계 내를 흐르는 밀도가 일정한 유체에 대해 식 7.4-5는

$$\frac{1}{2}\frac{\langle v_2^3 \rangle}{\langle v_2 \rangle} - \frac{1}{2}\frac{\langle v_1^3 \rangle}{\langle v_1 \rangle} + \frac{p_2 - p_1}{\rho} + \hat{E}_v = 0 \tag{7.6-43}$$

으로 주어진다. 점성 손실 $\hat{E}_v$는 비록 0은 확실히 아니지만 무시한다. 가정한 속도분포를 사용하면 식 7.6-43은

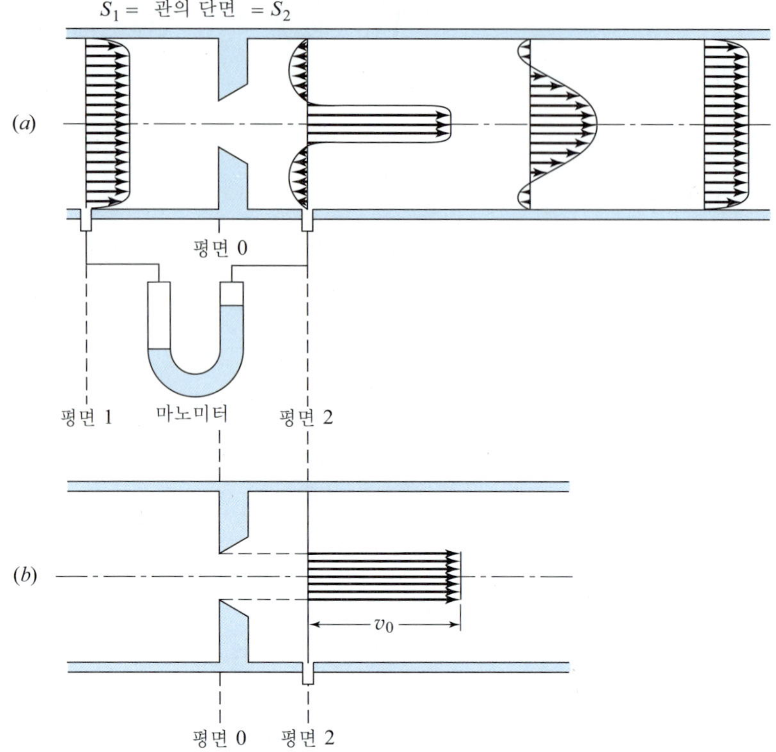

그림 7.6-5 (*a*) 오리피스 판 부근의 여러 평면에서의 근사적인 속도분포를 보여주는 예리한 모서리의 오리피스. 구멍으로부터 나오는 유체 젯은 구멍 그 자체보다 약간 더 작다. 높은 난류에서 이 젯은 **병목부**에서 최소 단면으로 줄어들게 되며, 단면이 줄어드는 정도는 **수축계수** $C_c = (S_{\text{vena contracta}}/S_0)$로 주어질 수 있다. 점성이 없는 유동 이론에 의하면 $S_0/S_1 = 0$이면 $C_c = \pi/(\pi + 2) = 0.611$이다. [H. Lamb, *Hydrodynamics*, Dover, New York (1945), p.99]. 벽 부근에 약간 역류가 있음에 주목하시오. (*b*) $\langle v_2^3 \rangle / \langle v_2 \rangle$를 계산하기 위해 사용된 평면 2에서의 근사적 속도분포.

$$\tfrac{1}{2}(v_0^2 - v_1^2) + \frac{p_2 - p_1}{\rho} = 0 \tag{7.6-44}$$

가 된다. v_0를 소거하기 위해 식 7.6-42와 44를 결합하면, v_1에 대한 해

$$v_1 = \sqrt{\frac{2(p_1 - p_2)}{\rho} \frac{1}{(S/S_0)^2 - 1}} \tag{7.6-45}$$

를 구할 수 있으며, ρS를 곱하면 질량 유량을 얻게 된다. 속도분포를 언급하는 가정들과 $\hat{E}_v$를 무시함으로써 도입된 오차를 고려하기 위해 **배출계수** C_d를 포함하면

$$w = C_d S_0 \sqrt{\frac{2\rho(p_1 - p_2)}{1 - (S_0/S)^2}} \tag{7.6-46}$$

을 얻는다. 실험적 배출계수는 S_0/S와 Reynolds 수의 함수와 상관관계가 있다.[2] 10^4보다 큰 Reynolds 수에서 C_d는 S_0/S의 모든 실질적인 값에 대해 약 0.61에 접근한다.

이 예제는 보증되지 않은 가정에 의해 도입되는 오차를 보정하기 위해 무차원 군의 곱셈 함수를 도입하여 수정하는 결과의 일반적인 형태를 얻기 위한 거시적 수지의 사용을 설명하고 있다. 이와 같은 거시적 수지와 차원적 고려의 결합은 종종 사용되며 대단히 유용하다.

7.7 비정상상태 문제에 대한 거시적 수지의 사용

앞 절에서는 정상상태의 문제를 풀기 위한 거시적 수지의 사용에 관해 설명하였다. 이 절에서는 비정상상태의 문제로 관심을 돌리고자 한다. 시간에 의존하는 거시적 수지의 사용을 설명하기 위하여 두 가지 예를 들고자 한다.

예제 7.7-1 원통형 탱크로부터 유출되는 비정상상태 유동의 가속 효과

높이가 H이고 반지름이 R인 열린 원통이 초기에 액체로 가득 채워져 있다. 시간 $t>0$일 때 탱크 바닥에 있는 반지름이 R_0인 작은 구멍을 통해 액체를 배출하기 시작한다(그림 7.7-1 참조).

(a) 비정상상태의 질량 수지를 사용하고 액체의 순간적인 높이와 유출 속도 사이의 관계를 표현하기 위해 Torricelli 식(문제 3B.14 참조)을 가정하여 유출 시간을 구하시오.

(b) 비정상상태의 질량 수지와 기계적 에너지 수지를 사용하여 유출 시간을 구하시오.

해 **(a)** 평면 1을 탱크의 상부에 선정하여 그림 7.7-1의 계에 식 7.1-2를 적용하고($w_1 = 0$이 된다), 순간적인 액체 높이를 $h(t)$라고 하면

$$\frac{d}{dt}(\pi R^2 h\rho) = -\rho v_2(\pi R_0^2) \tag{7.7-1}$$

이 된다. 여기서 평면 2에서의 속도분포는 평탄하다고 가정하였다. Torricelli 식에 의하면 $v_2 = \sqrt{2gh}$이므로 식 7.7-1은

$$\frac{dh}{dt} = -\left(\frac{R_0}{R}\right)^2 \sqrt{2gh} \tag{7.7-2}$$

가 되며, 이 식을 $t=0$에서부터 $t=t_{efflux}$까지 적분하면

---

[2] G. L. Tuve and R. E. Sprenkle, *Instruments*, **6**, 202-205, 225, 232-234 (1935); 또 R. H. Perry and C. H. Chilton, *Chemical Engineers' Handbook*, McGraw-Hill, New York, 5th edition (1973), 그림 5-18; *Fluid Meters: Their Theory and Applications*, 6th edition, American Society of Mechanical Engineers, New York (1971), pp. 58-65; Measurement of Fluid Flow Using Small Bore Precision Orifice Meters, American Society of Mechanical Engineers, MFC-14-M, New York (1995)를 보시오.

$$t_{\text{efflux}} = \sqrt{\frac{2NH}{g}} \tag{7.7-3}$$

을 얻는다. 여기서 $N = (R/R_0)^4 >> 1$이다. 정상상태의 유동으로부터 유도된 Torricelli 식과 함께 비정상상태의 질량 수지를 사용하였으므로 이것은 실제 준 정상상태의 해이다.

(b) 이제 식 7.7-1과 식 7.4-2의 기계적 에너지 수지를 사용하고자 한다. 후자에서 W_m과 E_c 항은 바로 0이며, 계의 속도 구배가 작을 것이므로 E_v는 무시할 만큼 작다고 가정한다. 위치에너지에 대한 기저 평면이 탱크의 바닥에 있다고 하면 $\hat{\Phi}_2 = gz_2 = 0$이 된다; 평면 1에서는 액체의 유입이 없으므로 위치에너지 항이 필요하지 않다. 탑 상부는 대기에 열려 있으며 탱크는 대기 중으로 배출하므로 압력의 기여는 서로 상쇄된다.

어떤 시간 t에서 계의 총 운동에너지를 구하기 위해서는 탱크 내 모든 유체 요소의 속도를 알아야 한다. 탱크 내 모든 점에서 유체가 동일한 속도, 즉 $v_2(R_0/R)^2$로 아래 방향으로 움직인다고 가정하므로 단위 부피당 운동에너지는 모든 지점에서 $\frac{1}{2}\rho v_2^2(R_0/R)^4$이 된다.

어떤 시간 t에서 계의 총 위치에너지를 구하기 위해서는 단위 부피당 위치에너지 ρgz를 0에서부터 h까지의 유체의 부피에 걸쳐 적분하여야 한다. 이는 $\pi R^2\rho g(\frac{1}{2}h^2)$으로 주어진다. 그러므로 식 7.4-2의 기계적 에너지 수지는

$$\frac{d}{dt}\left[(\pi R^2 h)(\tfrac{1}{2}\rho v_2^2)(R_0/R)^4 + \pi R^2\rho g(\tfrac{1}{2}h^2)\right] = -\tfrac{1}{2}v_2^2(\rho v_2 \pi R_0^2) \tag{7.7-4}$$

가 된다. 비정상상태의 질량 수지로부터 $v_2 = -(R/R_0)^2(dh/dt)$이므로, 이를 식 7.7-4에 대입하면

$$2h\frac{d^2h}{dt^2} - (N-1)\left(\frac{dh}{dt}\right)^2 + 2gh = 0 \tag{7.7-5}$$

를 얻는다(dh/dt로 나눈 뒤에).

이 식은 다음 두 초기조건을 사용하여 해를 구할 수 있다.

초기조건 1: $\quad t = 0$ 에서, $\quad h = H \qquad$ (7.7-6)

초기조건 2: $\quad t = 0$ 에서, $\quad \dfrac{dh}{dt} = -\sqrt{2gH}(R_0/R)^2 \qquad$ (7.7-7)

두 번째 초기조건은 초기 순간 시간에서의 Torricelli 식이다.

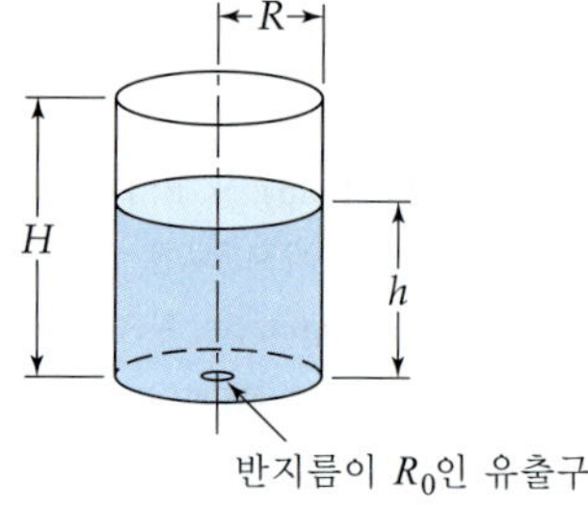

그림 7.7-1 원통형 탱크로부터 유출되는 유동

$(dh/dt)^2 = u$로 변수 변환을 함으로써 h에 대한 2차 미분방정식을 함수 $u(h)$에 대한 1차 미분방정식으로 변환하면

$$h\frac{du}{dh} - (N-1)u + 2gh = 0 \tag{7.7-8}$$

로 주어지며, 이 1차 미분방정식의 해는

$$u = Ch^{N-1} + 2gh/(N-2) \tag{7.7-9}$$

임을 증명할 수 있다.[1] 두 번째 초기조건을 적용하면 적분 상수는 $C = -4g/[N(N-2)H^{N-2}]$로 주어진다; $N >> 1$이므로 $N = 2$인 특별한 경우에 대해 언급할 필요가 없다. 다음 식 7.7-9의 제곱근을 구하고 무차원 액체 높이 $\eta = h/H$를 도입하면

$$\frac{d\eta}{dt} = \pm\sqrt{\frac{2g}{(N-2)H}}\sqrt{\eta - \frac{2}{N}\eta^{N-1}} \tag{7.7-10}$$

으로 주어진다. 여기서 음의 부호는 물리적 의미에 기초를 두고 선택되어야 한다. 분리 가능한 이 1차 미분방정식을 $t = 0$에서부터 $t = t_{efflux}$까지 적분하면

$$t_{\text{efflux}} = \sqrt{\frac{(N-2)H}{2g}}\int_0^1 \frac{d\eta}{\sqrt{\eta - (2/N)\eta^{N-1}}} \equiv \sqrt{\frac{2NH}{g}}\,\phi(N) \tag{7.7-11}$$

을 얻을 수 있으며, 함수 $\phi(N)$은 식 7.7-3에서 얻은 준 정상상태의 해로부터의 편차를 의미한다. 이 함수는 다음과 같이 계산될 수 있다.

$$\begin{aligned}\phi(N) &= \frac{1}{2}\sqrt{\frac{N-2}{N}}\int_0^1 \frac{d\eta}{\sqrt{\eta - (2/N)\eta^{N-1}}} \\ &= \frac{1}{2}\sqrt{\frac{N-2}{N}}\int_0^1 \frac{1}{\sqrt{\eta}}\left(1 - \frac{2}{N}\eta^{N-2}\right)^{-1/2} d\eta \\ &= \frac{1}{2}\sqrt{\frac{N-2}{N}}\int_0^1 \frac{1}{\sqrt{\eta}}\left(1 + \frac{1}{2}\left(\frac{2}{N}\eta^{N-2}\right) + \frac{3}{8}\left(\frac{2}{N}\eta^{N-2}\right)^2 + \cdots\right) d\eta\end{aligned} \tag{7.7-12}$$

이제 적분을 수행하고 그 결과를 N의 역멱수로 전개하면

$$\phi(N) = 1 - \frac{1}{N} + O\left(\frac{1}{N^3}\right) \tag{7.7-13}$$

이 됨을 알 수 있다. $N = (R/R_0)^4$이 대단히 큰 수이므로, 인자 $\phi(N)$은 거의 1과 같다는 것이 명백하다.

이제 식 7.7-4로 돌아가서 시간에 따른 총 운동에너지의 변화를 나타내는 항을 생략하는

[1] E. Kamke, *Differentialgleichungen: Lösungsmethoden und Lösungen*, Chelsea Publishing Company, New York (1948), p. 311, #1.94; G. M. Murphy, *Ordinary Differential Equations and Their Solutions*, Van Nostrand, Princeton, N. J. (1960), p. 236, #157을 보시오.

것은 도움이 된다. 만약 생략이 완료되면 식 7.7-3(또는 $\phi(N) = 1$을 갖는 식 7.7-11)의 유출 시간에 대한 식을 정확하게 얻는다. 그러므로 이런 종류의 문제에서 시간에 따른 운동에너지의 변화는 안전하게 무시될 수 있다는 결론을 내릴 수 있다.

예제 7.7-2 마노미터의 진동[2]

초기에는 정지해 있는 U자관 마노미터 내의 액체가 갑작스럽게 주어지는 압력차 $p_a - p_b$에 의해 운동을 하게 된다. 비압축성 유동과 일정한 온도를 가정하면서 마노미터 유체의 운동에 대한 미분방정식을 구하시오. 임계 감쇠가 일어나는 관의 반지름에 대한 식을 구하시오. 마노미터 액체 상부의 기체 유동은 무시하시오. 표기법은 그림 7.7-2에 요약되어 있다.

해 거시적 수지를 적용할 계로서 마노미터 액체를 설정한다. 이 경우 액체가 들어오거나 나가는 평면 1과 2가 없다. 액체의 자유 표면은 외부에 대해 일 W_m을 수행할 능력이 있으므로 7.4절에서 움직이는 기계 부품과 같은 역할을 한다. E_c가 0과 같다고 설정한 식 7.4-2의 기계적 에너지 수지를 적용한다(마노미터 액체는 비압축성이라 간주하였으므로). w_1과 w_2 둘 다 0인 계를 선택하였기 때문에 우변의 유일한 항은 W_m과 $-E_v$만 존재한다.

dK_{tot}/dt와 E_v를 계산하기 위해 속도분포에 관한 몇 종류의 가정을 할 필요가 있다. 여기서는 포물선인 속도분포를 취한다.

$$v(r, t) = 2\langle v \rangle \left[1 - \left(\frac{r}{R} \right)^2 \right] \tag{7.7-14}$$

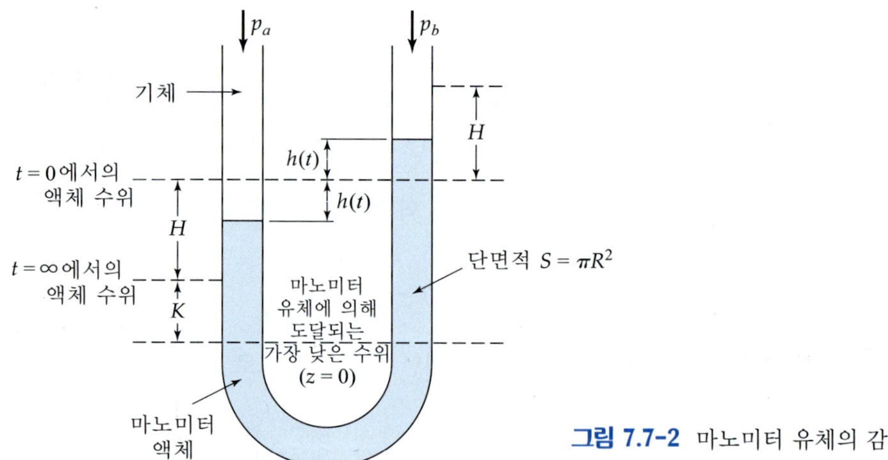

그림 7.7-2 마노미터 유체의 감쇠 진동

---

[2] 마노미터 진동에 대한 실험적 및 이론적 연구에 대한 요약은 J. C. Biery, *AIChE Journal*, **9**, 606-614 (1963); **10**, 551-557 (1964); **15**, 631-634 (1969)를 보시오. Biery의 실험 데이터는 식 7.7-14에서 만들어진 가정이 대단히 좋지는 않다는 것을 보여준다.

여기서 $\langle v\rangle = dh/dt$는 유동이 왼쪽에서 오른쪽으로 흐를 때 양으로 정의되는 시간에 대한 함수이다.

그러면 운동에너지 항은 다음과 같이 계산된다.

$$\begin{aligned}\frac{dK_{\text{tot}}}{dt} &= \frac{d}{dt}\int_0^L \int_0^{2\pi} \int_0^R (\tfrac{1}{2}\rho v^2) r\,dr\,d\theta\,dl \\ &= 2\pi L(\tfrac{1}{2}\rho)\frac{d}{dt}\int_0^R v^2 r\,dr \\ &= 2\pi L R^2(\tfrac{1}{2}\rho)\frac{d}{dt}\int_0^1 (2\langle v\rangle(1-\xi^2))^2 \xi\,d\xi \\ &= \frac{4}{3}\rho L S\langle v\rangle \frac{d}{dt}\langle v\rangle \end{aligned} \tag{7.7-15}$$

여기서 l은 마노미터 관의 축을 따라 움직이는 좌표이며, L은 이 축을 따라 마노미터의 한 계면에서부터 다른 계면까지의 거리–즉, 마노미터 유체의 총 길이이다. 무차원 좌표 ξ는 r/R이고, S는 관의 단면적이다.

시간에 따른 위치에너지의 변화는

$$\begin{aligned}\frac{d\Phi_{\text{tot}}}{dt} &= \frac{d}{dt}\int_0^L \int_0^{2\pi} \int_0^R (\rho g z) r\,dr\,d\theta\,dl \\ &= \frac{d}{dt}\left[\left(\begin{array}{c}\text{상수인, } z\text{=0 이하의} \\ \text{부분에 걸친 적분}\end{array}\right) + \rho g S\int_0^{K+H-h} z dz + \rho g S \int_0^{K+H+h} z\,dz\right] \\ &= 2\rho g S h\frac{dh}{dt}\end{aligned} \tag{7.7-16}$$

으로 주어진다. 또 점성 손실항은 다음과 같이 계산될 수 있다.

$$\begin{aligned}E_v &= -\int_0^L \int_0^{2\pi} \int_0^R (\boldsymbol{\tau}:\nabla \mathbf{v}) r\,dr\,d\theta\,dl \\ &= 2\pi L\mu \int_0^R \left(\frac{\partial v}{\partial r}\right)^2 r\,dr \\ &= 8\pi L\mu\langle v\rangle^2 \int_0^1 (-2\xi)^2 \xi\,d\xi \\ &= 8LS\mu\langle v\rangle^2/R^2\end{aligned} \tag{7.7-17}$$

더욱이 외부에 의해 계에 주어진 알짜 일은

$$W_m = (p_a - p_b)S\langle v\rangle \tag{7.7-18}$$

이다. 위 항들을 기계적 에너지 수지에 대입하고 $\langle v\rangle = dh/dt$로 두면 $t = 0$에서 $h = 0$과 $dh/dt = 0$인 초기조건을 가지고 해를 구할 수 있는 $h(t)$에 대한 미분방정식은

$$\frac{d^2h}{dt^2} + \left(\frac{6\mu}{\rho R^2}\right)\frac{dh}{dt} + \left(\frac{3g}{2L}\right)h = \frac{3}{4}\left(\frac{p_a - p_b}{\rho L}\right) \tag{7.7-19}$$

가 된다. 이 2차 선형 비동차 방정식은

$$k = 2h - \frac{p_a - p_b}{\rho g} \tag{7.7-20}$$

으로 정의되는 새로운 변수 k를 도입하여 동차 방정식으로 표현할 수 있다. 그러면 마노미터 액체의 운동방정식은

$$\frac{d^2k}{dt^2} + \left(\frac{6\mu}{\rho R^2}\right)\frac{dk}{dt} + \left(\frac{3g}{2L}\right)k = 0 \tag{7.7-21}$$

이다. 이 식은 RLC 회로에서의 전류 흐름뿐만 아니라 스프링과 대시포트로 연결된 질량의 운동을 설명하는 데에도 역시 사용된다(식 C.1-7 참조).

이제 $k = e^{mt}$ 형태의 해를 시도해 보고자 한다. 이 시행 함수를 식 7.7-21에 대입하면 m에 대한 두 개의 허용 가능한 값

$$m_{\pm} = \tfrac{1}{2}\left[-(6\mu/\rho R^2) \pm \sqrt{(6\mu/\rho R^2)^2 - (6g/L)}\right] \tag{7.7-22}$$

가 있음을 알며, 해는 초기조건에 의해 상수들이 결정되는

$$k = C_+e^{m_+t} + C_-e^{m_-t} \qquad m_+ \neq m_- \text{ 이면} \tag{7.7-23}$$

$$k = C_1e^{mt} + C_2te^{mt} \qquad m_+ = m_- = m \text{ 이면} \tag{7.7-24}$$

이다.

마노미터 액체가 보이는 운동의 유형은 식 7.7-22의 판별값에 의존한다:

(a) 만약 $(6\mu/\rho R^2)^2 > (6g/L)$이면, 계는 **과도 감쇠**되고, 액체는 최종 위치로 천천히 움직인다.

(b) 만약 $(6\mu/\rho R^2)^2 < (6g/L)$이면, 계는 **과소 감쇠**되고, 액체는 최종 위치 주위에서 진동하며 진동은 차츰 더 작게 된다.

(c) 만약 $(6\mu/\rho R^2)^2 = (6g/L)$이면, 계는 **임계 감쇠**되고, 액체는 가장 빠른 단조 양상으로 최종 위치로 움직인다.

임계 감쇠를 위한 관의 반지름은

$$R_{\text{cr}} = \left(\frac{6\mu^2 L}{\rho^2 g}\right)^{1/4} \tag{7.7-25}$$

이며, 만약 관의 반지름 R이 R_{cr}보다 크면 진동 운동이 일어난다.

7.8 거시적 기계적 에너지 수지의 유도[1]

식 7.4-2에서 거시적 기계적 에너지 수지가 증명없이 주어졌다. 이 절에서는 그림 7.0-1의

[1] R. B. Bird, *Korean J. Chem. Eng.*, **15**, 105-123 (1998), 3절.

유동계의 전체 부피에 걸쳐 기계적 에너지에 대한 변화방정식(식 3.3-2)을 적분함으로써 식을 어떻게 얻는지 보이고자 한다. 잘 정돈된 적분을 수행함으로써 시작한다.

$$\int_{V(t)} \frac{\partial}{\partial t}(\tfrac{1}{2}\rho v^2 + \rho\hat{\Phi})\, dV = -\int_{V(t)} (\mathbf{\nabla} \cdot (\tfrac{1}{2}\rho v^2 + \rho\hat{\Phi})\mathbf{v})\, dV - \int_{V(t)} (\mathbf{\nabla} \cdot p\mathbf{v})\, dV - \int_{V(t)} (\mathbf{\nabla} \cdot [\boldsymbol{\tau} \cdot \mathbf{v}])\, dV$$
$$+ \int_{V(t)} p(\mathbf{\nabla} \cdot \mathbf{v})\, dV + \int_{V(t)} (\boldsymbol{\tau}:\mathbf{\nabla}\mathbf{v})\, dV \qquad (7.8\text{-}1)$$

다음 3차원 Leibniz 공식(식 A.5-5)을 좌변에 적용하고 우변의 1, 2와 3항에 Gauss 다이버전스 이론(식 A.5-2)을 적용한다.

$$\frac{d}{dt}\int_{V(t)} (\tfrac{1}{2}\rho v^2 + \rho\hat{\Phi})\, dV = -\int_{S(t)} (\mathbf{n} \cdot (\tfrac{1}{2}\rho v^2 + \rho\hat{\Phi})(\mathbf{v} - \mathbf{v}_S))\, dS - \int_{S(t)} (\mathbf{n} \cdot p\mathbf{v})\, dS$$
$$- \int_{S(t)} (\mathbf{n} \cdot [\boldsymbol{\tau} \cdot \mathbf{v}])\, dS + \int_{V(t)} p(\mathbf{\nabla} \cdot \mathbf{v})\, dV + \int_{V(t)} (\boldsymbol{\tau}:\mathbf{\nabla}\mathbf{v})\, dV \qquad (7.8\text{-}2)$$

Leibniz 공식을 적용한 결과 계의 표면에서의 속도 $\mathbf{v}_S$를 포함하는 항이 나타난다. 표면 $S(t)$는 4개 부분으로 구성되어 있다.

- 고정된 표면 S_f ($\mathbf{v}$와 $\mathbf{v}_S$는 둘 다 0인)
- 움직이는 표면 S_m ($\mathbf{v} = \mathbf{v}_S$ 이며 둘 다 0이 아닌)
- 입구 단면 S_1 ($\mathbf{v}_S = 0$인)
- 출구 단면 S_2 ($\mathbf{v}_S = 0$인)

표면 적분의 각각은 곧 이들 4개의 표면에 상응하는 4개의 부분으로 나뉠 것이다.

이제 식 7.8-2의 항들을 해석하고 이 과정에서 몇 가지 가정을 도입하고자 한다. 이들 가정은 이미 7.1절부터 7.4절에서 언급되었으며, 이제 이들 가정을 사용한 이유를 명백히 할 것이다.

좌변 항은 모양과 부피가 시간에 따라 변하는 "대상 부피" 내의 총 운동에너지와 위치에너지 ($K_{tot} + \Phi_{tot}$)의 시간 변화 속도로 해석될 수 있다.

다음 우변의 5개 항을 하나 하나씩 조사해 보자:

항 1(음의 부호를 포함하는)은 단지 입구와 출구에서 기여하며, 운동에너지와 위치에너지의 유입과 유출 유량을 나타낸다.

$$\text{항 } 1 = (\tfrac{1}{2}\rho_1\langle v_1^3\rangle S_1 + \rho_1\hat{\Phi}_1\langle v_1\rangle S_1) - (\tfrac{1}{2}\rho_2\langle v_2^3\rangle S_2 + \rho_2\hat{\Phi}_2\langle v_2\rangle S_2) \qquad (7.8\text{-}3)$$

각 괄호는 단면에 걸친 평균을 나타내며, 이 결과를 얻기 위해서는 유체의 밀도와 단위 질량당 위치에너지가 단면에 걸쳐 일정하며, 입구와 출구에서 유체가 관의 벽면에 평행하게 흐른다는 가정을 하여야 한다. 평면 1에서 $(-\mathbf{n} \cdot \mathbf{v}) = (\mathbf{u}_1 \cdot (\mathbf{u}_1 v_1)) = v_1$이므로 식 7.8-3의 첫 번째 항은 양이 되고, 평면 2에서 $(-\mathbf{n} \cdot \mathbf{v}) = (-\mathbf{u}_2 \cdot (\mathbf{u}_2 v_2)) = -v_2$이므로 두 번째 항은 음이 된다.

항 2(음의 부호 포함)는 S_f에서 $\mathbf{v}$는 0이므로 S_f에 대한 기여는 없다. S_m의 각 표면 요소 dS에 대해 속도 $\mathbf{v}$로 움직이는 표면에 작용하는 힘 $-\mathbf{n}pdS$가 있으며, 이들 양의 점곱은 움직이는 표면 요소 dS를 통과해 흐르는 유체에 대해 외부가 하는 일의 속도가 된다. 이들 표면항 모두의 합을 나타내기 위해 $W_m^{(p)}$ 기호를 사용한다. 더욱이 정지된 표면 S_1과 S_2에 걸친 적분은 평면 1에서 계 내로 유체가 들어오도록 미는 데 요구되는 일에서 평면 2에서 계 밖으로 유체를 밀어 내는데 요구되는 일을 뺀 것이 된다. 그러므로 항 2는 최종적으로

$$\text{항 } 2 = p_1\langle v_1\rangle S_1 - p_2\langle v_2\rangle S_2 + W_m^{(p)} \tag{7.8-4}$$

가 된다. 여기서 압력은 입구와 출구의 단면에 걸쳐 변하지 않는다고 가정하였다.

항 3(음의 부호 포함)은 S_f에서 $\mathbf{v}$는 0이므로 S_f에 대한 기여는 없다. S_m에 걸친 적분은 외부가 점성력에 의해 유체에 대해 하는 일의 속도로 해석할 수 있으며, $W_m^{(\tau)}$로 나타낸다. 입구와 출구에서 점성력과 관련된 일은 압력에 의한 기여와 비교하면 일반적으로 매우 작으므로 관습적으로 무시할 수 있다. 그러므로

$$\text{항 } 3 = W_m^{(\tau)} \tag{7.8-5}$$

를 얻는다.

이제 움직이는 표면의 작용으로 계를 통해 흐르는 계 내의 유체에 대해 외부가 하는 일의 총 속도를 나타내는 기호 $W_m = W_m^{(p)} + W_m^{(\tau)}$를 도입하고자 한다.

항 4와 항 5는 더 이상 단순화할 수 없으므로

$$\text{항 } 4 = +\int_{V(t)} p(\nabla \cdot \mathbf{v})\, dV = -E_c \tag{7.8-6}$$

$$\text{항 } 5 = +\int_{V(t)} (\boldsymbol{\tau}:\nabla\mathbf{v})\, dV = -E_v \tag{7.8-7}$$

로 정의한다. 뉴튼 유체의 경우 점성 손실 E_v는 항상 양의 값을 갖는 유체의 점도 때문에 기계적 에너지가 열에너지로 **비가역적으로** 감손되는 속도이다(식 3.3-3 참조). E_v를 계산하기 위한 방법은 7.5절에서 이미 논의하였다(8장에서 논의하는 점탄성 유체의 경우 E_v는 다르게 해석되어야 하며 음이 될 수도 있을 것이다). 압축항 E_c는 유체의 압축성 때문에 기계적 에너지가 **가역적으로** 열에너지로 변하는 속도이며, 양과 음 어느 것도 될 수 있을 것이다. 만약 유체가 비압축성으로 간주되면 E_c는 0이다.

모든 기여를 식 7.8-2에 대입하면 최종적으로 거시적 기계적 에너지 수지

$$\begin{aligned}\frac{d}{dt}(K_{\text{tot}} + \Phi_{\text{tot}}) = (\tfrac{1}{2}\rho_1\langle v_1^3\rangle S_1 + \rho_1\hat{\Phi}_1\langle v_1\rangle S_1 + p_1\langle v_1\rangle S_1) - (\tfrac{1}{2}\rho_2\langle v_2^3\rangle S_2 \\ + \rho_2\hat{\Phi}_2\langle v_2\rangle S_2 + p_2\langle v_2\rangle S_2) + W_m - E_c - E_v\end{aligned} \tag{7.8-8}$$

을 얻는다. 이제 들어오고 나가는 질량 유량에 대한 기호 $w_1 = \rho_1 \langle v_1 \rangle S_1$과 $w_2 = \rho_2 \langle v_2 \rangle S_2$를

도입하면, 식 7.8-8은 식 7.4-2 형태로 다시 쓸 수 있다. 이러한 전개 과정에서 여러 가지 가정들이 수립되었지만 일반적으로 그렇게 심각하지는 않다. 만약 상황을 보증해야 한다면 뒤로 돌아가서 무시된 효과를 포함시킬 수 있다.

기계적 에너지 수지에 대한 위의 유도는 계가 등온이어야 한다는 조건을 요구하지 않는다는 것에 주목하여야 한다. 그러므로 식 7.4-2와 7.8-8의 결과는 비등온계에 대해서도 타당하다.

기계적 에너지 수지를 식 7.4-7 형태로 얻기 위해서는 E_c에 대한 근사식을 전개하여야 한다. 계를 통해 움직이는 대표적인 흐름선 있다고 생각하고, 흐름선을 따른 좌표계 s를 도입한다. 또 압력, 밀도 및 속도는 단면에 걸쳐 변하지 않는다고 가정하고, 더욱이 흐름선을 따른 각 위치에서 s-좌표에 수직인 단면 $S(s)$가 있어 $dV = S(s)ds$라 쓸 수 있다고 생각한다. 만약 계 내에서 움직이는 부분이 있고 계의 구조가 복잡하다면, 이렇게 하는 것은 불가능할 것이다.

정상상태에서 $(\nabla \cdot \rho\mathbf{v}) = 0$이라는 사실을 사용하여 시작하면

$$E_c = -\int_V p(\boldsymbol{\nabla} \cdot \mathbf{v})\, dV = +\int_V \frac{p}{\rho}(\mathbf{v} \cdot \boldsymbol{\nabla}\rho)\, dV \tag{7.8-9}$$

가 되며, 압력과 밀도가 단면에 걸쳐 일정하다고 가정하면 식 7.8-9는

$$E_c \approx \int_1^2 \frac{p}{\rho}\left(v\frac{d\rho}{ds}\right)S(s)ds \tag{7.8-10}$$

과 같이 근사적으로 쓸 수 있다. 비록 ρ, v와 S가 흐름선 좌표 s의 함수라 하더라도 그들의 곱 $w = \rho v S$는 정상상태 운전조건에 대해서는 일정하므로 적분의 바깥 쪽에 둘 수 있을 것이며, 이는

$$E_c \approx w\int_1^2 \frac{p}{\rho^2}\frac{d\rho}{ds}ds = -w\int_1^2 p\frac{d}{ds}\left(\frac{1}{\rho}\right)ds \tag{7.8-11}$$

이 된다. 그런 다음 부분 적분을 수행하면

$$E_c \approx -w\left[\frac{p}{\rho}\bigg|_1^2 - \int_1^2 \frac{1}{\rho}\frac{dp}{ds}ds\right] = -w\Delta\left(\frac{p}{\rho}\right) + w\int_1^2 \frac{1}{\rho}dp \tag{7.8-12}$$

를 얻는다. 이 결과를 식 7.4-5에 대입하면 식 7.4-7의 근사적 관계식이 얻어진다. 수립된 가정의 의심할만한 본성 때문에(대표적인 흐름선의 존재와 단면에 걸쳐 p와 ρ가 일정하다는 것), 식 7.4-7보다는 식 7.4-5를 사용하는 것이 더 나은 것처럼 보인다. 또 식 7.4-5는 다수의 유입과 유출을 갖는 계에 대해 쉽게 일반화되는 반면 식 7.4-7은 그렇지 않다. 일반화는 표 7.6-1의 식 (D)에 주어져 있다.

논의를 위한 질문

1. 거시적 수지의 유래, 의미, 사용에 대해 논하고 이들을 유도하면서 어떤 가정이 만들어졌는지를 설명하시오
2. 주어진 문제에 대해 어떤 거시적 수지를 사용할 것인지 어떻게 결정하는가? 거시적 수지를 사용하여 문제를 풀기 위해 무슨 보조 정보가 필요한가?
3. 마찰 인자와 마찰 손실 인자는 서로 연관이 있는가? 만약 그렇다면 어떻게 연관이 있는가?
4. 점성 손실 E_v와 압축항 E_c을 물리적 해석, 부호, 계산 방법과 관련하여 논의하시오.
5. 거시적 기계적 에너지 수지가 점도가 없는 유체에 대한 Bernoulli 방정식과 어떻게 연관이 있는가? 어떻게 유도되는가?
6. 좌표계의 원점을 다르게 선택하였다면 예제 7.3-1에서 무슨 일이 일어났을까?
7. 예제 7.5-1의 점성 손실 E_v 계산에서 인자 2를 빠뜨렸다면 최종 결과에서 오차는 어떻게 나타날까? 어떤 상황 하에서 이와 같은 오차가 더 심각하게 되는가?
8. 예제 7.5-1에서 5 ft가 50 ft로 대체되었다면 어떤 일이 일어날까?
9. 예제 7.6-3에서 유출 압력이 1.1 atm 대신에 11 atm이었다면 결과는 어떤 영향을 받게 되는가?
10. 표 7.6-1에 주어진 식들의 고유한 가정들을 모두 기록하시오.

문제

7A.1. 급격히 확장되는 관에서의 압력 상승(표 7.6-1). 소금 수용액이 급격히 확장되는 관을 통하여 450 U.S. gal/min = 0.0284 m^3/s의 유량으로 흐르고 있다. 작은 관의 내부 반지름이 5 in.이고 큰 관의 내부 반지름이 9 in.이다. 만약 용액의 밀도가 63 lb_m/ft^3 이라고 하면 압력 상승은 pound/in^2로 얼마나 되겠는가? 작은 관에서의 유동은 층류인가 난류인가?

답: 0.157 psi = 1.08×10^3 N/m^2

7A.2. 염산 용액의 펌핑(그림 7A.2). 밀도와 점도($\rho = 62.4$ lb_m/ft^3, $\mu = 1$cp)가 일정한 희석된 HCl 용액이 총괄 높이의 변화없이 탱크 1에서부터 탱크 2로 펌핑되고 있다. 두 탱크의 기체 공간 내 압력은 $p_1 = 1$ atm이고 $p_2 = 4$ atm이다. 관의 반지름은 2 in.이고 Reynolds 수는 7.11×10^4이며, 관 내의 평균 속도는 2.30 ft/s이다. 펌프에 얼마의 일률이 주어져야 하는가?

답: 2.4 hp = 1.8 kW

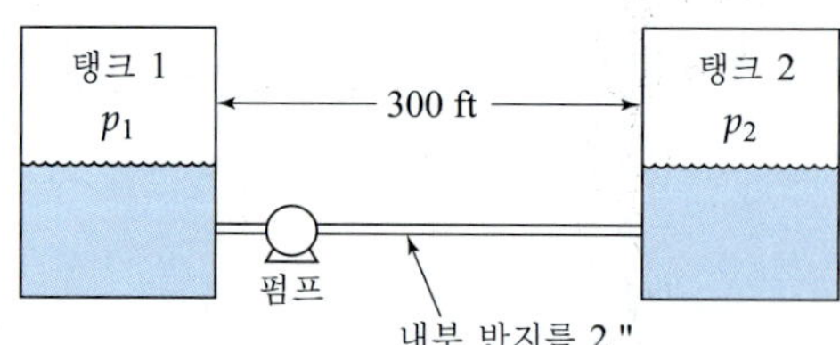

그림 7.A-2 염산 용액의 펌핑

7A.3. 원통관 내의 압축성 기체 유동. 질소 기체가 내부 반지름이 3 in.인 직선 길이의 수평관을 통해 0.28 lb_m/s의 유량으로 25℃에서 등온 난류로 흐르고 있다. 입구와 출구에서의 절대 압력은 각각 2 atm과 1 atm이다. 이상기체 거동과 균일한 반지름 방향 속도분포를 가정하여 점성 손실 $\hat{E}_v$를 구하시오.

답: 26.3 $Btu/lb_m = 6.12 \times 10^4$ J/kg

7A.4. 원환 내의 비압축성 유동. 60°F의 물이 펌프로부터 길이가 20.3 ft인 동축 원환 도관을 통해 241 U.S. gal/min의 유량으로 수송되고 있다. 원환 공간의 내부와 외부 반지름은 각각 3 in.와 7 in.이며, 입구가 출구보다 5 ft 더 낮다. 펌프로부터 요구되는 출력 일률을 구하시오. 문제를 풀기 위해 평균 유체역학 반지름의 경험식을 사용하고, 펌프의 입구와 원환 출구에서의 압력은 동일하다고 가정하시오.

답: 0.31 hp = 0.23 kW

7A.5. U자로 굽은 관에 작용하는 힘(그림 7A.5). 68°F의 물($\rho = 62.4\ lb_m/ft^3$, $\mu = 1$ cp)이 U자 모양으로 굽은 관 내를 3 ft^3/s 의 난류로 흐르고 있다. 물에 의해 U자로 굽은 관에 작용하는 수평 힘이 얼마인지 구하시오.

답: 오른쪽으로 903 lb_f

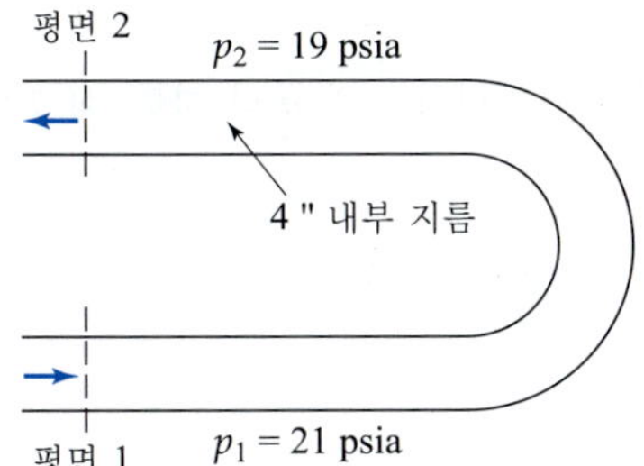

그림 7.A-5 U자로 굽은 관 내의 유동; 굽은 관의 양 팔은 동일한 높이에 있다.

7A.6. 유동 속도 계산(그림 7A.6). 그림에서 보는 계에 대해 68°F인 물의 부피 유량을 구하시오.

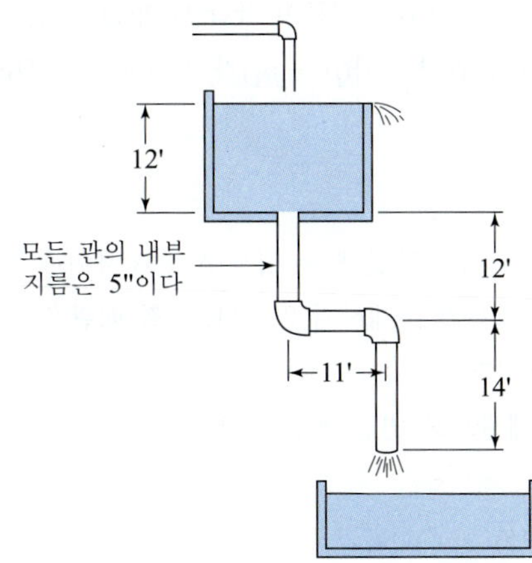

그림 7.A-6 일정한 양정의 탱크로부터 유동

7A.7. 피톳관 데이터로부터 다양한 평균 속도의 계산. 다음은 내부 반지름이 3.06 in.인 관 내를 흐르는 물의 유동을 가로지르는 피톳관에 대한 어떤 실험 데이터[1]이다.

위치	관 중심으로부터의 거리 (in.)	국부 속도 (ft/s)	위치	관 중심으로부터의 거리 (in.)	국부 속도 (ft/s)
1	2.80	7.85	6	0.72	11.70
2	2.17	10.39	7	1.43	11.47
3	1.43	11.31	8	2.17	11.10
4	0.72	11.66	9	2.80	9.26
5	0.00	11.79			

이들 데이터를 그래프로 그리고, 유동이 층류인지 또는 난류인지 찾으시오. 그런 다음 수치적 적분에 대한 Simpson 법칙을 사용하여 $\langle v \rangle / v_{max}$, $\langle v^2 \rangle / v^2_{max}$과 $\langle v^3 \rangle / v^3_{max}$을 계산하시오. 이들 결과가 50/49(바로 앞의 예제 7.2-1에 주어진) 값과 43200/40817(바로 앞의 예제 7.4-1에 주어진) 값에 부합하는가?

7B.1. $\frac{1}{7}$ 멱수법칙으로부터 평균 속도. 식 5.1-4의 속도분포에 의해 문제 7A.7의 속도비를 계산하시오.

7B.2. 단면이 변하는 도관 내의 유동에 대한 힘과 점성 손실 사이의 관계. 식 7.5-7은 일정한 단면을 갖는 임의의 곧은 도관에 대한 항력과 점성 손실 사이의 관계 $F_{f \to s} = \rho S \hat{E}_v$를 준다. 여기서 하류 방향의 거리에 따라 단면이 점진적으로 변하는 곧은 수평 채널을 생각하고, 항력이 축 방향으로 있는 축 대칭인 채널로 제한한다.

만약 입구의 단면과 압력이 S_1과 p_1이고 출구의 단면과 압력이 S_2와 p_2라 하면, 식 7.5-7과 상사한 관계식이

$$F_{f \to s} = \rho S_m \hat{E}_v + p_m(S_1 - S_2) \tag{7B.2-1}$$

임을 증명하시오. 여기서

$$\frac{1}{S_m} = \frac{1}{2}\left(\frac{1}{S_1} + \frac{1}{S_2}\right) \tag{7B.2-2}$$

$$p_m = \frac{p_1 S_1 + p_2 S_2}{S_1 + S_2} \tag{7B.2-3}$$

이다. 결과를 해석하시오. 83쪽의 R. B. Bird의 참고문헌 14쪽과 15쪽을 보시오.

7B.3. 급격히 확장되는 관을 통한 유동(그림 7.6-1). 초기와 최종 지름이 각각 D_1과 D_2로 급격히 확장되는 관을 통해 유체가 흐르고 있다. 주어진 값 v_1에 대해 압력 증가$(p_2 - p_1)$가 최대로 되는 D_2/D_1 비가 얼마인지 구하시오.

답: $D_2/D_1 = \sqrt{2}$

7B.4. 두 탱크 사이의 유동(그림 7B.4). 경우 I: $p_A > p_B$이기 때문에 두 탱크 A와 B 사이에 유체가 흐르고 있다. 탱크들은 동일한 높이에 있으며 배관에는 펌프가 존재하지 않는다. 연결 배관은 단면적 S_I을 가지며 압력 강하 $(p_A - p_B)_I$에 따른 질량 유량은 w이다.

경우 II: 각각 $S_{II} = \frac{1}{2} S_I$인 단면을 갖는 2개의 배관으로 연결 배관을 대체하고자 한다. 경우 I과 동일한

[1] B. Bird, C. E. thesis, University of Wisconsin (1915).

총 질량 유량을 갖기 위해 필요한 압력차$(p_A - p_B)_{II}$는 얼마인가? 난류로 가정하고, 마찰 인자에 대한 Blasius 공식(식 6.2-12)을 사용하시오. 입구와 출구 손실은 무시한다.

답: $(p_A - p_B)_{II}/(p_A - p_B)_I = 2^{5/8}$

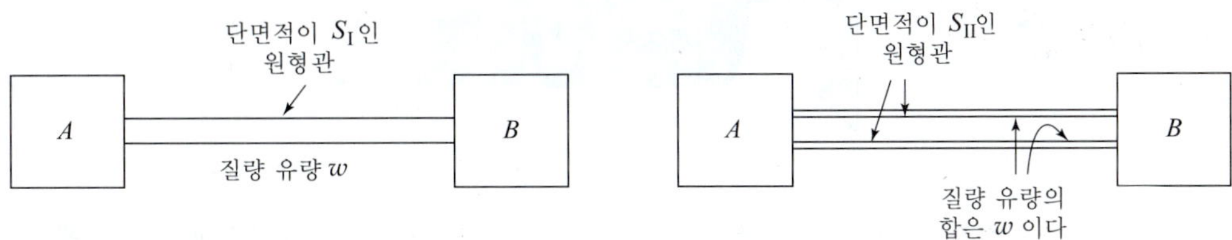

그림 7.B-6 두 탱크 사이의 유동

7B.5. 공기 도관의 수정 설계(그림 7B.5). 수평의 곧은 공기 도관을 공장에 설치하고자 하였으며, 도관은 단면이 4 ft × 4 ft는 되어야 할 것이라고 생각하였다. 지나친 계획 때문에 도관은 높이가 단지 2 ft 밖에 될 수 없어 임의의 너비를 갖도록 하고자 하였다. 동일한 종말 압력과 동일한 부피 유량을 갖기 위해서는 너비를 얼마로 하여야 하는가? 유동은 난류이고, 이 계산에 대해 Blasius 공식(식 6.2-12)이 만족된다고 가정하시오. 이 경우에 공기는 비압축성이라 간주할 수 있다.

(a) 도관 I과 II에 대해 단순화된 기계적 에너지 수지를 쓰시오.

(b) 두 도관에 대한 압력 강하를 수식화하고 두 도관의 높이와 너비에 관련된 식을 구하시오.

(c) 도관 II에 대해 사용되어야 하는 너비를 알기 위해 (*b*) 식의 수치해를 구하시오.

답: (c) 9.2 ft

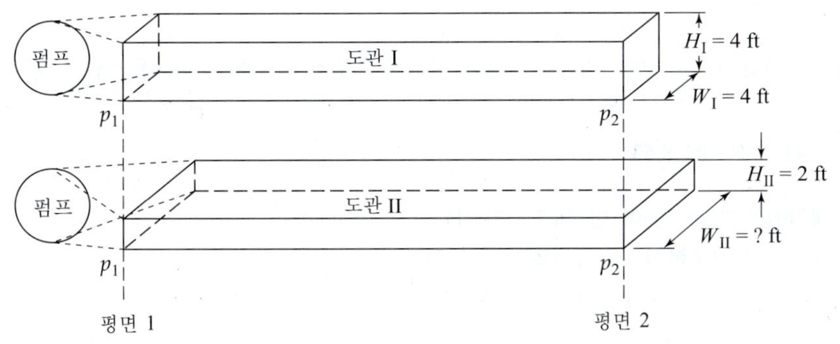

그림 7.B-5 공기 도관의 설치

7B.6. 보통 도관 내로의 다수 배출[2](그림 7B.6). 예제 7.6-1을 여러 개의 관으로부터 단면의 알짜 증가를 갖는 큰 관으로 배출되는 비압축성 유체로 확장하시오. 이와 같은 계는 팽창과 수축 손실이 총괄 압력 강

[2] W. M. Kays, *Trans ASME*, **72**, 1067-1074 (1950).

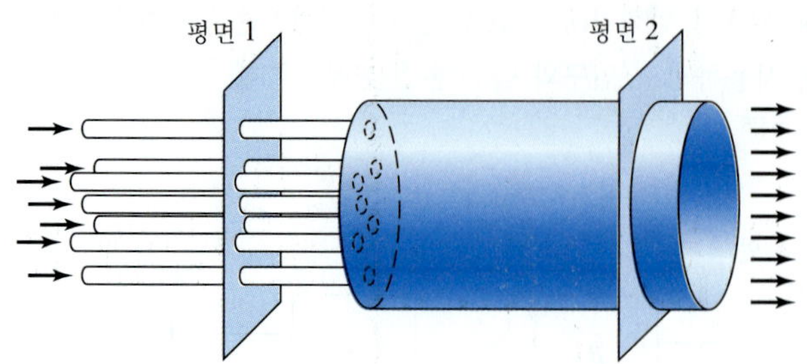

그림 7.B-6 보통 도관 내로의 다수 배출. 유동이 가능한 총 단면적은 평면 1에서 S_1이고, 평면 2에서 S_2이다.

하가 감지될만한 분율 만큼 고려되는 특정 유형의 열교환기에서 중요하다. 작은 관과 큰 관 내의 유동은 층류일 수도 난류일 수도 있다. 거시적 질량, 운동량, 기계적 에너지 수지를 사용하여 이 계를 해석하시오.

7B.7. 기체 저장용기 내의 목록 변화. 천연가스가 배관을 통해 w_1 lb_m/hr의 정상상태 유량으로 저장용기에 공급되고 있다. 24시간 동안 저장용기로부터 소요되는 연료 w_2는 대략적으로 다음과 같이 변한다.

$$w_2 = A + B\cos\omega t \tag{7B.7-1}$$

여기서 ωt는 최고로 소요되는 시간(대략 오전 6시)에서부터 측정된 무차원 시간이다.

(a) 24시간 동안에 대한 w_2의 최대, 최소, 평균값을 A와 B 항으로 구하시오.

(b) A와 B 항으로 요구되는 w_1 값을 구하시오.

(c) $t = 0$에서 $m_{\text{tot}} = m_{\text{tot}}^0$이라 하고, m_{tot}를 시간의 함수로 얻기 위해 이 초기조건을 사용하여 비정상상태의 질량 수지를 적분하시오.

(d) 만약 저장용기 내에서 $A = 5000$ lb_m/hr, $B = 2000$ lb_m/hr, $\rho = 0.044$ lb_m/ft^3이라면, 방해 요인이 없이 소요에 부합하기 위한 저장용기의 절대 최소 용량을 ft^3으로 구하시오. 이와 같은 운전이 가능하기 위해 저장용기를 가득 채워야 하는 시간은 하루 중 언제인가?

(e) 최소 3일 동안 온종일 비축하는 것을 유지하기 위해 요구되는 저장용기의 최소 용량을 ft^3으로 구하시오.

답: 3.47×10^5 ft^3, 8.53×10^6 ft^3

7B.8. 시간에 따른 액체의 높이 변화(그림 7.1-1).

(a) 미적분을 사용하여 식 7.1-4를 유도하시오.

(b) 예제 7.1-1에서 액체 높이 h에 대한 식을 시간 t의 함수로 구하시오.

(c) 무차원 양을 사용하여 식 7.1-8의 그래프를 도시하시오. 이 그래프가 유용한가?

7B.9. 출구관을 갖는 원통형 탱크의 배출(그림 7B.9).

(a) 구형 탱크 대신에 원통형 탱크를 사용하여 예제 7.1-1을 다시 풀어 보시오. 준 정상상태 접근법을 사용하시오. 즉, 관 내의 층류에 대한 Hougen-Poiseuille 방정식과 함께 비정상상태 질량 수지를 사용하시오.

(b) 관 내의 난류에 대한 문제를 다시 풀어 보시오.

답: (a) $\quad t_{\text{efflux}} = \dfrac{128\mu LR^2}{\rho g D^4} \ln\left(1 + \dfrac{H}{L}\right)$

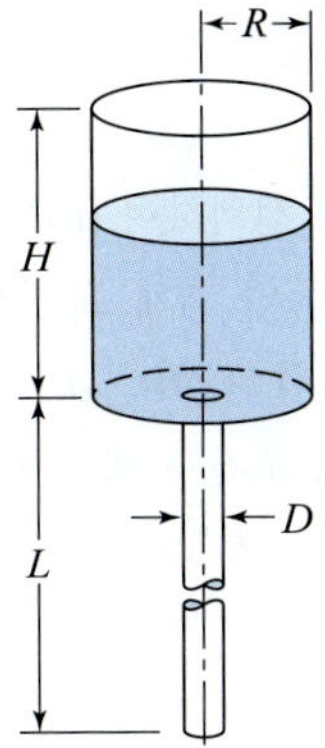

그림 7.B-9 긴 관이 부착되어 있는 원통형 탱크. 유체 표면과 관 출구는 대기에 노출되어 있다.

7B.10. 원뿔형 탱크의 배출을 위한 유출 시간(그림 7B.10). 그림에 주어진 치수를 갖는 원뿔형 탱크가 초기에 액체로 채워져 있으며, 액체는 중력에 의해 배출된다. 유출시간을 구하시오. (a)–(c)의 문제에서 "계"라는 말은 원뿔 탱크 내의 액체를 뜻한다.

(a) 먼저 비정상상태의 거시적 질량 수지를 사용하여 출구 속도가

$$v_2 = -\frac{z^2}{z_2^2}\frac{dz}{dt} \tag{7B.10-1}$$

임을 보이시오.

(b) 계에 대한 비정상상태의 기계적 에너지 수지를 쓰시오. 점성 손실항과 운동에너지의 시간 도함수를 포함하고 있는 항을 버리고, 그렇게 하는 이유를 설명하시오. 그러면 식 7B .10-1로부터

$$v_2 = \sqrt{2g(z - z_2)} \tag{7B.10-2}$$

가 유도됨을 보이시오.

(c) (a)와 (b)의 결과를 결합하고, 액체 높이 z를 t의 함수로 구하기 위해 적절한 초기조건을 적용하여

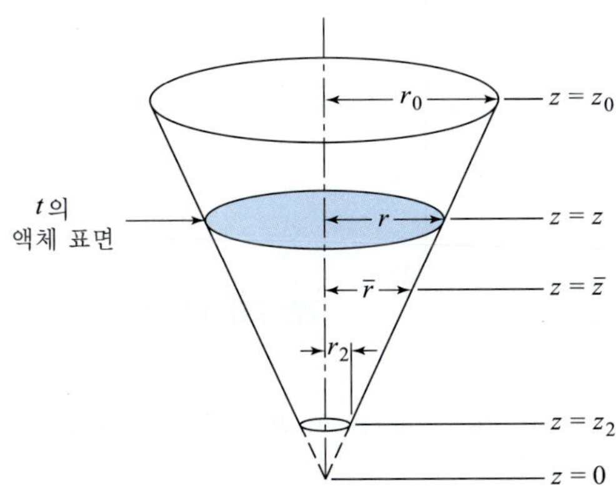

그림 7.B-10 유체의 배출이 허용된 원뿔형 저장조. r은 높이 z에서 액체 표면의 반지름이고, $\bar{r}$은 어떤 임의의 높이 $\bar{z}$에서 원뿔의 반지름이다.

결과적인 미분방정식의 해를 구하시오. 이로부터 유출시간

$$t_{\text{efflux}} = \frac{1}{5}\left(\frac{z_0}{z_2}\right)^2 \sqrt{\frac{2z_0}{g}} \tag{7B.10-3}$$

을 얻는다. 수립된 모든 가정들을 쓰고, 그 가정들이 얼마나 심각한지 논의하시오. 이들 가정을 어떻게 피할 수 있겠는가?

(d) 시간 t에 정지되어 있고 액체 표면보다 약간 아래에 있는 평면 1을 선택하여 (b)를 다시 풀어 보시오. 비정상상태의 기계적 에너지 수지식이 수립된 미분 시간 간격 dt 동안 액체 표면이 평면 1 아래로 내려가지 않는다는 것을 이해하게 된다. 평면 1을 이렇게 선택하면 도함수 $d\Phi_{\text{tot}}/dt$는 0이 되고, 일 항 W_m은 존재하지 않으며, 더욱이 평면 1에서의 조건은 액체 표면에서의 조건과 대단히 가깝다. 그런 다음 도함수 dK_{tot}/dt가 거의 0이 되고 점성 손실항을 무시할 수 있는 유사 정상상태라고 근사하면, $w_1 = w_2$인 기계적 에너지 수지는

$$0 = \tfrac{1}{2}(v_1^2 - v_2^2) + g(h_1 - h_2) \tag{7B.10-4}$$

의 형태가 된다.

7B.11. **나무 조각의 분해**(그림 7B.11). 종이 펄프 제조에 있어서 나무 조각의 셀룰로오스 섬유들은 다이제스터라고 불리는 큰 원통형 탱크 내에서 가압 하에 알칼리 용액 내에서 가열함으로써 목질소 결합제로부터 자유롭게 된다. "증해" 단계의 마지막에 다이제스터의 한쪽 끝에 있는 작은 구멍이 열리고, 나무 조각들을 완전히 해체하고 섬유들을 분리시키기 위해 부드럽게 된 나무 조각의 슬러리가 충돌판에 부

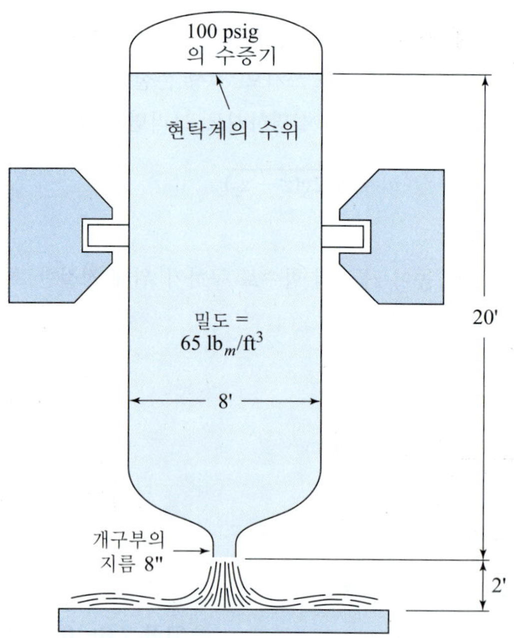

그림 7.B-11 펄프 다이제스터

[3] A. G. Fredrickson, PhD Thesis, University of Wisconsin (1959); *Principles and Applications of Rheology*, Prentice-Hall, Englewood Cliffs, N.J. (1964), 9.2절.

뒷쳐 흩어지게 된다. 배출 흐름의 속도와 배출을 시작한 바로 직후 충돌판에 가해지는 추가적인 힘을 계산하시오. 다이제스터 내부에서의 마찰 효과와 탱크 내부 유체의 작은 운동에너지는 무시할 수 있다. (참조: 입구와 출구 평면을 선정하는 두 가지 다른 방법에 대해서는 문제 7B.10을 참조하시오.)

답: 2810 lb_m/s(또는 1275 kg/s); 10,900 lb_f(또는 48,500 N)

7B.12. 배관 내 증기가 없는 유동의 기준. 배관이 액체로 완전히 채워져 있는 것을 확인하기 위해서는 모든 점에서 $p > p_{vap}$일 필요가 있다. 계의 적절한 부분에 걸쳐 기계적 에너지 수지를 사용하여 그림 7.5-1의 계에 이 기준을 적용하시오.

7C.1. 모세관 점도계의 말단 보정(그림 7C.1).[3] 점도를 구하기 위해 관-유동 점도계의 데이터를 분석함에 있어서, 유량에 대한 압력 강하 데이터와 이론식(식 2.3-21의 Hougen-Poiseuille 방정식)을 비교한다. 후자는 압력이 측정되는 두 평면 사이 영역에서 유동이 완전히 발달되어 있다고 가정한다. 그림에서 보는 바와 같은 장치에서 압력은 관의 출구(2)와 저장조 내의 유체 위(1)에서 역시 알려져 있다. 그러나 관의 입구 영역에서 속도분포는 아직 완전히 발달되지 않았다. 따라서, 유량에 대한 압력 강하를 관계 짓는 이론식은 타당하지 않다.

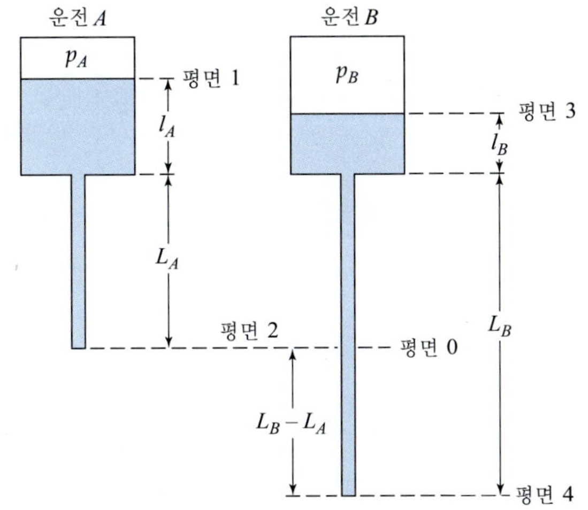

그림 7.C-1 동일한 유량과 동일한 출구 압력을 갖는 두 개의 모세관 점도계. 압력 p_A와 p_B는 불활성 기체에 의해 유지된다.

그러나 L_A와 L_B로 길이가 서로 다른 두 개의 관 내의 유동을 측정함으로써 Hougen-Poiseuille 방정식을 사용할 수 있는 방법이 있다; 두 개의 관 중 길이가 더 짧은 관이 출구에서 속도분포가 완전히 발달될 수 있도록 충분히 길어야 한다. 그러면 길이가 $L_B - L_A$인 긴 관의 말단부는 완전히 발달된 유동 영역이 될 것이다. 만약 이 영역에 대한 $\mathscr{P}_0 - \mathscr{P}_4$값을 알았다면, Hougen-Poiseuille 방정식을 적용할 수 있었다.

계 1−2, 3−4와 0−4에 대해 쓰여진 기계적 에너지 수지를 적절히 결합하면 각 점도계가 동일한 유량을 가질 때 $\mathscr{P}_0 - \mathscr{P}_4$에 대한 다음 식을 얻게 됨을 보이시오.

$$\frac{\mathscr{P}_0 - \mathscr{P}_4}{L_B - L_A} = \frac{p_B - p_A}{L_B - L_A} + \rho g\left(1 + \frac{l_B - l_A}{L_B - L_A}\right) \tag{7C.1-1}$$

여기서 $\mathscr{P}_0 = p_0 + \rho g z_0$이다. 실험적 측정을 해석하기 위해 식 7C.1-1을 어떻게 사용할 것인지 조심스럽게 설명하시오. 식 7C.1-1이 원형이 아닌 균일한 단면을 갖는 도관에 대해서도 타당한가?

7D.1. 변화방정식으로부터 거시적 수지의 유도. 그림 7.0-1의 유동계에 걸쳐 연속방정식과 운동방정식을 적분함으로써 거시적 질량 수지와 운동량 수지를 유도하시오. Gauss 다이버전스 이론과 Leibniz 공식을 사용하여 7.8절에 주어진 거시적 기계적 에너지 수지에 대한 과정을 따라 하시오.

Chapter

08 고분자 액체

7장까지는 응력과 속도 구배 사이의 관계가 단순 전단유동에서는 식 1.1-2로 표현되고, 임의의 시간 의존적 유동에 대해서는 식 1.2-6 (또는 식 1.2-7)로 표현되는 **뉴튼 유체**만을 다루었다. 뉴튼 유체는 온도, 압력, 조성에는 의존하지만 속도 구배에는 무관한 두 개의 물질 매개변수, 즉 두 개의 점도계수 μ와 κ를 필요로 한다. 모든 기체와 "작은" 분자(분자량이 약 5000까지)로 구성된 모든 액체는 뉴튼 유체 모델로 정확하게 묘사할 수 있다.

식 1.2-6으로 표현할 수 없는 많은 유체들이 있는데, 이들을 **비뉴튼 유체**라 한다. 구조적으로 복잡한 이들 유체에는 고분자 용액, 용융 고분자, 비누 용액, 현탁계, 유화계, 반죽, 몇몇 생체 유체 등이 포함되지만, 이 장에서는 고분자 액체에 초점을 맞추고자 한다.

고분자 용액이나 용융 고분자와 같은 고분자 액체는 많은 내부 자유도를 갖는 고분자량의 분자로 이루어져 있기 때문에 뉴튼 유체와는 정성적으로 다른 거동을 보이게 된다. 점도가 속도 구배에 매우 강하게 의존하며, 이에 더하여 현저한 "탄성 효과"를 보이기도 한다. 또 평행한 두 평판 사이를 흐르는 정상상태의 단순 전단유동에 있어서도 뉴튼 유체에서는 나타나지 않는 영이 아니면서 동일하지도 않는 수직응력(τ_{xx}, τ_{yy}와 τ_{zz})이 존재한다. 8.1 절에서는 뉴튼 유체와 고분자 유체의 차이를 강조하는 몇 가지 실험을 다루고자 한다.

뉴튼 유체를 다루는 데 있어 점도를 측정하는 과학적 방법을 **점도 측정법**이라고 하며, 앞 장들에서 **점도계**(원형관, 원추-평판계, 동축 원통)로 사용할 수 있는 단순 유동계에 대한 예를 다루었다. 비뉴튼 유체를 특징짓기 위해서는 점도뿐만 아니라 수직응력과 점탄성 응답을 측정하여야 하며, 이들 물성을 측정하는 과학적 방법을 **유변물성 측정법**이라 하고 측정 기기를 **레오미터**라고 하며, 8.2절에서 간략하게 이 주제에 대해 다루고자 한다.

실험적 사실을 다루는 처음 두 절을 공부한 뒤에 고분자 액체를 설명하기 위해 통상적으로 사용되는 다양한 비뉴튼 "모델"(즉 응력 텐서에 대한 경험식)을 표현하는 데로 관심을 돌리고자 한다. 8.3절에서는 점탄성 효과는 없이 단지 비뉴튼 점도만을 묘사할 수 있어 상대적으로 단순한 **일반화된 뉴튼 모델**을 다루고자 하며, 8.4절에서는 단지 대단히 작은 변위 구배를 갖는 유동에서만 나타나는 점탄성 응답을 설명할 수 있는 **선형 점탄성 모델**의 예를 다루고자 한다. 다음 8.5절에서는 모든 유동 조건에 적용 가능한 여러가지 **비선형 점탄성 모델**을 다루고자 한다. 기초적인 모델에서부터 점점 더 복잡한 모델로 감에 따라(수학적인 어려움뿐만 아니라) 설명할 수 있는 관찰된 현상들의 집합이 점차 확대될 것이다. 마지막으로 8.6절에서는 고분자 유체역학의 분자운동론적인 접근에 관해 간략하게 논의하고자 한다.

고분자 액체는 플라스틱 제품을 제조하는 과정에서, 또 윤활제, 식료품, 잉크 등의 첨가제로 쉽게 만날 수 있으며, 액체 중에서 중요하고도 넓은 부분을 차지하고 있으므로 많은 과학자와 공학자들이 이를 다루고 있다. 따라서 고분자의 유체역학, 열전달, 확산은 이동현상의 주제 중에서 급격히 성장하는 부분이 되고 있으며, 이와 관련된 많은 교과서,[1] 논문,[2] 잡지들이 발간되고 있다. 이 주제는 분자운동론적 관점의 접근이 시도되어 왔으며, 이와 관련된 분자 이론들은 고분자 유체의 기계적, 열적 및 확산 거동을 이해하는데 많은 기여를 하여 왔다.[3] 마지막으로 이 주제와 관련된 이력에 흥미가 있다면 Tanner와 Walters[4]의 책을 참고하시오.

8.1 고분자 액체의 거동에 관한 예

이 절에서는 뉴튼 유체와 고분자 유체[1]를 대비할 수 있는 몇 가지 실험에 관해 논의하고자 한다.

[1] A. S. Lodge, *Elastic Liquids*, Academic Press, New York (1964); R. B. Bird, R. C. Armstrong, and O. Hassager, *Dynamic of Polymeric Liquids*, Vol. 1, *Fluid Mechanics*, Wiley-Interscience, New York, 2nd edition (1987); R. I. Tanner, *Engineering Rheology*, Clarendon Press, Oxford (1985).

[2] H. A. Barnes, J. F. Hutton, and K. Walters, *An Introduction to Rheology*, Elsevier, Amsterdam (1989); H. Giesekus, *Phänomenologische Rheologie: Eine Einführung*, Springer Verlag, Berlin (1994) 이 주제에 대한 공학적인 관점을 강조한 책들은 Z. Tadmor and C. G. Gogos, *Principles of Polymer Processing*, Wiley, New York (1979), D. G. Baird and D. I. Collias, *Polymer Processing: Principles and Design*, Butterworth-Heinemann, Boston (1995), J. Dealy and K. Wissbrun, *Melt Rheology and its Role in Plastics Processing*, Van Norstrand Reinhold, New York (1990) 등이 있다.

[3] R. B. Bird, C. F. Curtiss, R. C. Armstrong, and O. Hassager, *Dynamics of Polymeric Liquids, Vol. 2, Kinetic Theory*, Wiley-Interscience, New York, 2nd edition (1987); C. F. Curtiss and R. B. Bird, *Adv. Polymer Sci*, **125**, 1-101 (1996) and *J. Chem. Phys*. **111**, 10362-10370 (1999).

[4] R. I. Tanner and K. Walters, *Rheology: An Historical Perspective*, Elsevier, Amsterdam (1998).

[1] 이 실험들뿐만 아니라 다른 실험에 대한 자세한 내용은 R. B. Bird, R. C. Armstrong, and O. Hassager, *Dynamics of Polymeric Liquids, Vol. 1, Fluid Dynamics*, Wiley-Interscience, New York, 2nd edition (1987)의 2 장과 A. S. Lodge, *Elastic Liquids*, Academic Press, New York (1964)의 10 장에서 찾아 볼 수 있다.

원형관 내를 흐르는 정상상태 층류

비록 원형관 내를 정상상태의 축 방향 층류로 흐른다고 하더라도 뉴튼 유체의 거동과 고분자 액체의 거동에는 중요한 차이가 있다. 뉴튼 유체의 속도분포, 평균 속도와 압력 강하는 각각 식 2.3-18, 2.3-20과 2.3-21로 주어진다.

고분자 액체에 대한 실험 데이터는 다음 식이 합리적임을 암시하고 있다.

$$\frac{v_z}{v_{z,\max}} \approx 1 - \left(\frac{r}{R}\right)^{(1/n)+1} \quad \text{및} \quad \frac{\langle v_z \rangle}{v_{z,\max}} \approx \frac{(1/n)+1}{(1/n)+3} \tag{8.1-1, 2}$$

여기서 n은 통상적으로 1보다 작은 값을 가지면서 유체를 특징짓는 양의 매개변수이다. 즉 고분자 액체의 속도분포는 $n = 1$인 뉴튼 유체보다 훨씬 더 무디어지게 된다. 더욱이

$$\mathscr{P}_0 - \mathscr{P}_L \sim w^n \tag{8.1-3}$$

임을 실험적으로 알 수 있으므로, 질량 유량에 따른 압력 강하는 선형적 관계를 갖는 뉴튼 유체보다 훨씬 덜 급격하게 증가하게 된다.

동일한 최대 속도를 갖는 층류에 대한 뉴튼 유체와 고분자 유체의 전형적인 속도분포를 그림 8.1-1에 도시하여 비교하였다. 단순한 이 실험은 고분자 유체의 점도가 속도 구배에 의존하고 있음을 보여주고 있다. 이 점은 8.3절에서 자세하게 설명될 것이다.

원형이 아닌 단면을 갖는 관 내의 층류에 대해 고분자 액체는 축 방향의 운동에 중첩된 이차 유동을 보인다. 돌이켜 보면 뉴튼 유체의 난류에 대해서도 이차 유동을 역시 관찰할 수 있는데, 그림 5.1-2에서 뉴튼 유체는 도관의 모서리를 향해 움직인 다음 중심부를 향해 다시 돌아 나오는 것을 볼 수 있다. 고분자 유체의 층류에 대한 이차 유동은 도관의 모서리로부터 나와 벽면을 향해 다시 돌아 들어가는 반대 방향으로 움직이게 된다.[2] 난류에서 이차 유동은 관성 효과에 의해 유발되지만 고분자 유동에서 이차 유동은 "수직응력"과 결부되어 있다.

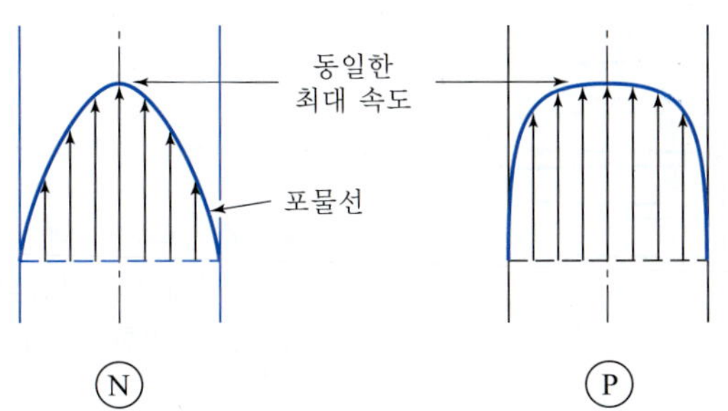

그림 8.1-1 원형관 내를 흐르는 층류. 기호 Ⓝ(뉴튼 유체)과 Ⓟ(고분자 액체)가 이 그림과 다음 6개의 그림에 사용되었다.

[2] B. Gervang and P. S. Larsen, *J. Non-Newtonian Fluid Mech.*, **39**, 217-237 (1991).

원형관 내를 흐르는 정상상태 유동의 정지 후 되튐

원형관 내에 정지해 있는 유체를 대상으로 실험을 시작하며, 그림 8.1-2에서 보는 바와 같이 주사기를 가지고 유체 내에 물감선을 반지름 방향으로 그린 다음, 유체를 펌프로 밀어 넣으면서 물감의 변형을 관찰하고자 한다.[3]

뉴튼 유체의 경우 물감선은 연속적으로 늘어나는 포물선으로 변형을 하며, 만약 펌프를 끄면 물감 포물선은 움직임을 멈추게 된다. 물론 얼마간 시간이 흐른 뒤에는 물감의 확산이 일어나 포물선은 흐릿해지기 시작한다.

고분자 액체의 경우 물감선은 포물선보다는 더 무딘 곡선 형태로 변형한다(식 8.1-1 참조). 만약 펌프를 멈추고 축 방향으로 유체를 제약하지 않는다면, 유체는 "되튐"을 시작할 것이며 최대로 늘어난 형상으로부터 후퇴하게 될 것이다; 즉 유체는 고무 밴드와 같이 얼마간 재빨리 돌아오게 된다. 고무 밴드는 원 상태로까지 돌아오는 반면 유체는 원래의 배열을 향해 단지 얼마간 후퇴하게 된다.

만약 의인법을 사용하여 표현한다면 고무 밴드는 응력이 부가되지 않은 초기의 상태로 되돌아오기 때문에 "완전한 기억"을 갖는다고 할 수 있는 반면, 고분자 유체는 점차적으로 원래의 상태를 잊어버리기 때문에 "서서히 사라지는 기억"을 갖는다고 할 수 있다. 즉 되튐이 일어날 때 기억은 점점 더 약해지게 된다.

유체의 되튐 현상은 **탄성**의 발현으로 고분자 유체에 대한 어떤 완전한 설명도 응력 텐서의 식 내에 탄성의 개념이 들어 있어야 하며, 서서히 사라지는 기억의 개념도 이론에 포함되어 있어야 한다.

"수직응력" 효과

뉴튼 유체와 고분자 액체의 거동에서 또 다른 두드러진 차이는 "수직응력" 효과로 나타나며, 이렇게 명명하는 이유는 다음 절에서 설명될 것이다.

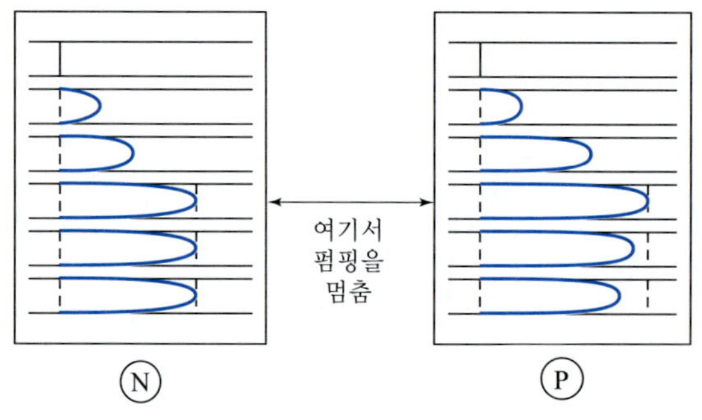

그림 8.1-2 고분자 액체에서는 관찰되지만 뉴튼 유체에서는 관찰되지 않는 원형관 내의 유동을 정지한 후 제약된 되튐.

[3] 이 실험에 대한 상세한 내용은 N. N. Kappor, M. S. thesis, University of Minnesota, Minneapolis (1964)와 A. G. Fredrickson, *Principles and Applications of Rheology*, Prentice-Hall, Englewood Cliffs, N. J. (1964), p. 120을 보시오.

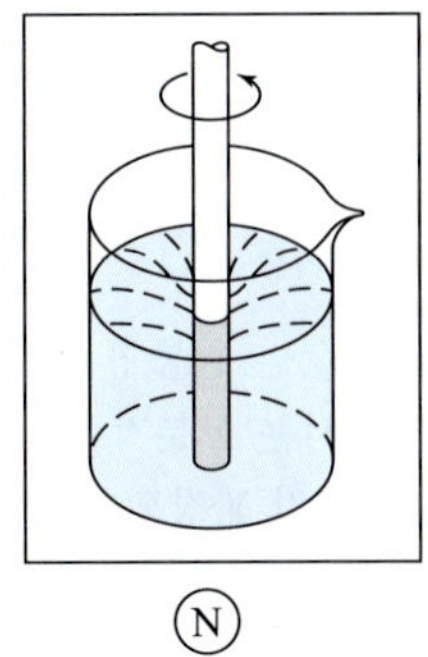
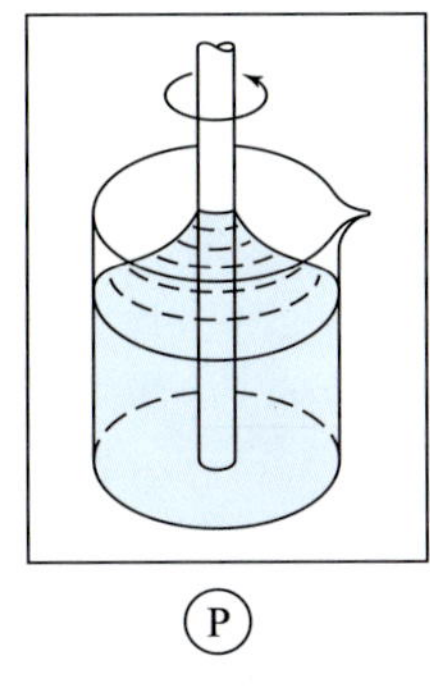

Ⓝ Ⓟ

그림 8.1-3 회전하는 막대 부근 액체의 자유 표면. 고분자 액체는 Weissenberg 막대 오름 효과를 보인다.

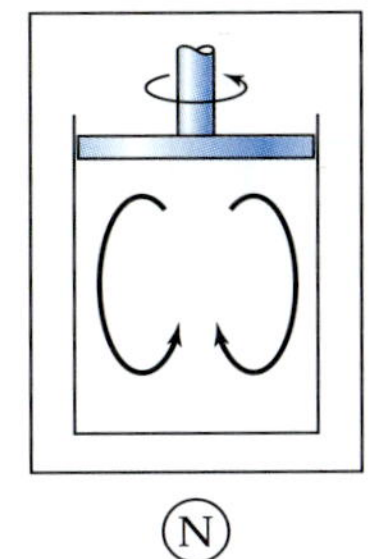
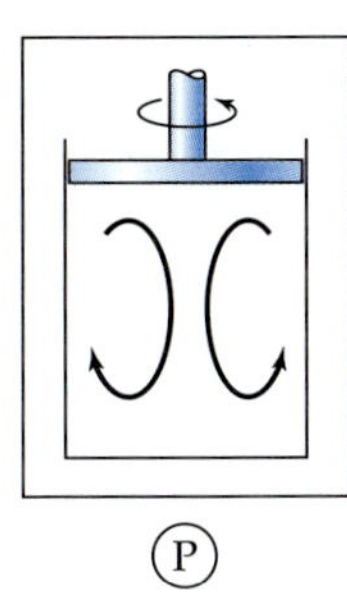

Ⓝ Ⓟ

그림 8.1-4 액체의 표면에서 회전하는 원판을 갖는 원통형 용기 내의 이차 유동은 뉴튼 유체와 고분자 유체의 경우 반대 방향을 갖는다.

뉴튼 유체로 채워진 비이커 내에서 회전하는 막대는 유체가 접선 운동을 하도록 하게끔 하고, 정상상태에서 유체의 표면은 회전하는 막대 부근이 낮아지게 된다. 이와 같은 현상은 원심력이 유체를 비이커의 벽 쪽을 향해 반지름 방향으로 움직이도록 야기하기 때문에 나타나는 것임을 직관적으로 알고 있다. 반면 **고분자 액체**의 경우는 유체가 회전하는 막대를 향해 움직이게 되고 정상상태에서 유체의 표면은 그림 8.1-3에서 보는 바와 같다. 이런 현상을 **Weissenberg 막대 오름 효과**[4]라 하며, 이는 고분자 액체가 뉴튼 유체와는 정성적으로 다르게 거동하도록 유도하는 어떤 종류의 힘이 명백히 있음을 의미한다.

이와 밀접한 연관이 있는 실험으로 그림 8.1-4와 같이 원통형 용기 내 유체의 표면 위에 회전하는 원판을 놓게 되면 뉴튼 유체는 회전하는 원판에 의해 유체가 접선 방향으로 움직이게 되며 ("일차 유동"), 이에 더해 원심력 때문에 유체는 원통 벽을 향해 바깥 방향으로 천천히 움직이게 되고 다시 아래 방향으로 움직인 다음 원통 축을 따라 돌아 올라오게 된다. 이와 같이 반지름 방향과 축 방향이 중첩된 유동을 "이차 유동"이라고 하고 일차 유동보다는 약하다. **고분자 액체**의 경우도 역시 일차 접선 유동과 함께 약한 반지름 방향과 축 방향의 이차 유동이 형성되지만 그 방향이 뉴튼 유체와는 반대로 움직이게 된다.[5]

그림 8.1-5에서 보는 바와 같이 기울어진 반 원통형 도랑을 따라 액체를 흘리는 또 다른 실험을 수행하면 뉴튼 유체는 외곽 모서리에서의 메니스커스 효과를 제외하면 액체의 표면이 평탄한데 비해 대부분의 **고분자 액체**는 액체의 표면이 약간 볼록한 것을 볼 수 있으며,

[4] 이 현상은 F. H. Garner and A. H. Nissan, *Nature*, **158**, 634-635 (1946)와 R. J. Russel, Ph.D. Thesis, Imperial College, University of London (1946), p.58에 의해 처음으로 설명되었으며, 실험은 K. Weissenberg, *Nature*, **159**, 310-311 (1947)에 의해 해석되었다.

[5] C. T. Hill, J. D. Huppler, and R. B. Bird, *Chem. Eng. Sci*., **21**, 815-817 (1966); C. T. Hill, *Trans. Soc. Rheol*., **16**, 213-245 (1972). 이론적인 해석은 J. M. Kramer and M. W. Johnson, Jr., *Trans. Soc. Rheol*., **16**, 197-212 (1972)와 J. P. Nirschl and W. E. Stewart, *J. Non-Newtonian Fluid Mech*., **16**, 233-250 (1984)에 의해 수행되었다.

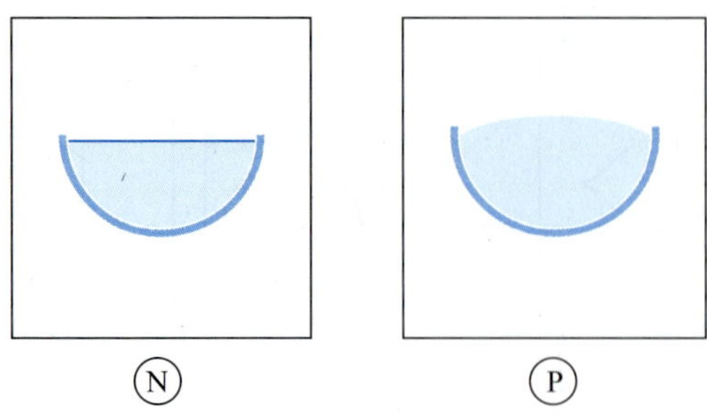

그림 8.1-5 반 원통형 도랑을 따라 흐르는 유동. 여기서는 고분자 액체 표면의 볼록한 모양이 얼마간 과장되게 표현되었다.

이 효과는 작지만 재현성이 있다.[6]

몇 가지 다른 실험들

간단한 싸이휜의 작동은 누구에게나 친근하다. 뉴튼 유체라면 액체로부터 싸이휜 관을 제거하면 싸이휜 작동을 멈추게 되지만 그림 8.1-6에서 보는 바와 같이 고분자 액체는 싸이휜 관이 액체 표면 위에 수 센티미터 들어 올려지더라도 싸이휜 작동을 계속할 수 있다는 사실을 실험을 통해 안다. 이를 **관 없는 싸이휜** 효과라 한다. 비이커의 가장자리 위 쪽으로 유체의 일부가 들어 올려져서 비이커 내부를 따라 유체가 위로 흐르게 되고 그런 다음 비이커가 거의 빌 때까지 외부로 흘러 나가게 된다.[7]

z 방향으로 축을 갖는 긴 원통형 막대를 축은 z 축에 평형하게 유지하면서 x 방향으로 앞뒤로 진동을 시키는(그림 8.1-7 참조) 또 다른 실험에서는, 뉴튼 유체는 아래 위에서(즉 $+y$와 $-y$ 방향으로부터) 원통을 향해 유체가 움직여와서 좌우로(즉 $-x$와 $+x$ 방향으로 향해) 멀

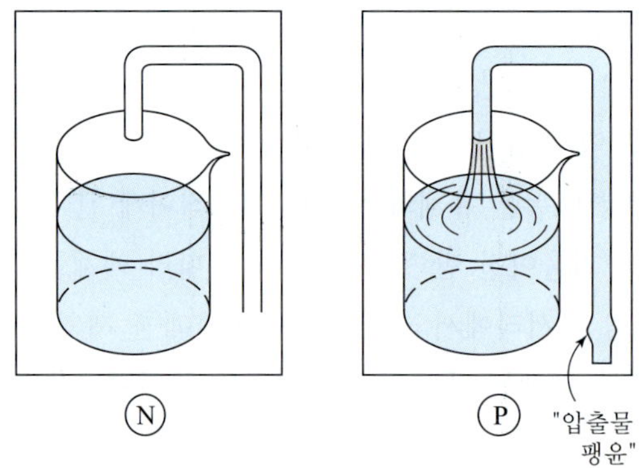

그림 8.1-6 액체 표면으로부터 관을 들어 올릴 때 고분자 액체는 싸이휜이 계속해서 일어나지만 뉴튼 유체는 더 이상 일어나지 않는다. 고분자 액체가 싸이휜 관을 떠날 때 팽윤이 일어남에 주목하시오.

6 이 실험은 A. S. Wineman and A. C. Pipkin, *Acta Mech.*, **2**, 104-115 (1966)의 제안에 고무되어 R. I. Tanner, *Trans. Soc. Rheol.*, **14**, 483-507 (1970)에 의해 처음으로 수행되었다. 또 R. I. Tanner, *Engineering Rheology*, Oxford University Press (1985), 102-105를 보시오.

7 D. F. James, *Nature*, **212**, 754-756 (1966).

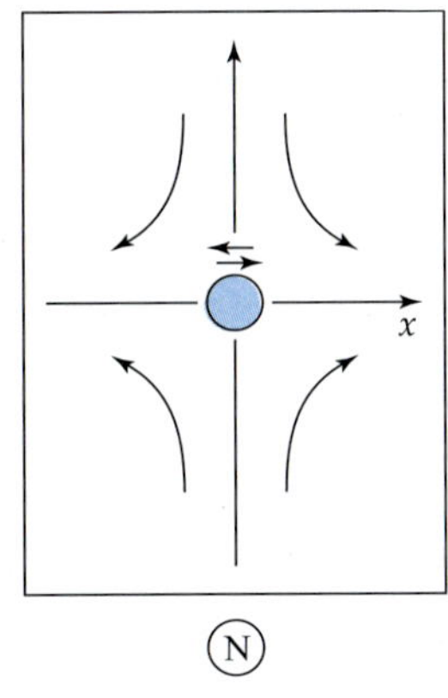

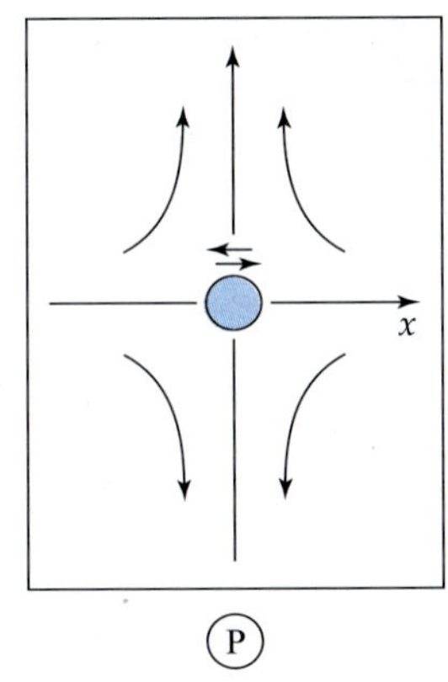

그림 8.1-7 뉴튼 유체와 고분자 유체의 경우 반대 방향으로 흐르는 이차 유동을 보여주고 있는 측면 방향으로 진동하는 막대 주위의 "음파 흐름".

어져 가는 형태의 이차 유동이 유도된다. 이에 반해 고분자 액체는 x 축을 따라 좌우로부터 내부 방향으로 움직여 와서 y 축을 따라 상하로 나가는 형태의 반대 방향의 이차 유동이 유도된다.[8]

수행되었던 많은 흥미로운 실험들 중에서 몇 가지 만을 앞에서 예로 보여 주었다.[9] 고분자의 거동은 0.5%의 폴리에틸렌옥사이드 수용액으로 아주 쉽고 값싸게 설명할 수 있다.

아주 소량의 고분자가 존재할 때도 나타나는 몇몇 매혹적인 효과들이 있는데, 이 중에서 가장 인상적인 것은 "**항력 감소**" 현상이다.[10] 어떤 고분자("항력 감소제")를 단지 수백만 분의 일의 단위로 소량 첨가함으로써 난류로 흐르는 관 내의 난류에 의한 마찰 손실을 약 30-50% 정도로 현저히 감소시킬 수 있게 될 것이다. 이와 같은 고분자 항력 감소제는 종종 물의 유동을 증가시키기 위해 소방서에서 사용하기도 하고 원유를 장거리 수송하는 데 있어 요구되는 펌핑 비용을 절감하기 위해 석유회사에서 사용하기도 한다.

고분자 유체에서 일어나는 다른 현상들에 대한 논의는 *Annual Review of Fluid Mechanics*[11] 내의 요약 논문들을 참조하시오.

[8] C. F. Chang and W. R. Schowalter, *J. Non-Newtonian Fluid Mech.*, **6**, 47-67 (1979).

[9] D. V. Boger and K. Walters, *Rheological Phenomena in Focus*, Elsevier, Amsterdam (1993)의 책에는 다양한 비뉴튼 유동계의 유체의 거동에 관한 많은 사진들이 수록되어 있다.

[10] B. A. Toms, *Proc. Int. Congress on Rheology*, North-Holland, Amsterdam (1949)에 처음으로 발표되었기 때문에 이 현상은 때로는 Toms 현상이라고 불리기도 한다. 이 현상은 물고기 점액의 항력 감소 성질과 관련하여 연구되어 왔으며 [T. L. Daniel, *Biol. Bull.*, **160**, 376-382 (1981)], 물고기가 에너지 관점에서 허용하는 것보다 훨씬 빨리 유영을 하는 것 같다는 사실의 "Gray 역설"을 적어도 부분적으로는 설명하고 있는 것으로 생각된다.

[11] 예를 들면 M. M. Denn, *Ann. Rev. Fluid Mech.*, **22**, 13-34 (1990); E. S. G. Shaqfeh, *Ann. Rev. Fluid Mech.*, **28**, 129-185 (1996); G. G. Fuller, *Ann. Rev. Fluid Mech.*, **22**, 387-417 (1992) 등이 있다.

8.2 유변물성 측정법과 물질함수

8.1절에서 설명한 실험들은 고분자 액체가 점도에 대한 Newton 법칙을 따르지 않는다는 것을 명백히 보여주고 있다. 이 절에서는 응력 성분을 측정할 수 있는 단순하며 제어 가능한 여러 가지 유동에 관해 논의하고자 한다. 이런 실험들을 통해 복잡한 유체의 기계적 응답 특성을 설명할 수 있는 일련의 **물질함수**를 측정할 수 있다. 비압축성 뉴튼 유체는 단지 한 개의 물질상수(점도)로 설명되지만 비뉴튼 유체에 대해서는 서로 다른 많은 물질함수들을 측정할 수 있다. 여기서는 널리 사용되는 몇 개의 물질함수들을 어떻게 정의하고 어떻게 측정하는지 보이고자 한다. 실제의 측정 장치와 다른 물질함수들에 관한 정보는 어디서든지 찾아 볼 수 있다.[1,2] 이 장 전체에 걸쳐 고분자 액체는 비압축성 유체라 가정한다.

정상상태의 단순 전단유동

이제 속도분포가 $v_x = \dot{\gamma}y$이고 다른 속도 성분들은 영으로 주어지는 두 개의 평행한 평판 사이를 흐르는 정상상태의 전단유동을 생각한다(그림 8.2-1 참조). 여기서 $\dot{\gamma}$는 "전단속도"로 양의 값을 갖는다. 뉴튼 유체의 전단응력 τ_{yx}는 식 1.1-2로 주어지며 수직응력(τ_{xx}, τ_{yy}와 τ_{zz})은 모두 영이다.

비압축성 비뉴튼 유체의 경우는 수직응력이 영이 아니고 또 서로 같지 않다. 이 유체들에 대해서는 다음 세 개의 물질함수를 정의하는 것이 통상적이다.

$$\tau_{yx} = -\eta \frac{dv_x}{dy} \tag{8.2-1}$$

$$\tau_{xx} - \tau_{yy} = -\Psi_1 \left(\frac{dv_x}{dy}\right)^2 \tag{8.2-2}$$

$$\tau_{yy} - \tau_{zz} = -\Psi_2 \left(\frac{dv_x}{dy}\right)^2 \tag{8.2-3}$$

여기서 η는 비뉴튼 점도, Ψ_1은 1차 수직응력계수, Ψ_2는 2차 수직응력계수이며, 이들 세 양 η, Ψ_1와 Ψ_2는 모두 전단속도 $\dot{\gamma}$의 함수다. 대부분의 고분자 액체는 전단속도가 증가함에 따라 η가 10^4 크기의 계수를 가지면서 감소하게 되며, 마찬가지로 수직응력계수들은 널리 사용되는 전단속도의 범위에서 10^7 크기의 계수를 가지면서 감소하게 될 것이다. 유연한 거대분자로 이루어져 있는 고분자 유체의 경우 물질함수 $\eta(\dot{\gamma})$와 $\Psi_1(\dot{\gamma})$는 양의 값을 갖는데 비하여 $\Psi_2(\dot{\gamma})$는 거의 항상 음의 값을 갖는 사실이 실험적으로 알려져 있다. 양의 $\Psi_1(\dot{\gamma})$는 마

---

1 J. R. Van Wazer, J. W. Lyons, K. Y. Kim, and R. E. Colwell, *Viscosity and Flow Measurement*, Interscience (Wiley), New York (1963).

2 K. Walters, *Rheometry*, Wiley, New York (1975).

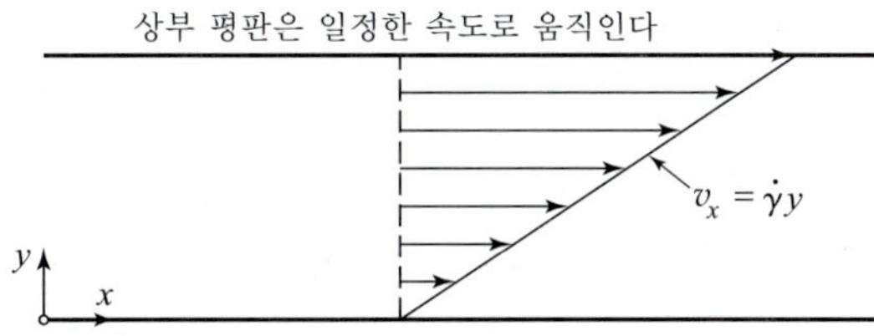

그림 8.2-1 전단속도 $\dot{\gamma}$로 평행한 평판 사이를 흐르는 정상상태의 단순 전단유동. 이 유동에서 뉴튼 유체는 $\tau_{xx} = \tau_{yy} = \tau_{zz} = 0$인데 반해 고분자 유체는 일반적으로 영이 아니면서 서로 다른 수직응력을 갖는다.

치 유동(혹은 x) 방향으로 장력을 받고 있었던 것처럼 유체가 거동하며, 음의 $\Psi_2(\dot{\gamma})$는 유체가 횡단면(혹은 z) 방향으로 장력을 받고 있다는 것을 의미한다. 뉴튼 유체의 경우는 $\eta = \mu$이며, $\Psi_1 = 0$이고 $\Psi_2 = 0$이다.

비뉴튼 점도의 강한 전단속도 의존성은 다음 절에서 설명되는 바와 같이 식 8.1-1에서 식 8.1-3까지의 식으로 주어진 거동과 결부되어 있다. 양의 Ψ_1는 Weissenberg 막대 오름 현상에 대한 일차적인 책임이 있는데, 접선 유동 때문에 접선 방향으로 장력이 주어지게 되고 원심력을 능가하는 이 장력이 유체를 회전하는 막대 쪽으로 끌어당기게 된다. 원판-원통 실험(그림 8.1-4)에서의 이차 유동도 역시 양의 Ψ_1 항으로 정성적으로 설명할 수 있다. 또 기울어진 도랑 실험(그림 8.1-5)에서의 볼록한 표면 형상은 음의 Ψ_2로 설명할 수 있다.

정상상태의 전단유동에서 세 개의 물질함수를 측정하기 위한 수많은 정교한 장치들이 개발되어 왔으며, 기기 사용에 필요한 이론들은 어디든 상세하게 설명되어 있다.[2] 물질함수를 측정하기 위한 원추-평판형 레오미터의 사용에 대해서는 문제 8C.1을 보시오.

작은 진폭의 진동 운동

유체의 탄성 응답을 측정하기 위한 표준 방법으로 그림 8.2-2에 도시된 작은 진폭으로 진동하는 전단 실험이 사용되고 있으며, 여기서는 윗 판이 아주 작은 진폭을 갖고 싸인파의 형태로 앞뒤로 움직이고 있다. 만약 평판 사이의 간격이 대단히 작고 유체의 점도가 대단히 크다고 하면 속도분포는 거의 선형적으로 되어 $v_x(y, t) = \dot{\gamma}^0 \cos \omega t$로 되며, 여기서 $\dot{\gamma}^0$는 실수 값으로 전단속도의 진폭을 나타내고 있다.

진동 운동을 유지하기 위해 요구되는 전단응력도 마찬가지로 시간에 대해 주기적으로 주어지며, 일반적으로

$$\tau_{yx} = -\eta' \dot{\gamma}^0 \cos \omega t - \eta'' \dot{\gamma}^0 \sin \omega t \tag{8.2-4}$$

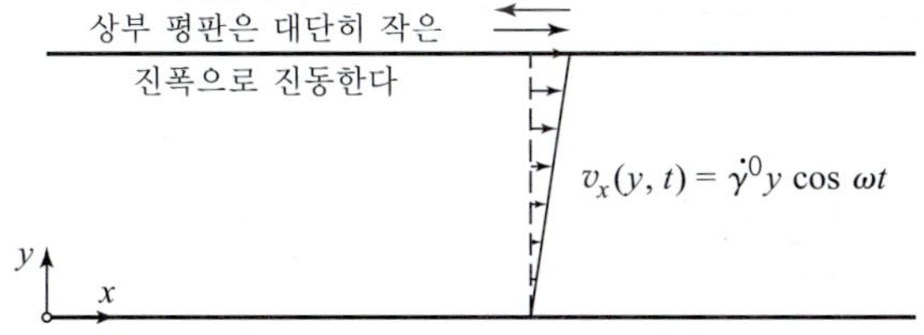

그림 8.2-2 작은 진폭의 진동 운동. 평판 사이의 작은 간격과 고점성 유체에 대해서는 속도분포가 선형적이라고 가정할 수 있다.

의 형태로 표현된다. 여기서 η'과 η''은 주파수의 함수로 주어지는 **복소점도** $\eta^* = \eta' - i\eta''$의 성분들로, 첫째 항(위상이 같은)은 "점성 응답"을, 둘째 항(위상이 90° 다른)은 "탄성 응답"을 나타낸다. 고분자의 화학적 구조와 이들 곡선의 형상을 관련짓는 많은 내용들이 알려져 있으므로 고분자 화학자들은 고분자를 "특징지어" 분류하는 데 $\eta'(\omega)$와 $\eta''(\omega)$ (혹은 저장 탄성률 $G' = \eta''\omega$와 손실 탄성률 $G'' = \eta'\omega$)의 곡선을 사용한다.[3] 뉴튼 유체의 경우 $\eta' = \mu$이고 $\eta'' = 0$이다.

정상상태의 신장유동

세 번째로 수행할 수 있는 실험은 $v_z = \dot{\varepsilon}z$, $v_x = -\frac{1}{2}\dot{\varepsilon}x$, $v_y = -\frac{1}{2}\dot{\varepsilon}y$의 속도분포(그림 8.2-3 참조)로 유체를 연신하는 것으로, 여기서 양의 값 $\dot{\varepsilon}$ 를 "신장속도"라 한다. 그러면 $\dot{\varepsilon}$에 의존하는 **신장점도** $\bar{\eta}$는

$$\tau_{zz} - \tau_{xx} = -\bar{\eta}\frac{dv_z}{dz} \tag{8.2-5}$$

의 관계로 정의된다. $\dot{\varepsilon}$가 음일 때의 유동을 **이축 연신**이라 한다. 뉴튼 유체의 경우 $\bar{\eta} = 3\mu$임을 알 수 있으며 때로는 "Trouton 점도"라고 불린다.

정상상태의 신장유동을 항상 얻을 수 있는 것이 아니므로, 모든 유체에 대해 신장점도 $\bar{\eta}$를 측정할 수는 없다.[4]

위에서 설명한 세 가지 실험은 수행할 수 있는 유변학적 실험들 중에서 단지 몇 가지의 예일 뿐이다. 다른 실험들로는 유동을 정지한 후의 응력완화, 유동을 개시하였을 때의 응력성장, 되튐 및 일정 응력변형 등이 있으며, 이들 각각은 전단유동, 신장유동 및 다른 종류의 유동으로도 수행이 가능하다. 각 실험은 하나 또는 그 이상의 물질 함수를 정의하는 것으로 귀착되며, 이들 물질함수들은 유체의 특성화 뿐만 아니라 8.3절부터 8.5절에서 설명된 모델들의 경험적 상수들을 결정하는 데 역시 사용될 수 있다.

몇 가지 물질함수의 예를 그림 8.2-4부터 그림 8.2-6에 수록하였으며, 화학적 구조와 성분의 관점에서 보면 넓은 범위의 복잡한 유체들이 존재하고 있으므로, 이들 다양한 실험을 통

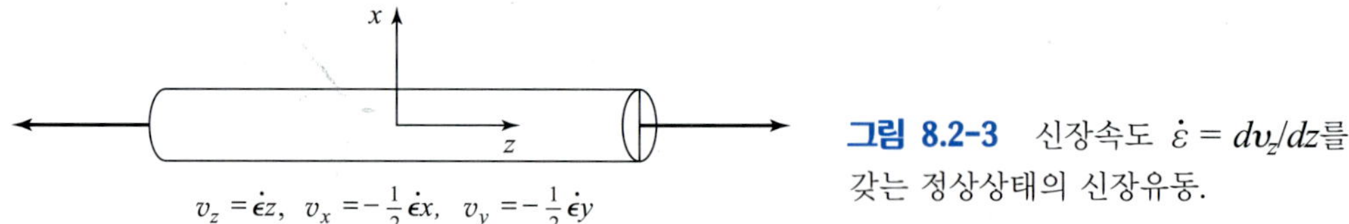

그림 8.2-3 신장속도 $\dot{\varepsilon} = dv_z/dz$를 갖는 정상상태의 신장유동.

[3] J. D Ferry, *Viscoelastic Properties of Polymers*, Wiley, New York, 3rd edition (1980).

[4] C. J. S. Petrie, *Elongational Flows*, Pitman, London (1979); J. Meissner, *Chem. Engr. Commun.*, **33**, 159-180 (1985).

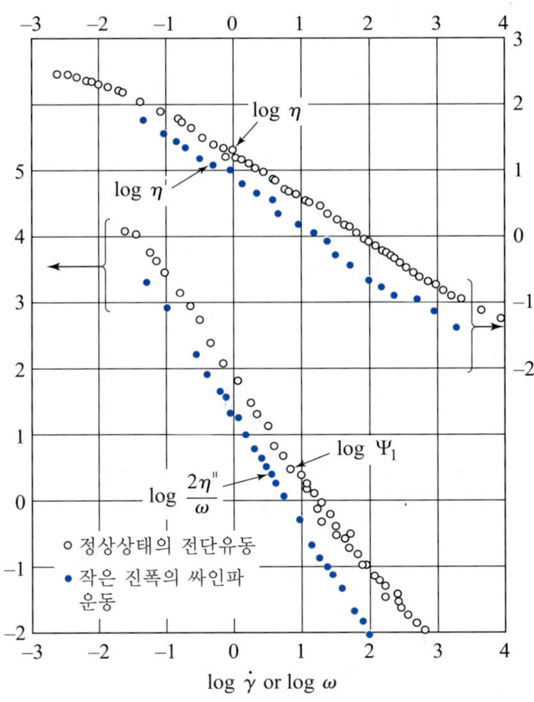

그림 8.2-4 물과 글리세린 50/50 혼합물 내의 폴리아크릴아마이드 1.5% 용액의 물질함수 $\eta(\dot{\gamma})$, $\Psi_1(\dot{\gamma})$, $\eta'(\omega)$와 $\eta''(\omega)$. 양 η, η' 및 η''은 Pa · s로 주어지고 Ψ_1은 Pa · s^2으로 주어지며, $\dot{\gamma}$와 ω는 s^{-1}로 주어진다. J. M. Wiest가 다시 그린 D. Huppler, E. Ashare, and L. Holmes, *Trans. Soc. Rheol.*, **11**, 159-179 (1967)의 데이터이다. 진동 수직응력에 관한 실험 및 이론적 연구가 역시 수행되어 왔다.(M. C. Williams and R. B. Bird, *Ind. Eng. Chem. Fundam.*, **3**. 42-48 (1964); M. C. Williams, *J. Chem. Phys.*, **42**, 2988-2989 (1965); 그림 15의 세로 좌표에 39.27을 곱한 E. B. Christiansen and W. R. Leppard, *Trans. Soc. Rheol.*, **18**, 65-86 (1974) 참조).

해 얻게 되는 다양한 유형의 기계적 응답 특성이 있다. 유변학적 실험을 통해 얻은 데이터에 대한 보다 더 완벽한 논의는 여러 곳에 주어져 있다.[5]

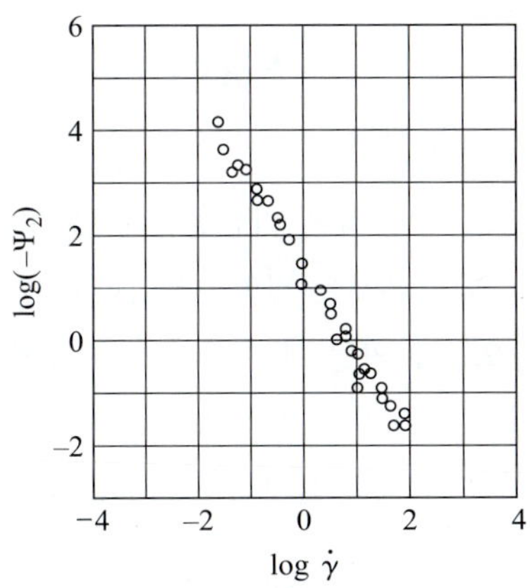

그림 8.2-5 물과 글리세린 50/50 혼합물 내의 폴리아크릴아마이드 2.5% 용액에 대한 2차 수직응력계수의 전단속도 의존성. 양 Ψ_2는 Pa · s^2으로 주어지며, $\dot{\gamma}$는 s^{-1}로 주어진다. E. B. Christiansen and W. R. Leppard, *Trans. Soc. Rheol.*, **18**, 65-86 (1974)의 데이터를 J. M. Wiest가 다시 그렸다.

[5] R. B. Bird, R. C. Armstrong, and O. Hassager, *Dynamics of Polymeric Liquids, Vol. 1. Fluid Mechanics*, Wiley-Interscience, 2nd edition (1987).

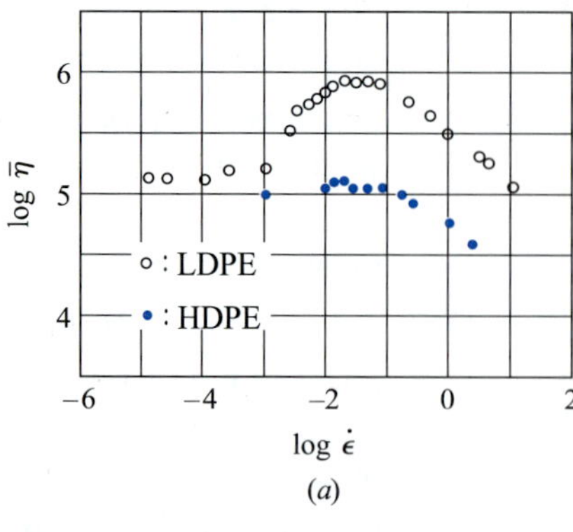

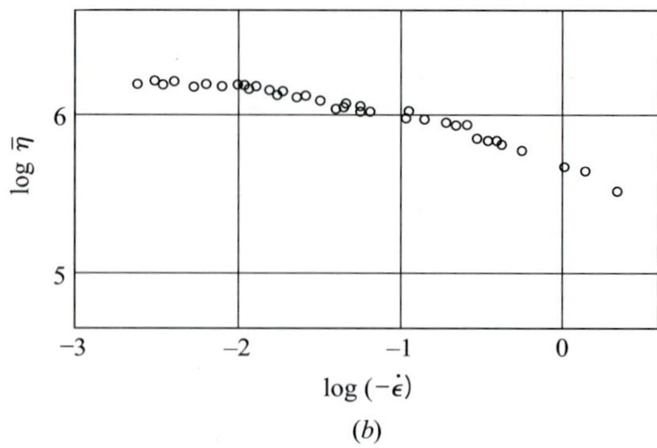

그림 8.2-6 (*a*) 일축 연신에 의한 저밀도 및 고밀도 폴리에틸렌의 신장점도. [H. Münstedt and H. M. Laun, *Rheol. Acta*, **20**, 211-221 (1981).] (*b*) 복굴절 데이터로부터 추론된 이축 연신에 의한 저밀도 폴리에틸렌의 신장점도 [J. A. van Aken and Janeschitz-Kriegl, *Rheol. Acta*, **20**, 419-432 (1981).]. 두 그래프 모두 $\bar{\eta}$는 Pa · s로, $\dot{\varepsilon}$는 s^{-1}로 주어진다.

8.3 비뉴튼 점도와 일반화된 뉴튼 모델

비뉴튼 유체에 대한 응력 텐서의 경험식에 처음으로 세 절을 할애하였으며, 이들 세 절은 조악하게 말하면 세 개의 다른 집단의 사람들을 만족시킬 것이다.

8.3 일반화된 뉴튼 모델은 정상상태의 전단유동을 설명하는 데 일차적으로 사용되며, **공학자들**이 유동계를 설계하는 데 널리 사용하여 왔다.

8.4 선형 점탄성 모델은 아주 작은 변위 구배를 갖는 계의 비정상 상태의 유동을 표현하는 데 사용되며, 고분자 구조의 이해에 흥미를 갖는 **화학자들**이 주로 사용하여 왔다.

8.5 비선형 점탄성 모델은 모든 유형의 유동(위에 언급된 두 가지를 포함하여)을 표현하기 위한 시도를 말하며, 일체를 포함하는 모든 이론을 발견하는 데 흥미를 갖는 **응용수학자와 물리학자들**에 의해 크게 발전되어 왔다.

실제 세 종류의 모델들은 상호 연관되어 있으며, 각각은 비뉴튼 유동을 이해하는 데 있어 중요하다. 비뉴튼 모델에 대한 앞으로 논의에 있어 유체는 비압축성이라고 가정한다.

여기서 논의되는 **일반화된 뉴튼 모델**[1]은 앞으로 논의될 세 유형의 모델 중에서 가장 간단한 모델이다. 그러나 이 모델은 수직응력 효과, 시간 의존 효과, 또는 탄성 효과 중 어느 것도 표현할 수 없고 단지 비뉴튼 점도만 표현할 수 있다. 그럼에도 불구하고 비뉴튼 점도와 전단속도에

[1] K. Hohenemser and W. Prager, *Zeits. f. Math. u. Mech.*, **12**, 216-226 (1932); J. G. Oldroyd, *Proc. Camb. Phil. Soc.*, **45**, 595-611 (1949) 및 **47**, 410-418 (1950). 리버풀 대학의 교수인 **James Gardner Oldroyd** (1921-1982)는 비뉴튼 유체의 이론, 특히 연속체 역학의 원리와 구성방정식의 수립에 대한 그의 아이디어를 개발하는 데 많은 공헌을 하였다.

따른 점도의 엄청난 변화가 열전달을 동반하는 관 유동, 분배기의 설계, 압출과 사출성형과 같은 고분자 산업과 같은 많은 공정 내의 흥미로운 유동을 설명하는 중심에 있다.

비압축성 뉴튼 유체에 대한 응력 텐서식은 식 1.2-7에서 마지막 항을 생략하고 주어진다.

$$\boldsymbol{\tau} = -\mu(\nabla\mathbf{v} + (\nabla\mathbf{v})^{\dagger}) \equiv -\mu\dot{\boldsymbol{\gamma}} \tag{8.3-1}$$

여기서 기호 $\dot{\boldsymbol{\gamma}} = \nabla\mathbf{v} + (\nabla\mathbf{v})^{\dagger}$는 **변형률 속도 텐서**(혹은 **변형 속도 텐서**)이다. 일반화된 뉴튼 유체 모델은 일정한 점도 μ를 일반적으로 "변형률 속도 텐서의 크기" $\dot{\gamma} = \sqrt{\frac{1}{2}(\dot{\boldsymbol{\gamma}} : \dot{\boldsymbol{\gamma}})}$로 쓸 수 있는 전단속도의 함수인 비뉴튼 점도 η로 단순히 대체하기만 하면 쉽게 얻을 수 있다. 이 중근을 구할 때 부호를 반드시 선택하여야 하므로 $\dot{\gamma}$는 양의 값임을 안다. 그러면 일반화된 뉴튼 유체 모델은

$$\boldsymbol{\tau} = -\eta(\nabla\mathbf{v} + (\nabla\mathbf{v})^{\dagger}) \equiv -\eta\dot{\boldsymbol{\gamma}} \qquad \text{여기서} \quad \eta = \eta(\dot{\gamma}) \tag{8.3-2}$$

이다. 표 B.1에 주어진 식의 우변에서 $(\nabla \cdot \mathbf{v})$항을 생략하고 남는 항에서 $(-\mu)$ 인자를 생략하면 직각, 원통형 및 구형 좌표에서 변형률 속도 텐서의 성분들을 얻을 수 있다.

이제 비뉴튼 점도 함수 $\eta(\dot{\gamma})$에 대한 경험식을 제시하여야만 한다. 이에 대한 수많은 식들이 제시되어 있으나 여기서는 단지 두 개의 식만을 언급하고자 한다.

(a) $\eta(\dot{\gamma})$에 대한 가장 간단한 경험식은 두 개의 매개변수를 갖는 **멱수법칙** 식이다.[2]

$$\eta = m\dot{\gamma}^{n-1} \tag{8.3-3}$$

여기서 m과 n은 유체를 특징짓는 상수이다. 이 간단한 관계식은 많은 물질에 대한 점도 대 전단속도의 로그-로그 도표에서 직선 부분에 걸친 비뉴튼 점도 곡선을 설명한다(예를 들면 그림 8.2-4의 점도 데이터 참조). 매개변수 m은 $\text{Pa} \cdot \text{s}^n$의 단위를 가지며, $n-1$은 $\log \eta$ 대 $\log \dot{\gamma}$ 도표의 기울기이다.

비록 멱수법칙 모델이 경험식으로 제안되었지만, 단순 분자 이론으로부터 높은 전단속도

표 8.3-1 수용액의 멱수법칙 매개변수[a]

용액	온도(K)	$m(\text{Pa} \cdot \text{s}^n)$	$n(-)$
2.0% 하이드로에틸셀루로우즈	293	93.5	0.189
	313	59.7	0.223
	333	38.5	0.254
0.5% 하이드로에틸셀루로우즈	293	0.84	0.509
	313	0.30	0.595
	333	0.136	0.645
1.0% 폴리에틸렌 옥사이드	293	0.994	0.532
	313	0.706	0.544
	333	0.486	0.599

[a] R. M. Turian, Ph. D. Thesis, University of Wisconsin, Madison (1964), pp.142-148

[2] W. Ostwald, *Kolloid-Zeitschrift*, **36**, 99-117 (1925); A. de Waele, *Oil Color Chem. Assoc. J.*, **6**, 33-88 (1923).

표 8.3-2 1-클로로나프탈렌에 용해되어 있는 몇몇 선형 폴리스티렌 용액에 대한 Carreau 모델의 매개변수[a]

용액의 물성		식 8.3-4의 매개변수 (η_∞는 0으로 두었다.)		
$\overline{M}_w$ (g/mol)	c (g/ml)	η_0 (Pa · s)	λ (s)	n (- - -)
3.9×10^5	0.45	8080	1.109	0.304
3.9×10^5	0.30	135	3.61×10^{-2}	0.305
1.1×10^5	0.52	1180	9.24×10^{-2}	0.441
1.1×10^5	0.45	166	1.73×10^{-2}	0.538
3.7×10^4	0.62	3930	1×10^{-1}	0.217

[a] 매개변수 값은 K. Yasuda, R. C. Armstrong, and C. E. Cohen, *Rheol. Acta*, **20**, 163-178 (1981) 로부터 얻었다.

에 대해서는 $n = \frac{1}{3}$을 갖는 멱수법칙 모델을 유도할 수 있다는 것을 식 8.6-11에서 볼 수 있을 것이다.

(b) 4개의 매개변수를 갖는 Carreau 모델식[3]

$$\frac{\eta - \eta_\infty}{\eta_0 - \eta_\infty} = [1 + (\lambda \dot{\gamma})^2]^{(n-1)/2} \tag{8.3-4}$$

를 사용하면 대부분의 데이터에 대해 더 우수한 곡선 맞추기를 할 수 있다. 여기서 η_0는 영점 전단속도 점도, η_∞는 무한대 전단속도 점도, λ는 시간 단위를 갖는 매개변수이고 n은 무차원 매개변수이다. Carreau 모델에 대한 매개변수의 몇 가지 예를 표 8.3-2에 수록하였다.

이제 멱수법칙 모델을 어떻게 사용하는지에 대한 몇몇 예제를 보고자 한다. 이들은 뉴튼 유체[4]에 대해 2장과 3장에서 논의되었던 문제를 확장한 것이다.

예제 8.3-1 원형관 내를 흐르는 비압축성 멱수법칙 유체의 층류 유동[4,5]

유체는 압력차, 중력, 또는 둘 다의 결과로 반지름이 R이고 길이가 L인 긴 원형관 내를 흐르고 있다. 멱수법칙 모델로 표현되는 고분자 액체의 질량 유량에 대한 식을 유도하시오.

해 원형관 내를 완전히 발달된 정상상태의 유동으로 흐르는 어떤 유체에 대한 전단응력분포는 식 2.3-13으로 주어지며, 이 식에 멱수법칙 유체에 대한 전단응력(식 2.3-14 대신)을 대입하여야 한다. 멱수법칙 식

[3] P. J. Carreau, Ph. D. thesis, University of Wisconsin, Madison (1968). 또 K. Yasuda, R. C. Armstrong, and R. E. Cohen, *Rheol. Acta*, **20**, 163-178 (1981)을 보시오.

[4] 비등온 유동을 포함하는 추가적인 예제들에 대해서는 R. B. Bird, R. C. Armstrong, and O. Hassager, *Dynamic of Polymeric Liquids*, *Vol. 1. Fluid Mechanics*, Wiley-Interscience, New York, 2nd edition (1987)의 4 장을 보시오.

[5] M. Reiner, *Deformation, Strain and Flow*, Interscience, New York, 2nd edition (1960), pp.243-245.

$$\tau_{rz} = -m\dot{\gamma}^{n-1}\frac{dv_z}{dr} \tag{8.3-5}$$

은 위의 식 8.3-2와 3으로부터 얻어질 것이다. v_z는 r만의 함수라 가정할 수 있으므로 식 B.1-13으로부터 $\dot{\gamma}=\sqrt{\frac{1}{2}(\dot{\boldsymbol{\gamma}}:\dot{\boldsymbol{\gamma}})}=\sqrt{(dv_z/dr)^2}$임을 알며 $\dot{\gamma}$가 양이 되도록 이중근의 부호를 선택하여야 한다. 관 유동에서 dv_z/dr은 음이므로, 음의 부호를 선택하여야 하며

$$\tau_{rz} = -m\left(-\frac{dv_z}{dr}\right)^{n-1}\frac{dv_z}{dr} = m\left(-\frac{dv_z}{dr}\right)^n \tag{8.3-6}$$

이 된다. 식 8.3-6과 2.3-13을 결합하면 속도에 대한 다음 미분방정식을 얻게 된다.

$$m\left(-\frac{dv_z}{dr}\right)^n = \left(\frac{\mathcal{P}_0-\mathcal{P}_L}{2L}\right)r \tag{8.3-7}$$

n 차 근을 구한 다음 식을 적분하고, $r=R$에서의 안 미끄러짐 경계조건을 적용하면

$$v_z = \left(\frac{(\mathcal{P}_0-\mathcal{P}_L)R}{2mL}\right)^{1/n}\frac{R}{(1/n)+1}\left[1-\left(\frac{r}{R}\right)^{(1/n)+1}\right] \tag{8.3-8}$$

의 속도분포를 얻게 된다(식 8.1-1 참조). 속도분포를 원형관의 단면에 걸쳐 적분하면

$$w = \frac{\pi R^3\rho}{(1/n)+3}\left(\frac{(\mathcal{P}_0-\mathcal{P}_L)R}{2mL}\right)^{1/n} \tag{8.3-9}$$

를 얻으며, $n=1$이고 $m=\mu$이면 뉴튼 유체에 대한 Hagen-Poiseulle 법칙으로 단순화된다. 압력 강하 대 유량에 대한 데이터와 함께 식 8.3-9를 적용하면 멱수법칙 매개변수 m과 n을 구할 수 있다.

예제 8.3-2 좁은 간격의 슬릿 사이를 흐르는 멱수법칙 유체의 유동

좁은 간격의 슬릿 사이를 흐르는 뉴튼 유체의 유동은 문제 2B.3에서 해를 구하였다. 슬릿 사이를 흐르는 멱수법칙 유체에 대한 속도분포와 질량 유량을 구하시오.

해 위치 x의 함수로 주어진 전단응력 τ_{xz}에 관한 식 2B.3-1은 유체의 종류에는 무관하기 때문에 여기서도 사용할 수 있다. 식 8.3-3으로부터 τ_{xz}에 대한 멱수법칙 공식은

$$\tau_{xz} = m\left(-\frac{dv_z}{dx}\right)^n \qquad 0 \le x \le B \text{ 에 대해} \tag{8.3-10}$$

$$\tau_{xz} = -m\left(\frac{dv_z}{dx}\right)^n \qquad -B \le x \le 0 \text{ 에 대해} \tag{8.3-11}$$

이다. $0 \le x \le B$ 영역에 대한 속도분포를 구하기 위해 식 8.3-10의 τ_{xz}를 식 2B.3-1에 대입하면

$$m\left(-\frac{dv_z}{dx}\right)^n = \frac{(\mathcal{P}_0-\mathcal{P}_L)x}{L} \qquad 0 \le x \le B \tag{8.3-12}$$

를 얻는다. 이를 적분하고 $x = B$에서의 안 미끄러짐 경계조건을 대입하면

$$v_z = \left(\frac{(\mathcal{P}_0 - \mathcal{P}_L)B}{mL}\right)^{1/n} \frac{B}{(1/n)+1}\left[1 - \left(\frac{x}{B}\right)^{(1/n)+1}\right] \qquad 0 \le x \le B \tag{8.3-13}$$

의 속도분포를 얻게 된다. 속도분포는 $x = 0$의 중심면에 대해 대칭일 것이라 기대하므로 질량 유량은 다음과 같이 얻을 수 있다.

$$\begin{aligned} w &= \int_0^W \int_{-B}^{B} \rho v_z dx\, dy = 2\int_0^W \int_0^B \rho v_z dx\, dy \\ &= 2\left(\frac{(\mathcal{P}_0 - \mathcal{P}_L)B}{mL}\right)^{1/n} \frac{WB^2\rho}{(1/n)+1}\int_0^1 \left[1 - \left(\frac{x}{B}\right)^{(1/n)+1}\right] d\left(\frac{x}{B}\right) \\ &= \frac{2WB^2\rho}{(1/n)+2}\left(\frac{(\mathcal{P}_0 - \mathcal{P}_L)B}{mL}\right)^{1/n} \end{aligned} \tag{8.3-14}$$

$n = 1$이고 $m = \mu$이면 문제 2B.3의 뉴튼 유체의 결과로 환원된다. 간격이 좁은 슬릿을 통한 압력 강하와 질량 유량에 대한 실험 데이터와 식 8.3-14를 사용하면 멱수법칙의 매개변수들을 구할 수 있다.

예제 8.3-3 멱수법칙 유체의 접선 방향 원환 유동[4,5]

예제 3.6-3를 멱수법칙 유체를 사용하여 다시 푸시오.

해 식 3.6-20과 식 3.6-22는 비뉴튼 유체에 대해서도 변하지 않지만, 식 3.6-21 대신에 표 B.5를 사용하여 운동방정식의 θ 성분을 전단응력 항으로 쓰면

$$0 = -\frac{1}{r^2}\frac{d}{dr}(r^2 \tau_{r\theta}) \tag{8.3-15}$$

가 된다. 가정한 속도분포에 대해 멱수법칙 모델은(표 B.1의 도움으로)

$$\begin{aligned} \tau_{r\theta} &= -\eta r \frac{d}{dr}\left(\frac{v_\theta}{r}\right) \\ &= -m\left(r\frac{d}{dr}\left(\frac{v_\theta}{r}\right)\right)^{n-1} r\frac{d}{dr}\left(\frac{v_\theta}{r}\right) \\ &= -m\left(r\frac{d}{dr}\left(\frac{v_\theta}{r}\right)\right)^{n} \end{aligned} \tag{8.3-16}$$

으로 얻는다. 식 8.3-15와 16을 결합하면

$$\frac{d}{dr}\left(r^2 m\left(r\frac{d}{dr}\left(\frac{v_\theta}{r}\right)\right)^n\right) = 0 \tag{8.3-17}$$

을 얻고, 적분하면

$$r^2\left(r\frac{d}{dr}\left(\frac{v_\theta}{r}\right)\right)^n = C_1 \tag{8.3-18}$$

로 주어진다. r^2으로 나눈 다음 n차 근을 구하면 각속도에 대한 1차 미분방정식이 주어진다.

$$\frac{d}{dr}\left(\frac{v_\theta}{r}\right) = \frac{1}{r}\left(\frac{C_1}{r^2}\right)^{1/n} \tag{8.3-19}$$

식 3.6-27과 28의 경계조건을 사용하여 이 식을 적분하면

$$\frac{v_\theta}{\Omega_o r} = \frac{1 - (\kappa R/r)^{2/n}}{1 - \kappa^{2/n}} \tag{8.3-20}$$

을 얻게 되며, 운동을 유지하기 위해 외부 원통에 필요한 돌림힘(z 성분)은

$$\begin{aligned} T_z &= (-\tau_{r\theta})|_{r=R} \cdot 2\pi RL \cdot R \\ &= m\left(r\frac{d}{dr}\left(\frac{v_\theta}{r}\right)\right)^n\bigg|_{r=R} \cdot 2\pi RL \cdot R \end{aligned} \tag{8.3-21}$$

이다. 식 8.3-20과 21을 결합하면

$$T_z = 2\pi m\Omega_o^n(\kappa R)^2 L\left(\frac{(2/n)}{1 - \kappa^{2/}}\right)^n \tag{8.3-22}$$

가 된다. $n = 1$과 $m = \mu$로 두면 뉴튼 유체의 결과로 환원되며, 돌림힘 대 각속도 데이터와 함께 식 8.3-22를 사용하면 멱수법칙 매개변수 m과 n을 구할 수 있다.

8.4 탄성과 선형 점탄성 모델

식 1.2-3의 바로 뒤에서 일반화된 "점도에 대한 Newton 법칙"에 관한 논의를 함에 있어, 속도 구배 항으로 응력 텐서에 대한 선형적인 식을 구성하면서 시간 도함수와 시간 적분을 철저히 배제하였다. 그러나 이 절에서는 시간 도함수와 시간 적분을 포함하는 것을 허용하며, $\boldsymbol{\tau}$와 $\dot{\boldsymbol{\gamma}}$ 간에는 여전히 선형적인 관계를 갖는다고 하여 **선형 점탄성** 모델들을 유도하고자 한다.

비압축성 탄성 고체의 응력 텐서에 대한 Hooke의 상사한 식과 함께 비압축성 점성 유체의 응력 텐서에 대한 Newton 식을 쓰는 것으로 시작한다:[1]

Newton : $$\boldsymbol{\tau} = -\mu(\nabla\mathbf{v} + (\nabla\mathbf{v})^\dagger) \equiv -\mu\dot{\boldsymbol{\gamma}} \tag{8.4-1}$$

Hooke : $$\boldsymbol{\tau} = -G(\nabla\mathbf{u} + (\nabla\mathbf{u})^\dagger) \equiv -G\boldsymbol{\gamma} \tag{8.4-2}$$

두 번째 식에서 G는 탄성 탄성률이고, $\mathbf{u}$는 응력이 부가된 결과로 고체 내의 한 점이 초기 위치로부터 이동해 간 거리와 방향을 나타내는 "변위 벡터"이다. 양 $\boldsymbol{\gamma}$는 "무한소 변형률 텐서"이며, 변형률 속도텐서와 무한소 변형률 텐서 간에는 $\dot{\boldsymbol{\gamma}} = \partial\boldsymbol{\gamma}/\partial t$의 관계가 있다. Hooke 고체는 부과되고 있던 응력이 제거되면 초기의 형태로 돌아가는 완전한 기억을 가지며,

[1] R. Hooke, *Lectures de Potentia Restitutiva* (1678).

Hooke 법칙은 단지 대단히 작은 변위 구배 $\nabla\mathbf{u}$에 대해서만 타당하다. 이제 점탄성 유체를 설명하기 위해 식 8.4-1과 식 8.4-2에서 구체화된 아이디어를 결합하고자 한다.

Maxwell 모델

점성과 탄성을 모두 갖는 유체를 표현하는 가장 간단한 모델이 다음의 Maxwell 모델이다:[2]

$$\boldsymbol{\tau} + \lambda_1 \frac{\partial}{\partial t}\boldsymbol{\tau} = -\eta_0\dot{\boldsymbol{\gamma}} \tag{8.4-3}$$

여기서 λ_1은 시간 상수(**완화 시간**)이고, η_0는 **영점 전단속도 점도**이다. 응력 텐서가 시간에 따라 미세하게 변하면 식 8.4-3은 뉴튼 유체에 대한 식 8.4-1의 형태가 되고, 응력 텐서가 시간에 따라 매우 급격하게 변하면 식 8.4-3의 좌변의 첫째 항을 생략할 수 있으므로 이 식을 시간에 대해 적분하게 되면 Hooke의 고체에 대한 식 8.4-2의 형태식을 얻게 된다. 이런 관점에서 식 8.4-3은 점도와 탄성이 결합되어 있다고 한다.

점탄성 액체의 거동을 나타내는 간단한 실험이 “silly putty”이다. 손바닥 사이에 두고 천천히 압축하게 되면 이 물질은 쉽게 흐르게 되므로 점성 유체를 나타내고, 손으로 굴려서 공으로 만들어 딱딱한 바닥에 떨어뜨리면 튀어 오르는데, 충격이 주어지는 동안 응력은 급격하게 변하게 되고 물질은 탄성 고체와 같이 거동하게 된다.

Jeffery 모델

식 8.4-3의 Maxwell 모델은 응력의 시간 도함수를 포함하면서 속도 구배와 응력 간에는 선형적인 관계가 있다. 또 선형적인 관계를 여전히 유지하면서 속도 구배의 시간 도함수를 포함할 수도 있다:

$$\boldsymbol{\tau} + \lambda_1 \frac{\partial}{\partial t}\boldsymbol{\tau} = -\eta_0\left(\dot{\boldsymbol{\gamma}} + \lambda_2 \frac{\partial}{\partial t}\dot{\boldsymbol{\gamma}}\right) \tag{8.4-4}$$

Jeffery 모델[3]은 영점 전단속도 점도와 두 개의 시간 상수(상수 λ_2를 지연시간이라고 한다) 등 세 개의 상수를 갖는다.

---

[2] 이 관계식은 기체가 점탄성일 것이라는 가능성을 조사하기 위해 J. C. Maxwell, *Phil. Trans. Roy. Soc.*, **A157**, 49-88 (1867)에 의해 제안되었다.

[3] 이 모델은 지구 맨틀 내 파동의 전파를 표현하기 위해 H. Jefferys, *The Earth*, Cambridge University Press, 1st edition (1924)과 2nd edition (1929), p. 265에 의해 제안되었다. H. Frohlich and R. Sack, *Proc. Roy. Soc.*, **A185**, 415-430 (1946)과 J. G. Oldroyd, *Proc. Roy. Soc.*, **A218**, 122-132 (1953)가 각각 이 모델의 매개변수와 현탁계 및 유화계의 구조를 연계시켰다. 식 8.4-4의 또 다른 해석은 뉴튼 용매에 의한 기여(s)와 Maxwell 모델로 표현되는 고분자에 의한 기여(p)의 합으로 간주하는 것이다:

$$\boldsymbol{\tau}_s = -\eta_s\dot{\boldsymbol{\gamma}}; \qquad \boldsymbol{\tau}_p + \lambda_1 \frac{\partial}{\partial t}\boldsymbol{\tau}_p = -\eta_p\dot{\boldsymbol{\gamma}} \tag{8.4-4a,b}$$

이고, $\tau = \tau_s + \tau_p$이다. 그러면 식 8.4-4a, 식 8.4-4b와 λ_1과 식 8.4-4a의 시간 도함수를 곱한 것을 더하면 $\eta_0 = \eta_s + \eta_p$이고 $\lambda_2 = (\eta_s/(\eta_s + \eta_p))\lambda_1$을 갖는 식 8.4-4의 Jeffery 모델을 얻게 된다.

적절하게 곱한 상수를 갖는 응력 텐서와 변형률 속도 텐서의 2차, 3차, 고차 도함수를 포함하는 항을 더하게 되면 명백히 더 일반화된 응력 텐서와 변형률 속도 텐서의 선형적인 관계를 얻을 수 있으며, 이는 실험 데이터의 맞추기에서 대단히 큰 유연성을 갖게 된다.

일반화된 Maxwell 모델

Maxwell의 원래 생각을 일반화할 수 있는 또 다른 방법은 식 8.4-3 형태의 식을 중첩하는 것으로 **일반화된 Maxwell 모델**은 다음과 같다.

$$\boldsymbol{\tau}(t) = \sum_{k=1}^{\infty} \boldsymbol{\tau}_k(t) \quad \text{여기서} \qquad \boldsymbol{\tau}_k + \lambda_k \frac{\partial}{\partial t}\boldsymbol{\tau}_k = -\eta_k \dot{\boldsymbol{\gamma}} \tag{8.4-5, 6}$$

이 식에는 많은 완화시간 $\lambda_k(\lambda_1 \geq \lambda_2 \geq \lambda_3 ...)$와 점도의 차원을 갖는 많은 상수 η_k가 있다. 고분자의 분자 이론과 고분자 액체를 대상으로 수행한 광범위한 실험들로부터 이 모델의 상수에 대한 많은 것들이 알려져 있다.[4]

매개변수의 총 개수는 다음 경험식을 사용함으로써 세 개로 줄어들 수 있다.[5]

$$\eta_k = \eta_0 \frac{\lambda_k}{\Sigma_j \lambda_j} \quad \text{와} \qquad \lambda_k = \frac{\lambda}{k^\alpha} \tag{8.4-7, 8}$$

여기서 η_0는 영점 전단속도 점도, λ는 시간 상수이고 α는 무차원 상수(통상적으로 1.5에서 4 사이 값을 갖는)이다.

식 8.4-6이 선형 미분방정식이므로 $t = -\infty$에서 유체는 정지해 있다는 조건을 사용하면 해석학적으로 적분할 수 있으며, 식 8.4-5에 따라 서로 다른 $\boldsymbol{\tau}_k$를 합하게 되면 일반화된 Maxwell 모델의 적분형을 얻을 수 있다.

$$\boldsymbol{\tau}(t) = -\int_{-\infty}^{t} \left\{ \sum_{k=1}^{\infty} \frac{\eta_k}{\lambda_k} \exp[-(t-t')/\lambda_k] \right\} \dot{\boldsymbol{\gamma}}(t')dt' = -\int_{-\infty}^{t} G(t-t')\, \dot{\boldsymbol{\gamma}}(t')dt' \tag{8.4-9}$$

이 식에서도 "서서히 사라지는 기억"에 관한 아이디어는 명백히 표현된다: 시간 t에서의 응력은 과거의 모든 시간 t'에서의 속도 구배에 의존하지만 적분 기호 내에 포함되어 있는 지수항들 때문에 현재의 시간 t에 가까운 시간 t' 쪽이 더 크게 가중되게 된다; 즉, 유체는 과거의 먼 시간보다는 현재의 시간들에서 훨씬 더 잘 "기억한다". 중괄호 { } 안에 있는 양을 유체의 **완화 탄성률**이라고 하며 $G(t-t')$으로 표현한다. 선형 점탄성 문제를 풀 때 식 8.4-9의 적분식이 식 8.4-5와 6의 미분방정식보다 더 편리한 경우가 종종 있다.

Maxwell, Jeffery, 일반화된 Maxwell 모델들은 모두 선형 점탄성 모델의 예로 이들의 사

---

[4] J. D. Ferry, *Viscoelastic Properties of Polymers*, Wiley, New York, 3rd edition (1980). 또 N. W. Tschoegl, *The Phenomenological Theory of Linear Viscoelastic Behavior*, Springer-Verlag, Berlin (1989)와 R. B. Bird, R. C. Armstrong, and O. Hassager, *Dynamics of Polymeric Liquids, Vol. 1, Fluid Mechanics*, Wiley-Interscience, New York, 2nd edition (1987), 5장을 보시오.

[5] T. W. Spriggs, *Chem. Eng. Sci.*, **20**, 931-940 (1965).

용은 아주 작은 변위 구배를 갖는 운동으로 제한된다. 고분자 액체는 많은 내부 자유도를 갖고 있으므로 그들의 선형적인 응답 특성을 표현하기 위해서는 많은 갯수의 완화시간을 필요로 한다. 이러한 이유로 일반화된 Maxwell 모델이 선형 점탄성에 대한 실험 데이터를 설명하는 데 널리 사용되고 있다. 실험 데이터를 식 8.4-9에 맞춤으로써 완화함수를 구할 수 있게 되고, 완화함수의 형상을 고분자의 분자 구조와 관련지을 수 있으므로, 이런 방법으로 선형 점탄성(복소 점도와 같은)의 측정을 통하여 구조를 조사하는 일종의 "기계적 분광학"을 개발할 수 있다.

대단히 작은 변위 구배를 갖는 유동을 설명하는 모델들은 공학자들에게 아주 제한된 흥미만을 제공하는 것 같지만, 이들을 연구하는 중요한 이유는 선형 점탄성의 몇몇 배경들이 대변위 구배를 갖는 유동을 논의하는 비선형 점탄성을 연구하는 데 도움을 주게 된다.

예제 8.4-1 작은 진폭의 진동 운동

일반화된 Maxwell 모델을 사용하여 복소점도의 성분에 대한 식을 구하시오. 계는 그림 8.2-2에 주어져 있다.

해 식 8.4-9의 yx-성분을 사용하면, 이 문제에 대한 변형률 속도 텐서의 yx-성분은

$$\dot{\gamma}_{yx}(t) = \frac{\partial v_x}{\partial y} = \dot{\gamma}^0 \cos \omega t \tag{8.4-10}$$

이며, 여기서 ω는 각주파수이다. 이 식을 $G(t-t')$로 표현되는 완화 탄성률(괄호 안)을 갖는 식 8.4-9에 대입하면

$$\begin{aligned}\tau_{yx} &= -\int_{-\infty}^{t} G(t-t')\dot{\gamma}^0 \cos \omega t' dt' \\ &= -\dot{\gamma}^0 \int_0^{\infty} G(s) \cos \omega(t-s) ds \\ &= -\dot{\gamma}^0 \left[\int_0^{\infty} G(s) \cos \omega s\, ds\right] \cos \omega t - \dot{\gamma}^0 \left[\int_0^{\infty} G(s) \sin \omega s\, ds\right] \sin \omega t\end{aligned} \tag{8.4-11}$$

을 얻는다. 여기서 $s = t - t'$이다. 이 식을 식 8.2-4와 비교하면 복소점도 $\eta^* = \eta' - i\eta''$의 성분들에 대해

$$\eta'(\omega) = \int_0^{\infty} G(s) \cos \omega s\, ds \tag{8.4-12}$$

$$\eta''(\omega) = \int_0^{\infty} G(s) \sin \omega s\, ds \tag{8.4-13}$$

을 얻는다. 완화 탄성률에 대한 일반화된 Maxwell 식을 도입하고 적분을 계산하면

$$\eta'(\omega) = \sum_{k=1}^{\infty} \frac{\eta_k}{1 + (\lambda_k \omega)^2} \tag{8.4-14}$$

$$\eta''(\omega) = \sum_{k=1}^{\infty} \frac{\eta_k \lambda_k \omega}{1 + (\lambda_k \omega)^2} \tag{8.4-15}$$

임을 알게 된다. 만약 식 8.4-7과 8.4-8의 경험식을 사용하면, 아주 높은 주파수에서는 η'과 η'' 둘 다 $1/\omega^{1-(1/\alpha)}$에 따라 감소하는 것을 볼 수 있다(그림 8.2-4 참조).

예제 8.4-2 진동하는 평판 부근의 비정상상태 점탄성 유동

Maxwell 모델을 사용하여 예제 4.1-3을 점탄성 유체로 확장하고, "주기적인 정상상태"에서의 감쇠와 위상 전이를 구하시오.

해 전단유동으로 가정하고 운동방정식을 응력 텐서 성분의 항으로 쓰면

$$\rho \frac{\partial v_x}{\partial t} = -\frac{\partial}{\partial y} \tau_{yx} \tag{8.4-16}$$

이 되고, 한 개의 지수를 갖는 식 8.4-9와 같은 적분형의 맥스웰 모델은

$$\tau_{yx}(y, t) = -\int_{-\infty}^{t} \left\{ \frac{\eta_0}{\lambda_1} \exp[-(t - t')/\lambda_1] \right\} \frac{\partial v_x(y, t')}{\partial y} dt' \tag{8.4-17}$$

이다. 이 두 식을 결합하면

$$\rho \frac{\partial v_x}{\partial t} = \int_{-\infty}^{t} \left\{ \frac{\eta_0}{\lambda_1} \exp[-(t - t')/\lambda_1] \right\} \frac{\partial^2 v_x(y, t')}{\partial y^2} dt' \tag{8.4-18}$$

을 얻는다. 예제 4.1-3에서와 같이 해의 형태를

$$v_x(y, t) = \Re\{v^0(y) e^{i\omega t}\} \tag{8.4-19}$$

로 가정하며, 여기서 $v^0(y)$는 복소수이다. 이를 식 8.4-18에 대입하면

$$\begin{aligned} \rho \Re\{i\omega v^0 e^{i\omega t}\} &= \int_{-\infty}^{t} \left\{ \frac{\eta_0}{\lambda_1} \exp[-(t - t')/\lambda_1] \right\} \Re\left\{ \frac{d^2 v^0}{dy^2} e^{i\omega t'} \right\} dt' \\ &= \Re\left\{ \frac{d^2 v^0}{dy^2} e^{i\omega t} \int_0^{\infty} \frac{\eta_0}{\lambda_1} e^{-s/\lambda_1} e^{-i\omega s} ds \right\} \\ &= \Re\left\{ \frac{d^2 v^0}{dy^2} e^{i\omega t} \left[\frac{\eta_0}{1 + i\lambda_1 \omega} \right] \right\} \end{aligned} \tag{8.4-20}$$

을 얻으며, 실수부의 연산자를 소거하면 $v^0(y)$에 대한 식

$$\frac{d^2 v^0}{dy^2} - \left[\frac{i\rho\omega(1 + i\lambda_1 \omega)}{\eta_0} \right] v^0 = 0 \tag{8.4-21}$$

로 주어진다. 대괄호 [ ] 안에 있는 복소수 양을 $(\alpha + i\beta)^2$과 같다고 두면 미분방정식의 해는

$$v^0 = v_0 e^{-(\alpha + i\beta)y} \tag{8.4-22}$$

이다. 여기에 $e^{i\omega t}$를 곱한 다음 실수부를 취하면

$$v_x(y, t) = v_0 e^{-\alpha y} \cos(\omega t - \beta y) \tag{8.4-23}$$

로 된다. 이 결과는 식 4.1-57의 결과와 동일한 형태를 갖지만, 양 α와 β는

$$\alpha(\omega) = \sqrt{\frac{\rho\omega}{2\eta_0}} \left[\sqrt{1 + (\lambda_1\omega)^2} - \lambda_1\omega\right]^{+1/2} \tag{8.4-24}$$

$$\beta(\omega) = \sqrt{\frac{\rho\omega}{2\eta_0}} \left[\sqrt{1 + (\lambda_1\omega)^2} - \lambda_1\omega\right]^{-1/2} \tag{8.4-25}$$

로 주파수에 의존한다. 즉, 주파수가 증가함에 따라 유체의 탄성 때문에 α는 감소하고 β는 증가한다. 이 결과는 탄성이 진동하는 표면 부근에서 전단 파동의 전파에 어떻게 영향을 미치는지 잘 보여 주고 있다.

마지막 두 예제의 문제 사이에는 중요한 차이가 있음에 주목하시오. 예제 8.4-1에는 속도분포가 먼저 주어져 있고 운동을 유지하기 위해 요구되는 전단응력에 대한 식을 유도하였으므로 운동방정식을 사용하지 않았는데 비하여, 예제 8.4-2에서는 속도분포에 대한 아무런 가정이 없고 운동방정식을 사용함으로써 속도분포를 유도하였다.

8.5 동반 회전 도함수와 비선형 점탄성 모델

앞 절에서 탄성 효과를 표현하기 위해서는 응력 텐서식에 시간 도함수(시간 적분)을 포함시켜야 하는 것을 알았다. 선형 점탄성 모델은 복소 점도와 작은 진폭의 전단 파동의 전파를 설명할 수 있을 뿐만 아니라 비록 무시할만큼 작은 변위 구배를 갖는 유동으로 결과가 제한되기는 하지만(따라서 실질적인 흥미는 거의 없지만) 탄성 되튐 현상도 표현할 수 있다.

이 절에서는 응력 텐서와 유체 입자의 운동학적 텐서 사이의 관계는 공간 상에서 그 입자의 순간적인 배향에는 무관하다는 가설[1,2]을 도입하고자 한다. 이는 대단히 타당한 가설인 것처럼 보인다. 만약 고무 밴드 내의 응력–변형률 관계를 측정한다면 데이터를 얻을 때 고

[1] G. Jaumann, *Grundlagen der Bewegungslehre*, Leipzig (1905); *Sitzungsberichte Akad. Wiss. Wien*, Ila, **120**, 385-530 (1911); S. Zaremba, *Bull. Int. Acad. Sci., Cracovie*, 594-614, 614-621 (1903). Brünn (현재는 Brno)에 소재한 독일 대학에서 강의를 하였던 **Gustaf Andreas Johannes Jaumann**(1863-1924)("Yow-mahn"으로 발음되는)은 20세기 초기에 연속체 역학 분야에서 중요한 공헌을 하였으며, "Jaumann 도함수"는 그의 이름을 따서 붙였다. 그는 "엔트로피 홀럭스"와 "엔트로피 생산 속도"를 포함하는 엔트로피 변화방정식을 처음으로 제시하였다(24.1 절 참조).

[2] J. G. Oldroyd, *Proc. Roy. Soc.*, **A245**, 278-297 (1958). 동반 회전에 대한 생각을 확장하기 위해서는 L. E. Wedgewood, *Rheol. Acta*, **38**, 91-99 (1999)를 보시오.

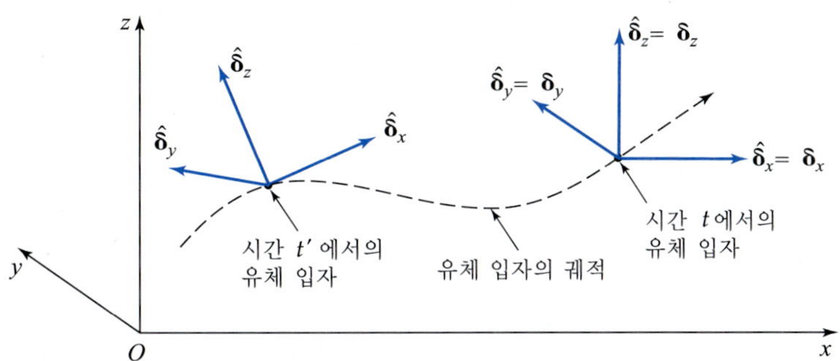

그림 8.5-1 O를 원점으로 갖는 고정 좌표 틀과 유체 입자와 같이 이동하고, 국부적이고 순간적인 유체의 각속도 $\frac{1}{2}[\nabla \times \mathbf{v}]$로 회전하는 단위 벡터 $\hat{\boldsymbol{\delta}}_1$, $\hat{\boldsymbol{\delta}}_2$, $\hat{\boldsymbol{\delta}}_3$를 갖는 동반 회전 틀.

무 밴드를 남북 방향으로 연신하든 동서 방향으로 연신하든 또는 회전을 하든 상관이 없어야 한다(원심력이 측정을 간섭할 만큼 빠른 속도로 회전하지 않아야 한다).

위의 가설이 효력을 가질 수 있는 한 가지 방법은 각 유체 입자에 동반 회전 좌표틀을 도입하는 것이다. 공간을 통해 입자와 함께 움직일 때 이 직교 틀은 국부적이고 순간적인 각속도로 회전하게 된다(그림 8.5-1 참조). 동반 회전 좌표계에서 이제 응력 텐서와 변형률 텐서 사이에 몇몇 종류의 관계식을 쓸 수 있다; 예를 들면 Jeffery 모델을 쓴 다음 정확한 측정을 위해 추가적인 몇 개의 비선형 항을 더할 수 있다:

$$\hat{\boldsymbol{\tau}} + \lambda_1 \frac{\partial}{\partial t}\hat{\boldsymbol{\tau}} + \tfrac{1}{2}\mu_0(\mathrm{tr}\,\hat{\boldsymbol{\tau}})\hat{\dot{\boldsymbol{\gamma}}} - \tfrac{1}{2}\mu_1\{\hat{\dot{\boldsymbol{\gamma}}}\cdot\hat{\boldsymbol{\tau}} + \hat{\boldsymbol{\tau}}\cdot\hat{\dot{\boldsymbol{\gamma}}}\} = -\eta_0\left(\hat{\dot{\boldsymbol{\gamma}}} + \lambda_2\frac{\partial}{\partial t}\hat{\dot{\boldsymbol{\gamma}}} - \mu_2\{\hat{\dot{\boldsymbol{\gamma}}}\cdot\hat{\dot{\boldsymbol{\gamma}}}\}\right) \tag{8.5-1}$$

텐서 위에 주어진 곡절 악센트 (^)는 성분들이 동반 회전 좌표 틀에 관해 주어져 있음을 의미한다. 그림 8.5-1에서 상수 λ_1, λ_2, μ_0, μ_1, μ_2는 모두 시간의 차원을 갖는다. 또한 $\mathrm{tr}\,\hat{\boldsymbol{\tau}} = \Sigma_i \hat{\tau}_{ii}$이다.

연속방정식과 운동방정식은 보통 공간 상에서 고정된 xyz 좌표 틀에서 쓰여지므로 $\hat{x}\,\hat{y}\,\hat{z}$ 틀로부터 xyz 틀로 식 8.5-1을 변환하는 것이 합리적인 것처럼 보인다. 이것은 이미 옛날[1]에 해결된 순수한 수학적 문제로 그 해는 잘 알려져 있다. $\partial/\partial t$, $\partial^2/\partial t^2$, ⋯의 시간 편도함수들이 $\mathscr{D}/\mathscr{D}t$, $\mathscr{D}^2/\mathscr{D}t^2$, ⋯의 **시간 동반 회전**(또는 Jaumann[1-4]) **도함수**로 변환됨을 볼 수 있다. 2차 텐서의 시간 동반 회전 도함수는

$$\frac{\mathscr{D}}{\mathscr{D}t}\boldsymbol{\alpha} = \frac{D}{Dt}\boldsymbol{\alpha} + \frac{1}{2}\{\boldsymbol{\omega}\cdot\boldsymbol{\alpha} - \boldsymbol{\alpha}\cdot\boldsymbol{\omega}\} \tag{8.5-2}$$

---

[3] J. D. Goddard and C. Miller, *Rheol. Acta*, **5**, 177-184 (1966).

[4] R. B. Bird, R. C. Armstrong, and O. Hassager, *Dynamic of Polymeric Liquids, Vol. 1, Fluid Mechanics*, Wiley, New York, 1st edition (1977), 7장과 8장; "대류 좌표"와 "동반 변형" 틀의 사용을 강조한 두 번째 출간된 이 책에서는 동반 회전 모델은 논의되지 않았다. 동반 회전 틀을 사용하든 동반 변형 틀을 사용하든 미분 모델을 수립할 수 있는 데, 개념적으로나 수학적으로나 전자가 더 간단하다.

로 정의되고, 여기서 $\omega = \nabla \mathbf{v} - (\nabla \mathbf{v})^{+}$는 와류 텐서, D/Dt는 3.5절에서 정의된 시간 실도함수이다. 식 8.5-1에 나타나는 $\hat{x}\hat{y}\hat{z}$ 틀에서의 성분을 갖는 텐서의 점곱은 이에 상응하는 xyz 틀에서 주어진 성분을 갖는 텐서의 점곱으로 변환된다.

xyz 틀로 변환하면 식 8.5-1은

$$\boldsymbol{\tau} + \lambda_1 \frac{\mathscr{D}}{\mathscr{D}t}\boldsymbol{\tau} + \tfrac{1}{2}\mu_0(\mathrm{tr}\,\boldsymbol{\tau})\dot{\boldsymbol{\gamma}} - \tfrac{1}{2}\mu_1\{\boldsymbol{\tau}\cdot\dot{\boldsymbol{\gamma}} + \dot{\boldsymbol{\gamma}}\cdot\boldsymbol{\tau}\} = -\eta_0\left(\dot{\boldsymbol{\gamma}} + \lambda_2 \frac{\mathscr{D}}{\mathscr{D}t}\dot{\boldsymbol{\gamma}} - \mu_2\{\dot{\boldsymbol{\gamma}}\cdot\dot{\boldsymbol{\gamma}}\}\right) \quad (8.5\text{-}3)$$

의 Oldroyd 6 상수 모델이 되며, 이 모델은 공간 상의 유체 입자의 국부적이고 순간적인 배향에는 무관하다. 식 8.5-3은 경험적 모델임이 강조되어야 한다; 동반회전 틀의 사용은 단지 국부적이고 순간적인 유체의 회전을 "뺏다는" 것을 보증한다.

이들 매개변수의 적절한 선택을 통하여 고분자 유체역학에서 관찰되는 현상의 대부분을 **정성적으로** 설명할 수 있다. 그 결과 이 모델은 탐구적인 유체역학의 계산에 널리 사용된다. $\mu_1 = \lambda_1$, $\mu_2 = \lambda_2$, $\mu_0 = 0$으로 두어 식 8.5-3을 3개의 상수로 단순화한 것을 Oldroyd-B 모델 이라고 한다. 8.2절에서 정의된 물질함수를 식 8.5-3로부터 어떻게 구하는지 예제 8.5-1에서 보여줄 것이다.

또 다른 비선형 점탄성 모델로는 응력 성분의 제곱항을 포함하는 3 상수 Giesekus 모델[5]이 있다.

$$\boldsymbol{\tau} + \lambda\left(\frac{\mathscr{D}}{\mathscr{D}t}\boldsymbol{\tau} - \tfrac{1}{2}\{\boldsymbol{\tau}\cdot\dot{\boldsymbol{\gamma}} + \dot{\boldsymbol{\gamma}}\cdot\boldsymbol{\tau}\}\right) - \alpha\frac{\lambda}{\eta_0}\{\boldsymbol{\tau}\cdot\boldsymbol{\tau}\} = -\eta_0\dot{\boldsymbol{\gamma}} \quad (8.5\text{-}4)$$

여기서 λ는 시간 상수, η_0는 영점 전단속도 점도, α는 무차원 매개변수이다. 이 모델은 대부분의 물질함수에 대해 합리적인 형상을 보여주고 있으며, 물질함수에 대한 해석식을 표 8.5-1에 요약하였다. $\{\boldsymbol{\tau}\cdot\boldsymbol{\tau}\}$ 항 때문에 특별히 간단하지는 않다. Giesekus 모델들을 중첩하면 측정된 물질함수의 형상을 거의 정량적으로 표현할 수 있다.[6] 이 모델은 유체역학의 계산에 널리 사용되어 왔다.

예제 8.5-1 Oldroyd 6 상수 모델

정상상태의 전단유동, 작은 진폭의 진동 운동 및 정상상태의 신장유동에 대한 물질함수를 구하시오. 전단유동에서는 응력 텐서 성분 τ_{xz}와 τ_{yz}가 0이고, 신장유동에서는 응력 텐서의

---

[5] H. Giesekus, *J. Non-Newtonian Fluid Mech.*, **11**, 69-109 (1982); **12**, 367-374 ; *Rheol. Acta*, **21**, 366-375 (1982). 또 R. B. Bird and J. M. Wiest, *J. Rheol.*, **29**, 519-532 (1985)와 R. B. Bird, R. C. Armstrong, and O. Hassager, *Dynamic of Polymeric Liquids, Vol. 1, Fluid Dynamics*, Wiley-Interscience, New York, 2nd edition (1987), 7.3절 (c)를 보시오.

[6] W. R. Burghardt, J.-M. Li, B. Khomami, and B. Young, *J. Rheol.*, **147**, 149-165 (1999).

[7] 예로서 R. B. Bird, R. C. Armstrong, and O. Hassager, *Dynamics of Polymeric Liquids, Vol. 1, Fluid Dynamics*, Wiley-Interscience, New York, 2nd edition (1987), 3.2절을 보시오.

표 8.5-1 Giesekus 모델에 대한 물질함수

정상상태의 전단유동:

$$\frac{\eta}{\eta_0} = \frac{(1-f)^2}{1+(1-2\alpha)f} \tag{A}$$

$$\frac{\Psi_1}{2\eta_0\lambda} = \frac{f(1-\alpha f)}{\alpha(1-f)}\frac{1}{(\lambda\dot{\gamma})^2} \tag{B}$$

$$\frac{\Psi_2}{\eta_0\lambda} = -f\frac{1}{(\lambda\dot{\gamma})^2} \tag{C}$$

여기서

$$f = \frac{1-\chi}{1+(1-2\alpha)\chi} \quad \text{이고} \quad \chi^2 = \frac{[1+16\alpha(1-\alpha)(\lambda\dot{\gamma})^2]^{1/2}-1}{8\alpha(1-\alpha)(\lambda\dot{\gamma})^2} \tag{D, E}$$

작은 진폭의 진동 전단유동

$$\frac{\eta'}{\eta_0} = \frac{1}{1+(\lambda\omega)^2} \quad \text{이고} \quad \frac{\eta''}{\eta_0} = \frac{\lambda\omega}{1+(\lambda\omega)^2} \tag{F, G}$$

정상상태의 신장유동

$$\frac{\bar{\eta}}{3\eta_0} = \frac{1}{6\alpha}\left[3+\frac{1}{\lambda\dot{\varepsilon}}\left(\sqrt{1-4(1-2\alpha)\lambda\dot{\varepsilon}+4(\lambda\dot{\varepsilon})^2}-\sqrt{1+2(1-2\alpha)\lambda\dot{\varepsilon}+(\lambda\dot{\varepsilon})^2}\right)\right] \tag{H}$$

대각선 요소가 아닌 것은 0이라는 사실을 이용하시오(이 결과들은 대칭이라는 논거로부터 얻어진다[7]).

해 **(a)** 먼저 속도분포 $v_x(y,t) = \dot{\gamma}(t)y$를 사용하여 **비정상상태의 전단유동**에 대해 식 8.5-3을 단순화한다. 식의 성분들을 그대로 베껴 쓰면

$$\left(1+\lambda_1\frac{\partial}{\partial t}\right)\tau_{xx} - (\lambda_1+\mu_1)\tau_{yx}\dot{\gamma} = +\eta_0(\lambda_2+\mu_2)\dot{\gamma}^2 \tag{8.5-5}$$

$$\left(1+\lambda_1\frac{\partial}{\partial t}\right)\tau_{yy} + (\lambda_1-\mu_1)\tau_{yx}\dot{\gamma} = -\eta_0(\lambda_2-\mu_2)\dot{\gamma}^2 \tag{8.5-6}$$

$$\left(1+\lambda_1\frac{\partial}{\partial t}\right)\tau_{zz} = 0 \tag{8.5-7}$$

$$\left(1+\lambda_1\frac{\partial}{\partial t}\right)\tau_{yx} + \tfrac{1}{2}(\lambda_1-\mu_1+\mu_0)\tau_{xx}\dot{\gamma} - \tfrac{1}{2}(\lambda_1+\mu_1-\mu_0)\tau_{yy}\dot{\gamma} + \tfrac{1}{2}\mu_0\tau_{zz}\dot{\gamma} = -\eta_0\left(1+\lambda_2\frac{\partial}{\partial t}\right)\dot{\gamma} \tag{8.5-8}$$

을 얻는다.

(b) **정상상태의 전단유동**의 경우 식 8.5-7은 $\tau_{zz}=0$이 되며, 남아 있는 응력 텐서 성분들은 다른 세 개 식으로 이루어진 연립 대수방정식의 집합을 풀면 얻게 된다. 8.2절의 물질함수에 대한 정의로부터

$$\frac{\eta}{\eta_0} = \frac{1 + [\lambda_1\lambda_2 + (\mu_0 - \mu_1)\mu_2]\dot{\gamma}^2}{1 + [\lambda_1^2 + (\mu_0 - \mu_1)\mu_1]\dot{\gamma}^2} \equiv \frac{1 + \sigma_2\dot{\gamma}^2}{1 + \sigma_1\dot{\gamma}^2} \tag{8.5-9}$$

$$\frac{\Psi_1}{2\eta_0\lambda_1} = \frac{1 + \sigma_2\dot{\gamma}^2}{1 + \sigma_1\dot{\gamma}^2} - \frac{\lambda_2}{\lambda_1} \tag{8.5-10}$$

$$\frac{\Psi_2}{\eta_0\lambda_1} = -\left(1 - \frac{\mu_1}{\lambda_1}\right)\frac{1 + \sigma_2\dot{\gamma}^2}{1 + \sigma_1\dot{\gamma}^2} + \left(1 - \frac{\mu_2}{\lambda_2}\right)\frac{\lambda_2}{\lambda_1} \tag{8.5-11}$$

을 얻을 수 있으며, 이 모델은 전단속도에 의존하는 점도뿐만 아니라 전단속도에 의존하는 수직응력계수를 얻게 된다. (Oldroyd-B 모델의 경우 점도와 수직응력계수가 전단속도에 무관하다). 대부분의 고분자는 전단속도가 증가함에 따라 비뉴튼 점도가 감소하므로 이와 같은 유체에 대해 $0 < \sigma_2 < \sigma_1$이라는 결론을 내려야 하며, 더욱이 $|\tau_{yx}|$의 측정값은 전단속도가 증가함에 따라 항상 단조 증가하므로 $\sigma_2 > \frac{1}{9}\sigma_1$인 조건을 만족하여야 한다. 비록 모델이 전단속도 의존성을 갖는 점도와 수직응력을 포함하고 있지만, 곡선의 형상은 넓은 범위의 전단속도에 걸쳐 얻은 실험 데이터와 만족할만한 정도로 부합하지는 않는다.

만약 $\mu_1 < \lambda_1$이고 $\mu_2 < \lambda_2$이면, 2차 수직응력계수는 대부분의 고분자 액체에 대한 데이터와 부합하면서 1차 수직응력계수와는 반대 부호를 갖는다. 많은 유체에 대해 2차 수직응력계수는 1차 수직응력계수에 비해 상당히 작고, 몇몇 유동에서는 그 역할이 무시할 만하므로, $\mu_1 = \lambda_1$ 및 $\mu_2 = \lambda_2$로 둠으로써 6개의 매개변수를 4개로 줄이는 것이 타당할 것이다.

이러한 논의는 유변학적 실험에서 얻은 실험 데이터와 모델 예측을 비교함으로써 제안된 경험적 모델을 어떻게 평가하는지 보여주고 있으며, 실험 데이터는 매개변수에 대한 제한을 필연적으로 수반한다는 것을 본다. 예를 들면 열역학자들이 혼합물에 대한 경험적 상태방정식을 개발할 때 직면하게 되는 문제와 같지 않지만, 이것은 엄청나게 큰 작업임이 명백하다. 그러나 열역학자들은 단지 스칼라식을 다루는 데 비하여, 유변학자들은 텐서식을 취급하여야 한다.

(c) **작은 진폭의 진동 운동**의 경우 식 8.5-5부터 8까지에서 비선형 항은 생략될 것이며, 물질함수는 선형 점탄성의 Jeffery 모델로부터 얻었던 물질함수와 동일하다.

$$\frac{\eta'}{\eta_0} = \frac{1 + \lambda_1\lambda_2\omega^2}{1 + \lambda_1^2\omega^2} \quad \text{과} \quad \frac{\eta''}{\eta_0} = \frac{(\lambda_1 - \lambda_2)\omega}{1 + \lambda_1^2\omega^2} \tag{8.5-12, 13}$$

η' 이 주파수에 대한 단조 감소함수가 되고 η''이 양의 값을(모든 실험에서 볼 수 있는 바와 같이) 갖기 위해서는 반드시 $\lambda_2 < \lambda_1$인 조건을 만족하여야 한다. 여기서 다시 설명하는데, 모델은 정성적으로는 올바른 결과를 보여 주지만 곡선의 형상을 정확하게 맞추는 것은 아니다.

(d) 8.2절에서 정의된 **정상상태의 신장유동**의 경우 Oldroyd 6 상수 모델은

$$\frac{\bar{\eta}}{3\eta_0} = \frac{1 - \mu_2\dot{\varepsilon} + \mu_2(3\mu_0 - 2\mu_1)\dot{\varepsilon}^2}{1 - \mu_1\dot{\varepsilon} + \mu_1(3\mu_0 - 2\mu_1)\dot{\varepsilon}^2} \tag{8.5-14}$$

로 주어진다. 대부분의 고분자는 신장점도 대 신장속도 곡선의 기울기가 $\dot{\varepsilon} = 0$에서 양이므로 $\mu_1 > \mu_2$인 조건을 반드시 요구한다. 식 8.5-14는 어떤 유한한 값의 신장속도에서 신장점도가 무한대가 될 것임을 예측하는데, 이는 섬유의 연신을 계산하는 문제에서 아마 볼 수 있을 것이다.

시간 상수 λ_1과 λ_2는 신장점도식에는 나타나지 않는 반면에 μ_0, μ_1과 μ_2는 식 8.5-12와 13의 복소점도의 성분에 포함되지 않음에 주목하시오. 이는 응력텐서에 대한 경험식의 매개변수를 구하기 위해서는 넓은 범위의 유변학적 실험이 필요하다는 사실을 강조하고 있다. 다른 말로 하면 다양한 실험들은 모델의 서로 다른 부분들을 강조한다.

8.6 고분자 액체에 대한 분자 이론[1,2,3]

비선형 점탄성에서 응력텐서에 대한 경험식을 제안하고 시험한다는 것이 만만치 않은 작업임을 앞 절에서 명백하게 알았다. 난류에서 Reynolds 응력 텐서에 대한 경험식을 찾는 것만큼 기죽이는 것임을 다시 생각해 보시오. 그러나 비선형 점탄성에서 분자 이론을 사용함으로써 응력 텐서식을 찾는 일을 상당히 좁힐 수 있는 잇점을 갖게 된다. 비록 고분자의 분자운동론이 기체 분자운동론에 비해 훨씬 더 복잡하기는 하지만 그럼에도 불구하고 응력 텐서에 대한 가능한 형태를 제안하는데 도움을 준다. 그러나 분자식에 나타나는 상수들은 여전히 유변학적 측정을 통해 결정되어야 한다.

고분자에 대한 분자운동론은 대충 **그물망 이론**과 **단일 분자 이론**의 두 종류로 나눌 수 있다.

a. 그물망 이론[3]은 원래 고무의 기계적 물성을 설명하기 위해 개발되었다. 고무 내의 고분자 분자가 가황되는 동안 화학적으로 결합하는 것을 상상하면 된다. 잠시 동안은 함께 움직이지만 그런 다음에는 점차 서로 밀쳐내는 인접한 사슬에 의해 형성되는 접합점이 일시적이어서 그물망이 계속해서 변한다고 가정함으로써 용융 고분자와 농축 용액을 설명하기 위해 이론이 확장되었다(그림 8.6-1 참조). 이론에서 접합이 형성되고 파열되는 속도에 관한 어떤 경험적 진술을 수립하는 것이 필요하다.

b. 단일 분자 이론[1]은 고분자–고분자 간의 상호작용이 좀처럼 일어나지 않는 대단히 희석

[1] R. B. Bird, C. F. Curtiss, R. C. Armstrong, and O. Hassager, *Dynamics of Polymeric Liquids, Vol. 2, Kinetic Theory*, Wiley-Interscience, New York, 2nd edition (1987).

[2] M. Doi and S. F. Edwards, *The Theory of Polymer Dynamics*, Clarendon Press, Oxford (1986); J. D. Schieber, "Polymer Dynamics" in *Encyclopedia of Applied Physics*, Vol. 14, VCH Publishers, Inc. (1996), pp. 415-443. R. B. Bird and H. C. Öttinger, *Ann. Rev. Phys. Chem.*, **43**, 371-406 (1992).

[3] A. S. Lodge, *Elastic Liquids*, Academic Press, New York (1964); *Body Tensor Fields in Continnum Mechanics*, Academic Press, New York (1974); *Understanding Elastomer Molecular Network Theory*, Bannatek Press, Madison, Wis. (1999).

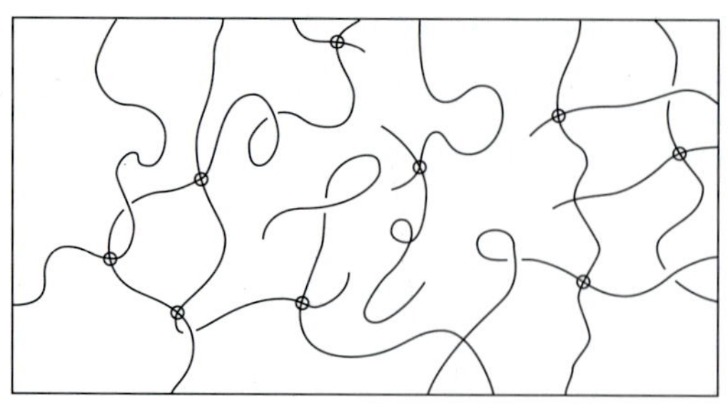

그림 8.6-1 여기서 원으로 표시된 "일시적인 접합"에 의해 형성된 고분자 그물망의 일부분

된 용액 내의 고분자의 분자를 설명하기 위해 원래 설계되었다. 분자는 그 구조를 표현할 때 일련의 작은 구가 선형 또는 비선형의 스프링에 의해 연결되어 있는 것과 같은 방식의 일종인 "구슬 스프링" 모델에 의해 통상적으로 표현된다. 구슬 스프링 모델은 구슬이 용매에 의해 Stokes 법칙의 항력을 받게 될 뿐만 아니라 브라운 운동에 의해 부대끼면서 용매 내를 이동하는 것이 허용된다(그림 8.6-2a 참조). 그러면 분자운동론으로부터 분자(구슬 스프링 구조로 모델화된)의 배향에 관한 "분배 함수"를 얻게 된다. 일단 이 함수를 알게 되면, 다양한 거시적 성질을 계산할 수 있다. 주위의 분자들에 의해 가해지는 "평균 힘마당" 내에서 단일 구슬 스프링 모델의 운동을 조사함으로써 동일한 종류의 이론이 농축 용액과 용융 고분자에 적용될 것이다. 즉, 근접한 주위의 분자 때문에 모델의 구슬은 고분자 사슬의 주쇄 방향으로 움직이는 것이 고분자 사슬의 주쇄에 수직인 방향으로 움직이는 것보다 쉽다. 다른 말로 하면 고분자는 "파행(reptation)"이라 불리는 일종의 뱀과 같은 운동을 스스로 찾아 실행하게 된다(그림 8.6-2b 참조).

분자운동론적 접근을 설명할 때 두 개의 구슬에 한 개의 스프링이 연결된 탄성 아령으로 모델화된 희석 고분자 용액의 단순한 계에 대한 결과를 논의한다. 스프링은 비선형이고 유한하게 늘어날 수 있으며, 연결하는 스프링에 작용하는 힘은

$$\mathbf{F}^{(c)} = \frac{H\mathbf{Q}}{1 - (Q/Q_0)^2} \tag{8.6-1}$$

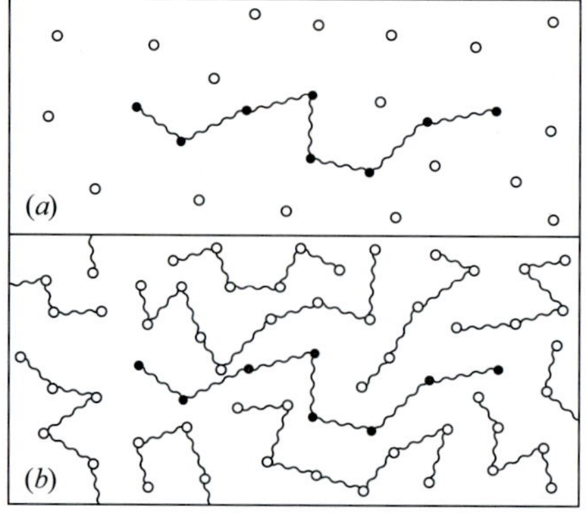

그림 8.6-2 (*a*) 희석 고분자 용액과 (*b*) 희석되지 않은 고분자(용매가 없는 용융 고분자)에 대한 단일 분자 구슬 스프링 모델. 희석 용액에서는 고분자의 분자가 용매를 통하여 모든 방향으로 움직이지만 희석되지 않은 고분자에서는 전형적인 고분자의 분자(검은 구슬)가 주위의 분자들에 의해 제약을 받게 되고, 주쇄 방향을 따라 앞뒤로 미끄러짐으로써 뱀과 같은 파행운동("reptation")을 실행하는 경향을 보인다.

로 주어진다.[4] 여기서 H는 스프링 상수, $\mathbf{Q}$는 아령의 연신과 배향을 나타나내는 아령의 말단과 말단간의 벡터이고, Q_0는 스프링의 최대 신장이다. 용매를 통한 구슬 운동의 마찰계수는 Stokes 법칙에 의해 $\zeta = 6\pi\eta_s a$로 주어지며, 여기서 a는 구슬의 반지름이고 η_s는 용매의 점도이다. 비록 이 모델이 극도로 지나치게 단순화되어 있지만 분자 배향, 분자 연신 및 유한 신장성에 관한 중요한 물리적인 아이디어를 구체화할 수 있게 한다.

분자운동론을 상세히 풀면, 응력 텐서에 대해 뉴튼 용매와 고분자 기여의 합으로 쓰여진 다음 식을 얻게 된다(8.4절의 각주 3 참조):[5]

$$\boldsymbol{\tau} = \boldsymbol{\tau}_s + \boldsymbol{\tau}_p \tag{8.6-2}$$

여기서

$$\boldsymbol{\tau}_s = -\eta_s \dot{\boldsymbol{\gamma}} \tag{8.6-3}$$

$$Z\boldsymbol{\tau}_p + \lambda_H\left(\frac{\mathscr{D}}{\mathscr{D}t}\boldsymbol{\tau}_p - \tfrac{1}{2}\{\boldsymbol{\tau}_p \cdot \dot{\boldsymbol{\gamma}} + \dot{\boldsymbol{\gamma}} \cdot \boldsymbol{\tau}_p\}\right) - \lambda_H(\boldsymbol{\tau}_p - n\kappa T\boldsymbol{\delta})\frac{D \ln Z}{Dt} = -n\kappa T\lambda_H\dot{\boldsymbol{\gamma}} \tag{8.6-4}$$

이며, n은 고분자의 분자(즉, 아령) 수 밀도, $\lambda_H = \zeta/4H$는 시간 상수(전형적으로 0.01초에서 10초 사이), $Z = 1 + (3/b)[1 - (\text{tr}\ \tau_p/3n\kappa T)]$이고 $b = HQ_0^2/\kappa T$는 통상적으로 10에서 100 사이의 값을 갖는 유한 신장성 매개변수이다. 따라서 분자 이론은 유변학적 실험을 통해 결정될 수 있는 4개의 조절 가능한 상수 η_s, λ_H, n 및 b를 갖는 모델로 귀착되므로, 분자 이론을 응력 텐서식의 형태로 쓸 수 있으며 유변학적 데이터를 이용하여 매개변수의 값을 구할 수 있다. 식 8.6-2, 3 및 4로 표현되는 모델은 식 8.6-1에서의 $(Q/Q_0)^2$을 $\langle Q^2\rangle/Q_0^2$으로 대체한 FENE-P 모델(피터린 근사를 사용한 유한 신장 가능한 비선형 탄성 모델, finitely extensible nonlinear elastic model, in the Peterlin approximation)이라 불린다.

이 모델은 응력의 비선형성 때문에 사용하기가 Oldroyd 6 상수 모델보다 더 어렵다. 그러나 어떤 물질함수에 대해서는 형상을 더 정확하게 표현한다. 또 여기서 분자 모델을 다루고 있으므로 유동 문제를 풀고 난 다음에 분자 연신과 분자 배향에 관한 정보를 얻을 수 있다. 예를 들면 평균 분자 연신은 $\langle Q^2\rangle/Q_0^2 = 1 - Z^{-1}$로 주어지는 것을 알 수 있으며, 여기서 각 괄호는 통계적 평균을 나타낸다.

다음 예제들은 모델에 대한 물질함수를 어떻게 얻을 수 있는지와 실험 데이터와 결과를 어떻게 비교할 수 있는지 설명하고 있다. 만약 모델이 타당하다면 흥미로운 유동 문제를 풀기 위해 연속방정식 및 운동방정식과 결합하여야만 한다. 이는 많은 양의 계산을 필요로 한다.

---

[4] H. R. Wanner, Jr., *Ind. Eng. Chem. Fundamentals*, **11**, 379-387 (1972); R. L. Christiansen and R. B. Bird, *J. Non-Newtonian Fluid Mech.*, **3**, 161-177 (1977/1978).

[5] R. I. Tanner, *Trans. Soc. Rheol.*, **19**, 37-65 (1975); R. B. Bird, P. J. Dotson, and N. L. Johnson, *J. Non-Newtonian Fluid Mech.*, **7**, 213-235 (1980). 마지막 발간에서 식 58에서 85에는 오류가 있다.

예제 8.6-1 FENE-P 모델에 대한 물질함수

FENE-P 모델로 표현되는 고분자의 정상상태 전단유동과 정상상태 신장유동에 대한 물질함수를 구하시오.

해 **(a)** 정상상태 전단유동에 대해 응력 텐서에서 고분자 기여의 소거되지 않는 성분에 대한 다음 식을 모델로부터 얻을 수 있다.

$$Z\tau_{p,xx} = 2\tau_{p,yx}\lambda_H\dot{\gamma} \tag{8.6-5}$$

$$Z\tau_{p,yx} = -n\kappa T\lambda_H\dot{\gamma} \tag{8.6-6}$$

여기서 양 Z는

$$Z = 1 + (3/b)[1 - (\tau_{p,xx}/3n\kappa T)] \tag{8.6-7}$$

로 주어진다. 이 식들을 결합하면 무차원 전단응력 $T_{yx} = \tau_{p,yx}/3n\kappa T$에 대한 3차 방정식을 얻게 된다.

$$T_{yx}^3 + 3pT_{yx} + 2q = 0 \tag{8.6-8}$$

여기서 $p = (b/54) + (1/18)$이고 $q = (b/108)\lambda_H\dot{\gamma}$이다. 이 3차 방정식을 풀면 무차원 전단응력은

$$T_{yx} = -2p^{1/2}\sinh(\tfrac{1}{3}\operatorname{arcsinh} qp^{-3/2}) \tag{8.6-9}$$

로 주어진다.[6] 이 함수에 기초한 비뉴튼 점도는 몇몇 폴리메칠메타아크릴레이트 용액에 대한 실험 데이터와 함께 그림 8.6-3에서 볼 수 있다. 식 8.6-9로부터 점도의 극한값에 대해 알 수 있다.

$\dot{\gamma} = 0$에 대해
$$\eta - \eta_s = n\kappa T\lambda_H\left(\frac{b}{b+3}\right) \tag{8.6-10}$$

$\dot{\gamma} \to \infty$에 대해
$$\eta - \eta_s \sim n\kappa T\lambda_H\left(\frac{b}{2}\frac{1}{\lambda_H^2\dot{\gamma}^2}\right)^{1/3} \tag{8.6-11}$$

그러므로 높은 전단속도에서는 $n = \frac{1}{3}$을 갖는 멱수법칙의 거동(식 8.3-3)을 얻으며, 이는 멱수법칙 모델의 사용에 관한 분자론적 타당성으로 취할 수 있다.

식 8.6-5로부터 $\Psi_1 = 2(\eta - \eta_s)^2/n\kappa T$로 주어짐을 알 수 있으며, 이 결과와 실험 데이터를 그림 8.6-3에 비교하였다. 이 모델에 대한 2차 수직응력계수 Ψ_2는 0이다. 위에서 지적한 바와 같이 일단 유동 문제를 풀었으면, 양 Z로부터 분자 연신에 대한 정보를 역시 얻을 수 있다. 분자가 전단속도의 함수로 평균적으로 어떻게 연신하는지 그림 8.6-4에 도시하였다.

[6] K.Rektorys, *Survey of Applicable Mathematics*, MIT Press, Cambridge, MA (1969), pp.78-79.

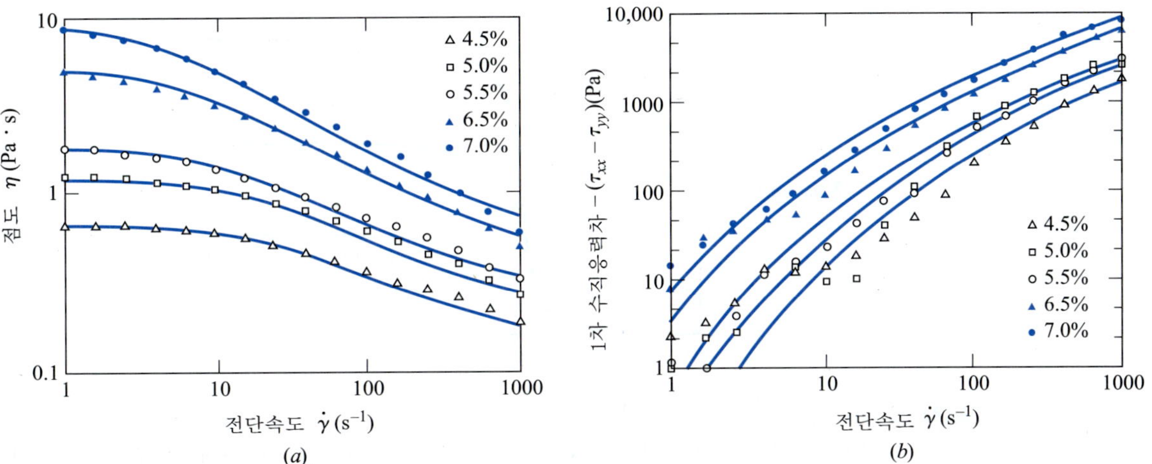

그림 8.6-3 L. E. Wedgewood가 구한 다음 상수들을 갖는 FENE-P 곡선과 함께 데이터는 D.D. Joseph, G. S. Beavers, A. Cers, C. Dewald, A. Hoger, and P. T. Than, *J. Rheol.*, **28**, 325-345 (1984)로부터 얻었다.

고분자 농도 [%]	η_0 [Pa · s]	λ_H [s]	a [Pa]	b [- - -]
4.5	0.13	0.157	3.58	47.9
5.0	0.19	0.192	5.94	38.3
5.5	0.25	0.302	5.98	30.6
6.5	0.38	0.447	11.8	25.0
7.0	0.45	0.553	19.1	16.0

양 $a = n\kappa T$는 유변학적 데이터로부터 결정된 매개변수를 취하였다.

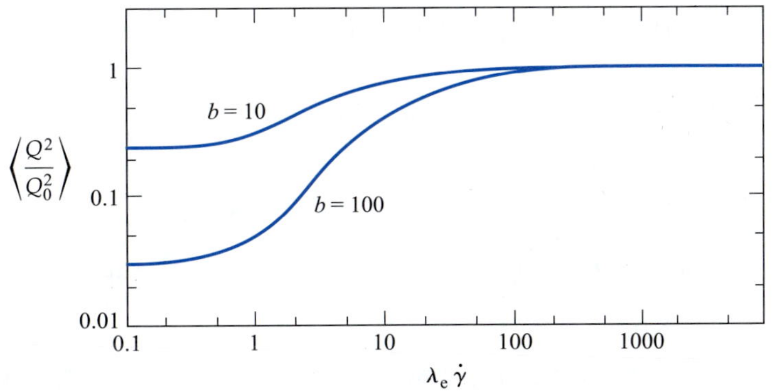

그림 8.6-4 정상상태 전단유동에서 FENE-P의 아령 모델에 의해 전단속도 $\dot{\gamma}$의 함수로 주어진 분자 연신. 실험적으로 구할 수 있는 시간 상수 $\lambda_e = [\eta_0]\eta_s M/RT$는 $\lambda_e = \lambda_H b/(b+3)$에 의해 λ_H와 연관되어 있다. 여기서 $[\eta_0]$는 영점 전단속도에서의 고유 점도이다. [R. B. Bird, P. J. Dotson, and N. L. Johnson, *J. Non-Newtonian Fluid Mech.*, **7**, 213-235 (1980).]

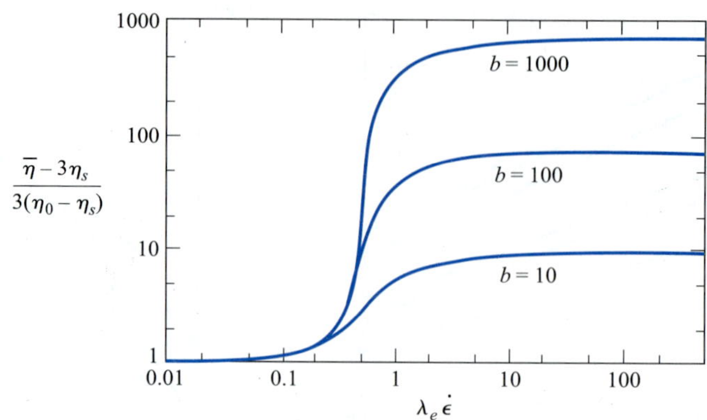

그림 8.6-5 FENE-P의 아령 모델에 의해 신장속도 $\dot{\varepsilon}$의 함수로 주어진 정상상태 신장점도 $\bar{\eta}$. 시간 상수는 $\lambda_e = \lambda_H b/(b+3)$로 주어진다. [R. B. Bird, P. J. Dotson, and N. L. Johnson, *J. Non-Newtonian Fluid Mech.*, **7**, 213-235 (1980).]

(b) 정상상태 신장유동에 대해

$$Z\tau_{p,xx} + \tau_{p,xx}\lambda_H\dot{\varepsilon} = +n\kappa T\lambda_H\dot{\varepsilon} \tag{8.6-12}$$

$$Z\tau_{p,yy} + \tau_{p,yy}\lambda_H\dot{\varepsilon} = +n\kappa T\lambda_H\dot{\varepsilon} \tag{8.6-13}$$

$$Z\tau_{p,zz} - 2\tau_{p,zz}\lambda_H\dot{\varepsilon} = -2n\kappa T\lambda_H\dot{\varepsilon} \tag{8.6-14}$$

$$Z = 1 + \frac{3}{b}\left(1 - \frac{\tau_{p,xx} + \tau_{p,yy} + \tau_{p,zz}}{3n\kappa T}\right) \tag{8.6-15}$$

를 얻으며, 이 식들의 집합으로부터 신장점도 $\bar{\eta}(\dot{\varepsilon})$를 얻을 수 있는 $\tau_{p,xx} - \tau_{p,zz}$에 대한 3차 방정식 또는 $\dot{\varepsilon}$에 대한 2차방정식을 유도할 수 있다(그림 8.6-5 참조). 고분자 용액에 대한 제한된 실험 데이터와 곡선의 형상이 아마도 근사적으로 부합하는 것을 보여주고 있다.

신장점도에 대한 극한식은 다음과 같다.

$\dot{\varepsilon} = 0$에 대해:
$$\bar{\eta} - 3\eta_s = 3n\kappa T\lambda_H\left(\frac{b}{b+3}\right) \tag{8.6-16}$$

$\dot{\varepsilon} \to \infty$에 대해:
$$\bar{\eta} - 3\eta_s = 2n\kappa T\lambda_H b \tag{8.6-17}$$

계 내의 응력을 구하면, 신장속도의 함수로 주어진 분자의 평균 연신을 구할 수 있으며, 이를 그림 8.6-6에서 볼 수 있다.

특정 b 값에 대해, 다시 말해 b가 50이면 신장속도가 증가함에 따라 신장점도가 약 30배 증가할 수 있으므로 유동장 내에 강한 신장 성분이 존재하면 유동에 심오한 영향을 미치게 된다는 사실은 주목할만한 가치가 있다.[7]

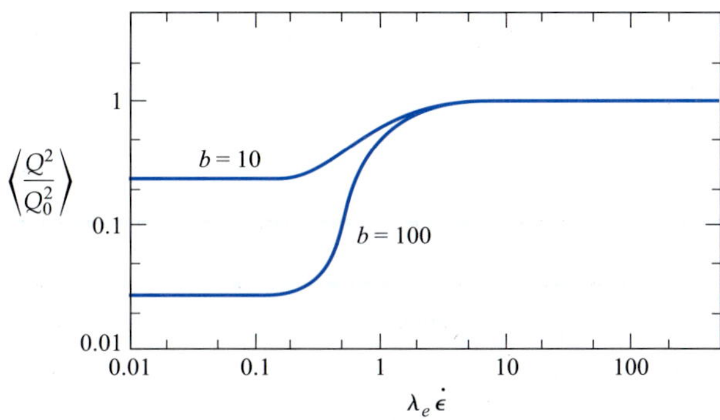

그림 8.6-6 FENE-P의 아령 모델에 의해 예측된 정상상태 신장유동에서 신장속도 $\dot{\varepsilon}$의 함수로 주어진 분자 신장. 시간 상수는 $\lambda_e = \lambda_H b/(b+3)$로 주어진다. [R. B. Bird, P. J. Dotson, and N. L. Johnson, *J. Non-Newtonian Fluid Mech.*, **7**, 213-235 (1980).]

토론을 위한 질문

1. 8.1절과 8.2절에서 언급된 다양한 실험에서 뉴튼 액체와 고분자 액체의 거동을 비교하시오.

2. 왜 비압축성 유체에 대해서만 수직응력차를 다루는가?(식 8.2-2와 3 참조)

3. 그림 8.2-2에서 가정한 속도분포는 y에 대해 선형이다. 평판 사이의 간격이 작지 않고 유체의 점도가 대단히 낮다고 하면 속도분포는 무엇과 같을 것이라 보는가?

4. 식 8.3-3의 매개변수 n은 식 8.3-4의 매개변수 n과 어떤 연관을 갖고 있는가? 또 그것은 8.6절의 아령 분자운동론으로부터 얻은 비뉴튼 점도 곡선의 기울기와 어떻게 관련되어 있는가?

5. 일반화된 뉴튼 모델과 선형 점탄성 모델을 사용하는 데 있어 놓여 있는 제약은 무엇인가?

6. 속도분포에 관련된 가정과 유동계의 기하학적 구조에 주목하여 예제 8.4-1과 2를 비교하고 대비하시오.

7. 식 8.5-3의 Oldroyd 모델이 일반화된 뉴튼 모델과 선형 점탄성 모델을 포함하는 범위는 얼마나 되는가? 이들 모델로는 설명할 수 없는 효과를 Oldroyd 모델이 설명할 수 있는가?

8. Oldroyd 모델의 매개변수에 대한 제약이 왜 필요한가? 이들 제약과 유변물성 측정법 사이에는 어떤 연관이 있는가?

---

[7] 신장점도와 밀접한 연관이 있는 난류 항력 감소를 상세하게 설명하기 위해 FENE-P 모델과 Giesekus 모델이 R. Sureshkumar, A. N. Beris and R. A. Handler, *Phys. Fluids*, **9**, 743-755 (1997)과 C. D. Dimitropoulos, R. Sureshkumar, and A. N. Beris, *J. Non-Newtonian Fluid Mechanics*, **79**, 433-468 (1998)에 의해 성공적으로 사용되었다.

9. 응력텐서에 대한 분자론적 식이 경험식에 비해 어떤 이점이 있는가?

10. 이 장에서 설명된 다양한 종류의 모델을 어떤 종류의 산업적 문제에 대해 사용할 것인가?

11. 원환 내의 축 방향 유동을 표현하는 데 멱수법칙 모델이 왜 적절하지 않은가?

문제

8A.1. **관 내를 흐르는 폴리이소프렌 용액의 유동.** 13.5 중량 %의 폴리이소프렌이 이소펜탄에 녹아 있는 용액의 멱수법칙 매개변수는 323 K에서 $n = 0.2$와 $m = 5 \times 10^3$ Pa·s^{n}이다. 이 용액이 내부 반지름이 1.3cm이고 길이가 10.2m인 수평관을 통해 층류로 수송되고 있다. 길이가 30.6m인 다른 관을 사용하여 동일한 질량 유량과 동일한 압력 강하로 수송하고자 한다면 관의 반지름은 얼마가 되어야 하는지 구하시오.

8A.2. **폴리에칠렌 옥사이드 용액의 수송.** 1%의 폴리에틸렌 옥사이드 수용액은 333 K에서 $n = 0.6$과 $m = 0.50$ Pa · s^{n}인 멱수법칙 매개변수를 갖는다. 압력이 p_1인 첫 번째 탱크와 압력이 p_2인 두 번째 탱크 사이를 용액이 수송되고 있다. 용액을 수송하는 관은 길이가 14.7m이고 내부 지름이 0.27m이다.

한 개의 관을 반지름이 조금 작으면서 동일한 길이를 갖는 두 개의 관으로 대체하기로 결정하였다. 한 개의 관과 동일한 질량 유량을 갖는 이들 관의 지름은 얼마인가를 구하시오.

8B.1. **고분자 경막의 유동.** 2.2절의 문제를 멱수법칙 유체에 대해 푸시오. 그 결과가 뉴튼 유체의 결과로 적절히 단순화될 수 있는지 보이시오.

8B.2. **좁은 슬릿 사이를 흐르는 멱수법칙 유동.** 예제 8.3-2에서 $-B \leq x \leq 0$의 영역에 대한 속도분포를 어떻게 유도하는지 보이시오. 이 결과를 식 8.3-13의 결과와 결합하여 하나의 식으로 만들 수 있는지 보이시오.

8B.3. **원환 내를 흐르는 비뉴튼 유동.** 내부 원통의 축 방향 운동에 의해 구동되는 유동을 갖는 멱수법칙 유체의 원환 유동에 대해 문제 2B.7을 다시 푸시오.

(a) 유체의 속도분포는

$$\frac{v_z}{v_0} = \frac{(r/R)^{1-(1/n)} - 1}{\kappa^{1-(1/n)} - 1} \tag{8B.3-1}$$

임을 보이시오.

(b) n이 1에 접근할 때 (a)의 결과가 뉴튼 유체의 결과로 단순화됨을 증명하시오.

(c) 원환 영역을 흐르는 질량 유량이

$$w = \frac{2\pi R^2 v_0 \rho}{\kappa^{1-(1/n)} - 1}\left(\frac{1-\kappa^{3-(1/n)}}{3-(1/n)} - \frac{1-\kappa^2}{2}\right) \quad (n \neq \tfrac{1}{3}\text{에 대해}) \tag{8B.3-2}$$

로 주어짐을 보이시오.

(d) $n = \frac{1}{3}$인 유체의 질량 유량이 얼마인지 구하시오.

(e) 식 8B.3-2를 뉴튼 유체에 대해 단순화하시오.

8B.4. 단면적이 점감하는 관 내에서의 고분자 액체의 유동. 윤활 근사를 사용하여 멱수법칙 유체에 대해 문제 2B.10을 푸시오.

8B.5. Bingham 유체[1]의 슬릿 유동. 농도가 진한 현탁계와 반죽의 경우는 어떤 임계 응력, **항복응력**에 도달되어야 비로소 유동이 일어난다는 것이 알려져 있으며, 흐름의 일부가 "평류"인 것과 같은 방식으로 유체는 흐르게 된다. 항복응력을 갖는 유체의 가장 간단한 모델이 Bingham 모델이다:

$$\begin{cases} \eta = \infty & \tau \leq \tau_0 \text{ 이면} \\ \eta = \mu_0 + \dfrac{\tau_0}{\dot{\gamma}} & t \geq \tau_0 \text{ 이면} \end{cases} \tag{8B.5-1}$$

여기서 τ_0는 응력 이하에서는 유동이 일어나지 않는 항복응력이고, μ_0는 점도의 단위를 갖는 매개변수이다. 양 $\sqrt{\frac{1}{2}(\boldsymbol{\tau}:\boldsymbol{\tau})}$은 응력 텐서의 크기이다.

Bingham 유체에 대한 슬릿 내의 질량 유량을 구하시오(문제 2B.3과 예제 8.3-2 참조). 위치 x의 함수로 주어지는 식 2B.3-1의 전단응력 τ_{xz}에 대한 식은 유체의 종류에는 무관하므로 여기서 이어 받을 수 있다. $x = \pm x_0$에서 $|\tau_{xz}|$는 항복응력과 똑같다는 것을 안다. 여기서 x_0는

$$\tau_0 = \frac{\mathscr{P}_0 - \mathscr{P}_L}{L} x_0 \tag{8B.5-2}$$

로 정의된다.

(a) $\tau_{xz} = -\eta dv_z/dx$ 이고 τ_{xz}는 유한하므로, 식 8B.5-1의 위 식은 $|x| \leq x_0$에 대해 $dv_z/dx = 0$을 요구함을 보이시오. 즉 평류 영역이다. 그런 다음 양의 x에 대해 $\dot{\gamma} = -dv_z/dx$이고 음의 x에 대해 $\dot{\gamma} = +dv_z/dx$임을 보이고, 식 8B.5-1의 아래 식은

$$\tau_{xz} = \begin{cases} -\mu_0(dv_z/dx) + \tau_0 & +x_0 \leq x \leq +B \text{에 대해} \\ -\mu_0(dv_z/dx) - \tau_0 & -B \leq x \leq -x_0 \text{에 대해} \end{cases} \tag{8B.5-3}$$

을 요구함을 보이시오.

(b) $+x_0 \leq x \leq +B$에 대한 속도분포를 얻기 위해 식 8B.5-3의 위 관계식을 식 2B.3-1에 대입하고 v_z에 대한 미분방정식을 구하시오. $x = B$에서 속도가 0인 경계조건을 사용하여 이를 적분하면

$$v_z = \frac{(\mathscr{P}_0 - \mathscr{P}_L)B^2}{2\mu_0 L}\left[1 - \left(\frac{x}{B}\right)^2\right] - \frac{\tau_0 B}{\mu_0}\left(1 - \frac{x}{B}\right) \qquad +x_0 \leq x \leq +B \text{ 에 대해} \tag{8B.5-4}$$

를 얻게 됨을 보이시오. 영역 $|x| \leq x_0$에서 속도는 무엇인가? $v_z(x)$를 그리시오.

(c) 그러면 질량 유량은

$$w = W\rho \int_{-B}^{+B} v_z dx = 2W\rho \int_0^B v_z dx = 2W\rho \int_{x_0}^B x\left(-\frac{dv_z}{dx}\right)dx \tag{8B.5-5}$$

로부터 구할 수 있으며, 부분 적분을 하면 적분을 더 쉽게 할 수 있다. 최종 결과가

$$w = \frac{2}{3}\frac{(\mathscr{P}_0 - \mathscr{P}_L)WB^3\rho}{\mu_0 L}\left[1 - \frac{3}{2}\left(\frac{\tau_0 L}{(\mathscr{P}_0 - \mathscr{P}_L)B}\right) + \frac{1}{2}\left(\frac{\tau_0 L}{(\mathscr{P}_0 - \mathscr{P}_L)B}\right)^3\right] \tag{8B.5-6}$$

---

[1] E. C. Bingham, *Fluidity and Plasticity*, McGraw-Hill, New York (1922), pp. 215-218. 항복응력을 갖는 모델의 총설에 대해서는 R. B. Bird, G. C. Dai, and B. J. Yarusso, *Reviews in Chemical Engineeing*, **1**, 1-70 (1982)를 보시오.

임을 보이시오. 항복응력이 0이 될 때 이 결과가 문제 2B.3의 뉴튼 유체에 대한 결과로 단순화됨을 증명하시오.

8B.6. Buckingham-Reiner 식의 유도.[2] Bingham 모델에 대해 예제 8.3-1을 다시 푸시오. 먼저 속도분포를 구하시오. 그런 다음 질량 유량이

$$w = \frac{\pi(\mathscr{P}_0 - \mathscr{P}_L)R^4\rho}{8\mu_0 L}\left[1 - \frac{4}{3}\left(\frac{\tau_0}{\tau_R}\right) + \frac{1}{3}\left(\frac{\tau_0}{\tau_R}\right)^4\right] \tag{8B.6-1}$$

로 주어짐을 보이시오. 여기서 $\tau_R = (\mathscr{P}_0 - \mathscr{P}_L)R/2L$은 관 벽에서의 전단응력이다. 이 식은 단지 $\tau_R \geq \tau_0$일 때만 타당하다.

8B.7. Jeffery 유체에 대한 복소점도 성분.

(a) 예제 8.4-1을 식 8.4-4의 Jeffery 모델에 대해 풀고, 그 결과가 식 8.5-12와 13임을 보이시오. 이들 결과는 표 8.5-1의 식 (F) 및 (G)와 어떻게 연관되어 있는가?

(b) 8.4절의 각주 3에서 제안된 중첩을 사용하여 Jeffery 모델에 대한 복소점도 성분을 구하시오.

8B.8. 전단유동의 정지 후 응력완화. 점탄성 유체가 한 쌍의 평행한 평판 사이에서 $v_x = \dot{\gamma}y$의 정상상태 유동으로 흐르고 있다. 만약 유동이 갑자기 멈춘다면(즉 $\dot{\gamma}$가 0이 된다면), 응력이 뉴튼 유체에 대한 경우와 같이 0이 되지는 않는다. Oldroyd 3 상수 모델($\lambda_2 = \mu_2 = \mu_1 = \mu_0 = 0$인 식 8.5-3)을 사용하여 이 응력완화 현상을 조사하시오 .

(a) 정상상태 유동에서

$$\tau_{yx} = -\eta_0\dot{\gamma}\frac{1}{1 + (\lambda_1\dot{\gamma})^2} \tag{8B.8-1}$$

임을 보이시오. 이 식이 그림 8.2-4의 실험 데이터와 어느 정도까지 부합하는가?

(b) 만약 $t = 0$에서 유동이 멈춘다면, 예제 8.5-1(a 부분)을 사용하여 $t \geq 0$에 대한 전단응력이

$$\tau_{yx} = -\eta_0\dot{\gamma}\frac{1}{1 + (\lambda_1\dot{\gamma})^2}e^{-t/\lambda_1} \tag{8B.8-2}$$

가 될 것임을 보이시오. 이는 λ_1이 왜 "완화시간"이라 불리는지를 보여준다. 유체의 운동이 정지한 후의 이 응력완화는 점탄성 물질의 특성이다.

(c) 정상상태의 유동을 하는 동안과 유동을 정지한 후의 수직응력 τ_{xx}는 어떻게 되는가?

8B.9. 유출관을 갖는 탱크의 배출(그림 7B.9). 문제 7B.9 (a)를 멱수법칙 모델에 대해 다시 푸시오.

8B.10. Giesekus 모델.

(a) 표 8.5-1의 결과를 사용하여 전단속도가 0으로 될 때 비뉴튼 점도와 수직응력차에 대한 극한값을 구하시오.

(b) 전단속도가 무한대로 커지는 극한에서 비뉴튼 점도와 두 개의 수직응력차에 대한 극한식을 구하시오.

[2] E. Buckingham, *Proc. ASTM*, **21**, 1154-1161 (1921); M. Reiner, *Deformation and Flow*, Lewis, London (1949).

(c) 신장속도가 0으로 되는 경향을 보이는 극한에서 정상상태의 신장점도는 어떻게 되는가? 신장속도가 무한대로 갈 때 신장점도는 유한한 극한값을 갖게 됨을 보이시오.

8C.1. **원추-평판 점도계**(그림 2B.11).[3] 문제 2B.11의 원추-평판 기기에 대한 뉴튼 해석을 복습하고 다음을 하시오.

(a) 전단속도 $\dot{\gamma}$가 간격 전체에 걸쳐 균일하며, $\dot{\gamma} = -\dot{\gamma}_{\theta\phi} = \Omega/\psi_0$와 같음을 보이시오. $\dot{\gamma}$의 균일성 때문에 전단응력 성분이 간격 전체에 걸쳐 역시 일정하다.

(b) 비뉴튼 점도는

$$\eta(\dot{\gamma}) = \frac{3T_z\psi_0}{2\pi R^3\Omega} \tag{8C.1-1}$$

을 사용함으로써 돌림힘 T_z와 회전 속도 Ω의 측정으로부터 얻을 수 있음을 보이시오.

(c) 만약 원심력항 $-\rho v_\phi^2/r$을 무시할 수 있다면, 원추-평판계에 대해 운동방정식의 반지름 방향 성분이

$$0 = -\frac{\partial p}{\partial r} - \frac{1}{r^2}\frac{\partial}{\partial r}(r^2\tau_{rr}) + \frac{\tau_{\theta\theta} + \tau_{\phi\phi}}{r} \tag{8C.1-2}$$

임을 보이시오. 이를 재정리하면

$$0 = -\partial\pi_{rr}/\partial \ln r + (\tau_{\phi\phi} - \tau_{\theta\theta}) + 2(\tau_{\theta\theta} - \tau_{rr}) \tag{8C.1-3}$$

을 얻게 됨을 보이시오. 그런 다음 수직응력계수를 도입하고, $\partial\pi_{rr}/\partial \ln r$을 $\partial\pi_{\theta\theta}/\partial \ln r$로 대체하기 위해 (a)의 결과를 사용하여

$$\partial\pi_{\theta\theta}/\partial \ln r = -(\Psi_1 + 2\Psi_2)\dot{\gamma}^2 \tag{8C.1-4}$$

를 얻으시오. 이를 r부터 R까지 적분하고 $\pi_{rr}(R) = p_a$인 경계조건을 사용하여

$$\begin{aligned}\pi_{\theta\theta}(r) &= \pi_{\theta\theta}(R) - (\Psi_1 + 2\Psi_2)\dot{\gamma}^2 \ln(r/R) \\ &= p_a - \Psi_2\dot{\gamma}^2 - (\Psi_1 + 2\Psi_2)\dot{\gamma}^2 \ln(r/R)\end{aligned} \tag{8C.1-5}$$

를 구하시오. 여기서 p_a는 원추-평판 기기의 가장자리에서 유체에 작용하는 대기압이다.

(d) 유체에 의해 원추에 작용하는 z 방향의 총 추진력이

$$F_z = \int_0^{2\pi}\int_0^R [\pi_{\theta\theta}(r) - p_a]\, r\, dr\, d\theta = \tfrac{1}{2}\pi R^2\Psi_1\dot{\gamma}^2 \tag{8C.1-6}$$

임을 보이시오. 이로부터 유체가 작용하는 힘을 측정함으로써 1차 수직응력계수를 구할 수 있다.

(e) 만약 작은 압력 변환기가 원판의 반지름 방향의 다른 여러 위치에 평평하게 설치되어 있다고 한다면 (c)의 결과를 사용하여 2차 수직응력계수를 측정하기 위한 방법을 제시하시오.

8C.2. **평행한 원판 사이의 압착 유동**(그림 3C.1).[4] 문제 3C.1(g)를 멱수법칙 유체에 대해 다시 푸시오. 이 장치는 점성이 큰 물질에 대한 멱수법칙 매개변수를 결정하는 데 유용하다. 식 3C.1-16에 상사한 멱수법칙은

[3] R. B. Bird, R. C. Armstrong, and O. Hassager, *Dynamics of Polymeric Liquids, Vol. 1, Fluid Mechanics*, Wiley-Interscience, New York, 2nd edition (1987), pp. 521-524.

$$\frac{1}{H^{(n+1)/n}} = \frac{1}{H_0^{(n+1)/n}} + \frac{(n+1)}{2n+1}\left(\frac{n+3}{2\pi m R^{n+3}}\right)^{1/n} F_0^{1/n} t \tag{8C.2-1}$$

임을 증명하시오.

8C.3. Giesekus 점도 함수의 증명.[5]

(a) 표 8.5-1의 전단유동 기재 사항을 조사하기 위해 무차원 응력 텐서 성분 $T_{ij} = (\lambda/\eta_0)\tau_{ij}$와 무차원 전단속도 $\dot{\Gamma} = \lambda\dot{\gamma}$를 도입하고, 정상상태 전단유동에 대해 식 8.5-4는

$$T_{xx} - 2\dot{\Gamma}T_{yx} - \alpha(T_{xx}^2 + T_{yx}^2) = 0 \tag{8C.3-1}$$

$$T_{yy} - \alpha(T_{yx}^2 + T_{yy}^2) = 0 \tag{8C.3-2}$$

$$T_{yx} - \dot{\Gamma}T_{yy} - \alpha T_{yx}(T_{xx} + T_{yy}) = -\dot{\Gamma} \tag{8C.3-3}$$

이 됨을 보이시오.

(b) 이들 식을 무차원 수직응력차 $N_1 = T_{xx} - T_{yy}$와 $N_2 = T_{yy} - T_{zz}$ 및 T_{yx}의 항으로 다시 쓰시오.

(c) 무차원 전단응력과 무차원 수직응력차를 무차원 전단속도 항으로 구하기 위해 (b)의 식을 푸는 것은 어렵다. 대신에 N_1, T_{yx}와 $\dot{\Gamma}$를 N_2의 함수로 푸시오.

$$T_{yx}^2 = \frac{N_2(1-\alpha N_2)}{\alpha} \tag{8C.3-4}$$

$$N_1 = -\frac{2N_2(1-\alpha N_2)}{\alpha(1-N_2)} \tag{8C.3-5}$$

$$\dot{\Gamma}^2 = \frac{N_2(1-\alpha N_2)[1+(1-2\alpha)N_2]^2}{\alpha(1-N_2)^4} \tag{8C.3-6}$$

(d) N_2에 대한 마지막 식을 $\dot{\Gamma}$의 함수로 풀어

$$N_2 = f(\chi) = (1-\chi)/[1+(1-2\alpha)\chi] \tag{8C.3-7}$$

을 구하시오. 여기서

$$\chi^2 = \frac{\sqrt{1+16\alpha(1-\alpha)\dot{\Gamma}^2}-1}{8\alpha(1-\alpha)\dot{\Gamma}^2} = 1 - 4\alpha(1-\alpha)\dot{\Gamma}^2 + \cdots \tag{8C.3-8}$$

이다. 그런 다음 비뉴튼 점도에 대한 식을 구하고, $\eta(\dot{\gamma})$의 곡선을 그리시오.

8C.4. Oldroyd 6 상수 모델에 대한 관 유동. 식 8.5-3을 사용하여 긴 원형관[6] 내의 정상상태 유동에 대한 질량 유량을 구하시오.

[4] P. J. Leider, *Ind. Eng. Chem. Fundam.*, **13**, 342-346 (1974); R. J. Grimm, *AIChE Journal*, **24**, 427-439 (1978).

[5] H. Giesekus, *J. Non-Newtonian Fluid Mech.*, **11**, 69-109 (1982).

8C.5. 경질 막대 연결봉을 갖는 사슬 모델. 다음 출판물을 읽고 논의하시오: M. Gottlieb, *Computers & Chemistry*, **1**, 155-160 (1977); O. Hassager, *J. Chem. Phys.*, **60**, 2111-2124 (1974); X. J. Fan and T. W. Liu, *J. Non-Newtonian Fluid Mech.*, **19**, 303-321 (1986); T. W. Liu, *J. Chem. Phys.*, **90**, 5826-5842 (1989); H. H. Saab, R. B. Bird, and C. F. Curtiss, *J. Chem. Phys.*, **77**, 4758-4766 (1982); J. D. Schieber, *J. Chem. Phys.*, **87**, 4917-4927, 4928-4936 (1987). 스프링보다 막대 같은 연결봉을 다루는 것이 왜 더 어려운가? 어떤 종류의 문제들을 전산모사를 통해 풀 수 있는가?

[6] M. C. Williams와 R. B. Bird, *AIChE Journal*, **8**, 378-382 (1962).

2부

에너지 전달

Chapter

09 열전도도와 에너지 전달 메커니즘

금속과 같은 물질은 열을 쉽게 전도하는 반면, 나무와 같은 물질들은 열 절연체로 작용한다. 열이 전도되는 속도를 나타내는 물리적 성질이 열전도도 k이다.

유체에서의 열전도는 기본 메커니즘이 성분 분자의 운동이므로 **분자 에너지 전달**이라 생각할 수 있다. 또 에너지는 유체의 총괄 운동에 의해서도 전달될 수 있으며, 이를 **대류 에너지 전달**이라 부른다. 이런 형태의 전달은 유체의 밀도 ρ에 의존한다. 또 다른 메커니즘으로는 상호 확산이 있는 혼합물 내에서 일어나는 **확산 에너지 전달**이 있다. 이에 더하여 **복사 에너지 전달**에 의해서도 에너지는 전달될 수 있으며, 이 형태의 전달은 전도나 대류에서 열전달 되는 것과는 달리 물질 매개체를 필요로 하지 않는다는 것이 확연히 구별된다. 이 장에서는 전도와 대류의 두 메커니즘을 소개하고자 한다. 복사는 분리하여 16장에서 다루게 되며, 확산 열전달에 관한 주제는 19.3절에서 다루고 다시 24.2절에서 다루게 된다.

9.1절에서는 열 훌럭스 벡터 $\mathbf{q}$에 대한 Fourier 법칙의 열전도도 k를 정의하는 것으로 시작하고자 한다. 9.2절에서는 대응 상태 원리에 의해 유체에 대한 k의 온도와 압력 의존성을 요약하고자 하며, 그 다음 4개 절에서는 가능하다면 이론적 결과를 소개하면서 기체, 액체, 고체와 복합 고체의 열전도도에 관한 정보를 제공하고자 한다.

10장과 11장에서 에너지 보존법칙을 사용하여 문제를 수립할 것이므로, 분자 메커니즘에 의해 열이 어떻게 계로 들어오고 계를 나가는지 뿐만 아니라 계에 어떻게 일을 하고 계에 의해 어떻게 일을 하는지 알 필요가 있다. 분자 일 항의 본질은 9.8절에서 논의하며, 마지막으로 전도 열 훌럭스, 대류 에너지 훌럭스와 일 훌럭스를 결합하여 에너지 수지를 수립하는 데 유용한 **결합 에너지 훌럭스 벡터 e**를 만들 수 있다.

9.1 열전도의 Fourier 법칙(분자 에너지 전달)

Y만큼 거리가 떨어져 있는 두 개의 큰 평행 평판 사이에 위치한 면적이 A인 평판형 고체 물질을 생각하시오. 초기(시간 $t < 0$에 대해)에 고체 물질의 온도가 전체에 걸쳐 T_0라고 하고, $t = 0$에서 하부 평면을 약간 높은 온도 T_1으로 갑자기 올린 후 그 온도로 유지하였다. 시간이 경과함에 따라 평판 내의 온도분포가 변하게 되고, 궁극적으로는 선형인 정상상태의 온도분포를 얻게 된다(그림 9.1-1). 정상상태에 도달하게 되면 온도차 $\Delta T = T_1 - T_0$를 유지하기 위해 평판을 통한 일정한 열 유량 Q가 요구되며, 충분히 작은 ΔT의 값에 대해 다음 관계식

$$\frac{Q}{A} = k\frac{\Delta T}{Y} \tag{9.1-1}$$

이 성립됨을 알 수 있다. 즉, 단위 면적당의 열 유량은 거리 Y에 걸친 온도 감소에 비례한다. 비례상수 k를 **평판의 열전도도**라고 하며, 대류와 복사를 제거하기 위한 적절한 주의를 기울인다면 식 9.1-1은 두 개의 평면 사이에 놓여 있는 액체나 기체에 대해서도 타당하다.

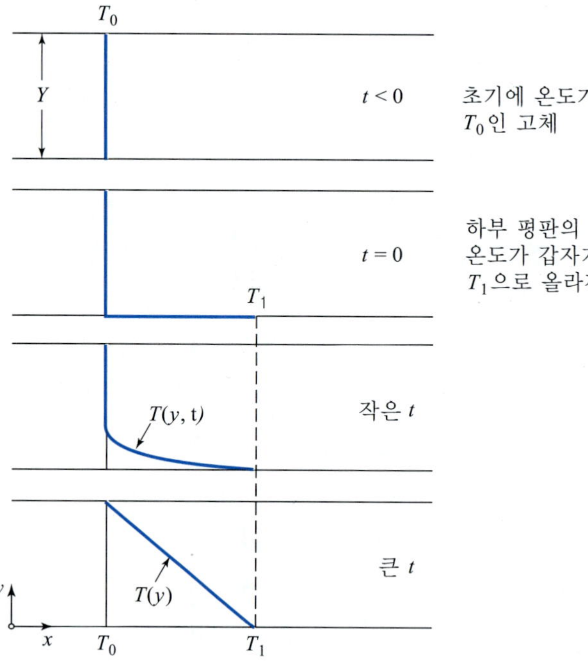

그림 9.1-1 두 개의 평행 평판 사이의 고체 평판에 대한 정상상태 온도분포의 발달. 운동량 전달의 상사한 상황에 대한 그림 1.1-1 참조.

이후의 장에서는 미분 형태의 식을 사용하는 것이 더 좋다. 평판 두께가 0에 접근할 때 식 9.1-1의 극한 형태를 사용하고, 양의 y 방향의 단위 면적당 국부적인 열 유량(열 훌럭스)을 q_y로 나타내면, 식 9.1-1은

$$q_y = -k \frac{dT}{dy} \tag{9.1-2}$$

가 된다. k를 정의하기 위해 주어지는 이 식은 **열전도에 대한 Fourier 법칙**[1,2]의 1차원 형태이다. 전도에 의한 열 훌럭스는 온도 구배에 비례하며, 이를 그림에서 설명하면 "온도 대 거리 그래프에서 열은 아래로 미끄러져 내려간다"고 기술할 수 있다. 사실 식 9.1-2는 실질적인 "법칙"이라기 보다는 오히려 매우 유용한 경험식이라고 증명되었던 제안이다. 그러나 부록 D에서 논의된 바와 같이 이는 이론적 기초를 가지고 있다.

만약 온도가 3 방향 모두에서 변한다고 하면, 각 좌표 방향에 대해 식 9.1-2와 같은 식을 쓸 수 있다.

$$q_x = -k \frac{\partial T}{\partial x} \qquad q_y = -k \frac{\partial T}{\partial y} \qquad q_z = -k \frac{\partial T}{\partial z} \tag{9.1-3, 4, 5}$$

이들 식 각각에 적절한 단위 벡터를 곱하고 식을 더하면 3차원 형태의 Fourier 법칙인

$$\boxed{\mathbf{q} = -k\nabla T} \tag{9.1-6}$$

을 얻는다. 이 식은 등방성 매체 내에서의 열의 분자 전달을 설명한다. 등방성은 물질이 선택된 방향을 갖지 않는다는 것을 의미하므로, 모든 방향에서 똑같은 열전도도 k를 갖고 열이 전도된다.

입방체가 아닌 단결정, 섬유상의 물질, 적층물과 같은 고체들은 비등방성[3]이다. 이와 같은 물질에 대해서는 식 9.1-6은

$$\mathbf{q} = -[\boldsymbol{\kappa} \cdot \nabla T] \tag{9.1-7}$$

로 대체되어야 한다. 여기서 $\boldsymbol{\kappa}$는 **열전도도 텐서**라 불리는 대칭인 2차 텐서이다. 열 훌럭스 벡터는 온도 구배와 같은 방향을 가리키지는 않는다. 전단유동 $v_x(y, t)$의 고분자 액체에 대해

[1] J. B. Fourier, *Théorie analytique de la chaleur, Œuvres de Fourier*, Gauthier-Villars et Fils, Paris (1822). **(Baron) Jean-Baptiste-Joseph Fourier** ("Foo-ree-ay"라고 발음한다.) (1768-1830)는 총명한 수학자와 Fourier 수열 및 Fourier 변환의 창시자이었을 뿐만 아니라 유명한 이집트 학자이고, 정치가였다(그는 Isère주의 지사였다.).

[2] 몇몇 저자들은 식 9.1-2를

$$q_y = -J_e k \frac{dT}{dy} \tag{9.1-2a}$$

의 형태로 쓰기도 한다. 여기서 Je는 열 단위의 기계적 단위로의 변환을 명확하게 나타내는 "열의 기계적 상당량"이다. 예를 들면 c.g.s 단위에서는 q_y [=] erg/cm^2 · s, k [=] cal/cm · s · ℃, T [=] ℃, y [=] cm, J_e [=] erg/cal의 단위를 사용한다. 이 책에서는 식 9.1-2a를 사용하지 않을 것이다.

서는 열전도도가 x 방향으로는 평형값보다 20% 증가하고 z 방향으로는 10% 감소할 것이다. 충전층 내의 비등방성 열전도는 9.6절에서 간략하게 논의할 것이다.

식 9.1-6을 식 8.4-3의 선형 점탄성 Maxwell 모델과의 상사성에 의해 시간 상수를 곱한 **q**의 시간 도함수를 함유한 항을 포함하는 또 다른 형태로 일반화가 가능하다. 이와 같은 일반화를 정당화[4] 하는 실험적 근거는 없는 것 같다.

독자들은 열전도에 대한 식 9.1-2와 점성 유동에 대한 식 1.1-2가 매우 유사하다는 것을 인지하였을 것이다. 두 식 모두 훌럭스는 거시적 변수 구배의 음의 값에 비례하며, 비례상수는 물질을 특징짓는 물리적 성질이고 온도와 압력에 의존한다. 3차원 전달이 일어나는 상황에서는 열전도에 관한 식 9.1-6과 점성 유동에 대한 식 1.2-7이 외견상 다르다는 것을 알 수 있다. 운동량은 벡터인 반면 에너지는 스칼라이기 때문에, 운동량 훌럭스 $\boldsymbol{\tau}$는 9개의 성분을 갖는 2차 텐서인 반면 열 훌럭스 **q**는 3개의 성분을 갖는 벡터이기 때문에 이런 차이가 나타난다. 기하학적으로 간단한 경우를 제외하고는 에너지와 운동량 전달은 수학적인 상사성이 없을 것이란 것을 일반적으로 예상할 수 있다.

식 9.1-2에 의해 정의된 열전도도 k에 더하여 **열 확산계수** α로 알려진 양이 널리 사용된다. 이는

$$\alpha = \frac{k}{\rho \hat{C}_p} \tag{9.1-8}$$

과 같이 정의된다. 여기서 $\hat{C}_p$는 일정한 압력에서의 열용량, 기호 위의 곡절(∧)은 "단위 질량당"의 양을 나타내며, 경우에 따라서는 기호 위의 물결(~)이 "단위 몰당"의 양을 나타내는 기호 $\tilde{C}_p$를 사용할 것이다.

열 확산계수 α는 동점도 ν와 같은 (길이^2/시간)의 차원을 갖는다. 물리적 성질이 일정하다고 가정하면, 양 ν와 α가 운동량과 에너지 전달에 대한 변화방정식에서 동일한 방식으로 나

[3] 비록 정지상태의 고분자 액체는 등방성이지만, 분자운동론은 유동을 하면 열전도가 비등방성이라고 제안하였다. [B. H. A. A. van den Brule, *Rheol. Acta*, **28**, 257-266 (1989)와 C. F. Curtiss and R. B. Bird, *Advances in Polymer Science*, **25**, 1-101 (1996) 참조]. 전단과 신장 유동에 대한 실험적 측정은 D. C. Venerus, J. D. Schieber, H. Iddir, J. D. Guzman, and A. W. Broerman, *Phys. Rev. Letters*. **82**, 366-369 (1999); A. W. Broerman, D. C. Veuerus, and J. D. Schieber, *J. Chem. Phys*., **111**, 6965-6969 (1999); H. Iddir, D. C. Venerus, and J. D. Schieber, *AIChE Journal*, **46**, 610-615 (2000)에 의해 보고되었다. 배향된 고분자 고체에 대해 배향 방향으로 증대된 열전도도는 B. Poulaert, J.-C. Chielens, C. Vandenhaende, J.-P. Issi, and R. Legras. *Polymer Comm*., **31**, 148-151 (1989)에 의해 측정되었다. 고분자 열전도도의 구슬-스프링 모델과 관련해서는 R. B. Bird, C. F. Curtiss, and K. J. Beers [*Rheol. Acta*, **36**, 269-276 (1997)]는 예측된 열전도도가 스프링을 묘사하기 위해 사용된 위치에너지의 형태에 충분히 민감하다는것을 보였다.

[4] R. M. Christensen, *Theory of Viscoelasticity*, Academic Press, 2nd edition (1982)에 의해 논의된 바와 같이 열점탄성의 선형 이론은 열전도의 완화 효과를 예측한다. 또 이 효과는 R. B. Bird and C. F. Curtiss, *J. Non-Newtonian Fluid Mechanics*, **79**, 255-259 (1998)에 의해 에너지 방정식의 분자운동론적 해석으로부터 알려졌다.

타난다. ν/α의 비는 유동계 내의 운동량과 에너지 전달의 상대적 용이성을 나타낸다. 이 무차원 비

$$\text{Pr} = \frac{\nu}{\alpha} = \frac{\hat{C}_p\mu}{k} \tag{9.1-9}$$

를 Prandtl 수[5]라 한다. 이후의 장에서 다룰 또 다른 무차원 군으로는 Péclet 수[6] Pé= RePr이 있다.

열전도도와 이에 관련된 양에 통상적으로 사용되는 단위가 표 9.1-1에 주어져 있으며, 다른 단위뿐만아니라 다양한 계 사이의 상호 관계는 부록 F에서 볼 수 있다.

열전도도는 기체에 대해 약 0.01 W/m · K부터 순수 금속에 대해 1000 W/m · K까지 다양하게 변한다. 기체, 액체, 액체 금속과 고체의 열전도도에 대한 몇몇 실험값이 표 9.1-2, 9.1-3, 9.1-4와 9.1-5에 주어져 있다. 계산할 때 가능하면 실험값을 사용하여야 한다. 만약 실험 데이터가 없다면 다양한 공학 핸드북[7]을 참고하거나 또는 다음 여러 절에서 개요를 말하는 방법들을 사용하여 계산할 수 있다.

표 9.1-1 식 9.1-2와 9의 양에 대한 단위의 요약

	SI	c.g.s.	영국식
q_y	W/m^2	$cal/cm^2 \cdot s$	$Btu/hr \cdot ft^2$
T	K	℃	°F
y	m	cm	ft
k	$W/m \cdot K$	$cal/cm \cdot s \cdot ℃$	$Btu/hr \cdot ft \cdot °F$
$\hat{C}_p$	$J/K \cdot kg$	$cal/℃ \cdot g$	$Btu/°F \cdot lb_m$
α	m^2/s	cm^2/s	ft^2/s
μ	$Pa \cdot s$	$g/cm \cdot s$	$lb_m/ft \cdot hr$
Pr	—	—	—

주: 와트 (W)는 J/s와 같으며, 줄 (J)은 N · m와 같다. 뉴튼 (N)은 kg · m/s^2, 파스칼 (Pa)는 N/m^2이다. 단위의 상호 변환에 대한 더 많은 정보는 부록 F를 보시오.

[5] Ludwig Prandtl의 이름으로 명명되어진 이 무차원 군은 유체의 물리적 성질만을 포함하고 있다.

[6] **Jean-Claude-Eugène Peléct** ("Pay-clay"라고 두 번째 음절에 강세를 주어 발음된다.) (1793-1857)는 열전도에 관한 책을 포함하는 여러 책을 집필했다.

[7] 예를 들면 W. M. Rohsenow, J. P. Hartnett, and Y. I. Cho, eds., *Handbook of Heat Transfer*, McGraw-Hill, New York (1998); Landolt-Börnstein, *Zahlenwerte und Funktionen*, Vol. Ⅱ, 5, Springer (1968-1969).

표 9.1-2 1 atm의 압력에서 통상적인 몇몇 기체의 열전도도, 열용량 및 Prandtl 수[a]

기체	온도 T (K)	열전도도 k (W/m · K)	열용량 $\hat{C}_p$ (J/kg · K)	Prandtl 수 Pr (—)
H_2	100	0.06799	11,192	0.682
	200	0.1282	13,667	0.724
	300	0.1779	14,316	0.720
O_2	100	0.00904	910	0.764
	200	0.01833	911	0.734
	300	0.02657	920	0.716
NO	200	0.01778	1015	0.781
	300	0.02590	997	0.742
CO_2	200	0.00950	734	0.783
	300	0.01665	846	0.758
CH_4	100	0.01063	2073	0.741
	200	0.02184	2087	0.721
	300	0.03427	2227	0.701

[a] J. O. Hirschfelder, C. F. Curtiss, and R. B. Bird, *Molecular Theory of Gases and Liquids*, Wiley, New York, 2nd corrected printing (1964), 표 8.4-10에서 취한 k 값은 측정되고, $\hat{C}_p$ 값은 분광학 데이터로부터 계산되며, μ는 식 1.4-14로부터 계산된다. H_2에 대한 $\hat{C}_p$ 값은 3:1 오쏘-파라 혼합물을 나타낸다.

표 9.1-3 포화 압력에서 몇몇 비금속 액체에 대한 열전도도, 열용량 및 Prandtl 수[a]

액체	온도 T (K)	열전도도 k (W/m · K)	점도 $\mu \times 10^4$ (Pa · s)	열용량 $\hat{C}_p \times 10^{-3}$ (J/kg · K)	Prandtl 수 Pr (—)
1-Pentene	200	0.1461	6.193	1.948	8.26
	250	0.1307	3.074	2.070	4.87
	300	0.1153	1.907	2.251	3.72
CCl_4	250	0.1092	20.32	0.8617	16.0
	300	0.09929	8.828	0.8967	7.97
	350	0.08935	4.813	0.9518	5.13
$(C_2H_5)_2O$	250	0.1478	3.819	2.197	5.68
	300	0.1274	2.213	2.379	4.13
	350	0.1071	1.387	2.721	3.53
C_2H_5OH	250	0.1808	30.51	2.120	35.8
	300	0.1676	10.40	2.454	15.2
	350	0.1544	4.486	2.984	8.67
Glycerol	300	0.2920	7949	2.418	6580
	350	0.2977	365.7	2.679	329
	400	0.3034	64.13	2.940	62.2
H_2O	300	0.6089	8.768	4.183	6.02
	350	0.6622	3.712	4.193	2.35
	400	0.6848	2.165	4.262	1.35

[a] 이 표의 기재 사항은 T. E. Daubert, R. P. Danner, H. M. Sibul, C. C. Stebbins, J. L. Oscarson, R. L. Rowley, W. V. Wilding, M. E. Adams, T. L. Marshall, and N. A. Zundel, *DIPPR® Data Compilation of Pure Compound Properties*, Design Institute for Physical Property Data®, AIChE, New York, NY (2000)에 의해 제공된 함수로부터 얻어졌다.

표 9.1-4 대기압에서 몇몇 액체 금속의 열전도도, 열용량 및 Prandtl 수[a]

기체	온도 T (K)	열전도도 k (W/m·K)	열용량 $\hat{C}_p$ (J/kg·K)	Prandtl 수 Pr (—)
Hg	273.2	8.20	140.2	0.0288
	373.2	10.50	137.2	0.0162
	473.2	12.34	156.9	0.0116
Pb	644.2	15.9	15.9	0.024
	755.2	15.5	15.5	0.017
	977.2	15.1	14.6[b]	0.013[b]
Bi	589.2	16.3	14.4	0.0142
	811.2	15.5	15.4	0.0110
	1033.2	15.5	16.4	0.0083
Na	366.2	86.2	13.8	0.011
	644.2	72.8	13.0	0.0051
	977.2	59.8	12.6	0.0037
K	422.2	45.2	795	0.0066
	700.2	39.3	753	0.0034
	977.2	33.1	753	0.0029
Na-K alloy[c]	366.2	25.5	1130	0.026
	644.2	27.6	1054	0.0091
	977.2	28.9	1042	0.0058

[a] *Liquid Metals Handbook*, 2nd edition, U.S. Government Printing Office, Washington, D.C. (1952)와 E. R. G. Eckert and R. M. Drake, Jr., *Heat and Mass Transfer*, McGraw-Hill, New York, 2nd edition (1959), 부록 A로부터 가져온 데이터.

[b] 외삽한 열용량에 기초를 둔.

[c] 중량으로 56% Na, 중량으로 44% K.

표 9.1-5 몇몇 고체의 열전도도 실험값[a]

물질	온도 T (K)	열전도도 k (W/m·K)
Aluminum	373.2	205.9
	573.2	268
	873.2	423
Cadmium	273.2	93.0
	373.2	90.4
Copper	291.2	384.1
	373.2	379.9
Steel	291.2	46.9
	373.2	44.8
Tin	273.2	63.93
	373.2	59.8
Brick (common red)	—	63
Concrete (stone)	—	92
Earth's crust (average)	—	1.7
Glass (soda)	473.2	0.71
Graphite	—	5.0
Sand (dry)	—	0.389
Wood (fir)		
parallel to axis	—	0.126
normal to axis	—	0.038

[a] *Reactor Handbook*, Vol. 2, Atomic Energy Commission AECD-3646, U.S. Government Printing Office, Washington, D.C. (May, 1955), pp. 1766 이후에 계속되는 쪽으로부터 가져온 데이터.

예제 9.1-1 열전도도의 측정

면적이 $A = 1\ \text{ft}^2$이고 두께가 $Y = 0.252$ in.인 플라스틱 판넬이 두 개의 주 표면에 부과된 $T_0 = 24.00$℃와 $T_1 = 26.00$℃의 온도를 유지하면서 정상상태에서 3.0W의 속도로 열이 전도되는 것을 알았다. 25℃에서 플라스틱의 열전도도는 몇 cal/cm · s · K인가?

해 먼저 부록 F를 이용하여 단위를 환산하면

$$A = 144\ \text{in.}^2 \times (2.54)^2 = 929\ \text{cm}^2$$
$$Y = 0.252\ \text{in.} \times 2.54 = 0.640\ \text{cm}$$
$$Q = 3.0\ \text{W} \times 0.23901 = 0.717\ \text{cal/s}$$
$$\Delta T = 26.00 - 24.00 = 2.00\text{K}$$

가 되며, 이를 식 9.1-1에 대입하면

$$k = \frac{QY}{A\Delta T} = \frac{0.717 \times 0.640}{929 \times 2} = 2.47 \times 10^{-4}\ \text{cal/cm} \cdot \text{s} \cdot \text{K} \tag{9.1-10}$$

을 얻는다. 2℃ 만큼 작은 ΔT에 대한 이 경우는 25℃인 평균 온도에서의 k 값을 적용한다고 가정하는 것이 합리적이다. 온도에 따라 변하는 k를 계산하는 방법에 대해서는 문제 10B.12와 10C.1을 보시오.

9.2 열전도도의 온도와 압력 의존성

특정 혼합물에 대한 열전도도 데이터를 찾을 수 없을 때는 여러 가지 단원자 물질에 대한 열전도도 데이터에 기초를 둔 그림 9.2-1의 대응 상태 도표를 사용하여 계산할 수 있다. 그림 1.3-1에서 보았던 점도에 대한 도표와 유사한 이 도표는 온도 T와 압력 p에서의 열전도도를 임계점에서의 열전도도로 나눈 환산 열전도도 $k_r = k / k_c$ 그림이다. 이 양은 환산 온도 $T_r = T / T_c$와 환산 압력 $p_r = p / p_c$의 함수로 도시되었다. 그림 9.2-1은 단원자 물질에 대한 제한된 양의 실험 데이터에 기초를 두고 있지만, 다원자 물질에 대한 대략적인 계산을 위해 사용될 것이다. 그러나 임계점[1] 부근에서는 사용될 수 없다.

기체의 열전도도는 낮은 압력에서 온도의 극한 함수에 접근하는 것을 볼 수 있으며, 거의 모든 기체에 대해 이 극한은 약 1 기압의 압력에 도달된다. 낮은 밀도의 **기체**의 열전도도는

1 열전도도가 발산하는 임계점 부근에서는 통상적으로 $k = k^b + \Delta k$라 쓴다. 여기서 k^b는 "바탕" 기여이며, Δk는 "임계 증진" 기여이다. 대응 상태 상호 관계식에서 사용되는 k_c는 바탕 기여이다. 임계점 부근의 전달 물성 거동에 대해서는 J. V. Sengers and J. Luettmer Strathmann, in *Transport Properties of Fluids* (J. H. Dymond, J. Millat, and C. A. Nieto de Castro, eds.), Cambridge University Press (1995); E. P. Sakonidou, H. R. van den Berg, C. A. ten Seldam, and J. V. Sengers, *J. Chem. Phys.*, **105**, 10535-10555 (1996)과 **109**, 717-736 (1998) 참조.

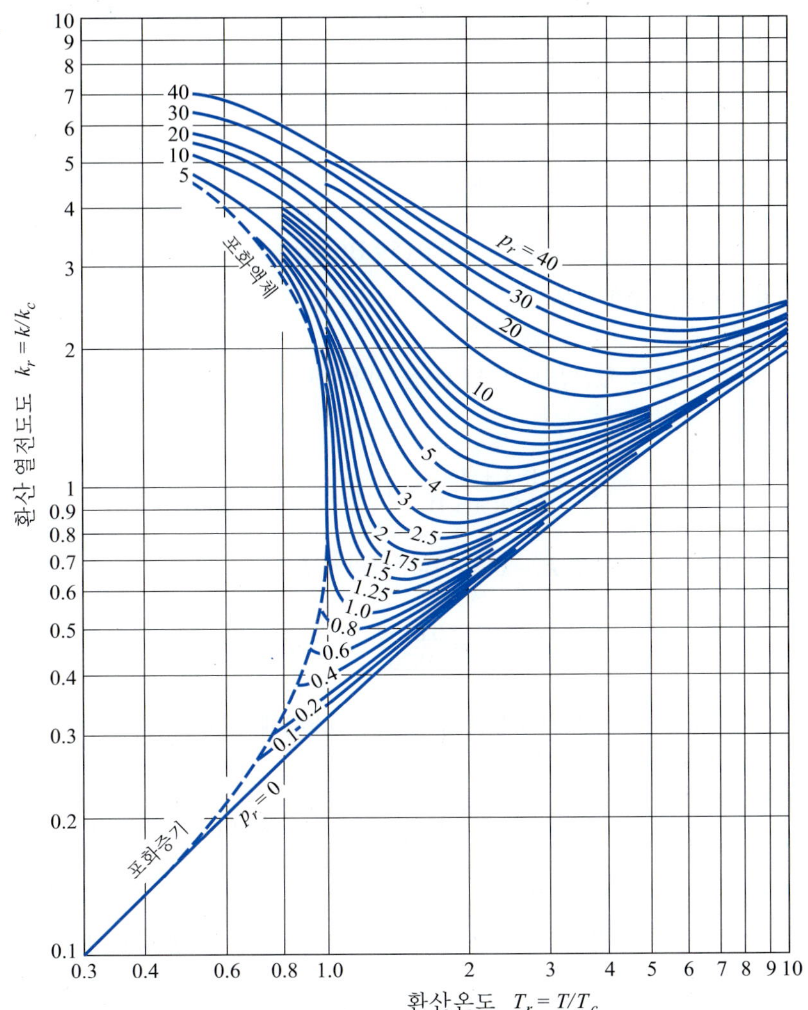

그림 9.2-1 환산 온도와 환산 압력의 함수인 단원자 물질에 대한 환산 열전도도 [E. J. Owens and G. Thodos, *AIChE Journal*, **3**, 454-461 (1957)]. 큰 크기의 도표는 O. A. Hougen, K. M. Watson, and R. A. Ragatz, *Chemical Process Principles Charts*, 2nd edition, Wiley, New York (1960)에서 볼 수 있을 것이다.

온도가 증가함에 따라 **증가**하는 반면, 대부분의 **액체**의 열전도도는 온도가 증가함에 따라 **감소한다**. 물과 같이 극성이거나 결합된 액체는 T에 대한 k 곡선에서 최대값을 보일 것이므로, 이러한 상관성은 액체 영역에서는 신뢰성이 떨어진다. 대응 상태 도표의 주된 강점은 기체와 액체의 열전도도 거동을 총체적인 관점에서 얻을 수 있다는 것이다.

양 k_c는 두 가지 방법 중 하나로 계산될 것이다. (i) k를 계산하고자 하는 조건에 되도록이면 가까운 알려진 온도와 압력에서 주어진 k에 대해 k_r를 도표로부터 읽고 $k_c = k / k_r$를 계산하거나, 혹은 (ii) 9.3절에 주어지는 방법에 의해 낮은 밀도 영역의 k를 구한 다음 (i)과 같이 진행하면 구할 수 있다. 방법 (i)을 사용하여 얻은 k_c 값이 부록 E에 주어져 있다.

혼합물에 대해서는 1.3절에서 설명한 방법과 상사한 방법으로 열전도도를 계산할 것이다. 높은 압력에서 혼합물에 대한 데이터가 거의 없기 때문에 열전도도에 적용할 때 유사 임계 과정의 정확도에 관해서는 알려진 것이 거의 없다.

예제 9.2-1 열전도도에 대한 압력의 영향

1 atm과 153°F에서의 실험값[2] $k = 0.0159$ Btu/hr · ft · F로부터 153°F와 191.9 atm에서 에탄의 열전도도를 구하시오.

해 측정된 k 값을 알고 있으므로 방법 (i)을 사용한다. 우선 측정된 값의 조건에서 p_r과 T_r을 계산한다.

$$T_r = \frac{153 + 460}{(1.8)(305.4)} = 1.115 \qquad p_r = \frac{1}{48.2} = 0.021 \tag{9.2-1}$$

그림 9.2-1로부터 읽으면 $k_r = 0.36$이다. 따라서 k_c는

$$k_c = \frac{k}{k_r} = \frac{0.0159}{0.36} = 0.0442 \text{ Btu/hr} \cdot \text{ft} \cdot \text{F} \tag{9.2-2}$$

이다. 153°F ($T_r = 1.115$)와 191.9 atm ($p_r = 3.98$)에서 도표로부터 읽으면 $k_r = 2.07$이므로 예측된 열전도도는

$$k = k_r k_c = (2.07)(0.0422) = 0.0914 \text{ Btu/hr} \cdot \text{ft} \cdot \text{F} \tag{9.2-3}$$

이다. 측정된 값은 0.0453 Btu/hr · ft · F으로 보고되어 있다.[2] 결과가 잘 부합하지 않는 것은 임계점 부근의 조건에 대한 상관식과 다원자 물질에 대한 상관식이 전혀 의존하지 않았음을 보여주고 있다.

9.3 낮은 밀도의 기체의 열전도도 이론

희박한 **단원자** 기체의 열전도도는 낮은 밀도의 기체 분자운동론에 의해 설명될 수 있으며 잘 알려져있다. 비록 **다원자** 기체에 대한 상세한 이론[1]이 개발되어 있기는 하지만, 통상적으로 몇 개의 간단한 근사적 이론들이 사용되고 있다. 1.5절에서와 같이 여기서는 단원자 기체

[2] J. M. Lenoir, W. A. Junk, and E. W. Comings, *Chem, Eng, Progr.*, **49**, 539-542 (1949).

[1] C. S. Wang Chang, G. E. Uhlenbeck, and J. de Boer, *Studies in Statistical Mechanics*, Wiley Interscience, New York, Vol. Ⅱ (1964), pp. 241-265; E. A. Mason and L. Monchick, *J. Chem, Phys.*, **35**, 1676-1697 (1961)와 **36**, 1622-1639, 2746-2757 (1962); L. Monchick, A. N. G. Pereira, and E. A. Mason, *J. Chem. Phys.*, **42**, 3241-3256 (1965). 전달 물성의 분자운동론에 대한 입문을 위해 R. S. Berry, S. A. Rice, and J. Ross, *Physical Chemistry*, 2nd edition, Oxford University Press (2000)의 28장을 보시오.

에 대한 평균 자유 경로를 간단하게 유도하고, Chapman-Enskog 기체 분자운동론의 결과를 요약하고자 한다.

상호간에 인력이 없고 질량이 m, 지름이 d인 경질 구 모델을 사용하고자 한다. 전체적으로 기체는 정지해 있지만, 분자 운동은 고려되어야 한다.

1.5절에서와 같이 경질 구 기체에 대해 다음 결과를 사용한다.

$$\bar{u} = \sqrt{\frac{8\kappa T}{\pi m}} = \quad \text{평균 분자 속도} \tag{9.3-1}$$

$$Z = \tfrac{1}{4}n\bar{u} = \quad \text{단위 면적당 벽 충돌 빈도} \tag{9.3-2}$$

$$\lambda = \frac{1}{\sqrt{2}\pi d^2 n} = \quad \text{평균 자유 경로} \tag{9.3-3}$$

기체 내 임의의 평면에 도달하는 분자는 평균적으로 평면으로부터의 거리 a에서 마지막 충돌을 하게 된다.

$$a = \tfrac{2}{3}\lambda \tag{9.3-4}$$

이들 식에서 κ는 Boltzmann 상수이고, n은 단위 부피당 분자 수, m은 분자 질량이다.

두 개의 매끄러운 경질 구 사이의 충돌에서 교환될 수 있는 유일한 형태의 에너지는 병진 운동에너지이다. 평형 조건에서 분자당 평균 병진 운동에너지는 문제 1C.1에서 보는 바와 같이

$$\tfrac{1}{2}m\overline{u^2} = \tfrac{3}{2}\kappa T \tag{9.3-5}$$

이다. 이와 같은 기체에 대해 일정 부피의 몰 열용량은

$$\tilde{C}_V = \left(\frac{\partial \tilde{U}}{\partial T}\right)_V = \tilde{N}\frac{d}{dT}\left(\tfrac{1}{2}m\overline{u^2}\right) = \tfrac{3}{2}R \tag{9.3-6}$$

이며, R은 기체 상수이다. 식 9.3-6은 단원자 기체에 대해 수천도 온도까지 만족된다.

열전도도를 구하기 위해 온도 구배 dT/dy (그림 9.3-1 참조) 하에서의 기체 거동을 조사하고자 한다. 식 9.3-5의 $\frac{1}{2}m\overline{u^2}$이 온도 T 영역 내에서 마지막 충돌하는 분자에 대한 평균 운동에너지로 다루어진다는 것을 제외하고는, 식 9.3-1에서 6까지는 비평형 상태에서 타당하다고 가정한다. 일정한 y의 어떤 평면을 통과하는 열 훌럭스 q_y는 단위 시간당 양의 y 방향으로 평면을 가로지르는 분자들의 운동에너지를 더하고 음의 y 방향으로 가로지르는 동일한 개수의 분자의 운동에너지를 뺌으로써 구할 수 있다.

$$\begin{aligned} q_y &= Z\left(\tfrac{1}{2}m\overline{u^2}\big|_{y-a} - \tfrac{1}{2}m\overline{u^2}\big|_{y+a}\right) \\ &= \tfrac{3}{2}\kappa Z\left(T\big|_{y-a} - T\big|_{y+a}\right) \end{aligned} \tag{9.3-7}$$

식 9.3-7은 모든 분자가 그들의 마지막 충돌 영역을 대표하는 속도를 가지며, 온도분포 $T(y)$가 평균 자유 경로의 몇 배의 거리에 대해 선형이라는 가정에 기초를 두고 있다. 두 번째 가

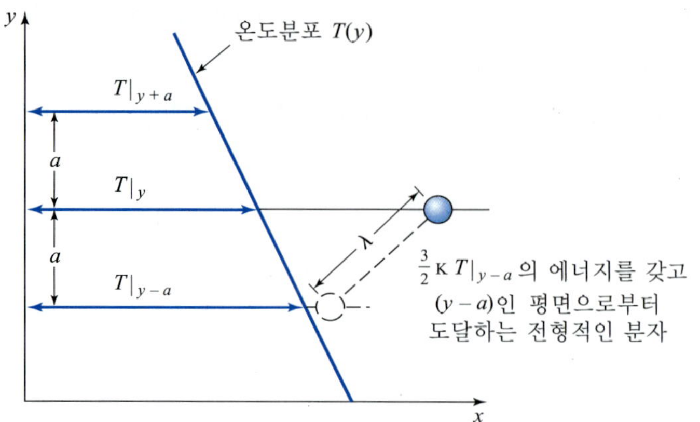

그림 9.3-1 $(y-a)$인 평면에서 y인 평면으로 (운동)에너지의 분자 전달.

정의 관점에서 보면

$$T|_{y-a} = T|_y - \tfrac{2}{3}\lambda \frac{dT}{dy} \tag{9.3-8}$$

$$T|_{y+a} = T|_y + \tfrac{2}{3}\lambda \frac{dT}{dy} \tag{9.3-9}$$

로 쓸 수 있을 것이며, 마지막 세 식을 결합하면

$$q_y = -\tfrac{1}{2}n\kappa\bar{u}\,\lambda \frac{dT}{dy} \tag{9.3-10}$$

을 얻는다. 이는 열전도도가

$$k = \tfrac{1}{2}n\kappa\bar{u}\lambda = \tfrac{1}{3}\rho\hat{C}_V\bar{u}\lambda \quad (\text{단원자 기체}) \tag{9.3-11}$$

로 주어지는 열전도의 Fourier 법칙(식 9.1-2)에 대응하며, 여기서 $\rho = nm$은 기체의 밀도이고, $\hat{C}_V = \frac{3}{2}\kappa/\text{m}$이다(식 9.3-6으로부터).

식 9.3-1과 3의 $\bar{u}$와 λ에 관한 식을 대입하면, 지름이 d인 경질 구로 구성된 희박한 기체의 열전도도

$$k = \frac{\sqrt{m\kappa T/\pi}}{\pi d^2}\frac{\kappa}{m} = \frac{2}{3\pi}\frac{\sqrt{\pi m\kappa T}}{\pi d^2}\hat{C}_V \quad (\text{단원자 기체}) \tag{9.3-12}$$

를 얻게 되며, 이로부터 k가 압력에는 무관함을 예측할 수 있다. 그림 9.2-1은 이 예측이 대부분의 기체에 대해 약 10기압까지 실험 데이터와 잘 부합하는 것을 보여주고 있다. 점도의 경우와 마찬가지로 예측된 온도 의존성은 상당히 약하다.

단원자 기체를 보다 정확하게 다루기 위해 1.5절에서 논의했던 엄밀한 Chapman-Enskog 식으로 다시 돌아가고자 한다. 낮은 밀도와 온도 T에서 단원자 기체의 열전도도에 대한 Chapman-Enskog[2] 식은

[2] J. O. Hirschfelder, C. F. Curtiss, and R. B. Bird, *Molecular Theory of Gases and Liquids*, Wiley, New York, 2nd corrected printing (1964), P. 534.

$$k = \frac{25}{32}\frac{\sqrt{\pi m \kappa T}}{\pi\sigma^2\Omega_k}\hat{C}_V \text{ 또는 } k = 1.9891 \times 10^{-4}\frac{\sqrt{T/M}}{\sigma^2\Omega_k} \text{ (단원자 기체)} \quad (9.3\text{-}13)$$

이다. 이 식의 두 번째 형태에서 k [=] cal/cm · s · K, T [=] K, σ [=] Å이며, 열전도도에 대한 "충돌 적분" Ω_k는 1.4절의 점도에 대한 값과 같다. $\Omega_k = \Omega_\mu$ 값은 무차원 온도 $\kappa T/\varepsilon$의 함수로 표 E.2의 Lennard-Jones 분자 상호간 포텐셜에 대해 주어져 있다. 표 E.2와 함께 식 9.3-13은 점도 측정(표 E.1에 주어진)으로부터 추론된 매개변수 σ와 ε이 사용하면 **단원자** 기체의 열전도도를 상당히 정확하게 예측할 수 있음을 알았다.

식 9.3-13은 대응되는 점도 공식 식 1.4-14와 대단히 유사하므로, 이 두 식으로부터

$$k = \frac{15}{4}\frac{R}{M}\mu = \frac{5}{2}\hat{C}_V\mu \text{ (단원자 기체)} \quad (9.3\text{-}14)$$

를 얻을 수 있다. 단순화된 경질 구 이론(식 1.4-8과 9.3-11참조)은 $k = \hat{C}_V\mu$를 얻으며, 인자 2.5에 의한 오차가 있다. 단순한 취급으로 만들어진 많은 근사의 관점에서 보면 이는 놀랄 일이 아니다.

지금까지 **단원자** 기체만 논의하였다. 이원자 분자 사이의 2 성분 충돌에는 운동에너지와 내부(즉 진동 및 회전) 에너지 사이에 상호 교환이 있을 것이란 사실을 0.3절의 논의로부터 알고 있다. 이와 같은 상호 교환은 단원자 기체에 대한 Chapman-Enskog 이론에서는 고려되지 않는다. 그러므로 Chapman-Enskog 이론은 다원자 기체의 열전도도를 설명하는 데 적합하지 않을 것이라는 점을 예상할 수 있다.

다원자 기체의 에너지 교환을 고려한 간단한 준 경험적 방법은 Eucken[3]에 의해 개발되었다. 낮은 밀도의 다원자 기체의 열전도도에 대한 그의 식은

$$k = \left(\hat{C}_p + \frac{5}{4}\frac{R}{M}\right)\mu \text{ (다원자 기체)} \quad (9.3\text{-}15)$$

이다. 단원자 기체에 대해서는 $\hat{C}_p = \frac{5}{2}(R/M)$이기 때문에, Eucken 공식은 특별한 경우로 단원자 기체 공식(식 9.3-14)을 포함하고 있다. Hirschfelder[4]는 다성분 혼합물 이론을 사용하여 Eucken 공식과 유사한 공식을 얻었다(예제 19.4-4 참조). 다른 이론과 상관관계식 및 경험적 공식들도 물론 이용 가능하다.[5,6]

식 9.3-15는 식 9.1-8에서 정의된 Prandtl 수를 구하기 위한 간단한 방법을 제시한다.

$$\text{Pr} = \frac{\hat{C}_p\mu}{k} = \frac{\tilde{C}_p}{\tilde{C}_p + \frac{5}{4}R} \text{ (다원자 기체)} \quad (9.3\text{-}16)$$

---

[3] A. Eucken, *Physik Z.*, **14**, 324-333 (1913); "Eucken"은 "Oy-ken"으로 발음된다.

[4] J. O. Hirschfelder. *J. Chem. Phys.*, **26**, 274-281, 282-285 (1957).

[5] J. H. Ferziger, and H. G. Kaper, *Mathematical Theory of Transport Processes in Gases*, North-Holland, Amsterdam (1972).

[6] J. H. Reid, J. M. Prausnitz, and B. E. Poling, *The Properties of Gases and Liquids*, McGraw-Hill, New York, 4th edition (1987).

표 9.3-1에서 볼 수 있는 바와 같이 이 식은 낮은 밀도의 비극성 다원자 기체에 대해서는 상당히 만족할 만하지만, 극성 분자에 대해서는 정확하지 않다.

낮은 밀도의 기체 혼합물에 대한 열전도도는 앞서 점도에 대해 주어진 식(식 1.4-15, 16 참조)과 상사한 방법[7]으로 계산될 것이다.

$$k_{\text{mix}} = \sum_{\alpha=1}^{N} \frac{x_\alpha k_\alpha}{\Sigma_\beta x_\beta \Phi_{\alpha\beta}} \tag{9.3-17}$$

x_α는 몰 분율이고, k_α는 순수 화학 종의 열전도도이며, 계수 $\Phi_{\alpha\beta}$는 점도 방정식(식 1.4-16 참조)에서 나타나는 값과 같다. 식 9.3-17의 k_α와 식 1.4-16의 μ_α의 모든 값은 주어진 온도에서 낮은 밀도에서의 값이다. 만약 점도 데이터가 가능하지 않다면, 식 9.3-15를 통해 k와 $\hat{C}_p$로부터 계산할 수 있을 것이다. 실험 데이터와 비교[7]하면 O_2, N_2, CO, C_2H_2, CH_4를 포함한 비극성 다원자 기체 혼합물에 대해 약 4%의 평균 편차를 보인다.

표 9.3-1 대기압에서 기체에 대한 Prandtl 수의 예측값과 측정값[a]

기체	T(K)	식 9.3-16으로부터 얻은 $\hat{C}_p\mu/k$	측정된 $\hat{C}_p$, μ와 k 값으로부터 얻은 $\hat{C}_p\mu/k$
Ne[b]	273.2	0.667	0.66
Ar[b]	273.2	0.667	0.67
H_2	90.6	0.68	0.68
	273.2	0.73	0.70
	673.2	0.74	0.65
N_2	273.2	0.74	0.73
O_2	273.2	0.74	0.74
Air	273.2	0.74	0.73
CO	273.2	0.74	0.76
NO	273.2	0.74	0.77
Cl_2	273.2	0.76	0.76
H_2O	373.2	0.77	0.94
	673.2	0.78	0.90
CO_2	273.2	0.78	0.78
SO_2	273.2	0.79	0.86
NH_3	273.2	0.77	0.85
C_2H_4	273.2	0.80	0.80
C_2H_6	273.2	0.83	0.77
$CHCl_3$	273.2	0.86	0.78
CCl_4	273.2	0.89	0.81

[a] M. Jacob, *Heat Transfer*, Wiley, New York (1949), pp. 75-76에 주어진 값으로부터 계산된.

[b] J. O. Hirschfelder, C. F. Curtiss, and R. B. Bird, *Molecular Theory of Gases and Liquids*, Wiley, New York, corrected printing (1964), p. 16.

[7] E. A. Mason and S. C. Saxena, *Physics of Fluids*, **1**, 361-369 (1958). 이들의 방법은 J. O. Hirschfelder, *J. Chem. Phys.*, **26**, 274-281, 282-285 (1957)이 제시한 더 정확한 방법보다 근사적이다. 동일한 화학 종의 혼합물에 대해 조리정연하게 전개하기 위해 Mason 교수의 승인 하에 $i \neq j$에 대한 그의 Φ_{ij} 식에서 경험적 인자 1.065를 생략하였다.

예제 9.3-1 낮은 밀도 단원자 기체의 열전도도 계산

1 기압과 373.2K 에서 Ne의 열전도도를 계산하시오.

해 표 E.1로부터 네온에 대한 Lennard-Jones 상수는 $\sigma = 2.789$ Å과 $\varepsilon/\kappa = 35.7$K이고, 분자량 M은 20.180이다. 그러면 373.2K에서 $\kappa T/\varepsilon = 373.2/35.7 = 10.45$이고, 표 E.2로부터 $\Omega_k = \Omega_\mu = 0.821$임을 안다. 식 9.3-13에 대입하면,

$$\begin{aligned} k &= (1.9891 \times 10^{-4}) \frac{\sqrt{T/M}}{\sigma^2 \Omega_k} \\ &= (1.9891 \times 10^{-4}) \frac{\sqrt{(373.2)/(20.180)}}{(2.789)^2(0.821)} \\ &= 1.338 \times 10^{-4} \text{ cal/cm} \cdot \text{s} \cdot \text{K} \end{aligned} \tag{9.3-18}$$

이 된다. 1 기압, 373.2K에서 측정된 값[8]은 1.35×10^{-4} cal/cm · s · K로 보고되어 있다.

예제 9.3-2 낮은 밀도 다원자 기체의 열전도도 계산

낮은 압력과 300K에서 산소 분자의 열전도도를 구하시오.

해 O_2의 분자량은 32.0000이고, 300K와 낮은 압력에서 몰 열용량 $\tilde{C}_p$는 7.019 cal/g-mole · K이다. 표 E.1로부터 산소 분자의 Lennard-Jones 상수는 $\sigma = 3.433$ Å이고 $\varepsilon/\kappa = 113$K임을 알기에, 300K에서 $\kappa T/\varepsilon = 300/113 = 2.655$이고, 표 E.2로부터 $\Omega_\mu = 1.074$임을 안다. 식 1.4-14로부터 점도는

$$\begin{aligned} \mu &= (2.6693 \times 10^{-5}) \frac{\sqrt{MT}}{\sigma^2 \Omega_\mu} \\ &= (2.6693 \times 10^{-5}) \frac{\sqrt{(32.00)(300)}}{(3.433)^2(1074)} \\ &= 2.065 \times 10^{-4} \text{ g/cm} \cdot \text{s} \end{aligned} \tag{9.3-19}$$

이다. 그러면 식 9.3-15로부터 열전도도에 대한 Eucken 근사는

$$\begin{aligned} &= (\tilde{C}_p + \tfrac{5}{4}R)(\mu/M) \\ &= (7.019 + 2.484)((2.065 \times 10^{-4})/(32.000)) \\ &= 6.14 \times 10^{-5} \text{ cal/cm} \cdot \text{s} \cdot \text{K} = 0.0257 \text{ W/m} \cdot \text{K} \end{aligned} \tag{9.3-20}$$

이다. 이는 표 9.1-2의 실험값 0.02657 W/m · K와 상당히 비교할 만하다.

---

[8] W. G. Kannuluik and E. H. Carman, *Proc. Phys. Soc.* (London), **65B**, 701-704 (1952).

예제 9.3-3 낮은 밀도 기체 혼합물의 열전도도 예측

1 기압, 293 K에서 순수 성분에 대해 주어진 데이터로부터, 동일한 압력과 온도에서 다음 기체 혼합물에 대한 열전도도를 예측하시오.

화학 종	α	몰 분율 x_α	분자량 M_α	$\mu_\alpha \times 10^7$ (g/cm·s)	$k_\alpha \times 10^7$ (cal/cm·s·K)
CO_2	1	0.133	44.010	1462	383
O_2	2	0.039	32.000	2031	612
N_2	3	0.828	28.016	1754	627

해 식 9.3-17을 사용하시오. 이들 조건에서 이 기체 혼합물에 대한 $\Phi_{\alpha\beta}$는 예제 1.4-2의 점도 계산에서 이미 계산되었다는 것에 주목한다. 또 식 9.3-17에 나타나는 다음 합산을 그 예제에서 계산하였다.

$\alpha \rightarrow$	1	2	3
$\sum_{\beta=1}^{3} x_\beta \Phi_{\alpha\beta}$	0.763	1.057	1.049

식 9.3-17에 대입하면

$$\begin{aligned} k_{\text{mix}} &= \sum_{\alpha=1}^{N} \frac{x_\alpha k_\alpha}{\Sigma_\beta x_\beta \Phi_{\alpha\beta}} \\ &= \frac{(0.133)(383)(10^{-7})}{0.763} + \frac{(0.039)(612)(10^{-7})}{1.057} + \frac{(0.828)(627)(10^{-7})}{1.049} \\ &= 584 \times (10^{-7})\ \text{cal/cm} \cdot \text{s} \cdot \text{K} \end{aligned} \tag{9.3-21}$$

이 된다. 이들 조건에서 비교 가능한 데이터가 없다.

9.4 액체의 열전도도 이론

단원자 액체의 열전도도에 관한 매우 상세한 분자운동론이 50년 전[1]에 개발되었으나, 실제 계산에는 아직 적용할 수 없다. 그 결과 개략적인 이론이나 경험적 계산 방법[2]을 사용하여야만 한다.

여기서 순수 액체 내의 에너지 전달에 관한 Bridgman의 단순 이론[3]을 논의해 보고자 한

[1] J. H. Irving and J. G. Kirkwood, *J. Chem. Phys.*, **18**, 817-829 (1950). 이 이론은 C. F. Curtiss and R. B. Bird, *J. Chem. Phys.*, **107**, 5254-5267 (1997)에 의해 고분자 액체로 확장되었다.

[2] R. C. Ried. J. M. Prausnitz, and B. E. Poling, *The Properties of Gases and Liquids*, McGraw-Hill, New York (1987); L. Riedel, *Chemie-Ing.-Techn.*, **27**, 209-213 (1955).

[3] P. W. Bridgman, *Proc. Am. Acad. Arts and Sci.*, **59**, 141-169 (1923). 다소 알려진 기체상수의 항으로 된 것을 $\frac{3}{2}$K와 같다고 두었기 때문에 Bridgman 방정식은 종종 잘못 인용된다.

다. 그는 중심간 거리가 $(\tilde{V}/\tilde{N})^{1/3}$인 입방 격자 내에 분자들이 배열되어 있다고 가정하였으며, 여기서 $\tilde{V}/\tilde{N}$은 분자당 부피이다. 더욱이 그는 주어진 유체에 대해 에너지가 하나의 격자 평면에서 다음 격자 평면으로 음속 v_s로 전달되고 있다고 가정하였다. 이 이론의 개발은 경질-구 기체 이론의 식 9.3-11을 재해석한 것에 기초를 두고 있다.

$$k = \tfrac{1}{3}\rho\hat{C}_V\bar{u}\lambda = \rho\hat{C}_V\overline{|u_y|}a \tag{9.4-1}$$

일정한 부피에서 단원자 액체의 열용량은 Dulong과 Petit 공식[4] $\hat{C}_V = 3(\kappa/m)$에 의해 주어진 높은 온도에서의 고체의 열용량과 거의 같다. y 방향의 평균 분자 속도 $\overline{|u_y|}$는 음속 v_s로 대체된다. 두 번의 계속되는 충돌 사이에 에너지가 이동하는 거리 a는 격자 간격 $(\tilde{V}/\tilde{N})^{1/3}$으로 주어진다. 이들을 식 9.4-1에 대입하면

$$k = 3(\tilde{N}/\tilde{V})^{2/3}\,\kappa v_s \tag{9.4-2}$$

를 얻으며, 이를 Bridgman 식이라 한다. 다원자 액체에 대해서까지도 실험 데이터가 식 9.4-2와 잘 부합하는 것을 볼 수 있지만, 수치적 계수는 약간 크다. 만약 계수를 2.80으로 바꾸면 보다 잘 부합하게 된다.

$$k = 2.80(\tilde{N}/\tilde{V})^{2/3}\,\kappa v_s \tag{9.4-3}$$ [5]

개개의 분자가 가장 가깝게 이웃한 분자들에 의해 형성된 "격자" 내에서 진동한다는 암묵적인 가정 때문에, 이 식은 임계 밀도 이상의 밀도까지로 제한된다. 여기서 사용된 열용량 $\hat{C}_V = 3(\kappa/m)$이 다원자 액체의 열용량보다 작으므로, 다원자 유체에 대한 이 식의 성공적인 적용은 다원자 분자의 충돌에서 에너지 전달이 불완전하다는 것을 적용한 것처럼 보인다.

저 진동수 음파의 속도는

$$v_s = \sqrt{\frac{C_p}{C_V}\left(\frac{\partial p}{\partial \rho}\right)_T} \tag{9.4-4}$$

로 주어진다(문제 11C.1 참조). 양 $(\partial p/\partial\rho)_T$는 등온 압축률 측정이나 상태방정식으로부터 얻으며, 액체에 대해서는 (C_p/C_V)가 임계점 부근을 제외하고는 거의 1에 가깝다.

예제 9.4-1 액체의 열전도도 예측

20℃, 1 기압에서 CCl_4 액체의 밀도는 1.595 g/cm^{3}이고, 등온 압축률 $(1/\rho)(\partial\rho/\partial p)_T$은 90.7×10^{-6} atm^{-1}이다. 열전도도는 얼마인가?

---

[4] 이 경험식은 A. Einstein [*Ann. Phys.* [4], **22**, 180-190 (1906)]과 P. Debye [*Ann. Phys.*, [4] **39**, 789-839 (1912)]에 의해 입증되고 확장되었다.

[5] 식 9.4-3은 R. E. Powell, W. E. Roseveare, and H. Eyring, *Ind. Eng. Chem.*, **33**, 430-435 (1941)에 의해 유도된 공식에 근사적으로 부합한다.

해 먼저 $\dfrac{\partial p}{\partial \rho}$를 계산하시오.

$$\left(\frac{\partial p}{\partial \rho}\right)_T = \frac{1}{\rho(1/\rho)(\partial \rho/\partial p)_T} = \frac{1}{(1.595)(90.7 \times 10^{-6})} = 6.91 \times 10^3 \text{ atm} \cdot \text{cm}^3/\text{g}$$
$$= 7.00 \times 10^9 \text{ cm}^2/\text{s}^2 \text{ (부록 F를 사용하여)} \tag{9.4-5}$$

$C_p/C_V = 1.0$이라 가정하면, 식 9.4-4로부터

$$v_s = \sqrt{(1.0)(7.00 \times 10^9)} = 8.37 \times 10^4 \text{ cm/s} \tag{9.4-6}$$

을 얻고, 몰 부피는 $\tilde{V} = M/\rho = 153.84/1.595 = 96.5$ cm^3/g-mole이다. 이들 값을 식 9.4-3에 대입하면

$$\begin{aligned} k &= 2.80(\tilde{N}/\tilde{V})^{2/3} \kappa v_s \\ &= 2.80\left(\frac{6.023 \times 10^{23}}{0.965 \times 10^2}\right)^{2/3}(1.3805 \times 10^{-16})(8.37 \times 10^4) \\ &= 1.10 \times 10^4 \text{ (cm}^{-2})(\text{erg/K})(\text{cm/s}) \\ &= 0.110 \text{ W/m} \cdot \text{K} \end{aligned} \tag{9.4-7}$$

을 얻는다. 실험값은 표 9.1-3으로부터 내삽하면 0.101 W/m · K이다.

9.5 고체의 열전도도

고체의 열전도도는 측정하거나 예측[1]하기 어려운 많은 인자들에 의존하므로 실험적으로 측정하여야만 한다. 결정성 물질에서는 상과 결정 크기가 중요하며, 무정형 고체에서는 분자의 배향 정도가 상당히 영향을 미친다. 다공성 고체의 열전도도는 기포 분율, 기공 크기, 기공에 채워져 있는 유체에 따라 크게 의존한다. 고체의 열전도도에 대한 상세한 논의는 Jakob[2]에 의해 이루어졌다.

일반적으로 금속은 비금속에 비해 우수한 열전도체이고, 결정성 물질이 무정형 물질에 비해 보다 쉽게 열을 전도한다. 건조된 다공성 고체는 열을 거의 전도하지 못하는 우수한 단열체이다. 대부분의 순수 금속의 열전도도는 온도가 증가함에 따라 감소하는 반면, 비금속의 열전도도는 온도가 증가함에 따라 증가하며, 합금은 중간적 거동을 보인다. 이에 관한 가장 유용한 눈대중은 열전도도와 전기전도도는 같이 움직인다는 것이다.

[1] A. Goldsmith, T. E. Waterman, and H. J. Hirschhorn, eds., *Handbook of Thermophysical Properties of Solids*, Macmillan, New York (1961).

[2] M. Jakob, *Heat Transfer*, Vol. 1, Wiley, New York (1949), 6장. 또 W. H. Rohsenow, J. P. Hartnett, and Y. I. Cho, eds., *Handbook of Heat Transfer*, McGraw-Hill, New York (1998)를 참조하시오.

합금과는 반대로 순수 금속의 열전도도 k와 전기전도도 k_e는 다음과 같은 근사적 관계[3]가 있다.

$$\frac{k}{k_e T} = L = \text{상수} \tag{9.5-1}$$

이것이 Wiedemann-Franz-Lorenz **방정식**이다. 이 식은 이론적으로도 역시 설명될 수 있다(문제 9A.6 참조). "Lorenz 수" L은 0℃의 순수 금속에 대해 대략 22에서 29 × 10^{-9} volt^2/K^{2}이며, 0℃ 이상의 온도에서는 거의 변하지 않으며, 전형적으로 1000℃마다 10~20% 증가한다. 매우 낮은 온도에서(수은에 대해서는 −269.4℃) 금속은 전기에 대해서는 초전도체가 되지만 열에 대해서는 아니며, 초전도 영역 부근의 온도에서는 L이 크게 변한다. 합금은 조성에 따라 또 경우에 따라서는 온도에 따라 L이 크게 변하므로, 합금에 대해서는 식 9.5-1의 사용이 제한적이다.

순수 금속에 대해 식 9.5-1이 잘 맞는 것은 순수 금속에서는 자유 전자가 주요 열 전달체라는 사실에 기인하기 때문이다. 자유 전자의 농도가 낮아 분자 운동에 의한 에너지 전달이 지배적인 비금속에 대해서는 이 식은 적합하지 않다.

9.6 복합 고체의 유효 열전도도

지금까지는 균질 물질에 대해 논의하였다. 이제 하나의 고체상이 두 번째 고체상에 분산되어 있거나 또는 입자상 물질, 소결된 금속 및 발포 플라스틱과 같이 기공을 함유하고 있는 고체와 같은 2상 고체의 열전도도에 대해 간략하게나마 관심을 갖고자 한다. 이와 같은 물질을 통한 열전달을 완벽하게 기술한다는 것은 명백히 매우 복잡하다. 그러나 정상상태의 전도에서는 이 물질들을 **유효 열전도도** k_{eff}를 갖는 균질 물질로 간주할 수 있으며, 온도와 열 훌럭스 성분을 열전도계의 총괄 치수에 비해서는 작고, 불균질성의 척도에 비해서는 큰 부피에 걸쳐 평균한 상사한 양으로 재해석한다.

불균질 고체의 전도도를 계산하는 첫 번째의 기여는 Maxwell[1]에 의해 주로 수행되었다. 그는 열전도도가 k_1인 구가 열전도도가 k_0인 연속상의 고체 내에 묻힌 물질로 생각하였다. 열적으로 상호 작용하지 않을 만큼 묻혀 있는 구의 부피 분율 ϕ가 충분히 작다고 간주하였다. 즉, 단지 한 개의 구가 묻힌 큰 매체 내의 열전도만을 생각하는 것이 필요하다. 그런 다음

[3] G. Wiedemann and R. Franz, *Ann. Phys. u. Chemie*, **89**, 497-531 (1853); L. Lorenz, *Poggendorff's Annalen*, **147**, 429-452 (1872).

[1] Maxwell의 유도는 전기전도도에 대해 수행되었으나 열전도도에 대해 동일한 논거를 적용하였다. J. C. Maxwell, *A Treatise on Electricity and Magnetism*, Oxford University Press, 3rd edition (1891, reprinted 1998), vol. 1, 314절 참조; H. S. Carslaw and J. C. Jaeger, *Conduction of Heat in Solids*, Clarendon Press, Oxford, 2nd edition (1959), p. 428.

Maxwell은 놀랄만큼 단순한 유도로 작은 **부피 분율**의 ϕ에 대해

$$\frac{k_{\text{eff}}}{k_0} = 1 + \frac{3\phi}{\left(\dfrac{k_1 + 2k_0}{k_1 - k_0}\right) - \phi} \tag{9.6-1}$$

로 주어짐을 보였다(문제 11B.8, 11C.5 참조).

부피 분율이 큰 ϕ에 대해 Rayleigh[2]는 만약 구가 입방 격자의 교차점에 위치해 있다고 하면 복합체의 열전도도가

$$\frac{k_{\text{eff}}}{k_0} = 1 + \frac{3\phi}{\left(\dfrac{k_1 + 2k_0}{k_1 - k_0}\right) - \phi + 1.569\left(\dfrac{k_1 - k_0}{3k_1 - 4k_0}\right)\phi^{10/3} + \cdots} \tag{9.6-2}$$

로 주어지는 것을 보였다. 이 결과를 식 9.6-1과 비교하면 입방 격자 배열에서 최대로 가능한 ϕ 값인 $\phi = \frac{1}{6}\pi$까지도 구 사이의 상호 작용이 매우 작다는 것을 알 수 있다. 그러므로 Maxwell의 간단한 결과가 종종 사용되며, 구의 불균일한 분포의 영향은 보통 무시된다.

그러나 **구형이 아닌 입자**에 대해서는 식 9.6-1의 수정이 요구된다. Rayleigh[2]는 z 축에 평행한 긴 원통의 정사각형 배열에 대해, 열전도도 텐서 $\boldsymbol{\kappa}$의 zz성분이

$$\frac{\kappa_{\text{eff},zz}}{k_0} = 1 + \left(\frac{k_1 - k_0}{k_0}\right)\phi \tag{9.6-3}$$

이고, 다른 두 성분은

$$\frac{\kappa_{\text{eff},zz}}{k_0} = \frac{\kappa_{\text{eff},yy}}{k_0} = 1 + \frac{2\phi}{\left(\dfrac{k_1 + k_0}{k_1 - k_0}\right) - \phi + \left(\dfrac{k_1 - k_0}{k_1 + k_0}\right)(0.30584\phi^4 + 0.013363\phi^8 + \cdots)} \tag{9.6-4}$$

임을 보였다. 즉, 묻혀 배열되어 있는 원통을 포함하는 복합 고체는 비등방성이다. 회전 타원체[3] 함유물을 포함하는 매체에 대한 유효 열전도도 텐서는 $O(\phi^2)$까지 계산되었다.

실제 현상에서 종종 접하게 되는 **구형이 아닌 복잡한 함유물**에 대해서는 정확한 해석이 불가능하지만 몇 개의 근사적 관계식은 가능하다[4,5,6]. 합체되지 않은 단순 입자층에 대해서는 다음 식이 성공적으로 증명되었다.

$$\frac{k_{\text{eff}}}{k_0} = \frac{(1 - \phi) + \alpha\phi(k_1/k_0)}{(1 - \phi) + \alpha\phi} \tag{9.6-5}$$

[2] J.W. Strutt (Lord Rayleigh), *Phil. Mag.* (5), **34**, 431-502 (1892).

[3] S.-Y. Lu and S. Kim, *AIChE Journal*, **36**, 927-938 (1990).

[4] V.I. Odelevskii, *J. Tech. Phys.* (USSR), **24**, 667, 697 (1954); F. Euler, *J. Appl. Phys.*, **28**, 1342-1346 (1957).

여기서

$$\alpha = \frac{1}{3}\sum_{k=1}^{3}\left[1+\left(\frac{k_1}{k_0}-1\right)g_k\right]^{-1} \tag{9.6-6}$$

이며, g_k는 매체의 입자에 대한 "모양 인자"[7]이고, $g_1+g_2+g_3=1$을 만족하여야만 한다. 구에 대해서는 $g_1=g_2=g_3=\frac{1}{3}$이고, 식 9.6-5는 식 9.6-1이 된다. 합체되지 않은 토양에 대해서는[5] $g_1=g_2=\frac{1}{8}$ 및 $g_3=\frac{3}{4}$이다. 예를 들면 사암과 같은 합체된 다공층 구조는 상당히 복잡하며, 이와 같은 물질[4,6,8]의 유효 전도도를 예측한 몇몇 성공 사례가 있기는 하지만 일반적인 방법은 아직은 알려져 있지 않다.

기체 구멍[9]**을 포함한 고체**에 대해서는 열 복사(16장 참조)가 중요하다. 열전도 방향에 수직인 평행한 평판형 균열과 같은 특별한 경우는 고온 단열의 경우에 특히 중요하다. 이와 같은 계에 대해서는

$$\frac{k_{\text{eff}}}{k_0} = \frac{1}{1-\phi+\left(\dfrac{k_1}{k_0\phi}+\dfrac{4\sigma T^3 L}{k_0}\right)^{-1}} \tag{9.6-7}$$

로 주어진다. 여기서 σ는 Stefan-Boltzmann 상수, k_1은 기체의 열전도도이고, L은 열전도 방향의 물질의 총 두께이다. 다른 형태의 균열이나 배향에 대해서도 이 식의 수정이 가능하다[7].

기체로 채워진 입자층[6,9]에 대해서는 다른 종류의 말썽거리가 나타난다. 기체의 열전도도는 고체 열전도도보다 상당히 작으므로 거의 모든 기체상의 열전도는 인접한 고체 입자들이 접촉하고 있는 점 부근에 집중된다. 그 결과 기체를 통해 열이 전도되는 거리는 기체 분자의 평균 자유 경로에 근접할 것이다. 이것이 사실이면 9.3절의 전개에 대한 조건들을 위배하게 되고 기체의 열전도도는 감소한다. 따라서 대단히 효과적인 절연체는 부분적으로 진공이 걸린 미세 분말층으로부터 얻을 수 있을 것이다.

유체가 통과해 흐르는 (z 방향으로) **입자 물질로 채워진 원통형 도관**은 화학 반응기와 분리 공정에 있어 상당히 중요하다. 이와 같은 계에서 반지름 방향과 축 방향의 유효 열전도도는 전혀 다르며, 각각 $\kappa_{\text{eff},rr}$과 $\kappa_{\text{eff},zz}$로 나타낸다.[10] 전도, 대류와 복사가 모두 다공성 매질[11]

---

[5] D. A. de Vries, *Mededelingen van de Landbouwhogeschool te Wageningen*, (1952); 또 참고문헌 6과 *Physics of Plant Environment*, W. R. van Wijk, ed., Wiley, New York (1963)에서 D. A. de Vries에 의한 7장을 보시오.

[6] W.Woodside and J. H. Messmer, *J. Appl, Phys.*, **32**, 1688-1699, 1699-1706 (1961).

[7] A. L. Loeb. *J. Amer. Ceramic Soc.*, **37**, 96-99 (1954).

[8] Sh. N. Plyat, *Soviet Physics JETP*, **2**, 2588-2589 (1957).

[9] M. Jakob, *Heat Transfer*, Wiley, New York (1959), Vol. 1, 6.5절.

[10] 비등방성 물질에 대한 Fourier 법칙의 수정에 대해서는 식 9.1-7 참조. 하첨자 rr과 zz는 이들 양이 대칭인 2차 텐서 성분임을 강조한다.

[11] W. B. Argo and J. M. Smith, *Chem. Engr. Progress*, **49**, 443-451 (1953).

을 통과해 흐르는 열 유동에 기여한다. 심한 난류에 대해서도 입자 물질의 빈 틈 사이 유체의 구불구불한 유동에 의해 에너지가 주로 전달되며, 이 때문에 대단히 비등방성인 열전도도가 발생하게 된다. 균일한 구의 충전층에 대한 반지름 방향과 축 방향 성분은 근사적으로

$$\kappa_{\text{eff},rr} = \tfrac{1}{10}\rho\hat{C}_p v_0 D_p; \qquad \kappa_{\text{eff},zz} = \tfrac{1}{2}\rho\hat{C}_p v_0 D_p \tag{9.6-8, 9}$$

이다. 여기서 v_0는 4.3절과 6.4절에서 정의된 "공탑 속도"이며, D_p는 구형 입자의 지름이다. 단순화된 이들 관계식은 $\text{Re} = D_p v_0 \rho/\mu$가 200 보다 클 때 적용된다. 작은 Reynolds 수에서의 거동은 여러 참고문헌[12]에 논의되어 있으며, Péclet 수의 함수로 주어지는 유효 열전도도 텐서의 거동도 또한 상당히 상세하게 연구되어 있다[13].

9.7 에너지의 대류 전달

분자 운동에 의해 매질을 통하여 전달된 에너지로 간주되는 열전도에 대한 Fourier 법칙을 9.1절에서 다루었다,

에너지는 유체의 총괄 운동에 의해서도 역시 전달된다. 유체 속도가 **v**인 점 *P*에서 면적 dS를 갖는 상호간에 수직인 3 요소를 그림 9.7-1에서 볼 수 있다. x 축에 수직인 표면 요소 dS를 통과하는 부피 유량은 $v_x dS$이다. 동일한 표면 요소를 가로질러 나가는 에너지 속도는

$$(\tfrac{1}{2}\rho v^2 + \rho\hat{U})v_x dS \tag{9.7-1}$$

이다. 여기서 $\frac{1}{2}\rho v^2 = \frac{1}{2}\rho(v_x^2 + v_y^2 + v_z^2)$는 단위 부피당 운동에너지이고, $\rho\hat{U}$는 단위 부피당 내부에너지이다.

비평형 상태의 내부에너지 정의는 약간 주의가 요구된다. **연속체** 관점에서 시간 t와 위치 **r**에서의 내부에너지는 평형상태에서 갖게 되는 국부적이고 순간적인 밀도와 온도의 함수와 동일하다고 가정한다. **분자** 관점에서 내부에너지는 시간 t에서 점 **r** 주위의 작은 영역 내 모든 성분 원자(유속 **v**에 상대적인)들의 운동에너지, 분자 내부의 위치에너지 및 분자 상호간 에너지의 합으로 이루어져 있다.

0.3절의 분자 충돌에 관한 논의에서, 한 쌍의 분자가 충돌하는 에너지는 분자의 질량 중심에 속하는 운동에너지의 합에 분자의 분자 상호간 위치에너지를 더한 것으로 간주하는 것이 편리하다는 것을 상기하시오. 또한 여기서 유체(연속체로 간주한)의 에너지를 총괄 유체 운동과 관련된 운동에너지와 유속에 관한 분자의 운동에너지와 관련된 내부에너지 및 분자 내

---

12 J. Beek. *Adv. Chem. Engr.*, **3**, 203-271 (1962); H. Kramers and K. R. Westerterp, *Elements of Chemical Reactor Design and Operation*, Academic Press, New York (1963), Ⅲ.9절; O. Levenspiel and K. B. Bischoff, *Adv. Chem. Engr.*, **4**, 95-198 (1963).

13 D. L. Koch and J. F. Brady, *J. Fluid Mech.*, **154**, 399-427 (1985).

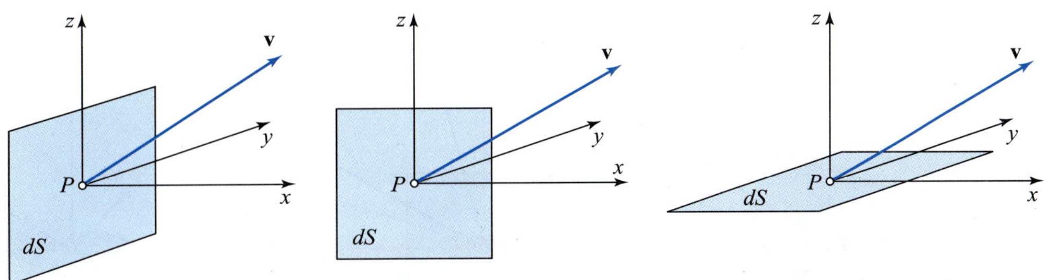

그림 9.7-1 속도 **v**로 움직이는 유체에 의한 대류로 에너지가 가로질러 전달되는 면적이 dS인 상호간에 수직인 3 표면 요소. x축에 수직인 면을 가로지르는 부피 유량은 $v_x dS$이고, dS를 가로지르는 에너지 유량은 $(\frac{1}{2}\rho v^2+\rho\hat{U})v_x dS$이다. y-와 z-축에 수직인 표면 요소에 대해서도 유사한 식을 쓸 수 있다.

부와 분자 상호간의 위치에너지로 나눌 수 있다.

y 축과 z 축에 수직인 평면 요소를 통과해 나간 에너지 속도에 대해서도 식 9.7-1과 유사한 식을 쓸 수 있다. 세 개의 식 각각에 대응하는 단위 벡터를 곱하고 더한 다음, dS로 나누면

$$(\tfrac{1}{2}\rho v^2 + \rho\hat{U})\boldsymbol{\delta}_x v_x + (\tfrac{1}{2}\rho v^2 + \rho\hat{U})\boldsymbol{\delta}_y v_y + (\tfrac{1}{2}\rho v^2 + \rho\hat{U})\boldsymbol{\delta}_z v_z = (\tfrac{1}{2}\rho v^2 + \rho\hat{U})\mathbf{v} \tag{9.7-2}$$

를 얻으며, 이 양을 **대류 에너지 플럭스 벡터**라 한다. 수직 단위 벡터가 **n**인 단위 표면을 가로지르는 대류 에너지 플럭스를 구하기 위해 점곱$(\mathbf{n} \cdot (\frac{1}{2}\rho v^2 + \rho\hat{U})\mathbf{v})$을 하였으며, 이 식은 표면의 음의 측면에서 양의 측면으로의 플럭스임을 알 수 있다. 이를 그림 1.7-2의 대류 운동량 플럭스와 비교하시오.

9.8 분자 운동과 연관된 일

이제 에너지 보존법칙을 "쉘"(10장의 쉘 수지와 같은) 또는 공간 상에 고정된 작은 부피 요소(11.1절의 에너지 변화방정식을 전개하기 위한)에 적용하는 것에 관심을 가질 것이다. 열린 유동계에 대한 에너지 보존법칙은 고전 열역학(정지된 닫힌계에 대한)의 제 1 법칙을 확장한 것이다. 후자에서 내부에너지 변화는 계에 가해진 열의 양과 계에 한 일의 양의 합과 같다고 한다. 유동계에 대해 계에 가해진 열(유체의 총괄 운동과 분자 운동에 의한)과 분자 운동에 의해 계에 한 일을 아는 것이 필요하다. 그러므로 여기서는 분자 운동에 의해 한 일의 속도에 대한 식을 개발하는 것이 적절하다.

우선 힘 **F**가 물체에 작용하여 $d\mathbf{r}$ 거리만큼 이동하면, 한 일은 $dW = (\mathbf{F} \cdot d\mathbf{r})$암을 상기하고자 한다. 그러면 한 일의 속도는 $dW/dt = (\mathbf{F} \cdot d\mathbf{r}/dt) = (\mathbf{F} \cdot \mathbf{v})$, 즉 힘과 속도의 점곱이다. 그림 9.8-1에서 보는 바와 같이 이제 이 공식을 공간 상의 점 P에서 수직인 세 평면에 적용한다.

우선 x 축에 수직인 표면 요소를 생각하면, 표면의 음의 측면에 있는 유체는 $\boldsymbol{\pi}_x dS$의 힘을

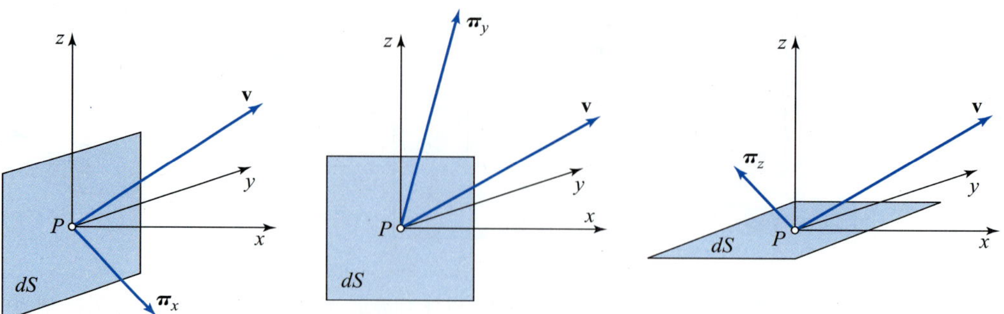

그림 9.8-1 면적이 dS인 상호간에 수직인 3 표면요소와 함께 이들 표면에 작용하는 응력 벡터 $\boldsymbol{\pi}_x$, $\boldsymbol{\pi}_y$, $\boldsymbol{\pi}_z$. 그러면 첫 번째 그림에서 dS의 음의 측면의 유체에 의해 dS의 양의 측면의 유체에 한 일의 속도는 $(\boldsymbol{\pi}_x \cdot \mathbf{v})dS=[\boldsymbol{\pi} \cdot \mathbf{v}]_x dS$이다. 다른 두 좌표축에 수직인 표면 요소에 대해서도 유사한 식이 주어진다.

양의 측면에 있는 유체에 가한다(표 1.2-1 참조). 유체가 속도 $\mathbf{v}$로 움직이므로, 음의 유체에 의해 양의 유체에 한 일의 속도는 $(\boldsymbol{\pi}_x \cdot \mathbf{v})dS$이다. 다른 두 표면 요소를 가로질러 한 일에 대해서도 유사한 식을 쓸 수 있을 것이다. 단위 면적당 이들 일의 속도식을 성분 형태로 쓰면

$$(\boldsymbol{\pi}_x \cdot \mathbf{v}) = \pi_{xx}v_x + \pi_{xy}v_y + \pi_{xz}v_z \equiv [\boldsymbol{\pi} \cdot \mathbf{v}]_x \tag{9.8-1}$$

$$(\boldsymbol{\pi}_y \cdot \mathbf{v}) = \pi_{yx}v_x + \pi_{yy}v_y + \pi_{yz}v_z \equiv [\boldsymbol{\pi} \cdot \mathbf{v}]_y \tag{9.8-2}$$

$$(\boldsymbol{\pi}_z \cdot \mathbf{v}) = \pi_{zx}v_x + \pi_{zy}v_y + \pi_{zz}v_z \equiv [\boldsymbol{\pi} \cdot \mathbf{v}]_z \tag{9.8-3}$$

이 된다. 이들 스칼라 성분에 단위 벡터를 곱하고 더하면 "단위 면적당 하는 일의 속도 벡터"를 얻을 수 있으며, 이를 짧게 **일 훌럭스**라 한다.

$$[\boldsymbol{\pi} \cdot \mathbf{v}] = \boldsymbol{\delta}_x(\boldsymbol{\pi}_x \cdot \mathbf{v}) + \boldsymbol{\delta}_y(\boldsymbol{\pi}_y \cdot \mathbf{v}) + \boldsymbol{\delta}_z(\boldsymbol{\pi}_z \cdot \mathbf{v}) \tag{9.8-4}$$

더욱이 단위 벡터 $\mathbf{n}$으로 주어진 배향을 갖는 표면의 단위 면적을 가로질러 하는 일의 속도는 $(\mathbf{n} \cdot [\boldsymbol{\pi} \cdot \mathbf{v}])$이다.

식 9.8-1에서 9.8-4는 원통형 좌표에 대해서는 x, y, z를 r, θ, z로 대체함으로써, 구형 좌표에 대해서는 x, y, z는 r, θ, ϕ로 대체함으로써 쉽게 쓴다.

앞으로 사용하기 위해 이제 **결합 에너지 훌럭스 벡터** $\mathbf{e}$를 다음과 같이 정의한다.

$$\mathbf{e} = (\tfrac{1}{2}\rho v^2 + \rho\hat{U})\mathbf{v} + [\boldsymbol{\pi} \cdot \mathbf{v}] + \mathbf{q} \tag{9.8-5}$$

$\mathbf{e}$ 벡터는 (a) 대류 에너지 훌럭스, (b) 분자 메커니즘에 의해 하는 일의 속도(단위 면적당)와 (c) 분자 메커니즘에 의한 열전달 속도(단위 면적당)의 합이다. 식 9.8-5의 모든 항들은 같은 부호를 가지므로, e_x는 단위 시간당 단위 면적당 양의 x 방향의 에너지 전달이다.

이제 총 분자 응력 텐서 $\boldsymbol{\pi}$를 $\boldsymbol{\pi} = p\boldsymbol{\delta} + \boldsymbol{\tau}$의 두 부분으로 나눌 수 있으므로, $[\boldsymbol{\pi} \cdot \mathbf{v}] = p\mathbf{v} + [\boldsymbol{\tau} \cdot \mathbf{v}]$이다. $p\mathbf{v}$ 항을 내부에너지 항 $p\hat{U}\mathbf{v}$와 합하면 엔탈피 항 $p\hat{U}\mathbf{v} + p\mathbf{v} = p(\hat{U} + (p/\rho))\mathbf{v} =$

$p(\hat{U} + p\hat{V})\mathbf{v} = p\hat{H}\mathbf{v}$을 얻을 수 있으므로

$$\mathbf{e} = (\tfrac{1}{2}\rho v^2 + \rho\hat{H})\mathbf{v} + [\boldsymbol{\tau} \cdot \mathbf{v}] + \mathbf{q} \tag{9.8-6}$$

이며, 이 형태의 **e** 벡터를 항상 사용할 것이다. **n** 방향으로 배향된 표면 요소 dS에 대해 $(\mathbf{n} \cdot \mathbf{e})$ 양은 대류 에너지 훌럭스, 열 훌럭스와 dS의 음의 측면에서 양의 측면으로 표면 요소 dS을 가로지르는 일 훌럭스로 주어진다.

표 9.8-1에는 이 절에서 소개한 다양한 에너지 훌럭스 벡터의 기호를 요약하였다. 이들 모두는 동일한 부호를 가지고 있다.

표 9.8-1 에너지 훌럭스에 대한 기호의 요약

기호	의미	참고
$(\tfrac{1}{2}\rho v^2 + \rho\hat{U})\mathbf{v}$	대류 에너지 훌럭스벡터	식 9.7-2
$\mathbf{q}$	분자 열 훌럭스 벡터	식 9.1-6
$[\boldsymbol{\pi} \cdot \mathbf{v}]$	분자 일 훌럭스 벡터	식 9.8-4
$\mathbf{e} = \mathbf{q} + [\boldsymbol{\pi} \cdot \mathbf{v}] + (\tfrac{1}{2}\rho v^2 + \rho\hat{U})\mathbf{v}$ $= \mathbf{q} + [\boldsymbol{\tau} \cdot \mathbf{v}] + (\tfrac{1}{2}\rho v^2 + \rho\hat{H})\mathbf{v}$	결합 에너지 훌럭스 벡터	식 9.8-5, 6

식 9.8-6의 엔탈피를 구하기 위해서는 평형 열역학의 표준 공식을 사용한다.

$$d\hat{H} = \left(\frac{\partial \hat{H}}{\partial T}\right)_p dT + \left(\frac{\partial \hat{H}}{\partial p}\right)_T dp = \hat{C}_p dT + \left[\hat{V} - T\left(\frac{\partial \hat{V}}{\partial T}\right)_p\right]dp \tag{9.8-7}$$

이를 임의의 기준 상태 $p°$, $T°$에서부터 상태 p, T까지 적분하면

$$\hat{H} - \hat{H}° = \int_{T°}^{T} \hat{C}_p d\bar{T} + \int_{p°}^{p} \left[\hat{V} - T\left(\frac{\partial \hat{V}}{\partial T}\right)_{\bar{p}}\right] d\bar{p} \tag{9.8-8}$$

을 얻는다[1]. 여기서 $\hat{H}°$는 기준 상태의 단위 질량당 엔탈피이다. p에 관한 적분은 이상기체에 대해서는 0이고, 일정한 밀도를 갖는 유체에 대해서는 $(1/\rho)(p - p°)$이다. 관련된 온도 범위에 걸쳐 열용량이 일정하다고 간주할 수 있다면 T에 관한 적분은 $\hat{C}_p(T - T°)$이 된다. 식 9.8-7은 p와 T가 온도와 압력의 국부값인 비평형 상태에서 타당하다고 가정한다.

토론을 위한 질문

1. 열전도도 k, 열 확산계수 α, 열용량 $\hat{C}_p$, 열 훌럭스 **q** 및 결합 에너지 훌럭스 **e**의 정의와 차원을 말하시오. 차원은 m = 질량, l = 길이, T = 온도, t = 시간을 사용하시오.

[1] 예를 들면 R. J. Silbey and R. A. Alberty, *Physical Chemistry*, Wiley, 3rd edition (2001), 2.11절 참조.

2. 기체, 액체 및 고체의 열전도도의 크기의 차수를 비교하시오.
3. 점도에 관한 Newton 법칙과 열전도에 관한 Fourier 법칙이 어떤 점에서 유사한가? 또는 유사하지 않은가?
4. 기체의 점도와 열전도도는 관련이 있는가? 그렇다면 어떤 관련이 있는가?
5. 기체, 액체 및 고체의 열전도도의 온도 의존성을 비교하시오.
6. 기체와 액체에 대한 Prandtl 수의 크기의 차수를 비교하시오.
7. 기체 상태의 Ne^{20}과 Ne^{22}의 열전도도는 같은가?
8. 관계식 $\tilde{C}_p - \tilde{C}_V = R$은 이상기체에 대해서만 성립하는가, 아니면 액체에 대해서도 성립하는가? 액체에 대해 성립되지 않는다면 어떤 식을 사용할 것인가?
9. 원형관에서 뉴튼 유체의 층류 Poiseuille 유동에 대한 축 방향의 운동에너지 훌럭스는 무엇인가?
10. Poiseuille 유동에서 $[\boldsymbol{\pi} \cdot \mathbf{v}] = p\mathbf{v} + [\boldsymbol{\tau} \cdot \mathbf{v}]$는 무엇인가?

문제

9A.1. 낮은 밀도 기체의 열전도도 예측.

(a) 100℃, 상압에서 아르곤의 열전도도를 Chapman-Enskog 이론과 점도 데이터로부터 유도된 Lennard-Jones 상수를 사용하여 계산하시오. 측정값[1] 506 × 10^{-7} cal/cm · s · K와 비교하시오.

(b) 300K, 상압에서 NO와 CH_4의 열전도도를 이들 조건에 대한 다음 데이터를 사용하여 계산하시오.

	$\mu \times 10^7$ (g/cm · s)	$\tilde{C}_p$ (cal/g-mole · K)
NO	1929	7.15
CH_4	1116	8.55

이 결과를 표 9.1-2에서 주어진 실험값과 비교하시오.

9A.2. 낮은 밀도 기체의 Prandtl 수 계산.

(a) Eucken 공식과 열용량 실험 데이터를 사용하여 1 atm, 300K에서 다음 표에 기술되어 있는 각 기체에 대한 Prandtl 수를 구하시오.

(b) 동일한 기체에 대해 다음 물성값을 정의된 공식 $Pr = \hat{C}_p\mu/k$에 대입하여 직접 Prandtl 수를 구하고, 그 결과를 (*a*)에서 구한 값과 비교하시오. 모든 물성은 낮은 압력과 300K에서 주어져 있다.

[1] W. G. Kannuluik and E. H. Carman, *Proc, Phys. Soc.*(*London*), **65B**, 701-704 (1952).

기체[a]	$\hat{C}_p \times 10^{-3}$ J/kg·K	$\mu \times 10^5$ Pa·s	k W/m·K
He	5.193	1.995	0.1546
Ar	0.5204	2.278	0.01784
H_2	14.28	0.8944	0.1789
Air	1.001	1.854	0.02614
CO_2	0.8484	1.506	0.01661
H_2O	1.864	1.041	0.02250

[a] 이 표의 기재 내용은 T. E. Daubert, R. P. Danner, H. M. Sibul, C. C. Stebbins, J. L. Oscarson, R. L. Rowley. W. V. Wilding, M. E. Adams, T. L. Marshall, and N. A. Zundel, *DIPPR Ⓡ Data Compilation of Pure Compound Properties*, Design Institute for Physical Property Data®, *AIChE*, New York (2000)에 의해 제공된 함수로부터 준비되었다.

9A.3. 밀도가 높은 기체의 열전도도 계산. 다음 방법에 의해 110.4 atm, 127°F에서 메탄의 열전도도를 예측하시오.

(a) 그림 9.2-1을 사용하시오. 부록 E로부터 필요한 임계 물성을 구하시오.

(b) Eucken 공식을 사용하여 낮은 압력과 127°F의 열전도도를 구하시오. 그런 다음 그림 9.2-1을 사용해서 압력을 보정하시오. 실험값[2]은 0.0282 Btu/hr · ft · F이다.

답: **(a)** 0.0294 Btu/hr · ft · F

9A.4. 기체 혼합물의 열전도도 예측. 1 atm, 300K에서 20 mole %의 CO_2와 80 mole %의 H_2를 포함하고 있는 혼합물의 열전도도를 계산하시오. 문제 9.A-2의 데이터를 사용하시오.

답: 0.1204 W/m · K

9A.5. 순수 액체의 열전도도 계산. 40℃, 40 bar(1 bar = 10^6 dyn/cm^2)의 압력에서 액체 H_2O의 열전도도를 예측하시오. 등온 압축률 $(1/\rho)(\partial\rho/\partial p)_T$는 38×10^{-6} bar^{-1}이고, 밀도는 0.9938 g/cm^{3}이다. $\tilde{C}_p = \tilde{C}_V$라 가정하시오.

답: 0.375 Btu/hr · ft · F

9A.6. Lorenz 수의 계산.

(a) 금속[3] 내의 "전자 기체"에 분자운동론을 적용하면 Lorenz 수는

$$L = \frac{\pi^2}{3}\left(\frac{\mathrm{K}}{e}\right)^2 \tag{9A.6-1}$$

로 주어지며, 여기서 K는 Boltzmann 상수, e는 전자의 전하이다. 식 9.5-1에 주어진 단위로 L을 계산하시오.

[2] J. M. Lenoir, W. A. Junk, and E. W. Comings, *Chem. Engr. Prog.*, **49**, 539-542 (1953).

[3] J. E. Mayer and M. G. Mayer, *Statistical Mechanics*, Wiley, New York (1946), p. 412; P. Drude, *Ann. Phys.*, **1**, 566-613 (1900).

(b) 20℃에서 구리의 전기 저항 $1/k_e$이 1.72 × 10^{-6} ohm · cm이다. 식 9A.6-1을 사용하여 구리의 열전도도를 W/m · K로 계산하고, 그 결과를 표 9.1-5에 주어진 실험값과 비교하시오.

답: **(a)** 2.44 × 10^{-8} $volt^2/K^2$; **(b)** 416 W/m · K

9A.7. Wiedemann-Franz-Lorenz 법칙의 확인 20℃에서 순수한 금속에 대해 주어진 다음 실험 데이터를 사용하여 식 9.5-1에 정의된 Lorenz 수 L에 대응하는 값을 계산하시오.

금속	$(1/k_e)$(ohm · cm)	k (cal/cm · s · K)
Na	4.6 × 10^{-6}	0.317
Ni	6.9 × 10^{-6}	0.140
Cu	1.69 × 10^{-6}	0.92
Al	2.62 × 10^{-6}	0.50

9A.8. 다원자 기체의 열전도도와 Prandtl 수.

(a) 1.37 atm, 1500K에서 CH_4의 열전도도를 구하시오. 1500K와 일정한 압력[4]에서 몰 열용량은 20.71 cal/g-mole · K이다.

(b) 동일한 압력과 온도에서 Prandtl 수는 무엇인가?

답: **(a)** 5.06 × 10^{-4} cal/cm · s · K ; **(b)** 0.89

9A.9. 염소 기체의 열전도도. 식 9.3-15를 사용하여 기체 상태 염소의 열전도도를 계산하시오. 이를 위해 식 1.4-14를 사용하여 점도를 계산하는 것이 필요하며, 다음 열용량 값들이 필요하다.

T (K)	200	300	400	500	600
$\tilde{C}_p$ (cal/g-mole · K)	(8.06)	8.12	8.44	8.62	6.74

계산 결과가 다음 열전도도 실험 데이터[5]와 잘 부합하는지 확인하시오..

T (K)	p (mm Hg)	$k \times 10^5$ cal/cm · s · K
198	50	1.31 ± 0.03
275	220	1.90 ± 0.02
276	120	1.93 ± 0.01
	220	1.92 ± 0.01
363	100	2.62 ± 0.02
	200	2.61 ± 0.02
395	210	3.04 ± 0.02
453	150	3.53 ± 0.03
	250	3.42 ± 0.02
495	250	3.72 ± 0.07
553	100	4.14 ± 0.04
583	170	4.43 ± 0.04
	210	4.45 ± 0.08
676	150	5.07 ± 0.10
	250	4.90 ± 0.03

9A.10. 염소-공기 혼합물의 열전도도. 식 9.3-17을 사용하여 염소의 몰 분율이 0.25, 0.50, 0.75일 때 1 atm, 297K에서 염소-공기 혼합물의 열전도도를 예측하시오. 공기는 단일 물질로 생각하고, 다음 데이터가 가정된다. :

물질[a]	μ (Pa·s)	k (W/m·K)	$\hat{C}_p$(J/kg·K)
공기	1.854×10^{-5}	2.614×10^{-2}	1.001×10^{3}
염소	1.351×10^{-5}	8.960×10^{-3}	4.798×10^{2}

[a] 이 표의 기재 내용은 T. E. Daubert, R. P. Danner, H. M. Sibul, C. C. Stebbins, J. L. Oscarson, R. L. Rowley. W. V. Wilding, M. E. Adams, T. L. Marshall, and N. A. Zundel, *DIPPR ® Data Compilation of Pure Compound Properties*, Design Institute for Physical Property Data®, *AIChE*, New York (2000)에 의해 제공된 함수로부터 준비되었다.

9A.11. 규사의 열전도도. 전형적인 규사 시료는 20℃에서 다음 물성을 갖는다.

성분	부피 분율 ϕ_i	$k_i$cal/cm·s·K
$i = 1$: 실리카	0.510	20.4×10^{-3}
$i = 2$: 장석	0.063	7.0×10^{-3}
연속상 ($i = 0$)은 다음의 하나이다:		
(i) 물	0.427	1.42×10^{-3}
(ii) 공기	0.427	0.0615×10^{-3}

(i) 물로 포화되었을 때와 (ii) 완전히 건조되었을 때의 규사의 유효 열전도도를 구하시오.

(a) 식 9.6-5와 6의 다음 일반식을 사용하시오.

$$\frac{k_{\text{eff}}}{k_0} = \frac{\sum_{i=0}^{N} \alpha_i \phi_i (k_i/k_0)}{\sum_{i=0}^{N} \alpha_i \phi_i} \tag{9A.11-1}$$

$$\alpha_i = \frac{1}{3} \sum_{i=1}^{3} \left[1 + \left(\frac{k_i}{k_0} - 1 \right) g_i \right]^{-1} \tag{9A.11-2}$$

여기서 N은 고체상의 수이다. 구($g_1 = g_2 = g_3 = \frac{1}{3}$)에 대한 예측과 de Vries가 제안한 경우($g_1 = g_2 = \frac{1}{8}$, $g_3 = \frac{3}{4}$)를 비교하시오.

(b) 두 고체의 부피-평균 열전도도인 $k_1 = 18.9 \times 10^{-3}$ cal/cm·s·K을 갖는 식 9.6-1을 사용하시오. 젖은 규사와 건조한 규사에 대해 약 3% 이내의 정확도로 측정된 값은 각각 6.2와 0.58×10^{-3}

[4] O. A. Hougen, K. M. Watson and R. A. Ragatz, *Chemical Process Principles*, Vol. 1, New York (1954), p. 253.

[5] *Nouveau Traité de Chimie Minerale*, P. Pascal, ed., Masson et Cie, Paris (1960), pp. 158-159에 보고된 바와 같이 E. U. Frank, Z. *Elektrochem.*, **55**, 636 (1951)의 데이터로부터 내삽된.

cal/cm · s · K이다.[6]

답: **(a)** 각각 젖은 규사와 건조한 규사에 cal/cm·s·k 단위로 : (a)식 9A.11-1은 $g_1=g_2=g_3=\frac{1}{3}$인 경우 $k_{\text{eff}}=4.9\times10^{-3}$과 0.38×10^{-3}이고, $g_1=g_2=\frac{1}{8}$ 및 $g_3=\frac{3}{4}$ 인 경우 6.2×10^{-3}과 0.64×10^{-3}으로 주어진다.

(b) 식 9.6-1은 $k_{\text{eff}}=5.1\times10^{-3}$과 0.30×10^{-3}으로 주어진다.

9A.12. 전달 물성으로부터 분자 지름의 계산.

(a) 식 1.4-9와 문제 9A.2에 주어진 점도 실험값으로부터 아르곤의 분자 지름 d를 구하시오.

(b) 식 9.3-12와 문제 9A.2에서 측정된 열전도도를 사용하여 (a)를 반복하고, 그 결과를 (a)에서 구한 값과 비교하시오.

(c) (a)와 (b)에서 사용한 동일 실험 데이터로부터 Lennard-Jones 충돌 지름 σ 값을 표 E.1의 $\varepsilon/k=124\text{K}$를 사용하여 계산하고 비교하시오.

(d) 위 계산으로부터 어떤 결론을 얻을 수 있는가?

답: **(a)** 2.95 Å; **(b)** 1.88 Å; **(c)** 식 1.4-14로부터 3.415 Å, 식 9.3-13으로부터 3.409 Å

9C.1. 밀도가 높은 기체에 대한 Enskog 이론.

Enskog[7]는 밀도가 높은 기체의 전달 물성에 대한 분자운동론을 개발하였다. 그는 지름이 σ_0인 이상적인 경질 구로 된 분자에 대해

$$\frac{\mu}{\mu^\circ}\frac{\tilde{V}}{b_0}=\frac{1}{y}+0.8+0.761y \tag{9C.1-1}$$

$$\frac{k}{k^\circ}\frac{\tilde{V}}{b_0}=\frac{1}{y}+1.2+0.755y \tag{9C.1-2}$$

임을 보였다. 여기서 μ°와 k°는 낮은 압력 물성(예를 들면 식 1.4-14와 9.3-13으로부터 계산된), $\tilde{V}$은 몰 부피이고, $b_0=\frac{2}{3}\pi\tilde{N}\sigma_0^3$ 이며, $\tilde{N}$은 Avogadro 수이다. 양 y는 경질 구 기체의 상태방정식과 관련이 있다.

$$y=\frac{p\tilde{V}}{RT}-1=\left(\frac{b_0}{\tilde{V}}\right)+0.6250\left(\frac{b_0}{\tilde{V}}\right)^2+0.2869\left(\frac{b_0}{\tilde{V}}\right)^3+\cdots \tag{9C.1-3}$$

이들 세 식은 기체가 경질 구로 이루어져 있다는 가설적 기체의 점도와 열전도도에 대한 밀도 보정을 제공한다.

더욱이 Enskog는 실제 기체에 대해 (i) y는 p-$\tilde{V}$-T 실험 데이터가 사용되는

$$y=\frac{\tilde{V}}{R}\left(\frac{\partial p}{\partial T}\right)_{\tilde{V}}-1 \tag{9C.1-4}$$

로 경험적으로 주어질 수 있으며, (ii) b_0는 y에 대한 $(\mu/\mu^\circ)\tilde{V}$ 곡선에서 최소값을 곡선 맞추기함으로써

[6] 부분적으로 젖은 토양의 거동은 *Physics and Plant Environment*, W. R. van Wijk, ed., Wiley, New York (1963)의 7장에서 D. A. de Vries에 의해 다루어졌다.

[7] D. Enskog, *Kungliga Svenska Vetenskapsakademiens Handlingar*, **62**, No. 4 (1922), 독일어로. 또 J. O. Hirschfelder, C. F. Curtiss and R. B. Bird, *Molecular Theory of Gases and Liquids*, 2nd Printing with corrections (1964), pp. 647-652를 보시오.

결정할 수 있다고 제안하였다.

(a) 상태방정식을 요약하기 위한 유용한 방법은 $Z = Z(p_r, T_r)$의 대응 상태식[8]을 사용하는 것이다. 여기서 $Z = p\tilde{V}/RT$, $p_r = p/p_c$이고, $T_r = T/T_c$이다. 식 9C.1-4로 정의된 양 y는

$$y = Z\frac{1 + (\partial \ln Z/\partial \ln T_r)_{p_r}}{1 - (\partial \ln Z/\partial \ln p_r)_{T_r}} - 1 \tag{9C.1-5}$$

로부터 환산 압력과 환산 온도의 함수로 계산될 수 있음을 보이시오.

(b) p_r과 T_r의 함수로써 k/k_c 도표를 개발하는 데 Hougen-Watson의 Z-도표 및 그림 1.3-1의 Uyehara-Watson μ/μ_c 도표와 함께 식 9C.1-1, 2와 5가 어떻게 사용되는지 보이시오. 결과로 얻은 도표의 제한은 무엇인가? 이와 같은 과정(Hougen-Watson Z-도표 대신에 특정 p-$\tilde{V}$-T 데이터를 사용한)은 Comings와 Nathan[9]에 의해 사용되었다.

(c) 동일한 목적을 위해 Redlich와 Kwong[10]의 상태방정식

$$\left(p + \frac{a}{\sqrt{T}\tilde{V}(\tilde{V} + b)}\right)(\tilde{V} - b) = RT \tag{9C.1-6}$$

을 어떻게 사용할 것인가? 양 a와 b 는 각 기체를 특징짓는 상수이다.

[8] O. A. Hougen and K. M. Watson, *Chemical Process Principles*, Vol. Ⅱ, Wiley, New York (1947), p. 489.

[9] E. W. Comings and M. F. Nathan, *Ind. Eng. Chem.*, **39**, 964-970 (1947).

[10] O. Redlich and J. N. S. Kwong, *Chem. Rev.*, **44**, 233-244 (1949).

Chapter

10 쉘 에너지 수지 및 고체와 층류에서의 온도분포

2장에서는 (i) 운동량 전달 방향에 수직인 얇은 평판이나 쉘에 걸쳐 운동량 수지를 수립한 다음 운동량 훌럭스 분포를 얻게 되는 일차 미분방정식을 유도하고, (ii) 운동량 훌럭스에 대한 식에 점도에 관한 Newton 법칙을 대입하고 위치의 함수로 유체의 속도에 대한 일차 미분방정식을 유도하는 두 단계의 과정에 의해 특정한 단순 점성 유동 문제들을 어떻게 해석하는지 보았다. 나타나는 적분 상수들은 경계짓는 표면에서의 운동량 훌럭스나 속도를 명확히 하는 경계조건을 사용함으로써 계산할 수 있다.

이 장에서는 (i) 열 유동 방향에 수직인 얇은 평판이나 쉘에 걸쳐 에너지 수지를 수립한 다음, 이 수지로부터 열 훌럭스 분포를 얻을 수 있는 일차 미분방정식을 유도하고, (ii) 열 훌럭스에 대한 이 식에 열전도에 관한 Fourier 법칙을 대입하여 위치의 함수로 온도에 대한 일차 미분방정식을 유도하는 상사한 절차에 의해 수많은 열전도 문제들을 어떻게 풀 것인지 살펴보고자 한다. 적분 상수들은 경계짓는 표면에서의 온도나 열 훌럭스에 대한 경계조건을 사용함으로써 결정할 수 있다.

이 장에서 사용되는 수학적 방법은 다만 표기법과 용어가 다르다는 것을 제외하고는 2장에서 소개된 방법과 똑 같다는 것이 앞의 두 문장의 유사한 말로부터 명백하다. 그러나 2장에는 대응하는 부분이 없는 몇 가지의 물리적 현상을 여기서 다루고자 한다.

10.1절에서 쉘 에너지 수지를 간략하게 소개한 후, 복잡하지 않은 일련의 계에 대한 열전도를 해석하고자 한다. 비록 이들 예제가 다소 이상적이긴 하지만, 이 결과들은 많은 표준 공학 계산에 응용될 수 있음을 안다. 이 문제들은 열전달 분야와 결부되어 있는 수많은 중요한 물리적 개념들을 초보자들에게 소개하기 위해 선택되었다. 이에 더하여 다양한 경계조건을 어떻게 사용할 것인지, 또 직각, 원통형, 구형 좌표에서 문제를 어떻게 풀 것인지를 보여주기 위해 제공된다. 10.2-10.5절에서는 전기적, 핵, 점성 및 화학적인 네 종류의 열원을 고려하며, 10.6절과 10.7절에서는 넓은 응용성을 갖는 두 가지 주제, 즉 복합 벽을 통한 열 유동과 휜으로부터의 열 손실을 다루고자 한다. 끝으로 10.8절과 10.9절에서는 움직이는 유체 내의 열전달에 대한 두 극한의 경우, 즉 강제 대류와 자유 대류를 해석하고자 한다. 이들 주제에 대한 연구는 11장의 일반적인 방정식을 가능케 할 것이다.

10.1 쉘 에너지 수지; 경계 조건

이 장에서 다루는 문제들은 쉘 에너지 수지에 의해 수립된다. 열전도 방향에 수직인 표면을 갖는 평판 (또는 쉘)을 선택하고, 이 계에 대한 에너지 보존법칙을 쓴다. **정상상태**(즉, 시간에 무관한) 계에 대해

$$\left\{\begin{matrix}\text{대류 전달에}\\ \text{의한 에너지}\\ \text{유입 속도}\end{matrix}\right\}-\left\{\begin{matrix}\text{대류 전달에}\\ \text{의한 에너지}\\ \text{유출 속도}\end{matrix}\right\}+\left\{\begin{matrix}\text{분자 전달에}\\ \text{의한 에너지}\\ \text{유입 속도}\end{matrix}\right\}-\left\{\begin{matrix}\text{분자 전달에}\\ \text{의한 에너지}\\ \text{유출 속도}\end{matrix}\right\}+$$

$$\left\{\begin{matrix}\text{분자 전달에}\\ \text{의해 계에 한}\\ \text{일의 속도}\end{matrix}\right\}-\left\{\begin{matrix}\text{분자 전달에}\\ \text{의해 계에}\\ \text{의해 한 일}\\ \text{의 속도}\end{matrix}\right\}+\left\{\begin{matrix}\text{외부의 힘}\\ \text{에 의해 계}\\ \text{에 한 일의}\\ \text{속도}\end{matrix}\right\}+\left\{\begin{matrix}\text{에너지}\\ \text{생성 속도}\end{matrix}\right\}=0 \qquad (10.1\text{-}1)$$

로 쓴다. 에너지의 **대류 전달**은 9.7절에서, **분자 전달**(열전도)은 9.1절에서 다루었으며, **분자 일 항**은 9.8절에서 설명하였다. 이들 세 항을 더하면 식 9.8-6에서 보는 바와 같이 "결합 에너지 훌럭스" $\mathbf{e}$를 얻을 수 있다. 여기서(그리고 다음 장에서) 문제를 수립함에 있어 식 9.8-8의 엔탈피에 대한 식과 함께 벡터 $\mathbf{e}$를 사용할 것이다. 유동이 없는($\mathbf{v}$가 0인) 계에서 $\mathbf{e}$ 벡터는 Fourier 법칙으로 주어지는 $\mathbf{q}$ 벡터로 간단히 된다.

식 10.1-1의 **에너지 생성** 항은 (i) 전기적 에너지의 감손에 의해 생성되는 열, (ii) 핵 분열 과정에서 분리된 핵 파편과 중성자의 감속에 의해 생성되는 열, (iii) 점성 소산에 의해 생성되는 열과 (iv) 화학 반응에서 생성되는 열을 포함하며, 화학반응 열원은 19장에서 더욱더 자세히 논의할 것이다. 식 10.1-1은 정상상태 조건에서 "열린" 계에 대한 열역학 제 1 법칙

을 서술한 것이며, 11장에서 비정상상태로 확장된 이와 동일한 서술이 변화방정식으로 쓰일 것이다.

물질의 얇은 평판이나 쉘에 대해 식 10.1-1을 쓴 후에 평판이나 쉘의 두께를 0으로 접근시켜 가면, 이 과정은 경계조건을 사용하여 계산하는 적분 상수를 포함하는 온도분포에 대한 식을 궁극적으로는 유도하게 된다. 가장 보편적인 종류의 경계조건은

a. 표면에서 온도가 주어지게 된다.

b. 표면에 수직인 열 훌럭스가 주어진다(이는 온도 구배의 수직 성분이 주어지는 것과 같다)

c. 계면에서 온도 및 계면에 수직인 열 훌럭스의 연속성이 요구된다.

d. 고체-유체 계면에서는 수직 열 훌럭스 성분이 고체 표면온도 T_0와 "총괄" 유체의 온도 T_b 사이의 온도차와 관련이 있다.

$$q = h(T_0 - T_b) \tag{10.1-2}$$

이 관계식은 Newton의 **냉각법칙**으로 언급되지만, 이는 실제로는 법칙이 아니라 **열전달계수**로 불리는 h를 정의한 식이다. 14장에서 열전달계수를 계산하기 위한 방법들을 다룰 것이다.

이 장에서는 네 종류의 경계조건을 모두 다루고자 한다. 다른 종류의 경계조건이 여전히 가능하며, 필요할 때 이들을 소개할 것이다.

10.2 전기적 열원을 갖는 열전도

고려하는 첫 번째 계는 반지름이 R이고, 전기전도도가 k_e ohm^{-1} cm^{-1}인 원형 단면을 갖는 전기 도선이며, 이 도선을 통해 전류 밀도가 I amp/cm^{2}인 전류가 흐른다. 전류의 송전은 비가역 공정이며, 전기 에너지의 일부가 열(열에너지)로 변환된다. 단위 부피당 열 생성 속도는

$$S_e = \frac{I^2}{k_e} \tag{10.2-1}$$

의 식으로 주어지며, 양 S_e는 전기적 소산으로 유발되는 열원이다. 열전도도나 전기전도도의 온도 의존성을 고려해야 할 만큼 도선 내의 온도 상승은 크지 않다고 가정하며, 도선 표면은 온도 T_0로 유지된다고 한다. 이제 도선 내 반지름 방향의 온도분포를 어떻게 구할 것인지 알아보고자 한다.

에너지 수지를 위해 두께가 Δr이고 길이가 L인 원통형 쉘의 계를 설정한다(그림 10.2-1 참조). 이 계에서 $\mathbf{v} = 0$이므로, 에너지 수지에 대한 기여는

r에서 원통 표면을 가로질러 유입되는 열의 속도. $$(2\pi rL)(q_r|_r) = (2\pi rLq_r)|_r \tag{10.2-2}$$

$r+\Delta r$에서 원통 표면을 가로질러 유출되는 열의 속도. $$(2\pi(r+\Delta r)L)(q_r|_{r+\Delta r}) = (2\pi rLq_r)|_{r+\Delta r} \tag{10.2-3}$$

전기 소산에 의한 열에너지 생성 속도. $$(2\pi r\Delta rL)S_e \tag{10.2-4}$$

가 있으며, q_r은 "r 방향의 열 훌럭스"를 의미하고, $(\cdots)|_{r+\Delta r}$은 "$r+\Delta r$에서 계산된"을 의미한다. 유입과 유출은 양의 r 방향에 대해 취한 것임에 주목하시오.

이제 이들 양을 식 10.1-1의 에너지 수지에 대입한 다음, $2\pi L\Delta r$로 나누고 Δr이 0으로 되는 극한을 취하면

$$\lim_{\Delta r\to 0}\frac{(rq_r)|_{r+\Delta r}-(rq_r)|_r}{\Delta r} = S_e r \tag{10.2-5}$$

를 얻는다. 좌변 식은 r에 대한 rq_r의 1차 도함수이므로, 식 10.2-5는

$$\frac{d}{dr}(rq_r) = S_e r \tag{10.2-6}$$

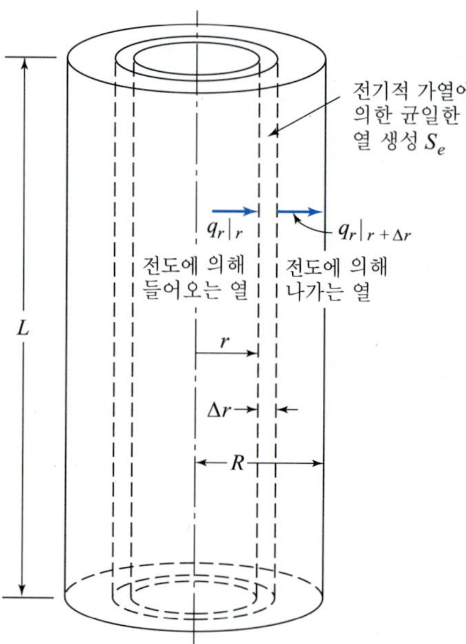

그림 10.2-1 에너지 수지가 수립된 원통형 쉘을 보여주는 전기적으로 가열되는 도선.

이 된다. 이는 에너지 훌럭스에 대한 1차 미분방정식이며, 이를 적분하면

$$q_r = \frac{S_e r}{2} + \frac{C_1}{r} \tag{10.2-7}$$

이 주어진다. 적분 상수 C_1은

경계조건 1: $r = 0$에서 q_r은 무한하지 않다. (10.2-8)

의 경계조건 때문에 반드시 0이 되어야 한다. 그러므로 열 훌럭스 분포의 최종식은

$$\boxed{q_r = \frac{S_e r}{2}} \tag{10.2-9}$$

이며, 이는 열 훌럭스가 r에 따라 선형적으로 증가한다는 것을 의미한다.

이제 $q_r = -k(dT/dr)$ 형태의 Fourier 법칙(식 B.2-4 참조)을 식 10.2-9에 대입하면

$$-k\frac{dT}{dr} = \frac{S_e r}{2} \tag{10.2-10}$$

을 얻는다. k가 일정하다고 가정하고, 이 1차 미분방정식을 적분하면

$$T = -\frac{S_e r^2}{4k} + C_2 \tag{10.2-11}$$

을 얻게 되며, 적분 상수를

경계조건 2: $r = R$에서 $T = T_0$ (10.2-12)

로부터 구하면 $C_2 = (S_e R^2/4k) + T_0$ 가 되고, 식 10.2-11은

$$\boxed{T - T_0 = \frac{S_e R^2}{4k}\left[1 - \left(\frac{r}{R}\right)^2\right]} \tag{10.2-13}$$

이 된다. 식 10.2-13은 온도가 도선 축으로부터의 거리 r의 포물선 함수로 증가한다는 것을 보여준다.

온도와 열 훌럭스 분포를 알면, 계에 관한 다양한 정보를 얻을 수 있다.

(i) 최대 온도 상승($r = 0$에서)

$$T_{\max} - T_0 = \frac{S_e R^2}{4k} \tag{10.2-14}$$

(ii) 평균 온도 상승

$$\langle T \rangle - T_0 = \frac{\int_0^{2\pi}\int_0^R (T(r) - T_0) r\,dr\,d\theta}{\int_0^{2\pi}\int_0^R r\,dr\,d\theta} = \frac{S_e R^2}{8k} \tag{10.2-15}$$

따라서, 단면에 걸쳐 평균한 온도 상승은 최대 온도 상승의 절반이다.

(iii) 표면에서의 열 방출량(도선 길이 L에 대해)

$$Q|_{r=R} = 2\pi RL \cdot q_r|_{r=R} = 2\pi RL \cdot \frac{S_e R}{2} = \pi R^2 L \cdot S_e \tag{10.2-16}$$

정상상태에서 전기적 소산에 의해 부피 $\pi R^2 L$ 내에서 생성되는 모든 열은 반드시 $r = R$인 표면을 통해 나가야 하므로 이 결과는 놀랄만한 것이 아니다.

이러한 전개를 하는 동안 독자들은 이미 본 듯한 느낌을 받았을 것이며, 결국 가열된 도선 문제와 원형관 내의 점성 유동 사이에는 단지 표기법 상의 차이만 있을 뿐 명백한 유사성이 있음을 알 수 있다.

	관 유동	가열된 도선
1차 적분 결과	$\tau_{rz}(r)$	$q_r(r)$
2차 적분 결과	$v_z(r)$	$T(r) - T_0$
$r = 0$에서의 경계조건	τ_{rz} = 유한	q_r = 유한
$r = R$에서의 경계조건	$v_z = 0$	$T - T_0 = 0$
전달 물성	μ	k
원천 항	$(\mathcal{P}_0 - \mathcal{P}_L)/L$	S_e
가정	μ = 일정	k, k_e = 일정

양을 적절히 선정하면, 두 문제에 대한 미분방정식과 경계조건이 동일하며, 이런 물리적 공정을 "상사하다"고 한다. 운동량 전달의 모든 문제가 에너지와 물질전달 문제와 상사한 것은 아니다. 그러나 이와 같은 상사성을 찾는다면, 한 분야에서 이미 알고 있는 결과를 취하여 다른 분야에 적용시키기에 유용할 것이다. 예를 들면, 독자들은 경사진 평면 위를 흐르는 액체 경막 내의 점성 유동에 상사한 열전도의 해를 구하는 것에 곤란을 겪지 않을 것이다.

전기 산업[1]에도 열전도 문제의 많은 예제들이 있다. 전기 기계 내부의 온도 상승을 최소화하면 절연 수명이 늘어나게 된다. 한 예로 매우 큰(500,000 kW) AC 발전기에서 사용하는 내부를 액체 냉각하는 스테이터 전도체가 있다.

전기 가열의 더 많은 문제를 설명하기 위해, 도선의 온도 상승과 관계되는 두 가지 예제를 살펴보고자 한다. 첫 번째는 가열 효과의 크기의 차수를 나타내고자 하며, 두 번째는 서로 다른 경계조건을 어떻게 다룰 것인지 보이고자 한다. 이에 더하여 문제 10C.2에서 열과 전기전도도의 온도 의존성을 어떻게 고려할 것인지 보이고자 한다.

예제 10.2-1 전류에 의해 가열되는 도선에서 주어진 온도상승에 대해 요구되는 전압

반지름이 2 mm이고 길이가 5 m인 구리선이 있다. 만약 구리선의 표면 온도가 20℃라고 하

[1] M. Jacob, *Heat Transfer*, Vol. 1, Wiley, New York (1949), 10장, pp. 167-199.

면 구리선 축에서의 온도 상승이 10℃가 되는 전압 강하는 얼마인가?

해 식 10.2-14와 10.2-1을 결합하면

$$T_{\max} - T_0 = \frac{I^2R^2}{4kk_e} \tag{10.2-17}$$

이 주어진다. 전류 밀도는 길이 L에 걸친 전압 강하 E와

$$I = k_e \frac{E}{L} \tag{10.2-18}$$

의 관계를 가지므로,

$$T_{\max} - T_0 = \frac{E^2R^2}{4L^2}\left(\frac{k_e}{k}\right) \tag{10.2-19}$$

를 얻게 되고, 여기서

$$E = 2\frac{L}{R}\sqrt{\frac{k}{k_eT_0}}\sqrt{T_0(T_{\max} - T_0)} \tag{10.2-20}$$

이 된다. 구리에 대해 9.5절의 Lorenz 수가 $k/k_eT_0 = 2.23 \times 10^{-8}\ \text{volt}^2/\text{K}^2$이므로, 10℃ 온도 상승을 유발하기 위해 필요한 전압 강하는

$$\begin{aligned} E &= 2\left(\frac{5000\ \text{mm}}{2\ \text{mm}}\right)\sqrt{2.23 \times 10^{-8}}\ \frac{\text{volt}}{\text{K}}\sqrt{(293)(10)}\text{K} \\ &= (5000)(1.49 \times 10^{-4})(54.1) = 40\ \text{volts} \end{aligned} \tag{10.2-21}$$

이다.

예제 10.2-2 대기 온도와 특정 열전달계수를 갖는 가열된 도선

T_0를 알지 못하는 대신 벽면에서의 열 훌럭스가 Newton의 "냉각법칙"(식 10.1-2)에 의해 주어진다고 가정하고 10.2절의 해석을 다시 하시오. 열전달계수 h와 대기의 온도 T_{air}는 알고 있다고 가정하시오.

해 | 두 번째 적분 상수를 식 10.1-2로부터 구하는 것을 제외하고는 종전과 같이 식 10.2-11을 통해 해를 구한다.

경계조건 2′ : $r = R$에서 $-k\dfrac{dT}{dr} = h(T - T_{\text{air}})$ (10.2-22)

식 10.2-11을 식 10.2-22에 대입하면 $C_2 = (S_e\, R/2h) + (S_eR^2/4k) + T_{air}$를 얻고, 온도분

포는

$$T - T_{\text{air}} = \frac{S_e R^2}{4k}\left[1 - \left(\frac{r}{R}\right)^2\right] + \frac{S_e R}{2h} \tag{10.2-23}$$

이 되며, 이로부터 도선의 표면 온도는 $T_{air} + S_e R/2h$임을 안다.

해 II 다른 방법은 앞서 식 10.2-13에서 얻은 결과를 이용한다. 지금 이 문제에서는 비록 T_0를 알지 못하지만, 그럼에도 불구하고 그 결과를 사용할 수 있다. 식 10.1-2와 식 10.2-16으로부터 온도차를 구할 수 있다.

$$T_0 - T_{\text{air}} = \frac{\pi R^2 L S_e}{h(2\pi RL)} = \frac{S_e R}{2h} \tag{10.2-24}$$

식 10.2-24와 식 10.2-13을 더하면 미지의 값 T_0를 소거할 수 있고, 식 10.2-23을 얻는다.

10.3 핵 열원을 갖는 열전도

그림 10.3-1에서 보는 바와 같은 구형의 핵 연료 요소를 생각한다. 이는 반지름이 $R^{(F)}$인 핵 분열 가능한 물질의 구와 외부 반지름이 $R^{(C)}$인 알루미늄 "피복"의 구형 껍질로 둘러 쌓여 구성되어 있다. 연료 요소 내에는 매우 큰 운동에너지를 갖는 핵 분열 파편들이 생성되며, 이들 파편과 핵 분열 가능한 물질의 원자들 간의 충돌이 반응기의 주요 열 에너지원이다. 이러한 핵 분열의 결과로 유발되는 부피 열 에너지원을 S_n (cal/cm^3 · s)이라 한다. 이 에너지원은 핵 분열 가능한 물질로 된 구 전체를 통하여 균일하지 않을 것이며, 구의 중심에서 가장 작을 것이다. 이 문제를 풀기 위해 열원을 간단한 포물선 함수

$$S_n = S_{n0}\left[1 + b\left(\frac{r}{R^{(F)}}\right)^2\right] \tag{10.3-1}$$

에 의해 근사할 수 있다고 가정한다. 여기서 S_{n0}은 구의 중심에서 생성되는 열의 부피 속도이고, b는 양의 무차원 상수이다.

핵 분열 가능한 물질로 된 구 내에 두께가 Δr인 구형 쉘을 계로 선정한다. 계가 움직이지 않으므로, 에너지 수지는 단지 열전도 항과 열원 항으로만 이루질 것이다. 에너지 수지에 대한 다양한 기여들이 있다.

r에서 전도에 의해 유입되는 열의 속도

$$q_r^{(F)}\big|_r \cdot 4\pi r^2 = (4\pi r^2 q_r^{(F)})\big|_r \tag{10.3-2}$$

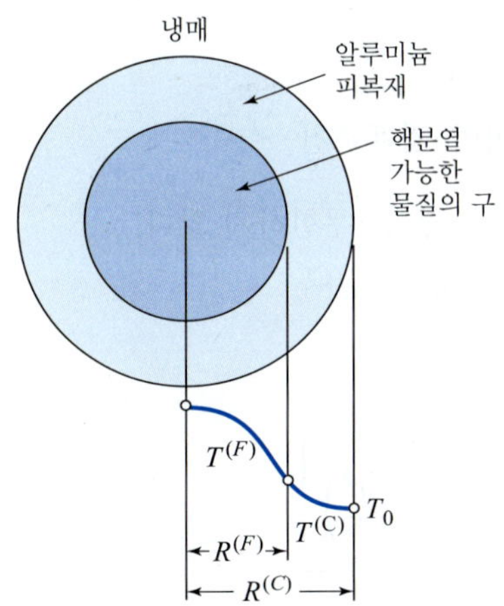

그림 10.3-1 계 내의 온도분포를 보여주는 구형 핵연료 조립품.

$r + \Delta r$에서
전도에 의해 유출되는 열의 속도

$$q_r^{(F)}|_{r+\Delta r} \cdot 4\pi(r + \Delta r)^2 = (4\pi r^2 q_r^{(F)})|_{r+\Delta r} \tag{10.3-3}$$

핵 분열에 의해 생성되는 열에너지 속도

$$S_n \cdot 4\pi r^2 \, \Delta r \tag{10.3-4}$$

이들 항을 식 10.1-1의 에너지 수지에 대입하고 $4\pi\,\Delta r$로 나눈 다음 $\Delta r \to 0$인 극한을 취하면

$$\lim_{\Delta r \to 0} \frac{(r^2 q_r^{(F)})|_{r+\Delta r} - (r^2 q_r^{(F)})|_r}{\Delta r} = S_n r^2 \tag{10.3-5}$$

가 된다. 극한을 취하고 식 10.3-1을 도입하면

$$\frac{d}{dr}(r^2 q_r^{(F)}) = S_{n0}\left[1 + b\left(\frac{r}{R^{(F)}}\right)^2\right] r^2 \tag{10.3-6}$$

이 유도된다. 피복에서의 열 플럭스 $q_r^{(C)}$에 대한 미분방정식은 중요한 열원 항이 없다는 것을 제외하고는 식 10.3-6과 동일한 형태이다.

$$\frac{d}{dr}(r^2 q_r^{(C)}) = 0 \tag{10.3-7}$$

이들 두 식을 적분하면

$$q_r^{(F)} = S_{n0}\left(\frac{r}{3} + \frac{b}{R^{(F)2}}\frac{r^3}{5}\right) + \frac{C_1^{(F)}}{r^2} \tag{10.3-8}$$

$$q_r^{(C)} = +\frac{C_1^{(C)}}{r^2} \tag{10.3-9}$$

를 얻는다. 여기서 $C_1^{(F)}$와 $C_1^{(C)}$는 적분 상수이며, 경계조건

경계조건 1: $r = 0$에서 $q_r^{(F)}$는 무한하지 않다. (10.3-10)

경계조건 2: $r = R^{(F)}$에서 $q_r^{(F)} = q_r^{(C)}$ (10.3-11)

에 의해 계산된다. 각 상수들을 계산하면

$$\boxed{q_r^{(F)} = S_{n0}\left(\frac{r}{3} + \frac{b}{R^{(F)2}}\frac{r^3}{5}\right)} \tag{10.3-12}$$

$$\boxed{q_r^{(C)} = S_{n0}\left(\frac{1}{3} + \frac{b}{5}\right)\frac{R^{(F)3}}{r^2}} \tag{10.3-13}$$

이 유도되고, 이들은 핵 분열 가능한 구와 구형 피복 껍질에서의 열 흘럭스 분포이다. 이들 분포에 열전도의 Fourier 법칙(식 B.2-7)을 대입하면

$$-k^{(F)}\frac{dT^{(F)}}{dr} = S_{n0}\left(\frac{r}{3} + \frac{b}{R^{(F)2}}\frac{r^3}{5}\right) \tag{10.3-14}$$

$$-k^{(C)}\frac{dT^{(C)}}{dr} = S_{n0}\left(\frac{1}{3} + \frac{b}{5}\right)\frac{R^{(F)3}}{r^2} \tag{10.3-15}$$

가 되며, 일정한 $k^{(F)}$와 $k^{(C)}$에 대해 이 식들을 적분하면,

$$T^{(F)} = -\frac{S_{n0}}{k^{(F)}}\left(\frac{r^2}{6} + \frac{b}{R^{(F)2}}\frac{r^4}{20}\right) + C_2^{(F)} \tag{10.3-16}$$

$$T^{(C)} = +\frac{S_{n0}}{k^{(C)}}\left(\frac{1}{3} + \frac{b}{5}\right)\frac{R^{(F)3}}{r} + C_2^{(C)} \tag{10.3-17}$$

을 얻는다. 적분 상수는 경계조건

경계조건 3: $r = R^{(F)}$에서 $T^{(F)} = T^{(C)}$ (10.3-18)

경계조건 4: $r = R^{(C)}$에서 $T^{(C)} = T_0$ (10.3-19)

로부터 구할 수 있다. 여기서 T_0는 피복 외부의 이미 알고 있는 온도이다. 온도분포에 대한 최종식은

$$\boxed{\begin{aligned} T^{(F)} = {} & \frac{S_{n0}R^{(F)2}}{6k^{(F)}}\left\{\left[1 - \left(\frac{r}{R^{(F)}}\right)^2\right] + \frac{3}{10}b\left[1 - \left(\frac{r}{R^{(F)}}\right)^4\right]\right\} \\ & + \frac{S_{n0}R^{(F)2}}{3k^{(C)}}\left(1 + \frac{3}{5}b\right)\left(1 - \frac{R^{(F)}}{R^{(C)}}\right) + T_0 \end{aligned}} \tag{10.3-20}$$

$$T^{(C)} = \frac{S_{n0}R^{(F)2}}{3k^{(C)}}\left(1 + \frac{3}{5}b\right)\left(\frac{R^{(F)}}{r} - \frac{R^{(F)}}{R^{(C)}}\right) + T_0 \qquad (10.3\text{-}21)$$

이다. 핵 분열 가능한 물질로 된 구 내에서의 최대 온도를 찾기 위해서는 식 10.3-20에서 r을 0이라고 두기만 하면 된다. 이는 열에 의한 노화를 계산하고자 할 때 잘 알고자 하는 양이다.

이 문제는 (i) 위치 의존적인 열원을 어떻게 다룰 것인가와 (ii) 두 고체 물질 사이의 경계에서 온도와 수직 열 훌럭스의 연속성을 적용하는 두 가지 점을 설명하고 있다.

10.4 점성 열원을 갖는 열전도

다음 그림 10.4-1에서 보는 바와 같이 두 개의 동축 원통 사이의 비압축성 뉴튼 유체의 유동을 생각한다. 내부와 외부 원통 표면은 각각 $T = T_0$와 $T = T_b$로 유지되고 있으며, T는 r만의 함수일 것이라 기대할 수 있다.

외부 원통이 회전할 때 개개의 원통형 유체 쉘은 인접한 유체 쉘과 마찰을 일으키게 되고, 인접한 유체층 사이의 마찰이 열을 생성하게 된다. 즉 기계적 에너지가 열에너지로 변하게 된다. S_v로 표시되는 "점성 소산"의 결과로 유발되는 부피 열원이 9장의 끝에서 정의된 결합 에너지 훌럭스 벡터 **e**를 사용할 때 쉘 수지에 자동적으로 나타난다.

만약 슬릿의 너비 b가 외부 원통의 반지름 R에 비해 작다고 하면, 이 문제는 그림 10.4-2에 도시된 다소 간단한 계를 사용하여 근사적으로 풀 수 있다. 즉 곡률 효과를 무시하고 직각 좌표에서 문제를 풀 수 있으며, 그러면 속도분포는 $v_z = v_b(x/b)$이고, 여기서 $v_b = \Omega R$이다.

이제 두께가 Δx, 너비가 W, 길이가 L인 쉘에 걸쳐 에너지 수지를 수립한다. 유체가 움직

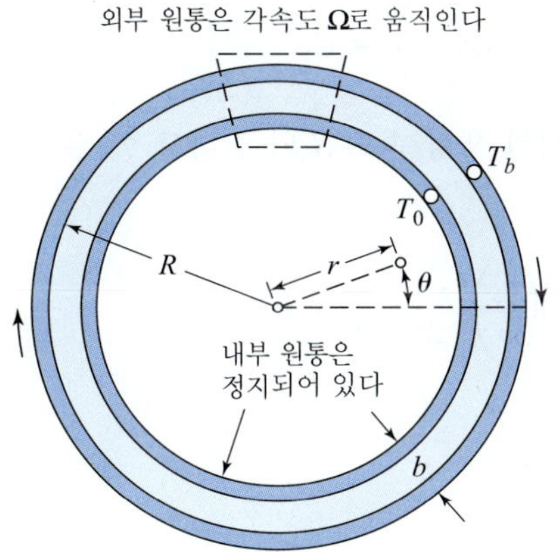

그림 10.4-1 점성 발열을 갖는 원통 사이의 유동. 점선으로 둘러싸인 계의 부분은 그림 10.4-2의 수정된 형태로 보게 된다.

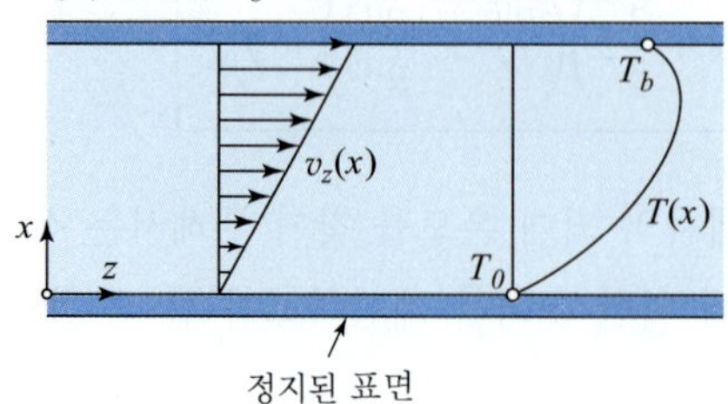

그림 10.4-2 경계 표면의 곡률을 무시한 그림 10.4-1 유동계 부분의 수정.

이고 있으므로, 식 9.8-6에 쓰여진 바와 같이 결합 에너지 흘럭스 벡터 **e**를 사용하면 수지는

$$WLe_x|_x - WLe_x|_{x+\Delta x} = 0 \tag{10.4-1}$$

이 된다. $WL\,\Delta x$로 나누고 쉘의 두께 Δx를 0이 되도록 하면

$$\frac{de_x}{dx} = 0 \tag{10.4-2}$$

를 얻으며, 이 식을 적분하면

$$e_x = C_1 \tag{10.4-3}$$

을 얻는다. e_x에 대한 어떤 경계조건도 알지 못하기 때문에, 지금 이 시점에는 적분 상수를 계산할 수 없다.

식 9.8-6으로부터 e_x에 대한 식을 대입한다. x 방향의 속도 성분은 0이므로, $(\frac{1}{2}\rho v^2 + \rho\hat{U})\mathbf{v}$ 항은 사라진다. $\mathbf{q}$의 x 성분은 Fourier 법칙에 의하면 $-k(dT/dx)$이고, $[\boldsymbol{\tau}\cdot\mathbf{v}]$의 x 성분은 식 9.8-1에서 보는 바와 같이 $\tau_{xx}v_x + \tau_{xy}v_y + \tau_{xz}v_z$이다. 0이 아닌 유일한 속도 성분은 v_z이며 점도에 관한 Newton 법칙에 의하면 $\tau_{xz} = -\mu(dv_z/dx)$이므로, $[\boldsymbol{\tau}\cdot\mathbf{v}]$의 x 성분은 $-\mu v_z(dv_z/dx)$이다. 그러면 식 10.4-3는

$$-k\frac{dT}{dx} - \mu v_z\frac{dv_z}{dx} = C_1 \tag{10.4-4}$$

가 된다는 결론을 내릴 수 있다. 선형의 속도분포 $v_z = v_b(x/b)$를 대입하면

$$-k\frac{dT}{dx} - \mu x\left(\frac{v_b}{b}\right)^2 = C_1 \tag{10.4-5}$$

를 얻으며, $\mu v_b(x/b)^2$는 단위 부피당 점성열 생성 속도 S_v와 같다고 할 수 있다.

식 10.4-5를 적분하면

$$T = -\left(\frac{\mu}{k}\right)\left(\frac{v_b}{b}\right)^2\frac{x^2}{2} - \frac{C_1}{k}x + C_2 \tag{10.4-6}$$

을 얻으며, 두 적분 상수는 경계조건

경계조건 1: $x = 0$에서 $T = T_0$ (10.4-7)

경계조건 2: $x = b$에서 $T = T_b$ (10.4-8)

로부터 구한다. 이로부터 $T_b \neq T_0$인 경우에 대해 최종적으로

$$\boxed{\left(\frac{T - T_0}{T_b - T_0}\right) = \frac{1}{2}\,\mathrm{Br}\,\frac{x}{b}\left(1 - \frac{x}{b}\right) + \frac{x}{b}} \tag{10.4-9}$$

를 얻으며, $\mathrm{Br} = \mu v_b^2/k(T_b - T_0)$은 점성 소산항의 중요성의 척도인 무차원 Brinkman 수[1]이다. 만약 $T_b = T_0$이면, 식 10.4-9는

$$\frac{T - T_0}{T_0} = \frac{1}{2}\frac{\mu v_b^2}{kT_0}\frac{x}{b}\left(1 - \frac{x}{b}\right) \tag{10.4-10}$$

과 같이 쓸 수 있으며, $x/b = \frac{1}{2} + (1/\mathrm{Br})$에서 최대 온도를 갖는다.

만약 온도 상승이 측정 가능하다면, 점도의 온도 의존성이 고려되어야만 하며, 이는 문제 10C.1에서 다루고자 한다.

점성열 항 $S_v = \mu(v_b/b)^2$은 다음 설명에 의해 이해될 수 있다. 그림 10.4-2의 계에 대해 일을 하는 속도는 상부 평판에 작용하는 힘과 상부 평면이 움직이는 속도의 곱 $(-\tau_{xz}WL)(v_b)$이다. 단위 부피당 더해지는 에너지 속도는 이 양을 WLb로 나누면 얻을 수 있으며, $(-\tau_{xz} v_b/b) = \mu(v_b/b)^2$로 되고, 이 에너지는 모두 열로 나타나므로 S_v가 된다.

대부분의 유동 문제에서 점성 발열은 중요하지 않다. 그러나 매우 큰 속도 구배를 갖는다면, 이는 무시할 수 없다. 점성 발열을 반드시 고려하여야 하는 상황에 관한 예제들은 (i) 빠르게 움직이는 부품 사이의 윤활유 유동, (ii) 고속 압출에서 다이를 통한 용융 고분자의 유동, (iii) 고속 점도계 내의 고 점성 유체의 유동 및 (iv) 지구 대기권으로 재진입하는 동안의 로켓이나 지구 위성 주위 경계층 내의 공기의 유동 등을 포함한다. 많은 윤활유와 용융 고분자는 비뉴튼 유체이기 때문에 이들 중 처음 둘은 조금 더 복잡하다. 비뉴튼 유체에 대한 점성 발열은 문제 10B.5에서 설명하고자 한다.

10.5 화학적 열원을 갖는 열전도

그림 10.5-1에서 보는 바와 같이 내부 반지름이 R인 관형 고정층 유동 반응기에서 화학반응이 일어난다. 반응기는 $z = -\infty$에서 $z = +\infty$까지 확장되며, 세 영역으로 나뉘어져 있다.

[1] H. C. Brinkman, *Appl. Sci. Research*, **A2**, 120-124 (1951)은 원형관 내의 Poiseuille 유동에 대한 점성 소산 가열 문제를 풀었다. 점성 발열을 특징짓기 위해 사용되는 다른 무차원 군들은 R. B. Bird, R. C. Armstrong, and O. Hassager, *Dynamic of Polymeric Liquids,* Vol. 1, 2nd edition, Wiley, New York (1987), pp. 207-208에 의해 요약되었다.

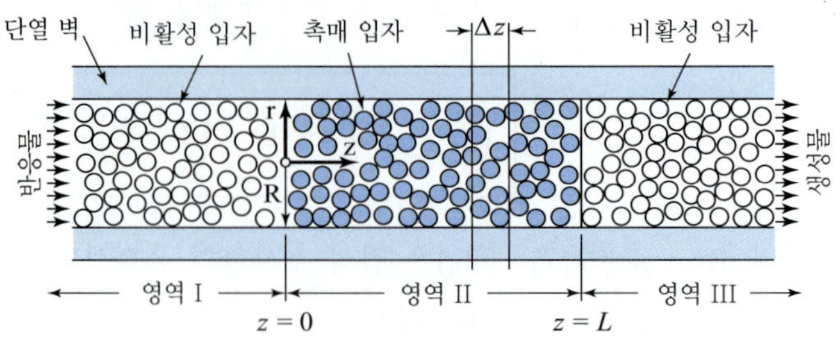

그림 10.5-1 고정층 축 방향 유동 반응기. 반응물이 $z = -\infty$에서 들어오고 $z = +\infty$에서 나간다. 반응 영역은 $z = 0$에서 $z = L$까지 확장된다.

영역 I: 촉매 작용을 하지 않는 구로 충전된 입구 영역

영역 II: $z = 0$에서 $z = L$까지에 이르는 촉매 구로 충전된 반응 영역

영역 III: 촉매 작용을 하지 않는 구로 충전된 출구 영역

유체는 반응기 관을 통해 평류로 흐른다 즉 축 방향의 속도는 공탑 속도값 $v_0 = w/\pi R^2\rho$로 균일하다고 가정한다("공탑 속도"의 정의에 대해서는 식 6.4-1 아래의 내용 참조). 밀도, 질량 유량과 공탑 속도 모두는 r과 z에 무관한 것으로 취급하며, 이에 더하여 반응기 벽면은 잘 단열되어 있다고 가정하면 온도는 본질적으로 r에는 무관하다고 생각할 수 있다. $z = -\infty$에서 균일한 온도 T_1으로 유체가 유입될 때, 정상상태의 축 방향 온도분포 $T(z)$를 구하고자 한다.

화학반응이 일어날 때 반응물 분자가 생성물을 형성하기 위해 재배열되면서 열에너지가 생성되거나 소모된다. 화학반응에 의한 열에너지 부피 생성 속도 S_c는 일반적으로 압력, 온도, 조성과 촉매 활동도의 복잡한 함수이다. 단순화하기 위해 여기서는 S_c를 온도만의 함수 $S_c = S_{c1}\,F(\Theta)$로 표현한다. 여기서 $\Theta = (T - T_0)/(T_1 - T_0)$이며, T는 촉매층 내의 국부 온도(촉매와 유체에 대해 같다고 가정한)이고, S_{c1}과 T_0은 주어진 반응기의 유입 조건에 대한 경험적 상수이다.

쉘 수지를 수립하기 위해 촉매 영역 내에 반지름이 R이고, 두께가 Δz인 원판을 선정하며(그림 10.5-1 참조), 촉매 입자의 치수보다 훨씬 더 큰 Δz를 선택한다. 에너지 수지를 수립함에 있어 유동계를 다루는 한 결합 에너지 훌럭스 벡터 $\mathbf{e}$를 사용한다. 그러면 정상상태의 에너지 수지는

$$\pi R^2 e_z|_z - \pi R^2 e_z|_{z+\Delta z} + (\pi R^2\,\Delta z)S_c = 0 \tag{10.5-1}$$

이 된다. 다음 $\pi R^2\,\Delta z$로 나누고 Δz가 0되는 극한을 취한다. 엄격히 말해 연속체라기보다는 과립형 구조를 이루고 있으므로 이러한 전개는 "합법적"이지 않다. 그럼에도 불구하고 결과식이 한 점의 값이 아니라 일정한 z의 반응기 단면에 대한 e_z와 S_c의 평균값에 해당되는 것임을 이해하면 이 극한 과정을 수행할 수 있다. 이로부터

$$\frac{de_z}{dz} = S_c \tag{10.5-2}$$

를 얻으며, 식 9.8-6의 z 성분을 이 식에 대입하면

$$\frac{d}{dz}\left((\tfrac{1}{2}\rho v^2 + \rho\hat{H})v_z + \tau_{zz}v_z + q_z\right) = S_c \tag{10.5-3}$$

을 얻는다. 이제 q_z에 대한 Fourier 법칙, τ_{zz}에 대한 식 1.2-6과 식 9.8-8의 엔탈피식(열용량은 일정하다는 가정을 갖는)을 사용하면

$$\frac{d}{dz}\left(\tfrac{1}{2}\rho v_z^2 v_z + \rho\hat{C}_p(T - T^\circ)v_z + (p - p^\circ)v_z + \rho\hat{H}^\circ v_z - 2\mu v_z\frac{dv_z}{dz} - \kappa_{\text{eff},zz}\frac{dT}{dz}\right) = S_c \tag{10.5-4}$$

를 얻는다. 여기서 z 방향의 유효 열전도도 $\kappa_{\text{eff},zz}$를 사용하였다(식 9.6-9 참조). 속도는 z에 따라 변하지 않으므로 좌변의 첫 번째, 네 번째 및 다섯 번째 항은 버릴 수 있으며, 만약 축 방향의 압력이 현저히 변하지 않는다면 세 번째 항도 버릴 수 있을 것이다. 그런 다음 공탑 속도가 반응기 내의 유효 유속이기 때문에 두 번째 항에서 v_z를 공탑 속도 v_0로 대체하면, 식 10.5-4는

$$\rho\hat{C}_p v_0\frac{dT}{dz} = \kappa_{\text{eff},zz}\frac{d^2T}{dz^2} + S_c \tag{10.5-5}$$

로 된다. 이는 영역 II의 온도에 대한 미분방정식이다. 위의 식에서 열원 항을 0이라 두면 동일한 식을 영역 I과 III에도 적용 가능하다. 그러면 온도에 대한 미분방정식은

영역 I $\quad (z < 0) \quad$ $$\rho\hat{C}_p v_0\frac{dT^{\text{I}}}{dz} = \kappa_{\text{eff},zz}\frac{d^2T^{\text{I}}}{dz^2} \tag{10.5-6}$$

영역 II $\quad (0 < z < L) \quad$ $$\rho\hat{C}_p v_0\frac{dT^{\text{II}}}{dz} = \kappa_{\text{eff},zz}\frac{d^2T^{\text{II}}}{dz^2} + S_{c1}F(\Theta) \tag{10.5-7}$$

영역 III $\quad (z > L) \quad$ $$\rho\hat{C}_p v_0\frac{dT^{\text{III}}}{dz} = \kappa_{\text{eff},zz}\frac{d^2T^{\text{III}}}{dz^2} \tag{10.5-8}$$

이 되며, 세 영역 모두에서 유효 열전도도는 같다고 가정하였다. 이들 세 개의 2차 미분방정식은 다음 6개의 경계조건을 따라야 한다.

경계조건 1: $\quad z = -\infty$에서 $\quad T^{\text{I}} = T_1 \quad$ (10.5-9)

경계조건 2: $\quad z = 0$에서 $\quad T^{\text{I}} = T^{\text{II}} \quad$ (10.5-10)

경계조건 3: $\quad z = 0$에서 $\quad \kappa_{\text{eff},zz}\frac{dT^{\text{I}}}{dz} = \kappa_{\text{eff},zz}\frac{dT^{\text{II}}}{dz} \quad$ (10.5-11)

경계조건 4: $\quad z = L$에서 $\quad T^{\text{II}} = T^{\text{III}} \quad$ (10.5-12)

경계조건 5: $\quad z = L$에서 $\quad \kappa_{\text{eff},zz}\frac{dT^{\text{II}}}{dz} = \kappa_{\text{eff},zz}\frac{dT^{\text{III}}}{dz} \quad$ (10.5-13)

경계조건 6: $z = \infty$에서 $T^{\text{III}} =$ 유한 (10.5-14)

식 10.5-10에서 13은 영역 사이 경계에서 온도와 열 훌럭스의 연속성을 나타내며, 식 10.5-9와 14는 계의 양쪽 끝에서의 요구 조건을 명확히 하고 있다.

식 10.5-6에서 14의 해는 임의의 $F(\Theta)$에 대해 생각할 수 있다. 실제적으로 관심을 갖는 많은 경우 대류 열전달이 축 방향의 전도 열전달보다 훨씬 더 중요하므로, 여기서는 전도 항들을 완전히 버린다($\kappa_{\text{eff},zz}$를 포함하는 항). 문제에 이런 조작을 하여도 $\text{Pé} = \text{RePr}$가 큰 극한에서는 해의 두드러진 양상을 여전히 포함하고 있다(더 완벽한 해석에 대해서는 문제 10B.18 참조).

무차원 축 방향 좌표 $Z = z/L$과 무차원 화학 열원 $N = S_{c1}L/\rho\hat{C}_p v_0(T_1 - T_0)$을 도입하면, 식 10.5-6에서 8은

영역 I $(z < 0)$ $$\frac{d\Theta^{\text{I}}}{dZ} = 0 \qquad (10.5\text{-}15)$$

영역 II $(0 < z < L)$ $$\frac{d\Theta^{\text{II}}}{dZ} = NF(\Theta) \qquad (10.5\text{-}16)$$

영역 III $(z > L)$ $$\frac{d\Theta^{\text{III}}}{dZ} = 0 \qquad (10.5\text{-}17)$$

이 되며, 3개의 경계조건이 필요하다.

경계조건 1: $Z = -\infty$에서 $\Theta^{\text{I}} = 1$ (10.5-18)

경계조건 2: $Z = 0$에서 $\Theta^{\text{I}} = \Theta^{\text{II}}$ (10.5-19)

경계조건 3: $Z = 1$에서 $\Theta^{\text{II}} = \Theta^{\text{III}}$ (10.5-20)

위의 분리 가능한 1차 미분방정식은 경계조건과 함께 쉽게 해석할 수 있으며

영역 I $$\boxed{\Theta^{\text{I}} = 1} \qquad (10.5\text{-}21)$$

영역 II $$\boxed{\int_{\Theta^{\text{I}}}^{\Theta^{\text{II}}} \frac{1}{F(\Theta)}\, d\Theta = NZ} \qquad (10.5\text{-}22)$$

영역 III $$\boxed{\Theta^{\text{III}} = \Theta^{\text{II}}\big|_{Z=1}} \qquad (10.5\text{-}23)$$

을 얻는다. 만약 반응 속도가 농도에 덜 민감하다면 온도의 작은 변화에 대해 합리적인 열원 함수, 즉 $F(\Theta) = \Theta$를 단순히 선택하고 이들 결과를 그림 10.5-2에 도시하였다.

이 절에서는 축 방향의 전도 항을 완전히 버렸지만, 문제 10B.18에서 이들 항을 버리지 않고 영역 I을 약간 예열한(또는 예냉한) 해를 볼 수 있을 것이다.

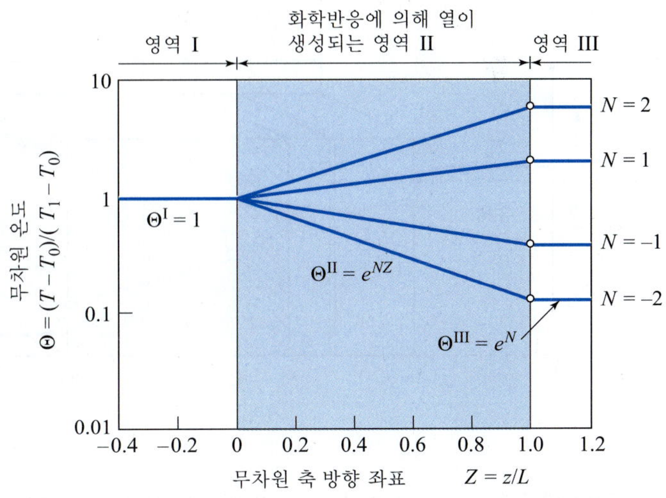

그림 10.5-2 열 생성이 온도에 따라 선형적으로 변하며, 축 방향의 확산을 무시한 고정층 축 방향 유동 반응기에서 예측된 온도분포.

10.6 복합 벽을 통한 열전도

각각 그 자체의 특성 열전도도를 갖는 다양한 물질 층으로 이루어진 벽을 통한 열전도가 산업적 열전달 문제에서 종종 다루어지며, 이 절에서는 다양한 열전달 저항이 총 저항에 어떻게 결합되는지 보이고자 한다.

서로 다른 두께 $x_1 - x_0, x_2 - x_1, x_3 - x_2$를 갖고, 서로 다른 열전도도 k_{01}, k_{12}, k_{23}를 갖는 세 개의 물질로 이루어진 복합 벽을 그림 10.6-1에서 볼 수 있다. $x = x_0$에서 물질 01은 대기 온도 T_a인 유체와 접촉하고 있으며, $x = x_3$에서 물질 23은 온도 T_b인 유체와 접촉하고 있다. $x = x_0$와 $x = x_3$인 경계에서의 열전달은 각각 h_0와 h_3인 열전달계수를 갖는 "Newton의 냉각법칙"에 의해 주어진다. 예상되는 온도분포는 그림 10.6-1과 같이 그려진다.

먼저 문제에 대한 에너지 수지를 수립하고자 한다. 고체 내의 열전도를 다루므로 **e** 벡터에서 속도를 포함하는 항들을 버릴 수 있으며, 유일하게 영향을 미치는 항은 열전도를 나타내는 **q** 벡터뿐이다. 먼저 부피 $WH\,\Delta x$를 갖는 평판에 대한 에너지 수지를

영역 01:
$$q_x|_x WH - q_x|_{x+\Delta x} WH = 0 \tag{10.6-1}$$

로 쓸 수 있으며, 영역 내에서 열이 생성되지 않으므로 x에서 들어오는 열과 $x + \Delta x$에서 나가는 열이 반드시 같아야 한다는 것을 나타내고 있다. $WH\,\Delta x$로 나눈 다음 $\Delta x \to 0$ 인 극한을 취하면

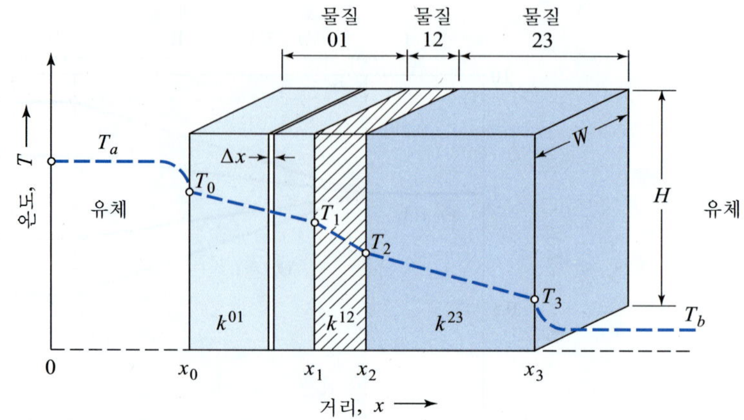

그림 10.6-1 온도가 T_a와 T_b인 두 유체 흐름 사이에 위치한 복합 벽을 통한 열전도.

영역 01: $$\frac{dq_x}{dx} = 0 \tag{10.6-2}$$

를 얻으며, 이 식을 적분하면,

영역 01: $$q_x = q_0 \text{ (상수)} \tag{10.6-3}$$

이 된다. 적분 상수 q_0는 $x = x_0$인 평면에서의 열 흘럭스이다. 식 10.6-1, 2와 3의 전개는 계면에서 q_x에 대한 연속 조건을 갖는 영역 12와 23에서도 동일하게 반복할 수 있으며, 열 흘럭스는 일정하고 세 평판 모두에 대해 동일하다.

영역 01, 12, 23: $$q_x = q_0 \tag{10.6-4}$$

와 같이 각 영역에 대해 동일한 상수값을 갖는다. 이제 세 영역의 각각에 Fourier 법칙을 도입하면

영역 01: $$-k_{01}\frac{dT}{dx} = q_0 \tag{10.6-5}$$

영역 12: $$-k_{12}\frac{dT}{dx} = q_0 \tag{10.6-6}$$

영역 23: $$-k_{23}\frac{dT}{dx} = q_0 \tag{10.6-7}$$

을 얻는다. k_{01}, k_{12}와 k_{23}을 모두 상수라 가정하고, 관련된 물질의 평판 두께 전체에 걸쳐 각 식을 적분하면

영역 01: $$T_0 - T_1 = q_0\left(\frac{x_1 - x_0}{k_{01}}\right) \tag{10.6-8}$$

영역 12: $$T_1 - T_2 = q_0\left(\frac{x_2 - x_1}{k_{12}}\right) \tag{10.6-9}$$

영역 23: $$T_2 - T_3 = q_0\left(\frac{x_3 - x_2}{k_{23}}\right) \tag{10.6-10}$$

을 얻는다. 이에 더하여 Newton의 냉각법칙에 의하면 표면에서의 열전달에 관한 두 가지 진술을 얻는다.

표면 0에서: $$T_a - T_0 = \frac{q_0}{h_0} \tag{10.6-11}$$

표면 3에서: $$T_3 - T_b = \frac{q_0}{h_3} \tag{10.6-12}$$

이들 마지막 5개 식을 모두 더하면

$$T_a - T_b = q_0\left(\frac{1}{h_0} + \frac{x_1 - x_0}{k_{01}} + \frac{x_2 - x_1}{k_{12}} + \frac{x_3 - x_2}{k_{23}} + \frac{1}{h_3}\right) \tag{10.6-13}$$

또는

$$q_0 = \frac{T_a - T_b}{\left(\frac{1}{h_0} + \sum_{j=1}^{3} \frac{x_j - x_{j-1}}{k_{j-1,j}} + \frac{1}{h_3}\right)} \tag{10.6-14}$$

가 된다. 이 결과는 종종 Newton의 냉각법칙을 생각나게 하는 형태인 열 훌럭스 q_0(J/m^2 · s)또는 열 유동 Q_0(J/s) 항으로 다시 쓰이기도 한다.

$$q_0 = U(T_a - T_b) \text{ 또는 } Q_0 = U(WH)(T_a - T_b) \tag{10.6-15}$$

"총괄 열전달계수"라 불리는 양 U는 다음의 유명한 "저항의 덧셈" 공식

$$\frac{1}{U} = \frac{1}{h_0} + \sum_{j=1}^{n} \frac{x_j - x_{j-1}}{k_{j-1,j}} + \frac{1}{h_n} \tag{10.6-16}$$

에 의해 주어지며, 여기서는 n개 물질의 평판을 갖는 계에 대해 공식을 일반화하였다. 식 10.6-15와 16은 열전달계수와 열전도도를 알고 있을 때 두 유체의 흐름을 분리하고 있는 복합 벽을 통한 열전달 속도를 계산하는 데 유용하다. 열전달계수의 계산은 14장에서 다룰 것이다.

이상의 전개에서 고체 평판은 사이에 끼인 공기 공간이 없을 정도로 접촉하고 있다고 암묵적으로 가정하였으며, 만약 고체 표면이 몇몇 점에서만 서로 접촉하고 있다고 가정하면 열전달 저항은 분명히 증가할 것이다.

예제 10.6-1 원통형 복합 벽

그림 10.6-2에서 보는 복합 원통형관 벽에 대한 총괄 열전달계수 공식을 전개하시오.

해 영역 01에 대해 부피 $2\pi rL\,\Delta r$인 쉘에 대한 에너지 수지는

영역 01: $$q_r|_r \cdot 2\pi rL - q_r|_{r+\Delta r} \cdot 2\pi(r+\Delta r)L = 0 \tag{10.6-17}$$

이며, 또

영역 01: $$(2\pi rLq_r)|_r - (2\pi rLq_r)|_{r+\Delta r} = 0 \tag{10.6-18}$$

과 같이 다시 쓸 수 있다. $2\pi rL\,\Delta r$로 나누고 Δr이 0으로 가는 극한을 취하면

영역 01: $$\frac{d}{dr}(rq_r) = 0 \tag{10.6-19}$$

를 얻고, 이 식을 적분하면

$$rq_r = r_0q_0 \tag{10.6-20}$$

을 얻는다. 여기서 r_0는 영역 01의 내부 반지름이고, q_0는 열 흘럭스이다. 영역 12와 23에서도 rq_r은 동일한 상수값을 갖게 되며, 세 영역에 Fourier 법칙을 적용하면

영역 01: $$-k_{01}r\frac{dT}{dr} = r_0q_0 \tag{10.6-21}$$

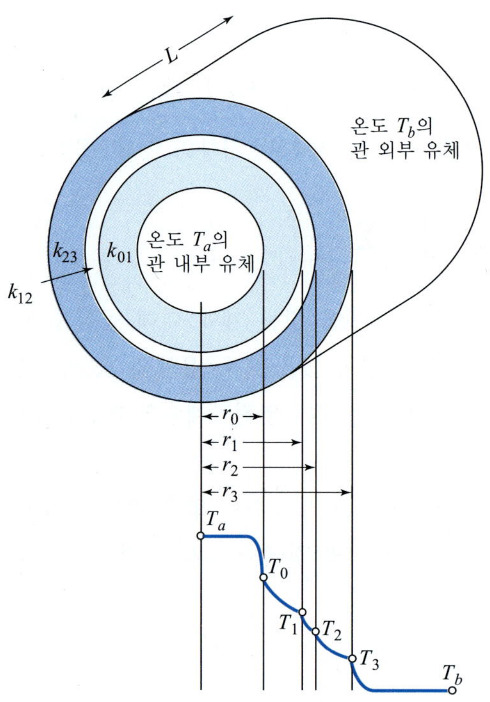

그림 10.6-2 관 내부 온도가 T_a이고 외부 온도가 T_b인 유체를 갖는 적층관을 통한 열전도.

영역 12:
$$-k_{12}r\frac{dT}{dr} = r_0q_0 \tag{10.6-22}$$

영역 23:
$$-k_{23}r\frac{dT}{dr} = r_0q_0 \tag{10.6-23}$$

을 얻는다. 세 원환 영역의 열전도도가 일정하다고 가정하고 위 세 식의 각각을 각 영역에 걸쳐 적분하면

영역 10:
$$T_0 - T_1 = r_0q_0\frac{\ln(r_1/r_0)}{k_{01}} \tag{10.6-24}$$

영역 12:
$$T_1 - T_2 = r_0q_0\frac{\ln(r_2/r_1)}{k_{12}} \tag{10.6-25}$$

영역 23:
$$T_2 - T_3 = r_0q_0\frac{\ln(r_3/r_2)}{k_{23}} \tag{10.6-26}$$

을 얻는다. 유체-고체의 두 계면에서는 Newton의 냉각법칙을 쓸 수 있다.

표면 0:
$$T_a - T_0 = \frac{q_0}{h_0} \tag{10.6-27}$$

표면 3:
$$T_3 - T_b = \frac{q_3}{h_3} = \frac{q_0}{h_3}\frac{r_0}{r_3} \tag{10.6-28}$$

앞의 5개 식을 더하면 $T_a - T_b$에 관한 식을 얻게 되고, 식을 q_0에 대해 풀면

$$Q_0 = 2\pi Lr_0q_0 = \frac{2\pi L(T_a - T_b)}{\left(\frac{1}{r_0h_0} + \frac{\ln(r_1/r_0)}{k_{01}} + \frac{\ln(r_2/r_1)}{k_{12}}\frac{\ln(r_3/r_2)}{k_{23}} + \frac{1}{r_3h_3}\right)} \tag{10.6-29}$$

를 얻는다. 이제 “내부 표면에 근간을 둔 총괄 열전달계수”를

$$Q_0 = 2\pi Lr_0q_0 = U_0(2\pi Lr_0)(T_a - T_b) \tag{10.6-30}$$

으로 정의하며, 마지막 두 식을 결합하면 n개의 원환 층을 갖는 계에 대해 일반화한

$$\frac{1}{r_0U_0} = \left(\frac{1}{r_0h_0} + \sum_{j=1}^{n}\frac{\ln(r_j/r_{j-1})}{k_{j-1,j}} + \frac{1}{r_nh_n}\right) \tag{10.6-31}$$

을 얻는다. U_0에서 하첨자 “0”은 반지름 r_0에서 언급된 총괄 열전달계수를 나타낸다.

10.7 냉각 휜의 열전도[1]

열전도의 간단하지만 또 다른 실용적인 응용은 냉각 휜의 효율 계산이다. 휜은 금속 벽면과 기체와 같이 전도성이 약한 유체 사이에 열전달이 가능하도록 면적을 증가시키기 위해 사용된다. 간단한 직사각형 휜은 그림 10.7-1에서 볼 수 있으며, 벽면의 온도는 T_w이고, 대기 온

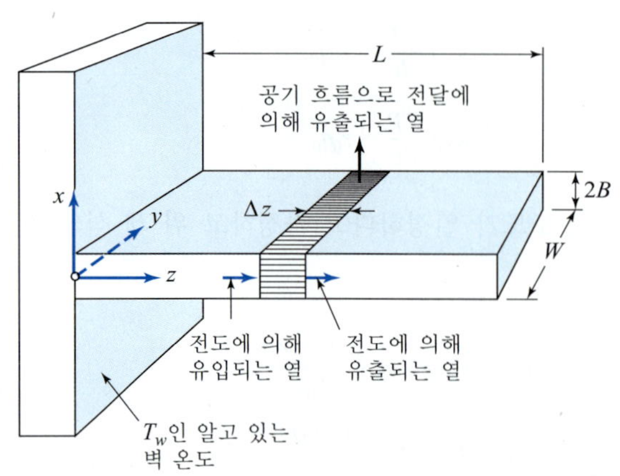

그림 10.7-1 $B << L$이고 $B << W$인 간단한 냉각 휜.

도는 T_a이다.

단순화된 모델에 의해 실제 물리적 상황을 근사함으로써 계를 합리적으로 잘 설명할 수 있다.

실제 상황	모델
1. T는 x, y와 z의 함수이지만, z에 대한 의존성이 가장 중요하다.	1. T는 z 만의 함수이다.
2. 휜의 끝부분(면적 $2BW$)과 모서리 부분(면적 $(2BL + 2BL)$)에서는 작은 양의 열 손실이 일어난다.	2. 끝부분과 모서리에서는 열 손실이 없다.
3. 열전달계수는 위치의 함수이다.	3. 표면 열 흘럭스는 $q_z = h(T - T_a)$로 주어지며, h는 상수이고 T는 z에 의존한다.

에너지 수지는 휜의 Δz 절편에 대해 수립된다. 휜이 고정되어 있으므로 결합 에너지 흘럭스 벡터 **e**에서 **v**를 포함하는 항을 버리면 에너지 흘럭스에 기여하는 것은 단지 **q**뿐이다. 그러므로 에너지 수지는

$$2BWq_z|_z - 2BWq_z|_{z+\Delta z} - h(2W\Delta z)(T - T_a) = 0 \tag{10.7-1}$$

이다. 이를 2BW Δz로 나누고 Δz가 0에 접근하는 극한을 취하면

$$-\frac{dq_z}{dz} = \frac{h}{B}(T - T_a) \tag{10.7-2}$$

를 얻는다. 이제 금속의 열전도도가 k인 Fourier 법칙($q_z = -kdT/dz$)을 대입한다. 만약 k가

[1] 휜에 대한 더 이상의 정보는 M. Jacob, *Heat Transfer*, Vol. 1, Wiley, New York (1949), 11장과 H. D. Baehr and K. Stephan, *Heat and Mass Transfer*, Springer, Berlin (1988), 2.2.3절을 보시오.

일정하다고 가정하면

$$\frac{d^2T}{dz^2} = \frac{h}{kB}(T - T_a) \tag{10.7-3}$$

을 얻는다. 이 식은 경계조건

경계조건 1: $z = 0$에서 $T = T_w$ (10.7-4)

경계조건 2: $z = L$에서 $\frac{dT}{dz} = 0$ (10.7-5)

를 사용하여 풀 수 있다. 이제 다음의 무차원 양

$$\Theta = \frac{T - T_a}{T_w - T_a} = \text{무차원 온도} \tag{10.7-6}$$

$$\zeta = \frac{z}{L} = \text{무차원 거리} \tag{10.7-7}$$

$$N^2 = \frac{hL^2}{kB} = \text{무차원 열전달계수}^2 \tag{10.7-8}$$

을 도입하면, 이 문제는

$$\frac{d^2\Theta}{d\zeta^2} = N^2\Theta \qquad \Theta|_{\zeta=0} = 1 \text{ 이고 } \qquad \left.\frac{d\Theta}{d\zeta}\right|_{\zeta=1} = 0 \tag{10.7-9, 10, 11}$$

의 형태를 갖게 되며, 식 10.7-9를 적분하면 쌍곡선 함수를 얻을 것이다(식 C.1-4와 C.5절 참조). 두 개의 적분 상수를 구하면

$$\Theta = \cosh N\zeta - (\tanh N)\sinh N\zeta \tag{10.7-12}$$

를 얻으며, 이를 재정리하면

$$\boxed{\Theta = \frac{\cosh N(1 - \zeta)}{\cosh N}} \tag{10.7-13}$$

을 얻는다. 단지 모서리와 끝에서의 열 손실이 무시될 때만 이 결과는 합리적이다.

휜 표면의 "효율"은

$$\eta = \frac{\text{휜으로부터 실제 열손실 속도}}{T_w\text{인 등온 휜으로부터 열손실 속도}} \tag{10.7-14}$$

로 정의된다.[3] 그러면 여기서 고려한 문제에 대한 η는

---

[2] 양 N^2은 $N^2 = (hL/k)(L/B) = \text{Bi}(L/B)$와 같이 다시 쓸 수 있다. 여기서 Bi는 **Jean Baptiste Biot** (1774-1862) ("Bee-oh"로 발음되는)의 이름을 따서 Biot 수로 불린다. 프랑스 대학의 물리학 교수로 설탕 농도를 결정하기 위한 단순한 비파괴 실험의 개발로 Rumford 메달을 받았다.

[3] M. Jacob, *Heat Transfer*, Vol. 1, Wiley, New York (1949), p. 235.

$$\eta = \frac{\int_0^W \int_0^L h(T - T_a)dzdy}{\int_0^W \int_0^L h(T_w - T_a)dzdy} = \frac{\int_0^1 \Theta d\zeta}{\int_0^1 d\zeta} \tag{10.7-15}$$

또는

$$\eta = \frac{1}{\cosh N}\left(-\frac{1}{N}\sinh N(1-\zeta)\right)\Big|_0^1 = \frac{\tanh N}{N} \tag{10.7-16}$$

이다. 여기서 N은 식 10.7-8에서 정의된 무차원 양이다.

예제 10.7-1 열전대 측정의 오차

그림 10.7-2에서 기체의 흐름 내로 주입된 원통형 관정 내의 열전대를 볼 수 있다. 만약

$T_1 = 500°\text{F}$ = 열전대에 나타난 온도

$T_w = 350°\text{F}$ = 벽 온도

$h = 120\ \text{Btu/hr}\cdot\text{ft}^2\cdot°\text{F}$ = 열전달계수

$k = 60\ \text{Btu/hr}\cdot\text{ft}\cdot°\text{F}$ = 관정 벽의 열전도도

$B = 0.08$ in. = 관정 벽의 두께

$L = 0.2$ ft = 관정 길이

이면, 기체 흐름의 실제 온도를 구하시오.

해 두께가 B인 열전대 관정 벽면은 단지 한 면만 기체 흐름과 접촉하고 있으며, 관 벽의 두께는 지름에 비해 작다. 그러므로 이 벽을 따른 온도분포는 양 면이 기체의 흐름과 접촉하고 있는 두께가 $2B$인 휜을 따른 온도분포와 거의 같다. 식 10.7-13에 의하면 관정 끝에서의 온도(열전대에 의해 기록된 온도)는

$$\begin{aligned}\frac{T_1 - T_a}{T_w - T_a} &= \frac{\cosh 0}{\cosh N} = \frac{1}{\cosh\sqrt{hL^2/kB}} \\ &= \frac{1}{\cosh\sqrt{(120)(0.2)^2/(60)(\frac{1}{12}\cdot 0.08)}} \\ &= \frac{1}{\cosh(2\sqrt{3})} = \frac{1}{16.0}\end{aligned} \tag{10.7-17}$$

을 만족한다. 그러므로 실제 둘러싸인 기체 온도는 T_a에 대한 이 식의 해를 구함으로써 얻어진다.

$$\frac{500 - T_a}{350 - T_a} = \frac{1}{16.0} \tag{10.7-18}$$

그 결과는

$$T_a = 510°\text{F} \tag{10.7-19}$$

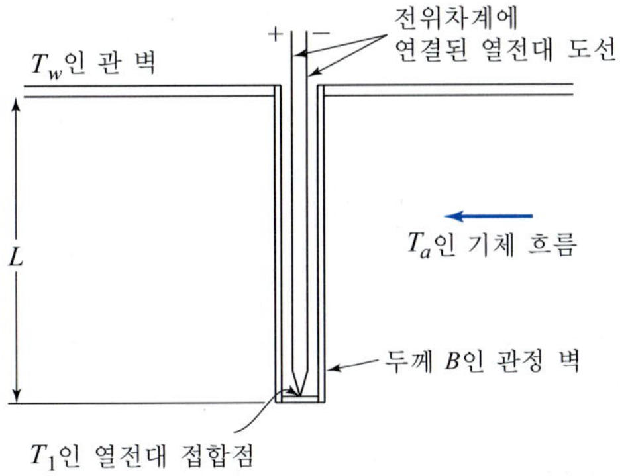

전위차계에 연결된 열전대 도선

T_w인 관 벽

L

T_a인 기체 흐름

두께 B인 관정 벽

T_1인 열전대 접합점

그림 10.7-2 원통형 관정 내의 열전대.

이며, 읽은 값이 실제 온도보다 10°F 더 낮게 나온다.

이 예제는 온도 측정에서 나타날 수 있는 오차의 한 종류에 촛점을 맞추었다. 종종 앞서와 같은 단순한 해석이 측정 오차[4]를 계산하는 데 사용될 수 있다.

10.8 강제 대류

앞 절까지는 고체에서의 열전도에 대해 강조하였다. 이 절과 다음 절은 **강제 대류**와 **자유 대류**(또한 **자연 대류**로 불리는)의 두 극한적인 형태의 유체 내의 열전달을 공부할 것이다. 이 두 대류 양식의 주된 차이는 그림 10.8-1에서 볼 수 있다. 산업적인 열전달 문제의 대부분은 대개 이 두 가지 극한적인 범주의 어느 하나이거나 다른 하나에 해당된다. 하지만 몇몇 문제에서는 두 가지 효과를 모두 고려하여야 하는데, 이를 **혼합 대류**라 한다(이러한 상황을 다루는 몇 가지 경험론에 대해서는 14.6절 참조).

이 절에서는 해석적으로 풀기에 충분히 단순한 극한적인 경우인 원형관 내의 강제 대류를 다루고자 한다.[1,2] μ, k, ρ, $\hat{C}_p$ 등의 물성이 일정하다고 가정한 점성 유체가 반지름이 R인 원형관 내를 층류로 흐르고 있다. $z < 0$ 에서 유체의 온도는 유입 온도 T_1으로 균일하며, $z > 0$ 에서는 벽에 일정한 반지름 방향의 열 흘럭스 $q_r = -q_0$가 있다. 예를 들면 관이 전기 가열 코일로 균일하게 감겨 있으면 q_0는 양인 경우이며, 관이 냉각되고 있다면 q_0는 음으로 취급되어야 한다.

[4] 더 이상의 논의에 대해서는 M. Jacob, *Heat Transfer*, Vol. II, Wiley, New York (1949), 33장, pp. 147-201을 보시오.

[1] A. Eagle and R. M. Ferguson, *Proc. Roy. Soc. (London)*, **A127**, 540-566 (1930).

[2] S. Goldstein, *Modern Development of Fluid Dynamics*, Oxford University Press (1938), Dover Edition (1965), Vol. II, p. 622.

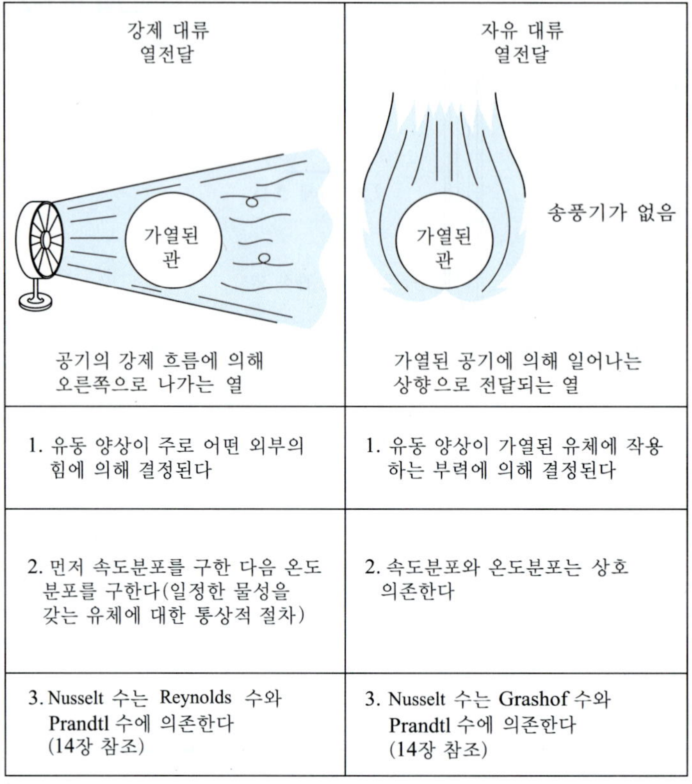

그림 10.8-1 비등온계에서 강제 대류와 자유 대류의 비교

그림 10.8-1에서 지적한 바와 같이 강제 대류의 열전달 문제를 해석하는 첫 번째 단계는 계의 속도분포를 계산하는 것이다. 쉘 수지법을 사용함으로써 관 유동에 대해 이를 어떻게 구하는지 2.3절에서 보았으며, 얻어진 속도분포가 $v_r = 0$, $v_\theta = 0$이고

$$v_z = \frac{(\mathcal{P}_0 - \mathcal{P}_L)R^2}{4\mu L}\left[1 - \left(\frac{r}{R}\right)^2\right] = v_{z,\max}\left[1 - \left(\frac{r}{R}\right)^2\right] \tag{10.8-1}$$

임을 안다. 이 포물선 분포는 입구로부터 충분히 떨어진 입구 길이를 넘어선 하류에서 타당하다.

이 문제에서 열은 r과 z 양 방향으로 전달되므로 에너지 수지를 수립하기 위해 두께가 Δr인 원환 영역과 두께가 Δz인 평판의 교차로 형성되는 "워셔 모양"의 계를 사용한다(그림 10.8-2 참조). 이 문제에서는 흐르는 유체를 다루므로 **e** 벡터 내의 모든 항이 남게 될 것이며, 식 10.1-1의 다양한 기여는

r에서 들어오는 총 에너지 $\qquad e_r|_r \cdot 2\pi r\Delta z = (2\pi r e_r)|_r\,\Delta z \qquad$ (10.8-2)

$r + \Delta r$에서 나가는 총 에너지 $\qquad e_r|_{r+\Delta r} \cdot 2\pi(r + \Delta r)\Delta z = (2\pi r e_r)|_{r+\Delta r}\,\Delta z \qquad$ (10.8-3)

z 에서 들어오는 총 에너지 $\qquad e_z|_z \cdot 2\pi r\Delta r \qquad$ (10.8-4)

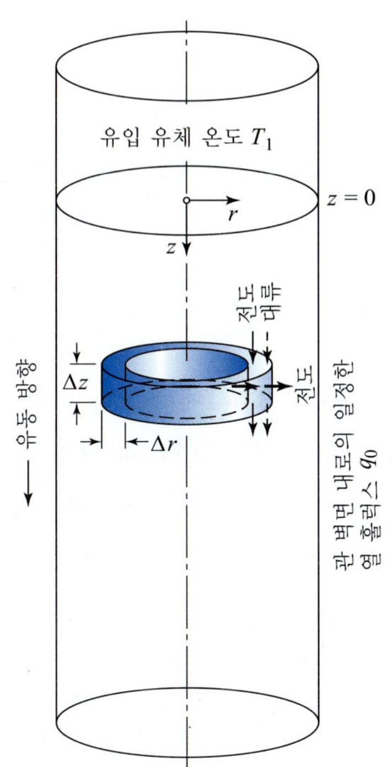

그림 10.8-2 전체에 걸쳐 에너지 수지가 수립되는 원환 고리를 보이면서 원형관을 통해 흐르는 층류 내의 유체의 가열.

$z + \Delta z$에서 나가는 총 에너지 $\quad e_z|_{z+\Delta z} \cdot 2\pi r \Delta r \quad$ (10.8-5)

중력에 의해 유체에 하는 일 $\quad \rho v_z g_z \cdot 2\pi r \Delta r \Delta z \quad$ (10.8-6)

이 있다. 마지막 기여는 중력에 의해 고리 내의 유체에 대해 하는 일의 속도, 즉 단위 부피당 힘인 ρg_z와 부피 $2\pi r\ \Delta r\ \Delta z$를 곱한 값에 아래로 흐르는 유체의 속도를 곱한 것이다.

이들 기여를 더하고 합을 0으로 둠으로써 에너지 수지를 얻게 된다. 그런 다음 $2\pi \Delta r \Delta z$로 나누면

$$\frac{(re_r)|_r - (re_r)|_{r+\Delta r}}{\Delta r} + r\frac{e_z|_z - e_z|_{z+\Delta z}}{\Delta z} + \rho v_z g_z r = 0 \tag{10.8-7}$$

을 얻는다. Δr과 Δz가 0이 되는 극한에서

$$-\frac{1}{r}\frac{\partial}{\partial r}(re_r) - \frac{\partial e_z}{\partial z} + \rho v_z g = 0 \tag{10.8-8}$$

임을 알며, g_z의 하첨자 z는 중력 벡터가 +z 방향으로 작용하므로 생략하였다.

다음 속도 **v**의 0이 아닌 유일한 성분은 축 방향의 성분 v_z 뿐이라는 사실을 사용하면서 식 9.8-6과 9.8-8를 사용하여 결합 에너지 훌럭스 벡터의 r-과 z- 성분에 대한 식을 쓰면

$$e_r = \tau_{rz}v_z + q_r = -\left(\mu\frac{\partial v_z}{\partial r}\right)v_z - k\frac{\partial T}{\partial r} \tag{10.8-9}$$

$$e_z = (\tfrac{1}{2}\rho v_z^2)v_z + \rho\hat{H}v_z + \tau_{zz}v_z + q_z$$
$$= (\tfrac{1}{2}\rho v_z^2)v_z + \rho\hat{H}^\circ v_z + (p - p^\circ)v_z + \rho\hat{C}_p(T - T^\circ)v_z - \left(2\mu\frac{\partial v_z}{\partial z}\right)v_z - k\frac{\partial T}{\partial z} \quad (10.8\text{-}10)$$

을 얻는다. 이들 훌럭스 식을 식 10.8-8에 대입하고, v_z가 r에만 의존한다는 사실을 적용한 다음 약간 재정리하면

$$\rho\hat{C}_p v_z\frac{\partial T}{\partial z} = k\left[\frac{1}{r}\frac{\partial}{\partial r}\left(r\frac{\partial T}{\partial r}\right) + \frac{\partial^2 T}{\partial z^2}\right] + \mu\left(\frac{\partial v_z}{\partial r}\right)^2 + v_z\left[-\frac{\partial p}{\partial z} + \mu\frac{1}{r}\frac{\partial}{\partial r}\left(r\frac{\partial v_z}{\partial r}\right) + \rho g\right] \quad (10.8\text{-}11)$$

을 얻는다. 운동방정식의 z 성분인 두 번째 괄호는 식 3.6-4에서 보는 바와 같이 정확히 0이다. $+\mu(\partial v_z/\partial r)^2$ 항은 점성 발열이며, 이번 논의에서는 무시한다. 축 방향의 열전도에 상응하는 첫 번째 괄호 안의 마지막 항은 축 방향의 열 대류와 비교할 때 대체로 작다는 것을 경험으로 알고 있으므로 생략할 것이다. 그러므로 여기서 풀어야 할 식은 다음과 같다.

$$\rho\hat{C}_p v_{z,\max}\left[1 - \left(\frac{r}{R}\right)^2\right]\frac{\partial T}{\partial z} = k\left[\frac{1}{r}\frac{\partial}{\partial r}\left(r\frac{\partial T}{\partial r}\right)\right] \quad (10.8\text{-}12)$$

이 편미분방정식을 풀면 r과 z의 함수인 유체의 온도를 얻게 된다. 경계조건은

경계조건 1: $r = 0$ 에서, $T =$ 유한 (10.8-13)

경계조건 2: $r = R$ 에서, $k\dfrac{\partial T}{\partial r} = q_0$ (일정) (10.8-14)

경계조건 3: $z = 0$ 에서, $T = T_1$ (10.8-15)

이다. 이제 문제를 무차원 형태로 나타낸다. 무차원 양은 임의로 선정할 수 있으므로,

$$\Theta = \frac{T - T_1}{q_0 R/k} \qquad \xi = \frac{r}{R} \qquad \zeta = \frac{z}{\rho\hat{C}_p v_{z,\max}R^2/k} \quad (10.8\text{-}16, 17, 18)$$

과 같이 선정하였다. 일반적으로 무차원 양을 선택할 때는 문제에 대한 최종식에서 매개변수의 수를 최소화할 수 있도록 선택한다. 이 문제에서 $\xi = r/R$를 선택한 것은 미분방정식에서 r/R이 나타나기 때문에 자연스러운 것이다. 무차원 온도의 선택은 두 번째와 세 번째 경계조건에 의해 제안된다. 이들 두 무차원 변수를 지정함으로써 무차원 축 방향 좌표는 자연스럽게 따라 오게 된다.

결과적으로 문제를 나타내는 무차원 형태의 식은

$$(1 - \xi^2)\frac{\partial\Theta}{\partial\zeta} = \frac{1}{\xi}\frac{\partial}{\partial\xi}\left(\xi\frac{\partial\Theta}{\partial\xi}\right) \quad (10.8\text{-}19)$$

이며,

경계조건 1: $\xi = 0$ 에서, $\Theta =$ 유한 (10.8-20)

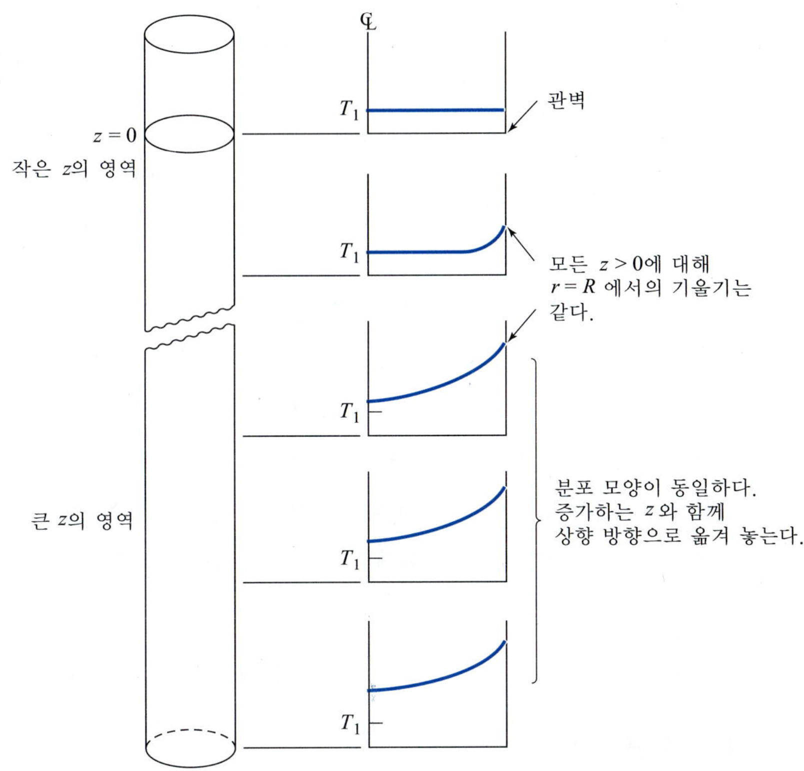

그림 10.8-3 유체가 관 주위를 균일하게 감은 가열 코일에 의해 가열될 때 그림 10.8-2에서 보는 계에 대한 온도 $T(r, z)$가 어떻게 보여질 것인지를 기대하는 개략적인 그림.

경계조건 2: $$\xi = 1 \text{에서,} \quad \frac{\partial \Theta}{\partial \xi} = 1 \tag{10.8-21}$$

경계조건 3: $$\zeta = 0 \text{ 에서,} \quad \Theta = 0 \tag{10.8-22}$$

의 경계조건을 갖는다. 식 10.8-19의 편미분방정식은 이들 경계조건에 대해 풀 수 있지만,[3] 이 절에서는 완벽한 해를 제공하지는 않는다.

하지만 큰 ζ에 대해 식 10.8-19의 점근해를 얻는 것은 도움이 된다. 유체가 가열된 부분의 시작점으로부터 충분히 먼 하류에 있게 된 후에는, 벽을 통해 일정하게 유입되는 열 훌럭스는 유체의 온도를 ζ에 선형적으로 증가시키게 될 것으로 기대한다. 더욱이 ξ의 함수로서의 온도분포의 형상은 ζ가 증가함에 따라 궁극적으로 더 이상 변하지 않을 것으로 기대할 수 있다(그림 10.8-3 참조). 그러므로 큰 ζ에 대해서는 다음 형태의 해가 합리적인 것으로 보인다.

[3] R. Siegel, E. M. Sparrow, and T. M. Hallman, *Appl. Sci. Research*, **A7**, 386-392 (1958). 완벽한 해에 대해서는 예제 12.2-1을 보고, 작은 ζ에 대한 점근해에 대해서는 예제 12.2-2를 보시오.

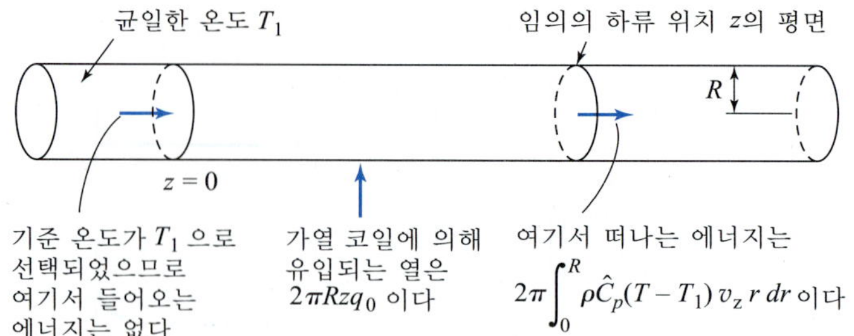

그림 10.8-4 식 10.8-24에서 주어진 경계조건 4를 사용한 에너지 수지.

$$\Theta(\xi, \zeta) = C_0\zeta + \Psi(\xi) \tag{10.8-23}$$

여기서 C_0는 곧 결정되어야 할 상수이다.

식 10.8-23의 함수는 문제에 대한 완벽한 해가 아님이 명백하다. 이는 편미분방정식과 경계조건 1, 2를 만족하지만 경계조건 3은 명백히 만족하지 않는다. 그러므로 후자를 적분 조건

조건 4:
$$2\pi Rzq_0 = \int_0^{2\pi}\int_0^R \rho\hat{C}_p(T - T_1)v_z r\,dr\,d\theta \tag{10.8-24}$$

또는 무차원 형태

$$\zeta = \int_0^1 \Theta(\xi, \zeta)(1 - \xi^2)\xi\,d\xi \tag{10.8-25}$$

로 대체하고자 한다(그림 10.8-4 참조). 이 조건은 거리 ζ에 걸쳐 벽을 통해 들어오는 에너지는 ζ에서 단면을 통해 빠져나가는 에너지와 $\zeta = 0$에서 단면을 통해 들어오는 에너지의 차이와 같다는 것을 의미한다.

식 10.8-23에서 가정한 함수를 식 10.8-19에 대입하면 Ψ에 대한 다음의 상미분방정식을 유도하게 된다(식 C.1-11 참조).

$$\frac{1}{\xi}\frac{d}{d\xi}\left(\xi\frac{d\Psi}{d\xi}\right) = C_0(1 - \xi^2) \tag{10.8-26}$$

이 방정식을 ξ에 대해 두 번 적분하고, 그 결과를 식 10.8-23에 대입하면

$$\Theta(\xi, \zeta) = C_0\zeta + C_0\left(\frac{\xi^2}{4} - \frac{\xi^4}{16}\right) + C_1 \ln \xi + C_2 \tag{10.8-27}$$

을 얻고, 조건 1, 2와 4로부터 세 상수를 결정하게 된다.

경계조건 1 : $\quad C_1 = 0 \qquad (10.8\text{-}28)$

경계조건 2 : $\quad C_0 = 4 \qquad (10.8\text{-}29)$

조건 4 : $\quad C_2 = -\frac{7}{24} \qquad (10.8\text{-}30)$

이들 값을 식 10.8-27에 대입하면 최종적으로

$$\boxed{\Theta(\xi, \zeta) = 4\zeta + \xi^2 - \tfrac{1}{4}\xi^4 - \tfrac{7}{24}} \tag{10.8-31}$$

로 주어지며, 무차원 온도는 무차원 반지름 방향과 축 방향 좌표의 함수로 주어진다. 이 결과는 $\zeta \to \infty$인 극한에서는 정확하며, $\zeta > 0.1$에 대해서는 Θ의 국부값을 약 2% 이내로 예측할 수 있다.

온도분포를 알면, 파생되는 다양한 양들을 얻을 수 있다. ρ와 $\hat{C}_p$가 일정한 유체의 유동과 관련하여 통상적으로 사용되는 두 종류의 평균 온도가 있다.

$$\langle T \rangle = \frac{\int_0^{2\pi} \int_0^R T(r, z) r \, dr \, d\theta}{\int_0^{2\pi} \int_0^R r \, dr \, d\theta} = T_1 + (4\zeta + \tfrac{7}{24}) \frac{q_0 R}{k} \tag{10.8-32}$$

$$T_b = \frac{\langle v_z T \rangle}{\langle v_z \rangle} = \frac{\int_0^{2\pi} \int_0^R v_z(r) T(r, z) r \, dr \, d\theta}{\int_0^{2\pi} \int_0^R v_z(r) r \, dr \, d\theta} = T_1 + (4\zeta) \frac{q_0 R}{k} \tag{10.8-33}$$

두 평균 온도는 모두 z의 함수이다. 양 $\langle T \rangle$는 z에서 단면에 걸친 온도의 산술 평균이다. "총괄 온도" T_b는 z에서 관을 자른 다음 앞으로 쏟아져 나오는 유체를 용기에 모은 후에 완전히 혼합하여 얻게 되는 온도이다. 이 평균 온도는 때로는 "혼합 용기 온도" 또는 "유동 평균 온도"라고 불리기도 한다.

이제 관을 따라 내려가는 거리 z에서의 벽면 온도와 총괄 온도의 차이인 국부적인 열전달 구동력 $T_0 - T_b$를 구해 보자.

$$T_0 - T_b = \frac{11}{24} \frac{q_0 R}{k} = \frac{11}{48} \frac{q_0 D}{k} \tag{10.8-34}$$

여기서 D는 관의 지름이다. 이제 이 결과를 무차원 벽면 열 훌럭스의 형태로 다시 정리하면

$$\frac{q_0 D}{k(T_0 - T_b)} = \frac{48}{11} \tag{10.8-35}$$

이 되고, 14장에서 Nusselt 수로 확인할 수 있다.

이 절을 떠나기 전에 위에서 도입된 무차원 축 방향 좌표 ζ는 다음과 같은 방법으로 다시 쓸 수 있음을 지적하고자 한다.

$$\zeta = \left[\!\left[\frac{\mu}{D\langle v_z \rangle \rho} \right]\!\right] \left[\!\left[\frac{k}{\hat{C}_p \mu} \right]\!\right] \left[\!\left[\frac{z}{R} \right]\!\right] = \frac{1}{\text{RePr}} \left[\!\left[\frac{z}{R} \right]\!\right] = \frac{1}{\text{Pé}} \left[\!\left[\frac{z}{R} \right]\!\right] \tag{10.8-36}$$

여기서 D는 관의 지름, Re는 I부에서 사용하였던 Reynolds 수, Pr과 Pé는 9장에서 소개

한 Prandtl 수와 Péclet 수이다. Reynolds 수와 Prandtl 수가 강제 대류 문제에 나타날 것이라고 기대할 수 있음을 11장에서 발견할 것이다. 이 점은 열전달계수에 대한 상관관계와 관련하여 14장에서 강조될 것이다.

10.9 자유 대류

10.8절에서는 강제 대류의 예를 보았다. 이 절에서는 초보적인 자유 대류 문제, 즉 다른 온도로 유지되고 있는 평행한 두 벽 사이의 유동으로 관심을 돌리고자 한다(그림 10.9-1 참조).

밀도가 ρ이고, 점도가 μ인 유체가 간격이 $2B$ 만큼 떨어진 수직한 두 벽 사이에 놓여 있으며, $y = -B$에서 가열된 벽은 온도 T_2로 유지되고 있고, $y = +B$에서 냉각된 벽은 온도 T_1으로 유지되고 있다. 온도차가 충분히 작아서 $(\Delta T)^2$을 포함하는 항을 무시할 수 있다고 가정한다.

이 계에서는 온도 구배 때문에 뜨거운 벽 부근의 유체는 올라가고 차가운 벽 부근의 유체는 하강한다. 이 계는 꼭대기와 바닥이 닫혀 있으므로 유체는 평판 사이에서 계속해서 순환하고 있다. 위로 향해 움직이는 흐름에서 유체의 질량 유량은 밑으로 향해 움직이는 흐름에서의 질량 유량과 똑 같으며, 평판이 매우 길다고 가정하면 꼭대기와 바닥 근처의 말단 효과는 무시할 수 있다. 그러면 모든 실제적인 목적을 위해 온도는 y만의 함수가 된다.

이제 에너지 수지는 식 9.8-6에서 주어진 바와 같이 결합 에너지 훌럭스 벡터 $\mathbf{e}$의 y 성분을 사용하여 두께가 Δy인 유체의 얇은 평판에 걸쳐 수립할 수 있다. $\mathbf{v}$ 벡터의 y 성분이 0이므로 운동에너지와 엔탈피를 포함하는 항은 버릴 수 있으며, $[\boldsymbol{\tau} \cdot \mathbf{v}]$ 항의 y 성분은 $\tau_{yz}v_z$

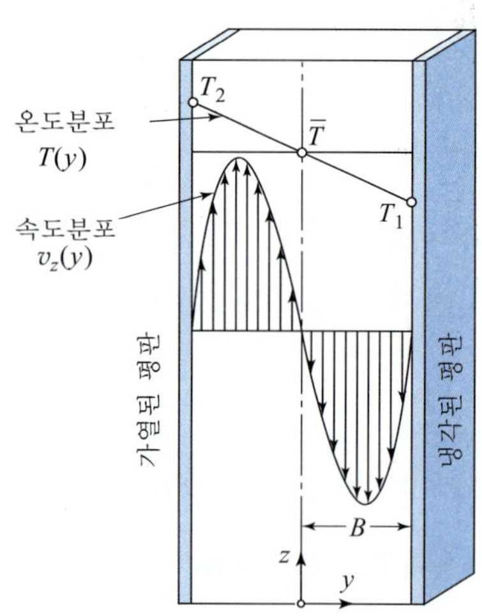

그림 10.9-1 서로 다른 온도를 갖는 두 수직 평판 사이의 층류 자유 대류 유동. 속도는 y 좌표의 3차 함수이다.

$= -\mu(dv_z/dy)v_z$이고 이는 10.4절에서 논의한 점성열 기여의 원인이다. 그러나 자유 대류에서 다루는 매우 느린 유동에서는 이 항이 극단적으로 작을 것이므로 무시할 수 있다. 그러면 에너지 수지는 일정한 k 에 대해

$$-\frac{dq_y}{dy} = 0 \quad \text{또는} \quad k\frac{d^2T}{dy^2} = 0 \tag{10.9-1}$$

의 식으로 유도된다. 온도방정식은 경계조건

경계조건 1: $y = -B$에서 $T = T_2$ (10.9-2)

경계조건 2: $y = +B$에서 $T = T_1$ (10.9-3)

을 사용하여 풀 수 있으며, 이 문제에 대한 해는

$$\boxed{T = \overline{T} - \frac{1}{2}\Delta T\frac{y}{B}} \tag{10.9-4}$$

이다. 여기서 $\Delta T = T_2 - T_1$은 벽 온도차이고, $\overline{T} = \frac{1}{2}(T_1 + T_2)$는 두 벽 온도의 산술 평균이다.

두께가 Δy인 동일한 평판에 걸쳐 운동량 수지를 수립하면 속도분포에 대한 미분방정식

$$\mu\frac{d^2v_z}{dy^2} = \frac{dp}{dz} + \rho g \tag{10.9-5}$$

를 얻는다. 여기서 점도는 일정하다고 가정하였다(온도 의존형 점도를 갖는 해에 대해서는 문제 10B.11 참조).

자유 대류 현상은 유체가 가열되면 밀도가 (보통) 감소하고 유체가 상승한다는 사실로부터 유발된다. 계의 수학적 표현에는 이 현상에 대한 필수적 양상이 반드시 고려되어야 한다. 이 문제에서는 온도차 $\Delta T = T_2 - T_1$가 작기 때문에 계의 밀도 변화도 작을 것이라고 예상할 수 있으며, 이는 ρ를 온도 $\overline{T} = \frac{1}{2}(T_1 + T_2)$에 관해 Taylor 급수로 전개할 수 있음을 암시하고 있다. 따라서

$$\begin{aligned}\rho &= \rho|_{T=\overline{T}} + \left.\frac{d\rho}{dT}\right|_{T=\overline{T}}(T - \overline{T}) + \cdots \\ &= \overline{\rho} - \overline{\rho}\overline{\beta}(T - \overline{T}) + \cdots\end{aligned} \tag{10.9-6}$$

이 된다. 여기서 $\overline{\rho}$와 $\overline{\beta}$는 온도 $\overline{T}$에서 계산되는 밀도와 부피 팽창계수이며, 부피 팽창계수는

$$\beta = \frac{1}{V}\left(\frac{\partial V}{\partial T}\right)_p = \frac{1}{(1/\rho)}\left(\frac{\partial(1/\rho)}{\partial T}\right)_p = -\frac{1}{\rho}\left(\frac{\partial\rho}{\partial T}\right)_p \tag{10.9-7}$$

로 정의된다. 이제 식 10.9-6의 "Taylor 급수에 의해 만들어진" 상태방정식(단지 두 개의 항만을 유지한)을 식 10.9-5의 운동방정식에 도입하면

$$\mu \frac{d^2 v_z}{dy^2} = \frac{dp}{dz} + \bar{\rho} g - \bar{\rho} g \bar{\beta}(T - \bar{T}) \tag{10.9-8}$$

을 얻으며, 이 식은 점성력, 압력, 중력과 부력 $-\bar{\rho} g \bar{\beta}(T - \bar{T})$ (모두 단위 부피당) 사이의 수지를 나타낸다. 이 식에 식 10.9-4에 주어진 온도분포를 대입하면

$$\mu \frac{d^2 v_z}{dy^2} = \left(\frac{dp}{dz} + \bar{\rho} g\right) + \tfrac{1}{2} \bar{\rho} g \bar{\beta} \Delta T \frac{y}{B} \tag{10.9-9}$$

의 미분방정식을 얻게 되고, 경계조건

경계조건 1: $y = -B$에서 $v_z = 0$ (10.9-10)

경계조건 2: $y = +B$에서 $v_z = 0$ (10.9-11)

을 사용하여 풀 수 있으며, 해는

$$v_z = \frac{(\bar{\rho} g \bar{\beta} \Delta T) B^2}{12\mu} \left[\left(\frac{y}{B}\right)^3 - \left(\frac{y}{B}\right)\right] + \frac{B^2}{12\mu}\left(\frac{dp}{dz} + \bar{\rho} g\right)\left[\left(\frac{y}{B}\right)^2 - 1\right] \tag{10.9-12}$$

이다. 이제 z 방향의 알짜 질량 유동이 0임을 만족하여야 한다. 즉

$$\int_{-B}^{+B} \rho v_z dy = 0 \tag{10.9-13}$$

을 만족하여야 한다. 식 10.9-12의 v_z와 식 10.9-6과 4에서 ρ를 이 적분에 대입하고 작은 양 ΔT의 제곱을 포함하는 항을 무시하면

$$\frac{dp}{dz} = -\bar{\rho} g \tag{10.9-14}$$

라는 결론을 유도할 수 있다. 식 10.9-14는 계의 압력 구배가 단지 유체의 무게에 기인하며, 통상의 정역학적 압력분포의 영향이 나타남을 말해준다. 그러므로 식 10.9-12의 우변의 두 번째 항은 생략되며, 속도분포에 대한 최종식은

$$\boxed{v_z = \frac{(\bar{\rho} g \bar{\beta} \Delta T) B^2}{12\mu} \left[\left(\frac{y}{B}\right)^3 - \left(\frac{y}{B}\right)\right]} \tag{10.9-15}$$

이고, 위로 향해 움직이는 흐름의 평균 속도는

$$\langle v_z \rangle = \frac{(\bar{\rho} g \bar{\beta} \Delta T) B^2}{48\mu} \tag{10.9-16}$$

이다. 유체의 운동은 계의 온도 구배와 결부된 식 10.9-8의 부력항의 직접적인 결과이다. 식 10.9-15의 속도분포는 그림 10.9-1에서 볼 수 있으며, 건물의 이중 벽 패널이나 이중 유리 창문의 공기 공간에서 나타나는 속도분포가 이런 종류이다. 또한 자유 대류와 열 확산의 결

합된 효과로 유기 액체 혼합물이나 동위원소를 분리하기 위해 사용되는 Clusius-Dickel 탑의 운전에서도 이런 종류의 유동이 일어난다.[1]

식 10.9-15의 속도분포는 무차원 속도 $\breve{v}_z = Bv_z\bar{\rho}/\mu$와 무차원 좌표 $\breve{y} = y/B$를 사용하여 다시 쓸 수 있을 것이다.

$$\breve{v}_z = \frac{1}{2}\,\mathrm{Gr}(\breve{y}^3 - \breve{y}) \qquad (10.9\text{-}17)$$

여기서 Gr은

$$\mathrm{Gr} = \left[\!\left[\frac{(\bar{\rho}^2 g\bar{\beta}\Delta T)B^3}{\mu^2}\right]\!\right] = \left[\!\left[\frac{\bar{\rho} g B^3\,\Delta\rho}{\mu^2}\right]\!\right] \qquad (10.9\text{-}18)$$

로 정의되는 무차원 Grashof 수[2]이며, $\Delta\rho = \rho_1 - \rho_2$이다. Grashof 수의 두 번째 형태는 식 10.9-6을 사용하면 첫 번째 형태로부터 얻을 수 있다. 11장의 차원 해석에서 보는 바와 같이 Grashof 수는 자유 대류 해석에서 나타나는 특징적인 무차원군이며, 14장의 열전달계수의 상관관계에도 나타난다.

토론을 위한 질문

1. Brinkman, Biot, Prandtl 및 Grashof 수는 무차원임을 증명하시오.
2. 어떤 전기 회로 문제가 열적 저항의 합과 상사한가?
3. 이상기체에 대한 부피 팽창계수는 무엇인가? Grashof 수에 대응하는 식은 무엇인가?
4. 점도 측정, 윤활, 플라스틱 압출에서 점성 발열에 의해 나타나는 큰 온도 구배의 몇몇 결과는 무엇인가?
5. 10.8절에서 무차원 온도와 무차원 축 좌표로 $\Theta = (T - T_1)/T_1$과 $\zeta = z/R$를 선택하면 어떤 잇점이 있는가?
6. 만약 유체가 물이고, $\bar{T}$가 4℃이었다면 10.9절에서 무슨 일이 일어났을까?
7. 지수 함수보다 쌍곡선 함수의 항으로 식 10.7-9를 해석하면 어떤 이점이 있는가?
8. 식 10.8-11에서 식 10.8-12로 진행해 가면서 축 대류항에 비해 축 전도항을 무시하였다. 이를 정당화하기 위해 항의 상대적인 크기를 구하기 위한 어떤 합리적인 수치값을 넣으시오.
9. 강제 대류 문제를 해석하는 데 있어 점도의 온도에 대한 의존성을 무시하는 것이 얼마나 심각한가? 점성 소산 가열 문제는 어떠한가?

[1] 열 확산은 온도 구배로 유발되는 확산이다. Clusius-Dickel 탑에 대한 명료한 논의를 위해서는 K. E. Grew and T. L. Ibbs, *Thermal Diffusion in Gases*, Cambridge Univeristy Press (1952), pp. 94-106을 보시오.

[2] **Franz Grashof** (1826-1893) ("Grahss-hoff"로 발음되는)의 이름을 따서 명명된. 그는 칼스루훼의 응용역학 교수였으며, 1856년 Verein Deutscher Ingenieure의 설립자 중 한 사람이었다.

10. 적층계의 정상상태 온도분포가 아래와 같이 나타난다. 어떤 물질의 열전도도가 더 높은가?

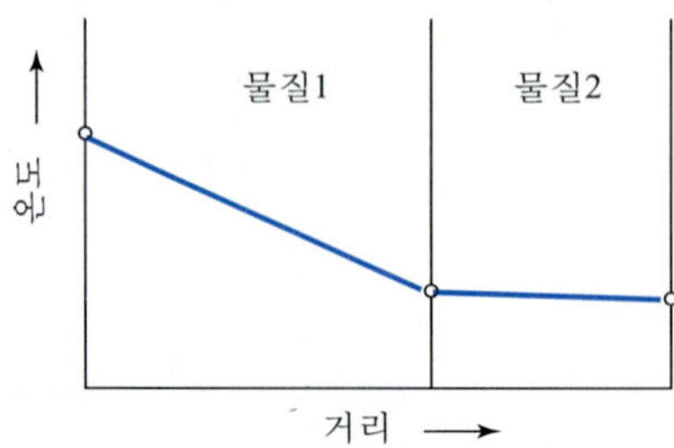

11. 식 10.6-4는 $x + \Delta x$를 x_0로 대체하여 식 10.6-1을 다시 씀으로써 직접 얻어질 수 있음을 보이시오. 유사하게 $r + \Delta r$을 r_0로 대체하면 식 10.6-17로부터 식 10.6-20을 얻을 수 있다.

문제

10A.1. 단열관으로부터의 열손실. 수증기를 수송하는 표준 규격 40의 2-in. 강관(내부 지름이 2.067 in.이고 벽 두께가 0.154 in.인)을 2 in.의 85% 산화마그네슘으로 둘러 싼 다음 다시 2 in.의 코르크로 단열하고 있다. 만약 관 내부 표면의 온도가 250°F이고, 코르크 외부 표면의 온도가 90°F라 하면, 관의 단위 ft당 단위 시간당 열손실을 구하시오. 관련 물질의 열전도도(Btu/hr · ft · F로)는 철, 26.1; 85% 산화마그네슘, 0.04; 코르크, 0.03이다.

답: 24 Btu/hr · ft

10A.2. 직사각형 휜으로부터의 열손실. 다음 조건에 대한 직사각형 휜(그림 10.7-1 참조)으로부터의 열손실을 계산하시오.

대기 온도	350°F
벽 온도	500°F
휜의 열전도도	60 Btu/hr · ft · F
공기의 열전도도	0.0022 Btu/hr · ft · F
열전달계수	120 Btu/hr · ft^2 · F
휜 길이	0.2 ft
휜 너비	1.0 ft
휜 두께	0.16 in

답: 2074 But/hr

10A.3. 윤활유 내의 최대 온도. 그림 10.4-1에서 보는 바와 같이 오일이 한 쌍의 원통형 표면에 대해 윤활유와 같은 역할을 한다. 외부 원통의 각속도가 7908 rpm이고, 외부 원통의 반지름은 5.06 cm이며 원통 사이 간격은 0.027 cm이다. 만약 양쪽 벽 온도가 158°F로 알려져 있다면 오일의 최대 온도는 얼마가 되겠는가? 오일의 물성은 다음 값들로 일정하다고 가정한다.

점도	92.3 cp
밀도	1.22 g/cm^3
열전도도	0.0055 cal/s · cm · C

답: 174°F

10A.4. 도선의 전류 전송 용량. 지름이 0.040 in.인 구리 도선이 외부 지름이 0.12 in.인 플라스틱으로 균일하게 절연되어 있으며, 100°F의 외부에 노출되어 있다. 플라스틱 외부 표면에서 외부로의 열전달계수는 1.5 Btu/hr·ft^2·F이다. 플라스틱의 어느 부분도 200°F의 운전 제한조건을 넘는 가열이 일어나지 않으면서 전송할 수 있는 도선의 정상상태 최대 전류는 얼마인가? 열전도도와 전기전도도는 여기 주어진 값으로 일정하다고 가정한다.

	k (Btu/hr · ft · F)	k_e (ohm^{-1} cm^{-1})
구리	220	5.1×10^5
플라스틱	0.20	0.0

답: 13.4 amp

10A.5. 자유 대류 속도.

(a) 식 10.9-16에서 위로 향해 움직이는 흐름의 평균 속도에 대한 식을 증명하시오.

(b) 아래에 주어진 조건에 대해 $\bar{\beta}$를 구하시오.

(c) 이들 조건 하에서 흐르고 있는 공기에 대해 그림 10.9-1에서 설명한 계 내에서 위로 향해 움직이는 흐름의 평균 속도는 얼마인가?

압력	1 atm
가열된 벽 온도	100°C
냉각된 벽 온도	20°C
벽 사이 간격	0.6 cm

답: 2.3 cm/s

10A.6. 벽의 단열 일률(그림 10A.6). 벽의 "단열 일률"은 그림에서 보는 배열을 통해 측정할 수 있다. 플라스틱 패널을 벽에 마주보도록 두고, 패널에 두 개의 열전대를 패널 표면과 같은 높이로 고정시키며, 플

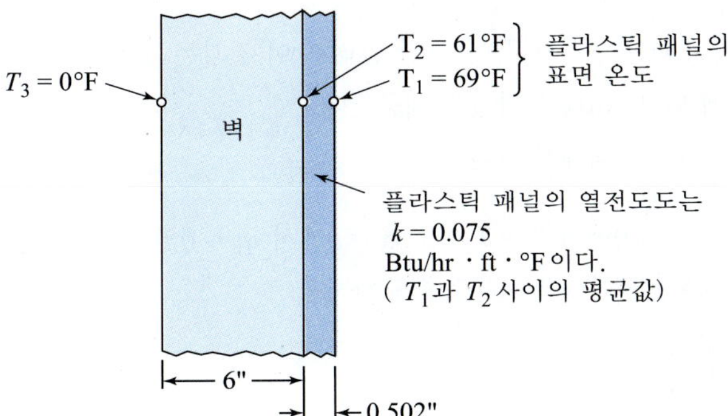

그림 10A.6 벽 열저항의 결정

라스틱 패널의 열전도도와 두께는 알고 있다. 그림에서 보는 측정된 정상상태의 온도로부터 다음을 계산하시오.

(a) 벽(그리고 패널)을 통한 정상상태의 열 훌럭스

(b) 열 저항(열전도도로 나눈 벽 두께)

답: **(a)** 14.3 Btu/hr · ft^2 ; **(b)** 4.2 ft^2 · hr · F/Btu

10A.7. 볼펜의 점성 발열. 글을 쓰는 동안 전단 박화(비뉴튼 효과 때문에 점도가 감소하는)나 온도 박화(점성열에 의한 온도 상승으로 점도가 감소하는)로 유발되는 볼펜 잉크 점도의 겉보기 감소가 나타나는지 여부를 결정하라는 질문을 받게 된다. 만약 온도가 1K 이하로 올라가면, 온도 박화는 그리 중요하지 않을 것이다. 다음 측정값과 식 10.4-9를 사용하여 온도 상승을 구하시오.

볼과 고정 동공 사이 간격	5×10^{-5} in.
볼의 지름	1 mm
잉크의 점도	10^4 cp
글 쓰는 속도	100 in./min
잉크의 열전도도(대략적인 추정)	5×10^{-4} cal/s · cm · C

10A.8. 전기 도선의 온도 상승.

(a) 지름이 5 mm 이고 길이가 15 ft인 구리 도선에 0.6 V의 전압 강하가 걸려 있다. 만약 대기 온도가 25℃이고 열전달계수 h가 5.7 Btu/hr · ft^2 · F이라면 전선의 최대 온도를 구하시오.

(b) 주변 공기와 도선을 가로지르는 온도 강하를 비교하시오.

10B.1. 구로부터 정체 유체로의 열전도. 반지름이 R인 가열된 구가 움직이지 않는 큰 유체 내에 부유해 있다. 대류없이 구 주변 유체 내의 열전도를 연구하고자 한다.

(a) 구의 중심으로부터 거리 r의 함수로 주변 유체의 온도 T를 표현하는 미분방정식을 수립하시오. 유체의 열전도도 k는 일정하다고 생각한다.

(b) 미분방정식을 적분하고 $r = R$에서 $T = T_R$ 이고, $r = \infty$에서 $T = T_\infty$인 경계조건을 사용하여 적분 상수를 구하시오.

(c) 온도분포로부터 표면에서의 열 훌럭스에 대한 식을 구하시오. 이 결과를 "Newton의 냉각 법칙"에 의해 주어진 열 훌럭스와 같다고 두고, 무차원 열전달계수(Nusselt 수로 알려진)가

$$\text{Nu} = \frac{hD}{k} = 2 \tag{1B.1-1}$$

로 주어짐을 보이시오. 여기서 D는 구의 지름이다. 잘 알려진 이 결과는 낮은 Reynolds 수와 Grashof 수에서 구로부터의 열전달에 대한 Nu의 극한값을 제공한다.

(d) Biot 수와 Nusselt 수는 어떤 관점에서 다른가?

10B.2. 슬릿 유동 내의 점성 발열. $x = 0$에서 $T = T_0$이고, $x = b$에서 $q_x = 0$인 경계조건이 주어질 때, 그림 10.4-2에서 보는 점성 발열 문제에 대한 온도분포를 구하시오.

답:

$$\frac{T - T_0}{\mu v_b^2/k} = \left(\frac{x}{b}\right) - \frac{1}{2}\left(\frac{x}{b}\right)^2$$

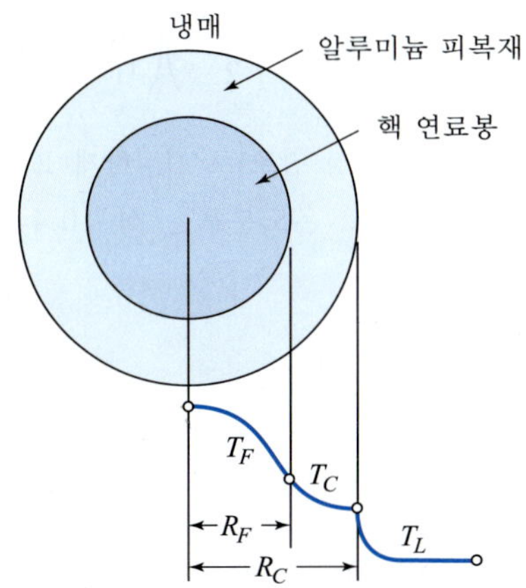

그림 10B.3 원통형 연료봉 조립품 내의 온도분포.

10B.3. 핵 연료봉 조립품 내의 열전도(그림 10B.3). 알루미늄 피복의 원환 층으로 둘러 쌓인 긴 원통형 핵 연료봉을 생각하시오. 연료봉 내에서 핵 분열에 의해 열이 생성되고 있다; 이 열원은

$$S_n = S_{n0}\left[1 + b\left(\frac{r}{R_F}\right)^2\right] \tag{10B.3-1}$$

과 같이 근사적으로 위치에 의존한다. 여기서 S_{n0}와 b는 알려진 상수이고, r은 원통형 연료봉의 축으로부터 측정된 반지름 방향 좌표이다. 피복의 외부 표면이 온도 T_L인 액체 냉매와 접촉하고 있다고 할 때 연료봉 내의 최대 온도를 계산하시오. 피복–냉매 계면에서의 열전달계수는 h_L이고, 연료봉과 피복의 열전도도는 k_F와 k_C이다.

답: $T_{F,\max} - T_L = \dfrac{S_{n0}R_F^2}{4k_F}\left(1 + \dfrac{b}{4}\right) + \dfrac{S_{n0}R_F^2}{2k_C}\left(1 + \dfrac{b}{2}\right)\left(\dfrac{k_C}{R_C h_L} + \ln\dfrac{R_C}{R_F}\right)$

10B.4. 원환 내의 열전도(그림 10B.4).

(a) 내부 반지름이 r_0이고 외부 반지름이 r_1인 원환 벽을 통해 열이 흐르고 있으며, 열전도도는 T_0 일 때 k_0에서 T_1 일 때 k_1으로 온도에 따라 선형적으로 변한다. 벽을 통한 열 유동에 대한 식을 전개하시오.

(b) $(r_1 - r_0)/r_0$가 대단히 작을 때, (a)의 식이 어떻게 간단히 될 수 있는지 보이시오. 결과를 물리적으로 해석하시오.

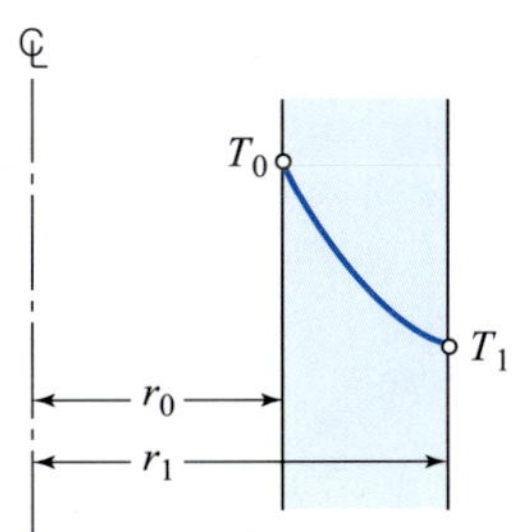

그림 10B-4 원환 벽의 온도분포.

답: **(a)** $Q = 2\pi L(T_0 - T_1)\left(\frac{k_0 + k_1}{2}\right)\left(\ln \frac{r_1}{r_0}\right)^{-1}$; **(b)** $Q = 2\pi r_0 L\left(\frac{k_0 + k_1}{2}\right)\left(\frac{T_0 - T_1}{r_1 - r_0}\right)$

10B.5. 용융 고분자 내의 점성열 생성. 점도가 멱수법칙 모델(8장 참조)로 적절하게 표현될 수 있는 용융 고분자에 대해 10.4절에서 논의된 문제를 다시 푸시오. 온도분포는 식 10.4-9와 동일하지만, Brinkman 수는

$$\text{Br}_n = \left[\!\left[\frac{mv_b^{n+1}}{b^{n-1}k\,T_b - T_0}\right]\!\right] \tag{10B.5-1}$$

로 대체됨을 보이시오.

10B.6. 용광로 벽에 대한 단열 두께(그림 10B.6). 용광로 벽은 (i) 열 저항 또는 내화 벽돌층, (ii) 단열 벽돌층과 (iii) 기계적인 보호를 위한 0.25 in.의 강철판의 3개 층으로 구성되어있다. 각 층이 완벽하게 열적 접촉이 되어 있다고 가정하고 벽을 통한 열 손실이 5000 Btu/ft^2 · hr이라면, 벽의 총 두께를 최소화하기 위한 각각의 벽 두께를 계산하시오. 다음 정보가 주어져 있다.

물질	최대 허용 온도	열전도도 (Btu/hr · ft · F) 100°F에서	2000°F에서
내화 벽돌	2600°F	1.8	3.6
단열 벽돌	2000°F	0.9	1.8
강철	—	26.1	—

답: 내화 벽돌 0.39ft, 단열 벽돌 0.51ft.

10B.7. 평행한 평판 사이 유동 내의 강제 대류 열전달(그림 10B.7). 온도에 무관한 물성을 갖는 점성 유체가 $2B$ 떨어진 거리에 놓여있는 두 개의 평탄한 표면 사이를 완전히 발달된 층류로 흐르고 있다. $z < 0$에서 유체 온도는 $T = T_1$으로 일정하며, $z \geq 0$에서는 일정하고 균일한 훌럭스 q_0의 열이 양쪽 벽에서 가해진다. 큰 z에 대한 온도분포 $T(x, z)$를 구하시오.

(a) $T(x, z)$에 대한 미분방정식을 얻기 위해 쉘 에너지 수지를 수립하시오. 그런 다음 점성 소산항과 축방향의 열전도항을 버리시오.

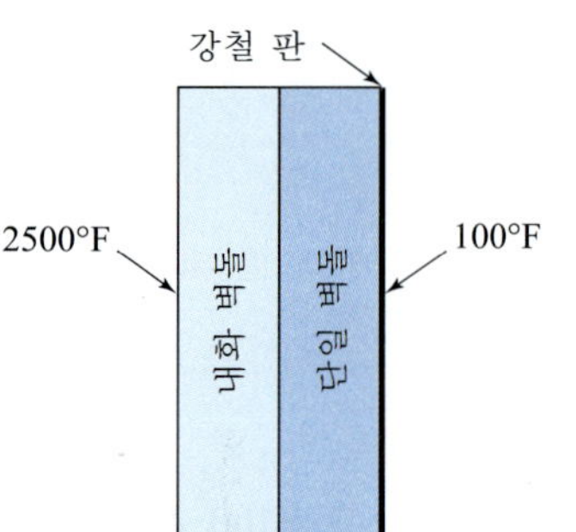

그림 10B.6 복합 용광로 벽

(b) 무차원 양

$$\Theta = \frac{T - T_1}{q_0 B/k} \qquad \sigma = \frac{x}{B} \qquad \zeta = \frac{kz}{\rho \hat{C}_p v_{z,\max} B^2} \tag{10B.7-1, 2, 3}$$

의 항으로 문제를 다시 고치시오.

(c) 큰 z에 대해 점근해

$$\Theta(\sigma, \zeta) = \tfrac{3}{2}\zeta + \tfrac{3}{4}\sigma^2 - \tfrac{1}{8}\sigma^4 - \tfrac{39}{280} \tag{10B.7-4}$$

를 구하시오.

10B.8. 관의 전기 가열(그림 10B.8). 유리로 코팅된 강관을 제작함에 있어 일반적으로 먼저 실행하는 것은 유리가 용융하는 온도 영역까지 관을 가열한 다음 유리 알갱이를 뜨거운 관 표면과 접촉시키는 것이며, 이들 알갱이가 녹아 관 표면을 적셔서 견고하게 접착된 기공이 전혀 없는 코팅을 형성하게 된다. 관을 예열하는 한 방법으로 관을 따라 전류를 흘리고 그 결과로 관이 가열되도록 하는 것이다(10.2절에서와 같이). 이 문제의 목적에 맞게 다음 가정들을 수립하였다.

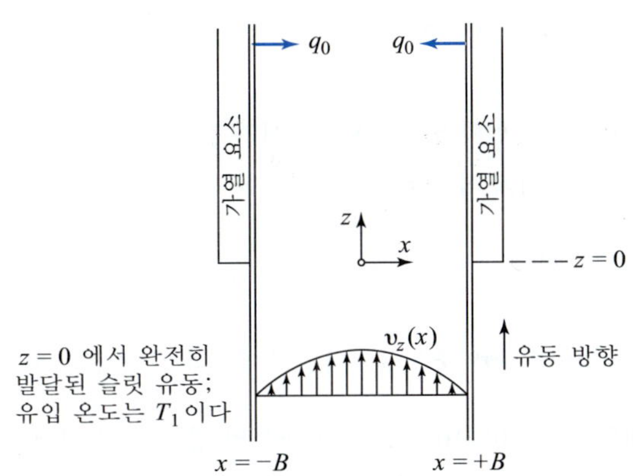

그림 10B-7 $z = 0$에서 시작하여 균일한 벽면 열 훌럭스 q_0로 두 표면 모두 가열되는 평행한 평판 사이의 층류 비압축성 유동.

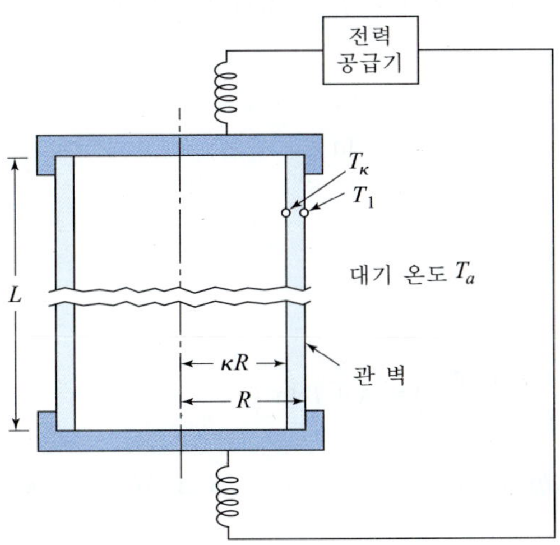

그림 10B-8 관의 전기 가열

(i) 관의 전기전도도 k_e는 관심있는 온도 영역에 걸쳐 일정하며, 전기적인 열의 국부적인 발생 속도 S_e는 관의 벽 전체에 걸쳐 균일하다.

(ii) 관의 상부와 하부는 이를 통한 열손실을 무시할 수 있는 것과 같은 방법으로 막혀 있다.

(iii) 관 외부 표면으로부터 외부로의 열 손실은 Newton의 냉각 법칙 $q_r = h(T_1 - T_a)$에 의해 주어지며, 여기서 h는 적절한 열전달계수이다.

알고 있는 k, T_a, h와 관의 치수에 대해 관 내부의 표면을 원하는 어떤 온도 T_κ로 유지하기 위해 필요한 전력은 얼마인가?

답: $$P = \frac{\pi R^2(1-\kappa^2)L(T_\kappa - T_a)}{\dfrac{(1-\kappa^2)R}{2h} - \dfrac{(\kappa R)^2}{4k}\left[\left(1 - \dfrac{1}{\kappa^2}\right) - 2\ln\kappa\right]}$$

10B.9. 강제 대류 열전달을 갖는 평류. 매우 농도가 진한 슬러리와 반죽은 때때로 거의 고체 플러그와 같이 채널 내를 움직인다. 그러므로 도관의 단면에 걸쳐 속도는 일정한 값 v_0로 근사할 수 있다.

(a) 반지름이 R인 **원형관** 내의 평류에 대해 10.8절의 문제를 다시 풀어 보시오. 식 10.8-31과 유사한 온도분포는

$$\Theta(\xi, \zeta) = 2\zeta + \tfrac{1}{2}\xi^2 - \tfrac{1}{4} \tag{10B.9-1}$$

임을 보이시오. 여기서 $\zeta = kz/\rho\hat{C}_p v_0 R^2$이고, Θ와 ξ는 10.8 절에서와 같이 정의된다.

(b) 너비가 $2B$인 평면 슬릿 내의 평류에 대해 식 10B.7-4와 유사한 온도분포는

$$\Theta(\sigma, \zeta) = \zeta + \tfrac{1}{2}\sigma^2 - \tfrac{1}{6} \tag{10B.9-2}$$

임을 보이시오. 여기서 $\zeta = kz/\rho\hat{C}_p v_0 B^2$이고, Θ와 ξ가 문제 10B.7에서와 같이 정의된다.

10B.10. 유한한 높이의 원환 내 자유 대류(그림 10B.10). 상부와 하부의 양쪽 끝이 막혀있는 수직의 원환 내에 유체가 채워져 있으며, 반지름이 κR인 내부 벽면의 온도는 T_κ로 유지되고, 반지름이 R인 외부 벽면의 온도는 T_1으로 유지된다. 10.9 절의 접근법과 가정을 사용하여 자유 대류에 의해 발생하는 속도 분포를 구하시오.

(a) 먼저 온도분포

$$\frac{T_1 - T}{T_1 - T_\kappa} = \frac{\ln \xi}{\ln \kappa} \tag{10B.10-1}$$

을 유도하시오. 여기서 $\xi = r/R$ 이다.

(b) 그런 다음 운동방정식이

$$\frac{1}{\xi}\frac{d}{d\xi}\left(\xi\frac{dv_z}{d\xi}\right) = A + B\ln\xi \tag{10B.10-2}$$

임을 보이시오. 여기서 $A = (R^2/\mu)(dp/dz + \rho_1 g)$이고, $B = ((\rho_1 g\beta_1 \Delta T)R^2/\mu\ln\kappa)$이며, $\Delta T = T_1 - T_\kappa$이다.

(c) 운동방정식을 적분하고(식 C.1-11 참조) 경계조건을 적용하여 적분 상수를 구하시오. A는 z =일정인 임의의 평면을 통한 순수 질량 유동은 없다는 요구 조건에 의해 계산될 수 있으며,

$$v_z = \frac{\rho_1 g \beta_1 \Delta T R^2}{16\mu}\left[\frac{(1-\kappa^2)(1-3\kappa^2)-4\kappa^4 \ln \kappa}{(1-\kappa^2)^2+(1-\kappa^4)\ln \kappa}\left((1-\xi^2)-(1-\kappa^2)\frac{\ln \xi}{\ln \kappa}\right)+4(\xi^2-\kappa^2)\frac{\ln \xi}{\ln \kappa}\right] \tag{10B.10-3}$$

인 최종 결과를 얻게 됨을 보이시오.

10B.11. 온도 의존형 점도를 갖는 자유 대류. 온도에 따른 점도 변화를 고려하면서 10.9절의 문제를 다시 풀어 보시오. "유동성(점도의 역수)"이 다음과 같이 온도의 선형 함수라 가정하시오.

$$\frac{1}{\mu} = \frac{1}{\bar{\mu}}[1+\bar{\beta}_\mu(T-\bar{T})] \tag{10B.11-1}$$

무차원 양 $\breve{y}, \breve{v}_z$와 10.9절에서 정의된 Gr(그러나 μ 대신에 $\bar{\mu}$를 갖는)과 이에 더하여

$$b_T = \tfrac{1}{2}\bar{\beta}\Delta T,\ b_\mu = \tfrac{1}{2}\bar{\beta}_\mu \Delta T \text{ 와 } P = \frac{\bar{\rho}B^3}{\bar{\mu}^2}\left(\frac{dp}{dz}+\bar{\rho}g\right) \tag{10B.11-2,3}$$

를 사용하여 속도분포에 대한 미분방정식이

$$\frac{d}{d\breve{y}}\left(\frac{1}{1-b_\mu \breve{y}}\frac{d\breve{v}_z}{d\breve{y}}\right) = P+\tfrac{1}{2}\mathrm{Gr}\,\breve{y} \tag{10B.11-4}$$

임을 보이시오. ΔT의 3제곱과 그 이상의 차수를 포함하는 항들을 버리면서 10.9절의 절차를 따르시오. 이로부터 $P=-\frac{1}{30}\mathrm{Gr}b_T+\frac{1}{15}\mathrm{Gr}b_\mu$를 유도하고, 최종적으로

$$\breve{v}_z = \tfrac{1}{12}\mathrm{Gr}(\breve{y}^3-\breve{y})-\tfrac{1}{60}\mathrm{Gr}\,b_T(\breve{y}^2-1)-\tfrac{1}{80}\mathrm{Gr}\,b_\mu(\breve{y}^2-1)(5\breve{y}^2-1) \tag{10B.11-5}$$

가 유도됨을 보이시오. 온도 의존형 점도 때문에 속도분포가 얼마나 기울어졌는지 보기 위해 그 결과를 도시하시오.

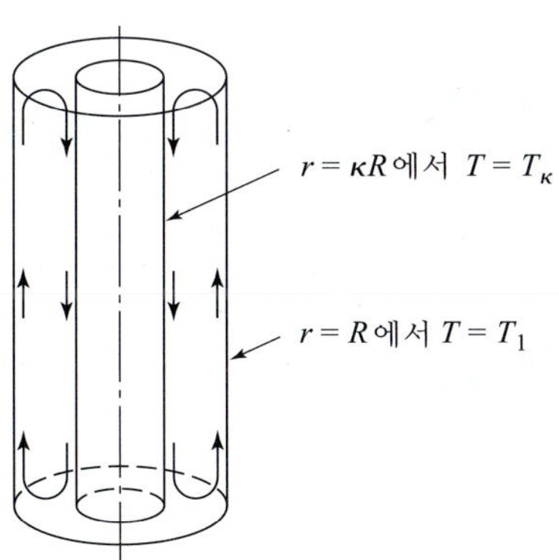

그림 10B-10 $T_1>T_\kappa$인 원환 공간에서의 자유 대류 유형

10B.12. 온도 의존형 열전도도를 갖는 열전도(그림 10B.12). 반 원통형 쉘 모양 고체의 곡률진 표면과 말단 표면(그림에서 그림자진 양쪽)이 단열되어 있다. 면적이 $(r_2-r_1)L$인 $\theta = 0$인 표면은 온도 T_0로 유지되고 있으며, 동일한 면적 $(r_2-r_1)L$의 $\theta = \pi$인 표면은 온도 T_π로 유지되고 있다.

고체의 열전도도는 $T = T_0$에서 k_0로부터 $T = T_\pi$에서 k_π까지 온도에 따라 선형적으로 변한다.

(a) 정상상태의 온도분포를 구하시오.

(b) $\theta = 0$에서 표면을 통한 총 열 유동을 구하시오.

10B.13. 지수적 온도 의존형 열원을 갖는 유동 반응기. 온도에 의존하는

$$S_c = Ke^{-E/RT} \tag{10B.13-1}$$

을 갖는 0차 반응에 대해 식 10.5-7의 $F(\Theta)$ 함수를 공식화하시오. 여기서 K와 E는 상수이고, R은 기체 상수이다. 그런 다음 $F(\Theta)$를 식 10.5-15에서 20까지 대입하고 $\kappa_{\text{eff},zz}$를 무시하면서 무차원 온도분포를 푸시오.

10B.14. 산소 탱크의 증발 손실.

(a) 액화 기체들은 때로는 대기로 배출하는 구멍이 있는 잘 단열된 구형 용기에 저장된다. 내부 벽과 외부 벽의 반지름이 각각 r_0와 r_1이고 내부 벽과 외부 벽의 온도가 T_0와 T_1인 이와 같은 용기의 벽을 통한 정상상태 열전달 속도에 대한 식을 전개하시오. 단열재의 열전도도는 T_0에서 k_0로부터 T_1에서 k_1까지 온도에 따라 선형적으로 변한다.

(b) 내부 지름이 6 ft이고 단열 입자로 채워진 1 ft 두께의 원환 진공 재킷으로 둘러싸인 구형 용기로부터의 액화 산소의 증발 속도를 계산하시오. 다음 정보가 사용 가능하다.

단열재 내부 표면 온도	-183℃
단열재 외부 표면 온도	0℃
산소의 끓는점	-183℃
산소의 증발열	1636 cal/g·mol
0℃에서 단열재의 열전도도	9.0×10^{-4} Btu/hr·ft·F
-183℃에서 단열재의 열전도도	7.2×10^{-4} Btu/hr·ft·F

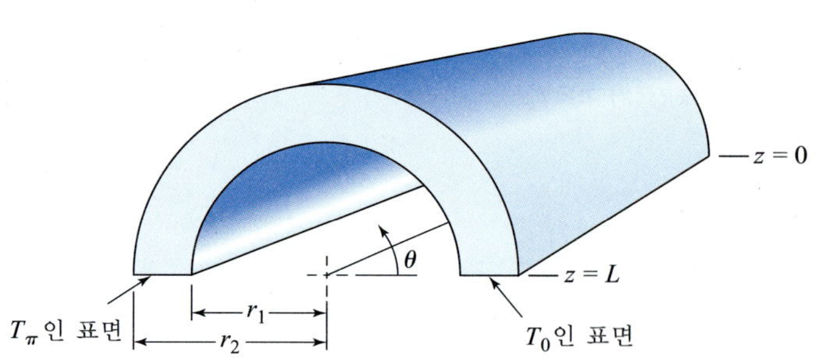

그림 10B-12 원환 쉘의 접선 방향 열전도.

답: **(a)** $Q_0 = 4\pi r_0 r_1 \left(\frac{k_0 + k_1}{2}\right)\left(\frac{T_0 - T_1}{r_1 - r_0}\right)$; **(b)** 0.198kg/hr

10B.15. 원환 화학 반응기 내 반지름 방향의 온도 구배. 내부 반지름이 r_0이고 외부 반지름이 r_1인 동축 원통형 벽 사이의 충전층에서 촉매 반응이 일정한 압력에서 진행된다. 이와 같은 배열은 중심에 위치한 열 관정으로 온도를 측정할 때 나타나며, 이에 더하여 얇은 원환이 사용된다면 온도 구배를 제어하기에 유용하다. 내부 벽 전체는 균일한 온도로 유지되며, 이 표면을 통한 열전달은 일어나지 않는다고 가정할 수 있다. 반응은 반응기 전체를 통해 균일한 부피 속도 S_c로 열을 방출한다. 반응기 내용물의 유효 열전도도는 전체를 통해 일정한 것으로 간주한다.

(a) 축 방향의 온도 구배는 무시할 수 있다고 가정하면서 쉘 에너지 수지에 의해 온도분포를 나타내는 2차 미분방정식을 유도하시오. 어떤 경계조건을 사용하여야만 하는가?

(b)

$$\xi = \frac{r}{r_0}; \qquad \Theta = \frac{T - T_0}{S_c r_0^2 / 4k_{\text{eff}}} \tag{10B.15-1}$$

와 같이 정의된 무차원 반지름 좌표와 무차원 온도의 항으로 미분방정식과 경계조건을 다시 쓰시오. 왜 이러한 논리적 선택을 하였는지 설명하시오.

(c) 무차원 미분방정식을 적분하여 반지름 방향의 온도분포를 구하시오. 이 전도 문제는 점성 유동 문제와 무엇이 상사한가?

(d) 외부 벽에서의 온도와 촉매층의 부피 평균 온도에 대한 식을 전개하시오.

(e) $r_0 = 0.45$ in., $r_1 = 0.50$ in., $k_{\text{eff}} = 0.3$ Btu/hr·ft·F, $T_0 = 900$ °F와 $S_c = 4800$ cal/hr·cm^3 일 때, 외부 벽 온도를 계산하시오.

(f) 내부와 외부 반지름이 2배가 된다면 **(e)**의 결과에는 어떤 영향이 미치겠는가?

10B.16. 열선 풍속계의 온도분포. 열선 풍속계는 본질적으로 보통 백금으로 만들어진 가는 선으로 되어 있으며, 전기적으로 가열되며 흐르는 유체에 노출되어 있다. 유체의 온도, 유체의 속도와 가열 속도의 함수인 열선 풍속계의 온도는 전기저항을 측정함으로써 결정되며, 이는 유동계의 속도와 속도 요동을 측정하는 데 사용된다. 이 문제에서는 선 요소의 온도분포를 해석하고자 한다.

지름이 D이고 길이가 $2L$인 선의 양쪽 끝 ($z = -L$과 $z = +L$)이 지지되어 있고, 공기 흐름에 수직으로 설치되어 있다. I amp/cm^{2}의 전류 밀도가 선을 통해 흐르고, 이에 따라 발생하는 열은 일부는 대류에 의해 공기 흐름으로 손실되고(식 10.1-2 참조), 일부는 선의 양쪽 끝을 향하는 전도에 의해 손실된다. 이들의 크기와 높은 전기전도도 및 열전도도 때문에 지지대는 전류에 의한 가열을 감지할 수 없고 접근하는 공기 흐름의 온도와 동일한 온도로 남아 있다. 복사에 의한 열손실은 무시된다.

(a) T는 z에만 의존한다. 즉 선의 반지름 방향의 온도 변화는 무시한다고 가정하고, 선의 정상상태 온도분포에 대한 방정식을 유도하시오. 더욱이 선의 열전도도와 전기전도도는 균일하며, 선으로부터 공기 흐름으로의 열전달계수도 균일하다고 가정하시오.

(b) (a)에서 구한 온도분포를 그리시오.

(c) 다음 조건 하에서 백금선의 중간 지점 온도를 50℃로 가열하기 위해 필요한 전류를 암페어로 계산하시오.

$$T_L = 20°\text{C} \qquad h = 100\ \text{Btu/hr}\cdot\text{ft}^2\cdot\text{F}$$
$$D = 0.127\ \text{mm} \qquad k = 40.2\ \text{Btu/hr}\cdot\text{ft}\cdot\text{F}$$
$$L = 0.5\ \text{cm} \qquad k_e = 1.00\times10^5\ \text{ohm}^{-1}\ \text{cm}^{-1}$$

답: **(a)** $T - T_L = \dfrac{DI^2}{4hk_e}\left(1 - \dfrac{\cosh\sqrt{4h/kD}z}{\cosh\sqrt{4h/kD}L}\right)$; **(c)** 1.01amp

10B.17. 강제 대류 열전달을 갖는 비뉴튼 유동.[1] 도관 내의 열전달에 대한 비뉴튼 점도 효과를 구하기 위하여, 8장의 멱수법칙 모델은 포물선 모양으로부터 약간 편차를 보이는 속도분포를 준다.

(a) 식 8.3-2와 3에서 주어진 멱수법칙 모델에 대해 10.8절의 문제(원형관 내의 열전달)를 다시 풀어 보시오. 최종 온도분포가

$$\Theta = \frac{2(s+3)}{(s+1)}\zeta + \frac{(s+3)}{2(s+1)}\xi^2 - \frac{2}{(s+1)(s+3)}\xi^{s+3} - \frac{(s+3)^3 - 8}{4(s+1)(s+3)(s+5)} \tag{10B.17-1}$$

임을 보이시오. 여기서 $s=1/n$이다.

(b) 멱수법칙 모델에 대해 문제 10B.7(평면 내의 열전달)을 다시 풀어 보시오. 무차원 온도분포

$$\Theta = \frac{(s+2)}{(s+1)}\left[\zeta + \frac{1}{2}\sigma^2 - \frac{1}{(s+2)(s+3)}|\sigma|^{s+3} - \frac{(s+2)(s+3)(2s+5) - 6}{6(s+3)(s+4)(2s+5)}\right] \tag{10B.17-2}$$

를 구하시오. 이들 결과는 Newton 결과($s = 1$)와 평류 유동 결과($s = \infty$)를 포함하고 있음에 주목하시오. 이 접근법의 일반화에 대해서는 문제 10D.2를 보시오.

10B.18. 축 방향 열 플럭스를 갖는 반응기 온도분포[2](그림 10B.18).

(a) 온도에 따라 선형적으로 변하는 열원에 대해, 식 10.5-6부터 14는 ($m_+ \neq m_-$일 때)

$$\Theta^{\text{I}} = 1 + \frac{m_+m_-(\exp m_+ - \exp m_-)}{m_+^2\exp m_+ - m_-^2\exp m_-}\exp[(m_+ + m_-)Z] \tag{10B.18-1}$$

[1] R. B. Bird, *Chem.-Ing. Technik*, **31**, 569-572 (1959).

[2] 세로 방향 확산과 1차 반응을 갖는 등온 유동 반응기에 대한 G. Damköhler, *Z. Elektrochem.*, **43**, 1-8, 9-13 (1937)과 J. F. Wehner and R. H. Wilhelm, *Chem. Engr. Sci.*, **6**, 89-93 (1956); **8**, 309 (1958)의 상응하는 결과로부터 취한. **Gerhard Damköhler** (1908-1944)는 흐르며 확산하는 계의 화학반응에 대해 그의 연구에 열정을 다 했다. 중요한 출판물은 *Der Chemie-Ingenieur*, Leipzig (1937), pp. 359-485가 있다. **Richard Herman Wilhelm** (1909-1968)은 프린스톤 대학 화학공학과의 학과장으로 고정층 촉매 반응기, 유동층 전달 및 분리공정의 "매개변수 펌핑"에 대한 연구로 잘 알려져 있다.

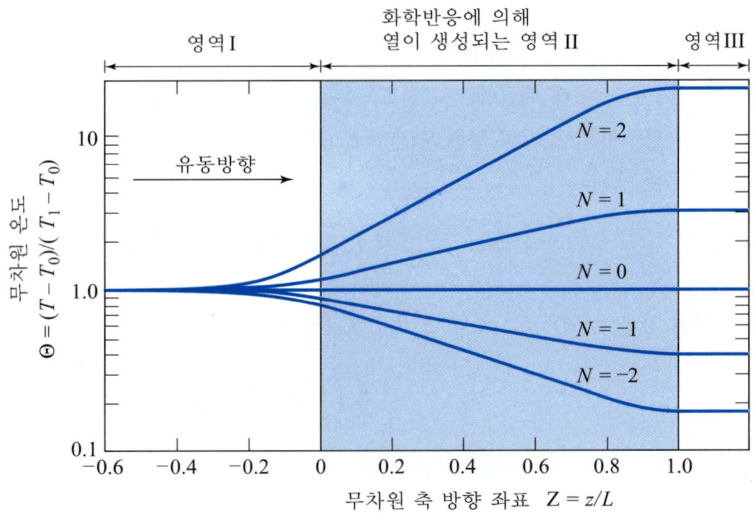

그림 10B-18 B = 8과 다양한 N값에 대한 고정층 축 방향 유동 반응기 내의 예측된 온도분포

$$\Theta^{\text{II}} = \frac{m_+ (\exp m_+)(\exp m_- Z) - m_- (\exp m_-)(\exp m_+ Z)}{m_+^2 \exp m_+ - m_-^2 \exp m_-} (m_+ + m_-) \quad (10B.18\text{-}2)$$

$$\Theta^{\text{III}} = \frac{m_+^2 - m_-^2}{m_+^2 \exp m_+ - m_-^2 \exp m_-} \exp (m_+ + m_-) \quad (10B.18\text{-}3)$$

의 해를 가짐을 보이시오. 여기서 $m_{\pm} = \frac{1}{2}B[1 \pm \sqrt{1-(4N/B)}\ ]$이고, $B = \rho v_0 \hat{C}_p L/\kappa_{\text{eff},zz}$이다. 이들 식으로부터 계산된 몇 가지 분포를 그림 10B.18에서 볼 수 있다.

(b) B가 무한대로 되는 극한에서, 위의 해는 식 10.5-21, 22와 23의 해와 부합한다는 것을 보이시오.

(c) Z = 0.0, 0.5, 0.9와 1.0에서 N = 2에 대해 식 10.5-22의 결과와 그림 10B.18을 수치적으로 비교하시오.

(d) 식 9.6-9의 적용성을 가정하고 그림 10B.18의 결과가 길이 L이 입자 지름의 4배인 촉매층에 상응하는지 보이시오. 산업용 반응기에서 L/D_p의 비가 100보다 작지 않으므로, 정상상태의 설계 계산에서는 $\kappa_{\text{eff},zz}$를 무시하는 것이 합리적인 가정이라는 것을 따랐다.

10C.1. 온도에 의존하는 전기전도도와 열전도도를 갖는 전기 도선의 가열.[3] 열전도도와 전기전도도가 온도에 따라

$$\frac{k}{k_0} = 1 - \alpha_1 \Theta - \alpha_2 \Theta^2 + \cdots \quad (10C.1\text{-}1)$$

$$\frac{k_e}{k_{e0}} = 1 - \beta_1 \Theta - \beta_2 \Theta^2 + \cdots \quad (10C.1\text{-}2)$$

와 같이 변할 때 전기적으로 가열되는 도선 내의 온도분포를 구하시오. 여기서 k_0와 k_{e0}는 온도 T_0에서

[3] 여기 주어진 해는 L. J. F. Broer에 의해 제안되었다(1958년 8월 20일 개인적인 연락을 통하여).

의 전도도 값이며, $\Theta = (T-T_0)/T_0$은 무차원 온도 상승이고, α_i와 β_i는 상수이다. 이와 같은 급수 전개는 적당한 온도 범위에 걸쳐 유용하다.

(a) 도선 내의 온도 구배 때문에 전기전도도는 위치의 함수 $k_e(r)$이므로, 전류 밀도 $I(r) = k_e(r)\cdot(E/L)$은 또한 r의 함수이고, 전기적 열원 $S_e(r) = k_e(r)\cdot(E/L)^2$ 역시 위치에 의존한다. 그러면 온도분포에 대한 식은 다음과 같다.

$$-\frac{1}{r}\frac{d}{dr}\left(rk(r)\frac{dT}{dr}\right) = k_e(r)\left(\frac{E}{L}\right)^2 \qquad (10C.1\text{-}3)$$

이제 무차원 양 $\xi = r/R$과 $B = k_{e0}R^2E^2/k_0L^2T_0$을 도입하고 식 10C.1-3이

$$-\frac{1}{\xi}\frac{d}{d\xi}\left(\frac{k}{k_0}\xi\frac{d\Theta}{d\xi}\right) = B\frac{k_e}{k_{e0}} \qquad (10C.1\text{-}4)$$

가 됨을 보이시오. 전도도에 대한 멱급수 식을 이 식에 대입하면

$$-\frac{1}{\xi}\frac{d}{d\xi}\left((1-\alpha_1\Theta-\alpha_2\Theta^2+\cdots)\xi\frac{d\Theta}{d\xi}\right) = B(1-\beta_1\Theta-\beta_2\Theta^2+\cdots) \qquad (10C.1\text{-}5)$$

를 얻는다. 이 식이 바로 무차원 온도분포를 구하기 위해 풀어야 할 식이다.

(b) 만약 모든 α_i와 β_i가 0(즉 두 전도도가 일정)이라고 함에 주목하면서 시작하면 식 10C.1-5는

$$-\frac{1}{\xi}\frac{d}{d\xi}\left(\xi\frac{d\Theta}{d\xi}\right) = B \qquad (10C.1\text{-}6)$$

으로 간단히 된다. $\xi = 0$ 에서 $\Theta =$ 유한하다는 경계조건과 $\xi = 1$ 에서 $\Theta = 0$ 이라는 경계조건을 사용하여 이 식을 풀면

$$\Theta = \tfrac{1}{4}B(1-\xi^2) \qquad (10C.1\text{-}7)$$

을 얻는다. 이 식은 무차원 표기법으로 표현한 식 10.2-13이다.

작은 B값에 대해, 즉 약한 열원에 대해 식 10C.1-5는 식 10C.1-7의 해를 가질 것임에 주목하시오. 더 강한 열원에 대해서는 온도분포가 무차원 열원 강도 B의 멱급수로 표현될 수 있다고 가정하시오.

$$\Theta = \tfrac{1}{4}B(1-\xi^2)(1+B\Theta_1+B^2\Theta_2+\cdots) \qquad (10C.1\text{-}8)$$

여기서 Θ_n은 B의 함수가 아니고 ξ의 함수이다. 식 10C.1-8을 식 10C.1-5에 대입하고, B의 멱수가 같은 계수들은 같다고 두면 $n = 1, 2, 3...$을 갖는 Θ_n에 대한 상미분방정식의 집합을 얻게 된다. 이들 식은 경계조건 $\xi = 0$ 에서 $\Theta_n =$ 유한하고, $\xi = 1$ 에서 $\Theta_n = 0$ 인 경계조건을 사용하여 풀 수 있을 것이다. 이 방법으로

$$\Theta = \tfrac{1}{4}B(1-\xi^2)[1+B(\tfrac{1}{8}\alpha_1(1-\xi^2)-\tfrac{1}{16}\beta_1(3-\xi^2))+O(B^2)] \qquad (10C.1\text{-}9)$$

를 구하시오. 여기서 $O(B^2)$은 "B^2과 그 이상 차수의 항"을 의미한다.

(c) Wiedemann-Franz-Lorenz 법칙(9.5 절 참조)에 의해 묘사되는 물질에 대해, 비 k/k_eT는 상수(온도에 무관한)이다. 그러므로

$$\frac{k}{k_eT} = \frac{k_0}{k_{e0}T_0} \qquad (10C.1\text{-}10)$$

이며, 이를 식 10C.1-1및 2와 결합하여

$$1-\alpha_1\Theta-\alpha_2\Theta^2+\cdots=(1-\beta_1\Theta-\beta_2\Theta^2+\cdots)(1+\Theta) \qquad (10C.1\text{-}11)$$

을 구하시오. 무차원 온도의 멱수가 같은 계수들은 같다고 두고 $\alpha_1=\beta_1-1$, $\alpha_2=\beta_1+\beta_2$, 등등과 같은 α_i와 β_i 사이의 관계를 구하시오. 이 관계식들을 사용하여

$$\Theta=\tfrac{1}{4}B(1-\xi^2)[1-\tfrac{1}{16}B((\beta_1+2)+((\beta_1-2)\xi^2)+O(B^2)] \qquad (10C.1\text{-}12)$$

를 구하시오.

10C.2. 온도에 의존하는 점도와 열전도도를 갖는 점성 발열(그림 10.4-1과 2). 그림 10.4-1과 2에서 보는 유동 상황을 생각하시오. 정지해 있는 표면과 움직이는 표면은 모두 일정한 온도 T_0로 유지된다. k와 μ의 온도 의존성은

$$\frac{k}{k_0}=1+\alpha_1\Theta+\alpha_2\Theta^2+\cdots \qquad (10C.2\text{-}1)$$

$$\frac{\mu_0}{\mu}=\frac{\varphi}{\varphi_0}=1+\beta_1\Theta+\beta_2\Theta^2+\cdots \qquad (10C.2\text{-}2)$$

으로 주어지며, α_i와 β_i는 상수이고, $\varphi=1/\mu$는 유동성이며, 하첨자 "0"은 "$T=T_0$에서 구한"을 의미한다. 무차원 온도는 $\Theta=(T-T_0)/T_0$로 정의된다.

(a) 점성 유동과 열전도를 표현하는 미분방정식이

$$\frac{d}{d\xi}\left(\frac{\mu}{\mu_0}\frac{d\phi}{d\xi}\right)=0 \qquad (10C.2\text{-}3)$$

$$\frac{d}{d\xi}\left(\frac{k}{k_0}\frac{d\Theta}{d\xi}\right)+\text{Br}\,\frac{\mu}{\mu_0}\left(\frac{d\phi}{d\xi}\right)^2=0 \qquad (10C.2\text{-}4)$$

의 형태로 쓸 수 있음을 보이시오. 여기서 $\phi=v_z/v_b$, $\xi=x/b$이고, $\text{Br}=\mu_0 v_b^2/k_0T_0$ (Brinkman 수)이다. **(b)** 무차원 속도분포에 대한 식을 한번 적분하면 $d\phi/d\xi=C_1\cdot(\varphi/\varphi_0)$를 얻게 되며, C_1은 적분 상수이다. 그런 다음 이 식을 열 수지식에 대입하면

$$\frac{d}{d\xi}\left((1+\alpha_1\Theta+\alpha_2\Theta^2+\cdots)\frac{d\Theta}{d\xi}\right)+\text{Br}C_1^2(1+\beta_1\Theta+\beta_2\Theta^2+\cdots)=0 \qquad (10C.2\text{-}5)$$

를 얻는다. 해의 처음 두 항을

$$\Theta(\xi;\text{Br})=\text{Br}\Theta_1(\xi)+\text{Br}^2\Theta_2(\xi)+\cdots \qquad (10C.2\text{-}6)$$

$$\phi(\xi;\text{Br})=\phi_0+\text{Br}\phi_1(\xi)+\text{Br}^2\phi_2(\xi)+\cdots \qquad (10C.2\text{-}7)$$

의 형태로 구하시오. 또 적분 상수 C_1도 Brinkman 수의 멱급수로 전개된다고 더 제안한다.

$$C_1(\text{Br})=C_{10}+\text{Br}C_{11}+\text{Br}^2C_{12}+\cdots \qquad (10C.2\text{-}8)$$

(c) $x=b$에서의 경계조건을 $q_x=0$ (온도를 지정하는 대신에)로 바꾸어 문제를 다시 푸시오.[4]

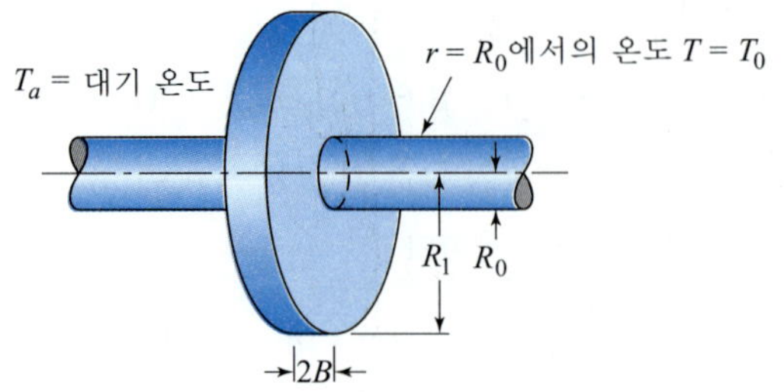

그림 10D-1 가열된 관 위의 원형 휜.

답: **(b)** $\phi = \xi - \frac{1}{12}\text{Br}\beta_1(\xi - 3\xi^2 + 2\xi^3) + \cdots$

$$\Theta = \tfrac{1}{2}\text{Br}(\xi - \xi^2) - \tfrac{1}{8}\text{Br}^2\alpha_1(\xi^2 - 2\xi^3 + \xi^4) - \tfrac{1}{24}\text{Br}^2\beta_1(\xi - 2\xi^2 + 2\xi^3 - \xi^4) + \cdots$$

(c) $\phi = \xi - \frac{1}{6}\text{Br}\beta_1(2\xi - 3\xi^2 + \xi^3) + \cdots$

$$\Theta = \text{Br}(\xi - \tfrac{1}{2}\xi^2) - \tfrac{1}{8}\text{Br}^2\alpha_1(4\xi^2 - 4\xi^3 + \xi^4) + \tfrac{1}{24}\text{Br}^2\beta_1(-8\xi + 8\xi^2 - 4\xi^3 + \xi^4) + \cdots$$

10C.3. 원추-평판 점도계의 점성 발열.[5] 포함된 각 ψ_0를 갖는 원추-평판 점도계에서 각속도 Ω를 유지하기 위해 요구되는 돌림힘 T_z에 대한 식이 식 2B.11-3에 주어져 있다(그림 2B.11 참조). 점성 발열로 유발되는 점도의 변화에 기인한 돌림힘의 변화를 고려하기 위한 보정 인자를 얻고자 한다. 이 효과는 점도 측정에 있어 20% 만큼 큰 오차를 유발할 수 있는 교란 인자가 될 수 있다.

(a) 문제 2B.11**(a)**에서 하였던 것과 같이 문제 10C.2의 결과를 원추-평판 점도계에 적용하시오. 평판은 온도가 자동으로 조절되고 원추는 온도가 자동 조절되지 않는 한, 원추와 평판의 온도가 같다는 가정보다는 원추 표면에서 열 훌럭스가 0이라는 경계조건이 더 현실성이 있는 것처럼 보인다.

(b) 이로부터 식 2B.11-3을 다음과 같이 수정할 수 있음을 보이시오.

$$T_z = \frac{2\pi\mu_0\Omega R^3}{3\psi_0}\left(1 - \tfrac{1}{5}\overline{\text{Br}}\beta_1 + \tfrac{1}{35}\overline{\text{Br}}^2(3\beta_1^2 + \alpha_1\beta_1 - 2\beta_2) + \cdots\right) \tag{10C.3-1}$$

여기서 $\overline{\text{Br}} = \mu_0\Omega^2R^2/k_0T_0$은 Brinkman 수이며, 기호 μ_0는 온도 T_0에서의 점도를 나타낸다.

10D.1. 원형 휜으로부터의 열손실(그림 10D.1).

(a) 벽 외부의 온도가 T_0인 관 위의 두께가 2B인 원형 휜에 대한 온도분포 $T(r)$을 구하시오. 10.7 절의 직사각형 휜의 공부에서 사용하였던 것과 동일한 가정을 사용하시오.

(b) 휜으로부터의 총 열손실에 대한 식을 유도하시오.

10D.2. 일정한 벽면 열 훌럭스와 임의의 속도분포를 갖는 도관 유동.

(a) 임의의 완전히 발달된 축 대칭 유동 속도분포 $v_z/v_{z,\max} = \phi(\xi)$에 대해 10.8절의 문제를 다시 푸시오. 여기서 $\xi = r/R$이다. 온도분포가

[4] R. M. Turian and R. B. Bird, *Chem. Eng. Sci.*, **18**, 689-696 (1963).

[5] R. M. Turian, *Chem. Eng. Sci.*, **20**, 771-781 (1965); 비뉴튼 유체에 대한 점성 발열 보정은 이 출판물에서 논의된다(또 R. B. Bird, R. C. Armstrong, and O. Hassager, *Dynamic of Polymeric Liquids*, Vol. 1, 2nd edition, Wiley-Interscience, New York, (1987), pp. 223-227을 보시오).

$$\Theta = C_0\zeta + C_0\int_0^{\xi}\frac{I(\bar{\xi})}{\bar{\xi}}\,d\bar{\xi} + C_1 \ln\ \xi + C_2 \tag{10D.2-1}$$

로 주어짐을 증명하시오. 여기서

$$I(\bar{\xi}) = \int_0^{\bar{\xi}} \phi\bar{\bar{\xi}}\,d\bar{\bar{\xi}} \tag{10D.2-2}$$

이다. $C_1 = 0$이고 $C_0 = [I(1)]^{-1}$임을 보이시오. 그런 다음 남아있는 상수가

$$C_2 = -[I(1)]^{-2}\int_0^1 \phi\xi\left[\int_0^{\xi}\bar{\xi}^{-1}I(\bar{\xi})d\bar{\xi}\right]d\xi \tag{10D.2-3}$$

임을 보이시오. 속도분포가 포물선이면 위 방정식으로부터 식 10.8-27에서 30이 유도됨을 증명하시오.

이 결과들은 속도분포에 대한 합리적인 계산이 이루어지는 한 임의의 종류 물질의 완전히 발달된 관 유동에 대한 온도분포를 계산하기 위해 사용될 수 있다. 특별한 경우로 뉴튼 유동, 평류, 비뉴튼 유동 및 심지어는 약간 수정하면 난류에 대한 결과를 얻을 수 있다(13.4 절 참조).[6]

(b) 무차원 온도차 구동력 $\Theta_0 - \Theta_b$가

$$\Theta_0 - \Theta_b = [I(1)]^{-2}\int_0^1 \xi^{-1}[I(\xi)]^2\,d\xi \tag{10D.2-4}$$

임을 보이시오.

(c) 무차원 벽면 열 훌럭스가

$$\frac{q_0 D}{k(T_0 - T_b)} = \frac{2}{\Theta_0 - \Theta_b} \tag{10D.2-5}$$

임을 증명하고, 뉴튼 유체의 층류에 대해 이 양은 $\frac{48}{11}$의 값을 가짐을 증명하시오.

(d) $I(1)$의 물리적 해석은 무엇인가?

[6] R.N. Lyon, *Chem. Engr. Prog.*, **47**, 75-59 (1951); 여기서 사용된 $\phi(\xi)$의 정의는 표 14.2-1과 2의 정의와는 다르다.

Chapter
11 비등온계에 대한 변화방정식

10장에서는 상대적으로 간단한 정상상태의 열유동 문제를 풀기 위한 쉘 에너지 수지법을 소개하였으며, 온도분포뿐만 아니라 평균 온도와 에너지 훌럭스와 같은 몇몇 도출된 성질들을 얻었다. 이 장에서는 쉘 에너지 수지를 일반화하고 균질 유체나 고체 내의 에너지 전달을 묘사하는 편미분방정식인 에너지 방정식을 얻고자 한다.

또한 이 장은 연속방정식(질량 보존)과 운동방정식(운동량 보존)을 소개하였던 3장과 밀접하게 연관되어 있으며, **에너지 방정식**(에너지 보존)을 추가하면 비등온계를 포함하는 계로 문제 해결 능력을 확장할 수 있을 것이다.

11.1절에서는 총 에너지에 대한 변화방정식을 유도하는 것으로 시작하고자 하며, 10장에서와 같이 에너지 보존법칙을 적용함에 있어 결합 에너지 훌럭스 벡터 **e**를 사용한다. 11.2절에서는 총 에너지 방정식에서 **기계적 에너지** 방정식(3.3절에 주어진)을 뺌으로써 **내부에너지**에 대한 변화방정식을 얻고자 한다. 내부에너지에 대한 변화방정식으로부터 **온도**에 대한 변화방정식을 얻을 수 있으며, 이는 가장 보편적으로 사용되는 에너지 방정식의 한 종류이다.

비록 이 장의 주요 관심이 다양한 에너지 방정식을 단지 언급하는 것이긴 하지만, 자유 대류를 포함한 문제를 풀기 위해 편리한 근사적인 운동방정식을 11.3절에서 논의하는 것이 유용하다는 것을 알게 된다.

11.4절에서는 이때까지 다루어 온 변화방정식을 요약하고자 한다. 그런 다음 일련의 예제들에서 이들 방정식의 사용을 설명하고, 일반적인 방정식에서 출발하여 필요없는 항들을 버리고자 하며, 이 방식으로 문제를 수립하고 풀기 위한 표준 절차를 얻고자 한다.

마지막으로 11.5절에서는 3.7절의 차원 해석 논의를 확장하고자 하며, 열전달 문제에서 추가적인 무차원 군이 어떻게 나타나는지 보이고자 한다.

11.1 에너지 방정식

에너지에 대한 변화방정식은 $\Delta x\Delta y\Delta z$(그림3.1-1참조)인 작은 부피 요소에 에너지 보존법칙을 적용하고, 부피 요소의 치수를 사라질 만큼 작게 함으로써 얻을 수 있다. 에너지 보존법칙은 계에 더해지는 열과 계에 작용하는 일 때문에 발생하는 닫힌 계의 두 평형 상태의 내부에너지 차이에 관계되는 고전 열역학 제 1법칙을 확장한 것이다(즉, 친근한 $\Delta U = Q + W$).[1]

여기서는 유체가 통과해 흐르는 고정된 공간 내에 정지되어 있는 부피 요소에 관심을 갖고자 한다. 운동에너지와 내부에너지는 둘 다 대류 전달에 의해 계로 유입될 수 있고 빠져나갈 수 있으며,열은 전도에 의해 계로 들어오고 나갈 수 있다.

9장에서 보았던 바와 같이 열전도는 근본적으로 분자 공정이다. 응력에 의해 움직이는 유체에 일을 하게 되며, 이 또한 분자 공정이다.이 항은 압력과 점성력에 의한 일을 포함하고 있으며, 중력과 같은 외부 힘에 의해서도 계에 일을 하게 된다.

에너지 보존법칙을 다음과 같이 말로 씀으로써 앞 단락을 요약할 수 있다.

$$\left\{\begin{matrix}\text{운동에너지와}\\ \text{내부에너지의}\\ \text{증가 속도}\end{matrix}\right\} = \left\{\begin{matrix}\text{대류 전달에 의해}\\ \text{더해지는}\\ \text{운동에너지와}\\ \text{내부에너지의}\\ \text{알짜 속도}\end{matrix}\right\} + \left\{\begin{matrix}\text{분자 전달에 의해}\\ \text{더해지는}\\ \text{열의 알짜 속도}\\ \text{(전도)}\end{matrix}\right\} + \left\{\begin{matrix}\text{분자 매커니즘에}\\ \text{의해 계에 작용하}\\ \text{는 일의 속도}\\ \text{(즉, 응력에 의한)}\end{matrix}\right\} + \left\{\begin{matrix}\text{외부 힘에 의해}\\ \text{계에 작용하는}\\ \text{일의 속도}\\ \text{(즉, 중력에 의한)}\end{matrix}\right\} \tag{11.1-1}$$

에너지 방정식을 전개함에 있어 식 11.1-1 우변의 처음 세 괄호를 포함하여 식 9.8-5와 6의 **e** 벡터를 사용할 것이다. 시작하기에 앞서 몇 가지 설명이 필요하다.

(i) **운동에너지**는 유체의 관찰 가능한 유동과 결부된 $\frac{1}{2}\rho v^2 \equiv \frac{1}{2}\rho(\mathbf{v}\cdot\mathbf{v})$인 에너지를 의미하며, 여기서 **v**는 유체의 속도 벡터이다.

(ii) **내부에너지**는 속도 **v**로 움직이는 틀 내에서 계산된 성분 분자들의 운동에너지에 분자들의 진동 및 회전 운동과 결부된 에너지와 또 모든 분자들 사이의 상호 작용 에너지

[1] R. J. Silbey and R. A. Alberty, *Physical Chemistry*, Wiley, New York, 3rd edition (2001), 2.3절

를 더한 것을 의미한다. 흐르는 유체에 대한 내부에너지 U는 평형 상태에 있는 유체의 내부에너지와 동일한 온도와 밀도의 함수라 **가정한다**. 흐르는 유체에 대한 열역학적 압력 $p(\rho,T)$에 대해서도 유사한 가정이 만들어짐을 명심하시오.

(iii) **위치에너지**는 중력에 의해 계에 일을 하는 것으로 대신하는 것이 좋으므로 식 11.1-1에는 나타나지 않는다. 그러나 위치에너지 항으로 일을 어떻게 표현할 것인지 이 절의 마지막에 보일 것이다.

(iv) 식 10.1-1에는 다양한 **열원 항**이 쉘 에너지 수지에 포함되어 있다. **e**에서 기계적 에너지 항을 적절하게 고려하였기 때문에 점성 열원 S_v는 10.4절에서 자동적으로 나타났다. 같은 상황이 여기서도 나타나므로, 점성 발열항 $-(\boldsymbol{\tau}:\nabla\mathbf{v})$이 식 11.2-1에 자동적으로 나타날 것이다. 화학반응, 전기적 영향, 핵 분열은 에너지 수지에 포함되지 않으므로, 화학적, 전기적, 핵 열원 항(S_c, S_e와 S_n)은 자동적으로 나타나지 않는다. 화학반응을 동반하는 에너지 방정식이 고려되는 19장에서 "확산원 항, $\Sigma_\alpha(\mathbf{j}_\alpha\cdot\mathbf{g}_\alpha)$"과 같이 화학적 열원 항 S_c가 자연스럽게 나타나게 된다.

이제 식 11.1-1을 수식적인 항으로 변환하고자 한다. $\Delta x\Delta y\Delta z$의 부피 요소 내의 운동에너지와 내부에너지의 증가 속도는

$$\Delta x\ \Delta y\ \Delta z\ \frac{\partial}{\partial t}\left(\tfrac{1}{2}\rho v^2 + \rho\hat{U}\right) \tag{11.1-2}$$

이다. 여기서 $\hat{U}$는 단위 질량당 내부에너지이다(종종 비내부에너지로도 불린다). 곱 $\rho\hat{U}$는 단위 부피당 내부에너지이고, $\frac{1}{2}\rho v^2 \equiv \frac{1}{2}\rho(v_x^2+v_y^2+v_z^2)$는 단위 부피당 운동에너지이다. 다음 얼마나 많은 에너지가 부피 요소 $\Delta x\Delta y\Delta z$의 면을 가로질러 들어오고 나가는지 알아야 한다

$$\Delta y\ \Delta z(e_x|_x - e_x|_{x+\Delta x}) + \Delta x\ \Delta z(e_y|_y - e_y|_{y+\Delta y}) + \Delta x\ \Delta y(e_z|_z - e_z|_{z+\Delta z}) \tag{11.1-3}$$

e 벡터는 운동에너지와 내부에너지의 대류 전달, 열전도 및 분자 공정과 결부된 일을 포함하고 있음을 상기하시오.

외부의 힘에 의해 유체에 작용하는 일의 속도는 속도 벡터 **v**와 유체에 작용하는 힘(ρ $\Delta x\Delta y\Delta z$)**g**의 점곱이다.

$$\rho\ \Delta x\ \Delta y\ \Delta z(v_x g_x + v_y g_y + v_z g_z) \tag{11.1-4}$$

이제 이들의 다양한 기여를 식 11.1-1에 삽입하고 $\Delta x\Delta y\Delta z$로 나눈 다음, $\Delta x\Delta y\Delta z$가 0이 되도록 하면

$$\frac{\partial}{\partial t}\left(\tfrac{1}{2}\rho v^2 + \rho\hat{U}\right) = -\left(\frac{\partial e_x}{\partial x} + \frac{\partial e_y}{\partial y} + \frac{\partial e_z}{\partial z}\right) + \rho(v_x g_x + v_y g_y + v_z g_z) \tag{11.1-5}$$

를 얻는다. 이 식은

$$\frac{\partial}{\partial t}(\tfrac{1}{2}\rho v^2 + \rho\hat{U}) = -(\nabla \cdot \mathbf{e}) + \rho(\mathbf{v} \cdot \mathbf{g}) \tag{11.1-6}$$

과 같이 벡터 기호로 더 간결하게 쓸 수 있다. 다음 식 9.8-5의 **e** 벡터에 대한 식을 대입하면

$$\frac{\partial}{\partial t}(\tfrac{1}{2}\rho v^2 + \rho\hat{U}) = -(\nabla \cdot (\tfrac{1}{2}\rho v^2 + \rho\hat{U})\mathbf{v}) - (\nabla \cdot \mathbf{q})$$

단위 부피당 에너지의 증가 속도 / 대류 전달에 의해 단위 부피당 더해지는 에너지 속도 / 열전도에 의해 단위 부피당 더해지는 에너지 속도

$$- (\nabla \cdot p\mathbf{v}) \quad - (\nabla \cdot [\boldsymbol{\tau} \cdot \mathbf{v}]) \quad + \rho(\mathbf{v} \cdot \mathbf{g}) \tag{11.1-7}$$

압력에 의해 단위 부피당 유체에 하는 일의 속도 / 점성력에 의해 단위 부피당 유체에 하는 일의 속도 / 외부 힘에 의해 단위 부피당 유체에 하는 일의 속도

의 **에너지 방정식**을 얻는다. 이 식은 핵, 복사, 전자기적 혹은 화학적 형태의 에너지를 포함하지 않는다. 점탄성 유체에 대해서는 끝에서 두 번째 항을 점성에서 점탄성으로 대체하여 재해석하여야 한다.

식 11.1-7은 이 절의 주된 결과이며 이 장의 나머지 내용의 기초가 된다. 이 식은 앞에서 $\mathbf{g} = -\nabla\hat{\Phi}$로 정의된 단위 질량당 위치에너지 $\hat{\Phi}$를 포함하기 위해 다른 형태로 쓰여질 수 있다(3.3절 참조). 적당한 높이 변화에 대해 이는 $\hat{\Phi} = gh$ 로 되며, 여기서 h는 중력장과 반대 방향의 좌표이다. 중력장이 시간에 무관한 지구 위에서의 문제에 대해서는 다음과 같이 쓸 수 있다.

$$\begin{aligned}
\rho(\mathbf{v} \cdot \mathbf{g}) &= -(\rho\mathbf{v} \cdot \nabla\hat{\Phi}) \\
&= -(\nabla \cdot \rho\mathbf{v}\hat{\Phi}) + \hat{\Phi}(\nabla \cdot \rho\mathbf{v}) && \text{식 A.4-19에서 벡터의 항등성을 사용} \\
&= -(\nabla \cdot \rho\mathbf{v}\hat{\Phi}) - \hat{\Phi}\frac{\partial \rho}{\partial t} && \text{식 3.1-4를 사용} \\
&= -(\nabla \cdot \rho\mathbf{v}\hat{\Phi}) - \frac{\partial}{\partial t}(\rho\hat{\Phi}) && t\text{에 무관한 }\hat{\Phi}\text{를 사용}
\end{aligned} \tag{11.1-8}$$

이 결과를 식 11.1-7에 대입하면

$$\begin{aligned}
\frac{\partial}{\partial t}(\tfrac{1}{2}\rho v^2 + \rho\hat{U} + \rho\hat{\Phi}) &= -(\nabla \cdot (\tfrac{1}{2}\rho v^2 + \rho\hat{U} + \rho\hat{\Phi})\mathbf{v}) \\
&\quad - (\nabla \cdot \mathbf{q}) - (\nabla \cdot p\mathbf{v}) - (\nabla \cdot [\boldsymbol{\tau} \cdot \mathbf{v}])
\end{aligned} \tag{11.1-9}$$

를 얻는다. 때로는 이 형태로 에너지 방정식을 얻는 것이 편리하다.

11.2 에너지 방정식의 특별한 형태

에너지 방정식의 가장 유용한 형태는 온도로 나타내는 것이다.이 절의 목적은 온도분포를 예측할 수 있는 그런 식을 얻는 것이다.

먼저 식 11.1-7의 에너지 방정식으로부터 식 3.3-1의 기계적 에너지 방정식을 빼면, 다음과 같은 **내부에너지 변화방정식**을 얻게 된다.

$$\frac{\partial}{\partial t}\rho\hat{U} = -(\nabla\cdot\rho\hat{U}\mathbf{v}) - (\nabla\cdot\mathbf{q}) - p(\nabla\cdot\mathbf{v}) - (\boldsymbol{\tau}:\nabla\mathbf{v}) \qquad (11.2\text{-}1)$$

$\frac{\partial}{\partial t}\rho\hat{U}$	단위 부피당 내부에너지의 증가 속도
$-(\nabla\cdot\rho\hat{U}\mathbf{v})$	대류 전달에 의해 단위 부피당 더해지는 내부에너지의 알짜 속도
$-(\nabla\cdot\mathbf{q})$	열전도에 의해 단위 부피당 더해지는 내부에너지 속도
$-p(\nabla\cdot\mathbf{v})$	압력에 의한 단위 부피당 내부에너지의 가역적 증가 속도
$-(\boldsymbol{\tau}:\nabla\mathbf{v})$	점성 소산에 의한 단위 부피당 내부에너지의 비가역적 증가 속도

이제 식 11.2-1의 내부에너지 방정식과 식 3.3-1의 기계적 에너지 방정식을 비교하는 것은 흥미롭다.두 식 모두 $p(\nabla\cdot\mathbf{v})$와 $(\boldsymbol{\tau}:\nabla\mathbf{v})$항을 포함하고 있지만 부호가 반대임에 주목하시오. 그러므로 이 항들은 기계적 에너지와 열에너지가 상호 전환될 수 있음을 설명하고 있다. $p(\nabla\cdot\mathbf{v})$항은 유체가 팽창하느냐와 수축하느냐에 따라 양이 될 수도 음이 될 수도 있으므로 상호 교환의 **가역적** 방식을 나타내며, 반면에 뉴튼 유체의 경우 $-(\boldsymbol{\tau}:\nabla\mathbf{v})$는 항상 양이므로 (식 3.3-3참조) 내부에너지로의 기계적 에너지의 **비가역적** 감손을 나타낸다. 8장에서 다루었던 점탄성 유체의 경우 $-(\boldsymbol{\tau}:\nabla\mathbf{v})$는 약간의 에너지가 탄성에너지로 저장될 수 있으므로 반드시 양이어야만 하지는 않는다.

3.5절에서 실도함수를 사용함으로써 보다 간결하게 변화방정식을 쓸 수 있음을 배웠다(표 3.5-1참조). 식 11.2-1은 식 3.5-4를 사용함으로써 실도함수의 형태로 쓸 수 있으며, 다른 가정없이

$$\rho\frac{D\hat{U}}{Dt} = -(\nabla\cdot\mathbf{q}) - p(\nabla\cdot\mathbf{v}) - (\boldsymbol{\tau}:\nabla\mathbf{v}) \qquad (11.2\text{-}2)$$

를 얻게 된다. 다음 9.8절의 마지막에서 하였던 것과 마찬가지로 내부에너지를 엔탈피로 바꾸는 것이 편리하다. 즉, 식 11.2-2에서 평형 열역학으로부터 유도된 열역학적 공식을 비평형계에 대해 국부적으로 적용할 수 있다는 표준 가정을 설정함으로써 $\hat{U}=\hat{H}-p\hat{V}=\hat{H}-(p/\rho)$로 두고자 한다.이 공식을 식 11.2-2에 대입하고 연속방정식을 사용하면(표 3.5-1의 식 A)

$$\rho \frac{D\hat{H}}{Dt} = -(\nabla \cdot \mathbf{q}) - (\boldsymbol{\tau}:\nabla \mathbf{v}) + \frac{Dp}{Dt} \tag{11.2-3}$$

을 얻는다. 다음 엔탈피가 p와 T의 함수라고 가정한 식 9.8-7을 사용하면(이것은 다음 전개를 **뉴튼 유체**로 제한한다), 유체와 함께 움직이는 유체 요소의 엔탈피 변화에 대한 식

$$\begin{aligned} \rho \frac{D\hat{H}}{Dt} &= \rho\hat{C}_p \frac{DT}{Dt} + \rho\left[\hat{V} - T\left(\frac{\partial \hat{V}}{\partial T}\right)_p\right]\frac{Dp}{Dt} \\ &= \rho\hat{C}_p \frac{DT}{Dt} + \rho\left[\frac{1}{\rho} - T\left(\frac{\partial(1/\rho)}{\partial T}\right)_p\right]\frac{Dp}{Dt} \\ &= \rho\hat{C}_p \frac{DT}{Dt} + \left[1 + \left(\frac{\partial \ln \rho}{\partial \ln T}\right)_p\right]\frac{Dp}{Dt} \end{aligned} \tag{11.2-4}$$

을 얻게 될 것이다. 식 11.2-3과 식 11.2-4의 우변을 같다고 두면

$$\rho\hat{C}_p \frac{DT}{Dt} = -(\nabla \cdot \mathbf{q}) - (\boldsymbol{\tau}:\nabla \mathbf{v}) - \left(\frac{\partial \ln \rho}{\partial \ln T}\right)_p \frac{Dp}{Dt} \tag{11.2-5}$$

를 얻게 된다. 이 식이 열 훌럭스 벡터 $\mathbf{q}$와 점성 운동량 훌럭스 텐서 $\boldsymbol{\tau}$의 항으로 된 **온도에 대한 변화방정식**이다. 이 식을 사용하기 위해서는 이들 훌럭스에 대한 식이 필요하다.

(i) 식 9.1-4의 Fourier 법칙을 사용하면 $-(\boldsymbol{\nabla}\cdot\mathbf{q})$가 $+(\boldsymbol{\nabla}\cdot k\boldsymbol{\nabla}T)$로 되거나 만약 열전도도가 일정하다고 가정하면 $+k\boldsymbol{\nabla}^2T$ 로 된다.

(ii) 식 1.2-7의 Newton 법칙을 사용하면 $-(\boldsymbol{\tau}:\boldsymbol{\nabla}\mathbf{v})$는 식 3.3-3에서 명백하게 주어진 양인 $\mu\Phi_v + \kappa\Psi_v$로 된다.

온도에 대한 변화방정식이 완벽한 보편성을 가지고는 거의 사용되지 않으므로 여기서는 바로 대입하지 않는다.

이제 온도에 대한 변화방정식의 몇 개의 특별히 **제한된** 형태에 대해 논의해 보고자 한다. 이들 모두에서 일정한 k를 갖는 Fourier 법칙을 사용하며, 매우 큰 속도 구배가 있는 유동에서만 점성 소산이 중요하므로 점성 소산항은 생략한다.

(i) 이상기체의 경우 $(\partial \ln \rho/\partial \ln T)_p = -1$ 이고

$$\rho\hat{C}_p \frac{DT}{Dt} = k\nabla^2 T + \frac{Dp}{Dt} \tag{11.2-6}$$

이다. 또는 $\tilde{C}_p - \tilde{C}_v = R$의 관계식과 $pM = \rho RT$ 형태의 상태방정식과 표 3.5-1의 식 A에 쓰여진 것과 같은 연속방정식을 적용하면

$$\rho\hat{C}_V \frac{DT}{Dt} = k\nabla^2 T - p(\nabla \cdot \mathbf{v}) \tag{11.2-7}$$

를 얻는다.

(ii) 압력이 일정한 계에서 유체가 흐르는 경우 $Dp/Dt = 0$이고

$$\rho\hat{C}_p \frac{DT}{Dt} = k\nabla^2 T \tag{11.2-8}$$

이 된다

(iii) 일정한 밀도를 갖는 유체의 경우[1] $(\partial \ln \rho/\partial \ln T)_p = 0$이고,

$$\rho\hat{C}_p \frac{DT}{Dt} = k\nabla^2 T \tag{11.2-9}$$

가 된다.

(iv) 정지된 고체의 경우 v는 0이고

$$\rho\hat{C}_p \frac{\partial T}{\partial t} = k\nabla^2 T \tag{11.2-10}$$

이 된다.

이들 마지막 다섯 개 식은 교과서와 연구 논문에서 가장 많이 접하게 되는 식이다. 물론 언제든지 식 11.2-5로 되돌아가서 필요하면 덜 제한된 식을 전개할 수 있다. 또한 10장에서 하였던 것처럼 특별한 목적에 기초를 둔 화학적, 전기적, 핵 열원 항을 추가할 수 있다.

식 11.2-10은 고체에 대한 열전도 방정식이며, Fourier[2]에 의해 처음으로 전개된 이 유명한 식에 관한 많은 것들이 기술되어 있다. Carslaw와 Jaeger에 의한 유명한 참고문헌 또한 가치를 인정받을만 하며, 매우 다양한 경계조건과 초기조건에 관한 이 방정식의 수백 가지 해를 포함하고 있다.[3]

11.3 강제 대류 및 자유 대류에 대한 Boussinesq 운동방정식

식 3.2-9(표 3.5-1의 식 B)에 주어진 운동방정식은 등온 및 비등온 유동 모두에 대해 적용된다. 비등온 유동에서 유체의 밀도와 점도는 일반적으로 압력뿐만 아니라 온도에 의존한다. 10.9절에서 이미 보았던 바와 같이 밀도 변화는 부력이 증가하고 그 결과 자유 대류가 증가하기 때문에 특히 중요하다.

---

[1] 식 11.2-9는 보통 식 3.1-5(일정한 밀도에 대한 연속방정식)와 식 3.5-6(일정한 밀도와 점도에 대한 운동방정식)과 함께 사용되므로 $(\partial \ln \rho/\partial \ln T)_p = 0$인 덜 절박한 가정 대신에 일정한 밀도라는 가정이 여기서 주어진다. 어떤 열역학적 도함수를 계산하기 위해 $\rho =$ 일정하다는 가설의 상태방정식은 $(\partial p/\partial T)_\rho =$ 유한하다는 진술에 의해 보충되어야 한다. 예를 들면 관계식

$$\hat{C}_p - \hat{C}_V = -\frac{1}{\rho}\left(\frac{\partial \ln \rho}{\partial \ln T}\right)_p \left(\frac{\partial p}{\partial T}\right)_\rho \tag{11.2-9a}$$

은 비압축성 유체에 대해 $C_p = C_v$이라고 정의된 결과를 유도한다.

[2] J. B. Fourier, *Théorie Analytique de la chaleur, Œuvres de Fourier*, Gauthier-Villars et Fils, Paris (1822).

[3] H. S. Carslaw and J. C. Jaeger, *Conduction of Heat in Solids*, Oxford University Press, 2nd edition (1959).

상태방정식을 운동방정식에 대입하면 부력은 자동적으로 나타난다. 예를 들면 식 10.9-6에서 도입하였던 단순화된 상태방정식

$$\rho(T) = \bar{\rho} - \bar{\rho}\bar{\beta}(T - \bar{T}) \tag{11.3-1}$$

을 사용할 수 있다(이를 Boussinesq 근사라 한다).[1] 여기서 $\bar{\beta}$는 $T = \bar{T}$일 때 계산된 $-(1/\rho)(\partial\rho/\partial T)_p$이다. 이 식은 압력 p는 일정하다고 생각하고 T의 함수인 ρ를 Taylor 급수로 쓴 다음 급수의 처음 두 항만을 남겨 놓음으로써 얻어진다. 식 11.3-1을 표 3.5-1의 식 B의 $\rho\mathbf{g}$에 대입하면 $\rho(D\mathbf{v}/Dt)$ 항에 대입하지 않고 Boussinesq 방정식을 얻을 수 있다.

$$\rho\frac{D\mathbf{v}}{Dt} = (-\nabla p + \bar{\rho}\mathbf{g}) - [\nabla \cdot \boldsymbol{\tau}] - \bar{\rho}\mathbf{g}\bar{\beta}(T - \bar{T}) \tag{11.3-2}$$

운동방정식의 이 형태는 열전달 해석에 있어 매우 유용하며, 강제 대류와 자유 대류의 극한의 경우(그림 10.8-1 참조)뿐만 아니라 이들 극단적인 사이의 영역을 설명한다. **강제 대류**의 경우 부력항 $-\bar{\rho}\mathbf{g}\bar{\beta}(T - \bar{T})$는 무시할 수 있다. **자유 대류**(혹은 **자연 대류**)의 경우 $(-\nabla p + \bar{\rho}\mathbf{g})$항은 작고 특히 수직의 직선 유동과 큰 체적의 유체에 잠겨있는 물체 주위의 유동에 대해서는 생략하는 것이 종종 적절하다. $(-\nabla p + \bar{\rho}\mathbf{g})$을 0으로 두면 정지해 있는 유체에서 압력분포가 같다고 가정하는 것과 동일하다.

또 식 11.3-2의 좌변에 있는 ρ를 $\bar{\rho}$로 대체하는 것이 관례적이며, 적당한 온도차를 갖는 자유 대류에 대해 성공적으로 대체할 수 있다. 이들 조건 하에서는 유체의 유동이 느리고 가속도 항인 $D\mathbf{v}/Dt$ 는 $\mathbf{g}$에 비해서 작다.

하지만 $\mathbf{g}$에 비해 가속도 항이 큰 계에서는 운동방정식의 좌변의 밀도에 대해 식 11.3-1을 사용하여야만 한다. 예를 들면 $(\rho-\bar{\rho})D\mathbf{v}/Dt$항이 적어도 $\bar{\rho}\mathbf{g}$만큼 중요한 가스 터빈이나 초음속 미사일 부근에서는 특히 사실이다.

11.4 정상상태 문제를 풀기 위한 변화방정식의 사용

3.1절부터 3.4절까지와 11.1절부터 11.3절까지 순수 액체와 고체에 대한 다양한 변화방정식을 유도하였다. 앞으로 참고하기 위해 여기서 이 식들을 요약하는 것이 적절한 것 같다. 이는 $\partial/\partial t$ 형태와 D/Dt 형태로 주어진 방정식이 대부분 표 11.4-1에 요약되어 있으며, 참고문헌은 각 식이 나타나 있는 첫 번째 칸에 나타나 있다.

[1] J. Boussinesq, *Théorie Analytique de Chaleur*, Vol. 2, Gauthier-Villars, Paris (1903).

표 11.4-1이 유용한 요약임에도 불구하고, 문제를 푸는데 있어서는 통상적으로 사용되는 몇 개의 좌표에서 명백하게 쓰여진 방정식들을 사용한다. 이는 부록 B에 있으며 독자들은 그 곳에 있는 표와 완전히 친근해져야 할 것이다.

일반적으로 뉴튼 유체의 비등온 유동을 표현하기 위해서는

- 연속방정식
- 운동방정식(μ와 κ를 포함하는)
- 에너지 방정식(μ, κ와 k를 포함하는)
- 열역학적 상태방정식($p = p(\rho, T)$)
- 열적 상태방정식($\hat{C}_p = \hat{C}_p(\rho, T)$)

뿐만 아니라 밀도, 온도에 의존하는 점도, 팽창 점도와 열전도도에 대한 식이 필요하다. 이에 더하여 경계조건과 초기조건도 필요하다. 원칙적으로는 시간과 위치의 함수로 압력, 밀도, 속도와 온도를 구하기 위해 방정식의 전체 집합을 풀어야 하며, 정밀한 문제를 풀고자 하면 일반적으로 수치적 방법을 사용하여야 한다.

종종 문제의 크기의 차수 해석을 수행하거나 완벽한 수치해를 얻기 전에는 극한의 경우를 연구하는 제한된 해에 만족해야 할 것이다. 이는 몇 개의 표준 가정을 수립함으로써 수행된다.

(i) **일정한 물성을 가정.** 만약 모든 물성이 일정하다고 가정할 수 있다면 방정식은 상당히 간단해지고 몇몇 경우는 해석적인 해를 얻을 수 있다.

(ii) **0인 훌럭스를 가정.** $\boldsymbol{\tau}$와 $\mathbf{q}$를 0이라 두면 (a) 마찰 효과를 최소화하도록 설계된 계 내의 단열 유동공정(벤트리 미터와 터빈)과 (b) 유선형 물체 주위의 고속 유동에 대해 유용할 것이다. 이렇게 얻어진 해는 유체와 고체의 경계 부근의 상황을 묘사하는 데에는 사용할 수 없지만 고체 경계로부터 멀리 떨어진 곳의 현상을 해석하는 데에는 적절할 것이다.

에너지 방정식이 중요한 역할을 하는 문제의 해를 설명하기 위해 일련의(이상적인) 문제를 풀고자 한다. 여기서는 정상상태의 유동 문제로 국한하고자 하며, 12장에서 비정상상태의 문제들을 다룰 것이다. 각 문제에서 단순화된 변화방정식을 유도하기 위해 가정들을 열거하는 것으로부터 시작하고자 한다.

예제 11.4-1 원형관 내 층류에서 정상상태의 강제 대류 열전달

10.8절에서 다룬 문제에 대해 식을 어떻게 수립할 것인지 보이시오. 즉 관 내의 완전히 발달된 층류에 대한 유체의 온도분포를 구하시오.

해 물성이 일정하다고 가정하고, $\mathbf{v} = \boldsymbol{\delta}_z v_z(r)$, $\mathcal{P} = \mathcal{P}(z)$와 $T = T(r,z)$ 형태의 해를 가정한다.

표 11.4-1 훌럭스 항으로 된 순수 유체에 대한 변화방정식.

식	특수 형태	D/DT 항으로		주석
연속	—	$\frac{D\rho}{Dt} = -\rho(\nabla \cdot \mathbf{v})$	표 3.5-1 (A)	ρ = 일정인 경우 $(\boldsymbol{\nabla}\cdot\mathbf{v}) = 0$으로 단순화된다.
운동	일반	$\rho \frac{D\mathbf{v}}{Dt} = -\nabla p - [\nabla \cdot \boldsymbol{\tau}] + \rho\mathbf{g}$	표 3.5-1 (B)	$\boldsymbol{\tau} = 0$이면 이 식은 Euler식이 된다.
	근사	$\rho \frac{D\mathbf{v}}{Dt} = -\nabla p - [\nabla \cdot \boldsymbol{\tau}] + \bar{\rho}\mathbf{g} - \bar{\rho}\mathbf{g}\bar{\beta}(T - \bar{T})$	11.3-2 (C)	부력항을 나타낸다.
에너지	$\hat{K}+\hat{U}+\hat{\Phi}$ 항으로	$\rho \frac{D(\hat{K} + \hat{U} + \hat{\Phi})}{Dt} = -(\nabla \cdot \mathbf{q}) - (\nabla \cdot p\mathbf{v}) - (\nabla \cdot [\boldsymbol{\tau} \cdot \mathbf{v}])$	— (D)	단지 시간에 무관한 Φ에 대해 정확하다.
	$\hat{K}+\hat{U}$ 항으로	$\rho \frac{D(\hat{K} + \hat{U})}{Dt} = -(\nabla \cdot \mathbf{q}) - (\nabla \cdot p\mathbf{v}) - (\nabla \cdot [\boldsymbol{\tau} \cdot \mathbf{v}]) + \rho(\mathbf{v} \cdot \mathbf{g})$	— (E)	
	$\hat{K}=\frac{1}{2}v^2$ 항으로	$\rho \frac{D\hat{K}}{Dt} = -(\mathbf{v} \cdot \nabla p) - (\mathbf{v} \cdot [\nabla \cdot \boldsymbol{\tau}]) + \rho(\mathbf{v} \cdot \mathbf{g})$	표 3.5-1 (F)	운동방정식으로 부터
	$\hat{U}$ 항으로	$\rho \frac{D\hat{U}}{Dt} = -(\nabla \cdot \mathbf{q}) - p(\nabla \cdot \mathbf{v}) - (\boldsymbol{\tau}:\nabla\mathbf{v})$	11.2-2 (G)	일정한 ρ에 대해 $(\boldsymbol{\nabla}\cdot\mathbf{v})$를 포함하는 항은 0이다.
	$\hat{H}$ 항으로	$\rho \frac{D\hat{H}}{Dt} = -(\nabla \cdot \mathbf{q}) - (\boldsymbol{\tau}:\nabla\mathbf{v}) + \frac{Dp}{Dt}$	11.2-3 (H)	$\hat{H} = \hat{U} + (p/\rho)$
	$\hat{C}_v$ 와 T 항으로	$\rho\hat{C}_v \frac{DT}{Dt} = -(\nabla \cdot \mathbf{q}) - T\left(\frac{\partial p}{\partial T}\right)_\rho (\nabla \cdot \mathbf{v}) - (\boldsymbol{\tau}:\nabla\mathbf{v})$	— (I)	이상기체에 대해 $T(\partial p/\partial T)_\rho = p$
	$\hat{C}_p$ 와 T 항으로	$\rho\hat{C}_p \frac{DT}{Dt} = -(\nabla \cdot \mathbf{q}) - \left(\frac{\partial \ln \rho}{\partial \ln T}\right)_p \frac{Dp}{Dt} - (\boldsymbol{\tau}:\nabla\mathbf{v})$	11.2-5 (J)	이상기체에 대해 $(\partial \ln \rho/\partial \ln T)_p = -1$

연속	—	$\frac{\partial}{\partial t}\rho = -(\nabla\cdot\rho\mathbf{v})$	3.1-4 (K)	ρ = 일정인 경우 $(\boldsymbol{\nabla}\cdot\mathbf{v}) = 0$으로 단순화된다.
운동	일반	$\frac{\partial}{\partial t}\rho\mathbf{v} = -[\nabla\cdot\rho\mathbf{v}\mathbf{v}] - \nabla p - [\nabla\cdot\boldsymbol{\tau}] + \rho\mathbf{g}$	3.2-9 (L)	$\boldsymbol{\tau} = 0$이면 이 식은 Euler식이 된다.
	근사	$\frac{\partial}{\partial t}\rho\mathbf{v} = -[\nabla\cdot\rho\mathbf{v}\mathbf{v}] - \nabla p - [\nabla\cdot\boldsymbol{\tau}] + \bar{\rho}\mathbf{g} - \bar{\rho}\mathbf{g}\bar{\beta}(T-\bar{T})$	— (M)	부력항을 나타낸다.
에너지	$\hat{K}+\hat{U}+\hat{\Phi}$ 항으로	$\frac{\partial}{\partial t}\rho(\hat{K}+\hat{U}+\hat{\Phi}) = -(\nabla\cdot\rho(\hat{K}+\hat{H}+\hat{\Phi})\mathbf{v}) - (\nabla\cdot\mathbf{q}) - (\nabla\cdot[\boldsymbol{\tau}\cdot\mathbf{v}])$	11.1-9 (N)	단지 시간에 무관한 Φ에 대해 정확하다.
	$\hat{K}+\hat{\Phi}$ 항으로	$\frac{\partial}{\partial t}\rho(\hat{K}+\hat{\Phi}) = -(\nabla\cdot\rho(\hat{K}+\hat{\Phi})\mathbf{v}) - (\mathbf{v}\cdot\nabla p) - (\mathbf{v}\cdot[\nabla\cdot\boldsymbol{\tau}])$	3.3-2 (O)	단지 시간에 무관한 Φ에 대해 정확하다. 운동방정식으로 부터
	$\hat{K}+\hat{U}$ 항으로	$\frac{\partial}{\partial t}\rho(\hat{K}+\hat{U}) = -(\nabla\cdot\rho(\hat{K}+\hat{H})\mathbf{v}) - (\nabla\cdot\mathbf{q}) - (\nabla\cdot[\boldsymbol{\tau}\cdot\mathbf{v})] + \rho(\mathbf{v}\cdot\mathbf{g})$	11.1-7 (P)	
	$\hat{K}=\frac{1}{2}v^2$ 항으로	$\frac{\partial}{\partial t}\rho\hat{K} = -(\nabla\cdot\rho\hat{K}\mathbf{v}) - (\mathbf{v}\cdot\nabla p) - (\mathbf{v}\cdot[\nabla\cdot\boldsymbol{\tau}]) + \rho(\mathbf{v}\cdot\mathbf{g})$	3.3-1 (Q)	운동방정식으로 부터
	$\hat{U}$ 항으로	$\frac{\partial}{\partial t}\rho\hat{U} = -(\nabla\cdot\rho\hat{U}\mathbf{v}) - (\nabla\cdot\mathbf{q}) - p(\nabla\cdot\mathbf{v}) - (\boldsymbol{\tau}:\nabla\mathbf{v})$	11.2-1 (R)	일정한 ρ에 대해 $(\boldsymbol{\nabla}\cdot\mathbf{v})$를 포함하는 항은 0이다.
	$\hat{H}$ 항으로	$\frac{\partial}{\partial t}\rho\hat{H} = -(\nabla\cdot\rho\hat{H}\mathbf{v}) - (\nabla\cdot\mathbf{q}) - (\boldsymbol{\tau}:\nabla\mathbf{v}) + \frac{Dp}{Dt}$	— (S)	$\hat{H} = \hat{U} + (p/\rho)$
엔트로피	—	$\frac{\partial}{\partial t}\rho\hat{S} = -(\nabla\cdot\rho\hat{S}\,\mathbf{v}) - \left(\boldsymbol{\nabla}\cdot\frac{\mathbf{q}}{T}\right) - \frac{1}{T^2}(\mathbf{q}\cdot\nabla T) - \frac{1}{T}(\boldsymbol{\tau}:\nabla\mathbf{v})$	11D.1-1 (T)	마지막 두 항은 엔트로피 생성을 나타낸다.

그러면 부록 B에 주어진 바와 같은 변화방정식은

연속 :

$$0 = 0 \tag{11.4-1}$$

운동 :

$$0 = -\frac{d\mathcal{P}}{dz} + \mu\left[\frac{1}{r}\frac{d}{dr}\left(r\frac{dv_z}{dr}\right)\right] \tag{11.4-2}$$

에너지 :

$$\rho\hat{C}_p v_z \frac{\partial T}{\partial z} = k\left[\frac{1}{r}\frac{\partial}{\partial r}\left(r\frac{\partial T}{\partial r}\right) + \frac{\partial^2 T}{\partial z^2}\right] + \mu\left(\frac{dv_z}{dr}\right)^2 \tag{11.4-3}$$

으로 간단히 될 것이다. 연속방정식은 가정의 결과로 자동적으로 만족된다. 운동방정식을 예제 3.6-1에서와 같이 풀면 속도분포를 얻게 된다(포물선 속도분포). 그런 다음 이 식을 식 11.4-3의 좌변의 대류 열전달 항과 우변의 점성 소산 가열 항에 대입한다.

다음 10.8절에서와 같이 (i) z 방향의 열전도는 열대류보다 훨씬 작으므로 $\partial^2T/\partial z^2$ 항은 무시할 수 있으며, (ii) 유동은 점성 가열이 중요해질 만큼 충분히 빠르지 못하므로 $\mu(\partial v_z/\partial r)^2$ 항은 생략할 수 있다는 두 개의 가정을 설정한다. 이들 가정이 설정되면 식 11.4-3은 식 10.8-12식과 같아지게 된다. 이런 점에서 10.8절과 같이 큰 z에 대해서만 타당한 점근해를 얻게 된다. 이는 (i) 시험적인 추측이 해의 형태로 된다는 **가설**을 하거나, (ii) 물성을 일정하다고 **가정**하거나 항을 버림으로써 몇몇 물리적 현상이나 효과를 소거하는 **가정**을 하거나, (iii) 완전한 수학적 해의 일부분만을 단지 취하여 **점근해**를 구하는 세 가지 유형의 제한적인 과정을 통해 진행됨에 주목하시오. 이들 다양한 종류의 제한을 구별하는 것이 중요하다.

예제 11.4-2 점성열이 발생되는 원환의 접선 방향 유동

외부 원통이 정상상태의 각속도 Ω_0로 회전하고 있는 두 개의 동축 원통 사이에 채워져 있는 비압축성 유체의 온도분포를 구하시오(10.4절 참조). 예제 3.6-3의 명명법을 사용하고, 유체 흐름선의 곡률이 반드시 고려되어야 될 만큼 반지름 비 κ가 상당히 작다고 생각하시오.

원환의 내부와 외부의 표면 온도는 각각 T_κ와 T_1으로 유지되며, $T_\kappa \neq T_1$이다. 정상상태의 층류로 가정하고, 물성의 온도 의존성은 무시한다.

이는 강제 대류 문제의 한 예이다: 속도분포를 얻기 위해 연속방정식과 운동방정식을 푼 다음 온도분포를 얻기 위해 에너지 방정식을 푼다. 이는 동축 원통형 점도계[1]와 윤활계의 가열 효과와 관련하여 흥미로운 문제이다.

해 $\mathbf{v} = \boldsymbol{\delta}_\theta v_\theta(r)$, $\mathcal{P} = \mathcal{P}(r, z)$이고 $T = T(r)$이라 가정하면, 변화방정식은 식 3.6-20, 21 및 22(운동방정식의 r−, θ−와 z− 성분)와 에너지 방정식

[1] J. R. Van Wazer, J. W. Lyons, K. Y. Kim, and R. E. Colwell, *Viscosity and Flow Measurement*, Wiley, New York (1963), pp. 82-85.

$$0 = k\frac{1}{r}\frac{d}{dr}\left(r\frac{dT}{dr}\right) + \mu\left[r\frac{d}{dr}\left(\frac{v_\theta}{r}\right)\right]^2 \tag{11.4-4}$$

로 단순화된다. 식 3.6-29에 주어진 운동방정식의 θ−성분의 해를 에너지 방정식에 대입하면

$$0 = k\frac{1}{r}\frac{d}{dr}\left(r\frac{dT}{dr}\right) + \frac{4\mu\Omega_o^2\kappa^4R^4}{(1-\kappa^2)^2}\frac{1}{r^4} \tag{11.4-5}$$

를 얻게 된다. 이는 온도분포에 대한 미분방정식이다. 이를

$$\xi = \frac{r}{R} \qquad \Theta = \frac{T - T_\kappa}{T_1 - T_\kappa} \qquad N = \frac{\mu\Omega_o^2R^2}{k(T_1 - T_\kappa)}\cdot\frac{\kappa^4}{(1-\kappa^2)^2} \tag{11.4-6,7,8}$$

로 둔 무차원 양들의 항으로 다시 쓸 수 있으며, 매개변수 N은 10.4절의 Brinkman 수와 밀접한 관련이 있다. 이제 식 11.4-5는

$$\frac{1}{\xi}\frac{d}{d\xi}\left(\xi\frac{d\Theta}{d\xi}\right) = -4N\frac{1}{\xi^4} \tag{11.4-9}$$

가 되며, 이는 식 C.1-11의 형태이며, 다음과 같은 해를 갖는다.

$$\Theta = -N\frac{1}{\xi^2} + C_1 \ln \xi + C_2 \tag{11.4-10}$$

경계조건

경계조건 1: $\xi = \kappa$ 에서, $\Theta = 0$ (11.4-11)

경계조건 2: $\xi = 1$ 에서, $\Theta = 1$ (11.4-12)

로부터 적분 상수를 결정하면 다음 식을 얻는다.

$$\Theta = \left(1 - \frac{\ln \xi}{\ln \kappa}\right) + N\left[\left(1 - \frac{1}{\xi^2}\right) - \left(1 - \frac{1}{\kappa^2}\right)\frac{\ln \xi}{\ln \kappa}\right] \tag{11.4-13}$$

N = 0이면, 내부와 외부 온도가 T_κ와 T_1이고 두께가 $R(1-\kappa)$인 움직이지 않는 원통형 쉘에 대한 온도분포를 얻게 된다. 만약 N이 충분히 크면,

$$\xi = \sqrt{\frac{2\ln(1/\kappa)}{(1/\kappa^2) - 1 - (1/N)}} \tag{11.4-14}$$

인 지점에서 온도분포가 최대로 될 것이며, T_κ 또는 T_1보다 더 큰 온도를 갖게 될 것이다.

비록 이 예제가 원통형 좌표에서 도표화된 변화방정식의 사용을 예로 보여주고 있기는 하지만, 대부분의 점도계와 윤활 응용에서는 원통 사이의 간격이 작으므로 식 11.4-13으로부터 계산된 수치값은 식 10.4-9로부터 계산된 수치값과 본질적으로 다르지 않을 것이다.

예제 11.4-3 비등온 경막 내의 정상상태 유동

그림 2.2-1부터 3에서 보는 바와 같이 경사면의 표면을 따라 정상상태의 층류로 액체가 흘러 내리고 있다. 자유 액체 표면의 온도는 T_0로 유지되며, $x = \delta$의 고체 표면은 T_δ로 유지되고 있다. 이들 온도에서 액체의 점도는 각각 μ_0와 μ_δ이고, 액체의 밀도와 열전도도는 일정하다고 가정한다. 이 유동에서 점성 발열은 중요하지 않다고 하고 말단의 영향을 무시함으로써 비등온 유동계에서의 속도분포를 구하시오. 점도의 온도 의존성은 $\mu = Ae^{B/T}$ 형태식으로 표현된다고 가정하며, 이 때 A와 B는 경험적 상수이다. 이는 1.5절에 주어진 Eyring 이론에 의해 제안되었다.

먼저 에너지 방정식을 풀어 온도분포를 구한 다음 점도의 온도 의존식을 사용하여 점도의 위치에 따른 의존성을 찾고, 그런 다음 운동방정식을 풀면 속도분포를 구할 수 있다.

해 $T = T(x)$이고 $\mathbf{v} = \boldsymbol{\delta}_z v_z(x)$라 가정하면 에너지 방정식은

$$\frac{d^2T}{dx^2} = 0 \tag{11.4-15}$$

로 간단히 된다. 이를 알고 있는 종말 온도들 사이에서 적분하면,

$$\frac{T - T_0}{T_\delta - T_0} = \frac{x}{\delta} \tag{11.4-16}$$

을 얻는다.

점도의 온도 의존성은

$$\frac{\mu(T)}{\mu_0} = \exp\left[B\left(\frac{1}{T} - \frac{1}{T_0}\right)\right] \tag{11.4-17}$$

과 같이 다시 쓸 수 있다. 여기서 B는 점도 대 온도에 대한 실험 데이터로부터 결정되는 상수이다. 위치에 따른 점도의 의존성을 얻기 위해 마지막 두 식을 결합하면

$$\frac{\mu(x)}{\mu_0} = \exp\left[B\,\frac{T_0 - T}{T_0 T}\left(\frac{x}{\delta}\right)\right] \cong \exp\left[B\,\frac{T_0 - T_\delta}{T_0 T_\delta}\left(\frac{x}{\delta}\right)\right] \tag{11.4-18}$$

을 얻는다. 만약 경막을 통해 온도가 크게 변하지 않는다면 두 번째 식은 좋은 근사가 된다. 이 식을 $T = T_\delta$에 대해서 쓰여진 식 11.4-17과 결합하면

$$\frac{\mu(x)}{\mu_0} = \exp\left[\left(\ln\frac{\mu_\delta}{\mu_0}\right)\left(\frac{x}{\delta}\right)\right] = \left(\frac{\mu_\delta}{\mu_0}\right)^{x/\delta} \tag{11.4-19}$$

를 얻는다. 만약 α를 $-\ln(\mu_\delta/\mu_0)$와 같다고 두면, 이 식은 예제 2.2-2에서 사용된 식과 같다. 그러므로 예제 2.2-2의 결과를 사용할 수 있을 것이며, 속도분포는

$$v_z = \left(\frac{\rho g \cos \beta}{\mu_0}\right)\left(\frac{\delta}{\ln(\mu_\delta/\mu_0)}\right)^2\left[\frac{1 + (x/\delta)\ln(\mu_\delta/\mu_0)}{(\mu_\delta/\mu_0)^{x/\delta}} - \frac{1 + \ln(\mu_\delta/\mu_0)}{(\mu_\delta/\mu_0)}\right] \quad (11.4\text{-}20)$$

과 같이 쓸 수 있다. 적절한 상수 α 값을 사용함으로써, 예제 2.2-2에서 시작된 문제의 해석을 완성하였다.

예제 11.4-4 증발 냉각[2]

반지름이 κR과 R인 두 개의 다공성 동심 구형 쉘로 된 계가 그림 11.4-1에 도시되어 있다. 외부 쉘의 내부 표면온도가 T_1이고, 내부 쉘의 외부 표면온도는 더 낮은 온도인 T_κ이다. 온도가 T_κ인 건조한 공기가 내부 쉘로부터 반지름 방향의 바깥 방향으로 사이에 끼어 있는 공간 내로 불고, 외부 쉘을 통해 빠져 나간다. 내부 구로부터 요구되는 열 제거 속도에 대한 식을 기체의 질량 유량의 함수로 전개하시오. 정상상태의 층류이고 기체 속도는 낮다고 가정하시오.

이 예제에서 연속방정식과 에너지 방정식을 풀어 온도분포를 구한다. 운동방정식은 계의 압력분포에 대한 정보를 제공한다.

해 이 계에 대해 $\mathbf{v} = \boldsymbol{\delta}_r v_r(r)$, $T = T(r)$이고 $\mathscr{P} = \mathscr{P}(r)$이라 가정한다. 그러면 구형 좌표에서 연속방정식은

$$\frac{1}{r^2}\frac{d}{dr}(r^2 \rho v_r) = 0 \quad (11.4\text{-}21)$$

이 된다. 이 식을 적분하면

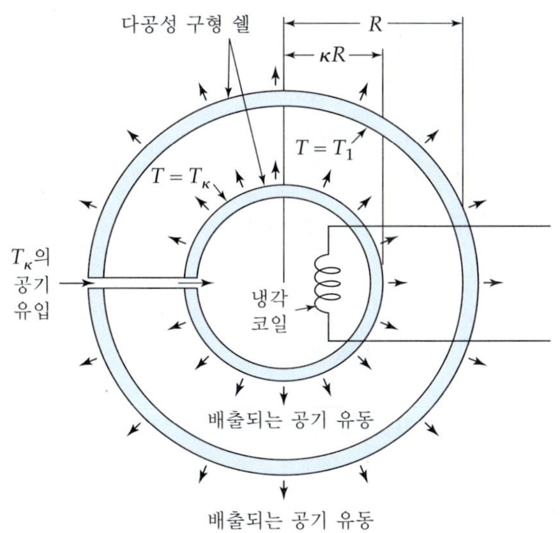

그림 11.4-1 증발 냉각. 내부 구의 온도를 T_κ로 유지하기 위해 냉각 코일로 냉각한다. 보는 바와 같이 공기가 바깥 방향으로 불면 냉각이 덜 요구된다.

2 M. Jacob, *Heat Transfer*, Vol. 2, Wiley, New York (1957), pp. 394-415.

$$r^2 \rho v_r = \text{상수} = \frac{w_r}{4\pi} \tag{11.4-22}$$

를 얻게 되고, 여기서 w_r은 기체의 반지름 방향의 질량 유량이다.

식 B.6-7로부터 구형 좌표에서 **운동방정식**의 r-성분은

$$\rho v_r \frac{dv_r}{dr} = -\frac{d\mathscr{P}}{dr} + \mu\left(\frac{1}{r^2}\frac{d}{dr}(r^2 v_r)\right) \tag{11.4-23}$$

이며, 식 11.4-21 때문에 점도 항은 생략된다. 식 11.4-23을 적분하면

$$\mathscr{P}(r) - \mathscr{P}(R) = \frac{w_r^2}{32\pi^2 \rho R^4}\left[1 - \left(\frac{R}{r}\right)^4\right] \tag{11.4-24}$$

를 얻는다. 그러므로 수정된 압력 $\mathscr{P}$는 r이 증가함에 따라 증가한다. 그렇지만 여기서 가정한 낮은 기체 속도에 대해서는 아주 조금 증가한다.

식 B.9-3에 의하면 구형 좌표에서 온도항으로 된 **에너지 방정식**은

$$\rho \hat{C}_p v_r \frac{dT}{dr} = k\frac{1}{r^2}\frac{d}{dr}\left(r^2 \frac{dT}{dr}\right) \tag{11.4-25}$$

로 주어진다. 자주 접하는 문제에 대한 모든 합리적인 가정인 열전도도가 일정하고 압력이 일정하며, 점성 소산이 없다고 가정하고 여기서 식 11.2-8을 사용하였다.

속도분포에 대한 식 11.4-22가 식 11.4-25의 v_r에 대해 사용되면, 두 쉘 사이 기체의 온도분포 $T(r)$에 대한 다음 미분방정식을 얻게 된다.

$$\frac{dT}{dr} = \frac{4\pi k}{w_r \hat{C}_p}\frac{d}{dr}\left(r^2 \frac{dT}{dr}\right) \tag{11.4-26}$$

$u = r^2(dT/dr)$로 변수 변환을 하고 $u(r)$에 대한 1차의 분리 가능한 미분방정식을 얻은 다음 이를 적분하고 경계조건을 적용하면

$$\frac{T - T_1}{T_\kappa - T_1} = \frac{e^{-R_0/r} - e^{-R_0/R}}{e^{-R_0/\kappa R} - e^{-R_0/R}} \tag{11.4-27}$$

을 얻으며, $R_0 = w_r \hat{C}_p / 4\pi k$는 길이 단위를 갖는 상수이다.

내부 구를 향한 열유동 속도는

$$Q = -4\pi\kappa^2 R^2 q_r|_{r=\kappa R} \tag{11.4-28}$$

이고, 이는 냉매에 의해 요구되는 열 제거 속도이다. 열 흘럭스의 r-성분에 대한 Fourier 법칙을 대입하면

$$Q = +4\pi\kappa^2 R^2 k \left.\frac{dT}{dr}\right|_{r=\kappa R} \tag{11.4-29}$$

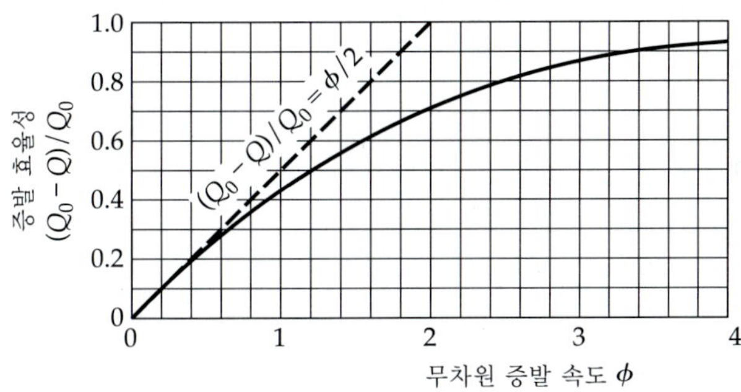

그림 11.4-2 증발 냉각의 효과.

를 얻는다. 다음 식 11.4-27의 도움을 받아 표면에서의 온도 구배를 계산하면 열 제거 속도에 대한 식

$$Q = \frac{4\pi R_0 k(T_1 - T_\kappa)}{\exp[(R_0/\kappa R)(1-\kappa)] - 1} \tag{11.4-30}$$

을 얻게 된다. 기체의 질량 유량이 0인 극한에서는 $R_0 = 0$이므로, 열 제거 속도는

$$Q_0 = \frac{4\pi\kappa Rk(T_1 - T_\kappa)}{1 - \kappa} \tag{11.4-31}$$

이 된다. 기체 증발의 결과로 제거되는 열의 분율 감소는

$$\frac{Q_0 - Q}{Q_0} = 1 - \frac{\phi}{e^\phi - 1} \tag{11.4-32}$$

이고, 여기서 $\Phi = R_0(1-\kappa)/\kappa R = w_r\hat{C}_p(1-\kappa)/4\pi\kappa Rk$는 "무차원 증발 속도"이다. 식 11.4-32를 그림 11.4-2에서 도표로 볼 수 있으며, 작은 Φ 값에 대해 양 $(Q_0-Q)/Q_0$는 점근값 $\frac{1}{2}\Phi$에 접근한다.

예제 11.4-5 수직 평판으로부터 자유 대류 열전달.

온도가 T_0로 가열되고 있는 높이가 H이고 너비가 $W(W>>H)$인 평탄한 평판이 주위의 온도가 T_1인 큰 체적의 유체 내에 놓여 있다. 가열되고 있는 평판 주위에서 유체는 부력 때문에 상승하게 된다(그림 11.4-3 참조). 변화방정식으로부터 계의 변수에 대한 열손실의 의존성을 추론하시오. Boussinesq 근사에 의해 고려되는 온도에 따른 밀도 변화를 제외하고는 유체의 물성은 일정하다고 생각한다.

해 $\mathbf{v} = \boldsymbol{\delta}_y v_y(y, z) + \boldsymbol{\delta}_z v_z(y, z)$이고 $T = T(y, z)$라 가정하며, 가열된 유체는 거의 바로 위로 향해 움직인다고 가정하므로 $v_y \ll v_z$이다. 그러면 식 11.3-2의 x-와 y-성분은 $p = p(z)$로 주어지므로, 압력은 정역학적 압력분포인 $-dp/dz - \bar{\rho}g = 0$에 의해 매우 적절한 근사값이 주어지게 된다. 남아있는 변화방정식은

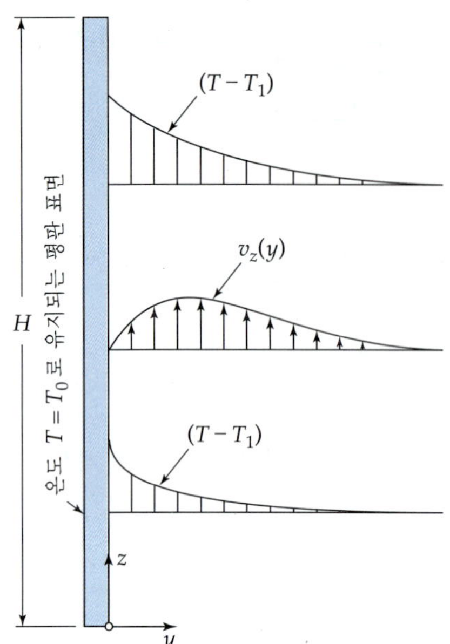

그림 11.4-3 가열된 수직 평판 주위의 온도와 속도분포.

연속 :
$$\frac{\partial v_y}{\partial y} + \frac{\partial v_z}{\partial z} = 0 \tag{11.4-33}$$

운동 :
$$\bar{\rho}\left(v_y \frac{\partial}{\partial y} + v_z \frac{\partial}{\partial z}\right)v_z = \mu\left(\frac{\partial^2}{\partial y^2} + \underline{\frac{\partial^2}{\partial z^2}}\right)v_z + \bar{\rho}g\bar{\beta}(T - T_1) \tag{11.4-34}$$

에너지 :
$$\bar{\rho}\hat{C}_p\left(v_y \frac{\partial}{\partial y} + v_z \frac{\partial}{\partial z}\right)(T - T_1) = k\left(\frac{\partial^2}{\partial y^2} + \underline{\frac{\partial^2}{\partial z^2}}\right)(T - T_1) \tag{11.4-35}$$

이며, 여기서 $\bar{\rho}$와 $\bar{\beta}$는 주위의 온도 T_1에서 계산된다. 점선으로 밑줄 그어진 항은 분자의 작용에 의한 z방향으로의 운동량과 에너지 전달로 식 좌변의 상응하는 대류항과 비교하면 작다는 사실에 근간을 두고 생략될 것이다. 이러한 생략은 평판 바닥 주변의 작은 영역을 제외하고는 계를 만족스럽게 묘사할 수 있을 것이다. 이러한 단순화와 함께 다음 경계조건이 주어지면 $z = H$까지의 계를 해석하기에 충분하다.

경계조건 1: $y = 0$ 에서 $v_y = v_z = 0$ 과 $T = T_0$ (11.4-36)

경계조건 2: $y \to \pm\infty$ 에서 $v_z \to 0$ 과 $T \to T_1$ (11.4-37)

경계조건 3: $z = 0$ 에서 $v_z = 0$ (11.4-38)

온도 상승이 운동방정식에 나타나며, 속도분포가 에너지 방정식에 나타남에 주목하시오. 그러므로 이들 방정식은 "연결되어" 있다. 이와 같이 연결된 비선형 미분방정식의 해석적 해는 대단히 어려우며, 여기서는 차원 해석의 접근법에 만족하고자 한다.

이를 위해 다음 무차원 변수를 도입하고자 한다.

$$\Theta = \frac{T - T_1}{T_0 - T_1} = \text{무차원 온도} \tag{11.4-39}$$

$$\zeta = \frac{z}{H} \quad = \text{무차원 수직 좌표} \tag{11.4-40}$$

$$\eta = \left(\frac{B}{\mu\alpha H}\right)^{1/4} y \quad = \text{무차원 수평 좌표} \tag{11.4-41}$$

$$\phi_z = \left(\frac{\mu}{\alpha B H}\right)^{1/2} v_z \quad = \text{무차원 수직 속도} \tag{11.4-42}$$

$$\phi_y = \left(\frac{\mu H}{\alpha^3 B}\right)^{1/4} v_y \quad = \text{무차원 수평 속도} \tag{11.4-43}$$

여기서 $\alpha = k/\bar{\rho}\hat{C}_p$이고 $B = \bar{\rho} g \bar{\beta}/(T_0 - T_1)$이다.

점선으로 밑줄 그어진 항을 제외한 변화방정식을 이들 무차원 변수의 항으로 쓰면

연속
$$\frac{\partial \phi_y}{\partial \eta} + \frac{\partial \phi_z}{\partial \zeta} = 0 \tag{11.4-44}$$

운동
$$\frac{1}{\text{Pr}}\left(\phi_y \frac{\partial}{\partial \eta} + \phi_z \frac{\partial}{\partial \zeta}\right)\phi_z = \frac{\partial^2 \phi_z}{\partial \eta^2} + \Theta \tag{11.4-45}$$

에너지
$$\left(\phi_y \frac{\partial}{\partial \eta} + \phi_z \frac{\partial}{\partial \zeta}\right)\Theta = \frac{\partial^2 \Theta}{\partial \eta^2} \tag{11.4-46}$$

를 얻는다. 그러면 앞의 경계조건은

경계조건 1: $\eta = 0$ 에서, $\phi_y = \phi_z = 0, \quad \Theta = 1$ (11.4-47)

경계조건 2: $\eta \to \infty$ 에서, $\phi_z \to 0, \quad \Theta \to 0$ (11.4-48)

경계조건 3: $\zeta = 0$ 에서, $\phi_z = 0$ (11.4-49)

가 된다. 이들 방정식과 경계조건으로부터 무차원 속도 성분인 ϕ_y와 ϕ_z, 무차원 온도인 Θ는 η와 ζ에 의존하며, 또 Prandtl 수 Pr에도 의존하는 것을 즉시 알 수 있다. 자유 대류에서의 유동은 보통 매우 느리므로 Pr이 나타나는 항은 일반적으로 상당히 작을 것이다. 이것을 0과 같다고 두면 "미동 유동의 가정"에 상응할 것이다. 그러므로 Prandtl 수에 대한 해의 의존성은 대단히 약할 것이라고 기대한다.

평판 한쪽 면으로부터의 평균 열 훌럭스는

$$q_{\text{avg}} = \frac{1}{H}\int_0^H \left(-k\frac{\partial T}{\partial y}\right)\bigg|_{y=0} dz \tag{11.4-50}$$

와 같이 쓸 수 있다. 이제 무차원 양의 항으로 적분을 다시 쓰면

$$\begin{aligned} q_{\text{avg}} &= k(T_0 - T_1)\left(\frac{B}{\mu\alpha H}\right)^{1/4} \cdot \int_0^1 \left(-\frac{\partial \Theta}{\partial \eta}\right)\bigg|_{\eta=0} d\zeta \\ &= k(T_0 - T_1)\left(\frac{B}{\mu\alpha H}\right)^{1/4} \cdot C \end{aligned}$$

$$= C \cdot \frac{k}{H}(T_0 - T_1)\left(\left(\frac{\hat{C}_p\mu}{k}\right)\left(\frac{\bar{\rho}^2 g\bar{\beta}(T_0 - T_1)H^3}{\mu^2}\right)\right)^{1/4}$$

$$= C \cdot \frac{k}{H}(T_0 - T_1)(\text{GrPr})^{1/4} \tag{11.4-51}$$

이 되며, 무차원 군 Ra = GrPr은 Rayleigh 수로 언급된다. Θ가 η, ζ와 Pr의 함수이기 때문에 도함수 $\partial\Theta/\partial\eta$ 또한 η, ζ와 Pr의 함수이다. 그러면 $\eta = 0$에서 계산된 $\partial\Theta/\partial\eta$는 오직 ζ와 Pr에만 의존하며, ζ에 걸친 정적분은 Pr의 함수이다. 앞에 주어진 주의로부터 C라 불리는 이 함수는 거의 상수에 가까운, 단지 Prandtl 수의 약한 함수라는 것을 추론할 수 있다.

비록 편미분방정식을 풀지는 않았지만 평균 열 훌럭스는 온도차 (T_0-T_1)의 $\frac{5}{4}$ 제곱에 비례하고 H의 $\frac{1}{4}$ 제곱에는 반비례 한다는 것을 앞의 해석에서 예측할 수 있다. 이 두 가지 예측은 실험으로 확인되었다. 우리가 할 수 없었던 유일한 것은 Pr의 함수인 C를 구하는 것이었다.

이 함수를 결정하기 위해서는 실험적으로 측정하거나 식 11.4-44에서 49를 풀어야만 한다. 1881년에 Lorenz[3] 가 이들 방정식의 근사적 해를 구하고 C =0 .548임을 규명하였다. 후에 더 섬세한 계산[4]을 통하여 Pr에 대한 C의 다음 의존성을 얻었다.

Pr	0.73(공기)	1	10	100	1000	∞
C	0.518	0.535	0.620	0.653	0.665	0.670

이들 C 값은 층류 영역에서(즉 GrPr < 10^9에 대해) 가장 잘 수행된 실험 측정 결과와 거의 정확하게 부합하고 있다.[5]

예제 11.4-6 이상기체의 마찰이 없는 단열공정.

운동량 훌럭스 $\boldsymbol{\tau}$와 열 훌럭스 $\mathbf{q}$가 무시될 수 있는 이상기체의 흐름 내에서 밀도나 온도와 국부 압력 간의 관계식을 전개하시오.

해 $\boldsymbol{\tau}$와 $\mathbf{q}$를 무시하면, 에너지 방정식(표 11.4-1의 식 (J))은

---

[3] L. Lorenz, *Wiedemann's Ann. der Physik u. Chemie*, **13**, 422-447, 582-606 (1881). U. Grigull, *Die Grundgesetze der Wärmeübertragung*, Springer-Verlag, Berlin, 3rd edition (1955), pp. 263-269 를 참조하시오.

[4] S. Whitaker, *Fundamental Principles of Heat Transfer*, Krieger, Malabar Fla. (1977), 5.11절을 참조하시오. Pr→∞인 극한의 경우는 E. J. LeFevre [Heat Div. Paper 113, Dept. Sci. and Ind. Res., Mech. Engr. Lab. (Great Britain), Aug. 1956]에 의해 수치적으로 수행되었으며,

$$\left.\frac{\partial\Theta}{\partial\eta}\right|_{\eta=0} = \frac{0.5028}{\zeta^{1/4}} \qquad \left.\frac{\partial\phi_z}{\partial\eta}\right|_{\eta=0} = \frac{1.16}{\zeta^{1/4}} \tag{11.4-51a,b}$$

임이 알려졌다. 식 11.4-51a는 위의 C = 0.670 값에 대응한다. 이 결과는 상사한 물질전달 문제에 대해 C. R. Wilke, C. W. Tobias, and M. Eisenberg, *J. Electrochem. Soc.*, **100**, 513-523 (1953)에 의해 실험적으로 증명되었다.

[5] 3차원 미동 유동에서의 자유 대류의 해석에 대해서는 W. E. Stewart, *Int. J. Heat and Mass Transfer,* **14**, 1013-1031 (1971)을 참조하시오.

$$\rho \hat{C}_p \frac{DT}{Dt} = \left(\frac{\partial \ln \hat{V}}{\partial \ln T}\right)_p \frac{Dp}{Dt} \tag{11.4-52}$$

와 같이 다시 쓸 수 있다. 이상기체에 대해서는 $p\hat{V} = RT/M$이며 여기서 M은 기체의 분자량이고, 식 11.4-52는

$$\rho \hat{C}_p \frac{DT}{Dt} = \frac{Dp}{Dt} \tag{11.4-53}$$

이 된다. 이 식을 p로 나누고 몰 열용량 $\tilde{C}_p = M\hat{C}_p$를 일정하다고 가정하고, 다시 이상기체 법칙을 사용하면

$$\frac{D}{Dt}\left(\frac{\tilde{C}_p}{R} \ln T - \ln p\right) = 0 \tag{11.4-54}$$

를 얻을 수 있다. 그러므로 괄호 안의 양은 역로그를 취할 때 유체 요소의 경로에 따라 상수가 되므로

$$T^{\tilde{C}_p/R} p^{-1} = \text{상수} \tag{11.4-55}$$

를 얻게 된다. 이 관계식은 유체를 따라 움직이는 유체 요소가 만나게 되는 모든 열역학적 상태 p, T에 적용된다.

$\gamma = \hat{C}_p/\hat{C}_p$ 의 정의 및 이상기체의 관계식 $\tilde{C}_p - \tilde{C}_v = R$과 $p = \rho RT/M$을 도입하면, 관련된 식

$$p^{(\gamma-1)/\gamma} T^{-1} = \text{상수} \tag{11.4-56}$$

과

$$p\rho^{-\gamma} = \text{상수} \tag{11.4-57}$$

을 얻게 된다. 마지막 세 식은 이상기체 동역학의 마찰이 없는 단열 공정 연구에서 사용되는 것을 종종 볼 수 있으며, 식 11.4-57은 기억할만한 가치가 있는 유명한 관계식이다.

운동량 훌럭스 $\boldsymbol{\tau}$와 열 훌럭스 $\mathbf{q}$가 0이면, 유체 요소를 따르는 엔트로피 변화는 없다(식 11D.1-3 참조). 그러므로 유체 운동을 따르는 도함수 $d \ln p/d \ln T = \gamma/(\gamma-1)$는 $(\partial \ln p/\partial \ln T)_s = \gamma/(\gamma-1)$를 의미하는 것으로 이해되어야 한다. 이 식은 열역학적 평형의 표준 공식이다.

예제 11.4-7 1차원 압축성 유동: 정지된 충격파 내의 속도, 온도 및 압력분포.

정지된 충격파가 형성되는 것과 같은 조건의 수렴–발산 노즐을 통한 이상기체의 단열 팽창[6-10]을 여기서 생각한다. 기체는 압력이 p_0인 저장조로부터 노즐로 들어오고, 압력이 p_a인 대기로 배출된다. 충격파가 없는 조건에서, 잘 설계된 노즐을 통한 유동은 사실상 마찰이 없다(그러므로 고려되는 단열 상황은 **등엔트로피**이다). 이에 더하여 만약 p_a/p_0가 충분히 작다면, 유동은 목(최소 단면의 영역)에서 본질적으로 음속이며 노즐의 발산 부분에서는 초음속

이 됨을 안다. 그림 11.4-4의 곡선에 의해 나타낸 바와 같이 이들 조건 하에서 압력은 계속 해서 감소할 것이고, 속도는 유동 방향으로 증가할 것이다.

그러나 임의의 노즐 설계에 대해서는 이와 같은 등엔트로피 유동이 출구에서의 p_a보다 더 낮은 압력을 생성하는 p_a/p_0의 영역이 존재한다. 그러면 등엔트로피 유동은 불안정하게 된다. 많은 가능성 중에서 가장 간단한 것이 가깝게 위치한 한 쌍의 평행선으로 그림 11.4-4에 개략적으로 도시된 정지된 수직 충격파이다. 여기서 압력과 밀도는 둘 다 증가하는 반면, 속도는 대단히 급격히 아음속으로 떨어진다. 이 변화들은 국부적으로 1차원 층류로 간주할 수 있는 극히 얇은 영역에서 일어나며, 기계적 에너지의 매우 큰 손실을 수반하게 된다. 따라서 점성 소산과 열전도 효과는 노즐의 극히 작은 영역에 집중하게 되고, 이것이 노즐에서의 유체의 거동을 알아보기 위한 이 예제의 목적이다. 간단히 하기 위해 충격파가 유체 흐름선에 수직이라고 한다. 실제는 훨씬 더 복잡한 양상으로 종종 관찰된다. 충격 바로 상류의 속도, 압력 및 온도는 계산할 수 있으며, 알려진 것으로 간주할 것이다.

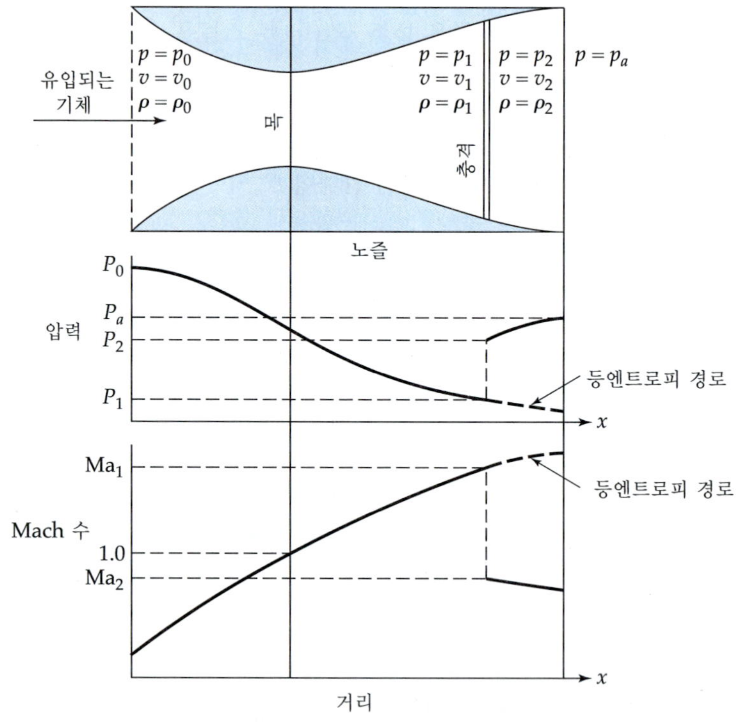

그림 11.4-4 노즐 내에서 충격파의 형성.

[6] H. W. Liepmann and A. Roshko, *Elements of Gas Dynamics*, Wiley, New York (1957), 5.4절과 13.13절.

[7] J. O. Hirschfelder, C. F. Curtiss, and R. B. Bird, *Molecular Theory of Gases and Liquids*, Wiley, New York, 2nd corrected printing (1964), pp. 791-797.

[8] M. Morduchow and P. A. Libby, *J. Aeronautical Sci.*, **16**, 674-684 (1948).

[9] R. von Mises, *J. Aeronautical Sci.*, **17**, 551-554 (1950).

[10] G. S. S. Ludford, *J. Aeronautical Sci.*, **18**, 830-834 (1951).

세 개의 변화방정식을 사용하여 충격파가 가능한 조건을 결정하고, 이와 같은 충격파의 속도, 온도 및 압력분포를 구하시오. 이상기체의 정상상태 1차원 유동을 가정하고, 팽창 점도 κ는 무시하며, 온도와 압력에 따른 μ, k 및 $\hat{C}_p$의 변화를 무시한다.

해

정지된 충격파 부근의 변화방정식은

연속 : $$\frac{d}{dx}\rho v_x = 0 \tag{11.4-58}$$

운동 : $$\rho v_x \frac{dv_x}{dx} = -\frac{dp}{dx} + \frac{4}{3}\frac{d}{dx}\left(\mu \frac{dv_x}{dx}\right) \tag{11.4-59}$$

에너지 : $$\rho \hat{C}_p v_x \frac{dT}{dx} = \frac{d}{dx}\left(k\frac{dT}{dx}\right) + v_x \frac{dp}{dx} + \frac{4}{3}\mu\left(\frac{dv_x}{dx}\right)^2 \tag{11.4-60}$$

으로 단순화된다. 에너지 방정식은 정상상태의 이상기체에 대해 쓰여진 표 11.4-1의 식 J의 형태이다.

연속방정식을 적분하면

$$\rho v_x = \rho_1 v_1 \tag{11.4-61}$$

을 얻는다.여기서 ρ_1과 v_1은 충격으로부터 상류의 짧은 거리에서 계산된 양이다.

에너지 방정식에서 식 11.4-61을 사용하여 ρv_x를 소거하고, 운동방정식을 사용하여 dp/dx를 소거하면(약간의 재배열 후)

$$\rho_1 \hat{C}_p v_1 \frac{dT}{dx} = \frac{d}{dx}\left(k\frac{dT}{dx}\right) - \rho_1 v_1 \frac{d}{dx}\left(\frac{1}{2}v_x^2\right) + \frac{4}{3}\mu\frac{d}{dx}\left(v_x \frac{dv_x}{dx}\right) \tag{11.4-62}$$

를 얻는다. 우변의 두 번째 항을 좌변으로 이항하고, 전체 식을 $\rho_1 v_1$으로 나눈 다음 각 항을 x에 관해 적분하면

$$\hat{C}_p T + \tfrac{1}{2}v_x^2 = \frac{k}{\rho_1 \hat{C}_p v_1}\frac{d}{dx}\left(\hat{C}_p T + (\tfrac{4}{3}\mathrm{Pr})\tfrac{1}{2}v_x^2\right) + C_{\mathrm{I}} \tag{11.4-63}$$

을 얻으며, 여기서 C_{I}은 적분 상수이고 $\mathrm{Pr} = \hat{C}_p\mu/k$이다. 대부분의 기체에 대해 Pr은 평균값이 0.75에 가까운 0.65에서 0.85사이에 있다. 그러므로 문제를 간단히 하기 위해 Pr을 $\frac{3}{4}$과 같다고 두면 식 11.4-63은

$$\hat{C}_p T + \tfrac{1}{2}v_x^2 = C_{\mathrm{I}} + C_{\mathrm{II}}\exp[(\rho_1 \hat{C}_p v_1/k)x] \tag{11.4-64}$$

를 해로 갖는 1차 선형 상미분방정식이 된다. $\hat{C}_p T + \frac{1}{2}v_x^2$은 양의 x 방향으로 제한없이 증가할 수 없으므로 두 번째 적분 상수 C_{II}는 반드시 0이어야 한다. 첫 번째 적분 상수는 상류 조건으로부터 계산되므로

$$\hat{C}_I = \hat{C}_p T_1 + \tfrac{1}{2}v_1^2 \tag{11.4-65}$$

가 된다. 물론 Pr을 $\frac{3}{4}$으로 선정하지 않았다면, 식 11.4-63의 수치적 적분이 요구된다.

다음 적분한 연속방정식을 운동방정식에 대입하고 한 번 더 적분하면

$$\rho_1 v_1 v_x = -p + \frac{4}{3}\mu\frac{dv_x}{dx} + C_{\text{III}} \tag{11.4-66}$$

을 얻는다. $dv_x/dx = 0$인 상류 조건으로부터 상수 C_{III}를 계산하면 $C_{\text{III}} = \rho_1 v_1^2 + p_1 = \rho_1 [v_1^2 + ((RT_1)/M)]$으로 얻어진다. 이제 양변에 v_x를 곱하고 $\rho_1 v_1$으로 나눈 다음 이상기체 법칙 $p = RT/M$과 식 11.4-61 및 65의 도움을 받아 식 11.4-60으로부터 p를 소거하면 변수로 오직 v_x와 x만을 포함하는 관계식을 얻을 수 있다.

$$\frac{4}{3}\frac{\mu}{\rho_1 v_1}v_x\frac{dv_x}{dx} = \frac{\gamma+1}{2\gamma}v_x^2 + \frac{\gamma-1}{\gamma}C_{\text{I}} - \frac{C_{\text{III}}}{\rho_1 v_1}v_x \tag{11.4-67}$$

상당히 재배열한 후, 이 방정식은 무차원 변수의 항으로 다시 쓸 수 있다.

$$\phi\frac{d\phi}{d\xi} = \beta\text{Ma}_1(\phi - 1)(\phi - \alpha) \tag{11.4-68}$$

관련된 무차원 양들은

$$\phi = \frac{v_x}{v_1} = \text{무차원 속도} \tag{11.4-69}$$

$$\xi = \frac{x}{\lambda} = \text{무차원 좌표 축} \tag{11.4-70}$$

$$\text{Ma}_1 = \frac{v_1}{\sqrt{\gamma RT_1/M}} = \text{상류 조건의 Mach 수} \tag{11.4-71}$$

$$\alpha = \frac{\gamma-1}{\gamma+1} + \frac{2}{\gamma+1}\frac{1}{\text{Ma}_1^2} \tag{11.4-72}$$

$$\beta = \tfrac{9}{8}(\gamma+1)\sqrt{\pi/8\gamma} \tag{11.4-73}$$

이다. 기준 길이 λ는 식 1.4-3에 정의된(식 1.4-9를 사용하여 소거된 d^2를 갖는) 평균 자유 경로이다.

$$\lambda = \frac{3\mu_1}{\rho_1}\sqrt{\frac{\pi M}{8RT_1}} \tag{11.4-74}$$

식 11.4-68을 적분하면

$$\frac{1-\phi}{(\phi-\alpha)^{\alpha}} = \exp[\beta\text{Ma}_1(1-\alpha)(\xi-\xi_0)] \qquad (\alpha < \phi < 1) \tag{11.4-75}$$

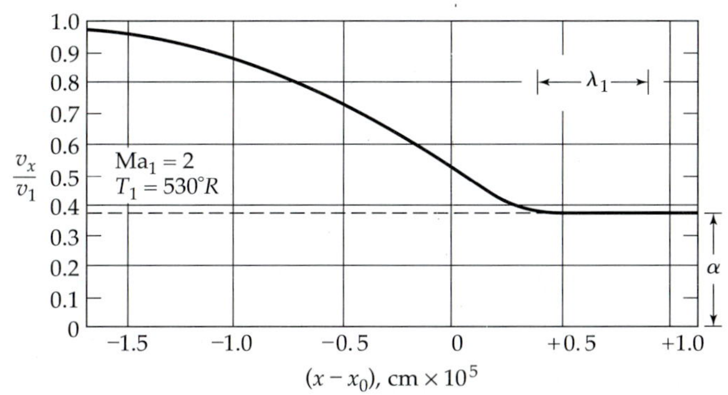

그림 11.4-5 정지된 충격파 내의 속도분포.

를 얻는다. 이 식은 노즐 내 충격파의 위치를 지정하는 적분 상수 $\xi_0 = x_0/\lambda$를 포함하는 무차원 속도분포 $\phi(\xi)$를 설명하고 있으며, 여기서 ξ_0는 알려진 값으로 간주한다. 그림 11.4-5의 식 11.4-75에 대한 도면으로부터 충격파는 실로 매우 얇다는 것을 알 수 있다. 온도와 압력분포는 식 11.4-75와 식 11.4-65 및 66으로부터 결정된다. $\xi \to -\infty$일 때 ϕ가 1에 접근하여야 하므로 상수 α는 1보다 작다. 이것은 $Ma_1>1$일 때에만 즉, 상류 유동이 초음속이면 맞다. 또 대단히 큰 양의 ξ에 대해 무차원 속도 ϕ는 α에 접근하는 것을 알 수 있다. Mach 수 Ma_1은 T_1에서 소리 속도에 대한 v_1의 비로 정의된다(문제 11C.1 참조).

위의 전개에서 Prandtl 수 Pr을 $\frac{3}{4}$으로 선택하였지만, 해는 다른 Pr 값뿐만 아니라 점도의 온도 변화를 포함하기 위해 확장되었다.

초음속 유동의 기체가 아음속 유동으로 자발적으로 돌아가려는 경향은 풍동과 예를 들면

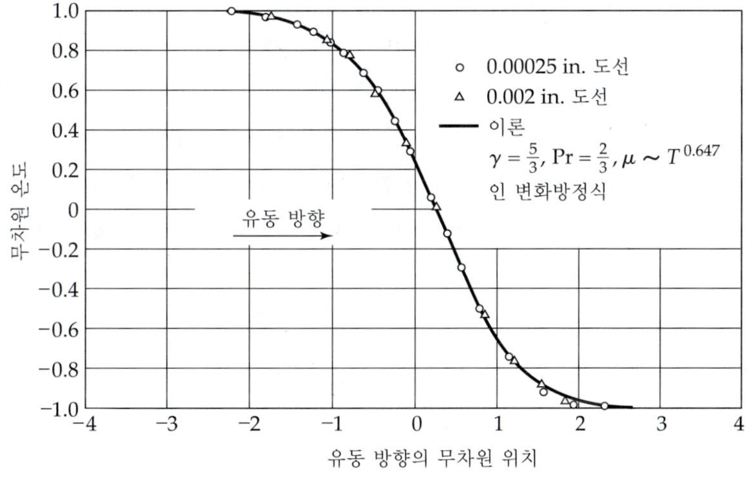

그림 11.4-6 $Ma_1 = 1.82$인 헬륨에 대한 충격파를 통한 온도분포의 반 대수 그림. 실험값은 저항선 온도계로 측정되었다.[H. W. Liepmann and A. Roshko, *Elements of Gas Dynamics*, Wiley, New York (1957), p.333에서 채택함]

터빈과 로켓 엔진같은 고속계의 설계에서 중요하다. 충격파 내에서 일어나는 변화는 비가역적이고 속도 구배가 대단히 가파르므로 상당한 양의 기계적 에너지가 소산됨에 주목하시오.

예측된 충격파의 얇기의 관점에서 보면, 여기 주어진 연속체 변화방정식에 기초를 둔 해석의 응용을 궁금해 할 것이다. 그러므로 이론과 실험을 비교하는 것이 바람직하다. 헬륨의 충격파에 대한 실험 온도를 측정한 결과와 $\gamma = \frac{5}{3}$, $\Pr = \frac{2}{3}$ 및 $\mu \sim T^{0.647}$에 대한 이론 결과를 그림 11.4-6에 비교하였으며, 매우 잘 부합하는 것을 볼 수 있다. 그럼에도 불구하고 헬륨이 단원자 분자인 까닭에 단순한 계로 인식하여야 하며, 내부 자유도는 포함되지 않는다. 2원자 또는 다원자 기체에 대해 상응하는 해석은 전형적으로 수백 번의 충돌이 요구되고 충격파를 상당히 넓히는 병진 자유도와 내부 자유도 사이의 에너지 교환을 고려할 필요가 있다. 이와 관련된 더 이상의 논의는 참고문헌 7의 11장에서 찾아 볼 수 있다.

11.5 비등온계에 대한 변화방정식의 차원 해석

지금까지 몇몇 대표적인 열전달 문제를 풀기 위해 비등온계에 대한 변화방정식을 어떻게 사용하는지 살펴보았고, 이제 이들 방정식의 차원 해석을 논의하고자 한다.

3.7절의 차원 해석에 대한 논의가 6장의 마찰 인자의 논의에 대한 도입을 제공하였던 것과 마찬가지로, 이 절에서 다루는 내용은 14장의 열전달계수의 상관관계에 대한 논의에 필요한 배경을 제공한다. 3장에서와 같이 변화방정식과 경계조건을 무차원 형태로 쓰고, 이러한 방식으로 비등온 유동계를 특성화하는 데 사용될 수 있는 몇몇 무차원 매개변수를 구한다.

그러나 비등온계의 차원 해석은 3장에서 하였던 것 보다 더 많은 수의 무차원 군이 나온다는 것을 알 것이다. 그 결과 사려 분별있는 변화방정식의 단순화와 물리적 모델의 신중한 선택에 더 큰 신뢰가 있어야 한다. 후자의 예로 자유 대류에 대한 Boussinesq 운동방정식(11.3절)과 층류 경계층 방정식(12.4절)이 있다.

3.7절에서와 같이 단순화하기 위해 일정한 μ, k와 $\hat{C}_p$를 갖는 유체로 제한한다. 밀도는 운동방정식의 $\rho\mathbf{g}$항에서 $\rho = \bar{\rho} - \bar{\rho}\bar{\beta}(T - \bar{T})$로 취하고, 나머지 모든 부분에서는 $\rho = \bar{\rho}$로 취한다 ("Boussinesq 근사"). 그러면 $\mathscr{P}$로 표현된 $p + \bar{\rho}gh$를 갖는 변화방정식은

연속:
$$(\nabla \cdot \mathbf{v}) = 0 \tag{11.5-1}$$

운동:
$$\bar{\rho}\frac{D\mathbf{v}}{Dt} = -\nabla\mathscr{P} + \mu\nabla^2\mathbf{v} + \bar{\rho}\mathbf{g}\bar{\beta}(T - \bar{T}) \tag{11.5-2}$$

에너지:
$$\bar{\rho}\hat{C}_p\frac{DT}{Dt} = k\nabla^2 T + \mu\Phi_v \tag{11.5-3}$$

이 된다. 이제 특성 양(하첨자 0 또는 1)으로 만들어진 다음과 같은 무차원 양을 도입한다.

$$\breve{x} = \frac{x}{l_0} \qquad \breve{y} = \frac{y}{l_0} \qquad \breve{z} = \frac{z}{l_0} \qquad \breve{t} = \frac{v_0 t}{l_0} \tag{11.5-4}$$

$$\breve{\mathbf{v}} = \frac{\mathbf{v}}{v_0} \qquad \breve{\mathscr{P}} = \frac{\mathscr{P} - \mathscr{P}_0}{\bar{\rho} v_0^2} \qquad \breve{T} = \frac{T - T_0}{T_1 - T_0} \tag{11.5-5}$$

$$\breve{\Phi}_v = \left(\frac{l_0}{v_0}\right)^2 \Phi_v \qquad \breve{\nabla} = l_0 \nabla \qquad \frac{D}{D\breve{t}} = \left(\frac{l_0}{v_0}\right) \frac{D}{Dt} \tag{11.5-6}$$

여기서 l_0, v_0와 $\mathscr{P}_0$는 3.7절에서 소개된 기준 양이고, T_0와 T_1은 경계조건에 나타나는 온도이다. 식 11.5-2에서 $\bar{T}$ 값은 밀도 ρ가 팽창되었던 주변의 온도이다.

이들 무차원 변수의 항으로 식 11.5-1부터 3까지의 변화방정식은

연속:
$$(\breve{\nabla} \cdot \breve{\mathbf{v}}) = 0 \tag{11.5-7}$$

운동 :
$$\frac{D\breve{\mathbf{v}}}{D\breve{t}} = -\breve{\nabla}\breve{\mathscr{P}} + \left[\!\left[\frac{\mu}{l_0 v_0 \bar{\rho}}\right]\!\right] \breve{\nabla}^2 \breve{\mathbf{v}} - \left[\!\left[\frac{g l_0 \bar{\beta}(T_1 - T_0)}{v_0^2}\right]\!\right] \left(\frac{\mathbf{g}}{g}\right) (\breve{T} - \breve{\bar{T}}) \tag{11.5-8}$$

에너지 :
$$\frac{D\breve{T}}{D\breve{t}} = \left[\!\left[\frac{k}{l_0 v_0 \bar{\rho} \hat{C}_p}\right]\!\right] \breve{\nabla}^2 \breve{T} + \left[\!\left[\frac{\mu v_0}{l_0 \bar{\rho} \hat{C}_p (T_1 - T_0)}\right]\!\right] \breve{\Phi}_v \tag{11.5-9}$$

표 11.5-1 식 11.5-7, 8과 9의 무차원 군.

특별한 경우 →	강제 대류	중간	자유 대류 (A)	자유 대류 (B)
v_0의 선택 →	v_0	v_0	ν/l_0	α/l_0
$\left[\!\left[\frac{\mu}{l_0 v_0 \bar{\rho}}\right]\!\right]$	$\frac{1}{\text{Re}}$	$\frac{1}{\text{Re}}$	1	Pr
$\left[\!\left[\frac{g l_0 \bar{\beta}(T_1 - T_0)}{v_0^2}\right]\!\right]$	무시	$\frac{\text{Gr}}{\text{Re}^2}$	Gr	GrPr^2
$\left[\!\left[\frac{k}{l_0 v_0 \bar{\rho} \hat{C}_p}\right]\!\right]$	$\frac{1}{\text{RePr}}$	$\frac{1}{\text{RePr}}$	$\frac{1}{\text{Pr}}$	1
$\left[\!\left[\frac{\mu v_0}{l_0 \bar{\rho} \hat{C}_p (T_1 - T_0)}\right]\!\right]$	$\frac{\text{Br}}{\text{RePr}}$	$\frac{\text{Br}}{\text{RePr}}$	무시	무시

[a] 강제 대류와 강제-더하기-자유("중간")대류에 대해서는 v_0를 일반적으로 접근하는 속도(잠긴 물체 주위의 유동에 대해)나 계 내의 평균 속도(도관 내의 유동에 대해)로 취하게 된다

[b] 자유 대류에 대해서는 v_0에 대한 A와 B로 분류된 두 가지 표준 선택이 있다. 10.9절에서 A 경우는 자연스럽게 나타나고, B 경우는 미동 유동이라는 가정이 적절하다면 쉽게 증명되며 $D\breve{\mathbf{v}}/D\breve{t}$는 무시할 수 있다(예제 11.5-2 참조). 그러면 식 3.7-4의 $\breve{\mathscr{P}}$와는 다른 새로운 무차원 압력차 $\hat{\mathscr{P}} = \text{Pr}\breve{\mathscr{P}}$가 도입될 수 있고, 운동방정식을 Pr로 나누면 식에 나타나는 유일한 무차원 군은 GrPr이다. B 경우 에너지 방정식에는 무차원 군이 나타나지 않음에 주목하시오.

표 11.5-2 비등온계에서 사용되는 무차원 군

$\text{Re} = [\![l_0 v_0 \rho/\mu]\!] = [\![l_0 v_0/\nu]\!]$	=	Reynolds 수
$\text{Pr} = [\![\hat{C}_p \mu/k]\!] = [\![\nu/\alpha]\!]$	=	Prandtl 수
$\text{Gr} = [\![g\beta(T_1 - T_0)l_0^3/\nu^2]\!]$	=	Grashof 수
$\text{Br} = [\![\mu v_0^2/k(T_1 - T_0)]\!]$	=	Brinkman 수
$\text{Pé} = \text{RePr}$	=	Péclet 수
$\text{Ra} = \text{GrPr}$	=	Rayleigh 수
$\text{Ec} = \text{Br}/\text{Pr}$	=	Eckert 수

의 형태를 갖는다. 특성 속도는 여러 가지 방법으로 선택될 수 있으며, 선택 결과를 표 11.5-1에 요약하였다. 이들 군의 몇몇 결합과 함께 식 11.5-8과 9에서 나타나는 무차원 군들은 표 11.5-1에 요약하였다. 더욱이 무차원 군들은 경계조건이나 상태방정식에도 나타나게 된다. Froude 수와 Weber 수는 3.7절에서 이미 도입하였으며 예제 11.4-7에서 Mach 수를 도입하였다.

비등온 문제의 해에서 여러가지 무차원 군들이 어떻게 나타났는지 이미 10장에서 보았으며, 여기서 변화방정식을 무차원화하면 같은 군들이 자연스럽게 나타나는 것을 보았다.이들 무차원 군은 열전달계수의 상관관계에서 널리 사용된다.

표 11.5-3에서 보는 바와 같이 계 내의 다양한 힘 또는 효과의 비로 무차원 군을 생각하는 것이 종종 유용하다. 예를 들면 운동방정식의 관성항은 $\rho[\mathbf{v}\cdot\boldsymbol{\nabla}\mathbf{v}]$이고 점성항은 $\mu\boldsymbol{\nabla}^2\mathbf{v}$이다. 이들 항의 "전형적인" 값을 얻기 위해, 무차원 변수들을 구성하는데 사용되는 특성 "야드자"에 의해 변수들을 대체하시오. 개략적인 크기의 차수를 얻기 위해 $\rho[\mathbf{v}\cdot\boldsymbol{\nabla}\mathbf{v}]$를 $\rho v_0^2/l_0$로 대체하고, $\mu\boldsymbol{\nabla}^2\mathbf{v}$를 $\mu v_0/l_0^2$로 대체하면, 표에서 보는 바와 같이 이들 두 항의 비는 Reynolds 수가 된다. 다른 무차원 군들도 유사한 방식으로 얻을 수 있다.

표 11.5-3 무차원 군의 물리적 해석

$$\text{Re} = \frac{\rho v_0^2/l_0}{\mu v_0/l_0^2} = \frac{\text{관성력}}{\text{점성력}}$$

$$\text{Fr} = \frac{\rho v_0^2/l_0}{\rho g} = \frac{\text{관성력}}{\text{중력}}$$

$$\frac{\text{Gr}}{\text{Re}^2} = \frac{\rho g\beta(T_1 - T_0)}{\rho v_0^2/l_0} = \frac{\text{부력}}{\text{점성력}}$$

$$\text{Pé} = \text{RePr} = \frac{\rho\hat{C}_p v_0(T_1 - T_0)/l_0}{k(T_1 - T_0)/l_0^2} = \frac{\text{대류에 의한 열전달}}{\text{전도에 의한 열전달}}$$

$$\text{Br} = \frac{\mu(v_0/l_0)^2}{k(T_1 - T_0)/l_0^2} = \frac{\text{점성 소산에 의한 열 생성}}{\text{전도에 의한 열전달}}$$

Reynolds 수가 낮은 값을 갖는 것은 관성력과 비교하여 점성력이 크다는 것을 의미한다. Brinkman 수가 낮은 값을 갖는다는 것은 점성 소산에 의해 생성되는 열이 열전도에 의해 빠르게 전달되어 나갈 수 있다는 것을 가리킨다. Gr/Re^2이 크면 유동 형태를 결정함에 있어 부력이 중요하게 된다.

차원 해석은 판단과 경험을 요하는 기술이므로, 세 개의 설명 가능한 예제들을 소개하고자 한다. 처음 두 예제에서는 간단한 기하학적 구조의 강제 대류와 자유 대류를 해석하며, 세 번째 예제에서는 상대적으로 복잡한 장치 내의 규모 확대 문제를 다루고자 한다.

예제 11.5-1. 긴 원통 주변의 온도분포.

$\frac{1}{4}$ 크기의 모델(계 II)에 대한 실험적 측정 결과로부터 내부가 냉각되고 있는 긴 원통(계 I)주변을 흐르는 기체 내의 온도분포를 예측하고자 한다. 가능하다면 실물 크기의 계에서와 같은 유체가 모델에서 사용되어야 할 것이다. 그림 11.5-1에서 보는 계는 비등온이라는 것을 제외하면 예제 3.7-1과 같다. 예를 들어 원통에 접근하는 유체는 v_∞의 속도와 T_∞인 온도를 가지며, 원통 내부에 포함된 냉매의 비등에 의해 원통 표면은 T_0로 유지된다.

차원 해석을 이용하여 모델 연구를 위한 실험 조건을 어떻게 적절히 선택할 수 있는지 보이시오. 표 11.5-1의 "중간 경우"에 대한 차원 해석을 수행하시오.

해 두 계 I과 II는 기하학적으로 유사하다. 3.7절에서 지적한 바와 같이 동력학적 유사성을 확보하기 위해서는 무차원 미분방정식과 경계조건이 반드시 같아야 하며 이들 내에 나타나는 무차원 군들이 반드시 같은 수치값을 가져야 한다.

여기서 특성 길이를 원통의 지름 D로, 특성 속도를 유체의 접근 속도 v_∞로, 특성 압력을 $y = 0$와 $x \to -\infty$에서의 압력으로, 그리고 특성 온도를 접근하는 유체의 온도 T_∞와 원통 벽의 온도 T_0로 선정한다. 이러한 특성 양들은 설명하고자 하는 계에 상응하는 표식 I 또는 II로 주어질 것이다.

두 계는 식 11.5-7에서 9에 주어진 무차원 미분방정식과 경계조건

경계조건 1 $\quad \breve{x}^2 + \breve{y}^2 \to \infty$ 일때, $\breve{\mathbf{v}} \to \boldsymbol{\delta}_x, \quad \breve{T} \to 1 \quad$ (11.5-10)

경계조건 2 $\quad \breve{x}^2 + \breve{y}^2 = \frac{1}{4}$ 에서, $\breve{\mathbf{v}} = 0, \quad \breve{T} = 0 \quad$ (11.5-11)

경계조건 3 $\quad \breve{x} \to -\infty$ 와 $\breve{y} = 0$ 에서, $\breve{\mathcal{P}} \to 0 \quad$ (11.5-12)

에 의해 설명되며, $\breve{T} = (T - T_0)/(T_\infty - T_0)$이다. 이 간단한 기하학적 구조에서는 경계조건은 무차원 군을 포함하지 않는다. 그러므로 무차원 형태의 미분방정식과 경계조건이 일치할 요구조건은 두 계에서 다음 무차원 군들이 같아야 한다: $\text{Re} = Dv_\infty\rho/\mu$, $\text{Pr} = \hat{C}_p\mu/k$, $\text{Br} = \mu$

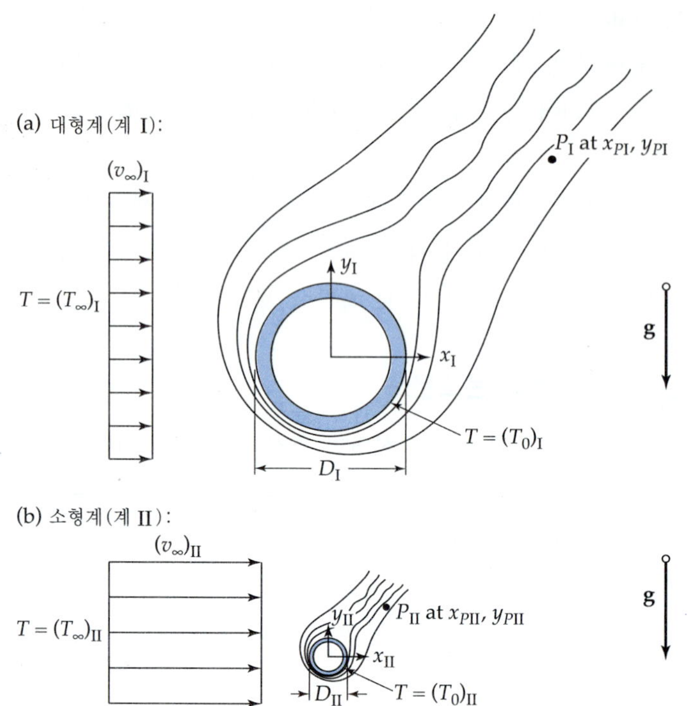

그림 11.5-1 가열된 긴 원통의 온도분포. 두 그림의 윤곽선은 일정한 온도의 표면을 나타낸다.

$v_\infty^2/k(T_\infty - T_0)$과 $\mathrm{Gr} = \rho^2 g\beta(T_\infty - T_0)D^3/\mu^2$. 마지막 무차원 군에서 이상기체식 $\beta = 1/T$을 사용한다.

네 개의 지배 무차원 군들에 대해 필요한 항등성을 얻기 위해, 두 계에서 접근 속도 v_∞, 유체 온도 T_∞, 접근 압력 $\mathscr{P}_\infty$ 및 원통 온도 T_0의 버릴 수 있는 네 개의 매개변수의 서로 다른 값을 사용할 것이다.

그러면 유사성의 필요조건은($D_\mathrm{I} = 4D_\mathrm{II}$에 대해):

Pr의 항등성
$$\frac{\nu_\mathrm{I}}{\nu_\mathrm{II}} = \frac{\alpha_\mathrm{I}}{\alpha_\mathrm{II}} \tag{11.5-13}$$

Re의 항등성
$$\frac{\nu_\mathrm{I}}{\nu_\mathrm{II}} = 4\,\frac{v_{\infty\mathrm{I}}}{v_{\infty\mathrm{II}}} \tag{11.5-14}$$

Gr의 항등성
$$\left(\frac{\nu_\mathrm{I}}{\nu_\mathrm{II}}\right)^2 = 64\,\frac{T_{\infty\mathrm{II}}}{T_{\infty\mathrm{I}}}\,\frac{(T_\infty - T_0)_\mathrm{I}}{(T_\infty - T_0)_\mathrm{II}} \tag{11.5-15}$$

Br의 항등성
$$\left(\frac{\mathrm{Pr}_\mathrm{I}}{\mathrm{Pr}_\mathrm{II}}\right)\left(\frac{v_{\infty\mathrm{I}}}{v_{\infty\mathrm{II}}}\right)^2 = \frac{\hat{C}_{p\mathrm{I}}}{\hat{C}_{p\mathrm{II}}}\,\frac{(T_\infty - T_0)_\mathrm{I}}{(T_\infty - T_0)_\mathrm{II}} \tag{11.5-16}$$

이며, $\nu = \mu/\rho$는 동점도이고 $\alpha = k/\rho\hat{C}_p$는 열 확산계수이다.

식 11.5-13을 만족하기 위한 가장 간단한 방법은 동일한 접근 압력 $\mathscr{P}_\infty$와 온도 T_∞인 동일한 유체를 두 계에서 사용하는 것이다. 만약 그렇게 한다면, 작은 모델(II)의 접근 속도가 실물 크기의 계(I)에서 사용되는 접근 속도의 4배이어야 한다는 것을 식 11.5-14는 요구하고 있다. 만약 유체의 속도가 적당히 크고 온도차가 작다면, 두 계 내의 Pr과 Re의 항등성은 근사적으로 충분히 동력학적 유사성이 있음을 규정하고 있다. 이는 점성 소산을 무시할 수 있는 강제 대류의 극한 경우이다.

그러나 만약 온도차 $T_\infty - T_0$가 크다면, 자유 대류의 효과를 감지할 수 있을 것이다. 식 11.5-15에 의하면 이들 조건 하에서 유사성을 확보하기 위해서는 모델 내의 온도차가 큰 계의 온도차의 64배가 되어야 한다.

식 11.5-16으로부터 이와 같은 온도차의 비는 Brinkman 수의 항등성을 허락하지 않는다는 것을 알 것이다. Brinkman 수에 대해서는 16의 비가 필요하다. 그러나 자유대류와 점성 발열 효과가 동시에 중요하게 되는 경우는 거의 없으므로 이러한 불일치는 보통 일어나지 않는다. 자유대류 효과는 속도가 낮은 계에서 일어나는 반면, 점성 발열은 속도 구배가 매우 클 때만 상당한 정도로 나타난다.

예제 11.5-2. 수평 유체층에서의 자유 대류; Bénard 셀의 형성

그림 11.5-2에 도시된 계 내의 자유 대류 운동을 조사하고자 한다. 이는 하부 평판의 온도가 T_0이고, 상부 평판의 온도가 T_1이며 $T_1 < T_0$인 두 개의 평행한 평판 사이의 얇은 유체 층으로 구성되어 있다. 유체의 운동이 없는 경우 전도에 의한 열 훌럭스는 모든 z에 대해 같을 것이며, 정상상태에서는 거의 균일한 온도 구배를 갖게 될 것이다. 이 온도 구배는 다음에는 밀도 구배를 야기할 것이다. 만약 z가 증가함에 따라 밀도가 감소하면 계는 명백하게 안정될 것이지만, 밀도가 증가하면 잠재적으로 불안정한 상황이 발생하게 된다. 후자의 경우에 어떤 요동이 가해지게 되면 더 무거운 유체가 아래쪽으로 움직이도록 하는 원인이 되고 아래쪽의 더 가벼운 유체와 바뀌게 되는 것이 가능하게 된다. 만약 상부와 하부의 표면 온도가 일정하게 유지되면, 그 결과 자유 대류 운동이 계속될 것이다. 하지만 이 운동은 점성력의 저항을 받을 것이므로, 온도차가 어떤 임계 최소값보다 더 크게 되는 경향을 보여야만 비로서 나타날 것이다.

이 유체 운동의 함수적 의존성을 결정하고, 어떤 조건 하에서 이 현상이 일어나는지 결정하시오.

해 계는 다음 경계조건과 함께 식 11.5-1부터 3으로 표현된다.

경계조건 1: $z = 0$ 에서, $\mathbf{v} = 0$ $\quad T = T_0$ (11.5-17)

경계조건 2: $z = h$ 에서, $\mathbf{v} = 0$ $\quad T = T_1$ (11.5-18)

경계조건 3: $r = R$ 에서, $\mathbf{v} = 0$ $\quad \partial T / \partial r = 0$ (11.5-19)

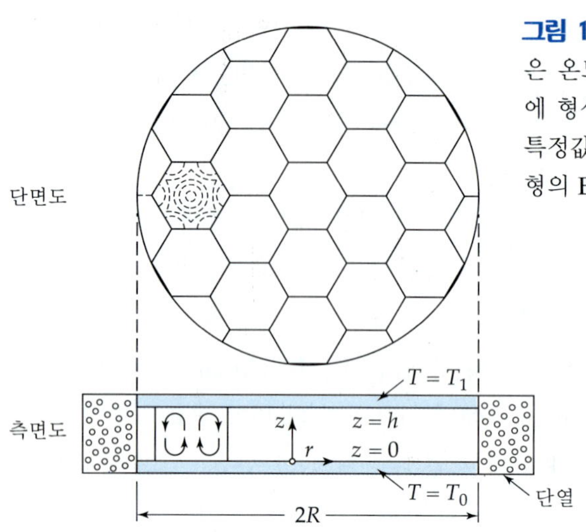

그림 11.5-2 하부 평판이 상부 평판보다 더 높은 온도를 갖는 수평의 두 평행 평판 사이 영역에 형성된 Bénard 셀. 만약 Rayleigh 수가 어떤 특정값을 초과하면 계는 불안정하게 되고, 육각형의 Bénard 셀이 생성된다.

이제 $l_0 = h$를 사용하여 문제를 무차원 형태로 다시 쓴다. 표 11.5-1의 경우 B에 열거된 무차원 양들을 사용하고, 기준 온도 $\bar{T}$를 $\bar{T} = \frac{1}{2}(T_0+T_1)$로 선정하면

연속 :

$$(\breve{\nabla} \cdot \breve{\mathbf{v}}) = 0 \tag{11.5-20}$$

운동 :

$$\frac{D\breve{\mathbf{v}}}{D\breve{t}} = -\breve{\nabla}\breve{\mathscr{P}} + \mathrm{Pr}\breve{\nabla}^2\breve{\mathbf{v}} - \mathrm{GrPr}^2\left(\frac{\mathbf{g}}{g}\right)(\breve{T} - \tfrac{1}{2}) \tag{11.5-21}$$

에너지 :

$$\frac{D\breve{T}}{D\breve{t}} = \breve{\nabla}^2\breve{T} \tag{11.5-22}$$

가 되며, 무차원 경계조건은

경계조건 1: $\breve{z} = 0$ 에서, $\breve{\mathbf{v}} = 0$ $\breve{T} = 0$ (11.5-23)

경계조건 2: $\breve{z} = 1$ 에서, $\breve{\mathbf{v}} = 0$ $\breve{T} = 1$ (11.5-24)

경계조건 3: $\breve{r} = R/h$ 에서, $\breve{\mathbf{v}} = 0$ $\partial\breve{T}/\partial\breve{r} = 0$ (11.5-25)

이다. 만약 무차원 경계조건과 함께 위의 무차원 방정식을 풀 수 있다면, 속도분포와 온도분포는 오직 Gr, Pr과 R/h에만 의존할 것임을 알 것이다. 더욱이 R/h의 비가 커질수록 이 영향은 덜 현저해지고, 무한히 큰 수평 평판의 극한에서는 계의 거동이 전적으로 Gr과 Pr에만 의존할 것이다.

만약 정상상태의 미동 유동만을 생각하면, $D\breve{\mathbf{v}}/D\breve{t}$ 항은 0과 같다고 둘 수 있으며, $\breve{\breve{\mathscr{P}}} = \mathrm{Pr}\breve{\mathscr{P}}$ 인 새로운 무차원 압력차를 정의할 수 있다. 식 11.5-21의 좌변이 0이므로 양변을 Pr로 나누면, 그 결과식은 계의 거동을 결정하게 될 값인 Rayleigh 수[1] Ra = GrPr =

$\rho^2 g\beta(T_1-T_0)h^3\hat{C}_p/\mu k$로 불리는 단 하나의 무차원 군을 포함한다. 이는 비등온 유동계를 설명하기 위해 필요한 무차원 군의 수를 어떻게 줄일 수 있는지 보여준다.

앞의 해석은 Rayleigh 수의 임계값이 존재하며, 임계값을 초과하면 유체의 운동이 일어날 것임을 암시한다. 이는 실험적[2,3]으로 충분히 확인되며, R/h>>1에 대한 임계 Rayleigh 수는 1700±51 임을 알 수 있었다. Rayleigh 수가 임계값보다 작으면 액체층을 가로지르는 열 흘럭스가 정지된 유체를 통한 전도에 대해서 예측된 열 흘럭스 $q_z = k(T_0-T_1)/h$와 같다는 관찰 결과에 의해 확신할 수 있는 것과 같이 유체는 정지해 있다. 하지만 임계 Rayleigh 수를 초과하자마자 대류 전달 때문에 열 흘럭스는 급격하게 증가하게 된다. 열전도도가 증가하면 Rayleigh 수를 감소시키게 되고, 안정한 영역을 향해 Ra를 이동시키게 된다.

미동 유동의 가정은 이 계에 대해 합리적인 가정이며, Pr→∞이면 점근적으로 정확하게 된다. 또 관련된 변화방정식[4]의 해석 해를 구할 수 있으므로 매우 편리하다. 실험과 잘 부합하는 이와 같은 해는 그림 11.5-2에 정성적으로 나타나 있다. 이 유동 형태는 육각형의 셀 형태이며, 각 육각형의 중심에서는 위로 흐르고, 바깥 둘레에서는 아래로 흐른다. 이 현란한 형태의 단위들을 Bénard 셀[5]이라고 한다. 또 해석 해로도 임계 Rayleigh수가 존재함을 확인할 수 있다. 이 문제의 경계조건과 매우 큰 R/h 에 대해 1708로 계산되었으며, 위에서 인용한 실험 결과와 대단히 잘 부합함을 알 수 있다.

다른 경계조건에 대해서도 유사한 거동이 관찰되었다. 만약 그림 11.5-2의 상부 평판이 액체-기체 계면으로 대체되면 액체의 표면 전단응력은 무시할 수 있으며, 약 1101 이상의 Rayleigh 수에 대해 셀 형태의 대류가 이론적[3]으로 예측된다. 이런 종류의 불안정한 현상에 의해 나타나는 장관은 봄마다 북쪽 호수에서 발생하는 물의 턴오버 현상에서도 관찰할 수 있다. 만약 호수의 물이 겨울 동안 얼기 직전까지 냉각되면, 표면의 물이 밀도가 최대인 온도 4℃를 향해 데워지는 것과 같은 역밀도 구배가 일어난다는 것이다.

자유 표면을 갖는 얕은 액체층에서도 표면장력 구배에 의해 불안정성이 역시 일어날 수 있다. 결과적인 표면 응력은 온도 구배에 의해 유발된 셀 형태와 외면적으로는 유사한 셀 형

[1] Rayleigh 수는 Lord Rayleigh (J. W. Strutt), *Phil. Mag.*, (6) **32**, 529-546 (1916)의 이름을 따 명명되었다.

[2] P. L. Silveston, *Forsch. Ingenieur-Wesen.*, **24**, 29-32, 59-69 (1958).

[3] S. Chandrasekhar, *Hydrodynamic and Hydromagnetic Instability*, Oxford University Press (1961); T. E. Faber, *Fluid Dynamics for Physicists*, Cambridge University Press (1995), 8.7 절.

[4] A. Pellew and R. V. Southwell, *Proc. Roy. Soc.*, **A176**, 312-343 (1940).

[5] H. Bénard, *Revue générale des sciences pures et appliquées*, **11**, 1261-1271, 1309-1328 (1900); *Annales de Chimie et de Physique*, **23**, 62-144 (1901).

[6] C. V. Sternling and L. E. Scriven, *AIChE Journal*, **5**, 514-523 (1959); L. E. Scriven and C. V. Sternling, *J. Fluid Mechanics*, **19**, 321-340 (1964).

태를 생성하고, 두 효과는 쉽게 구별할 수 없을 것이다. 부력 효과로 돌린 Bénard에 의해 처음 알려진 정상상태의 유동은 실제로 표면장력 구배에 의해 생성된 것이었다.[6]

예제 11.5-3. 전기 가열선의 표면 온도.

큰 탱크 액체의 온도를 어느 점보다 높게 유지하기 위해 지름이 D인 전기 가열선이 설계되어 있다. 가열선 표면의 온도를 총괄 액체 온도 T_0와 가열 속도 Q의 함수로 예측하고자 한다. 동일한 액체로 채워진 기하학적으로 유사한 더 작은 용기를 사용한 실험에 기초를 두고 이러한 예측을 하고자 한다.

원하는 예측을 하기 위한 적절한 실험 과정의 개요를 그리시오. 밀도를 제외한 물성의 온도 의존성은 무시하며, 가열선 전체 표면은 온도 T_1으로 균일하다고 가정한다.

해 이는 자유 대류 문제이며, 표 11.5-1의 A로 분류된 열의 무차원 군을 사용한다. 변화방정식과 경계조건으로부터 무차원 온도 $\breve{T} = (T-T_0)/(T_1-T_0)$는 무차원 좌표의 함수이며, 무차원 군 Pr과 Gr에 의존하는 것을 알 수 있다.

가열선 표면을 통한 총 에너지의 유입 속도는

$$Q = -k \int_S \left. \frac{\partial T}{\partial r} \right|_S dS \tag{11.5-26}$$

이다. 여기서 r은 가열선 표면에 수직인 바깥 방향으로 측정된 좌표이고, S는 가열선의 표면적이며, 온도 구배는 가열선에 바로 인접해 있는 유체에 대한 것이다. 이 관계식은 무차원 형태로

$$\frac{Q}{k(T_1 - T_0)D} = -\int_{\breve{S}} \left. \frac{\partial \breve{T}}{\partial \breve{r}} \right|_{\breve{S}} d\breve{S} = \psi(\text{Pr}, \text{Gr}) \tag{11.5-27}$$

이다. 여기서 ψ는 $\text{Pr} = \hat{C}_p\mu/k$와 $\text{Gr} = \rho^2 g\beta(T_1-T_0)D^3/\mu^2$의 함수이다. 큰 규모의 계와 작은 규모의 계는 기하학적으로 유사하므로, 표면 적분을 표현하는 무차원 함수 $\breve{S}$ 는 두 계에서 같을 것이며, 그러므로 함수 ψ에 포함될 필요는 없다. 유사하게, 만약 가열선과 탱크 표면에서의 온도, 속도, 압력에 대한 경계조건을 쓴다면 단지 두 계에 대해 동일한 크기 비를 얻을 것이다.

이제 원하는 양 (T_1-T_0)가 식 11.5-27의 양변에 나타나는 것에 주목한다. 만약 식의 양변에 Grashof 수를 곱한다면, (T_1-T_0)은 우변에만 나타난다:

$$\frac{Q\rho^2 g\beta D^2}{k\mu^2} = \text{Gr} \cdot \psi(\text{Pr}, \text{Gr}) \tag{11.5-28}$$

원칙적으로 식 11.5-28을 Gr에 대해 풀고 (T_1-T_0)에 대한 식을 얻을 것이다. 물성의 온도 의존성은 무시하였으므로, 주어진 유체에 대해 Prandtl 수를 상수로 생각하고

$$T_1 - T_0 = \frac{\mu^2}{\rho^2 g\beta D^3} \cdot \phi\left(\frac{Q\rho^2 g\beta D^2}{k\mu^2}\right) \tag{11.5-29}$$

로 쓸 것이다. 여기서 ϕ는 군 $Q\rho^2 g\beta D^2/k\mu^2$의 실험적으로 결정되어야 할 함수이다.작은 규모의 계에 대한 T_1, T_0와 D의 실험적 측정 결과와 유체의 알려진 물성으로부터 식 11.5-29에 대한 그림을 그릴 수 있으며, 이 그림은 큰 규모의 계의 거동을 예측하는데 사용된다.

유체 물성의 온도 의존성을 무시하였으므로 더 확장할 수 있을 것이다. 만약 두 계의 Q값의 비가 지름비 제곱의 역수와 같게 유지한다고 하면, 상응하는 (T_1-T_0) 값의 비는 지름비 세제곱의 역수와 같을 것이다.

논의를 위한 질문

1. 에너지, 위치에너지, 운동에너지, 내부에너지를 정의하시오. 이들에 대해 어떤 공통된 단위가 사용되는가?

2. 식 11.1-7과 11.2-1에서 개개의 항에 대한 물리적 의미를 어떻게 부여하는가?

3 식 11.2-7을 얻을 때 이상기체에 대해 타당한 $\tilde{C}_p-\tilde{C}_V = R$의 관계식을 사용하였다. 비이상기체이거나 비이상 용액에 대해 상응하는 식은 무엇인가?

4. 온도에 대한 변화방정식을 얻는데 요구되는 모든 단계를 요약하시오.

5. 문제를 푸는 방법, 차원 해석, 산업적 문제나 기상 문제에서의 발생 등과 관련하여 강제대류와 자유 대류를 비교하고 대조하시오.

6. 만약 원뿔 코 부분이 다공성 구조로 되어있는 로켓이 대기권으로 재진입하는 동안 휘발성 액체가 공극을 통해 천천히 들어가게 되다면, 원뿔 코 부분의 표면 온도는 어떤 영향을 미칠 것인가? 영향을 미친다면 왜 그러한가?

7. 아르키메데스의 원리란 무엇이며, 식 11.3-2의 항 $\bar{\rho}\boldsymbol{g}\bar{\beta}(T-\bar{T})$와는 어떠한 연관이 있는가?

8. 난로 위 얕은 팬의 물이 가열되는 동안 Bénard 셀을 관찰할 수 있는가?

9. 만약 가능하다면, 계의 속도분포에 대한 상세한 지식없이 에너지 방정식을 완벽하고 정확하게 언제 풀 수 있는가?

10. 만약 가능하다면, 비등온계에 대해 계의 온도분포에 대한 상세한 지식없이 운동방정식을 완벽하고 정확하게 언제 풀 수 있는가?

문제

11A.1. 마찰 베어링 온도. 윤활유의 열전도도가 4.0×10^{-4}cal/s·cm·C이며, 금속의 온도가 200℃, 회전속도가 4000rpm이라 가정하고 문제 3A.1의 마찰 베어링의 최대 온도를 구하시오.

답: 약 217℃ (식 11.4-13 과 식 10.4-9로 부터)

11A.2. 비등온 경막의 점도 변화와 속도 구배. 물이 수직 벽을 따라 0.1 mm 두께의 경막 내에서 흘러 내린다. 자유 액체 표면에서의 물의 온도가 100℃이고 벽면에서의 온도가 80℃이다.

(a) $T = \sqrt{T_0 T_\delta}$일 때 식 11.4-17과 18에 의해 예측된 점도 사이에서 최대 분율 편차가 나타남을 보이시오.

(b) 주어진 조건 하에서 최대 분율 편차를 구하시오.

답: 0.5%

11A.3. 증발 냉각.

(a) 다음 조건과 반지름 방향의 질량 유량이 0과 10^{-5}g/s에 대해 예제 11.4-4의 두 쉘 사이의 온도분포를 계산하시오.

$$R = 500 \text{ microns} \qquad T_R = 300℃$$
$$\kappa R = 100 \text{ microns} \qquad T_\kappa = 100℃$$
$$k = 6.13 \times 10^{-5} \text{cal/cm·s·C}$$
$$\hat{C}_p = 0.25 \text{cal/g·C}$$

(b) 대류가 존재하는 경우와 없는 경우의 κR인 표면에서의 열전도 속도를 비교하시오.

11A.4. 수직 표면으로부터 자유 대류 열손실. 높이가 30 cm 이고, 너비가 50 cm인 평탄하고 수직인 사각 표면을 갖는 조그만한 가열 패널이 있다. 패널의 표면이 150°F이고 주위 공기가 70°F와 1 atm이라고 하면 이 패널 한 쪽 면으로부터의 자유 대류에 의한 총괄 열손실 속도를 구하시오. 식 11.4-51에서 Lorenz의 C = 0.548 값과 Whitaker에 의해 추천된 C 값을 사용하고, 두 계산 결과를 비교하시오.

답: Lorenz 식의 경우 8.1 cal/s

11A.5. 충격파의 속도, 온도 및 압력 변화. 1 atm, 70°F인 공기가 정지된 충격파를 가로질러 Mach 수 2로 상류에서 흐르고 있다. γ는 1.4로 일정하며 $\hat{C}_p = 0.24$ Btu/lb$_m$·F 이라 가정하고 다음 양들을 계산하시오.

(a) 공기의 상류 속도

(b) 충격파 하류 속도, 온도 및 압력

(c) 충격파를 가로지르는 내부에너지와 운동에너지의 변화

답: **(a)** 2250 ft/s

(b) 844 ft/s; 888 °R; 4.48 atm

(c) $\Delta\hat{U}\mu = +61.4$ Btu/lb$_m$; $\Delta\hat{K} = -86.9$ Btu/lb$_m$

11A.6. 이상기체의 마찰이 없는 단열 압축. 초기에 100°F, 1 atm인 공기를 초기 부피의 0.1로 압축함에 의해 얻게 되는 온도를 계산하시오. $\gamma = 1.4$이고 압축은 마찰이 없으며 단열이라 가정한다. 내연기관의

작동과 관련하여 결과를 논의하시오.

답: 950°F

11A.7. 수평인 공기 공간의 절연값에 대한 자연 대류의 영향. 평균 온도가 100℃인 공기로 채워진 두 개의 크고 평행한 수평 금속 평판이 2.5 cm의 간격을 두고 떨어져 있다. 예제 11.5-2에서 논의된 셀 형태의 자연 대류가 개시되지 않으려면 하부 평판이(상부 평판에 비해) 얼마나 더 뜨거워야 할까? 만약 두 평판 사이의 중간에 아주 얇은 금속핀이 놓여 있다면 온도차는 얼마나 더 증가할까?

답: 각각 약 3과 48℃

11B.1. 이상기체의 마찰이 없는 단열 공정.

(a) 이상기체 법칙을 따르는 기체도 $\tilde{C}_p$ = 상수로부터 감지할 수 있을 정도로 벗어날 수 있음에 주목하시오. 따라서

$$\tilde{C}_p = a + bT + cT^2 \tag{11B.1-1}$$

형태의 몰 열용량식을 사용하여 예제 11.4-6을 다시 푸시오.

(b) 만약 메탄(CH_4)이 마찰이 없는 단열 압축에 의해 300K, 1 atm에서 800K로 가열된다고 하면 요구되는 최종 압력 p_2를 구하시오. 메탄에 대해 추천되는 경험적 상수[1]들은 $a = 2.322$ cal/g-mole·K, $b = 38.04 \times 10^{-3}$ cal/g-mole·K^{2}와 $c = -10.97 \times 10^{-6}$ cal/g-mole·K^3 이다.

답: **(a)** $pT^{-a/R}\exp[-(b/R)T-(c/2R)T^2]$ = 상수

(b) 9889 atm

11B.2. 층류 관 유동의 점성 발열(점근해).

(a) 반지름이 R인 원형관 내의 완전히 발달된 층류 뉴튼 유동에 대해 점성 소산을 무시하지 않는다면 에너지 방정식은

$$\rho\hat{C}_p v_{z,\max}\left[1-\left(\frac{r}{R}\right)^2\right]\frac{\partial T}{\partial z} = k\frac{1}{r}\frac{\partial}{\partial r}\left(r\frac{\partial T}{\partial r}\right) + \frac{4\mu v_{z,\max}^2}{R^2}\left(\frac{r}{R}\right)^2 \tag{11B.2-1}$$

이 됨을 보이시오. 여기서 $v_{z,\max}$는 관 내의 최대 속도이다. 식 11B.2-1의 임의의 해에 어떤 제약 조건이 놓여 있어야 하는가?

(b) 등온 벽면 문제에 대해($z>0$에 대한 $r = R$에서와 모든 r에 대한 $z = 0$ 에서 $T = T_0$), 큰 z에서 $T(r)$에 대한 점근식을 구하시오. 큰 z에서 $\partial T/\partial z$가 0일 것임을 인지하면서 이를 수행하고, 식 11B.2-1을 풀어

$$T - T_0 = \frac{\mu v_{z,\max}^2}{4k}\left[1-\left(\frac{r}{R}\right)^4\right] \tag{11B.2-2}$$

를 얻으시오.

(c) 단열 벽면 문제에 대해(모든 $z>0$에 대한 $r = R$에서 $q_r = 0$), 큰 z에 대한 점근식은 다음과 같이 구한다. 식 11B.2-1에 rdr을 곱한 다음 r=0부터 r=R까지 적분하시오. 결과식을 z에 관해 적분하면

---

[1] O. A. Hougen, K. M. Waston, and R. A. Ragatz, *Chemical Process Principles*, Part I, 2nd edition, Wiley, New York (1958), p. 255. 또 등엔트로피 공정 계산의 더 충분한 논의를 위해서는 Part II, pp. 646-653을 참조하시오.

$$\langle T_b \rangle - T_1 = (4\mu v_{z,\max}/\rho \hat{C}_p R^2)z \tag{11B.2-3}$$

을 얻으며, T_1은 $z = 0$에서의 유입 온도이다. 이제 큰 z에서 점근적 온도분포가

$$T - T_1 = (4\mu v_{z,\max}/\rho \hat{C}_p R^2)z + f(r) \tag{11B.2-4}$$

의 형태라고 가정하고, 이를 식 11B.2-1에 대입하고 $f(r)$에 대한 결과식을 적분하면

$$T - T_1 = \frac{4\mu v_{z,\max}}{\rho \hat{C}_p R^2} z + \frac{\mu v_{z,\max}^2}{k}\left[\left(\frac{r}{R}\right)^2 - \frac{1}{2}\left(\frac{r}{R}\right)^4 - \frac{1}{4}\right] \tag{11B.2-5}$$

를 얻게 된다. 식 11B.2-2와 5는 큰 z에서만 타당하다는 것을 상기하시오. 작은 z에 대한 완전 해는 문제 11D.2에서 논의된다.

11B.3. 비등온 경막에서의 속도분포. 식 11.4-2가 다음 요구 조건을 충족시킴을 보이시오.

(a) $x = \delta$에서 $v_z = 0$

(b) $x = 0$에서 $\partial v_z/\partial x = 0$

(c) $\lim_{\mu_\delta \to \mu_0} v_z(x) = (\rho g \delta^2 \cos\beta/2\mu_0)[1-(x/\delta)^2]$

11B.4. 구형 쉘 내의 열전도(그림 11B.4). 구형 쉘의 내부와 외부 반지름이 각각 R_1과 R_2이다. $0 \le \theta \le \theta_1$ 영역을 원뿔 조각으로 잘라 냄으로써 쉘의 북극에 구멍이 뚫려 있다. 이와 유사한 구멍이 $(\pi-\theta_1) \le \theta \le \pi$의 부분을 제거함으로써 남극에도 뚫려 있다. $\theta = \theta_1$인 표면이 온도 $T = T_1$으로 유지되고 있고 $\theta = \pi-\theta_1$인 표면이 $T = T_2$로 유지되고 있다. 열전도 방정식을 사용하여 정상상태의 온도분포를 구하시오.

11B.5. 도선 내의 축 방향 열전도[2](그림 11B.5). 일정한 밀도 ρ를 갖는 도선이 균일한 속도 v로 온도가 T_0인 액체 금속 저장조 내로 아래로 향해 움직이고 있다. 온도분포 $T(z)$를 구하고자 한다. $z = \infty$에서 $T = T_\infty$이고 반지름 방향의 열전도에 대한 저항은 무시할 만하다고 가정하며, $z = 0$에서 도선의 온도는 $T = T_0$라 가정한다.

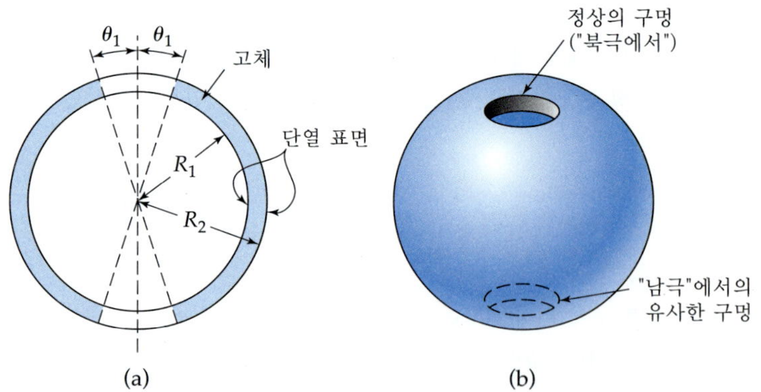

그림 11B.4. 구형 쉘 내의 열전도; (a) z 축을 포함하는 단면; (b) 위에서 바라 본 구의 모습.

[2] 위스콘신 대학 기계공학과 G. L. Borman 교수에 의해 제안된

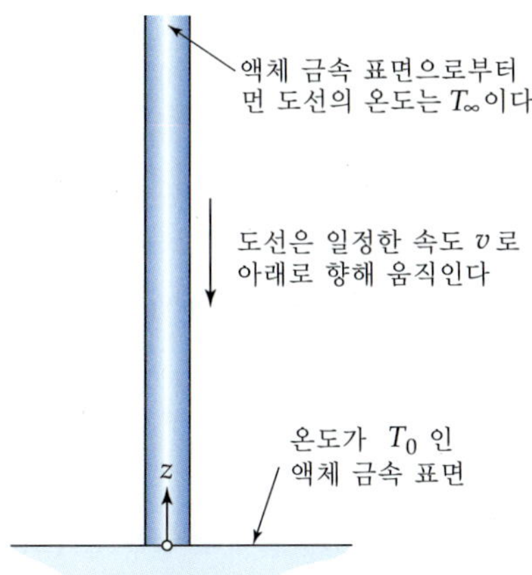

그림 11B.5. 액체 금속 저장조 내로 움직이는 도선

(a) 먼저 일정한 물성 $\hat{C}_p$와 k에 대해 문제를 풀고,

$$\Theta = \frac{T - T_\infty}{T_0 - T_\infty} = \exp\left(-\frac{\rho\hat{C}_p v z}{k}\right) \tag{11B.5-1}$$

를 얻으시오.

(b) 다음 $\hat{C}_p$와 k가 무차원 온도 Θ에 대해 알려진 함수 $k = k_\infty \mathrm{K}(\Theta)$와 $\hat{C}_p = \hat{C}_{p\infty} L(\Theta)$일 때 문제를 풀고, 온도분포

$$-\left(\frac{\rho\hat{C}_{p\infty} v z}{k_\infty}\right) = \int_1^\Theta \frac{\mathrm{K}(\overline{\Theta})d\overline{\Theta}}{\int_0^{\overline{\Theta}} L(\overline{\overline{\Theta}})d\overline{\overline{\Theta}}} \tag{11B.5-2}$$

를 구하시오.

(c) (b)의 해가 유도되었던 미분방정식을 만족함을 증명하시오.

11B.6. 평면 계 내의 증발 냉각. 두 개의 크고 평탄한 다공성의 수평 평판이 상대적으로 작은 간격 L만큼 떨어져 있다. $y = L$에 있는 상부 평판의 온도는 T_L이고, $y = 0$에 있는 하부 평판의 온도는 그보다 낮은 T_0로 유지되고 있다. 하부 평판으로부터 제거해야 할 열량을 줄이기 위해 온도가 T_0인 이상기체가 두 평판을 통해 정상상태의 속도로 위로 불고 있다. 온도분포와 차가운 평판으로부터 제거해야 할 단위 면적당 열량 q_0에 대한 식을 유체의 물성과 기체 유량의 함수로 나타내시오. 약어 $\phi = \rho\hat{C}_p v_y L/k$를 사용하시오.

답: $\dfrac{T - T_L}{T_0 - T_L} = \dfrac{e^{\phi y/L} - e^\phi}{1 - e^\phi}$; $q_0 = \dfrac{k(T_L - T_0)}{L}\left(\dfrac{\phi}{e^\phi - 1}\right)$

11B.7. 증발물에 의한 증발 손실의 감소(그림 11B.7). 증발물의 잇점을 이용하여 작은 용기 안의 액화 산소의 증발 속도를 줄이고자 한다. 이를 위해 그림에서 보는 바와 같이 다공성 단열 물질의 구형 쉘로 둘러싸여 있는 구형의 용기에 액체가 저장되어 있다. 단열층과 용기 사이에 얇은 빈 공간이 있으며 단열층의 개구부는 마개로 막혀 있다. 작동시키면, 증발하는 산소는 먼저 적절하게 용기를 떠난 후 기체 공간을 통해 움직인 다음 다공성 단열층을 통해 균일하게 흘러 나간다.

두께가 6 in인 단열 쉘로 둘러 싸인 지름이 1 ft인 탱크로부터의 열을 얻는 속도와 증발 손실 속도를 증발물이 있는 경우와 없는 경우에 대해 아래 조건 하에서 각각 계산하시오.

액체 산소의 온도	-297°F
단열층 외부 표면의 온도	30°F
단열층의 유효 열전도도	0.02 Btu/hr·ft·°F
산소의 증발열	91.7 Btu/lb_m
단열층을 통해 흐르는 산소의 평균 $\hat{C}_p$	0.22 Btu/lb_m·°F

액체 산소, 용기 벽면과 기체 공간의 열적 저항은 무시하고 마개를 통한 열 손실을 무시하시오. 단열층의 입자는 기체와 국부적으로 열 평형을 이루고 있다고 가정하시오.

답: 증발물이 없는 경우 82 Btu/hr, 증발물이 있는 경우 61 Btu/hr

11B.8. 파묻힌 구의 온도분포. 반지름이 R이고, 열전도도가 k_1인 구가 열전도도가 k_0인 무한한 고체 내에 파묻혀 있다. 구의 중심이 좌표의 원점에 위치해 있고, 구로부터 양의 z 방향으로 멀리 떨어진 지점에는 일정한 온도 구배 A가 존재하며, 구 중심의 온도는 $T°$이다.

구 내의 정상상태 온도분포 T_1과 주위 매체의 정상상태 온도분포 T_0는

$$T_1(r,\theta) - T° = \left[\frac{3k_0}{k_1 + 2k_0}\right] Ar\cos\theta \qquad r \leq R \qquad (11B.8\text{-}1)$$

$$T_0(r,\theta) - T° = \left[1 - \frac{k_1 - k_0}{k_1 + 2k_0}\left(\frac{R}{r}\right)^3\right] Ar\cos\theta \qquad r \geq R \qquad (11B.8\text{-}2)$$

임을 알 수 있다.[3]

(a) 식 11B.8-1과 2에 의해 만족되어야만 하는 편미분방정식은 무엇인가?

(b) $r = R$에서 적용되는 경계조건을 쓰시오.

(c) T_1과 T_0가 (a)의 각각의 편미분방정식을 만족하는 것을 보이시오.

(d) 식 11B.8-1과 2가 (b)의 경계조건을 만족하는 것을 보이시오.

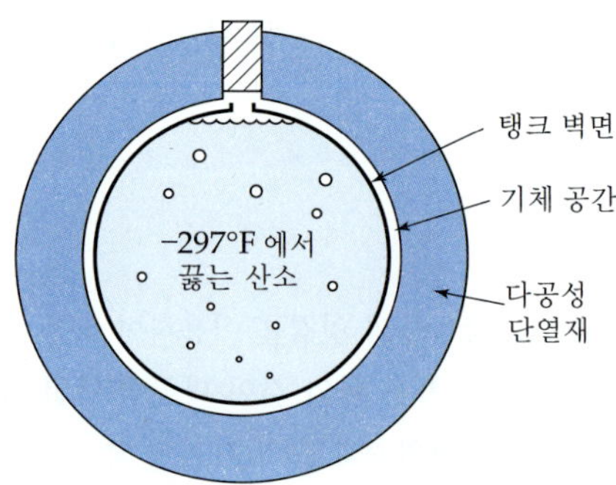

그림 11B.7 증발 속도를 줄이기 위한 증발물의 사용.

[3] L. D. Landau and E. M. Lifshitz, *Fluid Mechanics*, 2nd edition, Pergamon Press, Oxford (1987), p. 199.

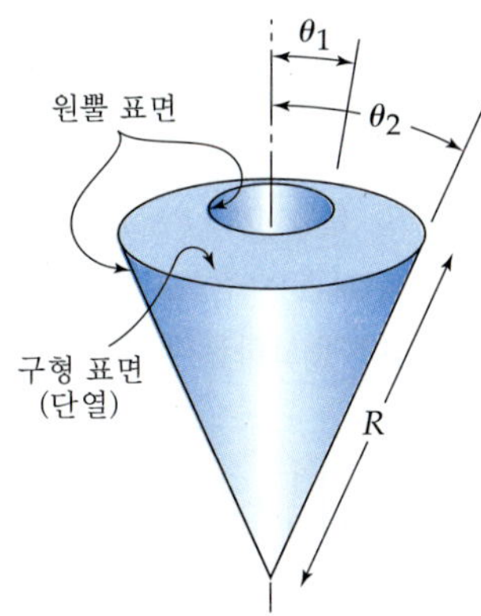

그림 11B.9 두 원뿔과 구의 교차부터 형성된 물체.

11B.9. 두 개의 원뿔 표면에 의해 경계진 고체 내의 열 유동(그림 11B.9). 고체 물체가 그림에 도시된 모양을 갖는다. θ_1 = 일정인 원뿔 표면과 θ_2 = 일정인 원뿔 표면은 각각 T_1과 T_2의 온도로 유지되고 있고, $r = R$에서의 구형 표면은 단열되어 있다. 정상상태의 열전도에 대해 다음을 구하시오.

(a) $T(\theta)$가 반드시 만족하여야 하는 편미분방정식.

(b) 두 개의 적분 상수를 포함하는 (a)의 미분방정식의 해.

(c) 적분 상수에 대한 식.

(d) 열 훌럭스 벡터의 θ성분에 관한 식.

(e) $\theta = \theta_1$에서 원뿔 표면을 가로지르는 총 열 유동(cal/s).

답: $$Q = \frac{2\pi Rk(T_1 - T_2)}{\ln\left(\dfrac{\tan \frac{1}{2}\theta_2}{\tan \frac{1}{2}\theta_1}\right)}$$

11B.10. 구형 액적의 동결(그림 11B.10). 분무 노즐의 성능을 평가하기 위해 찬 공기 흐름 내로 비휘발성 액체 왁스를 분무할 것을 제안하였다. 분무된 왁스 입자는 공기 중에서 응고되고, 후에 이들을 모아서 조사할 것이다. 왁스 액적은 단지 용융점 보다 약간 높은 온도로 분무기를 떠난다. 만약 액적의 초기 온도가 용융점 T_0이고 주위의 공기 온도가 T_∞라고 하면, 반지름이 R인 액적이 완전히 응고되기 위해 필요한 시간 t_f를 계산하시오. 일정한 열전달계수 h를 가지며 Newton의 냉각법칙에 따라 왁스 액적으로부터 주위 공기로 열은 손실되며, 응고 과정에서 부피의 변화는 없다고 가정한다. 준 정상상태법을 사용하여 문제를 푸시오.

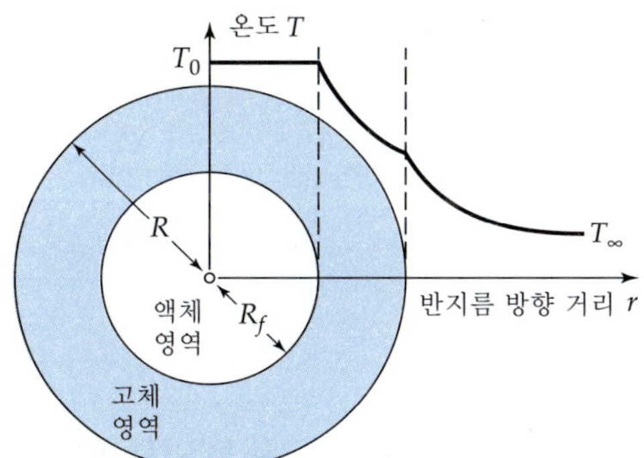

그림 11B.10 구형 액적의 동결에서의 온도분포.

(a) 먼저 $r = R_f$(액체–고체 계면)와 $r = R$(고체–공기 계면) 사이 영역의 고체상에서의 정상상태 열전도 문제를 푸시오. 고체상의 열전도도를 k라 하고, $r = R$에서 구형 표면을 가로질러 통과하는 반지름 방향의 열 유동 Q를 구하시오.

(b) 그런 다음 $r = R$에서 구형 표면을 가로질러 통과하는 열 유동 Q와 $r = R_f(t)$에서 고체의 응고로 유발하는 방출 열이 같다고 둠으로써 비정상상태의 에너지 수지를 수립하시오. 결과로 얻은 분리 가능한 1차 미분방정식을 극한 0과 R사이에서 적분하여 액적이 응고하는데 걸리는 시간을 구하시오. $\Delta\hat{H}_f$는 응고 잠열이다(단위 질량당).

답: (a) $Q = \dfrac{h \cdot 4\pi R^2(T_0 - T_\infty)}{[1 - (hR/k)] + (hR^2/kR_f)}$; (b) $t_f = \dfrac{\rho\Delta\hat{H}_f R}{h(T_0 - T_\infty)}\left[\dfrac{1}{3} + \dfrac{1}{6}\dfrac{hR}{k}\right]$

11B.11. 구형 촉매 입자의 온도 상승(그림 11B.11). 반지름이 R이고 열전도도가 k(일정하다고 가정한다)인 촉매 입자가 있다. 다공성 입자 내에서 일어나는 화학반응 때문에 S_c cal/cm^3·s의 속도로 열이 발생한다. 발생된 열은 입자의 외부 표면에서 온도가 T_g인 일정한 기체 흐름으로 h인 열전달계수를 갖는 대류 열전달에 의해 손실된다. S_c가 시종 일정하다고 가정하고 정상상태의 온도분포를 구하시오.

(a) 쉘 에너지 수지를 세움으로써 미분방정식을 수립하시오.

(b) 에너지 방정식의 적절한 형태를 단순화함으로써 미분방정식을 수립하시오.

(c) 온도분포를 얻기 위해 미분방정식을 적분하시오. 함수 $T(r)$을 그리시오.

(d) $h \rightarrow \infty$일 때, $T(r)$의 극한 형태는 무엇인가?

(e) 계의 최대 온도는 무엇인가?

(f) 변수 k와 변수 S_c를 고려하기 위해 유도하는 과정에서 어떤 과정을 수정하는가?

11B.12. 발열 반응계의 안정성.[3] 두께가 $2B$, 너비가 W, 길이가 L이고, $B << W$이며 $B << L$인 다공성 평판을 생각하시오. 평판 내에서 온도에 의존하는 열 생성 속도 $S_c(T) = S_{c0}\exp A(T - T_0)$를 갖는 발열 반응이 일어난다.

(a) 에너지 방정식을 사용하여 평판 내의 온도분포에 대한 미분방정식을 구하시오. 물성은 일정하다고 가정하고, 정상상태의 해 $T(x)$를 가정하시오.

(b) 무차원 양 $\xi = x/B$, $\Theta = A(T - T_0)$와 $\lambda = S_{c0}AB^2/k$의 함수로 미분방정식과 경계조건을 쓰시오.

(c) 미분방정식을 적분하여(힌트: 먼저 $2d\Theta/d\xi$를 곱하시오)

$$\left(\frac{d\Theta}{d\xi}\right)^2 = 2\lambda(\exp\Theta_0 - \exp\Theta) \tag{11B.12-1}$$

을 구하시오. 여기서 Θ_0는 $\xi = 0$에서 Θ 값을 나타내는 보조적 상수이다.

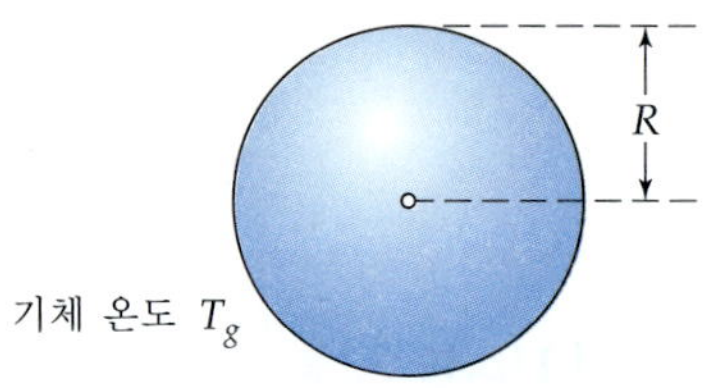

그림 11B.11 내부 열 생성이 있는 구.

(d) 평판 두께와 중앙 평면 온도 사이의 관계

$$\exp(-\tfrac{1}{2}\Theta_0)\ \mathrm{arccosh}(\exp(\tfrac{1}{2}\Theta_0)) = \sqrt{\tfrac{1}{2}\lambda} \qquad (11B.12\text{-}2)$$

를 얻기 위해 (c)의 결과를 적분하고 경계조건을 적용하시오.

(e) $\Theta_0 = 0.5, 1.0, 1.2, 1.4$와 2.0에서 λ를 계산하시오. 정상상태의 조건에 대한 λ의 최대값을 찾기 위해 이 결과들을 도식화하시오. 만약 λ가 이 값을 초과하면, 계는 폭발할 것이다.

11B.13. 일정한 벽면 열 출럭스를 갖는 층류 원환 유동. 변화방정식으로 시작하여 내부와 외부 반지름이 각각 κR과 R인 원환 내의 유동에 대한 10.8절의 전개를 다시 반복하시오. 열은 q_0(단위 시간당 단위 면적당의 열)의 속도로 내부 원통 벽을 통해 유체에 더해지며, 외부 원통의 벽은 열적으로 단열되어 있다.

11B.14. 구의 비정상상태 가열. 반지름이 R이고, 열 확산계수가 α인 구가 초기에는 균일한 온도 T_0로 있다. $t>0$일 때 잘 교반되고 있으며 $T_1>T_0$인 온도로 유지되고 있는 수조에 구를 가라앉힌다. 그러면 구 내부의 온도는 반지름 방향 좌표 r과 시간 t의 함수이다. 열전도식의 해는

$$\frac{T - T_0}{T_1 - T_0} = 1 + 2\sum_{n=1}^{\infty} (-1)^n \left(\frac{R}{n\pi r}\right) \sin\left(\frac{n\pi r}{R}\right) \exp\left(-\alpha n^2\pi^2 t/R^2\right) \qquad (11B.14\text{-}1)$$

로[4] 주어진다. 이 식이 미분방정식과 경계조건 및 초기조건을 만족하는 것을 증명하고자 한다.

(a) 이 문제에 대한 미분방정식을 쓰시오.

(b) $T(r, t)$에 관한 식 11B.14-1이 (a)의 미분방정식을 만족하는지 보이시오.

(c) $r = R$에서의 경계조건을 만족하는지 보이시오.

(d) $r = 0$에서 T가 유한함을 보이시오.

(e) $t = 0$와 $T = T_0$로 두고 식 11B.14-1이 초기조건을 만족하는지 보이고, 다음을 구하시오.

$$-1 = 2\sum_{n=1}^{\infty} (-1)^n \left(\frac{R}{n\pi r}\right) \sin\left(\frac{n\pi r}{R}\right) \qquad (11B.14\text{-}2)$$

양변에 $(r/R)\sin(m\pi r/R)$을 곱하고 $r = 0$부터 $r = R$까지 적분하여 이것이 사실임을 보이시오. 여기서 m은 1부터 ∞까지의 임의의 정수이다. 적분에서 $m \neq n$인 모든 항은 우변에서 사라지며, 적분되었을 때 $m = n$인 항은 좌변의 적분값과 같다.

11B.15. 자유 대류에 대한 무차원 변수.[5] 식 11.4-39에서 43까지의 무차원 변수는 간단한 논증에 의해 얻을 수 있다. Θ의 형태는 경계조건에 의해 쓰여지고, ζ는 형태는 기하학적 구조에 의해 제안된다. 나머지 무차원 변수들은 다음과 같다.

(a) $\eta = y/y_0$, $\phi_z = v_z/v_{z0}$와 $\phi_y = v_y/v_{y0}$로 두면 식 11.4-33에서 35까지의 미분방정식은

$$\frac{\partial \phi_y}{\partial \eta} + \left[\frac{v_{z0}y_0}{v_{y0}H}\right]\frac{\partial \phi_z}{\partial \zeta} = 0 \qquad (11B.15\text{-}1)$$

---

[4] H. S. Carslaw and J. C. Jaeger, *Conduction of Heat in Solids,* 2nd edition, Oxford University Press (1959), p. 233. 식 (4).

[5] 여기서 사용된 과정은 J. D. Hellums and S. W. Churchill, *AIChE Journal*, **10**, 110-114 (1964)에 의해 제안된 것과 유사하다.

$$\phi_y \frac{\partial \phi_z}{\partial \eta} + \left[\frac{v_{z0} y_0}{v_{y0} H}\right] \phi_z \frac{\partial \phi_z}{\partial \zeta} = \left[\frac{\mu}{\bar{\rho} y_0 v_{y0}}\right] \frac{\partial^2 \phi_z}{\partial \eta^2} + \left[\frac{y_0 g \bar{\beta}(T_0 - T_1)}{v_{y0} v_{z0}}\right] \Theta \qquad (11B.15\text{-}2)$$

$$\phi_y \frac{\partial \Theta}{\partial \eta} + \left[\frac{v_{z0} y_0}{v_{y0} H}\right] \phi_z \frac{\partial \Theta}{\partial \zeta} = \left[\frac{k}{\bar{\rho} \hat{C}_p y_0 v_{y0}}\right] \frac{\partial^2 \Theta}{\partial \eta^2} \qquad (11B.15\text{-}3)$$

으로 되며, 식 11.4-47에서 49의 경계조건을 갖는다. 이 때 하첨자 0을 갖는 양들은 상수이다.

(b) (a)의 식을 식 11.4-44에서 46으로 변환하기 위해 적절한 v_{z0}, v_{y0}와 y_0 값들을 선택하고, 식 11.4-41에서 43의 정의가 직접적으로 뒤따름을 보이시오.

(c) (b)에서 개발된 변수들의 선택이 식 11B.15-1과 2의 무차원 군을 1과 같다고 둠으로써 얻게 되는 변수들보다 왜 더 바람직한가?

11C.1. 음파의 전파 속도. 음파는 압축성 유체를 통해 이동하는 대단히 작은 진폭을 갖는 조화 압축파이다. 이와 같은 음파들의 전파 속도는 운동량 흘럭스 텐서 $\boldsymbol{\tau}$와 열 흘럭스 벡터 $\mathbf{q}$가 0이고, 유체의 속도 $\mathbf{v}$가 작다고[6] 가정함으로써 계산될 수 있다. $\boldsymbol{\tau}$와 $\mathbf{q}$를 무시하는 것은 주어진 유체 요소의 운동을 따라 엔트로피가 일정하다고 가정하는 것과 같다(문제11D.1 참조).

(a) 평형 열역학을 사용하여

$$\left(\frac{\partial p}{\partial \rho}\right)_S = \gamma \left(\frac{\partial p}{\partial \rho}\right)_T \qquad (11C.1\text{-}1)$$

임을 보이시오. 여기서 $\gamma = C_p/C_V$이다.

(b) 소리가 유체를 통해 전파될 때, 정지 상태로부터의 압력, 밀도 및 속도에 약간의 섭동이 있다: $p = p_0 + p'$, $\rho = \rho_0 + \rho'$와 $\mathbf{v} = \mathbf{v}_0 + \mathbf{v}'$. 하첨자 0인 양들은 정지 상태와 결부된 상수이며($\mathbf{v}_0$는 0이 되는), 프라임 부호가 있는 양들은 대단히 작다. 이들 양을 연속방정식과 운동방정식($\boldsymbol{\tau}$와 $\mathbf{g}$ 항을 생략한)에 대입하고 작은 프라임 부호가 있는 양들의 곱은 생략하면

연속방정식 $$\frac{\partial \rho}{\partial t} = -\rho_0 (\nabla \cdot \mathbf{v}) \qquad (11C.1\text{-}2)$$

운동방정식 $$\rho_0 \frac{\partial \mathbf{v}}{\partial t} = -\nabla p \qquad (11C.1\text{-}3)$$

을 얻게 됨을 보이시오.

(c) 다음 (a)의 결과를 사용하여 운동방정식을

$$\rho_0 \frac{\partial \mathbf{v}}{\partial t} = -v_s^2 \nabla \rho \qquad (11C.1\text{-}4)$$

와 같이 다시 쓰시오. 여기서 $v_s^2 = \gamma(\partial p/\partial \rho)_T$이다.

(d) 식 11C.1-2와 4를 어떻게 결합하면

---

[6] L. D. Landau and E. M. Lifshitz, *Fluid Mechanics*, 2nd edition, Pergamon, Oxford (1987), VIII장 참조; R. J. Silbey and R. A. Alberty, *Physical Chemistry*, 3rd edition, Wiley, New York (2001), 17.4 절

$$\frac{\partial^2 \rho}{\partial t^2} = v_s^2 \nabla^2 \rho \qquad (11C.1\text{-}5)$$

를 얻게 되는지 보이시오.

(e) 식 11C.1-5의 해가

$$\rho = \rho_0 \left[1 + A \sin\left(\frac{2\pi}{\lambda}(z - v_s t) \right) \right] \qquad (11C.1\text{-}6)$$

임을 보이시오. 이 해는 v_s의 속도로 z 방향으로 이동하는 진폭이 $\rho_0 A$이고 파장이 λ인 조화파를 나타낸다. 보다 일반적인 해는 다른 파장과 방향을 갖는 파들을 중첩함으로써 얻을 수 있다.

11C.2. 슬롯 내에서의 자유 대류. 식 11.3-1로 주어진 밀도를 갖는 일정 점도의 유체가 직사각형의 슬롯 내에 채워져 있다. 슬롯은 $x = \pm B$, $y = \pm W$에서 수직인 벽면을 가지며, 위와 아래는 $z = \pm H$에 있다. 이 때 $H >> W >> B$이다. 벽은 온도분포를 $T_w = \bar{T} + Ay$로 가지는 비등온이므로, 유체는 자유대류에 의해 순환된다. 정상상태의 층류 조건과 평균 밀도 $\bar{\rho}$로부터의 작은 편차에 대해 속도분포가 예측된다.

(a) $\mathbf{v} = \boldsymbol{\delta}_z v_z(x, y)$, $\partial^2 v_z/\partial y^2 \ll \partial^2 v_z/\partial y^2$이고 $T = T(y)$라 가정하고 연속방정식, 운동방정식, 에너지 방정식을 단순화하시오. 이들 가정은 $y = \pm W$와 $z = \pm H$인 모서리 부근을 제외하고는 느린 유동에 대해 합리적이다.

(b) (a)를 단순화할 때 문제에서 사용되는 경계조건을 나열하시오.

(c) 온도, 압력 및 속도분포에 대한 해를 구하시오.

(d) 닫힌 방에서 확산을 측정을 할 때, 자유 대류는 오류의 심각한 원인이 될 수 있으며, 온도 구배를 반드시 피해야 한다. 한 시간 실험하는 동안 대류 이동의 최대 허용 범위가 H의 0.1%라 하면 실례를 들기 위해 $B = 0.1$ mm, $W = 2.0$ mm, $H = 2$ cm인 방에서 20℃의 물을 갖고 수행하는 실험에 대해 최대로 허용되는 온도 구배를 계산하시오.

답: **(c)** $v_z(x, y) = \dfrac{\bar{\rho} g \bar{\beta} A}{2\mu}(B^2 - x^2)y$; **(d)** 2.7×10^{-3}K/cm

11C.3. 점성이 매우 큰 액체의 접선방향 원환 유동. 원환 영역 내의 유동에 대한 식 11.4-13은 κ가 1에 접근하는 극한에서 평면 슬릿 유동에 대한 식 10.4-9가 됨을 보이시오. 이러한 종류의 비교는 결과를 검정하는 데 있어 종종 유용하다.

식 11.4-13의 우변은 $\kappa = 1$에서 부정이지만, $\kappa \to 1$ 일 때의 극한은 $\varepsilon = 1 - \kappa$의 멱수로 전개함으로써 얻을 수 있다. 이를 위해 $\kappa = 1 - \varepsilon$과 $\xi = 1 - \varepsilon[1 - (x/b)]$로 두고, 문제 11.4-2의 영역 $\kappa \leq \xi \leq 1$을 10.4절의 영역 $0 \leq x \leq b$에 대응시킨다. 대입한 후 식 11.4-13의 우변을 ε의 멱수로 전개하고 식 10.4-9를 얻게 됨을 보이시오.

11C.4. 가변 열전도도를 갖는 열전도.

(a) 고체의 정상상태 열전도에 대해 식 11.2-5는 $(\boldsymbol{\nabla} \cdot \mathbf{q}) = 0$이 되고, Fourier 법칙을 적용하면, $(\nabla \cdot k\nabla T) = 0$이 된다. k가 단지 T에만 의존한다고 규정하면 함수 $F = \int k dT +$상수가 Laplace 식 $\nabla^2 F = 0$을 만족함을 보이시오.

(b) (a)의 결과를 이용하여 임의의 함수 $k(T)$를 사용하는 문제 10B.12(a 부분)를 푸시오.

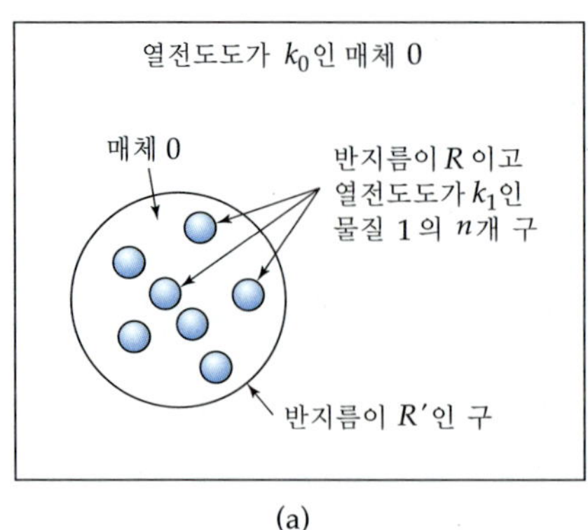

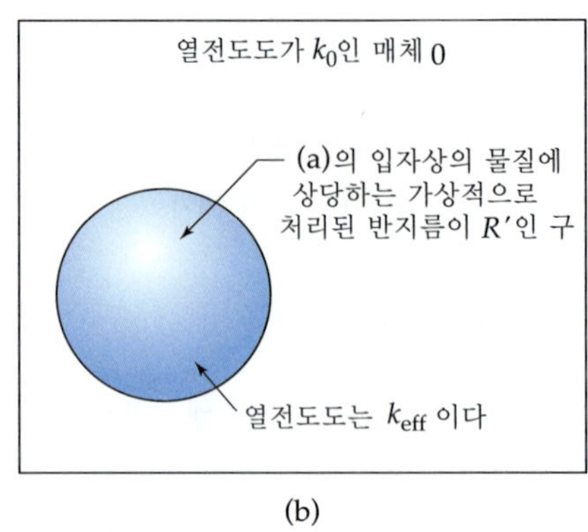

(a) (b)

그림 11C.5 복합 고체의 열전도도를 얻기 위해 Maxwell에 의해 사용된 사고적 실험: (a) 실제 이산계와 (b) 상당하는 연속계.

11C.5. **구형 함유물을 갖는 고체의 유효 열전도도**(그림 11C.5). 식 11B.8-1과 2로부터 출발하여 2상 계의 유효 열전도도에 대한 식 9.6-1을 유도하시오. 반지름이 R'인 구형의 영역 내에 포함된 (a) 열전도도가 k_0인 매질과 그 내부에 박혀 있는 열전도도가 k_1이고 반지름 R인 n개의 작은 구로 된 실제 계와 (b) 유효 열전도도 k_{eff}를 갖는 연속체로 된 상당하는 계로 두 계를 구성하고자 한다. 이들 두 계는 모두 온도 구배 A에 놓여 있으며, 열전도도가 k_0인 매질로 둘러싸여 있다.

(a) 실제 계에 대해 계로부터 먼 거리 L(즉 $L >> R'$)에서의 온도장은 실제 계 내에 함유된 작은 구들이 대단히 희석되어 있다고 규정한 식 11B.8-2를 약간 수정하면 주어질 것임을 안다.

$$T_0(r,\theta) - T^\circ = \left[1 - n\frac{k_1 - k_0}{k_1 + 2k_0}\left(\frac{R}{r}\right)^3\right]Ar\cos\theta \tag{11C.5-1}$$

이 결과를 어떻게 얻는지 조심스럽게 설명하시오.

(b) 다음 상당하는 계에 대해 식 11B.8-2로부터

$$T_0(r,\theta) - T^\circ = \left[1 - \frac{k_{\text{eff}} - k_0}{k_{\text{eff}} + 2k_0}\left(\frac{R'}{r}\right)^3\right]Ar\cos\theta \tag{11C.5-2}$$

로 쓸 수 있다.

(c) 다음 $nR^3 = \phi R'^3$ 의 관계를 유도하시오. 여기서 ϕ는 실제 계 내의 함유물의 부피 분율이다.

(d) 식 11C.5-1과 2의 우변을 같다고 두고 식 9.6-1의 Maxwell 방정식[7]을 구하시오.

11C.6. **계면 경계조건.** 비등온계에서 순수한 상 I과 II 사이 비등온 계면의 표면 $S(t)$를 생각하시오. 두 상은 비혼화성 유체($S(t)$를 가로질러 물질이 이동할 수 없는)로 이루어져 있거나, 단일 물질의 두 개의 다른 순수 상(상 사이에는 응축, 증발, 냉동 및 용융에 의해 질량이 상호 교환될 수 있는)으로 이루어져 있을 것이다. $\mathbf{n}^{\text{I}}$을 상 I 내부로 향하는 $S(t)$에 수직인 국부 단위 벡터라 하자. 상첨자 I과 II는 각 상에서 S를 따른 값에 대해 사용될 것이며, 상첨자 s는 계면 그 자체에서의 값에 대해 사용될 것이다. S 위의 접선 속도 v_t와 온도 T에 대한 통상적인 계면 경계조건은

---

[7] J. C. Maxwell, *A Treatise on Electricity and Magnetism,* Vol. 1, Oxford University Press (1891, reprinted 1998), 314절.

$$v_t^{\mathrm{I}} = v_t^{\mathrm{II}} \text{ (안 미끄러짐)} \tag{11C.6-1}$$

$$T^{\mathrm{I}} = T^{\mathrm{II}} \text{ (온도의 연속성)} \tag{11C.6-2}$$

이다. 이에 더하여 계면활성제가 없는 계면에 대해서는 다음의 단순화된 보존방정식이 제안된다.[8]

계면 질량 수지

$$(\mathbf{n}^{\mathrm{I}} \cdot \{\rho^{\mathrm{I}}(\mathbf{v}^{\mathrm{I}} - \mathbf{v}^s) - \rho^{\mathrm{II}}(\mathbf{v}^{\mathrm{II}} - \mathbf{v}^s)\}) = 0 \tag{11C.6-3}$$

계면 운동량 수지

$$\mathbf{n}^{\mathrm{I}}\left[(p^{\mathrm{I}} - p^{\mathrm{II}}) + \sigma\left(\frac{1}{R_1} + \frac{1}{R_2}\right)\right] + (\mathbf{n}^{\mathrm{I}} \cdot \rho^{\mathrm{I}}(\mathbf{v}^{\mathrm{I}} - \mathbf{v}^s))(\mathbf{v}^{\mathrm{I}} - \mathbf{v}^{\mathrm{II}}) + [\,\mathbf{n}^{\mathrm{I}} \cdot \{\boldsymbol{\tau}^{\mathrm{I}} - \boldsymbol{\tau}^{\mathrm{II}}\}] = \nabla^s \sigma \tag{11C.6-4}$$

계면 내부에너지 수지

$$(\mathbf{n}^{\mathrm{I}} \cdot \rho^{\mathrm{I}}(\mathbf{v}^{\mathrm{I}} - \mathbf{v}^s))[(\hat{U}^{\mathrm{I}} - \hat{U}^{\mathrm{II}}) + \tfrac{1}{2}(v^{\mathrm{I}2} - v^{\mathrm{II}2})] + (\mathbf{n}^{\mathrm{I}} \cdot (\mathbf{q}^{\mathrm{I}} - \mathbf{q}^{\mathrm{II}})) + (\mathbf{n}^{\mathrm{I}} \cdot [\boldsymbol{\pi}^{\mathrm{I}} \cdot \mathbf{v}^{\mathrm{I}} - \boldsymbol{\pi}^{\mathrm{II}} \cdot \mathbf{v}^{\mathrm{II}}]) = 0 \tag{11C.6-5}$$

식 3C.5-1의 운동량 수지는 여기서 계면장력의 표면 구배 $\nabla^s \sigma$를 포함하는 형태로 확장되었으며, 결과적으로 주어지는 접선 방향의 힘이 Marangoni 효과[9, 10]로 알려진 다양한 계면 유동 현상을 일으키게 된다. 식 11C.6-5은 계면의 잉여 에너지 $\hat{U}^s$, 열 훌럭스 $\mathbf{q}^s$ 및 점성 발열 $(\boldsymbol{\tau}^s : \nabla^2 \mathbf{v}^2)$를 무시함으로써 S에 대한 총 에너지 수지와 기계적 에너지 수지로부터 11.2절의 방법으로 얻게 된다. 더 충분한 결과는 어디에서도 볼 수 있다.[8]

(a) 각 계면 수지식의 차원 일관성을 증명하시오.

(b) 어떠한 조건 하에서 $\mathbf{v}^{\mathrm{I}}$ 과 $\mathbf{v}^{\mathrm{II}}$가 같은가?

(c) 상 I과 II가 비혼화성의 순수한 두 액체일 때 수지식이 어떻게 단순화되는지 보이시오.

(d) 하나의 상이 고체일 때 수지식이 어떻게 단순화되는지 보이시오.

11C.7. 강하 경막에서의 표면장력 구배 효과.

(a) 유동 방향으로 작은 온도 구배 dT/dz가 존재할 때 예제 2.1-1의 전단응력분포와 속도분포를 다시 구하시오. 이 온도 구배는 일정한 표면장력 구배 $d\sigma/dz = A$를 유발하지만 계의 물성에는 다른 효과가 없다고 가정한다. 이 표면장력 구배는 경막의 자유 표면에 전단응력을 유발하게 되고(문제 11C.6 참조), 따라서 자유 표면에서 0이 아닌 속도 구배가 요구될 것임에 주목하시오. 다시 한 번 안정하고 잔물결이 없는 층류 경막임을 가정하시오.

(b) 알짜 하향 유량의 함수로 경막 두께를 계산하고, 결과의 물리적 의미를 논하시오.

답: **(a)** $\tau_{xz} = \rho g x \cos\beta + A;\ v_z = \dfrac{\rho g \delta^2 \cos\beta}{2\mu}\left[1 - \left(\dfrac{x}{\delta}\right)^2\right] + \dfrac{A\delta}{\mu}\left(1 - \dfrac{x}{\delta}\right)$

---

[8] J. C. Slattery, *Advanced Transport Phenomena*, Cambridge University Press (1999), pp.58, 435;더 완벽한 조건은 참고문헌 8에 주어져 있다.

[9] C. G. M. Marangoni, *Ann. Phys.* (*Poggendorf*), **3**, 337-354 (1871); C. V. Sternling and L. E. Scriven, *AIChE Journal*, **5**, 514-523 (1959).

[10] D. A. Edwards, H. Brenner, and D. T. Wasan, *Interfacial Transport Processes and Rheology*, Butterworth-Heinemann, Stoneham, Mass. (1991).

11D.1. 엔트로피에 대한 변화방정식. 이 문제는 비가역 열역학 공정에 관한 것이다. 다성분 혼합물은 24.1과 2절에서 다룬다.

(a) 고정된 부피 요소 $\Delta x\ \Delta y\ \Delta z$에 대한 엔트로피 수지를 쓰시오. **s**를 유체의 속도 벡터 **v**에 대해 측정된 **엔트로피 훌럭스 벡터**라 하고, 더욱이 단위 부피당 **엔트로피 생성 속도**를 g_s로 표현하자. 부피 요소 $\Delta x\ \Delta y\ \Delta z$가 소거될 만큼 작게 될 때, 최종적으로 다음 두 형태 중 하나로 **엔트로피 변화방정식**을 얻게 됨을 보이시오.[11]

$$\frac{\partial}{\partial t}\rho\hat{S} = -(\nabla \cdot \rho\hat{S}\mathbf{v}) - (\nabla \cdot \mathbf{s}) + g_S \qquad (11D.1\text{-}1)$$

$$\rho\frac{D\hat{S}}{Dt} = -(\nabla \cdot \mathbf{s}) + g_S \qquad (11D.1\text{-}2)$$

여기서 $\hat{S}$는 단위 질량당 엔트로피이다.

(b) 만약 열역학적인 양을 비평형 상태에서 국부적으로 정의할 수 있다고 가정하면, $d\hat{U} = Td\hat{S} - pd\hat{V}$의 관계에 의하면 $\hat{U}$는 $\hat{S}$ 및 $\hat{V}$와 연관지을 수 있다. 이 관계를 식 11.2-2와 결합하여

$$\rho\frac{D\hat{S}}{Dt} = -\frac{1}{T}(\nabla \cdot \mathbf{q}) - \frac{1}{T}(\boldsymbol{\tau}:\nabla\mathbf{v}) \qquad (11D.1\text{-}3)$$

을 얻으시오.

(c) 국부적인 엔트로피 훌럭스는 국부적인 에너지 훌럭스를 국부적인 온도로 나눈 것과 같다.[12-15] 즉, $\mathbf{s} = \mathbf{q}/T$ 이다. **s**와 **q** 사이의 이 관계를 인식하고 식 11D.1-2와 3을 비교하면 단위 부피당 엔트로피 생성 속도에 관한 다음 식을 얻게 된다.

$$g_S = -\frac{1}{T^2}(\mathbf{q} \cdot \nabla T) - \frac{1}{T}(\boldsymbol{\tau}:\nabla\mathbf{v}) \qquad (11D.1\text{-}4)$$

우변의 첫 번째 항은 열전달과 관련된 엔트로피 생성 속도이고, 두 번째 항은 운동량 전달의 결과로 나타나는 엔트로피 생성 속도이다. 식 11D.1-4는 순수 유체의 비가역 공정에 대한 열역학적 연구의 출발점이다.

(d) 점도에 대한 Newton 법칙과 열전도에 대한 Fourier 법칙을 식 11D.1-4에 대입하면 어떤 결론을 끌어낼 수 있는가?

11D.2. 층류 관 유동의 점성 발열.

(a) 문제 11B.2에서 시작된 해석을 계속하시오. 즉, 점성 발열 효과가 중요한 충분히 높은 속도로 원

---

[11] G. A. J. Jaumann, *Sitzungsber. der Math.-Naturwiss. Klasse der Kaiserlichen Akad. der Wissenschaften* (*Wien*), **102**, Abt. IIa, 385-530 (1911).

[12] **Carl Henry Eckart** (1902-1973), 샌디에고의 갤리포니아 대학 부총장(1965-1969), 양자역학, 지구물리학적 유체역학과 비가역 열역학에 근본적인 기여를 하였다. 이동현상에의 그의 중요한 기여는 C. H. Eckart, *Phys. Rev.*, 58, 267-268, 269-275 (1940)에 있다.

[13] C. F. Curtiss and J. O. Hirschfelder, *J. Chem. Phys.*, **18**, 171-173 (1950).

[14] J. G. Kirkwood and B. L. Crawford, Jr., *J. Phys. Chem.*, **56**, 1048-1051 (1952).

[15] S. R. de Groot and P. Mazur, *Non-Equilibrium Thermodynamics*, North-Holland, Amsterdam (1962).

형 관 내를 흐르는 뉴튼 유체의 온도분포를 구하시오. 입구($z = 0$)에서의 속도분포는 완전히 발달되어 있으며, 유입 온도는 단면에 걸쳐 균일하다고 가정하고, 모든 물성은 일정하다고 가정한다.

(b) 멱수법칙의 비뉴튼 점도에 대해 해석을 반복하시오.[16]

11D.3. 적분 이론을 사용한 에너지 방정식 유도. 11.1절에서 에너지 방정식은 $\Delta x\ \Delta y\ \Delta z$의 작은 직육면체 부피 요소에서 일어나는 에너지 변화를 고려함으로써 유도되었다.

(a) 문제 3D.1의 개략적인 과정에 따라 고정된 경계 S를 갖는 임의의 부피 요소 V를 사용하여 다시 유도하시오. 에너지 보존법칙을

$$\frac{d}{dt}\int_V (\rho\hat{U} + \tfrac{1}{2}\rho v^2)\, dV = -\int_c (\mathbf{n}\cdot\mathbf{e})\, dS + \int_V \rho(\mathbf{v}\cdot\mathbf{g})\, dV \qquad (11\text{ D.3-1})$$

과 같이 씀으로써 유도를 시작하시오. Gauss 다이버전스 이론을 사용하여 표면 적분을 부피 적분으로 변환하고 식 11.1-6을 구하시오.

(b) 움직이는 유체 방울에 대해 상사한 유도를 수행하시오.

[16] R. B. Bird, *Soc. Plastics Engrs. Journal*, **11**, 35-40 (1955).

Chapter

12 한 개 이상의 독립변수를 갖는 온도분포

10장에서는 쉘 에너지 수지에 의해 단순한 열유동 문제를 어떻게 풀 수 있는지 살펴보았고, 11장에서는 더 복잡한 상황에서의 열전달 공정을 표현하는, 유동계에 대한 에너지 방정식을 전개하였다. 에너지 방정식의 유용성을 설명하기 위해 11.4 절에서는 대부분은 편미분방정식을 풀기 위한 지식이 요구되지 않는 일련의 예를 보았다.

이 장에서는 한 개 이상의 독립변수를 가졌거나, 두 개의 공간변수 또는 한 개의 공간변수와 시간변수를 갖는 몇몇 종류의 열전달 문제를 다루고자 한다. 문제의 형식과 수학적 방법론은 4장에서 배운 것과 같다.

12.1 고체의 비정상상태 열전도

고체에 대해 식 11.2-5의 에너지 방정식을 열전도의 Fourier 법칙과 결합하면

$$\rho\hat{C}_p \frac{\partial T}{\partial t} = (\nabla \cdot k\nabla T) \qquad (12.1\text{-}1)$$

이 된다. 만약 열전도도가 온도와 위치에 무관하다고 가정하면, 식 12.1-1은

$$\frac{\partial T}{\partial t} = \alpha\nabla^2 T \qquad (12.1\text{-}2)$$

가 된다. 여기서 $\alpha = k/\rho\hat{C}_p$는 고체의 열 확산계수이다. 이미 이 식에 대한 많은 해가 제시되어 있다. Carslaw와 Jager[1]의 논문에는 해를 구하는 방법에 대한 철저한 논의뿐 아니라 다

[1] H. S. Carslaw and J. C. Jager, *Conduction of Heat in Solids*, 2nd edition, Oxford University Press (1959).

양한 경계조건과 초기조건에 대한 해를 포괄적으로 도표화하고 있다. 자주 언급되는 많은 열전도 문제는 이 인상적인 참고문헌에서 해를 찾아봄으로써 풀 수 있을 것이다.

이 절에서는 비정상상태의 열전도 문제를 풀기 위해 변수 조합법, 변수 분리법, 싸인 응답법, Laplace 변환법 등 중요한 네 가지 방법을 설명하고자 한다. 처음 세 가지 방법은 4.1절에서도 역시 사용되었다.

예제 12.1-1. 반 무한 평판의 가열

$y = 0$에서 $y = \infty$까지 공간을 차지하는 고체 물질이 초기에는 온도 T_0로 유지되고 있다. 시간 $t = 0$에서 $y = 0$인 표면의 온도가 갑자기 T_1으로 상승한 다음 $t>0$에서 그대로 유지되고 있다. 시간에 의존하는 온도분포 $T(y,t)$를 구하시오.

해 이 문제에 대해 식 12.1-2은

$$\frac{\partial \Theta}{\partial t} = \alpha \frac{\partial^2 \Theta}{\partial y^2} \tag{12.1-3}$$

으로 되며, 무차원 온도차 $\Theta = (T-T_0)/(T_1-T_0)$를 도입하였다. 그러면 초기조건과 경계조건은 아래와 같다.

초기조건:	$t \leq 0$에서	모든 y에 대해	$\Theta = 0$	(12.1-4)
경계조건 1:	$y = 0$에서	모든 $t>0$에 대해	$\Theta = 1$	(12.1-5)
경계조건 2:	$y = \infty$에서	모든 $t>0$에 대해	$\Theta = 0$	(12.1-6)

이 문제는 식 4.1-1에서 4까지 공식화된 문제와 수학적으로 유사하다. 따라서 식 4.1-15의 해를 표기법만 적절하게 바꾸어 그대로 취할 수 있다:

$$\Theta = 1 - \frac{2}{\sqrt{\pi}} \int_0^{y/\sqrt{4\alpha t}} \exp(-\eta^2)\, d\eta \tag{12.1-7}$$

또는

$$\frac{T - T_0}{T_1 - T_0} = 1 - \operatorname{erf} \frac{y}{\sqrt{4\alpha t}} \tag{12.1-8}$$

그림 4.1-2에 도시된 해는 세로 좌표가 $(T-T_0)/(T_1-T_0)$, 가로 좌표가 $y/\sqrt{4\alpha t}$ 인 온도분포를 나타낸다.

인수가 대략 2일 때 오차 함수가 0.99에 도달하므로, **열 침투 두께** δ_T는

$$\delta_T = 4\sqrt{\alpha t} \tag{12.1-9}$$

이다. 즉 $y>\delta_T$인 거리에 대해서는 온도가 T_1-T_0 차의 1%보다 작게 변한다는 것이다. 만약 두께가 유한한 평판에서 온도를 계산할 필요가 있다면, 평판 두께에 비해 δ_T가 작을 때는

식 12.1-8의 해가 좋은 근사가 될 것이다. 하지만 δ_T가 평판 두께의 크기의 차수와 같거나 더 클 경우에는 예제 12.1-2의 급수 해가 사용되어야 한다.

벽면 열 훌럭스는 식 12.1-8로부터 다음과 같이 계산할 수 있다.

$$q_y|_{y=0} = -k\frac{\partial T}{\partial y}\bigg|_{y=0} = \frac{k}{\sqrt{\pi\alpha t}}(T_1 - T_0) \tag{12.1-10}$$

그러므로 벽면 열 훌럭스는 $t^{-1/2}$에 따라 변하는 반면, 침투 두께는 $t^{1/2}$에 따라 변한다.

예제 12.1-2. 유한 평판의 가열

$y = -b$와 $y = +b$ 사이 공간을 채우고 있는 고체 평판이 초기에 온도 T_0로 유지되고 있다. 시간 $t = 0$에서 $y = \pm b$인 표면이 갑자기 T_1으로 온도가 상승한 다음 그대로 유지된다. $T(y, t)$를 구하시오.

해 이 문제에 대해 다음 무차원 변수를 정의한다.

무차원 온도: $$\Theta = \frac{T_1 - T}{T_1 - T_0} \tag{12.1-11}$$

무차원 좌표: $$\eta = \frac{y}{b} \tag{12.1-12}$$

무차원 시간: $$\tau = \frac{\alpha t}{b^2} \tag{12.1-13}$$

이들 무차원 변수를 사용하면 미분방정식과 경계조건은

$$\frac{\partial\Theta}{\partial\tau} = \frac{\partial^2\Theta}{\partial\eta^2} \tag{12.1-14}$$

초기조건: $\tau = 0$에서 $\Theta = 1$ (12.1-15)

경계조건 1과 2: $\eta = \pm 1$에서 $\tau > 0$에 대해 $\Theta = 0$ (12.1-16)

과 같이 된다. 문제을 다시 쓰더라도 새로운 매개변수가 나타나지 않음에 주목하시오.

이 문제는 변수 분리법에 의해 풀 수 있다. 다음 곱의 형태로 해가 얻어질 수 있다고 가정함으로써 시작한다.

$$\Theta(\eta, \tau) = f(\eta)g(\tau) \tag{12.1-17}$$

이 시행 함수를 식 12.1-14에 대입하고 곱 $f(\eta)g(\tau)$로 나누면

$$\frac{1}{g}\frac{dg}{d\tau} = \frac{1}{f}\frac{d^2f}{d\eta^2} \tag{12.1-18}$$

을 얻게 된다. 좌변은 τ만의 함수이고, 우변은 η만의 함수이므로, 양변이 모두 $-c^2$인 상수

와 같을 경우에만 성립한다. 만약 상수를 $+c^2$이나 $+c$ 또는 $-c$라 하여도 동일한 최종 결과를 얻을 수 있으나 해가 조금 다를 수 있다. 따라서 식 12.1-18은 두 개의 상미분방정식으로 나누어질 수 있다.

$$\frac{dg}{d\tau} = -c^2 g \tag{12.1-19}$$

$$\frac{d^2 f}{d\eta^2} = -c^2 f \tag{12.1-20}$$

이들 식은 식 C.1-1과 3의 형태이며 적분하면

$$g = A \exp(-c^2\tau) \tag{12.1-21}$$

$$f = B \sin c\eta + C \cos c\eta \tag{12.1-22}$$

를 얻게 된다. 여기서 A, B와 C는 적분 상수이다.

xz−평면에 대해 대칭이기 때문에 반드시 $\Theta(\eta, \tau) = \Theta(-\eta, \tau)$이고 $f(\eta) = f(-\eta)$이다. 싸인 함수는 이와 같은 종류의 거동을 보이지 않으므로 B는 0이 되어야 한다. 두 경계조건 중 어느 하나를 사용하면

$$C \cos c = 0 \tag{12.1-23}$$

을 얻는다. $C = 0$이라는 선택은 물리적으로 허용될 수 없는 해이기 때문에 C는 명백히 0이 될 수가 없다. 그렇지만 c_n으로 부르는 수많은 다른 c를 선택함으로써 등식은 성립될 수 있다.

$$c_n = (n + \tfrac{1}{2})\pi \qquad n = 0, \pm 1, \pm 2, \pm 3 \ldots, \pm\infty \tag{12.1-24}$$

따라서 식 12.1-14은

$$\Theta_n = A_n C_n \exp[-(n + \tfrac{1}{2})^2 \pi^2 \tau] \cos(n + \tfrac{1}{2})\pi\eta \tag{12.1-25}$$

에 의해 만족될 수 있다. 하첨자 n은 A와 C가 각각 n의 값에 따라 다를 수 있다는 것을 깨닫게 한다. 미분방정식의 선형성 때문에 이제 식 12.1-25 형태의 모든 해를 중첩할 것이다. 이 과정에서 n에 대한 지수값과 코사인값은 $-(n+1)$에 대한 값들과 같으므로 음의 지수를 갖는 항과 양의 지수를 갖는 항은 결합된다. 중첩하면

$$\Theta = \sum_{n=0}^{\infty} D_n \exp[-(n + \tfrac{1}{2})^2 \pi^2 \tau] \cos(n + \tfrac{1}{2})\pi\eta \tag{12.1-26}$$

을 얻게 된다. 여기서 $D_n = A_n C_n + A_{-(n+1)} C_{-(n+1)}$이다.

이제

$$1 = \sum_{n=0}^{\infty} D_n \cos(n + \tfrac{1}{2})\pi\eta \tag{12.1-27}$$

로 주어지는 초기조건을 사용함으로써 D_n을 결정하게 된다. $\cos(m+\frac{1}{2})\pi\eta$를 곱하고 $\eta = -1$에서 $\eta = +1$까지 적분하면

$$\int_{-1}^{+1} \cos\,(m + \tfrac{1}{2})\pi\eta\, d\eta = \sum_{n=0}^{\infty} D_n \int_{-1}^{+1} \cos\,(m + \tfrac{1}{2})\pi\eta\, \cos\,(n + \tfrac{1}{2})\pi\eta\, d\eta \qquad (12.1\text{-}28)$$

이 되며, 적분을 수행할 때 $n = m$인 항을 제외한 우변의 모든 적분값은 0과 같다. 따라서

$$\left.\frac{\sin\,(m + \frac{1}{2})\pi\eta}{(m + \frac{1}{2})\pi}\right|_{\eta=-1}^{\eta=+1} = D_m \left.\frac{\frac{1}{2}(m + \frac{1}{2})\pi\eta + \frac{1}{4}\sin\,2(m + \frac{1}{2})\pi\eta}{(m + \frac{1}{2})\pi}\right|_{\eta=-1}^{\eta=+1} \qquad (12.1\text{-}29)$$

를 얻을 수 있으며, 극한값을 대입하면 D_m 값을 구할 수 있다.

$$D_m = \frac{2(-1)^m}{(m + \frac{1}{2})\pi} \qquad (12.1\text{-}30)$$

식 12.1-26에 이 식을 대입하고, 원래의 변수[2]로 다시 쓰면

$$\frac{T_1 - T}{T_1 - T_0} = 2\sum_{n=0}^{\infty} \frac{(-1)^n}{(n + \frac{1}{2})\pi} \exp[-(n + \tfrac{1}{2})^2\pi^2\alpha t/b^2]\, \cos\,(n + \tfrac{1}{2})\frac{\pi y}{b} \qquad (12.1\text{-}31)$$

의 온도분포를 얻게 된다. 수많은 비정상상태의 열전도 문제의 해는 여기서 방금 얻은 것과 같이 무한 급수로 얻어진다. 이들 급수는 무차원 시간 $\alpha t/b^2$이 큰 값을 가질 때 급속히 수렴한다. 아주 짧은 시간에 대해서는 수렴이 매우 느리며, $\alpha t/b^2$가 0에 접근하는 극한에서는 식 12.1-31의 해가 식 12.1-8에 주어진 해로 접근해 가는 것을 볼 수 있을 것이다(문제 12D.1 참조). 비록 식 12.1-31이 실제 계산을 하기는 어려우나, 그림 12.1-1에서와 같이 그래프로 표현하면 사용하기 쉽다(문제 12A.1 참조). 그림을 보면 무차원 시간 $\tau = \alpha t/b^2$이 0.1일 때는 열이 대략 평판의 중심 평면까지 측정 가능할 만큼 "침투"하고, $\tau = 1.0$일 때는 중심 평면에서 90%까지 완전히 가열된다.

그림 12.1-1과 유사한 결과가 무한 원통과 구에 대해 그림 12.1-2와 3에 주어져 있다. 이들 도표는 직사각형의 평행육면체와 유한한 길이를 갖는 원통에서의 상사한 열전도 문제에 대한 해를 구하기 위해서도 사용될 수 있다(문제 12C.1 참조)

예제 12.1-3. 싸인 곡선의 열 훌럭스를 갖는 벽면 근처의 비정상상태 열전도

$y = 0$에서 $y = \infty$까지 공간을 차지하는 고체 물체가 초기에는 온도 T_0로 유지되고 있다. 시간 $t = 0$에

$$q_y = q_0 \cos\omega t = q_0\Re\{e^{i\omega t}\} \qquad (12.1\text{-}32)$$

로 주어지는 주기적 열 훌럭스가 $y = 0$에 부과된다. 여기서 q_0는 열 훌럭스 진동의 진폭이고, ω는 (원형의) 주파수이다. "주기적 정상상태"인 이 계의 온도 $T(y, t)$를 구하시오(문제 4.1-3 참조).

[2] H. S. Carslaw and J. C. Jager, *Conduction of Heat in Solids*, 2nd edition, Oxford University Press (1959), p. 97, 식 (8); 식 (9)의 대체 해는 짧은 시간에 대해 급속히 수렴한다.

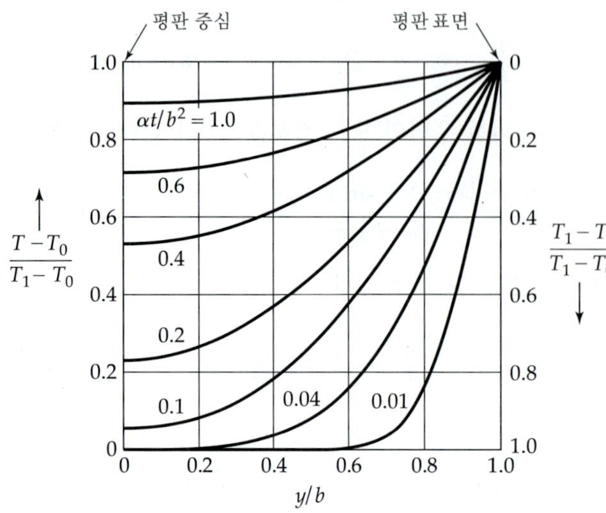

그림 12.1-1 유한한 두께 $2b$를 갖는 평판에서의 비정상상태 열전도에 대한 온도분포. 평판의 초기 온도는 T_0이고, T_1은 $t>0$일 때 평판 표면에 부과된 온도이다. [H. S. Carslaw and J. C. Jager, *Conduction of Heat in Solids*, 2nd edition, Oxford University Press (1959), p. 101.]

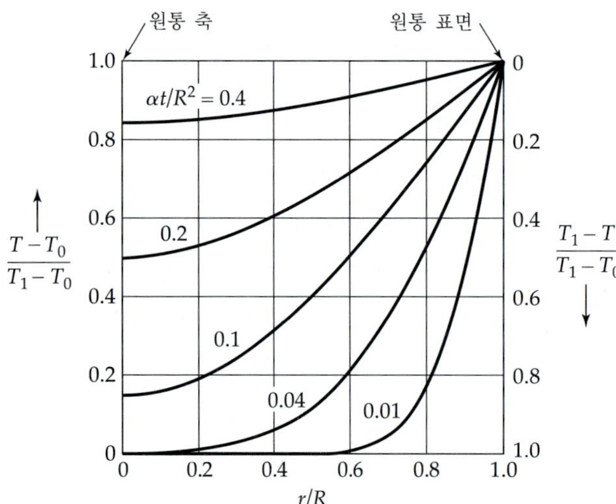

그림 12.1-2 반지름이 R인 원통에서의 비정상상태 열전도에 대한 온도분포. 원통의 초기 온도는 T_0이고, T_1은 $t>0$일 때 원통 표면에 부과된 온도이다. [H. S. Carslaw and J. C. Jager, *Conduction of Heat in Solids*, 2nd edition, Oxford University Press (1959), p. 200.]

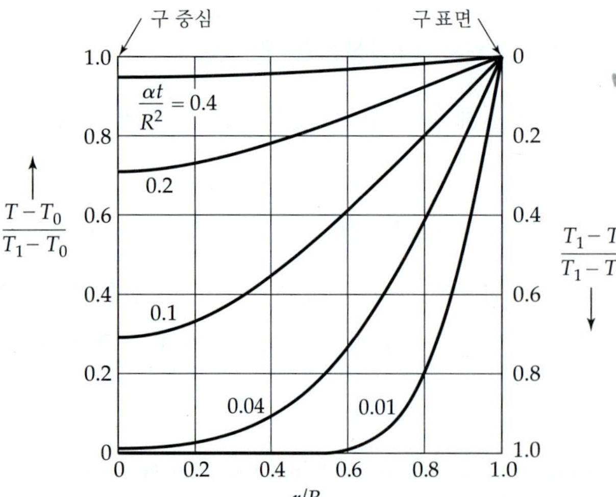

그림 12.1-3 반지름이 R인 구에서의 비정상상태 열전도에 대한 온도분포. 구의 초기 온도는 T_0이고, T_1은 $t>0$일 때 구 표면에 부과된 온도이다. [H. S. Carslaw and J. C. Jager, *Conduction of Heat in Solids*, 2nd edition, Oxford University Press (1959), p. 234.]

해 1차원 열전도에 대해 식 12.1-2는

$$\frac{\partial T}{\partial t} = \alpha \frac{\partial^2 T}{\partial y^2} \tag{12.1-33}$$

이다. $-k$를 곱하고 전체 식에 $\partial/\partial y$를 취하면

$$\frac{\partial}{\partial t}\left(-k\frac{\partial T}{\partial y}\right) = \alpha \frac{\partial^2}{\partial y^2}\left(-k\frac{\partial T}{\partial y}\right) \tag{12.1-34}$$

를 얻거나, 또는 $q_y = -k(\partial T/\partial y)$를 사용하면

$$\frac{\partial q_y}{\partial t} = \alpha \frac{\partial^2 q_y}{\partial y^2} \tag{12.1-35}$$

를 얻는다. 그러므로 q_y는 T와 동일한 미분방정식을 만족하며, 경계조건은

경계조건 1: $y = 0$ 에서 $q_y = q_0 \Re\{e^{i\omega t}\}$ (12.1-36)

경계조건 2: $y = \infty$ 에서 $q_y = 0$ (12.1-37)

이다. 이 문제는 외견상 식 4.1-44, 46 및 47에서 주어진 것과 똑같다. 따라서 식 4.1-57의 해를 적절한 표기법의 변화를 통해 취할 수 있다.

$$q_y(y, t) = q_o e^{-\sqrt{\omega/2\alpha}y} \cos\left(\omega t - \sqrt{\frac{\omega}{2\alpha}}\, y\right) \tag{12.1-38}$$

그런 다음 Fourier 법칙을 적분함으로써

$$-k\int_T^{T_0} d\bar{T} = \int_y^\infty q_y(\bar{y}, t)\, d\bar{y} \tag{12.1-39}$$

를 얻고, 열 훌럭스 분포를 이 식의 우변에 대입하고 적분하면

$$T - T_0 = \frac{q_0}{k}\sqrt{\frac{\alpha}{\omega}}\, e^{-\sqrt{\omega/2\alpha}y} \cos\left(\omega t - \sqrt{\frac{\omega}{2\alpha}}\, y - \frac{\pi}{4}\right) \tag{12.1-40}$$

을 얻는다. 따라서 표면 $y = 0$에서 온도 진동은 열 훌럭스 진동에 비해 $\pi/4$만큼 뒤처져 나타난다.

이 문제는 열전도계에서 "주기적 정상상태"를 얻기 위한 표준 절차를 보여주고 있다. 또한 열 훌럭스에 대한 경계조건이 주어져 있을 때, 열 훌럭스의 항으로 열전도 방정식을 어떻게 사용할 수 있는지 보여준다.

예제 12.1-4. 잘 교반되는 유체와 접촉하는 구의 냉각.

초기에 균일한 온도 T_1을 갖는 반지름이 R인 균질의 고체 구가 시간 $t=0$에서 단열이 되어있는 탱크 내 부피가 V_f이고 온도가 T_0인 잘 교반되고 있는 유체에 갑자기 가라 앉게 된다. 시간에 따른 유체 온도 T_f의 변화를 관찰함으로써 고체의 열 확산계수 $\alpha_s = k_s/\rho_s\hat{C}_{ps}$를 구하고자 한다. 다음 무차원 변수를 이용하시오

$$\Theta_s(\xi, \tau) = \frac{T_1 - T_s}{T_1 - T_0} = \text{무차원 고체 온도} \tag{12.1-41}$$

$$\Theta_f(\tau) = \frac{T_1 - T_f}{T_1 - T_0} = \text{무차원 유체 온도} \tag{12.1-42}$$

$$\xi = \frac{r}{R} = \text{무차원 반지름 좌표} \tag{12.1-43}$$

$$\tau = \frac{\alpha_s t}{R^2} = \text{무차원 시간} \tag{12.1-44}$$

해 무차원 변수로 쓰여진 문제는

고 체	유 체
$\dfrac{\partial \Theta_s}{\partial \tau} = \dfrac{1}{\xi^2}\dfrac{\partial}{\partial \xi}\left(\xi^2 \dfrac{\partial \Theta_s}{\partial \xi}\right)$ (12.1-45)	$\dfrac{d\Theta_f}{d\tau} = -\dfrac{3}{B}\dfrac{\partial \Theta_s}{\partial \xi}\Big\|_{\xi=1}$ (12.1-49)
$\tau = 0$ 에서, $\Theta_s = 0$ (12.1-46) $\xi = 1$ 에서, $\Theta_s = \Theta_f$ (12.1-47) $\xi = 0$ 에서, $\Theta_s =$ 유한 (12.1-48)	$\tau = 0$ 에서, $\Theta_f = 1$ (12.1-50)

임을 증명할 수 있을 것이다. 여기서 $B=\rho_f\hat{C}_{pf}V_f/\rho_s\hat{C}_{ps}V_s$이고 V들은 유체와 고체의 부피를 나타낸다.

방정식들 사이에 서로 연결되어 있으면서 복잡한 경계조건을 갖는 선형 문제는 종종 Laplace 변환법에 의해 쉽게 풀리게 된다. 이제 위의 방정식과 경계조건에 Laplace 변환을 취하면 다음을 얻게 된다.

고 체	유 체
$p\overline{\Theta}_s = \dfrac{1}{\xi^2}\dfrac{d}{d\xi}\left(\xi^2 \dfrac{d\overline{\Theta}_s}{d\xi}\right)$ (12.1-51)	$p\overline{\Theta}_f - 1 = -\dfrac{3}{B}\dfrac{d\overline{\Theta}_s}{d\xi}\Big\|_{\xi=1}$ (12.1-54)
$\xi = 1$ 에서, $\overline{\Theta}_s = \overline{\Theta}_f$ (12.1-52) $\xi = 0$ 에서, $\overline{\Theta}_s =$ 유한 (12.1-53)	

여기서 p는 변환 변수[3]이다. 식 12.1-51의 해는

$$\overline{\Theta}_s = \frac{C_1}{\xi}\sinh\sqrt{p}\xi + \frac{C_2}{\xi}\cosh\sqrt{p}\xi \tag{12.1-55}$$

이다. $\xi = 0$에서의 경계조건 때문에 C_2는 0과 같다고 두어야 한다. 이 결과를 식 12.1-54에 대입하면

$$\overline{\Theta}_f = \frac{1}{p} + 3\frac{C_1}{Bp}(\sinh\sqrt{p} - \sqrt{p}\cosh\sqrt{p}) \tag{12.1-56}$$

을 얻게 된다. 다음 C_1을 구하기 위해 마지막 두 결과를 $\xi = 1$에서의 경계조건에 대입하면 $\overline{\Theta}_f$에 대한 식

$$\overline{\Theta}_f = \frac{1}{p} + 3\left(\frac{1 - (1/\sqrt{p})\tanh\sqrt{p}}{(3 - Bp)\sqrt{p}\tanh\sqrt{p} - 3p}\right) \tag{12.1-57}$$

을 얻는다. 괄호 안의 분자와 분모를 p로 나누고 역 Laplace 변환을 취하면

$$\Theta_f = 1 + 3\mathscr{L}^{-1}\left\{\frac{(1/p) - (1/p^{3/2})\tanh\sqrt{p}}{(3 - Bp)(1/\sqrt{p})\tanh\sqrt{p} - 3}\right\} \equiv 1 + 3\mathscr{L}^{-1}\left\{\frac{N(p)}{D(p)}\right\} \tag{12.1-58}$$

을 얻는다.

$D(p)$는 $p = 0$에서는 한 개의 근을 가지며, $\sqrt{p_k} = ib_k$ ($k = 1, 2, 3, ..., \infty$를 갖는)에서는 여러 개의 근을 갖는 것을 볼 수 있다. 여기서 b_k는 $\tan b_k = 3b_k/(3+Bb_k^2)$의 0이 아닌 근이다. 이제

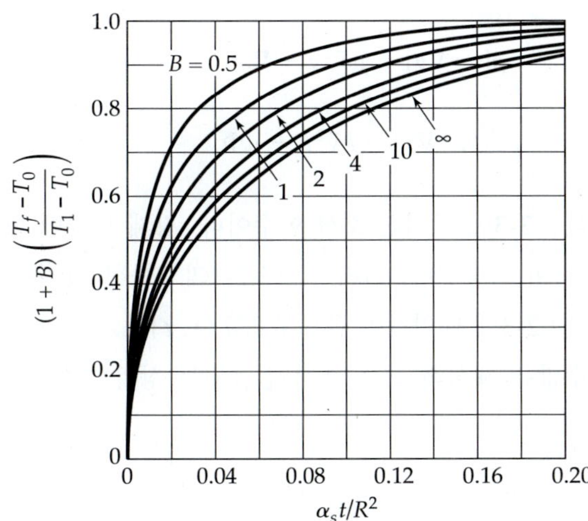

그림 12.1-4 온도 T_1에서 반지름이 R인 구가 초기 온도 T_0를 갖는 잘 교반되고 있는 유체 내에 놓여진 후 시간에 따른 유체 온도의 변화. 무차원 매개변수 B는 다음 책의 식 12.1-50에 정의되어 있다. [H. S. Carslaw and J. C. Jaeger, *Conduction of Heat in Solids*, 2nd edition, Oxford University Press (1959), p.241.]

[3] $\mathscr{L}\{f(t)\} = \bar{f}(p) = \int_0^\infty f(t)e^{-pt}\,dt$의 정의를 사용한다.

[4] A. Erdélyi, W. Magnus, F. Oberhettinger, and F. G. Tricomi, *Tables of Integral Transforms*, Vol. 1, McGraw-Hill, New York (1954), p. 232, 식 20; 또 C. R. Wylie and L. C. Barrett, *Advanced Engineering Mathematics,* McGraw-Hill, New York (1954), 6th edition (1959), 10.9절을 보시오.

$$\frac{N(0)}{D'(0)} = -\frac{1/3}{1+B} \qquad \frac{N(p_k)}{D'(p_k)} = \frac{2B}{9(1+B)+B^2b_k^2} \tag{12.1-59, 60}$$

과 함께 Heaviside 부분 분율 전개 이론[4]을 사용하면

$$\Theta_f = \frac{B}{1+B} + 6B\sum_{k=1}^{\infty}\frac{\exp(-b_k^2\tau)}{9(1+B)+B^2b_k^2} \tag{12.1-61}$$

을 얻는다. 식 12.1-61은 그림 12.1-4에서 도표로 볼 수 있다. 이 결과에서 고체의 열 확산계수 α_s가 나타나는 유일한 곳이 무차원 시간 $\tau = \alpha_s t/R^2$ 내에 있으므로, 고체의 열 확산계수를 실험적으로 구하기 위해 유체의 온도 상승이 사용될 수 있다. Laplace 변환 기법을 이용하면 고체 내의 온도분포를 구하지 않고도 유체의 온도 이력을 얻을 수 있음에 주목하시오.

12.2 비압축성 층류의 정상상태 열전도

고체의 열전도에 대한 앞의 논의에서는 오직 에너지 방정식만 사용하면 되었다. 그러나 흐르고 있는 유체를 포함하는 문제에 대해서는 모두 세 개의 변화방정식이 필요하다. 여기서는 일정한 유체 물성을 갖는 비압축성 뉴튼 유체의 정상상태 유동에 대한 논의로 국한하고자 하며, 관련 변화방정식은

연속 $$(\nabla \cdot \mathbf{v}) = 0 \tag{12.2-1}$$

운동 $$\rho[\mathbf{v}\cdot\nabla\mathbf{v}] = \mu\nabla^2\mathbf{v} - \nabla\mathscr{P} \tag{12.2-2}$$

에너지 $$\rho\hat{C}_p(\mathbf{v}\cdot\nabla T) = k\nabla^2 T + \mu\Phi_v \tag{12.2-3}$$

이다. 식 12.2-3에서 Φ_v는 식 3.3-3에 주어진 소산 함수이다. 강제 대류에 대한 온도분포를 얻기 위해서는 두 단계의 과정이 사용된다. 먼저 식 12.2-1과 2를 풀어 속도분포 $\mathbf{v}(\mathbf{r}, t)$를 구한 다음 $\mathbf{v}$에 대한 식을 식 12.2-3에 대입하여 온도분포 $T(\mathbf{r}, t)$를 구한다.

식 12.1-1에서 3에 대한 수많은 해석적 해는 흔히 언급되는 상황[1,2,3,4,5,6,7]에 대해 적용

---

[1] M. Jacob, *Heat Transfer*, Vol. I, Wiley, New York (1949), pp. 451-464.

[2] H. Gröber, S. Erk, and U. Grigull, *Die Grundgesetze der Wärmeübertragung,* Springer, Berlin (1961), Part II.

[3] R. K. Shah and A. L. London, *Laminar Flow Forced Convection in Ducts*, Academic Press, New York (1978).

[4] L. C. Brumeister, *Convective Heat Transfer*, Wiley-Interscience, New York (1983).

[5] L. D. Landau and E. M. Lifshitz, *Fluid Mechanics*, Pergamon, Oxford (1987), 5장.

[6] L. G. Leal, *Laminar Flow and Convective Transport Processes*, Butterworth-Heinemann (1992), 8장과 9장.

[7] W. M. Deen, *Analysis of Transport Phenomena*, Oxford University Press (1998), 9장과 10장.

가능하다. 가장 오래된 강제 대류 문제 중 하나가 관을 따른 어떤 위치에서 벽 온도가 갑자기 단계 변화를 보이는 관 유동에서의 온도분포를 묘사하는 Graetz-Nusselt 문제이며,[8] 벽 온도와 벽면 훌럭스의 임의의 변화에 대한 유사한 해가 얻어져 있다.[9] Graetz-Nusselt 문제는 비뉴튼 유체까지 역시 확장되어 있다.[10] 두 흐름을 분리하는 표면을 가로지르는 열 훌럭스의 연속성에 의해 벽 경계조건이 제공되는 많은 종류의 층류 열교환기 문제[11]에 대한 해 또한 개발되어 있다. 더 흥미로운 문제는 현저한 점성 발열 효과를 갖는 도관 유동이다 (Brinkman 문제[12]).

이 절에서는 10.8절에서 다루었던 원형관 내 비압축성 유체의 층류에 대한 온도분포를 구하는 문제로 논의를 확장하고자 한다. 10.8절에서는 문제를 수립하고 가열된 영역의 시작점으로부터 하류 방향으로 멀리 떨어진 거리에 대한 점근해를 구하였다. 여기서는 편미분방정식의 완전해를 구할 뿐만 아니라 짧은 거리에 대한 점근해를 구하고자 한다. 즉 그림 10.8-2에 주어진 계는 이 책에서 세 가지 관점에서 논의될 것이다.

a. 변수 분리법에 의한 편미분방정식의 완전해(예제 12.2-1)

b. 변수 조합법에 의한 관의 하향 방향으로 짧은 거리에 대한 점근해(예제 12.2-2)

c. 관 하향 방향으로 긴 거리의 점근해

예제 12.2-1. 벽에서 일정한 열 훌럭스를 갖는 층류 관 유동.

식 10.8-20, 21 및 22에 주어진 경계조건을 갖는 식 10.8-19를 푸시오.

해 온도에 대한 완전해는 다음 형태로 가정할 수 있다.

$$\Theta(\xi, \zeta) = \Theta_\infty(\xi, \zeta) - \Theta_d(\xi, \zeta) \tag{12.2-4}$$

여기서 $\Theta_\infty(\xi, \zeta)$는 식 10.8-31에 주어진 점근해이고, $\Theta_d(\xi, \zeta)$는 시간에 따라 지수적으로 감쇠하는 함수이다. 식 12.2-4의 $\Theta(\xi, \zeta)$에 대한 식을 식 10.8-19에 대입하면, 함수 $\Theta_d(\xi, \zeta)$가 식 10.8-19을 만족하고 다음 경계조건을 역시 만족하여야 한다는 것을 알 수 있을 것이다.

---

[8] L. Graetz, *Ann. Phys.* (N.F.), **18**, 79-94 (1883); **25**, 337-357 (1885); W. Nusselt, *Zeits. Ver. deutch. Ing.*, **54**, 1154-1158 (1910). 축 방향 전도를 포함하는 "확장된 Graetz 문제"에 대해서는 E. Papoutsakis, D. Ramkrishna, and H. C. Lim, *Appl. Sci. Res.*, **36**, 13-34 (1980)을 보시오.

[9] E. N. Lighrfoot, C. Massot, and F. Irani, *Chem. Eng. Progress Symp. Series*, Vol. 61, No. 58 (1965), pp.28-60.

[10] R. B. Bird, R. C. Armstrong, and O. Hassager, *Dynamics of Polymeric Liquids*, Wiley-Interscience (1987), 2nd edition, Vol. 1, 4.4절.

[11] R. J. Nunge and W. N. Gill, *AIChE Journal*, **12**, 279-289 (1966).

[12] H. C. Brinkman, *Appl. Sci. Research,* **A2**, 120-124 (1951); R. B. Bird, *SPE Journal*, **11**, 35-40 (1955); H. L. Toor, *Ind. Eng. Chem.*, **48**, 922-926 (1956).

경계조건 1: $\xi = 0$ 에서, $\dfrac{\partial \Theta_d}{\partial \xi} = 0$ (12.2-5)

경계조건 2: $\xi = 1$ 에서, $\dfrac{\partial \Theta_d}{\partial \xi} = 0$ (12.2-6)

경계조건 3: $\zeta = 0$ 에서, $\Theta_d = \Theta_\infty(\xi, 0)$ (12.2-7)

$\Theta_d(\xi, \zeta)$에 대한 식의 해는 인수분해될 것이라 예상한다.

$$\Theta_d(\xi, \zeta) = X(\xi)Z(\zeta) \tag{12.2-8}$$

그러면 식 10.8-19은 두 개의 상미분방정식으로 분리될 수 있다.

$$\frac{dZ}{d\zeta} = -c^2 Z \tag{12.2-9}$$

$$\frac{1}{\xi}\frac{d}{d\xi}\left(\xi \frac{dX}{d\xi}\right) + c^2(1 - \xi^2)X = 0 \tag{12.2-10}$$

여기서 $-c^2$은 분리 상수이다. X에 대한 경계조건은 $\xi = 0, 1$에서 $dX/d\xi = 0$이므로, Sturm-Liouville 문제[13]가 된다. 따라서 무한 개의 고유값 c_k와 고유함수 X_k가 존재할 것이고, 최종 해는 다음과 같은 형태가 되어야 한다는 것을 안다.

$$\Theta(\xi, \zeta) = \Theta_\infty(\xi, \zeta) - \sum_{k=1}^{\infty} B_k \exp(-c_k^2 \zeta) X_k(\xi) \tag{12.2-11}$$

여기서

$$B_k = \frac{\displaystyle\int_0^1 \Theta_\infty(\xi, 0)[X_k(\xi)](1 - \xi^2)\xi \, d\xi}{\displaystyle\int_0^1 [X_k(\xi)]^2(1 - \xi^2)\xi \, d\xi} \tag{12.2-12}$$

이다. 그러므로 이 문제는 식 12.2-10의 해를 구함으로써 고유함수 $X_k(\xi)$를 찾고, $\xi = 1$에서의 경계조건을 적용함으로써 고유값 c_k를 찾는 것으로 귀결된다. 이 문제에 대해 k=7까지 계산되었다.[14]

예제 12.2-2. 벽에서 일정한 열 훌럭스를 갖는 층류 관 유동; 입구 영역에 대한 점근해

식 12.2-11에서 합산 값은 큰 z에 대해서는 급속히 수렴하고 작은 z에 대해서는 천천히 수렴함에 주목하시오. 작은 z 값에 대해 유용한 $T(r, z)$에 대한 식을 전개하시오.

---

[13] M. D. Greenberg, *Advanced Engineering Mathematics*, Prentice-Hall, Upper Saddle River, N.J., Second Edition (1998), 17.7절.

[14] R. Siegel, E. M. Sparrow, and T. M. Hallamn, *Appl. Sci. Research*, **A7**, 386-392 (1958).

해 작은 z에 대해서는 열을 가하여도 벽 근처의 대단히 얇은 영역에만 영향을 미치므로 다음 세 가지 근사는 $z \rightarrow 0$일 때의 극한에서 정확한 결과를 이끌어 낼 것이다.

a. 곡률 효과는 무시하며, 문제에서 벽을 평면으로 취급할 것이다. 벽으로부터의 거리를 $y = R - r$라 한다.

b. 유체는 (평탄한) 열전달 표면($y = 0$)으로부터 $y = \infty$까지 확장된 것으로 간주한다.

c. 속도분포는 벽에서 포물선형 속도분포의 기울기로 주어지는 기울기를 갖는 선형이라 간주한다: $v_z(y) = v_0 y/R$, 여기서 $v_0 = (\mathcal{P}_0 - \mathcal{P}_L)R^2/2\mu L$이다.

이는 가열된 유체의 아주 얇은 쉘 내에 위치한 작은 관찰자에게 계가 나타나는 방법이다. 이 관찰자에게 벽면은 평탄한 것처럼 보이고, 유체는 무한한 양을 가지고 있는 것처럼 나타날 것이며, 속도분포는 선형인 것처럼 보인다.

$z = 0$을 약간 넘어선 영역에서의 에너지 방정식은

$$v_0 \frac{y}{R} \frac{\partial T}{\partial z} = \alpha \frac{\partial^2 T}{\partial y^2} \tag{12.2-13}$$

이 된다. 사실 y 방향의 열 훌럭스($q_y = -k\, \partial T/\partial y$)에 대한 대응식으로 해석하는 것이 더 쉽다. 이 식은 식 12.2-13을 y로 나누고 y에 대해 미분하면 얻는다.

$$v_0 \frac{1}{R} \frac{\partial q_y}{\partial z} = \alpha \frac{\partial}{\partial y} \left(\frac{1}{y} \frac{\partial q_y}{\partial y} \right) \tag{12.2-14}$$

다음과 같이 정의되는 무차원 변수를 사용하면 더 편리하다.

$$\psi = \frac{q_s}{q_0} \qquad \eta = \frac{y}{R} \qquad \lambda = \frac{\alpha z}{v_0 R^2} \tag{12.2-15}$$

그러면 식 12.2-14는

$$\frac{\partial \psi}{\partial \lambda} = \frac{\partial}{\partial \eta} \left(\frac{1}{\eta} \frac{\partial \psi}{\partial \eta} \right) \tag{12.2-16}$$

이 되고, 경계조건은 다음과 같다.

경계조건 1: $\lambda = 0$ 에서, $\psi = 0$ (12.2-17)

경계조건 2: $\eta = 0$ 에서, $\psi = 1$ (12.2-18)

경계조건 3: $\eta \rightarrow \infty$ 일 때, $\psi \rightarrow 0$ (12.2-19)

이 문제는 새로운 독립변수 $\chi = \eta/\sqrt[3]{9\lambda}$를 사용하여 변수 조합법으로 풀 수 있다(예제 4.1-1과 12.1-1 참조). 그러면 식 12.2-16은

$$\chi \frac{d^2 \psi}{d\chi^2} + (3\chi^3 - 1) \frac{d\psi}{d\chi} = 0 \tag{12.2-20}$$

이 되고, 경계조건은 $\chi = 0$에서 $\psi = 1$이고, $\chi \to \infty$일 때 $\psi \to 0$이다. 식 12.2-20의 해는 처음에 $d\psi/d\chi = p$라 두고 p에 대해 1차 방정식을 얻음으로써 구할 수 있다. p에 대한 방정식을 풀면

$$\psi(\chi) = \frac{\int_\chi^\infty \bar{\chi}\exp(-\bar{\chi}^3)\,d\bar{\chi}}{\int_0^\infty \bar{\chi}\exp(-\bar{\chi}^3)\,d\bar{\chi}} = \frac{3}{\Gamma(\frac{2}{3})}\int_\chi^\infty \bar{\chi}\exp(-\bar{\chi}^3)\,d\bar{\chi} \tag{12.2-21}$$

과 같은 ψ를 얻는다. 그런 다음 열 홀럭스를 적분하면 온도분포를 얻을 수 있다.

$$\int_T^{T_1} d\bar{T} = -\frac{1}{k}\int_y^\infty q_{\bar{y}}d\bar{y} \tag{12.2-22}$$

또는 무차원 형태로

$$\Theta(\eta, \lambda) = \frac{T - T_1}{q_0R/k} = \sqrt[3]{9\lambda}\int_\chi^\infty \psi d\bar{\chi} \tag{12.2-23}$$

을 얻는다. ψ에 대한 식을 적분 안에 대입하면 이중 적분 안에 있는 적분 차수를 역으로 할 수 있고(문제 12D.7 참조), 그 결과는

$$\Theta(\eta, \lambda) = \sqrt[3]{9\lambda}\left[\frac{\exp(-\chi^3)}{\Gamma(\frac{2}{3})} - \chi\left(\frac{\Gamma(\frac{2}{3}, \chi^3)}{\Gamma(\frac{2}{3})}\right)\right] \tag{12.2-24}$$

이다. 여기서 $\Gamma(\frac{2}{3})$는 (완전한) 감마 함수이고, $\Gamma(\frac{2}{3}, \chi^3)$는 불완전한 감마 함수이다.[15] 이 결과를 예제 12.2-1의 결과와 비교하기 위해 $\eta = 1-\xi$, $\lambda = \frac{1}{2}\zeta$로 두었음에 주목하시오. 무차원 온도는 10.8절과 예제 12.2-1에서 그리고 여기서 동일하게 정의되었다.

12.3 고체의 정상상태 포텐셜 열유동

일정한 열전도도를 갖는 고체에서 열의 정상상태 유동은

Fourier 법칙: $$\mathbf{q} = -k\nabla T \tag{12.3-1}$$

열전도 방정식: $$\nabla^2 T = 0 \tag{12.3-2}$$

로 표현된다. 이들 식은 4.3절에서 다루었던 속도 포텐셜($\mathbf{v} = -\nabla\phi$)의 항으로 된 속도에 대한 식 및 속도 포텐셜에 대한 Laplace 방정식($\nabla^2\phi = 0$)과 정확히 닮았다. 그러므로 정상상태의 열전도 문제는 포텐셜 이론을 적용하여 풀 수 있다.

일정한 열전도도를 갖는 고체에서의 2차원 열전도에 대한 온도는 2차원 Laplace 방정식을 만족한다.

[15] M. Abramowitz and I. A. Stegun, eds., *Handbook of Mathematical Functions*, Dover, New York, 9th Printing (1973), pp. 255 et seq; 또 문제 12D.7을 보시오.

$$\frac{\partial^2 T}{\partial x^2} + \frac{\partial^2 T}{\partial y^2} = 0 \tag{12.3-3}$$

이제 임의의 해석 함수 $w(z) = f(x, y) + ig(x, y)$가 식 12.3-3의 해인 두 개의 스칼라 함수 f와 g로 주어져 있다는 사실을 사용하고자 한다. f = 일정인 곡선은 열유동선으로 해석될 수 있고, g = 일정인 곡선은 어떤 열유동 문제에 대한 대응 등온선이라 할 수 있다. 이 두 곡선의 집합은 서로 수직이다. 즉 직각으로 교차한다. 더욱이 어떤 지점에서 열 훌럭스 벡터의 성분은

$$ik\frac{dw}{dz} = q_x - iq_y \tag{12.3-4}$$

로 주어진다. 주어진 해석 함수에 의해 묘사되는 열유동 문제를 찾는 것은 쉽지만, 주어진 열유동 문제에 알맞는 해석 함수를 찾는 반대 과정은 일반적으로 매우 어렵다. 이를 위해 몇 가지 방법이 사용 가능하나, 그것은 이 책의 범위를 벗어난다.[1,2]

모든 복소 함수 $w(z)$에 대해 일정한 f선과 일정한 g선을 상호교환 함으로써 두 개의 열유동 망을 얻는다. 더욱이 이상유체의 유동에 대해 4장에서 나타낸 것처럼 역함수 $z(w)$로 작업하여 두 개의 추가적인 망을 얻는다.

포텐셜 유체의 유동과 포텐셜 열유동은 수학적으로 유사하고, 해석 함수로서 묘사될 수 있는 것은 두 경우 모두 이차원 유동 망임에 주목하시오. 그러나 물리적으로는 확실히 중요한 차이가 있다. 4.3절에 설명된 유체 유동 망은 점성이 없는 유체(가상적인 유체!)에 대한 것이므로 표면에서의 항력을 계산하기 위해서는 사용할 수 없으나, 여기서 설명된 열유동 망은 유한한 열전도도를 갖는 고체에 대한 것이므로 결과를 모든 표면에서의 열유동 계산에 사용할 수 있다. 또한 4.3절의 속도 성분(직교 좌표에서)과 이 절의 온도분포는 둘 모두 Laplace 방정식을 만족한다. Laplace 방정식으로 기술되는 상사한 물리적 공정에 대한 더 깊은 정보는 편미분방정식에 관한 책을 참고하기 바란다.[3]

여기서는 해석 함수의 사용에 대해 간략하게 살펴보기 위해 단지 한 가지 예제를 들며, 더 많은 예제는 수록된 참고문헌에서 찾을 수 있을 것이다.

예제 12.3-1. 벽 내의 온도분포

두께 b를 갖고 y 방향으로는 0부터 ∞까지, x와 y 방향에 수직인 방향으로는 −∞부터 ∞까지 확장한 벽을 생각하시오(그림 12.3-1 참조). $x = \pm\frac{1}{2}b$인 표면은 온도 T_0를 갖는 반면, $y = 0$

[1] H. S. Carslaw and J. C. Jager, *Conduction of Heat in Solids*, 2nd edition, Oxford University Press (1959), XVI장.

[2] M. D. Greenberg, *Advanced Engineering Mathematics*, Prentice-Hall, Upper Saddle River, N.J., 2nd Edition (1998), 22장.

[3] I. N. Sneddon, *Elements of Partial Differential Equations*, Dover, New York (1996), 4장.

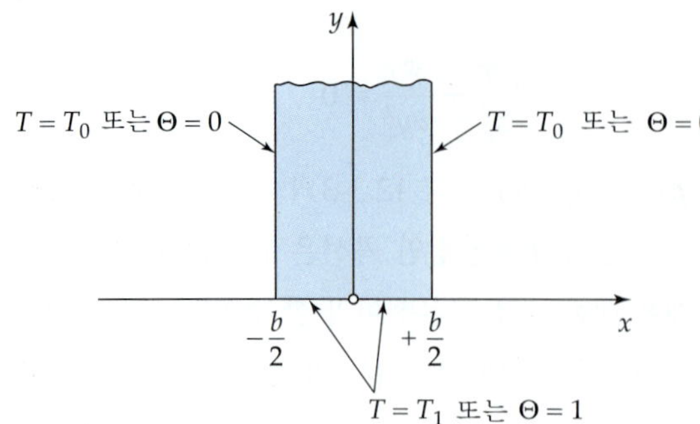

그림 12.3-1 벽에서의 정상상태의 이차원 온도분포.

인 표면의 벽 바닥은 온도 T_1으로 유지되고 있다. 함수[4]

$$w(z) = \frac{1}{\pi} \ln \left(\frac{(\sin \pi z/b) - 1}{(\sin \pi z/b) + 1} \right) \tag{12.3-5}$$

의 허수 부분이 정상상태의 온도분포 $\Theta(x, y) = (T - T_0)/(T_1 - T_0)$가 됨을 보이시오.

해 식 12.3-5에서 $w(z)$의 허수 부분은

$$\Theta(x, y) = \frac{2}{\pi} \arctan \left(\frac{\cos \pi x/b}{\sinh \pi y/b} \right) \tag{12.3-6}$$

이며, 여기서 arctan는 0에서 $\frac{\pi}{2}$ 까지의 영역에 존재한다. $x = \pm\frac{1}{2}b$일 때 식 12.3-6은 $\Theta = 0$이 되고, $y = 0$일 때 $\Theta = \frac{2}{\pi}\arctan \infty = 1$이 된다.

식 12.3-6으로부터 벽 바닥을 통한 열 훌럭스를 얻을 수 있다.

$$q_y|_{y=0} = -k \frac{\partial T}{\partial y}\bigg|_{y=0} = \frac{2k \sec \pi x/b}{b} (T_1 - T_0) \tag{12.3-7}$$

12.4 비등온 유동에 대한 경계층 이론[1,2,3]

4.4절에서는 일정한 온도에서 비압축성 유체의 정상상태 층류에 대한 경계층 근사의 사용을 논의하였다. 고체 표면 부근에서 연속방정식과 운동방정식을 간단히 하고, “정확한 경계층

---

[4] R. V. Churchill, *Introduction to Complex Variables and Applications*, McGraw-Hill, New York (1948), IX장. 또 C. R. Wylie and L. C. Barrett, *Advanced Engineering Mathematics*, McGraw-Hill, New York, 6th Edition (1995), 20장을 보시오.

[1] H. Schlichting, *Boundary-Layer Theory*, 7th edition, McGraw-Hill, New York (1979), 12장.

[2] K. Stewartson, *The Theory of Laminar Boundary Layers in Compressible Fluids*, Oxford University Press (1964).

[3] E. R. G. Eckert and R. M. Drake, Jr., *Analysis of Heat and Mass Transfer*, McGraw-Hill, New York, (1972), 6 장과 7장.

해"을 얻기 위해 이들 방정식은 풀고, 이들 방정식의 적분형(von Kármán 운동량 수지)은 "경계층 근사해"을 얻을 수 있게 하는 것을 보았다. 이 절에서는 에너지 전달에 대한 경계층 방정식을 포함하는 앞서의 전개를 확장하여 고체 표면 부근의 온도분포를 얻을 수 있다.

4.4절의 그림 4.4-1에서 보는 바와 같이 잠긴 물체 주변의 정상상태 2차원 유동을 생각한다. 고체 표면 부근에서 변화방정식은 다음과 같이 쓰여질 것이다(ρ와 β 위의 줄은 생략하고):

연속
$$\frac{\partial v_x}{\partial x} + \frac{\partial v_y}{\partial y} = 0 \tag{12.4-1}$$

운동
$$\rho\left(v_x \frac{\partial v_x}{\partial x} + v_y \frac{\partial v_x}{\partial y}\right) = \rho v_e \frac{dv_e}{dx} + \mu \frac{\partial^2 v_x}{\partial y^2} + \rho g_x \beta (T - T_\infty) \tag{12.4-2}$$

에너지
$$\rho \hat{C}_p\left(v_x \frac{\partial T}{\partial x} + v_y \frac{\partial T}{\partial y}\right) = k \frac{\partial^2 T}{\partial y^2} + \mu\left(\frac{\partial v_x}{\partial y}\right)^2 \tag{12.4-3}$$

여기서 ρ, μ, k와 $\hat{C}_p$는 일정하다고 간주하며, $\mu(\partial v_x/\partial y)^2$는 앞으로 무시되는 점성 발열 효과이다. 이들 방정식의 해는 식 12.4-2에서 작은 운동량 확산계수 $\nu = \mu/\rho$에 대해서는, 그리고 식 12.4-3에서 작은 열 확산계수 $\alpha = k/\rho\hat{C}_p$에 대해서는 점근적으로 정확하다.

식 12.4-1은 식 4.4-1과 동일하지만, 식 12.4-2는 밀도의 단편적인 변화가 작을 때라도 현저하게 나타날 수 있는 부력항(11.3절 참조)을 포함하기 때문에 식 4.4-2와는 다르다. 식 12.4-3은 x 방향의 열전도를 무시함으로써 식 11.2-9로부터 얻는다. 경계층 방정식에 대한 좀 더 완벽한 형태는 어디에서든 발견할 수 있을 것이다.[2,3]

식 12.4-1과 2에 대한 통상적인 경계조건은 고체 표면에서 $v_x = v_y = 0$이고, 속도는 포텐셜 유동과 **속도 경계층** 바깥쪽 가장자리에서 합쳐지므로 $v_x \rightarrow v_e(x)$이다. 식 12.4-3에 대해 온도 T는 고체 표면에서 T_0로 지정되며, **열 경계층** 바깥쪽 가장자리에서 T_∞로 지정된다. 즉, 속도와 온도는 오직 고체 표면 부근의 얇은 층에서만 $v_e(x)$와 T_∞로 다르다. 그러나 속도 경계층과 온도 경계층은 운동량과 열 확산의 상대적인 용이성에 대응하는 서로 다른 두께를 갖는다. $\text{Pr} = \nu/\alpha$이므로 Pr>1인 경우 온도 경계층이 보통 속도 경계층 안에 놓이게 되는 반면, Pr<1인 경우 상대적인 두께는 반대로 된다(기체의 경우는 Pr이 약 $\frac{3}{4}$인 반면, 보통의 액체의 경우는 Pr>1이고, 액체 금속은 Pr<<1임을 기억하시오).

연속방정식을 사용할 수 있다면 경계층 운동방정식을 $y = 0$에서 $y = \infty$까지 형식적으로 적분할 수 있다는 것을 4.4절에서 보았다. 유사한 양상으로 식 12.4-1에서 3까지를 적분하면

운동량
$$\mu \left.\frac{\partial v_x}{\partial y}\right|_{y=0} = \frac{d}{dx}\int_0^\infty \rho v_x (v_e - v_x)dy + \frac{dv_e}{dx}\int_0^\infty \rho(v_e - v_x)dy + \int_0^\infty \rho g_x \beta (T - T_\infty)dy \tag{12.4-4}$$

에너지 $$k\frac{\partial T}{\partial y}\bigg|_{y=0} = \frac{d}{dx}\int_0^\infty \rho\hat{C}_p v_x(T_\infty - T)dy \qquad (12.4\text{-}5)$$

을 얻게 된다. 식 12.4-4와 5는 강제 대류와 자유 대류계에 대해 타당한 von Kármán 운동량 수지와 에너지 수지이다. 식 4.4-4와 마찬가지로 $y = 0$에서 $v_y = 0$인 안 미끄러짐 조건이 여기서도 사용되었다. 물질 전달계에서는 $y = 0$에서 0이 아닌 속도가 나타나며, 20장에서 이를 다루고자 한다.

4.4절에서 언급하였듯이 경계층 문제를 풀기 위한 두 가지 접근법이 있다: "정확한 경계층 해"로 불리우는 식 12.4-1부터 3까지의 해석적 해 또는 수치적 해와 반면에, 속도분포와 온도분포에 대한 논리적인 추측을 갖고 식 12.4-4와 5로부터 얻어진 "경계층 근사해"로 불리우는 해가 있다. 상당한 물리적인 통찰력은 종종 상대적으로 적은 노력을 들이면서 두 번째 방법에 의해 얻어질 수 있으며, 예제 12.4-1은 이 방법을 설명하고 있다.

14장에서 보게 될 운동량 전달과 열전달 속도의 상관관계를 수립하기 위해 경계층 방정식이 광범위하게 사용된다. 비록 이 절에서 자유 대류를 다루지는 않지만, 수많은 유용한 결과들이 적절한 문헌들의 수록과 함께 14장에서 주어질 것이다.

예제 12.4-1 가열된 평탄한 평판을 따른 층류 강제대류 내의 열전달(von Kármán 적분법)

그림 12.4-1에서 보는 바와 같이, 뉴튼 유체가 따라 흐르는 평탄한 평판 부근의 온도분포를 구하시오. 평판의 젖은 표면은 온도 T_0로 유지되고 있으며, 접근하는 유체의 온도는 T_∞이다.

해 von Kármán 수지를 사용하기 위해 먼저 적절한 형태의 속도분포와 온도분포를 가정한다. 아래의 다항식은 벽에서 0이 되고, 경계층의 바깥 극한에서 1이 되며, 기울기가 0이 된다.

$$\begin{cases} \dfrac{v_x}{v_\infty} = 2\left(\dfrac{y}{\delta}\right) - 2\left(\dfrac{y}{\delta}\right)^3 + \left(\dfrac{y}{\delta}\right)^4 & y \le \delta(x) \\ \dfrac{v_x}{v_\infty} = 1 & y \ge \delta(x) \end{cases} \qquad (12.4\text{-}6, 7)$$

$$\begin{cases} \dfrac{T_0 - T}{T_0 - T_\infty} = 2\left(\dfrac{y}{\delta_T}\right) - 2\left(\dfrac{y}{\delta_T}\right)^3 + \left(\dfrac{y}{\delta_T}\right)^4 & y \le \delta_T(x) \\ \dfrac{T_0 - T}{T_0 - T_\infty} = 1 & y \ge \delta_T(x) \end{cases} \qquad (12.4\text{-}8, 9)$$

즉, 무차원 속도분포와 온도분포가 그들의 경계층 각각에서 동일한 형태를 갖는다고 가정하며, 더 나아가 $\Delta = \delta_T(x)/\delta(x)$가 x에는 무관하도록 경계층 두께 $\delta(x)$와 $\delta_T(x)$가 일정한 비를 갖는다고 가정한다. $\Delta \le 1$과 $\Delta \ge 1$의 두 가지 가능성을 생각하여야 한다. 여기서는 $\Delta \le 1$인 경우만을 고려하고 다른 경우는 문제 12D.8을 통해 볼 것이다.

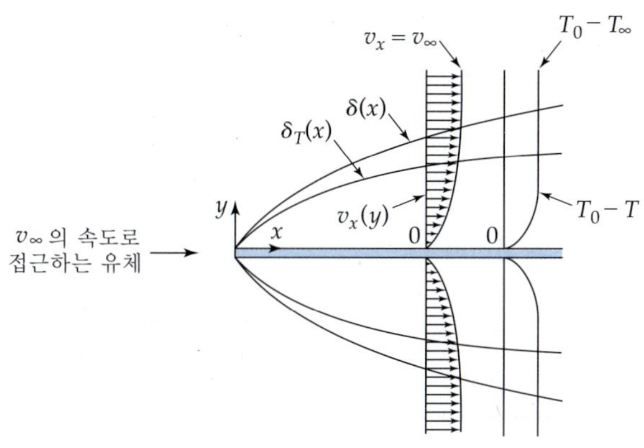

그림 12.4-1 $\Delta = \delta_T(x)/\delta(x)<1$에 대한 열 경계층을 보이면서 가열된 평탄한 평판을 따라 흐르는 유동에 대한 경계층 발달. 평판 표면의 온도는 T_0이며, 접근하는 유체의 온도는 T_∞이다.

식 12.4-4와 5의 사용은 직접적이지만 장황하다. 식 12.4-6에서 12.4-9까지를 적분 내에 대입하면(여기서는 v_e를 v_∞와 같다고 두면)

$$\int_0^\infty \rho v_x(v_\infty - v_x)dy = \rho v_\infty^2 \delta(x) \int_0^1 (2\eta - 2\eta^3 + \eta^4)(1 - 2\eta + 2\eta^3 - \eta^4)d\eta = \tfrac{37}{315}\rho v_\infty^2 \delta(x) \quad (12.4\text{-}10)$$

$$\begin{aligned}\int_0^\infty \rho \hat{C}_p v_x(T_\infty - T)dy &= \rho \hat{C}_p v_\infty (T_\infty - T_0)\delta_T(x) \int_0^\infty (2\eta_T\Delta - 2\eta_T^3\Delta^3 + \eta_T^4\Delta^4) \\ &\quad \cdot(1 - 2\eta_T + 2\eta_T^3 - \eta_T^4)d\eta_T \\ &= (\tfrac{2}{15}\Delta - \tfrac{3}{140}\Delta^3 + \tfrac{1}{180}\Delta^4)\rho\hat{C}_p v_\infty (T_\infty - T_0)\delta_T(x)\end{aligned} \quad (12.4\text{-}11)$$

을 얻는다. 이들 적분에서 $\eta = y/\delta(x)$이고 $\eta_T = y/\delta_T(x) = y/\Delta\delta(x)$이다. 다음 이들 적분을 식 12.4-4와 5에 대입하면, 경계층 두께에 대한 미분방정식을 얻게 된다. 이 1차의 분리 가능한 미분방정식은 쉽게 적분되며,

$$\delta(x) = \sqrt{\frac{1260}{37}\left(\frac{\nu x}{v_\infty}\right)} \quad (12.4\text{-}12)$$

$$\delta_T(x) = \sqrt{\frac{4}{\frac{2}{15}\Delta - \frac{3}{140}\Delta^3 + \frac{1}{180}\Delta^4}\left(\frac{\alpha x}{v_\infty}\right)} \quad (12.4\text{-}13)$$

을 얻는다. 경계층 두께는 식 12.4-13에서 Δ를 구하는 것을 제외하고는 이제 결정된다. 식 12.4-13에 대한 식 12.4-12의 비는 Prandtl 수의 함수로 Δ에 대한 식으로 주어진다.

$$\tfrac{2}{15}\Delta^3 - \tfrac{3}{140}\Delta^5 + \tfrac{1}{180}\Delta^6 = \tfrac{37}{315}\mathrm{Pr}^{-1} \qquad \Delta \le 1 \quad (12.4\text{-}14)$$

이 6차 대수방정식을 Prandtl 수의 함수로 Δ에 대해 풀면, 해는 다음의 단순한 관계[4]에 의해 5% 범위 이내에서 곡선 맞추기한 것임을 안다.

[4] H. Schlichting, *Boundary-Layer Theory*, 7th edition, McGraw-Hill, New York (1979). pp. 292-308.

표 12.4-1 평탄한 평판을 따라 흐르는 유동에 대한 경계층 열전달 계산의 비교.

방법	식 12.4-17의 열전달 속도식의 수치 계수값
식 12.4-9에서 12의 분포를 갖는 von Kármán 법	$\sqrt{148/315} = 0.685$
Pohlhausen에 의한 식 12.4-1에서 3의 완전해	0.657 Pr = 0.6 에서
	0.664 Pr = 1.0 에서
	0.670 Pr = 2.0 에서
완전해의 곡선 맞추기(Pohlhausen)	0.664
Pr>>1에 대한 식 12.4-1에서 3까지의 점근해	0.677

$$\Delta = \text{Pr}^{-1/3} \qquad \Delta \leq 1 \tag{12.4-15}$$

온도분포는 최종적으로

$$\frac{T_0 - T}{T_0 - T_\infty} = 2\left(\frac{y}{\Delta\delta}\right) - 2\left(\frac{y}{\Delta\delta}\right)^3 + \left(\frac{y}{\Delta\delta}\right)^4 \tag{12.4-16}$$

으로 주어지며($\Delta \leq 1$), $\Delta \approx \text{Pr}^{-1/3}$이고 $\delta(x) = \sqrt{(1260/37)(\nu x/v_\infty)}$이다. 여기서 주어진 층류의 가정은 $x<x_{crit}$에 대해 타당하며, $x_{crit}v_\infty\rho/\mu$는 보통 10^5보다 크다.

마지막으로 너비가 W이고 길이가 L인 가열된 평판의 양쪽 면으로부터의 열손실 속도는 식 12.4-5, 11, 12, 15와 16으로부터 얻을 수 있다.

$$\begin{aligned} Q &= 2\int_0^W \int_0^L q_y|_{y=0} dx\, dz \\ &= 2\int_0^W \int_0^\infty \rho \hat{C}_p v_x (T - T_\infty)|_{x=L} dy\, dz \\ &= 2W\rho\hat{C}_p v_\infty (T_0 - T_\infty)(\tfrac{2}{15}\Delta - \tfrac{3}{140}\Delta^3 + \tfrac{1}{180}\Delta^4)\delta_T(L) \\ &\approx \sqrt{\tfrac{148}{315}}(2WL)(T_0 - T_\infty)\left(\frac{k}{L}\right)\text{Pr}^{1/3}\,\text{Re}_L^{1/2} \end{aligned} \tag{12.4-17}$$

여기서 $Re_L = Lv_\infty\rho/\mu$이다. 따라서 평판의 치수, 유동 조건 및 유체의 열적 성질에 대한 열손실 속도 Q의 의존성을 경계층 접근을 통해 얻는다.

식 12.4-17은 식 12.4-1에서 3까지에 근간을 둔 더 상세한 해와 잘 부합하고 있다. 다음 예제[5]에 주어진, 큰 Prandtl 수에서 Q에 대한 점근해는, 수치 계수 $\sqrt{148/315} = 0.685$를 0.677로 대체한 것을 제외하고는 동일한 형태를 갖는다. 수치적[6]으로 얻어진 유한한 Prandtl 수에서의 Q에 대한 정확한 해는, 계수가 표 12.4-1에서 보는 느리게 변하는 함수 $C(\text{Pr})$로 대체되는 것을 제외하고는 동일한 형태를 갖는다. $C = 0.664$ 값은 Pr = 1에서 정확하며, Pr>0.6에 대해서는 ±2% 내에서 잘 부합한다.

---

[5] M. J. Lighthill, *Proc. Roy. Soc.*, **A202**, 359-377 (1950).

[6] E. Pohlhausen, *Zeits. f. angew. Math. u. Mech.*, **1**, 115-121 (1921).

여기서 볼 수 있는 Q가 $\text{Pr}^{1/3}$에 비례한다는 것은 다음 예제에서 설명되는 바와 같이 $\text{Pr} \to \infty$인 극한에서 평탄한 평판에 대해서 뿐만 아니라 층류와 분리되지 않는 경계층을 허용하는 모든 기하학적 형태에 대해 점근적으로 옳다.

$Q \sim \text{Pr}^{1/3}$로부터의 편차는 유한한 Prandtl 수에서 평탄한 평판을 따른 유동에 대해, 그리고 다른 모양의 물체 부근과 회전하는 표면 부근의 유동까지에 대해 일어난다. 이들 편차는 열 경계층 내의 속도분포의 비선형성 때문에 나타난다. Q의 Pr 의존성에 대한 점근적 확장은 Merk와 다른 연구자들에 의해 제시되었다.[7]

예제 12.4-2 가열된 평탄한 평판을 따른 층류 강제 대류 내의 열전달(큰 Prandtl 수에 대한 점근해)[5]

앞의 예제에서 von Kármán 경계층 적분식을 사용하였다. 이제 동일한 문제를 반복하지만, Prandtl 수가 큰 극한에서, 즉 액체(9.1절 참조)에 대한 경계층 방정식의 정확한 해를 얻고자 한다. 이 극한에서 열 경계층의 바깥 가장자리는 속도 경계층의 내부에 있다. 따라서 전체 열 경계층을 통해 v_x가 y에 대해 선형적으로 변한다고 가정하는 것이 안전할 수 있다.

해 경계층의 연속방정식과 에너지 방정식을 결합함으로써(식 12.4-1과 3)

$$v_x \frac{\partial T}{\partial x} + \left(-\int_0^y \frac{\partial v_x}{\partial x} d\bar{y} \right) \frac{\partial T}{\partial y} = \alpha \frac{\partial^2 T}{\partial y^2} \tag{12.4-18}$$

을 얻으며, $\alpha = k/\rho \hat{C}_p$이다. 벽 부근의 속도분포에 대한 Taylor 전개의 선도항은

$$\frac{v_x}{v_\infty} = c \frac{y}{\sqrt{\nu x / v_\infty}} \tag{12.4-19}$$

이다. 여기서 상수 $c = 0.4696/\sqrt{2} = 0.332$는 식 4.4-30으로부터 유추할 수 있다.

이 속도식을 식 12.4-18에 대입하면

$$\left(c \frac{y v_\infty}{\sqrt{\nu x / v_\infty}} \right) \frac{\partial T}{\partial x} + \left(\frac{c}{4} \frac{y^2 v_\infty / x}{\sqrt{\nu x / v_\infty}} \right) \frac{\partial T}{\partial y} = \alpha \frac{\partial^2 T}{\partial y^2} \tag{12.4-20}$$

을 얻으며, 이는 $y = 0$에서 $T = T_0$와 $x = 0$에서 $T = T_\infty$인 경계조건을 가지고 풀어야 한다. 이 식은 변수 조합법에 의해 풀 수 있다. 무차원 변수

$$\Pi(\eta) = \frac{T_0 - T}{T_0 - T_\infty} \quad \text{와} \quad \eta = \left(\frac{c v_\infty^{3/2}}{12 \alpha \nu^{1/2}} \right)^{1/3} \frac{y}{x^{1/2}} \tag{12.4-21, 22}$$

를 선택하면 식 12.4-20(식 C.1-9 참조)을

[7] H. J. Merk, *J. Fluid Mech.*, **5**, 460-480 (1959).

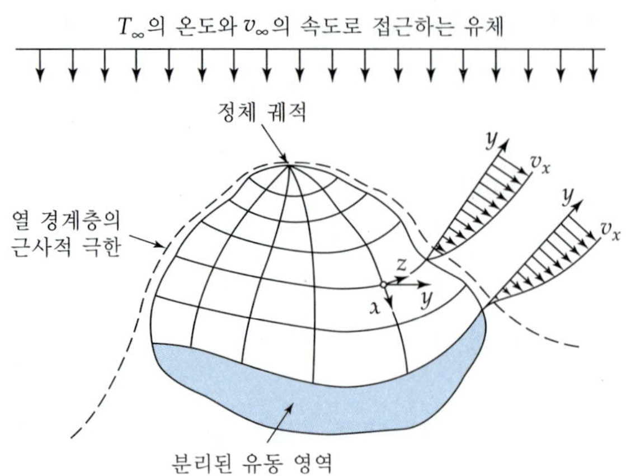

그림 12.4-2 3차원 표면으로부터의 열전달. 점근적 해석은 분리되는 유동 영역과 난류 영역의 상류에서 적용된다. 이들 영역은 그림 3.7-2에서 원통에 대해 설명되었다.

$$\frac{d^2\Pi}{d\eta^2} + 3\eta^2 \frac{d\Pi}{d\eta} = 0 \tag{12.4-23}$$

과 같이 다시 쓸 수 있다. $\eta = 0$에서 $\Pi = 0$이고 $\eta \to \infty$일 때 $\Pi \to 1$인 경계조건을 사용하여 이 식을 적분하면

$$\Pi(\eta) = \frac{\int_0^\eta \exp(-\bar{\eta}^3)\, d\bar{\eta}}{\int_0^\infty \exp(-\bar{\eta}^3)\, d\bar{\eta}} = \frac{\int_0^\eta \exp(-\bar{\eta}^3)\, d\bar{\eta}}{\Gamma(\frac{4}{3})} \tag{12.4-24}$$

의 무차원 온도분포를 얻는다. 감마 함수 $\Gamma(n)$에 대한 논의는 C.4절을 보시오.

너비가 W이고 길이가 L인 가열된 평판 양쪽 면으로부터의 열손실 속도는

$$\begin{aligned} Q &= 2\int_0^W \int_0^L q_y\big|_{y=0}\, dx\, dz \\ &= 2W\int_0^L \left(-k\frac{\partial T}{\partial y}\right)\bigg|_{y=0} dx \\ &= (2WL)(T_0 - T_\infty)\left(\frac{k}{L}\right)\int_0^L \left(+k\frac{d\Pi}{d\eta}\right)\bigg|_{\eta=0} \left(\frac{cv_\infty^{3/2}}{12\alpha\nu^{1/2}}\right)^{1/3} \frac{dx}{x^{1/2}} \\ &= (2WL)(T_0 - T_\infty)\left(\frac{k}{L}\right)\left[\frac{2}{\Gamma(\frac{4}{3})}\left(\frac{c}{12}\right)^{1/3}\right]\mathrm{Pr}^{1/3}\mathrm{Re}_L^{1/2} \end{aligned} \tag{12.4-25}$$

로 얻으며, 수치적 상수를 고려하지 않으면 식 12.4-17에서와 동일한 결과가 된다. 괄호 안의 양은 0.677과 같으며, 점근값은 표 12.4-1에 나타나 있다.

8 W. E. Stewart, *AIChE Journal*, **9**, 528-535 (1963).

9 관련된 이차원 해석에 대해서는 M. J. Lighthill, *Proc. Roy. Soc.*, **A202**, 359-377 (1950); V. G. Levich, *Physico-Chemical Hydrodynamics*, 2장, Prentice-Hall, Englewood Cliffs, N. J. (1962); A. Acrivos, *Physics of Fluids,* **3**, 657-658 (1960)을 보시오.

예제 12.4-3 큰 Prandtl 수에서 정상상태 3차원 유동 내의 강제 대류[8,9]

앞의 예제에서 도입하였던 기법을 임의의 형상을 갖는 물체 주위를 흐르는 유동으로 확장하였다. 그림 12.4-2에서 보는 바와 같이 정지된 물체 위를 지나는 유체의 정상상태의 유동을 생각하시오. 유체는 균일한 온도 T_∞로 접근하고, 고체 표면은 균일한 온도 T_0로 유지된다. 온도분포와 열전달 속도는 정체 궤적으로부터 난류나 유동 분리가 시작되는 위치까지 하류 방향으로 확장하는 층류 영역에서 구할 수 있다. 속도분포는 알려진 것으로 생각한다.

열 경계층은 매우 얇다고 생각한다. 이는 열 훌럭스 $\mathbf{q}$가 표면에 거의 수직이기 위해 등온선이 고체 표면과 거의 일치하여야 한다는 것을 암시하며, 또한 완전한 속도분포가 여기서는 필요하지 않다는 것을 암시한다. 오직 고체 표면 부근에서 운동 상태를 아는 것이 필요하다.

이들 단순화를 이용하기 위해 특별한 방법으로 좌표를 선택한다(그림 12.4-2 참조). 그림 12.4-1과 똑같이 표면으로부터 유체 내로의 거리로 y를 정의하며, 더 나아가 표면에 나란한 접선 운동에 평행이고 수직으로 측정된 x와 z를 표면 위의 가장 가까운 점의 좌표로 정의한다. x와 z 방향의 원호의 요소를 $h_x dx$와 $h_z dz$로 표현하며, h_x와 h_z는 A7절에서 논의된 위치에 의존하는 "척도 인자"이다. 여기서는 작은 y 영역에 관심이 있으므로 척도 인자는 h_y=1이며, y=0에서 계산된 단지 x와 z만의 함수로 취급된다.

이러한 좌표의 선택으로 작은 y에 대한 속도 성분은

$$v_x = \beta(x, z)y \tag{12.4-26}$$

$$v_y = \left(-\frac{1}{2h_x h_z}\frac{\partial}{\partial x}(h_z\beta)\right)y^2 \tag{12.4-27}$$

$$v_z = 0 \tag{12.4-28}$$

이 된다. 여기서 $\beta(x, z)$는 표면 위 $\partial v_x/\partial y$의 국부값이며, 분리되지 않은 영역에서는 양의 값을 갖지만, 정체점에서나 분리점에서는 아마 0이 될 것이다. 이들 식은 v_x와 v_z에 대한 Taylor 급수를 쓰고, y에 대한 1차 항들을 남겨 두고, v_y를 얻기 위해 표면에서 $v_y = 0$인 경계조건을 사용하여 연속방정식을 적분함으로써 얻게 된다. 이 결과들은 온도에 무관한 밀도와 점도를 갖는 뉴튼 혹은 비뉴튼 유동에 대해 타당하다.[10]

예제 12.4-2에서 사용된 과정과 유사한 과정에 의해, 식 12.4-24에서 주어진 결과와 유사한 결과를 얻는다. 유일한 차이는 η가 $\eta = y/\delta_T$로 더 일반적으로 정의된다는 것이며, 여기서 δ_T는

$$\delta_T = \frac{1}{\sqrt{h_z\beta}}\left(9\alpha\int_{x_1(z)}^{x}\sqrt{h_z\beta}\,h_{\bar{x}}h_z\,d\bar{x}\right)^{1/3} \tag{12.4-29}$$

[10] 온도 의존적 물성은 상기 인용문 중에서 Acrivos에 의해 포함되었다.

로 주어지는 열 경계층 두께이고, $x_1(z)$은 열전달 영역의 상류 극한이다. 식 12.4-24와 25로부터 국부 표면 열 훌럭스 q_0와 $x_1(z)<x<x_2(z)$, $z_1<z<z_2$로 형성되는 가열된 영역에 대한 총 열유동은

$$q_0 = \frac{k(T_0 - T_\infty)}{\Gamma(\frac{4}{3})\delta_T} \tag{12.4-30}$$

$$Q = \frac{3^{1/3}k(T_0 - T_\infty)}{2\alpha^{1/3}\Gamma(\frac{4}{3})} \int_{z_1}^{z_2} \left(\int_{x_1(z)}^{x_2(z)} \sqrt{h_z \beta} h_x h_z d\bar{x} \right)^{2/3} dz \tag{12.4-31}$$

로 주어진다. 이 마지막 결과는 Q가 유체의 성질, 속도분포 및 계의 기하학적 형태에 얼마나 의존하는지 보여주고 있으며, Q가 온도차, $k/\alpha^{1/3} = k^{2/3}\rho^{1/3}\hat{C}_p^{1/3}$, 표면 위 평균 속도 구배의 $\frac{1}{3}$-제곱에 비례하는 것을 알 수 있다.

미동 유동으로 구를 지나는 점성 유체의 흐름을 갖는 반지름이 R인 가열된 구로부터의 열전달 속도를 얻기 위해 위의 결과들을 어떻게 사용할 수 있는지 보이시오[11](예제 4.2-1과 그림 2.6-1 참조).

해 경계층 좌표 x, y, z를 여기서는 그림 2.6-1의 $\pi-\theta, r-R, \phi$와 동일하다고 할 것이다. 그러면 정체는 $\theta = \pi$에서 일어나고 분리는 $\theta = 0$에서 일어나며, 척도 인자는 $h_x = R$과 $h_z = R \sin\theta$이다. 계면 속도 구배 β는

$$\beta = -\left.\frac{\partial v_\theta}{\partial r}\right|_{r=R} = \frac{3}{2}\frac{v_\infty}{R} \sin\theta \tag{12.4-32}$$

이다. 위 식을 식 12.4-29와 31에 대입하면 지름이 D인 등온 구로부터 강제 대류 열전달에 대한 다음 결과를 얻는다.

$$\begin{aligned}\delta_T &= \frac{1}{\sqrt{\frac{3}{2}v_\infty \sin^2\theta}} \left(-9\alpha \int_\pi^0 \sqrt{\tfrac{3}{2}v_\infty \sin^2\bar{\theta}}\, R^2 \sin\bar{\theta}\, d\bar{\theta} \right)^{1/3} \\ &= (\tfrac{3}{4})^{1/3} D(\text{Re Pr})^{-1/3} \frac{(\pi - \theta + \frac{1}{2}\sin 2\theta)^{1/3}}{\sin\theta}\end{aligned} \tag{12.4-33}$$

$$\begin{aligned}Q &= \frac{3^{1/3}k(T_0 - T_\infty)}{2\alpha^{1/3}\Gamma(\frac{4}{3})} \int_0^{2\pi} \left(-\int_\pi^0 \sqrt{\tfrac{3}{2}v_\infty \sin^2\theta}\, R^2 \sin\theta\, d\theta \right)^{2/3} d\phi \\ &= (\pi D^2)(T_0 - T_\infty)\left(\frac{k}{D}\right)\left[\frac{(3\pi)^{2/3}}{2^{7/3}\Gamma(\frac{4}{3})}\right](\text{Re Pr})^{1/3}\end{aligned} \tag{12.4-34}$$

괄호 안의 상수는 0.991이다.

식 12.4-33에 의해 예측된 거동을 그림 12.4-3에 도시하였다. 경계층 두께는 정체점에서의 작은 값에서부터 경계층이 하류를 확장하여 후류가 되는 분리점에서의 무한대 값까지 꾸준

---

[11] 이 문제의 해는 상기 인용문 중에서 V. G. Levich에 의해 처음으로 얻어졌다. A. Acrivos and T. D. Taylor, *Phys. Fluids*, **5**, 387-394 (1962)에 의해 약간 더 높은 Reynolds 수까지 확장되었다.

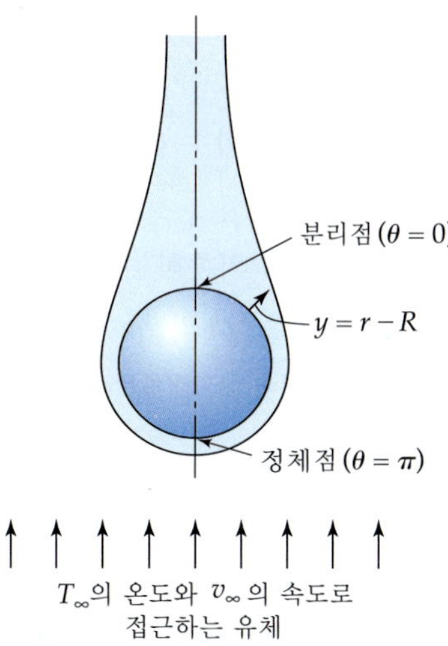

그림 12.4-3 미동 유동 내의 구로부터 강제 대류 열전달. 그림자진 영역은 $\text{Pé} = \text{RePr} \approx 200$에 대한 열 경계층을 나타낸다 ($\Pi_T \leq 0.99$ 또는 $y \leq 1.5\delta_T$ 로 정의된).

히 증가한다. 여기의 해석은 δ_T가 작은, 또 다행히도 열전달의 대부분이 일어나는 영역인, 구의 앞 부분에서 가장 정확하다. Q에 대한 결과는 RePr>100에 대해 약 5%의 범위 내에서 잘 맞으며, 미동 유동이 오직 1이거나 1보다 작은 차수의 Re에서 얻어지므로 이 결과를 사용하는 것은 Pr>100인 유체에 일차적으로 제한한다.[12]

식 12.4-34와 동일한 형태의 결과는 충전층을 포함하는 다른 기하학적 형태에서의 미동 유동에 대해서도 얻어진다.[8,13]

점근해가 특히 중요하다는 것이 강조되어야 한다. 점근해는 상대적으로 얻기 쉽고, 많은 응용에 적용할 수 있을 만큼 충분히 정확하다. 몇몇 표준 열전달 상관관계가 여기서 논의된 유형의 점근해에 기초하고 있음을 14장에서 볼 것이다.

논의를 위한 질문

1. 고체 내에 열원이 있다면 식 12.1-2는 어떻게 수정되어야 하는가?

2. 식 12.1-10이 식 12.1-8로부터 어떻게 얻어지는지 보이시오. 이 식에 상사한 점성 유동은 무엇인가?

3. 어떤 종류의 열전도 문제가 Laplace 변환에 의해 풀 수 있고 또 풀 수 없는가?

4. 예제 12.1-3에서 열 훌럭스와 온도 둘 다 "열전도 방정식"을 만족한다. 이는 항상 옳은가?

5. 온도 진동이 열 훌럭스 진동에 비해 $\frac{\pi}{4}$만큼 뒤떨어져 나타난다는 진술이 무엇을 의미하는지 보이면서 식 12.1-38과 40의 결과를 조심스럽게 분류한 그림을 그리시오.

---

[12] 넓은 영역의 $\text{Pé} = \text{RePr}$ 에 대한 해석의 총설은 S. K. Friedlander, *AIChE Journal*, **7**, 347-348 (1961)에 주어져 있다.

[13] J. P. Sørensen and W. E. Stewart, *Chem. Eng. Sci.*, **29**, 833-837 (1974).

6. 식 12.1-40이 경계조건을 만족함을 증명하시오. 초기조건을 만족해야 하는가? 만약 그렇다면 무엇인가?

7. 예제 12.2-1에서 변수 분리법 $\Theta_d(\xi, \zeta)$보다는 오히려 함수 $\Theta(\xi, \zeta)$를 직접 적용하여 해석할 수 있는가?

8. 예제 12.2-2에서 벽 온도가 하류 방향 좌표에 어떻게 의존하는가?

9. 조심스럽게 분류한 그림에 의해 12.4절의 $\Delta \leq 1$과 $\Delta \geq 1$의 두 경우가 무엇을 의미하는지를 보이시오. 어느 경우가 희박한 다원자 기체에 적용할 수 있는가? 유기 액체인가? 아니면 액체 금속인가?

10. 12.1절의 4가지 수학적 방법을 적용할 수 있는 상황을 요약하시오.

문제

12A.1. 철로 된 구 내의 비정상상태 열전도. 지름이 1-in.인 철로 된 구는 다음 물성을 갖는다: $k = 30$ Btu/hr·ft·F, $\hat{C}_p = 0.12$Btu/lb$_m$·F, $\rho = 436$ lb$_m$/ft^3. 구의 초기 온도는 70 °F이다.

(a) 구의 열 확산계수는 무엇인가?

(b) 온도 270° F인 많은 양의 유체 내에 구를 갑자기 빠뜨린다면 구의 중심 온도가 128° F로 되는데 얼마나 많은 시간이 필요한가?

(c) 동일한 크기와 동일한 초기 온도를 갖는 다른 물질로 만들어진 구의 중심 온도가 128° F에 도달하는데 두 배가 걸린다. 열 확산계수는 얼마인가?

(d) (b)와 (c)의 해에서 사용된 도표는 편미분방정식의 해로부터 얻어진다. 그 미분방정식은 무엇인가?

답: **(a)** 0.574 ft^2/hr; **(b)** 1.1 s; **(c)** 0.287 ft^2/hr

12A.2. 짧은 시간에 대한 두 평판 해의 비교. 식 12.1-31(유한한 두께의 평판에 기초를 둔) 대신에 식 12.1-8(반 무한 평판에 기초를 둔)을 사용하면 $\alpha t/b^2 = 0.01$일 때 평판 중간 평면에서 표면까지의 0.9인 위치에서는 얼마나 오차가 생기겠는가? 비교를 위하여 도표로 나타낸 해를 사용하시오.

답: 4%

12A.3. 열경화성 접착제로 접합[1](그림 12A.3). 각각 두께가 0.77cm인 두 고체 물질 시트를 붙이려고 한다. 이는 160℃에서 녹으며 좋은 접합을 형성하는 열경화성 물질의 얇은 층을 사용하여 이루고자 한다. 두 평판을 열판 두 개가 모두 220℃의 일정한 온도로 유지되고 있는 압착기 내로 삽입한다. 평판의 초기 온도가 20 ℃이라면 평판은 압착기 내에서 얼마나 오랫동안 있어야 하는가? 고체 시트의 열 확산계수는 4.2×10^{-3} cm^2/s이다.

답: 85s

[1] 이 문제는 J. M. McKelvey, Chapter 2 of *Processing of Thermoplastic Materials* (E. C. Bernhardt, ed.), Reinhold, New York (1959), p. 93의 예제 10에 기초를 두고 있다.

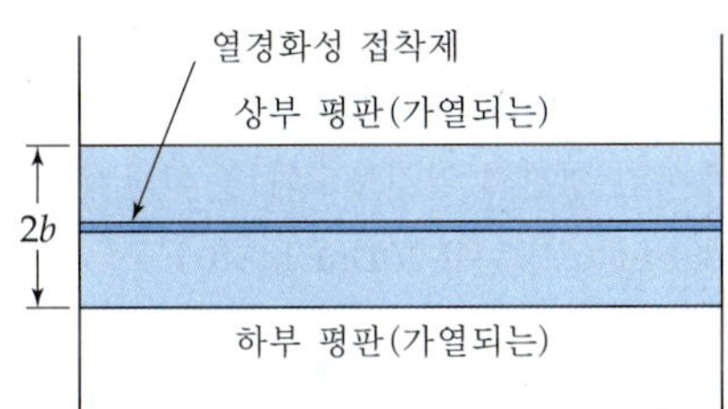

그림 12A.3 두 시트 사이에 얇은 층의 접착제를 갖는 고체 물질의 두 시트.

12A.4. 강철 주물의 급냉. 초기 온도가 1000 °F이고 길이가 3 ft, 지름이 1 ft인 원통형 강철 주물이 오일 내에서 급냉된다. 급냉 공정 동안 주물의 표면 온도는 200 °F로 유지된다고 가정한다. 강철은 온도에는 무관하다고 가정되는 다음 성질을 갖는다: $k = 25$ Btu/hr·ft·F, $\rho = 7.7$g/cm^3 및 $\hat{C}_p = 0.12$ cal/g·C. 5분 동안 급냉한 후 주물 내에서 가장 뜨거운 부분의 온도를 구하시오. 말단 효과는 무시하시오. 즉, 길이가 무한한 주어진 지름의 원통에 대해 계산하시오. 말단 효과를 고려하는 방법에 대해서는 문제 12C.1을 보시오.

답: 750 °F

12A.5. 온도 진동의 진폭으로부터 열 확산계수의 측정.

(a) 고체 물질의 열 확산계수 $\alpha = k/\rho\hat{C}_p$를 측정하기 위해 예제 12.1-3의 결과를 사용하고자 한다. 이는 주기적으로 가열된 표면으로부터 y_1과 y_2 거리에 있는 두 점에서의 진폭 A_1과 A_2를 측정함으로써 구할 수 있을 것이다. 그러면 공식으로부터 구한 확산계수는

$$\alpha = \frac{\omega}{2}\left(\frac{y_2 - y_1}{\ln(A_1/A_2)}\right)^2 \tag{12A.5-1}$$

임을 보이시오.

(b) 만약 $y_2 - y_1 = 6.19$ cm이고 진폭 비 A_1/A_2가 6.05이라면, 싸인형 표면 열 훌럭스가 0.003 cycle/s인 주파수를 가질 때 열 확산계수 α를 구하시오.

답: $\alpha = 0.111$ cm^2/s

12A.6. 미동 유동에서 구로부터 강제 대류. 표면 온도가 T_0로 유지되고 있는 지름이 D인 구가 T_∞의 온도와 v_∞의 속도로 접근하는 유체 흐름 내에 놓여져 있다. 구 주위의 유동은 Reynolds 수가 0.1보다 작은 "미동 유동" 영역에 있다. 구로부터의 열손실은 식 12.4-34로 표현된다.

(a) 방정식이 차원적으로 옳은지 증명하시오.

(b) 지름이 1mm인 구 주위의 유동에 대해 열전달 속도 Q를 구하시오. 표면이 100 ℃의 온도로 유지되고 있는 구에 대해 유체는 $T_\infty = 50$ ℃의 온도에서 1.0 cm/sec의 속도로 움직이는 기름이다. 기름은 다음 물성을 갖는다: $\rho = 0.9$ g/cm^3 , $\hat{C}_p = 0.45$ cal/g·K, $k = 3.0 \times 10^{-4}$cal/s·cm·K와 $\mu = 150$ cp이다.

12B.1. 비정상상태 실험에서 열 확산계수의 측정. 두께가 1.90cm인 고체 평판이 20.0 ℃의 일정한 온도로 유지되는 수조 내에서 열적 평형상태에 있다. 주어진 순간($t = 0$)에 온도 조절 장치가 있어 표면이 조심스럽게 40 ℃로 유지되고 있는 두 개의 구리 판 사이에 평판이 단단하게 고정된다. 평판의 중앙 평면의 온도를 열전대를 사용하여 시간의 함수로 탐지하였으며, 실험 데이터는 다음과 같다.

t(s)	0	120	240	360	480	600
T(℃)	20.0	24.4	30.5	34.2	36.5	37.8

$\rho = 1.50$ g/cm^{3}이고 $\hat{C}_p = 0.365$ cal/g·C로 주어진 평판의 열전도도와 열 확산계수를 결정하시오.

답: $\alpha = 1.5 \times 10^{-3}$ cm^2/s; $k = 8.2 \times 10^{-4}$ cal/s·cm·C 또는 0.20Btu/hr·ft·F

12B.2. 선 열원을 갖는 2차원 강제 대류. Q/L(단위 길이당 단위 시간당 에너지)의 속도로 전기적으로 가열되고 있는 무한히 가늘고 긴 철사를 가로질러 온도 T_∞인 유체가 x 방향으로 흐르고 있다. 그러므로 철사는 선 열원으로 작용하며, 분명히 유동을 방해하지 않는다고 가정한다. 유체의 성질(밀도, 열전도도, 열용량)은 일정하다고 가정하고 유동은 균일하다고 가정한다. 더욱이 철사로부터의 복사 열전달은 무시한다.

(a) 대류에 의한 열전달에 비해 x 방향의 열전도를 무시함으로써 에너지식을 적절한 형태로 단순화하시오. 온도에 대한 다음 조건들이 합리적임을 증명하시오.

$$y \to \infty\text{일 때 모든 } x\text{에 대해 } T \to T_\infty \tag{12B.2-1}$$

$$x<0 \text{ 에서 모든 } y\text{에 대해 } T = T_\infty \tag{12B.2-2}$$

$$\text{모든 } x>0\text{에 대해 } \int_{-\infty}^{+\infty} \rho\hat{C}_p(T - T_\infty)|_x v_x dy = Q/L \tag{12B.2-3}$$

(b) 다음 형태의 해를 가정하시오($x > 0$에 대해).

$$T(x, y) - T_\infty = f(x)g(\eta) \qquad \text{여기서 } \eta = y/\delta(x) \tag{12B.2-4}$$

식 12B.2-3을 사용하여 $f(x) = C_1/\delta(x)$ 임을 보이시오. 그런 다음 식 12B.2-4를 에너지식에 대입하고

$$-\left[\frac{v_x\delta}{\alpha}\frac{d\delta}{dx}\right]\frac{d}{d\eta}(\eta g) = \frac{d^2g}{d\eta^2} \tag{12B.2-5}$$

를 구하시오.

(c) 식 12B.2-5의 괄호 안의 양을 2와 같다고 두시오(왜 그런가?). 그런 다음 $\delta(x)$를 구하기 위해 푸시오.

(d) 그런 다음 $g(\eta)$에 대한 식을 푸시오.

(e) 마지막으로 상수 C_1을 구하고 온도분포의 유도를 완료하시오.

12B.3. 벽의 가열(일정한 벽면 열 훌럭스). 아주 두꺼운 고체 벽의 초기 온도가 T_0이다. 시간 $t = 0$에서 일정한 열 훌럭스 q_0가 벽의 한쪽 표면($y = 0$)에 주어지고 이 열 훌럭스가 유지된다. 짧은 시간에 대해 시간에 의존하는 온도분포 $T(y, t)$를 구하시오. 벽이 대단히 두꺼우므로 온도분포를 구함에 있어 두 벽의 표면은 무한대 거리만큼 떨어져 있다고 안전하게 가정할 수 있다.

(a) 식 12.1-33부터 식 12.1-35로 가면서 사용된 과정을 따르시오. 그런 다음 적절한 경계조건과 초기조건을 쓰시오. 문제의 해석적 해가.

$$T(y, t) - T_0 = \frac{q_0}{k}\left(\sqrt{\frac{4\alpha t}{\pi}}\exp(-y^2/4\alpha t) - \frac{2y}{\sqrt{\pi}}\int_{y/\sqrt{4\alpha t}}^{\infty}\exp(-u^2)\,du\right) \tag{12B.3-1}$$

임을 보이시오.

(b) 위에서 구한 해를 온도에 대한 1차원 열전도식에 대입함으로써 해가 옳다는 것을 증명하시오(식 12.1-33 참조). 또한 경계조건과 초기조건이 만족됨을 보이시오.

12B.4. 벽에서 강하 경막으로 열전달(짧은 접촉 시간의 극한)[2](그림 12B.4). 그림에서 보는 바와 같이 수직 고체 벽면을 따라 흘러 내리는 차가운 액체 경막은 고체 표면을 상당히 냉각시키는 효과를 갖는다. 유체의 온도가 단지 벽 아주 가까운 부분에서만 감지할 수 있을 정도로 변하는 이와 같은 짧은 접촉 시간에 일어나는 벽에서부터 유체로의 열전달 속도를 계산하시오.

(a) 2.2절에 주어진 강하 경막 내의 속도분포가 $v_z = v_{z,\max}[2(y/\delta) - (y/\delta)^2]$ 와 같이 쓸 수 있음을 보이시오. 여기서 $v_{z,\max} = \rho g\delta^2/2\mu$이다. 그러면 벽 부근의 속도가

$$v_z \approx \frac{\rho g\delta}{\mu} y \tag{12B.4-1}$$

로 주어지는 y에 대한 선형적 함수임을 보이시오.

(b) 이 경우에 대해 에너지 식이

$$\rho\hat{C}_p v_z \frac{\partial T}{\partial z} = k \frac{\partial^2 T}{\partial y^2} \tag{12B.4-2}$$

로 간단히 됨을 보이시오. 이 결과를 얻기 위해 사용한 모든 가정을 열거하시오. 앞의 두 식을 결합하여

$$y \frac{\partial T}{\partial z} = \beta \frac{\partial^2 T}{\partial y^2} \tag{12B.4-3}$$

얻으시오. 여기서 $\beta=\mu k/\rho^2 \hat{C}_p g\delta$.

(C) 짧은 접촉 시간에 대해 다음 경계조건을 사용할 수 있음을 보이시오.

경계조건 1: $z = 0$ 과 $y > 0$에 대해 $T = T_0$ (12B.4-4)

경계조건 2: $y \to \infty$와 유한한 z에 대해 $T = T_0$ (12B.4-5)

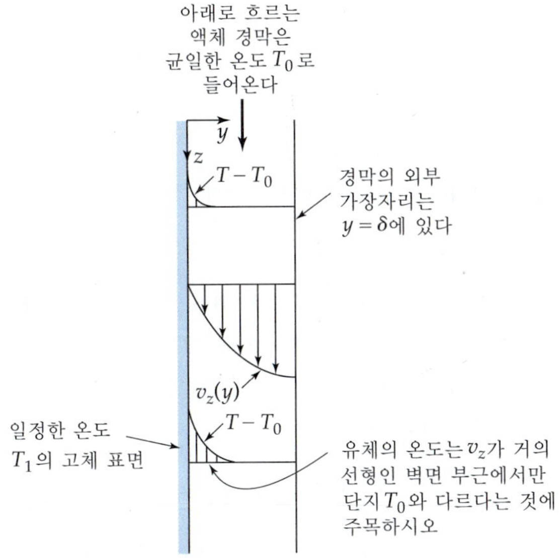

그림 12B.4 수직 벽을 따라 흘러 내리는 경막에서의 열전달.

[2] R. L. Pigford, *Chemical Engineering Progress Symposium Series*, **51**, No. 17, 79-92 (1955). **Robert Lamar Pigford** (1917-1988)는 델라웨어 대학과 캘리포니아 대학 버클리에서 가르쳤으며, 확산과 물질전달의 많은 양상을 연구하였고, *Industrial and Engineering Chemistry Fundmentals*의 창립 편집자였다.

경계조건 3: $y = 0$ 과 $z > 0$ 에 대해 $T = T_1$ (12B.4-6)

$y = \delta$에서의 진짜 경계조건이 $y \to \infty$일 때의 가상적인 경계조건으로 대체됨에 주목하시오. 이는 열이 유체 내로 아주 짧은 거리만 침투하기 때문에 가능하다.

(d) 무차원 변수 $\Theta(\eta) = (T - T_0)/(T_1 - T_0)$와 $\eta = y/\sqrt[3]{9\beta z}$를 사용하여 미분방정식을

$$\frac{d^2\Theta}{d\eta^2} + 3\eta^2 \frac{d\Theta}{d\eta} = 0 \tag{12B.4-7}$$

과 같이 다시 쓰시오(식 C.1-9 참조). 경계조건이 $\eta = \infty$일 때 $\Theta = 0$이고, $\eta = 0$일 때 $\Theta = 1$임을 보이시오.

(e) 식 12B.4-7에서 $d\Theta/d\eta = p$로 두고 $p(\eta)$에 대한 식을 구하시오. $d\Theta/d\eta = p(\eta) = C_1 \exp(-\eta^3)$을 얻기 위해 이 식을 푸시오. 두 번째 적분과 경계조건을 적용하면

$$\Theta = \frac{\int_\eta^\infty \exp(-\bar{\eta}^3)d\bar{\eta}}{\int_0^\infty \exp(-\bar{\eta}^3)d\bar{\eta}} = \frac{1}{\Gamma(\frac{4}{3})}\int_\eta^\infty \exp(-\bar{\eta}^3)d\bar{\eta} \tag{12B.4-81}$$

을 얻게 됨을 보이시오.

(f) 벽으로부터 유체로의 평균 열 훌럭스가

$$q_{\text{avg}}|_{y=0} = \frac{3}{2}\frac{(9\beta L)^{-1/3}}{\Gamma(\frac{4}{3})}k(T_1 - T_0) \tag{12B.4-9}$$

임을 보이시오. 여기서 C.3절의 Leibnitz 공식이 사용되었다.

12B.5. 열 생성을 갖는 평판의 온도. 예제 12.1-2에서 열전도도가 k인 평판의 초기 온도가 T_0이다. $t > 0$인 모든 시간에 대해 평판 내에서 S_0의 균일한 부피열을 생성한다.

(a) Carslaw와 Jaeger 책의 해를 찾아 봄으로써 무차원 좌표 $\eta = y/b$와 무차원 시간의 함수로 무차원 온도 $k(T-T_0)/S_0b^2$에 대한 식을 구하시오.

(b) 평판의 중심에서 도달하는 최고 온도는 무엇인가?

(c) 90%의 온도 상승이 일어나는데 걸리는 시간은 얼마나 되는가?

답: **(c)** $t \approx b^2/\alpha$

12B.6. 원통을 가로질러 흐르는 느린 유동에서의 강제 대류(그림 12.B.6). 반지름이 R인 긴 원통이 일정한 성질 ρ, μ, $\hat{C}_p$와 k를 갖는 무한한 유체 내에 놓여 있으며, 유체는 T_∞인 온도와 v_∞인 속도로 접근하고 있다. 원통의 표면은 온도 T_0로 유지된다. 이 계에 대한 속도분포는 Re << 1인 극한에서 Lamb[3]에 의해 구해졌다. 원통에 가까운 영역에 대한 그의 결과는

$$\psi = -\frac{v_\infty R \sin\theta}{2S}\left[\frac{r}{R}\left(2\ln\frac{r}{R} - 1\right) + \frac{R}{r}\right] \tag{12B.6-1}$$

이다. 여기서 ψ는 표 4.2-1의 일차 극 좌표 흐름함수이다. 무차원 양 S는 $S = \frac{1}{2} - \gamma + \ln(8/\text{Re})$로 주어지며, 여기서 $\gamma = 0.5772\cdots$는 "Euler 상수"이고, $\text{Re} = Dv_\infty\rho/\mu$이다.

---

[3] H. Lamb, *Phil. Mag.*, (6) **21**, 112-121 (1911). 더 상세한 해석의 개관에 대해서는 L. Rosenhead (ed.), *Laminar Boundary Layers*, Oxford University Press, London (1963), 4장을 보시오.

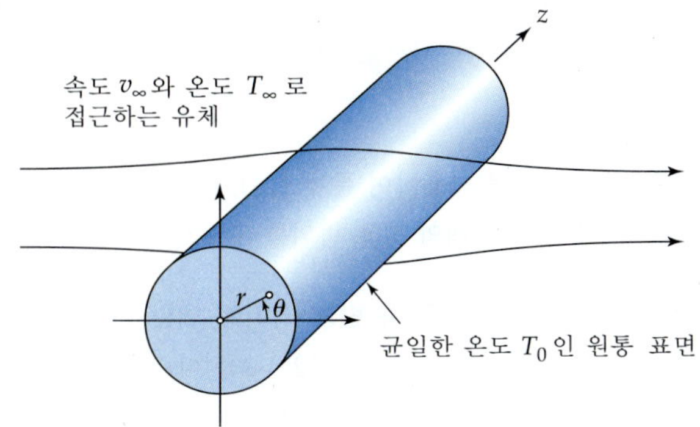

그림 12B.6 반지름이 R인 긴 원통으로부터의 열전달

(a) 이 계에 대해 예제 12.4-3에서 정의된 계면 속도 구배 β를 구하시오.

(b) 예제 12.4-3의 방법을 사용하여 길이가 L인 원통으로부터의 열손실 속도 Q를 구하시오.

$$\int_0^\pi \sqrt{\sin\,\theta}d\theta = \mathrm{B}(\tfrac{3}{4}, \tfrac{1}{2}) = 2.3963\ldots \tag{12B.6-2}$$

임에 주목하시오. 여기서 $\mathrm{B}(m, n) = \Gamma(m)\Gamma(n)/\Gamma(m+n)$은 "베타 함수"이다.

(c) $\theta = 0, \frac{1}{2}\pi, \pi$ 에서 δ_T/R를 구하시오.

답: **(a)** $\beta = \dfrac{2v_\infty\ \sin\ \theta}{RS}$

(b) $Q = C(\pi DL)(T_0 - T_\infty)\left(\dfrac{k}{D}\right)\left(\dfrac{\mathrm{Re\,Pr}}{S}\right)^{1/3}$ (상수 C를 계산하시오)

(c) $\dfrac{\delta_T}{R} = \left(\dfrac{9S}{\mathrm{Re\,Pr}}\right)^{1/3} f(\theta);\ f = (\tfrac{2}{3})^{1/3}, (1.1981)^{1/3}, \infty$

12B.7. 칠면조를 굽기 위한 시간표.

(a) 전체를 통하여 초기에는 온도가 T_0인 임의의 모양을 갖는 균질의 고체 물체가 있으며, $t = 0$에서 온도가 T_1인 유체 매체 내에 잠근다. L을 고체의 특성 길이라 하고, 차원 해석을 통해

$$\Theta = \Theta(\xi, \eta, \zeta, \tau \text{ 와 기하학적 비}) \tag{12B.7-1}$$

을 예측할 수 있음을 보이시오. 여기서 $\Theta = (T - T_0)/(T_1 - T_0)$, $\xi = x/L$, $\eta = y/L$, $\zeta = z/L$이고 $\tau = \alpha t/L^2$이다. 이 결과를 12.1절에 주어진 그래프와 관련지으시오.

(b) 350 °F에서 칠면조를 굽기 위한 전형적인 시간표이다.[4]

칠면조의 질량 (lb_m)	단위 질량당 요구되는 시간 ($\mathrm{min/\ lb}_m$)
6–10	20–25
10–16	18–20
18–25	15–18

[4] *Women's Home Companion Cook Book*, Garden City Publishing Co., (1946), Jean Stewart의 허가를 받아.

초기 온도가 T_0이고, 주어진 표면 온도 T_1을 가지며 동일한 무차원 온도분포 $\Theta = \Theta(\xi, \eta, \zeta)$에서 요리되는 기하학적으로 유사한 칠면조에 대해 경험적으로 결정된 이 요리 시간표와 **(a)**의 결과를 비교하시오.

12B.8. 경계층 점근해의 사용. 예제 12.4-3의 결과를 사용하여 문제 12D.4의 계에 대한 δ_T와 q_0를 구하시오. D와 δ_T를 비교함으로써 문제 12D.4에서 얻은 해의 적용 범위를 구하시오.

12B.9. 일정한 벽면 열 플럭스를 갖는 비뉴튼 열전달(짧은 축 방향 거리에 대한 점근해). 비뉴튼 거동이 멱수법칙 모델에 의해 적절하게 표현되는 유체에 대해 예제 12.2-2를 다시 푸시오. 식 12.2-24에서 주어진 해는 v_0의 정의를 적절하게 수정함으로써 멱수법칙 모델에 대해서도 간단하게 이어 받을 수 있음을 보이시오.

12C.1. 비정상상태 고체 열전도에 대한 곱의 해.

(a) 예제 12.1-2에서는 비정상상태의 열전도 방정식을 두께가 $2b$인 평판에 대해 풀었다. 유한한 치수 $2a, 2b, 2c$를 갖는 사각형 블록의 상사한 문제에 대한 식 12.2-24의 해는 대응하는 치수를 갖는 3개의 평판에 대한 해의 곱으로 쓸 수 있을 것이다.

$$\frac{T_1 - T(x, y, z, t)}{T_1 - T_0} = \Theta\left(\frac{x}{a}, \frac{\alpha t}{a^2}\right)\Theta\left(\frac{y}{b}, \frac{\alpha t}{b^2}\right)\Theta\left(\frac{z}{c}, \frac{\alpha t}{c^2}\right) \tag{12C.1-1}$$

여기서 $\Theta(y/b, \alpha t/b^2)$는 식 12.1-31의 우변 항이다.

(b) 유한한 길이를 갖는 원통에 대해서도 유사한 결과를 증명하시오. 그런 다음 원통이 무한히 길다는 가정없이 문제 12A.4를 다시 푸시오.

12C.2. 열전도도가 변하는 반 무한 평판의 가열. 열전도도가 온도에 따라 다음과 같이 변하는 고체에 대해 예제 12.1-1을 다시 푸시오.

$$\frac{k}{k_0} = 1 + \beta\left(\frac{T - T_0}{T_1 - T_0}\right) \tag{12C.2-1}$$

여기서 k_0는 온도 T_0에서의 열전도도이고, β는 상수이다. 다음 근사적 과정을 이용하시오.

(a) $\Theta = (T - T_0)/(T_1 - T_0)$와 $\eta = y/\delta(t)$로 두자. 여기서 $\delta(t)$는 시간에 따라 변하는 경계층 두께이다. 그런 다음

$$\Theta(y, t) = \Phi(\eta) \tag{12C.2-2}$$

를 가정하시오. 여기서 함수 $\Phi(\eta)$는 "유사한" 분포의 모양을 갖는다. 이는 온도분포가 모든 β 값에 대해 동일한 모양을 갖는다고 가정하는 것에 상당한다. 물론 정말로 사실은 아니다.

(b) 열전도 방정식에 위의 근사적 분포를 대입하고, 경계층 두께에 대한 다음 미분방정식을 구하시오.

$$M\delta \frac{d\delta}{dt} = \alpha_0 N \tag{12C.2-3}$$

여기서 $\alpha_0 = k_0/\rho\hat{C}_p$이고,

$$M = \int_0^1 \Phi(\eta)d\eta \quad \text{와} \quad N = (1 + \beta\Phi)(d\Phi/d\eta)\big|_0^1 \tag{12C.2-4, 5}$$

이다. 그런 다음 함수 $\delta(t)$에 대해 푸시오.

(c) 이제 $\Phi(\eta) = 1 - \frac{3}{2}\eta + \frac{1}{2}\eta^3$이라 두자. 왜 이것이 교묘한 선택인가? 시간에 의존하는 온도분포 $T(y, t)$와 $y = 0$에서의 열 홀럭스를 구하시오.

12C.3. 상 변화를 수반하는 열전도(Neumann-Stefan 문제)(그림 12C.3).[5] 긴 원통에 채워져 있는 액체가 초기에 온도 T_1으로 있다. $t > 0$인 모든 시간에 대해 용기의 바닥이 용융점 T_m보다 낮은 온도 T_0로 유지된다. 동결 공정 동안 고체-액체 계면의 움직임 $Z(t)$를 계산하고자 한다.

문제를 단순화하기 위해 여기서는 물성 ρ, k와 $\hat{C}_p$가 일정하고, 고체상과 액체상 모두 같은 값을 갖는다고 가정한다. $\Delta\hat{H}_f$를 단위 그램당 융해열이라 하고, 약식 표기 $\Lambda = \Delta\hat{H}_f/\hat{C}_p(T_1 - T_0)$를 사용하시오.

(a) 액체 영역(L)과 고체 영역(S)에 대한 열전도 방정식을 쓰시오. 경계조건과 초기조건도 기술하시오.

(b) 다음 형태의 해를 가정하시오.

$$\Theta_S \equiv \frac{T_S - T_0}{T_1 - T_0} = C_1 + C_2 \operatorname{erf} \frac{z}{\sqrt{4\alpha t}} \tag{12C.3-1}$$

$$\Theta_L \equiv \frac{T_L - T_0}{T_1 - T_0} = C_3 + C_4 \operatorname{erf} \frac{z}{\sqrt{4\alpha t}} \tag{12C.3-2}$$

(c) $z = 0$에서의 경계조건을 사용하여 $C_1 = 0$임을 보이고, $z = \infty$에서의 조건을 사용하여 $C_3 = 1 - C_4$임을 보이시오. 그런 다음 $z = Z(t)$에서 $T_s = T_L = T_m$이라는 사실을 이용하여 $Z(t) = \lambda\sqrt{4\alpha t}$임을 결론지으

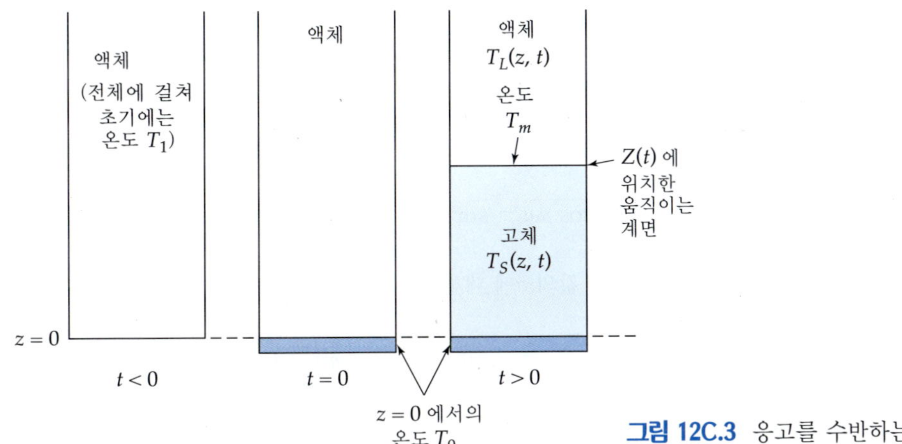

그림 12C.3 응고를 수반하는 열전도.

---

[5] 참고문헌과 관련된 문제에 대해 H. S. Carslaw and J. C. Jaeger, *Conduction of Heat in Solids*, 2nd edition, Oxford University Press (1959), XI장을 보시오; 283-286 쪽에는 액체상과 고체상의 물성이 다른 경우에 대해 여기서 고려하였던 문제를 풀었다. 또 S. G. Bankoff, *Advances in Chemical Engineering*, Vol. 5, Academic Press, New York (1964), pp. 75-150; J. Crank, *Free and Moving Boundary Problems*, Oxford University Press (1984); J. M. Hill, *One-Dimensional Stefan Problem*, Longmans (1987)을 보시오.

[6] H. Janeschitz-Kriegl, *Plastics and Rubber Processing and Applications*, **4**, 145-158 (1984); H. Janeschitz-Kriegl, in *One-Hundred Years of Chemical Engineering* (N. A. Peppas, ed.), Kluwer Academic Publishers, Dordrecht (The Netherlands) (1989), pp. 111-124; H. Janeschitz-Kriegl, E. Ratajski, and G. Eder, *Ind. Eng. Chem. Res.*, **34**, 3481-3487 (1995); G. Astarita and J. M. Kenny, *Chem. Eng. Comm.*, **53**, 69-84 (1987)

시오. 여기서 λ는 어떤(아직 결정되지 않은) 상수이다. C_3와 C_4를 λ의 항으로 얻은 다음, 남아 있는 경계조건을 사용하여 Λ와 $\Theta_m = (T_m - T_0)/(T_l - T_0)$의 항으로 λ를 구하시오.

$$\sqrt{\pi}\Lambda\lambda \exp \lambda^2 = \frac{\Theta_m}{\text{erf}\,\lambda} - \frac{1 - \Theta_m}{1 - \text{erf}\,\lambda} \tag{12C.3-3}$$

$Z(t)$의 최종식은 무엇인가? (비고: 이 문제에서는 상 변화가 순간적으로 일어나며, 액체상의 과냉각은 일어나지 않는다고 가정하였다. 많은 액체의 동결에서 이 가정은 지킬 수 없다는 것이 판명되었다. 즉, 응고 공정을 정확하게 표현하기 위해서는 결정 공정의 반응속도를 고려하여야만 한다.[6])

12C.4. 진동하는 유동에서의 점성 발열.[7] 점성 발열은 점도 측정에 있어 방해 인자가 될 수 있다. 여기서는 진동하는 평판 계에서 점성 발열이 점도 측정에 어떻게 영향을 미치는지 살펴보고자 한다.

간격이 b인 두 평행한 평판 사이의 영역에 뉴튼 유체가 놓여 있다. 두 평판 모두 온도 T_0로 유지되고 있다. 하부 평판($x=0$에서)이 속도 진폭 v_0와 원형 주파수 ω를 갖고 z 방향으로 싸인 형태로 진동하고 있다. 점성 발열로 인해 유발되는 온도 상승을 구하시오. 단지 높은 주파수의 극한만 생각하시오.

(a) 속도분포가

$$\frac{v_z(x,t)}{v_0} = \frac{\left[\begin{pmatrix}\sinh a(1-\xi)\,\cos a(1-\xi)\sinh a\,\cos a \\ +\sin a(1-\xi)\cosh a(1-\xi)\,\sin a\cosh a\end{pmatrix}\cos\omega t \\ +\begin{pmatrix}-\sin a(1-\xi)\cosh a(1-\xi)\sinh a\,\cos a \\ +\sinh a(1-\xi)\,\cos a(1-\xi)\,\sin a\cosh a\end{pmatrix}\sin\omega t\right]}{\sinh^2 a\,\cos^2 a + \cosh^2 a\,\sin^2 a} \tag{12C.4-1}$$

로 주어짐을 보이시오. 여기서 $\alpha = \sqrt{\rho\omega b^2/2\mu}$이고 $\xi = x/b$이다.

(b) 식 12C.4-1의 속도분포에 대한 소산함수 Φ_v를 계산하시오. 그런 다음 한 싸이클에 걸쳐 평균하여, 시간 평균한 소산 함수 $\overline{\Phi}_v$를 구하시오. 증명되어 질 다음 공식을 이용하시오.

$$\overline{\cos^2\omega t} = \overline{\sin^2\omega t} = \tfrac{1}{2} \quad \text{과} \quad \overline{\sin\omega t\cos\omega t} = 0 \tag{12C.4-2}$$

높은 주파수에 대해(즉, 큰 값의 a에 대해) 결과를 단순화하여

$$\overline{\Phi}_v\,(\text{큰}\ \omega) = a^2\left(\frac{v_0}{b}\right)^2 e^{-2a\xi} \tag{12C.4-3}$$

을 구하시오.

(c) 다음

$$0 = k\frac{d^2\overline{T}}{dx^2} + \mu\overline{\Phi}_v \tag{12C.4-4}$$

를 얻기 위해 열전도 방정식을 시간 평균하시오. 여기서 $\overline{T}$는 한 싸이클에 걸쳐 평균한 온도이다. 이 식을 풀어

---

[7] R. B. Bird, *Chem. Eng. Prog. Symposium series*, Vol. 61, No. 58 (1965), pp. 13-14; 또 F. Ding, A. J. Giacomin, R. B. Bird, and C-B Kweon, J. *Non-Newtonian Fluid Mech.*, **86**, 359-374 (1999)를 보시오.

$$\overline{T} - T_0 = \left(\frac{\mu v_0^2}{4k}\right)[(1 - e^{-2a\xi}) - (1 - e^{-2a})\xi] \tag{12C.4-5}$$

를 구하시오. 이는 슬릿 내의 온도가 위치에 어떻게 의존하는지 보여준다. 이 함수로부터 최대 온도 상승을 계산할 수 있다. 합리적인 높은 주파수에 대해서는 $\overline{T} - T_0 \approx \mu v_0^2/4k$이다.

12C.5. 태양열의 침투. 많은 사막 동물들은 매일 매일의 극심한 온도 요동으로부터 자신을 보호하기 위해 적절하게 지속되는 온도로 스스로를 유지할 수 있도록 충분히 깊은 지하에 숨는다. 대지 온도를 $T(y, t)$라 하자. 여기서 y는 지표면으로부터의 깊이이고, t는 최고 온도가 T_0인 시간에서부터 측정된 시간이다. 더욱이 지표면으로부터 아주 먼 깊은 지하의 온도를 T_∞라 하고, 지면의 온도가

$$\begin{aligned} t<0\text{에 대해} \quad & T(0, t) - T_\infty = 0 \\ t\geq 0\text{에 대해} \quad & T(0, t) - T_\infty = (T_0 - T_\infty)\cos\omega t \end{aligned} \tag{12C.5-1}$$

과 같이 주어진다고 하자. 여기서 $\omega = 2\pi/t_{\text{per}}$이고, t_{per}은 진동하는 온도의 완전한 한 사이클에 대한 시간이다. 즉 24시간이다. 그러면 임의의 깊이의 온도는

$$\begin{aligned} \frac{T(y, t) - T_\infty}{T_0 - T_\infty} &= e^{-\sqrt{\omega/2\alpha}y}\cos(\omega t - \sqrt{\omega/2\alpha}y) \\ &\quad - \frac{1}{\pi}\int_0^\infty e^{-\overline{\omega}t}(\sin\sqrt{\overline{\omega}/\alpha}y)\frac{\overline{\omega}}{\omega^2 + \overline{\omega}^2}d\overline{\omega} \end{aligned} \tag{12C.5-2}$$

로 주어지는 것을 볼 수 있다. 이 식은 진동하는 평판 부근의 속도분포 응답을 설명한 식 4D.1-1의 열전도 상사형이다. 첫 번째 항은 "주기적 정상상태"를 표현하고, 두 번째 항은 "과도적" 거동을 나타낸다. 토양에 대해서는 다음 성질을 가정한다:[8] $\rho = 1515$ kg/m^3, $k = 0.027$ W/m·K이고, $\hat{C}_p = 800$ J/kg·K이다.

(a) 지구 표면이 정확하게 싸인 형태로 가열된다고 가정하고, 표면 아래 거리 y에서 온도 변화의 진폭을 구하시오. 이를 위해 식 12C.5-2의 주기적 정상상태 항만을 사용하시오. 깊이 10 cm에서 이 진폭이 0.0176의 값을 갖게 됨을 보이시오.

(b) 식 12C.5-2에서 과도 항의 중요성에 대해 논의하시오. 이 기여의 크기를 계산하시오.[9]

(c) 다음

$$\frac{T(0, t) - T_\infty}{T_0 - T_\infty} = \sum_{n=0}^{\infty}(a_n\cos n\omega t + b_n\sin n\omega t) \tag{12C.5-3}$$

형태의 Fourier 급수로 주어지는 매일 매일의 표면 온도에 대한 임의 형식의 식을 생각하시오. (a)를 풀기 위해서는 이 급수의 몇 개 항을 사용하여야 하는가?

12C.6. 강하하는 비뉴튼 경막에서의 열전달. 식 8.3-3의 멱수법칙 모델에 의해 합리적으로 잘 표현되는 고분자 유체에 대해 문제 12B.4를 다시 푸시오.

---

[8] W. M. Rohsenow, J. P. Hartnett, and Y. I. Cho, eds., *Handbook of Heat Transfer*, 3rd edition, McGraw-Hill (1998), p. 2.68.

[9] H. S. Carslaw and J. C. Jaeger, *Conduction of Heat in Solids*, 2nd edition, Oxford University Press (1959), pp. 308-310.

12D.1. 평판의 비정상상태 가열(Laplace 변환법).

(a) Laplace 변환을 사용하여 예제 12.1-2의 문제를 다시 풀고, 식 12.1-31의 결과를 얻으시오.

(b) 참고로 식 12.1-31의 급수는 짧은 시간에는 급격히 수렴하지 않음에 주목하시오. (a)와 다른 방법으로 Laplace 변환을 역으로 함으로써 짧은 시간에 대해 급격히 수렴하는 다른 급수를 얻으시오.[9]

(c) (b)의 급수에서 첫 번째 항이 예제 12.1-1의 "짧은 접촉시간" 해와 어떻게 연관되는지 보이시오.

12D.2. Graetz–Nusselt 문제(표 12D.2).

(a) 유체(뉴튼 또는 일반화된 뉴튼)가 반지름이 R인 원형관 내를 층류로 흐르고 있다. 유입 영역 $z<0$에서 유체의 온도는 T_1으로 균일하다. $z>0$인 영역에서 벽 온도가 T_0로 유지된다. 모든 물성이 일정하다고 하고, 점성 소산과 축 방향의 열전도 효과는 무시할 수 있다고 가정한다. 다음 무차원 변수를 사용하시오.

$$\Theta = \frac{T - T_0}{T_1 - T_0} \qquad \phi = \frac{v_z}{\langle v_z \rangle} \qquad \xi = \frac{r}{R} \qquad \zeta = \frac{\alpha z}{\langle v_z \rangle R^2} \tag{12D.2-1}$$

이 계에서 온도분포가

$$\Theta = \sum_{i=1}^{\infty} A_i X_i(\xi) \exp(-\beta_i^2 \zeta) \tag{12D.2-2}$$

임을 보이시오. 여기서 X_i와 β_i는 $\xi=0$에서 X는 유한하고, $\xi=1$에서 $X=0$인 경계조건과 함께 다음 방정식

$$\frac{1}{\xi}\frac{d}{d\xi}\left(\xi \frac{dX_i}{d\xi}\right) + \beta_i^2 \phi X_i = 0 \tag{12D.2-3}$$

의 해로부터 얻어지는 고유함수와 고유값들이다. 더 나아가

$$A_i = \frac{\int_0^1 X_i \phi \xi \, d\xi}{\int_0^1 X_i^2 \phi \xi \, d\xi} \tag{12D.2-4}$$

표 12D.2 뉴튼 유체에 대한 Graetz–Nusselt 문제의 고유값 β_i^2.[a]

i	직접 계산에 의한[b]	WKB 법에 의한[c]	Stodola와 Vianello 법에 의한[d]
1	3.67	3.56	3.661[c]
2	22.30	22.22	—
3	56.95	56.88	—
4	107.6	107.55	—

[a] 여기서 β_i^2 은 W. M. Rohsenow, J. P. Hartnett, and Y. I. Cho, *Handbook of Heat Transfer*, 3rd Edition, McGraw-Hill, New York, p. 510, 표 5.3의 $\frac{1}{2}\lambda_i^2$에 대응된다.

[b] K. Yamagata, *Memoirs of the Faculty of Engineering*, Kyûshû Univeristy, Volume VIII, No. 6, Fukuoka, Japan (1940)로부터 취한 값.

[c] 식 12D.2-5로부터 계산된

[d] 문제 (d) 부분의 특별한 시행 함수에 대해

가 됨을 보이시오.

(b) X_i에 대한 멱급수 해를 얻음으로써 뉴튼 유체에 대한 식 12D.2-3을 푸시오. 대수방정식을 풀어 최저 고유값을 계산하시오. 표 12D.2에 주어진 값에 대해 당신의 결과를 비교하시오.

(c) β_i^2을 계산함에 있어 (b)에 포함된 작업으로부터 좀 더 큰 고유값을 계산하는 것은 꽤 지루하다 생각할 수 있다. 두 번째나 세 번째보다 더 큰 고유값에 대해서는 Wenzel-Kramers-Brillouin(WKB) 방법[10]을 이용할 수 있다. 고유값이 클수록 WKB 방법은 더 정확해진다. 이 방법에 대해 읽고, 뉴튼 유체에 대해

$$\beta_i^2 = \tfrac{1}{2}(4i - \tfrac{4}{3})^2 \tag{12D.2-5}$$

임을 증명하시오. 멱수법칙 모델에 대해서도 비슷한 공식을 유도할 수 있다.[11]

(d) Stodola와 Vianello 방법으로 최저 고유값을 구하시오. 간단하지만 적절한 시행 함수로서 $X_i = 1 - \xi^2$과 뉴튼 유체에 대한 $\phi = 2(1 - \xi^2)$과 함께 Hildebrand의 책[12] 203쪽의 식 71a와 72b를 사용하시오. 이는 $\beta_i^2 = 3.661$ 값을 빠르게 유도함을 보이시오.

12D.3. Graetz-Nusselt 문제(큰 z에 대한 점근해). 대단히 큰 z의 극한에서는 식 12D.2-2에서 오직 하나의 항($i = 1$)만 필요함에 주목하시오. 큰 z에서 벽면에서의 열 훌럭스 q_0를 계산하기 위해 이 결과를 사용하고, 계산 결과를

$$q_0 = (\text{ 계와 유체 물성의 함수 }) \times (T_b - T_0) \tag{12D.3-1}$$

과 같이 표현하고자 한다. 여기서 T_b는 식 10.8-33에서 정의된 "총괄 유체 온도"이다.

(a) 먼저

$$q_0 = -\frac{k}{R}\frac{\partial\Theta/\partial\xi|_{\xi=1}}{\Theta_b}(T_b - T_0) \tag{12D.3-2}$$

를 증명하시오. 여기서 Θ는 문제 12D.2에서와 동일하고, $\Theta_b = (T_b - T_0)/(T_1 - T_0)$이다.

(b) 큰 z에 대해 식 12D.3-2와 식 12D.2-2 둘 다

$$q_0 = \frac{k}{2R}\beta_1^2(T_b - T_0) \tag{12D.3-3}$$

이 됨을 보이시오. 그러므로 큰 z에 대해 알아야 할 필요가 있는 모든 것은 첫 번째 고유값이며, 고유함수는 계산할 필요가 없다. 이는 Stodola와 Vianello의 방법[12]이 열 훌럭스의 극한값을 계산하는데 있어 얼마나 유용한지 보여준다.

12D.4. Graetz-Nusselt 문제(작은 z에 대한 점근해).

(a) 문제 12D.2에서 논의된 해에 예제 12.2-2의 방법을 적용하시오. 뉴튼 유체라 생각하고 다음 무차원 양을 사용하시오.

---

[10] J. Heading, *An Introduction to Phase-Integral Methods*, Wiley, New York (1962); J. R. Sellars, M. Tribus, and J. S. Klein, *Trans. ASME*, **78**, 441-448 (1956).식 12D.2-3의 대체 해에 대해서는 C.-R. Huang, M. Matlosz, W.-D. Pan, and W. Snyder, Jr., *AIChE Journal*, **30**, 833-834 (1984)를 보시오.

[11] I. R. Whiteman and W. B. *Drake, Trans. ASME*, **80**, 728-732 (1958).

[12] F. B. Hildebrand, *Advanced Calculus for Applications*, Prentice-Hall, Englewood Cliffs, N.J. (1963), 5.5절

$$\Theta = \frac{T_1 - T}{T_1 - T_0} \qquad \zeta = \frac{z}{R} \qquad \sigma = \frac{R-r}{R} = \frac{s}{R} \qquad N = \frac{4\langle v_z \rangle R}{\alpha} \tag{12D.4-1}$$

변수 조합법을 사용하면

$$\Theta = \frac{1}{\Gamma(\frac{4}{3})} \int_\eta^\infty \exp(-\overline{\eta}^3) d\overline{\eta} \tag{12D.4-2}$$

로 주어짐을 보이시오. 여기서 $\eta = (N\sigma^3/9\zeta)^{1/3}$이다.

(b) 벽면 훌럭스가

$$q_r|_{r=R} = \frac{k}{R}\left[\frac{1}{9^{1/3}\Gamma(\frac{4}{3})}\left(\text{Re Pr}\,\frac{D}{z}\right)^{1/3}\right](T_1 - T_0) \tag{12D.4-3}$$

임을 보이시오. 양 $(\text{Re Pr}\, D/z) = (4/\pi)(w\hat{C}_p/kz)$은 자주 나타난다. 무차원 군 $\text{Gz} = (w\hat{C}_p/kz)$는 *Graetz* 수라 불린다. 이 결과를 무차원 군에 대한 의존성을 고려하여 식 12D.3-3의 결과와 비교하시오.

(c) 결과가 어떻게 쓰여져야 임의의 일반화된 뉴튼 모델에 대해 타당하게 되는가?

12D.5. 평행한 평판 사이의 유동에 대한 Graetz 문제. 평행한 평판 사이의 유동(혹은 얇은 사각 도관 내의 유동)에 대해 문제 12D.2, 3과 4를 풀어 보시오.

12D.6. 평행한 평판에 대한 일정한 벽면 열 훌럭스 문제. 평행한 평판 사이의 유동에 대해 10.8절과 예제 12.2-1 및 예제 12.2-2에서 사용된 방법을 적용하시오.

12D.7. 일정한 열 훌럭스를 갖는 층류 관 유동에 대해 작은 z에 대한 점근해. 식 12.2-23과 식 12.2-24 사이에 생략된 과정을 채우시오. ψ에 대한 식을 식 12.2-23에 대입하면,

$$\Theta = \sqrt[3]{9\lambda} \int_\chi^\infty \left[\frac{3}{\Gamma(\frac{2}{3})} \int_{\overline{\chi}}^\infty \overline{\overline{\chi}} \exp(-\overline{\overline{\chi}}^3)\, d\overline{\overline{\chi}}\right] d\overline{\chi} \tag{12D.7-1}$$

이 된다. 기호 $\overline{\chi}$와 $\overline{\overline{\chi}}$를 왜 도입하는가? 다음 적분 순서를 바꾸면

$$\Theta = \sqrt[3]{9\lambda} \int_\chi^\infty \left[\frac{3}{\Gamma(\frac{2}{3})} \int_\chi^{\overline{\overline{\chi}}} \overline{\overline{\chi}} \exp(-\overline{\overline{\chi}}^3) d\overline{\chi}\right] d\overline{\overline{\chi}} \tag{12D.7-2}$$

를 얻으며, $\overline{\chi}$에 대해 적분을 수행하면,

$$\Theta(\eta, \lambda) = \frac{\sqrt[3]{9\lambda}}{\Gamma(\frac{2}{3})}\left[\exp(-\chi^3) - 3\chi\left(\int_0^\infty \overline{\chi} \exp(-\overline{\chi}^3)\, d\overline{\chi}\right)\right] \tag{12D.7-3}$$

을 얻는다. 그런 다음 완전한 감마 함수와 불완전한 감마 함수[13]에 대한 정의 $\Gamma(a) = \int_0^\infty t^{a-1}e^{-t}dt$와 $\Gamma(a, x) = \int_x^\infty t^{a-1}e^{-t}dt$를 사용하시오.

[13] M. Abramowitz and I. A. Stegun, eds., *Handbook of Mathematical Functions*, Dover, New York, 9th Printing (1973), pp. 255 et seq.

[14] H. Schlichting, *Boundary-Layer Theory*, 7th edition, McGraw-Hill, New York (1979). p. 306.

12D.8. 평탄한 평판으로부터 강제 대류 열전달(열 경계층이 운동량 경계층을 넘어 확장된다). $\Delta \geq 1$에 대해 식 12.4-14에 상사한 결과가

$$\frac{3}{10}\Delta^2 - \frac{3}{10}\Delta + \frac{2}{15} - \frac{3}{140}\frac{1}{\Delta^2} + \frac{1}{180\Delta^3} = \frac{37}{315}\frac{1}{\text{Pr}} \tag{12D.8-1}$$

임[14]을 보이시오.

Chapter

13 난류에서의 온도분포

10장부터 12장에서는 고체와 층류 운동을 하는 유체 내의 온도분포를 어떻게 구하는지 보았다. 이 과정은 적절한 경계조건 및 초기조건을 갖는 변화방정식의 해를 구하는 것을 포함하였다.

이제 난류에서 온도분포를 구하는 문제로 관심을 돌리고자 한다. 이 논의는 5장에서 주어진 것과 매우 유사하다. 변화방정식을 시간 평활화함으로써 시작하고자 한다. 시간 평활화된 에너지 방정식에는 속도와 온도 요동의 상관관계 항으로 표현되는 난류 열 훌럭스 $\bar{\mathbf{q}}^{(t)}$가 나타난다. 벽면 난류와 자유 난류에서 시간 평활화된 온도분포를 예측할 수 있는 $\bar{\mathbf{q}}^{(t)}$에 대한 몇 가지의 다소 유용한 경험식이 있으며, 그 방법을 설명하기 위해 관 유동에서의 열전달을 설명하고자 한다.

열전달에 미치는 가장 명백한 난류의 영향은 본류에 수직인 방향으로 열전달이 향상된다는 것이다. 만약 z 방향으로 **층류**로 흐르는 유체에 열이 주입되면, x와 y 방향의 열전달은 단지 전도에 의해서만 일어나며, 매우 천천히 진행된다. 반면에 유동이 **난류**이면, 열은 극단적으로 빠르게 x와 y 방향으로 퍼지게 된다. 열의 빠른 분산은 난류의 특징적 양상이다. 여기서는 관 유동과 원형 젯 유동에 대해 이 혼합 공정을 좀 더 상세히 다루고자 한다.

비록 시간 평활화된 에너지 방정식을 통해 난류 열전달을 연구하는 것이 통상적이었지만, 시간 평활화 없이도 Fourier 변환 기법을 사용하여 벽에서의 열 훌럭스를 해석하는 것 역시 가능하다. 이 내용은 마지막 절에서 다룰 것이다.

13.1 비압축성, 비등온 유동에 대한 시간 평활화된 변화방정식

5.2절에서 시간 평활화된 양과 난류 요동의 표기법을 도입하였다. 이 장에서는 주로 온도분포를 다룰 것이다. 시간 평활화된 온도 $\bar{T}$와 온도 요동 T'을 도입하고, 식 5.2-1과 상사하게 쓰면

$$T = \bar{T} + T' \tag{13.1-1}$$

이 된다. T'을 평균하면 0이 되므로 $\bar{T'} = 0$임이 명백하지만, 임의의 점에서 속도와 온도 요동 사이의 상관관계 때문에 $\overline{v_x' T'}$, $\overline{v_y' T'}$ 및 $\overline{v_z' T'}$와 같은 양은 0이 아닐것이다.

비등온 순수 유체에 대해서는 3개의 변화방정식이 필요하며, 여기서는 그들의 시간 평활화된 형태를 논의하고자 한다. 일정한 밀도와 점도를 갖는 유체에 대한 시간 평활화된 연속방정식과 운동방정식은 식 5.2-10과 12에 주어져 있으므로, 여기서는 다시 반복할 필요가 없다. 일정한 μ, ρ, $\hat{C}_p$와 k를 갖는 유체에 대해, 식 3.5-4를 사용함으로써 $\partial/\partial t$ 형태로 두고 Newton 법칙과 Fourier 법칙을 적용하면 식 11.2-5는

$$\begin{aligned}\frac{\partial}{\partial t}\rho\hat{C}_pT &= -\left(\frac{\partial}{\partial x}\rho\hat{C}_pv_xT + \frac{\partial}{\partial y}\rho\hat{C}_pv_yT + \frac{\partial}{\partial z}\rho\hat{C}_pv_zT\right) + k\left(\frac{\partial^2T}{\partial x^2} + \frac{\partial^2T}{\partial y^2} + \frac{\partial^2T}{\partial z^2}\right)\\ &\quad + \mu\left[2\left(\frac{\partial v_x}{\partial x}\right)^2 + \left(\frac{\partial v_x}{\partial y}\right)^2 + 2\left(\frac{\partial v_x}{\partial y}\right)\left(\frac{\partial v_y}{\partial x}\right) + \cdots\right]\end{aligned} \tag{13.1-2}$$

로 되며, 점성 소산항 $-(\boldsymbol{\tau}:\nabla\mathbf{v}) = \mu\Phi_v$는 단지 몇 개의 표본 항만 수록하였다(완전한 식에 대해서는 식 B.7-1 참조).

식 13.1-2에서 T를 $T = \bar{T} + T'$으로, v_x를 $\bar{v}_x + v_x'$ 등으로 대체한 다음 식을 시간 평활화하면

$$\begin{aligned}\frac{\partial}{\partial t}\rho\hat{C}_p\bar{T} &= -\left(\frac{\partial}{\partial x}\rho\hat{C}_p\bar{v}_x\bar{T} + \frac{\partial}{\partial y}\rho\hat{C}_p\bar{v}_y\bar{T} + \frac{\partial}{\partial z}\rho\hat{C}_p\bar{v}_z\bar{T}\right)\\ &\quad -\underline{\left(\frac{\partial}{\partial x}\rho\hat{C}_p\overline{v_x'T'} + \frac{\partial}{\partial y}\rho\hat{C}_p\overline{v_y'T'} + \frac{\partial}{\partial z}\rho\hat{C}_p\overline{v_z'T'}\right)}\\ &\quad +k\left(\frac{\partial^2\bar{T}}{\partial x^2} + \frac{\partial^2\bar{T}}{\partial y^2} + \frac{\partial^2\bar{T}}{\partial z^2}\right)\\ &\quad +\mu\left[2\left(\frac{\partial\bar{v}_x}{\partial x}\right)^2 + \left(\frac{\partial\bar{v}_x}{\partial y}\right)^2 + 2\left(\frac{\partial\bar{v}_x}{\partial y}\right)\left(\frac{\partial\bar{v}_y}{\partial x}\right) + \cdots\right]\\ &\quad +\mu\underline{\left[2\overline{\left(\frac{\partial v_x'}{\partial x}\right)\left(\frac{\partial v_x'}{\partial x}\right)} + \overline{\left(\frac{\partial v_x'}{\partial y}\right)\left(\frac{\partial v_x'}{\partial y}\right)} + 2\overline{\left(\frac{\partial v_x'}{\partial y}\right)\left(\frac{\partial v_y'}{\partial x}\right)} + \cdots\right]}\end{aligned} \tag{13.1-3}$$

을 얻는다. 이 식을 앞의 식과 비교하면 시간 평활화된 식은 난류 요동과 관련되어 있어 점선 밑줄로 표시된 항의 출현을 제외하고는 원래 식과 동일한 형태를 갖는다는 것을 알 수 있다. 따라서

$$\bar{q}_x^{(t)} = \rho\hat{C}_p\overline{v_x'T'} \qquad \bar{q}_y^{(t)} = \rho\hat{C}_p\overline{v_y'T'} \qquad \bar{q}_z^{(t)} = \rho\hat{C}_p\overline{v_z'T'} \tag{13.1-4}$$

의 성분을 갖는 난류 열 훌럭스 $\bar{\mathbf{q}}^{(t)}$와 난류 에너지 소산 함수 $\bar{\Phi}_v^{(t)}$를

$$\overline{\Phi}_v^{(t)} = \sum_{i=1}^{3}\sum_{j=1}^{3}\left(\overline{\left(\frac{\partial v_i'}{\partial x_j}\right)\left(\frac{\partial v_i'}{\partial x_j}\right)} + \overline{\left(\frac{\partial v_i'}{\partial x_j}\right)\left(\frac{\partial v_j'}{\partial x_i}\right)}\right) \tag{13.1-5}$$

와 같이 정의한다. 식 13.1-4의 $\bar{\mathbf{q}}^{(t)}$ 성분과 식 5.2-8의 $\bar{\boldsymbol{\tau}}^{(t)}$ 성분 사이에는 유사성이 있음에 주목해야 한다. 식 13.1-5에서 v_1', v_2'와 v_3'은 v_x', v_y'와 v_z'와 같은 의미이고, x_1, x_2, x_3은 x, y, z와 같은 의미이다.

요약하기 위해 일정한 μ, ρ, $\hat{C}_p$와 k를 갖는 순수 유체의 난류에 대한 모두 3개의 시간 평활화된 변화방정식을 나열하였다.

연속 $$(\nabla \cdot \bar{\mathbf{v}}) = 0 \tag{13.1-6}$$

운동 $$\rho\frac{D\bar{\mathbf{v}}}{Dt} = -\nabla\bar{p} - [\nabla \cdot (\bar{\boldsymbol{\tau}}^{(v)} + \underline{\bar{\boldsymbol{\tau}}^{(t)}})] + \rho\mathbf{g} \tag{13.1-7}$$

에너지 $$\rho\hat{C}_p\frac{D\bar{T}}{Dt} = -(\nabla \cdot (\bar{\mathbf{q}}^{(v)} + \underline{\bar{\mathbf{q}}^{(t)}})) + \mu(\overline{\Phi}_v^{(v)} + \underline{\overline{\Phi}_v^{(t)}}) \tag{13.1-8}$$

여기서 $D/Dt = \partial/\partial t + \bar{\mathbf{v}} \cdot \boldsymbol{\nabla}$인 것으로 이해되며, $\bar{\mathbf{q}}^{(v)} = -k\nabla\bar{T}$ 이고, $\bar{\Phi}_v^{(v)}$는 모든 v_i를 $\bar{v}_i$로 대체한 식 B.7-1의 점성 소산 함수이다.

난류 열 유동 문제를 논의함에 있어 점성 소산항을 빼는 것이 통상적이다. 그러면 $\boldsymbol{\tau}$와 $\mathbf{q}$를 각각 $\bar{\boldsymbol{\tau}}^{(v)} + \bar{\boldsymbol{\tau}}^{(t)}$와 $\bar{\mathbf{q}}^{(v)} + \bar{\mathbf{q}}^{(t)}$로 대체하고 나머지 항에서는 시간 평활화된 $\bar{p}$, $\bar{\mathbf{v}}$와 $\bar{T}$를 사용하는 것을 제외하고는 층류에 대한 것과 같이 난류 열전달 문제를 수립한다.

13.2 벽 부근의 시간 평활화된 온도분포[1]

다음 절에서 $\bar{\mathbf{q}}^{(t)}$에 대한 경험식을 논의하기 전에, 어떤 경험식에도 의존하지 않는 몇몇 결과에 대해 짧게 논의하고자 한다.

그림 13.2-1에서 보는 바와 같이 평탄한 벽을 따르는 난류를 생각하고, 관성 저층의 온도에 대해 묻고자 한다. 식 5.3-1에 대한 결과에 따라 전개를 정형화한다. $y = 0$에서 유체로 들어오는 열 훌럭스를 $q_0 = \bar{q}_y|_{y=0}$라 하고, 관성 저층 내의 열 훌럭스는 벽면에서의 열 훌럭스와 크게 차이가 나지 않을 것이라 가정한다.

q_0와 관성 저층 내의 시간 평활화된 온도 구배와의 관계를 찾고자 한다. 이 영역에서의 전

[1] L. Landau and E. M. Lifshitz, *Fluid Mechanics*, 2nd edition, Pergamon Press, New York (1987), 54절

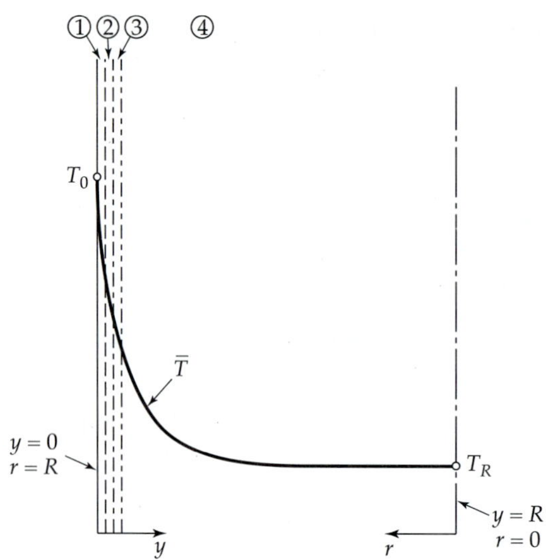

그림 13.2-1 난류를 갖는 관 내의 온도분포. 영역은 (1)점성 저층, (2)완충층, (3)관성 저층과 (4)주 난류 흐름으로 되어 있다.

달은 난류 대류에 의해 지배되기 때문에, 점도 μ와 열전도도 k는 중요한 역할을 하지 않을 것이다. 그러므로 $d\bar{T}/dy$가 의존할 수 있는 유일한 매개변수들은 q_0, $v_* = \sqrt{\tau_0/\rho}$, ρ, $\hat{C}_p$와 y이다. 더욱이 에너지 방정식의 선형성은 $d\bar{T}/dy$가 틀림없이 q_0에 비례함을 내포한다는 사실을 사용해야만 한다. 이들 요구 조건을 만족하는 유일한 조합은

$$-\frac{d\bar{T}}{dy} = \frac{\beta q_0}{\kappa\rho\hat{C}_p v_* y} \tag{13.2-1}$$

이다. 여기서 κ는 식 5.3-1의 무차원 상수이며, β는(결국에는 난류 Prandtl 수 $\mathrm{Pr}^{(t)} = \nu^{(t)}/\alpha^{(t)}$로 밝혀지는[1]) 추가적인 상수이다.

식 13.2-1을 적분하면

$$T_0 - \bar{T} = \frac{\beta q_0}{\kappa\rho\hat{C}_p v_*}\ln y + C \tag{13.2-2}$$

를 얻는다. T_0는 벽 온도이고 C는 적분 상수이다. 상수는 로그식과 점성 저층이 만나는 점에서 갖는 $\bar{T}(y)$에 대한 식이 서로 같다고 둠으로써 결정된다. 후자의 식은 μ와 k를 둘 다 포함할 것이다. 그러므로 C는 필연적으로 μ와 k를 포함하게 되며, 무차원 군 $\mathrm{Pr} = \hat{C}_p\mu/k$도 포함하게 될 것이다. 이에 더하여 무차원 좌표 yv_*/ν를 도입하면, 식 13.2-2는

$$\frac{yv_*}{\nu} > 1 \text{ 에 대해} \quad T_0 - \bar{T} = \frac{\beta q_0}{\kappa\rho\hat{C}_p v_*}\left[\ln\left(\frac{yv_*}{\nu}\right) + f(\mathrm{Pr})\right] \tag{13.2-3}$$

과 같이 다시 쓸 수 있다. 여기서 $f(\mathrm{Pr})$은 벽면과 관성 저층 사이의 열 저항을 나타내는 함수이다. Landau와 Lifshitz[1]는 혼합거리 논리(식 13.3-3 참조)로부터 큰 Prandtl 수에 대해

[1] L. Landau and E. M. Lifshitz, *Fluid Mechanics*, 2nd edition, Pergamon Press, New York (1987), 54절.

$f(\text{Pr})$ = 상수·$\text{Pr}^{3/4}$임을 계산하였지만, 예제 13.3-1은 함수 $f(\text{Pr})$ = 상수·$\text{Pr}^{2/3}$이 더 낫다는 것을 암시한다. 식 13.2-3은 단지 관성 저층에서만 타당하며, 벽면에 바로 가까운 주위에서는 사용할 수 없음을 명심하시오.

13.3 난류 열 훌럭스에 대한 경험식

13.1절에서 난류 열 훌럭스 $\bar{\mathbf{q}}^{(t)}$가 에너지 방정식의 시간 평활화로부터 나온다는 것을 알았다. 시간 평활화된 온도분포에 대한 에너지 방정식을 풀기 위해 $\bar{\mathbf{q}}^{(t)}$와 시간 평활화된 온도 구배 사이의 관계를 가정하는 것이 통상적이다. 여기서는 가장 인기 있는 2개의 경험식을 요약하고자 하며, 이들 이외의 경험식은 열전달 문헌에서 찾을 수 있을 것이다.

에디 열전도도

열전도의 Fourier 법칙과의 상사성에 의해

$$\bar{q}_y^{(t)} = -k^{(t)}\frac{d\bar{T}}{dy} \tag{13.3-1}$$

과 같이 쓸 수 있을 것이다. 여기서 양 $k^{(t)}$는 **난류 열전도도** 또는 **에디 열전도도**라 불린다. 이 양은 유체의 물성이 아니라, 위치, 방향 그리고 난류의 성질에 의존한다.

에디 동점도 $\nu^{(t)} = \mu^{(t)}/\rho$와 에디 열 확산계수 $\alpha^{(t)} = k^{(t)}/\rho\hat{C}_p$는 같은 차원을 갖는다. 이들 비는 **난류 Prandtl 수**로 불리는

$$\text{Pr}^{(t)} = \frac{\nu^{(t)}}{\alpha^{(t)}} \tag{13.3-2}$$

의 무차원 군이다. 이 무차원 양은 1의 차수이며, 문헌상의 값은 0.5부터 1까지 변한다. 도관 내의 기체 유동에 대해서는 $\text{Pr}^{(t)}$가 0.7부터 0.9까지의(원형관에서는 0.85 값이 추천되었다[1]) 범위에 있는 반면, 젯과 후류 내의 유동에 대해서는 $\text{Pr}^{(t)}$값이 거의 0.5이다. $\text{Pr}^{(t)} = 1$이라는 가정은 **Reynolds 상사성**이라 불린다.

Prnadtl과 Taylor의 혼합길이 식

Prandtl의 혼합길이 이론에 의하면 운동량과 에너지는 동일한 메커니즘에 의해 난류 내에서 전달된다. 따라서 식 5.4-4와의 상사성에 의해

$$\bar{q}_y^{(t)} = -\rho\hat{C}_p l^2 \left|\frac{d\bar{v}_x}{dy}\right| \frac{d\bar{T}}{dy} \tag{13.3-3}$$

[1] W. M. Kays and M. E. Crawford, *Convective Heat and Mass Transfer*, 3rd edition, McGraw-Hill, New York (1993), pp. 259-266.

을 얻는다. 여기서 l은 식 5.4-4에서 소개된 Prandtl의 혼합길이이다. 이 식은 $\text{Pr}^{(t)} = 1$을 예측한다는 것에 주목하시오. Taylor의 와류 전달 이론[2]에 의하면 $\text{Pr}^{(t)} = \frac{1}{2}$을 얻게 된다.

예제 13.3-1 관 내 난류에 대한 벽면 열 훌럭스의 근사적 관계.

지름이 $D = 2R$인 관 내의 난류에 대한 벽면 열 훌럭스 q_0를 계산하기 위해 에디 점도에 대한 식 5.4-2와 함께 Reynolds 상사성($\nu^{(t)} = \alpha^{(t)}$)을 사용하시오. 결과를 온도차 구동력 $T_0 - \bar{T}_R$의 항으로 표현하시오. 여기서 T_0는 벽 ($y = 0$)에서의 온도이고, $\bar{T}_R$은 관의 축($y = R$)에서 시간 평활화된 온도이다.

해 관 내 반지름 방향의 시간 평활화된 열 훌럭스는 $\bar{q}_r^{(v)}$과 $\bar{q}_r^{(t)}$의 합으로 주어진다.

$$\begin{aligned}\bar{q}_r = -(k + k^{(t)})\frac{d\bar{T}}{dr} &= -(1 + \frac{\alpha^{(t)}}{\alpha})k\frac{d\bar{T}}{dr} \\ &= +(1 + \frac{\nu^{(t)}}{\alpha})k\frac{d\bar{T}}{dy}\end{aligned} \tag{13.3-4}$$

여기서는 식 13.3-1과 Reynolds 상사성을 사용하였으며, 벽으로부터의 거리 y로 좌표를 바꾸었다. 이제 점성 저층을 가로지른 다음 벽까지 적용되는 식 5.4-2의 경험식을 사용하고자 한다.

$$\frac{yv_*}{\nu} < 5\text{에 대해} \qquad \bar{q}_y = -\left[1 + \text{Pr}\left(\frac{yv_*}{14.5\nu}\right)^3\right]k\frac{d\bar{T}}{dy} \tag{13.3-5}$$

여기서 $\bar{q}_r = -\bar{q}_y$이 사용되었다.

이제 식 13.3-5의 열 훌럭스 $\bar{q}_y$를 벽에서의 값 q_0로 근사하고, $y = 0$부터 $y = R$까지 적분하면

$$q_0\int_0^R \frac{dy}{1 + \text{Pr}(yv_*/14.5\nu)^3} = k(T_0 - \bar{T}_R) \tag{13.3-6}$$

을 얻는다. 대단히 큰 Prandtl 수에 대해, y가 증가함에 따라 적분항이 급격히 감소하므로 적분에서 상한 R을 ∞로 대체할 수 있다. 그런 다음 좌변에 대해 적분을 수행하고 그 결과를 무차원 형태로 쓰면

$$\frac{q_0 D}{k(T_0 - \bar{T}_R)} = \frac{3\sqrt{3}}{2\pi(14.5)}\left(\frac{v_*}{\langle v_z\rangle}\right)\text{Re Pr}^{1/3} = \frac{1}{17.5}\sqrt{\frac{f}{2}}\,\text{Re Pr}^{1/3} \tag{13.3-7}$$

을 얻는다. 여기서는 마찰 인자로 표현되도록 v_*를 소거하기 위해 식 6.1-4a가 사용되었다.

위의 전개는 단지 근사적이다. 유체가 관을 통해 축 방향으로 움직일 때 총괄 온도의 변화를 고려하지 않았으며, 관을 통과하는 열 훌럭스의 변화를 고려하지 않았다. 더욱이 적분을

[2] G. I. Taylor, *Proc. Roy. Soc.* (*London*), **A135**, 685-702 (1932); *Phil. Trans.*, **A215**, 1-26 (1915).

$y=\infty$까지 확장하였기 때문에 결과는 대단히 큰 Pr에 대한 경우로 제한된다. 이들 가정으로부터 자유로운 다른 유도는 다음 절에서 주어진다. 그러나 큰 Prandtl 수에서는 식 13.4-20의 결과가 다른 수치적 상수를 갖는 식 13.3-7의 결과로 단순화된다는 것을 알게 될 것이다.

13.4 관 내의 난류에 대한 온도분포

10.8절에서는 원형관 내를 층류로 흐르는 유체에서 큰 z 값을 갖는 영역에 대한 온도분포의 점근적 거동을 어떻게 얻는지 보았다. 여기서는 완전히 발달된 난류인 유체에 대해 이 문제를 다시 다루고자 한다. 유체는 유입 온도 T_1에서 반지름이 R인 관을 들어온다. $z>0$에 대해 벽면에서 균일한 반지름 방향의 열 훌럭스 q_0때문에 유체는 가열된다(그림 13.4-1 참조).

원통형 좌표에서 쓴 에너지 방정식, 식 13.1-8으로부터 시작한다.

$$\rho\hat{C}_p\bar{v}_z\frac{\partial\bar{T}}{\partial z}=-\frac{1}{r}\frac{\partial}{\partial r}(r(\bar{q}_r^{(v)}+\bar{q}_r^{(t)})) \tag{13.4-1}$$

여기에 식 13.3-4의 반지름 방향의 열 훌럭스에 대한 식을 대입하면

$$\bar{v}_z\frac{\partial\bar{T}}{\partial z}=\frac{1}{r}\frac{\partial}{\partial r}\left(r(\alpha+\alpha^{(t)})\frac{\partial\bar{T}}{\partial r}\right) \tag{13.4-2}$$

가 된다. 경계조건

경계조건 1: $r=0$ 에서, $\bar{T}=$ 유한 (13.4-3)

경계조건 2: $r=R$ 에서, $+k\dfrac{\partial\bar{T}}{\partial r}=q_0$ (상수) (13.4-4)

경계조건 3: $z=0$ 에서, $\bar{T}=T_1$ (13.4-5)

를 적용하면 해를 구할 수 있다. 이제 식 10.8-16에서 18까지에 이미 주어진 것과 같은 동

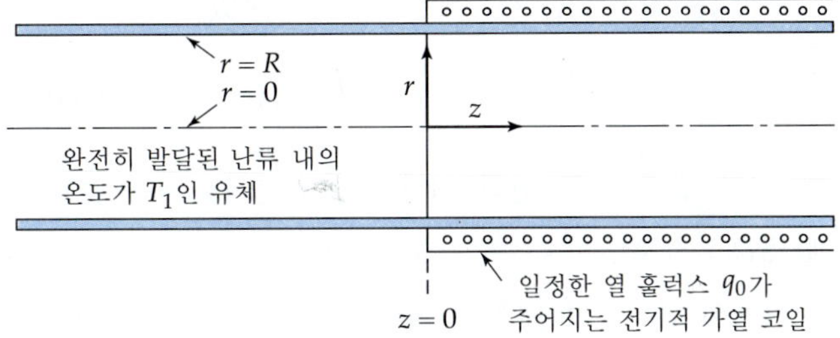

그림 13.4-1 $z>0$에 대해 일정한 열 훌럭스로 완전히 발달된 난류인 액체를 가열하기 위해 사용된 계.

일한 무차원 변수를 사용하고자 한다(무차원 온도의 정의에서 T 대신에 $\bar{T}$를 갖는). 그러면 무차원 형태의 식 13.4-2는

$$\phi \frac{\partial \Theta}{\partial \zeta} = \frac{1}{\xi}\frac{\partial}{\partial \xi}\left(\xi\left(1 + \frac{\alpha^{(t)}}{\alpha}\right)\frac{\partial \Theta}{\partial \xi}\right) \tag{13.4-6}$$

이 되며, 여기서 $\phi(\xi) = \bar{v}_z/\bar{v}_{z,\max}$는 무차원 난류 속도분포이다. 이 식은 무차원 경계조건

경계조건 1: $\xi = 0$ 에서, $\Theta =$ 유한 (13.4-7)

경계조건 2: $\xi = 1$ 에서, $+\dfrac{\partial \Theta}{\partial \xi} = 1$ (13.4-8)

경계조건 3: $\zeta = 0$ 에서, $\Theta = 0$ (13.4-9)

를 적용하여 해를 구할 수 있다. 이 문제에 대한 완벽한 해가 주어져 있지만,[1] 여기서는 큰 z에 대한 해에 만족하고자 한다.

경계조건 1과 2 및 식 10.8-24(T와 $v_z = v_{z,\max}(1 - \xi^2)$를 $\bar{T}$와 $v_z = v_{z,\max}\phi(\xi)$로 대체한)의 조건 4와 함께 미분방정식을 반드시 만족하여야 하는 식 10.8-23 형태의 점근해

$$\Theta(\xi, \zeta) = C_0\zeta + \Psi(\xi) \tag{13.4-10}$$

을 가정함으로써 시작한다. Ψ에 대한 결과식은

$$\frac{1}{\xi}\frac{d}{d\xi}\left(\xi\left(1 + \frac{\alpha^{(t)}}{\alpha}\right)\frac{d\Psi}{d\xi}\right) = C_0\phi \tag{13.4-11}$$

이다. 이 식을 두 번 적분하고 식 13.4-10을 사용하여 함수 Θ를 수립하면

$$\Theta = C_0\zeta + C_0\int_0^{\xi}\frac{I(\bar{\xi})}{\bar{\xi}[1 + (\alpha^{(t)}/\alpha)]}d\bar{\xi} + C_1\int_0^{\xi}\frac{1}{\bar{\xi}[1 + (\alpha^{(t)}/\alpha)]}d\bar{\xi} + C_2 \tag{13.4-12}$$

를 얻는다. 여기서 $\alpha^{(t)}$는 $\bar{\xi}$의 함수이고, $I(\bar{\xi})$는 적분

$$I(\bar{\xi}) = \int_0^{\bar{\xi}}\phi\bar{\bar{\xi}}\,d\bar{\bar{\xi}} \tag{13.4-13}$$

에 대한 속기인 것으로 이해된다. 경계조건 1을 만족하기 위해 적분 상수 C_1을 0과 같다고 두며, 상수 C_0는 경계조건 2를 적용하면 알 수 있으며

$$C_0 = \left(\int_0^1 \phi\xi d\xi\right)^{-1} = [I(1)]^{-1} \tag{13.4-14}$$

가 된다. 남은 상수 C_2는 만약 원한다면 조건 4로부터 얻을 수 있지만 여기서는 필요가 없다(문제 13D.1 참조).

다음 관 벽에서 열전달에 대한 "구동력"인 무차원 온도차 $\Theta_0 - \Theta_b$에 대한 식

[1] R. H. Notter and C. A. Sleicher, *Chem. Eng. Sci.*, **27**, 2073-2093 (1972).

$$\Theta_0 - \Theta_b = C_0 \int_0^1 \frac{I(\xi)}{\xi[1 + (\alpha^{(t)}/\alpha)]} d\xi - \frac{C_0}{I(1)} \int_0^1 \phi\xi \left[\int_0^{\xi} \frac{I(\bar{\xi})}{\bar{\xi}[1 + (\alpha^{(t)}/\alpha)]} d\bar{\xi} \right] d\xi$$

$$= C_0 \int_0^1 \frac{I(\xi)}{\xi[1 + (\alpha^{(t)}/\alpha)]} d\xi - \frac{C_0}{I(1)} \int_0^1 \frac{I(\bar{\xi})}{\bar{\xi}[1 + (\alpha^{(t)}/\alpha)]} \left[\int_{\bar{\xi}}^1 \phi\xi d\xi \right] d\bar{\xi} \quad (13.4\text{-}15)$$

를 얻는다. 2번째 줄에서 이중 적분의 적분 순서는 유보해 두었다. 우변 2번째 항의 내부 적분은 바로 $I(1) - I(\bar{\xi})$이고, $I(1)$을 포함하는 부분은 식 13.4-15의 첫 번째 항을 정확히 상쇄한다. 그러므로 식 13.4-14를 사용하면

$$\Theta_0 - \Theta_b = \int_0^1 \frac{[I(\xi)/I(1)]^2}{\xi[1 + (\alpha^{(t)}/\alpha)]} d\xi \quad (13.4\text{-}16)$$

을 얻는다. 그러나 식 13.4-16에 나타나는 양 $I(1)$은

$$I(1) = \int_0^1 \phi\, \xi\, d\xi = \left(\int_0^R \bar{v}_z r\, dr \right) \frac{1}{\bar{v}_{z,\max} R^2} = \frac{1}{2} \frac{\langle \bar{v}_z \rangle}{\bar{v}_{z,\max}} \quad (13.4\text{-}17)$$

로 간단하게 해석된다.

마지막으로 무차원 벽면 열 흘럭스를 구하하면

$$\frac{q_0 D}{k(\bar{T}_0 - \bar{T}_b)} = \frac{2}{\Theta_0 - \Theta_b} \quad (13.4\text{-}18)$$

이 되며, 이의 역수는[2]

$$\frac{k(T_0 - T_b)}{q_0 D} = 2\left(\frac{\bar{v}_{z,\max}}{\langle \bar{v}_z \rangle} \right)^2 \int_0^1 \frac{[I(\xi)]^2}{\xi[1 + (\nu^{(t)}/\nu)(\Pr/\Pr^{(t)})]} d\xi \quad (13.4\text{-}19)$$

이다. 이 결과를 사용하기 위해서는 시간 평활화된 속도분포 $\bar{v}_z$ ($I(\bar{\xi})$에 나타나는)에 대한 식과 위치 함수인 난류 동점도 $\nu^{(t)}$, 난류 Prandtl 수 $\Pr^{(t)}$에 대한 가정이 필요하다.

식 13.4-19에 기초를 둔 광범위한 계산은 Sandall, Hanna와 Mazet[3]에 의해 수행되었다. 이들은 난류 Prandtl 수를 1이라고 두었으며, 적분 영역을 하나는 벽 부근이고 다른 하나는 난류 중심의 두 영역으로 나누었다. "벽 영역"에서는 혼합길이에 대한 식 5.4-7의 수정된 van Driest 식을 사용하였으며, "난류 중심 영역"에서는 로그 속도분포를 사용하였다. 그들의 최종 결과는

$$\frac{q_0 D}{k(\bar{T}_0 - \bar{T}_b)} = \frac{\mathrm{Re}\,\Pr\sqrt{f/2}}{12.48\,\Pr^{2/3} - 7.853\,\Pr^{1/3} + 3.613 \ln \Pr + 5.8 + 2.78 \ln\left(\frac{1}{45} \mathrm{Re}\sqrt{f/8}\right)} \quad (13.4\text{-}20)$$

과 같이 주어진다.

---

[2] 식 13.4-19는 액체 금속의 열전달에 관한 논문에서 R. N. Lyon, *Chem. Eng. Prog.*, **47** 75-79 (1950)에 의해 처음으로 개발되었다. 식 13.4-19의 좌변은 무차원 열전달계수인 Nusselt 수 Nu = *hD*/*k*의 역수이다. 이 명명법은 다음 장에서 논의하고자 한다.

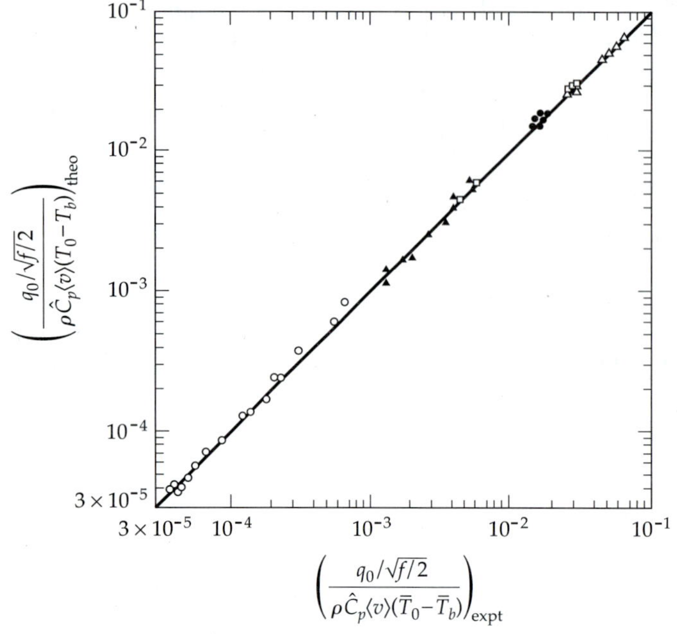

그림 13.4-2 완전히 발달된 난류의 벽면 열 흘럭스에 대한 식 13.4-20에서 유도된 식과 R. G. Deissler and C. S. Eian, *NACA Tech. Note #2629* (1952); R. W. Allen and E. R. G. Eckert, *J. Heat Transfer, Trans ASME, ser. C*, **86**, 301-310 (1964); J. A. Malina and E. M. Sparrow, *Chem. Eng. Sci.*, **19**, 953-962 (1964); W. L. Friend and A. B. Metzner, *AIChE Journal,* **4**, 393-402 (1958); P. Harriott and R. M. Hamilton, *Chem Eng. Sci.*, **20**, 1073-1078 (1965) 실험 데이터의 비교. Harriott와 Hamilton의 데이터는 식 13.4-20이 적용될 수 있는 상사한 물질전달 실험에 대한 것이다.

식 13.4-20은 연구된 데이터의 집합에 따라 $0.73 < \mathrm{Pr} < 590$의 범위에 걸쳐 열전달(그리고 물질전달)에 대한 이용 가능한 데이터와 3.6%에서 8.1% 범위 내에서 부합한다. Pr 대신에 $\mathrm{Sc} = \mu/(\rho\mathscr{D}_{AB})$를 포함한 상사한 물질전달식은 $452 < \mathrm{Sc} < 97600$ 범위에 걸쳐 물질전달 데이터와 8% 내에서 부합한다고 보고되어 있다.[3] 그림 13.4-2에서 보는 바와 같이 이론과 열전달 및 물질전달 데이터는 꽤 납득할 만큼 부합한다.

13.5 젯 내의 난류에 대한 온도분포[1]

5.6절에서는 무한히 확장된 동일한 유체 내로 방출되는 원형 유체 젯 내의 속도분포식을 유도하였다. 여기서는 주위 유체의 온도 T_1보다 높은 온도 T_0로 들어오는 젯을 생각함으로

[3] O. C. Sandall, O. T. Hanna, and P. R. Mazet, *Canad. J. Chem. Eng.*, **58**, 443-447 (1980). 또한 O. T. Hanna and O. C. Sandall, *AIChE Journal*, **18**, 527-533 (1972)를 보시오.

[1] J. O. Hinze, *Turbulence*, 2nd edition, McGraw-Hill, New York (1975), pp. 531-546.

써 이 문제를 확장하고자 한다. 문제는 정상상태로 운전되는 젯에서 시간 평활화된 온도분포 $\bar{T}(r, z)$를 찾는 것이다. 이 분포는 r과 z 방향 모두 단조 감소할 것으로 기대된다.

점성 소산은 무시할 만하다고 가정함으로써 시작하며, 열 훌럭스에서 $\bar{\mathbf{q}}^{(v)}$ 기여뿐만 아니라 $\bar{\mathbf{q}}^{(t)}$에서 반지름 방향의 기여도 무시한다. 그런 다음 식 13.1-8에 시간 평활화된 형태를 취하면

$$\rho\hat{C}_p\left(\bar{v}_r \frac{\partial \bar{T}}{\partial r} + \bar{v}_z \frac{\partial \bar{T}}{\partial z}\right) = -\frac{1}{r}\frac{\partial}{\partial r}(r\bar{q}_r^{(t)}) \tag{13.5-1}$$

이 되고, 식 13.3-1에서 도입된 난류 열전도도의 항으로 된 난류 열 훌럭스는

$$\bar{q}_r^{(t)} = -k^{(t)}\frac{\partial \bar{T}}{\partial r} = -\rho\hat{C}_p\alpha^{(t)}\frac{\partial \bar{T}}{\partial r} = \rho\hat{C}_p\frac{\nu^{(t)}}{\mathrm{Pr}^{(t)}}\frac{\partial \bar{T}}{\partial r} \tag{13.5-2}$$

로 표현된다. 식 13.5-1을 무차원 온도 함수

$$\Theta(\xi, \zeta) = \frac{\bar{T} - T_1}{T_0 - T_1} \tag{13.5-3}$$

의 항으로 쓰면

$$\left(\bar{v}_r \frac{\partial \Theta}{\partial r} + \bar{v}_z \frac{\partial \Theta}{\partial z}\right) = \frac{\nu^{(t)}}{\mathrm{Pr}^{(t)}}\frac{1}{r}\frac{\partial}{\partial r}\left(r\frac{\partial \Theta}{\partial r}\right) \tag{13.5-4}$$

가 된다. 여기서 난류 Prandtl 수와 난류 동점도는 일정하다고 가정하였다(식 5.6-3 이후의 논의 참조). 이 식은 경계조건

경계조건 1: $z = 0$ 에서, $\Theta = 1$ (13.5-5)

경계조건 2: $r = 0$ 에서, $\Theta =$ 유한 (13.5-6)

경계조건 3: $r \to \infty$ 일때, $\Theta \to 0$ (13.5-7)

을 적용하면 해를 구할 수 있다. 다음 식 5.6-12와 13에서 주어진 바와 같은 흐름함수 $F(\xi)$의 항으로된 시간 평활화된 속도 성분 $\bar{v}_r$과 $\bar{v}_z$에 대한 식을 도입하고, 시간 평활화된 무차원 온도 함수

$$\Theta(\xi, \zeta) = \frac{1}{\zeta}f(\xi) \tag{13.5-8}$$

에 대한 시행식을 도입한다. 여기서 $\xi = r/z$와 $\zeta = (\rho\nu^{(t)}/w)z$이고, w는 젯 내의 총 질량 유량이다. 식 13.5-8의 제안은 식 5.6-21에서 발견되었던 $\bar{v}_z$에 대한 식에 의해 동기가 부여된다. 속도 성분과 무차원 온도에 대한 이 식들을 식 13.5-4에 대입하면, 몇몇 항은 소거되고 다른 항들은 묶여져서 그 결과 상당히 간단한 방정식

$$\mathrm{Pr}^{(t)} \frac{1}{\xi}\frac{d}{d\xi}(Ff) = \frac{1}{\xi}\frac{d}{d\xi}\left(\xi\frac{df}{d\xi}\right) \tag{13.5-9}$$

를 얻는다. 이 식을 한 번 적분하면

$$\mathrm{Pr}^{(t)} Ff = \xi\frac{df}{d\xi} + C \tag{13.5-10}$$

을 얻을 수 있으며, 식 5.6-20에 의하면 $\xi = 0$에서 $F = 0$이므로, 적분 상수는 0으로 둘 것이다. 0부터 ξ까지 두 번째 적분을 하면

$$\begin{aligned}\ln\frac{f(\xi)}{f(0)} &= \mathrm{Pr}^{(t)}\int_0^{\xi}\frac{F}{\xi}d\bar{\xi} = -\mathrm{Pr}^{(t)}\int_0^{\xi}\frac{C_3^2\bar{\xi}}{1+\frac{1}{4}(C_3\bar{\xi})^2}d\bar{\xi} \\ &= -\mathrm{Pr}^{(t)}\ln(1+\tfrac{1}{4}(C_3\xi)^2)^2\end{aligned} \tag{13.5-11}$$

또는

$$\frac{f(\xi)}{f(0)} = (1+\tfrac{1}{4}(C_3\xi)^2)^{-2\mathrm{Pr}^{(t)}} \tag{13.5-12}$$

가 된다. 마지막으로 식 13.5-12와 13.5-8을 식 5.6-21과 비교하면 시간 평활화된 온도와 축 방향 속도분포의 모양은 Reichardt[2]에 의해 추정된 식

$$\frac{\Theta}{\Theta_{\max}} = \left(\frac{\bar{v}_z}{\bar{v}_{z,\max}}\right)^{\mathrm{Pr}^{(t)}} \tag{13.5-13}$$

에 의해 밀접하게 연관이 있다는 것을 알 수 있다. 이 이론은 온도분포의 모양에 대한 적당하게 만족할만한 설명을 제공한다.[1] 원형 젯에서 온도(혹은 농도) 측정으로부터 추론된 난류 Prandtl (혹은 Schmidt) 수는 대략 0.7이다.

식 13.5-12에 나타나는 양 C_3는 식 5.6-23에서 $C_3 = \sqrt{3/16\pi}\sqrt{(J/\rho)}(1/\nu^{(t)})$로 명백하게 주어졌다. 여기서 J는 식 5.6-2에서 정의된, 젯에서의 운동량 유량이다. 유사하게 식 13.5-12의 양 $f(0)$에 대한 식은 젯으로 들어오는 에너지와 하류의 어떤 평면을 통과하는 에너지가 같다고 둠으로써 알 수 있다.

$$w\hat{C}_p(T_0 - T_1) = \int_0^{2\pi}\int_0^{\infty}\rho\hat{C}_p v_z(\bar{T} - T_1)r\,dr\,d\theta \tag{13.5-14}$$

속도와 온도분포에 대한 식을 대입하고 적분하면

$$\frac{1}{f(0)} = 4\pi C_3^2\int_0^{\infty}(1+\tfrac{1}{4}(C_3\xi)^2)^{-(2+2\mathrm{Pr}^{(t)})}\xi\,d\xi = \frac{8\pi}{1+2\,\mathrm{Pr}^{(t)}} \tag{13.5-15}$$

가 된다. 식 13.5-3, 13.5-8, 5.6-23, 13.5-12와 13.5-15를 결합하면 젯의 총 운동량, 난류

[2] H. Reichardt, *Zeits. f. angew. Math. u. Mech.*, **24**, 268-272 (1944).

점도, 난류 Prandtl 수와 유체의 밀도 항으로 된 원형 난류 젯 내의 온도분포 $\bar{T}(r, z)$에 대한 완벽한 식이 된다.

13.6 큰 Prandtl 수의 관 유동에서 에너지 전달의 Fourier 해석

앞의 두 절에서는 시간 평활화된 변화방정식을 사용하여 난류계의 에너지 전달을 해석하였다. 실험으로부터 구한 에디 전달계수를 사용하여 시간 평활화된 분포의 항으로 난류 훌럭스를 설명하기 위해 경험식이 요구되었다. 이 절에서는 요동하는 속도장과 온도장을 갖는 에너지 방정식을 직접 사용함으로써 시간 평활화없이 난류 에너지 전달 문제를 해석하고자 한다. Fourier 변환[1]이 이와 같은 문제에 대해 매우 적절하며, "지배적 수지법"[2]은 자세한 계산없이도 유용한 정보를 제공한다.

여기서 고려되는 특별한 질문은 벽 부근의 난류 강제 대류 내 유체 온도의 기대되는 분포와 요동에 미치는 열 확산계수 $\alpha = k/\rho\hat{C}_p$의 영향이다.[3] 이 주제는 근사적 근사적 과정에 의해 예제 13.3-1에서 논의되었다.

내부 반지름이 $R = \frac{1}{2}D$인 관을 통한 난류에서 ρ, $\hat{C}_p$와 k가 일정한 유체를 생각하자. 유동은 $z = -\infty$에서 균일한 온도 T_1으로 들어오고 $z = L$에서 빠져 나간다. 관 벽은 $z < 0$에서는 단열되어 있고, $0 \leq z \leq L$에서는 T_0인 등온 상태로 있으며, z 방향으로의 열전도는 무시할만하다고 한다. 온도분포 $T(r, \theta, z, t)$는 충분히 긴 시간의 극한에서, 또 **분자** 열 확산계수 α가 작을 때(뉴튼 유체에서 Prandtl 수 $\text{Pr} = \hat{C}_p\mu/k = \mu/\rho\alpha$가 클 때와 같이) $z > 0$에서 형성되는 얇은 열 경계층 내에서 해석된다. 연신 함수 $\kappa(\alpha)$는 에디 열 확산계수 $\alpha^{(t)}$를 도입하지 않고 열 경계층의 평균 두께를 유도하게 될 것이다.

$\alpha \rightarrow 0$인 극한에서는 벽으로부터의 거리 $y = R - r$의 Taylor 전개에서 절편된 값으로 속도 성분이 주어지는 점성 저층 내부에 열 경계층이 완전히 놓여 있게 된다(이들 전개를 식 5.4-8부터 10까지의 전개와 비교하시오).

$$v_\theta = \beta_\theta y + O(y^2) \tag{13.6-1}$$

$$v_z = \beta_z y + O(y^2) \tag{13.6-2}$$

---

[1] R. N. Bracewell, *The Fourier Transform and its Application*, 2nd edition, McGraw-Hill, New York (1978).

[2] 이 방법은 C. M. Bender and S. A. Orzag, *Advanced Mathematical Methods for Scientists and Engineers,* McGraw-Hill, New York (1978), pp. 435-437에 잘 설명되어 있다.

[3] W. E. Stewart, *AIChE Journal*, **33**, 2008-2016 (1987); errata, *ibid*, **34**, 1030 (1988); W. E. Stewart and D. G. O' Sullivan, (미게재).

$$v_r = -\left(\frac{1}{R}\frac{\partial \beta_\theta}{\partial \theta} + \frac{\partial \beta_z}{\partial z}\right)\frac{y^2}{2} + O(y^3) \tag{13.6-3}$$

여기서 계수 β_θ와 β_z는 θ, z와 t의 주어진 함수로 간주된다. 이들 속도식은 $y = 0$에서 안미끄러짐 조건과 벽-비투과성 조건을 만족하고 작은 y에서 연속방정식을 만족하며, 지적된 y의 차수에서 운동방정식과 모순되지 않는다. 에너지 방정식은 $\nabla^2 T$에 대한 보통의 경계층 근사와 함께

$$\frac{\partial T}{\partial t} + \left(\frac{\beta_\theta}{R}\frac{\partial T}{\partial \theta} + \beta_z \frac{\partial T}{\partial z}\right)y - \left(\frac{1}{R}\frac{\partial \beta_\theta}{\partial \theta} + \frac{\partial \beta_z}{\partial z}\right)\frac{y^2}{2}\frac{\partial T}{\partial y} = \alpha \frac{\partial^2 T}{\partial y^2} \tag{13.6-4}$$

로 쓸 수 있으며, $T(r, \theta, z, t)$에 대한 다음 경계조건을 갖는다.

유입 조건 $z = 0$에서, $0 < y \le R$에 대해 $T(y, \theta, 0, t) = T_1$ (13.6-5)

벽 조건 $y = 0$에서, $0 < z \le L$에 대해 $T(0, \theta, z, t) = T_0$ (13.6-6)

충분히 긴 시간의 극한에서는 초기 온도분포의 영향이 사라지므로, 초기 온도분포 $T(y, \theta, z, 0)$은 필요하지 않다.

$\alpha \to 0$에 대해 점근적으로 타당한 결과를 얻기 위해, 평균 경계층 두께 $\kappa(\alpha)$에 상대적인 벽으로부터 거리인 연신된 좌표 $Y = y/\kappa(\alpha)$를 도입하고자 한다. $\alpha \to 0$인 극한에서는 Y의 범위가 $y = 0$에서 0부터 $y = R$에서 ∞까지이다.

y 대신에 κY를 사용하고 무차원 온도함수 $\Theta(Y, \theta, z, t) = (T - T_1)/(T_0 - T_1)$를 도입하면, 식 13.6-4를

$$\frac{\partial \Theta}{\partial t} + \left(\frac{\beta_\theta}{R}\frac{\partial \Theta}{\partial \theta} + \beta_z \frac{\partial \Theta}{\partial z}\right)\kappa Y - \left(\frac{1}{R}\frac{\partial \beta_\theta}{\partial \theta} + \frac{\partial \beta_z}{\partial z}\right)\frac{\kappa Y^2}{2}\frac{\partial \Theta}{\partial y} = \frac{\alpha}{\kappa^2}\frac{\partial^2 \Theta}{\partial Y^2} \tag{13.6-7}$$

과 같이 다시 쓸 수 있으며, 경계조건은 다음과 같다.

유입 조건 $z = 0$ 에서, $Y > 0$에 대해 $\Theta(Y, \theta, 0, t) = 0$ (13.6-8)

벽 조건 $Y = 0$에서, $0 \le z \le L$에 대해 $\Theta(0, \theta, z, t) = 1$ (13.6-9)

식 13.6-7은 α와는 무관한 계수 1을 갖는 경계가 없는 도함수 $\partial\Theta/\partial t$을 포함하고 있다. 따라서 이 문제에서 매개변수 α의 영향을 해석하기 위해 변수들의 변화가 필요하게 된다. 이 목적을 위해 소음 공정을 해석하기 위한 표준 도구인 Fourier 변환에 관심을 돌리고자 한다.

특정 위치 Y, θ, z에서 주파수 ν의 변역 내로 함수 $g(t)$의 Fourier 변환에 대한 다음 정의[1]를 채택하고자 한다.

$$\mathscr{F}\{g(t)\} = \int_{-\infty}^{\infty} e^{-2\pi i \nu t} g(t)\,dt = \tilde{g}(\nu) \tag{13.6-10}$$

t-도함수와 t 함수들의 곱에 대해 대응하는 변환은

$$\int_{-\infty}^{\infty} e^{-2\pi i\nu t} \frac{\partial}{\partial t} g(t)dt = 2\pi i\nu \tilde{g}(\nu) \tag{13.6-11}$$

$$\int_{-\infty}^{\infty} e^{-2\pi i\nu t} g(t)h(t)dt = \int_{-\infty}^{\infty} \tilde{g}(\nu)\tilde{h}(\nu - \nu_1)d\nu_1 = \tilde{g} * \tilde{h} \tag{13.6-12}$$

이며, 후자의 적분은 $\tilde{g}$와 $\tilde{h}$ 변환의 **컨볼루션**으로 알려져 있다.

식 13.6-7에서 9의 Fourier 변환을 취하기 전에, 각각에 포함된 함수 $g(t)$를 시간 평균 $\bar{g}$와 요동 함수 $g'(t)$의 합으로 나타내고, 이와 같은 함수들의 각각의 곱을 전개하고자 한다. 결과식은 다음 Fourier 변환을 갖는다.

$$\mathscr{F}\{\bar{g} + g'\} = \delta(\nu)\bar{g} + \tilde{g}'(\nu) \tag{13.6-13}$$

$$\begin{aligned}\mathscr{F}\{(\bar{g} + g')(\bar{h} + h')\} &= \mathscr{F}\{\bar{g}\bar{h} + \bar{g}h' + g'\bar{h} + g'h'\} \\ &= \delta(\nu)\bar{g}\bar{h} + \bar{g}\tilde{h}' + \tilde{g}'\bar{h} + \tilde{g}' * \tilde{h}'\end{aligned} \tag{13.6-14}$$

여기서 $\delta(\nu)$는 충분히 긴 시간의 극한에서 함수 $g(t) = 1$의 Fourier 변환으로 얻어진 Dirac 델타 함수이다. 마지막 줄의 첫 번째 항은 시간에 무관한 곱 $\bar{g}\bar{h}$에서 나오는 $\nu = 0$에서의 실수 값의 순간 자극이다. 다음 두 항은 주파수 ν의 복소수 값을 갖는 함수이다. 컨볼루션 항 $\tilde{g}' * \tilde{h}'$은 g'과 h'에 나타나는 단순 조화 진동의 시간에 무관한 곱으로부터 나오는 실수 값의 순간 자극 $\delta(\nu)(\overline{g'h'})$과 함께 ν에 대한 복소수 값의 함수를 포함할 것이다.

바로 앞에 주어진 방법에 의해 식 13.6-7의 Fourier 변환을 취하고 $\partial\bar{\Theta}/\partial t$가 0과 같다는 사실에 주목하면, Fourier 변환된 온도 $\tilde{\Theta}(Y, \theta, z, \nu)$에 대한 미분방정식

$$\begin{aligned}2\pi i\nu\tilde{\Theta}' &+ \left(\delta(\nu)\frac{\bar{\beta}_\theta}{R}\frac{\partial\bar{\Theta}}{\partial\theta} + \frac{\bar{\beta}_\theta}{R}\frac{\partial\tilde{\Theta}'}{\partial\theta} + \frac{\tilde{\beta}'_\theta}{R}\frac{\partial\bar{\Theta}}{\partial\theta} + \frac{\tilde{\beta}'_\theta}{R} * \frac{\partial\tilde{\Theta}'}{\partial\theta}\right)\kappa Y \\ &+ \left(\delta(\nu)\bar{\beta}_z\frac{\partial\bar{\Theta}}{\partial z} + \bar{\beta}_z\frac{\partial\tilde{\Theta}'}{\partial z} + \tilde{\beta}'_z\frac{\partial\bar{\Theta}}{\partial z} + \tilde{\beta}'_z * \frac{\partial\tilde{\Theta}'}{\partial z}\right)\kappa Y \\ &- \left(\frac{\delta(\nu)}{R}\frac{\partial\bar{\beta}_\theta}{\partial\theta}\frac{\partial\bar{\Theta}}{\partial Y} + \frac{1}{R}\frac{\partial\bar{\beta}_\theta}{\partial\theta}\frac{\partial\tilde{\Theta}'}{\partial Y} + \frac{1}{R}\frac{\partial\tilde{\beta}'_\theta}{\partial\theta}\frac{\partial\bar{\Theta}}{\partial Y} + \frac{1}{R}\frac{\partial\tilde{\beta}'_\theta}{\partial\theta} * \frac{\partial\tilde{\Theta}'}{\partial Y}\right)\frac{\kappa Y^2}{2} \\ &- \left(\delta(\nu)\frac{\partial\bar{\beta}_z}{\partial z}\frac{\partial\bar{\Theta}}{\partial Y} + \frac{\partial\bar{\beta}_z}{\partial z}\frac{\partial\tilde{\Theta}'}{\partial Y} + \frac{\partial\tilde{\beta}'_z}{\partial z}\frac{\partial\bar{\Theta}}{\partial Y} + \frac{\partial\tilde{\beta}'_z}{\partial z} * \frac{\partial\tilde{\Theta}'}{\partial Y}\right)\frac{\kappa Y^2}{2} \\ &= \left(\delta(\nu)\frac{\partial^2\bar{\Theta}}{\partial Y^2} + \frac{\partial^2\tilde{\Theta}'}{\partial Y^2}\right)\frac{\alpha}{\kappa^2}\end{aligned} \tag{13.6-15}$$

를 얻으며, 변환된 경계조건은

유입 조건 $\quad z = 0$ 에서, $Y > 0$에 대해 $\tilde{\Theta}(Y, \theta, z, \nu) = 0$ (13.6-16)

벽 조건 $\quad Y = 0$에서, $0 \le z \le L$에 대해 $\tilde{\Theta}(Y, \theta, z, \nu) = \delta(\nu)$ (13.6-17)

이다. 여기서 다시 단위 순간 자극 함수인 $\delta(\nu)$는 충분히 긴 시간의 극한에서 함수 $g(t) = 1$의 Fourier 변환으로 나타난다.

시간 t에 무관한 함수와 곱으로부터 생기는 실수 값의 주파수가 영인 순간 자극 $\delta(\nu)$와 시간에 의존하는 곱의 항으로부터 생기는 ν의 복소수 값의 함수의 두 유형의 기여가 식 13.6-15에 나타난다. 여기서는 이들 두 유형의 기여를 분리해서 생각하고, 식 13.6-15를 두 개의 식으로 나눈다.

주파수가 영인 순간 자극 항을 가지고 시작하고자 한다. 식 13.6-15의 명백한 $\delta(\nu)$ 항에 더하여 암묵적 순간 자극이 13.2절에서 논의된 난류 에너지 훌럭스 $\bar{\mathbf{q}}^{(t)} = \rho\hat{C}_p\overline{\mathbf{v}'T'}$에 나타나면서 속도와 온도의 동시 발생 진동으로부터 컨볼루션 항에 나타난다. $\alpha \rightarrow 0$일 때 각 점에서의 지배항들이(비교할 만한 크기로) 균형을 이루고 있기 위해서는 모든 순간 자극 항의 계수들이 α의 함수에 비례해야만 한다. 그러므로 동시 발생하는 요동으로부터 그것들을 포함하는 대류 순간 자극 항의 계수 κ는 $\kappa \propto \alpha^{1/3}$이면서 전도 순간 자극 항의 계수 α/κ^2에 비례하여야만 하거나 혹은 Prandtl 수에 대한 평균 열 경계층 두께의 의존성에 대해

$$\kappa = \text{Pr}^{-1/3}D \tag{13.6-18}$$

이어야 한다.

식 13.6-15에 남아있는 항들은 난류 온도 요동을 나타내며, 축적 항 $2\pi i\nu\tilde{\Theta}'$과 남아 있는 대류와 전도항들이 포함된다. 이 모든 항의 계수들(첫 번째 항의 $2\pi i\nu$ 를 포함하면서)은 $\alpha \rightarrow 0$일 때 이 항들이 똑같이 균형을 이루고 남아 있기 위해서는 α의 비례 함수이어야만 한다. 이 추론은 식 13.6-18을 확인하고, 그 이상의 관계 $\nu \propto \kappa$를 주거나 또는 온도 요동의 주파수 대역폭 $\Delta\nu$에 대해

$$\frac{D\Delta\nu}{\langle v_z\rangle} \propto \kappa = \text{Pr}^{-1/3}D \tag{13.6-19}$$

로 주어진다. 결과적으로 연신된 주파수 $\text{Pr}^{1/3}\nu$와 연신된 시간 $\text{Pr}^{-1/3}t$은 난류 강제 대류의 Fourier 해석을 위한 자연 변수들이다. Shaw와 Hanratty[4]는 $\text{Sc}^{1/3}\nu$ (여기서 $\text{Sc} = \mu/\rho\mathscr{D}_{AB}$는 Schmidt 수이며, 16장에서 소개될 2성분 확산계수 $\mathscr{D}_{AB}$를 포함하는 Prandtl 수의 물질전달 상사형이다)에 비례하는 연신된 주파수 변수의 항으로 그들의 물질전달 실험에 대한 난류 스펙트럼을 상사하게 발표하였다.

이제까지는 에너지 방정식의 각 항에 대해 κ를 Taylor 전개한 선도항만 고려하였다. 더 정확한 결과는 κ의 더 높은 멱수까지 Taylor 전개를 계속함으로써 얻을 수 있으며, $\text{Pr}^{-1/3}D$가 그 결과값이다. 결과적인 공식 해는 주어진 속도장에서 위치와 주파수에 걸쳐 요동하는 온도분포에 대한 섭동 전개

[4] D. A. Shaw and T. T. Hanratty, *AIChE Journal*, **23**, 160-169 (1977); D. A. Shaw and T. T. Hanratty, *AIChE Journal*, **23**, 28-37 (1977).

$$\tilde{\Theta} = \tilde{\Theta}_0(Y, \theta, z, \mathrm{Pr}^{1/3}\nu) + \kappa\tilde{\Theta}_1(Y, \theta, z, \mathrm{Pr}^{1/3}\nu) + \cdots \tag{13.6-20}$$

이다. 식 13.6-20에 대응하는 $\bar{T}$(온도의 긴 시간 평균)에 대한 전개는 $\tilde{\Theta}$의 주파수가 영인 부분으로부터 얻어진다.

$$\overline{\Theta} = \overline{\Theta}_0(Y, \theta, z) + \kappa\overline{\Theta}_1(Y, \theta, z) + \cdots \tag{13.6-21}$$

이로부터 벽에서의 시간 평균한 국부 열 훌럭스

$$q_0 = -k\left.\frac{\partial \overline{T}}{\partial y}\right|_{y=0} = -\frac{k(T_0 - T_1)}{\mathrm{Pr}^{-1/3}D}\left.\frac{\partial \overline{\Theta}}{\partial Y}\right|_{Y=0} \tag{13.6-22}$$

를 계산할 수 있으며, 국부 Nusselt 수는

$$\mathrm{Nu}_{\mathrm{loc}} = \frac{q_0 D}{k(T_0 - T_1)} = \mathrm{Pr}^{1/3}\left.\left(-\frac{\partial \overline{\Theta}}{\partial Y}\right)\right|_{Y=0} \tag{13.6-23}$$

이다. 그러면 열전달에 대한 벽 표면 전체에 걸친 평균 Nusselt 수와 물질전달에 대한 상사한 양은

$$\mathrm{Nu}_m = \mathrm{Pr}^{1/3}\left\langle\left.\left(-\frac{\partial \overline{\Theta}}{\partial Y}\right)\right|_{Y=0}\right\rangle = a_1\mathrm{Pr}^{1/3} + a_2\mathrm{Pr}^0 + \cdots \tag{13.6-24}$$

$$\mathrm{Sh}_m = \mathrm{Sc}^{1/3}\left\langle\left.\left(-\frac{\partial \overline{\Theta}_A}{\partial Y}\right)\right|_{Y=0}\right\rangle = a_1\mathrm{Sc}^{1/3} + a_2\mathrm{Sc}^0 + \cdots \tag{13.6-25}$$

이다. 마지막 식에서 Sh_m, $\overline{\Theta}_A$와 Sc은 Nu_m, $\overline{\Theta}$와 Pr의 물질전달 상사형이다. 전기화학적 물질전달 실험이 열전달 실험보다 훨씬 더 정밀하고, Schmidt 수의 사용 가능 영역이 Prandtl 수의 영역보다 훨씬 크기 때문에(III부까지 기다리기보다는 오히려) 여기서 물질전달식을 제공하고자 한다.

식 13.6-24와 25의 전개가 한 항에서 절편된다고 하면, $\mathrm{Nu}_m \propto \mathrm{Pr}^{1/3}$과 $\mathrm{Sh}_m \propto \mathrm{Sc}^{1/3}$을 얻는다. 이들 식은 잘 알려진 Chilton–Colburn 관계식[5]의 필수적인 요소들이다(식 14.3-18과 19 및 식 22.3-22에서 24 참조). 식 13.6-24 또는 25의 첫 번째 항은 또한 식 13.4-20의 높은 Prandtl (또는 Schmidt) 수의 점근값에 대응한다.[6]

표면에서 물질전달을 측정하는 전기화학적 방법을 개발함으로써, 식 13.6-25의 두 번째 항을 조사하는 것이 가능하게 되었다. 그림 13.6-1에서 693부터 37,200까지의 Schmidt 수 $\mathrm{Sc} = \mu/\rho\mathscr{D}_{AB}$ 값에 대해 벽 전극으로 확산 한계 전류를 측정하였던 Shaw와 Hanratty의 데이터를 볼 수 있다. 이들 데이터는 식

---

[5] T. H. Chilton and A. P. Colburn, *Ind. Eng. Chem.*, **26**, 1183-1187 (1934). **Thomas Hamilton Chilton** (1899-1972) 델라웨어 윌밍톤에 있는 E. I. du Pont de Nemours 회사에서 그의 전문가 경력 전부를 쌓았다. 1951년에 AIChE 회장이 되었으며, 은퇴 후에는 12개 이상의 대학에서 초빙 교수로 있었다.

[6] 또한 O. C. Sandall and O. T. Hanna, *AIChE Journal*, **25**, 290-292 (1979) 참조.

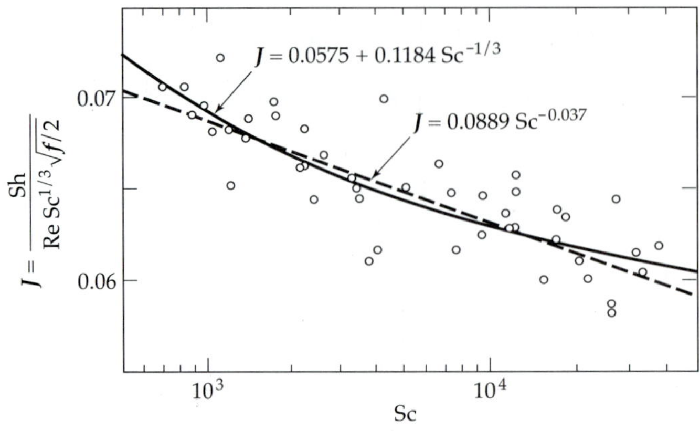

그림 13.6-1 식 13.6-25(실선 곡선)에 기초를 둔 곡선과 비교한 D. A. Shaw and T. T. Hanratty [*AIChE Journal*, **28**, 23-27, 160-169 (1977)]의 난류 물질전달 데이터. Shaw와 Hanratty에 의해 얻어진 단순한 멱수법칙 함수도 역시 보여주고 있다.

$$\frac{\mathrm{Sh}}{\mathrm{ReSc}^{1/3}\sqrt{f/2}} = 0.0575 + 0.1184\mathrm{Sc}^{-1/3} \tag{13.6-26}$$

과 매우 잘 부합한다. 여기서 $f(\mathrm{Re})$는 6장에서 정의된 마찰 인자이다. 식 13.6-26은 측정된 Re 수에 의존하는 Sherwood 수와 식 13.6-25의 두 선도항(즉, 계수 $a_1, a_2, \cdots$은 $\mathrm{Re}\sqrt{f/2}$에 비례한다)을 결합한 것이다. 식 13.6-26은 그 자체로 명확한 물리적 해석을 제공한다. 선도항은 경계층 두께가 얇아서 접선 방향 속도가 y에 대해 선형이며, 벽면 곡률을 무시할 수 있는 확산 경계층에 대응하며, 반면에 두 번째 항은 벽면 곡률과 식 13.6-1과 2의 접선 방향의 속도 전개식 내의 y^2 항이라 간주한다. 더 정확한 근사는 Newman[7]과 Stewart[3]에 의해 언급된 바와 같이 말단 효과로부터 나타나는 특별 항을 기대할 수 있다.

토의를 위한 질문

1. 난류 열전도도와 난류 점도를 크기의 차수 정의로 비교하고, 물리적 성질과 유동 성질에 대한 의존성을 비교하시오.
2. "Reynolds 상사성"이란 무엇인가? 또 그 의미는 무엇인가?
3. 식 13.2-3과 식 13.4-12 사이에는 후자의 적분 상수를 계산한 후에 어떤 연관이 있는가?
4. 열전도의 Fourier 법칙과 식 13.3-1 사이의 상사성은 타당한가?
5. 난류 Prandtl 수가 1의 차수라는 사실의 물리적 의미는 무엇인가?

[7] J. S. Newman, *Electroanalytical Chemistry*, **6**, 187-352 (1973).

문제

13B.1. 관 내의 난류에 대한 벽면 열 훌럭스(근사). 예제 13.3-1을 자세히 풀고, 빠진 단계를 채우시오. 특히 식 13.3-6 으로부터 식 13.3-7로 가는 적분을 증명하시오.

13B.2. 관 내의 난류에 대한 벽면 열 훌럭스.

(a) 13.4절의 가정들을 요약하시오.

(b) 식 13.4-12와 식 13.4-16을 연결하는 단계를 특히 주의깊게 다루면서 이 절의 수학적 상세 사항을 자세히 푸시오.

(c) 식 13.4-12에서 상수 C_2 값을 구하는 것이 언제 필요하지 않은가?

13C.1. 두 개의 평행한 평판 사이를 흐르는 난류에 대한 벽면 열 훌럭스.

(a) 13.4절의 전개를 자세히 푸시오. 그림 2B.3에서 보는 얇은 슬릿 내의 난류에 대한 유사한 유도를 수행하시오. 식 13.4-19의 상사형이

$$\frac{k(\overline{T}_0 - \overline{T}_b)}{q_0 B} = \left(\frac{\overline{v}_{z,\max}}{\langle \overline{v}_z \rangle}\right)^2 \int_0^1 \frac{[J(\xi)]^2}{[1 + (\nu^{(t)}/\nu)(\Pr/\Pr^{(t)})]} d\xi \tag{13C.1-1}$$

임을 보이시오. 여기서 $\xi = x/B$이고 $J(\xi) = \int_0^{\xi} \phi(\bar{\xi}) d\bar{\xi}$이다.

(b) (a)의 결과가 뉴튼 유체의 층류와 "평류"(평탄한 속도분포)에 대해 어떻게 단순화되는지 보이시오.

답: **(b)** $k(\bar{T}_0 - \bar{T}_b)/q_0 B = \frac{17}{35}, \frac{1}{3}$

13D.1. 관 내의 난류에 대한 온도분포. 식 13.4-12로부터 원형관 내의 난류에 대한 온도분포를 계산하기 위해서는 C_2 값을 아는 것이 필요하다.

(a) 10.8절에서 하였던 것과 같이 경계조건 4를 적용하여 C_2를 어떻게 구하는지 보이시오. 그 결과는

$$C_2 = \int_0^1 \frac{[I(\xi)/I(1)]^2 - [I(\xi)/I(1)]}{\xi[1 + (\alpha^{(t)}/\alpha)]} d\xi \tag{13D.1-1}$$

이다.

(b) 식 13D.1-1이 완전히 발달된 층류인 뉴튼 유체에 대해 $C_2 = -\frac{7}{24}$이 됨을 증명하시오.

Chapter 14

비등온계의 상계면 전달

10장에서는 다양하고 간단한 문제에 대해 쉘 에너지 수지를 어떻게 수립할 것인지, 또 이들 수지로부터 온도분포를 계산할 수 있는 미분방정식을 어떻게 유도할 수 있는지 살펴보았다. 11장에서는 임의의 미분 유체 요소에 대한 에너지 수지로부터 더 복잡한 문제를 수립하는 데 사용될 편미분방정식–에너지 방정식–을 유도하였다. 그리고 13장에서는 난류 열 홀럭스에 대한 경험식과 함께 시간 평활화된 에너지 방정식이 난류계 내의 온도분포 측정을 요약하고 외삽할 수 있는 유용한 기초가 되는 것을 보았다. 그러므로 이러한 관점에서 독자들은 비등온 유동에 대한 변화방정식의 의미와 적용 범위를 올바르게 평가하여야 할 것이다.

논의된 모든 문제들은 상당히 단순한 기하학적 구조의 계에 적합하며, 더욱이 이들 문제의 대부분은 온도에 무관한 점도와 일정한 유체 밀도와 같은 가정들을 포함하고 있음이 명백하다. 어떤 목적을 위해서는 특히 크기의 차수 계산을 위해서는 이들 해가 적절하며, 더욱이 단순한 계에 대한 연구는 더 복잡한 문제들에 대한 논의의 발판이 된다.

이 장에서는 덜 상세한 해석을 하는 것이 편리하거나 또는 필요한 몇몇 문제들에 관심을 두고자 한다. 이와 같은 문제에서의 통상적인 공학적 접근은 15장에 설명된 바와 같이 기기의 일부분 또는 기기의 주요 요소에 걸쳐 에너지 수지를 수립하는 것이다. 얻어진 거시적 에너지 수지에는 계의 경계를 통해 전달되는 열을 계산하는 것이 필요한 항들이 보통 있다. 상계면 전달을 설명하기 위해서는 **열전달계수**를 아는 것이 요구된다. 관심을 갖는 유체계에 대해 열전달계수는 Reynolds 수와 Prandtl 수 같은 관련된 무차원 양의 함수인 Nusselt 수[1](무차원 벽면 열 홀럭스 또는 열전달계수)의 경험적 상관관계로 보통 주어진다.

이러한 상황은 운동량 전달 문제를 풀기 위해 마찰계수의 무차원 상관관계를 어떻게 사용하는지를 배웠던 6장과 다를 바 없다. 그러나 비등온 문제에서는 무차원 군의 수가 많아지고 경계조건의 유형이 더욱 많아지며, 물성들의 온도 의존성이 종종 중요하고, 이에 더하여 자유 대류, 응축, 비등 등의 현상을 비등온계에서 만나게 된다.

목적상 여기서는 사전적인 시도를 하지 않고 주제를 소개하는 것이 충분한 작은 수의 열전달 공식과 상관관계로 제한하고자 한다. 이 주제는 많은 논문과 핸드북에서 더 깊이 있게 다루고 있다.[2,3,4,5,6]

14.1 열전달계수의 정의

유체가 도관 내를 흐르거나 고체 물질 주위를 흐르는 유동계를 생각하고, 고체 표면이 유체보다 따뜻하여 고체로부터 유체로 열이 전달된다고 가정하자. 그러면 고체-유체 계면을 통한 열 유량은 계면의 면적과 유체와 고체 사이의 온도 강하에 의존할 것이라 기대할 수 있으며,

$$Q = hA\,\Delta T \tag{14.1-1}$$

로 주어지는 비례 상수 h(**열전달계수**)로 정의하는 것이 통상적이다. 여기서 Q는 유체 내로의 열유동(J/s 혹은 Btu/hr), A는 특성 면적이고 ΔT는 특성 온도차이다. 식 14.1-1은 유체가 냉각될 때도 역시 사용할 수 있으며, 약간 다른 형태로 식 14.1-1은 식 10.1-2로도 쓸 수 있다. h는 면적 A와 온도차 ΔT가 정해져야만 비로소 정의된다는 것에 주목하고, 이제 두 종류의 기하학적 유동 구조에 대한 h의 통상적인 정의를 생각해 보고자 한다.

도관 내의 유동에 대한 예로, 가열되는 벽 영역의 길이가 L이고 내부 표면 온도 $T_0(z)$가 길이를 따라 가면서 T_{01}에서 T_{02}로 변하는 지름이 D인 원형관을 통한 유체의 유동을 생각한다(그림 14.1-1참조). 유체의 총괄 온도 T_b(일정한 ρ와 $\hat{C}_p$를 갖는 유체에 대해 식 10.8-33으로 정의된)가 가열되는 영역에서 T_{b1}에서 T_{b2}로 증가한다고 가정하면, 가열되는 영역 내

[1] 이 무차원 군은 대류 열 및 물질전달 분야에서 첫 번째로 중요한 인물이었던 독일 공학자 **Ernst Kraft Wilhelm Nusselt** (1882-1957)을 위해 명명되었다. 예를 들면 W. Nusselt, *Zeits. d. Ver. deutsch. Ing.*, **53**, 1750-1755 (1909), *Forschungsarb. a. d. Geb. d. Ingeniurwes.*, No. 80, 1-38, Berlin (1910) 및 *Gesundheits-Ing.*, **38**, 477-482, 490-496 (1915)를 보시오.

[2] M. Jacob, *Heat Transfer*, Vol. 1 (1949)와 Vol. 2 (1957), Wiley, New York.

[3] W. M. Kays and M. E. Crawford, *Convective Heat and Mass Transfer*, 3rd edition, McGraw-Hill, New York (1993).

[4] H. D. Baehr and K. Stephan, *Heat and Mass Transfer*, Springer, Berlin (1998).

[5] W. M. Rohsenow, J. P. Hartnett, and Y. I. Cho (eds.), *Handbook of Heat Transfer*, McGraw-Hill, New York (1998).

[6] H. Gröber, S. Erk, and U. Grigull, *Die Grundgesetze der Warmeübertragung*, Springer, Berlin, 3rd edition (1961).

의 유체에 대한 열전달계수는 통상적으로 다음 세 가지로 정의된다.

$$Q = h_1(\pi DL)(T_{01} - T_{b1}) \equiv h_1(\pi DL)\Delta T_1 \tag{14.1-2}$$

$$Q = h_a(\pi DL)\left(\frac{(T_{01} - T_{b1}) + (T_{02} - T_{b2})}{2}\right) \equiv h_a(\pi DL)\Delta T_a \tag{14.1-3}$$

$$Q = h_{\ln}(\pi DL)\left(\frac{(T_{01} - T_{b1}) - (T_{02} - T_{b2})}{\ln(T_{01} - T_{b1}) - \ln(T_{02} - T_{b2})}\right) \equiv h_{\ln}(\pi DL)\Delta T_{\ln} \tag{14.1-4}$$

즉 h_1은 입구에서의 온도차 ΔT_1에 기초를 두었으며, h_a는 종말 온도차의 **산술 평균** ΔT_a에, $h_{\ln}$은 대응하는 **로그 평균** 온도차 $\Delta T_{\ln}$에 기반을 두었다. 항상 사용되는 것은 아니지만[1] 대부분의 계산에서는 $h_{\ln}$이 다른 두 경우에 비해 L/D에 덜 의존하기 때문에 선호된다. 논문이나 교과서로부터 열전달 상관관계를 사용함에 있어 열전달계수의 정의를 주목하는 것에 주의하여야 한다.

만약 벽 온도분포가 초기에 알려져 있지 않거나, 유체의 물성이 관을 따라 감지할 만큼 변한다면 위에서 정의된 열전달계수를 예측하는 것이 어렵다. 이들 조건 하에서는 식 14.1-2를 미분 형태로 다시 쓰는 것이 통상적이다.

$$dQ = h_{\text{loc}}(\pi D dz)(T_0 - T_b) \equiv h_{\text{loc}}(\pi D dz)\Delta T_{\text{loc}} \tag{14.1-5}$$

여기서 dQ는 관을 따른 거리 dz에 걸쳐 유체에 가해진 열이고, ΔT_{loc}는(위치 z에서의) 국부적인 온도차이고, h_{loc}는 **국부적인 열전달계수**이다. 이 식은 공학적인 설계에 널리 사용된다. 사실, h_{loc}와 ΔT_{loc}에 대한 정의는 면적 요소의 형태를 규정하기 전에는 완전하지 않다. 식 14.1-5에서는 h_{loc}와 ΔT_{loc}가 그림 14.1-1의 그림자진 면적 dA에 대한 평균값이라는 것을 의미하는 $dA = \pi D dz$로 두었다.

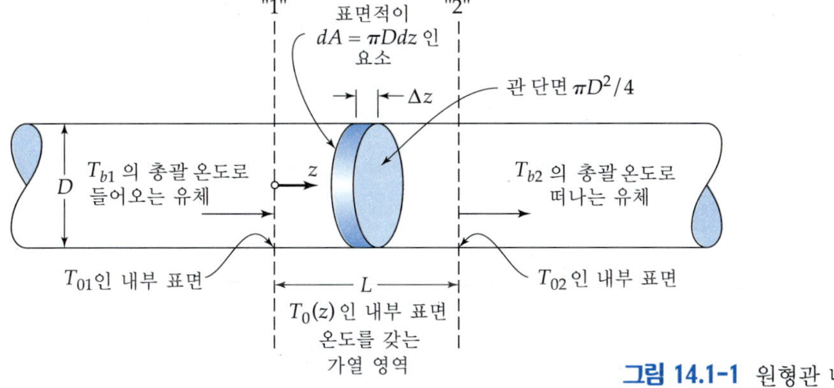

그림 14.1-1 원형관 내의 열전달

[1] 만약 $\Delta T_2/\Delta T_1$이 0.5에서 2.0 사이에 있다면, 최대 4%의 오차를 가지며 ΔT_a는 $\Delta T_{\ln}$으로 대체되고, h_a는 $h_{\ln}$으로 대체된다. 이 정밀도는 대부분의 열전달 계산에서 타당하다.

잠긴 물체 주위의 유동에 대한 예로 표면 온도가 균일한 값 T_0로 유지되고 있는 반지름이 R인 구 주위를 흐르는 유체를 생각하고, 유체는 균일한 온도 T_∞로 구에 접근한다고 가정하자. 그러면

$$Q = h_m(4\pi R^2)(T_0 - T_\infty) \tag{14.1-6}$$

의 관계에 의해 구의 전체 표면에 대한 **평균 열전달계수** h_m을 정의할 수 있을 것이다. 식 6.1-5에서 구의 단면을 사용했던 것과는 달리 여기서는 특성 면적이 열전달 표면(식 14.1-2에서 S와 같이)으로 된다.

식 14.1-5와의 상사성에 의해 잠긴 물체에 대한 국부적인 계수도 역시 정의할 수 있다.

$$dQ = h_{\text{loc}}(dA)(T_0 - T_\infty) \tag{14.1-7}$$

이 계수는 열 흘럭스가 표면에 걸쳐 어떻게 분포하는지 예측할 수 있기 때문에 h_m보다 더 많은 정보를 준다. 그러나 대부분의 실험가들은 h_m을 측정하는 것이 더 쉽기 때문에 h_m만을 보고한다.

h를 정의하기 전에 A와 ΔT가 명백하게 정의되어야 한다는 것을 강조하고자 하며, 또한 h가 유체 매질을 특징짓는 상수가 아니라는 것을 명심하시오. 반면 열전달계수는 유체의 물성($k, \mu, \rho, \hat{C}_p$), 계의 기하학적 구조와 유속을 포함하는 많은 변수들에 복잡한 방법으로 의존한다. 이 장의 나머지 부분은 이들 양에 대한 h의 의존성을 예측하는 데 할애하고자 한다. 보통 실험적 데이터나 차원 해석을 사용하여 이 상관관계를 수립하며, 몇몇의 대단히 단순한 계에 대해서는 변화방정식으로부터 열전달계수를 직접 계산할 수 있다. h의 몇몇 전형적

표 14.1-1 열전달계수의 전형적인 크기의 차수[a]

계	h (W/m$^2\cdot$K) 또는 (kcal/m$^2\cdot$hr$\cdot$C)	h (Btu/ft$^2\cdot$hr$\cdot$F)
자유 대류		
기체	3–20	1–4
액체	100–600	20–120
끓는 물	1000–20,000	200–4000
강제 대류		
기체	10–100	2–20
액체	50–500	10–100
물	500–10,000	100–2000
응축 증기	1000–100,000	200–20,000

[a] H. Gröber, S. Erk, and U. Grigull, *Wärmeü bertragung*, Springer, Berlin, 3rd edition (1955), p. 158로부터 채택된. h가 kcal/m$^2\cdot$hr$\cdot$C 단위로 주어지면, 0.204를 곱하면 Btu/ft$^2\cdot$hr$\cdot$F 단위의 h를 얻게 되고, 1.162를 곱하면 W/m$^2\cdot$K 단위의 h를 얻게 된다. 추가적인 환산 인자에 대해서는 부록 F를 참조하시오.

인 범위가 표 14.1-1에 주어져 있다.

10.6절에서 한 개 또는 그 이상의 고체층에 의해 분리되어 있는 두 유체 흐름 사이의 열전달 속도를 계산함에 있어 열이 통과해서 흐르는 일련의 저항들이 결합되어 있는 효과를 표현하는 **총괄 열전달계수** U_0를 사용하는 것이 편리하다는 것을 알 수 있었다. 여기서는 U_0를 정의하고, 내부 지름이 D_0이고 외부 지름이 D_1인 원통형 관에 의해 분리된 각각 총괄 온도가 T_h(뜨거운 유체)와 T_c(차가운 유체)인 두 개의 동심축 흐름 사이에서 열교환이 일어나는 특별한 경우에 어떻게 U_0를 계산하는지 보이고자 한다.

$$dQ = U_0(\pi D_0 dz)(T_h - T_c) \tag{14.1-8}$$

$$\frac{1}{D_0 U_0} = \left(\frac{1}{D_0 h_0} + \frac{\ln(D_1/D_0)}{2k_{01}} + \frac{1}{D_1 h_1}\right)_{\text{loc}} \tag{14.1-9}$$

U_0는 국부적인 계수로 정의됨에 주목하시오. 이는 대부분의 설계 과정에서 포함되는 정의이다(예제 15.4-1 참조).

식 14.1-8과 9는 물론 **직렬**로 연결되어 있는 열저항에 국한된다. 어떤 경우에는 복사에 의한 한쪽 또는 양쪽 표면에 **평행한** 열 훌럭스를 감지할 수 있을 것이며, 식 14.1-8과 9는 특별한 수정이 요구될 것이다(예제 16.5-2 참조).

열전달계수의 물리적인 의미와 이들을 측정하는 한 가지 방법을 설명하기 위해, 열전달 데이터의 가상적인 집합에 대한 해석으로 이 절을 결론짓고자 한다.

예제 14.1-1 실험 데이터로부터 열전달계수의 계산

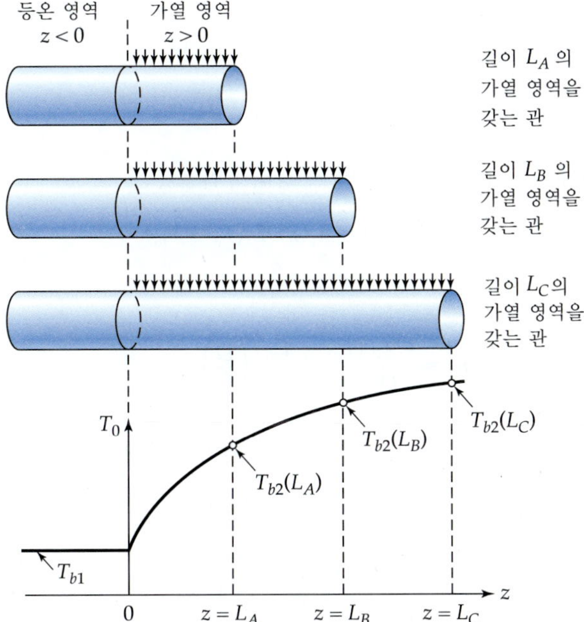

그림 14.1-2 열전달계수를 측정하기 위한 일련의 실험

관 내 공기를 가열하는 일련의 정상상태 모사실험을 그림 14.1-2에서 볼 수 있다. 첫 번째 실험에서 $T_{b1} = 200.0°\text{F}$인 공기가 $z < 0$인 등온 관 단면 내에서 완전히 발달된 층류 속도분포로 내부 지름이 0.5 in.인 관 내를 흐르고 있다. $z = 0$에서 벽 온도가 $T_0 = 212.0°\text{F}$로 갑자기 증가하여 관의 잔여 길이 L_A에서 그 값으로 유지된다. $z = L_A$에서 유체는 혼합 용기(또는 총괄) 온도가 T_{b2}로 측정되는 혼합실 내로 흐른다. 다른 길이 L_B, L_C 등을 갖는 관을 대상으로 유사한 실험을 수행하였으며 다음 결과를 얻었다.

실험	A	B	C	D	E	F	G
L (in.)	1.5	3.0	6.0	12.0	24.0	48.0	96.0
T_{b2} (°F)	201.4	202.2	203.1	204.6	206.6	209.0	211.0

모든 실험에서 공기의 유량 w는 3.0 lb_m/hr 이다. h_1, h_a, h_{ln}과 h_{loc}의 출구값을 L/D 비의 함수로 계산하시오.

해 먼저 벽을 통해 들어오는 열과 $z = 0$에서 대류에 의해 들어오는 에너지의 합이 $z = L$에서 관을 나가는 에너지와 같다고 함으로써 관의 길이 L에 걸친 정상상태의 에너지 수지를 수립한다. 관 입구와 출구에서의 축 방향 에너지 흘럭스는 식 9.8-6으로부터 계산할 수 있다. 완전히 발달된 유동에서 운동에너지 흘럭스 $\frac{1}{2}\rho v^2\mathbf{v}$와 일에 대한 항 $[\boldsymbol{\tau}\cdot\mathbf{v}]$의 변화는 엔탈피 흘럭스 변화에 비해 상대적으로 무시할 수 있을 것이다. 또한 $q_z << \rho\hat{H}v_z$이므로 축 방향의 열전도 항은 무시할만하다고 가정하였다. 그러므로 단지 유동에 의해 들어오고 나가는 에너지 흘럭스의 기여만이, 유체의 열용량과 밀도가 전체를 통해 일정하다는 가정과 식 9.8-8의 도움으로 계산될 수 있는 엔탈피를 포함하는 항이 될 것이다. 그러므로 정상상태의 에너지 수지는 단순하게 "들어오는 에너지 유량 = 나가는 에너지 유량" 또는

$$Q + w\hat{C}_pT_{b1} = w\hat{C}_pT_{b2} \tag{14.1-10}$$

이 된다. Q를 구하기 위해 식 14.1-2를 사용하고 정리하면

$$w\hat{C}_p(T_{b2} - T_{b1}) = h_1(\pi DL)(T_0 - T_{b1}) \tag{14.1-11}$$

이 되고, 여기서

$$h_1 = \frac{w\hat{C}_p}{\pi D^2}\frac{(T_{b2} - T_{b1})}{(T_0 - T_{b1})}\left(\frac{D}{L}\right) \tag{14.1-12}$$

이다. 이는 위에 주어진 데이터로부터 h_1을 계산하기 위한 공식이다.

상사하게 식 14.1-3과 14.1-4를 사용하면 위에 주어진 데이터로부터 h_a와 h_{ln}을 구할 수 있는 공식

$$h_a = \frac{w\hat{C}_p}{\pi D^2}\frac{(T_{b2} - T_{b1})}{(T_0 - T_b)_a}\left(\frac{D}{L}\right) \tag{14.1-13}$$

$$h_{\ln} = \frac{w\hat{C}_p}{\pi D^2}\frac{(T_{b2} - T_{b1})}{(T_0 - T_b)_{\ln}}\left(\frac{D}{L}\right) \tag{14.1-14}$$

를 얻게 된다.

h_{loc}를 계산하기 위해서는 앞의 데이터를 사용하여 그림 14.1-2에서와 같이 가장 긴(96 in.) 관에서 z에 따른 총괄 온도의 변화를 나타내기 위한 연속적인 곡선 $T_b(z)$를 그려야 한다. 그러면 식 14.1-10은

$$Q(z) + w\hat{C}_pT_{b1} = w\hat{C}_pT_b(z) \tag{14.1-15}$$

가 된다. 이 식을 z에 대해 미분하고 그 결과를 식 14.1-5와 결합하면

$$w\hat{C}_p\frac{dT_b}{dz} = h_{loc}\pi D(T_0 - T_b) \tag{14.1-16}$$

또는

$$h_{loc} = \frac{w\hat{C}_p}{\pi D}\frac{1}{(T_0 - T_b)}\frac{dT_b}{dz} \tag{14.1-17}$$

을 얻는다. T_0는 상수이므로 이 식은

$$h_{loc} = -\frac{w\hat{C}_p}{\pi D^2}\frac{d\ln(T_0 - T_b)}{d(z/L)}\left(\frac{D}{L}\right) \tag{14.1-18}$$

이 된다. 이 식의 도함수는 $\ln(T_0 - T_b)$와 z/L에 대한 그림으로부터 쉽게 결정된다. 미분이 포함되어 있기 때문에 h_{loc}를 정확하게 결정하는 것은 어렵다.

계산된 결과를 그림 14.1-3에 도시하였다. 모든 계수는 L/D가 증가함에 따라 감소하지만 h_{loc}와 $h_{\ln}$은 다른 계수에 비해 덜 변한다는 것에 주목하시오. 그들은 같은 점근값에 접근한다(문제 14B.5와 그림 14.1-3 참조). h_{loc}가 점근값에 훨씬 더 빨리 접근한다는 것을 제외하

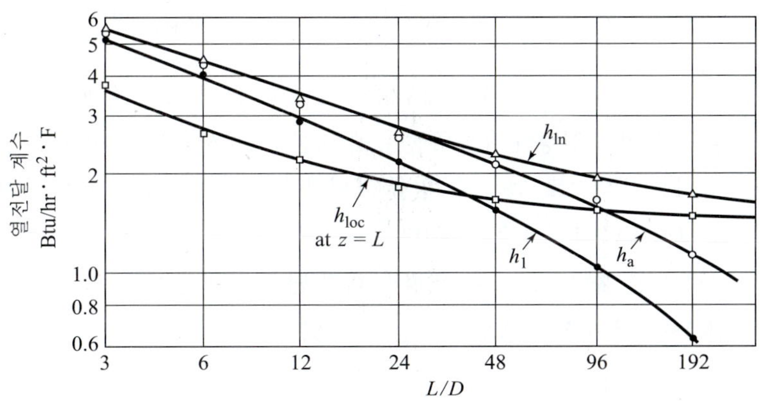

그림 14.1-3 예제 14.1-1에서 계산된 열전달계수들

고는 다소 유사한 거동이 일정한 벽 온도를 갖는 난류에서도 관찰된다.

14.2 관과 슬릿을 통한 강제 대류에 대한 열전달계수의 해석적 계산

마찰 인자를 정의하고 논의하였던 6장으로부터 몇몇 대단히 단순한 층류계에 대해 (무차원의) Reynolds 수의 함수로 (무차원의) 마찰 인자에 대한 해석적 공식을 얻을 수 있었음을 기억하시오. 무차원이 아닌 열전달계수 h에 대해서도 동일하게 수행하고자 한다. 그럼에도 불구하고 각 유동계에 대해 규정되어야만 하는 유체의 열전도도 k와 특성 길이 D를 사용하여 무차원 양인 Nusselt 수, $\text{Nu} = hD/k$를 수립할 수 있다. 두 개의 다른 연관된 무차원 군, 즉 Stanton 수, $\text{St} = \text{Nu/RePr}$와 열전달에 대한 Chilton–Colburn j 인자, $j_H = \text{Nu/RePr}^{1/3}$도 통상 사용된다. 이들 무차원 군 각각은 Nusselt 수의 하첨자에 대응하는 하첨자 1, a, ln, 또는 m에 의해 꾸며질 수 있다.

설명을 위해 유체의 모든 물성들은 일정하다고 하고 관 내의 층류에서 유체의 가열을 논의하였던 10.8절로 돌아가자. 식 10.8-33과 10.8-31로부터 벽 온도와 총괄 온도의 차

$$T_0 - T_b = \left(4\zeta + \frac{11}{24}\right)\left(\frac{q_0 R}{k}\right) - 4\zeta\left(\frac{q_0 R}{k}\right) = \frac{11}{24}\left(\frac{q_0 R}{k}\right) = \frac{11}{48}\left(\frac{q_0 D}{k}\right) \tag{14.2-1}$$

을 얻을 수 있다. 여기서 R과 D는 각각 관의 반지름과 지름이다. 벽면 훌럭스를 구하면

$$q_0 = \frac{48}{11}\left(\frac{k}{D}\right)(T_0 - T_b) \tag{14.2-2}$$

를 얻으며, 국부적인 열전달계수 h_{loc}의 정의, 즉 $q_0 = h_{\text{loc}}(T_0 - T_b)$를 사용하면

$$h_{\text{loc}} = \frac{48}{11}\left(\frac{k}{D}\right) \quad \text{또는} \quad \text{Nu}_{\text{loc}} = \frac{hD}{k} = \frac{48}{11} \tag{14.2-3}$$

임을 알 수 있다. 이 결과는 매우 큰 z에 대해 표 14.2-1 식 (L), 즉 일정한 벽면 열 훌럭스를 갖는 물성이 일정한 유체의 층류에 대한 기재 사항이다. 표 14.2-1과 2의 다른 기재 사항은 유사한 방법으로 얻을 수 있을 것이다.[1] 물성이 일정한 뉴튼 유체에 대한 몇몇 Nusselt 수를 그림 14.2-1에서 볼 수 있다.[2]

일정한 열 훌럭스를 갖는 원형관 내의 난류에 대한 Nusselt 수는 식 13.4-20(표 14.2-1의 식 (K)로부터 시작된)으로부터 얻을 수 있다.[3]

$$\text{Nu}_{\text{loc}} = \frac{\text{RePr}\sqrt{f/2}}{12.48\text{Pr}^{2/3} - 7.853\text{Pr}^{1/3} + 3.613 \ln \text{Pr} + 5.8 + 2.78 \ln(\frac{1}{45}\text{Re}\sqrt{f/8})} \tag{14.2-4}$$

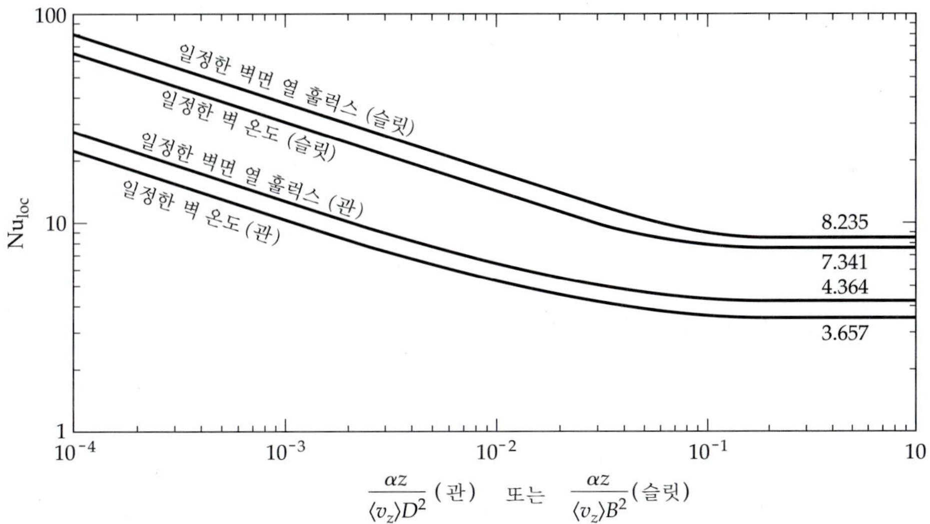

그림 14.2-1 물성이 일정한 뉴튼 유체의 완전히 발달된 층류에 대한 Nusselt수: 지름이 D인 원형관에 대한 $\text{Nu}_{\text{loc}} = h_{\text{loc}}D/k$와 너비의 반이 B인 슬릿에 대한 $\text{Nu}_{\text{loc}} = 4\,h_{\text{loc}}B/k$. 극한식들은 표 14.2-1과 14.2-2에 주어져 있다.

이 식은 단지 매끈한 관 내를 흐르는 물성이 일정한 유체에 대해 $\alpha z/\langle v_z\rangle D^2 >> 1$을 만족할 때만 성립하며, $0.7 < \text{Pr} < 590$ 범위의 Prandtl 수에 걸쳐 성공적으로 적용되었다. 매우 큰 Prandtl 수에 대해 식 14.2-4는

$$\text{Nu}_{\text{loc}} = \frac{1}{12.48\sqrt{2}}\text{RePr}^{1/3}\sqrt{f} = 0.0566\,\text{RePr}^{1/3}\sqrt{f} \tag{14.2-5}$$

가 된다. $\text{Pr}^{1/3}$ 의존성은 13.6절과 식 13.3-7에서 큰 Pr 극한의 경우와 정확히 일치한다. 난류에 대해서는 일정 벽 온도의 경우와 일정 벽면 열 훌럭스의 경우에 대한 Nu 사이에는 거의 차이가 없다.

[1] 이들 표는 R. B. Bird, R. C. Armstrong, and O. Hassager, *Dynamics of Polymeric Liquids, Vol. 1, Fluid Mechanics*, 1st edition, Wiley, New York, (1987), pp. 212-213에서 채택되었다. 또 이들은 W. J. Beek and R. Eggink, *De Ingenuir*, **74,** (35) 81장-89장 (1962)과 J. M. Valstar and W. J. Beek, *De Ingenuir*, **75**, (1), 1장-7장 (1963)에 기초를 두고 있다.

[2] 표 14.2-1과 2의 기재 사항과 이 책의 문제 사이의 대응은 다음과 같다 (⊙ = 원형 관, ‖ = 평판 슬릿):

식 (C)	문제 12D.4 ⊙; 12D.5 ‖	층류 뉴튼
식 (F)	문제 12D.3 ⊙; 12D.5 ‖	층류 뉴튼
식 (G)	문제 10B.9 (a) ⊙; 10B.9(b) ‖	평류
식 (I)	문제 12D.7 ⊙; 12D.6 ‖	층류 뉴튼
식 (K)	문제 10D.2 ⊙	층류 비뉴튼
식 (L)	문제 12D.6 ‖	층류 뉴튼

표 14.2-1과 2의 식 (K)에 상사한 식은 난류에 대해 식 13.4-19와 13C.1-1로 주어진다.

[3] O. C. Sandall, O. T. Hanna, and P. R.Mazet, *Canad. J. Chem. Eng.*, **58**, 443-447 (1980).

표 14.2-1 국부적인 Nusselt 수에 대한 점근적 결과(관 유동)[a,b]; $\text{Nu}_{\text{loc}} = h_{\text{loc}}D/k$

모든 값은 국부적인 Nusselt 수이다	일정 벽 온도		일정 벽 열 플럭스	
열 유입 영역[c] $\frac{\langle v_z \rangle B^2}{\alpha z} >> 1$	평류	$\text{Nu} = \frac{1}{\sqrt{\pi}}\left(\frac{\langle v_z \rangle D^2}{\alpha z}\right)^{1/2}$ (A)	평류	$\text{Nu} = \frac{\sqrt{\pi}}{2}\left(\frac{\langle v_z \rangle D^2}{\alpha z}\right)^{1/2}$ (G)
	비뉴튼 층류	$\text{Nu} = \frac{2}{9^{1/3}\Gamma(\frac{4}{3})}\left[\frac{\langle v_z \rangle D^2}{\alpha z}\left(-\frac{1}{4}\left.\frac{d\phi}{d\xi}\right\|_{\xi=1}\right)\right]^{1/3}$ (B)	비뉴튼 층류	$\text{Nu} = \frac{2\Gamma(\frac{2}{3})}{9^{1/3}}\left[\frac{\langle v_z \rangle D^2}{\alpha z}\left(-\frac{1}{4}\left.\frac{d\phi}{d\xi}\right\|_{\xi=1}\right)\right]^{1/3}$ (H)
	뉴튼 층류	$\text{Nu} = \frac{2}{9^{1/3}\Gamma(\frac{4}{3})}\left(\frac{\langle v_z \rangle D^2}{\alpha z}\right)^{1/3}$ (C)	뉴튼 층류	$\text{Nu} = \frac{2\Gamma(\frac{2}{3})}{9^{1/3}}\left(\frac{\langle v_z \rangle D^2}{\alpha z}\right)^{1/3}$ (I)
열적으로 완전히 발달된 유동 $\frac{\langle v_z \rangle B^2}{\alpha z} << 1$	평류	$\text{Nu} = 5.772$ (D)	평류	$\text{Nu} = 8$ (J)
	비뉴튼 층류	$\text{Nu} = \beta_1^2$, 여기서 β_1 은 $\frac{1}{\xi}\frac{d}{d\xi}\left(\xi\frac{dX_n}{d\xi}\right) + \beta_n^2\phi(\xi)X_n = 0$; $X_n'(0) = 0, X_n(1) = 0$ 의 가장 낮은 고유값 (E)	비뉴튼 층류	$\text{Nu} = \left[2\int_0^1 \frac{1}{\xi}\left[\int_0^{\xi} \xi'\phi(\xi')d\xi'\right]^2 d\xi\right]^{-1}$ (K)
	뉴튼 층류	$\text{Nu} = 3.657$ (F)	뉴튼 층류	$\text{Nu} = \frac{48}{11} = 4.364$ (L)

[a] 주의: $\phi(\xi) = v_z/\langle v_z \rangle$, 여기서 $\xi = r/R$과 $R = D/2$; 뉴튼 유체에 대해 $\langle v_z \rangle D^2/az = \text{RePr}(D/z)$ 여기서 $\text{Re} = D\langle v_z \rangle \rho/\mu$, $\alpha = k/\rho\hat{C}_p$.

[b] W. J. Beek and R. Eggink, *De Ingenieur*, **74**, No.35, 81-89장(1962); erratum, **75,** No.1, 7장(1963).

[c] 무차원군 $\langle v_z \rangle D^2/az$은 때로는 $\text{Gz}\cdot(L/z)$로 쓰이며, $\text{Gz} = \langle v_z \rangle D^2/aL$은 Graetz 수로 불린다; 여기서 L은 $z = 0$을 지난 관의 길이이므로 열 유입 영역은 큰 Graetz 수에 대응된다.

표 14.2-2 국부적인 Nusselt 수에 대한 점근적 결과(얇은 슬릿 유동)[a,b]; $\text{Nu}_{loc} = 4h_{loc}B/k$

모든 값은 국부적인 Nusselt 수이다	일정 벽 온도		일정 벽 열 플럭스	
열 유입 영역[c] $\dfrac{\langle v_z\rangle B^2}{\alpha z} >> 1$	평류	$\text{Nu} = \dfrac{4}{\sqrt{\pi}}\left(\dfrac{\langle v_z\rangle B^2}{\alpha z}\right)^{1/2}$ (A)	평류	$\text{Nu} = 2\sqrt{\pi}\left(\dfrac{\langle v_z\rangle B^2}{\alpha z}\right)^{1/2}$ (G)
	비뉴튼 층류	$\text{Nu} = \dfrac{4}{9^{1/3}\Gamma(\frac{4}{3})}\left[\dfrac{\langle v_z\rangle B^2}{\alpha z}\left(-\dfrac{d\phi}{d\sigma}\bigg\vert_{\sigma=1}\right)\right]^{1/3}$ (B)	비뉴튼 층류	$\text{Nu} = \dfrac{4\Gamma(\frac{2}{3})}{9^{1/3}}\left[\dfrac{\langle v_z\rangle B^2}{\alpha z}\left(-\dfrac{d\phi}{d\sigma}\bigg\vert_{\sigma=1}\right)\right]^{1/3}$ (H)
	뉴튼 층류	$\text{Nu} = \dfrac{4}{3^{1/3}\Gamma(\frac{4}{3})}\left(\dfrac{\langle v_z\rangle B^2}{\alpha z}\right)^{1/3}$ (C)	뉴튼 층류	$\text{Nu} = \dfrac{4\Gamma(\frac{2}{3})}{3^{1/3}}\left(\dfrac{\langle v_z\rangle B^2}{\alpha z}\right)^{1/3}$ (I)
열적으로 완전히 발달된 유동 $\dfrac{\langle v_z\rangle B^2}{\alpha z} << 1$	평류	$\text{Nu} = \pi^2 = 9.870$ (D)	평류	$\text{Nu} = 12$ (J)
	비뉴튼 층류	$\text{Nu} = 4\beta_1^2,$ 여기서 β_1 은 $\dfrac{d^2X_n}{d\sigma^2} + \beta_n^2\phi(\sigma)X_n = 0; \quad X_n(\pm 1) = 0$ 의 가장 낮은 고유값 (E)	비뉴튼 층류	$\text{Nu} = \left[\dfrac{1}{4}\int_0^1\left[\int_0^\sigma \phi(\sigma')d\sigma'\right]^2 d\sigma\right]^{-1}$ (K)
	뉴튼 층류	$\text{Nu} = 7.541$ (F)	뉴튼 층류	$\text{Nu} = \dfrac{140}{17} = 8.235$ (L)

[a] 주의: $\phi(\sigma) = v_z/\langle v_z\rangle$, 여기서 $\sigma = y/B$; 뉴튼 유체에 대해 $\langle v_z\rangle B^2/\alpha z = 4\,\text{RePr}(B/z)$ 여기서 $\text{Re} = 4B\langle v_z\rangle\rho/\mu$, $\alpha = k/\rho\hat{C}_p$.

[b] J. M. Valstar and W. J. Beek, *De Ingenieur*, **75**, No.1, 1-7장 (1963).

[c] 무차원군 $\langle v_z\rangle B^2/\alpha z$은 때로는 $\text{Gz}\cdot(L/z)$로 쓰이며, $\text{Gz} = \langle v_z\rangle B^2/\alpha L$은 Graetz 수로 불린다; 여기서 L은 $z = 0$을 지난 슬릿의 길이이므로 열 유입 영역은 큰 Graetz 수에 대응된다.

일반적으로 Prandtl 수가 1보다 상당히 작은 **액체 금속**의 난류에 대해서는 두 가지 중요한 결과가 있다. Notter와 Sleicher[4]는 현실적인 난류 속도분포를 사용하여 수치적으로 에너지 방정식을 풀고 벽을 통한 열전달 속도를 구한 다음, 두 경우에 대한 최종 결과를 간단한 해석식으로 곡선 맞추기하였다.

일정 벽 온도: $$\text{Nu}_{\text{loc}} = 4.8 + 0.0156\,\text{Re}^{0.85}\,\text{Pr}^{0.93} \tag{14.2-6}$$

일정 벽면 열 흘럭스: $$\text{Nu}_{\text{loc}} = 6.3 + 0.0167\,\text{Re}^{0.85}\,\text{Pr}^{0.93} \tag{14.2-7}$$

이들 식은 $L/D > 60$과 일정한 물성으로 제한된다. 식 14.2-7을 그림 14.2-2에 도시하였다.

이 절의 모든 결과는 물성이 일정한 유체로 국한된다고 강조하였다. 계가 큰 온도차를 보이면 점도, 밀도, 열용량 및 열전도도의 온도 의존성을 고려하는 것이 필요하며, 어떤 적절한 평균 온도에서 물성을 계산하는 경험적 방법이 보통 사용된다. 명백하게 달리 표현되어 있지 않다면, 이 장의 전체에 걸쳐 모든 물성은 다음과 같이 정의되는 경막 온도 T_f에서 계산된다는 것을 알아야 한다.[5]

a. 관, 슬릿과 다른 도관에 대해서는

$$T_f = \tfrac{1}{2}(T_{0a} + T_{ba}) \tag{14.2-8}$$

이다. 여기서 T_{0a}는 양쪽 끝 표면 온도의 산술 평균 $T_{0a} = \tfrac{1}{2}(T_{01} + T_{02})$이고, T_{ba}는 입구와 출구의 총괄 온도의 산술 평균 $T_{\text{ba}} = \tfrac{1}{2}(T_{b1} + T_{b2})$이다. 단면적 S에 걸친 점도, 속

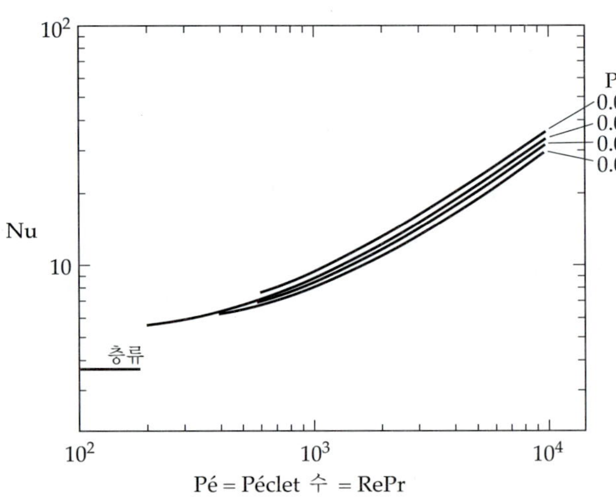

그림 14.2-2 R. H. Notter and C. A. Sleicher, *Chem. Eng. Sci.*, **27**, 2073-2093 (1972)의 이론적 계산에 근거한 원형관 내의 액체 금속의 난류에 대한 Nusselt 수.

[4] R. H. Notter and C. A. Sleicher, *Chem. Eng. Sci*, **27**, 2073-2093 (1972).

[5] W. J. M. Douglas and S. W. Churchill, *Chem. Eng. Prog. Symposim Series*, No.18, **52**, 23-28 (1956); E. R. G. Eckert, *Recent Advances in Heat and Mass Transfer*, McGraw-Hill, New York (1961), pp. 51-81, 식 (20); 더 상세한 기준 상태는 W. E. Stewart, R. Kilgour, and K.-T. Liu, University of Wisconsin-Madison Mathematics Research Center Report #1310 (June 1973)에 의해 제안되었다.

도 및 밀도의 변화를 고려하기 위해 Reynolds 수는 $\mathrm{Re} = D\langle\rho v\rangle/\mu = Dw/S\mu$로 쓰는 것을 추천한다.

b. T_∞의 균일한 온도로 접근하는 액체 흐름 속에서 균일한 표면 온도 T_0를 갖는 잠긴 물체에 대해서는

$$T_f = \tfrac{1}{2}(T_0 + T_\infty) \tag{14.2-9}$$

이다.

보다 복잡한 기하학적 구조를 포함하는 유동계에 대해서는 열전달계수의 실험적 상관관계를 사용하는 것이 바람직하다. 다음 절들에서는 실험 데이터와 차원 해석을 결합함으로써 이와 같은 상관관계를 어떻게 수립하는지 보일 것이다.

14.3 관 내 강제 대류의 열전달계수

앞 절에서 몇몇 층류에 대한 Nusselt 수는 첫 번째 원리로부터 계산될 수 있음을 보았다. 이 절에서는 차원 해석을 통해 다양한 무차원 군에 대한 Nusselt 수의 의존성을 일반적 형태로 어떻게 유도하는지 보이고자 하며, 이 형태는 앞 절의 결과뿐만 아니라 난류에서도 적용 가능하다는 것을 보이고자 한다. 그런 다음 실험 데이터를 상관하여 얻게 되는 Nusselt 수의 무차원 그림을 보이고자 한다.

강제 대류에서 열전달계수의 상관관계에 대한 일반적 형태를 얻기 위해 먼저 11.5절에 주어진 차원 해석을 확장한다. 그림 14.3-1에서 보는 바와 같이 내부 반지름이 R인 곧은 관을 통해 정상상태로 흐르는 뉴튼 유체의 층류 또는 난류를 생각하시오. 유체는 벽에 대단히 가까운 곳까지 균일한 속도를 가지며 균일한 입구 온도 $T_1(= T_{b1})$으로 $z = 0$에서 관에 유입된다. 외부 표면의 기체 응축으로 인한 열에 의해 내부 표면 온도가 T_0로 균일하게 유지되는 $0 \le z \le L$ 영역을 제외하고는 관 벽은 단열되어 있다. 이때 ρ, μ, k와 $\hat{C}_p$의 물성은 일정하다고 가정한다. 뒤에 이들 물성의 온도 의존성을 충분히 고려하기 위해 14.2절에 주어진 경험식을 확장할 것이다.

마찰 인자에 대해 6.2절에서 사용된 동일한 과정을 따르고자 한다. 위에서 설명된 계에서 층류 또는 난류에 대해 타당한(물론 층류에서는 Q가 시간에 무관하다) 관 벽으로부터 유체 내로 순간적인 열유동에 대한 식

$$Q(t) = \int_0^L \int_0^{2\pi} \left(+k\frac{\partial T}{\partial r} \right)\bigg|_{r=R} R\, d\theta\, dz \tag{14.3-1}$$

을 씀으로써 시작한다. 음의 r 방향에서 계에 열이 더해지기 때문에 + 부호가 나타난다.

식 14.1-2와 14.3-1에 주어진 Q에 대한 식이 같다고 두고 h_1에 대해 풀면

$$h_1(t) = \frac{1}{\pi DL(T_0 - T_{b1})} \int_0^L \int_0^{2\pi} \left(+k \frac{\partial T}{\partial r} \right) \bigg|_{r=R} R\, d\theta\, dz \tag{14.3-2}$$

를 얻는다. 다음 무차원 양 $\breve{r} = r/D$, $\breve{z} = z/D$와 $\breve{T} = (T - T_0)/(T_{b1} - T_0)$을 도입하고, Nusselt 수 $\text{Nu}_1 = h_1 D/k$에 대한 식을 얻기 위해 D/k를 곱하면

$$\text{Nu}_1(t) = \frac{1}{2\pi L/D} \int_0^{L/D} \int_0^{2\pi} \left(-\frac{\partial \breve{T}}{\partial \breve{r}} \right) \bigg|_{\breve{r}=1/2} d\theta\, d\breve{z} \tag{14.3-3}$$

을 얻는다. 따라서 (순간적인) Nusselt 수는 기본적으로 **열전달 표면에 걸쳐 평균한 무차원 온도 구배**이다.

식 14.3-3에서 나타나는 무차원 온도 구배는 원칙적으로

$$0 \le \breve{r} < \tfrac{1}{2} \text{ 에 대해} \quad \breve{z} = 0 \text{ 에서,} \quad \breve{\mathbf{v}} = \boldsymbol{\delta}_z \tag{14.3-4}$$

$$\breve{z} \ge 0 \text{ 에 대해} \quad \breve{r} = \tfrac{1}{2} \text{ 에서,} \quad \breve{\mathbf{v}} = 0 \tag{14.3-5}$$

$$\breve{r} = 0 \text{ 과 } \breve{z} = 0 \text{ 에서,} \quad \breve{\mathscr{P}} = 0 \tag{14.3-6}$$

$$0 \le \breve{r} \le \tfrac{1}{2} \text{ 에 대해} \quad \breve{z} = 0 \text{ 에서,} \quad \breve{T} = 1 \tag{14.3-7}$$

$$0 \le \breve{z} \le L/D \text{ 에 대해} \quad \breve{r} = \tfrac{1}{2} \text{ 에서,} \quad \breve{T} = 0 \tag{14.3-8}$$

의 경계조건과 함께 식 11.5-7, 8 및 9를 풀어 얻게 되는 $\breve{T}$에 대한 식을 미분함으로써 계산할 수 있다. 여기서 $\breve{\mathbf{v}} = \mathbf{v}/\langle v_z \rangle_1$이고 $\breve{\mathscr{P}} = (\mathscr{P} - \mathscr{P}_1)/\rho \langle v_z \rangle_1^2$이다. 6.2절에서와 같이 변화방정식의 $\partial^2/\partial \breve{z}^2$ 항들은 4.4절과 유사한 이유로 크기의 차수에 기초하여 무시하였다. 이 항들을 삭제함으로써 열 및 운동량의 상류 전달이 배제되었으므로 그림 14.3-1에서 평면 2의 상류 해는 L/D에 무관하다.

식 11.5-7, 8 및 9와 경계조건들로부터 순간적인 무차원 온도분포는 다음과 같은 형태임을 결론지을 수 있다.

$$0 \le \breve{z} \le L/D \text{ 에 대해} \quad \breve{T} = \breve{T}(\breve{r}, \theta, \breve{z}, \breve{t}; \text{Re}, \text{Pr}, \text{Br}) \tag{14.3-9}$$

이 관계식을 식 14.3-3에 대입하면 $\text{Nu}_1(\breve{t}) = \text{Nu}_1(\text{Re}, \text{Pr}, \text{Br}, L/D, \breve{t})$라는 결론을 도출하게

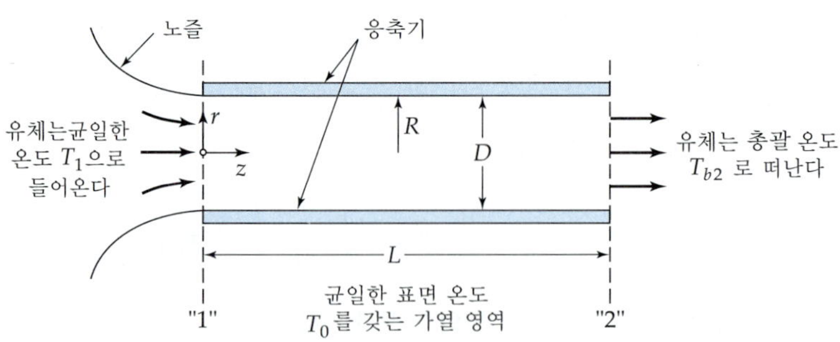

그림 14.3-1 관 입구 영역에서의 열전달

되고, 모든 난류 교란을 포함하기에 충분한 긴 시간에 걸쳐 시간 평균하면

$$\mathrm{Nu}_1 = \mathrm{Nu}_1(\mathrm{Re}, \mathrm{Pr}, \mathrm{Br}, L/D) \tag{14.3-10}$$

이 된다. 평면 1에서의 유동이 완전히 발달하게 되면 유사한 관계가 타당하게 된다.

종종 일어나는 경우로 만약 점성 소산 발열이 작다면 Brinkman수는 생략할 수 있으며, 식 14.3-10은

$$\mathrm{Nu}_a = \mathrm{Nu}_a(\mathrm{Re}, \mathrm{Pr}, L/D) \tag{14.3-11}$$

로 간단히 된다. 그러므로 일정한 벽 온도를 갖는 원형관 내의 강제 대류 열전달에 대한 열전달계수 h_1의 실험값은 Reynolds 수, Prandtl 수와 기하학적 비 L/D의 함수로 Nu_1을 표현함으로써 상관지울 수 있음을 차원 해석은 말하고 있다. 이는 마찰 인자(식 6.2-9와 10)가 갖는 유사하면서 더 단순한 상황과 비교될 수 있다.

동일한 이유로 우리가 정의한 다른 열전달계수들에 대해서도 유사한 식을 유도할 수 있을 것이며,

$$\mathrm{Nu}_a = \mathrm{Nu}_a(\mathrm{Re}, \mathrm{Pr}, L/D) \tag{14.3-12}$$

$$\mathrm{Nu}_{\ln} = \mathrm{Nu}_{\ln}(\mathrm{Re}, \mathrm{Pr}, L/D) \tag{14.3-13}$$

$$\mathrm{Nu}_{\mathrm{loc}} = \mathrm{Nu}_{\mathrm{loc}}(\mathrm{Re}, \mathrm{Pr}, L/D) \tag{14.3-14}$$

임을 알 수 있다. 여기서 $\mathrm{Nu}_a = h_aD/k$, $\mathrm{Nu}_{\ln} = h_{\ln}D/k$, $\mathrm{Nu}_{\mathrm{loc}} = h_{\mathrm{loc}}D/k$이다. 즉 각각의 열전달계수에 대응하는 Nusselt 수이다. 이들 Nusselt 수는 물론 상호 관련이 있다(문제 14.B-5 참조). Nusselt 수에 대한 일반적인 함수 형태는 변화방정식과 경계조건의 차원 해석만을 포함하고 있으므로 확고한 과학적인 근거를 갖고 있다.

지금까지는 유동계에서 다루는 온도 범위에 걸쳐 물성이 일정하다고 가정하였다. 경막 온도에서 물성을 계산하는 것이 적절한 경험적 방법이라고 14.2절 끝 부분에서 지적하였다. 그러나 매우 큰 온도차에 대해서는 점도의 변화가 속도분포를 크게 일그러지게 하는 결과를 유발할 것이므로 추가적인 무차원 군 μ_b/μ_0을 도입함으로써 이를 보정할 필요가 있다. 여기

[1] 예를 들면 벽 온도에 관한 Taylor 전개

$$\mu = \mu_0 + \left.\frac{\partial \mu}{\partial T}\right|_{T=T_0}(T - T_0) + \cdots \tag{14.3-15a}$$

로 표현되는 온도 의존적 점도를 변화방정식에 대입하면 점도비를 얻을 수 있다. 급수를 절편하고 미분 몫을 차분 몫으로 근사화하면

$$\mu \cong \mu_0 + \left(\frac{\mu_b - \mu_0}{T_b - T_0}\right)(T - T_0) \tag{14.3-15b}$$

를 얻거나 또는 약간 재정리하면

$$\frac{\mu}{\mu_0} \cong 1 + \left(\frac{\mu_b}{\mu_0} - 1\right)\left(\frac{T - T_0}{T_b - T_0}\right) \tag{14.3-15c}$$

를 얻는다. 따라서 점도비가 운동방정식에 나타나며, 무차원 상관관계에도 나타난다.

[2] E. N. Seider and G. E. Tate, *Ind. Eng. Chem*, **28**, 1429-1435 (1936).

서 μ_b는 산술 평균 총괄 온도에서의 점도이고, μ_0는 산술 평균 벽 온도에서의 점도이다.[1] 그러면

$$\text{Nu} = \text{Nu}(\text{Re}, \text{Pr}, L/D, \mu_b/\mu_0) \tag{14.3-15}$$

로 쓸 수 있을 것이다. 이런 종류의 상관관계는 Sieder와 Tate[2]에 의해 처음 표현되었던 것으로 보인다. 이에 더하여 만약 밀도가 현저히 변한다면 약간의 자유 대류가 일어날 것이다. 이 효과는 다른 무차원 군과 함께 Grashof 수를 상관관계에 포함함으로써 다룰 수 있다. 이 점은 14.6절에서 더 다룰 것이다.

이제 열전달 상관관계를 수립하기 위한 위의 논의의 중요성에 대해 회고하는 것은 잠시 멈추자. 열전달계수 h는 8개의 물리적 양(D, $\langle v \rangle$, ρ, μ_0, μ_b, $\hat{C}_p$, k, L)에 의존한다. 그러나 식 14.3-15는 Nusselt 수를 단지 4개의 무차원 군(Re, Pr, L/D, μ_b/μ_0)의 함수로 표현함으로써 이 의존성을 더욱 더 간결하게 쓸 수 있음을 말하고 있다. 따라서 8개의 물리적 양 각각에 대해 5개 씩의 값을 h에 대한 데이터(5^8 실험)로 취하는 대신 무차원 군 각각에 대해 5개 씩의 값들(5^4 실험)로 h를 측정할 수 있다 시간과 노력을 현저하게 줄일 수 있다.

거의 일정한 벽 온도를 갖는 원형관 내의 열전달에 대한 좋은 총체적인 관점을 그림 14.3-2에 도시된 Sieder와 Tate[2]의 상관관계로부터 얻을 수 있다. 이는 식 14.3-15의 형태이다. 반지름 방향으로 점도가 감지할만큼 변한다 할지라도 난류로의 전이는 약 Re = 2100 부근에서 보통 시작된다는 것을 경험적으로[2,3] 알 수 있었다.

강한 난류에 대해 $L/D > 10$인 곡선들은 하나의 곡선에 수렴한다. Re > 20,000에 대해 이 곡선은

$$\text{Nu}_{\text{ln}} = 0.026\,\text{Re}^{0.8}\,\text{Pr}^{1/3}\left(\frac{\mu_b}{\mu_0}\right)^{0.14} \tag{14.3-16}$$

의 식으로 표현된다. 이 식은 $10^4 < \text{Re} < 10^5$와 $0.6 < \text{Pr} < 100$의 범위에서 약 ±20% 내로 실험 데이터를 재현 가능하다.

층류에 대해 좌측에서 감소하는 선들은 표 14.2-1[4]의 식 (C)와 문제 12D.4에 기초를 두고 있는 식

$$\text{Nu}_{\text{ln}} = 1.86\left(\text{RePr}\,\frac{D}{L}\right)^{1/3}\left(\frac{\mu_b}{\mu_0}\right)^{0.14} \tag{14.3-17}$$

---

[3] A. P. Colburn, *Trans. AIChE*, **29**, 174-210 (1933). **Allan Philip Colburn** (1904-1955), 델라웨어 대학의 부총장(1950-1955), "Colburn-Chilton 관계식"을 포함하는 열 및 물질전달 분야에 중요한 공헌을 하였다.

[4] 식 (C)는 열 대류의 고전적 문제의 하나인 Graetz 문제의 점근해이다: L. Graetz, *Ann. d. Physik*, **18**, 79-94 (1883); 식 (C)의 점근값에 대한 J. Lévêque, *Ann. Mines*. (Series 12), **13**, 201-299, 305-362, 381-415 (1928)을 보시오. 광범위한 요약은 M. A. Ebadian and Z. F. Dong, *Handbook of Heat Transfer*, 3rd edition, (W. M. Rohsenow, J. P. Hartnett, and Y. I. Cho, eds.), McGraw-Hill, New York (1998)의 5장에서 찾을 수 있다.

로 주어진다. h_{loc}을 h_{ln}으로 변환하기 위해 식 (C)의 수치적 계수는 $\frac{3}{2}$의 인자를 곱하였고, 물성 변화에 기인한 편차를 고려하기 위하여 경험적으로 수정하였다. 이는 해석적 유도 결과를 수정함으로써 만족할만한 경험적 상관관계를 어떻게 얻을 수 있는지 설명하고 있다. 식 14.3-17은 RePr $D/L > 10$에 대해서는 약 20% 내에서 잘 부합하지만, 더 낮은 RePr D/L 값에서는 h_{ln}이 상당히 낮게 계산된다. 식 14.3-16과 17에서 $\text{Pr}^{1/3}$이 나타난 것은 13.6절과 12.4절에서 발견할 수 있는 큰 Prandtl 수의 점근값과 일치한다.

그림 14.3-2에서 대략 $2100 < \text{Re} < 8000$인 **전이영역**은 잘 알려져 있지 않으므로 가능하면 설계에서 피하는 것이 통상적이다. 이 영역의 곡선들은 실험적 측정[2]에 의해 뒷받침되지만 그림의 다른 영역에 비해 신뢰도가 떨어진다.

그림 14.3-2의 곡선들의 일반적인 특징을 주의 깊게 연구할 가치가 있다. 주어진 물성의 유체와 주어진 L과 D의 가열 단면에 대해 세로 좌표는 관을 통과하여 흐르는 유체의 무차원 온도 상승, 즉 $(T_{b2} - T_{b1})/(T_0 - T_b)_{ln}$에 비례한다는 것에 주목하시오. 이들 조건 하에서 유량(또는 Reynolds 수)이 증가하면 유출되는 유체의 온도는 Re가 처음 약 2100에 도달할 때까지는 감소하다가 Re가 약 8000일 때까지 증가한 다음 최종적으로는 다시 감소하게 된다. h_{ln}에 대한 L/D의 영향이 층류에서는 두드러지게 나타나지만 $L/D > 60$이면서 Re > 8000에 대해서는 무의미하다.

물리적 상황이 전혀 다르지만 그림 14.3-2는 그림 6.2-2의 마찰 인자 그림과 상당히 닮았다는 것에 주목하시오. 강한 난류 영역에서(Re > 10,000) 열전달 세로 좌표는 고려하는 길

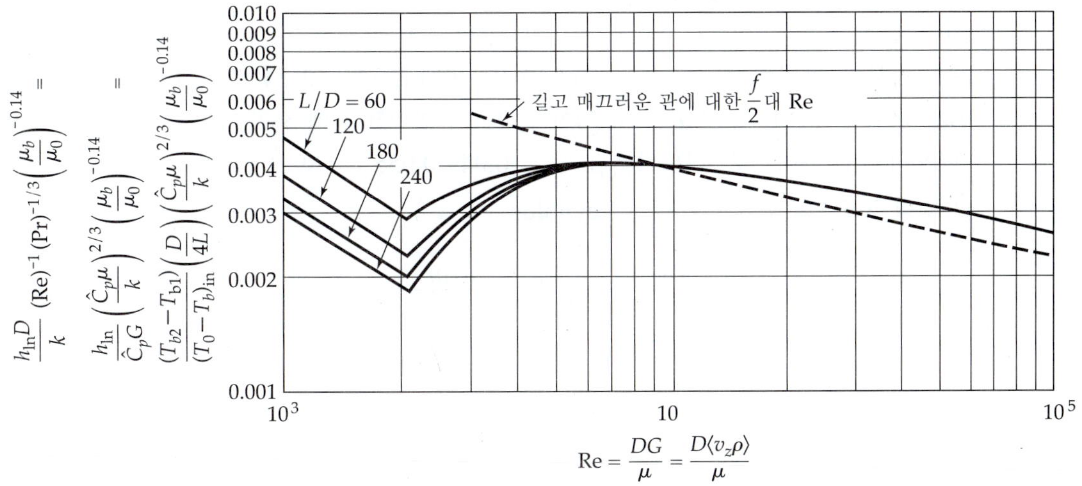

그림 14.3-2 매끄러운 관 내의 완전히 발달된 유동에 대한 열전달계수. 층류에 대한 선들은 $(T_0 - T_b)_2/(T_0 - T_b)_1 < 0.2$에 대응하는 RePr $D/L < 10$ 범위에는 사용할 수 없다. 층류 곡선은 거의 일정한 벽 온도와 RePr $D/L >> 10$의 데이터에 기초를 두었으며, 이들 조건 하에서는 h_a와 h_{ln}을 구별할 수 없다. 이 선택은 통상적인 열교환기 설계 계산에 있어 보존적이기 때문에 Sieder와 Tate에 의해 제시된 h_a에 반해 h_{ln}을 쓰는 것을 추천한다. [E. N. Sieder and G. E. Tate, *Ind. Eng. Chem.*, **28**, 1429-1435 (1936)].

고 매끄러운 관에 대한 $f/2$와 근사적으로 부합하며, 이는 길고 매끄러운 관에 대해 다음의 경험적 상사성을 제안하였던 Colburn[3]에 의해 처음으로 지적되었다.

$$j_{H,\ln} \approx \tfrac{1}{2} f \qquad (\mathrm{Re} > 10{,}000) \tag{14.3-18}$$

이고,

$$j_{H,\ln} = \frac{\mathrm{Nu}_{\ln}}{\mathrm{RePr}^{1/3}} = \frac{h_{\ln}}{\langle \rho v \rangle \hat{C}_p}\left(\frac{\hat{C}_p \mu}{k}\right)^{2/3} = \frac{h_{\ln} S}{w \hat{C}_p}\left(\frac{\hat{C}_p \mu}{k}\right)^{2/3} \tag{14.3-19}$$

이다. 여기서 S는 관의 단면적, w는 관을 통해 흐르는 질량 유량이며 $f/2$는 $\mathrm{Re} = Dw/S\mu = 4w/\pi D\mu$를 사용하여 그림 6.2-2에서 얻을 수 있다. 식 14.3-18의 상사성은 Re = 10,000이하에서는 명백히 타당하지 않다. 완전히 발달된 난류를 갖는 거친 관에 대해서는 j_H보다 f가 거친 정도에 더 영향을 받기 때문에 상사성은 완전히 깨어진다.

그림 14.3-2의 사용에 관해 추가적으로 주의해야 할 것은 비원형 단면의 도관에 적용할 때이다. 강한 난류에 대해 식 6.2-16의 평균 수력학적 반지름을 사용하여야 할 것이며, 경험식을 적용하기 위해서는 모든 Reynolds 수와 Nusselt 수에서 D가 $4R_h$로 대체되어야 한다.

예제 14.3-1 관형 가열기의 설계

70°F, 1 atm의 공기가 내부 지름이 2-in.인 곧은 관을 통해 70 $\mathrm{lb}_m/\mathrm{hr}$의 속도로 수송되고 있다. 공기 온도를 230°F까지 올리기 위해 내부 벽 온도가 250°F가 될 때까지 관 영역을 가열한다. 가열해야 할 길이는 얼마인가?

해 산술 평균 총괄 온도는 $T_{ba} = 150$°F이고, 경막 온도는 $T_f = \frac{1}{2}(150 + 250) = 200$°F이다. 이 온도에서의 공기의 물성은 $\mu = 0.052\ \mathrm{lb}_m/\mathrm{ft \cdot hr}$, $\hat{C}_p = 0.242\ \mathrm{Btu/lb}_m \cdot \mathrm{F}$, $k = 0.0180\ \mathrm{Btu/hr \cdot ft \cdot F}$이고 $\mathrm{Pr} = \hat{C}_p \mu / k = 0.70$이다. 150°F와 250°F에서 공기의 점도는 각각 0.049와 0.055 $\mathrm{lb}_m/\mathrm{ft \cdot hr}$이므로, 점도비는 $\mu_b/\mu_0 = 0.049/0.055 = 0.89$이다.

경막 온도 200°F에서 계산된 Reynolds 수는

$$\mathrm{Re} = \frac{Dw}{S\mu} = \frac{4w}{\pi D \mu} = \frac{4(70)}{\pi(2/12)(0.052)} = 1.02 \times 10^4 \tag{14.3-20}$$

이며, 그림 14.3-2로부터

$$\frac{(T_{b2} - T_{b1})}{(T_0 - T_b)_{\ln}} \frac{D}{4L} \mathrm{Pr}^{2/3}\left(\frac{\mu_b}{\mu_0}\right)^{-0.14} = 0.0039 \tag{14.3-21}$$

을 얻는다. 이를 L/D에 대해 풀면

$$\begin{aligned}\frac{L}{D} &= \frac{1}{4(0.0039)} \frac{(T_{b2} - T_{b1})}{(T_0 - T_b)_{\ln}} \mathrm{Pr}^{2/3}\left(\frac{\mu_b}{\mu_0}\right)^{-0.14} \\ &= \frac{1}{4(0.0039)} \frac{(230 - 70)}{72.2} (0.70)^{2/3}(0.89)^{-0.14}\end{aligned}$$

$$= \frac{1}{4(0.0039)} \frac{160}{72.8}(0.788)(1.02) = 113 \tag{14.3-22}$$

가 된다. 따라서 필요한 길이는

$$L = 113D = (113)(2/12) = 19 \text{ ft} \tag{14.3-23}$$

이다. 만약 Re_b가 훨씬 더 작다면 그림 14.3-2를 읽기 전에 시행착오법으로 시작하여 L/D 값을 계산하는 것이 필요하다.

이 문제에서는 h 값을 계산하지 않았음에 주목하시오. 그러나 두 유체 사이에 벽을 갖는 열교환기와 같은 더 복잡한 문제에서는 h의 수치적 계산이 필요하다.

14.4 잠긴 물체 주위의 강제 대류의 열전달계수

상업적으로 중요한 또 다른 주제는 유체가 흐르는 주위의 물체로부터의 열전달이거나 물체로의 열전달이다. 물체는 단일 원통이나 구와 같이 상대적으로 간단한 것일 수도 있고, 그 사이로 흐르는 기체나 액체의 흐름을 갖는 원통형 관의 집합으로 이루어진 "관 다발"과 같이 좀 더 복잡한 것일 수도 있다. 여기서는 평탄한 평판, 구와 원통같은 단지 몇 개의 간단한 계에 대한 상관관계만 살펴보고자 하며, 더 많은 상관관계는 이 장의 서론에서 인용된 참고문헌에서 찾아 볼 수 있을 것이다.

평탄한 평판을 따르는 유동

먼저 표면이 T_0로 유지되고 균일한 온도 T_∞와 균일한 속도 v_∞로 접근하는 흐름을 가지며, 유동에 평행하게 배향된 평탄한 평판을 따라 흐르는 유동을 살펴 보고자 한다. 그림 14.4-1에서 열전달계수 $h_{\text{loc}} = q_0/(T_0 - T_\infty)$와 마찰 인자 $f_{\text{loc}} = \tau_0/\frac{1}{2}\rho v_\infty^2$를 볼 수 있으며, 평판의 앞 모서리에 보통 존재하는 층류 영역에 대해 다음의 이론식을 얻는다(식 4.4-30뿐만 아니라 12.4-12, 12.4-15, 12.4-16 참조).

$$\tfrac{1}{2} f_{\text{loc}} = +\frac{\mu(\partial v_x/\partial y)|_{y=0}}{\rho v_\infty^2} = f''(0)\sqrt{\frac{\mu}{2xv_\infty\rho}} = 0.332\ \text{Re}_x^{-1/2} \tag{14.4-1}$$

$$\text{Nu}_{\text{loc}} = \frac{h_{\text{loc}}x}{k} = \frac{x}{(T_\infty - T_0)}\left.\frac{\partial T}{\partial y}\right|_{y=0} = 2\sqrt{\frac{37}{1260}}\,\text{Re}_x^{1/2}\text{Pr}^{1/3} \tag{14.4-2}$$

표 12.4-1에서 보는 바와 같이 식 14.4-2의 더 정확한 수치 계수값은 Pohlhausen에 의해 주어진 0.332이다. 이 값을 사용하면 식 14.4-2는

$$j_{H,\text{loc}} = \frac{\text{Nu}_{\text{loc}}}{\text{RePr}^{1/3}} = \frac{h_{\text{loc}}}{\rho\hat{C}_p v_\infty}\left(\frac{\hat{C}_p\mu}{k}\right)^{2/3} = 0.332\ \text{Re}_x^{-1/2} \tag{14.4-3}$$

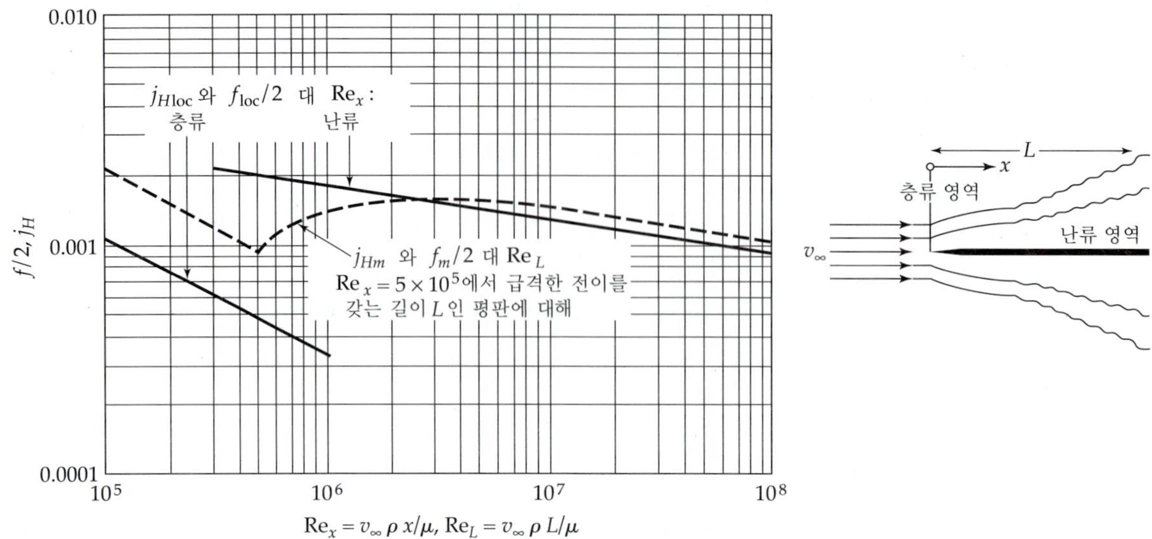

그림 14.4-1 접선 유동에서 매끄럽고 평탄한 평판에 대한 전달계수. H. Schlichting, *Boundary-Layer Theory*, McGraw-Hill, New York (1995), pp. 438-439에서 인용되었음.

으로 주어진다. 식 14.4-3의 수치 계수가 식 14.4-1의 수치 계수와 같으므로, 열전달과 유체 마찰 사이의 Colburn 상사성에 대한

$$j_{H,\text{loc}} = \tfrac{1}{2} f_{\text{loc}} = 0.332\ \text{Re}_x^{-1/2} \tag{14.4-4}$$

를 얻게 되며, 이 유동의 기하학적 구조에서는 "형상 항력"이 없기 때문에 이 결과가 기대되었다.

식 14.4-4는 일정한 물성을 갖는 유체에 대해 유도되었다.[1] 물성을 경막 온도 $T_f = \frac{1}{2}(T_0 + T_\infty)$에서 계산하면, 식 14.4-3은 기체에 대해서도 잘 맞는 것으로 알려져 있다.[2] 식 14.4-4의 상사형은 $\text{Pr} > 0.6$에 대해 2% 내에서 정확하지만 더 작은 Prandtl 수에서는 정확성이 떨어지게 된다.

강한 난류에 대해서도 Colburn 상사형은 그림 14.4-1의 경험적 곡선에 의해 주어진 f_{loc}와 상당히 정확하게 잘 맞는다. 층류와 난류 사이의 전이는 그림 14.3-1의 관에 대한 결과와 닮았으나, 전이 영역의 한계를 예측하는 것이 더 어렵다. 등온 유동의 예리한 모서리를 갖는 매끄럽고 평탄한 평판에 대해서는 Reynolds 수 $\text{Re}_x = xv_\infty\rho/\mu$가 100,000에서 300,000일 때 통상 전이가 시작되며 50% 더 큰 Reynolds 수에서 거의 끝나게 된다.

---

[1] 식 14.4-1의 결과는 H. Blasius, *Z. Math. Phys.*, **56**, 1-37 (1908)에 의해 처음으로 얻어졌으며, 식 14.4-3의 결과는 E. Pohlhausen, *Z. angew. Math. Mech.*, **1**, 115-121 (1921)에 의해 처음으로 얻어졌다.

[2] E. R. G. Eckert, *Trans ASME*, **56**, 1273-1283 (1956). 이 논문은 압축성과 점성 소산이 중요하게 되는 높은 속도 유동을 역시 포함하고 있다.

구 주위의 유동

문제 10B.1에서 정지된 유체 내의 구에 대한 Nusselt 수가 2임을 알 수 있었다. 균일한 속도 v_∞로 접근하며 흐르는 유체 내의 일정한 표면 온도 T_0를 갖는 구에 대한 평균 Nusselt 수는 다음 경험식에 의해 주어진다.[3]

$$\mathrm{Nu}_m = 2 + 0.60\,\mathrm{Re}^{1/2}\,\mathrm{Pr}^{1/3} \tag{14.4-5}$$

이 결과는 액적이나 기포로부터의 열전달이나 액적이나 기포로의 열전달을 예측하는데 유용하다.

성공적으로 증명된 다른 상관관계는[4]

$$\mathrm{Nu}_m = 2 + (0.4\,\mathrm{Re}^{1/2} + 0.06\mathrm{Re}^{2/3})\mathrm{Pr}^{0.4}\left(\frac{\mu_\infty}{\mu_0}\right)^{1/4} \tag{14.4-6}$$

이 있으며, Nu_m, Re 및 Pr에 나타나는 물성은 접근하는 흐름 온도에서 계산된다. 이 상관관계는 $3.5 < \mathrm{Re} < 7.6 \times 10^4$, $0.71 < \mathrm{Pr} < 380$과 $1.0 < \mu_\infty/\mu_0 < 3.2$인 범위에서 잘 맞으며, 식 14.4-5와는 반대로 $\mathrm{Pr} \to \infty$인 극한에서는 타당하지 않다.

원통 주위의 유동

무한한 범위의 정지된 유체 내의 원통은 정상상태의 해를 구할 수 없다. 그러므로 원통에 대한 Nusselt 수는 구에 대한 Nusselt 수와 같은 형태를 갖지 않는다. Whitaker는 $1.0 < \mathrm{Re} < 1.0 \times 10^5$, $0.67 < \mathrm{Pr} < 300$과 $0.25 < \mu_\infty/\mu_0 < 5.2$인 범위의 평균 Nusselt 수[4]에 대해

$$\mathrm{Nu}_m = (0.4\,\mathrm{Re}^{1/2} + 0.06\,\mathrm{Re}^{2/3})\mathrm{Pr}^{0.4}\left(\frac{\mu_\infty}{\mu_0}\right)^{1/4} \tag{14.4-7}$$

을 추천하였다. 여기서 Re와 Pr의 점도와 열전도도 값은 식 14.4-6에서와 같이 접근하는 흐름 온도에서의 값이다. 어떤 유형의 열교환기에서 사용되는 원통 배열층에 대해서도 유사한 결과가 적용 가능하다.[4]

열전달계수 데이터[5]에 대한 McAdams 편찬물의 곡선 맞추기와 문제 12B.6의 낮은 Re의 점근값에 기초를 둔 또 다른 상관관계[6]는

$$\mathrm{Nu}_m = (0.376\,\mathrm{Re}^{1/2} + 0.057\,\mathrm{Re}^{2/3})\mathrm{Pr}^{1/3} + 0.92\left[\ln\left(\frac{7.4055}{\mathrm{Re}}\right) + 4.18\,\mathrm{Re}\right]^{-1/3}\mathrm{Re}^{1/3}\mathrm{Pr}^{1/3} \tag{14.4-8}$$

---

3 W. E. Ranz and W. R. Marshall, Jr., *Chem. Eng. Prog.*, **48**, 141-146, 173-180 (1952). N. Frössling, *Gerlands Beitr. Geophys.*, **52**, 170-216 (1938)은 마지막 항에서 0.6 대신에 0.552의 계수를 갖는 이 형태의 상관관계를 처음으로 얻었다.

4 S. Whitaker, *Fundamental Principles of Heat Transfer*, Krieger Publishing Co., Malabar, Fla. (1977), pp. 340-342; *AIChE Journal*, **18**, 361-371 (1972).

5 W. E. Stewart (미출간).

6 W. H. McAdams, *Heat Transmisson*, 3rd edition, McGraw-Hill, New York (1954), p. 259.

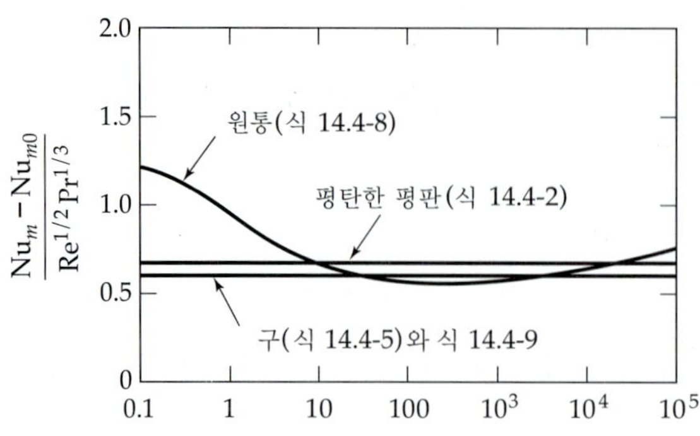

그림 14.4-2 식 14.4-9를 갖는 평탄한 평판, 구 및 원통 주위의 유동에 대한 Nusselt 수를 비교한 그림.

이 있다. 이 상관관계는 $Pr \rightarrow \infty$인 극한에서 적합할 뿐만 아니라 작은 값의 Reynolds 수에 대해서도 적합하다. 이 결과는 전형적으로 낮은 Reynolds 수에서 작동하는 열선 풍속계의 정상상태 성능을 해석하는 데 사용될 수 있다.

그 외 물체 주위의 유동

위에서 설명된 것들과는 다른 형상의 물체 주위의 유동에 대해, 열전달계수에 대한 상당히 잘 맞는 추정식은

$$Nu_m - Nu_{m,0} = 0.6\, Re^{1/2}\, Pr^{1/3} \tag{14.4-9}$$

의 관계식을 사용하여 얻을 수 있음을 앞의 세 논의에서 배운다. 여기서 $Nu_{m,0}$는 0인 Reynolds 수에서의 평균 Nusselt 수이다. 그림 14.4-2에서 보는 이 일반식은 불규칙한 형상의 물체로부터의 열전달을 계산하는데 종종 유용하다.

14.5 충전층을 통한 강제 대류의 열전달계수

충전층 내 입자와 유체 사이의 열전달계수는 고정층 촉매 반응기, 흡수기, 건조기 및 자갈층 열교환기의 설계에 중요하다. 충전층 내의 속도분포는 벽 부근에서 부분적으로는 더 높은 공극률에 기인하고 부분적으로는 매끄러운 경계를 따라 더 규칙적으로 정렬된 간극의 유로에 기인하여 최대를 보이게 된다. 만약 입자에 대한 관의 지름비 D_t/D_p가 대단히 크지 않거나 1에 가깝지 않다면, 층의 출구에서는 혼합되지만 빠른 바깥쪽 흐름과 더 느린 안쪽 흐름의 결과적인 유동 분리는 깊은 충전층 내의 평균 Nusselt 수에 복잡한 거동을 유발하게 된다.[1] 넓고 얕은 층의 실험은 더 단순한 거동을 보이며 다음 논의에서 사용된다.

[1] H. Martin, *Chem. Eng. Sci.*, **33**, 913-919 (1978).

식 14.1-5를 다음과 같이 수정함으로써 입자와 유체를 대표하는 부피 Sdz에 대한 h_{loc}를 정의한다.

$$dQ = h_{\text{loc}}(aSdz)(T_0 - T_b) \tag{14.5-1}$$

여기서 a는 6.4절에서와 같이 층의 단위 부피당 입자의 외부 표면적이다. 식 6.4-5와 6에서 공극률 ε을 갖는 충전층에 대한 유효 입자 크기 D_p는 $6/a_v = 6(1-\varepsilon)/a$로 주어진다.

얕은 충전층을 통한 기체[2]와 액체[3]의 유동에 대한 강제 대류의 광범위한 데이터가 국부적인 열전달 상관관계

$$j_H = 2.19\,\text{Re}^{-2/3} + 0.78\,\text{Re}^{-0.381} \tag{14.5-2}$$

와 22.3절에서 정의된 물질전달 함수 j_D에 대한 동일한 공식을 얻기 위해 정밀하게 해석되었다.[4] 여기서 Chilton–Colburn j_H인자와 Reynolds 수는

$$j_H = \frac{h_{\text{loc}}}{\hat{C}_p G_0}\left(\frac{\hat{C}_p \mu}{k}\right)^{2/3} \tag{14.5-3}$$

$$\text{Re} = \frac{D_p G_0}{(1 - \varepsilon)\mu\psi} = \frac{6G_0}{a\mu\psi} \tag{14.5-4}$$

로 정의된다. 이 식에서 물성은 모두 경막 온도 $\frac{1}{2}(T_0+T_b)$에서 계산되며 $G_0 = w/S$는 6.4절에서 소개된 공탑 질량 흘럭스이다. 양 ψ는 구에 대해 1로 정의된 값이고 원통형 펠렛에 대해서는 0.92로 맞추기한 값을 갖는 입자의 형상 인자이다. 관련된 형상 인자는 Gamson[5]에 의해 Re와 j_H에 사용되었지만, 현재는 인자 ψ가 오직 Re에서만 사용된다.

작은 Re에 대해 식 14.5-2는 점근값

$$j_H = 2.19\,\text{Re}^{-2/3} \tag{14.5-5}$$

또는

$$\text{Nu}_{\text{loc}} = \frac{h_{\text{loc}} D_p}{k(1 - \varepsilon)\psi} = 2.19(\text{RePr})^{1/3} \tag{14.5-5}$$

을 얻게 되며, RePr >> 1인 미동 유동에 대한 경계층 이론 결과와 일치한다. 후자는 $D_p/(1-\varepsilon)\psi$에 상대적인 얇은 열 경계층에 대응하는 Nu >> 1로 제한된다. 이 점근값은 액체[3]에 대한 미동

[2] B. W. Gamson, G. Thodos, and O. A. Hougen, *Trans. AIChE*, **39**, 1-35 (1943); C. R. Wilke and O. A. Hougen, *Trans. AIChE*, **41**, 445-451 (1945).

[3] L. K. McCune and R. H. Wilhelm, *Ind. Eng. Chem.*, **41**, 1124-1134 (1949); J. E. Williamson, K. E. Bazaire, and C. J. Geankopolis, *Ind. Eng. Chem. Fund.*, **2**, 126-129 (1963); E. J. Wilson and C. J. Geankopolis, *Ind. Eng. Chem. Fund.*, **5**, 9-14 (1966).

[4] W. E. Stewart, 미출간.

[5] B. W. Gamson, *Chem. Eng. Prog.*, **47**, 19-28 (1951).

유동의 물질전달 데이터를 대단히 잘 나타낸다.

식 14.5-3에서 지수 $\frac{2}{3}$는 정상상태의 층류[6]와 정상상태로 구동되는 난류[7]에 대한 경계층 이론에 의해 주어지는 높은 Pr의 점근값이다. 이 의존성은 Pr > 0.6인 전 영역과 물질전달에 대한 무차원 군 Sc의 대응 영역에 걸쳐 제시된 데이터와 일치한다.

14.6 자유 및 혼합 대류의 열전달계수[1]

여기서는 감지할 수 있을 정도로 부력이 존재하는 몇몇 중요한 계의 거동을 요약하기 위해, 먼저 예제 11.4-5에서 얻어진 결과를 Nusselt 수의 항으로 고친 다음 (1) 예제 11.4-5의 얇은 경계층 가정이 타당하지 않는 곳에서의 작은 부력; (2) 경계층 내 난류가 일어날 수 있는 곳에서의 매우 큰 부력 및 (3) 혼합된 강제 대류와 자유 대류가 있는 다른 상황들로 확장하고자 한다. 고체 물체와 정지된 큰 부피의 주변 유체 사이의 열전달로 제한하고 예제 11.4-5의 일정한 온도의 경계조건으로 제한할 것이다. 전이 거동 및 도관과 동공 내의 유동을 포함하는 다른 상황에 대한 논의는 어디에서든 찾아 볼 수 있다.[1]

예제 11.4-5에서 수직의 평탄한 평판 가까이의 자유 대류에 대한 주요 무차원 군은 Rayleigh 수 Ra라고 종종 불리는 GrPr임을 알았다. 만약 면적 평균 Nusselt 수를 $\text{Nu}_m = hH/k = q_{\text{avg}}H/k(T_0 - T_1)$으로 정의하면, 식 11.4-51은

$$\text{Nu}_m = C(\text{GrPr})^{1/4} \tag{14.6-1}$$

로 쓸 수 있으며, 여기서 C는 Pr의 약한 함수로 알려져 있다. 적당한 Ra = GrPr 값에서 다양한 형상의 고체에 대한 열전달 거동은 예제 11.4-5에 묘사된 종류의 층류 경계층에 의해 지배되며, 보통 그 논의 결과들을 직접 사용한다.

그러나 작은 GrPr 값에서는 주위로의 직접적인 열전도가 경계층 결과를 타당하지 않게 되고, 또 충분히 높은 GrPr 값에서의 열전달 메커니즘은 경계층 내에서 난류를 형성하면서 유체의 무작위적인 국부적 분출이나 융기로 이동하게 되며, Nusselt 수는 계의 크기에 무관하게 된다. 자유 대류와 강제 대류가 결합된(보통 **혼합 대류**로 지칭된다) 경우는 더 복잡하다. 이제 Pr, Gr 및 Re를 독립 변수로 생각해야 하며 또 강제 대류와 자유 대류 효과가 같은 방향으로 나타나는지 또는 다른 방향으로 나타나는지 고려해야 한다. 어쨌던 같은 방향으로

---

[6] W. E. Stewart, *AIChE Journal*, **9**, 528-535 (1963); R. Pfeffer, *Ind. Eng. Chem. Fund.*, **3**, 380-383 (1964); J. P. Sørensen and W. E. Stewart, *Chem. Eng. Sci.*, **29**, 833-837 (1974). 또 예제 12.4-3을 보시오.

[7] W. E. Stewart, *AIChE Journal*, **33**, 2008-2016 (1987); 정오표 **34**, 1030 (1988).

[1] G. D. Raithby and K. G. T. Hollands, Chapter 4 in W. M. Rohsenow, J. P. Hartnett, and Y. I. Cho, eds., *Handbook of Heat Transfer*, 3rd edition, McGraw-Hill, New York (1998).

나타날 때만 잘 알려진 것처럼 보인다. 다양한 유동 지배 형태 사이에 급격한 전이가 없다면 거동을 묘사하는 것이 더 복잡하게 된다.

하지만 점근식의 경험적 결합에 의해 넓고 다양한 유동 지배 형태에 대한 열전달 속도(면적 평균 Nusselt 수 Nu_m로 표현되는)를 간단하고 믿을만하게 예측 할 수 있음을 보았다.

a. $\mathrm{Nu}_m^{\mathrm{cond}}$, 부력이 없는 상태의 전도 또는 강제 대류에 대해

b. $\mathrm{Nu}_m^{\mathrm{lam}}$, 예제 11.4-5와 같이 얇은 층류 경계층에 대해

c. $\mathrm{Nu}_m^{\mathrm{turb}}$, 난류 경계층에 대해

d. $\mathrm{Nu}_m^{\mathrm{forced}}$, 순수한 강제 대류에 대해

이들을 다음 분절에서 다루고자 한다.

부력이 없는 경우

사라질 만큼 작은 자유 대류와 강제 대류에 대한 극한 Nusselt 수는 고체 표면에 걸쳐서는 일정하고 균일한 온도를 가지며 무한대에서는 또 다른 일정한 온도를 갖는 열전도 방정식(Lapalce 방정식, $\nabla^2 T = 0$)을 풀면 얻게 된다. 그러면 평균 Nesselt 수는

$$\mathrm{Nu}_m^{\mathrm{cond}} = K\,(\text{형상}) \tag{14.6-2}$$

의 일반적인 형태를 가지며, 적어도 하나의 무한 치수를 갖는 모든 물체(즉, 무한히 긴 원통 또는 무한히 넓은 평판)에 대해 K는 0이 된다. 유한한 물체에 대해서는 K는 0이 아니며, 문제 10B.1에 의하면 중요한 경우는 구의 지름을 특성 길이로 갖는 구에 대한 경우이다.

$$\mathrm{Nu}_m^{\mathrm{cond}} = 2 \tag{14.6-3}$$

회전하는 편원형의 타원체와 원판은 문제 14.D.1에서 논의한다.

얇은 층류 경계층

얇은 층류 경계층에 대해서는 등온인 평탄한 수직 평판이 식 14.6-1에 적합한 대표적인 계이다. 이 식은

$$\mathrm{Nu}_m^{\mathrm{lam}} = C(\mathrm{Pr},\ \text{형상})(\mathrm{GrPr})^{1/4} \tag{14.6-4}$$

로 일반화되며, 더욱이 Pr과 형상에 대한 함수는

$$C = C_1(\,\text{형상}\,)C_2(\mathrm{Pr}) \tag{14.6-5}$$

의 곱으로 인수분해될 수 있다. 여기서[2]

$$C_2 \approx \frac{0.671}{[1 + (0.492/\mathrm{Pr})^{9/16}]^{4/9}} \tag{14.6-6}$$

[2] S. W. Churchill and R. Usagi, *AIChE Journal*, **23**, 1121-1128 (1972).

이다. C_1과 C_2의 대표적인 값[1,3]이 각각 표 14.6-1과 2에서 주어져 있으며, 상당히 다양한 다른 형상에 대한 형상 인자가 가능하다.[3,4] 아래 방향으로 보고있는 수평의 평탄한 상부 표면이 가열되고 윗 방향으로 보고있는 수평의 평탄한 하부 표면이 냉각되는 경우는 다음 상관관계[5]가 추천된다.

$$\mathrm{Nu}_m^{\mathrm{lam}} = \frac{0.527}{[1 + (1.9/\mathrm{Pr})^{9/10}]^{2/9}} (\mathrm{GrPr})^{1/5} \tag{14.6-7}$$

표 14.6-1 몇 가지 대표적인 형상[a]에 대한 식 14.6-5의 인자 C_1과 Nusselt 수의 D.

형상 →	수직 평판	수평 평판[a]	수평 원통	구
C_1	1.0	0.835	0.772	0.878
Nu 의 "D"	높이 H	너비 W	지름 D	지름 D

[a] 뜨거운 상부 표면과 단열된 하부 표면에 대해, 또는 그 반대의 차가운 표면에 대해.

표 14.6-2 Prandtl 수의 함수인 인자 C_2.

	수은	기체			물			기름	
Pr	0.022	0.71	1.0	2.0	4.0	6.0	50	100	2000
C_2	0.287	0.515	0.534	0.568	0.595	0.608	0.650	0.656	0.668

일정한 열 훌럭스 경계조건을 갖는 수직 평판에 대해 추천되는 GrPr의 지수 역시 1/5이다.

층류 자유 대류 열 훌럭스는 작아지는 경향이 있으며, 정확한 예측을 위해 전도 보정이 종종 필요하다. 전도 극한은 주어진 기하학적 구조에 대해 식 $\nabla^2 T = 0$을 풀면 결정할 수 있고, 이는 "전도 Nusselt 수" $\mathrm{Nu}_m^{\mathrm{cond}}$의 계산으로 이어지게 된다. 따라서 결합된 Nusselt 수 $\mathrm{Nu}_m^{\mathrm{conb}}$는

$$\mathrm{Nu}_m^{\mathrm{comb}} \cong [(\mathrm{Nu}_m^{\mathrm{lam}})^n + (\mathrm{Nu}_m^{\mathrm{cond}})^n]^{1/n} \tag{14.6-8}$$

의 형태[1]식에 의해 두 개의 기여하는 Nusselt 수를 결합함으로써 계산된다. n의 최적값은 형상에 의존하지만 특별한 정보가 없으면 대략적인 추측으로 1.07이 제안된다.

[3] W. E. Stewart, *Int. J. Heat and Mass Transfer*, **14**, 1013-1031 (1971).

[4] A. Acrivos, *AIChE Journal*, **6**, 584-590 (1960).

[5] T. Fuji, M. Honda, and I. Morioka, *Int. J. Heat and Mass Transfer*, **15**, 755-767 (1972).

난류 경계층

난류 효과는 점진적으로 증가하며, 다음과 같이 층류와 난류의 기여를 결합하는 것이 일반적이다.

$$\mathrm{Nu}_m^{\mathrm{free}} = [(\mathrm{Nu}_m^{\mathrm{comb}})^m + (\mathrm{Nu}_m^{\mathrm{turb}})^m]^{1/m} \quad (14.6\text{-}9)$$

따라서 수직인 등온의 평탄한 평판에 대해 다음과 같이 쓸 수 있다.

$$\mathrm{Nu}_m^{\mathrm{turb}} = \frac{C_3(\mathrm{GrPr})^{1/3}}{1 + (1.4 \times 10^9/\mathrm{Gr})} \quad (14.6\text{-}10)$$

여기서

$$C_3 = \frac{0.13\mathrm{Pr}^{0.22}}{(1 + 0.61\mathrm{Pr}^{0.81})^{0.42}} \quad (14.6\text{-}11)$$

이고, $m = 6$이다. 식 14.6-9의 m 값은 기하학적 구조에 매우 의존한다.

혼합된 자유 대류와 강제 대류

최종적으로 자유 대류와 강제 대류가 동시에 일어나는 문제를 다루고자 하며, 이는 또 다시 경험적 결합 법칙을 사용하여 이루어진다.[6]

$$\mathrm{Nu}_m^{\mathrm{total}} = [\mathrm{Nu}_m^{\mathrm{free}})^3 + (\mathrm{Nu}_m^{\mathrm{forced}})^3]^{1/3} \quad (14.6\text{-}12)$$

단지 자유 대류와 강제 대류가 동일한 1차 유동 방향을 갖는 것으로 주어진다면, 이 법칙은 모든 기하학적 구조와 상황에 대해 매우 합리적인 것으로 보인다.

예제 14.6-1 수평관으로부터 자유 대류에 의한 열 손실

만약 바깥 표면의 온도가 100°F이고 외부 공기가 1기압, 80°F이면, 외부 지름이 6 in.인 긴 수평관의 단위 길이로부터 자유 대류에 의한 열손실 속도를 구하시오.

해 1기압과 경막 온도 $T_f = 90°\mathrm{F} = 550°\mathrm{R}$에서의 공기의 물성은

$$\begin{aligned}
\mu &= 0.0190\ \mathrm{cp} = 0.0460\ \mathrm{lb}_m/\mathrm{ft}\cdot\mathrm{hr}\\
\rho &= 0.0723\ \mathrm{lb}_m/\mathrm{ft}^3\\
\hat{C}_p &= 0.241\ \mathrm{Btu}/\mathrm{lb}_m\cdot\mathrm{R}\\
k &= 0.0152\ \mathrm{Btu}/\mathrm{hr}\cdot\mathrm{ft}\cdot\mathrm{R}\\
\beta &= 1/T_f = (1/550)\mathrm{R}^{-1}
\end{aligned}$$

이고, 관련된 다른 값들은 $D = 0.5$ ft, $\Delta T = 20°$ R과 $g = 4.17 \times 10^8$ ft/hr^{2}이다. 이들 데이

[6] E. Ruckenstein, *Adv. in Chem. Eng*, **13**, 11-112 (1987); E. Ruckenstein and R. Rajagopalan, *Chem. Eng. Communications*, **4**, 15-29 (1980).

터로부터

$$\begin{aligned}\text{GrPr} &= \left(\frac{(0.5)^3(0.0723)^2(4.17\times 10^8)(20/550)}{(0.0460)^2}\right)\left(\frac{(0.241)(0.0460)}{0.0152}\right) \\ &= (4.68\times 10^6)(0.729) = 3.4\times 10^6\end{aligned} \tag{14.6-13}$$

을 얻으며, 식 14.6-4에서 6까지와 표 14.6-1로부터

$$\begin{aligned}\text{Nu}_m^{\text{lam}} &= 0.772\left(\frac{0.671}{[1+(0.492/0.729)^{9/16}]^{4/9}}\right)(3.4\times 10^6)^{1/4} \\ &= 0.772\left(\frac{0.671}{1.30}\right)(42.9) = 17.1\end{aligned} \tag{14.6-14}$$

를 얻는다. 따라서 열전달계수는

$$h_m = \text{Nu}_m^{\text{lam}}\frac{k}{D} = 17.1\left(\frac{0.0152}{0.5}\right) = 0.52\ \text{Btu/hr}\cdot\text{ft}^2\cdot\text{F} \tag{14.6-15}$$

이고, 관의 단위 길이당 열손실 속도는

$$\begin{aligned}\frac{Q}{L} &= \frac{h_m A\Delta T}{L} = h_m\pi D\Delta T \\ &= (0.57)(3.1416)(0.5)(20) = 16\ \text{Btu/hr}\cdot\text{ft}\end{aligned} \tag{14.6-16}$$

이다. 이는 단지 대류에 의한 열손실이다. 동일한 문제에 대한 복사 손실은 예제 16.5-2에서 얻게 된다.

14.7 고체 표면 위 순수 증기의 응축에 대한 열전달계수

고체 표면 위 순수 증기의 응축은 증기와 응축액의 흐르는 두 유체상을 포함하고 있기 때문

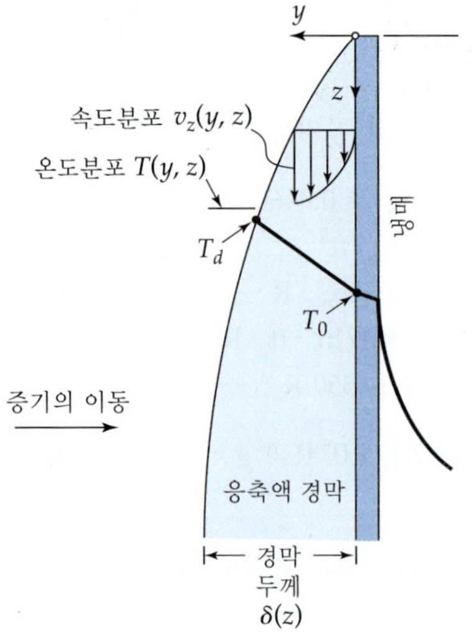

그림 14.7-1 수직인 표면 위의 경막 응축(계면 온도의 불연속성은 과장되었다).

에 특히 복잡한 열전달 공정이다. 응축은 산업적으로 많은 종류의 장치에서 일어난다. 간단히 하기 위해 여기서는 수평관, 수직관 및 수직인 평탄한 벽의 외부를 천천히 흐르는 증기의 응축과 같은 일반적인 경우들만 고려한다.

수직인 벽 위의 응축 공정을 그림 14.7-1에 개략적으로 도시하였다. 응축 표면에 걸쳐 증기가 흐르며, 액체 표면 가까이의 작은 압력 구배에 의해 증기는 응축 표면을 향해 움직이게 된다.[1] 기체상의 몇몇 분자들은 액체 표면에 충돌하고 다시 튀어 나오게 되며, 또 다른 분자들은 액체 표면을 침투하여 응축 잠열을 내 놓게 된다. 따라서 방출된 열은 응축액을 통해 벽쪽으로 이동하게 되고, 다시 벽의 다른 쪽 냉매로 이동하게 된다. 동시에 응축액은 중력 유동에 의해 표면으로부터 흘러 내리게 된다.

벽의 응축액은 보통 응축 벽의 열전달에 대한 유일하게 중요한 저항이다. 만약 고체 표면이 깨끗하다면, 응축액은 보통 표면에 걸쳐 연속적인 경막을 형성할 것이지만, 어떤 불순물의(증기 응축기 내의 지방산 같은) 흔적이 있다면, 응축액은 액적을 형성할 것이다. "액적 모양 응축"[2]은 "경막 응축" 보다 훨씬 더 높은 열전달 속도를 갖지만 이를 유지하는 것이 어려우므로, 응축기의 설계에는 경막 응축을 가정하는 것이 통상적인 관례이다. 다음 상관관계는 단지 경막 응축에만 적용된다.

면적 A와 균일한 온도 T_0를 갖는 고체 표면 위의 순수한 증기의 응축에 대한 h_m의 일반적인 정의는

$$Q = h_m A(T_d - T_0) = w\Delta\hat{H}_{\text{vap}} \tag{14.7-1}$$

이다. 여기서 Q는 고체 표면으로의 열유량 이고, T_d는 벽 표면으로 접근하는 증기의 이슬점이다. 즉, 항압 하에서 천천히 냉각된다면 증기가 응축하는 온도이다. 이 온도는 액체-기체 계면에서 액체의 온도에 대단히 가깝다. 그러므로 h_m은 액체 경막에 대한 열전달계수로 간주된다.

h_m에 대한 식은 강하하는 액체 경막(문제 14C.1 참조)에 대한 에너지 방정식과 운동방정식의 근사해로 **잔물결이 없는 층류**의 응축액 유동에 대해 유도되었다.[3] 지름이 D이고, 길이가 L이며 일정한 표면 온도 T_0를 갖는 수평관 위의 경막 응축에 대한 Nusselt[3]의 결과는

$$h_m = 0.954\left(\frac{k^3\rho^2 gL}{\mu w}\right)^{1/3} \tag{14.7-2}$$

[1] 계면에서 압력과 온도의 작지만 급격한 변화가 일어남에 주목하시오. 이들 불연속은 응축 공정에서는 본질적인 것이지만, 순수 유체에 대한 공학 계산에서는 불연속의 크기가 일반적으로 무시할만하다고 한다. 혼합물에 대해서는 불연속이 중요하게 될 것이다. R. W. Schrage, *Interphase Mass Transfer*, Columbia University Press (1953)을 보시오.

[2] 액적 모양 응축과 비등은 J. G. Collier and J. R. Thome, *Convective Boiling and Condensation*, 3rd edition, Oxford University Press (1996)에 의해 마침내 논의되었다.

[3] W. Nusselt, Z. *Ver. deutsch. Ing*,. **60**, 541-546, 596-575 (1916).

와 같이 주어진다. 여기서 w/L은 관의 단위 길이당 응축 질량 유량이고, 응축액의 모든 물성은 경막 온도 $T_f = \frac{1}{2}(T_d + T_0)$에서 계산된다.

적당한 온도차에 대해서는, 응축액에 대한 에너지 수지의 도움을 받아 식 14.7-2를 다시 쓰면

$$h_m = 0.725\left(\frac{k^3\rho^2 g\Delta\hat{H}_{\text{vap}}}{\mu D(T_d - T_0)}\right)^{1/4} \tag{14.7-3}$$

을 얻게 된다. 단일 수평관에 대해서는 식 14.7-2와 3이 ±10% 범위 내에 있음을 실험적으로 확인하였다. 또한 이들 식은 관에서 관으로 뚝뚝 떨어지는 응축액에 의해 도입되는 복잡함에도 불구하고 수평관 다발[4]에 대해서도 만족할만한 결과를 보여 주고 있다.

높이 L인 수직벽이나 수직관 위의 경막 응축에 대해, 식 14.7-2와 3에 대응하는 이론적 결과는 각각

$$h_m = \frac{4}{3}\left(\frac{k^3\rho^2 g}{3\mu\Gamma}\right)^{1/3} \tag{14.7-4}$$

$$h_m = \frac{2\sqrt{2}}{3}\left(\frac{k^3\rho^2 g\Delta\hat{H}_{\text{vap}}}{\mu L(T_d - T_0)}\right)^{1/4} \tag{14.7-5}$$

이다. 식 14.7-4의 양 Γ는 응축 표면의 단위 너비당 응축 표면 바닥에서 얻는 응축액의 총 유량이다. 수직관에 대해서는 $\Gamma = w/D$이고, 여기서 w는 관 위에서 응축되는 총 질량 유량이다. 길이가 짧은 수직관($L < 0.5$ ft)에 대한 h_m의 실험값은 이론값과 잘 부합하는 것을 확인할 수 있지만, 긴 수직관($L > 8$ ft)에 대한 측정값은 주어진 $T_d - T_0$에 대한 이론값을 70%나 초과한다. 이러한 불일치는 긴 수직관 위의 가장 큰 진폭을 갖는 잔물결에 기인한다.[5]

이제 난류 응축액 유동에 대한 경험식으로 돌아가고자 한다. 수직관이나 수직벽 위의 난류는 Reynolds 수 $\text{Re} = \Gamma/\mu$가 약 350에서 시작된다. 더 높은 Reynolds 수에 대해 다음 경험식이 제안되었다.[6]

$$h_m = 0.003\left(\frac{k^3\rho^2 g(T_d - T_0)L}{\mu^3\Delta\hat{H}_{\text{vap}}}\right)^{1/2} \tag{14.7-6}$$

작은 $T_d - T_0$에 대해서는 이 식은 공식

[4] B. E. Short and H. E. Brown, *Proc. General Disc. Heat Transfer*, London (1951), pp. 27-31. 또 D. Butterworth, in *Handbook of Heat Exchanger Design* (G. F. Hewitt, ed.), Oxford University Press, London (1977), pp. 426-462를 보시오.

[5] W. H. McAdams, *Heat Transmission*, 3rd edition, McGraw-Hill, New York (1954) p. 333.

[6] U. Grigull, *Forsch. Ingenieurwesen*, **13**, 49-57 (1942); Z. *Ver. dtsch. Ing*,. **86**, 444-445 (1942).

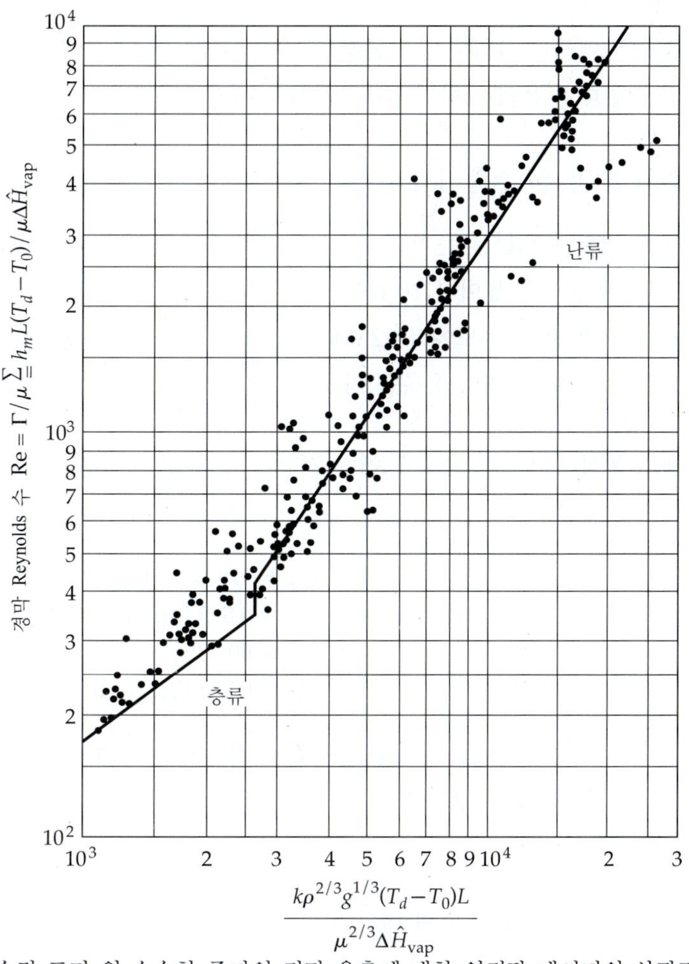

그림 14.7-2 수직 표면 위 순수한 증기의 경막 응축에 대한 열전달 데이터의 상관관계. [H. Grober, S. Erk, and U. Grigull, *Die Grundgesetze der Wärmeübertragung*, 3rd edition, Springer-Verlag, Berlin (1955), p. 296.]

$$h_m = 0.021\left(\frac{k^3\rho^2 g\Gamma}{\mu^3}\right)^{1/3} \tag{14.7-7}$$

과 동등하다.

계산상의 편의를 위해 또 실험값과의 부합 정도를 보기 위해 식 14.7-4에서 7을 그림 14.7-2에 요약하였다. Prandtl 수의 효과를 나타내기 위해 난류 영역에서 한 집단의 선을 사용하면 약간 더 잘 부합하는 결과를 얻을 수 있지만, 데이터가 산재해 있다는 관점에서 보면 단일 선이 적절하다.

수평관에서는 관 지름이 매우 크거나 높은 온도차가 아니라면 난류 응축액 유동을 얻기가 대단히 힘들다. 추정된 전이 Reynolds 수 $\mathrm{Re} = w_T/L\mu$가 약 1000까지는 식 14.7-2와 3이 만족할만하다고 여겨지고 있다. 여기서 w_T는 관 위의 응축액을 포함하여 주어진 관을 떠나는

총 응축액 유동이다.[7]

순수한 액체가 기화되는 역공정은 응축보다 훨씬 더 복잡하다. 여기서는 비등하는 액체의 열전달에 대한 논의는 하지 않을 것이며, 독자들에게 몇몇 총설만 소개하고자 한다.[2,8]

예제 14.7-1 수직 표면 위 수증기의 응축

수직관 내를 흐르는 끓는 액체는 관 바깥의 수증기의 응축에 의해 가열되고 있다. 수증기로 가열된 관 단면은 높이가 10 ft이며 외부 지름이 2 in.이다. 만약 포화 수증기가 사용된다면 200°F의 관 표면 온도에서 92,000 Btu/hr의 열을 관에 공급하기 위해 요구되는 수증기의 온도는 얼마인가? 경막 응축을 가정하시오.

해 유체의 물성은 미지의 온도 T_d에 의존한다. $T_d = T_0 = 200$°F라 추정하면, 경막 온도(200 °F)에서의 물성은

$$\begin{aligned} \Delta\hat{H}_{\text{vap}} &= 978 \text{ Btu/lb}_m \\ k &= 0.393 \text{ Btu/hr}\cdot\text{ft}\cdot\text{F} \\ \rho &= 60.1 \text{ lb}_m/\text{ft}^3 \\ \mu &= 0.738 \text{ lb}_m/\text{ft}\cdot\text{hr} \end{aligned}$$

이다. 수증기는 오직 잠열만을($T_d = T_0 = 200$°F의 가정은 이를 의미한다) 방출한다고 가정하면, 관 주위의 에너지 수지는

$$Q = w\Delta\hat{H}_{\text{vap}} = \pi D\Gamma\Delta\hat{H}_{\text{vap}} \tag{14.7-8}$$

이 된다. 여기서 Q는 관 벽 내로의 열유동이며, 경막 Reynolds 수는

$$\frac{\Gamma}{\mu} = \frac{Q}{\pi D\mu\Delta\hat{H}_{\text{vap}}} = \frac{92{,}000}{\pi(2/12)(0.738)(978)} = 244 \tag{14.7-9}$$

이다. 그림 14.7-2의 세로 좌표에서 이 값을 읽으면 유동이 층류임을 알 수 있다. 식 14.7-4가 적용 가능하지만, 그림 14.7-2에서

$$\frac{k\rho^{2/3}g^{1/3}(T_d - T_0)L}{\mu^{5/3}\Delta\hat{H}_{\text{vap}}} = 1700 \tag{14.7-10}$$

으로 주어지는 이 식에 기초한 선을 사용하는 것이 더 편리하다. 이로부터

$$\begin{aligned} T_d - T_0 &= 1700\frac{\mu^{5/3}\Delta\hat{H}_{\text{vap}}}{k\rho^{2/3}g^{1/3}L} \\ &= 1700\frac{(0.738)^{5/3}(978)}{(0.393)(60.1)^{2/3}(4.17\times 10^8)^{1/3}(10)} \\ &= 22\text{°F} \end{aligned} \tag{14.7-11}$$

[7] W. H. McAdams, *Heat Transmission*, 3rd edition, McGraw-Hill, New York (1954), pp. 338-339.

[8] H. D. Baehr and K. Stephan, *Heat and Mass Transfer*, Springer, Berlin (1998), 4장.

이다. 그러므로 수증기 온도의 첫 번째 근사값은 $T_d = 222°F$이다. 이 결과는 충분히 가깝다. 이 결과에 의해 물성을 계산하면, 두 번째 근사값으로 $T_d = 220°F$가 주어지며, 이 결과가 상한을 나타낸다는 것이 그림14.7-2로부터 명백하다. 잔물결을 고려하면 응축액 경막을 통한 온도 강하는 여기서 예측된 값의 절반만큼 작을 것이다.

토론을 위한 질문

1. 열전달계수, Nusselt 수, Stanton 수 및 Chilton–Colburn j_H를 정의하시오. 이들 각각은 사용되는 온도차 구동력의 형태로 나타내기 위해 어떻게 꾸며지게 되는가?

2. 강제 대류에 대한 Nusselt 수의 상관관계에서 나타나는 특성 무차원 군은 무엇인가? 자유대류에 대해서는? 혼합 대류에 대해서는?

3. 앞의 해석적 해로부터 Nusselt 수는 어느정도 범위까지 계산될 수 있는가?

4. Nusselt 수에 대한 실험적 상관관계가 관련된 무차원 군의 함수로 어떻게 전개되는지 설명하시오.

5. Nusselt 수가 특성 멱수를 갖는 관련된 각각의 무차원 군의 곱으로 주어지는 경험적 상관관계는 어느 범위까지 전개될 수 있는가?

6. Nusselt 수 외에도 Reynolds 수 Re, Prandtl 수 Pr, Grashof 수 Gr, Péclet 수 Pe 및 Rayleigh 수 Ra를 만날 수 있다. 이들 각각을 정의하고 유용성과 의미를 설명하시오.

7. 풍속 냉각 온도의 개념을 설명하시오.

문제

14A.1. 평균 열전달계수(그림 14A.1). 열용량이 0.6 Btu/lb_m·°F인 시간당 10,000 질량 파운드의 기름이 아래 그림에 도시된 간단한 열교환기에서 100°F에서 200°F로 가열되고 있다. 기름은 지름이 1 in.이고 벽

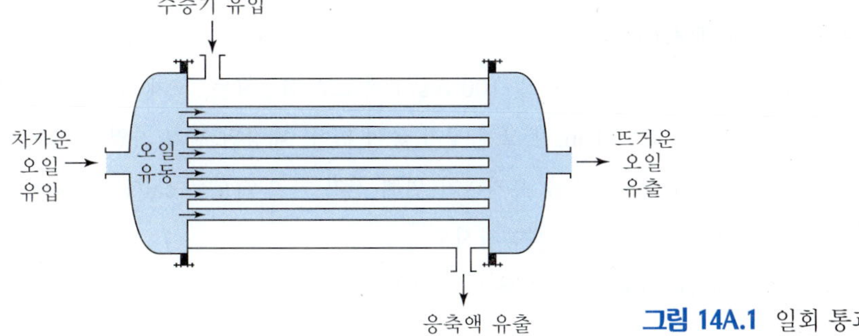

그림 14A.1 일회 통과 다관형 열교환기.

두께가 0.065 in.인 구리관을 통해 흐르고 있으며, 결합된 관의 길이는 300 ft이다. 요구되는 열은 관의 바깥 쪽에서 15 psia의 포화 수증기의 응축에 의해 공급된다. 관 안쪽 표면의 온도는 수증기의 포화 온도인 213°F라 가정하고 기름에 대한 h_1, h_a 및 $h_{\ln}$을 계산하시오.

답: 78, 139, 190 Btu/hr·ft^2·F

14A.2. 층류 관 유동에서의 열전달. 100°F의 기름이 내부 지름이 1 in.이고 길이가 20 ft인 구리관을 통해 시간당 100 질량 파운드의 속도로 흐르고 있다. 관의 안쪽 표면은 바깥쪽 표면에서의 수증기 응축에 의해 215°F로 유지된다. 관의 길이를 통해 완전히 발달된 유동이라 가정하고, 기름의 물성은 다음과 같이 일정하다고 생각하시오.: ρ = 55 lb$_m$/ft^3, $\hat{C}_p$ = 0.49 Btu/lb$_m$·F, μ = 1.42 lb$_m$/ft·hr, k = 0.0825 Btu/hr·ft·F

(a) Pr을 계산하시오.

(b) Re를 계산하시오.

(c) 기름의 유출 온도를 계산하시오.

답: **(a)** 8.44; **(b)** 1075; **(c)** 155°F

14A.3. 열교환기 출구 온도에 대한 유량의 영향.

(a) 200, 400, 800, 1600, 및 3200 lb$_m$/hr의 기름 유량에 대해 문제 14A.2의 (b)와 (c) 부분을 반복하시오.

(b) (a)의 각각의 기름 유량에 대해 관 벽을 통한 총 열유동을 계산하시오.

14A.4. 관 내 난류 강제 대류에 대한 국부적 열전달계수. 내부 지름이 2 in.인 관 내를 w = 15,000 lb$_m$/hr의 질량 유량으로 물이 흐르고 있다. 관을 따른 어떤 지점에서 내부 벽 온도가 160°F이고 그 지점에서 총괄 유체 온도가 60°F이다. 관 벽에서의 국부적인 열 훌럭스 q_r은 얼마인가? h_{loc}는 일정한 점근값에 도달한다고 가정하시오(그림 14.3-2 참조).

답: -8×10^4 Btu/hr·ft^2

14A.5. 응축 증기의 열전달.

(a) 외부 지름이 1 in.이고 길이가 1 ft인 수직관의 외부 표면이 190°F로 유지되고 있다. 만약 이 관이 1 atm의 포화 수증기로 둘러싸여 있다면 관 벽을 통한 총 열전달 속도는 얼마인가?

(b) 만약 관이 수평으로 놓여 있다면 열전달 속도는 어떻게 되는가?

답: **(a)** 8400 Btu/hr **(b)** 12,000 Btu/hr

14A.6. 고립된 구의 강제 대류 열전달.

(a) 1기압의 압력과 100°F인 온도 및 100 ft/s의 속도로 접근하는, 고체 구가 없다면 교란을 받지 않았을 공기 흐름 내에 지름이 1 in.인 고체 구가 놓여 있다. 내장된 전기 가열 코일에 의해 구의 표면은 200°F로 유지된다. 언급된 조건을 유지하기 위해 전기 가열 속도는 cal/s의 단위로 얼마이어야 하는가? 복사는 무시하고 식 14.4-5를 사용하시오.

(b) 식 14.4-6을 사용하여 **(a)**의 문제를 다시 푸시오.

답: **(a)** 12.9W = 3.1 cal/s ; **(b)** 16.8W = 4.0 cal/s

14A.7. 고립된 구의 자유 대류 열전달. 만약 문제 14A.6의 구가 압력이 1 atm이고 주위의 공기 온도가 100°F인 정지된 공기 내에 떠 있고 구의 표면이 200°F로 다시 유지되고 있다면 필요한 전기 가열 속도는 얼마인가? 복사열은 무시하시오.

답: 0.80W = 0.20 cal/s

14A.8. 액체에 잠긴 수평관의 자유 대류에 의한 열손실. 외부 표면의 온도가 100°F이고 주위 물의 온도가 80°F라면, 외부 지름이 6 in.인 긴 수평관 단위 길이의 자유 대류에 의한 열손실 속도를 구하시오. 공기가 외부 매체인 예제 14.6-1의 결과와 비교하시오. 90°F(또는 32.3℃)의 경막 온도에서 물의 물성은 μ = 0.7632 cp, $\hat{C}_p$ = 0.9986 cal/g·C와 k = 0.363 Btu/hr·ft·F이다. 또 90°F 부근에서 물의 밀도는 아래 표와 같다.

T(°C)	30.3	31.3	32.3	33.3	34.3
ρ(g/cm^3)	0.99558	0.99528	0.99496	0.99463	0.99430

답: Q/L = 1930 Btu/hr·ft

14A.9. 멘도타 호수의 얼음 낚시꾼. 청명한 날씨(바람 속도 0)에 낚시할 때와 북쪽에서 20 mph의 속도로 바람이 불어 올 때 얼음 낚시꾼의 열손실 속도를 비교하시오. 대기의 온도는 −10°F이다. 묶음으로 볼 때 얼음 낚시꾼은 대략 지름이 3 ft인 구로 가정한다.

14B.1. 일정한 열 흘럭스를 갖는 평류에 대한 극한 국부 Nusselt 수.

(a) 식 10B.9-1은 벽에서 일정한 열 흘럭스를 갖는 긴 관 내의 평류에서 물성이 일정한 유체의 가열에 대한 점근적인 온도분포를 주고있다. 이 온도분포를 사용하여 이들 조건에 대한 극한 Nusselt 수가 Nu_{loc} = 8임을 보이시오.

(b) 평면 슬릿 내의 평류에 대한 유사한 문제에 대해 점근적 온도분포가 식 10B.9-2에 주어져 있다. 이를 사용하여 극한 Nusselt 수가 Nu_{loc} = 12임을 보이시오.

14B.2. 국부적인 총괄 열전달계수. 문제 14.A.1에서는 응축 수증기 경막과 벽의 열저항을 무시하였다. 기름의 온도가 150°F인 열교환기 단면에서 관 내부 표면의 실제 온도를 계산함으로써 이와 같은 무시가 정당하다는 것을 보이시오. 기름의 h_{loc}는 190 Btu/hr·ft^2·F로 열교환기를 통해 일정하다고 가정하며, 관은 수평이다.

14B.3. 열선 풍속계.[1] 열선 풍속계는 전기적으로 가열되며 흐르는 유체 내로 주입되는 보통 백금으로 만들어진 가는 선이 필수적이다. 유체의 온도, 유체의 속도와 가열 속도의 함수인 열선 온도는 전기적 저항을 측정함으로써 결정된다.

[1] 예를 들면 G. Comte-Bellot, *The Handbook of Fluid Dynamics* (R. W. Johnson, ed.), CRC Press, Boca Raton, Fla. (1999)의 34장을 보시오.

(a) 길이가 0.5 in.이고 지름이 0.01 in.인 곧은 원통형 열선이 100 ft/s의 속도로 열선을 흘러 지나가는 70°F의 공기의 흐름에 노출되어 있다. 열선 표면을 600°F로 유지하기 위해서는 입력하여야 할 에너지 속도는 몇 와트이어야 하는가? 열선을 따른 전도와 복사는 무시하시오.

(b) 주어진 유체와 열선의 온도(주어진 열선 저항)에 대해

$$I^2 = B\sqrt{v_\infty} + C \tag{14B.3-1}$$

이 보고되었다.[2] 여기서 I는 원하는 온도를 유지하기 위해 요구되는 전류이고, v_∞는 접근하는 유체의 속도이며, B와 C는 상수이다. (a)의 유체와 열선에 대해 100에서 300 ft/s의 유체 속도 범위에서 이 식이 식 14.4-7 또는 14.4-8의 예측과 얼마나 잘 부합하는가? 식 14B.3-1에서 상수 C의 의미는 무엇인가?

14B.4. 무차원 해석. 무차원 속도분포(식 6.2-7)와 무차원 온도분포(식 14.3-9)를 이미 차원 해석한 14.3절의 첫 번째 단락에서 묘사된 유동계를 생각하시오.

(a) 식 6.2-7와 14.3-9 및 혼합 용기 온도를 사용하여 시간 평균 온도분포식을 구하시오.

$$\frac{T_{b2} - T_{b1}}{T_0 - T_{b1}} = \text{Re, Pr}, L/D \text{ 의 함수} \tag{14B.4-1}$$

(b) 바로 전에 얻었던 결과와 열전달계수의 정의를 사용하여 식 14.3-12, 13 및 14를 유도하시오.

14B.5. h_{loc}과 h_{ln} 사이의 관계. 산업적으로 많이 사용되는 관형 열교환기에서(예제 15.4-1 참조) 관 표면 온도 T_0는 총괄 유체 온도 T_b에 따라 선형적으로 변한다. 이러한 일반적 상황에서 h_{loc}와 h_{ln}은 간단한 상관관계를 갖게 될 것이다.

(a) 식 14.1-5로부터 시작하여

$$h_{loc}(\pi D dz)(T_b - T_0) = -(\tfrac{1}{4}\pi D^2)(\rho \hat{C}_p \langle v \rangle dT_b) \tag{14B.5-1}$$

임을 보이고, 그러므로

$$\int_0^L h_{loc} dz = \tfrac{1}{4}\rho \hat{C}_p D \langle v \rangle \frac{T_b(L) - T_b(0)}{(T_0 - T_b)_{ln}} \tag{14B.5-2}$$

가 됨을 보이시오.

(b) (a)의 결과와 식 14.1-4를 결합하면

$$h_{ln} = \frac{1}{L}\int_0^L h_{loc} dz \tag{14B.5-3}$$

이 됨을 보이고, 그러므로(축 방향의 열 전도는 무시할만 하다는 것과 동등한 $(\partial h_{loc}/\partial L)_z = 0$이라면)

$$h_{loc}|_{z=L} = h_{ln} + L\frac{dh_{ln}}{dL} \tag{14B.5-4}$$

[2] L. V. King, *Phil. Trans. Roy. Soc.* (London), **A214**, 373-432 (1914).

가 됨을 보이시오. 여기서 L은 전체 관의 길이이다.

14B.6. 관으로부터 자유 대류에 의한 열손실. 예제 14.6-1에서 만약 관의 표면 온도가 200°F이고 공기 온도가 180°F라고 하면 열손실은 더 많을 것인가 혹은 더 적을 것인가?

14C.1. 경막 응축 열전달계수에 대한 Nusselt 식(그림14.7-1). 수직벽을 따라 흐르는 응축액의 층류 경막을 생각하고, 이 액체 경막이 벽의 기체 쪽에 대해 유일한 열전달 저항을 만들어낸다고 가정하시오. 더욱이 (i) 유체와 증기 사이의 전단응력은 무시한다고 가정하고, (ii) 경막 내의 물성은 증기 온도와 냉각 표면 온도의 산술 평균으로 계산하고, 냉각 표면 온도는 일정하다고 가정하며, (iii) 경막 내 유체 요소의 가속은 중력과 점성력에 비해 무시할만 하다고 하며, (iv) 응축액 경막에서 감지될만한 열의 변화 $C_p dT$는 경막을 통해 전달되는 잠열에 비해 중요하지 않다고 한다. 또 (v) 열 훌럭스는 벽 표면에 거의 수직이다.

(a) 2.2절에서 두께가 δ로 일정한 경막의 평균 속도는 $\langle v_z \rangle = (\rho g \delta^2)/3\mu$임을 상기하시오. 이 관계식은 임의의 z값에 대해 타당하다고 가정하시오.

(b)경막의 곡률과 대류를 무시하고, 경막에 대한 에너지 방정식을 수립하시오. 경막을 통해 냉각된 표면으로 향하는 열 훌럭스는

$$-q_y = k\left(\frac{T_d - T_0}{\delta}\right) \tag{14C.1-1}$$

임을 보이시오.

(c) 경막이 벽 아래로 흘러 내릴 때 응축 과정에 의해 추가적으로 물질이 첨가된다. 이 과정에서 상태의 변화를 겪게 되는 물질의 단위 질량당 $\Delta\hat{H}_{\text{vap}}$ 정도의 열이 유리된다. 경막의 절편 dz에서 경막을 통해 흐르는 열과 응축에 의해 유리되는 열이 같다고 두면

$$\rho \Delta\hat{H}_{\text{vap}} d(\langle v_z \rangle \delta) = k\left(\frac{T_d - T_0}{\delta}\right)dz \tag{14C.1-2}$$

가 유도됨을 보이시오.

(d) (a)의 평균 속도에 대한 식을 식 14C.1-2에 대입하고, $z = 0$부터 $z = L$까지 적분하면

$$\delta(L) = \left(\frac{4k(T_d - T_0)\mu L}{\rho^2 g \Delta\hat{H}_{\text{vap}}}\right)^{1/4} \tag{14C.1-3}$$

을 얻게 됨을 보이시오.

(e) 열전달계수의 정의와 (d)의 결과를 사용하여 식 14.7-5을 구하시오.

(f) 이 문제의 조건에 대해 식 14.7-4와 5가 같음을 보이시오.

14C.2. 교반 탱크에 대한 열전달 상관관계(그림 14C.2) 다음 그림에서 보는 바와 같이 본질적으로 일정한 물성을 갖는 액체가 교반 탱크를 통과함으로써 연속적으로 가열되고 있다. 열은 탱크의 외벽에 가해지는 수증기의 응축에 의해 공급된다. 응축액 경막과 탱크 벽의 열적 저항은 탱크 내 유체의 열적 저항에 비하여 작다고 생각하며, 탱크의 노출된 부분은 잘 단열되어 있다고 가정한다. 탱크를 통한 액체

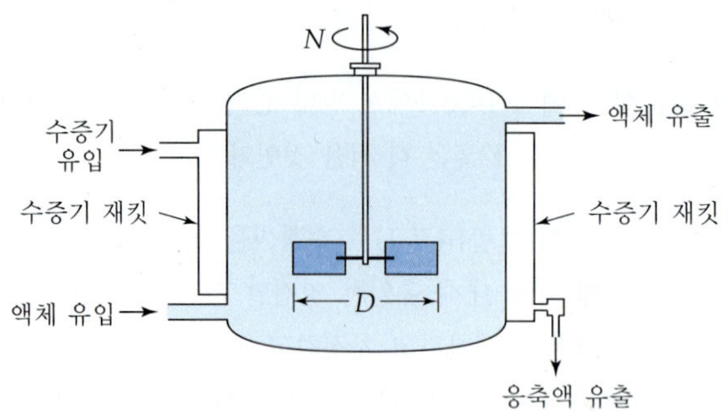

그림 14C.2 교반 탱크에서 액체의 연속 가열.

의 유량은 탱크 내의 유동 양상에는 거의 영향을 미치지 않는다고 한다.

14.3절의 관 유동에 대한 상관관계식에 대응하는 탱크에 대한 무차원 열전달 상관관계식의 일반적인 형태를 수립하시오. 이를 위해 다음 기준 양을 사용하시오. 기준 길이는 임펠러의 지름 D, 기준 속도는 ND이고 기준 압력은 ρN^2D^2이다. 여기서 N은 단위 시간당 회전하는 축의 회전 속도이고, ρ는 유체의 밀도이다.

14D.1. 회전하는 편원형 타원체로부터 열전달. 이런 종류의 계는 편원형의 타원 좌표 (ξ, η, ψ)[1]에서 가장 잘 설명된다.

ξ = 편원형 타원체를 설명하는 상수($0 \leq \xi < \infty$)

η = 회전하는 쌍곡면을 묘사하는 상수($0 \leq \eta \leq \pi$)

ψ = 평면의 반을 설명하는 상수($0 \leq \psi \leq 2\pi$)

$\xi = \xi_0$는 $\xi_0 = 0$이면 두 면으로 된 원판이 되는 극한의 경우가 되고, $\xi_0 \to \infty$로 될 때의 극한은 구가 되는 편원형 타원체를 설명할 수 있음에 주목하시오. 이 문제에서는 대응하는 두 극한값의 Nusselt 수를 조사하고자 한다.

(a) 먼저 식 A.7-13을 사용하여 편원형 타원 좌표와 직각 좌표 사이의 관계

$$x = a\cosh\xi\,\sin\eta\,\cos\psi \tag{14D.1-1}$$

$$y = a\cosh\xi\,\sin\eta\,\sin\psi \tag{14D.1-2}$$

$$z = a\sinh\xi\,\cos\eta \tag{14D.1-3}$$

으로부터 척도 인자를 구하시오. 여기서 a는 촛점 간 거리의 반이다. 또

$$h_\xi = h_\eta = a\sqrt{\cosh^2\xi - \sin^2\eta} \tag{14D.1-4}$$

$$h_\psi = a\cosh\xi\,\sin\eta \tag{14D.1-5}$$

임을 보이시오. 식 A.7-14와 15는 필요한 어떤 ∇-연산을 얻기 위해 사용될 수 있다.

[1] 편원형 타원 좌표의 논의를 위해서는 P. Moon and D. E. Spencer, *Field Theory Handbook*, Springer, Berlin (1961), pp. 31-34를 보시오. 또 J. Happel and H. Brenner, *Low Reynolds Number Hydrodynamics*, Prentice-Hall, Englewood Cliffs, N.J. (1965), pp. 512-516을 보시오. 이들의 척도 인자는 이 책에서 정의한 척도 인자의 역수임에 주목하시오.

(b) 다음 타원체로부터 먼 곳의 온도가 T_∞인 무한 매질 내에 잠겨 있는 표면 온도가 T_0인 편원형 타원체의 외부 온도분포를 구하시오. $\Theta = (T - T_0)/(T_\infty - T_0)$를 무차원 온도라 하고 타원체 외부의 열전도를 나타내는 Laplace 방정식이

$$\frac{1}{a^2(\cosh^2 \xi - \sin^2 \eta)} \left[\frac{\partial}{\partial \xi} \left(\cosh \xi \frac{\partial \Theta}{\partial \xi} \right) + \cdots \right] = 0 \tag{14D.1-6}$$

임을 보이시오. η와 ψ에 관한 도함수를 포함하는 항은 필요하지 않기 때문에 생략한다. $\Theta(\xi_0) = 0$과 $\Theta(\infty) = 1$인 경계조건을 사용하여 이 식을 풀면

$$\Theta = 1 - \frac{\frac{1}{2}\pi - \arctan(\sinh \xi)}{\frac{1}{2}\pi - \arctan(\sinh \xi_0)} \tag{14D.1-7}$$

을 얻게 됨을 보이시오.

(c) 다음, 두 면으로 된 원판($\xi_0 = 0$인 극한의 경우)에 대해 이 결과를 한정하고, 표면에 수직인 온도구배가

$$(\mathbf{n} \cdot \nabla\Theta)|_{\text{surf}} = \left(\mathbf{n}_\xi \cdot \mathbf{n}_\xi \frac{1}{h_\xi} \frac{\partial \Theta}{\partial \xi} \right) \Bigg|_{\xi=0} = \frac{2}{\pi} \frac{1}{R \ \cos \ \eta} \tag{14D.1-8}$$

임을 보이시오. 여기서 a는 원판의 반지름 R로 표현된다. 더욱이 원판의 양면을 통한 총 열손실은

$$\begin{aligned} Q &= -2k \int (\mathbf{n} \cdot \nabla T)\, dS \\ &= +2k(T_0 - T_\infty) \int (\mathbf{n} \cdot \nabla \Theta)\, dS \\ &= 2k(T_0 - T_\infty) \int_0^{2\pi} \int_0^{\pi/2} \left(\frac{2}{\pi R \ \cos \ \eta} \right) R^2 \cos \ \eta \ \sin \ \eta \, d\eta \, d\psi \\ &= 8kR(T_0 - T_\infty) \end{aligned} \tag{14D.1-9}$$

가 되고, Nusselt 수는 $\text{Nu} = h(2R)/k = 8/\pi = 2.55$로 주어짐을 보이시오. 상사한 구의 문제에 대해 $\text{Nu} = 2$이므로, 임의의 편원형 타원체에 대한 Nusselt 수는 2에서 2.55사이의 어느 곳에 있어야 함을 알 수 있다.

(d) 차원 해석에 의하면 어떤 상세한 유도 과정(위와 같은)이 없이도, 타원체로부터의 열손실이 표면적보다는 오히려 선형적 치수인 a에 틀림없이 비례한다는 것을 예측할 수 있음을 보이시오. 이 결과는 타원체에 제한되는가? 논의하시오.

Chapter

15 비등온계의 거시적 수지

7장에서는 거시적인 질량, 운동량, 각운동량 및 기계적 에너지 수지를 다루었으며, 일정한 온도를 갖는 계로 제한하였다. 실제 유동계에서는 기계적 에너지가 점성 소산에 의해 열에너지로 항상 변환되기 때문에 이러한 제한은 다소 인위적이다. 실제 7장에서는 그렇게 발생된 열이 유체의 물성 변화를 일으키기에 너무 작거나 유체를 포함하는 계의 벽을 통해 전도되어 즉시 빠져나간다고 가정하였다. 이 장에서는 비정상상태인 거시적 유동계의 총괄 거동을 설명하기 위해 앞의 결과들을 확장하고자 한다.

비등온계에 대해 흐름의 유입과 유출 조건 사이의 관계를 표현하는 다섯 개의 거시적 수지가 있다. 이들은 변화방정식을 거시적 계에 걸쳐 적분함으로써 얻을 수 있을 것이다.

$$\int_{V(t)} (\text{연속방정식})dV = \text{거시적 질량 수지}$$

$$\int_{V(t)} (\text{운동방정식})dV = \text{거시적 운동량 수지}$$

$$\int_{V(t)} (\text{각운동량 방정식})dV = \text{거시적 각운동량 수지}$$

$$\int_{V(t)} (\text{기계적 에너지 방정식})dV = \text{거시적 기계적 에너지 수지}$$

$$\int_{V(t)} (\text{총 에너지 방정식})dV = \text{거시적 총 에너지 수지}$$

이들 중 처음 넷은 7장에서 다루었으며, 유도 과정은 이들이 등온계뿐만 아니라 비등온계에도 적용될 수 있음을 암시하고 있다. 이 장에서는 총 에너지에 대한 다섯 번째 수지를 추가하고자 한다. 이는 위의 적분을 수행함에 의해서가 아니라 그림 7.0-1에서 보는 계에 총 에너지 보존법칙을 직접 적용함으로써 15.1절에서 유도하고자 한다. 그리고 15.2절에서는 기계적 에너지 수지를 다시 살펴보고 총 에너지 수지를 논의하는 관점에서 다루고자 한다. 다음 15.3절에서는 정상상태의 계에 대해 거시적 수지를 단순화하고 이들의 활용을 설명하고자 한다.

15.4절에서는 정상상태 수지의 미분 형태(d–형태)를 유도하고자 하며, 이 형태에서는 입구와 출구 평면 1과 2가 단지 미분 거리만큼 떨어져 있다고 간주한다. d–형태는 속도, 온도 및 압력이 유동 방향에 따라 연속적으로 변하는 도관 내의 유동을 포함하는 문제에 대해 종종 유용하다.

마지막으로 15.5절에서는 거시적 수지로 풀 수 있는 비정상상태 문제의 몇몇 예제를 다루고자 한다. 이 장에서는 지금까지 다루었던 거의 모든 주제를 다룰 것이며, 이전 장들에서 배웠던 것을 복습할 수 있는 좋은 기회를 제공할 것이다. 거시적 수지를 사용함에 있어서 몇 개의 항을 생략하고 여타 항들의 값을 계산하는 것이 필요한지 독자들에게 기억할 수 있도록 하는 기회를 다시 한번 갖고자 한다. 이를 위해서는 탁월한 직관이나 몇몇 추가적인 실험 데이터가 요구된다.

15.1 거시적 에너지 수지

그림 7.0-1에 도시된 계를 생각하고, 입구와 출구 평면에서의 양에 관해 7장에서 수립하였던 것과 동일한 가정을 수립한다.

(i) 시간 평활된 속도는 관련된 단면에 수직이다.

(ii) 밀도와 여타 물성은 단면에 걸쳐 균일하다.

(iii) 응력 텐서 $\boldsymbol{\tau}$와 결부된 힘은 무시한다.

(iv) 압력은 단면에 걸쳐 변하지 않는다.

이에 더하여

(v) 전도에 의한 에너지 전달 $\mathbf{q}$는 대류에 의한 에너지 전달에 비해 작아서 무시할 수 있다.

(vi) $[\boldsymbol{\tau}\cdot\mathbf{v}]$와 관련된 일은 $p\mathbf{v}$에 비해 상대적으로 무시할 수 있다.

이제 거시적 유동계에서 유체에 대한 에너지 보존법칙을 적용한다. 이를 적용함에 있어 외부 힘에 반해 작용하는 일을 설명하기 위해 위치에너지의 개념을 사용하고자 한다 (이는 에너지에 대한 변화방정식으로 식 11.1-7보다 오히려 식 11.1-9를 사용하는 것에 대응된다).

에너지 보존법칙에 관한 식은 다음 형태가 된다.

$$\frac{d}{dt}(U_{\text{tot}} + K_{\text{tot}} + \Phi_{\text{tot}}) = (\rho_1\hat{U}_1\langle v_1\rangle + \tfrac{1}{2}\rho_1\langle v_1^3\rangle + \rho_1\hat{\Phi}_1\langle v_1\rangle)S_1$$

계 내의 내부에너지, 운동에너지 및 위치에너지의 증가 속도 / 유동에 의해 평면 1에서 계로 들어오는 내부에너지, 운동에너지 및 위치에너지의 속도

$$- (\rho_2\hat{U}_2\langle v_2\rangle + \tfrac{1}{2}\rho_2\langle v_2^3\rangle + \rho_2\hat{\Phi}_2\langle v_2\rangle)S_2 \tag{15.1-1}$$

유동에 의해 평면 2에서 계를 떠나는 내부에너지, 운동에너지 및 위치에너지의 속도

$$+ Q \qquad + W_m \qquad + (p_1\langle v_1\rangle S_1 - p_2\langle v_2\rangle S_2)$$

경계를 가로질러 계에 더해지는 열의 속도 / 움직이는 표면에 의해 외부로부터 계에 작용하는 일의 속도 / 평면 1과 2에서 외부로부터 계에 작용하는 일의 속도

여기서 $U_{\text{tot}} = \int\rho\hat{U}\,dV$, $K_{\text{tot}} = \int\frac{1}{2}\rho v^2 dV$와 $\Phi_{\text{tot}} = \int\rho\hat{\Phi}\,dV$는 계에서 총 내부에너지, 운동에너지 및 위치에너지이고, 적분은 계의 전체 부피에 걸쳐 수행된다.

이 식은 질량 유량 $w_1 = \rho_1\langle v_1\rangle S_1$과 $w_2 = \rho_2\langle v_2\rangle S_2$ 및 총 에너지 $E_{\text{tot}} = U_{\text{tot}} + K_{\text{tot}} + \Phi_{\text{tot}}$를 도입함으로써 더 간결한 형태로 쓸 수 있을 것이다. 따라서 **비정상상태의 거시적 에너지 수지**에 대한

$$\boxed{\frac{d}{dt}E_{\text{tot}} = -\Delta\left[\left(\hat{U} + p\hat{V} + \frac{1}{2}\frac{\langle v^3\rangle}{\langle v\rangle} + \hat{\Phi}\right)w\right] + Q + W_m} \tag{15.1-2}$$

를 얻게 된다. 식 15.1-1의 유도로부터 "외부에 의해 계에 작용하는 일"은 (1) 움직이는 표면에 의해 작용하는 일 W_m과 (2) 식 15.1-2에서 $-\Delta(p\hat{V}w)$로 표현되는 계의 말단(평면 1과 2)에서 작용하는 일의 두 부분으로 이루어져 있음을 명백하게 알 수 있다. 비록 식 15.1-2에서 내부에너지, 운동에너지 및 위치에너지 항을 pV 항과 묶어 표현하였지만, 입구와 출구에서 "계로 들어가고 계를 떠나는 pV 에너지"로 말하는 것은 적절하지가 않으며, pV는 일과 관련된 항으로써 있는 그대로의 의미로 해석되어야 한다.

이제 계가 정상상태로 운전되고 있어 총 에너지 E_{tot}가 일정하고, 들어오고 나가는 질량 유량이 동일한 ($w_1 = w_2 = w$) 경우를 생각한다. 그러면 기호 $\hat{Q} = Q/w$(흐르는 유체의 단위 질량당 더해지는 열)와 $\hat{W}_m = W/w$(흐르는 유체의 단위 질량에 작용하는 일)를 도입하는 것이 편리하며, **정상상태의 거시적 에너지 수지**는

$$\Delta\left(\hat{H} + \frac{1}{2}\frac{\langle v^3\rangle}{\langle v\rangle} + gh\right) = \hat{Q} + \hat{W}_m \tag{15.1-3}$$

이다. 여기서 $\hat{\Phi}_1 = gh_1$과 $\hat{\Phi}_2 = gh_2$이고, h_1과 h_2는 임의로 선택된 기저 평면 위의 높이 이다(식 3.3-2 바로 직전의 논의 참조). 유사하게 $\hat{H}_1 = \hat{U}_1 + p_1\hat{V}_1$과 $\hat{H}_2 = \hat{U}_2 + p_2\hat{V}_2$는 임의로 지정된 기준 상태에 관해 측정된 단위 질량당 엔탈피이다. 엔탈피에 대한 명백한 공식은 식 9.8-8에 주어져 있다.

화학산업의 많은 문제에 대해 운동에너지, 위치에너지 및 일 항은 식 15.1-3의 열적 항에 비해 무시할 만 하고, 에너지 수지는 $\hat{H}_2 - \hat{H}_1 = \hat{Q}$로 단순화되므로 종종 엔탈피 수지로도 불린다. 그러나 이 관계식은 엔탈피 보존식으로 해석되지 않아야 한다.

15.2 거시적 기계적 에너지 수지

7.4절에서 주어지고, 7.8절에서 유도된 거시적인 기계적 에너지 수지를 식 15.1-2 및 식 15.1-3과 비교하기 위해 다시 언급하고자 한다. 식 7.4-2에서 주어진 바와 같이 **비정상상태의 거시적 기계적 에너지 수지**는

$$\frac{d}{dt}(K_{\text{tot}} + \Phi_{\text{tot}}) = -\Delta\left(\frac{1}{2}\frac{\langle v^3\rangle}{\langle v\rangle} + \hat{\Phi} + \frac{p}{\rho}\right)w + W_m - E_c - E_v \tag{15.2-1}$$

이며, E_c와 E_v는 식 7.4-3과 4로 정의된다. 식 7.4-7에서 주어진 바와 같이 **정상상태의 거시적 기계적 에너지 수지**의 근사적 형태는

$$\Delta\left(\frac{1}{2}\frac{\langle v^3\rangle}{\langle v\rangle}\right) + g\Delta h + \int_1^2 \frac{1}{\rho}dp = \hat{W}_m - \hat{E}_v \tag{15.2-2}$$

이다. 여기서 소개된 근사식의 상세한 내용은 식 7.8-9에서부터 12까지로 설명된다.

식 15.2-2의 적분은 계 내의 "대표적인 흐름선"을 따라 계산되어야만 하며, 이를 위해서는 상태방정식 $\rho = \rho(p, T)$을 알아야 하고 흐름선을 따라서 T가 p에 따라 어떻게 변하는지를 알아야 한다. 그림 15.2-1에서 이상기체에 대한 표면 $\hat{V} = \hat{V}(p, T)$를 볼 수 있으며, pT-평면에서 p_1, T_1(유입 흐름 조건)에서 시작하여 p_2, T_2(유출 흐름 조건)으로 끝나는 곡선을 볼 수 있다. pT-평면의 곡선은 기체가 초기 상태에서 최종 상태로 통과하여 흘러가는 계속적인 상태를 나타낸다. 따라서 적분 $\int_1^2(1/\rho)dp$는 그림 15.2-1의 그림자 진 면적의 $p\hat{V}$-평판 위의 투영이다. 평면 1에서 평면 2까지 공정의 열역학적 경로가 변하게 될 때 이 적분값은 명백히 변하게 된다. 경로와 상태방정식을 알면 $\int_1^2(1/\rho)dp$를 구할 수 있다.

몇몇 특별한 경우에는 적분을 계산하는 것이 어렵지 않다.

a. **등온계**의 경우, 적분은 등온 상태방정식을 규정함으로써, 즉 ρ에 대한 관계를 p의 함수로 표현함으로써 계산된다. 예를 들면 이상기체에 대해 $\rho = pM/RT$이고,

$$\int_1^2 \frac{1}{\rho}dp = \frac{RT}{M}\int_{p_1}^{p_2}\frac{1}{p}dp = \frac{RT}{M}\ln\frac{p_2}{p_1} \quad \text{(이상기체)} \tag{15.2-3}$$

이다.

b. **비압축성 액체**의 경우, ρ가 일정하므로

$$\int_1^2 \frac{1}{\rho}dp = \frac{1}{\rho}(p_2 - p_1) \quad \text{(비압축성 액체)} \tag{15.2-4}$$

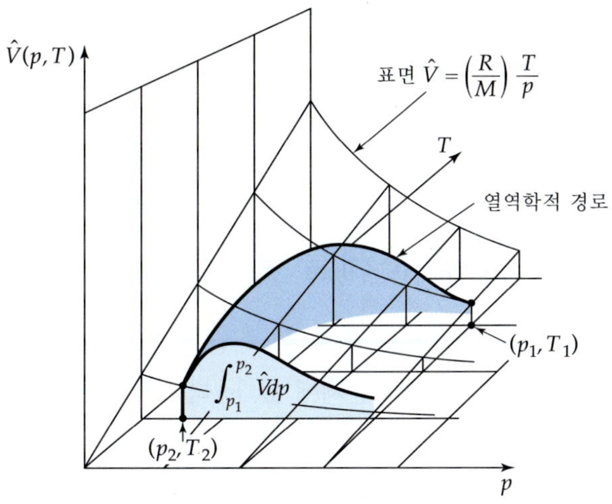

그림 15.2-1 식 15.2-2 내의 적분의 도식적 표현. 규정된 면적은 $\int_{p_1}^{p_2}\hat{V}dp = \int_{p_1}^{p_2}(1/\rho)dp$이다. 여기서 이 적분값은 우측에서 좌측으로 적분을 하기 때문에 음임에 주목하시오.

이다.

c. 일정한 열용량을 갖는 **마찰이 없는 이상기체의 단열 유동**의 경우, p와 ρ는 $p\rho^{-\gamma}$ = 일정인 식에 의해 관계지어진다. 여기서 γ는 예제 11.4-6에서 보는 바와 같이 $\gamma = \hat{C}_p/\hat{C}_v$이다. 그러면 적분은

$$\int_1^2 \frac{1}{\rho}\,dp = \frac{p_1^{1/\gamma}}{\rho_1}\int_{p_1}^{p_2}\frac{1}{p^{1/\gamma}}\,dp = \frac{p_1}{\rho_1}\frac{\gamma}{\gamma-1}\left[\left(\frac{p_2}{p_1}\right)^{(\gamma-1)/\gamma} - 1\right]$$

$$= \frac{p_1}{\rho_1}\frac{\gamma}{\gamma-1}\left[\left(\frac{\rho_2}{\rho_1}\right)^{\gamma-1} - 1\right] \tag{15.2-5}$$

가 된다. 그러므로 비등온 유동의 이 특별한 경우에 대해 적분을 해석학적으로 계산할 수 있다.

이제 기계적 에너지 수지와 총 에너지 수지를 둘 다 포함하는 몇 가지 논평을 하며 결론짓고자 한다. 식 7.4-2(식 15.2-1과 동일한)은 운동방정식에 **v**를 점곱을 한 다음 그 결과를 유동계의 부피에 걸쳐 적분함으로써 유도할 수 있다고 7.8절에서 강조하였다. 선형 운동량 보존법칙과 관련된 운동방정식으로부터 시작하므로 기계적 에너지 수지는 에너지 보존법칙에 관련된 (총) 에너지 수지와는 다른 정보를 포함하고 있다. 그러므로 일반적으로 문제를 풀기 위해서는 두 수지가 모두 필요하게 된다. 기계적 에너지 수지는 에너지 수지의 대체 형태가 아니다.

식 15.1-2의 총 에너지 수지에서 식 15.2-1의 기계적 에너지 수지를 빼면 **내부에너지에 대한 거시적 수지**를 얻게 된다.

$$\boxed{\frac{dU_{tot}}{dt} = -\Delta\hat{U}w + Q + E_c + E_v} \tag{15.2-6}$$

이는 계의 총 내부에너지가 유체의 유동에 의해 계를 들어오고 나가는 내부에너지 양의 차이 때문에, 계의 벽을 통해 계를 들어오는(또는 나가는) 열 때문에, 수축(또는 팽창)에 의

해 유체 내에서 생성되는(또는 소모되는) 열 때문에, 점성 소산 열에 의해 계 내에 생성되는 열 때문에 변한다는 것을 의미한다. 내부에너지에 대한 보존법칙이 없으므로 식 15.2-6을 앞에서는 쓸 수가 없었지만, 식 11.2-1을 전체 유동계에 걸쳐 적분함으로써 얻을 수 있다.

15.3 평탄한 속도분포의 정상상태 문제를 풀기 위한 거시적 수지의 활용

거시적 수지의 가장 중요한 응용은 정상상태 문제에 있다. 더욱이 유동은 통상 난류라 가정하여 단면적에 걸친 속도의 변화는 무시하여도 상관없다고 한다(식 7.2-3과 식 7.4-7 뒤의 주 참조). 추가적인 이들 제약과 함께 다섯 개의 거시적 수지를 표 15.3-1에 요약하였다. 더 큰 집합의 문제를 해결하기 위해 다수 개의 입구와 출구를 갖는 것으로 일반화하였다.

예제15.3-1 이상기체의 냉각

시간당 200 lb의 건조 공기가 300°F와 30 psia에서 100 ft/s의 속도로 그림 15.3-1에서 보는 열교환기의 내부 관에 유입되며, 열교환기 입구보다 10 ft 위에서 공기가 0°F와 15 psia로 유출되고 있다. 관 벽을 가로질러 제거되는 에너지 속도를 계산하시오. 난류와 이상기체 거동으로 가정하고 공기의 열용량은 다음 식을 사용하시오.

표 15.3-1 비등온계의 난류에 대한 정상상태의 거시적 수지

질량	$\sum w_1 - \sum w_2 = 0$	(A)
운동량	$\sum(v_1 w_1 + p_1 S_1)\mathbf{u}_1 - \sum(v_2 w_2 + p_2 S_2)\mathbf{u}_2 + m_{\text{tot}}\mathbf{g} = \mathbf{F}_{f\to s}$	(B)
각운동량	$\sum(v_1 w_1 + p_1 S_1)[\mathbf{r}_1 \times \mathbf{u}_1] - \sum(v_2 w_2 + p_2 S_2)[\mathbf{r}_2 \times \mathbf{u}_2] + \mathbf{T}_{\text{ext}} = \mathbf{T}_{f\to s}$	(C)
기계적 에너지	$\sum\left(\frac{1}{2}v_1^2 + gh_1 + \frac{p_1}{\rho_1}\right)w_1 - \sum\left(\frac{1}{2}v_2^2 + gh_2 + \frac{p_2}{\rho_2}\right)w_2 = -W_m + E_c + E_v$	(D)
(총) 에너지	$\sum(\frac{1}{2}v_1^2 + gh_1 + \hat{H}_1)w_1 - \sum(\frac{1}{2}v_2^2 + gh_2 + \hat{H}_2)w_2 = -W_m - Q$	(E)

[a] 여기 모든 공식은 평탄한 속도분포를 갖는다.

[b] $\Sigma w_1 = w_{1a} + w_{1b} + w_{1c} + \cdots$, 여기서 $w_{1a} = \rho_{1a} v_{1a} S_{1a}$ 등등.

[c] h_1, h_2는 임의의 기저 평면 위의 높이이다.

[d] $\hat{H}_1$과 $\hat{H}_2$는 임의로 선정된 어떤 기준 상태에 상대적인 단위 질량당 엔탈피이다(식 9.8-8 참조).

[e] 모든 식은 압축성 유체에 대해 쓰였다; 비압축성 유체의 경우 $E_c = 0$이다. E_c와 E_v의 양은 식 7.4-3과 식 7.4-4에서 정의된다.

[f] $\mathbf{u}_1$과 $\mathbf{u}_2$는 유동 방향의 단위 벡터이다.

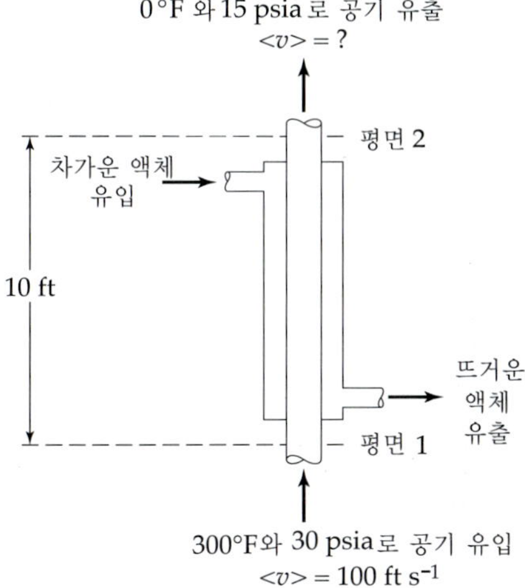

그림 15.3-1 항류 열교환기에서 공기의 냉각

$$\tilde{C}_p = 6.39 + (9.8 \times 10^{-4})T - (8.18 \times 10^{-8})T^2 \tag{15.3-1}$$

여기서 $\tilde{C}_p$는 Btu/(lb−mole·°R)이고 T는 °R이다.

해 이 계에 대해, 거시적 에너지 수지, 식 15.1-3은

$$(\hat{H}_2 - \hat{H}_1) + \tfrac{1}{2}(v_2^2 - v_1^2) + g(h_2 - h_1) = \hat{Q} \tag{15.3-2}$$

가 된다. 엔탈피차는 식 9.8-8로부터 얻을 수 있고, 속도는 거시적 질량 수지 $\rho_1 v_1 = \rho_2 v_2$와 이상기체 법칙 $p = \rho RT/M$으로부터 온도와 압력의 함수로 얻을 수 있다. 그러므로 식 15.3-2는

$$\frac{1}{M}\int_{T_1}^{T_2} \tilde{C}_p dT + \frac{1}{2}v_1^2\left[\left(\frac{p_1 T_2}{p_2 T_1}\right)^2 - 1\right] + g(h_2 - h_1) = \hat{Q} \tag{15.3-3}$$

이 된다. 식 15.3-1의 $\tilde{C}_p$에 대한 명백한 식을 식 15.3-3에 대입하고 적분을 수행한 다음 수치값을 대입하면 열교환기를 통해 흐르는 유체의 단위 파운드당 제거되는 열을 얻게 된다.

$$\begin{aligned}
-\hat{Q} &= \tfrac{1}{29}[(6.39)(300) + \tfrac{1}{2}(9.8 \times 10^{-4})(5.78 - 2.12)(10^5) \\
&\quad -\tfrac{1}{3}(8.18 \times 10^{-8})(4.39 - 0.97)(10^8)] \\
&\quad +\frac{1}{2}\left(\frac{10^4}{(32.2)(778)}\right)[1 - (1.21)^2] - \left(\frac{10}{778}\right) \\
&= 72.0 - 0.093 - 0.0128 \\
&= 71.9 \text{ Btu/lb}_m
\end{aligned} \tag{15.3-4}$$

그러면 열 제거 속도는

$$-\hat{Q}w = 14{,}380 \text{ Btu/hr} \tag{15.3-5}$$

이다. 식 15.3-4에서 엔탈피 변화에 비해 운동에너지와 위치에너지의 기여가 무시될 수 있

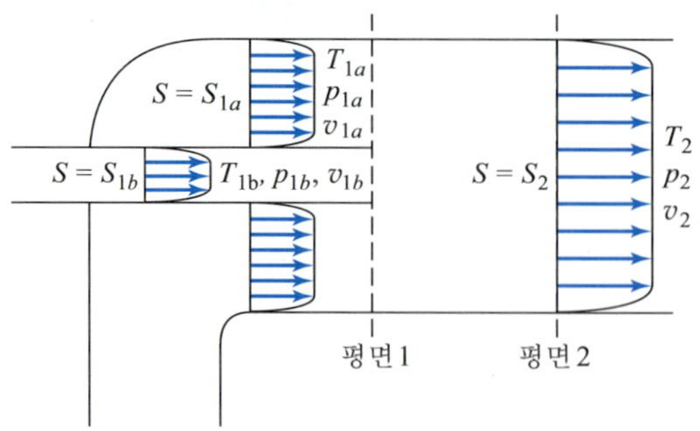

그림 15.3-2 두 이상기체 흐름의 혼합

음에 주목하시오.

예제15.3-2 두 이상기체 흐름의 혼합

그림 15.3-2에서 보는 바와 같이 서로 다른 속도, 온도 및 압력으로 흐르고 있는 동일한 이상기체의 두 정상상태의 난류 흐름이 혼합되고 있다. 혼합된 최종 흐름의 속도, 온도 및 압력을 계산하시오.

해 이 예제의 유체 거동은 밀도와 온도 변화가 중요하기 때문에 예제 7.6-2에서 논의하였던 비압축성 등온 경우보다 더 복잡하다. 여기서는 질량과 운동량 수지에 더하여 정상상태의 거시적 에너지 수지, 식 15.1-3과 이상기체 상태방정식을 사용할 필요가 있다. 이들을 제외하면 예제 7.6-2과 같이 진행하면 된다.

먼저 유체가 혼합되기 시작되는 단면에 입구 평면(1a와 1b)을 선정하고, 출구 평면 (2)는 완전한 혼합이 일어나는 충분히 먼 하류에 설정하였다. 예제 7.6-2와 같이 관 벽에서 전단응력을 무시할 수 있는 평탄한 속도분포를 가지며 위치에너지의 변화는 없다고 가정하였다. 이에 더하여 유체의 열용량 변화를 무시하였고, 단열 공정이라 가정하였다. 이제 두 개의 입구와 한 개의 출구를 갖는 이 계에 대해 다음 방정식들을 수립한다.

질량:
$$w_1 = w_{1a} + w_{1b} \tag{15.3-6}$$

운동량:
$$v_2 w_2 + p_2 S_2 = v_{1a} w_{1a} + p_{1a} S_{1a} + v_{1b} w_{1b} + p_{1b} S_{1b} \tag{15.3-7}$$

에너지:
$$w_2[\hat{C}_p(T_2 - T_{\text{ref}}) + \tfrac{1}{2}v_2^2] = w_{1a}[\hat{C}_p(T_{1a} - T_{\text{ref}}) + \tfrac{1}{2}v_{1a}^2] + w_{1b}[\hat{C}_p(T_{1b} - T_{\text{ref}}) + \tfrac{1}{2}v_{1b}^2] \tag{15.3-8}$$

상태방정식:
$$p_2 = \rho_2 R T_2 / M \tag{15.3-9}$$

이 방정식 집합에서 1a와 1b에서의 모든 양은 알고 있으며 4개의 미지의 값은 p_2, T_2, ρ_2와 v_2이다. T_{ref}는 엔탈피에 대한 기준 온도이다. 식 15.3-6에 $\hat{C}_p T_{\text{ref}}$를 곱하고 그 결과를 식 15.3-8와 더하면

$$w_2[\hat{C}_p T_2 + \tfrac{1}{2}v_2^2] = w_{1a}[\hat{C}_p T_{1a} + \tfrac{1}{2}v_{1a}^2] + w_{1b}[\hat{C}_p T_{1b} + \tfrac{1}{2}v_{1b}^2] \tag{15.3-10}$$

을 얻는다. 식 15.3-6, 7과 식 15.3-10의 우변 항은 아는 양을 포함하고 있으며, 이들을 각각 w, P 및 E로 표시한다. 각 유입 흐름의 압력, 온도 및 밀도가 상태방정식과 연관되어 있기 때문에 w, P 및 E는 서로 독립적이지 않음에 주목하시오.

이제 식 15.3-7을 v_2에 대해 풀고 이상기체 법칙을 사용하여 p_2를 소거한 다음, w_2를 $\rho_2 v_2 S_2$로 쓰면

$$v_2 + \frac{RT_2}{Mv_2} = \frac{P}{w} \tag{15.3-11}$$

을 얻는다. 이 식을 T_2에 대해 풀고 식 15.3-10에 대입하면

$$v_2^2 - \left[2\left(\frac{\gamma}{\gamma+1}\right)\frac{P}{w}\right]v_2 + 2\left(\frac{\gamma-1}{\gamma+1}\right)\frac{E}{w} = 0 \tag{15.3-12}$$

를 얻게 되며, $\gamma = C_p/C_v$는 기체에 대해 약 1.1에서부터 1.667까지 변하는 양이다. 여기서는 이상기체에 대한 $\tilde{C}_p/R = \gamma/(\gamma - 1)$을 사용하였다. 식 15.3-12를 v_2에 대해 풀면

$$v_2 = \left(\frac{\gamma}{\gamma+1}\right)\frac{P}{w}\left[1 \pm \sqrt{1 - 2\left(\frac{\gamma^2-1}{\gamma^2}\right)\frac{wE}{P^2}}\right] \tag{15.3-13}$$

을 얻는다. 물리적으로 근호 속의 수는 음수가 될 수 없다. 근호가 0이면 최종 흐름의 속도가 음속임을 알 수 있다(문제 15B.4 참조). 그러므로 일반적으로 v_2에 대한 해의 하나는 초음속이며, 다른 하나는 아음속이다. 초음속의 도관 유동은 불안정하므로 고려되는 난류 혼합공정에서는 단지 음속보다 낮은 (아음속) 해를 얻을 수 있다. 초음속에서 아음속 도관 유동으로의 전이는 예제 11.4-7에서 설명된다.

속도 v_2를 알면 식 15.3-7과 11로부터 압력과 온도를 계산할 수 있으며, 기계적 에너지 수지를 사용하여 $(E_c + E_v)$를 구할 수 있다.

15.4 거시적 수지의 미분 형태(d−형태)

비등온계에서 기계적 에너지 수지 내의 E_v와 총 에너지 수지 내의 Q를 계산하는 것이 약간 어렵다는 것을 종종 알 수 있다.

예를 들면 E_v에 대해 다음 두 가지 비등온 경우를 생각해 보시오.

a. 액체의 경우, 일정한 단면을 갖는 관 내의 평균 유속은 거의 일정하다. 그러나 온도가 변하기 때문에 점도가 유동 방향으로 현저히 변하게 되므로 식 7.5-9의 f는 거리에 따라 변하게 된다. 따라서 식 7.5-9를 전체 관에 적용할 수 없다.

b. 기체의 경우, 점도는 압력에 따라서는 현저히 변하지 않으므로 일정한 단면을 갖는 도관에 대해 국부적인 Reynolds 수와 국부적인 마찰 인자는 거의 일정하다. 그러나 온도

에 따른 밀도 변화의 결과로 평균 속도는 도관을 따라 급격히 변하게 된다. 그러므로 식 7.5-9를 전체 도관에 적용할 수 없다.

유사하게 거리에 따라 벽 온도가 변하는 관 유동에 대해 국부적인 열전달계수를 사용하는 것이 필요하다. 이와 같은 경우에 대해 증분에 기초를 둔 식 15.1-3을 쓰고 미분방정식을 수립할 수 있다. 또는 도관의 단면적이 하류 방향의 거리에 따라 변하면, 증분에 기초를 두고 문제를 다루는 것이 필요하다.

그러므로 미분 거리 dl만큼 떨어진 평면 1과 2를 선정함으로써 정상상태의 거시적 기계적 에너지 수지와 총 에너지 수지를 다시 쓰는 것이 유용하며, 수지의 'd–형태' 라 부르는 식을 얻는다.

기계적 에너지 수지의 d–형태

미분 거리만큼 떨어진 평면 1과 2을 선정한다면 식 15.2-2를 다음과 같은 미분 형태로 쓸 것이다(평탄한 속도분포를 가정하여):

$$d(\tfrac{1}{2}v^2) + g\,dh + \frac{1}{\rho}\,dp = d\hat{W} - d\hat{E}_v \qquad (15.4\text{-}1)$$

그런 다음 미분 거리 dl에 대해 식 7.5-8을 사용하여

$$v\,dv + g\,dh + \frac{1}{\rho}\,dp = d\hat{W} - \tfrac{1}{2}v^2\frac{f}{R_h}\,dl \qquad (15.4\text{-}2)$$

를 쓴다. 여기서 f는 국부적인 마찰 인자이고, R_h는 평균 수력학적 반지름의 국부값이 된다. 일은 유동 경로를 따라 고립된 점에서 주로 일어나기 때문에 대부분의 응용 문제에서는 $d\hat{W}$ 항을 생략한다. 확장 가능한 벽을 갖는 관 내에서나 자기력에 의해 구동되는 유동 및 회전하는 스크루에 의한 전달이 일어나는 계에서는 $d\hat{W}$ 항이 필요하다.

총 에너지 수지의 d–형태

만약 식 15.1-3을 미분 형태로 쓰면

$$d(\tfrac{1}{2}v^2) + g\,dh + d\hat{H} = d\hat{Q} + d\hat{W} \qquad (15.4\text{-}3)$$

을 얻으며(평탄한 속도분포를 갖는), $d\hat{H}$에 대한 식 9.8-7과 $d\hat{Q}$에 대한 식 14.1-8을 사용하여

$$v\,dv + g\,dh + \hat{C}_p\,dT + \left[\hat{V} - T\left(\frac{\partial \hat{V}}{\partial T}\right)_p\right]dp = \frac{U_{loc}Z\Delta T}{w}\,dl + d\hat{W} \qquad (15.4\text{-}4)$$

를 얻는다. 여기서 U_{loc}는 국부적인 총괄 열전달계수이고, Z는 대응하는 국부적인 도관의 젖은 둘레 길이이며, ΔT는 도관 외부와 내부 유체 사이의 국부적인 온도차를 의미한다.

다음 예제들은 식 15.4-2와 식 15.4-4의 응용에 대해 설명한다.

예제15.4-1 병류 또는 항류 열교환기

그림 15.4-1에 주어진 간단한 이중관 열교환기의 성능을 두 흐름의 열전달계수와 관 벽의 열저항의 항으로 설명하고자 한다. 열교환기는 본질적으로 한 유체의 흐름은 내부 관을 통해 흐르고, 다른 유체의 흐름은 원환 공간·내를 흐르는 두 개의 동축 관으로 구성되어 있다. 열은 내부 관의 벽을 가로질러 전달된다. 그림에 묘사된 바와 같이 두 흐름은 동일한 방향으로 흐를 것이지만, 일반적으로 항류를 사용하는 것이, 즉 하나의 흐름 방향에 반대로 흐르게 하여 w_h나 w_c가 음이 되도록 하는 것이 더 효율적이다. 정상상태의 난류로 가정하고 외부로의 열 손실은 무시하기로 한다. 더욱이 열교환기를 따른 국부적인 총괄 열전달계수는 일정하다고 가정하시오.

해 (a) **전체로서 각 흐름에 대한 거시적 에너지 수지.** 뜨거운 흐름과 관련된 양들을 하첨자 h로 표시하고, 차가운 흐름과 관련된 양들을 하첨자 c로 표시한다. 운동에너지와 위치에너지의 변화를 무시하면 식 15.1-3의 정상상태의 에너지 수지는

$$w_h(\hat{H}_{h2} - \hat{H}_{h1}) = Q_h \tag{15.4-5}$$

$$w_c(\hat{H}_{c2} - \hat{H}_{c1}) = Q_c \tag{15.4-6}$$

이 된다. 외부로의 열손실이 없기 때문에 $Q_h = -Q_c$이다. 너무 크지 않는 압력 강하를 갖는 비압축성 액체이거나 또는 이상기체인 경우 식 9.8-8은 일정한 C_p에 대해 $\Delta\hat{H} = \hat{C}_p\Delta T$의 관계로 주어진다. 그러므로 식 15.4-5와 6은

$$w_h\hat{C}_{ph}(T_{h2} - T_{h1}) = Q_h \tag{15.4-7}$$

$$w_c\hat{C}_{pc}(T_{c2} - T_{c1}) = Q_c = -Q_h \tag{15.4-8}$$

과 같이 다시 쓸 수 있다.

(b) **거시적 에너지 수지의 d-형태.** 뜨거운 흐름에 식 15.4-4를 적용하면

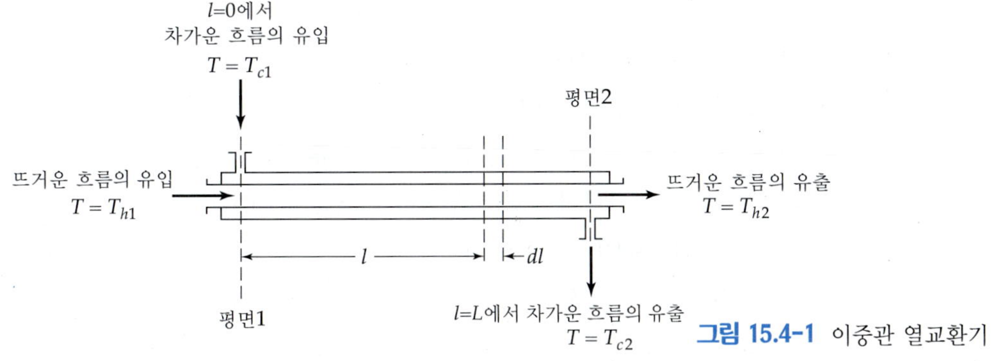

그림 15.4-1 이중관 열교환기

$$\hat{C}_{ph}dT_h = \frac{U_0(2\pi r_0)(T_c - T_h)}{w_h}dl \tag{15.4-9}$$

가 주어진다. 여기서 r_0는 내부 관의 바깥 반지름이고, U_0는 반지름 r_0에 기초를 둔 총괄 열전달계수이다(식 14.1-8 참조).

식 15.4-9를 재정리하면

$$\frac{dT_h}{T_c - T_h} = U_0\frac{(2\pi r_0)dl}{w_h\hat{C}_{ph}} \tag{15.4-10}$$

을 얻게 된다. 차가운 흐름에 대해 대응하는 식은

$$-\frac{dT_c}{T_c - T_h} = U_0\frac{(2\pi r_0)dl}{w_c\hat{C}_{pc}} \tag{15.4-11}$$

이다. 식 15.4-10과 식 15.4-11을 더하면 두 유체의 온도차에 대한 미분방정식을 l의 함수로 얻는다.

$$-\frac{d(T_h - T_c)}{T_h - T_c} = U_0\left(\frac{1}{w_h\hat{C}_{ph}} + \frac{1}{w_c\hat{C}_{pc}}\right)(2\pi r_0)dl \tag{15.4-12}$$

U_0가 l에 무관하다고 가정하고 평면 1에서 2까지 적분하면

$$\ln\left(\frac{T_{h1} - T_{c1}}{T_{h2} - T_{c2}}\right) = U_0\left(\frac{1}{w_h\hat{C}_{ph}} + \frac{1}{w_c\hat{C}_{pc}}\right)(2\pi r_0)L \tag{15.4-13}$$

을 얻는다. 이 식은 종말 온도를 유량 및 열교환기의 치수에 관련지으며, 열교환기의 성능을 설명하는데 사용할 수 있다. 하지만 식 15.4-7과 8에서 정상상태 에너지 수지의 장점을 취하여 식 15.4-13을 재정리하는 것이 통상적이다. 이들 식의 각각을 $w\hat{C}_p$에 대해 풀고 그 결과를 식 15.4-13에 대입하면

$$Q_c = U_0(2\pi r_0 L)\left(\frac{(T_{h2} - T_{c2}) - (T_{h1} - T_{c1})}{\ln[(T_{h2} - T_{c2})/(T_{h1} - T_{c1})]}\right) \tag{15.4-14}$$

또는

$$Q_c = U_0A_0(T_h - T_c)_{\ln} \tag{15.4-15}$$

를 얻는다. 여기서 A_0는 내부 관의 총 외부 표면이고, $(T_h - T_c)_{\ln}$은 두 흐름 사이의 "로그 평균 온도차"이다. 식 15.4-14와 15는 두 흐름 사이의 열교환 속도를 나타내며, 공학적 실무에 폭넓게 적용할 수 있음을 안다. 유량은 병류와 항류 열교환기 둘 다에 대해 타당한 이들 식에는 명확히 나타나지 않음에 주목하시오(문제 15A.1 참조).

원한다면 식 15.4-10과 11로부터 l의 함수로 흐름 온도를 얻을 수 있다. 이 예제의 결과를 총괄 열전달계수의 변화가 상당히 큰 층류에 적용함에 있어서는 상당히 조심스럽게 사용하여야 한다. 가변의 U_0를 갖는 문제의 예는 문제 15B.1에 주어져 있다.

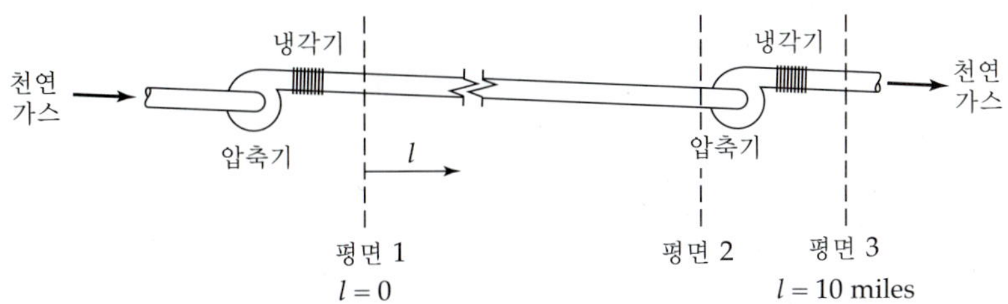

그림 15.4-2 수송관을 통한 압축성 유체의 펌핑

예제 15.4-2 긴 관을 통해 압축성 유체를 펌핑하는 데 요구되는 일률

순수한 메탄 가스로 생각되는 천연가스가 2 ft인 내부 지름을 갖는 길고 매끄러운 수송관을 통해 수송되고 있으며, 천연가스는 40 ft/s의 속도를 갖고 100 psia의 압력과 70°F의 대기 온도로 수송관을 들어온다. 수송관을 따라 매 10마일마다 펌핑 장소가 설치되어 있으며, 이들 각 펌핑 장소에서 천연가스는 원래의 온도와 압력으로 다시 압축되고 냉각된다(그림 15.4-2참조). 이상기체의 거동과 평탄한 속도분포 및 높이의 변화는 무시할만하다고 가정하고, 각 펌핑 장소에서 천연가스가 팽창되어야만 하는 일률을 계산하시오,

해 관과 압축기를 분리하여 생각하는 것이 편리하다는 것을 알 수 있다. 먼저 식 15.4-2를 관의 길이 dl에 적용하고, 이 식을 평면 1과 2사이에서 적분하면 미지의 압력값 p_2를 얻게 된다. 이를 알고 난 다음 평면 2와 3사이 계에 식 15.2-2를 적용하면 펌프에 의해 하는 일을 얻을 수 있다.

(a) 관을 통한 유동. 계의 이 부분에 대해, 식 15.4-2는

$$v dv + \frac{1}{\rho} dp + \frac{2v^2 f}{D} dl = 0 \tag{15.4-16}$$

으로 단순화된다. 여기서 D는 관의 지름이다. 관이 매우 길기 때문에 유체는 70°F의 등온이라 가정한다. $\rho v = \rho_1 v_1$로 쓰여진 거시적 질량 수지와 가정한 상태방정식 $p = \rho RT/M$을 사용하여 식 15.4-16에서 v와 ρ를 둘 다 소거할 수 있다. 압력항으로 쓰여진 ρ와 v를 적용하면 식 15.4-16은

$$-\frac{1}{p} dp + \frac{RT_1}{M(p_1 v_1)^2} p dp + \frac{2f}{D} dl = 0 \tag{15.4-17}$$

이 된다. 이상기체의 점도가 압력에는 무관하다는 것을 1.3절에서 지적한 바 있으므로, 기체의 Reynolds 수 $\text{Re} = Dw/S\mu$와 마찰 인자 f는 일정하다는 것이 틀림이 없다. 식 15.4-17을 적분하면

$$-\ln \frac{p_2}{p_1} + \frac{1}{2}\left[\left(\frac{p_2}{p_1}\right)^2 - 1\right] \frac{RT_1}{Mv_1^2} + \frac{2fL}{D} = 0 \tag{15.4-18}$$

을 얻는다. 이 식은 쉽게 계산할 수 있는 f를 제외하고는 이미 알고 있는 양들의 항으로 p_2

가 주어진다: 70°F와 100 psia의 메탄의 동점도가 약 2.61 × 10^{-5} ft^2/s이므로 Re = Dv/ν = (2 ft)(40 ft/s)/(2.61 × 10^{-5} ft^2/s) = 3.07 × 10^6이 되며, 마찰 인자는 0.0025로 계산된다(그림 6.2-2 참조).

수치값을 식 15.4-18에 대입하면

$$-\ln\frac{p_2}{p_1}+\frac{1}{2}\left[\left(\frac{p_2}{p_1}\right)^2-1\right]\frac{(1545)(530)(32.2)}{(16.04)(40)^2}+\frac{(2)(0.0025)(52{,}800)}{(2.00)}=0 \quad (15.4\text{-}19)$$

또는

$$-\ln\frac{p_2}{p_1}+513\left[\left(\frac{p_2}{p_1}\right)^2-1\right]+132=0 \quad (15.4\text{-}20)$$

을 얻는다. p_1 = 100 psia를 갖는 이 방정식을 풀면 p_2 = 86 psia을 얻는다.

(b) 압축기를 통한 흐름. 이제 기계적 에너지 수지를 압축기에 적용하고자 한다. 식 15.2-2를

$$\hat{W}_m=\tfrac{1}{2}(v_3^2-v_2^2)+\int_{p_2}^{p_3}\frac{1}{\rho}\,dp+\hat{E}_v \quad (15.4\text{-}21)$$

의 형태로 두면서 시작한다. 이 식의 적분을 계산하기 위해 압축은 단열이며 더욱이 평면 2와 3 사이의 $\hat{E}_v$는 무시할 수 있다고 가정한다. 식 15.2-5를 사용하여 식 15.2-21을 다시 쓰면

$$\begin{aligned}\hat{W}_m&=\tfrac{1}{2}(v_3^2-v_2^2)+\frac{p_2^{1/\gamma}}{\rho_2}\int_{p_2}^{p_3}p^{-1/\gamma}\,dp\\&=\frac{v_1^2}{2}\left[1-\left(\frac{p_1}{p_2}\right)^2\right]+\frac{RT_2}{M}\frac{\gamma}{\gamma-1}\left[\left(\frac{p_1}{p_2}\right)^{(\gamma-1)/\gamma}-1\right]\end{aligned} \quad (15.4\text{-}22)$$

를 얻는다. 여기서 $\hat{W}_m$은 압축기에서 요구되는 에너지이다. 수치값을 식 15.4-22에 대입하면

$$\begin{aligned}\hat{W}_m&=\frac{(40)^2}{2(32.2)}[1-(1.163)^2]+\frac{(1545)(530)}{16}\frac{1.3}{0.3}(1.163^{0.3/1.3}-1)\\&=-9+7834=7825\ \text{ft lb}_f/\text{lb}_m\end{aligned} \quad (15.4\text{-}23)$$

을 얻으며, 유체를 압축하기 위해 요구되는 일률은

$$\begin{aligned}w\hat{W}_m&=\left(\frac{\pi D^2}{4}\right)\left(\frac{p_1M}{RT_1}\right)v_1\hat{W}_m\\&=\frac{\pi(100)(16.04)(40)}{(10.73)(530)}(7825)\ \text{ft lb}_f/\text{s}\\&=277{,}000\ \text{ft lb}_f/\text{s}=504\ \text{hp}\end{aligned} \quad (15.4\text{-}24)$$

이다. 만약 수송관 내의 유동이 단열이라면 사실상 요구되는 일률은 같다(문제 15A.2 참조). 여기서 사용된 압축은 단열이며 점성 소산은 무시한다는 가정은 압축기와 냉각기가 조합된 설계에서는 통상적으로 사용된다. 압축기를 운전하기 위해 요구되는 에너지는 계산된 일 $\hat{W}_m$보다 (i) 평면 2와 3 사이의 $\hat{E}_v$, (ii) 압축기 자체의 기계적인 손실 및 (iii) 가정한 $p-\rho$경로 내의 오류만큼 크다는 것에 주목하시오. 펌프 축에서 요구되는 에너지는 보통 $\hat{W}_m$보다 적어도 15~20%는 더 크다.

표 15.5-1 비등온계 내의 유동에 대한 비정상상태의 거시적 수지

질량	$\frac{d}{dt} m_{\text{tot}} = \sum w_1 - \sum w_2 = \sum \rho_1 \langle v_1 \rangle S_1 - \sum \rho_2 \langle v_2 \rangle S_2$	(A)
운동량	$\frac{d}{dt} \mathbf{P}_{\text{tot}} = \sum \left(\frac{\langle v_1^2 \rangle}{\langle v_1 \rangle} w_1 + p_1 S_1 \right) \mathbf{u}_1 - \sum \left(\frac{\langle v_2^2 \rangle}{\langle v_2 \rangle} w_2 + p_2 S_2 \right) \mathbf{u}_2 + m_{\text{tot}} \mathbf{g} - \mathbf{F}_{fl\,s}$	(B)
각운동량	$\frac{d}{dt} \mathbf{L}_{\text{tot}} = \sum \left(\frac{\langle v_1^2 \rangle}{\langle v_1 \rangle} w_1 + p_1 S_1 \right) [\mathbf{r}_1 \times \mathbf{u}_1] - \sum \left(\frac{\langle v_2^2 \rangle}{\langle v_2 \rangle} w_2 + p_2 S_2 \right) [\mathbf{r}_2 \times \mathbf{u}_2] + \mathbf{T}_{\text{ext}} - \mathbf{T}_{fl\,s}$	(C)
기계적 에너지	$\frac{d}{dt} (K_{\text{tot}} + \Phi_{\text{tot}}) = \sum \left(\frac{1}{2} \frac{\langle v_1^3 \rangle}{\langle v_1 \rangle} + g h_1 + \frac{p_1}{\rho_1} \right) w_1 - \sum \left(\frac{1}{2} \frac{\langle v_2^3 \rangle}{\langle v_2 \rangle} + g h_2 + \frac{p_2}{\rho_2} \right) w_2 + W_m - E_c - E_v$	(D)
(총) 에너지	$\frac{d}{dt} (K_{\text{tot}} + \Phi_{\text{tot}} + U_{\text{tot}}) = \sum \left(\frac{1}{2} \frac{\langle v_1^3 \rangle}{\langle v_1 \rangle} + g h_1 + \hat{H}_1 \right) w_1 - \sum \left(\frac{1}{2} \frac{\langle v_2^3 \rangle}{\langle v_2 \rangle} + g h_2 + \hat{H}_2 \right) w_2 + W_m + Q$	(E)

[a] $\Sigma w_1 = w_{1a} + w_{1b} + w_{1c} +$ 여기서 $w_{1a} = \rho_{1a} v_{1a} S_{1a}$등등.

[b] h_1, h_2는 임의의 기저 평면 위의 높이이다.

[c] $\hat{H}_1$과 $\hat{H}_2$는 임의로 선정된 어떤 기준 상태에 상대적인 단위 질량당 엔탈피이다(식 9.8-8 참조).

[d] 모든 식은 압축성 유체에 대해 쓰여졌다; 비압축성 유체의 경우 $E_c = 0$이다. E_c와 E_v의 양은 식 7.4-3과 식 7.4-4에서 정의된다.

[e] $\mathbf{u}_1$과 $\mathbf{u}_2$는 유동 방향의 단위 벡터이다.

15.5 속도분포가 평탄하지 않는 문제와 비정상상태 문제를 풀기 위한 거시적 수지의 활용

비정상상태와 평탄하지 않는 속도분포 및 다수의 입구와 출구를 갖는 계에 대한 모두 다섯 개의 거시적 수지를 표 15.5-1에 요약하였다. 실제 이 정도로 완벽하게 이들 수지를 사용할 필요는 없지만, 식의 전체 집합을 한 곳에 모았다는 것은 편리하다. 다음 예제에서 이들의 용도를 설명하고자 한다.

예제 15.5-1 교반 탱크 내 액체의 가열[1]

1000 ft^3의 액체를 저장할 수 있는 용량의 원통형 탱크에 액체 내용물을 균일한 온도로 유지하기에 충분한 능력을 갖춘 교반기가 탑재되어 있다(그림 15.5-1 참조). 열전달이 가능한 면적이 탱크 내의 액체 양에 비례하는 것과 같은 방법으로 배열된 코일을 통해 열이 내용물에 전달된다. 가열 코일은 외부 지름이 1 in.인 관이 4 ft의 지름으로 10번 감겨져 있고, 시간 $t = 0$에 탱크 내에 물이 전혀 없는 상태에서 20℃의 물이 20 lb_m/min의 유량으로 탱크 내로 유입되고 있다. 105℃의 수증기가 가열 코일을 통해 흐르고 총괄 열전달계수는 100 Btu/hr·ft^2·°F이다. 탱크가 완전히 채워졌을 때 물의 온도는 얼마인가?

[1] 이 문제는 W. R. Marshall, Jr., and R. L. Pigford, *The Applications of Differential Equations to Chemical Engineering Problems*, University of Delaware Press, Newark, Del. (1947), pp. 16-18로부터 수정된 형태로 취하였다.

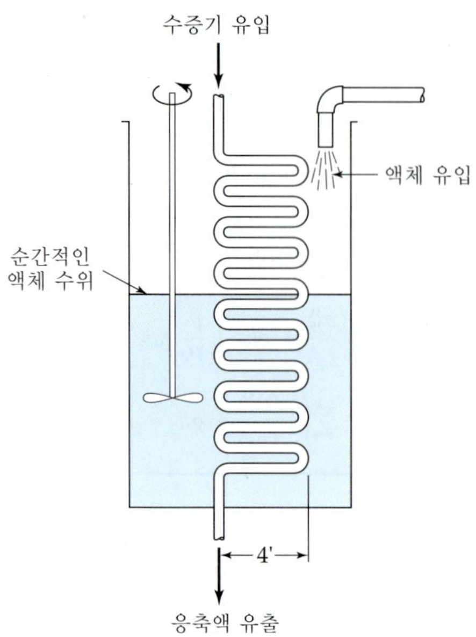

그림 15.5-1 액체 수위가 변하는 탱크 내 액체의 가열

해 이 문제를 해결하기 위해 다음 가정을 수립할 것이다.

a. 수증기 온도는 코일 전체를 통해 균일하다.

b. 밀도와 열용량은 온도에 따라 크게 변하지 않는다.

c. 유체는 근사적으로 비압축성이므로 $\hat{C}_p \approx \hat{C}_v$이다.

d. 교반기는 액체 전체를 통해 균일한 온도로 유지한다.

e. 열전달계수는 위치와 시간에 무관하다.

f. 탱크 벽은 완벽하게 단열되어 있어 열손실이 일어나지 않는다.

탱크 내의 유체를 고려하는 계로 선정하고 이 계에 대해 시간 의존적 에너지 수지를 수립한다. 이러한 수지는 표 15.5-1의 식 (E)로 주어지며, 식의 좌변에서 운동에너지 및 위치에너지의 시간 변화율은 내부에너지의 시간 변화율에 비해 상대적으로 무시될 수 있다. 식의 우변에서 보통 일 항은 생략될 수 있고, 운동에너지 및 위치에너지 항은 다른 항에 비해 작을 것이므로 버릴 수 있으며, 유출 흐름이 없는 한 w_2는 0으로 둘 수 있다. 그러므로 이 계에 대한 총 에너지 수지는

$$\frac{d}{dt} U_{\text{tot}} = w_1 \hat{H}_1 + Q \tag{15.5-1}$$

로 단순화된다. 이는 유입되는 유체에 의해 더해지는 엔탈피 때문에 또 수증기 코일을 통해 더해지는 열 때문에 계의 내부에너지가 증가한다는 것을 의미한다.

U_{tot}와 $\hat{H}_1$은 절대적으로 줄 수가 없으므로, 유입 온도 T_1을 열 기저 평면으로 선택하면 $\hat{H}_1 = 0$이 되고 $U_{\text{tot}} = \rho \hat{C}_V V(T - T_1) \approx \rho \hat{C}_p V(T - T_1)$가 된다. 여기서 T와 V는 액체의 순간 온도

와 부피이다. 더욱이 액체에 더해지는 열의 속도 Q는 $Q = U_0A(T_s - T)$로 주어지며, 여기서 T_s는 수증기 온도, A는 순간적인 열전달 면적이다. 그러므로 식 15.5-1은

$$\rho\hat{C}_p \frac{d}{dt} V(T - T_1) = U_0A(T_s - T) \tag{15.5-2}$$

가 된다. $V(t)$와 $A(t)$에 대한 식은

$$V(t) = \frac{w_1}{\rho} t \qquad A(t) = \frac{V}{V_0} A_0 = \frac{w_1 t}{\rho V_0} A_0 \tag{15.5-3}$$

이고, V_0와 A_0는 탱크가 완전히 채워졌을 때의 부피와 열전달 면적이다. 그러므로 에너지 수지는

$$w_1\hat{C}_p t \frac{d}{dt}(T - T_1) + w_1\hat{C}_p(T - T_1) = \frac{w_1 t}{\rho V_0} U_0A_0(T_s - T) \tag{15.5-4}$$

가 되며, $t = 0$에서 $T = T_1$인 초기조건을 사용하여 풀 수 있다.

이 식을 무차원 형태로 하면 더 쉽게 풀 수 있다. 양변을 $w_1\hat{C}_p(T_s - T_1)$으로 나누면

$$t\frac{d}{dt}\left(\frac{T - T_1}{T_s - T_1}\right) + \left(\frac{T - T_1}{T_s - T_1}\right) = \frac{U_0A_0 t}{\rho\hat{C}_p V_0}\left(\frac{T_s - T}{T_s - T_1}\right) \tag{15.5-5}$$

를 얻으며, 이 식은 무차원 온도와 무차원 시간의 적절한 정의가

$$\Theta = \left(\frac{T - T_1}{T_s - T_1}\right) \text{ 이고, } \quad \tau = \frac{U_0A_0 t}{\rho\hat{C}_p V_0} \tag{15.5-6, 7}$$

임을 암시한다. 그런 다음 약간 재정리하면 식 15.5-5의 무차원 식은

$$\frac{d\Theta}{d\tau} + \left(1 + \frac{1}{\tau}\right)\Theta = 1 \tag{15.5-8}$$

이 되고, 초기조건은 $\tau = 0$에서 $\Theta = 0$이다.

이 일차 선형 미분방정식의 해는

$$\Theta = 1 - \frac{1 - Ce^{-\tau}}{\tau} \tag{15.5-9}$$

이고(식 C.1-2 참조), 적분 상수 C는 식 15.5-9에 τ를 먼저 곱한 다음 초기조건으로부터 얻을 수 있다. 이러한 방법으로 $C = 1$임을 알 수 있으므로 최종 해는

$$\Theta = 1 - \frac{1 - e^{-\tau}}{\tau} \tag{15.5-10}$$

이며, 이 함수는 그림 15.5-2에 도시되어 있다.

최종적으로, 탱크가 완전히 채워져 있을 때 탱크 내 액체의 온도 T_0는 $t = \rho V_0/w_1$(식 15.5-3으로부터) 또는 $\tau = U_0A_0/w_1\hat{C}_p$(식 15.5-7로부터)일 때 식 15.5-10으로 주어진다. 그러므로

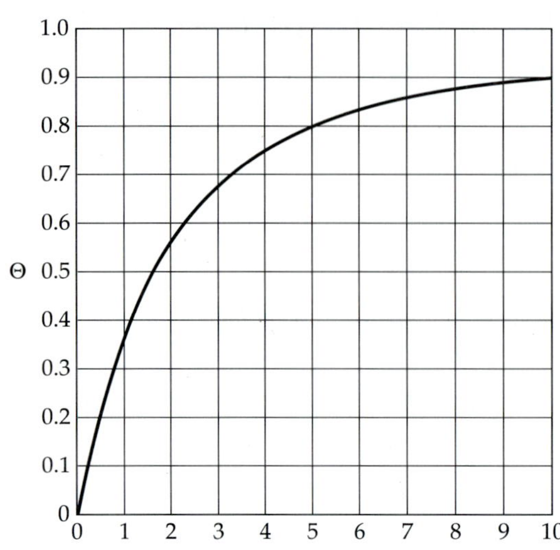

그림 15.5-2 식 15.5-10에 따른 무차원 온도 $\Theta = (T - T_1)/(T_s - T_1)$ 대 무차원 시간 $\tau = (U_0A_0/\rho \hat{C}_pV_0)t$의 그림. [W. R. Marshall and R. L. Pigford, *Application of Differential Equations to Chemical Engineering Problems*, University of Delaware Press, Newark, Del. (1947), p.18.]

원래 변수의 항으로 쓰면

$$\frac{T_0 - T_1}{T_s - T_1} = 1 - \frac{1 - \exp(-U_0A_0/w_1\hat{C}_p)}{U_0A_0/w_1\hat{C}_p} \tag{15.5-11}$$

이 된다. 이를 통해 최종 액체 온도는 이 문제에서는 2.74인 값을 갖는 무차원 군 $U_0A_0/w_1\hat{C}_p$에 의해 전적으로 결정된다. 이를 알면 식 15.5-11로부터 $(T_0 - T_1)/(T_s - T_1) = 0.659$임을 알 수 있으므로 $T_0 = 76$℃이다.

예제 15.5-2 간단한 온도 제어기의 운전

잘 단열된 교반 탱크가 그림 15.5-3에 도시되어 있다. 액체는 시간에 따라 변하는 온도 $T_1(t)$로 탱크에 들어오며, 탱크를 떠나는 유체의 온도를 $T_2(t)$로 제어하고자 한다. 교반이 충분히 잘 이루어져 탱크 내의 온도는 균일하며 유출 온도와 같다고 가정한다. 탱크 내 액체의 부피 V와 액체의 질량 유량 w는 모두 일정하다.

원하는 제어를 위해 탱크 내에 표면적이 A인 전기 가열 금속 코일을 설치하였으며, 온도 $T_2(t)$를 측정하기 위해 출구 흐름에 온도 감지 장치를 설치하였다. 이들 장치는 가열 코일에 $Q_e = b(T_{max} - T_2)$의 속도로 에너지를 공급하는 온도 제어기와 연결되어 있다. 여기서 T_{max}는 제어기가 작동하도록 설계된 최대 온도이며, b는 알고 있는 매개변수이고, 액체 온도 $T_2(t)$는 통상의 운전에서는 T_{max}보다는 항상 낮다고 가정한다. 가열 코일은 탱크 내의 액체에 $Q = UA(T_c - T_2)$의 속도로 에너지를 공급하며, U는 코일과 액체 사이의 총괄 열전달계수이고 T_c는 순간적인 코일의 온도로 균일하다고 한다.

시간이 $t = 0$이 될 때까지는 이 계는 액체의 유입 온도가 $T_1 = T_{10}$이고 유출 온도가 $T_2 = T_{20}$인 정상상태로 운전되고 있으며, 시간 $t = 0$에서 입구 흐름 온도가 갑자기 $T_1 = T_{1\infty}$로 증

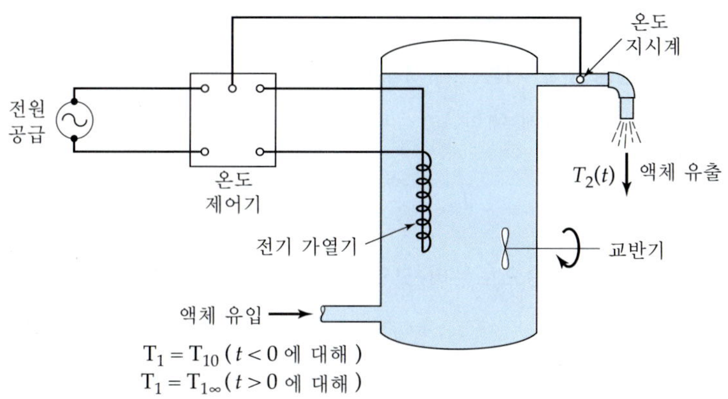

그림 15.5-3 온도 제어기를 갖는 교반 탱크

가하여 그대로 유지된다. 이 교란의 결과로 탱크 온도는 오르기 시작할 것이고, 출구 흐름에 있는 온도 지시계가 가열 코일에 공급되는 전력을 줄이기 위해 제어기에 신호를 보낼 것이며, 궁극적으로는 탱크 내 액체 온도는 새로운 정상상태의 값 $T_{2\infty}$를 갖게 될 것이다. 액체 온도 $T_2(t)$의 거동을 설명하고자 한다. 다양한 온도를 보여주는 정성적인 그림이 그림 15.5-4에 주어져 있다.

해 먼저 탱크 내의 액체와 가열 코일에 대한 비정상상태의 거시적 에너지 수지(표 15.5-1의 식 (E))를 쓴다.

(액체)
$$\rho \hat{C}_p V \frac{dT_2}{dt} = w\hat{C}_p(T_1 - T_2) + UA(T_c - T_2) \qquad (15.5\text{-}12)$$

(코일)
$$\rho_c \hat{C}_{pc} V_c \frac{dT_c}{dt} = b(T_{\max} - T_2) - UA(T_c - T_2) \qquad (15.5\text{-}13)$$

액체에 거시적 수지를 적용함에 있어 교반기로 입력되는 일률뿐만 아니라 운동에너지와 위

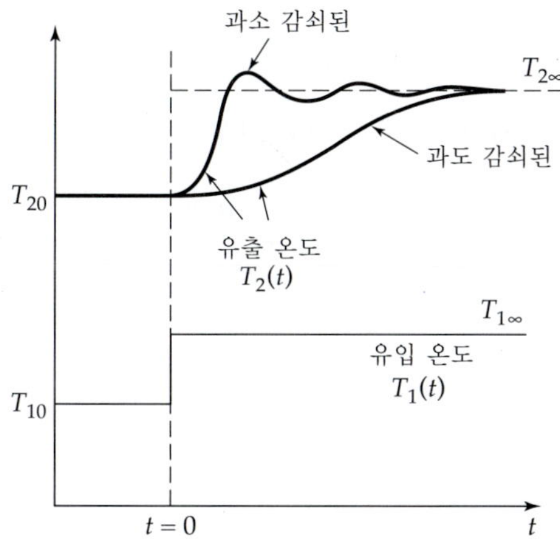

그림 15.5-4 시간 함수인 유입 및 유출 온도

치에너지 변화는 무시하였음에 주목하시오.

(a) $t \leq 0$에 대한 정상상태 거동. 식 15.5-12와 13의 시간 도함수를 0이라 두고 두 식을 더하면 $T_1 = T_{10}$일 때 $t \leq 0$에 대한

$$T_{20} = \frac{w\hat{C}_p T_{10} + bT_{\max}}{w\hat{C}_p + b} \tag{15.5.14}$$

를 얻는다. 그러면 식 15.5-13으로부터 코일의 초기 온도를 구할 수 있다.

$$T_{c0} = T_{20}\left(1 - \frac{b}{UA}\right) + \frac{bT_{\max}}{UA} \tag{15.5-15}$$

(b) $t \to \infty$ 에서의 정상상태 거동. $T_1 = T_{1\infty}$에서 유사한 조작을 수행하면

$$T_{2\infty} = \frac{w\hat{C}_p T_{1\infty} + bT_{\max}}{w\hat{C}_p + b} \tag{15.5-16}$$

과 코일의 최종 온도에 대한

$$T_{c\infty} = T_{2\infty}\left(1 - \frac{b}{UA}\right) + \frac{bT_{\max}}{UA} \tag{15.5-17}$$

을 얻는다.

(c) $t > 0$에서의 비정상상태 거동. $t \leq 0$과 $t \to \infty$에 대한 정상상태의 양들을 사용하여 무차원 변수들을 쉽게 정의할 수 있다.

$$\Theta_2 = \frac{T_2 - T_{2\infty}}{T_{20} - T_{2\infty}} = \text{무차원 액체 온도} \tag{15.5-18}$$

$$\Theta_c = \frac{T_c - T_{c\infty}}{T_{c0} - T_{c\infty}} = \text{무차원 코일 온도} \tag{15.5-19}$$

$$\tau = \frac{UAt}{\rho\hat{C}_p V} = \text{무차원 시간} \tag{15.5-20}$$

이에 더하여 세 개의 무차원 매개변수를 정의하고자 한다.

$$R = \rho\hat{C}_p V / \rho_c \hat{C}_{pc} V_c = \text{열용량 비} \tag{15.5-21}$$

$$F = w\hat{C}_p / UA = \text{유량 매개변수} \tag{15.5-22}$$

$$B = b/UA = \text{제어기 매개변수} \tag{15.5-23}$$

식 15.5-12와 13의 비정상상태 수지는 이들 양의 항으로(상당한 정리를 거쳐)

$$\frac{d\Theta_2}{d\tau} = -(1 + F)\Theta_2 + (1 - B)\Theta_c \tag{15.5-24}$$

$$\frac{d\Theta_c}{d\tau} = R(\Theta_2 - \Theta_c) \tag{15.5-25}$$

가 된다. 이 두 식에서 Θ_c를 소거하면 유출 액체 온도에 대한 한 개의 2차 선형 상미분방정식을 시간의 함수로 얻는다.

$$\frac{d^2\Theta_2}{d\tau^2} + (1 + R + F)\frac{d\Theta_2}{d\tau} + R(B + F)\Theta_2 = 0 \tag{15.5-26}$$

위 식은 식 7.7-21의 감쇠 마노미터에 대해 얻는 것(식 C.1-7 역시 참조)과 같은 형태를 가지며, 일반해는 식 7.7-23 또는 24의 형태가 된다.

$$\Theta_2 = C_+ \exp(m_+\tau) + C_- \exp(m_-\tau) \qquad (m_+ \neq m_-) \tag{15.5-27}$$

$$\Theta_2 = C_1 \exp m\tau + C_2\tau \exp m\tau \qquad (m_+ = m_- = m) \tag{15.5-28}$$

여기서

$$m_\pm = \tfrac{1}{2}[-(1 + R + F) \pm \sqrt{(1 + R + F)^2 - 4R(B + F)}] \tag{15.5-29}$$

이다. 따라서 예제 7.7-2와의 상사성에 의해 유체 유출 온도는 단조 증가 함수(과도 감쇠되는 또는 임계 감쇠되는) 또는 진동하는(과소 감쇠되는) 함수로 최종값에 접근할 것이다. 계의 매개변수가 매개변수 B, F와 R뿐만 아니라 무차원 시간 변수로 나타나므로, 특정계에서 온도가 진동하는지 여부를 결정하기 위해서는 수치 계산이 필요하다.

예제 15.5-3 양정 유량계를 통한 압축성 유체의 유동

예제 7.6-5의 전개를 오리피스 미터와 벤츄리 관을 통한 압축성 유체의 정상상태 유동에 대해 확장하시오.

해 그림 15.5-5에 도시된 두 유량계의 기준 평면 1과 2 사이의 정상상태의 질량 및 기계적 에너지 수지를 예제 7.6-5에서와 같이 씀으로써 시작한다. 압축성 유체에 대해 이들은

$$w = \rho_1\langle v_1\rangle S_1 = \rho_2\langle v_2\rangle S_2 \tag{15.5-30}$$

$$\frac{\langle v_2\rangle^2}{2\alpha_2} - \frac{\langle v_1\rangle^2}{2\alpha_1} + \int_1^2 \frac{1}{\rho}\,dp + \tfrac{1}{2}\langle v_2\rangle^2 e_v = 0 \tag{15.5-31}$$

과 같이 표현된다. 여기에 세제곱의 평균을 평균의 세제곱으로 대체하기 위해 양 $\alpha_i = \langle v_i\rangle^3/\langle v_i^3\rangle$가 포함된다.

다음 질량 유량에 대한 식을 얻기 위해 위의 두 식으로부터 $\langle v_1\rangle$과 $\langle v_2\rangle$를 소거한다.

$$w = \rho_2 S_2 \sqrt{\frac{-2\alpha_2 \int_1^2 (1/\rho)dp}{1 - (\alpha_2/\alpha_1)(\rho_2 S_2/\rho_1 S_1)^2 + \alpha_2 e_v}} \tag{15.5-32}$$

이제 예제 7.6-5의 가정 (i) $e_v = 0$, (ii) $\alpha_1 = 1$ 및 (iii) $\alpha_2 = (S_0/S_2)^2$을 반복 사용하면, 식

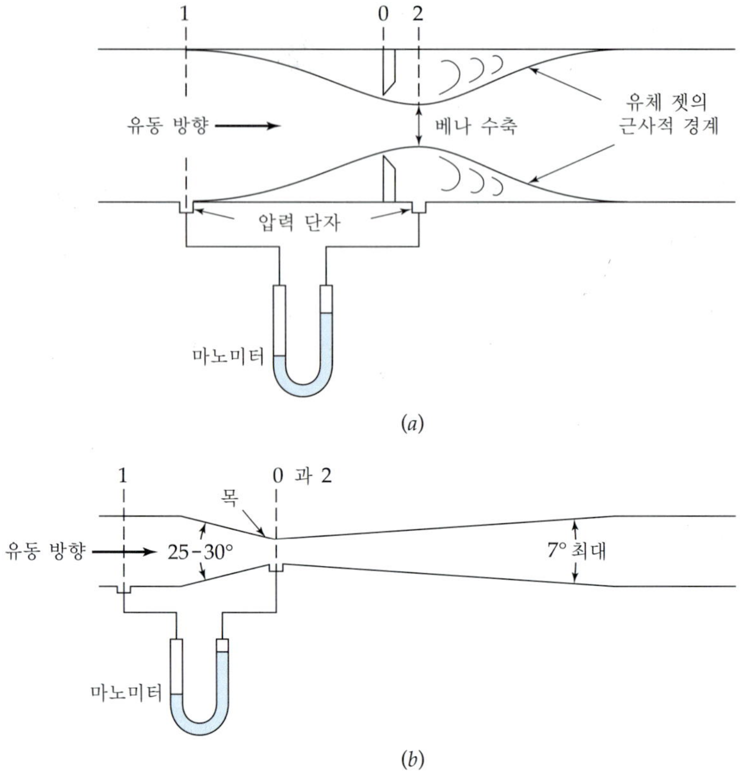

그림 15.5-5 (a) 오리피스 미터와 (b) 벤츄리 관의 사용에 의한 질량 유량의 측정

15.5-32는

$$w = C_d \rho_2 S_0 \sqrt{\frac{-2\int_1^2 (1/\rho)dp}{1 - (\rho_2 S_0/\rho_1 S_1)^2}} \tag{15.5-33}$$

이 된다. 경험적인 "방출 계수" C_d는 세 개의 가정에 의해 도입된 오차에 대해 이 식을 보정하기 위해 식에 포함되었으며 실험적으로 결정되어야만 한다.

벤츄리 미터의 경우, 평면 2를 미터의 최소 면적을 갖는 지점에 두는 것이 편리하므로 $S_2 = S_0$이다. 그러면 α_2는 거의 1이 되고, C_d는 압축성이나 비압축성 유체에서 거의 같다는 사실을 실험적으로 알 수 있으며 잘 설계된 벤츄리 미터에 대해서는 약 0.98이다. **오리피스 미터**의 경우 평면 2에서의 압축성 유체 흐름의 수축 정도가 비압축성 유체의 경우보다 다소 작은데 특히 높은 유속에서 더욱 그러하고, 다른 방출 계수[2]가 필요하다.

식 15.5-33을 사용하기 위해 유체의 밀도를 압력의 함수로 알아야 한다. 즉, 팽창 경로와 유체의 상태방정식을 모두 알아야 한다는 것이다. 대부분의 경우 받아들일 수 있는 가정으로 마찰이 없는 단열 거동이 주어진다. 이상기체의 경우 $p\rho^{-\gamma}$ = 일정으로 쓸 수 있으며, 여기서 $\gamma = C_p/C_V$이다(예제 15.2-5 참조). 그러면 식 15-5-33은

$$w = C_d \rho_2 S_0 \sqrt{\frac{2(p_1/\rho_1)[\gamma/(\gamma-1)][1-(p_2/p_1)^{(\gamma-1)/\gamma}]}{1-(S_0/S_1)^2(p_2/p_1)^{2/\gamma}}} \tag{15.5-34}$$

가 되며, 이 식은 질량 유량을 측정 가능한 양과 방출 계수의 함수로 나타내고 있다. 방출 계수 값들은 공학 핸드북에 나와 있다.[2]

예제 15.5-4 압축성 유체의 자유 회분 팽창

그림 15.5-6에 도시된 바와 같이 초기에 $T = T_0$, $p = p_0$ 및 $\rho = \rho_0$인 압축성 기체가 정지된 큰 단열 탱크로부터 작은 수렴 노즐을 통해 방출된다. 탱크 내에 부분적으로 잔류하는 유체의 질량 분율 ρ/ρ_0을 시간의 함수로 어떻게 구할 수 있는지 보이시오. 이상기체라 가정하고 실행식을 수립하시오.

해 편리하게 하기 위해 그림에 도시된 바와 같이 표면 1을 기준으로 탱크를 두 부분으로 나눈다. 표면 1은 탱크 출구에 충분히 가까워 본질적으로는 유체 질량의 모두가 표면 1의 좌측에 있지만, 출구로부터 충분히 멀어 표면 1을 통한 유체의 속도는 무시할 수 있다고 가정한다. 더욱이 표면 1의 좌측에 있는 평균 유체 물성은 표면 1에서의 값과 같다고 가정하며, 이제 계의 이 두 부분의 거동을 분리하여 생각한다.

(a) 탱크 내 유체의 총괄. 표면 1의 좌측 영역에 대해, 표 15.5-1의 식 (A)의 비정상상태 질량 수지는

$$\frac{d}{dt}(\rho_1 V) = -w_1 \tag{15.5-35}$$

이다. 동일 영역에 대해 표 15.5-1의 식 (E)의 에너지 수지는

$$\frac{d}{dt}(\rho_1 V(\hat{U}_1 + \hat{\Phi}_1)) = -w_1\left(\hat{U} + \frac{p_1}{\rho_1} + \hat{\Phi}_1\right) \tag{15.5-36}$$

이 된다. 여기서 V는 고려하는 계의 총 부피이고, w_1은 계를 떠나는 기체의 질량 유량이다.

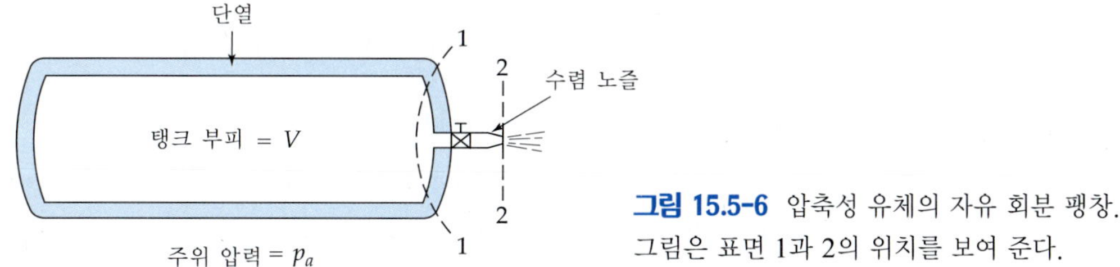

그림 15.5-6 압축성 유체의 자유 회분 팽창. 그림은 표면 1과 2의 위치를 보여 준다.

[2] R. H. Perry. D. W. Green, and J. O. Maloney, *Chemical Engineers' Handbook*, 7th edition, McGraw-Hill, New York (1997); 또 *Handbook of Fluid Dynamics and Fluid Machinery* (J. A. Schertz and A. E. Fuhs, eds.), Wiley, New York (1996)의 15장 참조.

이 식을 쓸 때 유체의 운동에너지는 무시하였다.

에너지 방정식의 양변에 질량 수지를 대입하면

$$\rho_1\left(\frac{d\hat{U}_1}{dt}+\frac{d\hat{\Phi}_1}{dt}\right)=\frac{p_1}{\rho_1}\frac{d\rho_1}{dt} \tag{15.5-37}$$

을 얻게 되며. 중력 이외의 외부 힘이 작용하지 않는 정지된 계에 대해서는 $d\hat{\Phi}_1/dt = 0$이므로 식 15.5-37은

$$\frac{d\hat{U}_1}{d\rho_1}=\frac{p_1}{\rho_1^2} \tag{15.5-38}$$

이 된다. 이 식은 $p_1(\rho_1)$와 $T_1(\rho_1)$를 구하기 위해 유체에 대한 열적 상태방정식과 열량적 상태방정식을 결합한 것이다. 따라서 결국 탱크 내 유체의 조건은 단지 탱크가 비워진 정도에만 의존하며 방출 속도에는 의존하지 않는다. $d\hat{U} = \hat{C}_V dT$이고 $p = \rho RT/M$인 일정한 $\hat{C}_V$를 갖는 이상기체의 특별한 경우에 대해 식 15.5-38을 적분하면

$$p_1\rho_1^{-\gamma}=p_0\rho_0^{-\gamma} \tag{15.5-39}$$

를 얻는다. 여기서 $\gamma = C_p/C_V$이고, 이 결과는 식 11.4-57로부터도 역시 구할 수 있다.

(b) 노즐을 통한 기체의 방출. 간단히 하기 위해 여기서 표면 1과 2 사이 유동은 둘 다 마찰이 없고 단열이라 가정한다. 또 w_1이 w_2와 크게 다르지 않으므로 어느 순간이든 유동은 준 정상상태로 생각하는 것이 적절하다. 따라서 둘째 항, 넷째 항과 다섯째 항이 생략된 식 15.2-2 형태의 거시적 기계적 에너지 수지를 사용할 수 있다. 즉

$$\tfrac{1}{2}v_2^2+\int_1^2\frac{1}{\rho}\,dp=0 \tag{15.5-40}$$

이다. 이상기체라 간주하였으므로 순간적인 방출 속도를 구하기 위해 식 15.5-34의 결과를 사용할 것이다. 이 문제에서 S_2/S_1 비가 아주 작고 이것의 제곱은 더 작으므로 식 15.5-34의 제곱근 부호 내의 분모를 1로 대체할 수 있다. 그런 다음 제곱근 부호 바깥의 ρ_2를 안쪽으로 이동하고 식 15.5-39를 적용하면

$$w_2=-V\frac{d\rho_1}{dt}=S_2\sqrt{2p_1\rho_1[\gamma/(\gamma-1)][(p_2/p_0)^{2/\gamma}-(p_2/p_0)^{(\gamma+1)/\gamma}]} \tag{15.5-41}$$

을 얻는다. 여기서 S_2는 노즐 개구부의 단면적이다.

이제 식 15.5-39를 사용하여 식 15.5-41로부터 p_1을 소거한다. 그러면 ρ_1에 대한 1차 미분방정식을 얻게 되며, 이를 적분하면

$$t=\frac{V/S_2}{\sqrt{2(p_0/\rho_0)[\gamma/(\gamma-1)]}}\int_{\rho_1/\rho_0}^{1}\frac{d(\bar{\rho}_1/\rho_0)}{\sqrt{(p_2/p_0)^{2/\gamma}(\bar{\rho}_1/\rho_0)^{\gamma-1}-(p_2/p_0)^{(\gamma+1)/\gamma}}} \tag{15.5-42}$$

를 얻게 된다. 이 식으로부터 임의로 주어진 원래 기체의 분율을 방출하기 위해 요구되는 시

간을 얻을 수 있다.

낮은 유량에서는 노즐 개구부에서의 압력 p_2가 주위 압력과 같게 된다. 그러나 식 15.5-41을 고찰해 보면 주위 압력이 감소하게 될 때 계산된 질량 유량은

$$r \equiv \left(\frac{p_2}{p_1}\right)_{\text{crit}} = \left(\frac{2}{\gamma + 1}\right)^{\gamma/(\gamma-1)} \tag{15.5-43}$$

의 임계 압력비에서 최대가 됨을 알 수 있다. 공기($\gamma = 1.4$)에 대해 이 임계 압력비는 0.53이다. 만약 주위 압력이 더 감소하게 되면 노즐 바로 안쪽의 압력은 식 15.5-43으로부터 계산된 p_2 값을 유지할 것이며, 질량 유량은 주위 압력 p_a에 무관하게 될 것이다. 이런 조건 하에서 방출 속도는

$$w_{\max} = S_2 \sqrt{p_1 \rho_1 \gamma \left(\frac{2}{\gamma + 1}\right)^{(\gamma+1)/(\gamma-1)}} \tag{15.5-44}$$

이다. 그러면 $p_a/p_1 < r$에 대해 식 15.5-42를 더 간단하게 쓸 수 있다.

$$t = \frac{V/S_2}{\sqrt{(p_0/\rho_0)\gamma(2/(\gamma+1))^{(\gamma+1)/(\gamma-1)}}} \int_{\rho_1/\rho_0}^{1} \frac{dx}{x^{(\gamma+1)/2}} \tag{15.5-45}$$

또는

$$t = \frac{V/S_2}{\sqrt{(\gamma R T_0/M)\,(2/(\gamma+1))^{(\gamma+1)/(\gamma-1)}}} \left(\frac{2}{\gamma - 1}\right)\left[1 - \left(\frac{\rho_1}{\rho_0}\right)^{(1-\gamma)/2}\right] \quad (p_a/p_1 < r) \tag{15.5-46}$$

만약 p_a/p_1가 초기에 r보다 작다면 식 15.5-46과 43은 둘 다 총 방출 시간을 계산하는데 유용할 것이다.

토의를 위한 질문

1. 다섯 개의 거시적 수지에서 각 항들의 물리적 의미를 설명하시오.
2. 변화방정식은 거시적 수지와 어떻게 연관되어 있는가?
3. 식 15.1-2의 괄호 안에 있는 네 개의 항 각각은 에너지의 형태를 나타내는가? 설명하시오.
4. 거시적 (총) 에너지 수지는 열역학 제 1법칙, $\Delta U = Q + W$와 어떻게 연관되어 있는가?
5. 평균값 $\langle v \rangle$와 $\langle v^3 \rangle$는 식 15.1-1에서 어떻게 나타나는지 설명하시오.
6. E_c와 E_v의 물리적 의미는 무엇인가? 어떤 부호를 갖는가? 속도분포와 어떤 관련이 있는가? 어떻게 계산할 수 있는가?
7. 내부에너지에 대한 거시적 수지는 어떻게 유도되는가?
8. 식 15.2-2로부터 정지 상태의 유체에 관한 어떤 정보를 얻을 수 있는가?

문제

15A.1. 이중관 열교환기의 열전달 속도.

(a) 예제 15.4-1의 열교환기를 표면 2에서 들어오는 뜨거운 기름이 표면 1에서 들어오는 물에 의해 냉각된다. 즉 열교환기는 **향류**로 운전된다. 만약 열전달계수 U가 200 Btu/hr·ft^2·F이고 유체 흐름이 다음 성질을 갖는다면 요구되는 열교환기 면적 A를 구하시오.

	질량 유량 (lb_m/hr)	열용량 (Btu/lb_m·F)	온도 유입 (°F)	온도 유출 (°F)
기름	10,000	0.60	200	100
물	5,000	1.00	60	—

(b) $U_1 = 50$이고 $U_2 = 350$ Btu/hr·ft^2·F라고 하고 (a)를 다시 계산하시오. U는 물의 온도에 따라 선형적으로 변한다고 가정하고 문제 15B.1 결과를 사용하시오.

(c) 원하는 기름의 온도 변화를 얻기 위해 (a)와 (b)에서 사용되는 물의 최소 질량 유량은 얼마인가? 병류일 경우 사용되는 물의 최소 질량 유량은 얼마인가?

(d) 물의 질량 유량이 15,500 lb_m/hr이고 U가 200 Btu/hr·ft^2·F라면 병류 운전을 위해 요구되는 열교환기 면적을 계산하시오.

답: **(a)** 104 ft^2; **(b)** 122 ft^2; **(c)** 4290 lb_m/hr, 15,000 lb_m/hr; **(d)** 약 101 ft^2

15A.2. 수송관 내의 천연가스의 단열 흐름.

만약 수송관 내의 유동이 등온이 아닌 단열이었다면 예제 15.4-2에서 요구되는 일률 $w\hat{W}$를 다시 계산하시오.

(a) 평면 2에서 기체의 밀도를 구하기 위해 문제 15B.3(d)의 결과를 사용하시오.

(b) 문제 15B.3(e)의 결과와 함께 당신의 답을 (a)에 사용하여 p_2를 구하시오.

(c) 예제 15.4-2와 같이 요구되는 일률을 계산하시오.

답: **(a)** 0.243 lb_m/ft^3; **(b)** 86 psia; **(c)** 504 hp

15A.3. 두 이상기체 흐름의 혼합.

(a) 예제 15.3-2에 설명하였던 것과 같은 장치 내에서 다음의 두 공기 흐름이 혼합될 때 그 결과로 나타나는 속도, 온도 및 압력을 계산하시오. 공기의 열용량 $\hat{C}_p$는 6.97 Btu/lb-mole·F로 일정하다고 하며, 두 흐름의 특성은 다음과 같다.

	w (lb_m/hr)	v (ft/s)	T (°F)	p (atm)
흐름 1a:	1000	1000	80	1.00
흐름 1b:	10,000	100	80	1.00

답: **(a)** 11,000 lb_m/hr; 약 110 ft/s; 86.5°F; 1.00 atm

(b) 유체의 밀도가 일정하다고 간주하면 계산된 속도는 얼마인가?

(c) (b)의 계산 결과를 기초로 하여 이 운전의 $\hat{E}_v$를 계산하시오.

답: **(b)** 109 ft/s; **(c)** 1.4×10^3 ft lb_f/ lb_m

15A.4. 벤츄리 관을 통한 유동. 3 in. 지름의 목 부분을 갖는 벤츄리 관이 건조한 공기를 수송하는 1 ft 지름의 원형관에 설치되어 있다. 벤츄리 미터의 방출 계수 C_d는 0.98이다. 70 °F 와 1 atm의 공기가 벤츄리로 들어오고 목의 압력이 0.75 atm이면 관 내 공기의 질량 유량을 계산하시오.

(a) $\gamma = 1.4$이고 마찰이 없는 단열 유동으로 가정.

(b) 등온 유동으로 가정.

(c) 유입 밀도의 비압축성 유동

답: **(a)** 2.07 lb_m/s; **(b)** 1.96 lb_m/s; **(c)** 2.43 lb_m/s

15A.5. 압축성 유체에서 자유 회분 팽창. 부피가 10 ft^3인 탱크(그림 15.5-6 참조)가 $T_0 = 300K$와 $p_0 = 100$ atm에서 공기($\gamma = 1.4$)로 채워져 있다고 한다. 시간 $t = 0$일 때 공기가 $S_2 = 0.1$ ft^2인 목 단면적을 갖는 수렴 노즐을 통하여 1 atm의 대기압으로 팽창할 수 있도록 밸브를 연다.

(a) 방출을 시작한 직후 노즐 목의 온도와 압력을 계산하시오.

(b) p_2가 최종값 1 atm에 도달할 때의 탱크 내 온도와 압력을 계산하시오.

(c) 계가 (*b*) 상태에 도달하려면 시간이 얼마 정도 걸리는가?

15A.6. 관 내 공기의 가열. 20 ft 길이의 수평관이 균일하게 둘러싸인 전기 가열장치에 의해 가열되고 있으며, 5°F와 40 psia인 건조 공기가 75 ft/s와 185 lb_m/hr의 속도로 들어오고 있다. 가열 장치는 단위 피트당 800 Btu/hr의 속도로 관에 열을 전달한다. 출구 압력이 15 psia라고 하면 관을 빠져나가는 공기 온도는 얼마인가? 공기는 난류와 이상기체 거동을 가정하고, 관심 범위의 공기에 대해 일정 압력에서의 열용량은 Btu/lb-mole·F로

$$\tilde{C}_p = 6.39 + (9.8 \times 10^{-4})T - (8.18 \times 10^{-8})T^2 \tag{15A.6-1}$$

이다. 여기서 T는 란킨 온도(R)로 표현된다.

답: $T_2 = 354$°F

15A.7. 간단한 이중관 열교환기의 운전. 간단한 이중관 열교환기 내에서 5400 lb_m/hr의 70°F인 찬 물 흐름이 8100 lb_m/hr의 200°F인 뜨거운 물에 의해 데워지고 있다. 찬 물은 내부 관을 통해 흐르며, 뜨거운 물은 관 사이의 원환 공간을 통해 흐르고 있다. 20 ft 길이의 열교환기 두 개와 모든 필요한 이음쇠가 주어져 있다.

(a) 가장 효율적인 열전달을 위해 두 개의 이중관 열교환기를 어떻게 연결하여야 하는지 그림을 그려 보이시오.

(b) (a)에서 결정된 배열에서 다음의 경우에 대해 찬 물 흐름의 출구 온도를 계산하시오.

(i) 내부 관의 내부 표면의 열전달 면적에 기초한 원환에 대한 열전달계수가 2000 Btu/hr·ft^2·F 이다.

(ii) 내부 관은 총 길이가 40 ft, 내부 지름이 0.0875 ft, 단위 피트당 열전달 면적이 0.2745 ft^2, 1 ft/s의 평균 속도에서의 용량이 1345 lb_m/hr이다.

(iii) 내부 관 내의 물의 평균 물성은 다음과 같다.

$\mu = 0.45 \text{ cp} = 1.09 \text{ lb}_m/\text{hr}\cdot\text{ft}$

$\hat{C}_p = 1.00 \text{ Btu/lb}_m\cdot\text{F}$

$k = 0.376 \text{ Btu/hr}\cdot\text{ft}\cdot\text{F}$

$\rho = 61.5 \text{ lb}_m/\text{ft}^3$

(iv) 관 벽과 벽에 붙어 있는 스케일의 결합된 저항은 내부 관의 내부 표면적에 기초를 둔 0.001 $\text{hr}\cdot\text{ft}^2\cdot\text{F/Btu}$이다.

(c) 열교환기의 온도분포를 그리시오.

답: (b) 136°F

15B.1. 가변 총괄 열전달계수를 갖는 이중관 열교환기. 총괄 열전달계수 U가 각 흐름의 온도에 따라 선형적으로 변한다고 하면, 예제 15.4-1에서 논의된 형태의 열교환기에서 전달되는 열의 양에 대한 식을 수립하시오.

(a) $T_h - T_c$는 T_h와 T_c 둘 다의 선형 함수이므로

$$\frac{U - U_1}{U_2 - U_1} = \frac{\Delta T - \Delta T_1}{\Delta T_2 - \Delta T_1} \tag{15B.1-1}$$

임을 보이시오. 여기서 $\Delta T = T_h - T_c$이고, 하첨자 1과 2는 대상 표면 1과 2에서의 조건을 의미한다.

(b) $T_h - T_c$에 대한 (a)의 결과를 식 15.4-12에 대입하고, 얻게 되는 식을 열교환기 길이에 걸쳐 적분하시오. 이 결과를 사용하여

$$Q = A\frac{U_1\Delta T_2 - U_2\Delta T_1}{\ln(U_1\Delta T_2/U_2\Delta T_1)} \tag{15B.1-2}$$

임을 보이시오.[1]

15B.2. 약간 수렴하는 관 내 난류의 압력 강하(그림 15B.2). 지름이

$$D = D_1 + (D_2 - D_1)\frac{z}{L} \tag{15B.2-1}$$

의 관계식에 의해 길이에 따라 선형적으로 변하는 원형관 내의 비압축성 유체의 난류를 생각하시오. $z = 0$에서 속도는 v_1이고 단면에 걸쳐 일정하다고 가정한다. 유동에 대한 Reynolds 수는 f가 식 6.2-12의 Blasius 공식

$$f = \frac{0.0791}{\text{Re}^{1/4}} \tag{15B.2-2}$$

에 의해 근사적으로 주어지는 것과 같다. 압력 강하 $p_1 - p_2$를 v_1, D_1, D_2, ρ, L과 $\nu = \mu/\rho$ 항으로 구하시오.

(a) 기계적 에너지 수지의 d–형태를 적분하여

$$\frac{1}{\rho}(p_1 - p_2) = \frac{1}{2}(v_2^2 - v_1^2) + 2\int_0^L \frac{v^2 f}{D}\,dz \tag{15B.2-3}$$

을 구하고, 이 식으로부터 v_2를 소거하시오.

---

[1] A. P. Colburn, *Ind. Eng. Chem.*, **25**, 873 (1933).

(b) v와 f가 둘 다 D의 함수임을 보이시오:

$$v = v_1\left(\frac{D_1}{D}\right)^2; \qquad f = \frac{0.0791}{(D_1 v_1/\nu)^{1/4}}\left(\frac{D}{D_1}\right)^{1/4} \tag{15B.2-4}$$

물론 D는 식 15B.2-1에 의하면 z의 함수이다.

(c) 식 15B.2-3의 적분 내 변수를 변환하고

$$\int_0^L \frac{v^2 f}{D}\,dz = \frac{L}{D_2 - D_1}\int_{D_1}^{D_2} \frac{v^2 f}{D}\,dD \tag{15B.2-5}$$

가 됨을 보이시오.

(d) (b)와 (c)의 결과를 결합하여 최종적으로

$$\frac{1}{\rho}(p_1 - p_2) = \frac{1}{2}v_1^2\left[\left(\frac{D_1}{D_2}\right)^4 - 1\right] + \frac{2Lv_1^2}{D_1 - D_2}\,\frac{\frac{4}{15}(0.0791)}{(D_1 v_1/\nu)^{1/4}}\left[\left(\frac{D_1}{D_2}\right)^{15/4} - 1\right] \tag{15B.2-6}$$

을 구하시오.

(e) $D_1 = D_2$에 대해 이 결과가 적절히 간결하게 되는 것을 보이시오.

15B.3. 일정한 단면의 도관 내 이상기체의 정상상태 유동.

(a) 균일한 지름 D를 갖는 원형 도관 내 임의의 유체의 수평 유동에 대해 기계적 에너지 수지의 $d-$형태, 식 15.4-1를

$$v\,dv + \frac{1}{\rho}\,dp + \tfrac{1}{2}v^2 de_v = 0 \tag{15B.3-1}$$

과 같이 쓸 수 있음을 보이시오. 여기서 $de_v = (4f/D)dL$이고, 평탄한 속도분포를 가정하시오.

(b) 식 15B.3-1을

$$v\,dv + d\left(\frac{p}{\rho}\right) + \left(\frac{p}{\rho^2}\right)d\rho + \tfrac{1}{2}v^2 de_v = 0 \tag{15B.3-2}$$

와 같이 다시 쓸 수 있음을 보이시오. 더욱이 $d-$형태의 질량 수지를 사용하면, 이상기체의 등온 유동에 대해 식 15B.3-2는

$$de_v = \frac{2RT}{M}\frac{dv}{v^3} - 2\frac{dv}{v} \tag{15B.3-3}$$

이 됨을 보이시오.

(c) 관의 총 길이 L을 둘러싸고 있는 임의의 두 개의 관 단면 1과 2 사이에서 식 15B.3-3을 적분하시오. 이상기체 상태방정식과 거시적 질량 수지를 사용하여 $v_2/v_1 = \rho_1/\rho_2 = p_1/p_2$임을 보이고 "질량 훌럭스" G가

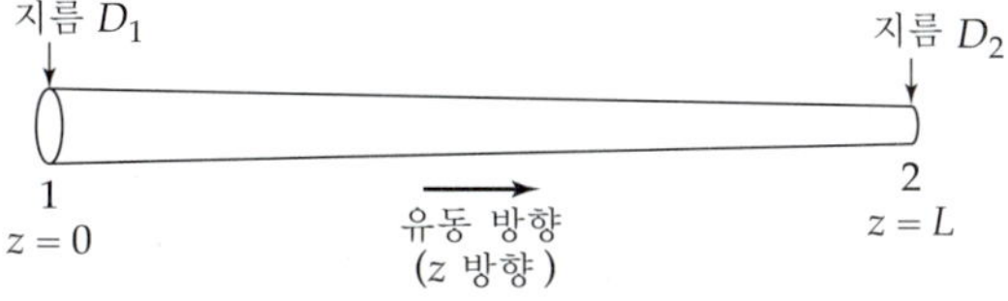

그림 15B.2 약간 가늘어지는 수평관 내의 난류 (D_1이 D_2보다 약간 더 크다).

$$G \equiv \rho_1 v_1 = \sqrt{\frac{\rho_1 p_1 (1-r)}{e_v - \ln r}} \quad \text{(이상기체의 등온 유동)} \tag{15B.3-4}$$

의 형태가 됨을 보이시오. 여기서 $r = (p_2/p_1)^2$이다. 임의로 주어진 e_v 값과 영역 1의 조건에 대해 양 G 가 $\ln r_c + (1 - r_c)/r_c = e_v$로 정의되는 r의 임계값에서 최대로 가능한 값에 도달됨을 보이시오. 또 문제 15B.4를 참조하시오.

(d) 일정한 단면을 갖는 수평 도관 내의 일정한 $\hat{C}_p$를 갖는 이상기체 **단열 유동**에 대해 총 에너지 수지의 d−형태(식 15.4-4)가

$$p\hat{V} + \left(\frac{\gamma - 1}{\gamma}\right)\tfrac{1}{2}v^2 = \text{일정} \tag{15B.3-5}$$

와 같이 간단히 됨을 보이시오. 여기서 $\gamma = C_p/C_V$이다. 이 결과를 식 15B.3-2와 결합하여

$$\frac{\gamma+1}{\gamma}\frac{dv}{v} - 2\left(\frac{p_1}{\rho_1} + \left(\frac{\gamma-1}{\gamma}\right)\tfrac{1}{2}v_1^2\right)\frac{dv}{v^3} = -de_v \tag{15B.3-6}$$

을 구하시오. γ가 일정하다고 가정하고 저항 e_v로 둘러싸인 영역 1과 2 사이에서 이 식을 적분하시오. 거시적 질량 수지의 도움으로 결과를 재정리하고 질량 훌럭스 G에 대한 다음 관계식를 구하시오.

$$G \equiv \rho_1 v_1 = \sqrt{\frac{\rho_1 p_1}{\dfrac{e_v - [(\gamma+1)/2\gamma]\ln s}{1-s} - \dfrac{\gamma-1}{2\gamma}}} \quad \text{(이상기체의 단열 유동)} \tag{15B.3-7}$$

여기서 $s = (\rho_2/\rho_1)^2$이다.

(e) 거시적 에너지 수지와 질량 수지를 사용하여 일정한 γ를 갖는 이상기체의 수평 단열 유동에 대해

$$\frac{p_2}{p_1} = \frac{\rho_2}{\rho_1}\left[1 + \frac{[1-(\rho_1/\rho_2)^2]G^2}{\rho_1 p_1}\left(\frac{\gamma-1}{2\gamma}\right)\right] \tag{15B.3-8}$$

임을 보이시오. 이 식과 식 15B.3-7을 결합하여 등온 흐름에서와 같이 최대로 가능한 질량 유량에 대응하는 임계 압력비 p_2/p_1가 존재함을 보이시오.

15B.4. 두 유체 흐름의 혼합에서 Mach 수.

(a) 식 15.5-13의 근호가 0일 때 최종 흐름의 Mach 수가 1임을 보이시오. Mach 수, Ma는 국부적인 조건에서 음속에 대한 국부적인 유체 속도의 비이며, 비인이상기체에 대해서는 $v/v_s = v/\sqrt{\gamma RT/M}$으로 쓰여짐에 주목하시오(문제 11C.1 참조).

(b) 갑자기 확장되는 도관 단면을 통해 흐르는 기체의 거동을 예측하기 위해 예제 15.3-2의 결과를 어떻게 사용할 것인지 보이시오.

15B.5. 벤츄리 미터에 대한 극한 방출 속도.

(a) 식 15.5-34(**단열 흐름**에 대해)로 시작하여, 벤츄리 미터 목의 압력이 감소하여 입구 압력에 대한 목의 압력비 $r = p_2/p_1$가

$$\frac{\gamma+1}{r^{2/\gamma}} - \frac{2}{r^{(\gamma+1)/\gamma}} - \frac{\gamma-1}{(S_1/S_2)^2} = 0 \tag{15B.5-1}$$

의 식에 의해 정의될 때 질량 유량이 최대로 됨을 보이시오.

(b) $S_1 >> S_0$에 대해 이들 극한 조건 하의 질량 유량은

$$w = C_d p_1 S_0 \sqrt{\frac{\gamma M}{RT_1}\left(\frac{2}{\gamma+1}\right)^{(\gamma+1)/(\gamma-1)}} \tag{15B.5-2}$$

임을 보이시오.

(c) 등온 유동에 대해 식 15B.5-1과 2에 상사한 결과를 얻으시오.

15B.6. 발산-수렴 노즐을 통한 압축성 유체의 유동(그림 15B.6). 증기터빈이나 로켓 같은 많은 응용에 있어 기체 엔탈피를 운동에너지로 변환하기 위해 압축된 뜨거운 기체가 아래 그림에 도시된 종류의 노즐을 통해 팽창된다. 이 조작은 오리피스를 통한 기체 유동과 유사한 수많은 방법 중의 하나이다. 그러나 여기서는 팽창의 목적이 예를 들면 로켓 엔진과 같이 빠르게 움직이는 유체가 터빈 날개 위에 충돌하거나 직접적인 추진력에 의해 동력을 생산하기 위한 것이다.

이와 같은 계의 거동을 설명하기 위해, 또 묘사한 노즐의 일반적인 형상을 정당화하기 위해 이상기체의 팽창 경로를 따르시오. 기체는 초기에 대단히 큰 저장조 내에서 반드시 0인 속도로 있으며, 마찰이 없는 노즐을 통해 0인 압력까지 팽창한다고 가정한다. 더욱이 평탄한 속도분포를 가정하며, 높이 변화는 무시한다.

(a) 평면 1과 2 사이에 거시적 기계적 에너지 수지 또는 총 에너지 수지를 씀으로써

$$\tfrac{1}{2}v_2^2 = \frac{RT_1}{M}\frac{\gamma}{\gamma-1}\left[1-\left(\frac{p_2}{p_1}\right)^{(\gamma-1)/\gamma}\right] \tag{15B.6-1}$$

임을 보이시오.

(b) 이상기체 법칙, 정상상태의 거시적 질량 수지 및 식 15B.6-1을 사용하여 팽창 흐름의 단면 S가 임계 압력

$$p_{2,\text{crit}} = p_1\left(\frac{2}{\gamma+1}\right)^{\gamma/(\gamma-1)} \tag{15B.6-2}$$

에서 최소가 됨을 보이시오

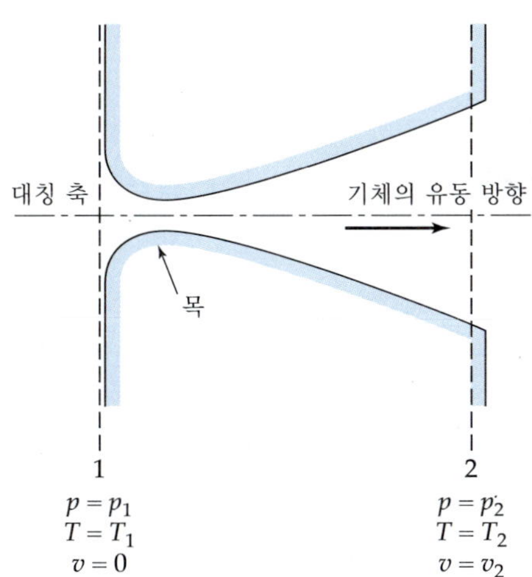

그림 15B.6 발산-수렴 노즐의 개략적인 단면

(c) 이 최소 단면에서 유체의 Mach 수, Ma = $v_2/v_s(T_2)$가 1이 됨을 보이시오(저 주파수 음파에 대한 v_s는 문제 11C.1에서 유도된다). 위의 (a) 결과와 문제 15B.5의 결과를 비교하면 어떻는가?

(d) 560°R과 10 atm으로부터 0인 압력까지 초당 10 lb-moles의 공기 방출에 대해 유체 속도 v, 유체 온도 T와 흐름 단면 S를 국부 압력 p의 함수로 계산하시오.

답:

p, atm	10	9	8	7	6	5.28	5	4	3	2	1	0
v, ft sec^{-1}	0	449	645	807	956	1058	1099	1245	1398	1574	1798	2591
T, °R	560	543	525	506	484	466	459	431	397	353	290	0
S, ft^2	∞	0.977	0.739	0.650	0.613	0.606	0.607	0.628	0.688	0.816	1.171	∞

15B.7. 크로마토그래피 기기의 열적 과도 거동(그림 15B.7). 당신은 여러가지 일들 중에서 기체 크로마토그래피 내의 열적 과도 현상을 실험하는 것의 산업적 중요성을 자문하는 상담역이다. 직원 중 한 명이 유명한 연구자의 연구물 사본을 가져와 지금 자신이 이 연구자의 몇 가지 새로운 접근법을 적용하려고 하는데 현재 열전달 문제에서 헤메고 있다고 한다. 이 문제는 단지 주된 연구의 보조적인 것이긴 하지만, 그의 데이터 해석과 새로운 이론의 적용을 위해서는 꼭 이해되어야 하는 부분이다.

아주 작은 크로마토그래피 컬럼이 코일 내부에 있고, 코일은 온도를 조절하기 위해 불어 내는 기체가 통과해 흐르는 관 내에 번갈아 삽입되어 있다(그림 15B.7a 참조). 기체 온도를 $T_g(t)$라 하고, 코일

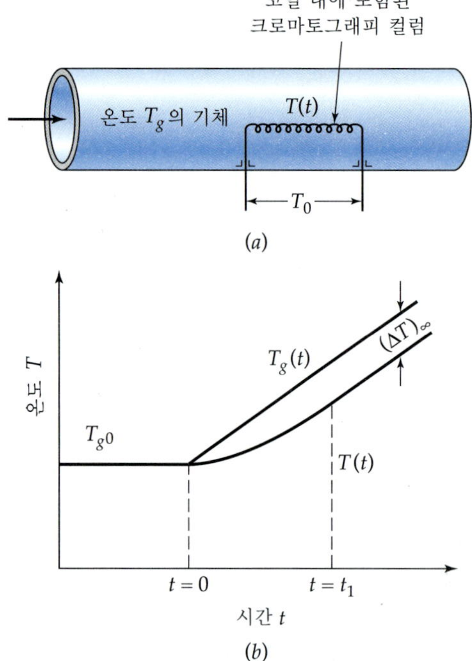

그림 15B.7 (a) 크로마토그래피 기기; (b) 크로마토그래피 계의 온도 응답

끝부분(관 외부)의 온도는 T_g의 초기값과 크게 다르지 않는 T_0이며, 크로마토그래피 컬럼 내부(코일 내부)의 실제 온도를 $T(t)$라 한다. 초기에 기체와 코일 온도는 둘 다 T_{g0}이다. $t=0$인 초기에 기체 온도는

$$T_g(t) = T_{g0}\left(1 + \frac{t}{t_0}\right) \tag{15B.7-1}$$

의 식에 따라 선형적으로 증가한다. 여기서 t_0은 시간 차원의 알려진 상수이다.

실험실 사람들이 컬럼 내부에 열전대를 삽입하여 그림 15B.7(b)와 같은 온도 곡선을 얻었다고 당신에게 말하였다. 큰 t에 대해 $T(t)$ 곡선은 $T_g(t)$ 곡선과 평행하게 되는 것처럼 보인다. 위의 두 곡선을 어떤 이론을 가지고 설명하기를 당신에게 요청하였으며, 특히 다음을 알고 싶어 하였다.

(a) 임의의 시간 t에서 $T_g - T$는 얼마인가?

(b) $t \to \infty$일 때 $T_g - T$의 극한값은 얼마인가? 이 값을 $(\Delta T)_\infty$라 하자.

(c) $(\Delta T)_\infty$가 1% 이내에 들어오는 $T_g - T$에 대해 요구되는 시간 간격 t_1은 얼마인가?

(d) 계를 모델화하기 위해 어떤 가정들이 수립되어야 하는가?

(e) $(\Delta T)_\infty$의 측정값과 이론값을 비교하기 위해 어떤 물리적 상수, 물성 등등을 알아야 하는가?

온도 곡선을 설명하기 위한 가장 간단한 이론을 고안하고, 위의 다섯 가지 질문에 답하시오.

15B.8. 교반 탱크 내 슬러리의 연속 가열(그림 15B.8). 잘 교반되는 가열 탱크를 통해 슬러리가 펌핑되면서 가열되고 있으며, 슬러리의 유입 온도는 T_i이고 수증기 코일의 외부 표면 온도는 T_s이다. 다음 기호를 사용하시오.

V = 탱크 내 슬러리 부피

$\rho, \hat{C}_p$ = 슬러리의 밀도와 열용량

w = 탱크를 통한 슬러리의 질량 유량

U = 가열 코일의 총괄 열전달계수

A = 코일의 총 열전달 면적

교반은 충분히 이루어져 탱크 내 유체의 온도는 균일하며, 유출 유체의 온도와 같다고 가정한다.

(a) 에너지 수지에 의해, 슬러리 온도 $T(t)$가

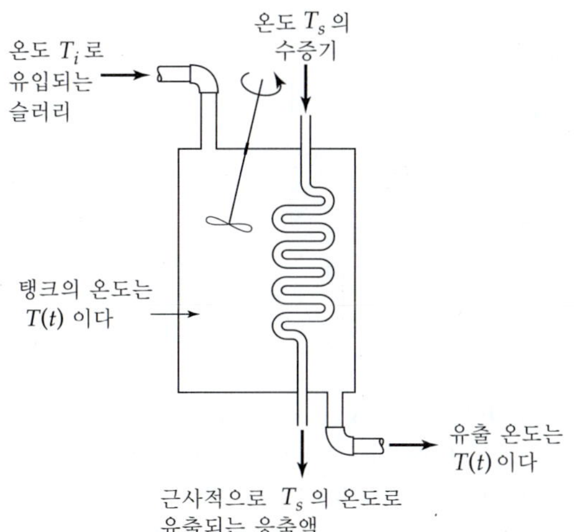

그림 15B.8 교반 탱크 내 슬러리의 가열

$$\frac{dT}{dt} = \left(\frac{UA}{\rho \hat{C}_p V}\right)(T_s - T) - \left(\frac{w}{\rho V}\right)(T - T_i) \qquad (15B.8\text{-}1)$$

의 미분방정식으로 표현됨을 보이시오. 변수 t는 가열을 시작한 후의 시간이다.

(b) 이 미분방정식을

$$\tau = \frac{wt}{\rho V} \qquad \Theta = \frac{T - T_\infty}{T_i - T_\infty} \qquad (15B.8\text{-}2, 3)$$

의 무차원 변수 항으로 다시 쓰시오. 여기서

$$T_\infty = \frac{(UA/w\hat{C}_p)T_s + T_i}{(UA/w\hat{C}_p) + 1} \qquad (15B.8\text{-}4)$$

이다. τ, Θ와 T_∞의 물리적 의미는 무엇인가?

(c) $t = 0$에서 $T = T_i$인 초기조건에 대해 (b)에서 얻어진 무차원 방정식을 푸시오.

(d) 해가 미분방정식과 초기조건을 만족하는지 확인하시오. 긴 시간에서는 계가 어떻게 거동하는가? 이러한 극한 거동이 당신의 직감에 부합하는가?

(e) 무한대 시간에서의 온도는 유량에 어떻게 영향을 받는가? 이것은 타당한가?

답: **(c)** $\dfrac{T - T_\infty}{T_i - T_\infty} = \exp\left[-\left(\dfrac{UA}{\rho \hat{C}_p V} + \dfrac{w}{\rho V}\right)t\right]$

15C.1. **병류-항류 열교환기**(그림 15C.1). 다음 그림에 도시된 바와 같은 열교환기에서 "관 유체"(유체 A)는 열교환기의 같은 끝에서 들어오고 나가지만, "쉘 유체"(유체 B)는 항상 동일한 방향으로 움직인다. 그러므로 동일한 열교환기 내에 병류와 항류가 둘 다 존재한다. 이 유동 배열은 "혼합 유동"의 가장 간단한 예로 열교환기의 길이를 줄이기 위해 실제로 종종 사용된다.[2] 이런 종류의 장치의 거동은 다음과

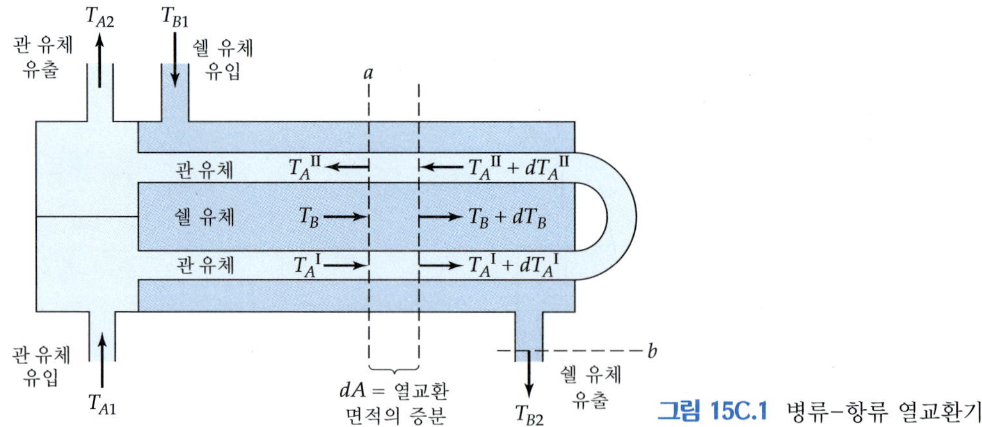

그림 15C.1 병류-항류 열교환기

[2] D. Q. Kern, *Process Heat Transfer*, McGraw-Hill, New York (1950), pp. 127-189; J. H. Perry, *Chemical Engineer's Handbook*, 3rd edition, McGraw-Hill, New York, (1950), pp. 464-465; W. M. Rohsenow, J. P. Hartnett, and Y. I. Cho, *Handbook of Heat Transfer*, 3rd edition, McGraw-Hill, New York (1998), 17장; S. Whitaker, *Fundamentals of Heat Transfer*, corrected edition, Krieger Publishing Company, Malabar, Fla., (1983), 11장 참조.

같은 가정을 수립함으로써 간단히 해석할 수 있다.

(i) 정상상태 조건이 존재한다.

(ii) 총괄 열전달계수 U와 두 유체의 열용량은 일정하다.

(iii) 쉘 유체의 온도 T_B는 유동 방향에 수직인 임의의 단면에 걸쳐 일정하다.

(iv) 각 관 유체 "통로", 즉 그림에서 흐름 I과 II에 대해 동일한 가열 면적을 갖는다.

(a) 평면 a와 b 사이 계의 부분에 걸친 에너지 수지에 의해

$$T_B - T_{B2} = R(T_A^{\mathrm{II}} - T_A^{\mathrm{I}}) \quad \text{여기서} \quad R = |w_A\hat{C}_{pA}/w_B\hat{C}_{pB}| \tag{15C.1-1}$$

임을 보이시오.

(b) 전체 열교환기 표면 dA를 포함하는 열교환기의 미분 영역에 걸쳐

$$\frac{dT_A^{\mathrm{I}}}{d\alpha} = \frac{1}{2}(T_B - T_A^{\mathrm{I}}) \tag{15C.1-2}$$

$$\frac{dT_A^{\mathrm{II}}}{d\alpha} = \frac{1}{2}(T_A^{\mathrm{II}} - T_B) \tag{15C.1-3}$$

$$\frac{1}{R}\frac{dT_B}{d\alpha} = -\left[T_B - \frac{1}{2}(T_A^{\mathrm{I}} + T_A^{\mathrm{II}})\right] \tag{15C.1-4}$$

임을 보이시오. 여기서 $d\alpha = (U/w_A\hat{C}_{pA})dA$이고, w_A와 $\hat{C}_{pA}$는 예제 15.4-1과 같이 정의된다.

(c) 이들 세 식에서 T_A^{I}와 T_A^{II}를 소거하면, 쉘 유체에 대한 미분방정식

$$\frac{d^2\Theta}{d\alpha^2} + R\frac{d\Theta}{d\alpha} - \frac{1}{4}\Theta = 0 \tag{15C.1-5}$$

를 얻을 수 있다. 여기서 $\Theta(\alpha) = (T_B - T_{B2})/(T_{B1} - T_{B2})$이다. 이 식(식 C.1-7 참조)을 다음 경계조건을 사용하여 푸시오.

경계조건 1: $\alpha = 0$ 에서, $\Theta = 1$ (15C.1-6)

경계조건 2: $\alpha = (UA_T/w_A\hat{C}_{pA})$ 에서, $\Theta = 0$ (15C.1-7)

여기서 A_T는 열교환기의 전체 열전달 면적이다.

(d) (c)의 결과를 사용하여 $dT_B/d\alpha$에 관한 식을 구하시오. 식 15C.1-4를 이용하여 이 식에서 $dT_B/d\alpha$를 소거하고, 열교환기의 성능에 대한 다음 관계식을 얻기 위해, $\alpha = 0$에서 결과식을 계산하시오.

$$\alpha_T = \frac{UA_T}{w_A\hat{C}_{pA}} = \frac{1}{\sqrt{R^2+1}}\ln\left[\frac{2 - \Psi(R + 1 - \sqrt{R^2+1})}{2 - \Psi(R + 1 + \sqrt{R^2+1})}\right] \tag{15C.1-8}$$

여기서 $\Psi = (T_{A2} - T_{A1})/(T_{B1} - T_{A1})$이다.

(e) 이 결과를 사용하여 열교환기의 열전달 속도에 대한 다음 식을 구하시오.

$$Q = UA(\Delta T)_{\ln} \cdot Y \tag{15C.1-9}$$

여기서

$$(\Delta T)_{\ln} = \frac{(T_{B1} - T_{A2}) - (T_{B2} - T_{A1})}{\ln[(T_{B1} - T_{A2})/(T_{B2} - T_{A1})]} \tag{15C.1-10}$$

$$Y = \frac{\sqrt{R^2+1}\ \ln[(1-\Psi)/(1-R\Psi)]}{(R-1)\ln\left[\dfrac{2-\Psi(R+1-\sqrt{R^2+1})}{2-\Psi(R+1+\sqrt{R^2+1})}\right]} \tag{15C.1-11}$$

이다. 양 Y는 동일한 열교환 면적과 동일한 종말 유체 온도를 갖는 순전한 향류 열교환기에서 전달되는 열에 대한 "1-2 병류-향류 열교환기" 내에서 전달되는 열의 비이다. $Y(R, \Psi)$ 값은 Perry 핸드북에 도식적으로 주어져 있으며,[2] 그 값은 항상 1보다 작은 것을 알 수 있다.

15C.2. **거대한 탱크로부터 공기 배출.** 지름이 2.067 in.이고 상당 길이가 55 ft인 새로운 금속 관을 통해 거대한 탱크로부터 5 lb_m/s의 속도로 공기를 배출하고자 한다. 공기가 관 내로 들어올 때 갑작스런 유로 수축이 일어나며, 이에 따른 수축 손실은 관의 상당 길이에 포함되어 있지 않다. 만약 탱크의 공기가 150 psig와 70°F이고, 관 하류 끝 부분의 압력이 50 psig이라고 하면, 원하는 공기 유량을 얻을 수 있는가?

갑작스러운 유로 수축 효과는 $e_v = 0.5$(표 7.5-1 참조)인 영역이 계속되는 관의 단면과 같은 단면으로 수렴하는 이상적인 노즐로 이루어진 입구를 생각함으로써 상당히 정확하게 계산될 수 있을 것이다. 노즐의 거동은 단면적 S_1이 무한대이고 C_d가 1이라 가정함으로써 식 15.5-34로부터 결정할 수 있다.

답: 그렇다. **등온** 유동이라 가정하면(문제 15B.3 참조) 계산된 배출 유량은 약 6 lb_m/s이고, **단열** 유동을 가정하면 배출 유량은 약 6.3 lb_m/s이다. 70°F인 대기 온도에 대해 실제 유량은 이들 극한 사이에 있어야 한다.

15C.3. **정체 온도**(그림 15C.3). 그림에서 보는 바와 같이 "온도 탐침기 전체"가 v_1의 속도로 흐르고 있는 온도 T_1인 이상기체의 정상상태 흐름 내에 주입되어 있다. 움직이는 기체의 일부분이 탐침기의 열린 끝 부분으로 들어와 배출 구멍으로 천천히 새어나가기 전에 거의 0인 속도로까지 감속하게 된다. 이와 같은 감속은 온도의 상승을 초래하고, 열전대에 의해 측정된다. 감속이 매우 빠르게 일어나므로 거의 단열이다.

(a) 식 15.1-3의 정상상태 거시적 에너지 수지를 사용하여, 열전대로 측정되는 온도에 대한 식을 T_1과 v_1의 항으로 수립하시오. 탐침기로 들어오는 유체의 대표적인 흐름을 계로 사용하고 조건이 탐침기에 의해 영향을 받지 않는 충분히 먼 상류의 기준 평면 1과 탐침기 자체 내의 기준 평면 2를 그리시오. 평면 2에서 속도는 0으로 가정하고, 복사는 무시하며 기준 평면 사이를 유체가 흘러갈 때 유체로부터의 열전도는 무시하시오.

(b) 배출 구멍의 함수는 무엇인가?

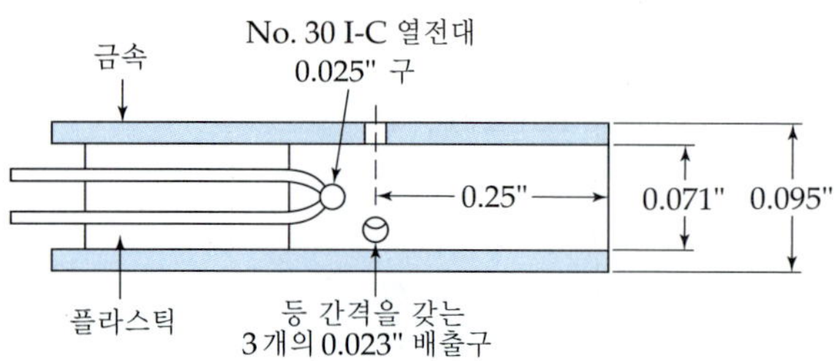

그림 15.C.3 온도 탐침기 전체 [H. C. Hottel and A. Kalitinsky, *J. Appl. Mech.*, **12**, A25 (1945).]

답: **(a)** $T_2 - T_1 = v_1^2/2\hat{C}_p$. 이 식에 의하면 잘 설계된 탐침기에서는 약 2% 범위 내의 온도 상승이 일어난다.

15D.1. 거시적 엔트로피 수지.

(a) 그림 7.0-1의 유동계에 걸쳐 엔트로피에 대한 변화방정식(식 11D.1-3)을 적분하면

$$\frac{d}{dt}S_{\text{tot}} = -\Delta\left(\hat{S} + \frac{q}{\rho v T}\right)w + g_{S,\text{tot}} + Q_S \tag{15D.1-1}$$

이 유도됨을 보이시오. 여기서

$$S_{\text{tot}} = \int_V \rho\hat{S}dV \tag{15D.1-2}$$

$$g_{S,\text{tot}} = -\int_V \frac{1}{T}((\mathbf{q}\cdot\nabla\ln T) + (\boldsymbol{\tau}:\nabla\mathbf{v}))dV \tag{15D.1-3}$$

이다.

(b) (a)의 항들을 설명하시오.

(c) 응력 텐서를 포함하는 $g_{s,\text{tot}}$ 내의 항은 점성 발열에 의한 에너지 소산과 같은가?

15D.2. 거시적 에너지 수지의 유도. 움직이는 부분 때문에 시간의 함수인 유동계의 전체 부피 V에 걸쳐 표 11.4-1의 식 (N)을 어떻게 적분할 것인지 보이시오. 그리고 Gauss 다이버전스 이론과 적분의 미분에 관한 Leibniz 공식의 도움을 받아 이 식으로 부터 식 15.1-2의 거시적 총 에너지 수지가 얻어짐을 보이시오. 유도할 때 어떤 가정이 사용되었는가? W_m은 어떻게 해석되어야 하는가? (힌트: 7.8절의 거시적 기계적 에너지 수지의 유도 과정을 공부하면 이 문제를 해결할 수 있는 몇몇 착상을 얻을 수 있을 것이다.)

15D.3. 열교환 기기의 작동(그림 15D.3). 뜨거운 유체가 $z = 0$인 위치에서 반지름이 R_1인 원형관을 들어와 관을 빠져 나가는 $z = L$인 위치까지 양의 z방향으로 움직이며, 원환 공간 내 관 외부를 따라 다시 돌아서 흐른다. 관 내의 유체와 원환 공간 내의 유체 사이에는 열이 교환되며, 또 열은 원환 공간에서 대기 온도가 T_a(일정)인 외부 공기로 손실이 일어난다. 밀도와 열용량은 일정하다고 가정하고, 다음 기호들

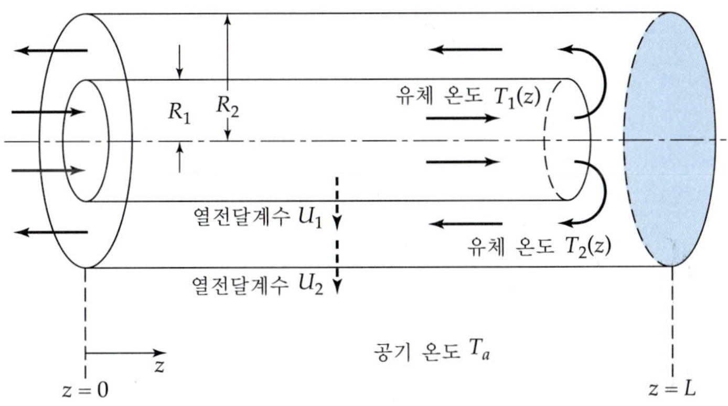

그림 15D.3 열교환 기기.

을 사용하시오.

U_1 = 관 내 유체와 원환 공간 내 유체 사이의 총괄 열전달계수

U_2 = 원환 내의 유체와 온도가 T_a인 공기 사이의 총괄 열전달계수

$T_1(z)$ = 관 내 유체 온도

$T_2(z)$ = 원환 공간 내 유체 온도

w = 계를 통한 질량 유량(일정)

만약 유체가 유입 온도 T_i로 들어온다면, 유출 온도 T_o는 얼마인가? $\Theta_1 = (T_1 - T_a)/(T_i - T_a)$, $N_1 = 2\pi R_1 U_1 L/w\hat{C}_p$와 $\zeta = z/L$의 무차원 양을 사용하시오.

15D.4. 움직이는 탱크로부터 기체의 배출(그림15.5-6). 예제 15.5-4의 식 15.5-38은 $d\hat{\Phi}/dt$를 0으로 둠으로써 구할 수 있었으며, 탱크가 단지 정지되어 있는 경우에만 이 과정이 타당하였다. 그럼에도 불구하고 식 15.5-38은 움직이는 탱크에 대해서도 타당한 것이 사실이다. 이는 다음과 같이 증명할 수 있다.

(a) 표면 1의 왼쪽 영역에서 유체와 탱크의 상대 속도보다 훨씬 큰 속도 **v**로 움직이고 있는 그림 15.5-6에 도시된 것과 같은 탱크를 생각하시오. 이 영역에 대한 거시적 운동량 수지는

$$-\left(\mathbf{F}_{f\to s} + \mathbf{u}_2 \int_{S_1} p_2 dS\right) = m_{\text{tot}}\left(\frac{d\mathbf{v}}{dt} - \mathbf{g}\right) \tag{15D.4-1}$$

이 됨을 보이시오. 여기서 유체의 속도는 균일하다고 가정하며, **v**와 같다고 한다. 그런 다음 식 15D.4-1의 양변에 **v**로 점곱을 하여,

$$W_m = m_{\text{tot}}\left(\frac{d\hat{K}}{dt} + \frac{d\hat{\Phi}}{dt}\right) \tag{15D.4-2}$$

를 얻으시오, 여기서 $\partial\hat{\Phi}/\partial t$는 무시한다.

(b) 이 결과를 거시적 에너지 수지에 대입하고, 예제 15.5-4과 같이 풀이를 계속하시오.

15D.5. 고전 Bernoulli 방정식. 기계적 에너지 수지는 운동량 보존의 결과인 반면, 총 에너지 수지는 에너지 보존의 결과이므로, 기계적 에너지 수지와 총 에너지 수지는 각각 다른 정보를 포함한다는 것을 식 15.2-5의 아래에서 강조한 바 있다.

전달 물성이 0인 압축성 유체의 정상상태 유동에 대해 두 수지는 모두 고전적 Bernoulli 방정식을 유도한다. 운동방정식에 기초를 둔 유도는 예제 3.5-1에 주어져 있다. 전달 물성이 0, 즉 등엔트로피 유동이라 가정하고 정상상태의 에너지 방정식에 대해 유사한 유도를 수행하시오.[3]

[3] R. B. Bird and M. D. Graham, in *Handbook of Fluid Dynamics* (R. W. Johnson, ed.), CRC Press, Boca Raton, Fla. (1998), p. **3**-13.

Chapter

16 복사에 의한 에너지 전달

I부 끝에서 점도에 대한 Newton 법칙으로는 설명할 수 없는 비선형적이며 시간 의존식으로 표현되는 다양한 종류의 유체에 대해 다루었던 것과 마찬가지로 Fourier 법칙으로 설명할 수 없는 복사에 의한 에너지 전달을 II부 끝에서 간략하게 다루고자 한다.

9장에서부터 15장까지는 전도와 대류에 의한 에너지 전달을 다루었는데, 이 두 양상의 에너지 전달은 물질 매체가 존재하는 조건에서만 일어난다. 즉 **열 전도**가 일어나기 위해서는 이웃한 점들 사이에 온도차가 반드시 있어야 하며, **열 대류**가 일어나기 위해서는 자유롭게 움직일 수 있는 유체가 있어야 하고 그 유체와 함께 열전달이 일어나야 한다. 이 장에서는 에너지 전달의 세 번째 메커니즘, 즉 **복사**에 관심을 돌리고자 한다. 복사는 물체가 존재하지 않는 공간 영역을 통해 광속으로 에너지가 전달되는 전자기 메커니즘에 기초를 두고 있다. 진공에 놓여 있는 두 흑체 사이의 에너지 전달 속도는 절대 온도의 4 제곱의 차에 비례하며, 이 에너지 전달 메커니즘은 책의 어디에서나 다루고 있는 세 가지 전달 메커니즘, 즉 속도 구배에 비례하는 뉴튼 유체에 관한 운동량 전달, 온도 구배에 비례하는 열 전도에 의한 에너지 전달, 농도 구배에 비례하는 확산에 의한 물질전달과는 정성적으로 상당히 다르다. 전달 수단으로서 복사의 독특함 때문에 또 산업적 계산에서 복사 열전달의 중요성 때문에 이 주제를 장을 분리하여 다루고자 한다.

복사 전달의 물리학을 완전히 이해하기 위해서는 여러가지 다른 규율[1,2]들을 사용해야 한다: 복사의 본질적인 파장과 같은 본성, 특히 에너지와 압력이 전자기파와 결합되어 있다는 것을 표현하기 위해서는 전자기 이론이 필요하다; 복사를 포함하는 닫힌 울의 "총괄 물성" 사이의 몇몇 관계식을 얻기 위해 열역학도 유용하다; 매체 내에서 복사가 생산될 때 그리고 매체에 의해 흡수될 때 일어나는 원자 및 분자 공정을 상세하게 표현하기 위해서는 양자역학이 필요하다; 복사 에너지가 파장 스펙트럼에 걸쳐 분포되는 방법을 표현하기 위해서는 통계역학이 필요하다. 이 초보적인 논의에서 할 수 있는 모든 것은 핵심 양을 정의하고 이론과 실험 결과를 설명하는 것이다. 그런 다음 단순계에서 복사 공정에 의한 열전달 속도를 계산하기 위해 이들 결과 중의 일부를 어떻게 사용하는지 보일 것이다.

16.1절과 16.2절에서는 기본 개념과 정의를 소개하고, 16.3절에서는 흑체 복사와 관련된 가장 중요한 몇몇 물리적 결과들이 주어질 것이다. 16.4절에서는 두 흑체 사이의 열교환 속도를 다루고자 하며, 이 절에서는 새로운 물리적 원리는 소개하지 않고 그들의 기하학적 구조인 기본 문제를 소개하고자 한다. 다음 16.5절에서는 비흑체 표면에 대해 앞 절을 확장하고자 하며, 마지막 절에서는 흡수 매체 내의 복사 공정을 간단히 다루고자 한다.[3]

16.1 전자기 복사 스펙트럼

예를 들면 전열선에 의해 고체가 가열될 때 고체 표면에서 주로 0.1에서 10 마이크론 범위의 파장을 갖는 복사선을 방출하게 되며, 이런 복사선을 통상 **열 복사선**라 한다. 복사선이 생성되는 원자 및 분자론적 메커니즘에 대한 정량적 표현은 양자역학에 의해 해석될 수 있으며, 우리의 논의 범위를 벗어나므로 여기서는 다루지 않기로 한다. 그러나 정성적인 설명은 가능하다. 고체에 에너지가 공급될 때 구성 분자와 원자들 몇몇은 "여기 상태"로 일어나게 되고, 분자와 원자들은 더 낮은 에너지 상태로 순간적으로 돌아가려는 경향이 있으므로 전자기 복사선의 형태로 에너지를 방출하게 된다. 방출된 복사선은 원자와 분자의 전자, 진동 및 회전 상태의 변화를 유발하기 때문에 복사선은 파장 영역에 걸쳐 분포할 것이다.

실질적으로 열 복사선은 전자기 복사의 총 스펙트럼의 단지 일부분만을 의미한다. 그림 16.1-1에는 복사 스펙트럼의 다양한 부분을 책임지는 여러 종류의 메커니즘을 개략적으로 보여주고 있다. 다양한 종류의 복사선은 단지 그들이 포함하고 있는 파장 영역에 따라 서로 구별된다. 진공에서는 모든 형태의 복사 에너지가 빛의 속도 c로 이동한다. 그러면 전자기파를 특징짓는 파장 λ는

$$\lambda = \frac{c}{\nu} \tag{16.1-1}$$

---

[1] M. Planck, *Theory of Heat*, Macmillan, London (1932), III부와 IV부. 노벨상 수상자 **Max Karl Ernst Ludwig Planck** (1858-1947)는 에너지의 양자화 가설을 처음으로 수립하였으며, 새로운 기본 상수 h(Planck 상수)를 도입하였다. 그의 이름은 확률론적 역학의 "Fokker-Planck" 식과도 관련이 있다.

[2] W. Heitler, *Quantum Theory of Radiation*, 2nd edition, Oxford University Press (1944).

[3] 복사 열전달과 공학적 응용에 관한 추가적인 정보는 R. Siegel and J. R. Howell, *Thermal Radiation Heat Transfer*, 3rd edition, Hemisphere Publishing Co., New York (1992)에 의한 포괄적인 교과서를 보시오. 또 J. R. Howell and M. P. Mengöç *in Handbook of Heat Transfer*, 3rd edition, (W. M. Rohsenow, J. P. Hartnett, and Y. I. Cho. Eds.), McGraw-Hill, New York (1998), 7장을 보시오.

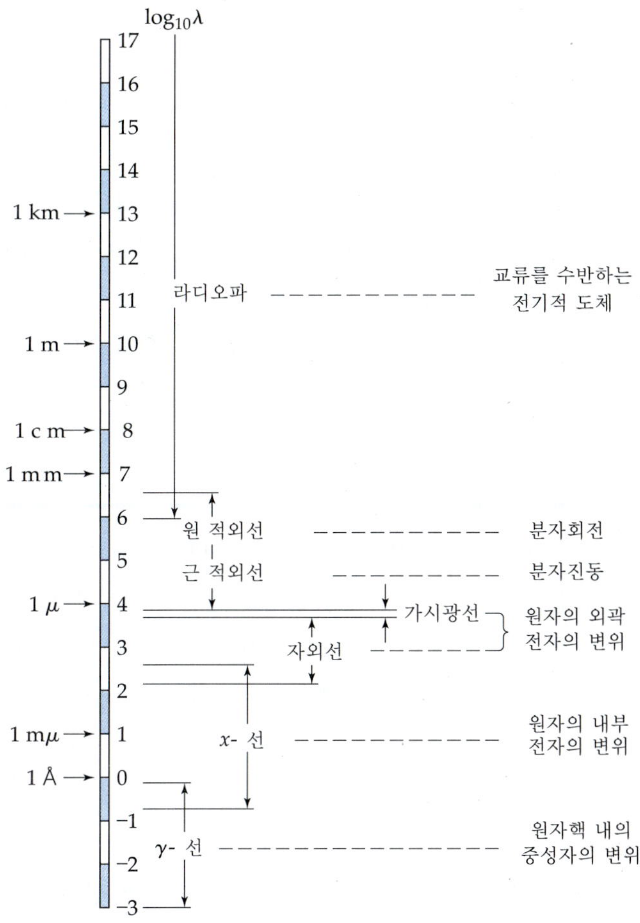

그림 16.1-1 복사의 다양한 파장이 생성되는 매커니즘을 간략하게 보인 전자기 복사 스펙트럼 (1Å = 옹스트롬 단위 = 10^{-8} cm = 0.1 nm ; 1μ = 1 마이크론 = 10^{-6} m.)

식에 의해 주파수 ν와 관계된다. 여기서 $c = 2.998 \times 10^8$ m/s이다. 스펙트럼의 가시광선 영역에서는 다양한 파장이 빛의 색과 연관이 있다.

몇몇 목적을 위해서는 전자기 복사를 입자설의 관점에서 생각하는 것이 편리하다. 그러면 주파수 ν인 전자기파를 전하가 0이고 질량이 0이며

$$\varepsilon = h\nu \tag{16.1-2}$$

로 주어지는 에너지를 갖는 입자인 광양자와 결부할 수 있다. 여기서 $h = 6.626 \times 10^{-34}$J·s는 Planck 상수이다. 이 두 식과 그림 16.1의 정보로부터 전자기 복사의 파장이 감소할수록 대응하는 광양자의 에너지가 증가하는 것을 알 수 있다. 이 사실은 복사를 생산하는 다양한 메커니즘과 결부되어 있다. 예를 들면, 분자의 회전 속도가 감소할 때는 상대적으로 적은 에너지가 방출되고 이와 연관하여 적외선이 방사되는 반면 원자핵이 높은 에너지 상태로부터

낮은 에너지 상태로 움직일 때는 상대적으로 큰 에너지가 방출되고 이와 결부하여 감마선이나 x선이 방사된다. 가열된 물질로부터 방출되는 복사 에너지는 물체의 온도가 올라갈수록 파장이 짧아지는(더 높은 에너지의 광양자) 경향을 보인다는 앞서의 설명이 합리적임을 알 수 있다.

그러므로 분자나 원자계가 높은 에너지 상태에서 낮은 에너지 상태로 갈 때 복사 에너지나 광양자의 **방출** 현상을 그려볼 수 있으며, 분자나 원자계에 복사 에너지가 가해져서 낮은 에너지 상태에서 높은 에너지 상태가 되도록 유발할 때에는 흡수와 같은 역 공정이 일어난다. 후자의 공정은 복사 에너지가 고체 표면에 부딪혀 고체의 표면 온도가 올라갈 때 일어나게 된다.

16.2 고체 표면에서의 흡수와 방출

원자론적 관점에서 흡수와 방출의 개념을 소개하기 위해 먼저 거시적 관점에서 동일한 공정을 논의하고자 한다. 여기서는 불투명한 고체로 논의를 제한하고자 한다.

불투명한 고체 표면에 부딪히는 복사선은 흡수되거나 반사된다. 입사되는 복사선의 흡수되는 분율을 **흡수능**이라 하며, 기호 a로 표현한다. 역시 주파수 ν를 가지고 입사되는 복사선의 흡수되는 분율을 a_ν라고 하면, a와 a_ν는

$$a = \frac{q^{(a)}}{q^{(i)}} \qquad a_\nu = \frac{q_\nu^{(a)}}{q_\nu^{(i)}} \tag{16.2-1, 2}$$

와 같이 정의된다. 여기서 $q_\nu^{(a)}d\nu$와 $q_\nu^{(i)}d\nu$는 ν와 $\nu + d\nu$의 주파수 영역에서 단위 시간당 단위 면적당 흡수되고 입사되는 복사선을 의미한다. 어떤 **실제 물체**에 대해 a_ν는 1보다 작으며, 주파수에 따라 현저히 변할 것이다. a_ν가 모든 온도 조건에서 전 주파수 영역에 걸쳐 1보다 작으면서 일정한 가상적인 물체를 **회색체**라고 한다. 즉 회색체는 항상 모든 주파수로 입사되는 복사선의 동일 분율을 흡수하게 된다. 회색체의 극한의 경우는 모든 주파수와 모든 온도에 대하여 $a_\nu = 1$되는 것이며, 이런 극한 거동을 **흑체**라 정의한다.

모든 고체 표면은 복사 에너지를 방출한다. 단위 시간당 단위 면적당 방출되는 총 복사 에너지를 $q^{(e)}$로 표시하고, ν와 $\nu + d\nu$의 주파수 영역에서 방출되는 단위 시간당 단위 면적당 복사 에너지를 $q_\nu^{(e)}d\nu$라고 하며, 이에 대응하는 흑체로부터 방출되는 에너지 속도를 $q_b^{(e)}$와 $q_{b\nu}^{(e)}d\nu$로 표시한다. 총 복사 에너지 방출에 대한 방출능 뿐만 아니라 주어진 주파수에 대한 **방출능**을 이들 양으로 정의하면

$$e = \frac{q^{(e)}}{q_b^{(e)}} \qquad e_\nu = \frac{q_\nu^{(e)}}{q_{b\nu}^{(e)}} \tag{16.2-3, 4}$$

와 같다. 방출능은 실제의 비형광 표면에 대해서는 1보다 작으며, 흑체에 대해서는 1과 같다. 주어진 임의의 온도에서 흑체에 의해 방출되는 복사 에너지는 실제의 비형광 표면에 의

해 방출되는 복사 에너지의 상한을 의미한다.

등온 벽면을 갖는 진공의 닫힌 울이나 "동공" 내에서의 복사를 생각한다. 전체 계가 평형에 도달해 있다고 상상하면, 이런 조건 하에서 고체와 동공 사이의 계면을 가로질러 전달되는 알짜 에너지 훌럭스는 없다. 이제 이와 같은 동공 내에서의 복사는 벽의 성질과는 무관하며, 단지 동공의 벽 온도에만 의존한다는 것을 안다. 그림 16.2-1에 도시된 바와 같이 동일한 벽 온도를 갖는 서로 다른 물질로 이루어진 두 동공을 연결하였다. 만약 두 동공 내 복사의 강도가 다르다면 한 동공으로부터 다른 동공으로 복사 에너지의 알짜 이동이 있을 것이다. 이와 같은 훌럭스는 열역학 제 2법칙을 위배하기 때문에 두 동공 내의 복사 강도는 동공 표면의 조성에는 무관하게 반드시 같아야 한다. 더욱이 복사는 동공 전체에 걸쳐 균일하며 비극성화 되어 있다. 이 **동공 복사**는 Planck 법칙을 전개함에 있어 중요한 역할을 한다. 복사의 강도를 $q^{(\text{cav})}$로 두면, 이는 동공 내 임의의 지점에 놓여 있는 단위 면적의 고체 표면에 충돌하는 복사 에너지이다.

이제 두 개의 추가적인 착상 실험을 수행하고자 한다. 첫 번째는 동공의 벽과 동일한 온도를 갖는 작은 흑체를 동공 내에 넣으면, 동공 벽과 흑체 사이에 상호 교환하는 알짜 에너지는 없을 것이다. 그러므로 흑체 표면에 충돌하는 에너지는 흑체에 의해 방출하는 에너지와 반드시 같다:

$$q^{(\text{cav})} = q_b^{(e)} \tag{16.2-5}$$

이 결과로부터 흑체에 의해 방출되는 복사는 동일한 온도에서 동공 내의 평형 복사 강도와 같다는 중요한 결론을 도출한다.

두 번째 착상 실험에서는 작은 비흑체를 동공 내에 넣고 비흑체의 온도를 동공 벽과 동일한 온도를 갖도록 하는 것이며, 동공 벽과 비흑체 사이에는 알짜 열 교환이 없을 것이다. 그러므로 비흑체에 의해 흡수되는 에너지는 비흑체로부터 복사되는 에너지와 같다고 할 수 있다:

$$aq^{(\text{cav})} = q^{(e)} \tag{16.2-6}$$

식 16.2-5와 6을 비교하면

$$a = \frac{q^{(e)}}{q_b^{(e)}} \tag{16.2-7}$$

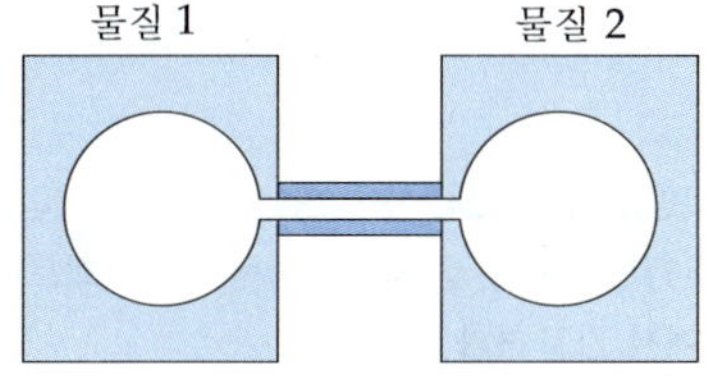

그림 16.2-1 동공 복사는 벽 물질과는 무관하다는 것을 증명하기 위한 착상 실험.

의 결과를 얻을 수 있다. 식 16.2-3의 방출능 e의 정의에 의하면

$$\boxed{e = a} \tag{16.2-8}$$

이라는 결론을 내릴 수 있다. 이 식이 복사가 고체 표면과 평형이 될 때 주어진 온도에서 임의의 고체 표면의 방출능과 흡수능은 동일하다는 Kirchhoff 법칙[1]이다. 식 16.2-8은 각 파장에 대해 분리하여도 타당한 것을 알 수 있다.

표 16.2-1 수직 방출에 대한 다양한 표면의 총 방출능[a]

	T(°R)	e	T(°R)	e
알루미늄				
고도로 연마된, 98.3% 순수	900	0.039	1530	0.057
1110°F에서 산화된	850	0.11	1570	0.19
Al-피복 보호된	560	0.216		
구리				
고도로 연마된, 전기분해에 의한	636	0.018		
1110°F에서 산화된	850	0.57	1570	0.57
철				
고도로 연마된, 전기분해에 의한	810	0.052	900	0.064
완전히 녹슨	527	0.685		
주철, 연마된	852	0.21		
주철, 1110°F에서 산화된	850	0.64	1570	0.78
석면 종이	560	0.93	1160	0.945
벽돌				
붉은, 거친	530	0.93		
실리카, 유약을 바르지 않은, 거친	2292	0.80		
실리카, 유약을 바른, 거친	2472	0.85		
흑색 안료, 0.003 in. 또는 더 두꺼운	560	0.945	1160	0.945
페인트				
철 위에 칠해진 검고 빛나는 락커	536	0.875		
흰 락커	560	0.80	660	0.95
오일 페인트, 16 색상	672	0.92–0.96		
알루미늄 페인트, 락커 함량과 수명이 변하는	672	0.27–0.67		
내화 벽돌, 40 다른				
좋지 않는 복사체	1570	0.65–0.70	2290	0.75
좋은 복사체	1570	0.80–0.85	2290	0.85–0.90
물, 액체, 두꺼운 층[b]	492	0.95	672	0.963

[a] W. H. McAdams, *Heat Transmission*, 3rd edition, McGraw-Hill, New York (1954), pp. 472-479에 대해 H. C. Hottel에 의해서 편집된 표로부터 선정된 값

[b] 분광학적 데이터로부터 계산된.

[1] G. Kirchhoff. *Monatsber. d. preuss. Akad. d. Weissenschaften*, p. **24,** 783-787 (1859); *Poggendorffs Annalen*, **109**, 275-301 (1860). **Gustav Robert Kirchhoff** (1824-1887)는 대학원생 시절 동안에 전기 회로에 대한 그의 유명한 법칙을 게재하였으며, 브레스라우, 하이델버그, 베를린에서 가르쳤다.

$$\boxed{e_\nu = a_\nu} \tag{16.2-9}$$

몇몇 고체의 총 방출능 값 e를 표 16.2-1에 수록하였다. 실제 e는 주파수와 방출각에 따라 다르지만 주어진 평균값이 널리 사용되고 있다. 표에 수록된 값들은 몇 가지 경우를 제외하고는 표면에 수직으로 방출하는 경우에 대한 것이지만 특히 거친 표면을 갖는 반 구형의 방출능으로도 사용될 것이다. 산화되지 않고 깨끗한 금속 표면은 대단히 낮은 방출능을 가지는 반면 대부분의 비금속과 금속 산화물은 실온이나 그 보다 더 높은 온도에서 0.8 이상의 방출능을 갖는다. 거의 모든 물질의 방출능은 온도가 증가할수록 증가함에 주목하시오.

흑체에 의해 방출되는 복사 에너지는 실제 표면에서 방출되는 복사 에너지의 상한이며 이 에너지는 온도의 함수라는 것을 지적하였다. **흑체** 표면으로부터 방출되는 총 에너지 훌럭스는

$$\boxed{q_b^{(e)} = \sigma T^4} \tag{16.2-10}$$

임이 실험적으로 알려져 왔으며, T는 절대 온도이다. 이 식은 Stefan-Boltzmann **법칙**[2]으로 알려져 있으며, Stefan-Boltzmann 상수 σ는 0.1712×10^{-8} Btu/hr·ft^2·R^4 또는 1.355×10^{-12} cal/s·cm^2·K^{4}값을 갖는 것을 알 수 있다. 다음 절에서 이 중요한 공식을 이론적으로 구하는 두 가지 방법을 설명할 것이다. 온도 T인 **비흑체** 표면으로부터 방출되는 에너지 훌럭스는

$$\boxed{q^{(e)} = e\sigma T^4} \tag{16.2-11}$$

이다. 여기서 e는 반드시 온도 T에서 계산되어야 한다. 식 16.2-10과 11을 사용하여 가열된 표면 사이의 복사 열전달 속도를 구하는 것은 16.4절과 16.5절에서 다루고자 한다.

Stefan-Boltzmann 상수를 실험적으로 구했다고 언급하였는데, 이는 완전한 흑체 표면을 갖는 고체가 존재하지 않는데도 진짜 흑체를 가지고 있다고 암묵적으로 동의하고 있다. 그러나 등온의 동공 벽에 대단히 작은 구멍을 뚫으면 근사적으로 흑체 표면에 대단히 가까운 표면을 얻을 수 있으며, 그러면 구멍 그 자체도 거의 흑체 표면이 된다. 이것이 훌륭한 근사라는 것은 거친 벽면을 갖는 닫힌 울 내 구멍의 유효 방출능 e_{hole}을 동공 벽면의 실제 방출능 e와 동공 내부의 총 면적에 대한 구멍에 의해 잘려진 분율 f의 항으로 주어지는 다음 관계식으로부터 알 수 있다.

$$e_{\text{hole}} \cong \frac{e}{e + f(1 - e)} \tag{16.2-12}$$

---

[2] J. Stefan, *Sitzber. Akad. Wiss. Wien*, **79**, part 2, 391-428 (1879); L. Boltzmann, *Ann. Phys.* (*Wied. Ann.*), Ser 2, **22**, 291-294 (1884). 슬로베니아에서 태어난 **Josef Stefan** (1835-1893), 비엔나 대학의 총장(1876-1877), 그의 이름이 있는 복사 법칙에 대해 알려진 것에 더하여 다성분 확산 이론과 상 변화를 동반하는 열전도 문제에도 공헌하였다. **Ludwig Eduard Boltzmann** (1844-1906)은 비엔나, 그라쯔, 뮌헨과 라이프찌히에서 교수직을 가지고 있었으면서 기체 분자운동론에 대한 기본 미분방정식(부록 D 참조)과 비엔나의 그의 비석에 새겨져 있는 기초적인 엔트로피-확률 관계식 $S = \kappa \ln W$를 발견하였다. 여기서 κ는 Boltzmann 상수이다.

만약 $e = 0.8$이고 $f = 0.001$이면 $e_{hole} = 0.99975$이다. 그러므로 구멍 위에 떨어진 복사선의 99.975%가 흡수될 것이다. 구멍으로부터 빠져 나온 복사는 거의 흑체 복사일 것이다.

16.3 Planck 분포법칙, Wien 변위법칙과 Stefan-Boltzmann 법칙[1,2,3]

Stefan-Boltzmann 법칙은 전자기장 이론의 어떤 결과들이 알려져 있다면 열역학으로부터 추론할 수 있다. 특히 동공 복사에 대해 동공 내의 에너지 밀도(즉, 단위 부피당 에너지)는

$$u^{(r)} = \frac{4}{c} q_b^{(e)} \tag{16.3-1}$$

임을 알 수 있다. 흑체로부터 방출되는 복사 에너지는 단지 온도에 따라 변하므로 에너지 밀도 $u^{(r)}$ 역시 온도만의 함수가 되어야 한다. 더욱이 전자기 복사는 동공 벽에

$$p^{(r)} = \tfrac{1}{3} u^{(r)} \tag{16.3-2}$$

로 주어지는 압력 $p^{(r)}$로 작용한다는 것을 알 수 있다. 동공 복사에 대한 앞의 결과들은 $h\nu$의 에너지와 $h\nu/c$의 운동량을 갖는 광양자로 이루어진 기체로 동공이 채워져 있다고 생각함으로써 역시 얻을 수 있다. 여기서 광양자 기체나 동공 내의 복사에 열역학적 공식

$$\left(\frac{\partial U}{\partial V}\right)_T = T\left(\frac{\partial p}{\partial T}\right)_V - p \tag{16.3-3}$$

을 적용하고, $U^{(r)} = Vu^{(r)}$과 $p^{(r)} = \frac{1}{3}u^{(r)}$을 대입하면 $u^{(r)}(T)$에 대한 다음 상미분방정식을 얻는다:

$$u^{(r)} = \tfrac{1}{3} T \frac{du^{(r)}}{dT} - \tfrac{1}{3} u^{(r)} \tag{16.3-4}$$

이 식을 적분하면

$$u^{(r)} = bT^4 \tag{16.3-5}$$

---

1 J. de Boer, Chapter VII in *Leerbook der Natuurkunde*, 3rd edition, (R. Kronig, ed.), Scheltema and Holkema, Amsterdam (1951).

2 H. B. Callen, *Thermodynamics and an Introduction to Thermostatistics*, 2nd edition, Wiley, New York (1985), pp. 78-79.

3 M. Planck, *Vorlesungen über die Theorie der Wärmestrahlung*, 5th edition, Barth, Leipzig (1923); *Ann. Phys.*, **4**, 553-563, 564-566 (1901).

를 얻으며, b는 적분 상수이다. 이 결과를 식 16.3-1과 결합하면 단위 시간당 단위 면적당 흑체 표면으로부터 방출되는 복사 에너지

$$q_b^{(e)} = \frac{c}{4} u^{(r)} = \frac{cb}{4} T^4 = \sigma T^4 \tag{16.3-6}$$

을 얻으며, 이 식이 Stefan–Boltzmann 법칙이다. 열역학적인 전개로부터는 σ의 수치값을 예측할 수 없음에 주목하시오.

Stefan–Boltzmann 법칙을 추론하는 두 번째 방법은 Planck **분포법칙**을 적분하는 것이다. 이 유명한 식은 λ와 $\lambda + d\lambda$의 파장 영역에서 흑체로부터 복사되는 에너지 훌럭스를

$$\boxed{q_{b\lambda}^{(e)} = \frac{2\pi c^2 h}{\lambda^5} \frac{1}{e^{ch/\lambda\kappa T} - 1}} \tag{16.3-7}$$

로 표현하며, h는 Planck 상수이다. 이 결과는 Bose-Einstein 통계학[4,5]을 따르는 동공 내의 광양자 기체에 대해 양자 통계학을 적용하여 유도할 수 있다. 그림 16.3-1에 주어진 Planck 분포는 파장에 대한 전체 에너지 곡선과 최대값이 고온일수록 짧은 파장 쪽으로 이동하는 것을 정확하게 예측하고 있다. 식 16.3-7을 모든 파장에 걸쳐 적분하면

$$\begin{aligned} q_b^{(e)} &= \int_0^\infty q_{b\lambda}^{(e)} d\lambda \\ &= 2\pi c^2 h \int_0^\infty \frac{\lambda^{-5}}{e^{ch/\lambda\kappa T} - 1} d\lambda \\ &= \frac{2\pi \kappa^4 T^4}{c^2 h^3} \int_0^\infty \frac{x^3}{e^x - 1} dx \\ &= \frac{2\pi \kappa^4 T^4}{c^2 h^3} \left(6 \sum_{n=1}^{\infty} \frac{1}{n^4} \right) \\ &= \frac{2\pi \kappa^4 T^4}{c^2 h^3} \left(\frac{\pi^4}{15} \right) \end{aligned} \tag{16.3-8}$$

을 얻으며, 위 적분에서는 적분 변수를 λ에서 $x = ch/\lambda\kappa T$로 바꾸고 e^x를 Taylor 급수로 표현한 다음 $1/(e^x - 1)$을 확장하여 각 항 별로 적분을 수행하였다. 따라서 양자 통계학적 접근법은 복사 스펙트럼 분포를 상세히 알 수 있으며, 복사를 직접 측정함에 따른 실험적 불확실성 범위 내에서 확인된 1.355×10^{-12} cal/s·cm^2·K^4 값을 갖는 Stefan–Boltzmann 상수에 관한 식

$$\boxed{\sigma = \frac{2}{15} \frac{\pi^5 \kappa^4}{c^2 h^3}} \tag{16.3-9}$$

를 얻을 수 있다. 식 16.3-9는 복사로부터 σ, 통계역학으로부터 κ, 전자기학으로부터 빛의

---

[4] J. E. Mayer and M. G. Mayer, *Statistical Mechanics*, Wiley, New York (1940), pp. 363-374.

[5] L. D. Landau and E. M. Lifshitz, *Statistical Physics*, 3rd edition, Part 1, Pergamon, Oxford (1980), 63절.

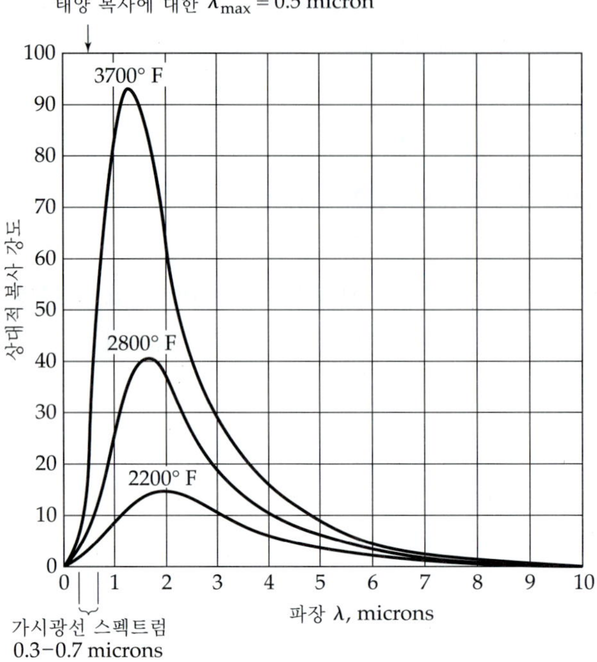

그림 16.3-1 Planck 법칙에 의해 주어진 평형 복사 스펙트럼. [M. Planck, *Verh. der. deutschen physik. Gesell.*, **2**, 202, 237 (1900); *Ann. der. Physik*, **4**, 553-563, 564-566 (1901).]

속도 c, 양자역학으로부터 h 값을 상호 연관짓는 놀랄만한 공식이다.

Planck 분포로부터 Stefan-Boltzmann 법칙을 얻는 것에 더하여 Planck 분포의 최대값과 관련된 중요한 관계식을 얻을 수 있다. 먼저 식 16.3-7을 x 항으로 다시 쓰고 $dq_{b\lambda}^{(e)}/dx = 0$이라 두면, Planck 분포가 최대로 되는 x 값인 x_{max}에 대한 다음 식을 얻게 된다.

$$x_{max} = 5(1 - e^{-x_{max}}) \tag{16.3-10}$$

이 식의 해를 수치적으로 구하면 $x_{max} = 4.9651....$이 된다. 그런데 주어진 온도 T에서

$$\lambda_{max} T = \frac{ch}{\mathrm{K} x_{max}} \tag{16.3-11}$$

이므로 보편 상수값과 x_{max} 값을 대입하면

$$\lambda_{max} T = 0.2884 \text{ cm K} \tag{16.3-12}$$

를 얻으며, 원래 실험[6]으로 구하였던 이 결과는 Wien **변위법칙**으로 알려져 있다. 일차적으로 이 식은 떨어져 있는 물체의 온도를 예측하는데 유용하다. 이 법칙은 온도가 증가함에 따라 복사선의 겉보기 색상이 적색(긴 파장)에서 청색(짧은 파장)으로 전이되는 것을 예측하며, 실험 결과와 잘 부합하고 있다.

마지막으로 Planck 분포법칙과 관련된 앞의 몇 가지 주목을 재해석해 볼 것이다. 그림

[6] W. Wien, *Sitzungsber. d. kglch. preuss. Akad. d. Wissenschaften,* (VI), p. 55-62 (1893).

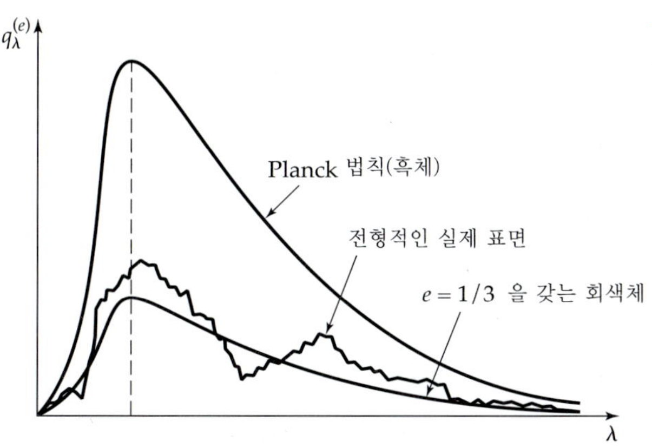

그림 16.3-2 흑체, 회색체와 실제 표면으로부터 방출된 복사의 비교

16.3-2에는 가상의 흑체에 대한 Planck 분포법칙, 가상의 회색체에 대한 분포 곡선, 몇몇 실제 물체에 대한 분포 곡선 등 3개의 곡선을 도시하였으며, 표 16.2-1에 수록된 바와 같이 총 방출값을 사용할 때 전체 스펙트럼에 걸쳐 Planck 법칙으로부터 벗어나는 편차를 단지 경험적으로 고려한다는 것이 명백하다.

식 16.3-7이 주어진 데이터를 맞추기 하는 **경험식으로** 1900년 10월 독일 물리학회에서 발표되었다는 것을 지적하지 않고는 Planck 분포에 관한 주제를 떠날 수 없을 것이다.[7] 그러나 그 해가 가기 전[8]에 Planck는 거의 열정없이 만나게 된 아이디어인 에너지의 양자화의 근본 개념을 소개하는 정도의 노력을 들여서 식을 **유도하는** 데 성공하였다. 그의 책에 명백하게 기술되어 있는 바와 같이[9] Planck 자신은 불길한 예감을 가졌었다. 1931년의 편지에서 그는 "…내가 하였던 무엇은 자포자기한 행동과 같은 것으로 설명될 수 있다… 나는 지난 6년 동안 성공하지 못하고 씨름해 왔다…복사와 매체 사이의 평형 문제를 가지고, 그리고 그 문제는 근본적으로 중요하다는 것을 알았다…". 그런 다음 Planck는 열역학 제 1법칙과 제 2법칙[10]을 제외하고는 "물리적 법칙에 관한 나의 이전 설득의 모든 것을 제물로 바칠 준비가 되어 있다."라고 이어서 말했다. Planck의 근본적인 제안은 물리학의 새롭고 흥분할만한 시대의 도래를 알렸으며, 20 세기에 양자역학은 화학과 다른 분야 내로 침투하게 되었다.

예제 16.3-1 태양으로부터 방출되는 복사 에너지와 온도

근사적 계산을 위해 태양이 $\lambda = 0.5$ 마이크론(5000 Å)에서 최대 강도의 복사선을 방출하

[7] O. Lummer and E. Pringsheim, *Wied. Ann.*, **63**, 396 (1897); *Ann. der Physik*, **3**, 159 (1900).

[8] M. Planck, *Verhandl. d. deutsch. physik. Ges.*, **2**, 202와 237 (1900); *Ann. Phys.*, **4**, 553-563, 564-566 (1901).

[9] M. Planck, *The Theory of Heat Radiation*, Dover, New York (1991), *Vorlesungen über die Theorie der Wärmestrahlung* (1913). p. 154의 영어 번역

[10] A. Hermann, *The Genesis of Quantum Theory*, MIT Press (1971), pp. 23-24.

는 흑체라고 간주하고, **(a)** 태양의 표면 온도를 구하시오, 그리고 **(b)** 태양 표면에서 방출된 열 훌럭스를 구하시오.

해 **(a)** Wien 변위법칙으로부터 식 16.3-12는

$$T = \frac{0.2884}{\lambda_{\max}} = \frac{0.2884 \text{ cm K}}{0.5 \times 10^{-4} \text{ cm}} = 5760\text{K} = 10{,}400°\text{R} \tag{16.3-13}$$

이 된다.

(b) Stefan–Boltzmann 법칙으로부터 식 16.2-10은

$$\begin{aligned} q_b^{(e)} &= \sigma T^4 = (0.1712 \times 10^{-8})(10{,}400)^4 \\ &= 2.0 \times 10^7 \text{ Btu/hr} \cdot \text{ft}^2 \end{aligned} \tag{16.3-14}$$

가 된다.

16.4 서로 다른 온도를 갖는 진공 내 흑체 사이의 직접 복사

앞 절에서 완전한 흑체 표면으로부터 방출되는 총 복사 에너지를 나타내는 Stefan-Boltzmann 법칙을 유도하였으며, 이 절에서는 임의의 기하학적 구조와 배향을 갖는 두 흑체 사이의 복사 에너지 전달을 다루고자 한다. 그러므로 한 흑체로부터 방출되는 복사 에너지가 각에 따라 어떻게 분포되는지 알 필요가 있다. 흑체 복사는 등방성이기 때문에 **Lambert 코사인 법칙**[1]으로 알려진 다음 관계식을 추론할 수 있다.

$$q_{b\theta}^{(e)} = \frac{q_b^{(e)}}{\pi} \cos\theta = \frac{\sigma T^4}{\pi} \cos\theta \tag{16.4-1}$$

여기서 $q_{b\theta}^{(e)}$는 θ 방향으로 단위 고체각당 단위 시간당 단위 면적당 방출되는 에너지이다(그림 16.4-1참조). 그러면 음영으로 표현된 고체각을 통해 방출된 에너지는 흑체 표면의 단위 면적당 $q_{b\theta}^{(e)} \sin\theta \, d\theta \, d\phi$이다. $q_{b\theta}^{(e)}$에 대한 이 식을 반구 전체에 대해 적분하면 총 방출 에너지가 유도된다.

$$\begin{aligned} \int_0^{2\pi} \int_0^{\pi/2} q_{b\theta}^{(e)} \sin\theta \, d\theta \, d\phi &= \frac{\sigma T^4}{\pi} \int_0^{2\pi} \int_0^{\pi/2} \cos\theta \sin\theta \, d\theta \, d\phi \\ &= \sigma T^4 = q_b^{(e)} \end{aligned} \tag{16.4-2}$$

이 식은 식 16.4-1에 $1/\pi$ 인자가 포함되어야 한다는 것을 정당화하고 있다.

임의의 형상과 배향을 갖는 두 흑체에서 흑체 1로부터 흑체 2로의 알짜 열전달 속도를 구하고자 하며(그림 16.4-2 참조), 이를 서로 "마주 보고" 있는 한 쌍의 표면 요소 dA_1와 dA_2

---

[1] H. Lambert, *Photometria*, Augsburg (1760).

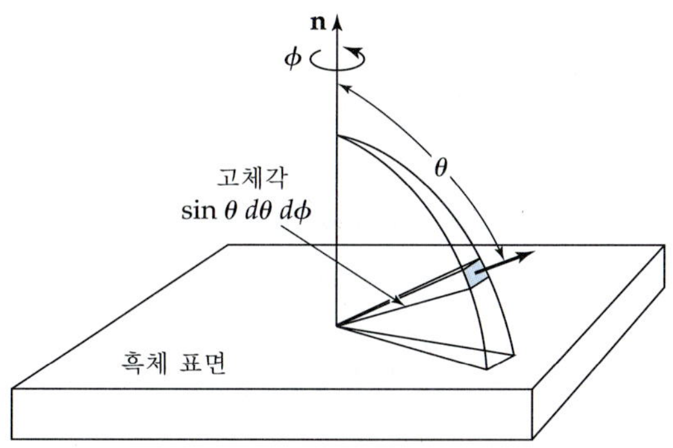

그림 16.4-1 표면에 수직으로부터 θ 각에서 고체각 sin $\theta d\theta d\phi$ 내로의 복사

사이의 알짜 열전달 속도를 구하고 이를 가능한 한 쌍의 모든 면적에 대해 적분함으로써 구한다. 요소 dA_1과 dA_2는 dA_1에 수직인 선에 θ_1 각을 갖고 dA_2에 수직인 선에 θ_2 각을 갖는 길이 r_{12}인 직선으로 연결된다.

r_{12}를 따라 dA_1으로부터 고체각 sin θ_1 $d\theta_1$ $d\phi_1$ 내로 복사되는 에너지에 관한 식을 쓴 다음 dA_2가 "광선" 내에 완전히 놓이게 되는 충분히 큰 고체각을 선정하고(그림 16.4-2 참조), Lambert 코사인 법칙에 따라 단위 시간당 복사된 에너지를 구하면

$$\left(\frac{\sigma T_1^4}{\pi} \cos \theta_1\right) dA_1 \sin \theta_1 \, d\theta_1 \, d\phi_1 \tag{16.4-3}$$

이 된다.

각 θ_1에서 dA_1을 떠나는 에너지 중 다음 비로 주어지는 일부가 dA_2에 전달될 것이다:

$$\frac{\left(\begin{array}{l} r_{12}\text{에 수직인 평면위에} \\ \text{투영된 } dA_2\text{의 면적} \end{array}\right)}{\left(\begin{array}{l} dA_1\text{에 중심을 두고 반지름이 } r_{12} \\ \text{인 구와 고체각 } \sin\theta_1 \, d\theta_1 \, d\phi_1\text{의} \\ \text{교점에 의해 형성된 면적} \end{array}\right)} = \frac{dA_2 \cos \theta_2}{r_{12}^2 \sin \theta_1 \, d\theta_1 \, d\phi_1} \tag{16.4-4}$$

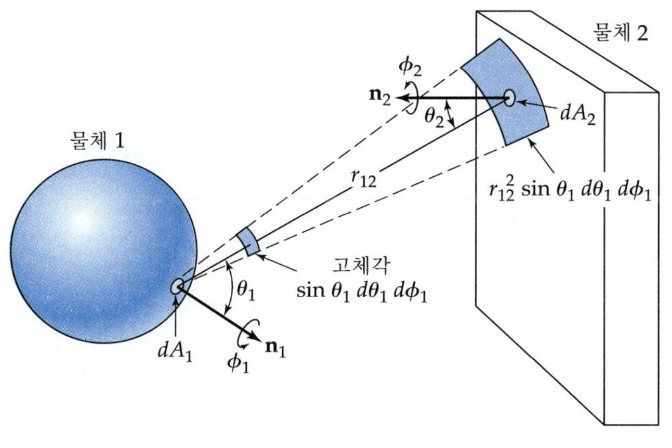

그림 16.4-2 두 흑체 사이 복사의 상호교환.

마지막 두 식을 곱하면

$$dQ_{\underset{12}{\rightarrow}} = \frac{\sigma T_1^4}{\pi} \frac{\cos\ \theta_1\ \cos\ \theta_2}{r_{12}^2} dA_1 dA_2 \tag{16.4-5}$$

를 얻게 되며, 이것이 단위 시간당 dA_1에 의해 방출되어 dA_2에 전달된 에너지이다. 동일한 방법으로 단위 시간당 dA_2에 의해 방출되어 dA_1에 전달된 에너지는

$$dQ_{\underset{21}{\rightarrow}} = \frac{\sigma T_2^4}{\pi} \frac{\cos\ \theta_1\ \cos\ \theta_2}{r_{12}^2} dA_1 dA_2 \tag{16.4-6}$$

으로 쓸 수 있다. dA_1에서 dA_2로 전달되는 알짜 에너지 전달 속도는

$$\begin{aligned} dQ_{12} &= dQ_{\underset{12}{\rightarrow}} - dQ_{\underset{21}{\rightarrow}} \\ &= \frac{\sigma}{\pi}(T_1^4 - T_2^4) \frac{\cos\ \theta_1\ \cos\ \theta_2}{r_{12}^2} dA_1 dA_2 \end{aligned} \tag{16.4-7}$$

이다. 그러므로 등온 흑체 1로부터 다른 등온 흑체 2로 전달되는 알짜 에너지 전달 속도는

$$Q_{12} = \frac{\sigma}{\pi}(T_1^4 - T_2^4) \int\int \frac{\cos\ \theta_1\ \cos\ \theta_2}{r_{12}^2} dA_1 dA_2 \tag{16.4-8}$$

이다. 여기서 적분은 상호 간에 바로 바라보는 한 쌍의 면적 dA_1과 dA_2에 국한된다는 것을 알아야 한다. 이 결과는 통상적으로

$$Q_{12} = A_1 F_{12} \sigma (T_1^4 - T_2^4) = A_2 F_{21} \sigma (T_1^4 - T_2^4) \tag{16.4-9}$$

의 형태로 쓰여지며, 여기서 A_1과 A_2는 보통 흑체 1과 2의 총 면적으로 선정한다. **모양 인자 (각 인자 또는 형상 인자)**로 불리는 무차원 양 F_{12}와 F_{21}은

$$F_{12} = \frac{1}{\pi A_1} \int\int \frac{\cos\ \theta_1\ \cos\ \theta_2}{r_{12}^2} dA_1 dA_2 \tag{16.4-10}$$

$$F_{21} = \frac{1}{\pi A_2} \int\int \frac{\cos\ \theta_1\ \cos\ \theta_2}{r_{12}^2} dA_1 dA_2 \tag{16.4-11}$$

로 주어지며, 두 모양 인자는 $A_1 F_{12} = A_2 F_{21}$의 관계가 있다. 모양 인자 F_{12}는 물체 1을 떠나 물체 2에 직접 전달되는 복사의 분율을 의미한다.

모양 인자를 실제 계산하는 것은 대단히 단순한 일부 경우를 제외하고는 어려운 문제이다. 그림 16.4-3과 그림 16.4-4에 직접 복사에 대한 일부 모양 인자[2,3,4]를 도시하였다. 이와 같은 도표가 주어지면 식 16.4-9에 의해 상호교환 에너지를 계산하는 것은 용이하다.

---

[2] H. C. Hottel and A. F. Sarofim, *Radiative Transfer*, McGraw-Hill, New York (1967).

[3] H. C. Hottel, Chapter 4 in W. H. McAdams, *Heat Transmission*, McGraw-Hill, New York (1954).

[4] R. Siegel and J. R. Howell, *Thermal Radiation Heat Transfer*, 3rd edition, Hemisphere Publishing Co., New York (1992).

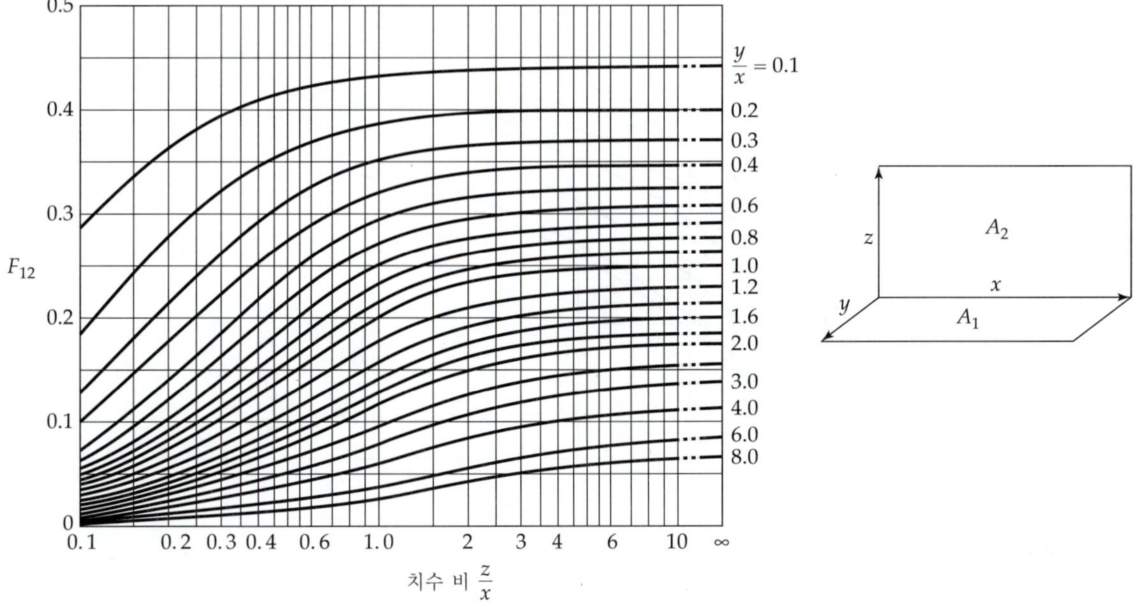

그림 16.4-3 수직한 평면 내의 인접한 사각 사이의 직접 복사에 대한 모양 인자. [H. C. Hottel, Chapter 3 in W. H. McAdams, *Heat Transmission*, McGraw-Hill, New York (1954), p.68].

엄밀히 말하면 Lambert 법칙과 Stefan-Boltzmann 법칙이 복사의 평형 조건에서만 타당함에도 불구하고, 위 전개 과정에서는 비평형 전달공정을 표현하는데 사용될 수 있다고 가정하였다. 그러므로 유발되는 오차에 대해서는 충분히 다루어지지 않은 것처럼 보이지만 겉보기로는 결과적인 공식이 정량적으로 잘 표현되어 있다.

두 흑체 사이의 복사의 상호작용에 대해 언급하고자 한다. 완전히 닫혀진 울의 벽을 형성하는 1, 2, ..., n인 흑체 표면의 집합을 생각하고, 표면은 각각 $T_1, T_2, ..., T_n$의 온도로 유지되고 있다고 한다. 임의의 표면 i로부터 닫혀진 울 표면으로의 알짜 열유동은

$$Q_{ie} = \sigma A_i \sum_{j=1}^{n} F_{ij}(T_i^4 - T_j^4) \qquad i = 1, 2, \ldots, n \tag{16.4-12}$$

또는

$$Q_{ie} = \sigma A_i \left(T_i^4 - \sum_{j=1}^{n} F_{ij} T_j^4 \right) \qquad i = 1, 2, \ldots, n \tag{16.4-13}$$

이다. 두 번째 식을 쓸 때 다음 관계식을 사용하였다.

$$\sum_{j=1}^{n} F_{ij} = 1 \qquad i = 1, 2, \ldots, n \tag{16.4-14}$$

식 16.4-13과 14의 합에는 그 자신의 빛을 받을 수 없는 물체에 대해서는 0이 되는 F_{ii} 항을 포함하고 있다. 식 16.4-12(또는 식 16.4-13)에 주어진 n개 식의 집합은 이용 가능한 데

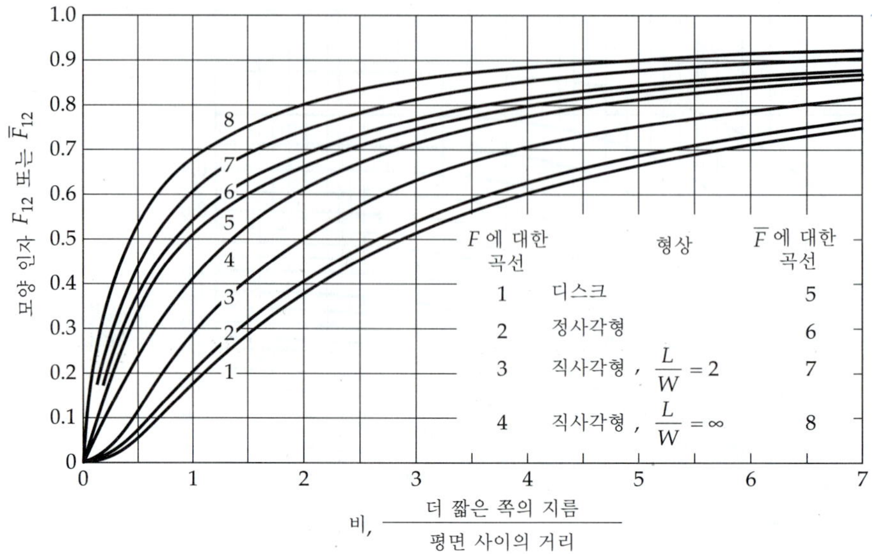

그림 16.4-4 평행한 평면 내의 마주 바라보는 동일한 모양 사이의 직접 복사에 대한 모양 인자. [H. C. Hottel, Chapter 3 in W. H. McAdams, *Heat Transmission*, McGraw-Hill, New York (1954), 3rd Edition p. 69].

이터에 따라서 열유동과 온도를 얻기 위해 풀게 될 것이다.

식 16.4-13과 14의 연립해에서 특별히 흥미로운 것은 $Q_3 = Q_4 = \cdots = Q_n = 0$인 해이며, 여기서 3, 4, ..., n과 같은 표면을 "단열"되어 있다고 한다. 이 경우는 열유동 계산에서 1과 2를 제외한 모든 표면의 온도를 소거할 수 있으므로 표면 1로부터 표면 2로 흐르는 알짜 열유동에 대한 정확한 해를 얻게 된다.

$$Q_{12} = A_1\bar{F}_{12}\sigma(T_1^4 - T_2^4) = A_2\bar{F}_{21}\sigma(T_1^4 - T_2^4) \qquad (16.4\text{-}15)$$

이 식에 사용된 $\bar{F}_{12}$ 값은 그림 16.4-4에 주어져 있으며, 이 값들은 표면 1과 2에 수직인 선 요소들로부터 단열 벽이 형성될 때에만 적용된다.

표면 1과 2의 온도가 균일하다고 알려질 때 F와 $\bar{F}$의 모양 인자를 사용하면 흑체 복사의 계산을 매우 간단히 할 수 있다. 닫혀진 울 내에서의 복사 열교환에 대한 정보를 더 원하는 독자는 참고문헌[4]을 참조하시오.

예제 16.4-1 태양 상수의 계산

태양에서 지구의 대기로 들어오는 복사 열 훌럭스를 태양 상수라 하며, 기상학뿐만 아니라 태양 에너지를 이용하는데 있어 매우 중요하다. 태양을 물체 1, 지구를 물체 2라고 하고 다음 데이터를 사용하여 태양 상수를 구하시오: $D_1 = 8.60 \times 10^5$ miles; $r_{12} = 9.29 \times 10^7$ miles; $q_{b1}^{(e)} = 2.0 \times 10^7$ Btu/hr·ft^2(예제 16.3-1로부터).

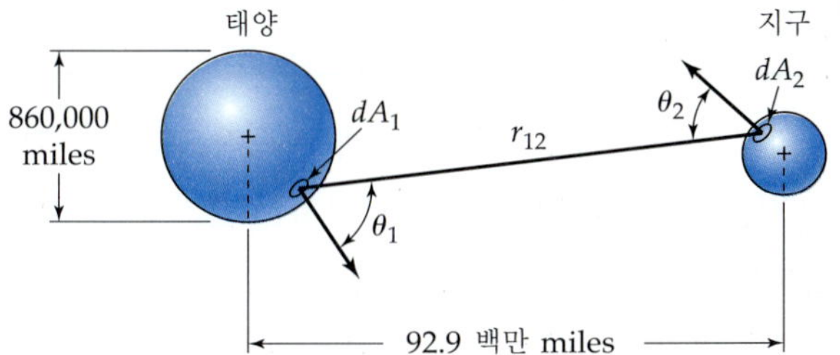

그림 16.4-5 태양 상수의 계산

해 식 16.4-5에서 dA_1으로부터 dA_2에 도달하는 복사 에너지는 $dQ_{\overrightarrow{12}}/\cos\theta_2 dA_2 = (\sigma T_1^4/\pi r_{12}^2)\cos\theta_1 dA_1$이다. 그러면 태양으로부터 dA_2에 도달하는 총 복사 에너지는 지구를 바라보고 있는 태양 표면의 일부분에 걸쳐 $dQ_{\overrightarrow{12}}/\cos\theta_2 dA_2$를 적분하면 얻게 된다:

$$
\begin{aligned}
\text{태양 상수} &= \frac{dQ_{\overrightarrow{12}}}{\cos\theta_2 dA_2} = \frac{\sigma T_1^4}{\pi r_{12}^2}\int \cos\theta_1 dA_1 \\
&= \frac{\sigma T_1^4}{\pi r_{12}^2}\left(\frac{\pi D_1^2}{4}\right) = \frac{q_{b1}^{(e)}}{4}\left(\frac{D_1}{r_{12}}\right)^2 \\
&= \frac{2.0\times10^7}{4}\left(\frac{8.60\times10^5}{9.29\times10^7}\right)^2 \\
&= 430\ \text{Btu/hr}\cdot\text{ft}^2
\end{aligned}
\tag{16.4-16}
$$

이는 다른 방법으로 구한 결과와 만족할 만큼 잘 부합한다. 거리 r_{12}가 태양의 가시 표면에 걸쳐 0.5% 이내로 변하기 때문에 적분 항에서 r_{12}^2을 상수로 취급하는 것이 허용되며, 남아 있는 적분 $\int\cos\theta_1 dA_1$은 지구에서 보는 태양의 투영 면적으로 거의 $\pi D_1^2/4$이다.

예제 16.4-2 원판 사이의 복사 열전달

지름이 2 ft인 두 개의 흑체 원판이 4 ft 떨어진 거리에 서로 마주보고 놓여 있으며, 원판 1의 온도가 2000°R, 원판 2의 온도가 1000°R로 유지되고 있다. **(a)** 다른 표면이 존재하지 않을 때와 **(b)** 두 원판이 원판에 바로 수직인 단열의 원통 흑체 표면으로 연결되어 있을 때 두 원판 사이의 열유동을 계산하시오.

해 **(a)** 식 16.4-9와 그림 16.4-4의 곡선 1로부터

$$
\begin{aligned}
Q_{12} &= A_1 F_{12}\sigma(T_1^4 - T_2^4) \\
&= \pi(0.06)(0.1712\times10^{-8})[(2000)^4 - (1000)^4] \\
&= 4.83\times10^3\ \text{Btu/hr}
\end{aligned}
\tag{16.4-17}
$$

이다

(b) 식 16.4-15와 그림 16.4-4의 곡선 5로부터

$$
\begin{aligned}
Q_{12} &= A_1 \bar{F}_{12}\sigma(T_1^4 - T_2^4) \\
&= \pi(0.34)(0.1712\times10^{-8})[(2000)^4 - (1000)^4] \\
&= 27.4\times10^3\ \text{Btu/hr}
\end{aligned}
\tag{16.4-18}
$$

이다.

16.5 다른 온도의 비흑체 사이의 복사

원칙적으로 비흑체 표면 사이의 복사는 방출되는 광선과 지속적으로 반사되는 성분들의 미분 해석으로 다루어질 수 있다. 거의 흑체인 표면에 대해서는 단지 한번 내지는 두 번의 반사만 고려하여도 이는 타당하다. 그러나 거의 대부분 반사되는 표면에 대해서는 해석이 복잡하며 방출되고 반사되는 광선의 각과 파장에 따른 분포가 통상 상세한 계산을 정당화할 만큼 충분한 정밀도를 갖고 알려져 있지 않다.

일정한 온도를 갖는 벽으로 된 방 안의 수증기 관과 같이 거의 등온인 큰 닫힌 울(즉, 동공) 내의 조그만 볼록 표면에 대해 합리적인 정확한 해석이 가능하다. 비흑체 표면 1로부터 주위의 닫힌 울 2로 방출되는 에너지 속도는

$$Q_{\vec{12}} = e_1 A_1 \sigma T_1^4 \tag{16.5-1}$$

로 주어지며, 주위로부터 표면 1에 의해 흡수되는 에너지 속도는

$$Q_{\vec{21}} = a_1 A_1 \sigma T_2^4 \tag{16.5-2}$$

이다. 여기서는 표면 1에 충돌하는 복사는 T_1에 대응하는 흑체 복사나 동공 복사와 거의 같다는 사실을 사용하였다. A_1은 볼록하므로 그 자체의 어떤 광선도 차단하지 않아 F_{12}는 1과 같다고 둘 수 있다. 그러므로 A_1로부터 외부로의 알짜 복사 열전달 속도는

$$Q_{12} = \sigma A_1 (e_1 T_1^4 - a_1 T_2^4) \tag{16.5-3}$$

이 된다. 식 16.5-3에서 e_1은 T_1인 표면 1의 방출능 값이다. 흡수능 a_1은 일반적으로 T_2의 e 값으로 추정된다.

다음 $T_1, T_2, T_3, ..., T_n$ 온도를 갖는 n개의 회색이고 불투명한 확산-반사 표면 $A_1, A_2, A_3, ..., A_n$로 구성된 닫힌 울을 생각한다. Oppenheim[1]에 의하면 각 표면 A_i에 대한 **방사능** J_i는 A_i로부터 반사된 복사 에너지 훌럭스와 방출된 복사 에너지 훌럭스의 합과 같은 것으로 정의된다. 그러면 식 16.4-9에서 흑체의 방출능 σT_i^4을 방사능 J_i로 대체하면 A_i로부터 A_k로의 알짜 복사 열유동은

$$Q_{ik} = A_i F_{ik} (J_i - J_k) \qquad i, k = 1, 2, 3, \ldots, n \tag{16.5-4}$$

로 표현된다.

불투명한 표면에 대해 J_i는

$$J_i = (1 - e_i) I_i + e_i \sigma T_i^4 \tag{16.5-5}$$

[1] A. K. Oppenheim, *Trans. ASME*, **78**, 725-735 (1956); 이전 연구에 대해서는 G. Poljak, *Tech. Phys. USSR*, **1**, 555-590 (1935)을 보시오.

로 정의되며, 여기서 I_i는 A_i에 입사되는 복사 훌럭스이다. I_i를 소거하여 A_i로부터 닫혀진 울 내로의 알짜 복사 훌럭스 Q_{ie}/A_i를 구하면

$$\frac{Q_{ie}}{A_i} = J_i - I_i = J_i - \frac{J_i - e_i\sigma T_i^4}{1 - e_i} \tag{16.5-6}$$

이 되고

$$\frac{Q_{ie}}{A_i} = \frac{e_i}{1 - e_i} A_i(\sigma T_i^4 - J_i) \tag{16.5-7}$$

이 된다. 마지막으로 각 표면에 대한 정상상태의 에너지 수지는

$$Q_i = Q_{ie} = \sum_{k=1}^{n} Q_{ik} \tag{16.5-8}$$

이 된다. 여기서 Q_i는 복사가 아닌 방법에 의해 표면 A_i에 가해지는 열전달 속도이다.

식 16.5-4, 7 및 8에 상사한 식은 전기 전도에 대한 Ohm의 법칙, 전하 보존에 관한 Kirchhoff 법칙을 사용하여 직류 회로를 해석하는 곳에서 볼 수 있으며, 다음 상사성을 갖는다.

전기	복사
전류	Q
전압	J 또는 σT^4
저항	$(1 - e_i)/e_iA_i$ 또는 $1/A_iF_{ij}$

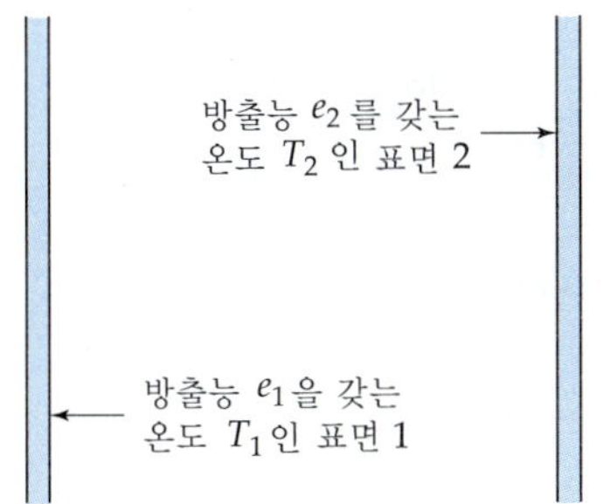

그림 16.5-1 두 개의 무한히 평행한 회색체 표면 사이의 복사

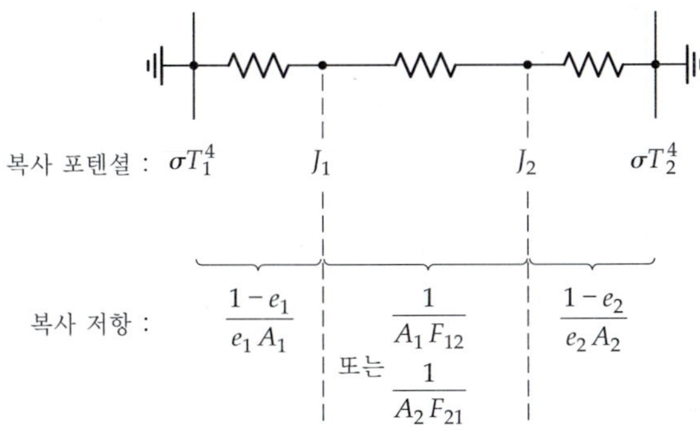

그림 16.5-2 그림 16.5-1에서 보인 계에 상당하는 회로

이 상사성은 간단한 닫힌 울 내의 복사 문제를 그에 상당하는 회로도를 그려 가시적으로 쉽게 보여 줄 수 있다. 예를 들면 그림 16.5.1의 계에 상당하는 회로도는 그림 16.5-2가 되므로, 알짜 복사 열전달 속도는

$$Q_{12} = \frac{\sigma(T_1^4 - T_2^4)}{\dfrac{1-e_1}{e_1A_1} + \dfrac{1}{A_1F_{12}} + \dfrac{1-e_2}{e_2A_2}} \tag{16.5-9}$$

이다.

식 16.4-5에 요약된 손쉬운 해는 $i = 2, 3, \cdots, n$에 대해 $Q_i = 0$인 닫힌 울에서는 식 16.5-8이

$$Q_{12} = A_1\bar{F}_{12}(J_1 - J_2) \tag{16.5-10}$$

으로 주어지면서 비흑체로 둘러 쌓인 닫힌 울에 대해서도 유사하게 일반화된다. 이 결과는 A_1에서 A_2로의 간접적인 열전달 경로들을 포함하기 위해 F_{12} 대신에 $\bar{F}_{12}$를 반드시 사용해야 한다는 것을 제외하고는 식 16.5-9과 같으며, 더 큰 열전달 속도를 갖게 된다.

예제 16.5-1 복사 보호막

그림 16.5-3에 도시된 바와 같이 대단히 큰 열전도도를 갖는 평행한 얇은 회색 시트가 동일한 면적 A를 갖는 평행한 두개의 무한 회색 평판 사이에 놓여 있을 때 복사 열전달 감소에 대한 식을 수립하시오.

해 평판 1과 2 사이의 복사 속도는 두 평판이 동일한 면적 A를 가지며 모양 인자가 1이므로

$$Q_{12} = \frac{A\sigma(T_1^4 - T_2^4)}{\dfrac{1-e_1}{e_1} + 1 + \dfrac{1-e_2}{e_2}} = \frac{A\sigma(T_1^4 - T_2^4)}{\dfrac{1}{e_1} + \dfrac{1}{e_2} - 1} \tag{16.5-11}$$

로 주어진다. 유사하게 평판 2와 3사이의 열전달은

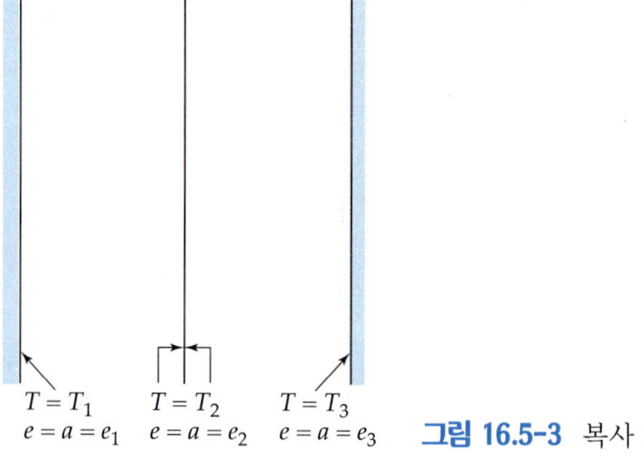

그림 16.5-3 복사 보호막

$$Q_{23} = \frac{A\sigma(T_2^4 - T_3^4)}{\dfrac{1-e_2}{e_2} + 1 + \dfrac{1-e_3}{e_3}} = \frac{A\sigma(T_2^4 - T_3^4)}{\dfrac{1}{e_2} + \dfrac{1}{e_3} - 1} \tag{16.5-12}$$

이다. 복사 보호막의 온도 T_2를 소거하기 위해 마지막 두 식을 결합하면

$$Q_{12}\left(\frac{1}{e_1} + \frac{1}{e_2} - 1\right) + Q_{23}\left(\frac{1}{e_2} + \frac{1}{e_3} - 1\right) = A\sigma(T_1^4 - T_3^4) \tag{16.5-13}$$

이 되고, $Q_{12} = Q_{23} = Q_{13}$이므로

$$Q_{13} = \frac{A\sigma(T_1^4 - T_3^4)}{\left(\dfrac{1}{e_1} + \dfrac{1}{e_2} - 1\right) + \left(\dfrac{1}{e_2} + \dfrac{1}{e_3} - 1\right)} \tag{16.5-14}$$

을 얻는다. 마지막으로 복사 보호막이 없을 때에 대한 복사 보호막이 있을 때의 복사 에너지 전달비는

$$\frac{(Q_{13})_{\text{with}}}{(Q_{13})_{\text{without}}} = \frac{\left(\dfrac{1}{e_1} + \dfrac{1}{e_3} - 1\right)}{\left(\dfrac{1}{e_1} + \dfrac{1}{e_2} - 1\right) + \left(\dfrac{1}{e_2} + \dfrac{1}{e_3} - 1\right)} \tag{16.5-15}$$

가 된다.

예제 16.5-2 수평관으로부터 복사와 자유 대류에 의한 열손실

석면으로 둘러 싸인 수평관의 단위 길이로부터 복사와 자유 대류에 의한 총 열손실 속도를 예측하시오. 단열층의 외부 지름은 6인치이고, 단열층의 외부 온도는 560°R, 방의 공기 및 벽면 온도는 540°R이다.

해 단열층의 외부 표면을 표면 1, 방의 벽을 표면 2로 두면 식 16.15-3은

$$Q_{12} = \sigma A_1 F_{12}(e_1 T_1^4 - a_1 T_2^4) \tag{16.5-16}$$

이 된다. 관의 표면이 볼록하며 표면 2로 완전히 둘러 쌓여 있으므로 F_{12}는 1이다. 표 16.2-1로부터 560°R에서 $e_1 = 0.93$, 540°R에서 $a_1 = 0.93$임을 알 수 있으며, 식 16.5-12에 수치 값을 대입하면 1 ft 관에 대해

$$\begin{aligned} Q_{12} &= (0.1712 \times 10^{-8})(\pi/2)(1.00)[0.93(560)^4 - 0.93(540)^4] \\ &= 33 \text{ Btu/hr} \end{aligned} \tag{16.5-17}$$

이 주어진다. 예제 14.5-1에서 구한 대류 열손실을 더하면 총 열손실은

$$Q = Q^{(\text{conv})} + Q^{(\text{rad})} = 16 + 33 = 49 \text{ Btu/hr} \tag{16.5-18}$$

을 얻는다. 이 경우 복사가 열손실의 반 이상이 됨에 주목하시오. 만약 유체가 투명하지 않

다면 대류와 복사는 독립적이지 않을 것이며 대류 및 복사에 의한 영향은 바로 더할 수 없게 된다.

예제 16.5-3 결합된 복사와 대류

청명한 저녁 하늘에 직접 노출되어 있는 물체는 외부 공간으로의 복사에 의해 주위 온도 이하로 냉각될 것이다. 이 효과는 지면으로부터 잘 단열된 얕은 트레이 내의 물을 얼리는데 사용할 수 있다. 증발을 무시하고 냉동이 가능한 최대 대기 온도를 구하시오.

해 첫 번째 근사로 다음 가정을 수립할 것이다.

a. 물이 받아 들이는 모든 열은 정지되어 있다고 가정하는 외부 공기로부터의 자유 대류에 의한다.

b. 물의 증발 및 응축에 의한 열 효과는 무시할 만하다.

c. 정상상태에 도달되어 있다.

d. 물이 담겨져 있는 접시는 단면적이 사각형이다.

e. 대기로부터 재 복사되는 것은 무시할 만하다.

물 표면에서 최대로 허용되는 공기 온도는 $T_1 = 492^\circ\text{R}$이다. 복사에 의한 열손실 속도는

$$\begin{aligned} Q^{(\text{rad})} &= \sigma A_1 e_1 T_1^4 = (0.1712 \times 10^{-8})(L^2)(0.95)(492)^4 \\ &= 95L^2 \,\text{Btu/hr} \cdot \text{ft}^2 \end{aligned} \tag{16.5-19}$$

이며, L은 접시의 한쪽 모서리 길이다.

대류에 의해 얻게 되는 열을 구하기 위해

$$Q^{(\text{conv})} = hL^2(T_{\text{air}} - T_{\text{water}}) \tag{16.5-20}$$

의 관계식을 사용하며, h는 자유 대류에 대한 열전달계수이다. 위를 바라보고 수평으로 놓여 있는 사각형에 의해 대기를 냉각하기 위한 열전달계수는

$$h = 0.2(T_{\text{air}} - T_{\text{water}})^{1/4} \tag{16.5-21}$$

로 주어지며[2], h는 $\text{Btu/hr}\cdot\text{ft}^2\cdot\text{F}$로 표현되고, 온도는 란킨 온도로 주어진다.

앞의 복사에 의한 열손실 식과 자유 대류에 의해 얻게 되는 열에 관한 식을 같다고 두면

$$95L^2 = 0.2L^2(T_{\text{air}} - 492)^{5/4} \tag{16.5-22}$$

를 얻으며, 이로부터 주위의 최대 대기 온도는 630°R 또는 170°F임을 알 수 있다. 사막이란 조건 하에 있다는 것을 제외하면 재 복사와 외부 공기로부터 수분의 응축은 요구되는 대기 온도를 훨씬 더 낮추게 된다. 더 현실적인 취급은 문제 22B.4와 예제 19.5-2를 보시오.

---

[2] W. H. McAdams, in *Chemical Engineers' Handbook* (J. H. Perry, Ed.), McGraw-Hill, New York (1950), 3rd edition, p. 474.

16.6 흡수 매체 내의 복사 에너지 전달[1]

앞 절에 주어진 방법들은 완전히 투명하거나 완전히 불투명한 물질에 대해서만 단지 적용 가능하다. 투명하지 않는 매체 내의 에너지 전달을 표현하기 위해 복사와 물질 둘 다의 관점에서 바라보는 에너지 변화의 국부 속도에 대한 미분방정식을 수립한다. 즉, 전자기 복사에 의해 가로지르는 물질 매체를 계 내의 모든 질량으로 이루어지는 "물질상"과 전자기 복사로 이루어지는 "광양자상"의 공존하는 두 개의 "상"으로 간주한다.

11장에서 복사를 포함하지 않는 계에 대한 에너지 수지를 이미 유도하였다. 여기서 방출과 흡수 공정에 의해 광양자상과 상호 교환하는 에너지를 고려하기 위해 물질상에 대해 식 11.2-1을 확장한다:

$$\frac{\partial}{\partial t}\rho\hat{U} = -(\nabla \cdot \rho\hat{U}\mathbf{v}) - (\nabla \cdot \mathbf{q}) - p(\nabla \cdot \mathbf{v}) - (\boldsymbol{\tau}:\nabla\mathbf{v}) - (\mathscr{E} - \mathscr{A}) \tag{16.6-1}$$

여기서 각각 단위 부피당 방출되고 흡수되는 광양자의 국부 속도인 $\mathscr{E}$와 $\mathscr{A}$를 도입하였다. 즉, $\mathscr{E}$는 분자에 의한 광양자 방출로 유발되는 물질상의 에너지 손실을 의미하며, $\mathscr{A}$는 분자에 의한 광양자 흡수로 물질상이 국부적으로 얻게 되는 에너지를 의미한다(그림 16.6-1 참조). 식 16.6-1에서 $\mathbf{q}$는 Fourier 법칙으로 주어지는 전도 열 훌럭스이다.

"광양자상"에 대해 복사 에너지 밀도의 변화 $u^{(r)}$에 대한 국부 속도를 나타내는 식을

$$\frac{\partial}{\partial t}u^{(r)} = -(\nabla \cdot \mathbf{q}^{(r)}) + (\mathscr{E} - \mathscr{A}) \tag{16.6-2}$$

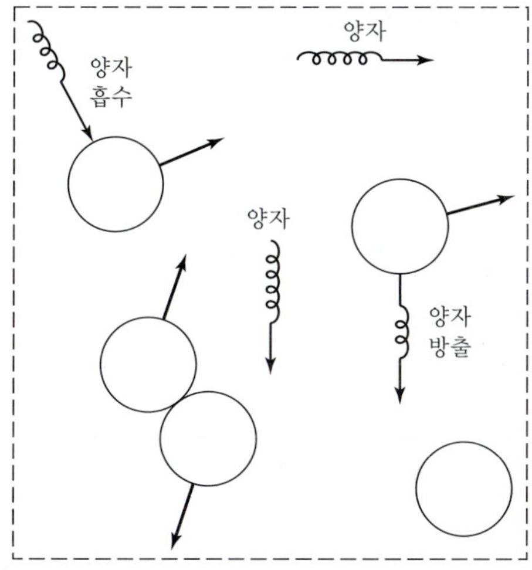

그림 16.6-1 에너지 수지가 만들어지는 부피 요소; 원은 분자를 나타낸다.

[1] G. C. Pomraning, *Radiation Hydrodynamics*, Pergamon Press, New York (1973); R. Siegel and J. R. Howell, *Thermal Radiation Heat Transfer,* 3rd edition Hemisphere Publishing Co., New York (1992).

로 쓸 것이며, $\mathbf{q}^{(r)}$은 복사 에너지 훌럭스이다. 이 식은 공간 상의 고정된 부피 요소에 대한 복사 에너지 수지를 수립함으로써 얻을 것이다. 광양자는 국부 물질 속도와는 무관하게 움직이므로 식 16.6-2에는 대류항이 없음에 주목하시오. 더욱이 얻게 되는 알짜 복사 에너지는 분자 에너지를 소모할 때 일어난다는 것을 지적하므로 식 16.6-1과 2에서 $(\mathscr{E} - \mathscr{A})$ 항은 반대 부호로 나타남에 주목하시오. 식 16.6-2은 ν에서 $\nu + d\nu$ 주파수 범위 내의 복사 에너지에 대해서도 역시 사용할 수 있으며

$$\frac{\partial}{\partial t} u_\nu^{(r)} = -(\nabla \cdot \mathbf{q}_\nu^{(r)}) + (\mathscr{E}_\nu - \mathscr{A}_\nu) \tag{16.6-3}$$

으로 되고, 식 16.6-2을 ν에 대해 미분하여 얻는다.

논의를 단순화하기 위해 단지 양의 z 방향으로만 이동하는 복사가 일어나는 정상상태의 유동이 없는 계를 생각한다. 이와 같은 계는 용액에 의한 방출이 중요하기 않을 만큼 충분히 낮은 온도에서 용액을 통해 통과하는 조준된 광선 빔에 의해 매우 가깝게 근사할 수 있다. (만약 방출이 중요하였다면 모든 방향의 복사를 고려하는 것이 필요하였을 것이다.) 이는 분광광도 측정법에서 보통 만날 수 있는 조건들이다. 이와 같은 계에 대해 식 16.6-1과 2는

$$0 = -\frac{d}{dz} q_z + \mathscr{A} \tag{16.6-4}$$

$$0 = -\frac{d}{dz} q_z^{(r)} - \mathscr{A} \tag{16.6-5}$$

가 된다. 이 식들을 사용하기 위해 부피 흡수 속도 $\mathscr{A}$에 관한 정보가 필요하다. 단일 방향 빔에 대한 통상적인 식은

$$\mathscr{A} = m_a q_z^{(r)} \tag{16.6-6}$$

이며, m_a는 **흡광계수**로 알려져 있다. 기본적으로 광양자 흡수 속도는 광양자의 농도에 비례한다는 것을 의미한다.

예제 16.6-1 단색광 복사 빔의 흡수

z 축에 평행하게 초점이 맞추어진 주파수 ν인 단색광 복사 빔이 흡수 유체를 통과한다. 에너지 흡수의 국부 속도는 $m_{a\nu} q_\nu^{(r)}$으로 주어지며, 여기서 $m_{a\nu}$는 주파수 ν인 복사에 대한 흡광계수이다. 계의 복사 훌럭스 분포 $q_\nu^{(r)}(z)$를 구하시오.

해 입사 빔의 반사와 산란을 무시하고, 재 복사가 무시될 만큼 액체가 냉각된다고 가정하면 정상상태에서 식 16.6-5는

$$0 = -\frac{d}{dz} q_\nu^{(r)} - m_{a\nu} q_\nu^{(r)} \tag{16.6-7}$$

이 된다. z에 대해 적분하면

$$q_{\nu}^{(r)}(z) = q_{\nu}^{(r)}(0)\exp(-m_{\alpha\nu}z) \tag{16.6-8}$$

이 되며, 이는 분광광도 측정법에서 널리 사용되는 **흡수에 관한 Lambert 법칙**[2]이다. 임의로 주어진 순수 물질에 대해 $m_{a\nu}$는 ν에 특정한 방법으로 의존하므로 흡수 스펙트럼의 형상은 정성분석의 유용한 도구가 된다.

논의를 위한 질문

1. 이 장에서 "명명된 법칙"은 중요하다. Stefan과 Boltzmann, Planck, Kirchhoff, Lambert, Wien등의 과학자들 이름과 결부된 법칙들의 물리적인 내용이 무엇인가?
2. Stefan-Boltzmann 법칙과 Wien 변위법칙은 Planck의 흑체 분포법칙과 어떤 관계가 있는가?
3. 흑체는 존재하는가? 흑체의 개념이 왜 유용한가?
4. 정반사(거울과 같은)에서는 입사각이 반사각과 같다. 이들 각이 확산 반사와 어떤 관계가 있는가?
5. 모양 인자의 물리적 의미는 무엇이며, 어떻게 계산하는가?
6. $q^{(e)}$, $q_{\nu}^{(e)}$와 $q_{\lambda}^{(e)}$의 단위는 무엇인가?
7. 모양 인자의 관점에서 완벽하게 표현할 수 있는 복사 열 교환에 대한 기하학적 구조의 효과는 어떤 조건 하에서인가?
8. 균일한 표면 온도를 갖는 흑체의 겉보기 명도가 투명한 매체를 통해 바라보는 곳으로부터의 위치(거리와 방향)에 무관하다는 것을 보여주는 식은 이 장의 어떤 식인가?
9. 이상적인 단색광 기체에 대해 식 16.3-2과 상사한 관계는 무엇인가?
10. 식 16.3-9의 차원 일치를 조사하시오.

문제

16A.1. 구의 구멍에 의한 흑체의 근사. 내부 표면이 거의 완전히 산화되어 있고 지름이 6 in.인 얇은 구리 구가 있다. 0.99의 흡수능을 갖기 위해서는 구의 구멍을 얼마나 작게 뚫어야 하는지 구하시오.
답: 반지름 = 0.70 in.

16A.2. 태양 엔진의 효율. 태양 에너지를 이용하기 위해 Abbot[1]에 의해 개발된 장치는 충돌하는 태양광이 비등점이 높은 거의 검은 액체를 포함하고 있는 파이렉스 관 위에 초점을 맞출 수 있도록 하는 포물선

---

[2] J. H. Lambert, *Photometria,* Augsburg (1760).

[1] C. G. Abbot, in *Solar Energy Research* (F. Daniels and J. A. Duffie, eds.), University of Wisconsin Press, Madison (1955), pp. 91-95; 또 U.S. Patent No. 2, 460, 482 (Feb. 1, 1945)를 보시오.

형의 거울로 구성되어 있다. 이 액체는 25 기압의 과열된 물로 에너지가 전달되는 열교환기로 순환된다. 수증기는 엔진을 돌리는데 사용되고 회수된다. 거울의 축이 태양을 바로 향하고 있을 때 2 hp를 생산하기 위한 가장 효율적인 설계는 지름이 10 ft인 거울이 요구된다. 이 장치의 총괄 효율을 구하시오.

답: 15%

16A.3. 요구되는 복사 가열. 격납고는 바닥이 15 ft와 30 ft이고 바닥으로부터 7.5 ft 위에 천장이 있는 직사각형 모양을 하고 있으며, 바닥이 코일을 통해 흐르는 뜨거운 물에 의해 가열되고 있다. 추운 겨울날 외부 벽과 천장이 약 −10°F일 때 바닥 온도를 75°F로 유지하기 위해서는 바닥을 통해 어떤 속도로 열이 공급되어야 하는지 구하시오. (계의 모든 표면은 흑체라고 가정하시오.)

16A.4. 정상상태의 지붕 온도. 7월 21일 청명한 날 북위 45도에 위치한 지붕에 의해 도달하는 최대 온도를 구하시오. 태양 이외의 다른 원천에 의한 복사는 무시할 만하고, 대류 열전달계수는 2.0 Btu/hr·ft^2·F로 가정하며, 주변 공기의 최대 온도는 100°F로 가정한다. 예제 16.4-1의 태양 상수를 사용하며, 대기로의 태양광의 흡수와 산란은 무시할 만하다고 한다.

(a) 완전 흑체 지붕에 대한 해를 구하시오.

(b) 태양 복사에 대한 흡수능이 0.3이고 지붕의 온도에서 방출능이 0.07인 알루미늄으로 피복된 지붕에 대한 해를 구하시오.

16A.5. 온도 측정에서 복사 오차. 도관 내를 흐르는 공기 온도는 열전대를 사용하여 측정한다. 열전대 전선과 접합점은 지름이 0.05 in.인 원통형으로 도관을 관통하여 유동에 수직하게 접합점이 도관의 중심까지 뻗어 있다. 접합점의 방출능이 $e = 0.8$이라고 가정하고 정상상태의 조건에서 얻어진 다음 데이터로부터 기체 흐름의 온도를 구하시오.

열전대 접합점 온도 = 500°F

도관 벽 온도 = 300°F

전선으로부터 공기로의 대류 열전달계수 = 50 Btu/hr·ft^2·F

열전대가 설치된 도관 하류와 도관 지름의 20배 상류에서의 벽 온도는 일정하며, 열전대는 납땜하여 위치해 있으므로 접합점 온도에서 열전대를 따라 전달되는 열전도 효과는 무시할 만하다고 한다.

16A.6. 달 표면 온도.

(a) 달 표면이 회색 구라고 간주하고 준 정상상태의 복사 에너지 수지에 의해 태양에 가장 가까이 위치해 있는 지점에서 달의 표면 온도를 구하시오. 혹성들로부터의 복사와 반사는 무시할 만하며, 지구에서의 태양 상수는 예제 16.4-1에 주어져 있다.

(b) 가장 뜨거운 지점으로부터 각 변위의 함수로 달 표면 온도를 표현하기 위해 (a)를 확장하시오.

16B.1. 유효 방출능에 대한 기준 온도. 방출능이 온도에 따라 선형적으로 증가한다면 식 16.5-3은

$$Q_{12} = e_1^0 \sigma A_1 (T_1^4 - T_2^4) \qquad (16.B.1\text{-}1)$$

로 쓸 수 있음을 보이시오. 여기서 e_1^0는

$$T^{\circ}=\frac{T_1^5-T_2^5}{T_1^4-T_2^4} \tag{16.B.1-2}$$

로 주어지는 기준 온도 T°에서 계산된 표면 1의 방출능이다.

16B.2. 원환 간격을 가로지르는 복사. 2개의 긴 회색 동축 원통 1과 2 사이의 복사 열전달식이

$$Q_{12}=\frac{\sigma(T_1^4-T_2^4)}{\dfrac{1}{A_1e_1}+\dfrac{1}{A_2}\left(\dfrac{1}{e_2}-1\right)} \tag{16.B.2-1}$$

임을 보이시오. 여기서 A_1은 내부 원통의 표면적이다.

16B.3. 다수의 복사 보호막.

(a) 각 시트는 서로 다른 방출능 e를 가지며, 첫 번째 시트의 온도가 T_1, n 번째 시트의 온도가 T_n일 때 직렬의 대단히 얇고 평탄하며 평행인 n개의 금속 시트를 통한 복사 열전달 속도식을 구하시오. 또 계속되는 평판 쌍에 대해 당신의 결과를 복사 저항

$$R_{i,i+1}=\frac{\sigma(T_i^4-T_{i+1}^4)}{Q_{i,i+1}} \tag{16.B.3-1}$$

로 표현하시오. 모서리 효과와 시트 사이의 공기 간격을 가로지르는 전도는 무시한다.

(b) n개의 동일한 시트에 대한 복사 열전달 속도와 두 개의 동일한 시트에 대한 복사 열전달 속도의 비를 구하시오.

(c) 3개의 시트에 대해 구한 결과를 예제 16.5-1에서 얻은 결과와 비교하시오.

직렬로 있는 일련의 복사 보호막에 의해 나타나는 열전달 속도의 현저한 감소는 고온 단열을 위해 다수층의 금속 호일을 사용하게끔 한다

16B.4. 흡수 매체를 통한 복사와 전도. $z=0$과 $z=\delta$인 평면으로 경계지어져 있고 x와 y 방향으로는 무한 크기를 갖는 유리판이 있다. $z=0$과 $z=\delta$의 표면 온도가 각각 T_0와 T_δ로 유지되고 있으며, z 방향으로 $q_0^{(r)}$의 강도를 갖는 균일한 단색광 복사 빔이 $z=0$인 면 위에 충돌한다. 유리판 내에서의 방출, 반사 및 음의 z 방향의 입사 복사 등은 무시할만하다고 한다.

(a) m_a와 k가 일정하다고 가정하고 유리판 내의 온도분포를 구하시오(16.6절 참고)

(b) 전도 열 흘럭스 분포 q_z가 m_a에 어떻게 의존하는지 보이시오.

16B.5. 진공에서 흑체의 냉각. 부피 V, 표면적 A, 밀도 ρ, 열용량 $\hat{C}_p$를 갖고 대단히 높은 열전도도를 갖는 얇은 흑체가 있다. $t=0$인 시간에서 초기에 온도 T_1인 이 물체가 온도 T_2로 영원히 유지되고 있는 벽을 갖는 닫힌 흑체 울 안에 놓이게 된다($T_2<T_1$이면서). 시간의 함수로 표현되는 흑체 온도 T의 식을 유도하시오.

16B.6. 단열관으로부터의 열손실. 수증기가 흐르는 표준 스케쥴 40의 2인치 수평 강철 도관(내부 지름 2.067 in., 벽 두께 0.154 in.; $k=26$ Btu / hr·ft·F)이 2 in.의 85% 마그네시아(k = 0.04 Btu / hr·ft·F)로 단열 피복되고 깨끗한 알루미늄 호일($e=0.05$)의 단일 층으로 단단하게 감겨 있다. 관의 내부

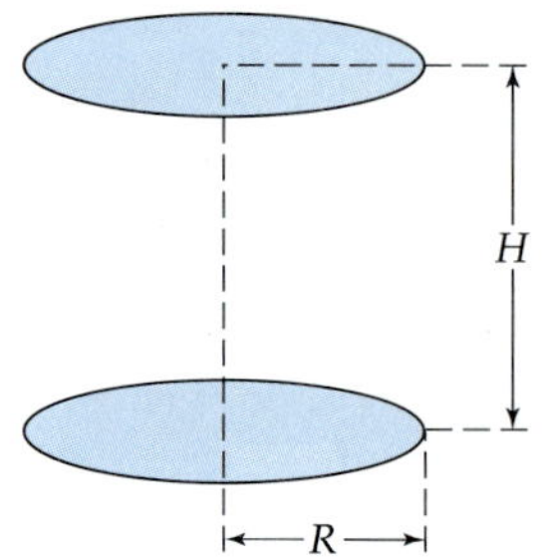

그림 16C-1 두 개의 완전한 흑체 원판

표면은 250°F이고, 1기압 80°F의 공기로 둘러 쌓여 있다.

(a) 알루미늄 호일의 외부 표면 온도 T_0를 100°F와 250°F라 가정할 때, 관 벽과 단열층을 통해 단위 길이당 전도에 의한 열유동 $Q^{(\mathrm{cond})}/L$을 계산하시오.

(b) 동일하게 가정된 외부 표면 온도 T_0에 대해 복사와 자유 대류에 의한 열손실 $Q^{(\mathrm{rad})}/L$과 $Q^{(\mathrm{conv})}/L$을 계산하시오

(c) $Q^{(\mathrm{cond})}/L = Q^{(\mathrm{rad})}/L + Q^{(\mathrm{conv})}/L$에 대한 T_0의 정상상태 값을 얻기 위해 앞의 결과들을 그리거나 내삽하시오

16C.1. 한 쌍의 원판에 대한 모양 인자의 적분(그림 16C.1). 반지름이 R인 두 개의 평행한 완전 흑체 원판이 거리 H만큼 떨어져 놓여 있다. 이 경우에 대한 모양 인자 적분을 구하고

$$F_{12} = F_{21} = \frac{1 + 2B^2 - \sqrt{1 + 4B^2}}{2B^2} \qquad (16\text{C}.1\text{-}1)^2$$

임을 보이시오. 여기서 $B = R/H$이다.

16D.1. 전류가 흐르는 전선으로부터의 열손실.[3] 전기적으로 가열되는 길이 L인 전선으로부터 복사 열전달에 의해 외부로 열이 손실된다. 만약 전선의 말단이 일정한 온도 T_0로 유지되고 있다면, 전선의 축 방향 온도 변화를 나타내는 식을 구하시오. 전선은 온도가 T_0인 닫힌 흑체 울로 복사가 일어난다고 간주한다.

[2] C. Christiansen, *Wiedemann's Ann. d. Physik,* **19**, 267-283 (1883); 또 M. Jakob, *Heat Transfer*, Vol. II, Wiley, New York (1957), p. 14를 보시오.

[3] H. S. Carslaw and J. C. Jager, *Conduction of Heat in Solids, 2nd edition*, Oxford University Press (1959), pp. 154-156.

3부

물질 전달

Chapter

17 확산계수와 물질전달 메커니즘

1장에서는 점도에 대한 Newton 법칙을 나타냄으로써 시작하였으며, 9장에서는 열전도에 대한 Fourier 법칙으로 시작하였다. 이 장에서는 A의 농도 구배 때문에 A와 B의 2성분 혼합물을 통한 하나의 화학 종 A의 움직임을 설명하는 확산에 대한 Fick 법칙으로부터 시작한다.

과망간산 칼륨의 작은 결정을 물이 담긴 비커에 떨어뜨리면 높은 농도 영역에서 낮은 농도 영역으로 이동하는 화학 종의 움직임을 관찰할 수 있다. $KMnO_4$는 물에 녹기 시작하며, 결정 바로 가까이는 진보라색의 $KMnO_4$의 농축 용액이 존재하게 된다. 농도 구배가 이루어지기 때문에 $KMnO_4$는 결정으로부터 멀리 확산된다. 확산의 진행 과정은 진보라색 영역의 성장을 관찰함으로써 추적할 수 있다.

17.1절에서는 2 성분 확산에 대한 Fick 법칙을 제시하고, A–B 쌍에 대한 확산계수 $\mathscr{D}_{AB}$를 정의하고자 하며, 확산계수의 온도와 압력 의존성을 간략하게 논의하고자 한다. 그 뒤에 기체, 액체, 콜로이드와 고분자에 대한 확산계수의 예측이 가능한 이론들을 요약하고자 한다. 이 장의 끝 부분에는 운동량과 열전달에 대한 1장과 9장의 논법과 같이 대류에 의한 화학 종의 물질전달을 논의하고자 한다. 또한 몰 단위와 이들 단위로 확산을 설명하기 위해 필요한 기호를 도입하고자 한다. 마지막으로, 낮은 농도의 다성분 기체에 대한 Maxwell–

Stefan 방정식을 다루고자 한다.

논의를 시작하기 전에 다음 관례를 수립하고자 한다. **다성분 확산**에 대해 화학 종은 그리스 소문자 α, β, γ, ...로 나타내고, 화학 종의 농도는 상응하는 하첨자로 나타낸다. **2성분 확산**에 대해서는 A와 B의 대문자 이탤릭 체로 나타낸다. **자체-확산**(화학적으로 동등한 종의 확산)에 대해서는 화학 종 A와 A^*로 표식하며, 표식된 화학 종 A^*는 방사성 또는 질량, 자기 모멘트 및 스핀과 같은 다른 핵 성질에 의해 A와는 물리적으로 다를 것이다.[1] 이 계에서 사용하는 표기법은 주어진 공식을 적용하는 계의 종류를 단숨에 알아볼 수 있도록 해 줄 것이다.

17.1 2 성분 확산의 Fick 법칙(분자 물질전달)

면적이 A이고 두께가 Y인 수평의 얇은 합성 석영 평판을 생각하시오. 초기에는(시간 $t < 0$에 대해) 평판의 수평한 두 표면은 석영에는 전혀 용해되지 않는 공기와 접촉하고 있다고 가정한다. 시간 $t = 0$에서 평판 하부의 공기가 갑자기 석영에 잘 녹는 순수한 헬륨으로 대체된다. 헬륨은 분자 운동에 의해 천천히 석영 평판 내로 침투하고, 궁극적으로는 상부의 기체에

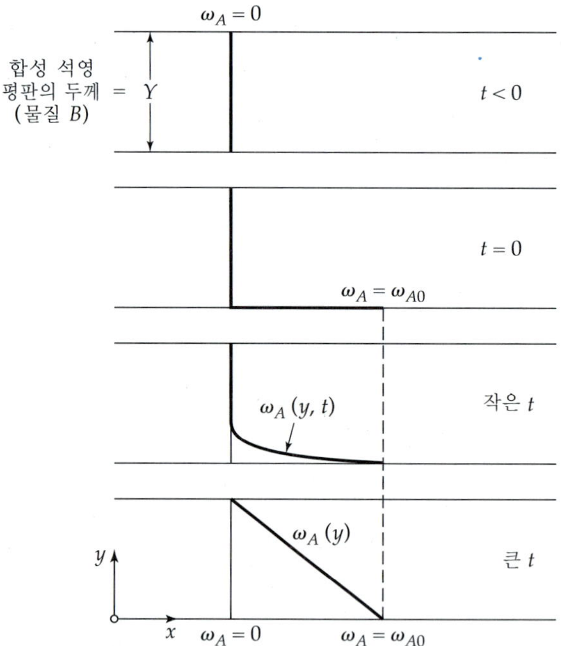

그림 17.1-1 합성 석영(물질 B)을 통한 헬륨(물질 A)의 확산에 대한 정상상태의 농도분포의 형성. 기호 ω_A는 헬륨의 몰 분율을 나타내며, ω_{A0}는 질량 분율로 표현되는 합성 석영 내의 헬륨의 용해도이다. 상사한 운동량 및 열전달 경우에 대해서는 그림 1.1-1과 그림 9.1-1을 참조하시오.

[1] E. O. Stejskal and J. E. Tanner, *J. Chem. Phys.*, **42**, 288-292 (1965); P. Stilbs, *Prog. NMR Spectros*, **19**, 1-45 (1987); P. T. Callaghan and J. Stepišnik, *Adv. Magn. Opt. Reson.* **19**, 325-388 (1996).

나타난다. 다른 물질에 상대적인 한 물질의 분자 전달은 **확산**(또한 **질량 확산**, **농도 확산** 또는 **보통 확산**으로 알려진)으로 알려져 있다. 평판 상부의 공기가 빠르게 대체될 것이므로 헬륨은 감지될 만큼 그곳에 쌓이지 않는다. 이 경우를 그림 17.1-1에 나타내었다. 이 과정은 점도와 열전도도를 정의하였던 그림 1.1-1과 9.1-1의 설명과 상사하다.

이 계에서 헬륨을 "화학 종 A", 석영을 "화학 종 B"라 부를 것이며, 농도는 "질량 분율" ω_A와 ω_B로 주어질 것이다. 질량 분율 ω_A는 주어진 거시적 부피 요소 내의 헬륨의 질량을 헬륨에 석영을 더한 질량으로 나눈 것이며, 질량 분율 ω_B는 상사적으로 정의된다.

0보다 작은 시간 t에 대해서는 헬륨의 질량 분율 ω_A는 모든 지점에서 0이다. 0보다 큰 시간 t에 대해서는 $y = 0$인 하부 표면에서 헬륨의 질량 분율은 ω_{A0}과 같다. 후자의 양은 바로 고체 내부의 질량 분율로 표현되는 석영에서의 헬륨의 용해도이다. 시간에 진행됨에 따라 평판 하부 표면에서 $\omega_A = \omega_{A0}$을 가지고 평판 상부 표면에서 $\omega_A = 0$을 가지면서 질량 분율 분포는 발달된다. 그림 17.1-1에 나타낸 바와 같이 t가 증가함에 따라 분포는 직선으로 향하는 경향이 있다.

정상상태에서 양의 y 방향의 헬륨의 질량 유량 w_{Ay}는

$$\frac{w_{Ay}}{A} = \rho \mathscr{D}_{AB} \frac{\omega_{A0} - 0}{Y} \tag{17.1-1}$$

에 의해 대단히 좋은 근사로 설명될 수 있음을 안다. 즉, 단위 면적당 헬륨의 질량 유량(혹은 질량 홀럭스)은 질량 분율의 차를 평판 두께로 나눈 것에 비례한다. 여기서 ρ는 석영-헬륨계의 밀도이고, 비례 인자 $\mathscr{D}_{AB}$는 석영-헬륨계의 **확산계수**이다. 평판 내의 미분 요소에 대해 식 17.1-1을 다시 쓰면

$$j_{Ay} = -\rho \mathscr{D}_{AB} \frac{d\omega_A}{dy} \tag{17.1-2}$$

가 된다. 여기서 w_{Ay}/A가 양의 y 방향의 헬륨의 **분자 질량 홀럭스** j_{Ay}로 대체되었다. 첫 번째 지수 A는 화학 종(이 경우는 헬륨)을 의미하며, 두 번째 지수는 확산 전달이 일어나는 방향(이 경우는 y 방향)을 나타냄에 주목하시오.

식 17.1-2는 **확산에 대한 Fick 1 법칙**의 1차원 형태이다.[1] 이 식은 j_{Ay}가 혼합물 속도 v_y에 상대적인 질량 홀럭스로 정의되는 것으로, 주어지는 임의의 2성분 고체, 액체 또는 기체 용액에 대해 타당하다. 그림 17.1-1에서 조사된 계에 대해, 헬륨이 상당히 느리게 움직이고 농도가 아주 낮으므로, 확산 과정 동안 v_y는 거의 0이다.

일반적으로 2성분 혼합물에 대해

[1] A. Fick, *Ann. der Physik*, **94**, 59-86 (1855). Fick 2법칙, 식 11.2-10의 열전도식의 확산 상사형은 식 19.1-18에 주어진다. **Adolf Eugen Fick** (1829-1901)는 쮸리히와 말부르그에서 가르쳤던 의사였으며, 후에 빌쯔부르그 대학의 총장이 되었다. 그는 실험에 의거하지 않고 열전도가 갖는 상사형에 의해 확산 법칙을 가정하였다.

$$v_y = \omega_A v_{Ay} + \omega_B v_{By} \tag{17.1-3}$$

이다. 따라서 $\mathbf{v}$는 질량 분율에 따라 가중되는 화학 종 속도 $\mathbf{v}_A$와 $\mathbf{v}_B$의 평균이다. 이런 종류의 속도를 **질량 평균 속도**라 한다. 화학 종 속도 $\mathbf{v}_A$는 분자 A의 순간적인 분자 속도가 아니고 오히려 작은 부피 요소 내의 모든 A 분자 속도의 산술 평균이다.

일반적으로 질량 훌럭스 j_{Ay}는

$$j_{Ay} = \rho\omega_A(v_{Ay} - v_y) \tag{17.1-4}$$

로 정의되며, B의 질량 훌럭스는 상사하게 정의된다. 두 화학 종이 상호 확산될 때 만약 A와 B의 분자량이 다르다면, y 방향으로 질량 중심이 국부적으로 이동하게 된다. 질량 훌럭스 j_{Ay}와 j_{By}는 $j_{Ay} + j_{By} = 0$으로 정의된다. 다시 말하면 훌럭스 j_{Ay}와 j_{By}는 질량 중심의 운동에 대해 측정된다. 이 점은 17.7과 8절에서 상세히 다룰 것이다.

만약 x와 z 방향에 대해 식 17.1-2과 유사한 식을 쓰고 세 방향의 식 모두를 결합한다면, Fick 법칙의 벡터 형태를 얻는다.

$$\mathbf{j}_A = -\rho\mathscr{D}_{AB}\nabla\omega_A \tag{17.1-5}$$

화학 종 B에 대해서도 유사한 관계를 쓸 수 있다.

$$\mathbf{j}_B = -\rho\mathscr{D}_{BA}\nabla\omega_B \tag{17.1-6}$$

$\mathscr{D}_{AB} = \mathscr{D}_{BA}$임을 예제 17.1-2에서 볼 수 있으며, 따라서 A–B쌍에 대해 단 하나의 확산계수만 존재한다. 일반적으로 확산계수는 압력, 온도와 조성의 함수일 것이다.

질량 확산계수 $\mathscr{D}_{AB}$, 열 확산계수 $\alpha = k/\rho\hat{C}_p$, 운동량 확산계수(동점도) $\nu = \mu/\rho$는 모두 (길이)^2/시간의 차원을 가지므로, 이들 세 양의 비는 무차원 군이 된다.

Prandtl 수:
$$\mathrm{Pr} = \frac{\nu}{\alpha} = \frac{\hat{C}_p\mu}{k} \tag{17.1-7}$$

Schmidt 수[2]:
$$\mathrm{Sc} = \frac{\nu}{\mathscr{D}_{AB}} = \frac{\mu}{\rho\mathscr{D}_{AB}} \tag{17.1-8}$$

Lewis 수[2]:
$$\mathrm{Le} = \frac{\alpha}{\mathscr{D}_{AB}} = \frac{k}{\rho\hat{C}_p\mathscr{D}_{AB}} \tag{17.1-9}$$

유체의 성질에 대한 이들 무차원 군은 경쟁하는 전달 공정이 일어나는 계에 대한 무차원 방정식에서 두드러진 역할을 한다. (주: Lewis 수는 때로는 위 식의 역수로도 정의된다.)

표 17.1-1, 2, 3과 4에는 cm^2/s 단위인 $\mathscr{D}_{AB}$의 몇몇 값이 약간의 기체, 액체, 고체 및 고분

---

[2] 이들 무차원군은 **Ernst Heinrich Wilhelm Schmidt** (1892-1975)를 위해 명명되었다. 그는 그다느스크 대학, 브라운슈바이그 대학과 뮌헨 대학(그가 Nusselt을 계승하였던 대학)에서 가르쳤다. **Warren Kendall Lewis** (1882-1975)는 MIT에서 가르쳤으며, W. H. Walker, W. K. Lewis, and W. H. McAdams, *Principles of Chemical Engineering*, McGraw-Hill, New York (1923)의 선구자적인 교과서의 공저자이다.

자 계에 대해 주어져 있다. 이들 값에 10^{-4}을 곱하면 쉽게 m^2/s 단위로 바꿀 수 있다. 낮은 밀도에서 기체의 확산계수는 ω_A에 거의 무관하며, 온도에 따라 증가하고 압력에 따라 역으로 변한다. 액체와 고체의 확산계수는 농도에 강하게 의존하며, 일반적으로 온도에 따라 증가한다. 확산계수를 측정하기 위한 수많은 실험적 방법이 있으며, 이들의 몇몇을 다음 장에서 설명한다.[3]

기체 혼합물에 대해서는 표 17.1-1에서 보는 바와 같이 Schmidt 수가 약 0.2에서 3의 범위에 있을 수 있으며, **액체 혼합물**에 대해서는 40,000까지의 값이 관찰되었다.[4]

이 시점까지는 확산 속도가 유체 혼합물의 배향에 의존하지 않는 등방성 유체를 다루었다. 몇몇 고체와 구조를 갖는 유체에 대해서는 확산계수가 스칼라이기 보다는 텐서가 되어야 하므로, Fick 1법칙은

$$\mathbf{j}_A = -[\rho \boldsymbol{\Delta}_{AB} \cdot \nabla \omega_A] \tag{17.1-10}$$

으로 수정되어야 한다. 여기서 Δ_{AB}는 (대칭인)**확산계수 텐서**이다.[5,6] 이 식에 의하면 질량 플럭스는 질량 분율 구배와 동일 직선 상에 있을 필요가 없다. 여기서는 이 주제를 더 이상 다루지 않을 것이다.

이 절에서는 계 내의 농도 구배의 결과로 일어나는 확산을 논의하였다. 이런 종류의 확산을 **농도 확산** 또는 **보통 확산**으로 일컫는다. 그러나 다른 종류의 확산도 있다. 온도 구배의 결과로 일어나는 **열 확산**, 압력 구배의 결과로 일어나는 **압력 확산** 및 화학 종에 작용하는 같지 않는 외부 힘에 의해 유발되는 **강제 확산** 등이 있다. 이 이후로는 단지 농도 확산만 고려하고자 하며, 다른 메커니즘의 논의는 24장으로 연기하고자 한다. 또한 24장에서는 보통 확산에 대한 구동력으로 농도보다는 활동도의 사용을 논의하고자 한다.

---

[3] 광범위한 논의에 대해서는 W. E. Wakeham, A. Nagashima, and V. J. Sengers, *Measurement of the Transport Properties of Fluids: Experimental Thermodynamics*, *Vol. III*, CRC Press, Boca Raton, Fla. (1991)을 참조하시오.

[4] D. A. Shaw and T. J. Hanratty, *AIChE Journal*, **23**, 28-37, 160-169 (1977); P. Harriot and R. M. Hamilton, *Chem. Eng. Sci.*, **20**, 1073-1078 (1965).

[5] 흐르는 고분자에 대해, 확산 텐서에 대한 이론식은 분자운동론을 사용하여 유도되었다. C. Öttinger, *AIChE Journal*, **35**, 279-286 (1989)와 C. F. Curtiss and R. B. Bird, *Adv. Polym. Sci.*, 1-101 (1996), 6분절과 15분절을 참조하시오.

[6] M. E. Glicksman, *Diffusion in Solids: Field Theory, Solid State Principles and Applications*, Wiley, New York (2000).

표 17.1-1 1기압의 압력에서 기체 쌍에 대한 실험 확산계수[a]와 극한 Schmidt 수[b]

기체 쌍 A–B	온도 (K)	$\mathscr{D}_{AB}$ (cm^2/s)	Sc $x_A = 1$	Sc $x_B = 1$
CO_2–N_2O	273.2	0.096	0.73	0.72
CO_2–CO	273.2	0.139	0.50	0.96
CO_2–N_2	273.2	0.144	0.48	0.91
	288.2	0.158	0.49	0.92
	298.2	0.165	0.50	0.93
N_2–C_2H_6	298.2	0.148	1.04	0.51
N_2–nC_4H_{10}	298.2	0.0960	1.60	0.33
N_2–O_2	273.2	0.181	0.72	0.74
H_2–SF_6	298.2	0.420	3.37	0.055
H_2–CH_4	298.2	0.726	1.95	0.23
H_2–N_2	273.2	0.674	1.40	0.19
NH_3–H_2[c]	263	0.58	0.19[e]	1.53
NH_3–N_2[c]	298	0.233	0.62[e]	0.65
H_2O–N_2[c]	308	0.259	0.58[e]	0.62
H_2O–O_2[c]	352	0.357	0.56[e]	0.59
C_3H_8–nC_4H_{10}[d]	378.2	0.0768	0.95	0.66
	437.7	0.107	0.91	0.63
C_3H_8–iC_4H_{10}[d]	298.0	0.0439	1.04	0.73
	378.2	0.0823	0.89	0.63
	437.8	0.112	0.87	0.61
C_3H_8–neo-C_5H_{12}[d]	298.1	0.0431	1.06	0.56
	378.2	0.0703	1.04	0.55
	437.7	0.0945	1.03	0.55
nC_4H_{10}–neo-C_5H_{12}[d]	298.0	0.0413	0.76	0.59
	378.2	0.0644	0.78	0.61
	437.8	0.0839	0.80	0.62
iC_4H_{10}–neo-C_5H_{12}[d]	298.1	0.0362	0.89	0.67
	378.2	0.0580	0.89	0.67
	437.7	0.0786	0.87	0.66

[a] 다른 지시가 없으면 값은 J. O. Hirschfelder, C. F. Curtiss, and R. B. Bird, *Molecular Theory of Gases and Liquids*, 2nd corrected printing, Wiley, New York (1964), p. 579로부터 취하였다. 모든 값은 1기압의 압력에 대해 주어진다.

[b] 표 E.1의 Lennard-Jones 매개변수를 사용하여 계산된. 6흘로르화 황에 대한 매개변수는 2차 비리얼 계수 데이터로부터 얻어졌다.

[c] 물과 암모니아 혼합물에 대한 $\mathscr{D}_{AB}$ 값은 R. C. Reid, J. M. Prausnitz, and B. E. Poling, *The Properties of Gases and Liquids*, 4th edition, McGraw-Hill, New York (1987)의 도표로부터 취하였다.

[d] 탄화수소-탄화수소 쌍에 대한 $\mathscr{D}_{AB}$ 값은 S. Gotoh, M. Manner, J. P. Sørensen, and W. E. Stewart, *J. Chem. Eng. Data*, **19**, 169-171 (1974)로부터 취하였다.

[e] 물과 암모니아에 대한 μ 값은 T. E. Daubert, R. P. Danner, H. M. Sibul, C. C. Stebbins, J. L. Oscarson, R. L. Rowley, W. V. Wilding, M. E. Adams, T. L. Marshall, and N. A. Zundel, *DIPPR®, Data Compilation of Pure Compound Properties*, Design Institute for Physical Property Data®, AIChE, New York, N.Y. (2000)에 제공된 함수로부터 계산되었다.

표 17.1-2 액체 상태의 실험 확산계수[a,b]

A	B	T(°C)	x_A	$\mathscr{D}_{AB} \times 10^5$ (cm^2/s)
클로로벤젠	브롬화 벤젠	10.10	0.0332	1.007
			0.2642	1.069
			0.5122	1.146
			0.7617	1.226
			0.9652	1.291
		39.92	0.0332	1.584
			0.2642	1.691
			0.5122	1.806
			0.7617	1.902
			0.9652	1.996
물	n-부탄올	30	0.131	1.24
			0.222	0.920
			0.358	0.560
			0.454	0.437
			0.524	0.267
에탄올	물	25	0.026	1.076
			0.266	0.368
			0.408	0.405
			0.680	0.743
			0.880	1.047
			0.944	1.181

[a] 처음 두 쌍에 대한 데이터는 P. A. Johnson and A. L. Babb, *Chem. Revs.*, **56**, 387-453 (1956)에 의한 총설로부터 취하였다. 실험 결과의 다른 요약은 P. W. M. Rutten, *Diffusion in Liquids*, Delft University Press, Delft, The Netherland (1992); L. J. Gosting, *Adv. in. Protein Chem.*, Vol. XI, Academic Press, New York (1956); A. Vignes, *I. E. C. Fundamentals*, **5**, 189-199 (1966)에서 발견할 수 있다.

[b] 에탄올–물 데이터는 M. T. Tyn and W. F. Calus, *J. Chem. Eng. Data*, **20**, 310-316 (1975)로부터 취하였다.

표 17.1-3 고체 상태 내의 실험 확산계수[a]

A	B	T(°C)	$\mathscr{D}_{AB}$ (cm^2/s)
He	SiO_2	20	$2.4\text{–}5.5 \times 10^{-10}$
He	Pyrex	20	4.5×10^{-11}
		500	2×10^{-8}
H_2	SiO_2	500	$0.6\text{–}2.1 \times 10^{-8}$
H_2	Ni	85	1.16×10^{-8}
		165	10.5×10^{-8}
Bi	Pb	20	1.1×10^{-16}
Hg	Pb	20	2.5×10^{-15}
Sb	Ag	20	3.5×10^{-21}
Al	Cu	20	1.3×10^{-30}
Cd	Cu	20	2.7×10^{-15}

[a] 위 각각의 쌍에서 성분 A는 대단히 작은 함량으로 존재한다고 가정한다. 데이터는 R. M. Barrer, *Diffusion in and through Solids*, Macmillan, New York (1941), pp. 141, 222와 275로부터 취하였다.

표 17.1-4 10^{-6}(cm^2/s)의 단위로 주어진 고분자[a] 내로의 기체의 실험 확산계수. N_2와 O_2에 대한 값은 298K에 대한 것이고, CO_2와 H_2에 대한 값은 198K에 대한 것이다.

	N_2	O_2	CO_2	H_2
폴리부타디엔	1.1	1.5	1.05	9.6
실리콘 고무	15	25	15	75
트랜스-1,4-폴리이소프렌	0.50	0.70	0.47	5.0
폴리스티렌	0.06	0.11	0.06	4.4

[a] D. W. van Krevelen, *Properties of Polymers*, 3rd edition, Elsevier, Amsterdam (1990), pp. 544-545로부터 발췌된. 다른 관련된 참고문헌은 S. Pauly, in *Polymer Handbook*, 4th edition (J. Brandrup and E. H. Immergut, eds.), Wiley-Interscience, New York (1999), VI 장이 있다.

예제 17.1-1 파이렉스 유리를 통한 헬륨의 확산

500°C에서 그림 17.1-1의 계에 대한 헬륨의 정상상태 질량 흘럭스 j_{Ay}를 계산하시오. 헬륨의 분압은 $y = 0$에서 1기압이고 평판의 상부 표면에서 0이다. 파이렉스 평판의 두께 Y는 10^{-2} mm이고, 밀도 $\rho^{(B)}$는 2.6 g/cm³이다. 파이렉스에 대한 헬륨의 용해도와 확산계수는 각각 유리의 부피당 0.0084 기체상의 헬륨 부피와 $\mathscr{D}_{AB} = 0.2 \times 10^{-7}$ cm²/s로 보고되어 있다.[7] 식 17.1-1에서 암묵적으로 질량 평균 속도를 무시하는 것이 합리적임을 보이시오.

해 하부 표면에서 유리 내의 헬륨의 질량 농도는 용해도 데이터와 이상기체 법칙으로부터 얻어진다.

$$\begin{aligned}\rho_{A0} &= (0.0084)\frac{p_{A0}M_A}{RT} \\ &= (0.0084)\frac{(1.0\ \text{atm})(4.00\ \text{g/mole})}{(82.05\ \text{cm}^3\ \text{atm/mole K})(773\text{K})} \\ &= 5.3 \times 10^{-7}\ \text{g/cm}^3\end{aligned} \tag{17.1-11}$$

그러면 하부 표면에서 고체상 내의 헬륨의 질량 분율은

$$\omega_{A0} = \frac{\rho_{A0}}{\rho_{A0} + \rho_{B0}} = \frac{5.3 \times 10^{-7}}{5.3 \times 10^{-7} + 2.6} = 2.04 \times 10^{-7} \tag{17.1-12}$$

이다. 이제 식 17.1-1로부터 헬륨의 흘럭스를

$$\begin{aligned}j_{Ay} &= (2.6\ \text{g/cm}^3)(2.0 \times 10^{-8}\ \text{cm}^2/\text{s})\frac{2.04 \times 10^{-7}}{10^{-3}\ \text{cm}} \\ &= 1.05 \times 10^{-11}\ \text{g/cm}^2\text{s}\end{aligned} \tag{17.1-13}$$

과 같이 계산할 것이다.

---

[7] R. M. Barrer, *Diffusion in and through Solids*, corrected printing, Cambridge University Press (1951)에 의해 보고된 바와 같은 C. C. Van Voorhis, *Phys. Rev.*, 23, 557 (1924).

다음, 헬륨의 속도는 식 17.1-4로부터 얻을 수 있다:

$$v_{Ay} = \frac{j_{Ay}}{\rho_A} + v_y \tag{17.1-14}$$

평판의 하부 표면 ($y = 0$)에서, 이 속도는

$$v_{Ay}\big|_{y=0} = \frac{1.05 \times 10^{-11}\ \mathrm{g/cm^2\ s}}{5.3 \times 10^{-7}\ \mathrm{g/cm^3}} + v_{y0} = 1.98 \times 10^{-5}\ \mathrm{cm/s} + v_{y0} \tag{17.1-15}$$

의 값을 갖는다. $y = 0$에서 유리-헬륨계의 질량 평균 속도에 대응하는 값 v_{y0}는 식 17.1-3으로부터 얻게 된다.

$$\begin{aligned} v_{y0} &= (2.04 \times 10^{-7})(1.98 \times 10^{-5}\ \mathrm{cm/s} + v_{y0}) + (1 - 2.04 \times 10^{-7})\,(0) \\ v_{y0} &= \frac{(2.04 \times 10^{-7})(1.98 \times 10^{-5}\ \mathrm{cm/s})}{1 - (2.04 \times 10^{-7})} \\ &= 4.04 \times 10^{-12}\ \mathrm{cm/s} \end{aligned} \tag{17.1-16}$$

따라서 식 17.1-14에서 v_y를 무시하는 것이 안전하며, 정상상태에서 그림 17.1-1의 실험에 대한 해석은 정확하다.

예제 17.1-2 $\mathscr{D}_{AB}$와 $\mathscr{D}_{BA}$의 등가성

2성분 혼합물의 확산 거동을 설명하기 위해 단지 하나의 확산계수만 필요하다는 것을 보이시오.

해 식 17.1-16을 다음과 같이 씀으로써 시작한다.

$$\mathbf{j}_B = -\rho\mathscr{D}_{BA}\nabla\omega_B = +\rho\mathscr{D}_{BA}\nabla\omega_A \tag{17.1-17}$$

이 식의 두 번째 형태는 $\omega_A + \omega_B = 1$이란 사실로부터 나온다. 다음 식 17.1-3과 4와 동등한 벡터를 사용하여,

$$\begin{aligned} \mathbf{j}_A &= \rho\omega_A(\mathbf{v}_A - \omega_A\mathbf{v}_A - \omega_B\mathbf{v}_B) \\ &= \rho\omega_A((1 - \omega_A)\mathbf{v}_A - \omega_B\mathbf{v}_B) \\ &= \rho\omega_A\omega_B(\mathbf{v}_A - \mathbf{v}_B) \end{aligned} \tag{17.1-18}$$

을 쓴다. 이 식에서 A와 B를 상호 교환하면 $\mathbf{j}_A = -\mathbf{j}_B$임을 알며, 식 17.1-17의 두 번째 형태와 결합하면

$$\mathbf{j}_A = -\rho\mathscr{D}_{BA}\nabla\omega_A \tag{17.1-19}$$

를 얻는다. 이를 식 17.1-5와 비교하면 $\mathscr{D}_{BA} = \mathscr{D}_{AB}$가 된다. 2 성분계에 대해서는 하첨자의 순서가 중요하지 않다는 것을 알며, 확산 거동을 설명하기 위해 단지 하나의 확산계수만 요구됨을 안다.

그러나 B에 녹아 있는 A의 희석 용액에 대한 확산계수와 A에 녹아 있는 B의 확산계수는 **수치적으로** 다르다. 이러한 이유에서 확산계수는 농도에 의존적이므로, 위에서 언급된 두 극한값은 두 개의 다른 농도에서 $\mathscr{D}_{BA} = \mathscr{D}_{AB}$인 확산계수 값이다.

17.2 확산계수의 온도와 압력 의존성

이 절에서는 대응 상태법에 의해 2 성분계에 대한 확산계수 $\mathscr{D}_{AB}$의 예측을 논의하고자 한다. 또 이 방법은 현존하는 데이터를 외삽하는 데에도 유용하다. 많은 다른 방법들에 대한 비교가 문헌[1,2]에 주어져 있다.

낮은 압력의 2 성분 비극성 기체 혼합물에 대해, $\mathscr{D}_{AB}$는 압력에 반비례하며 온도가 증가함에 따라 증가하고 주어진 기체쌍에 대해서는 조성에 거의 무관하다. 낮은 압력에서 $\mathscr{D}_{AB}$를 계산하는 다음 식은 분자운동론과 대응 상태 논거를 결합하여 개발되었다.[3]

$$\frac{p\mathscr{D}_{AB}}{(p_{cA}p_{cB})^{1/3}(T_{cA}T_{cB})^{5/12}(1/M_A + 1/M_B)^{1/2}} = a\left(\frac{T}{\sqrt{T_{cA}T_{cB}}}\right)^b \quad (17.2\text{-}1)$$

여기서 $\mathscr{D}_{AB}$ [=] cm^2/s, p [=] atm이며, T [=] K이다. 실험 데이터를 해석하면 헬륨과 수소를 제외한 비극성 기체쌍에 대해서는 상수 $a = 2.745 \times 10^{-4}(\text{cm}^2/\text{s})(\text{atm})^{1/3}\text{K}^{-5/6}(\text{g/g-mol})^{1/2}$과 $b = 1.823$으로 주어지며, H_2O와 비극성 기체로 구성된 쌍에 대해서는 $a = 3.640 \times 10^{-4}$과 $b = 2.334$로 주어진다. 식 17.2-1[4]은 6%에서 8%의 평균 편차 내에서 대기압에서의 실험 데이터를 잘 만족한다. 만약 기체 A와 B가 비극성이고 이들의 Lennard-Jones 매개변수를 알고 있다면, 다음 절에서 설명되는 분자운동론이 일반적으로 좀 더 정확하다.

높은 압력에서와 액체 상태에서는 $\mathscr{D}_{AB}$의 거동이 더 복잡하게 된다. 가장 간단하고 가장 잘 이해되는 상황은 자체 확산(동일한 화학 종의 표식된 분자의 상호 확산)의 경우이다. 이 경우를 먼저 논의하고, 그런 다음 결과를 2 성분 혼합물에 대해 근사적으로 확장하고자 한다.

비극성 물질에 대한 자체 확산계수 $\mathscr{D}_{AA*}$의 대응상태 그림은 그림 17.2-1[4]에 주어져 있

---

[1] R. C. Reid, J. M. Prausnitz, and B. E. Poling, *The Properties of Gases and Liquids*, 4th edition, McGraw-Hill, New York (1987), 11장.

[2] E. N. Fuller, P. D. Shettler, and J. C. Giddings, *Ind. Eng. Chem.*, **58**, No. 5, 19-27 (1966); Erratum: *ibid*, **58**, No. 8, 81 (1966). 이 논문은 두 화학 종의 분자 공식으로부터 2 성분 기체 확산계수를 예측하기 위한 유용한 방법을 제공한다.

[3] J. C. Slattery and R. B. Bird, *AIChE Journal*, 4, 137-142 (1958).

[4] 상승된 압력에서의 자체 확산계수에 대한 다른 상관관계는 참고문헌 3과 L. S. Tee, G. F. Kuether, C. Robinson, and W. E. Stewart, *API Proceedings, Division of Refining*, 235-243 (1966); R. C. Robinson and W. E. Stewart, *IEC Fundamentals*, **7**, 90-95 (1968); J. L. Bueno, J. Dizy, R. Alvarez, and J. Coca, *Trans. Inst. Chem. Eng.*, **68**, Part A, 392-397 (1990)에 나타난다.

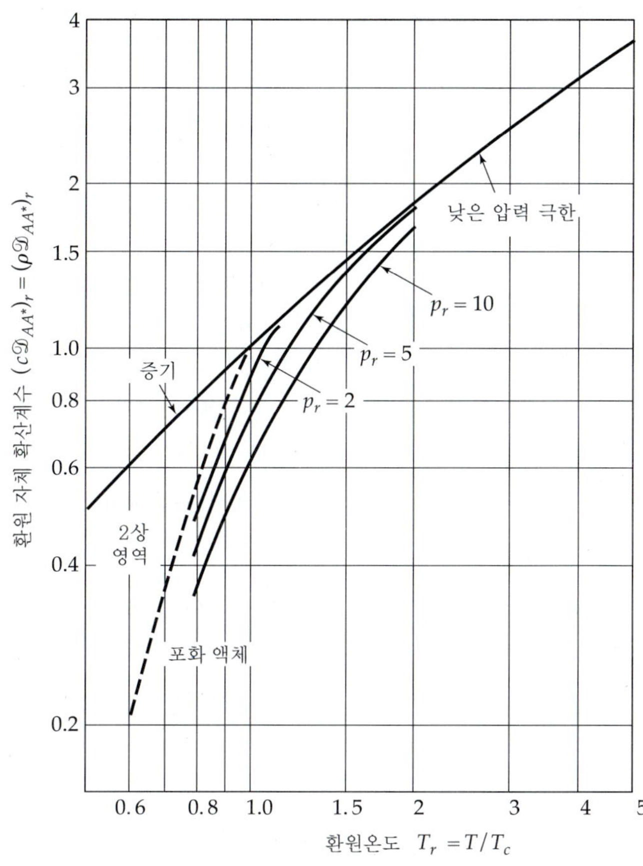

그림 17.2-1 환원 자체-확산계수에 대한 대응상태 그림. 여기서 Ar, Kr, Xe과 CH_4에 대한 $(c\mathcal{D}_{AA^*})_r = (\rho\mathcal{D}_{AA^*})_r$은 여러 환원 압력값에 대해 환원온도의 함수로 도시된다. 이 도표는 J. J. van Loef and E. G. D. Cohen, *Physica A*, **156**, 522-533 (1989)의 확산계수 데이터와 B. I. Lee and M. G. Kesler, *AIChE Journal*, **21**, 510-527 (1975)의 압축률 함수 및 낮은 압력의 극한에 대한 식 17.3-11에 의거한다.

다. 이 그림은 분자 동력학적 모사와 낮은 압력의 극한에 대한 분자운동론이 추가되는 자체 확산 측정에 기초를 두고 있다. 세로 좌표는 압력 p와 온도 T에서 임계점에서의 $c\mathcal{D}_{AA^*}$로 나눈 $c\mathcal{D}_{AA^*}$이다. 이 양은 환원압력 $p_r = p/p_c$와 환원온도 $T_r = T/T_c$의 함수로 도시된다. 화학 종 A와 표식된 화학 종 A^*의 유사성 때문에, 임계 물성은 모두 화학 종 A의 임계 물성으로 취하게 된다.

그림 17.2.1로부터, $c\mathcal{D}_{AA^*}$는 온도가 증가함에 따라 특히 액체에서 급격히 증가하는 것을 알 수 있으며, 각 온도에서 $c\mathcal{D}_{AA^*}$는 압력이 증가함에 따라 0으로 감소한다. 압력이 감소하면 분자운동론에 의해 예측된 바와 같이 $c\mathcal{D}_{AA^*}$는 낮은 압력의 극한을 향해 증가한다(17.3절 참조). 이 도표는 시험적인 것이며, 낮은 밀도 극한에 대한 경우를 제외한 선은 Ar, Kr, Xe과 CH_4과 같은 대단히 극소수의 물질에 대한 데이터에 기초를 두고 있음을 경고한다.

양 $(c\mathcal{D}_{AA^*})_c$는 다음 세 가지 방법 중 하나에 의해 계산될 것이다.

(i) 알고 있는 온도와 압력에서 주어진 $c\mathcal{D}_{AA^*}$에 대해, 도표에서 $(c\mathcal{D}_{AA^*})_r$을 읽고 $(c\mathcal{D}_{AA^*})_c = c\mathcal{D}_{AA^*}/(c\mathcal{D}_{AA^*})_r$를 얻을 수 있다.

(ii) 17.3절에 주어진 방법에 의해 낮은 밀도 영역에서 $c\mathscr{D}_{AA*}$값을 예측하고, 그런 다음 (i)과 같이 진행할 수 있다.

(iii) 경험적 공식을 사용할 수 있다(문제 17A.9 참조):

$$(c\mathscr{D}_{AA*})_c = 2.96 \times 10^{-6}\left(\frac{1}{M_A} + \frac{1}{M_{A*}}\right)^{1/2} \frac{p_{cA}^{2/3}}{T_{cA}^{1/6}} \tag{17.2-2}$$

이 식은 식 17.2-1과 같이 헬륨 또는 수소의 동위원소에 대해서는 사용할 수 없다. 여기서 c [=] g-mole/cm^3, $c\mathscr{D}_{AA*}$ [=] cm^2/s, T_c [=] K이고 p_c [=] atm이다.

높은 밀도 거동에 대한 지금까지의 논의는 자체 확산과 관련이 있었다. 이제 화학적으로 유사하지 않은 화학 종의 2 성분 확산으로 관심을 돌린다. 다른 정보가 없는 경우 개략적인 모든 지점에서 P_{cA}와 T_{cA}가 각각 $\sqrt{p_{cA}p_{cB}}$와 $\sqrt{T_{cA}T_{cB}}$로 대체된 $c\mathscr{D}_{AB}$의 조악한 계산에 그림 17.2-1을 사용할 것을 제안한다(이 경험식의 기초에 대해서는 문제 17A.9 참조). 그러면 그림의 세로 좌표는 $(c\mathscr{D}_{AB})_r = c\mathscr{D}_{AB}/(c\mathscr{D}_{AB})_c$로 주어지며, 식 17.2-2는

$$(c\mathscr{D}_{AB})_c = 2.96 \times 10^{-6}\left(\frac{1}{M_A} + \frac{1}{M_B}\right)^{1/2} \frac{(p_{cA}p_{cB})^{1/3}}{(T_{cA}T_{cB})^{1/12}} \tag{17.2-3}$$

으로 대체된다. 이렇게 대체하면 낮은 압력의 극한에서 정확한 결과를 얻게 된다. 더 높은 압력에서는 비교할만한 데이터가 거의 없으며, 방법은 잠정적인 것으로 간주되어야 한다.

그림 17.2-1의 결과와 2 성분계로의 확장은 $\mathscr{D}_{AA*}$와 $\mathscr{D}_{AB}$보다는 $c\mathscr{D}_{AA*}$와 $c\mathscr{D}_{AB}$의 항으로 표현된다. c가 곱해진 확산계수가 물질전달 계산에서 더 자주 요구되며, 압력과 온도에 대한 의존성이 더 간단하기 때문에 이렇게 행해진다.

예제 17.2-1 낮은 밀도에서의 확산계수 계산

296.1 K와 1 atm의 총 압력에서 CO-CO_2계에 대한 $\mathscr{D}_{AB}$를 계산하시오.

해 식 17.2-1을 위해 필요한 물성은

표식	화학 종	M	T (K)	p_c (atm)
A	CO	28.01	133	34.5
B	CO_2	44.01	304.2	72.9

이다(표 E.1 참조). 그러므로

$$(p_{cA}p_{cB})^{1/3} = (34.5 \times 72.9)^{1/3} = 13.60\ \text{atm}^{2/3}$$

$$(T_{cA}T_{cB})^{5/12} = (133 \times 304.2)^{5/12} = 83.1\ \text{K}^{5/6}$$

$$\left(\frac{1}{M_A} + \frac{1}{M_B}\right)^{1/2} = \left(\frac{1}{28.01} + \frac{1}{44.01}\right)^{1/2} = 0.2417\ (\text{g-mol/g})^{1/2}$$

$$a\left(\frac{T}{\sqrt{T_{cA}T_{cB}}}\right)^b = 2.745 \times 10^{-4}\left(\frac{296.1}{\sqrt{133 \times 304.2}}\right)^{1.823}$$

$$= 5.56 \times 10^{-4}(\text{cm}^2/\text{s})(\text{atm})^{1/3}\text{K}^{-5/6}(\text{g/g-mol})^{1/2}$$

이다. 이들 값을 식 17.2-1에 대입하면

$$(1.0)\mathcal{D}_{AB} = (5.56 \times 10^{-4})(13.60)(83.1)(24.17) \tag{17.2-4}$$

를 얻는다. 이로부터 $\mathcal{D}_{AB} = 0.152\ \text{cm}^2/\text{s}$를 얻으며 실험값[5]과 부합한다. 이는 이례적으로 잘 일치한다.

또 이 문제는 이상기체 법칙 $p = cRT$와 함께 그림 17.2-1과 식 17.2-3에 의해서도 풀 수 있다. 그 결과는 $\mathcal{D}_{AB} = 0.140\ \text{cm}^2/\text{s}$이며, 실험 데이터와 꽤 잘 부합한다.

예제 17.2-2 높은 밀도에서 자체 확산계수의 계산

171.7 atm과 373K에서 보통의 CO_2 내 $C^{14}O_2$에 대한 $c\mathcal{D}_{AA^*}$를 구하시오. 1.00 atm과 298K 이고 $c = p/RT = 4.12 \times 10^{-5}$ g-mole/cm^{3}인 조건에서 $\mathcal{D}_{AA^*} = 0.113\ \text{cm}^2/\text{s}$임이 알려져 있다.[6]

해 측정된 값 $\mathcal{D}_{AA^*}$가 주어져 있으므로 (i)의 방법을 사용한다. 측정된 환원 조건은 $T_r = 298/304.2 = 0.980$이고, $p_r = 1.00/72.9 = 0.014$이다. 그러면 그림 17.2-1로부터 $(c\mathcal{D}_{AA^*})_r = 0.98$값을 얻는다. 그러므로

$$\begin{aligned}(c\mathcal{D}_{AA^*})_c &= \frac{c\mathcal{D}_{AA^*}}{(c\mathcal{D}_{AA^*})_r} = \frac{(4.12 \times 10^{-5})(0.113)}{0.98} \\ &= 4.75 \times 10^{-6}\ \text{g-mol/cm} \cdot \text{s}\end{aligned} \tag{17.2-5}$$

이다. 예측하고자 하는 조건($T_r = 373/304.2 = 1.23$과 $p_r = 171.7/72.9 = 2.36$)에서 $(c\mathcal{D}_{AA^*})_r = 1.21$임을 읽을 수 있다. 그러므로 예측값은

$$\begin{aligned}c\mathcal{D}_{AA^*} &= (c\mathcal{D}_{AA^*})_r(c\mathcal{D}_{AA^*})_c = (1.21)(4.75 \times 10^{-6}) \\ &= 5.75 \times 10^{-6}\ \text{g-mole/cm} \cdot \text{s}\end{aligned} \tag{17.2-6}$$

이다.

O' Hern과 Martin[7]의 데이터는 이들 조건에서 $c\mathcal{D}_{AA^*} = 5.89 \times 10^{-6}$ g-mole/cm·s로 주어진다. $(c\mathcal{D}_{AA^*})_c$의 계산에서 낮은 압력 데이터를 사용하였으므로 이와 같이 잘 부합하는 것을 기대하지 않았던 것이 아니다.

또 이 문제는 $c\mathcal{D}_{AA^*}$의 실험값이 없이도 (iii)의 방법에 의해 풀 수 있다. 식 17.2-2로부터

[5] B. A. Ivakin and P. E. Suetin, *Sov. Phys. Tech. Phys.* (영어 번역), **8**, 748-751 (1964).

[6] E. B. Wynn, *Phys. Rev.*, **80**, 1024-1027 (1950).

[7] H. A. O'Hern and J. J. Martin, *Ind. Eng. Chem.*, **47**, 2081-2086 (1955).

직접

$$(c\mathscr{D}_{AA^*})_c = 2.96 \times 10^{-6}\left(\frac{1}{44.01} + \frac{1}{46}\right)^{1/2} \frac{(72.9)^{2/3}}{(304.2)^{1/6}} = 4.20 \times 10^{-6}\ \text{g-mole/cm} \cdot \text{s} \quad (17.2\text{-}7)$$

을 얻는다. 결과적으로 예측된 $c\mathscr{D}_{AA^*}$의 값은 5.1×10^{-6} g-mole/cm·s이다.

예제 17.2-3 높은 밀도에서 2 성분 확산계수의 계산

136 atm과 313K에서 80 mole% CH_4와 20 mole% C_2H_6 혼합물에 대한 $c\mathscr{D}_{AB}$를 계산하시오. 1 atm과 293K에서 몰 밀도는 $c = 4.17 \times 10^{-5}$ g-mole/cm^{3}이며, $\mathscr{D}_{AB} = 0.163$ cm^2/s임이 알려져 있다.

해 방법 (i)와 함께 그림 17.2-1이 사용된다. 알려진 데이터에 대한 환원 조건은

$$T_r = \frac{T}{\sqrt{T_{cA}T_{cB}}} = \frac{293}{\sqrt{(190.7)(305.4)}} = 1.22 \quad (17.2\text{-}8)$$

$$p_r = \frac{p}{\sqrt{p_{cA}p_{cB}}} = \frac{1.0}{\sqrt{(45.8)(48.2)}} = 0.021 \quad (17.2\text{-}9)$$

이다. 그림 17.2-1로부터 이들 조건에서 $(c\mathscr{D}_{AB})_r = 1.21$을 얻는다. 그러므로 임계값 $(c\mathscr{D}_{AB})_c$는

$$(c\mathscr{D}_{AB})_c = \frac{c\mathscr{D}_{AB}}{(c\mathscr{D}_{AB})_r} = \frac{(4.17 \times 10^{-5})(0.163)}{1.21} = 5.62 \times 10^{-6}\ \text{g-mol/cm} \cdot \text{s} \quad (17.2\text{-}10)$$

이다. 다음, 예측을 위한 환원 조건($T_r = 1.30$, $p_r = 2.90$)을 계산하고, 그림 17.2-1로부터 $(c\mathscr{D}_{AB})_r = 1.31$의 값을 읽는다. 그러므로 $c\mathscr{D}_{AB}$의 예측값은

$$c\mathscr{D}_{AB} = (c\mathscr{D}_{AB})_r(c\mathscr{D}_{AB})_c = (1.31)(5.62 \times 10^{-6}) = 7.4 \times 10^{-6}\ \text{g-mole/cm} \cdot \text{s} \quad (17.2\text{-}11)$$

이다. 실험적 측정[8]은 $c\mathscr{D}_{AB} = 6.0 \times 10^{-6}$ g-mole/cm·s로 주어지므로, 예측된 값이 23% 높다. 이 크기의 편차는 높은 밀도에서의 $c\mathscr{D}_{AB}$ 계산에 있어서는 이례적인 것이 아니다.

대안적 해는 (iii)의 방법에 의해 얻을 것이다. 식 17.2-3에 대입하면

$$(c\mathscr{D}_{AB})_c = 2.96 \times 10^{-6}\left(\frac{1}{16.04} + \frac{1}{30.07}\right)^{1/2} \frac{(45.8 \times 48.2)^{1/3}}{(190.7 \times 305.4)^{1/12}} = 4.78 \times 10^{-6}\ \text{g-mole/cm} \cdot \text{s} \quad (17.2\text{-}12)$$

를 얻는다. $(c\mathscr{D}_{AB})_r$을 곱하면 원하는 조건에서

---

[8] V. J. Berry, Jr., and R. C. Koeller, *AIChE Journal*, **6**, 274-280 (1960).

$$c\mathscr{D}_{AB} = (4.78 \times 10^{-6})(1.31)$$
$$= 6.26 \times 10^{-6} \text{ g-mole/cm} \cdot \text{s} \tag{17.2-13}$$

을 얻는다. 이는 측정값에 더 잘 부합한다.

17.3 낮은 밀도에서 기체의 확산 이론

비극성 기체의 2성분 혼합물에 대한 질량 확산계수 $\mathscr{D}_{AB}$는 분자운동론에 의해 약 5% 범위 내에서 예측 가능하다. 1.4절과 9.3절의 분자운동론 논의에서와 같이, 포함된 메커니즘을 설명하기 위해 간단한 유도로 시작하고, Chapman-Enskog 이론의 좀 더 정확한 결과를 보이고자 한다.

표식을 제외하고는 동일한 분자 화학 종 A와 A^*을 포함하고 있는 기체를 생각하시오. 분자가 동일한 질량 m_A와 지름 d_A를 갖는 경질 구라는 가정 하에 분자 물성의 항으로 자체 확산계수 $\mathscr{D}_{AA^*}$를 결정하고자 한다.

A와 A^*의 성질이 거의 같으므로, 온도, 압력 및 속도의 구배가 작은 낮은 밀도에서 순수한 경질 구 기체에 대한 분자운동론의 다음 결과를 사용할 수 있다.

$$\bar{u} = \sqrt{\frac{8\kappa T}{\pi m}} \quad = \mathbf{v}\text{에 상대적인 평균 분자 속도} \tag{17.3-1}$$

$$Z = \tfrac{1}{4}n\bar{u} \quad = \text{정지된 기체의 단위 면적당 벽 충돌 빈도} \tag{17.3-3}$$

$$\lambda = \frac{1}{\sqrt{2}\pi d^2 n} \quad = \text{평균 자유 경로} \tag{17.3-3}$$

기체 내 임의의 평면에 도달한 분자는 평균적으로 평면으로부터

$$a = \tfrac{2}{3}\lambda \tag{17.3-4}$$

인 a 떨어진 거리에서 마지막 충돌을 하게 된다. 이 식들에서 n은 수 밀도이다(단위 부피당 분자의 총 수).

자체 확산계수 $\mathscr{D}_{AA^*}$를 예측하기 위해, 유체 혼합물이 전체를 통해 유한한 질량 평균 속도 v_y로 y 방향으로 움직이고, 질량 분율 구배가 $d\omega_A/dy$인 조건 하에서(그림 17.3-1 참조) y 방향으로 움직이는 화학 종 A를 생각한다. 온도 T와 총 몰 질량 농도 ρ는 일정하다고 생각하며, 식 17.3-1에서 4는 이런 비평형 상태에서도 타당하다고 가정한다. y가 일정한 임의의 평면의 단위 면적을 가로지르는 화학 종 A의 알짜 질량 훌럭스는 양의 y 방향 평면을 가로지르는 A의 질량에서 음의 y 방향 평면을 가로지르는 질량 A을 뺀 식을 씀으로써 알 수 있다.

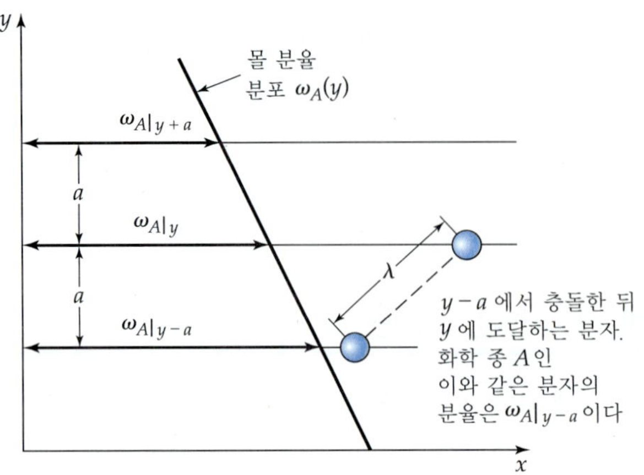

그림 17.3-1 $(y\text{-}a)$인 평면에서 y인 평면으로 화학 종 A의 분자 전달.

$$(\rho\omega_A v_y)|_y + [(\tfrac{1}{4}\rho\omega_A\overline{u})|_{y-a} - (\tfrac{1}{4}\rho\omega_A\overline{u})|_{y+a}] \tag{17.3-5}$$

여기서 첫 번째 항은 유체의 질량 이동에 기인한 y 방향의 질량 전달, 즉 대류 전달이고, 마지막 두 항은 v_y에 상대적인 분자 전달로 주어진다.

농도 분포 ω_A가 평균 자유 경로의 몇 배의 거리에 걸쳐 거의 선형에 가깝다고 가정하면

$$\omega_A|_{y\pm a} = \omega_A|_y \pm \tfrac{2}{3}\lambda \frac{d\omega_A}{dy} \tag{17.3-6}$$

을 쓸 수 있다. 마지막 두 식을 결합하면 평면 y에서의 **결합 질량 흘럭스**에 대해

$$\begin{aligned} n_{Ay} &= \rho\omega_A v_y - \tfrac{1}{3}\rho\overline{u}\lambda \frac{d\omega_A}{dy} \\ &\equiv \rho\omega_A v_y - \rho\mathscr{D}_{AA^*}\frac{d\omega_A}{dy} \end{aligned} \tag{17.3-7}$$

을 얻는다. 이는 **대류 질량 흘럭스**와 **분자 질량 흘럭스**의 합이며, 후자는 식 17.1-1로 주어진다. 그러므로 자체 확산계수에 대한 다음 식을 얻는다.

$$\mathscr{D}_{AA^*} = \tfrac{1}{3}\overline{u}\lambda \tag{17.3-8}$$

마지막으로 식 17.3-1과 3을 사용하면 점도에 대한 식 1.4-9와 열전도도에 대한 식 9.3-12와 비교할 수 있는

$$\mathscr{D}_{AA^*} = \frac{2}{3}\frac{\sqrt{\kappa T/\pi m_A}}{\pi d_A^2}\frac{1}{n} = \frac{2}{3\pi}\frac{\sqrt{\pi m_A \kappa T}}{\pi d_A^2}\frac{1}{\rho} \tag{17.3-9}$$

를 얻는다.

질량과 지름이 같지 않는 경질 구에 대해서는 $\mathscr{D}_{AB}$에 대한 공식을 개발하는 것이 상당히 어렵다. 여기서는 결과[1]를 단순하게 인용하고자 한다.

$$\mathscr{D}_{AB} = \frac{2}{3}\sqrt{\frac{\kappa T}{\pi}}\sqrt{\frac{1}{2}\left(\frac{1}{m_A}+\frac{1}{m_B}\right)}\frac{1}{\pi(\frac{1}{2}(d_A+d_B))^2}\frac{1}{n} \tag{17.3-10}$$

즉, $1/m_A$가 $1/m_A$과 $1/m_B$의 산술 평균으로 대체되며, d_A는 d_A와 d_B의 산술 평균으로 대체된다.

앞의 논의는 확산계수가 평균 자유 경로에 의해 어떻게 얻어질 수 있는지 보여 준다. 정확한 결과를 위해서는 Chapman–Enskog 분자운동론이 사용되어야만 한다. 점도와 열전도도에 대한 Chapman–Enskog 결과는 각각 1.4절과 9.3절에 주어져 있으며, $c\mathscr{D}_{AB}$에 대한 대응하는 공식은

$$c\mathscr{D}_{AB} = \frac{3}{16}\sqrt{\frac{2RT}{\pi}\left(\frac{1}{M_A}+\frac{1}{M_B}\right)}\frac{1}{\tilde{N}\sigma_{AB}^2\Omega_{\mathscr{D},AB}}$$

$$= 2.2646\times10^{-5}\sqrt{T\left(\frac{1}{M_A}+\frac{1}{M_B}\right)}\frac{1}{\sigma_{AB}^2\Omega_{\mathscr{D},AB}} \tag{17.3-11}$$

이다.[2,3] 또는 이상기체 법칙 $p = cRT$에 의해 c를 근사화하면 $\mathscr{D}_{AB}$에 대해

$$\mathscr{D}_{AB} = \frac{3}{16}\sqrt{\frac{2(RT)^3}{\pi}\left(\frac{1}{M_A}+\frac{1}{M_B}\right)}\frac{1}{\tilde{N}p\sigma_{AB}^2\Omega_{\mathscr{D},AB}}$$

$$= 0.0018583\sqrt{T^3\left(\frac{1}{M_A}+\frac{1}{M_B}\right)}\frac{1}{p\sigma_{AB}^2\Omega_{\mathscr{D},AB}} \tag{17.3-12}$$

를 얻는다. 식 17.3-11과 12의 두 번째 줄에서 $\mathscr{D}_{AB}$ [=] cm²/s, σ_{AB} [=] Å, T [=] K이고, p [=] atm이다.

확산에 대한 "충돌 적분"인 무차원 양 $\Omega_{\mathscr{D},AB}$는 무차원 온도 $\kappa T/\varepsilon_{AB}$의 함수이다. 매개변수 σ_{AB}와 ε_{AB}는 하나의 A 분자와 하나의 B 분자 사이의 Lennard–Jones 포텐셜에서 나타나는 매개변수이다(식 1.4-10과 비교).

$$\varphi_{AB}(r) = 4\varepsilon_{AB}\left[\left(\frac{\sigma_{AB}}{r}\right)^{12} - \left(\frac{\sigma_{AB}}{r}\right)^6\right] \tag{17.3-13}$$

이 함수 $\Omega_{\mathscr{D},AB}$는 표 E.2와 식 E.2-2에 주어져 있다. 이 결과들로부터 $\mathscr{D}_{AB}$가 낮은 온도에서는 T의 2.0 제곱에 따라 개략적으로 증가하고, 대단히 높은 온도에서는 1.65 제곱에 따라 개략적으로 증가하는 것을 계산할 수 있다. 그림 17.2-1의 $p_r \to 0$ 곡선을 보시오. 경질 구

[1] 유사한 결과가 R. D. Present, *Kinetic Theory of Gases*, McGraw-Hill, New York (1958), p. 55에 의해 주어져 있다.

[2] S. Chapman and T. G. Cowling, *The Mathematical Theory of Non-Uniform Gases*, 3rd edition, Cambridge University Press (1970), 10장과 14장.

[3] J. O. Hirschfelder, C. F. Curtiss, and R. B. Bird, *Molecular Theory of Gases and Liquids*, 2nd corrected printing, Wiley, New York (1964), p. 539.

에 대해 $\Omega_{\mathscr{D},AB}$가 모든 온도에서 1이 될 것이며, 식 17.3-10과 상사한 결과를 얻게 될 것이다.

매개변수 σ_{AB}와 ε_{AB}는 원칙적으로 넓은 온도 영역에 걸쳐 $\mathscr{D}_{AB}$ 값을 정확하게 측정함으로써 직접 결정할 수 있다. 많은 기체쌍에 대해 이용 가능할 만한 적절한 데이터가 아직 없으며, A와 B의 2 성분 혼합물의 점도[4]와 같은 몇몇 다른 측정 가능한 물성을 사용하는 것에 의지해야 할 것이다. 이와 같이 데이터가 없는 경우에는, 비극성 기체쌍에 대해 다음 결합 법칙[5]

$$\sigma_{AB} = \tfrac{1}{2}(\sigma_A + \sigma_B); \qquad \varepsilon_{AB} = \sqrt{\varepsilon_A \varepsilon_B} \tag{17.3-14, 15}$$

로부터 σ_{AB}와 ε_{AB}를 계산할 수 있다. 이들 결합 법칙의 사용은 순수한 화학 종 A와 B의 점도 데이터를 사용하면 약 6% 이내에서, 또는 A와 B에 대한 Lennard-Jones 매개변수가 식 1.4-12를 사용하여 비등점 데이터로부터 계산된다면 약 10% 이내에서 $\mathscr{D}_{AB}$의 값을 예측하는 것이 가능할 것이다.[6]

등방성 쌍에 대해서는 $\sigma_{AA^*} = \sigma_A = \sigma_{A^*}$와 $\varepsilon_{AA^*} = \varepsilon_A = \varepsilon_{A^*}$이다. 즉 다양한 쌍 $A - A^*$, $A^* - A^*$와 A–A에 대한 분자 상호간 인력이 실질적으로 동등하며, 매개변수 σ_A와 ε_A는 순수한 A에 대한 점도 데이터로부터 얻게 된다. 이에 더하여 만약 M_A가 크다면 식 17.3-11은

$$c\mathscr{D}_{AA^*} = 3.2027 \times 10^{-5} \sqrt{\frac{T}{M_A}} \frac{1}{\sigma_A^2 \Omega_{\mathscr{D},AA^*}} \tag{17.3-16}$$

으로 간단히 된다. 경질 구 모델에 대한 대응식은 식 17.3-9에 주어져 있다.

식 17.3-16과 식 1.4-14를 비교하면, 자체 확산계수 $\mathscr{D}_{AA^*}$와 점도 μ(또는 동점도 ν)는 낮은 밀도에서 무거운 등방성 기체쌍에 대해 다음과 같은 관계가 있다는 것을 안다.

$$\frac{\mu}{\rho\mathscr{D}_{AA^*}} = \frac{\nu}{\mathscr{D}_{AA^*}} = \frac{5}{6}\frac{\Omega_{\mathscr{D},AA^*}}{\Omega_\mu} \tag{17.3-17}$$

표 E.2에서 보는 바와 같이 넓은 $\kappa T/\varepsilon_A$의 범위에 걸쳐 $\Omega_\mu \approx 1.1\Omega_{\mathscr{D},AA^*}$이다. 따라서 자체 확산계수에 대해서는 $\mathscr{D}_{AA^*} \approx 1.32\nu$이다. ν와 2 성분 확산계수 $\mathscr{D}_{AB}$ 사이의 관계는 그렇게 간단하지 않는 데, 이는 ν가 조성에 따라 상당히 변하기 때문이다. Schmidt 수 Sc = $\mu/\rho\mathscr{D}_{AB}$는 대부분의 기체쌍에 대해 0.2에서 5.0의 범위에 있다.

식 17.3-11, 12, 16과 17은 단원자 비극성 기체에 대해 유도되었지만, 다원자 비극성 기체에 대해서도 유용하다는 것을 알았다. 이에 더하여 식 17.3-14와 15에 주어진 것과는 다

---

[4] S. Weissman and E. A. Mason, *J. Chem. Phys.*, **37**, 1289-1300 (1962); S. Weissman, *J. Chem. Phys.*, **40**, 3397-3406 (1964).

[5] J. O. Hirschfelder, R. B. Bird, and E. L. Spotz, *Chem. Revs.*, **44**, 205-231 (1949); S. Gotoh, M. Manner, J. P. Sørensen, and W. E. Stewart, *J. Chem. Eng. Data*, **19**, 169-171 (1974).

[6] R. C. Reid, J. M. Prausnitz, and B. E. Poling, *The Properties of Gases and Liquids*, 4th edition, McGraw-Hill, New York (1987).

른[7] 결합 법칙을 사용함으로써 극성 기체와 비극성 기체의 상호 확산에 대한 $\mathscr{D}_{AB}$를 예측하기 위해 이 식들이 사용될 것이다.

예제 17.3-1 낮은 밀도 기체에 대한 질량 확산계수의 계산

296.1K와 1.0 atm의 총 압력에서 CO-CO_2 계에 대한 $\mathscr{D}_{AB}$ 값을 예측하시오.

해 표 E.1로부터 다음 매개변수들을 얻는다.

CO:	$M_A = 28.01$	$\sigma_A = 3.590$ Å	$\varepsilon_A/\kappa = 110$K
CO_2:	$M_B = 44.01$	$\sigma_B = 3.996$ Å	$\varepsilon_B/\kappa = 190$K

그러면 혼합물 매개변수는 식 17.3-14와 15로부터 계산된다.

$$\sigma_{AB} = \tfrac{1}{2}(3.590 + 3.996) = 3.793 \text{ Å} \tag{17.3-18}$$

$$\varepsilon_{AB}/\kappa = \sqrt{(110)(190)} = 144.6\text{K} \tag{17.3-19}$$

그러면 무차원 온도는 $\kappa T/\varepsilon_{AB} = (296.1)/(144.6) = 2.048$이다. 표 E.2로부터 확산에 대한 충돌 적분은 $\Omega_{\mathscr{D},AB} = 1.067$임을 알 수 있다. 이 값을 식 17.3-12에 대입하면

$$\begin{aligned}\mathscr{D}_{AB} &= 0.0018583\sqrt{(296.1)^3\left(\frac{1}{28.01}+\frac{1}{44.01}\right)}\frac{1}{(1.0)(3.793)^2(1.067)} \\ &= 0.149 \text{ cm}^2/\text{s}\end{aligned} \tag{17.3-20}$$

을 얻는다.

17.4 2 성분 액체의 확산 이론

단순한 액체의 확산에 대한 분자운동론은 희석 기체에 대한 것 만큼 잘 개발되어 있지 않으며, 현재로는 확산계수를 해석적으로는 정확하게 예측할 수 없다.[1,2,3] 그 결과 액체 확산에 대한 이해는 상당히 조악한 유체역학적 모델과 활성 상태 모델에 주로 의존하게 된다. 이들은 예측하기 위해 가장 이용 가능한 수단으로 제공되는 수많은 경험적 상관관계식을 차례차례 낳았다. 이들 상관관계식은 점도와 몰 부피와 같이 더 쉽게 측정되는 물성의 항으로 확산계수를 계산할 수 있도록 허용하고 있다.

---

[7] J. O. Hirschfelder, C. F. Curtiss, and R. B. Bird, *Molecular Theory of Gases and Liquids*, 2nd corrected printing, Wiley, New York (1964), 8.6b절과 p. 1201. 극성 기체와 기체 혼합물은 E. A. Mason and L. Monchick, *J. Chem. Phys.*, **36**, 2746-2757 (1962)에 의해 논의되었다.

[1] R. J. Bearman and J. G. Kirkwood, *J. Chem. Phys.*, **28**, 136-145 (1958).

[2] R. J. Bearman, *J. Phys. Chem.*, **65**, 1961-1968 (1961).

[3] C. F. Curtiss and R. B. Bird, *J. Phys. Chem.*, **111**, 10362-10370 (1999).

유체역학적 이론은 정지된 매체 B를 통한 단일 입자 또는 용질 분자 A의 확산계수가

$$\mathscr{D}_{AB} = \kappa T(u_A/F_A) \tag{17.4-1}$$

로 주어진다고 주장하는 Nernst–Einstein 방정식[4]을 출발점으로 한다. 여기서 μ_A/F_A는 입자 A의 "이동도"(즉 단위 힘의 작용 하에서 입자에 의해 얻게 되는 정상상태의 속도)이다. 식 17.4-1의 유래는 콜로이드 현탁계의 브라운 운동과 관련하여 17.5절에서 논의된다. 만약 A의 형상과 크기를 알고 있다면, 이동도는 미동 유동 운동방정식[5](식 3.5-8)의 해에 의해 계산할 수 있다. 따라서 만약 A가 구형이고 유체–고체 계면에서 "미끄러짐" 가능성을 고려한다면

$$\frac{u_A}{F_A} = \left(\frac{3\mu_B + R_A\beta_{AB}}{2\mu_B + R_A\beta_{AB}}\right)\frac{1}{6\pi\mu_B R_A} \tag{17.4-2}$$

를 얻는다.[6] 여기서 μ_B는 순수한 용매의 점도이고, R_A는 용질 입자의 반지름이며, β_{AB}는 "미끄러짐 마찰계수"(형식적으로는 문제 2B.9의 μ/ζ과 같은)이다. $\beta_{AB} = \infty$와 $\beta_{AB} = 0$인 극한의 경우가 특히 흥미롭다.

a. $\beta_{AB} = \infty$(안 미끄러짐 조건)

이 경우 식 17.4-2는 Stoke 법칙(식 2.6-15)이 되고, 식 17.4-1은 통상 Stokes-Einstein 방정식이라 불리우는

$$\frac{\mathscr{D}_{AB}\mu_B}{\kappa T} = \frac{1}{6\pi R_A} \tag{17.4-3}$$

이 된다. 이 식은 낮은 분자량의 용매 내의 대단히 큰 구형 분자의 확산[7]과 현탁된 입자에 잘 적용된다. 구형이 아닌 입자에 대해 개발된 상사한 식은 단백질 분자의 형상을 계산하는 데 사용되었다.[8,9]

---

4 17.7절과 E. A. Moelwyn-Hughes, *Physical Chemistry*, 2nd edition, corrected printing, Macmillan, New York (1964) pp. 62-74를 참조하시오. 또 R. J. Silbey and R. A. Alberty, *Physical Chemistry*, 3rd edition, Wiley, New York (2001), 20.2절을 참조하시오. H. C. Öttinger, *AIChE Journal*, **35**, 279-286 (1989)에 의해 지적된 바와 같이 Nernst-Einstein 방정식은 감지할 수 있을 만큼의 속도 구배를 갖는 고분자 유체에 대해서는 명백히 일반화될 수 없다.

5 S. Kim and S. J. Karrila, *Microhydrodynamics; Principles and Selected Applications*, Butterworth-Heinemann, Boston (1991).

6 H. Lamb, *Hydrodynamics*, 6th edition, Cambridge University Press (1932), reprinted (1997), 337절.

7 A. Polson, *J. Phys. Colloid Chem*., **54**, 649-652 (1950).

8 H. J. V. Tyrrell, *Diffusion and Heat Flow in Liquids,* Butterworths, London (1961), 6장.

9 무한한 크기의 유체 내에 유한한 물체 주위의 미동 유동은 J. Happel and H. Brenner, *Low Reynolds Number Hydrodynamics*, Prentice-Hall, Englewood Cliffs, N.J. (1965)에 의해 총설로 쓰여졌다. 또 S. Kim and S. J. Karrila, *Microhydrodynamics; Principles and Selected Applications*, Butterworth-Heinemann, Boston (1991)을 참조하시오. G. K. Youngren and A. Acrivos, *J. Chem. Phys*., 63, 3846-3848 (1975)는 분자 차원에서 안 미끄러짐 조건의 타당성을 지지하면서 벤젠에 대한 회전 마찰계수를 계산하였다.

b. $\beta_{AB} = 0$(완벽한 미끄러짐 조건)

이 경우 식 17.4-1은

$$\frac{\mathscr{D}_{AB}\mu_B}{\kappa T} = \frac{1}{4\pi R_A} \tag{17.4-4}$$

로 유도된다(식 4B.3-4참조). 만약 분자 A와 B가 동일하고(즉 **자체-확산**에 대해), 바로 닿아 있는 인접한 분자들과 입방 격자를 이루고 있다고 가정하면, $2R_A = (\tilde{V}_A/\tilde{N}_A)^{1/3}$이고

$$\frac{\mathscr{D}_{AA}\mu_A}{\kappa T} = \frac{1}{2\pi}\left(\frac{\tilde{N}_A}{\tilde{V}_A}\right)^{1/3} \tag{17.4-5}$$

이다. 식 17.4-5는 극성 물질과 결합된 물질, 액체 금속 및 용융 유황을 포함하는 일련의 액체에 대한 자체 확산 데이터와 약 12%의 범위 내에서 부합한다는 것을 알았다.[10] 예측되는 온도와 점도 의존성이 근사적으로 정확하다고 할지라도, 유체역학적 모델은 2 성분 확산에 대해서는(즉 B와 동일하지 않는 A에 대해서는) 덜 유용한 것이 증명되었다.

위 공식들은 단지 B 내의 묽은 A 용액에 대해서만 적용되는 것임을 유념하시오. 그러나 유한한 농도의 용액에 대해 유체역학적 모델을 확장하고자 하는 몇몇 시도가 있었다.[11]

Eyring의 활성 상태 이론은 액체 상태의 준 결정 모델을 통해 전달 거동을 설명하고자 시도한다.[12] 이 이론에서는 확산이 설명될 수 있는 항으로 몇몇 단일 분자 속도 공정이 있다고 가정하며, 더욱이 이 공정에는 "활성 상태"로 인지할 수 있는 어떤 배열이 있다고 가정한다. 반응 속도에 대한 Eyring 이론은 액체 점도를 계산하기 위해 1.5절에서 설명되었던 것과 상사한 방식으로 이 초보적인 공정에 적용된다. Ree, Eyring과 그 동료[13]들에 의한 수정된 Eyring 모델은 용매 B 내의 A추적자에 대해 식 17.4-5와 유사한 식을 도출한다.

$$\frac{\mathscr{D}_{AB}\mu_B}{\kappa T} = \frac{1}{\xi}\left(\frac{\tilde{N}_A}{\tilde{V}_B}\right)^{1/3} \tag{17.4-6}$$

여기서 ξ는 이론에서 주어진 용매 분자에 가장 가깝게 이웃한 분자 수를 나타내는 "충전 매개변수"이다. 자체 확산의 특별한 경우, ξ는 2π에 대단히 가깝다는 것이 알려져 있으므로, 이들이 개발된 모델 사이에 차이가 있음에도 불구하고 식 17.4-5와 6은 잘 부합한다.

Erying 이론은 액체 상태의 과도하게 단순화된 모델에 기초를 두고 있으며, 결과적으로 그 타당성에 대해 요구되는 조건이 분명하지 않다. 그러나 Bearman은 Eyring 모델로 "정

---

[10] J. C. M. Li and P. Chang, *J. Chem. Phys.*, **23**, 518-520 (1955).

[11] C. W. Pyun and M. Fixman, *J. Chem. Phys.*, **41,** 937-944 (1964).

[12] S. Glasstone, K. J. Laidler, and H. Eyring, *Theory of Rate Processes*, McGraw-Hill, New York (1941), IX장.

[13] H. Eyring, D. Henderson, B. J. Stover, and E. M. Eyring, *Statistical Mechanics and Dynamics*, Wiley, New York (1964), 16.8절.

규 용액"에 대한, 즉 유사한 크기, 형상과 분자간 힘을 갖는 혼합물에 대한 통계역학과 일치하는 결과를 얻을 수 있다는 것을 보여주었다. 또한 이 극한 경우에 대해 Bearman은 확산계수의 농도 의존성에 대한 식

$$\frac{\mathscr{D}_{AB}\mu_B}{(\mathscr{D}_{AB}\mu_B)_{x_A \to 0}} = \left[1 + x_A\left(\frac{\overline{V}_A}{\overline{V}_B} - 1\right)\right]\left(\frac{\partial \ln a_A}{\partial \ln x_A}\right)_{T,p} \tag{17.4-7}$$

을 얻었다. 여기서 $\mathscr{D}_{AB}$와 μ_B는 조성 x_A에서 혼합물의 확산계수와 점도이고, a_A는 화학 종 A의 열역학적 활동도이다. 정규 용액에서는 부분 몰 부피 $\bar{V}_A$와 $\bar{V}_B$는 순수한 성분들의 몰 부피와 같다. Bearman은 그의 해석에 기초를 두고 식 17.4-7은 정규 용액으로 제한되어야만 한다고 제안하였으나, 사실 이상 용액에 가까운 경우에 대해서도 잘 적용되는 것을 알았다.

액체의 확산에 대한 이론의 만족스럽지 못한 성질 때문에, **경험**식에 의지할 필요가 있다. 예를 들면, B 내의 작은 농도의 A에 대한 확산계수는 Wilke-Chang 식[14]으로부터

$$\mathscr{D}_{AB} = 7.4 \times 10^{-8}\,\frac{\sqrt{\psi_B M_B}\,T}{\mu \tilde{V}_A^{0.6}} \tag{17.4-8}$$

로 구할 수 있으며, 여기서 $\tilde{V}_A$는 일반적인 비등점에서 액체인 용질 A의 cm^3/g-mole의 몰 부피이고, μ는 센티포이즈인 용액 점도이며, ψ_B는 용매에 대한 "결합 매개변수"이고, T는 K인 절대 온도이다. ψ_B로 추천되는 값은 물에 대해 2.6, 메탄올에 대해 1.9이고, 벤젠, 에테르, 헵탄과 결합되지 않는 다른 용매에 대해서는 1.0이다. 식 17.4-8은 해리할 수 없는 용질의 희석 용액에 대해서만 잘 맞으며, 이와 같은 용액에 대해서는 통상 ±10% 범위 내에서 잘 맞는다.

다른 경험식들은 그것이 갖는 상대적인 장점과 함께 Reid, Prausnitz와 Poling[15]에 의해 요약되어 있다.

예제 17.4-1 액체 확산계수의 계산

15℃에서 벤젠 내의 TNT(2, 4, 6-트리니트로톨루엔) 희석 용액에 대한 $\mathscr{D}_{AB}$를 계산하시오.

해 TNT를 성분 A로, 벤젠을 성분 B로 취하고 Wilke와 Chang의 식을 사용하시오. 요구되는 데이터는

μ = 0.705cp (순수 벤젠의 점도)

$\tilde{V}_A$ = 140 cm^3/(g-mole) (TNT에 대해)

[14] C. W. Wilke, *Chem. Eng. Prog.*, **45**, 218-224 (1949); C. R. Wilke and P. Chang, *AIChE Journal*, **1**, 264-270 (1955).

[15] R. C. Reid, J. M. Prausnitz, and B. E. Poling, *The Properties of Gases and Liquids*, 4th edition, McGraw-Hill, New York (1987), 11장

$$\psi_B = 1.0\text{(벤젠에 대해)}$$
$$M_B = 78.11\text{(벤젠에 대해)}$$

이다. 식 17.4-8에 대입하면

$$\begin{aligned}\mathscr{D}_{AB} &= 7.4 \times 10^{-8} \frac{\sqrt{(1.0)(78.11)}(273 + 15)}{(0.705)(1.40)^{0.6}} \\ &= 1.38 \times 10^{-5}\ \text{cm}^2/\text{s}\end{aligned} \tag{17.4-9}$$

를 얻는다. 이 결과는 측정값 1.39×10^{-5} cm^2/s와 비교할만 하다.

17.5 콜로이드 현탁계에서의 확산 이론[1,2,3]

다음 액체 내 작은 콜로이드 입자의 움직임으로 관심을 돌리고자 한다. 특히, 정지된 액체 B 내에 물질 A의 구형 입자가 미세하게 나누어져 분산된 희석 현탁계를 생각한다. A의 구가 충분히 작다고 하면(그러나 현탁 매체의 분자에 비해서는 여전히 큰), 구와 B 분자들 사이의 충돌은 구의 불규칙적인 운동에 귀착될 것이다. 이 무질서한 운동을 **브라운 운동**이라 한다.[4]

개개의 구의 움직임은 **Langevin 방정식**이라 불리는 운동방정식에 의해 묘사될 수 있다.

$$m\frac{d\mathbf{u}_A}{dt} = -\zeta\mathbf{u}_A + \mathbf{F}(t) \tag{17.5-1}$$

여기서 $\mathbf{u}_A$는 질량이 m인 구의 순간적인 속도이다. $-\zeta\mathbf{u}_A$항은 Stokes 법칙의 항력[5]이 되며, $\zeta = 6\pi\mu_B R_A$는 "마찰계수"이다. 마지막으로 $\mathbf{F}(t)$는 빠르게 진동하는 불규칙한 브라운 운동 힘이다. 식 17.5-1은 무질서하게 요동하는 힘 $\mathbf{F}(t)$를 포함하고 있으므로 보통의 관점

---

[1] A. Einstein, *Ann. d. Phys.*, **17**, 549-560 (1905), **19**, 371-381 (1906); *Investigation on the Theory of the Brownian Movement*, Dover, New York (1956).

[2] S. Chandrasekhar, *Rev. Mod. Phys.*, **15**, 1-89 (1943).

[3] W. B. Russel, D. A. Saville, and W. R. Schowalter, *Colloidal Dispersions*, Cambridge University Press (1989); H. C. Öttinger, *Stochastic Processes in Polymeric Fluids*, Springer, Berlin (1996).

[4] 식물학자 R. Brown, *Phil. Mag.* (4), 161-173 (1828); *Ann. d. Phys. u. Chem.*, **14**, 294-313 (1828)의 이름을 따서 명명된. 실제로 현상은 1789년 초에 Jan Ingenhousz (1730-1799)에 의해 네델란드에서 발견되고 보고되었다.

[5] 예제 4.2-1에서 볼 수 있는 것과 같이 Stokes 법칙은 단지 유체를 통한 구의 정상상태 단일 방향 운동에 대해 타당하다. 임의의 방식으로 움직이는 구에 대해서는 Stokes의 기여에 더하여 관성항과 기억 적분항(Basset 힘)이 있다. A. B. Basset, *Phil. Trans.*, **179**, 43-63 (1887); H. Lamb, *Hydrodynamics*, 6th edition, Cambridge University Press (1932), reprinted (1977), p. 644; H. Villat and J. Kravtchenko, *Leçons sur les Fluides Visqueux*, Gauthier-Villars, Paris (1943), p. 213, Eq. (62); L. Landau and E. M. Lifshitz, *Fluid Mechanics*, 2nd edition, Pergamon, New York (1987), p. 94를 참조하시오. Langevin 방정식을 고분자의 분자운동론에 적용함에 있어서, Basset 힘의 역할은 J. D. Schieber, *J. Chem. Phys.*, **94**, 7526-7533 (1991)에 의해 연구되었다.

으로는 풀 수 없다. 식 17.5-1과 같은 식들을 "추계적 미분방정식"이라 한다.

만약 (i) $\mathbf{F}(t)$가 $\mathbf{u}_A$에 무관하고 (ii) $\mathbf{F}(t)$의 변화가 $\mathbf{u}_A$의 변화보다 훨씬 더 많이 빠르다고 가정하면, 시간 t에서 입자가 $\mathbf{u}_A$에서 $\mathbf{u}_A + d\mathbf{u}_A$ 범위의 속도를 가질 확률 $W(\mathbf{u}_A,t;\mathbf{u}_{A0})d\mathbf{u}_A$를 식 17.5-1로부터 추출해 내는 것이 가능하다. 물리적 이유로 $t \to \infty$일 때 확률 밀도 $W(\mathbf{u}_A,t;\mathbf{u}_{A0})$가 Maxwell (평형) 분포에 접근하는 것이 요구된다.

$$W(\mathbf{u}_A,t;\mathbf{u}_{A0}) \to \left(\frac{m}{2\pi\kappa T}\right)^{3/2} \exp(-mu_A^2/2\kappa T) \qquad (17.5\text{-}2)$$

여기서 T는 입자가 현탁된 유체의 온도이다.

Langevin 방정식으로부터 얻을 수 있는 또 다른 흥미로운 양은 만약 초기 위치와 속도가 $\mathbf{r}_0$와 $\mathbf{u}_{A0}$이었다면 시간 t에서 입자가 $\mathbf{r}$에서 $\mathbf{r} + d\mathbf{r}$ 범위에 위치할 확률 $W(\mathbf{r},t;\mathbf{r}_0,\mathbf{u}_{A0})d\mathrm{r}$ 이다. 긴 시간, 특히 $t >> m/\zeta$에 대해 이 확률은

$$W(\mathbf{r},t;\mathbf{r}_0,\mathbf{u}_{A0})d\mathbf{r} = \left(\frac{\zeta}{4\pi\kappa Tt}\right)^{3/2} \exp(-\zeta(r - r_0)^2/4\kappa Tt)d\mathbf{r} \qquad (17.5\text{-}3)$$

으로 주어진다. 그러나 이 식은 결국 점원으로부터의 확산에 대한 Fick 2 확산 법칙(식 19.1-18과 문제 20B.5 참조)과 똑 같은 형태인 것으로 판명되었다. 농도 c_A를 갖는 확률 W와 $\mathscr{D}_{AB}$를 갖는 $\kappa T/\zeta$를 간단히 구분하여야만 한다. 이 방법으로 Einstein(653쪽의 참고문헌 1 참조)은 구형 콜로이드 입자의 희석 현탁액의 확산계수에 대한 다음 식을 얻었다.

$$\mathscr{D}_{AB} = \frac{\kappa T}{\zeta} = \frac{\kappa T}{6\pi\mu_B R_A} \qquad (17.5\text{-}4)$$

따라서 $\mathscr{D}_{AB}$는 온도와 마찰계수 ζ에 관계된다(마찰계수의 역수를 "이동도"라 한다.). 식 17.5-4는 액체의 상호확산에 대한 식 17.4-3에 이미 주어져 있다.

17.6 고분자의 확산 이론

저 분자량의 용매 B에 녹아 있는 고분자 A의 **희석 용액**에 대해서는, 고분자의 분자를 구슬-스프링 사슬로 모델화하는 상세한 이론[1]이 있다(그림 8.6-2 참조). 각 사슬은 N개의 구슬과 N-1개의 Hooke성 스프링이 선형으로 배열되어 있다. 구슬들은 용매를 통한 구슬 운동의 Stokes 법칙 저항을 설명하는 마찰계수 ζ에 의해 특징지어진다. 더욱이 모델은 한 개

[1] J. G. Kirkwood, *Macromolecules*, Gordon and Breach, New York (1967), pp. 13, 41, 76-77, 95, 101-102. 원래의 Kirkwood 이론은 H. C. Öttinger, *J. Chem. Phys.*, **87**, 3156-3165 (1987)에 의해 다시 조사되었고, 약간 개선되었다.

의 구슬이 주위를 움직일 때 다른 모든 구슬 부근의 용매를 교란한다는 사실도 고려한다. 이는 **유체역학적 상호작용**으로 언급된다. 이 이론은 큰 N에 대해 확산계수가 $N^{-1/2}$에 비례하여야 한다는 것을 궁극적으로 예측하며, 구슬 수가 고분자의 분자량 M에 비례하므로 다음 결과가 얻어진다.

$$\mathscr{D}_{AB} \sim \frac{1}{\sqrt{M}} \tag{17.6-1}$$

제곱근의 역수 의존성은 실험[2]에 의해 잘 나타난다. 만약 구슬 사이의 유체역학적 상호작용이 포함되지 않는다면, $\mathscr{D}_{AB} \sim 1/M$이라 예측될 것이다.

묶지 않은 고분자의 **자체-확산** 이론은 여러 가지 관점[3,4]에서 연구되었다. 상당히 조악한 이들 이론은

$$\mathscr{D}_{AA^*} \sim \frac{1}{M^2} \tag{17.6-2}$$

인 결과를 유도한다. 실험 데이터는 이 결과[5]와 잘 부합하기도 또는 덜 부합하기도 하지만, 몇몇 고분자에 대해서는 분자량에 대한 지수가 3보다 더 큰 값일 것이다.

고분자 확산에 대한 대단히 일반적인 이론이 개발되었지만,[6] 이 이론으로는 할 수 있는 것이 그렇게 많지 않다. 지금까지 흐르는 희석 고분자 용액에서, 확산계수 텐서(식 17.1-10)가 이방성이고, 속도 구배에 의존한다는 것을 보이기 위해 사용되었으며, 또 다성분 고분자 액체에 대해 Maxwell-Stefan방정식(17.9절과 24.1절 참조)을 어떻게 일반화할 수 있는지 보였다. 이 주제에 대한 더 고차원적 해석은 분자 모사를 사용하면 기대할 수 있다.[7]

[2] R. B. Bird, C. F. Curtiss, R. C. Armstrong, and O. Hassager, *Dynamics of Polymeric Liquids*, *Vol.* 2, *Kinetic Theory*, 2nd edition, Wiley, New York (1987), pp. 174-175.

[3] P.-G. de Gennes and Léger, *Ann. Rev. Phys. Chem*., 49-61 (1982); P.-G. de Gennes, *Physics Today*, **36**, 33-39 (1983). De Gennes은 고분자가 분자의 골격과 함께 뱀과 같은 브라운 운동으로 앞뒤로 움직이는 것에 따라 파행 표기법을 도입하였다.

[4] R. B. Bird, C. F. Curtiss, R. C. Armstrong, and O. Hassager, *Dynamics of Polymeric Liquids*, *Vol.* 2, *Kinetic Theory*, 2nd edition, Wiley, New York (1987), pp. 326-327; C. F. Curtiss and R. B. Bird, *Proc. Nat. Acad. Sci*., **93**, 7440-7445 (1996).

[5] P. F. Green, in *Diffusion in Polymers* (P. Neogi, ed.), Dekker, New York (1996), 6장. T. P. Lodge, *Phys. Rev. Letters*, **86**, 3218-3221 (1999)에 의하면 묶지 않은 고분자에 대한 측정은 분자량에 대한 지수가 약 2.3임에 틀림이 없다는 것을 보여 준다.

[6] C. F. Curtiss and R. B. Bird, *Adv. Polym. Sci*., **125**, 1-101 (1996)과 *J. Chem. Phys.*, **111**, 10362-10370 (1999).

[7] D. N. Theodorou, in *Diffusion in Polymers* (P. Neogi, ed.), Dekker, New York (1996), 2장.

17.7 대류에 의한 질량 및 몰 전달

17.1절에서 확산에 대한 Fick (1) 법칙은 질량 농도, 질량 훌럭스와 질량 평균 속도 같은 **질량 단위**의 항으로 주어졌다. 이 절에서는 앞의 논의를 **몰 단위**를 포함하는 것으로 확장하고자 한다. 따라서 이 절의 대부분을 표기법과 정의에 대한 문제로 다루고자 한다. 이 두 개의 표기법에 대한 집합이 정말로 필요한지에 대한 의문을 가질지도 모르지만 불행히도 그것은 사실 필요하다. 화학반응이 수반되면, 통상 몰 단위를 택하게 된다. 확산방정식을 운동방정식과 함께 풀 때는 보통 질량 단위를 택하게 된다. 그러므로 둘과 친밀해지는 것이 필요하다. 또 이 절에서는 질량 또는 몰의 **대류 훌럭스**의 개념을 소개하고자 한다.

질량 농도와 몰 농도

앞에서 **질량 농도** ρ_α를 용액의 단위 부피당 화학 종 α의 질량으로 정의하였다. 이제 용액의 단위 부피당 화학 종 α의 몰 수를 **몰 농도** $c_\alpha=\rho_\alpha/M_\alpha$로 정의하고자 한다.

유사하게, **질량 분율** $\omega_\alpha = \rho_\alpha/\rho$에 더하여 **몰 분율** $x_\alpha = c_\alpha/c$를 사용할 것이다. 여기서 $\rho = \Sigma_\alpha\rho_\alpha$는 용액의 단위 부피당 모든 화학 종의 총 질량이며, $c = \Sigma_\alpha c_\alpha$는 용액의 단위 부피당 모든 화학 종의 총 몰 수이다. "용액"이라는 말은 하나의 상인 기체, 액체 혹은 고체 혼합물을 의미한다. 표 17.7-1에는 다성분계에 대한 이들 농도 단위와 그들의 상호 관계를 요약하였다.

ρ_α는 혼합물에서 화학 종 α의 질량 농도임을 강조할 필요가 있다. 순수한 화학 종 α의 밀도는 필요 시에 기호 $\rho^{(\alpha)}$를 사용한다.

질량 평균 속도와 몰 평균 속도

확산하는 혼합물에서 다양한 화학 종은 서로 다른 속도로 움직인다. 화학 종 α의 속도 $\mathbf{v}_\alpha$는 화학 종 α의 개개의 분자 속도를 의미하는 것은 아니다. 오히려 작은 부피 내 화학 종 α의 분자 속도 모두의 평균을 의미한다. 그러면 N 화학 종 혼합물에 대해 국부 **질량 평균 속도** $\mathbf{v}$는,

$$\mathbf{v} = \frac{\sum_{\alpha=1}^{N} \rho_\alpha \mathbf{v}_\alpha}{\sum_{\alpha=1}^{N} \rho_\alpha} = \frac{\sum_{\alpha=1}^{N} \rho_\alpha \mathbf{v}_\alpha}{\rho} = \sum_{\alpha=1}^{N} \omega_\alpha \mathbf{v}_\alpha \tag{17.7-1}$$

로 정의된다. $\rho\mathbf{v}$는 속도 $\mathbf{v}$에 수직으로 놓여 있는 단위 단면을 통해 질량이 통과하는 국부 유량임에 주목하시오. 이는 피톳관이나 레이저 도플러 속도 측정법에 의해 측정할 수 있는 국부 속도이며, 순수 유체에 대해서는 앞 장의 운동방정식과 에너지 방정식에서 사용된 $\mathbf{v}$에 대응된다.

표 17.7-1 농도에 대한 기호

기본 정의

ρ_α =	화학 종 α의 질량 농도	(A)
$\rho = \sum_{\alpha=1}^{N} \rho_\alpha$ =	용액의 질량 밀도	(B)
$\omega_\alpha = \rho_\alpha/\rho$ =	화학 종 α의 질량 분율	(C)
c_α =	화학 종 α의 몰 농도	(D)
$c = \sum_{\alpha=1}^{N} c_\alpha$ =	용액의 몰 밀도	(E)
$x_\alpha = c_\alpha/c$ =	화학 종 α의 몰 분율	(F)
$M = \rho/c$ =	용액의 몰 평균 분자량	(G)

대수적 관계식

$c_\alpha = \rho_\alpha/M_\alpha$	(H)	$\rho_\alpha = c_\alpha M_\alpha$	(I)
$\sum_{\alpha=1}^{N} x_\alpha = 1$	(J)	$\sum_{\alpha=1}^{N} \omega_\alpha = 1$	(K)
$\sum_{\alpha=1}^{N} x_\alpha M_\alpha = M$	(L)	$\sum_{\alpha=1}^{N} \omega_\alpha/M_\alpha = 1/M$	(M)
$x_\alpha = \dfrac{\omega_\alpha/M_\alpha}{\sum_{\beta=1}^{N}(\omega_\beta/M_\beta)}$	(N)	$\omega_\alpha = \dfrac{x_\alpha M_\alpha}{\sum_{\beta=1}^{N}(x_\beta M_\beta)}$	(O)

미분 관계식

$$\nabla x_a = -\frac{M^2}{M_\alpha}\sum_{\substack{\gamma=1\\ \gamma\neq\alpha}}^{N}\left[\frac{1}{M} + \omega_\alpha\left(\frac{1}{M_\gamma} - \frac{1}{M_\alpha}\right)\right]\nabla\omega_\gamma \quad \text{(P)}^a$$

$$\nabla \omega_a = -\frac{M_\alpha}{M^2}\sum_{\substack{\gamma=1\\ \gamma\neq\alpha}}^{N}[M + x_\alpha(M_\gamma - M_\alpha)]\nabla x_\gamma \quad \text{(Q)}^a$$

2 성분계에 대해 단순화된 식 (P)와 (Q)

$$\nabla x_A = \frac{\dfrac{1}{M_A M_B}\nabla\omega_A}{\left(\dfrac{\omega_A}{M_A} + \dfrac{\omega_B}{M_B}\right)^2} \quad \text{(P')}$$

$$\nabla\omega_A = \frac{M_A M_B \nabla x_A}{(x_A M_A + x_B M_B)^2} \quad \text{(Q')}$$

유사하게, 국부 **몰 평균 속도** $\mathbf{v}^*$를

$$\mathbf{v}^* = \frac{\sum_{\alpha=1}^{N} c_\alpha \mathbf{v}_\alpha}{\sum_{\alpha=1}^{N} c_\alpha} = \frac{\sum_{\alpha=1}^{N} c_\alpha \mathbf{v}_\alpha}{c} = \sum_{\alpha=1}^{N} x_\alpha \mathbf{v}_\alpha \quad (17.7\text{-}2)$$

로 정의한다. $c\mathbf{v}^*$는 몰 속도 $\mathbf{v}^*$에 수직으로 놓여 있는 단위 단면을 통해 통과하는 몰의 국부 유량임에 주목하시오. 질량 평균 속도와 몰 평균 속도는 둘 다 이 책의 나머지 부분에서 광범위하게 사용될 것이다. 여전히 **부피 평균 속도**와 같은 다른 평균 속도도 때로는 사용된다(문제 17C.1 참조). 표 17.7-2에는 이들 속도 사이의 다양한 관계를 요약하였다.

표 17.7-2 다성분계의 속도에 대한 기호

기본 정의		
$\mathbf{v}_\alpha$	고정된 좌표에 관한 화학 종 α의 속도	(A)
$\mathbf{v} = \sum_{\alpha=1}^{N} \omega_\alpha \mathbf{v}_\alpha$	질량 평균 속도	(B)
$\mathbf{v}^* = \sum_{\alpha=1}^{N} x_\alpha \mathbf{v}_\alpha$	몰 평균 속도	(C)
$\mathbf{v}_\alpha - \mathbf{v}$	질량 평균 속도 $\mathbf{v}$에 관한 화학 종 α의 확산 속도	(D)
$\mathbf{v}_\alpha - \mathbf{v}^*$	몰 평균 속도 $\mathbf{v}^*$에 관한 화학 종 α의 확산 속도	(E)

추가적인 관계식

$$\mathbf{v} - \mathbf{v}^* = \sum_{\alpha=1}^{N} \omega_\alpha(\mathbf{v}_\alpha - \mathbf{v}^*) \quad \text{(F)}$$

$$\mathbf{v}^* - \mathbf{v} = \sum_{\alpha=1}^{N} x_\alpha(\mathbf{v}_\alpha - \mathbf{v}) \quad \text{(G)}$$

분자 질량 훌럭스와 분자 몰 훌럭스

17.1절에서 α의 분자 질량 훌럭스를 단위 시간당 단위 면적을 통한 α의 질량 유동으로 정의하였다: $\mathbf{j}_\alpha = \rho_\alpha(\mathbf{v}_\alpha - \mathbf{v})$이다. 즉, 질량 평균 속도 $\mathbf{v}$에 상대적인 화학 종 α의 속도만 포함한다. 유사하게 단위 시간당 단위 면적을 통해 흐르는 α의 몰 수로 화학 종 α의 분자 몰 훌럭스를 정의한다. $\mathbf{J}_\alpha^* = c_\alpha(\mathbf{v}_\alpha - \mathbf{v}^*)$이다. 여기서는 몰 평균 속도 $\mathbf{v}^*$에 상대적인 화학 종 α의 속도만 포함한다.

그런 다음 17.1절에서는 2 성분 혼합물에서 화학 종 A의 질량이 분자 운동에 의해 어떻게 전달되는지를 Fick (1)법칙을 사용하여 설명하였다. 또한 이 법칙을 몰 단위로 표현할 수 있다. 그러므로 2 성분계에 대해 다음 관계의 쌍을 갖는다.

질량 단위:
$$\mathbf{j}_A = \rho_A(\mathbf{v}_A - \mathbf{v}) = -\rho\mathscr{D}_{AB}\nabla\omega_A \tag{17.7-3}$$

몰 단위 :
$$\mathbf{J}_A^* = c_A(\mathbf{v}_A - \mathbf{v}^*) = -c\mathscr{D}_{AB}\nabla x_A \tag{17.7-4}$$

$\mathbf{v}_A - \mathbf{v}$와 $\mathbf{v}_A - \mathbf{v}^*$는 확산 속도로 종종 언급된다. 식 17.7-4는 표 17.7-1과 2의 몇몇 관계를 사용하여 식 17.7-3으로부터 유도할 수 있다.

대류 질량 훌럭스와 대류 몰 훌럭스

분자 운동에 의한 전달에 더하여, 유체의 총괄 운동에 의해서도 질량이 전달된다. 그림 9.7-1에서 유체의 **질량 평균 속도**가 $\mathbf{v}$인 점 P에서 면적이 dS이고 상호간에 수직인 세 개의 평면을 본다. x-축에 수직인 표면 요소 dS를 가로지르는 유동의 부피 유량은 $v_x dS$이다. 그러면 동일한 표면을 가로질러 지나가는 화학 종 α의 질량 유량은 $\rho_\alpha v_x dS$이다. y-와 z-축에 수직인 표면 요소를 가로지르는 화학 종 α의 질량 유동에 대한 유사한 식을 각각 $\rho_\alpha v_y dS$와 $\rho_\alpha v_z dS$로 쓸 수 있다. 이제 이들 식의 각각에 대응하는 단위 벡터를 곱하고, 더한 다음 dS로 나누면, kg/m$^2 \cdot$s의 단위를 갖는 **대류 질량 훌럭스 벡터**로

$$\rho_\alpha \boldsymbol{\delta}_x v_x + \rho_\alpha \boldsymbol{\delta}_y v_y + \rho_\alpha \boldsymbol{\delta}_z v_z = \rho_\alpha \mathbf{v} \tag{17.7-5}$$

를 얻는다.

뒤로 돌아가서 몰 단위와 **몰 평균 속도**만을 모든 곳에서 사용하여 앞 단락의 내용을 반복하면, kg-mole/m$^2 \cdot$s의 단위를 갖는 **대류 몰 훌럭스 벡터**로

$$c_\alpha \boldsymbol{\delta}_x v_x^* + c_\alpha \boldsymbol{\delta}_y v_y^* + c_\alpha \boldsymbol{\delta}_z v_z^* = c_\alpha \mathbf{v}^* \tag{17.7-6}$$

을 얻는다.

수직 단위 벡터가 $\mathbf{n}$인 단위 표면을 가로지르는 대류 질량 훌럭스와 대류 몰 훌럭스를 얻기 위해서는 각각 점곱 $(\mathbf{n} \cdot \rho_\alpha \mathbf{v})$와 $(\mathbf{n} \cdot c_\alpha \mathbf{v}^*)$를 한다.

17.8 질량 및 몰 훌럭스의 요약

1장과 9장에서 쉘 수지와 변화방정식을 수립하는 데 유용한 것으로 알고 있는 **결합 운동량 훌럭스 텐서 $\boldsymbol{\phi}$**와 **결합 에너지 훌럭스벡터 $\mathbf{e}$**를 소개하였다. 여기서는 질량 및 몰 훌럭스 벡터에 대응하는 정의를 하고자 한다. 분자 질량 훌럭스와 대류 질량 훌럭스를 함께 더하면 **결합 질량 훌럭스**를 구할 수 있으며, 유사하게 **결합 몰 훌럭스** 벡터도 구할 수 있다.

결합 질량 훌럭스: $$\mathbf{n}_\alpha = \mathbf{j}_\alpha + \rho_\alpha \mathbf{v} \tag{17.8-1}$$

결합 몰 훌럭스: $$\mathbf{N}_\alpha = \mathbf{J}_\alpha^* + c_\alpha \mathbf{v}^* \tag{17.8-2}$$

표 17.8-1의 처음 세 줄에는 앞으로 논의될 질량 및 몰 훌럭스의 정의를 요약하였다. 또 그림자진 사각형에는 $\mathbf{j}_\alpha^*$(몰 평균 속도에 관한 **질량** 훌럭스)와 $\mathbf{J}_\alpha$(질량 평균 속도에 관한 **몰** 훌럭스)를 정의하였다. 이들 "하이브리드" 훌럭스는 일반적으로는 사용되지 않는다.

표 17.8-1의 나머지 부분에는 훌럭스의 합과 훌럭스 간의 상호 관계와 같은 다른 유용한 관계들을 요약하였다. 식 (J)와 (M)을 사용하면 식 17.8-1과 2를

$$\mathbf{j}_\alpha = \mathbf{n}_\alpha - \omega_\alpha \sum_{\beta=1}^{N} \mathbf{n}_\beta \tag{17.8-3}$$

$$\mathbf{J}_\alpha^* = \mathbf{N}_\alpha - x_A \sum_{\beta=1}^{N} \mathbf{N}_\beta \tag{17.8-4}$$

와 같이 다시 쓸 수 있다. 2 성분계에 대해 단순화하면, Fick (1) 법칙에 상당하는 형태인 표

표 17.8-1 질량 및 몰 플럭스의 표기법*

양	정지된 축에 관한	질량 평균 속도 **v**에 관한	몰 평균 속도 **v***에 관한
화학 종 α의 속도 (cm/s)	$\mathbf{v}_\alpha$ (A)	$\mathbf{v}_\alpha - \mathbf{v}$ (B)	$\mathbf{v}_\alpha - \mathbf{v}^*$ (C)
화학 종 α의 질량 플럭스(g/cm^{2}s)	$\mathbf{n}_\alpha = \rho_\alpha \mathbf{v}_\alpha$ (D)	$\mathbf{j}_\alpha = \rho_\alpha(\mathbf{v}_\alpha - \mathbf{v})$ (E)	$\mathbf{j}_\alpha^* = \rho_\alpha(\mathbf{v}_\alpha - \mathbf{v}^*)$ (F)
화학 종 α의 몰 플럭스 (g-mloe/cm^{2}s)	$\mathbf{N}_\alpha = c_\alpha \mathbf{v}_\alpha$ (G)	$\mathbf{J}_\alpha = c_\alpha(\mathbf{v}_\alpha - \mathbf{v})$ (H)	$\mathbf{J}_\alpha^* = c_\alpha(\mathbf{v}_\alpha - \mathbf{v}^*)$ (I)
질량 플럭스의 합	$\sum_{\alpha=1}^{N} \mathbf{n}_\alpha = \rho \mathbf{v}$ (J)	$\sum_{\alpha=1}^{N} \mathbf{j}_\alpha = 0$ (K)	$\sum_{\alpha=1}^{N} \mathbf{j}_\alpha^* = \rho(\mathbf{v} - \mathbf{v}^*)$ (L)
몰 플럭스의 합	$\sum_{\alpha=1}^{N} \mathbf{N}_\alpha = c\mathbf{v}^*$ (M)	$\sum_{\alpha=1}^{N} \mathbf{J}_\alpha = c(\mathbf{v}^* - \mathbf{v})$ (N)	$\sum_{\alpha=1}^{N} \mathbf{J}_\alpha^* = 0$ (O)
질량 플럭스와 몰 플럭스 사이의 관계	$\mathbf{n}_\alpha = M_\alpha \mathbf{N}_\alpha$ (P)	$\mathbf{j}_\alpha = M_\alpha \mathbf{J}_\alpha$ (Q)	$\mathbf{j}_\alpha^* = M_\alpha \mathbf{J}_\alpha^*$ (R)
질량 플럭스 사이의 상호 관계	$\mathbf{n}_\alpha = \mathbf{j}_\alpha + \rho_\alpha \mathbf{v}$ (S)	$\mathbf{j}_\alpha = \mathbf{n}_\alpha - \omega_\alpha \sum_{\beta=1}^{N} \mathbf{n}_\beta$ (T)	$\mathbf{j}_\alpha^* = \mathbf{n}_a - x_\alpha \sum_{\beta=1}^{N} \frac{M_\alpha}{M_\beta} \mathbf{n}_\beta$ (U)
몰 플럭스 사이의 상호 관계	$\mathbf{N}_\alpha = \mathbf{J}_\alpha^* + c_\alpha \mathbf{v}^*$ (V)	$\mathbf{J}_\alpha = \mathbf{N}_\alpha - \omega_\alpha \sum_{\beta=1}^{N} \frac{M_\beta}{M_\alpha} \mathbf{N}_\beta$ (W)	$\mathbf{J}_\alpha^* = \mathbf{N}_\alpha - x_\alpha \sum_{\beta=1}^{N} \mathbf{N}_\beta$ (X)

[a] 하이브리드 플럭스 $\mathbf{j}_\alpha^*$와 $\mathbf{J}_\alpha$를 포함하는 그림자진 칸의 기재 사항은 거의 필요하지 않다. 이들은 완벽성을 위해 단지 포함되었다.

표 17.8-2 2 성분 확산에 대한 Fick (1) 법칙의 상당하는 형태

플럭스	구배	Fick 법칙의 형태	
$\mathbf{j}_A$	$\nabla\omega_A$	$\mathbf{j}_A = -\rho\mathscr{D}_{AB}\nabla\omega_A$	(A)
$\mathbf{J}_A^*$	∇x_A	$\mathbf{J}_A^* = -c\mathscr{D}_{AB}\nabla x_A$	(B)
$\mathbf{n}_A$	$\nabla\omega_A$	$\mathbf{n}_A = \omega_A(\mathbf{n}_A + \mathbf{n}_B) - \rho\mathscr{D}_{AB}\nabla\omega_A = \rho_A\mathbf{v} - \rho\mathscr{D}_{AB}\nabla\omega_A$	(C)
$\mathbf{N}_A$	∇x_A	$\mathbf{N}_A = x_A(\mathbf{N}_A + \mathbf{N}_B) - c\mathscr{D}_{AB}\nabla x_A = c_A\mathbf{v}^* - c\mathscr{D}_{AB}\nabla x_A$	(D)
$\rho(\mathbf{v}_A - \mathbf{v}_B)$	$\nabla\omega_A$	$\rho(\mathbf{v}_A - \mathbf{v}_B) = -\frac{\rho\mathscr{D}_{AB}}{\omega_A\omega_B}\nabla\omega_A$	(E)
$c(\mathbf{v}_A - \mathbf{v}_B)$	∇x_A	$c(\mathbf{v}_A - \mathbf{v}_B) = -\frac{c\mathscr{D}_{AB}}{x_A x_B}\nabla x_A$	(F)

17.8-2의 식 (C)와 (D)는 얻기 위해 이들 관계는 식 17.7-3 및 17.7-4와 결합할 수 있다. 화학 종의 상대 속도항으로 표 17.8-2의 식 (E)와 (F)에 주어진 형태는 **v**도 **v***도 포함하지 않기 때문에 흥미롭다.

18장에서는 Fick 법칙을 표 17.8-2의 식 (D) 형태로 한정하여 쓸 것이다. 화학공학에서 일반적으로 사용되는 것이 이 형태이다. 많은 문제에서 화학양론이나 경계조건으로부터 $\mathbf{N}_A$와 $\mathbf{N}_B$ 사이의 관계를 알게 된다. 그러므로 특정 문제에 대해 $\mathbf{N}_A$와 ∇x_A 사이의 직접적인 관계가 주어지면 식 (D)로부터 $\mathbf{N}_B$는 소거될 수 있다.

1.7절에서 **n** 배향의 표면을 통한 총 분자 운동량 플럭스는 벡터 $[\mathbf{n}\cdot\boldsymbol{\pi}]$임을 지적하였다. 9.7절에서는 분자 열 플럭스에 대해 상사한 양, 즉 스칼라 $(\mathbf{n}\cdot\mathbf{q})$를 언급하였다. 상사한 물질전달 양은 **n** 배향의 표면을 통한 총 질량 플럭스 및 몰 플럭스인 스칼라 $(\mathbf{n}\cdot\mathbf{j}_\alpha)$와 $(\mathbf{n}\cdot\mathbf{J}_\alpha^*)$이다. 유사하게 **n** 배향의 표면을 통한 결합 플럭스는 운동량에 대해 $[\mathbf{n}\cdot\boldsymbol{\phi}]$, 에너지에 대해 $(\mathbf{n}\cdot\mathbf{e})$와 화학 종에 대해 $(\mathbf{n}\cdot\mathbf{n}_\alpha)$와 $(\mathbf{n}\cdot\mathbf{N}_\alpha)$를 갖는다.

17.9 낮은 밀도에서 다성분 기체의 확산에 대한 Maxwell-Stefan 방정식

낮은 밀도에서 다성분 기체의 확산에 대해서는

$$\nabla x_\alpha = -\sum_{\beta=1}^{N} \frac{x_\alpha x_\beta}{\mathscr{D}_{\alpha\beta}}(\mathbf{v}_\alpha - \mathbf{v}_\beta) = -\sum_{\beta=1}^{N} \frac{1}{c\mathscr{D}_{\alpha\beta}}(x_\beta \mathbf{N}_\alpha - x_\alpha \mathbf{N}_\beta) \qquad \alpha = 1, 2, 3, \ldots, N \quad (17.9\text{-}1)$$

이 대단히 좋은 근사임이 알려져 있다.[1,2] 여기서 $\mathscr{D}_{\alpha\beta}$는 식 17.3-11 또는 식 17.3-12로부터 계산되는 2성분 확산계수이다. 그러므로 N 성분계에 대해서는 $\frac{1}{2}N(N-1)$ 개의 2 성분 확산계수가 요구된다.

식 17.9-1은 Maxwell-Stefan 방정식으로 언급된다. Maxwell[3]이 분자운동론에 기초를 두고 2 성분 혼합물에 대한 식을 제안하였으며, Stefan[4]이 N개의 화학 종을 갖는 기체 혼합물의 확산을 설명하기 위해 식을 일반화하였다. 후에 Curtiss와 Hirschfelder는 Chapman-Enskog 이론을 다성분에 대해 확장하여 식 17.9-1을 얻었다.

[1] C. F. Curtiss and J. O. Hirschfelder, *J. Chem. Phys.*, **17**, 550-555 (1949).

[2] 공학에 적용하기 위해서는 E. L. Cussler, *Diffusion: Mass Transfer in Fluid Systems*, 2nd edition, Cambridge University Press (1997); R. Taylor and R. Krishna, *Multicomponent Mass Transfer*, Wiley, New York (1993)을 참조하시오.

[3] J. C. Maxwell, *Phil. Mag.*, **XIX**, 19-32 (1860); **XX**, 21-32, 33-36 (1868)

[4] J. Stefan, *Sitzungsber. Kais. Akad. Wiss. Wien.*, **LXIII**(2), 63-124 (1871); **LXV**(2), 323-363 (1872).

조밀한 기체, 액체 및 고분자에 대해서도 Maxwell–Stefan 방정식이 여전히 타당한 것을 알 수 있지만, 그 안에서 강하게 나타나는 농도-의존적 확산계수는 2 성분 확산계수가 아니다.[5]

2 성분 확산과 다성분 확산 사이에는 중요한 차이가 있다.[6] 2 성분 확산에서는 화학 종 A의 운동이 화학 종 A의 농도 구배의 음의 값에 항상 비례하지만, 다성분 확산에서는 다른 흥미로운 상황이 일어날 수 있다. (i) 화학 종이 그 자신의 농도 구배에 반대로 움직이는 **역확산**, (ii) 농도 구배가 비록 0일지라도 화학 종이 확산하는 **삼투 확산** 및 (iii) 농도 구배가 0이 아닐지라도 화학 종이 확산하지 않는 **확산 장벽** 등이 있을 수 있다. 이에 더하여 화학 종의 흘럭스는 그 화학 종의 농도 구배와 동일 직선 상에 있어야 할 필요는 없다.

논의를 위한 질문

1. 2성분 확산계수는 어떻게 정의하는가? 자체 확산은 어떻게 정의되는가? 기체, 액체와 고체에 대한 확산계수의 전형적인 크기의 차수를 제시하시오.
2. 세 가지 전달 공정에 대한 분자, 대류 및 총 흘럭스에 대한 기호를 요약하시오. **n** 배향을 갖는 표면을 가로지르는 질량, 운동량 및 에너지 흘럭스를 어떻게 계산하는가?
3. Prandtl, Schmidt, Lewis 수를 정의하시오. 기체와 액체에 대해 어떤 범위의 Pr과 Sc와 만나기를 기대하는가?
4. 혼합물의 2성분에 대한 매개변수를 알고 있다면, 2성분 혼합물의 Lennard-Jones 포텐셜을 어떻게 계산할 수 있는가?
5. 확산에 관한 유체역학적 이론은 어떤 가치가 있는가?
6. Langevin 방정식은 무엇인가? 왜 추계적 미분방정식이라 불리는가? 이 식으로부터 어떤 정보를 얻을 수 있는가?
7. 액체와 기체에 대한 점도와 확산계수 사이의 관계를 비교하고 대조하시오.
8. 다성분 기체의 확산에 대한 Maxwell-Stefan 방정식이 2 성분계에 대한 Fick 식과 어떤 관계가 있는가?
9. 다성분 혼합물에서 $\mathbf{N}_\alpha$가 0이 되는 것이 ∇x_α가 0이 된다는 것을 의미하는가?

문제

17A.1. **낮은 밀도의 2 성분 확산계수의 예측.** 다음 방법에 의해 293K와 1 atm에서 메탄–에탄계에 대한 $\mathscr{D}_{AB}$를 계산하시오.

---

[5] C. F. Curtiss and R. B. Bird, *Ind. Eng. Chem. Res.*, **38**, 2515-2522 (1999); **40**, 1791 (2001); *J. Chem. Phys.*, **111**, 10362-10370 (1999).

[6] H. L. Toor, *AIChE Journal*, **3**, 198-207 (1959).

(a) 식 17.2-1.

(b) 식 17.2-3과 함께 그림 17.2-1의 대응 상태 도표.

(c) 부록 E의 Lennard-Jones 매개변수를 갖는 Chapman-Enskog 관계식(식 17.3-12).

(d) 임계 물성으로부터 계산된 Lennard-Jones 매개변수를 갖는 Chapman-Enskog 관계식(식 17.3-12).

답: (모두 cm^2/s 단위로) **(a)** 0.152; **(b)** 0.138; **(c)** 0.146; **(d)** 0.138.

17A.2. 대단히 높은 온도로 2 성분 확산계수의 외삽. 293K와 1 atm에서 CO_2–공기계에 대한 $\mathscr{D}_{AB}$ 값이 $\mathscr{D}_{AB} = 0.151\ cm^2/s$으로 보고되어 있다.[1] 다음 방법에 의해 $\mathscr{D}_{AB}$를 1500K로 외삽하시오.

(a) 식 17.2-1.

(b) 식 17.3-10.

(c) 표 E.2와 함께 식 17.3-12, 14와 15.

이들 결과를 실험값 2.45 cm^2/s와 비교하면 어떤 결론을 내릴 수 있는가?

답: (모두 cm^2/s 단위로) **(a)** 2.96; **(b)** 1.75; **(c)** 2.51

17A.3. 액체 수은의 자체 확산. 통상의 액체 Hg 내의 Hg^{203}의 확산계수가 점도와 단위 질량당 부피와 함께 측정되었다.[2] 실험적으로 측정된 $\mathscr{D}_{AA*}$값과 식 17.4-5에 의해 계산된 값을 비교하시오.

T (K)	$\mathscr{D}_{AA*}$ (cm^2/s)	μ (cp)	$\hat{V}$ (cm^3/g)
275.7	1.52×10^{-5}	1.68	0.0736
289.6	1.68×10^{-5}	1.56	0.0737
364.2	2.57×10^{-5}	1.27	0.0748

17A.4. 낮은 밀도에서 2 성분 기체 혼합물에 대한 Schmidt 수. 식 17.3-11과 문제 1A.4의 주어진 데이터를 사용하여, 25℃와 1 atm에서 수소(A)와 프레온-12(B)의 2 성분 혼합물에 대한 $Sc = \mu/\rho\mathscr{D}_{AB}$를 $x_A = 0.00, 0.25, 0.50, 0.75$와 1.00에서 계산하시오.

답: $x_A \rightarrow 0.00$일 때, $Sc \rightarrow 0.057$; $x_A \rightarrow 1.00$일 때, $Sc \rightarrow 2.44$

17A.5 높은 밀도에서 2 성분 혼합물에 대한 확산계수의 계산. 288.2K와 40 atm에서 N_2와 C_2H_6의 등몰 혼합물에 대한 $c\mathscr{D}_{AB}$를 예측하시오.

(a) 그림 17.2-1과 함께 표 17.11로부터 1 atm에서의 $\mathscr{D}_{AB}$ 값을 사용하시오.

(b) 식 17.2-3과 그림 17.2-1을 사용하시오.

답: **(a)** 5.8×10^{-6} g-mole/cm·s; **(b)** 5.3×10^{-6} g-mole/cm·s

17A.6 염소-공기 혼합물에 대한 확산계수와 Schmidt 수.

(a) 75°F와 1 atm에서 염소(A)–공기(B) 혼합물에 대한 $\mathscr{D}_{AB}$를 예측하시오. 공기는 부록 E의

[1] C. R. Wilke and C. Y. Lee, *Ind. Eng. Chem.*, **47**, 1253 (1955)에 의해 인용된 Ts. M. Klibanova, V. V. Pomerantsev, and D. A. Frank-Kameneskii, *J. Tech. Phys.* (*USSR*), **12**, 14-30 (1942).

[2] R. E. Hoffman, *J. Chem. Phys.*, **20**, 1567-1570 (1952).

Lennard-Jones 매개변수를 갖는 단일 물질로 취급하시오. 17.3절의 Chapman-Enskog 이론 결과를 사용하시오.

(b) 식 17.2-1을 사용하여 (a)를 반복하시오.

(c) (a)의 결과와 문제 1A.5의 결과를 사용하여 297K와 1 atm에서 염소-공기 혼합물에 대한 Schmidt 수를 염소의 다음 몰 분율에 대해 계산하시오: 0, 0.25, 0.50, 0.75, 1.0.

답: **(a)** 0.121 cm^2/s; **(b)** 0.124 cm^2/s; **(c)** Sc = 1.27, 0.832, 0.602, 0.463, 0.372

17A.7. 자체 확산에 대한 Schmidt 수.

(a) 식 1.3-1b와 식 17.2-2를 사용하여 $M_A \approx M_{A^*}$인 계에 대한 임계점에서 자체 확산 Schmidt 수 $\mathrm{Sc} = \mu/\rho\mathscr{D}_{AB}$를 예측하시오.

(b) 그림 1.3-1및 그림 17.2-1과 함께 위의 결과를 사용하여 다음 상태에서 $\mathrm{Sc} = \mu/(\rho\mathscr{D}_{AA^*})$를 구하시오.

상	기체	기체	기체	액체	기체	기체
T_r	0.7	1.0	5.0	0.7	1.0	2.0
p_r	0.0	0.0	0.0	포화	1.0	1.0

17A.8. 온도에 대한 높은 밀도 확산계수의 보정.

313K와 136 atm에서 80 mole% CH_4와 20 mole% C_2H_6 혼합물에 대해 측정된 $c\mathscr{D}_{AB}$ 값[3]은 6.0×10^{-6} g-mole/cm·s이다. 그림 17.2-1을 사용하여 136 atm과 351K에서 동일한 혼합물에 대한 $c\mathscr{D}_{AB}$를 예측하시오.

답: 6.3×10^{-6} g-mole/cm·s

측정값:[3] 6.33×10^{-6} g-mole/cm·s

17A.9. 임계 $c\mathscr{D}_{AB}$ 값의 예측.

그림 17.2-1로부터 $T_r = 1$과 $\rho_r \to 0$에서 낮은 압력 극한 $(c\mathscr{D}_{AA^*})_r = 1.01$을 얻는다. 이 극한에서 식 17.3-13은

$$1.01(c\mathscr{D}_{AA^*})_c = 2.2646 \times 10^{-5} \sqrt{T_{cA}\left(\frac{1}{M_A} + \frac{1}{M_{A^*}}\right)} \frac{1}{\sigma^2_{AA^*}\,\Omega_{\mathscr{D},AA^*}} \tag{17A.9-1}$$

로 주어진다. 여기서 $\Omega_{\mathscr{D},AA^*}$에 대한 $\kappa T_{cA}/e_{AA^*}$의 논증은 Ar, Kr과 Xe에 대해 약 1.225로 보고되어 있다.[4] 많은 유체에 걸쳐 대표적인 평균으로 식 1.4-11a부터 1/0.77의 값을 사용하고자 한다.

(a) 식 17A.9-1을

$$\sigma_{AA^*} = 2.44(T_{cA}/p_{cA})^{1/3} \qquad \varepsilon_{AA^*}/\mathrm{K} = 0.77T_{cA} \tag{17A.9-2, 3}$$

의 관계식 및 표 E.2와 결합하여 $(c\mathscr{D}_{AA^*})_c$에 대한 식 17.2-2를 구하시오.

(b) A-B 상호 작용에 대한 Lennard-Jones 매개변수의 근사

$$\sigma_{AB} = \sqrt{\sigma_A\sigma_B} \qquad \varepsilon_{AB} = \sqrt{\varepsilon_A\varepsilon_B} \tag{17A.9-4, 5}$$

[3] V. J. Berry and R. C. Koeller, *AIChE Journal*, **6**, 274-280 (1960).

[4] J. J. van Loef and E. G. D. Cohen, *Physica A*, **156**, 522-533 (1989).

는 각 화학 종의 분자 매개변수가 식 1.4-11a와 c에 따라 예측될 때

$$\sigma_{AB} = 2.44\left(\frac{T_{cA}T_{cB}}{p_{cA}p_{cB}}\right)^{1/6} \qquad \frac{\varepsilon_{AB}}{K} = 0.77\sqrt{T_{cA}T_{cB}} \tag{17A.9-6, 7}$$

로 주어짐을 보이시오. 이들 식을 식 17A.9-1(A^*를 B로 대체하고 T_{cA}를 $\sqrt{T_{cA}T_{cB}}$ 로 대체한)과 결합하여 $(c\mathscr{D}_{AB})_c$에 대한 식 17.2-3을 구하시오. 그림 17.2-1의 p_c와 T_c를 $\sqrt{P_{cA}P_{cB}}$와 $\sqrt{T_{cA}T_{cB}}$로 대응하게 대체하는 것은 $c\mathscr{D}_{AB}$를 결정함에 있어 유사한 분자들의 충돌에 걸쳐 A-B의 충돌이 지배적인 것으로 간주하는 것에 해당된다.

17A.10. 액체 확산계수의 예측.

(a) 12.5℃에서 희석 초산 수용액에 대한 확산계수를 Wilke-Chang 식을 사용하여 계산하시오. 비등점에서 순수한 초산의 밀도는 0.937 g/cm^{3}이다.

(b) 15℃에서 희석 메탄올 수용액의 확산계수는 1.28×10^{-5} cm^2/s이다. 100℃에서 동일한 용액에 대한 확산계수를 계산하시오.

답: **(b)** 6.7×10^{-5} cm^2/s

17B.1. 혼합물에서 조성 변수의 상호 관계.

(a) 표 17.7-1의 식 (A)에서 (G)의 기본 정의를 사용하여 식 (H)에서 (O)의 대수학적 관계를 증명하시오.

(b) 표 17.7-1의 식 (P)와 (Q)가 2성분 혼합물에 대해 식 (P′)와 (Q′)으로 단순화됨을 증명하시오.

(c) 식 (N)과 (O)로부터 식 (P′)와 (Q′)를 유도하시오

17B.2. 다성분계 흘럭스 간의 관계.

농도, 속도와 흘럭스의 정의만을 사용하여 표 17.8-1의 식 (K), (O), (T)와 (X)를 증명하시오.

17B.3. 2 성분계에서 흘럭스 간의 관계.

다음 식은 2−성분계에서 질량 단위의 상호 관계식과 몰 단위의 상호 관계식에 대해 유용하다.

$$\frac{\mathbf{j}_A}{\rho\omega_A\omega_B} = \frac{\mathbf{J}_A^*}{cx_Ax_B} \tag{17B.3-1}$$

이 관계식이 정확한지 증명하시오.

17B.4. 2 성분 혼합물에 대한 다양한 형태의 Fick 법칙의 항등성.

(a) 표 17.8-2의 식 (A)로 시작하여 식 (B), (D)와 (F)를 유도하시오.

(b) 표 17.8-2의 식 (A)로 시작하여 다음 흘럭스 식을 유도하시오.

$$\mathbf{j}_A = -\rho(M_AM_B/M^2)\mathscr{D}_{AB}\nabla x_A \tag{17B.4-1}$$

$$\nabla x_A = \frac{1}{c\mathscr{D}_{AB}}(x_A\mathbf{N}_B - x_B\mathbf{N}_A) \tag{17B.4-2}$$

이들 두 식으로부터 어떤 결론을 이끌어 낼 수 있는가?

(c) 표 17.8-2의 식 (F)는

$$\mathbf{v}_A - \mathbf{v}_B = -\mathscr{D}_{AB}\nabla \ln \frac{x_A}{x_B} \tag{17B.4-3}$$

으로 쓸 수 있음을 보이시오.

17C.1. 부피 평균 속도에 관한 질량 플럭스. N-성분 혼합물 내의 **부피 평균 속도**가

$$\mathbf{v}^{\blacksquare} = \sum_{\alpha=1}^{N} \rho_\alpha(\overline{V}_\alpha/M_\alpha)\mathbf{v}_\alpha = \sum_{\alpha=1}^{N} c_\alpha \overline{V}_\alpha \mathbf{v}_\alpha \tag{17C.1-1}$$

로 정의된다고 하자. 여기서 $\bar{V}_\alpha$는 화학 종 α의 부분 몰 부피이다. 그런 다음 부피 평균 속도에 관한 화학 종 α의 질량 플럭스로

$$\mathbf{j}_\alpha^{\blacksquare} = \rho_\alpha(\mathbf{v}_\alpha - \mathbf{v}^{\blacksquare}) \tag{17C.1-2}$$

를 정의하시오.

(a) A와 B의 2성분계에 대해

$$\mathbf{j}_A^{\blacksquare} = \rho(\overline{V}_B/M_B)\mathbf{j}_A \tag{17C.1-3}$$

임을 보이시오. 이를 위해 항등성 $c_A\bar{V}_A + c_B\bar{V}_B = 1$을 사용하는 것이 필요할 것이다. 이는 어디서 나오는가?

(b) Fick 1법칙은

$$\mathbf{j}_A^{\blacksquare} = -\mathscr{D}_{AB}\nabla\rho_A \tag{17C.1-4}$$

의 형태를 가정하게 됨을 보이시오. 이를 증명하기 위해서는 $\bar{V}_A\nabla c_A + \bar{V}_B\nabla c_B = 0$인 관계가 필요할 것이다. 이것의 원천은 무엇인가?

17C.2. 용매 속도에 관한 질량 플럭스.

(a) N 개의 화학 종으로 이루어진 계에서 용매로 N 번째 성분을 선택하시오. 그런 다음 용매 속도에 관한 화학 종 α의 질량 플럭스로

$$\mathbf{j}_\alpha^{N} = \rho_\alpha(\mathbf{v}_\alpha - \mathbf{v}_N) \tag{17C.2-1}$$

을 정의하고,

$$\mathbf{j}_\alpha^{N} = \mathbf{j}_\alpha - (\rho_\alpha/\rho_N)\mathbf{j}_N \tag{17C.2-2}$$

임을 증명하시오.

(b) 2성분계(용매를 B로 표시하는)에 대해

$$\mathbf{j}_A^{B} = (\rho/\rho_B)\mathbf{j}_A = -(\rho^2/\rho_B)\mathscr{D}_{AB}\nabla\omega_A \tag{17C.2-3}$$

임을 보이시오. 용매 B 내 A의 대단히 희석된 용액에 대해 이 결과가 어떻게 단순화될 수 있는가?

17C.3. 2성분 기체 혼합물의 확산계수 데이터로부터 Lennard-Jones 포텐셜 매개변수의 결정. 1 atm의 압력에서 H_2O-O_2 계에 대한 다음 데이터[5]를 사용하여 σ_{AB}와 ε_{AB}/κ를 구하시오.

T (K)	400	500	600	700	800	900	1000	1100
$\mathscr{D}_{AB}$ (cm²/s)	0.47	0.69	0.94	1.22	1.52	1.85	2.20	2.58

이를 위한 한 가지 방법은 다음과 같다. (i) 얇은 그래프 용지 위에 데이터를 $\log(T^{3/2}/\mathscr{D}_{AB})$ 대 $\log T$로 그리시오. (ii) 다른 용지 위에 $\Omega_{\mathscr{D},AB}$ 대 $\kappa T/\varepsilon_{AB}$를 동일한 크기로 그리시오. (iii) 첫 번째 그림을 두 번째 그림 위에 겹치고, 겹쳐진 두 그림의 치수로부터 $(T/(\kappa T/\varepsilon_{AB}))$와 $((T^{3/2}/\mathscr{D}_{AB})/\Omega_{\mathscr{D},AB})$의 수치적 비를 구하시오. (iv) 이들 두 비와 식 17.3-11을 사용하여 두 매개변수 σ_{AB}와 ε_{AB}/κ에 대해 푸시오.

[5] R. E. Walker and A. A. Westenberg, *J. Chem. Phys.*, **32**, 436-442 (1960); R. M. Fristrom and A. A. Westenberg, *Flame Structure*, McGraw-Hill, New York (1965), P. 265.

Chapter

18 고체와 층류에서의 농도분포

2장에서는 **쉘 운동량 수지**를 수립함으로써 일련의 정상상태 점성 유동 문제를 어떻게 세울 수 있고 풀 수 있는지 보았다. 더욱이 9장에서는 **쉘 에너지 수지**에 의해 정상상태의 열전도 문제를 어떻게 다룰 수 있는지 보았다. 이 장에서는 **쉘 질량 수지**에 의해 정상상태의 확산 문제를 어떻게 표현할 수 있는지 보이고자 한다. 여기서 사용되는 과정은 앞에서 사용되었던 과정과 실질적으로 똑 같다.

a. 질량 수지는 질량 전달 방향에 수직인 얇은 쉘에 걸쳐 수립되고, 이 쉘 수지는 질량 훌럭스 분포를 얻기 위해 풀게 될 1차 미분방정식을 유도한다.

b. 이 식 내에 질량 훌럭스와 농도 구배 사이의 관계를 대입하면 농도분포에 대한 2차 미분방정식으로 귀착된다. 결과식에 나타나는 적분 상수는 경계 표면에서의 농도와 질량 훌럭스에 대한 경계조건에 의해 결정된다.

17장에서는 일반적으로 사용되고 있는 몇 종류의 질량 훌럭스를 나타내었다. 간단히 하기 위해 이 장에서는 결합 훌럭스 $\mathbf{N}_A$, 즉 공간에 고정되어 있는 단위 면적을 통해 단위 시간 내에 지나가는 A의 몰 수를 사용할 것이다. z 성분에 대해서는

$$\underbrace{N_{Az}}_{\text{결합 훌럭스}} = \underbrace{-c\mathscr{D}_{AB}\frac{\partial x_A}{\partial z}}_{\text{분자 훌럭스}} + \underbrace{x_A(N_{Az} + N_{Bz})}_{\text{대류 훌럭스}} \tag{18.0-1}$$

인 표 17.8-2의 식 (D)에 의해 몰 훌럭스를 농도 구배와 관련지을 것이다.

식 18.0-1이 사용되기 전에 보통 N_{Bz}를 제거해야만 한다. 이것은 N_{Bz}/N_{Az} 비에 관한 어떤 것을 미리 알고 있다면 할 수 있다. 이 장에서 논의되는 각각의 2 성분 확산 문제에서 물리적 또는 화학적인 이유에 의해 이 비를 특정화함으로써 시작하고자 한다.

이 장에서는 **반응을 하지 않는 계**와 **반응하는 계** 둘 다의 확산을 배우고자 한다. 화학반응이 일어나면 유체의 전체 부피 내에서 화학적 변화가 일어나는 **균질** 반응과 촉매의 표면과 같이 단지 제한된 영역에서만 화학적 변화가 일어나는 **불균질** 반응의 두 가지 반응으로 구별한다. 균질 반응과 불균질 반응에 대한 물리적 상황의 차이뿐만 아니라 두 종류의 반응을 수학적으로 설명하는데 있었어도 차이가 있다. **균질** 반응에 의한 화학 종의 생성 속도는 쉘 에너지 수지에서 열원 항으로 나타나는 것과 똑 같이 쉘 수지로부터 얻게 되는 미분방정식에 원천 항으로 나타난다. 반면에 **불균질** 반응에 의한 생성 속도는 미분방정식에 나타나지 않고, 오히려 반응이 일어나는 표면에서의 경계조건에 나타난다.

화학반응을 포함하는 문제를 수립하기 위해서는 다양한 화학 종이 반응에 의해 나타나고 사라지는 속도에 관한 이용 가능한 어떤 정보가 있어야만 한다. 이것은 화학반응의 메커니즘과 화학반응이 일어나는 속도를 다루는 물리화학의 한 분야인 **화학반응 속도론**의 광범위한 주제에서 가져와야 한다.[1] 이 장에서는 반응 속도가 반응하는 화학 종 농도의 간단한 함수로 표현된다고 가정한다.

이 시점에서 화학 속도 상수에 대해 사용되는 기호를 언급할 필요가 있다. 균질 반응에 대해 화학 종 A의 몰 생성 속도는

균질 반응:

$$R_A = k_n''' c_A^n \tag{18.0-2}$$

형태의 식에 의해 주어질 것이며, 여기서 R_A [=] moles/cm^{3}이고, c_A [=] moles/cm^{3}이다. 지수 n은 반응 차수를 나타낸다.[2] 1차 반응에 대해 k_1''' [=] 1/s이다. 불균질 반응에 대해 반응 표면에서 몰 생성 속도는 종종

불균질 반응:

$$N_{Az}|_{\text{surface}} = k_n'' c_A^n|_{\text{surface}} \tag{18.0-3}$$

---

[1] R. J. Silbey and R. A. Alberty, *Physical Chemistry*, 3rd edition, Wiley, New York (2001), 18장.

[2] 모든 속도식이 식 18.0-2의 단순한 형태인 것은 아니다. 반응 속도는 존재하는 모든 화학 종의 농도에 복잡한 방법으로 의존할 것이다. 유사한 주의가 식 18.0-3에 대해서도 요구된다. 반응 속도에 관한 상세한 정보를 위해서는 *Table of Chemical Kinetics, Homogeneous Reaction*, National Bureau of Standards, Circular 510 (1951), Supplement No. 1에서 Circular 510 (1956)까지를 참조하시오. 이 참고문헌은 현재 NIST에 의해 http://kinetic.nist.gov/에서 유지되고 있는 데이터 베이스로 추가되고 있다. 또한 불균질 반응에 대해서는 R. Mezaki and H. Inoue, *Rate Equations of Solid-Catalyzed Reaction*, U. of Tokyo Press, Tokyo (1991)을 참조하시오. 또 C. G. Hill, *Chemical Engineering Kinetics and Reactor Design: An Introduction*, Wiley, New York (1977)을 참조하시오.

형태의 관계에 의해 특정지어질 것이며, 여기서 N_{Az} [=] moles/cm^2·s이고, c_A [=] moles/cm^3 이며 k_1''' [=] cm·s이다. 속도 상수 위의 세 개의 프라임은 부피원을 나타내고 두 개의 프라임은 면적원을 나타냄에 주목하시오.

18.1절에서는 확산 문제를 풀 때 나타나는 쉘 수지와 경계조건의 종류를 언급하면서 시작하고자 한다. 18.2절에는 정체 경막을 통한 확산을 논의할 것이며, 이 주제는 화학공학에서 확산 조작의 경막 모델에 대한 이해가 필요하다. 18.3절과 18.4절에서는 균질과 불균질 둘 다의 화학반응을 동반하는 확산에 대한 몇몇 기본적인 예를 들고자 한다. 이들 예제는 화학반응 속도론에서 확산이 하는 역할과 확산이 화학반응 속도에 현저하게 영향을 미칠 수 있다는 중요한 사실을 설명한다. 18.5와 6절에서는 강제 대류 물질전달, 즉 유동장이 첨가된 확산으로 관심을 돌리고자 한다. 비록 자유 대류 물질전달의 예제는 포함하지 않았지만 10.9 절에 주어진 자유 대류 열전달에 대한 논의와 유사하게 다루는 것이 가능하였을 것이다. 다음으로 18.7절에서는 다공성 촉매에서의 확산을 논의하고자 하며, 최종적으로 마지막 절에서는 18.2절의 증발 문제를 3 성분계로 확장하고자 한다.

18.1 쉘 질량 수지; 경계조건

이 장의 확산 문제는 고체나 유체의 얇은 쉘에 걸쳐 하나 또는 그 이상의 화학 종에 대한 질량 수지를 수립함으로써 풀게 된다. 적절한 계를 선택하면 2 성분계에서 화학 종 A의 질량 보존법칙은 쉘의 부피에 걸쳐

$$\begin{Bmatrix}\text{들어오는}\\ A\text{의 질량}\\ \text{속도}\end{Bmatrix} - \begin{Bmatrix}\text{나가는 } A\\ \text{의 질량}\\ \text{속도}\end{Bmatrix} + \begin{Bmatrix}\text{균질 반응에 의한 A의 질량}\\ \text{생성 속도}\end{Bmatrix} = 0 \qquad (18.1\text{-}1)$$

의 형태로 쓰여 진다. 보존 법칙은 물론 몰 항으로도 표현될 것이다. 화학 종 A는 확산에 의해(즉 분자 운동에 의해) 또 유체의 총괄 운동에 의해(즉 대류에 의해) 계를 들어오고 나갈 것이며, 이 둘은 $\mathbf{N}_A$에 포함된다. 이에 더하여 화학 종 A는 균질 화학반응에 의해 생성되거나 소모된다.

식 18.1-1에 의해 유한한 두께의 쉘에 대한 수지가 수립되면 두께가 무한히 작아진다고 한다. 이 과정의 결과로 질량(또는 몰) 훌럭스에 대한 미분방정식을 얻게 된다. 이 식에 농도 구배항으로 된 질량(또는 몰) 훌럭스식을 대입하면 농도에 관한 미분방정식을 얻게 된다.

이 미분방정식을 적분하면 적분 상수가 나타나며, 이는 경계조건을 사용하여 결정하여야만 한다. 경계조건은 열전도에서 사용된 경계조건과 대단히 유사하다(10.1절 참조).

a. 표면에서의 농도를 지정할 수 있다. 예를 들면 $x_A = x_{A0}$이다.

b. 표면에서의 질량 훌럭스를 지정할 수 있다. 예를 들면 $N_{Az} = N_{A0}$이다. 만약 N_{Bz}/N_{Az}의 비를 안다면, 이는 농도 구배가 주어진 것과 같다.

c. 만약 고체 내에서 확산이 일어난다면 고체 표면에서 물질 A는

$$N_{A0} = k_c(c_{A0} - c_{Ab}) \tag{18.1-2}$$

의 관계식에 따라 주위 흐름으로 빼앗기게 될 것이다. 여기서 N_{A0}는 표면에서의 몰 훌럭스이고, c_{A0}는 표면 농도이며, c_{Ab}는 총괄 유체 흐름에서의 농도이고, 비례 상수 k_c는 "물질전달계수"이다. 물질전달계수를 상관짓는 방법은 22장에서 다룬다. 식 18.1-2는 식 10.1-2에 주어진 "Newton의 냉각법칙"과 상사성이 있다.

d. 표면에서의 화학반응 속도를 지정할 수 있다. 예를 들면 만약 물질 A가 1차 화학반응에 의해 표면에서 사라진다면, $N_{A0} = k_1'' c_{A0}$이다. 표면에서 사라지는 속도는 표면 농도에 비례하며, 비례 상수 k_1''는 1차 화학반응 속도 상수이다.

18.2 정체 기체 경막을 통한 확산

이제 액체 A가 기체 B 내로 증발하는 그림 18.2-1에서 보는 확산계를 해석해 보자. 액체 수위가 $z = z_1$에서 유지되는 어떤 장치가 있다고 상상한다. 바로 액체-기체 계면에서 몰 분율로 표현된 A의 기체상 농도는 x_{A1}이다. 이는 액체 계면에서 액체와 평형[1]에 대응하는 A의 기체상 농도로 취해진다. 즉 A와 B가 이상기체 혼합물을 형성하고 액체 A 내의 기체 B의 용해도는 무시한다고 규정하면 x_{A1}은 A의 증기압을 전체 압력으로 나눈 p_A^{vap}/p이다.

농도가 x_{A2}인 A–B 기체 혼합물 흐름이 $z = z_2$에서 A의 몰 분율을 x_{A2}로 유지하기 위해 관 상부를 지나 천천히 흐른다. 전체 계는 일정한 온도와 압력으로 유지된다. 기체 A와 B는 이상기체로 가정한다.

기체-액체 계면에서 위로 향하는 기체의 알짜 유동이 있을 것이며, 원통 벽에서의 기체 속도는 관 중심에서의 속도에 비해 더 작을 것이라는 것을 안다. 문제를 간단히 하기 위해 이 효과를 무시하고, z 성분 속도의 반지름 방향 좌표에 대한 의존성은 없다고 가정한다.

증발하는 이 계가 정상상태에 도달되면, 계면을 떠나는 A의 알짜 운동은 있고, 화학종 B는 정체된다. 그러므로 A의 몰 훌럭스는 $N_{Bz} = 0$인 식 18.0-1에 의해 주어진다. N_{Az}에 대해 풀면

[1] L. J. Delaney and L. C. Eagleton [*AIChE Journal*, **8**, 418-420 (1962)]는 증발계에 대해 계면 평형의 가정은 1.3에서 7%의 가능한 오차 범위를 가지면서 합리적이라 결론지었다.

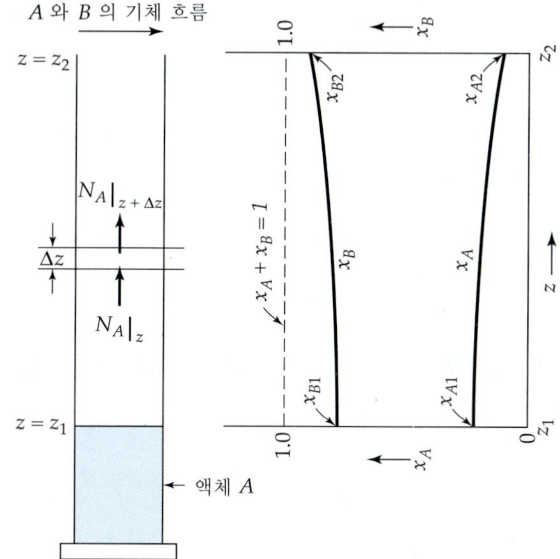

그림 18.2-1 액체-기체 계면이 고정된 위치에서 유지되는 정체 B를 통한 A의 정상상태 확산. 그림은 농도분포가 질량 흘럭스에 대한 대류 기여 때문에 직선으로부터 어떻게 벗어나는지를 보여준다.

$$N_{Az} = -\frac{c\mathscr{D}_{AB}}{1 - x_A}\frac{dx_A}{dz} \tag{18.2-1}$$

을 얻는다. 관의 증분 Δz에 걸친 정상상태의 질량 수지는(몰 단위로) 평면 z에서 들어오는 A의 양과 평면 $z + \Delta z$에서 나가는 A의 양이 같다는 것을 의미한다.

$$SN_{Az}|_z - SN_{Az}|_{z+\Delta z} = 0 \tag{18.2-2}$$

여기서 S는 관의 단면적이다. $S\Delta z$로 나누고 $\Delta z \to 0$ 인 극한을 취하면

$$-\frac{dN_{Az}}{dz} = 0 \tag{18.2-3}$$

을 얻으며, 식 18.2-1을 식 18.2-3에 대입하면

$$\frac{d}{dz}\left(\frac{c\mathscr{D}_{AB}}{1 - x_A}\frac{dx_A}{dz}\right) = 0 \tag{18.2-4}$$

를 얻는다. 이상기체 혼합물에 대한 상태방정식은 $p = cRT$이므로, 일정한 온도와 압력에서 c는 일정해야만 한다. 더욱이 기체에 대해 $\mathscr{D}_{AB}$는 조성에 정말 거의 무관하다. 그러므로 $c\mathscr{D}_{AB}$를 도함수 연산자의 좌측으로 이동하면

$$\frac{d}{dz}\left(\frac{1}{1 - x_A}\frac{dx_A}{dz}\right) = 0 \tag{18.2-5}$$

를 얻을 수 있다. 이는 A의 몰 분율로 표현된 농도분포에 대한 2차 미분방정식이다. z에 대해 적분하면

$$\frac{1}{1-x_A}\frac{dx_A}{dz}=C_1 \tag{18.2-6}$$

을 얻으며, 두 번째 적분을 하면

$$-\ln(1-x_A)=C_1 z+C_2 \tag{18.2-7}$$

을 얻는다. 만약 C_1을 $-\ln K_1$으로, C_2를 $-\ln K_2$로 대체하면, 식 18.2-7은

$$1-x_A=K_1^z K_2 \tag{18.2-8}$$

이 된다. 그러면 두 개의 적분 상수 K_1과 K_2는 경계조건으로부터 결정된다.

경계조건 1: $z=z_1$ 에서, $x_A=x_{A1}$ (18.2-9)

경계조건 2: $z=z_2$ 에서, $x_A=x_{A2}$ (18.2-10)

상수가 구해지면 최종적으로

$$\boxed{\left(\frac{1-x_A}{1-x_{A1}}\right)=\left(\frac{1-x_{A2}}{1-x_{A1}}\right)^{\frac{z-z_1}{z_2-z_1}}} \tag{18.2-11}$$

을 얻는다. 기체 B에 대한 분포는 $x_B=1-x_A$를 사용하여 구한다. 농도분포가 그림 18.2-1에 도시되어 있으며, 비록 N_{Az}가 일정하다 하더라도 기울기 dx_A/dz는 일정하지 않다는 것을 알 수 있다. 이는 식 18.2-1로부터 예상할 수 있었다.

일단 농도분포를 안다면, 평균값과 표면에서의 질량 플럭스를 얻을 수 있다. 예를 들면 z_1과 z_2 사이 영역의 B의 평균 농도는 다음과 같이 얻어진다.

$$\frac{x_{B,\text{avg}}}{x_{B1}}=\frac{\int_{z_1}^{z_2}(x_B/x_{B1})dz}{\int_{z_1}^{z_2}dz}=\frac{\int_0^1(x_{B2}/x_{B1})^\zeta\,d\zeta}{\int_0^1 d\zeta}=\left.\frac{(x_{B2}/x_{B1})^\zeta}{\ln(x_{B2}/x_{B1})}\right|_0^1 \tag{18.2-12}$$

여기서 $\zeta=(z-z_1)/(z_2-z_1)$는 무차원 길이 변수이다. 이 평균은

$$x_{B,\text{avg}}=\frac{x_{B2}-x_{B1}}{\ln(x_{B2}/x_{B1})} \tag{18.2-13}$$

로 다시 쓸 수 있다. 즉 x_B의 평균값은 종말 농도의 로그 평균 $(x_B)_{\ln}$이다.

액체-기체 계면에서의 물질전달 속도, 즉 증발 속도는 식 18.2-1로부터 다음과 같이 얻을 수 있다.

$$N_{Az}\big|_{z=z_1}=-\frac{c\mathscr{D}_{AB}}{1-x_{A1}}\left.\frac{dx_A}{dz}\right|_{z=z_1}=+\frac{c\mathscr{D}_{AB}}{x_{B1}}\left.\frac{dx_B}{dz}\right|_{z=z_1}=\frac{c\mathscr{D}_{AB}}{z_2-z_1}\ln\left(\frac{x_{B2}}{x_{B1}}\right) \tag{18.2-14}$$

식 18.2-13과 14와 결합하면 최종적으로

$$N_{Az}\big|_{z=z_1}=\frac{c\mathscr{D}_{AB}}{(z_2-z_1)(x_B)_{\ln}}(x_{A1}-x_{A2}) \tag{18.2-15}$$

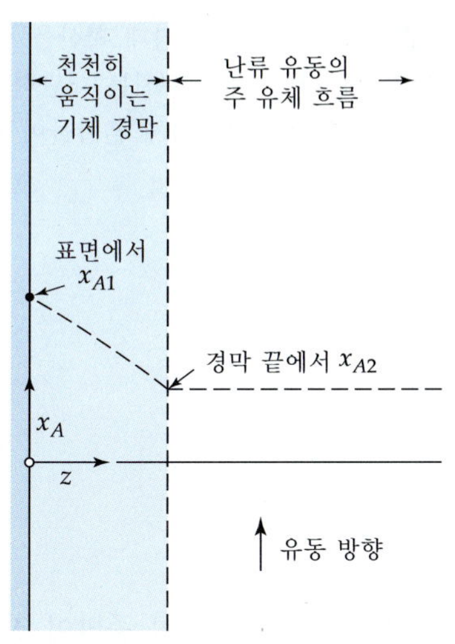

그림 18.2-2 물질전달에 대한 경막 모델; 성분 A는 가상적인 정체 기체 경막을 통해 표면으로부터 기체 흐름 내로 확산되고 있다.

를 얻는다. 이 식은 특성 구동력 $x_{A1} - x_{A2}$의 항으로 된 증발 속도를 나타낸다.

식 18.2-15의 해를 Taylor 급수로 전개하면

$$N_{Az}\big|_{z=z_1} = \frac{c\mathscr{D}_{AB}(x_{A1} - x_{A2})}{(z_2 - z_1)}\left[1 + \tfrac{1}{2}(x_{A1} + x_{A2}) + \tfrac{1}{3}(x_{A1}^2 + x_{A1}x_{A2} + x_{A2}^2) + \cdots\right] \qquad (18.2\text{-}16)$$

을 얻을 수 있다(C.2절과 문제 18B.18 참조). 괄호로 된 전개의 앞에 있는 식은 식 18.0-1에서 대류항을 완전히 생략하였다면 얻게 되는 결과이다. 그러면 괄호로 된 전개는 대류항을 포함함으로써 유발되는 결과를 보정하고 있다. 이 식을 해석하는 다른 방법은 그림 18.2-1에서 x_A 곡선의 끝 점들을 직선으로 연결하는 것에 대응하는 단순한 결과이며, x_A 대 z 곡선을 사용하는 것에 대응하는 것이 완전한 결과라는 것이다. 만약 종말 몰 분율이 작다면, 식 18.2-16의 괄호 안의 보정항은 1보다 단지 약간 더 크다.

이 절의 결과는 기체 확산계수를 실험적으로 결정하기 위해 사용되었다.[2] 더욱이 이들 결과는 물질전달의 "경막 모델"에서 사용되는 것을 발견할 수 있다. 그림 18.2-2에서 고체 또는 액체 표면은 기체가 흐르는 표면을 따라 보게 된다. 표면 가까이는 경막을 통과해서 A가 확산되는 느리게 움직이는 경막이 있다. 이 경막은 표면 $z = z_1$과 $z = z_2$에 의해 경계지어져 있다. 이 모델에서는 정체 경막으로부터 농도 구배가 무시되는 잘 혼합되는 유체로 급격한 전이가 있다고 가정한다. 비록 이 모델이 물리적으로는 비현실적이지만 그럼에도 불구하고 물질전달계수를 상관짓기 위한 간단한 묘사로는 유용한 것이 증명되었다.

예제 18.2-1 움직이는 계면을 갖는 확산

이제 바로 앞서 다루었던 것과는 조금 다른 문제를 조사하고자 한다. 액체-기체 계면을

[2] C. Y. Lee and C. R. Wilke, *Ind. Eng. Chem.*, **46**, 2381-2387 (1954).

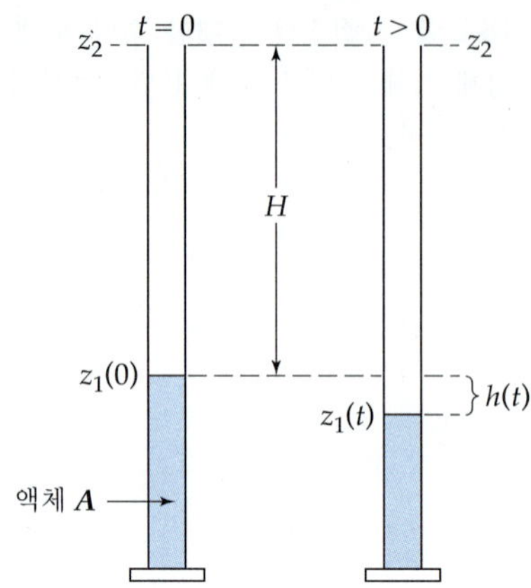

그림 18.2-3 준 정상상태 확산을 갖는 증발. 액체가 증발됨에 따라 액체 수위는 대단히 느리게 낮아지게 된다. 조성이 x_{A2}인 기체 혼합물이 관 상부를 가로질러 흐른다.

일정한 높이로 유지하는 대신에 그림 18.2-3에서 보는 바와 같이 증발이 진행됨에 따라 액체 수위가 낮아진다고 한다. 액체는 대단히 느리게 후퇴하므로, 자신을 갖고 준 정상상태 방법을 사용할 수 있다.

해 우선, 계면 면적 S를 통해 액체상으로부터 A의 몰 증발 속도와 기체상으로 들어오는 A의 몰 속도가 같다고 한다.

$$-S\frac{\rho^{(A)}}{M_A}\frac{dz_1}{dt} = \frac{c\mathscr{D}_{AB}}{(z_2 - z_1(t))(x_B)_{\ln}}(x_{A1} - x_{A2})S \tag{18.2-17}$$

여기서 $\rho^{(A)}$는 순수한 액체 A의 밀도이고, M_A는 분자량이다. 식 18.2-17의 우변은 현재의 액체 관 높이에서 계산된 정상상태 증발 속도를 사용하였다(이것이 준 정상상태의 근사이다). 이 식을 적분하면

$$\int_0^h (H + \bar{h})d\bar{h} = \frac{c\mathscr{D}_{AB}(x_{A1} - x_{A2})}{(\rho^{(A)}/M_A)(x_B)_{\ln}}\int_0^t d\bar{t} \tag{18.2-18}$$

을 얻을 수 있다. 여기서 $h(t) = z_1(0) - z_1(t)$는 시간 t에서 계면이 내려가는 거리이고, $H = z_2 - z_1(0)$는 기체탑의 초기 높이이다. 식 18.2-18의 우변을 $\frac{1}{2}Ct$로 약분한 다음 식을 적분하고 h에 대해 풀면

$$h(t) = H(\sqrt{1 + (Ct/H^2)} - 1) \tag{18.2-19}$$

를 얻는다. 시간의 함수로 액체 수위를 측정함으로써 확산계수를 얻기 위해 이 실험을 사용할 수 있다.

예제 18.2-2 확산계수의 결정

기체쌍 $O_2 - CCl_4$의 확산계수는 그림 18.2-1에서 보는 바와 같이 산소를 포함하는 관 내로 사염화탄소의 정상상태 증발을 관측함으로써 결정된다. CCl_4 액체 수위와 관의 상부 사이의

거리는 $z_2 - z_1 = 17.1$ cm이다. 계에 작용하는 총 압력은 755 mm Hg이고, 온도는 0℃이며, 이 온도에서 CCl_4의 증기압은 33.0 mm Hg이고 밀도는 1.629g/cm^{3}이다. 확산관의 단면적은 0.82 cm^{2}이다. 정상상태에 도달된 뒤 10 시간 동안에 0.0208 cm^{3}의 CCl_4가 증발하였다는 것을 알았다. 기체쌍 $O_2 - CCl_4$의 확산계수는 얼마인가?

해 CCl_4를 A로 O_2를 B로 두자. 그러면 A의 몰 훌럭스는

$$N_A = \frac{(0.0208\ \text{cm}^3)(1.629\ \text{g/cm}^3)}{(153.82\ \text{g/g-mole})(0.82\ \text{cm}^2)(3.6 \times 10^4\ \text{s})} = 7.46 \times 10^{-9}\ \text{g-mole/cm}^2 \cdot \text{s} \tag{18.2-20}$$

이며, 식 18.2-14로부터

$$\begin{aligned}\mathscr{D}_{AB} &= \frac{(N_{Az}|_{z=z_1})(z_2 - z_1)}{c \ln(x_{B2}/x_{B1})} \\ &= \frac{(N_{Az}|_{z=z_1})(z_2 - z_1)RT}{p \ln(p_{B2}/p_{B1})} \\ &= \frac{(7.46 \times 10^{-9})(17.1)(82.06)(273)}{(755/760)(2.303 \log_{10}(755/722))} \\ &= 0.0644\ \text{cm}^2/\text{s}\end{aligned} \tag{18.2-21}$$

을 얻는다. 기체상의 확산계수를 결정하는 이 방법은 증발에 의한 액체의 냉각, 계면에서의 비휘발성 불순물의 농도, 관 벽 위로의 액체의 상승 및 매니스커스의 곡률과 같은 몇 가지 결함으로 고생을 한다.

예제18.2-3 비등온 구형 경막을 통한 확산

(a) 식 18.2-11(농도분포)과 식 18.2-14(몰 훌럭스)에 상사한 구형 셀을 통한 확산에 대한 식을 유도하시오. 고려하는 계는 그림 18.2-4에 주어져 있다.

(b) 온도가

$$\frac{T}{T_1} = \left(\frac{r}{r_1}\right)^n \tag{18.2-22}$$

에 따라 반지름 방향으로 변하는 비등온 경막의 확산을 설명하기 위해 이 결과를 확장하시오. 여기서 T_1은 $r = r_1$에서의 온도이다. $\mathscr{D}_{AB}$가 대략 근사적으로

$$\frac{\mathscr{D}_{AB}}{\mathscr{D}_{AB,1}} = \left(\frac{T}{T_1}\right)^{3/2} \tag{18.2-23}$$

과 같이 온도의 $\frac{3}{2}$ 제곱에 따라 변한다고 가정하시오. 여기서 $\mathscr{D}_{AB,1}$는 $T = T_1$에서의 확산계수이다. 이런 종류의 문제는 구형 촉매 입자 부근의 기체 경막을 통한 확산과 액적의 건조와 관련되어 나타난다.

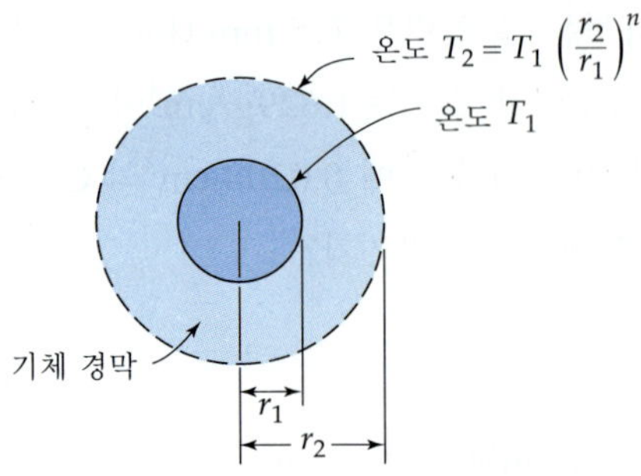

그림 18.2-4 액적 주위의 가상적인 구형의 정체 기체 경막을 통한 액체 A의 확산.

식 18.2-22의 온도분포는 단지 수학적으로 간편하게 하기 위해 선택되었다. 몇몇 교제에서 주어졌던 바와 같이 비등온계에서는 $N_{Az} = -\mathscr{D}_{AB}(dc_A/dz) + x_A(N_{Az} + N_{Bz})$보다는 오히려 식 18.0-1이 올바른 시작점이란 것을 이 예제는 강조하고 있다.

해 (a) 구형 쉘에 대한 정상상태 질량 수지는

$$\frac{d}{dr}(r^2 N_{Ar}) = 0 \tag{18.2-24}$$

로 유도된다. B가 액체 A에 용해되지 않으므로 N_{Br}을 0과 같다고 두고, 이제 이 식에 몰 훌럭스 N_{Ar}에 대한 식을 대입하면

$$\frac{d}{dr}\left(r^2 \frac{c\mathscr{D}_{AB}}{1 - x_A} \frac{dx_A}{dr}\right) = 0 \tag{18.2-25}$$

로 주어진다. 일정한 온도에 대해 곱 $c\mathscr{D}_{AB}$는 일정하며, 식 18.2-25를 적분하면 농도분포

$$\left(\frac{1 - x_A}{1 - x_{A1}}\right) = \left(\frac{1 - x_{A2}}{1 - x_{A1}}\right)^{\frac{(1/r_1)-(1/r)}{(1/r_1)-(1/r_2)}} \tag{18.2-26}$$

을 얻게 된다. 그러면 식 18.2-26으로부터 r_1과 r_2 사이의 반지름 r인 임의의 구형 표면을 가로지르는 A의 몰 유동.

$$W_A = 4\pi r_1^2 N_{Ar}|_{r=r_1} = \frac{4\pi c\mathscr{D}_{AB}}{(1/r_1) - (1/r_2)} \ln\left(\frac{1 - x_{A2}}{1 - x_{A1}}\right) \tag{18.2-27}$$

을 얻을 수 있다.

(b) 비등온 문제에 대해, 식 18.2-22와 23을 결합하면 위치에 따른 확산계수의 변화가 주어진다:

$$\frac{\mathscr{D}_{AB}}{\mathscr{D}_{AB,1}} = \left(\frac{r}{r_1}\right)^{3n/2} \tag{18.2-28}$$

이 식을 식 18.2-25에 대입하고 c가 p/RT와 같다고 두면

$$\frac{d}{dr}\left(r^2 \frac{p\mathscr{D}_{AB,1}/RT_1}{1 - x_A} \left(\frac{r}{r_1}\right)^{n/2} \frac{dx_A}{dr}\right) = 0 \tag{18.2-29}$$

를 얻는다. r_1과 r_2 사이에서 적분한 뒤에

$$W_A = 4\pi r_1^2 N_{Ar}\big|_{r=r_1} = \frac{4\pi(p\mathscr{D}_{AB,1}/RT_1)[1+(n/2)]}{[(1/r_1)^{1+(n/2)} - (1/r_2)^{1+(n/2)}]r_1^{n/2}} \ln\left(\frac{1-x_{A2}}{1-x_{A1}}\right) \qquad (18.2\text{-}30)$$

을 얻는다($n \neq -2$ 에 대해). $n = 0$에 대해서는 이 결과는 식 18.2-27의 결과로 간단히 된다.

18.3 불균질 화학반응을 동반하는 확산

이제 그림 18.3-1a에서 보는 바와 같은 $2A \rightarrow B$인 반응이 진행되는 촉매 반응기에 대한 간단한 모델을 생각하자. 이 종류의 반응의 예로는 $CH_3CH = CH_2$의 고체 촉매에 의한 이합체가 있다.

그림 18.3-1b에서 보는 바와 같이 A가 촉매 표면에 도달하기 위해서는 반드시 통과해서 확산해야 하는 정체 기체 경막으로 각 촉매 입자가 둘러싸여 있다고 생각한다. 촉매 표면에서 반응 $2A \rightarrow B$가 순간적으로 일어나며, 생성물 B는 기체 경막을 통과해 A와 B로 이루어진 주 난류 흐름으로 확산에 의해 돌아 나간다고 가정한다. 유효 기체 경막 두께와 주 흐름 농도 x_{A0}와 x_{B0}를 알고 있을 때, A에서 B로의 국부적인 전환 속도에 대한 식을 얻고자 한다. 비록 많은 촉매 반응에서 반응에 의해 발생되는 열을 무시할 수 없지만, 기체 경막은 등온이라고 가정한다.

그림 18.3-1b에 도시된 상황에 대해, 양의 z 방향으로 움직이는 매 2몰의 A에 대해 음의 z 방향으로 움직이는 1몰의 B가 있다. 반응의 화학양론으로부터 이를 안다. 그러므로 정상 상태에서 임의의 z 값에서도

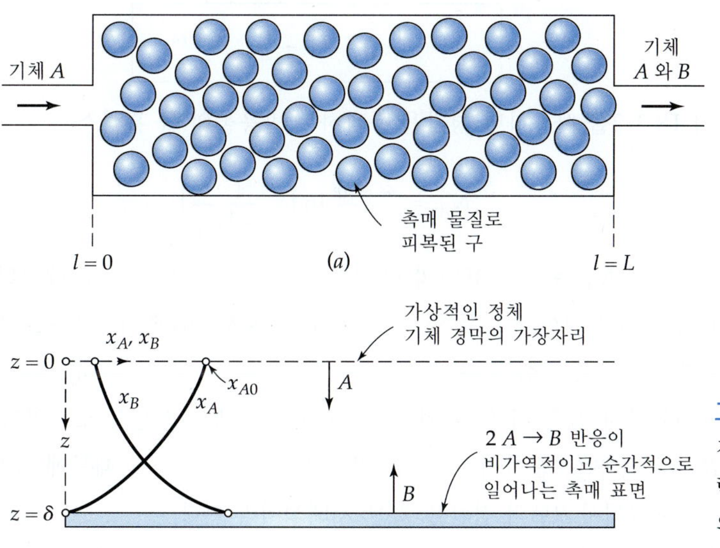

그림 18.3-1 (a) A가 B로 전환되는 촉매 반응기의 개략적인 그림. (b) 촉매 입자의 표면 부근의 확산 문제의 이상적인 그림(또는 모델).

$$N_{Bz} = -\tfrac{1}{2}N_{Az} \tag{18.3-1}$$

임을 안다. 이 관계식을 식 18.0-1에 대입하고 N_{Az}에 대해 풀게 되면

$$N_{Az} = -\frac{c\mathscr{D}_{AB}}{1-\frac{1}{2}x_A}\frac{dx_A}{dz} \tag{18.3-2}$$

를 얻게 된다. 그러므로 반응의 화학양론을 더한 식 18.0-1은 농도 구배의 항으로 된 N_{Az}에 대한 식을 유도하였다.

이제 기체 경막 내의 두께가 Δz인 얇은 평판에 걸쳐 화학 종 A에 대한 질량 수지를 수립한다. 이 과정은 식 18.2-2와 3과 관련되어 사용된 것과 정확하게 똑 같으며, 다시 한번 식

$$\frac{dN_{Az}}{dz} = 0 \tag{18.3-3}$$

을 유도한다. 위에서 전개한 N_{Az}에 대한 식을 이 식에 대입하면

$$\frac{d}{dz}\left(\frac{1}{1-\frac{1}{2}x_A}\frac{dx_A}{dz}\right) = 0 \tag{18.3-4}$$

를 얻는다(일정한 $\mathscr{D}_{AB}$에 대해). z에 관해 두 번 적분하면

$$-2\ln(1-\tfrac{1}{2}x_A) = C_1 z + C_2 = -(2\ln K_1)z - (2\ln K_2) \tag{18.3-5}$$

를 얻으며, C_1와 C_2보다는 적분 상수 K_1와 K_2를 구하는 것이 좀 더 쉽다. 경계조건은

경계조건 1: $z = 0$ 에서, $x_A = x_{A0}$ (18.3-6)

경계조건 2: $z = \delta$ 에서, $x_A = 0$ (18.3-7)

이고, 기체 경막 내의 농도분포에 대한 최종 결과는

$$\boxed{(1-\tfrac{1}{2}x_A) = (1-\tfrac{1}{2}x_{A0})^{1-(z/\delta)}} \tag{18.3-8}$$

이다. 이제 식 18.3-2를 사용하면 경막을 통과하는 반응물의 몰 훌럭스

$$N_{Az} = \frac{2c\mathscr{D}_{AB}}{\delta}\ln\left(\frac{1}{1-\frac{1}{2}x_{A0}}\right) \tag{18.3-9}$$

를 얻게 된다. 또 양 N_{Az}는 촉매 표면의 단위 면적당 국부 반응 속도로 해석된다. 이 정보는 전체 반응기 내의 총괄 전환 속도를 얻기 위해 그림 18.3-1(a)에 개략적으로 도시된 촉매 반응기에 관한 다른 정보와 결합될 수 있다.

강조할만한 한 가지 점은 비록 화학반응이 촉매 표면에서 순간적으로 일어난다고 하더라도, A에서 B로의 전환은 "순차적인" 반응 공정을 갖는 확산 공정 때문에 유한한 속도로 진행된다. 그러므로 A에서 B로의 전환을 **확산 지배적**이라 한다.

위 예제에서는 반응이 촉매 표면에서 순간적으로 일어난다고 가정하였다. 다음 예제에서

는 촉매 표면에서 유한한 반응 속도론을 어떻게 고려하는지 알아보고자 한다.

예제 18.3-1 느린 불균질 반응을 동반하는 확산

$2A \rightarrow B$ 반응이 $z = \delta$인 촉매 표면에서 순간적으로 일어나지 않는다고 생각하는 바로 그 문제를 다시 풀어 보시오. 대신에 촉매로 피복된 표면에서 A가 사라지는 속도가 계면에서 유체 내의 A의 농도에 비례한다고 가정하시오.

$$N_{Az} = k_1'' c_A = k_1'' c x_A \tag{18.3-10}$$

여기서 k_1''은 유사 일차 표면 반응의 속도 상수이다.

해 식 18.3-7의 경계조건 2를

경계조건 2′: $\quad z = \delta \quad$ 에서, $\quad x_A = \dfrac{N_{Az}}{k_1'' c} \qquad$ (18.3-11)

로 대체해야만 하는 것을 제외하고는 앞에서와 똑같이 진행한다. 물론 N_{Az}는 정상상태에서 상수이다. 경계조건 1과 경계조건 2′으로부터 적분 상수값을 결정하면

$$(1 - \tfrac{1}{2}x_A) = \left(1 - \frac{1}{2}\frac{N_{Az}}{k_1'' c}\right)^{z/\delta}(1 - \tfrac{1}{2}x_{A0})^{1-(z/\delta)} \tag{18.3-12}$$

가 유도된다. 이로부터 $(dx_A/dz)|_{z=0}$를 계산하고 식 18.3-2에 대입하면

$$N_{Az} = \frac{2c\mathscr{D}_{AB}}{\delta}\ln\left(\frac{1 - \frac{1}{2}(N_{Az}/k_1'' c)}{1 - \frac{1}{2}x_{A0}}\right) \tag{18.3-13}$$

을 얻는다. 이는 x_{A0}, k_1'', $c\mathscr{D}_{AB}$와 δ의 함수인 N_{Az}에 대한 초월 함수이다. k_1''이 크면 $1 - \frac{1}{2}(N_{Az}/k_1'')$의 로그를 Taylor 급수로 전개하고 첫 번째 항을 제외한 모든 항은 버릴 것이다. 그러면

$$N_{Az} = \frac{2c\mathscr{D}_{AB}/\delta}{1 + \mathscr{D}_{AB}/k_1''\delta}\ln\left(\frac{1}{1 - \frac{1}{2}x_{A0}}\right) \quad (k_1 \text{ large}) \tag{18.3-14}$$

를 얻는다. 반응과 확산 공정이 **결합된** 속도를 구하였음에 다시 한번 주목하시오. 또 무차원군 $\mathscr{D}_{AB}/k_1''\delta$은 총괄 확산–반응 공정에 대한 표면 반응 속도 효과를 기술하고 있음에 주목하시오. 무차원 군의 역수는 2차 Damköhler 수[1] $\text{Da}^{\text{II}} = k_1''\delta/\mathscr{D}_{AB}$로 알려져 있다. 분명히 $\text{Da}^{\text{II}} \rightarrow \infty$인 극한에서는 식 18.3-9의 결과를 얻는다.

[1] G. Damköhler, *Z. Electrochem.*, **42**, 846-862 (1936).

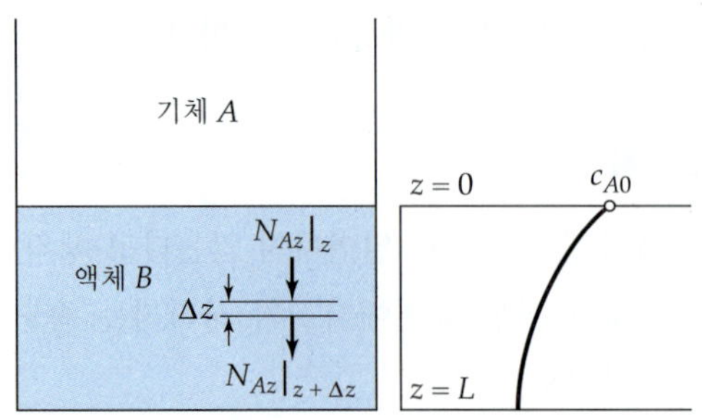

그림 18.4-1 액상에서 균질 반응을 동반하는 B에 의한 A의 흡수.

18.4 균질 화학반응을 동반하는 확산

질량 수지를 수립하는 다음 예로, 그림 18.4-1에서 보는 계를 생각하고자 한다. 여기서 기체 A는 비이커 내의 액체 B에 용해되며, 액체상 내로 등온 확산된다. 확산될 때 A는 $A + B \rightarrow AB$의 비가역 일차 균질 반응을 하게 된다. 이와 같은 계의 한 예로는 농축 NaOH 수용액에 의한 CO_2의 흡수가 있다.

작은 양으로 존재하는 AB를 무시하면서 이를 2 성분 용액 A와 B로 취급한다(유사 2 성분 가정). 그러면 액체상의 두께 Δz에 걸친 화학 종 A의 질량 수지는

$$N_{Az}|_z S - N_{Az}|_{z+\Delta z} S - k_1'''c_A S\Delta z = 0 \tag{18.4-1}$$

이 된다. 여기서 k_1'''은 A의 화학 분해에 대한 1차 속도 상수이고, S는 액체상의 단면적이다. 곱 $k_1'''c_A$는 단위 부피당, 단위 시간당 반응에 의해 소모되는 A의 몰 수를 나타낸다. 식 18.4-1을 $S\Delta z$으로 나누고 $\Delta z \rightarrow 0$인 극한을 취하면

$$\frac{dN_{Az}}{dz} + k_1'''c_A = 0 \tag{18.4-2}$$

를 얻는다. 만약 A의 농도가 작다면 총 몰 농도 c는 액체 전체를 통해 실질적으로 균일하므로 식 18.0-1을

$$N_{Az} = -\mathscr{D}_{AB}\frac{dc_A}{dz} \tag{18.4-3}$$

으로 쓰는 것은 좋은 근사가 될 것이다. 마지막 두 식을 결합하면

$$\mathscr{D}_{AB}\frac{d^2c_A}{dz^2} - k_1'''c_A = 0 \tag{18.4-4}$$

로 주어지며, 이는 다음 경계조건을 사용하여 풀게 된다.

경계조건 1: $z = 0$ 에서, $c_A = c_{A0}$ (18.4-5)

경계조건 2: $z = L$ 에서, $N_{Az} = 0$ (또는 $dc_A/dz = 0$) (18.4-6)

첫 번째 경계조건은 액체 표면에서 A의 농도가 고정된 값 c_{A0}로 남아 있다는 것을 말한다. 두 번째 경계조건은 $z = L$에서 저장조의 기저부를 통해 확산되는 A는 없다는 것을 의미한다.

만약 식 18.4-4에 $L^2/c_{A0}\mathscr{D}_{AB}$를 곱하면, 식 C.1-4 형태의 무차원 변수로 쓸 수 있다.

$$\frac{d^2\Gamma}{d\zeta^2} - \phi^2\Gamma = 0 \tag{18.4-7}$$

여기서 $\Gamma = c_A/c_{A0}$는 무차원 농도, $\zeta = z/L$는 무차원 길이이며, $\phi = \sqrt{k_1'''L^2/\mathscr{D}_{AB}}$는 *Thiele* **모듈리스**[1]로 알려진 무차원 군이다. 이 무차원 군은 화학반응 $k_1'''c_{A0}$과 확산 $c_{A0}\mathscr{D}_{AB}/L^2$의 상대적인 영향을 나타낸다. 식 18.4-7은 $\zeta = 0$에서 $\Gamma = 1$이고, $\zeta = 1$에서 $d\Gamma/d\zeta = 0$인 무차원 경계조건을 사용하여 풀게 된다. 일반적인 해는

$$\Gamma = C_1 \cosh\phi\zeta + C_2 \sinh\phi\zeta \tag{18.4-8}$$

이며, 적분 상수가 계산되면

$$\Gamma = \frac{\cosh\phi\cosh\phi\zeta - \sinh\phi\sinh\phi\zeta}{\cosh\phi} = \frac{\cosh[\phi(1-\zeta)]}{\cosh\phi} \tag{18.4-9}$$

를 얻는다. 그런 다음 원래의 표기법으로 되돌아가면

$$\boxed{\frac{c_A}{c_{A0}} = \frac{\cosh[\sqrt{k_1'''L^2/\mathscr{D}_{AB}}(1-(z/L))]}{\cosh\sqrt{k_1'''L^2/\mathscr{D}_{AB}}}} \tag{18.4-10}$$

이다. 농도분포는 그림 18.4-1에 도시되어 있다.

일단 완전한 농도분포를 얻게 되면, 액체상의 평균 농도

$$\frac{c_{A,\text{avg}}}{c_{A0}} = \frac{\int_0^L (c_A/c_{A0})dz}{\int_0^L dz} = \frac{\tanh\phi}{\phi} \tag{18.4-11}$$

과 같은 다른 양들을 계산할 수 있을 것이다. 또한 $z = 0$인 평면에서의 몰 훌럭스는

$$N_{Az}\big|_{z=0} = -\mathscr{D}_{AB}\frac{dc_A}{dz}\bigg|_{z=0} = \left(\frac{c_{A0}\mathscr{D}_{AB}}{L}\right)\phi\tanh\phi \tag{18.4-12}$$

임을 알 수 있다. 이 결과는 화학반응이 액체 B에 의한 기체 A의 흡수 속도에 어떤 영향을 미치는지 보여 준다.

---

[1] E. W. Thiele, *Ind. Eng. Chem.*, **31**, 916-920 (1939). **Ernest William Thiele** (“tee-lee”로 발음되는) (1895-1993)는 촉매의 유효 인자에 대한 연구와 “McCabe-Thiele” 도표의 개발에 있어 그가 맡은 부분에 대해 주목받았다. 인디아나 주의 스탠다드 오일에서 35년간 일한 후에는 노틀담 대학에서 10년 동안 가르쳤다.

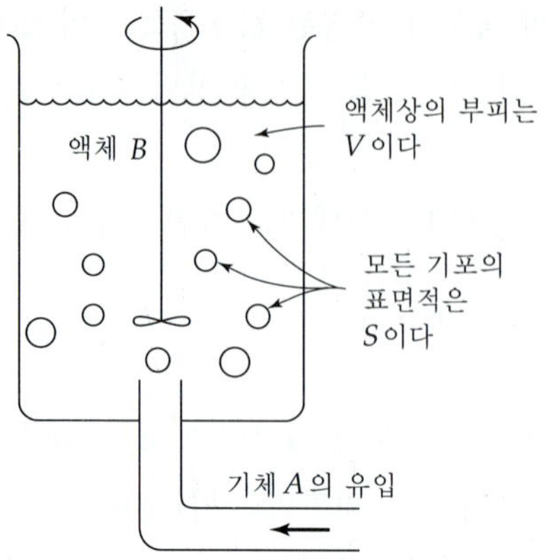

그림 18.4-2 기체 흡수 장치.

만약 화학반응이 일어난다면, 용해도 c_{A0}와 확산계수 $\mathscr{D}_{AB}$를 실험적으로 어떻게 결정할 수 있는지 궁금해 할 것이다. 먼저 k_1'''은 잘 교반되고 있는 용기 내의 분리된 실험에서 측정할 수 있다. 그러면 c_{A0}와 $\mathscr{D}_{AB}$는 원칙적으로 다양한 액체의 깊이 L에 대해 측정된 흡수 속도로부터 얻을 수 있다.

예제 18.4-1 교반 탱크 내에서 화학반응을 수반하는 기체 흡수[2]

교반 탱크 내의 기체 흡수 속도에 미치는 화학반응 속도의 효과를 계산하시오(그림 18.4-2 참조). 용해된 기체 A가 액체 B와 비가역 1차 반응을 하게 되는, 즉 A의 국부 농도에 비례하는 속도로 액체상 내에서 A가 사라지는 계를 생각하시오. 이와 같은 계에 대한 예로는 NaOH 수용액 내의 SO_2나 H_2S의 흡수가 있다.

해 기체 흡수 공정의 복잡성 때문에 이 상황에 대한 정확한 해석은 가능하지 않다. 그러나 상대적으로 단순한 모델을 해석함으로써 유용한 반 정량적인 이해를 얻을 수 있다. 사용하고자 하는 모델은 다음 가정을 포함하고 있다.

a. 각 기포는 기포 지름에 비해 상대적으로 작은 두께 δ인 액체 경막으로 둘러 쌓여 있다.

b. 기포가 형성된 뒤에는 액체 경막 내에서 준 정상상태 농도분포에 빠르게 도달된다.

c. 기체 A는 단지 약간만 액체에 용해되므로, 식 18.0-1에서 대류항은 무시할 수 있다.

d. 정체 경막 바깥의 액체는 시간에 따라 느리게 변하므로 일정하다고 생각할 수 있는 농도 $c_{A\delta}$로 있다.

화학반응을 수반하는 확산을 표현하는 미분방정식은 식 18.4-4와 똑 같지만, 경계조건은 이제

경계조건 1: $\qquad z = 0$에서, $\qquad c_A = c_{A0} \qquad$ (18.4-13)

---

[2] E. N. Lightfoot, *AIChE Journal*, **4**, 499-500 (1958); **8**, 710-712 (1962).

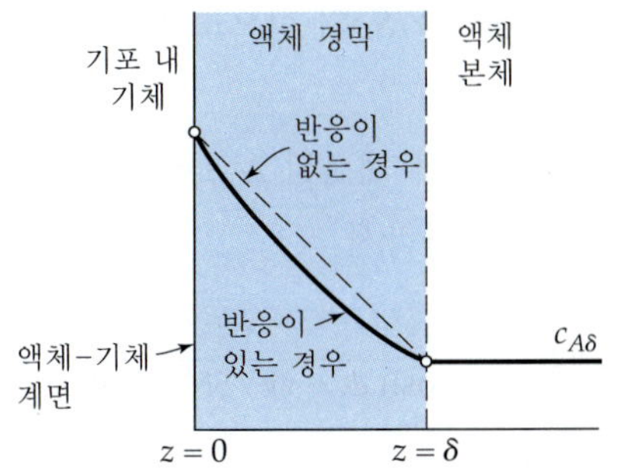

그림 18.4-3 기포 부근의 액체 경막 내의 예측된 농도분포.

경계조건 2: $z = \delta$ 에서, $c_A = c_{A\delta}$ (18.4-14)

이다. 농도 c_{A0}는 계면에서 기체상과 평형을 이루고 있다고 가정하는 액체상의 A의 계면 농도이고, $c_{A\delta}$는 액체 본체에서의 A의 농도이다. 이들 경계조건을 갖는 식 18.4-4의 해는

$$\frac{c_A}{c_{A0}} = \frac{\sinh \phi \cosh \phi\zeta + (B - \cosh \phi) \sinh \phi\zeta}{\sinh \phi} \tag{18.4-15}$$

이다. 여기서 $\zeta = z/\delta$, $B = c_{A\delta}/c_{A0}$이고, $\phi = \sqrt{k_1''\delta^2/\mathscr{D}_{AB}}$이며, 이 결과는 그림 18.4-3에 도시되어 있다.

다음으로 위의 가정 (d)를 사용하고 탱크 내의 총 기포 표면 S에 걸쳐 $z = \delta$에서 액체 본체로 들어오는 A의 양과 화학반응에 의해 액체 본체 내에서 소비되는 A의 양을 같다고 둔다.

$$-S\mathscr{D}_{AB} \left.\frac{dc_A}{dz}\right|_{z=\delta} = Vk_1'''c_{A\delta} \tag{18.4-16}$$

식 18.4-15의 c_A를 식 18.4-16에 대입하면 B에 대한 식

$$B = \frac{1}{\cosh \phi + (V/S\delta)\phi \sinh \phi} \tag{18.4-17}$$

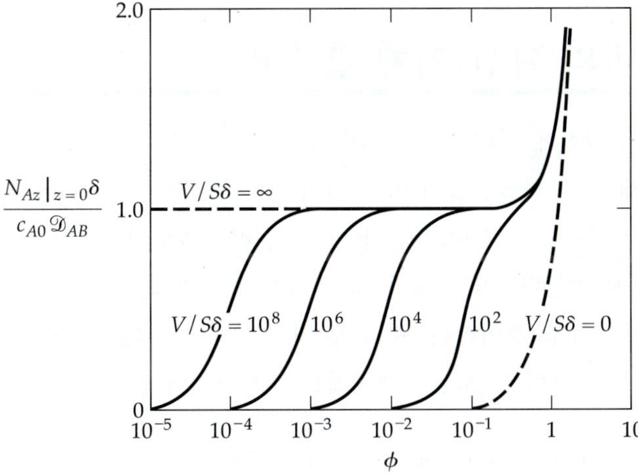

그림 18.4-4 비가역 1차 반응에 의해 수반되는 기체 흡수.

을 얻는다. 이 결과를 식 18.4-15에 대입하면 ϕ와 $V/S\delta$의 항으로 된 c_A/c_{A0}에 대한 식을 얻는다.

그러면 농도분포에 대한 이 식으로부터 $z = 0$에서 계산된 $N_{Az} = -\mathscr{D}_{AB}(dc_A/dz)$로부터 화학반응을 수반하는 총 흡수 속도를 얻을 수 있고, 따라서

$$\breve{N} = \frac{N_{Az}|_{z=0}\,\delta}{c_{A0}\mathscr{D}_{AB}} = \frac{\phi}{\sinh\phi}\left(\cosh\phi - \frac{1}{\cosh\phi + (V/S\delta)\phi\sinh\phi}\right) \tag{18.4-18}$$

이 되며, 이 결과는 그림 18.4-4에 도시되어 있다.

$V/S\delta$의 유한한 모든 값에 대해, 계면의 단위 면적당 무차원 흡수 속도 $\breve{N}$은 ϕ가 증가함에 따라 증가한다는 것을 안다. 대단히 낮은 ϕ 값에서는, 즉 대단히 느린 반응에 대해서는 $\breve{N}$은 0에 접근한다. 이 극한 상황에 대해 액체는 용해된 기체로 거의 포화되고, 흡수를 위한 "구동력"은 대단히 작다. 매우 큰 ϕ 값에서는 무차원 표면 질량 흘럭스 $\breve{N}$은 ϕ가 증가함에 따라 급격하게 증가하며, $V/S\delta$에는 거의 무관하게 된다. 후자의 환경 하에서는 반응이 빠르므로 용해된 기체의 거의 모두가 경막 내에서 소모된다. 그러면 B는 거의 0이 되고 액체 본체는 그다지 중요한 역할을 하지 않게 된다. ϕ가 대단히 크게 되는 극한에서 $\breve{N}$은 ϕ에 접근한다.

약간 더 흥미로운 거동은 ϕ의 중간값에서 관찰된다. 적당히 큰 $V/S\delta$에 대해서는 상당한 ϕ의 범위에 걸쳐 $\breve{N}$이 거의 1이 된다는 것에 주목해야 할 것이다. 이 영역에서는 거의 용질이 없는 총괄 용액을 유지할 정도로 화학반응은 충분히 빠르지만 경막에서의 용질 전달에 미치는 화학반응의 효과는 거의 없을 만큼 충분히 느리다. 이와 같은 상황은 경막 부피에 대한 총괄 부피의 비 $V/S\delta$가 경막 내에서의 높은 부피 반응 속도를 상쇄시키기에 충분할 때 나타날 것이다. 그러면 흡수 속도는 용질이 없는 탱크에 대한 물리적인 흡수 속도(즉 $k_1''' = 0$에 대한 속도)와 같게 된다. 이 거동은 실제 자주 관찰되며, 이와 같은 조건 하의 조작은 다양한 종류의 기체 흡수기[2]의 물질전달 거동을 특징짓는 유용한 수단인 것이 증명되었다.

18.5 강하 액체 경막 내의 확산(기체 흡수)[1]

이 절에서는 속도장이 확산에 의해 실질적으로 영향을 받지 않는 조건 하에서 점성 유동과 확산이 일어나는 **강제 대류** 물질전달의 예를 설명하고자 한다. 특별히 액체 B의 층류 강하 경막에 의한 기체 A의 흡수를 생각하고자 한다. 물질 A는 B에 단지 약간만 녹으므로, 액체의 점도는 영향을 받지 않는다. 액체 경막 내로 확산이 느리게 일어나므로 A는 경막 내로 상당히 멀리 "침투"하지 못할 것이라는, 즉 침투 거리는 경막 두께에 비해 작을 것이라는 제한을 더 둘 것이다. 계는 그림 18.5-1에 개략적으로 도시되어 있으며, 이러한 종류의 계에

[1] S. Lynn, J. R. Straatemeier, and H. Kramers, *Chem. Eng. Sci.*, **4**, 49-67 (1955).

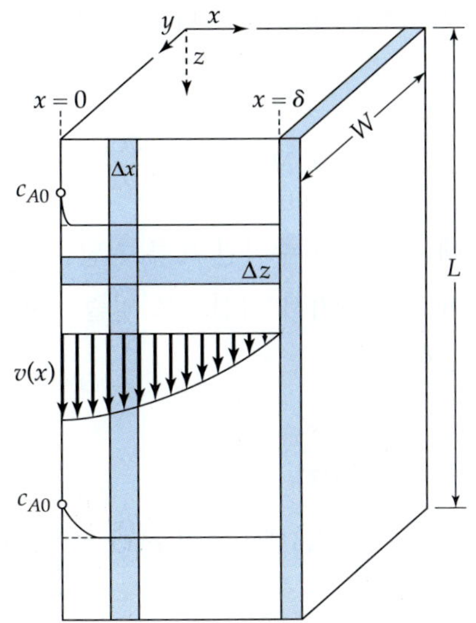

그림 18.5-1 액체 B의 강하 경막 내로의 A의 흡수.

대한 예는 H_2O 내의 O_2의 흡수에서 나타난다.

이제 확산 공정을 묘사하는 미분방정식을 수립해 보자. 먼저 경막에 대한 속도분포 $v_z(x)$을 얻기 위해 운동량 전달 문제를 풀어야만 한다. 이는 유체 표면에서 물질전달이 없는 경우에 대해 2.2절에서 이미 다루었으며, 그 결과는 "말단 효과"를 무시하고

$$v_z(x) = v_{\max}\left[1 - \left(\frac{x}{\delta}\right)^2\right] \tag{18.5-1}$$

로 주어짐을 안다.

다음으로 성분 A에 대한 물질 수지를 수립해야 한다. c_A는 x와 z에 따라 변하게 될 것임에 주목해야 한다. 그러므로 물질 수지에 대한 부피 요소로 두께 Δz인 평판과 두께 Δx인 평판의 교점에 의해 형성되는 부피를 선택한다. 그러면 너비가 W인 경막의 절편에 걸친 A에 대한 물질 수지는

$$N_{Az}|_z W\Delta x - N_{Az}|_{z+\Delta z} W\Delta x + N_{Ax}|_x W\Delta z - N_{Ax}|_{x+\Delta x} W\Delta z = 0 \tag{18.5-2}$$

가 된다. $W\Delta z\Delta x$로 나누고, 부피 요소가 극소로 작게 되는 보통의 극한 과정을 수행하면

$$\frac{\partial N_{Az}}{\partial z} + \frac{\partial N_{Ax}}{\partial x} = 0 \tag{18.5-3}$$

을 얻는다. 이제 식 18.0-1을 적절하게 단순화함으로써 N_{Az}와 N_{Ax}에 대한 식을 이 식에 대입하고, c를 상수로 가정하면 z 방향의 몰 흘럭스는

$$N_{Az} = \underline{-\mathscr{D}_{AB}\frac{\partial c_A}{\partial z}} + x_A(N_{Az} + N_{Bz}) \approx c_A v_z(x) \tag{18.5-4}$$

로 쓴다. z 방향의 A의 전달은 주로 대류에 의한 것이므로, 점선으로 밑줄 그어진 항을 버리

며, 표 17.8-1의 식 (M)과 **v**는 희석 용액의 **v***와 거의 똑 같다는 사실을 사용하였다. x 방향의 몰 훌럭스는

$$N_{Ax} = -\mathscr{D}_{AB}\frac{\partial c_A}{\partial x} + \underline{x_A(N_{Ax} + N_{Bx})} \approx \mathscr{D}_{AB}\frac{\partial c_A}{\partial x} \qquad (18.5\text{-}5)$$

이다. B 내에서 A의 대단히 작은 용해도 때문에 벽에 수직인 대류 전달은 거의 없고 x 방향으로는 A가 주로 확산에 의해 움직이기 때문에 여기서 점선으로 밑줄 그어진 항은 무시한다. 마지막 세 식들을 결합하면 일정한 $\mathscr{D}_{AB}$에 대해

$$v_z\frac{\partial c_A}{\partial z} = \mathscr{D}_{AB}\frac{\partial^2 c_A}{\partial x^2} \qquad (18.5\text{-}6)$$

을 얻는다. 마지막으로 속도분포에 대한 식 18.5-1을 대입하면 $c_A(x,z)$에 대한 미분방정식으로

$$v_{\max}\left[1-\left(\frac{x}{\delta}\right)^2\right]\frac{\partial c_A}{\partial z} = \mathscr{D}_{AB}\frac{\partial^2 c_A}{\partial x^2} \qquad (18.5\text{-}7)$$

이 주어진다. 식 18.5-7은 다음 경계조건들을 사용하여 풀게 된다.

경계조건 1: $z = 0$ 에서, $c_A = 0$ (18.5-8)

경계조건 2: $x = 0$ 에서, $c_A = c_{A0}$ (18.5-9)

경계조건 3: $x = \delta$ 에서, $\frac{\partial c_A}{\partial x} = 0$ (18.5-10)

첫 번째 경계조건은 정상($z = 0$)에서 경막이 순수한 B로 구성되어 있다는 사실에 대응하고, 두 번째는 액체–기체 계면에서 A의 농도는 B 내의 A의 용해도(즉 c_{A0})에 의해 결정된다는 것을 암시한다. 세 번째 경계조건은 A가 고체 벽면을 통과해 확산할 수 없음을 말한다. 이 문제는 해석적으로 무한 급수 형태로 해[2]를 구하였지만, 여기서는 그 해를 제공하지 않는다. 대신에, "짧은 접촉 시간"에 대해, 즉 작은 $L/v_{\max}$의 값에 대해 타당한 극한식을 단지 찾고자 한다.

만약 그림 18.5-1에서 나타낸 바와 같이 물질 A가 경막 내로 오직 짧은 거리만 침투하였다면, 화학 종 A는 경막이 전체를 통해 $v_{\max}$와 같은 속도로 움직이고 있다는 느낌을 갖게 된다. 더욱이 A가 상당히 멀리까지 침투할 수 없다면 $x = \delta$에서의 고체 벽의 존재를 느낄 수 없다. 그러므로 만약 경막이 속도 $v_{\max}$로 움직이는 무한한 두께였다고 하여도 확산하는 물질은 "차이를 알지 못할 것이다." 이 물리적 논쟁은 만약 식 18.5-7과 그 경계조건들을

[2] R. L. Pigford, PhD thesis, University of Illinois (1941).

$$v_{\max}\frac{\partial c_A}{\partial z} = \mathscr{D}_{AB}\frac{\partial^2 c_A}{\partial x^2} \tag{18.5-11}$$

경계조건 1: $z = 0$ 에서, $c_A = 0$ (18.5-12)

경계조건 2: $x = 0$ 에서, $c_A = c_{A0}$ (18.5-13)

경계조건 3: $x = \infty$ 에서, $c_A = 0$ (18.5-14)

로 대체하면 대단히 좋은 결과를 얻을 것이라(정확하게) 제안한다. 예제 4.1-1에서 나타났던 정확하게 상사한 문제는 변수 조합법에 의해 해를 구하였다. 그러므로 단지 표기법을 변화시킴으로써 그 문제에 대한 해를 이어 받는 것이 가능하게 된다. 해는[3]

$$\frac{c_A}{c_{A0}} = 1 - \frac{2}{\sqrt{\pi}}\int_0^{x/\sqrt{4\mathscr{D}_{AB}z/v_{\max}}} \exp(-\xi^2)\, d\xi \tag{18.5-15}$$

또는

$$\boxed{\frac{c_A}{c_{A0}} = 1 - \operatorname{erf}\frac{x}{\sqrt{4\mathscr{D}_{AB}z/v_{\max}}} = \operatorname{erfc}\frac{x}{\sqrt{4\mathscr{D}_{AB}z/v_{\max}}}} \tag{18.5-16}$$

이다. 이들 식에서 "erf x"와 "erfc x"는 각각 x의 "오차 함수"와 "상보 오차 함수" 이다. 이들은 C.6절에서 논의되며, 표준 참고문헌[4]에 도표화되어 있다.

일단 농도분포를 알게 되면, 기체-액체 계면에서의 국부적인 질량 훌럭스는 다음과 같음을 알 수 있다.

$$N_{Ax}\big|_{x=0} = -\mathscr{D}_{AB}\frac{\partial c_A}{\partial x}\bigg|_{x=0} = c_{A0}\sqrt{\frac{\mathscr{D}_{AB}v_{\max}}{\pi z}} \tag{18.5-17}$$

그러면 $x = 0$에서 표면을 가로지르는(즉 길이가 L이고, 너비가 W인 액체 경막에 의해 흡수되는) A의 총 몰 유동은

$$\begin{aligned} W_A &= \int_0^W \int_0^L N_{Ax}\big|_{x=0} dz\, dy \\ &= Wc_{A0}\sqrt{\frac{\mathscr{D}_{AB}v_{\max}}{\pi}}\int_0^L \frac{1}{\sqrt{z}}\, dz \\ &= WLc_{A0}\sqrt{\frac{4\mathscr{D}_{AB}v_{\max}}{\pi L}} \end{aligned} \tag{18.5-18}$$

[3] 해는 예제 4.1-1의 변수 조합법에 의해 상세하게 수행되었다.

[4] M. Abramowitz and I. A. Stegun, *Handbook of Mathematical Functions*, Dover, New York, 9th printing (1973), pp. 310 이하 참조.

이다. 곱 $v_{max}c_A$를 $z = L$인 유동 단면에 걸쳐 적분하면 동일한 결과를 얻는다(문제 18C.3 참조).

식 18.5-18은 물질전달 속도가 확산계수의 제곱근에 정비례하고, "노출시간" $t_{exp} = L/v_{max}$의 제곱근에 반비례한다는 것을 보여준다. 기체 흡수 연구를 위한 이 접근법은 Higbie[5]에 의해 처음으로 명백하게 제시되었다.

이 절에서 논의된 문제는 물질전달의 "침투 모델"을 설명하며, 이 모델은 20장과 22장에서 더 논의된다.

예제 18.5-1 상승하는 기포로부터의 기체 흡수

깨끗하고 정지된 액체를 통과해 종말 속도 v_t로 기포가 상승할 때, A의 기포가 액체 B에 의해 흡수되는 속도를 계산하시오.

해 계면활성제가 없는 액체 내에서 상승하는 적당한 크기의 기포는 그림 18.5-2에서 보는 바와 같이 도넛형 순환(Rybczynski-Hadamard 순환)을 하게 된다. 액체는 상승하는 개개의 기포에 상대적으로 아래 방향으로 움직이며, 그림 18.5-1의 강하 경막의 방식으로 화학 종 A가 계면 부근에 농축되게 된다. 기포에 상대적인 액체 운동 때문에, 또 액체상의 확산계수 $\mathscr{D}_{AB}$가 작기 때문에 액체 내로 용해되는 기체의 침투 깊이는 기포의 대부분에 걸쳐 적다. 따라서 대략적인 근사로 식 18.5-18을 사용하여 강하 경막에 대한 노출시간 $t_{exp} = L/v_{max}$를 기포에 대한 D/v_t로 대체함으로써 기체 흡수 속도를 계산할 수 있다. 여기서 D는 순간적인 기포의 지름이다. 이로부터 기포 표면에 걸쳐 평균한 몰 흡수 속도를 계산[5]할 수 있으며,

$$(N_A)_{avg} = \sqrt{\frac{4\mathscr{D}_{AB}v_t}{\pi D}}\, c_{A0} \tag{18.5-19}$$

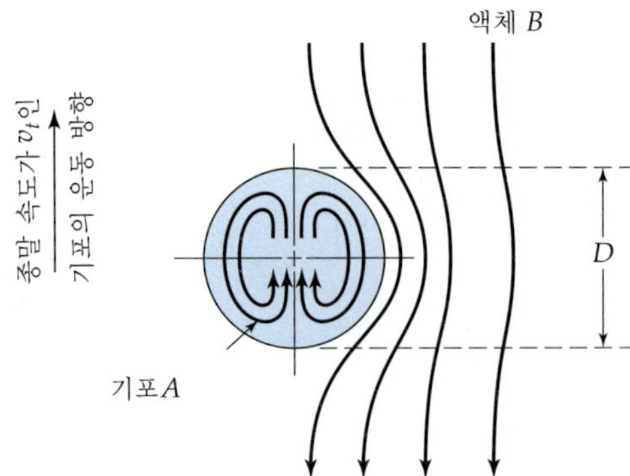

그림 18.5-2 액체 B 내로의 기체 A의 확산.

[5] R. Higbie, *Trans. AIChE*, **31**, 365-389 (1935). 미시간 대학의 대학원생이었던 **Ralph Wilmarth Higbie** (1908-1941)는 물질전달의 "침투 모델"에 대한 기초를 제공하였다. 그는 E. I. du Pont de Numours & Co., Inc.와 Eagle-Picher Lead Co.에서 일하였으며, 그런 다음에 알칸사 대학과 노스 다코다 대학에서 가르쳤다.

와 같다. 여기서 c_{A0}는 계면 온도와 기체 A의 분압에서 액체 B에 대한 기체 A의 용해도이다. 흥미롭게도 식 18.5-19의 결과는 결국 기포 주위 액체의 포텐셜 유동이 정당하다는 것으로 판명된다(문제 4B.5 참조). 이 식은 깨끗하게 정제된 물을 통해 상승하는 지름이 0.3에서 0.5 cm의 기포에 대해 근사적으로 확인되었다.[6]

또 이 계는 미동 유동[7]에 대해서도 해석되었으며, 그 결과는 식 18.5-19 대신에

$$(N_A)_{\text{avg}} = \sqrt{\frac{4\mathscr{D}_{AB}v_t}{3\pi D}}\, c_{A0} \tag{18.5-20}$$

이다(예제 20.3-1 참조).

미량의 계면 활성제는 개개의 기포 주위에 "표면층"을 형성하여 내부 순환을 효과적으로 방해하므로 작은 기포로부터 흡수 속도를 현저하게 감소시키게 된다. 그러면 작은 확산계수의 극한에서 몰 흡수 속도는 고체 구에 대해서와 같이 확산계수의 $\frac{1}{3}$ 제곱에 비례하게 된다(22.2절과 3절 참조).

유사한 접근법이 모세관 끝에 액적이 형성되는 동안의 물질전달 속도를 예측하는데 성공적으로 사용되었다.[8]

18.6 강하 액체 경막 내로의 확산(고체 용해)[1]

이제 앞 절에서 논의되었던 것과는 다른 강하 경막 문제로 돌아간다. 그림 18.6-1에서 보는 바와 같이 액체 B는 층류 운동으로 수직 벽면을 따라 아래로 흐르고 있으며, 경막은 벽 위 충분히 먼 곳에서 시작하므로 v_z는 $z \geq 0$에 대해 오직 y에만 의존한다. $0 \leq z \leq L$에 대해 벽은 B에 약간 녹는 화학 종 A로 이루어져 있다.

짧은 거리의 하류에 대해, 화학 종 A는 강하 경막 내로 아주 멀리까지 확산하지 않을 것이다. 즉 A는 고체 표면 가까이 매우 얇은 경계층에만 존재할 것이다. 그러므로 확산하는 A 분자는 $y = 0$인 벽면 바로 다음의 강하 경막을 특징짓는 속도분포를 경험하게 될 것이며, 속도분포는 식 2.2-18에 주어져 있다. 현 상황에서는 $\cos\beta = 1$이고 $x = \delta - y$이며

$$v_z = \frac{\rho g \delta^2}{2\mu}\left[1 - \left(1 - \frac{y}{\delta}\right)^2\right] = \frac{\rho g \delta^2}{2\mu}\left[2\left(\frac{y}{\delta}\right) - \left(\frac{y}{\delta}\right)^2\right] \tag{18.6-1}$$

---

[6] D. Hammerton and F. H. Garner, *Trans. Inst. Chem. Engrs.* (*London*), **32**, S18-S24 (1954).

[7] V. G. Levich, *Physicochemical Hydrodynamics*, Prentice-Hall, Englewood Cliffs, N.J. (1962), P. 408, 식 72.9. 이 참고문헌은 액체-액체 물질전달과 계면활성제 효과를 포함하는 추가적인 많은 결과를 제공한다.

[8] H. Groothuis and H. Kramers, *Chem. Eng. Sci.*, **4**, 17-25 (1955).

[1] H. Kramers and P. J. Kreyger, *Chem. Eng. Sci.*, **6**, 42-48 (1956); 또 상사한 열전도 문제에 대해서는 R. L. Pigford, *Chem. Eng. Prog. Symposium Series* No. 17, Vol. 51, pp. 79-92 (1955)를 참조하시오.

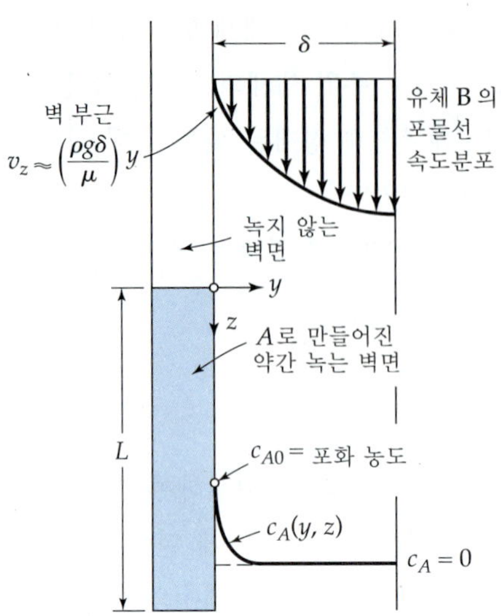

그림 18.6-1 완전히 발달된 포물선 속도분포로 움직이는 액체 B의 낙하하는 경막 내로 용해되는 고체 A.

이다. 벽과 벽에 인접한 곳에서는 $(y/\delta)^2 << (y/\delta)$이므로, 이 문제에 대해 속도를 $v_z = (\rho g \delta/\mu)y \equiv ay$로 두는 것은 대단히 좋은 근사이다. 이는 짧은 거리의 하류에 대해 여기서 적용 가능한 식 18.5-6이

$$ay \frac{\partial c_A}{\partial z} = \mathscr{D}_{AB} \frac{\partial^2 c_A}{\partial y^2} \tag{18.6-2}$$

가 된다는 것을 의미하며, $a = \rho g \delta/\mu$이다. 이 식은 경계조건

경계조건 1: $z = 0$ 에서, $c_A = 0$ (18.6-3)

경계조건 2: $y = 0$ 에서, $c_A = c_{A0}$ (18.6-4)

경계조건 3: $y = \infty$ 에서, $c_A = 0$ (18.6-5)

를 사용하여 풀게 된다. 두 번째 경계조건에서 c_{A0}는 B에 대한 A의 용해도이다. 짧은 접촉 시간에 대해서는 큰 차이가 없을 것이라고 직관적으로 느끼므로, 세 번째 경계조건은 정확한 값 ($y = \delta$에서 $\partial c_A/\partial y = 0$) 대신에 사용된다. A의 분자들이 경막 내로 단지 약간만 침투하기 때문에 결국 경막의 바깥 경계를 "볼" 수 있을 만큼 충분히 멀리 가지 못하므로, 실제 경계조건과 우리가 사용하는 근사적 경계조건을 구별할 수 없다. 동일한 종류의 이유는 예제 12.2-2와 문제 12B.4에서 만나게 된다.

식 18.6-3에서 5의 경계조건 형태는 변수 조합법을 제안한다. 그러므로 $c_A/c_{A0} = f(\eta)$라 시도한다. 여기서 $\eta = y(a/9\mathscr{D}_{AB}z)^{1/3}$이다. 독립 변수의 이 조합은 무차원으로 볼 수 있으며, 인자 "9"는 해를 더 간단하게 보일 수 있도록 하기 위해 포함된다.

변수의 변화가 이루어지면, 식 18.6-2의 편미분방정식은 $f(0) = 1$과 $f(\infty) = 0$인 경계조건을 갖는 상미분방정식

$$\frac{d^2f}{d\eta^2} + 3\eta^2 \frac{df}{d\eta} = 0 \tag{18.6-6}$$

으로 바뀌게 된다.

식 C.1-9의 형태인 이 2차 방정식은 해

$$f = C_1 \int_0^{\eta} \exp(-\bar{\eta}^3)\, d\bar{\eta} + C_2 \tag{18.6-7}$$

을 갖는다. 그런 다음 적분 상수들은 경계조건을 사용하여 계산할 수 있으며, 최종적으로 농도분포에 대해

$$\boxed{\frac{c_A}{c_{A0}} = \frac{\int_{\eta}^{\infty} \exp(-\bar{\eta}^3)\, d\bar{\eta}}{\int_0^{\infty} \exp(-\bar{\eta}^3)\, d\bar{\eta}} = \frac{\int_{\eta}^{\infty} \exp(-\bar{\eta}^3)\, d\bar{\eta}}{\Gamma(\frac{4}{3})}} \tag{18.6-8}$$

을 얻는다. 여기서 $\Gamma(\frac{4}{3}) = 0.8930...$은 $\frac{4}{3}$의 감마 함수이다(부록 C.4 참조). 다음 벽에서의 국부 질량 훌럭스는 다음과 같이 얻을 수 있다.

$$\begin{aligned} N_{Ay}|_{y=0} &= -\mathscr{D}_{AB} \frac{\partial c_A}{\partial y}\bigg|_{y=0} = -\mathscr{D}_{AB}c_{A0}\left[\frac{d}{d\eta}\left(\frac{c_A}{c_{A0}}\right)\frac{\partial \eta}{\partial y}\right]\bigg|_{y=0} \\ &= -\mathscr{D}_{AB}c_{A0}\left[-\frac{\exp(-\eta^3)}{\Gamma(\frac{4}{3})}\left(\frac{a}{9\mathscr{D}_{AB}z}\right)^{1/3}\right]\bigg|_{y=0} = +\frac{\mathscr{D}_{AB}c_{A0}}{\Gamma(\frac{4}{3})}\left(\frac{a}{9\mathscr{D}_{AB}z}\right)^{1/3} \end{aligned} \tag{18.6-9}$$

그러면 $y = 0$에서 전체 물질전달 표면을 가로지르는 A의 몰 유동은

$$W_A = \int_0^W \int_0^L N_{Ay}|_{y=0}\, dz\, dx = \frac{2\mathscr{D}_{AB}c_{A0}WL}{\Gamma(\frac{7}{3})}\left(\frac{a}{9\mathscr{D}_{AB}L}\right)^{1/3} \tag{18.6-10}$$

이다. 여기서 $\Gamma(\frac{7}{3}) = \frac{4}{3}\Gamma(\frac{4}{3})$=1.1907...이다.

18.5절에서 논의한 문제와 여기서 논의한 문제는 20.2절과 20.3절에서 더 논의하고 22장에서 다시 논의할 점근해의 두 유형의 예이다. 그러므로 이들 두 문제를 완전히 이해하는 것이 중요하다. 18.5절에서는 $W_A \propto (\mathscr{D}_{AB}L)^{1/2}$인 반면에 이 절에서는 $W_A \propto (\mathscr{D}_{AB}L)^{2/3}$임에 주목하시오. 지수의 차이는 물질전달 계면에서 속도 구배의 성질을 반영한다: 18.5절에서는 속도 구배가 0인 반면, 이 절에서는 속도 구배가 0이 아니다.

18.7 다공성 촉매 내부의 확산과 화학반응

여기까지는 간단한 기하학적 구조의 계에서 기체와 액체의 확산에 대해 논의하였다. 이제 다공성 촉매 내에서의 확산을 설명하기 위해 쉘 질량 수지와 Fick 1 법칙을 적용하고자 한

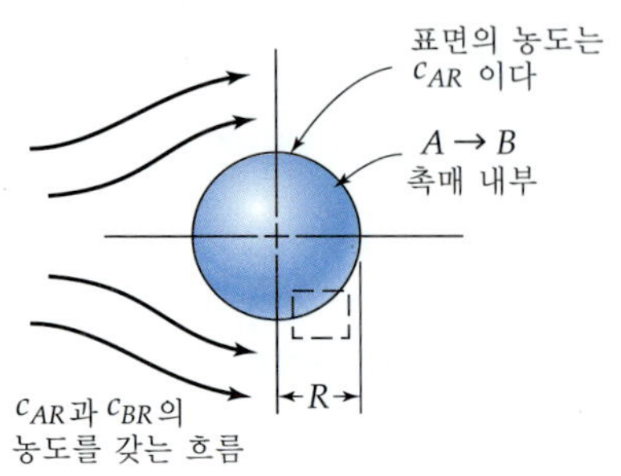

그림 18.7-1. 다공성인 구형 촉매. 삽화의 확대는 그림 18.7-2를 보시오.

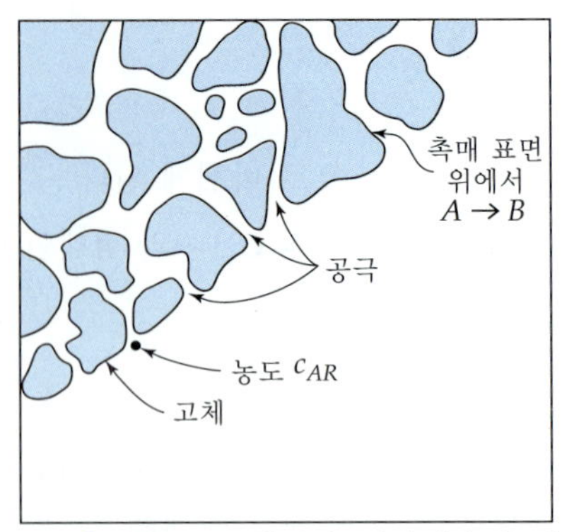

그림 18.7-2. 확산과 화학반응이 일어나는 촉매 내의 공극.

다. 입자 내의 구불구불한 공극 통로 내부의 확산을 설명하는 것은 시도하지 않으며, 대신에 "유효 확산"의 항으로 된 반응물의 "평균한" 확산을 설명하고자 한다.[1,2,3]

특별히 그림 18.7-1에서 보는 바와 같이 반지름이 R인 구형의 다공성 촉매 입자를 생각한다. 이 입자는 촉매 반응기 내에 채워져 있으며, 반응물 A와 생성물 B를 포함하는 기체 흐름 내에 잠겨 있다. 고려하는 특정한 촉매 입자의 표면 부근에서 단위 부피당 A의 몰 농도는 c_{AR}로 추정한다. 그림 18.7-2에 개략적으로 도시된 바와 같이 화학 종 A는 촉매 내의 구불구불한 통로 공간를 통과해 확산되며, 촉매 표면에서 B로 전환된다.

단일 촉매 입자 내의 두께가 Δr인 구형 쉘에 대해 화학 종 A에 대한 질량 수지를 수립함으로써 시작한다:

$$N_{Ar}|_r \cdot 4\pi r^2 - N_{Ar}|_{r+\Delta r} \cdot 4\pi(r + \Delta r)^2 + R_A \cdot 4\pi r^2 \Delta r = 0 \tag{18.7-1}$$

여기서 $N_{Ar}|_r$은 구의 중심으로부터 거리가 r인 가상의 구 표면을 통과해 r 방향으로 지나가는 A의 분자 수이다. 또한 원천항 $R_A \cdot 4\pi r^2 \Delta r$은 쉘 두께 Δr 내에서 화학반응에 의한 A의 몰 생성 속도이다. 이를 $4\pi\Delta r$로 나누고 $\Delta r \to 0$인 극한을 취하면

$$\lim_{\Delta r \to 0} \frac{(r^2 N_{Ar})|_{r+\Delta r} - (r^2 N_{Ar})|_r}{\Delta r} = r^2 R_A \tag{18.7-2}$$

를 얻거나 또는 일차 도함수의 정의를 사용하여

$$\frac{d}{dr}(r^2 N_{Ar}) = r^2 R_A \tag{18.7-3}$$

---

1 E. W. Thiele, *Ind. Eng. Chem.*, **31**, 916-920 (1939).

2 R. Aris, *Chem. Eng. Sci.*, **6**, 262-268 (1957).

3 A. Wheeler, *Advances in Catalysis*, Academic Press, New York (1950), Vol. 3, pp. 250-326.

을 얻는다. 이 극한 공정은 다공성 매체가 연속이라기 보다는 과립상이라는 사실과 명백히 어긋난다. 결과적으로 식 18.7-3에서의 기호 N_{Ar}과 R_A는 점에서 의미가 있는 값을 갖는 양으로 해석될 수 없다. 오히려 문제에서 점 주위의 작은 범위, 즉 치수 R에 비해서는 작지만 다공성 입자 내 통로의 치수에 비해서는 큰 주위에 걸쳐 평균한 양으로 해석하여야만 한다.

이제 다공성 매체 내의 화학 종 A에 대한 "유효 확산계수"를

$$N_{Ar} = -\mathscr{D}_A \frac{dc_A}{dr} \tag{18.7-4}$$

로 **정의**하고자 한다. 여기서 c_A는 공극 내에 포함된 기체 A의 농도이다. 유효 확산계수 $\mathscr{D}_A$는 실험적으로 측정되어야 하며, 일반적으로 압력과 온도에 의존하며 또 촉매 공극 구조에 의존한다. 공극의 치수가 확산하는 분자의 평균 자유 경로보다 더 작을 것이므로, 공극 내에서의 확산에 대한 실제 메커니즘은 복잡하다. 여기서는 메커니즘에 대한 문제를 장황하게 검토하는 것이 아니라 단지 식 18.7-4가 확산 과정을 적절하게 나타낼 수 있다는 것을 가정한다(24.6절을 참조).

앞의 식을 식 18.7-3에 대입하면, 일정한 확산계수에 대해

$$\mathscr{D}_A \frac{1}{r^2}\frac{d}{dr}\left(r^2 \frac{dc_A}{dr}\right) = -R_A \tag{18.7-5}$$

를 얻는다. 이제 화학 종 A가 구부러진 통로의 벽 전체 또는 부분을 형성하는 촉매 표면 위에서 1차 화학반응에 따라 사라지는 상황을 생각한다. a를 단위 부피당(고체+공극의) 이용 가능한 촉매 표면이라고 하면 $R_A = -k_1'' a c_A$이고, 식 18.7-5는

$$\mathscr{D}_A \frac{1}{r^2}\frac{d}{dr}\left(r^2 \frac{dc_A}{dr}\right) = k_1'' a c_A \tag{18.7-6}$$

이 된다(식 C.1-6 참조). 이 식은 $r = R$에서 $c_A = c_{AR}$이고, $r = 0$에서 c_A가 유한한 경계조건을 사용하여 풀게 된다.

연산자 $(1/r^2)(d/dr)[r^2(d/dr)]$을 포함하는 식은 종종 "표준 기교", 즉 $c_A/c_{AR} = (1/r)f(r)$의 변수 변화를 사용하여 풀 수 있게 된다. 그러면 $f(r)$에 대한 식은

$$\frac{d^2 f}{dr^2} = \left(\frac{k_1'' a}{\mathscr{D}_A}\right) f \tag{18.7-7}$$

이다. 이는 지수 함수 또는 쌍곡선 함수의 항으로 풀 수 있는 표준 2차 미분방정식이다. 해를 구하고 그 결과를 r로 나누면, 쌍곡선 함수로 된 식 18.7-6의 다음 해를 얻는다(C.5절 참조):

$$\frac{c_A}{c_{AR}} = \frac{C_1}{r}\cosh\sqrt{\frac{k_1'' a}{\mathscr{D}_A}}\, r + \frac{C_2}{r}\sinh\sqrt{\frac{k_1'' a}{\mathscr{D}_A}}\, r \tag{18.7-8}$$

경계조건을 적용하면 최종적으로

$$\frac{c_A}{c_{AR}} = \left(\frac{R}{r}\right)\frac{\sinh\sqrt{k_1''a/\mathscr{D}_A}\,r}{\sinh\sqrt{k_1''a/\mathscr{D}_A}\,R} \tag{18.7-9}$$

를 얻는다.

화학 속도론과 촉매론에 대한 연구에서는 표면 $r = R$에서의 몰 훌럭스 N_{AR} 또는 몰 유동 W_{AR}에 종종 흥미를 갖게 된다:

$$W_{AR} = 4\pi R^2 N_{AR} = -4\pi R^2 \mathscr{D}_A \left.\frac{dc_A}{dr}\right|_{r=R} \tag{18.7-10}$$

이 식에 식 18.7-9가 사용되면

$$W_{AR} = 4\pi R \mathscr{D}_A c_{AR}\left(1 - \sqrt{\frac{k_1''a}{\mathscr{D}_A}}\,R\coth\sqrt{\frac{k_1''a}{\mathscr{D}_A}}\,R\right) \tag{18.7-11}$$

을 얻는다. 이 결과로부터 확산과 반응 공정을 설명하는 매개변수의 항으로 된, 반지름이 R인 단일 촉매 입자 내에서 A가 B로 전환되는 속도(moles/sec 단위로)를 알 수 있다.

활성 촉매 표면 모두가 농도 c_{AR}의 흐름에 노출되어 있다면, 화학 종 A는 공극을 통과해 반응 위치로 확산되지 않아도 되었을 것이며, 몰 전환 속도는 이용 가능한 표면과 표면 몰 반응 속도의 곱으로 주어질 것이다.

$$W_{AR,0} = (\tfrac{4}{3}\pi R^3)(a)(-k_1''c_{AR}) \tag{18.7-12}$$

마지막 두 식의 비를 취하면

$$\eta_A = \frac{W_{AR}}{W_{AR,0}} = \frac{3}{\phi^2}(\phi\coth\phi - 1) \tag{18.7-13}$$

을 얻는다. 여기서 $\phi = \sqrt{k_1'''a/\mathscr{D}_A}\,R$은 18.4절에서 만났던 Thiele 모듈리스[1]이다. 양 η_A는 **유효 인자**[1-4]라 불리며, 총괄 전환 공정에 대한 입자 내부의 확산 저항을 고려하기 위해 $W_{AR,0}$에 곱해지는 양이다.

구형이 아닌 촉매 입자에 대해서는 R을 재해석함으로써 앞의 결과를 근사적으로 적용할 수 있을 것이다. 반지름이 R인 구일 때, 외부 표면에 대한 부피 비가 R/3임에 주목하시오. 구형이 아닌 입자에 대해서는 식 18.7-13의 R을

$$R_{\text{nonsph}} = 3\left(\frac{V_P}{S_P}\right) \tag{18.7-14}$$

로 다시 정의하며, 여기서 V_p와 S_p는 단일 촉매 입자의 부피와 외부 표면이다. 그러면 전환

[4] O. A. Hougen and K. M. Watson, *Chemical Process Principles*, Wiley, New York (1947), III부, XIX장. 또 O. A. Hougen, K. M. Watson, and R. A. Ragatz, Wiley, New York (1960)에 의한 *CPP* 도표의 그림 E를 참조하시오.

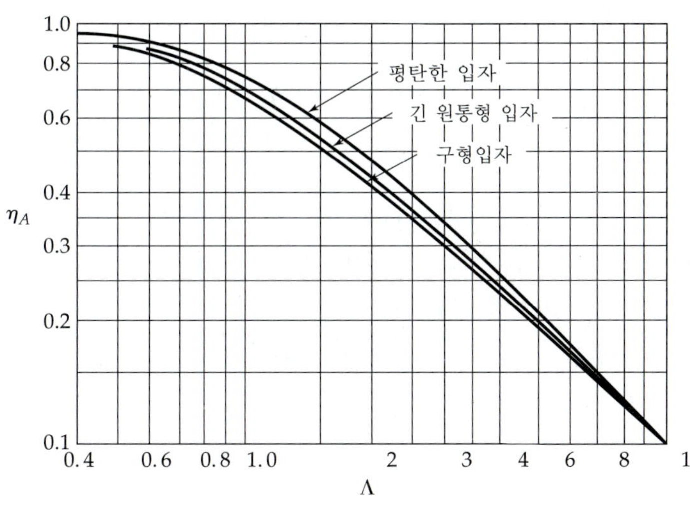

그림 18.7-3 다양한 형상의 다공성 고체 촉매에 대한 유효 인자[R. Aris, *Chem. Eng. Sci.*, **6**, 262-268 (1957)].

속도의 절대값은 근사적으로

$$|W_{AR}| \approx V_P a k_1'' c_{AR} \eta_A \tag{18.7-15}$$

로 주어진다. 여기서

$$\eta_A = \frac{1}{3\Lambda^2}(3\Lambda \coth 3\Lambda - 1) \tag{18.7-16}$$

이고, 양 $\Lambda = \sqrt{k_1''a/\mathscr{D}_A}(V_p/S_p)$는 일반화된 모듈리스이다.[2,3]

양 Λ의 특별한 효용은 그림 18.7-3에서 볼 수 있다. η_A에 대한 정확한 이론식을 Λ의 함수로 도시하면, 곡선은 크고 작은 Λ에 대해서는 보통의 점근선을 가지며, 중간값의 Λ에 대해서는 서로가 크게 다르지 않다는 것이 명백하다. 따라서 구형이 아닌 입자에 대한 η_A를 계산하기 위해 식 18.7-16을 사용하여도 정당하다는 것을 그림 18.7-3은 보여준다.

18.8 3 성분 기체계의 확산

지금까지 논의하였던 계는 2 성분계이거나 또는 2 성분계로 근사할 수 있었던 계였다. 기체에 대한 다성분 확산 문제의 수립을 설명하기 위해 액체인 물(화학 종1)이 1 atm와 352 K에서 질소(2)와 산소(3)의 2 성분 혼합물로 간주되는 공기 중으로 증발되는 18.2절의 초기 증발 문제를 다시 수행하고자 한다. 공기-물 계면은 $z = 0$에 있고, 확산관의 상부 끝은 $z = L$에 있다고 한다. 물의 증기압은 알고 있다고 생각하므로 $z = 0$에서 x_1은 알고(즉 $x_{10} = 341/760 = 0.449$), $z = L$에서 세 기체 모두의 몰 분율은 $x_{1L} = 0.10$, $x_{2L} = 0.75$와 $x_{3L} = 0.15$임을 안다. 확산관은 $L = 11.2$ cm의 길이를 갖는다.

18.2절에서와 같이 질량 보존식은 다음 식으로 유도된다.

$$\frac{dN_{\alpha z}}{dz} = 0 \qquad \alpha = 1, 2, 3 \tag{18.8-1}$$

이로부터 세 화학 종의 몰 홀럭스는 모두 정상상태에서 상수라는 결론을 내릴 수 있을 것이다. 화학 종 2와 3은 움직이지 않으므로 N_{2z}와 N_{3z}는 둘 다 0이라는 결론을 내린다.

다음 식 17.9-1로부터 몰 홀럭스에 대한 식이 필요하다. $x_1 + x_2 + x_3 = 1$이므로 3개의 이용 가능한 식 중에서 오직 2 개만 필요하며, 화학 종 2와 3에 대한 식을 선택한다. $N_{2z} = 0$이고 $N_{3z} = 0$이므로 이들 식은 상당히 간단하게 된다.

$$\frac{dx_2}{dz} = \frac{N_{1z}}{c\mathscr{D}_{12}} x_2; \qquad \frac{dx_3}{dz} = \frac{N_{1z}}{c\mathscr{D}_{13}} x_3 \tag{18.8-2, 3}$$

화학 종 2와 3의 상대적인 운동이 없기 때문에, 여기서는 확산계수 $\mathscr{D}_{23}$이 나타나지 않음에 주목하시오. 이 식을 임의의 높이 z에서부터 관의 상부 L까지 적분하면, 일정한 $c\mathscr{D}_{\alpha\beta}$에 대해

$$\int_{x_2}^{x_{2L}} \frac{d\bar{x}_2}{\bar{x}_2} = \frac{N_{1z}}{c\mathscr{D}_{12}} \int_z^L d\bar{z}; \qquad \int_{x_3}^{x_{3L}} \frac{d\bar{x}_3}{\bar{x}_3} = \frac{N_{1z}}{c\mathscr{D}_{13}} \int_z^L d\bar{z} \tag{18.8-4, 5}$$

로 주어진다. 그런 다음 적분하면

$$\frac{x_2}{x_{2L}} = \exp\left(-\frac{N_{1z}(L-z)}{c\mathscr{D}_{12}}\right); \qquad \frac{x_3}{x_{3L}} = \exp\left(-\frac{N_{1z}(L-z)}{c\mathscr{D}_{13}}\right) \tag{18.8-6, 7}$$

을 얻으며, 확산탑 내의 수증기의 몰 분율 분포는

$$\boxed{x_1 = 1 - x_{2L} \exp\left(-\frac{N_{1z}(L-z)}{c\mathscr{D}_{12}}\right) - x_{3L} \exp\left(-\frac{N_{1z}(L-z)}{c\mathscr{D}_{13}}\right)} \tag{18.8-8}$$

일 것이다. $z = 0$에서의 경계조건을 적용하면, N_{1z}에 대한 초월 함수인

$$x_{10} = 1 - x_{2L} \exp\left(-\frac{N_{1z}L}{c\mathscr{D}_{12}}\right) - x_{3L} \exp\left(-\frac{N_{1z}L}{c\mathscr{D}_{13}}\right) \tag{18.8-9}$$

를 얻는다.

Reid, Prausnitz와 Poling[1]에 의하면 352K와 1 atm에서 $\mathscr{D}_{12} = 0.364\ \text{cm}^2/s$이고 $\mathscr{D}_{13} = 0.357\ \text{cm}^2/s$이며, 이들 조건에서 $c = 3.46 \times 10^{-5}$g-moles/cm^{3}이다. 식 18.8-9에 대한 빠른 해를 얻기 위해 두 확산계수를 $0.36\ \text{cm}^2/s$로 같다고 두면,[2]

[1] R. C. Reid, J. M. Prausnitz, and B. E. Poling, *The Properties of Gases and Liquids*, 4th edition, McGraw-Hill, New York (1987), p. 591.

[2] 2 개의 2 성분 확산계수가 동일한 3 성분 확산 문제에 대한 해는 H. L. Toor, *AIChE Journal*, **3**, 198-207 (1957)에 의해 논의되었다.

$$0.449 = 1 - 0.90 \exp\left(-\frac{N_{1z}(11.2)}{(3.462 \times 10^{-5})(0.36)}\right) \tag{18.8-10}$$

을 얻으며, 이로부터 $N_{1z} = 5.523 \times 10^{-5}$g-moles/cm$^2 \cdot s$임을 안다. 만약 원한다면 이를 식 18.8-9를 더 정확하게 풀기 위한 첫 번째 추정값으로 사용할 수 있다. 그러면 식 18.8-6에서 8로부터 완전한 분포를 계산할 수 있다.

논의를 위한 질문

1. 식 18.0-1에서 N_B를 소거하기 위해 이 장에서는 어떤 논거가 사용되었나?

2. 이 장의 예제의 방법에 의해 확산계수 $\mathscr{D}_{AB}$를 측정할 수 있는 방법을 제안하시오. 가능한 오차 발생원을 요약하시오.

3. 그림 18.2-1의 농도 곡선은 어떤 극한에서 직선으로 되는가?

4. 균질 반응과 불균질 반응을 구별하시오. 어느 것이 경계조건에 의해 묘사되며, 어느 것이 미분방정식에 나타나는가?

5. "확산 지배 반응"항을 논의하시오.

6. 18.2절의 첫 번째 단락에서 계면의 높이를 일정하게 유지하기 위해서는 어떤 종류의 기기를 제안할 것인가?

7. 식 18.2-15의 좌변 항은 왜 "증발 속도"라 불리는가?

8. 식 18.2-19를 어떻게 수립할지 조심스럽게 설명하시오.

9. 예제 18.2-3을 비평하시오. 어떤 내용이 "단지 교과서적인 문제인가"? 이 문제로부터 무엇을 배웠는가?

10. 식 18.3-9의 양 N_{Az}는 어떤 관점에서 국부적인 화학반응 속도로 해석될 수 있는가?

11. 액체 내에서 위로 상승할 때 기포 크기는 어떻게 변하는가?

12. 이전에 식 18.5-11을 무엇과 연결하여 만났는가?

13. 쌍곡선 함수 대신에 지수 함수를 사용하여 식 18.7-7을 풀고자 한다면 어떤 일이 일어나는가? 더 간단한 선택을 어떻게 미리 할 수 있는가?

14. 물리적인 문제, 이 문제를 풀기 위해 사용되는 수학적 방법과 몰 훌럭스에 대한 최종식 등을 고려하면서 18.5절과 18.6절에서 논의된 계를 비교하고 대조하시오.

문제

18A.1. 증발 속도. 그림 18.2-1에서 보는 계에 대해, 25℃에서 공기 중으로 CCl_3NO_2(클로르피크린)의 증발 속도는 몇 g/hr인가? 공기는 "순수한 물질"이라는 통상적인 가정을 수립하시오.

총 압력 770 mm Hg

확산계수(CCl_3NO_2–공기)	0.088 cm^2/s
CCl_3NO_2의 증기압	23.81 mm Hg
액체 수면으로부터 관 상부까지의 길이	11.14 cm
CCl_3NO_2의 밀도	1.65 g/cm^3
증발을 위해 노출된 액체 표면적	2.29 cm^2

답: 0.0139 g/hr

18A.2. 정지된 공기 중의 작은 요오드 구의 승화. 지름이 1 cm인 요오드 구가 40℃, 747 mm Hg 압력의 정지된 공기 중에 놓여 있다. 이 온도에서 요오드의 증기압은 약 1.03 mm Hg이다. 승화 속도를 측정함으로써 요오드–공기 계의 확산계수를 결정하고자 한다. 합리적인 실험 조건의 결정을 돕기 위해,

(a) 표 E.1의 분자 상호 인력 매개변수를 사용하여 위에 주어진 온도와 압력에서 요오드–공기 계의 확산계수를 계산하시오.

(b) 식 18.2-27의 계산에 기초를 두고 승화 속도를 계산하시오. (힌트: r_2가 대단히 크다고 가정하시오.) 이 방법은 확산계수를 측정하기 위해 사용되었지만, 가능한 자유 대류의 중요성 때문에 문제에 대해 열려 있어야 한다.

답: **(a)** $\mathscr{D}_{I_2\text{-air}} = 0.0888 cm^2/s$, **(b)** $W_{I_2} = 1.06 \times 10^{-4}$ g-mole/hr

18A.3. 흡수 속도의 계산에서 오차의 추정. 만약 B에 대한 A의 용해도가 ±5%의 범위 내에서 알려져 있고 B에 대한 A의 확산계수가 ±15%의 범위 내에서 알려져 있다면, 식 18.5-18로부터 흡수 속도를 계산함에 있어 최대 가능한 오차는 무엇인가? 기하학적인 양과 속도는 매우 정확하게 알려져 있다고 가정하시오.

18A.4. 강하 경막에서 염소의 흡수(그림 18A.4). 그림에서 보는 바와 같이 기체로부터 작은 실험용 젖은 벽탑 내로 염소가 흡수된다. 흡수하는 유체는 17.7 cm/s의 평균 속도로 움직이는 물이다. 만약 염소–물

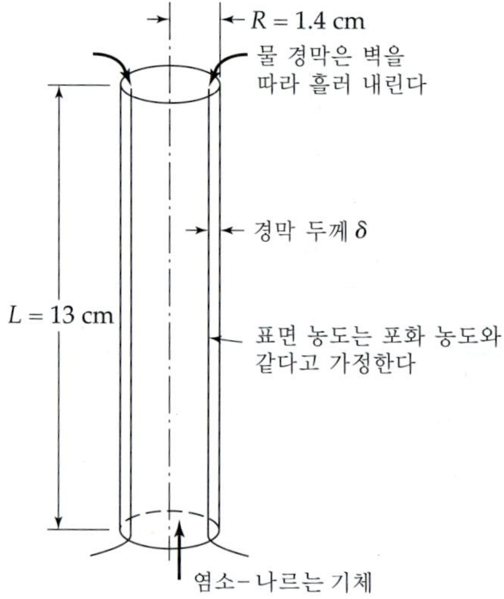

그림 18A-4 젖은 벽탑의 개략도.

계의 액체상의 확산계수가 1.26 × 10^{-5} cm^2/s이고 물에서 염소의 포화 농도가 물 100g당 0.823g이면(이는 16°C에서의 실험값이다), 흡수 속도는 몇 g-mole/hr 인가? 탑의 치수는 그림에 주어져 있다. (힌트: 염소와 물 사이의 화학반응은 무시하시오.)

답: 0.273 g-moles/hr

18A.5. 점원 방법에 의한 확산계수의 측정(그림 18C.1).[1] $\mathscr{D}_{AB}$를 측정하기 위해 문제 18C.1의 결과를 이용할 수 있는 유동계를 설계하고자 한다. 접근하는 순수한 B의 흐름은 수직인 위로 향할 것이며, 기체 조성이 z 축을 따라 여러 점에서 측정될 것이다.

(a) 만약 $v_0 = 50$ cm/s이고 $\mathscr{D}_{AB} \approx 5$ cm^2/s이라면, 1 atm과 800℃의 이상기체 계에서 점원 하류 1 cm인 점의 몰 분율이 $x_A \approx 0.01$이 되기 위해 요구되는 기체-주입 속도 W_A를 g-moles/s로 계산하시오.

(b) 만약 측정된 조성 x_A가 중심선 값의 1% 이내에 있다고 하면, 기체-시료 탐침기의 최대 허용 가능한 반지름 방향의 오차는 얼마인가?

18A.6. 에테르-물 계에 대한 확산계수의 결정. 액체 밀도가 0.712 g/cm^3인 에틸 에테르의 증발 속도에 대한 다음 데이터는 Jost[2]에 의해 도표화되었다. 데이터는 지름이 6.16 mm인 관, 747 mm Hg의 총 압력과 22℃의 온도에 대한 것이다.

에테르 높이의 감소 (열린 관 끝에서부터 측정된), mm	지시된 높이의 감소에 대해 요구되는 초 단위의 시간
9에서 11	590
14에서 16	895
19에서 21	1185
24에서 26	1480
34에서 36	2055
44에서 46	2655

에틸 에테르의 분자량은 74.12이고 22℃에서 증기압은 480 mm Hg이며, 열린 관 끝에서의 에테르 농도는 0으로 가정한다. Jost는 0℃, 760 mm Hg에서의 에테르-공기 계에 대한 $\mathscr{D}_{AB}$ 값을 0.0786 cm^2/s로 계산하였다.

(a) 그림 18.2-1의 $z_2 - z_1$에 대해 산술 평균 기체탑 길이가 사용된다고 가정하면서 증발 데이터를 사용하여 747 mm Hg와 22℃에서의 $\mathscr{D}_{AB}$를 구하시오. 더욱이 에테르-공기 혼합물은 이상기체이고, 확산은 2 성분계로 간주할 수 있다고 가정하시오.

[1] 이는 높은 온도에서 확산계수를 측정하기 위해 이제까지 개발된 가장 정교한 방법이다. 이 방법의 상세한 설명에 대해서는 R. E. Walker and A. A. Westenberg, *J. Chem. Phys.*, **29**, 1139-1146, 1147-1153 (1958)을 참조하시오. 측정된 값의 요약과 Chapman-Enskog이론과의 비교에 대해서는 R. M. Fristrom and A. A. Westenberg, *Flame Structure*, McGraw-Hill, New York (1965), XIII장을 참조하시오.

[2] W. Jost, *Diffusion*, Academic Press, New York (1952), pp. 411-413.

(b) 식 17.2-1을 사용하여 760 mm Hg와 0℃의 $\mathscr{D}_{AB}$로 결과를 변환하시오.

18A.7. 순환하는 기포로부터의 질량 플럭스.

(a) 18℃와 1 atm의 압력에서 순수한 물(성분 B)을 통과해 상승하는 지름이 0.5 cm인 이산화탄소 기포로부터 CO_2(성분 A)의 흡수 속도를 식 18.5-20을 사용하여 계산하시오. 다음 데이터[3]를 사용하시오: $\mathscr{D}_{AB} = 1.46 \times 10^{-5}$ cm²/s, $c_{A0} = 0.041$(g-mole)/liter, $v_t = 22$cm/s.

(b) 117 cm/hr의 표면 평균한 k_c를 얻은 Hammerton과 Garner[4]의 실험적 결과를 사용하여 흡수 속도를 다시 계산하시오(식 18.1-2 참조).

답: **(a)** 1.17×10^{-6} g-moles/cm^2s; **(b)** 1.33×10^{-6} g-moles)/cm^2s

18B.1. 정체 경막을 통과하는 확산-다른 유도. 18.2절에서 증발 속도에 대한 식은 몇 줄 앞에서 구한 농도분포를 미분함으로써 식 18.2-14로 얻었다. 농도분포를 구하지 않고도 동일한 결과를 유도할 수 있음을 보이시오. 식 18.2-3에 의하면 정상상태의 N_{Az}는 상수임에 주목하시오. 식 18.2-1을 직접 적분하면 식 18.2-14를 얻을 수 있다.

18B.2. 증발에서 대류항의 무시에 따른 오차.

(a) 식 18.0-1에서 $x_A(\mathbf{N}_A + \mathbf{N}_B)$항을 무시하고 18.2절의 문제를 다시 푸시오. 이는

$$N_{Az} = \frac{c\mathscr{D}_{AB}}{z_2 - z_1}(x_{A1} - x_{A2}) \tag{18B.2-1}$$

을 유도함을 보이시오. 만약 A가 대단히 낮은 농도로 존재한다면 이는 유용한 근사이다.

(b) 적절하게 근사하여 식 18.2-14로부터 **(a)**의 결과를 구하시오.

(c) 만약 **(a)**의 결과를 사용한다면, 예제 18.2-2의 $\mathscr{D}_{AB}$의 계산에서 주어지는 오차는 얼마인가?

답: 2.2%

18B.3. 농도분포에 미치는 물질전달 속도의 영향.

(a) 식 18.2-11의 결과와 식 18.2-14의 결과를 결합하여

$$\frac{1 - x_A}{1 - x_{A1}} = \exp\left(\frac{N_{Az}(z - z_1)}{c\mathscr{D}_{AB}}\right) \tag{18B.3-1}$$

을 구하시오.

(b) N_{Az}가 일정하다는 사실을 사용하여 직접 식 18.2-1을 적분하여 동일한 결과를 얻으시오.

(c) 물질전달 속도가 작을 때 어떤 일이 일어나는지 주목하시오. 식 18B.3-1을 Taylor 급수로 전개하고, 작은 N_{Az}에 대해 적절한 오직 두 항만 취하시오. N_{Az}가 대단히 작으면 그림 18.2-1의 약간 굽은 곡선에는 어떤 일이 일어나는가?

---

[3] G. Tammann and V. Jessen, *Z. anorg. allgem. Chem.*, **179**, 125-144 (1929); F. H. Garner and D. Hammerton, *Chem. Eng. Sci.*, **3**, 1-11 (1954).

[4] D. Hammerton and F. H. Garner, *Trans. Inst. Chem. Engrs.* (London), **32**, S18-S24(1954).

18B.4. 화학반응을 동반하는 흡수.

(a) 18.4절에서 다루었던 문제에서 비이커 바닥을 $z = 0$으로, 기체-액체 계면을 $z = L$로 두고 다시 푸시오.

(b) 식 18.4-7의 해를 구함에 있어서, 두 개의 쌍곡선 함수를 합으로 된 해를 얻었다. 동일하게 타당한 해 $\Gamma = C_1 \exp(\phi\zeta) + C_2 \exp(-\phi\zeta)$를 사용하여 문제를 풀고자 시도하시오.

(c) 대단히 큰 L에 대해 어떤 방식으로 식 18.4-10과 12의 결과를 간단히 할 수 있는가? 매우 작은 L에 대해서는 어떠한가? 결과를 물리적으로 해석하시오.

18B.5. 사이클로헥산에서 의한 염소의 흡수. CCl_4에 용해된 올레핀에 의해 Cl_2-공기 혼합물로부터 염소를 흡수할 수 있다. Cl_2와 사이클로헥산(C_6H_{10})의 반응이 Cl_2에 관해서는 2차 반응이고, C_6H_{10}에 대해서는 0차 반응임을 알았다.[5] 따라서 단위 부피당 Cl_2가 사라지는 속도는 $k_2'''c_A^2$이다(A는 Cl_2를 나타낸다).

확산을 유사 2 성분계로 간주할 수 있다고 가정하여 B가 $C_6H_{10}-CCl_4$ 혼합물인 18.4절의 문제를 다시 푸시오. 공기는 본질적으로 $C_6H_{10}-CCl_4$ 혼합물에 녹지 않는다고 가정하시오. L을 무한대로 취할 수 있을 정도로 액체상은 충분히 깊다고 하자.

(a) 농도분포가

$$\frac{c_{A0}}{c_A} = \left[1 + \sqrt{\frac{k_2'''c_{A0}}{6\mathscr{D}_{AB}}}\,z\right]^2 \tag{18B.5-1}$$

로 주어짐을 보이시오.

(b) 액체에 의한 Cl_2의 흡수 속도식을 구하시오.

(c) 물질 A가 물질 B에 녹고 물질 B와 반응하므로, 단위 부피당 A가 사라지는 속도는 농도의 어떤 임의의 함수 $f(c_A)$라 가정하시오. A의 흡수 속도는

$$N_{Az}|_{z=0} = \sqrt{2\mathscr{D}_{AB}\int_0^{c_{A0}} f(c_A)dc_A} \tag{18B.5-2}$$

로 주어짐을 보이시오. 이 결과를 사용하여 (b)의 결과를 확인하시오.

18B.6. 기체 확산계수를 측정하기 위한 두개의 구 실험 – 준 정상상태 해석[6](그림 18B.6). 기체 확산계수를 측정하는 방법의 하나로 두 개의 구 실험이 있다. $z = -L$부터 $z = 0$까지의 왼쪽 구와 관은 기체 A로 채워져 있다. $z = 0$부터 $z = +L$까지의 오른쪽 구와 관은 기체 B로 채워져 있다. $t = 0$에서 마개가 열리면 확산이 시작된다. 그러면 두 개의 잘 교반되는 구 내의 A의 농도가 변한다. 시간의 함수로 x_A^+를 측정하고, 이로부터 $\mathscr{D}_{AB}$를 추론한다. 확산을 설명하는 방정식을 유도하고자 한다.

구가 관에 비해 크므로, x_A^+와 x_A^-는 시간에 따라 대단히 천천히 변한다. 그러므로 관에서의 확산은 $z = -L$에서 $x_A = x_A^-$이고 $z = +L$에서 $x_A = x_A^+$인 경계조건을 갖는 준 정상상태 문제로 다룰 수 있다.

(a) 관(단면적이 S인)의 절편 Δz에 걸친 A에 대한 몰 수지를 쓰고, $N_{Az} = C_1$, 상수임을 보이시오.

---

[5] G. H. Roper, *Chem. Eng. Sci.*, **2**, 18-31, 247-253 (1953).

[6] S. P. S. Andrew, *Chem. Eng. Sci.*, **4**, 269-272 (1955).

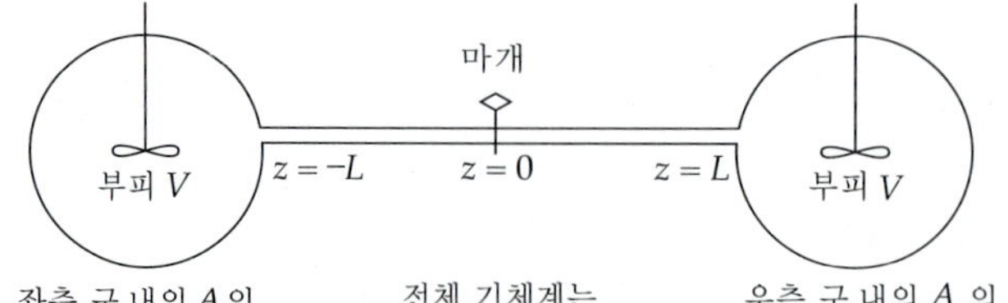

그림 18B.6 기체 확산계수를 측정하기 위한 두 개의 구 장치의 개략도. 교반기가 구 내의 농도를 균일하게 유지한다.

(b) 이 문제에 대해 식 18.0-1은

$$N_{Az} = -c\mathscr{D}_{AB}\frac{dx_A}{dz} \tag{18B.6-1}$$

로 간단히 됨을 보이시오.

(c) (a)를 사용하여 이 식을 적분하시오. 적분 상수를 C_2로 두시오.

(d) $z=+L$에서 $x_A = x_A^+$임을 요구하여 상수를 구하시오.

(e) 다음 $z=-L$에서 $x_A = x_A^-$(또는 $1 - x_A^+$)로 두고 N_{Az}에 대해 풀어, 최종적으로

$$N_{Az} = (\tfrac{1}{2} - x_A^+)\frac{c\mathscr{D}_{AB}}{L} \tag{18B.6-2}$$

를 얻으시오.

(f) 오른쪽 구에 걸쳐 물질 A에 대한 질량 수지를 수립하여

$$S(\tfrac{1}{2} - x_A^+)\frac{c\mathscr{D}_{AB}}{L} = Vc\frac{dx_A^+}{dt} \tag{18B.6-3}$$

을 구하시오.

(g) (f)의 식을 적분하여 $\mathscr{D}_{AB}$를 포함하는 x_A^+에 대한 식

$$\ln\left(\frac{\frac{1}{2} - x_A^+}{\frac{1}{2}}\right) = -\frac{S\mathscr{D}_{AB}t}{LV} \tag{18B.6-4}$$

를 구하시오.

(h) $\mathscr{D}_{AB}$를 계산하기 위해 실험 데이터를 도시하는 방법을 제안하시오.

18B.7. 현탁되어 있는 단일 액적으로부터의 확산(그림 18.2-4). 반지름이 r_1인 액체 A의 액적이 기체 B의 흐름 내에 현탁되어 있다. 액적 주위에 반지름이 r_2인 구형의 정체 기체 경막이 있다고 가정한다. 기체상의 A의 농도는 $r=r_1$에서 x_{A1}이고, 경막 바깥 가장자리인 $r=r_2$에서 x_{A2}이다.

(a) 정상상태의 확산에 대해 r^2N_{Ar}이 기체 경막 내에서 상수임을 쉘 수지에 의해 보이고, 상수가 액적 표면에서의 값 $r_1^2N_{Ar1}$과 같다고 두시오.

(b) 식 18.0-1과 (a)의 결과가 x_A에 대한 다음 식을 유도함을 보이시오:

$$r_1^2N_{Ar1} = -\frac{c\mathscr{D}_{AB}}{1 - x_A}r^2\frac{dx_A}{dr} \tag{18B.7-1}$$

(c) r_1과 r_2의 극한 사이에서 이 식을 적분하여

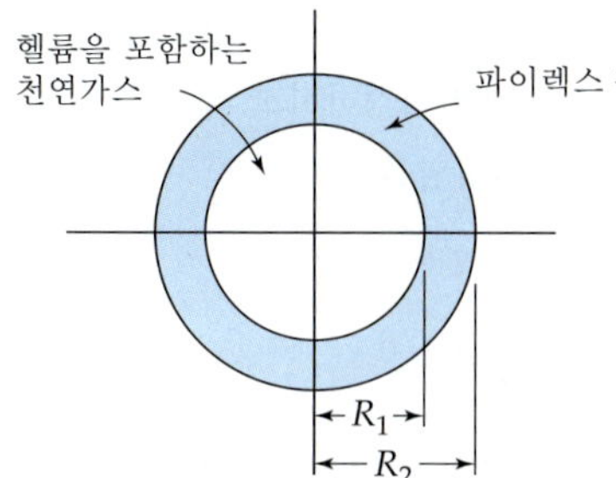

그림 18B.8 파이렉스 관을 통한 헬륨의 확산. 관의 길이는 L이다.

$$N_{Ar1} = \frac{c\mathscr{D}_{AB}}{r_2 - r_1}\left(\frac{r_2}{r_1}\right) \ln \frac{x_{B2}}{x_{B1}} \tag{18B.7-2}$$

를 구하시오. $r_2 \to \infty$ 일 때 이 식의 극한은 무엇인가?

18B.8 천연 가스로부터 헬륨의 분리 방법(그림 18B.8). 파이렉스 유리는 헬륨을 제외한 모든 기체가 거의 투과하지 못한다. 예를 들면 파이렉스를 통과하는 He의 확산계수는 파이렉스를 통과하는 H_2의 확산계수의 약 25배이며, 수소는 확산공정에서 가장 가까운 "비교 대상"이다. 이 사실은 천연 가스로부터 헬륨을 분리하는 방법이 파이렉스를 통한 상대적인 확산 속도에 기초할 수 있음을 제안한다.[7]

그림에서 보는 치수를 갖는 파이렉스 관 내에 천연 가스 혼합물이 포함되어 있다고 가정하고, 파이렉스를 통과하는 헬륨의 확산계수, 파이렉스 내의 헬륨의 계면 농도와 관의 치수의 항으로 된 헬륨이 관 바깥으로 누출될 속도에 대한 식을 구하시오.

답: $W_{\text{He}} = 2\pi L \dfrac{\mathscr{D}_{\text{He-Pyrex}}(c_{\text{He},1} - c_{\text{He},2})}{\ln(R_2/R_1)}$

18B.9. 침출 속도(그림 18B.9). 용매 B에 의한 고체 입자로부터 물질 A의 침출 속도를 연구함에 있어, 속도 지배 단계가 입자 표면으로부터 두께가 δ인 정체 액체 경막을 통해 주 흐름 내로의 A의 확산이라고 가정한다. B 내에서 A의 몰 용해도는 c_{A0}이고, 주 흐름의 농도는 $c_{A\delta}$이다.

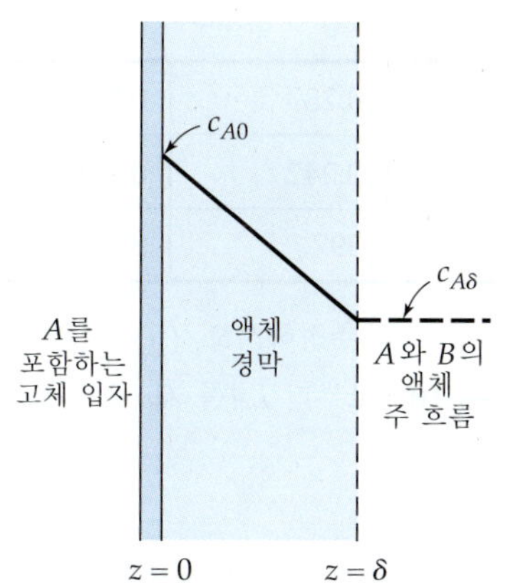

그림 18B.9 B의 정체 액체 경막 내로의 확산에 의한 A의 침출.

[7] *Scientific American*, **199**, 52 (1958)은 벨 전화기 연구소의 K. B. McAfee에 의해 개발된 방법을 간략하게 설명한다.

(a) 두께가 Δz인 얇은 평판에 걸쳐 A에 대한 질량 수지를 수립함으로써, c_A에 대한 미분방정식을 z의 함수로 구하시오. $\mathscr{D}_{AB}$는 일정하며 A는 B에 아주 약간 녹는다고 가정하시오. 입자의 곡률은 무시하시오.

(b) 액체상에서 화학반응이 없는 경우에는 농도분포가 선형임을 보이시오.

(c) 침출 속도가

$$N_{Az} = \mathscr{D}_{AB}(c_{A0} - C_{A\delta})/\delta \tag{18B.9-1}$$

로 주어짐을 보이시오.

18B.10. 일정하게 증발하는 혼합물. 톨루엔(1)과 에탄올(2)가 조성이 x_1으로 균일한 2 성분 액체 혼합물로부터 정체된 질소 (3)을 통과해 상부는 순수한 질소를 갖는 수직관 내 $z = 0$에서 증발하고 있다. 질소를 통과하는 톨루엔과 에탄올의 동일하지 않는 확산계수는 상대적인 증발 속도를 에탄올 쪽으로 이동시킨다. 만약 60°F에서 예측된[8] 확산계수가 $c\mathscr{D}_{12} = 1.53 \times 10^{-6}$, $c\mathscr{D}_{13} = 2.98 \times 10^{-6}$, $c\mathscr{D}_{23} = 4.68 \times 10^{-6}$g-moles/cm·s라면, 60°F와 총 압력이 760 mm Hg인 등온계에 대해 이 효과를 해석하시오.

(a) Maxwell-Stefan 방정식을 사용하여 이 3 성분계의 정상상태 증기상의 몰 분율 분포 $y_\alpha(z)$를 몰 훌럭스 $N_{\alpha z}$ 항으로 구하시오. 세 화학 종에 대한 연속방정식으로부터 몰 훌럭스는 일정하다는 것을 알게 된다. 주어진 조건에서 액체 내의 질소의 용해도는 무시할만 하므로, $N_{3z} = 0$이다. 경계조건으로는 $z = L$에서 $y_1 = y_2 = 0$이고 $z = 0$에서 $y_1 = y_{10}$과 $y_2 = y_{20}$이라 두시오; 후자는 결정되어야 한다.

$$y_3(z) = e^{-A(L-z)}; \qquad y_1(z) = \frac{D}{A-B}e^{-A(L-z)} - \left(\frac{C}{B} + \frac{D}{A-B}\right)e^{-B(L-z)} + \frac{C}{B} \tag{18B.10-1}$$

$$A = \frac{N_{1z}}{c\mathscr{D}_{13}} + \frac{N_{2z}}{c\mathscr{D}_{23}}; \qquad B = \frac{N_{1z} + N_{2z}}{c\mathscr{D}_{12}}; \qquad C = \frac{N_{1z}}{c\mathscr{D}_{12}}; \qquad D = \frac{N_{1z}}{c\mathscr{D}_{12}} + \frac{N_{1z}}{c\mathscr{D}_{13}} \tag{18B.10-2}$$

임을 보이시오.

(b) 일정하게 증발하는 액체 혼합물은 조성이 증발된 물질의 조성과 똑 같다. 즉 $N_{1z}/(N_{1z} + N_{2z}) = x_1$에 대한 것이다. 아래 표의 평형 데이터와 함께 (a)의 결과를 사용하여 760mm Hg의 총 압력에서 일정하게 증발하는 액체 조성을 계산하시오. 표에서 I 열은 액체상의 조성이 주어져 있으며, II 열은 2 성분 실험에서의 증기상 조성이 주어져 있다. 이는 3 성분계에 대해 질소가 없는 값 $y_1/(y_1 + y_2)$으로 표현된다. III 열은 톨루엔과 에탄올의 분압의 합이 주어진다.

I: x_1	0.096	0.155	0.233	0.274	0.375
II: $y_1/(y_1 + y_2)$	0.147	0.198	0.242	0.256	0.277
III: $p_1 + p_2$ (mm Hg)	388	397	397	395	390

계산을 위해 제안된 전략은 다음과 같다. (i) 액체 조성 x_1을 추정하시오. (ii) 표의 II와 III 열을 사용하여 y_{10}, y_{20}와 y_{30}을 계산하시오. (iii) $z = 0$인 식 18B.10-1로부터 LA를 계산하시오. (iv) iii의 결과를

[8] L. Monchick and E. A. Mason, *J. Chem. Phys.*, **35**, 1676-1697 (1961), 표 IV에서 δ_{max}로 읽힌 δ를 갖는; E. A. Mason and L. Monchick, *J. Chem. Phys.*, **36**, 2746-2757 (1962); L. S. Tee, S. Gotoh, and W. E. Stewart, *Ind. Eng. Chem. Fundam.*, **5**, 356-362 (1966).

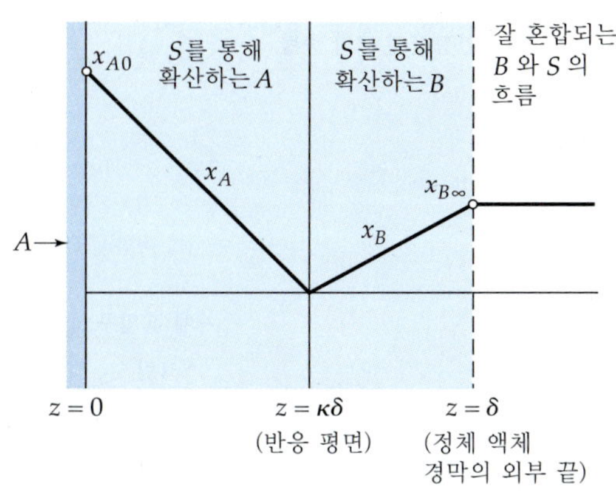

그림 18B.11 빠른 2차 반응을 동반하는 확산에 대한 농도분포. 생산물 P의 농도는 무시하였다.

사용하여 LN_{2z}, LB, LC와 LD를 계산하고, 마지막으로 가정한 LN_{1z} 값에 대한 $y_1(0)$을 계산하시오. (v) iv의 결과를 $y_1(0) = y_{10}$까지 내삽하여 추정하였던 x_1에 대한 정확한 LN_{1z}과 LN_{2z}를 구하시오. x_1에 대한 좀 더 향상된 추정값을 갖고 $N_{1z}/(N_{1z} + N_{2z})$가 x_1에 충분히 가까워질 때까지 단계 i – v를 반복하시오. 최종 x_1은 일정하게 증발하는 조성이다.

18B.11. 빠른 이차 반응을 동반하는 확산(그림 18.2-2와 18B.11). 정상상태의 등온 유동계에서 고체 A는 흐르는 액체 흐름 S에 용해된다. 경막 모델에 의하면 A의 표면은 두께가 δ인 정체 액체 경막으로 둘러 쌓여 있고, 경막 바깥의 액체는 잘 혼합되고 있다고 가정하시오(그림 18.2-2 참조).

(a) 만약 주 액체 흐름 내의 A의 농도가 무시할만 하다면, 액체 내로 A의 용해 속도에 대한 식을 수립하시오.

(b) 만약 액체가 평면 $z = \kappa\delta$에서 A: $A+B \rightarrow P$의 반응에 의해 A와 순간적으로 또 비가역적으로 반응하는 물질 B를 포함하고 있다면, 용해 속도에 대응하는 식을 수립하시오.(이와 같은 계의 예는 NaOH 수용액에서의 벤조산의 용해이다.) 주 액체 흐름은 주로 B와 S로 구성되어 있으며, B의 몰 분율은 $x_{B\infty}$이다.(힌트: 그림 18B.11에서 보는 바와 같이 화학 종 A와 B 둘 다 얇은 반응 영역을 향해 확산한다는 것을 인식하는 것이 필요하다.)

답: **(a)** $N_{Az}|_{z=0} = \left(\dfrac{c\mathscr{D}_{AS}x_{A0}}{\delta}\right)$; **(b)** $N_{Az}|_{z=0} = \left(\dfrac{c\mathscr{D}_{AS}x_{A0}}{\delta}\right)\left(1 + \dfrac{x_{B0}\mathscr{D}_{BS}}{x_{A0}\mathscr{D}_{AS}}\right)$

18B.12. 기체상 확산계수를 측정하기 위한 분할된 셀 실험[9](그림 18B.12). 액체 A는 741 mm Hg의 총 압력과 25℃에서 정체 기체 B를 통과해 증발된다. 이 온도에서 A의 증기압은 600 mm Hg로 알려져 있다. 정상상태에 도달된 후, 원통형 기체탑은 보는 바와 같이 분할 영역으로 나누어져 있다. 총 높이가 4.22㎝인 네 개로 분할된 장치에 대해, 얻은 기체 시료의 분석은 다음 결과로 주어진다.

[9] E. J. Crosby, *Experiments in Transport Phenomena,* Wiley, New York (1961), 실험 10.a.

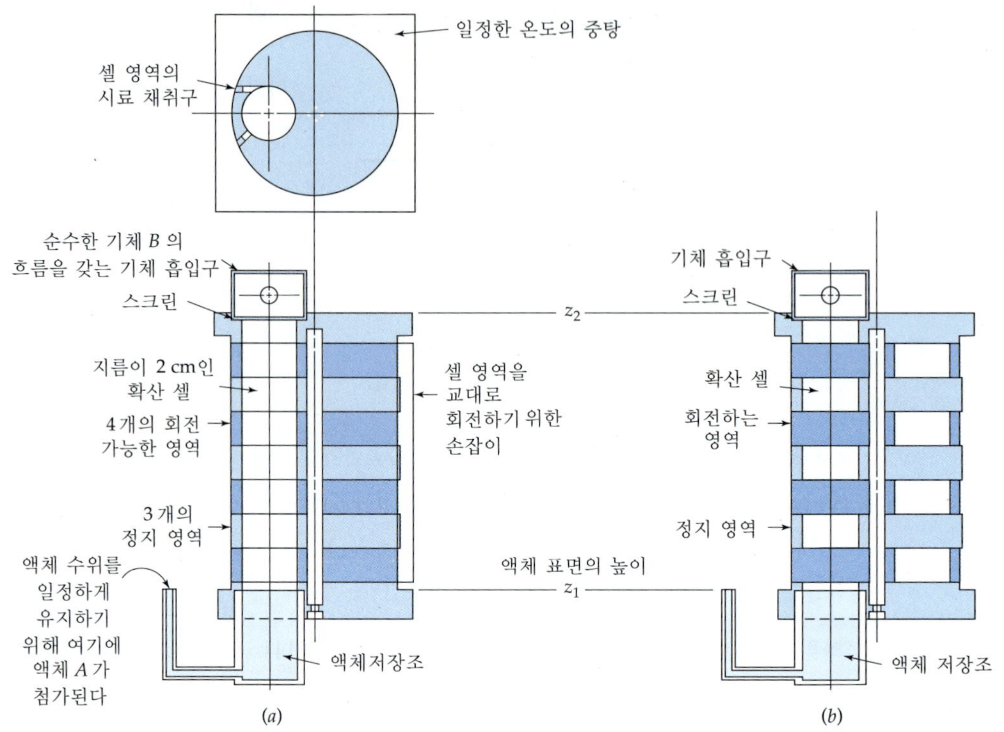

그림 18B.12. 기체 확산계수를 측정하기 위한 분할된 셀 실험. (*a*) 정상상태에 도달하는 동안의 셀 배열. (*b*) 실험 끝에 기체 시료를 채취하기 위한 셀 배열.

분할 영역	$(z - z_1)$, cm 분할 영역의 기저	분할 영역의 상부	A의 몰 분율
I	0.10	1.10	0.757
II	1.10	2.10	0.641
III	2.10	3.10	0.469
IV	3.10	4.10	0.215

정상상태에서 측정된 A의 증발 속도는 0.0274 g-moles/hr이며, 이상기체의 거동을 따른다고 가정한다.

(a) 정상상태에서 농도분포에 대한 다음 식을 증명하시오.

$$\ln \frac{x_{B2}}{x_B} = \frac{N_{Az}(z_2 - z)}{c\mathscr{D}_{AB}} \tag{18B.12-1}$$

(b) 개개의 셀 내의 몰 분율 x_B 대 셀의 중앙면에서의 z 값을 반-대수 그래프 용지에 도시하시오. 직선이 얻어지는가? z_1과 z_2에서의 절편 값은 무엇인가? 이들 결과를 해석하시오.

(c) 식 18B.12-1의 농도분포를 사용하여 관의 각 분할 영역에서 평균 농도에 대한 해석식을 구하시오.

(d) 이 실험으로부터 $\mathscr{D}_{AB}$의 가장 좋은 값을 구하시오.

답: **(d)** 0.155 cm^2/s

18B.13. 금속 표면의 부식. 대부분의 금속(알칼리 금속과 알칼리 희토류 금속을 제외하고)산화에서 생산되는 산화물의 부피는 소요되는 금속의 부피보다 더 크다. 따라서 이 산화물은 산소와 금속을 서로로부터 효과적으로 차단하는 촘촘한 경막을 형성하는 경향이 있다. 아래의 유도를 위해 몇 가지 가정을 한다.

(a) 산화가 일어나기 위해서는 산소가 산화물 경막을 통해 확산되어야만 하며, 이 확산은 Fick 법칙을 따른다.

(b) 산화물 경막의 자유 표면은 주위 공기의 산소로 포화된다.

(c) 일단 산화물 경막이 적당히 두껍게 되면, 산화가 확산을 억제하게 된다. 즉 용해된 산소 농도는 산화물-금속 표면에서 본질적으로 0이 된다.

(d) 경막의 용해된 산소 함량이 변하는 속도는 반응 속도에 비해 작다. 즉 준 정상상태 조건이 가정된다.

(e) 수반되는 반응식은 $\frac{1}{2}xO_2 + M \rightarrow MO_x$이다.

산화물 경막을 통과하는 산소의 확산계수, 금속과 그 산화물의 밀도 및 반응의 화학양론 항으로 된 부식 속도에 대한 식을 수립하고자 한다. c_0를 경막 내의 산소 용해도, c_f를 경막의 몰 밀도, z_f를 경막의 두께라고 하자. 경막의 두께는

$$z_f = \sqrt{\frac{4\mathscr{D}_{O_2-MO_x} t}{x} \frac{c_O}{c_f}} \qquad (18B.13\text{-}1)$$

임을 보이시오. 소위 "2차 법칙"인 이 결과는 일련의 산화와 다른 부식 반응[10]에 대한 만족할만한 경험적 상관관계를 주고 있다. 이와 같은 반응의 대부분은 위에서 주어진 메커니즘보다 훨씬 더 복잡하다.[11]

18B.14. 얇은 원판에 대한 유효 인자(그림 18B.14). 두 원형면의 표면적과 비교하여 원판 가장자리의 표면적이 작은, 얇은 원판 모양의 다공성 촉매 입자를 생각하시오. 18.7절의 방법을 적용하여 정상상태의 농도분포가

$$\frac{c_A}{c_{As}} = \frac{\cosh\sqrt{k_1''a/\mathscr{D}_A}\, z}{\cosh\sqrt{k_1''a/\mathscr{D}_A}\, b} \qquad (18B.14\text{-}1)$$

임을 보이시오. 여기서 c_{As}는 $z=\pm b$에서의 표면 농도이고, z와 b는 그림에서 설명된다. $z = \pm b$인 표면에서 총 물질전달 속도가

$$|W_A| = 2\pi R^2 c_{As}\mathscr{D}_A \lambda \tanh \lambda b \qquad (18B.14\text{-}2)$$

임을 보이시오. 여기서 $\lambda = \sqrt{k_1''a/\mathscr{D}_A}$ 이다. 만약 원판을 xy평면에 평행하게 n 조각으로 분할한다면, 총 물질전달 속도는

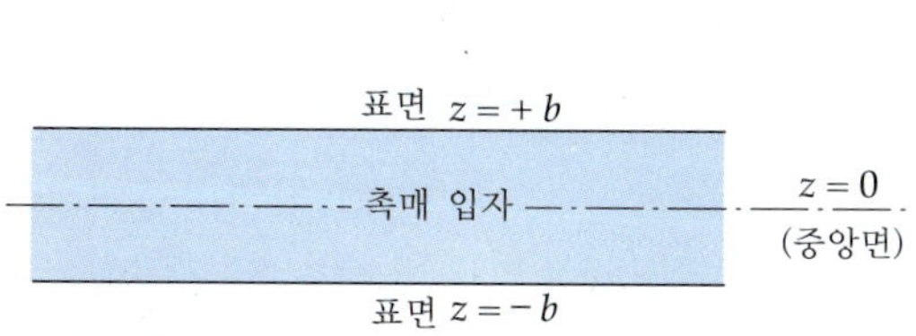

표면 $z = +b$

촉매 입자 　 $z = 0$ (중앙면)

표면 $z = -b$

그림 18B.14 원판 형태로 된 촉매 입자의 측면.

[10] G. Tammann, Z. *anorg. allgem. Chemie*, **124**, 25-35 (1922).

[11] W. Jost, *Diffusion*, Academic Press, New York (1952), IX장. 실리콘 산화에 대한 논의는 R. Ghez, *A Primer of Diffusion Problems*, Wiley, New York (1988), 2.3절을 참조하시오.

$$|W_A^{(n)}| = 2\pi R^2 c_{As}\mathscr{D}_A \lambda n \tanh(\lambda b/n) \tag{18B.14-3}$$

이 됨을 보이시오. 극한을 취하여 유효 인자에 대한 식

$$\eta_A = \lim_{n\to\infty} \frac{|W_A|}{|W_A^{(n)}|} = \frac{\tanh \lambda b}{\lambda b} \tag{18B.14-4}$$

를 얻으시오. 18.6절에서 정의된 매개변수 Λ의 항으로 이 결과를 표현하시오.

18B.15. 끝이 막힌 가느다란 원통관 내의 확산과 불균질 반응(그림 18B.15). 길이가 L, 단면적이 S, 둘레가 P인 가느다란 원통형 공극이 열린 끝에서 화학 종 A와 B로 구성된 잘 혼합된 유체의 큰 본체와 접촉하고 있다. 유체의 소량 성분인 화학 종 A는 z 방향으로 확산되며 공극 벽에서 반응하여 공극 내에서 사라진다. 이 반응 속도는 $(\mathbf{n}\cdot\mathbf{n}_A)|_{\text{surface}} = f(\omega_{A0})$로 표현된다. 즉 벽에서 표면에 수직인 질량 흘럭스는 고체 표면에 인접한 유체 내 A의 질량 분율 ω_{A0}의 어떤 함수이다. 몰 분율 ω_{A0}는 유입구로부터의 거리 z에 의존한다. A가 낮은 농도로 존재하기 때문에, 유체의 온도와 밀도는 일정하다고 생각하며, 확산 흘럭스는 $\mathbf{j}_A = -\rho\mathscr{D}_{AB}\nabla\omega_A$로 적절히 설명된다. 여기서 확산계수는 상수로 간주한다. 공극이 측면 치수에 비해 길기 때문에, 측면 방향의 농도 구배는 무시할 것이다. 10.7절에서 다루었던 문제와의 유사성에 주목하시오.

(a) 쉘 수지를 사용하여 정상상태에서

$$-\frac{dn_{Az}}{dz} = \frac{P}{S} f(\omega_{A0}) \tag{18B.15-1}$$

임을 보이시오.

(b) 정상상태의 질량 평균 속도 v_z가 이 계에 대해 근사적으로 0임을 보이시오.

(c) Fick 법칙의 적절한 형태를 식 18.15-1에 대입하고 $f(\omega_{A0}) = k_1''\omega_{A0}$인 특별한 경우에 대한 결과적인 미분방정식을 적분하시오. $z = L$에서 경계조건을 얻기 위해 원통의 막힌 끝에 대한 반응속도를 무시하시오. 이것이 왜 합리적인 근사인가?

(d) 원통 내에서 A가 소멸되는 총 속도 w_A에 대한 식을 수립하시오.

(e) (c)와 (d)의 결과와 10.7절의 결과를 둘 다 수립된 가정의 성질과 수학적 전개의 관점에서 비교하시오.

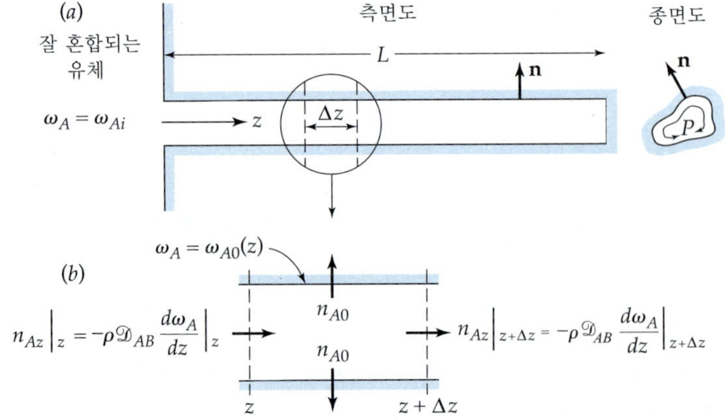

그림 18B.15 (*a*) 원형이 아닌 긴 통 내의 확산과 불균질 반응. (*b*) 질량 수지가 수립되는 두께 Δz인 영역.

답:
(c) $\dfrac{\omega_A}{\omega_{Ai}} = \dfrac{\cosh N[1-(z/L)]}{\cosh N}$ 여기서, $N = \sqrt{\dfrac{PL^2k_1''}{S\rho\mathscr{D}_{AB}}}$; (d) $w_A = (S\rho\mathscr{D}_{AB}\omega_{Ai}/L)N \tanh N$

18B.16. 증발 속도에 미치는 온도와 압력의 영향.

(a) 18.2절에서 양 x_{A1}에 미치는 온도와 압력 변화의 영향은 무엇인가?

(b) 만약 압력이 두 배가 되다면, 식 18.2-14의 증발 속도는 어떻게 영향을 받는가?

(c) 계의 온도가 T에서 T'으로 상승한다면 증발 속도는 어떻게 변하는가?

18B.17. 크고 작은 입자 내의 반응 속도.

(a) 식 18.7-11에 대한 다음 극한을 구하시오:

R→0: $$W_{AR} = -(\tfrac{4}{3}\pi R^3)(k''a_1)c_{AR} \tag{18B.17-1}$$

R→∞: $$W_{AR} = -(4\pi R^2)(k_1''a\mathscr{D}_A)^{1/2}c_{AR} \tag{18B.17-2}$$

이들 결과를 물리적으로 해석하시오.

(b) 문제 18B.14에서 논의된 계에 대해 대응하는 점근선을 구하시오. (a)의 결과와 이들을 비교하시오.

18B.18. 휘발성 액체의 작은 몰 분율에 대한 증발 속도. 식 18.2-15에서, A의 작은 몰 분율에 대해

$$\frac{1}{(x_B)_{\ln}} = \left(\frac{1}{x_{A1}-x_{A2}}\right)\left(\ln\frac{1-x_{A2}}{1-x_{A1}}\right) \tag{18B.18-1}$$

을 적절한 Taylor 급수로 전개하시오. 먼저 몫의 로그를 로그의 차이로 다시 쓰시오. 그런 다음 $\ln(1-x_{A1})$과 $\ln(1-x_{A2})$를 각각 $x_{A1}=0$과 $x_{A2}=0$에 관한 Taylor 급수로 전개하시오. 식 18.2-16이 옳은지 증명하시오.

18B.19. 박테리아 집합체에 의한 산소 섭취. 알맞은 환경 하에서 박테리아 세포에 의한 산소 대사 속도는 산소 농도에 대해 거의 0차에 가깝다. 반지름이 R인 세포의 구형 집합체에 관심의 초점을 맞추고 여기서는 이와 같은 계를 조사하고자 한다. 집합체에 의한 총 산소 섭취 속도를 집합체의 크기, 집합체 표면에서의 산소 질량 농도 ρ_0, 세포의 대사 활동도와 산소의 확산 거동의 함수로 결정하고자 한다. 간단히 하기 위해 집합체를 균질로 간주한다. 그러면 유효 부피 반응 속도 $r_{O_2}=-k_0'''$과 유효 유사 2 성분 확산계수를 갖는 Fick 법칙에 의한 확산 거동으로 대사 속도를 어림잡을 수 있다. 이 계 내에서 산소의 용해도가 매우 낮기 때문에 산소의 대류 전달과 과도 효과는 둘 다 무시할 것이다.[12]

(a) 준 정상상태의 산소 농도분포는 미분방정식

$$\frac{1}{\xi^2}\frac{d}{d\xi}\left(\xi^2\frac{d\chi}{d\xi}\right) = N \tag{18B.19-1}$$

에 의해 설명된다는 것을 쉘 질량 수지에 의해 보이시오. 여기서 $\chi = \rho_{O_2}/\rho_0$, $\xi = r/R$이고 $N = k_0'''R^2/\rho_0\mathscr{D}_{O_2m}$이다.

(b) 만약 N이 충분히 크다면, 집합체 내에는 $\xi < \xi_0$에 대해 $\chi=0$인 것과 같은 무산소 중심부가 존재한다. 이 상황에 대해 식 18B.19-1을 적분하기 위한 충분한 경계조건을 쓰시오. 경계조건을 결정하기 위해서는 $\xi=\xi_0$에서 χ와 $d\chi/d\xi$가 둘 다 0이라는 것을 인식해야만 한다. 이 마지막 문장에 대한 물리

[12] J. A. Mueller, W. C. Boyle, and E. N. Lightfoot, *Biotechnol. and Bioengr.*, **10**, 331-358 (1968).

적 의미는 무엇인가?

(c) 식 18B.19-1의 적분을 수행하고 ξ_0가 어떻게 결정되는지 보이시오.

(d) 총 산소 섭취 속도와 ξ_0를 N의 함수로 개략적으로 그리고, 무산소 중심부가 존재하지 않을 가능성을 논의하시오.

답: **(c)** $\chi = 1 - \frac{N}{6}(1 - \xi^2) + \frac{N}{3}\xi_0^3\left(\frac{1}{\xi} - 1\right) \quad (\xi \geq \xi_0 \geq 0)$ 여기서 ξ_0는

$$\xi_0^3 - \frac{3}{2}\xi_0^2 + \left(\frac{1}{2} - \frac{3}{N}\right) = 0$$

로부터 N의 함수로 결정된다.

18C.1. 움직이는 흐름 내의 점원으로부터의 확산(그림 18C.1). 층류 운동을 하는 유체 B의 흐름이 균일한 속도 v_0를 갖는다. 흐름 내 어떤 지점(좌표의 원점으로 취한)에서 화학 종 A가 작은 속도 W_A g-moles/s로 주입된다. 이 속도는 질량 평균 속도가 v_0로부터 감지할 수 있을 만큼 벗어나지 않을 정도로 충분히 작다고 가정한다. 화학 종 A는 하류로(z 방향으로) 쓸려 내려가고, 그와 동시에 축 방향과 반지름 방향으로 확산된다.(H. S. Carslaw and J. C. Jaeger, *Conduction of Heat in Solids*, Oxford University Press, 2nd edition (1959), pp. 266-267 참조)

(a) 나타낸 고리 형상의 요소에 걸친 화학 종 A의 정상상태 질량 수지는 $\mathscr{D}_{AB}$가 일정하다고 가정하면 다음의 편미분방정식으로 유도됨을 보이시오.

$$v_0 \frac{\partial c_A}{\partial z} = \mathscr{D}_{AB}\left[\frac{1}{r}\frac{\partial}{\partial r}\left(r\frac{\partial c_A}{\partial r}\right) + \frac{\partial^2 c_A}{\partial z^2}\right] \qquad (18C.1\text{-}1)$$

(b) 또한 식 18C.1-1은

$$v_0\left(\frac{z}{s}\frac{\partial c_A}{\partial s} + \frac{\partial c_A}{\partial z}\right) = \mathscr{D}_{AB}\left[\frac{1}{s^2}\frac{\partial}{\partial s}\left(s^2\frac{\partial c_A}{\partial s}\right) + \frac{\partial^2 c_A}{\partial z^2} + 2\frac{z}{s}\frac{\partial^2 c_A}{\partial s \partial z}\right] \qquad (18C.1\text{-}2)$$

로 쓸 수 있음을 보이시오. 여기서 $s^2 = r^2 + z^2$이다.

(c) 해

$$c_A = \frac{W_A}{4\pi\mathscr{D}_{AB}s}\exp[-(v_0/2\mathscr{D}_{AB})(s - z)] \qquad (18C.1\text{-}3)$$ [13]

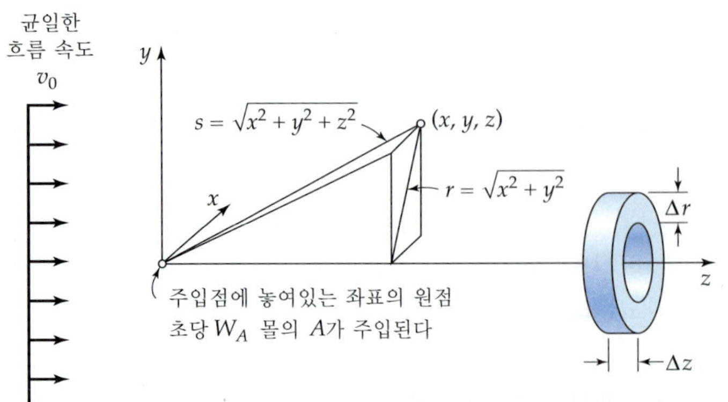

그림 18.C.1 점원으로부터 균일한 속도로 움직이는 흐름 B로의 A의 확산.

이 위의 미분방정식을 만족한다는 것을 증명하시오(길다!).

(d) 더욱이 식 18C.1-3에 의해 다음 경계조건이 역시 만족되는 것을 보이시오.

경계조건 1: $s \rightarrow \infty$일 때, $c_A \rightarrow 0$ (18C.1-4)

경계조건 2: $s \rightarrow 0$일 때, $-4\pi s^2 \mathscr{D}_{AB}\dfrac{\partial c_A}{\partial s} \rightarrow W_A$ (18C.1-5)

경계조건 3: $r = 0$에서, $\dfrac{\partial c_A}{\partial r} = 0$ (18C.1-6)

이들 각 경계조건의 물리적 의미를 설명하시오.

(e) $v_0/2\mathscr{D}_{AB}$인 기울기와 In $\mathscr{D}_{AB}$인 절편을 갖는 직선을 얻기 위해, 앞의 해를 적용할 때 주어진 v_0와 $\mathscr{D}_{AB}$에 대해 $c_A(r,z)$에 관한 데이터를 어떻게 도시하여야 하는지 보이시오.

18C.2. 부분적으로 함침된 촉매 내의 확산과 반응. 촉매의 활성 성분이 $r = \kappa R$과 $r = R$사이의 원환 영역에만 존재한다는 것을 제외하고는 18.7절에서와 같은 촉매 구를 생각하시오.

영역 I($0 < r < \kappa R$)에서, $k_1''a = 0$ (18C.2-1)

영역 II($\kappa R < r < 0$)에서, $k_1''a =$ 상수 > 0 (18C.2-2)

이와 같은 상황은 많은 상업적 촉매에 대해서 하는 것과 같이 입상화한 다음 입자에 활성 성분을 붙이면 나타난다.

(a) 활성 영역과 비활성 영역에 대해 분리하여 식 18.7-6을 적분하시오. 그런 다음 적절한 경계조건을 적용하여 적분 상수를 구하고, 각 영역에서의 농도분포에 대해 푸시오. 농도분포의 형태를 설명하기 위해 정성적인 개략도를 그리시오.

(b) 단일 입자에서 A가 전환하는 총 몰 속도 W_{AR}을 계산하시오.

18C.3. 강하 경막의 흡수 속도. 식 18.5-18의 결과가 다른 과정에 의해 얻어질 것이다.

(a) 경막에 대한 총괄 질량 수지에 의하면, 기체-액체 계면을 가로질러 단위 시간당 전달되는 A의 총 몰은 평면 $z = L$을 가로지르는 A의 총 몰 유량과 같아야만 한다. 후자의 유량은 다음과 같이 계산된다.

$$W_A = \lim_{\delta \to \infty}(W\delta v_{\max})\left(\frac{1}{\delta}\int_0^\delta c_A|_{z=L}\,dx\right) = Wv_{\max}\int_0^\infty c_A|_{z=L}\,dx \qquad (18C.3\text{-}1)$$

이 과정을 조심스럽게 설명하시오.

(b) 식 18.5-15의 c_A에 대한 해를 (a)의 결과에 대입하고

$$\begin{aligned} W_A &= Wv_{\max}c_{A0}\frac{2}{\sqrt{\pi}}\int_0^\infty\left(\int_{x/\sqrt{4\mathscr{D}_{AB}L/v_{\max}}}^\infty \exp(-\xi^2)\,d\xi\right)dx \\ &= Wv_{\max}c_{A0}\frac{2}{\sqrt{\pi}}\sqrt{\frac{4\mathscr{D}_{AB}L}{v_{\max}}}\int_0^\infty\left(\int_u^\infty \exp(-\xi^2)\,d\xi\right)du \end{aligned} \qquad (18C.3\text{-}2)$$

를 구하시오. 두 번째 줄에 새로운 변수 $u = x/\sqrt{4\mathscr{D}_{AB}L/v_{\max}}$가 도입되었다.

[13] H. A. Wilson, *Proc. Camb. Phil. Soc.*, **12**, 406-423 (1904). T. K. Sherwood and R. L. Pigford, *Absorption and Extraction*, 2nd edition, McGraw-Hill, New York (1952), p. 42

(c) 이중 적분에서 적분의 순서를 변화시켜

$$W_A = WLc_{A0}\sqrt{\frac{4\mathscr{D}_{AB}v_{\max}}{\pi L}}\cdot 2\int_0^\infty \exp(-\xi^2)\left(\int_0^\xi du\right)d\xi \tag{18C.3-3}$$

를 얻으시오. 식 18.5-18을 얻기 위해 해석적으로 수행될 적분에 대한 한계를 어떻게 선정하는지 그려진 개략적인 그림에 의해 조심스럽게 설명하시오.

18C.4. 등온 반응기의 요구 길이 계산(그림 18.3-1). 충전층 촉매 반응기의 단위 부피당 촉매 표면적을 a라 하고, S를 반응기의 단면적이라 하자. 반응기를 통과하는 질량 유량을 w(예를 들면 lb_m/hr로)라 가정하시오.

(a) 반응기의 길이 dl에 걸친 물질 A에 대한 정상상태 질량 수지로부터

$$\frac{d\omega_{A0}}{dl} = -\frac{SaN_AM_A}{w} \tag{18C.4-1}$$

이 유도됨을 보이시오.

(b) δ와 $\mathscr{D}_{AB}$가 일정하다는 가정과 함께 (a)의 결과와 식 18.3-9를 사용하여, 유입 흐름의 조성 $x_A(0)$를 유출 흐름의 조성 $x_A(L)$로 전환하기 위해 필요한 반응기의 길이 L에 대한 식을 구하시오.(**힌트**: 표 17.8-1의 식 (P)가 유용할 것이다.)

답: **(b)** $L = \left(\dfrac{w\delta M_B}{2Sac\mathscr{D}_{AB}}\right)\displaystyle\int_{x_A(0)}^{x_A(L)}\frac{dx_{A0}}{[M_Ax_{A0} + M_B(1 - x_{A0})]^2\ln(1 - \frac{1}{2}x_{A0})}$

18C.5. 정상상태 증발. 메탄올 (1)과 아세톤 (2) 혼합물이 공기 (3)를 통과해 증발하는 연구에서, 관 내의 세 화학 종의 농도분포는 정상상태에 도달된 후 측정된다.[14] 이 상황에서 화학 종 3은 움직이지 않으며, 화학 종 1과 2는 실험적으로 측정된 몰 훌럭스 N_{z1}과 N_{z2}로 위로 향해 확산한다. 이들 두 화학 종의 계면 농도 x_{10}와 x_{20} 또한 실험적으로 측정되었다. 이에 더하여 3개의 2 성분 확산계수는 알려져 있다. 계면은 $z = 0$에 위치해 있으며, 확산관의 상부 끝은 $z = L$에 있다.

(a) 화학 종 3에 대한 Maxwell-Stefan 방정식을 풀면

$$x_3 = x_{30}e^{A\zeta} \tag{18C.5-1}$$

을 얻을 수 있음을 보이시오. 여기서 $A = \nu_{113} + \nu_{223}$이고, $\nu_{\alpha\beta\gamma} = N_\alpha L/c\mathscr{D}_{\beta\gamma}$이며 $\zeta = z/L$이다.

(b) 다음 화학 종 2에 대한 식을 풀면

$$x_2 = x_{20}e^{B\zeta} + \frac{\nu_{212}}{B}(1 - e^{B\zeta}) + \frac{Cx_{30}}{A - B}(e^{A\zeta} - e^{B\zeta}) \tag{18C.5-2}$$

를 얻을 수 있다는 것을 증명하시오. 여기서 $B = \nu_{112} + \nu_{212}$이고 $C = \nu_{212} - \nu_{223}$이다.

(c) 위의 결과와 발간된 결과를 비교하시오.

(d) 식 18C.5-1과 2는 실험 데이터와 어떻게 잘 맞는가?

18D.1. 긴 원통에 대한 유효 인자. 식 18.7-16에 상사한 긴 원통의 η_A에 대한 식을 유도하시오. 원통의 말단

[14] R. Carty and T. Schrodt, *Ind. Eng. Chem.*, **14**, 276-278 (1975).

을 통과하는 확산은 무시하시오.

답: $\eta_A = \dfrac{I_1(2\Lambda)}{\Lambda I_0(2\Lambda)}$, 여기서 I_0와 I_1은 "수정된 Bessel 함수"이다.

18D.2. 화학반응을 동반하는 강하 경막의 기체 흡수. 기체 A가 액체 B와 액체상에서 속도 상수 k_1'''을 갖는 1차 비가역 화학반응에 의해 반응할 때, 18.5절에서 논의되고 그림 18.5-1에서 설명되었던 문제를 다시 푸시오. 특별히 식 18.5-18에 주어진 결과와 상사한 총 흡수 속도에 대한 식을 구하시오. 반응을 동반하는 흡수에 대한 결과가 반응이 없는 흡수에 대한 결과로 적절하게 단순화될 수 있음을 보이시오.

답: $W_A = Wc_{A0}v_{\max}\sqrt{\dfrac{\mathscr{D}_{AB}}{k_1'''}}\left[(\tfrac{1}{2}+u)\,\text{erf}\sqrt{u} + \sqrt{\dfrac{u}{\pi}}e^{-u}\right]$ 여기서 $\mu = k_1'''L/v_{\max}$이다.

Chapter

19 다성분계의 변화방정식

18장에서, 하나 또는 그 이상이 확산하는 화학 종에 대한 쉘 질량 수지를 구성함으로써 확산 문제를 도식화하였다. 이 장에서는 다성분 혼합물 내의 다양한 화학 종에 대한 연속방정식을 수립하기 위해 임의의 미분 유체 요소에 걸쳐 질량 수지를 수립함으로써 시작하고자 한다. 그런 다음 질량 홀럭스에 대한 식을 대입하여 다양한 형태의 확산방정식을 얻고자 한다. 이들 확산방정식은 18장의 어떠한 문제뿐만 아니라 더 복잡한 문제를 수립하기 위해 사용될 수 있다.

혼합물에 대한 모든 변화방정식, 즉 연속방정식, 운동방정식 및 에너지 방정식을 요약하고자 한다. 이들은 3장과 11장에서 주어진 변화방정식들을 포함하고 있다. 다음으로 혼합물에 대한 홀럭스 식을 요약하고자 한다. 비록 문제를 풀기 위해서는 일반적으로 단순화된 형태를 사용하지만, 이들 모든 방정식은 일반적인 형태로 주어진다

이 장의 나머지 부분에서는 해석적 해와 물질전달 계의 차원 해석을 다루고자 한다.

19.1 다성분 혼합물에 대한 연속방정식

이 절에서는 혼합물 내의 각 화학 종 α에 대해 질량 보존법칙을 적용하고자 한다. 여기서 $\alpha = 1, 2, 3, \cdots, N$이다. 고려하는 계는 유체 혼합물이 통과해 흐르고 있는 공간 상에 고정된 부피 요소 $\Delta x\ \Delta y\ \Delta z$이다(그림 3.1-1 참조). 이 혼합물 내에서 다양한 화학 종 사이에 반응이 일어나며, 화학 종 α가 생성되는 속도를 나타내기 위해 질량/부피·시간의 차원을 갖는 기호 r_α를 사용한다.

질량 수지에 대한 다양한 기여는 다음과 같다.

부피 요소 내 α의 질량 증가 속도 $\qquad (\partial\rho_\alpha/\partial t)\Delta x\ \Delta y\ \Delta z \qquad$ (19.1-1)

x에서 면을 가로질러 더해지는 α의 질량 속도 $\quad n_{\alpha x}|_x \,\Delta y\, \Delta z \quad$ (19.1-2)

$x+\Delta x$에서 면을 가로질러 제거되는 α의 질량 속도 $\quad n_{\alpha x}|_{x+\Delta x} \,\Delta y\, \Delta z \quad$ (19.1-3)

화학반응에 의한 α의 질량 생성 속도 $\quad r_\alpha \Delta x\, \Delta y\, \Delta z \quad$ (19.1-4)

결합 질량 흘럭스 $n_{\alpha x}$는 분자 흘럭스와 대류 흘럭스를 포함한다. 또 더해지고 제거되는 y와 z 방향의 항들이 있다. 전체 질량 수지를 쓰고 $\Delta x\, \Delta y\, \Delta z$로 나눈 다음, 부피 요소의 크기가 0으로 감소된다고 하면

$$\frac{\partial \rho_\alpha}{\partial t} = -\left(\frac{\partial n_{\alpha x}}{\partial x} + \frac{\partial n_{\alpha y}}{\partial y} + \frac{\partial n_{\alpha z}}{\partial z}\right) + r_\alpha \qquad \alpha = 1, 2, 3, \ldots, N \tag{19.1-5}$$

를 얻는다. 위 식은 반응하는 다성분 혼합물에서 **화학 종 α에 대한 연속방정식**이다. 이 식은 α가 생성되고 소모되는 화학반응뿐 아니라 α의 확산과 대류에 의한 공간 상의 고정된 점에서 시간에 따른 화학 종 α의 질량 농도 변화를 나타낸다. 양 $n_{\alpha x}$, $n_{\alpha y}$, $n_{\alpha z}$는 표 17.8-1의 식 (D)에 주어진 질량 흘럭스 벡터 $\mathbf{n}_\alpha = \rho_\alpha \mathbf{v}_\alpha$의 직각 성분이다.

식 19.1-5는 벡터 표기법으로

$$\frac{\partial \rho_\alpha}{\partial t} = -(\nabla \cdot \mathbf{n}_\alpha) + r_\alpha \qquad \alpha = 1, 2, 3, \ldots, N \tag{19.1-6}$$

과 같이 다시 쓸 수 있으며, 다른 방법으로는 표 17.8-1의 식 (S)를 사용하여

$$\frac{\partial \rho_\alpha}{\partial t} = -(\nabla \cdot \rho_\alpha \mathbf{v}) - (\nabla \cdot \mathbf{j}_\alpha) + r_\alpha \qquad \alpha = 1, 2, 3, \ldots, N \tag{19.1-7}$$

단위 부피당 질량 증가 속도	단위 부피당 대류에 의한 질량 알짜 증가 속도	단위 부피당 확산에 의한 질량 알짜 증가 속도	단위 부피당 반응에 의한 질량 생성 속도

로 쓸 수 있다. 식 19.1-6 이든 7이든 간에 모두 N개 식들을 더하면, **혼합물에 대한 연속방정식**인

$$\frac{\partial \rho}{\partial t} = -(\nabla \cdot \rho \mathbf{v}) \tag{19.1-8}$$

을 얻는다. 이 식은 식 3.1-4에 주어진 순수 유체에 대한 연속방정식과 동일하다. 식 19.1-8을 얻는데 있어, 표 17.8-1의 식 (J)와 총 질량 보존법칙이 $\Sigma_\alpha r_\alpha = 0$이라는 사실을 사용하여야만 하였다. 최종적으로 식 19.1-8은 **질량 밀도 ρ가 일정한 유체 혼합물**에 대해

$$(\nabla \cdot \mathbf{v}) = 0 \tag{19.1-9}$$

---

[1] J. Crank, *The Mathematics of Diffusion*, 2nd edition, Oxford University Press (1975).

가 됨에 주목한다.

앞의 논의에서는 질량 단위를 사용하였다. 그러나, 몰 단위로도 대응하는 유도가 역시 가능하다. 화학 종 α에 대한 몰 단위의 연속방정식은

$$\frac{\partial c_\alpha}{\partial t} = -(\nabla \cdot \mathbf{N}_\alpha) + R_\alpha \qquad \alpha = 1, 2, 3, \ldots, N \tag{19.1-10}$$

이다. 여기서 R_α는 화학 종 α의 단위 부피당 몰 생성 속도이다. 이 식을 표 17.8-1 식 (V)를 사용하여 다시 쓰면

$$\frac{\partial c_\alpha}{\partial t} = -(\nabla \cdot c_\alpha \mathbf{v}^*) - (\nabla \cdot \mathbf{J}_\alpha^*) + R_\alpha \qquad \alpha = 1, 2, 3, \ldots, N \tag{19.1-11}$$

단위 부피당 A의 몰 증가 속도	단위 부피당 대류에 의한 A의 몰 알짜 증가 속도	단위 부피당 확산에 의한 A의 몰 알짜 증가 속도	단위 부피당 반응에 의한 A의 몰 생성 속도

을 얻는다. 식 19.1-10이나 11 내의 모두 N개 식을 더하면, 혼합물에 대한 연속방정식인

$$\frac{\partial c}{\partial t} = -(\nabla \cdot c\mathbf{v}^*) + \sum_{\alpha=1}^{N} R_\alpha \tag{19.1-12}$$

를 얻는다. 이를 얻기 위해 표 17.8-1의 식 (M)을 사용하였다. 또 화학반응에서는 몰 수가 반드시 보존되어야 할 필요가 없기 때문에 화학반응 항이 없어지지 않는다는 것에 주목하고, 최종적으로 **몰 밀도** c가 일정한 유체 혼합물에 대해

$$(\nabla \cdot \mathbf{v}^*) = \frac{1}{c} \sum_{\alpha=1}^{N} R_\alpha \tag{19.1-13}$$

임을 주목한다.

따라서 화학 종 α에 대한 연속방정식은 식 19.1-7과 식 19.1-11의 두 가지 형태로 쓸 수 있음을 알 수 있다. 식 19.1-8과 19.1-12의 연속방정식을 사용하여 화학 종 α에 대한 연속방정식을 두 개의 추가적인 동등한 형태로 쓸 수 있음을 증명할 수 있을것이다.

$$\rho\left(\frac{\partial \omega_\alpha}{\partial t} + (\mathbf{v} \cdot \nabla\omega_\alpha)\right) = -(\nabla \cdot \mathbf{j}_\alpha) + r_\alpha \qquad \alpha = 1, 2, 3, \ldots, N \tag{19.1-14}$$

$$c\left(\frac{\partial x_\alpha}{\partial t} + (\mathbf{v}^* \cdot \nabla x_\alpha)\right) = -(\nabla \cdot \mathbf{J}_\alpha^*) + R_\alpha - x_\alpha \sum_{\beta=1}^{N} R_\beta \qquad \alpha = 1, 2, 3, \ldots, N \tag{19.1-15}$$

이들 두 개의 식은 정확하게 같은 물리적 개념을 나타내고 있으나, 표기법이 다른 두 개의 집합으로 쓰여져 있다. 첫 번째 식은 질량으로, 두 번째 식은 몰로 표현되어 있다. 이들 식을 사용하기 위해서는 훌럭스와 화학반응 항에 대한 적절한 식을 대입하여야만 한다. 이 장에서는 일정한 $\rho\mathscr{D}_{AB}$를 갖는, 일정한 $c\mathscr{D}_{AB}$를 갖는 또는 속도가 0인 2 **성분계**에 대한 결과만 다루고자 한다.

일정한 $\rho\mathscr{D}_{AB}$를 갖는 2 성분계

이 가정에 대해 식 19.1-14는 표 17.8-2 식 (A)의 Fick 법칙을 대입하면 화학 종 B에 대해서도 대응하는 식을 가지면서

$$\rho\left(\frac{\partial \omega_A}{\partial t} + (\mathbf{v} \cdot \nabla\omega_A)\right) = \rho\mathscr{D}_{AB}\nabla^2\omega_A + r_A \tag{19.1-16}$$

이 된다. 이 식은 일정한 온도와 압력 하에서 **묽은 액체 용액**의 확산을 설명하는데 적절하다. 식의 좌변은 $\rho D\omega_A/Dt$와 같이 쓸 수 있다. r_A 항이 없는 식 9.1-16은 식 11.2-8 또는 9와 동일한 형태이다. 이 유사성은 일정한 물성을 갖고 흐르는 유체 내의 열 및 물질전달 사이에서 자주 표현되는 상사성에 대한 기초이므로 대단히 중요하다.

일정한 $c\mathscr{D}_{AB}$를 갖는 2 성분계

이 가정에 대해 식 19.1-15는 표 17.8-2 식 (B)의 Fick 법칙을 대입하면 화학 종 B에 대해서도 대응하는 식을 가지면서

$$c\left(\frac{\partial x_A}{\partial t} + (\mathbf{v}^* \cdot \nabla x_A)\right) = c\mathscr{D}_{AB}\nabla^2 x_A + (x_B R_A - x_A R_B) \tag{19.1-17}$$

이 된다. 이 식은 일정한 온도와 압력에서 **낮은 밀도의 기체**에 대해 유용하다. 식의 좌변은 $\mathbf{v}$보다는 오히려 $\mathbf{v}^*$가 나타나므로 cDx_α/Dt로 쓸 수 없다.

속도가 0인 2 성분계

화학반응이 일어나지 않는다면, 화학 생성항은 모두 0이다. 이에 더하여 식 19.1-16에서 $\mathbf{v}$가 0이고 ρ가 일정하거나 혹은 식 19.1-17에서 $\mathbf{v}^*$가 0이고 c가 일정하다면, **확산에 대한 Fick 2 법칙** 또는 때로는 단순하게 **확산방정식**이라 불리는

$$\frac{\partial c_A}{\partial t} = \mathscr{D}_{AB}\nabla^2 c_A \tag{19.1-18}$$

을 얻는다. 이 식은 **고체**나 **정지된 액체**(즉 식 19.1-16에서 $\mathbf{v} = 0$) 내의 확산, 기체 내의 **등몰 역확산**(식 19.1-17에서 $\mathbf{v}^* = 0$)에 대해 보통 사용된다. 등몰 역확산이란 정지된 좌표에 대해 알짜 몰 훌럭스가 0임을 의미한다. 다시 말해, 양의 z 방향으로 움직이는 A의 각 몰에 대해 음의 z 방향으로 움직이는 B 몰이 있다는 것을 의미한다.

식 19.1-18은 식 11.2-10의 **열전도 방정식**과 동일한 형태를 가짐에 주목하시오. 이 유사성은 고체 내의 수많은 열전도와 확산 문제 사이의 상사성에 대한 기초이다. Fick 2 법칙으로 묘사되는 수백개의 문제들은 해를 구할 수 있었음을 명심하시오. 이러한 해는 Crank[1]의 논문이나 Carslaw와 Jaeger[2]의 논문에 도표화되어 있다.

표 B-10과 11에는 식 19.1-14($\mathbf{j}_\alpha$ 항으로 된 다성분계의 연속방정식)와 식 19.1-16(일정한 ρ와 $\mathscr{D}_{AB}$에 대한 2 성분계 확산방정식)을 3개의 표준 좌표계로 표현하였다. 다른 형태의 연속방정식도 이러한 양상을 따라간다.

예제19.1-1 확산, 대류와 화학반응[3]

그림 19.1-1에서 약간 용해되는 A의 다공성 마개를 통과해 액체 B가 위로 천천히 움직이고 있는 계를 본다. A는 용해된 뒤에 일차 반응에 의해 천천히 사라지게 된다. 정상상태의 농도분포 $c_A(z)$를 구하시오. 여기서 z는 마개로부터 위쪽 방향의 좌표이다. 속도분포는 관을 가로질러 근사적으로 평탄하다고 가정하시오. 더욱이 c_{A0}는 B 내에서 반응하지 않은 A의 용해도라고 가정하시오. 반응열과 결부된 온도 효과는 무시하시오.

해 식 19.1-16은 묽은 액체 용액에 대해 적절하다. 이 식을 분자량 M_A로 나누고, 쉽게 쓸 수 있도록 1차원 정상상태로 한정하면, 일정한 밀도 ρ에 대해

$$v_0 \frac{dc_A}{dz} = \mathscr{D}_{AB} \frac{d^2 c_A}{dz^2} - k_1''' c_A \tag{19.1-19}$$

를 얻는다. 이는 $z = 0$에서 $c_A = c_{A0}$이고, $z = \infty$에서 $c_A = 0$인 경계조건을 사용하여 풀 수 있다. 식 19.1-19는 잘 알려진 해가 있는 표준 2차 선형 미분방정식(식 C.1-7)이다.

시행 함수 $c_A = e^{az}$는 2개의 a 값을 유도하는데, 이 중 하나는 $z = \infty$에서의 경계조건을 만족하지 못하므로, 최종 해는,

$$\frac{c_A}{c_{A0}} = \exp[-(\sqrt{1 + (4k_1'''\mathscr{D}_{AB}/v_0^2)} - 1)(v_0 z/2\mathscr{D}_{AB})] \tag{19.1-20}$$

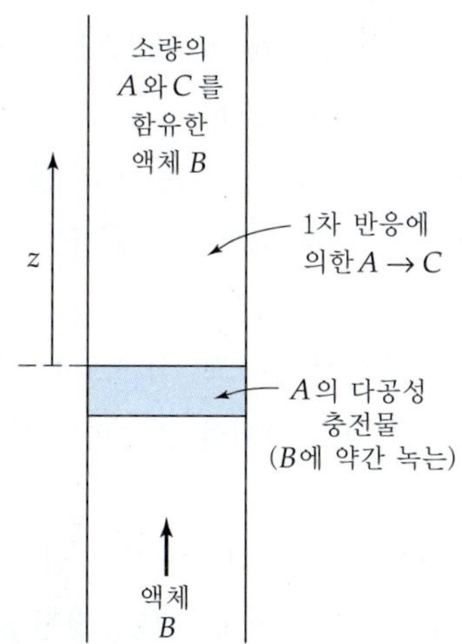

그림 19.1-1 동시에 일어나는 확산, 대류와 화학반응

2 H. S. Carslaw and J. C. Jaeger, *Conduction of Heat in Solids*, 2nd edition, Oxford University Press (1959).

3 W. Jost, *Diffusion*, Academic Press, New York (1952), pp. 58-59.

이다. 이 예제는 대류와 화학반응을 갖는 확산 문제를 수립하기 위한 A의 연속방정식의 사용에 대해 설명하고 있다.

19.2 다성분 변화방정식의 요약

이 책의 주요 세 부분에서 변화방정식으로 알려진 보존법칙이 단계별로 도입되어 있다. 3장에서는 순수 유체의 질량 보존과 운동량 보존을 다루었으며, 11장에서는 순수 유체의 에너지 보존을 첨가하였다. 19.1절에서는 존재하는 다양한 화학 종에 대한 질량 보존식을 더하였다. 이 절에서는 다성분계에 대한 보존식을 요약하고자 한다.

정지된 좌표 축에 관한 N 개 화학 종 혼합물의 변화방정식을 결합 훌럭스의 항으로 표 19.2-1에 수록함으로써 시작한다. 식의 번호는 각 식이 처음 나타난 곳을 의미한다. 이 방식으로 변화방정식을 도표화함으로써, 논제의 일관성을 위한 올바른 평가를 할 수 있다. 여기서 설정된 유일한 가정은 모든 화학 종에 단위 질량당 동일한 외부 힘 $\mathbf{g}$가 작용된다는 것이다. 이 경우가 아니면 표 19.2-1의 (b)는 수정이 필요하다는 것을 주목하시오.

이들 식의 중요한 양상은 모두

$$\left\{\begin{array}{l}\text{존재물의}\\\text{증가 속도}\end{array}\right\} = \left\{\begin{array}{l}\text{존재물의}\\\text{알짜 첨가 속도}\end{array}\right\} + \left\{\begin{array}{l}\text{존재물의}\\\text{생성 속도}\end{array}\right\} \tag{19.2-1}$$

의 형태라는 것이다. 여기서 "존재물"은 각각 질량, 운동량, 에너지를 나타낸다. 각 식에서 단위 부피당 존재물의 알짜 첨가 속도는 다이버전스 항의 음의 값이다. "생성 속도"는 첫 번째 식에서 화학반응으로 다른 두 식에서는 외부 힘 마당으로 나타난다. 각 식은 보존법칙에 대한 진술이다. 보존에 대한 진술은 통상 경험과 실험에 의해 점차적으로 발전된 법칙이라 생각하므로, 과학 공동체에 의해 일반적으로 받아들여지고 있다[1].

표 19.2-1의 식 (A)에서 (C)에 나타나는 3개의 "결합 훌럭스"는 **대류 훌럭스**와 **분자(확산) 훌럭스**의 합으로 쓸 수 있다. 다양한 이들 훌럭스는 첫 출현에 대응하는 식의 번호로 표 19.2-2에 나열되어 있다.

표 19.2-2의 훌럭스 식을 표 19.2-1의 보존 방정식에 대입하고, 식 3.5-4와 5의 방법에 의해 D/Dt형태로 변환하면, 통상적인 형태의 다성분 변화방정식을 얻는다. 이들을 표 19.2-3에 도표화하였다.

이들 보존 방정식에 더하여, 구배와 전달 물성(온도, 밀도 및 조성의 함수)의 항으로 된 훌럭스에 대한 식을 갖는 것이 필요하다. 또한 마지막으로 열적 상태방정식 $p = p(\rho, T, x_\alpha)$과 열량 상태방정식 $\hat{U} = \hat{U}(\rho, T, x_\alpha)$ 및 나타나는 임의의 균질 화학반응 속도에 관한 정보가 필요하다.[2]

표 19.2-1 결합 흘럭스의 항으로 된 다성분 혼합물에 대한 변화방정식

α의 질량 ($\alpha = 1, 2, \ldots, N$)	$\frac{\partial}{\partial t}\rho\omega_\alpha = -(\nabla \cdot \mathbf{n}_\alpha) + r_\alpha$	(A)[a] (식 19.1-6)
운동량	$\frac{\partial}{\partial t}\rho\mathbf{v} = -[\nabla \cdot \boldsymbol{\phi}] + \rho\mathbf{g}$	(B)[b] (식 3.2-8)
에너지	$\frac{\partial}{\partial t}\rho(\hat{U} + \frac{1}{2}v^2) = -(\nabla \cdot \mathbf{e}) + (\rho\mathbf{v} \cdot \mathbf{g})$	(C)[b] (식 11.1-6)

[a] 모두 N 개의 연속방정식을 더하면 유체 혼합물에 대한 연속방정식

$$\frac{\partial}{\partial t}\rho = -(\nabla \cdot \rho\mathbf{v}) \qquad \text{(D)} \quad \text{(식3.1-4)}$$

를 얻게 된다. 여기서 $\mathbf{v}$는 식 17.7-1에서 정의된 질량 평균 속도이다.

[b] $\mathbf{g}_\alpha$로 주어지는 단위 부피당 힘이 화학 종 α에 작용한다면, 식 (B)에서 $\rho\mathbf{g}$는 $\Sigma_\alpha\rho_\alpha\mathbf{g}_\alpha$로 대체되어야만 하고, 식 (C)에서 $(\rho\mathbf{v}\cdot\mathbf{g})$는 $\Sigma_\alpha(\mathbf{n}_\alpha\cdot\mathbf{g}_\alpha)$로 대체되어야만 한다. 예를 들어 만약 몇몇의 화학 종이 전기장이 작용하면 서로 다른 전하를 갖는 이온이라 한다면 이들은 대체가 요구된다. 이 종류의 문제는 24장에서 논의한다.

운동방정식과 에너지 방정식의 특별한 형태에 관한 몇 가지 소견을 통해 이 논의를 결론짓고자 한다. 강제 대류 문제를 수립하기 위해서는 3장에서 표현된 바와 같은 **운동방정식**이 적합한 형태이지만, 계 내의 온도 불균형에 의해 유래되는 부력을 정확히 나타내기 위해서는 또 다른 형태식(식 11.3-2)이 적합하다는 것을 11.3절에서 지적하였다. 온도 불균형뿐만 아니라 농도 불균형을 갖는 2 성분계에 대해서는, 표 3.5-1의 식 (B)로 운동방정식을 쓰고, $\bar{T}$, $\bar{\omega}_A$의 상태에 관해 Taylor 전개를 이중으로 함으로써 형성된 근사적인 상태방정식을 사용한다.

---

[1] 실제로 에너지, 운동량, 각운동량에 대한 보존법칙은 각각 시간의 동일성, 공간의 동일성, 공간의 등방성(Noether의 이론)과 함께, Lagrange의 운동방정식을 따른다. 따라서 이들 보존법칙에는 한 눈에 보는 겉보기보다는 더 명백하고, 매우 특별한 근원이 있다. 이에 대한 보다 상세한 내용은 L. Landau and E. M. Lifshitz, *Mechanics*, Addison-Wesley, Reading, Mass. (1960), 2 장과 Emmy Noether, *Nachr. Kgl. Ges. Wiss. Göttingen* (*Math.-phys. Kl.*) (1918), pp. 235-257. **Amalie Emmy Noether** (1882-1935)는 엘랑겐 대학에서 박사 학위를 받은 후, 1933년 히틀러에 의해 추방되어 미국으로 가기까지 *Göttingen*의 힐버트에서 조교로 있었다. 미국에서 그녀는 Bryn Mawr 대학의 수학 교수가 되었다. 달의 분화구에는 그녀의 이름을 딴 곳이 있다.

[2] 화학 종 α에 대한 운동방정식과 에너지 방정식을 분리해야 할 필요가 있는지 없는지 의문이 생길 수 있다. 이와 같은 방정식들은 연속체 논거로부터 유도할 수 있다. 그러나 화학 종 운동량 흘럭스와 에너지 흘럭스는 측정할 수 있는 양이 아니기 때문에, 명확한 의미를 알아내기 위해서는 분자 이론이 요구된다. 이들 분리된 화학 종 방정식은 전달 문제를 해석하기 위해서는 필요하지 않지만, 그러나 화학 종 운동방정식은 다성분계의 질량 흘럭스에 대한 반응 속도식을 유도하는 데 도움이 된다 [C .F. Curtiss and R. B. Bird, *Proc. Nat. Acad. Sci. USA*, **93**, 7440-7445 (1996)과 *J. Chem. Phys.*, **111**, 10362-10370 (1999) 참조].

표 19.2-2 다성분 혼합물에 대한 결합, 분자 및 대류 훌럭스(모두 동일한 부호 를 갖는다.)

존재물	결합 훌럭스	=	분자 훌럭스	+	대류 훌럭스	
질량 ($\alpha = 1, 2, \ldots, N$)	$\mathbf{n}_\alpha$	=	$\mathbf{j}_\alpha$	+	$\rho\mathbf{v}\omega_\alpha$	(A)[a] (식 17.8-1)
운동량	$\boldsymbol{\phi}$	=	$\boldsymbol{\pi}$	+	$\rho\mathbf{v}\mathbf{v}$	(B)[b] (식 1.7-1)
에너지	$\mathbf{e}$	=	$\mathbf{q} + [\boldsymbol{\pi}\cdot\mathbf{v}]$	+	$\rho\mathbf{v}(\hat{U} + \frac{1}{2}v^2)$	(C)[c] (식 9.8-5)

[a] 이들 모든 식에서 나타나는 속도 $\mathbf{v}$는 식 17.7-2에서 정의된 질량 평균 속도이다.

[b] 분자 운동량 훌럭스는 두 부분으로 구성되어 있다: $\boldsymbol{\pi} = p\boldsymbol{\delta} + \boldsymbol{\tau}$

[c] 분자 에너지 훌럭스는 열 훌럭스 벡터 $\mathbf{q}$와 일 훌럭스 벡터 $[\boldsymbol{\pi}\cdot\mathbf{v}] = p\mathbf{v} + [\boldsymbol{\tau}\cdot\mathbf{v}]$로 구성되어 있다. 후자는 단지 유동계에서만 나타난다.

$$\rho(T, \omega_A) = \bar{\rho} + \left.\frac{\partial\rho}{\partial T}\right|_{\bar{T},\bar{\omega}_A}(T - \bar{T}) + \left.\frac{\partial\rho}{\partial\omega_A}\right|_{\bar{T},\bar{\omega}_A}(\omega_A - \bar{\omega}_A) + \cdots$$
$$\approx \bar{\rho} - \bar{\rho}\bar{\beta}(T - \bar{T}) - \bar{\rho}\bar{\zeta}(\omega_A - \bar{\omega}_A) \tag{19.2-2}$$

여기서 $\bar{T}$와 $\bar{\omega}_A$에서 계산된 계수 $\bar{\zeta} = -(1/\bar{\rho})(\partial\rho/\partial\omega_A)$는 조성에 대한 밀도와 관련이 있다. 이 계수는 식 11.3-1에서 도입된 계수 $\bar{\beta}$의 물질전달 상사형이다. 이 근사적인 상태방정식을 운동방정식의 $\rho\mathbf{g}$항에 대입하면, 유일한 외부 힘으로 중력을 갖는 2 성분 혼합계에 대한 Boussinesq 운동방정식

$$\bar{\rho}\frac{D\mathbf{v}}{Dt} = (-\nabla p + \bar{\rho}\mathbf{g}) - [\nabla\cdot\boldsymbol{\tau}] - \bar{\rho}\mathbf{g}\bar{\beta}(T - \bar{T}) - \bar{\rho}\mathbf{g}\bar{\zeta}(\omega_A - \bar{\omega}_A) \tag{19.2-3}$$

을 얻는다. 이 식의 마지막 두 항은 유체 내의 온도와 조성 변화에 의해 유발되는 부력을 나

표 19.2-3 분자 훌럭스의 항으로 다성분 혼합물에 대한 변화방정식

총 질량	$\dfrac{D\rho}{Dt} = -\rho(\nabla\cdot\mathbf{v})$	(A) (표 3.5-1의 식 (A))
화학 종 질량 ($\alpha = 1, 2, \cdots, N$)	$\rho\dfrac{D\omega_\alpha}{Dt} = -(\nabla\cdot\mathbf{j}_\alpha) + r_\alpha$	(B)[a] (식 19.1-14)
운동량	$\rho\dfrac{D\mathbf{v}}{Dt} = -\nabla p - [\nabla\cdot\boldsymbol{\tau}] + \rho\mathbf{g}$	(C)[b] (표 3.5-1의 식 (B))
에너지	$\rho\dfrac{D}{Dt}(\hat{U} + \frac{1}{2}v^2) = -(\nabla\cdot\mathbf{q}) - (\nabla\cdot p\mathbf{v}) - (\nabla\cdot[\boldsymbol{\tau}\cdot\mathbf{v}]) + (\rho\mathbf{v}\cdot\mathbf{g})$	(D)[b] (표 11.4-1의 식 (E))

[a] N 개 식의 합이 0 = 0이 되므로, 이들 식 중 단지 $N-1$ 개 식이 서로 독립적이다.

[b] 다양한 화학 종에 다른 힘이 작용할 때 필요한 수정은 표 19.2-1의 주 (b)를 참조

표 19.2-4 유일한 외부 힘으로 중력을 갖는 다성분 혼합물에 대한 에너지 방정식[a,b]

$$\rho \frac{D}{Dt}(\hat{U} + \hat{\Phi} + \tfrac{1}{2}v^2) = -(\nabla \cdot \mathbf{q}) - (\nabla \cdot [\boldsymbol{\pi} \cdot \mathbf{v}]) \quad \text{(A)}^c$$

$$\rho \frac{D}{Dt}(\hat{U} + \tfrac{1}{2}v^2) = -(\nabla \cdot \mathbf{q}) - (\nabla \cdot [\boldsymbol{\pi} \cdot \mathbf{v}]) + (\mathbf{v} \cdot \rho \mathbf{g}) \quad \text{(B)}$$

$$\rho \frac{D}{Dt}(\tfrac{1}{2}v^2) = -(\mathbf{v} \cdot [\nabla \cdot \boldsymbol{\pi}]) + (\mathbf{v} \cdot \rho \mathbf{g}) \quad \text{(C)}$$

$$\rho \frac{D\hat{U}}{Dt} = -(\nabla \cdot \mathbf{q}) - (\boldsymbol{\pi}:\nabla \mathbf{v}) \quad \text{(D)}$$

$$\rho \frac{D\hat{H}}{Dt} = -(\nabla \cdot \mathbf{q}) - (\boldsymbol{\tau}:\nabla \mathbf{v}) + \frac{Dp}{Dt} \quad \text{(E)}$$

$$\rho \hat{C}_p \frac{DT}{Dt} = -(\nabla \cdot \mathbf{q}) - (\boldsymbol{\tau}:\nabla \mathbf{v}) + \left(\frac{\partial \ln \hat{V}}{\partial \ln T}\right)_{p,x_\alpha} \frac{Dp}{Dt} + \sum_{\alpha=1}^{N} \overline{H}_\alpha[(\nabla \cdot \mathbf{J}_\alpha) - R_\alpha] \quad \text{(F)}^d$$

$$\rho \hat{C}_v \frac{DT}{Dt} = -(\nabla \cdot \mathbf{q}) - (\boldsymbol{\pi}:\nabla \mathbf{v}) + \left(1 - \left(\frac{\partial \ln p}{\partial \ln T}\right)_{\rho,x_\alpha}\right) p(\nabla \cdot \mathbf{v}) + \sum_{\alpha=1}^{N} \left(\overline{U}_\alpha + \left(1 - \left(\frac{\partial \ln p}{\partial \ln T}\right)_{\rho,x_\alpha}\right) p\overline{V}_\alpha\right)[(\nabla \cdot \mathbf{J}_\alpha) - R_\alpha] \quad \text{(G)}$$

$$\frac{\partial}{\partial t} \sum_{\alpha=1}^{N} c_\alpha \overline{H}_\alpha + \left(\nabla \cdot \sum_{\alpha=1}^{N} \mathbf{N}_\alpha \overline{H}_\alpha\right) = (\nabla \cdot k\nabla T) - (\boldsymbol{\tau}:\nabla \mathbf{v}) + \frac{Dp}{Dt} \quad \text{(H)}^e$$

[a] 다성분 혼합계에 대해 $\mathbf{q} = -k\nabla T + \sum_{\alpha=1}^{N} \frac{\overline{H}_\alpha}{M_\alpha} \mathbf{j}_\alpha + \mathbf{q}^{(x)}$이다.
여기서 $\mathbf{q}^{(x)}$는 확산-열 효과와 결부된 보통 무시되는 항이다(식 24.2-6 참조).

[b] 만약 외부 힘이 모든 화학 종에 동일하게 작용한다면, 단지 이 표의 식은 타당하다. 만약 그렇지 않다면 $\Sigma_\alpha(\mathbf{j}_\alpha \cdot \mathbf{g}_\alpha)$ 항이 식 (A)와 식 (D-H)에 추가되어야 하며, 식 (B)의 마지막 항은 $\Sigma_\alpha(\mathbf{n}_\alpha \cdot \mathbf{g}_\alpha)$로 대체되어야 하고, 식 (C)의 마지막 항은 $\Sigma_\alpha(\mathbf{v} \cdot \rho_\alpha \mathbf{g}_\alpha)$로 대체되어야 한다.

[c] 단지 $(\partial\hat{\Phi}/\partial t = 0)$이라면 정확하다.

[d] L. B. Rothfeld, Ph.D. thesis, University of Wisconsin (1961); 또 문제 19D.2 참조.

[e] 열 흘럭스 벡터에 대한 $\mathbf{q}^{(x)}$의 기여는 이 식에서 생략하였다.

타낸다.

다음 **에너지 방정식**으로 관심을 돌려 본다. 표 11.4-1에는 순수한 유체에 대한 에너지 방정식이 다양한 형태로 주어져 있음을 상기하시오. 혼합물에 대해서도 동일하게 수행할 수 있으며, 이 식의 많은 가능한 형태들 중에서 대표적으로 선정된 것들이 표 19.2-4에 주어져 있다. 균질 화학반응에 의해 방출되는 열 에너지를 설명하기 위해 S_c 항을 추가하는 것(10장에서 하였던 것과 같이)이 꼭 필요하지 않다는 것에 주목하시오. 이 정보는 $\hat{H}$와 $\hat{U}$ 함수에 암묵적으로 포함되어 있으며, 식 (F)와 (G)에는 $-\Sigma_\alpha \overline{H}_\alpha R_\alpha$와 $-\Sigma_\alpha \overline{U}_\alpha R_\alpha$로 정확하게 나타난다. $\hat{H}$와 $\hat{U}$를 계산함에 있어서, 다양한 화학 종의 생성 에너지와 혼합 에너지가 반드시 포함되어야 한다는 점을 상기하시오(예제 23.5-1 참조).

19.3 다성분 훌럭스의 요약

변화방정식은 질량, 운동량 및 에너지 훌럭스의 항으로 주어져 있다. 이들 식을 풀기 위해 훌럭스를 전달 물성과 농도, 속도 및 온도 구배를 포함하는 식으로 대체하여야만 한다. 여기서 혼합물에 대한 훌럭스 식을 요약하고자 한다.

질 량 : $$\mathbf{j}_A = -\rho \mathscr{D}_{AB} \nabla \omega_A \quad \text{2 성분에 대해서만} \tag{19.3-1}$$

운동량 : $$\boldsymbol{\tau} = -\mu[\nabla \mathbf{v} + (\nabla \mathbf{v})^\dagger] + (\tfrac{2}{3}\mu - \kappa)(\nabla \cdot \mathbf{v})\boldsymbol{\delta} \tag{19.3-2}$$

에너지 : $$\mathbf{q} = -k\nabla T + \sum_{\alpha=1}^{N} \frac{\overline{H}_\alpha}{M_\alpha} \mathbf{j}_\alpha \tag{19.3-3}$$

이제 몇 마디 설명을 덧붙이고자 한다.

a. 여기에 주어진 **질량 훌럭스** 식은 2 성분 혼합물에 대한 것이다. 적당한 압력의 다성분 기체 혼합물에 대해서는 식 17.9-1의 Maxwell-Stefan 식을 사용할 수 있다. 농도 구배와는 다른 구동력에 대응하는 질량 훌럭스에 대한 추가적인 기여가 있다: 다양한 화학 종에 다른 외부 힘이 부과될 때 나타나는 **강제 확산**; ∇p에 비례하는 **압력 확산**; ∇T에 비례하는 **열 확산**이 있다. 꽤 중요한 강제 확산 및 압력 확산과 이들 외 다른 확산 메커니즘은 24장에서 다루고자 한다.

b. **운동량 훌럭스** 식은 순수한 유체에 대해서와 마찬가지로 다성분 혼합물에 대해서도 동일하다. 팽창 점도 κ를 포함하는 기여는 거의 중요하지 않다는 것을 다시 한번 지적하고자 한다. 물론 고분자와 여타 점탄성 유체에 대해서는, 8장에서 설명하였던 바와 같이 식 19.3-2는 더 복잡한 모델로 대체되어야만 한다.

c. 여기에 주어진 다성분 유체에 대한 **에너지 훌럭스** 식은 두개의 항으로 이루어져 있다. 첫 번째 항은 식 9.1-4의 순수한 물질에 대해 주어진 전도에 의한 열전달이고, 두 번째 항은 확산하는 화학 종 각각에 의한 열전달을 나타낸다. 양 $\overline{H}_\alpha$는 화학 종 α의 부분 몰 엔탈피이다. 보통 매우 작지만 농도 구동력과 관련된 에너지 훌럭스에 대한 기여가 사실 하나 더 있다. 이러한 **확산-열 효과**는 24장에서 다룰 것이다. 혼합물의 열전도도, 식 19.3-3의 k는 어떠한 질량 훌럭스도 없는 상태에서 열 훌럭스와 온도 구배 사이의 비례 상수로 정의된다.

이러한 것들을 결합한 에너지 훌럭스 $\mathbf{e}$에 대해 몇 마디 논평을 함으로써 이 논의를 결론짓고자 한다. 식 19.3-3을 표 19.2-2의 식 (C)에 대입하고 약간의 부분적인 재정렬을 하면

$$\begin{aligned}\mathbf{e} &= \rho(\hat{U} + \tfrac{1}{2}v^2)\mathbf{v} + \mathbf{q} + p\mathbf{v} + [\boldsymbol{\tau} \cdot \mathbf{v}] \\ &= \rho(\hat{U} + \tfrac{1}{2}v^2)\mathbf{v} - k\nabla T + \sum_{\alpha=1}^{N} \frac{\overline{H}_\alpha}{M_\alpha} \mathbf{j}_\alpha + p\mathbf{v} + [\boldsymbol{\tau} \cdot \mathbf{v}]\end{aligned}$$

$$= -k\nabla T + \sum_{\alpha=1}^{N} \overline{H}_\alpha \mathbf{J}_\alpha + \rho(\hat{U} + p\hat{V})\mathbf{v} + \underline{\tfrac{1}{2}\rho v^2\mathbf{v} + [\boldsymbol{\tau}\cdot\mathbf{v}]} \tag{19.3-4}$$

를 얻는다. 특히 경막이나 속도가 낮은 경계층같은 경우에는 $\frac{1}{2}\rho v^2\mathbf{v}$와 $[\boldsymbol{\tau}\cdot\mathbf{v}]$의 기여를 무시할 수 있다. 그러면 점선 밑줄 그어진 항은 버릴 수 있으며,

$$\begin{aligned} \mathbf{e} &= -k\nabla T + \sum_{\alpha=1}^{N} \overline{H}_\alpha \mathbf{J}_\alpha + \rho\hat{H}_\alpha\mathbf{v} \\ &= -k\nabla T + \sum_{\alpha=1}^{N} \overline{H}_\alpha \mathbf{J}_\alpha + \sum_{\alpha=1}^{N} c_\alpha \overline{H}_\alpha \mathbf{v} \end{aligned} \tag{19.3-5}$$

가 유도된다. 그런 다음 표 17.8-1의 식 (G)와 (H)를 사용하면 최종적으로

$$\mathbf{e} = -k\nabla T + \sum_{\alpha=1}^{N} \overline{H}_\alpha \mathbf{N}_\alpha \tag{19.3-6}$$

이 유도된다. 마지막으로 이상기체 혼합물에 대해서는 부분 몰 엔탈피 $\bar{H}_\alpha$를 몰 엔탈피 $\tilde{H}_\alpha$로 대체함으로써 이 식을 더 간단히 할 수 있다. 식 19.3-6은 열 및 물질전달이 동시에 일어나는 1차원 문제를 풀기 위한 표준 출발점이 된다.[1]

예제 19.3-1 부분 몰 엔탈피

식 19.3-3과 19.3-6에서 나타나는 부분 몰 엔탈피 $\bar{H}_\alpha$는 다성분 혼합물에 대해

$$\overline{H}_\alpha = \left(\frac{\partial H}{\partial n_\alpha}\right)_{T,p,n_\beta} \tag{19.3-7}$$

과 같이 정의된다. 여기서 n_α는 혼합물 내 화학 종 α의 몰 수이고, 하첨자 n_β는 α를 제외한 다른 화학 종 각각의 몰 수를 일정하게 유지하면서 취한 도함수를 나타낸다. 만약 각 성분 몰 수에 k를 곱하면 엔탈피 자체에 k를 곱한 것이 되므로, 엔탈피 $H(n_1, n_2, n_3, \cdots)$는 "외연 물성"이다.

$$H(kn_1, kn_2, kn_3, \cdots) = kH(n_1, n_2, n_3, \cdots) \tag{19.3-8}$$

수학자들은 이러한 종류의 함수를 "1차 동차 함수"라 부른다. 이와 같은 함수에 Euler 이론[2]을 적용하면

$$H = \sum_\alpha n_\alpha \overline{H}_\alpha \tag{19.3-9}$$

[1] T. K. Sherwood, R. L. Pigford, and C. R. Wilke, *Mass Transfer*, McGraw-Hill, New York (1975), 7장. **Thomas Kilgore Sherwood** (1903-1976)는 거의 40년 동안이나 MIT 교수로 있었고 그 후에 버클리의 캘리포니아 대학에서 교수로 재직하였다. 물질전달에 관한 그의 많은 공로로 인하여 Sherwood 수(Sh)는 그의 이름을 따서 명명되었다.

[2] M. D. Greenberg, *Foundations of Applied Mathematics*, Prentice-Hall, Englewood Cliffs, N.J. (1978), p. 128; R. J. Silbey and R. A. Alberty, *Physical Chemistry*, 3rd edition, Wiley, New York (2001), 1.10절, 4.9절과 6.10절.

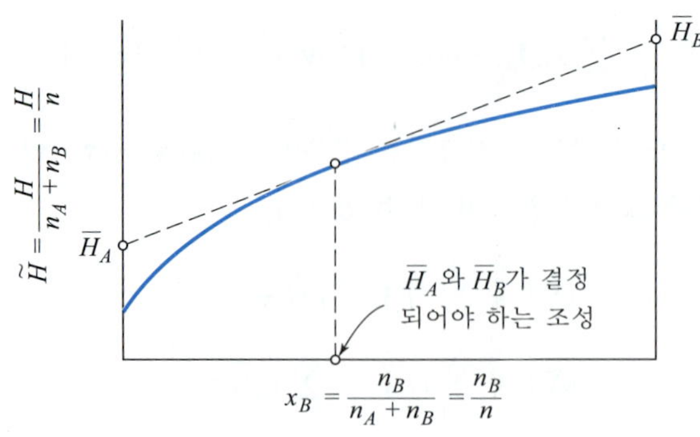

그림 19.3-1 2 성분 혼합물의 부분 몰량을 결정하기 위한 절편법.

로 결론지을 수 있다.

(a) 2 성분 혼합물에 대해, 주어진 몰 분율에서 부분 몰 엔탈피는 몰당 엔탈피를 몰 분율의 함수로 도시하고 주어진 몰 분율에서 그린 접선의 절편을 결정함으로써 구할 수 있음을 증명하시오(그림 19.3-1 참조). 이는 혼합물의 엔탈피에 대한 데이터로부터 부분 몰 엔탈피를 얻는 한 가지 방법임을 보여준다.

(b) 또 어떤 방법으로 부분 몰 엔탈피를 얻을 수 있는가?

해 **(a)** 간결하게 하기 위해 이 문제 전체를 통해 이들 양이 일정하다는 것을 나타내는 하첨자 p, T는 생략한다. 먼저 절편에 대한 식을 다음과 같이 쓴다.

$$\overline{H}_A = \tilde{H} - x_B\left(\frac{\partial \tilde{H}}{\partial x_B}\right)_n; \qquad \overline{H}_B = \tilde{H} + x_A\left(\frac{\partial \tilde{H}}{\partial x_B}\right)_n \tag{19.3-10, 11}$$

여기서 $\tilde{H} = H/(n_A + n_B) = H/n$이다. 식 19.3-10의 정당성을 증명하기 위해, 식을 H 항으로 다시 쓴다.

$$\overline{H}_A = \frac{H}{n} - \frac{x_B}{n}\left(\frac{\partial H}{\partial x_B}\right)_n \tag{19.3-12}$$

여기서 식 $\overline{H}_A = (\partial H/\partial n_A)_{n_B}$는 H가 n_A와 n_B의 함수임을 의미하고, 반면에 $(\partial H/\partial x_A)_n$은 H가 x_A와 n의 함수임을 의미한다. 이 종류의 도함수들 사이의 관계는 편미분의 연쇄 법칙에 의해 주어진다. 이 법칙을 적용하기 위해서는 독립 변수들 사이의 관계가 필요하고, 이 문제에서는

$$n_A = (1 - x_B)n; \qquad n_B = x_B n \tag{19.3-13, 14}$$

이다. 그러므로

$$\begin{aligned}\left(\frac{\partial H}{\partial x_B}\right)_n &= \left(\frac{\partial H}{\partial n_A}\right)_{n_B}\left(\frac{\partial n_A}{\partial x_B}\right)_n + \left(\frac{\partial H}{\partial n_B}\right)_{n_A}\left(\frac{\partial n_B}{\partial x_B}\right)_n \\ &= \overline{H}_A(-n) + \overline{H}_B(+n)\end{aligned} \tag{19.3-15}$$

로 쓸 수 있다. 이 식을 식 19.3-12에 대입하고 Euler 이론($H = n_A\overline{H}_A + n_B\overline{H}_B$)을 사용하면,

항등식을 얻게 된다. 이는 식 19.3-10의 타당성을 증명하는 것이며, 또 식 19.3-11의 정당성도 유사하게 증명할 수 있다.

(b) 식 19.3-7의 정의를 사용함으로써, 또 n_B를 일정하게 두고 H 대 n_A의 곡선 기울기를 측정함으로써 $\overline{H}_A$를 얻을 수 있다. 또한 혼합 엔탈피를 측정하고

$$H = n_A\overline{H}_A + n_B\overline{H}_B = n_A\tilde{H}_A + n_B\tilde{H}_B + \Delta H_{\text{mix}} \tag{19.3-16}$$

의 식을 사용함으로써 $\overline{H}_A$를 얻을 수 있다. 혼합 엔탈피는 종종 무시되고, 순수한 물질의 엔탈피는 $\tilde{H}_A \approx \tilde{C}_{pA}(T - T^0)$와 같이 주어지며 $\tilde{H}_B$에 대해서도 유사한 식이 주어진다. 이는 낮은 압력에서 적당한 압력까지의 기체 혼합물에 대한 표준 가정이다.

부분 몰 양을 계산하기 위한 다른 방법은 최근의 열역학 교재에서 찾을 수 있다.

19.4 혼합물에 대한 변화방정식의 사용

19.2절의 변화방정식은 18장의 모든 문제를 푸는데 사용될 수 있으며, 좀 더 어려운 문제를 푸는 데에도 사용될 수 있다. 만약 문제를 이상화하지 않거나 단순화하지 않는다면, 혼합물의 이동현상은 매우 복잡하여 통상 수치적 기법이 요구된다. 예를 들 목적으로 여기서는 몇 가지 기초적인 문제를 풀어 보고자 한다.

예제 19.4-1 동시에 일어나는 열 및 물질전달[1]

(a) 경막 경계층의 양쪽 경계($y=0$ 와 $y=\delta$)에서 몰 분율과 온도가 주어진 그림 19.4-1에 도시된 계에 대해, 몰 분율 분포 $x_A(y)$와 온도분포 $T(y)$에 대한 식을 수립하시오. 여기서 응축 가능한 뜨거운 증기 A는 응축되지 않는 기체 B의 정체 경막을 통과해 증기 A가 응축하는 $y = 0$인 차가운 표면으로 정상상태로 확산된다. 이상기체 거동과 균일한 압력을 가정하고, 더욱이 어떤 평균 온도와 조성에서 계산된 물성도 일정하다고 가정하시오. 복사에 의한 열전달은 무시하시오.

(b) A와 B 둘 다 벽에서 응축하는 경우에 대해 결과를 일반화하고, 열 및 물질전달에 대한 경막 두께가 동일하지 않음을 고려하시오.

해 (a) 원하는 양을 결정하기 위해서는, 이 계에 대한 연속방정식과 에너지 방정식을 풀어야만 한다. 화학반응과 외부 힘이 없는 경우의 정상상태 1차원 전달에 대해 식 19.1-10과 표 19.2-1의 식 C를 단순화하면

A의 연속: $$\frac{dN_{Ay}}{dy} = 0 \tag{19.4-1}$$

[1] A. P. Colburn and T. B. Drew, *Trans. Am. Inst. Chem. Engrs.*, **38**, 197-212 (1937)

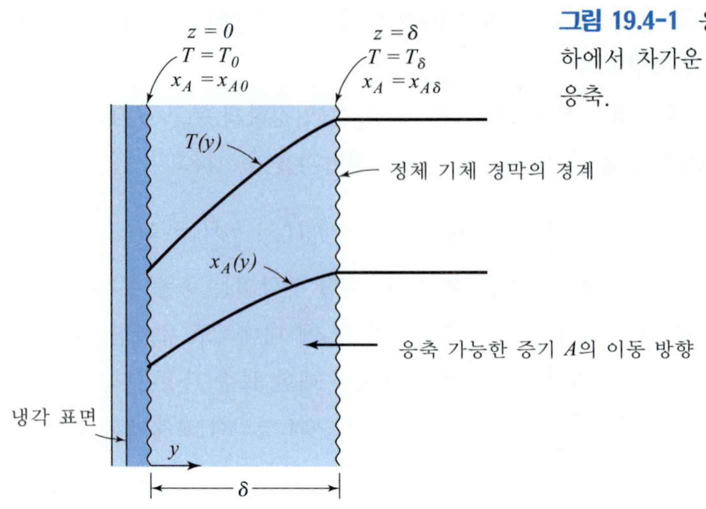

그림 19.4-1 응축하지 않는 기체 B의 존재하에서 차가운 표면 위의 뜨거운 증기 A의 응축.

에너지:

$$\frac{de_y}{dy} = 0 \tag{19.4-2}$$

를 얻게 된다. 그러므로 N_{Ay}와 e_y 둘 다 경막 전체에 걸쳐 일정하다.

몰 분율 분포를 결정하기 위해서는 정체 경막 B를 통과하는 A의 확산에 대한 몰 훌럭스가 필요하다:

$$N_{Ay} = -\frac{c\mathscr{D}_{AB}}{1 - x_A}\frac{dx_A}{dy} \tag{19.4-3}$$

식 19.4-3을 식 19.4-1에 대입하고 적분하면, 몰 분율 분포

$$\left(\frac{1 - x_A}{1 - x_{A0}}\right) = \left(\frac{1 - x_{A\delta}}{1 - x_{A0}}\right)^{y/\delta} \tag{19.4-4}$$

를 얻는다(18.2절 참조). 여기서 $c\mathscr{D}_{AB}$는 평균 경막 온도에 대한 값에서 일정하다고 하였다. 그러면 식 19.4-3과 4로부터 일정한 훌럭스 N_{Ay}를 계산할 수 있다.

$$N_{Ay} = \frac{c\mathscr{D}_{AB}}{\delta}\ln\frac{1 - x_{A\delta}}{1 - x_{A0}} \tag{19.4-5}$$

화학 종 A는 $-y$ 방향으로 확산한 후에 응축하기 때문에 N_{Ay}는 음이라는 것에 주목하시오. 마지막 두 식을 결합하면 또 다른 형태의 농도분포를 얻는다.

$$\frac{x_A - x_{A0}}{x_{A\delta} - x_{A0}} = \frac{1 - \exp[(N_{Ay}/c\mathscr{D}_{AB})y]}{1 - \exp[(N_{Ay}/c\mathscr{D}_{AB})\delta]} \tag{19.4-6}$$

온도분포를 얻기 위해 식 9.8-8과 함께 이상기체에 대한 식 19.3-6으로부터 에너지 훌럭스를 사용한다.

$$e_y = -k\frac{dT}{dy} + (\tilde{H}_A N_{Ay} + \tilde{H}_B N_{By})$$
$$= -k\frac{dT}{dy} + N_{Ay}[\tilde{H}_{A0} + \tilde{C}_{pA}(T - T_0)] \tag{19.4-7}$$

여기서 T_0를 엔탈피에 대한 기준 온도로 선택하였다. e_y에 대한 이 식을 식 19.4-2에 대입하고, $y = 0$에서 $T = T_0$와 $y = \delta$에서 $T = T_\delta$인 극한 사이에서 적분하면

$$\frac{T - T_0}{T_\delta - T_0} = \frac{1 - \exp[(N_{Ay}\tilde{C}_{pA}/k)y]}{1 - \exp[(N_{Ay}\tilde{C}_{pA}/k)\delta]} \tag{19.4-8}$$

를 얻게 된다. 온도분포는 $N_{Ay}\tilde{C}_{pA}/k \to 0$과 같은 극한의 경우를 제외하고는 이 계에 대해 선형이 아님을 알 수 있다. 식 19.4-6과 8 사이의 유사성에 주목하시오.

벽의 전도 에너지 훌럭스는 물질전달이 없는 경우보다 여기서가 더 크다. 따라서 물질전달이 없는 경우의 조건을 나타내기 위해 하첨자 0을 사용하여

$$\frac{-k(dT/dy)|_{y=0}}{-k(dT/dy)^0|_{y=0}} = \frac{-(N_{Ay}\tilde{C}_{pA}/k)\delta}{1 - \exp[(N_{Ay}\tilde{C}_{pA}/k)\delta]} \tag{19.4-9}$$

로 쓸 수 있다. 그러면 열전달 속도는 동시에 일어나는 물질전달에 의해 직접 영향을 받지만, 반면에 질량 훌럭스는 동시에 일어나는 열전달에 의해 직접 영향을 받지 않는다는 것을 안다. 화학 종 A의 정상적인 비등점 이하의 온도에서 적용하면 양 $N_{Ay}\tilde{C}_{pA}/k$는 작고, 식 19.4-9의 우변은 거의 1에 가깝다(문제 19A-1 참조). 열 및 물질전달 사이의 상호작용은 22장에서 더 논의하고자 한다.

(b) 만약 A와 B가 둘 다 벽에서 응축한다면, 식 19.4-1과 2를 적분하면 $N_{Ay} = N_{A0}$와 $e_y = e_0$를 유도하게 된다. 여기서 하첨자 "0"은 $y = 0$에서 계산된 양을 나타낸다. 또 $N_{By} = N_{B0}$를 얻기 위해 B에 대한 식 19.4-1의 상사형을 적분하면

$$-c\mathscr{D}_{AB}\frac{dx_A}{dy} + x_A(N_{A0} + N_{B0}) = N_{A0} \tag{19.4-10}$$

$$-k\frac{dT}{dy} + (N_{A0}\overline{H}_A + N_{B0}\overline{H}_B) = e_0 \tag{19.4-11}$$

을 얻는다. 두 번째 식에서 $\overline{H}_A$를 $\tilde{C}_{pA}(T - T_0)$로 대체하며 $\overline{H}_B$를 $\tilde{C}_{pB}(T - T_0)$로 대체하고, 기준 온도가 T_0이므로 e_0를 벽에서의 열전도 훌럭스 q_0로 대체한다. 첫 번째 식의 양변에서 $x_{A0}(N_{A0} + N_{B0})$을 빼면 방금 얻었던 온도식과 형태에서 유사한 식을 수립하게 된다. 따라서

$$-c\mathscr{D}_{AB}\frac{dx_A}{dy} + (N_{A0} + N_{B0})(x_A - x_{A0}) = N_{A0} - x_{A0}(N_{A0} + N_{B0}) \tag{19.4-12}$$

$$-k\frac{dT}{dy} + (N_{A0}\tilde{C}_{pA} + N_{B0}\tilde{C}_{pB})(T - T_0) = q_0 \tag{19.4-13}$$

을 얻는다. y에 대해 적분하고, $y = 0$에서의 경계조건을 적용하면

$$\frac{(N_{A0}+N_{B0})(x_A-x_{A0})}{N_{A0}-x_{A0}(N_{A0}+N_{B0})}=1-\exp\left[(N_{A0}+N_{B0})\frac{y}{c\mathscr{D}_{AB}}\right] \tag{19.4-14}$$

$$\frac{(N_{A0}\tilde{C}_{pA}+N_{B0}\tilde{C}_{pB})(T-T_0)}{q_0}=1-\exp\left[(N_{A0}\tilde{C}_{pA}+N_{B0}\tilde{C}_{pB})\frac{y}{k}\right] \tag{19.4-15}$$

를 얻는다. 이들은 질량 및 열 훌럭스의 항으로 된 농도와 온도분포이다. $y=\delta_x$와 $y=\delta_T$인 경막의 바깥쪽 끝단에서의 경계조건을 적용하면,

$$\frac{(N_{A0}+N_{B0})(x_{A\delta}-x_{A0})}{N_{A0}-x_{A0}(N_{A0}+N_{B0})}=1-\exp\left[(N_{A0}+N_{B0})\frac{\delta_x}{c\mathscr{D}_{AB}}\right] \tag{19.4-16}$$

$$\frac{(N_{A0}\tilde{C}_{pA}+N_{B0}\tilde{C}_{pB})(T_\delta-T_0)}{q_0}=1-\exp\left[(N_{A0}\tilde{C}_{pA}+N_{B0}\tilde{C}_{pB})\frac{\delta_T}{k}\right] \tag{19.4-17}$$

을 얻는다. 이들 식은 경막 두께와 전달 물성에 대한 훌럭스와 관계가 있다. 식 19.4-14를 식 19.4-16으로 나누고 식 19.4-15를 식 19.4-17로 나누면, 전달 계수의 항으로 된 농도분포를 얻는다(식 19.4-6과 8과 상사하게). 식 19.4-16과 17은 22.8절에서 다시 만나게 될 것이다.

예제 19.4-2 관형 반응기 내의 농도분포

관형 촉매 반응기를 그림 19.4-2에서 볼 수 있다. 용매 S 내 용질 A의 희석 용액이 $z<0$인 영역에서 완전히 발달된 층류로 흐르고 있다. $0 \le z \le L$인 영역에서 촉매 벽을 만나면, 용질 A는 이성질체 B로 순간적이고 비가역적으로 재배열하게 된다. 이 문제에 적합한 확산방정식을 쓰고, 반응기 내의 짧은 거리에 대한 해를 구하시오. 유동은 등온이라 가정하고, B의 존재는 무시하시오.

해 위에 언급된 조건에 대해, 흐르는 액체는 항상 순수한 용매 S에 대단히 가까울 것이다. 곱 $\rho\mathscr{D}_{AS}$는 일정하다고 생각할 수 있으며, S 내 A의 확산은 식 19.1-14의 정상상태에 관한 꼴로 설명할 수 있다(작은 양의 반응 생성물 B의 존재는 무시하면서). 따라서 계에 대한 적절한 변화방정식은,

A의 연속:
$$v_z\frac{\partial c_A}{\partial z}=\mathscr{D}_{AS}\left[\frac{1}{r}\frac{\partial}{\partial r}\left(r\frac{\partial c_A}{\partial r}\right)+\underline{\frac{\partial^2 c_A}{\partial z^2}}\right] \tag{19.4-18}$$

운동:
$$0=-\frac{d\mathscr{P}}{dz}+\mu\frac{1}{r}\frac{d}{dr}\left(r\frac{dv_z}{dr}\right) \tag{19.4-19}$$

이다. 보통 축 방향의 확산은 축 방향의 대류에 비해 무시할 수 있다고 가정하므로, 식의 점선 밑줄 그어진 항은 삭제한다(식 10.8-11 및 12와 비교하시오). 식 19.4-19를 풀면 포물선 형태의 속도분포 $v_z(r)=v_{z,\max}[1-(r/R)^2]$를 얻을 수 있다. 이 결과를 식 19.4-18에 대입하면

$$v_{z,\max}\left[1-\left(\frac{r}{R}\right)^2\right]\frac{\partial c_A}{\partial z}=\mathscr{D}_{AS}\frac{1}{r}\frac{\partial}{\partial r}\left(r\frac{\partial c_A}{\partial r}\right) \tag{19.4-20}$$

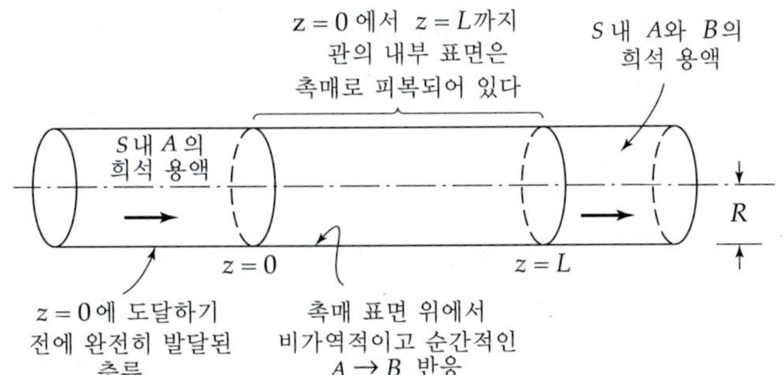

그림 19.4-2 관형 반응기에 대한 경계조건.

을 얻으며, 이는 경계조건

경계조건 1: z = 0에서 $c_A = c_{A0}$ (19.4-21)

경계조건 2: r = R에서 $c_A = 0$ (19.4-22)

경계조건 3: r = 0에서 $c_A =$ 유한 (19.4-23)

을 사용하여 풀 수 있다. 반응기 내의 짧은 거리 z에 대해서는 속도분포가 실질적으로 선형인 지점의 벽 부근에서만 농도 c_A가 c_{A0}와 다르다. 그러므로 곡률항을 무시하는 변수 $y = R - r$을 도입할 수 있고, 경계조건 3을 $y = \infty$에서의 가상적인 경계조건으로 대체할 수 있다(관 입구 영역을 다루는 이 방법에 대한 상세한 논의는 예제 12.2-2를 참조하시오).

그러면 재정립된 문제의 변화방정식은

$$2v_{z,\max}\frac{y}{R}\frac{\partial c_A}{\partial z} = \mathscr{D}_{AS}\frac{\partial^2 c_A}{\partial y^2} \tag{19.4-24}$$

이며,

경계조건 1: $z = 0$에서 $c_A = c_{A0}$ (19.4-25)

경계조건 2: $y = 0$에서 $c_A = 0$ (19.4-26)

경계조건 3: $y = \infty$에서 $c_A = c_{A0}$ (19.4-27)

인 경계조건을 갖는다. 이 문제는 $c_A/c_{A0} = f(\eta)$ 형태의 해를 찾음으로써 독립 변수 조합법으로 풀 수 있다. 여기서 $\eta = (y/R)(2v_{z,\max}R^2/9\mathscr{D}_{AS}z)^{1/3}$이다. 따라서 상미분방정식 $f'' + 3\eta^2 f' = 0$을 얻게 되고, 적분하면

$$\frac{c_A}{c_{A0}} = \frac{\int_0^\eta \exp(-\bar{\eta}^3)\,d\bar{\eta}}{\int_0^\infty \exp(-\bar{\eta}^3)\,d\bar{\eta}} = \frac{\int_0^\eta \exp(-\bar{\eta}^3)\,d\bar{\eta}}{\Gamma(\frac{4}{3})} \tag{19.4-28}$$

을 얻는다(식 C.1-9 참조). 이 문제는 수학적으로 문제 12D.4의 Graetz 문제와 상사하며, 문제 12D.4의 Θ는 여기서는 $1 - (c_A/c_{A0})$와 상사하다.

여기서 설명된 형태의 실험은 높은 Schmidt 수[2]에서 물질전달 데이터를 얻기 위해 유용하다는 것이 확인되었다. 특히 매력적인 반응은

$$Fe(CN)_6^{-3} + e^{-1} \rightarrow Fe(CN)_6^{-4} \tag{19.4-29}$$

의 반응에 따라 금속 표면에서 페리 시아나이드 이온의 환원이 있다. 여기서 페리 시아나이드와 페로 시아나이드를 위 전개의 A와 B로 둔다. 이 전기화학 반응은 적절히 선정된 조건 하에서는 매우 빠르다. 더욱이 전자의 이동만을 다루고 있기 때문에, 용액의 물성은 전적으로 거의 영향을 받지 않는다. 여기서는 무시된 강제 확산에 의한 영향은 중성의 전해질을 과량으로 첨가함으로써 억누르게 된다.[3,4]

예제 19.4-3 일산화탄소의 촉매 산화

그림 19.4-3은 공업적으로 중요한 반응[5]

$$O_2 + 2CO \rightarrow 2CO_2 \tag{19.4-30}$$

에 따라 이산화 탄소를 만들기 위해 산소와 일산화탄소가 촉매 표면(팔라듐)에서 어떻게 결합하는지 개략적으로 보여주고 있다. 이 해석을 위해 반응은 촉매 표면에서 순간적이고 비가역적으로 일어난다고 가정한다. 경막의 바깥쪽 끝에서($z = 0$에서) 기체의 조성은 아는 것으로 가정하고, 촉매 표면은 $z = \delta$이다. 온도와 압력은 경막 전체에 걸쳐 위치에 무관하다고 가정하며, 각 화학 종을 $O_2 = 1$, $CO = 2$, $CO_2 = 3$으로 명칭을 붙인다.

해 균질 반응이 없는 정상상태의 1차원 확산에 대해, 식 19.1-10은 경막을 가로지르는 모든 몰 훌럭스가 일정하다는 것을 말하는

$$\frac{dN_{1z}}{dz} = 0; \qquad \frac{dN_{2z}}{dz} = 0; \qquad \frac{dN_{3z}}{dz} = 0 \tag{19.4-31}$$

로 주어진다. 더욱이 문제의 화학양론에 의해 주어지는 경계조건으로부터

$$N_{1z} = \tfrac{1}{2}N_{2z} = -\tfrac{1}{2}N_{3z} \tag{19.4-32}$$

임을 안다. 그러면 식 17.9-1의 Maxwell-Stefan 방정식

---

[2] D. W. Hubbard and E. N. Lightfoot, *Ind. Eng. Chem. Fundam.*, **5**, 370-379 (1966).

[3] J. S. Newman, *Electrochemical Systems*, 2nd edition, Prentice-Hall, Englewood Cliffs, N.J. (1991), 1.10절.

[4] J. R. Selman and C. W. Tobias, *Advances in Chemical Engineering,* **10**, Academic Press, New York, N.Y. (1978), pp. 212-318.

[5] B. C. Gates, *Catalytic Chemistry*, Wiley, New York (1992), pp. 356-352; C. N. Satterfield, *Heterogeneous Catalysis in Industrial Practice*, McGraw-Hill, New York, 2nd edition (1991), 8장

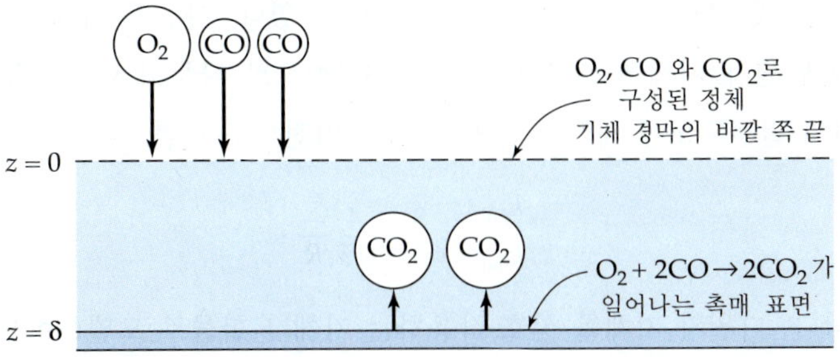

그림 19.4-3 촉매 화학 반응을 갖는 3 성분계.

$$\frac{dx_3}{dz} = -\frac{1}{c\mathscr{D}_{13}}(x_1N_{3z} - x_3N_{1z}) - \frac{1}{c\mathscr{D}_{23}}(x_2N_{3z} - x_3N_{2z})$$
$$= -\frac{N_{3z}}{c\mathscr{D}_{13}}(1 + \tfrac{1}{2}x_3) \tag{19.4-33}$$

$$\frac{dx_1}{dz} = -\frac{1}{c\mathscr{D}_{12}}(x_2N_{1z} - x_1N_{2z}) - \frac{1}{c\mathscr{D}_{13}}(x_3N_{1z} - x_1N_{3z})$$
$$= \frac{N_{3z}}{2c\mathscr{D}_{12}}(1 - 3x_1 - x_3) + \frac{N_{3z}}{2c\mathscr{D}_{13}}(2x_1 + x_3) \tag{19.4-34}$$

를 얻는다. 이들 식은 식 19.4-32를 사용하여, 또 넓은 온도 범위에 걸쳐 $\mathscr{D}_{23} \approx \mathscr{D}_{13}$이라는 사실을 사용하여 단순화하였다. $\mathscr{D}_{23} \approx \mathscr{D}_{13}$이라는 사실은 $\sigma_{23} = 3.793$ Å과 $\sigma_{13} = 3.714$ Å이고, $e_{23}/k = 145$K와 $e_{13}/k = 146$K임을 보여주는 부록 E를 사용함으로써 알 수 있다. 식 19.4-33에는 단지 하나의 몰 분율 x_3만 나타나므로, 이 식을 바로 적분[6]하면

$$x_3 = -2 + (x_{30} + 2)\exp\left(-\frac{N_{3z}z}{2c\mathscr{D}_{13}}\right) \tag{19.4-35}$$

를 얻게 된다. 적분 후 마지막 두 식을 결합하면

$$x_1 = 1 - \frac{1}{3}(x_{30} + 2)\exp\left(-\frac{N_{3z}z}{2c\mathscr{D}_{13}}\right) - \left(\frac{1}{3} - x_{10} - \frac{1}{3}x_{30}\right)\exp\left[-\left(\frac{3}{2}\frac{\mathscr{D}_{13}}{\mathscr{D}_{12}} - 1\right)\left(\frac{N_{3z}z}{c\mathscr{D}_{13}}\right)\right] \tag{19.4-36}$$

을 얻는다. 이 식과 유사한 x_2에 대한 식으로부터 $z = \delta$에서 x_3을 얻을 수 있다. 그러면 식 19.4-35로부터, 촉매 표면에서 이산화탄소의 생성 속도를 주는

$$N_{3z} = -\frac{2c\mathscr{D}_{13}}{\delta}\ln\left(\frac{x_{3\delta} + 2}{x_{30} + 2}\right) \tag{19.4-37}$$

를 얻는다. 이 결과를 식 19.4-35와 36에 대입하면, 3개의 몰 분율을 z의 함수로 계산할 수 있다.

예제 19.4-4 다원자 기체의 열전도도

다원자 기체의 열전도도는 복잡한 분자 내의 내부 자유도의 영향 때문에 단원자 기체에

[6] 두 확산계수가 같은 3 성분계의 문제는 H. L. Toor, *AIChE Journal*, **3**, 198-207 (1957)에 의해 논의되었다.

대한 공식으로부터 벗어난다는 것을 9.3절에서 지적하였다. 다원자 기체에 대한 Eucken 공식(식 9.3-15)을 단원자 기체에 관한 공식(식 9.3-14)으로 나누고 이상기체 법칙을 사용하면, 단원자 기체의 열전도도에 대한 다원자 기체의 열전도도 비를

$$\frac{k_{\text{poly}}}{k_{\text{mon}}} = \frac{3}{5} + \frac{4}{15}\frac{\tilde{C}_v}{R} \tag{19.4-38}$$

과 같이 쓸 수 있다. 다원자 기체를 상호 작용하는 기체 혼합물로 모델화함으로써 이 형태의 결과를 유도하시오. 여기서 다양한 "화학 종"이란 다양한 회전 상태와 진동 상태의 다원자 기체 분자를 말한다.

해 기체 혼합물에 대한 열 훌럭스는 식 19.3-3에 주어져 있다. 모든 "화학 종"은 그들 내부의 양자 상태만 다르기 때문에 동일한 열전도도를 가질 것이다. 그러므로 각 k_α는k_{mon}일 것이라고 기대한다. 유사하게 각 "화학 종"에 대한 질량 훌럭스는 모든 $\mathscr{D}_{\alpha\alpha}$가 공통값 $\mathscr{D}_{\text{mon}}$을 갖는 순수한 기체에 대한 Fick 법칙 $\mathbf{j}_\alpha = -\rho\mathscr{D}_{\alpha\alpha}\nabla\omega_\alpha$에 의해 주어져야만 한다. 따라서 모든 화학 종의 분자량이 같기 때문에

$$\begin{aligned}\mathbf{q}_{\text{poly}} &= -k_{\text{mon}}\nabla T - \sum_{\alpha=1}^{N}\frac{\tilde{H}_\alpha}{M_\alpha}\rho\mathscr{D}_{\alpha\alpha}\nabla\omega_\alpha \\ &= -k_{\text{mon}}\nabla T - c\mathscr{D}_{\text{mon}}\sum_{\alpha=1}^{N}\tilde{H}_\alpha\nabla x_\alpha\end{aligned} \tag{19.4-39}$$

를 얻는다.

만약 다양한 양자 상태에 걸친 분포가 국부 온도에서 평형상태에 있다고 가정하면, $\nabla x_\alpha = (dx_\alpha/dT)\nabla T$이다. 그러면 혼합물의 **유효 열전도도**를

$$\mathbf{q}_{\text{poly}} = -k_{\text{mon}}\nabla T - c\mathscr{D}_{\text{mon}}\sum_{\alpha=1}^{N}\tilde{H}_\alpha(dx_\alpha/dT)\nabla T \equiv -k_{\text{poly}}\nabla T \tag{19.4-40}$$

으로 정의할 수 있으며,

$$\begin{aligned}\frac{k_{\text{poly}}}{k_{\text{mon}}} &= 1 + \left(\frac{c\mathscr{D}_{\text{mon}}}{k_{\text{mon}}}\right)\left(\frac{d}{dT}\sum_{\alpha=1}^{N}\tilde{H}_\alpha x_\alpha - \sum_{\alpha=1}^{N}x_a\left(\frac{d\tilde{H}_\alpha}{dT}\right)\right) \\ &= 1 + \left(\frac{c\mathscr{D}_{\text{mon}}}{k_{\text{mon}}}\right)(\tilde{C}_{p,\text{poly}} - \tilde{C}_{p,\text{mon}}) \\ &= 1 + \tfrac{4}{5}A[(\tilde{C}_{p,\text{poly}}/\tilde{C}_{p,\text{mon}}) - 1]\end{aligned} \tag{19.4-41}$$

으로 쓸 수 있다. 여기서 온도에 의존하는 양,

$$A = \tfrac{5}{4}(c\mathscr{D}_{\text{mon}}\tilde{C}_{p,\text{mon}}/k_{\text{mon}}) \tag{19.4-42}$$

는 낮은 밀도에서 기체의 분자운동론으로부터 계산할 수 있다. 이는 단지 온도에 따라 매우 천천히 변하며, 적절한 평균값은 1.106이다. 양 $\tilde{C}_{p,\text{poly}} = d\tilde{H}/dT$는 온도가 변하는 동안 다양한 양자 상태 사이에서 평형으로 유지되는 기체에 대한 열용량인 반면에, $\tilde{C}_{p,\text{mon}}$는 양자 상

태 사이에서 전이가 허용되지 않는 기체의 열용량이므로 $\tilde{C}_{p,\text{mon}} = \frac{5}{2}R$이다. 수치값 A = 1.106을 식 19.4-41에 대입하면, 최종적으로 Hirschfelder[7]에 의해 제안된 식

$$\frac{k_{\text{poly}}}{k_{\text{mon}}} = 0.115 + 0.354\left(\frac{\tilde{C}_{p,\text{poly}}}{R}\right) = 0.469 + 0.354\left(\frac{\tilde{C}_{V,\text{poly}}}{R}\right) \tag{19.4-43}$$

을 얻는다. 비록 식 19.4-43의 예측이 기존의 Eucken 공식보다 크게 향상된 점이 없다 하더라도, 위 전개는 적어도 열전도에 있어 내부 자유도의 역할이 어떻다는 것을 알게 해 준다.[8,9]

19.5 2 성분 혼합물에 대한 변화방정식의 차원 해석

이 절에서는 19.3절의 훌럭스 식의 특별한 경우를 사용하여 19.2절에 요약되어 있는 변화방정식을 차원적으로 해석한다. 논의는 11.5절과 똑같으며, 대표적인 물질전달 문제의 지배적인 무차원 매개변수를 인지하는 것과 22장의 물질전달 상관관계를 소개하는 것에 상사한 목적을 두고있다.

다시 한번 논의는 주로 일정한 물성을 갖는 계로 제한한다. 혼합물에 대한 연속방정식은

연속: $$(\nabla \cdot \mathbf{v}) = 0 \tag{19.5-1}$$

의 친근한 형태를 갖는다. 운동방정식은 식 19.3-2와 식 19-5.1을 식 19.2-3에 대입하고, $-\nabla p + \bar{\rho}\mathbf{g}$를 $-\nabla\mathscr{P}$로 대체함으로써 Boussinesq (11.3절 참조) 방식으로 근사될 것이다. 일정한 점도의 뉴튼 유체에 대해 운동방정식은

운동: $$\bar{\rho}\frac{D\mathbf{v}}{Dt} = \mu\nabla^2\mathbf{v} - \nabla\mathscr{P} - \bar{\rho}\mathbf{g}\bar{\beta}(T - \bar{T}) - \bar{\rho}\mathbf{g}\bar{\zeta}(\omega_A - \bar{\omega}_A) \tag{19.5-2}$$

로 주어진다. 화학반응, 점성 소산 및 중력을 제외한 외부 힘이 없는 경우 에너지 방정식은 식 19.3-3과 함께 표 19.2-4의 식 (F)로부터 얻을 수 있다. 더욱이 전자를 사용함에 있어 질량 평균 속도에 상대적인 에너지의 확산 전달은 무시한다. 일정한 열전도도에 대해 이는

에너지: $$\frac{DT}{Dt} = \alpha\nabla^2 T \tag{19.5-3}$$

---

[7] J. O. Hirschfelder, *J. Chem. Phys.*, **26**, 274-281 (1957); 또 다양한 양자 상태 사이에 평형이 가정되지 않은 이론의 더 상세한 전개에 대해서는 D. Secrest and J. O. Hirschfelder, *Phys. of Fluids*, **4**, 61-73 (1961)을 참조하시오.

[8] 두 공식을 실험 데이터와 비교하기 위해서는 Reid, Prausnitz and Poling, op. cit., p.497을 참조하시오. 식 19.4-42의 Hirschfelder 공식과 식 19.3-15의 Eucken 공식은 측정된 전도도 값의 한계를 정하는 경향이 있다.

[9] J. H. Ferziger and H. G. Kaper, *Mathematical Theory of Transport Processes in Gases*, North Holland, Amsterdam(1977), 11.2절과 11.3절.

으로 유도된다. 여기서 $\alpha = k/\bar{\rho}\hat{C}_p$는 열 확산계수이다. 일정한 ρ와 $\mathscr{D}_{AB}$를 갖는 반응하지 않는 2 성분 혼합물에 대해, 식 19.1-14는

$$A\text{의 연속:}\qquad \frac{D\omega_A}{Dt} = \mathscr{D}_{AB}\nabla^2\omega_A \tag{19.5-4}$$

의 형태를 갖는다. 주어진 가정에 대해, 식 19.5-3과 4 사이의 상사성은 명백하다.

이제 3.7절과 11.5절에서 사용된 기준 양 l_0, v_0와 $\mathscr{P}_0$, 11.5절의 기준 온도 T_0와 T_1 및 상사한 기준 몰 분율 ω_{A0}와 ω_{A1}을 도입하고자 한다. 그러면 사용할 무차원 양은

$$\breve{x} = \frac{x}{l_0} \qquad \breve{y} = \frac{y}{l_0} \qquad \breve{z} = \frac{z}{l_0} \qquad \breve{t} = \frac{v_0 t}{l_0} \tag{19.5-5}$$

$$\breve{\mathbf{v}} = \frac{\mathbf{v}}{v_0} \qquad \breve{\nabla} = l_0\nabla \qquad \frac{D}{D\breve{t}} = \left(\frac{l_0}{v_0}\right)\frac{D}{Dt} \qquad \breve{\mathscr{P}} = \frac{\mathscr{P} - \mathscr{P}_0}{\bar{\rho}v_0^2} \tag{19.5-6}$$

$$\breve{T} = \frac{T - T_0}{T_1 - T_0} \qquad \breve{\omega}_A = \frac{\omega_A - \omega_{A0}}{\omega_{A1} - \omega_{A0}} \tag{19.5-7}$$

이다. 여기서 **v**는 혼합물의 질량 평균 속도인 것으로 이해된다. 문제에 따라서는 다른 무차원 변수의 선택이 바람직하다는 것을 인식해야 한다.

위에 나열된 무차원 변수의 항으로 된 변화방정식은

$$\text{연속:}\qquad (\breve{\nabla}\cdot\breve{\mathbf{v}}) = 0 \tag{19.5-8}$$

$$\text{운동:}\qquad \frac{D\breve{\mathbf{v}}}{D\breve{t}} = \frac{1}{\text{Re}}\breve{\nabla}^2\breve{\mathbf{v}} - \breve{\nabla}\breve{\mathscr{P}} - \frac{\text{Gr}}{\text{Re}^2}\frac{\mathbf{g}}{g}(\breve{T} - \bar{\breve{T}}) - \frac{\text{Gr}_\omega}{\text{Re}^2}\frac{\mathbf{g}}{g}(\breve{\omega}_A - \bar{\breve{\omega}}_A) \tag{19.5-9}$$

$$\text{에너지:}\qquad \frac{D\breve{T}}{D\breve{t}} = \frac{1}{\text{RePr}}\breve{\nabla}^2\breve{T} \tag{19.5-10}$$

$$A\text{의 연속:}\qquad \frac{D\breve{\omega}_A}{D\breve{t}} = \frac{1}{\text{ReSc}}\breve{\nabla}^2\breve{\omega}_A \tag{19.5-11}$$

과 같이 표현할 수 있다. Reynolds 수, Prandtl 수 및 열 Grashof 수는 표 11.5-1에 주어져 있다. 다른 새로운 두 개의 무차원 수는

$$\text{Sc} = \left[\!\left[\frac{\mu}{\rho\mathscr{D}_{AB}}\right]\!\right] = \left[\!\left[\frac{\nu}{\mathscr{D}_{AB}}\right]\!\right] = \text{Schmidt 수} \tag{19.5-12}$$

$$\text{Gr}_\omega = \left[\!\left[\frac{g\bar{\zeta}(\omega_{A1} - \omega_{A0})l_0^3}{\nu^2}\right]\!\right] = \text{확산 Grashof 수} \tag{19.5-13}$$

이 있다. Schmidt 수는 질량 확산계수에 대한 운동량 확산계수의 비이고, 분자 운동량 전달과 분자 물질전달의 상대적 용이성을 나타낸다. 이는 열 확산계수에 대한 운동량 확산계수의 비를 나타내는 Prandtl 수와 상사하다. 확산 Grashof 수는 농도의 불균일성에 의해 유발되는 부력 때문에 나타난다. 식 19.5-10과 11에서 곱 RePr과 ReSc는 각각 Pé 와 Pé_{AB}인 Péclet

수로 알려져 있다.

물질전달 문제의 차원 해석은 열전달 문제의 차원 해석과 똑 같다. 다음 3 가지 예로 그 기법을 설명하고자 한다. (i) 앞에서 해를 구했던 열전달 문제와의 상사성에 의해 많은 물질전달 문제의 해를 구하도록 허용하는 식 19.5-10과 11사이의 강한 유사성; 이와 같은 상사성은 예제 19.5-1에서 사용된다. (ii) 물질의 전달은 종종 에너지를 요구하거나 방출하므로 열 및 물질전달은 예제 19.5-2에서 설명된 바와 같이 동시에 고려되어야만 한다. (iii) 많은 공업적 혼합 조작에서와 같이 확산은 때로는 물질전달에서 부수적인 역할을 하므로 상세하게 고려해야 할 필요가 없다. 이 상황은 예제 19.5-3에서 설명된다.

열전달에 대해서와 같이 실질적인 물질전달 문제의 해에 차원 해석을 사용하는 것은 하나의 기교다. 이 기법은 보통 많은 무차원 비 중 최소한 몇 가지의 효과가 무시될 때 가장 유용하다. 적절한 무차원 군의 상대적인 중요성에 대한 평가는 보통 상당한 경험을 필요로 한다.

예제 19.5-1 긴 원통 주위의 농도분포

고체 A에는 녹지 않는 화학 종 B의 기체 흐름 내에 잠겨 있는, 휘발성 고체 A의 긴 등온 원통 주위의 농도분포를 예측하고자 한다. 이 계는 여기서 열전달 보다는 물질전달을 고려한다는 점을 제외하고는 그림 11.5-1에 도시된 계와 유사하다. 고체의 증기압이 기체의 총 압력에 비해 작으므로, 물질전달 계는 사실상 등온이다.

원하는 예측을 하기위해 예제 11.5-1의 결과를 사용할 수 있는가?

해 물질전달 계에서 적절하게 정의된 무차원 농도분포가 열전달 계에서의 무차원 온도분포와 동일하다는 것을 알 수 있다면, 예제 11.5-1의 결과는 적용 가능하다.

$$\breve{\omega}_A(\breve{x}, \breve{y}, \breve{z}) = \breve{T}(\breve{x}, \breve{y}, \breve{z}) \tag{19.5-14}$$

만약 두 계에 대한 미분방정식과 경계조건이 동일한 형태라 둘 수 있다면 이 등식은 성립될 것이다.

그러므로 예제 11.5-1에서와 같이 동일한 기준 길이, 기준 속도와 기준 압력을 선정하고, 상사한 조성 함수 $\breve{\omega}_A = (\omega_A - \omega_{A0})/(\omega_{A\infty} - \omega_{A0})$를 선정하여 시작하고자 한다. 여기서 ω_{A0}는 계면에 인접한 기체 내 A의 질량 분율이고, $\omega_{A\infty}$는 원통으로부터 멀리 떨어진 곳의 값이다. 또 $\bar{\omega}_A = \omega_{A0}$이므로 $\breve{\omega}_A = 0$이라 한다. 그러면 여기서 필요한 변화방정식은 식 19.5-8, 9와 11이다. 따라서 여기 미분방정식과 문제 11.5-1의 미분방정식이 식 11.5-3의 점성 가열 항을 제외하고는 상사하다.

경계조건에 대해서는 여기서

경계조건 1: $\breve{x}^2 + \breve{y}^2 \to \infty$일 때, $\breve{\mathbf{v}} \to \boldsymbol{\delta}_x$ $\breve{\omega}_A \to 1$ (19.5-15)

경계조건 2: $\breve{x}^2 + \breve{y}^2 = \frac{1}{4}$ 에서, $$\breve{\mathbf{v}} = \frac{1}{\text{ReSc}} \frac{(\omega_{A0} - \omega_{A\infty})}{(1 - \omega_{A0})} \breve{\nabla} \breve{\omega}_A \quad \breve{\omega}_A = 0 \qquad (19.5\text{-}16)$$

경계조건 3: $\breve{x}^2 + \breve{y}^2 = \infty$ 이고 $\breve{y} = 0$ 일 때 $\breve{\mathscr{P}} \to 0$ (19.5-17)

을 갖는다. Fick 1 법칙에 의해 얻어진 $\breve{\mathbf{v}}$에 대한 경계조건은 A의 승화로 유발되는 반지름 방향의 계면 속도가 있음을 의미한다.

위 식을 예제 11.5-1의 열전달에 대한 식과 비교해 보면, 에너지 방정식의 점성 소산항에 대응하는 부분이 물질전달에는 없으며, 식 19.5-16의 경계조건에서 반지름 방향의 계면 속도 성분에 대응하는 부분이 열전달에는 없다는 것을 안다. 그러나 $\breve{T}$, Pr과 Gr을 $\breve{\omega}_A$, Sc와 Gr_ω로 바꿈으로써 식의 다른 부분은 상사하다.

Brinkman 수가 충분히 작으면, 점성 소산은 중요하지 않게 되고, 에너지 방정식에서 이 항은 무시할 수 있다. 큰 속도 구배를 갖는 매우 점성인 유체의 유동 또는 극초음파의 경계층(10.4절) 내의 경우를 제외하고는 Brinkman 수 항을 무시하는 것은 적절하다. 유사하게 $(1/\text{ReSc})[(\omega_{A0} - \omega_{A\infty})/(1 - \omega_{A0})]$가 매우 작으면, 적용 가능할 만한 오차를 도입하지 않고도 0과 같다고 둘 수 있을 것이다. 이들 극한 조건이 만나면, 열 및 물질전달에 대한 상사한 거동을 얻게 될 것이다. 더 엄밀하게는 무차원 온도 $\breve{T}$가 $\breve{x}, \breve{y}, \breve{z}, \breve{t}$, Re, Pr과 Gr에 의존하는 것과 같이, 무차원 농도 $\breve{\omega}_A$는 $\breve{x}, \breve{y}, \breve{z}, \breve{t}$, Re, Pr과 Gr_ω에 의존할 것이다. 그러면 Sc = Pr이고 Gr = Gr_ω일 때는 언제든지 주어진 Re에 대해 농도와 온도분포가 동일하게 될 것이다.

적어도 이론상으로는 $T_0 - T_\infty$를 변화시키면 열 Grashof 수를 변화시킬 수 있으므로, 이는 원하는 Grashof 수를 얻을 수 있다라는 것과 같다. 그러나, 표 9.1-2와 표 17.1-1로부터 기체에 대한 Schmidt 수는 Plandtl 수가 변하는 범위보다 상당히 넓은 범위에 걸쳐 변할 수 있다는 것을 알 수 있다. 그러므로, 극한 범위의 Schmidt 수인 경우를 제외하고는 물질전달 공정의 만족할만한 열적 모델을 얻는 것이 어려울 것이다.

유사한 열 및 물질전달 거동을 얻는 것에 대한 또 다른 가능한 심각한 장애 요인은 불균일한 표면 온도일 가능성이다. 승화열은 주변의 기체로부터 얻어져야 하며, 이는 고체 온도를 기체 온도보다 더 낮게 되도록 유발하게 된다. 그러므로 열과 물질전달을 동시에 고려하는 것이 필요하다. 동시에 일어나는 열 및 물질전달에 대한 가장 간단한 해석을 다음 예제에서 다루고자 한다.

예제 19.5-2 제습 중 안개 형성

젖은 공기가 액체 냉매의 비등에 의해 냉각되는 금속관을 통과하는 동안 동시에 냉각되고 또 제습되고 있다. 관 표면은 유입되는 공기의 이슬점 이하에 있으므로, 물 경막으로 덮히게 된다. 이 응축액 층으로부터 냉매로의 열전달은 물의 자유 표면이 냉매의 비등점에서 등온으로 간주될 정도로 충분히 효과적으로 일어나고 있다. 이 계는 그림 19.5-1에 도시되어 있다.

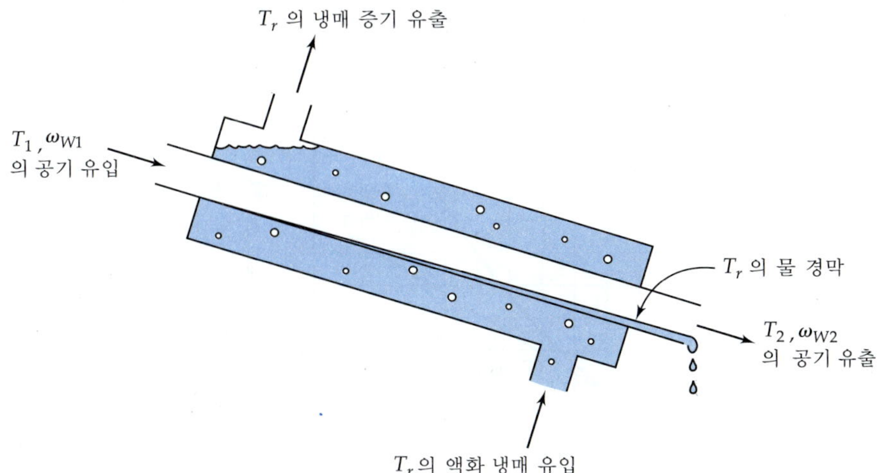

그림 19.5-1 제습기의 개략적인 그림. 공기가 유입 온도 T_1과 습도 ω_{W1}(수증기의 질량 분율)으로 들어 오며, 유출 온도 T_2와 습도 ω_{W2}로 떠난다. 냉매로의 열전달은 대단히 효율적이기 때문에, 공기–응축액 계면의 온도는 냉매의 온도 T_r에 가깝다.

안개가 형성될 위험없이 사용될 수 있는 냉매의 온도 범위를 결정하고자 한다. 안개를 형성하는 대부분의 작은 물방울들은 특별한 수집 장치가 있지 않으면 공기와 함께 냉각관을 통과해 나가기 때문에 안개는 바람직하지 않다. 안개는 계의 임의의 지점에서 젖은 공기가 과포화되면 형성될 수 있다.

해 화학 종 A를 공기로, W를 물이라 하자. 여기서는 무차원 변수

$$\breve{T} = \frac{T - T_r}{T_1 - T_r}; \qquad \breve{\omega}_W = \frac{\omega_W - \omega_{Wr}}{\omega_{W1} - \omega_{Wr}} \tag{19.5-18}$$

을 선정하는 것이 편리하다. 하첨자는 그림 19.5-1에 좀 더 자세히 정의되어 있다.

적절한 온도의 공기–물 계에 대해, 공기를 단일 화학 종으로 간주하면 ρ와 $\mathscr{D}_{AW}$가 일정하다는 가정은 타당하다. 수증기와 공기의 열용량이 같지 않지만, 에너지의 확산 전달은 대단히 작을 것이라 기대된다. 그러므로 식 19.5-9에서 11은 제습 공정의 합리적인 믿을만한 식으로 주어진다. 이들 식을 적분하기 위해 필요한 경계조건은 관 유입구에서 $\breve{\omega}_W = \breve{T} = 1$이고, 기체–액체 경계에서 $\breve{\omega}_W = \breve{T} = 0$이며, 속도 $\breve{\mathbf{v}}$에 대한 안 미끄러짐 조건과 유입 조건이다.

그러면 무차원 분포는

$$\breve{\omega}_W(\breve{x}, \breve{y}, \breve{z}, \text{Re}, \text{Gr}_\omega, \text{Gr}, \text{Sc}, \text{Pr}) = \breve{T}(\breve{x}, \breve{y}, \breve{z}, \text{Re}, \text{Gr}, \text{Gr}_\omega, \text{Pr}, \text{Sc}) \tag{19.5-19}$$

의 관계가 있음을 알 수 있다. 따라서 $\breve{T}$가 그 독립 변수의 주어진 정확한 차수의 함수인 것과 같이 $\breve{\omega}_W$는 그 독립 변수의 동일한 함수이다. 일반적으로 Gr_ω가 Gr과 같지 않고, Sc가 Pr과 같지 않으므로, 두 분포는 유사하지 않다. 이 일반적인 결과는 너무 복잡하여 큰 가치가 없다.

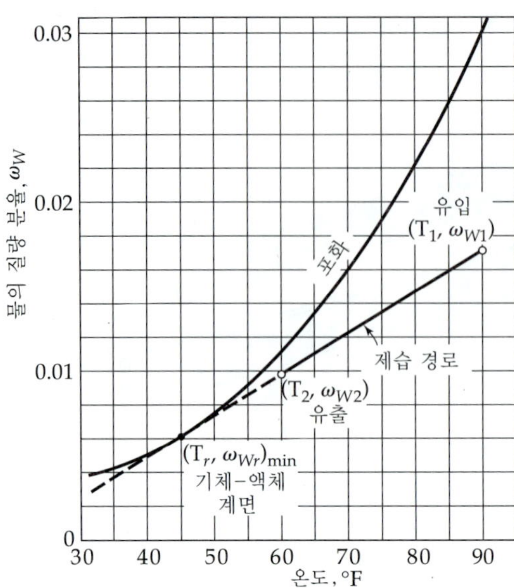

그림 19.5-2 대표적인 제습 경로. 여기서 보는 제습 경로는 안개가 없는 것을 보장하는 가장 낮은 냉매 온도 $T_{r,\text{min}}$에 대응한다. 이 상황에 대한 제습 경로는 주어진 유입 공기 조건을 나타내는 점 (T_1, ω_{W1})을 통과하는 포화 곡선에 접선이다. 더 낮은 냉매 온도에 대해 계산된 제습 경로는 포화 곡선을 가로지르게 될 것이며, 그러면 포화 수증기 농도는 안개 형성을 가능하게 하는 농도를 통과하게 될 것이다.

그러나 적절한 온도와 대기압 부근 압력의 공기–물 계에 대해서는, Sc가 약 0.6이고 Pr이 대략 0.71이다.

만약 Sc와 Pr이 같아지는 순간이 있다고 가정하면, 차원 해석은 훨씬 더 간단해진다. 이 특별한 상황에 대해서는 에너지 방정식과 화학 종 연속방정식이 동일하다. 또한 $\breve{\omega}_W$와 $\breve{T}$에 대한 경계조건이 같으므로, 무차원 농도와 온도분포는 동일하다. Gr_ω와 Gr이 같을 필요는 없음에 주목해야 한다. 이는 연속방정식과 에너지 방정식 둘 다에서 같은 방식으로 나타나는 속도 **v** 대신에 Grashof 수가 오직 농도와 온도분포에만 영향을 미치기 때문이다.

그러므로 Sc = Pr인 가정과 함께 계의 각 점에서

$$\breve{\omega}_W = \breve{T} \tag{19.5-20}$$

을 갖는다. 이는 관 내의 **모든** 온도–농도쌍이 습도표 위 (T_1, ω_{W1})과 (T_r, ω_{Wr}) 사이의 직선 상에 놓여 있음을 의미하며, 이는 대표적인 조건의 집합에 대한 그림 19.5-2에서 도식적으로 볼 수 있다. 평형이 대단히 가깝게 근사되므로, (T_r, ω_{Wr})이 포화 곡선 상에 놓여 있어야 함에 주목하시오.

만약 (T_1, ω_{W1})과 (T_r, ω_{Wr}) 사이에 그려진 직선이 포화 곡선과 교차하지 않는다면, 당연히 안개가 형성될 수 없다. 안개를 생성할 수 없는 가장 낮은 냉매 온도는 포화곡선과 (T_1, ω_{W1})을 지나는 직선의 접점에 의해 나타난다.

비록 총괄 조건 또는 혼합 용기 조건이 (T_1, ω_{W1})에서 (T_2, ω_{W2})까지만 변한다고 하더라도, 유입 (T_1, ω_{W1})에서 (T_r, ω_{Wr})까지의 선을 따르는 모든 조건들이 기체에서 일어난다는 것에 주목해야 한다. 따라서 비록 흐르는 기체의 총괄 조건이 포화 상태에 도달되지 않더라도 약간의 안개가 발생할 수 있다. 90°F와 50%의 상대 습도로 유입되는 공기에 대해, 안전

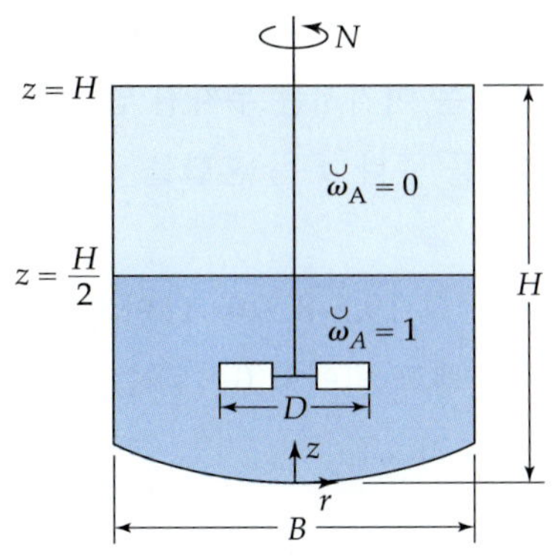

그림 19.5-3 혼화성 유체의 혼련. 시간 0에서 이 탱크의 상부 반은 용질이 없고, 하부 반은 1인 무차원 농도로 균일하게 분포된 용질을 포함하고 있으며, 유체는 움직임이 없다. 0보다 큰 모든 시간에 대해 교반기는 일정한 회전 속도 N으로 회전하게 된다. 탱크 내의 위치는 교반기의 축으로부터 반지름 방향의 거리 r과 탱크의 바닥에서부터 위로 향한 z를 갖는 좌표 r, θ, z에 의해 주어진다.

한 최소 냉매 온도는 약 45°F이다. 또한 제습하기 위해 모든 젖은 공기를 이슬점까지 반드시 가져가야 할 필요는 없다는 것을 그림 19.5-2로부터 알 수 있을 것이다. 냉각 표면에서 공기가 포화되는 것이 오직 필요하다. 출구 총괄 조건 (T_2, ω_{W2})는 사용하는 장치의 효용성에 의존하면서 (T_1, ω_{W1})와 (T_r, ω_{Wr})사이의 제습 경로를 따르는 어느 지점이든 될 수 있다. Sc와 Pr을 같다고 가정한 조건에 기초를 둔 계산은 공기–물 계에 대해 대단히 유용하다고 증명되었다.

이에 더하여 Schmidt 수와 Prandtl 수의 물리적 의미를 생각하면 위의 개괄적인 계산 과정이 보존적이라는 것을 알 수 있다. Schmidt 수가 Prandtl 수보다 약간 작으므로, 제습은 냉각보다 비례적으로 더 빠르게 진행될 것이며, 온도–농도쌍은 그림 19.5-2에 그려진 제습 경로보다 약간 아래에 놓일 것이다. 공기로부터 유기 증기를 응축할 때는 반대의 상황이 종종 일어난다. Schmidt 수는 Prandtl 수보다 더 높아지는 경향이 있으며, 응축보다 냉각이 더 빠르게 일어난다. 이 조건은 그림 19.5-2의 직선보다 위에 놓이며, 안개가 형성될 위험이 증가하게 된다.

예제 19.5-3 혼화성 유체의 혼련

교반 탱크 내 두 혼화성 유체를 혼련하기에 요구되는 시간에 대한 상관관계의 일반적인 형태를 차원 해석에 의해 수립하시오. 그림 19.5-3에 설명된 종류의 탱크를 고려하고, 두 유체와 그 혼합물은 본질적으로 동일한 물성을 갖는다고 가정하시오.

해 임의의 두 혼합 조작에서 "같은 혼련도"를 달성한다는 것은 각각에 있어 동일한 무차원 농도분포를 얻는다는 것을 의미한다. 다시 말해 혼련도가 같다면 무차원 용질 농도 $\breve{\omega}_A$는 두 계의 적절한 무차원 좌표 ($\breve{r}$, θ, $\breve{z}$)의 동일한 함수이다. 이들 농도분포는 적절한 보존식과 경계조건들에서 나타나는 적절하게 정의된 무차원 군과 무차원 시간에 의존할 것이다.

이 문제에서는 무차원 변수에 대한 다음 정의를 선택하고자 한다.

$$\breve{r} = \frac{r}{D} \qquad \breve{z} = \frac{z}{D} \qquad \breve{\mathbf{v}} = \frac{\mathbf{v}}{ND} \qquad \breve{t} = Nt \qquad \breve{p} = \frac{p - p_0}{\rho N^2 D^2} \tag{19.5-21}$$

여기서 D는 교반기의 지름, N은 단위 시간당 회전하는 교반기의 회전 속도이며, p_0는 일반적인 대기압이다. 3.7절에서 정의된 양 $\breve{\mathscr{P}}$보다는 여기서는 무차원 압력 $\breve{p}$가 사용된다. $\breve{p}$를 사용하는 식이 보다 간단하면서 동일한 결과를 준다. $\breve{t}$는 혼합을 시작한 시점부터 교반기의 총 회전수와 같음에 주목하시오.

이 계를 설명하는 보존식은 Grashof 수가 0인 식 19.5-8, 9와 11이고, 이들 식에서 나타나는 무차원 군은 Re, Fr과 Sc이다. 경계조건은 탱크 벽에서 0이 되는 **v**와 액체의 자유 표면 위에서 0이 되는 p를 포함하고, 이에 더하여 초기조건

조건 1: $\breve{t} \leq 0$ 에서, $\frac{1}{2}\frac{H}{D} < \breve{z} < \frac{H}{D}$에 대해 $\breve{\omega}_A = 0$ (19.5-22)

조건 2: $\breve{t} \leq 0$ 에서, $0 < \breve{z} < \frac{1}{2}\frac{H}{D}$에 대해 $\breve{\omega}_A = 1$ (19.5-23)

조건 3: $\breve{t} \leq 0$ 에서, $0 < \breve{z} < \frac{H}{D}$ 와 $0 < \breve{r} < \frac{1}{2}\frac{B}{D}$ 에 대해 $\breve{\mathbf{v}} = 0$ (19.5-24)

을 지정해야 하고, 교반기에서 안 미끄러짐이 요구된다(식 3.7-34 참조).

그러면 무차원 농도분포는 Re, Sc, Fr, 무차원 시간 $\breve{t}$, 탱크의 기하학적 구조(H/D와 B/D를 통해) 및 두 유체의 상대적인 비율의 함수임을 안다.

$$\breve{\omega}_A = f(\text{Re, Fr, Sc}, \breve{t}, \text{기하학적 구조, 초기조건}) \tag{19.5-25}$$

조사되어야 하는 변수의 수를 줄이는 것이 종종 가능하다.

만약 탱크에 방해판[1]이 적절하게 설치되어 있으면, 중요한 와류는 일어나지 않는다는, 즉 액체의 자유 표면이 효과적으로 평탄해진다는 것이 관찰되었다. 이런 상황에서는 또는 액체의 자유 표면이 없는 경우에는, 3.7절에서 확인하였듯이 Froude 수는 계를 기술하는데 나타나지 않는다.

더욱이 낮은 점도의 액체에 대한 대부분의 조작에서는 한 유체를 다른 유체 내에 고르게 나누어 분산시키는 것이 율속 단계임을 안다. 이와 같은 분산에서는 확산 공정이 대단히 짧은 거리에 걸쳐 일어난다. 결과적으로 분자 확산은 율속 조건이 아니며, Schmidt 수(Sc)는 거의 중요하지 않게 된다. 더욱이 보통 만나게 되는 대부분의 조건에서 Reynolds 수(Re)의 효과는 무시할 만 하다는 것을 안다. 이는 대부분의 혼합이 점도 효과가 큰[2] 탱크와 교반기 표면에 인접한 경계층에서 일어나기 보다는 점도 효과가 작은 탱크 내부에서 일어나기 때문이다.

보통 사용되는 대부분의 교반기-탱크 조합에 대해, Reynolds 수(Re)는 그 값이 약 10^4 이상이 되면 중요하지 않으며, 이 거동은 수많은 연구자에 의해 확인되었다.[3]

따라서 광범위한 실험 뒤에 놀랄 정도로 간단한 결과에 도달하게 된다. 위 모든 가정들이 타당하다면, 농도분포는 오직 $\breve{t}$에만 의존한다. 그러므로 원하는 임의의 혼합도를 얻기 위해 요구되는 무차원 시간은 주어진 계의 기하학적 구조에 대해 일정하다. 달리 말하면, 물

론 탱크와 교반기가 기하학적으로 유사한 것으로 주어지면 혼합 공정 중의 교반기의 총 회전수는 Re, Fr, Sc 및 탱크의 크기에 무관하게 혼련 정도를 결정한다.

동일한 이유로, $\text{Re} > 10^4$이면 적절하게 방해판이 설치되어 있는 탱크에서 교반기의 무차원 속도분포와 부피 수송 효율은 Froude 수(Fr)와 Reynolds 수 (Re)에 거의 무관하다.

토의를 위한 질문

1. 3장과 11장에 주어진 다양한 변화방정식은 반응하는 혼합물에 대해 어떻게 수정되어야 하는가?

2. 화학적으로 반응하는 혼합물을 나타내기 위해서는 3장과 11장에 주어진 흘럭스 식에서 어떤 수정이 필요한가?

3. 어떤 조건 하에서 $(\nabla \cdot \mathbf{v}) = 0$인가? $(\nabla \cdot \mathbf{v}^*) = 0$인가?

4. 식 19.1-14와 15는 물리적으로 같다. 어떤 종류의 문제에 대해 한 식이 다른 식보다 선호되는가?

5. 표 19.2-3의 식에서 각 항의 물리적인 의미를 설명하시오.

6. 모든 확산 질량 흘럭스가 0일 때, 혼합물의 열전도도는 음의 온도 구배에 대한 열 흘럭스의 비로 정의된다. 식 19.3-3의 항으로 이 내용을 설명하시오.

7. 열전달과 물질전달 사이의 유사성과 상이성을 논의하시오.

8. 식 19.3-4를 식 19.3-6으로 변환하는 모든 과정을 시도해 보시오. 왜 후자의(근사적인) 결과가 중요한가?

9. 열전달 속도는 동시에 일어나는 물질전달에 직접 영향을 받지만, 반면에 그 역은 진실이 아니다라는 예제 19.4-9 아래의 언급에 대해 논하시오.

---

[1] 축 방향으로 부착된 교반기를 갖는 수직 원통형 탱크에 대한 통상적이며 효과적인 방해판 배열은 탱크 벽을 따라 4개의 동일한 간격으로 된, 탱크 축을 통과하는 평면에 평탄한 표면을 가지며 탱크의 꼭대기로부터 바닥까지 확장되고 적어도 탱크 중앙까지 거리의 2/10가 되는 지점까지 확장되는 판의 집합으로 이루어져 있다

[2] Reynolds 수에 대한 요구되는 혼합 시간의 둔감도는 큰 Re에서 식 19.5-9의 $(1/\text{Re})\breve{\nabla}^2\breve{\mathbf{v}}$ 항이 가속항 $D\breve{\mathbf{v}}/D\breve{t}$에 비해 작게 된다는 사실로부터 직관적으로 알 수 있다. 그러나 이와 같은 직관적인 언급은 위험하며, Re의 효과는 고체 표면 바로 부근에서는 항상 중요하다. 여기서는 고체 표면의 바로 부근에서 일어나는 혼합량은 작으며 무시할 수 있다.

Schmidt 수에 대한 요구되는 혼합 시간의 둔감도는 21장의 시간 평균한 연속방정식으로부터 알 수 있다. 큰 Re에서 난류 질량 흘럭스는 고체 표면의 바로 부근을 제외하고는 분자 확산에 기인한 것보다 훨씬 더 크다.

[3] E. A. Fox and V. E. Gex, *AIChE Journal*, **2**, 539-544 (1956); H. Kramers, G. M. Baars, and W. H. Knoll, *Chem. Eng. Sci*, **2**, 35-42 (1955); J. G van de Vusse, *Chem. Eng. Sci*, **4**, 178-200, 209-220 (1955).

문제

19A.1. 공기의 제습(그림 19.4-1). 예제 19.4-1의 계에 대해, 증기는 H_2O로 정체 기체는 공기로 두자. 다음 조건을 가정하시오(공기 공조에서 대표적인): (i) $y = \delta$에서 $T = 80°F$와 $x_{H_2O} = 0.018$이고, (ii) $y = 0$에서 $T = 50°F$이다.

(a) $p = 1$ atm에 대해 식 19.4-9의 우변을 계산하시오.

(b) $y = 0$에서 전도 열 훌럭스와 확산 열 훌럭스를 비교하시오. 얻는 답의 물리적 중요성은 무엇인가?

답: **(a)** 1.004

19B.1. 정상상태 증발(그림 18.2-1). 식 19.1-17로부터 시작하여 기체 B 내로의 액체 A의 증발과 관련하여 18.2절에서 풀었던 문제를 다시 풀어 보시오.

(a) 먼저 표 17.8-2 식 (D) 형태의 Fick 법칙뿐만 아니라 표 17.8-1 식 (M)을 사용하여 v^*에 대한 식을 구하시오.

(b) 그러면 식 19.1-17이 다음의 비선형 2차 미분방정식이 됨을 보이시오:

$$\frac{d^2x_A}{dz^2} + \frac{1}{1 - x_A}\left(\frac{dx_A}{dz}\right)^2 = 0 \tag{19B.1-1}$$

(c) 이 식을 풀어 식 18.2-11에 주어진 몰 분율 분포를 구하시오.

19B.2. 화학반응을 동반하는 기체 흡수(그림 18.4-1). 식 19.1-16으로 시작하여 18.4절에 풀었던 문제를 다시 풀어 보시오. 식 18.4-4를 얻기 위해 어떤 가정을 수립하여야만 하는가?

19B.3. 농도 의존적 확산계수. B의 정지된 액체층은 $z = 0$(고체 벽)과 $z = b$(기체-액체 계면)의 평면에 의해 경계지어져 있으며, 이들 평면에서 A의 농도는 각각 c_{A0}와 c_{Ab}이다. 확산계수 $\mathscr{D}_{AB}$는 A의 농도 함수이다.

(a) 식 19.1-5로부터 출발하여 정상상태의 농도분포에 관한 미분방정식을 유도하시오.

(b) 농도분포가

$$\frac{\int_{c_A}^{c_{A0}} \mathscr{D}_{AB}(\bar{c}_A)d\bar{c}_A}{\int_{c_{Ab}}^{c_{A0}} \mathscr{D}_{AB}(c_A)dc_A} = \frac{z}{b} \tag{19B.3-1}$$

로 주어짐을 보이시오.

(c) 고체-액체 표면에서 몰 훌럭스는

$$N_{Az}|_{z=0} = \frac{1}{b}\int_{c_{Ab}}^{c_{A0}} \mathscr{D}_{AB}(c_A)dc_A \tag{19B.3-2}$$

임을 보이시오.

(d) 이제 확산계수를 농도의 Taylor 급수로 표현할 수 있다고 가정하시오.

$$\mathscr{D}_{AB}(c_A) = \bar{\mathscr{D}}_{AB}[1 + \beta_1(c_A - \bar{c}_A) + \beta_2(c_A - \bar{c}_A)^2 + \cdots] \tag{19B.3-3}$$

여기서 $\bar{c}_A = \frac{1}{2}(c_{A0} + c_{Ab})$이고 $\bar{\mathscr{D}}_{AB} = \mathscr{D}_{AB}(\bar{c}_A)$이다. 그러면

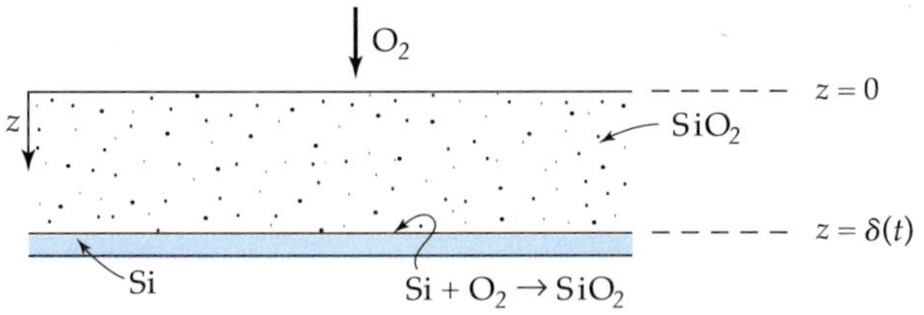

그림 19B.4 실리콘의 산화.

$$N_{Az}|_{z=0} = \frac{\overline{\mathscr{D}}_{AB}}{b}(c_{A0} - c_{Ab})[1 + \tfrac{1}{12}\beta_2(c_{A0} - c_{Ab})^2 + \cdots] \quad (19B.3\text{-}4)$$

임을 보이시오.

(e) 만약 확산계수가 농도의 선형 함수라면 이 결과를 어떻게 단순화할 수 있는가?

19B.4. 실리콘의 산화(그림 19B.4).[1] 실리콘 평판이 압력 p에서 실리콘 다이옥사이드(화학 종 B)의 층을 형성하면서 기체 상태의 산소(화학 종 A)에 노출되어 있다. 층은 산소가 농도 $c_{A0} = Kp$로 용해되는 $z = 0$인 표면에서부터 산소와 실리콘이 k_1''인 반응 상수로 1차 반응을 수행하는 $z = \delta(t)$인 표면까지 확장된다. 성장하는 산화층의 두께 $\delta(t)$를 예측할 수 있다. 반응 전면의 진행이 대단히 느리므로, 준 정상 상태의 방법이 여기서는 유용하다.

(a) 먼저 $\partial c_A/\partial t$ 항을 무시하고 식 19.1-18의 확산방정식을 풀고, 경계조건을 적용하여

$$c_A = c_{A0} - (c_{A0} - c_{A\delta})\frac{z}{\delta} \quad (19B.4\text{-}1)$$

을 구하시오. 여기서 반응 평면의 농도 $c_{A\delta}$는 아직 미지의 값이다.

(b) 다음 $0 \leq z \leq \delta(t)$ 영역에 대한 비정상상태의 O_2 몰 수지를 사용하고, C.3절의 Leibniz 공식의 도움으로

$$c_{A\delta}\frac{d\delta}{dt} = -\mathscr{D}_{AB}\frac{dc_A}{dz} - k_1''c_{A\delta} \quad (19B.4\text{-}2)$$

를 구하시오.

(c) 이제 동일한 영역에서 SiO_2에 대한 비정상상태 몰 수지를 쓰고

$$+k_1''c_{A\delta} = \frac{1}{\tilde{V}_B}\frac{d\delta}{dt} \quad (19B.4\text{-}3)$$

을 구하시오.

(d) 식 19B.4-2에서, 식 19B.4-3으로부터 $d\delta/dt$와 식 19B.4-1로부터 dc_A/dz를 계산하시오. 이로부터 $c_{A\delta}$에 대한 식이 산출될 것이다.

$$\frac{k_1''\delta\tilde{V}_B}{\mathscr{D}_{AB}}c_{A\delta}^2 + \left(1 + \frac{k_1''\delta}{\mathscr{D}_{AB}}\right)c_{A\delta} = c_{A0} \quad (19B.4\text{-}4)$$

수치값을 식 19B.4-4에 대입하고 2차항을 안전하게 무시할 수 있음을 보이시오.[1]

[1] R. Ghez, *A Primer of Diffusion Problems*, Wiley-Interscience, New York (1988), pp. 46-55; 이 책은 마이크로 전자공학 분야에서 나타나는 많은 문제를 다루고 있다.

(e) $\delta(t)$에 대한 미분방정식을 얻기 위해 식 19B.4-3과 19B.4-4 (2차항 없이)를 결합하시오, 이로부터 실험 결과[1]와 부합하는

$$\frac{\delta^2}{2\mathscr{D}_{AB}} + \frac{\delta}{k_1''} = \tilde{V}_B c_{A0} t \tag{19B.4-5}$$

가 유도됨을 보이시오. 이 결과를 해석하시오.

19B.5. 다성분 기체 혼합물에 대한 Maxwell-Stefan 방정식. 식 17.9-1에는 다성분 기체계의 질량 흘럭스에 대한 Maxwell-Stefan 방정식이 주어져 있다. 식 17.1-5에 주어진 바와 같이 이들 방정식이 2 성분계에 대해 Fick 1 법칙으로 단순화될 수 있음을 보이시오.

19B.6. 액체 내의 확산과 화학반응.

(a) 액체 B에 약간 녹으며, B와 속도 상수가 k_1'''인 1차 화학반응을 일으키는 물질 A의 고체 구가 액체 B 내에 부유되어 있다. 정상상태에서 확산은 화학반응과 정확하게 균형을 이룬다. 농도분포가

$$\frac{c_A}{c_{A0}} = \frac{R}{r}\frac{e^{-br/R}}{e^{-b}} \tag{19B.6-1}$$

임을 보이시오. 여기서 R은 구의 반지름이고, c_{A0}는 B 내의 A의 몰 용해도이며, $b^2 = k_1'''R^2/\mathscr{D}_{AB}$이다.

(b) 준 정상상태라고 하면, A가 용해되고 반응함에 따라 점차적으로 감소하는 구의 지름을 어떻게 계산하는지 보이시오. 구의 반지름이

$$\sqrt{\frac{k_1'''}{\mathscr{D}_{AB}}}(R - R_0) - \ln\frac{1+\sqrt{k_1'''/\mathscr{D}_{AB}}\,R}{1+\sqrt{k_1'''/\mathscr{D}_{AB}}\,R_0} = -\frac{k_1'''c_{A0}M_A}{\rho_{sph}}\ (t - t_0) \tag{19B.6-2}$$

로 주어지는 것을 보이시오. 여기서 R_0는 시간 t_0에서 구의 반지름이고, ρ_{shp}는 구의 밀도이다.

19B.7. 화학 종 연속방정식의 다양한 형태.

(a) 이 장에서는 화학 종 연속방정식이 식 19.1-7, 표 19.2-1 식 (A) 및 표 19.2-3 식 (B)의 3 가지 다른 형태로 주어져 있다. 이 3 가지 방정식이 동일함을 보이시오.

(b) 식 19.1-11로부터 식 19.1-15를 어떻게 얻는지 보이시오.

19C.1. 2 성분 확산방정식의 다른 형태. 화학반응이 일어나지 않는 경우, 식 19.1-17은 다른 농도 척도, 즉 평균 분자량의 로그를 사용함으로써 $\mathbf{v}^*$보다는 오히려 $\mathbf{v}$ 항으로 쓸 수 있다.[2]

$$\frac{\partial}{\partial t}\ln M + (\mathbf{v}\cdot\nabla\ln M) = \mathscr{D}_{AB}\nabla^2\ln M \tag{19C.1-1}$$

여기서 $M = x_A M_A + x_B M_B$이다.(주의: 해는 길다.)

식 19C.1-1은 연속방정식(표 19.2-3 식 A)에서 나타나는 가변 질량 밀도 ρ 때문에 18.2절의 정체 기체 경막에 대해서 조차도 풀기 어렵다.

---

[2] C. H. Bedingfield, Jr., and T. B.Drew, *Ind. Eng. Chem*, **42**, 1164-1173 (1950); O. T. Hanna, *AIChE Journal*, **8**, 278-279 (1962).

19D.1. 연속방정식의 유도. 19.1절에서 화학 종 연속방정식은 공간 상에 고정된 작은 직각 부피 $\Delta x \Delta y \Delta z$에 대한 질량 수지를 수립함으로써 유도된다.

(a) 충분히 매끄럽고 고정된 경계 S를 갖는 임의 형상의 부피 요소 V에 대해 유도를 반복하시오. 화학 종 질량 수지는

$$\frac{d}{dt}\int_V \rho_A dV = -\int_S (\mathbf{n}\cdot\mathbf{n}_A)dS + \int_V r_A dV \tag{19D.1-1}$$

과 같이 쓸 수 있음을 보이시오. Gauss 다이버전스 이론을 사용하여, 식 19.1-6을 구하시오.

(b) 각 점이 국부적인 질량 평균 속도로 움직이는, 표면 내에 포함된 유체 영역을 사용하여 유도를 반복하시오.

19D.2. 다성분계의 온도에 대한 변화방정식 유도. 표 19.2-4 식 (E)로부터 식 (F)를 유도하시오. 다음 단계의 순서를 제안한다.

(a) 엔탈피는 열역학적 크기 물성이므로

$$H(m_1, m_2, m_3, \ldots, m_N) = m\hat{H}(\omega_1, \omega_2, \omega_3, \ldots, \omega_{N-1}) \tag{19D.2-1}$$

로 쓸 수 있다. 여기서 m_α는 다양한 화학 종의 질량이며, m은 m_α의 합이고, $\omega_\alpha = m_\alpha/m$는 대응하는 질량 분율이다. H와 $\hat{H}$는 둘 다 조성뿐만 아니라 T와 p의 함수로 이해된다. 편미분의 연쇄 법칙을 사용하여

$$(\alpha \neq N) \qquad \left(\frac{\partial H}{\partial m_\alpha}\right)_{m_\gamma} = \sum_{\beta=1}^{N-1}\left(\frac{\partial \hat{H}}{\partial \omega_\beta}\right)_{\omega_\gamma}\left(\delta_{\alpha\beta} - \frac{m_\beta}{m}\right) + \hat{H} \tag{19D.2-2}$$

$$(\alpha = N) \qquad \left(\frac{\partial H}{\partial m_N}\right)_{m_\gamma} = \sum_{\beta=1}^{N-1}\left(\frac{\partial \hat{H}}{\partial \omega_\beta}\right)_{\omega_\gamma}\left(-\frac{m_\beta}{m}\right) + \hat{H} \tag{19D.2-3}$$

임을 보이시오. $\alpha \neq N$에 대해 식 19D.2-2에서 식 19D.2-3을 빼면,

$$\left(\frac{\partial H}{\partial m_\alpha}\right)_{m_\gamma} - \left(\frac{\partial H}{\partial m_N}\right)_{m_\gamma} = \left(\frac{\partial \hat{H}}{\partial \omega_\alpha}\right)_{\omega_\gamma} \tag{19D.2-4}$$

를 얻는다. 하첨자 ω_γ는 "다른 모든 질량 분율은 일정하게 두는" 것을 의미한다.

(b) 식 (E)의 좌변은 단위 질량당 엔탈피를 p, T와 처음 $(N-1)$ 질량 분율의 함수로 간주함으로써 확장할 수 있다.

$$\rho\frac{D\hat{H}}{Dt} = \rho\left(\frac{\partial \hat{H}}{\partial p}\right)_{T,\omega_\gamma}\frac{Dp}{Dt} + \rho\left(\frac{\partial \hat{H}}{\partial T}\right)_{p,\omega_\gamma}\frac{DT}{Dt} + \rho\sum_{\alpha=1}^{N-1}\left(\frac{\partial \hat{H}}{\partial \omega_\alpha}\right)_{p,T,\omega_\gamma}\frac{D\omega_\alpha}{Dt} \tag{19D.2-5}$$

다음, 물질 도함수의 계수가

$$\rho\left(\frac{\partial \hat{H}}{\partial p}\right)_{T,\omega_\gamma} = 1 - \left(\frac{\partial \ln \hat{V}}{\partial \ln T}\right)_{p,\omega_\gamma} \tag{19D.2-6}$$

$$\rho\left(\frac{\partial \hat{H}}{\partial T}\right)_{p,\omega_\gamma} = \rho\hat{C}_p \tag{19D.2-7}$$

과 같을 수 있음을 증명하시오. $\rho(D\omega_\alpha/Dt)$의 계수는 이미 식 19D.2-4에 주어져 있다.

(c) 계수를 식 19D.2-5에 대입하고, 그런 다음 식 19.1-14를 사용하여, $\rho(D\omega_\alpha/Dt)$를 소거하고 $(\partial H/\partial m_\alpha)_{p,T,m_\gamma}$가 $(\bar{H}_\alpha/M_\alpha)$와 동일하다는 것을 증명하시오. 1에서 $N-1$까지의 α에 대한 합은 표 17.8-1의 식 (K)와 $\Sigma_\alpha r_\alpha = 0$이라는 사실을 사용하여 이제 0에서 N까지의 합으로 적절하게 다시 써야만 한다.

(d) 식 (F)를 얻기 위해 (a), (b) 및 (c)의 결과와 식 (E)를 결합하시오.

19D.3. **확산 분리법 또는 "일소 확산"에 의한 기체 분리**(그림 19D.3). A와 B 두 기체가 제 3의 기체 C를 통해 강제적으로 확산되면, A와 B는 확산 속도 차이 때문에 분리되는 경향이 있다. 이 현상은 Hertz[3]에 의해 처음으로 연구되었으며, 후에 Maier[4]에 의해 연구되었다. 특히 Benedict와 Boas[5]는 동위원소의 분리에 관한 공정 경제성을 연구하였다. 더욱이 Keyes와 Pigford[6]는 이론과 실험 둘 다에 기여하였다. 그들의 실험 장치에서 C는 온도를 낮추어 액화함으로써 A와 B로부터 분리할 수 있는 응축 가능한 증기였다.

장치가 정상상태로 운전될 때 길이 L인 확산관에서 일어나는 3 성분 확산을 보다 상세하게 연구하고자 한다. 관의 공급물 끝에서의 농도 x_{A1}과 x_{B1}와 생성물 끝에서의 농도 x_{A2}와 x_{B2} 사이를 연관짓는 식을 구하시오. 이 식은 유입되는 두 흐름 내의 물질의 첨가 속도에 의해 조절되는 3화학 종의 몰 훌럭스를 포함할 것이다.

공급물 유입구로부터 관을 따라 내려가는 길이에 대한 $\zeta = z/L$, 확산계수 비에 대한 $r_A = \mathscr{D}_{AB}/\mathscr{D}_{AC}$와 $r_B = \mathscr{D}_{AB}/\mathscr{D}_{BC}$ 및 몰 훌럭스($\alpha = A, B, C$인)에 대한 $\nu_\alpha = N_{\alpha z}L/c\mathscr{D}_{AB}$와 같은 무차원 양에 대한 기호를 사용하시오.

(a) 이들 무차원 양의 항으로 된 확산에 대한 Maxwell-Stefan 방정식이

$$\frac{dx_A}{d\zeta} = Y_{AA}x_A + Y_{AB}x_B + Y_A \tag{19D.3-1}$$

$$\frac{dx_B}{d\zeta} = Y_{BA}x_A + Y_{BB}x_B + Y_B \tag{19D.3-2}$$

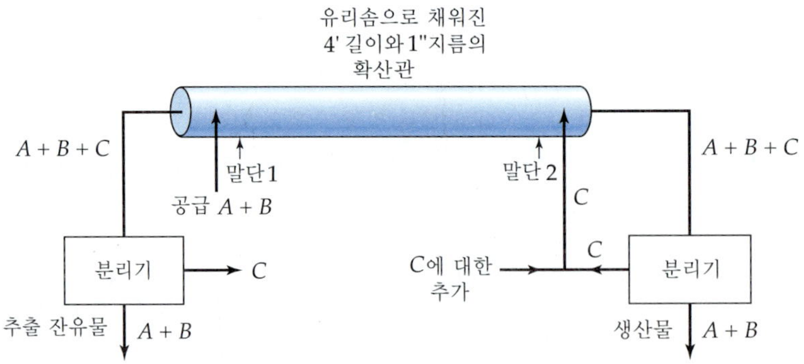

그림 19D.3 확산 분리법 연구를 위한 Keyes-Pigford 실험.

[3] G. Hertz, *Zeits. f. Phys.*, **91**, 810-815 (1934).

[4] G. G. Maier, *Mechanical Concentration of Gases*, U.S. Bureau of Mines Bulletin 431 (1940).

[5] M. Benedict and A. Boas, *Chem. Eng. Prog.*, **47**, 51-62, 111-122 (1951).

[6] J. J. Keys, Jr., and R. L. Pigford, *Chem. Eng. Sci.*, **6**, 215-226 (1957).

임을 보이시오. 여기서 $Y_{AA} = v_B + r_A(v_A + v_C)$, $Y_{AB} = v_A(r_A - 1)$와 $Y_A = -r_A v_A$이고, 나머지 양들은 A와 B의 상호 교환에 의해 얻게 된다.

(b) 관 내의 A와 B에 대한 농도분포를 얻기 위해 Laplace 변환을 사용하여 식 19D.3-1과 2를 푸시오.

(c) 따라서 종말 농도가

$$x_{A2} = \frac{X_A(x_{A1}, x_{B1}; 0)}{p_+ p_-} + \frac{X_A(x_{A1}, x_{B1}; p_+) \exp p_+}{p_+(p_+ - p_-)} + \frac{X_A(x_{A1}, x_{B1}; p_-) \exp p_-}{p_-(p_- - p_+)} \qquad (19D.3\text{-}3)$$

으로 상호 연관됨을 보이시오. 여기서

$$p_\pm = \tfrac{1}{2}[(Y_{AA} + Y_{BB}) \pm \sqrt{(Y_{AA} + Y_{BB})^2 + 4Y_{AB}Y_{BA}}] \qquad (19D.3\text{-}4)$$

$$X_A(x_{A1}, x_{B1}, p) = p^2 x_{A1} + p(Y_A - x_{A1}Y_{BB} + x_{B1}Y_{AB}) + (Y_{AB}Y_B - Y_{BB}Y_A) \qquad (19D.3\text{-}5)$$

이다. x_{B2}에 대해서도 유사한 식을 얻을 수 있을 것이다. Keyes와 Pigford[6]는 특별한 경우에 대한 보다 많은 결과를 얻었다.

19D.4. 회전 원판으로부터 정상상태 확산.[7] 큰 원판이 액체 B의 무한히 넓은 공간 내에서 각속도 Ω로 회전하고 있다. 표면은 B에 약간 녹는 물질 A로 피복되어 있다. A가 B에 녹는 속도를 구하시오. (이 문제의 해는 무시할만한 오차를 갖는 유한한 반지름 R의 원판에 적용할 수 있다.)

이 문제의 유체역학은 von Kármán[8]에 의해 개발되었으며 후에 Cochran[9]에 의해 수정되었다. 속도 성분은 원판 가장자리 부근을 제외하고는

$$v_r = \Omega r F(\zeta); \qquad v_\theta = \Omega r G(\zeta); \qquad v_z = \sqrt{\Omega \nu} H(\zeta) \qquad (19D.4\text{-}1)$$

과 같이 표현될 수 있으며, 여기서 $\zeta = z\sqrt{\Omega/\nu}$이다. 함수 F, G와 H는 다음과 같이 전개된다.[8]

$$F = a\zeta - \tfrac{1}{2}\zeta^2 - \tfrac{1}{3}b\zeta^3 - \tfrac{1}{12}b^2\zeta^4 - \cdots \qquad (19D.4\text{-}2)$$

$$G = 1 + b\zeta + \tfrac{1}{2}a\zeta^3 + \tfrac{1}{12}(ab - 1)\zeta^4 - \cdots \qquad (19D.4\text{-}3)$$

$$H = -a\zeta^2 + \tfrac{1}{3}\zeta^3 + \tfrac{1}{6}\zeta^4 + \cdots \qquad (19D.4\text{-}4)$$

여기서 $a = 0.510$이고 $b = -0.616$이다. 더욱이 $\zeta \to \infty$인 극한에서 $H \to -0.886$이고, F, G, F'과 G'은 모두 0에 접근한다는 것을 알게 되고, 또 원판 가장자리 부근을 제외하고는 경계층 두께가 $\sqrt{\nu/\Omega}$에 비례한다는 것을 알게 된다.

알고 있는 속도 성분들을 갖는 식 19.1-16의 확산방정식은 $z = 0$에서 $\rho_A = \rho_{A0}$이고, $r = \infty$에서 $\rho_A = 0$이며, $z = 0, \infty$에서 $\partial\rho_A/\partial r = 0$인 경계조건 하에서 해를 구할 수 있다 이 선형 문제에 대한 해는 단지 하나만 존재하므로, 미분방정식과 모든 경계조건을 만족하는 $\rho_A(z)$ 형태의 해를 찾을 수 있다는 것을 안다. 따라서 ρ_A에 대한 해는 고려하는 영역에서 반지름 방향 좌표에는 무관하다.

(a) 정상상태에서 식 19.1-16은

---

[7] V. G. Levich, *Physicochemical Hydrodynamics*, Prentice-Hall, Englewood Cliffs, N.J. (1962), 11절.

[8] T. von Kármán, *Zeits .f. angew. Math. u. Mech.*, **1**, 244-247 (1921).

[9] W. G. Cochran, *Proc. Camb. Phil. Soc.*, **30**, 365-375 (1934).

$$H(\zeta)\frac{d\rho_A}{d\zeta} = \frac{1}{\text{Sc}}\frac{d^2\rho_A}{d\zeta^2} \tag{19D.4-5}$$

로 주어짐을 보이시오.

(b) 큰 Schmidt 수에 대해, 식 19.D4-5를 풀어

$$\frac{\rho_A}{\rho_{A0}} = 1 - \frac{(\frac{1}{3}a\text{Sc})^{1/3}}{\Gamma(\frac{4}{3})}\int_0^\zeta \exp(-\tfrac{1}{3}a\text{Sc}\bar{\zeta}^3)d\bar{\zeta} \tag{19D.4-6}$$

을 얻으시오.

(c) 큰 Schmidt 수에 대해 원판 표면에서의 질량 훌럭스가

$$j_{Az}|_{z=0} = 0.620\frac{\rho_{A0}\mathscr{D}_{AB}^{2/3}\Omega^{1/2}}{\nu^{1/6}} \tag{19D.4-7}$$

임을 보이시오.[7] 원한다면 명백히 H에 대한 급수 전개에서 고차항을 사용할 수 있고, Schmidt 수 범위를 확장할 수 있다.[10] 이 계는 스테인리스 스틸 표면으로부터 고체 베헤닉 산을 제거하는 연구에 사용되어 왔다.[11]

10 D. Schuhmann, *Physicochemical Hydrodynamics* (*V. G. Levich Fextschrift*), Vol. 1 (D. B. Spalding ed.), Advance Publications Ltd., London (1977), pp. 445-459; 또 K. -T. Liu and W. E. Stewart, *Intl. Jnl. Heat and Mass Trf.*, **15**, 187-189 (1972)를 참조하시오.

11 C. S. Grant, A. T. Perka, W. D. Thomas, and R. Caton, *AIChE Journal*, **42**, 1465-1476 (1996).

Chapter

20 하나 이상의 독립변수를 갖는 농도분포

앞의 두 장에서 논의하였던 대부분의 확산 문제는 농도분포에 대한 상미분방정식을 유도하였으나, 이 장에서는 19장의 일반식을 사용하여 편미분방정식을 유도해 내는 몇몇 확산 문제를 수립하고 해를 구하고자 한다.

수많은 확산 문제들은 열전도에서 상사한 문제에 대한 해를 찾음으로써 간단히 풀 수 있다. 확산 공정에 대한 미분방정식과 경계조건 및 초기조건이 열전도 공정에 대한 것과 정확히 같은 형태라면, 표기법의 적절한 변화와 함께 열전도 해를 이어받을 것이다. 12장에서 사용된 3개의 주요한 열전달 방정식과 그들의 물질전달 상사형을 표 20.0-1에서 함께 볼 수 있다. 유동이 없는 방정식에 대한 많은 해는 Carslaw와 Jaeger[1]와 Crank[2]의 논문에서 찾아볼 수 있다.

표 20.0-1의 식에 의해 표현되는 확산 문제는 12장의 문제와 상사하기 때문에, 여기서는 그들을 광범위하게 논의하지 않는 대신, 화학 반응을 동반하는 확산, 움직이는 계면을 갖는 확산과 빠른 물질전달을 갖는 확산을 포함하는 문제에 주로 초점을 맞추고자 한다.

20.1절에서는 다양한 시간 의존적 확산 문제를 논의할 것이며, 20.2절에서는 2 성분 혼합물을 포함하는 몇몇 정상상태의 경계층 문제를 표현하고자 한다. 이어서 더 복잡한 계에 대한 두 개의 경계층 해석이 수행될 것이다: 임의의 물체 주위 정상상태 유동에서의 확산은 20.3절에서, 그리고 복잡한 계면 운동을 갖는 유동에서의 확산은 20.4절에서 다룰 것이다. 마지막으로, 20.5절에서는 "Taylor 분산" 문제에 대한 점근해를 찾고자 한다.

---

[1] H. S. Carslaw and J. C. Jaeger, *Conduction of Heat in Solids*, 2nd edition, Oxford University Press (1959).

[2] J. Crank, *The Mathematics of Diffusion*, 2nd edition, Clarendon Press, Oxford (1975).

표 20.0-1 열전달 방정식과 확산 방정식의 특별한 형태 사이의 상사성

		유동이 없는 비정상상태	정상상태 유동	유동이 없는 정상상태
	주어진 해	12.1절 - 정확한 해	12.2절 - 정확한 해 12.4절 - 경계층 해	12.3절 - 해석적 함수에 의한 2차원의 정확한 해
열전도	식	$\frac{\partial T}{\partial t} = \alpha \nabla^2 T$	$(\mathbf{v} \cdot \nabla T) = \alpha \nabla^2 T$	$\nabla^2 T = 0$
	응용	고체 내의 열전도	층류 비압축성 유동 내의 열전도	고체 내의 정상상태 열전도
	가정	1. k = 일정 2. $\mathbf{v} = 0$	1. k, ρ = 일정 2. 점성 소산이 없다. 3. 정상상태	1. k = 일정 2. $\mathbf{v} = 0$ 3. 정상상태
확산	식	$\frac{\partial c_A}{\partial t} = \mathscr{D}_{AB} \nabla^2 c_A$	$(\mathbf{v} \cdot \nabla c_A) = \mathscr{D}_{AB} \nabla^2 c_A$	$\nabla^2 c_A = 0$
	응용	B를 통한 A 추적자의 확산	층류에서의 확산(B 내의 A의 희석 용액)	고체 내의 정상상태 확산
	가정	1. $\mathscr{D}_{AB}, \rho$ = 일정 2. $\mathbf{v} = 0$ 3. 화학 반응이 없다.	1. $\mathscr{D}_{AB}, \rho$ = 일정 2. 정상상태 3. 화학 반응이 없다.	1. $\mathscr{D}_{AB}, \rho$ = 일정 2. 정상상태 3. 화학 반응이 없다. 4. $\mathbf{v} = 0$
	응용	낮은 기체 밀도에서의 등몰 역확산		
	가정	1. $\mathscr{D}_{AB}, c$ = 일정 2. $\mathbf{v}^* = 0$ 3. 화학 반응이 없다.		

20.1 시간 의존적 확산

이 절에서는 시간 의존적 확산의 4개 예제를 살펴보고자 한다. 첫 번째는 휘발성 액체의 증발을 다루며, 빠른 물질전달 속도에서 일어나는 Fick 2 법칙으로부터의 편차를 설명하고자 한다. 두 번째와 세 번째 예제에서는 화학 반응을 동반하는 비정상상태의 확산을 다루며, 마지막 예제에서는 확산에서 계면 면적 변화의 역할을 조사하고자 한다. 예제 20.1-1, 2와 4에서는 변수 조합법이 사용되고, 예제 20.1-3에서는 Laplace 변환이 사용된다.

예제 20.1-1 액체의 비정상상태 증발("Arnold 문제")

무한한 길이의 관 내에서 휘발성 액체 A가 순수한 B 내로 증발되는 속도를 예측하고자 한다. 액체의 높이는 항상 $z = 0$으로 유지된다. 온도와 압력은 일정하다고 가정하며, A와 B의 증기는 이상기체 혼합물을 형성한다. 따라서 몰 밀도 c는 기체상 전체를 통해 일정하며 $\mathscr{D}_{AB}$도 일정한 것으로 간주한다. 더욱이 화학 종 B는 액체 A에 용해되지 않으며, 기체상의 몰 평균 속도는 반지름 방향의 좌표와는 무관하다고 가정한다.

해 이 계에 대해 식 19.1-12에 주어진 혼합물에 대한 연속방정식은

$$\frac{\partial v_z^*}{\partial z} = 0 \tag{20.1-1}$$

이 된다. 여기서 v_z^*는 z 성분의 몰 평균 속도이다. z에 관해 적분하면

$$v_z^* = v_{z0}^*(t) \tag{20.1-2}$$

를 얻는다. 여기서나 이 문제의 어디서나 하첨자 "0"은 $z = 0$에서 계산된 양을 나타낸다. 표 17.8-1의 식 (M)에 의하면, 이 속도는

$$v_z^* = \frac{N_{Az0} + N_{Bz0}}{c} \tag{20.1-3}$$

과 같이 A와 B의 몰 훌럭스 항으로 쓸 수 있다. 그러나 화학 종 B가 액체 A에 녹지 않기 때문에 N_{Bz0}는 0이다. 그런 다음 표 17.8-2의 식 (D)를 사용하면 최종적으로

$$v_z^* = -\frac{\mathscr{D}_{AB}}{1 - x_{A0}} \left.\frac{\partial x_A}{\partial z}\right|_{z=0} \tag{20.1-4}$$

를 얻는다. x_{A0}는 계면 평형이라는 가정 하에 여기서 계산된 기체상 계면 농도이다. 이상기체 혼합물에 대해서는 x_{A0}는 바로 순수한 A의 증기압을 총 압력으로 나눈 것이다.

그러면 식 19.1-17의 연속방정식은

$$\frac{\partial x_A}{\partial t} - \left(\frac{\mathscr{D}_{AB}}{1 - x_{A0}} \left.\frac{\partial x_A}{\partial z}\right|_{z=0}\right)\frac{\partial x_A}{\partial z} = \mathscr{D}_{AB}\frac{\partial^2 x_A}{\partial z^2} \tag{20.1-5}$$

가 되며, 다음 초기조건과 경계조건을 사용하여 풀 수 있다.

초기조건: $t = 0$ 에서, $x_A = 0$ (20.1-6)

경계조건 1: $z = 0$ 에서, $x_A = x_{A0}$ (20.1-7)

경계조건 2: $z = \infty$ 에서, $x_A = 0$ (20.1-8)

예제 4.1-1에서 사용된 것과 동일한 종류의 $X = x_A/x_{A0}$와 $Z = z/\sqrt{4\mathscr{D}_{AB}t}$를 사용하여 변수 조합을 시도할 수 있다. 그러나 식 20.1-5는 매개변수 x_{A0}를 포함하고 있으므로, X는 Z뿐만

아니라 x_{A0}에 매개변수적으로 의존할 것이라 예상할 수 있다.

이들 무차원 변수의 항으로 식 20.1-5는

$$\frac{d^2X}{dZ^2} + 2(Z - \varphi)\frac{dX}{dZ} = 0 \tag{20.1-9}$$

와 같이 쓸 수 있으며, 여기서 양

$$\varphi(x_{A0}) = -\frac{1}{2}\frac{x_{A0}}{1 - x_{A0}}\frac{dX}{dZ}\bigg|_{Z=0} \tag{20.1-10}$$

은 식 20.1-10과 20.1-4를 비교함으로써 알 수 있는 무차원 몰 평균 속도 $\varphi = v_z^*\sqrt{t/\mathscr{D}_{AB}}$이다. 식 20.1-6에서 8까지의 초기조건과 경계조건은 이제

경계조건 1: $\quad$ at $Z = 0,\quad X = 1$ $\quad$ (20.1-11)

경계조건 2와 초기조건: $\quad$ at $Z = \infty,\quad X = 0$ $\quad$ (20.1-12)

로 된다. 먼저 $dX/dZ = Y$로 두면 식 20.1-9를 풀 수 있다. 이는 Y에 대한 1차 상미분방정식으로 주어지며, 이를 풀면

$$Y = C_1 \exp[-(Z - \varphi)^2] \equiv \frac{dX}{dZ} \tag{20.1-13}$$

의 해를 구할 수 있다. 이를 적분하면

$$X = C_1 \int_0^Z \exp[-(\bar{Z} - \varphi)^2]d\bar{Z} + C_2 \tag{20.1-14}$$

를 얻으며, 이 결과와 식 20.1-11과 12를 결합하면

$$X(Z) = 1 - \frac{\int_0^Z \exp[-(\bar{Z} - \varphi)^2]d\bar{Z}}{\int_0^\infty \exp[-(\bar{Z} - \varphi)^2]d\bar{Z}} = 1 - \frac{\int_{-\varphi}^{Z-\varphi} \exp(-W^2)dW}{\int_{-\varphi}^{\infty} \exp(-W^2)dW} \tag{20.1-15}$$

를 얻는다. 그런 다음 오차 함수의 정의와 이 함수의 몇 가지 성질, 특히 $-\text{erf}(-\varphi) = \text{erf}\,\varphi$와 $\text{erf}\,\infty = 1$(C.6절 참조)을 사용하면, 몰 분율 분포에 대한 최종식[1]

$$X(Z) = 1 - \frac{\text{erf}(Z - \varphi) + \text{erf}\,\varphi}{\text{erf}\,\infty + \text{erf}\,\varphi} = \frac{1 - \text{erf}(Z - \varphi)}{1 + \text{erf}\,\varphi} \tag{20.1-16}$$

을 유도하며, 함수 $\varphi(x_{A0})$를 얻기 위해서는 이 몰 분율 분포가 식 20.1-10으로 대체되어야 한다. 이는

[1] J. H. Arnold, *Trans. AIChE*, **40**, 361-378(1944). **Jorome Howard Arnold** (1907-1974)는 MIT, 미네소타 대학, 노스 다코다 대학, 아이오와 대학에서 가르쳤다. 그는 캘리포니아의 스탠다드 오일(1944-1948)에서 일했으며, 콘트라 코스타 운송국의 국장이었다(1956-1960).

표 20.1-1 $\varphi(x_{A0})$와 $\psi(x_{A0})$의 표[1]

x_{A0}	φ	$\psi = \varphi\sqrt{\pi}/x_{A0}$
0.00	0.0000	1.000
0.25	0.1562	1.108
0.50	0.3578	1.268
0.75	0.6618	1.564
1.00	∞	∞

$$\varphi = \frac{1}{\sqrt{\pi}} \frac{x_{A0}}{1 - x_{A0}} \frac{\exp(-\varphi^2)}{1 + \text{erf}\,\varphi} \tag{20.1-17}$$

로 주어진다. x_{A0}의 함수로 φ를 얻기 위해 이 식을 푸는 것 보다 오히려 φ의 함수로 x_{A0}를 구하는 것이 더 쉽다.

$$x_{A0} = \frac{1}{1 + [\sqrt{\pi}(1 + \text{erf}\,\varphi)\varphi \exp \varphi^2]^{-1}} \tag{20.1-18}$$

$\varphi(x_{A0})$의 작은 표가 표 20.1-1에 주어져 있으며, 그림 20.1-1에서 농도분포를 볼 수 있다. 이제 표면적 S로부터 증기의 생성 속도를 계산할 수 있다. 만약 V_A가 시간 t까지 증발에 의해 생성된 A의 부피라면

$$\frac{dV_A}{dt} = \frac{N_{Az0}S}{c} = S\varphi\sqrt{\frac{\mathscr{D}_{AB}}{t}} \tag{20.1-19}$$

를 얻으며, t에 관해 적분하면

$$V_A = S\varphi\sqrt{4\mathscr{D}_{AB}t} \tag{20.1-20}$$

을 얻는다. 이 관계식은 증발 속도로부터 확산계수를 계산하는 데 사용될 수 있다(문제 20A.1 참조).

이제 관 내 화학 종 A의 대류 전달을 포함하는 중요성을 평가할 수 있다. 만약 X를 결정하기 위해 Fick 2 법칙(식 19.1-18)을 사용하였다면

$$V_A^{\text{Fick}} = Sx_{A0}\sqrt{\frac{4\mathscr{D}_{AB}t}{\pi}} \tag{20.1-21}$$

을 얻고, 식 20.1-20을

$$V_A = Sx_{A0}\sqrt{\frac{4\mathscr{D}_{AB}t}{\pi}} \cdot \psi \tag{20.1-22}$$

로 다시 쓸 수 있다. 표 20.1-1에 도표로 정리된 인자 $\psi = \varphi\sqrt{\pi}/x_{A0}$는 0이 아닌 몰 평균 속

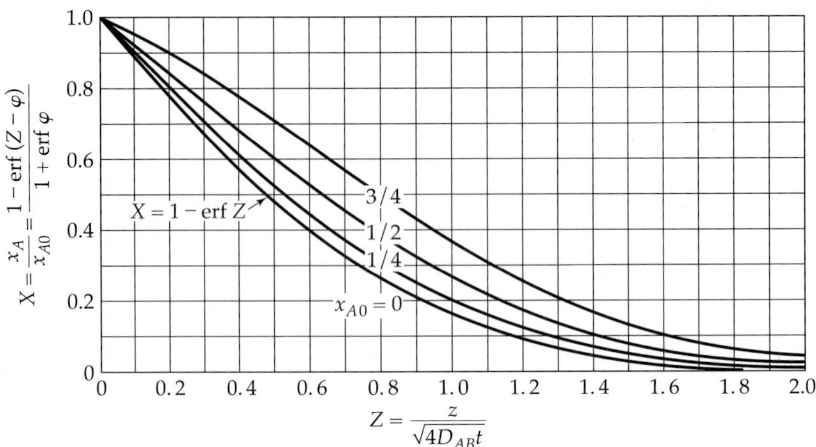

그림 20.1-1 증발하는 액체의 휘발도가 증가함에 따라 Fick 법칙으로부터 편차를 보이는 시간 의존적 증발의 농도분포.

도에 의해 유발되는 Fick 2 법칙의 결과로부터의 편차에 대한 보정이다. x_{A0}가 커지면, 즉 휘발성이 큰 액체에 대해서는 편차가 특히 현저하다는 것을 안다.

앞의 해석에서는 계가 등온이라 가정하였다. 사실 계면은 증발에 의해 냉각될 것이며, 특히 큰 x_{A0} 값에서는 더욱 그러할 것이다. 이 효과는 우수한 열 전도체로 만들어진 지름이 작은 관을 사용함으로써 최소화할 수 있다. 그러나 다른 물질전달계에 적용하기 위해서는 여기에 주어진 해석을 에너지 방정식의 해를 포함하여 확장하는 것이 필요하며, 그러면 계면의 온도와 조성을 계산할 수 있게 된다(문제 20B.2 참조).

이 해석은 시간에 무관한 임의의 흘럭스 비 N_{Az0}/N_{Bz0}와 임의의 초기 기체 조성 $x_{A\infty}$를 갖는 두 화학 종의 상계면 전달을 포함하는 문제로 확장할 수 있다.[2] 이와 같은 계의 간단한 예로는 반응열이 고체를 통해 제거되는 $z = 0$인 고체 촉매 위에서의 확산 지배 반응 $2A \rightarrow B$가 있다. 농도분포

$$\Pi \equiv \frac{x_A - x_{A0}}{x_{A\infty} - x_{A0}} = \frac{\text{erf}(Z - \varphi) + \text{erf}\,\varphi}{1 + \text{erf}\,\varphi} \tag{20.1-23}$$

은 식 20.1-16의 농도분포를 일반화한 것이다. 이제 무차원 흘럭스 φ는 x_{A0}, $x_{A\infty}$와 비 N_{Bz0}/N_{Az0}에 의존한다.

$$\varphi = \frac{1}{2}\frac{(x_{A0} - x_{A\infty})(N_{Az0} + N_{Bz0})}{N_{Az0} - x_{A0}(N_{Az0} + N_{Bz0})}\left.\frac{d\Pi}{dZ}\right|_{Z=0} \tag{20.1-24}$$

계면 흘럭스와 종말 조성 사이의 관계는

[2] W. E. Stewart, J. B. Angelo, and E. N. Lightfoot, *AIChE Journal*, **16**, 771-786 (1970)은 이 예제와 난류계를 포함하는 3 차원 유동의 강제 대류에 대한 예제를 일반화하였다.

$$\frac{(x_{A0} - x_{A\infty})(N_{Az0} + N_{Bz0})}{N_{Az0} - x_{A0}(N_{Az0} + N_{Bz0})} = \sqrt{\pi}(1 + \text{erf}\,\varphi)\varphi \exp \varphi^2 \tag{20.1-25}$$

이다. 식 20.1-16, 10과 18은 마지막 3개 식의 특별한 경우로 포함되며, 마지막 식은 물질 전달 계산에 대한 중요한 결과이다(22.8절 참조).

예제 20.1-2 빠른 반응을 동반하는 기체의 흡수[3,4]

용질 B를 포함하고 있는 정지된 액체 용매 S로 기체 A가 흡수된다. 화학 종 A는 $aA + bB \rightarrow$생산물의 반응식에 따라 순간적인 비가역 반응으로 B와 반응한다. A, B와 반응 생성물이 낮은 농도로 S 내에 존재하기 때문에, Fick 2 법칙이 확산 과정을 충분히 잘 설명한다고 가정한다. 농도분포에 대한 식을 구하시오.

해 A와 B의 순간적인 반응 때문에 A를 포함하지 않는 영역과 B를 포함하지 않는 영역으로 분리하는 액체-증기 경계층으로부터 z_R 거리에 액체-증기 경계층에 평행한 평면이 있을 것이다. A와 B의 경계는 화학반응에 의해 B가 소진될 때 B쪽으로 물러나므로 거리 z_R은 t의 함수이다,

그러면 c_A와 c_B에 대한 미분방정식은

$$\frac{\partial c_A}{\partial t} = \mathscr{D}_{AS}\frac{\partial^2 c_A}{\partial z^2} \qquad (0 \le z \le z_R(t))\text{에 대해} \tag{20.1-26}$$

$$\frac{\partial c_B}{\partial t} = \mathscr{D}_{BS}\frac{\partial^2 c_B}{\partial z^2} \qquad (z_R(t) \le z < \infty)\text{에 대해} \tag{20.1-27}$$

이고, 다음 초기조건과 경계조건을 사용하여 풀게 된다.

초기조건: $t = 0$에서, $c_B = c_{B\infty}$ $z > 0$에 대해 (20.1-28)

경계조건 1: $z = 0$에서, $c_A = c_{A0}$ (20.1-29)

경계조건 2, 3: $z = z_R(t)$ 에서, $c_A = c_B = 0$ (20.1-30)

경계조건 4: $z = z_R(t)$에서, $-\frac{1}{a}\mathscr{D}_{AS}\frac{\partial c_A}{\partial z} = +\frac{1}{b}\mathscr{D}_{BS}\frac{\partial c_B}{\partial z}$ (20.1-31)

---

3 T. K. Sherwood, R. L. Pigford, and C. R. Wilke, *Absorption and Extraction*, 3rd edition, McGraw-Hill, New York (1975), 8장. 또 G. Astarita, *Mass Transfer with Chemical Reaction*, Elsevier, Amsterdam (1967), 5장을 참조하시오.

4 상 변화와 결부된 이동하는 경계와 관련된 문제에 대해서는 H. S. Carslaw and J. C. Jaeger, *Conduction of Heat in Solids*, 2nd editiion, Oxford University Press (1959)를 참조하시오. 또 S. G. Bankoff, *Advances in Chemical Engineering*, Academic Press, New York (1964), Vol. 5, pp.76-150; J. Crank, *Free and Moving Boundary Problems*, Oxford University Press (1984)를 참조하시오.

경계조건 5: $z = \infty$ 에서, $c_B = c_{B\infty}$ (20.1-32)

여기서 c_{A0}는 액체 쪽의 A의 계면 농도이며, $c_{B\infty}$는 B의 원래 농도이다. 4번째 경계조건은 a몰의 A가 b몰의 B를 소모한다는 화학양론적 요구 조건이다(문제 20B.1 참조).

이 문제에는 특성 길이가 없고, $t = 0$과 $z = \infty$의 두 조건에서 모두 $c_B = c_{B\infty}$라는 사실로부터 변수 조합법을 시도해 볼 수 있으며, 앞의 예제(v_z^* 항이 없는)와 비교하면 다음 시험 해를 얻을 수 있다.

$$\frac{c_A}{c_{A0}} = C_1 + C_2 \operatorname{erf} \frac{z}{\sqrt{4\mathscr{D}_{AS}t}} \qquad (0 \le z \le z_R(t)) \tag{20.1-33}$$

$$\frac{c_B}{c_{B\infty}} = C_3 + C_4 \operatorname{erf} \frac{z}{\sqrt{4\mathscr{D}_{BS}t}} \qquad (z_R(t) \le z < \infty) \tag{20.1-34}$$

이들 함수가 미분방정식을 만족하고, 초기조건과 경계조건을 만족하는 C_1에서 C_4까지의 적분 상수를 선택할 수 있다면 문제에 대한 완벽한 해를 얻게 될 것이다.

초기조건과 처음 3개의 경계조건을 적용하면 적분 상수를 $z_R(t)$의 항으로 계산할 수 있으며, 그 결과

$$\frac{c_A}{c_{A0}} = 1 - \frac{\operatorname{erf}(z/\sqrt{4\mathscr{D}_{AS}t})}{\operatorname{erf}(z_R/\sqrt{4\mathscr{D}_{AS}t})} \qquad 0 \le z \le z_R(t) \tag{20.1-35}$$

$$\frac{c_B}{c_{B\infty}} = 1 - \frac{1 - \operatorname{erf}(z/\sqrt{4\mathscr{D}_{BS}t})}{1 - \operatorname{erf}(z_R/\sqrt{4\mathscr{D}_{BS}t})} \qquad z_R(t) \le z < \infty \tag{20.1-36}$$

을 얻는다. 그러면 경계조건 5는 자동적으로 만족된다. 최종적으로 이들 해를 경계조건 4에 대입하면 $z_R(t)$를 구할 수 있는 암묵적인 다음 식을 얻는다.

$$1 - \operatorname{erf}\sqrt{\frac{\gamma}{\mathscr{D}_{BS}}} = \frac{ac_{B\infty}}{bc_{A0}}\sqrt{\frac{\mathscr{D}_{BS}}{\mathscr{D}_{AS}}} \operatorname{erf}\sqrt{\frac{\gamma}{\mathscr{D}_{AS}}} \exp\left(\frac{\gamma}{\mathscr{D}_{AS}} - \frac{\gamma}{\mathscr{D}_{BS}}\right) \tag{20.1-37}$$

여기서 γ는 $z_R^2/4t$와 같은 상수이다. 따라서 z_R은 $\sqrt{t}$에 따라 증가한다

농도분포를 계산하기 위해, 먼저 $\sqrt{\gamma}$에 대해 식 20.1-37을 풀고, 그런 다음 식 20.1-35와 36에 $z_R/\sqrt{4t}$에 대한 이 값을 대입한다. 반응 영역의 이동 속도를 설명하기 위해 그림 20.1-2에서 몇몇 계산된 농도분포를 볼 수 있다.

농도분포로부터 계면에서의 물질전달 속도를 계산할 수 있다.

$$N_{Az0} = -\mathscr{D}_{AS}\left.\frac{\partial c_A}{\partial z}\right|_{z=0} = \frac{c_{A0}}{\operatorname{erf}\sqrt{\gamma/\mathscr{D}_{AS}}}\sqrt{\frac{\mathscr{D}_{AS}}{\pi t}} \tag{20.1-38}$$

그러면 시간 t까지 평균 흡수속도는

$$N_{Az0,\text{avg}} = \frac{1}{t}\int_0^t N_{Az0}d\bar{t} = 2\frac{c_{A0}}{\operatorname{erf}\sqrt{\gamma/\mathscr{D}_{AS}}}\sqrt{\frac{\mathscr{D}_{AS}}{\pi t}} \tag{20.1-39}$$

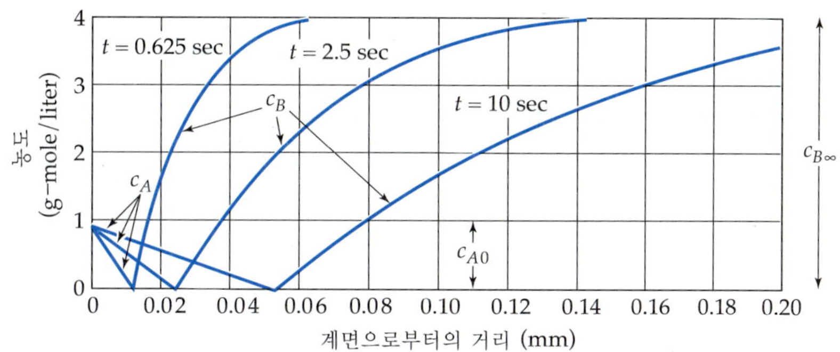

그림 20.1-2 식 20.1-35에서 37에 의해 주어진 농도분포를 갖는, 빠른 화학 반응을 동반하는 기체 흡수(a=b에 대해). 이 계산은 $\mathscr{D}_{AS} = 3.9 \times 10^{-5}$ ft^2/hr과 $\mathscr{D}_{BS} = 1.95 \times 10^{-5}$ ft^2/hr에 대해 수행되었다 [T. K. Sherwood and R. L. Pigford, *Absorption and Extraction*, McGraw-Hill, New York (1952), p. 336].

이므로 시간 t까지의 평균 속도는 순간 속도의 꼭 2배이다.

예제20.1-3 1차 균질 반응을 동반하는 비정상상태의 확산[5,6,7,8]

화학 종 A가 액체 매질 B 내로 확산되고, 유사 1차 반응에 따라 비가역적으로 B와 반응하면 (A+B→C), 반응을 동반하는 확산 공정은 용액 A가 묽고, C가 많이 생성되지 않는다는 조건에서 주어지는

$$\frac{\partial \omega_A}{\partial t} + (\mathbf{v} \cdot \nabla \omega_A) = \mathscr{D}_{AB} \nabla^2 \omega_A - k_1''' \omega_A \tag{20.1-40}$$

으로 설명된다. 여기서 k_1'''은 균질 반응에 대한 속도 상수이다. 식 20.1-40은

$t = 0$에서 초기조건: $\qquad \omega_A = \omega_{AI}(x, y, z) \qquad$ (20.1-41)

경계진 표면에서 경계조건: $\qquad \omega_A = \omega_{A0}(x, y, z) \qquad$ (20.1-42)

의 초기조건 및 경계조건과 시간에 무관한 속도분포와 함께 자주 나타난다. 이와 같은 문제에 대한 해가

---

[5] P. V. Danckwerts, *Trans. Faraday Soc.*, **47**, 1014-1023 (1951). **Peter Victor Danckwerts** (1916-1984)는 "런던 대공습" 동안 런던항을 위한 폭탄 처리 기술자였으며, 세계 2차 대전 동안 이태리의 지뢰 지대에서 부상을 입었다. 런던의 임피리얼 대학과 캠브리지 대학에서 가르치는 동안, 그는 체류시간 분포, 확산과 화학반응 및 기체 흡수에서 확산의 역할에 관한 연구를 지휘하였다.

[6] A, Giuliani and F. P. Foraboschi, *Atti. Acad. Sci. Inst. Bologna,* **9**, 1-16 (1962); F. P. Foraboschi, *ibid.*, **11**, 1-14 (1964); F. P. Foraboschi, *AIChE Journal*, **11**, 752-768 (1965).

[7] E. N. Lightfoot, *AIChE Journal*, **10,** 278-284 (1964).

[8] W. E. Stewart, *Chem. Eng. Sci.*, **23**, 483-487 (1968); 정오표 *ibid.*, **24**, 1189-1190 (1969). 이 접근법은 균질 및 불균질 1차 반응을 동반하는 시간 의존적 유동에 대해 일반화되었다.

$$\omega_A = g\exp(-k_1'''t) + \int_0^t \exp(-k_1'''t')\frac{\partial}{\partial t'}f(x, y, z, t')dt' \tag{20.1-43}$$

임을 보이시오. 여기서 f는 $k_1''' = 0$과 $\omega_{AI} = 0$을 갖는 식 20.1-40에서 42의 해이며, 반면에 g는 $k_1''' = 0$과 $\omega_{A0} = 0$을 갖는 해이다.

해 이 문제는 ω_A에 대해 선형이므로, 2개의 더 간단한 문제의 중첩으로 풀 수 있다.

$$\omega_A = \omega_A^{(1)} + \omega_A^{(2)} \tag{20.1-44}$$

여기서 $\omega_A^{(1)}$은

편미분방정식:
$$\frac{\partial\omega_A^{(1)}}{\partial t} + (\mathbf{v}\cdot\nabla\omega_A^{(1)}) = \mathscr{D}_{AB}\nabla^2\omega_A^{(1)} - k_1'''\omega_A^{(1)} \tag{20.1-45}$$

$t = 0$에서의 초기조건:
$$\omega_A^{(1)} = \omega_{AI}(x, y, z) \tag{20.1-46}$$

표면의 경계조건:
$$\omega_A^{(1)} = 0 \tag{20.1-47}$$

의 식에 의해 표현되며, 또 $\omega_A^{(2)}$는

편미분방정식:
$$\frac{\partial\omega_A^{(2)}}{\partial t} + (\mathbf{v}\cdot\nabla\omega_A^{(2)}) = \mathscr{D}_{AB}\nabla^2\omega_A^{(2)} - k_1'''\omega_A^{(2)} \tag{20.1-48}$$

$t = 0$에서의 초기조건:
$$\omega_A^{(2)} = 0 \tag{20.1-49}$$

표면의 경계조건:
$$\omega_A^{(2)} = \omega_{A0}(x, y, z) \tag{20.1-50}$$

에 의해 표현된다. 이제 Laplace 변환을 사용하여 이들 2개의 보조 문제를 풀고자 한다.

$\omega_A^{(1)}$에 대한 식에 Laplace 변환을 취하면

편미분방정식 + 초기조건:
$$(p + k_1''')\overline{\omega}_A^{(1)} - \omega_{AI}(x, y, z) + (\mathbf{v}\cdot\nabla\overline{\omega}_A^{(1)}) = \mathscr{D}_{AB}\nabla^2\overline{\omega}_A^{(1)} \tag{20.1-51}$$

표면의 경계조건:
$$\overline{\omega}_A^{(1)} = 0 \tag{20.1-52}$$

로 주어진다. 이제 식 20.1-43의 함수 g는 k_1'''이 0으로 대체된 $\omega_A^{(1)}$에 대한 해이다. 대응적으로 Laplace 변환 $\bar{g}$는 $p + k_1'''$을 p로 대체한 식 20.1-51과 52를 만족한다.

$$\overline{\omega}_A^{(1)}(p, x, y, z) = \bar{g}(p + k_1''', x, y, z) \tag{20.1-53}$$

따라서 Laplace 역변환을 취하면 해의 첫 번째 부분인

$$\omega_A^{(1)} = g\exp(-k_1'''t) \tag{20.1-54}$$

를 얻는다.

다음 식 20.1-48에서 50에 Laplace 변환을 취하면

편미분방정식 + 초기조건:
$$(p + k_1''')\overline{\omega}_A^{(2)} + (\mathbf{v}\cdot\nabla\overline{\omega}_A^{(2)}) = \mathscr{D}_{AB}\nabla^2\overline{\omega}_A^{(2)} \tag{20.1-55}$$

표면의 경계조건:
$$\overline{\omega}_A^{(2)} = \frac{1}{p}\omega_{A0}(x, y, z) \tag{20.1-56}$$

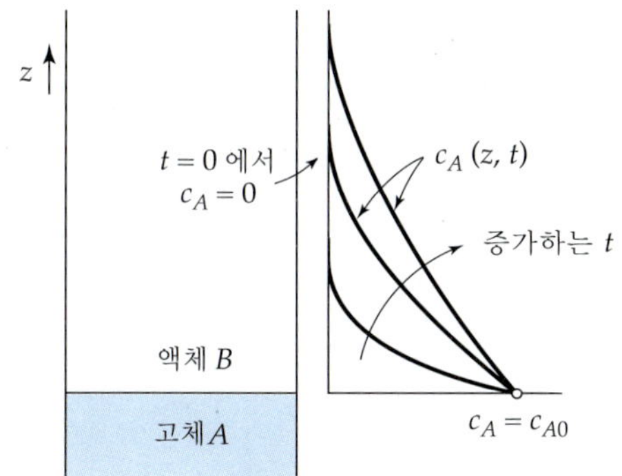

그림 20.1-3 용해되는 A의 벽면으로부터 액체 B의 반-무한한 탑 내로의 시간 의존적 확산.

으로 주어지며, Laplace 변환 $\bar{f}$는 k_1'''이 0으로 대체된 동일한 두 식을 만족한다. 즉, p 대신에 변환 변수로 s를 사용한다면,

편미분방정식 + 초기조건: $$s\bar{f} + (\mathbf{v} \cdot \nabla\bar{f}) = \mathscr{D}_{AB}\nabla^2\bar{f} \tag{20.1-57}$$

표면의 경계조건: $$\bar{f} = \frac{1}{s}\,\omega_{A0}(x, y, z) \tag{20.1-58}$$

을 얻는다. 함수 $s\bar{f}$는 $p\bar{\omega}_A^{(2)}$와 동일한 경계조건을 만족하며, $s = p + k_1'''$일 때 $s\bar{f}$와 $p\bar{\omega}_A^{(2)}$에 대한 미분방정식은 동일하다는 것을 안다. 그러므로

$$p\bar{\omega}_A^{(2)}\big|_p = (s\bar{f})\big|_{s=p+k_1'''} \tag{20.1-59}$$

또는

$$\bar{\omega}_A^{(2)}(p, x, y, z) = \frac{p + k_1'''}{p}\bar{f}(p + k_1''', x, y, z) \tag{20.1-60}$$

이다. Laplace 역변환을 취하면, 해의 두 번째 부분으로

$$\omega_A^{(2)} = \int_0^t \exp(-k_1'''t')\,\frac{\partial}{\partial t'}f(x, y, z, t')dt' \tag{20.1-61}$$

을 얻는다. 해의 두 부분, $\bar{\omega}_A^{(1)}$과 $\bar{\omega}_A^{(2)}$을 더하면 식 20.1-43을 직접 얻는다.

식 20.1-43은 동일한 유동 조건에서 반응하지 않는 계에 대한 계산 또는 실험 결과로부터 반응하는 계의 농도분포를 예측하기 위한 방법을 제시한다. 다성분계,[9] 난류[8,9] 및 더 일반적인 경계조건[7,8,9]을 포함하는 이 해석의 다양한 확장이 가능하다.

예제20.1-4 계면에서 물질전달에 미치는 계면 면적 변화의 영향[10,11]

그림 20.1-3은 약간 녹는 벽면으로부터 그 위의 반 무한한 액체로 A의 확산에 대한 농도분

[9] Y.-H. Pao, *AIAA Journal*, **2**, 1550-1559 (1964); *Chem. Eng. Sci.*, **19**, 694-696 (1964); *ibid.*, **20**, 665-669 (1965).

[10] D. Ilkovič, *Collec. Czechoslov. Chem. Comm.*, **6**, 498-513 (1934). 이 절의 마지막 결과는 떨어뜨리는 수은 전극에 관한 그의 연구와 관련하여 Ilkovič에 의해 얻어졌다.

[11] V. G. Levich, *Physicochmical Hydrodynamics*, 2nd edition (영어 번역), Prentice-Hall, Englewood, N. J.(1962), 108절. 이 책은 액체와 두 상 계의 확산과 유동 현상에 관한 풍부한 이론적 및 실험적 결과를 포함하고 있다.

포를 개략적으로 보여준다. 만약 밀도와 확산계수가 일정하다고 하면, 이 문제는 4.1절과 12.1절에서 논의된 문제의 물질전달 상사형이다. 확산은 액체 전체를 통해 $c_A = 0$인 초기조건과 고체-액체 계면에서 $c_A = c_{A0}$이고, 계면에서 무한히 멀리 떨어진 곳에서 $c_A = 0$인 경계조건과 함께 Fick 2법칙의 1차원 식, 식 19.1-18에 의해 설명된다.

$$\frac{\partial c_A}{\partial t} = \mathscr{D}_{AB} \frac{\partial^2 c_A}{\partial z^2} \tag{20.1-62}$$

이 문제에 대한 해는

$$\frac{c_A}{c_{A0}} = 1 - \operatorname{erf} \frac{z}{\sqrt{4\mathscr{D}_{AB} t}} \tag{20.1-63}$$

이며, 이로부터 계면 훌럭스

$$N_{Az0} = c_{A0}\sqrt{\frac{\mathscr{D}_{AB}}{\pi t}} \tag{20.1-64}$$

를 얻을 수 있다. 식 20.1-63은 식 4.1-15와 식 12.1-8의 물질전달 상사형이다.

계면 면적이 시간의 함수 $S(t)$이므로 그림 20.1-4에는 액체가 x와 y 방향으로 퍼질 때 계면 면적이 시간에 따라 변하는 유사한 문제를 도시하였다. 농도에 대한 초기조건과 경계조건은 동일하게 유지되고 있다. 이 계에 대한 함수 $c_A(z, t)$를 구하시오.

해 계면 면적이 변하는 이 문제에 대한 속도분포는 $v_x = +\frac{1}{2}ax$, $v_y = +\frac{1}{2}ay$, $v_z = -az$이고, 여기서 $a = d \ln S/dt$이다. 그러면 이 계에 대한 확산방정식은

$$\frac{\partial c_A}{\partial t} - \left(\frac{d}{dt} \ln S\right) z \frac{\partial c_A}{\partial z} = \mathscr{D}_{AB} \frac{\partial^2 c_A}{\partial z^2} \tag{20.1-65}$$

이다. 식 20.1-62는 변수 조합법에 의해 풀리게 되므로, 동일한 기법이 여기서도 시도될 수 있다.

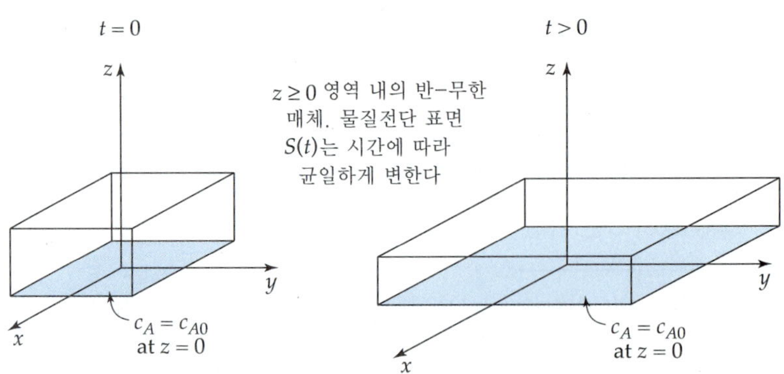

그림 20.1-4 시간에 따라 변하는 물질전달 계면 $S(t)$를 가로지르는 시간 의존적 확산. 평면 $z = 0$ 위 영역에서 액체 B는 $v_x = +\frac{1}{2}ax$, $v_y = +\frac{1}{2}ay$와 $v_z = -az$인 속도분포를 가지며, 여기서 $a = d \ln S/dt$이다.

$$\frac{c_A}{c_{A0}} = g(\zeta) \quad \text{여기서} \quad \zeta = \frac{z}{\delta(t)} \tag{20.1-66}$$

으로 가정하고, 이 시험 해를 식 20.1-65에 대입하면

$$\frac{d^2g}{d\zeta^2} + 2\left[\frac{\delta^2}{2\mathfrak{D}_{AB}}\left(\frac{d}{dt}\ln(S\delta)\right)\right]\zeta\frac{dg}{d\zeta} = 0 \tag{20.1-67}$$

을 얻게 된다. 만약 괄호 안의 식을 1과 같다고 두면, 두 가지 사실을 얻을 수 있다: (i) 해를 알고 있는 식 4.1-9와 동일한 형태를 갖는 g에 대한 식을 얻으며; (ii) t의 함수인 δ에 대한 식

$$\frac{d}{dt}\ln(S\delta) = \frac{2\mathfrak{D}_{AB}}{\delta^2} \tag{20.1-68}$$

을 얻는다. 이 식을 적분하면,

$$\int_0^{S(t)\delta(t)} d(\overline{S\delta})^2 = 4\mathfrak{D}_{AB}\int_0^t S^2(\bar{t})d\bar{t} \tag{20.1-69}$$

를 얻는다. 좌변의 하한은 유체 전체를 통해 초기에는 $c_A = 0$임을 확실히 하기 위해 선택된다. 이 선택은

$$\delta(t) = \sqrt{4\mathfrak{D}_{AB}\int_0^t [S(\bar{t})/S(t)]^2 d\bar{t}} \tag{20.1-70}$$

을 유도하고, 농도분포에 대해 최종적으로

$$\frac{c_A}{c_{A0}} = 1 - \text{erf}\,\frac{z}{\sqrt{4\mathfrak{D}_{AB}\int_0^t [S(\bar{t})/S(t)]^2 d\bar{t}}} \tag{20.1-71}$$

을 얻는다. 그러면 계면 질량 흘럭스는 식 20.1-71을 미분하면 얻게 된다.

$$N_{Az0} = c_{A0}\sqrt{\frac{\mathfrak{D}_{AB}}{\pi t}}\left(\frac{1}{t}\int_0^t [S(\bar{t})/S(t)]^2 d\bar{t}\right)^{-1/2} \tag{20.1-72}$$

표면 $S(t)$를 통과해 시간 t에 계면을 가로지르는 A의 총 몰수는 다음과 같이 식 20.1-71을 적분하면 얻을 수 있다.

$$\begin{aligned} M_A(t) &= \iiint_0^\infty c_A dz\,dy\,dx = S(t)c_{A0}\int_0^\infty (1 - \text{erf}(z/\delta))dz \\ &= S(t)c_{A0}\frac{2}{\sqrt{\pi}}\int_0^\infty \int_{z/\delta}^\infty \exp(-\zeta^2)\,d\zeta\,dz \\ &= S(t)c_{A0}\frac{2}{\sqrt{\pi}}\delta\int_0^\infty \exp(-\zeta^2)\,\zeta\,d\zeta \\ &= S(t)c_{A0}\frac{1}{\sqrt{\pi}}\sqrt{4\mathfrak{D}_{AB}\int_0^t [S(\bar{t})/S(t)]^2 d\bar{t}} \\ &= c_{A0}\sqrt{\frac{4\mathfrak{D}_{AB}}{\pi}\int_0^t [S(\bar{t})]^2 d\bar{t}} \end{aligned} \tag{20.1-73}$$

식 20.1-72를 적분하면 상응하는 식

$$M_A(t) = \int_0^t S(\bar{t})N_{Az0}(\bar{t})d\bar{t} = c_{A0}\sqrt{\frac{\mathscr{D}_{AB}}{\pi}}\int_0^t \frac{[S(\bar{t})]}{\sqrt{\int_0^{\bar{t}} [S(\bar{\bar{t}})/S(\bar{t})]^2 d\bar{\bar{t}}}}d\bar{t}$$

$$= c_{A0}\sqrt{\frac{4\mathscr{D}_{AB}}{\pi}}\int_0^t \frac{[S(\bar{t})]^2}{\sqrt{\int_o^1 [S(\bar{t})]^2 d\bar{t}}}d\bar{t} = c_{A0}\sqrt{\frac{4\mathscr{D}_{AB}}{\pi}}\frac{\int_0^t [S(\bar{t})]^2 d\bar{t}}{\sqrt{\int_o^1 [S(\bar{t})]^2 d\bar{t}}}$$

$$= c_{A0}\sqrt{\frac{4\mathscr{D}_{AB}}{\pi}}\sqrt{\int_o^1 [S(\bar{t})]^2 d\bar{t}} \tag{20.1-74}$$

를 얻을 수 있다.

만약 $S(t) = at^n$이면, 위 결과는

$$N_{Az0}(t) = c_{A0}\sqrt{\frac{(2n+1)\mathscr{D}_{AB}}{\pi t}} \tag{20.1-75}$$

$$M_A(t) = c_{A0}a\sqrt{\frac{4\mathscr{D}_{AB}t^{2n+1}}{(2n+1)\pi}} \tag{20.1-76}$$

으로 단순화된다. 여기서 a는 상수이다, 시간에 따라 부피가 선형적으로 증가하는 기포로부터 주위 액체 내로의 확산에 대해서는 $n = \frac{2}{3}$와 $2n + 1 = \frac{7}{3}$이다. 이는 물론 곡률은 무시하였고 짧은 접촉 시간에 대해서만 타당한 근사적인 결과이다. 임의 모양의 계면[2,12]에 대해 관련된 결과를 얻었으며, 여러 층류와 난류계[2,13]에 대해 실험적으로 증명되었다.

20.2 2 성분 경계층에서의 정상상태 전달

12.4절에서는 순수한 유체의 비등온 유동에 대한 경계층 해석의 적용을 논의하였다. 연속방정식, 운동방정식 및 에너지 방정식이 경계층 형태로 표현되었으며 몇몇 간단한 경우에 대한 해를 구할 수 있었다. 이 절에서는 2 성분 반응 혼합물에 대한 농도분포를 계산할 수 있는 화학 종 A에 대한 연속방정식을 추가함으로써 경계층 방정식의 집합을 확장하고자 한다. 그런 다음 평탄한 평판의 기하학적 구조를 갖는 3개의 예제, 즉 균질 반응을 동반하는 강제대류에 대한 예, 빠른 물질전달에 대한 예, 작은 물질전달 속도의 상사형에 대한 예를 해석하고자 한다.

그림 4.4-1에서와 같이 잠긴 물체 주위의 2 성분 유체에 대한 정상상태의 2 차원 유동을 생각하시오. 고체 표면 부근에서 18.2절과 18.3절에 주어진 변화방정식은 ρ, μ, k, $\hat{C}_p$와

---

12 J. B. Angelo, E. N. Lightfoot, and D. W. Howard, *AIChE Journal*, **12**, 751-760 (1966).

13 W. E. Stewart, in *Physicochemical Hydrodynamics* (D. B. Spalding, ed.), Advance Publication Ltd., London, Vol. 1 (1977), pp. 22-63.

$\mathscr{D}_{AB}$가 본질적으로 일정하고, 점성 소산은 무시할 수 있다고 하면 다음과 같이 간단히 된다.

연속방정식: $$\frac{\partial v_x}{\partial x} + \frac{\partial v_y}{\partial y} = 0 \tag{20.2-1}$$

운동방정식: $$\rho\left(v_x \frac{\partial v_x}{\partial x} + v_y \frac{\partial v_x}{\partial y}\right) = \rho v_e \frac{dv_e}{dx} + \mu \frac{\partial^2 v_x}{\partial y^2} + \bar{\rho} g_x \bar{\beta}(T - T_\infty) + \bar{\rho} g_x \bar{\zeta}(\omega_A - \omega_{A\infty}) \tag{20.2-2}$$

에너지 방정식: $$\rho\hat{C}_p\left(v_x \frac{\partial T}{\partial x} + v_y \frac{\partial T}{\partial y}\right) = k \frac{\partial^2 T}{\partial y^2} - \left(\frac{\overline{H}_A}{M_A} - \frac{\overline{H}_B}{M_B}\right) r_A \tag{20.2-3}$$

A의 연속방정식: $$\rho\left(v_x \frac{\partial \omega_A}{\partial x} + v_y \frac{\partial \omega_A}{\partial y}\right) = \rho\mathscr{D}_{AB} \frac{\partial^2 \omega_A}{\partial y^2} + r_A \tag{20.2-4}$$

연속방정식은 식 12.4-1과 동일하다. 식 19.2-3으로부터 얻은 운동방정식은 2성분의 부력항 $\bar{\rho} g_x \bar{\zeta}(\omega_A - \omega_{A\infty})$을 추가하였으므로 식 12.4-2와는 다르다. 표 19.2-4의 식 (F)로부터 얻은 에너지 방정식은 화학적 열원 항 $-[(\bar{H}_A/M_A) - (\bar{H}_B/M_B)]r_A$의 추가로 인해 식 12.4-3과 구별된다. 식 20.2-4는 $\omega_A = \omega_A(x, y)$로 두고, x 방향의 확산을 무시함으로써 식 19.1-16으로부터 얻게 된다. 높은 속도와 가변 물성을 갖는 경계층에 대해서도 타당한, 더 완벽한 방정식은 어디에서든지 이용 가능하다.[1]

v_x에 대한 일반적인 경계조건은 고체 표면에서 $v_x = 0$이고, **속도 경계층** 바깥 끝에서 $v_x = v_e(x)$이다. 식 20.2-3의 T에 대한 일반적인 경계조건은 고체 표면에서 $T = T_0(x)$이고, **열 경계층** 바깥 끝에서 $T = T_\infty$이다. 식 20.2-4의 ω_A에 대응하는 경계조건은 표면에서 $\omega_A = \omega_{A0}(x)$이고, **확산 경계층** 바깥 끝에서 $\omega_A = \omega_{A\infty}$이다. 따라서 각각은 고유한 두께를 가지고 있는 고려해야 할 세 개의 경계층이 있다. 일정한 물성과 큰 Prandtl 수와 Schmidt 수를 갖는 유체에서는, 열과 확산 경계층이 보통 속도 경계층 안에 놓여 있는 반면, $\text{Pr} < 1$이고 $\text{Sc} < 1$에 대해서는 열과 확산 경계층이 속도 경계층 바깥으로 확장된다.

물질전달계에 대해 표면에서의 속도 v_y는 보통 0이 아니라 x에 의존한다. 그러므로 $y = 0$에서 $v_y = v_0(x)$로 설정한다. 이 경계조건은 용융, 건조, 승화, 벽의 연소 또는 다공성 벽을 통과하는 유체의 증발과 같이 표면과 흐름 사이에 알짜 질량 훌럭스가 있을 때는 언제든지 적절하다. 명백히 이들 공정의 몇몇은 순수한 유체에서 가능하지만, 단순화를 위해 이 장에서는 이에 대한 고려를 미루고자 한다(또 관련된 해석에 대해서는 18.3절과 22.8절 참조).

바로 전에 주어진 경계조건과 함께 연속방정식의 도움을 받아 식 20.2-1에서 4까지를 형식에 맞게 적분하면, 다음 경계층 수지의 집합을 얻는다.

[1] 예를 들면 W. H. Dorrance, *Viscous Hypersonic Flow*, McGraw-Hill, New York (1962)와 K. Stewartson, *The Theory of Laminar Boundary Layers in Compressible Fluids*, Oxford University Press (1964)를 참조하시오.

연속방정식 + 운동방정식:

$$\mu \frac{\partial v_x}{\partial y}\bigg|_{y=0} = \frac{d}{dx}\int_0^\infty \rho v_x(v_e - v_x)dy + \frac{dv_e}{dx}\int_0^\infty \rho(v_e - v_x)dy - \int_0^\infty \rho g_x\beta(T - T_\infty)dy - \int_0^\infty \rho g_x\zeta(\omega_A - \omega_{A\infty})dy + \rho v_0 v_e \quad (20.2\text{-}5)$$

연속방정식 + 에너지 방정식:

$$k\frac{\partial T}{\partial y}\bigg|_{y=0} = \frac{d}{dx}\int_0^\infty \rho v_x\hat{C}_p(T_\infty - T)\,dy - \int_0^\infty \left(\frac{\overline{H}_A}{M_A} - \frac{\overline{H}_B}{M_B}\right)r_A dy - \rho v_0\hat{C}_p(T_\infty - T_0) \quad (20.2\text{-}6)$$

연속방정식 + A의 연속방정식:

$$\rho\mathscr{D}_{AB}\frac{\partial \omega_A}{\partial y}\bigg|_{y=0} = \frac{d}{dx}\int_0^\infty \rho v_x(\omega_{A\infty} - \omega_A)\,dy + \int_0^\infty r_A dy - \rho v_0(\omega_{A\infty} - \omega_{A0}) \quad (20.2\text{-}7)$$

이들 식은 4.4절과 12.4절의 von Kármán 수지를 확장한 것이고, 예제 20.2-1에서 보인 바와 같이 유사하게 적용될 것이다.

경계층 기법은 높은 속도의 비행 이론, 분리 공정, 화학 반응기와 생물학적 물질전달계의 개발에 있어 상당한 가치가 있다. 연구되어 온 몇 개의 흥미로운 문제는 극 초음속 경계층에서의 화학반응,[1] 액적으로부터의 물질전달,[2] 강제 대류[2]와 자유 대류[3] 내의 전극 분극, 역삼투 물 담수화,[4] 충전층 반응기와 증류탑[5]에서의 상계면 전달 등이 있다.

예제20.2-1 용해되는 평탄한 평판을 따라 흐르는 등온 층류에서의 확산과 화학반응

예제 12.4-1에서 논의된 문제에 대한 적절한 물질전달 상사형은 유체 B에 약간 녹는 화학종 A를 포함하고 있는 평탄한 평판을 따라 흐르는 유동이다. 평판 표면의 농도는 B 내의 A의 용해도 c_{A0}이고, 평판으로부터 먼 곳에서 A의 농도는 $c_{A\infty}$이다. 이 예제에서는 $c_{A\infty} = 0$이라 두고, $R_A = -k_n'''c_A^n$인 n차 균질 반응에 의해 A가 B와 반응한다고 함으로써 예제 12.4-1과의 상사성을 끊는다. 용해되는 A의 농도가 작다고 가정하므로, 물성 μ, ρ와 $\mathscr{D}_{AB}$는 유체 전체를 통해 실제로 일정하다고 한다. 그림 20.2-1에 개략적으로 도시된 계를 von Kármán 법으로 해석하시오.

해 속도와 온도분포에 대한 형태를 가정함으로써 시작한다. 계산을 최소로 하고 해석 방법을

---

[2] V. G. Levich, *Physicochmical Hydrodynamics*, 2nd edition (영어 번역), Prentice-Hall, Englewood Cliffs, N. J. (1962).

[3] C. R. Wilke, C. W. Tobias, and M. Eisenberg, *Chem. Eng. Prog.*, **49**, 663-674 (1953).

[4] W. N. Gill, D. Zeh, and C. Tien, *Ind. Eng. Chem. Fund.*, **4**, 433-439 (1965); *ibid.*, **5**, 367-370 (1966). 또 P. L. T. Brian, *ibid.*, **4**, 439-445 (1965)를 참조하시오.

[5] J. P. Sørensen and W. E. Stewart, *Chem. Eng. Sci.*, **29**, 833-837 (1974); W. E. Stewart and D. L Weidman, *ibid.*, **45**, 2155-2160 (1990); T. C. Young and W. E. Stewart, *AIChE Journal*, **38**, 592-602, 1302 (1992).

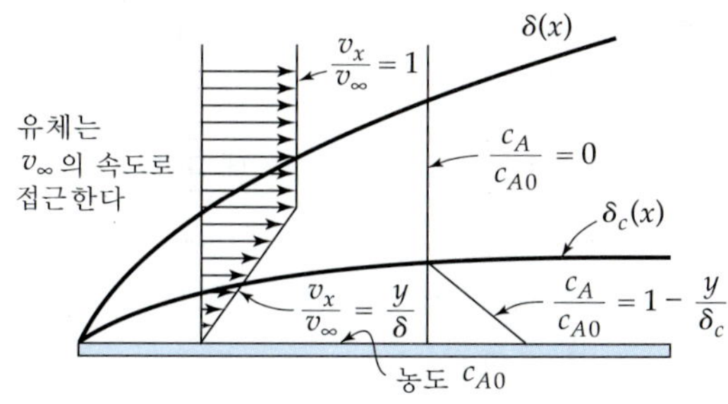

그림 20.2-1 균질 화학반응을 동반하는 층류 경계층에 대해 가정한 속도와 농도분포.

설명하기 위해 간단한 함수를 선택하고자 한다(명백히 더 실제적인 함수를 제시할 수 있다).

$$\begin{cases} \dfrac{v_x}{v_\infty} = \dfrac{y}{\delta} & y \leq \delta(x) \\ \dfrac{v_x}{v_\infty} = 1 & y \geq \delta(x) \end{cases} \tag{20.2-8}$$

$$\begin{cases} \dfrac{c_A}{c_{A0}} = 1 - \dfrac{y}{\delta_c} & y \leq \delta_c(x) \\ \dfrac{c_A}{c_{A0}} = 0 & y \geq \delta_c(x) \end{cases} \tag{20.2-9}$$

속도와 농도 경계층에 대해서는 δ와 δ_c의 서로 다른 두께를 사용함에 주목하시오. 이 문제를 예제 12.4-1과 관련짓기 위해, 화학반응이 일어나기 때문에 이 경우에는 x의 함수인 양, $\Delta = \delta_c/\delta$를 도입하고자 하며, 농도 경계층이 속도 경계층 안에 완전히 놓여 있게 되는 $\Delta < 1$에 대해 논의를 제한하고자 한다. 또한 A의 용해도가 작기 때문에 여기서는 아주 작은 계면 속도 $v_0 = v_y|_{y=0}$를 무시할 수 있다고 한다. 이들 식을 식 20.2-5와 7에 대입하면 δ와 $\delta_c = \delta\Delta$의 경계층 두께에 대한 미분방정식

$$\frac{\mu v_\infty}{\delta} = \frac{d}{dx}\left(\tfrac{1}{6}\rho v_\infty^2 \delta\right) \tag{20.2-10}$$

$$-\frac{\mathscr{D}_{AB} c_{A0}}{\delta\Delta} = \frac{d}{dx}\left(-\tfrac{1}{6} c_{A0} v_\infty \delta \Delta^2\right) - \frac{k_n''' c_{A0}^n \delta\Delta}{n+1} \tag{20.2-11}$$

을 얻는다.

식 20.2-10을 적분하면

$$\delta = \sqrt{12 \frac{\nu x}{v_\infty}} \tag{20.2-12}$$

를 쉽게 얻게 된다. 이 결과를 식 20.2-11에 대입하고 $-\delta\Delta/\nu c_{A0}$를 곱하면 Δ에 대한 미분방정식으로

$$\frac{1}{\text{Sc}} = \frac{4}{3} x \frac{d}{dx} \Delta^3 + \Delta^3 + 12\left[\frac{k_n''' c_{A0}^{n-1} x}{(n+1) v_\infty}\right]\Delta^2 \tag{20.2-13}$$

을 얻는다. 따라서 Δ는 Schmidt 수, $\text{Sc} = \mu/\rho\mathscr{D}_{AB}$와 사각 괄호 안에 주어진 무차원 위치 좌

표에 의존한다. 괄호로 묶인 양은 거리 x에 기초를 둔 1차 Damköhler 수[6]의 $1/(n+1)$ 배이다.

반응이 일어나지 않으면 k_n'''는 0이고, 식 20.2-13는 Δ^3에 대한 1차 선형 미분방정식이 된다. 이 식을 적분하면

$$\Delta^3 = \frac{1}{\mathrm{Sc}} + \frac{C}{x^{3/4}} \tag{20.2-14}$$

를 얻으며, 여기서 C는 적분 상수이다. $x \to 0$일 때 Δ는 무한대가 될 수 없기 때문에, 화학반응이 없는 경우에는

$$\Delta = \mathrm{Sc}^{-1/3} \qquad \Delta < 1 \tag{20.2-15}$$

를 얻는다(식 12.4-15와 비교). 즉 반응이 일어나지 않고, $\mathrm{Sc} > 1$이면, 오직 Schmidt 수의 값에만 의존하는 농도 경계층과 속도 경계층의 두께는 서로에 대해 일정한 비를 유지한다.

느린 반응이 일어나면(또는 x가 작을 때), 식 20.2-13에 대한 급수 해

$$\Delta = \mathrm{Sc}^{-1/3}(1 + a_1\xi + a_2\xi^2 + \cdots) \tag{20.2-16}$$

을 얻을 수 있다. 여기서

$$\xi = 12\left[\frac{k_n''' c_{A0}^{n-1} x}{(n+1)v_\infty}\right] \tag{20.2-17}$$

이다. 이 식을 식 20.2-13에 대입하면

$$a_1 = -\tfrac{1}{7}\mathrm{Sc}^{1/3}, \qquad a_2 = +\tfrac{3}{539}\mathrm{Sc}^{2/3}, \quad \text{등} \tag{20.2-18}$$

로 주어진다. a_1이 음수이기 때문에, 농도 경계층 두께는 화학반응에 의해 줄어들게 된다.

빠른 반응이 일어나면(또는 x가 매우 클 때), $1/\xi$의 급수 해가 더 적절하다. 큰 ξ에 대해, 지배항이 Δ = 상수$\cdot\xi^m$의 형태라 가정한다. 여기서 $m < 0$이다. 이 시행 함수를 식 20.2-13에 대입하면

$$\Delta = (\mathrm{Sc}\xi)^{-1/2} \quad \text{큰 } \xi\text{에 대해} \tag{20.2-19}$$

임을 알 수 있으며, 식 20.2-12와 19를 결합하면 선단 끝으로부터 먼 지점에서는 농도 경계층의 두께 $\delta_c = \delta\Delta$가 v_∞와 ν에는 무관한 상수가 된다는 것을 안다.

일단 $\Delta(\xi, \mathrm{Sc})$를 알면, 농도분포와 표면에서의 물질전달 속도는 알게 된다. 이 문제의 더 세련된 해석은 어디에든[7] 주어져 있다.

[6] G. Damköhler, *Zeits. f. Electrochemie*, **42**, 846-862 (1936); W. E. Stewart, *Chem. Eng. Prog. Symp. Series*, #58, **61**, 16-27 (1965).

[7] P. L. Chambré and J. D. Young, *Physics of Fluids*, **1**, 48-54 (1958). 경계층 내의 촉매 표면 반응은 P. L. Chambré and A. Acrivos, *J. Appl. Phys.*, **27**, 1322-1328 (1956)에 의해 연구되었다.

예제20.2-2 높은 물질전달 속도에서 평탄한 평판으로부터의 강제 대류

평탄한 평판 위의 층류 경계층(그림 20.2-2 참조)은 열 및 물질전달 연구에 대해 널리 알려진 계이다. 이 예제에서는 높은 물질전달 속도에서 이 기하학적 구조의 아음속 강제 대류를 해석하고자 하며, 이 경우에 갖는 상사성을 논의하고자 한다. 이 예제는 예제 4.4-2의 확장이다.

해 그림 20.2-2의 계에서 2 성분 유체의 비등온 정상상태의 2 차원 유동을 생각하시오. 유체의 물성 ρ, μ, k, $\hat{C}_p$와 $\mathscr{D}_{AB}$는 일정하다고 생각하고, 점성 소산은 무시하며, 균질 화학반응은 없다고 한다. 층류 영역에 대한 Prandtl 경계층 방정식은

연속방정식:
$$\frac{\partial v_x}{\partial x} + \frac{\partial v_y}{\partial y} = 0 \tag{20.2-20}$$

운동방정식:
$$v_x \frac{\partial v_x}{\partial x} + v_y \frac{\partial v_x}{\partial y} = \nu \frac{\partial^2 v_x}{\partial y^2} \tag{20.2-21}$$

에너지 방정식:
$$v_x \frac{\partial T}{\partial x} + v_y \frac{\partial T}{\partial y} = \alpha \frac{\partial^2 T}{\partial y^2} \tag{20.2-22}$$

A의 연속방정식:
$$v_x \frac{\partial \omega_A}{\partial x} + v_y \frac{\partial \omega_A}{\partial y} = \mathscr{D}_{AB} \frac{\partial^2 \omega_A}{\partial y^2} \tag{20.2-23}$$

이고, 경계조건은

$$x \leq 0 \text{ 또는 } y = \infty\text{에서,} \quad v_x \to v_\infty, \quad T \to T_\infty, \quad \omega_A \to \omega_{A\infty} \tag{20.2-24}$$

$$y = 0\text{에서,} \quad v_x = 0, \quad T = T_0, \quad \omega_A = \omega_{A0} \tag{20.2-25}$$

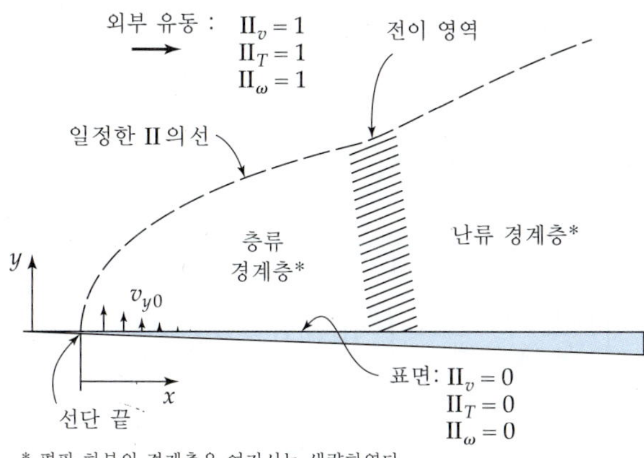

그림 20.2-2 흐름 내로 물질전달이 일어나는 예리한 끝을 갖는 반-무한의 평탄한 평판을 따라 흐르는 접선 유동. 층류-난류 전이는 보통 10^5에서 10^6 차수의 Reynolds 수 $(xv_\infty/\nu)_{\text{crit}}$ 길이에서 일어난다.

$$y = 0 \text{ 에서,} \qquad v_y = v_0(x) \tag{20.2-26}$$

을 갖게 된다. 여기서 함수 $v_0(x)$는 $y = 0$에서 계산된 $v_y(x, y)$를 나타내며, 표면을 따르는 물질전달 속도분포를 의미한다. 이 함수는 나중에 자세히 다룰 것이다.

식 20.2-26의 경계조건을 사용하여 식 20.2-20을 적분하면

$$v_y = v_0(x) - \frac{\partial}{\partial x}\int_0^y v_x d\bar{y} \tag{20.2-27}$$

을 얻을 수 있으며, 식 20.2-21에서 23의 v_y에 대해 이 식을 대입하게 된다.

식 20.2-21에서 23까지와 처음 6개 경계조건의 상사한 형태를 이용하기 위해,

$$\Pi_v = \frac{v_x}{v_\infty} \qquad \Pi_T = \frac{T - T_0}{T_\infty - T_0} \qquad \Pi_\omega = \frac{\omega_A - \omega_{A0}}{\omega_{A\infty} - \omega_{A0}} \tag{20.2-28}$$

의 무차원 분포와

$$\Lambda_v = \frac{\nu}{\nu} = 1 \qquad \Lambda_T = \frac{\nu}{\alpha} = \text{Pr} \qquad \Lambda_\omega = \frac{\nu}{\mathscr{D}_{AB}} = \text{Sc} \tag{20.2-29}$$

의 무차원 물성 비를 정의한다. 이들 정의와 v_y에 대한 위의 식을 적용하면, 식 20.2-21에서 23의 모두는

$$\Pi_v \frac{\partial \Pi}{\partial x} + \left(\frac{v_0(x)}{v_\infty} - \frac{\partial}{\partial x}\int_0^y \Pi_v d\bar{y}\right)\frac{\partial \Pi}{\partial y} = \frac{\nu}{v_\infty \Lambda}\frac{\partial^2 \Pi}{\partial y^2} \tag{20.2-30}$$

의 형태를 가지며, 종속 변수에 대한 경계조건은 다음과 같이 변형된다.

$$x \leq 0 \text{ 또는 } y = \infty \text{에서,} \qquad \Pi \to 1 \tag{20.2-31}$$

$$y = 0 \text{ 에서,} \qquad \Pi = 0 \tag{20.2-32}$$

따라서 무차원 속도, 온도 및 조성분포는 그들 개개의 Λ 값을 갖지만 모두 동일한 식을 만족한다.

Π에 대한 경계조건의 형태는 변수 조합이 시도될 수 있음을 암시한다. 식 4.4-20과의 상사성에 의해

$$\eta = y\sqrt{\frac{1}{2}\frac{v_\infty}{\nu x}} \tag{20.2-33}$$

의 조합을 선정한다. Π와 Π_v를 η의 함수로 취급함으로써

$$\left(\frac{v_0(x)}{v_\infty}\sqrt{2\frac{v_\infty x}{\nu}} - \int_0^\eta \Pi_v d\eta\right)\frac{d\Pi}{d\eta} = \frac{1}{\Lambda}\frac{d^2\Pi}{d\eta^2} \tag{20.2-34}$$

의 미분방정식을 얻으며,

$$\eta \to \infty \text{ 일 때} \quad \Pi \to 1 \tag{20.2-35}$$

$$\eta = 0 \text{ 에서,} \quad \Pi = 0 \tag{20.2-36}$$

의 경계조건을 갖는다. 마지막 3개의 식으로부터 계면 속도 $v_0(x)$가

$$\frac{v_0(x)}{v_\infty}\sqrt{2\frac{v_\infty x}{\nu}} = K = \text{ 상수} \tag{20.2-37}$$

의 형태인 경우에 한해, 분포는 단일 좌표 η의 항으로 표현할 수 있다는 결론을 내린다. $v_0(x)$에 대한 임의의 다른 함수 형태는 식 20.2-34의 좌변이 x와 η 둘 다에 의존하게 되는 것을 유발하므로, 변수 조합이 가능하지 않을 것이다. 그러면 경계층 방정식은 2 차원 적분을 요구하게 될 것이고, 계산은 더 어려워지게 될 것이다. 식 20.2-37은 $v_0(x)$가 $1/\sqrt{x}$에 따라 변하고, 따라서 식 4.4-17의 경계층 두께 δ에 역비례한다는 것을 구체적으로 말하고 있으며, 이 식은 식 20.2-34와 동일한 타당성 범위, 즉 $1 << (v_\infty x/\nu) < (v_\infty x/\nu)_{\text{crit}}$를 갖는다(그림 20.2-2 참조).

다행히도 식 20.3-37의 조건은 유용한 것이다. 이는 ρv_0가 계면 훌럭스 τ_0, q_0와 j_{A0}에 정비례한다는 것에 대응된다. 이런 형태의 조건은 확산 지배적인 표면 반응에서 자연스럽게 나타나며, 또한 건조와 증발 냉각의 특별한 경우에도 나타난다. 이들 경우에 대한 K의 결정은 이 예제의 끝에서 고려하며, 그 때까지는 K는 주어진 것으로 간주한다.

식 20.2-37에 따라 $v_0(x)$를 지정하면 문제를 완전히 나타낼 수 있고, 분포를 계산할 준비를 갖추게 된다. 분포의 계산은 특정한 값의 매개변수 Λ와 K에 대해 수치적 적분을 수행함으로써 가장 잘 이루어진다.

해를 구하는 첫 번째 단계는 속도분포 Π_v를 계산하는 것이다. 이를 위해 예제 4.4-2에서 사용된 무차원 흐름함수 f의 일반형인 함수

$$f = -K + \int_0^\eta \Pi_v d\bar{\eta} \tag{20.2-38}$$

을 도입하는 것이 편리하다. 그런 다음 식 20.2-34에서 $\Lambda = 1$이라 두고 $f' = df/d\eta = \Pi_v$, $f'' = d^2f/d\eta^2 = d\Pi_v/d\eta$ 등등을 대입함으로써, 운동방정식을

$$-ff'' = f''' \tag{20.2-39}$$

의 형태로 얻고, 식 20.2-35, 36과 38로부터 경계조건

$$\eta \to \infty \text{ 일 때} \quad f' \to 1 \tag{20.2-40}$$

$$\eta = 0 \text{ 에서} \quad f' = 0 \tag{20.2-41}$$

$$\eta = 0 \text{ 에서} \quad f = -K \tag{20.2-42}$$

를 얻는다. 식 20.2-39는 다양한 K 값에 대해 η의 함수로 f를 얻기 위해 이들 경계조건을 사용하여 수치적으로 풀 수 있다.

일단 함수 $f(\eta, K)$가 계산되면, 식 20.2-35와 36의 경계조건을 사용하여 식 20.2-34를 적분하면

$$\Pi(\eta, \Lambda, K) = \frac{\int_0^\eta \exp\left(-\Lambda \int_0^{\bar{\eta}} f(\bar{\bar{\eta}}, K) d\bar{\bar{\eta}}\right) d\bar{\eta}}{\int_0^\infty \exp\left(-\Lambda \int_0^{\bar{\eta}} f(\bar{\bar{\eta}}, K) d\bar{\bar{\eta}}\right) d\bar{\eta}} \tag{20.2-43}$$

을 얻을 수 있다. 수치적 적분에 의해 이 식으로부터 계산된 몇 개의 분포가 그림 20.2-3에 주어져 있다. 속도분포는 $\Lambda = 1$인 곡선으로 주어져 있으며, 다양한 Prandtl 수와 Schmidt 수에 대한 온도와 조성분포는 대응하는 Λ 값에 대한 곡선으로 주어져 있다. K가 양수이면(증발 시에는) 속도, 온도 및 조성의 경계층은 더 두꺼워지고 K가 음수이면(응축 시에는) 얇아지게 된다.

벽에서의 속도, 온도 및 조성 구배는 식 20.2-43의 도함수로부터 얻을 수 있다.

$$\Pi'(0, \Lambda, K) = \left.\frac{d\Pi(\eta, \Lambda, K)}{d\eta}\right|_{\eta=0} = \frac{1}{\int_0^\infty \exp\left(-\Lambda \int_0^\eta f(\bar{\eta}, K) d\bar{\eta}\right) d\eta} \tag{20.2-44}$$

수치적 적분에 의해 이 공식으로부터 계산된 몇 개의 값들이 표 20.2-1에 주어져 있다.

벽에서의 운동량, 에너지 및 질량의 분자 흘럭스는 도표화된 $\Pi'(0, \Lambda, K)$ 값을 갖는 무차원 식

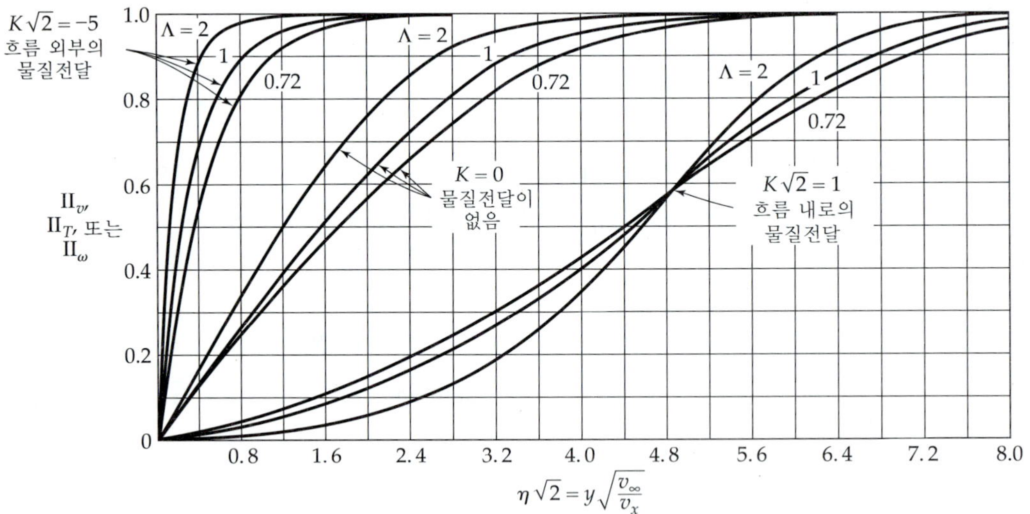

그림 20.2-3 벽에서 물질전달이 일어나는 평탄한 평판 위 층류 경계층 내의 속도, 온도 및 조성분포 [H. S. Mickley, R. C. Ross, A. L. Squyers, and W. E. Stewart, *NACA Technical Note* 3208 (1954)].

표 20.2-1 평탄한 평판을 따라 흐르는 층류의 무차원 속도, 온도 및 조성 구배[a]

K	Λ = 0.1	Λ = 0.2	Λ = 0.4	Λ = 0.6	Λ = 0.7	Λ = 0.8	Λ = 1.0	Λ = 1.4	Λ = 2.0	Λ = 5.0
−3.0	0.4491	0.7681	1.3722	1.9648	2.2600	2.5550	3.1451	4.3273	6.1064	15.0567
−2.0	0.3664	0.5956	1.0114	1.4100	1.6070	1.8032	2.1945	2.9764	4.1524	10.0863
−1.0	0.2846	0.4282	0.6658	0.8799	0.9829	1.0842	1.2836	1.6754	2.2568	5.1747
−0.5	0.2427	0.3452	0.4999	0.6291	0.6890	0.7468	0.8579	1.0688	1.3707	2.8194
−0.2	0.2165	0.2948	0.4024	0.4849	0.5213	0.5555	0.6190	0.7333	0.8861	1.5346
0.0	0.1980	0.2604	0.3380	0.3917	0.4139	0.4340	0.4696	0.5281	0.5972	0.8156
0.2	0.1783	0.2246	0.2736	0.3011	0.3108	0.3187	0.3305	0.3439	0.3496	0.3015
0.5	0.1441	0.1657	0.1751	0.1701	0.1656	0.1603	0.1485	0.1240	0.09096	0.01467
0.75	0.1032	0.1023	0.0840	0.0638	0.0549	0.0471	0.0340	0.0172	0.00571	0.0000152
0.87574[b]	0	0	0	0	0	0	0	0	0	0

[a] 다음 출처로부터 채택된: E. Elzy and R. M. Sisson, *Engineering Experiment Station Bulletin No.* 40, Oregon State University, Corvallis, Or. (1967); H. L. Evans, *Int. J. Heat and Mass Transfer*, **3**, 321-339 (1961); W. E. Stewart and R. Prober, *Int. J. Heat and Mass Transfer*, **5**, 1149-1163 (1962)와 **6**, 872 (1963). 더 완전한 결과와 이전의 연구에 대한 총설이 이들 참고문헌에 주어져 있다.

[b] 값 K = 0.87574는 정상상태 층류의 이 기하학적 구조에서 얻을 수 있는 가장 큰 양의 물질전달 속도이다. H. W. Emmons and D. C. Leigh, *Interim Technical Report No.* 9, Combustion Aerodynamics Laboratory, Harvard University (1953).

$$\frac{\tau_0}{\rho v_\infty (v_\infty - 0)} = \Pi'(0, 1, K)\sqrt{\frac{\nu}{2v_\infty x}} \tag{20.2-45}$$

$$\frac{q_0}{\rho \hat{C}_p v_\infty (T_0 - T_\infty)} = \frac{\Pi'(0, \text{Pr}, K)}{\text{Pr}}\sqrt{\frac{\nu}{2v_\infty x}} \tag{20.2-46}$$

$$\frac{j_{A0}}{\rho v_\infty (\omega_{A0} - \omega_{A\infty})} = \frac{\Pi'(0, \text{Sc}, K)}{\text{Sc}}\sqrt{\frac{\nu}{2v_\infty x}} \tag{20.2-47}$$

로 주어진다. 따라서 K를 알면 훌럭스를 직접 계산할 수 있다. 이들 식은 식 20.2-43에 주어진 분포와 Newton, Fourier 및 Fick의 훌럭스 식으로부터 얻게 된다. 여기서 에너지 훌럭스 q_0는 식 19.3-3의 전도항 $-k\nabla T$에 대응하며, 확산 훌럭스 j_{A0}는 위의 식 20.2-47를 사용하여 얻게 된다.

유체의 물성 ρ, μ, k, $\hat{C}_p$와 $\mathscr{D}_{AB}$는 이 전개에서 상수로 간주하였다. 그러나 식 20.2-45에서 47은 K가

$$K = \frac{\rho_0 v_0(x)}{\rho v_\infty}\sqrt{2\frac{v_\infty x}{\nu}} \tag{20.2-48}$$

과 같이 일반화되고, ρ, μ, k, $\hat{C}_p$와 $\mathscr{D}_{AB}$가 "기준 조건" $T_f = \frac{1}{2}(T_0 + T_\infty)$와 $\omega_{Af} = \frac{1}{2}(\omega_{A0} + \omega_{A\infty})$에서 계산된다고 규정된 대응하는 가변-물성 계산[8,9,10]과 밀접하게 부합한다는 것을 알았다.

많은 경우, 다음 무차원 양

$$R_v = \frac{(n_{A0} + n_{B0})(v_\infty - 0)}{\tau_0} \tag{20.2-49}$$

$$R_T = \frac{(n_{A0} + n_{B0})\hat{C}_p(T_0 - T_\infty)}{q_0} \tag{20.2-50}$$

$$R_\omega = \frac{(n_{A0} + n_{B0})(\omega_{A0} - \omega_{A\infty})}{j_{A0}} = \frac{(\omega_{A0} - \omega_{A\infty})(n_{A0} + n_{B0})}{n_{A0} - \omega_{A0}(n_{A0} + n_{B0})} \tag{20.2-51}$$

중의 하나는 알고 있거나 쉽게 계산된다. 이들 훌럭스 비 R은 현재의 경계조건 하에서는 x에 무관하고, 식 20.2-45에서 51에 의하면 다음과 같이 Λ 및 K와 연관되어 있다.

$$R = \frac{K\Lambda}{\Pi'(0, \Lambda, K)} \tag{20.2-52}$$

식 20.2-52로부터 무차원 계면 질량 훌럭스 K는 표 20.2-1의 결과를 사용하여 R과 Λ의 함수로 도표화할 수 있다는 것을 안다. 그런 다음 만약 세 개의 분포 중 하나에 대해 R과 Λ의 수치값이 주어지면(즉 만약 R_v, 또는 R_T와 Pr, 또는 R_ω와 Sc를 지정할 수 있다면) K는 내삽에 의해 구할 수 있다. 이들 관계에 대한 편리한 그림이 그림 22.8-5에서 7에 주어져 있다.

간단한 예로, 평탄한 평판이 다공성이고 A와 B의 기체상 흐름 내로 증발하는 액체 A로 포화되어 있다고 가정하고, 또 기체 B는 응축될 수 없고 액체 A에 녹지 않으며, ω_{A0}와 $\omega_{A\infty}$는 주어져 있다고 가정하시오. 그러면 R_ω는 $n_{B0} = 0$인 식 20.2-51로부터 계산될 수 있으며, K는 함수 $K(R, \Lambda)$를 $R = R_\omega$와 $\Lambda = \mu/\rho\mathscr{D}_{AB}$까지 내삽하여 구할 수 있다.

적당한 K 값에 대해서는, 매개변수 K의 절편된 Taylor 급수로 $\Pi'(0, \Lambda, K)$를 표현함으로써 계산을 간단히 할 수 있다.

$$\Pi'(0, \Lambda, K) = \Pi'(0, \Lambda, 0) + K \frac{\partial}{\partial K} \Pi'(0, \Lambda, K)\bigg|_{K=0} \tag{20.2-53}$$

이 전개는

$$\Pi'(0, \Lambda, K) = a\Lambda^{1/3} - bK\Lambda \tag{20.2-54}$$

와 같이 더 간결하게 쓸 수 있다. 여기서 a와 b는 표 20.2-2에 주어진, 천천히 변하는 Λ의

8 $K = 0$인 기체 유동의 운동량 및 에너지 전달 계산에 대해서는 E. R. G. Eckert, *Trans. A.S.M. E.*, **78**, 1273-1283 (1956)을 참조하시오

9 2 성분 및 다성분 기체 혼합물 내의 운동량 및 물질전달의 계산에 대해서는 W. E. Stewart and R. Prober, *Ind. Eng. Chem. Fundamentals*, **3**, 224-235 (1964)를 참조하시오. 22.9절에서 지적된 바와 같이 향상된 기준 조건은 T. C. Young and W. E. Stewart, *ibid.*, **25**, 276-482 (1986)에 의해 제공된다.

10 물성이 변하는 유체에 식 20.2-47을 적용하는 다른 방법에 대해서는 O. T. Hanna, *AIChE Journal*, **8**, 278-279 (1962); **11**, 706-712 (1965)를 참조하시오.

표 20.2-2 평탄한 평판의 근사적 공식,[a] 식 20.2-54와 55에 대한 계수

Λ	0	0.1	0.2	0.5	0.7	1.0	2	5	10	100	∞
$a(\Lambda)$	$\left(\frac{2}{\pi}\right)^{1/2}\Lambda^{1/6}$	0.4266	0.4452	0.4620	0.4662	0.4696	0.4740	0.4769	0.4780	0.4789	0.4790
$b(\Lambda)$	1.308	0.948	0.874	0.783	0.752	0.723	0.676	0.632	0.610	0.577	0.566

[a] H. J. Merk, *Appl. Sci. Res.*, **A8**, 237-277 (1959)와 R. Prober and W. E. Stewart, *Int. J. Heat and Mass Transfer*, **6**, 221-229, 872 (1963)로부터 채택된

함수이다. 식 20.2-54를 식 20.2-52에 대입하면 미지의 매개변수 K를 계산하기 위한 무차원 계면 질량 홀럭스 K에 대한 편리한 식

$$K = a\Lambda^{-2/3}\frac{R}{1 + bR} \tag{20.2-55}$$

를 얻게 된다. 이 결과는 사용하기 용이하고 꽤 정확하다. 예측된 함수 $K(R, \Lambda)$는 $|R| < 0.25$와 $\Lambda > 0.1$에 대해 표 20.2-1에서 찾은 값의 1.6% 이내에 있다.

이 예제는 속도, 온도 및 조성분포에 미치는 계면 속도 v_0와 관련된 효과를 설명하고 있다. 주어진 분포 Π에 미치는 v_0의 효과는 만약 그 분포에 대해 $R \ll 1$이라면(대부분의 분리 공정에서와 같이) 작고, $R \geq 1$이면(많은 연소와 증발 냉각 공정에서와 같이) 크다. 몇몇 응용이 22장에 주어져 있다.

예제20.2-3 낮은 물질전달 속도에서 평탄한 평판에 대한 근사적 상사성

Pohlhausen[11]은 예제 12.4-1의 계에 대한 에너지 방정식을 풀었고 열전달 속도 Q에 대한 그의 결과를 곡선 맞추기 하였다(표 12.4-1의 3번째 줄 참조). 그의 결과와 식 20.2-46을 비교하고, 운동량 홀럭스와 질량 홀럭스에 대해 대응하는 결과를 유도하시오.

해 식 12.4-17의 $\sqrt{148/315}$ 대신에 계수 0.664를 대입하고, $2Wq_0(x) = (dQ/dL)|_{L=x}$, 으로 두면

$$\frac{q_0}{\rho\hat{C}_p v_\infty(T_0 - T_\infty)} \cong 0.332\,\text{Pr}^{2/3}\sqrt{\frac{\nu}{v_\infty x}} \tag{20.2-56}$$

을 얻는다. 이 결과는 예제 20.2-2의 계에서 $K = 0$에 대응하는 경계조건 $v_0(x) = 0$에 지배를 받는다.

식 20.2-56은 $\Pi'(0, \text{Pr}, 0) \cong 0.4696\text{Pr}^{1/3}$로 둠으로써 $K = 0$일 때 식 20.2-46으로부터 얻을 수 있으며, 이는 $\Lambda = 1$에서 표 20.2-2와 잘 부합한다. 식 20.2-45와 47에 비교할만한 대입을 하면, 이 유동 상황에 대해 Chilton과 Colburn[12]에 의해 추천된 편리한 상사성

[11] E. Pohlhausen, *Zeits. f. angew. Math. Mech.*, **1**, 115-121 (1921).

[12] T. H. Chilton and A. P. Colburn, *Ind. Eng. Chem.*, **26**, 1183-1187 (1934).

$$\frac{\tau_0}{\rho v_\infty(v_\infty - 0)} \cong \frac{q_0}{\rho \hat{C}_p v_\infty (T_0 - T_\infty)} \mathrm{Pr}^{2/3} \cong \frac{j_{A0}}{\rho v_\infty(\omega_{A0} - \omega_{A\infty})} \mathrm{Sc}^{2/3}$$

$$\cong 0.332\sqrt{\frac{\nu}{v_\infty x}} \tag{20.2-57}$$

을 얻는다(14.3절과 22.3절을 비교). τ_0에 대한 식은 $K = 0$에서 정확한 해에 부합하고, q_0와 j_{A0}에 대한 결과는 $\Lambda > 0.5$에 대해 $K = 0$에서 $\pm 2\%$ 범위 내에서 정확하다.

20.3 물체 주위 유동에 대한 정상상태 경계층 이론

18.5와 18.6절에서 경계층 형태의 두 개의 연관된 물질전달 문제를 논의하였다. 이제 거기서 표현한 생각을 확대하고,[1,2,3,4,5,6,7] 그림 12.4-2에서 보는 것과 같은 다른 형상의 물체 주위의 유동을 생각하고자 한다. 비록 이 절의 내용을 물질전달 항으로 표현하지만, 결과는 표기법을 적절하게 변화시키면 상사한 열전달 문제에 대해 직접 적용할 수 있는 것으로 이해하면 된다. 농도 경계층은 대단히 얇다고 추정하며, 이는 확산계수가 작거나 또는 노출시간이 짧다는 것 중의 하나로 결과가 제한된다는 것을 의미한다. 만약에 있다면 이 결과는 그림 12.4-2에서 지적한 바와 같이 전방의 정체 궤적(측정되는 x로부터)과 분리나 난류가 일어나는 영역 사이에서만 적용 가능하다.

확산되는 화학 종의 농도를 c_A라 하고, 물체 표면에서의 농도를 c_{A0}라 하며, 농도 경계층 바깥은 A의 농도가 0이다.

예제 12.4-3과 같이 전개함에 있어, 농도 경계층에 대해 x가 흐름선 방향의 모든 표면을 따라 측정되는 직교 좌표계를 채택한다. y-좌표는 표면에 수직이고, z-좌표는 흐름선에 수직인 표면을 따라 측정된다. 이들은 $h_y = 1$, $h_x = h_x(x, z)$와 $h_z = h_z(x, z)$를 갖는 식 A.7-10에서 18까지에 설명된 바와 같은 "일반 직교 좌표"이다. 계면 부근의 유동은 z 방향 속도 성분을 갖지 않으므로, 식 A.7-16에 의하면 연속방정식은

$$\frac{\partial}{\partial x}(h_z v_x) + h_x h_z \frac{\partial}{\partial y} v_y = 0 \tag{20.3-1}$$

1 A. Acrivos, *Chem. Eng. Sci.*, **17**, 457-465 (1962).
2 W. E. Stewart, *AIChE Journal*, **9**, 528-535 (1963).
3 D. W. Howard and E. N. Lightfoot, *AIChE Journal*, **14**, 458-467 (1968).
4 W. E. Stewart, J. B. Angelo, and E. N. Lightfoot, *AIChE Journal*, **16**, 771-786 (1970).
5 E. N. Lightfoot, in *Lectures in Transport Phenomena*, American Institute of Chemical Engineers, New York (1969).
6 E. Ruckenstein, *Chem. Eng. Sci.*, **23**, 363-371 (1968).
7 W. E. Stewart, in *Physicochemical Hydrodynamics*, Vol. 1 (D. B. Spalding, ed.), Advance Publications, Ltd., London (1977), pp . 22-63.

이다. 그러면 농도 경계층에 대한 확산방정식은

$$v_x \frac{1}{h_x}\frac{\partial c_A}{\partial x} + v_y \frac{\partial c_A}{\partial y} = \mathscr{D}_{AB}\frac{\partial^2 c_A}{\partial y^2} \tag{20.3-2}$$

이며, 여기서는 식 A.7-15와 17이 사용되었다. 이 식들을 기술함에 있어 다음을 가정하였다: (i) 확산 훌럭스의 x 성분과 z 성분은 무시한다. (ii) 경계층 두께는 국부적인 계면 곡률 반지름에 비하여 작다. (iii) 밀도와 확산계수는 일정하다. 이제 18.5절과 18.6절에서 풀었던 문제를 일반화한 두 경우에 대해 농도분포와 질량 훌럭스에 대한 잘 정돈된 식을 얻고자 한다. 계면에서 국부 몰 훌럭스에 대한 식을 얻으면, 아래 두 경우에 대응하는 확산계수(18.5절에서는 $\frac{1}{2}$ 제곱과 18.6절에서는 $\frac{2}{3}$ 제곱)의 의존성을 구할 수 있을 것이다. 이는 22장에서 보게 되는 물질전달계수에 대한 무차원 상관관계를 수립함에 있어서 상당히 중요한 결과를 만들어 낸다.

물질전달 표면에서 영인 속도 구배

이 경우는 기포 주위를 흐르는 계면활성제가 없는 액체에서 나타난다. 여기서 v_x는 y에 무관하며, v_y는 위에 주어진 연속방정식으로부터 얻을 수 있다. 그러므로 작은 물질전달 속도에 대해서는

$$v_x = v_s(x, z) \tag{20.3-3}$$

$$v_y = -\frac{y}{h_x h_z}\frac{\partial}{\partial x}(h_z v_s) \equiv -\gamma y \tag{20.3-4}$$

와 같이 속도 성분에 대한 일반식을 쓸 수 있으며, 여기서 γ는 x와 z에 의존한다. 이를 식 20.3-2에 사용하면, 액체상의 확산에 대한 식

$$v_s \frac{1}{h_x}\frac{\partial c_A}{\partial x} - \gamma y \frac{\partial c_A}{\partial y} = \mathscr{D}_{AB}\frac{\partial^2 c_A}{\partial y^2} \tag{20.3-5}$$

를 얻으며, 경계조건

경계조건 1: $x = 0$에서, $c_A = 0$ (20.3-6)

경계조건 2: $y = 0$에서, $c_A = c_{A0}$ (20.3-7)

경계조건 3: $y \to \infty$일 때 $c_A \to 0$ (20.3-8)

을 사용하여 풀 수 있다. 경계조건의 특징은 변수 조합법의 적용이 적절하다는 것을 암시한다. 그러나 적절한 무차원 조합을 어떻게 구성하느냐 하는 것이 명백하지 않다. 그러므로 다음을 시도하고자 한다: $c_A/c_{A0} = f(\eta)$로 두자. 여기서 $\eta = y/\delta_A(x, z)$이고, $\delta_A(x, z)$는 후에 결정되는 화학 종 A에 대한 경계층 두께이다.

식 20.3-5에 나타낸 변수 조합을 도입하면, 이 식은

$$\frac{d^2f}{d\eta^2} + \frac{1}{\mathscr{D}_{AB}}\left(\frac{v_s}{h_x}\delta_A\frac{\partial\delta_A}{\partial x} + \gamma\delta_A^2\right)\eta\frac{df}{d\eta} = 0 \tag{20.3-9}$$

가 되고, $f(0) = 1$이고 $f(\infty) = 0$인 경계조건을 갖는다. 만약 $\eta(df/d\eta)$ 항의 계수가 상수라고 하면, 식 20.3-9는 어떻게 푸는지 알고 있는 식 4.1-9와 같은 형태를 갖는다. 편리하게 계산하기 위해

$$\frac{1}{\mathscr{D}_{AB}}\left(\frac{v_s}{h_x}\delta_A\frac{\partial\delta_A}{\partial x} + \gamma\delta_A^2\right) = 2 \tag{20.3-10}$$

와 같이 상수를 지정한다. 다음 식 20.3-4로부터 γ에 대한 식을 대입하고, 재정리하면

$$\frac{\partial}{\partial x}\delta_A^2 + \left(\frac{\partial}{\partial x}\ln(h_z v_s)^2\right)\delta_A^2 = \frac{4\mathscr{D}_{AB}h_x}{v_s} \tag{20.3-11}$$

을 얻으며, 이는 $x = 0$에서 $\delta_A = 0$인 경계조건을 사용하여 풀어야 하는 δ_A^2에 대한 1차 선형 방정식이다. 식 20.3-11을 적분하면, 확산 경계층에 대한 두께 함수로

$$\delta_A(x, z) = 2\sqrt{\frac{\mathscr{D}_{AB}\int_0^x h_x h_z^2 v_s d\bar{x}}{h_z^2 v_s^2}} \tag{20.3-12}$$

가 주어진다. 식 20.3-9와 경계조건은 오직 단 하나의 독립 변수로 η를 포함하므로, 가정한 변수 조합은 타당하며, 농도분포는 식 20.3-9의 해로 주어진다.

$$f(\eta) = 1 - \frac{2}{\sqrt{\pi}}\int_0^\eta \exp(-\bar{\eta}^2)\,d\bar{\eta} = 1 - \text{erf}\,\eta \tag{20.3-13}$$

식 20.3-12와 13은 즉시 쓸 수 있는 문제에 대한 해이다.

다음, 계면에서 화학 종 A의 몰 흘럭스를 계산하기 위해 이 해와 Fick 1법칙을 결합하면,

$$\begin{aligned} N_{Ay}\big|_{y=0} &= -\mathscr{D}_{AB}\frac{\partial c_A}{\partial y}\bigg|_{y=0} = -\mathscr{D}_{AB}c_{A0}\left(\frac{df}{d\eta}\frac{\partial\eta}{\partial y}\right)\bigg|_{y=0} \\ &= +\mathscr{D}_{AB}c_{A0}\frac{2}{\sqrt{\pi}}\left(\exp(-\eta^2)\frac{1}{\delta_A}\right)\bigg|_{y=0} = c_{A0}\sqrt{\frac{\mathscr{D}_{AB}}{\pi}\frac{h_z^2 v_s^2}{\int_0^x h_{\bar{x}} h_z^2 v_s d\bar{x}}} \end{aligned} \tag{20.3-14}$$

를 얻는다. 이 결과는 훨씬 더 간단한 기체 흡수 문제에 대해 식 18.5-17에서 풀었던 질량 흘럭스가 확산계수의 $\frac{1}{2}$ 제곱에 동일하게 의존한다는 것을 보여준다. 사실 척도 인자 h_x와 h_z를 1과 같다고 두고 v_s를 $v_{\max}$로 대체한다면, 정확하게 식 18.5-17로 회복하게 된다.

물질전달 표면 부근의 선형 속도분포

이 속도 함수는 농도 경계층이 대단히 얇을 때 고체 표면에서의 물질전달(예제 12.4-3 참조)

에 대해 적절하다. 여기서 v_x는 농도 경계층 내의 y에 선형적으로 의존하며, v_y는 연속방정식으로부터 얻을 수 있다. 결과적으로 계면을 통과하는 알짜 질량 흘럭스가 작으면, 농도 경계층 내의 속도 성분은

$$v_x = \beta(x, z)y \tag{20.3-15}$$

$$v_y = -\frac{y^2}{2h_x h_z}\frac{\partial}{\partial x}(h_z\beta) \equiv -\gamma y^2 \tag{20.3-16}$$

이고, 여기서 γ는 x와 z에 의존한다. 이들 식을 식 20.3-2에 대입하면 액체상에 대한 확산방정식

$$\frac{\beta y}{h_x}\frac{\partial c_A}{\partial x} - \gamma y^2\frac{\partial c_A}{\partial y} = \mathscr{D}_{AB}\frac{\partial^2 c_A}{\partial y^2} \tag{20.3-17}$$

을 얻으며, 경계조건

경계조건 1: $x = 0$ 에서, $c_A = 0$ (20.3-18)

경계조건 2: $y = 0$ 에서, $c_A = c_{A0}$ (20.3-19)

경계조건 3: $y \to \infty$ 일 때, $c_A \to 0$ (20.3-20)

을 사용하여 풀 수 있다. 일단 $c_A/c_{A0} = f(\eta)$로 두고 변수 조합법을 사용한다. 여기서 $\eta = y/\delta_A(x, z)$이다.

변수 변환이 이루어지면 확산방정식은

$$\frac{d^2f}{d\eta^2} + \frac{1}{\mathscr{D}_{AB}}\left(\frac{\beta}{h_x}\delta_A^2\frac{\partial\delta_A}{\partial x} + \gamma\delta_A^3\right)\eta^2\frac{df}{d\eta} = 0 \tag{20.3-21}$$

이 되고, $f(0) = 1$이고 $f(\infty) = 0$인 경계조건을 갖는다. $f(\eta)$ 형태의 해는 오직 괄호 안의 인자가 상수일 때만 가능하다. 상수를 3이라고 설정하는 것은 식 20.3-21을 해를 이미 알고 있는 식 18.6-6으로 환원하는 것이다. 그러므로

$$\frac{1}{\mathscr{D}_{AB}}\left(\frac{\beta}{h_x}\delta_A^2\frac{\partial\delta_A}{\partial x} + \gamma\delta_A^3\right) = 3 \tag{20.3-22}$$

또는

$$\frac{\partial}{\partial x}\delta_A^3 + \left(\frac{\partial}{\partial x}\ln(h_z\beta)^{3/2}\right)\delta_A^3 = \frac{9\mathscr{D}_{AB}h_x}{\beta} \tag{20.3-23}$$

의 조건을 요구함으로써 경계층 두께를 얻는다. δ_A^3에 대한 이 1차 선형 방정식의 해는

$$\delta_A = \frac{1}{\sqrt{h_z\beta}}\sqrt[3]{9\mathscr{D}_{AB}\int_0^x \sqrt{h_z\beta}\,h_{\bar{x}}h_z\,d\bar{x}} \tag{20.3-24}$$

이므로 이 분절 문제에 대한 해는 18.6절에서 고려되었던 계에 대한 식 18.6-10으로 바뀌는

$$\frac{c_A}{c_{A0}} = f(\eta) = \frac{\int_{\eta}^{\infty} \exp(-\bar{\eta}^3)\, d\bar{\eta}}{\Gamma(\frac{4}{3})} \tag{20.3-25}$$

이다.

최종적으로 계면에서의 몰 흘럭스에 대한 식

$$\begin{aligned} N_{Ay}\big|_{y=0} &= -\mathscr{D}_{AB}\frac{\partial c_A}{\partial y}\bigg|_{y=0} = -\mathscr{D}_{AB}c_{A0}\left(\frac{df}{d\eta}\frac{\partial \eta}{\partial y}\right)\bigg|_{y=0} \\ &= \frac{\mathscr{D}_{AB}c_{A0}}{\Gamma(\frac{4}{3})}\frac{\sqrt{h_z\beta}}{\sqrt[3]{9\mathscr{D}_{AB}\int_0^x \sqrt{h_z\beta}\, h_x h_z\, d\bar{x}}} \end{aligned} \tag{20.3-26}$$

을 얻으며, $h_x = h_z = 1$이고 β = 상수인 평면 표면에 대해서는 식 20.3-26이 식 18.6-9로 바뀐다.

예제 20.3-1 기포 주위의 미동 유동에 대한 물질전달

반지름이 R인 기체 A의 구형 기포 주위를 액체 B가 대단히 천천히 흐르고 있다. 만약 액체 B 내의 기체 A의 용해도가 c_{A0}라 하면, 주위 유체로의 A의 물질전달 속도를 구하시오.

(a) 이 계에 대한 기체-액체 계면에서의 질량 흘럭스를 얻기 위해 식 20.3-14를 어떻게 사용할 것인지 보이시오.

(b) 구 전체 표면에 걸친 평균 질량 흘럭스를 구하시오.

해 **(a)** 상류 정체점을 좌표의 원점으로 선정하고, 다음과 같은 통상적인 구형 좌표 θ와 ϕ의 항으로 된 좌표 x와 z를 정의하시오: $h_\theta = R$이고 $h_\phi = R \sin\theta$인 $x=\theta$와 $z=\phi$. 그러면 y 방향은 구형 좌표의 r 방향과 같게 된다. 계면 속도는 식 4B.3-3으로부터 $v_s = \frac{1}{2}v_\infty \sin\theta$로 얻게 되며, 여기서 v_∞는 접근 속도이다.

이들 양을 식 20.3-14에 대입하면

$$\begin{aligned} N_{Ay}\big|_{y=0} &= c_{A0}\sqrt{\frac{\mathscr{D}_{AB}}{\pi}\frac{(R\sin\theta)^2(\frac{1}{2}v_\infty\sin\theta)^2}{\int_0^\theta (R)(R\sin\bar{\theta})^2(\frac{1}{2}v_\infty\sin\bar{\theta})d\bar{\theta}}} \\ &= c_{A0}\sin^2\theta\sqrt{\frac{\mathscr{D}_{AB}v_\infty}{2\pi R}\frac{1}{\int_0^\theta \sin^3\bar{\theta}\, d\bar{\theta}}} \\ &= c_{A0}\sin^2\theta\sqrt{\frac{3\mathscr{D}_{AB}v_\infty}{2\pi R}}\frac{1}{\sqrt{\cos^3\theta - 3\cos\theta + 2}} \end{aligned} \tag{20.3-27}$$

을 얻는다.

(b) 위 식을 모든 θ와 ϕ에 걸쳐 적분하고 구의 표면으로 나누면, 질량 훌럭스의 표면 평균값

$$\begin{aligned} N_{A0,\text{avg}} &= \frac{1}{4\pi R^2}\int_0^{2\pi}\int_0^{\pi} N_{Ay}\Big|_{y=0} R\ \sin\ \theta\, d\theta\, d\phi \\ &= \frac{2\pi R^2 c_{A0}}{4\pi R^2}\sqrt{\frac{3\mathscr{D}_{AB}v_\infty}{2\pi R}}\int_0^{\pi}\frac{\sin^3\theta\, d\theta}{\sqrt{\cos^3\theta - 3\cos\theta + 2}} \\ &= \frac{c_{A0}}{2}\sqrt{\frac{3\mathscr{D}_{AB}v_\infty}{2\pi R}}\int_{-1}^{+1}\frac{(1-u^2)du}{\sqrt{u^3-3u+2}} \\ &= \frac{c_{A0}}{2}\sqrt{\frac{3\mathscr{D}_{AB}v_\infty}{2\pi R}}\int_{-1}^{+1}\frac{(1+u)du}{\sqrt{2+u}} \\ &= \frac{c_{A0}}{2}\sqrt{\frac{3\mathscr{D}_{AB}v_\infty}{2\pi R}}\left(\frac{4}{3}\right) = \sqrt{\frac{4\mathscr{D}_{AB}v_\infty}{3\pi D}}\, c_{A0} \end{aligned} \tag{20.3-28}$$

을 얻는다. 두 번째 줄에서 세 번째 줄로 가면서 $\cos\theta = u$로 변수 변환을 하였고, 네 번째 줄을 얻기 위해 분자와 분모를 $(1 - u)$로 약분하였다. 식 20.3-28은 기포로부터 흡수와 관련하여 식 18.5-20에 인용되었다.[8] 이 식은 물전전달계수의 주제와 관련하여 22장에서 다시 언급된다.

20.4 복잡한 계면 운동을 갖는 경계층 물질전달[1,2,3]

시간 의존적 계면 운동과 난류는 유체-유체 전달 조작에서 흔히 있다. 경계층 이론은 작은 $\mathscr{D}_{AB}$(액체에서 처럼) 또는 빈번하게 경계층 분리가 일어나는 유동(잔물결 또는 진동하는 계면에서와 같이)에 대해서는 농도 경계층의 박막화를 활용함으로써 이들 계에 대한 유용한 식견을 갖도록 하며 점근적인 관계를 보여준다. 단순한 계면 운동을 갖는 물질전달은 층류 강하 경막과 순환하는 기포에 대해서는 18.5절에서, 균일하게 확장되는 계면에 대해서는 예제 20.1-4에서 논의하였다. 여기서는 더 일반적인 계면 운동을 갖는 물질전달을 고려하고자 한다.

초기에는 균일하지만 서로 다른 조성을 갖는 두 유체상 사이에서 화학 종 A의 시간 의존적 전달을 생각하고, 일정한 ρ와 $\mathscr{D}_{AB}$에 대한 2성분 연속방정식으로 시작한다(ρ로 나눈 식 19.1-16):

$$\frac{D\omega_A}{Dt} = \mathscr{D}_{AB}\nabla^2\omega_A + \frac{1}{\rho}r_A \tag{20.4-1}$$

이제 작은 $\mathscr{D}_{AB}$에 대한 경계층 형태로 이를 축소하고, 하나의 상에서 지배적인 저항을 갖

[8] V. G. Levich, *Physicochemical Hydrodynamics*, Prentice-Hall, Englewood Cliffs, N. J. (1962), p. 408, 식 72.9.

[1] J. B. Angelo, E. N. Lightfoot, and D. W. Howard, *AIChE Journal*, **12**, 751-760 (1966).

[2] W. E. Stewart, J. B. Angelo, and E. N. Lightfoot, *AIChE Journal*, **16**, 771-786 (1970).

[3] W. E. Stewart, *AIChE Journal*, **33**, 2008-2016 (1987); **34**, 1030 (1988).

는 다양한 강제 대류 문제에 대한 해를 표현하고자 한다.

다음 경계층 근사를 사용한다:

(i) 확산 질량 흘럭스는 가장 가까운 계면 요소에 수직인 단위 벡터 **n**과 동일 직선 상에 있다(이 근사는 이 책의 경계층 절 전체에 걸쳐 사용된다. 여기서는 다루지 않지만 모서리, 후류와 분리 궤적 부근의 경계층 확산을 설명하기 위해서는 고차 근사[4]가 적절하다.)

(ii) 계면에 상대적인 접선 유체 속도는 농도 경계층 내에서는 무시할 수 있다(이 근사는 계면 항력이 너무 크지 않으면, 계면활성제가 없는 유체-유체계에 대해서는 만족할 만하다.)

(iii) 각 계면을 따르는 농도 경계층은 계면 곡률의 국부 반지름에 비해 상대적으로 얇다.

(iv) 인접하지 않는 계면 요소 위의 농도 경계층은 겹치지 않는다.

이들 근사의 각각은 경질이 아닌 계면과 0이 아닌 $D\omega_A/Dt$를 갖는, 즉 유체와 함께 움직이는 관측자에 의해 관찰되는 바와 같은 시간 의존적 농도를 갖는, 순환하지 않는 유동의 작은 $\mathscr{D}_{AB}$에 대해 점근적으로 타당하다. 따라서 20.3절의 (a)에서 고려하였던 계는 이와 같은 관측자에 대해 계가 시간 의존적이기 때문에 포함된다(정지해 있는 계에 대해서는 비록 정상상태 일지라도).

그림 20.4-1과 같이 구분적으로 매끄러운 계면 격자를 갖는 계면 내장형 좌표가 이 논의에서

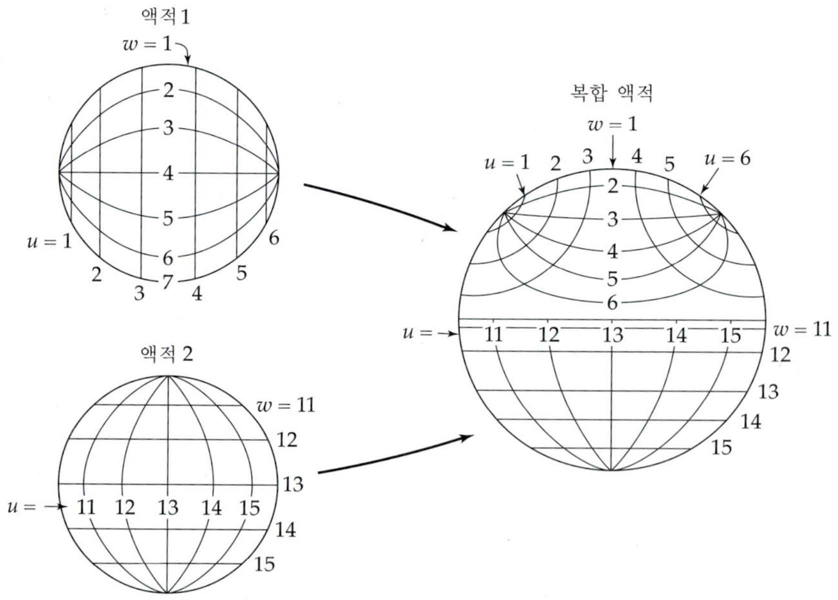

그림 20.4-1 단순 합체 공정에서 내장형 좌표의 개략적인 그림. W. E. Stewart, J. B. Angelo, and E. N. Lightfoot, *AIChE Journal*, **14**, 458-467 (1968).

[4] J. Newman, *Electroanal. Chem. and Interfacial Electrochem.*, **6**, 187-352 (1973).

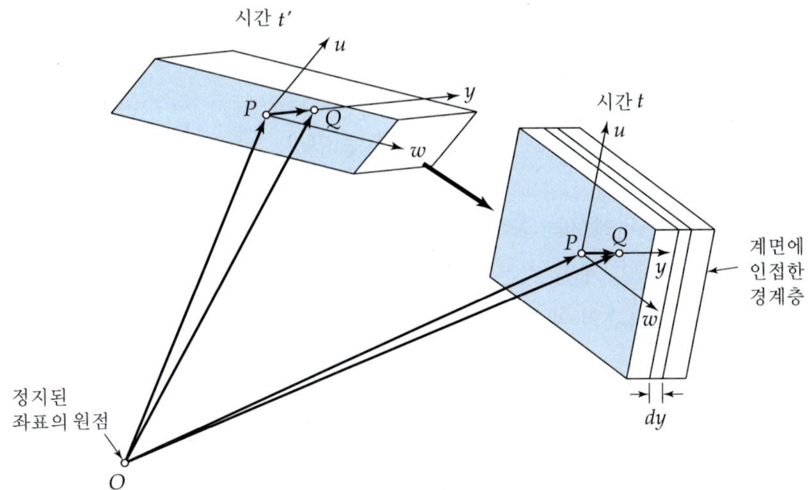

그림 20.4-2 인접한 경계층을 가지면서, 서로 다른 두 시간 t'과 t에 볼 수 있는 변형하는 계면 면적 요소 dS(그림자 진). 벡터는(시간 t에서)

$\overrightarrow{OP} = \mathbf{r}_s(u, w, t)$ = 계면 위 점의 위치 벡터
$\overrightarrow{PQ} = y\mathbf{n}(u, w, t)$ = 경계층 내의 점에 이르는 계면에 수직인 길이 y의 벡터
$\overrightarrow{OQ} = \mathbf{r}(u, w, y, t)$ = 경계층 내의 점에 대한 위치 벡터

이다. 계면 면적 요소는 물질 입자가 공간을 통해 움직일 때 동일한 물질 입자로 이루어진다. 면적의 크기는 시간에 따라 변하며, $dS = \left|\frac{\partial \mathbf{r}_s}{\partial u} du \times \frac{\partial \mathbf{r}_s}{\partial w} dw\right|$로 주어진다. 유사하게 y와 $y+dy$ 사이 경계층 부분의 부피 크기는 $dV = \left|\left[\frac{\partial \mathbf{r}_s}{\partial u} du \times \frac{\partial \mathbf{r}_s}{\partial w} dw\right] \cdot \mathbf{n}\, dy\right|$이다.

사용된다. 이 계의 각 계면 요소는 불변의 표면 좌표 (u, w)로 표시되고, 위치 벡터는 $\mathbf{r}_s(u, w, t)$이다. 경계층 내의 각 점은 가장 가까운 계면 점의 표면 좌표 (u, w)와 함께 그 계면 점으로부터의 거리 y에 의해 인지된다. 그러면 시간 t에서 각 점 (u, w, y)의 순간적인 위치 벡터는 그림 20.4-1에 도시된 바와 같이 정지된 원점에 상대적인

$$\mathbf{r}(u, w, y, t) = \mathbf{r}_s(u, w, t) + y\mathbf{n}(u, w, t) \tag{20.4-2}$$

이다. 함수 $\mathbf{r}_s(u, w, t)$는 각 계면 점 (u, w)의 궤적이며, 연관 함수 $\mathbf{n}(u, w, t) = (\partial/\partial y)\mathbf{r}$은 각 표면 요소로부터 양의 방향으로 향하는 순간적인 수직 벡터이다. 이들 함수는 단순 유동에 대한 유체역학으로부터 계산 가능하며, 복잡한 유동 실험을 분석하기 위한 골격을 제공한다.

경계층 내의 공간 요소 $du\,dw\,dy$의 순간적인 부피는(그림 20.4-2 참조)

$$dV = \sqrt{g(u, w, y, t)}\, du\, dw\, dy \tag{20.4-3}$$

이다. 여기서 $\sqrt{g(u, w, y, t)}$는 국부적인 계면 기본 벡터 $(\partial/\partial u)\mathbf{r}_s$ 및 $(\partial/\partial w)\mathbf{r}_s$와 수직 단위 벡터 $(\partial/\partial y)\mathbf{r} = \mathbf{n}$의 곱

$$\sqrt{g} = \left| \left[\frac{\partial \mathbf{r}_s}{\partial u} \times \frac{\partial \mathbf{r}_s}{\partial w} \right] \cdot \mathbf{n} \right| = \left| \left[\frac{\partial \mathbf{r}_s}{\partial u} \times \frac{\partial \mathbf{r}_s}{\partial w} \right] \right| \tag{20.4-4}$$

이고, 이 논의에서는 음이 아닌 경우가 고려된다. 두 번째 등식은 **n**이 계면 평면 내에 놓여 있는 국부적인 계면 기본 벡터들의 벡터 곱과 동일 직선상에 있기 때문에 성립한다. 대응하게 그림 20.4-2의 계면 요소 $du\,dw$의 순간적인 면적은

$$dS = s(u, w, t)du\,dw \tag{20.4-5}$$

이고, 여기서 $s(u, w, t)$는 계면 기본 벡터의 다음 곱이다.

$$s(u, w, t) = \sqrt{g(u, w, 0, t)} = \left| \left[\frac{\partial \mathbf{r}_s}{\partial u} \times \frac{\partial \mathbf{r}_s}{\partial w} \right] \right| \tag{20.4-6}$$

이들 계면 내장형 좌표에서, 정지된 좌표 축에 상대적인 질량 평균 속도 **V**는

$$\mathbf{V}(u, w, y, t) = \mathbf{v}(u, w, y, t) + \frac{\partial}{\partial t}\mathbf{r}(u, w, y, t) \tag{20.4-7}$$

의 형태를 갖는다. 이 절에서 **v**는 (u, w, y)에서 관측자에 상대적인 질량 평균 유체 속도이고, $(\partial/\partial t)\mathbf{r}(u, w, y, t)$는 정지된 원점에 상대적인 관측자의 속도이다. 이 식에 다이버전스를 취하하면

$$(\nabla \cdot \mathbf{V}(\mathbf{r}, t)) = (\nabla \cdot \mathbf{v}(u, w, y, t)) + \frac{\partial \ln \sqrt{g(u, w, y, t)}}{\partial t} \tag{20.4-8}$$

의 당연한 결과[2]를 얻는다(문제 20D.5참조). **V**의 다이버전스가 내장형 좌표틀의 팽창 또는 수축의 국부 속도로 인해 **v**의 다이버전스와는 다르다는 것을 이 식은 나타내고 있다.

식 20.4-8의 마지막 항은 계면 변형이 일어날 때 나타난다. 이와 같은 문제에서 마지막 항을 생략하면 Higbie[5]와 Danckwerts[6,7]이 가설적 표면 체류시간[5,6] 또는 표면 회복[7]을 도입함으로써 조절하였던 부정확한 예측 결과를 얻게 된다. 이와 같은 가설은 현재의 해석에서는 필요하지 않다.

v의 접선 속도에 대한 안 미끄러짐 조건과 함께 $y = 0$에서 식 20.4-8을 적용하고 일정한 밀도 조건

$$(\nabla \cdot \mathbf{V}) = 0 \tag{20.4-9}$$

[5] R. Higbie, *Trans. AIChE,* **31**, 365-389 (1935).

[6] P. V. Danckwerts, *Ind. Eng. Chem.*, **43**, 1460-1467 (1951).

[7] P. V. Danckwerts, *AIChE Journal*, **1**, 456-463 (1955).

를 사용하면, 도함수

$$\left.\frac{\partial v_y}{\partial y}\right|_{y=0} = -\frac{\partial \ln s(u, w, t)}{\partial t} \tag{20.4-10}$$

을 얻는다. 그러므로 절편된 Taylor 전개

$$v_y = v_{y0} - y\frac{\partial \ln s(u, w, t)}{\partial t} + O(y^2) \tag{20.4-11}$$

은 변형하는 계면 부근의 비압축성 유체에서 **v**의 수직 성분을 나타낸다.

v의 접선 속도에 대해 대응하는 Taylor 전개는

$$\mathbf{v}_{\parallel} = y\mathbf{B}_{\parallel}(u, w, t) + O(y^2) \tag{20.4-12}$$

로 주어지고, 여기서 $\mathbf{B}_{\parallel}(u, w, t)$는 $\mathbf{v}_{\parallel}$의 계면 y-도함수이다. 이들 결과($O(y^2)$ 항을 무시한)와 근사 (i)을 사용하면, $\omega_A(u, w, y, t)$에 대해 식 20.4-1을

$$\begin{aligned}\frac{\partial \omega_A}{\partial t} + (y\mathbf{B}_{\parallel} \cdot \nabla\omega_A) + \left(v_{y0} - y\frac{\partial \ln s}{\partial t}\right)\frac{\partial \omega_A}{\partial y} &= \mathscr{D}_{AB}(\nabla \cdot \mathbf{n}\nabla\omega_A) + \frac{1}{\rho}r_A \\ &= \mathscr{D}_{AB}\left[\frac{\partial^2 \omega_A}{\partial y^2} + (\nabla_0 \cdot \mathbf{n})\frac{\partial \omega_A}{\partial y} + \cdots\right] + \frac{1}{\rho}r_A\end{aligned} \tag{20.4-13}$$

과 같이 쓸 수 있다. 여기서 $(\nabla_0 \cdot \mathbf{n})$은 가장 가까운 계면 점에서 **n**의 표면 다이버전스이고, 그 표면의 주 곡률 합이다. +⋯은 더 높은 차수의 항을 나타내며, 여기서는 무시한다.

식 20.4-13에서 지배항을 선정하기 위해, 무차원 좌표

$$Y = y/\kappa(\mathscr{D}_{AB}) \tag{20.4-14}$$

를 도입하며, 여기서 $\kappa(\mathscr{D}_{AB})$는 농도 경계층의 평균 두께이다. 식 20.4-14를 이 새로운 변수의 항으로 쓰면, u, w, Y와 t의 항으로된 ω_A에 대한 식

$$\begin{aligned}&\frac{\partial \omega_A}{\partial t} + \kappa(Y\mathbf{B}_{\parallel} \cdot \nabla\omega_A) + \left(\frac{v_{y0}}{\kappa} - Y\frac{\partial \ln s}{\partial t}\right)\frac{\partial \omega_A}{\partial Y} \\ &= \frac{\mathscr{D}_{AB}}{\kappa^2}\left[\frac{\partial^2 \omega_A}{\partial Y^2} + \kappa(\nabla_0 \cdot \mathbf{n})\frac{\partial \omega_A}{\partial Y} + \cdots\right] + \frac{1}{\rho}r_A\end{aligned} \tag{20.4-15}$$

를 얻는다. 물리적 근거에 기초하면 $\mathscr{D}_{AB}$가 감소함에 따라 κ는 감소할 것이므로, 작은 $\mathscr{D}_{AB}$에 대한 지배항은 κ의 가장 낮은 차수의 항들, 즉 $\mathbf{B}_{\parallel}$와 $(\nabla_0 \cdot \mathbf{n})$ 기여를 제외한 모든 항이다. 후자 항의 부차적인 우월성은 비순환 유동에서 근사 (ii)와 (iii)의 점근적 타당성을 확인한다.

이제 작은 $\mathscr{D}_{AB}$의 극한에서 지배항이 비교할만한 크기로 남아있기 위해서는 모든 지배항의 계수가 $\mathscr{D}_{AB}$의 범위에 걸쳐 비례하여야만 한다. 이와 같은 "지배 수지 원리"는 13.6절에서 이미 적용되었으며, 여기서는 κ에 관한 가장 낮은 차수의 항들에 대해

$$\mathscr{D}_{AB}/\kappa^2 = O(1) \qquad \text{와} \qquad v_{y0}/\kappa = O(1) \tag{20.4-16, 17}$$

의 크기의 차수를 갖는다. 식 20.4-16은 자유 표면 유동에서 확산 경계층 두께가 $\mathscr{D}_{AB}$의 $\frac{1}{2}$ 제곱에 의존하는 앞의 예제와 일치하며, 또 작은 $\mathscr{D}_{AB}$ 값에 대해 가정 (iv)가 점근적으로 정확하다는 것을 확인한다. 식 20.4-17은 Arnold 문제에 대한 식 20.1-10의 조건 하에서 보는 v_z^*가 $\sqrt{\mathscr{D}_{AB}}$에 비례하는 것과 일치한다. 따라서 변형하는 계면 부근의 어느 상에서든지 ω_A에 대한 경계층 방정식은 가장 낮은 차수의 κ에 대해

$$\frac{\partial \omega_A}{\partial t} + \left(v_{y0} - y\,\frac{\partial \ln s}{\partial t}\right)\frac{\partial \omega_A}{\partial y} = \mathscr{D}_{AB}\,\frac{\partial^2 \omega_A}{\partial y^2} + \frac{1}{\rho}\,r_A \tag{20.4-18}$$

이다. 다음 차수의 근사에서는 κ에 비례하는 항들이 나타날 것이고, 이 항들은 접선 속도 $y\mathbf{B}_{\parallel}$와 계면 곡률 $(\nabla_0 \cdot \mathbf{n})$을 포함한다. 후자 항은 문제 20C.1과 20C.2에 나타난다.

식 20.4-18에 ρ/M_A(여기서 수립된 가정에 대해서는 상수)를 곱하고 예제 20.1-1과 같이 계면에 수직인 좌표로 z를 사용하면, 앞서 나온 몇몇 예제들을 편리하게 확장할 수 있는 몰 농도 $c_A(u, w, z, t)$에 대해 대응하는 식

$$\frac{\partial c_A}{\partial t} + \left(v_{z0} - z\,\frac{\partial \ln s}{\partial t}\right)\frac{\partial c_A}{\partial z} = \mathscr{D}_{AB}\,\frac{\partial^2 c_A}{\partial z^2} + R_A \tag{20.4-19}$$

가 주어진다. 또 다른 유용한 추론은 x_A와 $\mathbf{v}^*$의 항으로 된 2 성분 경계층 방정식이다.

$$\frac{\partial x_A}{\partial t} + \left(v_{z0}^* - z\,\frac{\partial \ln s}{\partial t}\right)\frac{\partial x_A}{\partial z} = \mathscr{D}_{AB}\,\frac{\partial^2 x_A}{\partial z^2} + \frac{1}{c}\,[R_A - x_A(R_A + R_B)] \tag{20.4-20}$$

여기서 c와 $\mathscr{D}_{AB}$는 예제 20.1-1에서와 같이 상수로 취급되었다.

예제 20.4-1 불균일한 계면 변형을 갖는 물질전달

식 20.4-19는 반응원항 R_A를 생략하고 수직 속도항 v_{z0}을 무시하면(따라서 계면 알짜 질량 훌럭스가 작을 것이라고 가정하면) 식 20.1-65의 일반화된 형태로 쉽게 주어진다. 이렇게 얻은 식은 총 표면 성장 속도 $d \ln S/dt$가 $\partial \ln s(u, w, t)/\partial t$로 주어지는 국부적인 성장 속도로 대체되는 것을 제외하고는 식 20.1-65의 형태를 갖는다. 결과적인 편미분방정식은 두 개의 추가적인 공간 변수(u와 w)를 갖지만 추가된 변수에 관한 도함수가 나타나지 않으므로 동일한 방식으로 풀 수 있다.

해 경계층 두께 함수 $\delta(u, w, t)$를 사용하여 식 20.1-66을 다시 쓰면 상사한 단계에 의해

$$\delta(u, w, t) = \sqrt{4\mathscr{D}_{AB}\int_0^t [s(u, w, \bar{t})/s(u, w, t)]^2\,d\bar{t}} \tag{20.4-21}$$

의 관계를 유도하며, 식 20.1-71과 72에 대응하는 일반화된 식

$$\frac{c_A}{c_{A0}} = 1 - \text{erf}\,\frac{z}{\sqrt{4\mathscr{D}_{AB}\int_0^t [s(u,w,\bar{t})/s(u,w,t)]^2\,d\bar{t}}} \tag{20.4-22}$$

$$N_{Az0} = c_{A0}\sqrt{\frac{\mathscr{D}_{AB}}{\pi t}}\left(\frac{1}{t}\int_0^t [s(u,w,\bar{t})/s(u,w,t)]^2\,d\bar{t}\right)^{-1/2} \tag{20.4-23}$$

을 유도한다. 이들 해는 식 20.1-71과 식 20.1-72와는 달리, 불균일한 유동에서 나타나는 경계층 두께와 계면 몰 흘럭스 N_{Az0}의 공간적 변화를 포함한다. 계면의 국부적인 연신은(정체 궤적에서와 같이) 경계층을 얇게 하고 N_{Az0}을 향상시킨다. 국부적인 계면 수축(분리 궤적에서)은 N_{Az0}를 감소시킬 뿐만 아니라 동일 상 내부로의 혼합을 허용하면서 경계층으로부터 신선하지 않은 유체를 배출한다. 비록 연속체 유체역학에서는 존재하는 표면 내에 새로운 표면 요소가 생성된다는 것이 허용되지 않지만, 이와 같은 혼합에 의해 물질전달의 향상이 관찰되는 것은, 몇몇 연구자에 의해 "표면 회복"으로 해석되었다.

이들 결과와 무시할만한 v_{z0}에 대한 다른 결과들은 다음의 새로운 변수들을 식 20.4-19에 도입함으로써 편리하게 얻을 수 있다:

$$Z = zs(u,w,t) \quad \text{와} \quad \tau = \int_0^t s^2(u,w,\bar{t})d\bar{t} \tag{20.4-24, 25}$$

화학 반응이 없는 경우, 농도 함수 $c_A(u,w,Z,\tau)$에 대한 결과적인 미분방정식은

$$\frac{\partial c_A}{\partial \tau} = \mathscr{D}_{AB}\frac{\partial^2 c_A}{\partial Z^2} \tag{20.4-26}$$

이 된다. 이는 자유 표면 유동 내의 강제 대류에 대한 점근적인 관계에 대해 일반화된 Fick 2 법칙이다.

예제 20.4-2 빠른 반응과 계면 변형을 동반하는 기체 흡수

반응이 없는 두 영역에 대해 식 20.4-26을 사용함으로써 유동계에 대해 예제 20.1-2를 어떻게 일반화하는지 보이시오.

해 식 20.4-26을 사용하여 식 20.1-26과 27을 대체하면

$$\frac{\partial c_A}{\partial \tau} = \mathscr{D}_{AS}\frac{\partial^2 c_A}{\partial Z^2} \qquad 0 \le Z \le Z_R \text{에 대해} \tag{20.4-27}$$

$$\frac{\partial c_B}{\partial \tau} = \mathscr{D}_{BS}\frac{\partial^2 c_B}{\partial Z^2} \qquad Z_R \le Z < \infty \text{에 대해} \tag{20.4-28}$$

를 얻는다. 원래 예제의 반응 **평면** $z = z_R$은 **시간 의존적 표면**, $Z = Z_R$ 또는 $z_R(u,w,t) = Z_R/s(u,w,t)$이다. 초기조건과 경계조건은 반응 전면 위치가 이 일반화로 주어지는 것 외에는 앞에서와 같다.

c_A와 c_B에 대한 해는 $z/\sqrt{t}$를 $Z/\sqrt{\tau}$로 대체하고, $z_R/\sqrt{4t}$를 $\sqrt{\gamma}$로 대체한 식 20.1-35와 36의 형태를 갖는다. 후자의 상수는 식 20.1-37에 의해 다시 주어지게 된다. 따라서 화학 반응에 의한 흡수 속도의 향상은 주어질 식 22.5-10과 단순화된 식 22.5-11부터 13까지와 같게 된다.

20.5 층류 관 유동에서의 Taylor 분산

여기서는 그림 20.5-1에서 보는 바와 같이 반지름이 R인 길고 곧은 관을 통과하여 정상상태의 층류로 흐르는 유체 B 내로 주입되는 물질 A의 용질 "펄스"의 전달과 퍼짐을 논의하고자 한다. 질량 m_A의 펄스가 시간 $t=0$ 근처의 대단히 짧은 시간에 걸쳐 입구 $z=0$에서 주입되고 관을 통한 펄스의 진행은 긴 시간 극한에서 분석된다. 이런 유형의 문제는 공정제어(문제 20C.4 참조), 의학적 진단 과정[1]과 다양한 환경적 응용[2] 등에서 종종 나타난다.

주입구로부터 짧은 거리의 하류에서 질량 분율 분포의 θ –의존성은 소멸될 것이다. 그러면 일정한 μ, ρ와 $\mathscr{D}_{AB}$를 갖는 Poiseuille 유동에서 $\omega_A(r, z, t)$에 대한 확산방정식은

$$\frac{\partial \omega_A}{\partial t} + v_{z,\max}\left[1 - \left(\frac{r}{R}\right)^2\right]\frac{\partial \omega_A}{\partial z} = \mathscr{D}_{AB}\left(\frac{1}{r}\frac{\partial}{\partial r}\left(r\frac{\partial \omega_A}{\partial r}\right) + \underline{\frac{\partial^2 \omega_A}{\partial z^2}}\right) \tag{20.5-1}$$

의 형태를 갖는다. 이 식은 질량 분율 분포의 반지름 방향 대칭성과 확산에 대한 관 벽의 비투과성을 표현하는 경계조건

경계조건 1과 2: $\quad r=0$에서와 $r=R$에서 $\quad \dfrac{\partial \omega_A}{\partial r} = 0 \qquad (20.5\text{-}2)$

를 사용하여 풀 수 있다. 긴 시간의 해석에 대해서는 $t=0$에서 주입된 펄스의 정확한 형상을 지정하는 것이 필요하지 않다. 비록 초기조건이 명백하게 주어져 있다고 하더라도 질량 분율 분포 $\omega_A(r, z, t)$에 대한 정확한 해석적 해를 구하는 것이 가능하지 않으며, 단지 여기서 요약하고자 하는 유용한 근사적인 해석을 Taylor[3,4]가 얻었다. 이는 긴 시간 거동을 설명하기 위해 풀 수 있는 단면 평균 질량 분율

---

[1] J. B. Bassingthwaighte and C. A. Goresky, in Section 2, Vol. 3 of *Handbook of Physiology*, 2nd edition, American Physiological Society, Bethesda, Md. (1984).

[2] H.B. Fisher, *Ann. Rev. Fluid Mech.*, **5**, 59-78 (1973); B. E. Logen, *Environmental Transport Processes*, Wiley-Interscience, New York (1999), 10장과 11장; J. H. Seinfeld, *Advances in Chemical Engineering*, Academic Press, New York (1983), pp. 209-299.

[3] G. I. Taylor, *Proc. Roy Soc.*, **A219**, 186-203 (1953).

[4] G. I. Taylor, *Proc. Roy Soc.*, **A225**, 473-477 (1954).

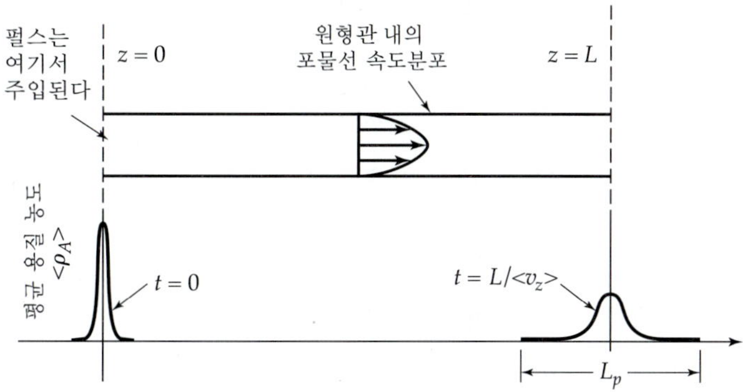

그림 20.5-1 원형관의 Taylor 분산에서 농도 펄스의 축 방향 퍼짐을 보여주는 개략도.

$$\langle \omega_A \rangle = \frac{\int_0^{2\pi} \int_0^R \omega_A r \, dr \, d\theta}{\int_0^{2\pi} \int_0^R r \, dr \, d\theta} = \frac{2}{R^2} \int_0^R \omega_A r \, dr \tag{20.5-3}$$

에 대한 편미분방정식을 식 20.5-1로부터 얻는 것을 포함한다.

Taylor는 축 방향 분자 확산항(식 20.5-1의 점선 밑줄 그어진 항)을 무시하고 해석을 시작하였으며, 이어서 만약 Péclet 수 $\text{Pé}_{AB} = R\langle v_z \rangle / \mathscr{D}_{AB}$가 70 또는 그 이상의 차수라면 그리고 만약 Taylor 실험[3]에서 가시적으로 측정된, 펄스에 의해 차지되는 영역의 길이 $L_P(t)$가 $170R$ 또는 그 이상의 차수라면 이는 허용 가능하다는 것을 보여주었다.[4] 여기서 $\langle v_z \rangle = \frac{1}{2} v_{z,\max}$는 유동의 평균 속도이다.

Taylor는 긴 시간에 대해 타당한 해를 찾았으며, 그의 결과가 타당한 조건은

$$\frac{L_p}{v_{z,\max}} >> \frac{R^2}{(3.8)^2 \mathscr{D}_{AB}} \tag{20.5-4}$$

임을 계산하였다. 펄스 길이 L_P가 이 영역에 있으려면, 펄스의 초기 모양이 더 이상 문제되지 않을 만큼 충분한 시간이 지나야 한다.

유체가 하류로 움직일 때 농도분포의 발달을 따라가기 위해서는 위치가 이동된 축 방향 좌표

$$\bar{z} = z - \langle v_z \rangle t \tag{20.5-5}$$

를 도입하는 것이 유용하다. 이를 식 20.5-1(점선 밑줄 그어진 항 없이)에 사용하면 $\omega_A(r, \bar{z}, t)$에 대한 다음 확산방정식을 얻는다.

$$\frac{\partial \omega_A}{\partial t} + v_{z,\max}\left(\tfrac{1}{2} - \xi^2\right) \frac{\partial \omega_A}{\partial \bar{z}} = \frac{\mathscr{D}_{AB}}{R^2} \frac{1}{\xi} \frac{\partial}{\partial \xi}\left(\xi \frac{\partial \omega_A}{\partial \xi}\right) \tag{20.5-6}$$

여기서 $\xi = r/R$는 무차원 반지름 방향 좌표이고, 시간 도함수는 일정한 $\bar{z}$에서 얻어진 것으로 이해되며, 식 20.5-4의 조건 하에서는 반지름 방향의 확산항에 비해 상대적으로 무시

될 수 있다. 그 결과 준 정상상태 방정식을 얻는다.

$$\frac{1}{\xi}\frac{\partial}{\partial \xi}\left(\xi \frac{\partial \omega_A}{\partial \xi}\right) = \frac{R^2 v_{z,\max}}{\mathscr{D}_{AB}}\left(\tfrac{1}{2} - \xi^2\right)\frac{\partial \omega_A}{\partial \bar{z}} \tag{20.5-7}$$

식 20.5-4의 조건에 대해 질량 분율은

$$\omega_A(\xi, \bar{z}, t) = \langle \omega_A \rangle + \omega_A'(\xi, \bar{z}, t) \qquad (\,|\omega_A'| << \langle \omega_A \rangle\,) \tag{20.5-8}$$

과 같이 쓸 수 있으며, 여기서 $\langle \omega_A \rangle$는 $\bar{z}$와 t의 함수이다. 이 식을 식 20.5-7의 우변에 대입하고, 따라서 ω_A'을 무시하면, 질량 분율의 반지름 방향 의존성은 식 20.5-4의 조건 하에서 얻을 수 있다는 것으로부터

$$\frac{1}{\xi}\frac{\partial}{\partial \xi}\left(\xi \frac{\partial \omega_A}{\partial \xi}\right) = \frac{R^2 v_{z,\max}}{\mathscr{D}_{AB}}\left(\tfrac{1}{2} - \xi^2\right)\frac{\partial \langle \omega_A \rangle}{\partial \bar{z}} \tag{20.5-9}$$

를 얻는다.

식 20.5-2의 경계조건을 사용하여 식 20.5-9를 적분하면

$$\omega_A(\xi, \bar{z}) = \frac{R^2 v_{z,\max}}{8\mathscr{D}_{AB}}\frac{\partial \langle \omega_A \rangle}{\partial \bar{z}}\left(\xi^2 - \tfrac{1}{2}\xi^4\right) + \omega_A(0, \bar{z}) \tag{20.5-10}$$

을 얻는다. 단면에 걸친 이 분포의 평균은

$$\langle \omega_A \rangle = \frac{\displaystyle\int_0^1 \omega_A \xi d\xi}{\displaystyle\int_0^1 \xi d\xi} = \frac{R^2 v_{z,\max}}{24\mathscr{D}_{AB}}\frac{\partial \langle \omega_A \rangle}{\partial \bar{z}} + \omega_A(0, \bar{z}) \tag{20.5-11}$$

이다. 앞의 식에서 이 식을 빼고, $v_{z,\max}$를 $2\langle v_z \rangle$로 대체하면 식 20.5-6의 Taylor의 근사해와 같은

$$\omega_A - \langle \omega_A \rangle = \frac{R^2 \langle v_z \rangle}{2\mathscr{D}_{AB}}\frac{\partial \langle \omega_A \rangle}{\partial \bar{z}}\left(-\tfrac{1}{3} + \xi^2 - \tfrac{1}{2}\xi^4\right) \tag{20.5-12}$$

를 최종적으로 얻는다.

일정한 $\bar{z}$ 평면을 통과하는 A의 총 질량 유동(즉 평균 속도 $\langle v_z \rangle$에 상대적인 유동)은

$$\begin{aligned}\pi R^2 \rho \langle \omega_A (v_z - \langle v_z \rangle) \rangle &= \frac{\pi R^4 \rho \langle v_z \rangle^2}{\mathscr{D}_{AB}}\frac{\partial \langle \omega_A \rangle}{\partial \bar{z}}\int_0^1 \left(-\tfrac{1}{3} + \xi^2 - \tfrac{1}{2}\xi^4\right)\left(\tfrac{1}{2} - \xi^2\right)\xi\, d\xi \\ &= -\frac{\pi R^4 \rho \langle v_z \rangle^2}{48\mathscr{D}_{AB}}\frac{\partial \langle \omega_A \rangle}{\partial \bar{z}}\end{aligned} \tag{20.5-13}$$

이다. 다음으로 ρ = 일정인 가정을 사용하면 $\rho\langle \omega_A \langle v_z \rangle \rangle = \langle \rho_A \rangle \langle v_z \rangle$와 $\rho\langle \omega_A v_z \rangle \approx \rho_A v_{Az} = \langle n_{Az} \rangle$임에 주목한다.(축 방향 분자 확산을 무시하면 화학 종 A와 B는 동일한 축 방향 속도로 움직이기 때문에 여기서는 v_z를 v_{Az}로 대체하는 것이 허용된다). 그러므로 식 20.5-13을 πR^2으로 나누면, 정지된 좌표에 상대적인, 평균한 질량 플럭스 식

$$\langle n_{Az}\rangle = \langle \rho_A\rangle\langle v_z\rangle - K\frac{\partial\langle\rho_A\rangle}{\partial\bar{z}} = \langle \rho_A\rangle\langle v_z\rangle - K\frac{\partial\langle\rho_A\rangle}{\partial z} \qquad (20.5\text{-}14)$$

를 얻는다. 여기서 K는

$$K = \frac{R^2\langle v_z\rangle^2}{48\mathscr{D}_{AB}} = \frac{1}{48}\mathscr{D}_{AB}\text{Pé}_{AB}^2 \qquad (20.5\text{-}15)$$

와 같이 Taylor 해석에서 주어진 **축 방향 분산계수**이다. 이 공식은 축 방향 분산(이제까지 고려된 $\text{Pé}_{AB} >> 1$인 범위 내의)이 v_z의 반지름 방향 변화에 의해 향상되고, 반지름 방향 분자 확산에 의해 감소된다는 것을 나타낸다.

비록 식 20.5-14가 표 17.8-2 식 (C)의 Fick 법칙 형태를 갖지만, 현재의 식은 어떠한 축 방향 분자 확산도 포함하지 않는다. 또 K는 유체 혼합물의 물성이 아니고 $\mathscr{D}_{AB}$뿐 아니라 R과 $\langle v_z\rangle$에도 의존한다는 것이 강조되어야 한다.

다음으로

$$\frac{\partial}{\partial t}\langle\rho_A\rangle = -\frac{\partial}{\partial z}\langle n_{Az}\rangle \qquad (20.5\text{-}16)$$

과 같이 관 단면에 걸쳐 평균한, 식 19.1-6의 연속방정식을 쓴다. 식 20.5-14에 주어진 A의 질량 플럭스에 대한 식을 대입하면, 다음 **축 방향 분산식**

$$\frac{\partial}{\partial t}\langle\rho_A\rangle + \langle v_z\rangle\frac{\partial}{\partial z}\langle\rho_A\rangle = K\frac{\partial^2}{\partial z^2}\langle\rho_A\rangle \qquad (20.5\text{-}17)$$

을 얻는다. 이 식을 풀면 순수한 B 흐름 내로 주입된 질량이 m_A인 용질 A의 δ-함수 입력으로 유발되는 이동하는 펄스의 형상을 얻을 수 있다:

$$\langle\rho_A\rangle = \frac{m_A}{2\pi R^2\sqrt{\pi Kt}}\exp\left(-\frac{(z-\langle v_z\rangle t)^2}{4Kt}\right) \qquad (20.5\text{-}18)$$

이 식은 이동하는 펄스의 농도에 관한 데이터로부터 $\mathscr{D}_{AB}$를 추출하기 위해 식 20.5-15와 함께 사용될 수 있다. 사실 이것이 액체 확산계수를 합리적으로 빠르게 측정하는 아마 가장 좋은 방법이다.

Taylor의 개발은 대류 분산에 관한 방대한 문헌의 기초가 되었다. 그러나 얻어진 근사를 연구하고, 타당성 범위를 결정하는 것이 여전히 남아있다. Aris[5]는 z와 θ 방향의 확산을 포함하고 t의 전체 범위를 망라하면서 관과 도관 내의 분산에 대한 상세한 해석을 수행하였다. 그의 긴 시간 점근값

$$K = \mathscr{D}_{AB} + \frac{R^2\langle v_z\rangle^2}{48\mathscr{D}_{AB}} = \mathscr{D}_{AB}\left(1 + \frac{1}{48}\text{Pé}_{AB}^2\right) \qquad (20.5\text{-}19)$$

[5] R. Aris, *Proc. Roy. Soc.*, **A235**, 67-77 (1956).

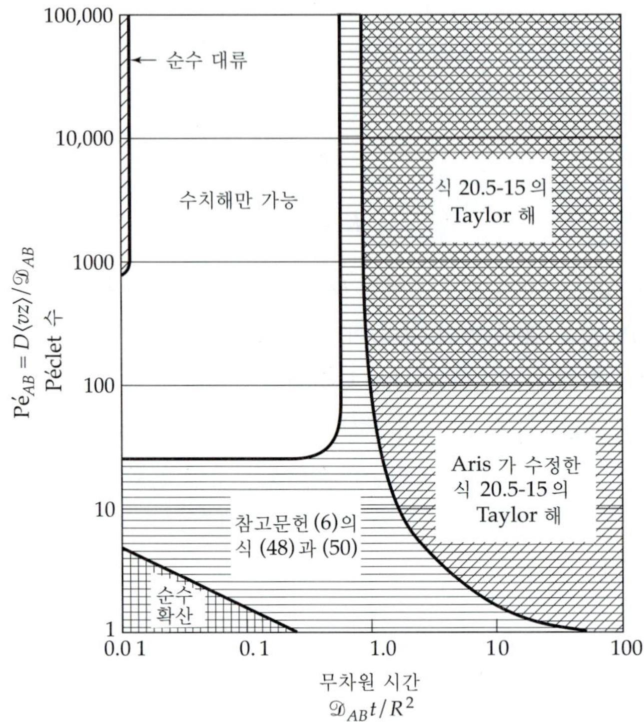

그림 20.5-2 축 방향 분산계수에 대한 Taylor (식 20.5-15)와 Aris (식 20.5-19)식의 극한을 보여주는 개략도. 이 그림은 참고문헌 6의 그림을 모방하였다.

는 식 20.5-15의 중요한 확장이다. 이 결과로부터 Péclet 수 $\text{Pé}_{AB} = R\langle v_z \rangle/\mathscr{D}_{AB}$가 $\sqrt{48}$보다 작으면 분자 확산이 축 방향 분산을 향상시키고, Taylor 양식의 전달이 우세한 더 큰 Péclet 수에서는 축 방향 분산을 억제한다는 것을 알 수 있다.

Taylor와 Aris 분산 공식이 타당한 범위는 유한차분 계산[6]과 직교 배열[7]에 의해 완전히 연구되었다. 그림 20.5-2는 식 20.5-15와 19의 유용한 범위를 보여준다. 후자의 공식은 2성분 확산계수의 측정을 위해 널리 사용되었으며, 이를 확장[8]하여 액체 내의 3성분 확산계수 측정에도 사용되었다.

대류 분산에 관한 몇 가지 더 상세한 연구가 여기서 언급될 것이다. Koutsky와 Adler[9]의 실험과 Nunge, Lin과 Gill[10]의 층류에 대한 해석에서 보인 바와 같이 **나관형 관**은 길이 방향의 분산을 감소시킨다. 나관형 관은 간결한 장치에서 충분한 관 길이를 얻기 위해 종종 필

---

[6] V. Ananthakrishnan, W. N. Gill, and A. J. Barduhn, *AIChE Journal*, **11**, 1063-1072 (1965).

[7] J. C. Wang and W. E. Stewart, *AIChE Journal*, **29**, 493-497 (1983).

[8] Ph. W. M. Rutten, *Diffusion in Liquids*, Delft University Press, Delft, The Netherlands (1992).

[9] J. A. Koutsky and R. J. Adler, *Can. J. Chem. Eng.*, **42**, 239-246 (1964).

[10] R. J. Nunge, T. S. Lin, and W. N. Gill, *J. Fluid Mech.*, **51**, 363-382 (1972).

요하며 이 효과는 화학 반응기 설계와 확산계수 측정에 있어 중요하다.

크로마토그래피 장치의 연결관과 펌프에 의해 유발되는 **여분-관 분산**은 Shankar과 Lenhoff[11]에 의해 상세하게 예측되고 정밀하게 실험되었다. 이 실험은 Taylor-Aris 공식에 대해 그림 20.5-2에서 보인 추천 범위보다 더 짧은 시간에서는 반지름 방향으로 평균한 형태가 중요하다는 것을 보였다. 사용한 분석기의 유형에 따라, 데이터는 혼합 용기 평균 ρ_{Ab}이거나 위에서 사용된 면적 평균 $\langle\rho_A\rangle$이거나 어느 쪽이이라도 잘 설명될 것이다.

Hongland와 Prud´homme[12]은 충전층 공정 내의 분산을 모델화하기 위해 **반지름이 싸인 함수로 변하는 관**, $R(z) = R_0(1 + e \sin(2\pi z/\lambda))$ 내에서 층류의 길이 방향 분산을 해석하였다. 그 결과는 상대적으로 작은 진폭 e와 상대적으로 긴 파장 λ/R_0 변화를 보이면 식 20.5-19와 같다. 충전탑 내의 축 방향 분산이 싸인 형태로 변하는 반지름의 관 내에서의 축 방향 분산과 비슷할 것이라고 생각하였을지도 모르지만, 그렇지 않다. 식 20.5-19 대신에 $\mathscr{D}_{AB}$에는 무관한 K를 갖고, 나타나는 Péclet 수의 2 제곱 대신에 1 제곱을 갖는 $K \approx 2.5\mathscr{D}_{AB}\ \text{Pé}_{AB}$임을 안다.[13] Brenner와 Edwards[14]는 관과 공간적으로 주기적인 충전층을 포함하는 다양한 기하학적 구조 내의 대류 분산과 반응을 해석하였다.

또 더 복잡한 유동 내의 분산도 연구되었다. 곧은 관 내의 난류에 대해 Taylor[15]는 축 방향 분산 공식 $K/Rv^*=10.1$을 유도하고 실험적으로 증명하였다. 여기서 v^*는 식 5.3-2에서 사용한 마찰 속도이다. Bassingthwaighte와 Goresky[1]는 심장 혈관계에서 용질과 물의 상호교환 모델을 연구하였고, Chatwin과 Allen[2]은 강과 강 어귀에서 난류 분산의 수학적 모델을 얻었다.

식 20.5-1과 18은 식 20.5-2와 4의 조건으로 제한된다. 그러므로 정상상태 반응기 조작에서 입구 영역을 설명하거나 또는 불균질의 반응을 갖는 계를 설명하기 위해서는 적절하지 않다. 식 20.5-1은 층류에 대해 더 좋은 시작점이 된다.

논의를 위한 질문

1. 기체상의 확산계수를 측정하기 위해 예제 20.1-1의 계를 사용함에 있어 나타나는 실험적 어려움은 무엇인가?
2. 액체상의 확산계수를 측정하기 위해 20.5절의 Taylor 분산을 사용함에 있어 예견되는 문

[11] A. Shankar and A. M. Lenhoff, *J. Chromatography*, **556**, 235-248 (1991).
[12] D. A. Hoagland and R. K. Prud´homme, *AIChE Journal*, **31**, 236-244 (1985).
[13] A. M. Athalye, J. Gibbs, and E. N. Lightfoot, *J. Chromatog.*, **589**, 71-85 (1992).
[14] H. Brenner and D. A. Edwards, *Macrotransport Processes*, Butterworth-Heinemann, Boston (1993).
[15] C. I. Taylor, *Proc. Roy. Soc.*, **A223**, 446-467 (1954).

제는 무엇인가?

3. 식 20.1-16이 초기조건과 경계조건뿐만 아니라 편미분방정식을 만족한다는 것을 보이시오.
4. 표 20.1-1로부터 어떤 결론을 내릴 수 있는가?
5. 예제 20.1-3을 푸는 데 있어 Laplace 변환이 왜 유용한가? 예제 20.1-1의 문제를 풀기 위해 Laplace 변환을 사용할 수 있는가?
6. 예제 20.1-4의 속도분포는 어떻게 얻을 수 있는가?
7. 예제 20.1-4의 가변 표면적 문제를 풀 수 있는 방법을 설명하시오.
8. 식 20.1-74 뒤에 제시된 내용을 검토하시오.
9. 화학반응이 경계층에 어떤 효과를 미치는가?
10. 식 20.2-57의 Chilton-Colburn식을 논의하시오. 동일한 이들 관계식이 원형과 구 주위의 유동에 대해 타당하다고 기대할 수 있는가?

문제

20A.1. 비정상상태의 증발에 의한 확산계수의 측정. 다음 데이터를 이용하여 20 mole%의 공기와 80 mole%의 수소 혼합물(이 혼합물을 순수한 기체 B로 간주)[1] 내로 에틸 프로피오네이트(화학 종 A)의 확산계수를 구하시오.

증기 부피의 증가 (cm^3)	$\sqrt{t}$ (s$^{1/2}$)
0.01	15.5
0.11	19.4
0.22	23.4
0.31	26.9
0.41	30.5
0.50	34.0
0.60	37.5
0.70	41.5

이들 데이터는 길이가 200 cm이고, 내부 지름이 1.043 cm인 유리관을 사용하여 온도가 27.9℃이고 압력이 761.2 mm Hg일 때 얻었다.[1] 이 온도에서 에틸 프로피오네이트의 증기압은 41.5 mm Hg이다. t는 증발이 시작되는 시점부터의 실제 시간이며, 반면에 부피의 증가는 $t \approx 240$ s부터 측정된다.

20A.2. 성장하는 기포로부터 산소의 흡수(그림 20A.2). 산소가 모세관을 통해 순수한 물로 주입된다. 계는 25℃와 1 atm에서 실제 등온과 등압이다. 액체상 내의 산소의 용해도는 $\omega_{A0} = 7.78 \times 10^{-4}$이고, 산소–물 쌍에 대한 액체상의 확산계수는 $\mathscr{D}_{AB} = 2.60 \times 10^{-5}$ cm^2/s이다. 다음을 가정하면서 1 mm 지름의 기포와 $t = 2$ s 경과한 시간에 대한 순간적인 총 흡수속도를 g/s로 계산하시오.

[1] D. F. Fairbanks and C. R. Wilke, *Ind. Eng. Chem.*, **42**, 471-475 (1950).

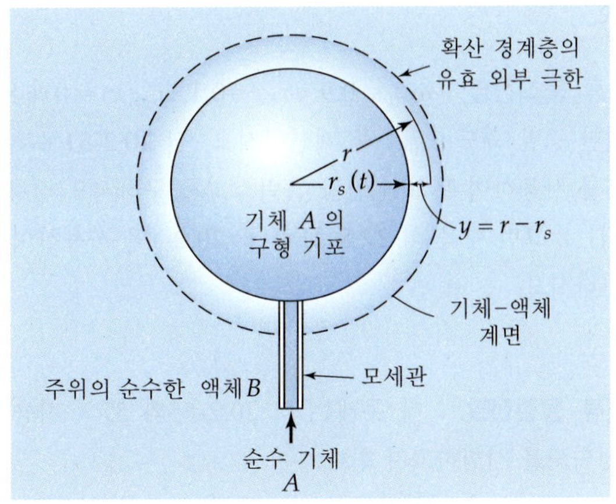

그림 20A.2 구와 같이 이상적으로 성장하는 기포로부터 기체 흡수.

(a) 일정한 부피 성장 속도

(b) 일정한 반지름 방향 성장 속도 dr_s/dt

답: **(a)** 7.6×10^{-8} g/s; **(b)** 1.11×10^{-7} g/s

20A.3. n-옥탄의 증발 속도. 예제 20.1-1에서 공부하였던 것과 같은 계에서 계의 압력이 **(a)** 1 atm과 **(b)** 2 atm일 때, 20℃에서 24.5시간 동안 몇 그램의 액체 n-옥탄이 N_2 내로 증발하겠는가? 액체의 표면적은 1.29 cm^{2}이고, 20℃에서 n-옥탄의 증기압은 10.45 mmHg이다.

답: **(a)** 6.71 mg

20A.4. 계면 조성에 미치는 기포 크기의 영향(그림 20A.2). 여기서는 그림 20A.2의 계에 대해 계면 조성 ω_{A0}이 시간에 무관하다는 가정을 조사하고자 한다. 계면 장력 때문에 기체 압력 p_A는 순간적인 기포의 반지름 r_s에 의존한다는 것에 주목한다. 평형식

$$p_A = p_\infty + \frac{2\sigma}{r_s} \tag{20A.4-1}$$

은 dr_s/dt가 대단히 크지 않다면 적절하다. 여기서 p_∞는 기포의 평균 상승에서의 주변 액체의 압력이며 σ는 계면 장력이다.

잘 용해되지 않는 용질에 대해 계면 액체 조성 ω_{A0}은 Henry 법칙

$$\omega_{A0} = Hp_A \tag{20A.4-2}$$

에 따라 p_A에 의존한다. 여기서 Henry 법칙 상수, H는 두 화학 종과 액체의 온도와 압력에 의존한다. 이 식을 식 20A.4-1과 결합하면 r_s에 대한 ω_{A0}의 의존성을 얻을 수 있다.

T = 25℃와 p_∞ = 1 atm에서 물에 용해되는 기포에 대해, 대단히 큰 기포에 대한 값보다 ω_{A0}가 10% 더 증가하기 위해서는 기포가 얼마나 작아야 하는가? 관련된 조성 범위에 걸쳐 σ = 72 dyn/cm라 가정하시오.

답: 14.2 microns

20A.5. 빠른 2차 반응을 동반하는 흡수(그림 20.1-2). 그림에 도시된 반응계에 대해 다음 계산을 수행하시오.

(a) 식 20.1-37을 사용하여 반응 영역의 위치를 검증하시오.

(b) $t = 2.5$ s에서 N_{A0}를 계산하시오.

20A.6. 층류 경계층 내로의 빠른 강제 대류 물질전달. $\omega_{A0} = 0.9$, $\omega_{A\infty} = 0.1$, $n_{B0}(x) = 0$과 Sc = 2.0이 주어진 식 20.2-52로 설명되는 계에 대한 증발 속도 $n_{A0}(x)$를 계산하시오. 식 20.2-51로부터 계산된 R_ω와 같이 계산된 R을 갖는 그림 22.8-5를 사용하여 무차원 질량 훌럭스 ϕ를 구하시오(질량 분율을 사용한 확산 계산에 대해서는 ϕ_ω로 표시되는). 그런 다음 식 22.8-21과 표 20.2-1을 사용하여 K를 계산하고, 식 20.2-48 사용하여 $n_{A0}(x)$를 계산하시오.

답: $n_{A0}(x) = 0.33\sqrt{\rho v_\infty \mu / x}$

20A.7. 층류 경계층 내로의 느린 강제 대류 물질전달. 이 문제는 식 20.2-55와 57의 사용을 설명하고 식 20.2-47의 정확도에 대한 이들의 정확도를 시험하고자 한다.

(a) 물로 포화된 그림 20.2-2와 같은 형상의 다공성 평판의 건조에 대해 국부적인 증발 속도 $n_{A0}(x)$를 x의 함수로 계산하시오. 평판은 $\omega_{A0} = 0.05$, $\omega_{A\infty} = 0.01$과 Sc = 0.6인 조건 하의 빠른 공기 흐름 내에서 건조된다. 계산을 위해 식 20.2-55를 사용하시오.

(b) 식 20.2-57을 사용하여 n_{A0}에 대한 다른 계산을 수행하시오.

(c) 앞의 근사적 결과와 비교하기 위해, 식 20.2-47과 표 20.2-1로부터 n_{A0}을 계산하시오. (a)에서 구한 K 값이 $\Pi'(0, \mathrm{Sc}, K)$를 찾기 위해 충분히 정확할 것이다.

답: **(a)** $n_{A0}(x) = 0.0188\sqrt{\rho v_\infty \mu / x}$; **(b)** $n_{A0}(x) = 0.0196\sqrt{\rho v_\infty \mu / x}$;
(c) $n_{A0} = 0.0188\sqrt{\rho v_\infty \mu / x}$

20B.1. 두 화학 종의 상계면 전달을 설명하기 위한 Arnold 문제의 확장. 화학 종 A와 B(몰 단위로)에 대한 연속방정식과 적절한 초기조건과 경계조건으로 시작하여 식 20.1-23, 24와 25를 어떻게 얻는지 보이시오.

20B.2. 비등온 확산에 대한 Arnold 문제의 확장. 문제 20B.1에서 설명된 상황에서 온도분포 $T(z, t)$에 대한 상사한 결과를 구하시오.

(a) k, p와 c(또는 ρ)가 본질적으로 일정하고 $\bar{H}_\alpha = \tilde{H}_\alpha(p, T)$이고 $\tilde{C}_{pA} = \tilde{C}_{pB} =$ 상수이면, 즉 결론적으로 α가 일정하면 에너지 방정식[표 19.2-4의 식 (H)]이

$$\frac{\partial T}{\partial t} + v_z^* \frac{\partial T}{\partial z} = \alpha \frac{\partial^2 T}{\partial z^2} \tag{20B.2-1}$$

로 간결하게 됨을 보이시오. 여기서 소산항 $(\boldsymbol{\tau}:\nabla \mathbf{v})$와 일항 $\Sigma_\alpha(\mathbf{j}_\alpha \cdot \mathbf{g}_\alpha)$는 적절히 무시할 수 있다. (힌트: 식 19.1-10의 화학 종 연속방정식을 사용하시오.)

(b) $t = 0$에서 $T = T_\infty$인 초기조건과 $z = 0$에서 $T = T_0$이고, $z = \infty$에서 $T = T_\infty$인 경계조건을 갖는 식 20B.2-1의 해가

$$\frac{T - T_0}{T_\infty - T_0} = \Pi_T(Z_T) = \frac{\operatorname{erf}(Z_T - \varphi_T) + \operatorname{erf}\varphi_T}{1 + \operatorname{erf}\varphi_T} \tag{20B.2-2}$$

임을 보이시오. 여기서

$$Z_T = \frac{z}{\sqrt{4\alpha t}} \quad \text{이고,} \quad \varphi_T = v_z^* \sqrt{\frac{t}{\alpha}} \tag{20B.2-3}$$

이다.

(c) 계면 질량 훌럭스와 에너지 훌럭스는

$$\frac{N_{A0} + N_{B0}}{[q_0/\tilde{C}_p(T_0 - T_\infty)]} = \sqrt{\pi}(1 + \text{erf}\ \varphi_T)\varphi_T \exp \varphi_T^2 \tag{20B.2-4}$$

에 의해 T_0 및 T_∞와 관계되므로, $t > 0$에 대해 N_{A0}/q_0와 N_{B0}/q_0는 일정함을 보이시오. 계의 수학적 모델에 특성 길이나 특성 시간이 없기 때문에 이런 좋은 결과가 나타난다.

20B.3. 빠른 비가역 반응에 대한 화학양론적 경계조건. 예제 20.1-2의 반응물 훌럭스는 화학양론적인 관계

$$z = z_R(t)\text{에서,} \quad \frac{1}{a}c_A(v_{Az} - v_R) = -\frac{1}{b}c_B(v_{zB} - v_R) \tag{20B.3-1}$$

을 반드시 만족해야 한다. 여기서 $v_R = dz_R/dt$이다. c가 일정하며 순간적인 비가역 반응이라는 가정을 사용하고 Fick 1법칙을 사용하면 이 관계식으로부터 식 20.1-31이 유도됨을 보이시오.

20B.4. 슬릿 유동의 Taylor 분산(그림 2B.3). 너비가 $2B$이고, 길이가 L인 평면 슬릿 내의 층류에 대해 Taylor 분산계수가

$$K = \frac{2B^2\langle v_z\rangle^2}{105\mathscr{D}_{AB}} \tag{20B.4-1}$$

임을 보이시오.

20B.5. 순간적인 점원으로부터의 확산. $t = 0$에서 질량 m_A의 화학 종 A가 많은 양의 유체 B 내로 주입된다. 주입 지점을 좌표의 원점으로 설정하시오. 물질 A는 반지름 방향의 모든 방향으로 확산된다. A의 농도에 대한 해는 Carslaw와 Jaeger[2]에서 찾을 수 있을 것이다.

$$\rho_A = \frac{m_A}{(4\pi\mathscr{D}_{AB}t)^{3/2}} \exp\left(-r^2/4\mathscr{D}_{AB}t\right) \tag{20B.5-1}$$

(a) 식 20B.5-1이 Fick 2 법칙을 만족하는 것을 증명하시오.

(b) 식 20B.5-1이 $r = \infty$에서 경계조건을 만족하는 것을 증명하시오.

(c) 모든 공간에 걸쳐 적분하면, 식 20B.5-1로부터 요구되는 m_A를 얻을 수 있음을 보이시오.

(d) $t \to 0$이면 식 20B.5-1은 어떻게 되는가?

20B.6. 1차 화학반응을 동반하는 비정상상태의 확산. 식 20.1-43을 사용하여 다음 경우에 대한 농도분포를 구하시오.

(a) $t = 0$에서 $c_A = 0$인 초기조건을 제외하고는 앞에서 주어진 경계조건을 갖고 시간 의존적 운전을 하는 문제 18B.14의 촉매 입자. c_A에 대한 미분방정식은

$$\varepsilon\frac{\partial c_A}{\partial t} = \mathscr{D}_A\frac{\partial^2 c_A}{\partial z^2} - k_1''ac_A \tag{20B.6-1}$$

[2] H. S. Carslaw and J. C. Jaeger, *Conduction of Heat in Solids*, 2nd edition, Oxford University Press (1959), p. 257.

이며, 여기서 ε은 입자의 내부 공극율이다. $k_1'''a = 0$인 조건의 필요 해는 예제 12.1-2의 결과로부터 구할 것이다.

(b) $r = 0$(구형 좌표에서)인 점에서 정지된 무한한 매체 내로 $t = 0$에 주입된 용질 A의 확산과 반응. 여기서 식 20.1-43의 함수 g는

$$g = \frac{1}{(4\pi\mathscr{D}_{AB}t)^{3/2}}\exp(-r^2/4\mathscr{D}_{AB}t) \tag{20B.6-2}$$

로 주어지며, 함수 f는 영이 된다.

20B.7. 동시에 일어나는 운동량, 열 및 물질전달: 교호 경계조건(그림 20B.7). 식 20.2-43의 무차원 분포 $\Pi(\eta, \Lambda, K)$는 다양한 상황에 적용 가능하다. 식 20.2-49에서 52를 사용하여 다음의 정상상태 조작에 대한 무차원 알짜 질량 훌럭스 K를 계산하기 위한 식을 구하시오.

(a) 포화된 다공성 평판으로부터 A와 B의 기체 흐름 내로 순수한 액체 A의 증발. 물질 B는 액체 A에 용해되지 않는다.

(b) $A + C \to 2B$의 반응에 따라 기체상의 B를 얻기 위한 C의 고체 평판과 기체 A의 순간적인 비가역 반응. A와 B의 분자량은 같다.

(c) 그림에 보는 바와 같이 다공성 벽으로 된 속이 빈 평판의 증발 냉각. 유체는 전체에 걸쳐 순수한 A이고, 주입된 유체는 평판의 바깥 표면 전체를 균일한 온도 T_0로 유지하기 위해 분포된다.

답: **(a)** $K = \dfrac{1}{\text{Sc}}\left(\dfrac{\omega_{A0} - \omega_{A\infty}}{1 - \omega_{A0}}\right)\Pi'(0, \text{Sc}, K)$; **(b)** $K = \dfrac{1}{\text{Sc}}\,\omega_{A\infty}\;\Pi'(0, \text{Sc}, K)$

(c) $K = \dfrac{1}{\text{Pr}}\left(\dfrac{T_0 - T_\infty}{T_a - T_0}\right)\Pi'(0, \text{Pr}, K)$

20B.8. 맥동하는 기포로부터의 흡수. 사각 파동으로 맥동하는 반지름

$$\begin{aligned} r_s &= R_1 \qquad 2n < \omega t < 2n + 1\text{에 대해} \\ r_s &= R_2 \qquad 2n + 1 < \omega t < 2n + 2\text{에 대해} \end{aligned} \tag{20B.8-1}$$

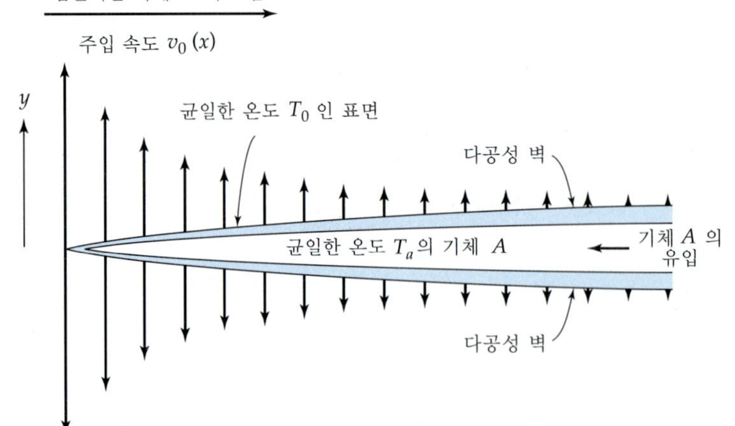

그림 20B.7 증발 냉각되는 다공성 평판.

의 기포에 대한 $\delta(t)$와 $N_{A0}(t)$를 예제 20.1-4의 결과를 사용하여 계산하시오. 여기서 ω는 특성 진동수이고, $n = 0, 1, 2, \ldots$이다.

20B.9. Taylor-분산식 해의 증명. 식 20.5-18에 주어진, 식 20.5-17에 대한 해가 미분방정식, 초기조건 및 경계조건을 만족함을 보이시오.[3] 식 20.5-18은 $z = \pm\infty$일때

$$\langle\rho_A\rangle = 0 \quad \text{이고,} \quad \frac{\partial}{\partial z}\langle\rho_A\rangle = 0 \tag{20B.9-1}$$

이다. 초기조건은 $t = 0$에서 질량 m_A의 용질 펄스가 $z = 0$에서 농축되고, 관 내 어느 곳에도 용질이 존재하지 않으므로, 모든 시간에 대해

$$\pi R^2 \int_{-\infty}^{+\infty} \langle\rho_A\rangle dz = m_A \tag{20B.9-2}$$

이다.

(a) 식 20.5-17은

$$\bar{z} = z - \langle v_z\rangle t \tag{20B.9-3}$$

의 좌표 변환에 의해 Fick 2 법칙의 1차원 형태로 간단히 될 수 있음을 보이시오.

(b) 식 20.5-18이 (a)에서 유도된 식을 만족하는 것을 보이시오.

(c) 또 식 20B.9-1과 2가 만족되는 것을 보이시오.

20C.1. 성장하는 기포로부터의 기체 흡수에 대한 크기의 차수 해석(그림 20A.2).

(a) 일정한 밀도를 갖는 액체 내에서 문제 20A.2(a)의 구형 기포 성장에 대해, 액체상 내의 반지름 방향 속도가 연속방정식에 의하면 $v_r = C_0/r^2$임을 보이시오. 그런 다음 $r = r_s(t)$에서 $v_r = dr_s/dt$인 경계조건을 사용하여

$$v_r = \frac{r_s^2}{r^2}\frac{dr_s}{dt} \tag{20C.1-1}$$

을 구하시오.

(b) 다음, 반지름 방향의 확산만 갖는 구형 좌표의 화학 종 연속방정식을 사용하여

$$\frac{\partial \omega_A}{\partial t} + \left(\frac{r_s^2}{r^2}\frac{dr_s}{dt}\right)\frac{\partial \omega_A}{\partial r} = \mathscr{D}_{AB}\frac{1}{r^2}\frac{\partial}{\partial r}\left(r^2\frac{\partial \omega_A}{\partial r}\right) \qquad (r > r_s(t)) \tag{20C.1-2}$$

임을 보이고, 적절한 초기조건과 경계조건을 나타내시오.

(c) 짧은 접촉 시간에 대해 유효 확산 영역은 상대적으로 얇은 층을 이루므로, 변수 $y = r - r_s(t)$를 도입하는 것은 편리하다. 이로부터

$$\underset{(1)}{\frac{\partial \omega_A}{\partial t}} + \left(-\underset{(2)}{\frac{2y}{r_s}} + \underset{(3)}{\frac{3y^2}{r_s^2}} + \cdots\right)\frac{dr_s}{dt}\frac{\partial \omega_A}{\partial y} = \mathscr{D}_{AB}\left[\underset{(4)}{\frac{\partial^2 \omega_A}{\partial y^2}} + \underset{(5)}{\frac{2}{r_s}}\left(1 - \underset{(6)}{\frac{y}{r_s}} + \underset{(7)}{\frac{y^2}{r_s^2}} - \cdots\right)\frac{\partial \omega_A}{\partial y}\right] \tag{20C.1-3}$$

[3] 예를 들면 H. S. Carslaw and J. C. Jaeger, *Heat Conduction in Solids*, 2nd edition, Oxford University Press (1959), 10.3절을 참조하시오. 유한한 관 길이의 효과에 대해서는 H. Brenner, *Chem. Eng. Sci.*, **17**, 229-243 (1962)을 참조하시오.

이 유도됨을 보이시오.

(d) 예제 20.1-4로부터 (1), (2)와 (4)항의 기여는 농도 경계층 내에서 모두 같은 크기의 차수, 즉 $y = O(\delta_\omega) = O(\sqrt{\mathscr{D}_{AB}t})$임을 알 수 있다. 이들 항을 O(1)의 차수로 설정하여 식 20C.1-3에서 볼 수 있는 잔류항의 크기의 차수를 계산하시오.

(e) 식 20C.1-3에서 2개의 선도 차수 항이

$$\frac{\partial \omega_A}{\partial t} + \left[-\frac{2y}{r_s} + \underline{\frac{3y^2}{r_s^2}}\right]\frac{dr_s}{dt}\frac{\partial \omega_A}{\partial r} = \mathscr{D}_{AB}\left[\frac{\partial^2 \omega_A}{\partial y^2} + \underline{\frac{2}{r_s}\frac{\partial \omega_A}{\partial y}}\right] \tag{20C.1-4}$$

의 점선 밑줄로 표시된 2차 항으로 주어짐을 보이시오. 이 식은 전기화학 문헌[4]에 완벽하게 해석되어 있다. n_{A0}에 대한 결과는 문제 20C.2에서 더 고려될 것이다.

20C.2. **성장하는 기포로부터 흡수에 미치는 표면 곡률 효과**(그림 20A.2). 순수한 기체 A가 작은 모세관에서 초기에 순수한 액체 B로 채워진 큰 저장조 내로 일정한 몰 유량 W_A로 흐르고 있다. 액체 내로의 A의 계면 몰 흘럭스는 Levich–Kouterký–Newman 식

$$N_{A0} = c_{A0}\sqrt{\frac{7\mathscr{D}_{AB}}{3\pi t}}\left(1 + \frac{16}{11}\sqrt{\frac{3}{7}}\frac{\Gamma(\frac{15}{14})}{\Gamma(\frac{11}{7})}\frac{\mathscr{D}_{AB}^{1/2}t^{1/6}}{\gamma}\right) \tag{20C.2-1}$$

로부터 예측할 수 있다. 여기서 순수한 반지름 방향 운동과 구형 기포에 대해

$$\gamma = \frac{r(t)}{t^{1/3}} = \left(\frac{3W_A}{4\pi c}\right)^{1/3} \tag{20C.2-2}$$

이다. 식 20C.2-1은 식 20C.1-4의 결과이다.

(a) 기포의 수명 t_0에 걸쳐 흡수되는 A의 몰 수에 대한 식을 구하시오.

(b) 식 20C.2-1을 사용하여 문제 20A.2의 흡수 속도에 대한 더 정확한 결과를 얻으시오.

20C.3. **반–무한 매체 내에서 화학반응을 동반하는 흡수.** 물질 B의 반–무한 매체가 평면 경계 $x = 0$에서 $x = \infty$까지 확장된다. $t = 0$에서 물질 A는 평면 $x = 0$에서 이 매체와 접촉하게 되며, 표면 농도는 c_{A0}이다(예를 들면 액체 B에 의한 기체 A의 흡수에 대해 c_{A0}는 포화 농도일 것이다). 비가역 일차 반응 $A + B \rightarrow C$에 따라 물질 A와 B가 C를 생산하는 반응을 한다. 확산에 더하여 화학반응 공정을 설명하는 식이

$$\frac{\partial c_A}{\partial t} = \mathscr{D}_{AB}\frac{\partial^2 c_A}{\partial x^2} - k_1'''c_A \tag{20C.3-1}$$

인 것과 같은 낮은 농도로 A가 존재한다고 가정한다. 여기서 k_1'''은 1차 속도 상수이다. 이 식은 $t = 0$에서 $c_A = 0$인 초기조건과 $x = 0$에서 $c_A = c_{A0}$이고 $x = \infty$에서 $c_A = 0$인 경계조건에 대해 풀리게 된다. 해는[5]

[4] J. Koutecký, *Czech. J. Phys.*, **2,** 50-55 (1953); 또 V. Levich, *Physicochemical Hydrodynamics*, 2nd edition, Prentice-Hall, Englewood Cliffs, N.J. (1962)를 참조하시오. Levich의 식 108.17과 108.18의 우변은 $t^{2/3}$이 곱해져야만 한다. 또 J. S. Newman, *Electrochemical Systems*, 2nd edition, Prentice-Hall, Englewood Cliffs, N.J. (1991)를 참조하시오.

[5] P. V. Danckwerts, *Trans. Faraday Soc.*, **46**, 300-304 (1950).

$$\frac{c_A}{c_{A0}} = \frac{1}{2}\exp\left(-\sqrt{\frac{k_1'''x^2}{\mathscr{D}_{AB}}}\right)\operatorname{erfc}\left(\frac{x}{\sqrt{4\mathscr{D}_{AB}t}} - \sqrt{k_1'''t}\right) + \frac{1}{2}\exp\left(\sqrt{\frac{k_1'''x^2}{\mathscr{D}_{AB}}}\right)\operatorname{erf}\left(\frac{x}{\sqrt{4\mathscr{D}_{AB}t}} + \sqrt{k_1'''t}\right) \tag{20C.3-2}$$

이다

(a) 식 20C.3-2가 미분방정식과 경계조건을 만족하는 것을 보이시오.

(b) 계면 $x = 0$에서 몰 훌럭스는

$$N_{Ax}|_{x=0} = c_{A0}\sqrt{\mathscr{D}_{AB}k_1'''}\left(\operatorname{erf}\sqrt{k_1'''t} + \frac{\exp(-k_1'''t)}{\sqrt{\pi k_1'''t}}\right) \tag{20C.3-3}$$

임을 보이시오.

(c) 더욱이 시간 t까지 면적 A를 가로질러 흡수되는 총 몰 수가

$$M_A = Ac_{A0}\sqrt{\mathscr{D}_{AB}t}\left[\left(\sqrt{k_1'''t} + \frac{1}{2\sqrt{k_1'''t}}\right)\operatorname{erf}\sqrt{k_1'''t} + \frac{\exp(-k_1'''t)}{\sqrt{\pi}}\right] \tag{20C.3-4}$$

임을 보이시오.

(d) 큰 값의 $k_1''' t$에 대해 (c)의 식은 점근적으로

$$M_A = Ac_{A0}\sqrt{\mathscr{D}_{AB}k_1'''}\left(t + \frac{1}{2k_1'''}\right) \tag{20C.3-5}$$

로 간단히 됨을 보이시오. 이 결과[6]는 4보다 더 큰 $k_1'''t$ 값에 대해 2% 범위 내에서 잘 맞는다.

20C.4. 유체 조절 회로의 설계. 측면 흐름의 연속적인 해석을 통해 반응기를 제어하고자 한다. 만약 0.5 mm의 내부 지름을 갖는 10 cm 길이의 관을 통해 흐름이 회수된다면, 부피 회수 속도의 함수로 검출할 수 있는 농도 변화의 최대 주파수를 계산하시오. 제안: 펄스 주기의 표준 편차가 시간 주기 $t_0 = 2\pi/\omega$의 5%를 넘지 않는다는 것을 기준으로 사용하시오. 여기서 ω는 검출하고자 하는 주파수이다.

20C.5. 온도 구배에 의해 유발되는 기체의 해리. 해리되는 기체(예를 들면, $Na_2 \rightleftharpoons 2Na$)를 관에 채운 다음 양쪽 끝을 막고, 서로 다른 온도로 유지한다. 온도 구배가 생기기 때문에 차가운 끝에서 Na_2 분자가 Na로 해리되는 뜨거운 끝으로 Na_2 분자의 연속적인 유동이 생길 것이며, 유동은 뜨거운 끝에서 차가운 끝으로 번갈아 바뀌게 된다. 농도분포를 구하기 위한 식을 수립하시오. Dirac[7]의 결과와 당신의 결과를 대조하시오.

20D.1. 기체 확산계수를 측정하기 위한 두 개의 구 실험 – 해석 해(그림18B.6). 문제 18B.6에서 설명된

[6] R. A. T. O. Nijsing, *Absorptie van gassen in vloeistoffen, zonder en met chemische reactie*, Academisch Proefschrift, Technische Universiteit Delft (1957).

[7] P. A. M. Dirac, *Proc. Camb. Phil. Soc.*, **22**, Part II, 132-137 (1924). 이 논문은 대학원 학생일 동안 쓰여진 Dirac의 첫 번째 논문이다.

이 실험은 그 곳에서는 준 정상상태 방법에 의해 해석되었다. 변수 분리법을 사용하면 두 개의 구 내의 조성에 대한 정확한 해[8]

$$x_A^{\pm} = \tfrac{1}{2}\left[1 \pm \sum_{n=1}^{\infty} (-1)^{n+1}\left(\frac{2N}{\gamma_n}\right)\frac{\sqrt{\gamma_n^2 + N^2}}{\gamma_n^2 + N^2 + N}\exp\left(-\frac{\gamma_n^2 \mathscr{D}_{AB} t}{L^2}\right)\right] \tag{20D.1-1}$$

을 얻는다. 여기서 γ_n은 $\gamma \tan \gamma = N$의 n 번째 근이고 $N = SL/V$이며, $x_A^{\pm}$는 $z = \pm L$에서 A의 몰 분율이다. 식 20D.1-1과 Andrew[9]의 실험적 측정 사이를 수치적으로 비교하시오. 또 식 20D.1-1과 식 18D.6-4의 더 간단한 결과를 비교하시오.

20D.2. 비정상상태의 상계면 확산. 두 개의 비혼화성 용매 I과 II가 $z = 0$인 평면에서 서로 접촉하고 있다. 시간 $t = 0$에서 A의 농도는 상 I에서 $c_\text{I} = c_\text{I}^o$이고, 상 II에서 $c_\text{II} = c_\text{II}^o$이다. $t > 0$에 대해 확산은 액체-액체 계면을 가로질러 일어난다. 용질은 두 상 내에 아주 작은 농도로만 존재한다고 가정하므로, 확산에 대한 Fick 2법칙이 적용 가능하다. 그러므로

$$\frac{\partial c_\text{I}}{\partial t} = \mathscr{D}_\text{I}\frac{\partial^2 c_\text{I}}{\partial z^2} \qquad -\infty < z < 0 \tag{20D.2-1}$$

$$\frac{\partial c_\text{II}}{\partial t} = \mathscr{D}_\text{II}\frac{\partial^2 c_\text{II}}{\partial z^2} \qquad 0 < z < +\infty \tag{20D.2-2}$$

의 식을 풀어야만 한다. 여기서 c_I와 c_II는 상 I과 II 내의 A의 농도이고, $\mathscr{D}_\text{I}$과 $\mathscr{D}_\text{II}$는 대응하는 확산계수이다. 초기조건과 경계조건은

초기조건 1:	$t = 0$ 에서,	$c_\text{I} = c_\text{I}^o$	(20D.2-3)
초기조건 2:	$t = 0$ 에서,	$c_\text{II} = c_\text{II}^o$	(20D.2-4)
경계조건 1:	$z = 0$ 에서,	$c_\text{II} = mc_\text{I}$	(20D.2-5)
경계조건 2:	$z = 0$ 에서,	$-\mathscr{D}_\text{I}\dfrac{\partial c_\text{I}}{\partial z} = -\mathscr{D}_\text{II}\dfrac{\partial c_\text{II}}{\partial z}$	(20D.2-6)
경계조건 3:	$z = -\infty$ 일 때	$c_\text{I} = c_\text{I}^o$	(20D.2-7)
경계조건 4:	$z = +\infty$ 일 때	$c_\text{II} = c_\text{II}^o$	(20D.2-8)

이다. $z = 0$에서의 첫 번째 경계조건은 계면에서 평형이라는 의미이며, m은 "분포계수" 또는 "Henry 법칙 상수"이다. 두 번째 경계조건은 $z = 0^-$에서 계산된 몰 흘럭스가 $z = 0^+$에서의 몰 흘럭스와 같다는 의미이다, 즉 액체-액체 계면에서 A의 손실은 없다.

(a) Laplace 변환 또는 다른 적절한 방법에 의해 연립하여 식을 풀고

$$\frac{c_\text{I} - c_\text{I}^o}{c_\text{II}^o - mc_\text{I}^o} = \frac{1 + \text{erf}(z/\sqrt{4\mathscr{D}_\text{I} t})}{m + \sqrt{\mathscr{D}_\text{I}/\mathscr{D}_\text{II}}} \tag{20D.2-9}$$

---

[8] R. B. Bird, *Advances in Chemical Engineering*, Vol. 1, Academic Press, New York (1956), pp.156-239; 정오표, Vol. 2 (1958), p. 325. $(-1)^{n+1}$ 인자가 빠졌으므로 207쪽 아래의 결과는 오류이다. 또 H. S. Carslaw and J. C. Jaeger, *Conduction of Heat in Solids*, 2nd edition, Oxford University Press (1959), p. 129를 참조하시오.

[9] S. P. S. Andrew, *Chem. Eng. Sci.*, **4**, 269-272 (1955).

$$\frac{c_{\text{II}} - c_{\text{II}}^o}{c_{\text{I}}^o - (1/m)c_{\text{II}}^o} = \frac{1 - \text{erf}(z/\sqrt{4\mathscr{D}_{\text{II}}t})}{(1/m) + \sqrt{\mathscr{D}_{\text{II}}/\mathscr{D}_{\text{I}}}} \tag{20D.2-10}$$

을 구하시오.

(b) 계면에서의 물질전달 속도에 대한 식을 구하시오.

20D.3. 자촉매계의 임계 크기. "자촉매 반응"이 일어나는 계의 임계 크기를 논의하기 위해 예제 20.1-3의 결과를 사용하고자 한다. 이와 같은 계에서 반응 생성물은 반응 속도를 증가시킨다. 만약 계의 부피에 대한 계의 표면의 비가 크다면 반응 생성물은 계의 경계로부터 달아나려는 경향이 있다. 그러나 부피에 대한 표면 비가 작다면 생성 속도보다 달아나는 속도가 작게 되고 반응속도는 급격히 증가할 것이다. 주어진 형상의 계에 대해 제거되는 속도와 생산 속도가 똑 같아지는 임계 크기가 존재할 것이다.

하나의 예가 핵분열이다. 핵 원자로에서 분열 속도는 국부적인 중성자 농도에 의존한다. 만약 중성자가 생산되는 속도가 확산에 의해 달아나는 속도를 능가한다면, 반응은 자발적으로 계속되어 핵폭발이 일어난다.

또 비록 여기서는 거동이 일반적으로 더 복잡하지만 유사한 거동이 많은 화학계에서 나타난다. 하나의 예로 총괄 반응

$$\text{H} - \text{C} \equiv \text{C} - \text{H} \rightarrow \text{H}_2 + 2\text{C} \tag{20D.3-1}$$

에 따라 열역학적으로 불안정한 아세틸렌 가스의 열분해가 있다. 이 반응은 자유 라디칼이 정성적으로 앞 문단의 중성자와 같이 거동하므로 분해가 자촉매 반응인 곁가지 사슬, 자유 라디칼 매커니즘에 의해 진행되는 것으로 나타난다.

그러나 자유 라디칼은 철 표면과 접촉하면 효과적으로 중성화되므로, 이와 같은 표면에서 자유 라디칼 농도는 거의 0으로 유지된다. 그러면 아세틸렌 가스는 기체의 압력이나 온도가 더 높을수록 더 작아지는 "임계" 지름보다 작은 주철관 내에 안전하게 저장할 수 있다. 만약 주철관의 지름이 너무 크면, 비록 하나의 자유 라디칼의 생성된다고 하더라도 심각한 폭발을 초래하는 분해 속도의 급격한 증가를 유발하게 될 것이다.

(a) $r = R$에서 $c_A = 0$이고, $t = 0$에서 $c_A = f(r)$인 조건과 함께 확산과 반응 과정이

$$\frac{\partial c_A}{\partial t} = \mathscr{D}_{AB}\frac{1}{r}\frac{\partial}{\partial r}\left(r\frac{\partial c_A}{\partial r}\right) + k_1'''c_A \tag{20D.3-2}$$

로 설명되는 긴 원통 내에 채워진 계를 생각하시오. 여기서 $f(r)$은 r의 어떤 함수이다. 예제 20.1-3의 결과를 사용하여 $c_A(r, t)$에 대한 해를 구하시오.

(b) 계에 대한 임계 반지름이

$$R_{\text{crit}} = \alpha_1\sqrt{\frac{\mathscr{D}_{AB}}{k_1'''}} \tag{20D.3-3}$$

임을 보이시오. 여기서 α_1은 0차 Bessel 함수 J_0의 첫 번째 0이다.

(c) 드러난 원통형 핵 반응기 노심에 대해,[10] $k_1'''/\mathscr{D}_{AB}$의 유효값은 $9 \times 10^{-3}\ \text{cm}^{-2}$이다. 임계 반지름은 얼마인가?

---

[10] R. L. Murray, *Nuclear Reactor Physics*, Prentice-Hall, Englewood Cliffs, N. J. (1957), pp.23, 30, 53.

답: **(c)** $R_{crit} = 25.3$ cm

20D.4. 관 내 정상상태의 층류 축 방향 유동에서 넓은 펄스의 분산. Taylor 분산 문제에서 정상상태의 층류인 유체를 포함하는 길이가 L인 관 내로 주입되는 물질 A가 분포된 용질 펄스를 생각하시오. 이제 문제 20B.9에서와 같이 관 입구와 출구를 가로지르는 확산은 무시할만하다는 동일한 구속 조건과 함께 입구 경계조건은

$$t = 0 \text{ 에서,} \qquad \frac{d}{dt} m_A = f(t) \tag{20D.4-1}$$

이다. 이제 용질의 각 요소는 그 외의 모든 것과는 무관하게 움직인다는 것에 주목하시오.

(a) 문제 20B.9의 결과를 사용하여 출구 농도가

$$\langle \rho_A \rangle|_{z=L} = \frac{1}{\sqrt{4\pi^3 R^4 K}} \int_{-\infty}^{t} \frac{f(t')}{\sqrt{t-t'}} \exp\left(-\frac{[L - \langle v_z \rangle (t-t')]^2}{4K(t-t')}\right) dt' \tag{20D.4-2}$$

로 주어지는 것을 보이시오.

(b) 사각 펄스

$$f = f_0 \qquad (0 < t < t_0;) \qquad f = 0 \qquad (t > t_0) \tag{20D.4-3}$$

에 대해 이 결과를 규정하시오. 다양한 $\langle v_z \rangle t_0/L$ 값에 대한 결과를 도시하시오.

20D.5. 계면 내장형 좌표에서의 속도 다이버전스. 그림 20.4-2의 계면 내장형 좌표 내에서 닫힌 영역 $D(u, w, y)$를 생각하시오.

(a) D의 경계 표면에 걸쳐 식 20.4-7을 적분하여

$$\int_{S_D} (\mathbf{V} \cdot d\mathbf{S}_D) = \int_{S_D} (\mathbf{v} \cdot d\mathbf{S}_D) + \int_{S_D} \left(\frac{\partial \mathbf{r}(u, w, y, t)}{\partial t} \cdot d\mathbf{S}_D\right) \tag{20D.5-1}$$

을 구하시오. 여기서 $d\mathbf{S}_D$는 영역 D의 경계에 바깥 방향으로 수직인 크기 dS_D를 갖는 면적의 벡터 요소이다.

(b) 마지막 항의 적분 상수는 경계 요소 $d\mathbf{S}_D$의 속도이다. 그러면, 마지막 적분은 D의 부피 변화 속도이다. 식 20.4-3의 도움을 받아 이 적분을

$$\begin{aligned} \int_{S_D} \left(\frac{\partial \mathbf{r}(u, w, y, t)}{\partial t} \cdot d\mathbf{S}_D\right) &= \frac{d}{dt} \int_D \sqrt{g(u, w, y, t)}\, du\, dw\, dy \\ &= \int_D \frac{\partial \sqrt{g(u, w, y, t)}}{\partial t}\, du\, dw\, dy \end{aligned} \tag{20D.5-2}$$

로 다시 쓰시오. 두 번째 등식은 각 표면 요소 $d\mathbf{S}_D$ 위에서 u, w와 y가 t에 무관하다는 것에 주목하면서 Leibniz 법칙에 의해 얻게 된다.

(c) (b)의 결과와 A.5절의 Gauss-Ostrogradskii 다이버전스 이론을 사용하여 $D(u, w, y)$에 걸친 세 부피 적분의 합이 사라질 때의 식 20D.5-1을 표현하시오. 이 결과와 임의로 선택된 D로부터 식 20.4-8이 산출되는 것을 보이시오.

Chapter

21 난류에서의 농도분포

§21.1 농도 요동과 시간 평활화된 농도

§21.2 A에 대한 연속방정식의 시간 평활화

§21.3 난류 질량 플럭스에 대한 반 경험식

§21.4° 난류에서 일차 반응에 의한 물질전달 향상

§21.5• 난류 혼합과 이차 반응을 수반하는 난류

앞 장들에서는 유체 또는 고체 내에서의 확산에 관한 방정식을 유도하였으며, 난류가 포함되지 않는 유체의 농도분포에 관한 식을 어떻게 얻을 수 있는지 보여 주었다. 이제 난류에서의 물질전달에 대해 주목해 보고자 한다.

이 장에서 논의할 내용은 13장의 내용과 매우 유사하며, 그 자료의 대부분은 상사성에 의해 주어지게 된다. 특히 13.4, 13.5와 13.6절은 열전달 양을 물질전달 양으로 대체함으로써 직접 이어 받을 수 있다. 실험적으로 접근할 수 있는 Schmidt 수의 범위가 Prandtl 수의 범위보다 훨씬 크기 때문에 실제 이들 절에서 논의된 문제들은 물질전달에서 더 큰 의미를 갖고 조사되었다.

여기서는 등온 2 성분계로 한정하고, 일정한 질량 밀도와 확산계수를 갖는다고 가정하면 흐르는 유체 내에서의 확산을 설명하는 편미분방정식(식 19.1-16)은 화학반응 항을 포함하고 있다는 것을 제외하고는 흐르는 유체 내에서의 열전도를 설명하는 편미분방정식(식 11.2-9)과 같은 형태를 갖는다.

21.1 농도 요동과 시간 평활화된 농도

온도 요동과 시간 평활화에 관해 13.1절에서 논의된 내용을 몰농도 c_A에 대한 상사성에 의해 이어 받을 수 있다. 난류 흐름에서 c_A는 시간 평활화된 값 $\bar{c}_A$와 난류 농도 요동 c'_A의 합

$$c_A = \bar{c}_A + c'_A \tag{21.1-1}$$

로 주어지는 빠르게 진동하는 함수일 것이며, 온도에 관한 식 13.1-1과 상사하다. c'_A의 정의에 대한 효능에 의하면 $\overline{c'_A}=0$임을 알 수 있으나, 농도와 속도의 국부적 요동은 서로 독립적이지 않기 때문에 $\overline{v'_x c'_A}$, $\overline{v'_y c'_A}$와 $\overline{v'_z c'_A}$ 같은 양은 0이 아니다.

시간 평활화된 농도분포 $\bar{c}_A(x, y, z, t)$는 예를 들면 다양한 위치와 다양한 시간에서 유체의 흐름으로부터 시료를 채취하여 측정된 값이다. 벽에서 물질전달이 일어나는 관 유동에서 시간 평활화된 농도 $\bar{c}_A$는 난류 에디에 의한 전달이 지배적으로 나타나는 난류 중심에서는 위치에 따라 아주 약간 변할 것이다. 다른 한편으로 경계 표면 부근의 천천히 움직이는 영역에서는 농도 $\bar{c}_A$가 난류 중심 값에서부터 벽으로의 작은 거리에 대해서도 변하게 될 것이 예견된다. 가파른 농도 구배는 난류 중심에서의 급속한 에디 전달에 대비되는 점성 저층에서의 느린 분자 확산공정과 연관되어 있다.

21.2 A에 대한 연속방정식의 시간 평활화

n차 화학반응에 의해 소멸된다고 가정하는 화학 종 A에 대한 연속방정식을 갖고 시작한다.[1] 식 19.1-16은 직각 좌표에서

$$\frac{\partial c_A}{\partial t} = -\left(\frac{\partial}{\partial x} v_x c_A + \frac{\partial}{\partial y} v_y c_A + \frac{\partial}{\partial z} v_z c_A\right) + \mathscr{D}_{AB}\left(\frac{\partial^2 c_A}{\partial x^2} + \frac{\partial^2 c_A}{\partial y^2} + \frac{\partial^2 c_A}{\partial z^2}\right) - k'''_n c_A^n \tag{21.2-1}$$

로 주어진다. 여기서 k'''_n은 n차 화학반응에 대한 반응속도상수로 위치에는 무관하다고 가정한다. 이후의 식에서는 1차 반응과 고차 반응의 차이를 강조하기 위해 $n=1$과 $n=2$를 고려할 것이다

c_A를 $\bar{c}_A+c'_A$로, v_i를 $\bar{v}_i+v'_i$로 대체하고 시간 평균하면

$$\begin{aligned}\frac{\partial \bar{c}_A}{\partial t} = &-\left(\frac{\partial}{\partial x} \bar{v}_x \bar{c}_A + \frac{\partial}{\partial y} \bar{v}_y \bar{c}_A + \frac{\partial}{\partial z} \bar{v}_z \bar{c}_A\right) - \underline{\left(\frac{\partial}{\partial x} \overline{v'_x c'_A} + \frac{\partial}{\partial y} \overline{v'_y c'_A} + \frac{\partial}{\partial z} \overline{v'_z c'_A}\right)} \\ &+ \mathscr{D}_{AB}\left(\frac{\partial^2 \bar{c}_A}{\partial x^2} + \frac{\partial^2 \bar{c}_A}{\partial y^2} + \frac{\partial^2 \bar{c}_A}{\partial z^2}\right) - \begin{cases} k'''_1 \bar{c}_A & \text{or} \\ k'''_2 (\bar{c}_A^2 + \underline{\overline{c'^2_A}}) \end{cases}\end{aligned} \tag{21.2-2}$$

를 얻는다. 이 식을 식 21.2-1과 비교하면, 시간 평활화된 식은 여기서는 점선으로 밑줄 그

[1] S. Corrsin, *Physics of Fluids*, **1**, 42-47 (1958).

은 여분의 항들이 나타난다는 점에서 다르다는 것을 알 수 있다. $\overline{v'_i c'_A}$를 포함하는 항은 난류 질량 전달을 묘사하며, 이들을 난류 몰 플럭스 벡터의 i번째 성분 $\bar{J}_{Ai}^{(t)}$로 표시한다. 이제 세 번째 난류 플럭스를 만났으며, 난류 플럭스 성분들을 요약하면 다음과 같다.

난류 몰 플럭스(벡터) $$\bar{J}_{Ai}^{(t)} = \overline{v'_i c'_A} \tag{21.2-3}$$

난류 운동량 플럭스(텐서) $$\bar{\tau}_{ij}^{(t)} = \rho\overline{v'_i v'_j} \tag{21.2-4}$$

난류 열 플럭스(벡터) $$\bar{q}_i^{(t)} = \rho\hat{C}_p\overline{v'_i T'} \tag{21.2-5}$$

이들 모두는 질량 평균 속도에 관한 플럭스로 정의된다.

차수가 다른 화학반응 거동 사이에는 본질적인 차이가 있음에 주목하는 것은 흥미롭다. 일차 반응은 시간 평활화된 식에서 원래의 식에서와 같은 형태를 갖는 반면에, 이차 반응은 화학 반응속도론과 난류 요동 사이의 상호 작용을 명시하는 여분의 항 $-k_2''' \overline{c'^2_A}$이 시간 평활화에 기여하게 된다.

일정한 $\rho, \mathscr{D}_{AB}$와 μ를 갖는 등온 2성분 유체 혼합물의 난류에 대한 모두 세 개의 시간 평활화된 변화방정식을 요약하면 다음과 같다.

연속방정식 $$(\nabla \cdot \bar{\mathbf{v}}) = 0 \tag{21.2-6}$$

운동방정식 $$\rho\frac{D\bar{\mathbf{v}}}{Dt} = -\nabla\bar{p} - [\nabla \cdot (\bar{\boldsymbol{\tau}}^{(v)} + \underline{\bar{\boldsymbol{\tau}}^{(t)}})] + \rho\mathbf{g} \tag{21.2-7}$$

A의 연속방정식 $$\frac{D\bar{c}_A}{Dt} = -(\nabla \cdot (\bar{\mathbf{J}}_A^{(v)} + \underline{\bar{\mathbf{J}}_A^{(t)}})) - \begin{cases} k_1'''\bar{c}_A & \text{or} \\ k_2'''(\bar{c}_A^2 + \underline{\overline{c'^2_A}}) \end{cases} \tag{21.2-8}$$

여기서 $\bar{\mathbf{J}}_A^{(v)} = -\mathscr{D}_{AB}\nabla\bar{c}_A$이고, 연산자 D/Dt의 내부에는 시간 평활화된 속도 $\bar{\mathbf{v}}$가 쓰여진 것으로 이해된다.

21.3 난류 질량 플럭스에 대한 반 경험식

앞 절에서 A의 연속방정식을 시간 평활화하게 되면 $\bar{J}_{Ai}^{(t)} = \overline{v'_i c'_A}$ 성분을 갖는 난류 질량 플럭스가 나타나는 것을 알았다. 난류 유동에서 물질전달 문제를 풀기 위해서는 $\bar{J}_{Ai}^{(t)}$와 시간 평활화된 농도 구배 사이의 관계를 가정하는 것이 유용할 것이다. 일련의 경험식들을 문헌에서 찾아 볼 수 있으나, 여기서는 가장 널리 사용되는 두 개의 식만 소개하고자 한다.

에디 확산계수

확산에 대한 Fick 1법칙과의 상사성에 의해 에디 확산계수라고도 불리는 난류 확산계수 $\mathscr{D}_{AB}^{(t)}$에 대해 정의하는 식으로

$$\bar{J}_{Ay}^{(t)} = -\mathscr{D}_{AB}^{(t)} \frac{d\bar{c}_A}{dy} \tag{21.3-1}$$

을 쓴다. 에디 점도 및 에디 열전도도의 경우와 같이 에디 확산계수는 유체를 특징짓는 물성이 아니라 위치, 방향과 유동장의 성질에 의존한다.

에디 확산계수 $\mathscr{D}_{AB}^{(t)}$와 에디 동점도 $\nu^{(t)} = \mu^{(t)}/\rho$는 같은 차원, 즉 길이의 제곱을 시간으로 나눈 차원을 가지며, 이들의 비

$$\mathrm{Sc}^{(t)} = \frac{\nu^{(t)}}{\mathscr{D}_{AB}^{(t)}} \tag{21.3-2}$$

는 난류 Schmidt 수로 알려진 무차원 값이다. 난류 Prandtl 수를 갖는 경우와 마찬가지로 난류 Schmidt 수도 1의 차수를 갖는다(13.3절에서의 논의를 참조). 그러므로 에디 확산계수는 적절한 양이 알려진 난류 동점도로 대체함으로써 계산될 것이며, 이는 다음에 오는 21.4절에서 다루고자 한다.

Prandtl과 Taylor의 혼합 길이 식

Prandtl의 혼합길이 이론에 의하면 운동량, 에너지 및 질량은 모두 동일한 메커니즘에 의해 전달된다. 그러므로 식 5.4-4 및 13.3-3과의 상사성에 의해

$$\bar{J}_{Ay}^{(t)} = -l^2 \left|\frac{d\bar{v}_x}{dy}\right| \frac{d\bar{c}_A}{dy} \tag{21.3-3}$$

으로 쓸 수 있다. 여기서 l은 5장에서 소개한 Prandtl 혼합 길이이고, 여기서 나타나는 양 $l^2|d\bar{v}_x/dy|$는 식 21.3-1의 $\mathscr{D}_{AB}^{(t)}$에 대응되며, 식 5.4-4와 13.3-3에 포함된 $\nu^{(t)}$와 $\alpha^{(t)}$에 대한 식에도 대응된다. 그러므로 혼합 길이 이론은 $\nu^{(t)} = \alpha^{(t)} = \mathscr{D}_{AB}^{(t)}$ 또는 $\mathrm{Pr}^{(t)} = \mathrm{Sc}^{(t)} = 1$인 Reynolds 상사성을 만족한다.

21.4 난류에서 일차 반응에 의한 물질전달 향상[1]

이제 난류 확산방정식에서 화학반응 항의 영향을 조사하고자 한다. 특히 벽(물질 A의)이 관을 통해 흐르는 유체(액체 B)에 약간 녹는 관 내를 정상상태로 흐르는 난류에 대해 벽에서의 물질전달 속도에 미치는 반응의 영향을 공부하고자 한다. 물질 A는 액체 B에 녹은 다음

[1] O. T. Hanna, O. C. Sandall, and C. L. Wilson, *Ind. Eng. Chem. Research,* **26**, 2286-2290 (1987). 강하 경막에 관련된 상사한 문제는 O. C. Sandall, O. T. Hanna, and F. J. Valeri, *Chem. Eng. Communications,* **16**, 135-147 (1982)에 주어져 있다.

일차 반응에 의해 사라진다고 한다. Schmidt 수가 크고 급속한 반응속도를 갖는 거동에 특히 관심을 가질 것이다.

시간에 무관한 $\bar{c}_A$를 갖는 축 대칭인 관 유동에 대해 식 21.2-8은

$$\bar{v}_z \frac{\partial \bar{c}_A}{\partial z} = \frac{1}{r}\frac{\partial}{\partial r}\left(r(\mathscr{D}_{AB} + \mathscr{D}_{AB}^{(t)})\frac{\partial \bar{c}_A}{\partial r}\right) - k_1'''\bar{c}_A \tag{21.4-1}$$

이 된다. 분자 확산과 난류 확산에 의한 축 방향의 전달은 무시할 만하다는 통상적인 가정을 도입하면 벽에서의 물질전달 속도는

$$+\mathscr{D}_{AB}\left.\frac{\partial \bar{c}_A}{\partial r}\right|_{r=R} = k_c(c_{A0} - \bar{c}_{A,\text{axis}}) \tag{21.4-2}$$

가 됨을 알 수 있다. 여기서 c_{A0}와 $\bar{c}_{A,\text{axis}}$는 벽과 관의 축에서 A의 농도이다. 앞 절에서 지적하였던 바와 같이 벽에서 난류 확산계수는 0이므로, 결과적으로 식 21.4-2에는 나타나지 않으며, k_c는 열전달계수 h와 상사한 **물질전달계수**이다. 열전달계수 h는 14장에서 논의되었으며, "Newton의 냉각법칙"과의 관련성은 9장에서 언급하였다. 첫 번째 근사로[1] 반응이 충분히 빨라 확산되는 화학 종이 관의 축까지는 결코 도달될 수 없다고 가정함으로써 $\bar{c}_{A,\text{axis}}$를 0으로 두었으며, 그러면 관의 축에서 $\partial\bar{c}_A/\partial r$도 역시 0이어야 한다. 이 가정을 사용하여 계를 해석한 다음, 사용한 가정을 완화하고 넓은 범위의 반응속도에 대해 계산하고자 한다.

이제 반응물의 무차원 농도 $C = \bar{c}_A/c_{A0}$를 정의하고, 큰 z에 대해 농도가 z에 무관할 것이라는 또 다른 가정[1]을 사용하면 식 21.4-1은

$$\frac{1}{r}\frac{\partial}{\partial r}\left(r(\mathscr{D}_{AB} + \mathscr{D}_{AB}^{(t)})\frac{\partial C}{\partial r}\right) = k_1'''C \tag{21.4-3}$$

이 된다. 이제 이 식에 r 을 곱하고 임의의 위치에서부터 관 벽까지 적분하면

$$k_cR - r(\mathscr{D}_{AB} + \mathscr{D}_{AB}^{(t)})\frac{\partial C}{\partial r} = k_1'''\int_r^R \bar{r}C(\bar{r})d\bar{r} \tag{21.4-4}$$

로 주어진다. 여기에 물질전달계수에 대한 정의뿐만 아니라 $r = R$에서의 경계조건을 적용하고, $r = 0$에서부터 $r = R$까지 이차 적분을 하면

$$k_cR\int_0^R \frac{1}{r(\mathscr{D}_{AB} + \mathscr{D}_{AB}^{(t)})}dr - 1 = k_1'''\int_0^R \frac{1}{r(\mathscr{D}_{AB} + \mathscr{D}_{AB}^{(t)})}\left[\int_r^R \bar{r}C(\bar{r})d\bar{r}\right]dr \tag{21.4-5}$$

로 주어진다. 여기서는 $r = 0$에서 $C = 0$과 $r = R$에서 $C = 1$의 경계조건을 사용하였다.

관심이 있는 영역이 벽 바로 다음 영역이기 때문에 변수 $y=R-r$을 도입하면

$$k_cR\int_0^R \frac{1}{(R-y)(\mathscr{D}_{AB} + \mathscr{D}_{AB}^{(t)})}dy - 1 = k_1'''\int_0^R \frac{1}{(R-y)(\mathscr{D}_{AB} + \mathscr{D}_{AB}^{(t)})}\left[\int_0^y (R-\bar{y})C(\bar{y})d\bar{y}\right]dy \tag{21.4-6}$$

을 얻으며, 여기서 $\bar{y}$에 대한 $C(\bar{y})$는 $\bar{r}$에 대한 함수 $C(\bar{r})$과 서로 같지가 않다. 큰 Sc 값에 대해 단지 $R-y$를 근사적으로 R이라고 하여도 큰 문제가 없는 $y<<R$ 인 영역에서만 피적분 함수가 중요하며, 더욱이 벽 부근의 난류 확산계수는 벽으로부터 거리의 $\frac{1}{3}$ 제곱에 비례한다는 사실을 적용하여 적분을 $\sigma=y/R$의 항으로 다시 쓰면, 무차원 방정식

$$\frac{1}{2}\left(\frac{k_c D}{\mathscr{D}_{AB}}\right)\left(\frac{\mathscr{D}_{AB}}{\nu}\right)\int_0^1 \frac{1}{(\mathscr{D}_{AB}/\nu)+K\sigma^3}\,d\sigma - 1 = \left(\frac{k_1''' R^2}{\nu}\right)\int_0^1 \frac{1}{(\mathscr{D}_{AB}/\nu)+K\sigma^3}\left[\int_0^\sigma C(\bar{\sigma})\,d\bar{\sigma}\right]d\sigma \tag{21.4-7}$$

을 얻는다. 이 식은 Schmidt 수 $\text{Sc}=\nu/\mathscr{D}_{AB}$, 무차원 반응 속도 매개변수 $\text{Rx}=k_1'''R^2/\nu$와 Sherwood 수로 알려진 무차원 물질전달계수 $\text{Sh}=k_cD/\mathscr{D}_{AB}$($D$는 관의 지름)와 같은 몇 개의 무차원 군을 포함하고 있다.

$\text{Rx}\rightarrow\infty$인 극한에서 주어진 경계조건을 사용하여 구한 식 21.4-3의 해는 $C=\exp(-\text{Sh}\sigma/2)$이다. 이 해를 식 21.4-7에 대입하고 똑바로 적분하면

$$\frac{1}{2}\frac{\text{Sh}}{\text{Sc}}I_0 - 1 = 2\frac{\text{Rx}}{\text{Sh}}I_0 - 2\frac{\text{Rx}}{\text{Sh}}I_1 \tag{21.4-8}$$

을 얻게 된다. 여기서

$$I_0 = \int_0^1 \frac{1}{\text{Sc}^{-1}+K\sigma^3}\,d\sigma \tag{21.4-9}$$

$$I_1 = \int_0^1 \frac{\exp(-\text{Sh}\sigma/2)}{\text{Sc}^{-1}+K\sigma^3}\,d\sigma \tag{21.4-10}$$

이며, 이 식을 풀면 Sh를 Sc, Rx와 K의 함수로 얻을 수 있다.[1]

식 21.4-3에 대한 앞의 해는 Sc, Rx와 z가 충분히 클 때 합리적이며, Vieth, Porter와 Sherwood[2]에 의해 주어진 결과보다 개선되었다. 그러나 화학반응이 없는 경우 식 21.4-3은 유체 내로 화학 종 A의 전달에 의해 유발되는 하류에서의 C의 증가를 설명할 수 없으므로, 참고문헌 1과 2 어느 쪽의 결과를 가지고도 화학반응에 의해 물질전달이 향상된다는 것을 현실적으로 평가할 수 없다.

물질전달 향상 문제를 보다 잘 해석하기 위해 식 21.4-1을 사용하여 C에 대한 더 완벽한 미분방정식

$$\bar{v}_z\frac{\partial C}{\partial z} = \frac{1}{r}\frac{\partial}{\partial r}\left(r(\mathscr{D}_{AB}+\mathscr{D}_{AB}^{(t)})\frac{\partial C}{\partial r}\right) - k_1'''C \tag{21.4-11}$$

를 얻었으며, 여기서 $r=0$에서 $C=0$이라는 가정은 홀럭스가 0이라는 조건 $\partial C/\partial r=0$ 으로 대체하였다. 식 21.3-3에서와 같이 위치에 따라 변하는 혼합 길이 l을 사용하여 이 기하학적 구조에서의 $\mathscr{D}_{AB}^{(t)}$를 완전히 발달된 유동에 대해 $l^2|d\bar{v}_z/dr|$로 나타내고, 5.3절의 마찰 속도

[2] W. R. Veith, J. H. Porter, and T. K. Sherwood, *Ind. Eng. Chem. Fundam.*, **2**, 1-3 (1963).

$v_* = \sqrt{\tau_0/\rho}$에 기초를 둔 무차원 기호 $v^+ = \bar{v}_z/v_*$, $z^+ = zv_*/\nu$, $r^+ = rv_*/\nu$와 $l^+ = lv_*/\nu$를 도입하여 식 21.4-11을 무차원 형태

$$\begin{aligned} v^+ \frac{\partial C}{\partial z^+} &= \frac{1}{r^+}\frac{\partial}{\partial r^+}\left(r^+\left(\frac{\mathscr{D}_{AB} + \mathscr{D}_{AB}^{(t)}}{\nu}\right)\frac{\partial C}{\partial r^+}\right) - \left[\frac{k_1'''\nu}{v_*^2}\right]C \\ &= \frac{1}{r^+}\frac{\partial}{\partial r^+}\left(r^+\left(\frac{1}{\text{Sc}} + (l^+)^2\left|\frac{dv^+}{dr^+}\right|\right)\frac{\partial C}{\partial r^+}\right) - \text{Da}\, C \end{aligned} \tag{21.4-12}$$

로 나타낼 수 있다. 여기서 Damköhler수 $\text{Da} = k_1'''\nu / v_*^2$를 도입하였다

혼합 길이 l에 대한 우수한 모델로는 Hanna, Sandall과 Mazet[3]가 van Driest [4]에 의해 주어진 모델을 수정하여 개발한 식 5.4-7을 적용할 수 있다. 그림 5.5-3에 주어진 구분적 연속식보다는 연속인 반지름 방향의 도함수를 갖는 속도 함수를 사용하면 이 모델은 평활한 농도분포를 얻게 될 것이다. 이와 같은 함수는 그림 5.5-3의 무차원 변수 $v^+ = \bar{v}_z/v_*$와 $y^+ = yv_* / \nu$로 주어진 미분방정식

$$(l^+)^2\left(\frac{dv^+}{dy^+}\right)^2 + \frac{dv^+}{dy^+} = 1 - \frac{y^+}{R^+} \quad \text{for } 0 \leqslant y^+ \leqslant R^+ \tag{21.4-13}$$

을 $y^+ = 0$(벽)에서 $v^+ = 0$이고 $y^+ = R^+$(중심선)에서 $dv^+/dy^+ = 0$인 경계조건을 사용하여 적분하면 얻을 수 있으며, 식 21.4-13은 원통형 좌표로 변환된 식 5.5-3과 5.4-4와 식 5.4-7에 볼 수 있는 혼합 길이 모델의 무차원 형태

$$l^+ = \frac{lv_*}{\nu} = 0.4y^+ \frac{1 - \exp(-y^+/26)}{\sqrt{1 - \exp(-0.26y^+)}} \quad (0 \leqslant y^+ \leqslant R^+) \tag{21.4-14}$$

와 결합함으로써 얻게 된다(문제 21B.5 참조). 2차 방정식의 근의 공식을 사용하여 식 21.4-13을 풀면

$$\frac{dv^+}{dy^+} = \begin{cases} \dfrac{-1 + \sqrt{1 + 4(l^+)^2[1 - y^+/R^+]}}{2(l^+)^2} & (y^+ > 0;\ ) \\ 1 & (y^+ = 0\ ) \end{cases} \tag{21.4-15}$$

가 되며, v^+는 예를 들면 Press 등[5]의 서브루틴 trapzd와 qtrap을 사용하여 구적법으로 계산할 수 있다. 그림 5.5-3의 선은 변칙적으로 변하지 않는 반에 도시된 선이 불연속인 기울기를 갖는 $y^+ = 30$ 부근과 계산된 v^+ 함수가 무차원 벽 반지름 R^+에 의존하는 최대값에 도달하는 중심선 부근에서는 작은 변화를 보이지만, 그 결과로 얻은 v^+ 함수는 그림 5.5-3에 도시된 선과 매우 닮았다.

[3] O. T. Hanna, O. C. Sandall, and P. R. Mazet, *AIChE Journal*, **27**, 693-697 (1981).

[4] E. R. van Driest, *J. Aero. Sci.*, **23**, 1007-1011, 1036 (1956).

[5] W. H. Press, S. A. Teukolsky, W. T. Vettering, and B. P. Flannery, *Numerical Recipes in FORTRAN,* Cambridge University Press, 2nd edition (1992).

내부 반지름이 3cm인 매끄러운 관 내를 동점도가 $\nu = 0.6581\ \text{cm}^2/\text{s}$인 유체가 완전히 발달된 유동으로 흐를 때 Re = 10,000, Sc = 200에서 Damköhler 수 Da를 다양하게 변화시키면서 식 21.4-12부터 15까지를 수치적[6]으로 풀었다. 이 계산은 소프트웨어 패키지 Athena Visual Workbench[7]를 사용하여 수행하였다. 식 21.4-2에 정의된 바와 같이 k_c에 기초를 둔 결과로 얻어진 Sherwood 수 $\text{Sh} = k_c D/\mathscr{D}_{AB}$를 다양한 Damköhler 수 Da의 값에 대해 z^+의 함수로 그림 21.4-1에 도시하였다. 이 결과로부터 다음 결론을 얻게 된다.

1. 반응의 없는 경우(즉 Da = 0일 때), 물질전달 영역 내로 거리가 증가함에 따라 Sherwood 수는 급격하게 떨어지게 된다. 이 거동은 대응하는 열전달 문제에 대한 Sleicher와 Tribus[8]의 결과와 일치하며, 식 21.4-11의 대류항은 이 계에 대해 필수적이라는 것을 확인한다. 참고문헌 2와 3에서는 농도분포가 "완전히 발달된" 것으로 간주하여 이 항을 무시하였다.
2. 용질의 유사 일차 균질 반응이 일어나는 경우(즉 Da>0 일 때), Sherwood 수는 하류로 갈수록 덜 급속하게 떨어지며 궁극적으로는 Damköhler 수에 의존하는 일정한 점근값에 이르게 된다. 그러므로 Sh(반응이 있는)/Sh(반응이 없는)으로 정의되는 향상 인자는 물질전달 영역 내로 거리가 증가함에 따라 상당히 증가할 수 있다.

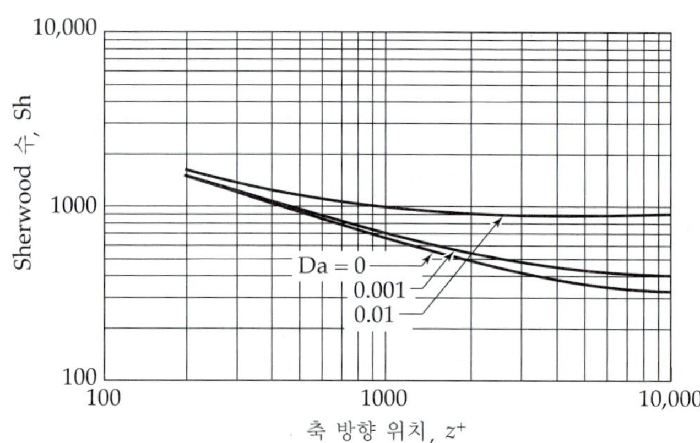

그림 21. 4-1 균질의 일차 반응을 동반하는 경우와 동반하지 않는 경우에 있어서의 관 벽으로부터의 난류 물질전달에 대해 계산된 Sherwood 수, $\text{Sh}=k_c D/\mathscr{D}_{AB}$. 결과는 Re = 10,000, Sc = 200에서 축 방향의 위치 $z^+ = z v_*/\nu$와 Damköhler 수 $\text{Da} = k_1''' \nu / v_*^2$의 함수로 계산되었다.

[6] M. Caracotsios, 개인적으로 연락.

[7] 이 패키지에 대한 정보는 www.athenavisual.com과 stewart_associates.msn.com에서 얻을 수 있다.

[8] C. A. Sleicher and M. Tribus, *Trans. ASME,* **79**, 789-797 (1957).

21.5 난류 혼합과 이차 반응을 수반하는 난류

이제 난류 유체계 내에서 일어나는 공정들을 그림 12.5-1에 도시된 두 혼합기를 특별한 예로 들어 생각해 보고자 한다. 그림 12.5-1(*a*)에는 고정된 기하학적 구조를 갖는 계로 두 개의 유입 흐름이 일정한 속도로 들어오고 있는 **정상상태의 계**를 보여주고 있으며, 그림 12.5-1(*b*)에는 초기에는 분리된 상태로 정지되어 있는 두 혼화성 유체를 시간 $t = 0$ 에서 일정한 각속도로 임펠러를 회전시키기 시작하여 혼합하는 **비정상상태의 계**를 보여주고 있다. (*a*)에서 하나의 흐름 또는 (*b*)에서 하나의 초기 영역은 용매 *S*에 녹아 있는 용질 *A*를 포함하고 있으며, 또 다른 흐름 또는 다른 영역은 용매 *S*에 녹아 있는 용질 *B*를 포함하고 있다. 모든 용액은 용질이 점도, 밀도, 또는 화학 종의 확산계수에 그다지 영향을 미치지 않을 정도로 충분히 희석되어 있다. 그러면 어느 계[(*a*) 또는 (*b*)]에서든지 용질(*A* 또는 *B*)의 거동은 적절한 초기조건과 경계조건과 함께 시간 평활화되지 않은 확산방정식

$$\frac{Dc_A}{Dt} = \mathscr{D}_{AS}\nabla^2 c_A + R_A \qquad \frac{Dc_B}{Dt} = \mathscr{D}_{BS}\nabla^2 c_B + R_B \tag{21.5-1, 2}$$

에 의해 설명된다.

이들 계에 대해 (*a*)의 $z = 0$과 (*b*)의 $t = 0$에서 *A* 입구 지점[(*a*)에서] 또는 초기 영역[(*b*)에서]에서는

$$c_A = c_{A0} \quad \text{과} \quad c_B = 0 \tag{21.5-3,4}$$

로, *B* 입구 지점[(*a*)에서] 또는 초기 영역[(*b*)에서]에서는

$$c_B = c_{B0} \quad \text{과} \quad c_A = 0 \tag{21.5-5,6}$$

으로 쓸 수 있다. 이에 더하여 모든 제한된 벽은 불활성이고 비투과성이라 생각한다.[1]

반응이 일어나지 않는 경우

이 경우 R_A와 R_B 항은 동일하게 0이 된다. 여기서 하나의 새로운 독립 변수

$$\Gamma = \frac{c_{A0} - c_A}{c_{A0}} = \frac{c_B}{c_{B0}} \tag{21.5-7}$$

을 정의하면, 식 21.5-1과 2는 둘 다 전체 계에 걸쳐

$$\frac{D\Gamma}{Dt} = \mathscr{D}_{iS}\nabla^2\Gamma \tag{21.5-8}$$

의 형태를 갖게 된다. 여기서 하첨자 *i*는 용질 *A*와 *B* 중 어느 하나를 나타내며,

[1] 계 (*a*)에서 이들 경계조건은 단지 근사적이다. 표현된 c_A와 c_B 값은 $z << 0$에 대한 점근값으로 간주된다.

$$\Gamma = 0 \quad (a) \text{ 유입되는 } A\text{의 농도가 높은 흐름 또는} \\ \qquad (b) \text{ 초기에 } A\text{의 농도가 높은 영역에 대해} \tag{21.5-9}$$

$$\Gamma = 1 \quad (a) \text{ 유입되는 } B\text{의 농도가 높은 흐름 또는} \\ \qquad (b) \text{ 초기에 } B\text{의 농도가 높은 영역에 대해} \tag{21.5-10}$$

이다. 동일한 확산계수에 대해 두 용질에 대한 시간 평활화된 농도분포 $\bar{\Gamma}(x, y, z, t)$는

$$\bar{\Gamma} = \frac{c_{A0} - \bar{c}_A}{c_{A0}} = \frac{\bar{c}_B}{c_{B0}} \tag{21.5-11}$$

로 똑 같게 된다. 그러나 요동하는 양 Γ'은 "비혼합"의 척도가 되므로 역시 흥미를 끌고 있으며, 단지 통계적인 관점에서 같다고 할 수 있다. 이를 증명하기 위해 식 21.5-7에서 식 21.5-11을 뺀 다음 그 결과를 제곱하고 시간 평활화하면

$$\overline{\left(\frac{c_A'}{c_{A0}}\right)^2} = \overline{\left(\frac{c_B'}{c_{B0}}\right)^2} = d^2 \tag{21.5-12}$$

를 얻게 된다. 여기서 $d(x,y,z,t)$는 그림 21.5-1(a)의 무작동 혼합기에 대해서는 z가 크면 또는 그림 21.5-1(b)의 혼합 탱크에서는 t가 길어지면 0으로 감소하는 무차원 **사멸 함수**이다. 이 양의 단면 평균을 측정할 수 있으며, 그림 21.5-2에 도시하였다.

감쇠함수의 함수적 의존성을 결정하는 것이 남아 있으며, 이를 위해 무차원 변수

$$\breve{\mathbf{v}} = \frac{\mathbf{v}}{v_0}; \qquad \breve{t} = \frac{v_0 t}{l_0}; \qquad \breve{\nabla} = l_0 \nabla \tag{21.5-13}$$

을 도입하면, 식 21.5-8은

$$\frac{D\Gamma}{D\breve{t}} = \frac{1}{\text{ReSc}} \breve{\nabla}^2 \Gamma \tag{21.5-14}$$

가 된다. 여기서 $\text{Re} = l_0 v_0 \rho / \mu$이다.

특정한 결론을 이끌어 내기 위하여, 이제 혼합 탱크(그림 21.5-1(b) 참조)에 초점을 맞추고자 하며, 저 점도 액체와 저 분자량의 용질이라 가정한다. 이 계에 대해서 l_0은 통상적으로 임펠러의 지름이 되며, v_0는 $l_0 N$이 된다. 여기서 N은 단위 시간당 회전수로 주어지는 임펠러의 회전 속도이다.

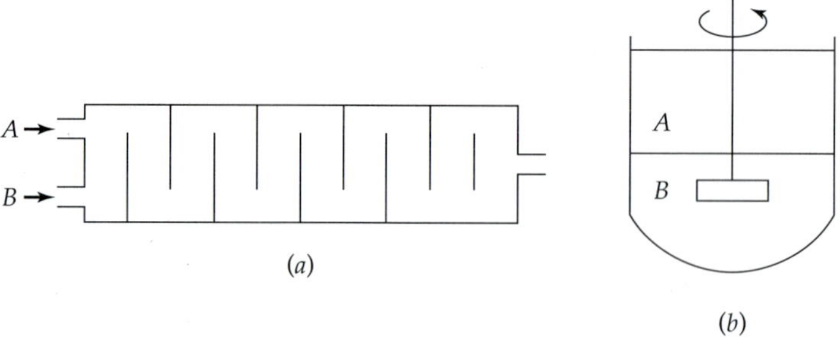

그림 21.5-1. 두 종류의 혼합기: (a) 작동하는 부분이 없는 방해판 부착 혼합기; (b) 교반기를 가진 회분식 혼합기.

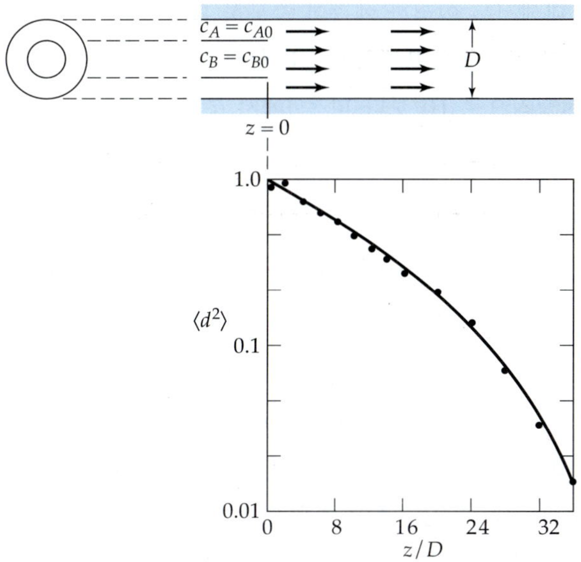

그림 21.5-2. 관과 원환 영역으로부터 두 흐름이 확장되면서 혼합되는 특별한 기기에 대한 감쇠함수. 이 그림은 R. S. Brodkey, *Turbulence in Mixing Operations,* Academic Press, New York (1975), p. 65, 그림 6의 위 곡선의 데이터에 기초를 둔 E. L. Cussler, *Diffusion: Mass Transfer in Fluid Systems*, Cambridge University Press (1997), p. 422의 결과에서 하나를 딴 것이다. 외부 관 반지름은 내부 관 반지름의 $\sqrt{2}$ 배이다.

이제 이와 같은 계를 대상으로 수행된 연구에서 얻은 경험을 생각하고 전체 혼합 공정을 다음과 같이 분류하는 것은 유용하다.[2]

(i). **거시 혼합**, A가 많은 유체와 B가 많은 유체를 탱크의 전체 영역에 걸쳐 용질 분자가 확산에 의해 이동하는 거리에 비해 큰 소구역 내로 펼치는 큰 크기의 운동.

(ii) **미세 혼합**, 분자 차원의 크기로 최종 혼합이 일어나는 확산.

거시 혼합은 통상적으로 상당히 느린 공정으로 알려져 있으며, 이러한 관찰은 차원 해석으로 설명될 수 있다. 이 발견은 큰 크기의 혼합 실험 결과와 일치한다.

산업적인 계에서는 통상적으로 Reynolds 수가 10^4 이상이 되고, Schmidt 수가 10^5의 차수를 가지므로, 식 21.5-14의 확산항은 계의 거의 모든 지점에서 작아지는 경향이 있다. 그러므로 거시 혼합이 일어나는 동안 확산이 거의 영향을 미치지 못하는, 그래서 Schmidt 수의 효과가 거의 없는, 지점에서는 이 항은 무시할 만하게 된다. 따라서 많은 실질적인 목적을 위해서는

$$\frac{D\Gamma}{D\breve{t}} \approx 0 \qquad (\text{ReSc} >> 1) \tag{21.5-15}$$

와 같이 쓸 수 있으며, 그러면 새로운 계로 실험을 외삽함에 있어 동일한 확산계수를 가져야 한다는 필요조건을 완화할 수 있을 것이다. 이는 Schmidt 수뿐만 아니라 Reynolds 수가 거시 혼합 공정에는 거의 영향을 미치지 않고, 유효 비혼합도 d^2은 주로 무차원 시간에 의존한다는 사실에 따른다.

[2] M. L. Hanks and H. L. Toor, *Ind. Eng. Chem. Res.*, **34**, 3252-3256 (1995).

큰 크기의 혼합 탱크에 대해서는 이러한 예측이 충분히 확인된다.[3] 이들은 $\breve{\mathbf{v}}(\breve{x},\breve{y},\breve{z},\breve{t})$의 항으로 표현되는 큰 크기의 운동이 Reynolds 수와 계의 크기 둘 다에 무관한 것으로 관찰되는 큰 Reynolds 수(전형적으로 10^4보다 더 큰)에서 통상적으로 운전되고 있다. 따라서 수많은 연구자들이 수많은 다른 종류 혼합기의 기하학적 구조를 대상으로 요구되는 혼합 시간 t_{mix}와 회전 속도 N의 곱이 혼합기의 크기와 Reynolds 수에는 무관하게 일정하다는 사실을 관찰하였다.

$$Nt_{\text{mix}} = K\ (\text{기하학적 구조}) \quad \text{또는} \quad t_{\text{mix}} = K/N \tag{21.5-16}$$

즉 주어진 탱크의 기하학적 구조에 대해 요구되는 혼합 시간 t_{mix}는 요구되는 임펠러의 회전수에 본질적으로 대응하며, 이러한 기대는 실험으로 확인되었다.

이 발견은 임펠러를 통해 흐르는 무차원 부피 유량, Q/ND^3과 탱크 마찰 인자, $P/\rho N^3D^5$ 둘 다 단지 탱크와 임펠러의 기하학적 구조에만 의존할 뿐 일정하다는 관찰[2]과도 일치한다(문제 6C.3 참조). 여기서 Q는 임펠러에 의해 생성되는 젯의 부피 유량이고, P는 임펠러를 회전시키는 데 요구되는 일률이다.

유속의 증가가 전형적으로 혼합도에 거의 영향을 미치지 않는 무작동 혼합기에도 유사한 주목이 일반적으로 적용된다. 그러나 이와 같은 근사는 검증되어야 하며, 이 검증은 실험 프로그램의 첫 번째 단계에서 고려되어야 한다. 사실 대형화함에 있어 Reynolds 수가 통상적으로 장비 크기와 함께 증가하기 때문에 이들 근사는 거의 항상 신뢰할 만하다.

반응이 일어나는 경우

이제 $A + B \rightarrow$ 생성물로 간략하게 표현되는 비가역 균질 화학반응의 영향에 대해 생각해 보고자 한다. 반응열과 반응 생산물의 존재가 현저하게 영향을 미치지 않는 희석 용액이라 다시 가정하고, 두 용질의 확산계수가 같다고 가정한 다음,

$$\Gamma_{\text{반응}} = \frac{c_{A0} - (c_A - c_B)}{c_{A0} + c_{B0}} \tag{21.5-17}$$

을 정의하고자 한다. 그런 다음 식 21.5-1에서 21.5-2를 빼면, $\Gamma_{\text{반응}}$에 대한 설명이 반응이 없는 대응 부분에 대한 설명과 동일하다는 것을 안다. 그러므로

$$\left(\frac{c_{A0} - (c_A - c_B)}{c_{A0} + c_{B0}}\right)_{\text{반응}} = \left(\frac{c_{A0} - c_A}{c_{A0}}\right)_{\text{무반응}} \left(\frac{c_B}{c_{B0}}\right)_{\text{무반응}} \tag{21.5-18}$$

이 된다. 이 식에서 시간 평활화된 대응 부분을 빼면, 식 21.5-18과 같은 식이 요동에 대해 주어져야만 한다는 것을 안다.

[3] J. Y. Oldshue, *Fluid Mixing Technology*, McGraw-Hill, New York (1983); H. Benkreira, *Fluid Mixing*, Institution of Chemical Engineers, Rugby, UK, Vol. 4 (1990), Vol. 6 (1999); I. Bouwmans and H. E. A. van den Akker, in Vol. 4 of *Fluid Mixing*, Institution of Chemical Engineers, Rugby, UK (1990), pp. 1-12.

$$\left(\frac{c_A' - c_B'}{c_{A0} + c_{B0}}\right)_{반응} = \left(\frac{c_A'}{c_{A0}}\right)_{무반응} \tag{21.5-19}$$

우변을 시간 평활화하고 제곱 평균한 양은 그림 21.5-2에 도시된 바와 같이 측정 가능한 d^2과 같으므로, 반응계에 대해 대응하는 양을 예측할 수 있는 길이 있다.

식 21.5-19는 반응이 일어나는 문제에서 c_A와 c_B의 요동이 반응이 일어나지 않는 문제에 대해서와 같이 동일한 시간 척도와 거리 척도로 일어난다는 것을 보여주고 있다. 이는 임의의 기하학적 구조와 유동 조건 및 반응속도론에 대해서도 성립됨에 주목하시오. 이제 몇 가지 특별한 경우를 고려해 보고자 한다.

서로를 향한 화학 종의 확산에 의해 반응속도가 지배되고 두 용질이 공존할 수 없는 **빠른 반응**이 일어나는 계를 대상으로 시작하고자 한다. 그러면 큰 크기의 대류 공정에 비해 확산이 대단히 느리게 일어나는 배합 공정의 초기(거시 혼합) 단계에는 반응이 거의 일어나지 않는다. 따라서 거시 혼합이 전형적으로 우세한 배합 공정의 이 단계에서는

$$\left(\frac{c_A'}{c_{A0}}\right)_{반응} = \left(\frac{c_A'}{c_{A0}}\right)_{무반응} \tag{21.5-20}$$

이다. 식 21.5-20은 미세 혼합 단계에 대해서도 역시 성립된다고 제안되었으며,[4] 이것이 가정될 수 있는 경우에는(즉 거시 혼합이 속도를 지배하는 보통 상황에서는), 용질의 요동에 대한 식은 반응 공정과 무반응 공정에서 동일하게 주어진다.

실제로 빠른 반응(즉 염기와 산의 중화)은 무반응 혼합보다 실험적으로 수행하기가 훨씬 더 쉬우므로 혼합기의 효용성을 결정하기 위해 종종 사용된다. 실험적 측정에는 온도의 상승이나 지시계의 색깔 변화와 같은 단순한 거시적 측정이 자주 이용될 수 있지만, 농도 요동을 측정하게 되면 혼합 공정의 과정과 본질을 더 들여다 볼 수 있다.

느린 반응 또한 중요하며,

$$R_A = -k_2'''c_Ac_B \tag{21.5-21}$$

로 정의되는 비가역 2차 반응속도론의 특별한 경우를 생각해 보고자 한다. 이 식을 시간 평활화하면

$$\overline{R}_A = -k'''(\bar{c}_A\bar{c}_B + \overline{c_A'c_B'}) \tag{21.5-22}$$

를 얻으며, 그러므로 용질 농도의 요동은 시간 평활화된 농도의 단순 곱이 사용되는 반응속도에 비해 상대적으로 시간 평활화된 반응속도를 증가시킨다는 것을 안다. 그러나 이 효과

---

[4] K.-T. Li and H. L. Toor, *Ind. Eng. Chem. Fundam.*, **25**, 719-723 (1986).

의 실질적인 중요성을 평가하는 것은 어렵다.

하나의 반응물, 여기서는 용질 A에 대한 반응 시간 상수 t_A의 정의

$$t_A = c_{A0}/R_A \tag{21.5-23}$$

을 갖고 시작하는 단순한 크기의 차수 해석에 의해 이 점을 설명하고자 한다. 첫 번째 근사로

$$t_A \approx 1/k_2'''c_{B0} \tag{21.5-24}$$

로 쓸 것이며, 빠른 반응과 느린 반응은 다음과 같이 정의될 것이다.

$$t_{\mathrm{mix}} >> t_A \quad \text{빠른 반응} \tag{21.5-25}$$

$$t_{\mathrm{mix}} << t_A \quad \text{느린 반응} \tag{21.5-26}$$

빠른 반응의 경우는 이미 논의하였으며, 느린 반응에 대해서는 어떤 적절한 반응이 일어나기 전에 요동이 무시될 만하기 때문에 난류는 현저한 영향을 미치지 않는다.

만약 혼합 시간과 반응 시간 상수가 같은 크기의 차수를 갖는다면, 위에서 보다 더 깊은 해석이 필요하게 된다. 이와 같은 해석은 난류 운동에 대한 모델을 포함하여야 하며, 현재는 적용 가능한 해석이 나타나지 않고 있다.

토론을 위한 질문

1. 난류 열전달과 난류 물질전달의 유사점과 차이점을 논의하시오.
2. 주어진 화학 종에 대한 연속방정식을 시간 평활화함에 있어 일차 반응과 고차 반응의 거동을 논의하시오. 이 결과의 중요성은 무엇인가?
3. 난류 운동량 훌럭스, 열 훌럭스, 질량 훌럭스는 형태에서 어떤 내용이 유사한가?
4. 어떤 경험식이 난류 질량 훌럭스를 표현하는 데 적용 가능한가?
5. 에디 확산계수는 어떻게 측정할 수 있으며, 무엇에 따라 의존하는가?
6. 식 21.4-8에서 단지 Rx = 0으로 두면 화학반응이 일어나지 않는 난류 관 유동에서의 물질전달에 관한 믿을만한 결과를 얻을 수 있을 것으로 기대하는가?

문제

21A.1. 에디 확산계수의 결정(그림 18C.1과 21A.1). 문제 18C.1에서 움직이는 흐름 내 점원으로부터의 확산에 대한 농도분포식을 수립하였다. 등방성의 높은 난류에서 식 18C.1-3은 $\mathscr{D}_{AB}$를 에디 확산계수 $\mathscr{D}_{AB}^{(t)}$로 대체함으로써 수정될 것이며, 이 식은 에디 확산계수를 결정하는 데 유용한 것으로 알려져 있다. 이산화

탄소의 몰 유량은 공기의 몰 유량의 1/1000이다.

(a) In sc_A대 $s-z$를 도시하면 기울기가 $-v_0/2\mathscr{D}_{AB}^{(t)}$ 임을 보이시오.

(b) 그림 21A.1에서 보인 난류 공기 흐름에서 점원으로부터 CO_2 확산에 대한 데이터를 사용하여 관의 지름이 15.24 cm이고 v_0 = 1512 cm/s인 조건에 대한 $\mathscr{D}_{AB}^{(t)}$ 를 구하시오.

(c) CO_2–공기계에 대한 분자 확산계수 $\mathscr{D}_{AB}$와 $\mathscr{D}_{AB}^{(t)}$ 값을 비교하시오.

(d) 계산에 사용된 가정을 모두 열거하시오.

답 : **(b)** $\mathscr{D}_{AB}^{(t)} = 19\text{cm}^2/\text{s}$

21A.2. 열 및 물질전달의 상사성. 식 13.4-9의 물질전달 상사형을 쓰시오. 결과식의 제한성은 무엇인가?

21B.1. 화학반응이 없는 난류에 대한 벽면 질량 훌럭스. 원형관 내를 흐르는 난류에 대한 식 13.4-20의 확산 상사형과 마찰 인자에 대한 Blasius 공식을 사용하여 큰 Schmidt 수에 대해 타당한 Sherwood 수에 대한 다음 식을 구하시오.[1]

$$\text{Sh} = 0.0160\ \text{Re}^{7/8}\ \text{Sc}^{1/3} \tag{21B.1-1}$$

21B.2. 난류 질량 훌럭스에 대한 대체식. 일정한 벽면 질량 훌럭스를 경계조건으로 갖는 긴 원형관에 대해 난류 질량 훌럭스에 관한 점근식을 구하시오. 벽을 가로지르는 알짜 물질전달은 작다고 가정하시오.

(a) 10.8절의 층류 열전달에 대한 점근법과 같이 하여,

$$\Pi(\xi, \zeta) = -\frac{\omega_A - \omega_{A1}}{j_{A0}D/\rho\mathscr{D}_{AB}} = C_1\zeta + \Pi_\infty(\xi) + C_2 \tag{21B.2-1}$$

을 수립하시오. 여기서 $\xi = r/D$, $\zeta = (z/D)/\text{ReSc}$이고 ω_{A1}는 A의 입구 질량 분율이며, j_{A0}는 유체 내로의 A의 계면 질량 훌럭스이다.

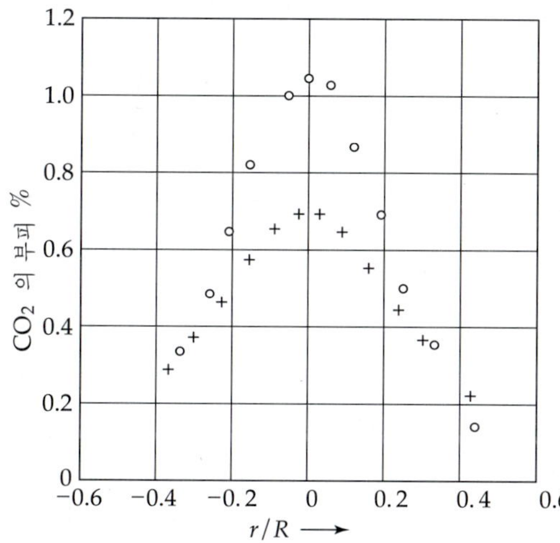

그림 21A.1. 지름이 15.24 cm인 관 내에서 Re=119,000을 갖는 난류 공기 흐름 내로 주입된 CO_2에 대한 횡단면 농도 데이터. 원은 주입점으로부터 하류 방향의 거리 z = 112.5 cm에서의 농도이고, 교차는 z = 152.7 cm에서의 농도이다. [실험 데이터는 W. L. Towle and T. K. Sherwood, *Ind. Eng. Chem.*, **31**, 457-462 (1939)로부터 취하였다.]

[1] O. T. Hanna, O. C. Sandall, and C. L. Wilson, *Ind. Eng. Chem. Res.*, **28**, 2286-2290 (1987).

(b) 다음 화학 종 A의 연속방정식을 사용하여

$$-4\frac{\bar{v}_z}{\langle \bar{v}_z \rangle} = \frac{1}{\xi}\frac{d}{d\xi}\left[\left(1+\frac{\text{Sc}}{\text{Sc}^{(t)}}\frac{\mu^{(t)}}{\mu}\right)\xi\frac{d\Pi_\infty}{d\xi}\right] \tag{21B.2-2}$$

를 구하시오. 여기서 $\text{Sc}^{(t)}=\mu^{(t)}/\rho\mathscr{D}_{AB}^{(t)}$이다. 이 식은 $\xi=0$에서 Π_∞가 유한하며 $\xi=\frac{1}{2}$에서 $d\Pi_\infty / d\xi = -1$인 경계조건을 갖고 적분될 것이다.

(c) ξ에 관해 한번 적분하여

$$-\frac{d\Pi_\infty}{d\xi} = \frac{\frac{1}{2} - 4\int_\xi^{1/2} (\bar{v}_z/\langle \bar{v}_z \rangle)\bar{\xi}d\bar{\xi}}{\xi[1+(\text{Sc}/\text{Sc}^{(t)})(\mu^{(t)}/\mu)]} \tag{21B.2-3}$$

을 구하시오.

21B.3. 난류 질량 훌럭스에 대한 점근식.[1] 문제 21B.2의 최종 결과로 시작하고, 충분히 큰 Sc에 대해 농도분포의 모든 곡률이 $\bar{v}_z / \langle \bar{v}_z \rangle \approx 0$이고 $\xi = \frac{1}{2}$인 바로 벽 근처에서 일어날 것이란 것에 주목하시오. $\text{Sc}^{(t)}=1$이라 가정하고 식 5.4-2를 사용하여

$$-\frac{d\Pi_\infty}{d\xi} = \frac{1}{[1+\text{Sc}(\mu^{(t)}/\mu)]} = \frac{1}{1+\text{Sc}(yv_*/14.5\nu)^3} \tag{21B.3-1}$$

을 구하시오. 층류 저층 내에서 타당한 $d\Pi / d\eta$에 대한 식을 얻기 위해 식 21B.3-1에 새로운 좌표 $\eta = \text{Sc}^{1/3}(yv_*/14.5\nu)$를 도입하시오. 그런 다음 벽면 질량 훌럭스 j_{A0}에 대한 명백한 관계식을 얻기 위해 $\eta = 0\,(\bar{\omega}_A = \omega_{A0}$인$)$부터 $\eta = \infty(\bar{\omega}_A \approx \bar{\omega}_{Ab}$ 인$)$까지 적분하시오. 문제 21B.1에서 얻은 식 13.4-20의 상사형과 비교하시오.

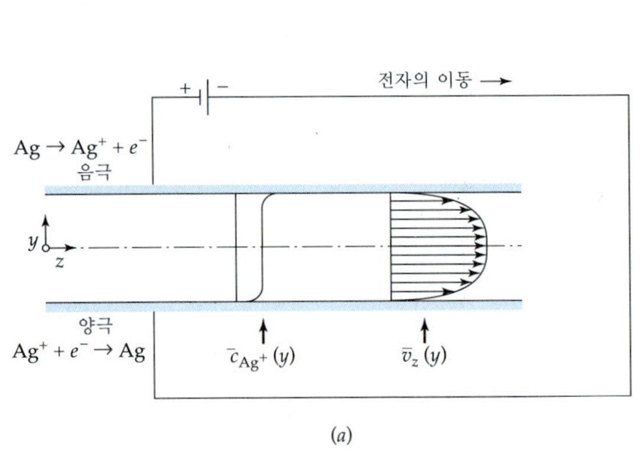

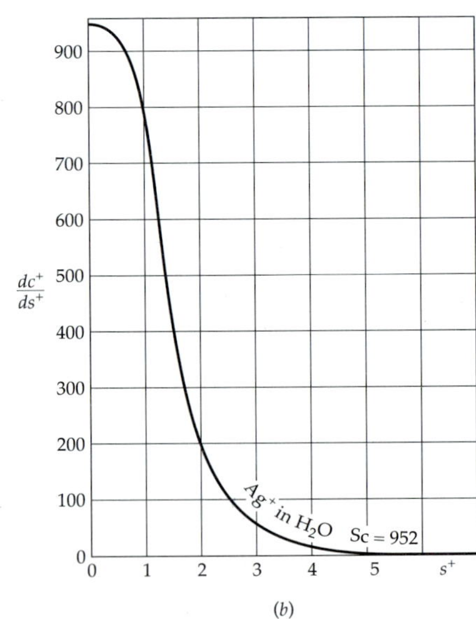

그림 21B.4.
(a) 두 평행 평판 사이를 양의 z 방향으로 흐르는 난류 흐름으로부터 Ag+ 의 전기 석출. (b) 전극에서의 Ag 석출에 대한 농도 구배.

[1] C. S. Lin, R. W. Moulton, and G. L. Putnam, *Ind. Eng. Chem.*, **45**, 636 (1953).

21B.4. 난류 흐름으로부터 은의 석출(그림 21B.4). 1 리터당 1.00×10^{-6} g−당량의 $AgNO_3$를 포함하고 있는 대략 0.1*N*의 KNO_3 용액이 그림 21B.4(*a*)에서 보는 바와 같이 평행한 은 평판 사이를 흐르고 있다. 양극(하부 평판)에서 Ag를 석출하고 회로를 완전하게 분극화시키기 위해(즉, 양극에서 Ag^+의 농도가 거의 바로 0이 되도록 유지하기 위해) 평판을 가로질러 낮은 전압이 가해지고 있다. 강제 확산은 무시될 것이며, Ag^+는 단지 통상의(즉, Fick) 확산과 에디 확산에 의해 양극까지 이동된다고 생각될 것이다. 더욱이 이 용액은 Ag^+의 확산에 미치는 다른 이온 화학 종의 영향이 무시될 수 있을 만큼 충분히 희석되어 있다.

(a) (i) 물을 통한 Ag^+의 유효 2성분 확산계수는 1.06×10^{-5} ㎠/s이다: (ii) 만약 수력학적 반지름의 4배가 관 지름으로 대체된다면 원형관 내의 난류 속도분포에 대한 식 5.4−2가 절편된 Lin, Moulton과 Putnam 식은 "슬릿 유동"에 대해서도 마찬가지로 타당하다: (iii) 평판은 1.27㎝ 떨어져 있으며, $\sqrt{\tau_0/\rho}$는 11.4 cm/s라고 가정하여 Ag^+의 농도분포를 계산하시오.

(b) 모든 다른 전극 반응을 무시하면서, 양극에서의 Ag의 석출 속도를 계산하시오.

(c) **(a)**의 계산 방법은 계의 중심 평면에서 농도 분포에 대한 불연속인 기울기를 예측할 수 있는가? 설명하시오.

답 : **(a)** 그림 21B.4(*b*) 참조; **(b)** 6.7×10^{-12} 당량/$cm^2 \cdot s$

21B.5. 속도분포에 대한 혼합 길이 식.

(a) 식 5.5-3에서 시작하여 관 내의 완전히 발달된 정상상태의 난류에 대해

$$\frac{\bar{\tau}_{rz}}{\tau_0} = \frac{r}{R} = 1 - \frac{y}{R} \qquad (21B.5\text{-}1)$$

임을 보이시오.

(b) 다음 $\bar{\tau}_{rz} = \bar{\tau}_{rz}^{(v)} + \bar{\tau}_{rz}^{(t)}$로 두시오. 여기서 $\bar{\tau}_{rz}^{(v)}$는 식 5.2-9의 원통형 좌표 상사형에 의해 주어지며, $\bar{\tau}_{rz}^{(t)}$는 식 5.5-5에 의해 주어진다. 그러면 식 21B.5-1이

$$\rho l^2 \left(\frac{d\bar{v}_z}{dy}\right)^2 + \mu\left(\frac{d\bar{v}_z}{dy}\right) = \tau_0\left(1 - \frac{y}{R}\right) \qquad 0 \le y \le R \qquad (21B.5\text{-}2)$$

가 됨을 보이시오.

(c) 앞의 식에서 사용된 무차원 기호를 도입하여 식 21B.5-2로부터 식 21.4-13을 구하시오.

Chapter

22 비등온 혼합물 내의 상계면 전달

여기서는 2 성분 확산에 대한 앞의 논의에 기초를 두고 증류, 흡수, 흡착, 추출, 건조, 막여과 및 불균질 화학반응과 같은 물질전달 조작의 거동을 예측하기 위한 방법을 제시하고자 한다. 이 장은 6장 및 14장과 많은 양상에서 공통점을 가지고 있으며, 열 및 물질전달 사이의 상사성이 똑 같다고 간주할 수 있는 경우가 많기 때문에 특히 14장과 밀접한 연관이 있다.

그러나 열 및 물질전달 사이에는 중요한 차이가 있으며, 이러한 차이를 찾는 데 이 장의 많은 부분을 할애하고자 한다. 대부분의 물질전달 조작은 유체-유체 계면을 포함하고 있으므로 온도와 조성의 불균질성으로부터 유발되는 점성 항력과 표면장력 구배에 의해 계면 형상이 일그러지는 문제를 다루어야 한다. 이에 더하여 열 및 물질전달 사이에 상호작용이 있을 수 있으며, 화학반응이 일어날 수 있을 것이다. 더욱이 높은 물질전달 속도에서는 온도와 조성분포가 일그러질 수 있다. 이들 효과는 그렇지 않을 것이라고 기대하는 열 및 물질전달의 질서 정연한 상사성을 복잡하게 하며, 때로는 무효로 하기도 한다.

14장에서 상계면 열전달은 고체 표면으로의 열 이동이나 고체 표면에서부터의 열 이동 또는 고체 표면에 의해 분리된 두 유체 사이의 열전달을 포함하였다. 여기서는 두 개의 접촉하는 상, 즉 유체-유체 혹은 유체-고체 사이의 열 및 물질전달을 다룰 것이다. 계면 양 쪽 유체에 의해 주어지는 확산에 대한 저항을 어떻게 고려할 것인가 하는 의문이 생기게 된다.

22.1절에서는 단일상(액체 또는 기체) 내의 2 성분 혼합물에 대한 열 및 물질전달계수를 정의함으로써 시작한다. 그런 다음 22.2절에서는 확산 문제에 대한 해석적 해로부터 물질전

달계수에 대한 명시적 식을 어떻게 유도하는지 보이고자 하며, 상대적으로 간단한 일련의 계에 대해 높은 Schmidt 수에서의 물질전달계수에 관한 몇몇 해석식을 유도하고자 한다, 유체-유체 계면과 유체-고체 계면을 갖는 계의 서로 다른 거동을 강조하고자 한다.

22.3절에서는 14장에서 정의된 Nusselt 수(Nu)와 Prandtl 수(Pr)에 상응하는 Sherwoo 수(Sh)와 Schmidt 수(Sc)를 포함하는 예측식을 무차원 해석을 통해 어떻게 유도하는지 보일 것이다. 여기서는 순수 유체 내의 열전달과 2 성분 혼합물 내의 물질전달 사이의 상사성을 강조하고자 한다. 그런 다음 22.4절에서는 두 개의 인접한 상에서 확산이 일어나는 계에 대한 물질전달계수를 정의하고자 하며, 단일 상에서의 물질전달에 관한 정보를 두 상 사이의 물질전달을 이해하는 데 어떻게 적용하는지 보이고자 한다.

마지막으로 이 장의 마지막 다섯 절에서는 물질전달계에서 특이하게 나타나는 몇몇 효과, 즉 화학반응을 동반하는 물질전달(22.5절), 자유 대류 내의 열 및 물질전달 공정의 상호작용(22.6절), 계면장력 힘과 Marangoni 효과의 복잡한 인자(22.7절), 계면을 가로지르는 알짜 물질전달 속도가 매우 큰 계에서 나타나는 온도 및 조성분포의 일그러짐(22.8절) 등을 다루고자 하며, 최종적으로 다성분계 물질전달의 행렬 해석을 다루고자 한다. 또 이 장에서는 열 및 물질전달계의 비상사성 거동을 강조하고자 한다.

이 장에서는 물질전달 및 전달계수 상관관계에 관한 몇 가지의 중요한 주제에 대해 논의를 국한하였으며, 이 이외의 정보는 이들 또는 관련된 주제들을 다룬 특별한 교재에서 볼 수 있을 것이다.[1,2,3,4]

22.1 단일 상 내의 전달계수 정의

이 장에서는 주로 2 성분계에 대해 상 경계를 통한 물질전달 속도와 이에 적합한 농도차를 연관짓고자 한다. 이 관계는 14장의 열전달 상관관계와 상사하며 열전달계수 대신 **물질전달계수**를 포함하고 있다. 계는 그림 22.1-1, 2 또는 4에서와 같이 진짜 상 경계를 갖거나, 다공성 고체를 포함하는 그림 22.1-3의 계에서와 같이 유체역학적 물성의 급격한 변화를 보인다. 그림 22.1-1에는 물질전달 상관관계를 전개하기 위해 실험에 종종 사용되는 휘발성 액체의 증발을 도시하였으며, 그림 22.1-2에는 단백질 용액의 한외 여과와 해수의 담수화 같이 선택적으로 투과할 수 있는 표면이 용질보다는 용매를 더 효과적으로 이동할 수 있도

[1] T. K. Sherwood, R. L. Pigford, and C. R. Wilke, *Mass Transfer*, McGraw-Hill, New York (1975).

[2] R. E. Treybal, *Mass Transfer Operations*, 3rd edition, McGraw-Hill, New York (1980).

[3] E. L. Cussler, *Diffusion: Mass Transfer in Fluid Systems*, 2nd edition, Cambridge University Press (1997).

[4] D. E. Rosner, *Transport Processes in Chemically Reacting Flow Systems* (Unabridged), Dover, New York (2000).

록 하여 용질이 남게 되는 선택적 투과막을 도시하였다. 그림 22.1-3에는 반응이나 흡착 부위를 제공할 수 있거나 물질전달 표면으로 제공할 수 있는 거시적인 다공성 고체를 도시하였으며, 그림 22.1-4에는 점성력이나 표면장력에 의해 물질전달 계면이 일그러질 수 있는 이상적인 액체-증기 접촉기를 도시하였다.

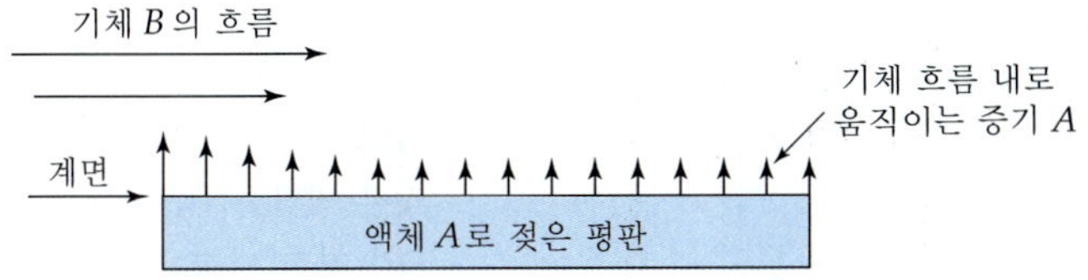

그림 22.1-1. 평면 경계를 가로지르는 물질전달 예: 포화 평판의 건조.

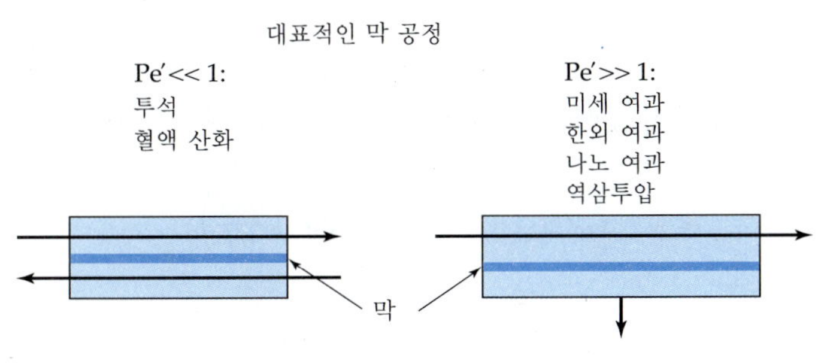

그림 22.1-2. 막을 통과해 흐르는 유동에 대해 Péclet 수 Pé= $\delta v/\mathscr{D}_{\text{eff}}$에 따라 분류된 전형적인 두 종류의 막 분리기. 여기서 δ는 막 두께, v는 막을 통과해 흐르는 용매 속도, $\mathscr{D}_{\text{eff}}$는 막을 통한 유효 용질 확산계수이다. 굵은 선은 막을 나타내며, 화살선은 막을 따라 흐르거나 통과해 흐르는 유동을 의미한다.

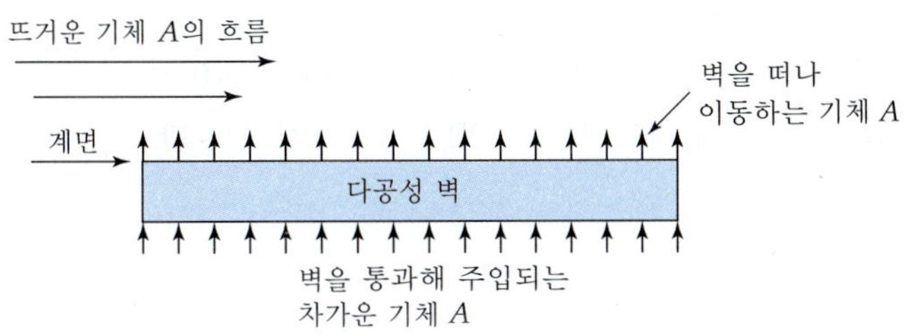

그림 22.1-3. 다공성 벽을 통과하는 물질전달 예: 증발 냉각.

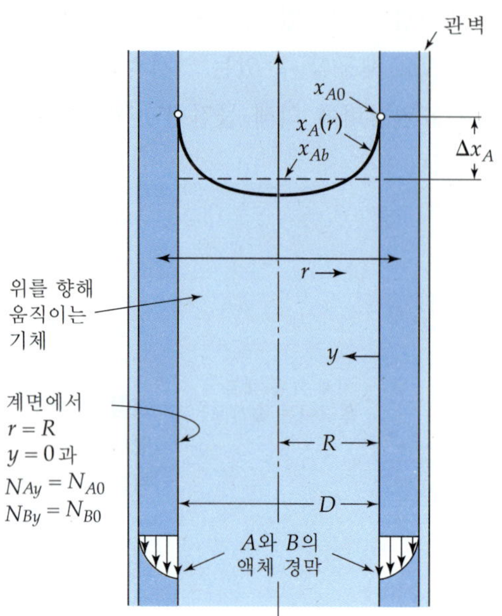

그림 22.1-4. 기체-액체 접촉 장치의 예: 젖은 벽탑. 원통관 내에서 두 화학 종 A와 B가 하향 방향으로 흐르는 액체 흐름으로부터 상향 방향으로 흐르는 기체 흐름 내로 이동하고 있다.

이들 계의 각각에서 열 및 물질전달이 모두 계면에서 일어날 것이며, 이들 훌럭스의 각각은 분자(확산)항과 대류항을 가질 것이다(여기서는 대류항을 식의 좌변으로 이동하였다.)

$$N_{A0} - x_{A0}(N_{A0} + N_{B0}) = -\left(c\mathscr{D}_{AB}\frac{\partial x_A}{\partial y}\right)\bigg|_{y=0} \tag{22.1-1}$$

$$e_0 - (N_{A0}\overline{H}_{A0} + N_{B0}\overline{H}_{B0}) = -\left(k\frac{\partial T}{\partial y}\right)\bigg|_{y=0} \tag{22.1-2}$$

이들 식은 물질전달 계면($y = 0$)에서 쓴 바로 식 18.0-1과 식 19.3-6이며, 화학 종 A의 상계면 몰 훌럭스와 상계면 에너지 훌럭스(운동에너지와 $[\boldsymbol{\tau}\cdot\mathbf{v}]$의 기여를 배제한)를 의미한다. N_{A0}와 e_0는 각 상 내의 훌럭스가 액체로 향한 전달에 대해 양으로 정의되는 22.4절을 제외하면 국부 상 **내로의** 전달에 대해 양으로 정의된다.

14장에서 물질전달이 없는 경우의 열전달계수를 식 14.1-1($Q=hA\Delta T$)로 정의하였다. 열 및 물질전달이 일어나는 표면에 대해서는 식 22.1-1과 2로부터 다음과 같이 정의하는 것이 적절하다는 것을 알 수 있다.

$$W_{A0} - x_{A0}(W_{A0} + W_{B0}) = k_{xA}A\,\Delta x_A \tag{22.1-3}$$

$$E_0 - (W_{A0}\overline{H}_{A0} + W_{B0}\overline{H}_{B0}) = hA\,\Delta T \tag{22.1-4}$$

여기서 W_{A0}는 $y=0$인 전달 표면을 통과해 단위 시간당 이동하는 화학 종 A의 몰 수이며, E_0는 표면을 통과해 이동하는 에너지 총량이다. 전달계수 k_{xA}와 h는 면적 A와 구동력 Δx_A 및 ΔT가 정해지면 정의된다. 사용되는 구동력의 종류를 명확하게 하기 위해 하첨자 1, ln, a, m 혹은 loc를 첨가할 수 있다는 조건에서 이들 정의를 언급한 14장의 모든 설명이 이 장의 전체에 걸쳐 받아들여 질 것이다. 그러나 이 장에서는 주로 국부 전달계수를 사용할 것이며 경우에 따라 평균 전달계수를 사용할 것이다. 화학공학에서는 몰 농도의 사용이 전통적이므로 화학 종의 몰 훌럭스가 사용될 것이다. 몰 단위와 질량 단위의 물질전달식 사이의 관계는 표 22.2-1에 요약되어 있다.

국부 전달계수는 미분 면적에 대해 식 22.1-3과 4를 적용함으로써 정의되며, dW_{A0} / dA=N_{A0} 이고 dE_0/dA=e_0이므로

$$N_{A0} - x_{A0}(N_{A0} + N_{B0}) = k_{xA,\text{loc}}\Delta x_A \tag{22.1-5}$$

$$e_0 - (N_{A0}\overline{H}_{A0} + N_{B0}\overline{H}_{B0}) = h_{\text{loc}}\Delta T \tag{22.1-6}$$

으로 정의된다. 다음, 식 22.1-5의 좌변이 J^*_{A0}이고, 화학 종 B에 대한 유사한 식의 좌변이 J^*_{B0}임에 주목하고자 한다. J^*_{A0}=$-J^*_{B0}$이고 Δx_A=$-\Delta x_\text{B}$이므로 $k_{xA,\text{loc}}$=$k_{xB,\text{loc}}$임을 알 수 있으며, 두 물질전달계수를 (몰)/(면적)(시간) 단위를 갖는 $k_{x,\text{loc}}$로 쓸 수 있다. 더욱이 혼합열이 0 (이상기체 혼합물과 같이)이라고 하면, 예제 19.3-1에서 설명된 바와 같이 $\overline{H}_{A0}$를 $\tilde{C}_{pA,0}$ $(T_0-T°)$로 대체할 수 있다. 여기서 $T°$는 임의로 선정한 기준 온도이다. $\overline{H}_{B0}$에 대해서도 유사하게 대체할 수 있으며, 이들로부터

$$N_{A0} - x_{A0}(N_{A0} + N_{B0}) = k_{x,\text{loc}}\Delta x_A \tag{22.1-7}$$

$$e_0 - (N_{A0}\tilde{C}_{pA,0} + N_{B0}\tilde{C}_{pB,0})(T_0 - T°) = h_{\text{loc}}\Delta T \tag{22.1-8}$$

을 얻는다. 18.2절과 예제 19.4-1에서 이미 보았듯이 상 경계면을 가로지르는 빠른 물질전달은 속도, 온도 및 농도분포를 일그러지게 할 수 있음을 상기하고자 한다. 6장과 14장의 상사형 뿐만 아니라 22.2절에 주어진 상관관계는 모두 작은 알짜 물질전달 속도에 대한 것이다. 즉, 식 22.1-7과 8의 대류항이 첫 번째 항에 비해 상대적으로 무시할만한 경우에 대한 것이다. 이와 같은 경우가 통상적이며, 문헌에 주어진 대부분의 상관관계는 동일한 제한을 갖는다. 22.8절에서 높은 알짜 물질전달 속도와 결부된 편차를 다루며, 이들 조건에서의 전달계수는 상첨자 "•"로 표식할 것이다(22.8절 참조).

화학공학의 많은 문헌에서는 물질전달계수가

$$N_{A0} = k^0_{x,\text{loc}} \Delta x_A \tag{22.1-9}$$

로 정의되며, 이 "겉보기" 물질전달계수와 식 22.1-7로 정의된 물질전달계수는

$$k^0_{x,\text{loc}} = \frac{k_{x,\text{loc}}}{[1 - x_{A0}(1 + r)]} \tag{22.1-10}$$

의 관계가 있고, $r = N_{B0}/N_{A0}$이다. 널리 사용되고 있는 또 다른 물질전달계수는 액체에 대해

$$N_{A0} = k^0_{c,\text{loc}} \Delta c_A \quad \text{와} \qquad N_{A0} = k^0_{\rho,\text{loc}} \Delta \rho_A \tag{22.1-11}$$

로 정의되며, 기체에 대해

$$N_{A0} = k^0_{p,\text{loc}} \Delta p_A \tag{22.1-12}$$

로 정의된다. 낮은 용질 농도와 낮은 알짜 물질전달 속도의 극한에서는 대부분의 상관관계가

$$\lim_{x_{A0}(1+r) \to 0} \begin{Bmatrix} k^0_{x,\text{loc}} \\ ck^0_{c,\text{loc}} \\ pk^0_{p,\text{loc}} \\ \rho k^0_{\rho,\text{loc}} \end{Bmatrix} = k_{x,\text{loc}} \tag{22.1-13}$$

으로 얻어진다. 상첨자 0은 이들 양이 **물질전달 속도가 작고 화학 종 A의 몰 분율이 작은 경우**에 대해서만 적용 가능하다는 것을 의미한다.

많은 산업적 접촉기에서는 진짜 계면 면적이 알려져 있지 않다. 이와 같은 계에 대한 하나의 예로 불규칙한 고체 입자들이 임의로 충전되어 있는 탑이 있다. 이와 같은 경우 탑의 미분 영역에 대한 계면 면적을 결합하여 부피 물질전달계수 $k_x a$를 정의할 수 있으며, 탑의 부피 Sdz 내의 간극 유체로 전달되는 화학 종 A의 몰 속도는

$$\begin{aligned} dW_{A0} &= (k_x a)(x_{A0} - x_{Ab})Sdz + x_{A0}(dW_{A0} + dW_{B0}) \\ &\approx (k^0_x a)(x_{A0} - x_{Ab})Sdz \end{aligned} \tag{22.1-14}$$

로 주어진다. 여기서 단위 부피당 계면 면적 a는 물질전달계수와 결합되며, S는 탑의 총단면, z는 유동이 일어나는 주 방향의 길이이다. 이들 계수 값을 예측하기 위한 상관관계는 가능하지만 매우 조심스럽게 사용되어야 한다. 상관관계는 중요한 매개변수 모두를 포함하는 경우가 드물므로, 그 결과 새로운 계로 안전하게 외삽할 수 없다. 더욱이 "국부"로 통상 설명되지만 실제로는 넓은 계면 조건의 범위에 걸쳐 불충분하게 정의된 평균을 나타낸다.[1,2,3,4,5]

물질전달 관련 문헌들과 이 책의 잔여 부분에서 널리 사용되는 특성 길이 l_0에 기초를 둔

Sherwood 수로 불리는 무차원 군을 정의함으로써 이 절을 결론짓고자 한다.

$$\mathrm{Sh} = \frac{k_x l_0}{c\mathscr{D}_{AB}} \qquad (22.1\text{-}15)$$

이 양도 h와 같은 방법으로 하첨자 1, ln, a, m 혹은 loc를 사용하여 표현할 수 있다.

22.2 물질전달계수에 대한 해석식

앞 장에서 농도분포 및 이와 결부된 몰 흘럭스에 대한 일련의 해석 해를 구하였으며, 이제 이들 해로부터 상응하는 물질전달계수를 유도할 수 있다. 이들 물질전달계수는 통상적으로 Sherwood 수의 항을 갖는 무차원 형태로 표현되며, 이 장의 다음 절들에서 사용하기 위해 여기서는 이들 해석식을 요약하고자 한다. 이 절에 주어진 모든 결과들은 22.1절과 22.8절에 정의된 바와 같이 약간 용해되는 성분 A, 낮은 확산계수 $\mathscr{D}_{AB}$와 작은 알짜 물질전달 속도를 갖는 계에 대한 것이며, 이런 관점에서 열 및 물질전달에 대한 무차원 군이 요약되어 있는 표 22.2-1을 참조하는 것이 도움이 될 것이다.

평판 표면 위 강하 경막 내의 물질전달

순수한 액체 B가 강하하는 경막 내로 약간 용해하는 기체 A의 흡수에 대해, 식 18.5-18의 결과를 식 22.1-3(식 22.1-11의 방법으로 몰 농도 단위로 적절하게 수정된)의 형태로 고치면

$$W_{A0} = \left(\sqrt{\frac{4\mathscr{D}_{AB} v_{\max}}{\pi L}}\right)(WL)(c_{A0} - 0) \equiv k^0_{c,m} A \Delta c_A \qquad (22.2\text{-}1)$$

이 되고, 계면 면적 WL을 특성 면적으로 선정하면

$$\mathrm{Sh}_m = \frac{k^0_{c,m} L}{\mathscr{D}_{AB}} = \sqrt{\frac{4Lv_{\max}}{\pi \mathscr{D}_{AB}}} = \sqrt{\frac{4}{\pi}\left(\frac{Lv_{\max}\rho}{\mu}\right)\left(\frac{\mu}{\rho\mathscr{D}_{AB}}\right)} = 1.128(\mathrm{ReSc})^{1/2} \qquad (22.2\text{-}2)$$

[1] J. Stichlmair and J. F. Fair, *Distillation Principles and Pratice*, Wiley, New York (1998).

[2] H. Z. Kister, *Distillation Design*, McGraw-Hill, New York (1992),

[3] J. C. Godfrey and M. M. Slater, *Liquid-Liquid Extraction Equipment*, Wiley, New York (1994).

[4] R. H. Perry and D. W. Green, and J. O. Maloney, *Chemical Engineers' Handbook*, 7th edition, McGraw-Hill, New York (1997),

[5] J. E. Vivian and C. J. King, in *Modern Chemical Engineering* (A. Acrivos, ed.), Reinhiold, New York (1963).

표 22.2-1 낮은 물질전달 속도에서 열 및 물질전달의 상사성.

	열전달 양 (순수한 유체)	2 성분 물질전달 양 (등온 유체, 몰 단위)	2 성분 물질전달 양 (등온 유체, 질량 단위)
분포	T	x_A	ω_A
확산계수	$\alpha = k/\rho\hat{C}_p$	$\mathscr{D}_{AB}$	$\mathscr{D}_{AB}$
밀도에 미치는 분포의 영향	$\beta = -\frac{1}{\rho}\left(\frac{\partial\rho}{\partial T}\right)_p$	$\xi = -\frac{1}{\rho}\left(\frac{\partial\rho}{\partial x_A}\right)_{p,T}$	$\zeta = -\frac{1}{\rho}\left(\frac{\partial\rho}{\partial\omega_A}\right)_{p,T}$
훌럭스	$\mathbf{q}$	$\mathbf{J}_A^* = \mathbf{N}_A + x_A(\mathbf{N}_A + \mathbf{N}_B)$	$\mathbf{j}_A = \mathbf{n}_A + \omega_A(\mathbf{n}_A + \mathbf{n}_B)$
전달 속도	Q	$W_{A0} - x_{A0}(W_{A0} + W_{B0})$	$w_{A0} - \omega_{A0}(w_{A0} + w_{B0})$
전달계수	$h = \frac{Q}{A\,\Delta T}$	$k_x = \frac{W_{A0} - x_{A0}(W_{A0} + W_{B0})}{A\,\Delta x_A}$	$k_\omega = \frac{w_{A0} - \omega_{A0}(w_{A0} + w_{B0})}{A\,\Delta\omega_A}$
세 개의 상관관계 모두에 공통으로 사용되는 무차원 군	$\mathrm{Re} = l_0v_0\rho/\mu$ $\mathrm{Fr} = v_0^2/gl_0$	$\mathrm{Re} = l_0v_0\rho/\mu$ $\mathrm{Fr} = v_0^2/gl_0$	$\mathrm{Re} = l_0v_0\rho/\mu$ $\mathrm{Fr} = v_0^2/gl_0$
서로 다른 무차원 군	$\mathrm{Nu} = hl_0/k$ $\mathrm{Pr} = \hat{C}_p\mu/k$ $\mathrm{Gr} = l_0^3\rho^2g\beta\Delta T/\mu^2$ $\mathrm{Pé} = \mathrm{RePr} = l_0v_0\hat{C}_p/k$	$\mathrm{Sh} = k_xl_0/c\mathscr{D}_{AB}$ $\mathrm{Sc} = \mu/\rho\mathscr{D}_{AB}$ $\mathrm{Gr}_x = l_0^3\rho^2g\xi\Delta x_A/\mu^2$ $\mathrm{Pé} = \mathrm{ReSc} = l_0v_0/\mathscr{D}_{AB}$	$\mathrm{Sh} = k_\omega l_0/\rho\mathscr{D}_{AB}$ $\mathrm{Sc} = \mu/\rho\mathscr{D}_{AB}$ $\mathrm{Gr}_\omega = l_0^3\rho^2g\zeta\Delta\omega_A/\mu^2$ $\mathrm{Pé} = \mathrm{ReSc} = l_0v_0/\mathscr{D}_{AB}$
Chilton-Colburn j-인자	$j_H = \mathrm{NuRe}^{-1}\mathrm{Pr}^{-1/3} = \frac{h}{\rho\hat{C}_pv_0}\left(\frac{\hat{C}_p\mu}{k}\right)^{2/3}$	$j_D = \mathrm{ShRe}^{-1}\mathrm{Sc}^{-1/3} = \frac{k_x}{cv_0}\left(\frac{\mu}{\rho\mathscr{D}_{AB}}\right)^{2/3}$	$j_D = \mathrm{ShRe}^{-1}\mathrm{Sc}^{-1/3} = \frac{k_\omega}{\rho v_0}\left(\frac{\mu}{\rho\mathscr{D}_{AB}}\right)^{2/3}$

(a) l_0와 v_0의 하첨자 0은 각각 특성 길이와 특성 속도를 의미하는 반면, 몰(혹은 질량) 분율과 몰(혹은 질량) 훌럭스의 하첨자 0은 "계면에서 계산된" 것을 의미한다. (b) 모두 세 개의 이들 Grashof 수는 단지 온도나 조성의 차이에 의해 유발되는 밀도 변화가 주어진 $\mathrm{Gr} = l_0^3\rho g\Delta\rho/\mu^2$ 으로 쓸 수 있다.

임을 알 수 있다. 이 식은 Sherwood 수(무차원 물질전달계수)를 경막 내의 최대 속도 v_{max}와 경막 길이 L의 항으로 정의된 Reynolds 수와 Schmidt 수의 항으로 표현하고 있다. 또 Reynolds 수는 다른 수치 계수를 갖는 평균 경막 속도의 항으로도 정의할 수 있다.

유사하게 강하하는 순수한 액체 B 경막 내로 약간 녹는 물질 A의 벽으로부터의 용해에 대해서는 식 18.6-10을 식 22.1-3의 형태로 고치면

$$W_{A0} = \left(\frac{2\mathscr{D}_{AB}}{\Gamma(\frac{7}{3})} \sqrt[3]{\frac{a}{9\mathscr{D}_{AB}L}} \right)(WL)(c_{A0} - 0) \equiv k_{c,m}^0 A \, \Delta c_A \tag{22.2-3}$$

로 되고, 식 18.6-1 바로 뒤에 주어진 정의 $a = \rho g \delta / \mu$와 식 2.2-19의 경막 내의 최대 속도에 대한 식을 사용하면 Sherwood 수가 다음과 같음을 알 수 있다.

$$\begin{aligned} \text{Sh}_m = \frac{k_{c,m}^0 L}{\mathscr{D}_{AB}} = \frac{2}{\Gamma(\frac{7}{3})} \sqrt[3]{\frac{(2v_{\max}/\delta)L^2}{9\mathscr{D}_{AB}}} = \frac{1}{\Gamma(\frac{7}{3})} \sqrt[3]{\frac{16}{9}\left(\frac{L}{\delta}\right)\left(\frac{Lv_{\max}\rho}{\mu}\right)\left(\frac{\mu}{\rho\mathscr{D}_{AB}}\right)} \\ = 1.017 \sqrt[3]{\left(\frac{L}{\delta}\right)} (\text{ReSc})^{1/3} \end{aligned} \tag{22.2-4}$$

이 사례에서는 나타나는 Reynolds 수와 Schmidt 수뿐만 아니라 경막 두께에 대한 경막 길이의 비가 포함되어 있다.

이들 두 문제–강하하는 경막에 의한 기체 흡수와 강하하는 경막 내로 고체 벽의 용해–는 두 가지 중요한 상황을 설명하고 있다. 첫 번째 문제에서는 기체–액체 계면에서 속도 구배가 없고 Sherwood 수에 대한 식에서 ReSc 양은 $\frac{1}{2}$ 제곱으로 나타나며, 두 번째 문제에서는 고체–액체 계면에서 속도 구배가 존재하고 Sherwood 수에 대한 식에서 ReSc 양이 $\frac{1}{3}$ 제곱으로 나타난다.

구 주위 유동에 대한 물질전달

다음, 지름이 D인 고체 구 주위와 구형의 기포 주위를 흐르는 미동 유동에서 나타나는 확산을 생각한다. 이 한 쌍의 계는 앞 절에서 논의하였던 두 계와 같다.

미동 유동 내의 액체에 의해 둘러 쌓인 기포로부터의 기체 흡수에 대해서는, 식 20.3-28을 식 22.1-5의 형태로 고치면

$$N_{A0,\text{avg}} = \sqrt{\frac{4}{3\pi} \frac{\mathscr{D}_{AB} v_\infty}{D}} (c_A - 0) \equiv k_{c,m}^0 \Delta c_A \tag{22.2-5}$$

를 얻으며, Sherwood 수는

$$\begin{aligned} \text{Sh}_m = \frac{k_{c,m}^0 D}{\mathscr{D}_{AB}} = \sqrt{\frac{4}{3\pi} \frac{D v_\infty}{\mathscr{D}_{AB}}} = \sqrt{\frac{4}{3\pi}\left(\frac{D v_\infty \rho}{\mu}\right)\left(\frac{\mu}{\rho \mathscr{D}_{AB}}\right)} \\ = 0.6515(\text{ReSc})^{1/2} \end{aligned} \tag{22.2-6}$$

이다. 여기서 Reynolds 수는 유체의 접근 속도 v_∞(혹은, 반대로, 상승하는 기포의 종말 속도)를 사용하여 정의된다.

접근하는 유체 내로 용해되는 약간 녹는 물질이 피복된 고체 구 주위를 흐르는 미동 유동에 대해서는 식 12.4-34 의 결과를 수정하면

$$N_{A0,\text{avg}} = \frac{(3\pi)^{2/3}}{2^{7/3}\Gamma(\frac{4}{3})} \sqrt[3]{\frac{\mathscr{D}_{AB}^2 v_\infty}{D^2}} (c_{A0} - 0) \equiv k_{c,m}^0 \Delta c_A \tag{22.2-7}$$

을 얻고, 이 결과는

$$\begin{aligned}\text{Sh}_m = \frac{k_{c,m}^0 D}{\mathscr{D}_{AB}} &= \frac{(3\pi)^{2/3}}{2^{7/3}\Gamma(\frac{4}{3})} \sqrt[3]{\frac{D v_\infty}{\mathscr{D}_{AB}}} = \frac{(3\pi)^{2/3}}{2^{7/3}\Gamma(\frac{4}{3})} \sqrt[3]{\left(\frac{D v_\infty \rho}{\mu}\right)\left(\frac{\mu}{\rho \mathscr{D}_{AB}}\right)} \\ &= 0.991(\text{ReSc})^{1/3}\end{aligned} \tag{22.2-8}$$

과 같이 Sherwood 수의 항으로 다시 쓸 수 있다. 앞 절에서와 같이 기체-액체계에 대해서는 ReSc의 $\frac{1}{2}$ 제곱을 가지며, 액체-고체계에 대해서는 ReSc의 $\frac{1}{3}$ 제곱을 갖는다.

식 22.2-6과 식 22.2-8은 모두 미동 유동에 대해 타당하지만 Re가 0이 되는 극한에서는 타당하지 않다. 문제 10B.1과 식 14.4-5로부터 아는 바와 같이 만약 구형의 기포나 고체 구 주위를 흐르는 유동이 없다면 Sh_m=2이다. Re=0까지의 모든 범위에서 물질전달을 만족할 만한 하게 표현하는 식은 단순 중첩함으로써 식 22.2-6과 8 대신에 Sh_m=2+0.6515 $(\text{ReSc})^{1/2}$과 Sh_m=2+0.991 $(\text{ReSc})^{1/3}$로 얻을 수 있다.

임의 형상을 갖는 물체 위의 분리되지 않는 정상상태 경계층 내의 물질전달

유체-유체 계면을 갖고 계면에서 속도 구배가 없는 계에 대해 표면에서의 몰 훌럭스는 식 20.3-14에 의해

$$N_{A0} = \sqrt{\frac{\mathscr{D}_{AB}}{\pi} \frac{h_z^2 v_s^2}{\int_0^x h_{\bar{x}} h_z^2 v_s d\bar{x}}} (c_{A0} - 0) \equiv k_{c,\text{loc}}^0 \Delta c_A \tag{22.2-9}$$

로 주어지는 것을 알 수 있으며, 국부 Sherwood 수는

$$\text{Sh}_{\text{loc}} = \frac{k_{c,\text{loc}}^0 l_0}{\mathscr{D}_{AB}} = \frac{1}{\sqrt{\pi}} (\text{ReSc})^{1/2} \sqrt{\frac{h_z^2 v_s^2}{\int_0^x h_{\bar{x}} h_z^2 v_s d\bar{x}} \frac{l_0}{v_0}} \tag{22.2-10}$$

이다. 여기서 상수 $1/\sqrt{\pi}$는 0.5642와 같으며 $\text{Re} = l_0 v_0 \rho / \mu$이다.

유사하게 계면에서 속도 구배를 갖는 유체-고체 계면에 대한 몰 훌럭스 식은

$$N_{A0} = \frac{\mathscr{D}_{AB}}{\Gamma(\frac{4}{3})} \sqrt[3]{\frac{(h_z \beta)^{3/2}}{9 \mathscr{D}_{AB} \int_0^x \sqrt{h_z \beta}\, h_{\bar{x}} h_z \, d\bar{x}}} (c_{A0} - 0) \equiv k_{c,\text{loc}}^0 \Delta c_A \tag{22.2-11}$$

과 같이 식 20.3-26에서 주어지게 되며, 상사한 Sherwood 수에 대한 식은

$$\mathrm{Sh_{loc}} = \frac{k^0_{c,\mathrm{loc}} l_0}{\mathscr{D}_{AB}} = \frac{1}{9^{1/3}\Gamma(\frac{4}{3})} (\mathrm{ReSc})^{1/3} \sqrt[3]{\frac{(h_z\beta)^{3/2}}{\int_0^x \sqrt{h_z\beta}\, h_{\bar{x}} h_z\, d\bar{x}} \frac{l_0^2}{v_0}} \tag{22.2-12}$$

이고 수치 계수는 0.5384 값을 갖는다. 이들 식에서 l_0와 v_0는 물체의 형상이 정의된 후에 선정될 수 있는 특성 길이와 특성 속도이다. 여기서 형상에 관계없이 유체-유체계에서는 ReSc의 $\frac{1}{2}$ 제곱으로 나타나고 유체-고체계에 대해서는 ReSc의 $\frac{1}{3}$ 제곱으로 나타남을 다시 알 수 있다. Sherwood 수에 대한 식의 근호 속은 무차원이다.

회전하는 원판 주위의 물질전달

액체 B의 넓은 영역 내에서 각속도 Ω로 회전하고 있는 약간 녹는 물질 A로 피복된 지름이 D인 회전 원판에 대해, 원판 표면에서의 질량 흘럭스는 위치에 무관하다. 식 19D.4-7에 의하면

$$N_{A0} = 0.620\left(\frac{\mathscr{D}_{AB}^{2/3}\Omega^{1/2}}{\nu^{1/6}}\right)(c_{A0} - 0) \equiv k^0_{c,m}\Delta c_A \tag{22.2-13}$$

을 얻는다. 이를 Sherwood 수의 항으로 표현하면

$$\begin{aligned}\mathrm{Sh}_m = \frac{k^0_{c,m}D}{\mathscr{D}_{AB}} &= 0.620\left(\frac{D\Omega^{1/2}\rho^{1/6}}{\mathscr{D}_{AB}^{1/3}\mu^{1/6}}\right) = 0.620\sqrt{\frac{D(D\Omega)\rho}{\mu}}\sqrt[3]{\frac{\mu}{\rho\mathscr{D}_{AB}}} \\ &= 0.620\,\mathrm{Re}^{1/2}\mathrm{Sc}^{1/3}\end{aligned} \tag{22.2-14}$$

로 되며, Reynolds 수의 특성 속도를 $D\Omega$로 선정하였다.

22.3 단일 상 내 2 성분 전달계수의 상관관계

이 절에서는 낮은 물질전달 속도에서 2 성분 물질전달계수에 관한 상관관계는 표기법의 변화에 의해 단순하게 열전달 상사형으로부터 직접 얻을 수 있음을 보이고자 한다. 이들 상응성은 매우 유용하며, 사실 많은 열전달 상관관계는 물질전달 상사형으로부터 얻게 되었다.

유용한 이들 상사성에 대한 근거와 적용 배경을 설명하기 위해 14.3절에 주어진 차원 해석의 확산 상사형을 표현함으로써 시작하고자 한다. 그림 22.3-1에 도시된 관 내에서 B 내 A의 액체 용액이 정상상태로 운전되는 층류 또는 난류 등온 유동을 생각하시오. 유체는 균일한 유입 조성 x_{A1}과 벽에 대단히 가까운 곳을 제외하고는 균일한 속도로 $z = 0$에서 관을 들어온다. $z = 0$부터 $z = L$까지 관 벽은 천천히 용해되고 계면 액체 조성이 x_{A0}로 일정하게 유지되는 A와 B의 고체 용액으로 피복되어 있다. 우선 물성 ρ, μ, c,와 $\mathscr{D}_{AB}$는 일정하다고

가정한다.

방금 설명한 물질전달의 경우는 14.3절의 초입에서 설명한 열전달 경우와 수학적으로 상사하다. 상사성을 강조하기 위해 두 계에 대한 식을 함께 써 보면, 그림 14.3-1의 1과 2 사이에서 전도에 의한 열 증가 속도와 그림 22.3-1의 1과 2 사이에서 확산에 의한 화학 종 A의 몰 증가 속도는 층류와 난류 어느 경우에도 타당한 다음 식으로 주어진다.

열전달:
$$Q(t) = \int_0^L \int_0^{2\pi} \left(+k \left.\frac{\partial T}{\partial r}\right|_{r=R} \right) R\, d\theta\, dz \tag{22.3-1}$$

물질전달:
$$W_{A0}(t) - x_{A0}(W_{A0}(t) + W_{B0}(t)) = \int_0^L \int_0^{2\pi} \left(+c\mathscr{D}_{AB} \left.\frac{\partial x_A}{\partial r}\right|_{r=R} \right) R\, d\theta\, dz \tag{22.3-2}$$

이들 식의 좌변을 각각 $h_1(\pi DL)(T_0-T_1)$과 $k_{x1}(\pi DL)(x_{A0}-x_{A1})$과 같다고 두면 전달계수에 대한 식

열전달:
$$h_1(t) = \frac{1}{\pi DL(T_0 - T_1)} \int_0^L \int_0^{2\pi} \left(+k \left.\frac{\partial T}{\partial r}\right|_{r=R} \right) R\, d\theta\, dz \tag{22.3-3}$$

물질전달:
$$k_{x1}(t) = \frac{1}{\pi DL(x_{A0} - x_{A1})} \int_0^L \int_0^{2\pi} \left(+c\mathscr{D}_{AB} \left.\frac{\partial x_A}{\partial r}\right|_{r=R} \right) R\, d\theta\, dz \tag{22.3-4}$$

를 얻는다. 이제 무차원 변수 $\breve{r}=r/D$, $\breve{z}=z/D$, $\breve{T}=(T-T_0)/(T_1-T_0)$와 $\breve{x}_A=(x_A-x_{A0})/(x_{A1}-x_{A0})$를 도입하고 재정리하면

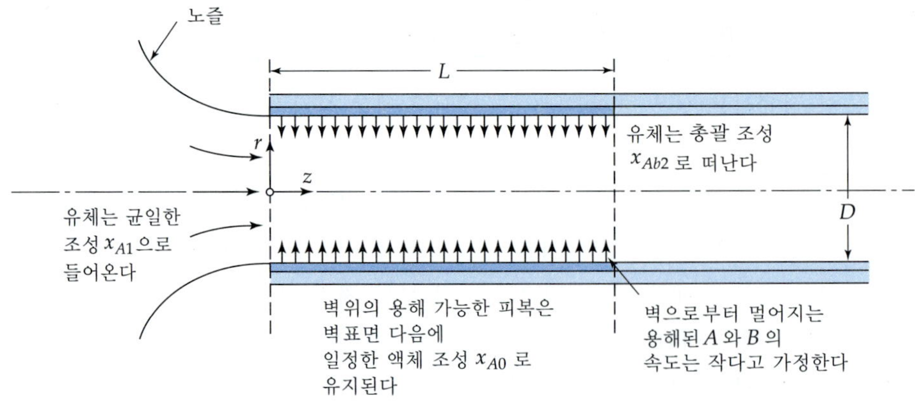

그림 22.3-1. 용해되는 벽을 갖는 관 내의 물질전달.

열전달:
$$\mathrm{Nu}_1(t) = \frac{h_1 D}{k} = \frac{1}{2\pi L/D}\int_0^{L/D}\int_0^{2\pi}\left(-\left.\frac{\partial \breve{T}}{\partial \breve{r}}\right|_{\breve{r}=\frac{1}{2}}\right)d\theta\, d\breve{z} \tag{22.3-5}$$

물질전달:
$$\mathrm{Sh}_1(t) = \frac{k_{x1} D}{c\mathscr{D}_{AB}} = \frac{1}{2\pi L/D}\int_0^{L/D}\int_0^{2\pi}\left(-\left.\frac{\partial \breve{x}_A}{\partial \breve{r}}\right|_{\breve{r}=\frac{1}{2}}\right)d\theta\, d\breve{z} \tag{22.3-6}$$

을 얻는다. 여기서 Nu는 물질전달 없이 일어나는 열전달에 대한 Nusselt 수이고, Sh는 작은 물질전달 속도에서 등온 물질전달에 대한 Sherwood 수이다. Nusselt 수는 표면에 걸쳐 적분된 무차원 온도 구배이고, Sherwood 수는 표면에 걸쳐 적분된 무차원 농도 구배이다.

원칙적으로 이들 구배는 다음 경계조건(14.3 절에서 정의된 $\breve{\mathbf{v}}$와 $\breve{\mathscr{P}}$를 갖고, 만약 난류라면 시간 평균한 해를 갖는) 하에서 (열전달에 대해서는) 식 11.5-7, 8과 9로부터 계산될 수 있으며, (물질전달에 대해서는) 식 19.5−8, 9와 11로부터 계산될 수 있다.

속도 및 압력:

$$\breve{z} = 0 \text{ 에서,} \quad \breve{\mathbf{v}} = \boldsymbol{\delta}_z \quad (0 \le \breve{r} < \tfrac{1}{2}) \tag{22.3-7}$$

$$\breve{r} = \tfrac{1}{2} \text{ 에서,} \quad \breve{\mathbf{v}} = 0 \quad (\breve{z} \ge 0) \tag{22.3-8}$$

$$\breve{r} = 0 \text{ 와} \quad \breve{z} = 0 \text{ 에서,} \quad \breve{\mathscr{P}} = 0 \tag{22.3-9}$$

온도:

$$\breve{z} = 0 \text{ 에서,} \quad \breve{T} = 1 \quad (0 \le \breve{r} < \tfrac{1}{2}) \tag{22.3-10}$$

$$\breve{r} = \tfrac{1}{2} \text{ 에서,} \quad \breve{T} = 0 \quad (0 \le \breve{z} \le L/D) \tag{22.3-11}$$

농도:

$$\breve{z} = 0 \text{ 에서,} \quad \breve{x}_A = 1 \quad (0 \le \breve{r} < \tfrac{1}{2}) \tag{22.3-12}$$

$$\breve{r} = \tfrac{1}{2} \text{ 에서,} \quad \breve{x}_A = 0 \quad (0 \le \breve{z} \le L/D) \tag{22.3-13}$$

벽에서의 속도에 대한 식 22.3-8의 경계조건은 열전달계와 작은 x_{A0} $(W_{A0}+W_{B0})$가 주어지는 물질전달계에 대해 정확하다. 후자의 범위는 22.1절과 8절에서 논의된다. 4.4절과 14.3절의 방식으로 보존식의 $\partial^2/\partial z^2$항을 무시하면 $z = L/D$인 유출 평면에서의 경계조건은 필요하지 않게 된다.

만약 식 11.5-9에서 점성 소산에 의해 발생하는 열을 무시할 수 있고, 식 19.5-11과 같이 화학반응에 의한 A의 생성이 없다고 하면, 열 및 물질전달에 대한 미분방정식은 경계조건에 따라 상사하게 된다. 온도와 조성의 무차원 분포(필요하면 시간 평활화된)는

$$\breve{T} = F(\breve{r}, \theta, \breve{z}; \text{Re}, \text{Pr}); \qquad \breve{x}_A = F(\breve{r}, \theta\ \ \breve{z}; \text{Re}, \text{Sc}) \qquad (22.3\text{-}14, 15)$$

와 같이 두 계에서 동일한 형태의 F를 가지며 유사하다. 그러므로 온도분포로부터 농도분포를 얻기 위해 $\breve{T}$를 $\breve{x}_A$로 대체하고 Pr를 Sc로 대체한다.

마지막으로 온도와 농도분포를 식 22.3-5와 6에 대입하고 적분을 수행한 다음 시간 평균을 하면 **강제 대류**에 대한 식

$$\text{Nu}_1 = G(\text{Re}, \text{Pr}, L/D); \qquad \text{Sh}_1 = G(\text{Re}, \text{Sc}, L/D) \qquad (22.3\text{-}16, 17)$$

을 얻는다. 여기서 G는 두 식에서 동일한 함수이다. Nu_a, $\text{Nu}_{\ln}$, Nu_{loc}에 대해서 뿐만 아니라 상응하는 Sherwood 수에 대해서도 동일한 형태의 식을 얻는다. 이 중요한 상사성은 단지 Nu를 Sh로, Pr을 Sc로 대체함으로써 상응하논 열전달 상관관계로부터 물질전달 상관관계를 써 내려갈 수 있도록 허용하고 있다. 임의의 기하학적 구조에 대해서도 또 층류와 난류의 두 유동에 대해서도 동일하게 적용할 수 있다. 그러나 이 상사성을 얻기 위해서는 (i) 일정한 물성, (ii) 작은 알짜 물질전달 속도, (iii) 화학반응이 없음, (iv) 점성 소산에 의한 가열이 없음, (v) 복사 에너지의 흡수나 방출이 없음, (vi) 압력에 의한 확산, 온도에 의한 확산 및 강제 확산이 없음 등이 가정되어야 함에 주목하시오. 이들 효과의 몇몇은 이 장의 다음 절에서 논의될 것이며 나머지는 24장에서 다룰 것이다.

임의로 주어진 형상을 갖는 물체 주위의 **자유 대류**에 대해서도 동일한 해석을 수행하면

$$\text{Nu}_m = H(\text{Gr}, \text{Pr}); \qquad \text{Sh}_m = H(\text{Gr}_x, \text{Sc}) \qquad (22.3\text{-}18, 19)$$

임을 알 수 있으며, H는 두 경우에서 동일한 함수이고, 두 공정에 대한 Grashof 수는 상사하게 정의된다(열 및 물질전달에 대한 상사한 양의 요약에 대해서는 표 22.2-1을 참조하시오.)

물질전달계에서 물성 변화를 고려하기 위하여 열전달계에 대해 14장에서 도입하였던 과정을 확장하고자 한다. 즉, 점도비 μ_b/μ_0를 제외하고는 일반적으로 몇 종류의 평균 경막 조성과 온도에서 물성을 계산한다

이제 열전달 상관관계로부터 물질전달 상관관계로 어떻게 "바꾸는지"에 대한 3 가지 예를 보여 주고자 한다.

구 주위의 강제 대류

고체 구 주위의 강제 대류에 대해 식 14.4-5와 물질전달 상사형은

$$\mathrm{Nu}_m = 2 + 0.60\ \mathrm{Re}^{1/2}\ \mathrm{Pr}^{1/3}; \qquad \mathrm{Sh}_m = 2 + 0.60\ \mathrm{Re}^{1/2}\ \mathrm{Sc}^{1/3} \tag{22.3-20, 21}$$

이다. 식 22.3-20과 21은 각각 일정한 표면 온도와 조성에 대해 타당하며, 또 작은 알짜 물질전달 속도에 대해 타당하다. 이 식들은 식 22.3-17 뒤에 주어진 (i)-(vi)의 제약 조건 하에서 동시에 일어나는 열 및 물질전달에 적용할 수 있을 것이다.

평탄한 평판을 따르는 강제 대류

상사성을 사용하는 또 다른 예로 물질전달을 포함하기 위해 평탄한 평판을 따르는 층류 경계층에 대한 식 14.4-4의 확장을 예로 들 수 있다.

$$j_{H,\mathrm{loc}} = j_{D,\mathrm{loc}} = \tfrac{1}{2} f_{\mathrm{loc}} = 0.332\ \mathrm{Re}_x^{-1/2} \tag{22.3-22}$$

열전달과 확산에 대한 Chilton-Colburn j-인자는

$$j_{H,\mathrm{loc}} = \frac{\mathrm{Nu_{loc}}}{\mathrm{RePr}^{1/3}} = \frac{h_{\mathrm{loc}}}{\rho \hat{C}_p v_\infty}\left(\frac{\hat{C}_p \mu}{k}\right)^{2/3} \tag{22.3-23}$$

$$j_{D,\mathrm{loc}} = \frac{\mathrm{Sh_{loc}}}{\mathrm{ReSc}^{1/3}} = \frac{k_{x,\mathrm{loc}}}{c v_\infty}\left(\frac{\mu}{\rho \mathscr{D}_{AB}}\right)^{2/3} \tag{22.3-24}$$

와 같이 정의된다.[1] 식 22.3-22의 3 방향 상사성은 식 22.3-17 뒤에 언급된 제약조건 내에서 거의 1인 Pr과 Sc(표 12.4-1 참조)에 대해 정확하다. 비록 원형관 주위의 유동에 대해서는 $\frac{1}{2} f_{\mathrm{loc}}$인 상사성이 단지 근사적이긴 하지만, 다른 물체들 주위의 유동에 대해서는 형상 항력 때문에 상사성의 마찰 인자 부분은 타당하지 않다(14.4절 참조).

[1] T. H. Chilton and A. P. Colburn, *Ind. Eng. Chem.*, **26**, 1183-1187 (1934).

Chilton–Colburn 상사성

더 널리 적용할 수 있는 경험적 상사성

$$j_H = j_D = \text{ Re, 기하학적 구조 및 경계조건의 함수} \tag{22.3-25}$$

는 원통 주위의 횡단 유동, 충전층을 통과하는 유동, 높은 Reynolds 수의 관 내 유동에 대해 유용하다는 것이 증명되었으며, 도관과 충전층 내의 유동에 대해서는 “접근 속도” v_∞를 간극 속도나 공탑 속도로 대체하여야 한다. 식 22.3-25는 Chilton–Colburn 상사성의 일반적 형태이다. 그러나 구 주위의 유동에 대해서는 Nu와 Sh가 (Nu−2)와 (Sh−2)로 대체되어야 상사성이 타당하다는 것은 식 22.3-20과 21로부터 명백하다.

모든 물질전달계수를 상사한 열전달계수 상관관계로부터 얻을 수 있다고 생각하는 것은 대단히 잘못된 것이다. 물질전달에 대해 더 다양한 경계조건과 관련된 변수들의 다른 영역을 다룰 것이며, 상사성을 갖지 않는 거동을 22.5-8절에서 소개할 것이다.

예제 22.3-1 자유 낙하하는 액적으로부터의 증발

지름이 0.05 cm인 구형의 물방울이 1 기압의 정지하고 있는 건조한 공기를 통해 215 cm/s의 속도로 내부 순환없이 낙하하고 있다. 물방울의 표면 온도가 T_0=70°F이고, (물방울로부터 먼) 공기의 온도가 T_∞=140°F일 때 물방울로부터의 순간적인 증발 속도를 구하시오. 70°F에서 물의 증기압은 0.0247 atm이고 준 정상상태라 가정하시오.

해 물을 화학 종 A라 하고 공기를 화학 종 B라 하시오. 물 내의 공기의 용해도는 무시할 만하므로 $W_{B0} = 0$이다. 증발 속도가 작다고 가정하면 전체 구 표면에 대해 식 22.1-3을

$$W_{A0} = k_{xm}(\pi D^2)\frac{x_{A0} - x_{A\infty}}{1 - x_{A0}} \tag{22.3-26}$$

과 같이 쓸 수 있다. 평균 물질전달계수 k_{xm}은 내부 순환이 없다는 가정 하에 식 22.3-21로부터 예측할 수 있다.

물성을 계산하기 위해 필요한 경막 조건은 다음과 같다.

$$T_f = \tfrac{1}{2}(T_0 + T_\infty) \quad = \tfrac{1}{2}(70 + 140) \quad = 105°\text{F} \tag{22.3-27}$$

$$x_{Af} = \tfrac{1}{2}(x_{A0} + x_{A\infty}) = \tfrac{1}{2}(0.0247 + 0) = 0.0124 \tag{22.3-28}$$

x_{Af}를 계산함에 있어 이상기체 거동과 계면에서 평형을 가정하였으며, 공기는 물에 전혀 용해되지 않는다고 가정하였다. 수증기의 평균 몰 분율 x_{Af}는 경막 조건에서 물성을 계산함에

있어 이를 무시할 수 있을 만큼 충분히 작다.

$$c = 3.88 \times 10^{-5}\ \text{g-moles/cm}^3$$
$$\rho = 1.12 \times 10^{-3}\ \text{g/cm}^3$$
$$\mu = 1.91 \times 10^{-4}\ \text{g/cm}\cdot\text{s} \ \text{(표 1.1-2로부터)}$$
$$\mathscr{D}_{AB} = 0.292\ \text{cm}^2/\text{s} \ \text{(식 17.2-1로부터)}$$
$$\text{Sc} = \left(\frac{\mu}{\rho\mathscr{D}_{AB}}\right) = \frac{1.91 \times 10^{-4}}{(1.12 \times 10^{-3})(0.292)} = 0.58$$
$$\text{Re} = \left(\frac{Dv_\infty\rho}{\mu}\right) = \frac{(0.05)(215)(1.12 \times 10^{-3})}{1.91 \times 10^{-4}} = 63$$

이들 값을 식 22.3-21에 사용하면

$$\text{Sh}_m = 2 + 0.60(63)^{1/2}(0.58)^{1/3} = 5.96 \tag{22.3-29}$$

를 얻고, 평균 물질전달계수는

$$\begin{aligned} k_{xm} &= \frac{c\mathscr{D}_{AB}}{D}\text{Sh}_m = \frac{(3.88 \times 10^{-5})(0.292)}{0.05}(5.96) \\ &= 1.35 \times 10^{-3}\ \text{g-mol/s}\cdot\text{cm}^2 \end{aligned} \tag{22.3-30}$$

이다. 그러면 식 22.3-26으로부터 증발 속도는

$$\begin{aligned} W_{A0} &= (1.35 \times 10^{-3})(\pi)(0.05)^2\frac{0.0247 - 0}{1 - 0.0247} \\ &= 2.70 \times 10^{-7}\ \text{g-mole/s} \end{aligned} \tag{22.3-31}$$

임을 알 수 있다. 이 결과는 물방울의 지름이 1.23 x 10^{-3} cm/s로 감소하는 것에 상응하며, 이 크기의 물방울은 완전히 증발하기 전에 상당한 거리를 떨어질 수 있을 것이다.

이 예에서는 간단히 하기 위해 물방울의 속도와 표면 온도가 주어져 있다. 일반적으로 이들 조건은 문제 22B.1에서 논의된 바와 같이 운동량 및 에너지 수지로부터 계산되어야 한다.

예제 22.3-2 습구와 건구 온도계

다음, 열 및 물질전달의 상사성이 놀랄만큼 단순하고 만약 근사적이라면 유용한 결과를 유도하는 문제로 돌아가 보고자 한다. 그림 22.3-2에 도시된 계는 한 쌍의 온도계로 이루어져 있으며, 하나는 물로 포화된 상태로 유지되고 있는 원통형 심지로 둘러 쌓여 있다. 심지는 움직이는 공기 흐름 내에서 증발에 의해 냉각될 것이며, 정상상태 운전에 대해서는 **습구 온도**로 알려진 점근값에 접근할 것이다. 반면 노출된 온도계는 접근하는 공기의 실제 온도에 접근하는 경향을 보일 것이며, 이 온도를 **건구 온도**라 한다. 복사의 영향은 무시할 만하고,

증발하는 물을 대체하는 것은 습구 온도의 측정에 큰 영향이 없다고 가정하여, 습구와 건구 온도로부터 공기의 습도를 구하기 위한 식을 수립하시오. 복사의 영향을 어떻게 고려하는지는 문제 22B.2에서 설명할 것이다.

해 간단히 하기 위해, 유속이 충분히 커서 온도계의 눈금은 온도계 유리관을 따른 전도나 복사에 의한 영향이 없으며, 점성 소산에 의한 가열 효과가 의미가 있을 만큼 그렇게 크지 않다고 가정한다. 이들 가정은 유리 온도계와 30에서 100 ft/s의 기체 속도에 대해 통상적으로 만족할 만하며, 건구 온도는 접근하는 기체의 온도 T_∞와 같고, 습구 온도는 심지 바깥의 온도 T_0와 같다.

물을 화학 종 A라 하고 공기를 화학 종 B라고 하자. 길이가 L(그림에서 평면 1과 2 사이의 거리)인 심지를 갖는 계에 대한 에너지 수지를 수립하고자 한다. 기체 흐름에 의해 계에 더해지는 열 증가 속도는 $h_m(\pi DL)(T_\infty - T_0)$이다. 또 엔탈피는 $W_{A1}\bar{H}_{A1}$의 속도로 평면 1을 경유하여 액체상 내로 들어오고 $W_{A0}\bar{H}_{A0}$의 속도로 물질전달 표면에서 떠나며, 온도 T_0에서 이 둘은 일어난다. 그러므로 물질전달 계면 0에서 수증기로 떠나는 속도와 동일한 속도로 평면 1에서 계로 물이 들어오기 때문에 에너지 수지는

$$h_m(\pi DL)(T_\infty - T_0) = W_{A0}(\bar{H}_{A0} - \bar{H}_{A1}) \tag{22.3-32}$$

로 주어진다. $\bar{H}_{A0}-\bar{H}_{A1}$를 물의 몰 기화열 $\Delta\tilde{H}_{\text{vap}}$로 대체하는 것은 매우 좋은 근사이다.

물질전달계수의 정의로부터

$$W_{A0} - x_{A0}(W_{A0} + W_{B0}) = k_{xm}(\pi DL)(x_{A0} - x_{A\infty}) \tag{22.3-33}$$

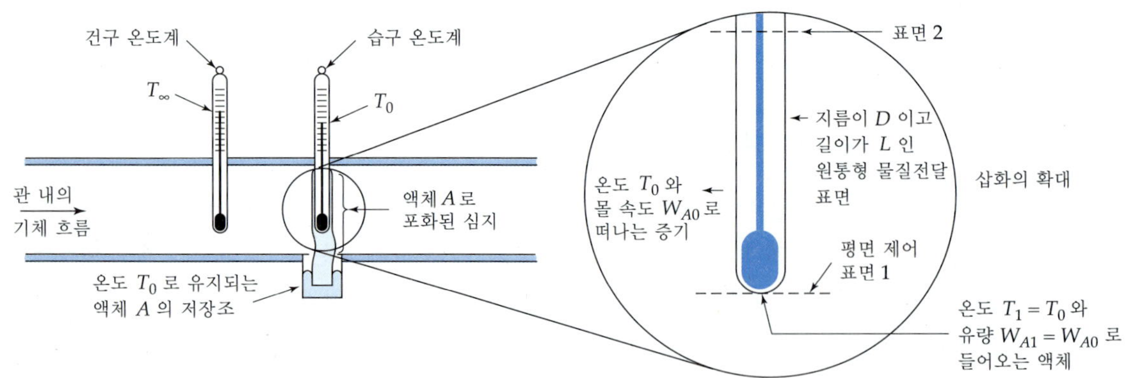

그림 22.3-2. 습구와 건구 온도계 장착 개요. 열이나 물질이 평면 2를 가로질러 이동하지 않는다고 가정한다.

이고, 앞의 예와 같이 $W_{B0} = 0$이다. 식 22.3-32와 33을 결합하면

$$\frac{(x_{A0} - x_{A\infty})}{(T_\infty - T_0)(1 - x_{A0})} = \frac{h_m}{k_{xm}\Delta\tilde{H}_{\text{vap}}} \tag{22.3-34}$$

로 주어지며, 그런 다음 Nu_m과 Sh_m의 정의를 사용하고 $\rho\hat{C}_p$=$c\tilde{C}_p$임에 주목하면 식 22.3-34를

$$\frac{(x_{A0} - x_{A\infty})}{(T_\infty - T_0)(1 - x_{A0})} = \frac{\text{Nu}_m}{\text{Sh}_m}\left(\frac{\text{Sc}}{\text{Pr}}\right)\frac{\tilde{C}_p}{\Delta\tilde{H}_{\text{vap}}} \tag{22.3-35}$$

와 같이 다시 쓸 수 있다. 열 및 물질전달 사이의 상사성 때문에 평균 Nusselt 수와 Sherwood 수는 동일한 형태일 것이라 기대할 수 있다.

$$\text{Nu}_m = F(\text{Re})\text{Pr}^n; \qquad \text{Sh}_m = F(\text{Re})\text{Sc}^n \tag{22.3-36, 37}$$

여기서 F는 두 식에서 동일한 Re의 함수이다. 그러므로 건구 및 습구 온도와 심지에 인접한 수증기의 몰 분율(x_{A0})을 안다면,

$$\frac{(x_{A0} - x_{A\infty})}{(T_\infty - T_0)(1 - x_{A0})} = \left(\frac{\text{Sc}}{\text{Pr}}\right)^{1-n}\frac{\tilde{C}_p}{\Delta\tilde{H}_{\text{vap}}} \tag{22.3-38}$$

로부터 공기 흐름의 상류 조성 $x_{A\infty}$를 계산할 수 있다. 지수 n은 기하하적 구조의 크기에 약하게 의존하지만 $\frac{1}{3}$로부터 크게 벗어나지 않으며, 양 $(\text{Sc/Pr})^{1-n}$은 1로부터 크게 벗어나지 않는다.[2] 더욱이 습구 온도는 식 22.3-36과 37에 도입된 가정 하에서는 Reynolds 수에 무관하다. 이 결과는 직접 $n = \frac{1}{3}$ 이라고 둔 Chilton-Colburn 관계식을 사용하여 얻을 수도 있었다.

계면 기체 조성 x_{A0}는 계면 그 자체의 열 및 물질전달 저항을 무시하면 낮은 물질전달 속도에서 정확하게 예측할 수 있으며(이 점에 대한 더 이상의 논의는 22.4 절 참조), 증기-액체의 평형 관계식에 의해 x_{A0}를

$$x_{A0} = x_{A0}(T_0, p) \tag{22.3-39}$$

로 표현할 수 있다. 위에서 가정한 바와 같이 만약 액체가 순수한 A라고 하면 주어진 화학종 A와 B에 대해 이와 같은 종류의 관계가 유지될 것이며, 통상적으로 사용되는 이 관계의 근사식은

$$x_{A0} = \frac{p_{A,\text{vap}}}{p} \tag{22.3-40}$$

2 공기 내 측정에 대해서는 $1 - n = 0.56$을 갖는 약간 다른 식이 C. H. Bedingfield and T. B. Drew, *Ind. Eng. Chem.*, **42**, 1164-1173 (1950)에 의해 추천되었다.

이며, $p_{A,vap}$는 온도 T_0에서 순수한 A의 증기압이다. 이 관계식은 B의 존재가 계면에서 A의 증기압을 바꾸지 않고 A와 B는 이상기체 혼합물을 형성한다는 것을 암묵적으로 가정하고 있다.

만약 1 기압에서 공기-물 혼합물의 습구 온도가 70°F이고 건구 온도가 140°F라 하면

$$p_{A,vap} = 0.0247 \text{ atm}$$
$$x_{A0} = 0.0247, \text{ 식 22.3-40으로부터}$$
$$\tilde{C}_p = 6.98 \text{ Btu/lb-mole} \cdot \text{F} \quad 105°\text{F 의 경막온도에서}$$
$$\Delta\tilde{H}_{vap} = 18{,}900 \text{ Btu/lb-mole} \quad 70°\text{F 에서}$$
$$\text{Sc} = 0.58 \text{ (예제 22.2-1참조)}$$
$$\text{Pr} = 0.74, \text{ 식 9.3-16으로부터}$$

이고, $n = \frac{1}{3}$을 식 22.3-38에 대입하면

$$\frac{(0.0247 - x_{A\infty})}{(140 - 70)(1 - 0.0247)} = \left(\frac{0.58}{0.74}\right)^{2/3} \frac{6.98}{18{,}900} \tag{22.3-41}$$

로 주어진다. 이 결과로부터 접근하는 공기 내 물의 몰 분율은

$$x_{A\infty} = 0.0033 \tag{22.3-42}$$

이다. 첫 번째 근사로 경막 농도가 x_A=0이라 가정하였으므로, 다시 돌아가 물성 계산에서 평균 경막 농도 $\frac{1}{2}$(0.0247+0.0033)=0.0140을 사용하여 두 번째 근사를 수립할 수 있다. 재계산을 정당화시킬 만큼 물성이 충분히 정확하게 알려져 있는 것은 아니다.

식 22.3-42에서 계산된 결과는 습구 온도보다는 오히려 전형적으로 단열 포화 온도에 기초를 두고 있기 때문에 출간된 습도 도표의 결과와 잘 부합한다[3]

예제 22.3-3 충전층을 통과하는 미동 유동 내의 물질전달

최신 생명공학의 단백질 정제에서부터 드라이 클리닝 장치의 용매 증기의 회수까지 중요한 수많은 흡착 공정이 조밀한 입자층에서 일어나며 전형적으로 정상상태의 미동 유동, 즉 $\text{Re} = D_p v_0 \rho / \mu < 20$에서 운전된다. 여기서 D_p는 유효 입자 지름이고, v_0는 층의 단면적으로 나눈 부피 유량으로 정의되는 공탑 속도이다(6.4 절 참조). 무차원 속도 $\mathbf{v}/v_0$는 Reynolds 수에는 무관하게 공간적 분포를 가질 것이다. 자세한 정보는 오직 구형의 충전 입자에 대해서만 가능하다.

[3] O. A. Hougen, K. M. Watson, and R. A. Ragatz, *Chemical Process Principles*, Part I, 2nd edition, Wiley, New York, (1954), p. 120.

이 절 도입부의 차원 해석 논의를 사용하여 미동 유동에 대한 정상상태 물질전달계수의 상관관계 형태를 예측하시오.

해 특성 길이로 D_p, 특성 속도로 v_0를 사용하여 19.5절의 차원 해석 과정을 적용하고자 한다. 그러면 식 19.5-11로부터 무차원 농도는 무차원 위치 좌표와 층의 기하학적 구조와 더불어 ReSc 곱에만 의존하는 것을 안다.

큰 Péclet 수에서의 미동 유동에 대한 상당히 광범위한 데이터가 있다. 물에서 벤조산 구의 용해[4]에 대한 실험 데이터는

$$\mathrm{Sh}_m = \frac{1.09}{\varepsilon}(\mathrm{ReSc})^{1/3} \qquad \mathrm{ReSc} >> 1 \tag{22.3-43}$$

의 결과를 산출하였으며, 여기서 ε은 흐르는 유체에 의해 채워진 층의 부피 분율이다. 식 22.3-43은 고립된 한 개의 구[5]($\varepsilon = 1$) 주위의 유동에 대한 미동 유동의 해를 통합하여 다룰 수 있는

$$\mathrm{Sh}_m = 2 + 0.991(\mathrm{ReSc})^{1/3} \tag{22.3-44}$$

의 관계와 상당히 일치한다(22.2b 절 참조). 이는 고립된 한 개의 구 주위의 유동 양상이 다른 구들로 둘러 싸인 한 개의 구 주위의 유동 양상, 특히 대부분의 물질전달이 일어나는 구 표면 가까이에서의 유동 양상과 크게 다르지 않음을 의미한다.

대단히 작은 ReSc 값에서의 극한 거동에 대한 신뢰할만한 데이터는 존재하지 않지만, 규칙적인 충전[6]에 대한 수치 해석은 만약 계면 조성과 총괄 조성 사이의 국부적인 차이에 기초를 두고 있다면 Sherwood 수가 4.0 부근의 일정한 값에 점근적으로 접근하는 것을 예측한다.

고체상 내의 거동은 훨씬 더 복잡하며, 전적으로 믿을 수 있는 단순한 근사는 없다. 그러나 지금까지의 실험 결과[7]는 입자 내부의 물질전달이 Fick 2 법칙에 의해 표현되는 곳에서는

$$\mathrm{Sh}_m = \frac{k_{c,s}D_p}{\mathscr{D}_{As}} \approx 10 \tag{22.3-45}$$

---

[4] E. J. Wilson and C. J. Geankopolis, *Ind. Eng. Chem. Fundamentals*, **5**, 9-14 (1966). 또 전기화학적 측정에 의해 얻어진 물질전달계수 상관관계의 광범위한 요약에 대해서는 J. R. Selman and C. W. Tobias, *Advances in Chemical Engineering*, **10**, 212-318 (1978)을 보시오.

[5] V. G. Levich, *Physicochemical Hydrodynamics*, Prentice-Hall, Englewood Cliffs, N. J. (1962), 14절.

[6] J. P. Sørensen and W. E. Stewart, *Chem. Eng. Sci.*, **29**, 811-837 (1974).

[7] A. M. Athalye, J. Gibbs, and E. N. Lightfoot, *J. Chromatogrsphy*, **589**, 71-85 (1992).

의 근사를 사용할 수 있음을 보여주고 있다. 여기서 $k_{c,s}$는 고체상 내에서의 유효 물질전달 계수이고, $\mathscr{D}_{As}$는 고체상 내의 A의 확산계수이다. 이 식은 입자를 흠뻑 적시는 용질 농도의 "느린" 변화에 대한 것이다. 또 이는 시간에 따른 표면 농도의 선형적 변화에 대한 점근해이며,[8] 계산에 의해 증명되었다.[9] Gauss 형(종 모양의) 농도파에 대해 "느린"이라는 것은 파의 통과 시간(일시적인 표준 편차)이 $D_p^2/6\mathscr{D}_{As}$ 차수인 입자의 확산 응답시간에 비해 상대적으로 길다는 것을 의미한다. 이러한 불균형이 만족되지 않으면 표면 농도의 상세한 이력을 사용하여 Fick 2 법칙을 해석하여야 한다.

관 유동과 마찬가지로 충전층에서는 반지름 방향 좌표의 함수로 농도의 불균일성이 존재할 것이라는 사실을 명심해야 한다. 이는 14.5절과 20.3절에서 다루었다.

예제 22.3-4 기포와 액적으로의 물질전달

기-액[10] 및 액-액[11] 접촉기에서, 액적의 분사나 기포 연무를 종종 만나게 된다. 이들의 물질전달 거동과 고체 구의 물질전달 거동을 대비하시오..

해 많은 다른 종류의 거동을 만나게 되며, 표면력이 매우 중요한 역할을 할 수 있다. 표면력은 22.7절에서 좀더 상세하게 다루고자 하며, 여기서는 단지 몇몇 극한의 경우를 다루고자 하고, 위에서 인용한 참고문헌들을 소개하고자 한다.

대단히 작은 액적과 기포는 고체 구와 같은 거동을 하며, 14장과 예제 22.3-3의 상관관계식을 적용할 수 있다. 그러나 만약 인접한 두 상에 계면활성제가 첨가되지 않고 작은 입자의 오염 물질이 없다면, 내부 상이 순환하여 외부 상을 따라 인접한 영역으로 실어 나른다. 응력에 의해 유발되는 "Hadamard-Rybczinski 순환"[12]은 종종 물질전달속도를 거의 크기의 차수만큼 현저하게 증가시키며, 속도는 18.5절에서 다루었던 '침투 모델'을 확장[13,14,15,16]하여 계산할 수 있다. 따라서 깨끗한 액체 B를 통과해 상승하는 지름이 D인 기체 A의 구형 기포에 대해, 액체 쪽에 대한 Sherwood 수는

---

[8] H. S. Carslaw and J. C. Jaeger, *Conduction of Heat in Solids*, 2nd edition, Oxford University Press (1959), 9.3절, 식 10과 11.

[9] J. F. Reis, E. N. Lightfoot, P. T. Noble, and A. S. Chiang, *Sep. Sci. Tech.*, **14**, 367-394 (1979).

[10] J. Stichlmair and J. F. Fair, *Distillation Principles and Practice*, Wiley, New York (1998).

[11] J. C. Godfrey and M. M. Slater, *Liquid-Liquid Extraction Equipment*, Wiley, New York (1994).

[12] J. Happel and H. Brenner, *Low Reynolds Number Hydrodynamics*, Martinus Nijhoff, The Hague (1983).

[13] J. B. Angelo, E. N. Lightfoot, and D. W. Howard, *AIChE Journal*, **12**, 751-760 (1966).

[14] J. B. Angelo and E. N. Lightfoot, *AIChE Journal*, **14**, 531-540 (1968).

[15] W. E. Stewart, J. B. Angelo, and E. N. Lightfoot, *AIChE Journal*, **16**, 771-786 (1970).

$$\sqrt{\frac{4}{3\pi}\frac{Dv_t}{\mathscr{D}_{AB}}} < \mathrm{Sh}_m < \sqrt{\frac{4}{\pi}\frac{Dv_t}{\mathscr{D}_{AB}}} \tag{22.3-46}$$

인 범위에 놓여 있다.[16] 여기서 v_t는 종말 속도이다(식 18.5−19와 20 참조).

고체와 같은 거동에서 순환으로 전이가 일어나는 입자의 크기는 표면 오염의 정도에 의존하며, 쉽게 예측할 수 없다.

대단히 큰 액적이나 기포는 진동을 하며,[13] 두 상은 수정된 침투 모델

$$\mathrm{Sh}_m \approx \sqrt{\frac{4.8D^2\omega}{\pi\mathscr{D}_{AB}}} \tag{22.3-47}$$

을 따르고, 진동 각 주파수[17]는

$$\omega = \sqrt{\frac{192\sigma}{D^3(3\rho_D + 2\rho_C)}} \tag{22.3-48}$$

이다. 여기서 σ는 계면장력이고, ρ_D와 ρ_C는 액적과 연속 매체의 밀도이다.
이 모델의 성공적인 결과는 매 진동마다 경계층이 원래대로 깨끗하게 되고 또 표면이 주기적으로 연신되는 작은 효과도 있다는 것을 의미한다.

22.4 두 상 내의 전달계수 정의

벽에 의해 서로 분리되어있는 두 흐름 사이의 열전달을 설명하기 위해 총괄 열전달계수 U의 개념을 도입한 10.6절을 돌이켜 보시오. 총괄 열전달계수는 벽 자체의 열저항 뿐만 아니라 벽 양쪽 유체 내의 열저항을 설명하였다.

이제 두 유체가 서로 인접하게 접촉하고 있어 계면 저항이나 벽 저항이 없다는 것을 제외하고는 물질전달에 대해 상사한 경우를 다루고자 한다. 실제 만나게 되는 가장 일반적인 경우이다. 계면 그 자체는 주목할만큼 질량을 갖고 있지 않으므로, 전달되는 어떤 화학 종에 대해서도 계면에서는 총 몰 흘럭스가 연속성을 갖는다고 가정함으로써 시작할 것이다. 그러면 그림 22.4-1에 주어진 계에 대해 액체상으로 향하는 A의 계면 흘럭스를

[16] R. Higbie, *Trans. AIChE*, **31**, 365-389 (1935).
[17] R. R. Schroeder and R. C. Kintner, *AIChE Journal*, **11**, 5-8 (1965).

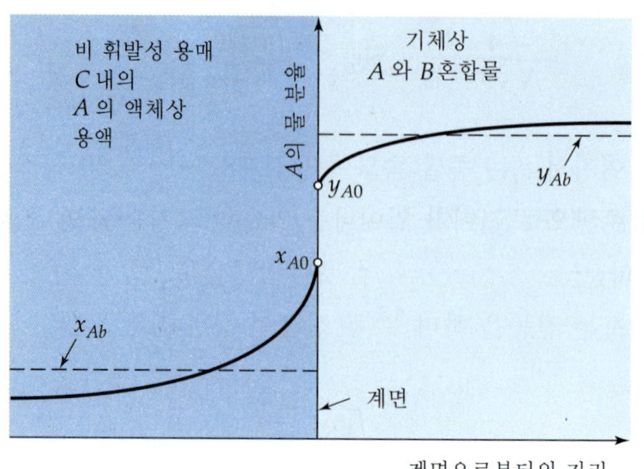

그림 22.4-1. 기체–액체 계면 부근에서의 농도분포

$$N_{A0}|_{\text{gas}} = N_{A0}|_{\text{liquid}} = N_{A0} \tag{22.4-1}$$

로 쓰며, 식 22.1-9에 주어진 정의를 사용하면

$$N_{A0} = k^0_{y,\text{loc}}(y_{Ab} - y_{A0}) = k^0_{x,\text{loc}}(x_{A0} - x_{Ab}) \tag{22.4-2}$$

를 얻는다. 여기서는 액체상 내의 몰 분율을 x로, 기체상 내의 몰 분율을 y로 쓰는 관습을 따르며, 이제 두 상 내의 계면 조성을 연관짓고자 한다.

거의 모든 경우에 이는 계면을 가로질러 평형이라 가정함으로써 이루어지므로, 인접한 기

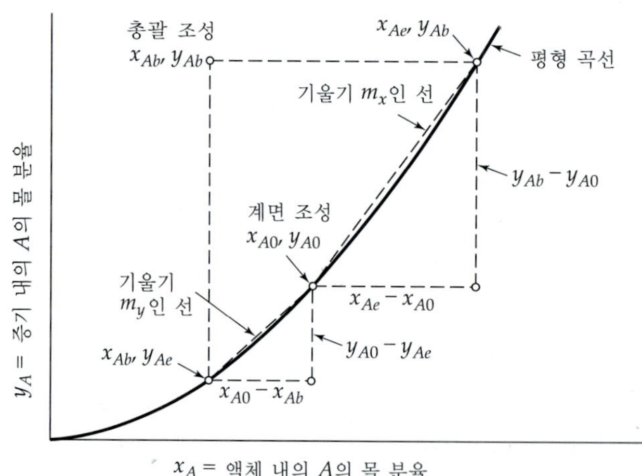

그림 22.4-2. 기체상과 액체상 조성 사이의 관계와 m_x와 m_y의 도식적 설명.

체와 액체의 조성은 용해도 데이터로부터 알려진 것으로 간주되는 평형 곡선(그림 22.4-2참조) 위에 놓이게 된다.

$$y_{A0} = f(x_{A0}) \tag{22.4-3}$$

이에 대한 예외는 (i) 기체 분자가 계면에 충돌하는 평형 속도 $p_{A0}/\sqrt{2\pi M_A RT}$ 에 N_{A0}가 접근하는 고 진공의 기체상에서 관측되는 극도로 높은 물질전달 속도와 (ii) 흡착된 입자나 계면활성제 분자가 높은 농도로 오염된 계면이 있다. (i)의 경우는 극히 드물고, (ii)의 경우는 평형으로부터 편차를 유발함에 의해서라기 보다는 유동 거동이 변함에 의해 통상 간접적으로 작용하게 된다. 극단의 경우 표면 오염이 추가적인 전달 저항을 제공할 수도 있다.

상계면 전달 속도를 설명하기 위해 식 22.4-2와 3을 사용하여 계면 농도를 계산하고 단일 상 계수를 계속 사용하거나 또는

$$N_{A0} = K^0_{y,\mathrm{loc}}(y_{Ab} - y_{Ae}) = K^0_{x,\mathrm{loc}}(x_{Ae} - x_{Ab}) \tag{22.4-4}$$

의 총괄 물질전달계수를 사용하여 작업을 수행할 수 있다. 여기서 y_{Ae}는 조성이 x_{Ab}인 액체와 평형을 이루는 기체상의 조성이고, x_{Ae}는 조성이 y_{Ab}인 기체와 평형을 이루는 액체상의 조성이다. 양 $K^0_{y,\mathrm{loc}}$는 "기체상에 근간을 둔" 총괄 물질전달계수이고 $K^0_{x,\mathrm{loc}}$는 "액체상에 근간을 둔" 총괄 물질전달계수이다. 여기서 다시 몰 훌럭스 N_{A0}는 액상으로의 전달에 대해 양의 값을 갖는다.

식 22.4-2와 4의 양을 같다고 두면 단일 상의 계수를 두 상의 계수와 연결하는 두 개의 관계식

$$K^0_{x,\mathrm{loc}}(x_{Ae} - x_{Ab}) = k^0_{x,\mathrm{loc}}(x_{A0} - x_{Ab}) \tag{22.4-5}$$

$$K^0_{y,\mathrm{loc}}(y_{Ab} - y_{Ae}) = k^0_{y,\mathrm{loc}}(y_{Ab} - y_{A0}) \tag{22.4-6}$$

을 얻는다.

위 3 개의 관계식에 도입된 양 x_{Ae}와 y_{Ae}는 다음과 같이 양 m_x와 m_y를 정의하는 데 사용될 것이다.

$$m_x = \frac{y_{Ab} - y_{A0}}{x_{Ae} - x_{A0}}; \qquad m_y = \frac{y_{A0} - y_{Ae}}{x_{A0} - x_{Ab}} \tag{22.4-7, 8}$$

식 22.4-2에서 볼 수 있는 바와 같이 m_x는 평형 곡선 위의 점 (x_{A0}, y_{A0})와 점 (x_{Ae}, y_{Ab})를 연결하는 직선의 기울기이고, m_y는 점 (x_{Ab}, y_{Ae})에서부터 점 (x_{A0}, y_{A0})까지의 직선의 기울

기이다

위 관계식에서 농도를 소거하면 단일 상과 두 상 물질전달계수 사이의 관계식

$$\frac{k^0_{x,\text{loc}}}{K^0_{x,\text{loc}}} = 1 + \frac{k^0_{x,\text{loc}}}{m_x k^0_{y,\text{loc}}}; \qquad \frac{k^0_{y,\text{loc}}}{K^0_{y,\text{loc}}} = 1 + \frac{m_y k^0_{y,\text{loc}}}{k^0_{x,\text{loc}}} \tag{22.4-9, 10}$$

을 얻을 수 있다. 이들 중 첫 번째 식은 식 22.4-5, 2와 7로부터 얻으며, 두 번째 식은 식 22.4-6, 2와 8로부터 얻는다. 만약 관심 영역에 걸쳐 평형 곡선이 거의 선형이라면 $m_x = m_y = m$ 으로 계면 조건에서 곡선의 국부 기울기가 되며, 식 22.4-9, 10의 식은 둘 다 양 m만큼 가중된 단일 상 계수의 비를 포함하고 있다. 이 양은 상당히 중요하다.

(i) 만약 $k^0_{x,\text{loc}} / mk^0_{y,\text{loc}} << 1$이면, 기체상의 물질전달 저항은 거의 영향을 미치지 않으며 물질전달은 **액체상 지배적**이라고 한다. 실제, 계의 설계는 액체상 물질전달에 호의적이어야 한다는 것을 의미한다.

(ii) 만약 $k^0_{x,\text{loc}} / mk^0_{y,\text{loc}} >> 1$이면, 물질전달은 **기체상 지배적**이다. 실제 경우, 계의 설계는 기체상 물질전달에 호의적이어야 한다는 것을 의미한다.

(iii) 만약 $0.1 < k^0_{x,\text{loc}} / mk^0_{y,\text{loc}} < 10$이면, 개략적으로 두 상의 전달계수를 계산함에 있어 두 상의 상호작용을 조심스럽게 고려하여야만 한다. 이 영역을 벗어나면 상호작용은 보통 중요하지 않다. 아래 예제에서 이 점을 다룰 것이다.

두 상의 평균 물질전달계수는 조심스럽게 정의되어야 하며, 여기서는 두 인접한 상 내의 총괄 농도가 총 물질전달 표면 S에 걸쳐 현저하게 변하지 않는 아주 특별한 경우를 다루고자 한다. 그러면 K^0_{xm}을

$$(N_{A0})_m = \frac{1}{S}\int_S K^0_{x,\text{loc}}(x_{Ae} - x_{Ab})dS = K^0_{xm}(x_{Ae} - x_{Ab}) \tag{22.4-11}$$

로 정의할 수 있으므로 식 22.4-9를 사용하면

$$K^0_{xm} = \frac{1}{S}\int_S \frac{1}{(1/k^0_{x,\text{loc}}) + (1/m_x k^0_{y,\text{loc}})} dS \tag{22.4-12}$$

이다. 면적 평균 총괄 물질전달계수가 두 인접한 상에 대한 면적 평균 계수로부터 종종 계산된다.

$$K^0_{x,\text{approx}} = \frac{1}{(1/k^0_{xm}) + (1/m_x k^0_{ym})} \tag{22.4-13}$$

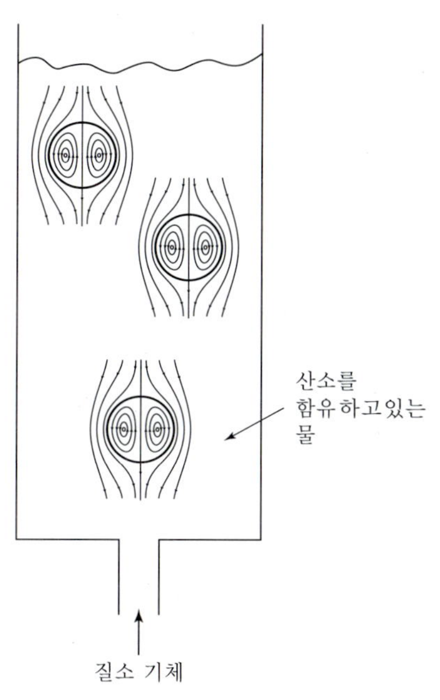

그림 22.4-3. 물로부터 산소가 질소 가스 기포 내로 확산되는 산소 탈기 장치의 개략적 그림.

식 22.4-12와 13의 두 평균값은 현저히 다를 수 있다(예제 22.4-3참조).

예제 22.4-1 지배 저항의 결정

그림 22.4-3에서 보는 바와 같이 대기압과 20℃에서 내부 순환을 보이는 기포 모양의 질소 기체를 사용하여 물로부터 산소를 제거하고자 한다. 두 물질전달계수 $k^0_{x,\text{loc}}$와 $k^0_{y,\text{loc}}$의 상대적인 중요성을 평가하시오. O_2를 A로, H_2O를 B, N_2를 C로 두시오.

해 각 상에 침투 모델(18.5절 참조)이 적용된다고 가정하여 이를 평가할 수 있으며,

$$k^0_{x,\text{loc}} \approx k_{x,\text{loc}} = c_l\sqrt{\frac{4\mathscr{D}_{AB}}{\pi t_{\text{exp}}}}; \qquad k^0_{y,\text{loc}} \approx k_{y,\text{loc}} = c_g\sqrt{\frac{4\mathscr{D}_{AC}}{\pi t_{\text{exp}}}} \tag{22.4-14}$$

이다. 여기서 c_l과 c_g는 각각 액체상과 기체상의 총 몰 농도이고, 유효 노출 시간 t_{exp}는 각 상에 대해 동일하다.

20℃ 물에서 O_2의 용해도는 760 ㎜Hg의 산소 분압에서 1.38×10^{-3}mol/l이며, 물의 증기압은 17.535 ㎜Hg이고, 용해도 측정에서 총 압력은 777.5 ㎜Hg이다. 20℃에서 물 내의 O_2의 확산계수는 $\mathscr{D}_{AB}= 2.1 \times 10^{-5}\text{cm}^2/\text{s}$이고, 기체상 내의 O_2-N_2에 대한 확산계수는 $\mathscr{D}_{AC}= 0.2\ \text{cm}^2/\text{s}$ 이다. 그러면

$$\frac{k^0_{x,\text{loc}}}{mk^0_{y,\text{loc}}} = \frac{c_l}{c_g}\sqrt{\frac{\mathscr{D}_{AB}}{\mathscr{D}_{AC}}} \cdot \frac{1}{m} \tag{22.4-15}$$

를 쓸 수 있으며, 여기에 값들을 대입하면

$$\frac{c_l}{c_g} = \frac{c_l}{(p/RT)} = \frac{1000/18}{(777.5/760)/(0.08206)(293.15)} = 1308 \tag{22.4-16}$$

$$\sqrt{\frac{\mathscr{D}_{AB}}{\mathscr{D}_{AC}}} = \sqrt{\frac{2.1 \times 10^{-5}}{0.2}} = 0.01 \tag{22.4-17}$$

$$\frac{1}{m} = \frac{1.38 \times 10^{-3}/55.5}{760/777.5} = 2.54 \times 10^{-5} \tag{22.4-18}$$

이며,

$$\frac{k^0_{x,\text{loc}}}{mk^0_{y,\text{loc}}} = (1308)(0.01)(2.54 \times 10^{-5}) = 3.32 \times 10^{-4} \tag{22.4-19}$$

를 얻는다. 그러므로 오직 액체상의 저항이 중요하고, 기체상 내의 침투 거동에 대한 가정은 액체상 지배를 결정하는 데 중요하지 않으며, 또 지배 인자는 물에서의 산소의 낮은 용해도임을 알 수 있다. 거의 용해되지 않는 기체의 흡수와 탈착은 거의 항상 액체상 지배적이라는 것이 일반화될 것이다. 알짜 물질전달에 대한 기체상 계수의 보정은 명백히 중요하지 않으며, 액체상에 대한 보정은 무시할 만 하다.

예제 22.4-2 상 저항의 상호작용

단일 상 전달계수를 두 상 물질전달 문제의 경계조건으로 적용할 수 없는 많은 경우들이 있으며, 두 상 내의 확산 공정의 상호작용을 고려하지 않고 계면 경계조건을 가정한 단일 상 모델을 사용하는 것이 보통 실제적이다. 이러한 단순화는 중대한 오류를 불러 올 수 있다. 불완전하게 교반되는 부피가 너무 커서 A의 총괄 유체 농도는 무시할 수 있는 유체 C 내에서 반지름이 R인 B의 고체 구로부터 용질 A의 침출에 대해 이 근사적인 과정을 조사하시오.

해 침출 공정의 정확한 기술은 $0 \leq r \leq R$ 영역의 고체 내 A의 농도에 대해 쓰여진 Fick 2 법칙의 해에 의해 주어진다.

$$\frac{\partial c_{As}}{\partial t} = \mathscr{D}_{AB}\frac{1}{r^2}\frac{\partial}{\partial r}\left(r^2\frac{\partial c_{As}}{\partial r}\right) \tag{22.4-20}$$

경계조건과 초기조건은

경계조건 1 : $r = 0$ 에서, c_{As} 는 유한 (22.4-21)

경계조건 2 : $r = R$ 에서, $c_{As} = mc_{Al} + b$ (22.4-22)

초기조건 : $t = 0$ 에서, $c_{As} = c_0$ (22.4-23)

이다. 고체-액체 계면의 액체 쪽 확산 공정은

$$-\mathscr{D}_{AB}\frac{\partial c_{As}}{\partial r}\bigg|_{r=R} = k_c(c_{Al} - 0) \tag{22.4-24}$$

로 정의된 물질전달계수의 항으로 설명된다. 여기서 $c_{Al}(t)$는 계면에 인접한 액체상 내의 농도이다. 두 상 내의 확산 거동은 계면에서 평형을 나타내는 식 22.4-22를 통해 연결되며, 이 연결 때문에 Laplace 변환법을 사용하는 것이 편리하다. 그러나 먼저 $\xi = r/R$, $\tau = \mathscr{D}_{AB}\, t\,/\,R^2$, $C_s = c_{As}/\,c_0$, $C_l = (mc_{Al} + b)/c_0$와 $N = k_cR/m\mathscr{D}_{AB}$를 사용하여 문제를 무차원 형태로 재구성하고자 한다. 그러면 식 22.4-20과 24는

$$\frac{\partial C_s}{\partial \tau} = \frac{1}{\xi^2}\frac{\partial}{\partial \xi}\left(\xi^2\frac{\partial C_s}{\partial \xi}\right); \qquad -\frac{\partial C_s}{\partial \xi}\bigg|_{\xi=1} = NC_l \tag{22.4-25, 26}$$

이 된다. 여기서 C_s는 구 중심에서 유한하고, 구 표면에서는 $C_s = C_l$이며, 초기에는 구 전체를 통해 $C_s = 1$이다.

이 문제에 Laplace 변환을 취하면

$$p\overline{C}_s - 1 = \frac{1}{\xi^2}\frac{d}{d\xi}\left(\xi^2\frac{d\overline{C}_s}{d\xi}\right); \qquad -\frac{\partial \overline{C}_s}{\partial \xi}\bigg|_{\xi=1} = N\overline{C}_l \tag{22.4-27, 28}$$

를 얻고, $\overline{C}_s$는 구 중심에서 유한하며, 구 표면에서는 $\overline{C}_s = \overline{C}_l$이다. 식 22.4-27(식 C.1-6a의 불균질한 상사형인)과 28의 해는

$$\overline{C}_s = -\frac{N}{p[\sqrt{p}\cosh\sqrt{p} - (1 - N)\sinh\sqrt{p}]}\frac{\sinh\sqrt{p}\xi}{\xi} + \frac{1}{p} \tag{22.4-29}$$

이다. 임의의 시간 t에서 구 내부의 A의 총량 M_A의 Laplace 변환은

$$\frac{\overline{M}_A}{4\pi R^3 c_0} = \int_0^1 \overline{C}_s \xi d\xi = \frac{N^2}{p^2(\sqrt{p}\coth\sqrt{p} - (1-N))} - \frac{N}{p^2} + \frac{1}{3p} \tag{22.4-30}$$

이다. 반복하는 근에 대해 Heaviside 부분 분율 전개 이론[1]을 사용하여 역변환하면

$$\frac{M_A(t)}{\frac{4}{3}\pi R^3 c_{A0}} = 6\sum_{n=1}^{\infty} B_n \exp(-\lambda_n^2 \mathfrak{D}_{AB} t/R^2) \tag{22.4-31}$$

로 주어지며, 유한한 k_c(또는 N)에 대해 상수 λ_n과 B_n은

$$\lambda_n \cot\lambda_n - (1-N) = 0; \qquad B_n = \frac{N^2}{\lambda_n^3}\frac{\sin^2\lambda_n}{(\lambda_n - \sin\lambda_n\cos\lambda_n)} \tag{22.4-32, 33}$$

임을 알 수 있고, 무한한 k_c(또는 N)에 대해서는

$$\lambda_n = n\pi; \qquad B_n = \left(\frac{1}{n\pi}\right)^2 \tag{22.4-34, 35}$$

임을 알 수 있다. 계 내의 농도분포에 대한 식을 구하지 않고 시간 t에 구 내에 남아있는 A의 총량 $M_A(t)$를 성공적으로 구할 수 있었음에 주목하시오. 이것이 Laplace 변환을 사용하는 잇점이다.

이제 두 개의 총괄 물질전달계수를 정의할 것이다: (i) 고체상을 기반을 둔 이 계에 대한 정확한 총괄 계수는

$$K_s = \frac{N_{Ar}|_{r=R}}{c_{Ab}} = -\frac{R}{3}\frac{1}{M_A}\frac{dM_A}{dt} \tag{22.4-36}$$

이고, c_{Ab}는 고체상 내의 A의 부피 평균 농도이다. 그리고 (ii) 분리하여 계산된 두 상의 거동에 기반을 둔 식 22.4-13에 의해 계산된 근사적 총괄 계수는

$$\frac{1}{K_{s,\text{approx}}} = -\frac{3}{R}\frac{M_A^0}{dM_A^0/dt} + \frac{m}{k_c} \tag{22.4-37}$$

[1] A. Erdélyi, W. Magnus, F. Oberhettinger, and F. G. Tricomi, *Tables of Integral Transforms*, McGraw-Hill (1954), p. 232, 공식 21.

이고, 상첨자 0은 "외부 저항이 영"임을 의미하며 k_c는 액체상 전달계수이다.

이제 K_s와 $K_{s,\text{approx}}$를 비교할 수 있으며, 식 22.4-31의 합에서 선도항만으로도 충분한 오직 큰 값의 $\mathscr{D}_{AB}t/R^2$에 대해 비교하고자 한다. 이 경우에 대해서는

$$\frac{1}{K_{s,\text{approx}}} = \frac{3R}{\pi^2 \mathscr{D}_{AB}} + \frac{m}{k_c} \tag{22.4-38}$$

과

$$\frac{K_s}{K_{s,\text{approx}}} = \frac{\lambda_1^2}{\pi^2}\left(1 + \frac{\pi^2 m \mathscr{D}_{AB}}{3Rk_c}\right) \tag{22.4-39}$$

를 얻는다. 여기서 λ_1은 실제값의 k_c에 대해 계산된 것이다. λ_1은 $N = k_cR/m\mathscr{D}_{AB}$인 식 22.4-32로부터 얻게 됨을 명심하시오. 식 22.4-39의 그래프는 그림 22.4-4에서 볼 수 있다. 2-경막 모델의 최대 오차가 $\pi^2/3N = 1$의 부근에서 나타나며, 2-경막 이론으로부터 벗어나는 정도는 대단히 크지 않지만 감지할만 하다는 것을 안다.

예제 22.4-3 면적 평균화[2]

분리 측정된 단일 상 물질전달계수가 계산된 비

$$\frac{k_{xm}^0}{mk_{ym}^0} = 10 \tag{22.4-40}$$

을 얻게 되고 액체상이 충전 표면의 오직 절반만 젖어 있는 충전탑의 특성 영역을 생각하시오.

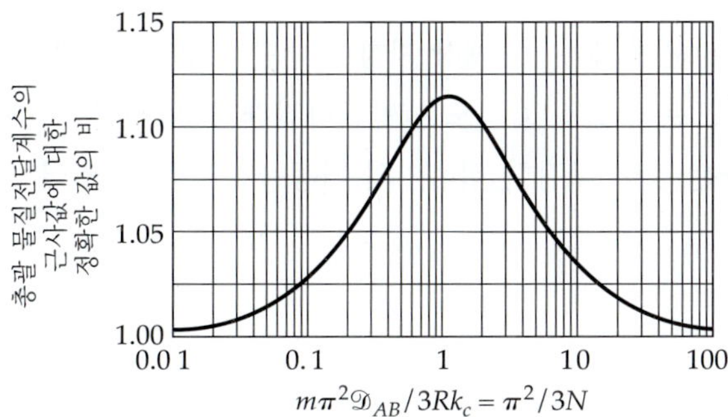

그림 22.4-4. 무차원 비 $m\pi^2\mathscr{D}_{AB}/3Rk_c$에 대해 도시된 큰 $\mathscr{D}_{AB}t/R^2$에 대한 구로부터 용질의 침출에 있어 근사적 총괄 물질전달계수에 대한 정확한 총괄 물질전달계수의 비.

[2] C. J. King, *AIChE Journal*, **10**, 671-677 (1964).

여기서 하첨자 m은 충전 표면의 전형적인 면적 S에 걸친 평균값을 나타낸다. 반면에 기체상 전달계수는 전체 표면에 걸쳐 균일하다. 이 가설적 예제는 불균일하게 젖어있는 특별한 경우이다. 식 22.4-12와 13에 의해 k_{xm}^0/K_{xm}^0의 정확한 값과 근사값을 계산하시오.

해 식 22.4-12로 시작하고, 절반의 면적에 대해 $k_{x,\mathrm{loc}}^0=0$이고 다른 절반의 면적에 걸쳐서는

$$k_{x,\mathrm{loc}}^0 = 2k_{xm}^0 \tag{22.4-41}$$

이며, 기체상에 대해서는

$$k_{y,\mathrm{loc}}^0 = k_{ym}^0 \tag{22.4-42}$$

임에 주목한다. 따라서 식 22.4-12는

$$K_{xm}^0 = \frac{1}{S}\left[\frac{\frac{1}{2}S}{(1/2k_{xm}^0) + (1/mk_{ym}^0)}\right] \tag{22.4-43}$$

을 산출한다. 이 결과와 식 22.4-40 및 22.4-9로부터 k_{xm}^0/K_{xm}^0에 대한 정확한 값은

$$\frac{k_{xm}^0}{K_{xm}^0} = 1 + 2\frac{k_{xm}^0}{mk_{ym}^0} = 21 \tag{22.4-44}$$

임을 알 수 있으며, 반면 식 22.4-13으로부터 근사값은

$$\frac{k_{xm}^0}{K_{xm}^0} = 1 + \frac{k_{xm}^0}{mk_{ym}^0} = 11 \tag{22.4-45}$$

임을 알 수 있다. 따라서 "평균에 대해" 액체상 저항이 대단히 낮음에도 불구하고 액체상 물질전달계수의 불균형한 분포는 물질전달 속도를 반감시킨다. 이와 같은 자세한 정보를 일반적으로 이용가능하지 않다는 것이 복잡한 접촉기의 거동을 예측함에 있어 불확실성에 대한 또 하나의 이유이다.

22.5 물질전달과 화학반응

많은 물질전달 공정은 화학반응을 수반하며, 반응 속도론은 전달 속도에 중대한 영향을 끼친다. 반응하는 기체의 흡수와 반응 증류를 포함하는 중요한 예제들이 있으며, 특히 흥미로운 두 경우가 있다.

(i) 고농도로 두 번째 반응물 B를 포함하고 있는 상 내로 잘 용해되지 않는 물질 A의 흡수. NaOH나 아민 용매 내로 이산화탄소의 흡수는 산업적으로 중요한 예이다. 여기서 반응물 B가 과량으로 존재하기 때문에 반응은 유사 1차 반응으로 생각될 것이다.

$$R_A = -(k_2'''c_B)c_A = -k_1'''c_A \quad (22.5\text{-}1)$$

이런 종류의 문제 예는 18.4 절에 주어져 있다.

(ii) B의 용액 내에서 급격하게 반응하는 용질 A의 흡수. 여기서 첫 번째 근사는 두 화학 종이 급격하게 반응하기에 두 화학 종은 공존할 수 없다고 가정하는 것이다. 이에 대한 예는 예제 20.1-2에 주어져 있다.

액체 경계층에 특히 관심을 가지며, 반응열 효과는 Pr에 대한 Sc의 비가 보통 대단히 크기 때문에 삼가는 경향이 있다. 거시적인 가열 효과가 일어나며, 이는 23장에서 다룰 것이다. 여기서는 공정 장치의 성능[1]을 예측하기 위해 화학반응을 동반하는 흡수 모델들을 어떻게 사용할 것인지 보여주는 예증이 되는 예제들로 제한하고자 한다.

예제 22.5-1 충전탑 내 계면 면적의 계산

비가역 1차 반응을 갖는 물질전달의 측정은 복잡한 물질전달 장치 내의 계면 면적을 계산하기 위해 종종 사용된다. 이 방법이 어떻게 정당화되는지 보이시오.

해 여기서 고려하는 계는

$$CO_2(aq) + H_2O \rightleftarrows H_2CO_3 \quad (22.5\text{-}2)$$

의 반응에 따라 용해된 CO_2의 가수화에 의해 제한되는 가성소다 용액 내의 이산화탄소의 흡수이다. 그런 다음 CO_2 농도에 비례하는 속도로 탄산이 NaOH와 반응한다. 이 반응의 속도론은 잘 특성화되어 있다.[1]

이 확산 문제의 해는 문제 20C.3에 주어져 있다. 식 20C.3-5로부터 긴 시간[2,3]에 대해

[1] T. K. Sherwood, R. L. Pigford, and C. R. Wilke, *Mass Transfer*, McGraw-Hill, New York (1975), 8장.

[2] P. V. Danckwerts, *Trans.Faraday Soc.*, **46**, 300-304 (1950).

[3] R. A. T. O. Nijsing, *Absorptie van gassen in vloeistoffen, zonder en met chemische reactie*, Academisch Proefschrift, Delft (1957).

$$W_{A0} = Ac_{A0}\sqrt{\mathscr{D}_{AB}k_1'''} \tag{22.5-3}$$

으로 총 표면적을 구할 수 있음을 안다. 고려하는 총 표면적 A는

$$A = \frac{1}{c_{A0}\sqrt{\mathscr{D}_{AB}k_1'''}}\frac{dM_{A,\text{tot}}}{dt} \tag{22.5-4}$$

로 주어지며, 여기서 $M_{A,\text{tot}}$는 시간 t에 흡수된 이산화탄소의 몰 수 이다.

이 전개는 $k_1''' L/v_s >> 1$ 로 주어지는 길이가 L이고 표면 속도가 v_s인 강하 경막으로 쉽게 확장된다. 물질전달 경계층 내의 1차 반응은 간단한 경막 모델에 대한 예제 18.4-1과 예제 20.1-3에서 논의되었다. 전개는 보통의 설계로 고체 표면 위의 강하 경막과 같이 액체상이 지지되는 충전탑 내의 계면 면적을 계산하는 것으로 더 확장될 수 있다.

예제 22.5-2 부피 물질전달계수의 계산

교반 탱크 내에서 1차 반응을 수반하는 기체 흡수를 생각하고

$$O_2 + 2Na_2SO_3 \rightarrow 2Na_2SO_4 \tag{22.5-5}$$

의 반응을 시작점으로 취한다. 이미 예제 18.4-1에서 논의하였던, 물질전달 모델로 액체의 얇은 정체 경막을 사용하여 부피 물질전달계수를 계산하시오.

해 이는 현실적 모델은 아니지만, 예제 18.4-1의 전개는

$$k_c = \frac{\mathscr{D}_{AB}}{\delta} \tag{22.5-6}$$

으로 씀으로써 **모델-둔감 형태**로 다시 표현할 수 있으므로

$$\phi = \sqrt{\frac{k_1'''\delta^2}{\mathscr{D}_{AB}}} \rightarrow \sqrt{\frac{k_1'''\mathscr{D}_{AB}}{k_c^2}} \quad \text{그리고} \quad \frac{V}{A\delta} \rightarrow \frac{Vk_c}{A\mathscr{D}_{AB}} = \text{Sh} \tag{22.5-7}$$

이 된다. 하첨자 AB는 O_2S로 바꾸어야 하며, S는 아황산 용액을 나타낸다.

침투 모델과 경막 모델을 비교함으로써 계의 **모델 민감도**를 조사할 수 있다. 이는 그림 22.5-1에 주어져 있으며, 둘 사이에는 현저한 차이[4]가 없음을 알 수 있다. 더욱이 예측되는 산소의 흡수 속도가 무산소 탱크 내의 물리적 흡수 속도와 동일하게 되는 매개변수 공간의

[4] E. N. Lightfoot, *AIChE Journal*, **8**, 710-712 (1962).

실제적인 영역이 존재한다. 그러므로 이 화학계는 부피 물질전달계수를 계산하기 위해 널리 보급되어 있는 수단임이 증명되었으며, 호기성 생물 반응기의 산소 공급의 효율성을 특성화하기 위해 오래전부터 사용되어 왔다.[5]

예제 22.5-3 빠른 반응을 동반하는 흡수에 대한 모델-둔감 상관관계

빠른 비가역 반응을 동반하는 흡수를 생각하고, 예제 20.1-2의 논의를 단순화하고 일반화하는 방법을 찾으시오. 이를

$$\text{Ha} = \frac{N_{A0}}{N_{A0}^{\text{phys}}} \tag{22.5-8}$$

과 같이 정의된 Hatta 수[6]의 항으로 나타내시오. 여기서 상첨자 phys는 반응이 없는 동일한 계 내의 용질 A의 흡수를 나타낸다. 이 무차원 군은 흡수 속도에 미치는 화학반응의 촉진 효과를 나타내는 편리한 척도이다.

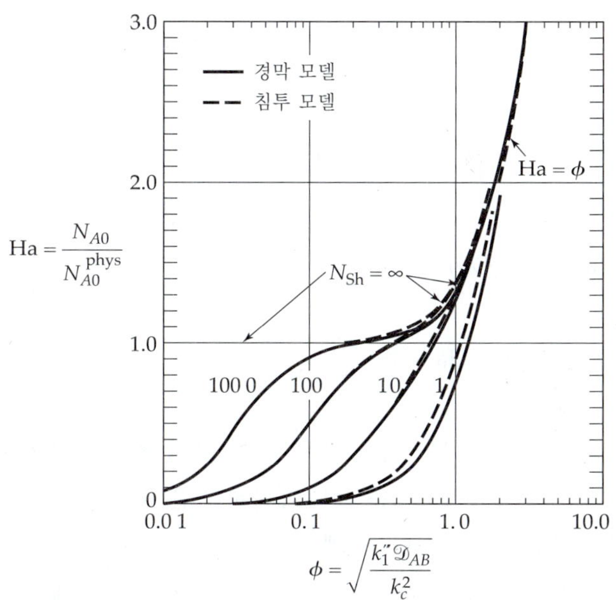

그림 22.5-1. 교반 탱크 내에서 잘 용해되지 않는 기체의 유사정상상태 흡수에 대한 비가역 일차 반응의 효과. 침투 모델과 정체 경막 모델의 비교.

[5] A. M. Friedman and E. N. Lightfoot, *Ind. Eng. Chem.*, **49**, 1227-1230 (1957); J. E. Bailey and D. F. Ollis, *Biochemical Engineering Fundamentals*, McGraw-Hill, New York (1986); V. Linek, P. Benes, and J. Sinkule, *Biotechnol.-Bioeng.*, **35**, 766-770 (1990).

[6] S. Hatta, *Technological Reports of Tôhoku University*, **10**, 613-662 (1932). **Shirôji Hatta** (1895-1973)는 1925년부터 1958년까지 일본 도호꾸 대학에서 가르쳤고, 1954년에 공과대학 학장으로 임명되었다; "은퇴" 후에 치요다 화공 건설회사에 근무하였으며, *Kagaku Kôgaku*의 편집장과 회장을 역임하였다.

해 용질 B가 없는 경우, $c_{B\infty}/c_{A0}$가 감소함에 따라 erf $\sqrt{\gamma/\mathscr{D}_{AS}}$는 1에 접근하므로 화학 종 A는

$$N_{A0}^{\text{phys}} = c_{A0}\sqrt{\frac{\mathscr{D}_{AS}}{\pi t}} \tag{22.5-9}$$

의 속도로 물리적 흡수(즉 반응이 없는 흡수)가 일어나게 된다. 이제 식 20.1-38의 결과를 식 22.5-9로 나누면

$$\text{Ha} = \frac{1}{\text{erf}\sqrt{\gamma/\mathscr{D}_{AS}}} \tag{22.5-10}$$

을 얻으며, 다음 경우[7,8]에 더 간단히 될 수 있다.

(i) 작은 $c_{B\infty}/c_{A0}$ 값에 대해 또는 동일한 확산계수에 대해

$$\text{Ha} = 1 + \frac{ac_{B\infty}}{bc_{A0}} \tag{22.5-11}$$

(ii) 큰 $c_{B\infty}/c_{A0}$ 값에 대해

$$\text{Ha} = \left(1 + \frac{ac_{B\infty}\mathscr{D}_{BS}}{bc_{A0}\mathscr{D}_{AS}}\right)\sqrt{\frac{\mathscr{D}_{AS}}{\mathscr{D}_{BS}}} \tag{22.5-12}$$

(iii) 모든 $c_{B\infty}/c_{A0}$ 값에 대해(근사)

$$\text{Ha} \approx 1 + \frac{ac_{B\infty}}{bc_{A0}}\sqrt{\frac{\mathscr{D}_{BS}}{\mathscr{D}_{AS}}} \tag{22.5-13}$$

식 22.5-11은 작은 $c_{B\infty}/c_{A0}$뿐만 아니라 거의 같은 확산계수를 갖는 일반적인 경우에 대해 정확하므로 특히 유용하며, 식 22.5-13은 큰 값과 대단히 작은 값의 $ac_{B\infty}\mathscr{D}_{BS}/bc_{A0}\mathscr{D}_{AS}$ 둘 다에 대해 모두 타당하기 때문에 유용하다. 이에 더하여 정확한 해는 항상 식 22.5-13의 곡선과 정확한 해에 가장 가까운 식 22.5-11과 12의 곡선 부분 사이 공간에 놓여 있으며, 이는 경계짓는 이들 근사해와 정확한 해를 비교하는 그림 22.5-2에서 볼 수 있다.

[7] E. N. Lightfoot, *Chem. Eng. Sci.*, **17**, 1007-1011 (1962).

[8] D. H. Cho and W. E. Ranz, *Chem. Eng. Prog. Symposium Series* #72, **63**, 37-45와 46-58 (1967).

다음 확산계수의 비를 반응이 없는 Sherwood 수의 대응하는 비로 대체할 수 있음에 주목한다.

$$\sqrt{\frac{\mathscr{D}_{AS}}{\mathscr{D}_{BS}}} = \frac{\mathrm{Sh}_B^0}{\mathrm{Sh}_A^0} \tag{22.5-14}$$

여기서 상첨자 0은 화학반응이 없는 조건에서 관찰된 Sherwood 수를 나타낸다. 따라서 모델- 둔감한 경계해의 집합을 얻을 수 있을 것이다.

$$\begin{aligned} \mathrm{Ha} &\approx 1 + \frac{ac_{B\infty}}{bc_{A0}} \\ &\approx \left[1 + \left(\frac{ac_{B\infty}}{bc_{A0}}\right)\left(\frac{\mathscr{D}_{BS}}{\mathscr{D}_{AS}}\right)\right]\frac{\mathrm{Sh}_B^0}{\mathrm{Sh}_A^0} \\ &\approx 1 + \left(\frac{ac_{B\infty}}{bc_{A0}}\right)\frac{\mathrm{Sh}_A^0}{\mathrm{Sh}_B^0} \end{aligned} \tag{22.5-15}$$

이 식들은 예제 20.1-2의 침투 모델뿐만 아니라 층류와 난류 경계층에 대해 편리한 경계를 제공하는 것으로 보인다. 따라서 이들은 대단히 모델-둔감한 상관관계를 형성하고 널리 사용된다.

22.6 자유 대류에 의해 결합된 열 및 물질전달

이 절에서는 자유 대류에 중점을 두면서 전달 공정 사이의 몇몇 중요한 상호 작용을 간략하게 고려하고자 한다. 이는 14.6절의 자유 대류 열전달에 대한 이전 논의의 연장이며, 합리

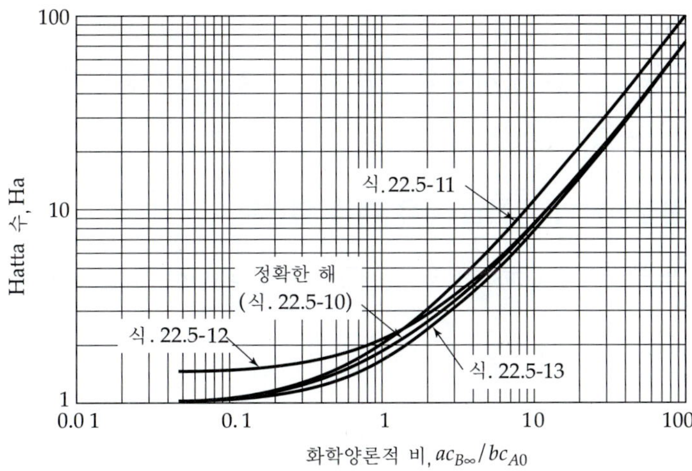

그림 22.5-2. $\mathscr{D}_{AS} = 2\mathscr{D}_{BS}$인 경우에 대해 침투 모델로부터 유도된 급격한 화학반응을 수반하는 흡수에 대한 모델-둔감한 상관관계.

적으로 잘 이해된다.

자유 대류에 의해 결합된 열 및 물질전달은 세 가지 모든 전달 현상 사이의 상호 작용에 대한 간단한 예제 중의 하나이며, 이를 나타내는 무차원 방정식은 식 19.5-8에서 11에 주어져 있다. 이들 식의 수치적 적분이 가능하지만,[1] 경계층 이론을 통해 간단하고 유용한 결과를 얻을 수 있다. 아래의 예제에서 두 개의 특별히 간단한 문제를 고려하고자 한다.

예제 22.6-1 Grashof 수의 덧셈

동일한 Prandtl 수와 Schmidt 수를 갖는 특별한 경우에 대해 결합된 자유 대류 열 및 물질전달식을 수립하시오. 전달은 일정한 온도와 조성을 갖는 표면과 크고 균일한 주위 유체 사이에서 일어난다고 가정하시오.

해 이는 예제 11.4-5의 경계조건을 바로 확장한 것이다. 그런 다음 만약 무차원 온도와 조성이 상사하게 정의되면, 관찰하는 계의 모든 곳에서 $\breve{T}=\breve{x}_A$가 된다.

그러면 이 혼합된 대류 문제의 해는 Gr 또는 Gr_ω가 합 $(\text{Gr}+\text{Gr}_\omega)$로 대체된 열전달 또는 물질전달 단독에 대한 해와 동일하게 된다. 이 단순화는 Sc와 Pr 수 사이의 작은 차이가 큰 영향을 미치지 않는 공기-물 계에 대해 널리 사용된다.

따라서 물에 젖은 수직 평판(Sc=0.61과 Pr=0.73을 갖는)으로부터의 증발에 대해서는 $C=0.518$인 식 11.4-51을 사용하여

$$\text{Nu}_m \approx 0.518[0.73(\text{Gr}+\text{Gr}_\omega)]^{1/4} \tag{22.6-1}$$

$$\text{Sh}_m \approx 0.518[0.61(\text{Gr}+\text{Gr}_\omega)]^{1/4} \tag{22.6-2}$$

을 얻는다. Pr과 Sc의 $\frac{1}{4}$ 제곱은 각각 0.92와 0.88임에 주목하시오. 이 차이는 임의의 실제 상황에 대한 불확실성과 이들 결과가 기초를 두고 있는 경계층 모델 관점에서 보면 거의 중요하지 않다. 또 보통 열 Grashof 수가 훨씬 더 크므로, 상호작용을 무시하면 증발 속도를 크게 저평가할 수 있음에 주목하시오.

예제 22.6-2 강제 대류 물질전달의 원천인 자유 대류 열전달

열 Grashof 수가 물질전달 Grashof 수보다 훨씬 더 크고$(\text{Gr}>\text{Gr}_\omega)$, Schmidt 수가 Prandtl

---

[1] W. R. Wilcox, *Chem. Eng. Sci.*, **13**, 113-119 (1961).

수를 능가하는(Sc > Pr) 많은 상황 –예를 들면 휘발성이 낮은 용매의 증발–이 있다. 이들 조건 하에서 열 부력은 운동량 원을 제공하고, 운동량 원은 물질전달을 이끌어 내기 위한 대류 유동을 일으킨다. 길이가 L인 수직의 평탄한 평판 표면에서 열적으로 유발된 상향 방향의 속도 구배는

$$\left.\frac{\partial v_z}{\partial y}\right|_{y=0} \approx 1.08\left(\frac{4}{3}\frac{z}{L}\right)^{1/4}\left(\frac{\mathrm{Gr}}{\mathrm{Pr}}\right)^{1/4}\sqrt{\frac{g\beta\Delta T}{L}} \tag{22.6-3}$$

로 주어지는 것을 알고 있다.[2] 여기서 z는 평판을 따라 상향 방향으로 측정된 거리이고, y는 유체 내 바깥 방향으로 측정된 거리이며, ΔT는 평판 온도와 주위 온도의 차이다. 이는 큰 Prandtl 수에 대한 점근식이지만, 기체에 대해서도 유용하다. 국부 Sherwood 수와 평균 Sherwood 수에 대한 식을 전개하시오.

해 열 자유 대류는 물질전달 경계층이 발달되는 내부에 속도장을 주게 되고, 주어진 이 속도장에서 2 차원 유동 내의 물질전달 속도식을 얻기 위해 $\mathrm{Nu}_{\mathrm{loc}}=D/\Gamma(\frac{4}{3})\,\delta_T$ 의 정의와 함께 식 12.4-30과 29의 물질전달 상사형을 사용할 것이다:

$$\mathrm{Sh}_{\mathrm{loc}} = \frac{(\mathrm{ReSc})^{1/3}}{9^{1/3}\Gamma(\frac{4}{3})}\frac{\sqrt{\Gamma_0}}{\left(\int_0^{z/l_0}\sqrt{\Gamma_0(u)}du\right)^{1/3}} \tag{22.6-4}$$

여기서

$$\Gamma_0 = \left.\frac{l_0}{v_0}\frac{\partial v_z}{\partial y}\right|_{y=0} \tag{22.6-5}$$

는 벽에서의 무차원 속도 구배이다(l_0와 v_0는 Reynolds 수의 정의에 사용된 임의의 기준 양이다). 자유 대류에 대해서는 l_0을 평판의 높이 L로, v_0를 ν/L로 사용하는 것이 편리하다. 그러면 Reynolds 수는 1이고, 양 Γ_0는 $\Gamma_0=(L^2/\nu)\,(\partial v_z/\partial y)|_{y=0}$ 이며, 식 22.6-4는

[2] A. Acrivos, *Phys. Fluids*, **3**, 657-658 (1960).

$$\begin{aligned}\mathrm{Sh_{loc}} &= \left(\frac{1.08}{8}\right)^{1/3}\frac{(\frac{4}{3})^{1/12}}{\Gamma(\frac{4}{3})}(\mathrm{GrSc})^{1/4}\left(\frac{\mathrm{Sc}}{\mathrm{Pr}}\right)^{1/12}\left(\frac{L}{z}\right)^{1/4} \\ &\approx 0.59(\mathrm{GrSc})^{1/4}\left(\frac{\mathrm{Sc}}{\mathrm{Pr}}\right)^{1/12}\left(\frac{L}{z}\right)^{1/4}\end{aligned} \tag{22.6-6}$$

이 된다. 평판 표면에 걸쳐 평균하여 얻는 평균 Sherwood 수는

$$\mathrm{Sh}_m \approx 0.79(\mathrm{GrSc})^{1/4}\left(\frac{\mathrm{Sc}}{\mathrm{Pr}}\right)^{1/12} \tag{22.6-7}$$

이다. 마지막 두 식은 자유 대류에 대해서는 Grashof 수의 $\frac{1}{4}$ 제곱이고 강제 대류에 대해서는 Schmidt 수의 $\frac{1}{3}$ 제곱인 층류 경계층 내의 자유 대류와 강제 대류 둘 다의 양상을 보여주고 있음에 주목하시오.

더욱이 앞의 예제와 표 14.6-1로부터 Pr=Sc에 대해

$$\mathrm{Sh}_m = 0.67(\mathrm{GrSc})^{1/4} \tag{22.6-8}$$

임을 알기 때문에 이제 Sc/Pr의 효과를 시험할 수 있다. 여기서 계수는 식 22.6-7의 계수보다 0.85 비만큼 더 낮다. Sherwood 수 Sh_m은 Sc≥Pr과 Pr>>1에 대해 식 22.6-7과 8의 예측 결과 사이에 놓일 것이다.

이제 Sc≥Pr과 Pr≥0.73에 대해 식 14.6-6에서 사용된 주장과 유사한 주장이 식 22.6-7과 8을 다음과 같이 확장할 수 있다고 제안한다.

$$\mathrm{Sh}_m \approx 0.73(1 \pm 0.1)\frac{(\mathrm{GrSc})^{1/4}(\mathrm{Sc}/\mathrm{Pr})^{1/12}}{[1+(0.492/\mathrm{Pr})^{9/16}]^{4/9}} \tag{22.6-9}$$

이 결과는 Pr = 0.73과 Pr = ∞의 극한에 대해 정확하며, 그러므로 공기 중의 용매 증발을 포함할 수 있다. 또 이 해석은 다른 형상에 대해서도 확장될 수 있다.

22.7 열 및 물질전달에 미치는 계면장력 효과

이 절에서는 가변의 계면장력 효과(Marangoni 효과)를 강조하면서 세 전달 공정 사이의 몇몇 중요한 상호 작용을 간략히 생각해 보고자 한다. 이 주제의 중요성은 물질전달계에서

유체-유체의 직접 접촉이 널리 일어나는 데에서 유래하지만, 유사한 열전달 조작에서도 중요할 수 있다. 여전히 잘 이해되지 않는 확산 공정은 전진하는 메니스커스[1] 부근의 고체 표면에 걸쳐 유체 유동에 대한 안 미끄러짐 조건을 범하는 것을 허용한다는 것이다. 기체-액체의 접촉에서 열 및 물질전달에 미치는 표면장력 구배의 일그러짐 효과에 대해서와 같이 이들은 경계조건에 대한 설명을 통해 들어오게 될 것이다.

만약 기체(상Ⅱ) 내의 응력이 무시된다면, 수직 단위 벡터 **n**을 갖는 계면에 작용하는 접선 방향의 계면 응력은 식 11C.6-4에 의하면

$$[(\boldsymbol{\delta} - \mathbf{nn}) \cdot [\mathbf{n} \cdot \boldsymbol{\tau}]] = -\nabla^s \sigma \tag{22.7-1}$$

로[2] 주어진다. 여기서 σ는 표면장력이고 ∇^s 는 계면 내의 이차원 구배 연산자이며, $(\boldsymbol{\delta}-\mathbf{nn})$은 계면에 접선인 평면에 놓여 있는 $[\mathbf{n} \cdot \boldsymbol{\tau}]$의 이들 성분을 선정한 "투영 연산자"이다. 예를 들어 만약 **n**이 z 방향의 단위 벡터라고 하면, 식 22.7-1은

$$\tau_{zx} = \frac{\partial \sigma}{\partial x} \qquad \tau_{zy} = \frac{\partial \sigma}{\partial y} \tag{22.7-2, 3}$$

으로 주어지며, 이는 xy 평면에 작용하는 x와 y 방향의 계면장력에 의한 응력이다.

표면장력 유발 응력은 대응하는 유체역학적 응력과 전형적으로 같은 차수이고, 이로 인해 유발되는 유동 현상은 한데 뭉뚱그려서 Marangoni 효과[3]로 알려져 있다.

---

[1] V. Ludviksson and E. N. Lightfoot, *AIChE Journal*, **14**, 674-677 (1968); P. A. Thompson and S. M. Torian, *Phys. Rev. Letters*, **63**, 766-769 (1997); A. Marmur, in *Modern Approach to Wettability: Theory and Applications* (M. E. Schrader and G. Loeb, eds.), Plenum Press (1992); D. Schaeffer and P.-Z. Wong, *Phys. Rev. Letters*, **80**, 3069-3072 (1998).

[2] D. A. Edwards, H. Brenner, and D. T. Wasan, *Interfacial Transport Processes and Rheology*, Butterworth-Heinemann, Boston (1991)의 식 3.2-6에서는 연산자 (**δ-nn**)은 "다이애드 표면 동일 인자(dyadic surface idemfactor)"라 불린다; 같은 양이 J. C. Slattery, *Interfacial Transport Phenomena*, Springer Verlag, New York (1990), p. 1086에 의해서는 "투영 텐서(projection tensor)"라 불린다. 두 책은 표면장력, 표면 점도, 표면 점탄성 및 계면의 다른 물성과 그들의 측정 방법에 대한 풍부한 정보를 포함하고 있다.

[3] C. G. M. Marangoni, *Tipographia dei fratelli Fusi*, Pavia (1865); *Ann. Phys.* (Poggendorf), **143**, 337-354 (1871). Marangoni 효과에 대한 역사적인 논문은 L. E. Scriven and C. V. Sternling, *Nature*, **187**, 186-188 (1960)과 S. Ross and P. Becher, *J. Coll. Interfac. Sci.*, **149**, 575-579 (1992)가 있다.

Marangoni 효과에 의해 물질전달 속도는 3배까지 증가할 수 있지만, 다른 환경에서는 감소할 수도 있음이 알려져 있다.[4]

Marangoni 효과의 성질과 범위는 계의 기하학적 구조와 전달 물성에 강하게 의존하며, 여기서는 4 개의 특별한 예제를 고려하는 것이 편리할 것이다.

(i) 액체 연속체로 둘러싸여 있는 액적과 기포

(ii) 기체상 연속체 내의 액적의 분사

(iii) 기체 또는 액체 연속체 내의 지지된 액체 경막

(iv) 액체 연속체 내 기포의 발포

실제로 각각이 중요한 이들 계는 서로 매우 다른 거동을 보인다.

액체 연속체를 통과해 움직이는 액적과 기포에 대해, 일차적인 문제는 "Hadamard-Rybczinski 순환"을 줄이거나 없앨 수 있는 계면활성제이거나 미시 크기의 입자이며, 또 더 큰 액적이나 기포에서는 진동을 동반하는 주기적인 혼합을 방해하는 것이다.[5] 이는 예제 22.3-4에서 간략하게 논의하며, 이 경우는 기체 흡수기와 액체 추출기에서 중요하다. 대형 증류탑에서 중요한 기체 내 액적의 분사에 대해서는 Marangoni 힘이 중요한 역할을 하지 않는다.[6]

좀더 작은 증류탑에서 중요한 발포층과 상당히 다양한 충전탑에서 중요한 지지 경막은 특히 흥미롭다. 둘 다 인접한 흐름의 조성 변화에 따른 표면장력의 변화로 유발되는 표면장력 구배에 강하게 영향을 받는다.

"양의 계"라고 부르는 총괄 기체와 평형을 이루는 액체의 표면장력보다 총괄 액체가 더 낮은 표면장력을 가질 때 발포층은 안정화된다. 이와 같은 경우, 기포들이 멀리 떨어져 있을 때보다 서로 가까이 있을 때 계면장력이 더 높게 되는 경향이 있으며, 표면장력이 높은 영역의 수축은 기포를 멀리 떨어지게 하는 경향이 있고, 따라서 발포를 안정화한다. 표면 장력의 단지 조그만한 차이만 있거나 또는 방향이 반대인 곳에서는, 즉, "음의 계"는 안정화 효과가 없으며, 발포가 되지 않는다. 물에 대한 에탄올 농도는 상대 휘발도가 높으면 강한 양의 표면장력 구배를 갖지만, 공비에 접근하면 거의 중성에 가깝기 때문에 흥미롭다. 그러므로 포종탑에 대해서는 최소로 필요한 곳에서는 단 효율이 높고, 공비 조성에 접근하게 되면 단 효율이 낮다.

---

[4] 액체-액체 계에 대해 강조한 Marangoni 효과와 관련된 현상의 좋은 개관은 J. C. Godfrey and M. J. Slater, *Liquid-Liquid Extraction Equipment*, Wiley, New York (1994), pp. 68-75에서 제공된다. C. V. Sternling and L.E. Scriven, *AIChE Journal*, **5**, 514-523 (1959)에 의해 제안된 이론은 유용한 통찰력을 제공하지만 너무 간단해서 불안정성의 개시에 대한 신뢰성있는 예측을 할 수 없는 것으로 생각된다.

[5] J. B. Angelo and E. N. Lightfoot, *AIChE Journal*, **12**, 751-760 (1966).

[6] F. J. Zuiderweg and A. Harmens, *Chem. Eng. Sci.*, **9**, 89-103 (1958).

하강하는 액체가 얇은 경막으로 고체 표면에 지지되는 충전탑에서는 상황이 전혀 다르다. 여기서는 하강하는 액체의 표면장력은 양의 계에 대해서는 하향 방향으로 감소하며, 좁은 개울을 형성하기 위해 유체역학적 불안정성에 지배를 받게 된다. 이들은 계면 면적과 물질 전달의 효율을 현저하게 감소시킨다. 반면에 음의 계에서는 경막이 안정화되고, 물질전달은 중성계에 대해서 보다 더 효과적으로 일어난다. 이 경우 대한 정량적인 해석이 가능한 것으로 보이지 않지만, 젖은 벽탑에 대해 Zuiderweg와 Harmens가 발견한 불안전성은 선형 안정성 해석[7]에 의해 예측될 수 있음이 알려져 있다. 또 안정성 해석은 양의 표면장력 구배가 존재하면 응축기 효율을 향상시킨다는 것을 암시한다. 매우 작은 경막에 대한 또 다른 안정성 연구는 미시유체 공정[8]에 대한 새로운 가능성을 연다.

예제 22.7-1 상승하는 기포의 순환 제거

계면활성제가 존재하면 상승하는 기포의 Hadamard-Rybczinski 순환을 멈출 수 있다. 이 현상을 설명하시오(그림 22.7-1 참조).

해 순환은 상승하는 기포 상부에서 표면의 연신을, 기포의 기저에서 표면 수축을 초래하게 된

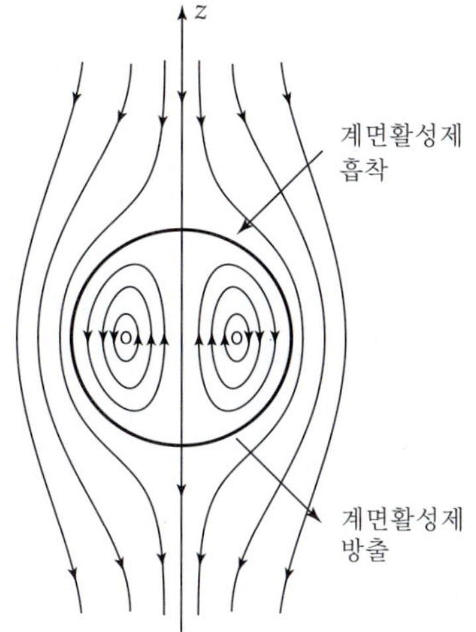

그림 22.7-1. Hadamard-Rybczinski 순환을 하는 동안 계면활성제의 이동.

[7] K. H. Wang, V. Ludviksson, and E. N. Lightfoot, *AIChE Journal*, **17**, 1402-1408 (1971).

[8] D. E. Kataoka and M.S. Troian, *Nature*, **402**, 794-797 (16 December 1999).

다. 결과적으로 계면활성제는 기저에 평균 농도보다 더 높은 농도로 농축되는 반면, 상부에서는 평균 농도보다 더 낮은 농도로 존재한다. 계면활성제는 표면장력을 줄이므로, 이는 계면 변형을 방해하는 경향을 보이는 표면장력-유도-응력(구형 좌표에서)

$$\tau_{r\theta,s}\big|_{r=R} = \frac{1}{R}\frac{\partial\sigma}{\partial\theta} \tag{22.7-4}$$

를 초래하게 된다(식 22.7-1 참조) 만약 이 응력의 크기가 상승하는 고체 구 위에서 나타나는 값(식 2.6-6 참조)

$$\tau_{r\theta}\big|_{r=R} = \frac{3}{2}\frac{\mu v_\infty}{R}\sin\theta \tag{22.7-5}$$

에 도달한다면 순환은 멈출 것이다.

실제 문제로, 비록 소량의 계면활성제일지라도 순환을 방해한다. 작은 농도로 현탁된 미시 크기 입자들도 기포의 후방이 깨끗이 되고 경질 표면을 형성하는 것과 유사한 효과를 갖는다.

예제 22.7-2 강하 경막에서의 Marangoni 불안정성

가장 단순한 물질전달-유도 Marangoni 효과 중에는 높은 용액열을 갖는 증기의 향류 흡수를 유발하는 강하 경막 내의 불안정성이 있다. 대표적인 중요한 예로는 매우 비효율적이어서 향류가 선호되는 물 내로의 HCl 증기의 향류 흡수가 있다. 이 효과를 설명하시오.

해 이 경우는 하부보다 상부가 더 차가운 평판을 따라 물의 경막을 아래로 흐르도록 함으로써 모사할 수 있다. 만약 충분히 주의한다면, 그림 22.7-2(a)의 간섭계 측정법에 의해 보는 바와 같이, 경막 두께가 싸인형으로 변하는 것을 볼 수 있다. 여기서 새로운 어두운 선 각각은 물에서 빛의 $\frac{1}{2}$ 파장 만큼 그 이웃과 다른, 일정한 두께를 갖는 선을 나타낸다.

이 경우는 측면 표면장력 구배에 의해 유발되는 그림 22.7-2(b)에 도시된 종류의 일련의 평행한 **회전 셀**에 대응한다. 다시 말하면 이들 구배는 표면 속도의 필연적인 작은 공간적 변화에 기인한 경막 두께의 작은 변화로 일어난다: 더 두꺼운 영역은 더 빠르게 움직이고, 따라서 얇은 영역보다 더 차가워지는 경향이 있다. 간단한 섭동 해석은 어떤 너비의 섭동이 다른 너비의 섭동보다 더 빠르게 성장하며, 가장 빠르게 성장하는 섭동이 지배적이 되는 경향이 있음을 보여준다. 그림 22.7-2(a)에서 싸인형 선의 주기는 가장 빠르게 자라는 성장하는 교란에 대응한다.

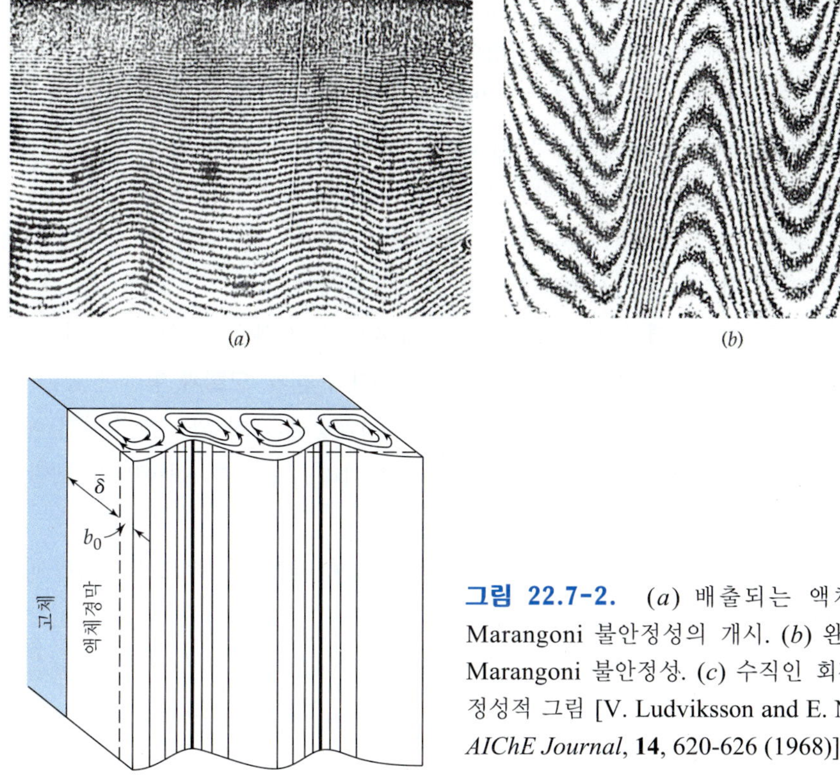

그림 22.7-2. (*a*) 배출되는 액체 경막에서 Marangoni 불안정성의 개시. (*b*) 완전히 발달된 Marangoni 불안정성. (*c*) 수직인 회전-셀 교란의 정성적 그림 [V. Ludviksson and E. N. Lightfoot, *AIChE Journal*, **14**, 620-626 (1968)].

그러나 실제로는 이와 같은 규칙성을 거의 관찰할 수 없으며, 많은 얇은 영역에 의해 둘러싸인 두꺼운 개울을 이따금씩 보는 것이 보통이다. 사용 가능한 표면의 대부분을 차지하는 이들 얇은 영역은 천천히 움직이고 빠르게 포화되며, 그런 까닭에 물질전달에는 비효율적이다. 오직 개울만이 물질전달에 효과적이며, 개울의 총 표면적은 대단히 작다. 조성의 수직적 변화에 기인한 표면장력 구배에 대해서도 유사한 거동이 관찰된다. 그러나 이 경우는 거동이 더 복잡하며 상계면 물질전달에 대한 해석이 요구된다.[7]

22.8 높은 알짜 물질전달 속도에서의 전달계수

상 경계를 가로지르는 높은 알짜 물질전달 속도는 화학 종의 농도뿐만 아니라 속도와 온도 경계층 분포를 왜곡시키고, 경계층 두께를 변화시킨다. 만약 물질전달이 경계를 향해 있다면, 이들 효과 둘 다는 마찰 인자와 열 및 물질전달계수를 증가시키는 경향이 있으며, 반대의 경우는 이들을 감소시키는 경향이 있다. 그러나 자유 대류와 회전하는 표면에 의해 유발되는 유동에서는 보통 이들 경향이 반대로 된다. 이와 같은 변화의 크기는 계의 기하학적 구조, 경계조건 및 Reynolds 수, Prandtl 수, Schmidt 수와 같은 지배 매개변수의 크기에 의존하고, 물성 변화 효과에 의해 동반된다. 또 유체역학적 안정성을 증가시키기도 감소시키기도 할 수 있다. 따라서 알짜 물질전달 효과에 대한 정확한 허용 오차는 방대한 계산과 실험을 요구하지만, 몇 가지 더 두드러진 양상은 이상적인 물리적 모델을 사용하여 설명할 수 있으며, 이것이 여기서 따르고자 하는 접근법이다.

유효 경막 두께의 변화는 예측할 수 없지만 분포 왜곡은 간단히 계산할 수 있는, 고전적인 **정체 경막 모델**로 시작하고자 한다. 그런 다음 **침투 모델**과 평탄한 평판 **층류 경계층 모델**을 논의하고자 하며, 급회전하는 원판의 경계층에 대한 완벽한 수치적 예제가 마지막에 주어지는 몇몇 실례가 되는 예제들로 결론을 내리고자 한다. 이 예제는 모델 민감도에 관한 유용한 평가도 제공할 것이다.

22.1절에서 지적하였던 바와 같이 높은 알짜 물질전달 속도가 고려될 때는 전달계수에 대한 수정된 표기법을 도입한다.

$$N_{A0} - x_{A0}(N_{A0} + N_{B0}) = k^{\bullet}_{x,\text{loc}} \Delta x_A \tag{22.8-1a}$$

$$e_0 - (N_{A0}\tilde{C}_{pA,0} + N_{B0}\tilde{C}_{pB,0})(T_0 - T^{\circ}) = h^{\bullet}_{\text{loc}} \Delta T \tag{22.8-1b}$$

$k^{\bullet}_{x,\text{loc}}$와 $h^{\bullet}_{\text{loc}}$의 검은 점은 높은 알짜 물질전달 속도의 결과로 유발되는 농도분포와 온도분포의 왜곡이 포함되어 있음을 의미한다.

이들 전달계수와 식 22.1-7과 8에서 정의된 전달계수 사이에는

$$k_{x,\text{loc}} = \lim_{N_{A0}+N_{B0}\to 0} k^{\bullet}_{x,\text{loc}} \tag{22.8-2a}$$

$$h_{\text{loc}} = \lim_{N_{A0}\tilde{C}_{pA,0}+N_{B0}\tilde{C}_{pB,0}\to 0} h^{\bullet}_{\text{loc}} \tag{22.8-2b}$$

의 관계가 있으며, 이는 두 유형의 전달계수를 관계짓는 극한 과정을 명백히 보여준다.

정체 경막 모델[1,2,3,4]

이미 18.2 절에서 이 모델을 간략하게 다루었으며, 예제 19.4-1에서 좀더 충분히 논의하였

다. 식 19.4-16과 17을 식 22.8-1a와 1b의 정의와 결합함으로써, 그림 22.8-1의 계에 대해

$$1 + \frac{(N_{A0} + N_{B0})}{k^{\bullet}_{x,\mathrm{loc}}} = \exp\left[(N_{A0} + N_{B0}) \frac{\delta_x}{c\mathscr{D}_{AB}}\right] \tag{22.8-3}$$

$$1 + \frac{(N_{A0}\tilde{C}_{pA} + N_{B0}\tilde{C}_{pB})}{h^{\bullet}_{\mathrm{loc}}} = \exp\left[(N_{A0}\tilde{C}_{pA} + N_{B0}\tilde{C}_{pB}) \frac{\delta_T}{k}\right] \tag{22.8-4}$$

를 얻는다.

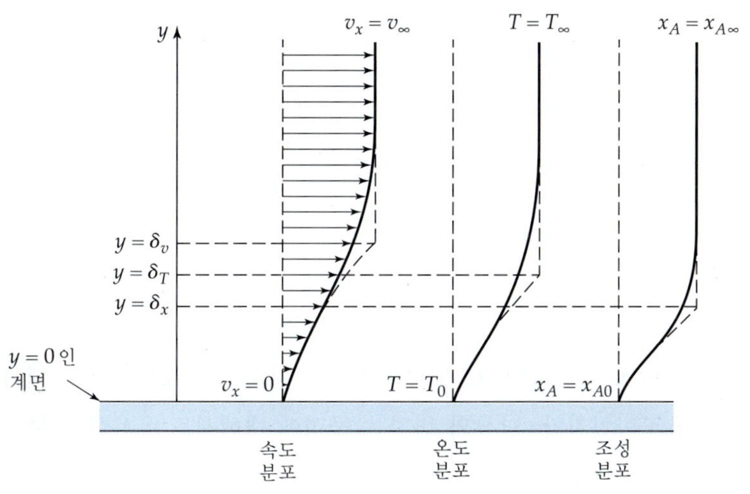

그림 22.8-1. 흐름 내로 빠른 물질전달을 갖는 평탄한 표면을 따른 정상상태 유동. 실선 곡선은 진짜 분포를, 점선 곡선은 경막 모델에 의해 예측된 분포를 나타낸다.

[1] W. K. Lewis and K. C. Chang, *Trans. AIChE*, **21**, 127-136 (1928).

[2] G.Ackerman, *Forschungsheft*, **382**, 1-16 (1937).

[3] A. P. Colburn and T. B. Drew, *Trans. AIChE*, **33**, 197-212 (1937).

[4] H. S. Mickley, R. C. Ross, A. L. Squyers, and W. E. Stewart, *NACA Tech. Note*, *3208* (1954).

식 22.8-2a 와 2b에 나타나 있는 극한 과정을 따르면, 낮은 알짜 물질전달 극한에서 전달계수에 대한 식

$$\frac{1}{k_{x,\text{loc}}} = \frac{\delta_x}{c\mathscr{D}_{AB}} \tag{22.8-5}$$

$$\frac{1}{h_{\text{loc}}} = \frac{\delta_T}{k} \tag{22.8-6}$$

을 얻는다. 이들 극한값은 식 22.8-3과 4의 우변을 Taylor 급수로 전개하고 두 항을 남겨 놓으면 얻게 된다. 식 22.8-5와 6을 식 19.4-16과 17에 대입하면 낮은 알짜 물질전달 속도(측정 가능한)에서의 전달계수를 위해 경막 두께(분명치 않은)를 소거할 수 있다:

$$1 + \frac{(N_{A0} + N_{B0})(x_{A0} - x_{A\infty})}{N_{A0} - x_{A0}(N_{A0} + N_{B0})} = \exp\left(\frac{N_{A0} + N_{B0}}{k_{x,\text{loc}}}\right) \tag{22.8-7}$$

$$1 + \frac{(N_{A0}\tilde{C}_{pA} + N_{B0}\tilde{C}_{pB})(T_0 - T_\infty)}{q_0} = \exp\left(\frac{N_{A0}\tilde{C}_{pA} + N_{B0}\tilde{C}_{pB}}{h_{\text{loc}}}\right) \tag{22.8-8}$$

이들 식은 경막 모델의 중요한 결과이다. 이 식들은 전도 에너지 흘럭스와 벽에서의 확산 흘럭스가 N_{A0}와 N_{B0}에 어떻게 의존하는지 보여준다. 이 모델에서 전도와 확산의 계면 흘럭스에 미치는 알짜 물질전달 효과는 명백히 상사하다. 비록 이들 관계가 층류와 일정한 물성에 대해 유도되었지만, 난류와 변하는 물성에 대해서도 유용하다(문제 22B.3 참조).

열 및 물질전달에 대한 결과는

$$\theta = \frac{\phi}{R} = \frac{\phi}{e^{\phi} - 1} = \frac{\ln(1 + R)}{R} \tag{22.8-9}$$

$$\Pi = \frac{e^{\phi\eta} - 1}{e^{\phi} - 1} = \frac{(1 + R)^{\eta} - 1}{R} \quad (\eta \leq 1) \tag{22.8-10}$$

의 두 식으로 요약할 수 있다. 높은 알짜 물질전달 속도에서 계수들을 구하기 위해서는 계수 $k_{x,\text{loc}}$ 및 h_{loc}와 반드시 곱해져야 하는 보정인자 θ_x와 θ_T를 식 22.8-9로부터 얻을 수 있으며, 농

도분포와 온도분포를 식 22.8-10으로부터 얻을 수 있다. 기호들의 의미는 표 22.8-1에 요약되어 있다.

표 22.8-1. 22.8절에서 논의된 모든 모델에 대해 사용되는 무차원 양의 요약. 20.2절과 22.9절에는 질량 기준형이 나타난다.

θ=보정 인자　　R=훌럭스 비

ϕ=속도 인자　　Π=분포

η=벽으로부터의 무차원 거리

	물질전달	열전달
θ	$\theta_x = \dfrac{k^{\bullet}_{x,\text{loc}}}{k_{x,\text{loc}}}$	$\theta_T = \dfrac{h^{\bullet}_{\text{loc}}}{h_{\text{loc}}}$
ϕ	$\phi_x = \dfrac{N_{A0} + N_{B0}}{k_{x,\text{loc}}}$	$\phi_T = \dfrac{N_{A0}\tilde{C}_{pA} + N_{B0}\tilde{C}_{pB}}{h_{\text{loc}}}$
R	$R_x = \dfrac{(N_{A0} + N_{B0})(x_{A0} - x_{A\infty})}{N_{A0} - x_{A0}(N_{A0} + N_{B0})}$	$R_T = \dfrac{(N_{A0}\tilde{C}_{pA} + N_{B0}\tilde{C}_{pB})(T_0 - T_\infty)}{q_0}$
Π	$\Pi_x = \dfrac{x_A - x_{A0}}{x_{A\infty} - x_{A0}}$	$\Pi_T = \dfrac{T - T_0}{T_\infty - T_0}$
η	$\eta_x = \dfrac{y}{\delta_x} = \dfrac{y}{c\mathscr{D}_{AB}/k_{x,\text{loc}}}$	$\eta_T = \dfrac{y}{\delta_T} = \dfrac{y}{k/h_{\text{loc}}}$

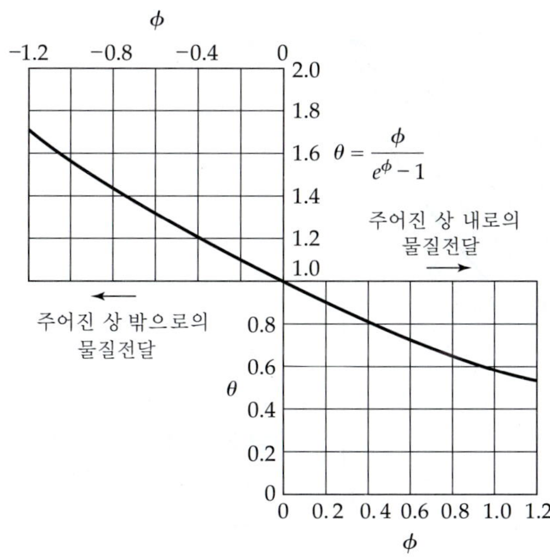

그림 22.8-2. 경막 모델에 의해 주어진 바와 같은 물질전달 속도를 갖는 전달계수의 변화(식 22.8-9 참조).

식 22.8-9는 그림 22.8-2에 그래프로 주어져 있다. 이 그림은 흐름 내로의 A와 B의 알짜 전달(양의 ϕ)에 대해서는 전달계수가 감소하는 반면, 흐름 밖으로 나오는 A와 B의 알짜 전달(음의 ϕ)은 전달계수가 증가하는 원인이 됨을 보여주고 있다.

식 22.8-10에 대한 몇몇 표본 분포가 그림 22.8-3에 나타나 있다. 작은 물질전달 속도의 극한(즉 $\phi \rightarrow 0$ 또는 $R \rightarrow 0$)에서 식 22.8-10은 간단히 $\Pi = \eta$ 가 되고, 경막 모델은 경막 바깥 영역이 완전히 혼합된 것으로 간주하므로 $\eta=1$을 넘어서는 평탄한 분포를 갖는다.

침투 모델

다음 계면에서 항력이 현저하지 않는 계에 대한 큰 알짜 물질전달 속도에서의 전달계수로 관심을 돌린다. 강하 액체 경막 내로의 기체 흡수, 상승하는 기포로부터의 기체 흡수(18.5절), 비정상상태의 증발(20.1절) 등 이미 이 유형의 여러 계를 공부하였다. 이들 계는 일반적으로 **침투 이론**의 표제 하에서 함께 묶을 수 있다.

강하 경막계는 그림 22.8-4에서 볼 수 있다. 액체 유입에서부터 액체 유출까지 이동 시간("노출 시간")이 충분히 짧아서 확산하는 화학 종들이 액체 내로 충분히 멀리 침투하지 못한다. 이와 같은 경우 무한히 두꺼운(수학적 관점에서) 강하 경막으로 간주할 수 있다. 그러면 예제 20.1-1로부터 결과를 차용할 수 있을 것이다.

큰 알짜 물질전달 속도를 갖는 상응하는 비정상상태의 계에 대한 농도분포는 식 20.1-23으로 주어지며, 온도분포에 대해서도 상사한 식을 쓸 수 있다.

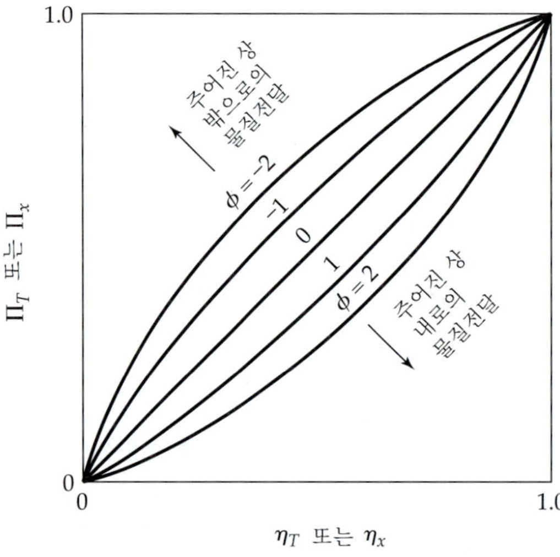

그림 22.8-3. 경막 모델에 의해 계산된 바와 같은 층류 경막 내의 온도와 농도분포(식 22.8-10 참조).

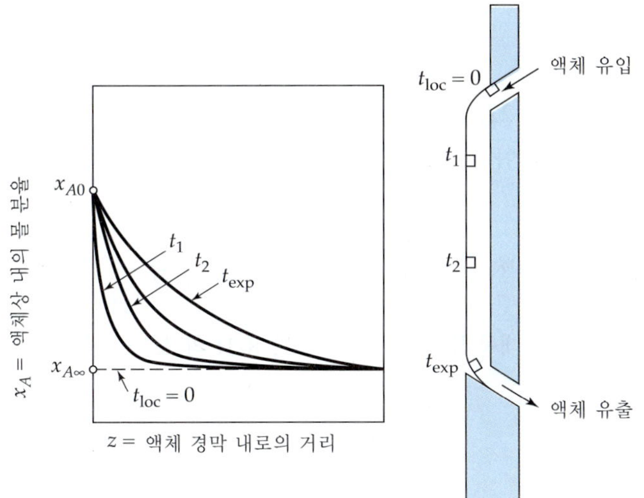

그림 22.8-4. 강하 액체 경막 내로의 확산. 여기서 t_{exp}는 표면 부근의 전형적인 부피 요소가 노출된 총 시간이다.

$$\Pi_x \equiv \frac{x_A - x_{A0}}{x_{A\infty} - x_{A0}} = \frac{\mathrm{erf}(\eta_x - \varphi_x) + \mathrm{erf}\,\varphi_x}{1 + \mathrm{erf}\,\varphi_x} \tag{22.8-11}$$

$$\Pi_T \equiv \frac{T - T_0}{T_\infty - T_0} = \frac{\mathrm{erf}(\eta_T - \varphi_T) + \mathrm{erf}\,\varphi_T}{1 + \mathrm{erf}\,\varphi_T} \tag{22.8-12}$$

여기서 $\eta_x = y\sqrt{4\mathscr{D}_{AB}t}$와 $\eta_T = y\sqrt{4\alpha t}$는 계면으로부터의 무차원 거리이고, 각 식의 φ는 계면에서의 무차원 몰 평균 속도이다:

$$\varphi_x \equiv \frac{N_{A0} + N_{B0}}{c}\sqrt{\frac{t}{\mathscr{D}_{AB}}} \qquad \varphi_T = \frac{N_{A0} + N_{B0}}{c}\sqrt{\frac{t}{\alpha}} \tag{22.8-13a, b}$$

이 결과와 식 22.8-1과 2의 전달계수에 대한 정의로부터 유량 인자 ϕ, 훌럭스 비 R과 앞의 분절에서 정의된 보정 인자 θ를 얻을 수 있다:

$$\phi = \sqrt{\pi}\varphi \tag{22.8-14}$$

$$R = \left(1 + \mathrm{erf}\,\frac{\phi}{\sqrt{\pi}}\right)\phi\,\exp\left(\frac{\phi^2}{\pi}\right) \tag{22.8-15}$$

$$\theta = \frac{\exp(-\phi^2/\pi)}{1 + \text{erf}(\phi/\sqrt{\pi})} \tag{22.8-16}$$

또 식 22.8-1과 2의 정의와 식 22.8-11과 12의 분포로부터 낮은 알짜 물질전달 속도에서의 전달계수에 대한 식을 얻을 수 있다:

$$k_{x,\text{loc}} = c\sqrt{\frac{\mathscr{D}_{AB}}{\pi t}}; \qquad h_{\text{loc}} = \rho\hat{C}_p\sqrt{\frac{\alpha}{\pi t}} \tag{22.8-17, 18}$$

높은 알짜 물질전달 속도에서 대응하는 계수는 식 22.8-16의 보정 인자를 곱함으로써 얻을 수 있다.

마지막 두 식으로부터

$$h_{\text{loc}} = k_{x,\text{loc}}\tilde{C}_p\left(\frac{\alpha}{\mathscr{D}_{AB}}\right)^{1/2} \tag{22.8-19}$$

의 관계를 얻는다. $\frac{2}{3}$ 제곱($\frac{1}{2}$ 대신에)을 갖는 유사한 관계식은 식 22.3-23에서 25에 주어진 Chilton-Colburn 관계로부터 얻는다. 후자는 경질의 경계에 인접한 유동에 대해 타당한 반면, 식 22.8-19는 계면에서 속도 구배가 없는 유체-유체계에 적합하다.

식 22.8-17에 주어진, $k_{x,\text{loc}}$가 확산계수의 제곱근에 비례하는 것은 실례로 짧은 젖은 벽탑, 충전탑과 기포 주위의 액체를 포함하는 몇몇 기체-액체 물질전달계의 액상에 대해 실험적으로 확인되었다. 또 침투 모델은 화학반응을 동반하는 흡수에 대해서도 적용되었다(예제 20.1-2 참조).

평탄한 평판 경계층 모델

일정한 물성을 갖는 유체에 대한 평탄한 평판을 따른 경계층 내의 정상상태 전달은 20.2절에서 논의되었으며, 분포에 대한 일반식 $\Pi(\eta, \Lambda, K)$는 식 20.2-43에 주어져 있다. 여기서 $\eta = y\sqrt{v_\infty/2\nu x}$는 평판에서부터 측정된 무차원 위치 좌표이고 Λ는 물성 군(즉 1, Pr 또는 Sc)이며, $K = (v_{y0}/v_\infty)\sqrt{2v_\infty x/\nu}$ 는 $\eta = 0$에서의 무차원 알짜 질량 훌럭스이다.

다시 한번 표 22.8-1에 정의된 표기법을 도입한다. 그러면 경계층 계산에 대해

$$R = \frac{K\Lambda}{\Pi'(0, \Lambda, K)}; \qquad \phi = \frac{K\Lambda}{\Pi'(0, \Lambda, 0)}; \qquad \theta = \frac{\Pi'(0, \Lambda, K)}{\Pi'(0, \Lambda, 0)} \tag{22.8-20, 21, 22}$$

를 갖는다. 경계층 계산에서는 두 화학 종의 열용량이 동일하다고 가정하였다.

평탄한 평판에 대한 운동량, 열 및 물질 훌럭스가 그림 22.8-5에 주어져 있으며, 그림 22.8-6과 7에는 경막 모델, 침투 모델 및 경계층 모델에 대한 보정 인자 θ를 비교하는 2 개

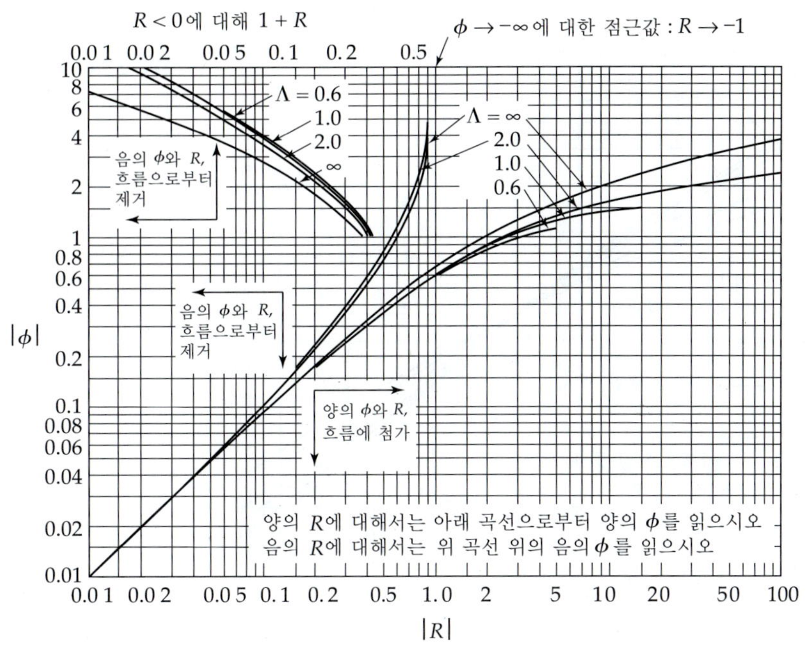

그림 22.8-5. 평탄한 평판과 층류 경계층 사이의 열 및 물질 훌럭스 [W.E Stewart, 박사학위 논문, 메사추세츠 공과대학 (1951)].

의

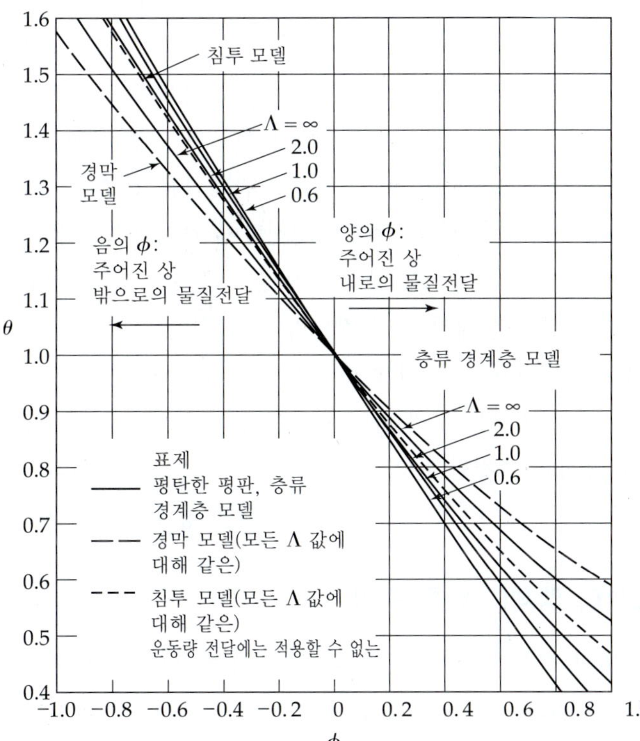

그림 22.8-6. 다양한 모델에 의해 예측된 물질전달 속도에 따른 전달계수의 변화. $\Lambda \rightarrow \infty$에 대한 선은 그들의 기하학적 구조가 어떻든 간에 경질 고체 위의 분리되지 않는 정상상태의 경계층 영역에 대해 유지된다.

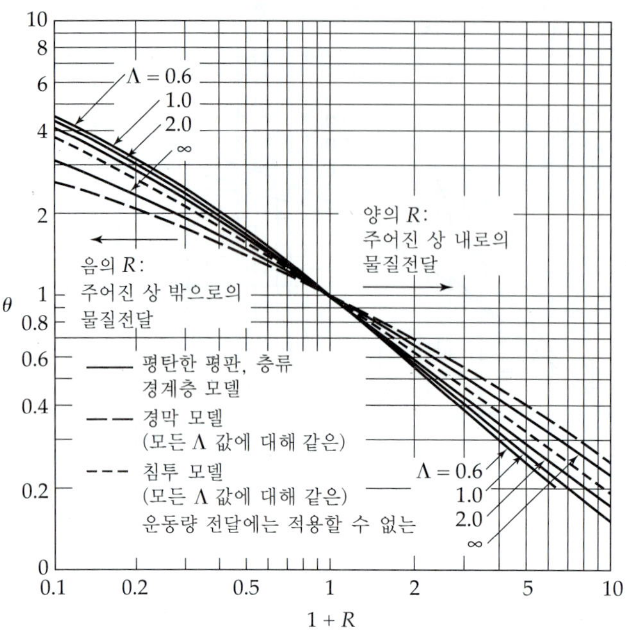

그림 22.8-7. 다양한 모델에 의해 예측된 환류비 R에 따른 전달계수의 변화. $\Lambda \to \infty$에 대한 선은 그들의 기하학적 구조가 어떻든 간에 매끄러운 경질 고체 위의 분리되지 않는 정상 상태의 경계층 영역에 대해 유지된다.

그림이 주어져 있다. 경계층 모델은 온도와 농도분포에 미치는 접선 속도분포의 효과를 포함하기 때문에 다른 모델들에서는 발견할 수 없는 Λ에 대한 의존성을 보인다. 경막 모델은 전달계수가 알짜 물질전달 속도에 대해 가장 작은 의존성을 갖는 것으로 예견된다.

T 또는 x_A에 대한 ϕ 또는 R의 크기가 1이거나 1보다 더 크면, 1과는 상당히 다른 보정 인자들이 나타난다. 그림 22.8-6과 7 및 $\theta = \phi / R$의 관계식을 참조하시오. 한외 여과(예제 22.8-5)와 증발 냉각(문제 20B.7(c))과 같이 물질전달이 기계적으로 유발될 때, 이들 척도에 의하면 큰 알짜 계면 물질 훌럭스가 일반적이다. 또 필수적인 잠열이나 반응 에너지를 전달하기 위해 대응하는 큰 온도차나 복사 강도가 수반되면, 큰 알짜 물질 훌럭스가 증발, 응축, 용융과 상태의 다른 변화, 불균질 화학반응 등에서 일어날 수 있다. 더 적당한 알짜 훌럭스와 1에 가까운 보정 인자는 분리 단이나 유동 단면 내의 온도와 조성차가 보통은 상당히 작은 다단 분리공정과 충전탑 분리공정에서 자주 일어난다. 에너지 훌럭스 비 R_T는 예제 22.8-2와 3에 설명된 바와 같이 알짜 훌럭스 보정을 평가하기 위한 중요한 기준이다.

예제 22.8-1 평면 표면으로부터 액체의 빠른 증발

응축되지 않는 기체 B의 접선 흐름에 노출되어 있는 평면 표면 위의 래커 피복에서 용매 A가 증발하고 있다. 표면 위의 주어진 점에서, 주요한 평균 유체 물성에서의 기체상 물질전달계수 $k_{x,\text{loc}}$는 0.1 lb-mole/hr·ft^{2}로 주어지며, Schmidt 수는 2.0이고, 계면 기체 조성은 $x_{A0}=0.80$이다. (a) 정체 경막 모델, (b) 평탄한 평판 경계층 모델과 (c) 보정되지 않은 물질전달계수 $k_{x,\text{loc}}$를 사용하여 국부 증발 속도를 계산하시오.

해 **(a)** 기체 B는 응축되지 않으므로 $N_{B0}=0$이다. 식 22.8-7($1+R_x=\exp\phi_x$와 같은)을 기체상에 적용하면

$$1+\frac{(N_{A0}+0)(0.80-0)}{N_{A0}-0.80(N_{A0}+0)}=\exp\left(\frac{N_{A0}+0}{0.1}\right) \tag{22.8-23}$$

을 얻으며, 자연 로그를 취한 뒤 이로부터 정체 경막 모델의 결과로

$$N_{A0}=0.1\ln(1+4.0)=0.161\text{ lb-mole/hr}\cdot\text{ft}^2 \tag{22.8-24}$$

을 얻는다. 이것은 보정인자 $\theta_x=\phi_x/\text{R}_x=0.40$에 상응한다.

(b) (a)에서와 같이 $R_x=4.0$이다. 그림 22.8-5로부터 $R_x=4.0$과 $\Lambda_x=2.0$에서 $\phi_x=1.3$임을 안다. 표 22.8-1의 ϕ_x에 대한 공식에서 $N_{B0}=0$으로 두면 평탄한 평판 경계층 모델의 결과로

$$N_{A0}=k_{x,\text{loc}}\phi_x=(0.1)(1.3)=0.13\text{ lb-mole/hr}\cdot\text{ft}^2 \tag{22.8-25}$$

를 얻으며, 상응하는 보정인자 θ_x는 0.33이다.

(c) 만약 물질전달계수 $k_{x,\text{loc}}$가 알짜 계면 훌럭스에 대한 보정 없이 사용된다면, $N_{B0}=0$인 식 22.1-5로부터

$$N_{A0}-0.80(N_{A0}+0)=(0.1)(0.80-0) \tag{22.8-26}$$

을 얻으며, $N_{A0}=0.400$ lb-mole/hr·ft^{2}이다. 이 결과는 너무 크며, 이 조건에서는 알짜 몰 훌럭스에 대한 보정이 중요하다는 것을 보여준다. 만약 유동이 층류이고 물성의 변화가 그렇게 크지 않다면 (b)의 경계층 해가 정확할 것이다.

예제 22.8-2 액적 증발의 보정 인자

경막 모델과 평탄한 평판 경계층 모델로부터 보정 인자 θ_x를 적용하여 알짜 몰 훌럭스에 대한 예제 22.3-1의 결과를 조정하시오..

해 예제 22.3-1에서 액적 표면 위 임의의 점에서 알짜 몰 훌럭스 비 R_x는

$$\begin{aligned} R_x &= \frac{(N_{A0} + N_{B0})(x_{A0} - x_{A\infty})}{N_{A0} - x_{A0}(N_{A0} + N_{B0})} \\ &= \frac{(N_{A0} + 0)(0.0247 + 0)}{N_{A0} - 0.0247(N_{A0} + 0)} = \frac{0.0247}{1 - 0.0247} = 0.0253 \end{aligned} \tag{22.8-27}$$

이다. 식 22.8-9(경막 모델) 또는 그림 22.8-7(평탄한 평판 경계층 모델)로부터 예측된 보정인자 θ_x는 액적 위 모든 점에서 약 0.99이다. 그러므로 보정된 물질전달 속도는(식 22.3-31을 조정하여)

$$\begin{aligned} W_{A0} &= \theta_x k_{xm} \pi D^2 \frac{x_{A0} - x_{A\infty}}{1 - x_{A0}} = (0.987)(2.70 \times 10^{-7}) \\ &= 2.66 \times 10^{-7}\ \text{g-mole/s} \cdot \text{cm}^2 \end{aligned} \tag{22.8-28}$$

이다. 이 결과는 예제 22.3-1에서 얻은 결과와 단지 약간 다르다. 따라서, 작은 물질전달 속도라는 가정은 주어진 조건 하에서 만족할 만하다.

예제 22.8-3 물질전달 속도에 대해 보정된 습구의 성능

알짜 물질전달 속도에 대한 보정을 포함하기 위해 정체 경막 모델을 사용하여 예제 22.3-2의 해석을 확장하시오.

해 심지 위 임의의 점에 대해 식 22.3-32의 에너지 수지를 다시 쓰면, 유한한 물질전달 속도에 대해

$$N_{A0} \Delta \tilde{H}_{A,\text{vap}} = h^{\bullet}_{\text{loc}} (T_\infty - T_0) \tag{22.8-29}$$

를 얻는다. $N_{B0} = 0$이므로 양변에 $\tilde{C}_{pA}/(\Delta \tilde{H}_{A,\text{vap}} h^{\bullet}_{\text{loc}})$를 곱하면

$$R_T = \frac{N_{A0} \tilde{C}_{pA}}{h^{\bullet}_{\text{loc}}} = \frac{\tilde{C}_{pA}(T_\infty - T_0)}{\Delta \tilde{H}_{A,\text{vap}}} \tag{22.8-30}$$

을 얻으며, 이 식의 우변 항은 T_0, T_∞와 p가 주어지면 쉽게 계산된다.

다음 $N_{B0}=0$이라는 사실을 고려하면서 열 및 물질전달 둘 다에 대해 식 $\phi = \ln(1+R)$을 쓴다:

$$\frac{N_{A0}\tilde{C}_{pA}}{h_{\text{loc}}} = \ln(1 + R_T); \qquad \frac{N_{A0}}{k_{x,\text{loc}}} = \ln(1 + R_x) \tag{22.8-31, 32}$$

N_{A0}에 대해 두 식을 풀고 그 결과식을 같다고 두면

$$\ln(1 + R_x) = \frac{h_{\text{loc}}}{k_{x,\text{loc}}\tilde{C}_{pA}} \ln(1 + R_T) \tag{22.8-33}$$

을 얻으며, 표 22.8-1로부터 R_x와 R_T에 대한 식을 대입하면

$$\ln\left(1 + \frac{x_{A0} - x_{A\infty}}{1 - x_{A0}}\right) = \frac{h_{\text{loc}}}{k_{x,\text{loc}}\tilde{C}_{pA}} \ln\left(1 + \frac{\tilde{C}_{pA}(T_\infty - T_0)}{\Delta\tilde{H}_{A,\text{vap}}}\right) \tag{22.8-34}$$

를 얻는다. 만약 $h_{\text{loc}}/(k_{x,\text{loc}}\tilde{C}_{pA})$가 일정하고 따라서 $h_m/(k_m\tilde{C}_{pA})$와 같다면, x_{A0}와 T_0는 심지의 표면에 걸쳐 일정할 것이라는 것을 이 식은 보여준다. 여기서는 간단히 하기 위해 이 불변성을 가정하였다. 이와 같은 가정은 Pr과 Sc가 거의 같은 물-공기계에 대해 특히 만족스럽다. 이를 대입하면 식 22.8-34는

$$\ln\left(1 + \frac{x_{A0} - x_{A\infty}}{1 - x_{A0}}\right) = \frac{h_m}{k_{xm}\tilde{C}_{pA}} \ln\left(1 + \frac{\tilde{C}_{pA}(T_\infty - T_0)}{\Delta\tilde{H}_{A,\text{vap}}}\right) \tag{22.8-35}$$

가 된다. 이 해는 작은 물질전달 속도에서 정확하게 식 22.3-35로 간단히 된다.

예제 22.3-2의 수치적 문제에 대해 다음 값들을 적용한다.

$x_{A0}=0.0247$

$C_{pA}=8.03$ Btu/lb-mole·F 105°F의 수증기에 대해

$h_m/k_{xm}=5.93$ Btu/lb-mole·F Chilton-Colburn 상사성으로부터(식 22.3-25)

$$\frac{\tilde{C}_{pA}(T_\infty - T_0)}{\Delta\tilde{H}_{A,\text{vap}}} = \frac{(8.03)(140 - 70)}{18{,}900} = 0.0297$$

이들 값을 식 22.8-35에 대입하면

$$\ln\left(1 + \frac{0.0247 - x_{A\infty}}{1 - 0.0247}\right) = \frac{5.93}{8.03}\ln(1.0297) = 0.0216 \tag{22.8-36}$$

으로 주어지며, 이 식을 풀면

$$x_{A\infty} = 0.0034 \tag{22.8-37}$$

을 얻는다. 이 결과는 예제 22.3-2에서 얻은 값 0.0033과는 거의 차이가 없고, 주어진 조건 하에서 보정 인자를 미리 생략한 것을 정당화한다.

수치 연구는 단순한 식 22.3-34가 습구 조건과 유사한 모든 조건 하의 공기-물계에 대해 식 22.8-35의 근접한 근사가 될 수 있음을 나타낸다. 식 22.3-32와 33은 거의 같을 정도로 물질전달 속도를 과대 평가하였으며, 이들 식을 결합하면 오차는 크게 상쇄된다.

예제 22.8-4 긴 관 내의 비정상상태 증발에 대한 경막 모델과 침투 모델의 비교

예제 20.1-1에서 설명한 비정상상태 증발계에 대한 알짜 물질전달 효과를 **(a)** 일반화된 침투 모델 및 **(b)** 위에서 소개된 정체 경막 모델의 예측 결과와 비교하시오. 후자의 계산은 시간 의존형 계를 유사 정상상태로 다룸으로써 이루어진다.

해 이 계에 대해서는 $x_{A\infty}=0$과 $N_{B0}=0$임에 주목하면서 시작한다. 식 22.8-1a와 표 22.8-1로부터

$$N_{A0} = \theta_x k_{x,\text{loc}} \frac{x_{A0} - 0}{1 - x_{A0}} \tag{22.8-38}$$

을 얻으며, 보정 인자 θ_x는 알짜 물질전달에 대해 보정되지 않은 흘럭스에 대한 보정된 흘럭스의 비를 나타낸다.

(a) 침투 모델. 액체 표면의 농도 구배는 식 20.1-16을 미분하고 결과를 x_A와 z의 항으로 다시 씀으로써 얻을 수 있음에 주목한다. 결과는

$$\left.\frac{\partial x_A}{\partial z}\right|_{z=0} = -\frac{2}{\sqrt{\pi}} \frac{\exp(-\varphi^2)}{1 + \text{erf}\,\varphi} \frac{x_{A0}}{\sqrt{4\mathscr{D}_{AB}t}} \tag{22.8-39}$$

이다. 무시할만한 알짜 물질전달에 대해서는 $\varphi=0$이다. 따라서 알짜 물질전달이 없는 경우의 질량 흘럭스에 대한 알짜 물질전달이 존재하는 경우의 질량 흘럭스 비는

$$\theta_x = \frac{\exp(-\varphi^2)}{1 + \text{erf}\,\varphi} \tag{22.8-40}$$

이며, 식 22.8-14 및 16과 잘 부합한다. θ_x를 x_{A0}의 함수로 얻기 위해 그림 22.8-7또는 식 20.1-17을 사용하면

표 22.8-2 경막 모델과 침투 모델의 비교.

x_{A0}	경막 모델로부터 θ_x (식 22.8-41)	침투 모델로부터 θ_x (식 22.8-42)
0.00	1.000	1.000
0.25	0.831	0.863
0.50	0.634	0.693
0.75	0.391	0.462
1.00	0.000	0.000

$$\theta_x = (1 - x_{A0})\psi(x_{A0}) \quad \text{(침투 모델)} \tag{22.8-41}$$

로 쓸 수 있을 것이다. 여기서 $\psi(x_{A0})$는 식 20.1-22 바로 뒤에 정의된 양이고, 표 20.1-1에 주어져 있다.

(b) 정체 경막 모델. 경막 모델 결과를 식 22.8-9로부터 $\theta=(1/R)\ln(1+R)$ 형태로 얻으면

$$\theta_x = \frac{1 - x_{A0}}{x_{A0}} \ln\left(\frac{1}{1 - x_{A0}}\right) \quad \text{(경막 모델)} \tag{22.8-42}$$

를 얻게 될 것이다. 두 모델에 대한 수치값은 표 22.8-2와 그림 22.8-7에 주어져 있다.

침투 모델이 경막 모델보다 알짜 물질전달에 대한 더 큰 보정 인자 θ_x를 예측하는 것을 알 수 있다. 알짜 유동이 경계층을 두껍게 하기 때문에, 경막 모델에서는 고려되지 않는 효과가 부분적으로 있다. 또 이 단순한 등온계에서는 물성에 미치는 용질 농도의 효과가 거의 없으므로 이 예제는 침투 모델의 현실적인 사용이라는 것에 주목하여야 할 것이다. 상당한 다른 경우는 다음 예제에서 볼 수 있다.

예제 22.8-5 한외 여과에서 농도 분극화

단백질의 한외 여과는 단백질은 침투할 수 없지만 물과 무기염과 같은 작은 용질은 침투할 수 있는 막을 통해 수용성 단백질 용액으로부터 물을 강제로 분리해 내는 농축 공정이다. 그러면 단백질은 **분극층**이나 그림 22.8-8에 나타낸 바와 같은 막 표면에 인접한 고농도의 단백질 영역에 축적된다. 물 침투 속도와 횡단막 압력차와의 관계를 구하시오.

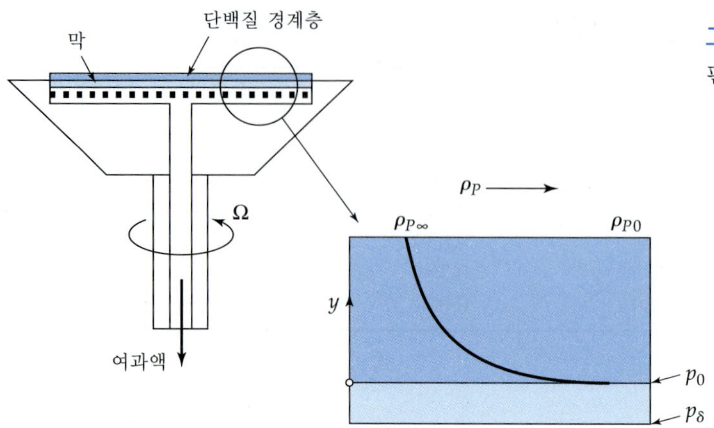

그림 22.8-8. 회전하는 원판 한외 여과기.

해 간단히 하기 위해 단백질 농도가 반지름 방향의 위치가 아니고 단지 원판 표면으로부터의 거리 y의 함수인 그림 22.8-8에서 보는 바와 같은 회전하는 원판의 기하학적 구조를 선택한다[5] (문제 19D–4 참조). 그러나 밀도, 점도, 단백질–물 확산계수의 단백질 농도 의존성은 고려해야 할 것이며, 삼투압 개념도 필요할 것이다.[6]

해의 기본은 여과막의 **수력학적 투과도** 개념이다.

$$v_\delta = K_H(p_0 - p_\delta - \pi) \tag{22.8-43}$$

여기서 v_δ는 막의 하류 표면을 떠나는 용매의 속도 또는 부피 훌럭스이며, 식 22.8-43은 막의 수력학적 투과도, K_H를 정의한다. p_0와 p_δ 양은 그림 22.8-8에 나타낸 바와 같은 막에 대한 유체역학적 압력이고, π는 막 상류 표면에서의 **삼투압**이다. π를 포함하는 것은 횡단 막 전달을 유도하는 총 열역학적 포텐셜이 실제 있다는 것을 인지하는 것이다(이 점은 24장에서 심도있게 다뤄질 것이다).

이 경우에 대해서는 계면 단백질 속도가 0이므로, 단백질 경계층을 가로지르는 용매 물질 수지는

$$\rho^{(S)}v_\delta = -(\rho_S v_{Sy})|_{y=0} \tag{22.8-44}$$

[5] D. R. Olander, *J. Heat Transfer*, **84**, 185 (1972).

[6] R. J. Silbey and R. A. Alberty, *Physical Chemisrty*, 3rd edition, Wiley, New York (2001), p. 206.

로 주어진다. 여기서 y는 막 상류 표면으로부터 단백질 경계층 내로의 거리이며, 양 $\rho^{(S)}$는 순수한 용매의 밀도이고, $\rho_{S0} = \rho_s|_{y=0}$와 $v_{S0} = v_s|_{y=0}$는 막 상류 표면에서의 용매의 질량 농도와 속도이다.

삼투압 π는 단백질 농도 ρ_p의 함수이고, 이에 대한 예제는 문제 22C.1에 주어질 것이다. 막을 가로지르는 물 훌럭스는 막을 가로지르는 유체역학적 압력 강하뿐만 아니라 막 표면의 단백질 농도에 의존한다는 것을 안다. 다시 말하면 이 농도는 단백질에 대한 막의 비투과도 조건과 물질전달계수의 정의를 통해 v_δ와 관계지울 수 있다. 그러면 $y=0$에서 단백질에 대한 막의 비투과도를

$$n_{Py} = 0 = k_\rho^\bullet(\rho_{P0} - \rho_{P\infty}) + \omega_{P0}(0 + \rho_{S0}v_{S0}) \tag{22.8-45}$$

로 설명한다. 여기서 $k_\rho^\bullet$는 $k_c^\bullet$에 상사하게 정의되었다. 그런 다음 식 22.8-44와 결합하면

$$\rho^{(S)}v_\delta = k_\rho^\bullet(\rho_{P0} - \rho_{P\infty})/\omega_{P0} \tag{22.8-46}$$

을 얻게 된다. 이 식은 이제 여과액 속도에 대해 풀 수 있을 것이다:

$$v_\delta = k_\rho\theta\left(\frac{\rho_0}{\rho^{(S)}}\right)\left(1 - \frac{\rho_{P\infty}}{\rho_{P0}}\right) \tag{22.8-47}$$

여기서 ρ_0=ρ_{P0}+ρ_{S0}이고 θ=$k_\rho^\bullet/k_\rho$는 표 22.8−1에 소개된 알짜 속도 보정뿐만 아니라 이제 물성 변화의 효과를 포함하여야만 하는 θ_x에 상사한 물질전달 보정 인자이다. 이 양에 대한 아래의 논의로 돌아간다(식 22.8−48 참조). ρ_0 항은 막 표면 상류에서의 용액 밀도이다.

전달 물성과 평형 물성에 관한 충분한 정보를 가지고 있다면, 이제 원하는 양 v_δ와 횡단막 압력차를 계산할 수 있다. 여기서 접근하는 단백질 농도 $\rho_{P\infty}$는 주어진다고 생각하고, 편의상 $\rho_{P\infty}$와 단백질 용해도의 극한 사이 범위에 걸쳐 막 표면의 단백질 농도값 ρ_{P0}을 선정함으로써 시작한다.

(i) 임의로 선정된 ρ_{P0} 값에 대해, k_ρ와 θ에 대한 적절한 값을 갖는 식 22.8-47로부터 v_δ에 상응하는 값을 계산할 수 있다. 또 이들 값은 적절한 평형 관계식으로부터 삼투압 π의 계산을 가능하게 한다.

(ii) 그런 다음 이 유동을 위해 요구되는 횡단막 압력차를 식 22.8-43과 적절한 K_H 값으로부터 계산할 수 있을 것이다.

단백질 농도가 계의 물성에 강하게 영향을 미친다는 것은 해가 반드시 수치적으로 얻어져야 한다는 것을 의미한다.

여기서는 소혈청 알부민에 대한 Kozinski와 Lighrfoot[7]의 결과를 요약하는 것으로 만족

하고자 한다. 이들은 이와 같은 계산을 최초로 수행하였고 여전히 가장 훌륭한 입증 자료들을 제공하고 있다. 이들의 출간물에서는 유효 물질전달계수를 하나는 농도 효과를 고려하고 또 다른 하나는 물성 변화의 추가적인 효과를 고려하는 두 인자의 곱으로 표현할 수 있음을 보게 된다.

$$\theta = \theta_c \theta_p \qquad (22.8\text{-}48)$$

여기서, 조사된 매개변수 공간에 걸쳐

$$\theta_c = 1.6\left(\frac{\rho_{P0}}{\rho_{P\infty}}\right)^{1/3}; \qquad \theta_p = \mathscr{D}_{\text{rel}}^{2/3}\left(\frac{1}{\nu}\right)_{\text{rel}}^{1/3} \qquad (22.8\text{-}49, 50)$$

이고

$$\mathscr{D}_{\text{rel}} = \frac{1}{2}\left(1 + \frac{\mathscr{D}_{PS0}}{\mathscr{D}_{PS\infty}}\right); \qquad \left(\frac{1}{\nu}\right)_{\text{rel}} = \frac{1}{2}\left(1 + \frac{\nu_\infty}{\nu_0}\right) \qquad (22.8\text{-}51, 52)$$

이다. 식 22.8-49에서 52는 경험적으로 고려되어야만 한다. 식 22.8-47은 작은 분극 수준에 대해 v_δ를 과대 예측하지만, 그 경우에 유동에 미치는 삼투압 효과는 작다. 하첨자 rel은 “자유 흐름($y \to \infty$)에서의 값에 상대적인 막 표면 상류($y \to 0$)에서의 물성값”을 의미한다.

느린 물질전달과 작은 물성 변화의 극한에서 물질전달계수는

$$\text{Sh}_m = \text{Sh}_{\text{loc}} = \frac{k_\rho L}{\mathscr{D}_{PS\infty}} = \left(\frac{L^2\Omega}{\nu_\infty}\right)^{1/2}\left(\frac{\nu_\infty}{\mathscr{D}_{PS\infty}}\right)^{1/3} \qquad (22.8\text{-}53)$$

과 같이 주어진다.[7] 여기서 L은 원판 지름이고 Ω는 단위 시간당 라디안인 회전 속도이다. 물질전달 속도가 원판 크기에 의존하지 않는 것이 이 기하학적 구조가 조심스러운 물질전달 연구에 일반적으로 사용되는 이유이다. 다른 기하학 구조들은 Konzinski와 Lightfoot에 의해 간략하게 고려되었다.[7]

위의 모델로부터 우선적으로 예측한 결과와 실험 데이터를 그림 22.8-9에 비교하였으며, 둘이 서로 잘 부합하는 것을 알 수 있다. 이와 같이 잘 부합하는 것은 부분적으로 알부민 분자가 데이터가 얻어진 높은 용매 이온 세기에서 비압축성 입자와 상당히 닮은 거동을 하기

[7] A. A. Kozinski, PhD thesis, University of Wisconsin (1971); A. A. Kozinski and E. N. Lightfoot, *AIChE Journal*, **18**, 1030-1040 (1972).

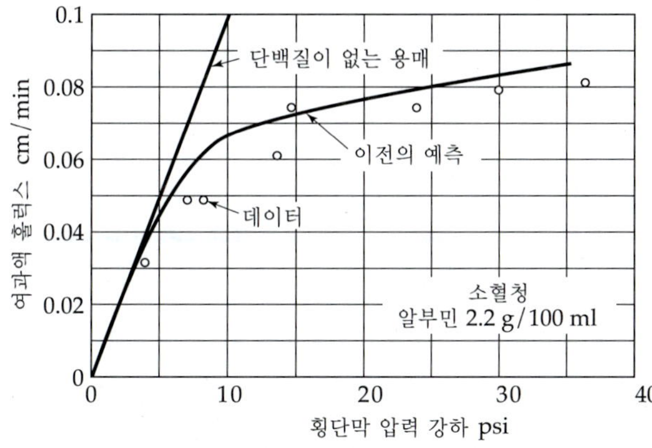

그림 22.8-9. 273 rpm으로 회전하는 원판을 갖는 단백질의 한외여과.

때문인 결과로 귀착되며, 또 약 5 psi 이하의 압력 강하에서는 삼투 효과는 무시할만 함을 알 수 있다. 여기서 예측되는 거동은 단백질이 없는 용매의 거동, 본질적으로 물의 거동과 구별할 수 없으며, 식 22.8-48이 신뢰할 수 없는 중요하지 않은 이 영역 내에서만 존재한다. 상세한 계산은 문제 22C.1에 주어져 있다.

단백질 경계층을 가로질러 압력차가 증가하는 효과는 비선택적 막에 대한 결과와 상당히 다르다. 먼저 예상대로 농도 경계층이 점점 더 얇아지고, 물질전달계수 $k_\rho^\bullet$는 증가한다. 그러나, 압력차가 더 증가하면 경계층 두께, $k_\rho^\bullet$와 θ_c는 모두 점근적 극한에 접근한다. 실제로 막 유동 저항에 상대적으로 분극화 효과가 감지되기 전에는 이들 점근선은 가깝게 접근하게 되고, 이들 점근선은 횡단막 압력차와 횡단막 유동 사이의 관계를 예측하기에 충분하다.

이 거동은 식 22.8-48과 49 및 근사식

$$1.6\left(\frac{\rho_{P0}}{\rho_{P\infty}}\right)^{1/3}\left(1-\frac{\rho_{P\infty}}{\rho_{P0}}\right)\approx 1.39\ \ln\frac{\rho_{P0}}{\rho_{P\infty}} \tag{22.8-54}$$

를 식 22.8-47에 대입하면 더 명확하게 알 수 있게 된다. 그러면, 놀랍게도 매우 훌륭한 근사로 식 22.8-47은

$$v_\delta=\left(1.39k_\rho\ \ln\frac{\rho_{P0}}{\rho_{P\infty}}\right)\left(\frac{\rho_0}{\rho^{(S)}}\right)\theta_p \tag{22.8-55}$$

의 형태를 갖는다. 첫 번째 괄호 안의 양은 단순 경막 모델의 형태를 갖지만 1.39가 곱해진 k_ρ를 갖는다. 한외 여과와 역삼투압 데이터의 상관관계를 짓기 위한 많은 것에서 아마도 단

순 경막 모델로 만들어진 식 22.8-55는 매력적이다. 그러나, 물성 변화의 효과를 다루기 전일지라도 곱하는 수 1.39를 무시하면 대응하는 v_δ를 저평가하게 되는 원인이 된다.

22.9 다성분 물질전달에 대한 행렬 근사

다성분 물질전달은 화학적, 생리학적, 생물학적 및 환경적 공정에서 광범위하게 일어나며 다양한 수학적 방법에 의해 해석된다. 여기서는 다성분 기체 내의 통상의 확산과 대류에 의한 물질전달에 대해 몇몇 행렬 근사법을 복습해 보고자 한다. 액체상에서의 물질전달을 포함하는 더 완벽한 취급 방법은 Taylor와 Krishna[1]의 교과서에 주어져 있다.

다성분 물질전달 문제는 선형화함으로써, 즉 지배방정식 내의 가변 물성을 일정한 기준값으로 대체함으로써 보통 근사된다. 이 접근법은 특히 복잡한 유동에 대한 순전히 수치적 방법을 보완하는 데 유용하며, 물성 변화가 너무 크지 않으면 좋은 예측 결과를 얻을 수 있다. 이런 종류의 다성분 해석이 정지된 매체[2]와 강제 대류계[3,4,5,6]에 대해 많은 연구자들에 의해 발표되었다.

식 19.1-15에 주어진 바와 같은 화학 종 연속방정식으로 시작하여, $N-1$ 개의 독립적인 몰 분율 x_a와 동수의 독립적인 확산 훌럭스 $\mathbf{J}_a^*$를 갖는 N-성분 기체계에 이들을 적용한다. $[x]$와 $[\mathbf{J}^*]$는 각각 독립적인 몰 분율 $x_1, \cdots, x_{N-1}$의 열 배열과 독립적인 확산 훌럭스 $\mathbf{J}_1^*, \cdots, \mathbf{J}_{N-1}^*$의 열 배열을 나타낸다고 하자. 식 19.1-15의 몰 밀도 c를 기준값 c_{ref}로 근사하면 균질 화학반응이 없는 층류 또는 난류에 대해 선형화된 식의 계

$$c_{\text{ref}}\left(\frac{\partial}{\partial t}[x] + (\mathbf{v}^* \cdot \nabla[x])\right) = -(\nabla \cdot [\mathbf{J}^*]) \qquad (22.9\text{-}1)$$

이 주어진다.

---

[1] R. Taylor and R. Krishna, *Multicomponent Mass Transfer*, Wiley, New York (1993).

[2] L. Onsager, *Ann. N.Y. Acad. Sci.*, **46**, 241-265 (1948); P. J. Dunlop and L. J. Gosting, *J. Phys. Chem.*, **63**, 86-93 (1959); J. S. Kirkaldy, *Can. J. Phys.*, **37**, 30-34 (1959); S. R. de Groot and P. Mazur, *Non-Equilibrium Thermodynamics*, North-Holland, Amsterdam (1961); J. S. Kirkaldy, D. Weichert, and Zia-Ul-Haq, *Can. J. Phys.*, **41**, 2166-2173 (1963); E. L. Cussler, Jr., and E. N. Lightfoot, *AIChE Journal*, **9**, 702-703, 783-785 (1963); H. T. Cullinan, *Ind. Eng. Chem. Fund.*, **4**, 133-139 (1965).

[3] R. Prober, PhD thesis, Univ. of Wisconsin (1961).

[4] H. L. Toor, *AIChE Journal*, **10**, 460-465 (1964).

[5] W. E. Stewart and R. Prober, *Ind. Eng. Chem. Fund.*, **3**, 224-235 (1964).

[6] V. Tambour and B. Gal-Or, *Physics of Fluids*, **19**, 219-225 (1976).

통상의 다성분 확산에 대해, 홀럭스 식은 Fick 1 법칙의 행렬 일반화[2,4](표 17.8-2의 식 B)

$$[\mathbf{J}^*] = -c[\mathbf{D}]\nabla[x] \tag{22.9-2}$$

로 쓸 수 있거나 또는 Maxwell-Stefan 방정식(식 17.9-1)의 행렬식[3,5]

$$c\nabla[x] = -[\mathbf{A}][\mathbf{J}^*] \tag{22.9-3}$$

으로 쓸 수 있을 것이다. 행렬 $[\mathbf{D}]$와 $[\mathbf{A}]$는 $(N-1)\times(N-1)$임이 틀림없고, 주어진 수의 독립적인 홀럭스(식 22.9-2 에서)와 독립적인 몰 분율(식 22.9-3 에서)을 얻기 위한 정칙행렬임이 틀림없다. 그러면 이 두 식이 일치하기 위해서는 임의의 주어진 상태에서 $[\mathbf{D}]=[\mathbf{A}]^{-1}$임이 요구된다.

적절한 밀도의 기체 영역에서, 행렬 $[\mathbf{A}]$의 성분은 식 17.9-1로부터 정확하게 예측 가능하며,

$$\left.\begin{aligned} A_{\alpha\beta} &= \frac{x_\alpha}{\mathscr{D}_{\alpha N}} - \frac{x_\alpha}{\mathscr{D}_{\alpha\beta}} \qquad \beta \neq \alpha\text{에 대해} \\ A_{\alpha\alpha} &= \frac{x_\alpha}{\mathscr{D}_{\alpha N}} + \sum_{\substack{\beta=1 \\ \beta\neq\alpha}}^{N} \frac{x_\alpha}{\mathscr{D}_{\alpha\beta}} \end{aligned}\right\} \tag{22.9-4}$$

로 주어진다. 여기서 분모 $\mathscr{D}_{\alpha\beta}$는 대응하는 화학 종 쌍의 2 성분 확산계수이다. Chapman-Enskog 기체 분자운동론의 첫 번째 근사에서, 주어진 하나의 쌍 α, β에 대한 계수는 식 17.3-11에서와 같이 오직 c와 T에만 의존한다. 만약 원하는 조건에서 $[\mathbf{D}]$의 측정이 가능하지 않다면, 이 간단한 식은 식 22.9-2보다는 식 22.9-3을 택하도록 유도한다. 질량 또는 부피에 근간을 둔 조성과 홀럭스에는 계수 행렬 $[\mathbf{A}]$ 또는 $[\mathbf{D}]$를 적절하게 변환한 후 형식적으로 유사한 식들이 쓰여질 것이다. 만약 운동방정식이 문제의 수립에 포함된다면 19.2절에서 지적한 바와 같이 질량 평균속도가 필수적이므로, 질량 단위가 채택된다.

다성분계$(N\geq 3)$에 대해서는 이들 홀럭스 식 각각은 확산방정식과 결합된 계로 주어지면서 보통 비대각 계수 행렬이 된다. 식 22.9-3은 변환

$$[\mathbf{P}]^{-1}[\mathbf{A}][\mathbf{P}] = \begin{bmatrix} \breve{A}_1 & & \\ & \ddots & \\ & & \breve{A}_{N-1} \end{bmatrix} \tag{22.9-5}$$

을 사용하여 분리할 수 있다. 여기서 $[\mathbf{P}]$는 $[\mathbf{A}]$의 열 고유벡터의 행렬이고, $\breve{A}_1,\cdots,\breve{A}_{N-1}$은 대응하는 고유값이다. 식 $\det[\mathbf{A}-\lambda\mathbf{I}]=0$의 근인 이들 고유값은 혼합물이 임의의 국부적으로 안정한 상태에서는 양의 값을 가지며, 또 다른 조성 단위로 $[\mathbf{A}]$를 유사하게 변환하여도 이

들은 불변이다. 여기서 **I**는 $N-1$ 차수의 단위 행렬이다. 행렬 [**D**]가 사용되면 동일한 행렬 [**P**]와 같은 방법으로 행렬 [**D**]는 약분할 수 있으며, 고유값 $\check{D}_1,\cdots,\check{D}_{N-1}$은 $\check{A}_1,\cdots,\check{A}_{N-1}$의 역수이다. 노력을 경제적으로 하기 위해 [**A**](또는 [**D**])와 이로부터 유도된 배열은 항상 기준 물성값에서 계산될 것이므로 하첨자 "ref"를 붙일 필요가 없을 것이다. 그러나 이들 배열이 질량 단위의 양에 근간을 두게 되면 하첨자 ω가 행렬 [**A**], [**D**], [**P**]와 $[\mathbf{P}]^{-1}$에 더해지게 될 것이다.

식 22.9-5는 다음의 변환된 조성과 변환된 확산 흘럭스가 유용할 것이라는 것을 암시하고 있다.

$$[\check{x}] = [\mathbf{P}]^{-1}[x] = \begin{bmatrix} \check{x}_1 \\ \vdots \\ \check{x}_{N-1} \end{bmatrix}; \qquad \begin{bmatrix} x_1 \\ \vdots \\ x_{N-1} \end{bmatrix} = [\mathbf{P}][\check{x}] \tag{22.9-6, 7}$$

$$[\check{\mathbf{J}}^*] = [\mathbf{P}]^{-1}[\mathbf{J}^*] = \begin{bmatrix} \check{\mathbf{J}}_1^* \\ \vdots \\ \check{\mathbf{J}}_{N-1}^* \end{bmatrix}; \qquad \begin{bmatrix} \mathbf{J}_1^* \\ \vdots \\ \mathbf{J}_{N-1}^* \end{bmatrix} = [\mathbf{P}][\check{\mathbf{J}}^*] \tag{22.9-8, 9}$$

지금부터는 강세 기호 (ˇ)가 이와 같이 변환된 변수들 위와 고유값 $\check{A}_\alpha$와 $\check{D}_\alpha$를 포함하는 대응하는 대각 행렬 성분 위에 주어지게 될 것이다. 식 22.9-3 앞에 $[\mathbf{P}]^{-1}$을 곱하고 식 22.9-5에서 9까지를 사용하면 형식적으로는 $N-1$ 개의 2 성분계에 대한 Fick 1 법칙에 상당하는 분리된 흘럭스 방정식

$$c_{\text{ref}}\nabla\check{x}_\alpha = -\check{A}_\alpha\check{\mathbf{J}}_\alpha^* \qquad (\alpha = 1, \ldots, N-1) \tag{22.9-10}$$

을 얻는다. 다성분 연속방정식 22.9-1은

$$c_{\text{ref}}\frac{\partial\check{x}_\alpha}{\partial t} + c_{\text{ref}}(\check{\mathbf{v}}^* \cdot \nabla x_\alpha) = -(\nabla \cdot \check{\mathbf{J}}_\alpha^*) \qquad (\alpha = 1, \ldots, N-1) \tag{22.9-11}$$

로 대응하게 변환된다. 따라서 각 α에 대해 변환된 조성 $\check{x}_\alpha$와 흘럭스 $\check{\mathbf{J}}_\alpha^*$는 다성분계와 마찬가지로 동일한 $\mathbf{v}^*$ 함수(층류 또는 난류)를 갖고, 고유값 $\check{D}_\alpha=1/\check{A}_\alpha$과 같은 확산계수 $\mathscr{D}_{AB}$를 갖는 2 성분 문제의 연속방정식과 흘럭스식을 만족한다.

$[\check{x}]$와 $[\check{\mathbf{J}}^*]$에 대한 초기조건과 경계조건은 식 22.9-6과 8을 적용하여 $[x]$와 $[\mathbf{J}^*]$의 초기조건과 경계조건으로부터 얻을 수 있다. 그런 다음 이론 또는 실험의 상관관계와 $[x]$와 $[\mathbf{J}^*]$의 항으로 다성분 해를 얻기 위해 식 22.9-7과 9를 거쳐 결합된 결과[5]를 사용하면, 결과적

인 준 2 성분 문제는 풀 수 있을 것이다.

2 성분계의 국부 물질전달 속도는 식 22.1-7과 22.8절에서 지적한 바와 같이

$$N_{A0} - x_{A0}(N_{A0} + N_{B0}) = k^{\bullet}_{x,\mathrm{loc}}(\mathcal{D}_{AB}, \ldots)(x_{A0} - x_{Ab}) \tag{22.9-12}$$

의 형태로 표현 가능하다. $\mathcal{D}_{AB}$ 뒤의 ⋯ 표기법은 2 성분 물질전달계수 $k^{\bullet}_x$가 의존하는 임의의 추가적인 변수(22.8 절의 ϕ_x와 같은)를 나타낸다. 식 22.9-10과 11의 표기법에 대응하는 식의 집합은

$$\check{J}^*_{\alpha 0} = \check{k}^{\bullet}_{x,\mathrm{loc}}(\check{D}_\alpha, \ldots)(\check{x}_{\alpha 0} - \check{x}_{\alpha b}) \qquad (\alpha = 1, \ldots, N-1) \tag{22.9-13}$$

이거나, 행렬 형태로는

$$\begin{bmatrix} \check{J}^*_{1,0} \\ \vdots \\ \check{J}^*_{N-1,0} \end{bmatrix} = \begin{bmatrix} \check{k}^{\bullet}_x(\check{D}_1, \ldots) & & \\ & \ddots & \\ & & \check{k}^{\bullet}_x(\check{D}_{N-1}, \ldots) \end{bmatrix} \begin{bmatrix} \check{x}_{1,0} - \check{x}_{1b} \\ \vdots \\ \check{x}_{N-1,0} - \check{x}_{N-1,b} \end{bmatrix} \tag{22.9-14}$$

이다. 이 결과를 원래의 변수로 변환하면

$$[J^*_0] = [\mathbf{P}][\check{\mathbf{k}}^{\bullet}_x][\mathbf{P}]^{-1}[x_0 - x_b] \tag{22.9-15}$$

와 같은 기체상 내로의 계면 확산 홀럭스 $J^*_{1,0}, \cdots, J^*_{N-1,0}$를 얻거나 또는

$$[x_0 - x_b] = [\mathbf{P}][\check{\mathbf{k}}^{\bullet}_x]^{-1}[\mathbf{P}]^{-1}][J^*_0] \tag{22.9-16}$$

과 같은 주어진 홀럭스 J^*_0에 대한 조성차를 얻는다. 여기서 $[\check{\mathbf{k}}^{\bullet}_x]$는 식 22.9-14에서 보는 대각 행렬이고, $[\check{\mathbf{k}}^{\bullet}_x]^{-1}$은 같은 대각 성분의 역수로 이루어진다.

2 성분계에 대해서와 같이, 국부 전달 속도로 주어지는 계면에 상대적인 화학 종 홀럭스 $N_{\alpha 0}$를 계산하기 위해서는 더 많은 정보가 필요하다. 홀럭스 비 $r = N_{B0}/N_{A0}$는 N_{A0}에 대해 풀기 위한 식 22.1-10에 명시되어 있다; 다성분계에 대해서도 상사한 명시가 요구된다. 확산 홀럭스 $J^*_{\alpha 0}$와 상대적인 전달 속도로부터 홀럭스 $N_{\alpha 0}$의 계산은 "자발적 문제"[1,7]라 하며 참고문헌 1에서 충실히 다루어졌다. 화학 종 전달 속도 사이의 관계를 직접 대입하기 위해 계면에 상대적인 계면 몰 홀럭스 $N_{1,0}, \cdots, N_{N-1,0}$의 배열 $[N_0]$를 사용하여 식 22.9-15를 다음과 같이 다시 쓴다면 이 문제는 더 간단하게 된다.

---

[7] R. Krishna and G. L. Standart, *Chem. Eng. Commun.*, **3**, 201-275 (1979).

$$\left[N_0 - x_0 \sum_{\alpha=1}^{N} N_{\alpha 0} \right] = [\mathbf{P}][\check{\mathbf{k}}_x^{\bullet}][\mathbf{P}]^{-1}[x_0 - x_b] \tag{22.9-17}$$

계면에 상대적인 계면 질량 훌럭스 $n_{1,0}, \cdots, n_{N\text{-}1,0}$의 배열 $[n_0]$에 대해 대응하는 결과는

$$\left[n_0 - \omega_0 \sum_{\alpha=1}^{N} n_{\alpha,0} \right] = [\mathbf{P}_\omega][\check{\mathbf{k}}_\omega^{\bullet}][\mathbf{P}_\omega]^{-1}[\omega_0 - \omega_\infty] \tag{22.9-18}$$

이다. 이제 이들 결과의 몇 가지 특별한 형태가 주어질 것이다.

알짜 몰 계면 훌럭스가 없는 계에 대해서는 식 22.9-17에서 N 항의 합은 소멸되고, 이 식은 편리한 형태

$$[N_0] = [\mathbf{P}][\check{\mathbf{k}}_x][\mathbf{P}]^{-1}[x_0 - x_b] \tag{22.9-19}$$

를 갖게 되며, 여기서 대각 배열 $[\check{\mathbf{k}}_x]$은 **알짜 훌럭스 보정**을 필요로 하지 **않는다**. 이 결과는 선택된 물질전달 모델에 대해 그림 22.8-6에서 θ 곡선의 ϕ=0에서의 접선을 사용하여 식 22.9-14의 각 전달계수 $\check{k}_x^{\bullet}$ ($\check{D}_\alpha$, $\check{\phi}_{x\alpha}$)를 알짜 몰 계면 훌럭스의 선형 함수로 근사함으로써 **적당한 알짜 몰 계면 훌럭스**로 확장될 수 있다. 이로부터 22.8절에 주어진 **정체 경막 모델**에 대한

$$\left[N_0 - 0.5(x_0 + x_b) \sum_{\alpha=1}^{N} N_{\alpha 0} \right] = [\mathbf{P}][\check{\mathbf{k}}_x][\mathbf{P}]^{-1}[x_0 - x_b] \tag{22.9-20}$$

의 선형 방정식계[8]를 얻는다. 동일한 방법으로 20.4절과 22.8절에 주어진 **침투 모델**에 대해

$$\left[N_0 - (0.363x_0 + 0.637x_b) \sum_{\alpha=1}^{N} N_{\alpha 0} \right] = [\mathbf{P}][\check{\mathbf{k}}_x][\mathbf{P}]^{-1}[x_0 - x_b] \tag{22.9-21}$$

을 얻고, 그림 22.8-5, 6에서 볼 수 있는 **층류 경계층**의 $\Lambda \to \infty$인 극한에 대해

$$\left[N_0 - (0.434x_0 + 0.566x_b) \sum_{\alpha=1}^{N} N_{\alpha 0} \right] = [\mathbf{P}][\check{\mathbf{k}}_x][\mathbf{P}]^{-1}[x_0 - x_b] \tag{22.9-22}$$

를 얻으며, 이는 3 차원 정상상태 유동[9]의 분리되지 않은 경계층에 대해서도 타당하다.

[8] W. E. Stewart, *AIChE Journal*, **19**, 398-400 (1973); 정오표 **25**, 208 (1979).

정상상태의 고체 촉매 반응과 같이 알짜 질량 계면 흘럭스가 없는 계에서는 식 22.9-18은

$$[n_0] = [\mathbf{P}_\omega][\check{\mathbf{k}}_\omega][\mathbf{P}_\omega]^{-1}[\omega_0 - \omega_b] \tag{22.9-23}$$

으로 단순화된다. 행렬 $[\check{\mathbf{k}}_\omega]$의 성분은 2 성분 확산계수 $\mathscr{D}_{AB}$ 대신에 고유값 $\check{D}_\alpha$를 대입한 2 성분 Sherwood 수에 대한 식이나 또는 표 22.2-1의 질량 기준 단위에 대해 정의된 것과 같은 j_D 인자에 대한 식으로부터 예측할 수 있다.

주어진 유동장에 대해 식 22.9-19에서 22의 곱 $[\mathbf{P}][\check{\mathbf{k}}_x][\mathbf{P}]^{-1}$은 행렬 $[\mathbf{A}]$의 함수이다. 위에서 지적한 바와 같이 $[\check{\mathbf{k}}_x]$는 대각 행렬인 반면에, 여기서 $[\mathbf{k}_x]$로 불리는 이 행렬의 삼중곱은 $N \geq 3$에 대해서는 비대각 행렬이다. 이와 같은 함수들을 근사하기 위한 간단하고 효율적인 방법이 Alopaeus와 Nordén[10]에 의해 개발되었다. f를 식 22.9-4에서와 같이 대각 성분이 지배적인 행렬 $[\mathbf{A}]$의 고유값으로 정의되는 실수 값을 갖는 스칼라 함수라 하자. 그러면 행렬 $[\mathbf{B}]=f[\mathbf{A}]$의 성분에 대해 제안된 근사는 다음과 같다.

대각 성분에 대해,
$$B_{ii} = f(A_{ii}) \tag{22.9-24}$$

비대각 성분에 대해,
$$B_{ij} = \begin{cases} A_{ii}\dfrac{df(A_{ii})}{dA_{ii}} & A_{ii} \approx A_{jj} \text{ 이면} \\ A_{ij}\dfrac{f(A_{ii}) - f(A_{jj})}{A_{ii} - A_{jj}} & \text{그렇지 않으면} \end{cases} \tag{22.9-25}$$

Alopaeus와 Nordén[10]은 3~25 기체 화학 종의 계에서 $b[\mathbf{D}]^{1-p}$ 형태 또는 $b[\mathbf{A}]^{p-1}$ 형태의 물질전달계수 행렬 $[\mathbf{k}_x]$과 대응하는 흘럭스 $N_{\alpha 0}$에 대해 이들 근사를 시험하였다. 0.25에서 0.66까지의 지수 p가 사용되었다; 이 장의 물질전달 식에는 0에서 0.5까지 값이 나타난다. 식 22.9-19를 통한 성분 $k_{x\alpha\beta}$와 $N_{\alpha 0}$의 정확한 계산 결과와 각 성분 $k_{x\alpha\beta}$가 대응하는 2 성분 확산계수 $\mathscr{D}_{\alpha\beta}$에 무관하게 계산되는 Krishna와 Standart[11]에 의해 주어진 경막 모델 결과에 대한 비교가 이루어졌다. 식 22.9-24와 25로부터의 계산이 식 22.9-19를 사용한 계산보다 3에서 5배 정도 더 빨랐으며, 특히 역행렬 $[\mathbf{D}]$로부터보다는 오히려 대각 성분이 지배적인

---

[9] W. E. Stewart, *AIChE Journal*, **9**, 528-535 (1963).

[10] V. Alopaeus and H. V. Nordén, *Computers & Chemical Engineering*, **23**, 1177-1182 (1999).

[11] R. Krishna and G. L. Standart, *AIChE Journal*, **22**, 383-389 (1976).

Stefan-Maxwell 행렬 [**A**]로부터 직접 계산될 때 훨씬 정확하다는(일반적으로는 1% 미만이고 드물게는 10% 보다 크지 않는 상대 오차) 것이 증명되었다. Krishna-Standart 경막 모델을 사용한 계산은 식 22.9-24와 25에 의한 계산보다 더 느리며, 전형적인 오차는 몇 배 컸다. 그러므로, 식 22.9-4가 사용될 때마다 식 22.9-19에서 22까지의 곱 행렬 $[\mathbf{B}]=[\breve{\mathbf{k}}_x][\mathbf{P}]^{-1}$의 성분들에 대한 식 22.9-24와 25가 실질적인 근사로 추천된다. 또 이 근사는 마지막에 질량 기준 단위로 변환된 [**B**]를 갖는 식 22.9-23에서도 사용될 것이다; 그러나 불균질 촉매 반응에서 통상 만나게 되는 적당한 알짜 몰 훌럭스에서는 식 22.9-20 또는 22가 더 편리하고 비교적 정확할 것이다.

특히 물성 변화가 클 때는 선형화된 해의 정확도는 기준 물성값의 선택에 의존한다. 다음 논의에서는 모든 물성들이 몰 분율

$$[x_{\text{ref}}] = a_x[x_b] + (1 - a_x)[x_0] \tag{22.9-26}$$

또는 질량 분율

$$[\omega_{\text{ref}}] = a_\omega[\omega_b] + (1 - a_\omega)[\omega_0] \tag{22.9-27}$$

로 주어진 조성을 갖는 보통의 기준 상태에서 계산된다. 여기에 나타난 평균 조성은 알짜 훌럭스 보정은 하지만 물성값은 보정하지 않으므로, $[x_{\text{ref}}]$는 식 22.9-20, 21 또는 22에 대해서조차도 선택하는 것이 열려있다는 점에 주목하시오.

식 22.9-17, 18과 다성분 물질전달에 대한 몇 가지 다른 근사가 등온계에 대한 상세한 가변-물성의 적분에 대해 시험되었다.[12] 이 연구로부터 얻은 결론은 다음과 같다:

1. 넓은 범위의 알짜 물질전달 속도를 포함하는 20 문제의 비정상상태 기체 확산에 대해 몰 단위의 선형화는 정확한 해를 가장 잘 근사하였다. 예제 20.1-1의 기하학적 구조에서 i-C_4H_{10}-N_2-H_2 계에 대한 이소 부탄의 증발과 응축 속도는 a_x=0.5를 갖는 식 22.9-26에서 계산된 기준 몰 분율을 사용하여 식 22.9-17에 의해 1.6%의 표준 편차로 근사되었다. 식 22.9-18을 통한 질량 기준 단위로의 선형화는 ρ와 $[\mathbf{A}_\omega]$의 큰 변화 때문에 정확도가 떨어지는 것이 증명되었다. a_ω 값으로 0.8을 채택한 이 방법은 전달 가능한 단일 화학 종(이소 부탄)의 계면 훌럭스 $N_{\alpha 0}$에 대해 3.8%의 표준 편차를 보였다. 준-정상상태 경막 근사는 덜 정확한 것으로 증명되었다; 보정인자 $\theta_{x\alpha}=\breve{\phi}_{x\alpha}/(\exp\breve{\phi}_{x\alpha}-1)$(22.8 절의 경막 모델에 대해 Stewart와 Prober[5]에 의해 주어진 바와 같은)를 사용하면 1.0으로 최적화된 a_x와 함께 7.88%의 표준 편차를 얻는다. 선형화를 사용하지 않는 Krishna와 Standart[11]의 경막 모델은 a_x와 a_ω에는 무관한 14.3%의 표준 편차를 보였

[12] T. C. Young and W. E. Stewart, *Ind. Eng. Chem. Res.*, **25**, 476-482 (1986).

다. 이러한 결과들은 침투 모델에 의해 설명되는 전달 조작에서 기체상에 대해 a_x=0.5를 갖는 식 22.9-17(또는 적당한 전달속도에 대해, 식 22.9-21)의 사용을 뒷받침한다.

2. Prober[3]에 의해 정확하게 해석된 평탄한 다공성 평판 위의 H_2, N_2, CO_2의 층류 기체 경계층 내의 운동량과 물질전달의 20 문제에 대해서는 질량 기준 단위로의 선형화가 정확한 해를 가장 잘 근사하였다. $n_{\alpha 0}$에 대한 상세한 가변-물성 해는 모두 세 화학 종에 대해 0.4로 최적화된 a_ω를 갖는 식 20.2-47과 식 22.9-27을 통해 예측된 물질전달 계수 $\breve{k}^{\bullet}_{\alpha}$, 를 사용함으로써 식 22.9-18에 의해 0.55%의 표준편차를 갖는 것으로 근사되었다.[12] Stewart와 Prober[5] 및 Krishna와 Standart[12]의 경막 모델들은 화학 종의 전달 속도에 대해 각각 4.78% (a_x=1.0을 갖는)와 8.25%의 표준 편차를 보였다.

여기서 설명된 방법들은 다성분 분리공정의 공학에서 널리 사용되고 있다. 컴퓨터 공학의 발전은 복잡한 화학반응을 포함하는 비선형 현상을 다루기 위해 이들 방법의 사용을 촉진하고 보다 나은 방향으로 연구를 활발하게 한다.

토의를 위한 질문

1. 어떠한 조건 하에서 표 22.2-1의 상사성이 적용되는가? 화학반응이 일어나는 계에서도 이를 적용할 수 있는가?
2. 식 22.1-6의 열전달계수가 식 14.1-1의 열전달계수와 왜 다르게 정의되는가? 만약 같다면 왜 그러한가?
3. 이 장의 몇몇 물질전달계수는 상첨자 0을 가지며 다른 물질전달계수는 상첨자 • 을 갖는다. 이들 상첨자가 무엇을 나타내는지 주의 깊게 설명하시오.
4. 22.2절의 물질전달계수에 대한 해석적 계산에서 어떤 결론을 도출할 수 있는가?
5. 식 22.3-20과 21에서 2의 중요성은 무엇인가?
6. 22.4절의 하첨자 0, e, b의 의미는 무엇인가?
7. "모델 둔감" 항은 무슨 의미인가?
8. 어떤 방법으로 표면장력이 상계면 물질전달에 영향을 미치는가? 표면장력은 어떻게 정의되는가? 표면장력은 어떻게 온도에 의존하는가?
9. 경막 모델, 침투 모델과 열 및 물질전달에 대한 경계층 모델에 대한 물리적 근간을 논의하시오.
10. 계면을 가로지르는 빠른 물질전달 속도에 의해 열 및 물질전달계수는 어떤 영향을 받는가?

문제

22A.1. 닫힌 채널 내의 물질전달계수 예측. 다음 계에서 질량 유량이 1570 lb_m/hr이고, 2 atm과 25℃인 공기로 증발하는 수증기에 대한 기체상 물질전달계수를 계산하시오. $\mathscr{D}_{AB}$= 0.130 cm^2/s를 취하시오.,

(a) 벽 위에 물 강하 경막을 갖는 내부 지름이 6 in.인 수직관. 젖은 벽탑 내의 기체에 대한 다음 상관관계식[1]을 사용하시오.

$$\mathrm{Sh_{loc}} = 0.023\,\mathrm{Re}^{0.83}\mathrm{Sc}^{0.44} \quad (\mathrm{Re} > 2000) \tag{22A.1-1}$$

(b) 물로 포화된 $a = 100\ \mathrm{ft}^{-1}$인 구로 채워진 6 in. 지름의 충전층.

22A.2. 건습구 데이터로부터 기체 조성의 계산. 습한 공기 흐름이 800 mmHg의 총 압력과 빠른 공기 속도에서 측정된 80°F의 습구 온도와 130°F의 건구 온도를 갖는다. 공기 흐름 중 수증기의 몰 분율을 구하시오. 간단히 하기 위해 경막 물성들을 계산함에 있어 물을 추적 성분으로 생각하시오.

답: $x_{w\infty}$=0.0172 (식 22.3-38에서 n=0.44를 사용하여)

22A.3. 고정층 내의 건조를 위한 유입 공기의 온도 계산. 물로 포화된 과립형 고체의 얕은 층이 그것을 통과해 부는 1.1 atm의 압력과 15 ft/s의 공탑 속도인 건조 공기에 의해 건조된다. 고체를 60°F의 표면 온도로 유지하기 위해 요구되는 유입 공기의 초기 온도는 얼마인가? 복사는 무시하시오. 고정층 내의 강제-대류 열전달계수에 대한 14.5절을 참조하시오.

22A.4. 고정층 내 과립형 고체의 건조 속도. 고체가 $a = 180\mathrm{ft}^{-1}$인 원통이라면, 문제 22A.3에서 설명된 건조 조작에서 물이 제거되는 초기 속도를 계산하시오.

22B.1. 자유 낙하하는 액적의 증발. 지름이 1.00 mm인 물방울이 1 atm의 압력과 100 °F의 온도에서 내부 순환 없이 건조한 정지 상태의 공기를 통해 자유 낙하하고 있다. 준 정상상태와 작은 물질전달 속도를 가정하고 **(a)** 낙하하는 물방울 속도, **(b)** 물방울의 표면 온도와 **(c)** cm/s 단위로 물방울 지름의 변화 속도를 계산하시오. 경막 물성은 80°F에서 건조 공기의 물성이라 가정하시오.

답: **(a)** 390 cm/s; **(b)** 54°F; **(c)** -5.6×10^{-4} cm/s

22B.2. 건습구 측정에 미치는 복사의 영향. 건구와 습구 온도계가 기체가 느린 속도로 흐르고 있고 내부 표면 온도가 T_s로 일정한 긴 도관에 설치되어 있다. 그러면 건구 온도 T_{db}와 습구 온도 T_{wb}는 복사 효과에 대해 보정되어야 한다. 예제 22.3-2에서와 같이 온도계는 유리관을 따른 열전도는 무시할 수 있도록 설치되어 있다고 가정한다.

(a) 기체 온도 T_∞에 대한 식을 T_{db}, T_s, h_{db}, e_{db}와 a_{db} (이들 마지막 둘은 건구의 방출능과 흡수능이다)의 항으로 얻기 위해 건구의 단위 면적에 대한 에너지 수지를 수립하시오.

(b) 습구의 단위 면적에 대한 에너지 수지를 수립하고, 증발 속도에 대한 식을 구하시오.

[1] E. R. Gilliland and T. K. Sherwood, *Ind. Eng. Chem.*, **26**, 516-523 (1934).

(c) v_∞=15 ft/s, T_s= 130°F, e_{db}= a_{db}=e_{wb}= a_{wb}= 0.93이며, 건구 지름=0.1 in.이고, 심지를 포함한 습구 지름=0.15 in.인 추가적인 정보를 갖고 예제 22.3-2의 온도계 눈금과 압력에 대한 $x_{A\infty}$를 계산하시오.

답: **(c)** $x_{A\infty}$= 0.0021

22B.3. 가변 전달 물성을 갖는 경막 이론.

(a) 전달 물성들이 y의 함수인 계에 대해 식 19.4-12와 13을 적분하면, 각각 $y \leq \delta_x$ 또는 $y \leq \delta_T$ 에 대해

$$1 - \frac{(N_{A0} + N_{B0})(x_A - x_A)}{N_{A0} - x_{A0}(N_{A0} + N_B)} = \exp\left[(N_{A0} + N_{B0}) \int_0^y \frac{d\bar{y}}{c\mathscr{D}_{AB}} \right] \tag{22B.3-1}$$

$$1 - \frac{(N_{A0}\tilde{C}_{pA} + N_{B0}\tilde{C}_{pB})(T - T_0)}{q_0} = \exp\left[(N_{A0}\tilde{C}_{pA} + N_{B0}\tilde{C}_{pB}) \int_0^y \frac{d\bar{y}}{k} \right] \tag{22B.3-2}$$

를 얻게 됨을 보이시오.

(b) 식 22.8-5와 6뿐만 아니라 식 19.4-16과 17에 상응하게 변화시키시오. 그런 다음 식 22.8-7과 8이 여전히 타당하다는 것을 증명하시오. 따라서 만약 h_{loc}와 $k_{x,\text{loc}}$를 예측할 수 있다면 전달 속도를 계산함에 있어 적분을 사용하여 작업할 필요가 없다.

(c) h_{loc} 와 $k_{x,\text{loc}}$가 물성과 $h^{\bullet}_{\text{loc}}$와 $k^{\bullet}_{\text{loc}}$가 요구되는 조건에서 세력을 떨치는 유동 지배 형태(층류 또는 난류)의 항으로 계산되어야만 함을 보이시오.

22B.4. 증발성 제빙기. 느슨한 짚과 같은 단열층 위와 바람이 없는 공기 중에 놓여 있고, 가장자리까지 물이 차 있는 지름이 0.5 m인 원형의 얕은 접시를 생각하시오. 만약 공기의 상대 습도가 30% 라고 하면, 물이 얼 정도로 냉각시킬 수 있는 공기의 온도는 얼마인가? 다음 가정을 사용하시오. (i) 복사 무시, (ii) 유효 온도가 150K인 밤 하늘의 복사를 고려, (iii) 접시가 가장자리를 빙돌아 2 mm 높이의 테두리를 가지고 있다고 가정.

22B.5. 산소의 탈거. 만약 기포가 경질 구와 같이 작용한다고 하면, 20℃에서 정지 상태의 산소-포화된 물로부터 지름이 1 mm인 순수한 질소 기포로 산소가 전달되는 속도를 구하시오. 먼저 물을 통한 기포의 상승 속도를 결정하는 것이 필요함에 주목하시오.

22B.6. 확산 저항의 조절. 지름이 2 mm인 물방울이 20℃와 1 atm의 압력에서 순수한 산소를 통해 자유 낙하하면서 산소 첨가가 일어나고 있다. 산소 전달 속도를 계산하기 위해 기체상의 확산계수를 알 필요가 있는가? 왜 그러한가? 이들 조건 하에서 산소의 용해도는 1.39 mmols/liter이고 액체상 내의 확산계수는 약 2.1×10^{-5} cm²/s 이다.

22B.7. 확산계수의 결정(그림 22B.7). 질소 내 수증기의 확산계수는 예제 20.1-1 의 "Arnold 실험"에 의해 1 atm의 압력에서 0℃에서 100℃의 온도 범위에 거쳐 결정된다. 그러므로 침투 모델에 보정 인자 θ_{AB}를 사용하는 것이 필요하다. 이 인자를 온도의 함수로 계산하시오. 이 범위에서 물의 증기압은 그림 22B.7에서 얻을 수 있거나

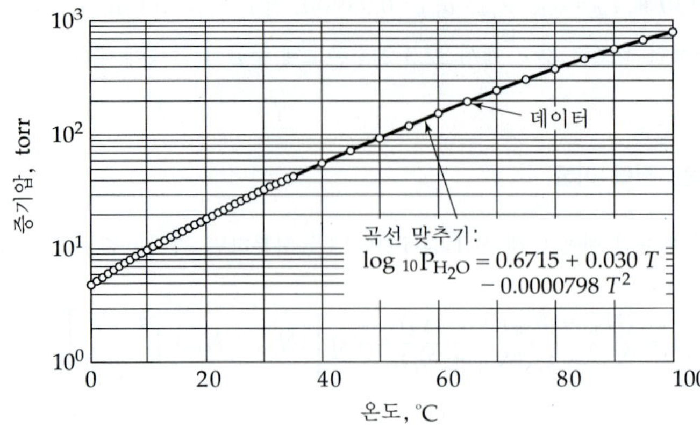

그림 22.B.7. *Lange's Handbook of Chemistry* (J. Dean, ed.), 15th edition, McGraw-Hill, New York (1999)로부터 수증기압 데이터

$$\log_{10} p_{H_2O} = 0.6715 + 0.030T - 0.00008T^2 \tag{22B.7-1}$$

로부터 계산할 수 있다. 여기서 p_{H_2O}는 mmHg 단위의 증기압이고 T는 섭씨 온도이다.

22B.8. 증기 응축에서 Marangoni 효과. 많은 경우에 응축되는 증기에 대한 열전달계수는 $h = k/\delta$로 주어지며, 여기서 k는 응축액 경막의 열전도도이고 δ는 경막 두께이다. 문헌에서 이용할 수 있는 상관관계는 보통 경막의 자유 표면에서 전단응력이 0이라는 가정에 기초를 두고 있지만, 만약 표면 온도가 하향 방향으로 감소하면, $\tau_s = \partial\sigma/\partial z$인 전단응력이 존재할 것이다. 여기서 σ는 표면장력, z는 측정된 하향 방향, 즉 유동 방향의 길이이다. 이 효과가 물 경막에 대해 5000 kcal/hr · m^2 · C인 열전달계수를 얼마나 변화시키겠는가? 물의 동점도는 0.0029 cm^2/s이고, 밀도는 0.96 g/cm^3, 열전도도는 0.713 kcal/ hr · m · C이며, 이 문제의 목적을 위해 $d\sigma/dT = -0.2$ dynes/cm · C로 가정한다.

부분 답: $$\rho\langle v_z\rangle = \left(\frac{\rho^2 g\delta^2}{3\mu}\right)\left(1 + \frac{3}{2}\frac{\tau_s}{\rho g\delta}\right)$$

τ_s를 포함하는 항은 표면장력 구배 효과를 나타내며, 이 항이 작으면 분모는 구배가 없는 경우에 대한 값에 가까워질 것이다. 이 문제의 조건에서는 $\rho g\delta = 14.3$ dyn/cm^{2}이다. 따라서 하향 방향으로 표면장력이 증가한다고 생각하는 것과 같은 계에 대해서는 표면장력의 효과는 작을 것이다. 그러나 반대의 경우에는 작은 구배라 하더라도 유체역학적 불안정성을 초래할 수 있으며 따라서 중요한 영향을 끼칠 수 있다.

22B.9. 구에 대한 경막 모델. 구형 대칭인 계에서 동시에 일어나는 열 및 물질전달에 대해 식 22.8-3, 4에 대응하는 결과를 도출하시오. 즉 구형의 물질전달 표면을 가정하고, T와 x_A는 오직 반지름 방향의 좌표 r에만 의존한다고 가정하시오. 식 22.8-7과 8이 변하지 않아도 됨을 보이시오. 만약 구에 작용하는 항력을 계산하기 위해 경막 이론을 사용하고자 한다면 어떤 어려움이 있겠는가?

22B.10. 원통에 대한 경막 모델. 원통형 대칭인 계에 대해 식 22.8-3, 4에 대응하는 결과를 도출하시오. 즉

원통형 물질전달 표면을 가정하고, T와 x_A가 오직 r에만 의존한다고 가정하시오. 식 22.8-7, 8은 변하지 않아도 됨을 증명하시오.

22C.1. 한외 여과 속도의 계산. 다음 데이터와 물성에 대해 그림 22.8-9에서 보는 예측의 정확도를 조사하시오.

물리적 계:

원판 여과기의 회전 속도= 273 rpm

소혈청 알부민의 $\rho_{P\infty}$= 2.2 g/100 ml

인산 완충 용액 내의 확산계수(pH 6.7에서) = $\mathscr{D}_{PS}(0)$= 7.1 × 10^{-7} cm^2/s

완충 용액의 동점도 =$\mu(0)/\rho^{(s)}$= 0.01 cm^2/s

단백질과 완충 용액의 부분 비체적은 각각 0.75와 1.00 ml/g이다.

수력학적 투과도, K_H=0.0098 (cm/min)/psi

단백질 농도의 영향:

용액 밀도 ρ= 0.997 + 0.224ρ_P g/ml 단위의 ρ와 ρ_P를 갖는

단백질-완충 용액의 확산계수비 $\mathscr{D}_{PS}(0)/\mathscr{D}_{PS}(\rho_P)$= 21.3$\phi_P$/tanh(21.3$\phi_P$), 여기서 $\phi_P = \omega_P \hat{V}_p / (\omega_P \hat{V}_p + \omega_s \hat{V}_s)$는 단백질과 용매의 부분 비체적인 $\hat{V}_p$와 $\hat{V}_s$를 갖는 단백질의 부피 분율이다.

단백질-완충 용액의 점도비 $\mu(0)/\mu(\rho_P) = 1.11 - 0.054\rho_P + 0.00067\rho_P^2$, 여기서 ρ_P는 g/100 ml의 단위를 갖는다.

삼투압 $\pi = 0.013\rho_P^2$, π는 psi 단위이고 ρ_P는 g/100 ml 단위이다.

운전 데이터들은 다음과 같다:

횡단막 압력차 **($p_0 - p_\delta$), psi**	**여과 속도** **v_δ, cm/min**
4.0	0.032
7.1	0.049
8.4	0.049
13.6	0.061
14.7	0.066
23.9	0.074
29.7	0.078
30.0	0.079
36.4	0.081
47.0	0.082

Chapter

23 다성분계의 거시적 수지

공학적 유동계에 질량, 운동량 및 에너지 보존법칙의 적용은 7장(등온계)과 15장(비등온계)에서 다루었다. 이 장에서는 앞 장들에서 만나지 않았던 3개의 추가 인자를 도입하여 논의를 계속하고자 한다: (a) 계 내의 유체는 하나 이상의 화학 종으로 구성되어 있다; (b) 조성 변화와 열의 생산과 소비를 동반하면서 화학반응이 일어날 것이다; (c) 질량은 경계 표면을 통과해(즉 평면 1과 2가 아닌 표면을 가로 질러) 계로 들어올 것이다. 질량이 계의 경계 표면을 통해 들어오고 나가는 다양한 메커니즘을 그림 23.0-1에서 볼 수 있다.

이 장에서는 위에서 설명된 좀더 일반적인 상황에 대한 거시적인 수지를 요약하고자 한다. 이들 각각의 수지는 이제 경계 표면을 가로지르는 질량, 운동량 및 에너지 전달을 고려하기 위한 한 개의 여분 항을 포함할 것이다. 따라서 얻어진 수지는 흡수, 추출, 이온 교환 및 선택적 흡착과 같은 산업적 물질전달 공정까지도 능히 설명할 수 있다. 수많은 논문이 이 주제의 연구에 바쳐 왔으며, 여기서 시도하고자 하는 모든 것은 앞 장들에서 논의되었던 자료들을 사용하여 물질전달 조작 연구의 길을 어떻게 여느냐 하는 것이다. 이 주제에 더 깊은 관심을 갖는 독자들은 이용 가능한 교재와 논문을 참고하기 바란다.[1,2,3,4,5,6,7,8]

이 장에서 주로 강조하고자 하는 것은 혼합물에 대한 질량 수지이다. 그 이유를 설명하기 위해 23.1절은 환경과학, 동위원소 분리, 경제성 평가 및 생의학 과학 등에서 나타나는 문제를 설명하는 5 가지 예제를 수반하고 있다. 23.2절부터 23.4절에는 다른 거시적 수지들이 주어지며, 다중 유입과 유출을 갖는 계에 대한 수지들이 표 23.5-1에 요약되어 있다. 마지막 두 절은 좀더 복잡한 계에 대한 거시적 수지의 적용을 설명하고 있다.

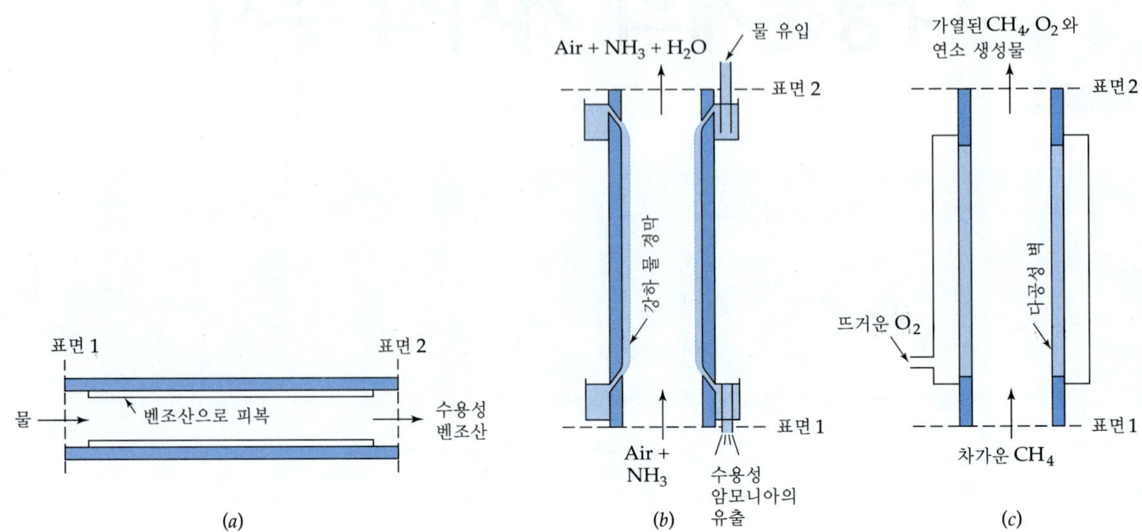

그림 23.0-1. 질량이 경계 표면을 통과해 들어오고 나가는 방법들: (*a*) 벽의 용해에 의해 벤조산이 계로 들어 온다; (*b*) 기체상으로 정의된 수증기가 증발에 의해 계로 들어오고, 흡수에 의해 암모니아 증기가 계를 떠난다; (*c*) 다공성 벽을 통한 증발 냉각에 의해 산소가 계에 들어 온다

23.1 거시적 물질수지

다성분 거시적 유동계에서 화학 종 α에 대한 질량 보존법칙은

$$\frac{dm_{\alpha,\mathrm{tot}}}{dt} = -\Delta w_\alpha + w_{\alpha,0} + r_{\alpha,\mathrm{tot}} \qquad \alpha = 1, 2, 3, \ldots, N \tag{23.1-1}$$

이다. 이는 식 7.1-2를 일반화한 것이다. 여기서 $m_{\alpha,\mathrm{tot}}$는 계 내 α의 순간적인 총 질량이고, $-\Delta w_\alpha = w_{\alpha1} - w_{\alpha2} = \rho_{\alpha1}\langle v_1\rangle S_1 - \rho_{\alpha2}\langle v_2\rangle S_2$는 평면 1과 2를 가로지르는 화학 종 α의 질량 유량차이다. 양 $w_{\alpha,0}$은 경계 표면을 가로지르는 물질전달에 의해 계에 더해지는 화학 종 α의 질량 유량

[1] W. L. McCabe, J. C. Smith, and P. Harriot, *Unit Operation of Chemical Engineering*, McGraw-Hill, New York, 6th edition (2000).

[2] T. K. Sherwood, R. L. Pigford, and C. R. Wilke, *Mass Transfer*, McGraw-Hill, New York (1975).

[3] R. E. Treybal, *Mass Transfer Operation*, 3rd edition , McGraw-Hill, New York (1980).

[4] C. J. King, *Separation Processes*, McGraw-Hill, New York (1971).

[5] C. D. Holland, *Multicomponent Distillation*, McGraw-Hill, New York (1963).

[6] T. C. Lo, M. H. I. Baird, and C. Hanson, eds., *Handbook of Solvent Extraction*, Wiley-Interscience, New York (1983).

[7] R. T. Yang, *Gas Separations by Adsorption Processes,* Butterworth, Boston (1987).

[8] J. D. Seader and E. J. Henley, *Separation Process Principles*, Wiley, New York (1998).

이다. 계에 열이 더해지고 움직이는 부분에 의해 계에 일이 작용하면 총 에너지 수지에서 Q와 W_m이 양으로 취해지는 것과 같이, 질량이 계에 **더해지면** $w_{\alpha,0}$는 양이 된다. 마지막으로 기호 $r_{\alpha,\text{tot}}$는 계 내에서의 균질 반응과 불균질 반응에 의한 화학 종 α의 알짜 생성 속도를 나타낸다.[1]

표 15.5-1에서 표면 1과 2를 가로지르는 유동 방향의 운동량과 에너지의 분자 전달 및 에디 전달은 대류 전달에 비해 무시할 수 있었음을 상기하시오. 이 장의 모든 곳, 즉 식 23.1-1과 여기에 나타나는 다른 거시적 수지에서 동일하게 사용될 것이다.

만약 식 23.1-1의 모두 N 개 식을 더하면

$$\frac{dm_{\text{tot}}}{dt} = -\Delta w + w_0 \tag{23.1-2}$$

을 얻는다. 여기서 $w_0=\Sigma_\alpha w_{\alpha,0}$이고, $\Sigma_\alpha r_{\alpha,\text{tot}}=0$인 형태의 질량 보존법칙이 사용되었다.

몰 단위로 식 23.1-1을 쓰는 것이 종종 편리하다:

$$\boxed{\frac{dM_{\alpha,\text{tot}}}{dt} = -\Delta W_\alpha + W_{\alpha,0} + R_{\alpha,\text{tot}} \qquad \alpha = 1, 2, 3, \ldots, N} \tag{23.1-3}$$

여기서 대문자는 식 23.1-1에서 소문자 기호의 몰 대응 부분을 나타낸다. 식 23.1-3을 모든 화학 종에 걸쳐 더하면, 그 결과는

$$\frac{dM_{\text{tot}}}{dt} = -\Delta W + W_0 + \sum_{\alpha=1}^{N} R_{\alpha,\text{tot}} \tag{23.1-4}$$

이다. 수많은 반응계에서 생산되는 총 몰 수가 소비되는 총 몰 수가 같지 않기 때문에, 마지막 항은 일반적으로 0이 아님에 주목하시오.

공간적으로 연속인 물질전달 조작과 같은 몇몇 응용에서는, 식 23.1-1이나 23.1-3을 계의 미분 요소에 대해 다시 쓰는 것이 통상적이다(즉 15.4절에서 논의된 “d−형태” 로). 그러면 미분 $dw_{\alpha,0}$ 또는 $dW_{\alpha,0}$는 국부 물질전달계수의 항으로 표현할 수 있다.

---

[1] 양 $m_{\alpha,\text{tot}}$, $w_{\alpha,0}$와 $r_{\alpha,\text{tot}}$를 적분 형태로 쓰면

$$m_{\alpha,\text{tot}} = \int_V \rho_\alpha dV; \qquad w_{\alpha,0} = -\int_{S_0} (\mathbf{n}\cdot\rho_\alpha \mathbf{v}_\alpha)dS; \qquad r_{\alpha,\text{tot}} = \int_V r_\alpha dV + \int_{S_0} r_\alpha^{(s)} dS \tag{23.1-1a, b, c}$$

이다. 여기서 $\mathbf{n}$은 바깥으로 향하는 방향의 단위 수직 벡터이고, S_0는 물질전달이 일어나는 경계 표면 바로 그 부분이다. $r_{\alpha,\text{tot}}$ 내의 적분항은 각각 균질 반응과 불균질 반응에 의한 화학 종 α의 알짜 생성 속도이다.

예제 23.1-1 불안정한 폐기물의 처리

유체 흐름이 일정한 질량 유량 w로 화학공장으로부터 빠져 나와 강으로 배출된다(그림 23.1-1*a*). 유체는 질량 분율 w_{A0}의 폐기물 A를 포함하고 있으며, 폐기물은 불안정하여 $r_A = -k_1'''\rho_A$의 식에 따라 농도에 비례하는 속도로, 즉 일차 반응에 의해 분해된다.

오염을 줄이기 위해 강으로 배출되기 전에 유출 흐름을 부피가 V인 체류 탱크를 통과해 흐르도록 하였다(그림 23.1-1*b*). 탱크 내의 유체를 거의 균일한 조성으로 유지하는 효율적인 교반기가 탱크에 장착되어 있다. 시간 $t=0$에서 유체는 비어 있는 탱크 내로 흐르기 시작하며, 부피 V까지 탱크가 채워져야 비로소 액체는 유출되기 시작한다.

탱크가 채워지는 공정 동안과 탱크가 완전히 채워지고 난 후의 탱크 내 유체의 농도에 대한 식을 시간의 함수로 수립하시오.

해 **(a)** 우선 탱크가 채워지는 동안의 시간, 즉 $t \leq \rho V/w$인 시간을 고려하면서 시작한다. 여기서 ρ는 유체 혼합물의 밀도이다. 식 23.1-1의 거시적 질량 수지를 체류 탱크에 적용한다. 좌변의 양 $m_{A,\text{tot}}$는 시간 t에서 $wt\omega_A$이고, 탱크로 들어오는 질량 유량은 $w\omega_{A0}$이며, 탱크가 채워지는 단계 동안에는 유출되는 유동이 없다. 물질전달 계면을 통과해 들어오거나 나가는 A는 없고, 화학 종 A의 질량 생성 속도는 $r_{A,\text{tot}}=(wt/\rho)(-k_1'''\rho_A)=-k_1'''m_{A,\text{tot}}$이다. 그러므로 채워지는 시간 동안의 화학 종 A에 대한 거시적 질량 수지는

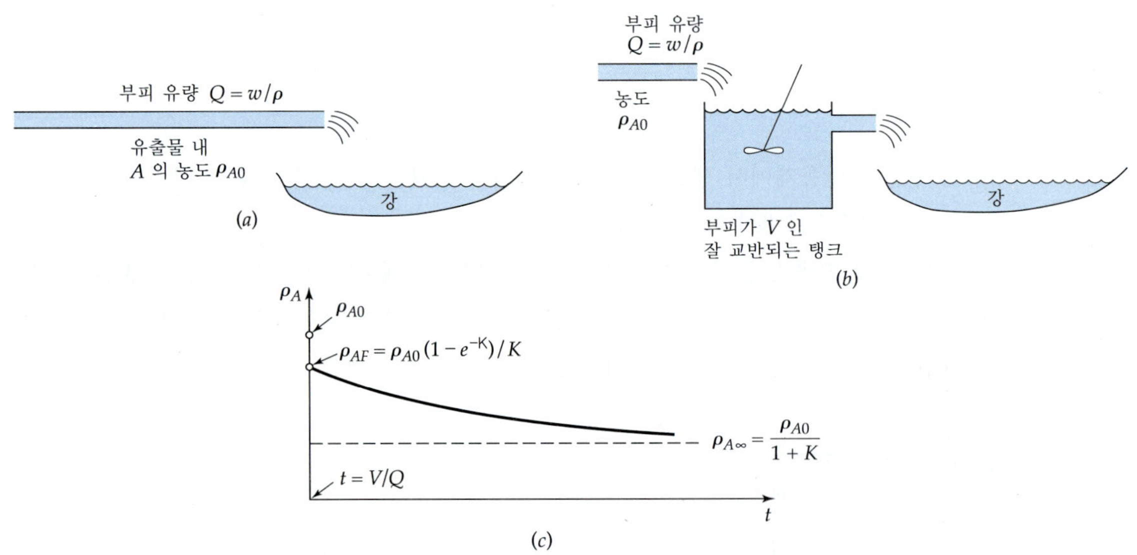

그림 23.1-1. (*a*) 강으로 직접 버려지고 있는 불안정한 오염물질을 갖는 폐기물 흐름. (*b*) 강으로 버려지기 전에 불안정한 오염물질을 감쇠시키는 것이 허용된 체류 탱크를 갖는 폐기물 흐름. (*c*) 체류 탱크가 다 채워진 다음 강으로 배출되는 오염물질의 농도를 보여주는 개략도 (무차원 양 K는 $k_1'''V/Q$이다).

$$\frac{d}{dt} m_{A,\text{tot}} = w\omega_{A0} - k_1''' m_{A,\text{tot}} \tag{23.1-5}$$

이다. $t=0$에서 $m_{A,\text{tot}}=0$인 초기조건을 사용하여 이 일차 미분방정식을 풀면

$$m_{A,\text{tot}} = \frac{w\omega_{A0}}{k_1'''}(1 - \exp(-k_1''' t)) \tag{23.1-6}$$

을 얻는다. 이는 $m_{A,\text{tot}}=wt\omega_A$의 관계를 사용하여 탱크 내 A의 순간적인 질량 분율항으로 쓸 수 있을 것이다:

$$\frac{\omega_A}{\omega_{A0}} = \frac{1 - \exp(-k_1''' t)}{k_1''' t} \qquad \left(t \leq \frac{\rho V}{w}\right) \tag{23.1-7}$$

그러면 탱크가 완전히 채워지는 순간에 A의 질량 분율, ω_{AF}는

$$\frac{\omega_{AF}}{\omega_{A0}} = \frac{1 - e^{-K}}{K} \tag{23.1-8}$$

로 주어진다. 여기서 $K= k_1'''\rho V/w=k_1''' V/Q$이다.

(b) 탱크가 채워진 후 탱크에 대한 질량 수지는

$$\frac{d}{dt}(\rho_A V) = w\omega_{A0} - w\omega_A - k_1'''\rho_A V \tag{23.1-9}$$

이거나, 또는 $\tau=(w/\rho V)t$ 를 사용하여 무차원 형태로

$$\frac{d\omega_A}{d\tau} + (1 + K)\omega_A = \omega_{A0} \tag{23.1-10}$$

이다. $\tau=1$에서 $\omega_A=\omega_{AF}$인 초기값을 사용하여 이 미분방정식을 풀면

$$\frac{\omega_A - [\omega_{A0}/(1 + K)]}{\omega_{AF} - [\omega_{A0}/(1 + K)]} = e^{-(1+K)(\tau-1)} \qquad \left(t \geq \frac{\rho V}{w}\right) \tag{23.1-11}$$

을 얻는다. 시간이 진행함에 따라 강으로 배출되는 오염물의 질량 분율은

$$\omega_{A\infty} = \frac{\omega_{A0}}{1+K} = \frac{\omega_{A0}}{1+(k_1'''\rho V/w)} \tag{23.1-12}$$

의 극한값을 가지며 지수적으로 감소하는 것을 알 수 있다. 탱크가 채워진 후의 질량 농도 곡선은 시간의 함수로 그림 23.11(c)에서 볼 수 있다. 이 곡선은 배출 농도가 허용 범위 내에 있을 것이라는 것과 같은 조건을 결정하기 위해 사용될 수 있다. 식 23.1-12는 요구되는 체류 탱크의 크기를 결정하는 데에도 사용할 수 있다.

예제 23.1-2 2 성분 분할기

가장 간단하고 가장 보편적인 분리 기기 중의 하나인 2 성분 분할기의 조작을 설명하시오(그림 23.1-2 참조). A와 B의 2 성분 혼합물이 몰 유량 F의 공급 흐름으로 기기로 들어오고, 어떤 분리 메커니즘에 의해 몰 유량 P인 생성물 흐름과 몰 유량 W인 폐기물 흐름으로 나뉘게 된다. 공급 흐름에서 A(원하는 성분)의 몰 분율은 z이고, 생성물과 폐기물 흐름의 몰 분율은 각각 y와 x이다.

해 성분 A와 전체 유체에 대한 정상상태의 거시적 질량 수지를

$$zF = yP + xW \tag{23.1-13}$$

$$F = P + W \tag{23.1-14}$$

와 같이 쓰는 것으로 시작하고자 한다. 일반적으로 생성물과 공급 흐름의 몰 유량비 $\theta=P/F$를 **분급**으로 정의하는 것이 관례이다. 그런 다음 식 23.1-14를 사용하여 W를 소거하면 식 23.1-13은

$$z = \theta y + (1-\theta)x \tag{23.1-15}$$

가 된다. 일반적으로 분급 θ와 공급 조성 z는 알려진 값을 취한다.

이제 공급 조성과 폐기물 조성 사이의 관계가 필요하며, 두 배출 흐름의 조성을 관계짓는 식을 쓰는 것이 일반적이다:

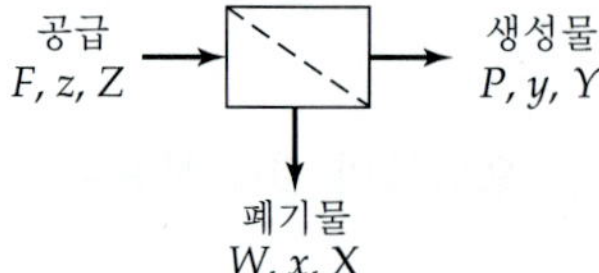

그림23.1-2. 공급 흐름이 생성물 흐름과 폐기물 흐름으로 나누어지는 2 성분 분활기.

$$Y = \alpha X \tag{23.1-16}$$

여기서 α는 통상 알려진 값을 취하는 **분리 인자**로 알려져 있으며, 분할기의 분리 능력을 특징짓는다. 여기서 Y와 X는

$$Y = \frac{y}{1-y} \text{ 이고 } \quad X = \frac{x}{1-x} \tag{23.1-17, 18}$$

로 정의되는 몰 비이다. 식 23.1-16은 몰 분율의 항으로

$$y = \frac{\alpha x}{1 + (\alpha - 1)x} \text{ 또는 } x = \frac{y}{\alpha - (\alpha - 1)y} \tag{23.1-19, 20}$$

과 같이 쓸 수 있다. 식 23.1-15와 19(또는 20)은 분할기 조작을 완벽하게 설명한다.

기-액 분할, 즉 평형 증류에 대해서는 생성물 흐름과 폐기물 흐름이 평형에 있는 조작을 **이상적인** 분할기로 정의하는 것이 일반적이다. 이 경우에 α는 **상대 휘발도**이고, 열역학적으로 이상적인 계에 대해서는 바로 성분 증기압의 비이다. 비이상적인 계에 대해서조차도 α는 조성에 따라 상대적으로 천천히 변한다.

실제 분할기에 대해서는 α를

$$\alpha = E\alpha^* \tag{23.1-21}$$

로 정의되는 경험적 보정 인자, 예를 들면 **효율** 항으로 정의할 수 있다. 여기서 α^*는 이상적인 모델에 대한 분리 인자이고, E는 이상적인 거동을 만나기 위해 실제 계의 부족을 책임지는 보정 인자이다.

따라서 주어진 공급 조성에 대해 분할기에 의해 생성되는 **농축** $(y\text{-}z)/z$는 분급 θ와 분리 인자 α의 함수임을 안다. 농축은 식 23.1-15와 20을 결합하여 얻게 되는 다음 식으로부터 계산할 수 있다:

$$z = \theta y + (1 - \theta)\frac{y}{\alpha - (\alpha - 1)y} \tag{23.1-22}$$

이 식은 z가 주어지면 풀 수 있는 y에 대한 이차 방정식이고, 농축 $(y-z)/z$를 얻게 된다. $z=\frac{1}{2}$과 $\alpha=1.25$(많은 공정에 대해 합리적인 값)에 대해 $(y-z)/z$와 $5\theta(y-z)/z$가 둘 다 θ의 함수로 도시된 그림 23.1-3에 예가 주어져 있다. 사라질 만큼 작은 분급에 대해서는 최대 농축

$(y-z)/z$가 얻어지는 반면, 농축의 생성과 생성속도는 중간값의 θ에서 가장 큰 것을 볼 수 있다. 최적의 θ 값을 찾는 것은 경제성 입장에서 다루어져 할 문제이다.

그림 23.1-2에 도시된 일반적인 형태의 간단한 분할기가 다단 분리공정의 기본 단위로 대단히 널리 사용된다. 이들은 매 단마다 전형적으로 대단히 높은 분리 인자 α를 갖는 증발기와 결정화기를 포함하며, α가 폭 넓게 변할 수 있는 증류, 기체 흡수와 액체 추출에 대한 계를 포함한다. 이들 응용의 모두가 단위조작에 관한 표준 교과서에서 잘 다루어져 있다.

막 공정은 중요성이 빠르게 증가하고 있으며, 많은 설계 원리가 동위원소 분리 산업[2]을 위해 개발되었다. 현대적 응용에 대한 논의도 역시 가능하다.[3]

예제 23.1-3 거시적 수지와 Dirac "분리 용량" 및 "가치 함수"

제 2차 대전의 맨해튼 프로젝트를 수행하는 동안 영국 물리학자 Dirac[2,4,5]은 서로 다른 분리공정, 예를 들면 열 확산과 원심 분리의 유효성을 비교하기 위한 기준을 수립하기 위해 2 성분 분할기에 대한 거시적 질량 수지를 사용하였다. 또한 동일한 기준이 생물 분리의 평가에도 유용한 것으로 입증되었다.

A와 B의 2 성분 혼합물을 포함하는 공급 흐름의 몰 유량이 F이고, P와 W가 생성물과 폐기물 흐름의 몰 유량인 그림 23.1-2에서 볼 수 있는 간단한 분리계를 상상한다. 세 흐름에서

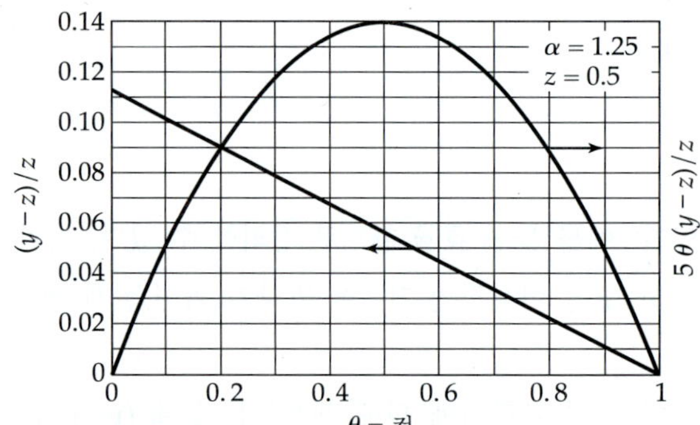

그림 23.1-3. 2 성분 분할기의 거동.

[2] E. Von Halle and J. Schacter, *Diffusion Separation Methods*, in Volume 8 of *Kirk-Othmer Encyclopedia of Chemical Technology* (M. Howe-Grant, ed.), 4th edition, Wiley, New York (1993), pp. 149-203.

[3] W. S. W. Ho and K. K. Sirkar, *Membrane Handbook*, Van Nostrand Reinhold, New York (1992), p. 954; R. D. Noble and S. A. Stern, *Membrane Separation Technology*, Elsevier, Amsterdam (1995), p. 718.

[4] P. A. M. Dirac, British Ministry of Supply (1941); 이는 *The Collected Works of P. A. M. Dirac* (*1924-1948*), (R. H. Dalitz, ed.) Cambridge University Press (1995)에 재인쇄 되었다. 노벨 수상자 **Paul Adrien Maurice Dirac** (1902-1984) 양자역학의 개발 선도자 중의 한 사람으로 상대성 파동방정식을 개발하였고 양전자의 존재를 예측하였다.

[5] K. Cohen, *Theory of Isotope Separation*, McGraw-Hill, New York (1951). 또, 열역학적 논거를 사용하고 이상 혼합물이라 가정하여 식 23.1-37은 J. B. Opfell, *AIChE Journal*, **24**, 726-728 (1978)에 의해 얻어졌다.

화학 종 A의 몰 분율은 각각 z, y와 x이다.

이 계에는 생성물 흐름에서 A의 농도를 증가시키고 폐기물 흐름에서 A의 농도를 감소시키기 위한 어떤 메커니즘(예를 들면 막)이 있다. 그런 다음 식 23.1-16부터 18에서와 같이 **분리 인자** α를 정의한다.

$$\alpha = \frac{y/(1-y)}{x/(1-x)} = 1 + \frac{y-x}{x(1-y)} \tag{23.1-23}$$

단지 화학 종 A가 약간 농축되는 계만을 고려하기 때문에 $\alpha-1$이 대단히 작은 양이므로 이 식을 두 번째 형태로 쓴다. 식 23.1−23을 x의 함수인 y에 대해 풀면

$$y = \frac{x + (\alpha-1)x}{1 + (\alpha-1)x} \approx x + (\alpha-1)x(1-x) \tag{23.1-24}$$

를 얻는다.

다음 계에 참여하는 흐름의 “가치”(예를 들면 금전적 가치일 수도 있다)의 알짜 증가로 계의 **Dirac 분리 용량** Δ를 정의한다:

$$\Delta = Pv(y) + Wv(x) - Fv(z) \tag{23.1-25}$$

여기서 $v(x)$는 **Dirac 가치 함수**이다. (분리기술 논문에서는 분리 용량이 종종 기호 δU로 주어진다.)

계에 대한 질량 수지와 함께 식 23.1-25의 정의를 사용하여 분리 용량과 가치 함수를 어떻게 얻을 수 있는지 보이시오.

해 총 질량 수지와 화학 종 A에 대한 질량 수지는

$$F = P + W; \qquad Fz = Py + Wx \tag{23.1-26, 27}$$

이다. 이제 식 23.1-27을 F로 나누고, 식 23.1-26을 사용하여 W를 소거한다. 그런 다음 양 $\theta = P/F$(“분급”이라 불리는)를 도입하면

$$z = \theta y + (1-\theta)x \text{ 또는 } z - x = \theta(y-x) \tag{23.1-28}$$

을 얻는다. 다음 식 23.1-25를 F로 나누고 θ를 도입하면

$$\frac{\Delta}{F} = \theta v(y) + (1-\theta)v(x) - v(z) \tag{23.1-29}$$

를 얻는다. 흐름들 간에는 농도차가 매우 작으므로 $v(y)$와 $v(z)$를 x에 대해 전개할 수 있으며

$$v(y) = v(x) + (y - x)v'(x) + \tfrac{1}{2}(y - x)^2 v''(x) + \cdots \tag{23.1-30}$$

$$v(z) = v(x) + (z - x)v'(x) + \tfrac{1}{2}(z - x)^2 v''(x) + \cdots \tag{23.1-31}$$

을 얻는다. 여기서 프라임 부호는 x에 관한 미분을 나타낸다. 이 식들을 식 23.1-29에 대입하고 식 23.1-28을 사용하면

$$\frac{\Delta}{F} = \tfrac{1}{2}\theta(1 - \theta)(y - x)^2 v''(x) \tag{23.1-32}$$

를 얻는다. 식 23.1-24를 사용하면 이 마지막 식은

$$\frac{\Delta}{F} = \tfrac{1}{2}\theta(1 - \theta)(\alpha - 1)^2 x^2(1 - x)^2 v''(x) \tag{23.1-33}$$

이 된다. 이제 계의 분리 용량은 실질적으로 농도에 무관하다고 가정한다. 그러므로 식 23.1-33에서 농도 의존 인자를 1과 같다고 두면, 분리용량에 대한 최종식은

$$\frac{\Delta}{F} = \tfrac{1}{2}\theta(1 - \theta)(\alpha - 1)^2 \tag{23.1-34}$$

이다. 이 식에 의하면 계가 $\theta = \dfrac{1}{2}$로 운전될 때 분리 용량은 최대값을 갖는다.

미분방정식

$$\frac{d^2v}{dx^2} = \frac{1}{x^2(1 - x)^2} \tag{23.1-35}$$

를 반드시 만족해야 하는 Dirac 가치 함수를 구하는 일이 남아 있다. 이 식을 적분하면

$$v = (2x - 1)\ln\left(\frac{x}{1 - z}\right) - 2 + C_1 x + C_2 \tag{23.1-36}$$

을 얻는다. 두 개의 적분 상수는 임의로 지정할 수 있으며, 몇몇 다른 값이 선택되었다. 그러나 가장 일반적인 선택은 $v(\frac{1}{2})=0$과 $v'(\frac{1}{2})=0$이다. 이로부터 $v(1-x)=v(x)$와 $v'(1-x)=-v'(x)$인 관점에서 대칭 해인

$$v = (2x - 1)\ln\left(\frac{x}{1 - x}\right) \tag{23.1-37}$$

이 유도된다.

가치 함수 $v(x)$와 분리 용량 Δ는 다른 농도 범위뿐 아니라 서로 다른 종류의 장치에 의한 분리를 비교하는 데 유용하다는 것이 입증되었다. 경제적 관점에서 식 23.1-37에 주어진 바와 같은 $v(x)$는 순도가 다른 동위원소 혼합물의 가치 차이를 결정하는 데 유용한 것으로 알려져 있다.

예제23.1-4 구획 해석

거시적 화학 종 질량 수지의 가장 간단하고 유용한 응용 중의 하나는, 복잡한 계를 연결 도관 내에서는 분산이 일어나지 않고 무시할 만한 부피의 도관으로 연결된 각각의 부피가 일정한 완벽한 혼합기의 네트워크로 취급하는 **구획 해석**이다. 다양한 화학 종(α, β, γ,⋯로 표시된)을 포함하는 1, 2, 3, ... n , . . . N으로 표시된 혼합 단위를 상상하시오. 그러면 혼합 단위 n 내의 화학 종 α의 질량 농도 $\rho_{\alpha n}$은 식

$$V_n \frac{d\rho_{\alpha n}}{dt} = \sum_{m=1}^{N} Q_{mn}(\rho_{\alpha m} - \rho_{\alpha n}) + V_n r_{\alpha n} \tag{23.1-38}$$

에 의해 시간에 따라 변한다. 여기서 V_n은 혼합 단위 n의 부피이고, Q_{mn}은 혼합 단위 m으로부터 혼합 단위 n으로 흐르는 용매 유동의 부피 유량이고, $r_{\alpha n}$은 혼합 단위 n에서 단위 부피당 화학 종 α가 형성되는 속도이다.

혈액 투석에 의해 환자로부터 독성 대사 생성물(즉, 인간의 대사 작용 결과로 생기는 독성 물질)을 제거하는 것을 설명하기 위해 이와 같은 모델이 어떻게 다루어질 수 있는지 보이시오. 혈액 투석은 대사 산물이 투과할 수 있는 셀로판 막에 의해 분리되어 있는 혈액과 투석 유체가 항류로 접촉함으로써 이루어지는 독성 대사 산물의 주기적인 제거이다.

해 그림 23.1-4의 간단한 두 구획 모델이 혈액 투석계를 표현하는 데 적절한 것으로 알려져 있다. 여기서 큰 블록 또는 구획 1(몸체로 표시된)은 구획 2로 표현된 혈액 내의 체액을 제외한 결합된 체액을 나타낸다. 혈액은 혈관의 분지계를 거쳐 부피 유량 Q로 구획 1을 통과하여 순환하고, 이 공정에서 혈관 벽을 가로질러 용질이 추출된다. 이 공정은 매우 효율적이

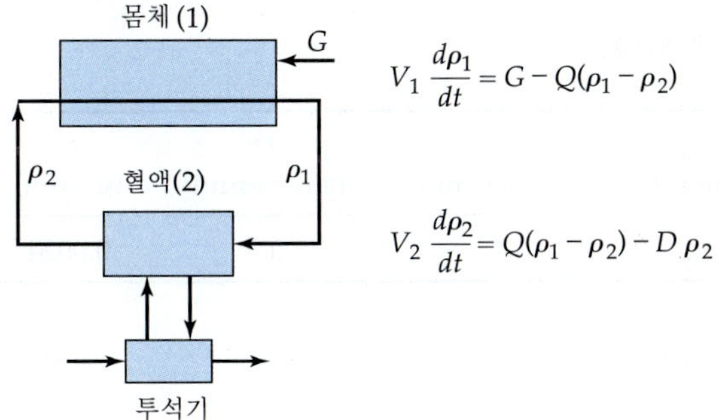

그림 23.1-4. 투석기의 기능을 분석하기 위해 사용되는 두 구획 모델.

고, 단일 용질이 구획 전체의 농도와 같은 농도 ρ_1으로 구획 1을 떠난다고 가정한다. 동시에 용질은 일정한 속도 G로 체액 내에서 형성되고 있으며, 투석하는 동안 $D\rho_2$의 속도로 투석기에 의해 혈액으로부터 추출되고 있다. 비례 상수 D는 "투석기 간극"으로 알려져 있으며, 투석기의 설계와 운전 조건에 의해 결정된다.

실제로 일어나는 대단히 복잡한 공정이 투석 기간 사이에는 $D=0$인

$$V_1 \frac{d\rho_1}{dt} = -Q(\rho_1 - \rho_2) + G \tag{23.1-39}$$

$$V_2 \frac{d\rho_2}{dt} = Q(\rho_1 - \rho_2) - D\rho_2 \tag{23.1-40}$$

의 두 식에 의해 모델화된다. 단일 용질을 고려하기 때문에, 농도는 구획을 표시하기 위해 단지 하나의 하첨자만 갖는다. 혈액과 체액이 서로 거의 평형을 이루고 있을 때, 투석 과정을 시작하고서부터 시간 t를 측정하므로 초기 조건을

초기조건: $t = 0$ 에서 $$\rho_1 = \rho_2 = \rho_0 \tag{23.1-41}$$

로 쓸 수 있으며, 여기서 ρ_0는 상수이다. 이제 혈액 내의 독성 대사산물 농도에 대한 명시적 식을 시간의 함수로 얻고자 한다.

식 23.1-39와 40을 더하고 $d\rho_1/dt$에 대해 푸는 것으로 시작한다. 혈액 내의 대사산물 농도에 대한 미분방정식을 얻기 위해 후자를 식 23.1-40의 시간 도함수 내에 대입한다:

$$\frac{d^2\rho_2}{dt^2} + \left(\frac{Q}{V_1} + \frac{Q}{V_2} + \frac{D}{V_2}\right)\frac{d\rho_2}{dt} + \frac{QD}{V_1V_2}\rho_2 = \frac{QG}{V_1V_2} \tag{23.1-42}$$

초기조건: $t=0$에서 $$\rho_2 = \rho_0 \quad \text{and} \quad \frac{d\rho_2}{dt} = -\frac{D\rho_0}{V_2} \tag{23.1-43}$$

두 번째 초기 조건은 식 23.1-40과 41을 사용하여 얻는다.

이제 70kg 성인으로부터 크레아티닌을 제거하기 위해 전형적인 다음의 특정 매개변수 값을 사용하면 이 식은 풀리게 된다:

양	V_1 (liters)	V_2 (liters)	Q (liters per min)	D (liters per min)	G (g/min)	ρ_0 (g per liter)
크기	43	4.5	5.4	0.3	0.0024	0.140

미분방정식과 초기조건은 이제

$$\frac{d^2\rho_2}{dt^2} + (1.3922)\frac{d\rho_2}{dt} + (0.00837)\rho_2 = 6.70 \times 10^{-5} \tag{23.1-44}$$

초기조건: $t = 0$에서 $\quad \rho_2 = \rho_0$ 이고 $\quad \dfrac{d\rho_2}{dt} = -0.00933$ (23.1-45)

의 형태를 갖는다. 여기서 농도는 g/l 단위이며 시간은 분 단위이다. 동반 동차 방정식을 만족하는 상보 함수는

$$\rho_{2,\mathrm{cf}} = C_1 \exp(-0.006043t) + C_2 \exp(-1.386t) \tag{23.1-46}$$

이며, 특수 적분은

$$\rho_{2,\mathrm{pi}} = 0.0080 \tag{23.1-47}$$

이다. 비동차 방정식에 대한 완전 해는 상보 함수와 특수 적분의 합에 의해 주어진다. 초기조건으로부터 적분 상수가 결정되면 투석 기간 동안에는

$$\rho_2 = 0.1258 \exp(-0.006043t) + (0.0062 \exp(-1.386t) + 0.0080 \tag{23.1-48}$$

$$\frac{d\rho_2}{dt} = -0.000760 \exp(-0.006043t) - 0.0086 \exp(-1.386t) \tag{23.1-49}$$

를 얻는다.

투석 후의 회복 기간에 대해, 여기서는 환자가 신장 기능을 갖지 않는다고 가정하므로 간극 D는 0이며, 식 23.1-42는 더 간단한 형태를 갖는다.

$$\frac{d^2\rho_2'}{dt'^2} + Q\left(\frac{V_1 + V_2}{V_1V_2}\right)\frac{d\rho_2'}{dt'} = \frac{QG}{V_1V_2} \tag{23.1-50}$$

여기서 ρ_2' 은 회복 기간 동안의 농도이다. 상보 함수와 특수 적분은

$$\rho_{2,\mathrm{cf}}' = C_3 \exp\left[-Q\left(\frac{V_1 + V_2}{V_1V_2}\right)t'\right] + C_4 \tag{23.1-51}$$

$$\rho_{2,\mathrm{pi}}' = \frac{Gt'}{V_1 + V_2} \tag{23.1-52}$$

이며, 여기서 t'은 회복 기간의 시작부터 측정된 시간이다. 수치값을 대입하면 회복 기간 동안의 농도와 시간 도함수를 얻는다.

$$\rho_2' = C_3 \exp(-1.325t') + (5.05 \times 10^{-5})t' + C_4 \tag{23.1-53}$$

$$\frac{d\rho_2'}{dt'} = -1.325C_3 \exp(-1.325t') + (5.05 \times 10^{-5}) \tag{23.1-54}$$

적분 상수는 $t'=0$에 부합하는 조건으로부터 결정된다.

$t'=0$에서 $\rho_2' = \rho_2$ 이고 $\rho_1' = \rho_1$ (23.1-55, 56)

식 23.1-53의 적분 상수를 구하기 위한 두 번째 초기조건이 필요하다. 이는 식 23.1-40과 식 23.1-55와 56의 두 관계를 결합한 ρ'_2 (즉 $D = 0$인)에 대응하는 식으로부터 구할 수 있다. 이 관계는

$t'=0$에서 $$\frac{d\rho_2'}{dt'} = \frac{d\rho_2}{dt} + \frac{D\rho_2}{V_2} \tag{23.1-57}$$

이다. 예를 들 목적으로 50분에 투석을 끝낸다면

$$\rho_2(t = 50) = 0.099239 = \rho_2' \tag{23.1-58}$$

이다. 이제 적분 상수를 결정하기 위한 충분한 정보를 가지고 있으므로, 회복 기간 동안의 혈액 내 농도에 대해

$$\rho_2' = 0.1056 - 0.00462 \exp(-1.326t') + (5.05 \times 10^{-5})t' \tag{23.1-59}$$

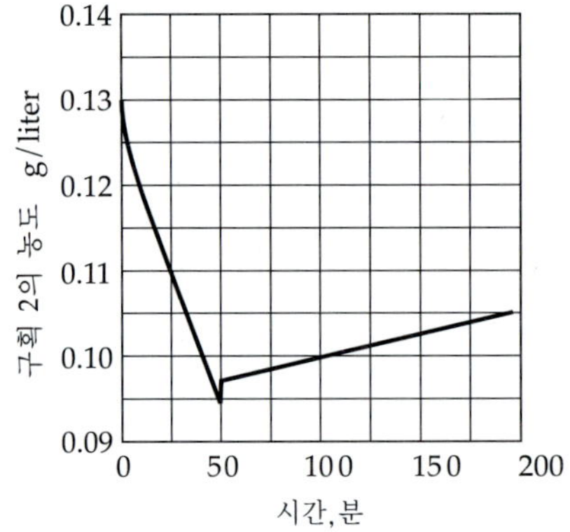

그림 23.1-5. 투석의 약물 동태학: 모델 예측.

를 얻는다. 식 23.1-48과 59를 그림 23.1-5에 도시하였다.

아마 더 흥미로운 것은 실제 환자에게 식 23.1-39와 40의 적용을 보여주는 그림 23.1-6이다. 여기서 점들은 데이터를 나타내며, 선은 모델 예측 결과를 나타낸다. 여기서는 단지 투석기 간극과 크레아티닌 농도만 알고 있고, 남아있는 매개변수를 계산하기 위해 첫 번째 사이클의 데이터가 사용된다. 그런 다음 결과적인 모델은 다음 세 사이클을 예측하기 위해 사용된다. 이 접근법은 데이터들을 상관짓는 데 탁월하며 예측값을 갖는다는 것을 안다. 50분이 지난 후 크레아티닌 농도의 급격한 상승은 투석기가 혈액으로부터 크레아티닌을 더 이상 제거할 수 없다는 사실로부터 얻어진 결과임에 주목하시오. 그 결과 혈액과 잔류하는 체액 사이의 불균형은 더 작아지게 된다.

유사한 구획 모델이 **약물 동태학적** 모델[6]로 언급되는 의학에서는 널리 응용된다. 모델 매개변수가 모델화된 공정으로부터 별개로 결정되는 약물 동태학적 모델링은 Bischoff와 Dedrick[7]에 의해 선구적으로 시작되었다.

예제 23.1-5 시간 상수와 모델 둔감도

앞의 예제에서 체액과 순환하는 혈액 둘 다 이상적인 혼합 탱크와는 공통점이 많지 않는다는 것이 약식 조사에서 조차도 명백하므로, 간단한 구획 모델의 성공을 비판적으로 시험해 보는 것은 상당히 흥미롭다. 이런 관점에서 시작하기 위해 용질의 주입이 지수적으로 감쇠하는 경우에 대해 그림 23.1-7의 전혀 다른 두개의 계의 응답(즉, 배출 농도)을 비교하시오: 하나는 주입되는 유체가 평류로 움직이고(**평류 반응기**, PFR), 다른 하나는 완벽한 혼합기

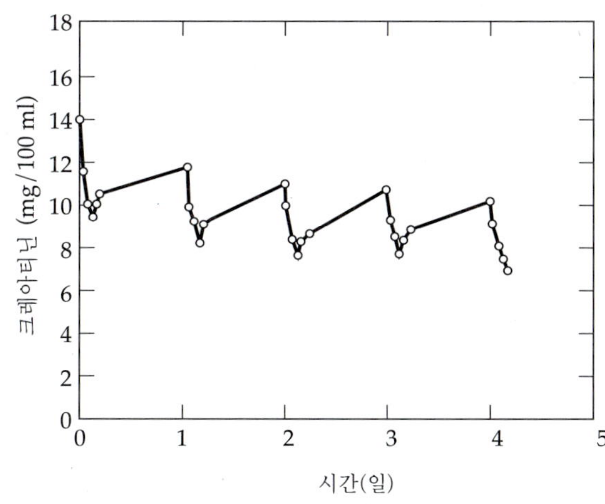

그림 23.1-6. 투석 환자에 대한 실험 데이터(점)와 모사된 크레아티닌 데이터(실선) [R. L. Bell, K. Curtiss, and A. L. Babb, *Trans. Amer. Soc. Artificial Internal Organs*, **11**, 183 (1965)].

[6] P. G. Welling, *Pharmacokinetics*, American Chemical Society (1997).

[7] K. B. Bischoff and R. L. Dedrick, *J. Pharm. Sci.*, **87**, 1347-1357 (1968); *AIChE Symposium Series*, **64**, 32-44 (1968).

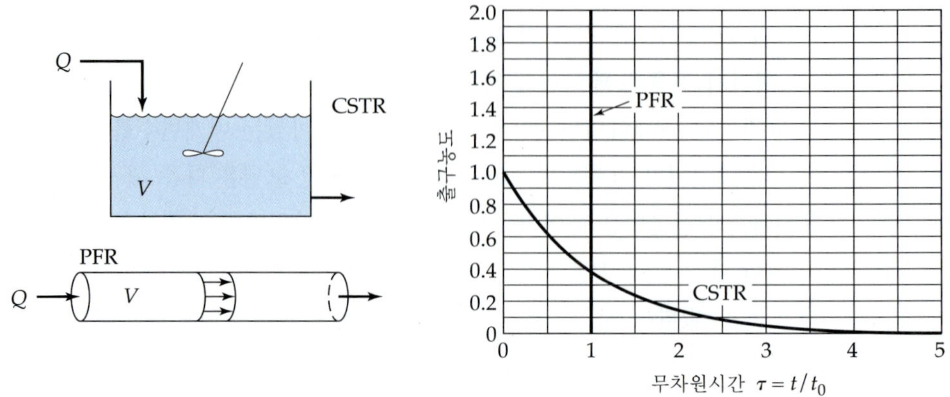

그림 23.1-7. 펄스 입력에 대한 PFR과 CSTR의 응답.

와 같이 작동한다(또는 **연속적인 교반 탱크 반응기**, CSTR). 그림 23.1-7에서 보는 바와 같이 펄스 주입에 대한 응답은 PFR과 CSTR이 전혀 다르다. 각 계를 통과하는 부피 유량이 Q인 정상상태 유동을 가정하고, 더욱이 뒤이어 주입되는 추적 물질이 너무 묽어 이송 용매의 유동 거동에는 영향을 주지 않는다고 가정하며, 어떤 반응도 일어나지 않는다고 가정하시오.

해 두 계에 대해 농도는 초기에 전체에 걸쳐 0이며, 유입 흐름 내 화학 종 α의 농도는

$$\rho_\alpha = \rho_0 \exp(-t/t_0) \tag{23.1-60}$$

이라 가정한다. 여기서 ρ_0와 t_0는 문제에 특정한 상수이다.

PFR에 대해서는 출구 흐름의 농도가 단지 시간 지연과 사멸만을 보이므로, $X=\rho_\alpha/\rho_0$에 대해 바로

$$t < t_{\text{res}} \text{ 에 대해} \qquad X = 0 \tag{23.1-61}$$

로 쓸 수 있다. 여기서 $t_{\text{res}}= V/Q$는 계에 부과된 두 번째 시간 상수인 **용질 평균 체류시간**이다. 더 긴 시간에 대한 결과는

$$t > t_{\text{res}} \text{ 에 대해} \qquad X = \exp[-(t - t_{\text{res}})/t_0] \tag{23.1-62}$$

이며, 여기서는 이 식이 더 흥미롭다.

CSTR에 대해서는 t=0일 때 X= 0인 초기조건을 갖는 기본 미분방정식

$$V\frac{dX}{dt} = Q(\exp(-t/t_0) - X) \tag{23.1-63}$$

으로 시작한다. 1차 선형 미분방정식은

$$X = \left(\frac{\alpha}{\alpha - 1}\right)(e^{-\tau} - e^{-\alpha\tau}) \qquad (\alpha \neq 1) \tag{23.1-64}$$

$$X = \tau e^{-\tau} \qquad (\alpha = 1) \tag{23.1-65}$$

의 해를 가지며, 여기서 $\alpha = t_0/t_{res}$이고 $\tau = t/t_0$이다. 각 반응기와 $1/\alpha = t_{res}/t_0$가 0.1과 1.0인 경우에 대해 출구 농도가 무차원 시간 $\tau = t/t_0$의 함수로 그림 23.1-8에 도시되어 있다.

$1/\alpha = t_{res}/t_0 = 1.0$인 경우에 두 반응기는 기대했던 것과는 상당히 다른 유출 농도를 보이는 것을 알 수 있다. 그러나 $t_{res}/t_0 \ll 1$이고 t가 t_{res}보다 현저히 큰 경우에는 두 반응기에 대한 유출 곡선은 사실상 구별되지 않는다. 이 영역이 구획 해석이 타당한 영역이고, 계 자체에 의해 부과되는 시간 상수에 더하여 유출 농도의 관측이 시작하는 시간인 또 다른 시간 상수 t_{obs}가 있음을 알 수 있다. 그러면 부등식

$$t_0 \gg t_{res} \text{ 이고 } t_{obs} \geq t_{res} \tag{23.1-66}$$

에 의해 구획 해석이 타당한 범위를 정의하게 된다. 따라서 구획 해석은 성분 단위의 용질 체류시간에 상대적으로 느리게 응답하는 계의 긴 시간 근사적 설명에 가장 유용하다. 이들 조건은 긴 시간 대사산물 농도가 주요 관심사인 예제 23.1-4에서 만났다는 것을 즉시 알 수 있다.

식 23.1-66은 대단히 넓고 다양한 생물학적 전달-반응 문제에서 만나게 되는 약물 동태학에 대한 필요 조건을 요약하며, 또 이는 대단히 많은 환경문제에서도 만족된다.[8]

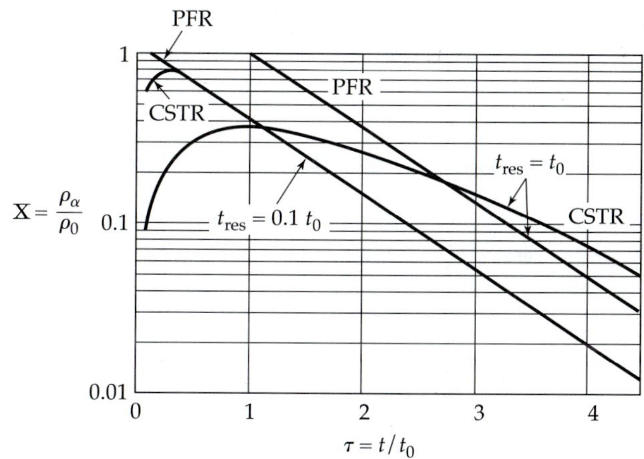

그림 23.1-8. 지수적으로 사멸하는 입력에 대한 PFR과 CSTR의 응답.

[8] F. H. Shair and K. L. Heitner, *Envir. Sci. and Tech.*, **8**, 444-451 (1974).

23.2 거시적 운동량과 각운동량 수지

외부 힘으로는 오직 중력만을 갖는 유체 혼합물에 대한 운동량과 각운동량 보존법칙의 거시적 표현은

$$\frac{d\mathbf{P}_{\text{tot}}}{dt} = -\Delta\left(\frac{\langle v^2\rangle}{\langle v\rangle}w + pS\right)\mathbf{u} + \mathbf{F}_{s\to f} + \mathbf{F}_0 + m_{\text{tot}}\mathbf{g} \tag{23.2-1}$$

$$\frac{d\mathbf{L}_{\text{tot}}}{dt} = -\Delta\left(\frac{\langle v^2\rangle}{\langle v\rangle}w + pS\right)[\mathbf{r}\times\mathbf{u}] + \mathbf{T}_{s\to f} + \mathbf{T}_0 + \mathbf{T}_{ext} \tag{23.2-2}$$

이다. 물질전달에 의해 계 내로 운동량과 각운동량의 알짜 유입[1]을 나타내는 $\mathbf{F}_0$와 $\mathbf{T}_0$ 항이 추가된 것을 제외하면 이들(거의 사용하지 않는) 식은 식 7.2-2와 7.3-2와 같다. 대부분의 물질전달 공정에 대해 이들 항은 작아서 무시하여도 안전하다고 할 수 있다.

23.3 거시적 에너지 수지

유체 혼합물에 대한 에너지 보존법칙의 거시적 표현은

$$\frac{d}{dt}(U_{\text{tot}} + K_{\text{tot}} + \Phi_{\text{tot}}) = -\Delta\left[\left(\hat{U} + p\hat{V} + \frac{1}{2}\frac{\langle v^3\rangle}{\langle v\rangle} + \hat{\Phi}\right)w\right] + Q_0 + Q + W_m \tag{23.3-1}$$

이다. 이 식은 추가항인 Q_0가 더해진[1] 것을 제외하면 식 15.1-2와 같다. 이 항은 물질전달의 결과로 계에 더해진 에너지를 설명한다. 특히 유동계 내부의 유체 온도보다 훨씬 더 높거

---

[1] 이 항들을 적분 형태로 쓰면,

$$\mathbf{F}_0 = -\int_{S_0}[\mathbf{n}\cdot\rho\mathbf{v}\mathbf{v}]\,dS; \qquad \mathbf{T}_0 = -\int_{S_0}[\mathbf{n}\cdot\{\mathbf{r}\times\rho\mathbf{v}\mathbf{v}\}]\,dS \tag{23.2-1a, b}$$

이고, 여기서 $\mathbf{n}$은 바깥으로 향하는 방향의 단위 수직 벡터이다.

[1] 이 항을 적분 형태로 쓰면,

$$Q_0 = -\int_{S_0}\left(\mathbf{n}\cdot\left\{\tfrac{1}{2}\rho v^2\mathbf{v} + \rho\hat{\Phi}\mathbf{v} + \sum_{\alpha=1}^{N}c_\alpha\overline{H}_\alpha\mathbf{v}_\alpha\right\}\right)dS \tag{23.3-1a}$$

이고, 여기서 $\mathbf{n}$은 바깥으로 향하는 방향의 단위 수직 벡터이다. 이 항의 근원은 식 19.3-5와 표 17.8-1의 식 (H)를 참조함으로써 알 수 있다.

나 낮은 온도로 경계 표면을 통과해 물질이 들어오거나 또는 물질이 계 내에서 화학적으로 반응한다면 이 항은 상당히 중요하다.

화학반응이 일어나면 상당한 열이 방출되거나 흡수되며, 이 반응열은 들어오고 나가는 흐름의 엔탈피 계산에서 자동적으로 고려된다(예제 23.5-1 참조).

표면을 가로지르는 에너지 전달 속도가 위치의 함수인 몇몇 응용에서는, 15.4절에서 설명한 바와 같이 유동계의 미분 부분에 걸쳐 식 23.3-1을 d-형태로 다시 쓰는 것이 더 편리하다. 그러면 더해진 열의 증분 dQ는 국부 열전달계수의 항으로 표현할 수 있다.

23.4 거시적 기계적 에너지 수지

7.8절의 기계적 에너지 수지의 유도 과정을 신중하게 조사하면, 거기서 얻은 결과가 순수한 유체뿐만 아니라 혼합물에도 적용될 수 있음을 알 수 있다. 만약 물질전달 경계 표면 S_0를 포함한다면

$$\frac{d}{dt}(K_{\text{tot}} + \Phi_{\text{tot}}) = -\Delta\left[\left(\frac{1}{2}\frac{\langle v^3\rangle}{\langle v\rangle} + \hat{\Phi} + \frac{p}{\rho}\right)w\right] + B_0 + W_m - E_c - E_v \quad (23.4\text{-}1)$$

을 얻는다. 이 식은 물질전달 경계[1]를 가로지르는 기계적 에너지 전달을 설명하는 B_0 항을 추가한 것을 제외하면 식 7.4-2와 같다. 이 식의 사용은 예제 22.5-3에서 설명된다.

23.5 정상상태 문제를 풀기 위한 거시적 수지의 이용

하나 이상의 입구와 출구 평면을 갖는 계에 대한 거시적 수지를 표 23.5-1에 요약하였다. 하첨자 0을 갖는 항은 물질전달 표면에서 질량, 운동량, 각운동량, 에너지 및 기계적 에너지의 추가 또는 제거를 나타낸다. 보통 이들 수지는 전체를 다 사용하는 것이 아니라, 문제를 푸는 목적에 따라 수지의 완전한 목록을 만드는 것이 편리하다. 정상상태 문제에 대해서는 식들의 좌변은 생략될 것이다. 7장과 15장에서 보았던 것처럼, 거시적 수지를 사용하는 데에 있어서는 상당한 직관이 요구되고, 때로는 실험적 관찰에 대한 식들을 추가하는 것이 필요하다.

[1] 표면 적분의 항으로, 이 항은

$$B_0 = -\int_{S_0} (\mathbf{n} \cdot [\tfrac{1}{2}\rho v^2 + \rho\hat{\Phi} + p]\mathbf{v})\, dS \quad (23.4\text{-}1\text{a})$$

로 주어진다.

표 23.5-1. 비등온 다성분계에 대한 비정상상태의 거시적 수지

질량

$$\frac{d}{dt} m_{\text{tot}} = \Sigma w_1 - \Sigma w_2 + w_0 = \Sigma \rho_1 \langle v_1 \rangle S_1 - \Sigma \rho_2 \langle v_2 \rangle S_2 + w_0 \tag{A}$$

화학 종 α의 질량

$$\frac{d}{dt} m_{\alpha,\text{tot}} = \Sigma w_{\alpha 1} - \Sigma w_{\alpha 2} + w_{\alpha 0} + r_{\alpha,\text{tot}} \qquad \alpha = 1, 2, 3, \ldots N \tag{B}$$

운동량

$$\frac{d}{dt} \mathbf{P}_{\text{tot}} = \Sigma\left(\frac{\langle v_1^2 \rangle}{\langle v_1 \rangle} w_1 + p_1 S_1\right)\mathbf{u}_1 - \Sigma\left(\frac{\langle v_2^2 \rangle}{\langle v_2 \rangle} w_2 + p_2 S_2\right)\mathbf{u}_2 + m_{\text{tot}}\mathbf{g} + \mathbf{F}_0 - \mathbf{F}_{f \to s} \tag{C}$$

각운동량

$$\frac{d}{dt} \mathbf{L}_{\text{tot}} = \Sigma\left(\frac{\langle v_1^2 \rangle}{\langle v_1 \rangle} w_1 + p_1 S_1\right)[\mathbf{r}_1 \times \mathbf{u}_1] - \Sigma\left(\frac{\langle v_2^2 \rangle}{\langle v_2 \rangle} w_2 + p_2 S_2\right)[\mathbf{r}_2 \times \mathbf{u}_2] + \mathbf{T}_{\text{ext}} + \mathbf{T}_0 - \mathbf{T}_{f \to s} \tag{D}$$

기계적 에너지

$$\frac{d}{dt}(K_{\text{tot}} + \Phi_{\text{tot}}) = \Sigma\left(\frac{1}{2}\frac{\langle v_1^3 \rangle}{\langle v_1 \rangle} + gh_1 + \frac{p_1}{\rho_1}\right)w_1 - \Sigma\left(\frac{1}{2}\frac{\langle v_2^3 \rangle}{\langle v_2 \rangle} + gh_2 + \frac{p_2}{\rho_2}\right)w_2 + W_m + B_0 - E_c - E_v \tag{E}$$

(총) 에너지

$$\frac{d}{dt}(K_{\text{tot}} + \Phi_{\text{tot}} + U_{\text{tot}}) = \Sigma\left(\frac{1}{2}\frac{\langle v_1^3 \rangle}{\langle v_1 \rangle} + gh_1 + \hat{H}_1\right)w_1 - \Sigma\left(\frac{1}{2}\frac{\langle v_2^3 \rangle}{\langle v_2 \rangle} + gh_2 + \hat{H}_2\right)w_2 + W_m + Q_0 + Q \tag{F}$$

주:

(a) $\Sigma w_{\alpha 1} = w_{\alpha 1a} + w_{\alpha 1b} + w_{\alpha 1c} + \cdots$ 여기서 $w_{\alpha 1a} = \rho_{\alpha 1a} v_{1a} S_{1a}$ 등등. 식 (A)와 (B)는 소문자의 기호를 대문자로 대체하고 몰은 화학반응에 의해 보존될 필요가 없다는 사실을 고려하기 위해 식 (A)에 $\Sigma_\alpha R_{\alpha,\text{tot}}$ 항을 추가함으로써 몰 단위로 쓸 수 있다.

(b) h_1, h_2는 임의의 기저 평면 위의 높이이다.

(c) $\hat{H}_1$과 $\hat{H}_2$는 임의로 선정된 어떤 기준 상태에 상대적인(혼합물에 대한) 단위 질량 당 엔탈피이다(예제 19.3-1 참조).

(d) 모든 식은 압축성 유체에 대해 쓰여졌다; 비압축성 유체의 경우 E_c=0이다. E_c와 E_v의 양은 식 7.4-3과 식 7.4-4에서 정의된다.

(e) $\mathbf{u}_1$과 $\mathbf{u}_2$는 유동 방향의 단위 벡터이다.

예제 23.5-1 아황산가스 전환기의 에너지 수지

황 연소기로부터 뜨거운 기체가 전환기로 유입되고, 기체 내에 존재하는 아황산가스가 촉매 작용으로 $SO_2 + \frac{1}{2} O_2 \rightleftarrows SO_3$ 반응에 의해 삼산화황으로 산화된다. 그림 23.5-1에 주어진 조건에 대해 SO_2가 95% 전환되도록 하기 위해서는 전환기로부터 제거되어야만 하는 열은 얼마인가? 전환기는 배출 기체 성분들이 서로 열역학적 평형을 이룰 만큼 충분히 크다고 가정하시오. 즉, 배출 기체의 분압은 평형 제약 조건

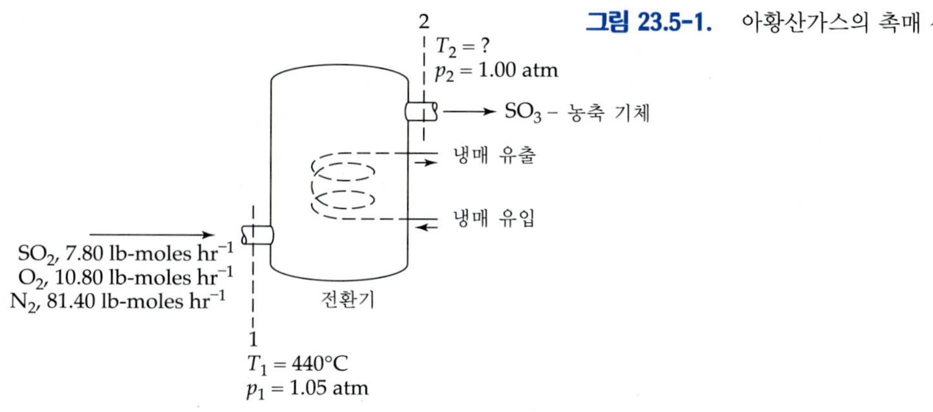

그림 23.5-1. 아황산가스의 촉매 산화.

$$K_p = \frac{p_{SO_3}}{p_{SO_2} p_{O_2}^{1/2}} \tag{23.5-1}$$

에 의해 관계된다. 이 반응에 대한 K_p의 근사값은

T (K)	600	700	800	900
K_p(atm$^{-1/2}$)	9500	880	69.5	9.8

이다.

해 이 문제를 두 부분으로 나누는 것이 편리하다: **(a)** 먼저 질량 수지와 평형식을 사용하여 원하는 배출 온도를 찾고, **(b)** 에너지 수지를 사용하여 요구되는 제거 열을 결정하는 것이다.

(a) T_2**의 결정.**[1] 두 흐름의 다양한 조성물에 대한 정상상태의 거시적 질량 수지인 식 23.1-3을

$$W_{\alpha 2} = W_{\alpha 1} + R_{\alpha,\text{tot}} \tag{23.5-2}$$

의 형태로 쓰는 것으로 시작하고, 이에 더하여 두 화학양론적 관계의 이점을 이용하고자 한다.

$$R_{SO_2,\text{tot}} = -R_{SO_3,\text{tot}} \tag{23.5-3}$$

$$R_{O_2,\text{tot}} = \tfrac{1}{2} R_{SO_2,\text{tot}} \tag{23.5-4}$$

[1] O. A. Hougen, K. M. Watson, and R. A. Ragatz, *Chemical Process Principles*, Part II, 2nd edition, Wiley, New York (1959), pp. 1017-1018 참조.

이제 표면 2를 통과하는 원하는 몰 유량을 얻을 수 있다:

$$W_{SO_2,2} = 7.80 - (0.95)(7.80) = 0.38 \text{ lb-mole/hr} \tag{23.5-5}$$

$$W_{SO_3,2} = 0 + (0.95)(7.80) = 7.42 \text{ lb-mole/hr} \tag{23.5-6}$$

$$W_{O_2,2} = 10.80 - \tfrac{1}{2}(0.95)(7.80) = 7.09 \text{ lb-mole/hr} \tag{23.5-7}$$

$$W_{N_2,2} = W_{N_2,1} = 81.40 \text{ lb-mole/hr} \tag{23.5-8}$$

$$W_2 = 0.38 + 7.42 + 7.09 + 81.40 = 96.29 \text{ lb-mole/hr} \tag{23.5-9}$$

다음 평형식인 식 23.5-1에 수치값을 대입하면

$$K_p = \frac{(7.42/96.29)}{(0.38/96.29)(7.09/96.29)^{1/2}} = 72.0 \text{ atm}^{-1/2} \tag{23.5-10}$$

을 얻는다. 이 K_p 값은 위에 주어진 평형 데이터에 의하면 약 510℃의 출구 온도 T_2에 대응한다.

(b) 요구되는 제거 열 계산. 예제 15.3-1의 결과로 지적한 바와 같이, 운동에너지와 위치에너지의 변화는 엔탈피 변화에 비해 여기서는 무시할 수 있다. 이에 더하여 이 예제의 조건에 대해 이상기체 거동을 가정하면, 각 성분에 대해 $\bar{H}_\alpha = \tilde{H}_\alpha(T)$이다. 그러면 거시적 에너지 수지인 식 23.3-1을

$$-Q = \sum_{\alpha=1}^{N} (W_\alpha \tilde{H}_\alpha)_1 - \sum_{\alpha=1}^{N} (W_\alpha \tilde{H}_\alpha)_2 \tag{23.5-11}$$

과 같이 쓸 수 있다. 개별 조성물 각각에 대해

$$\tilde{H}_\alpha = \tilde{H}_\alpha^{\text{o}} + (\tilde{C}_{p\alpha})_{\text{avg}}(T - T^{\text{o}}) \tag{23.5-12}$$

를 쓸 것이며, $\tilde{H}_\alpha^0$ 는 엔탈피 기준 온도 T^{o}에서 조성물 성분들로부터 화학 종 α의 표준 생성 엔탈피[2]이고, $(\tilde{C}_{p\alpha})_{\text{avg}}$는 T와 T^{o} 사이의 화학 종들의 엔탈피 평균 열용량[2]이다. 이 문제의

---

2 예를 들면 O. A. Hougen, K. M. Watson, and R. A. Ragatz, *Chemical Process Principles*, Part I, 2nd edition, Wiley, New York (1959), pp. 257, 296 참조.

조건에 대해서는 이들 물성에 대한 다음[2] 수치값을 사용할 것이다(마지막 두 열은 식 23.5-12로부터 얻는다).

화학 종	25℃의 $\tilde{H}_\alpha^0$ cal/g-mole	25℃부터 T까지의 $(\tilde{C}_{p\alpha})_{avg}$ [cal/g-mole·C] 440°C	510°C	$(W_\alpha \tilde{H}_\alpha)_1$ Btu/hr	$(W_\alpha \tilde{H}_\alpha)_2$ Btu/hr
SO_2	−70,960	11.05	11.24	−931,900	−44,800
SO_3	−94,450	—	15.87	0	−1,158,700
O_2	0	7.45	7.53	60,100	46,600
N_2	0	7.12	7.17	433,000	509,500
			Totals	−438,800	−647,400

앞의 값들을 식 23.5-11에 대입하면 요구되는 열 제거 속도를 얻는다.

$$-Q = (-438{,}800) - (-647{,}400) = 208{,}600 \text{ Btu/hr} \qquad (23.5\text{-}13)$$

예제 23.5-2 충전탑 흡수기 높이[3]

그림 23.5-2에 도시된 장치에서 비휘발성 액체 용매 L과 혼합물을 접촉함으로써 A와 용해하지 않는 기체 B 혼합물로부터 용해하는 기체 A를 제거하고자 한다. 장치는 본래 임의로 배열된 화학적으로 비활성 물질인 작은 고리 모양의 충전물로 채워진 수직관으로 구성되어 있다. 액체 L은 충전물 상부에서 고르게 분사되어 작은 고리들의 표면 위에 떨어진다. 그렇게 하면, 탑을 통과해 위로 올라가는 기체 혼합물과 직접 접촉하게 된다. 두 흐름 사이의 이러한 직접 접촉은 기체로부터 액체로 A의 전달을 가능케 한다.

기체와 액체 흐름은 A가 없는 기준에서 각각 $-W_G$와 W_L의 몰 속도로 장치에 들어온다. 이 문제에서는 기체 흐름이 평면 2로부터 평면 1로 흐르기 때문에 기체 속도가 음의 값임에 주목하시오. 들어오는 기체 흐름에서 G에 대한 A의 몰 비는 $Y_{A2} = y_{A2}/(1-y_{A2})$이고, 들어오는 액체 흐름에서 L에 대한 A의 몰 비는 $X_{A1} = x_{A1}/(1-x_{A1})$이다. 기체 흐름의 몰 비 Y_A를 Y_{A2}부터 Y_{A1}까지 감소시키기 위해 요구되는 탑 높이 z에 대한 식을 두 흐름 내의 물질전달계수 및 흐름 속도와 조성의 항으로 수립하시오.

두 흐름 내의 A의 농도는 항상 작으므로 등온 조작으로 생각하고, 물질전달계수에 대한 높은 물질전달 속도의 보정은 필요하지 않는 것으로 가정하며, 식 22.1-14의 두 번째 줄에서 정의된 물질전달계수 k_x^0와 k_y^0가 사용될 수 있다고 가정하시오.

[3] J. D. Seader and E. J. Henley, *Separation Process Principles*, Wiley, New York (1998).

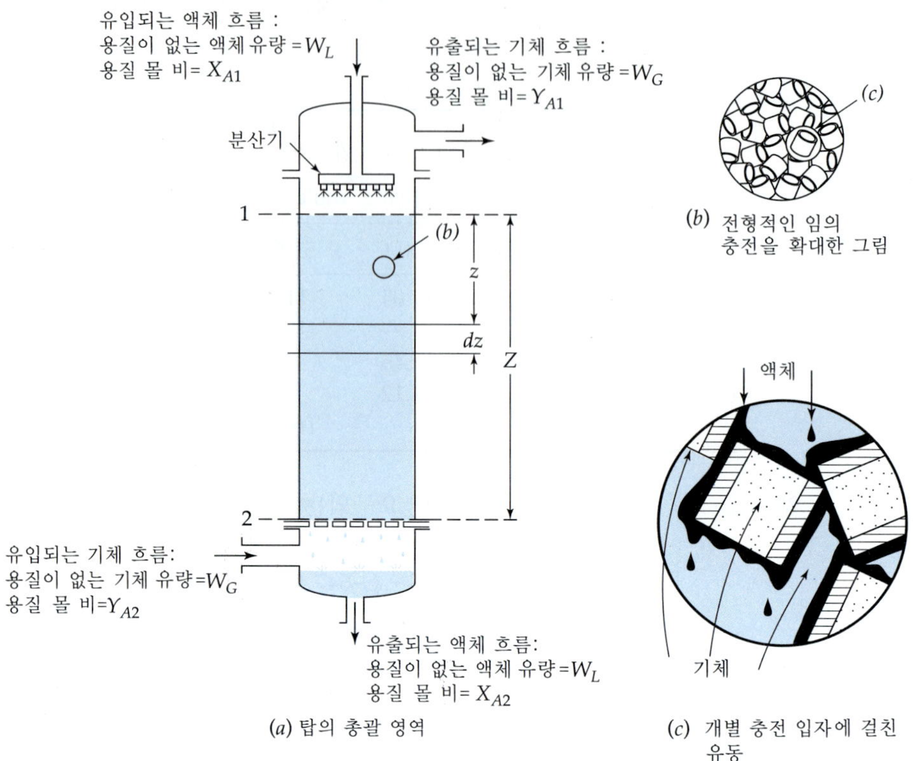

그림 23.5-2. 하행하는 상이 분산되는 충전탑 물질전달 장치. 이 그림에서는 W_G가 음의 값임에, 즉 기체는 2로부터 1을 향해 흐른다는 것에 주목하시오.

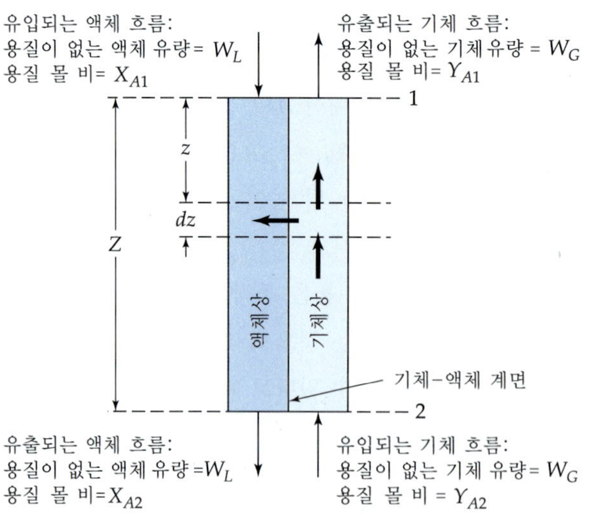

그림 23.5-3. 물질수지가 수립된 미분 요소를 보여주는 충전탑 흡수기의 개략적 그림.

해 충전탑의 거동은 상당히 복잡하기 때문에 실제 계를 가상의 모델로 대체한다. 그림 23.5-3에 도시된 바와 같이 계는 역혼합이 없이 나란히 흐르는 두 개의 흐름에 상당하며, 충전탑 단위 부피당 계면 면적 a를 가로질러 서로 접촉하고 있다고 생각한다(식 22.1-14 참조).

더욱이 각 흐름의 유속과 조성은 탑의 단면에 걸쳐 균일하다고 가정하고, 유동 방향의 에디 전달과 분자 전달은 둘 다 무시한다. 또 유동 방향의 농도분포는 개별 충전 입자의 배치에 감지할만큼 영향을 받지 않는 연속적인 곡선이라 생각한다.

단순화하는 이들 가정들의 결과로 생기는 모델은 아마 대단히 만족할만큼 충전탑을 묘사하는 것은 아닐 것이다. 역혼합과 유체 속도 불균일성의 무시는 아마 특히 심각할지도 모른다. 그러나 현재까지 이용 가능한 물질전달계수에 대한 상관관계는 이들 상관관계를 사용할 때 적용되는 이 모델에 기초하여 계산되었다.

이제 탑의 높이에 대한 식을 수립할 때가 되었고, 이를 두 단계로 나누어 수행하고자 한다: **(a)** 먼저 거시적 총괄 질량 수지를 사용하여 탑의 각 점에서 두 상의 총괄 조성 사이의 관계와 출구의 액상 조성을 결정한다. **(b)** 그런 다음 거시적 질량 수지의 미분 형태와 함께 이들 결과를 사용하여, 계면 조건과 요구되는 탑의 높이를 결정한다.

(a) 거시적 총괄 질량 수지.

용질 A에 대해 평면 1과 2 사이의 계의 각 흐름에 대한 식 23.1-3의 거시적 질량 수지를

액체 흐름
$$W_{Al2} - W_{Al1} = W_{Al,0} \qquad (23.5\text{-}14)$$

기체 흐름
$$W_{Ag2} - W_{Ag1} = W_{Ag,0} \qquad (23.5\text{-}15)$$

와 같이 쓴다. 여기서 하첨자 Al과 Ag는 각각 액체와 기체 흐름에서의 용질 A를 나타낸다. 액체 흐름을 떠나는 몰 수는 계면을 가로질러 기체 흐름으로 반드시 들어가야만 하므로 $W_{Al,0}=-W_{Ag,0}$이고, 식 23.5-14와 15를 결합하면

$$W_{Al2} - W_{Al1} = -(W_{Ag2} - W_{Ag1}) \qquad (23.5\text{-}16)$$

을 얻는다. 이를 $W_{Al2}=W_L X_{A2}$ 등으로 둠으로써 들어오고 나가는 흐름 조성의 항으로 다시 쓸 수 있고 재배열하면

$$X_{A2} = X_{A1} - \frac{W_G}{W_L}(Y_{A2} - Y_{A1}) \qquad (23.5\text{-}17)$$

을 얻는다. 따라서 출구 액체 흐름의 A 농도를 알 수 있었다.

평면 2를 탑의 하향 방향의 거리 z에서의 평면으로 대체하면, 식 23.5-17이 탑의 임의의 지점에서 총괄 흐름 조성과 관계되는 식을 얻기 위해 사용된다.

$$X_A = X_{A1} - \frac{W_G}{W_L}(Y_A - Y_{A1}) \tag{23.5-18}$$

식 23.5-18("조작선")은 문제 23A.2의 조건에 대한 평형 분포와 함께 그림 23.5-4에서 보게 된다.

(b) d-형태의 거시적 수지 적용.

먼저 계면 조건을 계산하고 그런 다음 주어진 분리에 요구되는 탑의 높이를 결정하기 위해 이제 탑의 미분 증분 dz에 대해 식 23.1-3을 적용하고자 한다.

(i) 계면 조건의 결정. 계면을 가로질러 오직 A만 전달되기 때문에, 식 22.1-14의 둘째 줄(낮은 A의 농도와 작은 물질전달 속도가 미리 가정된)에 의해

$$dW_{Al,0} = (k_x^0 a)(x_{A0} - x_A)Sdz \tag{23.5-19}$$

$$dW_{Ag,0} = (k_y^0 a)(y_{A0} - y_A)Sdz \tag{23.5-20}$$

으로 쓴다. 여기서 a는 충전탑의 단위 부피당 계면 면적이며, S는 탑의 단면적, x_{A0}와 y_{A0}는 각각 액체상과 기체상의 A의 계면 몰 분율이고, x_A와 y_A는 대응하는 총괄 조성이다(여기서는 색인 b가 생략되어 있으므로 x_A, y_A, X_A와 Y_A는 모두 총괄 조성이다).

그러면 (여기서 고려된 묽은 용액에 대해) $x_A = X_A/(X_A+1) \approx X_A$와 $y_A = Y_A/(Y_A+1) \approx Y_A$이므로, 식 23.5-19와 20을 결합하면

$$\frac{Y_A - Y_{A0}}{X_A - X_{A0}} = -\frac{(k_x^0 a)}{(k_y^0 a)} \tag{23.5-21}$$

을 얻게 된다. 이 식으로부터 Y_A의 함수로 Y_{A0}를 결정하는 것이 가능하며, 임의의 Y_A에 대해 조작선 위에 X_A가 놓이게 된다(물질 수지). 그러면 그림 23.5-4에서 보는 바와 같이 점 (Y_A, X_A)를 통과하는 기울기가 $-(k_x^0 a)/(k_y^0 a)$인 직선을 그릴 수 있으며, 이 선과 평형 곡선의 교점이 국부 계면 조성 (Y_{A0}, X_{A0})으로 주어진다.

(ii) 요구되는 탑 높이의 결정. 부피가 $S\,dz$인 탑 내의 기체 흐름에 식 23.1-1을 적용하면

$$W_G dY_A = dW_{Ag,0} \tag{23.5-22}$$

를 얻게 된다. 이 식을 고려하는 묽은 용액에 대한 식 23.5-20과 결합하면

$$-W_G dY_A = (k_y^0 a)(Y_A - Y_{A0})S\,dz \tag{23.5-23}$$

을 얻는다. 이 식을 재배열하고 $z=0$에서 $z=Z$까지 적분하면

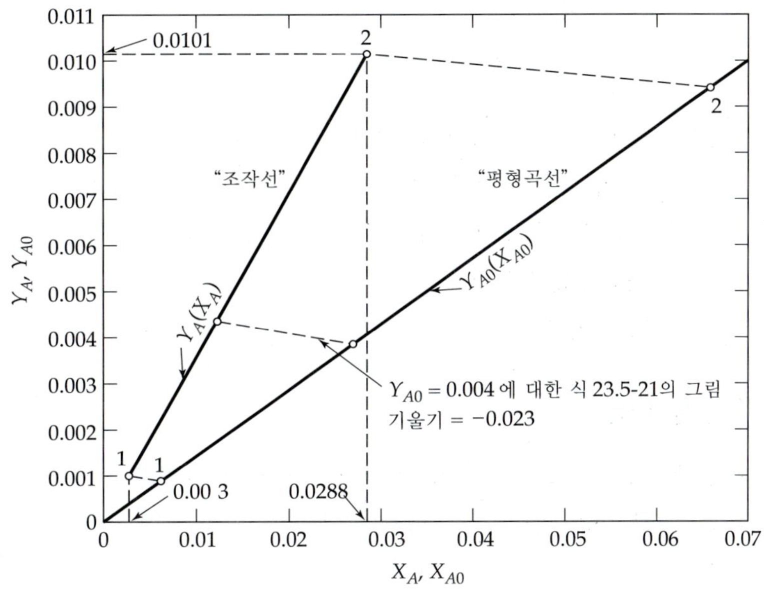

그림 23.5-4. 충전탑에서 공기로부터 시클로헥산 흡수의 계면 조건 계산(문제 23A.2 참조).

$$Z = -\frac{W_G}{S(k_y^0 a)} \int_{Y_{A1}}^{Y_{A2}} \frac{dY_A}{Y_A - Y_{A0}} \tag{23.5-24}$$

를 얻는다. 식 23.5-24는 특정한 분리를 달성하기 위해 요구되는 탑의 높이에 대한 원하던 식이다. 식 23.5-24를 씀에 있어서는 조성에 따른 물질전달계수 k_y^0의 변화를 무시하였다. 이것은 단지 묽은 용액에 대해서만 통상 허용된다.

일반적으로 식 23.5-24는 수치적이나 도식적 과정에 의해 적분되어야만 한다. 그러나 묽은 용액에 대해서는 그림 23.5-4의 조작선과 평형선이 직선이라고 종종 가정되며, 이에 더하여 만약 비 k_x^0/k_y^0 가 일정하다면 $Y_A - Y_{A0}$는 Y_A에 따라 선형적으로 변한다. 그러면 식 23.5-24를 적분하면

$$Z = \frac{W_G}{S(k_y^0 a)} \frac{Y_{A2} - Y_{A1}}{(Y_{A0} - Y_A)_{\ln}} \tag{23.5-25}$$

를 얻으며(문제 23B.1 참조), 여기서

$$(Y_{A0} - Y_A)_{\ln} = \frac{(Y_{A0} - Y_A)_2 - (Y_{A0} - Y_A)_1}{\ln [(Y_{A0} - Y_A)_2/(Y_{A0} - Y_A)_1]} \tag{23.5-26}$$

이고, 식 23.5-25를 재배열하면

$$W_{Ag,0} = W_G(Y_{A2} - Y_{A1}) = (k_y^0 a)ZS(Y_{A0} - Y_A)_{\ln} \qquad (23.5\text{-}27)$$

을 얻게 된다. 식 23.5-27과 식 15.4-15를 비교하면 충전탑과 간단한 열교환기 사이에는 밀접한 상사성을 있음을 알 수 있다. 또 총괄 물질전달계수 K_y^0를 포함하지만 식 23.5-24에 상사한 식이 유도된다(문제 23B.1 참조). 다시 식 23.5-25 또는 27의 최종 결과는 병류나 항류 어느 것에 대해서도 사용할 수 있다. 그러나 충전탑을 설명하기 위해 사용된 단순화된 모델은 열교환기에 사용된 대응되는 모델만큼 믿을만하지 않다는 것을 명심하시오.

예제 23.5-3 선형 다단

간단한 2 성분 분할기에서 가능한 분리도가 극히 제한될 수 있음을 예제 23.1-2에서 보았으므로, 그림 23.5-5에서 보는 바와 같이 **항류 다단** 내에 개별 분할기를 결합하는 것이 종종 바람직하다. 임의의 분할기 단에 대한 공급은 바로 위 분할기로부터의 폐기물 흐름과 바로 아래 분할기로부터의 생성물 흐름의 합이다.

이와 같은 배열이 단일 분할기에서 얻어진 것에 비해 상대적으로 분리도를 얼마나 증가시킬 수 있는지 보이시오.

해 전체 계에 대해 원하는 생성물에 대한 질량 수지와 전체 용액에 대한 질량 수지를 쓸 수 있다. 즉, 전체 계를 하나의 분할기로 취급하고

$$z_F F = y_P P + x_W W \qquad F = P + W \qquad (23.5\text{-}28, 29)$$

를 쓴다. 여기서 이들 식 내의 모든 양은 주어진다고 가정할 것이므로, 총괄 질량 수지에 관한 문제는 특성화된다. 이들 조건을 충족시키기 위해 요구되는 단 수를 결정하는 것이 남아 있다.

탑의 상부에 걸쳐, 여기서는 예를 들고자 상부 두 단에 대한, 질량 수지의 집합을 쓰는 것으로 시작하고자 한다(그림 23.5-5참조):

$$y_3 U_3 - x_2 D_2 = y_P P \qquad U_3 - D_2 = P \qquad (23.5\text{-}30, 31)$$

여기서 U_n과 D_n은 n 번째 단으로부터의 상승 흐름과 하강 흐름이고 y_n과 x_n은 원하는 용질의 대응하는 몰 분율이다. 식 23.5-30과 31 사이에서 P를 소거하면

$$\frac{y_3 - y_P}{x_2 - y_P} = \frac{D_2}{U_3} \qquad (23.5\text{-}32)$$

를 얻는다. 이 식은 공급단 위 임의의 탑 단면을 서로 통과해 지나는 하강 흐름과 상승 흐름의 조성 사이 관계를 대응하는 유량의 항으로 주게 된다. x–y 도표(McCabe–Thiele 도표[3,4] 로 불리는)에서 보면 이 관계는 계에 대한 **조작선**으로 알려져 있다. 우선 조성에 집중하고, 나중에 흐름 유량비를 결정하는 문제로 돌아가고자 한다.

각 단에서의 상 조성은

$$y_n = \frac{ax_n}{1 + (\alpha - 1)x_n} \tag{23.5-33}$$

과 같은 평형 관계식(식 23.1-19 참조)을 만족하는 것으로 가정하거나 또는 더 일반적으로 $y_n = f(x_n)$을 만족하는 것으로 가정한다. 여기서 $f(x)$는 알려진 함수이다.

이제 식 23.5-32와 33(또는 일반화된 형태)은 **정류부**로 통상 알려진 공급점 위의 탑 부분에 대한 모든 조성의 결정을 가능하게 하고, 공급점 아래 부분인 **탈거부**에 대해서도 유사한 계산이 이루어질 수 있다. 그러면 고려하는 분리를 위해 요구되는 단 수와 공급단의 적절한 위치를 결정할 수 있다.

그러나 먼저 식 23.5-32에서 요구하는 흐름 유량비를 결정하는 것이 필요하며, 여기서는 3가지 특별한 경우를 생각해 보고자 한다:

(a) 총 환류. 원하는 생산 조성을 얻을 수 있는 가능한 가장 작은 단 수를 허용하므로 P와 W가 0인 이 특별한 양식의 조작은 중요하다. 여기서는 모든 n에 대해

$$U_n = D_{n-1} \tag{23.5-34}$$

이고, 조작선은

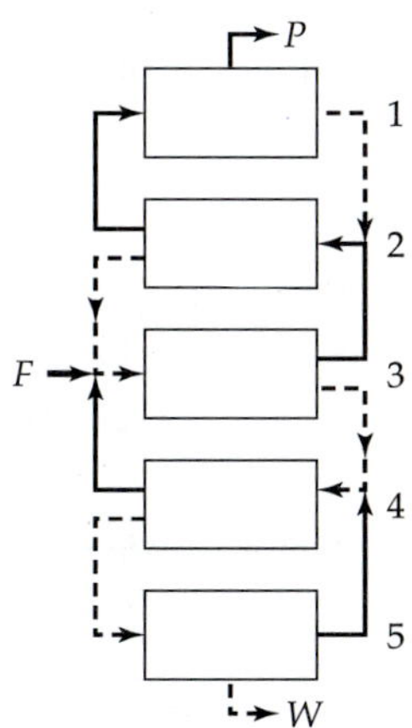

그림 23.5-5. 선형 다단. 상향 유동은 실선으로 그려져 있고 하향 유동은 점선으로 그려져 있다.

[4] W. L. McCabe and Thiele, *Ind. Eng. Chem.*, 17, 605-611 (1925).

$$y_n = x_{n-1} \tag{23.5-35}$$

로 주어진다. 이 단순한 관계식은 모든 물리적 계에 대해 적용된다. $\alpha = 2.5$인 식 23.5-33 형태의 평형 곡선과 함께 단 조성이 그림 23.5-6(생산물 몰 분율이 0.9이고 폐기물 몰 분율이 0.1인 경우에 대해)에 도시되어 있다.

이 그림에서 평형선과 조작선 사이의 계단형 선은 단의 조성을 결정하는 도식적 방법을 제시한다: 평형선과 조작선 사이의 각 계단은 한 성분 분할기나 단의 증분을 나타낸다. 도표는 꽤 단순한 이 분리에 대해서도 6 단이 요구된다는 것을 암시한다. 그러나 총 환류와 일정한 상대 휘발도 α를 갖는 경우에 대해서는

$$Y_n = Y_{n-1}/\alpha \tag{23.5-36a}$$

를 인식하는 것이 가장 간단하므로

$$Y_N = Y_1/\alpha^N \tag{23.5-36b}$$

이 된다. 그림 23.5-6에 도시된 경우에 대해서는 실질적으로는 도식적 계산과 같지만 더 정확한

$$\log\left(\frac{0.9/0.1}{0.1/0.9}\right) = (N-1)\log 2.5 \tag{23.5-37}$$

또는

$$N = 1 + \frac{\log 81}{\log 2.5} = 5.796 \tag{23.5-38}$$

을 얻는다.

만약 생성물을 회수한다면 흐름 유량비를 계산하는 것이 필요하며, 그렇게 하기 위한 방법은 고려되는 특정 조작에 따라 변한다.

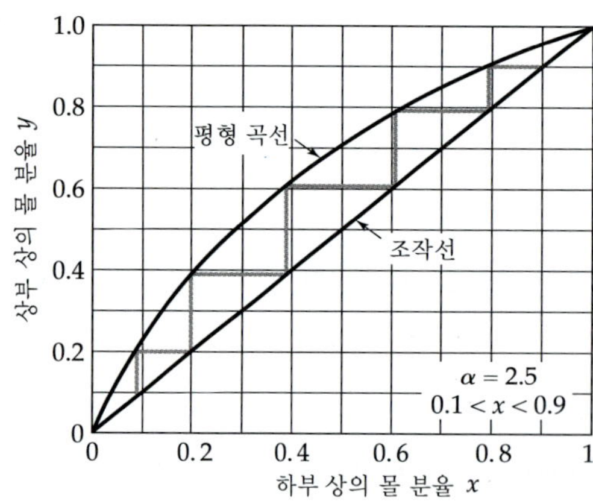

그림 23.5-6. $\alpha = 2.5$와 $0.1 \leq x \leq 0.9$를 갖는 총 환류에 대한 McCabe-Thiele 도표.

(b) 열역학적 제약: 단열 다단과 최소 환류. 흔히 있는 대부분의 단 조작에 대해서는, 흐름비가 열역학적 제약에 의해 결정되며, 이들은 대단히 다양한 단위조작 책에서 완벽하게 논의되고있다. 쉽게 접근 가능한 정보를 여기서 반복할 필요가 없지만, 예를 들고자 가장 널리 사용되는 증류를 간략하게 고려해 보고자 한다. 원칙적으로 증류의 흐름비는 단열 탑이라는 가정과 바로 직전에 소개된 질량 수지에 대응하는 "엔탈피 수지"(15.1절의 마지막 단락 참조)의 집합을 가정함으로써 결정된다.

그러나 다양한 화학 종에 대한 몰 증발열이 같다고 가정하고, "감지 열"(즉, $\Delta\widetilde{H}$에 대한 $\widetilde{C}_p\Delta T$의 기여)을 무시하는 것이 대단히 자주 허용된다. 이들 단순화와 함께 흐름 유량 U_n과 D_n은 일정하다. 공급판 위 임의의 위치에 대해

$$U = D + P \text{ 와} \qquad y_{n+1}U = x_nD + y_PP \tag{23.5-39, 40}$$

을 쓸 수 있으며, 공급판 아래에 대해서는

$$D = U + W \text{ 와} \qquad x_mD = y_{m+1}U + x_WW \tag{23.5-41, 42}$$

를 쓸 수 있다. 여기서 단 표식인 n과 m은 각각 탑의 상부 또는 정류부(공급점 위)와 하부 또는 탈거부(공급점 아래)를 나타낸다.

예를 들어 원하는 분리를 달성할 수 있는 최상부 판으로부터 회수되는 액체가 가장 적은 양이 되는 최소 환류로 운전되며, 포함된 두 화학 종이 등몰의 포화 액체로 공급되는 (a)의 계를 생각한다. 이 상황은 조작선이 평형 곡선과 만나게 될 때 일어나며, 고려되는 계에서 이 "핀치"는 공급판에서 먼저 일어날 것이다. 그러면 공급판에서 증기의 조성은

$$Y_F = 2.5X_F = 2.5 \quad \text{또는} \quad y_F = \frac{Y_F}{1 + Y_F} = 0.7143 \tag{23.5-43, 44}$$

로 주어지며, 조작선은 그림 23.5-7에서 보는 바와 같이 공급판 위와 아래에서 두 개의 가지

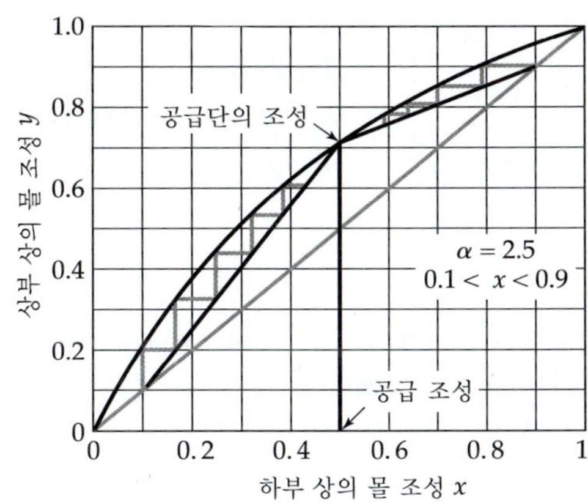

그림 23.5-7. $\alpha = 2.5$와 $0.1 \le x \le 0.9$을 갖는 최소 환류에 대한 McCabe-Thiele 도표.

를 갖는다.

임의의 실제 탑은 총 환류와 최소 환류의 극한 사이에서 운전되어야 하지만 보통은 최소 환류값의 단지 몇 % 위에서 운전된다. 이는 개별 판 가격이 기저 판을 떠나는 액체로부터 증기로 회수되기 위해 요구되는 수증기 부하 증가, 상부의 증기를 회수하기 위한 응축기 부하와 더 큰 탑 지름, 기저에서 증기로 회수하기 위한 더 큰 리보일러 및 최상부에서 액체로 회수하기 위한 응축기의 자본 비용 등의 환류(최상부 판으로부터 증기가 응축되어 탑으로 회수되는 액체)의 증가와 관련된 가격보다 훨씬 더 낮기 때문이다.

(c) 전달 제약과 이상적인 다단. 선택적으로 투과할 수 있는 막을 통한 분리에 대해, 폐기물 흐름에 대한 생성물 흐름의 비는 막을 가로질러 가해지는 압력에 의해 지배되고, 이러한 압력을 산출하기 위해 요구되는 에너지는 다단의 매 단마다 새롭게 주어져야만 한다. 이는 설계자에게 추가적인 자유도를 갖도록 하며, 다단의 배열을 넓고 다양하게 배치할 수 있도록 한다. 동위원소[5]에 대해 처음 개발된 막 다단은 이제 산업적인 기체 분리[6]를 위해 고도로 발전되어 왔으며 다양한 응용을 약속하고 있다.

예시로 오직 동일한 조성의 흐름이 혼합되는 **이상적인** 다단을 생각하고자 한다. 이 예제에 의하면 그것은

$$Y_{n+1} = X_{n-1} = \frac{Y_{n-1}}{\alpha} \tag{23.5-45}$$

를 의미하며, 확장하면

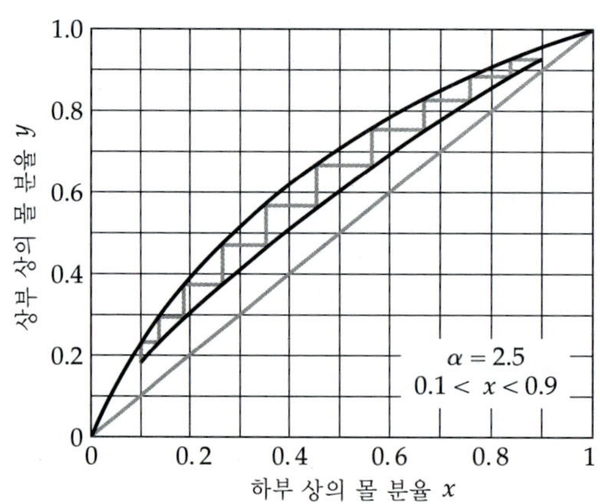

그림 23.5-8. $\alpha = 2.5$와 $0.1 \le x \le 0.9$를 갖는 이상적인 다단에 대한 McCabe-Thiele 도해.

[5] E. von Halle and J. Schacter, *Diffusion Separation Methods*, in *Kirk-Othmer Encyclopedia of Chemical Technology*, Volume 8, Wiley, New York (1993), pp. 149-203.

[6] R. Agrawal, *Ind. Eng. Chem. Research*, **35**, 3607-3617 (1996); R. Agrawal and J. Xu, *AIChE Journal*, **42**, 2141-2154 (1996).

$$Y_{n+1} = \frac{Y_n}{\sqrt{\alpha}} \tag{23.5-46}$$

이 된다. 총 환류에서 필요로 하는 많은 단의 꼭 2배가 필요하고, 조작선은 “평형” 곡선과 45°선 사이의 중간에 놓인다. 그림 23.5-8에서 보는 바와 같이 조작선은 공급단을 가로지르는 연속인 도함수를 갖는다.

이상적 다단은 가능한 가장 작은 전체 단 흐름의 유동을 제공하지만, 유동은 위치에 따라 변한다: 유동은 공급단에서 가장 높고 다단의 끝으로 갈수록 감소한다. 이러한 이유로 이 계는 **점감하는 다단**으로 알려져 있다(문제 23B.6 참조).

예제 23.5-4 마찰이 없는 단열 노즐을 통한 반응성 기체 혼합물의 팽창

등몰의 CO_2와 H_2 혼합물이 1000K과 1.50 atm에서 그림 15.5-6에서 보는 큰 단열 압력 탱크에 가두어져 있다. 이 조건 하에서 반응

$$CO_2 + H_2 \Leftrightarrow CO + H_2O \tag{23.5-47}$$

이 일어난다. 반응이 평형에 이르기 위해 충분히 오랫동안 탱크에 저장된 후에, 기체는 1 atm의 대기압으로 보이는 작은 수렴 노즐을 통해 방출 되도록 되어 있다.

(*a*) 노즐을 통해 기체가 흘러나오는 동안 감지할 어떠한 반응도 일어나지 않는다고 가정하고, 그리고 (*b*) 노즐의 모든 지점에서 열역학적 평형에 즉시 도달된다고 가정하고 노즐 목을 통해 방출되는 기체의 온도와 속도를 구하시오. 각 경우에 팽창은 단열이고 마찰은 없다고 가정하시오.

해 준 정상상태 조작과 평탄한 속도분포 및 위치에너지의 변화를 무시할만한 하다고 가정하여 시작하고자 한다. 또 일정한 열용량과 이상기체 거동을 가정하고 유동 방향의 확산을 무시한다. 그러면 거시적 에너지 수지, 식 23.3-1은

$$\tfrac{1}{2}v_2^2 = \hat{H}_1 - \hat{H}_2 \tag{23.5-48}$$

의 형태로 쓸 수 있다. 여기서 하첨자 1과 2는 각각 탱크 내에서와 노즐 목에서의 조건을 나타내며, 예제 15.5-4에서와 같이 탱크 내 유체의 속도는 0이라 가정한다.

엔탈피 변화를 구하기 위해, 정상상태 에너지 수지(식 23.3-1)의 d−형태의 $d(\frac{1}{2}v^2)$과 정상상태 기계적 에너지 수지(식 23.4-1)의 d−형태의 $d(\frac{1}{2}v^2)$을 같다고 두면

$$\frac{1}{\rho}dp = d\hat{H} \tag{23.5-49}$$

를 얻는다. 또 이 결과는 표 19.2-4의 식 E부터로도 나온다. 식 23.5-49에 더하여 이상기체 법칙과 표 17.1-1, 식 19.3-16 및 관계식 $\rho\hat{H}=c\tilde{H}$ 의 도움으로 얻게 되는 $\hat{H}(T)$에 대한 식을 사용하면

$$p = cRT = \frac{\rho RT}{M} = \frac{\rho RT}{\sum_{\alpha=1}^{N} x_\alpha M_\alpha} \tag{23.5-50}$$

$$\hat{H} = \frac{\tilde{H}}{\rho/c} = \frac{\sum_{\alpha=1}^{N} x_\alpha \overline{H}_\alpha}{M} = \frac{\sum_{\alpha=1}^{N} x_\alpha[\tilde{H}_\alpha^\circ + \tilde{C}_{p\alpha}(T - T^\circ)]}{\sum_{\alpha=1}^{N} x_\alpha M_\alpha} \tag{23.5-51}$$

을 얻는다. 여기서 x_α는 온도 T에서 화학 종 α의 몰 분율이고, $\tilde{H}_\alpha^0$는 기준 온도 T^0에서 화학 종 α의 몰 엔탈피이다. $\hat{H}$의 계산은 두 근사에 대해 분리하여 논의한다.

근사 (a): 대단히 느린 화학반응의 가정. 여기서 x_α는 1000K의 평형값으로 일정하며, 식 23.5-51을

$$d\hat{H} = \left(\frac{\Sigma_\alpha x_\alpha \tilde{C}_{p\alpha}}{\Sigma_\alpha x_\alpha M_\alpha}\right)dT \tag{23.5-52}$$

와 같이 쓴다. 그러므로 식 23.5-49를

$$d\ln p = \left(\frac{\Sigma_\alpha x_\alpha \tilde{C}_{p\alpha}}{R}\right)d\ln T \tag{23.5-53}$$

의 형태로 쓸 수 있다. x_α와 $\tilde{C}_{p\alpha}$가 일정하다고 가정하므로, 이 식을 (p_1, T_1)부터 (p_2, T_2)까지 적분하면

$$T_2 = T_1\left(\frac{p_2}{p_1}\right)^{R/\Sigma_\alpha x_\alpha \tilde{C}_{p\alpha}} \tag{23.5-54}$$

를 얻는다. 이제 이 식을 식 23.5-48 및 51과 결합하면 평면 2에서의 기체 속도에 대해 원하던 식

$$v_2 = \left\{2T_1\left[1 - \left(\frac{p_2}{p_1}\right)^{R/\Sigma_\alpha x_\alpha \tilde{C}_{p\alpha}}\right]\frac{\Sigma_\alpha x_\alpha \tilde{C}_{p\alpha}}{\Sigma_\alpha x_\alpha M_\alpha}\right\}^{1/2} \tag{23.5-55}$$

를 얻는다. 수치값을 식 23.5-54와 55에 대입하여 $T_2 = 920\text{K}$와 $v_2 = 1726$ ft/s를 얻으며,

이 취급은 예제 15.5-4에서 나타낸 것과 대단히 유사한 것을 알 수 있다. 또 노즐 목의 속도는 아음속이어야 한다는 제한을 필요로 한다. 즉, 노즐 목의 압력은 노즐 목에서 음속을 갖기 위해 요구되는 p_1의 분율 이하로 떨어질 수 없다(식 15.B6-2 참조). 만약 주위 압력이 p_2의 임계값 이하로 떨어지면, 노즐 목의 압력은 임계값을 유지할 것이며 노즐 출구를 지나 충격파가 있을 것이다.

근사 (b) : 대단히 빠른 화학반응의 가정. 몰 분율 x_α가 평형 관계식

$$\frac{(x_{H_2O})(x_{CO})}{(x_{H_2})(x_{CO_2})} = K_x(T) \tag{23.5-56}$$

과 화학양론적 관계식

$$x_{H_2O} = x_{CO} \qquad x_{H_2} = x_{CO_2} \qquad \sum_{\alpha=1}^{4} x_\alpha = 1 \tag{23.5-57, 58, 59}$$

에 의해 정의되는 온도의 함수로 간주되어야만 한다는 것을 제외하고는 ***(a)***와 같이 진행한다. 식 23.5-56의 양 $K_x(T)$는 반응에 대한 알려진 평형 상수이다. 이상기체 거동이라 가정하였기 때문에, 또 존재하는 몰 수는 화학반응에 의해 영향을 받지 않기 때문에 $K_x(T)$는 단지 온도만의 함수로 고려될 것이다. 식 23.5-57과 58은 반응의 화학양론과 원래 탱크 내에 놓여 있는 기체의 조성을 따른다.

최종 온도에 대한 식은 상당히 복잡하다. $\Sigma_\alpha x_\alpha M_\alpha$가 일정한 이 반응에 대해 식 23.5-49와 50를 결합하면

$$R \ln \frac{p_2}{p_1} = \int_{T_1}^{T_2} \left(\frac{d\tilde{H}}{dT}\right) d \ln T \tag{23.5-60}$$

을 얻는다. 여기서 상수로 근사된 열용량을 가지므로

$$\frac{d\tilde{H}}{dT} = \sum_{\alpha=1}^{4} [\tilde{H}_\alpha^\circ + \tilde{C}_{p\alpha}(T - T^\circ)] \frac{dx_\alpha}{dT} + \sum_{\alpha=1}^{4} x_\alpha \tilde{C}_{p\alpha} \tag{23.5-61}$$

이다. x_α 와 dx_α/dT가 모두 식 23.5-56에서 59에 의해 지배되는 온도의 복잡한 함수이므로, 식 23.5-60의 적분은 일반적으로 수치적으로 계산되어야만 한다. 그러나 T_2가 식 23.5-61로부터 일단 구해졌다면, v_2는 식 23.5-48과 51을 사용하여 얻을 수 있을 것이다. 이들 식에 수치값을 대입하면 $T_2 = 937$K와 $v_2 = 1752$ ft/s를 얻는다(문제 23B.2 참조).

팽창하는 동안 화학적 평형이 유지되면 노즐 출구의 온도와 속도는 둘 다 더 크다는 것을 안다. 이 이유는 계로 반응열을 방출하는 것과 같은 방법으로 온도가 감소함에 따라 평형이 이동한다는 것이다. 이와 같은 에너지의 방출은 반응 유무에 관계없이 화학적 평형에 있는

임의의 계에서 온도가 감소함에 따라 일어날 것이다. 이것이 유명한 Le Châtelier 법칙 중의 한 결과이다. 이 경우 쓰여진 바와 같이 반응은 흡열이며, 평형 상수는 온도가 떨어짐에 따라 감소한다. 그 결과 CO와 H_2O는 팽창과 동시에 대응하는 에너지를 방출하면서 부분적으로 H_2와 CO_2로 다시 전환된다.

만약 빠르게 평형에 도달될 수 있다면, 비록 연소 반응이 강한 발열 반응일지라도 로켓 엔진의 배기 속도, 즉 엔진 추진력은 증가하게 된다는 것 또한 흥미롭다. 이들 반응에 대한 평형 상수가 온도가 떨어짐에 따라 증가하므로, 팽창으로 반응열이 다시 방출되는 것이 이에 대한 이유이다. 이 원리는 로켓 엔진의 추진력을 향상시키기 위한 방법으로 제안되었으며, 이 방법으로 얻을 수 있는 잠재적 추진력의 증가는 꽤 크다.

이 예제는 단순화를 위해 선택되었다. 몰 수의 변화가 화학반응을 동반한다면 평형 상수와 엔탈피는 압력의 함수가 됨에 특히 주목하시오. 매우 흔히 일어날 수 있는 이 경우, 식 23.5-60의 암묵적인 변수 p와 T는 분리할 수 없으며, 이 식을 차근차근 적분하는 것이 요구된다. 예를 들면 초음속 풍동과 로켓 엔진의 거동을 예측하기 위해 이와 같은 적분이 수행되었지만, 포함된 계산을 여기서 표현하기는 너무 길다.

23.6 비정상상태 문제를 풀기 위한 거시적 수지의 이용

23.5절에서는 논의를 정상상태로 제한하였다. 여기서는 조금 더 나아가 다성분계의 과도적 거동을 해석해 보고자 한다. 이와 같은 거동은 고체의 침출과 건조, 크로마토그래피 분리 및 화학 반응기 조작과 같은 수많은 실제 조작에서 중요하다. 다수의 이들 공정에서는 물질전달뿐만 아니라 반응열도 반드시 고려되어야 한다. 이들 주제에 대한 완전한 논의는 이 책의 범위를 벗어나며, 몇몇 간단한 예제들로 논의를 제한하고자 한다. 더 확장된 논의는 찾을 수 있다.[1]

예제 23.6-1 화학 반응기의 시동

반응기의 전체 내용물이 거의 균질하게 유지되도록 하는 능력을 갖춘 교반기가 장착된 부피가 V인 화학 반응기에서 원료 물질 A로부터 물질 B를 생산하고자 한다. B의 생성은 가역적이고, 정반응과 역반응은 각각 반응 속도 상수가 k'''_{1B}와 k'''_{1A}인 1차 반응으로 생각한다. 이에 더하여 B는 세 번째 성분 C로 반응 속도 상수 k'''_{1C}을 갖는 비가역적 1차 분해 반응을 일으킨

[1] W. R. Marshall, Jr., and R. L. Pigford, *The Application of Differential Equation to Chemical Engineering Problems*, University of Delaware Press, Newark, Del. (1947); B. A. Ogunnaike and W. H. Ray, *Process Dynamics, Modeling, and Control*, Oxford University Press (1994).

다. 관심을 갖는 화학반응은 다음과 같이 표현된다.

$$A \rightleftarrows B \rightarrow C \tag{23.6-1}$$

시간이 0일 때, 농도가 c_{A0}인 A 용액이 일정한 질량 유량 w로 초기에는 비어 있는 반응기 내로 주입된다.

공급 용액에는 B가 없다고 가정하고, 유체의 물성 변화는 무시하는 조건에서 반응기의 용량 V가 바로 다 채워지는 순간 반응기 내의 B의 양에 대한 식을 수립하시오.

해 화학 종 A와 B에 대한 비정상상태의 거시적 질량 수지를 쓰는 것으로 시작한다. 몰 단위로는 이들은

$$\frac{dM_{A,\mathrm{tot}}}{dt} = \frac{wc_{A0}}{\rho} - k'''_{1B}M_{A,\mathrm{tot}} + k'''_{1A}M_{B,\mathrm{tot}} \tag{23.6-2}$$

$$\frac{dM_{B,\mathrm{tot}}}{dt} = -(k'''_{1A} + k'''_{1C})M_{B,\mathrm{tot}} + k'''_{1B}M_{A,\mathrm{tot}} \tag{23.6-3}$$

과 같이 표현된다. 다음 식 23.6-3에서 $M_{A,\mathrm{tot}}$을 소거한다. 먼저 t에 관해 이 식을 미분하면

$$\frac{d^2M_{B,\mathrm{tot}}}{dt^2} = -(k'''_{1A} + k'''_{1C})\frac{dM_{B,\mathrm{tot}}}{dt} + k'''_{1B}\frac{dM_{A,\mathrm{tot}}}{dt} \tag{23.6-4}$$

을 얻고, 이 식에서 $dM_{A,\mathrm{tot}}/dt$를 식 23.6-2의 우변으로 대체하고, 식 23.6-3을 사용하여 $M_{A,\mathrm{tot}}$를 소거한다. 이 방법으로 $M_{B,\mathrm{tot}}$에 대한 선형 2차 미분방정식을 시간의 함수로 얻는다:

$$\frac{d^2M_{B,\mathrm{tot}}}{dt^2} + (k'''_{1A} + k'''_{1B} + k'''_{1C})\frac{dM_{B,\mathrm{tot}}}{dt} + k'''_{1B}k'''_{1C}M_{B,\mathrm{tot}} = \frac{k'''_{1B}wc_{A0}}{\rho} \tag{23.6-5}$$

이 식은

초기조건 1: $t=0$에서 $M_{B,\mathrm{tot}} = 0$ (23.6-6)

초기조건 2: $t=0$에서 $\frac{dM_{B,\mathrm{tot}}}{dt} = 0$ (23.6-7)

의 초기조건을 사용하여 풀 수 있다. 이 식을 적분하면

$$M_{B,\text{tot}} = \frac{wc_{A0}}{\rho k'''_{1C}}\left(\frac{s_-}{s_+ - s_-}\exp(s_+t) - \frac{s_+}{s_+ - s_-}\exp(s_-t) + 1\right) \tag{23.6-8}$$

을 얻을 수 있으며, 여기서

$$2s_\pm = -(k'''_{1A} + k'''_{1B} + k'''_{1C}) \pm \sqrt{(k'''_{1A} + k'''_{1B} + k'''_{1C})^2 - 4\,k'''_{1B}k'''_{1C}} \tag{23.6-9}$$

이다. 식 23.6-8과 9로부터 반응기가 완전히 채워지는 시간까지 반응기 내 B의 총 질량을 시간의 함수로 준다. 이들 식은 예제 7.7-2의 감쇠하는 마노미터와 예제 15.5-2의 온도 제어기에 대해 얻은 식과 대단히 유사하다. 그러나 s_+ 와 s_- 는 둘 다 실수이고 음수이며, 그러므로 $M_{B,\text{tot}}$은 진동할 수 없다는 것을 알 수 있다(문제 23B.3 참조).

예제 23.6-2 충전탑의 비정상상태 운전

유체와 입자상의 다공성 고체 사이에서 물질전달이 일어나는 산업적으로 중요한 많은 공정들이 있다: 예를 들면 숯의 흡착에 의한 유기 증기의 회수, 커피콩으로부터 카페인 추출과 실리카 겔의 선택적 흡착에 의한 방향족 탄화수소와 지방족 탄화수소의 분리 등이 있다. 그림 23.6-1에서 나타낸 것처럼 보통 고체는 고정된 상태로 있으며 유체는 그것을 통과해 스며 나오게 되어있다. 따라서 조작은 본질적으로 비정상상태이며, 고체는 가열이나 다른 처리를 통해 원래의 조건으로 돌아가도록 주기적으로 대체되거나 "재생"되어야만 된다. 이와

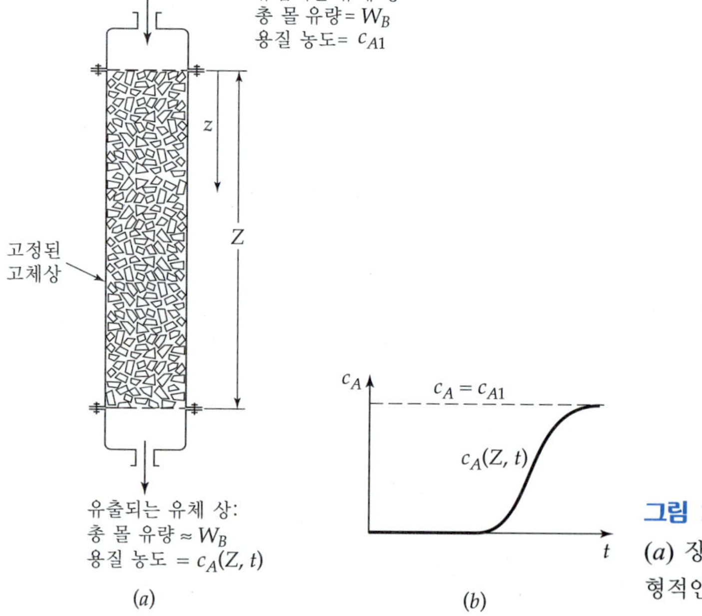

그림 23.6-1. 고정층 흡수기: (*a*) 장치의 도식적 표현; (*b*) 전형적인 유출 곡선.

같은 고정층 물질전달 조작의 거동을 설명하기 위해 물리적으로 간단한 경우로 흡착층을 통과해 흐르도록 함으로써 용액으로부터 용질의 제거를 생각한다.

이 조작에서는 용매 B에 몰 분율 x_{A1}로 녹아 있는 단일 용질 A를 포함하는 용액이 충전탑을 통해 일정한 부피 유량 w/ρ로 흐르고 있다. 충전탑은 용액으로부터 A를 흡착할 수 있는 입자상의 고체로 구성되어 있다. 침투 시작 단계에는 층의 간극이 순수한 액체 B로 채워져 있으며 고체에는 A가 없다. 침투하는 유체는 고르게 용매를 치환하므로, A의 용액 농도는 임의의 단면에 걸쳐 항상 균일하다. 간단히 하기 위해 고체에 흡착되는 A의 평형 농도는 용액 내의 A의 국부 농도에 비례한다고 가정한다. 또 침투 용액 내의 A의 농도는 항상 작고, 입자 내부의 물질전달에 대한 다공성 고체의 저항은 무시할만 하다고 가정한다.

시간과 탑의 하향 방향 거리의 함수로 탑 내의 A의 농도에 대한 식을 수립하시오.

해 예제 23.5-2의 기체 흡수기에 대한 취급과 같게, 그림 23.6-2에 도시된 바와 같이 연속이며 나란히 존재하는 두 상을 생각한다. 탑의 단위 충전 부피당 접촉 면적을 a로 다시 정의한다. 그러나 상의 하나는 정지해 있고 비정상상태 조건이 우세하다. 이러한 국부적인 비정상상태 거동 때문에 거시적 질량 수지는 탑 높이의 작은 증분 Δz에 걸쳐 국부적으로 적용된다. 탑의 길이와 조작 시간에 걸쳐 용매의 몰 유량 W_B은 본질적으로 일정하다고 하기 위해 희석 용액이라는 가정과 식 23.1-3을 사용할 것이다. 이제 식 23.1-3을 사용하여 탑 높이 증분 Δz에 대해 각 상의 화학 종 A에 대한 질량 보존식을 쓰고자 한다.

탑의 증분 내의 **고체상**에 대해, $M_{A,\text{tot}}$가 z와 t 둘 다에 의존한다는 것을 명심하면서 국부적으로 식 23.1-3을 적용하면

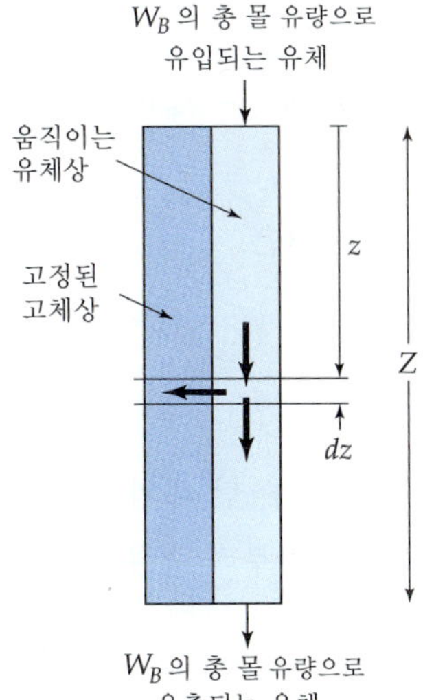

그림 23.6-2. 질량 수지가 수립되는 미분 요소를 보이는 고정층 흡착기의 개략적 모델.

$$\frac{dM_{A,\mathrm{tot}}}{dt} = W_{A0} \tag{23.6-10}$$

또는

$$(1-\varepsilon)S\Delta z\frac{\partial c_{As}}{\partial t} = (k_x^0 a)(x_A - x_{A0})S\Delta z \tag{23.6-11}$$

이 된다. 여기서는 식 22.1-14를 사용하였으며, 기호는 다음 의미를 갖는다:

ε = 액체로 채워진 탑의 부피 분율

S = (공) 탑의 단면적

c_{As} = 고체상의 단위 부피당 흡착되는 A의 몰수

x_A = 액체상 내의 A의 총괄 몰 분율

x_{A0} = c_{As}와 평형에 있다고 가정된 유체상 내의 A의 계면 몰 분율

k_x^0 = 식 22.1-14에서 정의된 작은 물질전달 속도에 대한 유체상 물질전달계수

식 23.6-11을 쓰는 데 있어 고체-유체 계면을 통한 대류 물질전달은 무시하였음에 주목하시오. 만약 x_{A0}가 1보다 훨씬 작다면, 이것은 합리적이다. 입자가 충분히 작아서 주어진 임의의 입자 주위의 용액의 농도가 입자 표면에 걸쳐 본질적으로 일정하다고 가정하였다.

유체상에 대해, 고려하는 탑의 증분에서 식 23.1-3은

$$\frac{dM_{A,\mathrm{tot}}}{dt} = -\Delta W_A + W_{A0} \tag{23.6-12}$$

또는

$$\varepsilon c S\Delta z\frac{\partial x_A}{\partial t} = -W_B\Delta z\frac{\partial x_A}{\partial z} - (k_x^0 a)(x_A - x_{A0})S\Delta z \tag{23.6-13}$$

이 된다. 여기서 c는 액체의 총 몰 농도이다. 식 23.6-13은

$$t' = t - \left(\frac{\varepsilon c S}{W_B}\right)z \tag{23.6-14}$$

로 정의된 수정된 시간 변수를 도입하여 다시 쓸 수 있다. 탑 내의 임의의 위치에 대해 t'은 침투하는 용매의 전면이 문제의 위치에 도달하였던 순간부터 측정되는 시간인 것으로 보인다. 식 23.6-13과 11을 t'의 항으로 다시 쓰면

$$\left(\frac{\partial x_A}{\partial z}\right)_{t'} = -\frac{(k_x^0 a)S}{W_B}(x_A - x_{A0}) \tag{23.6-15}$$

$$\left(\frac{\partial c_{As}}{\partial t'}\right)_z = \frac{(k_x^0 a)}{(1-\varepsilon)}(x_A - x_{A0}) \tag{23.6-16}$$

을 얻는다. 식 23.6-15와 16은 각 상에 대한 질량 보존식과 가정한 물질전달 속도식을 결합한다. 이들 두 식은 일정한 m을 갖는 상계면 평형 분포 $x_{A0}=mc_{As}$와 함께 연립하여 풀게 되며, 경계 조건은

경계조건 1 : $t'=0$에서 $c_{As}=0$ 모든 $z>0$에 대해 (23.6-17)

경계조건 2 : $z=0$에서 $x_A = x_{A1}$ 모든 $t'>0$에 대해 (23.6-18)

이다. 이들 식을 풀기 전에 다음 무차원 변수의 항으로 다시 쓰는 것이 편리하다:

$$X(\zeta,\tau) = \frac{x_A}{x_{A1}} \qquad Y(\zeta,\tau) = \frac{mc_{As}}{x_{A1}} \qquad \zeta = \frac{(k_x^0 a)S}{W_B}z \qquad \tau = \frac{(k_x^0 a)m}{(1-\varepsilon)}t' \tag{23.6-19, 20, 21, 22}$$

이들 무차원 변수의 항으로 쓰면 미분방정식은

$$\frac{\partial X}{\partial \zeta} = -(X - Y); \qquad \frac{\partial Y}{\partial \tau} = +(X - Y) \tag{23.6-23, 24}$$

의 형태를 가지며 $Y(\zeta,0)=0$과 $X(0,\ \tau)=1$인 경계조건을 갖는다.

이들 경계조건에 대한 식 23.6-23과 24의 해[2]는

$$X = 1 - \int_0^{\zeta} e^{-(\tau+\bar{\zeta})} J_0(i\sqrt{4\tau\bar{\zeta}})\,d\bar{\zeta} \tag{23.6-25}$$

이다. 여기서 $J_0(ix)$는 제 1종의 0차 Bessel 함수이다. 이 해는 이용 가능한 여러 참고문헌에 도표로 그려져 있다.[3]

[2] 이 결과는 열전달의 상사한 문제에 대해 A. Anzelius, *Z. angew. Math. u. Mech.*, **6**, 291-294 (1926)에 의해 처음으로 얻어졌다. 이 결과를 얻는 하나의 방법에 대한 개요가 문제 23D.1에 수록되어 있다. 또 H. Bateman, *Partial Differential Equations of Mathematical Physics*, Dover, New York (1944), pp. 123-135를 참조.

[3] 예를 들면 O. A. Hougen and K. M. Watson, *Chemical Process Principles*, Part III, Wiley, New York (1947), p. 1086 참조. 그들의 y/y_0, $b\tau$ 및 aZ는 우리의 X, τ 및 ζ에 대응된다.

예제 23.6-3 낮은 차수 모멘트의 효용

복잡한 많은 계에 대해서는, 완벽한 설명이 실행 불가능하거나 불필요하며 오직 몇 가지 기본적인 특성만 얻으면 충분하다. 분명히 유입에서 주입되고 유출에서 측정되는 질량 m인 추적자의 짧은 펄스를 관찰하는 것으로부터 계의 부피 V와 계를 통해 흐르는 부피 유량 Q를 어떻게 결정할 것인지 물을 것이다. 이를 위해 움직이는 표면이 없다는 것을 제외하고는 그림 7.0-1에 제안된 바와 같은 단일 유입과 유출을 갖는 임의의 기하학적 구조의 닫힌 계를 통과하는 거시적인 정상상태 유동을 생각하시오. 유동과 확산 거동은 추적자의 분포가 확산방정식(질량 훌럭스에 대해 대입한 식 17.7-3을 갖는 식 19.1-7)으로 설명되어야만 한다는 것을 제외하고는 임의적이다.

$$\frac{\partial \rho_T}{\partial t} = -(\nabla \cdot \rho_T \mathbf{v}) + (\nabla \cdot \mathscr{D}_{TS} \nabla \rho_T) \qquad (23.6\text{-}26)$$

여기서 ρ_T는 추적자의 국부 농도이고, $\mathscr{D}_{TS}$는 계를 채우고 있는 용액을 통해 이동하는 추적자에 대한 유사 2 성분 확산계수이다. 난류계는 시간 평활화된 양과 유효 난류 확산계수를 사용하여 포함될 것이다.

거시적 수지를 수립함에 있어서, 닫힌 울의 벽을 통한 유동과 확산은 없다는 조건

$$(\mathbf{n} \cdot \mathbf{v}) = 0 \text{과} \qquad (\mathbf{n} \cdot \nabla \rho_T) = 0 \qquad (23.6\text{-}27, 28)$$

및 추적자의 확산 훌럭스가 계의 유입과 유출에서 대류 훌럭스에 비해 작다는 조건

$$\mathscr{D}_{TS}(\mathbf{n} \cdot \nabla \rho_T) << \rho_T (\mathbf{n} \cdot \mathbf{v}) \qquad (23.6\text{-}29)$$

을 사용하는 것이 필요할 것이다. 여기서 $\mathbf{n}$은 바깥으로 향하는 방향의 단위 수직 벡터이다. 또한 $t = 0$까지와 어떤 유한한 시간 $t = t_0$가 지난 후에는 유입되는 추적 물질의 농도가 0이라 한다. 실제 농도 펄스 간격은 상당히 짧아야만 한다.

해 해석[4]은

$$I^{(n)}(\mathbf{r}) = \int_{-\infty}^{+\infty} \rho_T(\mathbf{r}, t) t^n dt \qquad (23.6\text{-}30)$$

으로(여기서 $\mathbf{r}$은 식 A.2-24에 정의된 위치 벡터이다) 정의된 시간에 관한 추적자의 농도 모멘트 $I^{(n)}$에 기초를 두고 있다. 이제 식 23.6-26에 t^n을 곱하고 영이 아닌 출구 추적자의 농도 범위에 걸친 시간에 관해 적분하면

[4] E. N. Lightfoot, A. M. Lenhoff, and R. I. Rodrigues, *Chem. Eng. Sci.*, **37**, 954-956 (1982).

$$\int_0^\infty \frac{\partial \rho_T}{\partial t} t^n dt + \left(\nabla \cdot \mathbf{v} \int_0^\infty \rho_T t^n dt\right) = \left(\nabla \cdot \mathscr{D}_{TS} \nabla \int_0^\infty \rho_T t^n dt\right) \tag{23.6-31}$$

을 얻는다. 첫 번째 항을 부분 적분하고 식 23.6-30에 도입된 표기법을 사용하면, 유한한 모멘트를 갖는 모든 계에 대해

$$\begin{cases} -nI^{(n-1)} = -(\nabla \cdot \mathbf{v}I^{(n)}) + (\nabla \cdot \mathscr{D}_{TS}\nabla I^{(n)}) & (n \geq 1) \\ 0 = -(\nabla \cdot \mathbf{v}I^{(n)}) + (\nabla \cdot \mathscr{D}_{TS}\nabla I^{(n)}) & (n = 0) \end{cases} \tag{23.6-32, 33}$$

을 얻는다. 이제 더 낮은 차수의 모멘트 항으로된 $I^{(n)}$에 대한 계층적 식을 가지며, 이들 식의 구조는 매우 편리하다.

물리적인 항에서 식 23.6-32는 농도가 $I^{(n)}$으로 대체되고 반응항이 $nI^{(n-1)}$으로 대체된 것을 제외하고는 화학반응을 동반하는 확산방정식이 식 19.1-16과 같은 형태를 갖는다는 것이 Spalding[5]에 의해 처음으로 지적되었다. 그러므로 유동계의 전체 부피에 걸쳐 이들 식을 적분할 수 있으며, 이것에 의해 새로운 거시적 수지의 집합을 수립할 수 있다.

n=0에 대해 식 23.6-33을 평면 1과 2 사이 유동계의 전체 부피에 걸쳐 적분함으로써 시작한다:

$$0 = -\int_V (\nabla \cdot \mathbf{v}I^{(0)})dV + \int_V (\nabla \cdot \mathscr{D}_{TS}\nabla I^{(0)})dV \tag{23.6-34}$$

Gauss 다이버전스 이론을 사용하여 부피 적분을 표면 적분으로 전환하면

$$0 = -\int_S (\mathbf{n} \cdot \mathbf{v}I^{(0)})dS + \int_S (\mathbf{n} \cdot \mathscr{D}_{TS}\nabla I^{(0)})dS \tag{23.6-35}$$

를 얻는다. 여기서 $S = S_f + S_1 + S_2$이다. 고정된 표면 S_f에 걸친 적분은 식 23.6-27과 28에 의하면 0이고, 유입과 유출 평면 S_1과 S_2에 걸친 적분은 단순화될 수 있으므로

$$0 = \int_{S_1} vI^{(0)}dS - \int_{S_2} vI^{(0)}dS \tag{23.6-36}$$

을 얻는다. 여기서 식 23.6-29를 적용하면 평면 1과 2에서의 확산항을 버릴 수 있다. 만약 $I^{(0)}$가 단면에 걸쳐 일정하다고 가정하면 적분으로부터 $I^{(0)}$를 제거할 것이고, 그러면

$$0 = \langle v_1 \rangle S_1 I_1^{(0)} - \langle v_2 \rangle S_2 I_2^{(0)} \tag{23.6-37}$$

을 얻는다. 비압축성 유체에 대해서는 부피 유량 Q가 일정하므로 $\langle v_1 \rangle S_1 = \langle v_2 \rangle S_2$이고

[5] D. B. Spalding, *Chem. Eng. Sci.*, **9**, 74-77 (1958).

$$I_1^{(0)} = I_2^{(0)} \tag{23.6-38}$$

이다. 즉 평면 1에서 계산된 $I^{(0)}$는 평면 2와 계의 임의의 점에서의 $I^{(0)}$와 같다. 이 양을 0차(절대) 모멘트 M_0로 간략하게 해서 쓰는 것이 표준 표기법이다. 식 23.6-38은 벽을 가로지르는 물질전달이 없는 정상상태의 계에 대한 식 23.1-2와 상사하다. 다음, 추적자의 평균 체류시간 $t_{res}= V/Q$에 비해 매우 작은 시간 간격에 걸쳐 질량 m의 추적자 주입에 대해 $I_1^{(0)}$를 계산하면

$$I_1^{(0)} = \int_0^{\infty} \rho_T(\mathbf{r}, t)|_{S_1} dt = \left(\frac{Q}{V}\int_0^{V/Q} \rho_T(\mathbf{r}, t)|_{S_1} dt\right)\frac{V}{Q} = \left(\frac{m}{V}\right)\frac{V}{Q} = = \frac{m}{Q} \tag{23.6-39}$$

이다. 두 번째 단계로 V/Q에 의한 상한을 추적자 펄스의 유한한 시간으로 대체하고자 한다. 그러면 마지막 두 식으로부터

$$Q = \frac{m}{I_2^{(0)}} = \frac{m}{M_0} \tag{23.6-40}$$

을 얻는다. 이는 주입된 추적자의 질량과 $I_2^{(0)}$=M_0의 값으로부터 혈류량의 측정을 가능하게 한다. $I_2^{(0)}$=M_0는 혈관 내로 주입되는 카테터법 또는 NMR 기법에 의해 얻을 수 있다.

이 간단한 공식[6]은 1829년 처음으로 소개되었으며, 1897년 이래 심박출량[7]을 포함하는 혈류량[8]의 측정에 광범위하게 사용되어 왔다. 또 강과 같은 많은 환경계와 공정 산업계에서 널리 사용되고 있다.

다음 식 23.6-32로 돌아가서 확산항이 유입과 유출에 걸친 대류항보다 훨씬 작다는 사실을 다시 사용하여 이 식을 유동계의 부피에 걸쳐 적분한다. 이는

$$-n\int_V I^{(n-1)}(\mathbf{r}, t)dV = -\int_V (\nabla \cdot \mathbf{v}I^{(n)})\, dV \tag{23.6-41}$$

로 주어지거나 또는 만약 $I^{(n)}$이 단면에 걸쳐 일정하다고 가정하면

$$-n\left(\frac{1}{V}\int_V I^{(n-1)}(\mathbf{r}, t)dV\right) = \frac{1}{V}(\langle v_1\rangle S_1 I_1^{(n)} - \langle v_2\rangle S_2 I_2^{(n)}) \tag{23.6-42}$$

로 주어진다. 그런 다음 좌변에 있는 괄호 안의 양을 부피 평균으로 정의하면, 최종적으로

6 E. Hering, *Zeits. f. Physik*, **3**, 85-126 (1829).
7 G. N. Stewart, *J. Physiol.* (London), **22**, 159-183 (1897).
8 K. Zierler, *Ann. Biomed. Eng.*, **28**, 836-848 (2000).

$$-n[I^{(n-1)}]_{\text{vol avg}} = \frac{Q}{V}(I_1^{(n)} - I_2^{(n)}) \tag{23.6-43}$$

을 얻는다.

만약 n=1이라고 두면 다음 식을 얻는다:

$$-I^{(0)} = \frac{Q}{V}(I_1^{(1)} - I_2^{(1)}) = \frac{1}{t_{\text{res}}}(I_1^{(1)} - I_2^{(1)}) \tag{23.6-44}$$

만약 추적자가 **델타 함수 입력**으로 주입되면, $I_1^{(1)} = 0$이므로 $I_2^{(1)} = M_1$(1차 모멘트) 표기법을 사용할 수 있고, 최종식은

$$\frac{I_2^{(1)}}{I^{(0)}} = t_{\text{res}} \quad \text{또는} \quad \frac{M_1}{M_0} = t_{\text{res}} \tag{23.6-45}$$

가 된다. 식 23.6-40과 결합하여 사용되는 이 결과는 혈액 부피를 결정하기 위해 심장병 학자들에 의해 오랫동안 사용되어 왔으며, 많은 환경 산업과 공정 산업의 응용에서도 발견된다.

더 고차 모멘트, 특히 중심 모멘트가 유용하다고 증명되었다.

$$\mu_n = \int_0^\infty \rho_T(t - t_{\text{res}})^n dt \tag{23.6-46}$$

이들은 추적자가 순간적으로 주입되는 특별한 경우에 대해 보통 적용된다. 그러면 정규화된 2차 중심 모멘트 또는 편차는

$$\sigma^2 = \frac{\mu_2}{M_0^2} \tag{23.6-47}$$

이다. 출구 추적자 분포가 Gaussian 분포이면 이는 표준 편차의 제곱이다. 3차 중심 모멘트는 t_{res}에 관한 비대칭성의 척도이고 4차는 뾰족한 정도의 척도이다. 실제로 4차 모멘트를 실험 데이터로부터 정확하게 결정하는 것은 거의 불가능하며, 3차를 얻는 것도 꽤 어렵다는 것이 입증되었다.

2차 모멘트의 사용은 생물학적 조직[9]의 추적자 동역학 연구에서 몇몇 매우 중요한 응용을 발견하였으며, 다시 의학 분야의 방대한 논문으로 다른 많은 응용이 확장되어 왔다. 또 직렬로 연결된 계의 덧셈 관계에 주목하는 것도 흥미롭다. 따라서 M_0는 포함된 하위 계의 수에 대해 불변이며, M_1, μ_2및 μ_3는 더해지지만 더 높은 차수의 모멘트는 더해지지 않는다.

---

[9] F. Chinard, *Ann. Biomed. Eng.*, **28**, 849-859 (2000).

토의를 위한 질문

1. 다성분 혼합물의 거시적 수지들은 어떻게 유도하는가? 변화방정식들과는 어떤 관계가 있는가?
2. 식 23.1-1에서 균질 반응과 불균질 반응은 어떻게 고려되는가? $w_{\alpha,0}$의 물리적인 의미는 무엇인가?
3. 식 23.1-4의 마지막 항이 0이 되는 계의 특정한 예를 보이시오.
4. 표 23.5-1을 사용함에 있어서 보통 흐름 방향(즉 그것이 입력 흐름이든 출력 흐름이든 간에)을 정한다. 만약 흐름 방향이 시간에 따라 변한다면 어떻게 나아가겠는가?
5. 식 23.3-1의 단위 질량당 엔탈피 $\hat{H} = \hat{U} + p\hat{V}$와 식 23.3-1a의 부분 몰 엔탈피에 대한 계산 과정을 요약하시오. 이상기체 혼합물에 대해 이들 양은 무엇인가?
6. 7.8절의 기계적 에너지 수지의 유도를 재검토하시오. 만약 비등온이고 물질전달이 일어나지 않는 표면을 갖는 유동계의 반응하는 혼합물에 적용하고자 한다면 그 유도 과정에서 무엇이 변해야만 하는가?
7. 흡수, 추출, 증류 및 결정화와 같은 단위조작 공부를 위한 배경을 이 장은 어디까지 제공하여야 하는가?
8. 우주선이나 달 표면 위에서의 공정들을 설명하기 위해 이 장에서 무엇을 변화시켜야 하는가?

문제

23A.1. 기체 혼합물의 팽창: 대단히 느린 반응 속도. 만약 반응 속도가 매우 느리다면 예제 23.5-4의 노즐의 배출 끝에서 물-기체 혼합물의 온도와 속도를 계산하시오. 다음 데이터를 사용하시오: $\log_{10} K_x = -0.15$, $\tilde{C}_{p,H_2} = 7.217$, $\tilde{C}_{p,CO_2} = 12.995$, $\tilde{C}_{p,H_2O} = 9.861$, $\tilde{C}_{p,CO} = 7.932$(모든 열용량은 Btu/lb-mole·°F 단위이다). 노즐의 출구 압력은 대기압과 같은가?

답 : 920K, 1726 ft/s; 동일, 노즐 유동은 아음속이다.

23A.2. 충전탑 흡수기의 높이. 예제 23.5-2에 설명된 형태의 충전탑은 비휘발성 경유로의 흡수에 의해 시클로 헥산-공기 혼합물로부터 90%의 시클로 헥산을 제거하기 위해 사용된다. 기체 흐름은 30℃와 1.05 atm의 압력에서 363 ft^3/min의 부피 유량으로 탑 기저로 들어온다. 기체는 부피로 1%의 시클로 헥산을 포함하고 있다. 경유는 30℃에서 20 lb-moles/hr의 유량으로 탑의 상부로 들어오고, 몰 기준으로 0.3%의 시클로 헥산을 포함하고 있다. 30℃에서 시클로 헥산의 증기압은 121 mmHg이고 경유 내의 시클로 헥산 용액은 Raoult 법칙을 따른다고 간주한다.

(a) 탑에 대한 조작선을 수립하시오.

(b) 여기서 만나게 되는 조작 범위에 대한 평형 곡선을 수립하시오. 등온 및 등압 운전이라 가정하시오.

(c) 탑의 각 끝에서의 계면 조건을 구하시오.

(d) 만약 $k_x^0 a = 0.32$ Ib-moles/hr · ft^3, $k_y^0 a$ = 14.2 Ib-moles/hr · ft^{3}이고 탑의 단면적 S가 2.00 ft^{2}이라면, 식 23.5-24를 사용하여 요구되는 탑의 높이를 구하시오.

(e) 식 23.5-25를 사용하여 (d)를 반복하시오.

답 : **(d)** ca. 62 ft; **(e)** 60 ft

23B.1. 기체 흡수기의 유효 평균 구동력. 예제 23.5-2에서 논의된 형태의 충전탑 기체 흡수기를 생각하시오. 용질 농도는 항상 낮고 평형선과 조작선은 둘 다 모두 거의 직선이라고 가정하시오. 이들 조건 하에서 $k_y^0 a$와 $k_x^0 a$는 둘 다 물질전달 표면에 걸쳐 일정하다고 생각될 것이다.

(a) $(Y_A - Y_{Ae})$가 Y_A에 따라 선형적으로 변하는 것을 보이시오. Y_A는 기체상 내의 A의 총괄 몰 비이고 Y_{Ae}는 액체의 총괄 조성 X_A에 걸친 평형 기체상의 몰 비이다(그림 22.4-2 참조).

(b) $(Y_A - Y_{A0})$에 대해 (a)를 반복하시오.

(c) (a)와 (b)의 결과를 사용하여

$$W_{Ag,0} = (k_y^0 a) ZS (Y_{A0} - Y_A)_{\ln} \quad (23B.1\text{-}1)$$

$$W_{Ag,0} = (K_y^0 a) ZS (Y_{Ae} - Y_A)_{\ln} \quad (23B.1\text{-}2)$$

가 됨을 보이시오. 총괄 물질전달계수 K_y^0는 식 22.4-4로 정의된다. 문제의 이 부분은 예제 15.4-1의 전개와 상사성에 의해 풀리게 됨에 주목하시오.

23.B.2. 기체 혼합물의 팽창: 대단히 빠른 반응 속도. 만약 반응 속도가 무한히 빠르다고 생각한다면 예제 23.5-3의 노즐 배출 끝에서의 물-기체 혼합물의 온도와 속도를 계산하시오. 다음 데이터뿐만 아니라 문제 23A.1에서 제공된 데이터를 사용하시오: 900K에서 $\log_{10} K_x = -0.34$; $\widetilde{H}_{H_2} = +6340$; $\widetilde{H}_{H_2O}(g) = -49{,}378$; $\widetilde{H}_{CO} = -16{,}636$; $\widetilde{H}_{CO_2} = -83{,}242$(모든 엔탈피는 cal/g-mole로 주어진다). 간단히 하기 위해 열용량에 미치는 온도의 효과는 무시하고, $\log_{10} K_x$는 900와 1000K 사이에서 온도에 따라 선형적으로 변한다고 가정하시오. 다음의 단순화 과정이 추천된다.

(a) T_2는 낮은 반응 속도에 대한 온도보다 더 높을 것이라는 것을 미리 알 수 있으므로, 920K보다 크다(문제 23A.1 참조). 만나게 되는 온도 범위에 걸쳐 $\widetilde{H}$는 $(d\widetilde{H}/dT)_{\text{avg}} \approx 12.40$ cal/g-mol · K의 식에 따라 온도에 거의 선형적으로 변함을 보이시오.

(b) (a)의 결과를 식 23.5-60에 대입하고 $T_2 \approx 937$K임을 보이시오.

(c) $\widetilde{H}_1$와 $\widetilde{H}_2$를 계산하고 식 23.5-48을 사용하여 v_2=1750 ft/s임을 보이시오.

23B.3. 화학반응기의 시동.

(a) 주어진 초기조건과 함께 식 23.6-5를 적분하여, 식 23.6-8이 $M_{B,\text{tot}}$를 시간의 함수로 정확하게 설명하고 있음을 보이시오.

(b) 식 23.6-9의 s_+와 s_-가 실수이고, 음이란 것을 보이시오. 힌트:

$$(k_{1A}''' + k_{1B}''' + k_{1C}''')^2 - 4\,k_{1B}'''k_{1C}''' = (k_{1A}''' - k_{1B}''' + k_{1C}''')^2 + 4k_{1A}'''k_{1B}''' \tag{23B.3-1}$$

임을 보이시오.

(c) $M_{A,\text{tot}}$와 $M_{C,\text{tot}}$에 대한 식을 시간의 함수로 구하시오.

23B.4. 연속 반응기 내의 비가역 1차 반응. 부피가 V인 잘 교반되는 반응기가 농도가 c_{A0}인 용매 S 내 용질 A의 용액으로 초기에 완전히 채워져 있다. $t = 0$에서 S 내 A의 동일한 용액이 일정한 질량 유량 w로 주입되고 있다. 속도 상수 $k_1'''\text{s}^{-1}$를 갖는 비가역 일차 반응에 따라 A를 사라지게 하는 촉매가 용해되어 있는 작고 일정한 흐름이 동시에 주입되고 있다. 속도 상수는 조성과 시간에 무관하다고 가정한다. 임의의 시간에 반응기 내의 A의 농도가

$$\frac{c_A}{c_{A0}} = \left(1 - \frac{wt_0}{\rho V}\right)e^{-t/t_0} + \frac{wt_0}{\rho V} \tag{23B.4-1}$$

임을 보이시오. 여기서 $t_0^{-1}=[(w/\rho V)+k_1''']$이다.

23B.5. 단열 분할기 내의 질량 및 엔탈피 수지. 420 Btu/lb$_m$의 비엔탈피를 갖는, 질량으로 40%인 100 파운드의 과열된 암모니아 수용액이 10 atm의 압력에서 단열 발화된다. 생성되는 액체와 증기의 질량과 조성을 계산하시오. 이 문제에 부합하는 열역학적 평형식은

$$\log_{10} Y_{NH_3} = 1.4 + 1.53\ \log_{10} X_{NH_3} \tag{23B.5-1}$$

로 가정하며, 여기서 Y_{NH_3}와 X_{NH_3}는 물에 대한 암모니아의 **질량**비이다. 10 atm에서 포화 액체와 증기의 엔탈피는 포화 증기에 대해서는

$$\hat{H} = 1210 - 465y_{NH_3} - 115y_{NH_3}^{12} \tag{23B.5-2}$$

Btu/lb$_m$이고, 포화 액체에 대해서는

$$\hat{h} = 330 - 950x_{NH_3} + 740x_{NH_3}^2 \tag{23B.5-3}$$

Btu/lb$_m$인 것으로 가정된다. 여기서 x_{NH_3}와 y_{NH_3}는 암모니아의 **질량** 분율이다.

답: $P = 36.5$ lb$_m$, $y_p = 0.713$, $\hat{H}_p = 877$ Btu/lb$_m$; $W = 63.6$ lb$_m$, $x_W = 0.22$, $\hat{h}_W = 157$ Btu/lb$_m$

23B.6. 이상적인 다단 내의 유동 분포. 예제 23.5-3에서 설명한 이상적인 다단에 대해 각 단의 상승 유동과 하강 유동의 흐름을 결정하시오. 공급 속도의 분율로 결과를 표현하고 다단의 기저부부터 시작하시오. 원하는 분리를 제공하는 가장 근접한 정수로 12단을 사용하시오. 먼저 상승 유동과 하강 유동의 흐름 조성을 계산하고, 공급판 아래에서는

$$D_{n+1} = U_n + W; \qquad x_{n+1}D_{n+1} = y_nU_n + x_WW \tag{23B.6-1}$$

의 질량 수지를 사용하며, 공급판 위에서는 대응하는 질량 수지를 사용하시오. 기저부 조성 (W)은 $x_0 = x_W = 0.1$의 몰 분율에 대응한다.

23B.7. 동위원소 분리와 가치 함수. 얻고자 하는 동위원소를 10 mole% 포함하고 있는 50 moles/hr의 공급물을 90% 순도의 생성물과 1% 순도의 불순물로 처리하는 현존하는 동위원소 분별기와 10 mole%의 50 moles/hr를 각각 95%와 2%의 생성물과 폐기물로 처리하는 다른 동위원소 분별기를 비교하고자 한다. 어떤 분류가 더 효율적인가? Dirac 분리 용량은 효율성의 척도로 정확하다고 가정한다.

23C.1. 교반 탱크 내의 비가역 2차 반응. 2차 반응, 즉 $R_{A,\text{tot}} = -k_2''' V c_A^2$에 따라 용질이 소모되는 것을 제외하고는 문제 23B.4에서 논의하였던 계와 유사한 계를 생각하고, 다음 방법에 의해 c_A에 대한 식을 시간의 함수로 수립하시오.

(a) 탱크에 걸친 용질 A의 거시적 질량 수지를 사용하여 시간에 따른 c_A의 점진적 변화를 설명하는 미분방정식을 구하시오.

(b) 변수

$$u = c_A + \frac{w}{2\rho V k_2'''}\left(1 + \sqrt{1 + \frac{4\rho V k_2''' c_{A0}}{w}}\right) \tag{23C.1-1}$$

의 항으로 미분방정식과 수반하는 초기조건을 다시 쓰시오. 이 방법으로 얻어진 비선형 미분방정식은 Bernoulli 미분방정식이다.

(c) 이제 $v = 1/u$ 로 두고 적분을 수행하시오. 원래의 변수 c_A의 항으로 결과를 다시 쓰시오.

23C.2. 단백질 정제(그림 23C.2-2). 그림에서 보는 형태의 개별 한외 여과 단의 이상적인 다단을 사용하여 2 성분 단백질 혼합물을 정제하고자 한다. 두 개의 막 장치 중에서 더 큰 것이 분리를 위한 것이고 막을 가로지르는 각 단백질 흘럭스는

$$N_i = c_i v S_i \tag{23.C2-1}$$

로 표현된다. N_i는 화학 종 i의 횡단막 단백질 흘럭스이고, c_i는 상류 용액의 농도(잘 혼합되어 있다고 가정된), v는 횡단막 공탑 속도이며, S_i는 단백질의 특정 **체 인자**이다. 더 작은 막 장치는 용매 수지를 유지하기 위해 단독으로 사용되며, 이 문제에서는 무시할 수 있다.

(a) 단백질 2에 상대적인 단백질 1의 농축은

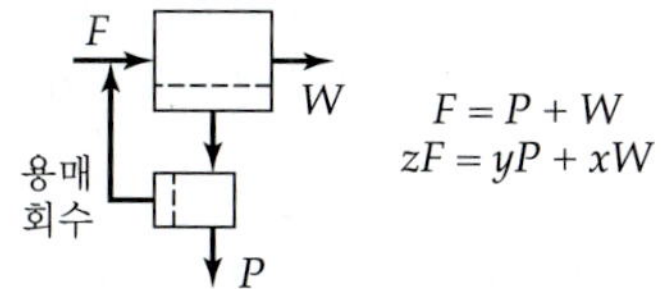

그림 23C.2. 막에 근거한 2 성분 분활기.

$$Y_1 = \alpha_{12}X_1 \tag{23C.2-2}$$

에 의해 주어짐을 보이시오. 여기서 Y_1과 X_1은 각각 생성물과 폐기물 흐름에서 단백질 2에 대한 단백질 1의 몰 비이고, $\alpha_{12}=S_1/S_2$이다.

(b) 90%의 공급물로부터 99%의 순수한 단백질 1을 95%의 수율로 얻기 위한 이상적인 다단에서 요구되는 단수를 α_{12}의 함수로 결정하시오. α_{12}는 2에서부터 200까지 변한다.

(c) α_{12}=40이고, 중앙 단에 90% 순도로 공급되는 3단의 다단에 대한 배출 농도, 수율 및 흐름 유량을 구하시오.

(d) 공급물에 대한 생성물의 몰 비가 동일한 3단의 다단에 대한 Dirac 분리 용량과 단일 장치의 Dirac 분리 용량을 비교하시오.

23C.3. 0차와 1차 모멘트의 물리적 의미. 평류와 잘 교반되는 용기와 같은 몇몇 단순한 유동계가 개별적으로, 직렬 또는 병렬로 배열되어 있다고 생각하시오. 예제 23.6-3에서 정의된 모멘트로부터 유량과 부피를 구할 수 있는지 보이시오.

23C.4. 흡착탑과 교차 유동 열교환기의 비정상상태 운전 사이의 상사성[1](그림 23C.4). 그림에서 보는 열교

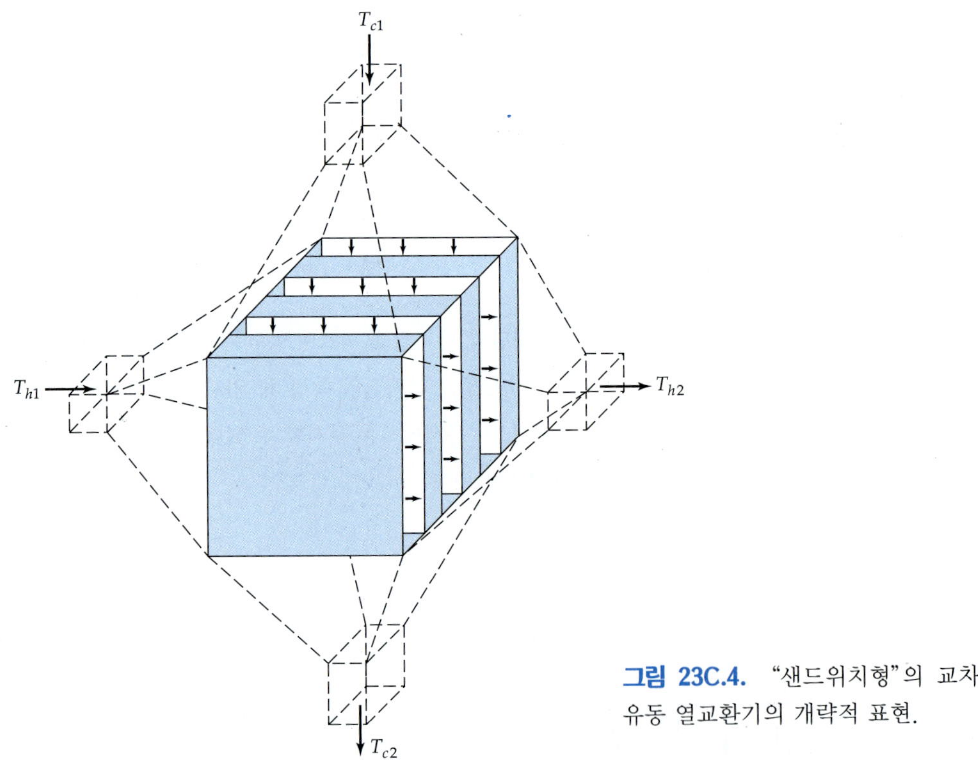

그림 23C.4. "샌드위치형"의 교차 유동 열교환기의 개략적 표현.

[1] W. Nusselt, *Tech. Math. Therm.*, **1**, 417 (1930); D. M. Smith, *Engineering*, **138**, 479 (1934).

환기에서 두 유체 흐름이 서로 직각으로 흐르고, 벽에 평행한 열 훌럭스는 무시한다. 여기서 열교환은 다른 것들이 동일한 조건 하에서 똑같은 표면적과 총괄 열전달계수를 갖는 향류 열교환기보다 명백히 적다. 이들 열교환기의 열 유동은 일정한 U_{loc}에 대해

$$Q = U_{\text{loc}} A \Delta T_{\ln} Y \tag{22C.4-1}$$

로 표현된다. 여기서 Q는 총 열전달 속도이고, A는 열전달 표면적이며, $\Delta T_{\ln}$는 그림에서 정의된 바와 같이 $(T_{h1}-T_{c1})$과 $(T_{h2}-T_{c2})$의 로그 평균이다. T_{h2}와 T_{c2}는 두 출구 흐름의 유동 평균 온도임에 주목하시오. 그런 다음 Y를 향류 유동으로 전달되는 열에 대한 교차 유동으로 전달되는 열의 비로 간주한다.

식 23.6-25를 사용하여 흐름 질량 유량, 물성, 열전달 면적, 국부적인 총괄 열전달계수의 함수로 Y에 대한 식을 쓰시오. $\hat{C}_{ph}$, $\hat{C}_{pc}$와 U_{loc}가 일정하다고 가정하고 정적분의 항으로 결과를 쓰시오.

23D.1. 충전탑의 비정상상태 운전. 식 23.6-25가 식 23.6-23과 24의 타당한 해임을 보이시오. 다음 접근법이 추천된다.

(a) 식 23.6-23과 24를 τ에 관해 Laplace 변환을 취하시오. 결과식으로부터 Y의 변환을 소거하시오. X의 변환은 주어진 경계조건에 대해

$$\overline{X} = \frac{1}{s} e^{-[s/(s+1)]\zeta} \tag{23D.1-1}$$

로 쓸 수 있음을 보이시오. 여기서 $\overline{X}$는 X의 Laplace 변환이다.

(b) 이 식을

$$\overline{X} = \frac{1}{s} - \int_0^{\zeta} e^{-\overline{\zeta}}\left(\frac{1}{s+1}\right)e^{[\overline{\zeta}/(s+1)]}d\overline{\zeta} \tag{23D.1-2}$$

의 형태로 다시 쓰시오. 식 23.6-25를 얻기 위해

$$\mathscr{L}\{e^{a\tau}F(\tau)\} = \overline{F}(s-a) \tag{23D.1-3}$$

의 항등원을 사용하여 이 식을 역변환하시오. 여기서 $\mathscr{L}[F(\tau)]=\overline{F}(s)$이다.

23D.2. 더 낮은 모멘트의 가법성. 직렬로 배열된 예제 23.6-3의 필요 조건을 만나게 되는 한 쌍의 유동계를 생각하시오. (i) 0차 모멘트가 첫 번째와 두 번째 계의 계 유입과 유출에서 똑같고, (ii) 1차 절대 모멘트와 2차와 3차 중심 모멘트는 더해지지만 4차 중심 모멘트는 더해지지 않는다. 제안: 2차와 더 높은 모멘트에 대해, 첫 번째 장치의 펄스 입력을 따르는 두 번째 장치의 출력은 컨볼루션 적분을 사용하여 얻게 된다는 것을 인지하는 것은 도움이 된다.

$$c(t) = \int_0^t h_1(t-\tau)h_2(\tau)d\tau \equiv h_1 * h_2 \tag{23D.2-1}$$

여기서 h는 펄스 입력에 대한 계의 응답이다. 진행하는 간단한 방법은 $c(t)$의 Laplace 변환이

$$\mathscr{L}\{c(t)\} \equiv F(s) = h_1(s)h_2(s) \tag{23D.2-2}$$

로 쓰여진다는 것을 인지하는 것이다. 그러면

$$F'(s) = h_1'(s)h_2(s) + h_1(s)h_2'(s) \tag{23D.2-3}$$

이 되고, 고차 도함수에 대해서도 유사하다. 이제 또

$$M_0 = F(0); \qquad M_1 = -\frac{F'(0)}{F(0)} \tag{23D.2-4, 5}$$

$$\mu_2 = \frac{F''(0)}{F(0)} - \frac{[F'(0)]^2}{[F(0)]^2} \tag{23D.2-6}$$

$$\mu_3 = -\frac{F'''(0)}{F(0)} + 3\frac{F'(0)F''(0)}{[F(0)]^2} - 2\frac{[F'(0)]^3}{[F(0)]^3} \tag{23D.2-7}$$

$$\mu_4 = \frac{F^{(\mathrm{iv})}(0)}{F(0)} - 4\frac{F'(0)F'''(0)}{[F(0)]^2} + 6\frac{F''(0)[F'(0)]^2}{[F(0)]^3} - 3\frac{[F'(0)]^4}{[F(0)]^4} \tag{23D.2-8}$$

이 됨을 알 수 있다.

23D.3. 화학 반응기의 시동. 식 23.6-2와 3의 Laplace 변환을 사용하여 예제 23.6-1을 다시 푸시오.

23D.4. 직렬로 연결된 N개 반응기의 과도적 거동.[2] 각 반응기에는 완벽한 교반기가 장착되어 있고, 직렬로 연결된 부피 V가 동일한 N 개의 화학반응기가 있다. 초기에 각 탱크는 순수한 용매 S로 채워져 있다. 시간이 0일 때, S 내 A의 용액이 일정한 부피 유량 Q와 일정한 농도 $c_A(0)$로 첫 번째 탱크에 주입된다. 또 이 용액은 첫 번째 탱크 내로 배출되기 바로 직전에 주입되는 소량의 용해된 촉매를 포함하고 있으며, 다음의 1차 반응을 일으킨다.

$$A \underset{k'''_{1BA}}{\overset{k'''_{1AB}}{\rightleftharpoons}} B \underset{k'''_{1CB}}{\overset{k'''_{1BC}}{\rightleftharpoons}} C \tag{23D.4-1}$$

이들 반응의 속도 상수는 계 전체를 통해 일정하다고 가정한다. 각 탱크의 "유효 체류시간"의 역수, $h = Q/V$라 두자. 임의의 시간 t에서 n 번째 탱크 내의 화학 종 α의 농도 $c_\alpha(n)$에 대한 식을 구하시오.

[2] A. Acrivos and N. R. Amundson, *Ind. Eng. Chem.*, 47, 1533-1541 (1955).

Chapter

24 물질전달에 대한 다른 메커니즘

1장에서는 운동량의 분자 전달이 점도에 관한 Newton 법칙에 의해 속도 구배와 관계된다는 것을 언급하였고, 9장에서는 온도 구배 때문에 분자 열전달이 일어난다고 말하는 Fourier 법칙을 언급하였다. 그러나 19장에서 혼합물을 논의할 때는 다양한 화학 종의 상호 확산에 의해 전달되는 엔탈피의 양을 설명하는 분자 열 훌럭스에 대한 여분의 기여를 지적하였다. 17장에서는 농도 구배의 결과로 분자 물질전달이 일어난다는 것을 말하는 확산의 Fick (1) 법칙을 배웠으며, 거기서 다른 구동력도 질량 훌럭스에 기여할 것이라는 것을 지적하였다. 이 장의 목적은 가장 중요한 추가적인 구동력을 설명하고 몇몇 적용을 예증하는 것이다.

이들 힘 중에서 중요한 것은 원심분리기뿐만 아니라 이온계와 선택적 투과막의 거동을 지배하는 전기적 포텐셜 구배와 압력 구배이다. 특히 **동전기** 현상은 그 중요성이 급격히 증대되고 있다. 유도 쌍극자는 특화된 적용에 유용한 **유전 영동**과 **자기 영동**과 같은 분리를 일으킬 수 있다. 이에 더하여 **열 확산**[1] 또는 **Soret 효과**로 알려진 공정에 의해 온도 구배가 질량 훌럭스를 유발하고, **확산 열 효과**[2] 또는 **Dufour 효과**에 의해 농도 구배가 열전달을 일으킬 수 있다는 것을 발견할 것이다. 마지막으로 세 개 또는 그 이상의 성분을 포함하는 계에서는 임의의 한 화학 종의 거동은 존재하는 다른 모든 화학 종의 농도 구배에 의해 영향을 받게 된다는 것을 인식하는 것이 중요하다.

다행스럽게도 다양한 이들 구동력의 결과로 일어나는 넓은 범위의 거동은 비평형 열역학[3]에 의해 제공되는 구조를 통해 간결하게 설명될 수 있으며, 이 주제는 24.1절과 2절에서 요약된다. 이 논의는 일반화된 Maxwell-Stefan 방정식으로 결론을 내리게 된다. 나머지 절에서는 선정된 확산 공정을 편리하게 설명하기 위해 다양하게 특화된 이들 식을 어떻게 사용할 수 있는지 보일 것이다.

비평형 열역학의 요약의 요점인 처음 두 절을 읽기를 원하지 않는 사람은 비평형 열역학의 필수적인 결과가 요약되어 있는 그 다음 절로 직접 갈 수 있다.

24.1 엔트로피에 대한 변화방정식

비평형 열역학은 평형 열역학의 가정에 더하여 다음 네 가지 가정을 사용한다.[1]

1. 평형 열역학적 관계식이 구배식이 너무 크지 않게 주어지는 평형이 아닌 계에 적용된다. (준 평형 가설).
2. 계 내의 모든 흘럭스는 모든 힘을 포함하는 선형적인 관계로 쓰여질 것이다. (선형성 가설).
3. 만약 훌럭스와 힘의 텐서 차수의 차이가 홀수라면, 훌럭스와 힘의 결합은 일어나지 않는다. (Curie의 가설)[2]
4. 자기장이 없는 경우에는 훌럭스-힘 관계에서 계수의 행렬은 대칭이다. (Onsager 반비례 관계).[3]

이 절과 다음 절에서는 관찰된 다양한 현상을 설명하기 위한 필요로부터 나타나는, 또 분자

---

[1] 이 효과는 C. Ludwig, *Sitzber. Akad. Wiss. Wien*, **20**, 539 (1856)에 의해 액체에서 처음으로 관찰되었지만, Ch. Soret, *Arch. Sci. Phys. Nat., Genève*, **2**, 48-61 (1879); **4**, 209-213 (1880); *Comptes Rendus Acad. Sci., Paris*, **91**, 289-291 (1880)의 이름을 따서 명명되었다. 기체 내에서의 첫 번째 관찰은 S. Chapman and F. W. Dootson, *Phil. Mag.*, **33**, 248-253 (1917)에 의해 이루어졌다.

[2] L. Dufour, *Arch. Sci. Phys. Nat., Genève*, **45**, 9-12 (1872); *Ann. Phys.* (5) **28**, 490-492 (1873).

[3] 여기 논의는 다성분계에 대한 것이다. 2 성분계에 대한 논의는 L. Landau and E. M. Lifshitz, *Fluid Mechanics*, 2nd edition, Pergamon Press, Oxford (1987), VI장에서 찾을 수 있다. 또 R. B. Bird, *Korean J. Chem. Eng.*, **15**, 105-123 (1998)을 참조하시오.

[1] S. R. de Groot and P. Mazur, *Non-Equilibrium Thermodynamics*, North-Holland, Amsterdam (1962). 또 H. B. Callen, *Thermodynamics and an Introduction to Thermostatics*, Wiley, New York (1985), 14 장을 참조하시오.

[2] P. Curie, *Oeuvres*, Paris (1903), p.129.

[3] 노벨 수상자인 **Lars Onsager** (1903-1976)는 트론드하임 공과대학에서 화학공학을 공부하였으며, 쮸리히에서 2년 동안 Peter Debye와 같이 근무한 뒤에 예일 대학으로 옮기기 전에 몇몇 대학에서 가르칠 기회를 가졌다. 비가역 공정의 열역학에 대한 그의 기여는 L. Onsager, *Phys. Rev.*, **37**, 405-426 (1931); **38**, 2265-2279 (1931)에서 찾을 수 있다. Onsager 반비례 관계에 대한 실험적 증명의 요약은 D. G. Miller, in *Transport Phenomena in Fluids* (H. J. M. Hanley, ed.), Marcel Dekker, New York (1969), 11장에 주어져 있다.

운동론의 전개로부터 나타나는 이들 가정을 사용할 것이다. 사용하는 비평형 이론은 비뉴튼 유체에 대한 고려는 제외함에 주목하시오.[4]

문제 11D.1에서 Jaumann 엔트로피 수지식

$$\rho \frac{D\hat{S}}{Dt} = -(\nabla \cdot \mathbf{s}) + g_S \tag{24.1-1}$$

을 어떻게 유도하는지 보았다. 여기서 $\hat{S}$는 다성분 유체의 단위 질량당 엔트로피이고, $\mathbf{s}$는 엔트로피 훌럭스 벡터이며, g_S는 단위 부피당 엔트로피 생성 속도이다. 이 시점에서는 $\mathbf{s}$와 g_S가 무엇인지 모르므로, 첫 번째 과제는 계의 훌럭스와 구배의 항으로 된 이들 양에 대한 식을 찾는 것이다. 이를 위해

$$d\hat{U} = Td\hat{S} - pd\hat{V} + \sum_{\alpha=1}^{N} \frac{\overline{G}_\alpha}{M_\alpha} d\omega_\alpha \tag{24.1-2}$$

와 같은 식이 평형으로부터 너무 멀지 않은 계에서는 사용될 수 있다는 것을 의미하는 평형 열역학 식이 국부적으로 타당하다는 가정("준 평형 가설")을 사용하여야만 한다. 이 식에서 $\overline{G}_\alpha$는 부분 몰 Gibbs 자유 에너지이고, M_α는 화학 종 α의 분자량이다. 이제 질량 평균 속도 $\mathbf{v}$로 움직이는 유체 요소에 이 관계식을 적용한다. 그러면 미분 연산자를 실도함수 연산자로 대체할 수 있다. 식 24.1-2는 그 형태에서 $D\hat{U}/Dt$, $D(1/\rho)/Dt$와 $D\omega_\alpha/Dt$의 항으로 $D\hat{S}/Dt$를 표현하는 것이 가능하다. 그러면 내부에너지에 대한 변화방정식[표 19.2-4의 식 (D)], 총괄 연속방정식[표 19.2-3의 식 (A)]과 화학 종 α에 대한 연속방정식[표 19.2-3의 식 (B)]은 도입하였던 세 실도함수를 사용할 수 있다. 따라서 상당한 재배열을 한 뒤에

$$\mathbf{s} = \frac{1}{T}\left(\mathbf{q} - \sum_{\alpha=1}^{N} \frac{\overline{G}_\alpha}{M_\alpha} \mathbf{j}_\alpha\right) \tag{24.1-3}$$

$$g_S = -\left(\mathbf{q} \cdot \frac{1}{T^2} \nabla T\right) - \sum_{\alpha=1}^{N} \left(\mathbf{j}_\alpha \cdot \left[\nabla\left(\frac{1}{T}\frac{\overline{G}_\alpha}{M_\alpha}\right) - \frac{1}{T}\mathbf{g}_\alpha\right]\right) - \left(\boldsymbol{\tau}:\frac{1}{T}\nabla\mathbf{v}\right) - \sum_{\alpha=1}^{N} \frac{1}{T}\frac{\overline{G}_\alpha}{M_\alpha} r_\alpha \tag{24.1-4}$$

[4] 비선형 점탄성 유체를 설명하기 위해 A. N. Beris and B. J. Edwards, *Thermodynamics of Flowing Systems with Internal Microstructure*, Oxford University Press (1994); M. Grmela and H. C. Öttinger, *Phys. Rev.*, **E56**, 6620-6632 (1997); H. C. Öttinger and M. Grmela, *Phys. Rev.*, **E56**, 6633-6655 (1997); B. J. Edwards, H. C. Öttinger, and R. J. J. Jongschaap, *J. Non-Equilibrium Thermodynamics*, **27**, 356-373 (1997); H. C. Öttinger, *Phys. Rev.*, **E57**, 1416-1420 (1998); H. C. Öttinger, *Applied Rheology*, **9**, 17-26 (1999)에서 설명된 것과 같이 열역학 이론을 일반화하여야만 한다.

임을 안다. 엔트로피 생성은 훌럭스와 힘의 곱의 합으로 쓰여 왔다. 그러나 오직 $N-1$개의 독립적인 질량 훌럭스 $\mathbf{j}_\alpha$만 있고, 또 Gibbs-Duhem 식 때문에 오직 $N-1$개의 독립적인 힘만 있다. 독립성에 대한 이 결함을 고려하면,[5] 엔트로피 훌럭스와 엔트로피 생성을 다음 형태로 다시 쓸 수 있을 것이다.

$$\boxed{\mathbf{s} = \frac{1}{T}\mathbf{q}^{(h)} + \sum_{\alpha=1}^{N} \frac{\overline{S}_\alpha}{M_\alpha}\mathbf{j}_\alpha} \tag{24.1-5}$$

$$\boxed{Tg_S = -(\mathbf{q}^{(h)} \cdot \nabla \ln T) - \sum_{\alpha=1}^{N}\left(\mathbf{j}_\alpha \cdot \frac{cRT}{\rho_\alpha}\mathbf{d}_\alpha\right) - (\boldsymbol{\tau}:\nabla\mathbf{v}) - \sum_{\alpha=1}^{N}\frac{\overline{G}_\alpha}{M_\alpha}r_\alpha} \tag{24.1-6}$$

여기서 $\mathbf{q}^{(h)}$는 확산 엔탈피 훌럭스를 뺀 열 훌럭스

$$\mathbf{q}^{(h)} = \mathbf{q} - \sum_{\alpha=1}^{N}\frac{\overline{H}_\alpha}{M_\alpha}\mathbf{j}_\alpha \tag{24.1-7}$$

이고,

$$\begin{aligned} cRT\mathbf{d}_\alpha &= c_\alpha T\nabla\left(\frac{\overline{G}_\alpha}{T}\right) + c_\alpha\overline{H}_\alpha\nabla \ln T - \omega_\alpha\nabla p - \rho_\alpha\mathbf{g}_\alpha + \omega_\alpha\sum_{\beta=1}^{N}\rho_\beta\mathbf{g}_\beta \\ &= c_\alpha RT\nabla \ln a_\alpha + (\phi_\alpha - \omega_\alpha)\nabla p - \rho_\alpha\mathbf{g}_\alpha + \omega_\alpha\sum_{\beta=1}^{N}\rho_\beta\mathbf{g}_\beta \end{aligned} \tag{24.1-8}$$

이다. 식 24.1-8의 두 번째 형태는 $d\overline{G}_\alpha = RTd\ln a_\alpha$인 관계를 사용함으로써 얻게 되며,[5] 여기서 a_α는 활동도이다. $\nabla \ln a_\alpha$ 연산에서 도함수는 일정한 T와 p에서 취해지며, 양 $\phi_\alpha = c_\alpha\overline{V}_\alpha$는 화학 종 α의 부피 분율이다. 여기서 도입된 $\mathbf{d}_\alpha$는 **확산 구동력**이라 불리며, **농도 확산**($\nabla \ln a_\alpha$를 갖는 항), **압력 확산**(∇p를 갖는 항)과 **강제 확산**($\mathbf{g}_\alpha$를 갖는 항)을 설명한다. 그래서 $\mathbf{d}_\alpha$는 $\Sigma_\alpha\mathbf{d}_\alpha=0$으로 정의된다.

훌럭스와 힘의 곱의 합인 식 24.1-6의 엔트로피 생성은 비평형 열역학의 전개를 위한 출발점이다. 선형성 가설에 의하면 식 24.1-6 내의 훌럭스($\mathbf{q}^{(h)}$, $\mathbf{j}_\alpha$, $\boldsymbol{\tau}$와 $\overline{G}_\alpha/M_\alpha$) 각각은 모든 힘($\nabla T$, $\mathbf{d}_\alpha$, $\nabla\mathbf{v}$와 r_α)의 선형 함수로 쓸 수 있다. 그러나 Curie의 가설 때문에 각각의 $\mathbf{j}_\alpha$는 ∇T뿐만 아니라 모든 $\mathbf{d}_\alpha$에 선형적으로 의존해야만 하며, $\mathbf{q}^{(h)}$는 모든 $\mathbf{d}_\alpha$ 뿐만 아니라 ∇T에 선형적으로 의존해야만 하지만, $\mathbf{j}_\alpha$와 $\mathbf{q}^{(h)}$는 어느 것도 $\nabla\mathbf{v}$ 또는 r_α에 의존하지 않을 수 있다. 유사

---

[5] 중간 단계에 대해서는 C. F. Curtiss and R. B. Bird, *Ind. Eng. Chem. Research*, **38**, 2515-2522 (1999), 정오표 **40**, 1791 (2001)을 참조하시오.

하게 응력 텐서 $\boldsymbol{\tau}$는 텐서 $\nabla\mathbf{v}$에 의존할 것이며, 또 단위 벡터를 곱한 스칼라 구동력 r_α에 의존할 것이다. $\boldsymbol{\tau}$와 화학반응 사이의 "결합"은 아직 연구되지 않았으므로, 그것에 대한 더 이상의 고려는 생략한다. 다음 절에서는 모든 벡터 힘과 벡터 훌럭스 간의 결합을 논의하며, "Onsager 반비례 관계"의 적용에 대한 결과를 논의한다.

24.2 열 및 물질전달에 대한 훌럭스 식

이제 벡터 훌럭스에 대해

$$\mathbf{q}^{(h)} = -a_{00}\nabla \ln T - \sum_{\beta=1}^{N} \frac{cRTa_{0\beta}}{\rho_\beta}\mathbf{d}_\beta \qquad (24.2\text{-}1)$$

$$\mathbf{j}_\alpha = -a_{\alpha 0}\nabla \ln T - \rho_\alpha \sum_{\beta=1}^{N} \frac{cRTa_{\alpha\beta}}{\rho_\alpha\rho_\beta}\mathbf{d}_\beta \qquad \alpha = 1, 2, \ldots, N \qquad (24.2\text{-}2)$$

를 얻기 위해 "선형성 가설"을 사용한다. 이들 식에서 양 a_{00}, $a_{0\beta}$, $a_{\alpha 0}$과 $a_{\alpha\beta}$는 "현상학적 계수" (즉, 전달 물성)이다. $\mathbf{j}_\alpha$와 $\mathbf{d}_\alpha$가 모두 독립적이지 않은 것은 아니기 때문에, 1부터 N까지의 모든 γ (γ = β를 제외한)에 걸친 합이 $a_{\alpha\beta}+\Sigma_\gamma a_{\alpha\gamma}=0$인 조건을 만족해야만 함이 틀림없으며, Onsager 반비례 관계에 의하면 1부터 N까지의 모든 α와 β 값에 대해 $a_{\alpha 0}=a_{0\alpha}$이고 $a_{\alpha\beta}=a_{\beta\alpha}$이다.

다음 현상학적 계수를 전달계수와 관련짓고자 한다. 먼저 $a_{\alpha 0}$와 $a_{0\alpha}$를 **다성분 열 확산계수**, D_α^T로 다시 표시한다. 이들은 $\Sigma_\alpha D_\alpha^T = 0$인 성질을 갖는다. 그런 다음 **다성분 Fick 확산계수**,[1] $\mathbb{D}_{\alpha\beta}$를 $\mathbb{D}_{\alpha\beta} = -cRTa_{\alpha\beta}/\rho_\alpha\rho_\beta$로 정의한다. 이들 확산계수는 대칭 ($\mathbb{D}_{\alpha\beta} = \mathbb{D}_{\beta\alpha}$)이고, $\Sigma_\alpha \omega_\alpha \mathbb{D}_{\alpha\beta} = 0$인 관계를 따른다. 그러면 식 24.2-2는 다성분 질량 훌럭스에 대해

$$\boxed{\mathbf{j}_\alpha = -D_\alpha^T\nabla \ln T + \rho_\alpha \sum_{\beta=1}^{N} \mathbb{D}_{\alpha\beta}\mathbf{d}_\beta \qquad \alpha = 1, 2, \ldots, N} \qquad (24.2\text{-}3)$$

이 된다. 이것이 **일반화된 Fick 식**이다. 식 24.1-8의 두 번째 형태를 식 24.2-3에 대입하면, 질량 훌럭스 벡터 $\mathbf{j}_\alpha$에 대한 4가지 기여가 있다는 것을 안다: 농도 확산항(활동도 구배를 포함하는), 압력 확산항(압력 구배를 포함하는), 강제 확산항(외부의 힘을 포함하는)과 온도 확산항(온도 구배에 비례하는).

---

[1] C. F. Curtiss, *J. Chem. Phys.*, **49**, 2917-2919 (1968); 또 D. W. Condiff, *J. Chem. Phys.*, **51**, 4209-4212 (1969)와 C. F. Curtiss, and R. B. Bird, *Ind. Eng. Chem. Research*, **38**, 2515-2522 (1999); 정오표, **40**, 1791 (2001)을 참조하시오. 여기서 사용된 $\mathbb{D}_{\alpha\beta}$는 J. O. Hirschfelder, C. F. Curtiss, and R. B. Bird, *Molecular Theory of Gases and Liquids*, Wiley, New York (1954), 두 번째 수정 발간 (1964), 11 장에 의해 사용된 $D_{\alpha\beta}$와는 다른 결국 Curtiss $\tilde{D}_{\alpha\beta}$의 음의 값이다.

식 24.2-3은 "반대편이 소멸될 때 까지"[1,2] 바꿀 수 있으며, 구동력 $\mathbf{d}_\alpha$에 대해 풀 수 있다

$$\mathbf{d}_\alpha = -\sum_{\beta \neq \alpha} \frac{x_\alpha x_\beta}{\mathcal{D}_{\alpha\beta}} \left(\frac{D_\alpha^T}{\rho_\alpha} - \frac{D_\beta^T}{\rho_\beta} \right) (\nabla \ln T) - \sum_{\beta \neq \alpha} \frac{x_\alpha x_\beta}{\mathcal{D}_{\alpha\beta}} \left(\frac{\mathbf{j}_\alpha}{\rho_\alpha} - \frac{\mathbf{j}_\beta}{\rho_\beta} \right) \quad (\alpha = 1, 2, \ldots, N) \tag{24.2-4}$$

이것이 특별한 경우가 식 17.9-1에 주어진 일반화된 Maxwell-Stefan 방정식이다. $\mathcal{D}_{\alpha\beta}$를 다성분 Maxwell-Stefan 확산계수라 부르며, 이들은 대칭임이 증명되었으며,[3] $\mathbb{D}_{\alpha\beta}$와의 관계는 조만간 논의될 것이다.

식 24.2-4의 $\mathbf{d}_\alpha$에 대한 식을 식 24.2-1에 대입하면

$$\begin{aligned} \mathbf{q}^{(h)} = & -\left[a_{00} + \sum_{\alpha=1}^{N} \sum_{\substack{\beta=1 \\ \beta \neq \alpha}}^{N} \frac{cRTx_\alpha x_\beta}{\rho_\alpha} \frac{D_\alpha^T}{\mathcal{D}_{\alpha\beta}} \left(\frac{D_\beta^T}{\rho_\beta} - \frac{D_\alpha^T}{\rho_\alpha} \right) \right] \nabla \ln T \\ & + \sum_{\alpha=1}^{N} \sum_{\substack{\beta=1 \\ \beta \neq \alpha}}^{N} \frac{cRTx_\alpha x_\beta}{\rho_\alpha} \frac{D_\alpha^T}{\mathcal{D}_{\alpha\beta}} \left(\frac{\mathbf{j}_\alpha}{\rho_\alpha} - \frac{\mathbf{j}_\beta}{\rho_\beta} \right) \end{aligned} \tag{24.2-5}$$

를 얻는다. 혼합물의 열전도도는 계 내에 질량 흘럭스가 없다면 열 흘럭스 벡터와 온도 구배 사이의 비례 상수의 계수로 정의된다. 따라서 괄호 안의 양은 일반적인 합의로 열전도도 k에 절대 온도 T를 곱한 것이다. 만일 이 결과를 식 24.1-7의 정의와 결합하면, 열 흘럭스에 대한 최종식

$$\mathbf{q} = -k\nabla T + \sum_{\alpha=1}^{N} \frac{\overline{H}_\alpha}{M_\alpha} \mathbf{j}_\alpha + \sum_{\alpha=1}^{N} \sum_{\substack{\beta=1 \\ \beta \neq \alpha}}^{N} \frac{cRTx_\alpha x_\beta}{\rho_\alpha} \frac{D_\alpha^T}{\mathcal{D}_{\alpha\beta}} \left(\frac{\mathbf{j}_\alpha}{\rho_\alpha} - \frac{\mathbf{j}_\beta}{\rho_\beta} \right) \tag{24.2-6}$$

을 얻는다. 열 흘럭스 벡터 $\mathbf{q}$는 3개의 항, 열 전도항(열전도도를 포함하는), 열 확산항(부분몰 엔탈피와 질량 흘럭스를 포함하는)과 마지막으로 Dufour 항(열 확산계수와 질량 흘럭스를 포함하는)으로 이루어진다는 것을 안다. 식 19.3-3에서 이미 만났던 열 확산항은 확산하는 계에서 일반적으로 중요하며, Dufour 항은 보통 작고 종종 무시할 수 있다.

식 24.2-3, 4와 6은 비평형 열역학의 주요 결과이다. 이제 전달 물성과 흘럭스의 항으로 표현된 질량 흘럭스 벡터와 열 흘럭스 벡터를 갖는다.

다음으로 Fick 확산계수 $\mathbb{D}_{\alpha\beta}$의 행렬과 Maxwell-Stefan 확산계수 $\mathcal{D}_{\alpha\beta}$의 행렬 사이의 관계에 대해 논의한다. 두 행렬은 모두 대칭이고, $N \times N$ 차수이며, 둘 다 $\frac{1}{2}N(N\text{-}1)$ 개의 독립적인 원소를 갖는다. 따라서 $\mathcal{D}_{\alpha\beta}$는

---

[2] H. J. Merk, *Appl. Sci. Res.*, **A8**, 73-99 (1959); E. Helfand, *J. Chem. Phys.*, **33**, 319-322 (1960). **Hendrik Jacobus Merk** (1920-1988)는 델프트 공과 대학에서 공학 물리 대학원생이었을 때 질량 흘럭스 식의 역을 수행하였다. 1953년부터 1987년까지 동 대학의 교수였다.

$$Ð_{\alpha\beta} = \frac{x_\alpha x_\beta}{\omega_\alpha \omega_\beta} \frac{\sum_{\gamma\neq\alpha} \mathbb{D}_{\alpha\gamma}(\text{adj } B_\alpha)_{\gamma\beta}}{\sum_{\gamma\neq\alpha} (\text{adj } B_\alpha)_{\gamma\beta}} \qquad \alpha, \beta = 1, 2, \ldots, N \tag{24.2-7}$$

로 얻게 된다.[3] 여기서 $(B_\alpha)_{\beta\gamma} = -\mathbb{D}_{\beta\gamma} + \mathbb{D}_{\alpha\gamma}$, 즉 $\beta = \alpha$ 행과 $\gamma = \alpha$ 열이 제외된 $(N-1) \times (N-1)$ 차수인 B_α라 불리는 행렬의 $\beta\gamma$ 성분이고, adj B_α는 B_α의 수반 행렬이다. 2 성분계와 3성분계에 대해, 명시적인 상호 관계는 표 24.2-1과 2에 주어져 있다. 2 성분 혼합물에 대해서는 $\mathbb{D}_{\alpha\beta}$와 $Ð_{\alpha\beta}$는 농도 의존적 인자에 의한 차이가 있음을 알 수 있다. 그러나 이들은 식 24.2-3에서 음의 부호 대신 양의 부호가 왜 선택되었는지를 설명하는 동일한 부호를 가지고 있다.

표 24.2-1 $Ð_{\alpha\beta}$의 항으로 된 $\mathbb{D}_{\alpha\beta}$에 대한 식의 요약[1] [주: 추가적인 기재 사항은 지수의 주기적인 치환에 의해 생겨날 수 있다. 4 성분계에 대한 공식은 참고문헌에 주어져 있다.]

2 성분

$$\mathbb{D}_{11} = -\frac{\omega_2^2}{x_1 x_2} Ð_{12} \tag{A}$$

$$\mathbb{D}_{22} = -\frac{\omega_1^2}{x_1 x_2} Ð_{12} \tag{B}$$

$$\mathbb{D}_{12} = \mathbb{D}_{21} = \frac{\omega_1 \omega_2}{x_1 x_2} Ð_{12} \tag{C}$$

3 성분

$$\mathbb{D}_{11} = -\frac{\dfrac{(\omega_2+\omega_3)^2}{x_1 Ð_{23}} + \dfrac{\omega_2^2}{x_2 Ð_{13}} + \dfrac{\omega_3^2}{x_3 Ð_{12}}}{\dfrac{x_1}{Ð_{12} Ð_{13}} + \dfrac{x_2}{Ð_{12} Ð_{23}} + \dfrac{x_3}{Ð_{13} Ð_{23}}} \tag{D}$$

$$\mathbb{D}_{12} = \frac{\dfrac{\omega_1(\omega_2+\omega_3)}{x_1 Ð_{23}} + \dfrac{\omega_2(\omega_1+\omega_3)}{x_2 Ð_{13}} - \dfrac{\omega_3^2}{x_3 Ð_{12}}}{\dfrac{x_1}{Ð_{12} Ð_{13}} + \dfrac{x_2}{Ð_{12} Ð_{23}} + \dfrac{x_3}{Ð_{13} Ð_{23}}} \tag{E}$$

이제 확산 문제를 풀기 위한 출발점으로 유용한 이 절의 세 개의 최종 결과를 표현하고자 한다. **기체 또는 액체 내의 다성분 확산**에 대해 식 24.1-8과 24.2-4를 결합하면

$$\sum_{\substack{\beta=1\\ \beta\neq\alpha}}^{N} \frac{x_\alpha x_\beta}{Ð_{\alpha\beta}} (\mathbf{v}_\alpha - \mathbf{v}_\beta) = -x_\alpha (\nabla \ln a_\alpha)_{T,p} - \frac{1}{cRT}\left[(\phi_\alpha - \omega_\alpha)\nabla p - \rho_\alpha \mathbf{g}_\alpha + \omega_\alpha \sum_{\beta=1}^{N} \rho_\beta \mathbf{g}_\beta\right]$$
$$- \sum_{\substack{\beta=1\\ \beta\neq\alpha}}^{N} \frac{x_\alpha x_\beta}{Ð_{\alpha\beta}} \left(\frac{D_\alpha^T}{\rho_\alpha} - \frac{D_\beta^T}{\rho_\beta}\right)(\nabla \ln T) \quad (\alpha = 1, 2, \ldots, N) \tag{24.2-8}$$

[3] C. F. Curtiss and R. B. Bird, *Ind. Eng. Chem. Research*, **38**, 2515-2522 (1999); 정오표, **40**, 1791 (2001).

를 얻게 된다. 이 식은 분자 속도의 차, $\mathbf{v}_\alpha - \mathbf{v}_\beta$의 항으로 쓸 수 있었다. 그러면 표 17.8-1의 식 (D)에서 (I)가 임의의 원하는 질량 홀럭스 또는 몰 홀럭스의 항으로 이 식을 쓰기 위해 사용될 것이다.

표 24.2-2 $\mathbb{D}_{\alpha\beta}$의 항으로 된 $Ð_{\alpha\beta}$에 대한 식의 요약[1] [주: 추가적인 기재사항은 지수의 주기적인 치환에 의해 생겨날 수 있다. 4 성분계에 대해서는 원래의 참고문헌을 참조하시오.]

2 성분	$Ð_{12} = \dfrac{x_1x_2}{\omega_1\omega_2}\mathbb{D}_{12} = -\dfrac{x_1x_2}{\omega_2^2}\mathbb{D}_{11} = -\dfrac{x_1x_2}{\omega_1^2}\mathbb{D}_{22}$	(A)
3 성분	$Ð_{12} = \dfrac{x_1x_2}{\omega_1\omega_2}\dfrac{\mathbb{D}_{12}\mathbb{D}_{33} - \mathbb{D}_{13}\mathbb{D}_{23}}{\mathbb{D}_{12} + \mathbb{D}_{33} - \mathbb{D}_{13} - \mathbb{D}_{23}}$	(B)

만약 특별한 화학 종(예를 들면 용매)으로 하나의 화학 종 γ를 나타내고자 한다면, 식 24.2-8는

$$\sum_{\substack{\beta=1\\ \text{all } \beta}}^{N} \frac{x_\alpha x_\beta}{Ð_{\alpha\beta}}(\mathbf{v}_\gamma - \mathbf{v}_\beta) = -x_\alpha(\nabla \ln a_\alpha)_{T,p} - \frac{1}{cRT}\left[(\phi_\alpha - \omega_\alpha)\nabla p - \rho_\alpha \mathbf{g}_\alpha + \omega_\alpha \sum_{\beta=1}^{N} \rho_\beta \mathbf{g}_\beta\right]$$
$$- \sum_{\substack{\beta=1\\ \text{all } \beta}}^{N} \frac{x_\alpha x_\beta}{Ð_{\alpha\beta}}\left(\frac{D_\gamma^T}{\rho_\gamma} - \frac{D_\beta^T}{\rho_\beta}\right)(\nabla \ln T) \quad (\alpha = 1, 2, \ldots, N) \tag{24.2-9}$$

로 다시 쓸 수 있다(문제 24C.1 참조). 식 24.2-8에는 $N(N-1)/2$ 개의 대칭인 확산계수 $Ð_{\alpha\beta}$가 존재하고, $Ð_{\alpha\alpha}$는 나타나지 않으므로 정의되지 않음에 주목하시오. 그러나 식 24.2-9에는 $N(N+1)/2$ 개의 대칭인 확산계수가 존재하지만, 이제 $Ð_{\alpha\alpha}$(N 개인 그들)가 나타나므로 모든 화학 종 α 에 걸친 합인 N개의 보조적인 관계 $\Sigma_\alpha(x_\alpha/Ð_{\alpha\beta}) = 0$이 제공되어야만 한다. 보조적인 관계를 갖는 식 24.2-9는 식 24.2-8과 동등하며, 이들 일반화된 Maxwell-Stefan 방정식은 둘 다 보조적인 관계를 함께 갖는 식 24.2-3의 일반화된 Fick 방정식과 같다.

낮은 밀도에서 기체의 다성분 확산에 대해서는 활동도가 몰 분율로 대체될 것이며, 더욱이 대단히 좋은 근사로 $Ð_{\alpha\beta}$가 $\mathscr{D}_{\alpha\beta}$로 대체될 것이다. 이들은 혼합물 내 화학 종의 모든 쌍에 대한 2 성분 확산계수이다. $\mathscr{D}_{\alpha\beta}$는 농도에 따라 단지 약간 변하는 반면 $\mathbb{D}_{\alpha\beta}$는 농도에 상당히 의존하므로, Fick 형태(식 24.2-3)보다는 Maxwell-Stefan 형태(식 24.2-4)를 사용하는 것이 선호된다.

기체 또는 액체 내의 2 성분 확산에 대해, 표 24.2-1의 식 (C)와 식 17B.3-1이 다음과 같이 식 24.2-8를 단순화하기 위해 사용될 것이다.

$$\mathbf{J}_A^* = -cÐ_{AB}\left[x_A(\nabla \ln a_A)_{T,p} + \frac{1}{cRT}[(\phi_A - \omega_A)\nabla p - \rho\omega_A\omega_B(\mathbf{g}_A - \mathbf{g}_B)] + k_T \nabla \ln T\right] \tag{24.2-10}$$

이 식에서는 $k_T=+D_A^T/\rho\mathbb{D}_{AB}=+(D_A^T/\rho Đ_{AB})(x_A x_B/\omega_A \omega_B)$로 정의되는 **열 확산비**를 도입하였다. 만나게 되는 다른 양으로는 **열 확산 인자** α_T와 $k_T=\sigma_T\ x_A\ x_B=\sigma_T x_A\ x_B T$로 정의되는 Soret **계수** σ_T가 있다. 기체에 대해 σ_T는 조성에 거의 무관하고, σ_T는 액체에 대해 선호되는 양이다. k_T가 양이면 화학 종 A는 더 차가운 영역을 향해 움직이고, 음이면 화학 종 A는 더 따뜻한 영역을 향해 이동한다. 기체와 액체에 대한 몇몇 k_T 값의 예가 표 24.2-3에서 주어져 있다.

희석 기체의 2 성분 혼합물에 대해, 더 큰 분자량을 갖는 화학 종이 보통 더 차가운 영역으로 가게 되는 것을 실험에 의해 알게 된다. 만일 분자량이 거의 같다면, 더 큰 지름을 갖는 화

표 24.2-3 액체와 낮은 밀도의 기체 혼합물에 대한 실험적 열 확산비

액체:[a]			
성분 A-B	T (K)	x_A	k_T
$C_2H_2Cl_4$–n-C_6H_{14}	298	0.5	1.08
$C_2H_4Br_2$–$C_2H_4Cl_2$	298	0.5	0.225
$C_2H_2Cl_4$–CCl_4	298	0.5	0.060
CBr_4–CCl_4	298	0.09	0.129
CCl_4–CH_3OH	313	0.5	1.23
CH_3OH–H_2O	313	0.5	−0.137
cyclo-C_6H_{12}–C_6H_6	313	0.5	0.100
기체:			
성분 A-B	T (K)	x_A	k_T
Ne–He[b]	330	0.80	0.0531
		0.40	0.1004
N_2–H_2[c]	264	0.706	0.0548
		0.225	0.0663
D_2–H_2[d]	327	0.90	0.0145
		0.50	0.0432
		0.10	0.0166

[a] R. L. Saxton, E. L. Dougherty, and H. G. Drickamer, *J. Chem. Phys.*, **22**, 1166-1168 (1954); R. L. Saxton and H. G. Drickamer, *J. Chem. Phys.*, **22**, 1287-1288 (1954); L. J. Tichacek, W. S. Kmak, and H. G. Drickamer, *J. Phys. Chem.*, **60**, 660-665 (1956).

[b] B. E. Atkins, R. E. Bastick, and T. L. Ibbs, *Proc. Roy. Soc.* (*London*), A**172**, 142-158 (1939).

[c] T. L. Ibbs, K. E. Grew, and A. A. Hirst, *Proc. Roy. Soc.* (*London*), A**173**, 543-554 (1939).

[d] H. R. Heath, T. L. Ibbs, and N. E. Wild, *Proc. Roy. Soc.* (*London*), A**178**, 380-389 (1941).

학 종이 더 차가운 영역으로 이동한다. 몇몇 예에서는 온도가 더 낮아지게 되면 열 확산비의 부호가 변한다.[4]

이 장의 남아있는 절에서는 식 24.2-8, 9와 10의 질량 훌럭스 식의 몇몇 결과를 조사하고자 한다.

예제 24.2-1 열 확산과 Clusius-Dickel 탑

이 예에서는 온도 구배의 영향 하에서 화학 종의 확산을 논의한다. 현상을 설명하기 위해 두 개의 구가 지름이 작은 단열관에 의해 함께 연결되어 있고 A와 B의 이상기체 혼합물로 채워져 있는 그림 24.2-1에서 보는 계를 생각한다. 구는 각각 일정한 온도 T_1과 T_2로 유지되고, 단열관의 지름은 실질적인 대류 흐름을 소거할 만큼 충분히 작다고 한다. 궁극적으로는 기체 A가 관의 한 쪽 끝에 농축되고 다른 쪽 끝에는 고갈되면서 계는 정상상태에 도달한다. 관 양쪽 끝에서의 몰 분율차, $x_{A2}-x_{A1}$에 대한 식을 구하시오.

해 정상상태에 도달된 후에는 A든지 B든지 알짜 운동은 없으므로, $\mathbf{J}_A^*=0$이다. 만약 관의 축을 z 방향으로 취한다면, 식 24.2-10으로부터

$$\frac{dx_A}{dz}+\frac{k_T}{T}\frac{dT}{dz}=0 \tag{24.2-11}$$

을 얻는다. 여기서 활동도 a_A는 이상기체에 대해 적절한 몰 분율 x_A로 대체되었다. 보통 이런 종류의 기기 내의 분리도는 작다. 그러므로 k_T에 미치는 조성의 영향을 무시하고 이 식을 적분하면

$$x_{A2}-x_{A1}=-\int_{T_1}^{T_2}\frac{k_T}{T}\,dT \tag{24.2-12}$$

를 얻는다. 온도에 대한 k_T의 의존성이 상당히 복잡하기 때문에, k_T는 어떤 평균 온도 T_m에 대한 값에서 일정하다고 가정하는 것이 통상적이다. 그러면 식 24.2-12는

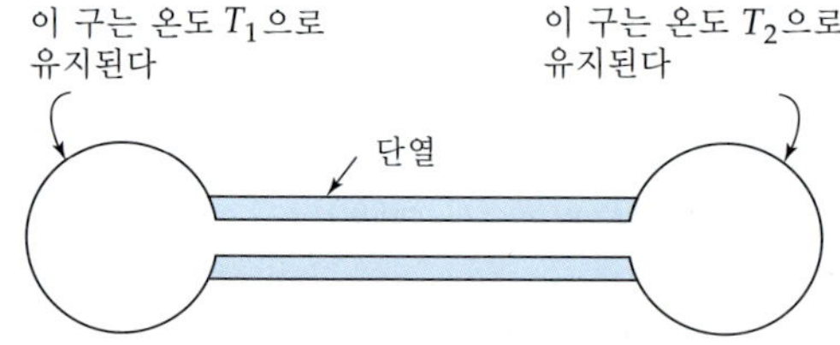

그림 24.2-1. 두 개의 구로 된 기기 내의 정상상태 2 성분 열 확산. 기체 A와 B의 혼합물은 온도 구배의 영향 하에서 분리되는 경향이 있다.

[4] S. Chapman and T. G. Cowling, *The Mathematical Theory of Non-Uniform Gases*, 3rd edition, Cambridge University Press (1970), p. 274.

$$x_{A2} - x_{A1} = -k_T(T_m) \ln \frac{T_2}{T_1} \tag{24.2-13}$$

으로 (근사적으로) 주어진다. 추천되는[5] 평균 온도는

$$T_m = \frac{T_1 T_2}{T_2 - T_1} \ln \frac{T_2}{T_1} \tag{24.2-14}$$

이다. 식 24.2-13과 14는 열 확산 효과의 크기의 차수를 계산하는 데 유용하다.

만약 온도 구배가 대단히 크지 않다면, 분리는 보통 상당히 작을 것이다. 그러므로 한 쪽은 가열되고 다른 한 쪽은 냉각되는 두 수직 벽 사이의 자유 대류와 열 확산 효과를 결합하는 것이 이점이 있었다. 그러면 가열된 흐름은 위로 올라가고, 냉각된 흐름은 아래로 내려간다. 위로 향하는 흐름은 성분 중의 하나가, 즉 A가 더 농축될 것이고, 아래로 향하는 흐름은 B가 더 농축될 것이다. 이것이 Clusius-Dickel 탑의 운전 원리이다.[6,7,8] 수많은 이들 탑을 다단 내에서 함께 결합함으로써 분리를 수행하는 것이 가능하다. 이는 제 2차 세계대전 동안 육플루오르화 우라늄 기체를 사용하여 우라늄 동위원소를 분리하기 위해 사용된 방법 중의 하나였다. 또 이 방법은 성분들이 대단히 가까운 같은 비등점을 가지므로 증류가 선택될 수 없는 유기 혼합물의 분리에도 성공적으로 사용되었다.

또한 열 확산비는 Dufour (확산-열) 효과로부터도 구할 수 있지만, 실험의 해석이 문제를 내포하고 있어 실험적 오차를 피하기 어렵다.[9]

예제 24.2-2 압력 확산과 초원심 분리기

다음으로 압력 구배의 존재 하에서 확산을 조사한다. 만약 충분히 큰 압력 구배가 달성된다면, 측정 가능한 분리는 영향을 받을 수 있다. 이에 대한 하나의 예가 효소와 단백질을 분리하기 위해 사용되었던 초원심 분리기이다. 그림 24.2-2에서 대단히 빠른 속도의 원심 분리기 내의 작은 원통형 셀을 본다. 셀의 길이 L은 회전 반지름 R_0에 비해 짧고, 용액의 밀도는 단지 조성의 함수로 생각될 것이다. 정상상태에서 두 성분의 분포를 부분 몰 부피와 압력 구배의 항으로 구하시오. 후자는 운동방정식으로부터

---

[5] H. Brown, *Phys. Rev.*, **58**, 661-662 (1940).

[6] K. Clusius and G. Dickel, *Z. Phys. Chem.*, **B44**, 397-450, 451-473 (1939).

[7] K. E. Grew and T. L. Ibbs, *Thermal Diffusion in Gases*, Cambridge University Press (1952); K. E, Grew, in *Transport Phenomena in Fluids* (H. J. M. Hanley, ed.), Marcel Dekker, New York (1969), 10장.

[8] R. B. Bird, *Advances in Chemical Engineering*, **1** 155-239 (1956), 4.D.2절; 정오표 **2**, 325 (1958).

[9] S. Chapman and T. G. Cowling, *The Mathematical Theory of Nonuniform Gases*, 3rd edition, Cambridge University Press (1970), pp. 268-271.

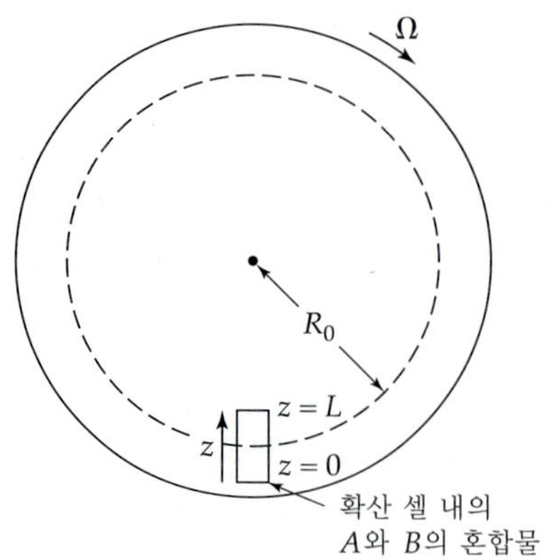

그림 24.2-2. 원심 분리기 내의 정상상태 압력 확산. 확산 셀 내의 혼합물은 원심 분리기에 의해 발생되는 압력 구배에 의해 분리되는 경향이 있다.

$$\frac{dp}{dz} = -\rho g_{\Omega} \approx -\rho\Omega^2 R_0 \tag{24.2-15}$$

와 같이 얻게 된다. 간단히 하기 위하여, 셀 내에 존재하는 조건의 범위에 걸쳐 부분 몰 부피와 활동도 계수는 일정하다고 가정한다.

해 정상상태에서 $\mathbf{J}_A^* = 0$이고, 식 24.2-10 내의 관련된 항은 화학 종 A에 대해

$$\frac{dx_A}{dz} + \frac{M_A x_A}{RT}\left(\frac{\overline{V}_A}{M_A} - \frac{1}{\rho}\right)\frac{dp}{dz} = 0 \tag{24.2-16}$$

으로 주어진다. 압력 구배에 대한 적절한 식을 대입하고 $(\overline{V}_B/x_A)dz$를 곱하면, 화학 종 A에 대해

$$\overline{V}_B \frac{dx_A}{x_A} = -\overline{V}_B \frac{g_{\Omega}}{RT}(\rho\overline{V}_A - M_A)dz \tag{24.2-17}$$

을 얻는다. 그런 다음 화학 종 B에 대해 유사한 식

$$\overline{V}_A \frac{dx_B}{x_B} = -\overline{V}_A \frac{g_{\Omega}}{RT}(\rho\overline{V}_B - M_B)dz \tag{24.2-18}$$

을 쓰고, 식 24.2-17에서 식 24.2-18을 빼면

$$\overline{V}_B \frac{dx_A}{x_A} - \overline{V}_A \frac{dx_B}{x_B} = \frac{g_{\Omega}}{RT}(M_B\overline{V}_A - M_A\overline{V}_B)dz \tag{24.2-19}$$

를 얻는다. 이제 $z=0$에서 A와 B의 몰 분율이 각각 x_{A0}와 x_{B0}라는 사실을 고려하면서, 이 식

을 $z=0$에서 어떤 임의의 z 값까지 적분한다. 이는

$$\overline{V}_B \int_{x_{A0}}^{x_A} \frac{d\bar{x}_A}{\bar{x}_A} - \overline{V}_A \int_{x_{B0}}^{x_B} \frac{d\bar{x}_B}{x_B} = \frac{M_B\overline{V}_A - M_A\overline{V}_B}{RT} \int_0^z g_\Omega d\bar{z} \tag{24.2-20}$$

으로 주어진다. 만약 g_Ω가 적분 범위에 걸쳐 일정하다고 하면,

$$\overline{V}_B \ln \frac{x_A}{x_{A0}} - \overline{V}_A \ln \frac{x_B}{x_{B0}} = \frac{M_B\overline{V}_A - M_A\overline{V}_B}{RT} g_\Omega z \tag{24.2-21}$$

을 얻는다. 그런 다음 양변에 지수를 취하면

$$\left(\frac{x_A}{x_{A0}}\right)^{\overline{V}_B} \left(\frac{x_{B0}}{x_B}\right)^{\overline{V}_A} = \exp\left[(M_B\overline{V}_A - M_A\overline{V}_B)\left(\frac{g_\Omega z}{RT}\right)\right] \tag{24.2-22}$$

임을 알게 된다. 이는 일정한 원심력장에서 2 성분계에 대한 정상상태의 농도분포를 설명한다. 이 결과는 전혀 전달 계수를 포함하고 있지 않으므로, 동일한 결과가 평형 열역학 해석[10]에 의해서도 얻어질 수 있음에 주목하시오. 그러나 만약 원심 분리의 시간 의존적 거동을 해석하고자 한다면, A–B 혼합물에 대한 확산계수가 결과에 나타날 것이며, 문제는 평형 열역학에 의해 풀 수 없다.

24.3 농도 확산과 구동력

17장에서는 표 17.8-2에 요약된 바와 같이 질량(또는 몰) 훌럭스가 질량(또는 몰) 분율 구배에 비례한다고 하여 Fick 1 법칙을 썼다.

반면에 식 24.2-10에서는 비가역 공정의 열역학이 농도 확산에 대한 구동력으로 활동도 구배를 사용하도록 하고 있는 것으로 나타난다. 이 절에서는 활동도 구배든 질량(또는 몰) 분율 구배든 구동력으로 사용될 수 있다는 것을 보이고, 각각의 선택에 따라 다른 확산계수가 요구된다는 것을 보이고자 한다. 이 두 확산계수는 서로 연관되어 있으며, 2 성분 혼합물에 대해 예를 들어 이를 설명한다.

식 24.2-10에서 압력-, 열-및 강제-확산 항들을 없애면

$$\mathbf{J}_A^* = -c\mathcal{D}_{AB}x_A\,(\nabla \ln a_A)_{T,p} \tag{24.3-1}$$

[10] E. A. Guggenheim, *Thermodynamics*, North-Holland, Amsterdam (1950), pp. 356-360.

을 얻는다. 이는 활동도가 x_A의 함수라는 사실을 사용하여 다시 쓰면

$$\mathbf{J}_A^* = -c\mathcal{D}_{AB}\left(\frac{\partial \ln a_A}{\partial \ln x_A}\right)_{T,p}\nabla x_A \tag{24.3-2}$$

를 얻을 것이다. 활동도는 활동도 계수와 몰 분율의 곱($a_A=\gamma_A x_A$)으로 쓸 수 있으므로

$$\mathbf{J}_A^* = -c\mathcal{D}_{AB}\left[1 + \left(\frac{\partial \ln \gamma_A}{\partial \ln x_A}\right)_{T,p}\right]\nabla x_A \tag{24.3-3}$$

이 된다. 만약 혼합물이 "이상적"이면 그래서 활동도 계수가 1과 같으면, 식 24.3-3은 표 17.8-2의 식 (B)와 같게 되며, $\mathcal{D}_{AB}=\mathfrak{D}_{AB}$이다.

만약 혼합물이 "비이상적"이면, 2 성분 확산계수 $\mathfrak{D}_{AB}$는

$$\mathfrak{D}_{AB} = \mathcal{D}_{AB}\left(\frac{\partial \ln a_A}{\partial \ln x_A}\right)_{T,p} = \mathcal{D}_{AB}\left(1 + \left(\frac{\partial \ln \gamma_A}{\partial \ln x_A}\right)_{T,p}\right) \tag{24.3-4}$$

로 표현할 수 있고, 식 24.3-2와 3은 Fick 법칙 형태의 하나인

$$\mathbf{J}_A^* = -c\mathfrak{D}_{AB}\nabla x_A \tag{24.3-5}$$

가 된다(표 17.8-2의 식 (B) 참조). $\mathcal{D}_{AB}$를 측정하기 위해서는 농도의 함수로 활동도를 측정하여야만 하며, 이런 이유로 $\mathcal{D}_{AB}$는 널리 사용되지 않았다.

이상적인 혼합물에 대해서는 $\mathfrak{D}_{AB}$와 $\mathcal{D}_{AB}$가.일치하며, 그림 24.3-1에서 보는 바와 같이

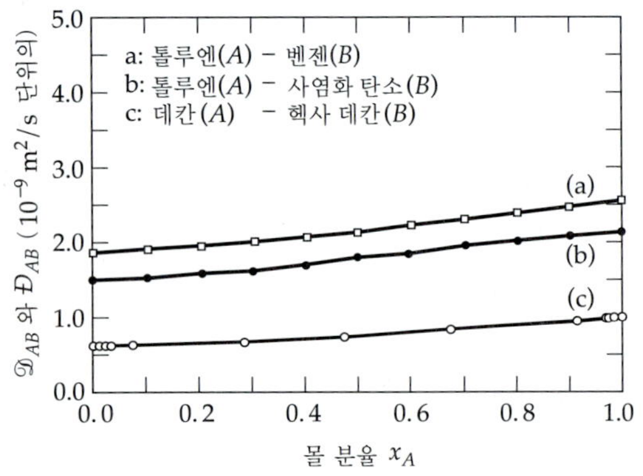

그림 24.3-1. 25℃에서 이상적인 액체 혼합물의 확산계수 [P. W. M. Rutten, *Diffusion in Liquids*, Delft University Press (1992), p. 31].

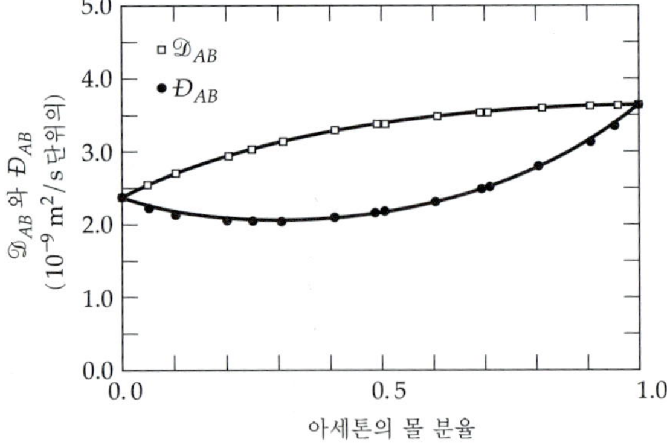

그림 24.3-2. 비이상적인 액체 혼합물 (25℃에서 아세톤-클로로포름)의 확산계수 [P. W. M. Rutten, *Diffusion in Liquids*, Delft University Press (1992), p. 32].

몰 분율의 거의 선형 함수이다. 비이상적인 혼합물에 대해서는 $\mathscr{D}_{AB}$와 $Đ_{AB}$는 몰 분율의 서로 다른 비선형 함수이다; 예는 그림 24.3-2에서 보게 된다. 그러나 곱 $\mu Đ_{AB}$는 몇몇 비이상적인 혼합물에 대해 몰 분율에 거의 선형적인 것이 발견되는 반면에, $\mu\mathscr{D}_{AB}$는 그렇지 않다 (그림 24.3-3 참조). 하나의 확산계수가 다른 확산계수보다 선호되지 않을 이유는 없다. 문헌에 보고된 대부분의 확산계수는 $\mathscr{D}_{AB}$이지 $Đ_{AB}$는 아니다.

24.4 일반화된 Maxwell-Stefan 방정식의 응용

일반화된 Maxwell-Stefan 방정식은 확산 구동력 $\mathbf{d}_\alpha$의 항으로 식 24.2-4에 주어져 있으며, $\mathbf{d}_\alpha$에 대한 식은 식 24.1-8에 주어져 있다. 이들을 결합하면, 식 24.2-8 또는 9로 주어지는 활동도 구배, 압력 구배 및 다양한 화학 종에 작용하는 외부 힘의 항으로 된 Maxwell-Stefan 방정식을 얻는다:

$$-\mathbf{d}_\alpha = \sum_{\substack{\beta=1 \\ \text{all } \beta}}^{N} \frac{x_\alpha x_\beta}{Đ_{\alpha\beta}}(\mathbf{v}_\gamma - \mathbf{v}_\beta) + \text{열 확산항}$$
$$= -x_\alpha(\nabla \ln a_\alpha)_{T,p} - \frac{1}{cRT}\left[(\phi_\alpha - \omega_\alpha)\nabla p - \rho_\alpha \mathbf{g}_\alpha + \omega_\alpha \sum_{\beta=1}^{N} \rho_\beta \mathbf{g}_\beta\right] \qquad (24.4\text{-}1)$$
$$\alpha = 1, 2, 3, \ldots, N$$

열 확산항들은 이 절에서는 필요하지 않기 때문에 여기서는 나타내지 않았다. 기호 $\phi_\alpha = c_\alpha \bar{V}_\alpha$와 ω_α는 각각 화학 종 α의 부피 분율과 질량 분율이다. 24.1절과 2절에서 설명하였던 바와 같이, 몇 가지 보조식을 명심해 두어야만 한다:

$$\sum_{\alpha=1}^{N} \mathbf{d}_\alpha = 0; \qquad Đ_{\alpha\beta} = Đ_{\beta\alpha}; \qquad \sum_{\alpha=1}^{N} \frac{x_\alpha}{Đ_{\alpha\beta}} = 0 \qquad (24.4\text{-}2, 3, 4)$$

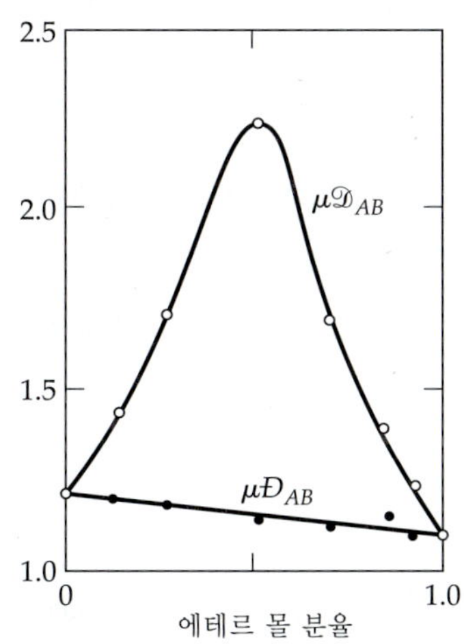

그림 24.3-3. 클로로포름과 디에틸에테르 액체 혼합물에 대한 점도와 확산계수 곱에 미치는 활동도 효과 [R. E. Powell, W. E. Roseveare, and H. Eyring, *Ind. Eng. Chem.* **33**, 430-435 (1941)].

이들 관계의 첫 번째는 $\mathbf{d}_\alpha$의 정의를 따르고, 두 번째는 Onsager 반비례 관계의 결과이며 세 번째는 특별히 지명된 화학 종 γ를 도입하기 때문에 필요하게 된다. 화학 종을 γ로 지명하는 것과 같은 선택은 임의적이다. 종종 γ를 α와 같다고 두는 것이 편리하다. 선택은 연구하고자 하는 계의 본성에 의존하며, 이 점은 다음 예제에서 설명될 것이다.

앞의 모든 장에서 고려되었던 단 하나의 외부 힘은 중력이었다. 이 절에서는 단위 질량당 외부 힘 $\mathbf{g}_\alpha$를 힘의 합

$$\mathbf{g}_\alpha = \mathbf{g} + \left(\frac{z_\alpha F}{M_\alpha}\right)\nabla\phi + \delta_{\alpha m}\frac{1}{\rho_m}\nabla p \tag{24.4-5}$$

와 같다고 둔다. 여기서 $\mathbf{g}$는 중력 가속도이고, z_α는 화학 종 α에 대한 기본적인 전하(예를 들면 염소 이온 Cl^-은 -1), F=96485 abs.-coulombs/g-당량은 Faraday 상수, ϕ는 정전기 전위이며, 크로넥커 델타 $\delta_{\alpha m}$의 하첨자 m은 선택적 투과막과 같은 임의의 기계적으로 억제된 기재을 언급한다.

합하면 등온계의 다성분 확산 문제를 풀기 위해, 이제 N 개의 질량 훌럭스 식(단지 $N-1$ 개만 독립적인), 화학 종 연속방정식과 운동방정식을 갖는다. 이 방정식들의 집합은 더 많은 종류의 물질전달 문제를 풀기 위해 유용한 것이 증명되었으며, 다음 예제들에서 이들 몇몇을 논의하고자 한다.

물론 다성분 확산 문제를 풀기 위해 식 24.4-1에서 나타나는 Maxwell-Stefan 확산계수 $Đ_{\alpha\beta}$를 필요로 한다. 농도의 함수로 활동도를 동시에 측정하는 것이 요구되는 이들 양에 대한 측정은 거의 이루어지지 않았다. 이와 같은 측정의 몇몇 예 중에는 Rutten[1]에 의해 수행된 것이 있다.

예제 24.4-1 단백질의 원심 분리

단백질 분자는 브라운 운동의 분산적 경향에 반해 원심 분리에 의해 농축할 수 있을 만큼 충분히 크고, 이 공정은 소규모의 준비적 분리뿐만 아니라 분자량을 결정하기 위해서도 유용하다고 증명되었다. 원심력장 내에서 단백질 분자의 거동이 어떻게 예측될 수 있는지 또 원심 분리기 관 내의 이들의 거동으로부터 어떤 종류의 정보를 얻을 수 있는지 보이시오(그림 24.4-1 참조). 예제 24.4-3에서 보게 되듯이, 단백질과 전기적으로 중립인 단일의 큰 분자로 이것이 수반하는 반대 이온을 다룰 것이다. 단백질을 화학 종 γ로 선택하고 이것에 대한 질량 훌럭스 식을 사용하여 시작하시오. 단백질의 안정성을 위해 필요로 하는 작은 이온 화학 종은 이 전개에서 중요한 역할을 하지 않으며 무시할 수 있다.

[1] Ph. W. M. Rutten, *Diffusion in Liquids*, Delft University Press, Delft, The Netherland (1992).

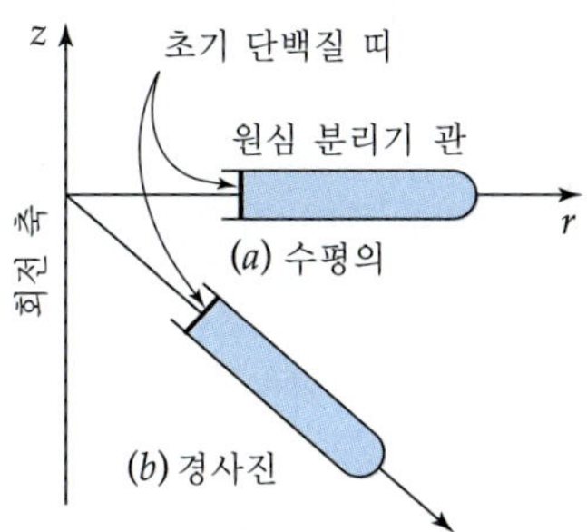

그림 24.4-1. 원심 분리기 관이 가능한 두 배향을 갖는 단백질의 초원심 분리.

해 여기서는 주로 물인 용매 W에 단일의 작은 공 모양의 단백질 P가 있는 유사 2 성분계를 생각하고, 초기에는 회전축에 수직인 관(그림 24.4-1a) 내에서 일정한 각속도 Ω로 회전하고 있는 묽은 용액에 대한 논의로 제한한다. 이와 같은 계에 대해서는 $x_W \approx 1$이고 정지된 축에 관한 용질 유동장은 경질 고체 회전의 유동장, 즉 $\mathbf{v}_W = \boldsymbol{\delta}_\theta \Omega r$이 될 것이다.

그러면 단백질의 반지름 방향 확산은 단순화된 Maxwell-Stefan 방정식의 r 성분

$$\frac{x_P}{Đ_{PW}} v_{Pr} = -\left(1 + \frac{\partial \ln \gamma_P}{\partial \ln x_P}\right)_{T,p} \frac{\partial x_P}{\partial r} - \frac{1}{cRT}(\phi_P - \omega_P)\frac{\partial p}{\partial r} \tag{24.4-6}$$

에 의해 설명된다. 만약 질량 분율이 부피 분율보다 더 크다면, 즉 용매보다 밀도가 높다면, 단백질은 양의 반지름 방향으로 움직일 것 임을 즉시 알 수 있다. 만약 식 24.4-6에 $cĐ_{PW}$를 곱하면,

$$\begin{aligned} N_P &= -cĐ_{PW}\left[\left(1 + \frac{\partial \ln \gamma_P}{\partial \ln x_P}\right)_{T,p} \frac{\partial x_P}{\partial r} + \frac{1}{cRT}(\phi_P - \omega_P)\frac{\partial p}{\partial r}\right] \\ &= -c\mathscr{D}_{PW}\frac{\partial x_P}{\partial r} - \frac{Đ_{PW}}{RT}(\phi_P - \omega_P)\frac{\partial p}{\partial r} \end{aligned} \tag{24.4-7}$$

을 얻는다(N_p에 대한 방향을 나타내는 하첨자 r은 생략한). 여기서 보통의 유사 2 성분 Fick 확산계수 $\mathscr{D}_{PW}$가 도입된다. 식 24.4-7의 확산계수는 식 17.4-3으로부터

$$\mathscr{D}_{PW} = \frac{\kappa T}{6\pi\mu_W R_P f_P} \tag{24.4-8}$$

와 같이 계산될 수 있다. 여기서 R_P는 단백질 분자의 부피를 갖는 구의 반지름이고, μ_W는 용매(물)의 점도이며, f_P는 유체역학적 형상 인자(즉, 단백질 분자의 비구형성을 고려하는 보정 인자)이다.

용액에 대한 운동방정식으로부터 초원심 분리기의 각속도의 항으로 압력 구배를 얻을 수 있고, 따라서

$$\frac{\partial p}{\partial r} = \rho \frac{v_\theta^2}{r} = \rho\Omega^2 r \tag{24.4-9}$$

이다. $\rho\Omega^2 r$ 항은 초원심 분리기 회전자의 반지름과 비교하면 작은, 원심 분리관의 길이에 걸쳐서는 현저하게 변하지 않을 것이다.

이제 식 24.4-7의 압력 구배항에 대한 분자량 의존성을 평가하고자 한다. 이를 위해 묽은 용액 극한에서 타당하며, 단백질 공정에서는 통상적인 다음 근사를 도입하고자 한다.

$$\phi_P = c_P\overline{V}_P = x_P c\overline{V}_P \approx x_P \frac{\overline{V}_P}{\overline{V}_W} = x_P \frac{M_P}{M_W}\frac{\hat{V}_P}{\hat{V}_W} \tag{24.4-10a}$$

$$\omega_P = \frac{\rho_P}{\rho} = \frac{c_P M_P}{cM} = x_P \frac{M_P}{(x_P M_P + x_W M_W)} \approx x_P \frac{M_P}{M_W} \tag{24.4-10b}$$

여기서 $\hat{V}_P = \overline{V}_P/M_P$ 는 단백질의 부분 비부피이다. 용매의 부분 비부피는 현저한 오차없이 1 ml/g으로 취해질 것이며, 구형의 단백질에 대한 $\hat{V}_P$는 보통 0.75 ml/g의 부근에 있다. 비부피가 두 화학 종에 대해 크게 다르지 않으므로, 효과적인 원심분리를 허용하는 결정적인 인자는 비부피보다는 분자량 비임을 안다.

식 24.4-7, 9, 10a와 10b를 결합하면, 단백질 훌럭스는 Fick 1 법칙과 상당히 닮은

$$\begin{aligned} N_P &= -c\mathscr{D}_{PW}\frac{\partial x_P}{\partial r} + x_P(N_P + N_W) \\ &= -c\mathscr{D}_{PW}\frac{\partial x_P}{\partial r} + c_P v_{\text{migr}} \end{aligned} \tag{24.4-11}$$

의 형태를 갖는다. 여기서 단백질에 대한 "이동 속도"는

$$v_{\text{migr}} = -\frac{Đ_{PW}}{cRT}\left[\frac{M_P}{M_W}\left(\frac{\hat{V}_P}{\hat{V}_M} - 1\right)\right]\rho\Omega^2 r \tag{24.4-12}$$

이다. 물의 반지름 방향 몰 훌럭스는 단백질의 몰 훌럭스를 크게 능가하며, 대류 단백질 훌럭스 $c_P v_{\text{migr}}$은 대단히 작다. 다음 화학 종 연속방정식에 식 24.4-11의 몰 훌럭스를 대입하면

$$\frac{\partial c_P}{\partial t} = -\frac{\partial N_P}{\partial r} \tag{24.4-13}$$

이거나 또는 일정한 $\mathscr{D}_{PW}$ 에 대해

$$\frac{\partial c_P}{\partial t} = \mathscr{D}_{PW}\frac{\partial^2 c_P}{\partial r^2} - v_{\text{migr}}\frac{\partial c_P}{\partial r} \tag{24.4-14}$$

가 되며, 몇몇 특정한 상황에 대해 풀고자 하는 식이다.

(a) 과도 거동. r 방향의 분율 변화가 작고 관의 먼 끝에 도달하는 단백질의 양이 현저하지 않다는 조건 하에서 먼저 얇은 단백질 띠의 이동을 생각한다. 그러면 $c_p(r,t)$를 $c_p(u,t)$로 변환할 수 있도록 하는 새로운 독립 변수 $u=r-v_{\text{migr}}t$를 도입할 수 있다. 확산방정식은

$$\left(\frac{\partial c_P}{\partial t}\right)_u = \mathscr{D}_{PW}\left(\frac{\partial^2 c_P}{\partial u^2}\right)_t \tag{24.4-15}$$

로 되고, 초기조건은

$$t=0\text{에서} \qquad c_p = C\delta(u) \tag{24.4-16}$$

으로 주어진다. 여기서 C는 얼마나 많은 단백질이 띠 내에 포함되어 있는지를 말하는 상수이며, 경계조건은

$$u \to \pm\infty\text{일 때} \qquad c_p \to 0 \tag{24.4-17}$$

이다. 식 24.4-17은 이 응용에 널리 사용되는 긴 관 근사이다.

식 24.4-15에서 17은 속도 v_{migr}로 움직이며 확산의 결과로 일어나는 무게 중심에 관한 단백질의 Gauss 분포를 설명한다. 이동 속도는 측정할 수 있으며, 이 측정으로부터 단백질의 확산계수와 분자량의 곱을 산출한다. 띠의 너비로부터 결국 확산계수를 독립적으로 측정 할 수 있으며, 따라서 이동 속도와 비부피의 정보가 결합된 분자량을 측정할 수 있다.[2] 예를 들면 만약 질량 분석으로 분자량을 안다면, 형상 인자 f_P를 결정할 수 있다. 이는 역으로 단백질 형상을 측정할 수 있는 유용한 방법이다.

(b) 정상상태의 분극화. 다음으로 단백질이 관의 끝에 농축되어 있고, 정상상태에 도달되었을 때의 긴 시간 거동을 생각한다. 이 환경 하에서는, 반지름 방향의 운동이 없으며, 식 24.4-6, 10a와 10b는

$$-\left(1+\frac{\partial \ln \gamma_P}{\partial \ln x_P}\right)\frac{d \ln x_P}{dr} = \frac{1}{cRT}\left(\frac{M_P}{M_W}\right)\left(\frac{\hat{V}_P}{\hat{V}_W}-1\right)\frac{dp}{dr} \tag{24.4-18}$$

로 주어진다. 농도 구배는 측정할 수 있고, M_P를 제외한 다른 모든 양들은 원심 분리 공정과는 무관하게 측정된다. 예를 들면 단백질 활동도 계수는 삼투압 데이터로부터 얻을 수 있을것이다. 그러므로 단백질의 분자량은 명백하게 측정될 것이다. 단지 질량 분석법이 더 우

[2] R. J. Silbey and R. A. Alberty, *Physical Chemistry*, 3rd edition, Wiley, New York (2001), p. 801.

수한 정밀도를 제공할 수 있으나, 모든 단백질에 대해 적절한 것은 아니다.

(c) 예비 운전. 원심 분리 속도는 그림 24.4-1*b*에서와 같이 관을 기울이면 크게 증가된다. 여기서 단백질은 원심 작용에 의해 관의 외부 경계를 향해 힘을 받게 되고, 결과적인 밀도 구배가 원판 원심 분리기 내의 더 큰 입자에 대해 사용된 것과 유사한 공정인 자유 대류에 의한 축 방향 총괄 전달을 야기한다.[3]

예제 24.4-2 유체역학적 입자로의 단백질

마지막 예제의 결과가 단백질을 작은 유체역학적 입자로 취급하는 것과 동등하다는 것을 보이시오.

해 만약 이전의 예제에서 식 24.4-9와 10의 단순화를 사용하지 않았다면, 정상상태 운전의 이동 속도를

$$v_{\text{migr}} = -\left(\overline{V}_P - \frac{\omega_P}{c_P}\right)\frac{dp}{dr}\frac{Đ_{PW}}{RT} \tag{24.4-19}$$

로 얻었을 것이다. 이제 만약 묽은 용액으로 제한하여 활동도 계수가 1에 대단히 가깝게 하면, $Đ_{PW}$를 $\mathscr{D}_{PW}$로 둘 수 있고 확산계수에 대한 식 24.4-8과 압력 구배에 대해 식 24.4-9를 사용할 수 있다. 그러면 이동 속도는

$$v_{\text{migr}} = -\left(\overline{V}_P - \frac{\omega_P}{c_P}\right)(\rho_W\Omega^2 r)\frac{1}{RT}\left(\frac{\kappa T}{6\pi\mu_W R_P f_P}\right) \tag{24.4-20}$$

이 된다. 다음 $\Omega^2 r = g_{\text{eff}}$(원심력장의 결과로 일어나는 단위 질량당 유효 본체 힘)이고 $R/\kappa=\widetilde{N}$ (Avogadro 수)임을 인지하며

$$v_{\text{migr}} = -\left(\overline{V}_P\rho_W - \frac{\rho_P}{c_P}\right)\frac{g_{\text{eff}}}{\widetilde{N}}\left(\frac{1}{6\pi\mu_W R_P f_P}\right) \tag{24.4-21}$$

을 얻는다. 여기서는 묽은 단백질 용액에 대해 $\omega_P=\rho_P/(\rho_P+\rho_W)\approx\rho_P/\rho_W$의 근사를 사용하였다. 다음 단백질 몰 당 부피를 $\overline{V}_P\approx(\frac{4}{3}\pi R_P^3)\widetilde{N}$으로 두고, 단백질 몰당 질량을 $\rho_P/c_P=(\frac{4}{3}\pi R_P^3)(\rho^{(P)})\widetilde{N}$으로 둔다. 여기서 $\rho^{(P)}$는 순수한 단백질의 밀도이다. 이들 양을 식 24.4-21에 대입하면

[3] 예를 들면 *Perry's Chemical Engineers' Handbook*, McGraw-Hill, New York, 7th edition (1997), pp. **18**-113을 참조하시오.

$$v_{\text{migr}} = \frac{2R_P^2(\rho^{(P)} - \rho_W)g_{\text{eff}}}{9\mu_W f_P} \tag{24.4-22}$$

를 얻는다. 식 2.6-17과 비교하면 원심력장에서 구형이 아닌 단백질에 대한 이동 속도는 대응하는 중력장에서 구에 대한 종말 속도와 같음을 알 수 있다(구형으로부터 편차를 고려하기 위해 인자 f_P로 나눈).

또 입자-입자간의 상호작용을 무시할 수 있는 충분히 묽은 현탁계 내에서 초기에는 정지된 입자 P에 대한 운동방정식을 가지고 시작한다. 그러면 정지된 유체의 큰 본체 F에 상대적인 입자 속도는

$$\begin{aligned}\mathbf{v}_P - \mathbf{v}_F = -\mathscr{D}_{PF}\Bigg(\nabla \ln\, n_P + \frac{1}{\kappa T}\Bigg[V_P\left(1 - \frac{\rho^{(P)}}{\rho}\right)(\nabla p)_\infty - \mathbf{F}_{em} \\ + (\rho^{(P)} + \tfrac{1}{2}\rho)V_P\frac{d\mathbf{v}_P}{dt} + 6\sqrt{\pi\mu\rho}R_P^2\int_0^t \frac{d\mathbf{v}_P}{d\tau}\frac{1}{\sqrt{t-\tau}}\,d\tau\Bigg]\Bigg)\end{aligned} \tag{24.4-23}$$

이다. 여기서 n_p는 입자의 수 농도이고, V_P와 R_P는 입자 부피와 반지름이며, 하첨자 ∞는 입자로부터 “먼” 조건을 나타낸다(즉 유체역학적 경계층 외부). 식 24.4-23은 예를 들면 에어로졸 집진[4]에서 중요한 브라운 운동에 대한 항이 추가된 운동방정식이다. 기호 $\mathbf{F}_{em}$은 입자당 전자기력을 나타낸다.

이 예제에서 확산계수 $\mathscr{D}_{PF}$는 예제 24.4-1의 $\mathscr{D}_{PW}$에 대응되며, 분자와 입자를 묘사하는 사이에는 대단히 밀접한 상사성이 있음을 알 수 있다. 사실 단지 세 가지의 중요한 차이가 있다.

1. 열역학적 활동도 계수는 입자에 대해서는 1이라고 간주된다.

2. 분자의 순간적인 가속은 무시한다.

3. 분자에 대한 과거 이력의 영향(즉, 식 24.4-23의 적분에 의해 주어진 Basset 힘)은 무시한다.

실제로 활동도 계수는 묽은 용액에서는 1에 접근하는 경향이 있고, Basset 힘은 큰 입자에 대해서조차도 작아지는 경향이 있다. 그러나 가속도의 순간적인 효과는 지름이 약 1 마이크론보다 더 큰 입자에 대해서는 감지될 수 있다.

예제 24.4-3 수용액에서 염의 확산

간단히 하기 위해 이제 그림 24.4-2에서 보는 바와 같은 계에서 확산하는 염화 나트륨과 같은 1-1 전해질 M^+X^-를 생각하시오. 여기에 서로 다른 염의 농도를 갖는 잘 교반되는 두 개의 저장조가 두 저장조 사이에 확산에 의한 전달이 일어나는 잘록한 부분에 의해 연결되

[4] L. D. Landau and E. M. Lifshitz, *Fluid Mechanics*, Pergamon Press, Oxford (1987), pp. 90-91, 문제 7 참조.

어 있다. 그림에서 보는 전위차계는 계로부터 어떤 전류도 끌어 당기지 않고 전극 사이의 전위차 $\Delta\phi$를 측정한다. 확산 거동을 설명하기 위해 일반화된 Maxwell-Stefan 방정식을 어떻게 사용할 수 있는지 보이시오.

해 염(S)는 완전히 해리된 것으로 생각되므로, 계는 3 개의 화학 종으로 M^+, X^-와 물을 갖는 3 성분으로 간주된다. 압력 확산항은 무시한다: 식 24.4-1에서 기준 압력 cRT는 통상의 주위 조건 하에서 근사적으로 1350 기압이고, 도시된 것과 같은 계에서 나타나는 압력차는 중요성이 무시할 만하다.

전기적으로 중성이고 전류 유동이 없다는 가정으로부터 다음 제약 조건들이 주어진다.

$$x_{M^+} = x_{X^-} = x_S = 1 - x_W \tag{24.4-24}$$

$$\mathbf{N}_{M^+} = \mathbf{N}_{X^-} = \mathbf{N}_S \tag{24.4-25}$$

여기서 양이온 M^+와 음이온 X^-의 몰 분율는 통상 염과 물의 몰 농도의 항으로 $c_S/(c_S+c_W)$로 정의되는 염의 몰 분율과 같다.

그런 다음 식 24.4-1의 화학 종 γ를 화학 종 α라고 선택하고, 식 24.4-24와 25를 사용하여 양이온과 음이온에 대해

$$\frac{1}{c\mathfrak{D}_{M^+W}}(x_W\mathbf{N}_{M^+} - x_{M^+}\mathbf{N}_W) = -x_{M^+}(\nabla \ln a_{M^+})_{T,p} + \frac{1}{cRT}\left(\rho_{M^+}\mathbf{g}_{M^+} - \omega_{M^+}\sum_\beta \rho_\beta \mathbf{g}_\beta\right) \tag{24.4-26}$$

$$\frac{1}{c\mathfrak{D}_{X^-W}}(x_W\mathbf{N}_{X^-} - x_{X^-}\mathbf{N}_W) = -x_{X^-}(\nabla \ln a_{X^-})_{T,p} + \frac{1}{cRT}\left(\rho_{X^-}\mathbf{g}_{X^-} - \omega_{X^-}\sum_\beta \rho_\beta \mathbf{g}_\beta\right) \tag{24.4-27}$$

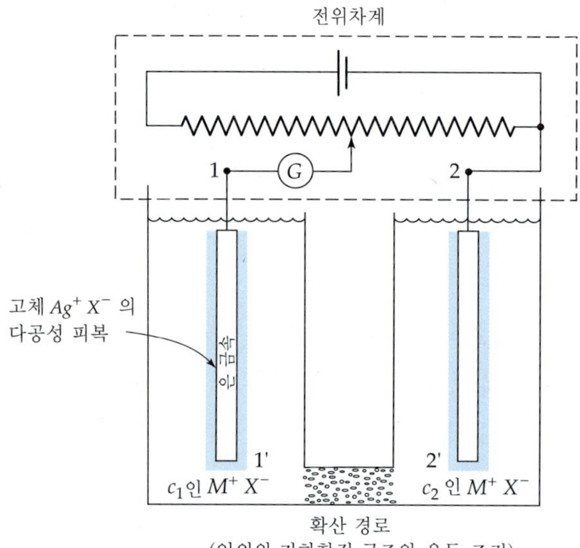

그림 24.4-2. 염의 확산과 확산 전위. 기호 G는 검류계를 나타낸다.

을 얻는다. 다음 식 24.4-24와 25뿐만 아니라 식 24.4-5 내의 $\mathbf{g}_\alpha$에 대한 식을 사용하여

$$\frac{1}{c\mathcal{D}_{M^+W}}(x_W\mathbf{N}_S - x_S\mathbf{N}_W) = -\left(\frac{\partial \ln a_{M^+}}{\partial \ln x_S}\right)_{T,p}\nabla x_S - \left(\frac{x_S}{RT}\right)F\nabla\phi \tag{24.4-28}$$

$$\frac{1}{c\mathcal{D}_{X^-W}}(x_W\mathbf{N}_S - x_S\mathbf{N}_W) = -\left(\frac{\partial \ln a_{X^-}}{\partial \ln x_S}\right)_{T,p}\nabla x_S + \left(\frac{x_S}{RT}\right)F\nabla\phi \tag{24.4-29}$$

를 얻는다. 전류가 없으면 두 이온 사이의 속도차가 없기 때문에, 이온–이온 확산계수는 나타나지 않음에 주목하시오.

정전기 전위 ϕ는 이들 두 식을 더하면 두 식에서 소거될 것이며, 결과적인 훌럭스 식

$$\mathbf{N}_S = -\left(\frac{1}{c\mathcal{D}_{M^+W}} + \frac{1}{c\mathcal{D}_{X^-W}}\right)^{-1}\left(\frac{\partial \ln (a_{M^+}a_{X^-})}{\partial \ln x_S}\right)_{T,p}\nabla x_S + x_S(\mathbf{N}_S + \mathbf{N}_W) \tag{24.4-30}$$

은 Fick 법칙의 형태

$$\mathbf{N}_S = -c\mathscr{D}_{SW}\nabla x_S + x_S(\mathbf{N}_S + \mathbf{N}_W) \tag{24.4-31}$$

로 둘 수 있을 것이다. 이를 위해 농도에 기초를 둔 확산계수의 정의

$$\mathscr{D}_{SW} = 2\left(\frac{\mathcal{D}_{M^+W}\mathcal{D}_{X^-W}}{\mathcal{D}_{M^+W} + \mathcal{D}_{X^-W}}\right)\left(1 + \frac{\partial \ln \gamma_S}{\partial \ln x_S}\right)_{T,p} \tag{24.4-32}$$

와 $a_s = a_{M^+}a_{X^-} = x_S^2\,\gamma_\pm^2$이고 $\gamma_\pm = \sqrt{\gamma_{M^+}\gamma_{X^-}}$ 이므로

$$\gamma_S = \gamma_\pm \tag{24.4-33}$$

인 평균 이온 활동도 계수를 도입하였다.

이온–물 확산계수는 결국

$$\lambda_{\alpha\infty} = \lim_{x_\alpha \to 0} \frac{|z_\alpha|\mathcal{D}_{\alpha W}F^2}{RT} \tag{24.4-34}$$

형태의 극한 당량 컨덕턴스로부터 계산될 것이다. 실제적인 문제로, 확산계수는 컨덕턴스에 따라 변하는 것보다 농도에 따라 훨씬 덜 변하며, 염의 확산계수는 극한의 컨덕턴스로부터 약 1N의 농도까지 상당히 정확하게 계산될 수 있다. 이에 대한 기본적인 이유는 전류가 흐를 때 항상 일어나는 이온–이온의 확산에 의한 상호작용이 적당한 염의 농도일지라도 감지할 수 있게 된다는 것이다(문제 24C.3 참조).

식 24.4-32는 더 느린 이온이 염의 확산계수의 결정을 지배하는 경향이 있음을 보여주며, 이 사실은 예제 24.4-1에서 단백질을 큰 중성 분자로 취급하는 것에 대한 정당성이 있다는 것을 보여준다. 용해 가능한 단백질은 거의 항상 대전되어 있지만, 단백질과 이들을 수반하는 **반대 이온**은 중성 염과 같이 거동하며, 중성 염의 확산계수는 결국 유체역학적 입자와 대단히 유사하게 작용하는 단백질 집단에 의해 지배된다.

농도 구배에서는 두 이온 중 더 빠른 것이 더 느린 것을 앞지르는 경향이 있다. 그러나 이는 더 느린 이온은 빠르게 하고 더 빠른 이온은 느리게 하는 경향을 보이는 전위 구배의 형성으로 귀착된다. 소위 **접점 전위**라고 불리는 이는

$$\frac{d\phi}{dx_S} = -\frac{RT}{F}\frac{1}{x_S}\left[\frac{(\partial \ln a_{M^+}/\partial \ln x_S)_{T,p}Đ_{M^+W} - (\partial \ln a_{X^-}/\partial \ln x_S)_{T,p}Đ_{X^-W}}{Đ_{M^+W} + Đ_{X^-W}}\right] \quad (24.4\text{-}35)$$

로 설명되는 것을 볼 수 있다(문제 24.B.2 참조). 그러나 완벽한 전기 회로에 필요한 전극이 측정에 영향을 미칠 때는, 이들 전위를 직접 측정할 수 없으며(문제 24C.3 참조), 염화 칼륨 염 다리의 사용을 통해 근사적인 값을 얻을 수 있다.[5]

이 초보적인 예제는 복잡하고 중요한 주제에 대한 단지 수박 겉핥기식 소개이므로, 흥미가 있는 독자들은 전기화학에 관한 많은 문헌을 참조하시오.

예제 24.4-4 전기적 중성으로부터 국부적인 이탈: 전기-삼투[6]

확산하는 전해질 내에는 전기적 중성으로부터 국부적 이탈이 존재한다는 것과 이들을 항상 무시할 수 없다는 것이 확산 전위에 대한 앞의 논의로부터 이미 명백하다. 이 경우를 조사하기 위해, 적어도 하나의 성분은 관 벽에 흡착되는 전해질을 포함하고 있는 원형 단면의 긴 관을 생각하시오. 이 흡착은 관 벽에 인접한 용액에서 고정된 표면 전하와 알짜 전하 영역의 **확산 이중층**을 초래한다. 이 알짜 전하는 축 방향이 아니고 반지름 방향의 위치에 따라 변하는 전기장을 관 내에 생성할 것이다. 만약 전위차가 관 말단을 가로질러 가해지면, 그 결과 **전기 삼투**로 알려진 유체 유동이 있을 것이다. 반대로 만약 유동을 생성하기 위해 유체역학적 압력이 사용되면, **전위 흐름**으로 알려진 관의 양 끝을 가로질러 발달되는 전위차를 초래할 것이다. 이 현상은 동전기 현상으로 알려진 부류를 대표한다. 축 방향의 압력 구배가 없이 발달되는 전기 삼투 유동에 대한 식을 수립하시오.

---

[5] R. A. Robinson and R. H. Stokes, *Electrolyte Solutions*, revised edition, Butterworth, London (1965), p. 571. 이 훌륭한 참고문헌은 수많은 유용한 데이터를 포함하고 있다.

[6] 예를 들면 J. S. Newman, *Electrochemical Systems*, 2nd edition, Prentice-Hall, Englewood Cliffs, N.J. (1991)을 참조하시오. 예제 24.4-4는 215쪽에서 가져왔다.

해 당면한 첫 번째 문제는 후에 전기-삼투 유동을 계산할 수 있는 정전기 전위 분포에 대한 식을 수립하는 것이다.

정전기 전위 계산을 위한 시작점은 Poisson 방정식이다.

$$\nabla^2\phi = -\frac{\rho_e}{\varepsilon} \tag{24.4-36}$$

여기서 ρ_e는 전기 전하 밀도

$$\rho_e = F\sum_{\alpha=1}^{N} z_\alpha c_\alpha \tag{24.4-37}$$

이고, ε는 용액의 절연 유전율이다. 문제를 쉽게 하기 위해 식 24.4-36을

$$\frac{1}{r}\frac{d}{dr}\left(r\frac{d\phi}{dr}\right) = -\frac{\rho_e}{\varepsilon} \tag{24.4-38}$$

로 줄인다. 이제 Newman[6]에 따라 전하 농도는 Boltzmann 분포

$$\frac{c_\alpha}{c_{\alpha\infty}} = \exp\left(-\frac{z_\alpha F\phi}{RT}\right) \approx 1 - \frac{z_\alpha F\phi}{RT} \tag{24.4-39}$$

를 따른다고 가정하고, Debye-Hückel 근사로 알려진 절편된 Taylor 전개를 사용하면 명백한 해를 얻을 수 있다. 여기서 하첨자 ∞는 앞으로 알게 되듯이 전하 밀도가 관 벽으로부터의 거리에 따라 대단히 급격하게 떨어지기 때문에 관의 중심선을 가리키는 것으로 생각할 수 있다. 같은 이유로 벽의 곡률을 무시할 수 있으며, 중심선에서의 알짜 전하는 0이라고 가정하므로

$$\frac{d^2\phi}{dy^2} = \frac{\phi}{\lambda^2} \quad \text{여기서} \quad \lambda = \left(\frac{F^2}{\varepsilon RT}\sum_{\alpha=1}^{N} z_\alpha^2 c_{\alpha\infty}\right)^{-1/2} \tag{24.4-40, 41}$$

이 된다. 여기서 $y = R - r$은 벽에서 유체 내로 측정된 거리이고, λ는 대단히 작아지는 경향이 있는 *Debye* 길이이다. 따라서 1-1 전해질에 대해서는

$$\lambda \approx \frac{3.0}{\sqrt{c_S}} \tag{24.4-42}$$

이며, Debye 길이 λ와 염의 농도 c_S의 단위는 각각 Å과 몰이다. 0.1N 용액에 대해 Debye 길이는 단지 약 10 Å이다. 결과적으로 중성으로부터 이탈은 일반적으로 거시적 계에서는 무시될 수 있다. 유사하게 농도의 불균형은 전형적으로 수십 밀리볼트보다 더 크지 않는 전위 접점에 대해 대단히 작다(문제 24C.4 참조).

이제 식 24.4-40을 적분하기 위해 경계조건이 필요하고, 그 첫 번째는 벽으로부터 먼 거리에서 전기적 중성이라는 가정이다.

경계조건 1: $\frac{y}{\lambda} \to \infty$ 이면, $\phi \to 0$ (24.4-43)

두 번째는 고체 표면 그 자체 내에는 전위 구배가 없다고 가정하면서 Gauss 법칙으로부터 (Newman[6]의 p.75 참조) 얻게 된다.

경계조건 2: $y = 0$ 에서, $\frac{d\phi}{dy} = -\frac{q_e}{\varepsilon}$ (24.4-44)

여기서 q_e는 단위 면적당 표면 전하이다. 식 24.4-40을 적분하면

$$\phi = -\frac{q_e \lambda}{\varepsilon} e^{-y/\lambda} \tag{24.4-45}$$

로 주어진다. Newman[6]은 표면 곡률을 허용하는 더 정밀한 전개를 하였지만, 수십 나노미터보다 더 큰 반지름의 임의의 관에 대해서는 이는 정말 필요하지 않다.

이제 이들 결과를 운동방정식에 대입할 준비가 되어 있으며, 여기서 정상상태의 층류를 가정하면

$$0 = \mu \frac{1}{r} \frac{d}{dr}\left(r \frac{dv_z}{dr}\right) - \frac{dp}{dr} + \rho_e E_z \tag{24.4-46}$$

이 되고, 여기서 축 방향 전기장 세기는

$$E_z = \frac{\partial \phi}{\partial z} \tag{24.4-47}$$

이다. 압력 구배를 무시하고 식 24.4-38을 사용하여 ρ_e를 소거하면

$$0 = \mu \frac{1}{r} \frac{d}{dr}\left(r \frac{dv_z}{dr}\right) + \varepsilon \frac{1}{r} \frac{d}{dr}\left(r \frac{d\phi}{dr}\right) E_z \tag{24.4-48}$$

이 됨을 알게 되며, 이제 곡률을 다시 무시하고 이 식을 적분하면

$$v_z = \left(\frac{\lambda q_e}{\mu}\right) E_z (1 - e^{-y/\lambda}) \tag{24.4-49}$$

를 얻는다. 첫 번째 괄호의 집합의 양은 실험적으로 결정되어야 하는 계의 물성인 것으로 생각되며, $\exp(-y/\lambda)$는 본질적으로 모든 관에 대해 관 단면의 전체에 걸쳐 무시할 수 있다. 따라서 속도는 벽 바로 부근을 제외하고는 균일하다.

이와 같은 전기 삼투 유동은 미시 유동 반응기와 분리기–예를 들면 진단 기기–에서 널리 사용되고, 대류 분산은 무시할 만하다는 이점이 있다. 속도는 사실상 관의 반지름에 무관함에 주목하시오. 따라서 동일한 유동 속도를 생성하기 위해 그렇지 않으면 큰 압력 구배가 요구되는 반지름이 작은 관에서 전기 삼투는 특히 유용하다.

예제 24.4-5 추가적인 물질전달 구동력

지금까지 비평형 열역학적 구조 내에서 통상적으로 고려되는 모든 물질전달 메커니즘을 다루어 왔지만, 중요하다고 검정된 다른 가능성이 있다. 여기서는 자기장을 가로질러 움직이는 대전된 입자에 미치는 힘과 전기 유도력 및 자기 유도력의 3가지를 고려하고자 한다. 이들은 비선형 항–즉 화학 종의 속도와 힘 마당의 곱–을 포함하며, 엄밀히 말하면 비가역 열역학의 범위를 벗어난다. 그러나 식 24.4-1에 나타나는 본체 힘에 이들을 추가하는 것이 허용될 수 있다고 알려져 있다. 결과식에 대한 특별한 형태를 수립하고, 하나 또는 그 이상의 추가적인 이들 힘에 의해 영향을 받는 물질전달 공정을 설명하기 위해 어떻게 사용할 수 있는지 보이시오.

해 이 추가적인 힘을 포함하기 위해 물질전달에 대한 확장된 구동력 $\mathbf{d}_{\alpha,\text{ext}}$를 정의함으로써 시작한다:

$$\mathbf{d}_{\alpha,\text{ext}} = \mathbf{d}_\alpha + \frac{x_\alpha z_\alpha F}{RT}[\mathbf{v}_\alpha \times \mathbf{B}] + \frac{x_a}{RT}\{\Gamma_\alpha^{\text{el}}[\mathbf{E}\cdot\nabla\mathbf{E}] + \Gamma_\alpha^{\text{mag}}[\mathbf{B}\cdot\nabla\mathbf{B}]\} \tag{24.4-50}$$

여기서 $\mathbf{B}$는 자기 유도, $\mathbf{E} = -\nabla\phi$는 전기장, $\Gamma_\alpha^{\text{el}}$는 전기 자화율이고 $\Gamma_\alpha^{\text{mag}}$ 는 자기 자화율이다. 식 24.4-50에서 $[\mathbf{v}_\alpha \times \mathbf{B}]$와 $[\mathbf{E}\cdot\nabla\mathbf{E}]$를 포함하는 항의 근원은 Lorentz 관계

$$\mathbf{F} = q_0(\mathbf{E} + [\mathbf{v}\times\mathbf{B}]) \tag{24.4-51}$$

에 있다. 여기서 q_0는 전기 전하이다. 이는 자기장을 통과해 움직이는 대전된 입자에 대해서는 식 24.4-51에서 명백히 보게 되지만(문제 24B.1 참조), 전기 쌍극자를 갖는 불균일한 장의 상호작용에 기초를 두고 있는 전기 유도 $[\mathbf{E}\cdot\nabla\mathbf{E}]$에 대해서는 간접적으로만 보게 된다.

식 24.4-50의 $[\mathbf{E}\cdot\nabla\mathbf{E}]$ 항의 근원을 밝히기 위해, 예를 들면 그림 24.4-3에 도시된 1 차원적인 경우를 생각하시오. 전기장은 통상적으로 브라운 운동에 의해 무작위화 되는 쌍극자를 정

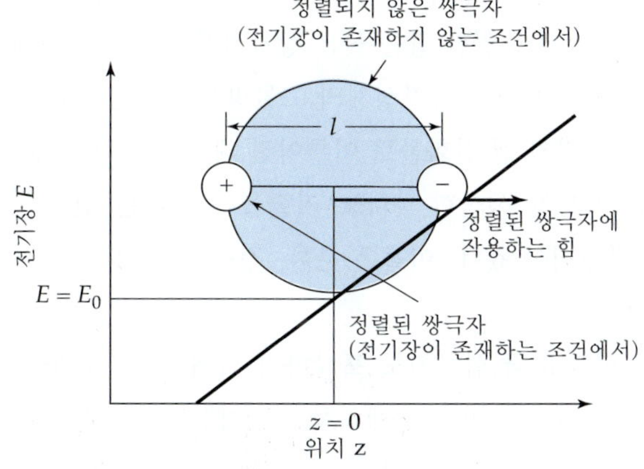

그림 24.4-3. 식 24.4-52에 주어진 유전영동 힘의 근원.

렬하는 경향이 있을 것이며, 만약 전기장이 불균일하다면 정렬된 쌍극자에 작용하는 알짜 힘의 크기는

$$F_z = q_0\left[\left(E_0 + \frac{l}{2}\frac{\partial E}{\partial z}\right) - \left(E_0 - \frac{l}{2}\frac{\partial E}{\partial z}\right)\right] = q_0 l \frac{\partial E}{\partial z} \tag{24.4-52}$$

일 것이다. 여기서 q_0는 쌍극자 끝 어느 쪽에서든 전하의 크기이고 l은 두 전하의 중심 간 거리이다.

몇몇 경우에– 예를 들면 아미노산의 쌍극성 이온 형태– q_0와 l은 둘 다 분자 이론으로부터 결정할 수 있다. 그러나 입자와 대부분의 분자에 대해서는 전기장의 존재로 유발하는 부분 전하 분리인 **유도 쌍극자**만 발견하게 된다. 여기서 흥미를 갖는 조건 하에서는, 고유 쌍극자의 단지 작은 분율만 전기장에 따라 정렬되며, 이들의 분율 정렬과 유도 쌍극자의 세기는 둘 다 통상적으로 전기장의 세기에 비례하는 것으로 가정한다. 이들 모든 인자는 보통 실험적으로 결정되는 어떤 양, **전기 자화율**로 모이게 된다. 자기 영동항의 근원도 상사하다. 이제 새로운 이들 분리 메커니즘의 응용에 대해 간략히 논의하고자 한다.

자기장을 가로질러 움직이는 이온의 거동은, 비록 시간이 화살처럼 빨리 지나가는 질량 분광분석기가 널리 사용되고는 있지만, 고전적인 질량 분광분석법에 기초를 두고 있다. 두 종류의 분광분석기가 모두 고도로 개발되었으며, 간단한 무기 기체에서부터 단백질과 같은 복잡한 비휘발성의 생물학적 분자까지 혼합물의 분석을 위해 광범위하게 적용된다는 것을 안다. 사실 적용할 수 있는 곳에서는, 이들은 종종 전형적인 몇 만 차수의 분자량에 대한 1 돌톤 이내에서 단백질의 분자량을 결정하기 위해 이용할 수 있는 가장 정확한 수단이다.

전기 영동과 자기 영동은 둘 다 유체 내에 현탁된 작은 입자들을 제거하기 위한 큰 규모의 공정에서 오랫동안 사용되어 왔다. 불균일한 장은 전극 사이에 유리 구슬과 같은 작은 유전 입자를 충전하여 사용함으로써 유전 영동의 경우에 달성된다(예를 들면 문제 24B.1 참조). 입자들은 항상 더 강한 전기장을 향해 움직이기 때문에, 보통 약 몇 십 킬로 볼트의 교류를 사용할 수 있고, 따라서 전극 반응은 피할 수 있다. 전류 유동은 극단적으로 작고 일반적으로 무시할 수 있다. 자기 영동에서는 불균일한 장을 물론 상자성체 또는 강자성체 물질만을 사용하여 작동할 수 있는 전자석의 극 사이에 강자성체의 그물망을 설치함으로써 달성할 수 있게 된다. 고전적인 예로 흰 점토에 자기 철 산화물로 이루어진 채색된 물체의 제거가 있다.

유전 영동에 대한 새로운 용도는 생물학,[7] 나노 기술을 포함하는 신소재[8]와 환경 감시[9] 분야에서 대단히 급격하게 발전되어 왔다. 이들은 분류, 정량 분석 및 규칙적인 배열의 형성을 포함하는 조작 등을 포함한다.

수많은 이들 응용은 4 극 힘과 8 극 힘까지도 포함하기 위해 식 24.4-50의 전면적인 확장을 요구한다.[10] 게다가 거기에 전기적 힘과 유체역학 사이에는 강한 상호작용이 있고, 기기와 입자 형상 둘 다 심원한 효과를 가질 수 있다.[11]

24.5 선택적으로 투과 가능한 막을 가로지르는 물질전달

막은 보통은 두 총괄 상을 분리하고 그들 사이의 물질전달을 제어하는 물리적으로는 얇은 판으로 보일 것이다. 이에 더하여 막은 전형적인 철사 그물망이나 상당하는 구조의 어떤 기계적인 제약에 의해 외부의 압력 구배와 내부의 점성 항력에 대해 전형적으로 정지 상태를 유지한다. 막은 용해되지 않고 선택적으로 투과 가능한 막 M과 유동성을 가지며 투과하는 하나 또는 그 이상의 화학 종 $\alpha, \beta, \cdots$로 이루어져 있다. 수학적으로 이들은 3가지 제약 조건에 의해 정의된다.

1. 무시할만한 곡률

$$\delta << R_{\text{curv}} \tag{24.5-1}$$

여기서 δ는 막 두께이고 R_{curv}는 막 표면 곡률 반지름이다. 물질전달은 단일 방향으로 일어나며, 막의 표면에 수직으로 일어난다.

2. 막의 고정성(즉 식 24.4-5의 "기재" m)

$$\mathbf{v}_M = 0 \tag{24.5-2}$$

여기서 $\mathbf{v}_M$은 좌표 기준으로 제공되는 막의 속도이다.

3. 유사 정상상태 거동

$$\frac{\partial c_\alpha}{\partial t} = 0 \tag{24.5-3}$$

[7] C. Polk, *IEEE Transactions on Plasma Science*, **28**, 6-14(2000); J. Suehiro et. al., *J. Physics D: Applied Physics,* **32**, 2814-2320 (1999); J. P. H. Bert, R. Pethig, and M. S. Talary, *Trans. Inst. Meas. Control*, **20**, 82-91 (1998); A. P. Brown, W. B. Betts, A. B. Harrison, and J. G. O' Neill, *Biosensors and Bioelectronics*, **14**, 341-351 (1999); O. D. Velev and E. W. Kaler, *Langmuir*, **15**, 3693-3698 (1999); T. Yamamoto, et. al., *Conference Record*, *IAS Annual Meeting* (*IEEE Industry Application Society*), **3**, 1933-1940 (1998); M. S. Talary, et. al., *Med. and Bio. Eng. and Computing*, **33**, 235-237 (1995); H. Morgan and N. G. Green, *J. Electostatics,* **42**, 279-293 (1997).

[8] L. Cui and H. Morgan, *J. Micromech. Microeng.*, **10**, 72-79 (2000); M. Hase et. al., *Proc. Intl. Soc. Optical Eng.*, **3673**, 133-140 (1999); C. A. Randall, *IEEE Intl. Symp. on Applications of Ferroelectrics*, Piscataway, N.J. (1996).

[9] P. Baron, *ASTM Special Technical Publication*, 147-155 (1999); R. J. Han, O. R. Moss, and B. A. Wong, *Aerosol Sci. Tech.*, **21**, 241-258 (1994).

[10] C. Reichle et. al., *J. Phys. D: Appl. Phys.*, **32**, 2128-2135 (1999); A. Ramos et. al., *J. Electrostatics*, **47**, 71-81 (1999); M. Washizu and T. B. Jones, *J. Electrostatics,* **33**, 187-198 (1994); B. Khusid and A. Acrivos, *Phys. Rev. E*, **54**, 5428-5435 (1996).

[11] S. Kim and S. J. Karrila, *Microhydrodynamics*, Butterworth-Heinemann, Boston (1991); D. W. Howard, E. N. Lightfoot, and J. O. Hirschfelder, *AIChE Journal*, **22**, 794-798 (1976).

여기서 α는 막 M을 포함하는 임의의 포함된 화학 종이다. 사실 이는 막 내부에서 확산 응답 시간이 인접한 용액 내에서 확산 응답 시간에 비하여 짧다는 것을 의미한다.

이제 Maxwell-Stefan 방정식을 특수화하기 위해 그리고 막 내의 전달을 간결하지만 신뢰성 있게 설명하기 위해 이들 제약 조건이 어떻게 사용될 수 있는지 보이고자 한다.

막 M이 확산하는 화학 종의 하나로 고려되어야만 한다는 것을 인식하면서 시작하고, Maxwell-Stefan 방정식은 단지 움직이는 화학 종에 대해서만 사용한다. 그런 다음 식 24.4-1과 5를 사용할 것이며, 움직이는 N 화학 종의 혼합물에 대해

$$\sum_{\substack{\beta=1 \\ \beta\neq\alpha}}^{N} \frac{x_\alpha x_\beta}{Đ_{\alpha\beta}}(\mathbf{v}_\alpha - \mathbf{v}_\beta) = -x_\alpha(\nabla \ln a_\alpha)_{T,p} - x_\alpha\left(\frac{\overline{V}_\alpha}{RT}\right)\nabla p - x_\alpha z_\alpha\left(\frac{F}{RT}\right)\nabla\phi \tag{24.5-4}$$

를 쓸 것이다. α는 각 α에 대한 식에서 기준 화학 종으로 선택되었으며, 막을 정지한 상태로 고정하는 힘은, 즉 식 24.4-5의 마지막 항은, 압력 확산에 대한 식에서 질량 분율항을 소거하는 것으로 귀착되었음에 주목하시오.[1]

다음으로 평형에서 막의 상태를 결정하는 외부 용액이 있기 때문에, 열역학적 관점에서 성분의 수는 막을 적시고 있는 용액 내에서 독립적으로 움직이는 화학 종의 수임에 주목하고자 한다. 또 대부분의 경우에 대해, 유효 막 분자량은 구할 수 없다는 것을 인식한다. 따라서 움직이는 화학 종만을 포함하는 것으로 내부 계를 정의하고, 이들 화학 종의 몰 분율을 합하면 1이 된다고 정의한다. 그러나 각 화학 종과 막 M의 상호작용이 꽤 현저하므로, 또 $Đ'_{\alpha M}$ 을

$$\frac{x_M}{Đ_{\alpha M}} = \frac{1}{Đ'_{\alpha M}} \tag{24.5-5}$$

로 정의한다. 식 24.5-5는 막 전달에 대한 Maxwell-Stefan 방정식의 특수화를 완성하였지만, 여전히 일반적으로 적용할 수 있는 경계조건의 집합을 선택하여야만 한다.

이들 조건은 경계를 가로질러 연속인 각 화학 종의 총 "포텐셜"를 규정함으로써 얻게 된다:

$$\text{In}\frac{a_{\alpha M}}{a_{\alpha e}} + \left(\frac{\overline{V}_{\alpha,\text{avg}}}{RT}\right)(p_M - p_e) + z_\alpha\left(\frac{F}{RT}\right)(\phi_M - \phi_e) = 0 \tag{24.5-6}$$

여기서 하첨자 M과 e는 각각 막 내에서와 외부 용액에서의 조건을 나타낸다. 활동도 a_α는 외부 용액의 압력에서가 아니라 막 상의 조성에서 계산된 것이며,

$$\overline{V}_{\alpha,\text{avg}} = \frac{1}{p_M - p_e}\int_{p_e}^{p_M} \overline{V}_\alpha dp \tag{24.5-7}$$

이다. 실제로 용질은 보통 비압축성이라 생각되며, $\overline{V}_\alpha$는 계면을 가로질러 일정하다.

막 내부의 조건을 결정하는 것은 종종 매우 어렵거나 심지어는 불가능하며, 식 24.5-6은 이

---

[1] E. M. Scattergood and E. N. Lightfoot, *Trans. Faraday Soc.*, **64**, 1135-1146 (1968).

러한 조건 하에서 막의 거동을 정성적으로 이해하는 데 1차적으로 유용하다. 부분적으로는 이 이유로 막 전달을 완벽하게 설명한 것은 드물다(그러나 Scatter와 Lightfoot[1] 참조). 매우 간단한 그러나 종종 직접적으로 유용한 막 전달에 대한 입문서는 다양한 출처[2,3,4]에서 이용 가능하다. 생물학자들에 의해 특히 유용하다고 발견된 하나의 오래된 근사는 Kedem과 Katchalsky[5] 근사이다.

그러나 기본적인 데이터를 얻는 데 있어 빠른 진보가 이루어지고 있으며, 이의 많은 부분이 *Journal of Membrane Science*에 보고되고 있다. 중요한 분야 중의 하나가 미세 다공성 막 분야이다.[6] 또 모델링 거동에서의 진보도 기대할 수 있다. 미동 유동[7]에 대해 일반화된 Lorentz 상반 이론은 미세 다공성 막 내의 다성분 확산에 대한 17.4절의 유체역학적 확산 이론을 확장하기 위한 근간을 제공한다는 것이 오래 전부터 알려져 왔다.[8] 최근에 개발된 계산 기법[9]은 실제 예측 가능한 능력을 제공하기에 충분한 필요한 계산을 다루기 쉽도록 한다. 또 이들 기법은 고도의 선택적 막에 대한 새로운 가능성을 제시하는 자기 조립 구조[10]를 개발하는 데에도 사용될 수 있다.

이 분야는 극도로 넓고 다양한 막의 종류와 그들 내에서 일어나는 물질전달 공정을 제공한다. 생물학적인 막[11]과 합성막[12] 사이를 구별할 수 있지만, 이들 각 범주 내에는 대단히 넓은 범위의 조성과 거동이 있다. 합성막 군 중에는 투과하는 화학 종에 대해 "기재"가 순수한 용매와 같이 작용하는 "균질" 막과 두 종류의 혼합물뿐만 아니라 투과하는 화학 종이 "기재가 없는" 영역에 대해 제한되는 "미세 다공막"이 있다. 이들 인자는 물질의 관점에서

[2] E. L. Cussler, *Diffusion: Mass Transfer in Fluid Systems*, 2nd edition, Cambridge University Press (1997), p. 580.

[3] W. M. Deen, *Analysis of Transport Phenomena*, Oxford University Press (1998), p. 597.

[4] J. D. Seader and E. J. Henley, *Separation Process Principles*, Wiley, New York (1998).

[5] O. Kedem and A. Katchalsky, *Biochem. Biophys. Acta*, **27**, 229 (1958).

[6] K. Kaneko, *J. Membrane Sci.*, **96**, 59-89 (1994); K. Sakai, *J. Membrane Sci.*, **96**, 91-130 (1994); S. Nakao, *J. Membrane Sci.*, **96**, 131-165 (1994).

[7] E. N. Lightfoot, J. B. Bassingthwaighte, and E. F. Grabowski, *Ann. Biomed. Eng.*, **4**, 78-90 (1976).

[8] J. Happel and H. Brenner, *Low Reynolds Number Hydrodynamics*, Prentice-Hall (1965), Martinus Nijhoff (1983), p. 62, p. 85.

[9] S. Kim and S. J. Karrila, *Microhydrodynamics: Principles and Selected Applications*, Butterworth-Heinemann, Boston (1991).

[10] I. Mustakis, S. C. Clear, P. F. Nealey, and S. Kim, *ASME Fluids Engineering Division Summer Meeting*, FEDSM, June 22-26 (1997).

[11] B. Alberts et. al., *The Molecular Biology of the Cell,* Garland, New York (1999), 10과 11장.

[12] W. S. W. Ho and K. K. Sirkar, *Membrane Handbook*, Van Nostrand Reinhold, New York (1992), p. 954; R. D. Noble and S. A. Stern, *Membrane Separation Technology*, Membrane Science and Technology Series, **2,** Elsevier (Amsterdam), p. 718; R. van Reis and A. L. Zydney, "Protein Ultrafiltration" in *Encyclopedia of Bioprocess Technology* (M.C. Flickinger and S. W. Drew, eds.), Wiley, New York (1999), pp. 2197-2214; L. J. Zeman and A. L. Zydney, *Microfiltration and Ultrafiltration*, Marcel Dekker, New York (1996).

중요하지만, 이들 전달 거동을 설명하기 위해 필요한 형식론은 모두에 대해 상당히 똑 같다. 또 널리 사용되는 넓고 다양한 공정 조건이 있다. 여기서는 흔히 만나게 되는 경우를 설명하기 위해 단지 몇 개의 예제만 생각한다.

예제 24.5-1 미리 존재하는 총괄 상 사이의 농도 확산

농도 구배만의 영향으로 용매 B 내의 용질 A의 2 성분 용액 사이에 놓여 있는 막을 통해 확산하는 "용질" A를 생각하시오. 이는 투석, 피의 산화와 많은 기체 분리계[13]를 포함하는 흔히 만나게 되는 경우이며, **촉진 확산**을 포함하는 많은 변수가 있다(문제 24C.9 참조). 혈액 투석은 압력차가 물이 막을 가로지르도록 유도하기 위해 사용되는 특별한 경우지만 현재의 관점에서는 용질의 농도 확산이 주된 관심사이다. 우선 용매의 훌럭스 N_B는 이미 알고 있다고 가정하고, 이 계에 대한 Fick 1 법칙에 대한 상사형을 수립하시오. 간략히 하기 위해 속도와 훌럭스에 대한 방향 지수 z는 생략한다.

해 여기서는 일차로 용질 A에 관계하고자 하며, 용질 A에 대한 Maxwell-Stefan 방정식(식 24.5-4)은

$$\frac{x_A v_A}{\mathcal{D}'_{AM}} + \frac{x_A x_B}{\mathcal{D}_{AB}}(v_A - v_B) = -\left[1 + \left(\frac{\partial \ln \gamma_A}{\partial \ln x_A}\right)_{T,p}\right]\frac{dx_A}{dz} \tag{24.5-8}$$

의 형태를 가지며, 재정리하면

$$N_A = -c\left(\frac{\mathcal{D}'_{AM}\mathcal{D}_{AB}}{\mathcal{D}'_{AM} + \mathcal{D}_{AB}}\right)\left[1 + \left(\frac{\partial \ln \gamma_A}{\partial \ln x_A}\right)_{T,p}\right]\frac{dx_A}{dz} + x_A(N_A + N_B)\left(\frac{\mathcal{D}'_{AM}}{\mathcal{D}'_{AM} + \mathcal{D}_{AB}}\right) \tag{24.5-9}$$

로 주어진다. 이는 Fick 확산 훌럭스에 바로 대응하는 첫 번째 항과 대류항에 대응하는 두 번째 항을 갖는 Fick 법칙을 생각나게 한다. 그러나 유효 확산계수는 이제 막 분포를 포함

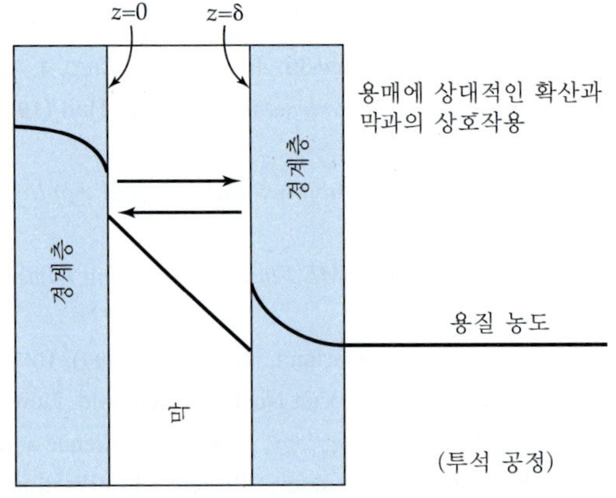

그림 24.5-1. 막 내부의 물질전달.

[13] W. J. Koros and G. K. Fleming, *J. Membrane Sci.*, **83**, 1-80 (1993).

하며, 대류항은 이제 확산계수의 비에 의해 가중된다. 이 경우는 그림 24.5-1에 도시된 경우에 대응한다. 오른쪽을 가리키는 화살표는 막과의 상호작용에 의해 수정된 용매에 상대적 확산을 나타내는 반면에, 왼쪽을 가리키는 화살표는 막이 없이 일어나는 대류 즉 $x_A(N_A+N_B)$에 상대적으로 전달을 감소시키는 경향이 있는 막의 "항력"을 나타낸다. 일반적으로 막 양쪽에는 물질전달 경계층이 있음에 주목하시오.

흥미로운 몇 가지 극한 경우가 있다. 만약 막이 용질과 매우 약하게 상호작용을 한다면 $Đ'_{AM} >> Đ_{AB}$ 이다. 그러면 정확하게 Fick 법칙인

$$N_A = -cĐ_{AB}\left[1 + \left(\frac{\partial \ln \gamma_A}{\partial \ln x_A}\right)_{T,p}\right]\frac{dx_A}{dz} + x_A(N_A + N_B) \tag{24.5-10}$$

이 된다. 그러나 몰 농도와 확산계수는 둘 다 막 상에서의 값이라는 것을 반드시 기억해야 한다. 다음으로

$$x_A(N_A + N_B) << N_A \tag{24.5-11}$$

이고, 막과 용액 사이의 용질 분포가 선형인, 그러므로

$$c_{AM} = K_D c_{Ae} \tag{24.5-12}$$

인 극한 상황을 살펴보고자 한다. 여기서 하첨자 e와 M은 각각 외부 용액과 막 상을 나타내고, K_D는 두 상에 대한 분포 계수이다. 그러면

$$N_A = P(c_{Ae0} - c_{Ae\delta}) \tag{24.5-13}$$

으로 쓸 것이며, 여기서

$$P = K_D D_{A,\text{eff}} / \delta \tag{24.5-14}$$

는 막의 투과도로 알려져 있고,

$$D_{A,\text{eff}} = \left(\frac{Đ'_{AM}Đ_{AB}}{Đ'_{AM} + Đ_{AB}}\right)\left[1 + \left(\frac{\partial \ln \gamma_A}{\partial \ln x_A}\right)_{T,p}\right] \tag{24.5-15}$$

이다. 하첨자 $Ae0$과 $Ae\delta$는 막 "상류"와 "하류" 측에서의 용질 농도를 나타낸다.

예제24.5-2 한외 여과와 역삼투

이제 용질은 거부하는 막을 가로지르는 압력-구동의 유동에 의해 용질에 상대적인 선택적으로 용매를 제거하고자 하는 여과 공정을 생각하시오. 응용은 한외 여과와 역삼투를 포함하며,

전자는 거대 분자를 다루고 후자는 작은 용질을 다룬다.[14] 미시 여과와 나노 여과는 형식적으로는 유사하지만, 제거되어야 하는 내재물의 미립자 성질은 여기서는 고려하기를 원하지 않는 추가적인 복잡성을 나타낸다.[12] 구동 압력의 함수로 여과액의 조성과 용매의 유량을 설명하기 위한 골격을 수립하시오.

해 그림 24.5-1에 나타낸 바와 같이 불가피하게 몇몇 용질이 용매와 함께 막을 통해 이동하며, 이제 화학 종 둘 다에 대해 Maxwell-Stefan 방정식을 생각하는 것이 필요할 것이다. 그러나 막 여과는 완벽한 선험적 설명을 얻기 위해 방대한 정보를 필요로 하는 복잡한 공정이므로, 출발점으로 그림 24.5-2를 사용하여 특성 거동을 개괄적으로 이해하는 것으로 시작하고자 한다. 여기서 막을 통한 유동과 여과액의 조성은 둘 다 횡단막 압력 강하의 함수인 것을 도식적으로 보게 된다. 먼저 유동은 압력 강하가 증가함에 따라 처음에는 천천히 증가하지만 점근적으로 선형적인 관계에 접근하며, 유한한 압력 강하 $\Delta\pi_{\text{eff}}$에서 점근선은 속도가 0인 선과 교차한다는 점에 주목하자. 압력 강하가 증가함에 따라 공급액의 농도에 대한 여과액 용질 농도의 비는 1에서부터 보통은 1보다 상당히 더 낮은 점근선[15]을 향해 떨어진다. 이 간략한 소개에서 우리의 주 관심은 이 특징적 거동을 중요한 열역학적 거동과 전달 거동의 항으로 설명하는 것이다.

이 상황은 압력 확산이 역할을 하게 되는 그리고 횡단막 물질전달에 의해 하류 용액이 생성되는 바로 전에 설명된 예제와는 근본적으로 다르다. 그러므로 용매에 대한 용질의 하류 흐름비는 대응하는 물질전달 속도비와 똑 같다. 그러므로 막의 하류 흐름 쪽에는 경계층이 없고, 복합 구조를 사용하는 것이 거의 보편적인 관례이다. 이와 같은 복합 막은 상류 면 위의 매우 얇은 선택적 층과 기계적 강도를 부여하는 비선택적이고 높은 다공성의 비교적 두꺼운 지지층으로 구성된다. 이 지지층은 현재의 예제에서는 무시할 만하다고 할 수 있다.

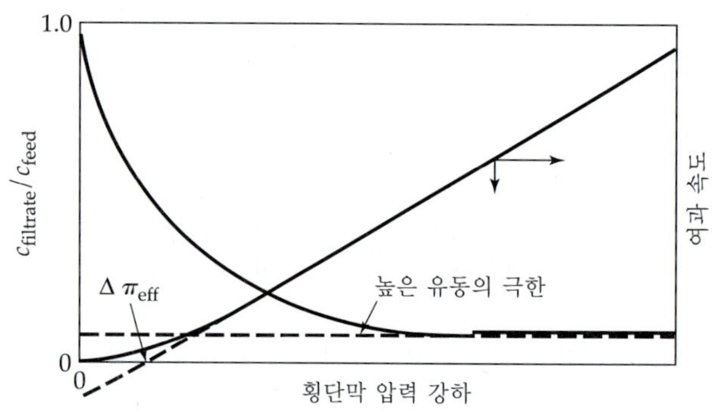

그림 24.5-2. 한외 여과: 유동과 용질 거부.

---

[14] R. J. Petersen, *J. Membrane Sci.*, **83**, 81-150 (1993).

[15] 실제로 추측할 수 있는 막의 수축의 결과로 일어나는 비록 대단히 높은 압력 강하에서도 여과액 용질 농도의 계속되는 매우 느린 강하가 있다. 그러나 여기서는 이 작은 효과를 다루지 않을 것이다.

식 24.5-4로부터 수정된 Maxwell-Stefan 방정식이

$$\frac{x_S x_W}{\text{Đ}_{SW}}(\mathbf{v}_S - \mathbf{v}_W) + \frac{x_S \mathbf{v}_S}{\text{Đ}'_{SM}} = -\frac{1}{RT} x_S (\nabla RT \ln a_S)_{T,p} - \frac{c_S \overline{V}_S}{cRT} \nabla p \tag{24.5-16}$$

$$\frac{x_S x_W}{\text{Đ}_{SW}}(\mathbf{v}_W - \mathbf{v}_S) + \frac{x_W \mathbf{v}_W}{\text{Đ}'_{WM}} = -\frac{1}{RT} x_W (\nabla RT \ln a_W)_{T,p} - \frac{c_W \overline{V}_W}{cRT} \nabla p \tag{24.5-17}$$

의 형태로 가정되는 막 내부 거동에 촛점을 맞추고 시작한다. 여기서 하첨자 S와 W는 각각 부분적으로 거부된 용질과 용매(보통 물)를 나타낸다. 항 $x_\alpha \overline{V}_\alpha$는 부피 분율

$$\phi_\alpha = c_\alpha \overline{V}_\alpha \tag{24.5-18}$$

의 존재를 명백히 하기 위해 $c_\alpha \overline{V}_\alpha / c$로 대체되었다. 이에 더하여 우변의 첫 번째 항은 도함수가 일정한 조성, 온도와 압력을 갖는 부분 몰 자유 에너지의 구배

$$d\overline{G}_\alpha = RTd \ln a_\alpha \tag{24.5-19}$$

를 나타낸다는 것을 생각나게 다시 쓸 수 있었다.

유동 거동을 조사함으로써 시작하고, 이를 위해 식 24.5-16과 17을 더하여 화학 종 전달 속도와 막 내부 압력 구배 사이의 관계

$$\left(\frac{\mathbf{N}_S}{c\text{Đ}'_{SM}} + \frac{\mathbf{N}_W}{c\text{Đ}'_{WM}}\right) = -\frac{1}{cRT} \nabla p_M \tag{24.5-20}$$

을 얻는다. 압력에 대한 하첨자 M은 지금까지 단지 막 내부의 압력 강하를 계산하였다는 것을 생각나게 하는 것이다. Gibbs-Duhem 방정식

$$\sum_\alpha \overline{G}_\alpha dx_\alpha = 0 \tag{24.5-21}$$

과 부피 분율의 합이 1이라는 사실을 취했던 이점이 여기에 있었다.

상류와 하류 용액 사이의 압력차를 직접 측정하기 위해

$$p_e - p_M = \frac{RT}{\overline{V}_S} \ln \frac{a_{SM}}{a_{Se}} = \pi_e - \pi_M \tag{24.5-22}$$

의 형태를 갖는 식 24.5-6으로 다시 돌아가야만 한다. 예를 들어 막의 상류를 살펴보면, 식 24.5-22는 열역학적 활동도의 증가에 반하여 용질을 움직이기 위해 막 계면을 가로질러 유한한 압력 강하가 요구된다는 것을 의미한다. 그러면 측정 가능한 횡단막 압력 강하는(방향 하첨자 z를 생략한)

$$\Delta p_{\text{ext}} = \frac{cRT}{\delta}\left(\frac{N_S}{c\text{Đ}'_{SM}} + \frac{N_W}{c\text{Đ}'_{WM}}\right) + \Delta\pi_{\text{eff}} \tag{24.5-23}$$

이다. 여기서 δ는 막의 두께이고,

$$\Delta\pi_{\text{eff}} = (\pi_{e0} - \pi_{e\delta}) - (\pi_{M0} - \pi_{M\delta}) \tag{24.5-24}$$

이며, 하첨자 0과 δ는 각각 막의 상류와 하류를 나타낸다. 막 내부 삼투압은 거의 알려져 있지 않지만, 대응하는 용액의 값보다 사실상 더 작다(문제 24C.7과 8 참조). 현재까지 이해하는 상태로는, 식 24.5-23은 점근적 유동 거동에 대한 유한한 절편이 왜 있는지와 막 기여의 소거가 그것의 상한을 제공한다는 것을 설명한다. 또한 실험적 관찰로부터 막 내부의 거동을 약간 파악할 수는 있지만, 절편을 선험적으로 예측할 수 있는 것은 아니다.

다음 식 24.5-20의 도움으로 식 24.5-16에서 압력 구배를 소거한다.

$$N_S\left(\frac{x_W}{c\text{Đ}_{WS}} - \frac{\phi_S}{c\text{Đ}'_{SM}}\right) - N_W\left(\frac{x_S}{c\text{Đ}_{SW}} + \frac{\phi_S}{c\text{Đ}'_{WM}}\right) = -\left(1 + \frac{\partial \ln \gamma_s}{\partial \ln x_s}\right)_{T,p}\frac{dx_s}{dz} \tag{24.5-25}$$

이 식은 용질 농도분포를 얻기 위해 적분할 수 있다(예를 들면 문제 24C.7과 8 참조). 일반적으로 농도분포는 유동 방향으로 증가하는 음의 기울기를 보이며, 이 양상은 막을 통과하는 유량이 증가할수록, 즉 횡단막 압력 강하가 더 크게 될수록 더욱 명확해진다.

매우 낮은 유량에서는 N_S와 N_W가 상대적으로 작고 확산이 상대적으로 빠르다. 막을 가로지르는 용질 농도에 단지 약간의 강하만 있고, 그 결과 그림 24.5-2의 낮은 압력 강하에 대해서 볼 수 있는 보잘 것 없는 거부가 있다. 이 거동은 그림 24.5-1의 유동이 없는 농도분포에 의해 암시된다.

반면에 매우 높은 유량에서는, 농도 구배가 크고, 대단히 큰 음의 농도 구배가 발달되는 막의 하류 경계에 대단히 가까운 곳을 제외하고는 확산은 약하다. 상류 경계 부근에서는 두 질량 훌럭스 항이 그들의 차에 비해 크고, 질량 훌럭스 비

$$\frac{N_S}{N_W} \approx \frac{x_S}{x_W}\left(\frac{(1/c\text{Đ}_{SW}) + (\bar{V}_S/\text{Đ}'_{WM})}{(1/c\text{Đ}_{SW}) + (\bar{V}_W/\text{Đ}'_{SM})}\right) \tag{24.5-26}$$

을 계산함에 있어 농도 구배를 무시할 것이다. 이제 용질 축출의 근거가 명백하게 된다:

1. x_S/x_W 비로 정의되는 열역학적 축출.

2. 막과의 상호 작용 항의 차$(\bar{V}_S/\bar{V}_W)(\text{Đ}'_{SM}/D'_{WM})$에 의해 정의되는 마찰 미분.

둘 다의 효과가 실제 사용되며, 문제에서 설명된다.

예제 24.5-3 대전된 막과 Donnan 축출[16]

이제 고분자 전해질 겔로 구성되어 있는 고정된 전하를 포함하는 막을 생각하시오. 이와 같은 겔은 그림 24.5-3에 도시된 바와 같이 반복되는 공유 결합으로 경계를 형성하는 이온 군을 포함한다. 그러면 막 내부는 공간적으로 경계를 형성하는 **고정된 전하**, **움직이는 반대 이온**, **침입하는 전해질**과 물을 포함하는 용액으로 볼 수 있다. 간단히 하기 위해 고정된 전하는 X^-로 표기된 음이온이라 가정하고, 반대 이온은 M^+로 표기된 양이온이라 가정하시오. 외부 용액은 수용액 M^+X^-이며, 침입하는 전해질 M^+X^-를 제공한다. 고정된 전하의 존재가 침입하는 전해질을 어떻게 축출하는지 보이시오.

해 이 계는 막 경계에서의 거동에 의해 지배되므로, 물에 대해서와 염 S 또는 M^+X^-에 대해서 쓰여진 식 24.5-6으로 돌아간다. 물에 대한 식은

$$\ln \frac{a_{We}}{a_{WM}} = \frac{\overline{V}_W}{RT}(p_M - p_e) = \frac{\overline{V}_W}{RT}(\pi_M - \pi_e) = \frac{\overline{V}_W}{RT}\Delta\pi \tag{24.5-27}$$

이다. 여기서 하첨자 e와 M은 각각 외부 용액과 막을 나타낸다. 막 내부의 전해질 농도는 외부 용액의 농도보다 항상 높으므로, 물에 대해서는 더 낮은 내부 화학적 활동도로 귀착되며, 막 내부는 외부 용액보다 더 높은 압력에 있게 된다(예를 들어 문제 24B.4 참조).

염 S에 대해 대응하는 식은

$$\left(\frac{a_{Se}}{a_{SM}}\right) = \frac{x_{M^+e}x_{X^-e}}{x_{M^+M}x_{X^-M}}\left(\frac{\gamma_{Se}}{\gamma_{Sm}}\right)^2 = \exp\left(\frac{\overline{V}_S}{RT}\Delta\pi\right) \tag{24.5-28}$$

막

$$\begin{array}{l} \text{(phenyl)}\ SO_3^-\,H^+ \\ -(CH-CH_2)_n-CH-CH- \\ \text{(phenylene)} \\ -(CH-CH_2)_n-CH-CH- \\ \text{(phenyl)}\ SO_3^-\,H^+ \end{array}$$

분자 구조

그림 24.5-3. 이온 교환막의 근간이 되는 슬폰산.

---

16 H. Strathmann, “Electrodialysis”, Section V in *Membrane Handbook* (W. W. S. Ho and K. K. Sirkar, eds.), Van Nostrand Reinhold, New York (1992).

또는

$$\frac{c_{M^+e}c_{X^-e}}{c_{M^+M}c_{X^-M}} = K = \left(\frac{\gamma_{SM}}{\gamma_{Se}}\frac{c_e}{c_M}\right)^2 \exp\left(\frac{\overline{V}_S}{RT}\Delta\pi\right) \tag{24.5-29}$$

를 도출하며,

$$c_{SM}^2 + c_{SM}c_{X^-M} = \frac{1}{K}c_{Se}^2 \tag{24.5-30}$$

이고, 그러므로 막 상 내의 염의 농도는 용액 내의 염의 농도보다 낮다. 고정된 전하의 존재에 의해 침입하는 전해질의 억제는 Donnan 축출로 알려져 있다(문제 24B.3 참조).

여기서는 M^+인 막 내부의 다수의 반대 이온은 그들을 외부 용액으로 확산시키려는 원인이 되는 경향이 있으며, 반면에 여기서는 X^-인 공통 이온은 막 내부로 확산하려는 경향이 있다. 그 결과, 막과 외부 용액 사이에 전기 전위차가 발달하게 된다. 이는 삼투압 효과를 무시하고 활동도 계수를 1이라 가정함으로써 보통

$$\phi_M - \phi_e = -\left(\frac{RT}{z_{M^+}F}\right)\left(\ln\frac{x_{M^+M}}{x_{M^+e}}\right) \tag{24.5-31}$$

과 같이 계산된다. 또 식 24.5-27에서 30을 이제 위의 전개에서 막 상에 대응하는 한 쪽에는 부분적으로 축출된 용질을 포함하고 있는 막의 양 반대쪽 용액 사이의 관계에 적용한다. 식 24.5-31은 종종 무시되는 효과의 정보 결합에 대해 사용된다.

따라서 식 24.5-31은 생물학적 막을 가로질러 관찰되는 도처에 편재되어 있는 전위의 근원을 설명하기 위해 생물학자들에 의해 특히 널리 사용된다.[11] 그러나 생물학적 막이 이온 선택도를 생성하고 제어할 수 있다는 의미는 극단적인 궤변이며, 단지 이해되는 초기 단계이다.[17]

24.6 다공성 매체 내의 물질전달

다공성 매체는 많은 물질전달 응용에 있어 중요하며, 촉매론[1]과 같은 이들 중 몇몇은 이미 이 책에서 다루었으며(18.7 절), 이들은 대단히 넓고 다양한 형태학을 보인다.[2,3] 크로마토그래피와 같은 흡착 공정은 일반적으로 과립층 내에서 일어나고, 흡착제 입자 그 자체가 종

[17] B. Hill, *Ionic Channels of Excitable Membranes*, Sinauer Associates, Sunderland, Mass. (1992); F. M. Ashcroft, *Ion Channels and Disease: Channelpathies,* Academic Press, New York (1999); D. J. Aidley, *The Physiology of Excitable Cells*, Cambridge University Press (1998).

[1] (a) R. Aris, *The Mathematical Theory of Diffusion and Reaction in Permeable Catalysts*, Vols. 1 and 2, Oxford University Press (1975); (b) O. Levenspiel, *Chemical Reaction Engineering*, 3rd edition, Wiley, New York (1999).

종 다공성 고체이다. 원유의 이차 회수는 전형적으로 다공성 암석 내의 물질전달을 포함하며, 식품과 의약품[4]의 동결 건조 또는 **냉동 진공 건조**는 건조된 고체의 다공층을 통한 수증기의 전달에 의존한다. 관련된 전달 공정이 넓은 입자 기술 분야[5] 전체에 걸쳐 나타나며, 이미 24.5절에서 지적하였던 바와 같이 일부 막도 미세 다공성 구조로 생각될 것이다. 미세 다공성 구조는 살아 있는 유기체에 많이 있고, 물과 용질 분포 둘 다에 중요한 기여를 한다.[3]

또 다공성 고체에 대한 논의는 완전히 한 바퀴 돌아 이 책이 시작된 운동량 전달에 대한 논의를 다시금 불러오게 한다. 다공성 매체 내의 물질전달을 설명하기 위해 사용되는 많은 모델들은 근본이 유체역학에 있으며, 질량과 운동량 전달에 대한 개념이 때로는 희미해지게 된다.

다공성 매체 내의 액체와 기체의 전달을 예측하는 것은 어렵고 도전해 볼만한 문제이며, 완전하게 만족할만한 이론은 입수할 수 없다. 다공성 매체 내에서 (i) Maxwell-Stefan 방정식에 의해 설명되는 통상의 확산, (ii) Knudsen 확산, (iii) Hagen-Poiseuille 식을 따르는 점성 유동, (iv) 표면 확산, 즉 기공의 표면을 따라 흡착되는 분자의 미동, (v) 점성 미끄러짐의 열 상사형인 열 증발 및 (vi) 열 확산 등의 다양한 메커니즘에 의해 질량이 전달된다. 이 논의에서는 이들 메커니즘의 마지막 3가지는 무시한다.

이 문제는 많은 연구자[6]들에 의해 착수되었으며, 다른 연구자[7]들에 의해 요약되었다. 여기서는 그들 연구의 주요 결과들을 제시하고자 한다. 이용 가능한 모델들은 원통형 채널이나 구형 입자의 집합체에 기초하고 있으며, 여기서는 몇 가지 대표적인 예제를 개략적으로 살펴볼 것이다. 또한 고체 기재의 기공 내에서의 두 극한의 경우로 논의를 제한할 것이다.

(i) 기공의 특성 치수에 비해 상대적으로 분자 지름이 짧고 평균 자유 경로가 긴 **기체의**

---

[2] M. Sahimi, *Flow and Transport in Porous Media and Fractured Rock*, Verlagsgesellschaft, Weinheim, Germany (1995); V. Staněk, *Fixed Bed Operations*, Ellis Horwood, Chichester, England (1994).

[3] F. E. Curry, R. H. Adamson, Bing-Mei Fu, and S. Weinbaum, *Bioengineering Conference* (Sun River, Oregon), ASME, New York (1997).

[4] (a) L. Rey and J. C. May, "Freeze-Drying/Lyophilization of Phamaceutical and Biological Products" in *Drugs and the Pharmaceutical Sciences* (J. Swarbrick, ed.), Marcel Dekker, New York (1999); (b) P. Sheehan and A. I. Liapis, *Biotech. and Bioeng.*, **60**, 712-728 (1998).

[5] R. Rhodes, *Introduction to Particle Technology*, Wiley, New York (1998).

[6] J. Hoogschagen, *J. Chem. Phys.*, **21**, 2096 (1953); *Ind. Eng. Chem.*, **47**, 906-913 (1955); D. S. Scott and F. A. L. Dullien, *AIChE Journal*, **8**, 113-117 (1962); L. B. Rothfeld, *AIChE Journal*, **9**, 19-24 (1963); P. L. Silveston, *AIChE Journal*, **10**, 132-133 (1964); R. D. Gunn and C. J. King, *AIChE Journal*, **15**, 507-514 (1969); C. Feng and W. E. Stewart, *Ind. Eng. Chem. Fund.*, **12**, 143-147 (1973); C. Feng, V. V. Kostrov, and W. E. Stewart, *Ind. Eng. Chem. Fund.*, **13**, 5-9 (1974).

[7] E. A. Mason and R. B. Evans, III, *J. Chem. Ed.*, **46**, 358-364 (1969); R. B. Evans, III, L. D. Love, and E. A. Mason , *J. Chem. Ed.*, **46**, 423-427 (1969); R. Jackson, *Transport in Porous Catalysis*, Elsevier, Amsterdam (1977); R. E. Cunningham and R. J. J. Williams, *Diffusion in Gases and Porous Media*, Plenum Press, New York (1980); 이 책의 6장은 확산 주제에 대한 역사를 요약하고 있다.

자유 분자 유동. 이들 조건 하에서는 기공 내부의 화학 종 사이에 현저한 상호작용이 없다.

(ii) 기공 내부 분자의 지름과 간격이 둘 다 기공의 치수에 비해 짧은 **기체 또는 액체의 연속체 유동**. 여기서 기공 내부 유체는 일반화된 유체역학적 이론[8]에 의해 설명될 수 있으며, 다성분 확산에 대해 일반화된 Maxwell-Stefan 방정식을 사용할 수 있다.

또 평균 자유 경로가 기공 치수와 비교할만한 **미끄러짐-유동** 현상으로 알려진 기체 전달에 대한 현상이 있지만,[9] 여기서는 논의하지 않을 것이다.

자유 분자 전달

희박한 기체의 전달은 문제 2B.9에서 이미 설명한 Knudsen 유동의 한 예이다. 반지름이 a인 긴 모세관에 대해, Knudsen 공식은

$$N_A = -\frac{8a}{3}\frac{1}{\sqrt{2\pi M_A RT}}\frac{dp_A}{dz} = -\frac{8a}{3}\sqrt{\frac{RT}{2\pi M_A}}\frac{dc_A}{dz} \tag{24.6-1}$$

의 형태를 갖는다. 여기서 p_A는 임의의 혼합물에서 화학 종 A의 분압이다. 식 24.6-1은 이들 극한 조건 하에서 임의의 개별 화학 종의 전달이 다른 화학 종의 존재에 의해 영향을 받지 않는다는 것을 나타냄에 주목하시오. 따라서 관 내의 총 몰 유량 W_A는 관 반지름의 세제곱에 비례하며, 분자량의 제곱근에 반비례한다. 분자량에 대한 이 의존성은 Graham 법칙으로 알려져 있다.

식 24.6-1은 "Knudsen 확산계수" D_{AK}를 정의하는

$$N_A = -D_{AK}\frac{dc_A}{dz} \tag{24.6-2}$$

로 다시 쓸 수 있다. 그러나 몰 흘럭스가 대류항을 포함하지 않기 때문에, 이것은 Fick 법칙과는 일치하지 **않는** 다공성 매체에 상대적인 화학 종 A의 2 성분 확산계수로 반드시 고려되어야만 한다. 그 결과로 D_{AK}는 관 반지름 a를 포함하므로 상태 물성이 아니다. 다공성 매체 내 채널의 굴곡진 특성과 유동 가능한 제한된 단면적을 고려하기 위해 흘럭스 식은

$$\langle N_A \rangle = -D_{AK}^{\text{eff}}\frac{dc_A}{dz} \tag{24.6-3}$$

---

[8] E. N. Lightfoot, J. B. Bassingthwaighte, and E. F. Grabowski, *Ann. Biomed. Eng.*, **4**, 78-90 (1976).

[9] R. Jackson, *Transport in Porous Catalysis*, Elsevier, Amsterdam (1977); R. E. Cunningham and R. J. J. Williams, *Diffusion in Gases and Porous Media*, Plenum Press, New York (1980).

으로 씀으로써 더 수정되어야 한다. 여기서

$$D_{AK}^{\text{eff}} = (\varepsilon/\tau)D_{AK} \tag{24.6-4}$$

이고, $\langle N_A \rangle$는 다공성 매체의 총 단면에 기초를 둔 몰 흘럭스이다. 이 식에서 ε은 다공성 물질 내의 공극 공간 분율이고, τ는 굴곡 인자이다. 비록 τ의 크기를 계산하기 위한 모델들이 존재[1a,10]하지만, 이것은 보통 실험적으로 결정되어야 한다.[11]

유효 Knudsen 확산계수에 대한 식 24.6-4의 대안으로, 집합체를 고정된 큰 구의 모음 (또는 "거대한 기체 분자")으로 다룰 것이며, Chapman-Enskog 분자운동론을 사용할 것이다. [12] 문제 24B.6은 이러한 접근이 식 24.6-4의 예측과 대단히 유사한 예측을 산출할 수 있음을 보여준다. 주목할만한 모델 둔감화이다.

예제 24.6-1 Knudsen 확산

각각 부피가 V인 2 개의 잘 교반되는 큰 저장조가 그림 24.6-1에서 나타낸 바와 같이 다공성 고체로 채워진 단면적이 S이고 길이가 L인 짧은 도관으로 연결되어 있다. 초기에 저장조 1은 균일한 압력 p_0에서 수소로 채워져 있고, 저장조 2는 역시 압력 p_0에서 질소로 채워져 있다. 전체 계는 일정한 온도로 유지된다. 시간 $t=0$에서 도관의 작은 밸브가 열리고, 2 개의 저장조는 서로 평형을 이루게 된다. 연결 도관을 통한 각 기체의 유동은 식 24.6-1을 따르고, 계 전체를 통하여 이상기체 법칙이 유지된다고 가정하면서, 각 저장조의 총 압력에 대한 식을 시간의 함수로 수립하시오.

해 도관 내에서 준 정상상태 거동을 가정함으로써 시작하므로, 어떤 기체에 대해서든. 저장조 1에서 저장조 2로의 전달 속도는

$$W_A = \frac{(8/3)(\varepsilon/\tau)aS}{L\sqrt{2\pi M_A RT}}(p_{A1} - p_{A2}) \equiv K_A(p_{A1} - p_{A2}) \tag{24.6-5}$$

로 주어진다. 여기서 W_A는 화학 종 A의 몰 유량 (질소든 수소든)이며, a는 두 저장조를 연결하는 플러그 내 공극의 유효 반지름이다. 이제 저장조 2에 대한 거시적 질량 수지는

$$V\frac{dc_{A2}}{dt} = \frac{V}{RT}\frac{dp_{A2}}{dt} = K_A(p_{A1} - p_{A2}) \tag{24.6-6}$$

[10] W. E. Stewart and M. F. L. Johnson, *J. Catalysis,* **4**, 248-252 (1965).

[11] J. B. Butt, *Reaction Kinetics and Reactor Design*, 2nd edition, Marcel Dekker, New York (1999), p. 500, 표 7.4.

[12] R. B. Evans, III, G. M. Watson, and E. A. Mason, *J. Chem. Phys.*, **35**, 2076-2083 (1961).

또는

$$\frac{dp_{A2}}{dt} = \left(K_A \frac{RT}{V}\right)(p_{A1} - p_{A2}) \tag{24.6-7}$$

로 주어지며, 전체 계에 걸친 질량 수지는

$$p_{A1} + p_{A2} = p_0 \tag{24.6-8}$$

을 산출한다. 시간 $t = 0$에서의 초기조건은

$$p_{H1} = p_0 \qquad p_{N1} = 0 \qquad p_{H2} = 0 \qquad p_{N2} = p_0 \tag{24.6-9}$$

이다. 이들 초기조건은 계의 거동 특성을 완전하게 하며, 두 기체의 분포는 서로 독립적임을 안다.

질소의 경우, 무차원 변수 $\psi_N = p_N/p_0$와 $\tau = (RTK_N/V)t$를 정의할 수 있으며, 그러면 구획 2의 질소에 대해 식 24.6-7을 초기조건을 $\psi_{N2}(0)=1$로 갖는

$$\frac{d\psi_{N2}}{d\tau} = 1 - 2\psi_{N2} \tag{24.6-10}$$

으로 쓸 수 있을 것이다. 그러면 이 문제에 대한 해는

$$\psi_{N2} = \tfrac{1}{2}(1 + e^{-2\tau}) \qquad \psi_{N1} = \tfrac{1}{2}(1 - e^{-2\tau}) \tag{24.6-11}$$

이다. 수소의 경우, $K_H = \sqrt{28/2}K_N \approx 3.74K_N$임에 주목한다. 따라서 수소에 대한 미분방정식은 초기조건을 $\psi_{H2}(0) = 0$으로 갖는

$$\frac{d\psi_{H2}}{d\tau} = 3.74(1 - 2\psi_{H2}) \tag{24.6-12}$$

이다. 그러면 이 미분방정식의 해는

$$\psi_{H2} = \tfrac{1}{2}(1 - e^{-7.48\tau}) \qquad \psi_{H1} = \tfrac{1}{2}(1 - e^{-7.48\tau}) \tag{24.6-13}$$

이며, $\psi_{N2}+\psi_{H2}$와 $\psi_{N1}+\psi_{H1}$에 대한 결과가 그림 24.6-1에 도시되어 있다.

여기서 얻어진 몰 훌럭스의 비 $N_A/N_B = -\sqrt{M_B/M_A}$ 는 1833년 Graham[13]에 의해 처음으로 관찰되었으며, 1953년 Hoogschagen[6]에 의해 재발견되었다. Knudsen 유동에 대해 여기서

[13] T. Graham, *Phil. Mag.*, **2**, 175, 269, 351 (1833). 번창하는 제조업자의 아들인 **Thomas Graham** (1805-1869)은 1819년부터 1826년까지 글라스고우 대학을 다녔으며, 1837년에 런던 칼리지 대학 화학과의 지명 교수가 되었다. 1834년에 왕립 협회의 평의원이 되었다. 그리고 동 년에 조폐국의 장으로 지명되었다.

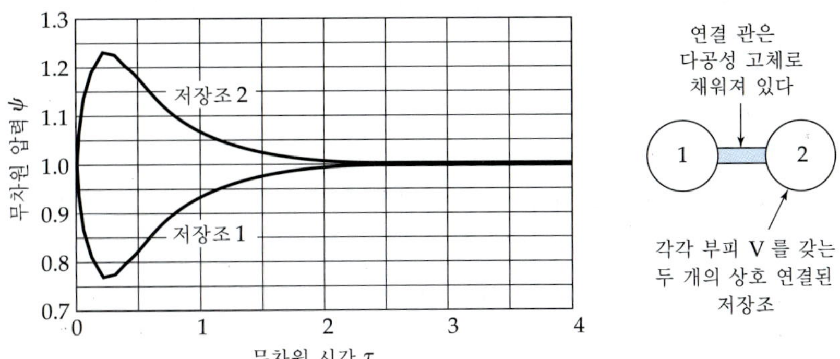

그림 24.6-1. Knudsen 유동.

유도되었음에도 불구하고, 또한 이 관계는 Knudsen 영역 바깥의 등압 확산에 대해서도 상당히 타당하다. 이것은 몇몇 연구자에 의해 분자운동론으로부터 유도되었으며, 평균 자유경로에 대한 통로 너비의 비가 대단히 큰 경우까지 관과 다공성 매체[6,7,13,14] 내에서 실험적으로 증명되었다. 두 집합의 확실한 데이터를 표 24.6-1에서 볼 수 있다. 두 집합의 실험에서는,[13,14] 그림 24.6-1의 장치와 유사한 장치가 사용되었으며, 다양한 시험용 기체가 공기

표 24.6-1 Graham 법칙의 실험적 증명 [T. Graham, *Phil. Mag.*, **2**, 175, 269, 351 (1833); E. A. Mason and B. Kronstadt, IMP-ARO(D)-12, University of Maryland, Institute for Molecular Physics, March 20, 1967].

기체	N_{gas}/N_{air} Graham[a]	N_{gas}/N_{air} Mason and Kronstadt[b]	$\left(\frac{M_{air}}{M_{gas}}\right)^{1/2}$
H_2	3.83		3.791
He		2.66 ± 0.01	2.690
CH_4	1.344	1.33 ± 0.01	1.3437
C_2H_4	1.0191		1.0162
CO	1.0149		1.0169
N_2	1.0143	1.02 ± 0.01	1.0168
O_2	0.9487	0.960 ± 0.005	0.9514
H_2S	0.95		0.9219
Ar		0.855 ± 0.011	0.8516
N_2O	0.82		0.8112
CO_2	0.812		0.8113
SO_2	0.68		0.6724

[14] E. A. Mason and B. Kronstadt, IMP-ARO(D)-12, University of Maryland, Institute for Molecular Physics, March 20, 1967.

에 대해 사용되었다. 각 저장조가 단지 공기 또는 시험용 기체를 담고 있었다면, 훌럭스 비 N_{gas}/N_{air}는 초기값이었다.

연속체 전달

지금까지의 공극 내부 전달에 대한 유체역학적 모델링은 소수 성분(용질)의 분자가 용매 분자에 비해 큰 2 성분 용액으로 제한되었다. 이 경우에 대한 모델은 다공성 구조에 대해 확장된 유체역학적 확산 이론에 기반을 두고 있다.[8] 이에 대한 설명은 닫힌 채널 내의 연속체(용매를 나타내는)를 통한 구(용질을 나타내는)에 대한 미동 유동의 운동방정식을 해석함으로써 얻게 된다.[15] 중요한 효과는 채널 입구에서 용질의 부분적인 축출과 채널 벽과의 선택적 상호작용을 포함한다. 지금까지의 결과는 단일 용질로 제한되지만, 컴퓨터 계산 기법의 급속한 발전[16]은 더 복잡한 계로 확장을 가능하게 할 것이다. 만약 용질과 다공성 벽 사이에 현저한 분자 상호간의 힘이 없다면, 유체역학적 확산 계산은 미세 다공성 막에 대해서도 사용될 수 있다.

이들 계에서 점성 유동의 모델링은 이미 6.4절에서 논의되었으며, 여기서 가장 관심을 갖는 낮은 Reynolds 수에 대해서는 Blake-Kozeny 식(식 6.4-9)으로 이와 같은 유동을 설명하는 것은 흔한 일이다 [그러나 Rhodes[5] (5장), Sahimi[2] (6장), Staněk[2] (3장) 참조]:

$$v_0 = -\frac{D_p^2}{150\mu}\frac{\varepsilon^3}{(1-\varepsilon)^2}\frac{d\mathscr{P}}{dz} \qquad (24.6\text{-}14)$$

여기서 v_0는 공탑 질량 평균 속도이다. 19.2절의 논의로부터 여기에 사용된 속도는 다공성 물질을 통한 유체의 질량 평균 속도임에 주목하시오.

거시적 설명을 하기 위해 일반화된 Maxwell-Stefan 방정식(식 24.5-4)을 사용할 것이며, 여기서는 농도와 압력에 의해 유도된 유동으로 제한할 것이다. 더욱이 움직이는 화학 종이 공극의 치수에 비해 상대적으로 작다면, 경계조건은 "공극 내부"의 유체와 외부 유체 사이 계면에서 화학 종 농도와 압력의 연속으로 간단히 된다.

예제 24.6-2 2 성분 외부 용액으로부터의 전달

움직이는 두 화학 종의 지름에 비해 큰 공극을 갖는 기재인 거시적 다공성 매체 M을 통과하는, 그러나 각 공극 내에서 측면 방향의 농도 구배가 무시할 만큼 충분히 작은, 용매 B 내 큰 용질 화학 종 A의 묽은 2 성분 용액의 확산에 대한 Maxwell-Stefan 방정식을 간략히 하시오.

---

[15] Z.-Y. Yan, S. Weinbaum, and R. Pfeffer, *J. Fluid Mech.*, **162**, 415-438 (1986).

[16] S. Kim and S. J. Karrila, *Microhydrodynamics: Principles and Selected Applications*, Butterworth-Heinemann, Boston (1991).

해 압력-유동 관계를 결정하는 것으로 시작하고, 이를 위해 Blake-Kozeny 식(식 24.6-14)과 앞 절의 확산에 기초한 결과(식 24.5-20)의 두 가지 방법이 있음에 주목한다.

분자 치수에 비해 상대적으로 큰 다공성 물질과 공극을 통과하는 높은 속도에 대해서는, 압력 구배에 반드시 비례해야 하는 질량 평균 속도가 있어야 하며, Blake-Kozeny 식이 유동을 지배한다고 가정할 것이다. 식 24.6-14를

$$\left(\frac{150\mu(1-\varepsilon)^2}{D_p^2\varepsilon^3}\right)(\omega_A v_A + \omega_B v_B) = -\frac{dp}{dz} \tag{24.6-15}$$

와 같이, 그리고 식 24.5-20을

$$cRT\left(\frac{x_A v_A}{\mathcal{D}'_{AM}} + \frac{x_B v_B}{\mathcal{D}'_{BM}}\right) = -\frac{dp}{dz} \tag{24.6-16}$$

과 같이 다시 씀으로써 시작한다. 이들 두 식에서 v_A와 v_B의 계수들을 같다고 두면, 각각 $\mathcal{D}'_{AM}$과 $\mathcal{D}'_{BM}$에 대해 기술할 수 있다. 만약 공극이 분자 치수에 비해 상대적으로 작고, 질량 평균 속도가 확산 속도 $\mathbf{v}_\alpha - \mathbf{v}$에 비해 상대적으로 크지 않다고 하면, 아직까지 잘 연구되지 못한 유동 영역 내에 있으며, 반드시 실험이든 적절한 분자 모델[17]이든 간에 도움을 받아야만 한다.

용질의 전달 속도를 구하기 위해, 24.5절의 확산계수가 이미 ε/τ 인자를 포함하고 있다는 것에 주목하면서 식 24.5-25를 상기한다. 그러나 만약 공극 치수가 용질과 용매 분자의 유효 지름에 비해 대단히 크다고 하면, $\mathcal{D}_{AB}/\mathcal{D}'_{AM}$의 비는 대단히 작아질 것이다. 따라서

$$\mathbf{N}_A x_B - \mathbf{N}_B x_A = -c(\varepsilon/\tau)\mathfrak{D}_{AB}^{\text{ext}}\nabla x_A \tag{24.6-17}$$

을 얻을 수 있으며, 여기서

$$\mathfrak{D}_{AB}^{\text{ext}} = \mathcal{D}_{AB}^{\text{ext}}\left(1 + \frac{\partial \ln \gamma_A}{\partial \ln x_A}\right)_{T,p} \tag{24.6-18}$$

이고, 상첨자 ext는 공극 유체와 동일한 조성을 갖는 외부 용액에서의 조건을 의미한다. 또 식 24.6-17은 결국 공극 분율과 굴곡에 대해 수정된 Fick 1 법칙인

$$\mathbf{N}_A = -c(\varepsilon/\tau)\mathfrak{D}_{AB}^{\text{ext}}\nabla x_A + x_A(\mathbf{N}_A + \mathbf{N}_B) \tag{24.6-19}$$

로 다시 쓰게 될 것이다. 이는 널리 사용된다.

---

[17] Z.-Y. Yan, S. Weinbaum, and R. Pfeffer, *J. Fluid Mech.*, **162**, 415-438 (1986).

제한받지 않은 유체에서와 똑 같이 단지 확산만을 고려하여서는 알짜 유동 또는 압력 강하를 결정할 수 없다. 홀럭스 비 또는 이에 상당하는 것을 필요로 한다. 특별한 예로 비활성 기체가 정체되어 있다고 가정하고, 수증기가 건조된 고체의 다공성 영역을 통과해 반드시 확산되어야만 하는 냉동 건조가 있다. 또 이 영역은 여기서와 같이 간단한 연속체 확산에서부터 미끄러짐 유동 영역을 거쳐 Knudsen 영역에 이르기까지 조건이 변할 수 있다는 것이 흥미롭다.[4b]

식 24.6-19와 이것에 이르기까지 유도하는 식들은 분자 확산의 직접적 효과만을 나타낸다는 것을 반드시 기억해야 한다. 부피 평균 대류 방정식을 사용할 때는 입자 상호간의 혼합의 결과로 일어나는 대류 분산과 직선 유동으로부터의 국부적인 이탈이 반드시 추가되어야 한다 (20.5 절, Butt[12]의 5.2.5절과 Levenspiel[1b]의 13.2절 참조).

논의를 위한 질문

1. 속도, 온도와 농도 구배를 포함하는 계와 같은 비평형 계를 연구하기 위해 평형 열역학이 어떻게 보조적이어야만 하는가?
2. 다성분 혼합물에서 나타나는 새로운 전달 계수들은 무엇이며, 이들은 무엇을 설명하는가?
3. 이 장은 식 19.3-3의 근원을 어느 정도까지 설명하는가? 이 식은 완벽하게 정확한가?
4. 식 24.1-6은 실제로 홀럭스에 대한 완벽한 식의 유도를 위한 출발점인가? 그 근원을 논의하시오.
5. 열 확산계수, 열 확산비와 Soret 계수는 어떻게 정의되는가? 이들 양의 부호는 미리 예측될 수 있는가?
6. 식 24.2-8로 시작하여 식 17.9-1을 어떻게 얻을 수 있는가? 식 17.9-1에는 어떤 제약조건이 놓여 있어야만 하는가?
7. 농도 구배, 활동도 구배 또는 어떤 다른 양이 확산을 위한 적절한 구동력은 무엇인가?
8. 동위원소 분리를 위한 Clusius-Dickel 탑을 논의하시오.
9. 초원심 분리기의 정상상태 운전을 설명하기 위해서는 어떠한 전달 물성도 아는 것이 필요하지 않다. 이것이 이상한 것처럼 보이는가?
10. 다공성 매체 내의 확산을 설명하기 위해 어떤 다양한 물리적 현상을 이해하는 것이 필요한가?

문제

24A.1. 열 확산.

(a) 그림 24.3-1에서 보는 간단한 열 확산 장치에서 일어나는 H_2와 D_2의 정상상태 분리를 다음 조건

하에서 계산하시오. T_1은 200K이고, T_2은 600K이며, 중수소의 몰 분율은 초기에 0.10이며, 유효 평균 k_T는 0.0166이다.

(b) 이 평균 k_T가 어떤 온도에서 계산되어야 했는가?

답: **(a)** H_2의 몰 분율은 뜨거운 구에서 0.0183만큼 더 높다.

(b) 330K

24A.2. 단백질의 초원심 분리. 전형적인 알부민 용액에 중력 가속도의 50,000 배인 원심력장이 다음 조건하에서 부가되고 있을 때 정상상태의 농도분포를 계산하시오.

셀 길이 = 1.0 cm

알부민 분자량 = 45,000

용액 내 알부민의 겉보기 밀도 = $M_A/\overline{V}_A$ = 1.34 g/cm^3

알부민의 몰 분율($z=0$에서), $x_{A0} = 5 \times 10^{-6}$

용액 내 물의 겉보기 밀도 = 1.00g/cm^3

온도 = 75°F

답: cm 단위의 z를 갖는 $x_A = 5 \times 1^{-6}\exp(-22.7z)$

24A.3. 이온 확산계수. 25℃에서 다음 이온에 대한 극한(즉, 0인 농도에서)에 상당하는 이온 컨덕턴스는 cm^2/ohm · g-equiv 단위로 Na^+ 이온은 50.10이고, K^+ 이온은 73.5이며, Cl^- 이온은 76.35이다.[1]

$$Đ_{iw} = \frac{RT}{F^2}\frac{\lambda_{i0}}{|z_i|} \tag{24.A.3-1}$$

의 정의로부터 대응하는 이온 확산계수를 계산하시오. $F \doteq 896{,}500$ coulombs/g-equiv이고, 25℃에서 $RT/F = 25.692$ mv이며, 1 coulomb=1 ampere · s임에 주목하시오.

24B.1. Lorentz 힘의 차원. 자기장을 통과해 움직이는 전하에 대한 Lorentz 힘이 식 25.4-50의 선형의 $\mathbf{d}_\alpha$에 추가된 첫 번째 항에 어떻게 대응하는지 그리고 이 양에 대해 일치하는 단위의 집합이 어떻게 주어지는지 보이시오. 제안: $cRT\mathbf{d}_\alpha$는 단위 부피당 화학 종 α의 확산 운동에 대한 동기가 되는 힘을 나타내며, 자기 유도에 통상적으로 사용되는 차원은 1 Weber = 1 Newton-second/Coulomb-meter임에 주목하시오.

24B.2. 접점 전위. 그림 24.4-2에서와 같이 정체 영역에 의해 분리되는 두 개의 잘 교반되는 25℃의 수용액 염 저장조를 생각하시오. 염의 농도는 좌측 저장조(1)에서는 1.0 N이고, 우측 저장조(2)에서는 0.1 N이다. 문제 24A.3의 이온 확산계수를 사용하여 NaCl과 KCl에 대한 접점 전위를 계산하시오. 일정한 이온 활동도 계수를 가정하시오. 어떤 구획이 더 양이 되는가? 왜 그런가?

24B.3. Donnan 축출. Scattergood[2]에 의해 사용된 슬폰산 막은 0.1 N NaCl에 잠겨 있을 때 다음의 평형

[1] R. A. Robinson and R. H. Stokes, *Electrolyte Solutions*, revised edition, Butterworth, London (1965), 표 6.1.

내부 조성을 갖는다.

유기 슬폰산 고분자	$c_{X^-} = 1.03$ g-equiv/liter
물	$c_w = 13.2$ g-equiv/liter
염소 이온	$c_{Cl^-} = 0.001$ g-equiv/liter
나트륨 이온	$c_{Na^+} = 1.031$ g-equiv/liter

염화 나트륨의 분포에 대한 평형 상수

$$K_D = \frac{(x_{Na^+}x_{Cl^-})_{\text{external}}}{(x_{Na^+}x_{Cl^-})_{\text{membrane}}} \tag{24.B.3-1}$$

을 계산하시오. 외부 용액에서 물의 농도는 약 55.5 g-mol/liter 임에 주목하시오

답: 0.64

24B.4. 삼투압. 용해된 염을 중량으로 3.45% 포함하고 있는 전형적인 바닷물은 순수한 물의 증기압보다 1.84% 낮은 증기압을 갖는다. 만약 막이 이상적인 선택적 막이라면, 실온에서 순수한 물을 생산하기 위해 요구되는 최소로 가능한 횡단막 압력을 계산하시오.

답: 약 25 atm

24B.5. 완벽하게 선택적인 여과막의 투과도 예제 22.8-5에서 설명한 완벽하게 선택적인 막의 수력학적 투과도에 대한 식을 24.5절에서 소개된 확산 매개변수의 항으로 수립하시오.

답: $K_{\text{H}}=Ð'_{wm}/RT\delta$, 여기서 δ는 막의 두께이다.

24B.6. 관과 입자층 내의 유동에 대한 Knudsen 확산 모델의 둔감화. 다공성 매체를 채널의 평행한 그물망으로 모델링함에 있어 실제 계의 굴곡 특성("굴곡도" τ)에 대해서와 유동이 가능한 단면의 분율 ε에 기인한 전달 제약에 대해 둘 다 고려하여야 한다. 그러면 식 24.6-1이

$$\mathbf{N}_A = -\frac{8}{3}\frac{\varepsilon a}{\tau}\frac{1}{\sqrt{2\pi M_A RT}}\nabla p_A \tag{24B.6-1}$$

로 수정되어야만 한다. 다른 대안적 접근은 고정된 거대 분자의 집합(다공성 매체를 구성하는 이들 입자)을 통과하는 화학 종 A의 확산이 있는 전달 공정으로 생각하는 것이다.[3] 이 모델은

$$\mathbf{N}_A = -\frac{\pi}{2}\left(\frac{1}{1+\frac{1}{8}\pi}\right)\frac{1}{1-\varepsilon}\;\frac{\varepsilon a}{\tau}\frac{1}{\sqrt{2\pi M_A RT}}\nabla p_A \tag{24B.6-2}$$

의 식을 도출한다. $\varepsilon = 0.6$에 대해 이 두 식을 비교하시오.

[2] E. M. Scattergood and E. N. Lightfoot, *Trans. Faraday Soc.*, **64**, 1135-1146 (1968).

[3] R. B. Evans, III, G. M. Watson, and E. A. Mason, *J. Chem. Phys.*, **35**, 2076-2083 (1961).

24C.1. 질량 훌럭스에 대한 식.

(a) 식 24.2-8의 좌변이 식 24.2-9의 좌변으로 어떻게 변환되는지 보이시오. 먼저 전자를 다음과 같이 다시 쓰시오.

$$\sum_{\substack{\beta=1 \\ \beta\neq\alpha}}^{N} \frac{x_\alpha x_\beta}{Đ_{\alpha\beta}}(\mathbf{v}_\gamma - \mathbf{v}_\beta) + x_\alpha(\mathbf{v}_\alpha - \mathbf{v}_\gamma)\sum_{\substack{\beta=1 \\ \beta\neq\alpha}}^{N} \frac{x_\beta}{Đ_{\alpha\beta}} \tag{24C.1-1}$$

모든 β에 걸친 합으로 두 번째 항을 다시 쓰고, 그런 다음 합의 수정을 보완하기 위해 한 항을 추가하시오. 이 변화가 필요하지 않았기 때문에 정의되지 않았던 $Đ_{\alpha\alpha}$를 포함하는 항을 합에 도입하였음에 주목하시오. 이제 선택한 임의의 방법으로 $Đ_{\alpha\alpha}$를 마음껏 정의해도 좋으며,

$$\frac{x_\alpha}{Đ_{\alpha\alpha}} = -\sum_{\substack{\beta=1 \\ \beta\neq\alpha}}^{N} \frac{x_\beta}{Đ_{\alpha\beta}} \quad \text{또는} \quad \sum_{\substack{\beta=1 \\ \text{all } \beta}}^{N} \frac{x_\beta}{Đ_{\alpha\beta}} = 0 \tag{23C.1-2, 3}$$

을 선택한다. 이 선택은 식 24.2-9의 좌변을 얻는 것을 가능하게 하며, 식 24.2-9 뒤에 주어진 보조적 관계는 사실 바로 위의 식 24C.1-3이다.

(b) 다음 $\mathbf{v}_\beta$를 $[\mathbf{v}_\beta + (D_\beta^T/\rho_\beta)\nabla \ln T]$로 대체하여 위의 유도를 반복하고, 식 24.2-8의 확산항과 열 확산항은 둘 다 식 24.2-9의 대응하는 항으로 변환될 수 있음을 증명하시오.

24C.2. 미분 원심 분리.

대장균 세포를 용해(파열)하여 원하는 단백질의 녹지 않는 경질 응집체, 용해되지 않은 세포와 원하지 않는 용해된 단백질로 구성된 **봉입 물체**의 희석 현탁계를 생성하였다. 이 문제의 목적을 위해 모든 것을 여기에 나타낸 물성을 갖는 구로 생각할 것이다.

	세포	봉입 물체	단백질
질량 또는 당량	1.89×10^{-12} g	2.32×10^{-15} g	50 kilodaltons
밀도 (g/ml)	1.07	1.3	1.3

원심 분리에 의해 이들 물질을 효과적으로 분리할 수 있는가? 설명하시오.

24C.3. 염화 나트륨의 전달 특성.

수반되는 표[1]에는 25℃의 염화 나트륨에 대한 당량 컨덕턴스, 확산계수와 열역학적 활동도 계수가 주어져 있다. 먼저 둘은 몰 농도(M)의 함수로 주어져 있으며, 세 번째는 몰랄 농도(m)의 함수이다. 이 문제의 목적을 위하여 M/m=1-0.019m이라고 가정하며, Na^+와 Cl^-에 대한 극한의 이온 당량 컨덕턴스(즉 무한히 묽은)는 각각 50.10과 76.53이다. 역으로 염의 당량 컨덕턴스는

$$\Lambda_S = \lambda_{Na^+} + \lambda_{Cl^-} = K_{sp}/c_S \tag{24C.3-1}$$

로 정의된다. 여기서 비컨덕턴스는 $K_{sp}=L/AR$이고, R은 길이가 L이고 단면적이 A인 용액 부피의 저항이다. 용액 농도에 대한 이 응답을 설명하기 위해 필요한 3가지 확산계수 $Đ_{Na^+,W}$, $Đ_{Cl^-,W}$와 $Đ_{Na^+Cl^-}$에 대한 용액 거동의 민감도를 이 데이터를 사용하여 논의하시오.

25℃에서 NaCl 수용액의 전기화학적 특성

몰 농도	당량 컨덕턴스 (cm^2/ohm-equiv)	확산계수 ($cm^2/s \times 10^5$)	몰랄 농도	활동도 계수
0	126.45	1.61	0	1
0.00055	124.51			
0.001	123.74	1.585		
0.005	120.64			
0.01	118.53			
0.02	115.76			
0.05	111.06	0.507		
0.1	106.74	1.483	0.1	0.778
0.2	101.71	1.475	0.2	0.735
			0.3	0.710
			0.4	0.693
0.5	93.62	1.474	0.5	0.681
			0.6	0.673
			0.7	0.667
			0.8	0.659
			0.9	0.657
1	85.76	1.484	1.0	0.657
			1.2	0.654
			1.4	0.655
1.5	79.86	1.495		
			1.6	0.657
			1.8	0.662
2	74.71	1.516	2.0	0.668
			2.5	0.688
3	65.57	1.563	3.0	0.714
			3.5	0.746
4	57.23		4.0	0.783
			4.5	0.826
5	49.46		5.0	0.874

24C.4. 전기적 중성으로부터 이탈. Newman에 따라, 문제 24B.2의 저장조 사이 정체 영역에서 전기적 중성으로부터 이탈을 다음과 같이 계산하시오. 먼저 g-moles/liter 단위의 염의 농도가

$$c_s = 1.0 - 0.9\frac{z}{L} \tag{24C.4-1}$$

로 주어진다고 가정하면서 $d^2\phi/dz^2$을 계산하시오. 여기서 z는 저장조 1에서부터 저장조 2를 향해 측정된 거리이며, L은 정체 영역의 길이이다. 그런 다음 결과를 Poisson 방정식

$$\nabla^2\phi = -\frac{F}{\varepsilon}\sum_{i=1}^{N} z_i c_i \tag{24C.4-2}$$

에 대입하시오. 여기서 ε은 유전 상수이고, F/ε은 상대적인 유전 상수 78.303에 대응하는 1.392×10^{16} volt-cm/g-equiv로 취해질 것이다(Newman[4]의 pp. 74와 256 참조). 이 문제에 대해 식 24.4-2 내의 합은 $(c_+ - c_-)$로 축소된다.

24C.5. 유전 영동의 구동력. 대전되지 않은 비전도성 매체를 가로질러 전기 전위가 부과되면

$$(\nabla \cdot \varepsilon\mathbf{E}) = 0 \tag{24C.5-1}$$

을 쓸 것이며, 여기서 ε은 유전 상수이다.

외부와 내부의 반지름이 각각 R_2와 R_1인 두 개의 동축 원통형 금속 전극 사이 영역에서 전기장 분포 $\mathbf{E}$를 계산하기 위해 이 식이 어떻게 사용될 수 있는지 보이시오. 유전 상수의 변화는 무시하여도 좋다. 양의 자화율을 갖는 입자가 어느 전극을 향하여 이동하며, 이들의 이동 속도는 위치에 따라 어떻게 변하는가?

24C.6. 유전체 내의 작은 첨가물 영향. 내재된 입자에 의한 비선형적 전위장의 생성은 입자가 없으면 균일한 장 내에 반지름이 R인 단일 입자가 있는 극한의 경우를 생각함으로써 설명될 수 있다. 외부 매체와 입자 둘 다에서의 전위장의 분포는 Laplace 방정식 $\nabla^2\phi = 0$과 구의 표면에 대한 경계조건에 의해 정의된다(여기서 지수 s와 c는 구와 연속체를 나타낸다).

$$\varepsilon_s(\boldsymbol{\delta}_r \cdot \nabla\phi_s) = \varepsilon_c(\boldsymbol{\delta}_r \cdot \nabla\phi_c) \tag{24C.6-1}$$

만약 큰 r에 대해 $\phi_c \rightarrow Ar\cos\theta$라면, ϕ_c와 ϕ_s에 대한 식을 수립하시오.

24C.7. 마찰로 유도된 선택적 여과. 열역학적인 거부를 보이지 않는 셀로판[5,6] 막의 포도당 거부 거동을 설명하시오. 막에 주입되는 포도당의 몰 분율은 0.01이고 다음 물성을 갖는다고 가정하시오.

$$K_D = 1.0; \quad \overline{V}_g/\overline{V}_w = 4; \quad Đ'_{wM}/Đ'_{gM} = 100; \quad Đ'_{wM}/Đ'_{gw} = 25$$

여기서 하첨자 g, w와 M은 각각 포도당, 물과 막을 나타낸다.

부분 답: 여과액 내의 설탕의 높은 유동 극한 몰 분율은 0.00234이다.

---

[4] J. S. Newman, *Electrochemical Systems*, 2nd edition, Prentice-Hall, New York (1991).

[5] B. Z. Ginzburg and A. Katchalsky, *J. Gen. Physiol.*, **47**, 403-418 (1963).

[6] T. G. Kaufmann and E. F. Leonard, *AIChE Journal*, **14**, 110-117 (1968).

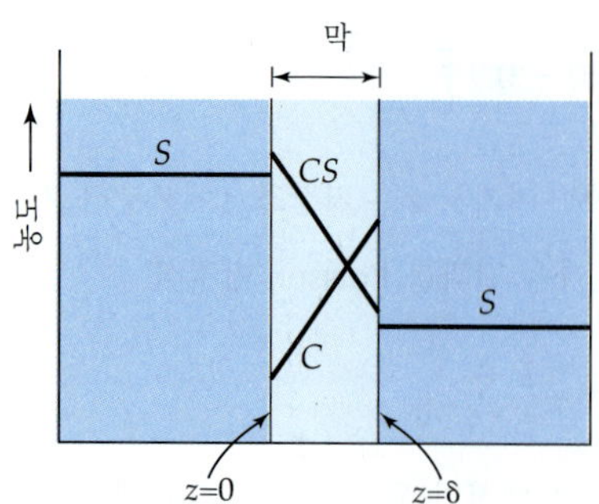

그림24C.9. 초보적인 촉진 전달. 용질(S), 수송체(C)와 복합체(CS)에 대한 농도분포.

24C.8. 열역학적으로 유도된 선택적 여과. K_D=1.0이고, 용질의 활동도 계수가 1이며, $Đ'_{sM}/Đ'_{wM}=\bar{V}_w/\bar{V}_s$인 경우에 대한 가상적 막의 거동을 설명하시오. 여기서 하첨자 s, w와 M은 각각 용질, 물과 막을 나타낸다.

부분 답: 여과액 내의 높은 유동 극한 용질 몰 분율은 공급물의 용질 농도의 0.1 배이다.

24C.9. 촉진 전달. 막 상을 떠날 수 없는 수송체 C와 함께 복합체 CS로 하나의 외부 용액으로부터 다른 외부 용액으로 균질 막을 가로지르는 용질 S의 전달을 생각하시오. 용질 S는 막 내에서는 용해되지 않으며, 대류는 무시할만 하다고(그림 24C.9 참조) 간주될 것이다. 더욱이

1.

$$c_{CS} = K_D c_C c_S \tag{24C.9-1}$$

에 따라 막 표면 양쪽에 평형이 존재한다. 여기서 농도 S는 외부 용액 내의 농도이며, C와 CS의 농도는 막 내에서의 농도이다.[7]

2. C와 CS는 둘 다 간단한 속도식 $\mathbf{N}_i = -D_{im}\nabla c_i$를 따른다.

를 가정하시오. 막 내에 존재하는 수송체와 수송 복합체를 더한 총량, 용액 농도 S, 양 K_D와 확산계수의 항으로 된 S의 전달 속도에 대한 일반식을 수립하시오. S의 최대 전달 속도는 얼마인가(즉, 그림 좌측에서의 S의 농도는 대단히 높게 되고, 우측에서 농도는 0이 될 때)?

24D.1. 엔트로피 흘럭스와 엔트로피 생성.

(1) 식 24.1-3과 4가 식 24.1-1과 2로부터 유도되었음을 증명하시오.

(2) 식 21.4-5에서부터 8을 거쳐 식 24.1-3과 4로 역행할 수 있는지 보이시오. 이를 위해 Gibbs-Duhem 식의 한 형태를 사용하는 것이 필요할 것이다.

$$\sum_{\alpha=1}^{N} \rho_\alpha \nabla\left(\frac{1}{T}\frac{\overline{G}_\alpha}{M_\alpha}\right) - \frac{1}{T}\nabla p + \sum_{\alpha=1}^{N} \rho_\alpha \frac{\overline{H}_\alpha}{M_\alpha}\frac{1}{T^2}\nabla T = 0 \tag{24D.1-1}$$

[7] 그러나 J. D. Goddard, J. S. Schultz, and R. J. Bassett, *Chem. Eng. Sci.*, **25**, 665-683 (1970)과 W. D. Stein, *The Movement of Molecules across Cell Membranes*, Academic Press, New York (1984)를 참조하시오.

후문

이 긴 교과서에서 전달하고자 하였던 모든 메시지 중에서 가장 중요한 것은 3장, 11장과 19장에서 수립된 **변화방정식의 중요한 역할**을 인식하는 것이다. 미시적 연속체 수준에서 쓰여진 이들은 개별 분자의 대단히 복잡한 운동과 공학적으로 관심을 갖는 대부분의 계에서 관찰 가능한 거동 사이를 기본적으로 연결하고 있다. 이들은 비록 복잡한 시간 의존적인 계에서도 운동량, 에너지 및 질량 훌럭스 뿐만 아니라 속도, 압력, 온도와 농도분포를 결정하기 위해 사용될 수 있다. 이들은 난류계에도 적용 가능하며, 비록 완벽한 선험적 해가 실행 불가능하다고 증명될 때라도 차원 해석을 통해 데이터의 효과적인 사용을 간단하게 한다. 변화방정식을 적분한 형태는 거시적 수지를 제공한다.

그러나 모든 독자의 필요를 충족시키는 입문 교과서는 만날 수 없다. 그러므로 뜻하지 않게 만나게 되는 이동현상의 응용 문제를 지적인 방법으로 즉시 달려들어 해결하기 위해 필요한 **원리의 견고한 기초**를 제공하고자 시도하였다. 또한 추가적인 정보를 발견할 수 있는 원천으로 광범위한 참고문헌을 제공하였다. 이들 참고문헌의 몇몇은 특별한 데이터를 포함하거나 또는 강력한 문제-해결 기법을 소개하고 있다. 다른 참고문헌들은 전달 해석이 장비와 공정 설계에 어떻게 구체화될 수 있는지 보여주고 있다.

그러므로 변화방정식의 특징과 답을 할 능력이 있는 질문의 종류를 설명하는 상대적으로 간단한 예제에 집중하고자 하였다. 이는 어려운 문제의 해를 구하기 위해 이용 가능한 대단히 효력이 있는 수치적 기법을 무시하였기에 크게 요구되었다. 다행히 이제는 **수치적 기법에 대한 수많은 논문**과 보다 큰 또는 보다 작은 일반성을 갖는 패키지된 프로그램들이 있다. 데이터와 모사 결과를 상당히 간단하게 나타내기 위한 도표용 프로그램 또한 이용 가능하다.

또 전달 물성을 예측하기 위한 향상된 기법에서부터 새로운 물질의 개발까지의 범위에 걸쳐 이동현상의 분자 이론이 상당히 발전되었음을 인식해야 할 것이다. **분자 동역학과 브라운 동력학 모사 기법**은 초 저밀도의 기체, 얇은 경막, 작은 기공, 계면, 콜로이드와 고분자 액체와 같은 다채로운 계를 이해하는 데 대단히 효력이 있는 것으로 증명되고 있다.

난류 전달에 대한 간단한 모델이 포함되었지만, 이들은 크고 중요한 분야에 대한 단지 간소한 입문 정도이다. 고도로 복잡 미묘한 기법이 항공기의 힘과 돌림힘, 자동차의 연소공정과 유체 혼합기의 성능을 예측하는 것과 같은 특수한 분야에 대해 개발되었다. 흥미가 있는 독자들은 이 책의 대단히 제한된 입문적 논의에 그치지 말아야 할 것이다.

반대로 그 중요성과 효력이 많은 응용에서 이제 인식되기 때문에, **경계층 현상**의 적용 범위를 크게 확대하였다. 경계층 기법은 한때는 주로 항공역학자들의 분야였지만, 이제는 유체역학뿐만 아니라 열 및 물질전달의 많은 분야에서 널리 사용된다. 응용은 촉매론, 분리공정 및 생물학과 같은 다채로운 분야에서 많이 적용된다.

중요성이 크고 또 증가하는 것은 경막, 윤활제, 접착제, 현탁계와 유화계의 조제와 사용에서 만나게 되는 **비뉴튼 거동**이다. 생물학적 예제는 관절 접합부의 작동에서부터 해양 동물의 항력을 감소하는 끈적끈적한 물질까지와 식료품 소화의 가장 기본적인 문제에 이르기까지의 범위에 걸쳐 대단히 중요하다.

공간적 제약 때문에 무시한 분야인 **압축성 유동**없이는 어떠한 음악도 대화도 가능하지 않을 것이다. 또한 압축성 유동은 비행기의 설계, 대기권으로 로켓 본체의 재돌입과 기상학적 현상의 예측이 있어 결정적으로 중요하다. 토네이도의 막강한 파괴력은 후자의 예로 도전해 볼 만하다.

화학반응계에서의 이동현상을 포함하는 몇몇 문제를 나타내었다. 간단히 하기 위하여 상당히 이상적인 형태로 화학반응 속도식을 취하였다. 연소, 화염의 전달과 폭발 현상의 문제에 대해서는 좀 더 현실적인 반응속도식이 필요할 것이다. 생물학적 계에서도 똑같은 사실이며, 인체의 기능에 대한 이해가 화학반응론, 촉매론, 확산과 난류 사이의 상호 관계에 대한 훨씬 더 자세한 식을 요구하게 될 것이다.

기본항에서, 전자보다는 오히려 양이온, 특히 양자에 의해 주로 전달되는 전류를 갖는 연료전지에 밀접하게 상당하는 것에 의해 내부적으로 동력을 공급하게 된다. 또 이제는 도처에 있는 컴퓨터와 무선전화와 같은 미세 전자기기에서 일어나는 복잡한 "전기적 전달현상"이 있다. 전기 전달에 대해 아주 간략하게 소개하였지만, 독자들이 다시 더 특별한 원천으로 나아가기를 재촉하게 된다.

이동현상과 열역학 같은 기술적인 분야의 완벽하고 순수한 사용만을 통한 공학적 계획은 상상할 수 없다. 마지막 해석에서 공학은 완벽하지 않은 지식을 보충하기 위해 학생으로 하여금 스스로 발견하게 하는 것에 몹시 의존한다. 그러나 이동현상은 유용한 근사를 제공함으로써, 크기의 차수 계산으로 시작함으로써 그리고 경계층 이론에 의해 제공되는 것과 같은 계속적으로 더 정확한 근사로 나아감으로써 무한히 도움이 된다고 증명할 수 있다. 그러므로 우리 모델계에 대한 수치적 거동을 조사함으로써 **형상 및 모델에 둔감한 특징**을 찾기 위하여 이 책을 두 번 읽는 것이 중요하다.

Appendix

A 벡터와 텐서 기호[1]

이동현상에서 만나는 물리적인 양은 온도, 압력, 부피와 시간과 같은 **스칼라**, 속도, 운동량과 힘과 같은 **벡터**와 응력, 운동량 훌럭스와 속도 구배 텐서와 같은 **(2차)텐서**의 세 범주로 구분된다. 이들 양을 다음 기호로 구별한다.

s= 스칼라(가는 활자의 이탤릭 글자)

$\mathbf{v}$= 벡터(굵은 활자의 로마 글자)

$\boldsymbol{\tau}$= 2차 텐서(굵은 활자의 그리스 글자)

이에 더하여 하나의 하첨자를 갖는 굵은 활자의 그리스 글자는($\boldsymbol{\delta}_i$와 같은) 벡터이다.

벡터와 텐서에 대해서는, 몇 가지 다른 종류의 곱셈이 가능하다. 이들 중 몇몇은 후에 정의되는 단일 점 (·), 이중 점 (:)과 교차 (×)의 특별한 곱셈 부호를 사용하는 것이 요구된다.

산출되는 결과의 종류를 가리키기 위해 이들 특별한 곱셈과 그것에 관한 합을 다른 종류의 괄호 안에 넣는다:

( )=스칼라

[ ]=벡터

{ }=2차 텐서

---

[1] 이 부록은 R. B. Bird, R. C. Armstrong, and O. Hassager, *Dynamics of Polymeric Liquids, Vol. 1, Fluid Mechanics,* 2nd edition, Wiley-Interscience, New York (1987) 의 부록 A와 대단히 유사하다.이 책의 8절에는 비직교 좌표에 대한 논의가 주어져 있다. 또 표 A.7-4에는 2극 좌표의 델 연산에 대한 요약이 있다.

만약 괄호에 둘러 쌓인 유일한 연산이 덧셈, 뺄셈과 ·, : 과 ×가 나타나지 않는 곱셈이라면, 괄호의 종류에 특별한 의미가 붙어 있지 않다. 그러므로 $(\mathbf{v}\cdot\mathbf{w})$와 $(\boldsymbol{\tau}:\nabla\mathbf{v})$는 스칼라이고, $[\nabla\times\mathbf{v}]$와 $[\boldsymbol{\tau}\cdot\mathbf{v}]$는 벡터이며, $\{\mathbf{v}\cdot\nabla\boldsymbol{\tau}\}$와 $\{\boldsymbol{\sigma}\cdot\boldsymbol{\tau}+\boldsymbol{\tau}\cdot\boldsymbol{\sigma}\}$는 2차 텐서이다. 한편으로는 점 연산과 교차 연산이 나타나지 않으므로, $\mathbf{v}-\mathbf{w}$는 $(\mathbf{v}-\mathbf{w})$, $[\mathbf{v}-\mathbf{w}]$ 또는 $\{\mathbf{v}-\mathbf{w}\}$로 쓸 수 있을 것이다. 유사하게 $\mathbf{vw}$, $(\mathbf{vw})$, $[\mathbf{vw}]$와 $\{\mathbf{vw}\}$는 모두 동일하다.

사실 스칼라는 0차 텐서로 간주할 수 있고, 벡터는 1차 텐서로 간주할 수 있다. 따라서 곱의 부호는

곱의 부호	결과의 차수
없음	Σ
×	Σ −1
•	Σ −2
:	Σ −4

로 해석될 것이다. 여기서 Σ은 곱하게 되는 양의 차수의 합을 나타낸다. 예를 들면, $s\boldsymbol{\tau}$는 0+2=2의 차수이고, $\mathbf{vw}$는 1+1=2의 차수, $\boldsymbol{\delta}_1\boldsymbol{\delta}_2$는 1+1=2의 차수, $[\mathbf{v}\times\mathbf{w}]$는 1+1−1의 차수, $(\boldsymbol{\sigma}:\boldsymbol{\tau})$는 2+2−4=0의 차수이며, $[\boldsymbol{\sigma}\cdot\boldsymbol{\tau}]$는 2+2−2 = 2의 차수이다.

스칼라 양에 대해 수행할 수 있는 기본 연산은 여기서는 정성을 들일 필요가 없다. 그러나 스칼라의 대수학에 대한 법칙이 벡터 연산의 논의에 계속해서 나타나는 세 개의 항을 설명하기 위해 사용될 것이다.

a. 두 스칼라 r과 s의 곱셈에 대해 곱셈의 차수가 없으므로 교환법칙이 성립한다: $rs=sr$.

b. 세 스칼라 q, r과 s의 계속되는 곱셈에 대해 수행되는 곱셈은 차수가 없으므로, 결합법칙이 성립한다: $(qr)s=q(rs)$.

c. p, q와 r 스칼라의 합과 스칼라 s의 곱셈에 대해 덧셈 또는 곱셈은 먼저 수행되는 것이 중요하지 않으므로, 분배법칙이 성립한다: $s(p+q+r)=sp+sq+sr$

이들 법칙은 다음 절에서 설명되는 상사한 벡터와 텐서 연산에 대해서는 일반적으로는 타당하지 않다.

A.1 기하학적 관점에서의 벡터 연산자

기초 물리학 과정에서는 기하학적 관점에서 벡터가 소개된다. 이 절에서는 벡터 곱셈의 연산을 포함하기 위해 이 접근법을 확장하고자 한다. A.2절에는 유사한 해석적 논법이 주어진다.

벡터의 정의와 그 크기

벡터 **v**는 주어진 크기와 방향을 갖는 양으로 정의된다. 벡터의 크기는 |**v**|로 나타내거나 대응하는 가는 활자 기호 *v*에 의해 간단히 나타낸다. 두 벡터 **v**와 **w**는 그들의 크기가 같고 동일한 방향을 가리킨다면 같다; 이들은 동일 직선 상에 있어야만 하는 것은 아니며, 동일 원점을 가지고 있어야만 하는 것도 아니다. 만약 **v**와 **w**가 반대 방향을 가리키는 것을 제외하고 똑같은 크기를 갖는다면, **v**=−**w**이다.

벡터의 덧셈과 뺄셈

두 벡터의 덧셈은 그림 A.1-1a에 나타낸 것과 같이 친근한 평행사변형 구조에 의해 이룰 수 있다. 벡터 덧셈은 다음 법칙을 따른다.

교환: $$(\mathbf{v}+\mathbf{w})=(\mathbf{w}+\mathbf{v}) \tag{A.1-1}$$

결합: $$(\mathbf{v}+\mathbf{w})+\mathbf{u}=\mathbf{v}+(\mathbf{w}+\mathbf{u}) \tag{A.1-2}$$

벡터 뺄셈은 한 벡터의 부호를 역으로 하고 더함으로써 수행된다. 따라서 **v**−**w**=**v**+(−**w**)이다. 이에 대한 기하학적 구조는 그림 A.1-1b에서 보게 된다.

벡터와 스칼라의 곱셈

벡터를 스칼라와 곱하면, 벡터의 방향은 변하지 않고 벡터의 크기는 변하게 될 것이다. 다음 법칙이 적용 가능하다.

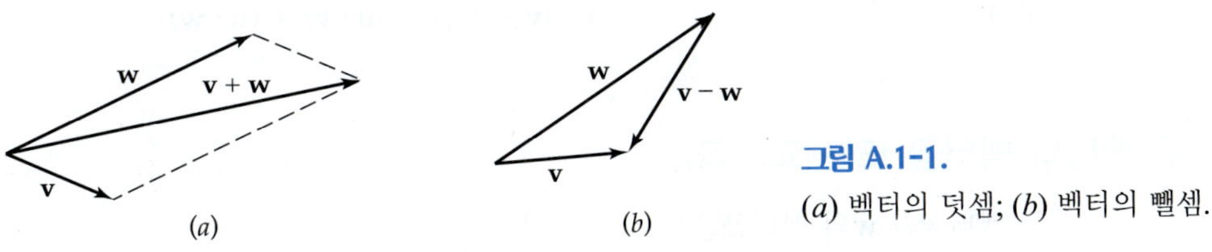

그림 A.1-1. (*a*) 벡터의 덧셈; (*b*) 벡터의 뺄셈.

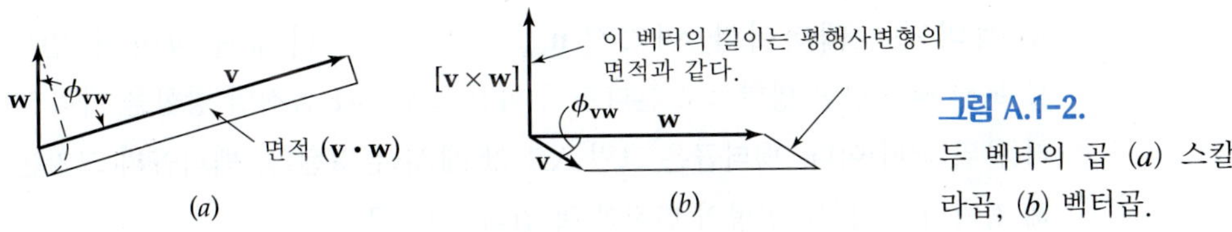

그림 A.1-2. 두 벡터의 곱 (*a*) 스칼라곱, (*b*) 벡터곱.

교환: $$s\mathbf{v} = \mathbf{v}s \tag{A.1-3}$$

결합: $$r(s\mathbf{v}) = (rs)\mathbf{v} \tag{A.1-4}$$

분배: $$(q + r + s)\mathbf{v} = q\mathbf{v} + r\mathbf{v} + s\mathbf{v} \tag{A.1-5}$$

두 벡터의 스칼라곱(또는 점곱)

두 벡터 $\mathbf{v}$와 $\mathbf{w}$의 스칼라곱은

$$(\mathbf{v} \cdot \mathbf{w}) = vw \cos \phi_{\mathbf{vw}} \quad 0 \leq \phi_{\mathrm{vw}} < \pi \tag{A.1-6}$$

로 정의되는 스칼라 양이다. 여기서 ϕ_{vw}는 벡터 $\mathbf{v}$와 $\mathbf{w}$ 사이 각이다. 그러면 스칼라곱은 $\mathbf{w}$ 위 $\mathbf{v}$의 투영을 w의 크기와 곱한 것이거나 또는 그 역도 성립한다(그림 A.1-2a). 벡터와 그 자체 벡터의 스칼라 곱은 바로 벡터 크기의 제곱임에 주목하시오.

$$(\mathbf{v} \cdot \mathbf{v}) = |\mathbf{v}|^2 = v^2 \tag{A.1-7}$$

스칼라곱을 지배하는 법칙은 다음과 같다.

교환: $$(\mathbf{u} \cdot \mathbf{v}) = (\mathbf{v} \cdot \mathbf{u}) \tag{A.1-8}$$

결합은 성립되지 않음: $$(\mathbf{u} \cdot \mathbf{v})\mathbf{w} \neq \mathbf{u}(\mathbf{v} \cdot \mathbf{w}) \tag{A.1-9}$$

분배: $$(\mathbf{u} \cdot \{\mathbf{v} + \mathbf{w}\}) = (\mathbf{u} \cdot \mathbf{v}) + (\mathbf{u} \cdot \mathbf{w}) \tag{A.1-10}$$

두 벡터의 벡터곱(또는 교차곱)

두 벡터 $\mathbf{v}$와 $\mathbf{w}$의 벡터곱은

$$[\mathbf{v} \times \mathbf{w}] = \{vw \sin \phi_{\mathbf{vw}}\}\mathbf{n}_{\mathbf{vw}} \tag{A.1-11}$$

로 정의되는 벡터이다. 여기서 $\mathbf{n}_{\mathrm{vw}}$는 $\mathbf{v}$와 $\mathbf{w}$ 둘 다에 수직이며, 만약 $\mathbf{v}$로부터 각 ϕ_{vw}를 통해 $\mathbf{w}$를 향한 방향으로 돈다면 우회전 스크루가 움직일 방향을 가리키는 단위 길이의 벡터(단위 벡터)이다. 벡터곱은 그림 A.1-2b에서 설명된다. 벡터곱의 크기는 벡터 $\mathbf{v}$와 $\mathbf{w}$에 의해 정의되는 평행사변형의 면적과 똑 같다. 그것은

$$[\mathbf{v} \times \mathbf{v}] = 0 \tag{A.1-12}$$

인 벡터곱의 정의를 따른다. 벡터곱 연산을 지배하는 법칙의 다음 요약에 주목하시오.

교환은 성립되지 않음:
$$[\mathbf{v} \times \mathbf{w}] = -[\mathbf{w} \times \mathbf{v}] \tag{A.1-13}$$

결합은 성립되지 않음:
$$[\mathbf{u} \times [\mathbf{v} \times \mathbf{w}]] \neq [[\mathbf{u} \times \mathbf{v}] \times \mathbf{w}] \tag{A.1-14}$$

분배:
$$[\{\mathbf{u} + \mathbf{v}\} \times \mathbf{w}] = [\mathbf{u} \times \mathbf{w}] + [\mathbf{v} \times \mathbf{w}] \tag{A.1-15}$$

벡터의 복합곱

다소 더 복잡한 것은 바로 설명된 곱셈 과정의 결합에 의해 형성되는 복합곱이 있다.

(a) $rs\mathbf{v}$ (b) $s(\mathbf{v} \cdot \mathbf{w})$ (c) $s[\mathbf{v} \times \mathbf{w}]$
(d) $(\mathbf{u} \cdot [\mathbf{v} \times \mathbf{w}])$ (e) $[\mathbf{u} \times [\mathbf{v} \times \mathbf{w}]]$ (f) $([\mathbf{u} \times \mathbf{v}] \cdot [\mathbf{w} \times \mathbf{z}])$
(g) $[[\mathbf{u} \times \mathbf{v}] \times [\mathbf{w} \times \mathbf{z}]]$

이들 중 처음 셋의 기하학적 해석은 간단하다. $(\mathbf{u} \cdot [\mathbf{v} \times \mathbf{w}])$의 크기는 벡터 **u**, **v**와 **w**로 정의되는 가장자리을 갖는 평행육면체의 부피를 나타내는 것을 쉽게 알 수 있다.

연습문제

1. 다음 양의 차수는 무엇인가: $(\mathbf{v} \cdot \mathbf{w})$, $(\mathbf{v}-\mathbf{u})\mathbf{w}$, $(\mathbf{ab}:\mathbf{cd})$, $[\mathbf{v} \cdot \rho \mathbf{wu}]$, $[[\mathbf{a} \times \mathbf{f}] \times [\mathbf{b} \times \mathbf{g}]]$?
2. 식 A.1-9의 부등식을 설명하기 위해 개략적으로 그리시오. 등식이 되는 어떤 특별한 경우가 있는가?
3. 면적이 S인 수학적 평면 표면은 표면의 하류 방향을 가리키는 단위 수직 벡터 **n**에 의해 주어진 배향을 갖는다. 밀도가 ρ인 유체가 이 표면을 통해 속도 **v**로 흐르고 있다. 표면을 통한 질량 유량이 $w = \rho(\mathbf{n} \cdot \mathbf{v})S$ 임을 보이시오
4. 회전하는 고체 물체의 각속도 **W**는 크기가 각변위 속도(단위 초당 라디안)이고, 만약 우회전 스크루와 동일한 방향으로 돈다면 방향은 우회전 스크루가 진행하는 방향의 벡터이다. 점의 위치 벡터 **r**은 좌표의 원점에서부터 점에 이르는 벡터이다. 회전하는 고체 물체의 임의의 점에서의 속도는 회전 축 위에 위치한 원점에 상대적인 $\mathbf{v} = [\mathbf{W} \times \mathbf{r}]$ 임을 보이시오.

5. 일정한 힘 **F**가 **F**와는 동일 직선 상에 있을 필요가 없는 속도 **v** 로 움직이는 물체에 작용한다. **F**가 물체에 대해 하는 일의 속도는 $W=(\mathbf{F}\cdot\mathbf{v})$ 임을 보이시오.

A.2 성분 항으로의 벡터 연산

이 절에서는 A.1절에서 기하학적으로 표현된 주제의 각각에 대해 유사한 해석적 논법이 주어진다. 여기 논의는 직각 좌표로 제한하며, 보통 사용되는 기호인 x, y와 z에 대응하는 1, 2, 3으로 축을 표시한다. 단지 우측 방향으로 회전하는 좌표가 사용된다.

많은 공식이 **크로넥커 델타** δ_{ij}와 **치환 기호** ε_{ijk}의 항으로 간결하게 표현될 수 있다. 따라서 이들 양은

$$\begin{cases}\delta_{ij}=+1, & \text{만약 } i=j \text{ 이면} \\ \delta_{ij}=0, & \text{만약 } i\neq j \text{ 이면}\end{cases} \qquad \begin{matrix}\text{(A.2-1)}\\ \text{(A.2-2)}\end{matrix}$$

$$\begin{cases}\varepsilon_{ijk}=+1, & \text{만약 } ijk=123, 231, \text{ 또는 } 312 \text{ 이면} \\ \varepsilon_{ijk}=-1, & \text{만약 } ijk=321, 132, \text{ 또는 } 213 \text{ 이면} \\ \varepsilon_{ijk}=0, & \text{만약 임의의 두 지수가 똑같으면}\end{cases} \qquad \begin{matrix}\text{(A.2-3)}\\ \text{(A.2-4)}\\ \text{(A.2-5)}\end{matrix}$$

로 정의된다. 또한 $\varepsilon_{ijk}=(1/2)(i-j)(j-k)(k-i)$ 임에 주목하시오.

이들 양을 포함하는 몇 가지 관계식은 몇몇 벡터와 텐서의 항등성을 증명하는 데 유용하다.

$$\sum_{j=1}^{3}\sum_{k=1}^{3}\varepsilon_{ijk}\varepsilon_{hjk}=2\delta_{ih} \tag{A.2-6}$$

$$\sum_{k=1}^{3}\varepsilon_{ijk}\varepsilon_{mnk}=\delta_{im}\delta_{jn}-\delta_{in}\delta_{jm} \tag{A.2-7}$$

3×3 행렬식은 ε_{ijk} 항으로 쓸 수 있음에 주목하시오.

$$\begin{vmatrix} a_{11} & a_{12} & a_{13} \\ a_{21} & a_{22} & a_{23} \\ a_{31} & a_{32} & a_{33}\end{vmatrix}=\sum_{i=1}^{3}\sum_{j=1}^{3}\sum_{k=1}^{3}\varepsilon_{ijk}a_{1i}a_{2j}a_{3k} \tag{A.2-8}$$

따라서 양 ε_{ijk}는 행렬식에서 나타나는 필요한 항을 선택하고 각 항에 적절한 부호를 첨부한다.

단위 벡터

$\boldsymbol{\delta}_1$, $\boldsymbol{\delta}_2$, $\boldsymbol{\delta}_3$를 1, 2, 3 축[1] 방향의 단위 벡터(단위 크기를 갖는 벡터)로 두자(그림 A.2-1). 각 형태의 가능한 모든 곱을 도표화하기 위해 스칼라곱과 벡터곱의 정의를 사용할 수 있다.

[1] 대부분의 입문 교과서에서는 단위 벡터는 i, j, k 로 불린다. 여기서는 단위 벡터의 성분이 크로넥커 델타로 주어지기 때문에 $\boldsymbol{\delta}_1$, $\boldsymbol{\delta}_2$, $\boldsymbol{\delta}_3$를 사용하고자 한다. 즉, 1 방향의 $\boldsymbol{\delta}_1$의 성분은 δ_{11} 또는 1이고, 2 방향의 $\boldsymbol{\delta}_1$의 성분은 δ_{12} 또는 0이다.

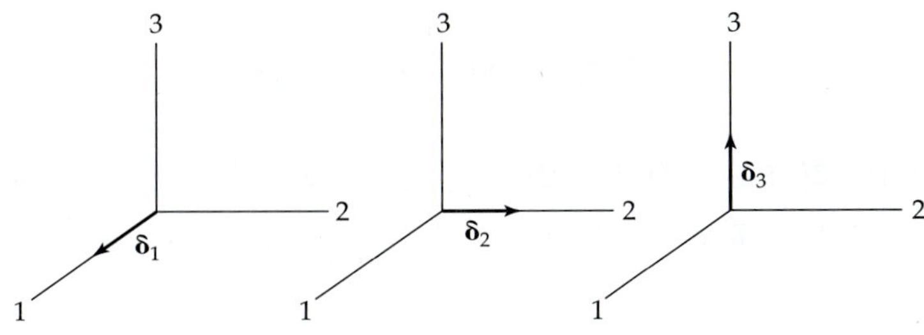

그림 A.2-1. 단위 벡터 δ_i; 각 벡터는 단위 크기를 가지며, i 번째 방향을 가리킨다.

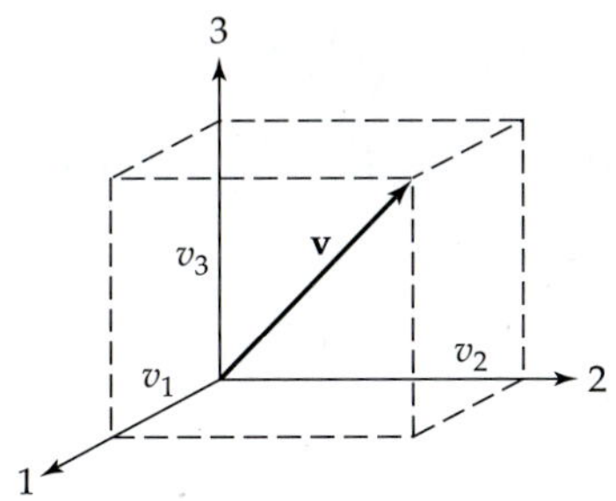

그림 A.2-2. 벡터 **v**의 성분 v_i는 좌표 축 1, 2와 3 위의 벡터의 투영이다.

$$\begin{cases}(\boldsymbol{\delta}_1 \cdot \boldsymbol{\delta}_1) = (\boldsymbol{\delta}_2 \cdot \boldsymbol{\delta}_2) = (\boldsymbol{\delta}_3 \cdot \boldsymbol{\delta}_3) = 1 & \text{(A.2-9)} \\ (\boldsymbol{\delta}_1 \cdot \boldsymbol{\delta}_2) = (\boldsymbol{\delta}_2 \cdot \boldsymbol{\delta}_3) = (\boldsymbol{\delta}_3 \cdot \boldsymbol{\delta}_1) = 0 & \text{(A.2-10)}\end{cases}$$

$$\begin{cases}[\boldsymbol{\delta}_1 \times \boldsymbol{\delta}_1] = [\boldsymbol{\delta}_2 \times \boldsymbol{\delta}_2] = [\boldsymbol{\delta}_3 \times \boldsymbol{\delta}_3] = 0 & \text{(A.2-11)} \\ [\boldsymbol{\delta}_1 \times \boldsymbol{\delta}_2] = \boldsymbol{\delta}_3; \quad [\boldsymbol{\delta}_2 \times \boldsymbol{\delta}_3] = \boldsymbol{\delta}_1; \quad [\boldsymbol{\delta}_3 \times \boldsymbol{\delta}_1] = \boldsymbol{\delta}_2 & \text{(A.2-12)} \\ [\boldsymbol{\delta}_2 \times \boldsymbol{\delta}_1] = -\boldsymbol{\delta}_3; \quad [\boldsymbol{\delta}_3 \times \boldsymbol{\delta}_2] = -\boldsymbol{\delta}_1; \quad [\boldsymbol{\delta}_1 \times \boldsymbol{\delta}_3] = -\boldsymbol{\delta}_2 & \text{(A.2-13)}\end{cases}$$

이들 관계는 모두 다음 두 관계로 요약될 것이다.

$$\boxed{(\boldsymbol{\delta}_i \cdot \boldsymbol{\delta}_j) = \delta_{ij}} \qquad \text{(A.2-14)}$$

$$\boxed{[\boldsymbol{\delta}_i \times \boldsymbol{\delta}_j] = \sum_{k=1}^{3} \varepsilon_{ijk}\boldsymbol{\delta}_k} \qquad \text{(A.2-15)}$$

여기서 δ_{ij}는 크로넥커 델타이고, ε_{ijk}는 이 절의 도입부에서 정의된 치환 기호이다. 이들 두 관계식은 모든 통상의 점 연산과 교차 연산에 대한 해석식의 전개를 가능하게 한다. 이 절의 나머지 부분과 다음 절에서 벡터와 텐서 연산에 대한 식을 전개함에 있어 할 수 있는 모든 것은 모든 벡터를 성분으로 표현한 다음 식 A.2-14와 15를 적용하는 것이다.

성분 항으로 벡터의 전개

임의의 벡터 **v**는 좌표 축 1, 2, 3에 투영된 값 v_1, v_2, v_3로 완벽하게 지정될 수 있다(그림 A.2-2). 벡터는 대응하는 단위 벡터를 곱한 성분들을 벡터적으로 더하여 구성할 수 있다.

$$\mathbf{v} = \boldsymbol{\delta}_1 v_1 + \boldsymbol{\delta}_2 v_2 + \boldsymbol{\delta}_3 v_3 = \sum_{i=1}^{3} \boldsymbol{\delta}_i v_i \tag{A.2-16}$$

벡터는 스칼라와 각 좌표 방향이 결합한다는 것에 주목하시오.[2] v_i는 벡터 $\mathbf{v}$의 성분이라 불리며, 스칼라인 반면에, $\boldsymbol{\delta}_i v_i$는 벡터적으로 함께 더하면 $\mathbf{v}$가 되는 벡터이다.

벡터의 크기는

$$|\mathbf{v}| = v = \sqrt{v_1^2 + v_2^2 + v_3^2} = \sqrt{\sum_i v_i^2} \tag{A.2-17}$$

로 주어진다. 만약 성분이 $v_1 = w_1$, $v_2 = w_2$와 $v_3 = w_3$으로 같다면 두 벡터 $\mathbf{v}$와 $\mathbf{w}$는 같다. 또한 $v_1 = -w_1$ 등등 이라면 $\mathbf{v} = -\mathbf{w}$이다.

벡터의 덧셈과 뺄셈

벡터 $\mathbf{v}$와 $\mathbf{w}$의 합 또는 차는

$$\mathbf{v} \pm \mathbf{w} = \sum_i \boldsymbol{\delta}_i v_i \pm \sum_i \boldsymbol{\delta}_i w_i = \sum_i \boldsymbol{\delta}_i (v_i \pm w_i) \tag{A.2-18}$$

과 같이 성분 항으로 쓸 수 있을 것이다. 기하학적으로 이는 각 개별 축 위의 $\mathbf{v}$와 $\mathbf{w}$의 투영의 합에 대응하며, 그런 다음 이들 새로운 성분으로 된 벡터를 구성하는 것에 대응된다. 세 개 또는 그 이상의 벡터도 똑 같은 양상으로 정확하게 더해 질 것이다.

스칼라와 벡터의 곱셈

스칼라와 벡터의 곱셈은 스칼라와 벡터의 각 성분의 곱에 대응한다.

$$s\mathbf{v} = s\left\{\sum_i \boldsymbol{\delta}_i v_i\right\} = \sum_i \boldsymbol{\delta}_i \{s v_i\} \tag{A.2-19}$$

두 벡터의 스칼라곱(또는 점곱)

두 벡터 $\mathbf{v}$와 $\mathbf{w}$의 스칼라곱은 식 A.2-16에 의하면 각 벡터를 성분 항으로 쓰고 식 A.2-14를 사용하여 단위 벡터에 대한 스칼라곱 연산을 수행함으로써 얻게 된다.

$$\begin{aligned}(\mathbf{v} \cdot \mathbf{w}) &= \left(\left\{\sum_i \boldsymbol{\delta}_i v_i\right\} \cdot \left\{\sum_j \boldsymbol{\delta}_j w_j\right\}\right) = \sum_i \sum_j (\boldsymbol{\delta}_i \cdot \boldsymbol{\delta}_j) v_i w_j \\ &= \sum_i \sum_j \delta_{ij} v_i w_j = \sum_i v_i w_i\end{aligned} \tag{A.2-20}$$

그러므로 두 벡터의 스칼라곱은 두 벡터의 대응하는 성분의 곱을 더하여 얻게 된다. $(\mathbf{v} \cdot \mathbf{v})$

[2] 좌표의 변환 법칙 항으로 된 정의와 벡터의 이 정의의 관계에 대한 논의에 대해서는 W. Prager, *Mechanics of Continua*, Ginn, Boston (1961) 참조.

(때로는 $\mathbf{v}^2$ 또는 v^2로 쓰여지는)는 $\mathbf{v}$의 크기의 제곱으로 표현되는 스칼라임에 주목하시오.

두 벡터의 벡터곱(또는 교차곱)

두 벡터 $\mathbf{v}$와 $\mathbf{w}$의 벡터곱은 식 A.2-16과 15를 사용하여 해결하게 될 것이다.

$$\begin{aligned}[\mathbf{v} \times \mathbf{w}] &= \left[\left\{\sum_j \boldsymbol{\delta}_j v_j\right\} \times \left\{\sum_k \boldsymbol{\delta}_k w_k\right\}\right] \\ &= \sum_j \sum_k [\boldsymbol{\delta}_j \times \boldsymbol{\delta}_k] v_j w_k = \sum_i \sum_j \sum_k \varepsilon_{ijk} \boldsymbol{\delta}_i v_j w_k \\ &= \begin{vmatrix} \boldsymbol{\delta}_1 & \boldsymbol{\delta}_2 & \boldsymbol{\delta}_3 \\ v_1 & v_2 & v_3 \\ w_1 & w_2 & w_3 \end{vmatrix} \end{aligned} \tag{A.2-21}$$

여기서 식 A.2-8을 사용하였다. $[\mathbf{v} \times \mathbf{w}]$의 i–성분은 $\sum_j \sum_k \varepsilon_{ijk} v_j w_k$로 주어짐에 주목하시오. 이 결과는 종종 벡터 항등성을 증명하는 데 사용된다.

복합 벡터곱

A.1절에서 언급된 복합곱에 대한 식은 스칼라곱과 벡터곱에 대한 앞의 해석식을 사용함으로써 얻을 수 있다. 예를 들면 $(\mathbf{u} \cdot [\mathbf{v} \times \mathbf{w}])$ 곱은

$$(\mathbf{u} \cdot [\mathbf{v} \times \mathbf{w}]) = \sum_i u_i [\mathbf{v} \times \mathbf{w}]_i = \sum_i \sum_j \sum_k \varepsilon_{ijk} u_i v_j w_k \tag{A.2-22}$$

로 쓰여질 것이다. 그런 다음 식 A.2-8로부터

$$(\mathbf{u} \cdot [\mathbf{v} \times \mathbf{w}]) = \begin{vmatrix} u_1 & u_2 & u_3 \\ v_1 & v_2 & v_3 \\ w_1 & w_2 & w_3 \end{vmatrix} \tag{A.2-23}$$

을 얻는다. $(\mathbf{u} \cdot [\mathbf{v} \times \mathbf{w}])$의 크기는 보통의 원점에서 그려진 벡터 $\mathbf{u}$, $\mathbf{v}$, $\mathbf{w}$에 의해 정의되는 평행육면체의 부피이다. 더욱이 행렬식이 소거된다는 것은 벡터 $\mathbf{u}$, $\mathbf{v}$와 $\mathbf{w}$가 동일 평면 상에 있을 필요 충분 조건이다.

위치 벡터

위치 벡터에 대한 통상의 기호–즉 공간 상의 점의 위치를 특징짓는 벡터는 $\mathbf{r}$이다. 그러면 $\mathbf{r}$의 성분은 x_1, x_2와 x_3이므로,

$$\mathbf{r} = \sum_i \boldsymbol{\delta}_i x_i \tag{A.2-24}$$

가 된다. 성분들이 벡터에 대한 기호와는 서로 다른 기호를 가지므로, 이는 표기법의 불규칙

성이다. **r**의 크기는 보통 $r=\sqrt{x_1^2+x_2^2+x_3^2}$ 로 불리며, 이 r은 구형 좌표에서 반지름 방향 좌표이다(그림 A.6-1 참조).

예제 A.2-1 벡터 항등성의 증명

점곱과 교차곱에 대한 해석식이 벡터 항등성을 증명하기 위해 사용될 것이다; 예를 들면

$$[\mathbf{u}\times[\mathbf{v}\times\mathbf{w}]]=\mathbf{v}(\mathbf{u}\cdot\mathbf{w})-\mathbf{w}(\mathbf{u}\cdot\mathbf{v}) \tag{A.2-25}$$

의 관계를 증명하시오.

해 좌변에 대한 식의 i 성분은

$$\begin{aligned}[\mathbf{u}\times[\mathbf{v}\times\mathbf{w}]]_i &= \sum_j\sum_k \varepsilon_{ijk}u_j[\mathbf{v}\times\mathbf{w}]_k = \sum_j\sum_k \varepsilon_{ijk}u_j\left\{\sum_l\sum_m \varepsilon_{klm}v_l w_m\right\} \\ &= \sum_j\sum_k\sum_l\sum_m \varepsilon_{ijk}\varepsilon_{klm}u_j v_l w_m = \sum_j\sum_k\sum_l\sum_m \varepsilon_{ijk}\varepsilon_{lmk}u_j v_l w_m\end{aligned} \tag{A.2-26}$$

으로 전개될 수 있다. 이제 식 A.2-25 우변의 i 성분과 똑 같다는 증명을 완성하기 위해 식 A.2-7을 사용할 것이다.

$$\begin{aligned}[\mathbf{u}\times[\mathbf{v}\times\mathbf{w}]]_i &= \sum_j\sum_l\sum_m(\delta_{il}\delta_{jm}-\delta_{im}\delta_{jl})u_j v_l w_m = v_i\sum_j\sum_m \delta_{jm}u_j w_m - w_i\sum_j\sum_l \delta_{jl}u_j v_l \\ &= v_i\sum_j u_j w_j - w_i\sum_j u_j v_j = v_i(\mathbf{u}\cdot\mathbf{w})-w_i(\mathbf{u}\cdot\mathbf{v})\end{aligned} \tag{A.2-27}$$

유사한 방법으로

$$(\mathbf{u}\cdot[\mathbf{v}\times\mathbf{w}])=(\mathbf{v}\cdot[\mathbf{w}\times\mathbf{u}]) \tag{A.2-28}$$

$$([\mathbf{u}\times\mathbf{v}]\cdot[\mathbf{w}\times\mathbf{z}])=(\mathbf{u}\cdot\mathbf{w})(\mathbf{v}\cdot\mathbf{z})-(\mathbf{u}\cdot\mathbf{z})(\mathbf{v}\cdot\mathbf{w}) \tag{A.2-29}$$

$$[[\mathbf{u}\times\mathbf{v}]\times[\mathbf{w}\times\mathbf{z}]]=([\mathbf{u}\times\mathbf{v}]\cdot\mathbf{z})\mathbf{w}-([\mathbf{u}\times\mathbf{v}]\cdot\mathbf{w})\mathbf{z} \tag{A.2-30}$$

과 같은 항등성을 증명할 것이다.

연습문제

1. 다음 합을 쓰시오.

(a) $\sum_{k=1}^{3} k^2$ **(b)** $\sum_{k=1}^{3} a_k^2$ **(c)** $\sum_{j=1}^{3}\sum_{k=1}^{3} a_{jk}b_{kj}$ **(d)** $\left(\sum_{j=1}^{3} a_j\right)^2 = \sum_{j=1}^{3}\sum_{k=1}^{3} a_j a_k$

2. 벡터 **v**는 v_x=1, v_y=2, v_z=−5의 성분을 가지며, 벡터 **w**는 w_x=3, w_y=−1, w_z=1의 성분을 갖는다. 다음을 계산하시오:

(a) $(\mathbf{v}\cdot\mathbf{w})$

(b) $[\mathbf{v}\times\mathbf{w}]$

(c) **v**의 길이

(d) $(\boldsymbol{\delta}_x\cdot\mathbf{v})$

(e) $[\boldsymbol{\delta}_x\times\mathbf{w}]$

(f) ϕ_{vw}

(g) $[\mathbf{r}\times\mathbf{v}]$, 여기서 **r**은 위치 벡터이다.

3. 다음을 계산하시오: **(a)** $([\boldsymbol{\delta}_1\times\boldsymbol{\delta}_2]\cdot\boldsymbol{\delta}_3)$ **(b)** $[[\boldsymbol{\delta}_2\times\boldsymbol{\delta}_3]\times[\boldsymbol{\delta}_1\times\boldsymbol{\delta}_3]]$

4. 식 A.2-6이 i=1, h=2인 특별한 경우에 대해 타당함을 보이시오. 식 A.2-7이 $i=j=m=1$, n=2인 특별한 경우에 대해 타당함을 보이시오.

5. 만약 $\alpha_{jk}=\alpha_{kj}$라면 $\sum_{j=1}^{3}\sum_{k=1}^{3}\varepsilon_{ijk}\alpha_{kj}=0$ 임을 증명하시오.

6. $[\mathbf{v}\times\mathbf{w}]$의 i 번째 성분이 $\sum_j\sum_k\varepsilon_{ijk}v_jw_k$ 이라는 식 A.2-21 뒤의 진술을 조심스럽게 설명하시오.

7. $([\mathbf{v}\times\mathrm{w}]\cdot[\mathbf{v}\times\mathbf{w}])+(\mathbf{v}\cdot\mathbf{w})^2=v^2w^2$임을 증명하시오(Lagrange 항등성).

A.3 성분 항으로 텐서 연산

바로 앞 절에서 벡터 **v**를 합 $\sum_i\boldsymbol{\delta}_iv_i$ 로 어떻게 쓸 수 있는지 알게 되고 단위 벡터 $\boldsymbol{\delta}_i$를 어떻게 다룰 수 있는지 알게 됨으로써, 벡터에 대한 모든 통상적인 점 연산과 교차 연산에 대한 식이 개발될 수 있음을 보았다. 이 절에서는 같은 과정을 따르고자 한다. 텐서 $\boldsymbol{\tau}$를 합 $\sum_i\sum_j\boldsymbol{\delta}_i\boldsymbol{\delta}_j\tau_{ij}$로 쓰고, 단위 다이애드 $\boldsymbol{\delta}_i\boldsymbol{\delta}_j$를 다루는 공식을 얻고자 한다. 이 방법에서 텐서에 대해 통상적으로 나타나는 점 연산과 교차 연산에 대한 식이 개발된다.

단위 다이애드

앞의 논의에서 단위 벡터 $\boldsymbol{\delta}_i$가 정의되었고, 스칼라곱 $(\boldsymbol{\delta}_i\cdot\boldsymbol{\delta}_j)$과 벡터곱 $[\boldsymbol{\delta}_i\times\boldsymbol{\delta}_j]$이 주어졌으며, 단위 벡터로 형성할 수 있는 세 번째 종류의 곱, 즉 다이애드곱 $\boldsymbol{\delta}_i\boldsymbol{\delta}_j$(곱셈 부호없이 쓰여진)가 있다. 부록 A의 도입부에 주어진 기호의 법칙에 의하면 곱 $\boldsymbol{\delta}_i\boldsymbol{\delta}_j$는 2차 텐서이다. $\boldsymbol{\delta}_i$와 $\boldsymbol{\delta}_j$는 단위 크기를 가지므로 곱 $\boldsymbol{\delta}_i\boldsymbol{\delta}_j$를 단위 다이애드라 간주할 것이다. 그림 A.2-1에서 각 단위

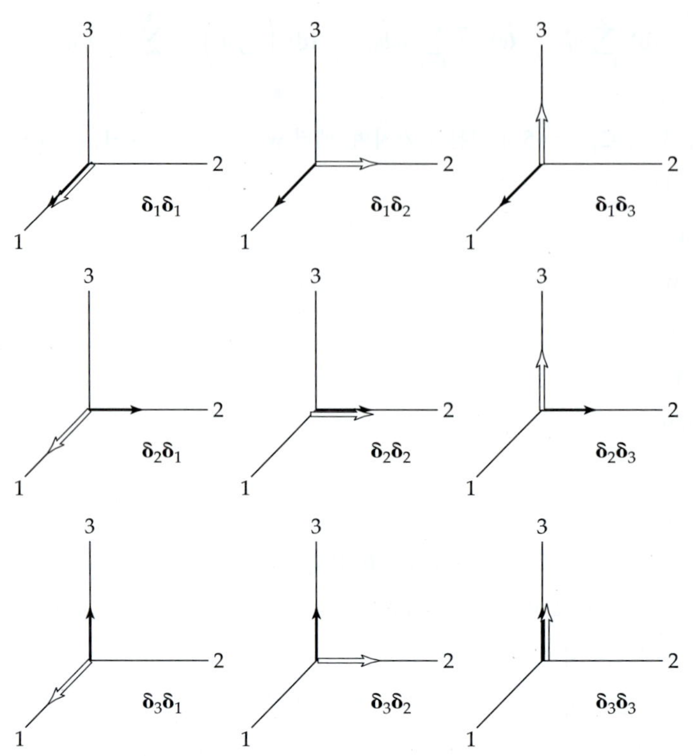

그림 A.3-1.
단위 다이애드 $\boldsymbol{\delta}_i\boldsymbol{\delta}_j$. 실선 화살표는 다이애드곱에서 첫 번째 단위 벡터를 나타내고, 동공 벡터는 두 번째를 나타낸다. $\boldsymbol{\delta}_1\boldsymbol{\delta}_2$는 $\boldsymbol{\delta}_2\boldsymbol{\delta}_1$과 같지 않음에 주목하시오.

벡터는 단일 좌표 방향을 나타내는 반면, 그림 A.3-1의 단위 다이애드는 좌표 방향의 **정열된 쌍**을 나타낸다.

(물리적인 문제에서는 동시에 두 방향을 지정하는 것이 요구되는 양을 가지고 작업을 한다. 예를 들면 y 방향에 수직인 표면의 단위 면적을 가로지르는 x–운동량 훌럭스가 이런 종류의 양이다. 이 양은 때로는 x 방향에 수직인 y–운동량 훌럭스와 같지 않으므로, 두 방향을 지정하는 것으로는 충분하지 않다는 것이 명백하다. 또한 방향이 주어진 순서에 따라야만 한다.)

단위 벡터의 점곱과 교차곱은 이들 연산의 기하학적 정의의 수단으로 도입되었다. 단위 다이애드에 대한 상사한 연산이 단위 벡터의 연산과 단위 다이애드의 연산을 관련지음으로써 공식으로 도입된다.

$$(\boldsymbol{\delta}_i\boldsymbol{\delta}_j:\boldsymbol{\delta}_k\boldsymbol{\delta}_l) = (\boldsymbol{\delta}_j \cdot \boldsymbol{\delta}_k)(\boldsymbol{\delta}_i \cdot \boldsymbol{\delta}_l) = \delta_{jk}\delta_{il} \tag{A.3-1}$$

$$[\boldsymbol{\delta}_i\boldsymbol{\delta}_j \cdot \boldsymbol{\delta}_k] = \boldsymbol{\delta}_i(\boldsymbol{\delta}_j \cdot \boldsymbol{\delta}_k) = \boldsymbol{\delta}_i\delta_{jk} \tag{A.3-2}$$

$$[\boldsymbol{\delta}_i \cdot \boldsymbol{\delta}_j\boldsymbol{\delta}_k] = (\boldsymbol{\delta}_i \cdot \boldsymbol{\delta}_j)\boldsymbol{\delta}_k = \delta_{ij}\boldsymbol{\delta}_k \tag{A.3-3}$$

$$\{\boldsymbol{\delta}_i\boldsymbol{\delta}_j \cdot \boldsymbol{\delta}_k\boldsymbol{\delta}k_l\} = \boldsymbol{\delta}_i(\boldsymbol{\delta}_j \cdot \boldsymbol{\delta}_k)\boldsymbol{\delta}_l = \delta_{jk}\boldsymbol{\delta}_i\boldsymbol{\delta}_l \tag{A.3-4}$$

$$\{\boldsymbol{\delta}_i\boldsymbol{\delta}_j \times \boldsymbol{\delta}_k\} = \boldsymbol{\delta}_i[\boldsymbol{\delta}_j \times \boldsymbol{\delta}_k] = \sum_{l=1}^{3} \varepsilon_{jkl}\boldsymbol{\delta}_i\boldsymbol{\delta}_l \tag{A.3-5}$$

$$\{\boldsymbol{\delta}_i \times \boldsymbol{\delta}_j\boldsymbol{\delta}_k\} = [\boldsymbol{\delta}_i \times \boldsymbol{\delta}_j]\boldsymbol{\delta}_k = \sum_{l=1}^{3} \varepsilon_{ijk}\boldsymbol{\delta}_l\boldsymbol{\delta}_k \tag{A.3-6}$$

이들 결과는 기억하기 쉽다. 단순히 점(또는 교차)의 어느 편이든 가장 가까운 단위 벡터의 점곱(또는 교차곱)으로 주어진다. 식 A.3-1에는 두 번의 이와 같은 연산이 수행되었다.

성분 항으로 텐서의 전개

식 A.2-16에서 벡터를 성분 항으로 전개하고, 각 성분은 적절한 단위 벡터와 곱하였다. 여기서 이 생각을 확장하고자 하며, 다음과 같은 의미로 **좌표 방향의 정렬된 개개의 쌍과 스칼라를 결합한 양**으로 텐서를 정의[1]하고자 한다.

$$\begin{aligned}\boldsymbol{\tau} = {} & \boldsymbol{\delta}_1\boldsymbol{\delta}_1\tau_{11} + \boldsymbol{\delta}_1\boldsymbol{\delta}_2\tau_{12} + \boldsymbol{\delta}_1\boldsymbol{\delta}_3\tau_{13} \\ & + \boldsymbol{\delta}_2\boldsymbol{\delta}_1\tau_{21} + \boldsymbol{\delta}_2\boldsymbol{\delta}_2\tau_{22} + \boldsymbol{\delta}_2\boldsymbol{\delta}_3\tau_{23} \\ & + \boldsymbol{\delta}_3\boldsymbol{\delta}_1\tau_{31} + \boldsymbol{\delta}_3\boldsymbol{\delta}_2\tau_{32} + \boldsymbol{\delta}_3\boldsymbol{\delta}_3\tau_{33} \\ = {} & \sum_{i=1}^{3}\sum_{j=1}^{3} \boldsymbol{\delta}_i\boldsymbol{\delta}_j\tau_{ij}\end{aligned} \tag{A.3-7}$$

스칼라 τ_{ij}는 "텐서 $\boldsymbol{\tau}$의 성분"으로 언급된다.

주목할만한 몇몇 특별한 종류의 2차 텐서가 있다.

1. 만약 $\tau_{ij}=\tau_{ji}$이면 텐서는 **대칭**이라고 한다.
2. 만약 $\tau_{ij}=-\tau_{ji}$이면 텐서는 **반대칭**이라고 한다.
3. 만약 텐서의 성분이 $\boldsymbol{\tau}$의 성분으로 취해지고 전치된 지수를 갖는다면, 결과적인 텐서는 $\boldsymbol{\tau}$의 **전치**라고 불리며 $\boldsymbol{\tau}^{+}$의 부호로 주어진다.

$$\boldsymbol{\tau}^{+} = \sum_i\sum_j \boldsymbol{\delta}_i\boldsymbol{\delta}_j\tau_{ji} \tag{A.3-8}$$

4. 만약 텐서의 성분이 두 벡터 **v**와 **w**의 성분의 정렬된 쌍으로 이루어진다면, 결과적인 텐서는 **v**와 **w**의 **다이애드곱**이라 불리며 **vw**의 부호로 주어진다.

$$\mathbf{vw} = \sum_i\sum_j \boldsymbol{\delta}_i\boldsymbol{\delta}_j v_i w_j \tag{A.3-9}$$

$\mathbf{vw} \neq \mathbf{wv}$이지만 $(\mathbf{vw})^{+}=\mathbf{wv}$ 임에 주목하시오.

[1] 텐서는 변환 법칙의 항으로 종종 정의된다; 이와 같은 정의와 위에서 주어진 것 사이의 연결은 W. Prager, *Mechanics of Continua*, Ginn, Boston(1961)에 의해 논의되었다.

5. 텐서의 성분이 크로넥커 델타 δ_{ij}에 의해 주어진다면, 결과적인 텐서는 **단위 텐서**로 불리며 기호 $\boldsymbol{\delta}$로 주어진다.

$$\boldsymbol{\delta} = \sum_i \sum_j \boldsymbol{\delta}_i \boldsymbol{\delta}_j \delta_{ij} \tag{A.3-10}$$

텐서의 크기는

$$\begin{aligned} |\boldsymbol{\tau}| = \tau &= \sqrt{\tfrac{1}{2}(\boldsymbol{\tau}:\boldsymbol{\tau}^\dagger)} \\ &= \sqrt{\tfrac{1}{2} \sum_i \sum_j \tau_{ij}^2} \end{aligned} \tag{A.3-11}$$

로 정의되고, 이것의 트레이스는 $\mathrm{tr}\,\boldsymbol{\tau} = \sum_i \boldsymbol{\tau}_{ii}$ 이다

텐서의 덧셈과 다이애드곱

두 텐서를 더하면

$$\boldsymbol{\sigma} + \boldsymbol{\tau} = \sum_i \sum_j \boldsymbol{\delta}_i \boldsymbol{\delta}_j \sigma_{ij} + \sum_i \sum_j \boldsymbol{\delta}_i \boldsymbol{\delta}_j \tau_{ij} = \sum_i \sum_j \boldsymbol{\delta}_i \boldsymbol{\delta}_j (\sigma_{ij} + \tau_{ij}) \tag{A.3-12}$$

가 된다. 즉 두 텐서의 합은 두 텐서의 대응하는 성분의 합이 성분인 텐서이다. 다이애드곱에 대해서도 똑같다.

스칼라와 텐서의 곱

텐서에 스칼라를 곱하는 것은 텐서의 각 성분에 스칼라를 곱하는 것에 대응된다.

$$s\boldsymbol{\tau} = s\left\{\sum_i \sum_j \boldsymbol{\delta}_i \boldsymbol{\delta}_j \tau_{ij}\right\} = \sum_i \sum_j \boldsymbol{\delta}_i \boldsymbol{\delta}_j \{s\tau_{ij}\} \tag{A.3-13}$$

다이애드곱에 대해서도 똑같다.

두 텐서의 스칼라곱(또는 이중 점곱)

두 텐서는 이중 점 연산에 의해 곱해 질 것이다.

$$\begin{aligned} (\boldsymbol{\sigma}:\boldsymbol{\tau}) &= \left(\left\{\sum_i \sum_j \boldsymbol{\delta}_i \boldsymbol{\delta}_j \sigma_{ij}\right\}:\left\{\sum_k \sum_l \boldsymbol{\delta}_k \boldsymbol{\delta}_l \tau_{kl}\right\}\right) = \sum_i \sum_j \sum_k \sum_l (\boldsymbol{\delta}_i \boldsymbol{\delta}_j : \boldsymbol{\delta}_k \boldsymbol{\delta}_l) \sigma_{ij} \tau_{kl} \\ &= \sum_i \sum_j \sum_k \sum_l \delta_{il} \delta_{jk} \sigma_{ij} \tau_{kl} = \sum_i \sum_j \sigma_{ij} \tau_{ji} \end{aligned} \tag{A.3-14}$$

여기서 식 A.3-1이 사용되었다. 유사하게

$$(\boldsymbol{\tau}:\mathbf{vw}) = \sum_i \sum_j \tau_{ij} v_j w_i \tag{A.3-15}$$

임을 보일 것이다.

두 텐서의 텐서곱(단일 점곱)

또 두 텐서는 단일 점 연산에 의해 곱해질 것이다.

$$\begin{aligned}\{\boldsymbol{\sigma}\cdot\boldsymbol{\tau}\} &= \left\{\left(\sum_i \sum_j \boldsymbol{\delta}_i\boldsymbol{\delta}_j\sigma_{ij}\right)\cdot\left(\sum_k \sum_l \boldsymbol{\delta}_k\boldsymbol{\delta}_l\tau_{kl}\right)\right\} = \sum_i \sum_j \sum_k \sum_l \{\boldsymbol{\delta}_i\boldsymbol{\delta}_j\cdot\boldsymbol{\delta}_k\boldsymbol{\delta}_l\}\sigma_{ij}\tau_{kl} \\ &= \sum_i \sum_j \sum_k \sum_l \delta_{jk}\boldsymbol{\delta}_i\boldsymbol{\delta}_l\sigma_{ij}\tau_{kl} = \sum_i \sum_l \boldsymbol{\delta}_i\boldsymbol{\delta}_l\left(\sum_j \sigma_{ij}\tau_{jl}\right)\end{aligned} \tag{A.3-17}$$

즉 $\{\boldsymbol{\sigma}\cdot\boldsymbol{\tau}\}$의 il-성분은 $\Sigma_j\sigma_{ij}\tau_{jl}$ 이다. 유사한 연산이 다이애드곱에 대해 수행될 것이다. $\{\boldsymbol{\sigma}\cdot\boldsymbol{\sigma}\}$를 $\boldsymbol{\sigma}^2$으로, $\{\boldsymbol{\sigma}\cdot\boldsymbol{\sigma}^2\}$를 $\boldsymbol{\sigma}^3$ 등등으로 쓰는 것이 통상적인 관습이다.

벡터와 텐서의 벡터곱(또는 점곱)

텐서가 벡터와 점곱을 하면, 벡터

$$\begin{aligned}[\boldsymbol{\tau}\cdot\mathbf{v}] &= \left[\left\{\sum_i \sum_j \boldsymbol{\delta}_i\boldsymbol{\delta}_j\tau_{ij}\right\}\cdot\left\{\sum_k \boldsymbol{\delta}_k v_k\right\}\right] = \sum_i \sum_j \sum_k [\boldsymbol{\delta}_i\boldsymbol{\delta}_j\cdot\boldsymbol{\delta}_k]\tau_{ij}v_k \\ &= \sum_i \sum_j \sum_k \boldsymbol{\delta}_i\delta_{jk}\tau_{ij}v_k = \sum_i \boldsymbol{\delta}_i\left\{\sum_j \tau_{ij}v_j\right\}\end{aligned} \tag{A.3-18}$$

을 얻는다. 즉 $[\boldsymbol{\tau}\cdot\mathbf{v}]$의 i 번째 성분은 $\Sigma_j\tau_{ij}v_j$ 이다. 유사하게 $[\mathbf{v}\cdot\boldsymbol{\tau}]$의 i 번째 성분은 $\sum_j v_j\tau_{ji}$이다. 만약 τ가 대칭이 아니면 명백하게 $[\boldsymbol{\tau}\cdot\mathbf{v}]\neq[\mathbf{v}\cdot\boldsymbol{\tau}]$이다.

벡터 $\mathbf{v}$를 스칼라 s와 곱하게 되면, 결과적인 벡터 $s\mathbf{v}$는 길이는 다르지만 $\mathbf{v}$와 같은 방향을 가리킨다. 그러나 $\boldsymbol{\tau}$ 를 $\mathbf{v}$와 점곱하면, 결과적인 벡터 $[\boldsymbol{\tau}\cdot\mathbf{v}]$는 길이와 방향 둘 다 $\mathbf{v}$와 다르다. 즉 텐서 $\boldsymbol{\tau}$는 다른 방향을 가리키는 새로운 벡터를 형성하기 위해 벡터 $\mathbf{v}$를 “편향”하거나 “회전”시킨다.

벡터와 텐서의 텐서곱(또는 교차곱)

텐서를 벡터와 교차곱을 하게 되면 텐서를 얻는다:

$$\begin{aligned}\{\boldsymbol{\tau}\times\mathbf{v}\} &= \left\{\left(\sum_i \sum_j \boldsymbol{\delta}_i\boldsymbol{\delta}_j\tau_{ij}\right)\times\left(\sum_k \boldsymbol{\delta}_k v_k\right)\right\} = \sum_i \sum_j \sum_k [\boldsymbol{\delta}_i\boldsymbol{\delta}_j\times\boldsymbol{\delta}_k]\tau_{ij}v_k \\ &= \sum_i \sum_j \sum_k \sum_l \varepsilon_{jkl}\boldsymbol{\delta}_i\boldsymbol{\delta}_l\tau_{ij}v_k = \sum_i \sum_l \boldsymbol{\delta}_i\boldsymbol{\delta}_l\left\{\sum_j \sum_k \varepsilon_{jkl}\tau_{ij}v_k\right\}\end{aligned} \tag{A.3-19}$$

그러므로 $\{\boldsymbol{\tau}\times\mathbf{v}\}$의 il-성분은 $\sum_j\sum_k\varepsilon_{jkl}\tau_{ij}v_k$이다. 유사하게 $\{\mathbf{v}\times\boldsymbol{\tau}\}$의 lk-성분은 $\sum_i\sum_j\varepsilon_{ijl}v_i\tau_{jk}$ 이다.

다른 연산들

앞의 결과로부터 다음 항등성을 증명하는 것은 어렵지 않다.

$$[\boldsymbol{\delta}\cdot\mathbf{v}] = [\mathbf{v}\cdot\boldsymbol{\delta}] = \mathbf{v} \tag{A.3-20}$$

$$[\mathbf{uv}\cdot\mathbf{w}] = \mathbf{u}(\mathbf{v}\cdot\mathbf{w}) \tag{A.3-21}$$

$$[\mathbf{w}\cdot\mathbf{uv}] = (\mathbf{w}\cdot\mathbf{u})\mathbf{v} \tag{A.3-22}$$

$$(\mathbf{uv}:\mathbf{wz}) = (\mathbf{uw}:\mathbf{vz}) = (\mathbf{u}\cdot\mathbf{z})(\mathbf{v}\cdot\mathbf{w}) \tag{A.3-23}$$

$$(\boldsymbol{\tau}:\mathbf{uv}) = ([\boldsymbol{\tau}\cdot\mathbf{u}]\cdot\mathbf{v}) \tag{A.3-24}$$

$$(\mathbf{uv}:\boldsymbol{\tau}) = (\mathbf{u}\cdot[\mathbf{v}\cdot\boldsymbol{\tau}]) \tag{A.3-25}$$

연습문제

1. 대칭 텐서 $\boldsymbol{\tau}$의 성분이

$$\begin{array}{lll} \tau_{xx}=3 & \tau_{xy}=2 & \tau_{xz}=-1 \\ \tau_{yx}=2 & \tau_{yy}=2 & \tau_{yz}=1 \\ \tau_{zx}=-1 & \tau_{zy}=1 & \tau_{zz}=4 \end{array}$$

이고, 벡터 $\mathbf{v}$의 성분이

$$v_x=5 \qquad v_y=3 \qquad v_z=-2$$

이다. 다음을 계산하시오.

(a) $[\boldsymbol{\tau}\cdot\mathbf{v}]$ **(b)** $[\mathbf{v}\cdot\boldsymbol{\tau}]$ **(c)** $(\boldsymbol{\tau}:\boldsymbol{\tau})$
(d) $(\mathbf{v}\cdot[\boldsymbol{\tau}\cdot\mathbf{v}])$ **(e)** $\mathbf{vv}$ **(f)** $[\boldsymbol{\tau}\cdot\boldsymbol{\delta}_1]$

2. 다음을 계산하시오.

(a) $[[\boldsymbol{\delta}_1\boldsymbol{\delta}_2\cdot\boldsymbol{\delta}_2]\times\boldsymbol{\delta}_1]$ **(c)** $(\boldsymbol{\delta}:\boldsymbol{\delta})$
(b) $(\boldsymbol{\delta}:\boldsymbol{\delta}_1\boldsymbol{\delta}_2)$ **(d)** $\{\boldsymbol{\delta}\cdot\boldsymbol{\delta}\}$

3. 만약 $\boldsymbol{\alpha}$가 대칭이고, $\boldsymbol{\beta}$가 반대칭이라면, $(\boldsymbol{\alpha}:\boldsymbol{\beta}) = 0$임을 보이시오.

4. $\{\boldsymbol{\sigma}\cdot\boldsymbol{\tau}\}$의 il-성분이 $\sum_j \sigma_{ij}\tau_{jl}$ 인 식 A.3-17 뒤의 진술을 조심스럽게 설명하시오.

5. 질량이 없는 막대에 의해 연결된 점 입자로 구성된 경질 구조를 생각하시오. 입자들은 1, 2, 3,⋯, N으로 번호를 하였으며, 입자 질량은 $m_\nu(\nu=1, 2,\cdots, N)$이다. 질량 중심에 관한 입자의 위치는 $\mathbf{R}_\nu$이다. 전체 구조는 질량 중심을 통과하는 축에 대해 각속도 $\mathbf{W}$로 회전한다. 질량 중심에 관한 각운동량이

$$\mathbf{L} = \sum_\nu m_\nu[\mathbf{R}_\nu \times [\mathbf{W} \times \mathbf{R}_\nu]] \tag{A.3-26}$$

임을 보이시오. 그런 다음 후자의 식은

$$\mathbf{L} = [\boldsymbol{\Phi}\cdot\mathbf{W}] \tag{A.3-27}$$

로 다시 쓰게 될 것이다. 여기서

$$\boldsymbol{\Phi} = \sum_\nu m_\nu\{(\mathbf{R}_\nu\cdot\mathbf{R}_\nu)\boldsymbol{\delta} - \mathbf{R}_\nu\mathbf{R}_\nu\} \tag{A.3-28}$$

는 **관성 모멘트 텐서**이다.

6. 연습 문제 5에서 경질 구조의 회전 운동에너지는

$$K = \sum_\nu \tfrac{1}{2}m_\nu(\dot{\mathbf{R}}_\nu\cdot\dot{\mathbf{R}}_\nu) \tag{A.3-29}$$

이다. 여기서 $\dot{\mathbf{R}}_\nu=[\mathbf{W}\times\mathbf{R}_\nu]$는 ν 번째 입자의 속도이다.

$$K = \tfrac{1}{2}(\boldsymbol{\Phi}:\mathbf{WW}) \tag{A.3-30}$$

임을 보이시오.

A.4 벡터와 텐서의 미분 연산

"나라(nabla)" 혹은 "델(del)"로 알려진 벡터 미분 연산자 ∇은 직각 좌표에서

$$\nabla = \boldsymbol{\delta}_1\frac{\partial}{\partial x_1} + \boldsymbol{\delta}_2\frac{\partial}{\partial x_2} + \boldsymbol{\delta}_3\frac{\partial}{\partial x_3} = \sum_i \boldsymbol{\delta}_i\frac{\partial}{\partial x_i} \tag{A.4-1}$$

과 같이 정의된다. 여기서 $\boldsymbol{\delta}_i$는 단위 벡터이고 x_i는 1, 2, 3 축과 결부된 변수이다(즉 x_1, x_2, x_3은 보통 x, y, z로 언급되는 직각 좌표이다). 기호 ∇은 벡터 연산자이다–혼자서는 사용될 수 없지만 벡터와 같이 성분을 갖는다; 반드시 스칼라, 벡터 또는 텐서 함수에 대해 연산되어

야 한다. 이 절에서는 스칼라, 벡터와 텐서에 대한 ∇의 다양한 연산을 요약하고자 한다. A.2절과 A.3절에서와 같이 벡터와 텐서를 그들의 성분으로 분해한 다음 식 A.2-14와 15 및 식 A.3-1에서 6까지를 사용한다. 이 절에서 성분 형태로 쓰여진 식은 단위 벡터 $\boldsymbol{\delta}_i$가 상수인 직각 좌표에서만 단지 타당하다는 것을 명심하시오. 곡선 좌표는 A.6절과 A.7절에서 다루게 된다.

스칼라장의 구배

만약 s가 변수 x_1, x_2, x_3의 스칼라 함수라면, s에 대한 ∇의 연산은

$$\nabla s = \boldsymbol{\delta}_1 \frac{\partial s}{\partial x_1} + \boldsymbol{\delta}_2 \frac{\partial s}{\partial x_2} + \boldsymbol{\delta}_3 \frac{\partial s}{\partial x_3} = \sum_i \boldsymbol{\delta}_i \frac{\partial s}{\partial x_i} \tag{A.4-2}$$

이다. 따라서 s의 도함수로 수립된 벡터는 ∇s (또는 grad s)로 나타내게 되며, 스칼라장 s의 **구배**라 부른다. 구배 연산의 다음 성질을 주목하여야 한다.

교환은 성립되지 않음 :
$$\nabla s \neq s\nabla \tag{A.4-3}$$

결합은 성립되지 않음 :
$$(\nabla r)s \neq \nabla(rs) \tag{A.4-4}$$

분배:
$$\nabla(r + s) = \nabla r + \nabla s \tag{A.4-5}$$

벡터장의 다이버전스

만약 벡터 $\mathbf{v}$가 공간 변수 x_1, x_2, x_3의 함수라면, 연산자 ∇와 스칼라곱을 형성하게 될 것이다. 식 A.2-14를 사용하여 최종 형태를 얻으면

$$\begin{aligned}(\nabla \cdot \mathbf{v}) &= \left(\left\{\sum_i \boldsymbol{\delta}_i \frac{\partial}{\partial x_i}\right\} \cdot \left\{\sum_j \boldsymbol{\delta}_j v_j\right\}\right) = \sum_i \sum_j (\boldsymbol{\delta}_i \cdot \boldsymbol{\delta}_j) \frac{\partial}{\partial x_i} v_j \\ &= \sum_i \sum_j \delta_{ij} \frac{\partial}{\partial x_i} v_j = \sum_i \frac{\partial v_i}{\partial x_i}\end{aligned} \tag{A.4-6}$$

이 된다. 벡터 $\mathbf{v}$의 성분에 대한 도함수의 이 모음을 $\mathbf{v}$의 **다이버전스**라 부른다(때로는 약어로 div $\mathbf{v}$). 다이버전스 연산자의 몇몇 성질을 주목하시오.

교환은 성립되지 않음 :
$$(\nabla \cdot \mathbf{v}) \neq (\mathbf{v} \cdot \nabla) \tag{A.4-7}$$

결합은 성립되지 않음 :
$$(\nabla \cdot s\mathbf{v}) \neq (\nabla s \cdot \mathbf{v}) \tag{A.4-8}$$

분배:
$$(\nabla \cdot \{\mathbf{v} + \mathbf{w}\}) = (\nabla \cdot \mathbf{v}) + (\nabla \cdot \mathbf{w}) \tag{A.4-9}$$

벡터장의 컬

또 ∇ 연산자와 3 개의 공간 변수의 함수인 벡터 **v** 사이에는 교차곱이 형성될 것이다. 이 교차곱은 식 A.2-15를 사용하여 간단히 될 것이며 다양한 형태로 쓰게 될 것이다.

$$
\begin{aligned}
[\nabla \times \mathbf{v}] &= \left[\left\{\sum_j \boldsymbol{\delta}_j \frac{\partial}{\partial x_j}\right\} \times \left\{\sum_k \boldsymbol{\delta}_k v_k\right\}\right] \\
&= \sum_j \sum_k [\boldsymbol{\delta}_j \times \boldsymbol{\delta}_k] \frac{\partial}{\partial x_j} v_k = \sum_i \sum_j \sum_k \varepsilon_{ijk} \boldsymbol{\delta}_i \frac{\partial}{\partial x_j} v_k \\
&= \begin{vmatrix} \boldsymbol{\delta}_1 & \boldsymbol{\delta}_2 & \boldsymbol{\delta}_3 \\ \dfrac{\partial}{\partial x_1} & \dfrac{\partial}{\partial x_2} & \dfrac{\partial}{\partial x_3} \\ v_1 & v_2 & v_3 \end{vmatrix} \\
&= \boldsymbol{\delta}_1 \left\{\frac{\partial v_3}{\partial x_2} - \frac{\partial v_2}{\partial x_3}\right\} + \boldsymbol{\delta}_2 \left\{\frac{\partial v_1}{\partial x_3} - \frac{\partial v_3}{\partial x_1}\right\} + \boldsymbol{\delta}_3 \left\{\frac{\partial v_2}{\partial x_1} - \frac{\partial v_1}{\partial x_2}\right\}
\end{aligned}
\quad \text{(A.4-10)}
$$

따라서 수립된 벡터는 **v**의 컬로 불린다. [∇×**v**]에 대한 다른 기호는 curl **v**와 rot **v**가 있으며, 후자는 보통 독일 문헌에서 볼 수 있다. 다이버전스와 같이 컬 연산은 교환법칙과 결합법칙은 성립되지 않지만 분배법칙은 성립한다. [∇×**v**]의 i 번째 성분은 $\sum_j \sum_k \varepsilon_{ijk} (\partial/\partial x_j) v_k$이다.

벡터장의 구배

스칼라곱 (∇·**v**)과 벡터곱 [∇×**v**]에 더하여 또 다이애드곱 ∇**v**을 형성할 것이다:

$$
\nabla \mathbf{v} = \left\{\sum_i \boldsymbol{\delta}_i \frac{\partial}{\partial x_i}\right\}\left\{\sum_j \boldsymbol{\delta}_j v_j\right\} = \sum_i \sum_j \boldsymbol{\delta}_i \boldsymbol{\delta}_j \frac{\partial}{\partial x_i} v_j \quad \text{(A.4-11)}
$$

이를 벡터 **v**의 **구배**라 부르며, 때로는 grad **v**로 쓴다. 이는 ij 성분[1]이 $(\partial/\partial x_i)v_j$인 2차 텐서이다. 이것의 전치는 ij 성분이 $(\partial/\partial x_j)v_i$인

$$
(\nabla \mathbf{v})^{\dagger} = \sum_i \sum_j \boldsymbol{\delta}_i \boldsymbol{\delta}_j \frac{\partial}{\partial x_j} v_i \quad \text{(A.4-12)}
$$

이다. ∇**v**≠**v**∇이고 (∇**v**)†≠**v**∇임에 주목하시오.

텐서장의 다이버전스

만약 텐서 $\boldsymbol{\tau}$가 공간 변수 x_1, x_2, x_3의 함수라면, 연산자 ∇와 벡터곱을 형성할 것이다; 식 A.3-3을 사용하여 최종 형태를 얻으면

[1] 주의: 어떤 저자는 ∇v의 ij-성분을 $(\partial/\partial x_j)v_i$로 정의한다.

$$[\nabla \cdot \boldsymbol{\tau}] = \left[\left\{\sum_i \boldsymbol{\delta}_i \frac{\partial}{\partial x_i}\right\} \cdot \left\{\sum_j \sum_k \boldsymbol{\delta}_j \boldsymbol{\delta}_k \tau_{jk}\right\}\right] = \sum_i \sum_j \sum_k [\boldsymbol{\delta}_i \cdot \boldsymbol{\delta}_j \boldsymbol{\delta}_k] \frac{\partial}{\partial x_i} \tau_{jk}$$
$$= \sum_i \sum_j \sum_k \delta_{ij} \boldsymbol{\delta}_k \frac{\partial}{\partial x_i} \tau_{jk} = \sum_k \boldsymbol{\delta}_k \left\{\sum_i \frac{\partial}{\partial x_i} \tau_{ik}\right\} \tag{A.4-13}$$

이 된다. 이를 텐서 $\boldsymbol{\tau}$의 다이버전스라 부르며, 때로는 div $\boldsymbol{\tau}$로 쓴다. $[\nabla \cdot \boldsymbol{\tau}]$의 k 번째 성분은 $\Sigma_i (\partial/\partial x_i) \tau_{ik}$이다. 만약 $\boldsymbol{\tau}$가 곱 $s\mathbf{vw}$이면,

$$[\nabla \cdot s\mathbf{vw}] = \sum_k \boldsymbol{\delta}_k \left\{\sum_i \frac{\partial}{\partial x_i} (s v_i w_k)\right\} \tag{A.4-14}$$

이다.

스칼라장의 Laplace

만약 스칼라 함수 s의 구배에 다이버전스를 취하면

$$(\nabla \cdot \nabla s) = \left(\left\{\sum_i \boldsymbol{\delta}_i \frac{\partial}{\partial x_i}\right\} \cdot \left\{\sum_j \boldsymbol{\delta}_j \frac{\partial s}{\partial x_j}\right\}\right)$$
$$= \sum_i \sum_j \delta_{ij} \frac{\partial}{\partial x_i} \frac{\partial s}{\partial x_j} = \left\{\sum_i \frac{\partial^2}{\partial x_i^2} s\right\} \tag{A.4-15}$$

를 얻는다. 마지막 줄의 s에 작용하는 미분 연산자의 모음은 기호 ∇^2으로 주어진다. 그러므로 직각 좌표에서는

$$(\nabla \cdot \nabla) = \nabla^2 = \frac{\partial^2}{\partial x_1^2} + \frac{\partial^2}{\partial x_2^2} + \frac{\partial^2}{\partial x_3^2} \tag{A.4-16}$$

이다. 이를 Laplace 연산자라 부른다. (몇몇 저자는, 특히 오래된 독일 문헌에서는 라플라스 연산자에 대해 기호 Δ를 사용한다; $(\nabla \cdot \nabla s)$, $(\nabla \cdot \nabla)s$, $\nabla^2 s$와 Δs는 모두 같은 양이다.) 라플라스 연산자는 구배, 다이버전스와 컬에서 갖는 것과 같이 분배 특성만 갖는다.

벡터장의 Laplace

만약 벡터 함수 $\mathbf{v}$의 구배에 다이버전스를 취하면

$$[\nabla \cdot \nabla \mathbf{v}] = \left[\left\{\sum_i \boldsymbol{\delta}_i \frac{\partial}{\partial x_i}\right\} \cdot \left\{\sum_j \sum_k \boldsymbol{\delta}_j \boldsymbol{\delta}_k \frac{\partial}{\partial x_j} v_k\right\}\right]$$
$$= \sum_i \sum_j \sum_k [\boldsymbol{\delta}_i \cdot \boldsymbol{\delta}_j \boldsymbol{\delta}_k] \frac{\partial}{\partial x_i} \frac{\partial}{\partial x_j} v_k$$
$$= \sum_i \sum_j \sum_k \delta_{ij} \boldsymbol{\delta}_k \frac{\partial}{\partial x_i} \frac{\partial}{\partial x_j} v_k = \sum_k \boldsymbol{\delta}_k \left(\sum_i \frac{\partial^2}{\partial x_i^2} v_k\right) \tag{A.4-17}$$

을 얻는다. 즉 직각 좌표에서 $[\nabla \cdot \nabla \mathbf{v}]$의 k 번째 성분은 바로 $\nabla^2 v_k$이다. $[\nabla \cdot \nabla \mathbf{v}]$에 대한 다른 기호는 $(\nabla \cdot \nabla)\mathbf{v}$와 $\nabla^2 \mathbf{v}$가 있다.

다른 미분 관계

바로 주어진 정의를 사용하면 수많은 항등성을 증명할 수 있다.

$$\nabla rs = r\nabla s + s\nabla r \tag{A.4-18}$$

$$(\nabla \cdot s\mathbf{v}) = (\nabla s \cdot \mathbf{v}) + s(\nabla \cdot \mathbf{v}) \tag{A.4-19}$$

$$(\nabla \cdot [\mathbf{v} \times \mathbf{w}]) = (\mathbf{w} \cdot [\nabla \times \mathbf{v}]) - (\mathbf{v} \cdot [\nabla \times \mathbf{w}]) \tag{A.4-20}$$

$$[\nabla \times s\mathbf{v}] = [\nabla s \times \mathbf{v}] + s[\nabla \times \mathbf{v}] \tag{A.4-21}$$

$$[\nabla \cdot \nabla \mathbf{v}] = \nabla(\nabla \cdot \mathbf{v}) - [\nabla \times [\nabla \times \mathbf{v}]] \tag{A.4-22}$$

$$[\mathbf{v} \cdot \nabla \mathbf{v}] = \tfrac{1}{2}\nabla(\mathbf{v} \cdot \mathbf{v}) - [\mathbf{v} \times [\nabla \times \mathbf{v}]] \tag{A.4-23}$$

$$[\nabla \cdot \mathbf{v}\mathbf{w}] = [\mathbf{v} \cdot \nabla \mathbf{w}] + \mathbf{w}(\nabla \cdot \mathbf{v}) \tag{A.4-24}$$

$$(s\boldsymbol{\delta}:\nabla \mathbf{v}) = s(\nabla \cdot \mathbf{v}) \tag{A.4-25}$$

$$[\nabla \cdot s\boldsymbol{\delta}] = \nabla s \tag{A.4-26}$$

$$[\nabla \cdot s\boldsymbol{\tau}] = [\nabla s \cdot \boldsymbol{\tau}] + s[\nabla \cdot \boldsymbol{\tau}] \tag{A.4-27}$$

$$\nabla(\mathbf{v} \cdot \mathbf{w}) = [(\nabla \mathbf{v}) \cdot \mathbf{w}] + [(\nabla \mathbf{w}) \cdot \mathbf{v}] \tag{A.4-28}$$

예제 A.4-1 텐서 항등성의 증명

대칭인 $\boldsymbol{\tau}$에 대해

$$(\boldsymbol{\tau}:\nabla \mathbf{v}) = (\nabla \cdot [\boldsymbol{\tau} \cdot \mathbf{v}]) - (\mathbf{v} \cdot [\nabla \cdot \boldsymbol{\tau}]) \tag{A.4-29}$$

임을 증명하시오.

해 먼저 우변을 성분 항으로 쓴다:

$$(\nabla \cdot [\boldsymbol{\tau} \cdot \mathbf{v}]) = \sum_i \frac{\partial}{\partial x_i}[\boldsymbol{\tau} \cdot v]_i = \sum_i \sum_j \frac{\partial}{\partial x_i}\tau_{ij}v_j \tag{A.4-30}$$

$$(\mathbf{v} \cdot [\nabla \cdot \boldsymbol{\tau}]) = \sum_j v_j[\nabla \cdot \boldsymbol{\tau}]_j = \sum_j \sum_i v_j \frac{\partial}{\partial x_i}\tau_{ij} \tag{A.4-31}$$

좌변은 $\boldsymbol{\tau}$의 대칭성 결과로 기인한 두 번째 형태로

$$(\boldsymbol{\tau}:\nabla\mathbf{v}) = \sum_i \sum_j \tau_{ji} \frac{\partial}{\partial x_i} v_j \sum_i \sum_j \tau_{ij} \frac{\partial}{\partial x_i} v_j \tag{A.4-32}$$

로 쓰게 될 것이다. 식 A.4-30에서 식 A.4-31을 빼면 식 A.4-32를 얻을 것이다.

이제 다양한 ∇ 연산을 포함하는 모든 벡터와 텐서 연산을 얻었으며, 점 연산과 이중 점 연산은 점은 인접한 지수의 합을 의미한다는 간단한 법칙을 사용하여 단번에 써 내려갈 수 있음을 지적하고자 한다. 몇몇 예를 들어 법칙을 설명하고자 한다.

$(\mathbf{v}\cdot\mathbf{w})$를 해석하기 위해 $\mathbf{v}$와 $\mathbf{w}$는 성분이 하나의 지수를 갖는 벡터임에 주목한다. 두 기호가 점에 인접하므로 그들 둘 다에 대한 지수를 같도록 만들고 더하면 된다: $(\mathbf{v}\cdot\mathbf{w})=\Sigma_i v_i w_i$. $(\boldsymbol{\tau}:\nabla\mathbf{v})$와 같은 이중 점 연산에 대해서는 다음과 같이 진행한다. ∇와 $\mathbf{v}$는 각각 하나의 하첨자를 갖는 반면 텐서인 $\boldsymbol{\tau}$는 두 개의 하첨자를 가짐에 주목한다. 그러므로 $\boldsymbol{\tau}$의 두 번째 하첨자를 ∇의 하첨자와 같다고 두고 더한 후, $\boldsymbol{\tau}$의 첫 번째 하첨자를 $\mathbf{v}$의 하첨자와 같다고 두고 더한다. 따라서 $(\boldsymbol{\tau}:\nabla\mathbf{v})=\Sigma_i\Sigma_j\tau_{ji}(\partial/\partial x_i)v_j$를 얻는다. 유사하게 $(\mathbf{v}\cdot[\nabla\cdot\boldsymbol{\tau}])$는 외부 울(괄호)의 연산을 수행하기 전에 내부 울(대괄호)의 연산을 수행함으로써 $\Sigma_i\Sigma_j v_j(\partial/\partial x_i)\boldsymbol{\tau}_{ij}$로 단번에 써 내려갈 수 있다.

벡터 양의 i 번째 성분을 얻기 위해 정확히 동일한 방법으로 진행한다. $[\boldsymbol{\tau}\cdot\mathbf{v}]_i$를 계산하기 위해 텐서 $\boldsymbol{\tau}$의 두 번째 지수를 $\mathbf{v}$의 지수와 같다고 두고 더하면 $\Sigma_j\boldsymbol{\tau}_{ij}v_j$를 얻는다. 유사하게 $[\nabla\rho\mathbf{vv}]$의 i 번째 성분은 $\Sigma_j(\partial/\partial x_j)(\rho v_j v_i)$로 얻게 된다. 이 방법에 익숙해지면 직각 좌표에서의 점과 이중 점 연산을 해석함에 있어 많은 시간을 절약할 수 있다.

연습문제

1. Σ 기호를 사용하는 대신에 합의 모두를 씀으로써 식 A.4-6 내의 모든 연산을 수행하시오.

2. 만약 $[\nabla\times\mathbf{v}]=0$이면, 속도장 $\mathbf{v}(x, y, z)$는 회전하지 않는다고 말한다. 다음 장의 어느 것이 회전하지 않는가?

(a) $v_x = by \quad v_y = 0 \quad v_z = 0$
(b) $v_x = bx \quad v_y = 0 \quad v_z = 0$
(c) $v_x = by \quad v_y = bx \quad v_z = 0$
(d) $v_x = -by \quad v_y = bx \quad v_z = 0$

3. 연습문제 2의 4 개의 속도장에 대해 $(\nabla\cdot\mathbf{v})$, $\nabla\mathbf{v}$와 $[\nabla\cdot\mathbf{vv}]$를 계산하시오.

4. 벡터 $\mathbf{v}$가 성분

$$v_i = \sum_{j=1}^{3} \alpha_{ij} x_j$$

를 가지며 $\alpha_{ij}=\alpha_{ji}$이고 $\sum_{i=1}^{3}\alpha_{ii}=0$이며, α_{ij}는 상수이다. $(\nabla \cdot \mathbf{v})$, $[\nabla \times \mathbf{v}]$, $\nabla\mathbf{v}$, $(\nabla\mathbf{v})^{+}$와 $[\nabla \cdot \mathbf{vv}]$를 계산하시오. (힌트: $[\nabla \times \mathbf{v}]$의 계산과 관련해서는 A.2절의 연습문제 5를 참조.)

5. $\nabla^2(\nabla \cdot \mathbf{v})=(\nabla \cdot (\nabla^2\mathbf{v}))$임과 $(\nabla \cdot (\nabla\mathbf{v})^{+})=\nabla(\nabla \cdot \mathbf{v})$임을 증명하시오.

6. $(\nabla \cdot [\nabla \times \mathbf{v}]) = 0$과 $[\nabla \times \nabla s] = 0$임을 증명하시오.

7. 만약 $\mathbf{r}$이 위치 벡터(x_1, x_2, x_3 성분을 갖는)이고, $\mathbf{v}$가 임의의 벡터이면,

(a) $(\nabla \cdot \mathbf{r}) = 3$

(b) $[\nabla \times \mathbf{r}] = \mathbf{0}$

(c) $[\mathbf{r} \times [\nabla \cdot \mathbf{vv}]] = [\nabla \cdot \mathbf{v}[\mathbf{r} \times \mathbf{v}]]$ (여기서 $\mathbf{v}$는 위치의 함수이다)

임을 보이시오.

8. $[\nabla \times [\nabla \cdot s\mathbf{vv}]]$에 대한 다른 형태의 식을 수립하시오.

9. 만약 $\mathbf{r}$이 위치 벡터이고, r이 그 크기라면,

(a) $\nabla \dfrac{1}{r} = -\dfrac{\mathbf{r}}{r^3}$

(b) $\nabla f(r) = \dfrac{1}{r}\dfrac{df}{dr}\mathbf{r}$

(c) $\nabla(\mathbf{a} \cdot \mathbf{r}) = \mathbf{a}$ 만약 $\mathbf{a}$가 일정한 벡터라면

임을 증명하시오.

10. 직각 좌표에서 완전하게 풀어 쓰시오.

(a) $\dfrac{\partial}{\partial t}\rho\mathbf{v} = -[\nabla \cdot \rho\mathbf{vv}] - \nabla p - [\nabla \cdot \boldsymbol{\tau}] + \rho g$

(b) $\boldsymbol{\tau} = -\mu\{\nabla\mathbf{v} + (\nabla\mathbf{v})^{\dagger} - \frac{2}{3}(\nabla \cdot \mathbf{v})\boldsymbol{\delta}\}$

A.5 벡터와 텐서의 적분 이론

연속체 물리의 일반적인 증명을 수행하기 위해서는 여러 가지 적분 이론이 매우 유용하다.

Gauss-Ostrogradskii 다이버전스 이론

만약 V가 표면 S로 둘러 쌓인 공간 내의 닫힌 영역이라면

$$\int_V (\nabla \cdot \mathbf{v})dV = \int_S (\mathbf{n} \cdot \mathbf{v})dS \tag{A.5-1}$$

이다. 여기서 $\boldsymbol{n}$은 바깥으로 향하는 단위 수직 벡터이다. 이는 Gauss와 Ostrogradskii의 다이버전스 이론으로 알려져 있다. 스칼라와 텐서에 대해 밀접하게 관련이 있는 두 이론

$$\int_V \nabla s \, dV = \int_S \mathbf{n}s \, dS \tag{A.5-2}$$

$$\int_V [\nabla \cdot \boldsymbol{\tau}] \, dV = \int_S [\mathbf{n} \cdot \boldsymbol{\tau}] dS \tag{A.5-3}$$

이 있다. 마지막 관계식은 또 다이애드곱 $\mathbf{vw}$에 대해서도 타당하다. 모두 3 개의 식에서 부피 적분 내의 ∇은 표면 적분 내의 $\boldsymbol{n}$으로 바로 대체된다.

Stokes 컬 이론

만약 S가 닫힌 곡선 C로 경계지어진 표면이라면,

$$\int_S (\mathbf{n} \cdot [\nabla \times \mathbf{v}]) \, dS = \oint_C (\mathbf{t} \cdot \mathbf{v}) dC \tag{A.5-4}$$

이다. 여기서 $\boldsymbol{t}$는 C를 따라 적분하는 방향의 단위 접선 벡터이다; 만약 오른손 손가락이 C를 따라 적분 방향으로 회전한다면 $\boldsymbol{n}$은 오른손 스크루가 움직이는 방향의 S에 대한 단위 수직 벡터이다. 텐서에 대해서도 유사한 관계가 성립된다[1]

부피 적분의 미분을 위한 Leibniz 공식[2]

V를 표면 S로 둘러 쌓인 공간 내의 움직이는 닫힌 영역이라고 하고, 임의의 표면 요소의 속도를 $\mathbf{v}_S$로 하자. 그런 다음 만약 $s(x, y, z, t)$가 위치와 시간의 스칼라 함수라 하면

$$\frac{d}{dt}\int_V s \, dV = \int_V \frac{\partial s}{\partial t} dV + \int_S s(\mathbf{v}_S \cdot \mathbf{n}) dS \tag{A.5-5}$$

가 된다. 이는 단일 적분의 미분에 대한 Leibniz 공식을 확장한 것이다(식 C.3-2 참조); $V=V(t)$이고 $S=S(t)$임을 명심하시오. 또 식 A.5-5는 벡터와 텐서에도 적용된다.

만약 국부 유체 속도($\mathbf{v}_S = \mathbf{v}$인)로 움직이는 표면을 갖는 부피에 걸쳐 적분하면, 연속방정식의 사용은 추가적인 유용한 결과를 이끌어 내게 된다.

---

[1] P. M. Morse and H. Feshbach, *Methods of Theoretical Physics*, McGraw-Hill, New York (1953), p. 66을 참조하시오.

[2] M. D. Greenberg, *Foundations of Applied Mathematics*, Prentice-Hall, Englewood Cliffs, N.J. (1978), pp. 163-164.

$$\frac{d}{dt}\int_V \rho S\, dV = \int_V \rho \frac{Ds}{Dt}\, dV \tag{A.5-6}$$

여기서 ρ는 유체의 밀도이다. 식 A.5-6은 때로는 Reynolds 전달 이론이라 부른다

연습문제

1. 벡터장

$$\mathbf{v} = \boldsymbol{\delta}_1 x_1 + \boldsymbol{\delta}_2 x_3 + \boldsymbol{\delta}_3 x_2$$

를 생각하시오. 평면 x_1=0, x_1=1; x_2=0, x_2=2; x_3=0, x_3=4에 의해 경계지어진 영역에 걸쳐 식 A.5-1의 양변을 계산하시오.

2. 동일한 벡터장을 사용하여 연습문제 1의 면 x_1=1에 대해 식 A.5-4의 양변을 계산하시오.

3. 시간 의존형 스칼라 함수

$$s = x + y + zt$$

를 생각하시오. x=0, x=t; y=0, y=$2t$; z=0, z=$4t$인 평면에 의해 경계지어진 부피에 걸쳐 식 A.5-6의 양변을 계산하시오.

4. $\boldsymbol{\tau}_{ki}=\sum_j \varepsilon_{ijk} x_j$일 때 식 A.5-4 ($\boldsymbol{\tau}$로 대체된 $\mathbf{v}$를 갖는)를 사용하여

$$2\int_S \mathbf{n}\, dS = \oint_C [\mathbf{r} \times \mathbf{t}]dC$$

임을 보이시오. 여기서 $\boldsymbol{r}$은 원점에 관해 C 위의 점에 위치한 위치 벡터이다.

5. 함수 $s(x, y, z)=x^2 + y^2 + z^2$에 대해 식 A.5-2의 양변을 계산하시오. 부피 V는 (2,0,0), (2,1,0), (2,0,3)과 (-2,0,0), (-2,1,0), (-2,0,3)을 꼭지점으로 갖는 두 삼각형 사이에 놓여 있는 삼각형 프리즘이다.

A.6 곡선 좌표에서 벡터와 텐서의 대수학

지금까지 x, y와 z의 직각 좌표에 대해서만 고려하여 왔다. 비록 이론적인 유도가 보통 직각 좌표에서 이루어지지만 실질 문제에 대해서는 종종 곡선 좌표를 사용하는 것이 더 자연스럽다. 가장 일반적으로 나타나는 두 개의 곡선 좌표계는 **원통형**과 **구형**이다. 다음에는 이들 두 계만을 논의하지만, 그 방법은 모든 **직교** 좌표계, 즉 좌표 표면의 세 집단은 서로 수직인 좌표계에 적용할 수 있다.

∇s, $[\nabla \times \mathbf{v}]$와 $(\boldsymbol{\tau}:\nabla\mathbf{v})$와 같은 다양한 미분 연산을 곡선 좌표에서 어떻게 쓸 수 있는지 아는 것에 첫째로 흥미가 있으며, 만약 사용하는 좌표계에 대해 (a) 곡선 좌표의 ∇에 대한 식과 (b) 곡선 좌표 단위 벡터의 공간 도함수 두 가지를 안다면, 간단한 방법으로 이를 할 수 있음이 판명된다. 그러므로 이 두 가지 점에 주의를 집중하고자 한다.

원통형 좌표

원통형 좌표에서는 x, y, z로 점의 좌표를 나타내는 대신에 r, θ, z 값을 줌으로써 점의 위치를 정한다. 이들 좌표[1]는 그림 A.6-1a에 도시되어 있다. 이들은

$$\begin{cases} x = r\cos\theta & \text{(A.6-1)} \\ y = r\sin\theta & \text{(A.6-2)} \\ z = z & \text{(A.6-3)} \end{cases}$$

$$r = +\sqrt{x^2+y^2} \qquad \text{(A.6-4)}$$

$$\theta = \arctan(y/x) \qquad \text{(A.6-5)}$$

$$z = z \qquad \text{(A.6-6)}$$

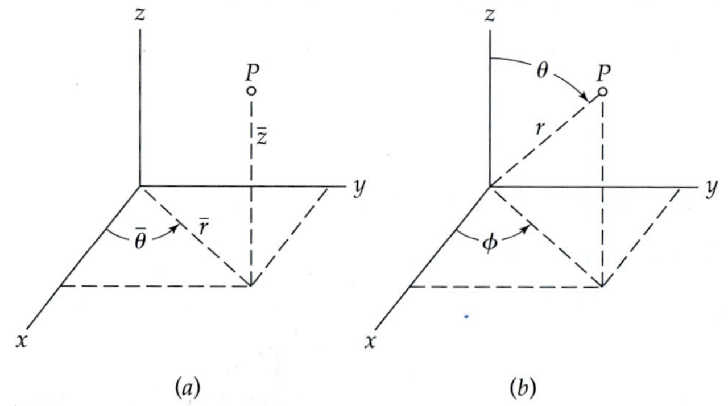

그림 A.6-1. (a) $0 \leq \bar{r} < \infty$, $0 \leq \bar{\theta} < 2\pi$, $-\infty < \bar{z} < \infty$를 갖는 원통형 좌표[1]. ($b$) $0 \leq r < \infty$, $0 \leq \theta \leq \pi$, $0 \leq \phi < 2\pi$를 갖는 구형 좌표. 원통형 좌표의 $\bar{r}$과 $\bar{\theta}$는 구형 좌표의 r과 θ와는 같지 않음에 주목하시오. 위치 벡터 $\mathbf{r}$과 그 길이 r을 3 개의 좌표계에서 어떻게 쓰는지 면밀하게 살펴보시오.

직각:	$\mathbf{r} = \boldsymbol{\delta}_x x + \boldsymbol{\delta}_y y + \boldsymbol{\delta}_z z;$	$r = \sqrt{x^2+y^2+z^2}$
원통형:	$\mathbf{r} = \boldsymbol{\delta}_r \bar{r} + \boldsymbol{\delta}_z \bar{z};$	$r = \sqrt{\bar{r}^2+\bar{z}^2}$
구형:	$\mathbf{r} = \boldsymbol{\delta}_r r;$	$r = r$

[1] 주의: 비록 혼동이 일어날 두 가지 상황 즉, (a) 경우에 따라서는 원통형 좌표와 구형 좌표를 동일한 문제에서 사용하여야만 하고, 두 계에서 기호 r과 θ는 다른 의미를 갖는다는 것과 (b) 경우에 따라서는 원통형 좌표를 포함하는 문제에서 $\boldsymbol{r}$의 크기가 좌표 r과 똑같지 않고 오히려 $\sqrt{r^2+z^2}$ 와 같은 위치 벡터 $\boldsymbol{r}$을 취급해야 한다는 상황이 있기는 하지만, 원통형 좌표에 대해 약간 덜 친근한 기호로 전환하는 것보다는 친근한 r, θ, z 기호의 사용을 선택하였다. 이와 같은 경우에는 그림 A.6-1에서와 같이 원통형 좌표에 대해 위의 줄을 사용할 수 있으며 $\bar{r}, \bar{\theta}, \bar{z}$로 쓴다. 대부분의 논의에 대해서는 위의 줄이 필요하지 않을 것이다.

에 의해 직각 좌표와 연관되어 있다. x, y, z에 관한 스칼라의 도함수를 r, θ, z에 관한 도함수로 변환하기 위하여 편미분의 "사슬 법칙"[2]이 사용된다. 따라서 도함수 연산자는

$$\left\{\begin{aligned} \frac{\partial}{\partial x} &= (\cos\theta)\frac{\partial}{\partial r} + \left(-\frac{\sin\theta}{r}\right)\frac{\partial}{\partial\theta} + (0)\frac{\partial}{\partial z} && \text{(A.6-7)} \\ \frac{\partial}{\partial y} &= (\sin\theta)\frac{\partial}{\partial r} + \left(\frac{\cos\theta}{r}\right)\frac{\partial}{\partial\theta} + (0)\frac{\partial}{\partial z} && \text{(A.6-8)} \\ \frac{\partial}{\partial z} &= (0)\frac{\partial}{\partial r} + (0)\frac{\partial}{\partial\theta} + (1)\frac{\partial}{\partial z} && \text{(A.6-9)} \end{aligned}\right.$$

로 연관된 것을 쉽게 안다. 이들 관계를 사용하여 x, y, z에 관한 임의의 스칼라 함수(물론 벡터와 텐서의 성분을 포함하는)의 도함수를 r, θ, z에 관한 도함수의 항으로 표현할 수 있다.

논의된 두 좌표계에서의 좌표와 도함수의 상호관계를 사용함으로써, 이제 단위 벡터 사이의 관계로 돌아간다. 단위 벡터 $\boldsymbol{\delta}_x, \boldsymbol{\delta}_y, \boldsymbol{\delta}_z$(혹은 부르는 것과 같이 $\boldsymbol{\delta}_1$, $\boldsymbol{\delta}_2$, $\boldsymbol{\delta}_3$)는 위치에 무관하다는, 즉 x, y, z에 무관하다는 것에 주목하면서 시작한다. 그림 A.6-2에서 볼 수 있는 바와 같이 원통형 좌표에서 단위 벡터 $\boldsymbol{\delta}_r$과 $\boldsymbol{\delta}_\theta$는 위치에 의존할 것이다. 단위 벡터 $\boldsymbol{\delta}_r$은 r이 증가하는 방향의 단위 길이 벡터이며, 단위 벡터 $\boldsymbol{\delta}_\theta$는 θ가 증가하는 방향의 단위 길이 벡터이다. 명백히 점 P가 xy-평면 위에서 주위를 움직일 때, $\boldsymbol{\delta}_r$과 $\boldsymbol{\delta}_\theta$의 방향은 변한다. 초보적인 삼각함수의 논거로부터 다음 관계를 이끌어 낸다

$$\left\{\begin{aligned} \boldsymbol{\delta}_r &= (\cos\theta)\boldsymbol{\delta}_x + (\sin\theta)\boldsymbol{\delta}_y + (0)\boldsymbol{\delta}_z && \text{(A.6-10)} \\ \boldsymbol{\delta}_\theta &= (-\sin\theta)\boldsymbol{\delta}_x + (\cos\theta)\boldsymbol{\delta}_y + (0)\boldsymbol{\delta}_z && \text{(A.6-11)} \\ \boldsymbol{\delta}_z &= (0)\boldsymbol{\delta}_x + (0)\boldsymbol{\delta}_y + (1)\boldsymbol{\delta}_z && \text{(A.6-12)} \end{aligned}\right.$$

그림 A.6-2. 직각 좌표와 원통형 좌표의 단위 벡터. 간단히 하기 위해 z-축과 단위 벡터 $\boldsymbol{\delta}_z$는 생략하였다.

[2] 예를 들면 스칼라 함수 $\chi(x, y, z)=\psi(r, \theta, z)$에 대해

$$\left(\frac{\partial\chi}{\partial x}\right)_{y,z} = \left(\frac{\partial r}{\partial x}\right)_{y,z}\left(\frac{\partial\psi}{\partial r}\right)_{\theta,z} + \left(\frac{\partial\theta}{\partial x}\right)_{y,z}\left(\frac{\partial\psi}{\partial\theta}\right)_{r,z} + \left(\frac{\partial z}{\partial x}\right)_{y,z}\left(\frac{\partial\psi}{\partial z}\right)_{r,\theta}$$

이다. ψ는 r, θ, z의 함수이고 χ는 x, y, z의 다른 함수이므로, 다른 기호 χ와 ψ를 조심스럽게 사용해야 함에 주목하시오.

이들을 $\boldsymbol{\delta}_x$, $\boldsymbol{\delta}_y$와 $\boldsymbol{\delta}_z$에 대해 풀면

$$\begin{cases} \boldsymbol{\delta}_x = (\cos\ \theta)\boldsymbol{\delta}_r + (-\sin\ \theta)\boldsymbol{\delta}_\theta + (0)\boldsymbol{\delta}_z & \text{(A.6-13)} \\ \boldsymbol{\delta}_y = (\sin\ \theta)\boldsymbol{\delta}_r + (\cos\ \theta)\boldsymbol{\delta}_\theta + (0)\boldsymbol{\delta}_z & \text{(A.6-14)} \\ \boldsymbol{\delta}_z = (0)\boldsymbol{\delta}_r + (0)\boldsymbol{\delta}_\theta + (1)\boldsymbol{\delta}_z & \text{(A.6-15)} \end{cases}$$

를 얻는다. 이들 관계식의 두 집합의 효용도는 다음 절에서 명백하게 될 것이다.

벡터와 텐서는 식 A.2-16과 A.3-7에서 직각 좌표에 대해 하였던 것과 같이 원통형 좌표에 관한 성분으로 분해할 수 있다(즉 $\mathbf{v}=\boldsymbol{\delta}_r v_r+\boldsymbol{\delta}_\theta v_\theta+\boldsymbol{\delta}_z v_z$). 또 단위 벡터와 단위 다이애드에 대한 곱셈 법칙은 식 A.2-14와 15 및 A.3-1에서 6까지와 똑 같다. 그 결과로 A.2절과 3절에서 설명된 바와 같이 다양한 점곱과 교차곱 연산(그러나 미분 연산은 아닌)이 수행된다.

$$(\mathbf{v}\cdot\mathbf{w}) = v_r w_r + v_\theta w_\theta + v_z w_z \qquad \text{(A.6-16)}$$

$$\begin{aligned}[\mathbf{v}\times\mathbf{w}] = {} & \boldsymbol{\delta}_r(v_\theta w_z - v_z w_\theta) + \boldsymbol{\delta}_\theta(v_z w_r - v_r w_z) \\ & + \boldsymbol{\delta}_z(v_r w_\theta - v_\theta w_r)\end{aligned} \qquad \text{(A.6-17)}$$

$$\begin{aligned}\{\boldsymbol{\sigma}\cdot\boldsymbol{\tau}\} = {} & \boldsymbol{\delta}_r\boldsymbol{\delta}_r(\sigma_{rr}\tau_{rr} + \sigma_{r\theta}\tau_{\theta r} + \sigma_{rz}\tau_{zr}) \\ & + \boldsymbol{\delta}_r\boldsymbol{\delta}_\theta(\sigma_{rr}\tau_{r\theta} + \sigma_{r\theta}\tau_{\theta\theta} + \sigma_{rz}\tau_{z\theta}) \\ & + \boldsymbol{\delta}_r\boldsymbol{\delta}_z(\sigma_{rr}\tau_{rz} + \sigma_{r\theta}\tau_{\theta z} + \sigma_{rz}\tau_{zz}) \\ & + \text{etc.}\end{aligned} \qquad \text{(A.6-18)}$$

구형 좌표

이제 구형 좌표 r, θ, ϕ에 대한 동일한 종류의 정보를 참고하기 위해 도표화한다. 이들 좌표는 그림 A.6-1b에 도시되어 있다. 이들은

$$\begin{cases} x = r\ \sin\ \theta\ \cos\ \phi & \text{(A.6-19)} \\ y = r\ \sin\ \theta\ \sin\ \phi & \text{(A.6-20)} \\ z = r\ \cos\ \theta & \text{(A.6-21)} \end{cases} \qquad \begin{aligned} r &= +\sqrt{x^2+y^2+z^2} && \text{(A.6-22)} \\ \theta &= \arctan(\sqrt{x^2+y^2}/z) && \text{(A.6-23)} \\ \phi &= \arctan(y/x) && \text{(A.6-24)} \end{aligned}$$

에 의해 직각 좌표와 연관되어 있다. 구형 좌표에 대해서는 도함수 연산자에 대해 다음 관계를 갖는다.

$$\begin{cases} \dfrac{\partial}{\partial x} = (\sin\theta\cos\phi)\dfrac{\partial}{\partial r} + \left(\dfrac{\cos\theta\cos\phi}{r}\right)\dfrac{\partial}{\partial\theta} + \left(-\dfrac{\sin\phi}{r\sin\theta}\right)\dfrac{\partial}{\partial\phi} & \text{(A.6-25)} \\ \dfrac{\partial}{\partial y} = (\sin\theta\sin\phi)\dfrac{\partial}{\partial r} + \left(\dfrac{\cos\theta\sin\phi}{r}\right)\dfrac{\partial}{\partial\theta} + \left(\dfrac{\cos\phi}{r\sin\theta}\right)\dfrac{\partial}{\partial\phi} & \text{(A.6-26)} \\ \dfrac{\partial}{\partial z} = (\cos\theta)\dfrac{\partial}{\partial r} + \left(-\dfrac{\sin\theta}{r}\right)\dfrac{\partial}{\partial\theta} + (0)\dfrac{\partial}{\partial\phi} & \text{(A.6-27)} \end{cases}$$

단위 벡터 사이의 관계는

$$\begin{cases} \boldsymbol{\delta}_r = (\sin\theta\cos\phi)\boldsymbol{\delta}_x + (\sin\theta\sin\phi)\boldsymbol{\delta}_y + (\cos\theta)\boldsymbol{\delta}_z & \text{(A.6-28)} \\ \boldsymbol{\delta}_\theta = (\cos\theta\cos\phi)\boldsymbol{\delta}_x + (\cos\theta\sin\phi)\boldsymbol{\delta}_y + (-\sin\theta)\boldsymbol{\delta}_z & \text{(A.6-29)} \\ \boldsymbol{\delta}_\phi = (-\sin\phi)\boldsymbol{\delta}_x + (\cos\phi)\boldsymbol{\delta}_y + (0)\boldsymbol{\delta}_z & \text{(A.6-30)} \end{cases}$$

과

$$\begin{cases} \boldsymbol{\delta}_x = (\sin\theta\cos\phi)\boldsymbol{\delta}_r + (\cos\theta\cos\phi)\boldsymbol{\delta}_\theta + (-\sin\phi)\boldsymbol{\delta}_\phi & \text{(A.6-31)} \\ \boldsymbol{\delta}_y = (\sin\theta\sin\phi)\boldsymbol{\delta}_r + (\cos\theta\sin\phi)\boldsymbol{\delta}_\theta + (\cos\phi)\boldsymbol{\delta}_\phi & \text{(A.6-32)} \\ \boldsymbol{\delta}_z = (\cos\theta)\boldsymbol{\delta}_r + (-\sin\theta)\boldsymbol{\delta}_\theta + (0)\boldsymbol{\delta}_\phi & \text{(A.6-33)} \end{cases}$$

이다. 그리고 마지막으로 구형 좌표에서 몇몇 연산의 예는

$$\begin{aligned}(\boldsymbol{\sigma}:\boldsymbol{\tau}) = \sigma_{rr}\tau_{rr} + \sigma_{r\theta}\tau_{\theta r} + \sigma_{r\phi}\tau_{\phi r} \\ + \sigma_{\theta r}\tau_{r\theta} + \sigma_{\theta\theta}\tau_{\theta\theta} + \sigma_{\theta\phi}\tau_{\phi\theta} \\ + \sigma_{\phi r}\tau_{r\phi} + \sigma_{\phi\theta}\tau_{\theta\phi} + \sigma_{\phi\phi}\tau_{\phi\phi}\end{aligned} \tag{A.6-34}$$

$$(\mathbf{u}\cdot[\mathbf{v}\times\mathbf{w}]) = \begin{vmatrix} u_r & u_\theta & u_\phi \\ v_r & v_\theta & v_\phi \\ w_r & w_\theta & w_\phi \end{vmatrix} \tag{A.6-35}$$

등이 있다. 즉 A.2절과 3절에 주어진 관계(∇을 포함하지 않는)는 구형 성분의 항으로 직접 쓸 수 있다.

연습문제

1.

$$\int_0^{2\pi}\int_0^{\pi} \boldsymbol{\delta}_r \sin\theta\, d\theta\, d\phi = \mathbf{0}$$

$$\int_0^{2\pi}\int_0^{\pi} \boldsymbol{\delta}_r\boldsymbol{\delta}_r \sin\theta\, d\theta\, d\phi = \tfrac{4}{3}\pi\boldsymbol{\delta}$$

임을 보이시오. 여기서 $\boldsymbol{\delta}_r$ 은 구형 좌표에서 r 방향의 단위 벡터이다.

2. 구형 좌표에서 $\boldsymbol{\delta}=\boldsymbol{\delta}_r\boldsymbol{\delta}_r+\boldsymbol{\delta}_\theta\boldsymbol{\delta}_\theta+\boldsymbol{\delta}_\phi\boldsymbol{\delta}_\phi$ 임을 증명하시오.

A.7 곡선 좌표에서 미분 연산

이제 곡선 좌표에서 ∇ 연산의 사용으로 돌아가고자 한다. 앞 절에서와 같이 원통형 좌표와 구형 좌표에 대한 결과를 자세하게 설명하고자 한다. 그런 다음 임의의 직교 곡선 좌표에 대해 ∇ 연산을 얻기 위한 과정을 요약한다.

원통형 좌표

식 A6-10, 11과 12로부터 단위 벡터 $\boldsymbol{\delta}_r$, $\boldsymbol{\delta}_\theta$와 $\boldsymbol{\delta}_z$의 공간 도함수에 대한 식을 얻을 수 있다.

$$\frac{\partial}{\partial r}\boldsymbol{\delta}_r = \mathbf{0} \qquad \frac{\partial}{\partial r}\boldsymbol{\delta}_\theta = \mathbf{0} \qquad \frac{\partial}{\partial r}\boldsymbol{\delta}_z = \mathbf{0} \tag{A.7-1}$$

$$\frac{\partial}{\partial \theta}\boldsymbol{\delta}_r = \boldsymbol{\delta}_\theta \qquad \frac{\partial}{\partial \theta}\boldsymbol{\delta}_\theta = -\boldsymbol{\delta}_r \qquad \frac{\partial}{\partial \theta}\boldsymbol{\delta}_z = \mathbf{0} \tag{A.7-2}$$

$$\frac{\partial}{\partial z}\boldsymbol{\delta}_r = \mathbf{0} \qquad \frac{\partial}{\partial z}\boldsymbol{\delta}_\theta = \mathbf{0} \qquad \frac{\partial}{\partial z}\boldsymbol{\delta}_z = \mathbf{0} \tag{A.7-3}$$

독자들은 그림 A.6-2에서 P의 위치가 변할 때 $\boldsymbol{\delta}_r$, $\boldsymbol{\delta}_\theta$, $\boldsymbol{\delta}_z$가 변하는 방법을 생각함으로써 이들 도함수를 기하학적으로 잘 해석할 것이다.

이제 원통형 좌표에서 ∇에 대한 공식을 얻기 위해 식 A.4-1의 ∇ 연산자의 정의, 식 A.6-13, 14와 15 내의 식과 식 A.6-7, 8과 9의 도함수 연산자를 사용한다.

$$\begin{aligned}\nabla &= \boldsymbol{\delta}_x\frac{\partial}{\partial x} + \boldsymbol{\delta}_y\frac{\partial}{\partial y} + \boldsymbol{\delta}_z\frac{\partial}{\partial z} \\ &= (\boldsymbol{\delta}_r\cos\theta - \boldsymbol{\delta}_\theta\sin\theta)\left(\cos\theta\frac{\partial}{\partial r} - \frac{\sin\theta}{r}\frac{\partial}{\partial\theta}\right) \\ &\quad + (\boldsymbol{\delta}_r\sin\theta + \boldsymbol{\delta}_\theta\cos\theta)\left(\sin\theta\frac{\partial}{\partial r} + \frac{\cos\theta}{r}\frac{\partial}{\partial\theta}\right) + \boldsymbol{\delta}_z\frac{\partial}{\partial z}\end{aligned} \tag{A.7-4}$$

이들을 곱하고 상당히 단순화하면, **원통형** 좌표에 대해

$$\nabla = \boldsymbol{\delta}_r\frac{\partial}{\partial r} + \boldsymbol{\delta}_\theta\frac{1}{r}\frac{\partial}{\partial\theta} + \boldsymbol{\delta}_z\frac{\partial}{\partial z} \tag{A.7-5}$$

를 얻는다. 식 A.7-1, 2와 3이 ∇ 연산을 하는 임의의 단위 벡터의 미분에 사용된다면, 이는 **원통형** 좌표에서의 모든 미분 연산을 얻기 위해 사용될 것이다. 이 점은 계속되는 예시적인 예제에서 명백하게 될 것이다.

구형 좌표

$\boldsymbol{\delta}_r$, $\boldsymbol{\delta}_\theta$와 $\boldsymbol{\delta}_\phi$의 공간 도함수는 식 A.6-28, 29와 30을 미분함으로써 얻게 된다.

$$\frac{\partial}{\partial r}\boldsymbol{\delta}_r = \mathbf{0} \qquad \frac{\partial}{\partial r}\boldsymbol{\delta}_\theta = \mathbf{0} \qquad \frac{\partial}{\partial r}\boldsymbol{\delta}_\phi = \mathbf{0} \tag{A.7-6}$$

$$\frac{\partial}{\partial\theta}\boldsymbol{\delta}_r = \boldsymbol{\delta}_\theta \qquad \frac{\partial}{\partial\theta}\boldsymbol{\delta}_\theta = -\boldsymbol{\delta}_r \qquad \frac{\partial}{\partial\theta}\boldsymbol{\delta}_\phi = \mathbf{0} \tag{A.7-7}$$

$$\frac{\partial}{\partial\phi}\boldsymbol{\delta}_r = \boldsymbol{\delta}_\phi \sin\theta \qquad \frac{\partial}{\partial\phi}\boldsymbol{\delta}_\theta = \boldsymbol{\delta}_\phi \cos\theta \qquad \frac{\partial}{\partial\phi}\boldsymbol{\delta}_\phi = -\boldsymbol{\delta}_r \sin\theta - \boldsymbol{\delta}_\theta \cos\theta \tag{A.7-8}$$

식 A.6-31, 32와 33 및 식 A.6-25, 26과 27을 식 A.4-1에 사용하면 **구형** 좌표에서 ∇ 연산자에 대한 다음 식을 얻게 된다.

$$\nabla = \boldsymbol{\delta}_r \frac{\partial}{\partial r} + \boldsymbol{\delta}_\theta \frac{1}{r}\frac{\partial}{\partial\theta} + \boldsymbol{\delta}_\phi \frac{1}{r\sin\theta}\frac{\partial}{\partial\phi} \tag{A.7-9}$$

식 A.7-6, 7과 8이 단위 벡터의 미분에 사용된다면, 이 식은 구형 좌표에서 미분 연산을 얻는데 사용될 것이다.

일반적인 직교 좌표

이제까지 가장 널리 사용되는 두 곡선 좌표계를 논의하였다. 이제 임의의 직교 곡선 좌표에 대한 관계식을 증명없이 나타내고자 한다. 직각 좌표 x_i와 곡선 좌표 q_α 사이의 관계는

$$\begin{cases} x_1 = x_1(q_1, q_2, q_3) \\ x_2 = x_2(q_1, q_2, q_3) \quad \text{또는} \quad x_i = x_i(q_\alpha) \\ x_3 = x_3(q_1, q_2, q_3) \end{cases} \tag{A.7-10}$$

로 주어진다. 이들은 역관계 $q_\alpha = q_\alpha(x_i)$를 얻기 위해 q_α에 대해 풀 수 있다. 그러면[1] 직각 좌표의 단위 벡터 $\boldsymbol{\delta}_i$와 곡선 좌표의 $\boldsymbol{\delta}_\alpha$는 다음과 같이 관계된다.

$$\boldsymbol{\delta}_\alpha = \sum_i h_\alpha\left(\frac{\partial q_\alpha}{\partial x_i}\right)\boldsymbol{\delta}_i = \sum_i \frac{1}{h_\alpha}\left(\frac{\partial x_i}{\partial q_\alpha}\right)\boldsymbol{\delta}_i \tag{A.7-11}$$

$$\boldsymbol{\delta}_i = \sum_\alpha h_\alpha\left(\frac{\partial q_\alpha}{\partial x_i}\right)\boldsymbol{\delta}_\alpha = \sum_\alpha \frac{1}{h_\alpha}\left(\frac{\partial x_i}{\partial q_\alpha}\right)\boldsymbol{\delta}_\alpha \tag{A.7-12}$$

여기서 "척도 인자" h_α는

$$h_\alpha^2 = \sum_i \left(\frac{\partial x_i}{\partial q_\alpha}\right)^2 = \left[\sum_i \left(\frac{\partial q_\alpha}{\partial x_i}\right)^2\right]^{-1} \tag{A.7-13}$$

[1] P. Morse and H. Feshbach, *Methods of Theoretical Physics*, McGraw-Hill, New York (1953), p. 26과 p. 115.

으로 주어진다. 그러면 단위 벡터 $\boldsymbol{\delta}_\alpha$의 공간 도함수는

$$\frac{\partial \boldsymbol{\delta}_\alpha}{\partial q_\beta} = \frac{\boldsymbol{\delta}_\beta}{h_\alpha}\frac{\partial h_\beta}{\partial q_\alpha} - \delta_{\alpha\beta}\sum_{\gamma=1}^{3}\frac{\boldsymbol{\delta}_\gamma}{h_\gamma}\frac{\partial h_\alpha}{\partial q_\gamma} \tag{A.7-14}$$

임을 알 수 있고, ∇ 연산자는

$$\nabla = \sum_\alpha \frac{\boldsymbol{\delta}_\alpha}{h_\alpha}\frac{\partial}{\partial q_\alpha} \tag{A.7-15}$$

이다. 독자들은 식 A.7-14와 15를 사용하여 식 A.7-1에서 3, 식 A.7-5와 식 A.7-6에서 9까지를 얻을 수 있음을 증명하여야 한다.

이제 식 A.7-15와 14로부터 ∇ 연산을 가장 간단히 하기 위한 다음 식을 얻을 수 있다:

$$(\nabla \cdot \mathbf{v}) = \frac{1}{h_1h_2h_3}\sum_\alpha \frac{\partial}{\partial q_\alpha}\left(\frac{h_1h_2h_3}{h_\alpha}v_\alpha\right) \tag{A.7-16}$$

$$\nabla^2 s = \frac{1}{h_1h_2h_3}\sum_\alpha \frac{\partial}{\partial q_\alpha}\left(\frac{h_1h_2h_3}{h_\alpha^2}\frac{\partial s}{\partial q_\alpha}\right) \tag{A.7-17}$$

$$[\nabla \times \mathbf{v}] = \frac{1}{h_1h_2h_3}\begin{vmatrix} h_1\boldsymbol{\delta}_1 & h_2\boldsymbol{\delta}_2 & h_3\boldsymbol{\delta}_3 \\ \dfrac{\partial}{\partial q_1} & \dfrac{\partial}{\partial q_2} & \dfrac{\partial}{\partial q_3} \\ h_1v_1 & h_2v_2 & h_3v_3 \end{vmatrix} \tag{A.7-18}$$

마지막 식에서 단위 벡터는 곡선 좌표계에 속하는 것이다. 추가적인 연산은 Morse와 Feshbach[1]에서 찾을 수 있다.

또 위에서 도입된 척도 인자는 부피와 표면 요소에 대한 식 $dV = h_1h_2h_3dq_1dq_2dq_3$과 $dS_{\alpha\beta} = h_\alpha h_\beta dq_\alpha dq_\beta$ $(\alpha \neq \beta)$에 나타난다; 여기서 $dS_{\alpha\beta}$는 일정한 γ의 표면 위의 표면 요소이고, 여기서 $\gamma \neq \alpha$이고 $\gamma \neq \beta$이다. 독자들은 원통형 좌표와 구형 좌표의 부피 요소와 다양한 표면 요소가 이 방법으로 발견될 수 있음을 증명하여야 한다.

표 A.7-1, 2와 3에 직각, 원통형 및 구형 좌표[2]에서 가장 일반적으로 나타나는 미분 연산을 요약하였다. 주어진 곡선 좌표식은 다음 두 예제에서 설명되는 방법에 의해 얻을 수 있다.

[2] 다른 좌표계에 대해서는 P. Moon and D. E. Spencer, *Field Theory Handbook*, Springer, Berlin (1961)의 방대한 편찬물을 참조하시오. 더욱이 공축 원뿔(그러나 정점은 일치하지 않는)로 만들어지는 좌표 표면의 3 집합 중 하나에서 직교 좌표계는 가능하다; 모든 ∇ 연산은 이 좌표계의 창작자 J. F. Dijksman and E. P. W. Savenije, *Rheol. Acta*, **24**, 105-118(1985)에 의해 도표화되어 있다.

예제 A.7-1 원통형 좌표에서 미분 연산

원통형 좌표에서 $(\nabla \cdot \mathbf{v})$와 $\nabla\mathbf{v}$에 대한 식을 유도하시오.

해 **(a)** 원통형 좌표에서 ∇를 쓰고, $\mathbf{v}$를 그 성분으로 분해함으로써 시작한다.

$$(\nabla \cdot \mathbf{v}) = \left(\left\{\boldsymbol{\delta}_r \frac{\partial}{\partial r} + \boldsymbol{\delta}_\theta \frac{1}{r}\frac{\partial}{\partial \theta} + \boldsymbol{\delta}_z \frac{\partial}{\partial z}\right\} \cdot \{\boldsymbol{\delta}_r v_r + \boldsymbol{\delta}_\theta v_\theta + \boldsymbol{\delta}_z v_z\}\right) \tag{A.7-19}$$

이를 전개하면

$$\begin{aligned}(\nabla \cdot \mathbf{v}) = &\left(\boldsymbol{\delta}_r \cdot \frac{\partial}{\partial r}\boldsymbol{\delta}_r v_r\right) + \left(\boldsymbol{\delta}_r \cdot \frac{\partial}{\partial r}\boldsymbol{\delta}_\theta v_\theta\right) + \left(\boldsymbol{\delta}_r \cdot \frac{\partial}{\partial r}\boldsymbol{\delta}_z v_z\right) \\ &+ \left(\boldsymbol{\delta}_\theta \cdot \frac{1}{r}\frac{\partial}{\partial \theta}\boldsymbol{\delta}_r v_r\right) + \left(\boldsymbol{\delta}_\theta \cdot \frac{1}{r}\frac{\partial}{\partial \theta}\boldsymbol{\delta}_\theta v_\theta\right) + \left(\boldsymbol{\delta}_\theta \cdot \frac{1}{r}\frac{\partial}{\partial \theta}\boldsymbol{\delta}_z v_z\right) \\ &+ \left(\boldsymbol{\delta}_z \cdot \frac{\partial}{\partial z}\boldsymbol{\delta}_r v_r\right) + \left(\boldsymbol{\delta}_z \cdot \frac{\partial}{\partial z}\boldsymbol{\delta}_\theta v_\theta\right) + \left(\boldsymbol{\delta}_z \cdot \frac{\partial}{\partial z}\boldsymbol{\delta}_z v_z\right)\end{aligned} \tag{A.7-20}$$

을 얻는다. 이제 단위 벡터의 도함수를 계산하기 위해 식 A.7-1, 2와 3에 주어진 관계를 사용한다. 이는

$$\begin{aligned}(\nabla \cdot \mathbf{v}) = &(\boldsymbol{\delta}_r \cdot \boldsymbol{\delta}_r)\frac{\partial v_r}{\partial r} + (\boldsymbol{\delta}_r \cdot \boldsymbol{\delta}_\theta)\frac{\partial v_\theta}{\partial r} + (\boldsymbol{\delta}_r \cdot \boldsymbol{\delta}_z)\frac{\partial v_z}{\partial r} + (\boldsymbol{\delta}_\theta \cdot \boldsymbol{\delta}_r)\frac{1}{r}\frac{\partial v_r}{\partial \theta} \\ &+ (\boldsymbol{\delta}_\theta \cdot \boldsymbol{\delta}_\theta)\frac{1}{r}\frac{\partial v_\theta}{\partial \theta} + (\boldsymbol{\delta}_\theta \cdot \boldsymbol{\delta}_z)\frac{1}{r}\frac{\partial v_z}{\partial \theta} + \frac{v_r}{r}(\boldsymbol{\delta}_\theta \cdot \boldsymbol{\delta}_\theta) + \frac{v_\theta}{r}(\boldsymbol{\delta}_\theta \cdot \{-\boldsymbol{\delta}_r\}) \\ &+ (\boldsymbol{\delta}_z \cdot \boldsymbol{\delta}_r)\frac{\partial v_r}{\partial z} + (\boldsymbol{\delta}_z \cdot \boldsymbol{\delta}_\theta)\frac{\partial v_\theta}{\partial z} + (\boldsymbol{\delta}_z \cdot \boldsymbol{\delta}_z)\frac{\partial v_z}{\partial z}\end{aligned} \tag{A.7-21}$$

로 주어진다. $(\boldsymbol{\delta}_r \cdot \boldsymbol{\delta}_r)=1$, $(\boldsymbol{\delta}_r \cdot \boldsymbol{\delta}_\theta)=0$ 등등 이므로, 후자는 표 A.7-2의 식 A와 똑 같은

$$(\nabla \cdot \mathbf{v}) = \frac{\partial v_r}{\partial r} + \frac{1}{r}\frac{\partial v_\theta}{\partial \theta} + \frac{v_r}{r} + \frac{\partial v_z}{\partial z} \tag{A.7-22}$$

로 간단히 된다. 과정은 약간 지루하지만 간단하다.

표 A.7-1 직각 좌표 (x, y, z)에서 ∇ 연산자를 포함하는 미분 연산의 요약

$$(\nabla \cdot \mathbf{v}) = \frac{\partial v_x}{\partial x} + \frac{\partial v_y}{\partial y} + \frac{\partial v_z}{\partial z} \tag{A}$$

$$(\nabla^2 s) = \frac{\partial^2 s}{\partial x^2} + \frac{\partial^2 s}{\partial y^2} + \frac{\partial^2 s}{\partial z^2} \tag{B}$$

$$\begin{aligned}(\boldsymbol{\tau}:\nabla \mathbf{v}) = {} & \tau_{xx}\left(\frac{\partial v_x}{\partial x}\right) + \tau_{xy}\left(\frac{\partial v_x}{\partial y}\right) + \tau_{xz}\left(\frac{\partial v_x}{\partial z}\right) \\ & + \tau_{yx}\left(\frac{\partial v_y}{\partial x}\right) + \tau_{yy}\left(\frac{\partial v_y}{\partial y}\right) + \tau_{yz}\left(\frac{\partial v_y}{\partial z}\right) \\ & + \tau_{zx}\left(\frac{\partial v_z}{\partial x}\right) + \tau_{zy}\left(\frac{\partial v_z}{\partial y}\right) + \tau_{zz}\left(\frac{\partial v_z}{\partial z}\right)\end{aligned} \tag{C}$$

$$[\nabla s]_x = \frac{\partial s}{\partial x} \tag{D}$$

$$[\nabla s]_y = \frac{\partial s}{\partial y} \tag{E}$$

$$[\nabla s]_z = \frac{\partial s}{\partial z} \tag{F}$$

$$[\nabla \times \mathbf{v}]_x = \frac{\partial v_z}{\partial y} - \frac{\partial v_y}{\partial z} \tag{G}$$

$$[\nabla \times \mathbf{v}]_y = \frac{\partial v_x}{\partial z} - \frac{\partial v_z}{\partial x} \tag{H}$$

$$[\nabla \times \mathbf{v}]_z = \frac{\partial v_y}{\partial x} - \frac{\partial v_x}{\partial y} \tag{I}$$

$$[\nabla \cdot \boldsymbol{\tau}]_x = \frac{\partial \tau_{xx}}{\partial x} + \frac{\partial \tau_{yx}}{\partial y} + \frac{\partial \tau_{zx}}{\partial z} \tag{J}$$

$$[\nabla \cdot \boldsymbol{\tau}]_y = \frac{\partial \tau_{xy}}{\partial x} + \frac{\partial \tau_{yy}}{\partial y} + \frac{\partial \tau_{zy}}{\partial z} \tag{K}$$

$$[\nabla \cdot \boldsymbol{\tau}]_z = \frac{\partial \tau_{xz}}{\partial x} + \frac{\partial \tau_{yz}}{\partial y} + \frac{\partial \tau_{zz}}{\partial z} \tag{L}$$

$$[\nabla^2 \mathbf{v}]_x = \frac{\partial^2 v_x}{\partial x^2} + \frac{\partial^2 v_x}{\partial y^2} + \frac{\partial^2 v_x}{\partial z^2} \tag{M}$$

$$[\nabla^2 \mathbf{v}]_y = \frac{\partial^2 v_y}{\partial x^2} + \frac{\partial^2 v_y}{\partial y^2} + \frac{\partial^2 v_y}{\partial z^2} \tag{N}$$

$$[\nabla^2 \mathbf{v}]_z = \frac{\partial^2 v_z}{\partial x^2} + \frac{\partial^2 v_z}{\partial y^2} + \frac{\partial^2 v_z}{\partial z^2} \tag{O}$$

$$[\mathbf{v} \cdot \nabla \mathbf{w}]_x = v_x\left(\frac{\partial w_x}{\partial x}\right) + v_y\left(\frac{\partial w_x}{\partial y}\right) + v_z\left(\frac{\partial w_x}{\partial z}\right) \tag{P}$$

$$[\mathbf{v} \cdot \nabla \mathbf{w}]_y = v_x\left(\frac{\partial w_y}{\partial x}\right) + v_y\left(\frac{\partial w_y}{\partial y}\right) + v_z\left(\frac{\partial w_y}{\partial z}\right) \tag{Q}$$

$$[\mathbf{v} \cdot \nabla \mathbf{w}]_z = v_x\left(\frac{\partial w_z}{\partial x}\right) + v_y\left(\frac{\partial w_z}{\partial y}\right) + v_z\left(\frac{\partial w_z}{\partial z}\right) \tag{R}$$

$$\{\nabla \mathbf{v}\}_{xx} = \frac{\partial v_x}{\partial x} \quad \text{(S)}$$

$$\{\nabla \mathbf{v}\}_{xy} = \frac{\partial v_y}{\partial x} \quad \text{(T)}$$

$$\{\nabla \mathbf{v}\}_{xz} = \frac{\partial v_z}{\partial x} \quad \text{(U)}$$

$$\{\nabla \mathbf{v}\}_{yx} = \frac{\partial v_x}{\partial y} \quad \text{(V)}$$

$$\{\nabla \mathbf{v}\}_{yy} = \frac{\partial v_y}{\partial y} \quad \text{(W)}$$

$$\{\nabla \mathbf{v}\}_{yz} = \frac{\partial v_z}{\partial y} \quad \text{(X)}$$

$$\{\nabla \mathbf{v}\}_{zx} = \frac{\partial v_x}{\partial z} \quad \text{(Y)}$$

$$\{\nabla \mathbf{v}\}_{zy} = \frac{\partial v_y}{\partial z} \quad \text{(Z)}$$

$$\{\nabla \mathbf{v}\}_{zz} = \frac{\partial v_z}{\partial z} \quad \text{(AA)}$$

$$\{\mathbf{v} \cdot \nabla \boldsymbol{\tau}\}_{xx} = (\mathbf{v} \cdot \nabla)\tau_{xx} \quad \text{(BB)}$$

$$\{\mathbf{v} \cdot \nabla \boldsymbol{\tau}\}_{xy} = (\mathbf{v} \cdot \nabla)\tau_{xy} \quad \text{(CC)}$$

$$\{\mathbf{v} \cdot \nabla \boldsymbol{\tau}\}_{xz} = (\mathbf{v} \cdot \nabla)\tau_{xz} \quad \text{(DD)}$$

$$\{\mathbf{v} \cdot \nabla \boldsymbol{\tau}\}_{yx} = (\mathbf{v} \cdot \nabla)\tau_{yx} \quad \text{(EE)}$$

$$\{\mathbf{v} \cdot \nabla \boldsymbol{\tau}\}_{yy} = (\mathbf{v} \cdot \nabla)\tau_{yy} \quad \text{(FF)}$$

$$\{\mathbf{v} \cdot \nabla \boldsymbol{\tau}\}_{yz} = (\mathbf{v} \cdot \nabla)\tau_{yz} \quad \text{(GG)}$$

$$\{\mathbf{v} \cdot \nabla \boldsymbol{\tau}\}_{zx} = (\mathbf{v} \cdot \nabla)\tau_{zx} \quad \text{(HH)}$$

$$\{\mathbf{v} \cdot \nabla \boldsymbol{\tau}\}_{zy} = (\mathbf{v} \cdot \nabla)\tau_{zy} \quad \text{(II)}$$

$$\{\mathbf{v} \cdot \nabla \boldsymbol{\tau}\}_{zz} = (\mathbf{v} \cdot \nabla)\tau_{zz} \quad \text{(JJ)}$$

여기서 연산자 $(\mathbf{v} \cdot \nabla) = v_x \dfrac{\partial}{\partial x} + v_y \dfrac{\partial}{\partial y} + v_z \dfrac{\partial}{\partial z}$ 이다.

표 A.7–2 원통형 좌표 (r, θ, z)에서 ∇ 연산자를 포함하는 미분 연산의 요약

$$(\nabla \cdot \mathbf{v}) = \frac{1}{r}\frac{\partial}{\partial r}(rv_r) + \frac{1}{r}\frac{\partial v_\theta}{\partial \theta} + \frac{\partial v_z}{\partial z} \tag{A}$$

$$(\nabla^2 s) = \frac{1}{r}\frac{\partial}{\partial r}\left(r\frac{\partial s}{\partial r}\right) + \frac{1}{r^2}\frac{\partial^2 s}{\partial \theta^2} + \frac{\partial^2 s}{\partial z^2} \tag{B}$$

$$\begin{aligned}(\boldsymbol{\tau}:\nabla\mathbf{v}) = {} & \tau_{rr}\left(\frac{\partial v_r}{\partial r}\right) + \tau_{r\theta}\left(\frac{1}{r}\frac{\partial v_r}{\partial \theta} - \frac{v_\theta}{r}\right) + \tau_{rz}\left(\frac{\partial v_r}{\partial z}\right) \\ & + \tau_{\theta r}\left(\frac{\partial v_\theta}{\partial r}\right) + \tau_{\theta\theta}\left(\frac{1}{r}\frac{\partial v_\theta}{\partial \theta} + \frac{v_r}{r}\right) + \tau_{\theta z}\left(\frac{\partial v_\theta}{\partial z}\right) \\ & + \tau_{zr}\left(\frac{\partial v_z}{\partial r}\right) + \tau_{z\theta}\left(\frac{1}{r}\frac{\partial v_z}{\partial \theta}\right) + \tau_{zz}\left(\frac{\partial v_z}{\partial z}\right)\end{aligned} \tag{C}$$

$$[\nabla s]_r = \frac{\partial s}{\partial r} \tag{D}$$

$$[\nabla s]_\theta = \frac{1}{r}\frac{\partial s}{\partial \theta} \tag{E}$$

$$[\nabla s]_z = \frac{\partial s}{\partial z} \tag{F}$$

$$[\nabla \times \mathbf{v}]_r = \frac{1}{r}\frac{\partial v_z}{\partial \theta} - \frac{\partial v_\theta}{\partial z} \tag{G}$$

$$[\nabla \times \mathbf{v}]_\theta = \frac{\partial v_r}{\partial z} - \frac{\partial v_z}{\partial r} \tag{H}$$

$$[\nabla \times \mathbf{v}]_z = \frac{1}{r}\frac{\partial}{\partial r}(rv_\theta) - \frac{1}{r}\frac{\partial v_r}{\partial \theta} \tag{I}$$

$$[\nabla \cdot \boldsymbol{\tau}]_r = \frac{1}{r}\frac{\partial}{\partial r}(r\tau_{rr}) + \frac{1}{r}\frac{\partial}{\partial \theta}\tau_{\theta r} + \frac{\partial}{\partial z}\tau_{zr} - \frac{\tau_{\theta\theta}}{r} \tag{J}$$

$$[\nabla \cdot \boldsymbol{\tau}]_\theta = \frac{1}{r^2}\frac{\partial}{\partial r}(r^2\tau_{r\theta}) + \frac{1}{r}\frac{\partial}{\partial \theta}\tau_{\theta\theta} + \frac{\partial}{\partial z}\tau_{z\theta} + \frac{\tau_{\theta r} - \tau_{r\theta}}{r} \tag{K}$$

$$[\nabla \cdot \boldsymbol{\tau}]_z = \frac{1}{r}\frac{\partial}{\partial r}(r\tau_{rz}) + \frac{1}{r}\frac{\partial}{\partial \theta}\tau_{\theta z} + \frac{\partial}{\partial z}\tau_{zz} \tag{L}$$

$$[\nabla^2 \mathbf{v}]_r = \frac{\partial}{\partial r}\left(\frac{1}{r}\frac{\partial}{\partial r}(rv_r)\right) + \frac{1}{r^2}\frac{\partial^2 v_r}{\partial \theta^2} + \frac{\partial^2 v_r}{\partial z^2} - \frac{2}{r^2}\frac{\partial v_\theta}{\partial \theta} \tag{M}$$

$$[\nabla^2 \mathbf{v}]_\theta = \frac{\partial}{\partial r}\left(\frac{1}{r}\frac{\partial}{\partial r}(rv_\theta)\right) + \frac{1}{r^2}\frac{\partial^2 v_\theta}{\partial \theta^2} + \frac{\partial^2 v_\theta}{\partial z^2} + \frac{2}{r^2}\frac{\partial v_r}{\partial \theta} \tag{N}$$

$$[\nabla^2 \mathbf{v}]_z = \frac{1}{r}\frac{\partial}{\partial r}\left(r\frac{\partial v_z}{\partial r}\right) + \frac{1}{r^2}\frac{\partial^2 v_z}{\partial \theta^2} + \frac{\partial^2 v_z}{\partial z^2} \tag{O}$$

$$[\mathbf{v} \cdot \nabla\mathbf{w}]_r = v_r\left(\frac{\partial w_r}{\partial r}\right) + v_\theta\left(\frac{1}{r}\frac{\partial w_r}{\partial \theta} - \frac{w_\theta}{r}\right) + v_z\left(\frac{\partial w_r}{\partial z}\right) \tag{P}$$

$$[\mathbf{v} \cdot \nabla\mathbf{w}]_\theta = v_r\left(\frac{\partial w_\theta}{\partial r}\right) + v_\theta\left(\frac{1}{r}\frac{\partial w_\theta}{\partial \theta} + \frac{w_r}{r}\right) + v_z\left(\frac{\partial w_\theta}{\partial z}\right) \tag{Q}$$

$$[\mathbf{v} \cdot \nabla\mathbf{w}]_z = v_r\left(\frac{\partial w_z}{\partial r}\right) + v_\theta\left(\frac{1}{r}\frac{\partial w_z}{\partial \theta}\right) + v_z\left(\frac{\partial w_z}{\partial z}\right) \tag{R}$$

$$\{\nabla \mathbf{v}\}_{rr} = \frac{\partial v_r}{\partial r} \tag{S}$$

$$\{\nabla \mathbf{v}\}_{r\theta} = \frac{\partial v_\theta}{\partial r} \tag{T}$$

$$\{\nabla \mathbf{v}\}_{rz} = \frac{\partial v_z}{\partial r} \tag{U}$$

$$\{\nabla \mathbf{v}\}_{\theta r} = \frac{1}{r}\frac{\partial v_r}{\partial \theta} - \frac{v_\theta}{r} \tag{V}$$

$$\{\nabla \mathbf{v}\}_{\theta\theta} = \frac{1}{r}\frac{\partial v_\theta}{\partial \theta} + \frac{v_r}{r} \tag{W}$$

$$\{\nabla \mathbf{v}\}_{\theta z} = \frac{1}{r}\frac{\partial v_z}{\partial \theta} \tag{X}$$

$$\{\nabla \mathbf{v}\}_{zr} = \frac{\partial v_r}{\partial z} \tag{Y}$$

$$\{\nabla \mathbf{v}\}_{z\theta} = \frac{\partial v_\theta}{\partial z} \tag{Z}$$

$$\{\nabla \mathbf{v}\}_{zz} = \frac{\partial v_z}{\partial z} \tag{AA}$$

$$\{\mathbf{v} \cdot \nabla \boldsymbol{\tau}\}_{rr} = (\mathbf{v} \cdot \nabla)\tau_{rr} - \frac{v_\theta}{r}(\tau_{r\theta} + \tau_{\theta r}) \tag{BB}$$

$$\{\mathbf{v} \cdot \nabla \boldsymbol{\tau}\}_{r\theta} = (\mathbf{v} \cdot \nabla)\tau_{r\theta} + \frac{v_\theta}{r}(\tau_{rr} - \tau_{\theta\theta}) \tag{CC}$$

$$\{\mathbf{v} \cdot \nabla \boldsymbol{\tau}\}_{rz} = (\mathbf{v} \cdot \nabla)\tau_{rz} - \frac{v_\theta}{r}\tau_{\theta z} \tag{DD}$$

$$\{\mathbf{v} \cdot \nabla \boldsymbol{\tau}\}_{\theta r} = (\mathbf{v} \cdot \nabla)\tau_{\theta r} + \frac{v_\theta}{r}(\tau_{rr} - \tau_{\theta\theta}) \tag{EE}$$

$$\{\mathbf{v} \cdot \nabla \boldsymbol{\tau}\}_{\theta\theta} = (\mathbf{v} \cdot \nabla)\tau_{\theta\theta} + \frac{v_\theta}{r}(\tau_{r\theta} + \tau_{\theta r}) \tag{FF}$$

$$\{\mathbf{v} \cdot \nabla \boldsymbol{\tau}\}_{\theta z} = (\mathbf{v} \cdot \nabla)\tau_{\theta z} + \frac{v_\theta}{r}\tau_{rz} \tag{GG}$$

$$\{\mathbf{v} \cdot \nabla \boldsymbol{\tau}\}_{zr} = (\mathbf{v} \cdot \nabla)\tau_{zr} - \frac{v_\theta}{r}\tau_{z\theta} \tag{HH}$$

$$\{\mathbf{v} \cdot \nabla \boldsymbol{\tau}\}_{z\theta} = (\mathbf{v} \cdot \nabla)\tau_{z\theta} + \frac{v_\theta}{r}\tau_{zr} \tag{II}$$

$$\{\mathbf{v} \cdot \nabla \boldsymbol{\tau}\}_{zz} = (\mathbf{v} \cdot \nabla)\tau_{zz} \tag{JJ}$$

여기서 연산자 $(\mathbf{v} \cdot \nabla) = v_r \frac{\partial}{\partial r} + \frac{v_\theta}{r}\frac{\partial}{\partial \theta} + v_z \frac{\partial}{\partial z}$ 이다.

표 A.7-3 구형 좌표 (r, θ, ϕ)에서 ∇ 연산자를 포함하는 미분 연산의 요약

$$(\nabla \cdot \mathbf{v}) = \frac{1}{r^2}\frac{\partial}{\partial r}(r^2 v_r) + \frac{1}{r \sin\theta}\frac{\partial}{\partial \theta}(v_\theta \sin\theta) + \frac{1}{r\sin\theta}\frac{\partial v_\phi}{\partial \phi} \tag{A}$$

$$(\nabla^2 s) = \frac{1}{r^2}\frac{\partial}{\partial r}\left(r^2 \frac{\partial s}{\partial r}\right) + \frac{1}{r^2 \sin\theta}\frac{\partial}{\partial \theta}\left(\sin\theta \frac{\partial s}{\partial \theta}\right) + \frac{1}{r^2 \sin^2\theta}\frac{\partial^2 s}{\partial \phi^2} \tag{B}$$

$$\begin{aligned}(\boldsymbol{\tau}:\nabla \mathbf{v}) = {} & \tau_{rr}\left(\frac{\partial v_r}{\partial r}\right) + \tau_{r\theta}\left(\frac{1}{r}\frac{\partial v_r}{\partial \theta} - \frac{v_\theta}{r}\right) + \tau_{r\phi}\left(\frac{1}{r\sin\theta}\frac{\partial v_r}{\partial \phi} - \frac{v_\phi}{r}\right) \\ & + \tau_{\theta r}\left(\frac{\partial v_\theta}{\partial r}\right) + \tau_{\theta\theta}\left(\frac{1}{r}\frac{\partial v_\theta}{\partial \theta} + \frac{v_r}{r}\right) + \tau_{\theta\phi}\left(\frac{1}{r\sin\theta}\frac{\partial v_\theta}{\partial \phi} - \frac{v_\phi}{r}\cot\theta\right) \\ & + \tau_{\phi r}\left(\frac{\partial v_\phi}{\partial r}\right) + \tau_{\phi\theta}\left(\frac{1}{r}\frac{\partial v_\phi}{\partial \theta}\right) + \tau_{\phi\phi}\left(\frac{1}{r\sin\theta}\frac{\partial v_\phi}{\partial \phi} + \frac{v_r}{r} + \frac{v_\theta}{r}\cot\theta\right)\end{aligned} \tag{C}$$

$$[\nabla s]_r = \frac{\partial s}{\partial r} \tag{D}$$

$$[\nabla s]_\theta = \frac{1}{r}\frac{\partial s}{\partial \theta} \tag{E}$$

$$[\nabla s]_\phi = \frac{1}{r\sin\theta}\frac{\partial s}{\partial \phi} \tag{F}$$

$$[\nabla \times \mathbf{v}]_r = \frac{1}{r\sin\theta}\frac{\partial}{\partial \theta}(v_\phi \sin\theta) - \frac{1}{r\sin\theta}\frac{\partial v_\theta}{\partial \phi} \tag{G}$$

$$[\nabla \times \mathbf{v}]_\theta = \frac{1}{r\sin\theta}\frac{\partial v_r}{\partial \phi} - \frac{1}{r}\frac{\partial}{\partial r}(r v_\phi) \tag{H}$$

$$[\nabla \times \mathbf{v}]_\phi = \frac{1}{r}\frac{\partial}{\partial r}(r v_\theta) - \frac{1}{r}\frac{\partial v_r}{\partial \theta} \tag{I}$$

$$[\nabla \cdot \boldsymbol{\tau}]_r = \frac{1}{r^2}\frac{\partial}{\partial r}(r^2 \tau_{rr}) + \frac{1}{r\sin\theta}\frac{\partial}{\partial \theta}(\tau_{\theta r}\sin\theta) + \frac{1}{r\sin\theta}\frac{\partial}{\partial \phi}\tau_{\phi r} - \frac{\tau_{\theta\theta} + \tau_{\phi\phi}}{r} \tag{J}$$

$$[\nabla \cdot \boldsymbol{\tau}]_\theta = \frac{1}{r^3}\frac{\partial}{\partial r}(r^3 \tau_{r\theta}) + \frac{1}{r\sin\theta}\frac{\partial}{\partial \theta}(\tau_{\theta\theta}\sin\theta) + \frac{1}{r\sin\theta}\frac{\partial}{\partial \phi}\tau_{\phi\theta} + \frac{(\tau_{\theta r} - \tau_{r\theta}) - \tau_{\phi\phi}\cot\theta}{r} \tag{K}$$

$$[\nabla \cdot \boldsymbol{\tau}]_\phi = \frac{1}{r^3}\frac{\partial}{\partial r}(r^3 \tau_{r\phi}) + \frac{1}{r\sin\theta}\frac{\partial}{\partial \theta}(\tau_{\theta\phi}\sin\theta) + \frac{1}{r\sin\theta}\frac{\partial}{\partial \phi}\tau_{\phi\phi} + \frac{(\tau_{\phi r} - \tau_{r\phi}) + \tau_{\phi\theta}\cot\theta}{r} \tag{L}$$

$$[\nabla^2 \mathbf{v}]_r = \frac{\partial}{\partial r}\left(\frac{1}{r^2}\frac{\partial}{\partial r}(r^2 v_r)\right) + \frac{1}{r^2\sin\theta}\frac{\partial}{\partial \theta}\left(\sin\theta\frac{\partial v_r}{\partial \theta}\right) + \frac{1}{r^2\sin^2\theta}\frac{\partial^2 v_r}{\partial \phi^2} - \frac{2}{r^2\sin\theta}\frac{\partial}{\partial \theta}(v_\theta\sin\theta) - \frac{2}{r^2\sin\theta}\frac{\partial v_\phi}{\partial \phi} \tag{M}$$

$$[\nabla^2 \mathbf{v}]_\theta = \frac{1}{r^2}\frac{\partial}{\partial r}\left(r^2\frac{\partial v_\theta}{\partial r}\right) + \frac{1}{r^2}\frac{\partial}{\partial \theta}\left(\frac{1}{\sin\theta}\frac{\partial}{\partial \theta}(v_\theta\sin\theta)\right) + \frac{1}{r^2\sin^2\theta}\frac{\partial^2 v_\theta}{\partial \phi^2} + \frac{2}{r^2}\frac{\partial v_r}{\partial \theta} - \frac{2\cot\theta}{r^2\sin\theta}\frac{\partial v_\phi}{\partial \phi} \tag{N}$$

$$[\nabla^2 \mathbf{v}]_\phi = \frac{1}{r^2}\frac{\partial}{\partial r}\left(r^2\frac{\partial v_\phi}{\partial r}\right) + \frac{1}{r^2}\frac{\partial}{\partial \theta}\left(\frac{1}{\sin\theta}\frac{\partial}{\partial \theta}(v_\phi\sin\theta)\right) + \frac{1}{r^2\sin^2\theta}\frac{\partial^2 v_\phi}{\partial \phi^2} + \frac{2}{r^2\sin\theta}\frac{\partial v_r}{\partial \phi} + \frac{2\cot\theta}{r^2\sin\theta}\frac{\partial v_\theta}{\partial \phi} \tag{O}$$

$$[\mathbf{v} \cdot \nabla \mathbf{w}]_r = v_r\left(\frac{\partial w_r}{\partial r}\right) + v_\theta\left(\frac{1}{r}\frac{\partial w_r}{\partial \theta} - \frac{w_\theta}{r}\right) + v_\phi\left(\frac{1}{r\sin\theta}\frac{\partial w_r}{\partial \phi} - \frac{w_\phi}{r}\right) \tag{P}$$

$$[\mathbf{v} \cdot \nabla \mathbf{w}]_\theta = v_r\left(\frac{\partial w_\theta}{\partial r}\right) + v_\theta\left(\frac{1}{r}\frac{\partial w_\theta}{\partial \theta} + \frac{w_r}{r}\right) + v_\phi\left(\frac{1}{r\sin\theta}\frac{\partial w_\theta}{\partial \phi} - \frac{w_\phi}{r}\cot\theta\right) \tag{Q}$$

$$[\mathbf{v} \cdot \nabla \mathbf{w}]_\phi = v_r\left(\frac{\partial w_\phi}{\partial r}\right) + v_\theta\left(\frac{1}{r}\frac{\partial w_\phi}{\partial \theta}\right) + v_\phi\left(\frac{1}{r\sin\theta}\frac{\partial w_\phi}{\partial \phi} + \frac{w_r}{r} + \frac{w_\theta}{r}\cot\theta\right) \tag{R}$$

$$\{\nabla \mathbf{v}\}_{rr} = \frac{\partial v_r}{\partial r} \tag{S}$$

$$\{\nabla \mathbf{v}\}_{r\theta} = \frac{\partial v_\theta}{\partial r} \tag{T}$$

$$\{\nabla \mathbf{v}\}_{r\phi} = \frac{\partial v_\phi}{\partial r} \tag{U}$$

$$\{\nabla \mathbf{v}\}_{\theta r} = \frac{1}{r}\frac{\partial v_r}{\partial \theta} - \frac{v_\theta}{r} \tag{V}$$

$$\{\nabla \mathbf{v}\}_{\theta\theta} = \frac{1}{r}\frac{\partial v_\theta}{\partial \theta} + \frac{v_r}{r} \tag{W}$$

$$\{\nabla \mathbf{v}\}_{\theta\phi} = \frac{1}{r}\frac{\partial v_\phi}{\partial \theta} \tag{X}$$

$$\{\nabla \mathbf{v}\}_{\phi r} = \frac{1}{r \sin\theta}\frac{\partial v_r}{\partial \phi} - \frac{v_\phi}{r} \tag{Y}$$

$$\{\nabla \mathbf{v}\}_{\phi\theta} = \frac{1}{r \sin\theta}\frac{\partial v_\theta}{\partial \phi} - \frac{v_\phi}{r}\cot\theta \tag{Z}$$

$$\{\nabla \mathbf{v}\}_{\phi\phi} = \frac{1}{r \sin\theta}\frac{\partial v_\phi}{\partial \phi} + \frac{v_r}{r} + \frac{v_\theta}{r}\cot\theta \tag{AA}$$

$$\{\mathbf{v}\cdot\nabla\boldsymbol{\tau}\}_{rr} = (\mathbf{v}\cdot\nabla)\tau_{rr} - \left(\frac{v_\theta}{r}\right)(\tau_{r\theta} + \tau_{\theta r}) - \left(\frac{v_\phi}{r}\right)(\tau_{r\phi} + \tau_{\phi r}) \tag{BB}$$

$$\{\mathbf{v}\cdot\nabla\boldsymbol{\tau}\}_{r\theta} = (\mathbf{v}\cdot\nabla)\tau_{r\theta} + \left(\frac{v_\theta}{r}\right)(\tau_{rr} - \tau_{\theta\theta}) - \left(\frac{v_\phi}{r}\right)(\tau_{\phi\theta} + \tau_{r\phi}\cot\theta) \tag{CC}$$

$$\{\mathbf{v}\cdot\nabla\boldsymbol{\tau}\}_{r\phi} = (\mathbf{v}\cdot\nabla)\tau_{r\phi} - \left(\frac{v_\theta}{r}\right)\tau_{\theta\phi} + \left(\frac{v_\phi}{r}\right)[(\tau_{rr} - \tau_{\phi\phi}) + \tau_{r\theta}\cot\theta] \tag{DD}$$

$$\{\mathbf{v}\cdot\nabla\boldsymbol{\tau}\}_{\theta r} = (\mathbf{v}\cdot\nabla)\tau_{\theta r} + \left(\frac{v_\theta}{r}\right)(\tau_{rr} - \tau_{\theta\theta}) - \left(\frac{v_\phi}{r}\right)(\tau_{\theta\phi} + \tau_{\phi r}\cot\theta) \tag{EE}$$

$$\{\mathbf{v}\cdot\nabla\boldsymbol{\tau}\}_{\theta\theta} = (\mathbf{v}\cdot\nabla)\tau_{\theta\theta} + \left(\frac{v_\theta}{r}\right)(\tau_{r\theta} + \tau_{\theta r}) - \left(\frac{v_\phi}{r}\right)(\tau_{\theta\phi} + \tau_{\phi\theta})\cot\theta \tag{FF}$$

$$\{\mathbf{v}\cdot\nabla\boldsymbol{\tau}\}_{\theta\phi} = (\mathbf{v}\cdot\nabla)\tau_{\theta\phi} + \left(\frac{v_\theta}{r}\right)\tau_{r\phi} + \left(\frac{v_\phi}{r}\right)[\tau_{\theta r} + (\tau_{\theta\theta} - \tau_{\phi\phi})\cot\theta] \tag{GG}$$

$$\{\mathbf{v}\cdot\nabla\boldsymbol{\tau}\}_{\phi r} = (\mathbf{v}\cdot\nabla)\tau_{\phi r} - \left(\frac{v_\theta}{r}\right)\tau_{\phi\theta} + \left(\frac{v_\phi}{r}\right)[(\tau_{rr} - \tau_{\phi\phi}) + \tau_{\theta r}\cot\theta] \tag{HH}$$

$$\{\mathbf{v}\cdot\nabla\boldsymbol{\tau}\}_{\phi\theta} = (\mathbf{v}\cdot\nabla)\tau_{\phi\theta} + \left(\frac{v_\theta}{r}\right)\tau_{\phi r} + \left(\frac{v_\phi}{r}\right)[\tau_{r\theta} + (\tau_{\theta\theta} - \tau_{\phi\phi})\cot\theta] \tag{II}$$

$$\{\mathbf{v}\cdot\nabla\boldsymbol{\tau}\}_{\phi\phi} = (\mathbf{v}\cdot\nabla)\tau_{\phi\phi} + \left(\frac{v_\phi}{r}\right)[(\tau_{r\phi} + \tau_{\phi r}) + (\tau_{\theta\phi} + \tau_{\phi\theta})\cot\theta] \tag{JJ}$$

여기서 연산자 $(\mathbf{v}\cdot\nabla) = v_r\frac{\partial}{\partial r} + \frac{v_\theta}{r}\frac{\partial}{\partial \theta} + \frac{v_\phi}{r \sin\theta}\frac{\partial}{\partial \phi}$ 이다.

(b) 다음 다이애드곱 $\nabla\mathbf{v}$를 조사한다.

$$\begin{aligned}
\nabla\mathbf{v} &= \left\{\boldsymbol{\delta}_r\frac{\partial}{\partial r} + \boldsymbol{\delta}_\theta\frac{1}{r}\frac{\partial}{\partial\theta} + \boldsymbol{\delta}_z\frac{\partial}{\partial z}\right\}\{\boldsymbol{\delta}_r v_r + \boldsymbol{\delta}_\theta v_\theta + \boldsymbol{\delta}_z v_z\} \\
&= \boldsymbol{\delta}_r\boldsymbol{\delta}_r\frac{\partial v_r}{\partial r} + \boldsymbol{\delta}_r\boldsymbol{\delta}_\theta\frac{\partial v_\theta}{\partial r} + \boldsymbol{\delta}_r\boldsymbol{\delta}_z\frac{\partial v_z}{\partial r} + \boldsymbol{\delta}_\theta\boldsymbol{\delta}_r\frac{1}{r}\frac{\partial v_r}{\partial\theta} + \boldsymbol{\delta}_\theta\boldsymbol{\delta}_\theta\frac{1}{r}\frac{\partial v_\theta}{\partial\theta} + \boldsymbol{\delta}_\theta\boldsymbol{\delta}_z\frac{1}{r}\frac{\partial v_z}{\partial\theta} \\
&\quad + \boldsymbol{\delta}_\theta\boldsymbol{\delta}_\theta\frac{v_r}{r} - \boldsymbol{\delta}_\theta\boldsymbol{\delta}_r\frac{v_\theta}{r} + \boldsymbol{\delta}_z\boldsymbol{\delta}_r\frac{\partial v_r}{\partial z} + \boldsymbol{\delta}_z\boldsymbol{\delta}_\theta\frac{\partial v_\theta}{\partial z} + \boldsymbol{\delta}_z\boldsymbol{\delta}_z\frac{\partial v_z}{\partial z} \\
&= \boldsymbol{\delta}_r\boldsymbol{\delta}_r\frac{\partial v_r}{\partial r} + \boldsymbol{\delta}_r\boldsymbol{\delta}_\theta\frac{\partial v_\theta}{\partial r} + \boldsymbol{\delta}_r\boldsymbol{\delta}_z\frac{\partial v_z}{\partial r} + \boldsymbol{\delta}_\theta\boldsymbol{\delta}_r\left(\frac{1}{r}\frac{\partial v_r}{\partial\theta} - \frac{v_\theta}{r}\right) + \boldsymbol{\delta}_\theta\boldsymbol{\delta}_\theta\left(\frac{1}{r}\frac{\partial v_\theta}{\partial\theta} + \frac{v_r}{r}\right) \\
&\quad + \boldsymbol{\delta}_\theta\boldsymbol{\delta}_z\frac{1}{r}\frac{\partial v_z}{\partial\theta} + \boldsymbol{\delta}_z\boldsymbol{\delta}_r\frac{\partial v_r}{\partial z} + \boldsymbol{\delta}_z\boldsymbol{\delta}_\theta\frac{\partial v_\theta}{\partial z} + \boldsymbol{\delta}_z\boldsymbol{\delta}_z\frac{\partial v_z}{\partial z}
\end{aligned} \tag{A.7-23}$$

그러므로 표 A.7-2에 주어진 바와 같이 rr−성분은 $\partial v_r/\partial r$이고, $r\theta$ 성분은 $\partial v_\theta/\partial r$이며 등등이다.

예제 A.7-2 구형 좌표에서 미분 연산

구형 좌표에서 $[\nabla\cdot\boldsymbol{\tau}]$의 r 성분을 구하시오.

해 식 A.7-9를 사용하여

$$\begin{aligned}
[\nabla\cdot\boldsymbol{\tau}]_r = \Bigg[\left\{\boldsymbol{\delta}_r\frac{\partial}{\partial r} + \boldsymbol{\delta}_\theta\frac{1}{r}\frac{\partial}{\partial\theta} + \boldsymbol{\delta}_\phi\frac{1}{r\sin\theta}\frac{\partial}{\partial\phi}\right\}\cdot\{&\boldsymbol{\delta}_r\boldsymbol{\delta}_r\tau_{rr} + \boldsymbol{\delta}_r\boldsymbol{\delta}_\theta\tau_{r\theta} + \boldsymbol{\delta}_r\boldsymbol{\delta}_\phi\tau_{r\phi} \\
&+ \boldsymbol{\delta}_\theta\boldsymbol{\delta}_r\tau_{\theta r} + \boldsymbol{\delta}_\theta\boldsymbol{\delta}_\theta\tau_{\theta\theta} + \boldsymbol{\delta}_\theta\boldsymbol{\delta}_\phi\tau_{\theta\phi} + \boldsymbol{\delta}_\phi\boldsymbol{\delta}_r\tau_{\phi r} + \boldsymbol{\delta}_\phi\boldsymbol{\delta}_\theta\tau_{\phi\theta} + \boldsymbol{\delta}_\phi\boldsymbol{\delta}_\phi\tau_{\phi\phi}\}\Bigg]
\end{aligned} \tag{A.7-24}$$

를 얻는다. 이제 식 A.7-6, 7, 8과 식 A.3-3을 사용하고, 단지 r−성분만 원하므로 $\boldsymbol{\delta}_r$의 계수에 기여하는 항들만 선택한다.

$$\left[\boldsymbol{\delta}_r\frac{\partial}{\partial r}\cdot\boldsymbol{\delta}_r\boldsymbol{\delta}_r\tau_{rr}\right] = [\boldsymbol{\delta}_r\cdot\boldsymbol{\delta}_r\boldsymbol{\delta}_r]\frac{\partial\tau_{rr}}{\partial r} = \boldsymbol{\delta}_r\frac{\partial\tau_{rr}}{\partial r} \tag{A.7-25}$$

$$\left[\boldsymbol{\delta}_\theta\frac{1}{r}\frac{\partial}{\partial\theta}\cdot\boldsymbol{\delta}_\theta\boldsymbol{\delta}_r\tau_{\theta r}\right] = [\boldsymbol{\delta}_\theta\cdot\boldsymbol{\delta}_\theta\boldsymbol{\delta}_r]\frac{1}{r}\frac{\partial}{\partial\theta}\tau_{\theta r} + \text{ 다른 항} \tag{A.7-26}$$

$$\left[\boldsymbol{\delta}_\phi\frac{1}{r\sin\theta}\frac{\partial}{\partial\phi}\cdot\boldsymbol{\delta}_\phi\boldsymbol{\delta}_r\tau_{\phi r}\right] = [\boldsymbol{\delta}_\phi\cdot\boldsymbol{\delta}_\phi\boldsymbol{\delta}_r]\frac{1}{r\sin\phi}\frac{\partial}{\partial\phi}\tau_{\phi r} + \text{ 다른 항} \tag{A.7-27}$$

$$\begin{aligned}
\left[\boldsymbol{\delta}_\theta\frac{1}{r}\frac{\partial}{\partial\theta}\cdot\boldsymbol{\delta}_r\boldsymbol{\delta}_r\tau_{rr}\right] &= \frac{\tau_{rr}}{r}\left[\boldsymbol{\delta}_\theta\cdot\left\{\frac{\partial}{\partial\theta}\boldsymbol{\delta}_r\right\}\boldsymbol{\delta}_r\right] + \frac{\tau_{rr}}{r}\left[\boldsymbol{\delta}_\theta\cdot\boldsymbol{\delta}_r\left\{\frac{\partial}{\partial\theta}\boldsymbol{\delta}_r\right\}\right] \\
&= \frac{\tau_{rr}}{r}[\boldsymbol{\delta}_\theta\cdot\boldsymbol{\delta}_\theta\boldsymbol{\delta}_r] = \boldsymbol{\delta}_r\frac{\tau_{rr}}{r}
\end{aligned} \tag{A.7-28}$$

$$\begin{aligned}
\left[\boldsymbol{\delta}_\phi\frac{1}{r\sin\theta}\frac{\partial}{\partial\phi}\cdot\boldsymbol{\delta}_r\boldsymbol{\delta}_r\tau_{rr}\right] &= \frac{\tau_{rr}}{r\sin\theta}\left[\boldsymbol{\delta}_\phi\cdot\left\{\frac{\partial}{\partial\phi}\boldsymbol{\delta}_r\right\}\boldsymbol{\delta}_r\right] \\
&= \frac{\tau_{rr}}{r\sin\theta}[\boldsymbol{\delta}_\phi\cdot\boldsymbol{\delta}_\phi\sin\theta\,\boldsymbol{\delta}_r] = \boldsymbol{\delta}_r\frac{\tau_{rr}}{r}
\end{aligned} \tag{A.7-29}$$

$$\left[\boldsymbol{\delta}_\theta \frac{1}{r}\frac{\partial}{\partial\theta} \cdot \boldsymbol{\delta}_\theta\boldsymbol{\delta}_\theta\tau_{\theta\theta}\right] = \boldsymbol{\delta}_r\left(-\frac{\tau_{\theta\theta}}{r}\right) + \text{other term} \tag{A.7-30}$$

$$\left[\boldsymbol{\delta}_\phi \frac{1}{r\sin\theta}\frac{\partial}{\partial\phi} \cdot \boldsymbol{\delta}_\theta\boldsymbol{\delta}_r\tau_{\theta r}\right] = \boldsymbol{\delta}_r \frac{\tau_{\theta r}\cos\theta}{r\sin\theta} \tag{A.7-31}$$

$$\left[\boldsymbol{\delta}_\phi \frac{1}{r\sin\theta}\frac{\partial}{\partial\phi} \cdot \boldsymbol{\delta}_\phi\boldsymbol{\delta}_\phi\tau_{\phi\phi}\right] = \boldsymbol{\delta}_r\left(\frac{-\tau_{\phi\phi}}{r}\right) + \text{other terms} \tag{A.7-32}$$

위의 결과를 결합하면

$$[\nabla \cdot \boldsymbol{\tau}]_r = \frac{1}{r^2}\frac{\partial}{\partial r}(r^2\tau_{rr}) + \frac{\tau_{\theta r}}{r}\cot\theta + \frac{1}{r}\frac{\partial}{\partial\theta}\tau_{\theta r} + \frac{1}{r\sin\theta}\frac{\partial\tau_{\phi r}}{\partial\phi} - \frac{\tau_{\theta\theta}+\tau_{\phi\phi}}{r} \tag{A.7-33}$$

을 얻는다. 이 식은 $\boldsymbol{\tau}$가 대칭이든 아니든 정확함에 주목하시오.

연습문제

1. 만약 $\mathbf{r}$이 입자에 대한 순간적인 위치 벡터라고 하면, 원통형 좌표에서 입자의 속도와 가속도는

$$\mathbf{v} = \frac{d}{dt}\mathbf{r} = \boldsymbol{\delta}_r\dot{r} + \boldsymbol{\delta}_\theta r\dot{\theta} + \boldsymbol{\delta}_z\dot{z} \tag{A.7-34}$$

$$\mathbf{a} = \boldsymbol{\delta}_r(\ddot{r} - r\dot{\theta}^2) + \boldsymbol{\delta}_\theta(r\ddot{\theta} + 2\dot{r}\dot{\theta}) + \boldsymbol{\delta}_z\ddot{z} \tag{A.7-35}$$

로 주어짐을 보이시오(식 A.7-2를 사용하시오). 점은 좌표의 시간 미분을 나타낸다.

2. 구형 좌표에서 $(\nabla \cdot \mathbf{v})$, $[\nabla \times \mathbf{v}]$와 $\nabla\mathbf{v}$를, 그리고 원통형 좌표에서 $[\nabla \cdot \boldsymbol{\tau}]$를 구하시오.

3. 표 A.7-2를 사용하여 원통형 좌표에서 다음 양을 바로 쓰시오.

(a) $(\nabla \cdot \rho\mathbf{v})$, 여기서 ρ는 스칼라
(b) $[\nabla \cdot \rho\mathbf{v}\mathbf{v}]_r$, 여기서 ρ는 스칼라
(c) $[\nabla \cdot p\boldsymbol{\delta}]_\theta$, 여기서 p는 스칼라
(d) $(\nabla \cdot [\boldsymbol{\tau} \cdot \mathbf{v}])$
(e) $[\mathbf{v} \cdot \nabla\mathbf{v}]_\theta$
(f) $\nabla\mathbf{v} + (\nabla\mathbf{v})^\dagger$

4. 표 A.7-2의 $\nabla^2\mathbf{v}$에 대한 기재 내역은 다음 방법 중 어떤 하나에 의해 얻을 수 있음을 증명하시오.

(a) 먼저 원통형 좌표에서 $(\nabla \cdot \nabla)$ 연산자는

$$(\nabla \cdot \nabla) = \frac{\partial^2}{\partial r^2} + \frac{1}{r}\frac{\partial}{\partial r} + \frac{1}{r^2}\frac{\partial^2}{\partial\theta^2} + \frac{\partial^2}{\partial z^2} \tag{A.7-36}$$

임을 증명하고, $\mathbf{v}$에 연산자를 적용하시오.

(b) $\boldsymbol{\tau}$의 성분 대신에 $\nabla\mathbf{v}$의 성분을 대입한 표 A.7-2의 $[\nabla \cdot \boldsymbol{\tau}]$에 대한 식을 사용하여, $[\nabla \cdot \nabla\mathbf{v}]$를 얻으시오.

(c) 식 A.4-22

$$\nabla^2 \mathbf{v} = \nabla(\nabla \cdot \mathbf{v}) - [\nabla \times [\nabla \times \mathbf{v}]] \tag{A.7-37}$$

을 사용하고, 표 A.7-2의 구배, 다이버전스와 컬 연산을 사용하여 우변에 대한 연산을 계산하시오.

A.8 곡선 좌표에서 적분 연산

A.5절의 적분을 곡선 좌표에서 수행함에 있어, 그림 A.8-1의 원통형 좌표와 그림 A.8-2의 구형 좌표에 대해서 보는 바와 같이 부피 요소의 구성을 이해하는 것이 중요하다.

부피 적분을 함에 있어 가장 간단한 경우는 경계진 표면이 좌표계의 표면이 되는 경우이다. **원통형 좌표**에 대해 함수 $f(r, \theta, z)$의 전형적인 부피 적분은

$$\int_{z_1}^{z_2} \int_{\theta_1}^{\theta_2} \int_{r_1}^{r_2} f(r, \theta, z) r\, dr\, d\theta\, dz \tag{A.8-1}$$

형태이고, **구형 좌표**에 대해 함수 $g(r, \theta, \phi)$의 전형적인 부피 적분은

$$\int_{\phi_1}^{\phi_2} \int_{\theta_1}^{\theta_2} \int_{r_1}^{r_2} g(r, \theta, \phi) r^2\, dr\, \sin\theta\, d\theta\, d\phi \tag{A.8-2}$$

이다. 이들 적분의 극한(r_1, r_2, θ_1, θ_2 등)은 상수이므로, 적분의 차수는 무형이다.

표면 적분을 함에 있어 가장 간단한 경우는 적분이 좌표계 표면의 하나에서 수행되는 것이

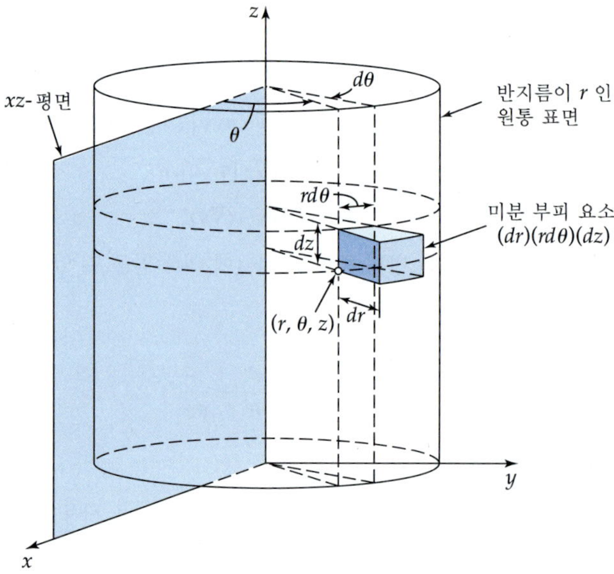

그림 A.8-1. 원통형 좌표의 미분 부피 요소 $r\, dr\, d\theta\, dz$ 와 미분 선 요소 dr, $r\, d\theta$와 dz. 미분 표면 요소는 r 방향에 수직 $(r\, d\theta)(dz)$(중간 정도의 그림자진); θ 방향에 수직 $(dz)(dr)$(가장 검게 그림자진)과 z 방향에 수직 $(dr)(r\, d\theta)$(가장 엷게 그림자진)이 있다.

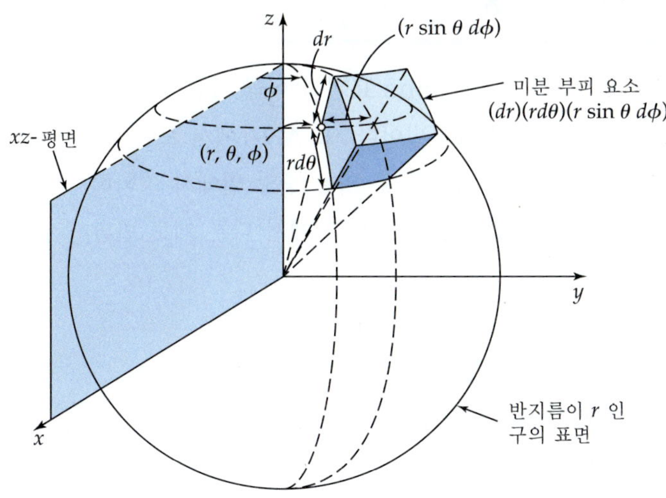

그림 A.8-2. 구형 좌표의 미분 부피 요소 $r^2 \sin \theta \, dr \, d\theta d\phi$ 와 미분 선 요소 dr, $r \, d\theta$와 $r \sin\theta d\phi$. 미분 표면 요소는 r 방향에 수직 $(r \, d\theta)(r \sin\theta d\phi)$(가장 엷게 그림자진); θ 방향에 수직 $(r \sin\theta\phi)$ (dr) (가장 검게 그림자진)과 ϕ 방향에 수직 $(dr)(r \, d\theta)$ (중간 정도의 그림자진)이 있다.

다. **원통형 좌표**에 대해서는

$r=r_0$ 표면에서:
$$\int_{z_1}^{z_2} \int_{\theta_1}^{\theta_2} f(r_0, \theta, z) r_0 \, d\theta \, dz \tag{A.8-3}$$

$\theta=\theta_0$ 표면에서:
$$\int_{z_1}^{z_2} \int_{r_1}^{r_2} f(r, \theta_0, z) \, dr \, dz \tag{A.8-4}$$

$z=z_0$ 표면에서:
$$\int_{\theta_1}^{\theta_2} \int_{r_1}^{r_2} f(r, \theta, z_0) r \, dr \, d\theta \tag{A.8-5}$$

의 3 가지 가능성이 있다. 유사하게 **구형 좌표**에 대해서는

$r=r_0$ 표면에서:
$$\int_{\phi_1}^{\phi_2} \int_{\theta_1}^{\theta_2} g(r_0, \theta, \phi) r_0^2 \, \sin \, \theta \, d\theta \, d\phi \tag{A.8-6}$$

$\theta=\theta_0$ 표면에서:
$$\int_{\phi}^{\phi_2} \int_{r_1}^{r_2} g(r, \theta_0, \phi) \, \sin \, \theta_0 \, r \, dr \, d\phi \tag{A.8-7}$$

$\phi=\phi_0$ 표면에서:
$$\int_{\theta_1}^{\theta_2} \int_{r_1}^{r_2} g(r, \theta, \phi_0) r \, dr \, d\theta \tag{A.8-8}$$

이 있다. 독자들은 위의 6 개 표면 적분 각각에 의해 묘사되는 면적이 무엇인지 정확하게 알기 위해 개략적인 그림을 그리도록 노력해야 할 것이다.

만약 표면 적분에서 적분 면적이 좌표계 표면의 하나가 아니라면 미적분 책의 도움을 받아야 할 것이다.

A.9 벡터와 텐서 표기법에 대한 추가적인 논평

이 책에서 사용된 굵은 활자 표기법은 Gibbs 표기법[1]이라 불린다. 또 널리 사용되는 것은 직각 텐서 표기법[2]으로 언급되는 다른 표기법이다. 표 A.9-1에서 보는 바와 같이 두 계를 비교하기에는 몇 개의 예제면 충분하다. 바깥쪽 두 열은 중앙 열에서 명백히 설명된 연산은 직각 좌표에서 간략히 쓰는 다른 두 방법이다. 하나의 계에서 다른 계로 변환하기 위한 법칙은 다음과 같다.

전개된 표기법에서 직각 텐서 표기법으로 변환하기 위해

1. 모든 덧셈 부호를 생략하시오 ("Einstein의 덧셈 규약")

2. 모든 단위 벡터와 단위 다이애드를 생략하시오.

3. $\partial/\partial x_i$ 를 ∂_i로 대체하시오.

표 A.9-1

Gibbs 표기법	단위 벡터와 단위 다이애드의 항으로 전개된 표기법	직각 텐서 표기법
$(\mathbf{v}\cdot\mathbf{w})$	$\sum_i v_i w_i$	$v_i w_i$
$[\mathbf{v}\times\mathbf{w}]$	$\sum_i\sum_j\sum_k \varepsilon_{ijk}\boldsymbol{\delta}_i v_j w_k$	$\varepsilon_{ijk}v_j w_k$
$[\nabla\cdot\boldsymbol{\tau}]$	$\sum_i\sum_j \boldsymbol{\delta}_i \frac{\partial}{\partial x_j}\tau_{ji}$	$\partial_j\tau_{ji}$
$\nabla^2 s$	$\sum_i \frac{\partial^2}{\partial x_i^2}s$	$\partial_i\partial_i s$
$[\nabla\times[\nabla\times\mathbf{v}]]$	$\sum_i\sum_j\sum_k\sum_m\sum_n \boldsymbol{\delta}_i\varepsilon_{ijk}\varepsilon_{kmn}\frac{\partial}{\partial x_j}\frac{\partial}{\partial x_m}v_n$	$\varepsilon_{ijk}\varepsilon_{kmn}\partial_j\partial_m v_n$
$\{\boldsymbol{\tau}\times\mathbf{v}\}$	$\sum_i\sum_j\sum_k\sum_l \varepsilon_{jkl}\boldsymbol{\delta}_i\boldsymbol{\delta}_l\tau_{ij}v_k$	$\varepsilon_{jkl}\tau_{ij}v_k$

직각 텐서 표기법에서 전개된 표기법으로 변환하기 위해

1. 모든 반복되는 지수에 대해 덧셈 부호를 붙이시오.

2. 모든 반복되지 않는 지수에 대해 단위 벡터와 단위 다이애드를 붙이시오. 텐서식의 각 항에서 단위 벡터는 단위 다이애드에서 똑 같은 순서로 나타나야만 한다.

3. ∂_i를 $\partial/\partial x_i$ 로 대체하시오.

[1] J. W. Gibbs, *Vector Analysis*, Dover Reprint, New York (1960).

[2] W. Prager, *Mechanics of Continua*, Ginn, Boston (1961).

Gibbs 표기법은 간결하고, 읽기 쉽고 특정 좌표계에 대한 언급이 없다. 그러나 점 연산과 교차 연산의 의미와 굵은 활자 기호의 사용을 알아야만 한다. 직각 텐서 표기법은 직각 좌표에서 연산의 본성을 명백하게 나타내지만, 하첨자를 읽고 쓰는데 있어서 실수가 가장 심할 수 있다. 두 계를 모두 같이 알고 있는 사람들은 결과를 표현하고 일반적인 논의를 위해 Gibbs 표기법을 더 선호하지만, 항등성을 증명하기 위해서는 직각 텐서 표기법으로 되돌아 가야 한다.

표시된 좌표계에 관한 벡터와 텐서의 성분을 나타내기 위해서는 경우에 따라 **행렬 표기법**이 사용된다. 예를 들면 $v_x=\dot{\gamma}y$, $v_y=0$, $v_z=0$이라면, $\nabla\mathbf{v}$는 두 가지 방법으로 쓸 수 있다.

$$\nabla\mathbf{v} = \boldsymbol{\delta}_y\boldsymbol{\delta}_x\dot{\gamma} = \begin{pmatrix} 0 & 0 & 0 \\ \dot{\gamma} & 0 & 0 \\ 0 & 0 & 0 \end{pmatrix} \tag{A.9-1}$$

두 번째 "="은 실제 "같다"는 부호가 아니라 "아마 표현될 것이라는" 것으로 해석되어야만 한다. 행렬 원과 곱하게 되는 단위 다이애드 – 이 경우에는 $\boldsymbol{\delta}_x\boldsymbol{\delta}_x$, $\boldsymbol{\delta}_x\boldsymbol{\delta}_y$ 등등을 추리하여야만 하므로, 이 표기법은 약간 위험스럽다는 것에 주목하시오. 만약 원통형 좌표를 사용하였다면, $\nabla\mathbf{v}$는

$$\nabla\mathbf{v} = \begin{pmatrix} \dot{\gamma}\sin\theta\ \cos\ \theta & -\dot{\gamma}\sin^2\theta & 0 \\ \dot{\gamma}\cos^2\theta & -\dot{\gamma}\sin\theta\ \cos\ \theta & 0 \\ 0 & 0 & 0 \end{pmatrix} \tag{A.9-2}$$

의 행렬로 표현될 것이다. 여기서 행렬 원은 $\boldsymbol{\delta}_r\boldsymbol{\delta}_r$, $\boldsymbol{\delta}_r\boldsymbol{\delta}_\theta$ 등등과 곱하고 함께 더하게 되는 것으로 이해된다.

잘못 해석될 위험과 "="의 느슨한 사용에도 불구하고, "점" 연산이 표준 행렬의 곱셈 법칙에 대응한다는 중요한 이유가 있으므로 행렬 표기법은 널리 사용된다. 예를 들면

$$(\mathbf{v}\cdot\mathbf{w}) = (v_1 \quad v_2 \quad v_3)\begin{pmatrix} w_1 \\ w_2 \\ w_3 \end{pmatrix} = v_1w_1 + v_2w_2 + v_3w_3 \tag{A.9-3}$$

$$[\boldsymbol{\tau}\cdot\mathbf{v}] = \begin{pmatrix} \tau_{11} & \tau_{12} & \tau_{13} \\ \tau_{21} & \tau_{22} & \tau_{23} \\ \tau_{31} & \tau_{32} & \tau_{33} \end{pmatrix}\begin{pmatrix} v_1 \\ v_2 \\ v_3 \end{pmatrix} = \begin{pmatrix} \tau_{11}v_1 + \tau_{12}v_2 + \tau_{13}v_3 \\ \tau_{21}v_1 + \tau_{22}v_2 + \tau_{23}v_3 \\ \tau_{31}v_1 + \tau_{32}v_2 + \tau_{33}v_3 \end{pmatrix} \tag{A.9-4}$$

이다. 물론 이와 같은 행렬 곱셈은 단지 성분이 동일한 단위 벡터에 속할 때만 의미가 있다.

Appendix

B 훌럭스와 변화방정식

B.1 점도에 대한 Newton 법칙

$$[\boldsymbol{\tau}=-\mu(\nabla\mathbf{v}+(\nabla\mathbf{v})^{+})+(\tfrac{2}{3}\mu-\kappa)(\nabla\cdot\mathbf{v})\boldsymbol{\delta}]$$

직각 좌표 (x, y, z)

$$\tau_{xx} = -\mu\left[2\frac{\partial v_x}{\partial x}\right] + (\tfrac{2}{3}\mu - \kappa)(\nabla\cdot\mathbf{v}) \tag{B.1-1^a}$$

$$\tau_{yy} = -\mu\left[2\frac{\partial v_y}{\partial y}\right] + (\tfrac{2}{3}\mu - \kappa)(\nabla\cdot\mathbf{v}) \tag{B.1-2^a}$$

$$\tau_{zz} = -\mu\left[2\frac{\partial v_z}{\partial z}\right] + (\tfrac{2}{3}\mu - \kappa)(\nabla\cdot\mathbf{v}) \tag{B.1-3^a}$$

$$\tau_{xy} = \tau_{yx} = -\mu\left[\frac{\partial v_y}{\partial x} + \frac{\partial v_x}{\partial y}\right] \tag{B.1-4}$$

$$\tau_{yz} = \tau_{zy} = -\mu\left[\frac{\partial v_z}{\partial y} + \frac{\partial v_y}{\partial z}\right] \tag{B.1-5}$$

$$\tau_{zx} = \tau_{xz} = -\mu\left[\frac{\partial v_x}{\partial z} + \frac{\partial v_z}{\partial x}\right] \tag{B.1-6}$$

여기서

$$(\nabla\cdot\mathbf{v}) = \frac{\partial v_x}{\partial x} + \frac{\partial v_y}{\partial y} + \frac{\partial v_z}{\partial z} \tag{B.1-7}$$

[a] 유체가 일정한 밀도를 갖는다고 가정하면 $(\nabla\cdot\mathbf{v})$를 포함하는 항은 생략될 것이다. 낮은 밀도에서 단원자 기체에 대해서는 팽창 점도 κ는 0이다.

원통형 좌표 (r, θ, z)

$$\tau_{rr} = -\mu\left[2\frac{\partial v_r}{\partial r}\right] + (\tfrac{2}{3}\mu - \kappa)(\nabla\cdot\mathbf{v}) \tag{B.1-8^a}$$

$$\tau_{\theta\theta} = -\mu\left[2\left(\frac{1}{r}\frac{\partial v_\theta}{\partial \theta} + \frac{v_r}{r}\right)\right] + (\tfrac{2}{3}\mu - \kappa)(\nabla\cdot\mathbf{v}) \tag{B.1-9^a}$$

$$\tau_{zz} = -\mu\left[2\frac{\partial v_z}{\partial z}\right] + (\tfrac{2}{3}\mu - \kappa)(\nabla\cdot\mathbf{v}) \tag{B.1-10^a}$$

$$\tau_{r\theta} = \tau_{\theta r} = -\mu\left[r\frac{\partial}{\partial r}\left(\frac{v_\theta}{r}\right) + \frac{1}{r}\frac{\partial v_r}{\partial \theta}\right] \tag{B.1-11}$$

$$\tau_{\theta z} = \tau_{z\theta} = -\mu\left[\frac{1}{r}\frac{\partial v_z}{\partial \theta} + \frac{\partial v_\theta}{\partial z}\right] \tag{B.1-12}$$

$$\tau_{zr} = \tau_{rz} = -\mu\left[\frac{\partial v_r}{\partial z} + \frac{\partial v_z}{\partial r}\right] \tag{B.1-13}$$

여기서

$$(\nabla\cdot\mathbf{v}) = \frac{1}{r}\frac{\partial}{\partial r}(rv_r) + \frac{1}{r}\frac{\partial v_\theta}{\partial \theta} + \frac{\partial v_z}{\partial z} \tag{B.1-14}$$

[a] 유체가 일정한 밀도를 갖는다고 가정하면 $(\nabla\cdot\mathbf{v})$를 포함하는 항은 생략될 것이다. 낮은 밀도에서 단원자 기체에 대해서는 팽창 점도 κ는 0이다.

구형 좌표 (r, θ, ϕ)

$$\tau_{rr} = -\mu\left[2\frac{\partial v_r}{\partial r}\right] + (\tfrac{2}{3}\mu - \kappa)(\nabla \cdot \mathbf{v}) \tag{B.1-15}$$ [a]

$$\tau_{\theta\theta} = -\mu\left[2\left(\frac{1}{r}\frac{\partial v_\theta}{\partial \theta} + \frac{v_r}{r}\right)\right] + (\tfrac{2}{3}\mu - \kappa)(\nabla \cdot \mathbf{v}) \tag{B.1-16}$$ [a]

$$\tau_{\phi\phi} = -\mu\left[2\left(\frac{1}{r\sin\theta}\frac{\partial v_\phi}{\partial \phi} + \frac{v_r + v_\theta\cot\theta}{r}\right)\right] + (\tfrac{2}{3}\mu - \kappa)(\nabla \cdot \mathbf{v}) \tag{B.1-17}$$ [a]

$$\tau_{r\theta} = \tau_{\theta r} = -\mu\left[r\frac{\partial}{\partial r}\left(\frac{v_\theta}{r}\right) + \frac{1}{r}\frac{\partial v_r}{\partial \theta}\right] \tag{B.1-18}$$

$$\tau_{\theta\phi} = \tau_{\phi\theta} = -\mu\left[\frac{\sin\theta}{r}\frac{\partial}{\partial \theta}\left(\frac{v_\phi}{\sin\theta}\right) + \frac{1}{r\sin\theta}\frac{\partial v_\theta}{\partial \phi}\right] \tag{B.1-19}$$

$$\tau_{\phi r} = \tau_{r\phi} = -\mu\left[\frac{1}{r\sin\theta}\frac{\partial v_r}{\partial \phi} + r\frac{\partial}{\partial r}\left(\frac{v_\phi}{r}\right)\right] \tag{B.1-20}$$

여기서

$$(\nabla \cdot \mathbf{v}) = \frac{1}{r^2}\frac{\partial}{\partial r}(r^2 v_r) + \frac{1}{r\sin\theta}\frac{\partial}{\partial \theta}(v_\theta \sin\theta) + \frac{1}{r\sin\theta}\frac{\partial v_\phi}{\partial \phi} \tag{B.1-21}$$

[a] 유체가 일정한 밀도를 갖는다고 가정하면 $(\nabla \cdot \mathbf{v})$를 포함하는 항은 생략될 것이다. 낮은 밀도에서 단원자 기체에 대해서는 팽창 점도 κ는 0이다.

B.2 열전도에 대한 Fourier 법칙[a]

$$[\mathbf{q} = -k\boldsymbol{\nabla}T]$$

직각 좌표 (x, y, z)

$$q_x = -k\frac{\partial T}{\partial x} \quad \text{(B.2-1)}$$

$$q_y = -k\frac{\partial T}{\partial y} \quad \text{(B.2-2)}$$

$$q_z = -k\frac{\partial T}{\partial z} \quad \text{(B.2-3)}$$

원통형 좌표 (r, θ, z)

$$q_r = -k\frac{dT}{\partial r} \quad \text{(B.2-4)}$$

$$q_\theta = -k\frac{1}{r}\frac{\partial T}{\partial \theta} \quad \text{(B.2-5)}$$

$$q_z = -k\frac{\partial T}{\partial z} \quad \text{(B.2-6)}$$

구형 좌표 (r, θ, ϕ)

$$q_r = -k\frac{\partial T}{\partial r} \quad \text{(B.2-7)}$$

$$q_\theta = -k\frac{1}{r}\frac{\partial T}{\partial \theta} \quad \text{(B.2-8)}$$

$$q_\phi = -k\frac{1}{r\,\sin\,\theta}\frac{\partial T}{\partial \phi} \quad \text{(B.2-9)}$$

[a] 혼합물에 대해서는 $\Sigma_\alpha(\bar{H}_\alpha/M_\alpha)\,\mathbf{j}_\alpha$ 항이 반드시 $-k\nabla T$ 에 추가되어야 한다(식 19.3-3 참조).

B.3 2성분 확산에 대한 Fick 1 법칙[a]

$$[\mathbf{j}_A = -\rho\mathscr{D}_{AB}\boldsymbol{\nabla}\omega_A]$$

직각 좌표 (x, y, z)

$$j_{Ax} = -\rho\mathcal{D}_{AB}\frac{\partial \omega_A}{\partial x} \tag{B.3-1}$$

$$j_{Ay} = -\rho\mathcal{D}_{AB}\frac{\partial \omega_A}{\partial y} \tag{B.3-2}$$

$$j_{Az} = -\rho\mathcal{D}_{AB}\frac{\partial \omega_A}{\partial z} \tag{B.3-3}$$

원통형 좌표 (r, θ, z)

$$j_{Ar} = -\rho\mathcal{D}_{AB}\frac{\partial \omega_A}{\partial r} \tag{B.3-4}$$

$$j_{A\theta} = -\rho\mathcal{D}_{AB}\frac{1}{r}\frac{\partial \omega_A}{\partial \theta} \tag{B.3-5}$$

$$j_{Az} = -\rho\mathcal{D}_{AB}\frac{\partial \omega_A}{\partial z} \tag{B.3-6}$$

구형 좌표 (r, θ, ϕ)

$$j_{Ar} = -\rho\mathcal{D}_{AB}\frac{\partial \omega_A}{\partial r} \tag{B.3-7}$$

$$j_{A\theta} = -\rho\mathcal{D}_{AB}\frac{1}{r}\frac{\partial \omega_A}{\partial \theta} \tag{B.3-8}$$

$$j_{A\phi} = -\rho\mathcal{D}_{AB}\frac{1}{r\sin\theta}\frac{\partial \omega_A}{\partial \phi} \tag{B.3-9}$$

[a] 몰 평균 속도에 관한 몰 훌럭스를 얻기 위해서는 $\mathbf{j}_A$, ρ와 ω_A를 $\mathbf{J}_A^*$, c와 x_A로 대체하시오.

B.4 연속방정식[a]

$$[\partial\rho/\partial t + (\nabla \cdot \rho\mathbf{v}) = 0]$$

직각 좌표 (x, y, z)

$$\frac{\partial \rho}{\partial t} + \frac{\partial}{\partial x}(\rho v_x) + \frac{\partial}{\partial y}(\rho v_y) + \frac{\partial}{\partial z}(\rho v_z) = 0 \tag{B.4-1}$$

원통형 좌표 (r, θ, z)

$$\frac{\partial \rho}{\partial t} + \frac{1}{r}\frac{\partial}{\partial r}(\rho r v_r) + \frac{1}{r}\frac{\partial}{\partial \theta}(\rho v_\theta) + \frac{\partial}{\partial z}(\rho v_z) = 0 \tag{B.4-2}$$

구형 좌표 (r, θ, ϕ)

$$\frac{\partial \rho}{\partial t} + \frac{1}{r^2}\frac{\partial}{\partial r}(\rho r^2 v_r) + \frac{1}{r\sin\theta}\frac{\partial}{\partial \theta}(\rho v_\theta \sin\theta) + \frac{1}{r\sin\theta}\frac{\partial}{\partial \phi}(\rho v_\phi) = 0 \tag{B.4-3}$$

[a] 유체가 일정한 질량 밀도 ρ를 갖는다고 가정하면 식은 $(\nabla \cdot \mathbf{v})=0$으로 간단히 된다.

B.5 τ 항으로 된 운동방정식

$$[\rho D\mathbf{v}/Dt = -\nabla p - [\nabla \cdot \boldsymbol{\tau}] + \rho \mathbf{g}]$$

직각 좌표 (x, y, z)[a]

$$\rho\left(\frac{\partial v_x}{\partial t} + v_x\frac{\partial v_x}{\partial x} + v_y\frac{\partial v_x}{\partial y} + v_z\frac{\partial v_x}{\partial z}\right) = -\frac{\partial p}{\partial x} - \left[\frac{\partial}{\partial x}\tau_{xx} + \frac{\partial}{\partial y}\tau_{yx} + \frac{\partial}{\partial z}\tau_{zx}\right] + \rho g_x \quad \text{(B.5-1)}$$

$$\rho\left(\frac{\partial v_y}{\partial t} + v_x\frac{\partial v_y}{\partial x} + v_y\frac{\partial v_y}{\partial y} + v_z\frac{\partial v_y}{\partial z}\right) = -\frac{\partial p}{\partial y} - \left[\frac{\partial}{\partial x}\tau_{xy} + \frac{\partial}{\partial y}\tau_{yy} + \frac{\partial}{\partial z}\tau_{zy}\right] + \rho g_y \quad \text{(B.5-2)}$$

$$\rho\left(\frac{\partial v_z}{\partial t} + v_x\frac{\partial v_z}{\partial x} + v_y\frac{\partial v_z}{\partial y} + v_z\frac{\partial v_z}{\partial z}\right) = -\frac{\partial p}{\partial z} - \left[\frac{\partial}{\partial x}\tau_{xz} + \frac{\partial}{\partial y}\tau_{yz} + \frac{\partial}{\partial z}\tau_{zz}\right] + \rho g_z \quad \text{(B.5-3)}$$

[a] 이들 식은 $\boldsymbol{\tau}$가 대칭이라는 가정을 사용하지 않고 쓸 수 있다. 예를 들면 이는 응력 텐서가 대칭이라는 통상적인 가정이 수립되면 τ_{xy}와 τ_{yx}는 상호 교환할 수 있을 것이라는 의미이다.

원통형 좌표 (r, θ, z)[b]

$$\rho\left(\frac{\partial v_r}{\partial t} + v_r\frac{\partial v_r}{\partial r} + \frac{v_\theta}{r}\frac{\partial v_r}{\partial \theta} + v_z\frac{\partial v_r}{\partial z} - \frac{v_\theta^2}{r}\right) = -\frac{\partial p}{\partial r} - \left[\frac{1}{r}\frac{\partial}{\partial r}(r\tau_{rr}) + \frac{1}{r}\frac{\partial}{\partial \theta}\tau_{\theta r} + \frac{\partial}{\partial z}\tau_{zr} - \frac{\tau_{\theta\theta}}{r}\right] + \rho g_r \quad \text{(B.5-4)}$$

$$\rho\left(\frac{\partial v_\theta}{\partial t} + v_r\frac{\partial v_\theta}{\partial r} + \frac{v_\theta}{r}\frac{\partial v_\theta}{\partial \theta} + v_z\frac{\partial v_\theta}{\partial z} + \frac{v_r v_\theta}{r}\right) = -\frac{1}{r}\frac{\partial p}{\partial \theta} - \left[\frac{1}{r^2}\frac{\partial}{\partial r}(r^2\tau_{r\theta}) + \frac{1}{r}\frac{\partial}{\partial \theta}\tau_{\theta\theta} + \frac{\partial}{\partial z}\tau_{z\theta} + \frac{\tau_{\theta r} - \tau_{r\theta}}{r}\right] + \rho g_\theta \quad \text{(B.5-5)}$$

$$\rho\left(\frac{\partial v_z}{\partial t} + v_r\frac{\partial v_z}{\partial r} + \frac{v_\theta}{r}\frac{\partial v_z}{\partial \theta} + v_z\frac{\partial v_z}{\partial z}\right) = -\frac{\partial p}{\partial z} - \left[\frac{1}{r}\frac{\partial}{\partial r}(r\tau_{rz}) + \frac{1}{r}\frac{\partial}{\partial \theta}\tau_{\theta z} + \frac{\partial}{\partial z}\tau_{zz}\right] + \rho g_z \quad \text{(B.5-6)}$$

[b] 이들 식은 $\boldsymbol{\tau}$ 가 대칭이라는 가정을 사용하지 않고 쓸 수 있다. 예를 들면 이는 응력 텐서가 대칭이라는 통상적인 가정이 수립되면 $\tau_{r\theta} - \tau_{\theta r} = 0$ 임을 의미한다.

구형 좌표 (r, θ, ϕ)[c]

$$\rho\left(\frac{\partial v_r}{\partial t} + v_r\frac{\partial v_r}{\partial r} + \frac{v_\theta}{r}\frac{\partial v_r}{\partial \theta} + \frac{v_\phi}{r\sin\theta}\frac{\partial v_r}{\partial \phi} - \frac{v_\theta^2 + v_\phi^2}{r}\right) = -\frac{\partial p}{\partial r}$$
$$- \left[\frac{1}{r^2}\frac{\partial}{\partial r}(r^2\tau_{rr}) + \frac{1}{r\sin\theta}\frac{\partial}{\partial \theta}(\tau_{\theta r}\sin\theta) + \frac{1}{r\sin\theta}\frac{\partial}{\partial \phi}\tau_{\phi r} - \frac{\tau_{\theta\theta} + \tau_{\phi\phi}}{r}\right] + \rho g_r \quad \text{(B.5-7)}$$

$$\rho\left(\frac{\partial v_\theta}{\partial t} + v_r\frac{\partial v_\theta}{\partial r} + \frac{v_\theta}{r}\frac{\partial v_\theta}{\partial \theta} + \frac{v_\phi}{r\sin\theta}\frac{\partial v_\theta}{\partial \phi} + \frac{v_r v_\theta - v_\phi^2\cot\theta}{r}\right) = -\frac{1}{r}\frac{\partial p}{\partial \theta}$$
$$- \left[\frac{1}{r^3}\frac{\partial}{\partial r}(r^3\tau_{r\theta}) + \frac{1}{r\sin\theta}\frac{\partial}{\partial \theta}(\tau_{\theta\theta}\sin\theta) + \frac{1}{r\sin\theta}\frac{\partial}{\partial \phi}\tau_{\phi\theta} + \frac{(\tau_{\theta r} - \tau_{r\theta}) - \tau_{\phi\phi}\cot\theta}{r}\right) + \rho g_\theta \quad \text{(B.5-8)}$$

$$\rho\left(\frac{\partial v_\phi}{\partial t} + v_r\frac{\partial v_\phi}{\partial r} + \frac{v_\theta}{r}\frac{\partial v_\phi}{\partial \theta} + \frac{v_\phi}{r\sin\theta}\frac{\partial v_\phi}{\partial \phi} + \frac{v_\phi v_r + v_\theta v_\phi\cot\theta}{r}\right) = -\frac{1}{r\sin\theta}\frac{\partial p}{\partial \phi}$$
$$- \left[\frac{1}{r^3}\frac{\partial}{\partial r}(r^3\tau_{r\phi}) + \frac{1}{r\sin\theta}\frac{\partial}{\partial \theta}(\tau_{\theta\phi}\sin\theta) + \frac{1}{r\sin\theta}\frac{\partial}{\partial \phi}\tau_{\phi\phi} + \frac{(\tau_{\phi r} - \tau_{r\phi}) + \tau_{\phi\theta}\cot\theta}{r}\right] + \rho g_\phi \quad \text{(B.5-9)}$$

[c] 이들 식은 $\boldsymbol{\tau}$ 가 대칭이라는 가정을 사용하지 않고 쓸 수 있다. 예를 들면 이는 응력 텐서가 대칭이라는 통상적인 가정이 수립되면 $\tau_{r\theta} - \tau_{\theta r} = 0$ 임을 의미한다.

B.6 일정한 ρ와 μ를 갖는 뉴튼 유체에 대한 운동방정식

$$[\rho D\mathbf{v}/Dt = -\nabla p + \mu \nabla^2 \mathbf{v} + \rho \mathbf{g}]$$

직각 좌표 (x, y, z)

$$\rho\left(\frac{\partial v_x}{\partial t} + v_x \frac{\partial v_x}{\partial x} + v_y \frac{\partial v_x}{\partial y} + v_z \frac{\partial v_x}{\partial z}\right) = -\frac{\partial p}{\partial x} + \mu\left[\frac{\partial^2 v_x}{\partial x^2} + \frac{\partial^2 v_x}{\partial y^2} + \frac{\partial^2 v_x}{\partial z^2}\right] + \rho g_x \qquad \text{(B.6-1)}$$

$$\rho\left(\frac{\partial v_y}{\partial t} + v_x \frac{\partial v_y}{\partial x} + v_y \frac{\partial v_y}{\partial y} + v_z \frac{\partial v_y}{\partial z}\right) = -\frac{\partial p}{\partial y} + \mu\left[\frac{\partial^2 v_y}{\partial x^2} + \frac{\partial^2 v_y}{\partial y^2} + \frac{\partial^2 v_y}{\partial z^2}\right] + \rho g_y \qquad \text{(B.6-2)}$$

$$\rho\left(\frac{\partial v_z}{\partial t} + v_x \frac{\partial v_z}{\partial x} + v_y \frac{\partial v_z}{\partial y} + v_z \frac{\partial v_z}{\partial z}\right) = -\frac{\partial p}{\partial z} + \mu\left[\frac{\partial^2 v_z}{\partial x^2} + \frac{\partial^2 v_z}{\partial y^2} + \frac{\partial^2 v_z}{\partial z^2}\right] + \rho g_z \qquad \text{(B.6-3)}$$

원통형 좌표 (r, θ, z)

$$\rho\left(\frac{\partial v_r}{\partial t} + v_r \frac{\partial v_r}{\partial r} + \frac{v_\theta}{r}\frac{\partial v_r}{\partial \theta} + v_z \frac{\partial v_r}{\partial z} - \frac{v_\theta^2}{r}\right) = -\frac{\partial p}{\partial r} + \mu\left[\frac{\partial}{\partial r}\left(\frac{1}{r}\frac{\partial}{\partial r}(r v_r)\right) + \frac{1}{r^2}\frac{\partial^2 v_r}{\partial \theta^2} + \frac{\partial^2 v_r}{\partial z^2} - \frac{2}{r^2}\frac{\partial v_\theta}{\partial \theta}\right] + \rho g_r \qquad \text{(B.6-4)}$$

$$\rho\left(\frac{\partial v_\theta}{\partial t} + v_r \frac{\partial v_\theta}{\partial r} + \frac{v_\theta}{r}\frac{\partial v_\theta}{\partial \theta} + v_z \frac{\partial v_\theta}{\partial z} + \frac{v_r v_\theta}{r}\right) = -\frac{1}{r}\frac{\partial p}{\partial \theta} + \mu\left[\frac{\partial}{\partial r}\left(\frac{1}{r}\frac{\partial}{\partial r}(r v_\theta)\right) + \frac{1}{r^2}\frac{\partial^2 v_\theta}{\partial \theta^2} + \frac{\partial^2 v_\theta}{\partial z^2} + \frac{2}{r^2}\frac{\partial v_r}{\partial \theta}\right] + \rho g_\theta \qquad \text{(B.6-5)}$$

$$\rho\left(\frac{\partial v_z}{\partial t} + v_r \frac{\partial v_z}{\partial r} + \frac{v_\theta}{r}\frac{\partial v_z}{\partial \theta} + v_z \frac{\partial v_z}{\partial z}\right) = -\frac{\partial p}{\partial z} + \mu\left[\frac{1}{r}\frac{\partial}{\partial r}\left(r\frac{\partial v_z}{\partial r}\right) + \frac{1}{r^2}\frac{\partial^2 v_z}{\partial \theta^2} + \frac{\partial^2 v_z}{\partial z^2}\right] + \rho g_z \qquad \text{(B.6-6)}$$

구형 좌표 (r, θ, ϕ)

$$\rho\left(\frac{\partial v_r}{\partial t} + v_r \frac{\partial v_r}{\partial r} + \frac{v_\theta}{r}\frac{\partial v_r}{\partial \theta} + \frac{v_\phi}{r\sin\theta}\frac{\partial v_r}{\partial \phi} - \frac{v_\theta^2 + v_\phi^2}{r}\right) = -\frac{\partial p}{\partial r}$$
$$+ \mu\left[\frac{1}{r^2}\frac{\partial^2}{\partial r^2}(r^2 v_r) + \frac{1}{r^2\sin\theta}\frac{\partial}{\partial \theta}\left(\sin\theta\frac{\partial v_r}{\partial \theta}\right) + \frac{1}{r^2\sin^2\theta}\frac{\partial^2 v_r}{\partial \phi^2}\right] + \rho g_r \qquad \text{(B.6-7)}^a$$

$$\rho\left(\frac{\partial v_\theta}{\partial t} + v_r \frac{\partial v_\theta}{\partial r} + \frac{v_\theta}{r}\frac{\partial v_\theta}{\partial \theta} + \frac{v_\phi}{r\sin\theta}\frac{\partial v_\theta}{\partial \phi} + \frac{v_r v_\theta - v_\phi^2\cot\theta}{r}\right) = -\frac{1}{r}\frac{\partial p}{\partial \theta}$$
$$+ \mu\left[\frac{1}{r^2}\frac{\partial}{\partial r}\left(r^2\frac{\partial v_\theta}{\partial r}\right) + \frac{1}{r^2}\frac{\partial}{\partial \theta}\left(\frac{1}{\sin\theta}\frac{\partial}{\partial \theta}(v_\theta\sin\theta)\right) + \frac{1}{r^2\sin^2\theta}\frac{\partial^2 v_\theta}{\partial \phi^2} + \frac{2}{r^2}\frac{\partial v_r}{\partial \theta} - \frac{2\cot\theta}{r^2\sin\theta}\frac{\partial v_\phi}{\partial \phi}\right] + \rho g_\theta \qquad \text{(B.6-8)}$$

$$\rho\left(\frac{\partial v_\phi}{\partial t} + v_r \frac{\partial v_\phi}{\partial r} + \frac{v_\theta}{r}\frac{\partial v_\phi}{\partial \theta} + \frac{v_\phi}{r\sin\theta}\frac{\partial v_\phi}{\partial \phi} + \frac{v_\phi v_r + v_\theta v_\phi\cot\theta}{r}\right) = -\frac{1}{r\sin\theta}\frac{\partial p}{\partial \phi}$$
$$+ \mu\left[\frac{1}{r^2}\frac{\partial}{\partial r}\left(r^2\frac{\partial v_\phi}{\partial r}\right) + \frac{1}{r^2}\frac{\partial}{\partial \theta}\left(\frac{1}{\sin\theta}\frac{\partial}{\partial \theta}(v_\phi\sin\theta)\right) + \frac{1}{r^2\sin^2\theta}\frac{\partial^2 v_\phi}{\partial \phi^2} + \frac{2}{r^2\sin\theta}\frac{\partial v_r}{\partial \phi} + \frac{2\cot\theta}{r^2\sin\theta}\frac{\partial v_\theta}{\partial \phi}\right] + \rho g_\phi \qquad \text{(B.6-9)}$$

[a] 식 B.6-7의 대각 괄호 안의 양은 일정한 ρ를 갖는 유체에 대해서는 0이 되는 $(2/r)(\nabla \cdot \mathbf{v})$에 대한 식을 식 (M)에 더했기 때문에 표 A.7-3의 $[\nabla \cdot \nabla\mathbf{v}]$에 대한 식 (M)으로부터 기대하였던 것은 아니다. 이는 훨씬 더 간단한 식이 된다.

B.7 뉴튼 유체에 대한 소산 함수 Φ_v(식 3.3-3 참조)

직각 좌표 (x, y, z)

$$\Phi_v = 2\left[\left(\frac{\partial v_x}{\partial x}\right)^2 + \left(\frac{\partial v_y}{\partial y}\right)^2 + \left(\frac{\partial v_z}{\partial z}\right)^2\right] + \left[\frac{\partial v_y}{\partial x} + \frac{\partial v_x}{\partial y}\right]^2 + \left[\frac{\partial v_z}{\partial y} + \frac{\partial v_y}{\partial z}\right]^2 + \left[\frac{\partial v_x}{\partial z} + \frac{\partial v_z}{\partial x}\right]^2 - \frac{2}{3}\left[\frac{\partial v_x}{\partial x} + \frac{\partial v_y}{\partial y} + \frac{\partial v_z}{\partial z}\right]^2 \quad \text{(B.7-1)}$$

원통형 좌표 (r, θ, z)

$$\Phi_v = 2\left[\left(\frac{\partial v_r}{\partial r}\right)^2 + \left(\frac{1}{r}\frac{\partial v_\theta}{\partial \theta} + \frac{v_r}{r}\right)^2 + \left(\frac{\partial v_z}{\partial z}\right)^2\right] + \left[r\frac{\partial}{\partial r}\left(\frac{v_\theta}{r}\right) + \frac{1}{r}\frac{\partial v_r}{\partial \theta}\right]^2 + \left[\frac{1}{r}\frac{\partial v_z}{\partial \theta} + \frac{\partial v_\theta}{\partial z}\right]^2 + \left[\frac{\partial v_r}{\partial z} + \frac{\partial v_z}{\partial r}\right]^2$$

$$- \frac{2}{3}\left[\frac{1}{r}\frac{\partial}{\partial r}(rv_r) + \frac{1}{r}\frac{\partial v_\theta}{\partial \theta} + \frac{\partial v_z}{\partial z}\right]^2 \quad \text{(B.7-2)}$$

구형 좌표 (r, θ, ϕ)

$$\Phi_v = 2\left[\left(\frac{\partial v_r}{\partial r}\right)^2 + \left(\frac{1}{r}\frac{\partial v_\theta}{\partial \theta} + \frac{v_r}{r}\right)^2 + \left(\frac{1}{r\sin\theta}\frac{\partial v_\phi}{\partial \phi} + \frac{v_r + v_\theta\cot\theta}{r}\right)^2\right]$$

$$+ \left[r\frac{\partial}{\partial r}\left(\frac{v_\theta}{r}\right) + \frac{1}{r}\frac{\partial v_r}{\partial \theta}\right]^2 + \left[\frac{\sin\theta}{r}\frac{\partial}{\partial \theta}\left(\frac{v_\phi}{\sin\theta}\right) + \frac{1}{r\sin\theta}\frac{\partial v_\theta}{\partial \phi}\right]^2 + \left[\frac{1}{r\sin\theta}\frac{\partial v_r}{\partial \phi} + r\frac{\partial}{\partial r}\left(\frac{v_\phi}{r}\right)\right]^2$$

$$- \frac{2}{3}\left[\frac{1}{r^2}\frac{\partial}{\partial r}(r^2 v_r) + \frac{1}{r\sin\theta}\frac{\partial}{\partial \theta}(v_\theta\sin\theta) + \frac{1}{r\sin\theta}\frac{\partial v_\phi}{\partial \phi}\right]^2 \quad \text{(B.7-3)}$$

B.8 q 항으로 된 에너지 방정식

$$[\rho\hat{C}_p DT/Dt = -(\nabla\cdot\mathbf{q}) - (\partial\ln\rho/\partial\ln T)_p Dp/Dt - (\boldsymbol{\tau}:\nabla\mathbf{v})]$$

직각 좌표 (x, y, z)

$$\rho\hat{C}_p\left(\frac{\partial T}{\partial t} + v_x\frac{\partial T}{\partial x} + v_y\frac{\partial T}{\partial y} + v_z\frac{\partial T}{\partial z}\right) = -\left[\frac{\partial q_x}{\partial x} + \frac{\partial q_y}{\partial y} + \frac{\partial q_z}{\partial z}\right] - \left(\frac{\partial\ln\rho}{\partial\ln T}\right)_p\frac{Dp}{Dt} - (\boldsymbol{\tau}:\nabla\mathbf{v}) \quad \text{(B.8-1)}^a$$

원통형 좌표 (r, θ, z)

$$\rho\hat{C}_p\left(\frac{\partial T}{\partial t} + v_r\frac{\partial T}{\partial r} + \frac{v_\theta}{r}\frac{\partial T}{\partial \theta} + v_z\frac{\partial T}{\partial z}\right) = -\left[\frac{1}{r}\frac{\partial}{\partial r}(rq_r) + \frac{1}{r}\frac{\partial q_\theta}{\partial \theta} + \frac{\partial q_z}{\partial z}\right] - \left(\frac{\partial\ln\rho}{\partial\ln T}\right)_p\frac{Dp}{Dt} - (\boldsymbol{\tau}:\nabla\mathbf{v}) \quad \text{(B.8-2)}^a$$

구형 좌표 (r, θ, ϕ)

$$\rho\hat{C}_p\left(\frac{\partial T}{\partial t} + v_r\frac{\partial T}{\partial r} + \frac{v_\theta}{r}\frac{\partial T}{\partial \theta} + \frac{v_\phi}{r\sin\theta}\frac{\partial T}{\partial \phi}\right) = \left[\frac{1}{r^2}\frac{\partial}{\partial r}(r^2 q_r) + \frac{1}{r\sin\theta}\frac{\partial}{\partial \theta}(q_\theta\sin\theta) + \frac{1}{r\sin\theta}\frac{\partial q_\phi}{\partial \phi}\right] - \left(\frac{\partial\ln\rho}{\partial\ln T}\right)_p\frac{Dp}{Dt} - (\boldsymbol{\tau}:\nabla\mathbf{v}) \quad \text{(B.8-3)}^a$$

[a] 점성 소산항 $-(\boldsymbol{\tau}:\nabla\mathbf{v})$은 부록 A, 표 A.7-1, 2, 3에 주어져 있다. 대단히 큰 속도 구배를 갖는 계를 제외하고는 이 항은 보통 무시될 것이다. $(\partial\ln\rho/\partial\ln T)_p$를 포함하는 항은 일정한 ρ를 갖는 유체에 대해서는 0이다.

B.9 일정한[a] ρ와 k를 갖는 순수한 뉴튼 유체에 대한 에너지 방정식

$$[\rho \hat{C}_p DT/Dt = k\nabla^2 T + \mu\Phi_v]$$

직각 좌표 (x, y, z)

$$\rho\hat{C}_p\left(\frac{\partial T}{\partial t} + v_x\frac{\partial T}{\partial x} + v_y\frac{\partial T}{\partial y} + v_z\frac{\partial T}{\partial z}\right) = k\left[\frac{\partial^2 T}{\partial x^2} + \frac{\partial^2 T}{\partial y^2} + \frac{\partial^2 T}{\partial z^2}\right] + \mu\Phi_v \qquad \text{(B.9-1)}^b$$

원통형 좌표 (r, θ, z)

$$\rho\hat{C}_p\left(\frac{\partial T}{\partial t} + v_r\frac{\partial T}{\partial r} + \frac{v_\theta}{r}\frac{\partial T}{\partial \theta} + v_z\frac{\partial T}{\partial z}\right) = k\left[\frac{1}{r}\frac{\partial}{\partial r}\left(r\frac{\partial T}{\partial r}\right) + \frac{1}{r^2}\frac{\partial^2 T}{\partial \theta^2} + \frac{\partial^2 T}{\partial z^2}\right] + \mu\Phi_v \qquad \text{(B.9-2)}^b$$

구형 좌표 (r, θ, ϕ)

$$\rho\hat{C}_p\left(\frac{\partial T}{\partial t} + v_r\frac{\partial T}{\partial r} + \frac{v_\theta}{r}\frac{\partial T}{\partial \theta} + \frac{v_\phi}{r\sin\theta}\frac{\partial T}{\partial \phi}\right) = k\left[\frac{1}{r^2}\frac{\partial}{\partial r}\left(r^2\frac{\partial T}{\partial r}\right) + \frac{1}{r^2\sin\theta}\frac{\partial}{\partial \theta}\left(\sin\theta\frac{\partial T}{\partial \theta}\right) + \frac{1}{r^2\sin^2\theta}\frac{\partial^2 T}{\partial \phi^2}\right] + \mu\Phi_v \qquad \text{(B.9-3)}^b$$

[a] 또 이 형태의 에너지 방정식은 k=일정과 $(\partial \ln \rho/\partial \ln T)_p\, Dp/Dt = 0$의 덜 엄중한 가정 하에서도 타당하다. ρ=일정인 가정은 더 자주 주어지는 가정이기 때문에 표의 앞에 주어져 있다.

[b] 함수 Φ_v는 B.7절에 주어져 있다. 큰 속도 구배를 갖는 계를 제외하고는 $\mu\Phi_v$ 항은 보통 무시된다.

B.10 $\mathbf{j}_\alpha$ 항으로 된[a] 화학 종 α에 대한 연속방정식

$$[\rho D\omega_\alpha/Dt = -(\nabla\cdot\mathbf{j}_\alpha) + r_\alpha]$$

직각 좌표 (x, y, z)

$$\rho\left(\frac{\partial \omega_\alpha}{\partial t} + v_x\frac{\partial \omega_\alpha}{\partial x} + v_y\frac{\partial \omega_\alpha}{\partial y} + v_z\frac{\partial \omega_\alpha}{\partial z}\right) = -\left[\frac{\partial j_{\alpha x}}{\partial x} + \frac{\partial j_{\alpha y}}{\partial y} + \frac{\partial j_{\alpha z}}{\partial z}\right] + r_\alpha \qquad \text{(B.10-1)}$$

원통형 좌표 (r, θ, z)

$$\rho\left(\frac{\partial \omega_\alpha}{\partial t} + v_r\frac{\partial \omega_\alpha}{\partial r} + \frac{v_\theta}{r}\frac{\partial \omega_\alpha}{\partial \theta} + v_z\frac{\partial \omega_\alpha}{\partial z}\right) = -\left[\frac{1}{r}\frac{\partial}{\partial r}(rj_{\alpha r}) + \frac{1}{r}\frac{\partial j_{\alpha\theta}}{\partial \theta} + \frac{\partial j_{\alpha z}}{\partial z}\right] + r_\alpha \qquad \text{(B.10-2)}$$

구형 좌표 (r, θ, ϕ)

$$\rho\left(\frac{\partial \omega_\alpha}{\partial t} + v_r\frac{\partial \omega_\alpha}{\partial r} + \frac{v_\theta}{r}\frac{\partial \omega_\alpha}{\partial \theta} + \frac{v_\phi}{r\sin\theta}\frac{\partial \omega_\alpha}{\partial \phi}\right) = -\left[\frac{1}{r^2}\frac{\partial}{\partial r}(r^2 j_{\alpha r}) + \frac{1}{r\sin\theta}\frac{\partial}{\partial \theta}(j_{\alpha\theta}\sin\theta) + \frac{1}{r\sin\theta}\frac{\partial j_{\alpha\phi}}{\partial \phi}\right] + r_\alpha \qquad \text{(B.10-3)}$$

[a] $\mathbf{J}^*_\alpha$항으로 된 대응하는 식을 얻기 위해서는 다음과 같이 하여야 한다.

ρ	ω_α	$\mathbf{j}_\alpha$	$\mathbf{v}$	r_α를
c	x_α	$\mathbf{J}^*_\alpha$	$\mathbf{v}^*$	$R_\alpha - x_\alpha \sum_{\beta=1}^{N} R_\beta$ 로 대체.

B.11 일정한[a] $\rho\mathscr{D}_{AB}$에 대해 ω_A 항으로 된 화학 종 A에 대한 연속방정식

$$[\rho D\omega_A/Dt = \rho\mathscr{D}_{AB}\nabla^2\omega_A + r_A]$$

직각 좌표 (x, y, z)

$$\rho\left(\frac{\partial\omega_\alpha}{\partial t} + v_x\frac{\partial\omega_\alpha}{\partial x} + v_y\frac{\partial\omega_\alpha}{\partial y} + v_z\frac{\partial\omega_\alpha}{\partial z}\right) = -\left[\frac{\partial j_{\alpha x}}{\partial x} + \frac{\partial j_{\alpha y}}{\partial y} + \frac{\partial j_{\alpha z}}{\partial z}\right] + r_\alpha \qquad \text{(B.10-1)}$$

원통형 좌표 (r, θ, z)

$$\rho\left(\frac{\partial\omega_\alpha}{\partial t} + v_r\frac{\partial\omega_\alpha}{\partial r} + \frac{v_\theta}{r}\frac{\partial\omega_\alpha}{\partial\theta} + v_z\frac{\partial\omega_\alpha}{\partial z}\right) = -\left[\frac{1}{r}\frac{\partial}{\partial r}(rj_{\alpha r}) + \frac{1}{r}\frac{\partial j_{\alpha\theta}}{\partial\theta} + \frac{\partial j_{\alpha z}}{\partial z}\right] + r_\alpha \qquad \text{(B.10-2)}$$

구형 좌표 (r, θ, ϕ)

$$\rho\left(\frac{\partial\omega_\alpha}{\partial t} + v_r\frac{\partial\omega_\alpha}{\partial r} + \frac{v_\theta}{r}\frac{\partial\omega_\alpha}{\partial\theta} + \frac{v_\phi}{r\sin\theta}\frac{\partial\omega_\alpha}{\partial\phi}\right) = -\left[\frac{1}{r^2}\frac{\partial}{\partial r}(r^2 j_{\alpha r}) + \frac{1}{r\sin\theta}\frac{\partial}{\partial\theta}(j_{\alpha\theta}\sin\theta) + \frac{1}{r\sin\theta}\frac{\partial j_{\alpha\phi}}{\partial\phi}\right] + r_\alpha \qquad \text{(B.10-3)}$$

[a] x_A 항으로 된 대응하는 식을 얻기 위해서는 다음과 같이 하여야 한다.

ρ	ω_α	$\mathbf{v}$	r_α 를
c	x_α	$\mathbf{v}^*$	$R_\alpha - x_\alpha\sum_{\beta=1}^{N} R_\beta$ 로 대체

Appendix

C 수학적 총론

§C.1 몇몇 상미분방정식과 해

§C.2 Taylor 급수로 함수의 전개

§C.3 적분의 미분 (Leibniz 공식)

§C.4 감마 함수

§C.5 쌍곡선 함수

§C.6 오차 함수

이 부록에서는(벡터와 텐서를 제외한) 이동현상 공부에 유용한 수학적 총론에 대한 정보를 요약하였다.[1]

---

[1] 응용수학에 대한 몇몇 유용한 참고할만한 책들은 M. Abramowitz and I. A. Stegun, *Handbook of Mathematical Functions*, Dover, New York, 9th printing (1973); G. M. Murphy, *Ordinary Differential Equations and Their Solutions*, Van Nostrand, Princeton, N.J. (1960); J. J. Tuma, *Engineering Mathematics Handbook*, 3rd edition, McGraw-Hill, New York (1987) 등이 있다.

C.1 몇몇 상미분방정식과 해

이동현상에서 자주 나타나는 미분방정식의 짧은 목록을 여기에 모아 두었다. 독자들은 이들 식과 친근하며 어떻게 풀 수 있는지 알고 있다고 가정하였다. 양 a, b와 c는 실수 상수이고, f와 g는 x의 함수이다.

식	해	
$\dfrac{dy}{dx} = \dfrac{f(x)}{g(y)}$	$\int g\,dy = \int f\,dx + C_1$	(C.1-1)
$\dfrac{dy}{dx} + f(x)y = g(x)$	$y = e^{-\int f\,dx}(\int e^{\int f\,dx} g\,dx + C_1)$	(C.1-2)
$\dfrac{d^2y}{dx^2} + a^2y = 0$	$y = C_1 \cos ax + C_2 \sin ax$	(C.1-3)
$\dfrac{d^2y}{dx^2} - a^2y = 0$	$y = C_1 \cosh ax + C_2 \sinh ax$ or	(C.1-4a)
	$y = C_3 e^{+ax} + C_4 e^{-ax}$	(C.1-4b)
$\dfrac{1}{x^2}\dfrac{d}{dx}\left(x^2\dfrac{dy}{dx}\right) + a^2y = 0$	$y = \dfrac{C_1}{x}\cos ax + \dfrac{C_2}{x}\sin ax$	(C.1-5)
$\dfrac{1}{x^2}\dfrac{d}{dx}\left(x^2\dfrac{dy}{dx}\right) - a^2y = 0$	$y = \dfrac{C_1}{x}\cosh ax + \dfrac{C_2}{x}\sinh ax$ 또는	(C.1-6a)
	$y = \dfrac{C_3}{x}e^{+ax} + \dfrac{C_4}{x}e^{-ax}$	(C.1-6b)
$\dfrac{d^2y}{dx^2} + a\dfrac{dy}{dx} + by = 0$	식 $n^2+an+b=0$을 풀고 근 $n=n_+$와 $n=n_-$를 구하시오. 그런 다음 (a) 만약 n_+와 n_-가 실수이고 같지 않다면, $y=C_1\exp(n_+x)+C_2\exp(n_-x)$	(C.1-7a)
	(b) 만약 n_+와 n_-가 실수이고 n과 같다면, $y=e^{nx}(C_1x+C_2)$	(C.1-7b)
	(c) 만약 n_+와 n_-가 복소수라면, 즉 $n_\pm=p\pm iq$, $y=e^{px}(C_1\cos qx+C_2\sin qx)$	(C.1-7c)
$\dfrac{d^2y}{dx^2} + 2x\dfrac{dy}{dx} = 0$	$y = C_1\int_0^x \exp(-\bar{x}^2)\,d\bar{x} + C_2$	(C.1-8)
$\dfrac{d^2y}{dx^2} + 3x^2\dfrac{dy}{dx} = 0$	$y = C_1\int_0^x \exp(-\bar{x}^3)\,d\bar{x} + C_2$	(C.1-9)
$\dfrac{d^2y}{dx^2} = f(x)$	$y = \int_0^x\int_0^{\bar{x}} f(\bar{\bar{x}})d\bar{\bar{x}}\,d\bar{x} + C_1x + C_2$	(C.1-10)
$\dfrac{1}{x}\dfrac{d}{dx}\left(x\dfrac{dy}{dx}\right) = f(x)$	$y = \int_0^x \dfrac{1}{\bar{x}}\int_0^{\bar{x}} \bar{\bar{x}}f(\bar{\bar{x}})d\bar{\bar{x}}d\bar{x} + C_1 \ln x + C_2$	(C.1-11)
$\dfrac{1}{x^2}\dfrac{d}{dx}\left(x^2\dfrac{dy}{dx}\right) = f(x)$	$y = \int_0^x \dfrac{1}{\bar{x}^2}\int_0^{\bar{x}} \bar{\bar{x}}^2f(\bar{\bar{x}})d\bar{\bar{x}}d\bar{x} - \dfrac{C_1}{x} + C_2$	(C.1-12)
$\dfrac{d^2y}{dx^2} = h(y)$	$x = \int_0^y \dfrac{d\bar{y}}{\sqrt{2\int_0^{\bar{y}} h(\bar{\bar{y}})d\bar{\bar{y}} + C_1}} + C_2$	(C.1-13)

$$x^3\frac{d^3y}{dx^3} + ax^2\frac{d^2y}{dx^2} + bx\frac{dy}{dx} + cy = 0 \tag{C.1-14}$$

$y = C_1x^{n_1} + C_2x^{n_2} + C_3x^{n_3}$, 여기서 n_k는 모든 근이 서로 다르게 주어지는 식 $n(n-1)(n-2) + an(n-1) + bn + c = 0$ 의 근이다.

---

[a]식 C.1-4와 C.1-6에서 지수 형태를 사용하거나 또는 삼각 함수 (또는 쌍곡선 함수)를 사용하는 결정은 문제에 대한 경계조건 또는 해의 대칭 성질에 근간을 두고 보통 만들어진다.

[b]식 C.1-5와 C.1-6은 $y(x) = u(x)/x$를 대입하고 $u(x)$에 대한 결과식을 해석함으로써 풀 수 있다.

[c]식 C.1-8에서 C.1-13에는 적분의 하한을 0보다는 어떤 값으로 바꾸는 것이 편리하거나 필요하다.

C.2 Taylor 급수로 함수의 전개

물리적인 문제에서는 어떤 점 $x = x_0$ 부근에서 함수 $y(x)$를 표현하는 것이 종종 필요하다. "점 $x = x_0$ 에 관한 Taylor 급수"로 함수 $y(x)$를 전개하면

$$\begin{aligned} y(x) = y\big|_{x=x_0} &+ \frac{1}{1!}\left(\frac{dy}{dx}\bigg|_{x=x_0}\right)(x - x_0) + \frac{1}{2!}\left(\frac{d^2y}{dx^2}\bigg|_{x=x_0}\right)(x - x_0)^2 \\ &+ \frac{1}{3!}\left(\frac{d^3y}{dx^3}\bigg|_{x=x_0}\right)(x - x_0)^3 + \cdots \end{aligned} \tag{C.2-1}$$

이 된다. 첫 번째 항은 $x=x_0$에서의 함수값으로 주어지며, 처음 두 항은 $x=x_0$에서 곡선의 직선 맞추기로 주어진다. 처음 세 항은 $x=x_0$에서 곡선의 포물선 맞추기 등등으로 주어진다. Taylor 급수는 함수를 적절히 표현하기 위해 단지 처음 몇 항만 필요할 때 종종 사용된다.

표준 함수의 점 $x=0$ 에 관한 몇 가지 Taylor 급수 전개가 여기에 주어져 있다.

$$e^{\pm x} = 1 \pm \frac{x}{1!} + \frac{x^2}{2!} \pm \frac{x^3}{3!} + \cdots \tag{C.2-2}$$

$$\ln(1 + x) = x - \frac{x^2}{2} + \frac{x^3}{3} - \frac{x^4}{4} + \cdots \tag{C.2-3}$$

$$\text{erf}\, x = \frac{2x}{\sqrt{\pi}}\left(1 - \frac{x^2}{1!3} + \frac{x^4}{2!5} - \frac{x^6}{3!7} + \cdots\right) \tag{C.2-4}$$

$$\sqrt{1 \pm x} = 1 \pm \frac{1}{2}x - \frac{1\cdot 1}{2\cdot 4}x^2 \pm \frac{1\cdot 1\cdot 3}{2\cdot 4\cdot 6}x^3 - \cdots \tag{C.2-5}$$

더 많은 예제는 미적분 교과서와 핸드북에서 발견할 것이다. 또 두 개 또는 그 이상의 변수를 갖는 함수에 대해서도 Taylor 급수를 쓸 수 있다.

C.3 적분의 미분(Leibniz 공식)

공간 변수 x와 시간 t에 의존하는 함수 $f(x, t)$가 있다고 상상하시오. 그러면 시간 t의 함수인 적분

$$I(t) = \int_{\alpha(t)}^{\beta(t)} f(x, t)\, dx \tag{C.3-1}$$

을 형성할 수 있다[그림 C.3-1(a) 참조]. 만약 적분을 계산하지 않고 이 함수를 시간 t에 관해 미분하고자 한다면, Leibniz 공식을 사용할 수 있다.

$$\frac{d}{dt}\int_{\alpha(t)}^{\beta(t)} f(x, t)\, dx = \int_{\alpha(t)}^{\beta(t)} \frac{\partial}{\partial t} f(x, t)\, dx + \left(f(\beta, t)\frac{d\beta}{dt} - f(\alpha, t)\frac{d\alpha}{dt} \right) \tag{C.3-2}$$

그림 C.3-1(b)는 여기서 수행된 연산의 의미를 보여준다. 함수 그 자체가 시간에 따라 변하기 때문에 우변의 첫 번째 항은 적분 내의 변화를 보여주며, 두 번째 항은 상한이 오른쪽으로 움직일 때 면적의 증가를 설명하며, 세 번째 항은 하한이 오른쪽으로 움직일 때 면적의 손실을 보여 준다. 이 공식은 과학과 공학의 많은 용도에서 발견되며, 3 차원 상사형은 식 A.5-5에 주어져 있다.

C.4 감마 함수

감마 함수는 적분의 결과로 종종 나타난다.

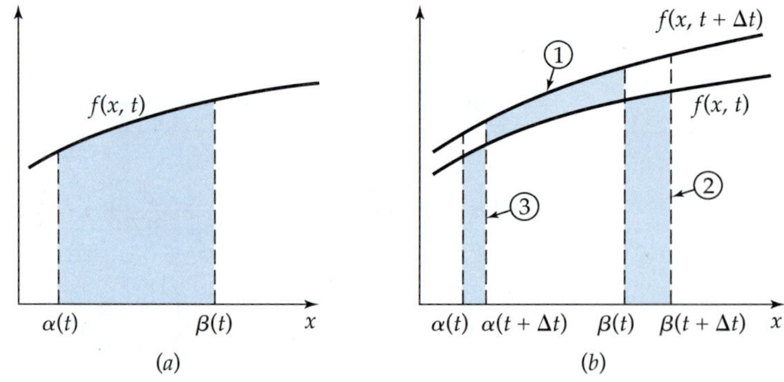

그림 C.3-1. (a) 그림자진 면적은 t 순간에서의 $I(t)=\int_{\alpha(t)}^{\beta(t)} f(x,t)dx$를 나타낸다(식 C.3-1). ($b$) dI/dt를 얻기 위해 차 $I(t+\Delta t)-I(t)$를 만들고 Δt로 나눈 다음 $\Delta t \to 0$으로 두자. 세 개의 그림자진 면적은 식 C.3-2의 우변의 세 항에 대응한다.

$$\Gamma(n) = \int_0^\infty x^{n-1}e^{-x}dx \tag{C.4-1}$$

$$\Gamma(n) = \int_0^1 \left(\ln \frac{1}{x}\right)^{n-1} dx \tag{C.4-2}$$

$$\Gamma(n+1) = \int_0^\infty \exp(-x^{1/n})\, dx \tag{C.4-3}$$

감마 함수에 대한 몇 가지 공식은 중요하다.

$\Gamma(n+1)=n\Gamma(n)$ (음의 n에 대해 $\Gamma(n)$을 정의하기 위해 사용된) (C.4-4)

$\Gamma(n)=(n-1)!$ (n이 0보다 더 큰 정수이면) (C.4-5)

감마 함수의 몇 가지 특별한 값으로는

$$\Gamma(1) = \Gamma(2) = 1 \tag{C.4-6}$$
$$\Gamma(\tfrac{1}{2}) = \sqrt{\pi} = 1.77245\ldots \tag{C.4-7}$$
$$\Gamma(\tfrac{3}{2}) = \tfrac{1}{2}\Gamma(\tfrac{1}{2}) = \tfrac{1}{2}\sqrt{\pi} = 0.88622\ldots \tag{C.4-8}$$
$$\Gamma(\tfrac{1}{3}) = 2.67893\ldots \tag{C.4-9}$$
$$\Gamma(\tfrac{4}{3}) = \tfrac{1}{3}\Gamma(\tfrac{1}{3}) = 0.89297\ldots \tag{C.4-19}$$
$$\Gamma(\tfrac{7}{3}) = \tfrac{4}{3}\Gamma(\tfrac{4}{3}) = 1.19063\ldots \tag{C.4-11}$$

등이 있으며, 감마 함수는 그림 C.4-1에 도시되어 있다.

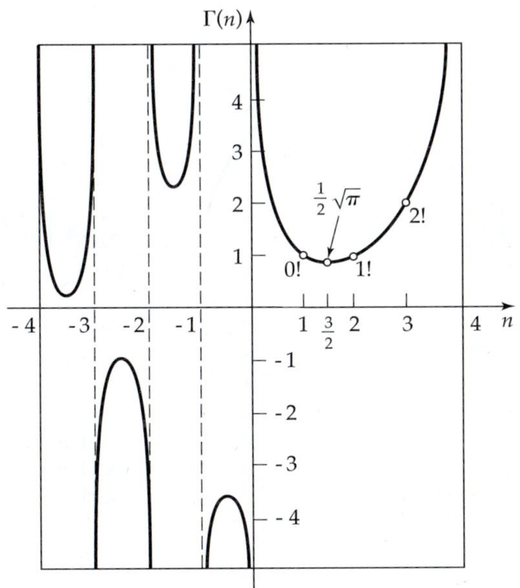

그림 C.4-1. 감마 함수

C.5 쌍곡선 함수

쌍곡선 싸인(sinh x), 쌍곡선 코싸인(cosh x)와 쌍곡선 탄젠트(tanh x)는 과학과 공학 문제에서 자주 나타난다. 원형 함수가 원과 관련이 있는 것과 매우 똑 같은 방법으로 이들은 쌍곡선과 관련이 있다(그림 C.5-1 참조). 원형 함수(sin x와 cos x)는 주기적이고 진동하는 함수인 반면 이들의 쌍곡선 상사형은 그렇지 않다(그림 C.5-2 참조).

쌍곡선 함수는 다음과 같이 지수 함수와 관련이 있다.

$$\cosh x = \tfrac{1}{2}(e^x + e^{-x}); \qquad \sinh x = \tfrac{1}{2}(e^x - e^{-x}) \tag{C.5-1, 2}$$

원형 함수에 대해 대응하는 관계는

$$\cos\ x = \tfrac{1}{2}(e^{ix} + e^{-ix}); \qquad \sin\ x = \tfrac{1}{2}(e^{ix} - e^{-ix}) \tag{C.5-3, 4}$$

이며,

$$\cosh^2 x - \sinh^2 x = 1 \tag{C.5-5}$$

$$\cosh(x \pm y) = \cosh x \cosh y \pm \sinh x \sinh y \tag{C.5-6}$$

$$\sinh(x \pm y) = \sinh x \cosh y \pm \cosh x \sinh y \tag{C.5-7}$$

$$\cosh ix = \cos x; \qquad \sinh ix = i \sin x \tag{C.5-8, 9}$$

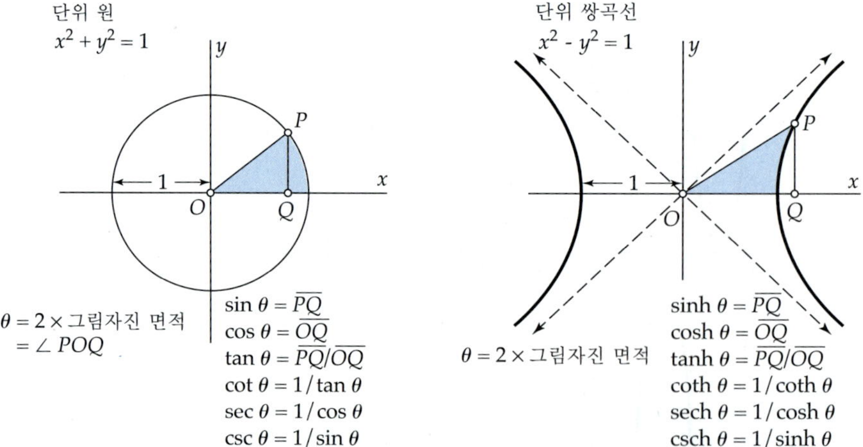

그림 C.5-1. 원형 함수와 쌍곡선 함수의 비교.

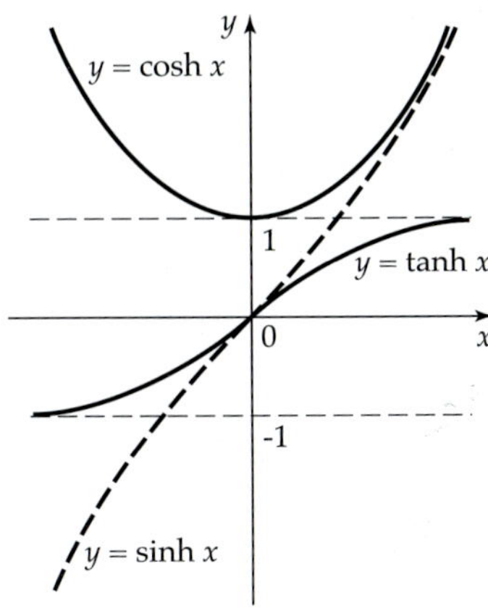

그림 C.5-2. 쌍곡선 함수의 모양 비교

$$\frac{d\cosh x}{dx} = \sinh x; \qquad \frac{d\sinh x}{dx} = \cosh x \tag{C.5-10, 11}$$

$$\int \cosh x\, dx = \sinh x; \qquad \int \sinh x\, dx = \cosh x \tag{C.5-12, 13}$$

과 같은 쌍곡선 함수에 대한 다양한 표준 관계를 유도할 수 있다. cosh x와 cos x는 x의 우함수인 반면 sinh x와 sin x는 x의 기함수임을 기억하여야 한다.

C.6 오차 함수

오차 함수는

$$\operatorname{erf} x = \frac{\int_0^x \exp(-\bar{x}^2)\, d\bar{x}}{\int_0^\infty \exp(-\bar{x}^2)\, d\bar{x}} = \frac{2}{\sqrt{\pi}} \int_0^x \exp(-\bar{x}^2)\, d\bar{x} \tag{C.6-1}$$

과 같이 정의된다. 수많은 전달 문제에서 자연스럽게 나타나는 이 함수는 erf 0=0에서 erf ∞=1로 가면서 단조 증가하며, 약 x=2에서 0.99의 값을 갖는다. x=0에 관한 오차 함수의 Taylor 급수 전개는 식 C.2-4에 주어져 있다. 또 erf(−x)=−erf$x$이고, 식 C.6-1에 Leibniz 공식을 적용하면

$$\frac{d}{dx}\operatorname{erf} u = \frac{2}{\sqrt{\pi}} \exp(-u^2)\frac{du}{dx} \tag{C.6-2}$$

임을 주목할 가치가 있다.

밀접하게 관련된 함수 erfc x= 1− erf x는 "상보 오차 함수"라 불린다.

Appendix

D 기체 분자운동론

전달 물성에 대한 근사적인 식을 얻기 위해 1장, 9장과 17장에서 평균 자유 경로 논거를 간략하게 고려하였다. 그런 다음 Chapman-Enskog 전개로부터 희석 단원자 기체에 대한 정밀한 결과들을 얻었다. 이 부록에서는 Chapman-Enskog 이론을 간략하게 설명하고, 그것이 기체의 이동현상 주제와 어떻게 일치된 의미를 주는지 보이고자 한다. 이 주제에 대한 더 많은 것을 찾고자 하는 독자들은 표준 참고문헌[1]의 도움을 받을 수 있다.

---

[1] J. H. Ferziger and H. G. Kaper, *Mathematical Theory of Transport Process in Gases*, North-Holland, Amsterdam (1972); S. Chapman and T. G. Cowling, *The Mathematical Theory of Non-Uniform Gases*, 3rd edition, Cambridge University Press (1970); J. O. Hirschfelder, C. F. Curtiss, and R. B. Bird, *Molecular Theory of Gases and Liquids*, 2nd corrected printing, Wiley, New York (1964), 7장; E. M. Lifshitz and L. P. Pitaevskii, *Physical Kinetics*, Pergamon, Oxford (1981) 1장.

D.1 Boltzmann 방정식[2]

낮은 밀도의 반응하지 않는 단원자 기체 혼합물에 대한 분자운동론의 시작점은 속도분포 함수 $f_\alpha(\dot{\mathbf{r}}_\alpha, \mathbf{r}, t)$에 대한 Boltzmann 방정식이다. 양 $f_\alpha(\dot{\mathbf{r}}_\alpha, \mathbf{r}, t)d\dot{\mathbf{r}}_\alpha d\mathbf{r}$은 시간 t에 위치 $\mathbf{r}$에서 부피 요소 $d\mathbf{r}$ 내에 위치하고, $\dot{\mathbf{r}}_\alpha$에 관해 $d\dot{\mathbf{r}}_\alpha$ 영역 내의 속도를 가질 화학 종 α 분자의 확률수이다. 시간에 따라 f_α가 어떻게 전개되는지를 설명하는 Boltzmann 방정식은

$$\frac{\partial}{\partial t} f_\alpha = -\left(\frac{\partial}{\partial \mathbf{r}} \cdot \dot{\mathbf{r}}_\alpha f_\alpha\right) - \left(\frac{\partial}{\partial \dot{\mathbf{r}}_\alpha} \cdot \mathbf{g}_\alpha f_\alpha\right) + J_\alpha \tag{D.1-1}$$

이다. 여기서 $\partial/\partial\mathbf{r}$은 ∇-연산자와 동일하고, $\partial/\partial\dot{\mathbf{r}}_\alpha$는 위치보다는 속도를 포함하는 유사한 연산자이다. 양 $\mathbf{g}_\alpha$는 화학 종 α의 분자에 작용하는 단위 질량당 외부 힘이고, J_α는 분자 충돌 때문에 f_α 내의 변화를 고려하는 대단히 복잡한 5중 적분항이다. J_α 항은 분자 상호간의 위치에너지 함수(즉 Lennard-Jones 포텐셜)와 상세한 충돌 궤적을 포함한다. Boltzmann 방정식은 6 차원의 위치-속도 공간 내의 연속방정식으로 생각될 것이고, J_α는 원천항으로 역할을 한다. 속도분포 함수는 화학 종 α의 수 밀도로 정규화된다. 즉 $\int f_\alpha(\dot{\mathbf{r}}_\alpha, \mathbf{r}, t)\, d\dot{\mathbf{r}}_\alpha = n_\alpha(\mathbf{r}, t)$이다.

D.2 변화방정식

Boltzmann 방정식에 어떤 분자 물성 $\psi_\alpha(\dot{\mathbf{r}}_\alpha)$를 곱한 다음 모든 분자 속도에 걸쳐 적분하면, 일반적인 변화방정식을 얻게 된다.

$$\frac{\partial}{\partial t} \int \psi_\alpha f_\alpha d\dot{\mathbf{r}}_\alpha = -\left(\frac{\partial}{\partial \mathbf{r}} \cdot \int \dot{\mathbf{r}}_\alpha \psi_\alpha f_\alpha d\dot{\mathbf{r}}_\alpha\right) + \int \left(\mathbf{g}_\alpha \cdot \frac{\partial \psi_\alpha}{\partial \dot{\mathbf{r}}_\alpha}\right) f_\alpha d\dot{\mathbf{r}}_\alpha + \int \psi_\alpha J_\alpha d\dot{\mathbf{r}}_\alpha \tag{D.2-1}$$

이 결과를 얻기 위해 부분 적분을 수행하며, 무한대의 속도에서 f_α는 0이라는 사실이 사용된다. 만약 ψ_α가 충돌하는 동안 보존되는 양이라면(0.3 절 참조), J_α를 포함하는 항은 0이 됨을 알 수 있다.[1]

[2] L. Boltzmann, *Sitzungsberichte Keiserl. Akad. der Wissenschaften*, **66** (2), 275-370 (1872); C. Cercignani, *The Boltzmann Equation and Its Applications*, Springer-Verlag, New York (1988). C. F. Curtiss, *J. Chem. Phys.*, **97**, 1416-1423, 7679-7686 (1992)는 궤도를 선회하는 분자 쌍의 가능성을 고려하기 위해서는 Boltzmann 방정식을 수정하는 것이 필요하다는 것을 발견하였다. 단지 대단히 낮은 온도에서 중요한 수정은 제한된 낮은 온도의 실험 데이터와 훨씬 더 잘 부합한다는 것을 알았다.

이제 ψ_α를 단원자 분자들에 대한 질량 m_α, 운동량 $m_\alpha \dot{\mathbf{r}}_\alpha$과 에너지 $\frac{1}{2}m_\alpha(\dot{\mathbf{r}}_\alpha \cdot \dot{\mathbf{r}}_\alpha)$와 같은 지속적으로 보존되는 양이라 하자. 식 D.2-1의 ψ_α에 이들을 대입하고, 이들의 두 번째와 세 번째에 대해 모든 화학 종 α에 걸친 합산을 수행하면 다음과 같은 α의 질량, 운동량, 에너지에 대한 **변화방정식**을 얻는다.

$$\frac{\partial}{\partial t}\rho_\alpha = -(\nabla \cdot \rho_\alpha \mathbf{v}) - (\nabla \cdot \mathbf{j}_\alpha) \tag{D.2-2}$$

$$\frac{\partial}{\partial t}\rho\mathbf{v} = -[\nabla \cdot \rho\mathbf{v}\mathbf{v}] - [\nabla \cdot \boldsymbol{\pi}] + \sum_\alpha \rho_\alpha \mathbf{g}_\alpha \tag{D.2-3}$$

$$\frac{\partial}{\partial t}(\tfrac{1}{2}\rho v^2 + \rho\hat{U}) = -(\nabla \cdot (\tfrac{1}{2}\rho v^2 + \rho\hat{U})\mathbf{v}) - (\nabla \cdot \mathbf{q}) - (\nabla \cdot [\boldsymbol{\pi} \cdot \mathbf{v}]) + \sum_\alpha ((\mathbf{j}_\alpha + \rho_\alpha\mathbf{v}) \cdot \mathbf{g}_\alpha) \tag{D.2-4}$$

마지막 식에서 단위 부피당 내부에너지는

$$\rho\hat{U} = \tfrac{3}{2}n\kappa T = \int \tfrac{1}{2}m_\alpha(\dot{\mathbf{r}}_\alpha - \mathbf{v})^2 f_\alpha d\dot{\mathbf{r}}_\alpha \tag{D.2-5}$$

로 정의된다. 따라서 연속방정식, 운동방정식 및 에너지 방정식은 0장에서 논의된 질량, 운동량 및 에너지 보존법칙의 직접적인 결과임을 안다. 식 D.2-2에서 4는 연속체 논거에 의해 유도되었던 식 19.1-7, 3.2-9와 표 19.2-4의 식 (B) 및 각주 (b)과 비교되어야 한다.

D.3 플럭스에 대한 분자식

변화방정식을 얻는 것과 동시에, 플럭스에 대한 분자식은 분포 함수에 대한 적분으로 생성된다.

$$\mathbf{j}_\alpha(\mathbf{r}, t) = m_\alpha \int (\dot{\mathbf{r}}_\alpha - \mathbf{v}) f_\alpha d\dot{\mathbf{r}}_\alpha \xrightarrow{\text{평형에서}} 0 \tag{D.3-1}$$

$$\boldsymbol{\pi}(\mathbf{r}, t) = \sum_\alpha m_\alpha \int (\dot{\mathbf{r}}_\alpha - \mathbf{v})(\dot{\mathbf{r}}_\alpha - \mathbf{v}) f_\alpha d\dot{\mathbf{r}}_\alpha \xrightarrow{\text{평형에서}} p\boldsymbol{\delta} \tag{D.3-2}$$

$$\mathbf{q}(\mathbf{r}, t) = \sum_\alpha \tfrac{1}{2} m_\alpha \int (\dot{\mathbf{r}}_\alpha - \mathbf{v})^2 (\dot{\mathbf{r}}_\alpha - \mathbf{v}) f_\alpha d\dot{\mathbf{r}}_\alpha \xrightarrow{\text{평형에서}} 0 \tag{D.3-3}$$

이들 식에서 플럭스는 화학 종 α의 "확산 속도"($\dot{\mathbf{r}}_\alpha$− v)와 질량, 운동량과 에너지의 곱에 관한 적분을 포함한다. 이들 **분자 플럭스**(또는 "확산 플럭스") 구조와 변화방정식에서 나타나는 질량 $\rho_\alpha \mathbf{v}$, 운동량 $\rho\mathbf{v}\mathbf{v}$와 운동에너지 $\frac{1}{2}\rho v^2\mathbf{v}$의 대류 플럭스 구조 사이의 유사성에 주목하시오. 여기서 $\mathbf{v}$는 기체 혼합물의 국부적이고 순간적인 질량 평균 속도이다. 따라서 분자 훌럭스는 대류 훌럭스에 의해 설명된 것에 더하여 질량, 운동량 및 에너지의 확산 운동을 나타낸다. 또 분자 이론은 에너지 방정식의 분자 일 항 $-(\nabla\cdot[\boldsymbol{\pi}\cdot\mathbf{v}])$을 자동적으로 생성함에 주목하시오.

D.4 Boltzmann 방정식의 해

만약 기체 혼합물이 정지해 있다면, 속도분포 함수는 Maxwell-Boltzmann 방정식(평형 통계역학으로부터 알려진)으로 주어질 것이다. 그러면 D.3 절에서 보는 바와 같이 $\mathbf{j}_\alpha=0$이고, $\boldsymbol{\pi}=p\boldsymbol{\delta}=n\kappa T\boldsymbol{\delta}$이며, $\mathbf{q}=0$임을 알 것이다. $p=n\kappa T$의 유도는 문제 1C.3에 주어져 있다.

다른 한편으로 농도, 속도와 온도 구배가 있다면 분포 함수는 Maxwell-Boltzmann 분포에 "보정 인자"를 곱한 것으로 주어진다.

$$f_\alpha(\dot{\mathbf{r}}_\alpha,\mathbf{r},t)=n_\alpha\left(\frac{m_\alpha}{2\pi\kappa T}\right)^{3/2}\exp[-m_\alpha(\dot{\mathbf{r}}_\alpha-\mathbf{v})^2/2\kappa T]\,(1+\phi_\alpha(\dot{\mathbf{r}}_\alpha,\mathbf{r},t)+\cdots) \qquad \text{(D.4-1)}$$

여기서 $\phi_\alpha<<1$이다. 이 식에서 n_α, $\mathbf{v}$와 T는 위치 $\mathbf{r}$과 시간 t의 함수이다. 평형으로부터의 편차는 결과적으로 온도, 속도 및 농도 구배를 일으키므로, 평형 부근에서 $\phi_\alpha(\dot{\mathbf{r}}_\alpha,\mathbf{r},t)$는 다양한 구배의 선형 함수로 표현할 수 있다(p.956의 식 24.1-6과 비교하시오).

$$\phi_\alpha=-(\mathbf{A}_\alpha\cdot\nabla\ln T)-(\mathbf{B}_\alpha:\nabla\mathbf{v})+n\sum_\beta(\mathbf{C}_{\alpha\beta}\cdot\mathbf{d}_\beta) \qquad \text{(D.4-2)}$$

여기서 모두 $\dot{\mathbf{r}}_\alpha$, $\mathbf{r}$과 t의 함수인 벡터 $\mathbf{A}_\alpha$, 텐서 $\mathbf{B}_\alpha$와 벡터 $\mathbf{C}_{\alpha\beta}$는 적분미분방정식의 해로 주어진다,[1] 양 $\mathbf{d}_\alpha$는

$$\begin{aligned}\mathbf{d}_\alpha&=\nabla x_\alpha+(x_\alpha-\omega_\alpha)\nabla\ln p-(\rho/p)\omega_\alpha(\mathbf{g}_\alpha-\Sigma_\beta\omega_\beta\mathbf{g}_\beta)\\&=\frac{1}{cRT}\left[(\nabla p_\alpha-\rho_\alpha\mathbf{g}_\alpha)-\omega_\alpha\left(\nabla p-\sum_\beta\rho_\beta\mathbf{g}_\beta\right)\right]\end{aligned} \qquad \text{(D.4-3)}$$

로 정의된 농도 구배, 압력 구배와 외부 힘의 차를 포함하는 "일반화된 확산 구동력"이다. 여기서 x_α, ω_α와 p_α는 각각 몰 분율, 질량 분율과 분압이다. 낮은 밀도에서 단원자 기체의 혼합물에 대해서만 단지 타당한 식 D.4-3은 24.1절의 비가역 공정의 열역학적 논의를 통해 다른 유체에 대해서도 일반화된다.

D.5 전달 물성의 항으로 된 훌럭스

식 D.4-1에서 3을 식 D.3-1에서 3에 대입하면 $\mathbf{d}_\alpha$, $\nabla\mathbf{v}$와 ∇T의 항으로 된 훌럭스에 대한 식을 얻는다.

$$\mathbf{j}_\alpha(\mathbf{r}, t) = +\rho_\alpha \sum_\beta \mathbb{D}_{\alpha\beta}\mathbf{d}_\beta - D_\alpha^T \nabla \ln T \tag{D.5-1}$$

$$\boldsymbol{\pi}(\mathbf{r}, t) = p\boldsymbol{\delta} - \mu[\nabla\mathbf{v} + (\nabla\mathbf{v})^\dagger - \tfrac{2}{3}(\nabla \cdot \mathbf{v})\boldsymbol{\delta}] \tag{D.5-2}$$

$$\mathbf{q}(\mathbf{r}, t) = -k\nabla T + \sum_\alpha \frac{\overline{H}_\alpha}{M_\alpha}\mathbf{j}_\alpha + \sum_\alpha\sum_\beta \frac{cRTx_\alpha x_\beta}{\rho_\alpha}\frac{D_\alpha^T}{\mathcal{D}_{\alpha\beta}}\left(\frac{\mathbf{j}_\alpha}{\rho_\alpha} - \frac{\mathbf{j}_\beta}{\rho_\beta}\right) \tag{D.5-3}$$

이들 식에는 점도 μ, 열전도도 k, 다성분 열 확산계수 D_α^T와 다성분 Fick 확산계수 $\mathbb{D}_{\alpha\beta}$ ($\mathcal{D}_{\alpha\beta}$는 $\mathbb{D}_{\alpha\beta}$와 밀접한 관계가 있는 Maxwell-Stefan 확산계수이다) 등의 전달 물성이 나타난다. 따라서 분자운동론은 온도 구배의 결과로 일어나는 질량 전달(열 확산)과 농도 구배의 결과로 일어나는 에너지 전달(확산 열 효과)의 "교차 효과"를 예측한다.

식 D.5-2의 압력항은 식 D.4-1(즉, Maxwell-Boltzmann 분포)의 전개에서 첫 번째 항으로부터 나오며, 점도항은 두 번째 항(즉, 구배를 포함하는 ϕ_α 항)으로부터 나온다. 낮은 밀도에서 단원자 기체의 분자운동론은 팽창 점도가 0일 것이라는 것을 예측한다.

D.6 분자 상호간 힘의 항으로 된 전달 물성

식 D.5-1에서 3의 전달 물성은 기체 혼합물에서 2성분 충돌을 설명하는 분자 상호간의 힘을 포함하는 복잡한 다수의 적분과 같은 분자운동론에 의해 주어진다. 일단 하나의 식이 분자 상호간 힘의 법칙(식 1.4-10의 Lennard-Jones (6-12) 포텐셜과 같은)에 대해 선택되었으면, 이들 적분은 수치적으로 계산될 수 있다. 그러면 순수한 기체에 대해 자체-확산계수, 점도와 열전도도의 3개의 전달 물성은

$$\mathscr{D} = \frac{3}{8}\frac{\sqrt{\pi m\kappa T}}{\pi\sigma^2\Omega_{\mathscr{D}}}\frac{1}{\rho}; \qquad \mu = \frac{5}{16}\frac{\sqrt{\pi m\kappa T}}{\pi\sigma^2\Omega_\mu}; \qquad k = \frac{25}{32}\frac{\sqrt{\pi m\kappa T}}{\pi\sigma^2\Omega_k}\hat{C}_V \tag{D.6-1, 2, 3}$$

으로 주어진다. 무차원 "충돌 적분" $\Omega_\mu = \Omega_k \approx 1.1\Omega_{\mathscr{D}}$는 상호 분자간 힘과 2성분 충돌 역학에 관한 모든 정보를 포함한다. 이들은 $\kappa T/\varepsilon$의 함수로 표 E.2에 주어져 있다. 만약 충돌 적분을 1과 같다고 두면, 경질 구로 구성된 기체에 대한 전달 물성을 얻는다.

따라서 변화방정식에서 필요로 하는 전달 물성은 분자 상호간 포텐셜 함수의 두 개의 매개변수 σ와 ε의 항으로 된 분자운동론으로부터 얻게 되었다. 이들 식으로부터 $\text{Pr} = \hat{C}_p\mu/k = \frac{2}{5}(\hat{C}_p/\hat{C}_V) = \frac{2}{5}(\frac{5}{3}) = \frac{2}{3}$와 $\text{Sc} = \mu/\rho\mathscr{D} = \frac{5}{6}(\Omega_{\mathscr{D}}/\Omega_\mu) \approx \frac{3}{4}$을 얻으며, 이 값들은 순수한 단원자 기체에 대해 꽤 잘 맞는다.

D.7 결론적 논평

위의 논의는 질량, 운동량과 에너지 전달 사이의 밀접한 연결을 강조하며, 모두 3 개의 이동현상을 낮은 밀도의 단원자 기체에 대한 분자 이론의 항으로 어떻게 설명할 수 있는지 보여준다. 또 연속, 운동 및 에너지의 연속체 방정식은 모두 Boltzmann 방정식을 출발점으로 하여 유도될 수 있으며 훌럭스와 전달 물성에 대한 분자식은 공정 내에서 생성된다는 것을 안다는 것은 중요하다. 이에 더하여 구동력에 대한 훌럭스의 의존성에 대한 논의는 24장의 비가역 열역학적 접근과 대단히 밀접하게 관계되어 있다.

이 부록은 단지 낮은 밀도, 단원자 기체만을 다루고 있다. 유사한 논의가 다원자 기체,[3] 단원자 액체[4]와 고분자 액체[5]에 대해 가능하다. 단원자 액체에 대한 분자운동론에서, 운동량과 열 훌럭스에 대한 식은 식 D.3-2와 3의 항과 유사한 항을 포함할 뿐만 아니라 분자 사이의 힘과 결부된 기여를 포함한다. 고분자에 대해서는 후자의 기여를 가질 뿐 아니라 고분자 사슬 내부의 추가적인 힘을 갖는다. 이들 이론의 모두에서 분포 함수에 대한 식으로부터 변화방정식을 유도할 수 있으며, 전달 물성에 대한 공식적인 식을 얻을 수 있다.

---

[3] C. F. Curtiss, *J. Chem. Phys.*, **24**, 225-241 (1956); C. Muckenfuss and C. F. Curtiss, *J. Chem. Phys.*, **29**, 1257-1277 (1958); L. A. Viehland and C. F. Curtiss, *J. Chem. Phys.*, **60**, 492-520 (1974); D. Russell and C. F. Curtiss, *J. Chem. Phys.*, **60**, 514-520 (1974).

[4] J. H. Irving and J. G. Kirkwood, *J. Chem. Phys.*, **18**, 817-829 (1950); R. J. Bearman and J. G. Kirkwood, *J. Chem. Phys.*, **28**, 136-145 (1958).

[5] C. F. Curtiss and R. B. Bird, *Adv. Polymer. Sci.*, **125**, 1-101 (1996); *Proc. Nat. Acad. Sci.*, **93**, 7440-7445 (1996); *J. Chem. Phys.*, **106**, 9899-9921 (1997), **107**, 5254-5267 (1997), **111**, 10362-10370 (1999).

Appendix

E 전달 물성의 예측을 위한 표

§E.1 분자간 힘 매개변수와 임계 물성

§E.2 낮은 밀도에서 기체의 전달 물성을 예측하기 위한 함수

표 E.1 Lennard-Jones (6-12) 포텐셜 매개변수와 임계 물성

물질	분자량 M	Lennard-Jones 매개변수 σ (Å)	ε/κ (K)	참고 문헌	임계 물성[g,h] T_c (K)	p_c (atm)	$\tilde{V}_c$ (cm³/g-mole)	μ_c (g/cm·s × 10⁶)	k_c (cal/cm·s·K × 10⁶)
가벼운 기체:									
H_2	2.016	2.915	38.0	*a*	33.3	12.80	65.0	34.7	—
He	4.003	2.576	10.2	*a*	5.26	2.26	57.8	25.4	—
불활성 기체:									
Ne	20.183	2.789	35.7	*a*	44.5	26.9	41.7	156.	79.2
Ar	39.948	3.432	122.4	*b*	150.7	48.0	75.2	264.	71.0
Kr	83.80	3.675	170.0	*b*	209.4	54.3	92.2	396.	49.4
Xe	131.29	4.009	234.7	*b*	289.8	58.0	118.8	490.	40.2
간단한 다원자 기체:									
공기	28.964[i]	3.617	97.0	*a*	132.4[i]	37.0[i]	86.7[i]	193.	90.8
N_2	28.013	3.667	99.8	*b*	126.2	33.5	90.1	180.	86.8
O_2	31.999	3.433	113.	*a*	154.4	49.7	74.4	250.	105.3
CO	28.010	3.590	110.	*a*	132.9	34.5	93.1	190.	86.5
CO_2	44.010	3.996	190.	*a*	304.2	72.8	94.1	343.	122.
NO	30.006	3.470	119.	*a*	180.	64.	57.	258.	118.2
N_2O	44.010	3.879	220.	*a*	309.7	71.7	96.3	332.	131.
SO_2	64.065	4.026	363.	*c*	430.7	77.8	122.	411.	98.6
F_2	37.997	3.653	112.	*a*	—	—	—	—	—
Cl_2	70.905	4.115	357.	*a*	417.	76.1	124.	420.	97.0
Br_2	159.808	4.268	520.	*a*	584.	102.	144.	—	—
I_2	253.809	4.982	550.	*a*	800.	—	—	—	—
탄화수소:									
CH_4	16.04	3.780	154.	*b*	191.1	45.8	98.7	159.	158.
$CH{\equiv}CH$	26.04	4.114	212.	*d*	308.7	61.6	112.9	237.	—
$CH_2{=}CH_2$	28.05	4.228	216.	*b*	282.4	50.0	124.	215.	—
C_2H_6	30.07	4.388	232.	*b*	305.4	48.2	148.	210.	203.

$CH_3C{\equiv}CH$	40.06	4.742	261.	*d*	394.8	—	—	—	—
$CH_3CH{=}CH_2$	42.08	4.766	275.	*b*	365.0	45.5	181.	233.	—
C_3H_8	44.10	4.934	273.	*b*	369.8	41.9	200.	228.	—
$n{-}C_4H_{10}$	58.12	5.604	304.	*b*	425.2	37.5	255.	239.	—
$i{-}C_4H_{10}$	58.12	5.393	295.	*b*	408.1	36.0	263.	239.	—
$n{-}C_5H_{12}$	72.15	5.850	326.	*b*	469.5	33.2	311.	238.	—
$i{-}C_5H_{12}$	72.15	5.812	327.	*b*	460.4	33.7	306.	—	—
$C(CH_3)_4$	72.15	5.759	312.	*b*	433.8	31.6	303.	—	—
$n{-}C_6H_{14}$	86.18	6.264	342.	*b*	507.3	29.7	370.	248.	—
$n{-}C_7H_{16}$	100.20	6.663	352.	*b*	540.1	27.0	432.	254.	—
$n{-}C_8H_{18}$	114.23	7.035	361.	*b*	568.7	24.5	492	259.	—
$n{-}C_9H_{20}$	128.26	7.463	351.	*b*	594.6	22.6	548.	265.	—
싸이클로헥산	84.16	6.143	313.	*d*	553.	40.0	308.	284.	—
벤젠	78.11	5.443	387.	*b*	562.6	48.6	260.	312.	—
여타 유기화합물:									
CH_4	16.04	3.780	154.	*b*	191.1	45.8	98.7	159.	158.
CH_3Cl	50.49	4.151	355.	*c*	416.3	65.9	143.	338.	—
CH_2Cl_2	84.93	4.748	398.	*c*	510.	60.	—	—	—
$CHCl_3$	119.38	5.389	340.	*e*	536.6	54.	240.	410.	—
CCl_4	153.82	5.947	323.	*e*	556.4	45.0	276.	413.	—
C_2N_2	52.04	4.361	349.	*e*	400.	59.	—	—	—
COS	60.07	4.130	336.	*e*	378.	61.	—	—	—
CS_2	76.14	4.483	467.	*e*	552.	78.	170.	404.	—
CCl_2F_2	120.92	5.116	280.	*b*	384.7	39.6	218.	—	—

[a] J. O. Hirschfelder, C. F. Curtiss, and R. B. Bird, *Molecular Theory of Gases and Liquids*, corrected printing with notes added, Wiley, New York (1964).

[b] L. S. Tee, S. Gotoh, and W. E. Stewart, *Ind. Eng. Chem. Fundamentals*, **5**, 356-363 (1966). 벤젠에 대한 값은 그 물질의 점도 데이터로부터 얻었다. 다른 물질에 대한 값은 논문의 상관관계(iii)으로부터 계산되었다.

[c] L. Monchick and E. A. Mason, *J. Chem. Phys*., **35**, 1676-1697 (1961); 점도로부터 얻은 매개변수

[d] L. W. Flynn and G. Thodos, *AIChE Journal*, **8**, 362-365 (1962); 점도로부터 얻은 매개변수

[e] R. A. Svehla, *NASA Tech. Report* R-132 (1962); 점도로부터 얻은 매개변수. 이 보고서는 Lennard-Jones 매개변수, 열용량과 계산된 전달 물성에 대한 광범위한 표를 제공한다.

[f] 순수한 물질에 대한 임계 상수값은 K. A. Kobe and R. E. Lynn, Jr., *Chem. Rev*., **52**, 117-236 (1962); *Amer. Petroleum Inst. Research Proj*. **44**, Thermodynamics Research Center, Texas A&M University, College Station, Texas (1966)과 *Thermodynamic Functions of Gases*, F. Din (editor), Vols. 1-3, Butterworths, London (1956, 1961, 1962)으로부터 선택되었다.

[g] 임계 점도값은 O. A. Hougen and K. M. Watson, *Chemical Process Principles*, Vol. **3**, Wiley, New York (1947), p. 873으로부터 얻었다.

[h] 임계 열전도도값은 E. J. Owens and G. Thodos, *AIChE Journal*, **3**, 454-461 (1957)로부터 얻었다.

[i] 공기에 대해 분자량 M과 유사 임계 물성은 COESA, *U.S. Standard Atmosphere* 1976, U.S. Government Printing Office,Washington, D.C. (1976). 에 주어진 바와 같은 건조 공기의 평균 조성으로부터 계산되었다.

표 E.2 낮은 밀도에서 기체의 전달 물성을 예측하기 위해 Lennard-Jones (6-12) 포텐셜과 함께 사용하기 위한 충돌 적분[a, b, c]

$\kappa T/\varepsilon$ 또는 $\kappa T/\varepsilon_{AB}$	$\Omega_\mu=\Omega_k$ (점도와 열전도도에 대해)	$\Omega_{\mathfrak{D},AB}$ (확산계수에 대해)	$\kappa T/\varepsilon$ 또는 $\kappa T/\varepsilon_{AB}$	$\Omega_\mu=\Omega_k$ (점도와 열전도도에 대해)	$\Omega_{\mathfrak{D},AB}$ (확산계수에 대해)
0.30	2.840	2.649	2.7	1.0691	0.9782
0.35	2.676	2.468	2.8	1.0583	0.9682
0.40	2.531	2.314	2.9	1.0482	0.9588
0.45	2.401	2.182	3.0	1.0388	0.9500
0.50	2.284	2.066	3.1	1.0300	0.9418
0.55	2.178	1.965	3.2	1.0217	0.9340
0.60	2.084	1.877	3.3	1.0139	0.9267
0.65	1.999	1.799	3.4	1.0066	0.9197
0.70	1.922	1.729	3.5	0.9996	0.9131
0.75	1.853	1.667	3.6	0.9931	0.9068
0.80	1.790	1.612	3.7	0.9868	0.9008
0.85	1.734	1.562	3.8	0.9809	0.8952
0.90	1.682	1.517	3.9	0.9753	0.8897
0.95	1.636	1.477	4.0	0.9699	0.8845
1.00	1.593	1.440	4.1	0.9647	0.8796
1.05	1.554	1.406	4.2	0.9598	0.8748
1.10	1.518	1.375	4.3	0.9551	0.8703
1.15	1.485	1.347	4.4	0.9506	0.8659
1.20	1.455	1.320	4.5	0.9462	0.8617
1.25	1.427	1.296	4.6	0.9420	0.8576
1.30	1.401	1.274	4.7	0.9380	0.8537
1.35	1.377	1.253	4.8	0.9341	0.8499
1.40	1.355	1.234	4.9	0.9304	0.8463
1.45	1.334	1.216	5.0	0.9268	0.8428
1.50	1.315	1.199	6.0	0.8962	0.8129
1.55	1.297	1.183	7.0	0.8727	0.7898
1.60	1.280	1.168	8.0	0.8538	0.7711
1.65	1.264	1.154	9.0	0.8380	0.7555
1.70	1.249	1.141	10.0	0.8244	0.7422
1.75	1.235	1.128	12.0	0.8018	0.7202
1.80	1.222	1.117	14.0	0.7836	0.7025
1.85	1.209	1.105	16.0	0.7683	0.6878
1.90	1.198	1.095	18.0	0.7552	0.6751
1.95	1.186	1.085	20.0	0.7436	0.6640
2.00	1.176	1.075	25.0	0.7198	0.6414
2.10	1.156	1.058	30.0	0.7010	0.6235
2.20	1.138	1.042	35.0	0.6854	0.6088
2.30	1.122	1.027	40.0	0.6723	0.5964
2.40	1.107	1.013	50.0	0.6510	0.5763
2.50	1.0933	1.0006	75.0	0.6140	0.5415
2.60	1.0807	0.9890	100.0	0.5887	0.5180

[a] Lennard-Jones (6-12) 포텐셜에 대해 적용 가능한 이 표의 값들은 L. Monchick and E. A. Mason, *J. Chem. Phys.*, **35**, 1676-1697 (1961)의 결과로부터 내삽되었다. Monchick-Mason 표는 J. O. Hirschfelder, R. B. Bird, and E. L. Spotz, *J. Chem. Phys.*, **16**, 968-981 (1948)에 의해 먼저 주어진 표보다 약간 더 정확한 것으로 믿어지고 있다.

[b] 이 표는 C. F. Curtiss, *J. Chem. Phys.*, **97**, 7679-7686 (1992)에 의해 더 낮은 온도까지로 확장되었다. Curtiss는 낮은 온도에서 Boltzmann 방정식이 분자의 "궤도를 선회하는 쌍"을 고려하기 위해 수정될 필요가 있음을 보였다. 단지 이 수정을 함으로써 양자 거동에서부터 고전적 거동으로의 매끄러운 전이를 얻는 것이 가능하게 된다. 편차는 0.30의 무차원 온도 이하에서 적용 가능하다.

[c] 충돌 적분은 다음과 같이 P. D. Neufeld, A. R. Jansen, and R. A. Aziz, *J. Chem. Phys.*, **57**, 1100-1102 (1972)에 의해 곡선 맞추기 되었다.

$$\Omega_\mu = \Omega_k = \frac{1.16145}{T^{*0.14874}} + \frac{0.52487}{\exp(0.77320T^*)} + \frac{2.16178}{\exp(2.43787T^*)} \tag{E.2-1}$$

$$\Omega_{\mathscr{D},AB} = \frac{1.06036}{T^{*0.15610}} + \frac{0.19300}{\exp(0.47635T^*)} + \frac{1.03587}{\exp(1.52996T^*)} + \frac{1.76474}{\exp(3.89411T^*)} \tag{E.2-2}$$

여기서 $T^* = \kappa T/\varepsilon$이다.

Appendix

F 상수와 환산 인자

F.1 수학적 상수

$$\pi = 3.14159\cdots$$

$$e = 2.71828\cdots$$

$$\ln 10 = 2.30259\cdots$$

F.2 물리적 상수[1]

기체 법칙 상수 (R)	8.31451	J/g-mol · K
	8.31451×10^3	kg · m²/s² · kg-mol · K
	8.31451×10^7	g · cm²/s² · g-mol · K
	1.98721	cal/g-mol · K
	82.0578	cm³ atm/g-mol · K
	4.9686×10^4	$lb_m ft^2/s^2$ · lb-mol · °R
	1.5443×10^3	ft · lb_f /lb-mol · °R
	10.73	ft³ · psia/lb-mol · °R
표준 중력 가속도 (g_0)	9.80665	m/s²
	980.665	cm/s²
	32.1740	ft/s²
Joule 상수 (J_c) (열의 기계적 당량)	4.1840	J/cal
	4.1840×10^7	erg/cal
	778.16	ft · lb_f/Btu
Avogadro 수 ($\tilde{N}$)	6.02214×10^{23}	molecules/g-mol
Boltzmann 상수 ($\kappa = R/\tilde{N}$)	1.38066×10^{-23}	J/K
	1.38066×10^{-16}	erg/K
Faraday 상수 (F)	96485.3	C/g−당량
Planck 상수 (h)	6.62608×10^{-34}	J · s
	6.62608×10^{-27}	erg · s
Stefan-Boltzman 상수 (σ)	5.67051×10^{-8}	W/m² · K⁴
	1.3553×10^{-12}	cal/s · cm²K⁴
	1.7124×10^{-9}	Btu/hr · ft² (°R)⁴

[1] E. R. Cohen and B. N. Taylor, *Physics Today* (August 1996), pp. BG9-BG13; R. A. Nelson, *Physics Today* (August 1996), pp. BG15-BG16.

전자 전하 (e)	1.60218×10^{-19}	C
진공에서 빛의 속도 (c)	2.99792×10^{8}	m/s

F.3 환산 인자

다음 표에서, 한 단위의 집합에서 다른 단위의 집합으로 어떤 물리적인 양을 변환하기 위해 적절한 표 기재 사항을 그것에 곱한다. 예를 들면 p가 10 $lb_f/in.^2$ 으로 주어져 있다고 생각하고 poundals/ft^2 단위의 p를 갖고자 한다. 표 F.3-2로부터 결과는

$$p = (10)(4.6330 \times 10^3) = 4.6330 \times 10^4 \text{ poundals/ft}^2$$

이다. 그림자진 행과 열의 기재 사항은 SI 단위로부터와 SI 단위로 변환하기 위해 필요한 값들이다.

표에 더하여 널리 사용되는 몇 개의 환산 인자를 여기에 수록한다.

이들 단위로 주어진 양	곱하시오	이들 단위의 양을 얻기 위해
Pounds	453.59	Grams
Kilograms	2.2046	Pounds
Inches	2.5400	Centimeters
Meters	39.370	Inches
Gallons (U.S.)	3.7853	Liters
Gallons (U.S.)	231.00	Cubic inches
Gallons (U.S.)	0.13368	Cubic feet
Cubic feet	28.316	Liters
Kelvins	1.800000	Degrees Rankine
Degrees Rankine	0.555556	Kelvins

표 F.3-1 F 또는 ML/t^2의 차원을 갖는 양에 대한 환산 인자

이들 단위로 주어진 양↓	이들 단위로 변환하기 위해 표 값을 곱하시오 →	$N = kg \cdot m/s^2$ (Newtons)	$g \cdot cm/s^2$ (dynes)	$lb_m \cdot ft/s^2$ (poundals)	lb_f
$N = kg \cdot m/s^2$	(Newtons)	1	10^5	7.2330	2.24881×10^{-1}
$g \cdot cm/s^2$	(dynes)	10^{-5}	1	7.2330×10^{-5}	2.24881×10^{-6}
$lb_m \cdot ft/s^2$	(poundals)	1.3826×10^{-1}	1.3826×10^4	1	3.1081×10^{-2}
lb_f		4.4482	4.4482×10^5	32.1740	1

표 F.3-2 F/L^2 또는 M/Lt^2의 차원을 갖는 양에 대한 환산 인자(압력, 운동량 훌럭스)

이들 단위로 주어진 양↓ 이들 단위로 변환하기 위해 표 값을 곱하시오 →	Pa (N/m^2) ($kg/m \cdot s^2$)	$dyne/cm^2$ ($g/cm \cdot s^2$)	$poundals/ft^2$ ($lb_m/ft \cdot s^2$)	lb_f/ft^2	lb_f/in^2 (psia)[a]	atm	mm Hg	in. Hg
$Pa = N/m^2 = kg/m \cdot s^2$	1	10	6.7197×10^{-1}	2.0886×10^{-2}	1.4504×10^{-4}	9.8692×10^{-6}	7.5006×10^{-3}	2.9530×10^{-4}
$dyne/cm^2 = g/cm \cdot s^2$	10^{-1}	1	6.7197×10^{-2}	2.0886×10^{-3}	1.4504×10^{-5}	9.8692×10^{-7}	7.5006×10^{-4}	2.9530×10^{-5}
$poundals/ft^2 = lb_m/ft \cdot s^2$	1.4882	1.4882×10^{1}	1	3.1081×10^{-2}	2.1584×10^{-4}	1.4687×10^{-5}	1.1162×10^{-2}	4.3945×10^{-4}
lb_f/ft^2	4.7880×10^{1}	4.7880×10^{2}	32.1740	1	6.9444×10^{-3}	4.7254×10^{-4}	3.5913×10^{-1}	1.4139×10^{-2}
$lb_f/in.^2$ (psia)[a]	6.8947×10^{3}	6.8947×10^{4}	4.6330×10^{3}	144	1	6.8046×10^{-2}	5.1715×10^{1}	2.0360
atm	1.0133×10^{5}	1.0133×10^{6}	6.8087×10^{4}	2.1162×10^{3}	14.696	1	760	29.921
mm Hg	1.3332×10^{2}	1.3332×10^{3}	8.9588×10^{1}	2.7845	1.9337×10^{-2}	1.3158×10^{-3}	1	3.9370×10^{-2}
in. Hg	3.3864×10^{3}	3.3864×10^{4}	2.2756×10^{3}	7.0727×10^{1}	4.9116×10^{-1}	3.3421×10^{-2}	25.400	1

[a] 이 단위는 되도록이면 "psia" (절대 제곱 인치당 파운드) 또는 "psig" (계기 제곱 인치당 파운드)의 약어로 쓴다. 계기 압력은 절대 압력에서 일반적인 대기압을 뺀 것이다. 종종 압력은 "bars" 단위로 보고된다. Bars로부터 pascals로 변환하기 위해서는 10^5을 곱하고 Bars로부터 atmospheres로 변환하기 위해서는 0.98692를 곱하시오.

표 F.3-3 FL 또는 ML^2/t^2의 차원을 갖는 양에 대한 환산 인자(에너지, 일, 돌림힘)

이들 단위로 주어진 양↓ 이들 단위로 변환하기 위해 표 값을 곱하시오 →	J ($kg \cdot m^2/s^2$)	ergs ($g \cdot cm^2/s^2$)	foot poundals $lb_m\ ft^2/s^2$	$ft \cdot lb_f$	cal	Btu	hp-hr	kw-hr
$J = kg \cdot m^2/s^2$	1	10^{7}	2.3730×10^{1}	7.3756×10^{-1}	2.3901×10^{-1}	9.4783×10^{-4}	3.7251×10^{-7}	2.7778×10^{-7}
$ergs = g \cdot cm^2/s^2$	10^{-7}	1	2.3730×10^{-6}	7.3756×10^{-8}	2.3901×10^{-8}	9.4783×10^{-11}	3.7251×10^{-14}	2.7778×10^{-14}
foot poundals $= lb_m\ ft^2/s^2$	4.2140×10^{-2}	4.2140×10^{5}	1	3.1081×10^{-2}	1.0072×10^{-2}	3.9942×10^{-5}	1.5698×10^{-8}	1.1706×10^{-8}
$ft \cdot lb_f$	1.3558	1.3558×10^{7}	32.1740	1	3.2405×10^{-1}	1.2851×10^{-3}	5.0505×10^{-7}	3.7662×10^{-7}
thermochemical calories[a]	4.1840	4.1840×10^{7}	9.9287×10^{1}	3.0860	1	3.9657×10^{-3}	1.5586×10^{-6}	1.1622×10^{-6}
British thermal units	1.0550×10^{3}	1.0550×10^{10}	2.5036×10^{4}	778.16	2.5216×10^{2}	1	3.9301×10^{-4}	2.9307×10^{-4}
Horsepower hours	2.6845×10^{6}	2.6845×10^{13}	6.3705×10^{7}	1.9800×10^{6}	6.4162×10^{5}	2.5445×10^{3}	1	7.4570×10^{-1}
kilowatt hours	3.6000×10^{6}	3.6000×10^{13}	8.5429×10^{7}	2.6552×10^{6}	8.6042×10^{5}	3.4122×10^{3}	1.3410	1

[a] "cal"로 약어된 이 단위는 여러 화공 열역학의 표에서 사용된다. 국제 증기표 칼로리 ("I. T. cal"로 약어된)로 표현되는 양을 이 단위로 변환하기 위해서는 1.000654를 곱하시오.

표 F.3-4 M/Lt 또는 Ft/L^2의 차원을 갖는 양[a]에 대한 환산 인자(점도, 밀도 곱하기 확산계수)

이들 단위로 주어진 양↓ / 이들 단위로 변환하기 위해 표 값을 곱하시오 →	Pa·s (kg/m·s)	g/cm·s (poises)	centipoises	lb_m/ft·s	lb_m/ft·hr	lb_f·s/ft^2
Pa·s = kg/m·s	1	10	10^3	6.7197×10^{-1}	2.4191×10^3	2.0886×10^{-2}
g/cm·s = (poises)	10^{-1}	1	10^2	6.7197×10^{-2}	2.4191×10^2	2.0886×10^{-3}
centipoises	10^{-3}	10^{-2}	1	6.7197×10^{-4}	2.4191	2.0886×10^{-5}
lb_m/ft·s	1.4882	1.4882×10^1	1.4882×10^3	1	3600	3.1081×10^{-2}
lb_m/ft·hr	4.1338×10^{-4}	4.1338×10^{-3}	4.1338×10^{-1}	2.7778×10^{-4}	1	8.6336×10^{-6}
lb_f·s/ft^2	4.7880×10^1	4.7880×10^2	4.7880×10^4	32.1740	1.1583×10^5	1

[a] 주어진 단위와 원하는 단위에 몰이 나타나면, 환산 인자는 대응하는 질량 단위에 대한 것과 똑같다.

표 F.3-5 ML/t^3T 또는 F/tT의 차원을 갖는 양에 대한 환산 인자(열전도도)

이들 단위로 주어진 양↓ / 이들 단위로 변환하기 위해 표 값을 곱하시오 →	W/m·K or kg·m/s^3·K	g·cm/s^3·K or erg/s·cm·K	lb_m ft/s^3 F	lb_f/s·F	cal/s·cm·K	Btu/hr·ft·F
W/m·K = kg·m/s^3·K	1	10^5	4.0183	1.2489×10^{-1}	2.3901×10^{-3}	5.7780×10^{-1}
g·cm/s^3·K	10^{-5}	1	4.0183×10^{-5}	1.2489×10^{-6}	2.3901×10^{-8}	5.7780×10^{-6}
lb_m ft/s^3 F	2.4886×10^{-1}	2.4886×10^4	1	3.1081×10^{-2}	5.9479×10^{-4}	1.4379×10^{-1}
lb_f/s·F	8.0068	8.0068×10^5	3.2174×10^1	1	1.9137×10^{-2}	4.6263
cal/s·cm·K	4.1840×10^2	4.1840×10^7	1.6813×10^3	5.2256×10^1	1	2.4175×10^2
Btu/hr·ft·F	1.7307	1.7307×10^5	6.9546	2.1616×10^{-1}	4.1365×10^{-3}	1

표 F.3-6 L^2/t의 차원을 갖는 양에 대한 환산 인자(운동량 확산계수, 열 확산계수, 분자 확산계수)

이들 단위로 주어진 양↓ 이들 단위로 변환하기 위해 표 값을 곱하시오 →	m²/s	cm²/s	ft²/hr	centistokes
m^2/s	1	10^4	3.8750×10^4	10^6
cm^2/s	10^{-4}	1	3.8750	10^2
ft^2/hr	2.5807×10^{-5}	2.5807×10^{-1}	1	2.5807×10^1
centistokes	10^{-6}	10^{-2}	3.8750×10^{-2}	1

표 F.3-7 M/t^3T 또는 F/LtT 의 차원을 갖는 양에 대한 환산 인자(열전달계수)

이들 단위로 주어진 양↓ 이들 단위로 변환하기 위해 표 값을 곱하시오 →	W/m² K (J/m² s·K) kg/s³ K	W/cm² K	g/s³ K	lb_m/s^3 F	lb_f/ft·s·F	cal/cm² s·K	Btu/ft² hr·F
W/m² K = kg/s³ K	1	10^{-4}	10^3	1.2248	3.8068×10^{-2}	2.3901×10^{-5}	1.7611×10^{-1}
W/cm² K	10^4	1	10^7	1.2248×10^4	3.8068×10^2	2.3901×10^{-1}	1.7611×10^3
g/s³ K	10^{-3}	10^{-7}	1	1.2248×10^{-3}	3.8068×10^{-5}	2.3901×10^{-8}	1.7611×10^{-4}
lb_m/s^3 F	8.1647×10^{-1}	8.1647×10^{-5}	8.1647×10^2	1	3.1081×10^{-2}	1.9514×10^{-5}	1.4379×10^{-1}
lb_f/ft·s·F	2.6269×10^1	2.6269×10^{-3}	2.6269×10^4	32.1740	1	6.2784×10^{-4}	4.6263
cal/cm² s·K	4.1840×10^4	4.1840	4.1840×10^7	5.1245×10^4	1.5928×10^3	1	7.3686×10^3
Btu/ft² hr·F	5.6782	5.6782×10^{-4}	5.6782×10^3	6.9546	2.1616×10^{-1}	1.3571×10^{-4}	1

표 F.3-8 M/L^2t 또는 Ft/L^3 의 차원[a]을 갖는 양에 대한 환산 인자(물질전달계수 k_x 또는 k_ω)

이들 단위로 주어진 양↓ 이들 단위로 변환하기 위해 표 값을 곱하시오 →	kg/m² s	g/cm² s	lb_m/ft^2 s	lb_m/ft^2 hr	lb_f s/ft³
kg/m² s	1	10^{-1}	2.0482×10^{-1}	7.3734×10^2	6.3659×10^{-3}
g/cm² s	10^1	1	2.0482	7.3734×10^3	6.3659×10^{-2}
lb_m/ft^2 s	4.8824	4.8824×10^{-1}	1	3600	3.1081×10^{-2}
lb_m/ft^2 hr	1.3562×10^{-3}	1.3562×10^{-4}	2.7778×10^{-4}	1	8.6336×10^{-6}
lb_f s/ft³	1.5709×10^2	1.5709×10^1	32.1740	1.1583×10^5	1

[a] 주어진 단위와 원하는 단위에 몰이 나타나면, 환산 인자는 대응하는 질량 단위에 대한 것과 똑같다.

Notation

기호

괄호 안의 수는 기호들이 정의되거나 처음 사용된 식, 절 또는 표를 나타낸다. 차원은 질량(M), 길이(L), 시간(t), 온도(T)와 무차원(−)의 항으로 주어진다, 굵은 기호는 벡터 또는 텐서이다(부록 A 참조). 자주 나타나지 않는 기호는 수록하지 않았다.

A =면적, L^2

a =흡수능(16.2-1), −

a =충전층의 단위 부피당 계면 면적(6.4-4), L^{-1}

a_α =화학 종 α의 활동도(24.1-8), −

C_p =일정 압력에서의 열용량(9.1-8), ML^2/t^2T

C_V =일정 부피에서의 열용량(9.3-6), ML^2/t^2T

c =빛의 속도(16.1-1), L/t

c =총 몰 농도(17.7 절), moles/L^3

c_α =화학 종 α의 농도(17.7절), moles/L^3

D =원통 또는 구의 지름, L

D_p =충전층의 입자 지름(6.4-6), L

$\mathscr{D}_{AB}$ = $A-B$계에 대한 2성분 확산계수(17.1-2), L^2/t

$\mathscr{D}_{\alpha\beta}$ =다성분계에서 $\alpha-\beta$ 쌍에 대한 2성분 확산계수(17.9-1), L^2/t

$Đ_{\alpha\beta}$ =Maxwell-Stefan 다성분 확산계수(24.2-4), L^2/t

$\mathbb{D}_{\alpha\beta}$ =Fick 다성분 확산계수(24.2-3), L^2/t

D_α^T =다성분 열 확산계수(24.2-3), M/Lt

d =분자 지름(1.4-3), L

$\mathbf{d}_\alpha$ =화학 종 α의 확산 구동력(24.1-8), L^{-1}

E_{tot} =$U_{\text{tot}}+K_{\text{tot}}+\Phi_{\text{tot}}$=거시적 계의 총 에너지(15.1-2), ML^2/t^2

E_c =기계적 에너지 수지의 압축항(7.4-3), ML^2/t^3

E_v =기계적 에너지 수지의 점성 소산항(7.4-4), ML^2/t^3

e =2.71828⋯

e =방출능(16.2-3), −

$\mathbf{e}$ =결합된 에너지 훌럭스 벡터(9.8-5), M/t^3

F_{12}, $\bar{F}_{12}$ =직접, 간접 모양 인자(16.4-9), (16.4-15), —

$\mathbf{F}_{s\to f}$ =고체에 의해 유체에 작용하는 힘(7.2-1), ML/t^2

f =마찰계수(또는 항력계수)(6.1-1), —

G =$H-TS$=Gibbs 자유 에너지(24.1-2), ML^2/t^2

G =$\langle \rho v \rangle$=질량 속도(6.4-8), M/L^2t

$\mathbf{g}$ =중력 가속도(3.2-8), L/t^2

$\mathbf{g}_\alpha$ =화학 종 α에 작용하는 단위 질량당 본체 힘(표 19.2-1), L/t^2

H =$U+pV$=엔탈피(9.8-6), ML^2/t^2

h =Planck 상수(16.1-2), ML^2/t

h =고도(2.3-10), L,

h, h_1, $h_{\ln}$, h_{loc}, h_a, h_m =열전달계수(14.1-1에서 6), M/t^3T

i =$\sqrt{-1}$ (4.1-43), —

$\mathbf{J}_\alpha$, $\mathbf{J}_\alpha^*$ =몰 훌럭스(표 17.8-1), moles/L^2t

$\mathbf{j}_\alpha$, $\mathbf{j}_\alpha^*$ =질량 훌럭스(표 17.8-1), M/L^2t

j_H, j_D =Chilton-Colburn j 인자(14.3-19, 표 22.2-1), —

K =운동에너지(7.4-1), ML^2/t^2

K_x, K_y =2상 물질전달계수(22.4-4), moles/tL^2

κ =$R/\tilde{N}$=Boltzmann 상수(1.4-1), ML^2/t^2T

k =열전도도(9.1-1과 24.2-6), ML/t^3T

k_x =단일 상 물질전달계수(22.1-7, 22.3-4, 표 22.2-1), moles/tL^2

k_x^0, k_y^0 =작은 물질전달 속도와 작은 화학 종 농도에 대한 물질전달계수 (22.1-9, 22.4-2), mole/tL^2

$k_x^\bullet$ =높은 물질전달 속도에 대한 물질전달계수(22.8-2a), moles/tL^2

k_T =열 확산 비(24.2-10), —

k_e =전기전도도(9.5-1), $\text{ohm}^{-1}\ \text{cm}^{-1}$

k_n'' =불균일 화학반응 속도상수(18.0-3), $\text{mole}^{1-n}/L^{2-3n}t$

k_n''' =균일 화학반응 속도상수(18.0-2), $\text{mole}^{1-n}/L^{3-3n}t$

L =경막, 관 또는 슬릿의 길이(그림 2.2-1, 2.3-1, 2B.3), L

$\mathbf{L}_{\text{tot}}$ =거시적 계 내의 총 각운동량(7.3-1), ML^2/t

l =혼합 길이(5.4-4), L

l_0 =차원 해석의 특성 길이(3.7-3), L

M =몰 평균 분자량(표 17.7-1), M/mole

M_α =화학 종 α의 분자량(표 17.7-1), M / mole

$M_{\alpha,\text{tot}}$ =거시적인 계에서 화학 종 α의 총 몰 수(23.1-3), moles

m =분자의 질량(1.4-1), M

m, n =멱수법칙 점도 모델의 매개변수(8.3-3), M/Lt^{2-n}, —

$m_{\alpha,\text{tot}}$ =거시적 계에서 화학 종 α의 총 질량(23.1-1), M

N =축의 회전 속도(3.7-28), t^{-1}

N =다성분 혼합계의 화학 종 수(17.7-1), —

$\tilde{N}$ =Avogadro 수,(g-mole)$^{-1}$

$\mathbf{N}_\alpha$ =화학 종 α에 대한 결합된 몰 훌럭스 벡터(17.8-2), moles/L^2t

$\mathbf{n}$ =단위 수직 벡터(그림 1.7-2, A.5-1), —

$\mathbf{n}_\alpha$ =화학 종 α에 대한 결합된 질량 훌럭스 벡터(17.8-1), M/L^2t

n =분자 농도 또는 수 밀도(1.4-2), L^{-3}

$\mathbf{P}_{\text{tot}}$ =거시적 유동계의 총 운동량(7.2-1), ML/t

$\mathcal{P}$ $=p+\rho gh$=수정된 압력 (일정한 ρ와 g에 대해)(2.3-10), M/Lt^2

$\mathcal{P}_0$ =차원 해석에서 사용된 특성 압력(3.7-4), M/Lt^2

p =유체 압력, M/Lt^2

Q =표면을 가로지르는 열 유량(9.1-1, 15.1-1), ML^2/t^3

$Q_{1\to 2}$ =표면 1에서 표면 2로의 복사 에너지 유동(16.4-5), ML^2/t^3

Q_{12} =표면 1과 표면 2 사이에서 상호 교환되는 알짜 복사 에너지 (16.4-8), ML^2/t^3

$\mathbf{q}$ =열 훌럭스 벡터(9-1.6), M/t^3

q_0 =계면 열 훌럭스(10.8-14), M/t^3

R =기체 상수($p\tilde{V}=RT$에서),ML^2/t^2T mole

R =원통 또는 구의 반지름, L

R_α =균일 화학반응에 의한 화학 종 α의 몰 생성 속도(18.0-2), moles/tL^3

R_h =평균 수력학적 반지름(6.2-16), L

$\Re$ =(복소 양의) 실수부(4.1-43)

$\mathbf{r}$ =위치 벡터(3.4-1, A.2-24), L

r $=\sqrt{x^2+y^2}$ =원통형 좌표의 반지름 좌표, L

r $=\sqrt{x^2+y^2+z^2}$ = 구형 좌표의 반지름 좌표, L

r_α =균일 화학반응에 의한 화학 종 α의 질량 생성 속도(19.1-5), M/tL^3

S_1, S_2 =평면 1과 2 에서의 단면적(7.1-1), L^2

S =엔트로피(11D.1-1, 24.1-1), ML^2/t^2T

T =절대 온도, T

$\mathbf{T}_{s\to f}$ =고체 경계에 의해 유체에 부가되는 돌림힘(7.3-1), ML^2/t^2

$\mathbf{T}_{\text{ext}}$ =계에 작용하는 외부 돌림힘(7.3-1), ML^2/t^2

T_1-T_0 =차원 해석에 사용된 특성 온도차(11.5-5), T

t =시간, t

U =내부에너지(9.7-1), ML^2/t^2

U =총괄 열전달계수(10.6-15), M/t^3T

$\bar{u}$ =산술 평균 분자 속도(1.4-1), L/t

$\mathbf{u}$ =유동 방향의 단위 벡터(7.2-1), —

V =부피, L^3

$\mathbf{v}$ =질량 평균 속도(17.7-1), L/t

$\mathbf{v}^*$ =몰 평균 속도(17.7-2), L/t

$\mathbf{v}_\alpha$ =화학 종 α의 속도(17.1-3, 표 17.7-2), L/t

v_0 =차원 해석의 특성 속도(3.7-4), L/t

v_s =음속(9.4-2, 11C.1-4), L/t

v_* =$\sqrt{\tau_0/\rho}$=마찰 속도(5.3-2), L/t

W =표면을 가로지르는 몰 유량(23.1-4), moles/t

W_α =표면을 가로지르는 화학 종 α의 몰 유량(23.1-3), moles/t

W_m =움직이는 부분을 경유하여 외부에 의해 계에 하는 일의 속도 (7.4-1), ML^2/t^3

w =표면을 가로지르는 질량 유량(2.2-21), M/t

w_α =표면을 가로지르는 화학 종 α의 질량 유량(23.1-1), M/t

x_α =화학 종 α의 몰 분율(표 17.7-1), —

x, y, z =직각 좌표

y =벽면으로부터의 거리 (경계층 이론과 난류에서)(4.4절), L

y_α =화학 종 α의 몰 분율(22.4-2), -

Z =벽면 충돌 빈도(1.4-2), $L^{-2}t^{-1}$

z_α =이온 전하(24.4-5), equiv/mole

알파 α =$k/(\rho\hat{C}_p)$=열 확산계수(9.1-8), L^2/t

베타 β =열 부피 팽창계수(10.9-6), T^{-1}

β =표면에서의 속도 구배(12.4-6), t^{-1}

감마 γ $=C_p/C_v$ =열용량 비(11.4-56), —

$\dot{\boldsymbol{\gamma}}$ $=\nabla\mathbf{v}+(\nabla\mathbf{v})^{+}$=변형속도 텐서(8.3-1), t^{-1}

델타 ΔX $=X_2-X_1$=출구값과 입구값 사이의 차

δ =강하 경막 두께(2.2-22), 경계층 두께(4.4-14), L

$\boldsymbol{\delta}$ =단위 텐서(1.2-2, A.3-10), —

$\boldsymbol{\delta}_i$ =i 방향의 단위 텐서(A.2-9), —

δ_{ij} =Kronecker 델타(1.2-2, A.2-1), —

입실론 ε =공극 공간 분율(6.4-3), —

ε, ε_{AB} =두 분자 사이의 최대 인력 에너지(1.4-10, 17.3-13), ML^2/t^2

ε_{ijk} =치환 기호(A.2-3), —

제타 ζ =조성 부피 팽창계수(19.2-2와 표 22.2-1), —

에타 η =비뉴튼 점도(8.2-1), M/Lt

η', η'' =복소점도 성분(8.2-4), M/Lt

$\bar{\eta}$ =신장점도(8.2-5), M/Lt

η_0 =영점 전단속도 점도(8.3-4), M/Lt

세타 θ =arctan (y/x) =원통형 좌표의 각(A.6-5), —

θ =arctan $(\sqrt{x^2+y^2}/z)$ =구형 좌표의 각(A.6-23), —

카파 κ =팽창점도(1.2-6), M/Lt

κ, κ_0, κ_1, κ_2 =난류에서 사용된 무차원 상수(5.3-1, 5.4-3, 5.4-5, 5.4-6)

람다 Λ, Λ_v, Λ_T, Λ_ω =확산계수 비(20.2-29), —

λ =전자기 복사의 파장(16.1-1), L

λ =평균 자유 경로(1.4-3), L

λ, λ_1, λ_2, λ_k, λ_H =유변학적 모델에서의 시간 상수(8.4 절에서 8.6 절), t

뮤 μ =점도(1.1-1), M/Lt

뉴 ν $=\mu/\rho$=동점도(1.1-3), L^2/t

ν =전자기 복사의 주파수(16.1-1), t^{-1}

크사이 ξ =조성 부피 팽창계수(표 22.2-1), —

파이 Π, Π_v, Π_T, Π_ω =무차원 분포(4.4-25, 12.4-21, 20.2-28), —

π =3.14159⋯

$\boldsymbol{\pi}$ $=\boldsymbol{\tau}+p\boldsymbol{\delta}$=분자 운동량 흘럭스 텐서, 분자 응력 텐서(1.2-2, 1.7-1), M/Lt^2

로 ρ =밀도, M/L^3

ρ_α =혼합물 단위 부피당 화학 종 α의 질량(표 17.7-1), M/L^3

시그마 σ =Stefan-Blotzmann 상수(16.2-11), M/t^3T^4

	σ	=표면장력(3.7-12), M/t^2
	σ, σ_{AB}	=충돌 지름(1.4-10, 17.3-11), L
타우	$\boldsymbol{\tau}$	=(점성) 운동량 훌럭스 텐서, (점성) 응력 텐서(1.2-2), M/Lt^2
	τ_0	=유체-고체 계면에서의 전단응력의 크기(5.3-1), M/Lt^2
피	Φ	=위치에너지(3.3-2), ML^2/t^2
	Φ_v	=점성 소산 함수(3.3-3), t^{-2}
	$\boldsymbol{\phi}$	=$\boldsymbol{\pi}+\rho\mathbf{vv}$=결합된 운동량 훌럭스 텐서(1.7-2), M/Lt^2
	ϕ	=arctan y/x =구형 좌표의 각(A.6-24), -
	ϕ	=정전기 포텐셜(24.4-5), volts
	φ	=분자 상호간 위치에너지(1.4-10), ML^2/t^2
프사이	Ψ_1, Ψ_2	=1차, 2차 수직응력계수(8.2-2, 3), M/L
	Ψ_v	=점성 소산 함수(3.3-3), t^{-2}
	ψ	=흐름함수(표 4.2-1), 좌표계에 의존하는 차원
오메가	Ω_μ, Ω_k, $\Omega_{\mathscr{D}}$	=충돌 적분(1.4-14, 9.3-13, 17.3-11), -
	ω_α	=화학 종 α의 질량 분율(17.1-2, 표 17.7-1), -
	$\omega_{A1}-\omega_{A0}$	=차원 해석에 사용된 특성 질량 분율차(19.5-7), -

윗줄

$\tilde{X}$	=몰 당
$\hat{X}$	=단위 질량당
$\bar{X}$	=부분 몰(19.3-3, 24.1-2)
$\bar{X}$	=시간 평활화된(5.1-4)
$\breve{X}$	=무차원(3.7-3)

괄호

$\langle X \rangle$	=유동 단면에 걸친 평균값
$(X), [X], \{X\}$	=괄호가 점곱 또는 교차곱을 둘러싸고 있을 때 벡터-텐서 연산에서 사용된(부록 A)
$[\![\ ]\!]$	=무차원 군
[=]	=의 차수를 갖는

상첨자

$X^\dagger$	=텐서의 전치(1.2-7, A.3-8)
$X^{(t)}$	=난류(5.2-8)
$X^{(v)}$	=점성(5.2-9)
X'	=요동하는 양(5.2-1)

하첨자

A,B =2성분 계의 화학 종 A와 B

$\alpha,\beta,\cdots$ =다성분 계의 화학 종

a =산술 평균 구동력 또는 결합된 전달계수(14.1-3)

b =닫힌 계에 대한 총괄 또는 혼합 용기 값(10.8-33, 14.1-2)

c =임계점에서 계산된(1.3-1)

ln =대수 평균 구동력 또는 결합된 전달계수(14.1-4)

loc =국부적인 구동력 또는 결합된 전달계수(14.1-5)

m =잠긴 물체에 대한 평균 전달계수(14.1-6)

r =환원된, 임계값에 대해 상대적인(1.3절)

tot =거시적 계 내의 존재물 총량

0 =표면에서 계산된

1, 2 =단면 1과 2에서 계산된(7.1-1)

두 글자로 표현된 이름이 있는 무차원 군

Br =Brinkman 수(10.4-9, 표 11.5-2)

Ec =Eckert 수(표 11.5-2)

Fr =Froude 수(3.7-11)

Gr =Grashof 수(10.9-18, 표 11.5-2)

Gr_{ω}, Gr_{x} =확산 Grashof 수(19.5-13, 표 22.2-1)

Ha =Hatta 수(22.5-8)

Le =Lewis 수(17.1-9)

Ma =Mach 수(11.4-71)

Nu =Nusselt 수(14.3-10에서 15)

Pé =Péclet 수(표 11.5-2)

Pr =Prandtl 수(9.1-9, 표 11.5-2)

Ra =Rayleigh 수(표 11.5-2)

Re =Reynolds 수(3.7-10)

Sc =Schmidt 수(17.1-8)

Sh =Sherwood 수(22.1-5)

We =Weber 수(3.7-12)

수학적 연산

D/Dt =실도함수(3.5-2), t^{-1}

$\mathscr{D}/\mathscr{D}t$ =동반회전 도함수(8.5-2), t^{-1}

∇ =델 연산자(A.4-1),L^{-1}

$\ln x$ =e 근간의 로그 x

$\log_{10} x$ =10 근간의 로그 x

$\exp x$ =e^x=x의 지수함수

$\operatorname{erf} x$ =x의 오차함수(4.1-14, C.6절)

$\Gamma(x)$ =(완전한) 감마함수(12.2-21, C.4절)

$\Gamma(x,u)$ =불완전한 감마함수(12.2-24, 문제 12D.7)

$O(\cdots)$ =“의 차수의”

저자들에 관해

BS&L의 64판 책을 가지고 있는 Bob Bird, Warren Stewart와 Ed Lightfoot.

20세기 전반부에 화학공업이 발전함에 따라 화학공학자를 가르치는 데 있어 자연스럽게 체계화된 원리로 "단위조작" 개념이 생겨났다. 특히 학부 교육에서 질량, 운동량 및 에너지전달의 기초적인 이론은 그 당시 흥미로운 응용을 위해 필요한 정도로만 생각되었다. 2차대전이 끝난 후 단위조작에 관한 교재에서 제공되는 지식보다 이동현상의 기초에 관한 더 깊은 지식을 요구하는 문제의 정의와 해가 있는 수많은 새로운 분야로 화학공학자들이 이동하였다.

1950년대에 R. Byron (Bob) Bird, Warren E. Stewart와 Edwin N. Lightfoot가 유체 유동, 열전달 및 확산 강의를 통합하여 위스콘신 대학의 학부 과정으로 개발하기 위해 첫걸음을 내딛었다. 이 시작으로부터 John Wiley & Sons에서 1960년에 출간된 획기적인 교재 "이동현상"이 준비되었다.

동 시대의 화학공학자에게는 저자의 이름을 따서 단순히 *BSL*로 알려져 있는 이 교재는 41년 동안 인쇄되어 왔으며, 64판까지 발간되었고 5권의 번역본을 볼 수 있다. *BSL*은 사실상 세계적으로 모든 화학공학 교과과정 내의 체계화된 원리에 근본적으로 영향을 미쳤다. *BSL*의 지속적인 강도는 비전에 대한 증거이며, 저자의 근황에 대한 관심이다.

R. BYRON BIRD("Bob")는 1924년 2월 5일 텍사스주 브뤼안에서 태어났다. 워싱톤 D.C.에서 고등학교를 마친 뒤 메릴랜드 대학에서 화학공학 공부를 시작하였다. 1943년 중반에는 군대에 입대하였으며, 앨러바마에 기초 훈련을 받고 메릴랜드 주 아스날의 사관후보

학교로 갔으며, 곧 유럽을 위해 항해에 나서는 화약대대에 배치되었다. 그의 부대는 벨기에 동부부터 거의 오스트리아 국경까지 활약을 보였다.

군대를 제대한 후 1947년 일리노이 대학에서 화학공학으로 학사 학위를 받았다. 그후 Joseph O. Hirschfelder 교수의 지도로 논문을 작성하여 화학으로 박사학위를 받은 위스콘신 대학으로 갔다. 이어서 암스테르담 대학 이론물리 연구소의 Jan de Boer 교수 연구실에서 1년 동안 박사후 연구원으로 종사하고 2번째 해에는 위스콘신 대학에서 박사후 연구를 수행하였다. 이 2년 동안 J. O. Hirschfelder, C. F. Curtiss와 R. B. Bird, Wiley, New York (1954)에 의해 1200쪽의 *Molecular Theory of Gases and Liquids*가 쓰여졌다.

1952-1953 학년도에 Bob은 코넬 대학의 화학과에서 정성분석과 양자화학을 가르치며 보냈으며, 여름에는 델라웨어 주의 윌밍턴에 소재한 듀폰 실험연구소에서 일하였다. 거기서 용융 고분자의 유변학과 점성 소산 발열에 기인한 다이 내의 열 생성을 도입하였다.

1953년 가을에 Bob은 단지 화학공학과의 과제 연구원으로 위스콘신 대학에 돌아왔으며, 1955년에 부교수로 승진하였고 1957년에 교수가 되었다. 1957년 가을에 그는 Warren Stewart 및 Ed Lightfoot와 *Notes on Transport Phenomena*, Wiley, New York (1958)에 대한 원고 집필을 시작하기 위하여 뭉쳤다. 그 "원고"는 4 내지는 5 대학에서 시험 목적으로 사용되었으며, 학생과 교수의 논평을 수집하였다. 그런 다음 교재는 완전히 다시 쓰였으며 1960년에 **이동현상**으로 출판되었다. 초판이 64판까지 이어졌으며, 마침내 2002년에 재판이 나타났다.

Bob은 1964년부터 1968년까지 학과장으로 봉사하였으며, Charles F. Burgess 교수(1968-192), Vilas 연구교수(1972-1992)와 MacAuthur 교수(1982-1992)와 같은 다수의 유명한 석좌교수직을 가지고 있었다. 그는 1992년에 은퇴하였으나, 학생들과 많이 접촉할 수 없음을 알고는 이동현상과 고분자 분자운동론을 가르치기 위하여 강의실로 돌아왔다.

대략 1964년, 떠나가는 학과장 Roland Ragatz와 학과 정책에 관해 협의하는 Bob Bird (좌)

수 년을 통해 여러 경우에 해외에서도 가르쳤다. 1958년 봄과 여름에 델프트(네델란드)에서, 1962-1963년에 교또 대학과 나고야 대학에서, 1964년 봄에 드 루베인 카톨릭 대학에서 이동현상을 가르쳤다. 이에 더하여 1964년 봄에는 델프트의 기계공학과에서 고분자 분자운동론을 가르쳤다.

*Molecular Theory of Gases and Liquids*와 *Transport Phenomena* 이외에도 Bob은 다음 책들에 기여하였다.

- R. B. Bird, R. C. Amstrong, and O. Hassager, *Dynamics of Polymeric Liquids, Vol. 1, Fluid Mechanics*, Wiley, New York (1st edition 1977, 2nd edition 1987)
- R. B. Bird, C. F. Curtiss, R.C. Armstrong, and O.Hassager, *Dynamics of Polymeric Liquids, Vol. 2, Kinetic Theory*, (1st edition 1977, 2nd edition 1987)
- R. B. Bird and W. Z. Shetter, *Een goed begin-a contemporary Dutch reader*, Martinus Nijhoff, The Hague (1963)
- W. Z. Shetter and R. B. Bird, *Reading Dutch*, Martinus Nijhoff, Leiden (1985)
- E. E. Daub, R. B. Bird, and N. Inoue, *Comprehending Technical Japanese*, University of Wisconsin Press and University of Tokyo Press (1975)
- E. E. Daub, R. B. Bird, and N. Inoue, *Basic Technical Japanese*, University of Wisconsin Press and University of Tokyo Press (1990)
- R. B. Bird and S. Floyd, *Polymer Science and Engineering*, University of Wisconsin Press and University of Tokyo Press (1995)
- O. A. Hougen and R. B. Bird, 100 *Years of Chemical Engineering at the University of Wisconsin*, The University of Wisconsin (2005)

Bob은 유체역학, 이동현상, 고분자의 분자운동론과 고분자 액체의 유변학 분야의 연구에 기여하였다. 그는 41명의 박사를 지도하였으며, 그의 박사 학생의 반 이상이 대학의 교수가 되었다.

그는 수많은 상을 수상하였다.

- 과학 국가 메달(리건 대통령으로부터) [1987]
- 공학 한림원, 회원 [1969]
- 과학 한림원, 회원 [1989]
- 평의원, 미국 예술 과학 한림원 [1981]
- 평의원, 위스콘신 과학, 예술 및 문학 한림원 [1982]
- 외국 회원, 네델란드 왕실 과학 한림원 [1981]
- 외국 회원, 벨기에 왕실 플란더즈 한림원 [1994]
- 오렌지-나쏘의 규정에 따라 지명 기사 작위, 네델란드 [2003]

- 평의원, 미국 기계 한림원 [1983]
- 평의원, 미국 물리학회 [1970]
- Warren K. Lewis 상 [1974], 전문가 진보상[1965], Wm. H. Walker 상 [1962], 발기인 상 [1989], 학회 강연상 [1991](미국 화학공학회)
- Curtiss-McGraw 상 [1959], Westinghouse 상 [1960], Corcoran 상 [1987, 1994], Centennial Medallion [1993] (미국 공학교육 학회)
- Bingham 메달 [1974] (유변학회)
- Eringen 메달 [1983] (공학과학 학회)
- 명예회원: Phi Beta Kappa [1973]
- 명예회원: 일본 화학공학회 [1990]
- 명예박사: 리하이 대학 [1972], 센이드 루이스의 워싱톤 대학 [1973], 델프트 공과대학 [1977], 클락슨 대학 [1979], 콜로라도 광산대학 [1986], 테크니온(이스라엘 공과대학) [1994], Eldgenössische 공과대학, 츄리히 [1994], 교또 대학 [1996], 텍사스 A&M 대학 [1999], 아이오와 주립대학 [2007]

Bob의 주요 교외 활동은 자연공원을 카누로 여행하는 것이다. 그는 주로 쿠에티코 주립공원과 온타리오 주의 암트로롱 북부의 약 75 곳을 동료들과 학생들과 함께 이와 같은 여행을 하였다. 가장 장관인 북서부 지역에 있는 코퍼마인 강을 따라 3주간 여행한 것이었다.

WARREN E. STEWART는 1924년 7월 3일 위스콘신 주 화이트 워터에서 태어났다. 그는 1945년과 1947년 위스콘신에서 학사 학위와 석사 학위를 받았으며, 1951년에 메사츄세츠 공과대학에서 박사 학위를 받았다. 그의 학위는 모두 화학공학이다. 위스콘신에서의 학부과정 동안 모두 A 학점을 받고 졸업하여 공과대학 역사상 첫 번째 학생으로 유명하게 되었다. 그의 MIT 경험은 그에게 전자 컴퓨터 시대의 도래에 필수적인 것으로 증명된 수치해석과 전산기법을 소개하였다.

세계 2차 대전에 Warren은 미 해군 예비군 징병에 응하였다(1944-1946). 그는 V-12 프로그램으로 해군 기관학 군사훈련을 받은 사람으로 위스콘신에 돌아왔으며, 졸업 후에는 미국군 미드웨이 항공모함의 통신 장교로 근무하였다. 1947년 16년 동안 메디슨 시의회 의원이었던 Jean Durham Potter와 결혼하였으며, 슬하에 6명의 자녀와 18명의 손자 손녀를 두었다.

싱클레어 연구소에서 5년을 근무한 뒤, 1956년 Warren Stewart는 위스콘신 대학의 화학공학과 교수로 부임하였으며, 그곳에서 1996년까지 40년 동안 가르쳤다. 학과장으로 근무한 1973년부터 1978년 동안은 각 분야에서 세계적인 선도자가 되었던 젊은 교수진을 모집하고 키웠다. 그는 전 세계에 걸쳐 오늘날 대학과 산업체 연구소에서 책임있는 위치에 있는 많은 박사과정 학생들과 박사후 연구자들을 지도하였다.

그의 연구 논문은 그의 관심과 지식의 폭을 암시하고 있다. 얼마나 많은 화학공학자들이 증기압의 예측, 역변환 원리, 벤젠 수소화 반응속도론, 화학 반응속도론과 반응공학, 다성분 확산, 직교 배열, 확산계수의 측정, 액적의 증발, 경질 아령 현탁계의 분자운동론, 핵융합용 플라스마 봉쇄 반응장치, 열확산, 촉매론, 부식, 매개변수 평가, Bayesian 통계, 공정 모델링과 매개변수 평가를 위한 전략, 점탄성 유체역학, 동물 모피의 단열성, 민감도 해석과 증류탑 설계 등과 같은 넓고 다양한 주제에 현저한 기여를 하였는지 쓸 수 있는가? 대부분의 교수들이 대단히 전문화되는 경향을 보이는 반면, Warren Stewart는 강한 인상을 주는 다재 다능한 사람이 되었다. 그가 학과장으로 근무할 때 모든 교수진들과 그들의 수행중인 연구 프로그램의 상세한 내용을 토론할 수 있었다. 지난 반세기, 이전 또는 이후의 어떤 학과장도 그렇게 할 수는 없었다.

Warren은 족히 100편이 넘은 연구 논문을 게재하였으며, 다수의 논문이 상세하게 기술된 방대한 양을 포함하고 있다. 그는 언제나 똑같이 응용수학에서의 그의 재능을 사용하여 많은 중요한 전달 문제의 총설에 대한 계획적이고 체계화된 여러 연재물을 썼다. 이들의 첫 번째는 층류 다성분계의 운동량, 열 및 물질전달에 대한 경계층 이론을 다루었다. 그런 다음 3차원 유동의 강제대류에 관한 일련의 논문이 *AIChE Journal*에 게재되었다: I (1963); II (1970); III (1983); IV (1988); 이들 중에서 두 번째가 J. B Angelo와 E. N. Lightfoot가 공저한 움직이는 계면을 가로지르는 전달과 관련된 유명한 논문이다. 그런 다음 1974년에 J. P. Sørensen 함께 도관과 충전층을 통과하는 느린 유동 내의 강제대류의 계산에 관련된 4편의 논문을 *Chemical Engineering Science*에 연재하였다.

이에 더하여 확산 실험의 해석과 다양한 기체 및 액체계의 확산계수의 수집 및 상관관계에 관한 많은 논문들이 있었다. 또 1964년 그와 Richard Prober는 다성분 물질전달에 대한 행렬 근사에 관한 논문을 *Industrial and Engineering Chemistry Fundamentals*에 썼으며, 이 연구는 1973년에 난류 내의 다성분 확산에 관한 *AIChE Journal*의 논문으로 이어졌다.

1966년 11월 그의 학생 Liong Seng Tee와 확산계수 측정을 논의하는 Warren Stewart (좌).

그가 특히 자랑스러워 하였던 해석적 해는 1987년에 *AIChE Journal*에 수록된 큰 Prandtl 수에서 난류 관 유동 내의 에너지 전달에 관한 Fourier 해석에 대한 해였다. 다성분 확산에 관한 연구와 난류 열전달에 관한 연구는 **이동현상**의 재판에 22.9절과 13.6절에 각각 수록되었다.

Warren Stewart의 연구 중 가장 중요한 기술적 기여는 화학 현상과 화학공정 모델링에 대한 새로운 수학적 방법과 전산적 방법의 개발이다. 이 분야의 그의 연구는 화학반응, 열 및 물질전달과 복잡한 유체의 유동을 포함하는 화학공정을 더 잘 설계하고 더 안전하게 운전할 수 있도록 유도하였다. 전 세계에 걸쳐 채택되었던 그의 연구 결과는 화학 현상의 기초적인 이해를 증진시켰으며, 산업적 실제 문제에 현저한 영향을 미쳤다.

그의 문하 연구생들에게 영향을 미친 것을 넘어서서 그는 영감이 있는 교수였으며, 화학공학과의 많은 학생들과 교수들에게는 귀중한 자문가였다. 더욱이 Warren은 1960년 교재 **이동현상** (뉴욕의 John Wiley & Sons 사에서 출판된)에 대한 예비 출판으로 제공된 1958년의 가공되지 않은 종이 표지 책 *Notes on Transport Phenomena*의 공저자였다.

이 교재는 세계 모든 곳에서의 화학공학 강의에 영향을 미쳤다. 이는 스페인어, 러시아어, 이태리어, 체코어와 중국어로 번역되었다. 영어 초판의 64판 출판 뒤에 동일한 3명의 저자에 의해 재판이 준비되었다. 이 새로운 출판이 2002년에 되었으며, 중국어, 포르투갈어 및 스페인어로 번역되었다.

이 교재를 준비하면서 Warren은 변함없었던 중요한 특성을 보여 주었다: 대단히 높은 수준의 집필 전문용어, 기술적 문헌에 관한 사진과 같은 기억, 철자와 문법적 실수가 없다는 주장(그는 지속적인 성품으로 "예리한 눈"이라는 별명을 얻었다). 더욱이 어떠한 의문도 놓치는 것을 허용하지 않았다(그는 "나는 우리가 어미에서 두 번째 음절에 있는 문장의 끝에서 조그만한 "단추걸이"를 놓치고 있다고 생각해"와 같은 어떤 것을 종종 말하였다).

그가 사망할 때에는 Michael Caracotsios와 다른 책 "*Computer-Aided Modeling of Chemical Reactive Systems*"을 동봉한 소프트웨어와 함께 거의 완성하였다. 이 책은 화학반응 속도론과 반응기 모델링의 개요을 제공하며, 노이즈와 불완전한 데이터 집합에 기초한 매개변수 평가를 위한 전략을 광범위하게 기술하고 있다. 사용자에 의해 들어가게 되는 문제의 상세에 따라 모든 필요한 모델링과 매개변수 평가 계산을 수행할 수 있도록 상호작용하는 소프트웨어 패키지가 포함되어 있다.

그가 조용하고 겸손한 사람임에도 불구하고 Warren은 그의 연구와 교육 활동에 대한 수많은 상을 받았다.

- 미국 화학공학회의 선출된 평의원 [1973]
- 교재 *Transport Phenomena*는 "Citation Classic"로 선정되었다(9월 17일 *Current Contents* 를 보시오) [1979]

- 연구 논문 *Solution of Boundary Value Problems by Orthogonal Collocation*은 "Citation Classic"로 선정되었다(9월 21일 *Current Contents* 를 보시오) [1981]
- 미국 화학공회에서 Alpha Chi Sigma 연구상 수상 [1981]
- 화학공학 부문위원회 교육상, 미국 공학교육 학회 [1983]
- Phi Beta Kappa의 선출된 명예회원 [1983]
- McFarland-Bascom 지명 교수 [1983]
- 화학공학 전산상, 미국 화학공학회 CAST 부문위원회 [1983]
- 미국 화학회 공업화학의 E. V. Murphree상 수상 [1989]
- Byron Bird 우수 연구 논문상(위스콘신 대학교 공과대학) [1991]
- 공학한림원에서 선출 [1992]

그의 경력을 통틀어 Stewart는 그의 연구의 우수성과 학생과 동료에 대한 없어지지 않는 친절이 줄여서 말해지는 것으로 각인되었다.

그는 예외적으로 뛰어난 수준의 학업 성적과 멕시코와 남미의 화학공학에 대한 그의 광범위한 기여 때문에 Phi Beta Kappa의 명예 회원증을 받았다. 그는 1962년에 아르헨티나의 라 플라타 국립대학에서, 1983년에 멕시코의 셀라야 공과대학에서, 그리고 1985년에 멕시코 자치 국립대학에서 교환교수로 있었다. 이들 대학에서 그는 스페인어로 강의하였으며, *Latin-American Journal of Chemical Engineering and Applied Chemistry*을 위해 18년간 편집위원으로 봉사하였다. 다음에 계속해서 *Latin-American Applied Research* 잡지를 위해 유사한 지위를 가졌었다.

Warren Stewart는 익살맞은 유머 감각과 어떤 주제에 관해서도 그것에 맞는 조크를 순간적으로 만들어 내는 그의 능력이 잘 알려져 있다. 그는 재담을 사랑했으며 그 책상 위에는 동료들이 그에게 준 경고장 "구제할 길 없이 말재주를 잘 부리는 사람 – 구제할 수 없는 것을 하지마라"을 놓아 두었다.,

길고 두드러진 경력을 뒤로 한 2006년 3월 27일의 그의 죽음은 함께 일을 잘 하였고 서로 다른 동료를 순수하게 즐겼던 삼두정치의 종말을 의미하였다.

EDWIN N. LIGHTFOOT ("Ed")는 1925년 9월 25일 위스콘신주 밀워키에서 태어났다. 그는 코넬 대학에서 학사 학위를 1947년에, 박사 학위를 1950년에 받았다. 다음 3년 동안 뉴욕시 브루클린의 찰스 화이자 제약회사에서 화학공학자로 근무하였다. 그는 생물화학공학의 학부 교과과정을 수립하는 아이디어를 가지고 1953년 조교수로 위스콘신 대학에 초대되었다.

이 교과과정은 그 때는 진행되었지만 몇 년 내에 폐기되었다. 그럼에도 불구하고 Ed는 4학년과 대학원생을 위한 강의에서 생물화학공학을 가르쳤으며, 활발한 대학원 연구 프로그램을 유지하였다.

1968년 11월, Ed Lightfoot와 Victor P. Goldbach. Victor Goldbach는 위스콘신 대학의 의과대학 교수이자 의사인 작고한 Arvin Weinstein의 조교였다. 사진을 찍었을 때 Lightfoot 교수는 위스콘신 대학 혈액 투석센터 설립을 위한 프로젝트에서 Arvin Weinstein과 함께 연구하고 있었다.

1957년 Ed는 부교수로 승진하였으며, 1961년에 정교수가 되었다. 1980년에 명성이 있는 Hilldale 대학교수 직무상을 수상하였으며, 전문적인 활동의 전부를 완전히 다 하고 있음에도 불구하고 1996년에 명예교수가 되었다.

1974년에 20년 동안의 생물공학 분야의 경험뿐만 아니라 이동현상 분야의 괄목할만한 활동을 바탕으로 이 두 분야의 전문가적 지식을 결합하고, 이 두 주제를 통합한 첫 번째 책인 *Transport Phenomena in Living Systems* (Wiley, New York)를 출간하였다.

Ed는 의과대학과 공동으로 하는 환경문제 연구에, 물질전달이 관여하는 문제에, 심장-폐 기계를 사용하여 동물에 대한 혈액 투석과 체외 살포의 기기 제어에, 그리고 다이버와 터널 공사 인부들을 위한 향상된 감압 스케쥴 개발에 대해 그의 생물학적 연구를 적용하였다. 토목공학과와 공동으로 강 수류의 통기 문제와 유기 폐기물의 생물학적 산화의 반응속도론 문제에도 깊이 관여하였으며, 과거 2-30년 동안 치료 단백질의 회수 정제에 대한 연구를 수행하였다. 또 분리 기술과 생물학적 이동현상에 관한 그의 연구를 계속 수행하였다.

Ed의 원리에 대한 철저한 토대와 응용에 대한 올바른 인식 때문에 그는 카리스마가 있고 혁신적인 교수였다. 그는 49명의 박사과정 학생을 지도하였으며, 그 중 11명이 대학 교수로 취직하였다.

과학 한림원에 선출된 1995년에 Ed는 자신의 연구 분야를 다음과 같이 요약하였다.

"나의 관심은 첫 번째 목표로 공정과 장치 설계와 함께 물질전달의 생물학적 응용에 대해 오랫동안 집중되어 왔다. 이 일은 생화학적과 생리학적 관점에서 강하게 영향을 받는 광범위한 모델링이 요구되며, 이의 응용은 일차적으로 의료기기나 의료용 생산품을 얻는 격리된 발효조를 위한 공정 및 절차에 있었다. 현재 나는 "하류 공정"이나 재결합한 단백질의 추출 정제에 집중하고 있으며, 특히 크로마토그래피와 동종의 흡수 공정에 집중하고 있다. 이것은 역동적인 분야이고, 나의 역점은 배향과 탐구로부터 탑과 공정을 확실히 정교하게 설계하고 공정 비용을 저감하는 것을 선점하는 것으로 빠르게 전이하고 있다. 그러나 생물학적 공정 양상과 생리학적 적응의 현저한 효율을 갖는 계에 점점 더 관심이 증가하고 있다. 여기에는 여러 수준에서 화학 산업과 강한 연관이 있다. 일차 목표로 공학적 응용과 함께 이들, 특히 진화 동력학을 탐구하고자 한다."

Ed는 그의 전문적인 기여에 대한 많은 상을 수상하였다.

- Fulbrigt 연구 장학금, 노르웨이 공과대학, 노르웨이 [1962]
- Erskine 평의원, 캔터배리 대학, 뉴질랜드 [1972]
- 미국 화학공학회의 William H. Walker상 수상 [1975]
- AIChE의 식품, 제약 및 생물공학상 수상 [1979]
- 공학한림원에 선출 [1979]
- 명예 공학박사, 노르웨이 공과대학 [19845]
- Warren K. Lewis상, AIChE [1991]
- 평의원, 미국 인문 예술 과학 한림원 [1992]
- 창립평의원, 미국 의공학 및 생물공학 학회 [1992]
- E. V. Murphree상, 미국화학회 [1992]
- AIChE 학회강연상 [1996]
- 미국 공학교육 학회의 Corcoran상 [1997]
- 명예회원, 체코 화학공학회 [1998]
- David Perlman상, 미국화학회 [1999]
- 명예 공학박사, 덴마크 공학대학 [2000]
- 과학 국가메달 [2004]

Ed의 부인, Lila Smith Lightfoot는 코넬 대학에서 화학으로 석사 학위를 받았으며, 그녀는 메디슨 뮤지컬 협회에 깊이 관여하였다. Ed와 Lila는 다섯 자녀를 두었다. Dory, Ted, Nancy와 두 아들 David와 Robert. Lightfoot 가족은 Ed가 노르웨이 공과대학에서 이동현상 과목을 강의한 노르웨이 트론드하임에서 1년을 보냈다(1962-1963). 전체 가족이 1971년 덴마크에서 반년을 보냈으며(덴마크 공과대학에서), 1972년에는 약간 더 짧은 기간을 뉴질랜드에서 보냈다.

대략 1960년 이동현상의 초판을 교정하고 있는 Stewart (좌), Bird와 Lightfoot 교수.

2001년 이동현상의 재판을 교정하고 있는 Lightfoot (좌), Stewart와 Bird 교수.

사진은 메디슨의 위스콘신 대학교 화공 생물공학과의 승낙을 받아 재인쇄되었다.

찾아보기-저자

[T]

찾아보기 – 주제

[ㄴ]

[ㄷ]

[ㄹ]

[ㅁ]

[ㅂ]

[ㅅ]

[A]

[B]

[C]

번역

이재욱 (서강대)

- 최종학력 : 서울대학교 공학박사

- 경력

1978년 - 현 재	서강대학교 공과대학 화공생명공학과 교수
1991년 - 1992년	미국 Rensselaer Polytechnic Inst. 방문교수
1998년 - 1999년	서강대학교 공과대학 학장
1999년 - 2000년	한국화학공학회 이동현상부문위원회 위원장
2006년 - 2011년	BK21 서강대학교 화공사업단 단장
2007년 - 2009년	서강대학교 대학원장
2008년 - 2009년	한국유변학회 회장
2009년 - 현 재	한국공학한림원 정회원

협 의
생 략

이 동 현 상 -개정2판-
(Transport Phenomena)

2014년 9월 20일 1쇄 발행
2015년 8월 15일 2쇄 발행
2017년 2월 15일 3쇄 발행

저 자: R. Byron Bird, Warren E. Stewart, Edwin N. Lightfoot
역 자: 이재욱
발행자: 김 윤 선
발행처: 범한서적주식회사
서울특별시 종로구 평창문화로 27
전화 733-2011 / 팩스 736-8696
등록 1966년 10월 6일 제1-168호

http://www.bumhanbook.co.kr

ISBN 978-89-7129-263-1 93570

정가 42,000원

•••MOLECULAR FLUX EXPRESSIONS (SEE APPENDIX B.1, B.2, AND B.3)

Momentum (ρ = constant, Newtonian fluid):

$$\boldsymbol{\pi} = p\boldsymbol{\delta} - \mu(\nabla\mathbf{v} + (\nabla\mathbf{v})^\dagger) \qquad \text{or} \qquad \pi_{ij} = p\delta_{ij} - \mu\left(\frac{\partial v_j}{\partial x_i} + \frac{\partial v_i}{\partial x_j}\right)$$

Heat (pure fluid only):

$$\mathbf{q} = -k\nabla T \qquad \text{or} \qquad q_i = -k\frac{\partial T}{\partial x_i}$$

Mass (for a binary mixture of A and B):

$$\mathbf{j}_A = -\rho\mathscr{D}_{AB}\nabla\omega_A \qquad \text{or} \qquad j_{Ai} = -\rho\mathscr{D}_{AB}\frac{\partial\omega_A}{\partial x_i}$$

•••CONVECTED FLUX EXPRESSIONS (SEE §§1.7, 9.7, 17.7)

Momentum:

$$\rho\mathbf{v}\mathbf{v} \qquad \text{or} \qquad \rho v_i v_j$$

Energy:

$$\rho(\hat{U} + \tfrac{1}{2}v^2)\mathbf{v} \qquad \text{or} \qquad \rho(\hat{U} + \tfrac{1}{2}v^2)v_i$$

Mass:

$$\rho\omega_A\mathbf{v} \qquad \text{or} \qquad \rho\omega_A v_i$$

•••COMBINED FLUX EXPRESSIONS

Momentum:

$$\boldsymbol{\phi} = \rho\mathbf{v}\mathbf{v} + \boldsymbol{\pi} = \rho\mathbf{v}\mathbf{v} + p\boldsymbol{\delta} + \boldsymbol{\tau} \qquad \text{(Eq. 1.7-2)}$$

Energy:

$$\mathbf{e} = \rho(\hat{U} + \tfrac{1}{2}v^2)\mathbf{v} + \mathbf{q} + [\boldsymbol{\pi}\cdot\mathbf{v}] \qquad \text{(Eq. 9.8-5)}$$

$$= \rho(\hat{H} + \tfrac{1}{2}v^2)\mathbf{v} + \mathbf{q} + [\boldsymbol{\tau}\cdot\mathbf{v}] \qquad \text{(Eq. 9.8-6)}$$

Mass:

$$\mathbf{n}_A = \rho\omega_A\mathbf{v} + \mathbf{j}_A \qquad \text{(Eq. 17.8-1)}$$

Note: The quantity $[\boldsymbol{\pi}\cdot\mathbf{v}]$ is the molecular work flux (see §9.8), and $\boldsymbol{\pi} = p\boldsymbol{\delta} + \boldsymbol{\tau}$ (see Table 1.2-21). All fluxes obey the same sign convention: they are positive when the entity being transported is moving from the negative side of a surface to the positive side.

•••EQUATIONS OF CHANGE IN TERMS OF THE COMBINED FLUXES

These equations are valid only for systems in which gravity is the only external force. More information may be found in §19.2.

Momentum:

$$\frac{\partial}{\partial t}\rho\mathbf{v} = -[\nabla\cdot\boldsymbol{\phi}] + \rho\mathbf{g} \qquad \text{(Eq. 3.2-8)}$$

Energy:

$$\frac{\partial}{\partial t}\rho(\hat{U} + \tfrac{1}{2}v^2) = -(\nabla\cdot\mathbf{e}) + \rho(\mathbf{v}\cdot\mathbf{g}) \qquad \text{(Eq. 11.1-6)}$$

Mass:

$$\frac{\partial}{\partial t}\rho\omega_A = -(\nabla\cdot\mathbf{n}_A) + r_A \qquad \text{(Eq. 19.1-6)}$$

•••EQUATIONS OF CHANGE (SPECIAL FORMS)

Momentum (for Newtonian fluids with constant ρ and μ): (§B.6)

$$\rho\frac{D\mathbf{v}}{Dt} \equiv \rho\left(\frac{\partial\mathbf{v}}{\partial t} + [\mathbf{v}\cdot\nabla\mathbf{v}]\right) = -\nabla p + \mu\nabla^2\mathbf{v} + \rho\mathbf{g}$$

Energy (for Newtonian fluids with constant ρ and k): (§B.9)

$$\rho\hat{C}_p\frac{DT}{Dt} \equiv \rho\hat{C}_p\left(\frac{\partial T}{\partial t} + (\mathbf{v}\cdot\nabla T)\right) = k\nabla^2 T + \mu\Phi_v$$

Mass (for binary mixtures of A and B with constant $\rho\mathscr{D}_{AB}$): (§B.11)

$$\rho\frac{D\omega_A}{Dt} \equiv \rho\left(\frac{\partial\omega_A}{\partial t} + (\mathbf{v}\cdot\nabla\omega_A)\right) = \rho\mathscr{D}_{AB}\nabla^2\omega_A + r_A$$

•••DIMENSIONLESS GROUPS

(l_0 and v_0 are a characteristic length and a characteristic velocity, respectively)

$\text{Re} = l_0 v_0\rho/\mu$	$\text{Pr} = \hat{C}_p\mu/k$	$\text{Sc} = \mu/\rho\mathscr{D}_{AB}$
$\text{Ra} = \text{GrPr}$	$\text{Gr} = g\beta l_0^3\Delta T/\nu^2$	$\text{Gr}_\omega = g\zeta l_0^3\Delta\omega_A/\nu^2$
$\text{Nu} = hl_0/k$	$\text{Pé} = \text{RePr}$	$\text{Pé}_{AB} = \text{ReSc}$
$\text{Sh} = k_c l_0/\mathscr{D}_{AB}$	$j_H = \text{Nu}/\text{RePr}^{1/3}$	$j_D = \text{Sh}/\text{ReSc}^{1/3}$